中国油气勘探技术交流大会论文集

（上册）

中国石油学会　编

中国石化出版社

图书在版编目(CIP)数据

中国油气勘探技术交流大会论文集 / 中国石油学会编. -- 北京 : 中国石化出版社, 2020. 11
ISBN 978-7-5114-6011-0

Ⅰ. ①中… Ⅱ. ①中… Ⅲ. . ①油气勘探-中国-学术会议-文集 Ⅳ. ①TE1-53

中国版本图书馆 CIP 数据核字(2020)第 199476 号

中国石化出版社出版发行
地址:北京市东城区安定门外大街 58 号
邮编:100011 电话:(010)57512500
发行部电话:(010)57512575
http://www.sinopec-press.com
E-mail:press@sinopec.com
北京科信印刷有限公司印刷
全国各地新华书店经销
*
880×1230 毫米 16 开本 80.5 印张 1408 千字
2020 年 11 月第 1 版 2020 年 11 月第 1 次印刷
定价:420.00 元(上、下册)

编　委　会

前　言

石油和天然气作为重要的能源，是保障国家安全、经济发展和社会稳定的重要战略物资。伴随着我国经济长期持续增长，我国油气资源需求量也随之持续增加，导致油气对外依存度不断攀升。2019 年我国原油对外依存度达 70.8%，天然气对外依存度达 43.4%。因此，加强国内油气勘探开发力度，保障国内原油产量基本稳定和天然气产量持续增长，是当前及今后较长时期内国家油气勘探开发的基本战略。随着油气资源的不断开采，以大庆、胜利为代表的老油田常规油气开发已进入产量递减期，勘探新发现储量以低渗、非常规等低品质资源为主，油气勘探生产类型日趋复杂，难度增大。如何保障老油田的持续生产，实现新油气田的增储上产，全面提高我国油气勘探开发技术水平，是广大油气工作者和相关技术人员亟待解决的问题。

为贯彻落实中央关于加大国内油气勘探开发力度，保障国家能源安全的指示精神，更好服务于油气企业勘探生产的决策部署，中国石油学会、中国石油勘探与生产分公司、中国石化油田勘探开发事业部、中国海洋石油集团有限公司于 2020 年 11 月 3 日—5 日联合举办“中国油气勘探技术交流大会”。大会以“依靠创新驱动、推进高效勘探”为主题，旨在为中国油气田勘探专家和科技人员提供一个相互交流学习平台，通过聚焦国内外油气勘探的前沿理论和技术，促进研究领域的学术进步，掌握国际研究动态和发展方向，共享最新技术成果，为我国油气勘探提供最新的理论与技术，推动我国油气开发的技术水平全面提升，为油气企业增产提效提供帮助。

本次大会得到了国家有关部委、中国石油、中国石化、中国海油、中国中化、延长石油、大专院校和科研院所等各单位各领域广大油气勘探专家和科技工作者的大力支持。大家踊跃投稿，为大会提供了最新的科研成果和技术方法，展现了我国油气勘探理论研究与技术进步的广阔发展前景。大会共征集论文 400 余篇，经专家评审择优收录 170 篇，内容涵盖成熟盆地油气精细勘探与关键技术、复杂构造油气勘探与关键技术、特殊岩性勘探与关键技术、深层—超深层油气地质理论与勘探关键技术、海域深水油气勘探与关键技术、深层地球物理高精度勘探技术、页岩油气钻完井及压裂关键技术、大数据、人工智能等研究领域。此次展示的各勘探技术领域内科研成果和技术方法，大部分已经在油气勘探生产中得到应用并取得了显著效益，也有部分仍处于研发和探索阶段，但都反映了我国当前油气勘探科学领域的研究现状和最新成果，具有很高的学术研究与借鉴价值。希望本论文集能对各油气行业勘探领域的技术交流与推广起到一定的借鉴作用。

本书编委会
2020 年 11 月

目　录

（上册）

常规油气勘探

陆相页岩油岩相识别、特征分析及其优选评价方法——以鄂尔多斯盆地三叠系延长组长7_3亚段为例 …………………………… 李国欣　刘国强　侯雨庭　赵先然　吴金龙　李仲专（ 1 ）
以“超级盆地”观对比研究美国墨西哥湾盆地与古巴北部复杂构造区油气富集特征 …………………………………………………… 刘宝明　张君峰　祝有海　伍新和　张运波　王峰（ 14 ）
新形势下黄河流域油气资源现状与开发利用建议 ……………………………………………………… 杜治利　张君峰　林燕华　田　亚　陈　夷（ 17 ）
东非海域深水沉积勘探评价关键技术及应用 …… 左国平　孙　辉　曹全斌　许小勇　李伟强（ 22 ）
中国三大克拉通盆地下古生界膏盐岩-碳酸盐岩组合油气成藏条件的差异性及主控因素 ……………………………… 胡素云　徐安娜　汪泽成　薄冬梅　刘　伟　赵振宇　白　莹（ 34 ）
滨里海盆地东缘碳酸盐岩油藏特征与预测技术 … 王燕琨　金树堂　王　震　梁　爽　盛善波（ 47 ）
饶阳凹陷精细勘探关键技术与实践 ……………………………… 杨德相　李晓燕　高　园　李熹微　王　鑫　李　鹏　金　芳（ 57 ）
阿姆河右岸深层碎屑岩天然气勘探潜力 ………………………………………… 张良杰　陈怀龙　王红军　蒋凌志　白振华　张宏伟（ 65 ）
低油价下新能源综合勘探找矿实践及工作启示 …………… 魏学斌　赵为永　杨　梅　王　铎（ 73 ）
国际油公司勘探业绩对标研究与启示 …………… 李　志　杨　紫　刘明明　计智锋　李富恒（ 78 ）
河套盆地临河坳陷古近系源储特征及勘探有利区分析 ………………………………………………… 王　标　方　松　祝金利　王　奇　刘俊东（ 87 ）
阿北凹陷复杂构造带圈闭发现与成藏研究 ……………………………………… 张宇飞　王　攀　淡伟宁　田　然　王成云　孙瑞娜（ 95 ）
Melut 裂谷盆地古近系远源油藏成藏特征与精细勘探 ………………………………………………… 史忠生　庞文珠　陈彬滔　薛　罗　赵艳军（105）
断陷湖盆缓坡带深层优质储层分布预测——以南堡凹陷西南缓坡带东三下亚段为例 ……………………………………………………………………… 康海亮　徐春阳　刘　晓（112）
海相碳酸盐岩断控缝洞型储层识别及主控因素研究——以顺北油田奥陶系碳酸盐岩储层为例 ……………………………………………………………………… 林　波　云　露　刘　军（119）
二连盆地断陷洼槽油气成藏特征与富集规律研究 ………………………………………………… 项　鑫　刘喜恒　周从安　江　涛　王宏霞（128）

南苏门答腊盆地基层储层预测方法及应用 ········ 胡广成 王红军 孔祥文 马玉霞 洪国良(139)
地应力地震预测方法在南川区块的应用 ························ 潘 兰 刘昊娟 张 勇(148)
超深超高压裂缝性致密砂岩气藏含气饱和度地质评价新方法
······································· 王翠丽 肖香姣 唐永亮 赵力彬 宋丙慧 范坤宇(156)
厄瓜多尔奥连特成熟盆地安第斯项目10年高效滚动勘探实践及快速变现建产效果
·· 林金逞 杨 华 胡 泉 万学鹏 孙耀华(162)
鄂尔多斯南部红河油田走滑断裂识别与描述 ························ 胡天乐 黎小伟 成 立(167)
基于LDA和KNN的火成岩分类方法研究 ········ 方全全 曹 军 张国强 穆贵鹏 任 宏(173)
库车坳陷北部侏罗系储层发育特征及其对产量的控制作用
······················ 周 露 徐振平 魏红兴 史超群 谢亚妮 王 媛 章学岐 陈常超(177)
库车坳陷超深储层地应力对气井产能的影响 ······ 张 辉 徐 珂 王海应 王志民 刘新宇(184)
库车坳陷克拉苏构造带超深储层地质力学特征及天然气勘探
·· 徐 珂 田 军 杨海军 张 辉 王志民(192)
塔里木盆地麦盖提斜坡及周缘多期构造活动叠加控藏作用
·· 王 祥 王 斌 屈 洋 朱礼春 黎 立(200)
泌阳凹陷隐蔽油气藏精细勘探及关键技术
······································· 朱 颜 陈 祥 卜旭强 肖 学 金芸芸 任 桦(205)
塔里木盆地北部坳陷阿满过渡带走滑断裂
特征与奥陶系油气勘探 ·· 朱永峰 张银涛 谢 舟(212)
相控拟声波反演技术在岩性油气藏储层预测中的应用——以Bongor盆地东部凹陷P区为例
·· 冯国良 刘 浩 胡 杰 刘东海 史艳丽(221)
准西缘春光油田油气成藏特征及主控因素
······································· 李艳然 陈 祥 金芸芸 郭军参 朱 颜 张 驰(226)
缝洞型储层流动机理物理模拟及测试解释评价方法研究
·· 蔡明金 牛新年 强剑力 游 智 黄文鑫(234)
准西缘春光油田沙湾组井约束提高分辨率处理技术
·· 黄德芹 肖 学 张高成 张 辉 徐 昊(239)
超深碳酸盐岩地震探测与缝洞体描述技术 ········ 彭更新 李亚林 郑多明 郭念民 赵锐锐(244)
鄂尔多斯盆地北部中元古界天然气成藏条件及勘探前景分析
·· 安 川 张 威 归平军 李春堂 齐 荣(254)
存储测井关键技术控制及在页岩致密岩油气井中的应用 ············ 冉利民 赵永刚 白玉印(260)
渤海湾盆地辽东-渤东凸起构造带的地质结构与形成过程
·· 吴 斌 沈 朴 郝 婧 刘志峰 杨东升(268)
超压砾岩油层识别关键技术与勘探意义 ·········· 曹志锋 隆 山 高秋涛 黄卫东 蔺敬旗(278)
邦戈尔盆地潜山油气重大发现与关键勘探技术 ··· 肖乾华 窦立荣 冯国良 田志彬 冯占勋(284)
断陷湖盆深层天然气成藏理论认识与实践-以辽河清水洼陷为例

………………………………………………… 蔡国钢　张东伟　杨光达　翁文胜　周　艳(291)
源控理论体系对中原油田探区含油气盆地战略选区的启示及意义
………………………………………………… 徐田武　张洪安　谈玉明　李继东　张成富(303)
东濮凹陷构造特征对油气成藏的控制研究 ……… 余海波　程秀申　徐田武　谈玉明　漆家福(314)
准噶尔盆地东部大井地区石炭系石钱滩组致密砂岩储层特征及主控因素
………………………………………………… 于海跃　马　强　徐雄飞　卿　忠　付国斌(329)
东濮凹陷深层油气藏地质模型建立与地震响应分析
………………………………………………… 苏　云　李令喜　蔡其新　秦广胜　陈　辉(337)
箕状断陷型凹陷潜山油气输导体系特征分析——以辽河西部凹陷为例
………………………………………………… 鞠俊成　王宇斯　曹宇森　杨时杰　周约如(343)
吐哈盆地台北凹陷前侏罗系三维地震勘探技术及效果 …… 吴多平　文一华　程　祎　宋鹏鹏(348)
滨里海盆地东南缘T区块石炭系海相碳酸盐岩特征及勘探潜力评价
………………………………………………… 张胜斌　金树堂　范乐元　盛善波　付海波(353)
南海中南部大陆边缘盆地构造演化差异性及对油气的控制作用
………………………………………………… 唐　武　赵志刚　张功成　宋　双　刘世翔(359)
深水重力流沉积主要类型及其勘探开发意义 ……………… 李建平　刘子玉　谢晓军　方　勇(368)
龙凤山中-基性火山岩气藏体积压裂技术研究 … 邵立民　张　冲　王娟娟　夏富国　宋宪实(378)
无井少井区中深湖相分布预测-以开平凹陷文昌组为例
………………………………………………… 熊连桥　谢晓军　赵　钊　张春宇　王　龙(382)
基于岩心的深水重力流分析技术：以墨西哥湾 Burgos 盆地 Perdido 带为例
………………………………………………… 张春宇　于　水　梁建设　郭　刚　谢晓军(391)
渤海湾盆地辽东-渤东凸起构造带的地质结构与形成过程
………………………………………………… 吴　斌　沈　朴　郝　婧　刘志峰　杨东升(401)
松辽盆地南部断陷层火山岩气藏勘探实践
……………………………………… 牟汉生　李瑞磊　朱建峰　刘玉虎　李忠博　李　宁(411)
准噶尔盆地西北缘车排子凸起车探1井重大突破及勘探领域评价
………………………………………………………… 李　静　董雪梅　潘　拓　向英杰(421)
西湖凹陷平北地区含煤地层岩性圈闭识别技术 … 刘　苗　牛华伟　蒋　涔　朱立新　陈茂根(430)
中国石化东北探区火山岩勘探及关键技术
——以长岭地区火山岩为例 ………………… 张　玺　陈杏霞　曹　磊　曹　玥　刘曼丽(440)
高分辨率地震处理解释技术在岩性油气藏勘探中的应用——以歧口凹陷埕北低断阶为例
………………………………………………… 郭淑文　董晓伟　曾天玖　贺照权　王文涛(449)
岩溶风化壳气藏有利勘探区地震预测技术 ……………………………… 韩　翀　梅安鑫　彭　宇(455)
车拐地区火山岩风化壳储层结构识别及测井评价方法
………………………………………………… 李　静　胡婷婷　高　明　吴晨骁　高子杨(462)
高泉地区变速成图方法研究 ……………………… 叶　迪　王晓涛　陈　勇　胡可扬　郑　伟(465)

渤海海域南部盆缘凹陷湖相优质烃源岩发育主控因素

……………………………………………… 王飞龙　王德英　汤国民　潘文静　陈容涛(470)

叠前油气检测技术在渤海浅层隐蔽油气藏勘探中的应用与突破

……………………………………………… 张平平　周东红　姚永强　付　立　蒋志恒(478)

斜坡带盖层的逐级破裂与油气运移阶梯跃升

……………………………… 彭靖淞　牛成民　王德英　于海波　孙　哲　张　捷　肖锦泉(485)

构造形变体概念的提出及勘探意义 …… 吕丁友　黄　振　杨海风　张宏国　张　参　高雁飞(493)

渤海海域典型混合沉积与勘探实践 ……………… 杜晓峰　宋章强　徐　伟　张　参　李晓辉(501)

渤海新近系大型岩性油藏形成的主控因素与成藏模式研究——以莱北低凸起为例

……………………………………………… 杨海风　牛成民　王德英　王雪莲　张　参(512)

叠后多属性裂缝储层预测研究——以渤海A油田为例 ………………………… 龚　敏　李福强(520)

渤海湾盆地莱北低凸起岩性油藏成藏模式与勘探突破

……………………………………………… 温宏雷　杨海风　黄　振　郭　颖　吴庆勋(528)

与频率相关的Q补偿叠前深度偏移方法 ………… 陈　静　武　威　程润伟　吴晓丰　戴南浔(536)

松辽盆地南部长岭断陷火山岩成藏模式分析 …… 汤　昶　连晓亮　袁立川　宋利霞　刘士靖(540)

柴达木盆地三湖地区纵横波联合二维地震勘探实践

……………………………………………… 吴永国　邓志文　姜太亮　张文强　张立军(548)

滨里海盆地东缘地质演化新认识与勘探意义 …… 金树堂　胡永军　陈洪涛　盛善波　祝嗣安(552)

基于五维地震数据的碳酸盐岩裂缝型储层预测方法及效果

……………………………………………… 白雪莲　姚燕飞　张宏伟　钱宇明　滕振宇(564)

滨里海盆地东缘复杂盐下碳酸盐岩规模成藏主控因素及勘探方向

……………………………………………… 李　宝　金树堂　艾克拜江　丁学垠　仲伟祥(569)

南堡凹陷南部斜坡带聚砂规律及富砂区分布预测

……………………………………………… 张　广　徐颖新　李　赫　王　恺　杜英杰(576)

河套盆地临河坳陷石油地质新认识与勘探重大突破

……………………………… 张锐锋　陈树光　刘喜恒　王少春　王会来　刘　静　王胜亮(582)

低序级断层与岩性边界地震识别描述区分方法及应用

……………………………………………… 马玉歌　苏朝光　张　健　孟　阳　徐福刚(590)

车西北带沙三下砂砾岩有效储层控制因素及地震预测……………… 夏志威　巴素玉　宋　亮(596)

陆相页岩油岩相识别、特征分析及其优选评价方法——以鄂尔多斯盆地三叠系延长组长 7_3 亚段为例

李国欣[1]　刘国强[1]　侯雨庭[2]　赵先然[3]　吴金龙[3]　李伸专[3]

（1. 中国石油勘探生产分公司；2. 中国石油长庆油田分公司；3. 斯伦贝谢）

摘　要　本文采用非常规油气研究思路，以高精度岩石物理实验为基础，深入研究了长 7_3 段岩相微观与宏观特征及其测井响应规律，创新建立了源储一体型页岩油的岩相分类准则及其测井识别方法，精细描述了明确了不同岩相的源岩特征（总有机碳含量、有机质分布形式）、物性特征（储集空间类型、孔隙结构类型、孔隙度与渗透率分布）以及脆性矿物特征（含量、颗粒粒径、颗粒接触关系），提出了源岩品质、储层品质和工程品质相融合的页岩油有利岩相识别方法，即：源岩品质不以总有机碳含量的高低而论，良好源岩品质应为有机质呈分散状分布，有机孔较发育；良好的储层品质为孔隙结构良好（Ⅰ类或Ⅱ类），孔隙度较大（大于5%），渗透率较大（大于1000纳达西）；工程品质不以脆性矿物含量为唯一标准，而是要求兼顾脆性矿物含量较高（大于50%），粒度为粉细砂岩级，颗粒呈支撑结构。以此建立的方法，通过多井测井精细解释评价，确定出盆地中南部城80井区为长 7_3 有利岩相分布区，优选出长 7_3 页岩油两口风险探井-城页1和城页2-导眼井甜点段与水平井窗体，有力支持了城80井区风险勘探的成功实施。

关键词　陆相页岩油；测井特征；源岩特征；物性特征；脆性矿物特征；有利岩相；三品质；油气甜点

中国陆相盆地存在着丰富的页岩油气资源，是未来重要的战略性接替资源。近年来在鄂尔多斯盆地延长组、准噶尔盆地吉木萨尔芦草沟组、渤海湾盆地沧东凹陷孔二段以及松辽盆地青山口一段等地层陆续获得了工业油流[1]。相比于北美海相页岩油，中国以陆相沉积为主的页岩油储层由于多源、多期的沉积特征，具有矿物成分与孔隙结构更加复杂、非均质性更强的特征，对储层地质研究、“油气甜点”识别以及勘探开发目标优选均带来巨大挑战[2-5]，需加强基础理论研究，探索适合中国陆相页岩油储层评价的技术和方法。我国学者已在中国东部陆相盆地页岩油气勘探、评价方法和资源预测等方面开展了一系列探索性的研究工作，取得了一些重大进展[6-11]，这些研究主要集中于源岩特点、地质规律与勘探对策，对页岩油的岩相研究涉及较少，而岩相是页岩油甜点评价的一个重要基础。

鄂尔多斯盆地作为中国第二大沉积盆地，三叠系延长组长7段页岩分布广泛，优质烃源岩分布面积近 6.53×104km^2，资源潜力巨大，资源量达到33×108t[4,6]。长 7_1 和长 7_2 是源储分异型页岩油，长 7_3 则是源储一体型页岩油[7]。长 7_1 和长 7_2 为河流相沉积的砂岩储层，厚度较大，孔渗条件较好。长 7_3 段为湖湘沉积，物源多，相比于长 7_1 和长 7_2，矿物成分复杂，成岩作用复杂，岩相类型多样、储层孔隙结构复杂且非均质性强，如图1和图2所示，有利岩相特征难以掌握，准确识别更非易事，制约着油气甜点优选工作。

从2011年开始，基于所钻取的大量岩心及配套采集的一批测井新技术资料，本文作者带领的研究团队建立了长 7_3 的“七性关系”（岩性、物性、含油性、电性、烃源岩特性、脆性和地应力各向异性）铁柱子井，综合评价了“三品质”（储层品质、源岩品质和工程品质）特征，有效支持了长 7_3 直井的体积压裂改造试验，突破了直井出油关。但是，这些井的试采效果并不理想，产量下降快，累计产油量不高，因此，需深入研究 7_3 的有利岩相分布规律。

长期以来，采用常规油气研究思路，按照岩性类别将长 7_3 的岩相划分为四类[12]，即暗色泥岩、黑色页岩、凝灰岩和粉细砂岩，但是，无论是从源岩特征、矿物特征和物性特征等微观结构，还是测井特征的宏观特征，均表明这种岩相分类方法掩盖了长 7_3 的复杂性，难以真正地识别有利岩相。有鉴于此，近三年来，该团队以岩石

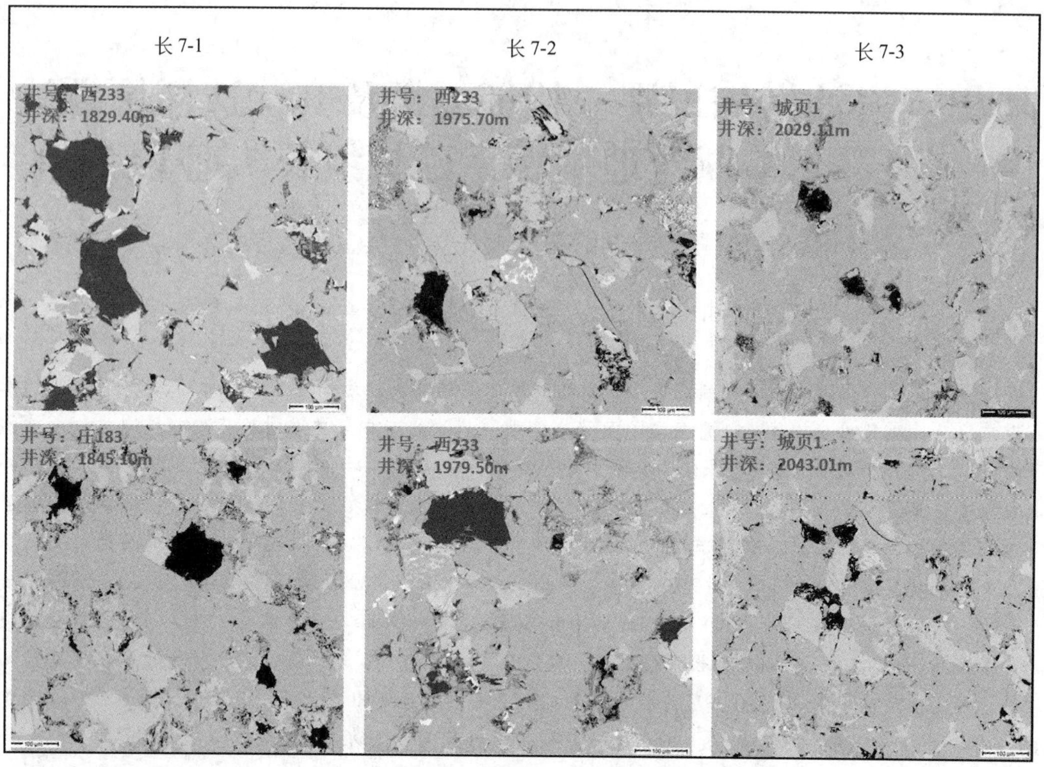

图 1　长 7_1、7_2和长 7_3相同视野(0.7mm×0.7mm)孔隙图像对比图

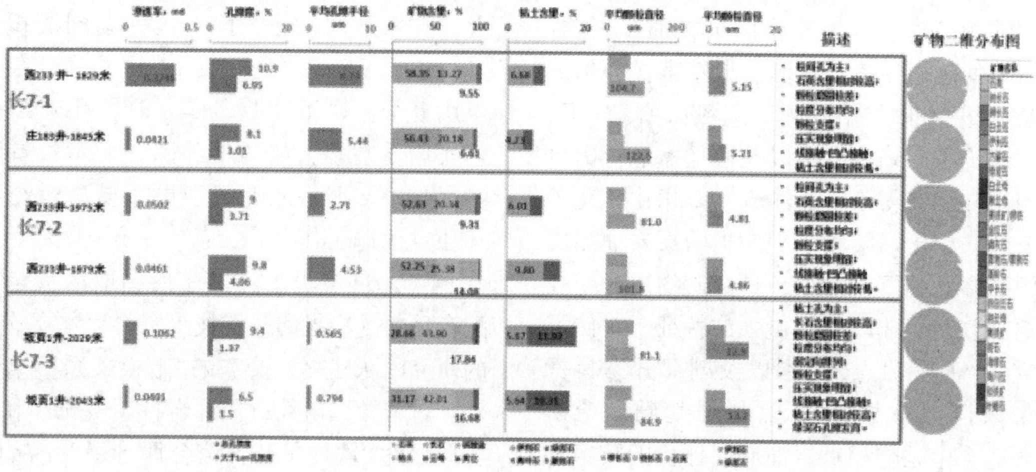

图 2　长 7_1、7_2和 7_3储层参数特征综合对比

物理实验为基础，深入研究了长 7_3的测井响应规律，并据此建立了岩相分类方法及其测井识别方法，并采用非常规油气研究思路以及高精度岩石物理实验，深入研究长 7_3的微观特征，并在此基础上优选确定出甜点层段与平面分布区，为水平井部署及其大型压裂改造提供技术支持，实现工业油流的突破。

1　岩相测井识别

在测井“七性关系”(岩性、物性、电性、含油性、源岩特性、脆性和地应力各向异性)评价基础上，并结合岩心特征的描述，明确 7_3页岩油不同岩相的测井特征，并进一步建立岩相测井识别标准。

测井资料组合图(图 3)表明：长 7_3地层的纵向非均质性很强，常规测井曲线之间没有明显的“四性”关系特征，总自然伽马响应变化较大，中子、密度和声波曲线相互之间基本呈“铁轨”关系，基本不能用于储层识别，而电阻率曲线的响应也基本不反应流体性质的变化，但核磁测井 T2 谱可以有效地识别储层，电成像测井反应总

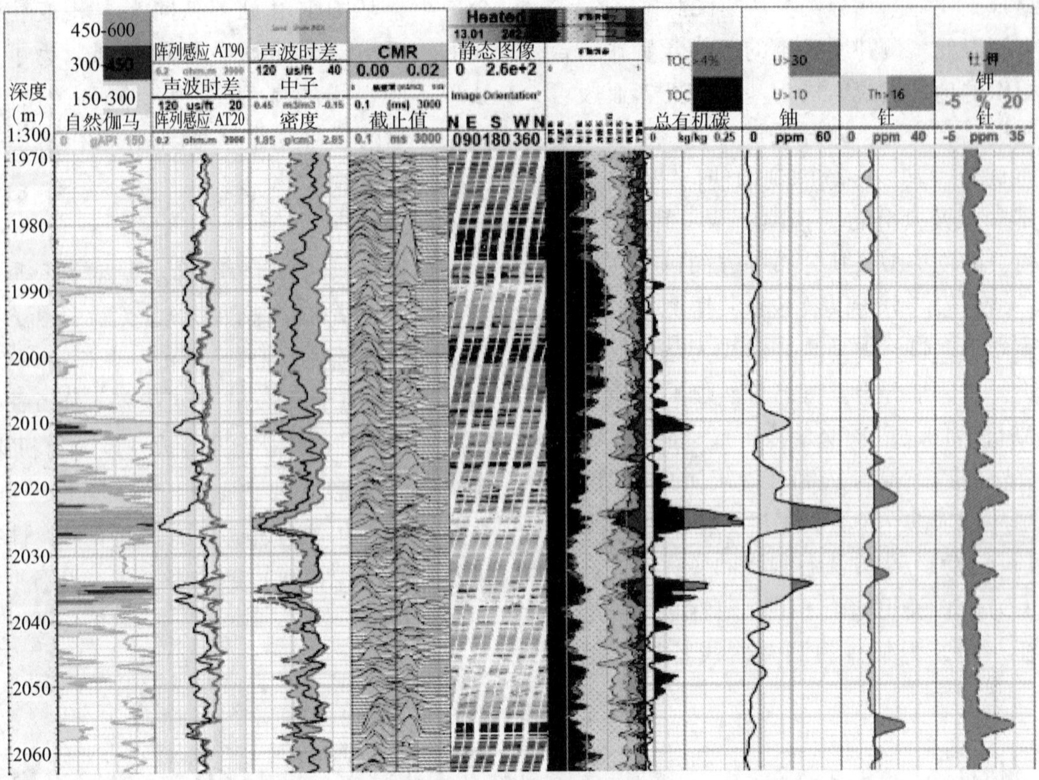

图 3　长 7_3地层测井组合图

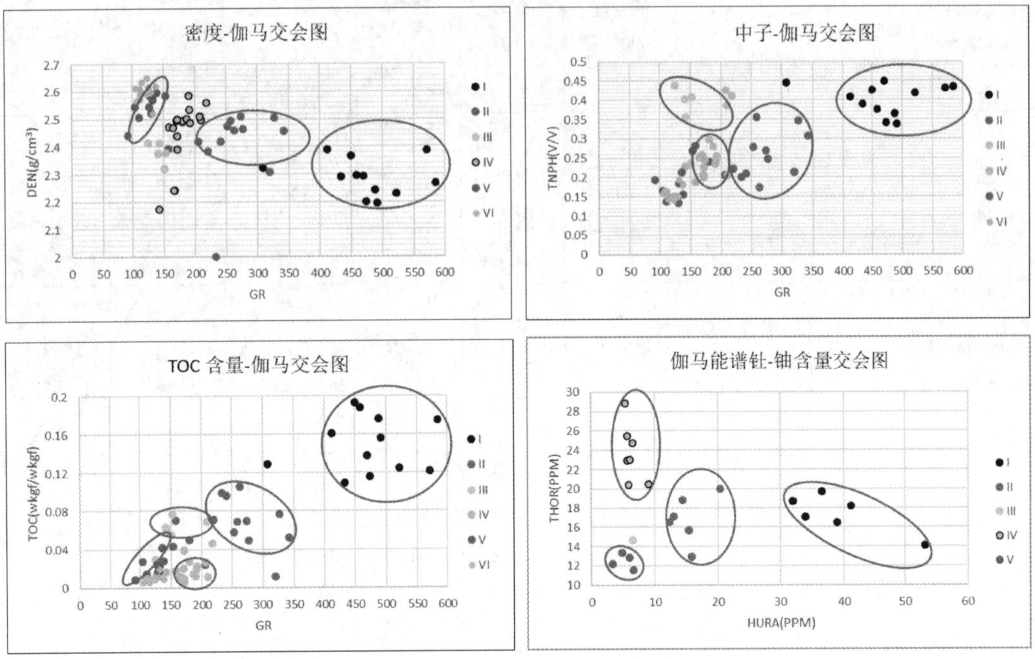

图 4　长 73 页岩油地层岩相测井分类图版

体呈纹层结构特征，粒度非常细；自然伽马能谱测井(铀、钍、钾)和化学元素测井可以在纵向上确定有机质含量(TOC)和黏土、硅质和钙质及黄铁矿等矿物含量，建立常规测井曲线和地层矿物组分之间的关系，厘清自然伽马曲线响应特征的机理，确定有利岩相和甜点优选。在常规测井曲线和自然伽马能谱曲线的基础上，可以初步建立长 7_3地层岩相分类图版(图 4)，但岩相之间特征有重合的部分，需要结合核磁、元素和电成像等特殊测井资料才能进一步准确细化储层识别和岩相分类。充分利用成像测井和扫描测井等新技术资料，明确不同岩相的测井响应特征，与常规测井相结合，建立岩相分类方法与图版。

首先，以元素测井所确定的矿物含量并结合电成像揭示的地层宏观结构为基础，长7_3亚段可划分为三类页岩岩相，即硅质页岩、黏土质页岩和凝灰质页岩。其后，考虑到即使同一类岩相，在有机质丰度及其分布、孔隙类型、孔渗大小、孔隙结构、矿物类型及其分布等方面也存在较大的差异。结合岩心分析以及核磁共振测井的评价成果，建立了以自然伽马测井曲线为基础的岩相细分方法，具体细分为：特高自然伽马硅质页岩(Ⅰ)、高自然伽马硅质页岩(Ⅱ)、高自然伽马黏土质页岩(Ⅲ)、高自然伽马凝灰质页岩(Ⅳ)、中自然伽马硅质页岩(Ⅴ)及中自然伽马黏土质页岩(Ⅵ)，这种分类方法有很强的实际操作性。

表1为这六类不同岩相的“四性关系”及其测井特征。图5为某井的测井曲线特征岩相划分成果，从图中可见，纵向上岩相变化是比较快的，反应储层非均质性比较强。为了更好地认识不同岩相的各种特征，必须进行针对性的高精度岩心实验分析，揭示和量化各类岩相的内幕特征。

2　岩相特征

在测井识别岩相基础上，针对性钻取柱塞状岩心样品，开展高精度岩心实验分析(TRA物性、高精度核磁、高压压汞、纳米CT扫描、扫描电镜、聚焦离子-电子双束微镜等)研究，研究源岩特征(干酪根类型与成熟度、有机碳含量、有机质分布形式)、储层特征(储集空间类型、孔隙结构、孔渗分布)和脆性特征(脆性矿物含量及其粒径、颗粒接触关系)等，明确不同岩相的微观特征。

表1　长7_3页岩油地层岩相划分测井响应特征

岩相	测井相	自然伽马	密度、中子	声波	电阻率	元素测井	电成像测井	图例
硅质页岩	Ⅰ特高自然伽马硅质页岩	自然伽马特高>300API、铀含量特高>8ppm、钍含量低值	低密度、高中子	特高声波时差	高电阻率	硅质含量高、黄铁矿含量高、黏土含量20%~40%、TOC大于6.0wt%	薄层发育	
	Ⅱ高自然伽马硅质页岩	自然伽马高150API-300API、铀含量高3~8ppm、钍含量低	相对低密度、低中子	中等声波时差	中-高电阻率	硅质含量高、黄铁矿含量低、黏土含量小于30%、TOC 2.0wt%~4.0wt%	薄层发育、变形构造	
	Ⅴ中自然伽马硅质页岩	自然伽马中等<150API、铀含量低、钍含量低	低密度、低中子	中等声波时差	中-高电阻率	硅质含量高、黄铁矿含量低、黏土含量小于25%、TOC 2.0wt%~3.0wt%	薄层发育、变形构造	
黏土质页岩	Ⅲ高自然伽马黏土质页岩	自然伽马高150API-300API、铀含量高3~8ppm、钍含量中等	低密度、高中子	高声波时差	高-中电阻率	硅质含量低、黄铁矿含量中等、黏土含量大于40%、TOC 3.0wt%~6.0wt%	薄层发育	
	Ⅵ中自然伽马黏土质页岩(主要发育在北部)	自然伽马中等<150API、铀含量中等<3ppm、钍含量中等	高密度、高中子	中等声波时差	中电阻率	硅质含量低、黄铁矿含量中等、黏土含量大于40%、TOC小于1.0wt%	薄层发育	
凝灰质页岩	Ⅳ高自然伽马凝灰质页岩	自然伽马高150API~300API、铀含量低值、钍含量高>14ppm	低密度、高中子	高声波时差	低电阻率	硅质含量高、黄铁矿含量中等、黏土含量小于30%、TOC 1.0wt%~2.0wt%	薄层发育、变形构造	

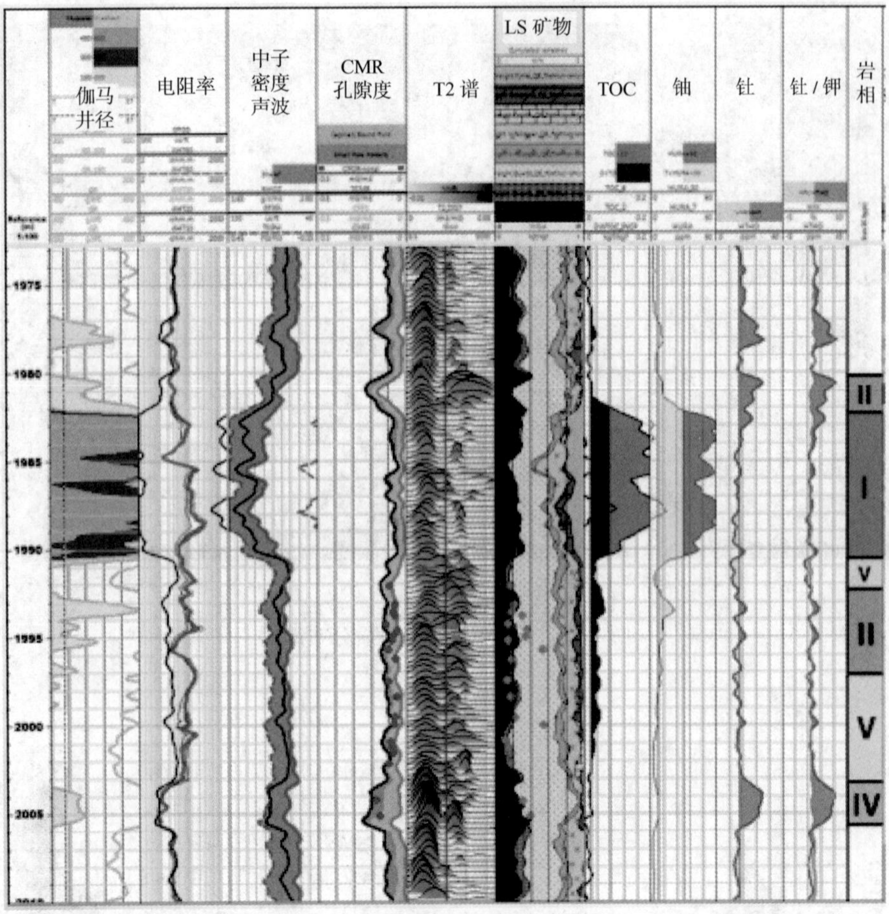

图 5　长 7_3页岩地层岩相划分实例

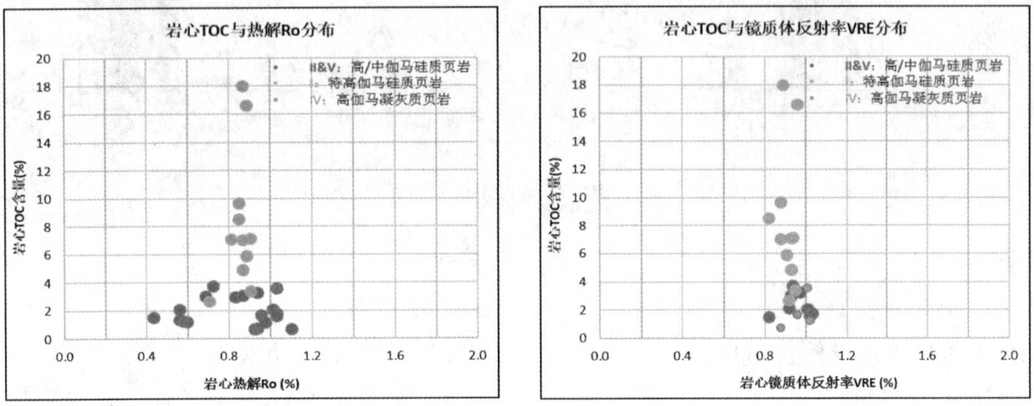

图 6　长 7_3地层 30 块样品总有机碳和岩石热解、VRO 镜质体反射率分析结果

2.1　源岩特征

岩石热解和镜质体反射分析表明，长 7_3地层干酪根类型主要为Ⅱ$_1$型，处于成熟生油窗(图6)，Ⅰ类特高伽马硅质页岩的总有机碳含量最高，一般大于 8%，Ro 为 0.8%～1.0%，干酪根排烃能力中等；Ⅱ/Ⅴ类高/中伽马硅质页岩总有机碳含量低于Ⅰ类，为 2%～8%，Ro 为 0.8%～1.1%，干酪根排烃能力较好；Ⅲ/Ⅵ类高/中伽马黏土质页岩总有机碳含量为 4%～10%，Ro 大于 1%，干酪根排烃能力中等；%～类高伽马凝灰质页岩总有机碳含量很低，一般小于 2%，Ro 为 0.8%～1.0%，干酪根排烃能力最差。

综合观察各类岩相页岩的扫描电镜图像，认为Ⅰ类特高自然伽马硅质页岩、Ⅲ类和Ⅵ类黏土质页岩的有机质含量相对较多，主要以层状、透镜状和网状分布(图 7)。Ⅱ类和Ⅴ类硅质页岩、Ⅳ类凝灰质页岩有机质丰度较小，有机质主要以分散状分布。

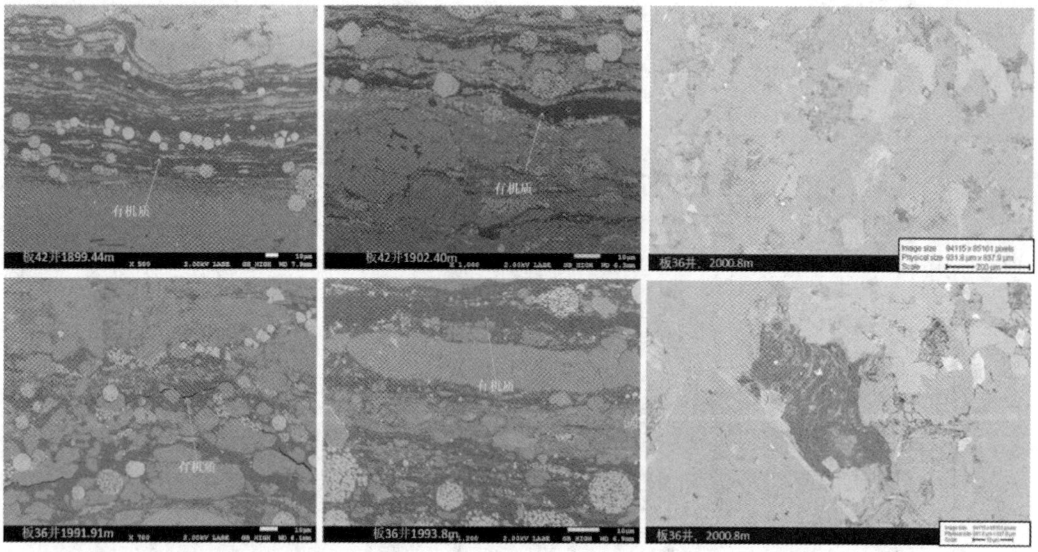

I类，特高伽马硅质页岩有机质分布　　V类，中伽马硅质页岩有机质分布

图7　长7_3硅质页岩有机质分布形式

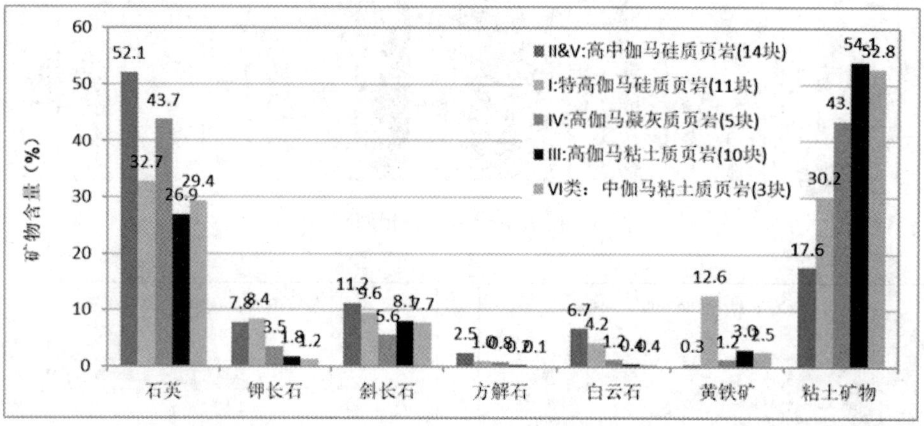

图8　长7_3地层40块样品XRD全岩矿物分布特征

2.2　矿物特征

综合岩心XRD分析（图8）、数字岩心QEMSCAN扫描电镜矿物定量评价结果，Ⅰ类特高伽马硅质页岩的石英含量一般大于30%，黏土含量介于20%～40%，黄铁矿含量很高，大于8%。Ⅱ类和Ⅴ类高/中伽马硅质页岩的石英含量大于50%，黏土含量少于30%，黄铁矿含量较少，低于5%。Ⅲ类高中伽马黏土质页岩的石英含量一般小于30%，黏土含量大于50%，黄铁矿含量小于5%。Ⅳ类高伽马凝灰质页岩的石英含量一般为40%以上，黏土含量23%～50%，黄铁矿含量最少，低于2%。长73黏土矿物主要伊利石、绿泥石组成。Ⅵ类中伽马黏土质页岩的石英含量一般低于30%，黏土含量50%，黄铁矿含量小于5%。

2.3　物性特征

2.3.1　储集空间类型

长7_3地层孔隙类型多样，孔隙结构较为复杂，且孔径较小，以微米级和纳米级为主，如图9所示。Ⅱ、Ⅴ类中自然伽马硅质页岩的储集空间类型主要有剩余粒间孔与粒间溶孔、黏土矿物粒间孔、粒内溶孔（长石、石英等矿物）、有机质内孔、微裂隙及少量晶间孔。Ⅰ类特高自然伽马硅质页岩的储集空间类型，主要有黏土矿物粒间孔、有机质内孔、粒间溶孔及少量微裂隙。Ⅲ类高自然伽马黏土质页岩的储集空间类型，主要是有机孔、剩余粒间孔、黏土矿物晶间孔以及黄铁矿晶间孔。Ⅳ类页岩为粒间孔、粒间溶孔和黏

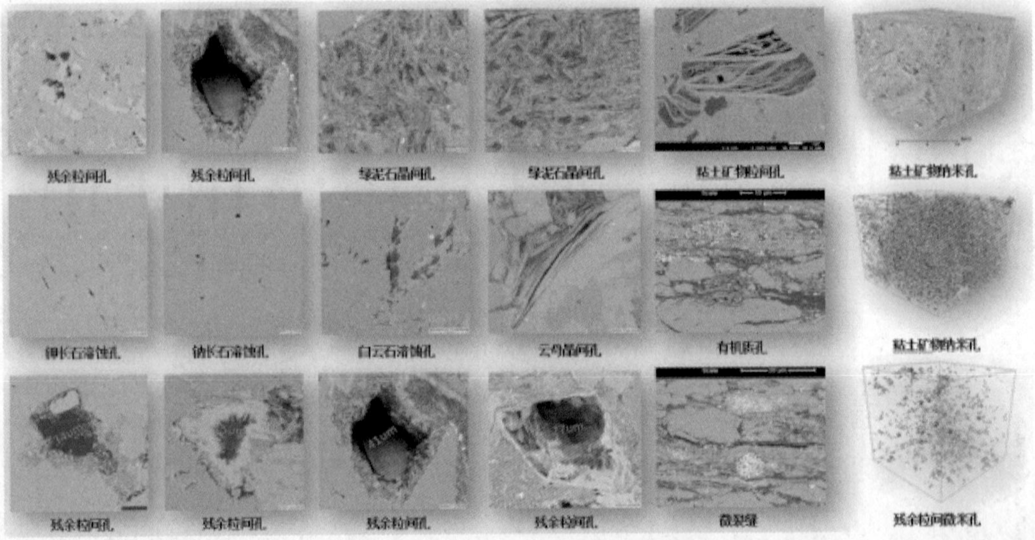

图 9　长 7_3 页岩主要储集空间类型

土矿物粒间孔等。

2.3.2　孔隙结构特征

针对长 7_3 地层孔隙结构复杂、孔径较小纳米孔发育的特点，采用岩心高压压汞方法、CO_2 及 N_2 吸附试验方法和核磁共振测井方法，精细评价不同岩相的孔喉特征。图 10 为 12 个样品的高压压汞毛细管压力曲线，从中可以看出，Ⅴ类中自然伽马硅质页岩的孔隙结构相对较好，排驱压力最小；Ⅰ类特高伽马硅质页岩和Ⅳ类凝灰质页岩的孔隙结构差，排驱压力大；Ⅲ类高自然伽马黏土质页岩的孔隙结构最差，排驱压力最大。12 块样品排驱压力基本都大于 300psi（2MPa），孔隙喉道较小。

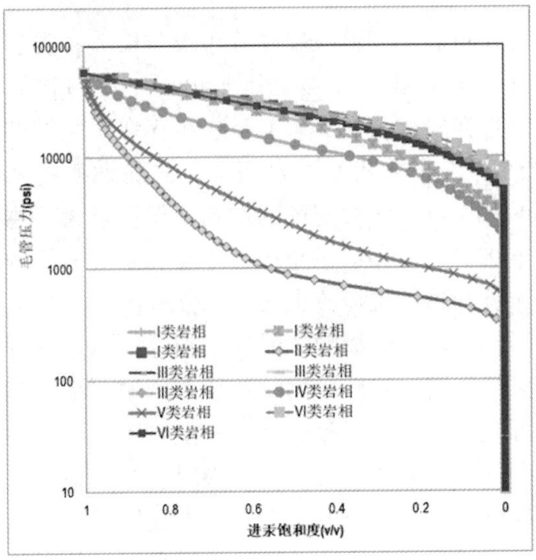

图 10　长 7_3 地层 12 块样品高压压汞曲线图

将气体吸附试验和高压压汞实验得到的孔喉分布综合对比（图 11），认为长 7_3 页岩油储层孔隙及喉道均较小，均以纳米级为主，表明储层的储集性能相对较差。其中Ⅲ类高伽马黏土质页岩喉道半径（主要分布在 50nm 以下）要明显低于Ⅱ/Ⅴ类高/中伽马硅质页岩、Ⅰ类特高伽马硅质页岩以及Ⅳ类高伽马凝灰质页岩的喉道半径，而微小孔隙所占比例（CO_2 吸附试验结果）明显更高。Ⅱ/Ⅴ类高/中伽马硅质页岩的孔隙结构要明显好于其他类型的页岩。

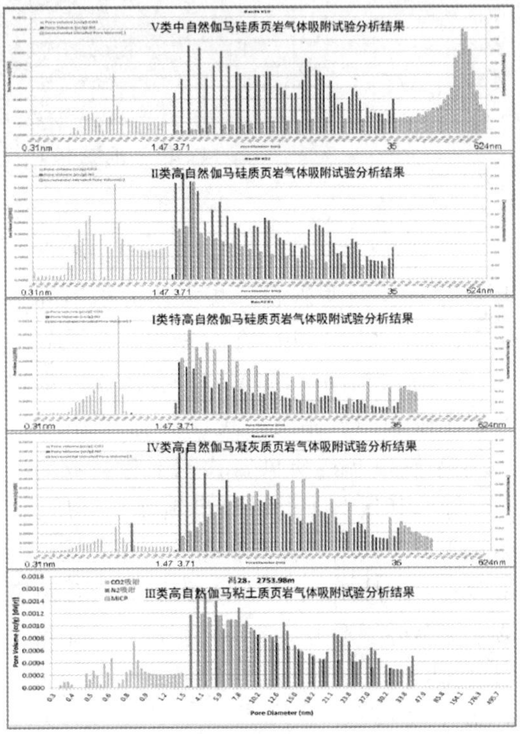

图 11　气体吸附试验分析结果

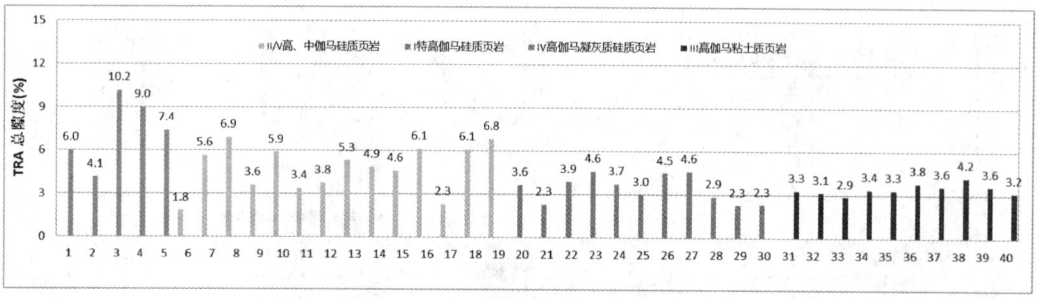

图 12　长 7_3地层 40 块样品 TRA 孔隙度分析结果

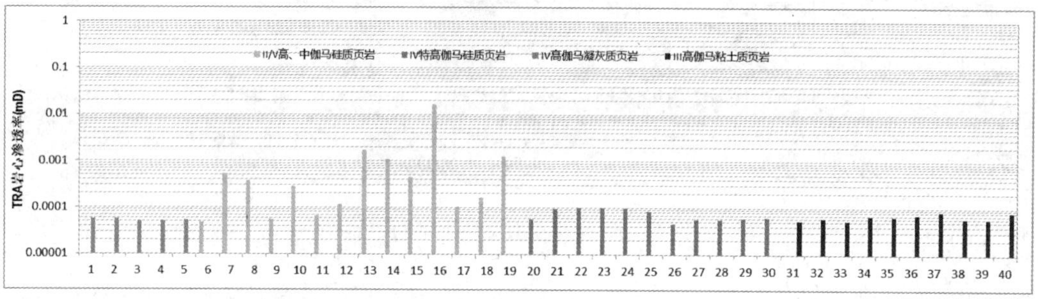

图 13　长 7_3地层 40 块样品 TRA 渗透率分析结果

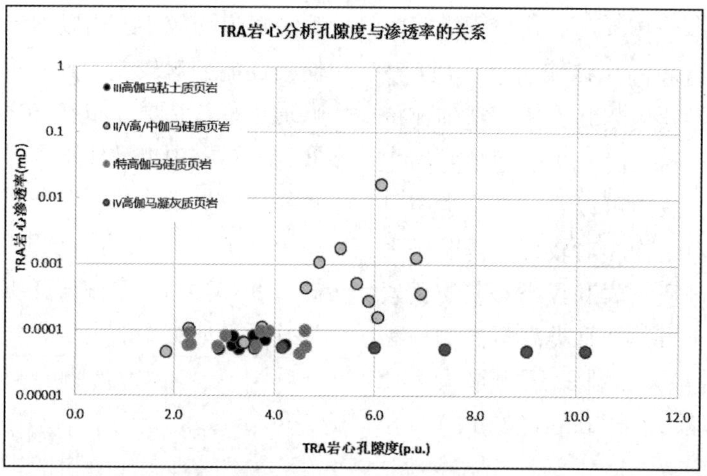

图 14　长 7_3地层 40 块样品 TRA 岩心孔隙度与渗透率的关系

2.3.3　孔渗特征

长 7_3页岩孔隙度低，渗透率极低，因此，岩心上采用 TRA 致密岩石分析方法分析不同岩相的孔渗特征。图 12 和图 13 分别为长 7_3页岩地层 4 口井共 40 块样品的 TRA 岩心孔隙度、渗透率和饱和度按不同岩相类型统计的直方图。Ⅱ/Ⅴ类高/中自然伽马硅质页岩孔隙度相对较高，渗透性最好，其次为Ⅰ类特高自然伽马硅质页岩。Ⅳ类高伽马凝灰质页岩虽然孔隙度相对较高，但渗透性较差。从图 14 的 TRA 岩心分析孔隙度与渗透率交会可以看出，不同岩相页岩的孔渗关系差别很大，储层的非均质性很强。

2.4　脆性特征

基于数字岩心实验矿物分析的脆性矿物含量、分布形式和颗粒尺寸分布表明长 7_3各类岩相都有一定的脆性矿物含量(40%~70%)，但Ⅰ类、Ⅲ类岩相与Ⅱ类、Ⅴ类岩相存在明显的差异(图 15)：Ⅱ类和Ⅴ类岩相主要的脆性矿物颗粒石英和长石呈骨架支撑的形式，粒径较大，主要分布在 10~100μm 的范围。Ⅰ类和Ⅲ类岩相的石英和长石颗粒粒径较小，主要分布在 1~10μm 的范围，与黏土矿物颗粒的粒径相近，不具有骨架支撑的作用。脆性矿物的粒径和接触关系的差异很可能是导致压裂效果差异的主要因素。脆性矿物含量高并不能代表压裂效果就会好，脆性矿物的相对含量不是影响长 7_3页岩油储层压裂效果的唯一关键因素，脆性矿物的粒径和接触关系的差异是导致压裂效果差异的主要因素。

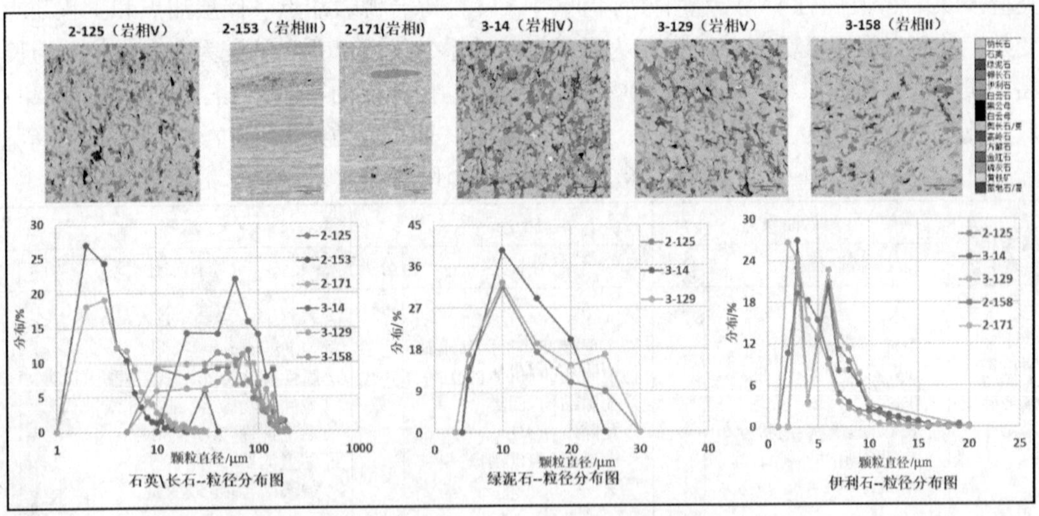

图 15 长 7_3 不同岩相矿物粒度分布图

3 有利岩相优选评价

在上述六类岩相的测井、源岩、矿物、物性和脆性等五个方面特征的精细描述基础上，可从源岩品质、储层品质和工程品质(主要指可压裂性)等三个方面确定有利岩相评价标准，并分别确定出源岩甜点、储层甜点和工程甜点，结合这三类甜点的配置关系确定出有利岩相类型，进而优选油气甜点段分布。

3.1 源岩品质

页岩油甜点评价中，不宜以总有机碳含量高低作为是否为甜点的一个关键标准[13,14]，而且，在长 7_3 优质烃源岩分布域内，源岩的生排烃能力均很强，其不是应关注的主要因素，而是应将源岩品质评价更多地侧重于如下两个因素：

一是储层中有机质的分布形式以及微裂缝发育程度，显然，有机质分散状分布、微裂缝发育，有利于压裂改造，源岩品质就好；

二是有机孔的发育程度，发育程度越好，源岩增强油气储集能力越强，源岩品质越好。

基于上述的评价方法，Ⅰ类、Ⅱ类、Ⅲ类、Ⅳ类、Ⅴ类和Ⅵ类岩相的源岩品质分别为差、好、差、中等、好、差，如表 3 所示。相应地，Ⅱ类和Ⅴ类岩相是源岩甜点。

3.2 储层品质

长 7_3 页岩储层的均层薄层状宏观结构(如表 3 所示)，因此，储层品质主要考虑物性特征即储集空间类型、孔隙结构和孔渗分布等三个方面进行评价，并优选出页岩储层甜点的岩相类别。因此，对于Ⅱ类和Ⅴ类岩相，储集空间主页为剩余粒间孔与粒间溶孔，半径大于 100 纳米的孔喉占比高，排驱压力小，孔隙结构好，孔隙度最大(4%~12%)，渗透率最大(几百到几千纳达西)，因此，此两类岩相的储层品质最好，进一步确定出Ⅰ类、Ⅱ类、Ⅲ类、Ⅳ类、Ⅴ类和Ⅵ类岩相的储层品质分别为差、好、差、中等、好、差，如表 3 所示。相应地，Ⅱ类和Ⅴ类岩相是储层甜点。

3.3 工程品质

页岩地层的脆性除了与脆性矿物的含量直接有关外，还与脆性矿物粒径及其颗粒接触关系密切相关。显然，脆性矿物的含量越多，粒径越大，颗粒呈骨架支撑形式越多，则岩石脆性越强，可压裂性越好，页岩储层的压裂改造效果越好。如表 2 所示，Ⅱ和Ⅴ类岩相的脆性矿物以石英、长石为主，含量大于 70%，细粒矿物间呈颗粒支撑接触，因此，Ⅱ和Ⅴ类岩相的工程品质最好，是工程甜点的有利岩相。

3.4 有利岩相优选

综合岩心分析结果与测井曲线特征分析发现，不同岩相其测井相应及储层特征具有明显差别。Ⅰ类页岩有机质含量高，测井响应上具有极高的伽马值。Ⅱ类和Ⅴ类页岩黏土含量相对较低，与Ⅰ类特高 GR 和Ⅲ类、Ⅵ类黏土质页岩岩相相比，中子孔隙度值有所降低。Ⅳ类凝灰质页岩有机质含量低，密度值相对较高，伽马能谱钍元素含量明显高于其他岩相，且表现为低电阻率特征。硅质页岩比黏土质页岩更具优势，尤其是Ⅱ类和Ⅴ类硅质页岩，脆性矿物含量一般在 70% 以上，粒径较大，颗粒之间接触关系好，有利于储层压裂改造，储层孔隙度一般在 3% 以上，渗透率大于 100nD，50~600nm 孔隙比例较高。其次为Ⅰ类硅质页岩，但脆性矿物含量有所降低，物性也变差，孔隙以微小孔为主。差岩相为Ⅲ类和Ⅵ类黏土质页岩，脆性矿物含量低于50%，孔隙度较低，孔隙以微小孔为主。

综合源岩甜点、储层甜点和工程甜点的配置关系，优选出Ⅱ和Ⅴ类为甜点岩相，为长7_3页岩油勘探开发的有利岩相，Ⅳ类为一般甜点岩相，Ⅰ、Ⅲ和Ⅵ类为非甜点岩相，如表2所示。因此，

表2　长7_3页岩油三品质评价成果表

岩相	测井相	源岩品质		储层品质		工程品质		甜点
		特性描述	分类	特性描述	分类	特征描述	分类	
硅质页岩	Ⅰ特高自然伽马硅质页岩	TOC特高>8% 成熟度 Ro 0.8%~1.0% 层状、透镜状、网状分布 有机孔相对不发育	差	主要储集空间：黏土矿物粒间孔、有机质内孔 孔隙结构：四类 孔隙度：<4% 渗透率：<100纳达西	差	石英+长石+白云石+方解石含量：40%~60% 脆性矿物分布形式：被黏土包裹 脆性矿物粒径：细（<5微米） 黏土含量：20%~30% 黏土类型：伊泥石 黄铁矿含量：>8%wt	差	非甜点
	Ⅱ高自然伽马硅质页岩	TOC中等2wt~4wt% 成熟度 Ro 0.9~1.1 Ⅰ型酪根 有机质分散状分布 有机孔发育 微裂缝发育	好	主要储集空间：粒间溶孔、黏土矿物粒间孔、粒内溶孔、微裂隙、晶间孔 孔隙结构：一类、二类 孔隙度：4%~12% 渗透率：几百到几千纳达西	好	石英+长石+白云石+方解石含量：>70% 脆性矿物分布形式：包裹细粒黏土 脆性矿物粒径：相对粗（>10微米） 黏土含量：<30% 黏土类型：伊泥石、绿泥石 黄铁矿含量：<5%wt	好	甜点
	Ⅴ中自然伽马硅质页岩	TOC相对较低2wt~3wt% 成熟度 RO 0.9~1.1 Ⅰ型酪根 分散状分布 有机孔发育 微裂缝发育	好	主要储集空间：粒间孔、粒间溶孔、黏土矿物粒间孔、微裂缝、晶间孔 孔隙结构：一类、二类 孔隙度：4%~12% 渗透率：几百到几千纳达西	好	石英+长石+白云石+方解石含量：>70% 脆性矿物分布形式：包裹细粒黏土 脆性矿物粒径：粗（>10微米） 黏土含量：<25% 黏土类型：伊泥石、绿泥石 黄铁矿含量：<3%wt	好	甜点
黏土质页岩	Ⅲ高自然伽马黏土质页岩	TOC高3wt~6wt% 成熟度 RO 0.7~0.9 Ⅰ型酪根 有机质层状、透镜状、网状分布 有机孔不发育 微裂缝发育	差	主要储集空间：黏土矿物粒间孔、有机质内孔 孔隙结构：四类 孔隙度：<5% 渗透率：<100纳达西	差	石英+长石+白云石+方解石含量：40%~50% 脆性矿物分布形式：被黏土包裹 脆性矿物粒径：细（<5微米） 黏土含量：30%~40% 黏土类型：伊泥石 黄铁矿含量：5%wt~8%wt	差	非甜点
	Ⅵ中自然伽马黏土质页岩	TOC低小于1wt% 成熟度 RO 0.5~0.7 Ⅰ型酪根 有机质层状、透镜状、网状分布 有机孔不发育 微裂缝发育	差	主要储集空间：黏土矿物粒间孔 孔隙结构：四类 孔隙度：<3% 渗透率：<100纳达西	差	石英+长石+白云石+方解石含量：<50% 脆性矿物分布形式：被黏土包裹 脆性矿物粒径：细（<5微米） 黏土含量：>50% 黏土类型：伊泥石 黄铁矿含量：<2%wt	差	非甜点
凝灰质页岩	Ⅳ高自然伽马凝灰质页岩	TOC低1wt%~2wt% 成熟度 RO 0.8~1.0 Ⅰ型酪根 有机质分散状分布 有机孔不发育 微裂缝不发育	差	主要储集空间：粒间溶孔、粒内溶孔、微裂隙、晶间孔 孔隙结构：三类、四类 孔隙度：3%~10% 渗透率：<100纳达西	中等	石英+长石+白云石+方解石含量：60%~70% 脆性矿物分布形式：包裹细粒黏土和火山灰 脆性矿物粒径：中等（5~10微米） 黏土含量：25% 黏土类型：伊泥石、绿泥石 黄铁矿含量：<2%wt	中等	一般甜点

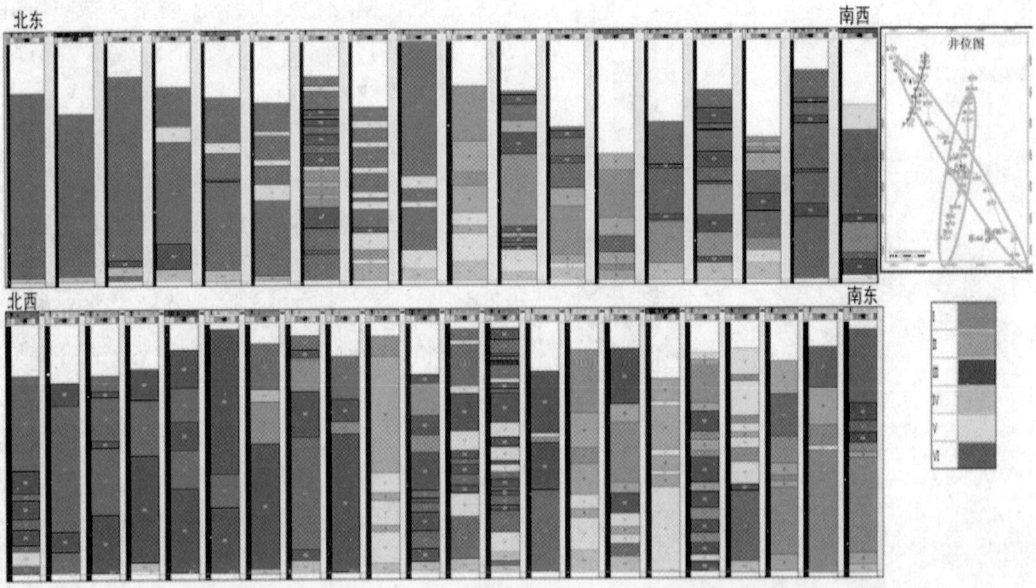

图 16　长 7_3 地层页岩岩相连井剖面图(北东-南西，北西-南东)

根据表 1 所示的各类岩相测井响应特征，就可实现测井识别有利岩相，并进而确定出油气甜点分布段。

3.5　典型应用实例

结合区域的地质背景资料，以单井的有利岩相识别为基础，在鄂尔多斯盆地天环凹陷选择北西-南东、北东-南西三条连井剖面进行页岩岩相分布特征研究、分岩相进行储层参数评价和平面分布规律研究，主要包括：储层厚度、孔隙度、有机碳含量和镜质体反射率 Ro 的平面分布特征。研究结果初步确定了长 7_3 页岩有利岩相发育的区域和“甜点”平面分布(图 16)。

位于盆地北部的南西-北东向剖面上共有 12 口老井，页岩岩相划分结果表明：页岩岩相类型相对简单，以黏土质页岩为主，细分为高伽马黏土质页岩和中伽马黏土质页岩。

盆地中部的南西-北东向剖面上共有 18 口老井，页岩岩相划分结果表明：页岩岩相类型从南西到北东变化较大，南部岩相类型丰富，发育多种岩相类型，以不同类型的硅质页岩为主，而北部页岩类型较单一，以中伽马黏土质页岩为主。

以南东-北西向剖面为例，通过划分 22 口老井的页岩岩相，结果表明：页岩岩相类型从南东到北西变化较大，南部以特高伽马硅质页岩为主，其次为中伽马泥质页岩，中部岩相类型较丰富，发育多种岩相类型，以不同类型的硅质页岩为主，而北部页岩类型相对单一，以高、中伽马黏土质页岩为主。

在“铁柱子“井岩相识别和“七性”关系研究的基础上，针对长 7_3 陆相页岩油的单井和多井进行了精细储层评价，建立了直井的甜点段识别和评价标准，最终确定水平井窗体位置；并在有利岩相和储层“三品质”多井分析的基础上，确定以有利岩相识别和分类为基础的长 7_3 页岩油甜点平面展布(图 17)。结果表明研究区域中南部的甜点最发育。

在前期地质综合研究基础上，并结合多口直井中具有较好产能的试油层岩相特征，为了进一步落实 7_3 页岩油的勘探潜力，基于上述有利岩相识别分类与甜点平面分布规律，优选出城 80 区块城页 1 导眼井和两口水平井城页 1、城页 2 井的水平井部署位置，如图 21 所示。城页 1 和城页 2 井水平段长度分别为 1600m 和 1760m，水平段间距为 200m。

在城页 1 和城页 2 两口井实施过程中，真正践行了“地质-工程-地质”一体化的理念，地质指导工程、工程反馈地质，围绕同一勘探开发目标，实现长 7_3 陆相页岩油水平井勘探突破。在深化地质认识和梳理已取得成果的基础上，解释人员实时支持，密切跟踪随钻实施，对实时获得的随钻测井数据开展精细分析，对两口井水平井的岩相进行了划分，并对储层“三品质”参数进行了精细评价，为水平井着陆点优化和压裂改造设计优化提供了可靠数据支持。

压裂设计在整体采用大规模体积压裂理念的同时，根据三品质的评价成果和地质认识，精细

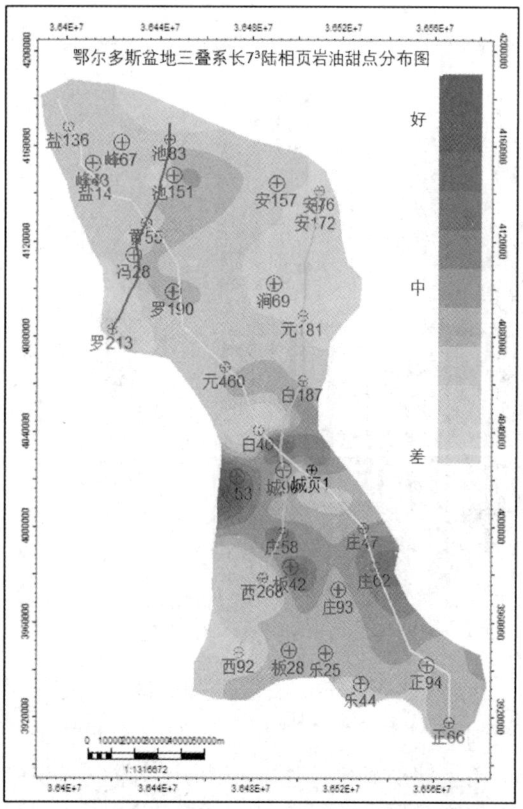

图 17　研究区域长 7_3 页岩油储层甜点平面分布

化分级分段，优化措施工艺针及压裂改造体系，对不同岩相类型采取不同的策略，完善射孔工艺选型。针对水平井钻井中随钻导向、提高单产等难题，从地质导向、随钻分析、测井评价、压裂改造等方面入手，保障每一口探井钻井实施效果的提质、提速、提效。特别是在地质导向过程中，长庆油田应用国际领先的无化学源中子密度随钻测井+旋转地质导向，实现了对地层变化做出快速准确的实时响应，有效保证轨迹平滑及Ⅴ类优势岩相“有效甜点”钻遇率，城页 1 井、城页 2 井两口井均提前 5 天完钻，施工合格率 100%，各项生产技术指标全优。针对Ⅱ/Ⅴ类优质岩相重点改造，增大加砂强度；对Ⅰ/Ⅲ类岩相段选择一些层段通过专门设计尝试性压裂，充分体现了基于储层综合评价成果的设计的精细化与针对性。两口井测试求产，分别获日产 121.38 吨、108.38 吨高产工业油流(图 18)，体现了储层精细评价对陆相页岩油勘探突破技术支撑的重要性。

城页 1 和城页 2 两口水平井的示踪剂返排结果分析表明：Ⅱ类和Ⅴ类岩相发育层段示踪剂返排效果较好，而Ⅰ类、Ⅲ类和Ⅳ类岩相发育层段示踪剂返排效果较差(图 18)。由于各类岩相的脆性矿物含量差别不大(>60%)，脆性矿物的含量差别不是实际压裂和返排差异的主要原因。针对以上示踪剂返排效果差异的进一步研究，通过数字岩心微观实验的结果分析发现主要是由于脆性矿物的颗粒大小、分布形式和与细粒的柔性矿物之间的接触关系差别造成的。

4　启示与意义

在借鉴北美海相页岩油气“地质-工程-地质”一体化评价方法的基础上，深化长 7-3 陆相页岩油地层认识和“三品质“精细评价，根据陆相页岩油的特点建立了相应的有利岩相识别和甜点评价标准，在甜点区发育的区域进行井位部署，对城页 1、城页 2 两口水平井，开展了以Ⅴ类优势岩相为甜点的页岩油“水平井+体积压裂”提产增效攻关试验并取得成功突破，对中国页岩

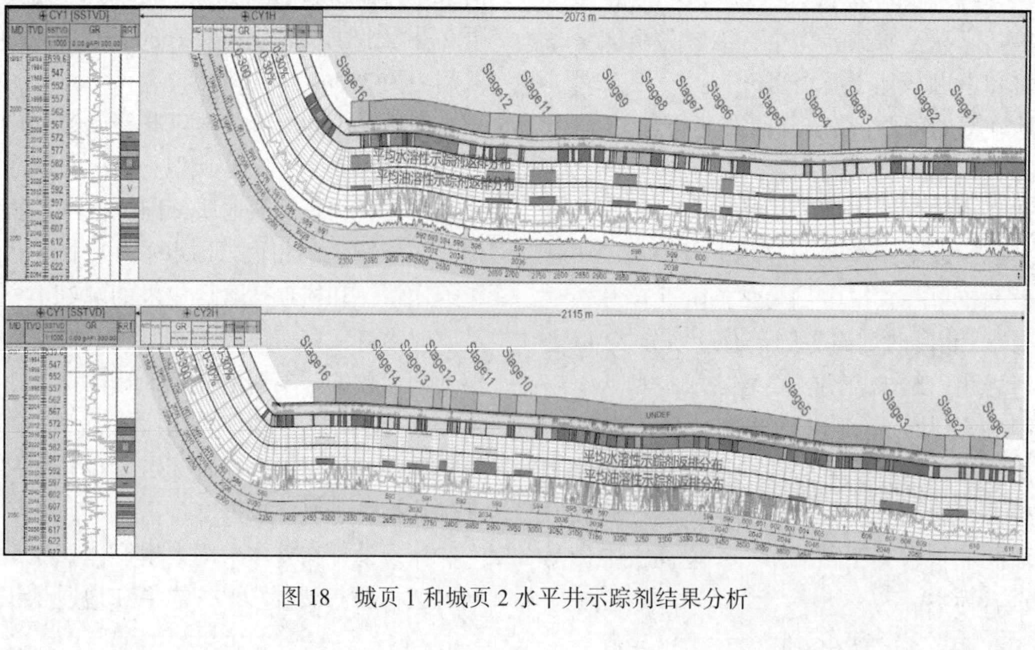

图 18　城页 1 和城页 2 水平井示踪剂结果分析

油的勘探具有重要实际指导作用和重要的启示意义，也为中国陆相页岩油的风险勘探提供可借鉴的研究思路和方法，具体结论和认识为：

（1）成熟度适中的高 TOC 优质烃源岩是陆相页岩油储层含油性的物质基础，但 TOC 的高低不是决定陆相页岩油甜点的主要参数，相反，如果陆相页岩地层有机质成熟度不能支持有机孔和页理的发育，过高的 TOC 却对甜点优选起到负面影响。

（2）孔隙结构好、孔隙度和渗透率较大是决定页岩油储层品质的关键因素。

（3）脆性矿物含量的高低不是评价工程品质的唯一参数，同时还应该考虑脆性矿物粒径及其与细粒黏土矿物间的接触关系，粒径越大、呈支撑结构的地层，越有利于压裂改造，工程品质越好。

（4）综合考虑源岩品质、储层品质和工程品质，优选确定有利岩相。有利岩相是是否为油气甜点的前提和基础。

（5）以高精度岩石物理实验和测井精细评价为基础，坚持"地质-工程-地质"一体化的实施方案，采用地质指导工程、工程反馈地质的工作模式，多学科相结合是陆相页岩油勘探突破的技术保障。

致谢

在项目研究中得到了中国石油长庆油田分公司的领导和专家的大力支持和帮助，在此深表谢意！感谢斯伦贝谢中国公司数据服务部关辉、李洋和李华阳在本文准备和撰写过程中付出的辛勤劳动表示感谢！

参 考 文 献

[1] 李国欣，朱如凯．中国石油非常规油气发展现状、挑战与关注问题．中国石油勘探．2020. 第 25 卷第 2 期．

[2] 赵政璋，杜金虎等，致密油气[M]，石油工业出版社，2012.

[3] 杜金虎等．中国陆相致密油[M]．石油工业出版社．2017.

[4] 杜金虎，何海清等．中国致密油勘探进展及面临的挑战．中国石油勘探．2014. 第 19 卷第 1 期．

[5] 高辉，何梦卿等. 鄂尔多斯盆地长 7 页岩油与北美地区典型页岩油地质特征对比. 石油地质与实验．2018. 第 40 卷第 2 期．

[6] 杨华，李士祥，刘显阳. 鄂尔多斯盆地致密油、页岩油特征及资源潜力[J]. 石油学报．2013. 第 34 卷第 1 期．

[7] 杜金虎，胡素云等. 中国陆相页岩油类型、潜力及前景[J]. 中国石油勘探，2019，24(5).

[8] 刘合，匡立春．中国陆相页岩油完井方式优选的思考与建议．石油学报．2020. 第 41 卷第 4 期．

[9] 付金华，牛小兵等．鄂尔多斯盆地中生界延长组长 7 段页岩油地质特征及勘探开发进展．中国石油勘探．2019. 第 24 卷第 5 期．

[10] 邹才能 1，杨智等．页岩油形成机制、地质特征及发展对策．石油勘探与开发．2013. 第 40 卷第 1 期．

[11] 郭凯. 鄂尔多斯盆地陇东地区长 7 段有效烃源岩及生排烃研究[J]. 石油实验地质，2017，39(1)：15-23.

[12] 长 73 地质上的三类岩相划分．

[13] 孙龙德．古龙页岩油．大庆石油地质与开发．2020. 第 39 卷第 3 期．

[14] 董明哲，李亚军．页岩油流动的储层条件和机理．石油与天然气地质．2019. 第 40 卷第 3 期．

[15] G. Q. Liu，Y. T. Hou，J. N. He，H. Zhang，J. L. Wu，X. R. Zhao，Q. Wang. Unravel the Lacustrine Shale Oil Reservoir Potential in China by Integrating Advanced Logging Technologies and Special Core Measurements，IPTC - 19232 - MS，Beijing，China，26-28 March 2019.

[16] Y. T. Hou，S. L. Xi and Y. Wu，H. Y. Li，X. R. Zhao，J. L. Wu，and H. P. Zhao，Evaluating Lacustrine Shale Oil Reservoirs by Integrating Reservoir Quality and Organic Matter Quality with Advanced Logging and Core Measurements，IPTC-18996-MS，Bangkok，Thailand，14-16 November 2016.

[17] Sondergeld C，Newsham K，Comisky J，et al. Petrophysical Considerations in Evaluation and Producing Shale Gas Resources [R]，Pittsburgh，Pennsylvania：Society of Petroleum Engineers，2010.

[18] Hicky J H，Henk B. Lithofacies summary of the Mississippian Barnett shale，Mitchell 2 T. P. Sims well，Wise County，Texas [J]，AAPG Bulletin，2007，91(4)：437-443.

以“超级盆地”观对比研究美国墨西哥湾盆地与古巴北部复杂构造区油气富集特征

刘宝明[1,2]　张君峰[1]　祝有海[1]　伍新和[1]　张运波[1]　王峰[1]

(1. 中国地质调查局油气资源调查中心；2. 中国海洋石油总公司研究总院有限公司)

摘　要　以板块构造理论为指导，树立“超级盆地”新理念，在对比分析墨西哥湾大型盆地地质构造演化基础上，划分了五期构造演化阶段，分析对比了墨西哥湾南北部石油地质特征，获得了总体认识，明确指出古巴南北部两个富集带油气勘探新思路，可为研究区的油气勘探提供科学依据。

关键词　超级盆地，油气成藏，复杂构造区，墨西哥湾盆地，美洲

1　前言

在当前全球防疫背景下，全球油气价格因受经济下滑影响将会在一定时期内持续低位运行，促使石油企业转变传统观念，走向高质量的效益勘探开发途径。虽然近几年全球油气勘探在非洲西部和南部(BP 海上 Orca 油田、道达尔南非海上 Brulpaddaa 气田)、拉丁美洲(道达尔、中国海油在圭亚那近海的重要发现)和欧洲(俄气公司喀拉海的丁科夫气田和尼亚梅斯科耶气田、埃克森美孚地中海东部的新发现)以及巴西盐下等取得了许多重大发现，但石油企业在生产经营过程中不得不会面临很多困境，还存在与效益勘探相悖的是，还会面临复杂构造、深水深层、特殊岩性体、非常规和低孔低渗等领域的理论技术挑战。从地球海洋地形地貌特征来看，墨西哥湾的油气勘探即是要面临深水深层的挑战，它是北美洲南部大西洋的一个海湾，以佛罗里达半岛—古巴—尤卡坦半岛一线与外海分割，东西长 1610km，南北宽 1287km，平均水深 1512m，最深处达 4023m，面积 154.3 万 km^2(图 1)，包括了北美板块南缘的美国墨西哥湾水域 US GOM (暂称墨西哥湾北部盆地)和墨西哥水域 Mexican

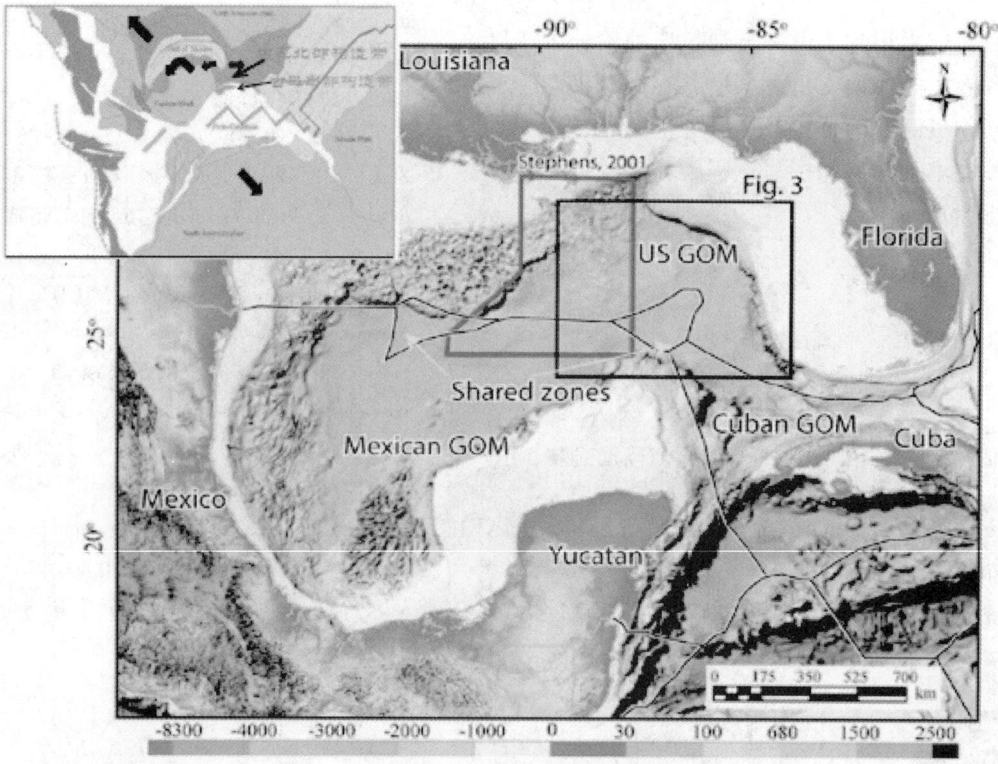

图 1　墨西哥湾盆地地貌特征和构造位置图

GOM 以及古巴墨西哥水域 Cuba GOM(即古巴北部专属经济区，暂称墨西哥湾南部盆地即古巴北部盆地)。从超级盆地观点来看，开展墨西哥湾大型盆地南北部地质构造和油气富集特征的对比分析，就显得很有科学意义。

2 区域地质背景

从板块构造理论分析来看，墨西哥湾位于北美板块和南美板块接壤部位，其间还夹着加勒比海板块。古巴位于科迪勒拉褶皱带东支，是大安的列斯岛弧的一部分，其北为巴哈马台地，西邻墨西哥湾盆地，南接加勒比海板块，东频小安的列斯岛弧[1]。以科迪勒拉褶皱带为标志，古巴可以分为南北两个构造带，在晚白垩世之前，北部构造带即古巴北部前陆盆地(与尤卡丹台地连为一体)和南部构造带各自分属于中北美板块和加勒比海板块的一部分(图 1)，在加勒比海形成之前，较早存在一个加勒比海槽，这就是现今加勒比海最早的雏形。

3 地质构造演化

研究区位于大西洋和太平洋以及北美板块和南美板块之间[1,2]，地质构造演化复杂，从中生代开始主要经历了五个构造演化阶段，即(1)晚三叠世—侏罗世裂谷发育期，古加勒比板块形成，并伴有与 NE-SW 向断裂展布相一致的半地堑；(2)中-晚侏罗世尤卡丹地块逆时针旋转和墨西哥湾形成期，导致形成与近南北向展布的走滑断层相伴生的半地堑；(3)早白垩世被动大陆边缘演化期，发育大规模的碳酸盐岩沉积；(4)晚白垩世-古近纪加勒比海板块与北美板块碰撞期，形成古巴褶皱逆冲带和前陆盆地以及古巴岛弧体系的台地边缘相沉积；(5)新近纪深海剥蚀和沉积再造期，基本保持了现今的深海剥蚀和沉积特征。

4 石油地质特征

4.1 美国墨西哥湾盆地

众所周知，美国墨西哥湾北部盆地是全球重要的油气富集区[2,3]，从上侏罗统至更新统发育有机质丰富的海相暗色泥岩，上侏罗统-白垩系(风成)块状砂岩、河流相三角洲砂岩、碳酸盐岩、鲕粒灰岩、生物礁和新生代始新统-上新统碎屑岩等是重要的油气产层，随着勘探技术的进步，目前正迈向深水超水深领域勘探。该区是全球油气勘探开发较成熟的地区之一，在此就不再赘述了。

4.2 古巴北部复杂构造区

古巴已勘探开发的油气田主要分布在古巴北部盆地构造带沿海一带及近海陆架上(图 2)[4]。古巴从 1907 年发现油田开始，之后相继发现 5 个油田；由于构造复杂，存在异常高压，钻井困难，费用昂贵，直至 1955 年发现了海上索尔达多油田；1994 年以来，相继钻获大量海上天然气发现，海上天然气产量占该国总产量的 74%。古巴主要沉积了上侏罗系—新生界，厚度可达 4~7km，主要烃源岩是上侏罗统-白垩系泥岩、泥质碳酸盐岩，主要储层是中生代凝灰质砂岩、碳酸盐岩和蛇纹岩等[5]。古巴的油气田和新的油气发现大多数分布于北部构造带富集区，但因受地区资料少，关键科学问题不清，研究缺乏系统性和捉襟见肘的经费投入等问题而制约了当地的油气新发现。

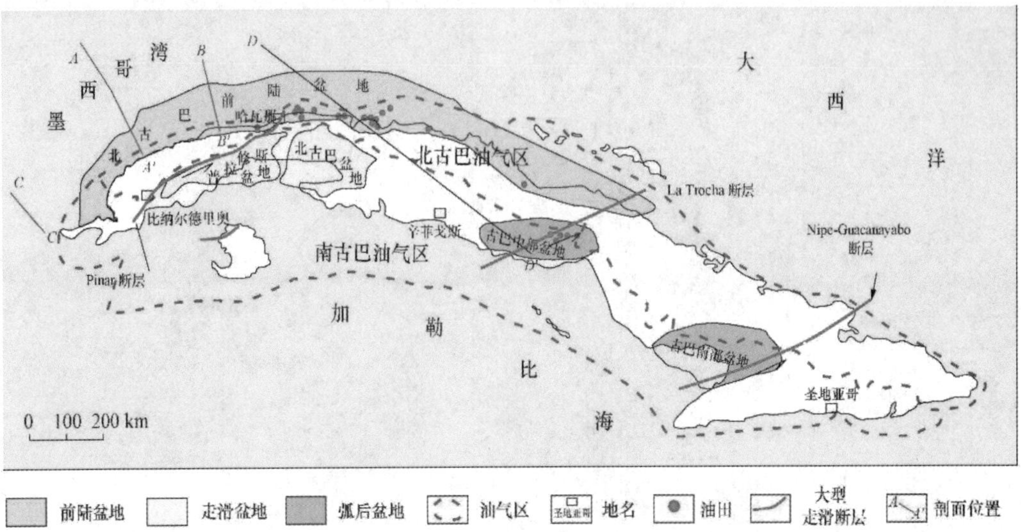

图 2 古巴沉积盆地类型及油气田分布图(据[4]修改)

5 认识和建议

以板块构造理论为指导，树立“超级盆地”新思路，把研究区加勒比海板块与位于北美板块的美国墨西哥湾盆地统一起来，重点研究古巴北部复杂逆冲带在地质历史时期中所起的“角色”及其地质构造演化特征，并开展二者的对比分析，获得了一些共性认识和差异性特征，主要表现在：(1)墨西哥湾南北部盆地地质构造存在差异，北部盆地结构相对简单，而南部海域(古巴北部专属经济区)尤其是古巴陆架区存在明显的逆冲推覆构造体系，构造演化复杂；(2)墨西哥湾南北部盆地都存在中生代侏罗系—白垩系油气成烃成藏，但沉积古地理环境存在一定的差异；(3)美国墨西哥湾北部盆地新生界成烃成藏特征明显，具有较好的油气产能，而古巴北部海域盆地尚未发现较好的新生界油气田，其油气潜力尚需进一步调查研究；(4)古巴境内由于地质构造演化的差异性，导致古巴存在南北两个油气富集带，提出北部富集带应与墨西哥湾盆地“超级盆地”油气成藏体系统一起来，而南部富集带应与加勒比海板块的构造演化统一起来的新的勘探认识；(5)随着勘探开发技术的进步和发展，全球石油大伽都瞄准墨西哥湾海域深水超深水、深层超深层的新领域，大家共同期待着有更多更大的油气田发现。

致谢

本文得到地质调查项目(No. DD20201156)、全国油气战略选区项目(No. 1211302108024、No. 1211302108)、国家重大专项项目(No. 2012ZX05025)和国家基金(No. 40776024)联合资助。在研究工作中得到许多相关领域的专家学者宝贵建议和大力帮助，在此一并表示感谢。

参考文献

[1] Eric C., Bernard M. D. L., Strike-slip tectonic processes in the northern Caribbean between Cuba and Hispaniola (Windward Passage), Marine Geophysical Researches, 17(1995): 63-95.

[2] Alejandro E. and Yang W. X., Subsidence controls on foreland basin development of northwestern offshore Cuba, southeastern Gulf of Mexico. AAPG Bulletin, 97 (2013), no. 1: 1-25.

[3] 李国玉，金之钧等主编．新编世界含油气盆地图集，石油工业出版社，2005。

[4] 陈榕，吴朝东，申延平．古巴地区沉积盆地演化与油气成藏条件，石油与天然气，V. 36(2015)，No. 3: 385-392.

[5] C. Magniera, I. Moretti, et al., Geochemical characterization of source rocks, crude oils and gases of Northwest Cuba. Marine and Petroleum Geology 21 (2004) 195-214.

新形势下黄河流域油气资源现状与开发利用建议

杜治利　张君峰　林燕华　田　亚　陈　夷

（中国地质调查局油气资源中心）

摘　要　黄河流域在我国经济社会发展和生态安全方面具有十分重要的地位，油气等能源资源丰富，然而空间分布不均。贯彻习总书记黄河流域生态保护和高质量发展座谈会指示精神，本文总结了黄河流域油气等常规能源资源分布、储量及勘查开发情况等，提出了新形势下清洁能源开发利用建议，以改善我国能源结构，促进黄河流域高质量发展。

关键词　黄河流域；油气资源；能源结构；开发利用；建议

黄河流域在我国经济社会发展和生态安全方面具有十分重要的地位[1-2]。黄河发源于青藏高原，流经9个省区，全长5464公里，是我国仅次于长江的第二大河。黄河流域省份2018年底总人口4.2亿，占全国30.3%；地区生产总值23.9万亿元，占全国26.5%。黄河流域又被称为“能源流域”，煤炭、石油、天然气和有色金属资源丰富，特别是黄河上中游沿岸地区蕴藏有丰富的煤炭、石油、天然气和水能等能源资源，具有发展能源工业的优越能源资源条件[3]。2019年9月18日，习近平总书记提出了黄河流域生态保护和高质量发展重大国家战略。为贯彻指示精神，本文总结了黄河流域油气等常规能源资源分布、储量及勘查开发情况等，提出了新形势下清洁能源开发利用建议。

1　油气资源分布

黄河流域内分布有柴达木、民和、河套、银额、二连、鄂尔多斯、沁水、汾渭、南华北、渤海湾等10余个含油气盆地，石油、天然气和非常规油气等资源丰富。据原国土资源部全国油气资源动态评价(2015)，黄河流域石油地质资源量376.27亿吨，占全国30.0%；天然气地质资源量29.08万亿立方米，占全国32.2%。页岩气地质资源量60.38万亿立方米，占全国44.9%；煤层气地质资源量18.71万亿立方米，占全国50.8%；页岩油地质资源量126.83亿吨，占全国31.5%；油砂资源量31.71亿吨，占全国53.1%。

从常规油气资源来看，石油和天然气资源的分布规律不同[4]。石油资源以黄河中下游最为丰富(图1)。其中下游以山东省最高，地质资源量达到104.10亿吨；中游以陕西省最高，地质资源量达到77.71亿吨；上游内蒙古和青海较高，分别为57.02亿吨和56.24亿吨。天然气资源以黄河流域中上游最为丰富。上游四川、青海和内蒙古天然气地质资源量较高，分别为12.54亿、3.59亿和2.65亿立方米；中游以陕西省最高，地质资源量达到7.57亿立方米。

从非常规油气资源来看，不同矿种的资源分布也存在差异。页岩气主要分布在上游的四川省(图2)，地质资源量达44.32万亿立方米[5]。煤层气以中游和上游最为丰富，主要分布鄂尔多斯盆地东缘、沁水盆地和二连盆地等[6]。山西和内蒙古煤层气地质资源量分别为7.88万亿和7.43万亿立方米。页岩油资源以黄河下游最为丰富，其中山东省占整合黄河流域的一半以上，地质资源量达71.49亿吨。油砂资源主要分布黄河上游，青海和内蒙古地质资源量分别为14.3亿和8.8亿吨。

2　油气勘探开发情况

黄河流域油气勘探开发历史较早，早期主要在渤海湾、鄂尔多斯等盆地里的胜利、中原和长庆等油气田。本世纪以来进一步加大勘探开发力度，常规和非常规油气并举，柴达木、四川、沁水和二连等盆地均获得重大勘探开发进展，油气储量稳步上升，产量下降趋势减缓。

目前黄河流域石油累计探明地质储量143.0亿吨，占全国总量35.9%，2018年石油产量5460.6万吨，占全国总量28.9%(图1)。天然气累计探明地质储量8.9万亿立方米，占全国总量59.7%，2018年天然气产量811.3亿立方米，占全国总量57.3%。页岩气累计探明地质储量

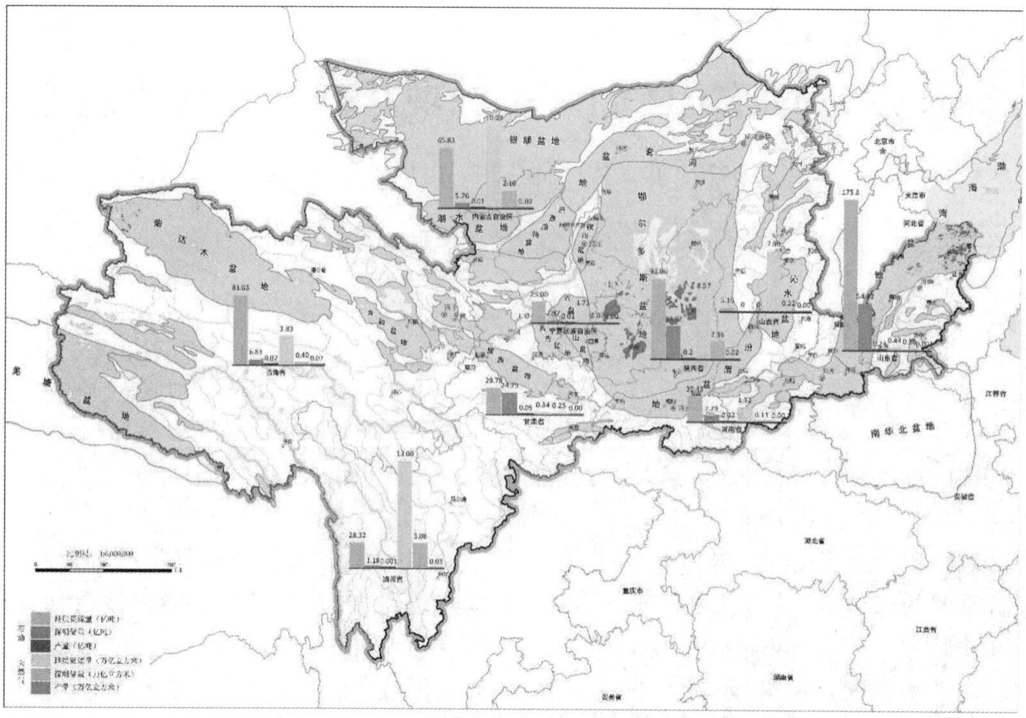

图1 黄河流域油气资源量与储产量分省分布图

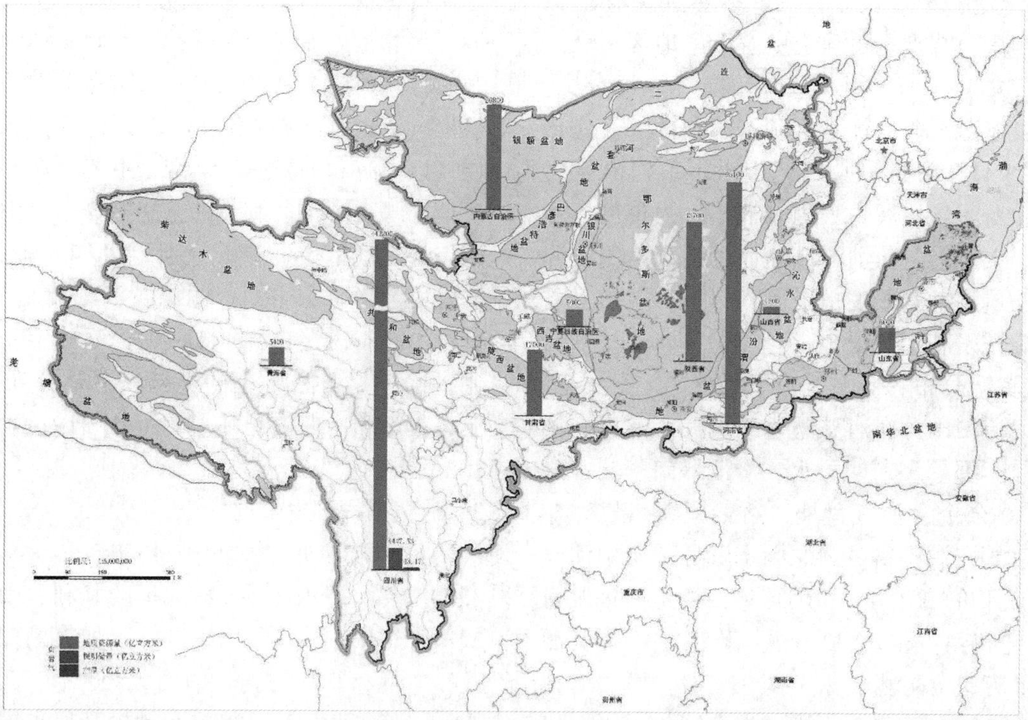

图2 黄河流域页岩气资源量与储产量分省分布图

4447.53亿立方米，占全国总量38.3%，2018年页岩气产量43.17亿立方米，占全国总量39.7%(图2)。煤层气分布更为集中，储产量占全国总量约90%。

从石油储产量分布来看，主要在中下游的渤海湾、鄂尔多斯等大型盆地。按省级行政区划，最高的为山东，累计探明地质储量和年产量分别为54.8亿吨和2264.42万吨。其次为陕西，累计探明地质储量和年产量分别为38.8亿吨和1991.92万吨。第三为甘肃，累计探明地质储量和年产量分别为24.8亿吨和542.83万吨。

从天然气储产量分布来看，主要在中上游的

表 1 黄河流域九省区油气地质资源量分布

省区	石油地质资源量/（亿吨）	页岩油地质资源量/（亿吨）	油砂地质资源量/（亿吨）	天然气地质资源量/（万亿立方米）	煤层气地质资源量/（万亿立方米）	页岩气地质资源量/（万亿立方米）
青海	56.24	11.09	14.30	3.59	0.24	0.54
四川	9.76	14.80	3.76	12.54	0.46	44.32
甘肃	24.23	1.94	3.61	0.34	0.00	1.70
宁夏	23.68	1.32	0.00	0.73	1.00	0.50
内蒙古	57.02	0.00	8.81	2.65	7.43	2.68
陕西	77.71	14.12	1.23	7.57	1.00	3.37
山西	5.15	0.00	0.00	0.02	7.88	0.16
河南	18.38	12.07	0.00	1.22	0.70	6.51
山东	104.10	71.49	0.00	0.43	0.00	0.60
合计	376.27	126.83	31.71	29.08	18.71	60.38

数据来源：全国油气资源动态评价（2015 年）、《中国及分省区油气勘探开发图册》（2017 年）。

表 2 黄河流域九省区油气地质储量及产量情况表

省区	石油		天然气		非常规油气	
	累计探明地质储量/（万吨）	2018 年产量/（万吨）	累计探明地质储量/（亿方）	2018 年产量/（亿方）	累计探明地质储量/（亿方）	2018 年产量/ /（亿方）
青海	68337.96	223.30	3989.60	64.05		
四川	11777.65	8.10	30795.79	272.79	4447.53（页岩气）	43.17（页岩气）
甘肃	247885.63	542.83	2535.68	1.03		
宁夏	29730.05	97.17	723.12	0.22		
内蒙古	57586.67	137.14	21635.39	203.54		
陕西	388194.25	1991.92	23588.93	249.44		
山西			2156.41	13.19	5784.01（煤层气）	56.3（煤层气）
河南	77897.62	195.75	1097.00	2.05		
山东	548159.26	2264.42	2975.24	4.94		
合计	1429569.09	5460.63	89497.16	811.25		

数据来源：《2018 全国油气矿产储量通报》。

四川、鄂尔多斯及二连等盆地。按省级行政区划，最高的为四川，累计探明地质储量和年产量分别为 3.08 万亿和 272.79 亿立方米。其次为陕西，累计探明地质储量和年产量分别为 2.36 万亿和 249.44 亿立方米。第三为内蒙古，累计探明地质储量和年产量分别为 2.16 万亿和 203.54 亿立方米。

非常规油气仅煤层气和页岩气进行了规模性勘探开发。煤层气开发集中在沁水盆地和鄂尔多斯盆地东缘。山西累计探明煤层气地质储量 6675 亿立方米，约占全国的 88%；煤层气年产量 71.4 亿立方米，约占全国的 90%。页岩气勘探开发主要集中在四川，累计探明储量为 4447.53 亿立方米，年产量达 43.17 亿立方米，产量约占全国页岩气产量的 1/3。

3 公益性油气调查进展

近年来，中国地质调查局在黄河流域开展公益性油气调查，针对“四新”领域深化了地质认识，优选了有利区和远景区，取得了多项油气重大突破和进展[7-8]。包括鄂尔多斯盆地东南缘下古生界碳酸盐岩获得工业气流、银额盆地和柴达木盆地石炭-二叠系获得油气流[9-11]；河西走廊武威盆地石炭-二叠系、南华北盆地二叠系和寒武系等均获得良好油气显示，取得的成果有效促进了商业油气勘探开发[12-13]。银额盆地地质调查优选远景区，为油气公司提供了有效勘查区块。中标企业中原油田在银额盆地拐子湖凹陷已探明石油地质储量达 461.25 万吨，此项工作有效支撑了国家油气体制改革。

4 黄河流域清洁能源开发利用建议

随着我国能源需求的不断增长，对黄河流域的油气资源的重要性更加突显，需要按党中央“五位一体”总体布局，做好老区稳产、促进新区接替，确保油气资源开发利用与生态保护的协调发展。

4.1 做好老油田挖潜稳产，稳定油气供应

黄河流域石油探明储量大多集中在中下游老油田。经过多年的开发，大多已进入中后期阶段，产量逐年递减，储量增长乏力。因此对在我国油气生产体系中占重要地位的胜利油田、长庆油田和中原油田等黄河中下游老油区，实行老区挖潜，降低自然递减率，通过保护性开发，尽量延长开发生产年限，以确保在相当长的时期内稳定我国油气供应基本局面。

4.2 加大“四新”勘探开发力度，尽快形成战略接替

加大黄河流域新区、新层系、新类型、新领域的油气勘探开发力度，建立油气战略接替区。上游地区建议加大青海东部、银额盆地、河西走廊、河套盆地等新区中-古生界常规油气勘探部署，兼顾南祁连陆域天然气水合物调查。中游加强鄂尔多斯盆地陆相页岩油、河东地区及沁水盆地周缘煤层气等非常规油气勘探，攻关陆相页岩油和煤系气勘查技术系列。下游力争取得南华北盆地深层油气突破，进一步加强渤海湾盆地陆相页岩油勘探力度。

4.3 加强天然气勘探开发，提高清洁能源比重

黄河流域天然气资源丰富，具有大规模开采的资源基础。相比于煤炭，天然气对生态环境的影响要小很多。因此，建议加强致密气、煤层气、陆相页岩气等非常规天然气资源的勘探开发技术攻关，促进效益开发，提高天然气在黄河流域能源生产结构中的比重，改善区域生态环境。

4.4 以煤制烃推动煤炭清洁高效转化和利用

煤炭资源是黄河流域优势能源资源，然而长久以来煤炭低效利用造成资源浪费和环境严重污染。建议在黄河流域以煤制烃推动煤炭的清洁高效转化和利用是实现域内煤炭高利用率的重要措施，也是实现节能降耗的重要途径，更是对黄河流域油气工业的重要补充，未来潜力相当可观。

5 结论

（1）从常规油气资源来看，石油资源以黄河中下游最为丰富，天然气资源以黄河流域中上游最为丰富。从非常规油气资源分布集中，页岩气主要分布在上游的四川省，煤层气主要分布鄂尔多斯盆地东缘、沁水盆地和二连盆地等。

（2）石油储产量以中下游的渤海湾、鄂尔多斯等大型盆地最高，天然气储产量以中上游的四川、鄂尔多斯及二连等盆地最高。

（3）黄河流域清洁能源开发利用建议：做好老油田挖潜稳产，稳定油气供应；加大“四新”勘探开发力度，尽快形成战略接替；加强天然气勘探开发，提高清洁能源比重；以煤制烃推动煤炭清洁高效转化和利用。

参考文献

[1] 彭少明，郑小康，王煜，等．黄河流域水资源-能源-粮食的协同优化[J]．水科学进展，2017，28(5)：681-690.

[2] 张红武．黄河流域保护和发展存在的问题与对策[J]．人民黄河，2020，42(3)：1-10.

[3] 柴春鹏．黄河沿岸地带能源工业发展战略[D]．北京：石油大学(北京)，2001.

[4] 中国地质调查局油气资源调查中心．中国及分省区油气勘探开发图集[M]．北京：地质出版社，2017.

[5] 国土资源部油气资源战略研究中心．全国页岩气资源潜力调查评价及有利区优选[M]．北京：科学出版社，2016.

[6] 王行军，刘亚然，王福国，李海丽．我国煤层气产业政策现状研究[J]．中国煤炭地质，2019，31(12)：102-107.

[7] 周新桂，杜治利．北方新区新层系油气地质调查与勘探进展及成果[J]．中国地质调查，2019，6(4)：01-10.

[8] 包书景，李世臻，徐兴友，等．全国油气资源战略选区调查工程建站与成果[J]．中国地质调查，2019，6(2)：01-17.

[9] 田亚，杜治利，刘宝宪，等．鄂尔多斯盆地东南部宜川—黄龙地区奥陶系风化壳储层发育特征[J]．吉林大学学报(地球科学版)，2017，47(06)：1620-1630.

[10] 卢进才，牛亚卓，姜亭．中国北方石炭系—二叠系油气地质调查与勘探进展[J]．地质通报，2018，37(01)：7-15.

[11] 李宗星，彭博，马寅生，等．柴达木盆地石炭系油气调查最新进展[J]．中国地质调查，2019，6(04)：79-87.

[12] 杜治利，田亚，陈夷．甘肃武威盆地儿马湖凹陷探获油气[J]．中国地质，2017，44(01)：190-191.

[13] 曾秋楠，张交东，于炳松，等．周新桂．南华北盆地尉参1井上古生界海陆交互相页岩地球化学及其含气特征[J]．海相油气地质，2019，24(01)：71-77.

东非海域深水沉积勘探评价关键技术及应用

左国平　孙　辉　曹全斌　许小勇　李伟强

（中国石油杭州地质研究院）

摘　要　近年来，在东非莫桑比克海域深水区发现了多个巨型天然气藏，使得该区域成为了全球的天然气勘探热点区。但是总体上该区域勘探程度低，深水沉积体系的研究不够深入，制约了该地区的精细油气勘探。本文基于岩心、测井及三维地震资料，集成了深水沉积层序地层识别及划分方法、深水沉积结构单元综合描述技术、深水沉积储层预测及流体识别技术和深水沉积储层三维地质建模技术等深水油气勘探关键技术，指导了莫桑比克海域层序地层格架的建立，形成了深水沉积结构单元综合描述图版，有效预测了该区域深水沉积储层展布及流体分布，为储量评估和井位论证提供技术支撑，有效支撑莫桑比克海域气藏开发可行性研究，助推莫桑比克万亿方巨型气田开发，取得了良好的应用效果。

关键词　深水沉积；三维地震；层序地层；结构单元；储层预测；地质建模

随着全球海洋油气勘探的不断发展，深水油气勘探越来越成为勘探的焦点和重点领域。近几年，在东非海上获得了多个天然气重大发现，特别是莫桑比克海域的巨型天然气田的发现，使东非可能成为全球新的天然气生产中心。2010年—2012年，莫桑比克海域陆续获得10个巨型天然气发现，总天然气可采储量达到$20821\times10^8m^3$[1]。这表明在莫桑比克海域，深水油气勘探具有十分广阔的前景。目前的油气发现主要为深水沉积储层，因此，针对深水沉积的研究是该区域研究的关键，本文以深水沉积为研究对象，综合利用岩心、测井和三维地震资料，形成了莫桑比克海域深水油气勘探关键技术，指导勘探生产并取得了良好的效果[2]。

1　研究区概况

研究区所处的鲁武马盆(Rovuma Basin)是东非被动大陆边缘的主要含油气盆地之一(图1)，它横跨坦桑尼亚东南沿岸和莫桑比克的东北部，东部为凯端巴斯盆地，西部为莫桑比克褶皱带，出露前寒武纪基底，北部以鲁武马转换带为界，与坦桑尼亚的曼达瓦次盆分隔。盆地面积约$9\times10^4km^2$，其中52%的面积位于海上(IHS2009)。

鲁武马盆地雏形形成于晚石炭世到三叠纪，此时冈瓦纳大陆东部开始发育，形成卡鲁陆内裂谷[3]，沉积物以陆相河流-湖泊沉积为主。早侏罗世晚期开始，古冈瓦纳大陆分裂成东冈瓦纳大陆和西冈瓦纳大陆，同时洋壳在二者之间形成，马达加斯加和东冈瓦纳大陆的其他陆块脱离非洲大陆，以右旋走滑的形式沿着现今的戴维断裂带向南漂移[4-5]，鲁武马盆地发生海侵，沉积了海陆过渡相和浅海相地层。早白垩世晚期，鲁武马盆地进入被动大陆边缘演化阶段，盆地构造活动微弱，在陆坡处为深海沉积环境。伴随渐新世东非大陆的抬升，鲁武马盆地开始发育大型三角洲——鲁武马三角洲[6-7]，在盆地深水区发育水道、朵体等重力流沉积。

截至目前，在鲁武马盆地已经发现了19个气田，其中有14个气田为深水环境，具有巨大的资源潜力和良好的勘探前景[8-9]。深水区主要沉积了中侏罗世到新生代地层，发育丰富而复杂的深水沉积体系，古近系和新近系重力流砂岩是重要的储层。此外，东非被动大陆边缘沉积受由南向北流动的南极洲底流(AABW)影响，底流对深水重力流沉积特征造成显著影响。自2013年盆地深水区获得发现以来，盆地深水沉积的研究不断深入，已经完成了从勘探到油藏评价全过程系统的研究工作(图1)。

2　油气勘探关键技术

2.1　深水沉积层序识别及划分方法

层序地层学是一种寻找盆地内自然资源的极为有效的工具，选用合适的层序地层模型及对应的体系域划分标准，对深水油气勘探研究极其重要。层序地层学通过对陆架等盆地边缘浅水区的研究逐步发展而来，经过四十年的发展，该学科从诞生逐渐走向成熟，已经形成了一套完整的和

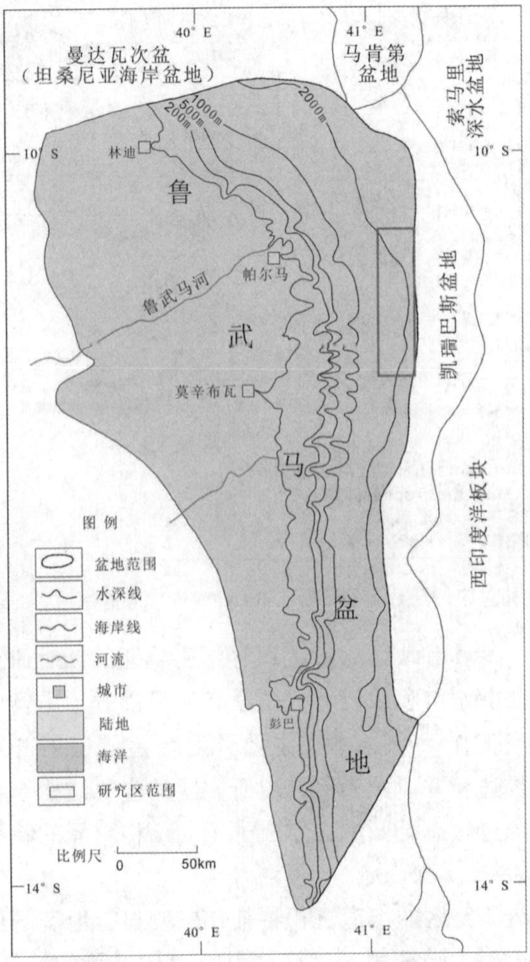

图 1　鲁武马盆地区域位置图(据 IHS2009 改)

工作方法。取得的认识也从由单一模式指导演变为模式多样化表征，形成了多种层序模型，如各种沉积层序、成因层序、海侵-海退层序等(表 1)。研究从层序地层理论的实用性分析入手，根据研究区的位置及沉积环境，选取合适的沉积模型，识别有效的层序边界，完成鲁武马盆地渐新统层序地层的划分工作。

2.1.1　层序模型的选取

采用 Catuneanu(2006)的混合沉积层序模型，按基准面升降和海侵、海退的变化将层序分为下降期体系域(FSST)，低位体系域(LST)，海侵体系域(TST)以及高位体系域(HST)，层序边界(sequence boundary)位于下降期体系域底部[10]。该划分方式既反映了基准面下降过程中的 4 个主要事件(图 2)，又将重力流沉积与下伏半深海-深海沉积有效分开，每个体系域对应特定的重力流或深海-半深海沉积[11]。在该层序模型的指导下，体系域和基准面的关系可以预测，盆地演化过程中不同体系域阶段沉积相的横向变化可以追踪。

2.1.2　层序界面的识别方法

各种层序模式如何变化，都无法偏离地层界面识别及选择何处作为层序边界的主线，对层序地层界面的正确识别是层序地层解释的关键。利用岩心生物地层资料划分地层年代，以井震标定为基础确定地震地层界面，同时分析区域及全球海平面变化规律。最终利用三维地震资料开展层序界面识别及层序地层解释。根据陆坡大规模 MTD 发育区，盆底扇上、下超、削截等地层终止关系，以及凝缩段的位置可以识别层序边界。由于各种沉积结构单元局部分布，随着深水沉积位置的变化，层序边界可以是位于峡谷/陆坡水道底部的侵蚀面或块体搬运沉积的底部[12-14]。

2.1.3　体系域的识别方法

虽然每个深水盆地的独特性导致深水沉积结构单元的特征各不相同，但沉积结构单元在特定体系域沉积时是相对稳定的。通常可以通过以下

表 1　目前使用的层序模式中体系域和层序边界的时间属性(据 Catuneanu O，2006 修改)

事件 \ 层序模式	沉积层序Ⅱ	沉积层序Ⅲ	沉积层序Ⅳ	成因层序	T-R 层序	混合沉积层序
海侵结束	HST	HST 早期	HST	HST	RST	HST
海退结束	TST	TST	TST	TST	TST	LST
基准面下降结束	LST 晚期(楔状体)	LST	LST	LST 晚期(楔状体)	RST	TST
	LST 早期(扇体)	HST 早期(扇体)	FSST	HST 早期(扇体)		FSST
基准面下降开始	HST	HST 早期(楔状体)	HST	HST		HST

——层序边界　——体系域边界　-----体系域内部界面

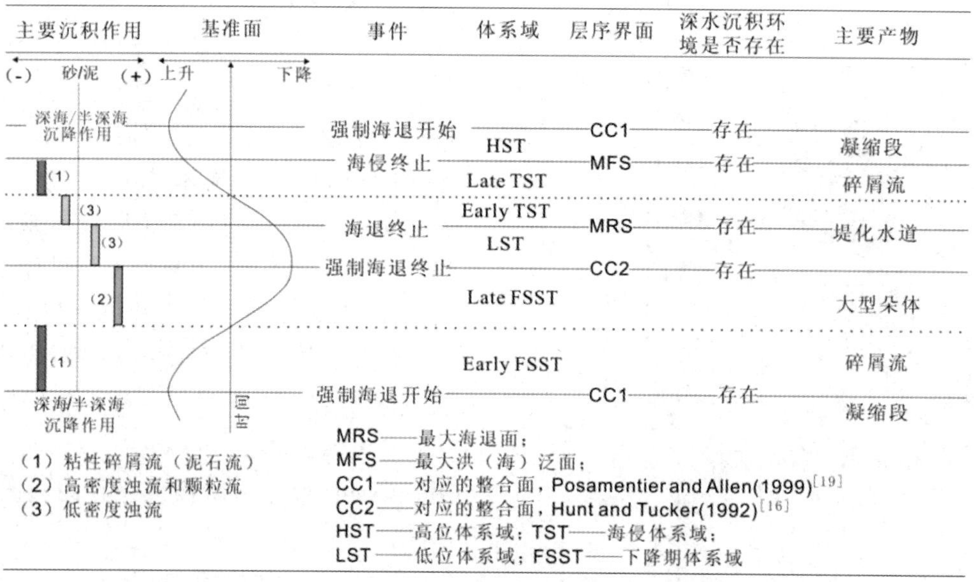

图 2　基准面波动的主要沉积作用、产物以及四个主要事件和对应的层序界面(据 Catuneanu O，2006 修改)

两种方式识别与体系域判断相关的沉积结构单元：①沉积物性质及规模。沉积性质分析用以区分碎屑流和浊流，规模主要用来分析碎屑流的分布范围及厚度。②形成深水沉积的浊流密度，区分高密度浊流和低密度浊流。根据基准面变化不同阶段的主要沉积物对应关系，在鲁武马盆地渐新统共识别了 3 种主要沉积结构单元：水道复合体、大型朵体复合体、块体搬运沉积，判断其所处体系域，分析层序内深水沉积演化规律。

2.2　深水沉积结构单元综合描述技术

随着深水油气勘探的不断深入和发展，对深水沉积的认识也日趋清晰和完善。目前，不同学者对深水沉积结构单元的认识和划分虽有差异，但总体比较一致，主要包括峡谷、水道、天然堤、朵体和块体搬运沉积等结构单元。针对研究区的深水沉积，已有多位学者先后展开了丰富的研究工作[15-19]，本文主要针对水道储层展开综合描述，并以此为例，对研究区的主要结构单元特征进行总结归纳，形成了不同结构单元的特征图版。

研究区的水道沉积特征比较明显，地震剖面上表现为强振幅，且往往具有单侧迁移的特征；发育下切、V 字形的底面，底部反射相对杂乱，顶部反射较平且表现为强连续性发射特征，沿水道发育底面的振幅属性平面图中可以较为清晰的看到水道发育的期次和轨迹(图 3)。地震上能够识别出的一期水道的宽度大约为 2km，深度约 100m，水道的曲率相对较低。

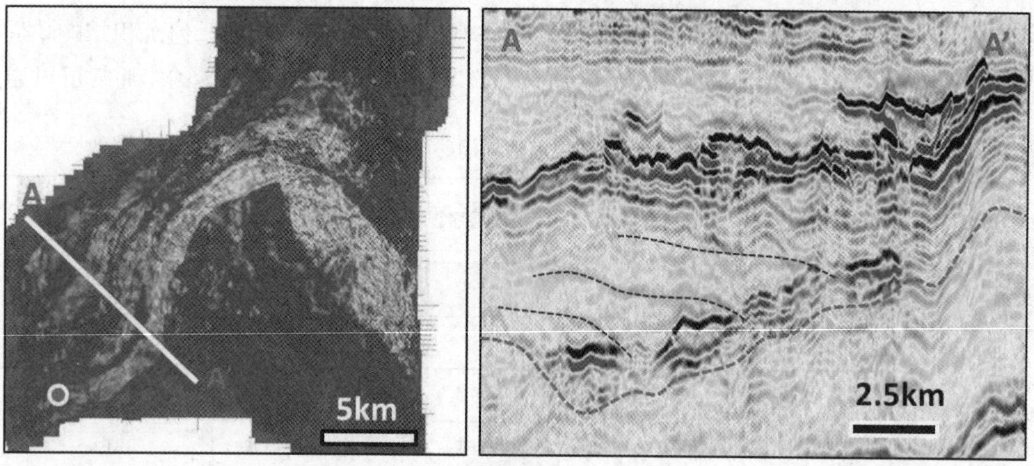

图 3　水道的平面振幅属性及剖面特征

(左图为水道底面振幅属性图，即右图中红色虚线位置，水道自北向南迁移，红色圆点为钻井位置；右图为 A-A′剖面特征，上部层拉平，黑色虚线代表不同期次水道的天然堤沉积)

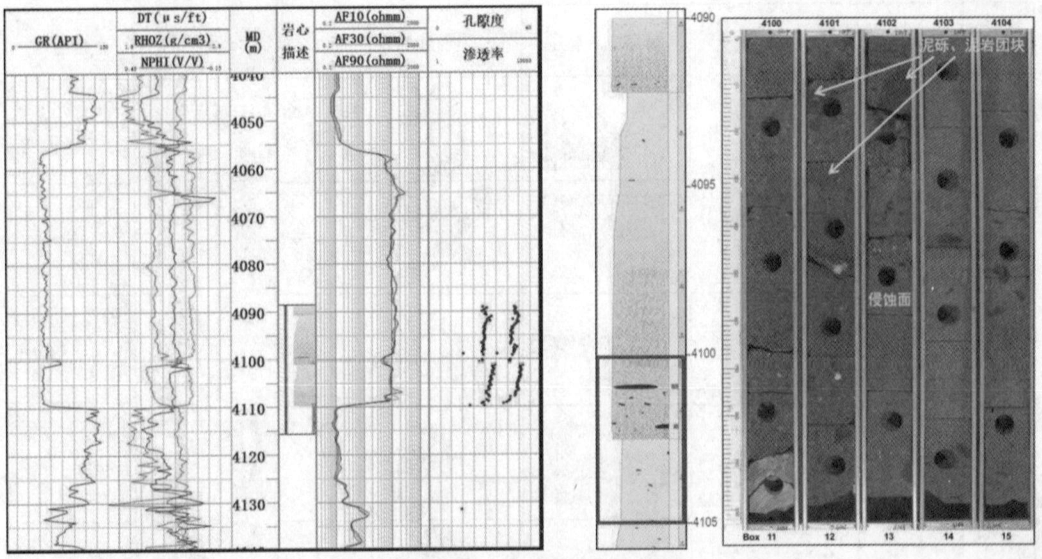

图 4　水道的测井响应及岩心特征

水道沉积的构造高部位有一口钻井，钻遇了最后一期水道沉积，从测井曲线上可以非常清晰的看到水道储层发育的位置，伽马曲线具有明显的箱型特征，底面突变特征也非常明显，钻遇砂岩厚度达 55 米(图 4)。

水道沉积的底部位置进行了约 30m 的井筒取芯，根据取芯段资料的岩心描述，可将该水道沉积可进一步划分为 3 期沉积事件，侵蚀面特征清晰，每期沉积的厚度约 10 米。单期沉积的底部为极粗粒砂岩，漂浮有圆状–次圆状小砾石或泥砾，砾石向上变小，具有粗尾递变特征；砂层中部和上部为块状无沉积构造的极粗–中粒砂岩，发育正粒序，含有泥岩撕裂屑，且常被小砾石包裹。

岩心分析资料表明，水道储层主要为粗粒长石砂岩，长石含量约占 30%，石英含量约占 70%，黏土和云母的含量非常低，在该取芯段的含量仅占 1%(图 5)。薄片资料表明砂岩的分选差–中等，孔、渗条件好，且单期沉积的上部砂岩的孔、渗优于下部砂岩(见图 4 孔、渗数据)。

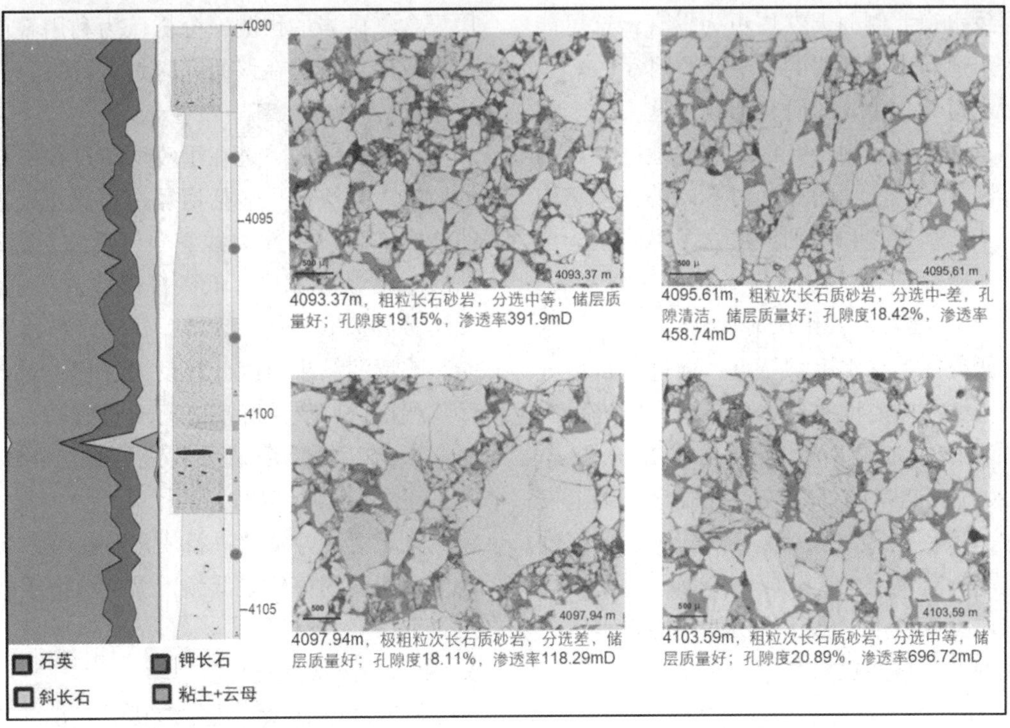

图 5　水道储层的矿物组成和薄片特征

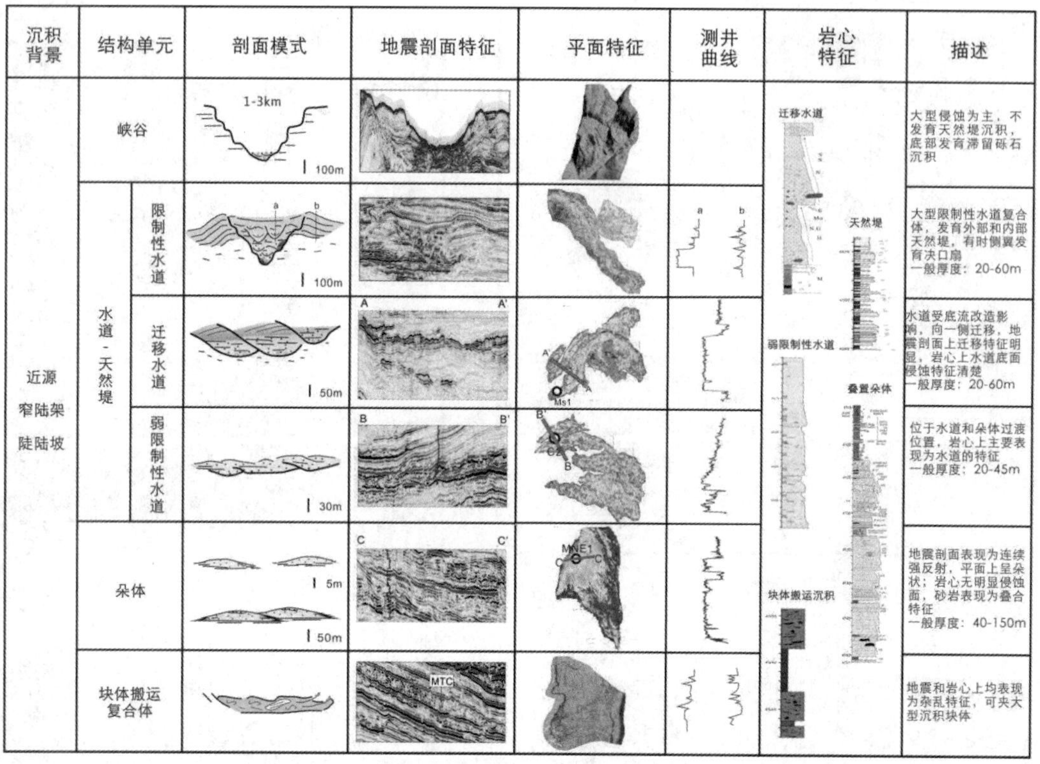

图 6　研究区不同结构单元的特征总结图

该水道沉积优越的储层条件，极低的泥质含量，可能与研究区长期发育的温盐环流相关[20]，研究表明研究区持续发育由北向南的底流，重力流沉积物在搬运过程中，始终受到单向底流的影响，逐渐将水道中的细粒泥质沉积搬运到水道的北侧沉积，一方面对水道砂岩起淘洗作用，另一方面也导致水道北侧的天然堤更为发育，这可能也是导致水道向南面迁移的一个重要因素。

通过水道结构单元的研究形成了这一整套识别技术和方法，并利用研究区丰富的地震、测井和岩心等资料，从不同的尺度对不同的沉积结构单元进行了特征描述和识别，建立了不同结构单元的特征图版(图 6)。

2.3　深水沉积储层及流体识别技术

根据研究区的深水沉积特点，通过可行性分析认为利用叠前同时反演技术可在研究区进行有利储层预测。叠前同时反演技术是在 Ozdemir 等[21]于 2001 年提出的弹性波阻抗概念基础上发展起来的一项储层预测技术。经过近 30 多年的发展，叠前同时反演已逐渐成为一项有效的广泛应用的储层预测技术，已经成功地应用于国内外多个地区的油气藏勘探[22-24]。

2.3.1　反演可行性分析

反演可行性分析是基于测井资料，分析岩石物理参数与储层参数之间的关系，明确岩石物理规律，优选能够区分储层和非储层的敏感参数。通过多参数交汇分析，优选纵波阻抗(Pimp)和横波阻抗(Simp)两个参数进行储层和流体识别，通过 1 线读取 Pimp 门槛值，通过 2 线建立 Pimp 和 Simp 函数关系(图 7)，可以将含气砂岩区分，用于含气砂岩的预测，分析认为利用叠前同时反演进行储层预测在该研究区是可行的。

2.3.2　反演技术环节质控

地震反演的关键在于对反演过程中技术环节的质控。反演过程包括地震道集优化处理、测井曲线标准化、岩性曲线编辑、反演可行性分析、储层敏感参数优选、低频模型建立、子波估算、反演参数选取等技术环节，每一个技术环节都可能影响反演结果，因此在反演过程中对各个技术环节严格按照质控标准进行质量控制，减少主观因素影响，使反演结果客观可靠。在本次研究中，建立低频模型时，为了消除“牛眼”异常现象，除了对测井资料进行质量分析外，另外加入了地震速度约束建立低频模型，取得了较好的质控效果。

2.3.3　反演结果分析

研究区内有 7 口钻井，其中有 6 口井参与反演，1 口井(Y6 井)作为反演结果验证井。从过

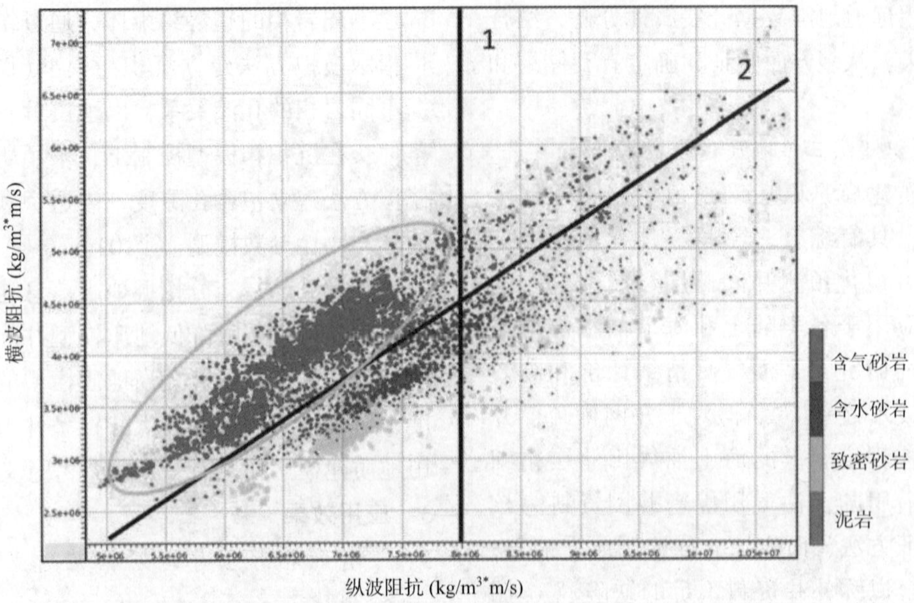

图 7　岩石物理参数交会分析

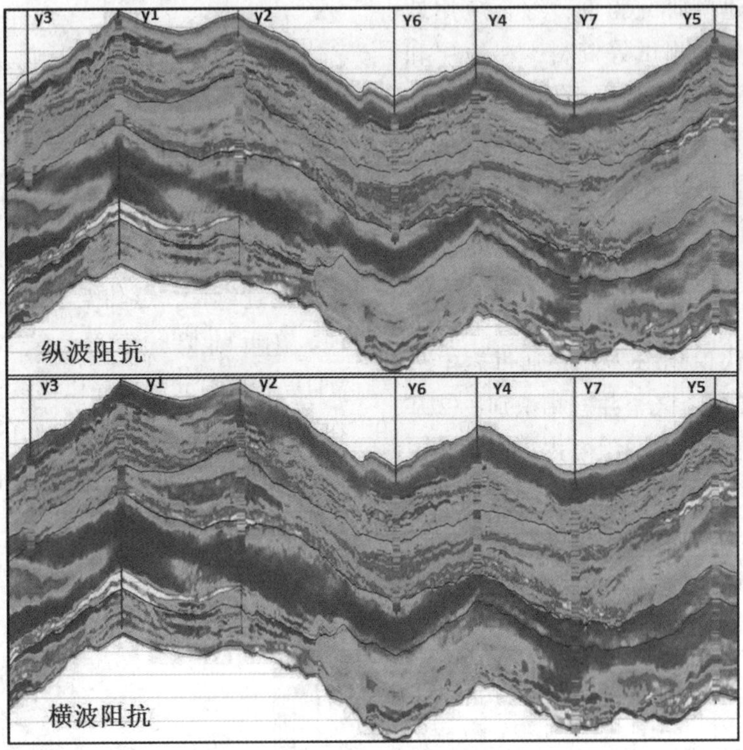

图 8　过井反演剖面

井反演剖面上分析，参与井和验证井的井上信息和反演结果具有较好的吻合度(图 8)，说明反演结果较为可靠，可用于后续的储层预测和气藏评价。

结合岩石物理参数分析优选的储层敏感参数，对反演得到的纵波阻抗和横波阻抗数据体按照预测模型做相应运算，生成能够反映有利储层和流体的数据体。基于该数据体，对有利储层和流体进行平面追踪，刻画有利储层边界，对气藏进行深入评价。

对近、中、远角度叠加地震数据振幅对比分析发现，含气砂岩的远道地震数据振幅有明显增强，同时属性分析表明本区含气砂岩具有典型的“低频共振，高频衰减”特征，由于远道地震数据高频成分降低，对含气性具有良好的地震响应，因此利用远道地震数据开展属性分析，结合地震反演结果，从多方面验证和确定有利储层和含气范围。

2.4 深水沉积储层三维地质建模技术

储层地质建模是以三维视角对储层开展定量表征研究，具有综合多学科一体化、三维定量化和三维可视化预测井间储层和属性分布的优势，广泛应用于各类陆上和海上油气储层的三维定量表征研究，是油气藏精细评价和高效开发的重要技术之一[25]。但对于井网稀疏、井距较大且井控程度较低的海上油气田储层精细表征，无法沿用陆上油气田以密井网资料为核心的储层表征方法，而应该充分挖掘地震信息、井震有机结合以弥补井资料不足的缺陷[26]，探索一套适用于海上油气田储层地质建模的方法[27]。本文以东非鲁武马盆地莫桑比克海上某深水沉积气藏地质建模研究为例，综合应用地震、测井、岩心和分析测试等资料，在地层和构造格架约束下(断层模型和层面模型)，井震结合建立多种类型和级次的趋势约束体，将其作为约束条件应用于沉积相建模过程，进而开展沉积相控制下的储层物性参数建模，并对模型进行验证，实现深水沉积储层三维地质模型的建立。地质建模的主要步骤如下：①基于沉积模式和先验地质认识划分岩相，通过岩电分析和神经网络算法实现全区全井岩相识别；②基于岩心、测井数据分析，在沉积模式和地质认识的指导下，构建不同岩相的垂向比例函数和平面岩相分布(图 9)；③基于地震反演获取的砂岩概率体，通过地质统计学方法(以克里金插值为主)分别建立不同岩相的平面趋势约束(图 9)；④综合不同岩相的垂向比例函数和平面趋势约束构建不同岩相的趋势约束体，通过结合趋势的序贯指示模拟方法建立沉积相模型(图 10)；⑤依据不同岩相的孔渗关系，以地震信息为趋势约束条件，在沉积相模型控制下，采用协同序贯高斯模拟方法建立包含孔隙度、渗透率和含水饱和度的储层物性参数模型(图 10)。

井震结合、充分挖掘地震信息建立多种趋势约束建模可以明显降低地质模型井间储层预测的不确定性，可以显著提高地质模型的精度和可信度，对于稀井网大井距低井控条件下的海上油气田地质建模工作具有一定的参考意义。

3 应用效果

3.1 有效指导层序地层格架建立，明确演化规律

3.1.1 指导了莫桑比克海域层序地层格架的建立

以井标定为基础，分析地震剖面上地震反射特征及上、下地层的接触关系，完成三个层序界面(T_o，T_{o1}，T_e)的识别和解释，将鲁武马盆地渐新统划分为两个三级层序(图 11)。层序顶部凝缩段具有高声速、高密度的电性特性，可以形成较强的波阻抗界面(T_o)。T_o在全区范围内具有很好的连续性，近陆架边缘局部被晚期 MTDs 侵蚀。在近陆架区南部，三个层序界面均位于 MTDs 底部，北部层序以连续性好的凝缩段为界；在远离陆架区，近陆架分布的下渐新统 MTDs 并没有延伸到较远，剖面上不能观察到(图 11)；上渐新统 MTDs 仍然具有较大的规模，分布范围较广。各层序边界以下的凝缩段局部被晚期 MTDs、水道、朵体等侵蚀。

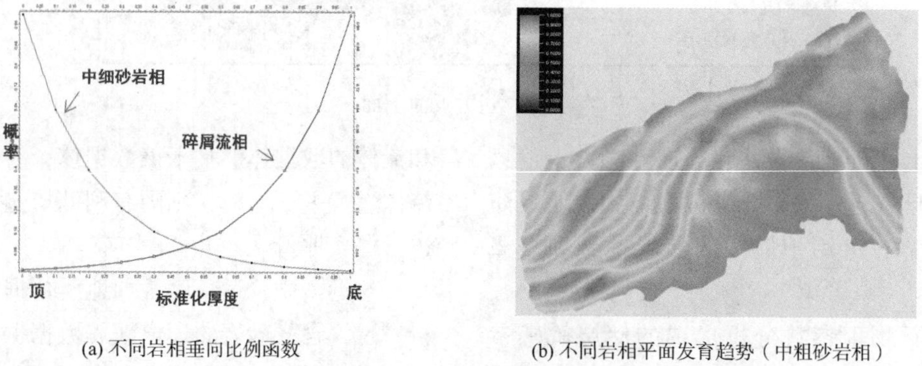

(a) 不同岩相垂向比例函数

(b) 不同岩相平面发育趋势（中粗砂岩相）

图 9 莫桑比克海上某深水沉积气藏不同岩相的垂向和平面趋势约束

(a) 沉积相模型

(b) 孔隙度模型

(c) 渗透率模型

(d) 含水饱和度模型

图 10　莫桑比克海上某深水沉积气藏三维沉积相和储层物性模型

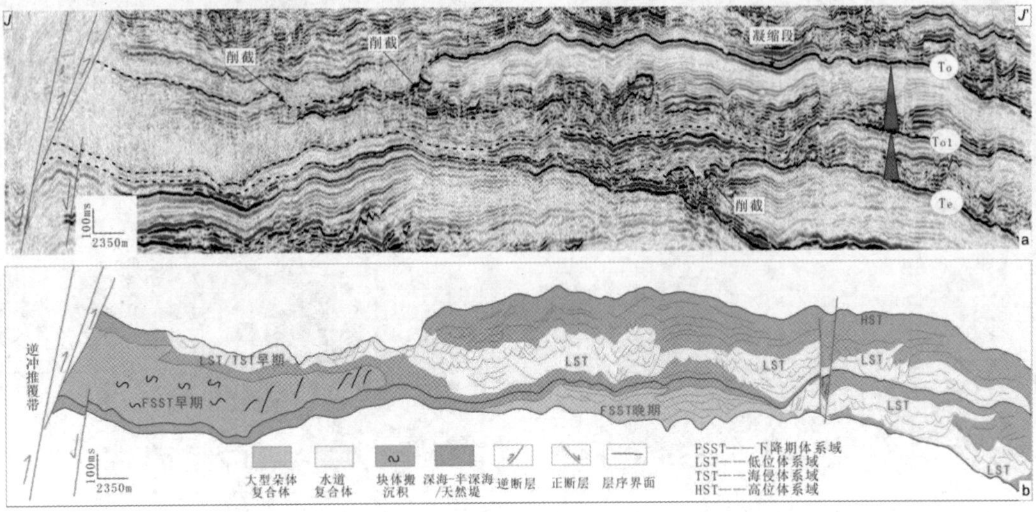

图 11　过鲁武马盆地深水区典型地震剖面及对应的层序地层解释剖面

3.1.2　明确了层序格架下深水沉积体系演化规律

渐新世时，大量沉积物经鲁武马盆地的狭窄陆架和陡陆坡(Bosellini A，1986)进入深水盆地，大规模的 MTDs 于强制海退初期沉积于近陆架一侧的局部陆坡上。伴随海平面持续下降，在陆坡水道口的近处沉积了大型朵体，构成强制海退晚期产物。海平面开始上升时，由于陆架的加积，沉积物向深盆的供给减少，流体受低密度浊流控制并形成堤化水道沉积体系；既使海平面快速上升时，深水中仍然有低密度浊流发育；随着海平面上升速率不断减缓，深水区主要接受细粒的半远洋和远洋沉积而形成凝缩段。早渐新世的大型朵体以粗-中粗砂岩为主，具有高砂/泥比、高密度的特点，为强制海退晚期产物。堤化水道体系沉积于低位体系域及海侵早期，顶部为凝缩段沉积。研究区范围内，晚渐新世仅观察到低位域/海侵体系域早期的水道复合体沉积，而没有大型朵体沉积(图 12)。

3.2　有效指导气藏精细刻画和储量估算

基于地震和钻、测井资料综合分析深水沉积结构单元特征，识别出本区主要发育的深水沉积

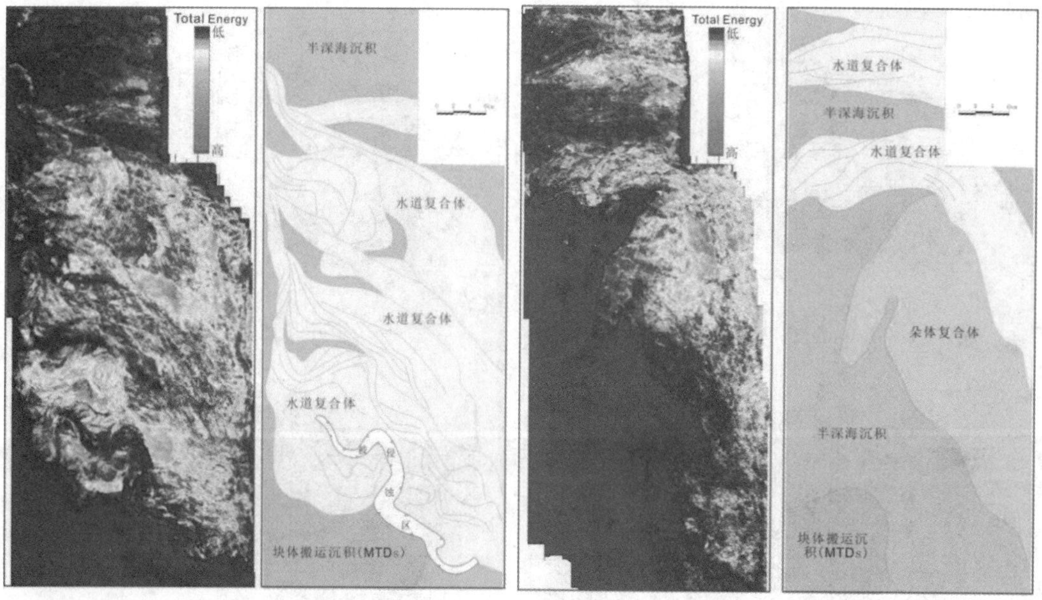

图 12　鲁武马盆地上、下渐新统沉积体系分布图

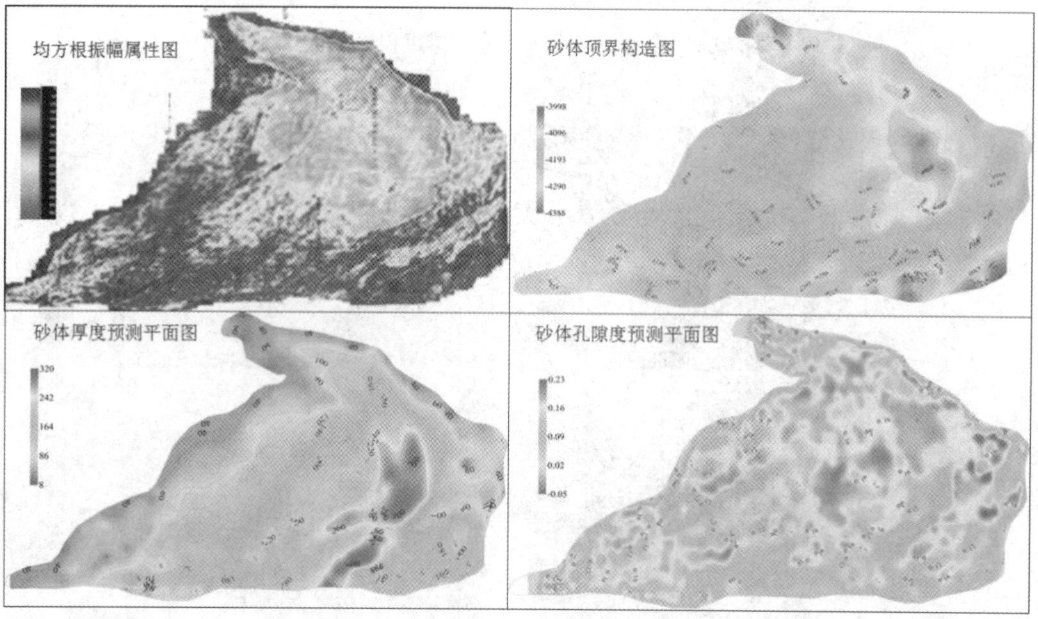

图 13　气藏储量估算成果图件

结构单元类型，确定了水道和朵体深水浊积砂体为有利储层，对主要目标进行了解释和描述。综合储层预测结果，对区内气藏砂体进行追踪解释，结合钻井分析结果，实现了气藏砂体的精细刻画和描述，编制气藏的顶底界构造图、储层厚度平面图和孔隙度预测平面图等图件（图 13），确定气藏储量估算参数，对发现气藏进行了储量估算，落实了研究区超万亿方天然气储量。

3.3　有效支撑气藏开发可行性研究，助推万亿方巨型气田开发

目前，该区块进入开发可行性评价阶段，在气藏开发可行性研究过程中，项目研究团队利用上述技术对区内所有气藏进行了精细刻画描述，基于中方内部的气藏研究成果与认识，与作业方进行了深入细致的交流，提出了与开发井位优化和气藏刻画描述等相关建议，得到作业者认可。完成科洛尔 FLNG 一期开发和鲁伍马 LNG 一期开发地质气藏部分的可行性研究，保障了科洛尔和曼巴气田多个气藏的开发方案顺利获批，稳步推进研究区万亿方巨型天然气田开发。

依据地震属性分析和地震储层预测成果，结合已钻井地质认识，对作业者开发井位部署方案

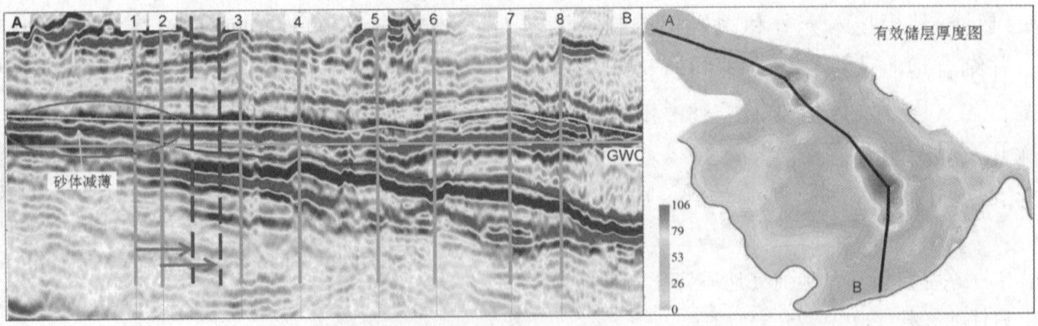

图 14　OL 气藏开发井位优化建议示意图

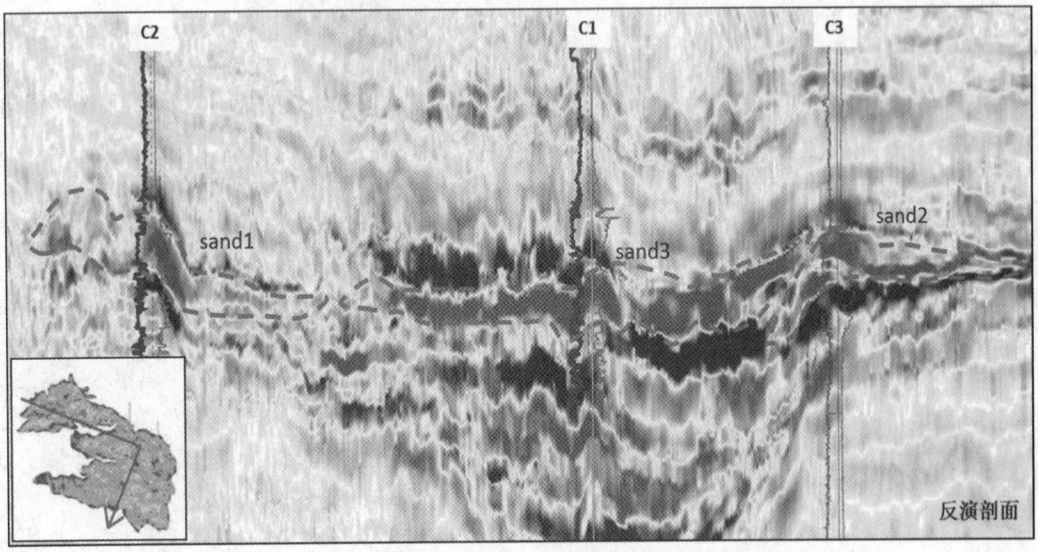

图 15　科洛尔气藏过井剖面

进行了深入分析研究，从储层厚度和质量、井位所在构造位置和单井控制储量与产能匹配关系等方面综合考虑，认为部分气藏开发井位有必要进一步优化，如 OL 气藏开发井位 1 和 2 虽然位于构造高部位，但过于靠近朵体边缘部位，储层厚度和质量有一定风险，因此建议对开发井位 1 和 2 进行优化调整(图 14，绿色实线为原部署井位，蓝色虚线为建议调整井位)。

在对科洛尔气藏进行研究和认识过程中，我方技术人员和作业者在气藏砂体连通性问题上认识存在差异。作业者认为该气藏为整装气藏，储层是由 3 期砂体组成，各期砂体之间相互连通，我方基于储层预测成果，结合钻井资料综合分析，对该气藏进行了精细刻画描述，认为各期砂体之间存在明显界面(图 15)，砂体边缘接触部分物性变差，各期砂体之间存在不连通风险，这会影响储量的估算和开发方案的制定，建议综合考虑所有可能情形，基于此认识对该气藏进行储量复核和开发方案优化，此建议得到了作业方的认可，为最终优化该气藏开发方案提供了技术支持。

4　结论

(1) 按基准面升降和海侵、海退的变化进行体系域划分的混合沉积层序模型和基于深水沉积结构单元特征的深水沉积层序识别方法可对该海域深水沉积层序和体系域进行有效识别和划分，指导深水沉积演化分析。

(2) 基于岩心、测井、地震的深水沉积结构单元综合描述方法从不同尺度和角度对深水沉积结构单元进行了描述和识别，明确了不同结构单元特征，为深水沉积结构单元的识别预测提供了有效手段。

(3) 通过叠前、叠后地震反演、属性分析等技术集成了深水沉积储层及流体识别方法，有效指导了储层的预测和气水的判别，为储量评估和井位优化提供技术参考。

(4) 深水沉积储层空间展布变化快，深水沉积储层三维地质建模技术充分利用岩相控制、模式指导，并结合地质认识，建立不同岩相的储层物性模型，为气田开发评价提供了参考依据，对油气勘探开发具有重要意义。

参 考 文 献

[1] 孔祥宇. 东非鲁伍马盆地油气地质特征与勘探前景. 岩性油气藏，2013，25(3)：21-27.

[2] 陈宇航，姚根顺，吕福亮，鲁银涛，陈亮，唐鹏程，曹全斌. 东非鲁伍马盆地渐新统深水水道-朵体沉积特征及控制因素[J]. 石油学报，2017，38(09)：1047-1058.

[3] Nilsen O，Dypvik H，Kaaya C，et al. Tectono-sedimentary development of the (Permian) Karoo sediments in the Kilombero Rift Valley，Tanzania[J]. Journal of African Earth Sciences，1999，29(2)：393-409.

[4] Reeves C. The position of Madagascar within Gondwana and its movements during Gondwana dispersal[J]. Journal of African Earth Sciences，2014，94：45-57.

[5] 陈宇航，姚根顺，唐鹏程，等. 东非凯瑞巴斯盆地多期构造变形及对油气聚集的控制作用[J]. 大地构造与成矿学，2016，40(3)：491-502.

[6] Salman G，Abdula I. Development of the Mozambique and Ruvuma sedimentary basins，offshore Mozambique[J]. Sedimentary Geology，1995，96(1/2)：7-41.

[7] Key R M，Smith R A，Smelror M，et al. Revised lithostratigraphy of the Mesozoic-Cenozoic succession of the onshore Rovuma Basin，northern coastal Mozambique[J]. South African Journal of Geology，2008，111(1)：89-108.

[8] 张光亚，刘小兵，温志新等. 东非被动大陆边缘盆地构造—沉积特征及其对大气田富集的控制作用[J]. 中国石油勘探，2015，20(4)：71-80.

[9] 温志新，王兆明，宋成鹏，等. 东非被动大陆边缘盆地结构构造差异与油气勘探[J]. 石油勘探与开发，2015，42(5)：671-680.

[10] Catuneanu O. Principles of Sequence Stratigraphy[M]. Italy：Elsevier，2006：1-375.

[11] Posamentier H W，Jervey M T，Vail P R. Eustatic controls on clastic deposition Ⅰ-conceptual framework[M]// Wilgus C K，Ross C A，Posamentier H W. Sea Level Changes：An Integrated Approach，SEPM Special Publication. Tulsa，OK：The Society of Economic Paleontologists and Mineralogists，1988，42：109-124.

[12] Kolla V，Posamentier H W，Eichenseer H. Stranded parasequences and the forced regressive wedge systems tract：deposition during base-level fall-discussion[J]. Sedimentary Geology，1995，95(1-2)：139-145.

[13] Posamentier H W，Kolla V. Seismic geomorphology and stratigraphy of depositional elements in deep-water settings[J]. Journal of Sedimentary Research，2003，73(3)：367-388.

[14] Bosellini A. East Africa continental margins[J]. Geology，1986，14(1)：76-78.

[15] 孙辉，刘少治，邵大力，吕福亮，许小勇，左国平，刘艳红，王雪峰. 东非鲁武马盆地海底旋回坎沉积演化及控制因素[J/OL]. 沉积学报：1-12[2020-07-17]. https：//doi.org/10.14027/j.issn.1000-0550.2020.014.

[16] 孙辉，刘少治，吕福亮，范国章，左国平. 东非鲁武马盆地渐新统富砂深水朵体复合体特征及影响因素[J]. 地质学报，2019，93(05)：1154-1165.

[17] 孙辉，刘少治，范国章，吕福亮. 深水复合水道体系沉积特征及时空演化规律——以东非鲁武马盆地中中新统为例[J]. 海洋学报，2019，41(01)：87-97.

[18] 孙辉，刘少治，马宏霞，鲁银涛，许小勇. 东非鲁武马盆地海底水道—朵体体系粗粒浊流沉积物波特征及主控因素[J]. 沉积学报，2017，35(04)：763-771.

[19] 赵健，张光亚，李志，史卜庆，范国章，王晓丰，温志新，法贵方，孙国桐. 东非鲁武马盆地始新统超深水重力流砂岩储层特征及成因[J]. 地学前缘，2018，25(02)：83-91.

[20] Fuhrmann，Kane，Clare etc，. Hybrid Turbidite-drift Channel Complexes：an Integrated Multiscale Model[J]. Geology，2020.

[21] Ozdemir H，Ronen S，Olofsson B，et al. Simultaneous multicomponent AVO inversion. Expanded Abstracts of 71st Annual Internet SEG Mtg，2001，269-272.

[22] Ma X Q. Simultaneous inversion of prestack seismic data for rock properties using simulated annealing. Geophysics，2002，67(10)：1877-1885.

[23] 曹全斌，杨志力，吕福亮，等. 叠前同时反演技术影响因素分析及应用. 大庆石油地质与开发，2016，35(3)：136-142.

[24] 王朝锋，王红平，邵大力，等. 巴西桑托斯盆地S油田碳酸盐岩储层预测. 物探技术研讨会，

2017，1-3.
[25] 吴胜和，李宇鹏．储层地质建模的现状与展望[J]．海相油气地质，2007，12(03)：53-60.
[26] 胡光义，肖大坤，范廷恩，等．河流相储层构型研究新理论、新方法——海上油田河流相复合砂体构型概念、内容及表征方法[J]．古地理学报，2019，21(01)：143-159.
[27] 林承焰，陈仕臻，张宪国，等．多趋势融合的概率体约束方法及其在储层建模中的应用[J]．石油学报，2015，36(06)：730-739.

中国三大克拉通盆地下古生界膏盐岩-碳酸盐岩组合油气成藏条件的差异性及主控因素

胡素云 徐安娜 汪泽成 薄冬梅 刘 伟 赵振宇 白 莹

（中国石油勘探开发研究院）

摘 要 中国石油近10年针对四川、塔里木和鄂尔多斯盆地下古生界膏盐岩-碳酸盐岩组合加大油气勘探力度，但勘探进程一直举步维艰，近期塔里木北部完钻于8882米寒武系的轮探1井获得高产工业油气流，展示膏盐岩-碳酸盐岩组合有望成为中石油未来增储上产的重要接替领域，目前制约该领域勘探进程的瓶颈是对膏盐岩-碳酸盐岩组合的成藏条件及其主控因素认识不清。综合应用地震、钻井、岩心、露头和实验室分析等资料，精细解剖三大盆地下古生界膏盐岩-碳酸盐岩组合在烃源条件、储盖组合、圈闭有效性和成藏过程等方面的差异性，探究不同地区膏盐岩-碳酸盐岩组合的成藏特征、主控因素以及聚集模式。研究表明：三大盆地下古生界膏盐岩-碳酸盐岩组合具有油气成藏具有“源盐控烃”和分层分带的共性，但不同盆地或不同区带的油气成藏条件和聚集模式迥异，主要由构造-沉积背景、原盆差异性构造演化及多期构造叠加改造方式不同引发的烃源岩发育规模和质量、源储配置、储盖组合配置以及盐岩聚集和形变方式、圈闭有效性等方面的差异造成，常见六种有利油气聚集模式。

关键词 四川盆地；塔里木盆地；鄂尔多斯盆地；下古生界膏盐岩-碳酸盐岩组合；成藏条件；聚集模式

膏盐岩-碳酸盐岩组合属于混积岩的一种类型，指碳酸盐组分与膏盐岩、陆源碎屑等在同一岩层内相互混杂或纵向上交互沉积，其沉积环境涵盖淡水、咸水湖泊以及陆棚、斜坡、台地等等。美国墨西哥湾盆地、西非盆地、巴西深海盆地和中亚滨里海等陆架型含盐海相盆地的碳酸盐岩-蒸发岩体系中已经发现了丰富的油气资源和多个大中型油气田。我国含蒸发岩盆地众多，目前已发现的含盐类沉积层序的油气田多位于裂陷盆地和前陆盆地的蒸发岩-碎屑岩组合或蒸发岩-湖湘碳酸盐岩组合中，如渤海湾盆地的东营坳陷和东濮坳陷，潜江、东濮坳陷和江汉盆地、苏北盆地和塔里木克拉2大气田等，在咸化海相碳酸盐岩-蒸发岩层系中目前已发现的油气产层主要来自于三大克拉通盆地内的台地蒸发盐类沉积层序，如鄂尔多斯盆地的奥陶系、塔里木盆地的寒武系和四川盆地三叠系的飞仙关组、雷口坡组和嘉陵江组以及寒武系等。近10年中国石油加大了三大克拉通盆地下古生界膏盐岩-碳酸盐岩组合的勘探部署，但钻探成功率并不高，如四川盆地在川东-蜀南地区寒武系钻探的3口风险井相继失利；鄂尔多斯中东部奥陶系马家沟组的钻探效果也不理想；塔中-巴楚-塔北地区钻遇寒武系的30多口钻遇井中，仅有中深1C和轮探1井获得工业性油气流。究其原因是：1）目前对三大盆地内膏盐岩-碳酸盐岩组合的油气成藏条件、主控因素及富集规律等认识不清；2）膏盐岩-碳酸盐岩组合与常规纯碳酸盐岩相比，其内“膏盐岩”的存在导致其油气成藏条件和富集规律有其特殊性和复杂性；3）与北美陆架型含盐海相盆地蒸发岩相比，我国三大克拉通盆地台地相蒸发岩在形成环境、分布规模以及成藏特征等方面存在较大差异，不能照搬国外现存模式。综上，综合应用地震、钻井、岩心、露头和实验室分析等资料，开展三大盆地下古生界膏盐岩-碳酸盐岩组合油气藏成藏地质精细解剖，解码膏盐岩-碳酸盐岩组合目前存在的“三不清”问题具有实践指导意义。

1 油气成藏特征的共性

近10年来，下古生界膏盐岩-碳酸盐岩组合一直是中国石油在三大克拉通盆地（塔里木、四川和鄂尔多斯）风险勘探中的一块难啃硬骨头。塔里木盆地在塔中-塔北-巴楚地区在中下寒武统膏盐岩-碳酸盐岩组合已部署钻探了近30多口，目前已发现三个产油气层段（肖尔布拉克、吾松格尔和阿瓦塔格组）和两个与油气密切相关

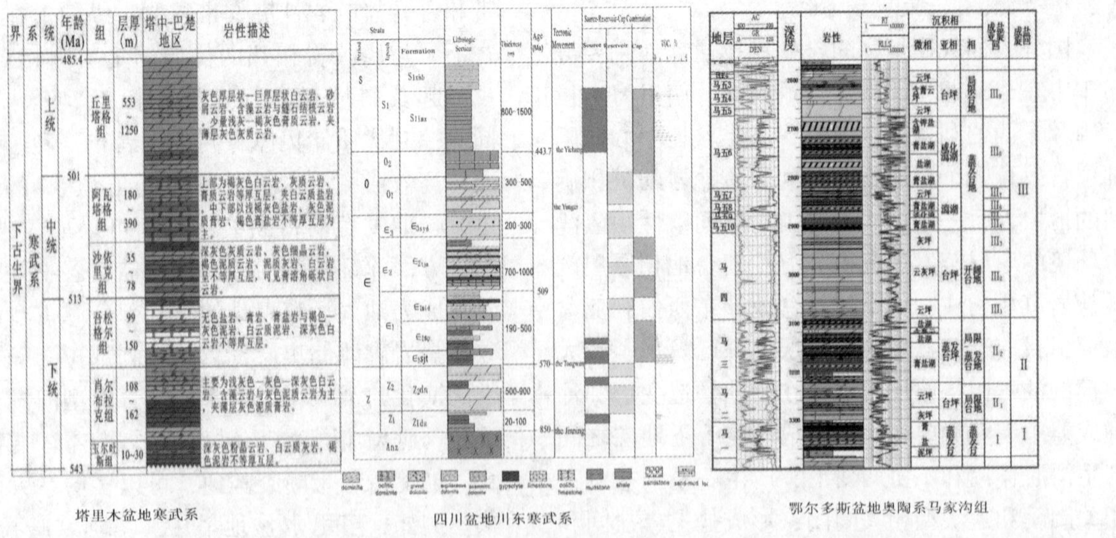

图1　我国三大克拉通盆地下古生界膏盐岩-碳酸盐岩组合沉积特征

的成盐旋回(图1)。鄂尔多斯盆地中东部在奥陶系马家沟组膏盐岩-碳酸盐岩组合已探明一定规模的油气储量，发育与三大成盐旋回相关的多套油气成藏组合。四川盆地在威远-川中地区发现寒武系龙王庙组和洗象池组大气田，在川东-蜀南地区发现2个与油气相关的成盐旋回和多套储集层。基于前人各类研究成果，精细解剖和总结出三大盆地钻探成功井在油气成藏地质条件方面的共同特征。

1.1　“源盐控烃”现象明显

所谓“源盐控烃”，就是指叠合盆地内已发现的各个油气富集层段形成的主体油气藏分布主要与有效烃源灶和盐岩发育位置密切相关，而烃源岩规模和质量又受盐岩的蒸发环境影响和控制。与国外大型海盆形成的厚层蒸发岩-碳酸盐岩组合不同，我国台地蒸发环境下形成的膏盐岩-碳酸盐岩组合常发育多套薄互层膏岩、盐岩与膏质云岩、灰岩、含膏泥岩或砂岩的沉积旋回，其内盐岩纯度较低，单层厚度一般小于0.5~6m，横向连续性差。钻探和研究显示，我国三大克拉通盆地下古生界膏盐岩-碳酸盐岩组合发育的油气藏，其烃源岩主要来自斜坡-盆地相和蒸发台地潟湖相相2类烃源岩。斜坡-盆地相烃源岩多数厚度大，分布广，有机质丰度高，通常是盆地主力烃源岩，如四川盆地下寒武统的筇竹寺组和塔里木盆地下寒武统玉而吐斯组泥岩，厚度约为20~120m，有机碳含量平均大于4%，最高可达20%，多形成于海侵期缓坡背景。台地蒸发环境下发育台地蒸发潟湖相泥灰岩或灰质泥岩烃源岩，如马家沟组的马二、四和六段，塔里木中下寒武统的阿瓦塔格组和吾松格尔组等，该类烃源岩生烃母质以浮游藻类为主，显微组分主要为腐泥无定形体，多属于Ⅰ型干酪根，以暗色云质泥岩为主，单层厚度薄，累计厚度较大，有机质丰度总体偏低，局部富集，呈纹层状断续分布，通常属于克拉通盆地蒸发台地沉积体系规模成藏不可缺少的烃源岩。鄂尔多斯中东部奥陶系马家沟组环盐洼发育多旋回中薄层泥质岩，其累计厚度约为20~60m，纵向叠置连片，TOC介于0.5%~1.2%，具一定生烃能力。马五5段储层沥青样品地化分析结果证实了以上认识，因为其大量沥青样品的饱和烃生物标志物主要以规则甾烷为主，基本不含重排甾烷，并且含有比较强的伽马蜡烷，说明形成沥青的烃源岩主要发育于局部咸化的较封闭环境，沥青形成时其成熟度较低。还有，马家沟组马五5段天然气乙烷碳同位素δ13C2(‰)组成统计结果显示，其天然气成因以油型气为主，包含部分煤型气，油型气生烃母质主要来自奥陶系内部的中-薄层泥质烃源岩，并且产气层段或部位与盐岩和源岩发育部位密切相关，并呈现“源盐共生控烃”现象。塔里木盆地塔北隆起区寒武系油气发现同样显示出“源盐共生控烃”现象。塔北隆起区位于满加尔、阿瓦提两大生烃中心的北缘，油气富集程度高，目前发现的轮南-塔河、哈拉哈塘、英买力等多个大型油气田多数被夹持于满加尔和阿瓦提两大生烃中心之间，围绕寒武系台内烃源岩厚值区发育。

1.2 多数发育三大成藏系统

国外大油气田聚集的含盐克拉通盆地主要分布于中东、北非、北高加索滨里海、南里海卡拉库姆和东西伯利亚地台等地，该类盆地中心凹陷部位常发育多个厚层蒸发盐到碳酸盐岩的沉积旋回的地层，每一个旋回主要由局限间歇性缺氧浅水环境的厚层蒸发岩沉积与海侵期台地相厚层碳酸盐岩沉积构成，如南阿曼盆地和东西伯利亚盆地等，目前这些盆地的中浅层系都已发现了较大规模的油气田，厚层盐岩在在后期构造变形和油气成藏中起着重要作用，造成盐层上下地层之间产生滑脱作用和不协调变形，产生一系列盐刺穿相关圈闭和盐滚型相关圈闭，形成盐上、盐间和盐下三大油气成藏系统，巨厚蒸发岩作为优质盖层一方面阻止了包括油气在内的地层流体向上穿层运移，避免了深部油气藏的大规模破坏，甚至在盐岩-碳酸盐岩层系内也发现了一些层间油气藏；另一方面这套蒸发岩盖层也阻止了大气水下渗进入含油气储层，避免了大气水和微生物对盐下油气藏的破坏。我国三大克拉通盆地内发育的台地蒸发相膏盐岩-碳酸盐岩组合沉积-成藏特征与国外海盆有所不同，其盐岩层厚度小，分布范围受限，盐层上下地层也存在滑脱和不协调变形现象，但多数是盐上盖层地层变形强烈，而盐下层系基本上未发生变形，其油气成藏系统同样可划分为盐上、盐间和盐下三大系统，但并非任何构造-沉积背景下，膏盐岩-碳酸盐岩组合的油气成藏系统都一定包含三个成藏系统。例如，四川盆地安岳寒武系大气田位于中下寒武统蒸发泻湖周边，龙王庙组—高台组沉积期发育的膏盐岩-碳酸盐岩组合内缺少厚层膏盐岩沉积，仅局部可见薄层膏盐岩，包括多个厚层颗粒滩相云岩、薄层碎屑混积岩与薄层膏盐层旋回沉积，并且前两者与膏盐岩层在横向上呈指状接触，故将龙王庙组和高台组储集层划归为盐间储层，属于盐间成藏系统，而盐下成藏系统并不发育。综上，克拉通盆地内膏盐岩-碳酸盐岩组合多数发育盐上、盐间和盐下三大系统成藏系统，其划分应以“藏-盖”为核心，并结合不同构造-沉积背景及其成藏主控因素酌情调整。

1.3 油气聚集具有分层分带特征

目前在我国三大克拉通盆地系下古生界膏盐岩-碳酸盐岩组合中钻探发现的油气分布平面上明显受烃源灶、古隆起及斜坡、古台缘、古断裂带和含膏盐的岩性突变带控制；纵向上在膏盐岩之下、与烃源岩相邻的优质储集层内相对富集。古隆起及斜坡对油气运聚发挥着“吸纳”作用，同时控制优质储集体有利相带展布，利于油气大面积高效成藏。古断裂不仅是油气运移的重要通道，长期发育的古断裂一方面可以形成破碎带，另一方面深部热液活动，使得储集层物性得以改善，成为油气运移聚集的有利部位。古台缘带是碳酸盐岩礁滩储集层发育的有利部位，随着台缘带的演化与消亡，后期叠加发育大型河湖三角洲沉积，礁滩储集层与碎屑岩砂岩储集层叠置发育，加上台缘带断裂沟通，可以多层系大面积成藏。例如，塔里木盆地塔中、塔河、哈拉哈塘、英买力、和田河等油气田均与古隆起及斜坡、古台缘和古断裂带密切相关，主力产层奥陶系的一间房、鹰山、良里塔格组以及寒武系的肖尔布拉克组的规模储层分布与古台缘、古断裂带和古岩溶带密切相关，古隆起和古断裂带成为下部寒武系油源优势运移和聚集的指向区。四川盆地安岳震旦系~寒武系大气田的发现明显受川中古隆起、德阳-资阳裂陷(生烃灶)控制；鄂尔多斯盆地奥陶系大气分布也明显受古隆起及斜坡、基底古断裂和古岩溶发育区控制。

2 油气成藏条件的差异性

塔里木、四川和鄂尔多斯三大克拉通盆地下古生界膏盐岩-碳酸盐岩组合受成盆构造-沉积背景和后期构造叠加改造作用影响，其油气成藏条件及成藏主控因素存在明显差异。

2.1 烃源岩发育及源-储配置条件

天然气乙烷碳同位素分析结果显示，鄂尔多斯盆地中东部下古生界马家沟组膏盐岩-碳酸盐岩组合内的天然气成因类型主要为油型气和煤型气两种。油型气主要分布在盆地中东部台地洼陷的蒸发潟湖周边，而煤型气主要聚集于盆地靖边以东地区。气-源岩地化分析和钻探揭示，油型气源岩主要来自蒸发台地内三个次洼(乌审旗、靖边和佳县-清涧)沉积的泥云坪相中-薄层灰/云质泥岩，TOC 含量整体偏低(TOC>1%仅为40%)，局部 TOC 可达 2.97%，具多旋回特征，累计厚度达 50m，具备一定生烃能力，属于差-较好烃源岩。该类烃源岩“源-储”配置关系常见源内自生自储叠覆接触式和源内自生自储侧向接触式，即烃源岩与储集层在垂向上和侧向相互直接接触，供烃条件优越。煤型气源岩主要来自与奥陶系侧向对接的上覆石炭系–二叠系的煤系地层，其供烃窗口位于西南部崇信–镇原–合水包围的中央古隆起“剥蚀天窗”，其二叠系煤层厚约2~10m，有机碳含量(73.6~83.2)%；暗色泥岩厚约30~60m，有机碳含量(0.5~2.67)%，生烃强度高达$8\times10^8\sim24\times10^8m^3/km^2$。石炭系–二叠系的煤系地层是靖边以东地区马家沟组主力烃源岩，其“源–储”配置关系呈现外源旁生侧储接触式和外源上生下储倒灌接触式，供烃能力受不整合面和风化壳储层发育程度控制。

前人研究成果、大量野外露头和钻井资料显示，早中寒武世，塔里木盆地处于加里东运动期区域拉张阶段，呈现“东盆西台”的构造–沉积格局，发育下寒武统玉尔吐斯组厚层陆棚斜坡–盆地相黑色泥页岩和中下寒武统与蒸发台地相有关的云质泥岩和膏质泥岩烃源岩。下寒武统玉尔吐斯组陆棚斜坡–盆地相黑色泥页岩是塔里木盆地深层和超深层的区域性主力烃源岩，厚度20~120m，主体为20~30m左右，分布面积约为$22\times10^4km^2$，主要分布于满加尔凹陷和阿瓦提凹陷，塔中隆起东北部有3m左右的薄层发育，在巴楚隆起内几乎不发育。玉尔吐斯组泥岩地化分析显示，阿克苏—柯坪地区露区有机碳含量在0.33%~22.39%(平均大于4%)；星火1井有机碳含量3%~9.43%(平均5.5%)，镜质体反射率(R_0)约为2.5%；轮探1井的TOC为6.35%~26.14%，厚约18m，岩性以黑色泥岩和灰质泥岩为主，生烃母质主要为底栖多细胞藻类生物。塔里木盆地中下寒武统与蒸发台地相有关的云质泥岩和膏质泥岩烃源岩主要分布在巴楚–和田河–塔中隆起西北部一带，其厚度薄，有机碳含量不高，但已具有一定生烃能力，是该区及其周缘烃类来源的重要补充。阿克苏地区中下寒武统露头剖面近80块岩样有机碳(TOC)和镜质体反射率(Ro)地化分析结果显示，吾松格尔组云质泥岩和膏质泥岩的TOC均值为1.98%，Ro均值为1.64%，具有一定生烃能力，属于较好烃源岩；和田河地区和4井和方1井钻探揭示，沙依克里组膏盐层之下发育肖尔布拉克组和吾松格尔组多个薄层灰质泥岩段，累计厚度约70~50m，横向连续性差，岩屑TOC主体分布在0.3%~0.78%，也可归属于烃源岩。综上，塔里木盆地寒武系两套烃源岩(玉尔吐斯陆棚斜坡–盆地相烃源岩和台地蒸发岩相烃源岩)与多套储层段(肖尔布拉克组、吾松格尔组合阿瓦塔格组)的“源–储”配置关系复杂，不同地区存在明显差异，受构造–沉积背景、蒸发岩发育位置、储集体发育程度以及疏导系统和后期改造等影响。

塔北隆起区和满西地凸起带以玉尔吐斯组陆棚斜坡–盆地相黑色泥页双坳供烃(满加尔凹陷和阿瓦提凹)为主，中下寒武统台缘礁滩相云岩和多套薄层含膏质泥粉晶白云岩和细晶白云岩发育，“源–储”配置关系优越，常见近源双向下生上储叠覆接触式和近源双向下生上储叠覆跨越式。塔中隆起区中下寒武统发育厚层台内颗粒滩相云岩、泥粉晶白云岩和细晶白云岩储层，以满加尔和阿瓦提双坳供烃为主，“源–储”配置关系主要为近源双向下生上储叠置接触式、近源双向下生上储侧向接触式和远源同层侧向接触式。肖塘–古城地区具有玉尔吐斯组双坳供烃(满加尔凹陷和阿瓦提凹)的优势，中下寒武统发育台缘礁滩相云岩和多套薄层细晶白云岩，“源–储”配置关系优越，常见双源双向下生上储叠覆接触式和自生自储同层生侧向接触式。巴楚—和田隆起区中下寒武统发育多套台内颗粒滩相云岩、泥粉晶白云岩和细晶白云岩储层，油气来源于阿瓦提坳陷的玉尔吐斯组黑色泥页以及台内次洼吾松格尔组的云质泥岩和膏质泥岩等，其“源–储”配置关系较好，常见外源下生上储叠覆接触式、内源自生自储叠覆接触式、内源自生自储叠覆跨越式等。

前人大量研究成果、野外露头和钻井资料显示，早中寒武世，四川盆地处于加里东运动期区域拉张阶段，发育陆棚斜坡相–碳酸盐岩缓坡相–碳酸盐岩局限蒸发台地−–碳酸盐岩开阔台地相沉积体系，沉积一套下寒武统筇竹寺优质泥页岩和大套膏盐岩–碳酸盐岩组合地层。下寒统筇竹寺组发育陆棚斜坡相–盆地相黑色、灰黑色泥页岩和炭质泥岩，厚度40~400m，厚值区受控于德阳–安岳裂陷槽，富含三叶虫化石和小壳动物化石。筇竹寺泥页岩409个样品TOC介于0.50%~8.49%，平均1.95%，其中TOC>1.0%的占71.3%，裂陷槽内黑色炭质泥岩的有机质丰度高，TOC可高达6.4%，Ro均值为2.64%，生烃强度高达$20\sim140\times108m^3/km^2$,，属于优质烃源岩。川中寒武系龙王庙组气样同位素分析显示，其$\delta^{13}C2$值分布在−35.3‰~−32.3‰之间，与下寒武统筇竹寺组干酪根δ13C值相近；高石

6和磨溪11井龙王庙组储层内残存沥青的4-甲基二苯并噻吩(4-MDBT)/1-甲基二苯并噻吩(1-MDBT)比值分别为3.29和2.97，与磨溪9井寒武系筇竹寺组泥岩的比值(3.87)接近。由上推断，龙王庙组天然气与筇竹寺组烃源岩具有亲缘关系，其气源主要来自下寒武统筇竹寺组泥岩。受裂陷槽、古隆起和沉积分异作用影响，筇竹寺组烃源岩与上覆沧浪铺组、龙王庙组、高台组和洗象池组的“源-储”配置关系相对复杂，不同地区存在较大差异。威远和川中等德阳-资阳裂陷槽两侧地区“源-储”配置常见源内旁生侧储接触式、源内下生上储叠覆接触式和远源下生上储叠覆分割式；蜀南-川东地区“源-储”配置关系常见远源下生上储迁移跨越式和源外旁生侧储接触式等。

综上，三大盆地下古生界膏盐岩-碳酸盐岩组合的烃源岩质量、规模和“源-储”配置关系存在明显差异。鄂尔多斯盆地中东部下古生界马家沟组膏盐岩-碳酸盐岩组合具有两源两型多向供烃特点，烃源岩质优规模大，“源-储”配置关系优越，以源内自生自储叠覆接触式、源内自生自储侧向接触式、外源旁生侧储接触式和外源上生下储倒灌接触式为主，利于烃类高效聚集成藏。塔里木盆地寒武系膏盐岩-碳酸盐岩组合具有两源两型两坳(满加尔坳陷和塔西南)的供烃特点，烃源岩质优规模较大，不同地区“源-储”配置关系差异明显，其中塔中、塔北和满西低凸起和肖塘-古城地区的“源-储”配置关系优越，构造稳定和后期断裂改造不大的地区能够高效聚集成藏。四川盆地寒武系膏盐岩-碳酸盐岩组合油气的烃源岩质量、规模和“源-储”配置关系不同地区差异明显，德阳-资阳裂陷槽周边“源-储”配置关系较好，可规模成藏，其他地区寒武系“源-储”配置关系相对较差，规模成藏概率较低。

2.2 储盖层条件及配置型式

鄂尔多斯盆地奥陶系马家沟组自下而上发育三个完整的海退-海进沉积旋回，其中马二段、马四段和马六段为碳酸盐岩段，岩性以石灰岩为主，局部夹白云岩和膏质白云岩；马一段、马三段和马五段为蒸发岩段，岩性主要为盐岩、硬石膏岩夹泥云岩和灰岩。钻探揭示，马家沟组产气层主要位于马五7+9、马四段和马二段。钻井岩心观察及物性分析显示，马五7+9段储集岩为颗粒云岩、粉晶云岩、粉细晶白云岩，少量云斑灰岩，孔隙类型以白云岩晶间孔、溶蚀孔、微裂隙为主，储层孔隙度可达6.3%~8.2%，单层均厚3m，薄互层多旋回发育，累计厚度可达10m以上。马四段地层为灰岩与白云岩互层，储集层岩性主要为粉晶-粉细晶云岩和粒屑云岩，孔隙类型以晶间孔为主，平均孔隙度3.2%，含气性较好。马二段属海侵期开阔海石灰岩沉积，夹少量白云岩和膏盐等盐类矿物，储集层岩性含粒屑粉~中晶白云岩和云斑灰岩，孔隙度在0.6%~2.93%，典型气藏解剖显示，石炭系-二叠系的煤系地层区域分布稳定，是盆地中东部奥陶系马家沟组气藏的区域性优质盖层；马三段内厚层蒸发岩和马五段内三套中厚层蒸发岩(马五10、马五8、马五6)呈层状稳定分布，变形微弱，属于局部优质盖层。马三段厚层蒸发岩多以红色盐岩

灰白色膏岩与深灰色云岩呈不等厚互层状产出，盐岩单层厚度0.12~13.96m，累计厚度49.90m；马五段内膏盐岩累计厚度116.65m，发育3个成盐旋回，多数以灰白色盐岩与膏岩　深灰色膏质云岩　钙质泥岩和灰黑色灰岩、泥晶云岩呈互层状产出。综上，受膏盐岩-碳酸盐岩沉积特征和蒸发岩发育程度影响，马家沟组主要产气层马五7+9、马四段和马二段的储盖组合配置程度存在较大差异。马五7+9气藏储盖组合配置优越且样式多种，常见颗粒云岩-盐岩接触叠覆型、云岩-盐岩同层侧向遮挡型、云岩-致密灰岩接触叠覆型、云岩-盐岩跨层叠覆型、云岩-致密灰岩跨层叠覆型，其中前3种储盖组合配置最有利。马四段气藏储盖组合配置较好，其局部盖层为马五10薄层膏盐岩和自身致密灰岩，常见细晶云岩-盐岩接触叠覆型、云岩-致密灰岩同层侧向遮挡型和云岩-致密灰岩接触叠覆型，其中前2种储盖组合配置相对有利。马二段气藏储盖组合配置较好，局部盖层为马三段膏盐岩，常见云岩-盐岩接触叠覆型、云岩-致密灰岩接触叠覆型等。

塔里木盆地阿克苏地区野外露头、塔中-塔北-巴楚地区16口取心井岩心观察及扫描电镜等研究揭示，膏盐岩-碳酸盐岩组合主要发育在中下寒武统的肖尔布拉克组、吾松格尔组、沙依克里组和阿瓦塔格组，其中肖尔布拉克组、吾松格尔组和阿瓦塔格组是盆地寒武系获得工业性油气流的主要储集层，岩石类型以含石膏或盐岩的泥

粉晶白云岩和细晶白云岩为主，如方1、和4、塔深1、和田1、巴探5井等；储集空间类型多样，多以晶间孔为主，其次为粒内溶孔、窗格孔、溶蚀孔洞、溶蚀缝、膏模孔以及构造缝。露头和岩心446块样品储层物性统计显示，该组合孔隙度主要分布在0.5%~10%，平均2.67%，其中塔北地区寒武系各套储层物性普遍优于塔中—巴楚地区，特别是阿瓦塔格组的平均孔隙度在该区可达3.2%，可能与蒸发岩发育形成的膏模孔有关。另外，砂屑云岩和含膏泥晶云岩的孔渗性能较好，平均孔隙度2.67%，其次为粉晶云岩以及细晶云岩。由上推断，塔里木寒武系蒸发岩-碳酸盐岩组合储层质量整体一般，缺少I类优质储层，多以II类储层为主，肖尔布拉克组储层质量相对较好，厚度大，平面连续性强，其次为吾松格尔组，储层单层厚约0.5~10m，但连续性较差。塔中和塔北地区寒武系典型气藏解剖分析认为，上奥陶统大套致密灰岩分布稳定，是确保塔里木盆地寒武系成藏的区域性优质盖层，而中下寒武统发育的厚层蒸发岩是塔中-塔北-巴楚地区的直接优质盖层。塔中-塔北-巴楚地区16口岩心及测井资料分析显示，下寒武统阿瓦塔格组和吾松格尔组发育两套分布广和厚度大的优质盖层，最大厚度可达580m和180m，基本覆盖塔中-巴楚地区和阿瓦提凹陷，叠合面积近10 $*10^4km^2$，岩性以膏盐岩、盐岩、云质膏岩为主，局部区域可见沙依里克组及肖尔布拉克组发育蒸发岩类沉积。由上推断，塔里木盆地不同地区寒武系气藏储盖组合配置条件差异较大，明显受构造-沉积背景、储层发育程度、蒸发岩发育情况以及后期构造运动和断裂活动影响。轮南-英买力低凸起区，在寒武系沉积期位于台缘相带附近，发育多套台缘礁滩相优质储层，膏盐岩盖层欠发育，主要以含膏质云岩和致密灰岩为主，储盖组合配置相对较好，常见颗粒云岩-含膏质云岩接触叠覆型、颗粒云岩-致密灰岩侧向接触覆盖型和云岩-盐岩同层侧向遮挡型。塔中隆起区，中下寒武统位于台内蒸发泻湖周边，发育厚层台内颗粒滩相云岩、泥粉晶白云岩和细晶白云岩储层，盖层以含膏质云岩和致密灰岩为主，“储-盖”配置关系较好，多数为颗粒云岩-含膏质云岩接触叠覆型、颗粒云岩-致密灰岩侧向接触覆盖型和云岩-盐岩同层侧向遮挡型。肖塘-古城地区，中下寒武统发育一定规模的台缘礁滩相云岩和多套薄层细晶白云岩等优质储层，膏盐岩盖层不发育，岩性以膏云坪相含膏泥岩、膏质白云岩和泥灰岩为主，且受到加里东晚期—海西早期的断裂活动的强烈改造，造成该区盖层封盖能力降低，导致“储-盖”配置关系变差，规模成藏概率较低，局部“生-储-盖”配置较好的地区可小规模成藏。巴楚—和田隆起区，中下寒武统发育多套台内颗粒滩相云岩、泥粉晶白云岩和细晶白云岩储层，盖层以两套厚度大和分布广的膏盐岩为主(阿瓦塔格组和吾松格尔组)，但遭受过多期构造运动改造，多期断裂活动大大降低了膏盐岩的封盖能力，其“储-盖”配置关系相对较差。

四川盆地不同地区寒武系储盖组合配置情况差异较大，主要受沉积相分异作用和膏盐岩分布以及后期构造改造程度影响。前人研究成果和盆内20余口寒武系膏盐岩钻遇井综合研究显示，寒武系膏盐岩类地层主要分布在川东-蜀南地区的龙王庙组、高台组和洗象池组地层中，川中地区蒸发岩类不发育。川中-威远地区寒武系成藏储盖组合配置优越，多见颗粒云岩-灰岩配置，依据主要是该区发育两套颗粒滩相优质储层和两套混积相储层，灰岩盖层厚度大。寒武纪，川中-威远地区处于水下古隆起之上，是龙王庙组和洗象池组颗粒滩相储层纵向叠置发育区，其中龙王庙组储层单层均厚5m，累计厚在10~30m，横向分布稳定，岩性以颗粒白云岩和晶粒白云岩、斑状云岩为主，储集空间主要为溶蚀孔洞、粒间孔、晶间孔和裂缝，孔隙度值在3.5%~12%，平均孔隙度为5.5%，属于优质储层；洗象池组以大套分布广泛的细粉晶云岩夹薄层颗粒云岩和含斑状膏质云岩白云岩为特征，储层单层厚度薄(均厚5m)，但累计厚度大(约60m)，岩石类型主要为残余砂屑云岩和鲕粒云岩，储集空间为粒间/内溶孔、晶间溶孔和裂缝，孔隙度值分布范围2%~8%，平均孔隙度4.2%，属于较好储层；沧浪铺和高台子组两套储层仅分布在古隆起之上及其周缘的潮缘滩部位，以蒸发混积相的薄层含膏泥质白云岩为主，属于具有一定储集能力的差储层。川中-威远地区寒武系典型气藏成藏分析认为，该区龙王庙组合洗象池组气藏的区域盖层是奥陶系发育的厚度在200~500m的大套致密灰岩以及石炭系底部厚度10~20m左右的一套泥岩，局部盖层是寒武系内部自身发育的致密碳酸盐岩。蜀南-川东地区寒武系成藏储盖组合配置总体较差，受其内储层和蒸发岩发育程度不同有所差异，多见中-细粉晶云岩-膏盐岩配置、中-细粉晶云岩-灰岩配置和砂屑云岩-灰岩配置三种。蜀南-川东地区龙王庙组以蒸发泻湖和蒸发潮坪相沉积为主，储层岩性主要为含膏质中细粉晶云岩，储集空间为晶间溶孔和粒间溶孔，厚度多数小于2m，平均孔隙度2.3%，且断续和零星分布，属于差储层。洗象池组发育大套分布广泛的细粉晶云岩夹薄层颗粒云岩和含斑状膏质云岩白云岩，局部地区残余砂屑云岩和中-细粉晶云岩储层发育，如座3井—盘1井—荷包场—螺观山-隆32—阳深1井一带，储集空间为粒间/内溶孔、晶间溶孔和裂缝为，孔隙度值分布范围0.5%~6%，平均孔隙度3.5%，单层厚度薄(均厚2m)，累计厚度大(约30m)，属于较好储层。

综上，三大盆地下古生界膏盐岩-碳酸盐岩组合的“储-盖”配置关系存在明显差异，受构造-沉积背景、沉积组合及其分异以及后期构造改造程度影响较大。鄂尔多斯盆地中东部下古生界马家沟组发育多套颗粒云岩和粉细晶白云岩等优质储层，区域煤系地层盖层和多套膏盐岩局部盖层分布稳定，厚度大，封盖能力强，且后期构造活动和断裂改造作用较弱，其“储-盖”配置关系整体优越，多以颗粒云岩-盐岩接触叠覆型、云岩-盐岩同层侧向遮挡型、云岩-致密灰岩接触叠覆型为主，利于烃类聚集规模成藏和保存。塔里木盆地寒武系膏盐岩-碳酸盐岩组合发育三套具有一定规模的优质储层和2套分布稳定且相互叠置的膏盐岩盖层，“储-盖”配置关系受构造-沉积背景、沉积相分异和膏盐岩分布以及后期构造活动改造程度影响，不同构造带呈现出明显的差异性，总体使好坏参半，塔中和满西低凸起以及塔北地区相对较好，肖塘-古城地区和巴楚—和田隆起区多期构造活动强烈，断裂对盖层的改造作用较大，“储-盖”配置关系较差。四川盆地寒武系膏盐岩-碳酸盐岩组合发育多套颗粒滩相储层和2套膏盐岩盖层，但二者“储-盖”配置关系较差，纵向上并不重叠，如川中-威远地区寒武系发育多套颗粒滩相储层，但盖层以致密灰岩或泥灰岩为主，蜀南-川东地区寒武系发育两套厚层膏盐岩盖层，与之密切相关的储层却为中-细粉晶云岩，储集能力较差。

2.3 盐岩变形样式及圈闭有效性

我国三大克拉通盆地下古生界膏盐岩-碳酸盐岩组合典型油气藏解剖揭示，其内盐岩层的构造变形方式和圈闭类型与膏盐岩-碎屑岩组合地层和国外大型含盐盆地有所不同，最大区别在于与盐相关的构造变形不强烈，盐构造不发育。所谓盐构造是指由膏盐岩等塑性地层流动变形而形成的地质体。国外大型含盐盆地盐岩层厚度大，以伸展和重力驱动变形为主，伴随斜向挤压相关的挠曲变形，常见盐刺穿相关圈闭和盐滚型相关油气藏，如巴西桑托斯盆地白垩系发育大量盐底辟、盐刺穿、逆冲推覆和龟背式背斜油气藏。我国前陆盆地库车坳陷盐岩-碎屑岩组合地层也发育大量与盐枕、盐背斜、盐推覆构造相关的天然气藏。与以上二者不同，我国三大克拉通盆地下古生界膏盐岩-碳酸盐岩组合的构造变形程度总体较弱，中薄层盐岩层主要以挤压驱动的层状滑脱变形或断层相关褶皱变形为主，三大盆地之间在盐岩变形样式及圈闭有效性方面也还存在明显差异，这主要与盆地构造-沉积背景、膏盐岩-碳酸盐岩沉积组合特征以及后期构造演化及改造密切相关。

鄂尔多斯盆地中东部马家沟组膏盐岩-碳酸盐岩组合形成于早古生代中奥陶统因盆地干热气候与南北挤压-古陆围限作用耦合而形成的陆表海碳酸盐岩蒸发台地环境，膏盐岩分布受控于因南北挤压作用而形成的“L”形隆起带或中央隆起带以及稳定持续沉降的米脂坳陷，自下而上发育三个完整海退-海进沉积旋回，包含三套与油气相关的成盐旋回(马一段、马三段和马五段)，膏盐岩段与上下地层呈层状产出，表现为西高东低的构造格局，这一格局直到侏罗纪末期遭受燕山运动从东向西的掀起作用发生构造反转，形成现今东高西低的大型单斜构造背景，期间马家沟组内的膏盐岩段几乎与同期沉积的碳酸盐岩层同步变形，未发生明显滑脱褶皱作用。钻探揭示，鄂尔多斯盆地中东部马家沟组膏盐岩-碳酸盐岩组合的圈闭有效性较高，在发现的盐下大量低幅背斜圈闭、盐间侧向遮挡型岩性圈闭和盐上风化壳型圈闭中，天然气的充满度较高，仅有少数井含水，究其原因：双源多向近源供烃，生储盖匹配好，发育多种疏导系统、古今圈闭形成时间与两套源岩生烃高峰期(K纪)匹配、多数圈闭位于古今构造转换的交叉区带内，后期构造运动破坏改造程度较低等。

塔里木盆地中下寒武统膏盐岩-碳酸盐岩组合形成于干热气候与咸化水体、盆地伸展-差异沉积遮挡作用耦合而形成的碳酸盐岩台地局限蒸发环境，膏盐岩集中分布在和田—巴楚—塔中所围限的阿瓦提凹陷，阿瓦塔格组和吾松格尔组两套膏盐岩层在不同构造部位的构造变形样式及变形程度有所不同，主要与所处构造应力环境及强度、古构造背景、膏盐岩厚度及其岩性组合特征以及构造变形分异作用密切相关。

轮南低凸起区，中下寒武统发育碳酸盐岩蒸发台地的台缘沉积，其内纯膏盐岩层不发育，主要以薄层含膏质云岩为特征。构造演化研究，晚加里东—早海西期，受盆地南北挤压应力作用，该区形成一系列向西南倾没的鼻状构造以及一系列 EW 走滑断裂，膏盐岩段与上下地层呈层状产出，变形微弱，仅在局部地区有聚集增厚现象；晚海西期，该区以整体隆升作用为主，伴随一系列近南北向左旋走滑断裂形成；印支期-喜山期，该区以挤压作用为主，先期不同级次断裂活动，具有逆冲特征。地震解释和钻探揭示，轮南低凸起区中下寒武统发育一系列地层不整合圈闭和岩性上倾尖灭圈闭，圈闭有效性较高，依据是继承型古隆起、两坳陷双向近源供烃、源储配置优越，疏导体系发育，成圈闭期与油气充注期匹配以及薄层含膏质云岩具有局部封盖作用等，雅克拉和桥古凝析气藏的发现以及轮探 1 井的成功进一步证实，轮南低凸起区成藏条件优越，保存条件是该区成藏关键。

塔中隆起构造中下寒武统发育大套碳酸盐岩蒸发台地沉积，夹有两大套膏盐岩薄互层沉积。晚加里东—早海西期，该区处于伸展应力向挤压应力体制过渡的复杂构造应力环境，形成塔中隆起构造带，发育 NW 和近 EW 向为主的复杂断裂系统，由 7 条自 NW 发散、SE 收敛的帚状断裂体系组成。地震解释和钻探结果显示，塔中隆起构造带上中下寒武统两大套薄互层膏盐岩层作为滑脱层参与和影响了该区加里东期的构造变形过程，造成其构造样式的分区和分层，即平面上呈现西部单冲推覆、中部滑脱褶皱、东部继承冲断的特征；纵向上总体表现为蒸发岩层上下两套不协调变形，膏蒸发岩之上地层变形较强，发育与断层相关的褶皱变形，如对冲断背斜、背冲断背斜、单冲推覆背斜等，其下地层变形较弱，先期正断层反转，形成具逆冲性质的低幅断背斜或低幅背斜。构造演化研究显示，塔中隆起自加里东期形成到奥陶纪末定型至喜山运动，后期虽经历多期构造运动改造，特别是遭受志留纪一组 NE 向走滑断裂体系切割，但其构造格局相对稳定，总体以沉降为主，局部发育的扭动构造对其先期构造破坏程度不大，加里东期形成的各类圈闭总体保存条件较好，局部可能遭受断裂破坏。塔中隆起东段中深 1 井在中下寒武统阿瓦塔格组盐间含膏薄层云岩和盐下肖尔布拉克组颗粒滩相云岩中获得高产工业油气流，进一步证实，塔中隆起带中下寒武统盐间和盐下圈闭的有效性较高，依据是近源供烃、源储配置较好，疏导体系发育，膏盐岩层作为直接盖层后期保存条件稳定，破坏程度低。

肖塘-古城地区，寒武系处于碳酸盐岩缓坡进积生长过渡为镶边台地的阶段，中下寒武统以缓坡型碳酸盐岩沉积为主，膏盐岩盖层不发育，以含膏泥岩和膏质白云岩为主。中加里东期—早海西期，古城地区经历多期构造作用，整体以升降为主，发育受 NE 主干张扭断裂控制的嵌垒相间的鼻隆构造。晚海西期，受不同级次断裂持续活动影响，中下寒武统含膏泥岩和膏质白云岩盖层的完整性被破坏，圈闭有效性降低。古城 4 井和城探 1 井寒武系岩心中见到的大量沥青研究进一步证实，该区晚加里东期形成的古油藏在海西期遭受调整破坏，喜山期残存的古油藏有裂解成气。

巴楚—麦盖提斜坡区是中下寒武统碳酸盐岩蒸发台地的沉积中心，阿瓦塔格组和吾松格尔组膏盐层集中发育的部位。晚加里东—早海西期，巴楚隆起位于塔西克拉通内坳陷主体部位的稳定沉降区，麦盖提斜坡位于塔西克拉通内坳陷的北倾斜坡，巴楚隆起南缘的鸟山—玛扎塔克一带位于低隆区，受盆地南北向挤压应力作用，中下寒武统膏盐岩与上下地层间呈层状形式产出，局部发生聚集增厚现象，整体以顺层滑脱褶皱变形为主，构造活动及其构造样式分区明显，如巴楚主体地区发育中部滑脱褶皱背斜，巴楚-阿恰地区发育继承冲断构造，古董地区发育对冲断背斜和玛扎塔格构造发育单冲推覆构造等。晚海西期，巴楚地区位于塔西南克拉通边缘坳陷北部的水下低隆区，成为巴楚隆起的雏形，麦盖提斜坡则为边缘坳陷的北斜坡。燕山期，巴楚隆起所在地区开始变坳为隆，中生代持续发展演化为剥蚀古隆起；中新世以后巴楚隆起构造活动强烈，发育断裂构造带和岩浆岩侵入等热事件。综上，巴楚隆起属于晚期反转型活动隆起，其上巴东2、和4、方1等井钻探失利的关键原因就是圈闭形成期与晚海西期烃源岩生排烃高峰期不匹配，巴楚隆起之上的圈闭多数是再印支期至喜山期形成的，不利于捕获寒武系烃源岩的油气。钻探结果证实，海西晚期是巴楚地区古油藏形成期，喜山期是晚期油气藏形成和古油藏调整再成藏期。

四川盆地寒武系膏盐岩-碳酸盐岩组合由干热气候与伸展背景和同沉积断裂活动用耦合而形成，膏盐岩主要分布在华蓥山和齐耀山两大断裂所夹持的范围(蜀南-川东地区)，自下而上发育2套与油气相关的成盐旋回(高台组和龙王庙组)，膏盐岩段与上下地层之间的产状在不同地区有所差异，构造变形样式分带明显，主要受区域构造-沉积背景、膏盐岩发育规模和区域构造变形方式控制。蜀南地区寒武系的膏盐岩厚度薄，常见含膏质云岩或含盐膏质云岩，膏盐层常呈层状产出，局部聚集，构造变形相对较弱，仅仅作为滑脱层分割上下地层，发育一些与断层褶皱相关的低幅背斜和断背斜；川东地区寒武系膏盐层受喜山期挤压作用改造和破坏强烈，盐上发育盐刺穿、逆冲推覆叠瓦状断裂构造带等，盐下发育低幅背斜和断背斜。钻探证实，川东-蜀南地区的圈闭有效性较低，依据：储盖不匹配、源储匹配度不高，先期圈闭遭受喜山作用改造强烈，通天断裂发育。

3 油气成藏主控因素

3.1 构造-沉积背景控制源储形成环境及匹配关系

构造-沉积背景和气候是控制和影响源储形成环境及匹配关系的关键因素。钻探揭示，鄂尔多斯盆地中东部下古生界马家沟组膏盐岩-碳酸盐岩组合的油型气源岩主要来自碳酸盐岩蒸发台地内的三个盐洼(乌审旗、靖边和佳县-清涧)中泥质云坪相带的中-薄层灰/云质泥岩烃源岩，其TOC含量普遍偏低，但局部富集，可达2.9%，且累计厚度可达50m，具有较强的生烃潜力，发育于因盆地干热气候与南北挤压-古陆围限作用和还原水体环境相耦合而形成的陆表海碳酸盐岩蒸发台地环境。三大盐洼的规模、深度及其沉降速度造就了台内云坪相中-薄层灰/云质泥岩的规模可达$6\times10^4km^2$，生烃强度在$(4\sim12)\times10^8m^3/km^2$；膏盐岩与碳酸盐岩岩性组合特征决定了生储盖组合的配置关系优越，为盆地奥陶系近源规模聚集成藏奠定了基础。四川盆地蜀南-川东地区寒武系膏盐岩-碳酸盐岩组合形成于拉张碳酸盐岩缓坡背景下受同沉积断裂控制的干热局限环境，因水浅动荡，缺少还原水体环境，导致其内富含有机质的含膏泥云岩或泥岩烃源段不发育，缺少盐间烃源岩段，源储匹配程度差，盐间储层很难形成气藏。塔里木盆地中下寒武系膏盐岩-碳酸盐岩组合形成干热气候与伸展型镶边碳酸盐岩台地耦合的碳酸盐岩蒸发台地沉积背景，发育2套膏盐岩与碳酸盐岩互层的沉积旋回，包含多个中-薄层灰/云质泥岩烃源岩段，故围绕台内盐洼周边已发现了一些近源的气藏，如中深1井盐间气藏。

3.2 构造演化的差异性决定圈闭类型及其有效性

我国三大克拉通盆地下古生界膏盐岩-碳酸盐岩组合自沉积之后遭受过多期构造运动改造，不同盆地间和盆地不同部位所构造所改造的程度和构造样式明显不同，但总体特征是构造变形相对较弱，盐岩层主要以挤压驱动的层状滑脱变形或断层相关褶皱变形为主，盐刺穿和盐推覆等盐构造少见，构造演化的差异性决定圈闭类型及其有效性。加里东-早海西期，塔里木盆地中下寒武统膏盐岩-碳酸盐岩组合受区域挤压隆升和沉降构造变形影响，形成“两坳三隆”的构造格局，即轮南低凸起、塔中隆起和塔西南古隆起和满加尔坳陷、阿瓦提坳陷，其中“两坳”控制生烃中心，“三隆”控制油气运聚方向、有效圈闭分布范围及圈闭类型。钻探揭示，“三隆”之上加里东期形成的寒武系圈闭类型及样式受构造-沉积背景、膏盐岩规模及岩性等影响，发生横向分异现象，塔中地区受伸展-挤压过渡的复杂构造应力环境，发育7条自NW发散、SE收敛的帚状断裂体系构造样式的分区和分层明显，即平面上由西部单冲推覆、中部滑脱褶皱过渡到东部继承冲断构造，其变形强度逐渐递增，但圈闭有效性逐渐降低；纵向上，膏蒸发岩之上发育与断层相关的褶皱变形，如对冲断背斜、背冲断背斜、单冲推覆背斜等，其下地层则发育低幅断背斜，盐上变形明显大于盐下，盐下圈闭保存条件明显好于盐上。塔中隆起东段中深1井在中下寒武统阿

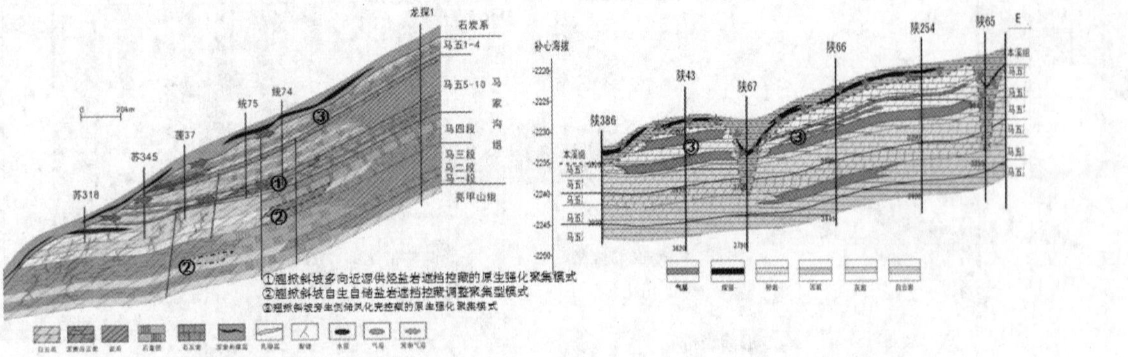

图2　鄂尔多斯盆地中东部奥陶系马家沟组膏盐岩-碳酸盐岩组合油气聚集模式

瓦塔格组盐间含膏薄层云岩和盐下肖尔布拉克组颗粒滩相云岩中获得高产工业油气流，进一步证实，塔中隆起带中下寒武统盐间和盐下圈闭的有效性较高。

3.3　多期构造叠加改造方式决定油气成藏聚集模式

我国三大克拉通盆地都属于叠合盆地，经历过多期构造运动及其调整改造。下古生界膏盐岩-碳酸盐岩组合因其内含有塑性流动性和封盖能力强的膏盐岩层，在多期构造运动及改造过程中，其构造变形过程及样式与其他岩性略显不同。钻探及气藏解剖显示，构造叠加改造方式决定膏盐岩-碳酸盐岩组合油气成藏的聚集模式。

鄂尔多斯盆地中东部奥陶系马家沟组发育大套膏盐岩-碳酸盐岩组合，加里东-早海西期发育中央隆起带和稳定沉降的米脂坳陷，地层呈现西高东低的大型单斜构造格局，膏盐岩呈层状夹于同期沉积的碳酸盐岩层段中，中央隆起带成为早期原油运聚成藏的有利指向。侏罗纪末期受燕山运动影响，盆地发生从东向西的掀起作用，构造反转，形成现今东高西低的大型单斜构造背景，先期古油藏裂解成气，并发生油气调整和重新分配，向东部地层上倾方向运聚，膏盐岩仍呈层状夹于同期沉积的碳酸盐岩层段，但对重新调整后的气藏却起着侧向遮挡的作用，形成岩性遮挡型气藏，油气聚集模式常见三种(图2)，即翘掀斜坡多向近源供烃盐岩遮挡控藏的原生强化聚集模式、翘掀斜坡旁生侧储风化壳控藏的原生强化聚集模式、翘掀斜坡自生自储盐岩遮挡控藏调整聚集型模式。

四川盆地川东-蜀南地区寒武系发育厚层膏盐岩-碳酸盐岩共生体系，加里东-早海西期一直处于古隆起斜坡部位，喜山期受区域 NW-SE 构造挤压应力作用，自蜀南向川中华蓥山方向发生逆冲隆升作用，先期构造遭受叠加改造，在寒武系膏盐层滑脱和调节作用下，膏盐岩上下地层发生断层相关褶皱变形，自蜀南-川中地区构造变形具有逆冲分带特征(图3)，可划为断褶带、褶皱调整带和断褶前锋带，纵向分层明显，盐上发育高陡逆冲断层相关褶皱，盐下发育断层相关低幅背斜。受生、储、盖时空配置和构造变形程度影响，不同构造变形区油气聚集模式有所不同。川东南地区属于变形挤压带，变形强烈，盐上盐下两套成藏系统分界分明，盐上发育继承斜坡旁生侧储逆冲断背控藏的新生型聚集模式，盐下发育继承斜坡近源下生自储断背斜控藏的调整离散型模式。蜀南地区位于挤压变形调整带，盐上构造变形减弱，以褶皱变形为主，盐下先期断层活动，发育断层相关低幅背斜，膏盐层上下两套成藏系统分界明显，分别发育继承斜坡远源下生上储背斜控藏的调整型离散模式和继承斜坡近源下生自储断背斜控藏调整型聚集模式，局部地区可能发育盐间气藏，如座3井附近。川中地区位于挤压变形前锋带，纯盐层不发育，以含膏云岩或含膏泥岩为主，塑性构造变形减弱，盐层上下两套成藏系统不明显，主要发育继承古隆起围斜下生上储近源供烃构造-岩性控藏的原生强化型聚集模式。

塔里木盆地中下寒武统发育大面积膏盐岩盖层，不同构造带后期叠加构造变形强度和样式差异较大(图4)。塔中地区后期叠加构造变形属于古隆起增强型，其油气聚集模式与川中地区类似，属于继承古隆起围斜下生上储构造-岩性控藏的原生强化型聚集模式。轮南低凸起地区后期叠加构造变形特征为隆升剥蚀型，油气成藏受台缘带储层、膏盐岩侧向遮挡及不整面封盖条件等

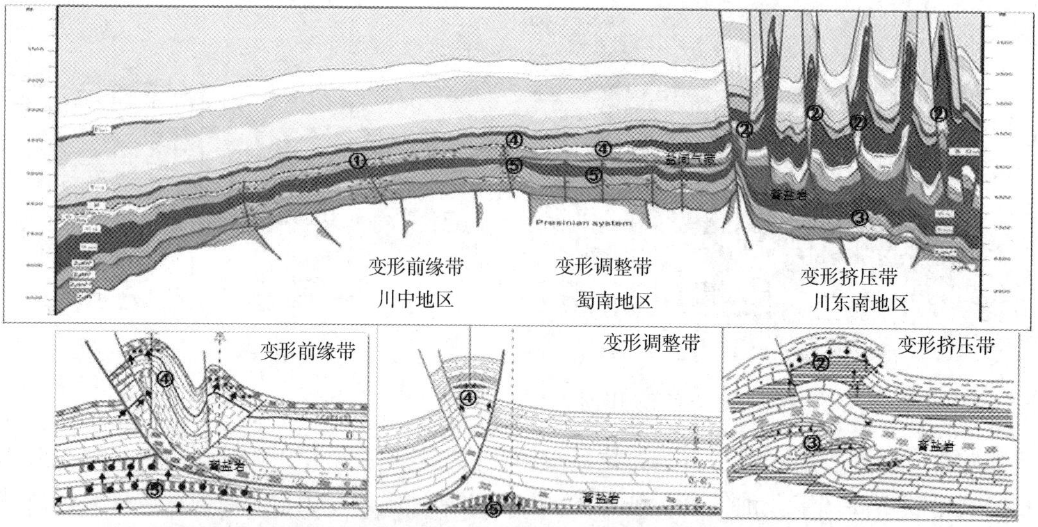

备注：①继承古隆起围斜下生上储近源供烃构造-岩性控藏的原生强化型聚集模式；②继承斜坡旁生侧储逆冲断背控藏的新生型聚集模式；
③继承斜坡近源下生自储断背斜控藏的调整离散型模式；④继承斜坡远源下生上储背斜控藏的调整型离散模式；
⑤继承斜坡近源下生自储断背斜控藏调整型聚集模式

图 3　四川盆地川中-蜀南-川东地区寒武系膏盐岩-碳酸盐岩组合油气聚集常见模式

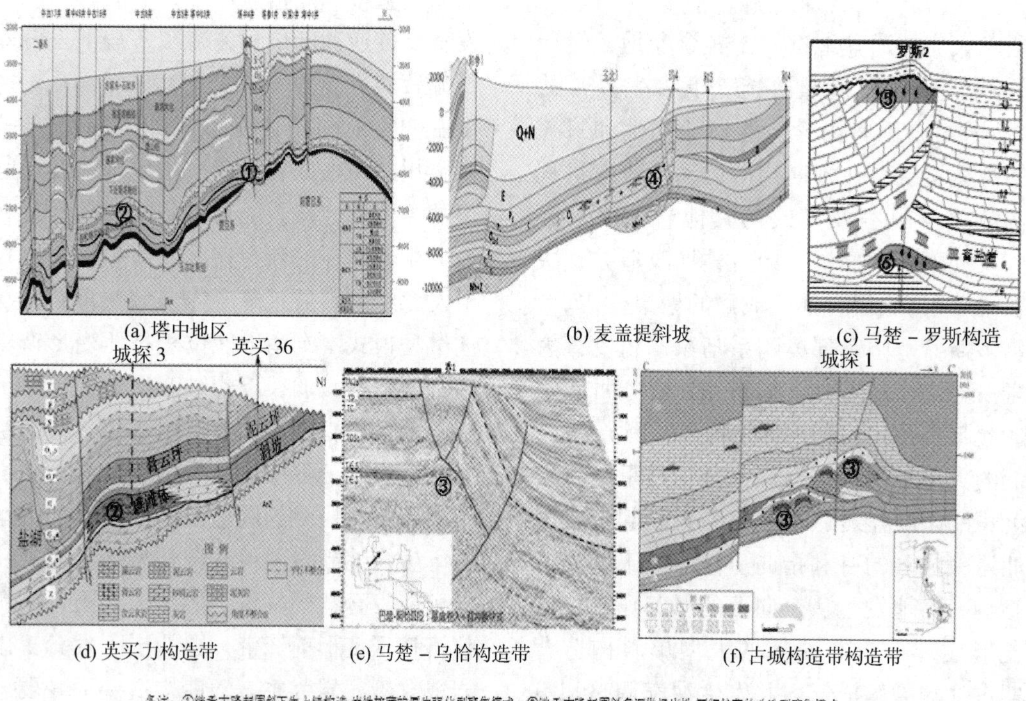

备注：①继承古隆起围斜下生上储构造-岩性控藏的原生强化型聚集模式；②继承古隆起围斜多源供烃岩性-圈闭控藏的改造型聚集模式；
③隆起围斜下生上储岩性-盖层控藏的改造贫化型模式；④反转古隆起围斜多源供烃断圈控藏的新生型聚集模式；
⑤继承斜坡远源下生上储地层不整合控藏的调整型聚集模式；
⑥继承斜坡近源下生自储断背斜控藏调整型聚集模式

图 4　塔里木盆地寒武系膏盐岩-碳酸盐岩组合油气聚集常见模式

多因素影响，其油气聚集模式属于继承古隆起围斜多源供烃岩性-圈闭控藏的改造型聚集模式。肖塘-古城地区后期叠加构造变形以不同级次断裂持续活动为特征，油气成藏受台缘带储层、盖层保存和断裂封闭性控制，其油气聚集模式属于古隆起围斜下生上储岩性-盖层控藏的改造贫化型模式。巴楚—麦盖提斜坡区后期叠加构造变形以整体隆升、断裂发育和构造反转为特征，油气成藏受圈闭有效性、储层和断裂封闭性控制，其油气聚集模式属于反转古隆起围斜多源供烃断圈控藏的新生型聚集模式。

综上，我国三大克拉通盆地下古生界膏盐岩-碳酸盐岩组合多期构造叠加改造方式决定其油气的聚集模式，控制油气的富集和贫化。多源近源供烃、古隆起和斜坡的继承和强化性叠加有利于该类组合叠合盆地油气富集，而远源离散供烃、构造改造调整和变形转化或剥蚀等可导致油气的贫化。四川、塔里木和鄂尔多斯盆地下古生界膏盐岩-碳酸盐岩组合相对有利的油气聚集模式常见六种，即继承古隆起围斜下生上储近源供烃构造-岩性控藏的原生强化型聚集模式、翘掀斜坡多向近源供烃盐岩遮挡控藏的原生强化聚集模式、翘掀斜坡旁生侧储风化壳控藏的原生强化聚集模式、继承斜坡近源下生自储断背斜控藏调整型聚集模式、继承古隆起围斜多源供烃断圈控藏的新生型聚集模式以及继承斜坡旁生侧储断背控藏的新生型聚集模式等，而反转古隆起围斜多源供烃断圈控藏的新生型聚集模式和翘掀斜坡自生自储盐岩遮挡控藏调整聚集型模式是未来深化研究和挖潜的准备目标。

4 有利勘探方向

我国三大克拉通盆地下古生界膏盐岩-碳酸盐岩组合成藏条件差异性和主控因素研究显示，生储盖组合叠置、构造演化持续稳定和后期构造叠加改造破坏程度较低的区带寻找规模油气成藏的有利区，近源供烃、保存条件和圈闭有效性是关键，优质烃源岩和储层以及构造背景是基础，疏导体系是保障。目前在三大盆地下古生界膏盐岩-碳酸盐岩组合中研究发现六种有利油气聚集模式是目前最现实的获得勘探突破的目标，如塔里木盆地的塔中地区、轮南地区、满西、麦盖提斜坡，鄂尔多斯盆地中央隆起带和米脂坳陷周缘地区，以及四川盆地川中古隆起与台内蒸发潟湖周缘的储层发育带等。

5 结论

(1) 我国三大克拉通盆地下古生界膏盐岩-碳酸盐岩组合具备油气规模成藏的条件，不同地区生储盖配置、圈闭有效性和保存条件存在较大差异，主要由构造-沉积背景、原盆差异性构造演化及多期构造叠加改造方式不同造成。

(2) 我国三大克拉通盆地下古生界膏盐岩-碳酸盐岩组合多期构造叠加改造方式决定其油气聚集模式，控制油气的富集和贫化。多源近源供烃、古隆起和斜坡的继承和强化性叠加有利于该类组合油气富集，而远源分散供烃、构造改造调整或变形转化和剥蚀等可导致油气的贫化，目前已发现六种相对对有利油气聚集模式。

(3) 生储盖组合叠置、构造演化持续稳定和后期构造叠加改造破坏程度较低的区带是三大克拉通盆地下古生界膏盐岩-碳酸盐岩组合寻找规模油气成藏的有利区，近源供烃、保存条件和圈闭有效性是关键，优质烃源岩和储层以及构造背景是基础，疏导体系是保障。

参 考 文 献

[1] 杜金虎，邹才能，徐春春，等．四川盆地川中古隆起龙王庙组特大型气田战略发现与理论技术创新[J]．石油勘探与开发．2014. 41(3)：268-277.

[2] 刘树根，马永生，孙玮，等．四川盆地威远气田和资阳含气区震旦系油气成藏差异性研究[J]．地质学报，2008，82(3)：328~337.

[3] 门玉澎，许效松，牟传龙，等．中上扬子寒武系蒸发岩岩相古地理[J]．沉积与特提斯地质，2010，30(3)：58-64.

[4] 彭勇民，张荣强，陈霞，等．四川盆地南部中下寒武统石膏岩的发现与油气勘探[J]．成都理工大学学报(自然科学版)，2012，39(1)：63-69.

[5] 饶松，朱传庆，王强，等．四川盆地震旦系-下古生界烃源岩热演化模式及主控因素[J]．地球物理学报，2013，56(5)：1549-1559.

[6] 王剑．缓坡及其构造背景：以中国南方早寒武世龙王庙期扬子碳酸盐缓坡为例[J]．岩相古地理，1990，5(1)：13-22.

[7] 王招明，谢会文，陈永权，等．塔里木盆地中深1井寒武系盐下白云岩原生油气藏的发现与勘探意义[J]．中国石油勘探，2014b，19(2)：1-13.

[8] 汪泽成，姜华，王铜山，等．四川盆地桐湾期古地貌特征及其成藏意义[J]．石油勘探与开发．2014. 41(3)：305-312.

[9] 杨威，谢武仁，魏国齐，等．四川盆地寒武纪-奥陶纪层序岩相古地理、有利储层展布与勘探区带[J]．石油学报，2012，33(增刊2)：21-34.

[10] 赵文智，沈安江，胡素云，等．中国碳酸盐岩储集层大型化发育的地质条件与分布特征[J]．石油勘探与开发，2012，39(1)：1-12.

[11] 赵政璋，杜金虎，邹才能等．大油气区地质勘探理论及意义[J]．石油勘探与开发，2011，38(5)：513-522.

[12] 郑秀才，郭成贤，高振中，等．湘西下寒武统清虚洞组碳酸盐缓坡沉积相特征[J]．江汉石油学院学报，1992，14 (3)：15-20.

[13] 周琦，颜佳新，张命桥．黔东北地区寒武系清虚洞组钙质风暴岩及其地质意义[J]．地质科技情报，2006，25(2)：25-28.

[14] 邹才能，杜金虎，徐春春，等．四川盆地震旦系—寒武系特大型气田形成分布、资源潜力及勘探发现[J]．石油勘探与开发．2014. 41(3)：

278-293.

[15] 易士威，李明鹏，郭绪杰，等．塔里木盆地寒武系盐下勘探领域的重大突破方向[J]．石油学报，2019，40(11)：1282-1294.

[16] Wilson J L. Carbonate facies in geologic history[M]. Springer-Verlag, Berlin. 1975.

[17] Tucker, M. E. Shallow-marine carbonate facies and facies models[M]. In: Brenchley, P., Williams, B. P. J. (eds.): Sedimentology, recent develo - pments and applied aspects. 1985, 147 - 169, Oxford (Blackwell).

[18] Li C. W., Chen J. Y., Hua T.. Precambrian Sponges with Cellular Structures [J]. Science, 1998, 279: 879-882.

[19] Xiao S. H., Zhang Y., Knoll A. H.. Three dimensional preservation of algae and animal embryos in a Neoproterozoic phosphorite[J]. Nature, 1998, 201: 553-558.

[20] Yin C. Y., Bengtson S, Zhao Y.. Silicified and phosphatized Tianzhushania, spheroidal microfossils of possible animal origin from the Neoproterozoic of South China [J]. Acta Palaeontologica Polonica, 2004, 49(1): 1-12.

[21] Hoffman P F. Did the breakout of Laurentia turn Gondwanaland insideout[J]. Science, 1991, 252: 1409-1412.

[22] Li Z X, Bogdanova S V, Collins A S, et a1. Assembly, configuration, and break-up history of Rodinia: a synthesis [J]. Precambrian Research, 2008, 160(1-2): 179-210.

滨里海盆地东缘碳酸盐岩油藏特征与预测技术

王燕琨[1]　金树堂[2]　王　震[1]　梁　爽[1]　盛善波[2]

(1. 中国石油勘探开发研究院；2. 中油国际阿克纠宾公司)

摘　要　滨里海盆地油气资源丰富，东缘盐下石炭系碳酸盐岩是主要勘探目的层。该层系可进一步分为下石炭统 KT-Ⅱ和上石炭统 KT-Ⅰ两套储层。通过钻井、地震资料研究认为，KT-Ⅰ储层以局限台地滩相灰岩和云岩为主，KT-Ⅱ储层以开阔台地相的生物灰岩为主。已发现的油藏属于岩性-地层-构造复合型油藏。油藏的主要控藏因素：1. 高能、高生长率滩体控制滩相灰岩储层的发育分布，2. 溶蚀作用及岩溶作用制约区内石炭系储层的形成及分布，3. 层序海平面变化控制储层纵向分布，4. 侧向遮挡条件制约了油气成藏。结合这些地质认识，充分应用地球物理资料预测了石炭系优质储层的分布范围，经过钻探实施收到较好的效果，发现地质储量约 2.8 亿吨，剩余岩性圈闭地质资源量约 1 亿吨。

关键词　滨里海盆地；碳酸盐岩；油藏特征；石炭系；滩体；预测技术

滨里海盆地是一晚元古代以来的大型叠合性盆地，是世界上油气富集的盆地之一。据统计该盆地已发现油气地质总储量约 180 亿吨油当量，85%的储量位于盐下。平面上看，滨里海盆地盐下的油气发现主要在盆地东缘和东南缘。中石油 2002 年获得东缘勘探区块，进入前该区先后由苏联、罗马尼亚、TEPCO 都在此作业，先后钻探了 18 口井，均未获得油气发现而地质报废。中石油进入后，通过技术攻关首先解决了盐下构造圈闭识别问题，其次在碳酸盐岩薄储层预测和油气检测方面也取得了很大的进展，相继发现了乌米特油田、北特鲁油田、塔克尔油田、阿克若尔含油气构造、东部下二叠统异常体含油气构造等，在仅有的 3000 多平方公里的范围内，累计发现油气地质储量 2.8 亿吨。成为海外油气自主勘探的典范，对"一带一路"建设、保障国家能源安全具有重要意义。同时集成创新了适用技术，对类似地区的勘探具有一定借鉴作用。

1　概况

滨里海盆地覆盖了上元古界(里费系)-第四系巨厚的沉积层(6~15km)，在盆地中心最大沉积厚度达 22km，下二叠统孔谷阶盐岩层将盆地分为了盐上和盐下两大构造层系。盐上层系(上二叠统~第四系)主要为陆源碎屑岩，盐下层系(下二叠统-下古生界)为巨厚的海相碎屑岩-碳酸盐，其中碎屑岩厚度较大。研究区位于盆地东缘古生界隆起(阿斯特拉罕-阿克托别隆起带)中段的东部斜坡上，紧邻乌拉尔褶皱带的南端(图 1)。盐下石炭系碳酸盐岩是勘探的主要目的层。石炭系碳酸盐岩储层又分为两套，一套为上石炭统 KT-Ⅰ层，另一套为下石炭统 KT-Ⅱ层，两者中间被厚约 400 米的泥岩分隔。滨里海盆地东缘古生界地层现今构造呈西倾的特征，这是早二叠世后期乌拉尔造山运动的结果。

截至目前为止，已发现的油气田和含油气构造均位于研究区的东部，构造背景较高。随着储层预测技术的不断改进和地质研究的深入，逐渐认识到储层的沉积微相、溶蚀作用和横向封挡条件控制着油气的成藏及其类型。

图 1　滨里海盆地隆起构造及油气分布图

2　碳酸盐岩油藏特征

2.1　烃源岩分布广，油源充足

就整体盆地来看，上泥盆统、下石炭统-中石炭统和下二叠统发育的盆地相页岩和碳酸盐岩是盐下最主要的油气源岩，有机质含量 3%~

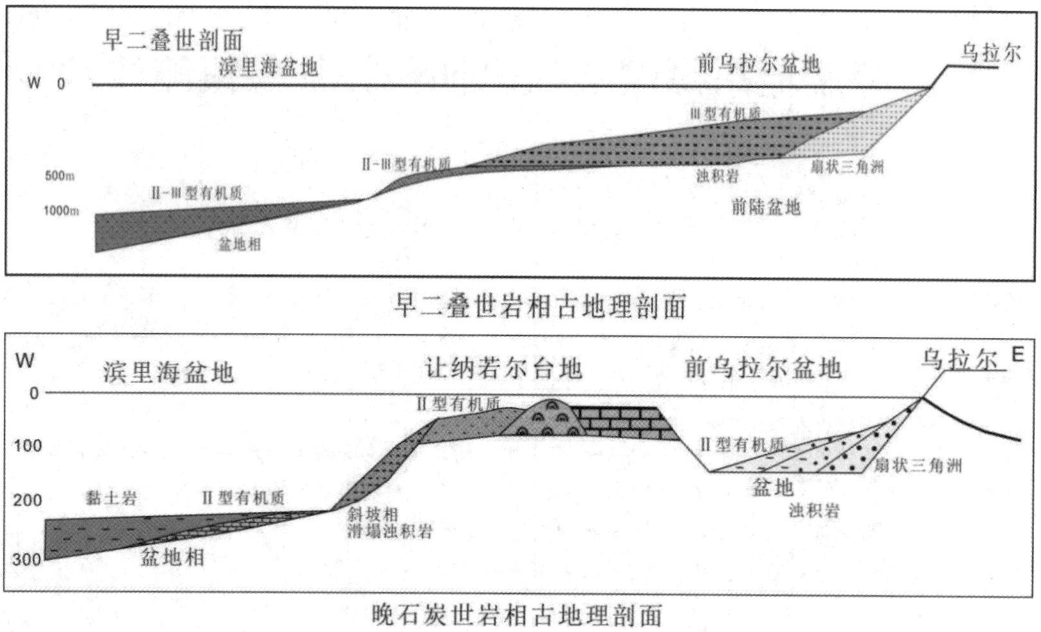

图2 滨里海盆地东缘及乌拉尔晚石炭世、早二叠世烃源岩有机质类型

4%，有机质类型以Ⅰ型和Ⅱ型为主。中泥盆统主要为Ⅱ型，TOC 含量为 0.4%~3.9%，平均值 1.1%。上泥盆统-下石炭统为Ⅰ或Ⅱ-Ⅲ型，厚度约 400m，TOC0.4%~13.8%，平均值 4.4%，评价为好烃源岩。

根据已有资料分析认为，盆地东缘临近乌拉尔褶皱带也发育烃源岩。早-中纬宪期、晚石炭世、早二叠世有机质类型为Ⅱ型、Ⅱ-Ⅲ型混合型(见图2)。滨里海盆地东缘油藏油气既有本地也有来自乌拉尔盆地的，其中生物标志化合物对比证实，中区块西部洛克迪拜早石炭世纬宪阶已发现油田的原油来自纬宪阶烃源岩，让纳若尔台地晚石炭世原油来自乌拉尔盆地内晚石炭世烃源岩。

滨里海盆地盐岩、硬石膏和白云岩等导热率较高，来自地壳深部的热量容易散发。因此地温梯度一般较低，这对有机质的演化起保护作用，延长生烃时间。例如盐下层石炭系-下二叠统生油岩，有的地区到 6300 多米仍处于生油阶段，这与其上覆的巨厚盐岩层的低温保护作用是分不开的。在肯基亚克-扎纳若尔地区，平均地温梯度只有 1.7~2.1℃/100m。考虑平均古地温梯度(小于 40℃/km)，对古温度达 175℃至 200℃的分布带的深度进行了推测，在滨里海盆地东南部主要构造单元范围内工业含油性可能分布的最大深度达 7~8km，预示深部也具有较大的液烃勘探潜力。

2.2 发育优质储集层，横向非均质性强

KT-Ⅰ碳酸盐岩储集类型主要为亮晶(33%)-微晶(34%)颗粒灰岩，其次为云岩(21%)和微晶灰岩(11%)。沉积相类型主要为局限台地的鲕粒滩、砾砂屑滩相和生屑滩沉积(图3)，其次局限台地白云坪。储集空间主要为粒内溶孔及铸模孔，其次是膏模孔及膏溶孔洞和溶蚀孔、生物体腔孔、晶间孔及晶间溶孔、溶蚀孔洞，少量裂缝。储层岩心分析最大孔隙度为 39.2%，最小孔隙度 0.3%，平均孔隙度约 8.3%，粉-微晶云岩储层物性最好，单层厚度 2.5~20m。从储层段的取心看，储层物性表现出强烈的非均质性。例如 T-5 井 KT-Ⅰ层在 0.15 米长的岩心上间隔 0.03m 取了 5 块样品，其孔隙度在 1.36%~10.61%之间变化，这与溶蚀程度强烈有关。

KT-Ⅱ碳酸盐岩储集岩石类型主要为亮晶颗粒灰岩(70%)，其次是微晶颗粒灰岩(26%)和微晶灰岩(3%)。沉积相类型主要为开阔台地相的生屑滩相(89%)，其次是鲕粒滩、砾砂屑滩相(7%)和局限台地白云坪相(3%)(图4)。储集空间主要为粒间孔吉粒间溶孔和生物体腔孔，其次为粒内溶孔及颗粒铸模孔，少量裂缝。岩心分析储层最大孔隙度为 20.1%，最小孔隙度 0.6%，平均孔隙度约 6.77%，单层厚度 1.8~7.5m。

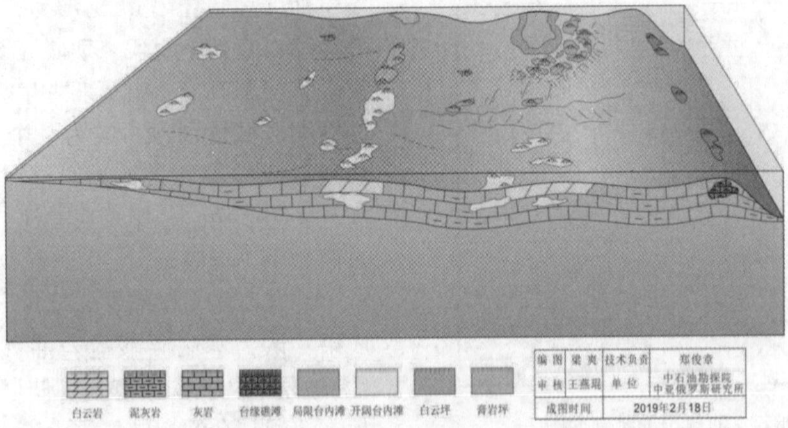

图3　KT-Ⅰ沉积模式图

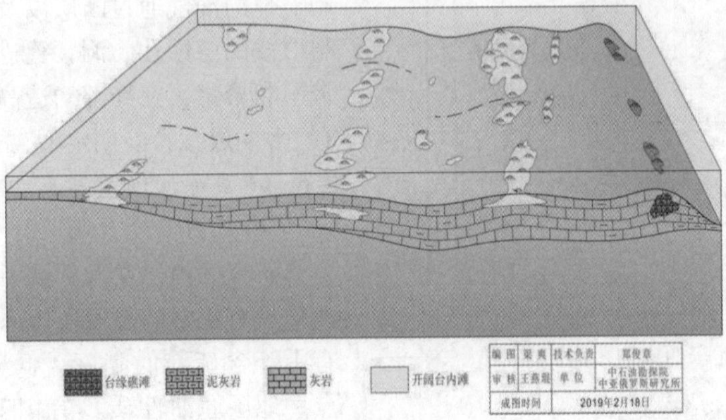

图4　KT-Ⅱ沉积模式图

2.3　构造样式复杂，发育多种圈闭类型

滨里海盆地盐下层系油气藏圈闭类型主要为背斜和生物礁，田吉兹、卡拉恰甘纳克、卡莎甘等大型油气藏为生物礁型，阿斯特拉罕为背斜构造。盐下构造圈闭的形成早于盐层沉积，所以未受到盐丘的变形的影响，而且处于乌拉尔逆冲带的下盘，变形比较轻微，仅发生一些宽缓的褶皱。盐下构造圈闭多数还是继承古构造或者受古构造运动的影响。研究区构造圈闭主要是背斜、断背斜，局部被断层复杂化。此外根据储层预测，盐下还发育有地层、岩性、以及构造-岩性复合圈闭等(图5)。

2.4　具有层状特征，没有统一的油水界面

碳酸盐油气藏多以块状为主，但通过对滨里海盆地东缘已发现的油气田进行剖析，发现本区碳酸盐岩油气藏具有层状特征。例如让纳若尔油田(图6)、北特鲁瓦(图7)油田都具有层状特征。层状圈闭类型的结构较多，有单层也有多

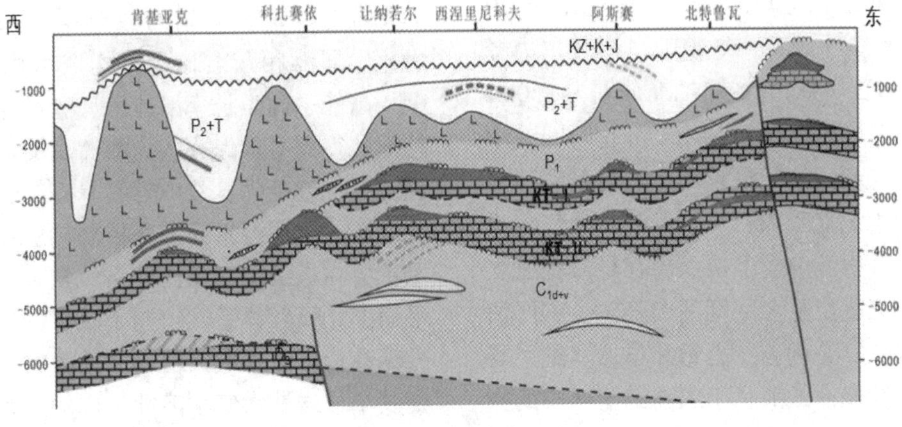

图5　滨里海盆地东缘圈闭与油藏样式图

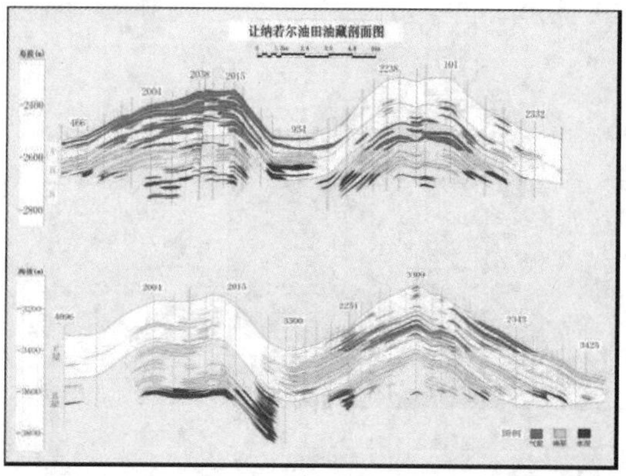

图6　让那若尔油气田油藏剖面图

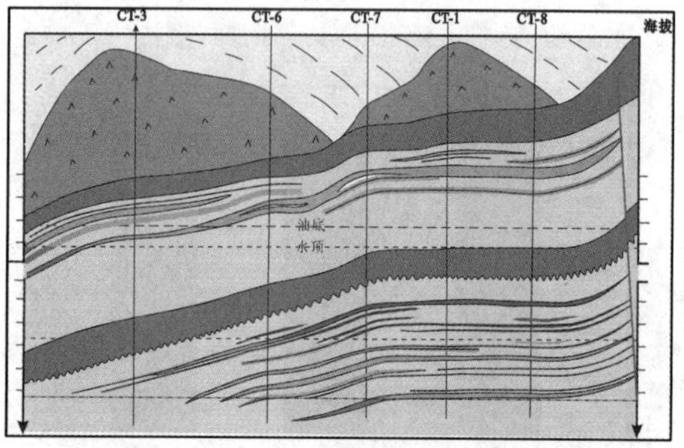

图7　北特鲁瓦东西向油藏剖面图

层，一般多层结构圈闭分布最广泛。

纵观全局，研究区内没有统一的油水界面。北特鲁瓦油田 KT-Ⅱ上部平面上根据油水界面的不同划分了 12 个区域，油水关系复杂。但同时也预示高部位或者底部位都有可能发现油气聚集区。

2.5　多期成藏，晚期定型

中油勘探区块及其周缘位于盆地东部古生界隆起区，具有一定的继承性。盐下四套烃源岩（中泥盆统、上泥盆统-下石炭统、下石炭统-中石炭统、上石炭统-下二叠统）成烃时间相差较大，生油时间最早为 360Ma，生气最早为 275Ma，停止生烃约 25Ma 或 20Ma。两套主力烃源岩（泥盆系和石炭系）开始生油期分别为 230Ma 和 220Ma，最高峰为 200Ma 与 190Ma，时间在中侏罗世之后，有利于油气藏形成。石炭系圈闭形成时间一般早于泥盆系和石炭系烃源岩油气生成和排烃时期。分析认为盐下层系存在早二叠世之前、二叠纪及三叠纪至今三期油气充注，本区油气藏形成期有早二叠世、三叠纪和早侏罗纪。研究区西北部已发现油田都属于二叠纪前形成的原生型油气藏，第一次充注油源来自东侧古生界成熟生油区。二叠纪、三叠纪时期本区发生反转构造运动，直到中生代末期研究区的区域构造面貌发生了根本改变，由早期古生界区域性东倾转变为后期区域性西倾，成为一个大型断鼻构造带，早期形成的圈闭被改造，同时发生油藏重新分配，发生了第二、第三次充注，其油气源主要来自西侧中央坳陷。

综合石炭系碳酸盐岩层序、沉积及储层研究成果，认为本区碳酸盐岩油气藏类型主要为岩性-地层-构造成藏模式。储层类型以孔隙型为主，溶洞、孔洞型储层较为发育，裂缝型储层偶尔发育。盆地于二叠纪定型之后，来自盆地中央坳陷带的油气通过断层以及各级层序不整合面控制形成的溶蚀孔、洞、缝进行侧向运移，向隆起带不断聚集，在局部构造高点成藏。盆地油藏具有“多期成藏，晚期定型”的特点。

2.6　地层原油性质具有“四高两低”的特点，正常压力温度系统

研究区内已发现的油田 KT-Ⅰ层和 KT-Ⅱ层油藏具有正常的温度压力系统。地面原油性质具有中等含硫、低黏度、低凝固点、低含蜡的特点。地层原油性质具有“四高两低”的性质，原始溶解气油比高；原始地层压力下体积系数高；压缩系数高；收缩率高；原油密度低；地层压力下地层原油黏度低。

KT-Ⅱ层顶部带少量气顶，凝析气的 PVT 样品分析，原始井流物中甲烷含量为 0.74%，C_2～C_6+CO_2含量为 15.94%，C_{7+}含量为 3.32%，凝析油含量（C_{5+}含量）为 319.53g/m^3，属于中间烃含量偏高、中等凝析油含量的一类凝析气类型（表1）。

2.7　成藏条件优越，主控因素清晰

（1）高能、高生长率滩体控制滩相灰岩储层的发育分布。石炭系的鲕粒滩及砾砂屑滩相灰岩、生屑滩相灰岩储层，构成区内主要储层类型。高能、高生长率滩体海底胶结作用弱，原始粒间孔得到有效保存，为滩体遭受流体溶蚀改造创造了优越条件；滩体容易暴露接受大气水的溶蚀改造。层序海平面变化控制储层纵向分布，储层主要在三级层序高位体系域发育。三级层序海平面变化及其体系域控制了滩体的发育分布、同生期高盐度海水成因白云岩的分布，控制了同生期及早成岩期大气水溶蚀作用的发育，进而控制了储层的发育分布。潮湿气候条件下，高位体系

表1 CT1 井 KT-Ⅱ层凝析气物性对比表

流体类型	重烃含量/%	地下流体密度/(g/cm^3)	气油比/(m^3/m^3)	凝析液含量/(g/m^3)
低凝析气	0.5~2.0	0.2~0.25	18000~5000	<150
中等含量凝析气	2.0~4.0	0.25~0.30	5000~2000	150~350
富凝析气	4.0~9.0	0.30~0.45	2000~1000	350~600
近临界态流体	9.0~12.5	0.45~0.50	1000~700	600~800
CT1 井 KT-Ⅱ层凝析气	3.32	0.3624	3039	319.5

域更有利于高能滩相沉积，有利于滩体暴露出海水面遭受大气水的溶蚀改造；干旱条件下，高位体系域有利于同生期高盐度海水白云石化及其白云岩的形成。

（2）溶蚀作用及岩溶作用制约区内石炭系储层的形成及分布。石炭系储层发育三期溶蚀作用，同生期及早成岩期大气水溶蚀作用、表生期大气水岩溶作用、中-晚成岩期埋藏溶蚀作用。同生期及早成岩期大气水溶蚀作用是鲕粒滩及砾砂屑滩相灰岩储层、生屑滩相灰岩储层储渗空间形成的主要机制，表生期大气水岩溶作用是 KT-Ⅰ粉-微晶云岩储集岩内生物模孔、溶蚀孔隙、溶蚀孔洞、膏模孔及膏溶孔洞等多种储渗空间形成的主要机制，中-晚成岩期埋藏溶蚀溶蚀是中-粗晶云岩储集岩内晶间溶孔、溶蚀孔洞储渗空间形成的重要机制。致密灰岩或者低孔低渗碳酸盐岩经溶蚀作用及岩溶作用产生了储集空间而自成圈闭，所以说溶蚀作用控制了区内石炭系储层的形成及分布(图8)。

（3）三级层序海侵、高位体系域均有储层发育，但主要在高位体系域发育。三级层序海平面变化及其体系域控制了滩体的发育分布、同生期高盐度海水成因白云岩的分布，控制了同生期及早成岩期大气水溶蚀作用的发育，进而控制了储层的发育分布。滨里海盆地东缘反映了古盆地在晚古生代由陆棚乡深水凹陷的过度，受海平面影响大。潮湿气候条件下，随着层序海平面变化，由海侵体系域进入高位体系域，海平面由上升转为下降，海水由深变浅，沉积环境能量由低到高，更有利于高能滩相沉积，有利于滩体暴露出海水面遭受大气水的溶蚀改造；干旱条件下，随着层序海平面变化，由海侵体系域进入高位体系域，海平面由上升转为下降，海水由深变浅，沉积环境由开阔到局限，从而有利于同生期高盐度海水白云石化及其白云岩的形成(图9、图10)。

（4）储层上方和侧向封堵条件制约了油气成

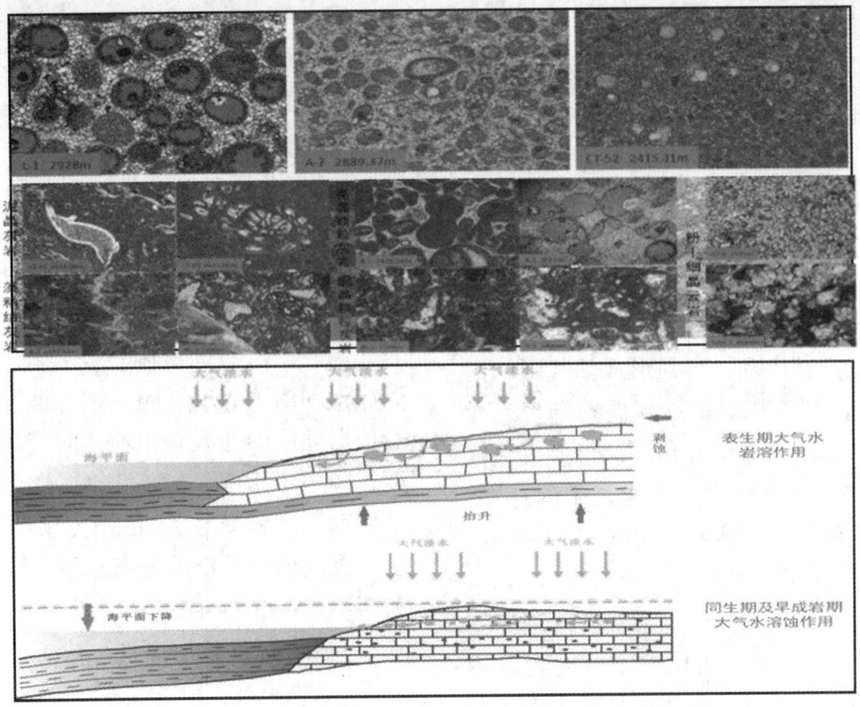

图8 碳酸盐岩储层形成机理与模式

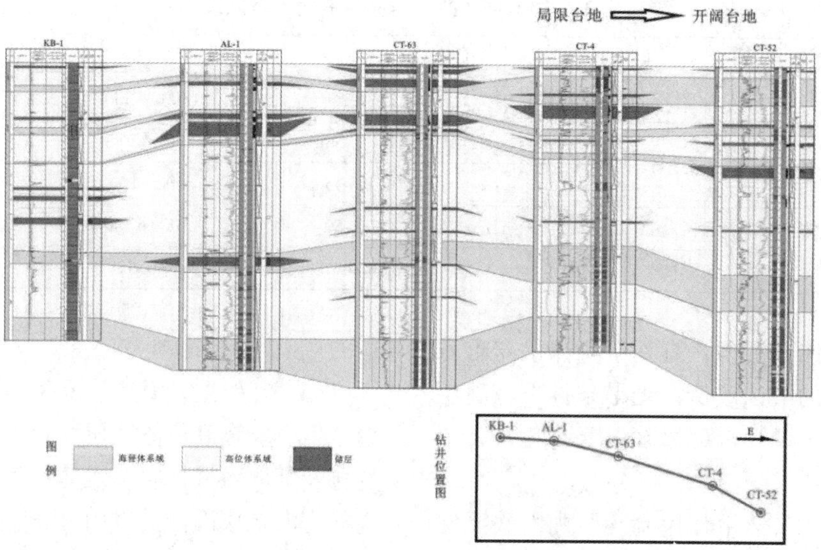

图 9　东缘石炭系 KT-Ⅰ段层序格架下的储层分布

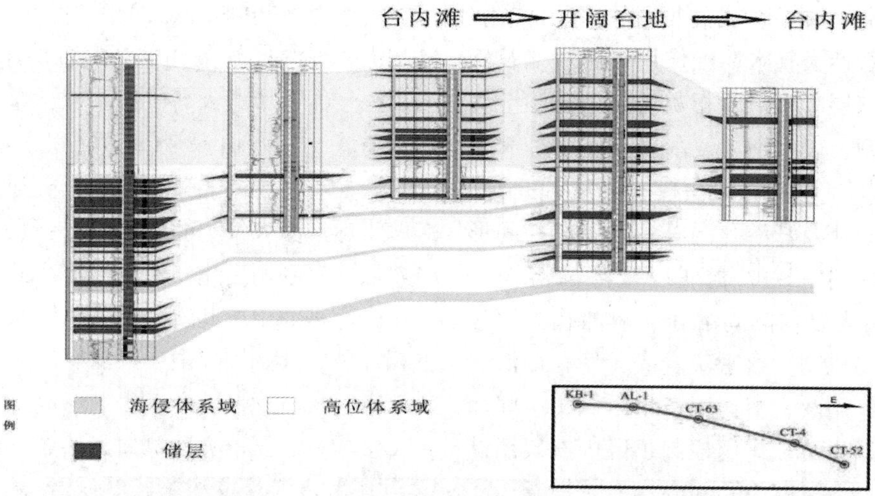

图 10　东缘石炭系 KT-Ⅱ段层序格架下的储层分布

藏。滨里海盆地东缘石炭系中统 MKT 泥岩、下二叠统泥岩厚度大分布稳定，构成盐下两套主要盖层。下二叠统孔谷阶盐岩为区域盖层，但由于后期构造作用形成盐丘，厚度变化很大。对于岩性油气藏来说，侧向封挡条件及其重要。KT-Ⅰ层碳酸盐岩属于局限台地相沉积，白云坪、蒸发台地、滩间洼地交替出现，容易形成油气藏的侧向岩性封挡。对于 K-Ⅱ碳酸盐岩属开阔台地相沉积，颗粒滩、滩间洼地交互出现，可形成油气的岩性侧向封挡。总之横向致密岩相带的存在，为区域岩性油气藏带的形成奠定了基础。

3　碳酸盐岩储层预测技术

滨里海盆地东缘碳酸盐岩储层以孔隙型储层为主，储层单层厚度小，变化大，预测十分困难。近年来通过不断尝试，利用多种技术融合预测优质储层的分布规律，推动了区带评价与勘探目标的优选。

3.1　地震属性预测技术

众所周知，岩石的组分、孔隙度、成岩程度等地质特征均与其所在的地质条件有关，当地质条件发生变化时，则上述地质特征也发生变化，与此同时，岩石的波阻抗特征也随之发生变化，形成不同的地震反射同相轴。地震属性预测技术是依据储层的地震同相轴横向变化，包括振幅强度、频率、相位、连续性等属性，结合钻井试油结果和测井解释储层的标定，推测地质条件的差别，预测储层可能的分布范围。该方法比较直观和简便(图 11、图 12)。

3.2　基于高频层序格架控制下的滩体识别与古地貌的时空配置技术

碳酸盐岩礁滩相储层的发育受控于沉积时期

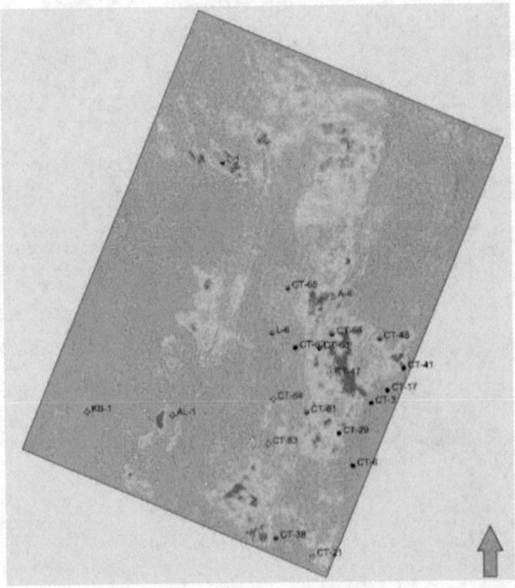

图 11 KT-Ⅰ(0~15ms)RMS 属性平面图

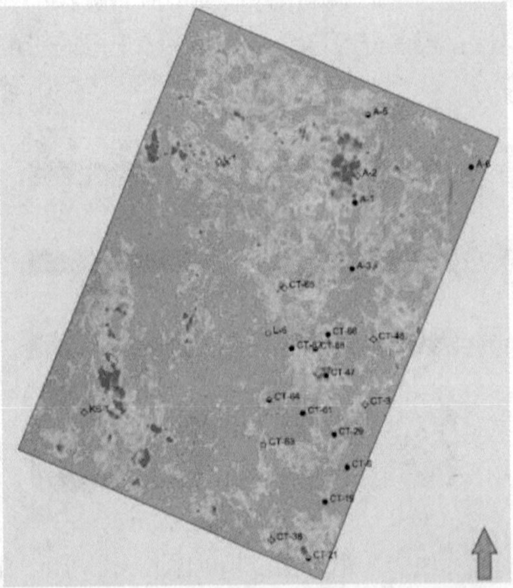

图 12 KT-Ⅱ(15~30ms)甜点属性平面图

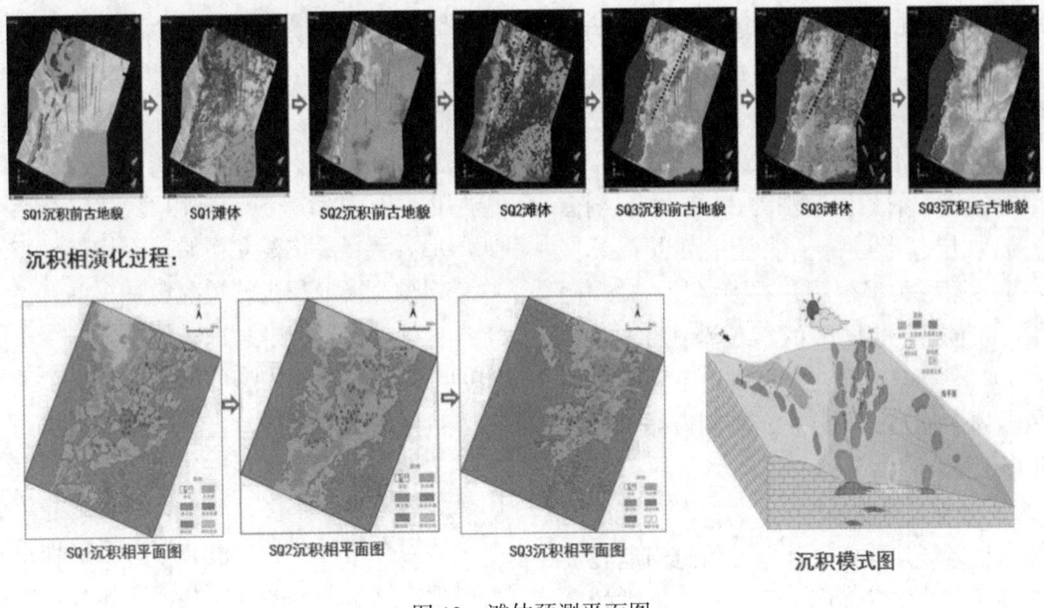

图 13 滩体预测平面图

的古地理背景、古地貌位置、古水深和水动力环境条件，因此恢复和再现沉积期的时空要素及其配置关系至关重要。总体思路为地震技术手段描述现象、地质综合研究追溯成因，具体过程如下：首先应用全局考量的人工智能判别技术，建立基于三维地震的高频层序格架，厘清海平面升降的演化次序(时间因素)；然后融合“印模法”、“残厚法”、“构造行迹”、“沉积印迹”多种方式，合理恢复各层序单元的古地貌；同时采用自适应地震敏感属性交汇和像素分析模控地震相划分技术，明确滩体地震响应特征并刻画其空间展布形态，最后完成“层序控背景、地貌控沉积、环境控储层”的综合研究(地质溯因)(图 13)。

3.3 基于频谱分解与相位分解法的油气检测技术

频谱分解的目的是找出油层、水层、干层在地震频谱上的相应范围，提取有利频段的地震数据，从而达到预测流体分布的效果。具体作法：首先我们根据单井频谱分析出研究区 20Hz 分频能量体，强能量对应干层和油层，中低能量对应油水、水层等；针对 60Hz 分频能量体，强能量为干层信息。然后将地震数据进行频谱分解，分解为 10Hz、20Hz、30Hz、40Hz、50Hz、60Hz 单频数据体；在 20Hz 低频数据体滤除低值，并滤除 60Hz 高值区域，剩下的可以认为是本工区流体检测结果，结果不确定性取决于原始数据的保真保幅性；频谱分解技术可以消除掉干层的影响(图14)。

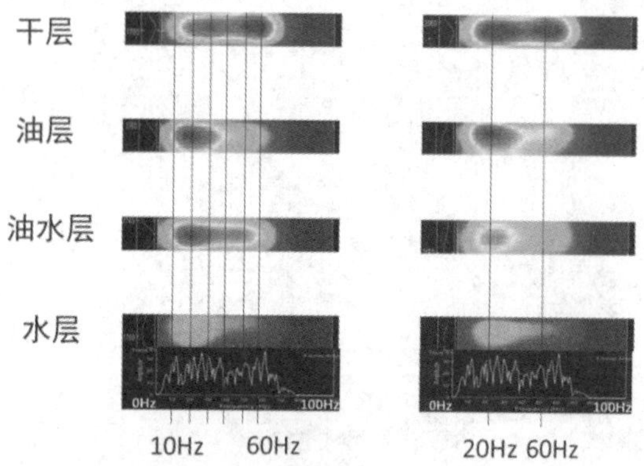

图14　流体的频谱响应特征

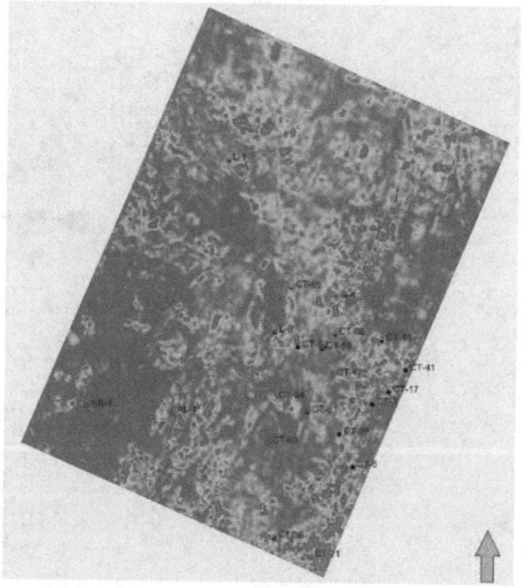

图16　KT-Ⅰ层(0~15ms)30°~80°相位分量均方根振幅平面图

相位分解，将原始数据在相位域上分解展开，然后将某一相位角度的分量提取出来，组合为该相位角度的相位分量数据体，可以分解为任意角度叠加数据体。具体作法：就是在此前的频谱分解的数据体进行相位域的分解，然后跟钻井的油层、水层、油水层进行标定，发现KT-Ⅰ主要出油层能量集中的相位范围为30°~80°，剖面上油层、油水层、干层特征明显，可以有效区分；KT-Ⅱ层储层类型推测存在多样性，KT-62井处主要出油层能量集中的相位范围+150°~180°，-150°~-180°。进一步提取出不同相位域的地震数据体，通过属性分析，达到流体检测的效果(图15、图16)。

3.4　地质统计学反演技术

该技术将区域地质概念和井的信息同地震资料进行有机融合，实现横向上充分利用地震的预测性、纵向上充分利用井的高分辨率，较可靠地刻画了储层物性的空间展布。该技术对于薄储层的预测在本区有一定的效果。具体作法：首先根据井点统计的各岩相分布情况，建立本区复杂孔隙结构、有效储层的岩石物理解释模板；接着，使用地震解释层位建立初始地层格架模型和低频趋势模型，完成初步的稀疏脉冲反演；然后，为了保证反演结果的稳定性，使用了6个不同入射角的叠加数据体作为反演的输入，六个数据体同时进行的叠前同时反演，目的是得到地震分辨率尺度下的岩石弹性参数体，例如纵波阻抗、横波阻抗、纵横波速度比、泊松比等，这些数据具有严格的岩石物理意义。再通过岩石物理量版，计算出地震分辨率下的岩性概率体和有利储层概率

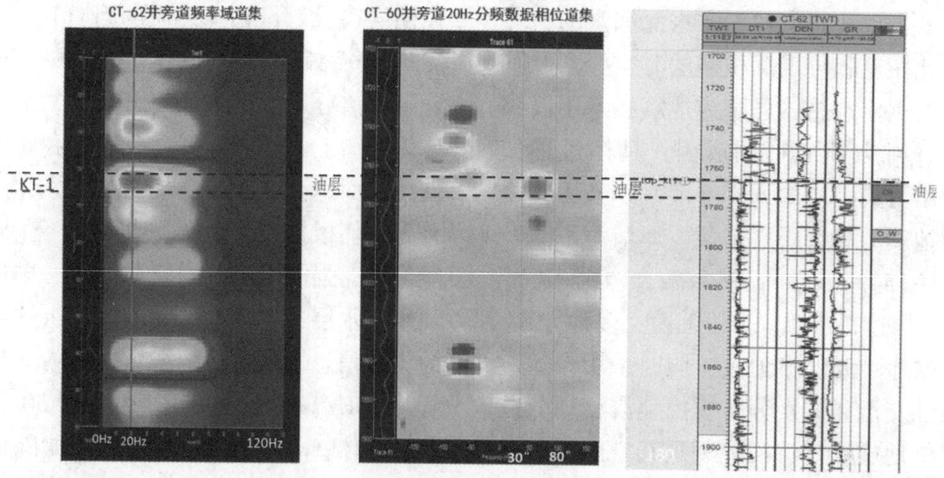

图15　井旁到的油层频谱响应特征

体；最后，在叠前同时反演结果的约束和精细地质建模的空间趋势约束下，进行地质统计学反演生成横向上连续的高分辨率弹性参数体和岩性体（图 17）。

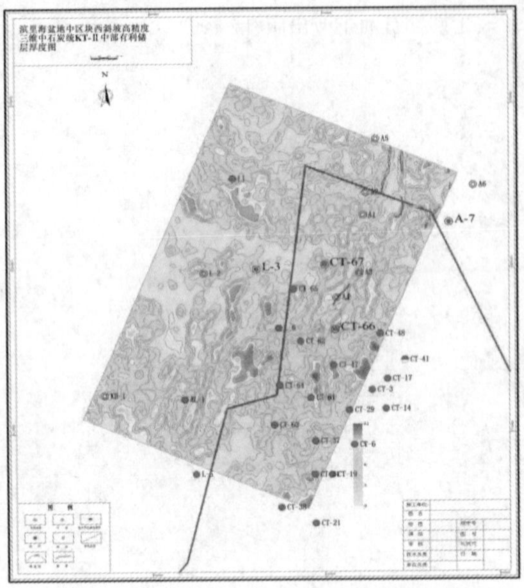

图 17　西斜坡 KT-Ⅱ中部储层厚度图

4　实施效果

综合应用上述技术，在研究区经过自主勘探发现了地质储量过亿吨的北特鲁瓦油田，KT-Ⅰ含油面积约 300 平方千米，KT-Ⅱ含油面积约 180 平方千米，该油田的发现是哈萨克斯坦独立以来陆上最大的油气发现。此后转变思路，注重岩性油藏研究，又发现了塔克尔构造-岩性复合油气藏，在下二叠统发现了礁体含油气带。截止目前合计发现地质储量约 2.8 亿吨。同时还预测出约 300 平方公里的岩性圈闭，预计资源量 1.5 亿吨。这些成果也指导了滨里海盆地新项目的评价，2017 年成功获得了滨里海盆地东缘德莱斯肯 2 个区块的勘探许可，勘探面积约 4500 平方千米。

5　结论

（1）滨里海盆地东缘石炭系碳酸盐岩是油气聚集的主要场所，油藏的主要特征①烃源岩分布广，油源充足；②发育优质储层，非均质性强；③构造样式复杂，发育多种类型的圈闭；④多具有层状特征，没有统一的油水界面；⑤具有“多期成藏，晚期定型”的特点；⑥地层原油性质具有“四高两低”的性质，正常压力温度系统。

（2）碳酸盐岩油藏的主控因素：①高能、高生长率滩体控制滩相灰岩储层的发育分布；②溶蚀作用及岩溶作用制约区内石炭系储层的形成及分布；③三级层序海平面变化及其体系域控制了滩体的发育分布、同生期高盐度海水成因白云岩的分布，进而控制了储层的发育分布。

（3）多种地震技术结合预测优质储层的分布规律，推动了区带评价与勘探目标的优选：①地震属性分析技术；②基于高频层序格架控制下的滩体识别与古地貌的时空配置技术；③基于频谱分解与相位分解法的油气检测技术④地质统计学反演技术。

（4）地质认识的加深，地震技术的创新应用，中油区块不断获得勘探突破，为保持项目稳产提供了资源基础，同时，集成的技术为类似地区的勘探和新项目获取提供了借鉴和支撑。

参　考　文　献

［1］　童晓光等. 世界石油勘探开发图集（独联体地区分册）. 北京：石油工业出版社，2004.

［2］　赵宗举等. 中国海相碳酸盐岩的储层类型、勘探领域及勘探战略. 海相油气地质 . Vol. 12. No. 1，2007.

［3］　马永生等. 碳酸盐岩储层沉积学. 北京：地质出版社，1999.

［4］　冯增昭 . 碳酸盐岩岩相古地理学. 北京：石油工业出版社，1998.

［5］　刘洛夫等. 滨里海盆地盐下层系的油气地质特征. 西南石油学报. Vol. 24. No. 3，2002.

［6］　贾承造等 . 岩性地层油气藏地质理论与勘探技术 . 石油勘探与开发. Vol. 34. No. 3，2007.

［7］　朱筱敏等. 岩相古地理研究宇油气勘探. 古地理学报. Vol. 6. No. 1，2004.

［8］　钱峥等. 碳酸盐岩成岩作用及储层. 北京：石油工业出版社. 2000.

［9］　钱桂华. 哈萨克斯坦滨里海盆地油气地质特征及勘探方向. 中国石油勘探. Vol. 10. No. 5，2005.

［10］　王涛等. 中俄石油地质学术交流会论文集. 北京：石油工业出版社，2004.

［11］　范嘉松. 世界碳酸盐岩油气田的储层特征及其成藏的主要控制因素. 地学前. Vol. 12. No. 3，2005.

［12］　马新华等. 含盐油气盆地. 北京：石油工业出版社，2000.

［13］　邹才能等. 油气勘探开发使用地震新技术. 北京：石油工业出版社，2002.

［14］　赵政璋等. 储层地震预测理论与实践. 北京：科学出版社，2004.

［15］　马永生等. 碳酸盐岩油气勘探. 石油大学出版

社，1999.

[16] 中国石油天然气总公司勘探局. 地震勘探新技术. 北京：石油工业出版社，1999.

[17] 金之均等. 滨里海盆地盐下油气成藏主控因素及勘探方向. 石油试验地质. Vol. 29. No. 2，2007.

[18] 内部材料 滨里海盆地油气地质特征及有利区带预测. 北京瑞德石油新技术公司，2000.

[19] 刘洛夫等. 滨里海盆地盐下层系的碳酸盐岩储集层与油气特征. 西安石油大学学报 . Vol. 22. No. 1，2007.

[20] 中苏合作项目. 深层油气藏储集层与相态预测. 北京：石油工业出版社 . 1992.

饶阳凹陷精细勘探关键技术与实践

杨德相 李晓燕 高 园 李熹微 王 鑫 李 鹏 金 芳

(中国石油华北油田公司勘探开发研究院)

摘 要 富油凹陷地层岩性和复杂断块油气藏依旧是华北油田高勘探程度区的重要勘探方向。饶阳凹陷河道砂岩性油藏和复杂断块油藏含油井段长、埋藏浅、产量高，是高效勘探的重要领域。本次研究针对简单构造区和复杂构造区两种典型河道砂分别采用“油层标定明特征-地震相追踪画砂体-波谷追踪定构造”和“精细解释明构造-地层切片圈砂体-源断砂配置寻富集”的技术思路；针对复杂断块油藏采用了“地震多属性断裂精细刻画和断层封堵性定量化”的技术思路。有效指导了饶阳凹陷河道砂岩性圈闭和复杂断块圈闭的识别，从而在高成熟探区持续发现了新的效益规模储量区带。

关键词 河道砂岩性；砂体识别；源断砂配置；复杂断块；多属性断层精细刻画；断层封堵

饶阳凹陷位于渤海湾盆地冀中坳陷中部，历经勘探四十年，是典型的成熟探区，既面对勘探程度较高、勘探对象日益复杂、规模发现难度大的勘探难题，又具有剩余资源较丰富、勘探领域广的优势。近年来，立足富油洼槽，针对河道砂岩性圈闭和复杂断块圈闭开展精细识别评价技术攻关，为落实高效井位和发现富集油藏发挥了重要作用。

1 河道砂岩性油藏勘探技术与实践

饶阳凹陷河道砂岩性油藏主要分布在东一段、东二段、东三段、沙一上亚段四套层系，沉积环境主要为曲流河(图1)。其中，东三段、沙一上亚段储层分布范围大，占全区勘探面积的70%，是最主力的勘探层系，勘探空间广阔。同时，河道砂油藏含油井段一般为300~400m，累计油层厚度一般为10~35m，埋藏一般为1900~3200m，产量可达30吨以上[1]，是寻找富集高产油藏的重要领域。

1.1 河道砂岩性油藏勘探难点

结合构造特征，以简单构造和复杂构造两种类型河道砂岩性油藏为例分析主要勘探难点。

赵皇庄地区构造相对简单，地层平缓、断层不发育、构造圈闭少，背斜主体鼻状构造钻探多口井，仅N201井获得成功，成藏规律与控藏因素不清，圈闭发现难度大。主要目的层储层较发育(砂地比20%~45%)，储层单层厚度1.5~8m，纵向多层叠置、横向连片分布，砂体识别刻画难度大。受河道摆动、河道砂侧向加积影响，地震反射轴连续性差，储层构造高点落实困难。

肃宁地区构造复杂，目的层段东西两组弧形断裂交切关系不清，相邻弧形断层相距仅百米，断块窄且破碎，同时，河道砂与弧形断层斜交，岩性因素加剧了构造解释难度。河道横向频繁摆动、边滩砂体侧向加积，造成河道砂单层厚度薄(2~5m)、规模小、横向上连续性差，难以准确刻画，复杂断裂加大了河道砂刻画的难度。下生上储式油藏，使油气疏导体系成为成藏关键，同

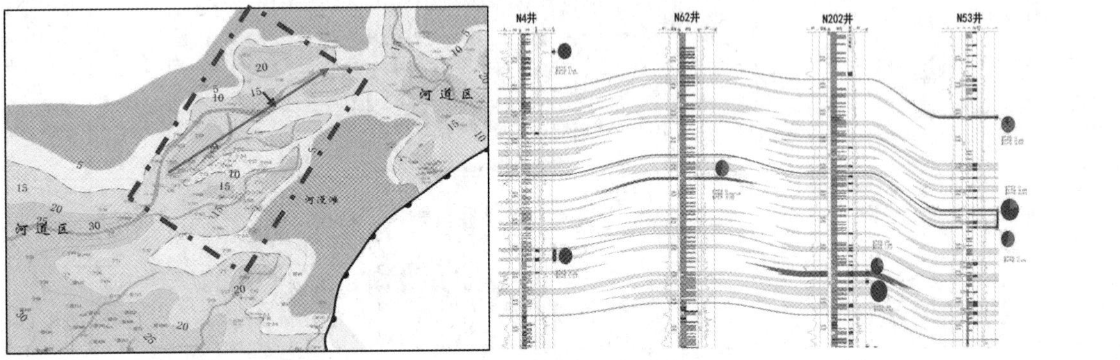

图1 河道砂平面、剖面展布特征

一断块内成藏几率及富集程度不等，油气运聚规律难以把握。

针对简单构造区和复杂构造区河道砂岩性油藏勘探难点，采用不同技术思路开展研究，形成河道砂岩性油藏勘探技术。对简单构造区河道砂岩性油藏采用“油层标定明特征-地震相追踪画砂体-波谷追踪定构造”的技术思路；对复杂构造区河道砂岩性油藏采用“精细解释明构造-地层切片圈砂体-源断砂配置寻富集”的技术思路。

1.2　简单构造河道砂勘探技术

纯波数据体地震资料分辨率比较高，能够精准刻画层间内部构造形态及岩性变化。因此，选用纯波数据体进行标定分析和砂体追踪刻画。通过对多口井进行砂层组精细井震标定分析，明确了河道砂油藏具有岩性控圈、储层构造高点富集的成藏特点，其勘探的关键为河道砂精细刻画与储层构造高点的落实。

根据单井相、储层发育程度、地震相等特征综合分析，建立河道砂岩性识别图版（图2），精细标定储层特征。大套泥岩标定为负相位，主频较低为18Hz左右，为波谷空白反射；储层一般对应波峰，其中，厚储层段（砂地比50%）为相对低频（主频30Hz以下），地震反射特征表现为双相位或单相位较强振幅；薄储层段（砂地比20%）为相对高频（主频35Hz），储层较分散，表现为弱振幅反射。

多井联合标定，明确河道砂储层为短轴、蠕虫状反射特征。根据现代河流沉积特征，岩性体剖面上呈多期叠置、复合，平面上呈弧状、相交特征。

以岩性模板和剖面特征识别为依据，识别、追踪河道砂展布。将短轴、蠕虫状反射特征认定为边滩砂体发育区，将波谷空白反射认定为泥岩段，将高频平直反射认定为储层欠发育区，精细刻画岩性边界。结合地震沉积学及地震属性分析，预测河道砂展布，发现岩性圈闭。

精细刻画层间构造，标定分析，赋予不同相位地质意义，解决等时性差的难题，精细落实构造形态，河道砂发育区——波谷反射代表大套稳定泥岩沉积，追踪波谷最大相位，细分砂组，连续追踪波谷；精细成图，等值线加密，刻画出多个层间低幅度构造。

1.3　复杂构造河道砂勘探技术

针对复杂构造河道砂勘探难点，最大限度地利用已有各类资料信息，采用以下三种针对性的研究技术，建立有效的复杂构造河道砂勘探技术体系。

1.3.1　精细构造解释

饶阳凹陷2009年连片处理数据体同相轴横向上连续性差，不易层位的横向追踪，但纵向上断点清楚；2006年二次采集数据体，横向上地震相位连续，但纵向上断层断点不清楚。为此，联合利用两种数据体进行精细构造解释。

通过小比例、大时窗整体解释明确断层发育特征，到大比例、小时窗分块推敲断层细节、识别小断层的技术方案，完成断层在地震剖面上的精准解释。通过断层精细解释，明确肃宁地区受河间断层影响发育Y字形构造样式，具有中北段花式交切，南段以西掉断层为主，东掉断层为辅的特征。同时，利用相干体、时间切片等多手段

储层发育程度	储层特征	地层厚度(m)	砂岩厚度(m)	代表井	地震相	地震相特征	频谱特征	主频/振幅
极发育	多期河道纵向叠置 SP曲线呈钟形、箱型	70	30	宁5 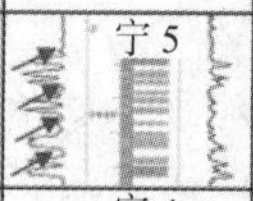	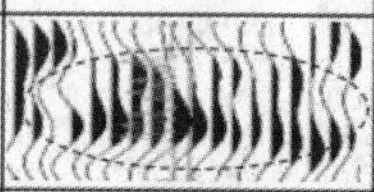	复合轴，低频，中-强振幅，弱连续	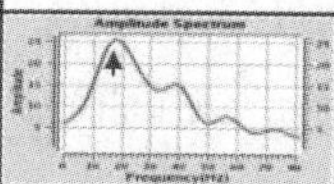	主频18 振幅25
		40	20	宁4 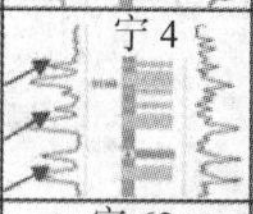		单同相轴，中-低频，中-强振幅，中-弱连续	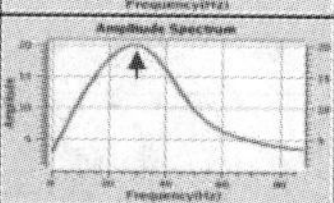	主频28 振幅20
欠发育	薄层边滩砂，单砂层具有一定厚度SP曲线钟形、箱型	35	10	宁62 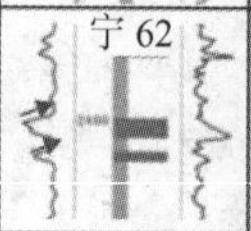	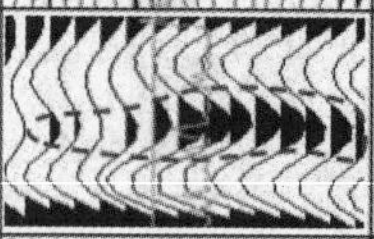	中高频，强振幅，中-弱连续	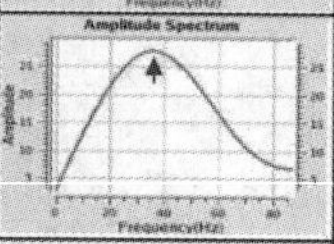	主频35 振幅28
	薄互层砂岩 SP曲线锯齿状	40	9.5	宁4 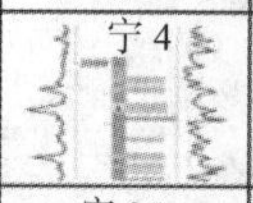	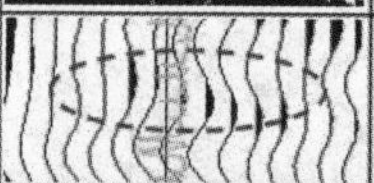	中-低频，弱振幅，弱连续	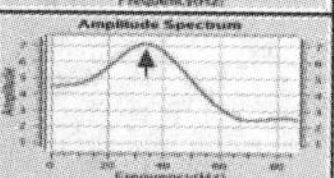	主频35 振幅7
泥岩	大套泥岩	50	—	宁35 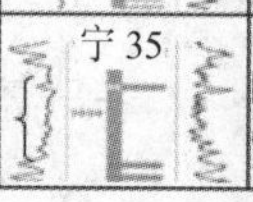	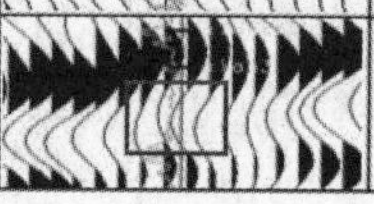	宽缓波谷，空白反射	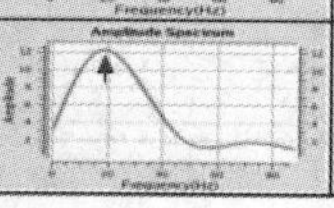	主频18 振幅13

图2　河道砂岩性识别图版

验证断裂组合。

层位解释采用纵向-平面加密的解释方案，井震结合加密砂组解释，其中东三段加密解释三个砂组，针对目标区测网解释密度2＊2，优选网格半径、加密等值线精细成图。河道砂表现为薄互层，地震层间反射能量弱，在波形变面积的剖面上难以识别，不利于层位追踪。利用瞬时相位只反映地震反射的相位，而与反射强度无关的特性，对比弱反射层，识别河道砂，降低层位多解性。

通过构造精细解释，理清了断裂结构，识别出各级断鼻、滚动背斜等局部构造。明确了肃宁地区具有深层正向伸展构造样式和浅层斜向伸展构造样式相互叠置、沙一段-东营组沉积期，半地堑断陷沉积的构造特征[2]。

1.3.2　河道砂精细识别与刻画

采用精细岩相-地震相标定，识别典型河道砂地震相应特征和相位转换-地层切片，精细刻画河道砂展布的技术思路，消除复杂构造和河道砂沉积特点影响，准确落实河道砂多期叠置区。

通过多井精细标定，明确两种典型的河道砂地震响应特征：一是"蠕虫"状地震相。其岩性组合为灰色、灰白色细砂岩与紫红色泥岩互层，单砂层较厚，可达15m；其电性特征呈箱型或宽幅指状；地震相为蠕虫状反射——中弱振幅、低频、连续性较差。二是"顶平底凹"充填型地震相。其岩性组合为薄层灰色细砂岩与紫红色泥岩互层，砂体厚度小，一般为1.2～3m；电性特征SP为指状，Rt为刀锋状；地震相呈顶平底凹透镜状，为多期边滩砂边缘叠合。

肃宁地区弧形断层发育、相邻断层相距仅120m，河道砂厚度薄，时间切片与开时窗属性难以刻画河道砂展布。而选择单砂组顶底面、以内差拉平的方式进行相对等时地层切片预测河道砂，可减少复杂断裂对储层预测的影响。应用单张地层切片预测单期河道展布（图3），研究区为曲流河沉积，物源以西南方向为主，可见多个边滩复合体，单个复合砂体具典型弧状外缘，方向各异。边滩复合体直径200～700m，向东规模减小。通过连续地层切片预测多期河道变迁，寻找多期次河道叠合区落实厚砂层，将地层切片刻画的多期河道范围叠合，其外部边界与北东向断裂配置构成圈闭，优选圈闭内河道砂叠置区钻探。

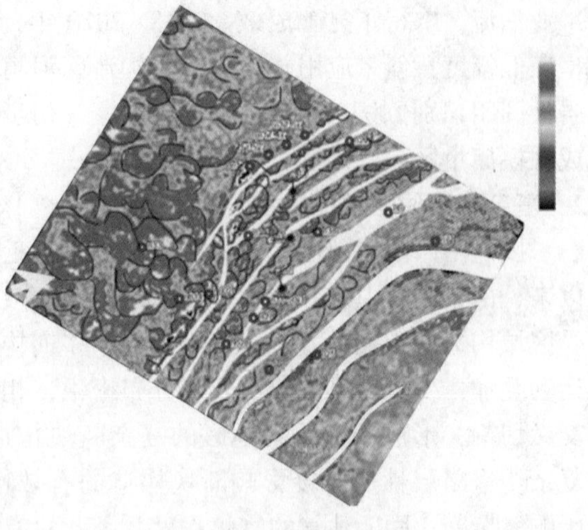

图3　肃宁地区地层切片

1.3.3　油气疏导与成藏分析

通过对油源、通道、砂体配置关系等成藏关键因素分析，构建复杂构造河道砂成藏模式，落实有利河道砂岩性目标。

刻画供油通道网络。三、四级油源断层共同控制油气运移，三级断层下断至烃源岩，其主要的活动时期与生油岩生排烃期匹配，是油气主力通道；四级活动断层与三级油源断层相交，是油气的次级运移通道；通道断层与砂体联合构成复杂的供油通道网络。

确定优势运移路径。肃宁地区发育弧形断层，弧形断层拐点处局部活动强烈，是优势运移方向。解剖分析油源断层断面，确定汇聚型断面即油气优势运移通道位置。

源断砂配置分析。肃宁地区发育沙一下、沙三上亚段优质烃源岩，通道断层与砂体为上覆河道砂储层提供了充足的油气供给，在源断砂匹配区形成富集油藏。

河道砂发育特点决定了河道砂油藏具有纵向上油藏与油藏叠置富集、平面上复合连片的成藏特点。源、断、砂耦合关系结合河道砂成藏特点构建"横纵断砂耦合、垂向叠置富集、平面复合连片"成藏模式，在洼中断裂带肃宁地区预测出一批河道砂岩性油藏。

1.4　河道砂岩性油藏勘探成效

近年，重点在肃宁复杂断裂带、赵皇庄低幅度背斜带开展河道砂精细勘探。肃宁地区是典型的复杂断裂带，也是复杂构造区河道砂岩性圈闭识别方法摸索、完善并深度应用的主要区带。2011—2016年，通过河道砂岩性圈闭识别技术应用，肃宁地区 18 口井发现较厚油层，16 口井获工业油流，取得了显著成效。2018~2020 年，赵皇庄低幅度背斜带应用并深化简单构造区河道砂岩性圈闭识别方法，5 口井获工业油流，初步形成规模储量区。

2　复杂构造油藏勘探技术与实践

以饶阳凹陷南部杨武寨构造带为例，古近纪以来，由于先存基底面及次级构造滑脱层存在，受区域构造应力及重力滑覆作用影响，多期构造运动叠加，变形性质复杂，断裂分布密集，相互交叉切割，形成了杨武寨地区的复杂断块构造。复杂构造断层性质直接影响断块构造的有效性、影响复杂断块圈闭油气的富集程度，因此只有采用相应的配套技术和方法，提高复杂断裂识别的效率和精度、明确断层侧向封堵能力，才能准确刻画圈闭并预测圈闭含油气性，实现复杂构造油藏的高效勘探(图 4)。

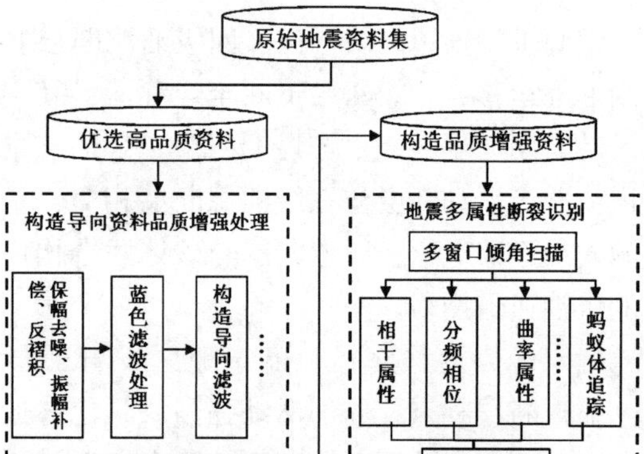

图 4　复杂断块断层精细解释技术流程

2.1　复杂断块断层精细解释技术

杨武寨地区地震资料反射同向轴横向变化快、连续性差，断点位置难以厘定，断层空间组合困难。传统常规的构造解释方法在复杂构造破碎带的适用性大大降低。本次研究针对饶阳凹陷杨武寨构造带复杂断裂区带的实际地震资料特点，系统阐述复杂构造破碎带采用的综合解释方法，重点包括复杂构造地震资料品质评价、地震多属性断裂精细刻画、复杂构造断层封堵综合评价等三个环节，同时总结出一套复杂构造区地震解释的技术流程(图 4)，有效提高了断裂破碎带内构造解释的效率和精度。

2.1.1　基于构造导向的地震资料品质增强

地震资料品质增强通常是对原始地震数据体进行滤波处理来改善资料效果，高信噪比和高保真资料是保证断裂层位合理解释的重要前提。

蓝色滤波是通过对反射系数有色成分的模拟，得到相关的蓝色滤波算子，以提高地层反射系数的保真度[3]，获得比常规反褶积方法更高分辨率的数据体结果，为研究构造地层提供较可靠数据。将杨武寨复杂构造区数据资料进行处理，给定滤波算子自回归系数为-0.01，滤波算子移动平均系数为-0.99，当自回归系数小于移动平均系数时，为蓝色滤波，滤波算子抑制低频，放大高频。资料处理后，主频提高约 3Hz，有效频带扩宽 5Hz，对比处理前后地震数据频谱未出现明显陷频和地质假象，资料分辨率和保真度均得到一定改善。

相对于蓝色滤波技术方法，构造导向滤波技术一方面消除了随机噪音，增强了地震同相轴的连续性，另外对断层、岩性变化引起的地震同相轴突变有增强效果，可大大提高对断裂及地质异常体边界的解释精度。将杨武寨地区多窗口倾角扫描后的三维数据体作为构造滤波输入数据，通过均值滤波结果与原始资料对比，可见原始地震剖面地层有明显错断，但断裂密集处断点不够清晰，上下地层错断位置继承性较差，易造成断裂产状和组合多解问题，而滤波之后的地震剖面波组特征更清楚，断裂密集处同相轴的微小扭动错断特征明显，尤其是原始剖面中“层断波不断”的现象，在经构造导向滤波后得以消除。

2.1.2　地震多属性断裂精细刻画

围绕构造断裂的地震属性识别目前已发展相干、曲率、分频相位、蚂蚁体追踪等众多技术方法，各方法的侧重点和适用性不尽相同，采用适当属性能显著提高解释效率和准确程度。

优势频带相位属性。谱分解技术[4]是通过短时窗离散傅里叶变换将地震资料从时间域转换到频率域，得到振幅及相位谱调谐数据体，振幅谱用于描绘时间层厚度变化，相位谱用于指示地质体横向不连续性。谱分解处理之前对目标区地震资料预先开展频谱分析，得到杨武寨复杂断块区资料优势频带范围在 10~60Hz，对该区开展沿层谱分解得到不同频率下的相位调谐体频率切片。由调谐体沿层(T4)频率切片(图 5)上可看出，10~20Hz 低频切片集中反映构造带内边界主控断

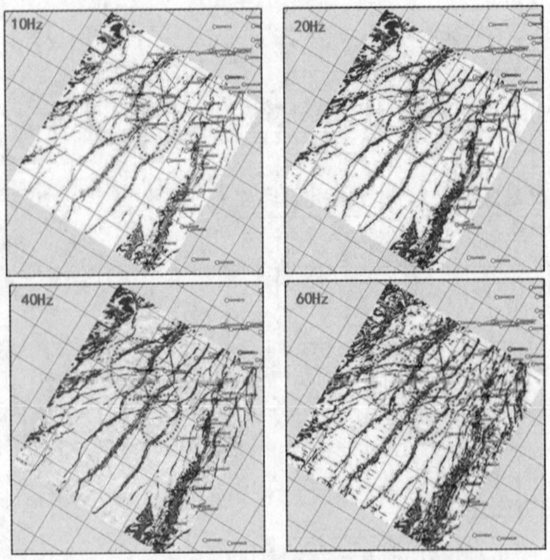

图 5　杨武寨复杂构造区相位调谐体不同频率切片

裂和继承性主干断层，层间小断裂不易识别，而60hz 高频切片可清楚辨别微小反射变化，特别是断距在 10~20m 的层间断层。

多尺度体曲率属性。正曲率值表示背斜或隆起构造，负曲率值表示向斜或凹陷，水平及斜平层曲率值定义为零。体曲率属性大大减小了由构造假象出现的概率。对杨武寨复杂断块区开展体曲率属性提取，并通过调节分数导数指数变量(取值范围 0. 25~2，该值越小，尺度越大)实现多尺度体曲率表征，在长波长体曲率属性切片上识别大尺度规模主干断层，而对于短波长体曲率属性主要刻画小尺度低级序断裂(图 6)。

2. 2　复杂构造断层封堵综合评价技术

在油气运聚成藏过程中，断裂具有输导油气和封挡油气成藏的双重特性，其中断层封闭性评价主要用于钻前圈闭风险性预测和油气运聚过程分析，是油气勘探的重要评价环节。早期封堵能力大多是从封堵方式和机制等方面进行定性分析，但随着断层封闭理论体系的建立和完善，对断裂带内部二分结构及其封闭评价研究逐渐深入，同时发展起来从定性到定量转化、基于多因素影响的断层封闭性评价等方法。本次研究在系统研究断裂分布特征基础上，分析断层封闭机理及影响因素，依据对应的封闭类型总结断层垂向、侧向封闭性定量研究方法[5]，并综合多因素实现封闭性的整体评价，最终探讨断层封闭与油气运聚的相互关系，形成较为系统完善的复杂构造区断层封闭性综合评价技术流程(图 7)，以期指导相关区带的圈闭优选和井位部署设计。

2. 2. 1　侧向封闭性定量评价

断层两盘岩性对置关系法(图 8)。断层两盘岩性对置关系法是断层封闭性研究最为简单、直接手段之一[6]。对接法适用于断裂带较薄可忽略的情况，本次主要采用 Knipe 图法对岩性对置情况进行评价，该方法充分考虑了断层面上断距的

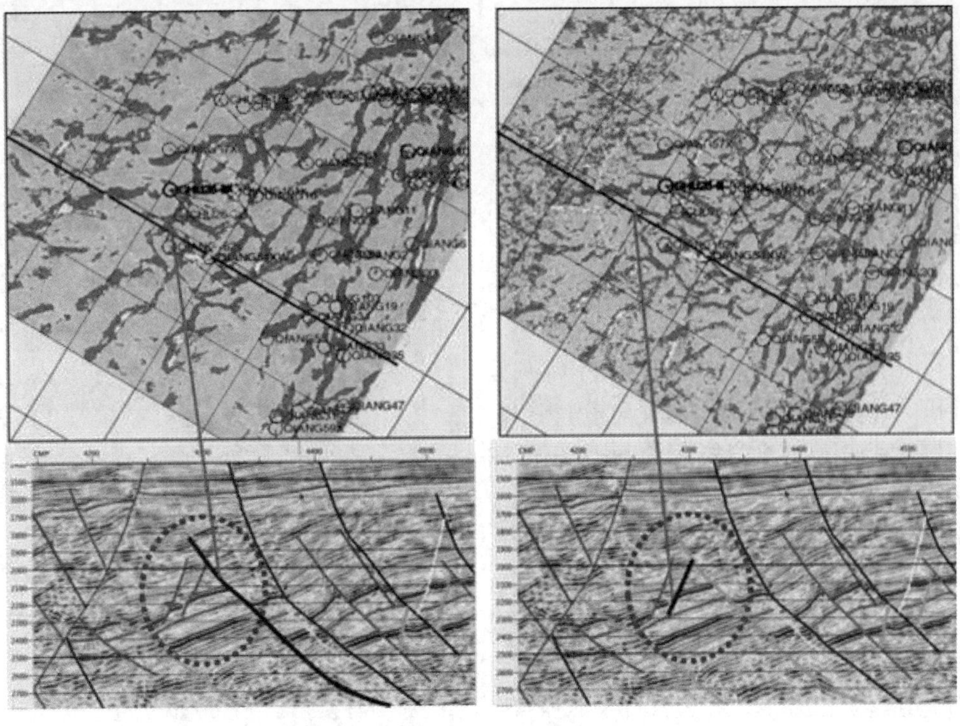

图 6　杨武寨复杂断裂多尺度体曲率水平切片

(左：长波长最正曲率；右：短波长最正曲率)

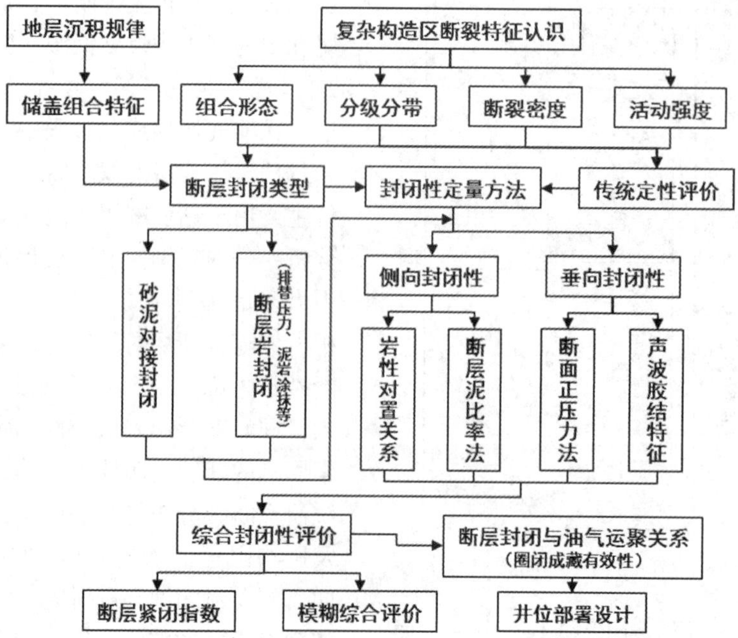

图 7　复杂构造区断层封闭性综合评价技术流程

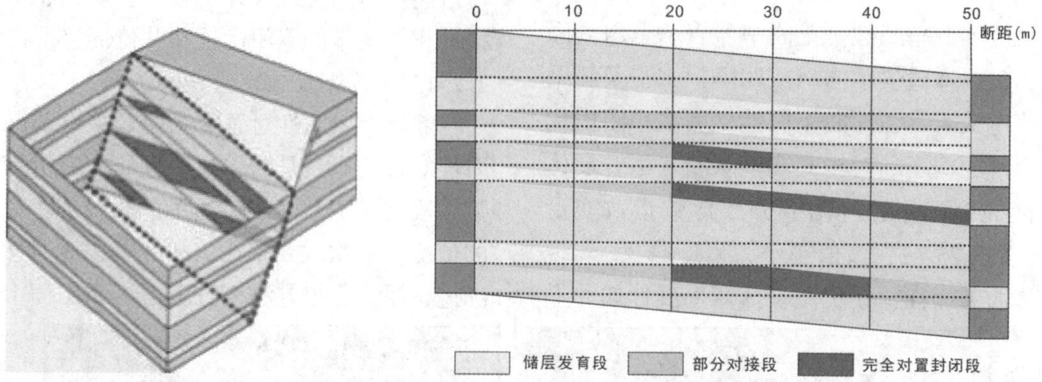

图 8　Knipe 三维断面岩性对置封闭模式

连续变化，直观反映出三维空间断面上砂泥对接封闭的区域范围，在对接三角图中，应用完全对置封闭区面积与断面储层横截面积的比值，可计算预测各目的层段内岩性对接封闭的概率大小。

断面泥岩涂抹法[7]（SGR）（图 9）。断层岩封堵模式中，断层泥比率 SGR 是表征断裂带泥质含量最可靠的参数，适用于杨武寨地区沙河街组这种三角洲前缘非均质砂泥互层的碎屑岩地层，SGR 算法综合考虑了断距、泥岩涂抹量差异及多层泥岩的综合效应，不受剪切型泥岩涂抹的条件限制。

2.2.2　垂向封闭性定量评价

断层面所受到的正应力影响断层垂向封闭性。当断面受到一定压力，且大于岩石变形强度时，一方面有利于两盘岩石塑性变形，形成泥岩涂抹层，增强断层封闭性，另一方面促使的两盘

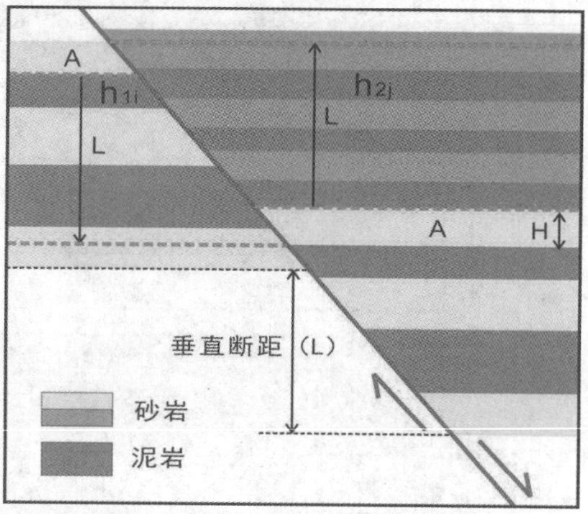

图 9　断层泥比率 SGR 计算方法示意图

地层紧密接触，若断面紧闭，断层垂向封闭性好，油气不能沿断面作垂向运移，否则，断层开启，断层作为油气运移的通道。断面压力主要受

埋深、倾角等因素影响，计算式如下：

$$F_{断}=(\rho o-\rho w)\cdot Z\cdot \cos\alpha$$

（式中ρo为地层岩石密度，ρw为地层水密度，Z为断面埋深，α为断面倾角。）

杨武寨地区低角度面式或铲式断层下部对油气的封闭性较强，断面倾角大小是影响断面压力的主要因素，断面倾角过大，油气容易向浅层逸散，不利于封堵（图10）。通过杨武寨地区断面倾角与油气分布关系的定量分析，认为起封闭作用的断层断面倾角分布范围在20~44°（图11），断面压力封闭的最小临界值为2.5MPa，在此区间内油气易被断面遮挡而聚集成藏。

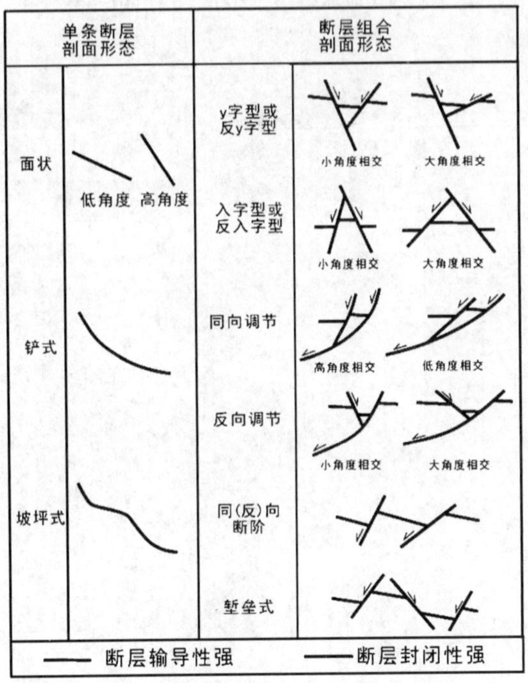

图10 杨武寨断层产状与启闭性

2.2.3 综合封闭性评价

基于前述断面正压力和断裂带内部泥岩涂抹强度等多方面因素考虑，结合断层的侧向和垂向封闭性，提出断面紧闭指数来综合表征断面整体封闭程度。将断面紧闭指数定义为断面所受正压力与断裂带泥岩涂抹层抗压强度的比值，具体计算式如下：

$$I=P/\sigma_{p} \qquad \sigma_{p}=SGR\cdot\sigma_{CM}+(1-SGR)\cdot\sigma_{CS}$$

式中，I为紧闭指数，P为断面正压力，σ_{p}为断裂带泥岩涂抹抗压强度，SGR为断层泥比率，σ_{CM}为泥岩抗压强度，常规取12.4MPa，σ_{CS}为砂岩抗压强度，常规取35.5MPa。

当$I>1$时，泥岩易发生变形，使断层封闭，且紧闭指数越大，断层封闭程度越高；$0.7\leq I\leq 1$时，断层封闭性中等，$I<0.7$时，断面正压力难以使泥岩变形，充填断层裂缝，断层封闭性差。

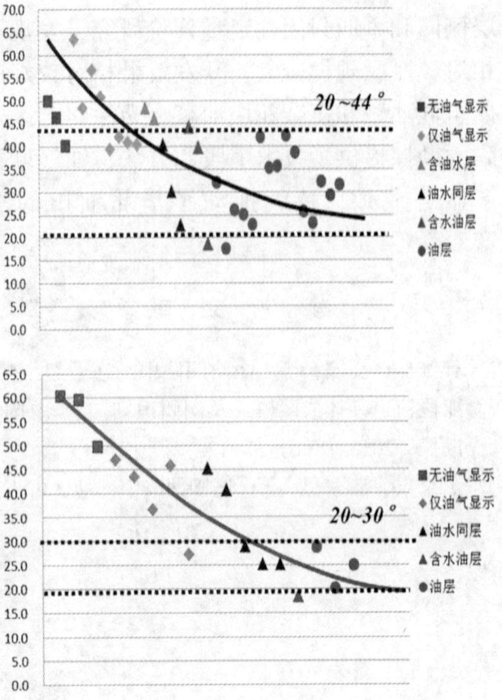

图11 杨武寨断裂断面压力与倾角分布图

2.3 实际应用效果

饶阳凹陷南部杨武寨构造具断裂结构多样、各期次断裂搭接关系复杂、断块破碎零散的特点。自2015年应用高精度滤波增强后的三维地震资料开展构造精细解释，在杨武寨地区沙河街组新落实复杂断块圈闭28个。识别断点深度绝对误差小于35m，相对误差小于5%。绝对误差小于20m占总比例达70%，构造解释的精度明显提升。同时开展圈闭有效性评价，寻找高效富集油藏，优选西部断阶带集束勘探，8口井获工业油流，单井钻遇油层平均厚度由之前5.8m提升至65.4m，Q70x井在沙一段日产获119.91方高产油流。通过在杨武寨复杂构造区应用高精度精细构造解释及断层封堵有效性定量评价等高效勘探配套技术，探井成功率由以往43%提升至92%，累计增油近20万吨。

3 结束语

饶阳凹陷作为渤海湾盆地高勘探程度富油凹陷的典型代表之一，既存在复杂断块油藏又广泛发育岩性油藏，在不同地质条件下圈闭识别难点各有不同，本次针对饶阳凹陷河道砂岩性圈闭和复杂断块圈闭重点开展地震相标定与识别追踪、地层切片刻画砂体、地震多属性断裂精细刻画、断层侧向和垂向封闭性定量评价研究，发现了油层相对较厚、规模较大、开发效果相对较好的河道砂岩性油藏和复杂断块油藏，为深化老区富油凹陷的勘探提供了技术手段和方法，油气勘探取得了显著成效，持续推动了华北油田的增储上产。

参 考 文 献

[1] 杜维良，高园，等．饶阳凹陷中部东营组-沙一上亚段河道砂体成藏模式及圈闭识别[J]．中国石油勘探，2013. 18(6)：7-12.

[2] 王余泉，漆家福，等．饶阳凹陷中部地区古近纪构造变形及控制因素[J]．大地构造与成矿学，2018. 42(4)：631-636.

[3] 赵波，俞寿朋，贺振华等．蓝色滤波及其应用[J]．矿物岩石，1998，18(增刊)：216~219.

[4] 柏冠军，赵汝敏，杨松岭等．优势频带相位分析技术在AA区块断层解释中的应用[J]．石油物探，2011，50(5)：513~516.

[5] 吕延防，李国会，王跃文，等．断层封闭性的定量研究方法[J]．石油学报，1996，17(3)：39-45.

[6] 赵密福，李阳，张煜等．断层两盘岩性配置关系及断层的封闭性[J]．中国石油大学学报，2006，30：7-11.

[7] 付广，孟庆芬．断层封闭性影响因素的理论分析[J]．天然气地球科学，2002，13：40-44.

阿姆河右岸深层碎屑岩天然气勘探潜力

张良杰[1,2] 陈怀龙[3] 王红军[2] 蒋凌志[2] 白振华[2] 张宏伟[2]

(1. 中国地质大学(北京)地球与科学学院; 2. 中国石油勘探开发研究院;
3. 中国石油(土库曼斯坦)阿姆河天然气公司)

摘 要 中亚阿姆河右岸盐下上侏罗统碳酸盐岩发现3个地质储量超千亿方的气区，但埋深超3500m的中下侏罗统和前侏罗系碎屑岩一直未获得突破。通过对构造、沉积和烃源岩地化分析表明：①深层中下侏罗统发育规模分布的三角洲平原-前缘砂体和煤系地层形成了自生自储、上生下储的成藏组合；②煤系烃源岩厚度大、分布广，早白垩世晚期进入生气高峰阶段，古近纪进入湿气生成阶段；③喜山期改造较弱的继承性构造圈闭和坳陷带地层-岩性圈闭具有成藏的有利条件，初步估算P10地质资源量达9900亿立方米。

关键词 阿姆河右岸；深层；碎屑岩；天然气；勘探潜力

阿姆河盆地(又称卡拉库姆盆地)处于中亚煤成气聚集域，广泛沉积了中下侏罗统煤系烃源岩[1]。截止2015年6月，IHS统计阿姆河盆地探明的天然气地质储量21.4万亿立方米，盐下上侏罗统碳酸盐岩已发现储量占86%，但深层中下侏罗统及前侏罗系碎屑岩发现的储量占比不到1%[2]。

阿姆河右岸区块的勘探情况也是如此。该区块是中石油在海外重要的天然气勘探开发区块，位于阿姆河盆地查尔朱阶地西南缘，中下侏罗统含煤烃源岩、上侏罗统碳酸盐岩和蒸发岩构成了主要的成藏组合[3-4]。目前勘探开发以盐下中上侏罗统碳酸盐岩气藏为主，埋深在多在2500~3500m，发现3个地质储量超千亿方的气区[5]。

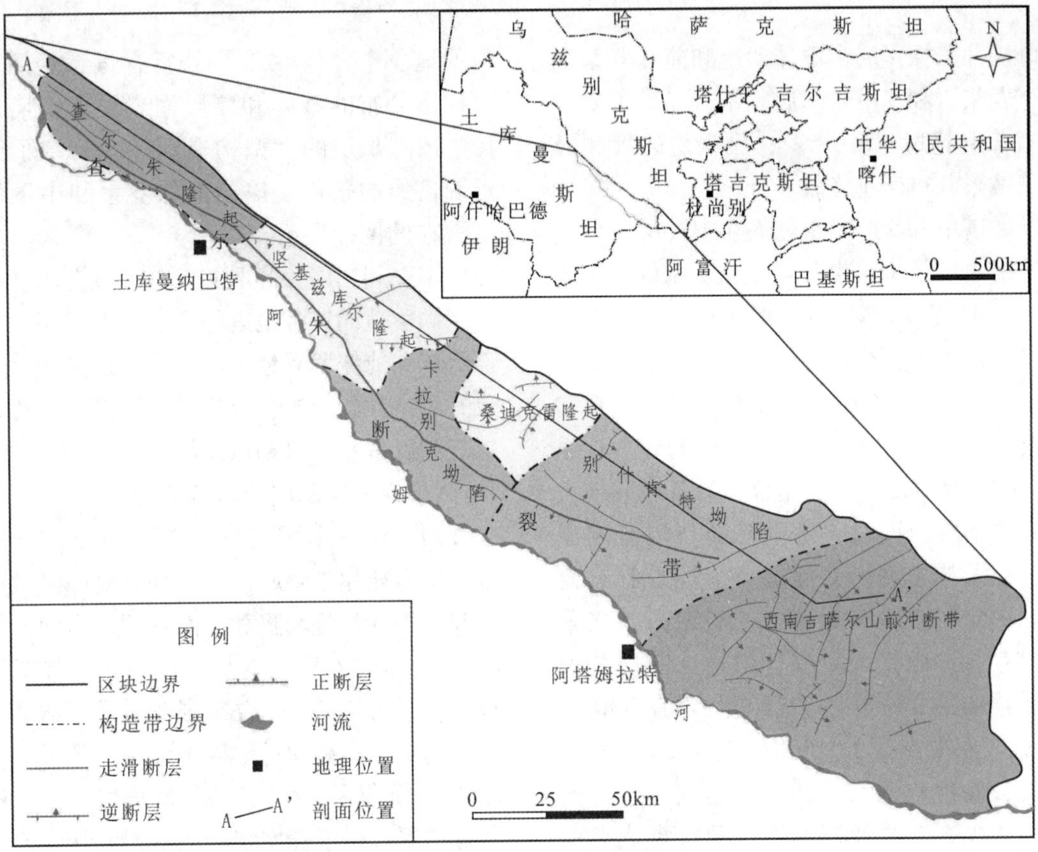

图1 阿姆河右岸构造单元划分与基底断层叠合图

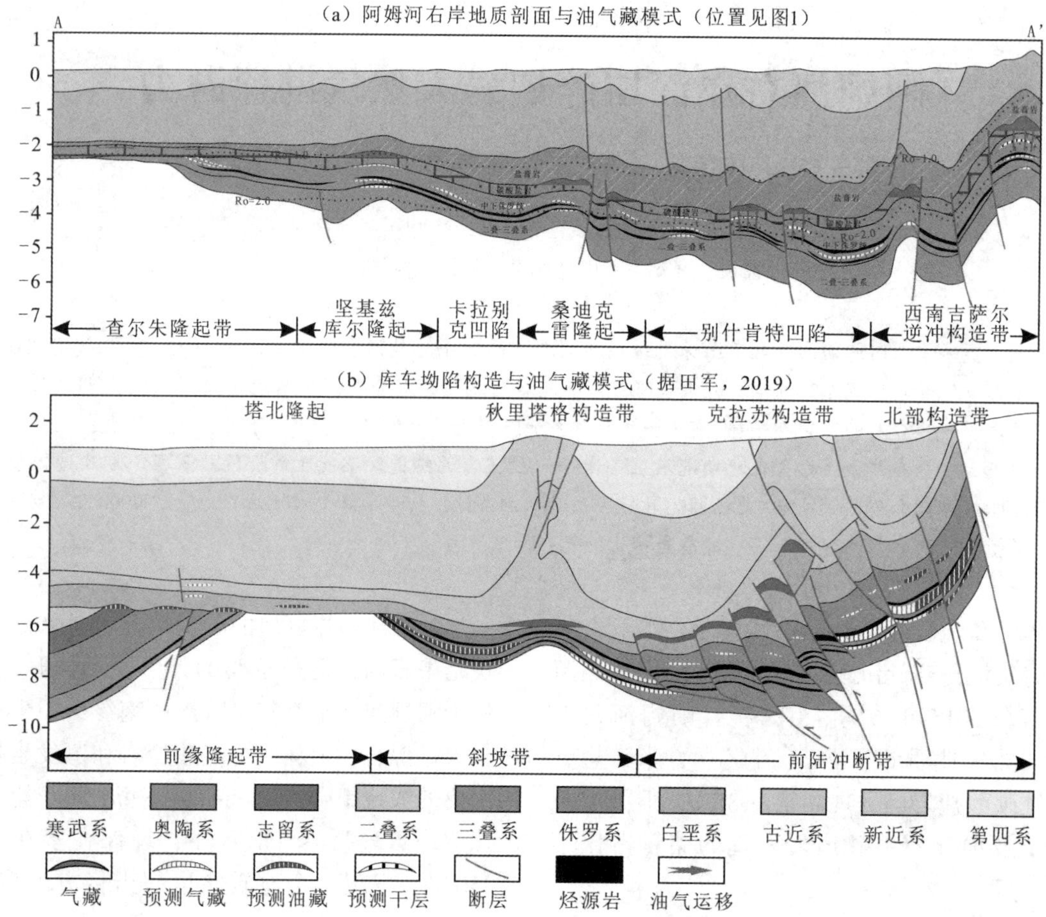

图2 阿姆河右岸与库车坳陷典型油气藏模式图对比

少量几口探井兼探深层中下侏罗统和前侏罗系地层，钻至岩浆岩和变质岩基底完钻，揭示主要砂岩段埋深普遍超过4000米[6]，见强烈的气测异常，但测试未获得商业气流。

近年来塔里木盆地库车坳陷在中浅层发现克拉2大气田之后，深层也相继发现大北1、大北3、克深2、克深5、博孜1、克深8等深层大气藏[7~10]，形成了“万亿立方米在手，两万亿立方米在望”的天然气大场面[11]。库车坳陷三叠系和侏罗系煤系烃源岩、白垩系三角洲砂岩和古近系膏盐岩，构成良好的生储盖组合，具备煤成气大气田形成的条件。同时，主生气期与构造定型期匹配，以及构造圈闭、储层与生气中心有效叠合共同决定了克拉苏构造带的晚期高效成藏及有效保存，冲断带大量发育的逆冲断层是油气垂向运移的主要通道[12]。库车坳陷在3500~4000米盐下发现克拉2大气田后，在超过7000米的深层又发现克深大气田，不是偶然，是天然气在优质煤系气源灶控制下近源富集成藏的必然结果。阿姆河右岸深层与库车坳陷具有相似的地质条件（图2）[13]：富含煤系烃源岩，发育广泛分布的砂体和厚层泥岩，喜山期构造挤压、改造形成的大型构造圈闭，具备了天然气近源富集的条件。深层前侏罗系和中下侏罗统是潜在的勘探层系。

本文利用深探井取芯资料、烃源岩样品和研究区满覆盖的三维地震等资料，开展了深层中下侏罗统和前侏罗系地层地质特征以及大型气田形成有利条件的分析，评价其资源潜力，优选了勘探有利区带并提出勘探建议。

1 阿姆河右岸深层地质特征

阿姆河右岸区块自西向东划分为查尔朱隆起、坚基兹库尔隆起、卡拉别克坳陷、桑迪克雷隆起、别什肯特坳陷和西南吉萨尔山前冲断带等6个二级构造（图1）。研究区自古生界基底形成以来，经历二叠-三叠纪强烈伸展、侏罗纪-白垩纪稳定沉降和新近纪以来的挤压隆升等三个阶段[14]，沉积了二叠-三叠系碎屑岩、中下侏罗统含煤层系、中上侏罗统碳酸盐岩和盐膏岩、白垩系-古近系砂泥岩和碳酸盐岩。

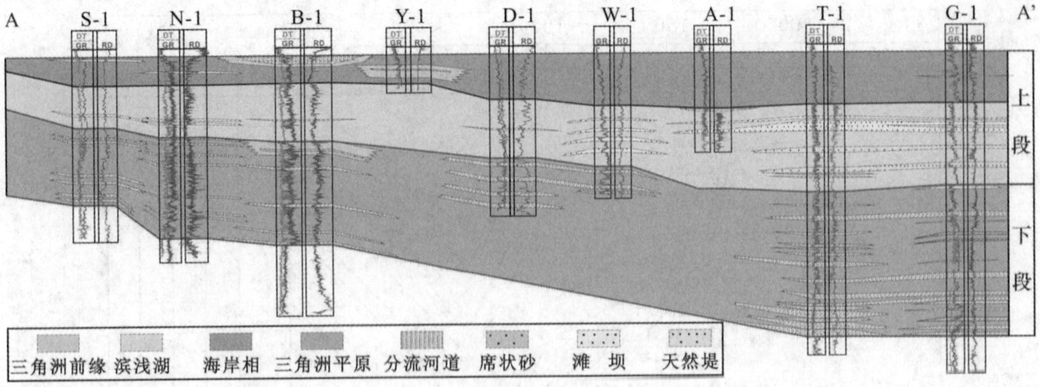

图3 阿姆河右岸中下侏罗统沉积相与砂体连井对比(位置见图5)

1.1 构造特征

盆地古生界结晶基底和褶皱基底形成后[15-16]，二叠-三叠纪古特提斯洋向北俯冲，研究区处于强烈的伸展环境，北西向查尔朱断裂带开始形成，发育了北西向和近东西向同沉积正断层，控制了二叠-三叠系沉积。三叠纪末期，欧亚板块南缘微板块碰撞，研究区构造发生反转，局部见强烈的剥蚀不整合[17-18]，形成的构造格局控制了中下侏罗统沉积。侏罗纪开始进入裂谷后热沉降阶段，构造稳定，直至古近纪阿拉伯和印度板块碰撞，发生强烈的挤压作用[19]。在北西向挤压应力作用下，深层中东部发育了大量北东向新生逆冲断层，二叠-三叠纪正断层活化，形成了北西向走滑断层和近东西向逆断层[20]，主要分布于中西部地区。研究区深层构造表现为相对统一的构造格局和样式，其现今构造主要形成于侏罗纪后[21]。

受两期断层的控制，研究区深层形成了东西分带的构造格局。东部发育多排北东向逆冲断层控制的大型逆冲构造带，早期的构造已强烈改造，难以识别。中西部地区由于挤压应力的减弱，受到早期构造影响也逐渐增强。中部构造形态受到了两期断层的共同控制，构造样式以逆断层相关褶皱为主，但其走向呈现了近东西向，与早期的断层走向一致。西部则主要受早期断层的影响，以北西向和近东西向的继承性背斜构造为主。

1.2 沉积环境

二叠-三叠纪，研究区为陆相磨拉石建造[22]，粗碎屑和火山碎屑快速堆积，岩性主要为浅灰色中-粗砂岩、细砂岩、粉砂岩、灰黑色泥岩夹火山碎屑。临近物源区的西部坚基兹库尔隆起和东部西南吉萨尔隆起主要沉积中-粗砂岩夹泥岩，厚度均在300~350m。中部桑迪克雷隆起带砂体相对不发育，主要为灰色泥岩夹细砂岩、粉砂岩和少量碳质泥岩，厚度超过500m。

早中侏罗世早期，研究区发生湖侵，沉积环境转变为三角洲沉积体系，以三角洲相平原-前缘亚相为主(图4)，岩石类型包含有细砂岩、粉砂岩、泥质粉砂岩、粉砂质泥岩、碳质泥岩和泥岩等[23-24]。三角洲平原亚相以分流河道砂沉积与沼泽的泥炭或褐煤沉积为主。三角洲前缘亚相以水下分流河道及河口坝微相砂体为特征，砂岩主要为灰色、棕灰色、灰绿色中-细砂岩、粉砂岩，局部含泥砾及泥岩撕裂屑。除西部查尔朱隆起缺失外，其余地区中下侏罗统下段地层厚度相对稳定，主要分布范围在300~500m。

随着早中侏罗世中晚期进一步湖侵，研究区进入了以滨浅湖为主的沉积环境。到早中侏罗世末期，右岸进入了海陆过渡环境，发育了潮坪亚相和海岸三角洲前缘亚相(图4)。滨浅湖亚相以杂色、灰色黏土岩和粉砂岩沉积为主，局部亦可出现较多的细砂岩，砂岩胶结物以泥质、钙质为主，分选和磨圆较好。潮坪相泥岩较发育，砂岩发育程度较低，偶尔见灰质泥岩，出现海相沉积的特点[23]。中下侏罗统上段地层厚度分布范围主要在0~700m，地层整体上呈现出明显的由西北至东南逐渐增厚的趋势。

1.3 成藏组合

深层二叠-三叠系砂岩、中下侏罗统砂岩-粉砂岩和泥岩，可形成上生下储和自生自储2套成藏组合。上生下储成藏组合储层为二叠-三叠系砂岩，烃源岩和盖层为中下侏罗统碳质泥岩。自生自储成藏组合储层为中下侏罗统细砂岩，烃源岩为中下侏罗统碳质泥岩，盖层为含煤泥岩和上覆的上侏罗统泥灰岩(图1)。

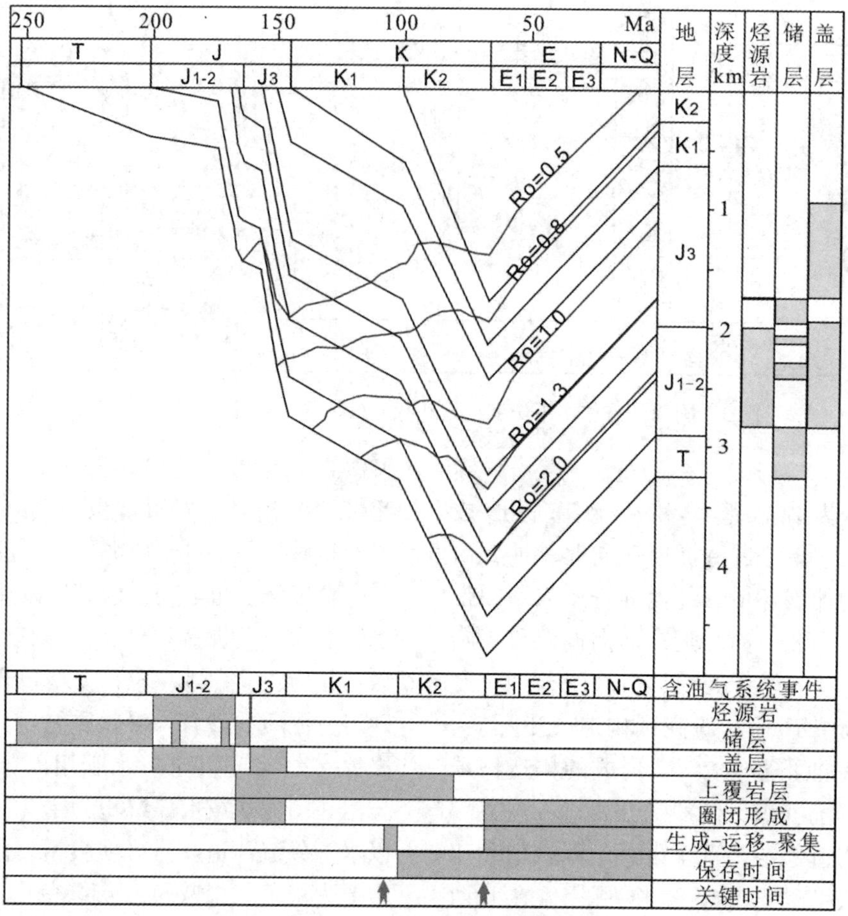

图 4　阿姆河右岸深层含油气系统事件图

表 1　阿姆河右岸中下侏罗统烃源岩地化分析表

岩性	有机碳/%	Ro/%	T_{max}/℃	S1/(mg/g)	S2/(mg/g)	生烃潜量 S1+S2/(mg/g)	氯仿沥青“A”/%
碳质泥岩/泥岩	0.22~2.48 1.18	0.9~2.2 1.55	400~587 452.96	0.01~1.31 0.28	0.11~9.27 0.95	0.13~10.58 1.23	0.001~0.603 0.108

2　深层大中型气田形成条件

2.1　发育优质煤系气源灶

研究区中下侏罗统下段煤系烃源岩分布范围较广，岩性主要为深灰色泥岩、粉砂岩夹薄炭质泥岩和薄煤层，有机质类型主要以陆相腐殖型（Ⅱ$_2$-Ⅲ型）干酪根为主[1][25]，倾向生气，是阿姆河盆地主要的烃源岩。研究区内含煤层系暗色泥岩、碳质泥岩与薄煤层累计厚度可达 400 米。通过采集的 29 块中下侏罗统烃源岩样品的地化分析（表 1），结果表明烃源岩总有机碳（TOC）含量为 0.22%～2.48%，平均为 1.1%，生烃潜量（S1+S2）平均 1.23mg/g。

研究区内探井揭示了基底顶部发育板岩夹石英岩和碳质泥岩，碳质泥岩厚度达到 20m，TOC 达到 4.96%，镜质体反射率 2.74，生烃潜量（S1+S2）0.44mg/g。该套地层可能属于古生界奥陶系和志留系[26]，碳质泥岩平面分布范围和其对侏罗系天然气成藏是否有作用尚不明确。

目前，中下侏罗统含煤烃源岩埋深多数达 4000 米以上，镜质体反射率从 0.9%变化到 2.2%，平均 1.55%。研究区东部烃源岩样品热演化程度高，镜质体反射率可达 2.2%，已进入干气阶段；中部桑迪克雷隆起镜质体反射率处于 0.9%～1.9%之间，整体进入湿气-凝析气阶段[5]。

2.2　发育较大规模的三角洲体系砂体

中下侏罗统砂岩主要有四类，自下而上依次

为三角洲平原-前缘分流河道微相中-粗砂岩和细砂岩、河道间微相泥质粉砂岩、滨浅湖亚相粉砂岩和泥质粉砂岩以及三角洲前缘河口坝和席状砂微相的细砂岩和粉砂岩。三角洲平原分流河道砂体粒度相对较粗，主要为中-粗砂岩和细砂岩，厚度可达到70~90m。而其他三类砂岩的粒度较细，主要为粉砂岩和泥质粉砂岩，物性较差，而且单层厚度很薄，一般小于5m。三角洲平原中-粗砂体多分布于中下侏罗统底部，多被含煤烃源岩直接覆盖。三角洲前缘砂体多与煤层或碳质泥岩互层发育。

三角洲平原和前缘分流河道砂体主要分布于东部西南吉萨尔逆冲构造带和西部坚基兹库尔隆起，中部地区砂体也比较发育、但单层厚度明显减薄。

2.3 发育大型构造圈闭和地层-岩性圈闭

新生代挤压作用促进了研究区深层构造圈闭的发育，总面积超过2000km²。按照构造形成的控制因素将圈闭分为2类：与基底古隆起无关的断背斜圈闭和在基底古隆起上发育的构造圈闭[15]。与基底古隆起无关的断背斜圈闭主要分布于东部西南吉萨尔隆起带。在基底古隆起上发育的继承性构造圈闭主要分布于中西部桑迪克雷隆起和坚基兹库尔隆起带，且中部构造受新生代断层改造强烈，西部则明显减弱(图2)。

研究区内还具备了地层圈闭和岩性圈闭发育的条件。在三叠纪末期，短暂隆升使局部地区二叠-三叠系顶部可见明显的剥蚀不整合，不整合面上覆含煤碎屑岩，可形成地层圈闭。早中侏罗世，研究区重新开始接受沉积，在古地貌高的周缘，地层上超至二叠-三叠系地层上，局部发育的砂体也可以形成地层圈闭(图5)。中下侏罗统岩性主要是泥岩夹细砂岩、粉砂岩，易发育砂岩透镜体形成岩性圈闭。

2.4 天然气具备成藏的有利环境

前人研究认为中下侏罗统烃源在白垩纪进入生油窗[5][27]。但通过多口井埋藏史和生烃史分析，认为深层中下侏罗统烃源岩在早白垩世晚期进入生烃高峰阶段(图4)，天然气开始大量生成。此时深层二叠-三叠系顶界埋深普遍小于3000m，盆地模拟中下侏罗统砂岩孔隙度可至10%~25%，二叠-三叠系顶部砂岩可至10%~15%。近源的具有基底古构造背景的低幅构造圈闭和三叠系顶界的地层不整合圈闭可以充注成藏。随着深层地层埋深加大，砂岩储层趋于致密，现今砂体孔隙度普遍小于10%[23]，部分的早期常规气藏也逐渐向后成型致密油气藏转变，近源的与煤层互层的致密砂体则可形成先成型致密气藏[28-29]。古近纪-第四纪，研究区发生强烈的挤压作用，形成大型构造圈闭，天然气开始重新调整聚集，向构造高部位运移，或通过新生断层向上覆中下侏罗统上段砂体或卡洛夫-牛津阶碳酸盐岩运移[20]。新生代的构造活动形成的断裂可以改善储层的物性，但也破坏了早期气藏的保存条件。因此，综合认为，在坳陷带近源未被破坏的岩性圈闭、中西部改造较弱的继承性构造圈闭和地层圈闭是有利的勘探目标[30-31]。

3 深层天然气资源潜力

3.1 资源潜力

研究区中下侏罗统含煤层系厚度大，热演化程度高，生气量大。应用Petromod盆地含油气系统模拟软件，对研究区盐下侏罗系开展了生烃史模拟分析，初步估算中下侏罗统含煤层系的生气量可达9万亿方。利用蒙特卡洛法初步评价的中下侏罗统构造圈闭风险前P10地质资源量近9900亿方。

3.2 有利区分布

通过深层烃源岩、储层和圈闭分布综合分析(图5)，西部坚基兹库尔隆起是最有利的勘探区带，中部别希尔-萨拉尔卡克-召拉麦尔根构造带和东部西南吉萨尔隆起带是次有利勘探区带。

西部地区坚基兹库尔隆起带内发育在基底古隆起上形成的大型继承性背斜圈闭，在喜山期改造弱。隆起带靠近西北物源区，中下侏罗统下部和二叠-三叠系砂体厚度较大，且砂体埋藏多在3000m左右，储层发育条件好。继承性构造圈闭和厚层砂岩储层有利于早期油气聚集成藏，且晚期破坏作用弱，使研究区深层初期勘探最有利区域。

中部别希尔-萨拉尔卡克-召拉麦尔根构造带在三叠纪末期发生隆升剥蚀，形成古构造高。在三叠纪顶部形成地层不整合圈闭，面积可以达到400km²。中下侏罗统地层则发育继承性构造圈闭，在构造带周缘可形成上超不整合地层圈闭。该构造带处于查尔朱断裂带边缘，早中侏罗世是沉积坡折带，具有较好的砂体发育条件。同时该构造带处于生烃凹陷，在烃源岩成熟时期，油气能够在构造和地层圈闭中优先充注成藏。构

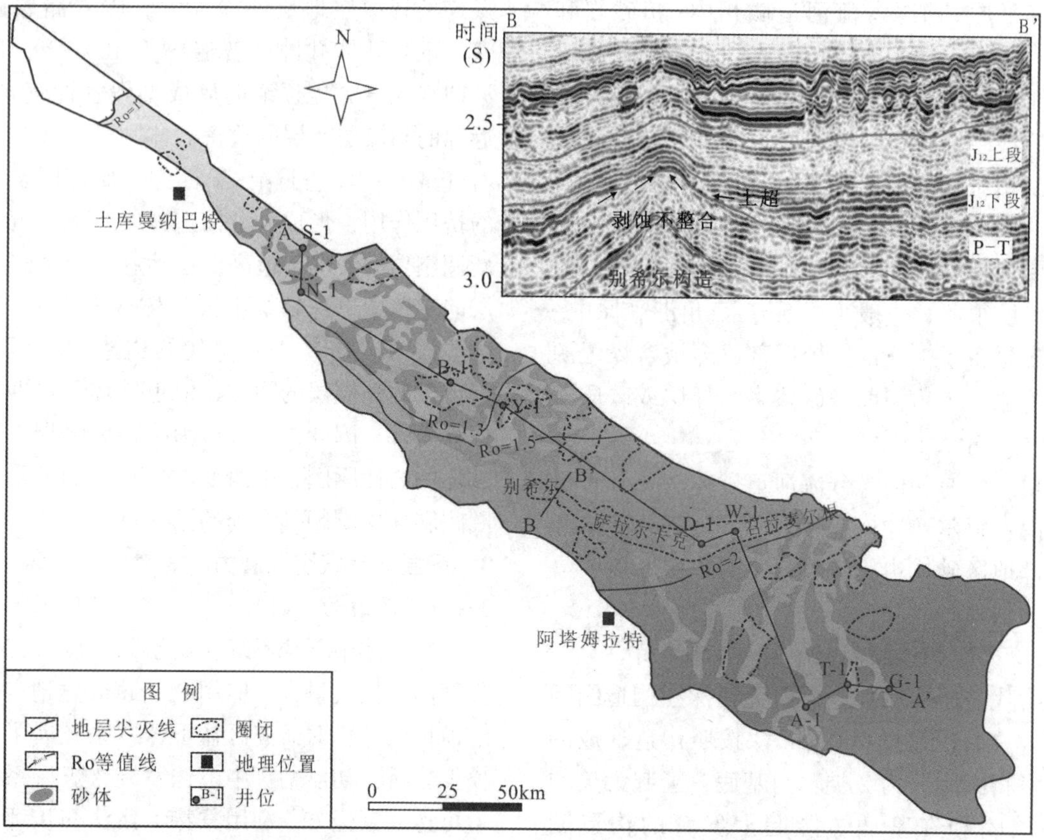

图5 阿姆河右岸中下侏罗统烃源岩镜质体反射率与砂体、圈闭叠合图

J_{12}上段：中下侏罗统上段；J_{12}下段：中下侏罗统下段；P-T：二叠-三叠系

造带西侧后期改造也相对较弱，是勘探的次有利区域，主要风险在于地层埋藏深，储层的物性可能较差。东部地区西南吉萨尔隆起带发育多排大型逆冲构造圈闭，深层地层埋深多小于3000m。同时二叠-三叠纪和早中侏罗世离盆地东北部边界基底出露区较近，有充足的物源供给，因而砂体也相对较为发育。但由于在东部规模抬升前，中下侏罗统埋深超过4000m，砂岩储层低孔、特低渗。晚期发育的逆冲断层对储层进行了一定程度改造，但对盖层条件也造成了破坏，也较难形成规模气田。因此该区域是小型裂缝气田发育的有利区。

3.3 风险分析与勘探建议

目前研究区深层已钻探井均见强烈的气测异常，测试获得低产气流，揭示的主要风险在于储层条件。中下侏罗统储层因受沉积条件的影响，再加上埋藏深、成岩作用强等因素的影响，其储层条件发育较差，平均孔隙度为8%左右，渗透率为0.49mD[23]。从区块测试结果显示油气水层的层段均发育在中下侏罗统的下段，沉积相带主要为三角洲平原亚相中的分流河道微相，形成的储层孔隙度多大于9%、渗透率大于10md[32]。而干层主要发育在中下侏罗统的上段，沉积相带为滨浅湖湘或潮坪相。

因此建议优先对西部继承性圈闭大、砂体发育、埋深浅的坚基兹库尔隆起带进行勘探，再逐步向中部别什肯特凹陷带和东部西南吉萨尔隆起带拓展。研究区已三维地震全覆盖，且成像质量较好，建议加强深层沉积相和三角洲砂岩分布预测研究，开展有效砂岩储层预测与评价技术攻关，以指导预探井部署。

4 结论

（1）深层烃源岩样品分析结果表明，研究区中下侏罗统发育优质煤系气源岩，早白垩世末期开始进入生烃高峰，生气量可达9万亿方，构造圈闭风险前P10地质资源量近9900亿方。

（2）深层二叠-三叠系以陆相磨拉石建造为主，发育厚层粗砂岩；中下侏罗统以滨浅湖和三角洲沉积环境为主，发育三角洲平原和前缘砂体。二叠-三叠系粗砂岩和中下侏罗统三角洲平原分流河道砂是深层最有利的储集体。

（3）深层与基底古隆起有关且晚期改造较弱

的构造圈闭及其周缘地层圈闭、三叠系顶部地层不整合圈闭和近源岩性圈闭具有早期成藏的有利条件，是天然气聚集的有利场所。

（4）深层天然气成藏的主要风险是储层条件，建议勘探从西向东逐渐拓展，西部地区坚基兹库尔隆起带是深层最有利勘探区带，中部别希尔-萨拉尔卡克-召拉麦尔根构造带和东部西南吉萨尔隆起带是次有利勘探区带。

参 考 文 献

[1] 戴金星，何斌．中亚煤成气聚集域形成及其源岩—中亚煤成气聚集域研究之一[J]．石油勘探与开发，1995，22(3)：1-6.

[2] IHS Energy. Amu-Darya Basin[DB/OL]. IHS Basin Monitor，2015.

[3] 张良杰，王红军，蒋凌志，等．阿姆河右岸扬恰地区碳酸盐岩气田富集高产因素[J]．天然气勘探与开发，2019，42(1)：15-20.

[4] 费怀义，徐刚，王强，等．阿姆河右岸区块气藏特征[J]．天然气工业，2010，30(5)：13-17.

[5] 吕功训，刘合年，邓民敏，等．阿姆河右岸盐下碳酸盐岩大型气田勘探与开发[M]．北京：科学出版社，2013.

[6] 徐剑良，程绪彬，吴蕾，等．阿姆河右岸区块构造演化与成藏条件[J]．天然气工业，2010，30(05)：18-20.

[7] 孙龙德，邹才能，朱如凯，等．中国深层油气形成、分布与潜力分析[J]．石油勘探与开发，2013，40(06)：641-649.

[8] 冯佳睿，高志勇，崔京钢，等．深层、超深层碎屑岩储层勘探现状与研究进展[J]．地球科学进展，2016，31(7)：718-736.

[9] 魏强，李贤庆，孙可欣，等．塔里木盆地库车坳陷克深大气田深层天然气成藏地球化学特征[J]．天然气地球科学，2019，30(6)：897-907.

[10] 杨海军，李勇，唐雁刚，等．塔里木盆地克拉苏盐下深层大气田的发现[J]．新疆石油地质，2019，40(1)：12-20.

[11] 王招明．塔里木盆地库车坳陷克拉苏盐下深层大气田形成机制与富集规律[J]．天然气地球科学，2014，25(2)：153-166.

[12] 王招明，谢会文，李勇，等．库车前陆冲断带深层盐下大气田的勘探与发现[J]．中国石油勘探，2013，18(3)：1-11.

[13] 田军．塔里木盆地油气勘探成果与勘探方向[J]．新疆石油地质，2019，40(1)：1-11.

[14] 聂明龙，童晓光，刘群明，等．土库曼斯坦阿姆河右岸地区盐下碳酸盐岩气藏类型及油气富集因素[J]．石油实验地质，2016，38(01)：70-75.

[15] 雷振宇，杜社宽，张朝军．中亚地区与中国西部盆地类比及其油气勘探潜力[J]．地球学报，2004(01)：67-72.

[16] 徐文世，刘秀联，余志清，等．中亚阿姆河含油气盆地构造特征[J]．天然气地球科学，2009，20(5)：744-748.

[17] 罗金海，周新源，邱斌，等．塔里木-卡拉库姆地区的油气地质特征与区域地质演化[J]．地质论评，2005，51(4)：409-415.

[18] 张志伟，何永垚，王春生，等．中亚地区阿姆河盆地查尔朱、布哈拉阶地构造特征及演化[J]．海相油气地质，2010，15(04)：48-56.

[19] 聂明龙，吴蕾，刘斌，等．土库曼斯坦阿姆河右岸地区断裂特征及其控藏作用[J]．新疆石油地质，2013，34(3)：365-368.

[20] 陆诗阔，包子鹤，杨俊生．阿姆河右岸中下侏罗统构造变形及构造圈闭特征[J]．现代地质，2013，27(4)：774-782.

[21] 陆诗阔，包子鹤，杨俊生．阿姆河右岸东南部吉萨尔山前中下侏罗统构造格架及成因分析[J]．新疆地质，2013，31(03)：260-264.

[22] 车自成，罗金海，刘良．中亚与中国西北地区含油气盆地基本类型及成成因分析[J]．地球学报：中国地质科学院院报，1997，18(2)：113-121.

[23] 张婷，王强，刘斌．阿姆河右岸中下侏罗统沉积相及平面展布[J]．西南石油大学学报：自然科学版，2014，36(06)：27-38.

[24] 张章，朱泽栋．阿姆河右岸中下侏罗统沉积相模式研究[J]．内蒙古石油化工，2016，42(09)：152-154.

[25] 方杰，徐树宝，吴蕾，等．阿姆河右岸地区侏罗系海相烃源岩生烃潜力[J]．海相油气地质，2014，19(01)：8-18.

[26] 薛春纪，赵晓波，莫宣学，等．西天山巨型金铜铅锌成矿带构造成矿演化和找矿方向[J]．地质学报，2014，88(12)：2490-2531.

[27] Ulmishek G. F. Petroleum Geology and Resources of the Amu-Darya Basin，Turkmenistan，Uzbekistan，Afghanistan，and Iran：U. S. Geological Survey Bulletin 2201-A[D]. U. S. Geological Survey，2004.

[28] 姜振学，林世国，庞雄奇，等．两种类型致密砂岩气藏对比[J]．石油实验地质，2006，28(3)：210-214.

[29] 沈卫兵，庞雄奇，陈践发，等．塔里木盆地深部油气藏类型与分布特征[J]．高校地质学报，2017，23(02)：324-336.

[30] 庞雄奇，汪文洋，汪英勋，等．含油气盆地深层与中浅层油气成藏条件和特征差异性比较[J]．石油学报，2015，36(10)：1167-1187.

[31] 庞雄奇，周新源，鄢盛华，等．中国叠合盆地油气成藏研究进展与发展方向——以塔里木盆地为例[J]．石油勘探与开发，2012，39(06)：649-656.

[32] 常海亮，郑荣才，王强．阿姆河盆地中-下侏罗统砂岩储层特征[J]．石油与天然气地质，2015，36(06)：985-993.

低油价下新能源综合勘探找矿实践及工作启示

魏学斌　赵为永　杨　梅　王　铎

（中国石油青海油田分公司勘探开发研究院）

摘　要　2020年，面对新冠疫情防控和低油价的双重“大考”，勘探成为各大石油公司的“失血点”，均面临巨大压力。怎样应对低油价考验，提质增效，稳步推进石油、天然气勘探的同时，是否高标准、高水平推进新能源综合勘探，是当前油企未雨绸缪、奠定未来胜局的关键。思维创新是实现找矿突破的前提，青海油田作为世界海拔最高、国内陆上自然条件最艰苦的油气田，自上世纪中叶，拉开柴达木盆地石油勘探序幕以来，几代青海石油人扎根高原，油气主业稳健发展、经济效益持续攀升，油田迈入高质量发展新阶段。面对当前低油价，是舍弃新能源勘探发展保油气主业，还是实现多元化的发展？青海油田则勇于选择后者，迎难而上，正在引发一场多矿种兼探的勘查革命，其中油钾兼探、油铀兼探均见较好成效，发展前景十分光明，将为中国石油集团公司建设世界一流综合性国际能源公司做出更大新贡献。

关键词　柴达木盆地；综合勘探；油钾兼探；油铀兼探

柴达木盆地矿产资源十分丰富，除常规油气以外，非常规油气及其他矿产资源也颇为可观。随着国家能源供需矛盾日益突出，油价持续低迷，可供勘探的常规油气领域逐渐减少，非常规油气资源、相关伴生资源及其他矿产资源勘探领域地位和作用突显，这些资源的勘探、开发和综合利用势在必行。为此，面对低油价，青海油田迎难而上，正在带动油钾兼探、油铀兼探等多矿种综合勘查，达到储备资源，实现效益勘探。

1　油钾兼探

1.1　概况

“油钾兼探”是一种在含盐油气盆地中寻找石油、天然气和钾盐等多种矿产的综合勘查手段。柴达木盆地钾盐根据分布特征，可以划分为地表钾盐和地下钾盐两种类型。地表钾盐主要分布于卤水盐湖和上更新统、全新统盐滩中，地下钾盐主要分布于含油气构造的深层卤水中。油气和深层卤水都是沉积盆地形成演化过程中形成的流体产物，它们成因上密切联系，深层卤水大多为沉积岩成岩演化过程中形成的成岩水，并可作为油气运移的动力；它们在空间上相互伴生，深层卤水与油气存在于同一构造或圈闭中，与油气田平面上重叠，垂向上间互发育。柴达木盆地钾盐资源丰富，估算钾总资源量在10亿吨以上。

1.2　钾盐找矿成效

近年来，青海油田已经具备了开展油钾兼探的基础和优势，在油气勘探过程中，积极与地质调查部门合作，借助地勘资金，挖掘油气井资料，捕捉油气伴生矿产信息，开展了多种资源的勘查工作，在油钾兼探方面取得了显著成效。

1.2.1　明确了干旱与咸化是深层卤水成矿的主控因素

根据大量分析的岩样、水样结果，对柴达木盆地古近系-第四系岩相、古生物、元素地球化学等特征进行综合研究，古气候整体干旱，由炎热到寒冷，导致湖盆持续咸化，各时期古盐度均在15‰以上，纵向上由老到新盐度逐渐增大，主要发育古近纪和第四纪两个主要成盐时期，控制了深层卤水的形成、分布和成矿元素的富集(图1)。

古盐度分析表明，盆地边缘和水下古隆起区古盐度相对较低，凹陷中心最高。古盐度大小决定了地层水中成矿元素的富集程度。通过研究证实，古盐度与钾、锂、硼等成矿元素含量具有明显的正相关关系。

平面上，各沉积时期古盐度呈环带状分布，湖盆的迁移和演化控制了高盐度地层的展布。高盐度地层中富含的地层水为深层卤水的形成提供了物质来源。

1.2.2　落实了深层卤水勘探的有利区

通过油气井水样常规分析，发现柴达木盆地各区块地层水矿化度普遍高于50000mg/L，达到了卤水的标准。其中柴西南、柴西北和三湖地区矿化度最高，达100000~320000mg/L。

十三五以来，青海油田科技工作者对柴达木

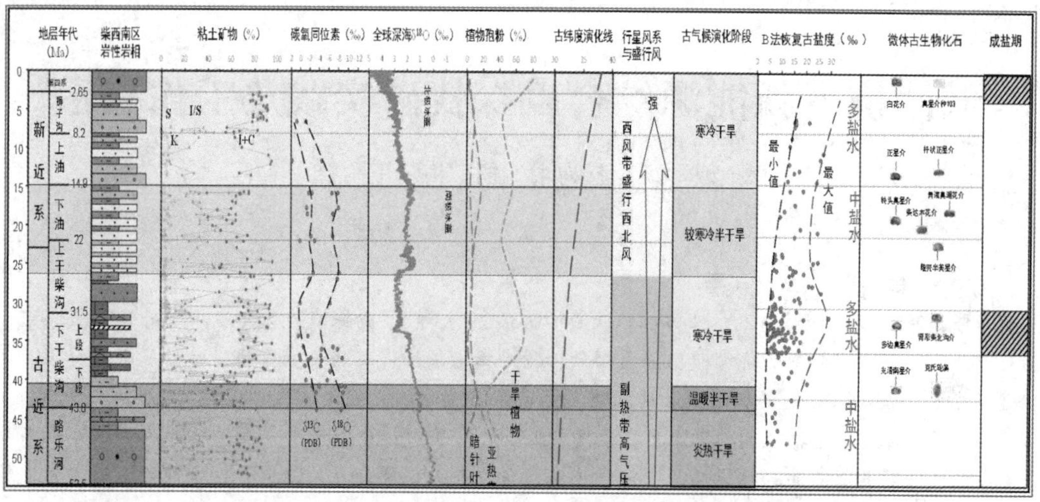

图 1　柴达木盆地西部地区古气候、古盐度演化综合柱状图

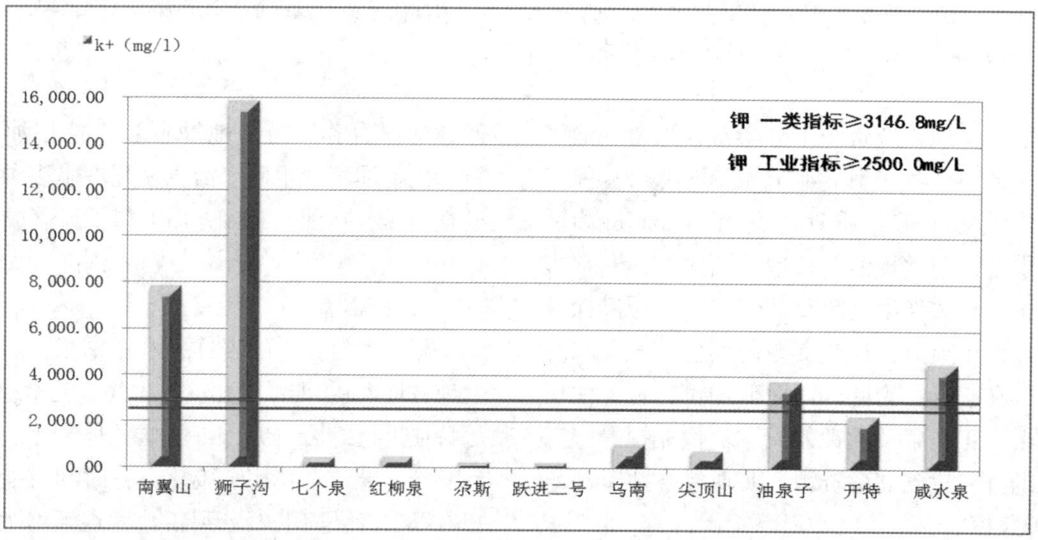

图 2　柴西北区各构造/地区地层水钾元素含量分布图

盆地进行了更大面积筛查：据资料程度、勘查及认识程度，认为油气区内最具利用价值的深层卤水资源集中分布于柴西地区狮子沟、南翼山构造带。柴西地区深层卤水钾元素分布特征：狮子沟、南翼山、油泉子、咸水泉四个区块含量达到工业标准以上。其中，狮子沟含量最高，为 15870mg/L；南翼山为 7830mg/L，远高于一类标准(图 2)。锂元素分布特征：狮子沟、南翼山、尖顶山、油泉子、开特米里克五个区块含量达到工业标准。其中，狮子沟含量最高，为 693mg/L，是一类指标的 9 倍；南翼山含量为 261mg/L，是一类标准的 4 倍。硼元素分布特征：狮子沟、南翼山、砂西、咸水泉、红沟子等八个区块含量达到工业标准。其中，狮子沟含量为 5770mg/L，南翼山含量为 3503mg/L，都远超过一类指标。

1.2.3　优选南翼山、狮子沟作为现实效益开发区

通过水样分析，南翼山、狮子沟油田深层卤水是柴西地区矿化度最高、达工业品位微量元素种类最全的两个地区。目前两个油田勘探开发现状最有利于资源的综合利用，是实现深层卤水效益勘探的现实地区。

南翼山古-新近系(E31-N22)地层水矿化度较高，锂、钾、硼主要成矿元素含量均超工业一类标准，具备效益开发的基本条件。利用容积法估算南翼山地区 N21、N1、E32 三个层组的深层卤水资源储量为 74.37 亿吨。根据南翼山深层卤水中碳酸锂、氯化钾、硼酸的经济可采资源量，以 2018 年 3 月均价估算碳酸锂经济价值为 324 亿元、氯化钾经济价值为 61 亿元、硼酸经济价值为 68 亿元，各类资源总经济价值可达 453

亿元。

狮子沟深层卤水产层数量少，但单层产水量大。狮子沟深层（E32）碳酸盐岩储层缝洞发育，具有高压、高产的特点。狮 211 井最高日产水 1440 方，稳产 10 天不降。产出水中锂、钾、硼元素含量均为盆地最高。目前，狮子沟深层正开始大规模开发，产液量将大幅上升。综合利用采出水，是提高效益、减轻环保压力的最佳途径。初步估算狮子沟卤水资源储量达 20 亿吨。预计碳酸锂、氯化钾、硼酸的经济价值达 126 亿元。

1.2.4 掌握了中试实验的深层卤水开发工艺

从 2012-2015 年，与中国地质科学院郑绵平院士团队合作，针对南翼山深层卤水锂含量高、低镁锂比的特征（锂离子含量为 179mg/L，镁锂比为 7∶1），开展了开发工艺中试实验。根据卤水微量元素组成特点，制定了盐田法蒸发沉淀工艺技术方案。盐田后期形成的尾卤经酸化后制备硼酸，再经过除镁后生产碳酸锂。中试实验在盐田中依次结晶出了氯化钠、钾石盐、光卤石复盐和南极石，获得了含量 15.1%的氯化钾、80.3%的碳酸锂、64%的粗硼酸原料级工业产品，中试获得成功，为下步开展工业化生产提供了可靠的技术方案。

柴西地区共有七个含油气构造参与资源量估算，初步估算结果显示资源量 234 亿吨，估算碳酸锂经济价值为 1073 亿元、氯化钾经济价值为 180 亿元、硼酸经济价值为 203 亿元，各类资源潜在经济价值达 1456 亿元。

1.3 钾盐工作启示

柴达木盆地陆相钾盐找矿要取得突破，不能仅局限于地表盐湖勘探，应该注意采集和分析各种可能的含钾线索，并加强油田水综合利用研究。总结国内外钾盐找矿实践中的经验及规律，对柴达木盆地未来钾盐勘察工作将会有所启示。

（1）从国外钾盐找矿经验可知，大多数钾盐矿床是在石油勘查中偶然发现的。他们发现油气勘探副产品钾盐也可以为其带来经济回报或通过转让开采权获利等，这使得石油以外资源的发现和勘探逐渐受到重视。因此，国内的石油企业应高度重视“油钾兼探”，各部门协同一致，实行综合勘探，综合开采。

（2）深层卤水如单独进行投资勘探，风险大、成本高，且可能与油气勘探开发产生冲突，不符合效益勘探和共同发展的要求。应该充分利用油气勘探获得的大量地震、测井、流体分析等资料，强化盐类矿物学特征的学习，结合油田水生产实际，多方位提取含钾信息，建立“立体找矿”模式与方法，快速有效地查明研究地区的钾盐资源潜力。

（3）应积极建设和稳定一支短小精悍的综合勘探科研队伍，进行长期钾盐地质科技攻关，开展相关基础地质、应用基础、新技术方法、综合成矿与找矿研究，开展“油钾兼探”，同时兼顾调查与钾盐共生的油气、相关金属矿产等资源，这样可以大大提高找矿效率，节省经费，为国家提供更多紧缺矿产资源。

（4）从柴达木盆地狮子沟地区 E32 油气勘探中发现巨厚盐类沉积，具有较好的成钾条件。通过水样分析，也证明了该区 E32 地层深层卤水具有优良品质，因此，在后期的深层卤水勘探中，对任何在其他地质工作中发现的石盐和石膏层，都应加以重视，在已有线索及寻找新线索基础上，开展成钾条件研究，才能使钾盐找矿取得根本性的突破。

2 油铀兼探

2.1 概况

铀矿为国家战略性矿产资源，是国防军工和核电发展的重要物质基础，其社会效益、政治效益、军事效益远大于经济效益。伴随着中国工业化过程的“能源生产与消费革命”的艰巨任务和“消除雾霾”的紧迫形势，带来了举世瞩目的核电发展，铀资源有巨大的需求，铀供应也面临空前的挑战。为确保国防军工建设和国家经济社会发展对铀资源的迫切需求，科学合理地部署柴达木盆地砂岩型铀矿地质勘查工作，青海油田创新实施了“油铀兼探”的找矿方法，加快了铀矿勘探进程，提高了勘探成效，在柴达木盆地取得了三个“首次”：首次发现了砂岩型铀矿，填补了柴达木盆地无砂岩型铀矿的空白；首次在第四系七个泉组中发现砂岩型铀矿，拓展了砂岩型铀矿的找矿层位及找矿空间；首次提交柴达木盆地有资源量的砂岩型铀矿预查报告，实现了铀矿勘查的实质性突破。

2.2 铀矿找矿成效

20 世纪 50 年代起，原二机部及核工业多支地勘队伍在柴达木盆地多个地区开展了铀矿踏勘、区调、普查及揭露评价工作，从所获取的资料及研究成果看，柴达木盆地无论从构造、沉积、岩性组合、水文地质，还是铀源、古气候演化及氧化还原条件等方面，都具有得天独厚的砂岩型铀矿成矿条件。尤其是青海油田分公司利用“油铀兼探”技术，开展了“青海省柴达木盆地砂岩型铀矿调查评价”及“柴达木盆地西北缘铀矿地质调查”等项目，通过对油气钻孔进行放射性异常筛查，发现了近千口潜在铀矿孔和潜在矿化孔，主要分布于柴西南和柴北缘，含铀层位集中分布在新-古近系、侏罗系，以浅层异常为主，埋深800米以浅。

根据异常极值、矿层单层厚度、埋藏深度等综合评价，对筛查出的铀矿异常区排队优选，实施验证钻孔，工业见矿孔率大于60%，在多个靶区钻遇工业铀矿孔，初步显示了柴达木盆地具有形成大型地浸砂岩型铀矿的广阔前景。

其中柴北缘地区侏罗纪含矿层砂岩渗透性好，连续性强，厚度大，且具有泥砂互层的结构，砂岩、砾状砂岩、砾岩为含水层，泥岩为隔水层，有利于形成层间氧化带；铀矿物与黄铁矿和有机质紧密共生，处于较强的还原环境下，具有较高的还原容量；河流沼泽相沉积环境，矿层砂岩中大量黑云母发生绿泥石化，对铀具有较强的吸附作用，有利于铀矿体的形成，具有中型矿床潜力规模。

柴西地区依据综合研究成果，优选目标实施验证钻孔，发现多个工业矿点。铀矿层赋矿岩性为含砾粗砂岩、细砂岩及中砂岩，透水性好，顶、底板岩性为绿灰色泥岩、粉砂质泥岩，为“泥-砂-泥”结构，透水性弱，拥有很好的隔水层，地下水丰富，动力条件好，拥有完善的“补-径-排”系统，具备形成层间氧化带砂岩型铀矿的地质条件。依据资料研究认为矿体总体偏铀，为低钍低钾单铀矿化，具备良好的铀成矿地质条件，找矿潜力大。

2.3 铀矿工作启示

由于青海油田调查区现有的铀矿勘查和研究程度很低，整体上尚处于地质调查的起步阶段，与该区砂岩型铀矿广阔的找矿前景和巨大的资源潜力形成显著反差。砂岩型铀矿成矿原理简单，但其成矿条件与油气相比，却极为苛刻。经验、方法可以借鉴，但无法复制。

(1) 铀矿勘查是一项系统工程，涵盖地质、物探、水文、测量、钻探及最终储量评审备案等多个技术环节，涉及多项技术规范，而青海油田严重缺乏铀矿勘查相关技术人才，必须通过具体实践实现对人才的培养、队伍的建设，建议通过点的解剖去带动面的突破。

(2) 积极推广“油铀兼探”的创新型找矿思路，实施“平台+”的创新工作理念，搭建平台、强强联合、控制资源、掌握技术，积极引入外部资金，开展科研、钻探等相关工作，发挥多行业协作的技术优势，在更大的范围内整合油气和核工业地质资料，多种能源矿产协同勘查，提高勘查效率，降低成本。

3 综合勘探模式带来的诸多思考

(1) 找矿要回归地质规律。矿产资源的分布原本是三维立体的，经常是多矿种共伴生或层叠存在，但由于行业分割等多种原因，现行的矿产勘查目标往往是单一的，“油铀兼探、油钾兼探”是从单一目标找矿向多目标找矿的重要尝试，也是经济和环境效益双丰收的思维创新。

(2) 矿产勘查也要走集约化的道路。“油钾兼探”印证了矿产勘查过程中存在集约的可能性和可行性。从前期以油气为主要勘查目标，油田水废物排放，到后期“油钾兼探”油田水变废为宝，环境效益和社会效益突出。在勘查技术方面，就应该实施兼顾多个找矿目标的优化组合，实施“多矿种兼探”的集约勘查。

(3) 现行的矿权管理模式下，以单一找矿为目标，形成矿产，则无论其上覆地层还是下伏地层中，所赋存的其他任何矿体都将成为压覆矿产，真实的矿产资源潜力将大大缩水。而通过多矿种兼探的思维找矿，扩大矿权适用范围，组织不同部门的地勘单位共同参战，既节省了大量找矿投资，又将释放出大量的找矿空间和资源。

(4) 为了把青海油田的多矿种兼探做大做强，上级组织应加强政策指导和支持，对涉及矿权管理、规划部署、利益调整等方面的问题，要制定相关配套政策加以规定和引导，确保综合勘查工作顺利开展。

新能源综合勘探的发展非一日之功，却是长久之计，是未来发展的必然趋势。谁能抓住机遇，谁就能取得先机，在未来的能源竞争中占据优势。油田新能源综合勘探正处于爬坡过坎的阶段，因此，不能因为短期内可能见不到显著经济效益而忽视新能源的投入、开发和利用。当前重点工作是开展潜力评价，发现资源储量，掌握关键技术，落实勘查基地。不难预料，新能源综合勘探将会启发和激活一批具有经济和社会价值的产业链，其勘探成果将会不同程度地转化为新的生产力，而随着综合勘探模式的逐步推广和相关政策的配套到位，一定会在找矿突破战略行动中铸就更高的辉煌。旱则资舟，水则资车。越是别人不在意之时，也许就越是我们弯道超车，赢取未来的机会。

参考文献

[1] 穆延宗，乜贞，等．我国油(气)田水钾资源研究进展[J]．地球科学进展，2016，31(2)：147-159.

[2] 郑绵平．论中国盐湖[J]．矿床地质，2001，20(2)：181-189.

[3] 商雯君，张永生．"油钾兼探"是行之有效的找钾方法[J]．中国矿业报，20180615：01-02.

[4] 李钟模．油钾兼探乃当前找钾工作的上策[J]．化工论坛，1998，01(1)：29.

[5] 谭红兵，曹成东，樊启顺，等．柴达木盆地西部古近系和新近系油田水化学特征及化学演化[J]．古地理学报，2007，9(3)：313-320.

[6] 姜旭，周保华，乜贞，等．中国盐湖卤水蒸发实验研究进展[J]．无机盐工业，2013，45(6)：29-32.

[7] 樊启顺，马海州，谭红兵，等．柴达木盆地西部卤水水化学特征与找钾研究[J]．地球学报，2007，28(5)：446-455.

[8] 肖荣阁，蔡克勤，等．硼及硼同位素地球化学在地质研究中的应用[J]．地球前缘 Earth Science Frontiers，1999，6(2)：361-368.

[9] 张彭熹，张保珍，Lowenstein T. K. 等．试论古代异常钾盐蒸发岩的成因-来自柴达木盆地的佐证[J]．地球化学，1991，2：134-143.

[10] 谭红兵，成东，等．柴达木盆地西部古近系和新近系油田卤水资源水化学特征及化学演化[J]．地球科学-中国地质大学学报，2018，27(6)：676-682.

[11] 魏学斌，马建海，等．英东油田流体类型测井识别研究[J]．石油天然气学报，2012，3410)：64-69.

[12] 张森；石蕾；鞠楠；苏建伟．"油铀兼探"的找矿思路在松辽盆地的应用——以中央拗陷区南部为例[J]．地质与资源，2018，27(3)：258-262.

[13] 洪涛．三塘湖盆地层间氧化带砂岩型铀矿成矿条件[J]．四川地质学报，2018，38(3)：441-444.

[14] 杨安林，王太平．铀矿水文地球化学找矿方法在找矿中的应用[J]．地下水，2018，40(5)：149-150.

[15] 康露．基于当前铀矿地质工作的几点思考[J]．广东化工，2018，45(15)：160-164.

[16] 中华人民共和国核行业标准，EJ/T831-94. 地面伽玛总量测量规范[S]．中国核工业总公司，1994.

[17] 张龙，刘池洋，赵中平，等. 鄂尔多斯盆地杭锦旗地区砂岩型铀矿流体作用与成矿[J]．地学前缘，2015，22(03)：368-381.

[18] 巫建华，解开瑞，吴仁贵，等. 中国东部中生代流纹岩—粗面岩组合与热液型铀矿研究新进展[J]．地球科学进展，2014，29(12)：1372-1382.

国际油公司勘探业绩对标研究与启示

李 志[1] 杨 紫[1] 刘明明[2] 计智锋[1] 李富恒[1]

(1. 中国石油勘探开发研究院；2. 中国石油大学(北京))

摘 要 油气勘探是大型国际油公司的核心业务。如何系统合理评价油公司勘探业绩并开展对标分析是勘探战略研究重要内容。本文在系统分析国际油公司公开披露的年报以及国际咨询公司商业数据库中对公司勘探相关业绩指标基础上，优选出评价油公司勘探业绩的 11 个单项关键指标，建立由勘探投入、勘探效益、可持续性和风险控制 4 类 18 项二级指标构成的勘探业绩评价指标体系。通过 22 家国际油公司 2011-2018 年勘探业绩对标，针对中国油公司海外油气勘探业务提出了 4 点启示与建议。

关键词 勘探业绩；对标；国际油公司；指标体系；勘探战略

油气勘探是国际油公司重要的业务之一，通过自主勘探获得油气发现已成为国际油公司储量增长的最主要来源。由于勘探活动具有高投入、高风险和高不确定性的特点，不同油公司的勘探投资策略存在较大的差异，勘探投资带来的业绩千差万别。特别是在低油价形势下，全球各大油公司大幅度消减勘探投资、调整勘探策略，以适应新的形势[1]。通过追踪国际油公司近年来的勘探业绩，是研究公司的战略的有效手段。

为了系统分析勘探业务在不同国际油公司地位，理清油气勘探对公司主营业务的贡献和在公司总体战略中的定位，本文在系统调研国际油公司公开的年报、IHS 和 Wood Mackenzie 咨询公司对国际油公司披露的勘探相关业绩指标基础上，优选出评价油公司勘探业绩单项指标，建立综合业绩评价体系，并开展了 22 家油公司 2011—2018 年来的勘探业绩对标。在此基础上，分析了中国油公司在海外油气勘探业务经营中的差距和不足，提出了针对针对性的启示和建议。

1 勘探业绩评价指标优选

油公司公开的勘探业绩相关的指标一般是在公司年报、IHS 和 Wood Mackenzie 等咨询公司的商业数据库中，但披露的指标往往不够系统，各项指标之间定义和内涵都有所差别。为了统一于勘探业绩相关的指标，在调研的基础上，结合中国油公司的勘探实践，本文优选出 11 项勘探业绩单项指标。

1.1 国际油公司年报披露的勘探相关业绩指标

国际油公司往往会按照相关证券机构要求定期披露年报及相关补充信息，这些资料是分析油公司勘探业绩的最主要来源。通过对这些报告关于勘探业绩的相关信息进行归纳总结后可以看出，油公司对勘探业绩的披露主要集中在以下几个方面。

(1) 勘探投资信息

具体是指公司上游支出，包括勘探投资、开发投资、并购探明储量投资、并购非探明储量投资。在这些投资中，勘探投资和并购非探明储量投资与勘探息息相关，其中勘探投资直接用于勘探钻井、地震采集等支出，并购非探明储量投资则用于公司对相关勘探区块的并购、签字费等支出。

(2) 勘探工作量

具体是指公司当年完成的勘探工作量。目前，勘探工作量主要数据为当年完成的探井、平均价和开发井数量和成功率。此外，也有部分公司会对当年的二维地震采集、三维地震采集等工作量进行披露。

(3) 新增油气储量

主要包括勘探新发现油气储量和 SEC 储量构成及其变动。目前，部分公司会在年报中披露当年取得的勘探新发现，但并不是统一的要求，难以开展不同公司间的对比分析。在 SEC 储量构成和变动方面，主要是披露扩边和发现、修正、提采、购买、出售等探明储量构成和变动，其中扩边和发现的储量可作为勘探业绩相关的指标，这两项储量往往被定义为自主勘探新增储量。

(4) 其他指标

除以上指标外，年报中其他涉及勘探相关的

指标还有桶油发现成本、储量替换率、油气储采比和拥有的区块面积等。在拥有的区块面积中，有些油公司会披露已开发、未开发的区块作业面积和权益面积，而未开发的区块面积往往与勘探密切相关。根据国际油公司年报披露信息，可以获得的与勘探相关的业绩指标如表1所示。

表1 国际油公司年报中披露的勘探业绩相关指标

指标名称	指标定义
勘探投资占比	勘探投资占比=勘探投资/(勘探投资+开发投资)
单位产量勘探投资	年度勘探投资/油气年产量
探井、评价井比例	探井、评价井/(探井、评价井+开发井)
探井成功率	成功探井/年度实施的所有探井
自主勘探增储占比	SEC储量中扩边和发现储量/(扩边和发现+提采+修正+购买-出售)
自主勘探新增油气储量	SEC储量中扩边和发现新增储量
桶油发现成本	勘探投资/自主勘探新增油气储量
储量替换率	年度新增油气储量/油气年产量
油气储采比	年初剩余油气储量/当年油气产量
勘探区块面积占比	未开发净面积/(未开发净面积+已开发净面积)

1.2 商业数据库中油公司勘探相关业绩指标

IHS是国际上著名的油气行业咨询公司之一，拥有庞大的国际油公司勘探开发上下游数据库。目前IHS公司提供了非常多的数据模块，与勘探业绩相关的模块主要IHS EDIN数据库、IHS E&P Data Tool、IHS Transaction Analysis、IHS Global Projects、IHS Company Metrics等。这些数据库中除了包括含不同油公司发布的年报数据外，还有他们从其他途径获取和跟踪到的指标[2-3](表2)。

表2 商业数据库中油公司勘探相关业绩指标

(不含公司披露指标)

指标名称	指标定义
风险探井数量	实施的甩开探井数量
风险探井成功率	风险探井成功井/风险探井
风险探井领域分布	深水、浅水、陆地
勘探区块获取数量	勘探区块获取、剥离信息
勘探区块领域分布	深水、浅水、陆地
勘探新发现储量与领域分布	深水、浅水、陆地
勘探投资领域	陆上、浅水、深水、非常规；成熟、新兴、前沿、非常规等
作业者勘探区块数量占比	公司担任作业者的区块数量占总区块数量的比例
勘探发现到建产时间	从一口探井获得油气商业油气发现后到该油气田投入开发的时间
勘探新发现对未来产量贡献	根据公司未来的产量规划、剩余储量和勘探潜力，预计勘探新发现储量对公司产量的贡献

Wood Mackenzie是另一家著名的油气咨询公司，同样提供多个与勘探相关的数据模块，包括Upstream Data Tool、Exploration Well Tracker、Exploration Service Tool、Company Exploration Summary、Company Benchmarking Tool等。这些数据库除了包括公司年报披露的信息外，还提供了近10年常规新增油气储量、常规新区油气发现成本、非常规新增油气储量、常规和非常油气桶油发现成本、全周期IRR等，还包括勘探投资领域(陆上、浅水、深水、非常规；成熟、新兴、前沿、非常规)等[4-5]。

2 勘探业绩综合评价体系

2.1 单项业绩评价指标

通过对国际油公司勘探业绩披露材料、HIS和Wood Mackenzie相关数据库进行全面比较分析后发现，针对勘探业绩的研究主要围绕勘探投资、勘探工作量、勘探业绩、勘探储备几个方面展开，并从相对占比、桶油水平、绝对量方面开展指标的组合分析。为统一指标内涵和定义，结合中国油公司的海外勘探实践，本文总结出11项与勘探业绩单项指标(表3)。

表3 油公司勘探业绩评价主要指标

序号	指标名称	指标定义
1	勘探投资占比	勘探投资/(勘探投资+开发投资)
2	桶油勘探投资	年度勘探投资/油气年产量
3	探井比例	探井数量/(探井+评价井+开发井)

续表

序号	指标名称	指标定义
4	自主勘探新增储量	SEC 储量中扩边和发现新增储量/探井数量
5	自主勘探新增储量占比	SEC 储量中扩边和发现储量占整个新储量的比例
6	探井成功率	成功探井/实施的探井
7	桶油发现成本	勘探投资/自主勘探新增储量（一般采用 5 年滑动平均）
8	桶油勘探投资	当年的勘探投资/当年油气产量
9	储量替换率	年度新增油气储量/油气年产量
10	油气储采比	年初剩余油气储量/当年油气产量
11	探区面积占比	未开发净面积/(未开发净面积+已开发净面积)

2.2 综合业绩评价指标体系

单项指标往往难以反映出公司的综合勘探业绩，也难以追踪出公司的勘探战略。为了全面系统评价公司的业绩并开展对标工作，需要建立相关的综合业绩评价指标体系。

（1）评价体系构建的原则

由于来自不同途径的评价指标内涵和定义不同，为了规范和统一对标指标，构建评价体系必须遵循全面性、一致性、适应性、目标性和明晰性基本原则

第一，评价指标体系必须能够系统全面反映公司的勘探业绩，即所选出来指标必须足够广泛，能够涵盖公司勘探经营活动各方面。第二，所选出来的指标的必须保持测量刻度的一致性，只要选择了合适的刻度，所有对标指标都是可测的。第三，构建的指标体系必须具有高度的适应性，即可以客观、公正的评价不同类型的对标公司，尽可能排除规模等企业自身因素的影响。第四，指标体系必须能够反映公司的勘探发展目标，即公司的绩效综合评价可以根据公司的发展目标来实时调整。第五，评价结果必须具有明晰性，评价结果应能够清楚地辨认出油公司勘探绩效的优劣，以及一个公司勘探绩效好于另一个公司的原因。

（2）评价指标体系的构成

建立的勘探业绩评价指标体系由四大类 18 项二级指标构成，四大类分别是勘探投入指标、勘探效益指标、可持续性指标和风险控制指标（表 4）。

勘探投入指标：该指标是确保油公司实现勘探成果的关键，也是勘探业绩评价的重要衡量指标。考虑到对标公司规模的差异，选择单位指标、比例值指标等与规模关联不大的指标，尽可能去除规模带来的影响。具体的二级指标和计算方法见表 4。

勘探效益指标：勘探效益是油公司勘探工作最直观的业绩。主要包括 SEC 单井自主勘探新增储量、自主勘探新增储量占比、桶油发现成本、探井成功率、单井发现 2P 可采储量和自主勘探新增储量替换率等 6 项，具体的计算方法见表 4。

可持续性指标：可持续性指标反映石油公司未来发展的潜力。主要有勘探区块面积占比、单位产量勘探面积、获取的勘探区块与剥离区块的比值等 3 项，具体的计算方法见表 4。

风险控制指标：该指标反映油公司在勘探经营中对风险的控制能力和控制力度，从作业者和非作业者项目数量以及深水等前沿勘探领域投资力度来考虑。主要有作业者勘探区块占比、作业者探井平均权益、非作业者探井平均权益、深水探井占比和勘探区块面积平均权益等 5 项，具体的计算方法见表 4。

（3）综合评价指数

由于上述指标表达的意义都不一样，有的正向指标，有的是逆向指标，还有的是控制性指标，因此必须将各项指标归一化后建立统一的综合评价指数才能反映公司的综合勘探业绩。

首先要确定 18 项指标的权重，通过层次分析法分析，建立层次结构模型，确定各个指标的权重。本研究确定的勘探投入指标、勘探效益指标、可持续性指标、风险控制指标权重分别为 0.2、0.4、0.2、0.2，下级的 18 个二级指标权重见图 1。需要注意的是，各项指标的权数不是固定不变的，可以根据不同时期的评价目的和全球勘探形势进行适当调整。

其次要按照一定的标准将各项二级指标进行归一化，以实现指标的综合对比。对于每一个指标，根据指标类型确定标杆值，再将各项指标的实际数值与标杆值进行对比，即可获得计算各项指标的评价指数。对标指标可以分为正指标、逆指标和适度指标。正指标越大越好，如储采比；逆指标越小越好，如桶油发现成本；适度指标适

表 4　勘探业绩综合评价指标体系与内涵

序号	指标类型	二级指标	单位	指标计算方法
1	勘探投入指标	桶油勘探投资	美元/桶油当量	年度勘探投资总额/年度产量
2		勘探投资占上游投资的比例	%	年度勘探投资/年度勘探开发投资
3		勘探和获取勘探区块投资占上游投资的比例	%	(年度勘探投资+年度获取勘探区块投资)/年度上游油气支出
4		探井占比	%	年度勘探钻井数量/年度钻井数量
5	勘探效益指标	SEC 单井自主勘探新增储量	百万桶油当量	年度 SEC 储量中源于扩边与发现的新增储量/年度探井数量(采用 5 年滑动平均)
6		自主勘探新增储量占比	%	扩边与发现储量/(储量修正储量+提高采收率储量+扩边与发现储量)
7		桶油发现成本	%	勘探投资/扩边和发现储量
8		探井成功率	%	年度探井数量中有产能井的比例
9		单井发现 2P 可采储量	百万桶油当量	年度发现 2P 可采储量/年度风险探井
10		自主勘探新增储量替换率	%	扩边和发现新增储量/年度产量
11	可持续性指标	勘探区块面积占比	%	未开发净面积/(未开发净面积+已开发净面积)
12		单位产量勘探面积	%	未开发净面积/年度产量
13		获取的勘探区块与剥离区块的比值		年度勘探区块获取个数/勘探区块剥离个数
14	风险控制指标	作业者勘探区块占比	%	担任作业者的勘探区块数量/总勘探区块数量
15		作业者探井平均权益	%	担任作业者实施探井的平均权益
16		非作业者探井平均权益	%	担任非作业者实施探井的平均权益
17		深水探井占比	%	实施深水探井数/实施的总探井数
18		勘探区块面积平均权益	%	勘探区块中以面积为权重所计算的平均权益

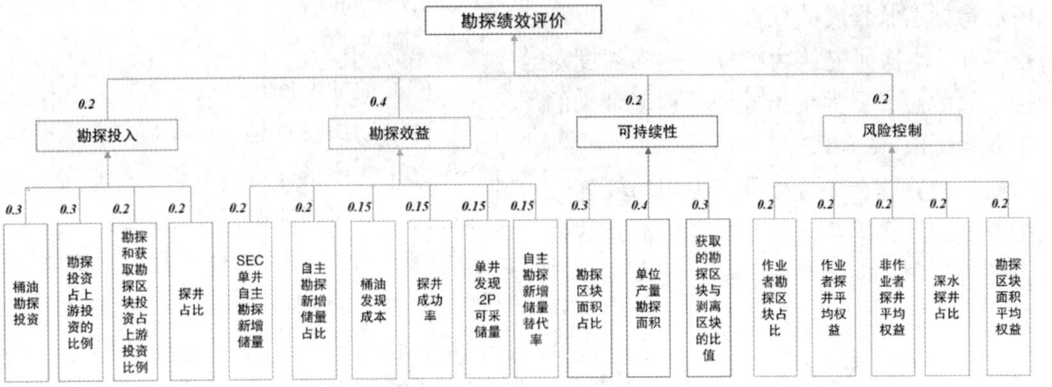

图 1　勘探业绩综合评价指标及其权重(指标上面的数据为其权重)

度最好，过大或过小都不好。对于正指标和逆指标，可分别按下列公式计算对标指标：

$$正指标评价指数=\frac{某项对标指标实际数值}{某项对标指标标杆值}\times100\%$$

$$逆指标评价指数=\frac{某项对标指标标杆值}{某项对标指标实际数值}\times100\%$$

根据油公司当年经营业绩指标获得的评价指数对油公司勘探绩效评价至关重要，但公司之间的环比增长情况对全面反映油公司的勘探绩效的作用也不容忽视。因此，在正指标、逆指标的基础上，建立了不同类指标的计分方法。

成长类指标对标计分方法：

$$单项指标得分=\left[\left(1+\frac{本年度值-标杆值}{标杆值}\right)\times\alpha_1+\left(1+\frac{本年度值-上年度值}{上年度值}\right)\times\alpha_2\right]\times100$$

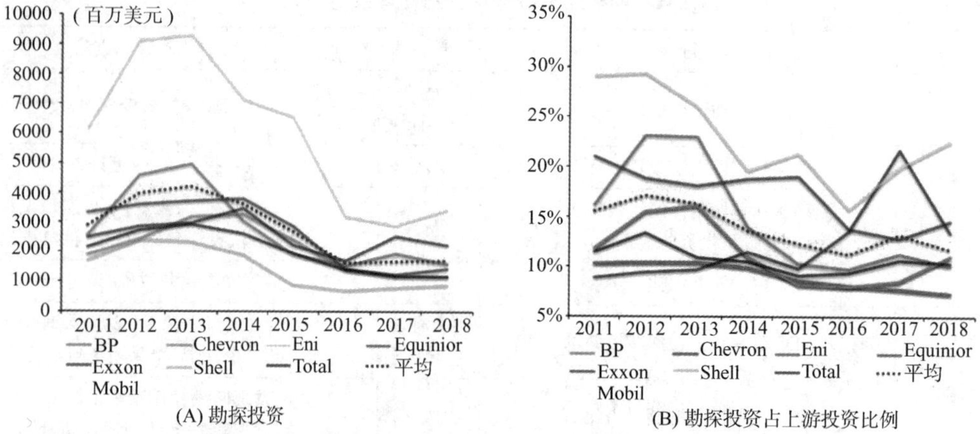

(A) 勘探投资　　(B) 勘探投资占上游投资比例

图 2　2011—2018 年国际七大油公司勘探投资及其占上游投资比例统计图

控制降低类指标对标计分方法：

$$\text{单项指标得分}=\left[\left(1+\frac{\text{标杆值}-\text{本年度值}}{\text{标杆值}}\right)\times\alpha_1+\left(1+\frac{\text{上年度值}-\text{本年度值}}{\text{上年度值}}\right)\times\alpha_2\right]\times100$$

适度类指标对标计分方法：

$$\text{单项指标得分}=\left[\left(1-\left|\frac{\text{标杆值}-\text{本年度值}}{\text{标杆值}}\right|\right)\times\alpha_1+\left(1-\frac{|\text{本年度值}-\text{标杆值}|-|\text{上年度值}-\text{标杆值}|}{|\text{上年度值}-\text{标杆值}|}\right)\times\alpha_2\right]\times100$$

其中：

α_1衡量达标程度的权重；

α_2衡量指标增长程度的权重；

$\alpha_1+\alpha_2=1$，本次研究认为指标的达标程度对当年勘探绩效的意义要大于指标增长程度带来的影响，令 $\alpha_1=0.8$，$\alpha_2=0.2$。

最后就是计算综合评价指数。采用加权算数平均数指数公式计算综合评价指数，依据其数值大小综合评价公司勘探业绩的高低。其计算公式如下：

$$S=\frac{\sum_{i=1}^{n}S_i W_i}{\sum_{i=1}^{n}W_i}$$

式中，S 是综合业绩评价指数；S_i 为某项对标指标得分；W_i 为某项对标指标的权中；n 为对标指标数量。

3　典型油公司自主勘探业绩对标

研究选取了 7 家国际石油巨头、3 家国家油公司和 12 家大型独立油公司作为研究目标，基于公司对外披露的年报、IHS 和 Wood Mackenzie 商业数据库等资料，开展上述 22 家油公司 2011—2018 年来的勘探业绩单项指标和综合业绩指标对标和分析。

3.1　主要单项业绩指标对标

（1）勘探投资及其占上游投资比例

2011—2018 年，国际油公司勘探投总体呈下降趋势，由 2012—2013 年投资高峰逐步降至 2016 年的低谷，2017 年以来投资有所反弹。Shell 投资规模最大，年均勘探投资 60 亿美元以上，其他公司年均在 20 亿美元左右。从勘探投资占上游投资比例来看，最高可达 29%，最低 8%左右，2011—2018 年平均 14%，2016 年以来，ENI、Chevron、Total 和 BP 基本维持在 8%~12%之间(图 2)。

（2）桶油勘探投资

桶油勘探投资是公司年度勘探投资与油气年产量之比，该指标可以分析勘探业务在公司上游的地位，也叫桶油勘探强度。2012—2018 年，22 家对标公司五年平均桶油勘探强度 2.60 美元/桶，七大国际油公司近五年平均桶油勘探强度 2.3 美元/桶，近三年平均桶油勘探强度保持稳定，连续三年维持在 1.6 美元/桶油当量，表明国际油公司勘探投入和产量之间基本达到平衡，勘探发展非常稳定。

（3）SEC 储量构成

2011—2018 年，在 SEC 储量构成中，七大国际油公司通过扩边和发现获得的储量比例平均为 52%，ExxonMobil 和 Total 较高，达 60%以上；通过修正获得的储量为 39%，提采则为 4%，净购买储量为 6%，自主勘探获取的储量一般是通过扩边和发现实现的，可见自主勘探是国际油公

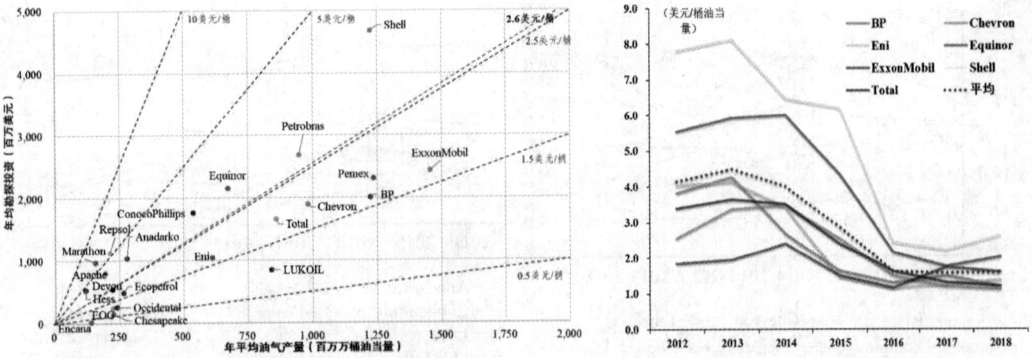

(A) 22 家油公司桶油勘探投资统计图　　(B) 七大国际油公司桶油勘探投资统计图

图 3　2012—2018 年国际油公司桶油勘探投资统计图

司是获取储量的最主要方式(图 4)。

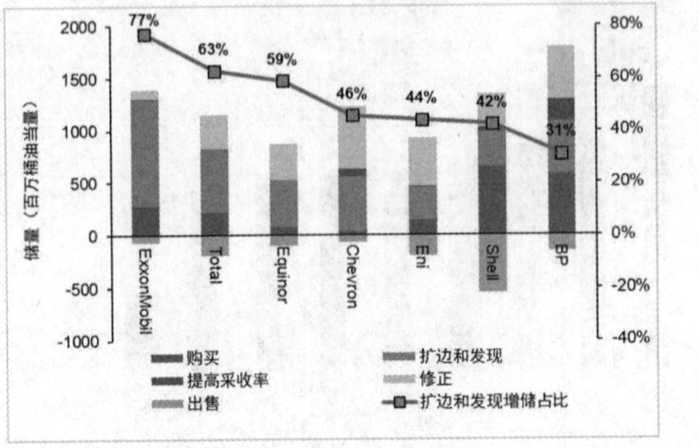

图 4　2011—2018 年国际七大油公司 SEC 储量构成

(4) 探井成功率

从风险探井成功率来看，2011—2018 年，对标公司平均风险探井成功率 40.4%，七大国际油公司平均 42.5%。BP、ENI、ExxonMobil 等具有较高的风险探井成功率。从一般探井和评价成功率来看，对标公司平均成功率 73.8%。

(5) 桶油发现成本

本文的桶油发现成本是指勘探支出除以 SEC 储量中扩边和发现储量得到的。由于勘探发现到 SEC 储量披露需要一定的过程和时间，通过 5 年滑动平均能够反映一段时间内的真实情况。22 家对标公司的桶油发现成本平均由 2011—2013 年的 7.4 美元/桶降至 2014—2018 年的 6.9 美元/桶，七大国际油公司则由 6.7 美元/桶降至 4.9 美元/桶

(6) 储量替换率

统计显示，各大油公司储量替换率波动较大，维持储量替换率大于 100%几乎是所有公司追求的目标。2018 年，15 家公司储量替换率较 2017 年增加，大型公司储量替换率相对独立油公司更稳定。与 2017 年相比，七大国际油公司储量替换率平均由 112%增加至 173%。

有机新增储量包括储量修正、扩边和发现、提高采收率，是油公司储量增加的主要来源，低油价下扩边和发现贡献最为突出。2018 年，18 家油公司储量正向修正，14 家油公司扩边和发现储量实现增长，其中 ExxonMobil、Chevron、Equinor、EOG 扩边和发现储量位居前列。2018 年，所有对标公司有机储量替换率全部为正，17 家公司有机储量替换率大于 100%，平均 147%，有 13 家油公司有机储量替换率同比降低。

(7) 储采比

对比显示，七大国际油公司除 Equinor、Shell 外，其他五大国际油公司储采比均在 10 年以上，ExxonMobil 以 17.4 年领先。而独立油公司的储采比一般在 6~10 左右，LUKOIL 储采比 20 左右，领先于独立的中小公司。总体来看，大部分公司的储采比保持稳定，低油价虽有影响，除个别公司外，绝大部分公司变化不大(图 5)。

(8) 探区面积占比

油公司持有的勘探开发区块中勘探区块面积占比能够体现勘探业务在公司经营中的地位。2011—2018 年统计来看，18 家油公司平均探区面积占总区块比为 73%，Total、Equinor、BP 和 Anadarko 等大型油公司探区面积占总区块比较高，超过 90%，而北美本土的公司如 Devon、Encana、EOG 和 Chesapeake 等，以非常规区块为主，勘探面积占比在 55%左右，Petrobras 的区块主要在巴西本土，在巴西东北深水拥有大面积的油田，其勘探区块面积占比较低，仅为 22%(图 6)。

3.2　综合业绩评价

采用本文建立的勘探业绩综合评价体系，对

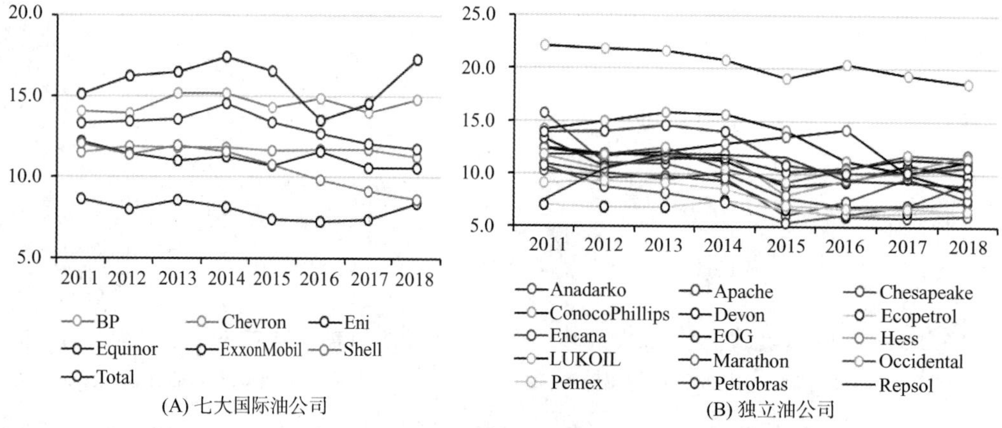

图 5　2011—2018 年主要油公司储采比变化图

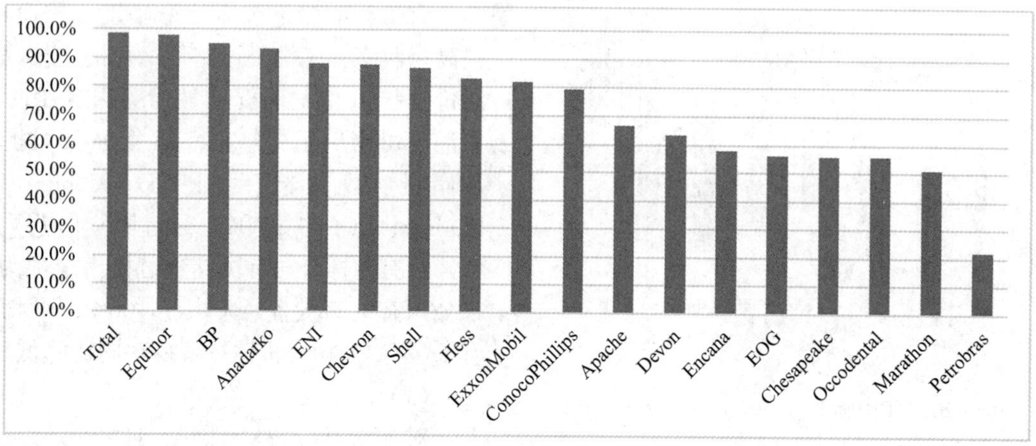

图 6　2011—2018 年主要油公司平均勘探区块面积占比统计图

重点国际公司 2011—2018 年以来的勘探业绩开展了全方位的评价。

（1）公司勘探投入、勘探效益、可持续性、风险控制对比

七大国际油公司每年的勘探业绩指数波动幅度很大，代表了勘探领域高度的不确定性。低油价下油公司勘探绩效分化更加突出，2017-2018 年普遍改善。Shell、勘探业绩显著低于其他同类公司，ENI、ExxonMobil 公司勘探效益最为显著，Chevron 勘探业绩 2016 年跌至低谷后，上升非常快(图 7)。使用雷达图对七大国际石油公司的勘探投入、勘探绩效、可持续性、风险控制进行综合分析，发现七大国际石油公司的勘探业绩大不相同。2013—2018 年，七大国际油公司中，Shell 勘探投入最高，但勘探效益最低，可持续性也处于同类公司较低水平；ExxonMobil 公司勘探投入中等，但勘探效益最高，背后是良好的风险控制，体现在风险控制指标要优于其他公司(图 7)。

（2）勘探投入与勘探效益分析

油公司勘探投入和勘探效益是是公司需要平衡的重要指标，从勘探投入和勘探效益指标评价指数来看，Shell 的勘探投入最大，但效益最低，Hess、ExxonMobil、Total 的勘探效益最高。在七大油公司中，ExxonMobil、Total 表现最为突出，以较低的勘探投入获得了较高的勘探效益(图 8)。

（3）不同公司勘探偏好对比

对每一个公司勘探投入、勘探效益、可持续性、风险控制四类指标连续五年的计算结果对比分析发现，Shell 公司是典型的投入型，近年来勘探效益逐年提升；ExxonMobil 等是典型的勘探效益型和风险控制型公司，效益指标、风险控制指标显著高于对标公司平均水平；ENI 公司、Total 公司也是典型的效益型公司，近两年均保持了较高的勘探效益水平。

4　启示与建议

通过上述对标分析，结合中国油公司海外勘

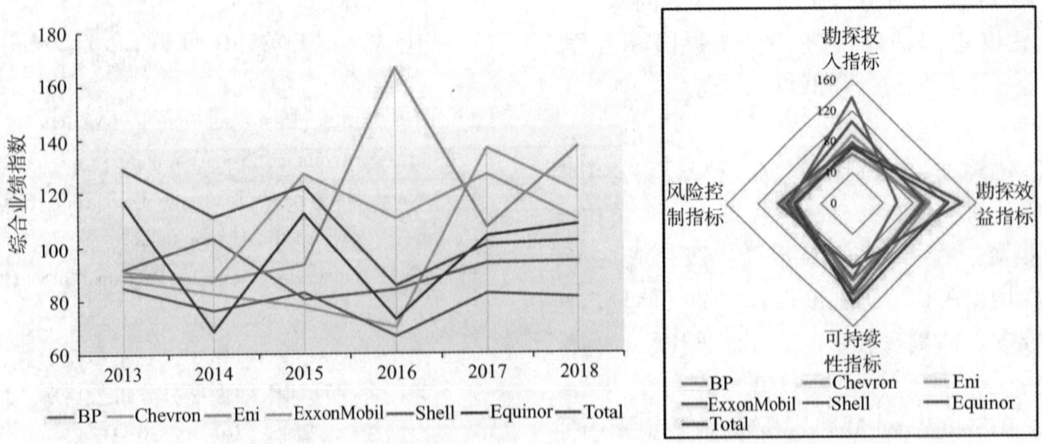

(A) 勘探业绩综合评价指数　　(B) 四因素分析雷达图

图 7　2013—2018 年七大国际油公司勘探业绩综合评价指数统计图

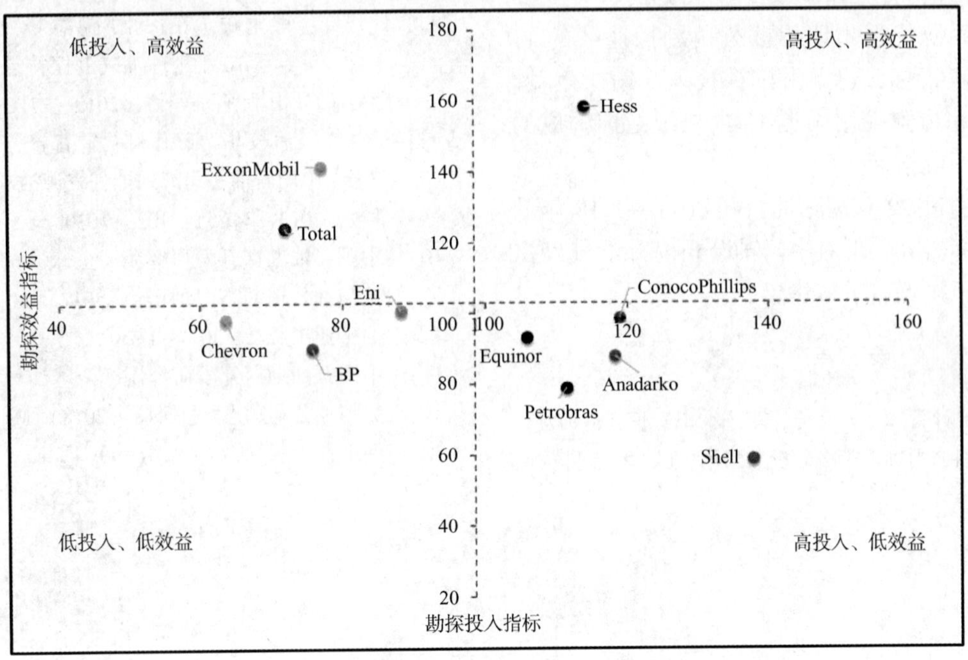

图 8　重点油公司勘探投入和效益指标对比图

探业务运营和管理实践，得出以下 4 点启示与建议。

（1）稳定的勘探投入是勘探创效的重要保障。只有保持一定规模的勘探投入，才能得到丰厚的回报。低油价以来，国际油公司虽然消减勘探投资，但勘探投资占上游投资比例并没有发生较大变化，基本在 10%～15%左右[6-7]。建议中国油公司保障重点项目勘探工作量投入，勘探投资占比保持稳定。

（2）自主勘探是获取优质储量最为经济的方式。七大国际油公司通过扩边和发现等自主勘探的手段获得的储量在 SEC 储量中平均占比 52%[8-9]。建议中国油公司发挥自身技术优势，大力实施自主勘探，提高 SEC 储量中扩边和发现的比例，实现效益增储。

（3）保持稳定勘探面积是国际油公司可持续发展的基石。海外油气勘探区块一般 3～5 年勘探到期后就要退地，如果不及时获取新区块，公司勘探业务会逐步萎缩[10]。国际大型有油公司勘探区块面积占总区块面积比例一般在 90%以上，每年都有大批的勘探新区块补充。建议中国油公司建立勘探区块有出有进的决策和管理机制，竭力保持公司勘探面积稳定。

（4）适当控制作业者项目权益是分担勘探风险有效途径。国际油公司一般在勘探阶段担任作业者项目的权益在 50%～70%左右，特别是风险勘探区块，往往有3家以上合作伙伴共同承担风险[11]。建议中国油公司进一步加强国际合作，减少作业者项目权益，降低投资风险。

5 结论

(1) 国际油公司勘探相关业绩一般在公司年报中披露，常见的指标有勘探投资占比、单位产量勘探投资、探井/评价井数量、探井成功率、自主勘探增储占比、自主勘探新增油气储量、桶油发现成本、储量替换率、油气储采比、勘探区块面积占比等。

(2) IHS和Wood Mackenzie商业数据库中油公司勘探相关业绩指标更为专业和具体，有些指标是根据公司年报数据计算而来，有些指标是咨询公司根据他们自己信息处理后得到的。

(3) 系统优选出评价油公司勘探业绩的11个单项关键指标，建立由勘探投入、勘探效益、可持续性和风险控制4类18项二级指标构成的勘探业绩评价指标体系。

(4) 通过22家国际油公司2011—2018年勘探业绩对标研究，针对中国油公司海外油气勘探业务提出了4点启示与建议。

参考文献

[1] 杨紫，计智锋，万仑坤，李志，李富恒，许海龙. 国际油公司勘探策略分析与启示[J]. 石油科技论坛，2018，6：48-52.

[2] IHS Markit. EDIN [D/OL]. https://edin.ihsenergy.com/.

[3] IHS Markit. Upstream Company Analytics [D/OL], https://connect.ihsmarkit.com.

[4] Wood Mackenzie. Upstream Data Tool [D/OL], https://my.woodmac.com/tools.

[5] Wood Mackenzie. Corporate Benchmarking (CBT) [D/OL], https://my.woodmac.com/tools.

[6] 史卜庆，王兆明，徐宁，李富恒，王林，马洪. 2017年全球油气勘探形势分析与启示[J]. 国际石油经济，2018，26(3)：36-41.

[7] 刘忻蕾，王兆明，史卜庆，徐宁，马洪，王林. 2018年全球油气勘探形势分析与启示[J]. 国际石油经济，2019，27(3)：23-28.

[8] 计智锋，穆龙新，万仑坤，温志新，王兆明，刘小兵，等. 近10年全球油气勘探特点与未来发展趋势[J]. 国际石油经济，2019，27(3)：17-22.

[9] 穆龙新，潘校华，田作基，计智锋，胡广成，袁圣强. 中国石油公司海外油气资源战略[J]. 石油学报，2013，34(5)：1023-1030.

[10] 中国石油勘探开发研究院，全球油气勘探开发形势与油公司动态(勘探篇·2017)[M]，北京：石油工业出版社，2017：1-50.

[11] 中国石油勘探开发研究院，全球油气勘探开发形势与油公司动态(勘探篇·2018)[M]，北京：石油工业出版社，2018：67-90.

河套盆地临河坳陷古近系源储特征及勘探有利区分析

王 标[1] 方 松[2] 祝金利[3] 王 奇[2] 刘俊东[1]

(1. 中国石油华北油田巴彦勘探开发分公司；2. 中国石油长城钻探工程有限公司地质研究院；
3. 中国石油长城钻探工程有限公司能源事业部)

摘 要 河套盆地临河坳陷是中—新生代坳陷—断陷盆地。吉兰泰油田的发现，展示了河套盆地勘探的巨大潜力。本文在三维、二维地震精细解释和对古近系临河组层位精细标定追踪的基础上，结合前人埋藏史和生烃史研究成果，分析临河组的烃源岩和储集岩特征及其配置关系，明确了源储配置关系是影响临河坳陷古近系能否大规模成藏的关键因素，并提出提出杭锦后旗断裂和五原断裂下降盘是勘探有利区。

关键词 河套盆地；临河坳陷；古近系临河组；烃源岩；储集岩；勘探有利区

河套盆地经历40余年勘探，中国石油天然气集团公司近期在临河坳陷获得了重大突破(付锁堂等，2018)，松5井、吉华2X井在古近系渐新统临河组试油分别获得62.6m^3/d和10.26m^3/d的工业油流，随后该盆地的吉华4X、吉华8X井相继在白垩系固阳组获得201.9m^3/d和301.8m^3/d的高产工业油流，发现了吉兰泰油田，展示了河套盆地勘探的巨大潜力。随着勘探工作的不断深入，在临河坳陷吉锦勘察区块吉华14X井、吉华17X井、临华参1井、临华1X井等5口井等井相继失利，表明临河坳陷的油气成藏条件复杂，亟待进一步加深认识。

对于河套盆地临河坳陷的石油地质特征，前人做过诸多的探讨，取得了一定认识。如认为渐新统临河组和下白垩统固阳组是盆地的2套主要勘探目的层(门相勇等，2006，付锁堂等，2018，张以明等，2018)；开展了烃源岩评价，确定古近系烃源岩成熟门限约3500m(张以明等，2018)；开展了油-源对比研究，认为古近系储层中的原油来自同层系临河组烃源岩(付锁堂等，2018，张以明等，2018，罗丽荣等，2019)；开展了成藏组合研究，认为杭五断裂带(付锁堂等，2018，张以明等，2018)、磴口构造带(张以明等，2018)、北部深凹陷区(付锁堂等，2018)是有利勘探地区。

本文基于目前吉锦勘察区中北部的地震资料和区块内9口井资料开展研究，不同于已发现的吉兰泰油田，吉锦勘察区中北部固阳组地层埋深往往大于5000m，从经济角度考量目前固阳组作为主要勘探目的层还不能应对低油价带来的挑战，因此本文将以古近系临河组为勘探目标，在三维、二维地震精细解释和对目的层精细标定追踪的基础上，结合前人埋藏史和生烃史研究成果，分析临河组的烃源岩和储集岩特征及其配置关系，提出勘探有利区。

1 地质背景

河套盆地面积约$4\times10^4km^2$，位于内蒙古自治区河套地区，平面上呈狭长的弧形分布于阴山褶皱带与伊盟隆起之间，可划分为“两隆三坳”5个一级构造单元(图1)。其中，盆地西部的临河坳陷面积最大，为$2.4\times10^4km^2$，是河套盆地最主要的沉积坳陷，具西北深东南浅的不对称半地堑特征。坳陷的中部发育杭锦后旗断裂系统和五原断裂系统(图2)，可进一步细分为北部深凹陷、东部斜坡、吉西凸起、吉兰泰浅凹和吉东斜坡5个二级构造单元和南部断阶1个亚一级构造单元，其中南部断阶进一步细分为磴口构造带、扎格构造带和兴隆构造带3个二级构造带。盆地基底为元古界-太古界变质岩系，沉积地层由老到新主要发育了下白垩统固阳组、上白垩统毕克齐组、始新统乌拉特组、渐新统临河组、中新统五原组、上新统乌兰图克组和第四系河套群(图3)，其中下白垩统固阳组和渐新统临河组发育湖相烃源层，是主要的生油层系，中新统五原组岩性以棕色、褐色、紫色泥岩为主，夹薄层浅灰、浅棕色粉、细砂岩，厚度900~1100m，为良好的区域盖层。

2 烃源岩特征

钻井资料揭示临河坳陷古近系渐新统临河组根据岩性组合特征以及沉积旋回特征，临河组可

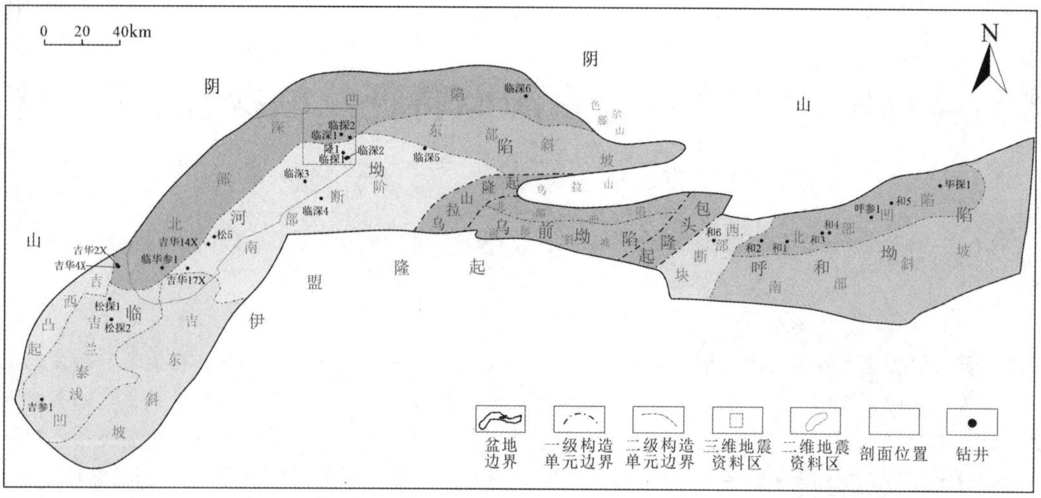

图1 河套盆地构造单元划分图

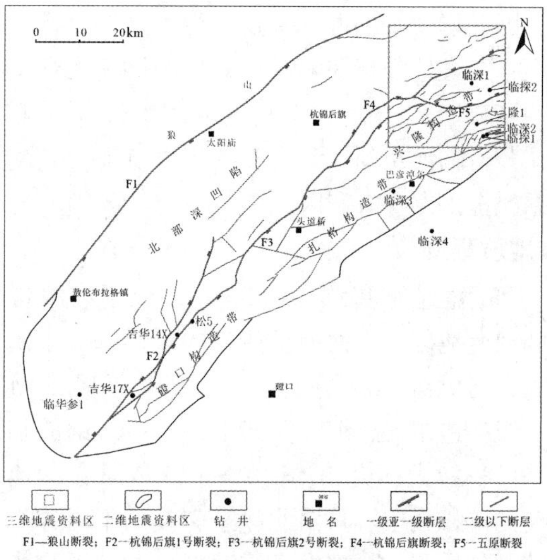

图2 临河坳陷断裂系统图

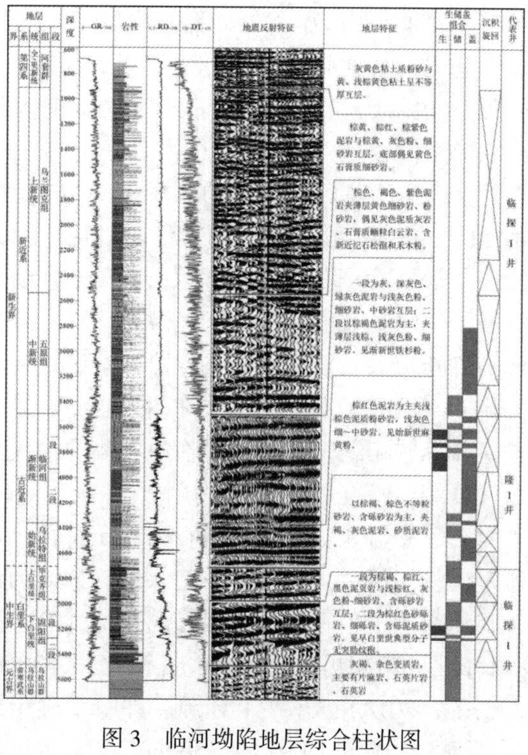

图3 临河坳陷地层综合柱状图

分为临一段和临二段。其中临一段岩性为灰色、灰黑色、深灰色、绿灰色泥岩与浅灰色粉、细砂岩、中砂岩互层，是主要的烃源岩层段。前人研究认为，临河组烃源岩有机质类型以Ⅰ-Ⅱ1 型干酪根为主，TOC 值为 0.16%~5.1%，生烃潜量为 0.06~39.72，Ro 值为 0.77%~1.17%，表明有机质丰度整体较高，综合评价为中等-好烃源岩。进一步统计分析认为根据目前已钻探井取得烃源岩资料只能推测临河坳陷北部深凹陷区发育好烃源岩且具备生烃能力，而南部断阶带的烃源岩发育程度差。主要表现为：(1)临河组泥岩虽然发育，井数据显示泥岩厚度大，泥地比接近70%，但是暗色泥岩占比低，一般低于 36%，其中暗色泥岩中 TOC 大于 0.5%的样品仅占 59%，表明南部断阶带临河组中发育的暗色泥岩并非都是有效烃源岩，且有机质丰度总体偏低。(2)单井有效烃源岩在临河组一段分布零散，单层厚度在 1.1~1.8m，总体厚度在 3.3~52m，表明南部断阶带临河组烃源岩单层厚度薄，累积厚度小，纵向跨度大，通过与某富油气坳陷烃源岩层段进行对比可更加明显体现出该特征(图 4)。(3)从岩心分析资料可以看出，烃源岩与非烃源岩间互产出，同一取心段内暗色泥岩的 TOC 值差异大(表 1)，这主要是由于暗色泥岩往往与粉砂岩、白云岩、硬石膏等共生，形成致密的白云岩或石膏纹层(图 7c)，表现为振荡运动的沉积特征，缺乏长期稳定的半深湖—深湖环境，不利于油气的大量生成。

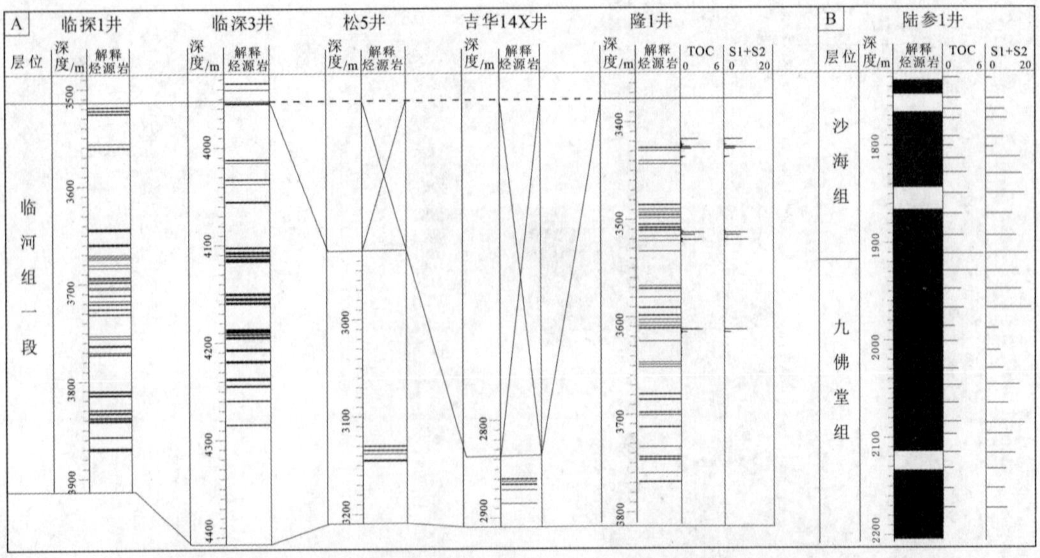

图4　临河组一段烃源岩的纵向分布特征及与某富油气坳陷参数井对比

A—临河坳陷南部断阶带探井；B—陆家堡坳陷参数井

表1　隆1井临河组一段岩心烃源岩分析结果

取心次序	顶界	底界	岩心编号	岩性	TOC/%	S1+S2
第二次取心	3423.19	3423.29	2-92/187	绿灰色泥岩	0.27	0.17
	3423.49	2323.59	2-94/187	深灰色泥岩	1.36	4.83
	3424.09	3424.19	2-98/187	深灰色纹层状泥岩	4.09	12.46
	3424.69	3424.79	2-103/187	深灰色泥岩	0.19	0.16
第三次取心	3512.88	3512.88	3-61/120	深灰色泥岩	2.01	6.51
	3516.56	3516.56	3-89/120	绿灰色泥岩	0.29	0.22
	3517.3	3517.4	3-95/120	灰色泥岩	0.33	0.8
	3518.03	3518.03	3-100/120	深灰色泥岩	2.99	9.64
	3518.29	3518.29	3-102/120	灰色硬石膏质泥岩	2.52	7.43
	3519.10	3519.20	3-110/120	灰色泥岩	0.14	0.12
第四次取心	3609.00	3609.10	4-1/69	深灰色油迹泥岩	0.23	0.24
	3609.12	3609.22	4-2/69	深灰色油迹泥岩	2.51	0.62
	3609.23	3609.33	4-3/69	深灰色油迹硬石膏泥岩	3.06	8.96
	3610.77	3610.87	4-15/69	深灰色泥岩	0.14	0.09

临河组烃源岩形成时间较晚，在上新世中晚期进入排烃期，生烃门限约为3500m，南部断阶临河组烃源岩埋深普遍小于3500m，T-max值统计分析显示临探1井、隆1井、松5井烃源岩处于低成熟阶段。从烃源岩演化过程看，烃源岩向沉积中心演化程度更高，厚度更大。在平面上，南部断阶烃源岩厚度较薄，一般小于200m，预测烃源岩主要分布在北部深凹陷北部、中部和南部三个沉积中心，沉积中心预测面积1540km^2，烃源岩厚度为300~600m(图5)。

3　储集岩特征

通过盆地原型恢复及构造演化分析表明，受晚白垩世-始新世早期盆地区域性隆升影响，临河坳陷在始新世至渐新世早期南高北低，具有显著的差异沉降特征，此时盆地以红层沉积为主，岩性以棕红色泥岩为主夹浅棕色泥质粉砂岩，浅灰色细~中砂岩；始新统晚期，盆地开始在北西-南东张力作用下进入断陷阶段，但断裂活动始终处于早期弱断陷阶段，直至渐新统晚期的临河组一段逐渐转强，因此对于临河坳陷古近系而

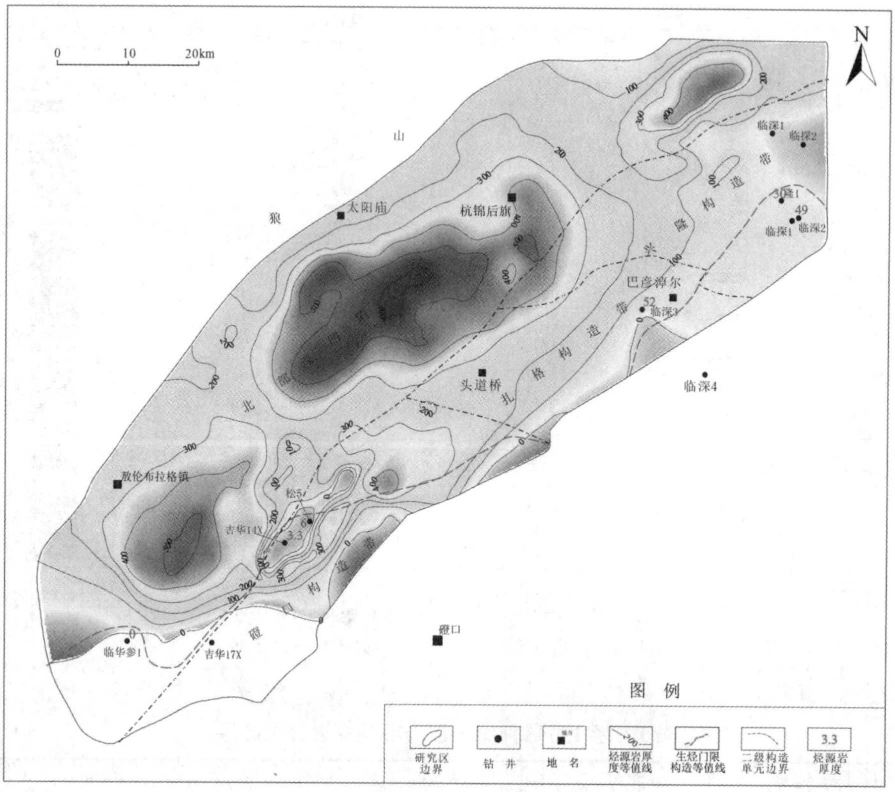

图 5　临河坳陷临河组一段烃源岩厚度图

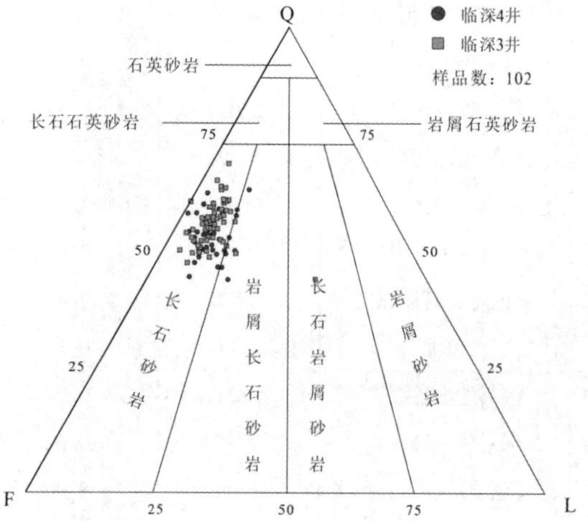

图 6　临河坳陷临河组砂岩分类图

言，沉积物源较为充沛，以发育宽缓的咸化湖盆为主，储集层在各个时期均有发育，而烃源岩则仅发育于裂陷作用较强的渐新统晚期。目前的 9 口井钻井资料显示，油气显示层段主要集中在临河组，本文主要针对临河组储集岩进行分析。临河坳陷钻穿临河组的探井有 9 口，均位于南部断阶，其中隆 1 井、临探 1 井、临探 2 井、临深 1 井、临深 3 井位于兴隆构造带，松 5 井、吉华 14X 井、吉华 17X 位于磴口构造带，储集层特征较为相似，主要发育细粒长石砂岩(图 6)，砂岩磨圆度好，分选性中等，单砂层以中厚层和薄层为主，平均单层厚度 2~4m，最大单层厚度 16m，成岩作用较弱，以孔隙式胶结为主，原生粒间孔发育(图 7a，7b)，根据 485 块样品统计结果，孔隙度为 10%~17.9%，平均为 15.4%；渗透率为$(45\sim297)\times10^{-3}\,\mu m^2$，平均为 $170\times10^{-3}\,\mu m^2$，属于中低孔、中渗型储层。

根据岩心以及录井资料分析，研究区整体为一套水下沉积，其中兴隆构造带以隆 1 井为代表，泥岩颜色以灰色、灰绿色、浅灰色为主，偶见深灰色，与粉砂岩、细砂岩互层，含 1~5mm 厚的钙质、膏岩夹层，整体砂地比在 30%左右，沉积构造发育平行层理、波状层理及少量变形构造，反映相对低能的沉积环境，以滨浅湖亚相滩坝砂沉积为主。

磴口构造带以松 5 井为代表，泥岩颜色以灰色、灰褐色为主，偶见深灰色。砂岩粒径较兴隆构造带粗，中部砂岩集中段发育三角洲前缘水下分流河道沉积，上部和下部砂泥岩间互层段为滨浅湖亚相滩坝砂沉积(图 8)。目前仅在兴隆构造带上采集了三维地震资料，本文结合地震属性体分析技术，通过提取地震波能量属性，在临河组一段底部以上，以 20 毫秒相对地质时间采样率

(a)松5井，3127. 2m，临河组一段，粒间孔，细粒长石砂岩，磨圆分选中等；(b)隆1井，3431. 61m，临河组一段，粒间孔，中-细粒长石砂岩，磨圆分选中等；(c)隆1井，3415.32~3415.6m，白云岩与暗色泥岩互层，暗色泥岩段厚约10cm，TOC=2. 51%。

图7　临河坳陷临河组一段储层微观孔隙结构特征及泥岩发育特征图

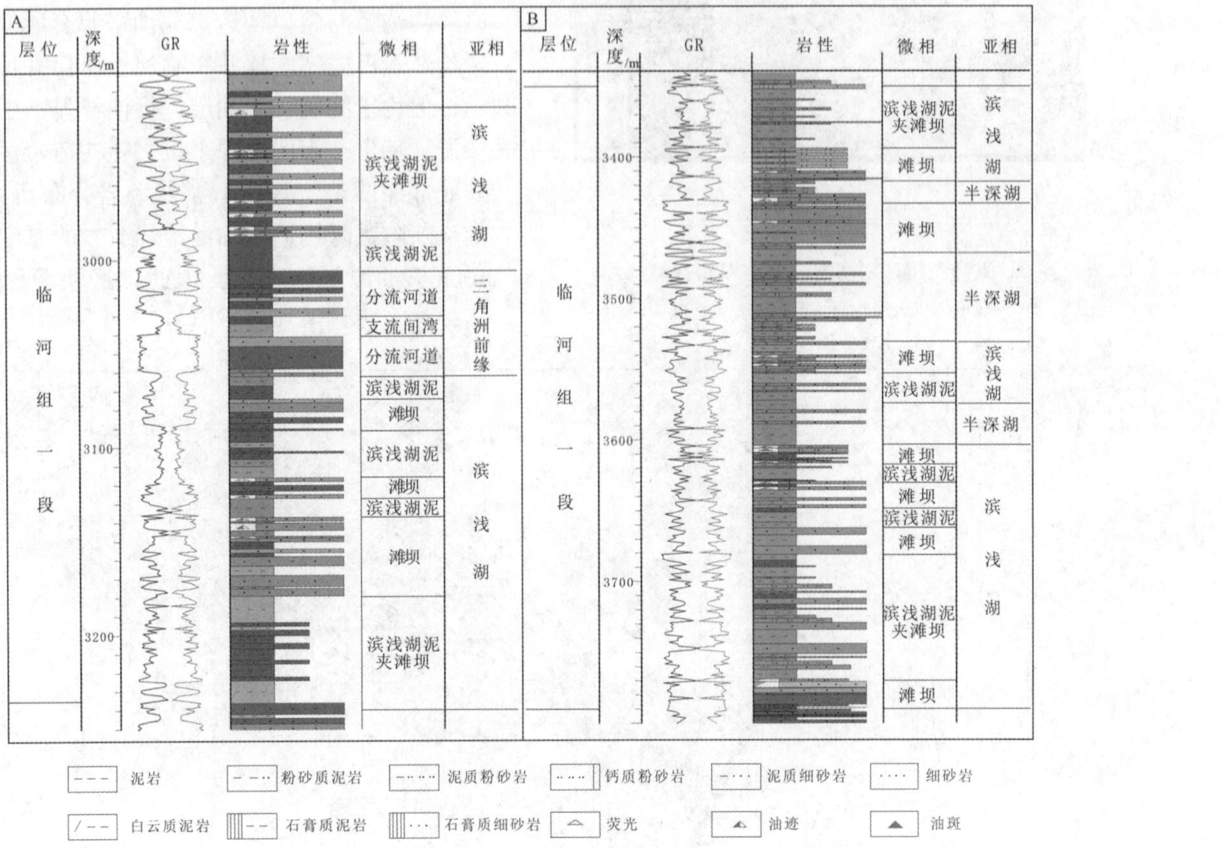

图8　临河坳陷临河组一段单井沉积微相划分图

A—松5井，B—隆1井，位置见图2

获得大量地层切片(图9)。其层间属性、层间等分切片的上部和下部属性可以清晰的发现在五原断裂以及杭锦后旗断裂的下降盘均发育扇形地质体，分布面积均在100km²左右，扇形的朵叶体一方面横向上摆动、迁移，另一方面纵向上具有填平补齐式的叠加复合关系，逐渐发育成更复杂的地质体。临河坳陷古近系临河组属于断陷湖盆沉积环境，本文根据沉积环境、物源供给等因素，结合构造演化分析，建立了临河坳陷古近系临河组沉积模式(图10)。研究区北接狼山断裂，南邻伊盟隆起，在临河组沉积时期呈现西陡东缓的不对称的箕状断陷，狼山断裂和盆地中部的杭五断裂控制盆地沉积，盆地南北两侧均有物源注入，具有多物源特征。早期构造活动较弱，伴随水体振荡形成咸化湖泊，此时盆地的沉积中心靠近北部的狼山断裂一侧，而盆地南部则形成了广域宽缓的滨浅湖相沉积，井资料证实磴口构造带和兴隆构造带均有辫状河三角洲砂体注入，伴随湖水的改造形成沿岸分布的滩坝砂体，晚期构造活动变强，杭五断裂沿原断层方向滑脱，不仅在断层下降盘形成足够的可容空间，而且当时干旱-半干旱的古气候条件下引起强制湖退导致湖

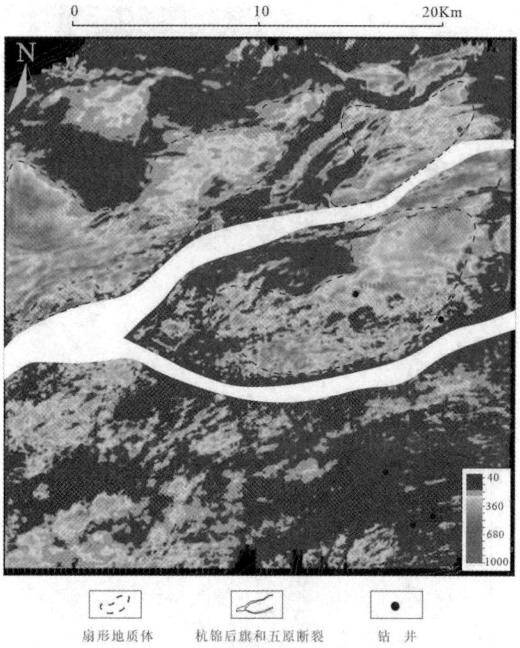

图 9　兴隆三维区临河组一段地震属性体切片
红黄色代表偏砂相，蓝色代表偏泥相

平面下降(操应长，2005)，碎屑物质快速推进至断层下降盘形成浊积扇，而断层上升盘的沉积砂体由于处于滨浅湖相带容易接受湖水改造形成滩坝砂体。

4　源储组合特征

源储组合广义上称为生储盖组合，是指紧密相邻的生油层、储集层和盖层在空间上有规律的相互配置关系。从前人学者进行的油源对比研究结果可知，古近系储层中的原油来自同层系临河组烃源岩。根据目前已有资料进一步研究表明，兴隆构造带与磴口构造带原油来源有所差异，兴隆构造带已完钻的探井在临河组口口井见油气显示，但均未能解释出油层，且油气显示层段多与烃源岩伴生，表明油源来自兴隆构造带烃源岩而非北部深凹陷生烃中心，烃源岩分布研究表明，南部断阶兴隆构造带临河组烃源岩的厚度仅 50~100m，油源供给不足，因此该区块源储配置关系较差，成藏潜力较小。

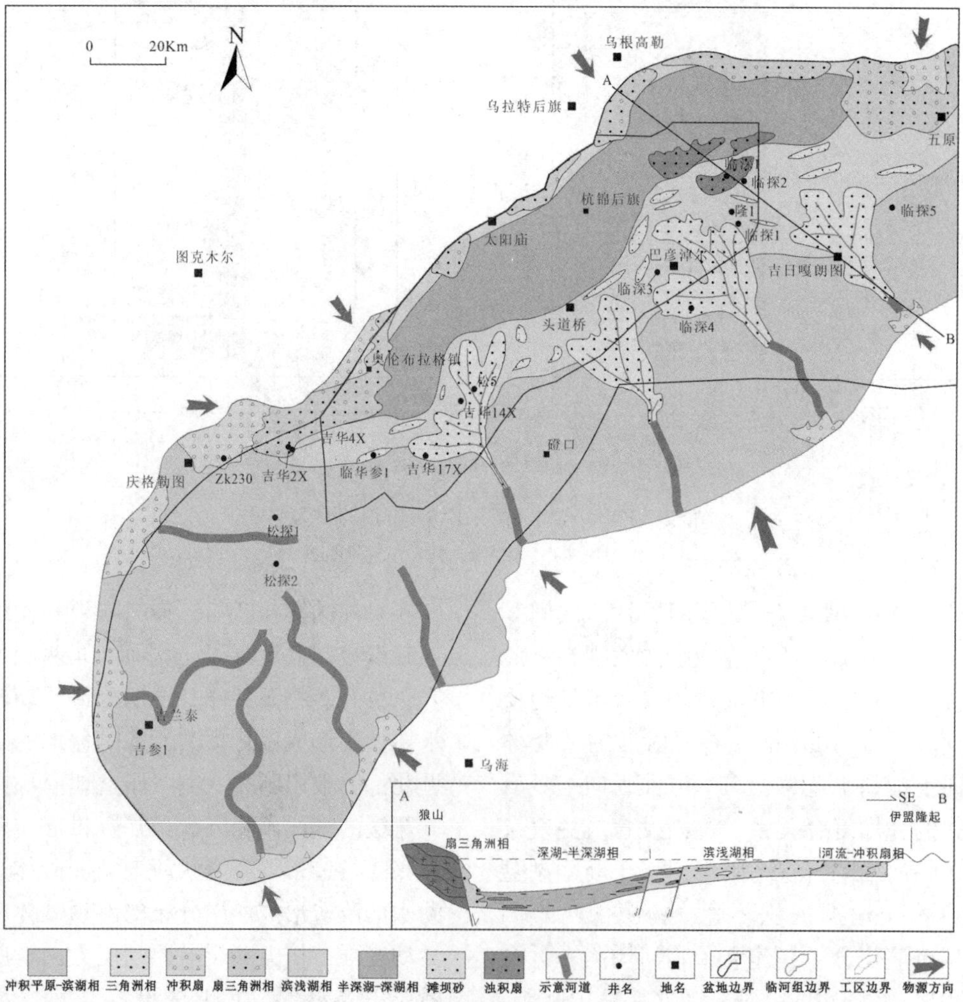

图 10　临河坳陷临河组一段沉模式图

磴口构造带已完钻的松 5 井试油获得突破，表明磴口构造带具有一定成藏条件，但松 5 井临河组烃源岩厚度仅 6m，且埋深浅于生烃门限 3500m，表明油源来自北部深凹陷生烃中心，杭锦后旗断裂起到了油气运移作用。后完钻的吉华 14X、吉华 17X 位于松 5 垒块高部位，均未见油气显示，表明该含油气系统具有差异聚集特征，油气充注程度较低，因此兴隆构造带松 5 垒块虽具备一定成藏条件，但推测油气已被低部位源储配置更好的圈闭捕获，因此不易大规模成藏。

5 勘探有利区分析

杭锦后旗断裂和五原断裂的下降盘位于北部深坳陷区，紧邻半深湖相生烃中心，且由于断层控盆作用引起沉积时期的强制湖退，碎屑物质快速推进至断层下降盘形成浊积扇砂体，烃源岩和储集层组合关系好，加之下降盘易形成逆牵引构造，形成一系列岩性-构造圈闭，本次研究利用二维和三维地震解释成果进行构造成图，并在烃源岩和储层特征研究的基础上进行了烃源岩和储层分布预测，在此基础上提出 3 个有利勘探地区（图 11）。其中 1 号有利区位于 F2 断层的下降盘，2 号有利区位于 F3 断层下降盘，3 号有利区位于 F4 断层下降盘，均具有良好的源储配置关系及圈闭条件，是近期首选的钻探目标。

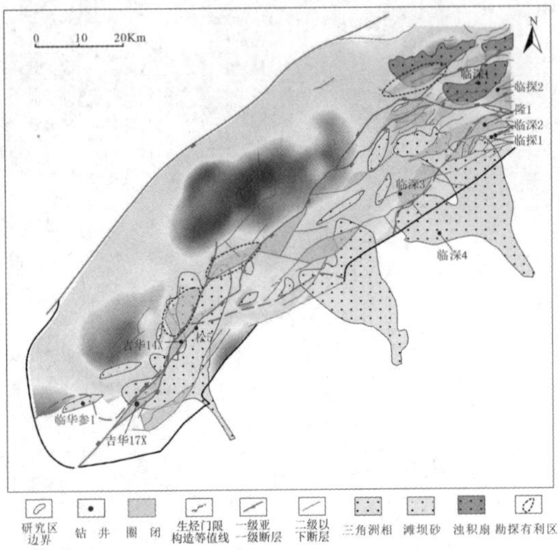

图 11 临河坳陷临河组一段综合评价图

6 结论和讨论

临河坳陷古近系渐新统沉积末期，裂陷作用增强，北部深凹陷区水体变深形成半深湖-深湖的沉积环境，有利于烃源岩富集。南部断阶区则形成盆广坡缓的滨浅湖沉积环境，从岩心上观察到该区泥岩与硬石膏、白云岩等共生，反应干旱-半干旱的气候条件，湖平面频繁振荡，烃源岩纵向上零星发育且单层厚度薄，富集程度低。

临河坳陷南部伊盟隆起作为主力源区，物理风化作用强烈，在干旱-半干旱气候条件下，河流携带碎屑物质可以长距离搬运，进入滨浅湖形成三角洲，杭五断裂沿原断层方向滑脱，引起强制湖退导致湖平面下降，碎屑物质可以进一步推进至断层下降盘形成浊积扇，并能够与湖泛时期形成的泥质烃源岩一起构成良好的源储配置关系，而断层上升盘的沉积砂体由于处于滨浅湖相带容易接受湖水改造形成沿岸分布的滩坝砂体，因此南部断阶的储层不容易与杭五断层连通，难以形成良好的源储配置关系。

通过临河坳陷古近系烃源岩和储集层特征及其配置关系综合研究认为：源储之间的接触关系是影响临河坳陷能否大规模成藏的关键因素，因此本文综合考虑烃源岩和储集层接触关系基础上，提出杭锦后旗断裂和五原断裂下降盘是勘探有利区，进一步结合地震以及井资料预测兴隆构造带三维地震区内下降盘发育复杂地质体以及松 5 井西部和南部断层下降盘可能发育岩性-构造圈闭提前捕获了油气导致松 5 垒块形成差异聚集现象。目前关于临河坳陷的勘探还有许多问题需要进一步探讨，如目前北部深凹陷没有参数井评价烃源岩，扎格构造带钻井和地震资料较少，北部深凹陷烃源岩的富集程度是否被高估，是因为油源不足导致了松 5 垒块的差异聚集现象还是由于油气被低部位圈闭捕获，扎格构造带是否存在持续的物源供给等，随着勘探程度进一步加深，临河坳陷一定会取得重大突破。

参 考 文 献

[1] Shuai Liu, Guo Huaming, Lu Hai, et al. The provenance of deep groundwater and its relation to arsenic distribution in the northwestern Hetao Basin, Inner Mongolia[J]. Environmental Geochemistry and Health, 2020, 42(5): 1429-1451.

[2] Suotang FU, FU Jinhua, YU Jian, et al. Petroleum geological features and exploration prospect of Linhe Depression in Hetao Basin, China[J]. Petroleum Exploration and Development Online, 2018, 45(5): 803-817.

[3] 张以明，张锐锋，王少春，等．河套盆地临河坳陷油气勘探重要发现的实践与认识[J]．中国石油勘探，2018，23(05)：1-11.

[4] 付锁堂，付金华，喻建，等．河套盆地临河坳陷石油地质特征及勘探前景[J]．石油勘探与开发，2018，45(05)：749-762.

[5] 门相勇，赵文智，李小地，等．中国石油战略选区重点目标油气地质条件分析及勘探建议[J]．地质通报，2006，(Z2)：1064-1067.

[6] 蔡友贤．内蒙古河套盆地白至纪古气候沉积环境及油气勘探远景[J]．地质论评，1990.

[7] 赵文智，邹才能，汪泽成，等．富油气凹陷“满凹含油”论——内涵与意义[J]．石油勘探与开发，2004，(02)：5-13.

[8] 罗丽荣，李剑锋，赵占良，等．河套盆地临河坳陷新生界油源对比及其勘探意义[J]．中国石油勘探，2019，24(03)：323-330.

[9] 胡立．河套盆地临河坳陷临河组岩性、岩相及生储盖特征[D]．西北大学，2017.

[10] 张昊祉．河套盆地临河坳陷油气成藏地质条件分析[D]．西安石油大学，2015.

[11] 贾承造，邹才能，杨智，等．陆相油气地质理论在中国中西部盆地的重大进展[J]．石油勘探与开发，2018，45(04)：546-560.

[12] 操应长，断陷湖盆中强制湖退沉积作用及其成因机制．沉积学报，2005. 23(1)：第84-90页

[13] 胡朝元．生油区控制油气田分布——中国东部陆相盆地进行区域勘探的有效理论[J]．石油学报，1982.

[14] 袁效奇，傅智雁，耿国仓．河套盆地第三系有孔虫的发现及其生态环境的分析[J]．石油学报，1992，(02)：109-115.

[15] 傅智雁，袁效奇，耿国仓．河套盆地第三系及其生物群[J]．地层学杂志，1994，(01)：24-29.

[16] 杨华，李民才，崔永平．河套盆地生物气成藏条件及勘探前景[J]．中国石油勘探，2005，(03)：16-21.

[17] 门相勇．河套盆地临河坳陷石油地质特征[J]．天然气工业，2006.

[18] 陈发虎，范育新，D. B. Madsen，等．河套地区新生代湖泊演化与“吉兰泰-河套”古大湖形成机制的初步研究[J]．第四纪研究，2008，(05)：866-873.

[19] 魏建设．河套盆地临河坳陷庆浅1井区原油地球化学特征与油源对比[J]．西北地质，2019.

[20] 杜晓宇，丁文龙，焦保程，等．河套盆地临河坳陷流体势特征及油气运聚单元划分[J]．特种油气藏，2019，26(04)：9-14.

[21] 任伯森，吕其鹏．临河坳陷异常高压带的确定及其意义[J]．石油勘探与开发，1986，(06)：9-13.

[22] 袁效奇．河套盆地发现第三纪有孔虫化石[J]．石油勘探与开发，1987，(01)：90.

[23] 郭忠铭，于忠平．河套弧形地堑系构造特征和演化机制及其油气勘探[J]．石油勘探与开发，1990，(03)：11-20.

阿北凹陷复杂构造带圈闭发现与成藏研究

张宇飞　王　攀　淡伟宁　田　然　王成云　孙瑞娜

（中国石油华北油田公司勘探开发研究院）

摘　要　阿北凹陷是二连盆地重要的油气勘探凹陷，资源潜力大。该区构造活动剧烈，地层破碎且存在剥蚀现象，目前凹陷西部缺少三维地震数据，其余区域三维地震资料采集年份早、品质差，勘探工作一直停滞不前。本次研究首先运用"两宽一高"地震采集技术在阿北凹陷西部新采集了180km² 三维地震资料，并开展地震资料采集处理解释一体化研究，提升了地震资料的信噪比。然后基于新资料开展精细构造解释，落实地层剥蚀线，开展成藏研究，明确油气具有"正向构造聚油，反向断块富集"的成藏规律。设计钻探了一批井位，目前完钻一口，获高产工业油流，取得了较好的应用效果。

关键词　复杂断块；地震资料采集处理解释一体化；"两宽一高"地震采集技术；原型盆地恢复；构造—地层油藏

阿北凹陷位于马尼特坳陷东部，南与二连油田主要产油区阿南凹陷相邻，面积约600km²。发育有欣苏木、扎拉格、阿东以及阿西四个正向构造(见图1)。已发现油藏为构造油藏，分布在欣苏木、扎拉格构造带。前人在该区按照构造油藏的模式落实了一批目标，但圈闭规模较小、且受地震资料品质影响圈闭落实程度较低。近十年，阿北凹陷勘探工作处于停滞状态。

本次研究首先在阿北凹陷西部新采集了180km² 三维地震资料，并开展地震资料采集处理解释一体化研究，提升了地震资料的信噪比。然后进行精细构造解释，基于两期应力场叠加的力学特征分析，明确了凹陷北部欣苏木构造带断背斜塌陷走滑花状样式成因机制。开展古地形研究，落实凹陷南部扎拉格构造腾一段地层剥蚀线，恢复了阿北凹陷腾一段原型盆地。之后开展沉积研究，明确该区腾一段发育大型扇三角洲砂体，物性普遍较好。开展成藏研究，确定凹陷油气具有"正向构造聚油，反向断块富集"的成藏规律，最后在剥蚀线以西构建断块、构造—地层两种类型圈闭，圈闭规模较前人得到了提高。设计钻探了一批井位，目前完钻一口，获高产工业油流，证实本研究具有较好应用效果。

1　采集处理解释一体化

阿北凹陷面积约600km²，共采集三块三维

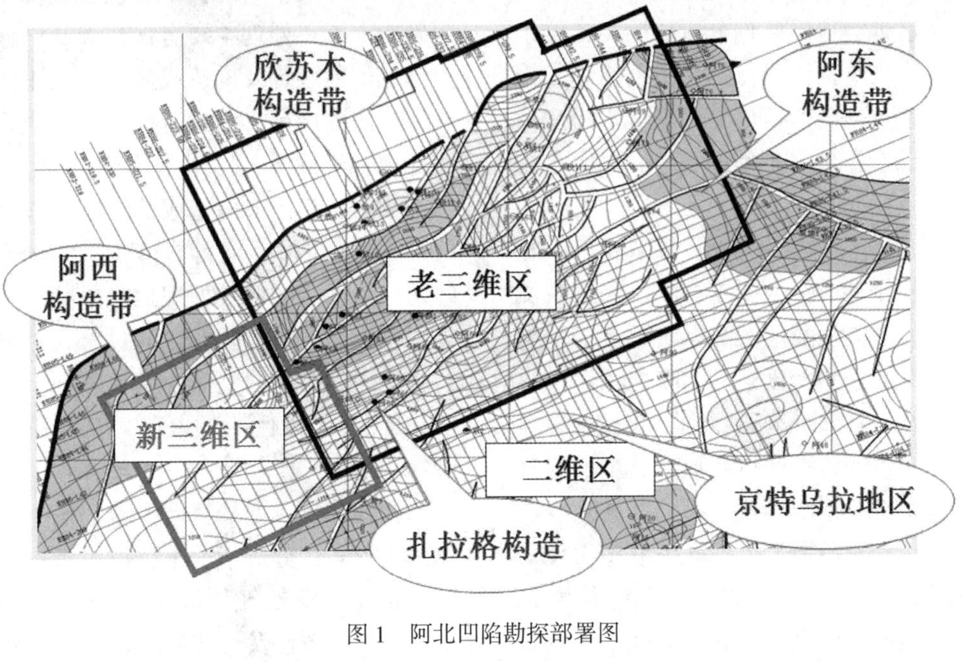

图1　阿北凹陷勘探部署图

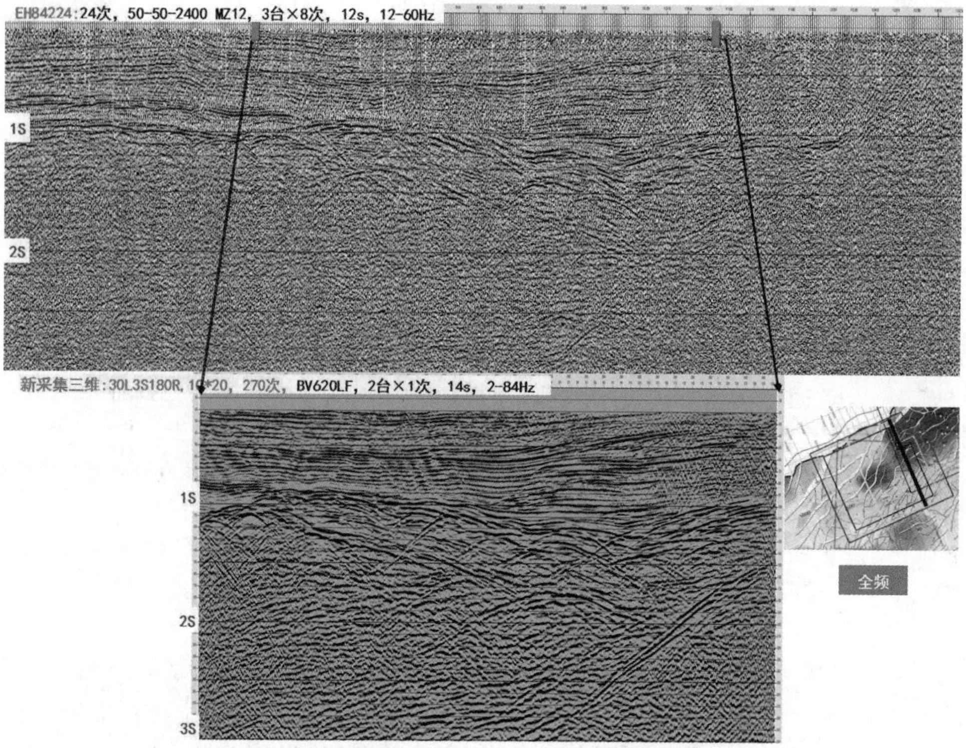

图2 新采集剖面与原二维线剖面对比

地震数据，三维满覆盖面积仅 250km²(图2)，其中 88 和 94 年度采集的资料排列较短，覆盖次数普遍较低，绝大部分区块的覆盖次数在 20～30 次以下，高品质三维地震资料的缺乏是制约该区勘探的主要因素。为此先在该区进行采集处理解释一体化研究，为后续地质综合研究奠定基础。

1.1 地震资料重新采集

扎拉格构造发育 A55 油藏，为全区该区开采效果最好的油藏。优选该构造南翼进行三维地质部署，结合本区地震地质条件分析认为，三维地震勘探主要具有以下勘探难点：受山前粗相带沉积影响，北部区域地震资料信噪比低、资料品质差异大，成像效果差，准确落实构造形态难度大。

针对勘探难点，本研究基于“两宽一高”地震采集技术，根据地质任务要求，本次采集观测系统采用小面元、高覆盖的观测系统，覆盖密度达到 135 万道/km²、炮密度达到 250 炮/km²、纵横比达到了 1.0，大幅提升了目的层的有效覆盖次数，提高了资料的信噪比以及成像精度，为准确偏移成像及精细构造解释奠定基础。此外本次采集采用低频可控震源激发，扫描频率 2～84Hz，从叠加剖面看浅中深层低频信息丰富、信噪比高，且倍频程达到 5 以上，有利于提高地震资料反演精度，降低资料的多解性。

新采集资料进行叠加剖面分析发现：剖面总体信噪比较高、能量均衡，频带较宽，主要目的层反射信息丰富，波组特征清楚、连续性好(图2)，有利于后期构造的精细处理。

1.2 地震资料连片处理

地震资料处理过程中，首先明确解释人员最大的地质需求：即确保反射层波组特征清楚、保真和较高分辨率的前提下，改善成像质量。然后明确本次资料处理主要有振幅保真、保真提高分辨率、资料融合及构造成像、静校正四方面的难点。之后应用全三维配套处理技术强化地表一致性处理，消除近地表横向变化对地震子波在振幅、频率、相位方面造成的影响。通过有效的静校正方法(层析反演静校正)，有效解决静校正问题，为后续的成像处理提供保障。有效解决地震资料子波一致性问题，通过融合处理技术，提高融合后数据体的整体一致性和保真性。建立精细的叠前时间偏移速度场，解决复杂小断块准确成像问题。

新处理的数据从整体上看，信噪比及成像质量都比较高，分辨率适中，波组特征较好。与老剖面相比，新处理的成果剖面成像质量、分辨率、保真一致性及构造的可靠程度均较老剖面有

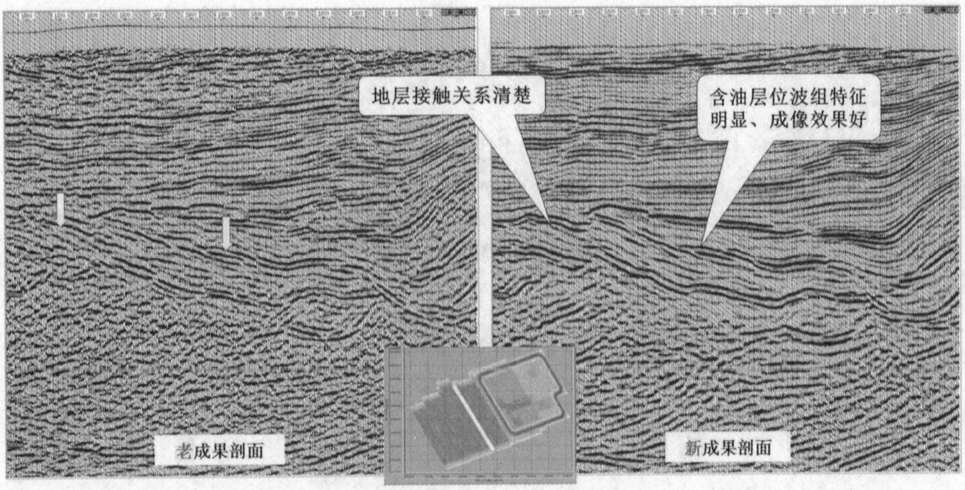

图 3　新处理剖面与原三维线剖面对比

明显改善(图 3)。

2　精细构造落实与构造演化

2.1　断裂特征

基于新资料开展构造解释，认为阿北凹陷断裂极为发育，北部构造带主要发育早期长期发育的顺向南掉伸展断层，被晚期构造挤压走滑期的走滑断层复杂化(图 4)。

研究认为，主要发育两期应力场，即断坳期拉张伸展应力场、回返期挤压剪切走滑应力场。两种应力场先后叠加是该区断裂发育的主要控制因素，为北东向断裂与反向断块发育的力学机制。断拗早期发育北西-南东向拉张应力场，形成北东向延伸南倾控沉断裂；坳陷晚期构造回返，发育北西-南东向挤压，凹陷北部陡带反转为褶皱断背斜；在挤压应力场作用期间，受不均衡应力作用，形成扭动应力，导致北东-南西向左旋剪切走滑，产生花状、羽状、雁列断层(图 5)。

早期伸展应力场主要起到湖盆扩张与控沉积作用，晚期挤压走后应力主要起到改造构造面貌

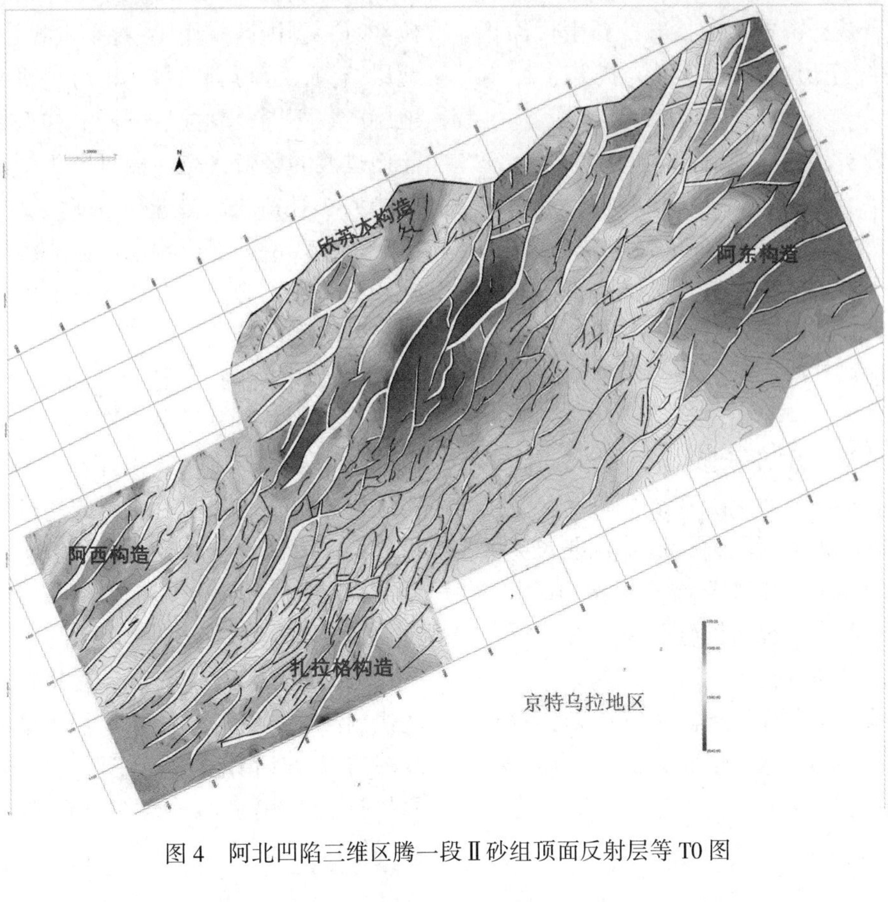

图 4　阿北凹陷三维区腾一段Ⅱ砂组顶面反射层等 T0 图

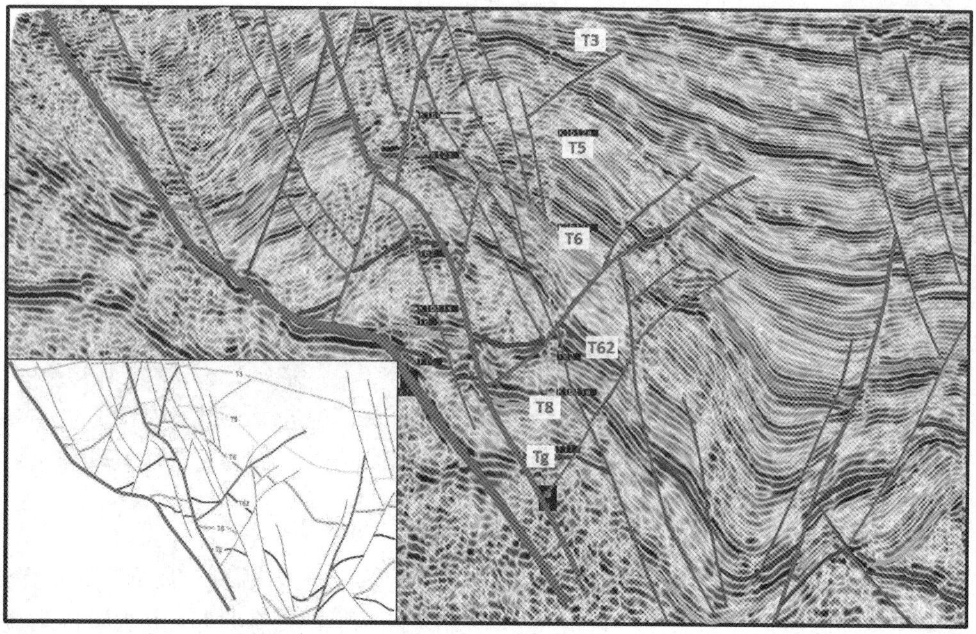

图 5　欣苏木构造带断背斜塌陷走滑花状样式标准地震解释剖面图

的作用。其挤压主要作用于西部，以断背斜为主要样式，走滑主要作用于东部，以花状样式为主要特征，中部为受到挤压与走滑两种作用的综合区，以塌陷走滑背斜为主要特征。

2.2　构造特征及演化

阿南-阿北凹陷为早盛晚衰、断拗主控、剥蚀残留型凹陷。早白垩世断陷、断拗活动强烈，晚白垩世活动衰减，挤压走滑抬升，新生代停止活动。下白垩统经历断陷、断拗、拗陷、回返过程。

构造演化分析认为，阿北凹陷成湖较晚，缺失阿尔善组地层。在阿尔善组沉积时期，阿南凹陷善南断层强烈活动，形成南断北超箕状结构，此时阿北地区为斜坡外带。进入腾格尔组，阿尔善、扎英花两大控洼断层先后活动，一南一北两大沉降中心的格局开始成型。腾一段末期京特乌拉隆升，接受剥蚀，阿北南部—京特乌拉—蒙古林缺失腾一上段及下段部分地层，整个阿南阿北区域有了统一的不整合面。随着整个湖盆不断拉伸扩张，腾二段沉积了大范围稳定泥岩进入赛汉组后，湖盆开始萎缩，现今整体看阿南-阿北凹陷为一个一隆两凹三断裂结构(图 6)。

3　沉积体系与储层特征

从阿南-阿北区域构造演化分析可知，南部京特乌拉地区存在隆升剥蚀现象，在开展沉积研究之前，首先对该区腾一段原型盆地进行恢复。

3.1　原型盆地恢复

由地震剖面解释可知，京特乌拉地区 T6 下伏地层与 T6 之间具有明显的角度不整合剥蚀接触关系。在阿北洼槽与京特乌拉斜坡之间的过渡带区域，缺失腾一段Ⅲ砂组以上的地层，Ⅲ砂组表现为强烈的剥蚀，剥蚀后残留地层发生大角度反转。分别将 T6 与 T62 层位进行拉平处理(T62 拉平时，剥蚀区采用 T6 拉平方式处理)，以观察地层结构，分析剥蚀量(图 7)。研究发现，残留地层产状不同，剥蚀量不同。在京特乌拉向阿北洼槽过渡的区带，腾一段Ⅲ砂组剥蚀量最大。按照趋势法对剥蚀地层进行厚度恢复。

现今残留的斜产状地层，原沉积期起码应为平产状特征。基于此，以斜产状地层拉平为原则，对剖面进行拉平处理，以恢复原型盆地地层产状(图 4-2-4)。斜产状地层拉平后的剖面显示，京特乌拉地区在沉积期为古地形“洼”——“蒙北古洼”。除了在地震剖面上对原型盆地结构进行分析，还利用地层对比进行分析，对比结果显示，由西至东，III 砂组残留地层岩性逐渐变细，推测蒙北古洼沉积沉降中心应在东部(图 8)。

根据地层趋势法，结合钻井对比，对蒙北古洼槽剥蚀地层进行厚度恢复，并编制原状地层厚度图与现今残留地层厚度图。推测蒙北洼槽最大原状厚度约 600m，主要在今京特乌拉斜坡区发育(图 9)。

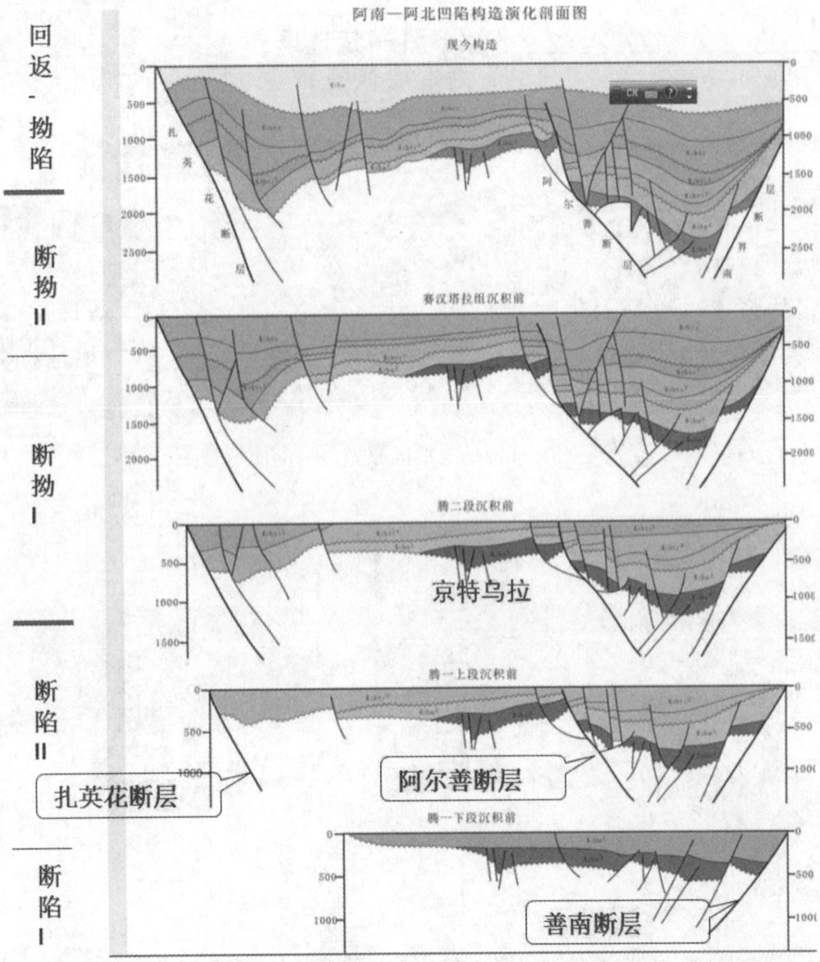

图 6　阿南-阿北凹陷构造演化史图

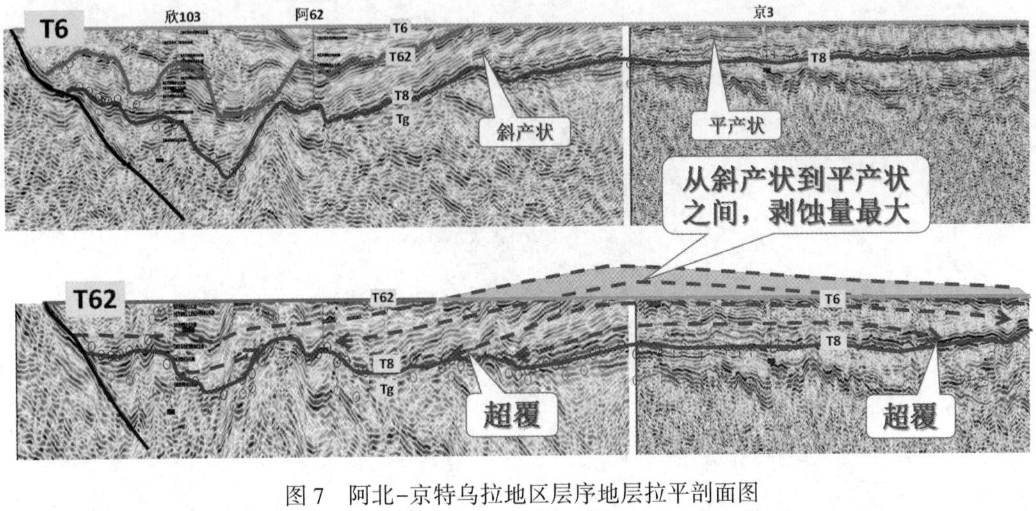

图 7　阿北-京特乌拉地区层序地层拉平剖面图

3.2　物源分析与储层特征

现今地形图显示，阿北凹陷西部发育一个大型系列汇水区(图 10 黑色箭头)，该凹陷为继承性凹陷，故推测阿北凹陷主要发育西部物源砂体。针对主要目的层腾一段 II 砂组进行重矿物分析，进一步明确该区西部物源又可细分为西-东向和西北-东南向两个方向。A52 井 ZTR 值高于 A55 井；AC1 井 ZTR 值高于 A62 井，说明物源方向为西-东向和西北-东南向两个方向。A52 井、A55 井 GZi 值明显高于 AC1 井(图 11)，表明两个井区来自变质岩物源供给规模有所差异，可能为不同物源。

单井相分析，认为该区腾一段发育扇三角洲沉积，砂体主要为扇三角洲前缘水下分流河道砂

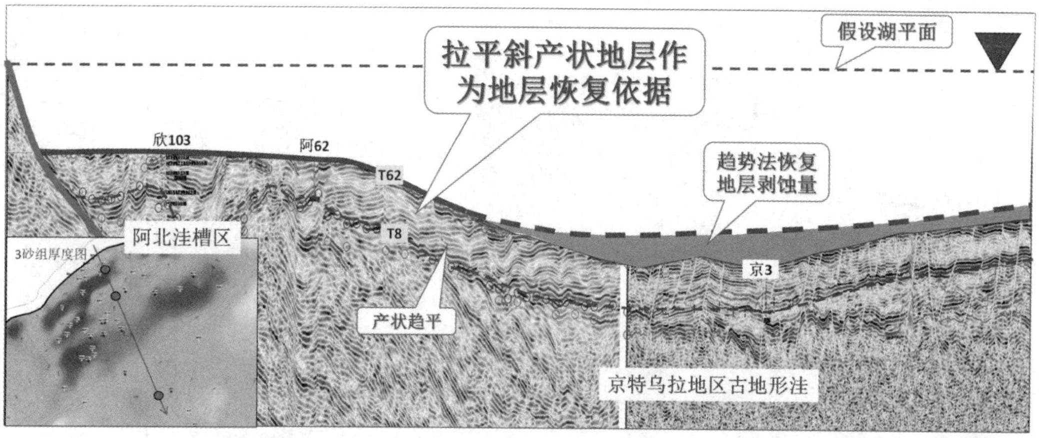

图7　阿北-京特乌拉地区原型盆地剖面示意图

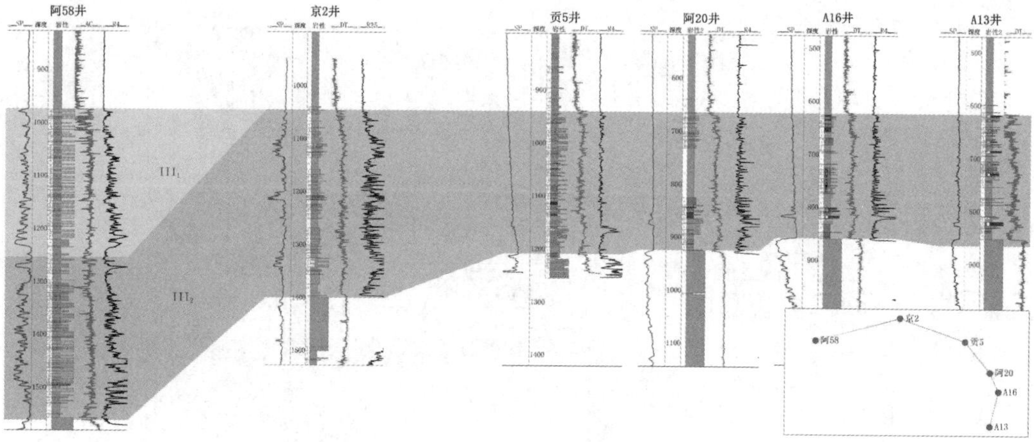

图8　阿北-京特乌拉地区腾一段 III 砂组近南北向地层对比图

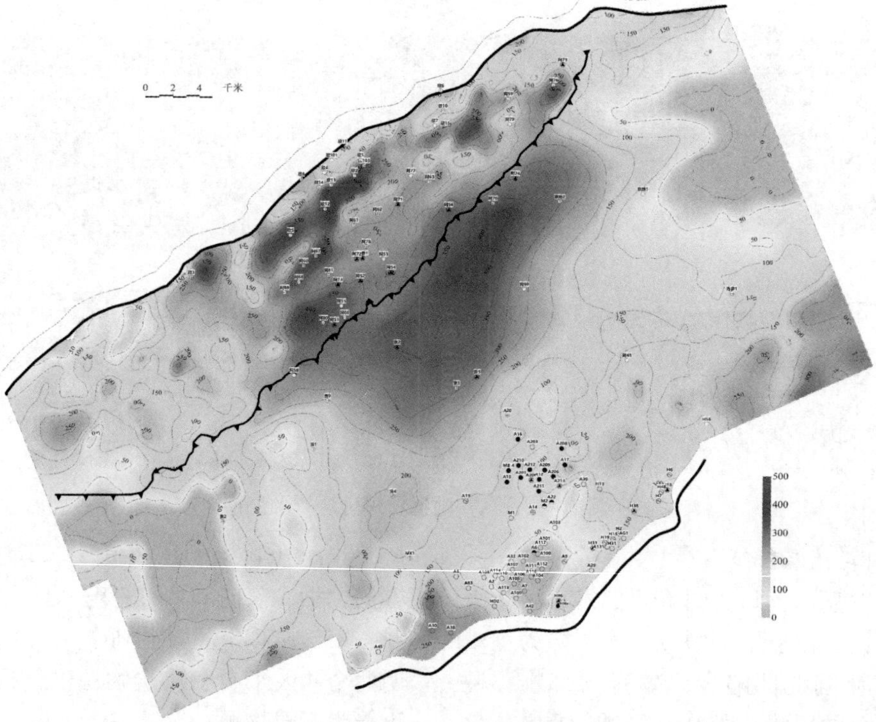

图9　腾一段Ⅲ砂组原状地层厚度平面图

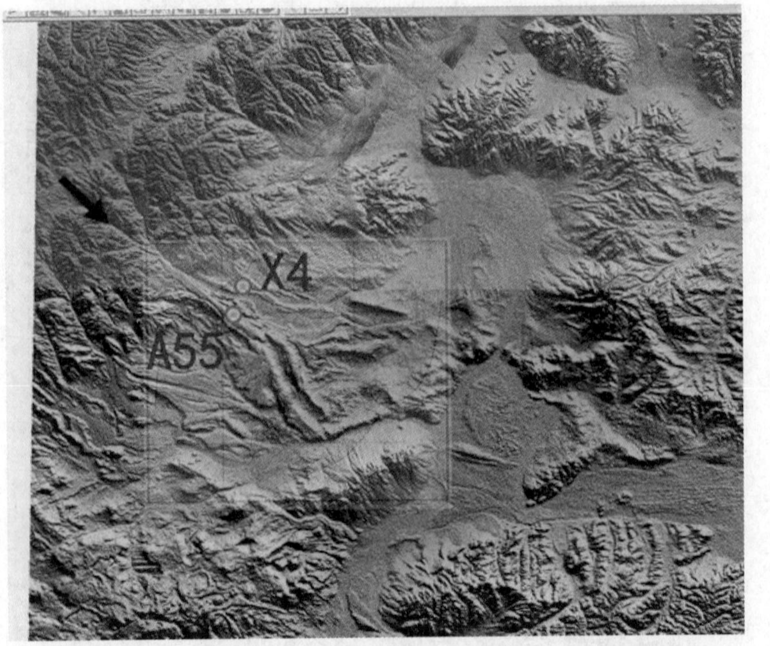

图 10　阿北凹陷现今地形图

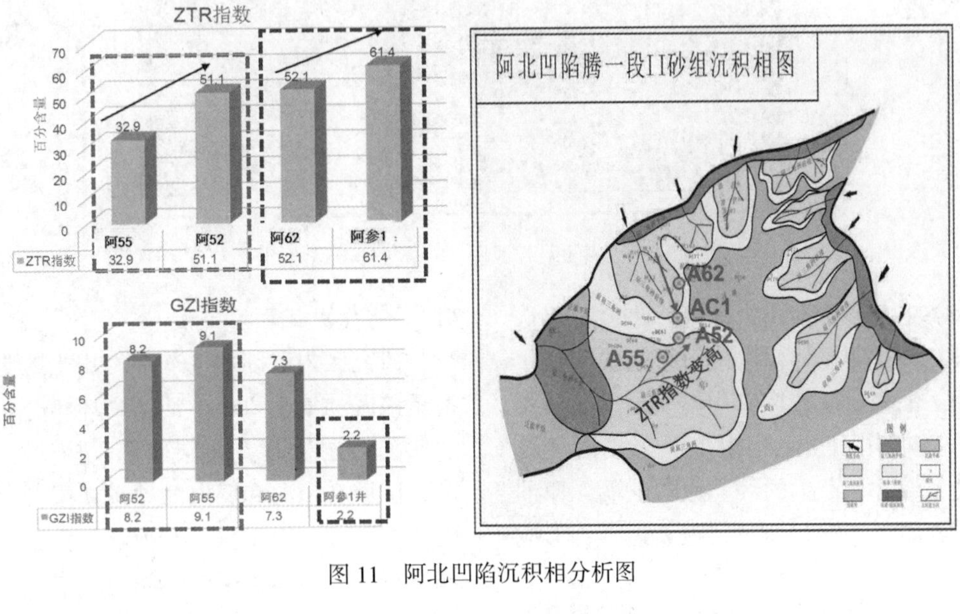

图 11　阿北凹陷沉积相分析图

体。该区砂体搬运距离远，储层物性普遍较好。统计该区砂体物性可知，Ⅱ砂组孔隙度 6%～22%，渗透率 0.01～500md，发育有中孔中渗储层。

4　成藏特征

4.1　油源条件

凹陷主要烃源岩来着腾一段，有机质丰度高，为中等-好丰度烃源岩，从 AC1 井烃源岩地化分析可知，AC1 井腾二段有机质类型为Ⅱ1-Ⅲ型，腾一上段为Ⅰ-Ⅱ2 型，腾一下段为Ⅱ1-Ⅱ2 型，AC1 井腾二段处于未成熟阶段，腾一上段处于低熟阶段，腾一下段处于成熟阶段。综合多口井热演化分析，认为阿北凹陷正常演化曲线生烃门限 1400m，分层系统计多口井热演化分析结果（图 12），认为该区腾一上段烃源岩处于低成熟阶段，腾一下段为成熟阶段。

阿北凹陷有稠油和稀油两种原油，仅 A60 井区为稠油油藏，密度：0.94～0.96，黏度 215～1316，凝固点 15～34。该区较欣苏木和扎拉格构造更靠近东部洼槽区，油稠原因不明，为此开展油源分析。

首先分析本井区水型为 $NaHCO_3$，总矿一般为 3800，属弱还原环境水型，A60 稠油的 ββ/Σ C29 为 0.1961～0.2410，20S/20（S+R）C29 为

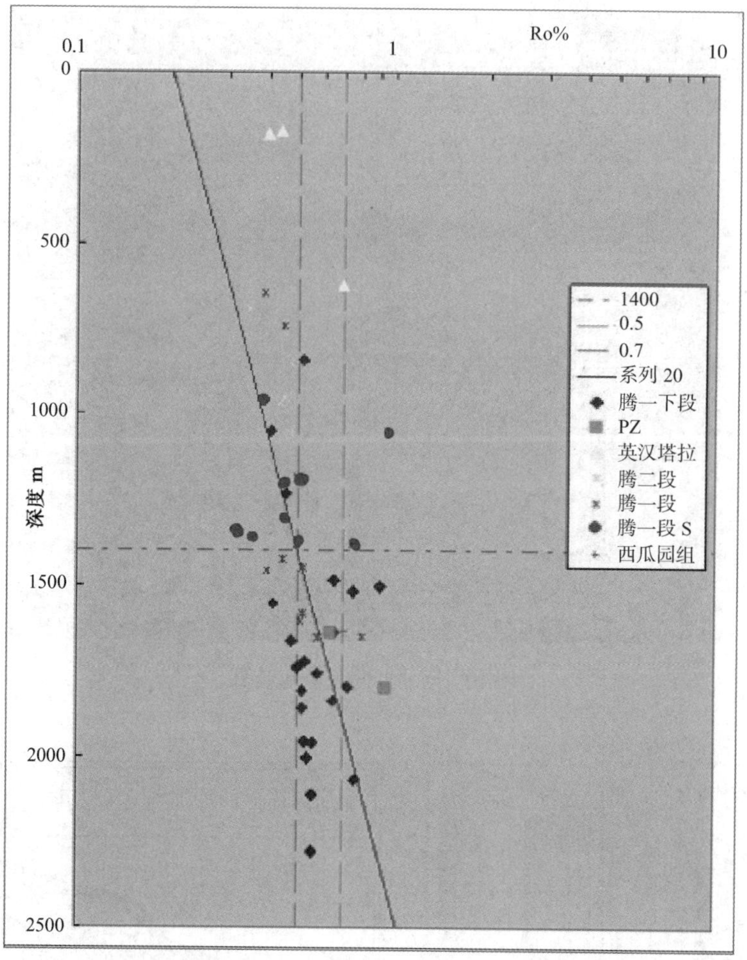

图 12　阿北凹陷各地层 R0 深度演化趋势图

0.1463~0.3492，具有低熟油特点。油源对比认为：原油没有经过明显的生物降解、水洗和氧化等稠化作用，油藏后期破坏作用不明显，油质稠的原因并非后期作用，而是由于源岩成熟度较低，母质类型较好，产生的烃类原本较稠，原油又产自烃原岩附近，没有经过长距离运移，形成原生的稠质油。

地震剖面显示，A60 井区以西发育一个较小的腾一上段生油次洼，通过断层直接与 A60 圈闭对接，分析认为 A60 圈闭定型早，接收来自 A60 西部腾一上段低熟原油的充注(图 13)；晚期构造挤压改造时，阿 60 区块远离欣苏木构造带，构造改造弱，导致白垩末来自阿北凹陷烃源岩的成熟油未能驱替腾一上段的低熟油(圈闭中低熟油保存至今)，导致阿 60 井区油质重(密度>0.94)、胶质沥青质高(低熟)。但这个腾一上段生油次洼分布范围较小，故认为该区其他正向构造油气的充注并未受其影响，具备较好的油源条件。

4.2　油气成藏主控因素

研究区内欣苏木构造带、扎北构造带已钻井揭示该区油气主要环生油洼槽环状分布。此外阿北凹陷断层发育，地层破碎，构造条件十分复杂，区域有顺向和反向两种正断层发育，均影响圈闭的形成。由于腾一段顶部、腾二段发育大套泥岩，所以反向正断层的侧向封堵性较好。反向断块圈闭是该区有利的成藏圈闭类型，其次是地层圈闭，顺向断块圈闭成藏效果较差。

4.3　油气成藏模式

根据对已发现油藏井分析，结合地震资料解释，在断裂系统研究的基础上，总结出阿北凹陷油气成藏模式为“近源正向构造聚油-反向高块富集成藏模式”(图 14)，分析认为该区具有如下几个有利成藏条件。

(1) 断拗期受北西南东向伸展拉张应力作用，继承性发育南倾顺向断层对扇三角洲砂体沉积发育起控制作用，扇三角洲砂体在控沉断层的作用下，阶梯状由北向南延伸至洼槽区，其前缘

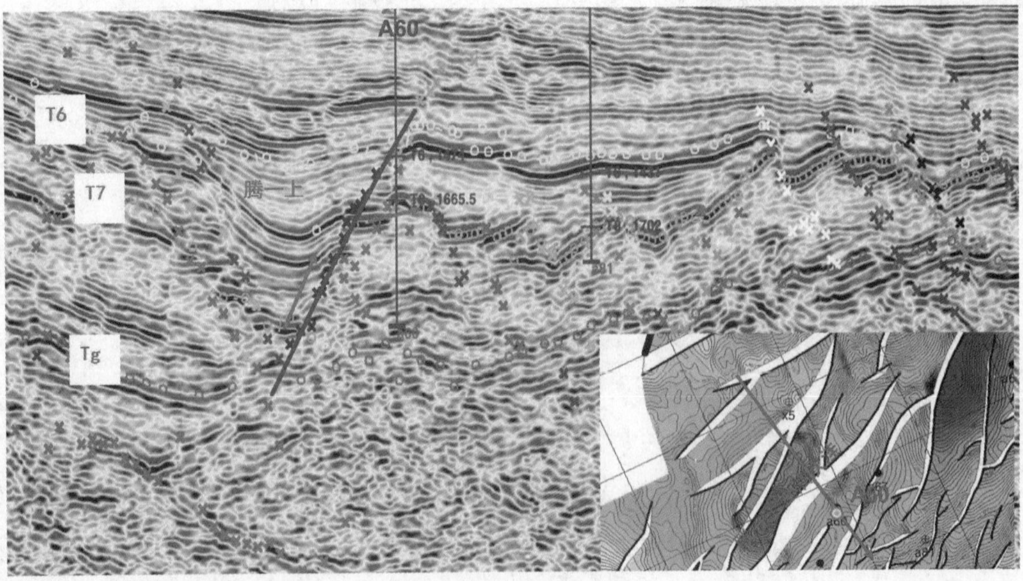

图 13　A60 地震剖面

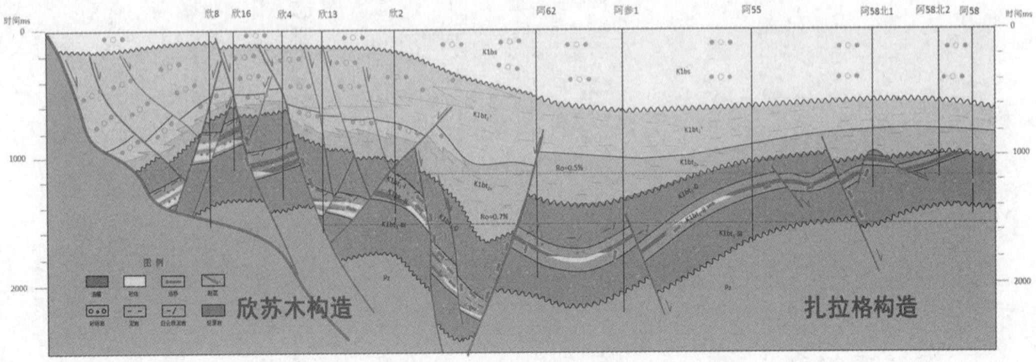

图 14　阿北凹陷欣苏木构造带油气成藏模式图

砂体成为主要储集层。该区物源充足，主要目的层腾一段Ⅱ砂组砂体在欣苏木和扎拉格构造普遍发育，且物性较好。

（2）沉积期腾一段发育白云质泥岩特殊岩性，为本区主力烃源岩，主要分布在洼槽区，分布范围广。

（3）构造反转期，受到北西南东向挤压与北东南西向左旋走滑应力作用，欣苏木构造带构造特征由原来的顺向断阶转变为塌陷背斜并定型于该构造样式。该样式下主要发育两类有利的反向断块圈闭，其一分布在塌陷带以北，受先存控沉断层控制，形成地层回倾背对洼槽的反向断块圈闭；其二分布在走滑断层以南，受走滑断层控制，形成地层产状面向洼槽的反向断块圈闭。与此同时在扎拉格构造带，南部地层整体抬升，接受剥蚀，形成多种地层圈闭。

（4）欣苏木地区北倾的塌陷走滑断层活动与大规模排烃配置良好，并且由于走滑作用的影响，导致先存南倾断层活化，与走滑断层一起成为油气运移的主要输导通道。由于两个构造带均紧邻成熟烃源岩区，油气沿输导断层运移至反向断块和地层圈闭中聚集。

（5）由于腾一段Ⅰ砂组上部至 T6 之间的层段，主要发育大段的泥岩，盖层条件极为有利。

按照该模式设计钻探的多口井，目前在欣苏木构造完钻 1 口，已获高产工业油流，取得了较好的应用效果。

5　结论

（1）高品质的地震资料是复杂断块地区油藏研究的基础。其中“两宽一高”地震采集技术是获得高品质地震资料的保障，复杂构造区地震资料处理的重点是成像精度的提高。

（2）精细的构造研究是复杂构造地区的研究重点，特别是构造演化工作，能够很好的指导沉积、成藏研究。通过对阿北凹陷构造研究，落实该区剥蚀线，结合沉积储层研究，构建“近源正向构造聚油-反向高块富集成藏模式”，指导了勘探工作。

参 考 文 献

[1] 费宝生．二连裂谷盆地群油气地质[M]，石油工业出版社，2001.
[2] 祝玉衡等．二连盆地下白垩统沉积相及含油性[M]，科学出版社，2000.
[3] 张文朝等．二连盆地阿南凹陷的演化与油气聚集规律[J]．河南石油，1998. 12(2).

Melut 裂谷盆地古近系远源油藏成藏特征与精细勘探

史忠生[1]　庞文珠[2]　陈彬滔[1]　薛　罗[1]　赵艳军[3]

(1. 中国石油勘探开发研究院西北分院；2. 中国石油国际勘探开发有限公司；3. 中油国际尼罗河公司)

摘　要　Melut 盆地为中非剪切带走滑扭动作用下形成的被动裂谷盆地，是中石油非洲陆上重要的勘探区块与原油作业产区，盆地在经过近 20 年的大规模勘探开发后，古近系 Yabus 组主力产层已进入成熟勘探阶段，加强 Yabus 组远源油藏精细勘探是推动盆地增储上产的重要手段。本文研究了 Yabus 组远源油藏形成条件与成藏特征，在此基础上提出盆缘区远源断块油藏规模增储与盆内油田周边构造-岩性复合油藏滚动挖潜两个精细勘探领域与方向，并在 Gasab 、Jammam 等地区取得良好勘探实效。

关键词　Melut 盆地；古近系；远源油藏；成藏特征；精细勘探

裂谷盆地是烃类聚集的有利场所[1-2]，在全球 877 个已发现的大油气田中裂谷盆地有 271 个，占大油气田总数的 30. 9%[3]。中、西非裂谷系是世界上著名的裂谷系，发育一系列的含油气裂谷盆地(图 1a)，其中位于非洲中部南苏丹境内的 Melut 盆地为中非裂谷系第二大沉积盆地，面积 3. 3 万平方千米。中国石油天然气集团公司于 2000 年进入该盆地勘探，并发现了可采储量 5 亿吨的 Palogue 世界级油田[4]及 Moleeta 亿吨级油田等一批大中型油田，证实 Melut 盆地为中非地区油气资源极其富集的裂谷盆地。在经过近 20 年的勘探开发后，盆地主力探区已进入成熟勘探阶段，主要含油构造带规模构造圈闭几乎已被钻探完毕，剩余构造圈闭少而小，如何增储上产成为盆地勘探面临的主要问题。从国内含油气盆地的勘探经验来看，精细勘探是含油气盆地成熟探区增储上产的重要手段。本文以 Melut 盆地古近系主力产层 Yabus 组为对象，通过对 Yabus 组远源油藏形成条件与成藏特征的研究，明确盆地精细勘探领域与方向，并在 Jammam 盆缘甩开勘探及 Gasab 油田滚动扩边中取得良好勘探实效，研究成果对裂谷盆地成熟探区的滚动挖潜与增储上产具有借鉴和参考意义。

1　盆地地质概况

Melut 盆地为中非剪切带走滑扭动作用下形成的被动裂谷盆地[5-7]，形成于早白垩世，从早白垩世至今经历了 3 期裂陷和 1 期坳陷，对应发育了 4 个构造层(图 1c)。其中，发生于早白垩世的裂陷Ⅰ幕活动较强，形成了盆地 Al Renk 组主力烃源岩；晚白垩世—古新世裂陷Ⅱ幕构造活动弱，沉积了多套以辫状河及辫状河三角洲沉积为特征的富砂地层，为盆地主要输导层及储层发育段，其中古新世的 Yabus 组为盆地主力产层；始新世—渐新世盆地发育了另一次较为强烈的裂陷作用，形成了全区最重要的 Adar 组区域泥岩盖层。新近纪以来，盆地进入坳陷期，沉积了近 1000m 的盖层沉积，为古近系油藏起到了封盖和保存作用。

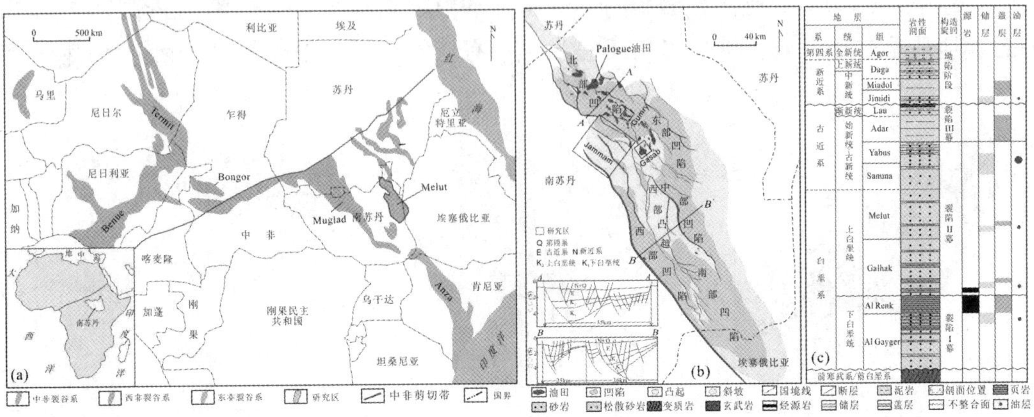

图 1　中西非裂谷系(a)、Melut 盆地构造单元(b)及 Melut 盆地地层综合柱状图(c)

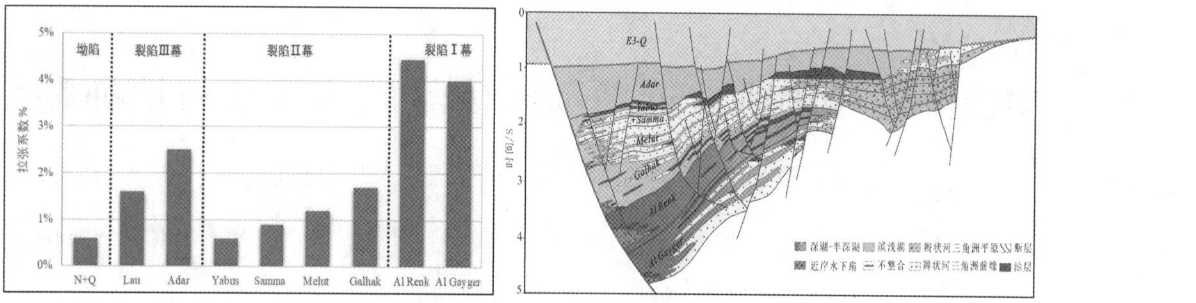

图 2　Melut 盆地北部拉张系数(左)及沉积充填与成藏模式图(右)

Melut 盆地具“五凹一凸”构造格局，发育 5 个西断东超的箕状断陷和一个凸起(图 1b)。其中，北部凹陷为主力勘探凹陷，囊括了盆地目前几乎所有的油气发现，其余四个凹陷位于盆地中南部，受地表沼泽、晚期反转及地下火成岩等因素影响，成藏条件复杂、施工难度大，目前没有取得大的勘探发现。因此，Melut 盆地的勘探主要集中在盆地北部，本文将重点介绍盆地北部凹陷成熟探区的精细勘探进展与实效。

2　古近系远源油藏形成条件与成藏特征

Melut 盆地的主力储盖组合为古近系 Yabus 组辫状河三角洲砂岩储层与 Adar 组区域性湖相泥岩盖层形成的源上储盖组合，主力烃源岩为下白垩统 Al Renk 组湖相泥岩，主力储盖组合位于主力烃源岩以上近千米，形成了下生上储的远源成藏模式。该成藏模式的发育与 Melut 盆地特定的储盖组合、富油凹陷的发育及多期裂陷作用导致垂向油源断裂的发育有关，多种因素的共同作用促使 Melut 盆地远源成藏模式的形成。前期 90%以上的油气发现位于古近系 Yabus 组远源油藏内[8]，因此 Yabus 组远源油藏形成条件与成藏特征的研究，对梳理 Yabus 组精细勘探领域与方向具有重要意义。

2.1　“两强一弱”的三期裂陷作用为古近系远源油藏的形成了提供了特定的生储盖组合条件

Melut 盆地从早白垩世到古近纪经历了三期裂陷作用，沉积了盆地最主要的烃源岩、储层和盖层，形成了盆地古生代—新生代含油气系统。在盆地三期裂陷中，发生于早白垩世的裂陷Ⅰ幕与始新世-渐新世的裂陷Ⅲ幕构造活动强(图 2 左)，盆地可容纳空间大，形成了大套泥岩沉积，发育了盆地下白垩统 Al Renk 组主力烃源岩与始新统 Adar 组区域泥岩盖层；而发生于晚白垩世—古新世的裂陷Ⅱ幕，构造活动弱(图 2 左)，主要沉积了近千米厚的区域性辫状河及辫状河三角洲富砂地层，为盆地油气运移和聚集的主要疏导层和储层，使得下白垩统 Al Renk 组烃源岩生成的原油在垂向油源断裂及上白垩统-古新统富砂地层的疏导下，向上富集到始新统 Adar 组区域泥岩盖层之下的 Yabus 组富砂地层成藏，形成垂向上跨世代的远源油气聚集成藏模式(图 2 右)。

2.2　富油凹陷的发育为古近系远源油藏的形成提供了充足的油源条件

Melut 盆地北部凹陷发育下白垩统 Al Renk 组主力烃源岩，该套烃源岩形成于早白垩世盆地初始断陷期，覆盖整个北部凹陷，为一套半深湖—深湖相暗色泥岩沉积，凹陷中心厚度达 1000m(图 3 左)，有机质丰度最高达 3.24%，平均值为 2.08%，生烃潜力最高达 19.53mg/g[8]，有机质类型以Ⅱ型为主，少量为Ⅰ型，为一套优

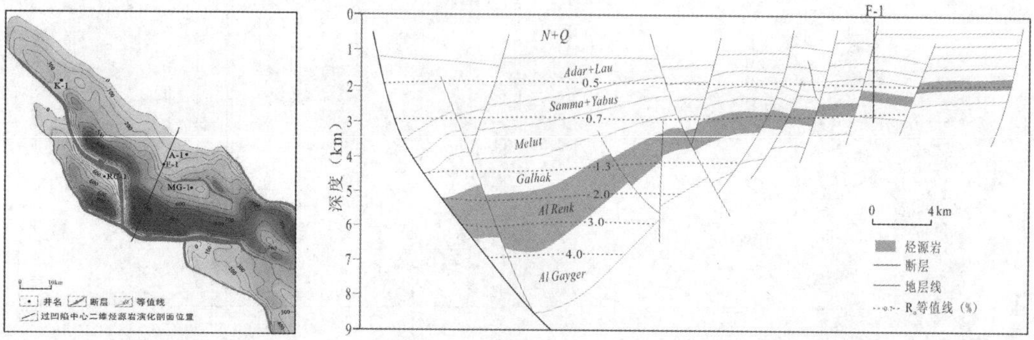

图 3　北部凹陷 Al Renk 组烃源岩厚度图(左)及过凹陷中心二维剖面现今 R_o 等值线图(右)

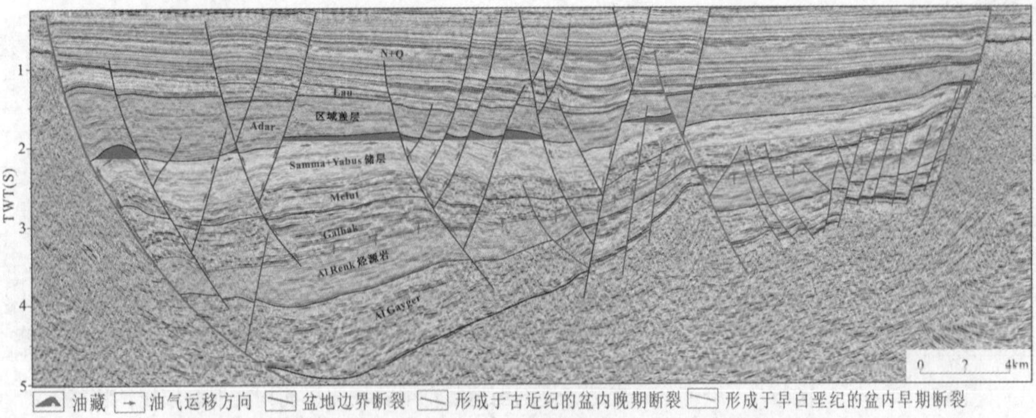

图 4　北部凹陷断裂发育特征与油气运聚成藏模式

质烃源岩。目前，该套烃源岩在大部分斜坡区仍处于大量生排烃阶段（0.5%<R_o<1.3%）（图 3 右），资源丰度为 72.5 万吨/平方千米。按照国内将资源丰度大于 40 万吨/平方千米的凹陷定义为富油凹陷的标准[9-10]，北部凹陷为典型的富油凹陷，富油凹陷的发育为古近系远源油藏的形成提供了充足的油源条件。

2.3　多期裂陷作用为古近系远源圈闭的油气充注提供了垂向通道条件

Melut 盆地发育 3 期裂陷作用，为盆地垂向油源断裂的发育提供了有利条件。总体上，盆地发育三种类型断裂，包括形成于早白垩世裂陷Ⅰ幕的盆内早期断裂、形成于始新世—渐新世裂陷Ⅲ幕的盆内晚期断裂及长期持续活动的盆地边界断裂（图 4）。其中，盆内早期断裂主要与裂陷Ⅰ幕的拉张活动有关，在下白垩统地层内比较发育，部分向上延伸至上白垩统地层，很少延伸到古近系地层，因此盆内早期断裂对古近系 Yabus 组远源圈闭的油气充注不起垂向疏导作用。盆内晚期断裂的发育主要受控于裂陷Ⅲ幕的构造活动，由于该期构造活动强烈，使得盆内晚期断裂非常发育（图 4）。该类断裂控制了盆地中浅层断块圈闭的形成，同时部分断裂向下延伸到下白垩统 Al Renk 组烃源岩内，形成数量众多的“Y”字型断裂疏导网，为古近系断块圈闭的油气充注提供了垂向通道条件。此外，盆地边界断裂沟通古近系目的层与下白垩统烃源岩，也是有利的垂向运移通道，但由于盆地边界断裂长期持续活动，保存条件是与盆地边界断裂相关断块圈闭的成藏关键。

2.4　古近系 Yabus 组远源油藏成藏特征

在北部富油凹陷充足供烃、油源断裂垂向疏导作用下，Melut 盆地古近系 Yabus-Adar 储盖组合组形成了大量的远源断块油藏。Yabus 组圈闭垂向远离 Al Renk 组烃源岩，油源断裂的垂向疏导和充注是其成藏的关键，目前所发现油藏的 95%以上为与油源断裂相关的断块油藏，可见油源断裂对 Yabus 组远源圈闭成藏的控制。随着勘探的深入，Yabus 组断块圈闭的数量越来越少，规模越来越小，需要探索新的油藏类型与勘探领域，以推动盆地的增储上产。基于 Melut 盆地石油地质条件与油气富集规律的研究，北部富油凹陷内部 Yabus 组远源岩性油藏及盆缘区 Yabus 组远源断块油藏是北部成熟探区两个潜在的精细勘探领域与方向。

与国内渤海湾盆地沙河街组近源岩性油藏不同，沙河街组近源岩性圈闭由于紧邻烃源岩，油源风险低，圈闭的识别与刻画是岩性油藏勘探的关键，只要圈闭落实其钻探成功率较高，这也是我国岩性油藏能够成为成熟探区增储上产重要领域的原因。而对于 Melut 盆地，由于远源成藏的特点，油源条件是远源岩性圈闭能否成藏的关键，除落实岩性圈闭外，油气充注情况的研究是圈闭评价的关键，其勘探难度和风险要远大于近源岩性圈闭。勘探实践表明，由油源断裂与砂体联合控制的断层-岩性复合圈闭是 Melut 盆地 Yabus 组有利的远源岩性圈闭，而由非油源断裂控制的断层-岩性复合圈闭及砂岩透镜体等纯岩性圈闭存在较高的油源风险。如北部凹陷 Gumry 地区（位置见图 1b），在 Gumry 断块油藏的低部位识别出一砂岩透镜体（图 5），该透镜体在地震剖面及平面地震属性上具有清晰的边界，岩性圈闭落实，但钻井揭示该透镜体为水层，没有垂向油源断裂的沟通是该圈闭失利的主要原因。因

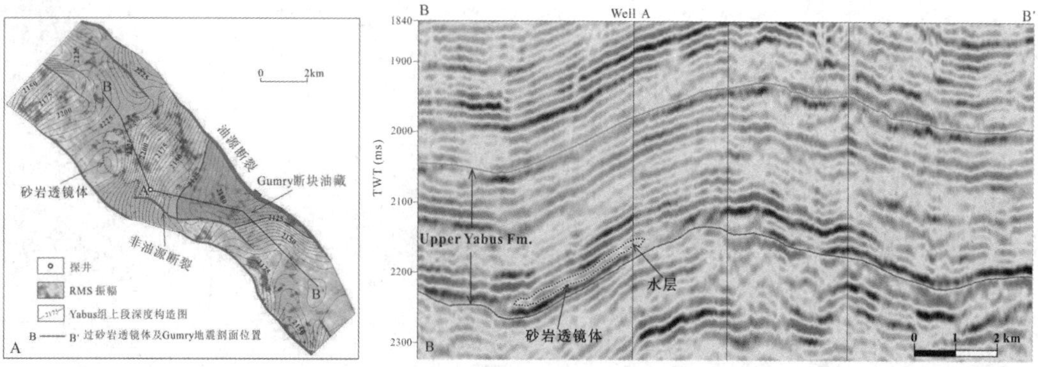

图 5　Gumry 断块油藏及低部位砂岩透镜体剖面地震反射特征与平面均方根振幅属性特征

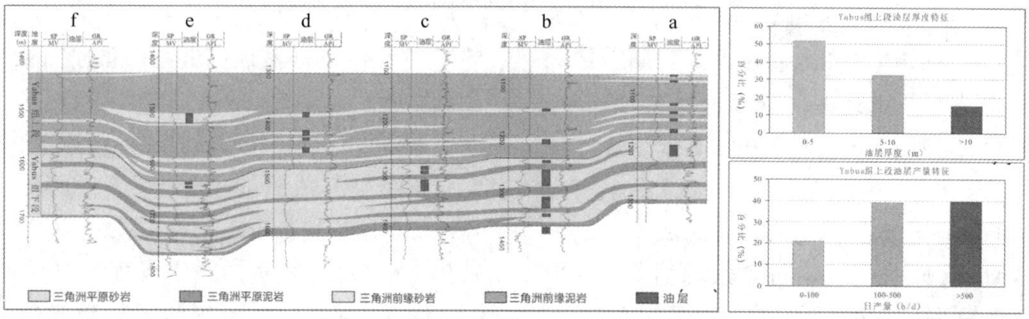

图 6　北部凹陷 Yabus 组沉积相剖面(a)与 Yabus 组上段油层厚度(b)及日产量特征(c)

此，由油源断裂沟通的断层-岩性复合圈闭是北部富油凹陷 Yabus 组有利的远源岩性圈闭类型。

Melut 盆地北部凹陷为一面积近万平方千米的大型富油凹陷，因此油气除了可以在富油凹陷内部成藏外，通过阶梯式运移还可以在富油凹陷盆缘区成藏。目前已钻探井显示，在距北部凹陷生烃灶 20 公里的东侧盆缘区 Yabus 组仍可见大量油气显示，因此盆缘区 Yabus-Adar 储盖组合是 Melut 盆地又一重要的潜在勘探领域。与盆内 Yabus 组主要通过油源断裂的垂向充足成藏不同，盆缘区的 Yabus 组远源圈闭主要通过油气的侧向运移充注成藏，油气运移路径控制油气的运移和聚集，只有位于油气运移路径上的圈闭才有成藏的可能，根据这一认识我们在西侧 Jammam 盆缘区取得了良好的勘探发现。

3　Gasab 油田区 Yabus 组远源构造-岩性油藏精细勘探与滚动扩边

古近系 Yabus 组从岩性上可划分为两段，下段主要发育辫状河三角洲平原沉积，为一套富砂地层，主要形成构造油藏，是盆地长期以来的主要勘探目的层；上段主要发育三角洲前缘及前三角洲沉积，砂岩含量低，砂层薄，具“泥包砂”岩性特征(图 6a)。前期勘探中，多口探井在 Yabus 组上段发现工业油流，但一直被视为层状构造油藏，同时由于上段砂岩厚度偏薄，也没有引起勘探重视。油藏分析显示，Yabus 组上段砂岩虽然主要在 10m 以下(图 6b)，但埋深普遍小于 1500m，产量并不低(图 6c)，40%油层的日产量在 500 桶以上，具有形成高产构造-岩性复合油藏的地质条件，是 Yabus 组精细勘探的重要潜力领域。

Gasab 油田位于北部凹陷西南部 Adar 隆起地区(图 1b)，发现于 2003 年，产层为 Yabus 组上段三角洲前缘砂岩，单个油层厚度 2～10m，早期认为是层状构造油藏，含油面积受构造圈闭控制(图 7B)，然而油藏分析显示，该区 Yabus 组油水界面在 865m(图 7c)，远低于现今断块圈闭的构造溢出点(图 7b)。沉积相研究显示，研究区 Yabus 组上段为三角洲前缘沉积，水下分流河道发育，三维地震属性揭示 Yabus 组上段 Y_2-Y_3 砂组在原断块油藏的东南方发育一条北西-南东向展布的水下分流河道(图 7a)。因此，Gasab 油藏的圈闭类型由原来的断块圈闭变成了高部位受断层控制、低部位受断层和分流河道砂体双重控制的构造-岩性复合圈闭(图 7b)，圈闭面积扩大了 $6km^2$。在原高部位断块油藏以南外甩部署了两口评价井，均获油气发现，其中 GL-1 井在 Yabus 组上段测井解释油层 7 层 19.2m，GL-2 井

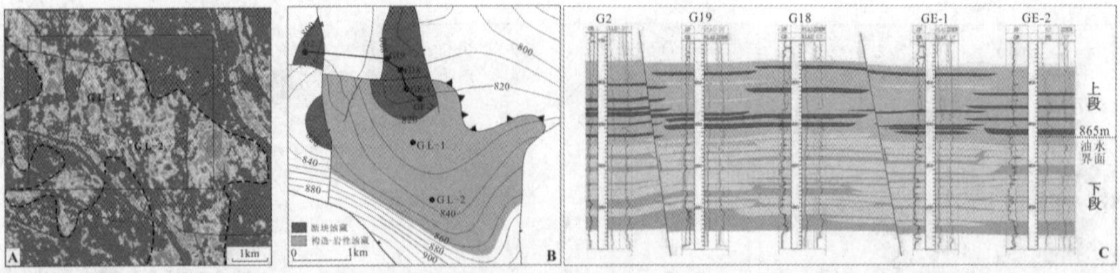

图 7　Gasab 油田 Yabus 组上段水下分流河道地震属性特征(A)、构造图(B)及油藏剖面(C)

在 Yabus 组上段录井见 5 层 12m 良好显示，证实了 Yabus 组上段构造-岩性复合油藏的存在，含油面积和石油储量实现了较大幅度的增加(图 7b)。

Gasab 地区 Yabus 组构造-岩性复合油藏的勘探成功表明，尽快 Yabus 组远源油藏的油源风险较高，但以已发现断块油藏为切入点，通过对已发现断块油藏油水界面的识别与含油范围的预测，可以提高构造-岩性复合油藏的钻探成功率，对 Yabus 组远源断块油藏进行滚动扩边。另外，北部凹陷很多油田的 Yabus 组上段都发现油层，单层厚度 5-10m 及 10m 以上的油层占到一半。北部地区连片三维地震资料品质较好，且 Yabus 组上段埋深浅，应用地震资料对 Yabus 组上段 10m 左右的砂岩进行识别、刻画，技术上可行。因此，按照"高部位发现井油水界面分析明确含油范围—地震属性刻画砂体边界落实岩性圈闭—低部位甩开勘探滚动扩边"的精细勘探思路，可以对 Yabus 组远源断块油藏进行有效的滚动挖潜。

4　Jammam 盆缘区 Yabus 组远源断块油藏精细勘探与规模增储

长期以来，Melut 盆地的勘探主要集中在北部凹陷内部，而盆缘区的勘探程度较低。相比于盆内，盆缘区不发育烃源岩，只能通过侧向运移聚集北部凹陷内部的油气，因此盆缘区 Yabus 组远源断块圈闭的油源风险更高。由于北部凹陷已证实为一大型富油凹陷，因此 Al renk 组生成的油气通过阶梯式运移有运移到盆缘区甚至盆外成藏的可能，目前在北部凹陷生烃灶以东 20km 的 Dabass NE 地区，Yabus 组仍发育大量的油气显示，证实北部凹陷油源充沛，盆缘区具有充注油气的可能，为盆缘区的勘探提供了可能。

Jammam 地区位于北部凹陷西侧盆缘区，面积 2000km^2，为一大型断隆构造(图 8a)。前期针对 Yabus 组主力产层部署探井 6 口，其中 4 口干井，2 口见低产薄油层，没有获得工业发现。制约 Jammam 盆缘油气勘探的关键地质问题是，4 干井的出现能否否定 Jammam 地区的油源条件？只发现两个低产薄油层能否表明 Jammam 地区不具备发育规模厚油层的可能？Jammam 地区是北部盆缘区为数不多的大型断隆构造，其成功与否将影响对盆缘区勘探的决策。为推进 Jammam 地区的勘探部署，需深化成藏地质认识，明确成藏主控因素与高产断块油藏形成条件，以提高 Jammam 盆缘区的钻探成功率。

Jammam 地区虽然为盆缘区，但钻井揭示该区 Adar 组区域泥岩盖层发育，Yabus 组储层发育，Yabus-Adar 储盖组合存在(图 8c)。该区 Al Renk 组为砂泥互层沉积，且泥岩多为氧化色，不具备生烃能力，因此油源条件是 Jammam 盆缘油气成藏的关键。盆地运聚模拟揭示(图 9a)，

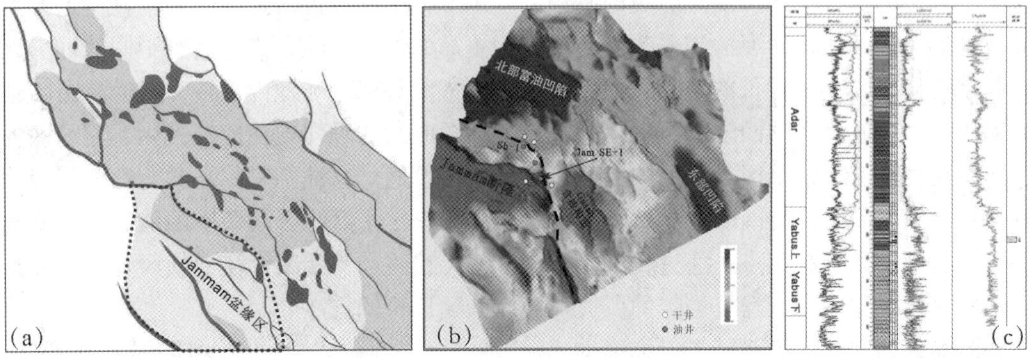

图 8　Jammam 盆缘区区域位置(a)、构造特征(b)及岩性特征(c)

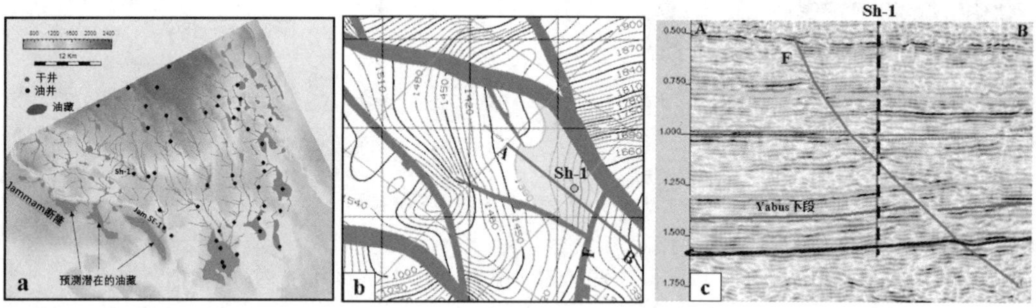

图9　Jammam地区平面油气运聚模拟(a)及sh-1井构造图(b)与过井地震剖面(c)

Jammam地区发育多个潜在的油气聚集区，油气主要来自北部富油凹陷的侧向运移，这与实际地质认识相一致；同时，油气运移具有明显的路径和方向性，由断块与古隆起形成的构造脊是油气运移的主要路径，位于油气运移路径上的两口探井获薄油层发现，而没有在油气运移路径上的探井均为干井(图9a)。可见，油气运移路径控制了盆缘的油气运移与聚集，位于运移路径上的断块圈闭具有较低的油源风险，是盆缘区有利的潜在目标。此外，两口低产井的油藏分析显示，尽管两口探井位于油气运移路径上，但控圈断层断距太小(图9a、b、c)，使其难以形成厚层油藏。因此，位于油气运移路径上的大断距断块圈闭是Jammam盆缘区有利的钻探目标。基于该认识部署的Jam SE-1井在Yabus组远源断块圈闭试油日产200余桶，实现了Jammam盆缘区的勘探突破。另外，盆地模拟显示，Jam SE-1井西侧断阶带发育多个大型油气聚集区，圈闭资源量达1亿吨，有力推动了北部凹陷盆缘区主力产层的甩开勘探与规模增储。

Jammam盆缘区的精细勘探实践表明，盆缘区的远源圈闭较盆内远源圈闭具有更高的油源风险，不同的油气运聚方式使得盆缘区与盆内对远源圈闭的评价重点不同。对于富油凹陷内部，远源圈闭位于生烃灶的上方，通过油源断裂的垂向充注是其成藏的关键，油源断裂的识别与断块圈闭的侧向封堵性研究是圈闭评价的重点；而盆缘区的远源圈闭，主要通过富油凹陷的侧向运移充注成藏，运移路径决定了盆缘区远源圈闭能否聚集到油气，运移路径的研究与圈闭充注油气的风险评价是盆缘区圈闭评价的重点，通过精细构造解释、古地貌恢复及盆地油气运聚模拟的研究可以对富油凹陷盆缘的油气运移路径进行准确的识别，指导盆缘区远源圈闭的勘探部署。

5　结论

(1) Melut盆地古近系Yabus组远源油藏的形成，与Melut盆地特定的储盖组合、富油凹陷的发育及多期裂陷作用导致垂向运移通道的发育有关。对于富油凹陷内部生烃灶以上的远源圈闭，油源断裂明显控制圈闭成藏，与油源断裂相关的各种断块及断层-岩性圈闭具有较低的油源风险，是有利的勘探目标。

(2) Melut盆地北部凹陷供烃充足，油气既可以在盆内的Yabus组远源圈闭聚集成藏，也可以在盆缘区聚集成藏。前期勘探主要围绕盆内Yabus组远源断块圈闭进行，勘探程度已非常高，盆内与油源断裂相关的Yabus组远源断层-岩性圈闭及盆缘区Yabus组远源断块圈闭是北部成熟探区精细勘探与滚动挖潜的两个重要领域。

(3) 北部富油凹陷Yabus组上段以三角洲前缘及前三角洲沉积为主，具“泥包砂”沉积特征，适合开展岩性油藏勘探，由油源断裂与砂体联合控制的构造-岩性复合圈闭是有利的远源岩性圈闭类型。以已发现远源断块油藏为切入点，按照“高部位发现井油水界面分析明确含油范围—地震属性刻画砂体边界落实岩性圈闭—低部位甩开勘探滚动扩边”的精细勘探思路，可以对Yabus组远源断块油藏进行扩边与滚动挖潜。

(4) 盆缘区的远源圈闭较盆内远源圈闭具有更高的油源风险，二者具有不同的油气充注方式与成藏特征。与盆内Yabus组远源圈闭主要依靠油源断裂的垂向充注成藏不同，盆缘区的远源圈闭主要通过富油凹陷的侧向运移充注成藏，运移路径决定了盆缘区远源圈闭能否聚集到油气，油气运移路径与圈闭充注油气风险的研究是盆缘区圈闭评价的重点。

(5) 通过对Melut盆地富油凹陷盆内远源断层-岩性复合油藏及盆缘区远源断块油藏成藏特

征与主控因素的研究，成功指导了 Gasab、Jammam、Ruman、Abyat 等油田区及盆缘区的滚动挖潜与甩开勘探，新增地质储量 1 亿吨，有力推动了 Melut 盆地成熟探区的精细勘探与增储上产。

参 考 文 献

[1] Rosendahl B R. Architecture of continental rifts with special reference to East Africa [J]. Annual Review Earth Planetary Science，1987，15：445-503.

[2] Lowell J D. Structural styles in petroleum exploration [M]. Tulsa，Oklahom，Oil and Gas Consultants International Inc. 1985，477.

[3] 贾东，武龙，闫兵，等. 全球大型油气田的盆地类型与分布规律[J]. 高校地质学报，2011，6，17(2)：170-184.

[4] 窦立荣. 苏丹迈努特盆地油气成藏机理和成藏模式[J]. 矿物岩石地球化学通报，2005，24(1)：50-57.

[5] Schull T J. Rift basins of Interior Sudan：Petroleum exploration and discovery [J]. AAPG Bulletin 1988，72 (10)：1128-1142.

[6] Genik G J. Petroleum Geology of Cretaceous-Tertiary Rift Basins in Niger，Chad，and Central African Republic [J]. AAPG Bulletin，1993，77 (8)：1405-1434.

[7] Mchargue T R，Heidrick T L，Livingston Jack E. Tectonostratigraphic development of the Interior Sudan rifts，Central Africa[J]. Tectonophysics，1992，213 (1/2)：187-202.

[8] Dou L R，Xiao K Y，Cheng D S，Shi B Q，Li Z. Petroleum geology of the Melut Basin and the Great Palogue Field，Sudan[J]. Marine and Petroleum Geology，2007，24，129-144.

[9] 陈云林. 论富油洼陷及其意义[J]. 勘探家，1999，4(2)：8-11.

[10] 赵文智，邹才能，汪泽成，李建忠，李明，牛嘉玉. 富油气凹陷“满凹含油”论——内涵与意义[J]. 石油勘探与开发，2004，31(2)：5-13.

断陷湖盆缓坡带深层优质储层分布预测——以南堡凹陷西南缓坡带东三下亚段为例

康海亮[1] 徐春阳[2] 刘 晓[3]

(1. 中国石油勘探开发研究院；2. 中国石油辽河油田勘探开发研究院；3. 中国石油冀东油田公司勘探开发研究院)

摘 要 深层已逐渐成为渤海湾等东部含油气盆地的重点勘探领域，而制约深层油气勘探的重要因素为优质储层的发育与分布。近年来南堡凹陷西南斜坡深层油气勘探取得一定进展，为更好的指导下步油气勘探，在建立深层层序地层格架的基础上，以东三下亚段为例，对深层优质储层分布进行了预测：首先对层序格架内的沉积相进行了分析，之后利用测井、录井、生产测试等资料明确了相对优质储层的物性下限，结合优质储集砂体类型确定了优质储层的有利沉积相带。通过储层反演获得砂体和孔隙度平面分布，通过有利沉积相带边界约束储层反演得到有利砂体分布范围，孔隙度下限边界和砂厚约束有利砂体，最终明确了相对优质储层的分布范围。研究表明SQ-Ed_3^x有利相带为主要由水下分流河道组成的扇三角洲和辫状河三角洲前缘，相对优质储层的孔隙度>11%、渗透率>$4\times10^{-3}\mu m^2$，扇/辫状河三角洲前缘水下分流河道形成的储层最优质，其次为河口坝和滩砂坝。预测结果揭示，工区北部优质储层厚度在20~105m，主要分布在南部1号断裂上升盘，1号断裂下降盘与F1断层组成的三角区，工区南部优质储层厚度在20~85m，主要分布在南部1~5断层上升盘。南部1号断裂下降盘与F1断层组成的三角区和南堡1~5井区附近是下步勘探的重点。

关键词 深层；优质储层预测；东三下亚段；西南缓坡带；南堡凹陷；断陷湖盆

当前，中国东部含油气盆地中浅层勘探已处于高勘探程度，所能发现的油气藏规模越来越小，增储难度不断加大，埋深在3500m以下的深层已成为当前及未来油气勘探的重要领域。松辽、渤海湾等东部盆地深层潜山、火山岩及砂砾岩等储层中已发现了一系列油气藏，其中不乏一些大发现[1-2]，而且深层剩余油气资源潜力依然较大[3-6]。但深层勘探在地质、工程技术方面还面临着一些问题[7-8]，其中优质储层发育特征、控制因素及分布预测是石油地质工作者较多关注的核心地质问题，也是制约勘探成效的关键因素。

近年来，国内学者从储层岩性、物性和微观孔隙结构以及沉积、成岩和构造等方面对陆相湖盆深层优质储层的发育特征和控制因素进行过较多研究[9-12]，部分学者从沉积相、成岩相角度[14]或通过地球物理手段对优质储层分布进行了预测[15-17]。但总体来看，优质储层预测的方法较为单一，预测结果对勘探的指导还不够精准。

渤海湾盆地南堡凹陷西南斜坡东三段及其以下地层埋深普遍在3000~5000m，近年来已取得了一定的油气发现：如南堡1、2号构造多口井在3500米以下深层钻遇荧光、油迹砂岩，部分井试油获得成功，如PG2井在沙一段获高产工业油流，表明深层具有较大的勘探潜力。受多期构造运动影响，该地区深层构造复杂，地层横向变化快，沉积砂体分布不清，现有钻井资料较少，地震资料品质较差，优质储层预测困难，制约了下步油气勘探。为此本文以南堡凹陷西南斜坡带东三下亚段为例，通过开展沉积层序分析、确定有利沉积相带，利用岩芯、测井和生产测试等资料明确优质储层物性下限，综合沉积相和地震反演确定砂体分布、孔隙度下限约束有利砂体分布等技术方法对深层优质储层的分布进行了预测，预测结果有效的指导了该区下步的油气勘探，同时，该方法也可以为其他地区深层油气勘探提供了借鉴。

1 地质概况

南堡凹陷位于渤海湾盆地黄骅坳陷东北部，为发育在中生界基底之上的箕状凹陷，整体为“北断南超”，面积约为1932km^2[18]。凹陷东部以柏各庄断层为界与柏各庄、马头营凸起毗邻，北部以西南庄控盆断层为界与西南庄、老王庄凸起为邻，南部缓坡与沙垒田凸起呈超覆关系[19]

(图1)。陆上发育老爷庙、高尚堡和柳赞3个油田，滩海地区发育南堡1号、2号、3号、4号和5号等5个含油气构造。西南缓坡带位于南堡凹陷西南部，构造上为南部斜坡带的一部分，区域上包括南堡1号构造和2号构造西部(图1)，与南部沙垒田凸起呈断超接触。钻井资料揭示该区地层自下而上依次发育古近系沙河街组沙三段和沙一段、东营组、新近系馆陶组、明化镇组。目前已发现油气藏主要发育在东一段和馆陶组的构造圈闭中，东三段及其以下的深层是下步勘探的重点领域。

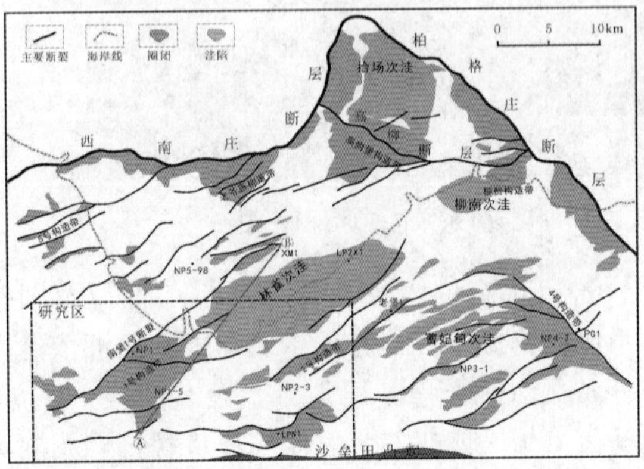

图1　南堡凹陷构造单元划分及研究区位置

2　沉积层序特征

2.1　层序地层格架

建立等时地层格架是开展沉积体系、有利储集相带研究和优质储层预测的基础。前人已对南堡凹陷深层沉积层序进行过一定的研究[21-24]。结合前人研究成果，笔者利用地震、测井等资料，井震结合在南堡凹陷西南斜坡带沙一段-东三段识别出5个三级层序界面和4个最大湖泛面(图2)。三级层序界面中SB1和SB3分别为分隔沙三$_1$和沙一段、沙一段与东营组的区域性不整合面，SB2、SB4和SB5为沉积转换面，界面上下地层堆砌样式不同；最大湖泛面MFS1～MFS4在测井曲线上表现为高自然伽马、平直自然电位和低电阻率的特征，为泥岩厚度较大、颜色较深的位置，地震剖面上基本对应强振幅、高连续性的"双轨反射"。据此沙一段-东三段可划分为4个三级层序，分别大致对应沙一下、沙一上、东三下和东三上四个亚段，以最大湖泛面为界将各三级层序划分为低位体系域+湖侵体系域和高位体系域两部分，建立了深层的层序格架(图3)。

SQ-Ed$_3^x$顶底以SB3和SB4为界，纵向上表现为完整的三级旋回，形成于裂陷四幕早期(姜

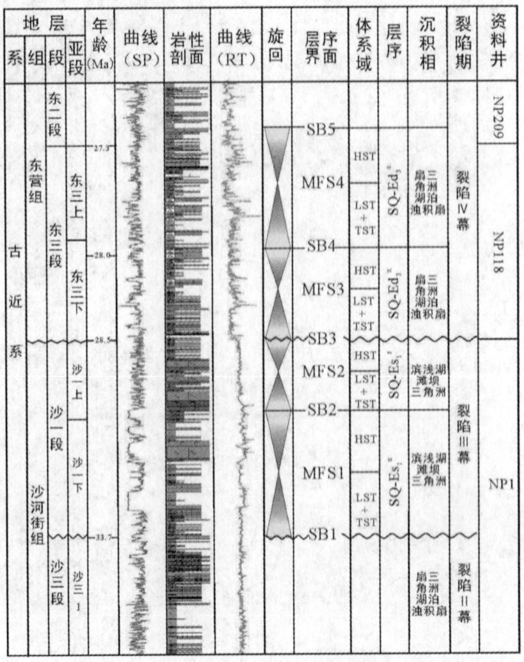

图2　西南斜坡带深层层序划分

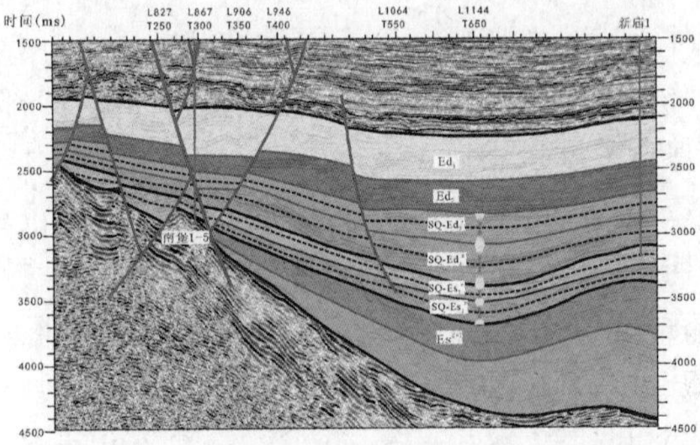

图3　西南斜坡带深层层序地层格架
(剖面位置见图1)

华等，2009)，与SQ-Ed$_3^s$一同构成裂陷四幕形成的构造层序的一部分。南堡1号构造主体部位该层序岩性以灰色粉、细砂岩与深灰色泥岩不等厚互层为主，局部发育火成岩，电测曲线表现为中高幅箱形、钟形—漏斗状或指形。南堡2号构造为泥岩夹粉砂岩、细砂岩和火成岩，表现为微齿化平直夹中低幅指形曲线特征。地震剖面上，层序底部表现为中低频中高振幅，连续性较好的反射特征，局部泥岩发育区表现为空白反射或弱反射特征，中上部为东三段砂泥岩互层及局部火成岩形成的中强振幅反射。

2.2　沉积相展布

SQ-Ed$_3^x$沉积时期，物源来自南北两个方向，北部来自老爷庙、南部来自沙垒田凸起。主要发育扇三角洲、辫状河三角洲和湖泊沉积体系，局

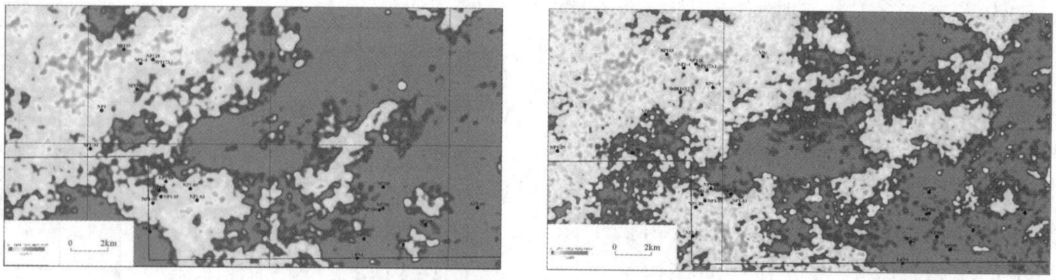

图 4　西南斜坡带 SQ-Ed_3^x低位+湖侵体系域(左)和高位体系域(右)平均能量属性图

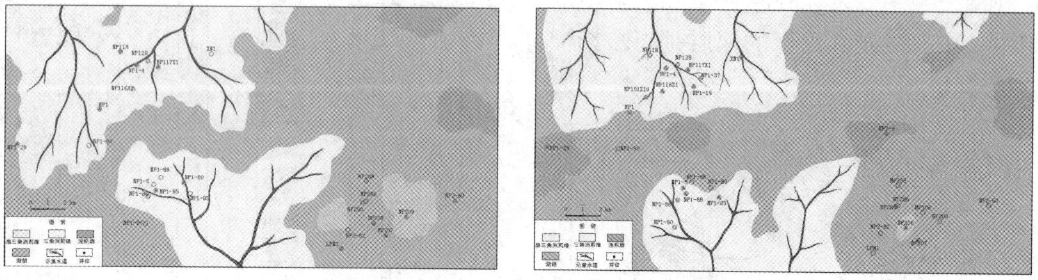

图 5　西南斜坡带 SQ-Ed_3^x低位+湖侵体系域(左)和高位体系域(右)沉积相图

部发育小范围滩坝和规模不等的浊积体。

从平均能量地震属性看，SQ-Ed_3^x低位及湖侵体系域时期高值区包括南堡 1 号断层上升盘、下降盘中段附近、NP1-5 井区附近及其东南部、南堡 2 号断层南段 LPN1～NP2-82～NP288 井一带以及 NP209～NP2-60 井附近。SQ-Ed_3^x高位域时期，高值区分布特征与低位及湖侵体系域时期具有一定的相似性，高值区分布在南堡 1 号断层上升盘及其中段下降盘、NP1-5 井区附近及其东南部和南堡 2 号断层南段下降盘、NP2-9 井附近及工区中部局部地区(图 4)。

综合地震属性、地震相和钻井分析认为，SQ-Ed_3^x低位及湖侵体系域时期，南堡 1 号构造及其周边受北部老爷庙物源影响，发育扇三角洲前缘沉积，由南堡 118 井以北的前缘湖相泥岩发育区分隔为西部和东部两个朵体，西朵体沿工区西北部边界向南推进至 NP1-90 井一带以南 1.5km 处；东部朵体进入工区后，推进至 XN1 井以南偏东约 2.5km 处并沿着南堡 1 号断层上升盘向南西向推进至 NP1 井附近，与西部朵体汇合。南部受沙垒田凸起物源影响，发育辫状河三角洲前缘沉积，主要为 NP1-5 井区至南堡 2 号构造带南部主体提供物源，其前缘向北进入到湖泊中，向北和北东向分别延伸至 NP1-5 断层下降盘及 NP288 井北偏西 2.5km 处。此外 NP209～NP2-60 井附近发育滩坝砂体，工区中部及北东部发育浊积体(图 5)。

SQ-Ed_3^x高位体系域基本继承了低位及湖扩体系域的物源及沉积特征，北部扇三角洲依然主要分布在南堡 1 号断层上升盘及其北段下降盘，西朵体沿工区西北部边界向南推进较远；东部朵体进入工区后，推进至 XN1 井以南偏东约 3km 处及沿着南堡 1 号断层上升盘向南西向推进至 NP117×1 井附近，与西部朵体汇合。

南部辫状河三角洲前缘展布形态、物源方向与该层序低位及湖扩体系域基本一致，主要分布在 NP1-5 井区至南堡 2 号构造带南部主体部位。前缘向北和北东向分别延伸至 NP1-5 断层下降盘及 NP2-9 井西南部 2.5km 处。此外，该时期工区东北部存在受马头营凸起物源控制的扇三角洲前缘沉积区。浊积体主要分布于部分(扇)三角洲前缘前端向湖推进处及工区中部。

3　优质储层划分

3.1　优质储层划分

碎屑岩储集性能一般随埋深增加而减小，但深层同样会发育优质储层。事实上，优质储层是个相对的概念，并无孔隙度和渗透率的绝对指标[25]，不同学者会根据不同的判别标准进行识别和划分，如刘曦翔等[26]认为松辽盆地长岭断陷龙凤山地区浊沸石胶结砂岩通常发育大量的次生溶孔，为该地区发育的一类优质储层，多数学者通常选择孔隙度和渗透率这类直观反映储集性能的指标划分优质储层[27-29]，具体标准则会根据不同盆地和地区的地质条件进行综合确定。

岩屑录井揭示 SQ-Ed$_3^x$储集砂岩主要为细砂岩，其次为中砂岩和粉砂岩。根据录井油气显示和测井解释成果统计分析：无显示砂岩孔隙度一般为3.8%~17%、平均为11.7%，荧光显示砂岩孔隙度一般为4.8%~16.6%、平均为13.0%，油迹砂岩孔隙度一般为10%~17.7%，平均为15.0%，油浸砂岩孔隙度为11.6%~13.8%，平均为13.5%，除油浸砂岩数据点较少外，整体上砂岩油气显示级别越好，孔隙度也越高(图6)。

根据不同油气显示储集砂岩的孔隙度特征可以看出，录井具有油气显示的砂岩孔隙度平均值一般大于11.7%，因此，推测 SQ-Ed$_3^x$相对优质储层的孔隙度下限大致在11%~12%附近。

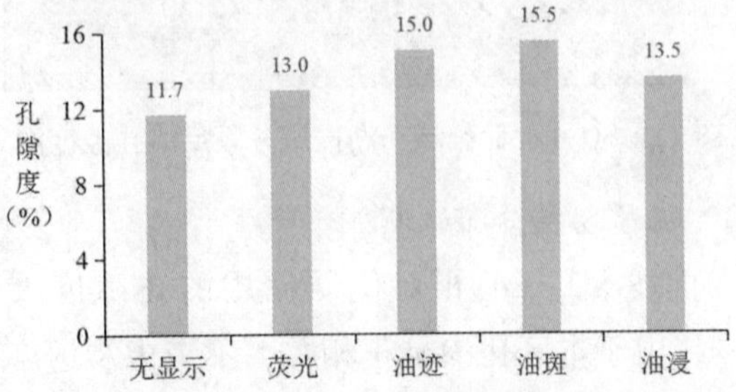

图6 SQ-Ed$_3^x$不同油气显示砂岩孔隙度分布

根据岩芯物性分析、试油成果和测井解释成果资料，试油结果或解释成果为水层和油层的储集砂岩为相对优质储层，而试油结果为干层或压裂后为低产层、测井解释成果为干层的储集砂岩为非优质储层。从两类储层的孔隙度和渗透率直方图分布特征，可以看出 SQ-Ed$_3^x$孔隙度的交汇点在11%附近，渗透率在$4\times10^{-3}\mu m^2$附近。综上分析，笔者将孔隙度>11%、渗透率>$4\times10^{-3}\mu m^2$的储层定为相对优质储层。

3.2 优质储集砂体类型

优质储层形成及保存均主要受原始沉积条件、溶蚀作用及异常高压影响[7,13]。一般而言，优质储层形成于湖盆构造演化稳定期，斜坡前缘部位、沟谷河道充填部位和沉积间断面附近较为发育[13]。

优质储层的展布特征明显受控于沉积相带，优质储层基本发育在(扇)三角洲前缘水下分流河道和坝砂。SQ-Ed$_3^x$扇/辫状河三角洲前缘水下分流河道最优质，孔隙度一般在8%~20%之间，集中分布在14%左右，平均渗透率一般在10md以上，河口坝砂体的孔隙度一般在6%~18%之间，集中分布在11%左右(图8)。而远砂坝、席

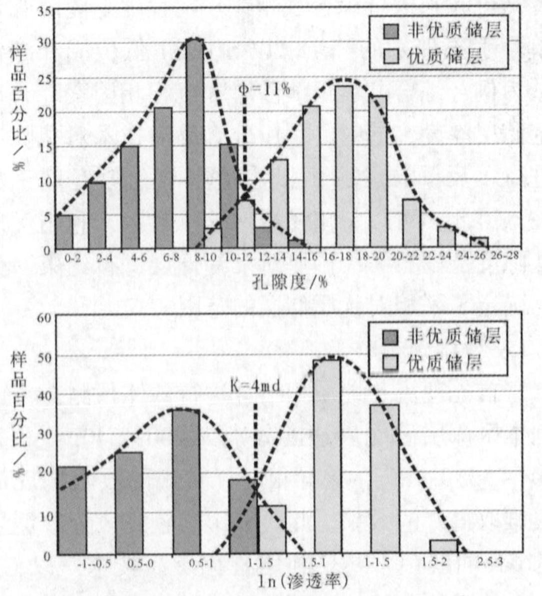

图7 西南斜坡带深层 SQ-Ed$_3^x$相对优质储层孔渗下限

状砂砂体岩性细，砂体薄，孔隙度一般在5%~11%之间，仅有少部分分布在11%~15%之间；滩坝砂体主要分布在8%~15%，平均渗透率一般大于4md，同样砂体较薄，分布局限。

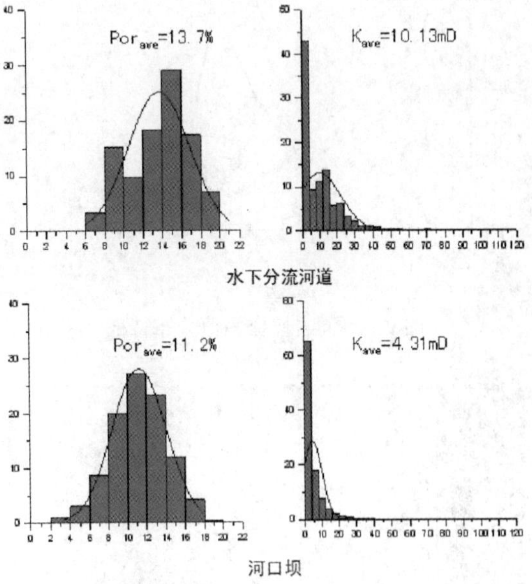

图8 西南斜坡带 SQ-Ed$_3^x$优质储层砂体孔渗特征

4 优质储层分布预测

优质储层厚度和物性是影响深层油气藏油气富集程度与产能的重要因素。由于深层钻井资料少，地震资料资料品质一般较差，给储层预测带来较大困难，仅通过地质方法得到的预测结果往往是定性分布，而单一的地球物理反演结果受储层厚度薄、非均质性强以及砂泥岩波阻抗较难区分等的影响常存在较大的不确定性。因此，将二

者结合起来进行综合预测在一定程度上能够弥补单一手段带来的弊端。以 SQ-Ed_3^x低位域和湖侵域为例，综合井震反演砂厚和沉积相因素综合确定储层厚度，同时，利用分频反演技术对孔隙度进行了反演预测，由于渗透率与孔隙度呈正相关，因此，可以忽略渗透率这一参数，利用优质孔隙度范围，考虑砂厚对反演储层进行约束，最终确定了平相对优质储层的范围。

4.1　砂体预测

首先地震与地质相结合进行砂体预测，考虑到本区深层砂泥岩速度分别为 200~340μs/m 和 204~365μs/m)，差异很小，常规的波阻抗反演很难取得好的效果。此次采用能较好区分砂泥岩的 GR 曲线(图 9)，利用有色反演技术，以 GR 为伪波阻抗曲线，开展井震频谱匹配，通过多次反演参数试验，最后通过施加匹配算子完成地震反演。同时，还要考虑沉积相带展布，利用沉积相边界约束反演砂体，得到与地质认识相一致的砂体分布(图 10)。

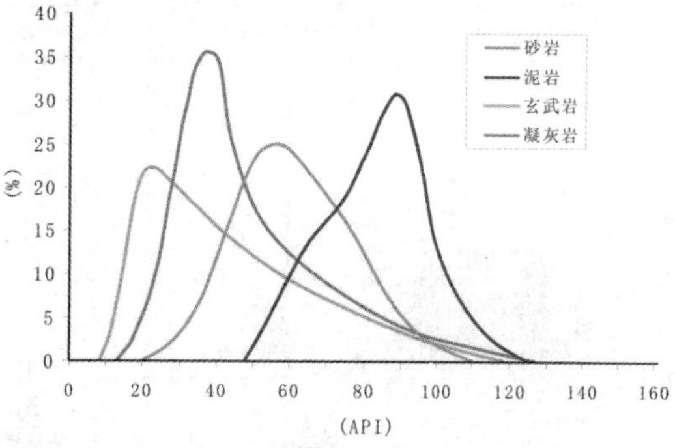

图 9　不同岩性伽马值分布特征

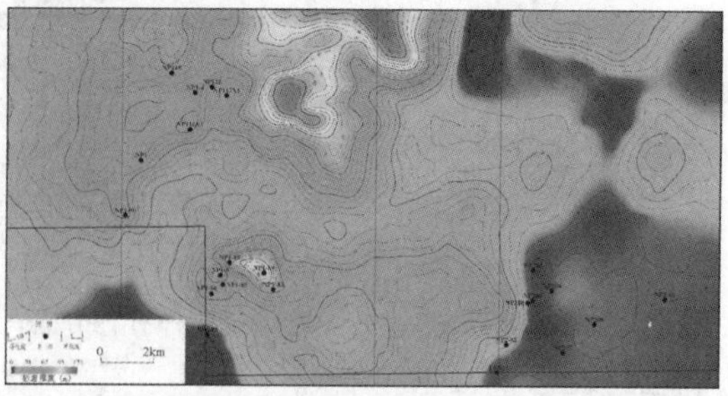
图 10　SQ-Ed_3^x低位域和湖侵域相控反演砂岩厚度图

根据特征曲线反演砂厚可以看出，SQ-Ed_3^x低位域和湖侵域砂厚大概为 5~100m，砂岩厚度分布差别较大，研究区内存在南北两个砂岩厚值发育区，北部砂厚区主要分布在 1 号断裂上升盘，南部主要分布在 2 号构造西部及南堡 1~5 井区，从砂厚分布特征看，砂体主要受物源推进及沉积相影响。

4.2　孔隙度反演

首先对目的层段进行分频处理和频谱分析，选定合适的低、中、高频段的地震分频信息，选择最好的反映储层特征变化的地震属性，并给定不同的权系数，利用支持向量机或神经网络的映射方法，计算得到整个工区孔隙度反演数据体，从而预测平面孔隙度分布图(图 11)。

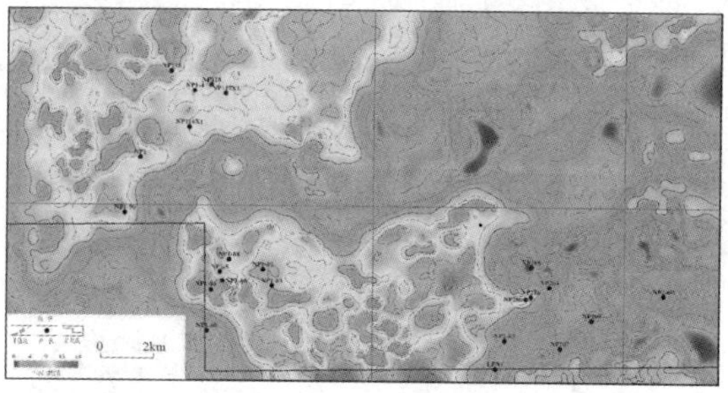
图 11　SQ-Ed_3^x低位域和湖侵域分频反演孔隙度图

4.3　优质储层分布预测

前述 SQ-Ed_3^x相对优质储层的孔隙度大于 11%，由于本区孔渗呈正相关，不考虑渗透率平面分布，并考虑砂厚因素，将孔隙度为 11%的等值线和砂厚>20m 作为边界，约束有利砂体分布并叠合成图，最终获得优质储层的分布范围(图 12)。

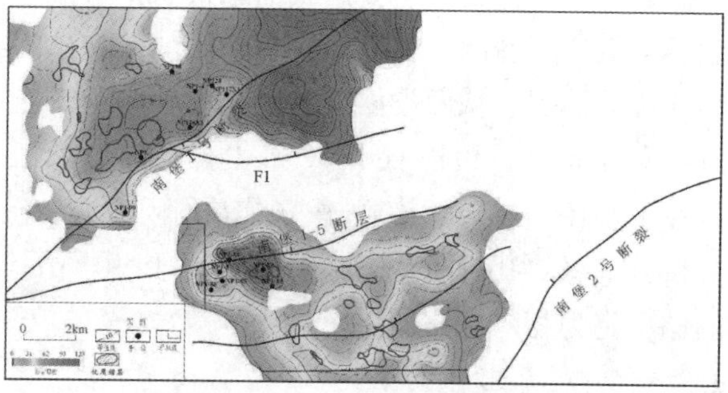

图 12　SQ-Ed_3^x低位域和湖侵域优质储层分布图

SQ-Ed_3^x低位域和湖侵域优质储层主要分布在北部的扇三角洲、南部的辫状河三角洲前缘，部分滩坝砂与浊积砂体内，厚度在 20~105m，最厚处位于 NP1 井北偏东 6.3km 的工区边界附近。虽然工区北东部、东部浊积砂及东南部湖相薄层砂内发育小规模的优质储层，但厚度一般在 5~35m，考虑地质风险较大，未考虑在内。

北部扇三角洲前缘相对应的储层厚度基本 25~110m，较南部更为发育，且以连片性较好，有利面积近 110km^2，尤其是 NP117×1 井北部、东部及 NP116×1 井北偏西 2km 至北部工区边界附近储层以及南部1号断裂下降盘与F1断层组成的三角区最优质，是下步勘探的重点。南部辫状河三角洲前缘储层厚度基本在20~85m，相对优质储层较发育分布在三角洲前缘发育处，最厚处位于南堡1-89井附近，面积近30km^2，西朵体的南堡1-5井区东南部及东朵体内储层相对更好，是下步勘探的重点。

5 结论

（1）南堡凹陷西南缓坡带深层东三段-沙一段可以划分为4个3级层序，以最大湖泛面为界，将各三级层序进行二分，建立了等时地层格架。

（2）综合地震属性、地震相和钻井分析认为，SQ-Ed$_3^x$层序时期南堡1号构造及其周边受北部老爷庙物源影响，发育扇三角洲前缘沉积，主要分布在南堡1号断裂上升盘，南部受沙垒田凸起物源影响，发育辫状河三角洲前缘沉积，向北和北东向分别延伸至NP1-5断层下降盘。

（3）综合录井油气显示、测井解释成果、试油资料等，SQ-Ed$_3^x$相对优质储层的孔隙度>11%、渗透率>4×10^{-3}μm^2，扇/辫状河三角洲前缘水下分流河道形成的储层最优质，其次为河口坝和滩砂坝。优质储层基本发育在（扇）三角洲前缘水下分流河道、河口坝中，其次为滩坝砂、浊积砂体中，受控于沉积相展布。

（4）以SQ-Ed$_3^x$低位和湖侵体系域为例，利用特征曲线重构有色反演和有利相边界确定砂体分布，进一步利用分频反演优质孔隙度范围和砂厚约束砂体，最终获得优质储层的分布，预测表明优质储层受有利沉积相控制，其中南部1号断裂下降盘与F1断层组成的三角区和南堡1-5井区附近是下步勘探的重点。

参 考 文 献

[1] 牛嘉玉，王玉满，谯汉生．中国东部老油区深层油气勘探潜力分析[J]．中国石油勘探，2004(01)：33-40+7.

[2] 徐长贵，于海波，王军，等．渤海海域渤中19-6大型凝析气田形成条件与成藏特征[J]．石油勘探与开发，2019，46(1)：25-38.

[3] 黄臣军，刘格云，张林炎，等．黄骅坳陷深层油气成藏潜力与勘探方向[J]．天然气地球科学，2009，20(05)：683-690.

[4] 崔周旗，李莉，王宏霞，等．霸县凹陷古近系深层砂岩储层特征与岩性油气藏勘探[J]．岩性油气藏，2017，29(02)：51-58.

[5] 何登发，马永生，刘波，等．中国含油气盆地深层勘探的主要进展与科学问题[J]．地学前缘，2019，26(1)：1-12.

[6] 李阳，薛兆杰，程喆，等．中国深层油气勘探开发进展与发展方向[J]．中国石油勘探，2020，25(1)：45-57.

[7] 姚根顺，伍贤柱，孙赞东，等．中国陆上深层油气勘探开发关键技术现状及展望[J]．天然气地球科学，2017，28(8)：1154-1164.

[8] 徐春春，邹伟宏，杨跃明，等．中国陆上深层油气资源勘探开发现状及展望[J]．天然气地球科学，2017，28(8)：1139-1153.

[9] 潘荣，朱筱敏，王星星，等．深层有效碎屑岩储层形成机理研究进展[J]．岩性油气藏，2014，26(04)：73-80.

[10] 刘金库，孙永亮，焦旭，等．碎屑岩储层低渗成因及优质储层发育机理——以歧口凹陷歧北斜坡沙二段储层为例[J]．天然气地球科学，2016，27(5)：799-808.

[11] 何治亮，张军涛，丁茜，等．深层-超深层优质碳酸盐岩储层形成控制因素[J]．石油与天然气地质，2017，38(04)：633-644+763.

[12] 李伟，刘平，艾能平，等．莺歌海盆地乐东地区中深层储层发育特征及成因机理[J]．岩性油气藏，2020，32(1)：19-26.

[13] 庞小军，王清斌，解婷，等．黄河口凹陷北缘古近系物源及其对优质储层的控制[J]．岩性油气藏，2020，32(2)：1-13.

[14] 肖丽华，张磊，田伟志，等．徐家围子断陷深层致密砂砾岩优质储层预测[J]．中南大学学报(自然科学版)，2014，45(04)：1174-1182.

[15] 徐文会，邢文军，高文中，等．南堡油田沙一段优势储层预测技术[J]．特种油气藏，2014，21(04)：70-72+154.

[16] 杨国涛，李娜，吴鑫，等．南堡凹陷拾场次凹沙三段优势储层预测技术[J]．特种油气藏，2014，21(06)：79-82+145.

[17] 张建坤，张明，徐文会，等. 2018. 南堡凹陷4号构造沙一段叠前优势储层预测. 地球物理学进展，33(1)：0319-0325.

[18] 丛良滋，周海民，石油与天然气地质南堡凹陷主动裂谷多幕拉张与油气关系[J]，石油与天然气地质，1998，19(4)：295-301.

[19] 朱光有，张水昌，王拥军等．渤海湾盆地南堡大油田的形成条件与富集机制[J]，地质学报，2011，85(1)：97-111.

[20] 姜华，王华，林正良，等．南堡凹陷古近纪幕式

裂陷作用及其对沉积充填的控制[J]，沉积学报，2009，27(5)：976-982.
[21] 宋来明，彭仕宓，徐强等．陆相等时地层格架建立方法新探———以冀东高尚堡深层 Es_3^{2+3} 油藏为例[J]，地质学报，2007，81(5)：712-719.
[22] 董月霞，杨赏，陈蕾等．渤海湾盆地辫状河三角洲沉积与深部储集层特征——以南堡凹陷南部古近系沙一段为例[J]，石油勘探与开发，2014，41(4)：385-391.
[23] 夏景生，刘晓，李文华，等．南堡凹陷西斜坡中深层高精度层序地层及沉积体系研究[J]．中国石油勘探，2017，22(05)：72-81.
[24] 乔海波，宋璠，夏景生，等．南堡凹陷 3 号构造带中深层层序地层特征与油气关系[J]．沉积与特提斯地质，2017，37(01)：18-24.
[25] 王多云，郑希民，李风杰，等．低孔渗油气富集区优质储层形成条件及相关问题[J]，天然气地球科学，2003，14(2)：87-91.
[26] 刘曦翔，张哨楠，杨鹏，等．龙凤山地区营城组深层优质储层形成机理[J]．岩性油气藏，2017，29(2)：117-124.
[27] 尹楠鑫，徐怀民，伍轶鸣，等. 塔中 16 油藏东河砂岩段高精度层序地层划分与优质储层预测[J]. 天然气地球科学，2014，25(08)：1172-1180.
[28] 陈波，李哲，苏蓓蓓，等．准噶尔盆地车拐地区三叠系相对优质储层主控因素[J]．天然气地球科学，2015，26(S2)：73-82.
[29] 操应长，张会娜，葸克来，等. 饶阳凹陷南部古近系中深层有效储层物性下限及控制因素[J]．吉林大学学报：地球科学版，2015，45(6)：1567-1579.

海相碳酸盐岩断控缝洞型储层识别及主控因素研究——以顺北油田奥陶系碳酸盐岩储层为例

林　波[1,2]　云　露[1]　刘　军[1]

（1. 中国石化西北油田分公司；2. 吉林大学地球科学学院）

摘　要　顺北油田是塔里木盆地近些年在古生界海相碳酸盐岩地层中发现的一种受控于走滑断裂的超深层油田，其储层为受断裂构造破碎为主的缝洞型储层，在空间结构上具有极强的非均质性。以顺北1号、5号油气富集带为例，结合地球物理特征、走滑断裂特征、实钻情况及生产动态等实物资料，查明该储集体的识别特征，并对其主控因素进行研究。结果表明：储层具有六种地震响应特征，走滑断裂构造变形特征、岩石力学层和后期流体是断控缝洞型储集体形成的主控因素。提出走滑断层内部结构、演化程度、分段特征、空间结构和现今地应力制约着规模储层发育的先决条件，岩石的力学性质及后期流体对规模储层的形成具有一定程度的控制作用。

关键词　走滑断裂；缝洞型储集体；主控因素；顺北油田；塔里木盆地

碳酸盐岩油气藏是全球油气勘探的主要类型，前人研究认为海相碳酸盐岩储层与油气藏主要可分为生物礁、颗粒滩、白云岩和岩溶风化壳四大类[1,2]。近年来，随着塔里木盆地油气勘探由古隆起、古斜坡等高地向低隆、凹陷等构造低部位转移，并在顺北地区特深碳酸盐岩勘探领域获得了重大的油气突破，证明了塔里木盆地内的克拉通中小尺度走滑断层对奥陶系碳酸盐岩具有明显的“控储、控藏、控富”作用，揭开了一种新的“断控缝洞型油气藏”勘探的序幕[3,4]。前人针对顺北地区奥陶系特深碳酸盐岩断溶体油气藏开展过系统的研究工作，邓尚等[5]通过对走滑断裂构造变形特征和活动期次的解剖，探讨了走滑断层对油气富集的控制作用；焦方正[4]从储层特征、油藏特征和油气富集规律对该类油气藏勘探潜力及发现的意义与前景进行了论述；李映涛等[6]对奥陶系断溶体储层特征出发，探讨了其可能的发育模式；漆立新[3]开展了断溶体油气藏特征研究，并论述了该类油气藏在海相碳酸盐岩中的勘探潜力与启示；刘宝增[7]以1号和5号断裂带为研究对象，对顺北油气差异聚集主控因素进行了系统的分析。顺北奥陶系海相碳酸盐岩断控缝洞型储层的埋深普遍超过7400m，具有埋藏深度大、钻井周期长、钻井成本高、钻井情况复杂、取心困难和测井资料少等问题，同时由于钻探目标的特殊性，钻井过程中的取心并不能代表真实的储层特征，从而造成了该类油气藏储层研究的相对滞后。如何利用地震和地质的储层响应特征来识别该类储层直接制约了钻遇高产工业油气流的成功率和油气勘探开发经济效益。针对这一关键性难题，本文以顺北油田1号和5号两条油气富集带为研究对象，基于高精度的地震资料和钻井的实物资料，利用地球物理技术及断裂地质解析方法，结合已钻井的实钻过程及生产动态特征，开展顺北地区断控缝洞型储层的识别及主控因素研究，为顺北油田走滑断裂带的井位部署及轨迹优化提供依据，为海相碳酸盐岩断控缝洞型油气藏勘探提供一定的理论指导。

1　地质概况

顺北地区位于塔里木盆地顺托果勒低隆起西北部、沙雅隆起的西南倾没端，其北与塔北隆起相接，东西与满加尔坳陷和阿瓦提坳陷相邻，褶皱变形弱。塔里木盆地盆缘先后经历了加里东早期、加里东中期、加里东晚-海西早期、海西晚期、印支期、燕山期和喜马拉雅期等多期盆缘俯冲闭合造山事件[8,9]。塔里木盆地内顺北及其邻区作为盆缘构造事件的响应，发育了“X”型似共轭走滑断裂体系、调节走滑断裂体系、北东向线性走滑断裂体系和北西西向线性走滑断裂体系四个古生界断裂体系（图1）[10]。顺北1号呈北东向延伸终止在顺北5号弧形走滑断裂的近南北走向段，两者在平面上呈反Y字型结构。在剖面上贯

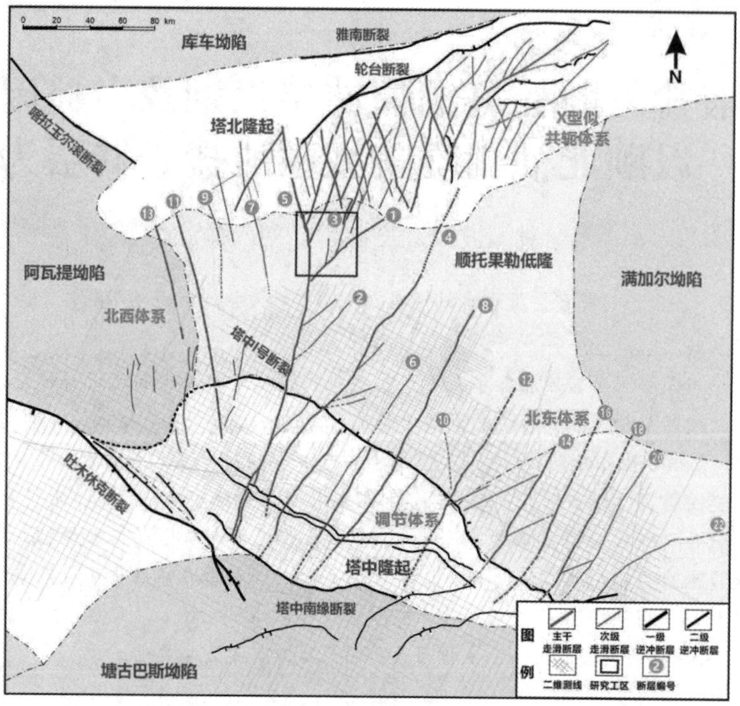

图 1　顺北地区构造位置及邻区下古生界主要断裂分布图

穿多套古生界地层，深层表现为直立走滑或花状走滑构造，浅层的主要表现为雁列正断层，消失在石炭系或二叠系地层中。区内地层除侏罗系沉积缺失，白垩系、二叠系、石炭系、泥盆系、志留系存在不同程度缺失外，其余显生宙地层均发育齐全。奥陶系一间房组和鹰山组海相碳酸盐岩是断控缝洞型储集体的主要载体，断裂向下沟通了寒武系烃源岩，巨厚的桑塔木泥岩作区域盖层，这一良好的独特油气藏类型是目前顺北地区油气勘探评价主要目标。

2　断裂特征

塔里木盆地内的克拉通小尺度走滑断层在奥陶系碳酸盐岩顶界面具有明显的分段性，在纵向空间上具有复杂的叠合构造样式，提出走滑断层具有“分层变形、分段演化”的构造变形特征[11]。前人研究提出走滑断裂在不同构造层之间的差异变形特征对断控缝洞型油气藏的成藏过程具有重要的控制作用[7]，其中碳酸盐岩顶界面的走滑断层构造变形活动制约着断控缝洞型储层的构造成储能力。

顺北 1 号和 5 号走滑断层在断层规模、活动强度及空间结构上具有明显的差异，但其垂向空间结构整体保持一致，由深部向浅层表现为直立走滑、膏盐岩滑脱构造、花状构造、右行雁列正断层、左行雁列正断层、继承性左行雁列正断层的垂向结构序列。基于走滑断裂的分层变形特征及区域不整合接触关系，提出顺北走滑断裂至少经历了 4 期活动：加里东中期Ⅰ幕的直立走滑和膏盐滑脱构造、加里东中期Ⅲ幕花状构造，加里东晚-海西早的雁列正断层活动、海西中晚期的雁列正断层活动。在剖面上深层直立走滑与花状构造主要发育在海相碳酸盐岩地层内，部分向上消失于桑塔木海相泥岩底部，值得注意的是 5 号断层在深部膏岩层比 1 号断层更易发育膏盐岩滑脱构造。走滑断层在碳酸盐岩顶界面具有明显的分段性，顺北 1 号断层可分为 6 段，呈左阶斜列展布，整体走向约北东 45°，顺北 5 号断层可分为 14 段，呈左阶斜列展布，北段走向北西 20°，中段走向近南北。依据走滑断层分段的斜列方式、走滑性质和剖面构造形态可知顺北 5 号断层主体为挤压叠接段和平移非叠接段为主，1 号断层主体为拉分叠接段和平移非叠接段为主（图 2）。顺北 1 号断裂在碳酸盐岩顶界面的同相轴并未明显的错断，而 5 号断裂在碳酸盐岩顶界面错断明显。浅层代表不同走滑性质的撕裂雁列正断层主体发育在古生界碎屑岩地层中，在纵向上并不一定连通，1 号断裂加里东晚-海西期的雁列正断层活动强度明显强于 5 号断裂，同时 5 号断裂北段活动强度弱于中段。而海西中晚期正断层活动呈明显的差异构造变形，其 5 号断裂的雁列

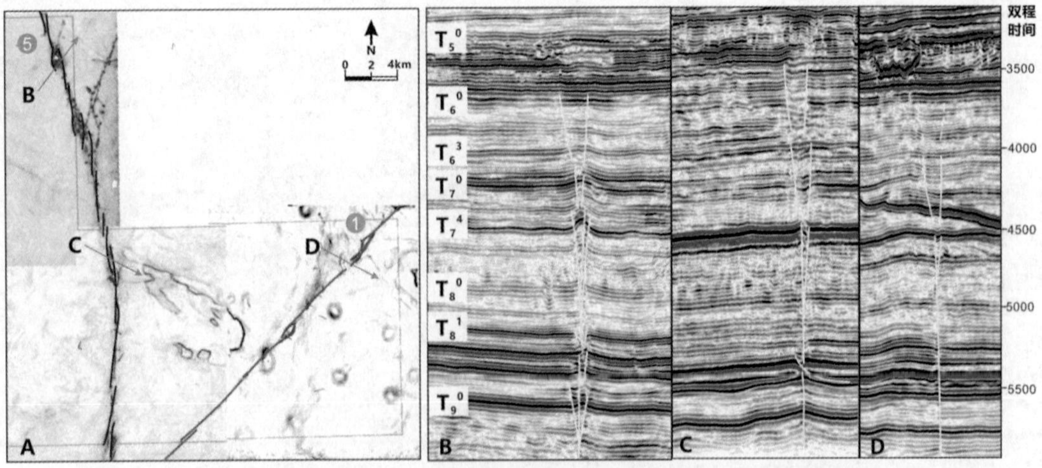

图 2　顺北 1 号、5 号走滑断裂垂向结构序列及分层变形特征

正断层走向为北西向，指示了走滑性质的反转，而 1 号断层则继承了加里东晚-海西早的近南北向雁列正断层活动，从活动强度上来看，5 号断裂中段活动强度明显强于北段和 1 号断裂，在剖面上均表现为对称的地堑正断层下掉特征，实钻结果揭示花状走滑构造与上覆的雁列正断层大多数不连通，仅在 5 号断裂带中段南端一口钻井钻遇了深层的油气，揭示花状走滑构造与雁列正断层存在一定程度的连通。

3　规模储层地质特征

顺北断控裂缝-缝洞型储层，其洞穴、裂缝的分布发育明显受走滑断裂的控制，因其储层的独特性，很难获取有效的储层岩心，只能通过放空、漏失和钻时变化等实钻资料来间接判断识别储层的发育规模。基于钻录井、实钻、测井和地震储层响应特征可将储层分为大型洞穴或缝洞储集体、溶蚀孔洞-裂缝集合体、粒间溶孔-粒内溶孔-微裂缝集合体和微裂缝。本文将对最有效的前两种储集空间开展系统的研究工作，利用钻时变化和油气显示是识别规模储层的方法之一，在钻遇大型裂缝(断裂空腔)或孔洞时甚至会出现钻时降低至零的极端情况，综合分析已钻井钻时曲线认为当其低于 10min/m 时，并伴随着较好的录井油气显示，暗示着可能钻遇了规模储集体。目前钻遇了放空段的钻井均获得了工业油气流，其放空等复杂井况被认为是规模储层发育的标志，代表钻遇了大型缝洞或裂缝异常发育的集合体。放空常常伴随着漏失等复杂井况，但漏失在判断储层规模上具有一定的局限性，在实钻过程中如果泥浆密度远大于地层压力时会直接将地层压开，从而造成漏失现象，误以为是规模储层响应，因此在分析漏失情况及漏失量来判断储层发育特征，需查明钻井过程中地层压力系数与泥浆密度之间的关系，仅当泥浆密度与地层系数相当或略大时，才能通过漏失点的位置及漏失量来判断储层发育位置及规模。还需注意的一点是钻井过程中在裸眼井段存在多点漏失情况，早期已堵漏的漏失点会在高泥浆密度钻井液钻井过程中发生复漏，从而很难判断真实的漏点，需要和钻时、岩性及测录井资料综合分析储层发育的真实性。对两条断裂带已钻井分析发现，放空漏失位置主要集中在碳酸盐岩顶界面下 180m，其中 1 号带的漏失量和漏失速度均大于 5 号带，钻井漏失量和酸压量均与后期单位压降产能呈正比，揭示 1 号断裂带的储层规模和连通性均强于 5 号带(图 3)。

4　主控因素分析

顺北断控储层的发育程度与成岩沉积环境和不整合面岩溶作用并无明显关系，而是受断裂活动、岩性和后期流体等多因素作用的结果。本文从断层构造成储出发，结合野外走滑断裂空间结构和钻井实物资料，对断控缝洞型储层的主控因素进行系统的分析。

4.1　断裂构造

(1) 断层破碎带结构

断层是由断层核和断层破碎带组成的二元结构，其中断层核岩石物性最差的部位；而断层破碎带是优质储层的发育位置，其随着距离断层核的距离增大，物性参数逐渐变差。顺北钻井在侧钻过程中多次发生米级放空漏失等复杂井况，也充分证明了断裂带内部结构的非均质性。理想的断层结构中的断层核可再细分为滑动面和断层核

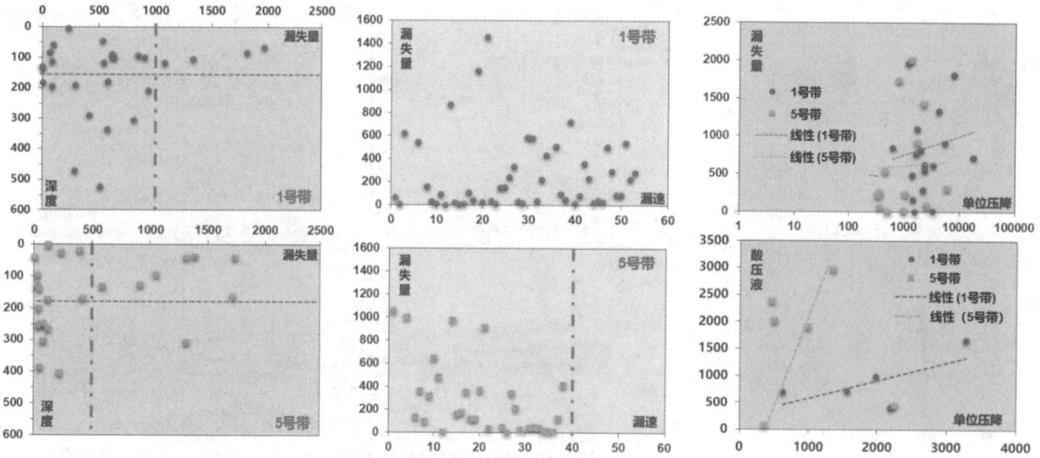

图3　顺北地区1号、5号断裂已钻井地质响应特征相关分析图

图4　断裂破碎带结构野外特征

滑动带，断层破碎带可进一步细分为断层角砾岩带和诱导裂缝带，但并非在每个断层中发育，而是几个亚带的有机组合。在断层初始走滑活动的时候，可能优先形成断层核滑动带和诱导裂缝带；随着断裂活动的强度增大，断层内部结构逐渐向外扩，形成断层核滑动带、断层角砾岩带和诱导裂缝带；断裂的进一步演化，断层滑动带中的断层岩颗粒逐渐变细，最后在核心位置形成一个断层滑动面，而断层核滑动带、断层角砾岩带和诱导裂缝带的活动及范围增大趋势减弱，同时物性参数也在减小(图4、图6)。顺北1号带产能好于5号带，揭示1号带的储层类型为断层核滑动带和断层角砾岩带；而5号带钻井需要酸压或酸化沟通储层，推测其主力储层可能为诱导裂缝带，而断层核滑动带、断层角砾岩带的贡献有限。SB7井和SB5-9井在钻井过程中均钻遇了两条裂缝带(图9)，同时伴随着钻时明显的骤降和泥浆的漏失，但是在两条断裂带之间存在几十米的围岩带，进一步证实了断裂带中是多条裂缝带共存的，裂缝带之间的围岩物性参数极差，断裂带内部结构极其复杂，非均质性极强。

(2) 断层平面分段性

顺北断裂带已钻井在碳酸盐岩顶界面的拉分叠接段的单井产能明显大于平移段和挤压叠接段，其中以挤压叠加段的产能最差。对塔里木野外断控裂缝研究后发现：断层分段叠接位置和端部的裂缝密度明显大于非叠接平移段。研究发现挤压段中的裂缝处于挤压应力作用下，局部古应力并没有释放，裂缝没有开启，这一现象在钻井过程中在靠近挤压段时常常因应力释放而造成掉块或卡钻得到了证实(顺北5号北段)；而拉分段处于拉伸应力环境，易于形成各种空腔，有效缝被保留下来的可能性更大，这与1号断裂带断面位置常放空漏失相吻合。1号断裂拉分段尾端的SB1-3井和5号断裂挤压段的SB5井等高产井的产能揭示了顺北地区的高产井均位于不同叠接段

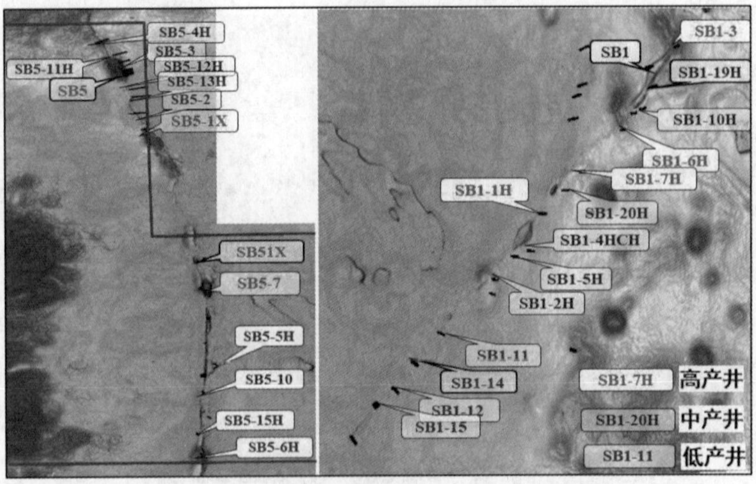

图 5 走滑断裂分段特征与井产能分布图

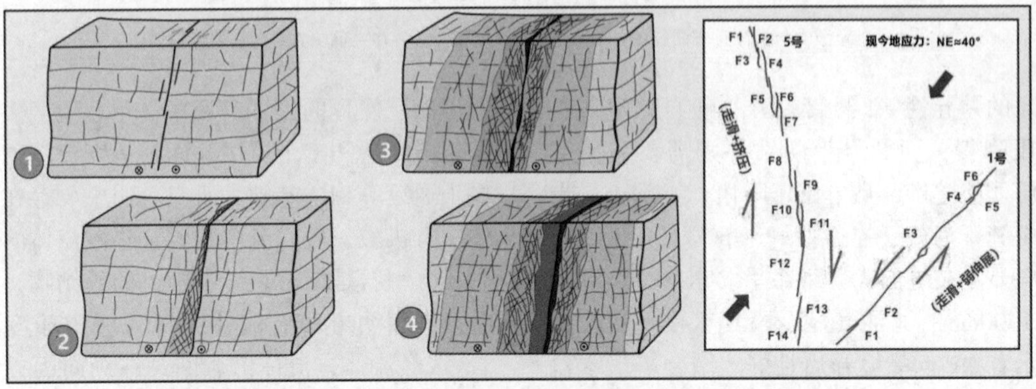

图 6 顺北地区走滑断裂演化、现今地应力与储层发育规模关系

或其尾端位置，其中挤压叠接段通过酸压的方式能很好的沟通储层(图 5)，综合分析认为不同构造样式的局部应力决定了裂缝的开启程度。

(3) 断层规模和演化程度

走滑断裂在纵向结构上的演化对断控储层的分布具有重要的控制作用，顺北 1 号和 5 号断裂的产能差异揭示走滑断裂的断层规模和演化程度与其内部结构密切相关(图 6)：走滑断裂在开始发生走滑活动过程中除了发育主滑动面(PDZ)外，还发育了 R 剪切、P 剪切和 R' 剪切等次级断裂，其中小角度相交的 R 剪切和 P 剪切最为发育，大角度 R' 反向剪切断层相对发育较少，储层发育规模一般；随着走滑断裂进一步演化，R 剪切、P 剪切和 R' 剪切等次级断裂活动强度加强，同时还能发育一定规模的 T 正断层，是储层规模最大的发育期；断裂活动强度加强后，R 剪切和 P 剪切断裂活动强度达到最大，P 和 R 剪切处于断裂活动后期，断层核宽度增加而裂缝带不发期，是断控缝洞型储层物性降低，储层物理破坏阶段。基于断层规模和产能差异，初步的认为 1 号断裂处于断层规模增加同时储层规模增加阶段，而 5 号断裂处于断裂活动增强储层规模减小的阶段。

(4) 断裂空间结构

笔者对走滑断裂与断控缝洞型油气藏成藏过程开展过系统的研究，并提出走滑断层在盐下碳酸盐岩构造层通源、盐上碳酸盐岩构造层控储、巨厚海相泥岩构造层控盖，碎屑岩构造层制约储层改造和油气充注强度。顺北走滑断裂是一个持续的多期活动断裂，在盐上碳酸盐岩构造层为深层直立走滑向上开花的特征，断层的倾角变缓、断面增多的特征，有利于增加储层空间(图 2)。晚期海西中晚期走滑活动对先期断裂存在调整的作用，对早期的构造裂缝进行构造增容，这一认识为顺北 1 号断裂浅层雁列活动强度与油产量成正比相佐证[5]。

(5) 现今地应力

顺北 1 号和 5 号断裂在完井方式和单位压降

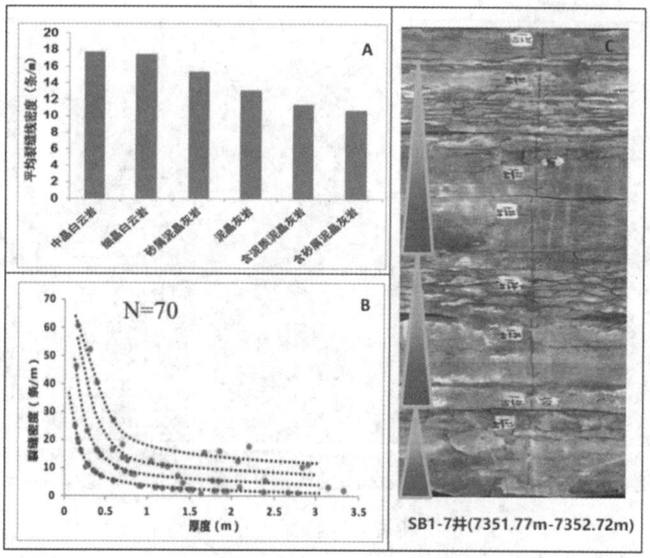

图 7　不同碳酸盐岩岩性与裂缝发育特征

A—裂缝密度与岩性直方图；B—裂缝密度与厚度拟合图；C—SB1-7 井岩心裂缝扫描图

存着明显的差异性：1 号带钻井一般自然建产且其单位压降慢，而 5 号带的钻井则需要大型酸化、酸压才能建产，且单位压降快，指示 1 号带的储层裂缝开启好、连通性好于 5 号带。SB2 井成像资料显示裂缝的优势组系呈北东向，裂缝开度达到 1.00mm，并油气显示段具有很好的匹配性，揭示着 NE 向裂缝开启性好。结合塔里木盆地现今最大的主地应力为 NE40°这一认识，综合认为区域上裂缝走向与水平最大主应力方向小角度相交，裂缝的开启性较好(图 6)。

4.2　*岩石力学层*

不同的岩石材料中断裂(破裂)具有不同的力学性质，为明确断裂在不同岩石中的力学性质，提出了岩石力学层的概念，其是指岩石力学行为相近或岩石力学性质近一致的岩层，同一力学层具有相近的岩石强度、脆性和断裂力学性质。研究表明岩石中的矿物组分和颗粒大小是岩石力学层中裂缝的发育的关键，裂缝发育密度为中晶白云岩>细晶白云岩>砂屑泥晶灰岩>泥晶灰岩>含砂屑泥晶灰岩>含泥质泥晶灰岩>泥岩；随着岩石力学层厚度的增加，裂缝的密度成指数递减；岩石力学层的脆性含量越高，裂缝的密度越高(图 7)。基于以上认识，本文提出鹰下段云灰岩互层更利于裂缝发育，同时鹰上段和一间房组的薄层中裂缝更为发育，是储层发育的优质区。

4.3　*流体改造*

碳酸盐岩在沉积成岩演化及深埋藏过程中会遭受多种流体改造作用，不同类型的流体改造控制了储层发育的位置及规模，顺北地区多期活动的走滑断层和多个层序界面为后期流体的改造提供了通道等物质基础，研究表明主要存在成岩流体、有机酸、硅质流体和岩浆热液流体的改造作用。方解石是储层裂缝中常见的胶结物，地球化学证据表明方解石流体来源为埋藏环境下的成岩-成烃流体，流体沿着断裂在纵向因方解石溶液浓度变化，常常表现为下部储层溶蚀，上部储层充填，这一现象在 SB7 和 SB5-1X 的岩心及 SB2 井的成像测井上得到佐证。顺北岩心的硅质以结核、团块和条带状的产状赋存在灰岩中，为原生沉积成因，与顺南 4 井热液硅质岩成因的储层明显不同，揭示顺北地区富硅流体的来源多样性。SB1-3 井见角闪石、钾长石等岩浆热液矿物，同时在桑塔木泥岩中异常发育的辉绿岩，推测在顺北地区的岩浆热液也对储层具有一定的改造作用。顺北大量烃类包裹体的存在，尤其在 SB1-3 井一间房组岩心呈高角度的张开缝被沥青充填，表明构造破碎在前，烃类流体充注后对裂缝空间的保存起到了积极的作用(图 8)。

5　储层模式及识别特征

5.1　*储层模式*

SB7 井在侧钻过程中钻遇了两次漏失，其中第一个漏失点 7791.69m /7786.22m，漏失泥浆密度 1.27g/cm^3，累计漏失 57.87m^3；第二个漏失点 7979.70m/7850.85m，漏失泥浆密度 1.28 g/cm^3，累计漏失 96.1m^3。在成像测井资料上，第一个断面发育了近 9m 的断层破碎带，为储集

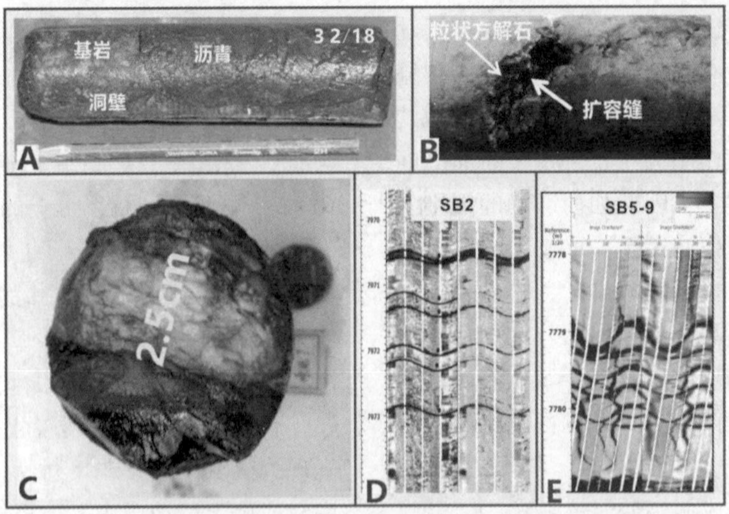

图 8 顺北地区断控缝洞型储层流体作用

A—SB1-3 井，7265-7266.76m，断层空腔被沥青充填，未见明显改造作用，一间房组；
B—SB5-1X，7474.10-7474.36m，溶蚀孔洞，亮晶方解石等半充填，一间房组；
C—SB7 井，2.5cm 的方解石充填直立缝，鹰山组；D—SB2 井成像测井，
7970-7974m，鹰山组；E—SB5-9 井成像测井，7778-7781m，一间房组

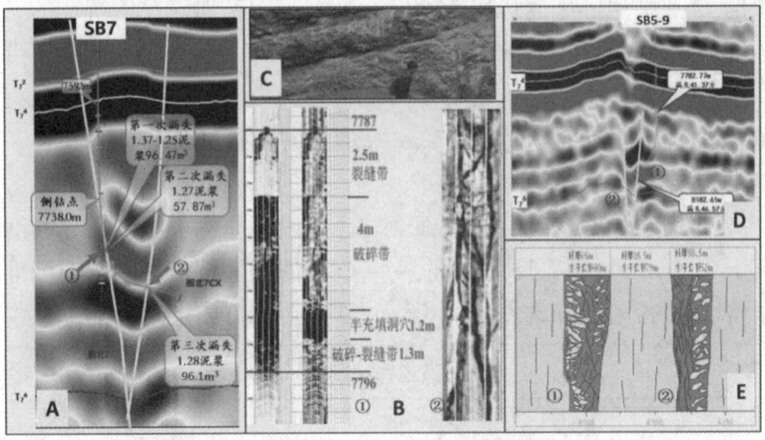

图 9 断控裂缝型储层模式图

A—SB7 实钻轨迹地震剖面图；B—SB7 漏失点成像测井图；C—走滑断层内部结构野外地质剖面；
D—SB5-9 实钻轨迹地震剖面图；E—SB5-9 储层发育模式图

空间为溶洞和裂缝带，第二个断面为低角度的交错裂缝，同时在两个断面之间并无明显的裂缝发育，结合两个断面之间并没有放空漏失和明显的低钻时特征，可以推断出断面之间裂缝型储层不发育(图 9)。SB5-9 井位于顺北 5 号带中段，侧钻钻遇了 1 次漏失，漏失点 8182.61m/8030.04m，累计漏失 46.57m^3，与地震上的断裂具有很好的匹配性。结合后期酸压测试情况，本文认为 SB5-9 井区发育了两个断面，其中断面位置裂缝型储层发育(图 9)。实钻井揭示地震上能识别断面的位置均有可能发育了规模性储层，常常伴随放空漏失等随钻情况，而在地震上未见明显断裂，在钻进过程常常伴随着少量的弱油气显示，揭示着断裂带之间的围岩裂缝可能不发育。综合分析认为断控缝洞型储层主要还是以断裂构造破碎作用为主，集中分布在断面附近，常常伴随着放空漏失等随钻现象。

综合研究认为该类储层具有以下几点特征：①构造破碎成储是断控裂缝型储层形成的先决条件，地震-地质响应特征表明断控裂缝型储层主要分布在断面附近，在远离断面的围岩中裂缝型储层发育规模有限；②地震上能识别的断面

(SB53X)在实钻过程中有少量不放空漏失现象，推测其可能是早期裂缝被充填或未经历后期活动改造，储层发育规模有限；③顺北储层中的裂缝溶蚀现象不明显，揭示后期流体作用在该区域的作用有限，或以充填作用为主；④每个断面之间裂缝型储层相对不发育，因此如何准确的识别主断裂的位置对寻找规模储层至关重要。

5.2　储层地球物理识别特征

通过对沿走滑断裂带部署的钻井地震特征研究后，可将断控缝洞型储层分为T_7^4波组和碳酸盐岩内幕储层响应特征两大类，并可再细化为六小类储层响应特征，现分述如下：

(1) T_7^4波组错断或振幅变弱

顺北地区走滑断裂的T_7^4波组明显错断的钻井主要分布在5号断裂带上，如SB5井、SB51X井和SB53井均为这一反射特征，其储层主要为发育在一间房组顶界面下方的储层中，在地震剖面上表现为波组错断+弱振幅的特征(图10)。该特征在顺北5号断裂的4口井钻遇了一间房组6个断面，其中5个发生放空或漏失，在顺北1号断裂带上的3口井也钻遇了3处放空或漏失，揭示了断层面具有较好的连通性，并都属于高产井。

(2) T_7^4界面之下振幅异常(红波谷)

该类储层响应在顺北地区异常发育，在剖面上的储层为“红波谷异常+断面错断”反射特征，其代表着一间房组内部断裂带附近异常发育的裂缝集合体，该类型的储层反射特征常常发生放空漏失，在剖面上不易识别，如SB5-5H井，但利用去强轴的地球物理处理技术，能发现之前强轴下的串珠反射特征(图10)。该储层响应特征在顺北5号断裂有2口井钻遇，放空漏失成功率100%；顺北1号断裂带上的11口钻井，放空漏失成功率100%，其是顺北地区成功率最高的储层反射特征，但此类钻井的产能属于中等或高产井。

(3) 内幕标准串珠

碳酸盐岩内幕因其碳酸盐岩岩石物性相近，表现为区域的连续弱反射特征，主要发育在一间房组或鹰上段地层中。内幕标准串珠在平面具备近圆形态，长轴与短轴的比值为1∶1，剖面上为能量聚焦、具备完整形态(图10)，其特征与塔河岩溶缝洞型储层的反射特征相似，但在顺北应该是断层裂缝群或与其相关的缝洞集合体反射特征，与去强轴后断控储层类型相似。在顺北5号断裂带上钻遇该反射特征的钻井2口，其中放空漏失1口，在顺北1号断裂带上钻井1口，其中放空漏失1口，揭示了断裂相关的裂缝集合体具有较好的连通性。

(4) 内幕非标准串珠

内幕非标准串珠在地震剖面上各个方向具有不同的剖面特征而区别于标准串珠，该非标准串珠在短轴方向上与标准串珠一致，在长轴方向上

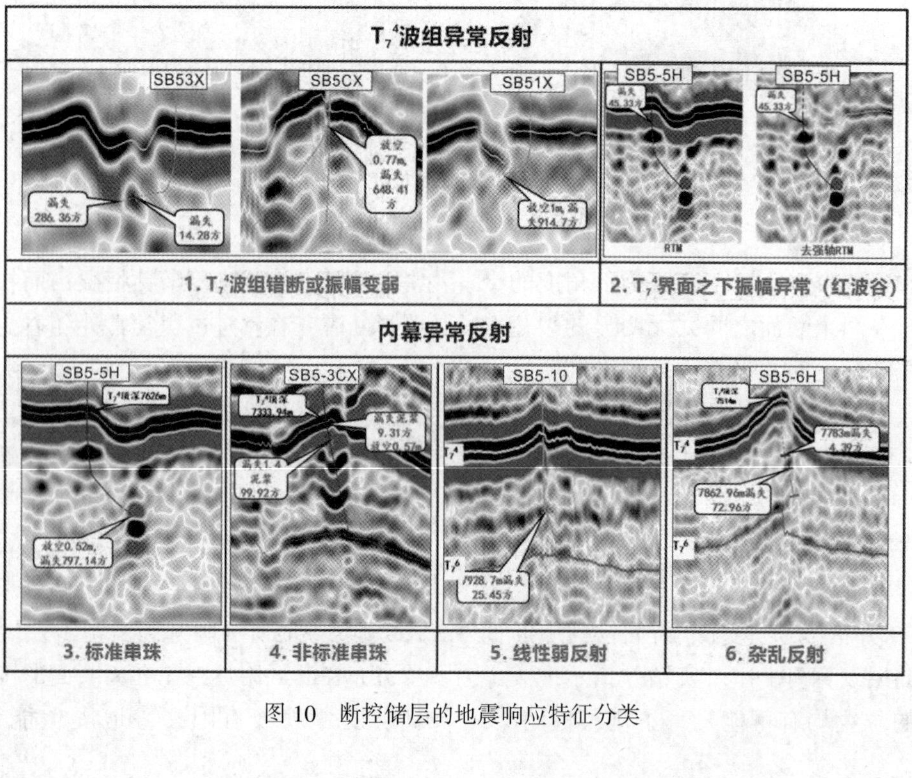

图10　断控储层的地震响应特征分类

长呈短线性延伸，其长轴与短轴的比值介于 2∶1~4∶1 之间(图 10)，发育在一间房组和鹰上段地层中。顺北 5 号断裂带上钻遇此类反射特征的钻井 3 口，其中放空漏失 1 口，在顺北 1 号断裂带上钻井共 4 口，其中放空漏失 4 口。

(5) 内幕线性弱反射

内幕线性弱反射是一种碳酸盐岩内幕断裂的响应特征，在纵向上向下收敛于花状构造或直立断裂根部，其是否断层 T_7^4 波组，与断裂活动强度有关，发育在 T_7^4 界面之下的地层中(图 10)。在顺北 5 号断裂带上钻遇的钻井共 7 口，其中放空漏失 5 口，钻遇放空漏失率 71%，在顺北 1 号断裂带上钻井 5 口，全部放空，揭示了断层面纵向上具有较好的连通性，但是单井的产能差异大。

(6) 内幕杂乱反射

地震剖面上的杂乱反射特征常常是围岩缝网系统的反射特征，具体到顺北地区则是碳酸盐岩内断控缝网储集体的响应特征，其往往是在高速的碳酸盐岩中的低速储集体能形成的强发射(图 10)。该反射特征主要在顺北 5 号断裂上，共计 6 口钻井，有 4 口井钻遇了放空漏失，但是储层的连通性差，需酸压改造，揭示此类储层反射特征的钻井连通性差，产能低。

顺北储层的地震异常响应均与走滑断层的断面发育有关，实钻表明在 T_7^4 波组附近的断面发育的储层规模较内幕储层更大，钻遇成功率高，碳酸盐岩内幕储层地震异常钻探成功率低与断裂面识别不准，断控裂缝发育规模、裂缝的开启程度有关，同时也与油气垂向充注强度存在一定的关系。

6 结论

(1) 顺北断控缝洞型储层是一个复杂的地质体，可以通过钻时、放空、漏失、油气显示、测井和完井等地质响应特征来间接判断储层发育位置和规模，但每个地质识别特征均有一定的使用条件，需综合多个地质响应特征来判断储层发育规模。

(2) 断层构造变形特征、岩石力学性质和后期流体改造是顺北断控缝洞型储层的主控因素，其中断层破碎带结构、分段特征、断层规模、演化程度、空间结构和地应力等构造因素对断控缝洞型储层发育规模的建设作用大，而岩石力学性质及多流体的改造对顺北断控缝洞型储层的形成及规模的建设性作用有限。

(3) 顺北断控缝洞型储层主要分布断面附近，两个断面之间储层欠发育，基于地震异常响应特征可将其划分为 T_7^4 波组储层响应和碳酸盐岩内幕储层响应，并可再细化为 T_7^4 波组错断或振幅变弱、T_7^4 界面之下振幅异常、内幕标准串珠、内幕非标准串珠、内幕线性弱反射、内幕杂乱六小类储层响应特征。

参 考 文 献

[1] 漆立新，云露．塔河油田奥陶系碳酸盐岩岩溶发育特征与主控因素 [J]．石油与天然气地质，2010，31(1)：1-12.

[2] 云露，曹自成．塔里木盆地顺南地区奥陶系油气富集与勘探潜力 [J]．石油与天然气地质，2014，35(6)：788-797.

[3] 漆立新．塔里木盆地顺北超深断溶体油藏特征与启示 [J]．中国石油勘探，2020，25(01)：102-111.

[4] 焦方正．塔里木盆地顺北特深碳酸盐岩断溶体油气藏发现意义与前景 [J]．石油与天然气地质，2018，39(02)：207-216.

[5] 邓尚，李慧莉，张仲培，等．塔里木盆地顺北及邻区主干走滑断裂带差异活动特征及其与油气富集的关系 [J]．石油与天然气地质，2018，39(05)：878-888.

[6] 李映涛，漆立新，张哨楠，等．塔里木盆地顺北地区中——下奥陶统断溶体储层特征及发育模式 [J]．石油学报，2019，40(12)：1470-1484.

[7] 刘宝增．塔里木盆地顺北地区油气差异聚集主控因素分析 [J]．中国石油勘探，2020，25(03)：83-95.

[8] LIN B，ZHANG X，XU X，et al. Features and effects of basement faults on deposition in the Tarim Basin [J]. Earth-Science Reviews，2015，145(43-55.

[9] 汤良杰，漆立新，邱海峻，等．塔里木盆地断裂构造分期差异活动及其变形机理 [J]．岩石学报，2012(08)：2569-2583.

[10] 吕海涛，张哨楠，马庆佑．塔里木盆地中北部断裂体系划分及形成机制探讨 [J]．石油实验地质，2017，39(04)：444-452.

[11] 邓尚，李慧莉，韩俊，等．塔里木盆地顺北 5 号走滑断裂中段活动特征及其地质意义 [J]．石油与天然气地质，2019，40(05)：990-998+1073.

二连盆地断陷洼槽油气成藏特征与富集规律研究

项 鑫 刘喜恒 周从安 江 涛 王宏霞

（中石油华北油田公司勘探开发研究院）

摘 要 二连盆地断陷中不同洼槽的地质条件及油气丰富程度差异较大。本文对主要含油凹陷内不同洼槽地质条件差异性开展分析，将洼槽划分为主洼槽和次洼槽两种类型。对比研究发现，主洼槽在烃源岩、沉积储层、圈闭类型、成藏期次、储量发现等方面明显优于次洼槽。洼槽是相对独立的烃类生成、运移和聚集单元，主洼槽控制了断陷内油气的富集，不同性质的油气环洼有序聚集成藏。老区含油凹陷的主洼槽区勘探程度低，是下步持续勘探发现规模储量的重要方向，新凹陷早期评价选准主洼槽是勘探工作中少走弯路、实现油气快速突破的关键。

关键词 富集规律；成藏条件；主洼槽；二连盆地

二连盆地是中国中东部重要含油气盆地之一。经过40余年勘探开发，截至2019年底，已发现了阿南-阿北、巴音都兰、赛汉塔拉、吉尔嘎朗图、乌里雅斯太、阿尔、乌兰花等十余个含油凹陷，累计探明石油地质储量2.82亿吨。受二连盆地差异性构造活动的影响，盆地内各凹陷具有相对独立、分割性强的特点，单个凹陷不同洼槽同样表现出明显的分割性，每个凹陷常发育有2~4个洼槽，每个洼槽的烃源岩发育特征、构造演化特征、沉积体系类型及规模、圈闭类型和含油性具有不同的特点。勘探实践表明，已发现探明地质储量的70%以上分布在主洼槽中（图1，表1），例如阿南-阿北凹陷，阿南主洼槽探明储量占94.6%，阿北次洼槽探明储量占5.4%；额仁淖尔、乌里雅斯太等凹陷的探明储量100%分布在主洼槽中。因此，评价和优选主力洼槽，分析不同洼槽的油气成藏特点，总结不同洼槽的油气富集规律，对明确二连老区和新区凹陷的下步勘探具有重要的指导和借鉴意义。

1 主、次洼槽的划分标准

二连盆地是在侏罗纪~早白垩世形成的具有相同成因类型和相似地质特征的多个独立断陷湖

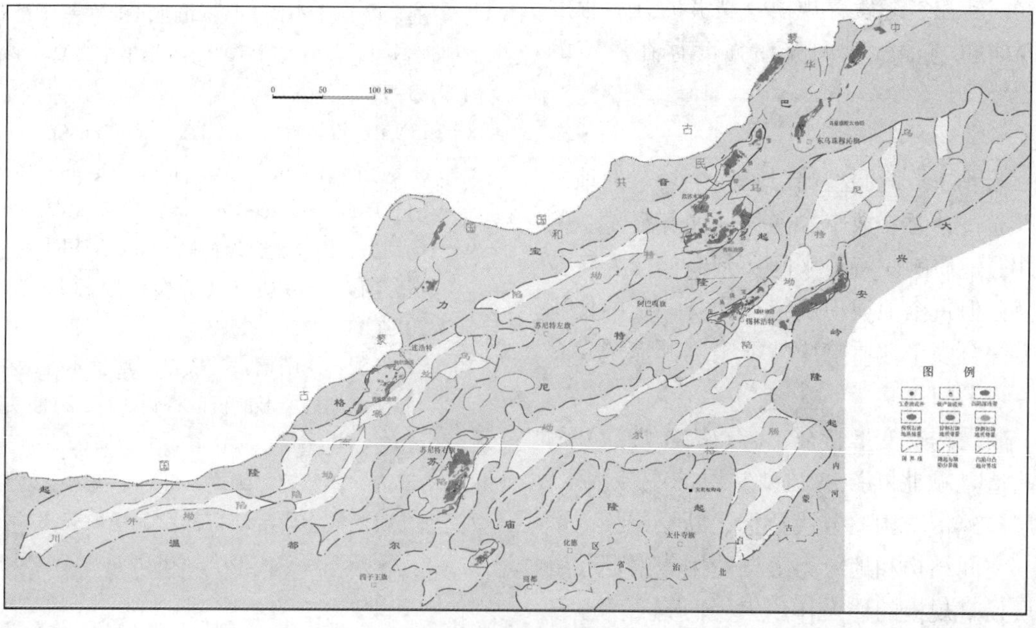

图1 二连盆地洼槽分布及油气勘探成果图

表 1　二连盆地各凹陷油气储量发现表

凹陷	洼槽		发现油藏数量/个	探明储量/万吨	探明储量占比/%
	类别	次要洼槽			
阿南	主洼槽	阿南洼槽	3	9859	94.6
	次洼槽	阿北洼槽	2	562	5.4
		莎东洼槽	—	—	0
		蒙西洼槽	—	—	0
额仁淖尔	主洼槽	淖东洼槽	17	2857	100
	次洼槽	淖西洼槽	—	—	0
		淖南洼槽	—	—	0
赛汉塔拉	主洼槽	赛东洼槽	13	1425	100
	次洼槽	赛南洼槽	—	—	0
乌里雅斯太	主洼槽	南洼槽		2287	100
	次洼槽	中洼槽	—	—	0
吉尔嘎朗图	主洼槽	宝饶洼槽	10	3567	100
	次洼槽	吉西洼槽	—	—	0
		吉东洼槽	—	—	0
乌兰花	主洼槽	南洼槽	15	458	100
	次洼槽	北洼槽	—	—	0
巴音都兰	主洼槽	南洼槽	6	2489	74
	次洼槽	中洼槽	—	—	0
		北洼槽	7	873	26
阿尔	主洼槽	中洼槽	4	3758	82.9
	次洼槽	南洼槽	2	777	17.1
		北洼槽	2	—	0

表 2　二连断陷盆地断陷洼槽类型划分评价表

评价指标 / 洼槽类型	洼槽面积	洼槽发育阶段	洼槽演化类型	地层层序	沉积类型	沉积厚度	扇体规模	烃源岩厚度	烃源岩成熟度	保存条件
主洼槽	大	早	持续沉降	全	多样	大	大	大	成熟-高成熟	好
次洼槽	小	晚	后期抬升	缺失	单一	小	小	小	未成熟-低熟	差

盆的集合体[1]，呈现出“多凸多凹”的构造格局。每一个断陷都有各自独立的构造单元和沉积体系，是一个相对独立的烃类生成、运移和聚集基本单元[2]。断陷内部各洼槽的油气资源规模悬殊，因此建立主、次洼槽的划分标准是勘探方向选择的关键。

依据单一凹陷内的洼槽在规模、构造演化、沉积地层、烃源岩特征及保存条件等方面的差异，建立以凹陷为单元的洼槽划分标准，将一个凹陷内的多个洼槽划分为主洼槽和次洼槽两种类型(表 2)。具备“大、早、全、厚、熟”五项特征则为主洼槽，即主洼槽分布面积大，构造发育阶段早、长期持续沉降，沉积地层层序全、沉积类型多样，烃源岩沉积厚度大、成熟度高，相反为次洼槽。

按此标准将二连盆地主要含油凹陷内部洼槽划分为主洼槽和次洼槽两种类型(表 3)。例如阿南-阿北凹陷发育阿南、蒙西、莎东和阿北四个次级洼槽，阿南和蒙西洼槽形成时间早，湖盆范围面积大，沉积层序全；莎东洼槽形成时间稍晚，缺失阿尔善组早期沉积地层，湖盆范围小；阿北洼槽为腾格尔时期沉积洼槽，形成时间晚，缺失阿尔善组沉积地层，腾格尔时期地层厚度大。同时，受构造活动持续影响，阿南和阿北洼

表 3　二连盆地含油凹陷洼槽类型划分表

凹陷	洼槽	评价指标										评价类型
		洼槽面积/km^2	发育时间	构造演化	地层层序	沉积类型	埋深/m	扇体规模	暗色泥岩厚度/m	成熟度	保存条件	
阿南-阿北	阿南	700	K_1ba 早期	持续沉降	全	多样	4500	大	1800	高成熟	好	主洼槽
	蒙西	210	K_1ba 早期	后期抬升	缺失	多样	2000	大	1100	低成熟	差	次洼槽
	莎东	350	K_1ba 晚期	后期沉降	缺失	单一	2600	小	1200	低成熟	好	
	阿北	600	K_1bt_1 早期	后期沉降	缺失	多样	3500	大	1300	成熟	好	
额仁淖尔	淖东	520	K_1ba 早期	持续沉降	全	多样	4600	大	800	成熟	好	主洼槽
	淖西	200	K_1ba 早期	后期抬升	缺失	单一	2000	小	500	成熟	差	次洼槽
	淖南	300	K_1ba 晚期	持续沉降	全	多样	2800	小	200	未熟-低熟	好	
赛汉塔拉	赛东	500	K_1ba 早期	持续沉降	全	多样	5000	大	850	高成熟	好	主洼槽
	赛南	130	K_1ba 晚期	后期抬升	缺失	单一	1500	小	—	—	差	次洼槽
乌里雅斯太	南洼	300	K_1ba 早期	持续沉降	全	多样	5500	大	700	高成熟	好	主洼槽
	中洼	460	K_1ba 晚期	持续沉降	缺失	多样	4500	大	1400	高成熟	好	次洼槽
吉尔嘎朗图	宝饶	250	K_1ba 早期	持续沉降	全	多样	3500	大	1150	成熟	好	主洼槽
	吉西	130	K_1ba 早期	后期抬升	缺失	单一	1500	小	300	未熟-低熟	差	次洼槽
	吉东	150	K_1ba 晚期	后期沉降	缺失	单一	2400	小	350	未熟-低熟	好	
乌兰花	南洼	180	K_1ba 晚期	持续沉降	全	多样	3000	大	750	成熟	好	主洼槽
	北洼	120	K_1ba 早期	后期抬升	缺失	单一	2800	小	550	未熟-低熟	差	次洼槽
巴音都兰	南洼	890	K1ba 早期	持续沉降	全	多样	3500	大	960	成熟	好	主洼槽
	中洼	100	K1ba 早期	后期抬升	缺失	单一	3200	小	700	低熟	差	次洼槽
	北洼	320	K1ba 晚期	持续沉降	缺失	多样	3000	大	700	成熟	好	
阿尔	中洼	160	K1ba 早期	持续沉降	全	多样	3500	大	1300	成熟	好	主洼槽
	南洼	140	K1ba 晚期	后期抬升	缺失	多样	2600	大	860	成熟	好	次洼槽
	北洼	150	K1ba 早期	后期抬升	全	多样	3100	大	1300	高成熟	差	

槽持续沉降，埋藏深度大，烃源岩热演化程度高；蒙西洼槽后期构造抬升，地层遭受剥蚀、埋藏浅(2000m)，烃源岩未成熟；莎东洼槽虽然持续沉降，但埋藏深度浅(2600m)，烃源岩成熟度低。综合对比四个洼槽地质特征，根据标准将阿南洼槽确定为主洼槽，而阿北、蒙西和莎东洼槽为次洼槽。

2　主、次洼槽地质背景的差异性

2.1　构造演化差异

构造演化的不同特点决定不同洼槽油气成藏条件差异。主洼槽往往具有稳定、持续沉降，沉积速率大，沉积地层厚的特点。例如阿南-阿北凹陷中的阿南主洼槽形成时间早于阿北次洼槽(图 2a)，在阿尔善组沉积时期，阿南主洼槽先接受沉积；腾格尔组沉积时期断陷继续发育，水体加深、湖盆扩大，阿北次洼槽受到北部边界断层活动影响，接受了腾格尔组地层沉积，厚度约2400m，与此同时，凹陷内多洼槽的构造格局在此阶段基本定型。再例如乌兰花凹陷中的南主洼槽和北次洼槽(图 2b)，北洼槽先接受阿尔善组下段沉积，腾格尔组沉积早期凹陷整体下沉、湖盆扩大，全区沉积较厚地层；赛汉塔拉组沉积时期，南洼槽持续沉降，北洼槽持续抬升，地层遭受剥蚀，形成顶部大角度不整合，形成了南主洼、北次洼的构造格局。因此，洼槽形成早晚、持续沉降和反转抬升等构造演化历史对主、次洼槽的判别具有重要影响。

2.2　沉积体系差异

主洼槽具有沉积空间大和持续沉降的特点[34]。纵向上地层层序发育较全，横向上沉积类型多样，主要发育扇三角洲、辫状河三角洲和湖底扇等砂体，砂体规模相对较大、分布范围

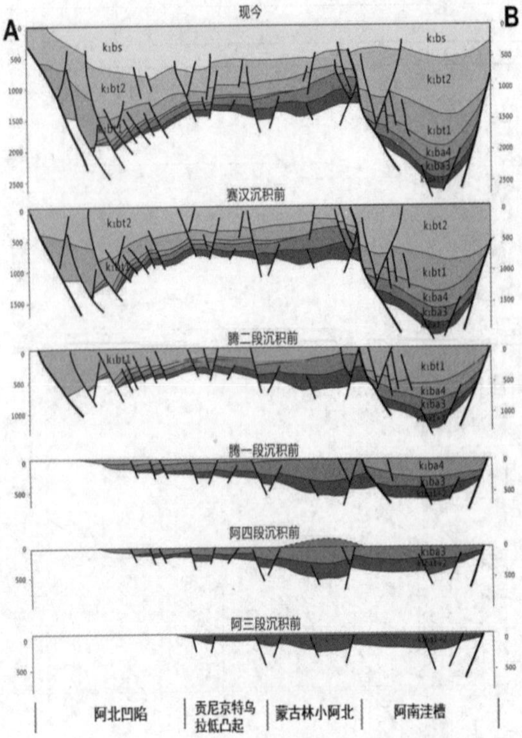

图 2a　阿南凹陷过阿南和阿北洼槽构造演化剖面

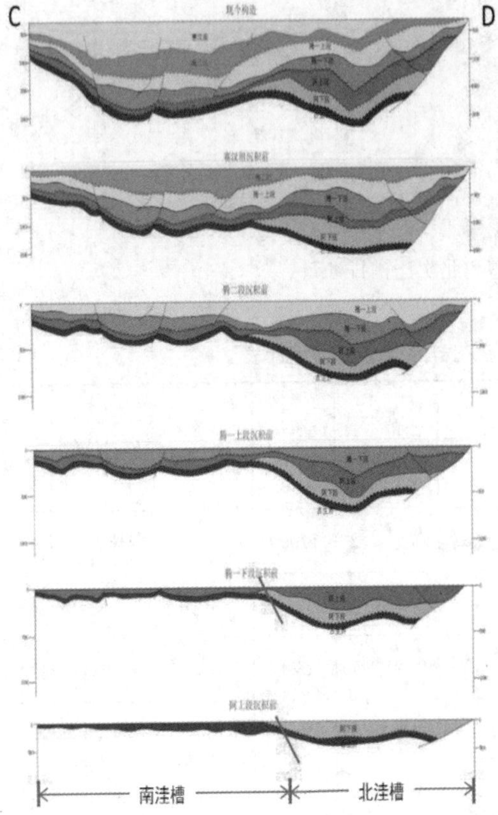

图 2b　乌兰花凹陷过南、北洼槽构造演化剖面

广、储层厚度大。次洼槽具有沉积空间小、形成时间晚或后期遭受抬升剥蚀的特点，纵向上部分地层层序缺失或不全，沉积类型较单一，主要发育扇三角洲和近岸水下扇等砂体，砂体规模相对较小、分布范围窄、储层厚度小。

以额仁淖尔凹陷为例，阿尔善组沉积时期，主洼槽淖东洼槽主要发育辫状河三角洲、扇三角洲相砂体，扇体形态以裙边状、朵状、带状为主，砂体分布范围广，储层厚度 200～300m 之间。次洼槽淖西洼槽主要发育湖底扇相砂体，平面上砂体分布范围较局限、范围小，储层厚度 100～200m 之间。

3　主、次洼槽静态成藏条件差异性

3.1　主洼槽烃源岩厚度大，热演化程度高

二连盆地发育腾格尔组腾一段(K_1bt_1)和阿尔善组(K_1ba)两套主力烃源岩[6]，对主要含油凹陷不同洼槽的烃源岩特征分析表明，主、次洼槽烃源岩的有机质丰度、类型差别并不明显，但主、次洼槽的埋藏史和热演化生烃史存在明显差异。主洼槽较次洼槽通常具有热演化程度更高的特点。以阿南-阿北凹陷为例(图 3)，阿南主洼槽烃源岩成熟度介于 0.5%～1.4%，而阿北、莎东、蒙西各次洼槽烃源岩成熟度分别介于 0.5%～1.0%、0.5%～0.7%、0.5%～0.7%。主洼槽的烃源岩热演化程度明显高于次洼槽(表 4)。

主、次洼槽埋藏史和热演化生烃史的差别造成现今洼槽生排烃强度、生油量及资源量存在差异。以乌兰花凹陷为例，虽然乌兰花南洼槽烃源岩的有机质丰度和类型稍差于北洼槽，由于南洼槽持续沉降，北洼槽后期遭受抬升剥蚀，造成南、北洼槽烃源岩热演化程度差别较大。南洼槽热演化程度较高，R0 值为 0.5%～1.2%，北洼槽热演化程度较低，R0 值 0.4%～0.8%（表 4）。成藏模拟显示南洼槽生油量为 5.82×10^8t，排油量达到 2.81×10^8t，资源量为 5600×10^4t；北洼槽生油量为 1.11×10^8t，排烃量为 0.58×10^8t，资源量为 1000×10^4t。南主洼槽生排烃量约为北次洼槽的 6 倍，地质资源量约为北次洼槽的 5.6 倍(图 4)。

3.2　主洼槽原油物性好，是油气藏主要油气油源

勘探实践表明，二连盆地主要含油凹陷油层纵向上集中分布在阿四段和腾一下段，与主力成熟烃源岩的分布层系一致。平面上，油气藏在主

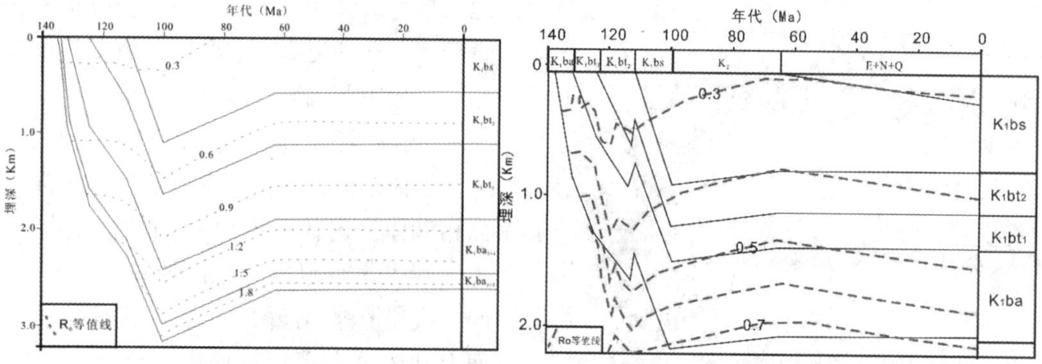

图3 阿南主洼槽哈20井与阿北次洼槽欣1井热演化史

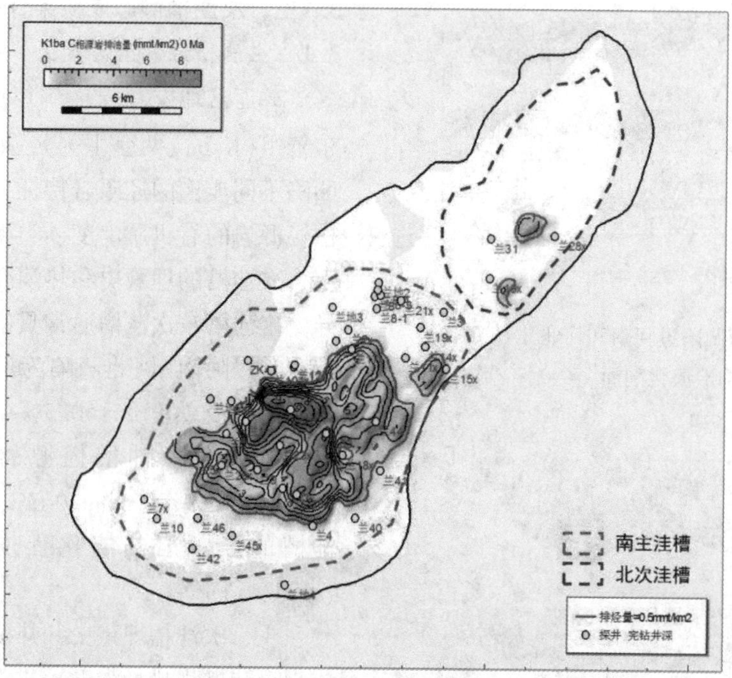

图4 乌兰花凹陷阿尔善组南主洼槽和北次洼槽排油量

表4 二连断陷盆地含油凹陷下白垩统巴彦花群烃源岩数据统计表

凹陷	类型	洼槽	成熟烃源岩面积/m	有效烃源岩厚度/m	TOC/%	PG/(mg/g)	沥青“A”/%	HI/(mg/g)	Tmax/℃	Ro/%	资源量/($\times10^4$t)	烃源岩评价
阿南-阿北	主洼	阿南	208	450	1.49	3.86	0.1	213.5	414~487	0.5~2.2	17000	$Ⅱ_2$~$Ⅱ_1$型高熟中等源岩
	次洼	蒙西	121	0	1.71	3.41	0.05	193	432~439	0.5~0.7	200	$Ⅱ_2$~Ⅲ型低熟中等源岩
		莎东	210	50	2.33	4.03	0.039	153.3	424~439	0.5~0.7	529	$Ⅱ_2$~Ⅲ型低熟好源岩
		阿北	177	300	1.55	6.6	0.14	336	415~455	0.5~1.3	3900	$Ⅱ_2$~$Ⅱ_1$型成熟好源岩
额仁淖尔	主洼	淖东	88	250	0.92	3.1	0.13	228	412~494	0.5~1.4	7000	$Ⅱ_2$型高成熟中等源岩
	次洼	淖西	37	80	1.32	3.96	0.09	204	416~444	0.5~1.2	300	$Ⅱ_2$~Ⅲ型成熟中等源岩
		淖南	23	20	0.61	1.81	0.03	153		0.3~0.6	500	Ⅲ型低成熟差源岩

续表

凹陷	类型	洼槽	成熟烃源岩面积/m	有效烃源岩厚度/m	TOC/%	PG/(mg/g)	沥青“A”/%	HI/(mg/g)	Tmax/℃	Ro/%	资源量/($\times10^4$t)	烃源岩评价
乌里雅斯太	主洼	南洼	146	600	2.49	5.83	0.14	223	424~483	0.5~2.7	6159	Ⅲ~Ⅱ$_2$型高熟好源岩
	次洼	中洼	382	350	2.78	5.78	0.08	193.7	421~485	0.5~1.7	3426	Ⅲ型高熟好源岩
吉尔嘎朗图	主洼	宝饶	125	275	2.31	7.29	0.263	268.8	421~466	0.5~1.1	6800	Ⅱ$_2$型成熟好源岩
	次洼	吉东	45	150	1.52	7.68	0.125	326.1	421~443	0.3~0.7	1300	Ⅲ~Ⅱ$_2$型低熟好源岩
乌兰花	主洼	南洼	59	350	1.78	6.97	0.12	316.8	422~460	0.5~1.2	5600	Ⅱ$_2$~Ⅱ$_1$型成熟好源岩
	次洼	北洼	10	400	2.28	11.6	0.12	466.4	425~448	0.4~0.8	1000	Ⅱ$_1$型低熟好烃源岩
巴音都兰	主洼	巴南	172	500	2.1	12	0.2	452.1	417~467	0.5~1.3	8800	Ⅱ$_1$型成熟好烃源岩
	次洼	巴中	7	550	3.16	17.3	0.3	499.5	421~432	0.5~0.9	1600	Ⅱ$_1$型成熟好烃源岩
		巴北	93	450	3.07	15.9	0.22	469	416~446	0.5~1.0	4600	Ⅱ$_1$型成熟好烃源岩
阿尔	主洼	中洼	75	350	1.9	6.73	0.17	288.4	430~454	0.5~1.1	6500	Ⅱ$_2$~Ⅱ$_1$型成熟好烃源岩
	次洼	北洼	95	300	1.57	6.83	0.12	326.9	422~481	0.5~1.6	3800	Ⅱ$_2$~Ⅱ$_1$型高熟烃源岩
		南洼	73	350	2.48	9.03	0.1	343.9	427~450	0.5~1.0	2711	Ⅱ$_2$~Ⅱ$_1$型成熟好烃源岩

注：表中 TOC、PG、氯仿沥青“A”、HI 分别取自各洼槽 $K_1ba+K_1bt_1$ 泥岩烃源岩样品各项对应数据的平均值。

洼槽内呈“半环形”分布，表现出油气的分布受主洼槽内成熟烃源岩控制的特点[6]。此外，油气的性质与主洼槽烃源岩的地化特征关系密切。主洼槽烃源岩成熟度高，如阿尔、乌里雅斯太等凹陷的主洼槽，其原油以轻质油和常规油为主，次洼槽烃源岩成熟度相对较低，如巴音都兰中、北洼槽等，其原油以重质油和稠油为主。各断陷的油源对比表明，主、次洼槽交叉带的正向构造叠置区油气主要是主洼槽烃源岩供烃，次洼槽的贡献相对较低，以阿南阿北凹陷为例。

阿南主洼槽探明阿尔善、哈达图、吉和三个大型油藏群，其中，阿尔善油田自南向北包括阿南、小阿北和蒙古林三个油藏，哈达图油田由西向东包括夫特构造、哈南构造等多个油藏，纵向上油气主要集中于腾一段和阿尔善组。阿南洼槽不同区带的原油密度差异较大，不同性质的原油呈现出以主洼槽为中心，由深层至浅层、由中心向边缘，原油的成熟度逐渐降低，密度、黏度逐渐增加的特点(图 5)。靠近洼槽中心的阿南油藏和夫特构造等区块的阿尔善组原油主要为轻质成熟原油，稍远离主洼槽的小阿北、哈南、吉和油田等区块原油主要为中质成熟原油，而洼槽外围的蒙古林等区块的腾一段浅层原油则主要为重质稠油。

阿南主洼槽的原油是由阿南主洼槽的烃源岩生成。原油的全烃色谱分析显示(图 6)，轻质油或重质稠油的正构烷烃均保存完好，没有明显的生物降解现象，在运移过程中成熟原油受差异聚集或色层效应影响，密度、黏度等性质发生分异而形成了轻、中、重质油三种不同物性的原油规律性环洼分布。原油的生标参数与阿南主洼槽混合有机质输入形成的咸水湖相烃源岩的参数分布具有一致性，全油 $\delta^{13}C$ 值与阿南洼槽阿 3 井、阿 7 井、阿 23 井源岩的沥青“A”同位素分布一致，也直接证明了阿南主洼槽各构造带的原油来自与主洼槽内的 K_1bt_1 和 K_1ba 烃源岩(图 7)。主次洼槽交叉带的蒙古林油藏的原油来源于阿南主洼槽，是主洼槽的成熟原油运移分馏而形成的原

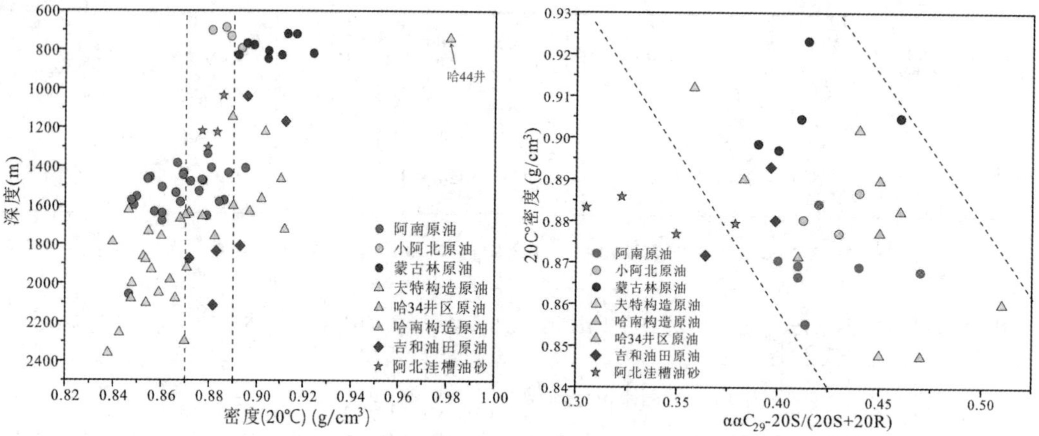

图5　二连盆地阿南阿北凹陷原油密度-深度-成熟度相关关系图

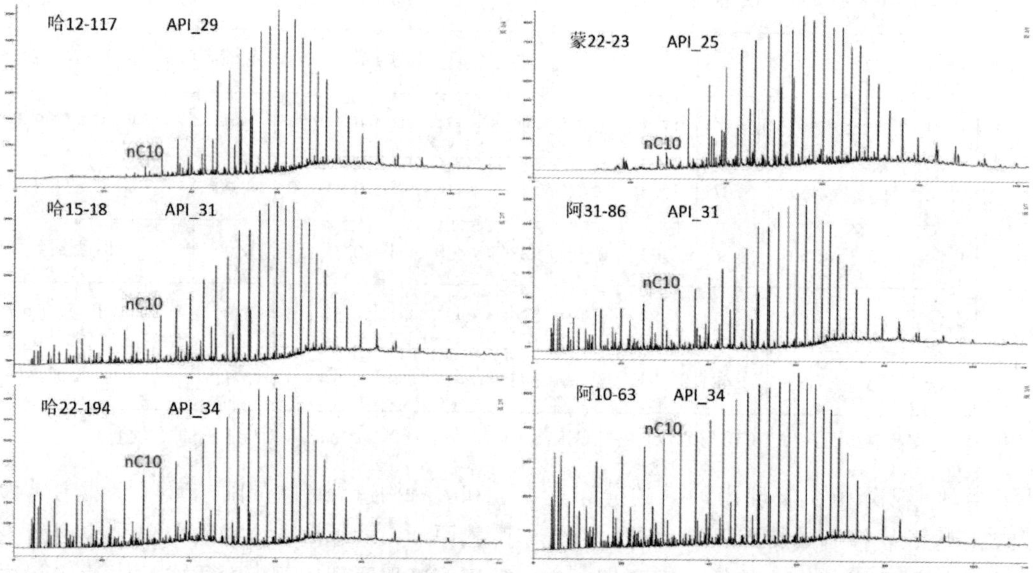

图6　二连盆地阿南主洼槽北部背斜带和东部潜山带原油色谱分析图

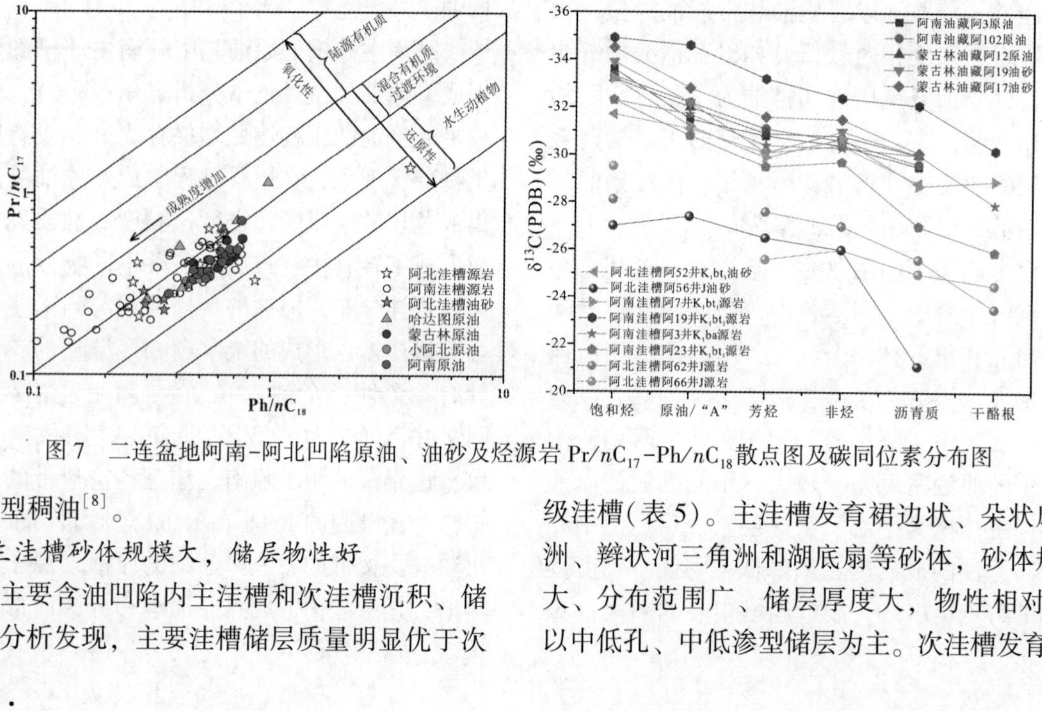

图7　二连盆地阿南-阿北凹陷原油、油砂及烃源岩 Pr/nC_{17}-Ph/nC_{18} 散点图及碳同位素分布图

生运移型稠油[8]。

3.3　主洼槽砂体规模大，储层物性好

对主要含油凹陷内主洼槽和次洼槽沉积、储层对比分析发现，主要洼槽储层质量明显优于次级洼槽（表5）。主洼槽发育裙边状、朵状扇三角洲、辫状河三角洲和湖底扇等砂体，砂体规模较大、分布范围广、储层厚度大，物性相对较好，以中低孔、中低渗型储层为主。次洼槽发育扇形、

表5　二连盆地下白垩统砂体特征分析表

层位	序号	凹陷	洼槽	洼槽类型	储层特征						
					成因	形态	面积/km^2	储层厚度/m	主要岩性	孔隙度/%	渗透率/mD
腾格尔组一段	1	阿南凹陷	阿南	主洼	扇三角洲、近岸水下扇	扇形、裙边状	1026	310~622	砂砾岩、细砂岩、粉砂岩	4.4~38.4	<1~4946
			阿北	次洼	冲积扇、扇三角洲、近岸水下扇	扇形	572	106~319	砂砾岩、含砾砂岩	3.2~25.6	<1~13.27
	2	额仁淖尔	淖东	主洼	辫状河三角洲、扇三角洲	裙边状、朵状、扇形	536	210~390	砂砾岩、细砂岩	6.1~26.2	<1~2402
			淖西	次洼	扇三角洲	扇形	204	100~230	砂砾岩	5.9~12.6	<1~383
	3	赛汉塔拉	赛东	主洼	辫状河三角洲、扇三角洲	朵状、裙边状	626	200~310	砂砾岩、砂岩、粉砂岩	8~34.4	<1~1474
			赛南	次洼	三角洲、浊积扇	扇形	287	50~136	砂砾岩	7.8~17.7	<1~6.3
	4	阿尔	南洼槽	次洼	辫状河三角洲、扇三角洲	朵状、扇形	285	125~198	砂砾岩	10.3~21.5	0.06~157
			中洼槽	主洼	辫状河三角洲、扇三角洲	朵状、扇形	604	251~482	砂砾岩	8.7~24.2	0.54~282
			北洼槽	次洼	辫状河三角洲、扇三角洲	朵状、扇形	317	179~218	砂砾岩	10.1~11.6	0.03~5.72
	5	巴音都兰	北洼槽	次洼	扇三角洲、近岸水下扇	朵状、扇形	288	58~118	砂砾岩	3.1~31.9	0.01~590
			中洼槽	次洼	扇三角洲	朵状、扇形	52	42~89	砂砾岩	2.8~21.3	0.01~97.1
			南洼槽	主洼	扇三角洲	朵状、裙边状	542	153~319	砂砾岩、云质粉砂岩、粉砂岩	4.5~32.3	0.01~9349
	6	乌里雅斯太	南洼槽	主洼	扇三角洲、湖底扇	朵状、扇形	952	500~680	砂砾岩、含砾砂岩	1.7~77	<1~2459
			中洼槽	次洼	扇三角洲	扇形	700	200~600	砂砾岩	3.9~21.9	<1~485
	7	吉尔嘎朗图	吉西	次洼	辫状河三角洲	扇形	76	80~150	砂砾岩	4.6~9.4	<1~84
			宝饶	主洼	辫状河三角洲、扇三角洲	裙边状、朵状	262	120~190	细砾岩、砂砾岩	7.9~22	<1~383
	8	乌兰花	南洼槽	主洼	扇三角洲	舌形、扇形	381	220~390	砂砾岩、含砾砂岩	6.8~28.5	<1~472
			北洼槽	次洼	扇三角洲	扇形	56	42~59	砂砾岩、砂岩	2.4~10.9	<1~26.8

舌形扇三角洲和近岸水下扇等砂体，砂体规模小、分布范围窄、储层厚度小、储层物性相对较差，以特低孔特低渗型储层为主。

如阿南凹陷，阿南主洼槽主要发育裙边状、扇形和带状的辫状河三角洲、扇三角洲相和冲积扇相砂体，砂体面积1026km^2，储层厚度310~622m，孔隙度在4.4%~38.4%之间，渗透率为<1~4946mD之间，主要为中低孔、中低渗型储层，局部为高渗型储层，储层物性相对较好。阿北次洼槽主要发育扇形的冲积扇相、扇三角洲相和近岸水下扇相砂体，砂体面积572km^2，储层厚度为106~319m之间，粗碎屑发育，孔隙度在3.2%~25.6%之间，渗透率为<1~13.27mD之间，为特低孔特低渗型储层，储层物性相对较差。

3.4 主洼槽圈闭类型多，有效性好

洼槽结构和沉积体系特征差异性造成了主、次洼槽圈闭形成条件及类型的差异，主洼槽在圈闭类型丰富程度、有效性等方面明显优于次洼槽。差异性主要体现在以下三个方面：

一是主洼槽构造分异作用强，构造圈闭发育。洼槽结构控制了构造圈闭发育位置和类型。例如单断式主洼槽发育陡坡断鼻和缓坡正、反向断块、断鼻等构造圈闭；双断式主洼槽发育中央构造带断块、二级控洼断层控制的逆牵引构造、潜山等构造圈闭[9]。次洼槽断裂分异差，构造圈闭欠发育，局部发育断块圈闭。

二是主洼槽圈闭类型多、规模大。主洼槽沉积类型多样，与正向、横向构造背景以及二级断阶带匹配，可以形成构造、构造-岩性、岩性-地层等多种类型圈闭，且圈闭规模较大。例如乌里雅斯太凹陷南洼槽斜坡带的湖底扇岩性圈闭、乌兰花凹陷土牧尔背斜构造侧翼砂体上倾尖灭岩性圈闭、巴音都兰凹陷巴Ⅰ号构造-岩性圈闭等。次洼槽面积小、沉积相带窄砂体范围小，围绕斜坡可以形成物性遮挡的岩性圈闭，与断层匹配可以形成构造-岩性圈闭，圈闭规模一般较小。

三是主洼槽圈闭有效性好。二连盆地阿尔善组和腾格尔组之间存在明显的不整合接触，为两期裂陷作用的产物[10]。在阿尔善组末期和腾格尔组早期主洼槽往往发育正向构造背景，与构造背景耦合形成的构造、构造-岩性、地层等圈闭形成时间早。烃源岩生排烃高峰阶段埋深约1900~2600m，主要集中在腾二段末期—赛汉塔拉沉积时期[11]。圈闭形成、油气生成的时间和空间配置关系好，圈闭有效性好。次洼槽为简单斜坡构造，沉积体系、圈闭类型单一，烃源岩成熟度低，圈闭有效性较差。

4 主、次洼槽成藏期次差异性

二连盆地为中生代的断陷湖盆群，经历了早期(阿尔善组沉积时期)断陷充填、中期(腾格尔组沉积时期)湖盆深陷、晚期(赛汉塔拉组沉积时期)反转抬升3个演化阶段。多期次的构造运动造成了岩性油藏[12]或近洼缓坡带油气藏的多期幕式充注[13]。本次对二连盆地各断陷主次洼槽典型油砂样品的包裹体分析表明，主、次洼槽不同层系油砂样品的烃类包裹体荧光特征、GOI指数及伴生的盐水包裹体均一温度分布具有显著差别(表6)。阿南洼槽、赛东洼槽、乌里雅斯太南洼槽、乌兰花南洼槽、巴音都兰南洼槽阿尔善组和阿南洼槽、吉尔嘎朗图宝饶洼槽腾一段为两期油气充注，两期油气充注的时间分别为 K_1bt_2 和 K_1bs 沉积时期。淖东洼槽、阿尔中洼槽以及阿北洼槽腾一段、阿尔善组主要为一期油气充注，油气充注则主要发生在 K_1bs 沉积时期。

表6 二连盆地不同洼槽原油充注期次统计表

洼槽	井位	层位	期次	盐水包裹体均一化温度/℃	GOI/%	油气充注时期	油气成熟度性质
阿南主洼槽	阿21井	K_1ba	第一期	64~77	5±	K_1bt_2	低熟/成熟为主
			第二期	80~89	<1	K_1bs	
	哈78井	K_1bt_1	第一期	60~70	8±	K_1bt_2	
			第二期	80~90	8±	K_1bs	
阿北次洼槽	欣2	K_1bt_1	一期	60~80	1±	K_1bt_2	低熟为主
	阿55井	K_1ba	一期	60~80	5±	K_1bt_2	
赛东主洼槽	赛27井	K_1ba	第一期	99-106	10±	K_1bt_2	低熟/成熟
			第二期	81-85	5±	K_1bs	
	赛80	K_1bt_2	一期	86-94	2±	K_1bt_2	
淖东主洼槽	淖120井	K_1ba	一期	80~88	60±	—	—
		K_1bt_1	一期	66~77	1±	—	—
乌里雅斯太南主洼槽	太21井	K_1ba	一期	74~93	30±	K_1bt_2	低熟/成熟为主
	太17井	K_1bt_1	第一期	90.4-105.5	—	K_1bs	
			第二期	74.6~88.5	—	K_1bt_2	

续表

洼槽	井位	层位	期次	盐水包裹体均一化温度/℃	GOI/%	油气充注时期	油气成熟度性质
吉尔嘎朗图宝饶主洼槽	吉 45 井	K_1ba	一期	70~80	1±	K_1bs	低熟/成熟为主
	林 5 井	K_1bt_1	第一期	50~60	—	K_1bt_2	
			第二期	60~70	—	K_1bs	
	吉 9 井	K_1bt_2	一期	50~60	1±	K_1bs	
乌兰花南主洼槽	兰 1	K_1ba	第一期	65~70	—	K_1bt_1	低熟/成熟
			第二期	80~85		K_1bt_1~K_1bt_2	
巴音都兰南主洼槽	巴 9	K_1ba	第一期	60~68	4±	K_1bt_2	低熟/成熟
			第二期	74~80	2±	K_1bs	
阿尔中洼槽	阿尔 3	K_1bt_1	一期	80~90	8±	K_1bt_2	成熟
阿尔北次洼槽	阿尔 61	K_1ba	一期	87-97	10±	K_1bt_2	
阿尔南次洼槽	阿尔 2	K_1bt_1	一期	80~90	8±	K_1bt_2	

以阿南主洼槽阿南背斜阿 21 井阿尔善组油斑砂砾岩和阿北次洼槽阿 55 井阿尔善组油浸砂岩包裹体研究为例(图 9)。阿 21 井第一期烃类包裹体显示正常原油的黄色-黄绿色光谱，伴生的盐水包裹体均一温度主峰分布 60~70℃，对应成藏时间为 K_1bt_2 沉积时期；第二期是烃类包裹体显示轻质原油为主的绿色-蓝绿色光谱，伴生的盐水包裹体均一温度主峰分布 80~90℃，对应成藏时间为 K_1bs 沉积时期(图 8)。阿 55 井阿尔善组油浸砂岩的烃类包裹体主要显示蓝绿色荧光，伴生的盐水包裹体均一温度主峰分布 60~70℃，对应成藏时间显示为 K_1bt_2 一期成藏。主洼槽 2 期或多期油气充注，有利于圈闭多期捕获油气而形成大规模的油气藏，这是次洼槽一期充注或无油气充注所不具备的优势。

5　结论

(1) 建立了二连盆地断陷中洼槽的划分标准，将洼槽划分为主洼槽和次洼槽两种类型，主洼槽具备“大、早、全、厚、熟”五项基本特征，相反为次洼槽。

(2) 洼槽构造演化与沉积体系的不同特点决定了主、次洼槽油气成藏条件存在差异。主洼槽具有稳定、持续沉降，沉积空间大、地层层序发育较全、沉积类型多样的特点；次洼槽具有形成时间晚或后期构造抬升，沉积空间小、地层层序缺失或不全、沉积类型较单一的特点。

(3) 洼槽是相对独立的烃类生成、运移和聚集单元。主洼槽具有烃源岩厚度大，热演化程度

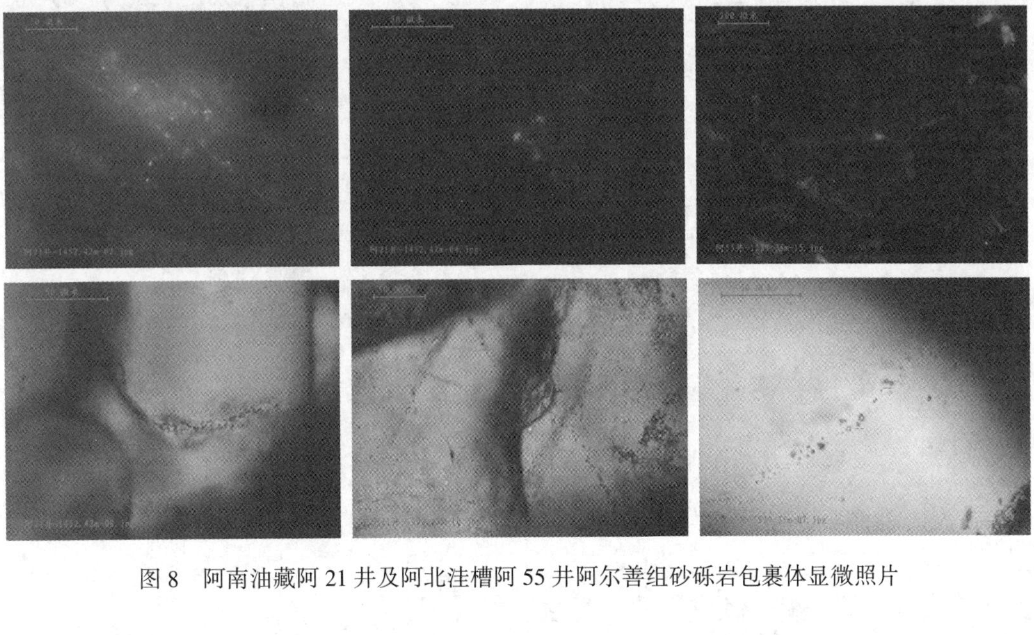

图 8　阿南油藏阿 21 井及阿北洼槽阿 55 井阿尔善组砂砾岩包裹体显微照片

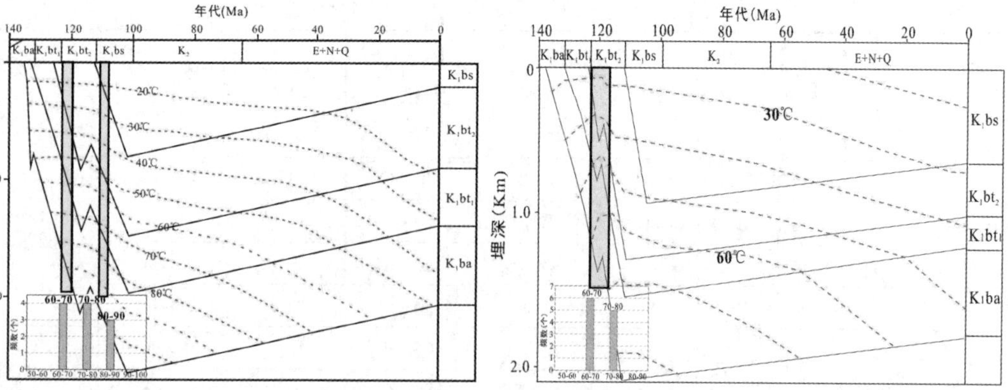

图9 阿南油藏阿21井及阿北洼槽阿55井阿尔善组油砂包裹体均一温度分布及埋藏史图

高，规模砂体发育，圈闭类型多样的特点。

（4）主洼槽具有多期油气充注的特点，有利于不同时期圈闭捕获油气，不同性质的油气环洼有序聚集成藏。

（5）主洼槽控制断陷油气的富集，低勘探程度的含油断陷主洼槽区勘探前景广阔，新凹陷早期评价找准主洼槽是实现油气勘探突破的关键。

参 考 文 献

[1] 费宝生，祝玉衡，等．二连裂谷盆地群油气地质[M]．北京：石油工业出版社，2001.

[2] 杜金虎．二连盆地隐蔽油藏勘探[M]．北京：石油工业出版社，2003.

[3] 张文朝．二连盆地下白垩统沉积相及含油性[J]，地质科学，1998，02.

[4] 张文朝．二连盆地辫状河三角洲沉积特征及含油性[J]，西安石油学院学报（自然科学版），2000，05.

[5] 王权，李晓红，赵璇，等．二连盆地断陷湖盆沉积砂体分布主要控制因素[J]，油气地质与采收率，2013，06．

[6] 赵文智，方杰．不同类型断陷湖盆岩性-地层油气藏油气富集规律——以冀中坳陷和二连盆地岩性-地层油气藏对比为例[J]．石油勘探与开发，2007.

[7] 赵文智，邹才能，汪泽成，等．富油气凹陷“满凹含油”论——内涵与意义[J]．石油勘探开发，2004，31(2)：5-13.

[8] 窦立荣，徐树宝，祝玉衡，等．二连盆地重质稠油藏成因及地化特征[J]．石油学报，1995，02.

[9] 易士威，李正文，焦贵浩．二连盆地凹陷结构与成藏模式[J]．石油勘探与开发，1998.

[10] 赵贤正，金凤鸣，漆家福，等．二连盆地早白垩世复式断陷构造类型及其石油地质意义[J]．天然气地球科学，2015，26(7)：1289-1298.

[11] 方杰，郑宪，张宏．二连裂谷系下白垩统烃源岩成油模式[J]．石油学报，1998，19(4)：36-40.

[12] 刘震，付东阳，肖伟，杜金虎，等．二连盆地三种典型构造带岩性油藏形成模式分析[J]．石油实验地质，2007，29(1)：32-39.

[13] 陈哲龙，柳广弟，卢学军，等．应用流体包裹体研究储层油气充注特征——以二连盆地为例[J]．天然气地球科学，2015，26(1)：60-70.

南苏门答腊盆地基层储层预测方法及应用

胡广成　王红军　孔祥文　马玉霞　洪国良

（中国石油勘探开发研究院）

摘　要　南苏门答腊盆地属于新生代弧后裂谷盆地，基底结构复杂，岩石类型多样，基岩裂缝型油气藏和风化壳型油气藏资源潜力巨大。在构造演化分析和基岩岩心描述基础上，应用岩石物理、地震属性和地应力分析等技术，对南苏门答腊盆地占碑坳陷基岩岩石类型、基岩结构特征、裂缝型和风化壳型储层特征进行了系统研究，形成了基岩岩性判别与分布特征预测技术，建立了基岩储层综合评价方法。研究区基岩主要包括花岗岩、花岗斑岩、碳酸盐岩、片岩、千枚岩和变质石英岩等，能够从平面上有效刻画出其分布特征，同时花岗岩类基底从垂向上可划分为风化壳、裂缝带和致密层。应力场模拟表明，研究区基岩发育两期构造裂缝，主要分布在断层和挤压隆起带附近；蚂蚁追踪、增强相干、曲率和叠前各向异性等地震属性分析的预测结果与应力场模拟结果吻合程度较高。风化壳储层的储集特征主要受基岩岩性、古地貌、断裂活动和火山活动等多种因素控制，主要分布于花岗岩类基岩潜山。勘探实践证明，以岩石物理、应力场和地震属性综合分析为核心的基岩储层综合评价方法能有效地刻画裂缝型和风化壳型储层特征，对研究区基岩目标优选具有现实的指导作用。

关键词　裂缝型基岩储层；风化壳型基岩储层；储层预测；南苏门答腊盆地

基岩油气藏是一种特殊类型的油气藏，随着全球油气勘探开发进程的持续深化，基岩储层已经成为重要的勘探领域之一，基岩油气藏的数量和规模也不断增加，在国际油气勘探开发中的地位越来越重要[1,2]。基岩油气藏通常位于沉积盆地内区域性不整合面之下，油气经过运移并聚集在基岩成藏；而关于基岩油气藏的内涵，则有狭义和广义两种观点。狭义的基岩油气藏是指不整合面之上的年轻生油岩层系所生成的油气聚集在其下伏古老变质岩和火成岩等储集岩中形成的油气藏[3,4]，广义的基岩油气藏将储集岩系扩展到沉积盆地基底的古老碳酸盐岩等其他沉积岩类[5-8]。

根据国内外基岩油气藏的储层特征分析和成藏机理研究，按照油气田在基岩中的储存位置，可以把基岩油气藏划分为基岩风化壳型油气藏和基岩内幕型油气藏[9-11]。基岩风化壳型油气藏是指以基岩顶部风化壳为储集体、以不整合面为遮挡的油气藏类型，基岩内幕型油气藏是指以基岩风化壳之下广泛发育的裂缝缝体系为储集体、以内幕岩性致密隔隔层为遮挡的油气藏。基岩油气藏在变质岩类、花岗岩类和古老碳酸盐岩结晶基底中均有发育，如辽河兴隆台变质岩潜山油田、越南白虎油田、利比亚 Augilla 油田和印尼 Suban 油气田等[12-16]，同时在一些老油田的基岩储层也获得了油气发现，如北海油田南部 Utsira 花岗岩潜山裂缝油藏[17]。溶蚀孔洞和断层裂缝发育程度是基岩储层油气运移和聚集的重要因素，因此如何精细表征溶蚀孔洞和裂缝方位与密度则是成功预测基层展布特征的关键。基岩裂缝储层预测的核心是如何成功描述裂缝密度与应力方向，可以集成应用垂向分辨率高的测井成像数据和侧向分辨率高的地震数据来揭示裂缝密度和方位，通常具有高剪切力与正应力比的裂缝发育区油气成藏规模较大[18]。随着地震资料品质的提高和地球物理技术的发展，裂缝和断层成像效果得到有效改善，并出现了许多基岩储层预测方法，如应用波阻抗分析和均方根振幅属性可以刻画风化壳和裂缝型基岩储层分布特征[19]，应用蚂蚁追踪和各向异性技术可以预测裂缝密度和方位[20]，结合相干、曲率和倾角等属性可以进一步评价裂缝型储层[21,22]，应用斯通利波技术在结晶基底中能较好刻画裂缝密度[23]，集成盆地模拟、地球动力学、离散裂缝网络生成和油藏模拟技术以及历史拟合数据来提高基岩裂缝预测精度等[24,25]。

印尼南苏门答腊盆地属于新生代弧后裂谷盆地，自前寒武纪以来经历了多期构造活动，基底结构复杂、岩性类型多样；目前在南苏门答腊盆地基岩油气藏已发现10亿桶可采储量，但仍具有相当的勘探潜力[26-28]。本文在对南苏门答腊盆地占碑坳陷构造演化分析和基岩岩心描述基础上，综合应用岩石物理、地震属性和地应力分析等技术，形成基岩岩石类型判别和分布特征预测技术，在刻画基岩垂向结构基础上，建立裂缝型和风化壳型储层综合预测方法。

1　地质背景

苏门答腊位于欧亚板块、印度洋-澳大利亚板块和太平洋板块交汇处，可划分为5个构造单元，从东北向西南依次为Bentong-Billiton增生带、东苏门答腊地块、中苏丹答腊构造带、西苏门答腊地块和Woyla Napple(图1a)。苏门答腊经历了多期构造活动，早二叠世，中特提斯洋张开，Sibumasu陆块从冈瓦纳大陆分离；中二叠世，古特提斯洋逐渐消亡，拉近了Sibumasu与印支板块；晚二叠世-中三叠世，中特提斯洋持续扩张，Sibumasu陆块与印支板块碰撞，形成碰撞增生带，Bentong-Raub缝合线逐渐形成；早三叠世-早侏罗世，中特提斯洋扩张，促使西苏门答腊陆块右旋走滑至与Sibumasu陆块拼合，形成中苏门答腊构造带(MSTZ)晚侏罗世-晚白垩世，中特提斯洋扩张，将Woyla Napple推覆至西苏门答腊陆块，苏门答腊盆地大地构造格局初步形成。南苏门答腊盆地属于新生代弧后裂谷盆地(图1b)，早始新世-早渐新世属于同生裂谷早期，发育北东-南西向正断层，形成一系列的地垒地堑，控制生烃凹陷分布；晚渐新世-早中新世属于同生裂谷后期，构造活动相对静止，区域沉降、海侵，整体以坳陷沉降为主；中中新世及以后属于挤压隆起期，Barisan山脉抬升，构造反转，褶皱断裂形成北西-南东向挤压构造，形成了一系列的弧前、弧内和弧后盆地[29,30]。岩心和井壁取心的K/Ar测年表明花岗岩形成时代为早侏罗世和晚白垩世，揭示了区内存在多期岩浆活动。

南苏门答腊盆地横跨5个构造单元，岩性组合差异大[31]。Bentong-Billiton增生带基底主要发育Pemali群、Tempilang群和Bintan组，Pemali群主要为板岩、片岩、玄武岩、安山岩、层状燧石、浊积砂岩、泥岩、黑色含黄铁矿页岩和灰岩；Tempilang群为砂岩和泥岩互层，Bintan组为页岩和砂岩互层。东苏门答腊地块基底主要发育Bohorok组、Alas组、Tigapuluh群Peusangan群，Bohorok组为巨厚砂岩夹浊积含砾页岩，Alas组主要为灰岩和变质灰岩，Tigapuluh群为堇青石、角页岩、黑云母、片岩和片麻岩，Peusangan群主要为巨厚石灰岩和重结晶石灰岩。中苏门答腊构造带岩石高度变形，可分为三部分：北段主要为千枚岩、片岩和片麻岩；中段为巨厚石灰岩夹浊积砂岩和页岩，局部石灰岩变质为石墨及大理石，泥质岩部分变质为片岩和片麻岩；南段为Kuantan组白云母、透闪石、绿泥石、碳酸岩及石英片岩。在西苏门答腊地块基底中，Kluet组主要为变质石英杂砂岩、板岩、片

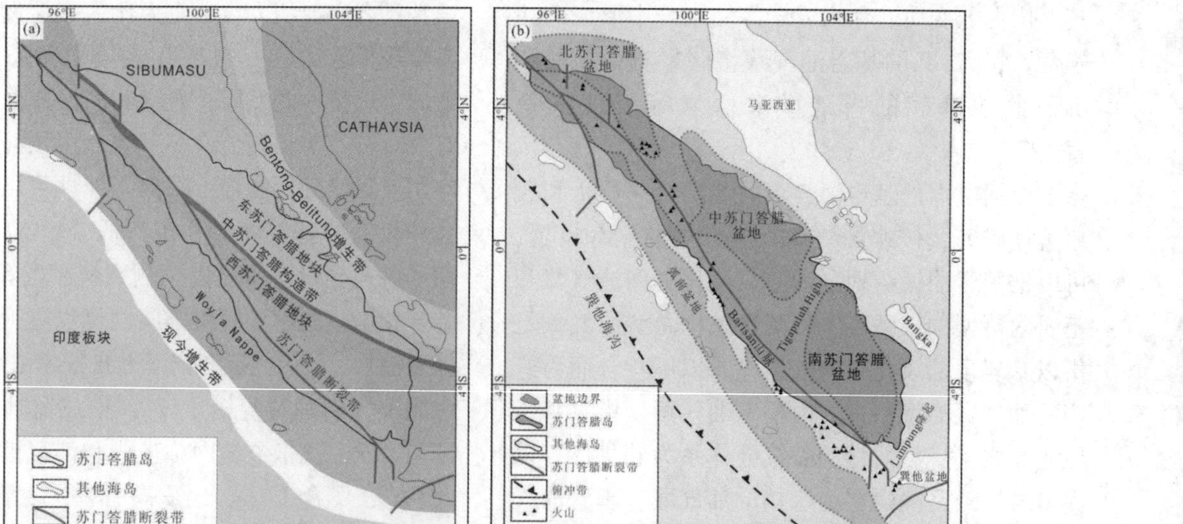

(a) 苏门答腊构造图　　(b) 苏门答腊构造纲要及主要要地分布

图1 （据Barber等，有修改）

岩和千枚岩，Kuantan 组主要为浊积砂岩、页岩、石灰岩，Silungkang 组、Palepat 组和 Mengkarang 组主要为熔岩、凝灰岩夹页岩、粉砂岩、砂岩和结晶石灰岩，Tuhur 组主要为泥质沉积岩、棕色燧石、薄浊积砂岩、薄层石灰岩。Woyla 群主要为玄武岩-安山岩组合。

2　基岩岩性识别与分布特征

2.1　基岩岩性特征

多期构造活动致使南苏门答腊盆地基岩岩性复杂多样，钻井揭示主要岩石类型包括花岗岩、花岗斑岩、花斑岩等花岗岩类，以及千枚岩、片岩、板岩、角页岩等变质岩类，亦可见其他岩类如石英岩、变质石英岩、大理岩和碳酸盐岩等(图 2a)。特别地，当花岗岩类长期暴露，其中的长石易受风化和淋滤，致使溶孔和裂缝发育[32]。在南苏门答腊盆地东北部的占碑地区，基岩一般下伏于冲积扇或扇三角洲砾岩或辫状河道砂(图 2b)。

2.2　基岩岩性识别

测井分析揭示出基岩与上覆沉积岩系测井响应特征差异明显(表 1)。花岗岩放射性最强，自然伽马一般介于 349～532API，平均值达到 405API，而花岗岩上覆的砾岩，是花岗岩风搬运的产物，放射性略低于花岗岩，自然伽马一般为 293～571API。千枚岩由黏土岩类变质而成，因此放射性与泥岩接近，自然伽马为 130～205API，平均约为 150API；碳酸盐岩放射性相对较低，自然伽马一般为 15～100API，平均为 38GAPI。在三孔隙度测井曲线上，碳酸盐岩声波时差最低，为 50～68μs/ft；千枚岩和花岗岩由于孔隙都不发育，声波时差值接近，为 50～81μs/ft；砾岩孔隙发育，声波时差值略高，介于 53～103μs/ft。在密度曲线上，花岗岩密度最大，为 2.6～2.9g/cm^3，其次为千枚岩，2.55～2.8g/cm^3，再次为碳酸盐岩，2.55～2.75g/cm^3，砾岩密度最小，介于 2.2～2.55g/cm^3。在中子曲线上，砾岩与千枚岩分布区间较大，分别为 9%～28% 和 9%～25%，花岗岩中等，为 0%～12%，碳酸盐岩分布区间最小，为 2%～6%。在电性方面，花岗岩的电阻率平均 146ohmm，明显高于砾岩 13ohmm 和千枚岩 55ohmm，而碳酸盐岩导电性最差，电阻率相对较高，并且基岩一般较为致密，深浅电阻率曲线基本重合，砾岩孔隙发育，深浅电阻率一般有较为明显的正差异。在纵向上，由于基岩与上覆岩层岩性差异明显，基岩顶面的曲线形态一般为自然伽马、电阻率及三孔隙度曲线的突变点，一般具有高伽马、高电阻率的特征。

岩石物理分析表明，电阻-自然伽马交汇分析和自然伽马-密度交汇分析可以较好地区分出不同岩性(图 3)。电阻-自然伽马交汇分析显示，千枚岩的自然伽马低于 200API，可以将其与花岗岩和砾岩区分出；而砾岩电阻一般小于 45ohmm，可以将其与花岗岩区分出来。自然伽马-

(a) 花岗斑岩，浅色矿物为主，包括条纹长石、斜长石、石英和黑云母，裂缝被石英、云母或高岭石充填，溶蚀孔较发育

(b) 砾岩上覆花岗斑岩，花岗斑岩被风化，富含石英和黑云母，砾岩分选差，呈棱角状、次棱角状，多为石英，可能为高岭石胶结

图 2　基岩岩心照片

表 1　基岩与上覆岩层测井响应特征

Lithology	Gamma Ray (API)	Acoustic (μs/ft)	Density (g/cm^3)	Neutron (%)	Resistivity (ohmm)
Granite	349~532 (405)	50.0~71.6 (56.7)	2.60~2.90 (2.75)	0~12 (3)	18~2000 (146)
Phyllite	130~205 (150)	58.2~81 (68.1)	2.55~2.80 (2.62)	9~25 (16)	7.3~103 (55)
Conglomerate	293~571 (408)	53.0~103 (72)	2.20~2.55 (2.45)	9~28 (15)	4.8~878 (13)

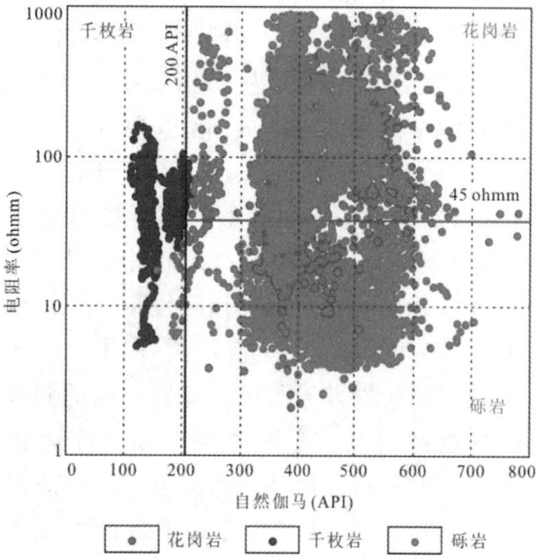

(a) 电阻与自然伽马交汇图

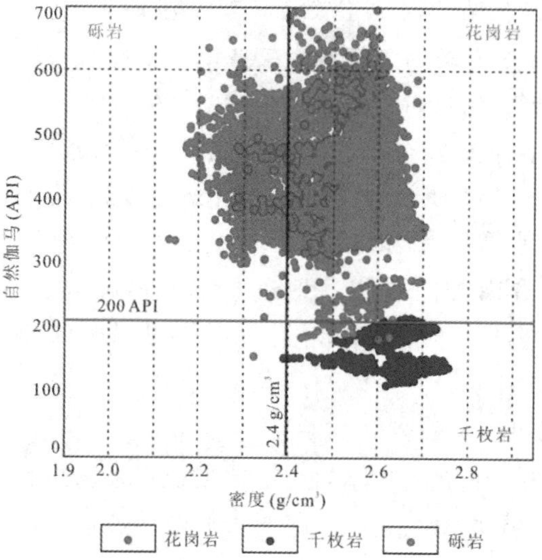

(b) 自然伽马与密度交汇图

图 3　基岩与上覆岩层岩石物理分析

密度交汇显示，砾岩的密度一般小于 2.4 g/cm^3，可以将其与千枚岩与花岗岩区分别出来；而千枚岩的自然伽马一般低于 200API，可以很好地与花岗岩区别出来。

2.3　基岩分布特征

基岩钻遇井可以从一定程度上明确反映基岩岩性分布特征，但由于数量少，需要借助地球物理手段预测基岩平面分布特征。由于基岩内幕反射杂乱，均方根振幅、最大振幅、最小振幅、瞬时频率、瞬时相位等地震属性分析难以准确的表征基岩岩性的分区性，与实钻井吻合较差；而波形分类和自然伽马反常则可以较好地表征基岩岩性的平面展布特征[33,34]。

波形数量和时窗大小的选择是波形分类研究的基础，需要通过分析区域地质背景和地震资料特征来确定。根据区域已知岩性类型数量，明确波形分类的波形数量，后者一般略大于前者；研究区内基岩岩性主要包括花岗岩、花岗斑岩、千枚岩、变质石英岩、凹陷内的沉积地层以及后期的岩浆侵入岩等 6 种岩性，因此将波形分类的波形数设定为 6 个。针对基岩内幕地震反射杂乱的特征，对基岩顶面以下 0~100ms、0~200ms、0~300ms 以及 0~400ms 等不同时窗进行波形分类研究，发现 0~400ms 时窗最为有效。波形分类结果显示，由于地震资料的品质有限，尽管划分了 6 种波形，但实际资料背景下，难以对花岗岩与花岗斑岩进行区分，千枚岩和变质石英岩区分效果也十分有限；同时由于晚期的岩浆侵入规模较小，难以有效区分。最终，通过波形分类研究，可以通过三类波形较好地刻画基岩平面分布特征(图 4a)。图中黄色代表花岗岩和花岗斑岩，主要分布在古高地区；粉红色代表千枚岩和变质石英岩等变质岩类，主要分布于研究区西南闻；而零星分布的粉红色斑点或条带或为晚期岩浆侵入引起的接触变质作用导致；深红色代表具有层状地层反射特征的部分，包括凹陷中的沉积地层以及部分具有层状特征的前第三纪沉积岩；深蓝色可解释为背景噪音，即基岩内幕难以识别的杂

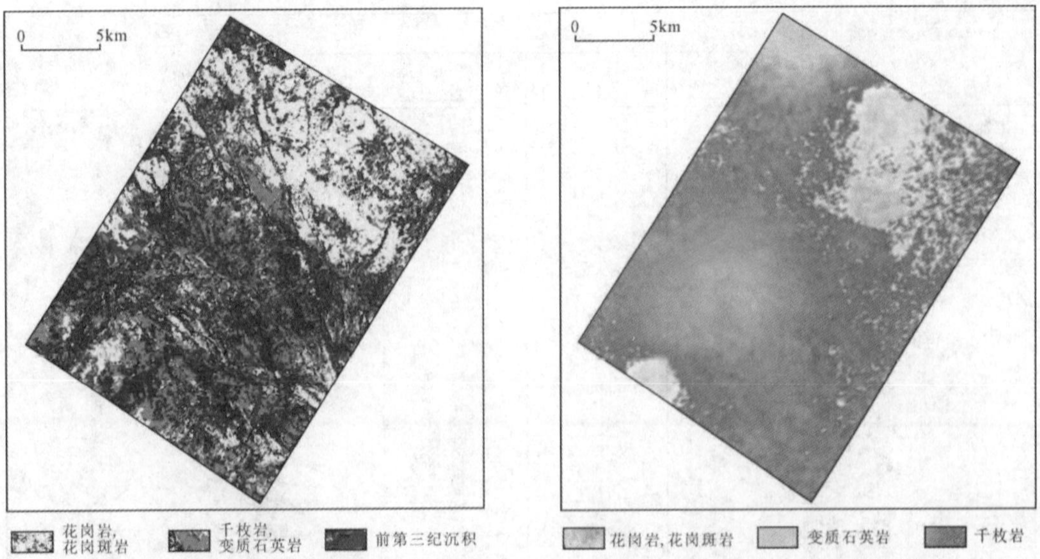

(a) 波形分形表征岩性分布　　(b) 自然伽马表征岩性分布

图4　基岩岩性分布预测

乱反射。

由于波形分类难以区分千枚岩、变质石英岩等不同类型的变质岩类，同时对已钻井及其周边基岩岩性的精细刻画也存在难度，难过尝试在已钻井基岩岩性解释的基础上，通过三维地震反演手段进行精细刻画基岩钻遇井周边以及变质岩类的岩性分布特征。岩石物理分析揭示自然伽马能够较好地区别基岩岩性，花岗岩灰的自然伽马一般在349-532API，千枚岩在130-205API，变质石英岩小于125API。自然伽马反演表明，研究区东部的伽马值明显高于其他地区，结合基岩钻遇井标定，黄色区域为花岗岩或花岗斑岩，绿色区域为千枚岩，浅蓝色为变质石英岩(图4b)。显然，自然伽马反演在波形分类研究基础上可以区分出变质石英岩、千枚岩以及花岗岩。

3　基岩储层预测

3.1　基岩结构

随着基层油气藏研究的深化，不同学者对于基岩结构也有不同的论述，认为基岩自顶向下存在一定的分带性，一般根据基岩遭受风化淋滤的程度将基岩划分为强风化带、中等风化带、弱风化带以及未风化带。有学者在针对新疆北部石炭系大型火山岩储层研究中，将其划分为五层：土壤层、水解带、溶蚀带、崩解带和母岩，认为在低洼处和斜坡带可发育较完整的五层结构，而高部位一般缺失土壤层，风化体厚度与风化淋滤时间呈正向非线性指数关系[35]；在针对松辽盆地徐家围子火山岩的研究中，划分出了黏土层、淋滤带、断裂带和母岩[36]。显然，基岩结构划分文案是与具体地质背景相关的，根据南苏门答腊盆地基岩钻遇井分析，结合地震反射特征，将研究区基岩划分为三层，即风化带、断裂带和致密层(图5)。事实上，由于风化淋滤作用影响，在风化壳也发育裂缝，并且对改善储层发挥了积极作用；本研究中的裂缝带是指经过多期构造运动改造之后，位于风化带之下的裂缝发育带。

风化带等同于其他划分方案中的淋滤带、溶蚀带或崩解带，经历了较长时间强烈的淋滤作用，溶孔和裂缝发育，是有利的基岩储层；风化带中的花岗岩类，包括条纹长石、斜长石和石英等浅色矿物，裂缝和溶孔较发育。岩石物理分析表明随着深度增加孔渗性能变差，自然伽马、电阻和声波曲线也相应变化。

3.2　风化壳型储层预测

基岩风化壳的发育程度受控于古构造、古地貌、古气候以及风化剥蚀时间等，一般说来，在气候湿热、地形平坦、构造活动比较稳定的地区，风化作用较强，剥蚀作用较弱，风化残留物质易于保存，故风化壳厚度较大；在相反的条件下，风化壳厚度较小。就基岩岩性而言，花岗岩中的主要矿物长石和石英晶格能大，抗风化能力强，风化速度较慢，但由于花岗岩的强烈崩解作用，水分充分渗入，可形成深厚的风化壳。因此，在同等条件下花岗岩风化壳发育强度大。地

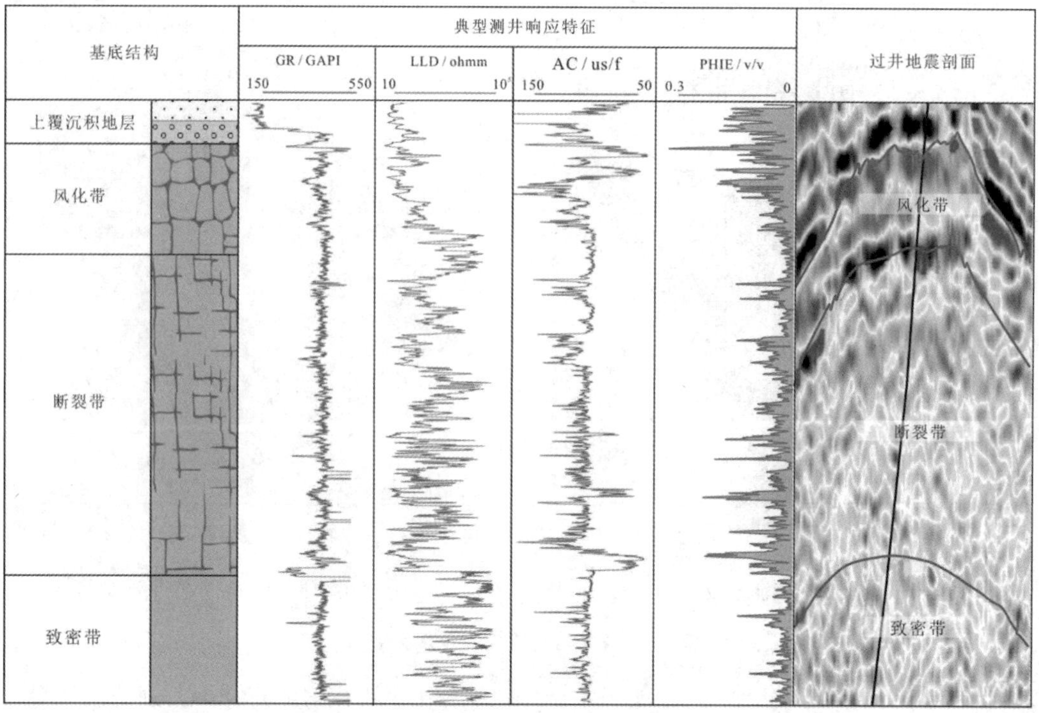

图5 南苏门答腊盆地基岩结构划分方案

球物理分析表明，风化带具有高连续性、低频、高振幅的反射特征，而淋滤带则表现为低频、杂乱反射特征。在岩石学、测井响应和地震反射特征研究基础上，认为均方根振幅、最大波峰振幅、相干、瞬时频率等地震属性可以较好地预测风化壳分布特征。

构造演化分析和古地貌分析发现，研究区发育两个古高，位于花岗岩基底发育区；在地震剖面上花岗岩顶面具有两谷夹一峰的波组特征，风化壳对应下波谷反射，具有低频、强振幅特征，均方根振幅属性表现为高值异常。基于以上分析，应用多种地震属性刻画了研究区发育范围，发育范围与古构造高部位一致，并且主要发育于花岗岩古隆起顶部；其中均方根振幅的高异常指示花岗岩风化壳储层发育厚度较大(图6)

3.3 裂缝型储层预测

近年来地应用力模拟和叠前/叠后地震属性分析被 广泛用来预测裂缝型基岩储层发育情况，二者结合则更能有效地提高预测的一致性和准确性。在精细构造解释基础上，基于弹性薄板理论等，裂缝密度和分布能够实现较好地表征；而相干、曲率和蚂蚁追踪等叠后属性能有效预测裂缝，特别是在构造变形强烈地区，蚂蚁追踪属性更为有效。在裂缝发育地区，地震振幅随方位角

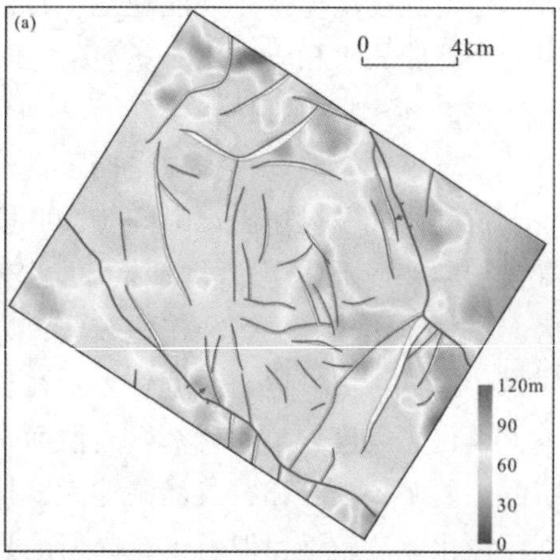

(a) 风化壳厚度图

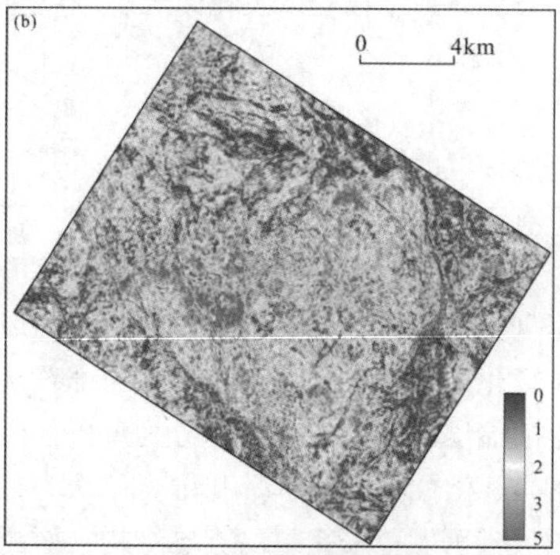

(b) 风化壳均方根振幅属性

图6 风化壳基岩分布特征，(a)风化壳厚度图，(b)风化壳均方根振幅属性

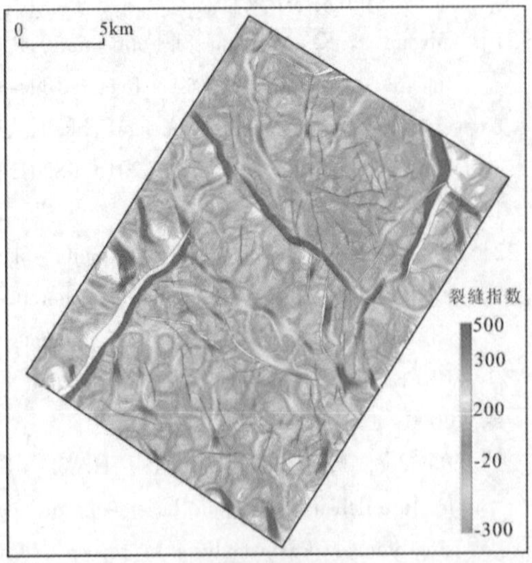

(a) 地应力场模拟

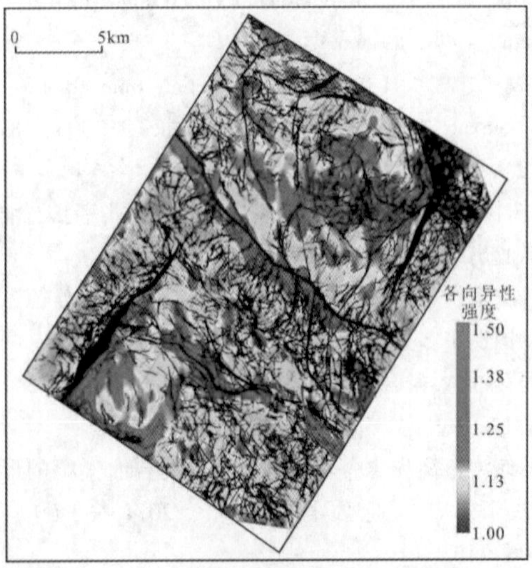

(b) 蚂蚁跟踪与各向异性分析叠合图

图 7　裂缝型基岩分布特征

变化而变化，因此应用各向异性等叠前属性在裂缝预测中也发挥了积极作用。

南苏门答腊盆地自古新世以来经历了三期构造运动，早始新世至早渐新世的裂陷期形成了北东-南西向的正断层，晚渐新世至中中新世的坳陷期发生沉降，而中中新世以来的挤压反转期致使 Barisan 山脉抬升，并形成了一系列北西-南东向逆断层。地应力模拟显示，研究区发育两期断裂，即北东-南西向和北西-南东向两组，而断裂带主要发育在大断层或挤压上隆地区(图 7a)。蚂蚁追踪和各向异性分析表明，叠前和叠后裂缝预测结果相近(图 7b)；而地应力模拟结果也与各向异性分析结果一致，证实了该裂缝型基岩储层方法的可行性和有效性。

4　结论

南苏门答腊盆地属于新生代弧后盆地，但自前寒武纪以来，苏门答腊经历了多期构造活动，基岩结构复杂、岩石类型多样。通过岩心描述和岩石物理分析，有效区分了花岗岩、千枚岩、变质石英岩以及上覆砾岩；并应用波形分类技术和自然伽马反演刻画出了各类岩性平面展布特征；通过井震标定和地震反射特征分析，把基岩从顶向下划分为风化带、裂缝带和致密带，并将基岩储层划分为风化壳型储层和裂缝型储层。基岩风化壳型储层的发育程度受岩石类型、古地貌、风化淋滤程度、构造裂缝和火山活动控制，结合多种地震属性分析刻画了其发育范围，认为发育范围与古构造高部位一致，并且主要发育于花岗岩古隆起顶部。基岩裂缝型储层受区域构造运动影响，地应力场模拟表明研究区发育两组断裂，而蚂蚁追踪和各向异性分析精细刻画了断裂发育情况。对比分析表明，叠前和叠后地震属性预测结果相近，而地应力模拟结果也与叠前/叠后分析结果一致。总体来说，在构造演化分析和基岩岩心描述基础上，结合岩石物理、地震属性和地应力综合分析，形成的基岩岩性判别和分布特征预测技术以及基岩风化壳型和裂缝型储层综合预测方法，对于基岩储层有利区带评价和钻探目标优选具有重要的指导作用。

参 考 文 献

[1] Rodriquez，K.，Intawong，A.，Hodgson，N.，et al.：Fractured basement- An overlooked play type with strong indications of significant potential from a global seismic database. First Break，2017，35(7)，77-82.

[2] Nelson，R. A.：Geologic analysis of naturally fractured reservoirs. 2nd edn. Gulf Publishing Company，2001，Houston.

[3] Landes，K. K.，Amoruso，J. J.，Charlesworth，L. J.，et al.：Petroleum resources in basement rock. AAPG Bulletin，1960，44(10)，1682-1691.

[4] 甘克文．基岩油藏的成因和分布与盆地的关系［M］．中国石油学会石油地质专业委员会．基岩油气藏．北京：石油工业出版社，1987：23-31.

[5] Pan，C. H.：Petroleum in basement rocks. AAPG Bulletin，1982，66(10)，1597-1643.

[6] 潘钟祥．不整合面对于油气运移聚集的重要性．石油学报，1983，4(4)：3-6.

[7] North, F. K.: Petroleum geology. 2nd edn. Unwin Hyman, 1990, Boston.
[8] Sircar, A.: Hydrocarbon production from fractured basement formations. Current Science, 2004, 87 (2), 147-151
[9] 赵树栋. 基岩油藏任丘碳酸盐岩油藏. 北京: 石油工业出版社, 1997: 1-3.
[10] 任丽华, 林承焰, 刘菊, 等. 海拉尔盆地苏德尔特构造带布达特群碎屑岩潜山油藏类型划分. 中国石油大学学报(自然科学版), 2007, 31(2): 9-12.
[11] 吴伟涛, 高先志, 刘兴周, 等. 基岩油气藏的形成与分布. 地质科技情报, 2014, 33(1): 106-113.
[12] 谢文彦, 孟卫工, 张占文. 辽河坳陷潜山内幕多期裂缝油藏成藏模式. 石油勘探与开发, 2006, 33(6): 649-652.
[13] 孟卫工, 李晓光, 刘宝鸿. 辽河坳陷变质岩古潜山内幕油藏形成主控因素分析. 石油与天然气地质, 2007, 28(5): 584-589.
[14] 庞雄奇, 谢文彦, 孟卫工, 等. 辽河断陷沉积岩之下 0~1600m 变质岩中大油气田的发现及其意义. 地质论评, 2011, 57(4): 541-548.
[15] Hung, N. D., Le, H. V.: Petroleum geology of Cuu Long basin- offshore Vietnam. Search and Discovery Article #10062 (2004).
[16] 窦立荣, 王景春, 王仁冲, 等. 中非裂谷系前寒武系基岩油气成藏组合[J]. 地学前缘, 2018, 25(2): 15-23.
[17] Lie, J. E., Nilsen, E. H., Grandal E., et al.: A successful geophysical prediction of fractured porous basement reservoir - Rolvsnes Oil Discovery 2015, Utsira High. In: The 78th EAGE Conference and Exhibition Proceedings, 2016, Vienna, Austria.
[18] Hennings, P., Allwardt, P., Paul, P., et al.: Relationship between fractures, fault zones, stress, and reservoir productivity in the Suban gas field, Sumatra, Indonesia. AAPG Bulletin, 2012, 96(4), 753-772.
[19] Nepal, S.: Fractured basement reservoir characterization in Barmer basin. SPE Oil and Gas India Conference and Exhibition, Society of Petroleum Engineers, https://doi.org/10.2118/185419 - MS, 2017, Mumbai, India.
[20] Ngeri, A. P., Tamunobereton-ari, I., Amakiri, A. R. C.: Ant-Tracker attributes: An effective approach to enhancing fault identification and interpretation. IOSR Journal of VLSI and Signal Processing, 2015, 5(6), 67-73.
[21] Mishra, S. K., Phukon, J., Bhoktiari, P., et al.: Integrated structural analysis of fractured basement reservoir in the South Assam Shelf, India. In: Proc. Indian Natn Sci Acad, 2016, 82(3), 923-933.
[22] Ashbridge, J., Pryce, C., Coutel, F. et al.: Fault and fracture prediction from coherence data analysis. A case study: The Magnus Field, UKCS. SEG Technical Program Expanded Abstracts, 2000, 1564-1567.
[23] Pfender, M., and Villinger, H. W.: Estimating fracture density in oceanic basement: an approach using Stoneley wave analysis. In: Morris, J. D., Villinger, H. W., Klaus, A. (eds.): Proceedings of the Ocean Drilling Program, Scientific Results, 2006, 205, 1-22, College Station TX.
[24] Zabalza, I., Legrand, N., Neff., P.: Improving prediction of fractured basement reservoir perfo-rmances- An integrated history matching approach-Block S2, Yemen. AAPG Middle East Region, 2013, Amman, Jordan.
[25] Azim, R. A.: Prediction of naturally fractured reservoir performance using novel integrated workflow. International Journal of Advanced Computer Science and Applications, 2017, 8(4), 115-122.
[26] Barber, A. J., Crow, M. J., Milsom, J. S.: Sumatra: geology, resources and tectonic evolution. The Geological Society, 2005, London.
[27] Barber, A. J., and Crow, M. J.: Evaluation of plate tectonic models for the development of Sumatra. Gondwana Research, 2003, 20, 1-28.
[28] 薛良清, 杨福忠, 马海珍, 等. 南苏门达腊盆地中国石油合同区块成藏组合分析[J]. 石油勘探与开发, 2005, 32(3): 130-134.
[29] Bishop, M. G.: South Sumatra basin province, Indonesia: The Lahat / Talang Akar-Cenozoic total petroleum system. United States Geological Survey, Open-file report 99-50-S, 2001.
[30] Cameron, N. R., Clarke M. C. G., Almss, D. T., et al.: The geological evolution of northern Sumatra. In: Proceedings of the 9th Annual Convention of Indonesian Petroleum Association, 1980, 149-187. Jakarta, Indonesia.
[31] McCouRT, W. J., Cobbing, E. J.: The geochemistry, geochronology and tectonic setting of granitoid rocks from southern Sumatra, Western Indonesia. Southern Sumatra Geological and Mineral Explora-

tion Project, Directorate of Mineral Resources / Geological Research and Development Centre, Bandung, Indonesia.

[32] Adams, S., Lambert, D.: Earth Science: An Illustrated Guide to Science. Chelsea House, 2006, New York.

[33] Song, C., Liu, Z., Wang, Y., et al.: Multi-waveform classification for seismic facies analysis. Computers and Geosciences, 2016, 101, 1-9.

[34] 徐明华，王绪本，李学华．自然伽马反演在双家坝构造飞仙关组鲕滩储层预测中的应用．石油物探，2003，42(9)，346-349.

[35] 邹才能，侯连华，陶士振，等．新疆北部石炭系大型火山岩风化体结构与地层油气成藏机制．中国科学：地球科学，2011，41(11)，1613-1626.

[36] 迟唤昭，单玄龙，刘财松．辽盆地徐家围子断陷营城组火山岩风化壳识别．吉林大学学报，2015，45(增刊)，1517-1521.

地应力地震预测方法在南川区块的应用

潘　兰　刘昊娟　张　勇

（中国石化华东油气分公司勘探开发研究院）

摘　要　地应力分布情况是影响页岩储层压裂施工及开采效果的重要因素。地应力预测方法很多，基于地震数据的地应力预测可以得到区域应力分布，对区域应力的整体把控及井位部署有重要意义。在前人研究的地应力经验模型基础上，开展基于岩石弹性参数、地层孔隙压力、地层应变量等多源信息的三维区地应力预测，预测的地应力值与实测值误差率在10%以内，证实了该方法在南川页岩区地应力预测中的可靠性，预测结果对后续页岩气井位部署和压裂参数设计具有一定的指导意义。

关键字：地应力；地层压力；南川；页岩；压裂

随着国家可持续发展战略的深入实施，页岩气作为一种天然的绿色清洁能源，正逐步成为油气勘探开发的甜点。涪陵、普光等大型页岩气田的发现揭示我国页岩气资源丰富，具有广阔的勘探开发前景[1]。页岩气自生自储于页岩中，具有低孔隙度特低渗透率的特点，大多数页岩气井在开发过程中需要进行大规模的水力压裂，而准确的地应力预测是优化水力压裂设计的前提条件[2]，因此，开展地应力预测方法研究对页岩气开发具有重要意义。

国内外学者针对地应力测量及预测开展了大量研究工作。20世纪初，Liearace利用应力解除法进行了岩石应力测量，首次实现地应力的直接测量[3]。Haimson(1977)利用水力压裂法进行了地应力测量[4]，该方法精度较高得到广泛应用。郭怀志，等(1983)通过有限元法模拟出地下应力场[5]，首次实现三维区的应力模拟。刘允芳，等(1991)通过建立拟合函数进行构造应力及岩石重力回归计算[6]，实现了区域性的应力预测。黄荣樽(1991)引入构造应力的概念，提出黄氏模型，该模型未考虑地层岩性影响，仅适用于构造不发育地区[7]。随后石油大学学者在黄氏模型基础上，加入杨氏模量、泊松比，提出一种修正的地应力预测模型，即组合弹簧模型[8]。张斌，等(2012)引入应力校正系数，基于测井资料计算出三维区地应力情况[9]。邓金根，等(2013)基于岩层构造特征分析，综合考虑页岩横向各向同性特征，提出一种新的地应力计算模型[10]。

笔者以石油大学学者提出的双组合弹簧模型为基础，考虑页岩储层横向各向同性、纵向各向异性的特点，针对构造强变形区，通过引入地层残余应变量来表征古构造应力对现今应力的影响。首先通过叠前弹性反演获取岩石弹性参数，然后利用Eaton法开展单井地层压力预测，拟合区域压力预测经验系数，外推至全区开展地层压力预测，最后利用层位、断层数据，基于弹性薄板理论预测地层应变量。综合上述结果得到区域应力场分布情况，有效解决研究区应力认识不足问题。

1　地应力预测方法

地应力预测方法包括测量法、测井计算法、数值模拟法及地震预测法[11]。测量法获得的数据准确，但数据量太少、连续性差、成本高，不适用于区域性应力预测。通过已有测井资料发展起来的计算法数据量大，信息丰富，在实际勘探中适用性强，但只能得到井点处的应力值。地震预测法在测井计算法的基础上引入地震数据的约束，能更准确的反映井间信息，得到三维区内连续分布的应力数据。笔者基于地震、地质及测井资料，利用岩石重力方程及地层有效应力原理[12]分别求取垂向上和水平方向的应力分布。

1.1　垂向地应力计算

垂向地应力主要由上覆地层的重力引起的，与地层深度和密度关系密切，通常是根据重力学公式对密度在深度域积分求取的，如式1：

$$\sigma_v = \int_0^H \rho g dh \tag{1}$$

式中：ρ 为地层密度，g/cm^3；g 为重力加速度，m/s^2；dh 为地层内某一单元深度，m；H 为地层埋深，m。

垂向有效应力：

$$\sigma=\sigma_v-\alpha p_p \tag{2}$$

式(2)为基本计算模式，p_p 是地层孔隙压力，α 为 Biot 系数。当 Biot 系数为 1 的时候，满足垂向有效应力等于上覆地层压力减去孔隙压力的条件。高渗岩芯 Biot 系数为 0.9~1 内，中渗岩芯 Biot 系数为 0.8~0.9，而低渗岩芯 Biot 系数为 0.6~0.75(据程远方，2015)。考虑页岩的低孔低渗性，研究区 Biot 系数选为 0.75。

1.2　水平地应力计算

水平地应力的影响因素很多，其主要来源包括上覆岩层的垂向“挤压”作用，使得岩石发生横向变形引发的水平方向应力及由于地壳构造运动产生的水平向应力组成。以垂向地应力为基础，结合地层在水平方向的受力情况及构造变形情况，学者们研究出了多种计算水平地应力的模型，如 Poro-Elastic 应变模型法、莫尔—库仑破坏模式、单轴应变模式、黄氏模式、组合弹簧模式等[13]。各种模型都有其特定的理论假设，，适用范围也不尽相同，总体反映的是地层泊松比、地层孔隙压力及地层应力间的关系。其中组合弹簧模式综合考虑了地层弹性力学性质、构造压力及构造残余应力等多种因素对地层应力的影响，适合强构造变形特征的应力预测。

组合弹簧模型公式：

$$\sigma_h-\alpha p_p=\frac{\upsilon}{1-\upsilon}(\sigma_v-\alpha p_p)+\frac{E}{1-\upsilon^2}\varepsilon_h+\frac{\upsilon E}{1-\upsilon^2}\varepsilon_H \tag{3}$$

$$\sigma_H-\alpha p_p=\frac{\upsilon}{1-\upsilon}(\sigma_v-\alpha p_p)+\frac{E}{1-\upsilon^2}\varepsilon_H+\frac{\upsilon E}{1-\upsilon^2}\varepsilon_h \tag{4}$$

式中：σ_H 为水平最大主应力，MPa；σ_h 为水平最小主应力，MPa；α 为 Boit 系数，p_p 为地层孔隙压力，MPa；E 为杨氏模量，GPa；υ 为泊松比，σ_v 为上覆地层压力，MPa ；ε_H 为水平最大主应变，ε_h 为水平最小主应变。

上述公式可以看出求取地应力之前需要预先获得岩石弹性参数、地层压力、地层应变等参数。

1.2.1　岩石弹性参数求取

油田上常见的岩石弹性参数获取方法包括通过三轴实验测量得到的和通过纵、横波速度计算得到的。实验获取的数据准确度高但数据量少、连续性差，通过测井密度、纵波、横波时差资料计算得到的准确度高且连续性好。三维区内的弹性参数通常是采用井震结合方式，利用叠前弹性反演获取的，叠前道集包含丰富的纵、横波信息，是获取区域地层纵、横波速度最有效的方式。利用叠前弹性反演获得高精度的纵、横波速度体，经过公式(5)、(6)转换可以获得体现岩石固有受力性质的杨氏模量、泊松比信息。

$$E=\frac{\rho v_s^2(3v_p^2-4v_s^2)}{v_p^2-v_s^2} \tag{5}$$

$$\sigma=\frac{(v_p/v_s)^2-2}{2(v_p/v_s)^2-2} \tag{6}$$

式中：E 为杨氏模量，GPa；σ 为泊松比，无量纲；v_p 为纵波速度，m/s；v_s 为横波速度，m/s。

1.2.2　地层孔隙压力计算

地层孔隙压力计算方法很多，常见的有两类，一类是利用速度随深度的变化在泥岩段建立正常压实趋势，根据实际测量的数据与正常压实趋势线数据之间的差异程度来计算地层孔隙压力梯度，如 Eaton 法、Bowers 法等[14]。这类方法一般适用于由于压实作用、生烃作用、构造挤压和水热增压等多种高压形成机制的泥页岩地区压力计算。Eaton 法公式如下：

$$P=P_{\sigma v}-(P_{\sigma v}-P_w)\left(\frac{\Delta t_n}{\Delta t}\right)^c \tag{7}$$

式中：P 为地层孔隙压力；$P_{\sigma v}$ 为上覆地层压力，MPa；P_w为静水压力，MPa；Δt 为实测声波时差，us/m；Δt_n为正常压实状态下的声波时差，us/m；C 为 Eaton 指数。

另一类是直接建立速度测量值与地层压力间的经验关系，据此估算地层压力，如 Fillippone 法，这类方法不受岩性控制，适用范围更广，但需要大量实测速度和压力数据用以建立准确的经验关系。Fillippone 法公式如下：

$$P=\frac{v_{max}-v_{int}}{v_{max}-v_{min}}P_{ovr} \tag{8}$$

式中：P 为地层孔隙压力；v_{max} 为孔隙度趋于 0 时的速度，m/s；v_{int} 为地层速度，m/s；v_{min} 为岩石刚度趋于 0 时的速度，m/s，P_{ovr} 为静岩压力，MPa。

1.2.3　地层应变量计算

地层应变可以反映地层受力变形程度，构造平缓区地层水平应变量小，可以忽略不计，对于构造变形程度强的地区，应变量对地应力影响较

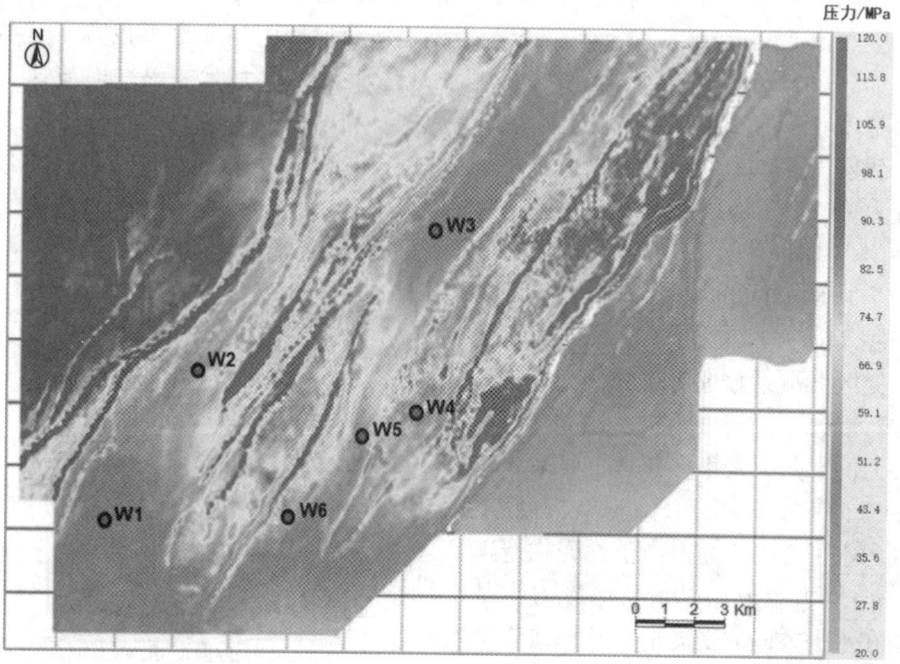

图1 南川工区五峰-龙马溪组垂向有效应力平面图

大。基于曲率属性和薄板理论[15]开展应变量计算，首先利用地震属性提取技术获取三维区曲率属性，然后沿目的层提取 x 方向和 y 方向的曲率值，最后根据薄板理论公式计算 x 方向和 Y 方向的水平构造应变，公式如下：

$$\varepsilon_x = zK_x,\ \varepsilon_y = zK_y \tag{9}$$

式中：z 为构造曲面深度，K_x为 x 方向曲率，K_y 为 y 方向曲率。ε_x为 x 方向水平应变，ε_y为 y 方向水平应变。

2 应用实例

2.1 研究区概况

南川区块构造上位于四川盆地东南缘褶皱构造带，区内地表起伏较大，高程在 170~1860 米之间，受多期构造运动影响，地下构造复杂，断层较发育，地层倾角较大，属强烈挤压应力集中区。工区面积 263km^2，自下而上发育有震旦系-侏罗系，缺失泥盆系、石炭系、白垩系和第三系，目的层五峰-龙马溪组埋深 500~5600 米，构造上整体呈“东西分带、南北分块”特征。成像测井资料显示工区地应力方向以北西向为主，地应力大小在 50~80MPa 之间，各次级单元间应力变化大，预测难度大。

2.2 工区垂向地应力

根据前文 1.1 节介绍的垂向应力计算公式求取工区垂向地应力，图 1 是南川工区五峰-龙马溪组垂向应力平面图。图中显示工区五峰组垂向应力值在 20~100MPa 之间，与地层埋深关系密切，地层埋深越大，垂向应力值越大。

2.3 工区水平地应力

水平地应力的影响因素较多，其中构造应力对水平地应力的影响最为明显，构造应力的大小体现在地层变形程度上，地层变形程度取决于地层岩石弹性参数，地层孔隙压力等，要想准确求取地应力必须先分别求取各项影响因素，最后通过组合弹簧模式求取区域应力，具体步骤如下：

（1）基于工区地震、钻井、测井数据开展叠前反演获取岩石密度、杨氏模量、泊松比等弹性参数；

（2）利用数据准确度较高的测井资料求取井上地层孔隙压力，以实测压力值为约束确定地层压力计算公式系数，外推至整个三维区求取区域地层压力分布。考虑工区欠压实、构造挤压形成的高压机制[14]，且自奥陶系五峰组至志留系韩家店组发育一套厚 1300 米的泥页岩，满足正常压实趋势建立条件，故选取 Eaton 法进行研究区压力预测；

（3）基于弹性薄板理论和曲率属性开展三维区应变量预测。

综合上述各步求取的岩石力学参数、地层孔隙压力、地层形变量，利用组合弹簧模式可以求得三维区地应力分布，见图 2~图 5。

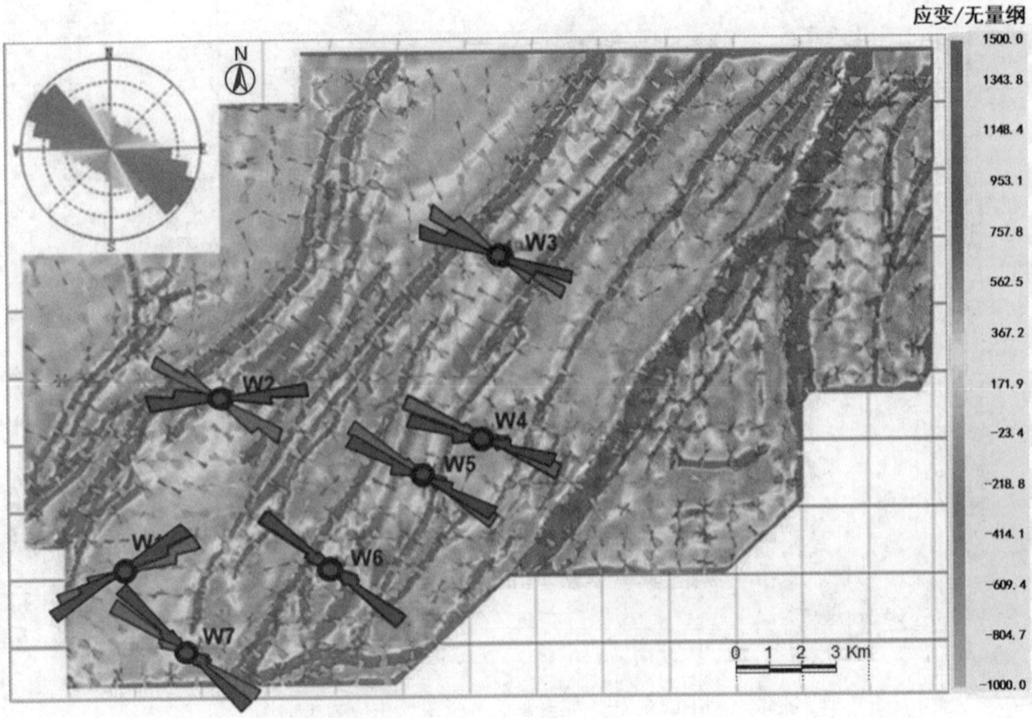

图 2 南川工区五峰-龙马溪组水平最大主应力方向（蓝色为实测值，红色为预测值）

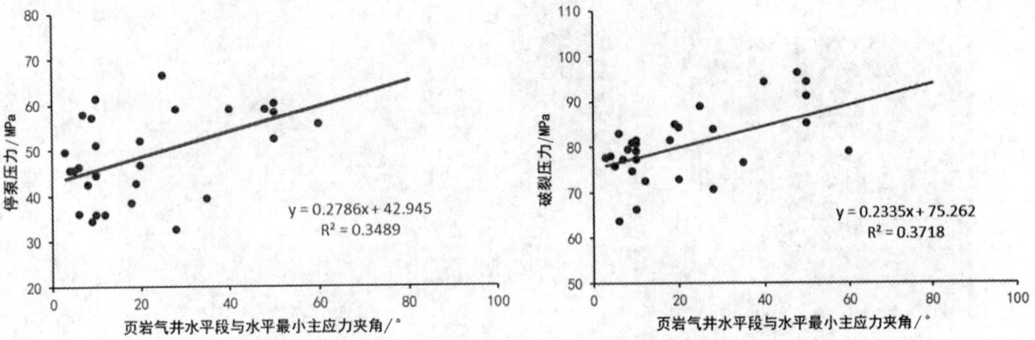

图 3 页岩气井水平段与最小主应力夹角和停泵压力及破裂压力关系

2.3.1 水平应力方向

水平井压裂改造效果取决于裂缝形态和大小，地应力方向决定着页岩裂缝发育方向，当水平井轨迹方向与最小主应力方向平行时有利于形成垂直于井轨迹的裂缝串，当井轨迹与最小主应力垂直时易形成平行于井轨迹的裂缝[8]。

预测工区水平最大主应力方向以北西-南东向为主，工区西南部应力方向转为北东-南西向，将预测结果与 6 口井的实测数据进行比较，其中 5 口井预测方向与实测误差控制在 10°以内，预测吻合率达 83%。初步分析 W2 井误差较大的原因是该井位于工区北西向应力与北东向应力转换带上，应力方向难以确定。

选取工区 34 口水平井，读取其水平段与最小主应力夹角分别与停泵压力和破裂压力交汇，发现两者均呈正相关关系，即水平井轨迹与最小

表 1 南川工区水平最大主应力方向与实测方向对比表

井名	实测最大主应力方位/度	预测最大主应力方位/度	误差值/度	误差百分比/%
W1	60	65	5	8.3
W2	87	125	38	43.6
W3	110	117	7	6.3
W4	105	108	3	2.9
W5	115	116	1	0.9
W6	135	135	0	0

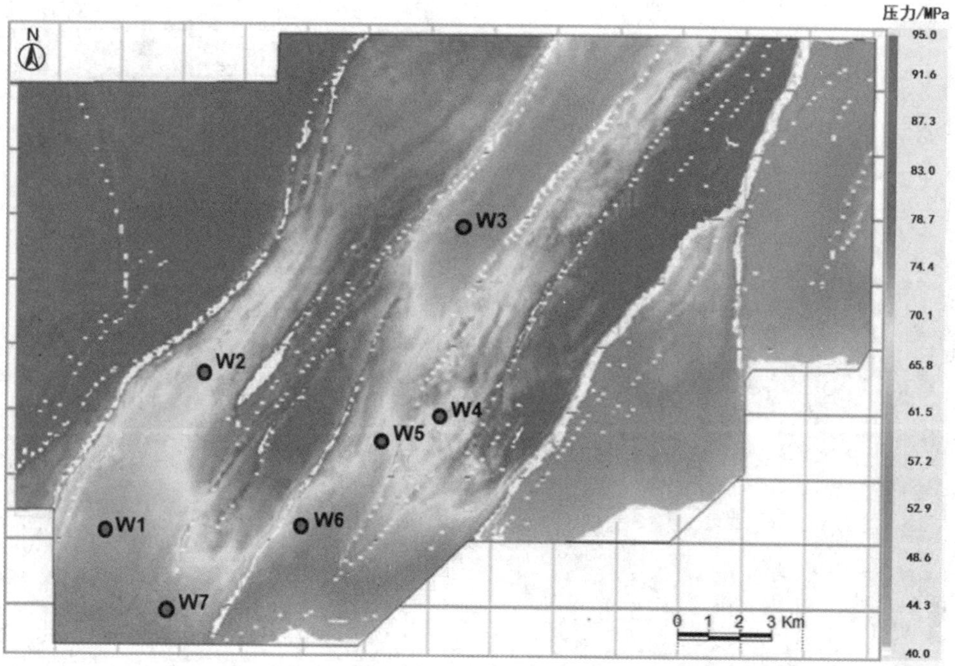

图4　南川工区五峰-龙马溪组水平最大主应力平面图

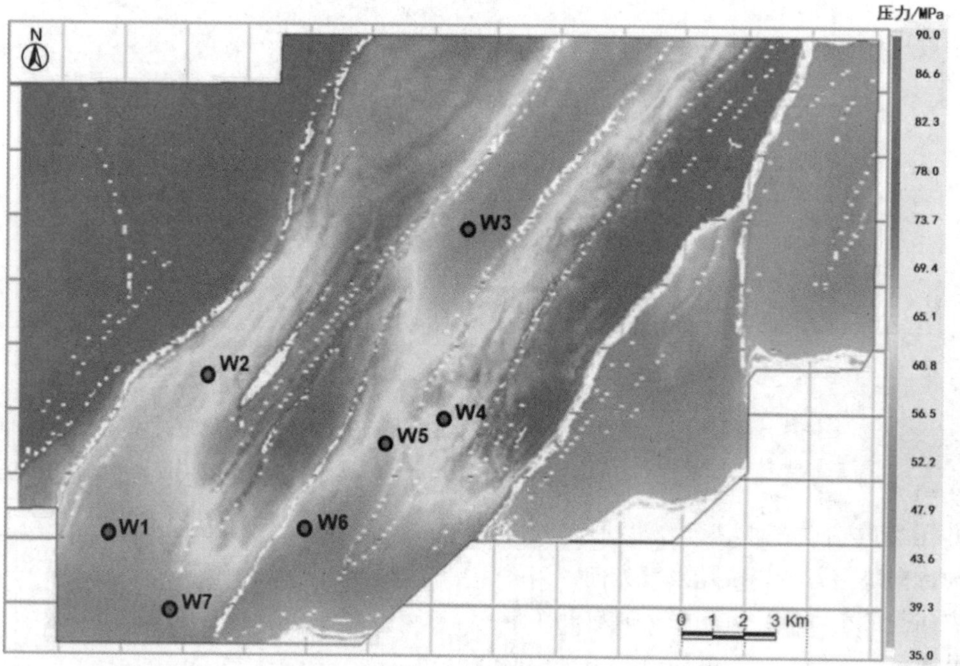

图5　南川工区五峰-龙马溪组水平最小主应力平面图

主应力夹角越小，破裂压力和停泵压力会相应减小，有利于后期压裂改造。

2.3.2　水平最大主应力

南川工区五峰-龙马溪组水平最大主应力预测值分布在40~95MPa之间，与实测的6口井水平最大主应力值误差均小于6%。水平应力整体随着埋深的增大而增大，平面上呈西高东低、北高南低趋势。断层附近属应力释放区，预测准确度较低。

2.3.3　水平最小主应力

工区水平最小主应力趋势与最大主应力保持一致，介于36~90MPa之间，提取井点预测值与实测值进行对比，整体误差较小，控制在9%以内。误差相对较大的W4井位于断层下盘，距断层800米，地震资料品质较差，预测准确度相对较低。从预测结果与实测数据对比来看，预测准

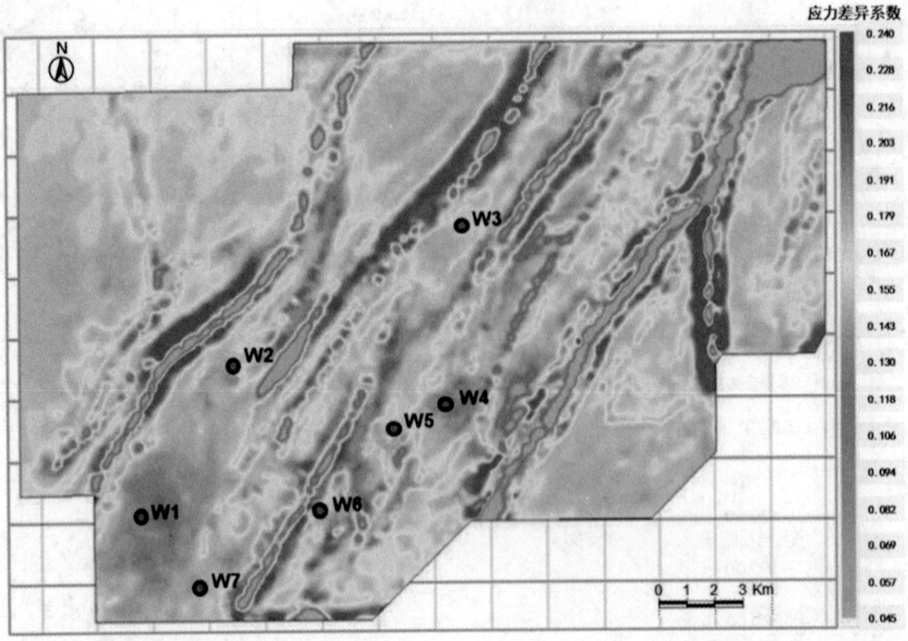

图6 南川工区五峰-龙马溪组水平应力差异系数平面图

确度整体较高。

表2 南川工区水平最大主应力预测与实测对比

井名	深度/m	实测水平最大主应力/MPa	预测水平最大主应力/MPa	误差值/MPa	误差百分比/%
W1	2966~2996	68	63.9	-4.1	6.03
W2	3441~3471	77	74.1	-2.9	3.77
W3	2668~2698	56.7	57.4	0.7	1.23
W4	3722~3752	74	78.2	4.2	5.67
W5	3374~3404	75.2	72.4	-2.8	3.72
W6	2771~2801	62.3	63.9	1.6	2.57

表3 南川工区水平最小主应力预测与实测对比

井名	深度/m	实测水平最小主应力/MPa	预测水平最小主应力/MPa	误差值/MPa	误差百分比/%
W1	2966~2996	62	57.9	-4.1	6.61
W2	3441~3471	64	62.9	-1.1	1.72
W3	2668~2698	50.9	50.5	-0.4	0.78
W4	3722~3752	67	72.8	5.8	8.65
W5	3374~3404	68.1	65.0	-3.10	4.55
W6	2771~2801	53.3	55.7	2.4	4.5

2.3.4 水平应力差异系数

水平应力差异系数是评价页岩储层可压性的重要参数[16]，水平应力差小压裂易形成网状缝，能有效提高单井产能，水平应力差大压裂易形成条状缝，裂缝间不连通，不易获得高产。将前文计算的水平最大主应力、水平最小主应力进行公式(10)中的运算得到水平应力差异系数：

$$K_h = \frac{\nu_H - \nu_h}{\nu_H} \tag{10}$$

图5研究区水平应力差异系数分布在0.06~0.2之间，整体属于较低水平。将研究区12口井水平应力差异系数预测值与停泵压降、停泵压降百分比进行相关性分析，可见水平应力差异系数低的区域停泵压降和停泵压降百分比相对较高。

统计研究区28口井水平应力差异系数与无阻流量的关系，可以看出水平应力差异系数越低对高产越有利，目前看来南川工区获得高产的井水平应力差异系数基本在0.16以下。

在获得上述地应力预测结果后，紧密联系生产，在研究区部署建议井位W7井，完井后利用成像测井技术预测了该井目的层段的应力分布。钻井诱导缝方向揭示该井目的层段水平最大主应力方向为135度，随后通过建立岩石力学模型求取单井应力，得到水平最大主应力为58MPa，水平最小主应力为52MPa。本次地应力预测方向为130度，水平最大主应力为60MPa，水平最小主应力为53MPa，与实测结果吻合度高，进一步验证了该方法的准确性。

3 结论

本文围绕南川工区地应力场预测问题，基于地震、测井、实际测试资料等信息，利用地震预测方法开展该区页岩储层地应力预测，总结出以下几点认识：

(1) 南川工区水平最大主应力方向以北西向

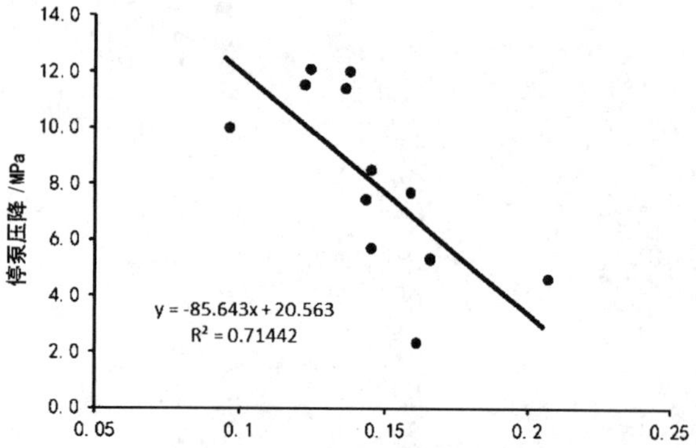

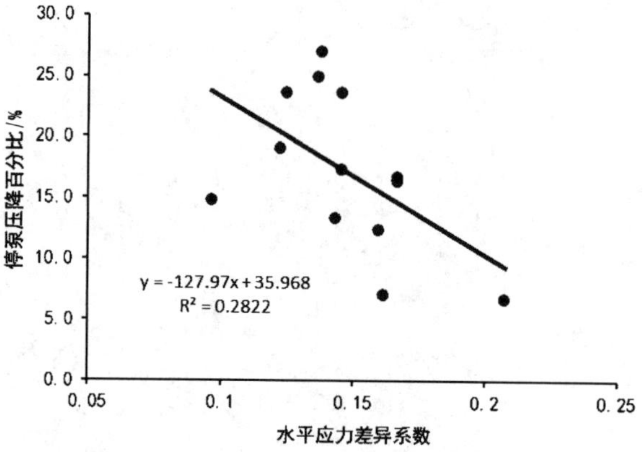

图 7　南川工区 12 口井水平应力差异系数与停泵压降、停泵压降百分比关系

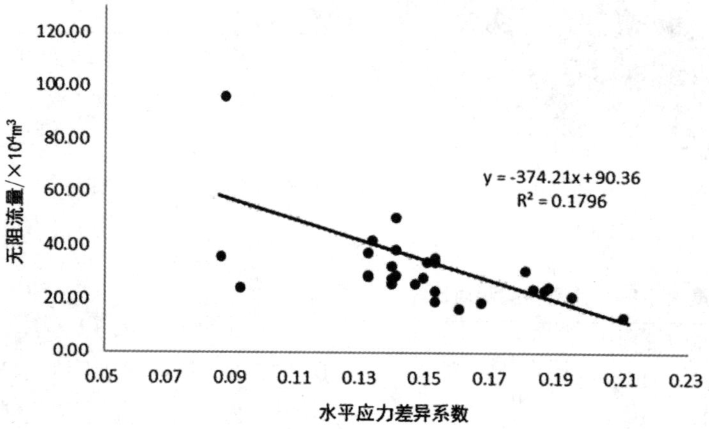

图 8　水平应力差异系数与钻井无阻流量的关系

为主，预测与实测吻合率达 83%，水平最大主应力在 40~90MPa 之间，预测与实测值误差小于 6%，水平最小主应力在 36~90MPa 之间，预测与实测值误差控制在 9% 以内，表明基于地震、测井、实际测试数据的地应力地震预测方法在本区应用效果较好。

（2）地应力对压裂施工的影响是多方面的，水平最小主应力与井轨迹夹角大小会影响压裂施工难易程度，南川工区实际数据表明夹角控制在 30°以内更有利于压裂施工；水平应力差异系数同时影响着压裂造缝情况及单井产能，南川工区获得高产的井水平应力差异系数基本在 0.16 以下。

参 考 文 献

[1]　于晓林，谷建伟．页岩气藏开发研究现状综述[J]. 内蒙古石油化工，2013，14：1-3.

[2]　李志明，张金珠．地应力与油气勘探开发[M]．石油工业出版社，1997.

[3]　许忠淮. 地应力研究现状与展望[J]．地球科学进展，1997. 5(5)：27-34.

[4]　Haimson B C，Lee M Y. Estimating in-situ stress conditions from borehole breakouts and core disking-experiment results in granite[J]. Proceedings of the International Workshop on Rock Stress Measurement at Great Depth，1995：19-24.

[5]　郭怀志，马启超，薛玺成，等．岩体初始应力场的分析方法[J]．岩土工程学报，1983，5(3)：64-75.

[6]　刘允芳，刘元坤．单钻孔中水压致裂法三维地应力测量的新进展[J]．岩石力学与工程学报，2006，25(z2)：003816-3822.

[7]　刘其明，黄建智．洛带蓬莱镇组地应力特征及压裂应用研究[J]．天然气技术与经济，2013，7(2)：19-21.

[8]　THEIR CELIN M J，PLUMB R A. A core-based prediction of lithologic stress contrasts in east Texas formations[J]. SPE Formation Evaluation，1994，9(4)：251-258.

[9]　张斌，杨佳玲，解琪，等．地应力分析在鄂西渝东地区页岩气开发中的应用[J]．天然气勘探与开发，2012，35(3)：33-36.

[10]　邓金根，陈峥嵘，耿亚楠，等．页岩储层地应力

预测模型的建立和求解[J]. 中国石油大学学报(自然科学版), 2013, 6(37): 59-64.
[11] 印兴耀, 马妮, 马正乾, 等. 地应力预测技术的研究现状与进展[J]. 石油物探, 2018, 57(4): 487-504.
[12] 胡华锋, 胡起, 林正良. 页岩气储层地层压力预测方法及其在四川盆地的应用[J]. 石油物探, 2018, 57(3): 362-368.
[13] 闫萍. 利用测井资料计算地应力及其在山前构造带的应用研究[D]. 中国石油大学, 2007.
[14] 牛军. 山前构造带地层压力计算方法研究[D]. 中国石油大学, 2016.
[15] 王正红. 基于薄板理论的煤层顶板运移规律研究[D]. 贵州大学, 2016.
[16] 周彤, 张士诚, 邹雨时, 等. 四川盆地东北缘强应力大倾角页岩储层水力压裂裂缝形态[J]新疆石油地质, 37(3): 336-341.

超深超高压裂缝性致密砂岩气藏含气饱和度地质评价新方法

王翠丽[1]　肖香姣[1]　唐永亮[1]　赵力彬[2]　宋丙慧[1]　范坤宇[1]

(1. 中国石油塔里木油田分公司勘探开发研究院；2. 中国石油塔里木油田分公司博大油气开发部)

摘　要　库车坳陷克拉苏深层构造带巴什基奇克组储层基质物性致密，孔隙结构复杂，非均质性强，传统含气饱和度评价方法计算结果与实际测试差异大。本文尝试从储层微观孔隙结构入手，应用核磁实验及配套分析资料，分析储层流体分布的控制因素，结合离心力、微纳米CT技术和聚焦离子束扫描电镜分析结果，利用GR和毛管力曲线，探索形成裂缝性致密砂岩气藏含水饱和度评价新方法。研究结果认为，巴什基奇克储层以微米级-亚微米级孔隙为主，地层水存在束缚水和可动水两种赋存状态，其中束缚水主要与黏土含量有关，可动水饱和度主要受气柱高度和储层物性的控制；“新双水模型”的解释结果与实际测试吻合程度高，能够真实反映裂缝性致密砂岩储层气、水纵向展布规律，为同类气藏含气饱和度评价提供了新的方向。

关键词　塔里木盆地；库车坳陷；孔隙结构；含气饱和度；微观气水分布

近年来，天然气勘探目标日趋复杂，致密气、页岩气、煤层气、深层气等非常规气藏已成为勘探的主要对象[1-2]，含气饱和度作为表征储层含油气性的关键参数，迫切需要创新评价方法，为储量估算、储层评价、气水层识别及地震反演等方面的研究提供依据。

前人主要从电学和力学方面对储层岩石含气饱和度测井评价开展大量研究，取得了卓越的成果。Archie[3]针对高孔高渗的纯净无泥质的砂岩储层，提出了经典的阿尔奇(Archie)公式；Poupon[4]等认为泥岩和砂岩薄层的电导率是严格相加，提出了的层状泥质砂岩导电模型；Waxman和Simits[5]、Clavier[6]、Silva和Bassiouni[7]等根据含油泥质砂岩的导电机理，提出了阳离子交换模型(也称W-S模型)、双水模型(也称D-W模型)、S-B模型等扩展模型；林茂杰、赵国欣、邵才瑞等[8-11]尝试利用岩心压汞、NMR测井等资料，从实验角度解释储层油气饱和度。库车坳陷克拉苏深层构造带白垩系巴什基奇克组为典型的裂缝性致密砂岩储层[12-14]，地层倾角较大，地应力场复杂[15-16]，造成电阻率明显升高，传统的阿尔奇公式解释含气饱和度结果与实际测试结果矛盾较大，无法真实反映气、水纵向正常分异的规律；利用实验资料评价储层油气饱和度，虽精度得到提升，但经济性不佳，给气藏的气、水关系研究、储量客观评价及高效开发等带来了难题。

本文尝试从微观成藏动力学角度出发，由储层微观孔隙结构入手，基于核磁实验及配套分析资料，统计束缚水饱和度与储层各项参数的关系，结合离心力、微纳米CT技术和聚焦离子束扫描电镜(FIB-SEM)分析结果，并利用GR和毛管力曲线，建立裂缝性致密砂岩气藏含水饱和度评价新方法—“新双水模型”，以期为此类气藏含气饱和度的深入研究提供新方向。

1　地质概况

塔里木盆地库车坳陷克拉苏构造带是在南天山强烈隆升的背景下，垂向剪切力和斜向挤压力的共同作用形成的一系列成排展布的强烈变形冲断带，以克拉苏断裂为界，可划分南、北两个次级构造单元[17]。南部深层构造发现了克深、大北、博孜等大型气田群，主要的含气层系为白垩系巴什基奇克组，埋藏深度主要在6000~8500m之间[18]，岩性以中、细砂岩为主，夹薄层泥岩，属辫状河三角洲前缘沉积[19]。白垩系巴什基奇克组储层平均基质孔隙度5.4%，平均基质渗透率为$0.049\times10^{-3}\mu m^3$。岩心、成像测井资料及试井解释均表明，储层裂缝相对发育，地层渗透率远大于基质渗透率，为典型的裂缝性致密砂岩储层。储层主要的岩石类型为长石岩屑砂岩和石英砂岩[20]，孔隙类型以原生粒间孔和粒间溶蚀孔为主，成分和结构成熟度较低。研究区储层成岩

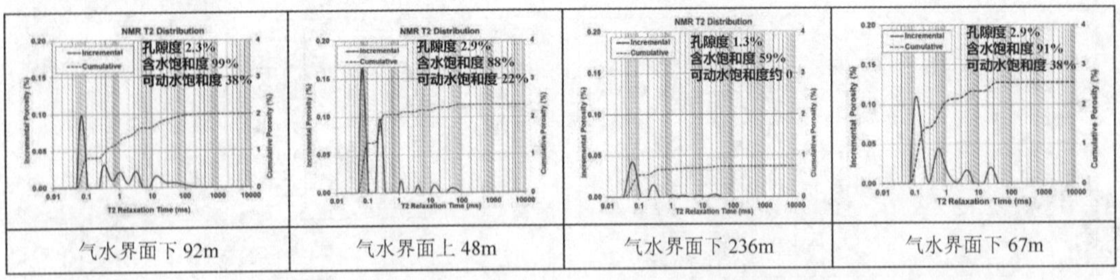

图 1　蜡封岩心可动水饱和度与距离气水界面的距离的关系

作用强烈，处于晚成岩期[21]，岩石微观孔隙结构的非均质性强。

2　储层微观气、水分布

根据激光聚焦显微镜分析技术、场扫描电镜、恒速压汞和核磁共振的结果，克拉苏深部构造带巴什基奇克储层以微米级-亚微米级孔隙为主，形态不规则，呈扁平状，局部发育纳米级孔隙；储层微观非均质性强，不同的孔隙结构内的饱和流体赋存状态差异大，束缚水饱和度分布范围广，主要在 25%~50%之间；自水层至气藏高点，具有原始含水 T2 谱图中>1ms 孔隙比例逐渐减小，可动水饱和度逐渐减少的趋势(图 1)，但局部气藏较高部位井受裂缝发育程度低影响，原始含水饱和度和可动水饱和度较高。

从蜡封岩心"注入二碘甲烷岩样"原始状态"、"注入对比油状态"、"清洗干燥状态"和"重新饱和度对比油状态"共四种状态的 CT 扫描+FIB-SEM 联测+QEMsan"的实验结果可以看出，小孔隙、小喉道与黏土矿物的发育程度密切相关，黏土矿物伴生的细小孔隙多被水占据，其表面覆盖大量吸附水；在较大的孔隙中，可含有一定量的天然气(图 2)。

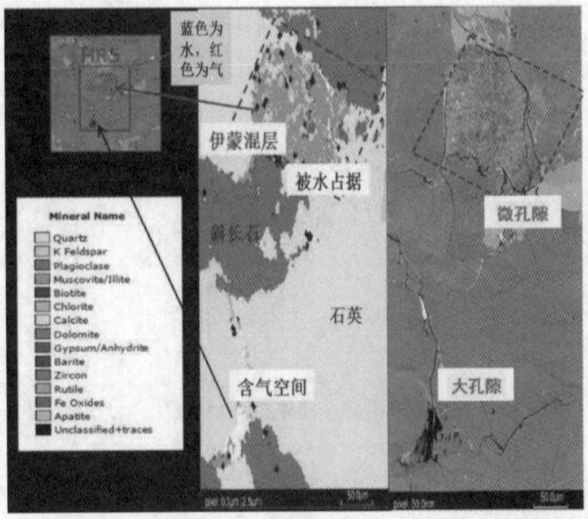

图 2　致密储层原始气水分布图与孔隙结构、矿物的关系(克深区块白垩系巴什基奇克组)

综上研究认为，克拉苏深部构造带巴什基奇克储层主要由岩石骨架、干黏土、束缚水、毛管可动水和烃类五部分组成，其中束缚水、毛管可动水和烃类充满孔隙空间(图 3)。

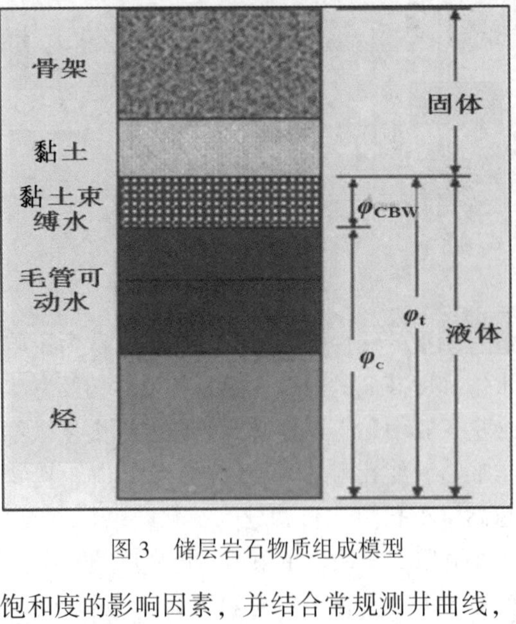

图 3　储层岩石物质组成模型

3　"新双水"模型的建立

由储层岩石物质组成模型可知，孔隙空间被束缚水、毛管可动水和烃类充满，根据流体饱和度的定义[ ]：

$$S_{wir}+S_w+S_g=1 \tag{1}$$

式中：S_{wir}——束缚水饱和度，f；S_w——可动水饱和度，f；S_g——含气饱和度，f。

(1) 束缚水饱和度(S_{wir})

束缚水饱和度的确定主要根据岩心核磁共振、离心资料及全岩 X 衍射分析结果，研究束缚水饱和度的影响因素，并结合常规测井曲线，建立束缚水饱和度的解释模型。

统计认为束缚水饱和度与孔渗、储层品质指数(RQI)没有显著相关关系，即储层好坏与束缚水饱和度大小没有直接对应关系(图 4)；束缚水饱和度与小孔隙比例、黏土矿物含量相关性好，线性关系明显，随着小孔隙比例、黏土矿物含量增大而升高(图 4)；束缚水饱和度 S_{wir} 与测井 GR

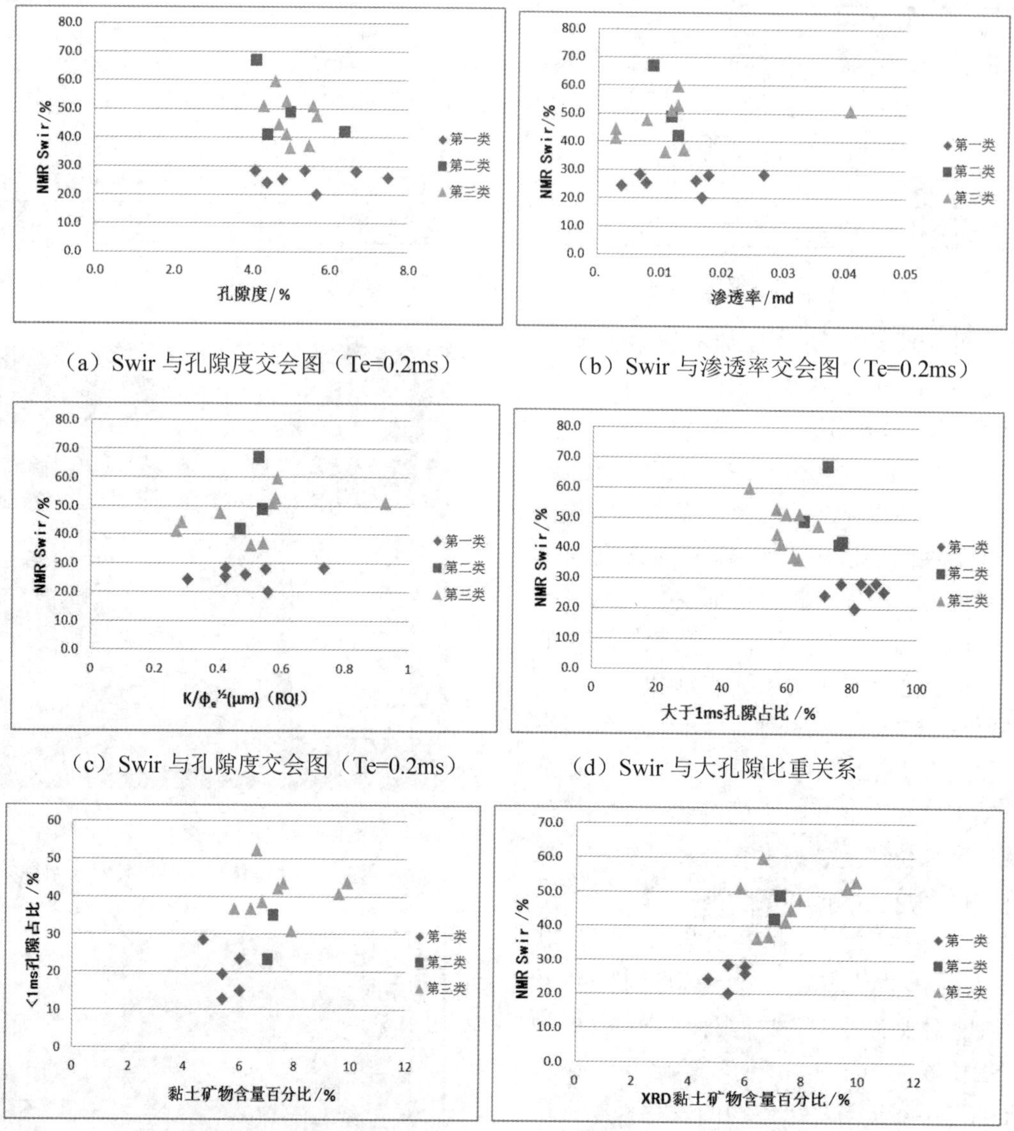

（a）Swir 与孔隙度交会图（Te=0.2ms）　（b）Swir 与渗透率交会图（Te=0.2ms）

（c）Swir 与孔隙度交会图（Te=0.2ms）　（d）Swir 与大孔隙比重关系

（e）小孔隙比重与黏土含量关系　（f）Swir 与 XRD 黏土矿物含量关系

图 4　克深储层 S_{wir} 与各地质参数关系图

数值呈明显的线性关系(图 5)。研究认为影响束缚水饱和度高低的因素主要是孔隙结构及黏土矿物含量，其中黏土矿物的发育会伴生大量微细孔隙与喉道，使孔隙结构复杂化，造成黏土矿物含量越高，小孔隙比重就越大，孔隙结构越复杂，而微小孔喉比重决定了束缚水饱和度的大小。

基于统计分析回归得出束缚水饱和度(S_{wir})与 X 衍射黏土矿物含量(Clay)的相关关系式为：

$$S_{wir}=47.106\ln(Clay)-52.7 \tag{2}$$

X 衍射黏土矿物(Clay)与岩心扫描 GR(GRcore)的关系式为：

$$GRcore=4.1938Clay+6.966 \tag{3}$$

岩心扫描 GR(GRcore)与测井 GR(GR)的换算关系为：

$$GRcore=1.0289GR-22.275 \tag{4}$$

联立以上三式最终得到束缚水饱和度(S_{wir})与测井 GR 的关系式为：

$$S_{wir}=47.106\ln(0.245GR-6.972)-52.7 \tag{5}$$

基于此关系式重新计算束缚水饱和度与实测束缚水饱和度的关系，两者具有比较好的一致性，相关系数高达 0.93。

(2) 毛管可动水饱和度(S_w)

根据不同部位岩心核磁共振 T2 谱图分析的可动水饱和度分布结果，认为毛管可动水饱和度受到气柱高度和储层物性的控制，而实验室测得是含水饱和度与离心转速关系曲线，因此，首先将离心转速曲线转化为毛管压力(Pc)曲线，公式为：

$$P_{ci}=1.097\times10^{-8}\Delta\rho L[(R_c-L/2)]n^2 \quad (6)$$

式中，P_{ci}为离心毛管力，MPa；$\Delta\rho$ 为气水两相密度差，g/cm^3；L 为样品尺寸，cm；R_c 为外旋转半径，cm；n 为转速，r/min。

将离心毛管力曲线转化为地层条件下毛管力曲线，如下式：

$$P_{c地层}=P_{ci}\frac{\sigma_{地层气水}\cos\theta_{气水}}{\sigma_{气水}\cos\theta_{气水}} \quad (7)$$

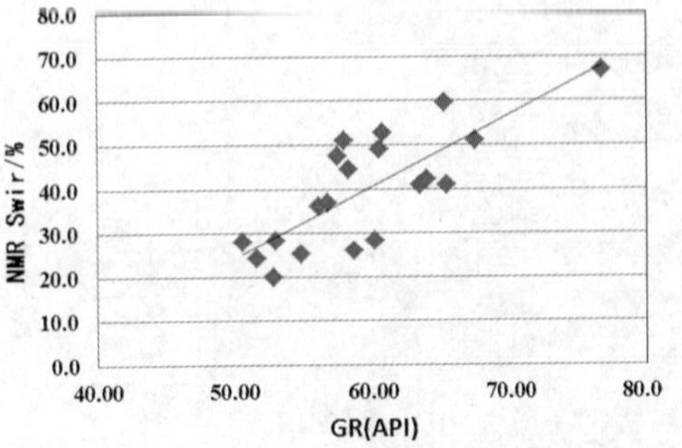

图 5　S_{wir}与 GR 数值关系图

式中，$P_{c地层}$为地层条件下毛管压力，MPa；$\sigma_{地层气水}$为地层条件下气水界面张力，mN/m，本区块取值为 25；$\sigma_{气水}$为实验条件气水界面张力，mN/m，取值为 72；$\theta_{气水}$为气水界面接触角，一般取值为 0。

进一步再将地层条件下毛管压力曲线转化为地层条件下自由水面以上气柱高度(H)曲线。

$$P_{c地层}=H(\rho_w-\rho_g)g \quad (8)$$

式中，$P_{c地层}$为地层条件下毛管力，MPa；H 为自由水面以上气柱高度，m；ρ_w为地层水密度，g/cm^3；ρ_g为地层条件下气密度，g/cm^3；

接着，将毛管可动水与束缚水分离进行归一化处理，最后得到归一化毛管可动水饱和度($S_{wi毛管}$)，获得气柱高度—归一化毛管可动水饱和度曲线其归一化公式为：

$$S_{w毛管}=\frac{S_{wi}-S_{wir}}{100-S_{wir}} \quad (9)$$

式中，$S_{wi毛管}$为归一化含水饱和度；S_{wi}为含水饱和度；S_{wir}为束缚水饱和度。

由于同类储层具有相近的毛管曲线特征，进一步地可以对同一类储层多个气柱高度—归一化毛管可动水饱和度曲线进行公式拟合，最终得到分类毛管可动水求取关系式。

基于此方法获得克深区块毛管可动水求取公式为：

$$S_{w毛管水}=-16.55\ln(气柱高度)+98.676 \quad (10)$$

从图 6 可以明显看出，毛管可动水饱和度主要在距离自由水面 100m 范围内变化最为快速。根据式 1、5、10 可得到克拉苏深层构造白垩系巴什基奇克组储层含气饱和度的计算公式：

$$S_g=100\%\sim47.106\ln(0.245GR-6.972)+16.55\ln(气柱高度)-45.976 \quad (11)$$

4　应用结果

应用该方法对克拉苏库车坳陷深层构造带的近 10 年来测井解释与测试成果矛盾的井进行了

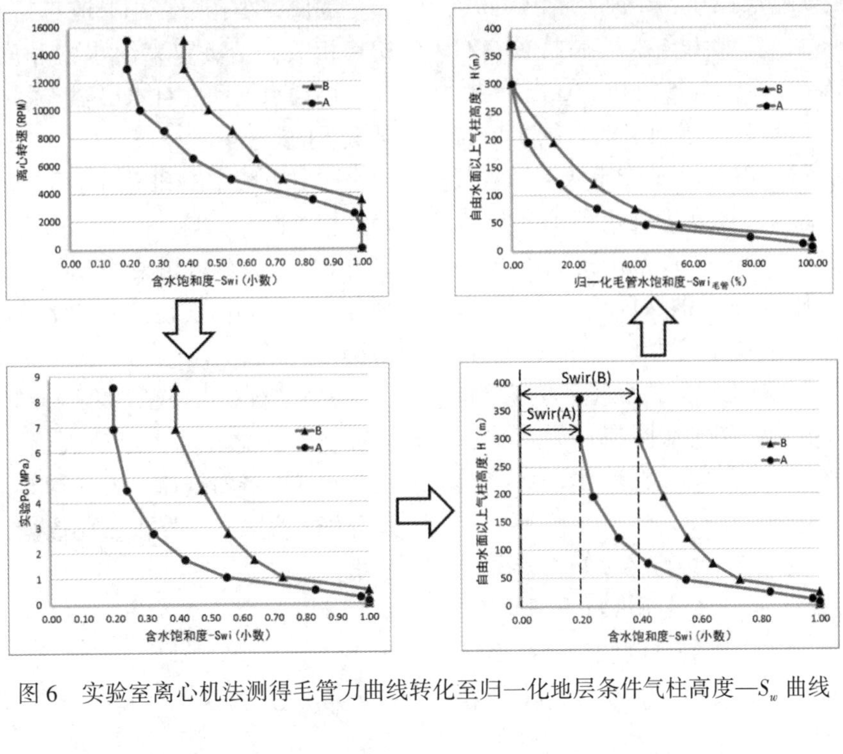

图 6　实验室离心机法测得毛管力曲线转化至归一化地层条件气柱高度—S_w 曲线

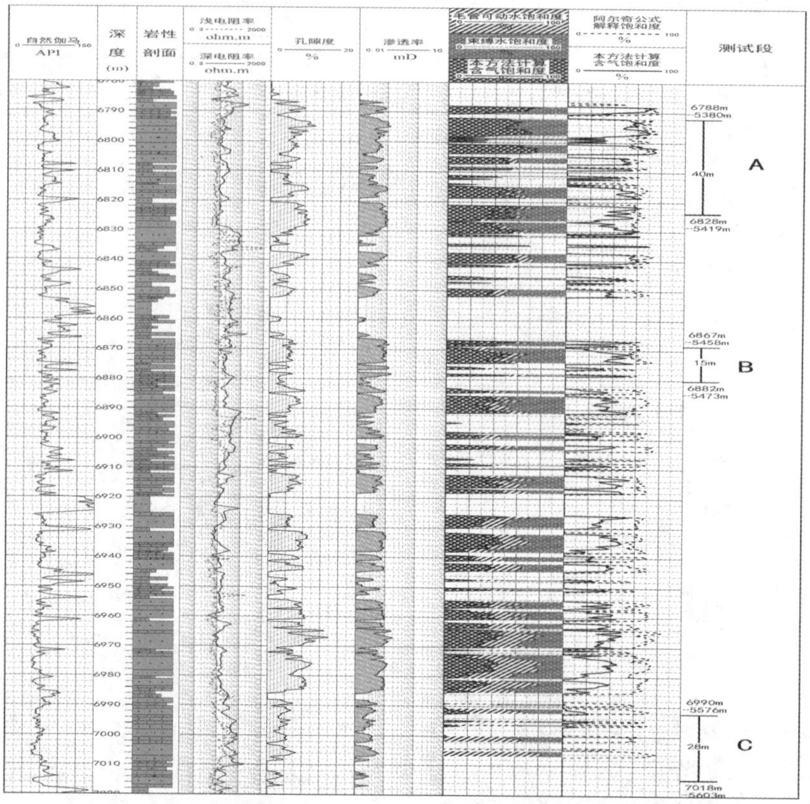

图7　克深2X井“新双水模型”解释含气饱和度与测井解释对比

全面复查解释，重新解释结果与测试结果吻合程度达90%。以克深2X井为例，常规测井方法解释含气饱和度普遍高于65%，解释结论为气层、差气层，而“新双水模型法”重新解释6788~6842m段储层含气饱和度分布50%~70%，表现为气层特征，在该储层段中，个别层低于40%（如6798~6880m），表现为含水气层特征；自6850m向下至6986m段，含气饱和度逐渐降低，分布20%~50%，表现为气水同层或含气水层特征；自6986m向下至7018m，依据本法解释含气饱和度普遍低于20%，表现为纯水层或含气水层，解释结论与完井测试一致，如测试段A（-5380~-5491m）酸压后5mm油嘴日产气15.84万方、日产水4.7方，测试结论为含水气层；测试段B（-5450~5473m）酸化后折日产气5万方、日产水28方，测试结论为气水同层；测试段C（-5576~-5603m）产气微量、日产水10.3方，测试结论为纯水层（图7）。

基于此方法对克深2气藏南翼多口疑难复杂井进行了重新解释并对气水界面进行重新核实，新解释纯气底界比原测井解释纯气底界升高20~100m，避水高度大幅度减小，为部分井生产快速见水提供重要依据。

5　结论

（1）克拉苏深部构造带巴什基奇克储层以微米级-亚微米级孔隙为主，微观非均质性强，孔隙中饱和流体赋存状态差异大，束缚水饱和度分布范围广；小孔隙、小喉道与黏土矿物发育程度密切相关，是决定束缚水饱和度大小的关键因素；可动水饱和度自水层至气藏高点整体呈现逐渐减少的趋势。

（2）束缚水饱和度与小孔隙比例、黏土矿物含量相关性好，与孔隙度、渗透率、储层品质指数（RQI）没有显著相关关系；可动水饱和度主要受气柱高度和储层物性的控制，与裂缝发育程度密切相关。

（3）“新双水模型”的解释结果与实际测试吻合程度高，能够真实反映裂缝性致密砂岩储层气、水纵向展布规律，为气藏储量资源评价、见水分析及高效开发提供重要依据，同时具有较好的推广意义。

参考文献

[1]　李建忠，郑民，张国生等. 中国常规与非常规天然

气资源潜力及发展前景[J]. 石油学报，2012，33(8)：89-99.

[2] 康玉柱. 中国致密岩油气资源潜力及勘探方向[J]. 天然气工业，2016，36(10)：10-18.

[3] Archie G E. The electrical resistivity log as an aid in determining some reservoir characteristics [J]. Transactions of the AIME，1942，146(3)：54-61.

[4] Poupon A，Loy M E，Tixer M P. A contribution to electrical log interpretation in shaly sands. Journal of Petrolcum Technology，1954，6(6)：27-34.

[5] Waxman M，Smits L J M. Electrical conductivities in oil bearing shaly sand[J]. SPE Journal 1968，42(3)：107-122.

[6] Clavier C，Coates G，Dumanoir J. Theory and experimental basis for the dual-water model for interpretation of shaly sands[C]. SPE6859，1977.

[7] Silva P L，Bassiouni Z. Statistical evaluation of the S-B conductivity model for water-bearing shaly formation [J]. The Log Analyst，1986，27(3)：9-19.

[8] 林茂杰，邹绍春. 用毛细管压力曲线确定孔隙型气藏的原始含气饱和度[J]. 天然气工业，1993，13(2)：17-21.

[9] 赵国欣，朱家俊，关丽. 用毛管压力资料求取原始含油饱和度的方法[J]. 中国石油大学学报(自然科学版)，2008，32(4)：38-41.

[10] 邵才瑞，张鹏飞，张福明，等. 用J函数提高致密岩气层饱和度测井评价精度[J]. 中国石油大学学报(自然科学版)，2016，40(4)：57-65.

[11] Merkel，Gegg. NMR log/core data in tight gas sand petrophysical model development[R]. Proceedings of the 49th Annual logging symposium. Texas：Society of Petrophysicists & well log analysts，Austin，2008.

[12] 王俊鹏，张惠良，张荣虎等. 裂缝发育对超深层致密砂岩储层的改造作用-以塔里木盆地库车坳陷克深气田为例[J]. 石油与天然气地质，2018，39(1)：77-89.

[13] 王珂，张荣虎，戴俊生等. 塔里木盆地克深2气田储层构造裂缝成因与演化[J]. 中南大学学报(自然科学版)，2017，48(5)：1242-1251.

[14] 谢会文，李勇，漆家福，等. 库车坳陷中部构造分层差异变形特征和构造演化[J]. 现代地质，2012，26(4)：682-690.

[15] 汤良杰，贾承造. 塔里木叠合盆地构造解析和应力场分析[M]. 北京：科学出版社，2007：113-140.

[16] 史玲玲，唐雁刚，汪斌，等. 库车坳陷克深5井区巴什基奇克组应力垂向分层特征[J]. 新疆石油地质，2016，37(04)：430-436.

[17] 雷刚林，谢会文，张敬洲等. 库车坳陷克拉苏构造带构造特征及天然气勘探[J]. 石油与天然气地质，2007，28(6)：816-821.

[18] 王翠丽，李红波，陈东，等. 克深气田巴什基奇克组致密砂岩储层孔隙结构特征及影响因素分析[J]. 地质科技情报，2018，37(5)：70-77.

[19] 贾进华. 库车前陆盆地白垩纪巴什基奇克组沉积层序与储层研究[J]. 地学前缘，2000，7(3)：133-143.

[20] 张惠良，张荣虎，杨海军等. 超深层裂缝-孔隙型致密砂岩储集层表征与评价—以库车前陆盆地克拉苏构造带白垩系巴什基奇克组为例[J]. 石油勘探与开发，2014，41(2)：158-167.

[21] 赖锦，王贵文，信毅等. 库车坳陷巴什基奇克组致密砂岩气储层成岩相分析[J]. 天然气地球科学，2014，25(7)：1019-1032.

厄瓜多尔奥连特成熟盆地
安第斯项目10年高效滚动勘探实践及快速变现建产效果

林金逞 杨 华 胡 泉 万学鹏 孙耀华

（中油国际(厄瓜多尔)安第斯公司）

摘 要 奥连特(Oriente)盆地是位于南美洲厄瓜多尔境内的富油盆地，据统计已发现油气藏376个，发现油气可采储量17.9亿吨，待发现储量5.8亿吨(CNPC，2016)。上世纪60年代利用比较原始勘探技术发现了早期较大规模油藏，随后投入大规模勘探开发，现已成为南美洲地区重要油气产地之一，大多主力油田已经进入高含水、高递减、高采出的成熟阶段。2006年，中油国际公司与中石化海外油气公司等合资组建了安第斯石油有限公司，并购加拿大EnCana公司在厄瓜多尔资产；接手时多数油田综合含水率80.8%，主力产层为高孔高渗砂岩储层，投入加密井提产开发之后，含水率快速升至90%以上，年平均自然递减20%。2011年，安第斯公司通过合同转制谈判获得合同延期和扩大面积的有利勘探投资条件，开始扩边新区滚动勘探实践，坚持稳健投资勘探作业，取得良好效果，并积累形成配套技术系列。勘探技术走向精细化，地质模式创新成为新油藏发现的主要驱动力，勘探开发及钻井工程的一体化模式明显降低了作业成本，新发现储量快速变现建产成为经营决策的重要组成。每年基本上都有规模油藏发现，多年持续稳定的储量发现为项目经营做出了突出贡献，连续10年新增储量连续大于采出递减。新勘探发现产量已经占到整体产量的三分之一，新发现储量快速变现建产，油田整体在高含水阶段实现10年以上连续稳产。安第斯项目已成为中国石油在美洲地区较为成功的作业者项目。

关键词 奥连特盆地；勘探技术；地质模式；快速建产

1 安第斯项目持续稳健勘探投资的概况

安第斯项目是中国石油企业在南美洲地区投资作业的大型滚动勘探开发项目。2006年，中油国际公司与中石化海外油气公司等合资组建了安第斯石油有限公司，并购加拿大EnCana公司在厄瓜多尔资产，以作业者开展海外油气勘探开发业务，作业区位于厄瓜多尔奥连特盆地富油中心的北部地区，热带雨林地貌。2006年安第斯公司接管初期，多数主力油田综合含水率80.8%，由于主力产层为高孔高渗砂岩储层，投入加密井提产开发之后，含水率快速升至90%以上，年平均自然递减20%。

对于成熟盆地，勘探工作所面临的严峻形势具有某些共同特点：已发现目标均被钻明，勘探潜力和有利钻探目标不明，“薄储层-低幅度圈闭”等隐蔽目标预测识别难，勘探成果建产慢等难题。2011年，安第斯项目通过与资源国政府谈判，合同类型由产品分成转制为勘探开发服务合同，同时作业面积在原来区域附近大幅扩边、合同期增加10年，为效益勘探投资创造了有利的条件。安第斯项目利用作业者的有利条件，长期坚持效益勘探投资，稳健推动高效滚动勘探作业，取得了丰厚的回报，油田整体在高含水、高递减阶段实现10年以上连续稳产。

安第斯公司执行低成本稳健的效益勘探策略，勘探技术走向精细化模式，地质模式创新成为新油藏发现的主要驱动力，勘探开发及钻井工程的一体化模式明显降低了作业成本，新发现储量快速变现建产成为经营决策的重要组成部分。经过持续勘探投资，特别是依据地质成藏模式的不断创新和主动进取，几乎每年都有规模油藏的新发现，连续10年新增储量替换率大于1.0，并且新勘探发现产量已经占到整体产量的三分之一。

通过与中石油勘探院美洲所、中石化研究院海外所得长期合作及著名院校合进行理论与技术攻关，形成了一系列的成果和认识，主要包括：深化前陆盆地斜坡带油气成藏认识；薄储层-低幅度-构造岩性圈闭储层预测与圈闭识别技术；勘探潜力快速评价及目标优选，勘探平台提早优化布局；低渗透油层动用；钻井周期优化等有效勘探技术系列；丛式井平台控圈闭的目标优选及新井井位部署方法。深化了理论体系，例如：物理实验模拟奥连特盆地低幅度圈闭形成机理；室内油气成藏模拟盆地斜坡带油气运聚成藏过程；低幅度圈闭识别技术；具有自主知识产权的海绿石砂岩测井综合评价方法。

2 奥连特盆地勘探历程及安第斯项目发现的主要油田

20世纪60年代，资源国和西方油公司利用早期比较原始技术发现了较大规模油藏。随后实现了二维地震剖面全盆地普查覆盖，三维地震在大多有利区带的大面积详查覆盖，以及野猫井的全盆地钻探。经过50多年综合研究和经验积累，奥连特盆地的油藏地质特征形成了比较经典的认识。在区域地质方面，由于受到区域板块的地质作用，经历了早期的拉张和后期的挤压，盆地内广泛发育各种逆冲构造、反转构造和与走滑断层相关的断背斜构造，为油气运移聚集提供了良好的圈闭条件。在油藏圈闭方面，主要发育三大类类型，即，构造圈闭、构造—地层复合圈闭和地层圈闭。构造圈闭以区域断层伴生的断背斜构造为主，构造—地层复合圈闭主要为区域性废弃河道泥岩充填断层形成的上倾方向遮挡形成的圈闭类型，地层圈闭包括地层上超圈闭和岩性变化形成的岩性圈闭。盆地油气分布明显受断层控制，大多油田呈南北长轴分布于区域断层上升盘，由于区域断层的疏导作用，容易形成与断块边缘有关的背斜圈闭和断层遮挡的圈闭。

安第斯公司持续勘探投资，依靠地质成藏模式创新和主动进取精神，几乎每年都有规模油藏的新发现，累计上交可采地质储量超过2亿吨，大多油藏当年建产。其中，2011年老油田向上倾方向扩边发现低幅度构造 Esperanza / Colibri 油田，2012年老油田向下倾方向发现岩性-构造 Tapir Norte 油田，2013年在油源断层上升盘发现运移控制的 Mariann Sur 油田，2014年年老油田向下倾方向发现多油水界面复合特征的 Alice Oeste 油田，2015年根据泥岩墙遮挡模式发现大规模的 Johanna Este 油田，2016年 Johanna Este 油田建产年日产超过10000桶的整装油田，2017年在油源断层的上升盘和下降盘都发现了强势运移通道控制的 Gaby & Nathaly 油田，2018年在油源断层的上升盘发现了强势运移通道控制的 Dorine G 油田，2019年在3000米埋深突破2~3m厚的储层识别技术扩大了 Kupi 油田的规模，2020年发现了两个老油田之间结合部的岩性-构造特征的 Paiche 油田。

3 奥连特前陆盆地地质概况及满盆含油油藏特征

厄瓜多尔奥连特前陆盆地位于南美安第斯造山带东侧，盆地面积约10万 km^2，是南美洲的主要含油气盆地之一。在大地构造位置上，奥连特位于科迪勒拉山系和圭亚那地盾之间，属于强变形的构造活跃区与稳定区之间的过度带。奥连特盆地可分为两个大的地貌构造域，西缘的安第斯褶皱逆冲带和东部的前陆盆地区，两者的界限为一套西倾逆断层组成的断裂系统。盆地轴向呈南北向，在前寒武纪岩浆岩和变质岩基底之上，沉积了志留系—第三系沉积层系，其中白垩系—第三系沉积层厚达5000m 以上。盆地西陡东缓，西翼受安第斯褶皱的影响，发育变形强烈的挤压背斜和断裂。

奥连特盆地结构呈不对称、西陡东缓的特征，西翼构造倾角达5°~10°，东翼不到2°中西部是深陷。油气分布明显受走滑断裂的控制，基本的成藏模式是多期次的走滑断裂活动与岩性目标配置，形成油气聚集，通常在走滑断裂附近形成伴生的背斜圈闭和断层遮挡圈闭。在大型区域性断裂周围，几乎都发现了重要的油田，见图1，油田基本满盆分布，巨型油田有 Sacha、Shushufindi、Fanny/Dorine、Eden 和 ITT。

白垩系是盆地的主要勘探目的层，由 Hollin 组、Napo 组和 BaseTena 组组成。主要生油岩为 Napo 组海相黑色页岩和沥青质碳酸盐岩，它们沉积于浅海陆架环境。主要储层是白垩系 Hollin 组和 Napo 组砂岩。总体上，Hollin 砂岩主要分布于盆地的西部，Napo T 和 U 段在盆地中部和东部最为发育，Napo 组 M1 段在盆地东部最厚。Hollin 组砂岩主要沉积于冲积平原至河流—三角洲环境，盆地西边的 Hollin 组顶部和底部的砂岩则沉积于浅海环境。砂岩分选好，为石英砂岩，孔隙度为12%~17%，渗透率为50~800md。Napo 组储集岩沉积于浅海陆棚环境，包括四套砂岩储集层(U、T 和 M1 砂层)。T 和 U 砂岩沉积于海湾至近海潮道，孔隙度为12%~25%，渗透率为15~5000md，砂岩净厚度达75m。M1 砂层由厚层—块状砂岩组成，只分布于盆地的东部。孔隙度可高达20%以上，渗透率可高达1000md 以上。盖层主要为上白垩统页岩、煤层、

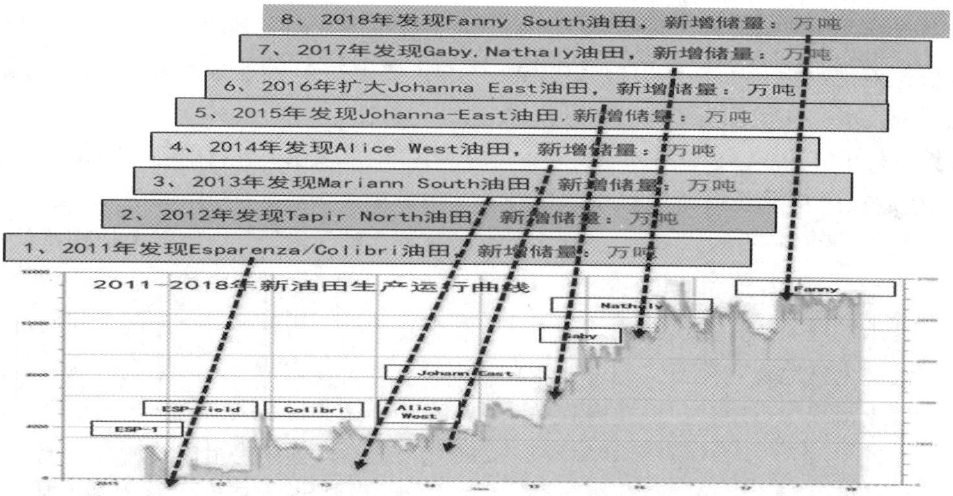

图1　安第斯项目历年发现的新油田及产量贡献

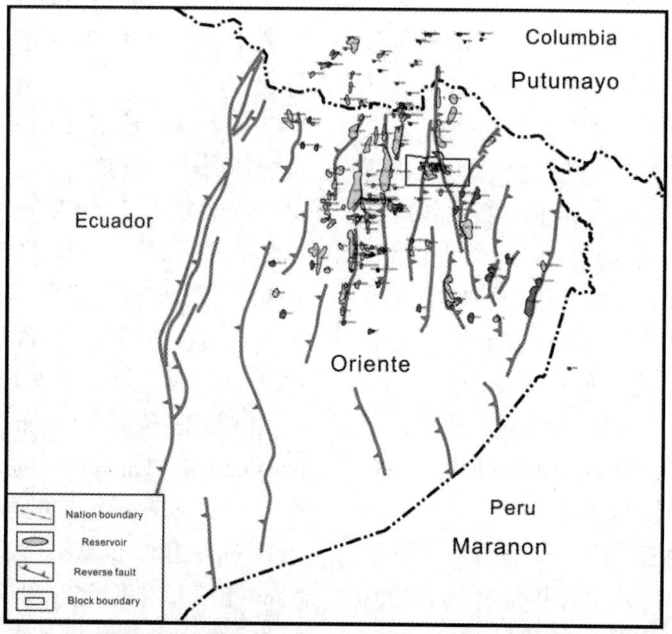

图2　奥连特盆地油藏平面分布及断裂发育图

及致密的碳酸岩，另外更新世 Orteguaza 组的页岩也可作为区域性盖层。

4　传统油藏类型及创新突破关键

资源国及西方油公司经过几十年的勘探开发作业及研究，奥连特盆地演化及油藏分布规律似乎已经清晰明了，较系统理清了奥连特盆地油气成藏主控因素，大型构造圈闭基本上都已经被发现完毕，剩余待发现的油气资源主要分布在低幅度构造-岩性圈闭类型。安第斯项目的勘探工作通过对历年钻井进行钻后综合分析以及典型油藏解剖，在继承传统认识的基础上，结合公司的勘探开发作业经验，创新地质成藏模式，多次在已钻目标认为没潜力的地区，不断突破突破发现新油藏。

4.1　上倾方向发育的“泥岩墙”岩性遮挡控藏及创新突破

前期的勘探开发经验表明，奥连特盆地的油气主要富集在白垩系中，不同类型的岩性圈闭在白垩系内部分布情况有所差异，表现在：砂岩上倾尖灭圈闭和断层-岩性复合圈闭主要分布在白垩系顶部 Napo 组 M1 砂层中，这两种类型在上倾方向依靠岩性的变化形成封闭，顶部靠 Tena 组泥岩形成封闭，M1 顶部存在一定的剥蚀，下倾方向靠断层封闭或者出现底水。

安第斯项目在继承传统的基础上，重新取得创新突破，关键在于进行综合详细分析：白垩系

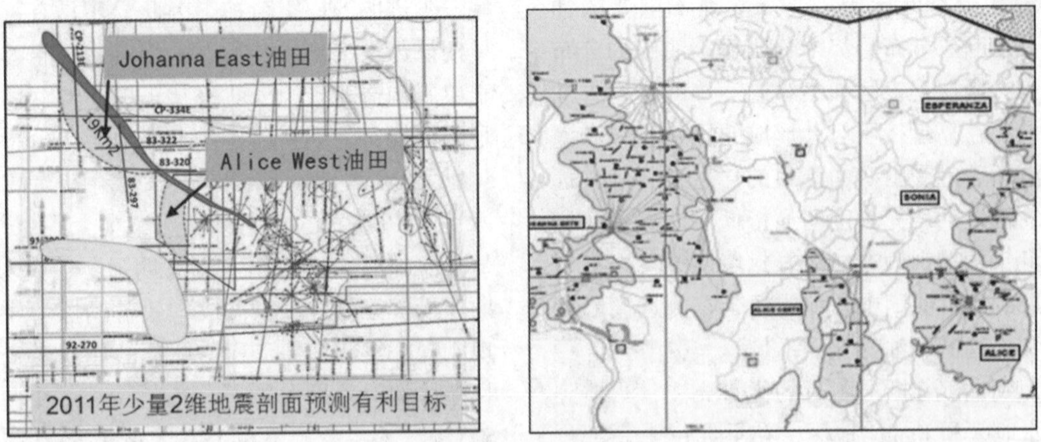

图 3　JE 油田的早期评价及建成油田平面图

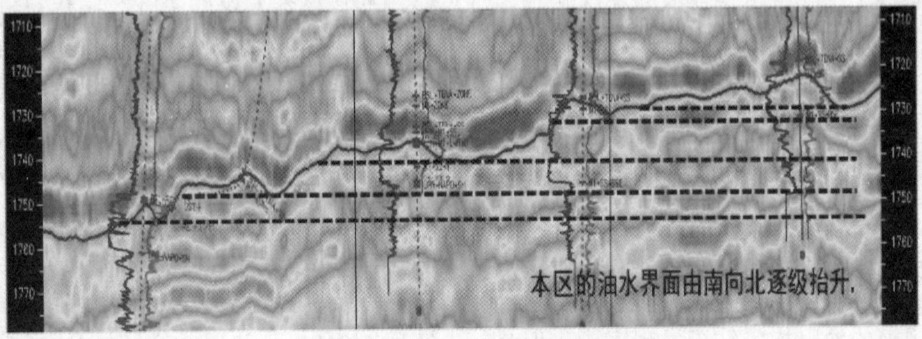

图 4　T 西地区多油水界面控藏

顶面是一个不整合面，长时期处于饥饿物源环境，发育了长距离的较大规模的下切废弃河道；上覆地层首先沉积的是前陆盆地早期的泥岩充填系列，形成了独特的“泥岩墙”遮挡，配合相应的构造特征，容易形成上倾部位长条状“泥岩墙”遮挡的非构造大规模的油藏。比如，利用 2 条早期的二维地震剖面识别了 JE 地区存在“泥岩墙”的特征，结合区域地质认识，预测了 19km^2 有利目标，随即推动该地区的勘探部署及开发进程。2015 年实钻发现厚层油藏，2016 年建成日产超过 10000 桶的整装油田。

4.2　构造圈闭背景控藏及创新突破。

构造圈闭控藏是经典石油地质学的基本常识。在区域构造背景下，钻遇底水意味着圈定了油藏边界。安第斯项目勘探在继承传统认识的基础上，结合奥连特盆地的具体地质特征，多次在老油田的下倾方向去的大规模的发现，2013 年在 Auca 老油田下倾方向发现的 TapirNorth 油田，已经成为 17 区块最大的在产油田。

主要的认识来自经验的积累：奥连特盆地大规模的烃源岩已经进入成熟门限，至今持续向外排烃，盆地东部斜坡带是油气运移的有利指向区，油源条件充足，通过对区域油气分布规律和油气藏解剖发现，普遍存在着多油水界面的特征。

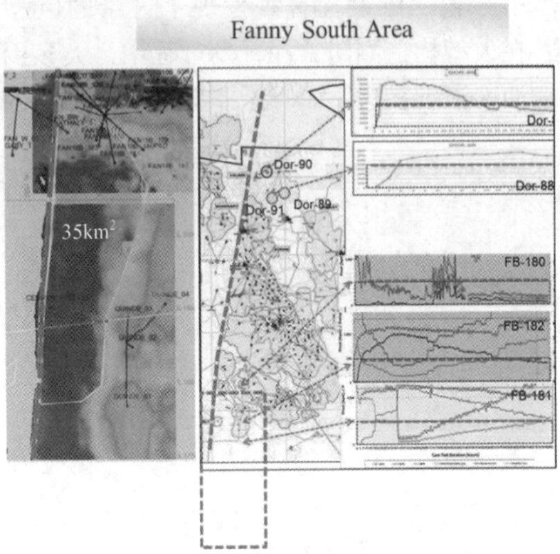

图 5　FannySouth 地区断层控藏油田

4.3　油源断层控藏模式及创新突破

区域断层是油气运移的三大主力通道之一，形成了油气进行垂向运移的重要通道。奥连特盆地在白垩纪之后发育了前陆盆地，第三纪挤压和基底断层的活化对圈闭的形成产生重要影响；在大型区域性走滑断层周围，都发现了重要的油田，油藏沿断层分布趋势十分明显。油田的分布统计认为，断层是该区油气纵向运移的通道，油气主要聚集在靠近挤压运动形成的压性背斜和南北向走滑断裂因受阻弯曲产生的伴生背斜中，远离断层的构造油气充满度明显偏低，勘探风险增大。并且，构造上倾方向泥岩封堵使油气聚集在靠近断层的岩性圈闭中，泥岩条带东侧远离断层的构造和岩性圈闭油气充注不足。

认识到油气在断层附近的优势充注，具体到Dorine北地区和Fanny地区，在早期位于高部位钻探落空的情况下，沿着断层附近，在没有明显构造背景的条件下，相继取得较大的发现。

5 总结

为了响应国家能源安全战略，中国石油企业走出国门拓展业务，在特殊的环境下，积累了一些经验教训，值得总结分析。

5.1 海外丰富的资源潜力为勘探技术创新提供了发展空间

奥连特盆地具有60多年的勘探开发历程，普遍认为大规模的油田均匀钻探发现完毕。但是仔细分析可以发现，由于雨林地区作业成本高，开展第一轮二维勘探普查发现了大量的巨型油田，在大型构造圈闭钻探开发过程中，大多围绕着老油区滚动扩边；而对于非构造圈闭类型的油藏较少进取的探索精神，因此，还是有可能发现早期认为没潜力的空白区，比如JE油田的发现于单斜构造背景。因此，基于奥连特盆地油源充足的前提，为创新勘探技术提供了广阔的空间。

5.2 低成本效益勘探为勘探可持续发展提供了物质保障

海外油气田的作业具有明显的合同期限制，勘探投资策略应该以低成本效益勘探为原则，实现勘探开发和钻井工程一体化的作业模式，为项目整体的效益最大化。

5.3 积累经验形成配套技术系列为项目的经营提供了强大的助力

通过勘探开发的实践经验积累，安第斯公司取得了丰硕的理论和技术。在早期油藏快速评价技术取得丰富的成果，提前开展区域平台布局优化研究，提前开展平台环保审批，保障勘探钻井按计划完成。前陆盆地斜坡带油气富集模式，建立斜坡带油气多期混合充注成藏模式，有效指导了项目长期的勘探开发目标优选。集成创新了薄储层-低幅度构造-岩性圈闭薄储层预测技术，实现6~10ft薄储层的准确识别，新井成功率遥遥领先集。大数据精准实施钻井效率提升技术。采用流道压裂技术实现了低渗透油层的有效动用，从而将UT等低渗透层转化为有效勘探目的层。

鄂尔多斯南部红河油田走滑断裂识别与描述

胡天乐　黎小伟　成　立

（中石化华北油气分公司勘探开发研究院）

摘　要　红河油田位于天环向斜南缘，左临鄂尔多斯西缘复杂断裂带，南接渭北隆起，经过多期构造应力运动，形成的断裂复杂。本文通过对鄂尔多斯南部红河油田走滑断层的识别标志进行分析，利用三维地震及钻井信息，从断裂可靠性分析，走滑断裂特征性分析及断裂识别方法研究等方面对红河油田走滑断裂进行了识别与描述。

关键词　走滑断裂；裂缝；鄂尔多斯；三维地震；正演

红河油田位于天环向斜的南部，属于典型的黄土塬地形，三维地震采集难度较大。本文通过不同时期采集地震的属性及不同时期处理的地震属性都表明该地区断裂的存在及复杂性。另外从多年的实践来看，该地区断裂具有典型的走滑断裂特征，从三维地震剖面及平面上都很好印证，同时本文主要采用了相干立体雕刻等多种断裂识别方法对断裂开展了预测识别，并利用了统计学方法进行了裂缝发育区预测。

1　断裂可靠性分析

目标区红河油田属于典型的黄土塬地形地貌，地震采集难度大，受地表黄土吸收及地下煤层影响，导致地震保幅性不佳，但从不同期次采集及不同时期处理的地震资料来看，都表明该地区中生界目的层断裂较发育。图 1 左代表的 2012 年前三期地震采集没做连片处理的相干属性，从上中下三个属性图拼接来看，北西向具有很好的连续性延展性，图 1 右利用二阶导属性刻画的断裂仍然具有该特征；另外在 2018 年对红河全区三维地震再次做了连片处理，从新处理的地震相干属性来看，揭示的断裂特征依然很明显，跟 2012 年前处理的地震解释的断层整体趋势基本相同，不同时期采集不同时期处理的地震进一步证明了该目标区断层的存在。同时从图 2 右可以看出，解释的目的层断层与地形叠合来看，二者并没有明显的相关性，进一步表明地震刻画的断层受地形影响受采集因素影响不明显，进一步证明了地震刻画断层的有效性与可靠性。

2　断裂平面及剖面特征

通过对目标区地震资料的反复对比分析，可以从剖面与平面等多个角度发现该地区符合走滑断层的一系列的几何学特征，可以证明该目标区发育走滑断裂。

特征一：断面陡立，断面大多表现为上缓下

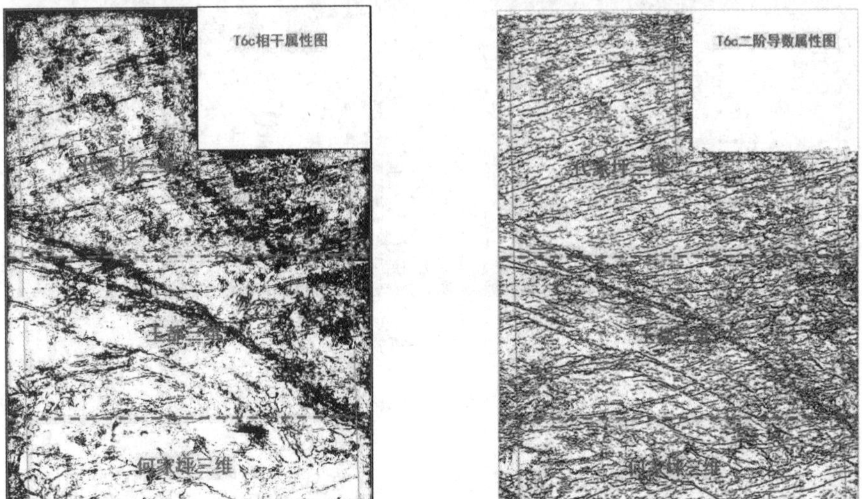

图 1　2012 年前三不同时期采集地震 T6c 相干属性(左)与构造二阶导属性(右)

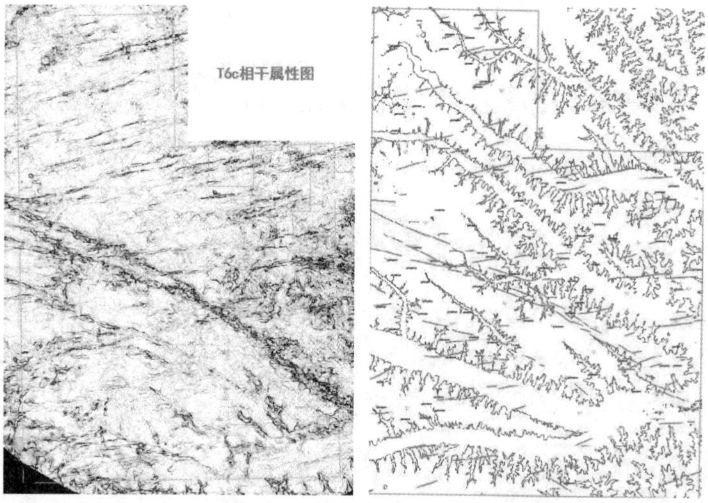

图2　2018年连片处理T6c相干属性(左)与解释的T6c目的层断层与地形叠合图(右)

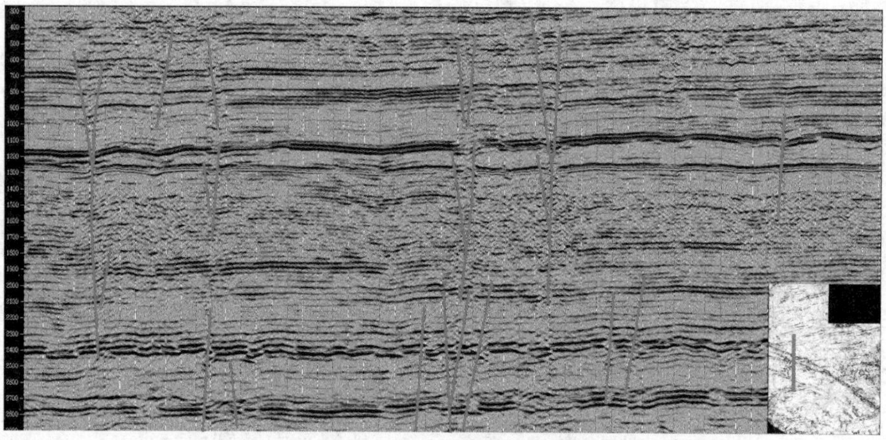

图3　红河油田走滑断层三维地震典型剖面(Trace 678)

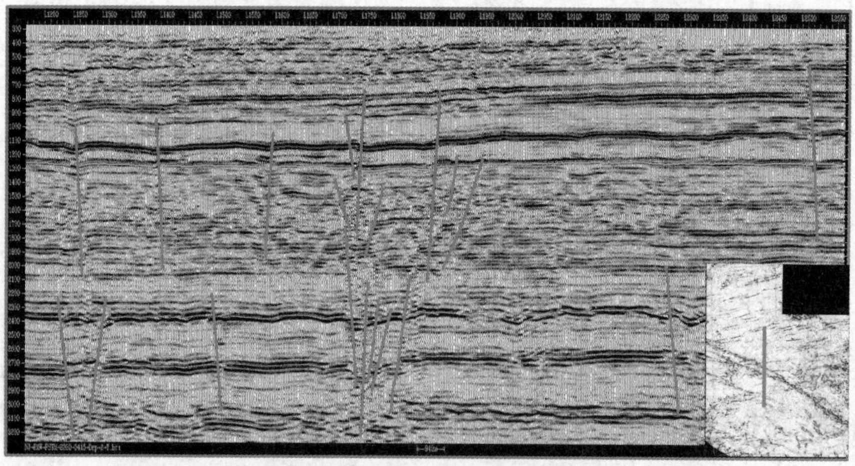

图4　红河油田走滑断层三维地震典型剖面(Trace 1076)

陡，到深部近于直立，深深插入沉积基底，并发育花状构造断层断面陡直或上缓下陡，到深部近于直立。从图3与图4可以看出红河油田断裂近直立分布，断层倾角大部分在75°以上，尤其北西向大断裂都能断穿到基底，而且发育典型的正花状与负花状构造。

特征二：平面行迹丰富

单条断层延伸不远，各级断层分叉交织，构成辫状带；研究区断裂走向主要表现三组方向：北西西向、东西向和北东东向，其中北西

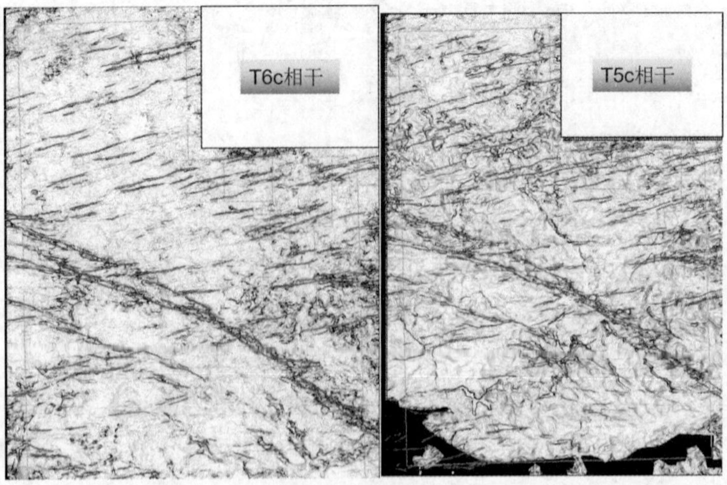

图5　红河油田中生界T6c(左)与T5c(右)断裂平面分布图

西向断裂控制了区内地层构造总体形态，这类断层垂直断距大、延伸距离远、规模较大，主要发育在研究中部及南部，数量较多；东西向断层主要分布在北西西向断层旁边，呈雁列式分布，数量较少，延伸距离短，垂直断距较小多为高角度-垂直断层；北东东向断层主要分布北部，数量众多，延伸距离较短，多为高角度-垂直断层，垂直断距较小。同时可以看到北西西向延伸，条带状展布，伴随断裂破碎带。这类断层发育时期较早，活动期长，断裂延伸长，垂直断距大。

特征三：空间常见海豚效应断层在空间上常具有“海豚效应”或“丝带效应”；

如图6所示，这里展示了横切北西向断裂的11个剖面，从西北到东南展示的剖面可以看出，延着断裂方向，断层的断距时大时小，从8~80米不等；另外断层的性质来看，一会为正断层一会为逆断层，断层的性质变化较快，表现为“海豚效应”与“丝带效应”

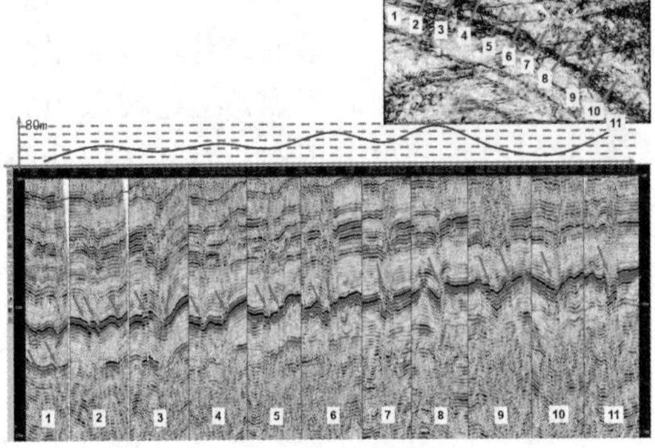

图6　红河油田断层在空间“海豚效应”图

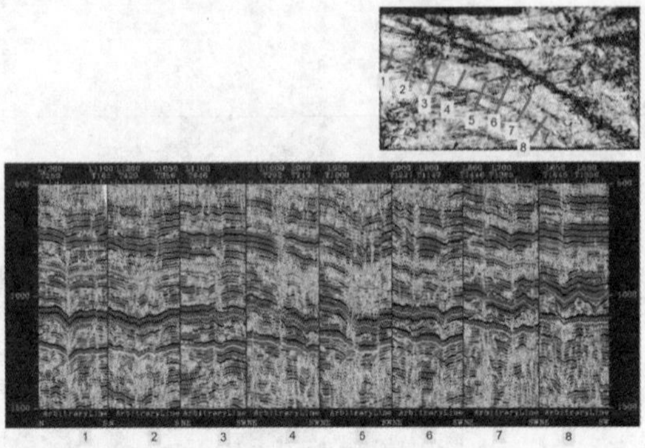

图7　红河油田断层在空间“丝带效应”图

3　走滑断裂识别技术方法

(1) 断裂正演

为了说明断层的地震响应，这里做了两组断裂的地震响应正演。本次模型的砂岩速度4Vp=4500m/s；den=2.6g/cc；泥岩Vp=4000m/s；den=2.6g/cc。通过正演可以看出在工区地震主频35Hz条件下，10m以上断距断层有明显错动，5m左右断层表现为挠曲特征，5米以下断层肉眼无法区分。

具体到剖面上到剖面上对于断层的识别，可以看出中部高角度断裂带呈现明显的密集、带状杂乱反射；反射呈现明显的“M”字型特征；反射同相轴明显错断、叠置，为较大断层存在的标志；横向上地震反射出现有规律的细微波动，为大尺度裂缝存在特征；同相轴能量突变、反射中断。

(2) 断裂识别方法

红河油田三维地震资料整体信噪比低，这里我们分别采用了增强相干(图10左)来刻画大尺

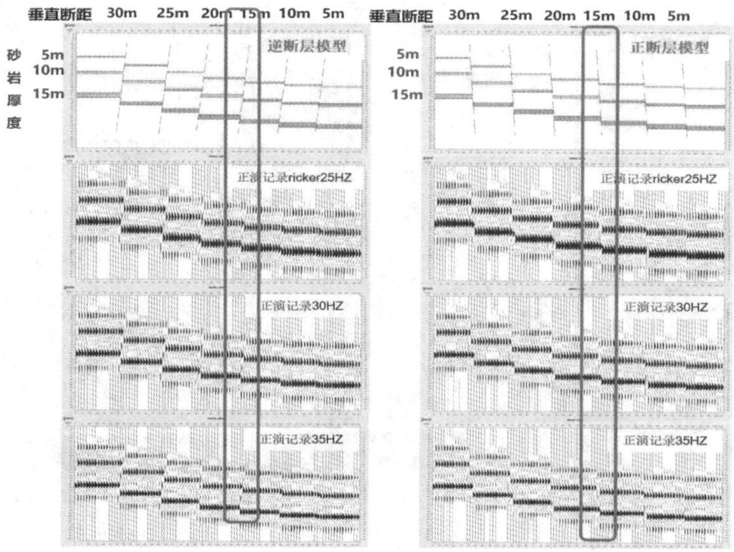

图 8　红河油田断层地震正演图

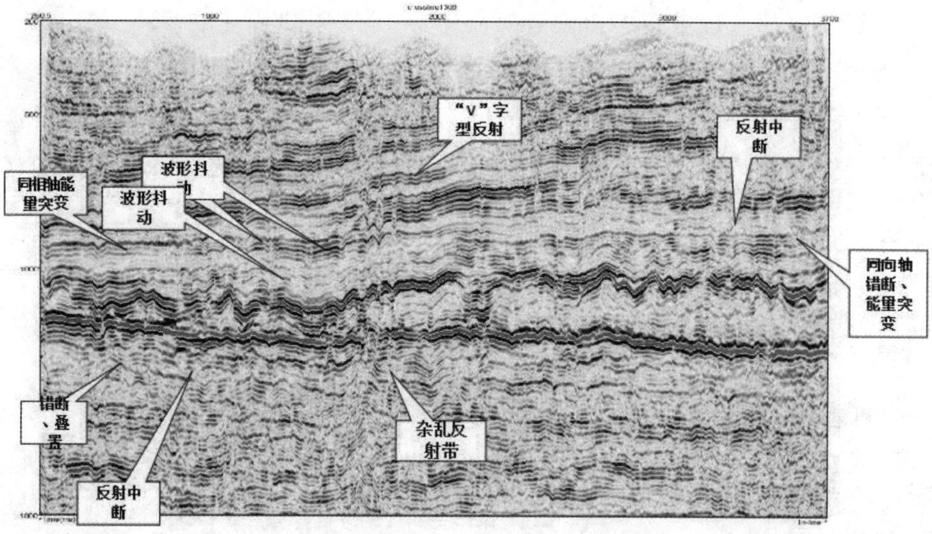

图 9　红河油田剖面断裂识别特征图

度断层，利用蚂蚁体来刻画小尺度断层。其中增强相干方法抗噪性较强，这里展示的目标区 T6c 增强相干属性能看到，其刻画的断裂整体分辨率高，对于北西向与北东向断裂刻画清晰可靠性高；利用蚂蚁体(图 10 右)属性刻画的微小尺度断裂分辨率更高，但其中也带来部分噪音需要加以甄别。为了更直观的展示断层这里也利用图 11 进行了断裂的立体展示，总体揭示了红河油田全区断裂的一个断裂展布全貌。

(3) 统计学方法识别裂缝发育区

针对北西向与北东向断裂，分别选取三个目标区，蓝色方框为北西向断裂目标区，粉色方框为北东向目标区，分别统计目标区内钻遇的裂隙点与断层的距离关系。从图可以看出，在北西向断裂附近钻遇的裂隙点距离断裂距离 2km 的点占所有裂隙点的 84%；在北东向断裂附近钻遇的裂隙点距离断裂距离 1km 内的点占所有裂隙点的 81%；这里的统计可以简单的认为北西向断裂活动相对剧烈，钻遇裂隙绝大部分控制在断裂 2 公里范围内；而北东向断裂活动相对平和，钻遇裂隙绝大部分控制在断裂 1 公里范围内，因此这里我们选择 2 公里与 1 公里作为界限来圈定北西向断层与北东向断层附近的裂缝发育区。

结论

1. 不同年份采集及处理资料都表明红河油

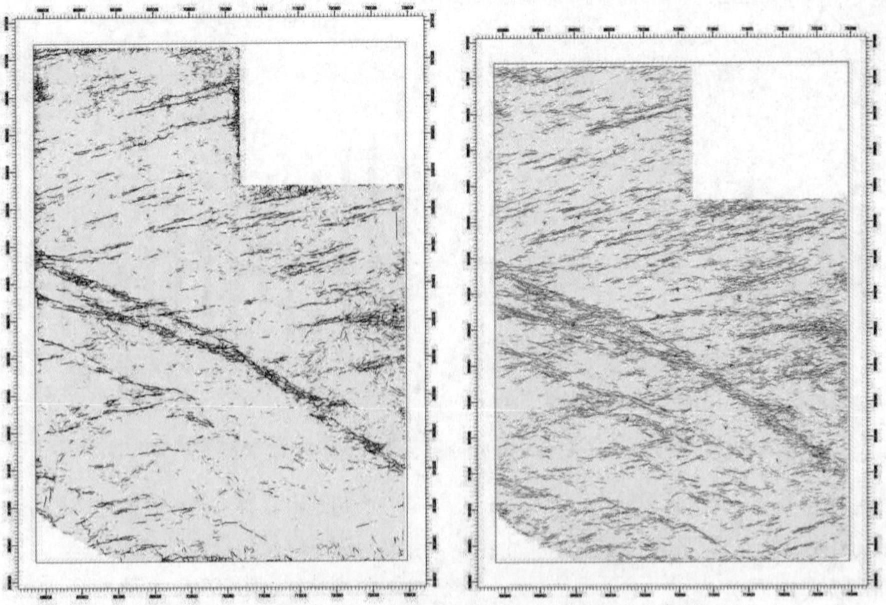

图 10　红河油田 T6c 增强相干(左)与蚂蚁体(右)属性图

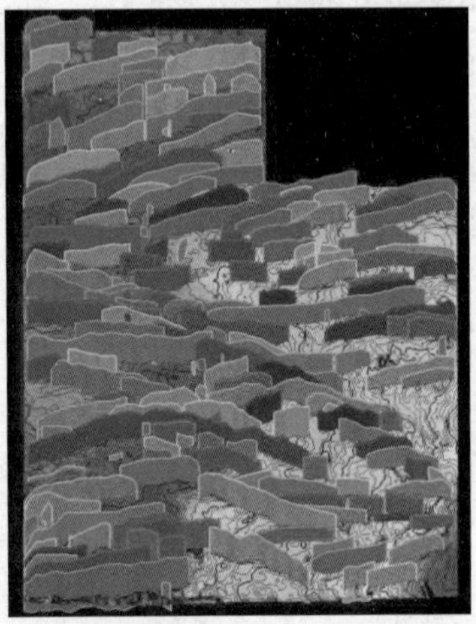

图 11　红河油田断裂立体展布图

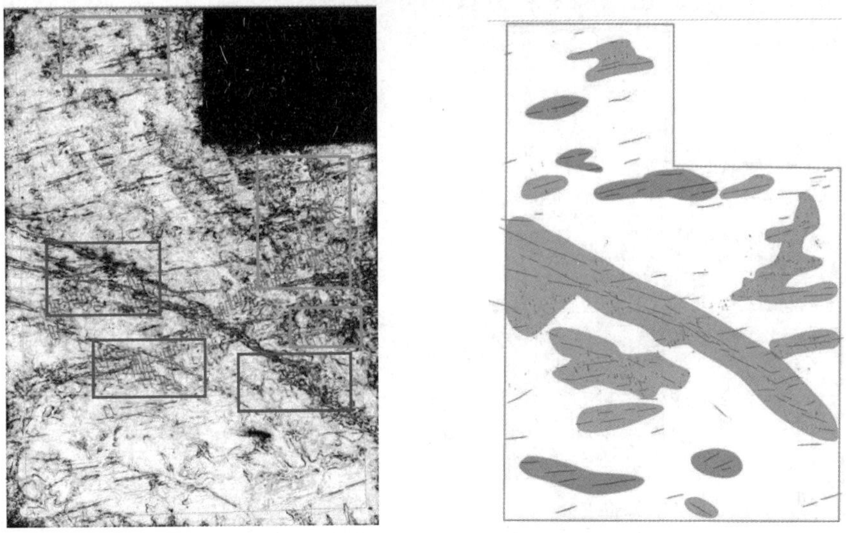

图 12　裂隙点断裂叠合图(左)与裂缝发育区图(右)

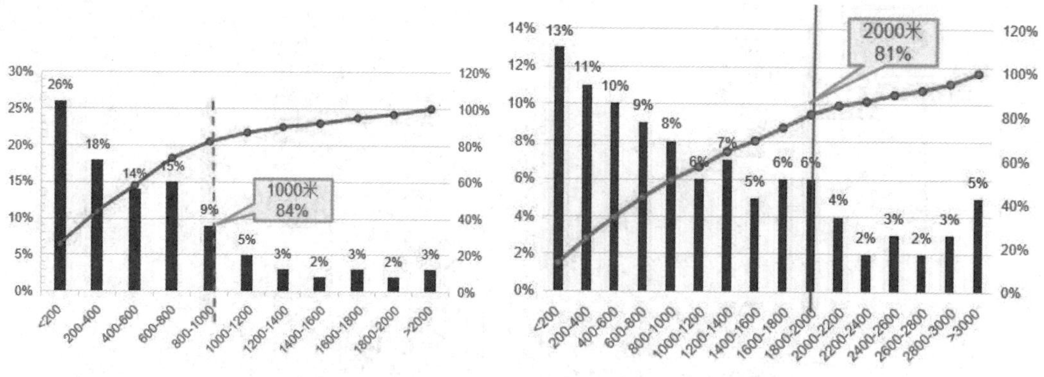

图 13　北东向(左)与北西向断裂与裂隙点距离关系统计图

田地区断裂存在且复杂；

2. 从平面及剖面特征都可以印证红河油田断裂主要以走滑断裂性质为主；

3. 相干蚂蚁体等方法有效识别了断层同时三位立体雕刻很好的展示了红河油田断裂的分布特征。

参　考　文　献

[1]　周文等.《镇泾油田长 8 油藏储层裂缝发育状况及其控油因素研究》，成都理工大学，2010.

[2]　张林炎，范昆，刘进东等．鄂尔多斯盆地镇原一泾川地区三叠系延长组构造裂缝分布定量预测．地质力学学报，12(4)，2006. 12.

[3]　周新桂，张林炎，苏复义等．鄂南镇-泾地区构造应力与储层裂缝系统发育规律研究．中石化华北分公司勘探开发研究院，中国地质科学院地质力学研究所，2005. 6.

[4]　杨占龙，彭立才等．地震属性与岩性油气藏勘探．石油地球物理勘探，2007. 46(2).

[5]　凌云研究组．基本地震属性在沉积环境解释中的应用研究．石油地球物理勘探，2003(6).

基于 LDA 和 KNN 的火成岩分类方法研究

方全全[1] 曹　军[1] 张国强[2] 穆贵鹏[1] 任　宏[1]

(1. 中海油能源发展股份有限公司工程技术分公司；2. 中海石油(中国)有限公司天津分公司工程技术作业中心)

摘　要　渤中 34-9 油田在开发过程中广泛钻遇古近系火成岩，规避火成岩造成的憋、卡、漏等工程风险决定了利用录、测井技术及时准确识别火成岩的重要意义。由于不同系列、不同岩性的测井响应特征既有一致性也有矛盾性，造成利用常规测井特征交会图版识别火成岩存在局限性与多解性。面对处理多维度、大规模数据，数学统计方法成为多参数分析的必要手段[1-2]。在此条件下，通过引入 LDA 与 KNN 两种数据分析方法，处理测井数据并构建火成岩分类模板与判别模式，提高火成岩识别准确率。将数据分析的思想应用于随钻测井数据，对油田 5 口井的三种典型火成岩进行判别与分类，避免了常规解释中的低精度与多解性，对油田后续作业及渤海矿区其他多种类火成岩分类产生积极影响。

关键词　随钻测井；线性判别分析；K-最近邻；火成岩分类；渤中 34-9 油田

渤中 34-9 油田沙河街期和东营期存在多期火山活动，已钻井揭示该区钻遇的火成岩岩石类型多样，分布广泛。其中又以玄武岩、安山岩、沉凝灰岩等中-基性火成岩与火山碎屑岩最为典型。渤中 34-9 油田在开发过程中广泛采取随钻测井(自然伽马/电阻率/中子/密度)的方式录取测井资料[3-4]。常规选取某 2 条测井曲线进行两两交会的方式识别火成岩具有较大的局限性，故有必要对该区进行多参数综合分析评价。LDA 与 KNN 是当前比较流行的监督学习方法，本文通过特征选择和特征提取等数学方法，对目标区 5 口评价井的四条线测井数据进行敏感元素的筛选和降维处理，建立了二维可视化图板与 KNN 分类模型，并应用于后续井的火成岩识别与地层对比，取得了较好的效果，也为多维度测井数据的应用提供了新思路。

1　LDA 和 KNN 分类技术简介

线性判别分析(Linear Discriminant Analysis，LDA)是一种常用的判别和分类的多元统计方法，它的基本原理是使用统计学、模式识别和机器学习方法，试图找到两类物体或事件的特征的一个线性组合，以能够特征化或区分它们，所得的组合可用来作为一个线性分类器，将待判别的对象与已知类型进行类比，根据最大隶属原则确定待判对象应归属于哪一类。K 最近邻(K-Nearest Neighbors，KNN)方法的基本思路是：如果一个样本在特征空间中的 k 个最相似(即特征空间中距离最邻近)的样本中的大多数属于某一个类别，则该样本也属于这个类别，隐含了“近朱者赤近墨者黑”的朴素观念，区别于聚类方法，LDA 与 KNN 都属于监督学习的方法，即已知训练样本中每个样本的分类。

1.1　地质背景

渤中 34-9 油田表现为一个复杂断块构造，位于黄河口凹陷中洼南部斜坡带上，在明化镇组、东营组和沙河街组形成了大型复杂断块圈闭群。根据已钻井揭示的地层，自上而下为第四系平原组、新近系明化镇组和馆陶组、古近系东营组和沙河街组，油田的主要含油层系为明下段、东三段和沙一、二段。其中，在东一段、东二段、沙二、三段广泛钻遇以沉凝灰岩、玄武岩与安山岩为代表的火成岩。在钻井过程中利用随钻测井数据准确、及时识别火成岩岩性对于规避工程风险与地层对比尤为重要。

1.2　LDA 和 KNN 基本原理[5-8]

LDA 的目标是寻找最能把各类样本分开的投影直线，以投影后样本类间散度(Sb)和样本类内散度(Sw)的比值最大的形式选择线性变换矩阵 W。对目标矩阵 $Sw^{-1} * Sb$ 进行特征值分解，选取较大的特征值对应的特征向量即为用来做投影的线性变换矩阵 W。以常见的 c 分类问题($c \geq 2$)定义 Sb 和 Sw 矩阵分别为：

$$S_b = \frac{1}{N}\sum_{i=1}^{N} Ni(\mu_i - \mu)(\mu_i - \mu)^T \tag{1}$$

$$S_i = \sum_{k=1}^{Ni} (x_{ik} - \mu_i)(x_{ik} - \mu_i)^T \tag{2}$$

$$S_w = \frac{1}{N}\sum_{i=1}^{c} Si \qquad (3)$$

其中 N 表示总样本数，μ_i 表示第 i 类样本的均值，μ 为总样本均值，Ni 为第 i 类的样本数，x_{ik} 为第 i 类的第 k 个样本，c 表示类别数，Si 为第 i 类样本的类内散度。

KNN 所选择的邻居都是已经正确分类的对象。该方法在确定分类决策上只依据最邻近的 K 个样本的类别来决定待分样本所属的类别。通常 K 取奇数，防止出现 K 个样本中恰好有各一半的样本隶属于不同类别。在利用 KNN 方法进行类别决策时，只与极少量的相邻样本有关。由于 KNN 方法主要依赖周围有限的邻近的样本，而不是靠判别类域的方法来确定所属类别的，因此对于类域的交叉或重叠较多的待分样本集来说，KNN 方法较其他方法更为适合。KNN 主要步骤如下：

1）将总体样本划分为训练样本（带类标签）与测试样本（未知所属类别）；

2）对于每个待测试样本，计算其到每个训练样本的距离；

3）选择距离最近的 K 个训练样本，并分别统计 K 个样本中属于各类的个数；

4）K 个样本中出现最多的类别决定了该测试样本所属的类别。

2 判别模型与分类模式的建立

2.1 数据收集与预处理

通过前期研究，对 BZ34-9 区块 5 口评价井统计了钻遇的厚层、典型的与火山成因相关的岩类如下：沉凝灰岩、玄武岩、安山岩、凝灰质砂岩、凝灰质泥岩、玄武质泥岩。对于后三种 xx 质砂泥岩，结合常规岩屑录井与测井响应特征区分度高，能够很好识别。故筛选出沉凝灰岩、玄武岩、安山岩共计 3258 个数据样本，并对原始四条线测井数据做归一化处理，以消除各评价指标不同的量纲和数量级。归一化公式如下[9]：

$$X_i = (x_i - \min(x)) / [\max(x) - \min(x)] \qquad (4)$$

表 1 样本数据基本统计指标

总样本		自然伽马	电阻率	中子	密度
归一化前	均值	70.46	16.52	31.3	2.43
	方差	1841	1188	90	0.03
归一化后	均值	0.1724	0.0546	0.4752	0.5593
	方差	0.0482	0.0140	0.0434	0.0366

2.2 LDA 线性判别分析图版

使用 MATLAB 对 3258 个（1927 个沉凝灰岩数据，1100 个玄武岩数据，232 个安山岩数据）归一化后的数据样本进行判别分析。总样本具有四个维度（每条测井曲线看作一个维度），由 LDA 的基本原理可知：对于划分 N 类的情况，LDA 处理之后可将数据降至 N-1 维度。本文区分 3 类岩性，因此经 LDA 处理后样本数据呈现 2 维特征，可以利用交会图的形式呈现分类效果。

对 $Sw^{-1} * Sb$ 做特征值分解，取非零特征值对应的特征向量组成投影向量，将沉凝灰岩、玄武岩、安山岩对应的归一化后的测井数据以此投影向量做线性变换，原始的 4 维测井数据降至 2 两维（记为 LDA1，LDA2），分别以 LDA1，LDA2

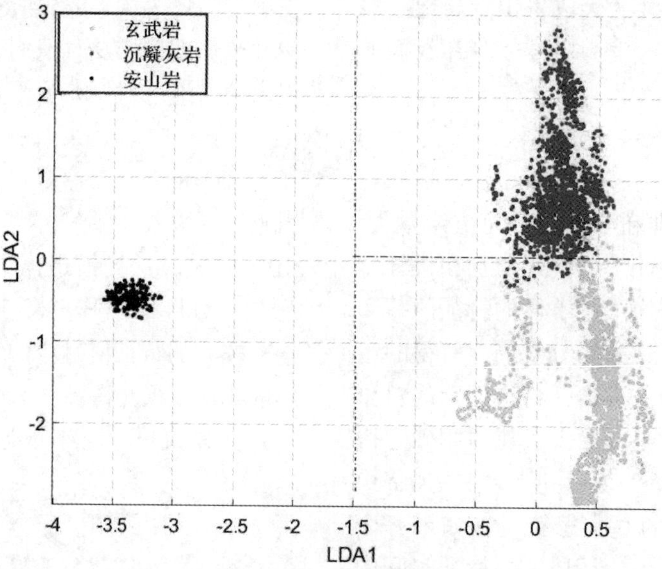

图 1 线性判别二维可视化图版

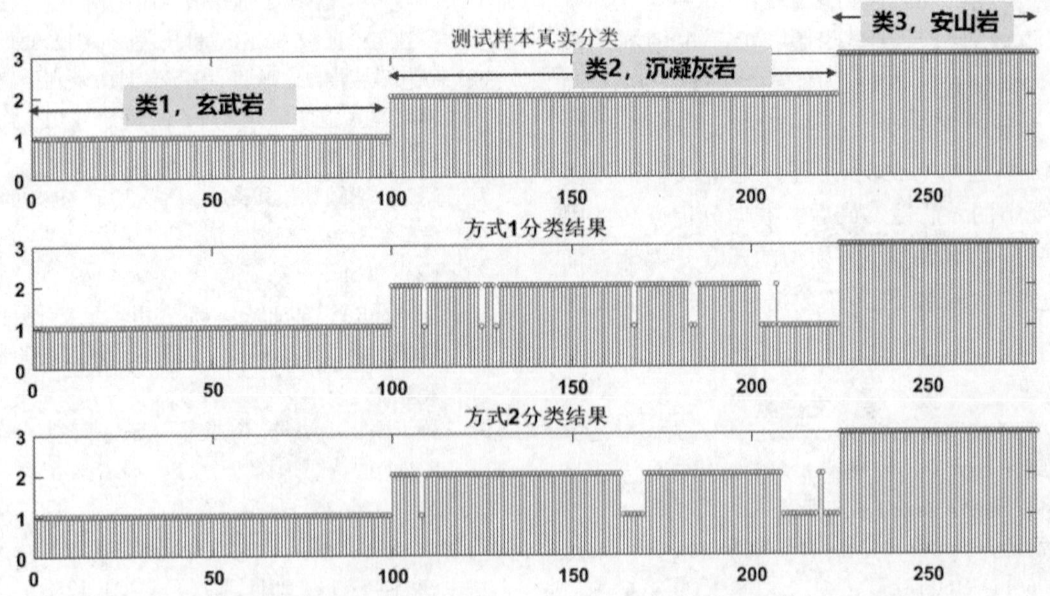

图2 两种方式KNN分类结果对比(编号1-99为类1，100-224为类2，225-280为类3)

为横纵坐标，绘制二维可视化解释图板(图1)。在此图版中，三类岩性区分度很高，安山岩最易于区分开来，玄武岩与沉凝灰岩利用设定LDA2的阈值也能很好区分，阈值附近的点乃是由于在岩性界面测井曲线突变或剧烈波动造成的，对岩性分类影响不大。

2.3 KNN分类模式

k近邻法是一种基本的多分类和回归的方法，给定一个训练数据集(带类标签)，对新的输入实例(测试样本，未知分类)，在数据集中找到与该实例最近邻的k个实例，这k个实例的多数属于某个类，就把该输入实例分为这个类。对于构建训练数据集，本文尝试两种方式：1.使用原始四条线测井数据(归一化后)；2.使用判别分析投影后的LDA1和LDA2。根据前述KNN处理步骤分类结果如下：

表2 两种数据集构建方式

	方式1：自然伽马/电阻率/中子/密度	方式2：LDA1/LDA2
训练样本	玄武岩1000个，沉凝灰岩1800个，安山岩175个	玄武岩1000个，沉凝灰岩1800个，安山岩175个
测试样本	玄武岩99个，沉凝灰岩125个，安山岩56个	玄武岩99个，沉凝灰岩125个，安山岩56个

将上述两种方式构建的数据集分别代入KNN原理步骤1-4，本文中取k=5(即只观察距离待分类样本最近的5个样本)，三种岩性类别分别赋值为“1=玄武岩，2=沉凝灰岩，3=安山岩”，利用matlab编写程式并运行，最后画出杆状图显示分类结果，如图2：

由上图可见，KNN分类模型在类1、类3识别准确率很高，错误分类主要集中在类2的识别上，整体而言，方式2分类模型的表现要优于方式1。

表3列出了此两种方式下模型分类能力的主要评价指标：结果显示，以自然伽马、电阻率、中子、密度四条线原始测井数据作为KNN模型的输入(方式1)，其分类正确率为90.36%；而

表3 两种方式分类效果

	测试样本真实分类	方式1作为输入的knn分类结果	方式2作为输入的knn分类结果	召回率，recall
玄武岩	99	126	120	100%
沉凝灰岩	125	98	104	方式1：78.4% 方式2：83.2%
安山岩	56	56	56	100%
分类正确率，accuracy		(99+98+56)/280=90.36%	(99+104+56)/280=92.50%	

以线性判别分析后的数据LDA1，LDA2作为KNN模型输入(方式2)，其分类正确率为92.50%。综合分类正确率与召回率两个评价指标，方式2的分类模型优于方式1。

3 总结

通过在BZ34-9油田的应用可以看出，多元线性判别方法克服了单一参数或少量参数进行火

成岩岩性识别的局限性与多解性。文中建立的基于 LDA 火成岩分类交会图版有助于现场利用随钻测井数据快速、准确识别岩性。综合 LDA 与 KNN 技术建立了三种火成岩的分类模型，模型分类正确率达到 92.50%，较好地解决了常规多参数解释中的矛盾性。最后，数据分析方法的引入以及基于此类数据分类模型的建立，为渤海油田多维度、大规模的测井数据分析提供了新的思路[10-11]。

参 考 文 献

[1] 刘绍平，汤军，许晓宏．数学地质方法及应用[M]. 北京：石油工业出版社，2011：72.

[2] 张润楚．多元统计分析[M]. 北京：科学出版社，2006. 144-160.

[3] 秦绪英，肖立志，索佰峰．随钻测井技术最新进展及其应用[J]．勘探地球物理进展，2003，26(4)：313-322.

[4] 叶鹏程．随钻测井技术在我国石油勘探开发中的应用[J]. 测井技术，2002，26(6)：441-445.

[5] 冯启宁，汤天知，张辛芸，尚作源．测井核心技术筛选与论证[Z]. CNPC 科技发展部，2002.

[6] 顾伟欣，周红，耿锋．多元统计方法在储层孔隙度模型建立中的应用[J]．断块油气田，2008，15(3)：58-61.

[7] 胡云，尚锁贵，吴昊晟，等．基于 SPSS 的岩石热解储集层流体判别方法[J]．录井工程，2016，27(2)：7-11.

[8] JohnsonRA，WichernD W. 实用多元统计分析[M]. 陆璇，译．北京：清华大学出版社，2008：449-452.

[9] 蒋玉娇，王晓丹，王文军，等. 一种基于 PCA 和 RelieF 的特征选择方法[J]．计算机工程与应用，2010，46(26)：170-172.

[10] 于成龙．基于 PCA 的特征选择算法[J]．计算机技术与发展，2011，21(4)：123-125.

[11] 薛永安，柴永波，周园园．近期渤海海域油气勘探的新突破[J]．中国海上油气．2015(01).

[12] 夏庆龙．渤海油田近 10 年地质认识创新与油气勘探发现[J]．中国海上油气．2016(03).

库车坳陷北部侏罗系储层发育特征及其对产量的控制作用

周　露　徐振平　魏红兴　史超群　谢亚妮　王　媛　章学岐　陈常超

（中国石油塔里木油田分公司）

摘　要　北部构造带是库车坳陷继克拉苏构造带之后的重点油气勘探领域，其主力勘探目的层为侏罗系阿合组，本文综合野外露头、地震、钻井等资料，紧紧围绕阿合组致密砂岩储层，从野外到井下、从宏观到微观，开展井-震结合砂体构型研究、储层微观连续表征、断裂-裂缝体系识别及预测等工作，划分阿合组四类砂体构型，即一类构型为前积坝砂、二类构型为侧积坝砂、三类构型为滞留沉积、四类构型为漫溢砂和河漫滩；明确阿合组岩屑砂岩储层孔隙结构以粒内溶孔和微孔隙为主，填隙物以泥质杂基为主，黏土矿物以伊利石和伊/蒙混层为主，普遍有强敏感性，影响单井产量，需要进行全程储层保护；综合地震、钻井资料，识别解释四级断裂-裂缝、划分储层三类断裂-裂缝组合模式和三类地质甜点区。

关键词　库车坳陷北部构造带；侏罗系阿合组；致密砂岩储层；砂体构型；储层微观特征；四级断裂-裂缝；地质甜点区

随着常规砂岩储层油气田的勘探开发逐渐走向成熟，低渗透的致密砂岩储层已成为中国油气增储上产的重要领域，在鄂尔多斯盆地上三叠统延长组、四川盆地上三叠统须家河组等致密砂岩储层中均发现了工业规模性的油气藏。早在20世纪末，就已在塔里木盆地库车坳陷北部构造带迪北地区下侏罗统发现了致密砂岩气，1998年依南2井在阿合组致密砂岩中获得高产气流，展现出了较大的勘探潜力。受制于资料及地质认识，此后勘探一直未获较大突破。直到2011年底，迪西1井在阿合组钻遇高产油气流，掀起了该区致密砂岩气新一轮的勘探热潮，之后钻探7口探评井仅迪北104井获得高产，其他效果不好，没有扩大展开，致密砂岩气藏特征及控制因素不清楚。

前人针对北部构造带侏罗系阿合组开展了野外砂体构型和裂缝建模研究，但仅限于理论模型和感性认识，未展开规模应用，且对致密砂岩储层的地质特征仍不清楚。本次研究，综合野外露头、地震、钻井等资料，紧紧围绕阿合组致密砂岩储层，从野外到井下、从宏观到微观，开展井-震结合砂体构型研究、储层微观连续表征、断裂-裂缝体系识别及预测等工作，明确了致密砂岩储层发育特征及有利"甜点区"分布规律。

1　区域地质概况

北部构造带是库车坳陷继克拉苏构造带之后的重点油气勘探领域（图1），东西长420km，南北宽5~20km，面积8200km^2，其主力勘探目的层为侏罗系阿合组，目前已发现油气藏3个，上交三级储量天然气1038亿立方米，石油604万吨，四次资评北部构造带侏罗系天然气资源量1.7万亿立方米，其中阿合组致密气1.23万亿立方米，具有巨大的勘探潜力。

北部构造带是库车山前第一排构造带，紧邻南天山造山带，挤压作用强烈，发育多条成排的高陡逆冲断裂，整体表现为基底隆升、南倾斜坡或鼻状构造背景，发育大面积平缓区。受南天山差异挤压应力作用的影响，北部构造带具有明显的分段转换特征，根据构造特征的差异性，可将北部构造带自西向东分为阿瓦特段、库北段、迪

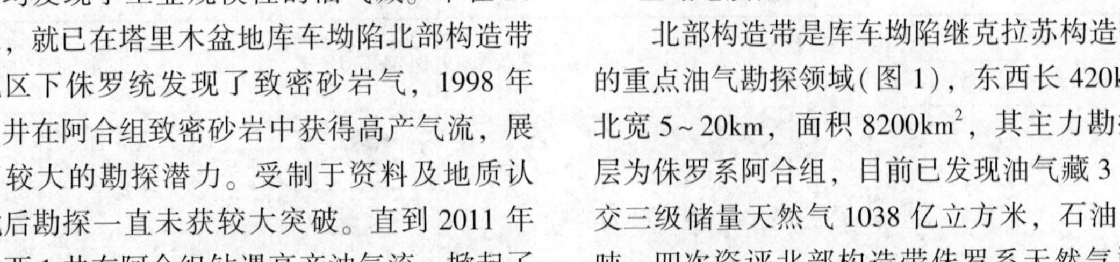

图1　库车坳陷北部构造带侏罗系勘探成果及储盖组合综合图

北段、吐格尔明段(图1)，其中，迪北段在依奇克里克断裂上盘为依奇克里克背斜，下盘为迪北斜坡带，表现为南倾的单斜特征。北部构造带整体以中新生界沉积地层为主，侏罗系-三叠系主要发育三套生储盖组合(图1)，两类油气藏，其中，侏罗系克孜勒努尔组和阳霞组储层整体表现为薄砂岩紧邻煤层、泥岩烃源岩，以岩性油气藏为主；侏罗系阿合组是本区主要的勘探目的层，为断陷湖盆沉积背景，以多个旋回为主，广覆式巨厚砂体，厚度260~300m，以岩屑砂岩为主，属于低孔特低渗致密储层，多尺度断裂-裂缝普遍发育，与上覆阳霞组煤层、泥岩和下伏三叠系煤层、泥岩形成优质的生储盖组合，与油气演化时空配置关系好，早期大面积成藏、晚期调整，形成阿合组大面积连续型致密砂岩油气藏。

2　沉积相与砂体构型特征

前人的研究表明，早-中侏罗世库车地区整体处于伸展构造环境，发育山前断陷盆地(靳久强，赵文智等，1999年)，迪北地区位于两个沉积中心之间，断陷盆地相对宽缓的区域，具备发育三角洲的构造背景。早-中侏罗世库车地区整体为潮湿气候，发育陆相辫状河三角洲沉积体系，淘洗不充分、粒度粗、旋回性强(张惠良等，2002年)。受早-中侏罗世构造沉积背景的影响，迪北地区侏罗系阿合组发育辫状河三角洲沉积体系，迪北气藏以辫状河三角洲平原亚相为主，多期河道频繁摆动、交错叠置，形成多旋回沉积特征，决定了砂体构型多样，岩性、粒度、物性变化大。

地表露头砂体建模，阿合组砂岩由不同构型砂体组成，根据沉积微相、岩性、沉积构造、几何形态等因素，主要划分四类砂体构型(表1)，不同构型单元规模、连续性、物性不同，在空间上频繁交切、叠置(图2)。其中，一类构型为前积坝砂，以含砾粗砂-中砂岩为主，发育板状交错层理、槽状交错层理、低角度交错层理、斜层理等沉积构造，外部形态和界面形态为顶凸，属于心滩中上部微相沉积，以原生粒间孔、粒间溶蚀扩大孔为主，粒内溶孔和微孔隙发育，以片状喉道为主，储层物性整体较好，一般大于9%，

表1　地表露头建模阿合组四类砂体构型划分表

沉积相				构型单元	构型分类	岩性	沉积构造	外部几何形态	长/m	宽/m	厚/m
相	亚相	微相	微微相								
辫状河三角洲	辫状河三角洲平原	河道间	河漫滩	河漫滩	四类	(粉砂质)泥岩	水平、虫孔构造	席状	几米-几千米	几米-几千米	几米
		分流河道	坝	漫溢砂	四类	中砂岩-粉砂岩	沙纹、平行、低角度	席状	几米-几千米	几米-几千米	0.2~5
				侧积坝砂	二类	粗砂岩-细砂岩	板状、槽状	椭圆、顶凸	几米-几百米	小于前积坝砂	0.3~4
				前积坝砂	一类	(含砾)粗中砂岩	板状、槽状、低角度	椭圆、顶凸	几米-数千米	几米-几百米	0.5~5
			底部滞留沉积	底部滞留沉积	三类	中砂-小砾岩	槽状、块状、粒序	席状、透镜状	十米-数千米	几米-数百米	1~4

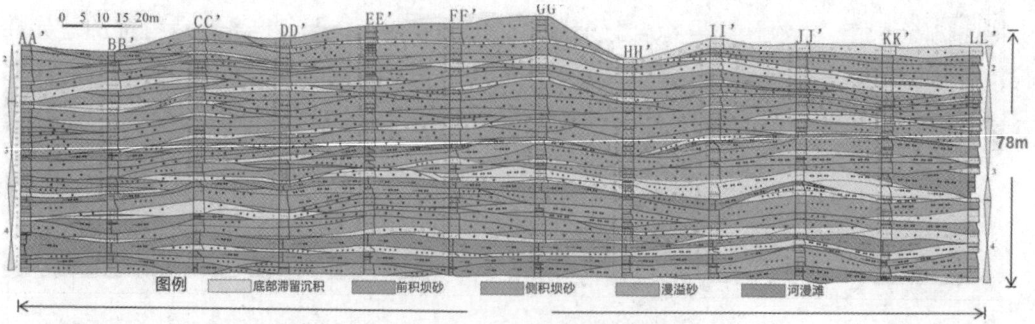

图2　克孜勒努尔沟剖面侏罗系阿合组一段中尺度砂体构型图(约发育7-8期河道)

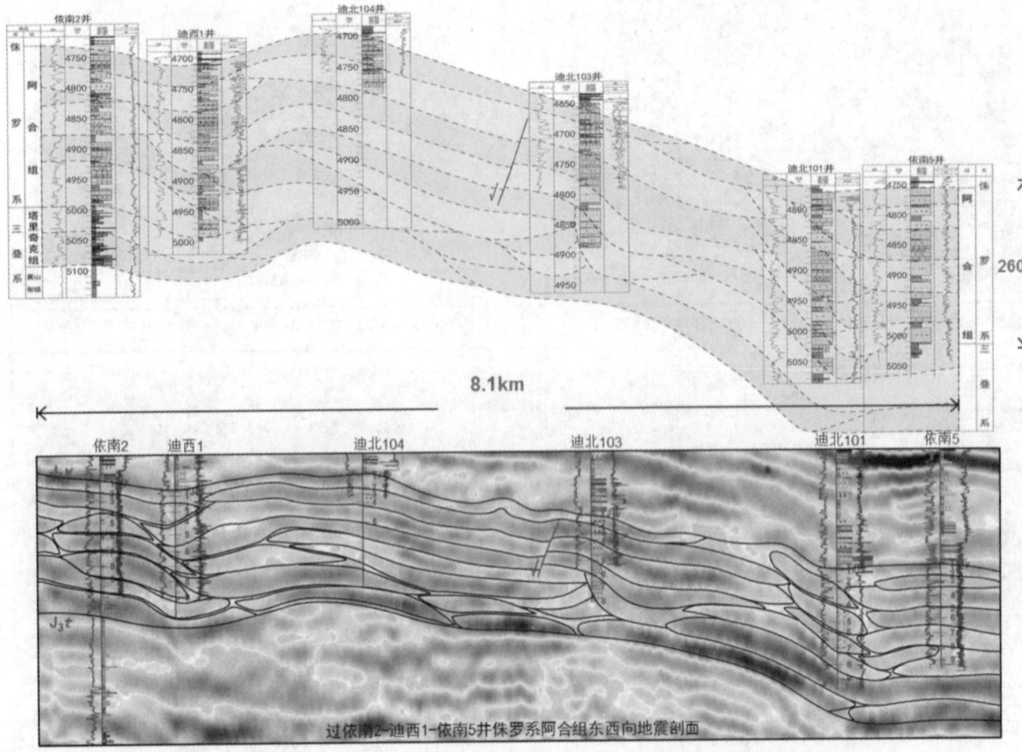

图 3　依南 2-迪西 1-依南 5 井侏罗系阿合组内幕砂体构型及地震剖面

砂体之间纵向横向渗透性相对较好；二类构型为侧积坝砂，以粗砂岩-细砂岩为主，发育槽状交错层理、板状交错层理等沉积构造，外部形态为舌状、席状、透镜状，界面形态为顶凸，属于分流河道中上部和心滩底部微相沉积，以粒间溶蚀扩大孔为主，粒内溶孔、微孔隙和微裂缝发育，以弯片状喉道为主，储层物性相对较好，为6%~9%，砂体之间纵向横向渗透性相对较差；三类构型为滞留沉积，以含砾粗砂岩-中砂岩、小砾岩为主，发育槽状交错层理、板状交错层理、冲刷构造、粒序层理沉积构造，外部形态为透镜状，界面形态为下凹，属于分流河道滞留沉积，以粒内溶孔、微孔隙和微裂缝为主，以弯片状喉道为主，储层物性相对较差，为 4%~6%，砂体之间纵向横向渗透性较差；四类构型为漫溢砂、河漫滩，以细、粉砂、粉砂岩-泥岩为主，发育沙纹层理、水平层理、虫孔构造沉积构造，外部形态为席状，界面形态为底微侵，属于越岸微相沉积，孔隙整体欠发育，以微裂缝和微孔隙为主，以弯片状喉道为主，储层物性差，一般小于 4%，砂体之间纵向横向渗透性差。

井-震联合砂体建模，地震剖面上阿合组由 4~5 个同相轴组成，每个同相轴分辨厚度 60m 左右，其内幕砂体在垂向上、横向上频繁叠置，砂体构型复杂(图 3)。单井纵横向上砂体构型频繁变化、储层物性差异大、连通性差、非均质性强，一、二类砂体构型占地层厚度的 31.9%~58.8%。一类构型厚度与单井产量有相关性，但不控制单井高产，有利砂体构型是单井高产的基本条件，但不是主控因素。例如，迪西 1 高产井测试段一类构型厚仅 2.5m，依南 5 和迪北 102 低产井测试段一类构型厚度分别为 13.5m 和 26.9m。

3　储层微观特征

侏罗系阿合组储层岩石学类型以岩屑砂岩为主，粒度整体较粗，中-粗砂岩、含砾砂岩占 69%，含砾砂岩砾石成分以石英岩砾石为主，少量花岗岩砾石。孔隙结构以粒内溶孔和微孔隙为主，粒间溶蚀扩大孔次之，微裂缝发育；其中，微裂缝又称粒缘缝，表现为弯片状，呈网状分布，缝宽主要分布在 1~2um，有效沟通大孔隙、连通微孔隙；孔喉配置关系主要表现为微孔+细喉型和少量大孔+细喉型(图 4)，孔隙配位数整体较低，平均值小于 3，连通性较差，退汞效率仅 30%~40%。储层基质孔隙度主要分布在 4%~12%，平均 6.5%，基质渗透率主要分布在 0.1~

图 4　侏罗系阿合组孔隙结构特征

5mD，平均 0.93mD，整体以孔隙型储层为主，少量裂缝-孔隙型，属于低孔特低渗储层。

储层填隙物以泥质杂基为主，占比 4%～8%，少量的硅质、方解石胶结；黏土矿物以伊利石为主，占比约 68%，伊/蒙混层次之，绿泥石和高岭石发育(图 5)。受黏土矿物的影响，阿合组微孔+细喉低孔特低渗孔隙型储层敏感性整体较强，以应力敏、水(盐)敏和速敏为主，其中，微裂缝发育，缝壁平直光滑，试油或生产过程中容易闭合，产生强应力敏；相对稳定的伊/蒙混层是引发水(盐)敏普遍较强的原因；高含量的丝状伊利石是引发强速敏的主要原因(图 5)。迪北断鼻构造上迪北 104、迪西 1、迪北 105X、依南 2、迪北 101 井 5 口井，地质条件相似，钻井液体系不同、储层改造方式不同产量差异较大，迪北 104、迪西 1 井氮气钻井和氮气钻环空测试为高产，58～83 万立方米/天；迪北 105X、依南 2、迪北 101 井水基泥浆钻井和完井酸化或压裂测试为中低产，3～10 万立方米/天，研究表面，阿合组储层普遍有强敏感性，影响单井产量，需要进行全程储层保护。

4　储层断裂-裂缝特征

受构造挤压应力的影响，北部构造带侏罗系阿合组砂岩发育多尺度断裂和裂缝，规模沟通砂层组和单砂层，是控制油气富集与单井高产的主控因素。库车北部野外露头观测，逆冲断层控制裂缝带间隔式发育，裂缝带间距 10～40m，裂缝带宽度 30～40m，裂缝带宽/断距(*K* 值)为 1.5～1.8；走滑(或调节)断层控制裂缝带宽度 40～150m，裂缝带宽/断距(K 值)为 0.13～0.26，控制的裂缝带宽远小于逆冲断层。钻井岩心观察裂缝以张性或张剪性为主，多为裂缝面弯曲、不光滑、具有张性或张剪性特征，多为高角度或直劈缝，以方解石半充填-未充填为主，开度一般为 1～2mm，延伸长度一般为 0.5～1m，多截止于煤层和泥岩，高角度或垂直于地层，截止于煤层或泥岩。成像测井解释裂缝多为高角度或垂直于地层，发育近东西和近南北两组走向，裂缝密度为 0～0.46 条/m，其中，迪西 1、迪北 104、吐孜 4 井裂缝最发育，密度为 0.23～0.46 条/m，裂缝带宽度为 10～40m，裂缝带间距为 10～40m。裂缝发育程度受地层层厚和岩性影响，薄层比厚层更有利于裂缝的发育，岩层越致密越有利裂缝发育，且层厚影响裂缝发育的程度明显比粒度更大。

综合地震、钻井资料，识别解释四级断裂-裂缝体系(图 6)，其中，常规剖面解释一级、二级、三级断裂，相干属性预测四级裂缝。一级断裂($F_{Ⅰ}$)控制构造边界，为南北向构造挤压形成的逆冲断裂，以北倾为主，近东西走向，断开新近系，断距大于 500m，延伸长度大于 20km，控制裂缝带宽度超 750m；二级断裂($F_{Ⅱ}$)控制区带

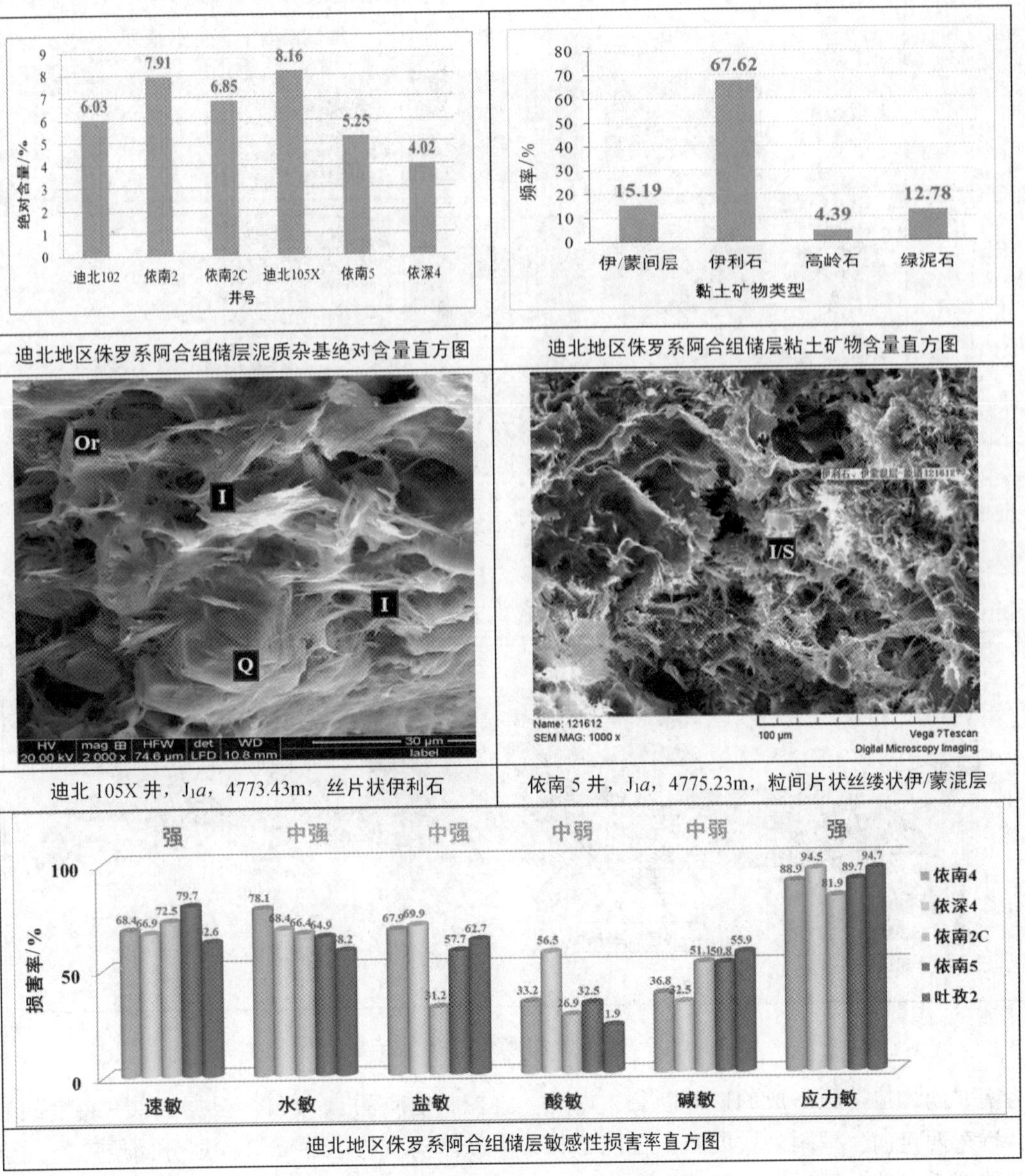

图 5　侏罗系阿合组储层黏土矿物及敏感性特征

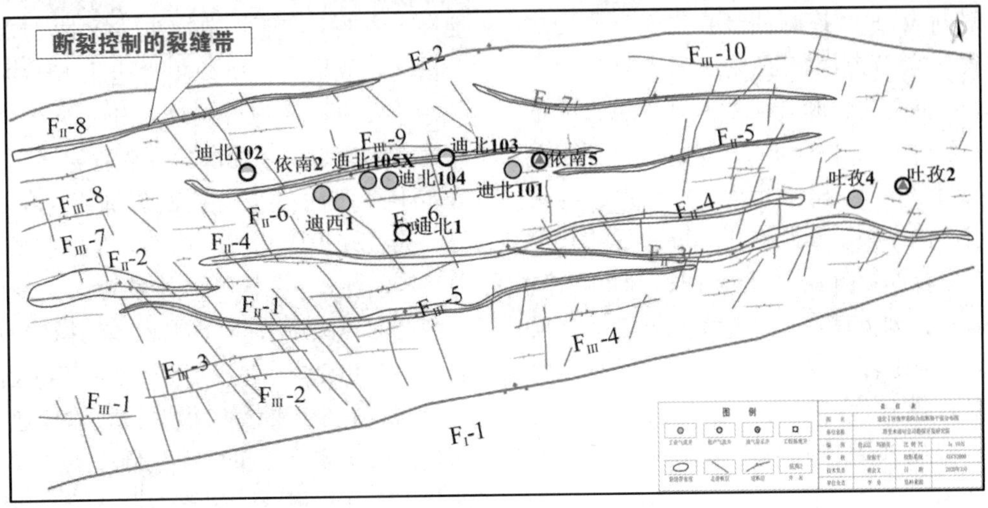

图 6　迪北侏罗系阿合组断裂平面分布图

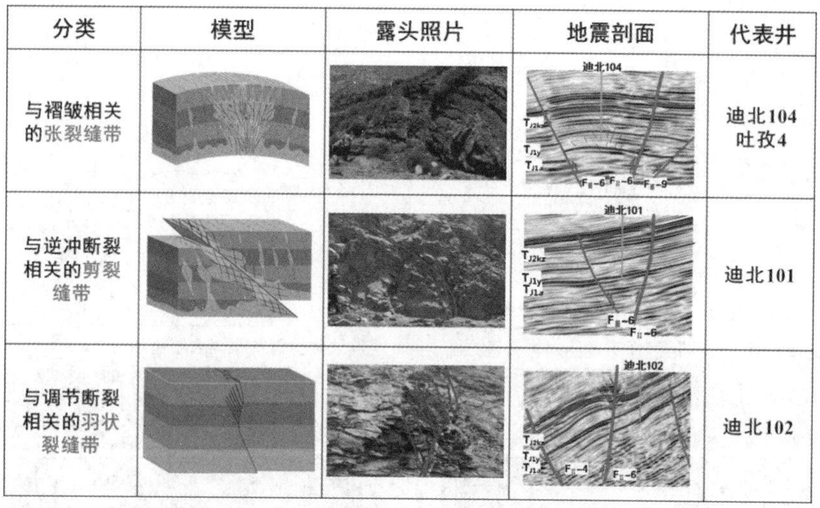

图7 迪北侏罗系阿合组三类断裂-裂缝组合模式

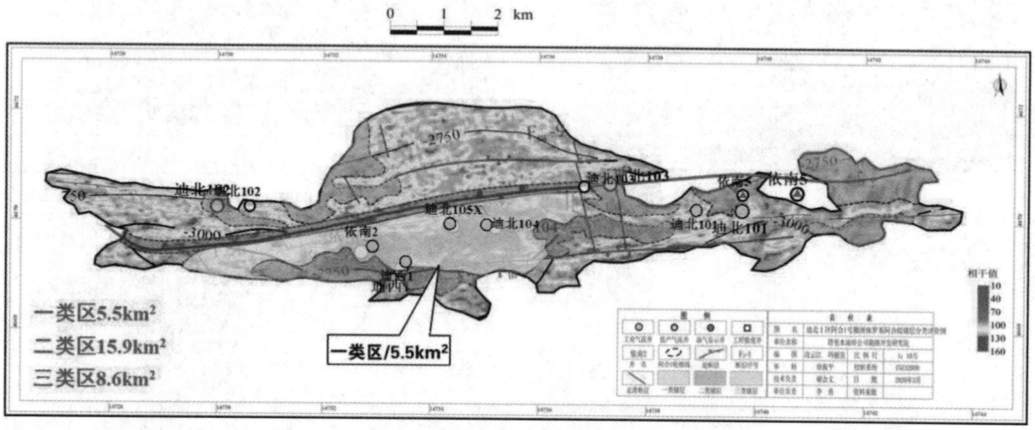

图8 迪北气藏侏罗系阿合组三类甜点区分布图

展布，为南北向构造挤压形成的逆冲断裂，以北倾为主，近东西走向，呈雁列式展布，首尾不相接，断开侏罗系克孜勒努尔组，断距150~500m，延伸长度10~20km，控制裂缝带宽度225~825m；三级断裂($F_{Ⅲ}$)控制油气富集，主要为构造挤压过程中调节成因，主要分布在构造调节带，近南北走向为主，断开侏罗系阿合组，断距50~150m，延伸长度1~10km，控制裂缝带宽度75~225m；四级裂缝($F_{Ⅳ}$)控制单井高产，为侏罗系阿合组层内断裂，断距小于50m，延伸长度小于1km。综合四级断裂-裂缝成因、分布规律、空间组合关系，划分储层三类断裂-裂缝组合模式(图7)，一类组合模式为与褶皱相关的张裂缝带，二类组合模式为与逆冲断裂相关的剪裂缝带，三类组合模式为与调节断裂相关的羽状裂缝带。

阿合组致密砂岩储层介于常规砂岩与碳酸缝洞体之间，四级断裂-裂缝体系和优质砂体构型控制地质甜点分布，根据断裂-裂缝组合模式、砂体构型与单井产量，划分储层三类甜点区(图8)，其中，一类甜点区为张裂缝带和一类/二类构型砂体发育区，张性裂缝多为高角度或垂直于地层，主要分布于构造褶皱转折端及周缘，单井产量高、效果好，典型井为迪北104井、迪西1井；二类甜点区为剪裂缝带和一类/二类构型砂体发育区，裂缝多为高角度或垂直于地层，主要分布于东西向三级逆冲断裂周缘，单井产量中等，典型井为迪北101井；三类甜点区为调节裂缝带和一类/二类构型砂体发育区，一部分分布于南北向三级调节断裂周缘，单井产量低，典型井为迪北102井，另一部分分布于东西向一级/二级断裂周缘，断裂带做为油气输导通道，其周缘含油气丰度低，单井产量低或不产，典型井为迪北103井。另外，裂缝不发育的非甜点区，单井低产或不产，典型井为依南5井，储层物性较好，测井解释平均孔隙度9%，平均渗透率

1.46mD，裂缝不发育，测试基本不产。

5　结论

（1）受早－中侏罗世构造沉积背景的影响，迪北地区侏罗系阿合组发育辫状河三角洲沉积体系，迪北气藏以辫状河三角洲平原亚相为主，多期河道频繁摆动、交错叠置，形成多旋回沉积特征，决定了砂体构型多样，岩性、粒度、物性变化大；根据沉积微相、岩性、沉积构造、几何形态等因素，主要划分阿合组四类砂体构型，即一类构型为前积坝砂、二类构型为侧积坝砂、三类构型为滞留沉积、四类构型为漫溢砂和河漫滩，不同构型单元规模、连续性、物性不同，在空间上频繁交切、叠置。

（2）侏罗系阿合组储层岩石学类型以岩屑砂岩为主，粒度整体较粗，孔隙结构以粒内溶孔和微孔隙为主，粒间溶蚀扩大孔次之，微裂缝发育，孔喉配置关系主要表现为微孔+细喉型和少量大孔+细喉型，孔隙配位数整体较低，连通性较差；储层基质孔隙度平均6.5%，基质渗透率平均0.93 mD，以孔隙型储层为主，属于低孔特低渗储层；储层填隙物以泥质杂基为主，黏土矿物以伊利石和伊/蒙混层为主，导致阿合组储层敏感性整体较强，以应力敏、水（盐）敏和速敏为主，影响单井产量，需要进行全程储层保护。

（3）受构造挤压应力的影响，北部构造带侏罗系阿合组砂岩发育多尺度断裂和裂缝，规模沟通砂层组和单砂层，是控制油气富集与单井高产的主控因素。综合地震、钻井资料，识别解释四级断裂－裂缝，其中，常规剖面解释一级、二级、三级断裂，相干属性预测四级裂缝，一级断裂控制构造边界、二级断裂控制区带展布、三级断裂控制油气富集、四级裂缝控制单井高产；综合四级断裂－裂缝成因、分布规律、空间组合关系，划分储层三类断裂－裂缝组合模式，一类组合模式为与褶皱相关的张裂缝带，二类组合模式为与逆冲断裂相关的剪裂缝带，三类组合模式为与调节断裂相关的羽状裂缝带。

（4）阿合组致密砂岩储层介于常规砂岩与碳酸缝洞体之间，四级断裂－裂缝体系和优质砂体构型控制地质甜点区，根据断裂－裂缝组合模式、砂体构型与单井产量，划分储层三类甜点区，其中，一类甜点区为张裂缝带和一类/二类构型砂体发育区，主要分布于构造褶皱转折端及周缘，单井产量高、效果好；二类甜点区为剪裂缝带和一类/二类构型砂体发育区，主要分布于东西向三级逆冲断裂周缘，单井产量中等；三类甜点区为调节裂缝带和一类/二类构型砂体发育区，一部分分布于南北向三级调节断裂周缘，单井产量低，另一部分分布于东西向一级/二级断裂周缘，断裂带做为油气输导通道，其周缘含油气丰度低，单井产量低或不产。

库车坳陷超深储层地应力对气井产能的影响

张 辉 徐 珂 王海应 王志民 刘新宇

（中国石油塔里木油田分公司）

摘 要 通过开展气藏现今地应力场建模和深层天然裂缝地应力响应分析，讨论不同地质因素与气井产能之间的关系，发现气藏内部现今应力场分布和作用于天然裂缝面上的剪应力与正应力之比是两个影响气井产能的重要地质因素，建立了适合深层强应力裂缝性储层的渗透率计算模型，进而修正了产能评价方程，提高了气田开发方案编制中的产能预测精度，准确地描述了井间和层间储层品质差异，认为弱应力区与裂缝剪切变形能力强的区域是高效井部署的最佳位置，考虑地应力与天然裂缝匹配关系的改造方案利于提高单井产量。

关键词 深层；裂缝性气藏；地应力；产能；井位；储层改造

深层–超深层低渗透致密砂岩储层已逐渐成为我国油气增储上产的重要领域[1-4]。由于压实作用和胶结作用强烈，这类储层岩石的基质物性通常较差，孔隙度一般低于10%，渗透率低于$0.1\times10^{-3}\mu m^2$[5]。天然裂缝是重要的储集空间，其在现今地应力作用下的开启程度是改善储层渗流性能的关键因素，天然裂缝可以使储层渗透率呈数量级式的增大（1～3个数量级甚至更高），控制油气藏的高产，同时裂缝还能在一定程度上增加油气储集空间，控制油气藏的稳产[6]。但影响天然裂缝渗流能力的参数众多（如裂缝性质、倾角、走向、密度、充填等），不同性质或不同几何产状的裂缝对油气产能的贡献差异较大[7]。同时天然裂缝发育史、裂缝走向与现今主应力方位之间的关系也影响着着裂缝的有效性[8-9]。气藏内部，地应力作用于特定产状的天然裂缝后，将改变裂缝面受力特征，围绕裂缝面形成一个潜在的变形（挤压、剪切或拉张）趋势，其将直接影响这个局部范围内的渗流性能，进而影响气井的产能[10-15]。

位于塔里木盆地北部的库车坳陷是典型的深层天然气资源富集区域，北起南天山褶皱带的南缘，南为塔北隆起，东起阳霞凹陷，西至乌什凹陷，以中新生代沉积为主，整体呈NEE向展布，面积约为$3.7\times10^4 km^2$。库车坳陷可进一步划分为北部单斜带、克拉苏构造带、秋里塔格构造带以及南部斜坡带等次级构造单元[16]（图1），近年来在克拉苏构造带、秋里塔格构造带发现了博孜9、中秋1等大型凝析气田。由于该区域经历强挤压构造演化史，地下构造十分复杂[17]，大埋深压实和强挤压作用使得气藏物性较差，基质渗透率极低，断裂破碎带和天然裂缝是储层渗透率和导流能力的主要贡献者[18]。近年的生产实践中发现常规的储层岩石物理参数描述和评价方法对这种复杂致密裂缝性储层产能变化已不甚敏感，也即传统岩石物理方法不能解释同一构造背

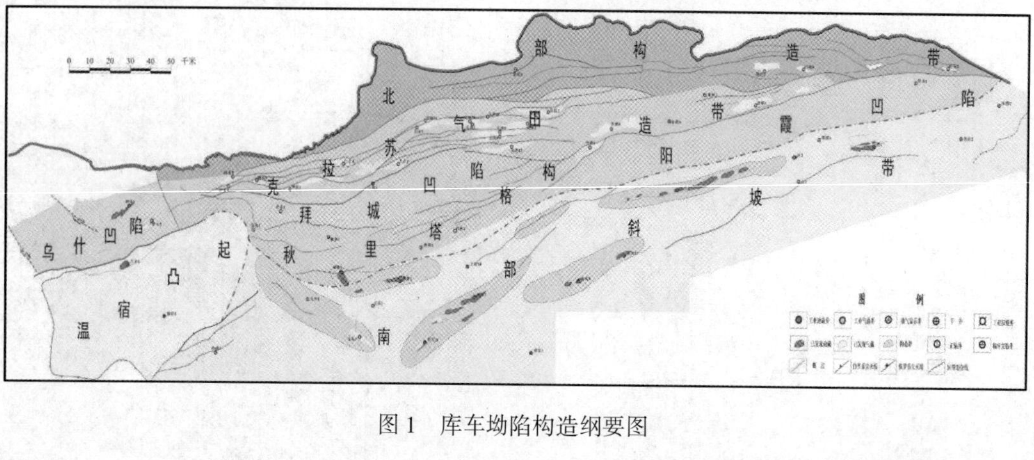

图1 库车坳陷构造纲要图

景下不同气井产能的巨大差异。

为查明深层复杂构造背景下裂缝性砂岩储层地应力与产能耦合关系，提高气井产能预测精度，优化气田开发方案，本文中开展了库车坳陷克拉苏深层气藏现今地应力建模研究，分析了天然裂缝的地应力响应特征，讨论了地应力和裂缝力学行为对气井产能的影响，形成了深层裂缝性储层地应力控产理论，为该区域高效井井位优选、储层改造方案优化和气田高效益开发提供了参考依据。

1　问题提出

库车坳陷存在一个普遍现象，常规岩石物理属性近似的气井，改造后的初期产能差异巨大。图 2 为两口典型井储层测井解释的岩石物理属性和压后无阻流量的对比，Well 228 井气层厚度为 178m，孔隙度为 7%，含气饱和度 67%，天然裂缝数量为 55 条；Well 208 井气层厚度为 143m，孔隙度为 6%，含气饱和度 65%，天然裂缝数量为 137 条。两口井储层岩性均为岩屑长石砂岩，其中石英、长石含量相对稳定，可见岩石物理属性近似，但 Well 228 井改造后无阻流量为 466×10^4 方/天，Well 208 井改造后无阻流量仅为 10×10^4 方/天，两口井完井改造后的初期产能相差超 40 倍。表明即使常规岩石物理属性相差很小的井，二者储层品质差异很大，说明常规储层物性无法准确反映气藏储层品质和产能差异，而仅从天然裂缝发育的密度也很难以准确表征。

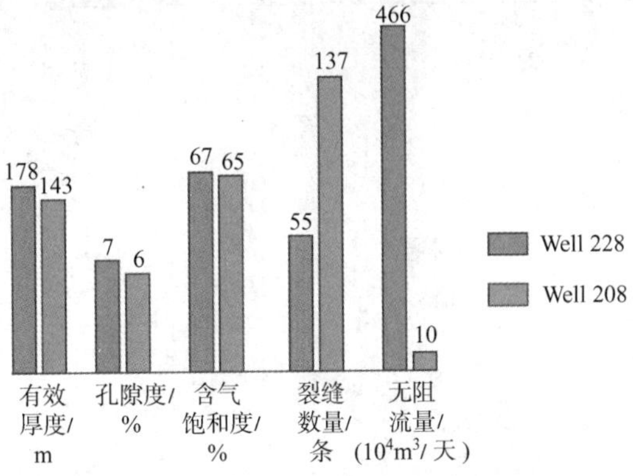

图 2　两口典型气井岩石物理属性与无阻流量对比图

虽然常规岩石物理性质对两口井储层品质差异不敏感，但在储层现今地应力(如图 3 所示)对比中发现了差异。图 3 对比了上面两口井中的地应力参数，图中第一道至第三道曲线分别为两口井的水平最大主应力 S_{Hmax}、水平最小主应力 S_{hmin}、水平应力差 $S_{Hmax}-S_{hmin}$，第四道数据分别为 well 208 井和 well 228 井天然裂缝走向与水最大主应力方位之间的夹角示意，第五道为两口井天然裂缝剪应力与正应力之比 τ/σ_{ne} 等。对比显示，高产井 well 228 具有最大水平主应力 σ_H 和水平最小主应力 σ_h 较低，水平应力差较高，天然裂缝走向与水平最大主应力方位小角度相交，天然裂缝剪应力与正应力之比 τ/σ_{ne} 较高的特征。而低产井 well 208 中的各项地应力参数正好相反。

2　深层裂缝性气藏地应力控产机理

库车坳陷勘探开发实践表明，气井产能的控制因素主要包括天然裂缝的发育程度、天然裂缝活动性、储层地应力状态等因素，而以上因素相互之间也具有复杂的交互关系，天然裂缝的发育与否取决于储层岩石力学性质和地应力之间的平衡，天然裂缝有效性取决于现今地应力对其改造程度，而现今地应力状态则与岩石性质与天然裂缝发育情况有直接紧密关系。因此，本文以地应力为联络岩石力学性质、天然裂缝发育和活动性的纽带，建立其和产能的关联。

2.1　地应力与岩石力学性质的平衡关联

由于地应力是赋存于岩体内部的属性，与岩石的物理、力学性质有直接关系，岩体的破裂与裂缝的发育是地应力和岩石力学性质二者不平衡导致的。当地质体受力则会发生变形，并且在内部积聚弹性应变能，应变能与应力和应变的乘积呈正比。若地质体越容易变形，应力转为应变，应力集中越低；反之应力不易转为应变，应力集中越高，当地质体承受不了高应力则通过破裂方式产生应变，释放应力。因此在地应力作用下，不同力学性质的地质体赋存的地应力有显著差异(图 4)。这里将易于变形的岩体归纳为软弱岩石(比如泥岩等)，将不易变形的岩体归纳为强硬岩石(比如致密砂岩、灰岩等)。性质相对软弱的岩体在受力时，易于发生变形，表现为无破坏的低应力状态；当持续受力变形受限，应力富集，表现为无破坏的高应力状态；进一步受力岩石承受不住高强应力发生破裂，应力释放，表现为发育有效裂缝的低应力(图 4a)。图 4b 为不同阶段对应的应力-应变曲线位置。而性质相对强硬的岩体在受力时不易发生形变应力富集，表现为无破坏的高应力状态；进一步受力岩石承受不住高强应力发生破裂，应力释放，表现为发育有效裂缝的低应力，这个状态是最有利于富集油气

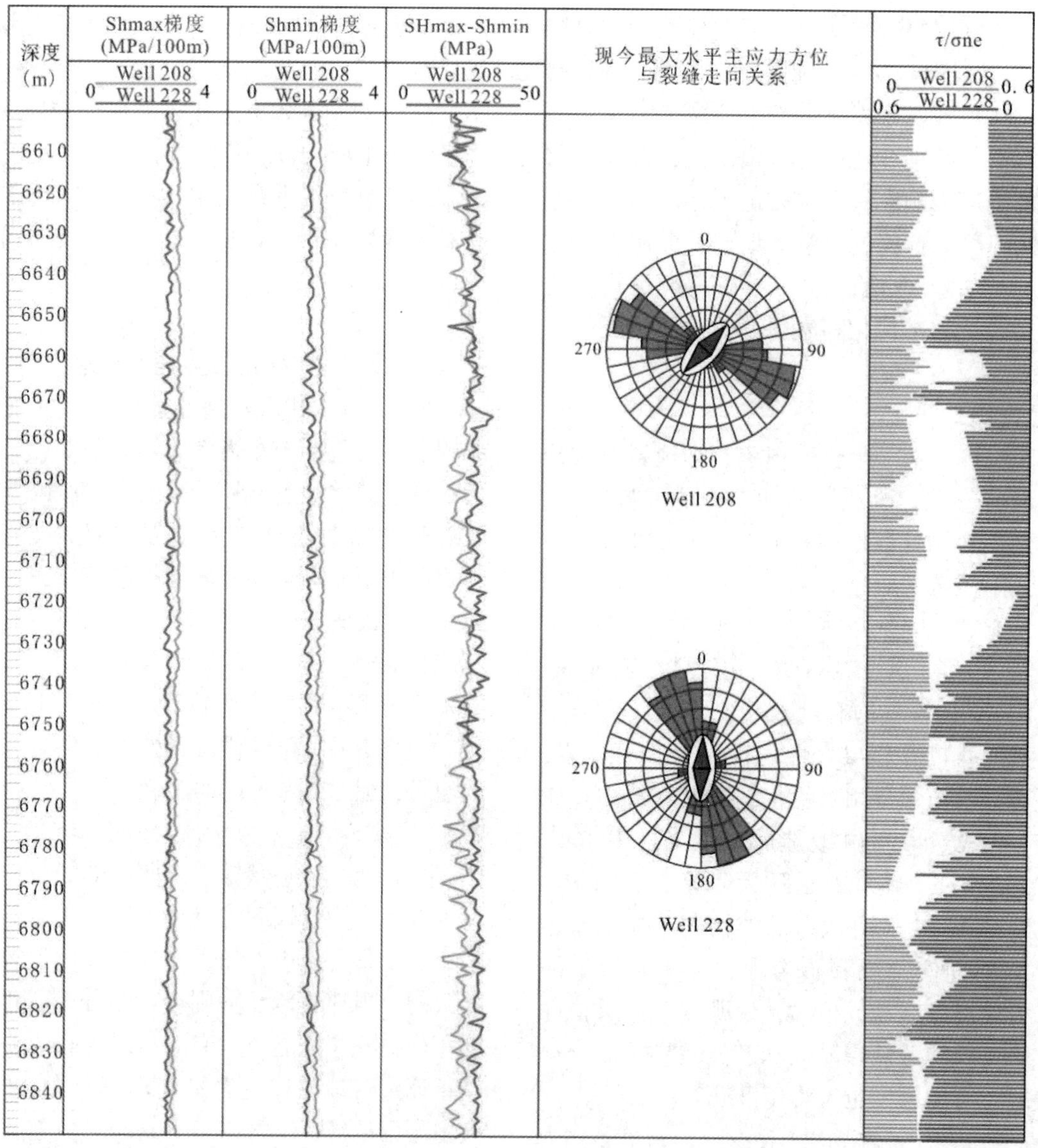

图3 两口气井地质力学属性对比图

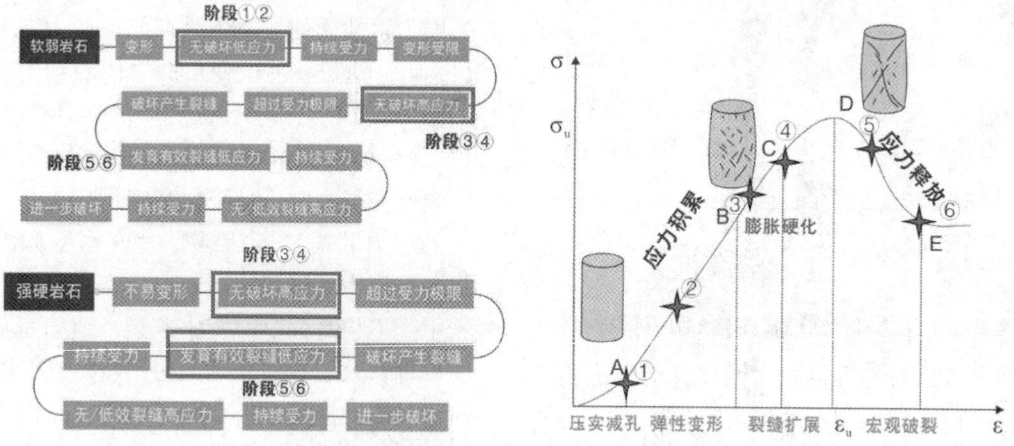

(a) 不同力学性质岩体可能赋存的地应力状态

(b) 岩石受力变形－破裂阶段示意图

图4 不同力学性质地质体可能赋存的地应力状态及岩石应力–应变曲线

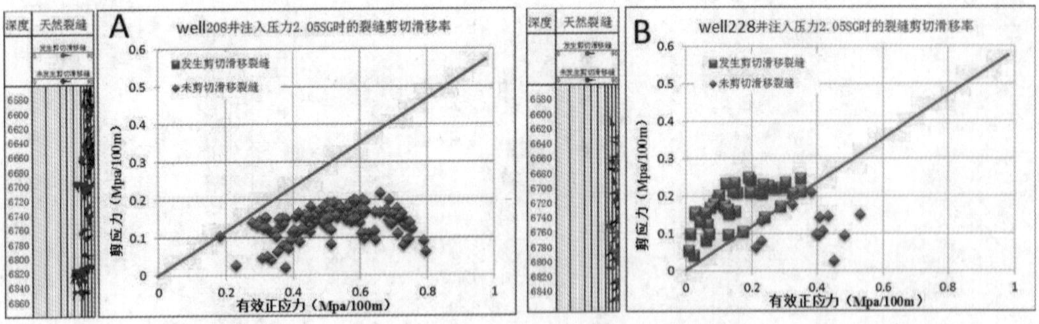

图 5　well228 和 well208 井天然裂缝剪切变形分析

的阶段，即图 4b 中阶段⑤⑥，具有应力低、裂缝发育的砂岩储层。

阶段①具有低强度、低应力、无裂缝的特点，一般孔隙性砂岩储层，具有良好储层的地质力学条件；阶段②具有中低强度、中低应力、无裂缝的特点，库车坳陷南部的秋里塔格构造带储层岩石多处于这个阶段；阶段③④具有高强度、高应力、无/少裂缝的特点，处于岩石破裂的前期临界，此时微裂缝最为发育但互不连通，不具备好储层的地质力学条件，处于此阶段的气井普遍存在井壁连续垮塌的特征，实践证明这是不利储层的表现。

2.2　地应力对裂缝发育及活动性影响

上节已述，岩石受力变形积累应变能，应变能通过变形或形成裂缝而释放。对于致密砂岩，应变量较低，主要通过形成裂缝释放应变能，则可基于应变能释放率，以破裂准则为纽带，建立应力和裂缝参数之间的定量关系，表征地应力对裂缝发育的影响。而地下裂缝有效与否，对产能的影响尤为关键。根据图 3 可知 well 208 井储层由于地应力值高，裂缝走向与最大水平主应力方位呈现大角度相交，使得天然裂缝面所受正应力较高，而剪应力较低；而 well 228 井储层应力值低，裂缝走向与水平最大主应力小角度相交，且水平应力差较高，使得天然裂缝面正应力相对较小，而剪应力相对较大，裂缝潜在剪切变形能力较强。通过改变储层孔隙压力可以模拟上面两口井中天然裂缝发生剪切变形的特征。天然裂缝在地应力作用下的剪切变形特征将直接影响其渗透率和导流能力[15]，尤其当天然裂缝面剪应力与有效正应力比值大于等于原生缝面摩擦系数时，裂缝达到临界应力状态，其渗透率将被明显改善[19]。图 5 是 well 228 和 well 208 两口井在相同注入压力条件下天然裂缝发生剪切变形(或处于临界应力状态)的对比，当模拟气井在一定注入压力条件下，裂缝面所受孔隙压力梯度达 2.05MPa/100m 时 well 228 井中的天然裂缝已有 76%发生了剪切变形(或已越过临界应力状态)，即天然裂缝剪切滑移率达到 76%，而 well 208 井中的天然裂缝全部都处于非临界状态，其剪切滑移率为 0，表明该井位置上的天然裂缝剪切变形能力非常低，天然裂缝的原始渗透性能较低，而且其裂缝地质力学响应也不活跃，即使采取压裂改造，也难以改善其储层渗透性，因此该井储层品质不佳，产能低。而在 well 228 井位置处最小水平主应力值低，水平应力各向异性强，裂缝与应力夹角小，天然裂缝整体剪切变形能力强，原始渗透性好，裂缝地质力学响应活跃，使井筒周围储层品质和连通性较好，气井产能高。

3　深层裂缝性气藏地应力控产评价模型

储层流体由储层流向井底的过程中基本服从达西定律，若采用简单的平面径向流模型，则其流动方程[20]如式(1)所示：

$$q_{sc}=\frac{774.6K\cdot h(p_e^2-p_{wf}^2)}{T\cdot\mu\cdot Z\ln\frac{r}{r_w}} \tag{1}$$

式中：q_{sc}——标准状态下的产气量，m^3/d；

K——渗透率，$10^{-3}\mu m^2$(即 mD)；

μ——气体黏度，mPa. s；

Z——气体偏差系数；

T——气层温度，K；

h——气层有效厚度，m；

r_w——井底半径，m；

r——距井轴的任意半径，m；

p_e——r 处的压力，MPa；

p_{wf}——井底流压，MPa。

由式 1 可以看出，同等地质条件下，渗透率 K 是关系气井产能的关键因素之一，尤其是裂缝

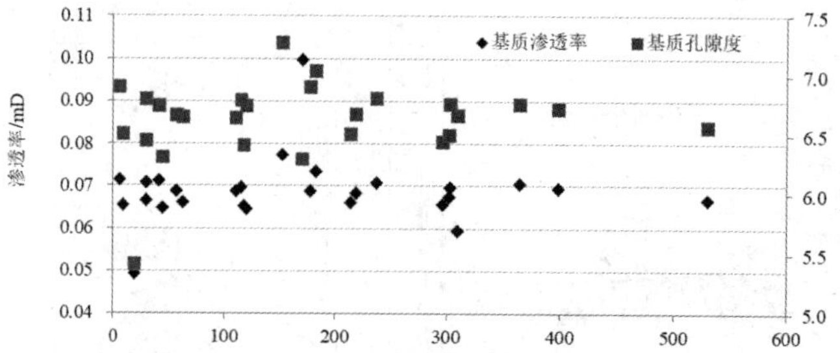

(a)储层厚度与产能的关系

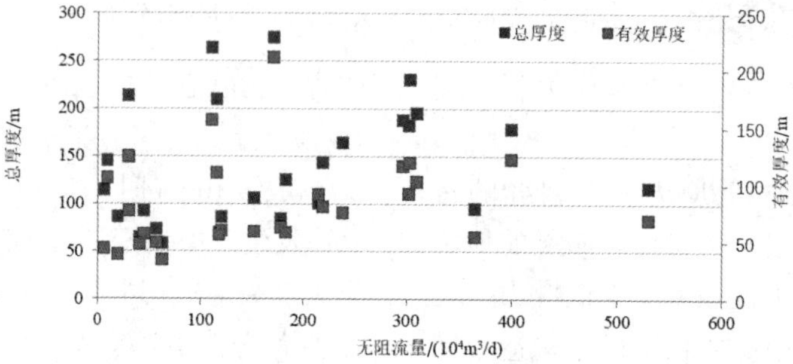

(b)基质物性参数与产能关系

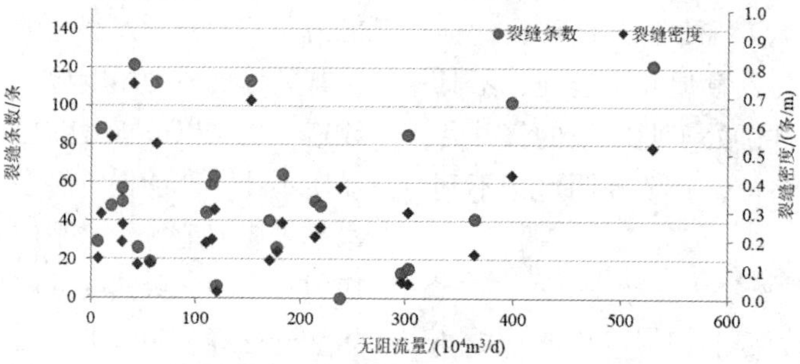

(c) 裂缝参数与产能关系

图6　克深2气田基质及裂缝参数与产能的关系

性储层，裂缝发育特征对产能的影响非常显著，裂缝渗透率高则产能高，裂缝渗透率低，则气井低能较低甚至没有产能，预测裂缝渗透率的分布是获得高产井的关键。

已经有许多学者开展了裂缝性气藏布井方式的研究[21-23]，在其他因素(厚度、孔隙度等)相同的情况下，裂缝预测结果将是井位部署中考虑的最主要的因素，为了获得较高产量，新井井位一般部署于预测裂缝密度高的区域。但是在强应力背景油气储层，地应力各向异性对裂缝导流能力的影响将非常显著。因此，在强应力背景下，井位部署不仅要考虑裂缝的发育程度，而且还需要考虑裂缝活动性的高低，裂缝活动性高的区域，裂缝开启性好，导流能力高，裂缝活动性低的区域，裂缝开启性差，导流能力低。

地应力对裂缝的导流能力，主要受地应力大小及方向、裂缝产状等因素控制，地应力对裂缝的作用可由正应力 σ_N 和剪应力 τ 表示，该参数可直接反应裂缝对储层裂缝的影响作用。因此，考虑裂缝应力相关参数有助于提高井位部署的科学性。

针对裂缝地应力参数对产能的影响，以KS2气藏为研究对象，对裂缝力学参数与单井产能开展研究。图6为基质与裂缝地质参数与产能的关系，从统计结果可以看出，储层物性参数中，所有井基质孔隙度、渗透率等参数相差较小，而裂缝密度等参数差异较大，同时也可以看出，产能的高低与基质物性、裂缝密度等无明显相关性，裂缝密度高的井产能不一定高，裂缝密度低的井产能不一定低，因此，产能与基质、裂缝发育程度间的关系较复杂，很难建立产能与基质物性、裂缝密度等间的关系。

为了研究产能控制因素，需考虑更多因素，本文研究中引入了地应力相关方法，开展地应力与产能的关系评价。在应力建模的基础上，评价所有井测井解释裂缝面的应力参数，包括垂直于

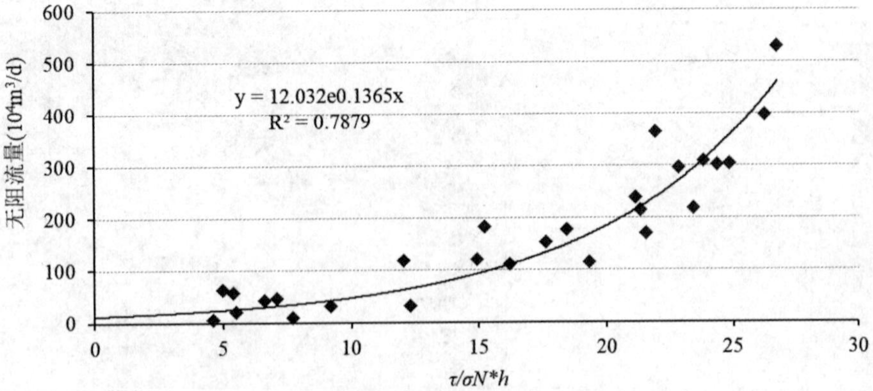

图 7　KS2 气田产能与天然裂缝剪正比关系曲线

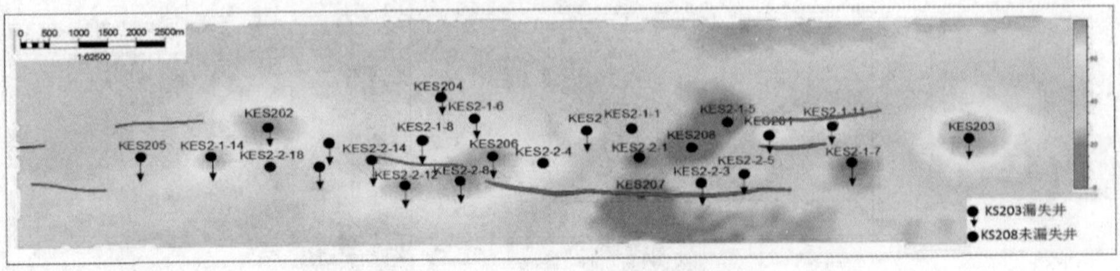

图 8　KS2 构造产能预测分布图

裂缝面的正应力 σ_N 及平行于裂缝面的剪应力 τ，σ_N 是使裂缝面闭合的力，越大将使裂缝面闭合的越紧而降低裂缝面导流能力，τ 是使裂缝面产生错动的力，沿裂缝面产生错动将增加裂缝面的导流能力，因此，产能 Q_{AOF} 与剪应力 τ 成正比、与正应力 σ_N 成反比，从而通过实际低孔裂缝性气田实际裂缝应力参数统计，建立产能与裂缝受力状态(σ_N、τ)的关系，表征应力对产能的影响。图 7 为 KS2 气田单井产能与裂缝剪正比 τ/σ_N 及储层厚度 h 之间的关系，由图可以看出，产能与裂缝剪正比具有较好的相关性($R^2=0.7879$)，产能与裂缝剪正比的关系如式(2)所示：

$$Q_{AOF}=12.032e^{0.1365\frac{\tau}{\sigma_N}h} \tag{2}$$

可见，裂缝性储层天然裂缝的应力状态对产能具有较强的控制作用，因此，在建立产能预测模型时，需利用裂缝的剪正比等应力参数建立产能方程，以便得到更准确的产能预测结果，从而指导井位部署、井网优化等研究。

4　实践

4.1　地应力控产理论对开发方案的支持

以上论述揭示了现今地应力场通过控制天然裂缝剪切变形能力，间接控制气井产能的地质力学机理。图 8 为根据公式 1 和 2 计算的 KS2 构造产能预测分布图，在构造的不同位置上，由于应力场与天然裂缝配置关系的变化而导致产能不同。在构造的高部位和断层发育位置，由于水平最小主应力值低，水平应力各向异性强，导致天然裂缝剪应力与有效正应力比 τ/σ_{ne} 呈现高值，力学响应活跃，因此气井产能高；而同时在构造鞍部和陡峭处，由于水平最小主应力值高，水平应力各向异性弱，天然裂缝的力学响应不活跃，渗透性差，气井产能低。基于应力控产的产能预测方法，提高了对复杂构造气藏产能的预测的精度，为开发方案优化奠定了基础。

4.2　地应力控产理论对井位部署的支持

应力控产机理的揭示，也为克拉苏深部气藏高产气井井位的优选提供了补充依据，即每个气藏中相对弱应力区和天然裂缝剪切变形能力强的区域是潜在高产井位。图 9 位 KS5 气藏天然裂缝剪应力与有效正应力比 τ/σ_{ne} 分布特征示意，同样其中暖色调代表高值区域，冷色调代表低值区域。将两图叠合分析，选择弱应力和强裂缝 τ/σ_{ne} 区域，作为高产井部署的依据之一，优选了该气藏开发井 10 口，其中高产井比例 80%以上。

4.3　地应力控产理论对储层改造的支持

应力控产机理的认识也为潜在高产新层系确定提供了依据，如图 10 所示，BZ 气藏某井的储层地应力和天然裂缝纵向分布剖面图，从中可知该井目的层钻遇白垩系地层中的三个岩性段 K_1

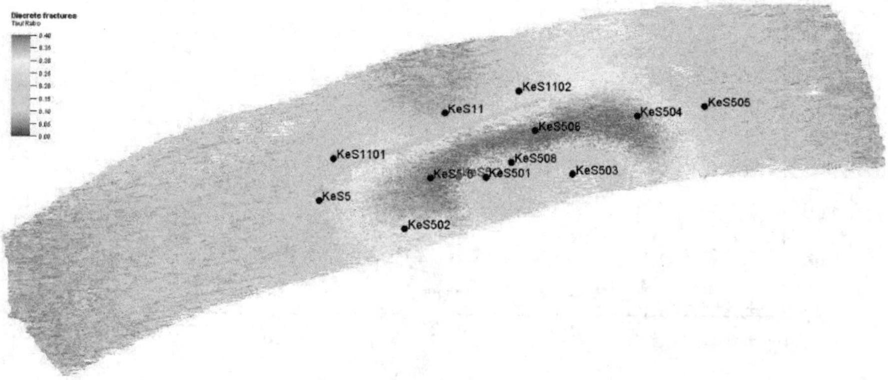

图 9　KS5 气藏天然裂缝剪应力与有效正应力比

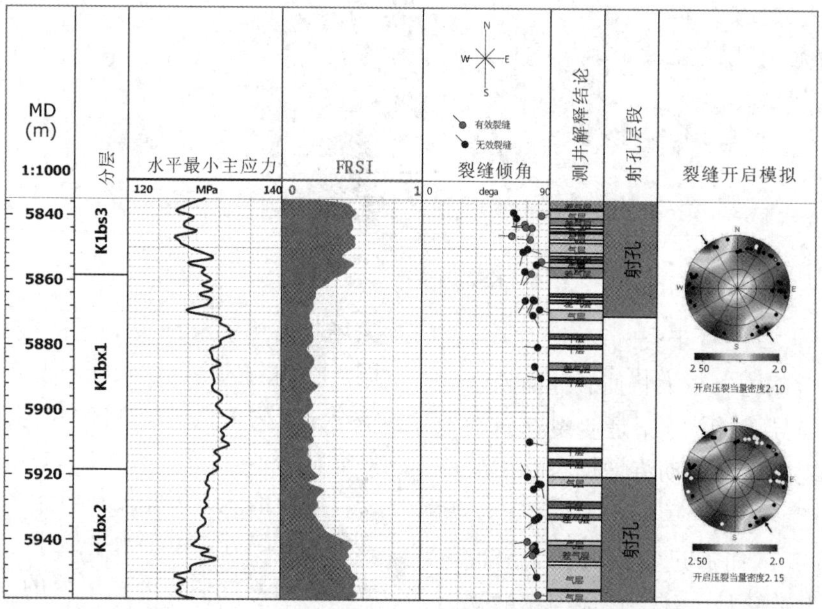

图 10　BZ3 气藏某井地应力与天然裂缝纵向分布图

bs，K_1bx_1，K_1bx_2等，一般情况下本区主力产层位 K_1bs，但从图 7 中可知，BZ301 井在 K_1bx_2岩性段出现了明显的低应力和高 FRSI 指数特征(如图中第三、四道中所示)，可知最小水平主应力值在顶部 K_1bs 岩性段和底部 K_1bx_2岩性段出现了明显的降低趋势，天然裂缝剪应力与有效正应力比 τ/σ_{ne}也明显可分为三段，储层上部为 xx，中部降低为 xx，底部又升高至 xx。同时从第五道天然裂缝分布蝌蚪示意图中可知，在应力降低的位置，天然裂缝发育明显增加，在高应力位置，对应天然裂缝少发育或不发育。

根据以上认识，认为该井的 K_1bx_2这个新层位可能是一个潜在的优质储层区。因此建议该井在 K_1bx_2段进行酸化压裂作业，作业中根据天然裂缝剪切变形破坏临界压力值(如图 10 中第八道所示)，确定压裂的最低有效压力梯度为 2.15MPa/100m(约 127MPa)，同时利用新产能预测方法，预测该井压后产能为 $45\times10^4m^3$。完井改造作业后获得高产油气流，日产天然气 $50\times10^4m^3$，日产凝析油 $117m^3$。应力控产机理认识，促使发现了一个新的优质产层，并定量优化了储层改造方案，使得新层位获得高产。

5　结论

(1) 通过探讨深部储层地应力与油气井产能之间的关系，认为油气藏现今地应力场分布和天然裂缝面的应力响应是两个控制油气井产能的重要地质因素。在构造的高部位和断层发育位置，由于最小水平主应力值低，水平应力各向异性强，导致天然裂缝剪应力与正应力比 τ/σ_{ne}呈现高值，裂缝力学响应活跃，因此气井产能高；而在构造鞍部和陡峭处，由于最小水平主应力值高，水平应力各向异性弱，天然裂缝的力学响应不活跃，渗透性差，气井产能低。

（2）针对常规岩石物理评价结果对深部储层品质反映不甚敏感的问题，定义了一种基于地应力场的裂缝性气藏产能评价模型，将区域地应力场和天然裂缝潜在剪切变形能力相结合，从地质力学的角度描述井间和层间的储层差异，提高了深层复杂条件下的气井产能预测精度，为优选高产井位提供新依据。

（3）深层油气藏地应力场控制产能的机理揭示与新产能预测模型的建立，不仅为更准确描述储层品质提供了新的信息和依据，而且搭建了油气藏地质和储层改造工程之间的桥梁，将地质资料转化为为压裂施工所需的数据参数，为定量优化储层改造工程方案奠定了基础。

参考文献

[1] 贾承造，郑民，张永峰．中国非常规油气资源与勘探开发前景[J]．石油勘探与开发，2012，39(02)：129-136.

[2] 戴金星，倪云燕，吴小奇．中国致密砂岩气及在勘探开发上的重要意义[J]．石油勘探与开发，2012，39(03)：257-264.

[3] 杨海军，张荣虎，杨宪彰等．超深层致密砂岩构造裂缝特征及其对储层的改造作用——以塔里木盆地库车坳陷克深气田白垩系为例[J]．天然气地球科学，2018，29(07)：942-950.

[4] 郭迎春，庞雄奇，陈冬霞等．致密砂岩气成藏研究进展及值得关注的几个问题[J]．石油与天然气地质，2013，34(06)：717-724.

[5] 王珂，杨海军，张惠良等．超深层致密砂岩储层构造裂缝特征与有效性——以塔里木盆地库车坳陷克深8气藏为例[J]．石油与天然气地质，2018，39(04)：719-729.

[6] 王俊鹏，张惠良，张荣虎等．裂缝发育对超深层致密砂岩储层的改造作用——以塔里木盆地库车坳陷克深气田为例[J]．石油与天然气地质，2018，39(01)：77-88.

[7] 黎静容，朱桦，冯晓明等．川东北陆相储层裂缝特征差异性及对产能的影响[J]．石油实验地质，2016，38(06)：742-747.

[8] 汪必峰．储集层构造裂缝描述与定量预测[D]．中国石油大学，2007.

[9] 季宗镇，戴俊生，汪必峰．地应力与构造裂缝参数间的定量关系[J]．石油学报，2010，31(01)：68-72.

[10] Teufel, L. W., and Rhett, W., "Geomechanical evidence for shear failure of chalk during production of the Ekofisk field", SPE 22755 presented at the 1991 SPE 66th Annual Technical Conference and Exhibition, Dallas, Oct. 6-9.

[11] Barton, C. A., Zoback, M. D., Moos, D., 1995, Fluid flow along potentially active faults in crystalline rock. Geology 23, 683~686.

[12] Townend, J. and Zoback, M. D. 2000. How faulting keeps the crust strong. Geology, 28(5), 399-402.

[13] Hennings P, Allwardt P, Paul P et al. 2012a. Relationship between fractures, fault zones, stress, and reservoir productivity in the Suban gas field, Sumatra, Indonesia. AAPG Bulletin, 96 (4): 753-772.

[14] Johri, M., Zoback M D, 2013. The Evolution of Stimulated Reservoir Volume during Hydraulic Stimulation of Shale Gas Formations. URTeC 1575434. In: Unconventional Resources Technology Conference (URTeC) Denver, Colorado, USA, doi: 10.1190/URTEC2013-170.

[15] Zoback, M. D., Kohli, A., Das, I., and McClure, M. 2012. The Importance of Slow Slip on Faults During Hydraulic Fracturing Stimulation of Gas Shale Reservoirs. Americas Unconventional Resources Conference, Pittsburg, Pennsylvania, USA, 5-7 June, doi: 10.2118/155476-MS.

[16] 能源，谢会文等．克拉苏构造带克深段构造特征及其石油地质意义[J]．中国石油勘探，2013，(2)：1-6.

[17] 王招明．塔里木盆地库车坳陷克拉苏盐下深层大气田形成机制与富集规律[J]．天然气地球科学，2014，25(2)：153-166.

[18] 张惠良，张荣虎，杨海军等，构造裂缝发育型砂岩储层定量评价方法及应用—以库车前陆盆地白垩系为例[J]．岩石学报，2012，28(3)：827-835.

[19] Zoback M D. Reservoir Geomechanics [M]. Cambridge: Cambridge University Press, 2007.

[20] 杨继盛．采气工艺基础[M]．北京：石油工业出版社，1992.

[21] 王春香．胜602潜山裂缝预测与井位部署研究[J]．中国石油和化工标准与质量，2018，(20)：122-123.

[22] 唐雁刚，张荣虎，魏红兴等．致密砂岩储层多尺度裂缝渗透率定量表征及开发意义[J]．特种油气藏，2018，25(5)：30-34.

[23] 周鹏，唐雁刚，尹宏伟等．塔里木盆地克拉苏构造带克深2气藏储层裂缝带发育特征及与产量关系[J]．天然气地球科学，2017，28(1)：135-145.

库车坳陷克拉苏构造带超深储层地质力学特征及天然气勘探

徐　珂　田　军　杨海军　张　辉　王志民

（中国石油塔里木油田分公司）

摘　要　通过搭建地质力学特征与区域构造、局部构造的关联，明确了不同构造特征的力学成因机理及其地质力学特征对储层的响应，提出了基于地质力学的储层品质分级方案，认为考虑地应力和天然裂缝及其相互关系的储层评价能够解释在储层物性相似条件下产能差异极大的原因。结果表明，构造变换部位是优选优质储层的有利勘探区；宽缓背斜构造地质力学优势区的范围大、钻遇容差大，勘探难度较低；建议将地应力和天然裂缝等相关参数纳入强非均质储层品质评价参数，避免误探不利区带。

关键词　超深储层；地质力学；地应力；天然裂缝；克拉苏构造带；天然气勘探

库车坳陷是叠加在塔里木古生界海相克拉通盆地之上的中—新生界陆相前陆盆地，是一个典型的含盐前陆盆地，位于塔里木盆地北缘，南天山造山带以南。在平面上表现为“四带三凹”的构造格局，即北部构造带、克拉苏构造带、秋里塔格构造带和南部斜坡带，以及乌什凹陷、拜城凹陷和阳霞凹陷[1,2]。其中克拉苏构造带具有完善的“生、储、盖、运、圈、保”系统，油气资源丰富，勘探潜力巨大，是塔里木油田增储上产的重点领域，已发现了克拉 2、克深 2、克深 8 及博孜 9 等规模性气藏。目前克拉苏构造带东部的克拉、克深区块已逐步进入开发阶段，勘探力量正持续向构造变形更复杂的西部区带转移[3]。受南天山隆升影响，克拉苏构造带构造变形非常强烈，断层、裂缝极其发育，具有具有“一深（埋藏深度大）、一陡（地层倾角高）、两厚（砾岩、膏盐岩厚）、两低（孔隙度、渗透率低）、三高（温度高、压力高、应力集中程度高）”的特点[4,5]。

多学科融合、多技术集成的地质工程一体化理念随着油气勘探步伐不断创新和发展，以三维模型为核心、以地质-油藏为基础、以储层地质力学为桥梁的一体化技术体系以其针对性、预测性、指导性、实效性及时效性的优势不断助推我国石油勘探开发[6-9]，在塔里木盆地库车山前 7000~9000m 超深储层也取得了应用突破[10,11]。

近年来，储层地质力学不断通过实践迅速发展，在塔里木油田初步形成一系列较为实用技术流程，包括复杂地层“五压力”预测技术、断裂力学活动性预测技术，特殊岩体井壁稳性技术、近井筒三维交互缝网预测技术、三维非均质地应力场建模及井轨迹优化技术等[12-15]，已成功应用于钻井工程、完井工程及开发方案优化等领域[16]。但在圈闭预测、储层评价等勘探领域还未形成系列成熟技术，正在持续攻关探索地质力学对构造和储层影响机理以及对产能的控制机理。鉴于此，本文基于克拉苏构造带多个气藏百余口井的单井地质力学参数，搭建地质特征和地质力学特征的关联，揭示岩石力学性质、地应力以及天然裂缝等地质力学参数对储层品质的影响，旨在形成地质力学与储层发育关联性研究方法，助力塔里木盆地超深层天然气勘探。

1　研究区概况及储层地质力学参数

克拉苏构造带位于库车坳陷北部，表现为“南北分带、东西分段、垂向分层”的构造格局。在平面上，南北向以克拉苏断裂为界可划分为克拉苏背斜带和克拉苏深部区带。自西向东可以分为四段：阿瓦特段、博孜段、大北段、克深-克拉段，在构造段之间发育阿瓦特-博孜、博孜-大北、大北-克深共三个构造变换带（图 1）。垂向上，克拉苏构造带地层自上到下普遍为第四系西域组（Q_1x）、新近系库车组（N_2k）、康村组（$N_{1-2}k$）、吉迪克组（N_1j），古近系苏维依组（$E_{2-3}s$）、库姆格列木群（$E_{1-2}km$），白垩系巴什基奇克组（K_1bs），巴西改组（K_1bx）。其中库姆格列木群为一套厚度分布差异巨大的膏盐岩层，具

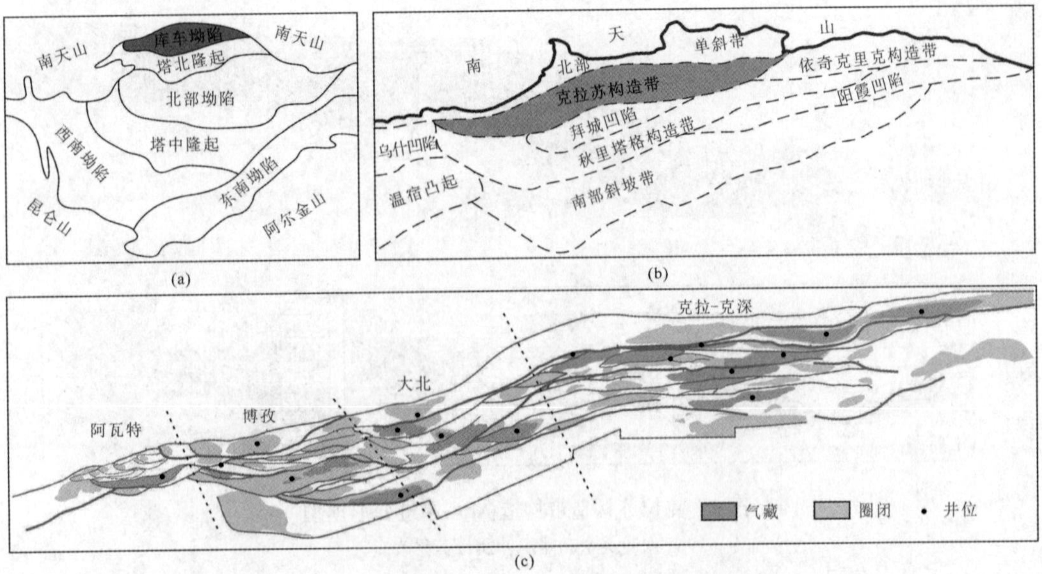

图1　克拉苏构造带构造位置及构造简图

有塑性流动特征，能够控制盐下断冲构造的发育及储层的演化，导致克拉苏构造带具有盐上、盐体、盐下“三位一体”构造变形特征[17]。

克拉苏构造带主要勘探目的层为白垩系巴什基奇克组和巴西改组。巴什基奇克组砂岩在区域上广泛发育，厚度达100~300m，厚度自北向南、自东向西厚度逐渐减小，为三角洲前缘亚相-辫状河三角洲前缘亚相沉积，岩性以褐色中砂岩、细砂岩为主，成分成熟度和结构成熟度中等，岩心实测孔隙度平均值为3.8%，渗透率主要分布在0.01~1mD，总体表现为特低孔特低渗特征。巴西改组厚度为60~180m，自东向西变薄，有利储层主要位于巴二段，为育辫状河三角洲前缘亚相沉积，以中-厚层状褐色中砂岩、细砂岩、粉砂岩为主，岩心实测孔隙度为5~20%，渗透率主要分布在0.1~10mD，整体表现为超低孔超低渗-中孔中渗特征[18]。

储层地质力学研究范围涉及岩石力学性质，地应力分布，断层、裂缝参数及各属性之间的交互关系。一般通过杨氏弹性模量、泊松比、抗压强度等岩石力学参数表征岩石力学性质；通过最大水平主应力(S_H)及其方位(aziS_H)、最小水平主应力(S_h)、垂向主应力(S_V)表征地应力状态；通过天然裂缝密度及裂缝面的剪应力与正应力之比(τ/σ_n，即剪正比)来表征天然裂缝的发育程度和活动性。

2　区域构造与地质力学关联性

克拉苏构造带受南天山隆升过程中挤压应力方向和大小的差异以及盐湖不均匀分布的影响，具有南北向递进变形、东西向差异变形、纵向分层变形的特点。谢会文和能源[19]充分考虑基底断层卷入情况及构造分布规律，将克拉苏盐下构造层划分为“ABC递进变形模型”，即A区为高角度基底断层卷入变形区，B区为低角度基底断层卷入变形区，C区为盖层滑脱变形区。从图2-2可以看出，递进变形在东西方向具有明显分带性。东段(剖面Ⅲ)的A区较窄，C区较宽，随着逐渐向西，C区变窄，主要以A区和B区占主导。最西部的阿瓦特段(剖面Ⅰ)呈明显的“双层楼”结构，叠置非常严重。博孜-大北段(剖面Ⅱ)的B区发育一系列冲起的突发构造。目前勘探形势表明，B区勘探成果最为丰富，天然气最富集。C区发现了博孜9、克深9、克深13等高产(凝析)气藏，具有良好勘探前景。

因此，将克拉苏构造带的区域挤压和变形量自东向西逐渐变强的递进方式归纳为“剪刀式”，自东向西构造趋于陡窄、破碎，差异变形部位多具扭动、变换特征。这种差异挤压是由于南部古隆起和盐湖不均匀分布造成横向变形空间差异导致的(图2和图3)。西部阿瓦特段受南部温宿凸起的阻挡，横向变形空间极其受限，但发育巨厚盐湖，给予了充分的纵向变形空间。在这种环境下形成了这种“双层楼”结构——北部叠置强烈且平面为破碎的鳞片，覆盖于南部较为宽阔的叠瓦构造。东部的新和古隆起阻挡较弱，横向变形空间富足，形成较为宽阔的叠瓦构造，且南部有

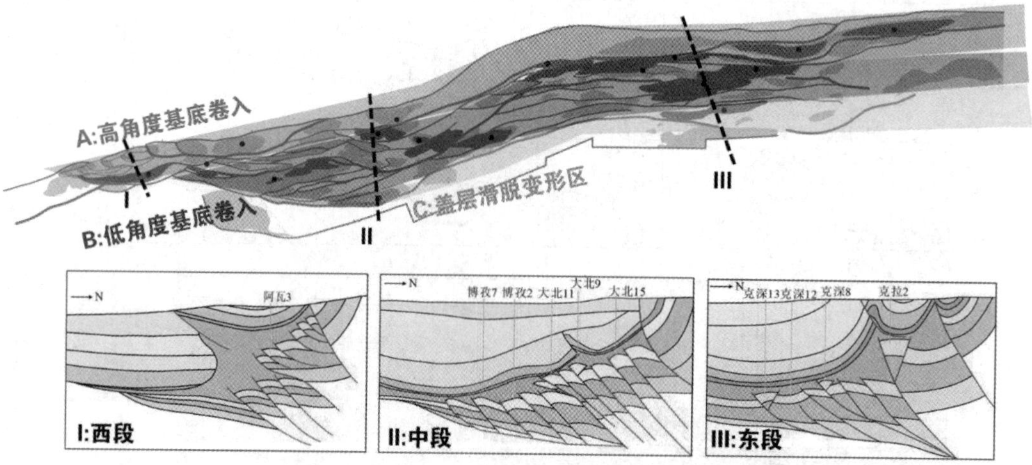

图 2　克拉苏构造带构造 ABC 递进变形模型
（据谢会文和能源，2012；修改）

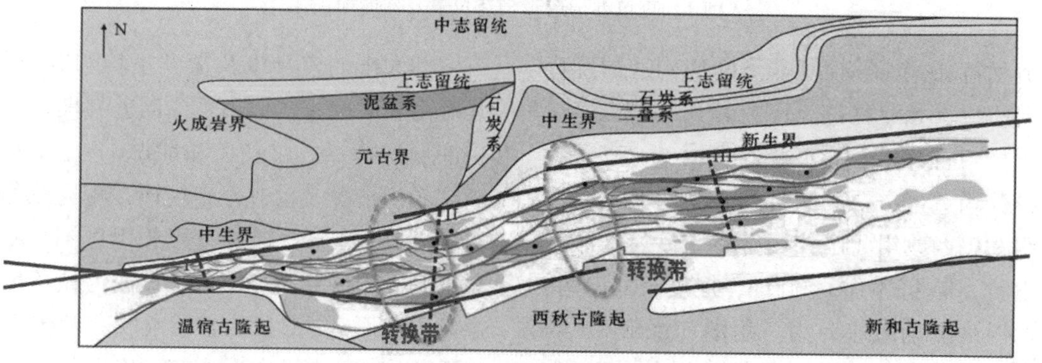

图 3　克拉苏构造带差异挤压平面展布图

足够空间形成盖层滑脱构造，仅局部发育少数冲起的突发构造。中部的博孜-大北区带受温宿古隆起和西秋古隆起的差异阻挡，最直接的影响形成一系列扭动构造，包括断层走向的明显偏转和构造形态的偏转，这个部位称为转换带部位，博孜-大北转换带是克拉苏构造最为典型的转换带，另外还发育大北-克深转换带(克深 5 构造所处的位置)和阿瓦特-博孜转换带。转换带部位的差异挤压派生出了走滑性质的复杂局部应力场，其特殊性可通过地质力学属性反映出来，复杂构造和复杂地质力学属性具有强烈的关联。

图 4 为博孜-大北区带白垩系顶面构造图以及地应力方向和裂缝走向的关系。可以看出，以博孜 3、博孜 22、大北 17 为代表的区带西部，最大水平主应力(S_H)方向总体为 NW 向(图中蓝色箭头方向)，天然裂缝走向与 S_H 方向一致。区带西部的大北气田表现出同样的特征，即 S_H 方向总体为 NW 向且天然裂缝走向与 S_H 方向一致，而位于转换带部位的多口井表现为不同的特征。大北 9、大北 10、大北 11、大北 12 构造是转换带部位的代表性构造。除大北 12 井外，其余 3 口井的 S_H 方向为 NE 向，与区带整体的 S_H 方向有显著不同。另外，转换带部位这四口井的天然裂缝为 NE 和 NW ~ 近 EW 这两个方向，特别是大北 12 井和大北 1102 井，发育的是两组共轭剪切缝。从构造形态上分析，大北 9、大北 11、大北 17 构造的背斜长轴走向为 NW，有别于区带整体的 NE 走向，边界断层走向同样表现为这个特征，且大北 9、大北 17 构造均属于突发构造。表明转换带的构造具有明显的扭动和旋转，且演化过程经历过强烈的反冲。因此，换带部位无论构造特征(构造形态扭转、突发构造频发)还是地质力学特征(地应力方向偏转、裂缝裂缝类型和走向复杂)均有显著的特殊性。

前文已述，转换带部位的差异挤压派生出了走滑性质的复杂局部应力场，这是造成该部位构造和地质力学特征具特殊性的根本原因。NW 向区域应力作用作用下的差异挤压派生出主剪切位

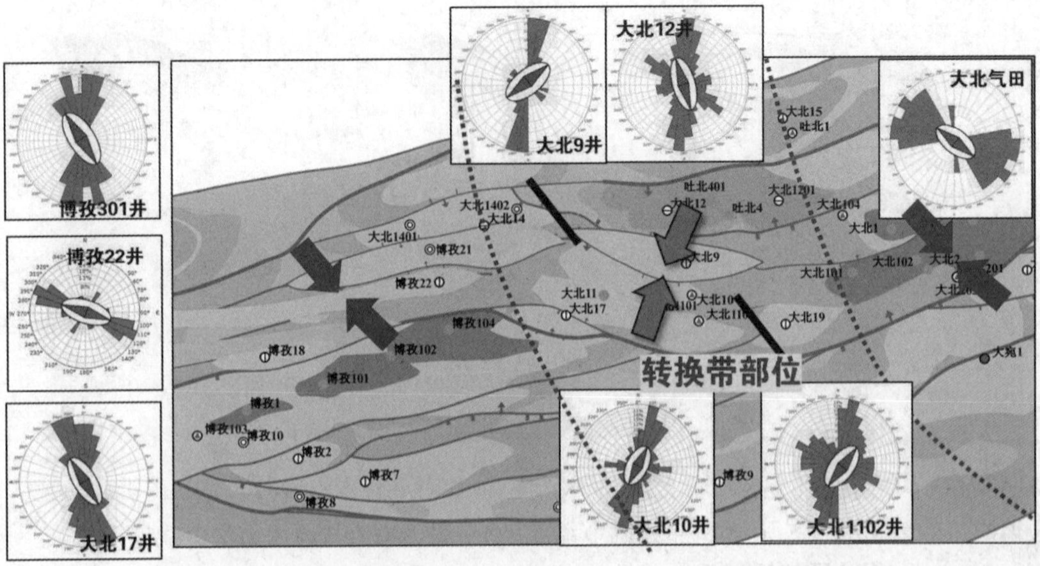

图 4　博孜-大北区带白垩系顶面构造图以及地应力方向和裂缝走向的关系

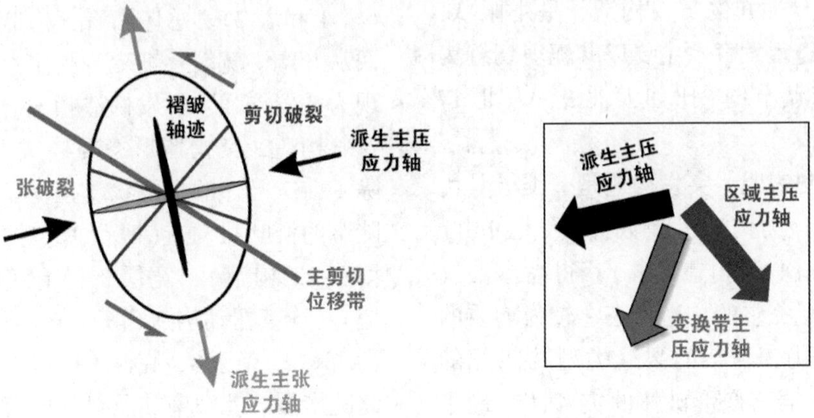

图 5　里德尔剪切模式(左)及派生应力场的影响(右)

移带为 NW 向的走滑应力场(图 5)。这种情况下通常形成两组派生剪节理(裂缝)，即图 5 左中的蓝色线段。其中一组剪裂缝与断层面(主剪切位移带)呈大角度相交，一般不太发育，方位也不太稳定，只有在较为均质地层才发育这一方向的裂缝；另一组剪裂缝与断面呈小角度相交，交角一般不超过 15°，相当于羽列微剪切面，与断面所交锐角指示本盘运动方向。根据里德尔剪切模式，走滑作用下派生的主压应力轴方向为派生剪节理的锐夹角方向，派生的主张应力轴方向为派生剪节理的钝夹角方向。在此作用下可以形成走向垂直于主压力轴方向的褶皱(背斜和向斜)以及走向平行于主压力轴方向的张破裂。对于博孜-大北转换带部位，派生主压应力轴方向为近 EW~NEE 向，与 NW 向的区域主压应力方向叠加，形成 NNE 向的主压应力，这就解释了博孜-大北转换带部位多口井 S_H 方向为 NNE 向。断层走向变化剧烈、构造形态的扭转也是在这种背景下形成的。一般而言，那组与断层面(主剪切位移带)呈大角度相交的剪节理往往不太发育，但对于较为均质地层是能够发育两组共轭剪切节理，博孜-大北转换带突发构造多发育两组共轭剪裂缝，而各类叠瓦构造往往只发育一组裂缝，表明突发构造储层较为均质，有利于共轭剪裂缝发育，具备优质储层的潜在优势。

克拉苏构造带由差异挤压派生的走滑作用自东向西总体增强，对构造和储层具有不同程度影响。克深段横向变形宽阔，差异挤压作用弱，往往在背斜鞍部发育小规模的近 NS 向调节断层或调节裂缝带，这类构造的裂缝以平行于背斜走向的扩张缝占优，垂直于背斜走向的裂缝多为调节缝，具有沟通扩张缝的作用(图 6a)。若差异挤压作用增强，调节裂缝发育为调节断层，错断背斜构造，并造成断开的背斜构造发生扭动，形成

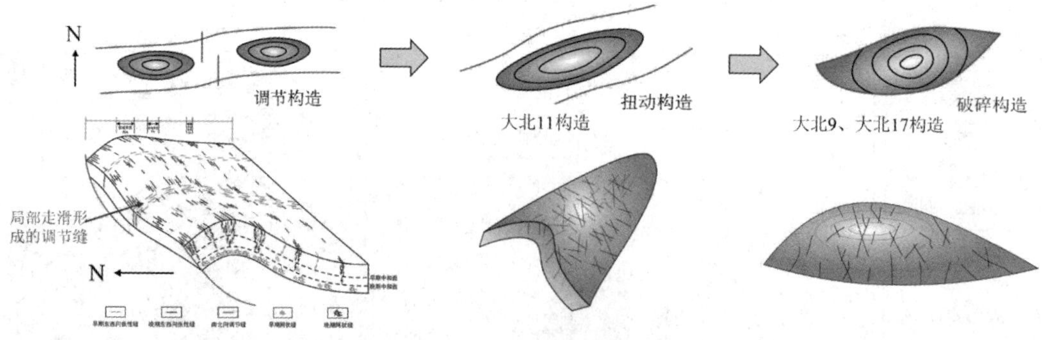

（a）克深段背斜三种成因裂缝模式图　（b）共轭剪切缝与平行轴向的张性缝共存　（c）完整突发构造的裂缝多为共轭剪切缝

图6　不同程度走滑作用对构造和裂缝的影响

具有扭动特征的构造(比如克深5、大北11构造)，这类构造的剪切缝、扩张缝和部分调节缝均有发育(图6b)。若差异挤压很强，扭动构造发生破碎，加之挤压、冲起作用，形成构造规模小、但比较完整且冲起的突发构造，呈牛眼状，这类构造天然裂缝很发育，主要以共轭剪切缝为主，一般不发育调节缝(比如大北9、大北17构造)。

目前勘探形势表明，突发构造是一类极具优势的构造类型，该类构造大多数井(大北9井、大北17井以及克深24构造诸井)获得高产油气流。这与其独立且完整的构造形态、较为均质的储层、较低的应力、复杂的裂缝类型及匹配的力-缝夹角有关。岩石变形破坏的灾变性与最小耗能的进行方式，导致非均质岩体的破裂在宏观上具有一定随机性，在局部薄弱点保持较快的变形速率往往容易形成突发构造。在突发构造的形成的过程中，夹持突发构造的断层吸收北部的推覆应力，突发构造应力集中程度低；厚度差异的盐岩不均匀的侧向挤压及推高作用缓解了强烈水平挤压；盐层的缓冲作用保护了突发构造内先存裂缝的有效性。以上共同作用使突发构造成为优势构造。具扭转特征的构造也是一类优势构造类型，该类构造高产井(大北1101井、克深5构造诸井)比率仅次于突发构造。这类构造得益于其非常发育的裂缝、多样的裂缝类型及匹配的力-缝夹角。而图6a中这类具调节作用的背斜构造则具有较为复杂的构造-地质力学关联，在构造形态、局部(调节)应力场和天然裂缝发育情况综合控制下，非均质性极强，高产井和失利井均不同程度出现，这类构造高产井比率低于扭转和突发构造。难以用单一模式概括其地质-力学特征，需进行多组合与全要素的综合研究。

3　局部构造与地质力学关联性

克拉苏构造带构造特征和构造样式复杂多样，对40余个气藏的构造特征进行梳理和分类(表1和表2)。总体来看，构造在平面上自东向西从开阔、宽缓逐渐变为陡窄、破碎，剖面上表现为叠置增强、突发构造频发。对于每个独立的背斜构造，其构造形态与样式也有较大的差异，除了前文已述的牛眼状、扭动型和调节型，还有陡窄的柳叶状构造(博孜12、博孜18、博孜21、博孜22构造)、宽缓构造(克拉2、克深9构造)、连续扭动构造(博孜1构造)、豆荚状构造(克深6、克深8、克深10构造)，在剖面上包括北陡南缓、北缓南陡及对称的背斜构造，这些差异造成不同的地质力学特征。

对于叠瓦状背斜构造而言，可以划分出三个应力区：张性带、过渡带和压性带。两个分界面称为“有限中和面”和“增量中和面”，即“双中和面”模型(图7)。在区域挤压作用下，张性带范围抵抗一部分挤压应力，表现为现今地应力的低值区。另外，该范围内发育的天然裂缝也比较丰富，包括局部张性作用下形成的扩张缝以及区域挤压作用下形成的剪切缝，加之较低现今地应力的弱改造，使裂缝保持了较高的有效性。压性带在局部挤压和区域挤压作用下，挤压极强，发育剪切缝，但较强的现今地应力的改造作用强，难以使裂缝保持较好的有效性。

背斜构造的曲率和形态影响其中和面位置和应力分区范围，造成储层和产能的较大差异。一般曲率较大的陡窄背斜构造，应力区带的横向分布范围窄且纵向上变化快。位于构造高部位的井(A井)，顶部处于局部张性带的层段具有应力值

表 1　克拉苏构造带平面构造样式分类表

阿瓦特段	实例	博孜–大北段	实例	克深–克拉段	实例
鳞片状构造	阿瓦北部	牛眼状构造	大北9、17	宽缓构造	克拉2 克深9
陡窄构造	阿瓦3 阿瓦5	柳叶状构造	博孜12、18	豆荚状构造	克深6、8、10
宽缓构造	阿瓦南部		大北1 大北2	鞍部调节构造	克深13
			大北10 大北11		
		扭动构造	博孜1	扭动构造	克深5

表 2　克拉苏构造带剖面构造样式分类表

类型		实例		实例		实例		
单一样式	北陡南缓	大北14	对称叠瓦构造	博孜3 博孜6	北缓南陡	博孜9	突发构造	大北9 大北17
组合样式	完整型突发构造	大北1 大北9 大北10	半完整型突发构造	博孜7	复合突发构造	博孜17 博孜18 博孜22	破碎型突发构造	博孜1

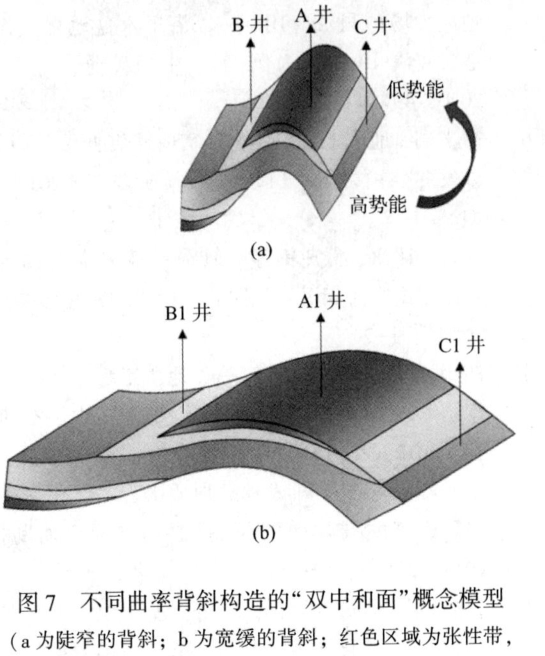

图 7　不同曲率背斜构造的“双中和面”概念模型
（a 为陡窄的背斜；b 为宽缓的背斜；红色区域为张性带，黄色部分为过渡带，橙色部分为压性带）

低、裂缝发育且活动性好，压裂施工难度也低，但超过局部张性带迅速表现为较强挤压应力，即使裂缝发育但活动性并不高，压裂难度也大。另外，油气往往从高势能区向低势能区运移，油气不断在顶部富集，有突破盖层油气逸散的可能。因此 A 井或遇两种情况：①顶部油气富集，仅揭开顶部一小段获油气流；②顶部油气部分逸散，下部见水，获低产。位于稍低部位的井（B 井和 C 井）处于局部张性带外，进目的层的全井段均表现为应力集中，裂缝活动性不高，且可能遇水，C 井比 B 井更不具优势，这种情况建议向构造高部位侧钻，以求高产油气流。

对于曲率小的宽缓构造，应力区带的横向分布范围大且纵向上变化平缓。顶部局部张性带应力值低、裂缝发育且活动性好，应力向下部平缓增加，但集中程度不高。顶部富集的油气突破盖层的可能性较低。这种构造的优势区带范围广，如图 7 中 A1、B1、C1 井只要（油）气水界面之上均具备有利条件，博孜 3 区块即属于这类优势构造，诸井均获高产。因此宽缓背斜构造具更大范围的地质力学优势区，钻遇容差大、勘探难度较低，陡窄的背斜构造优势区小，性质变化大，钻遇容差小、难度大，给勘探带来极大难度。

表 3 基于地质力学的储层品质分级方案

构型单元	岩性	S_h 相对值	S_H 方位和裂缝走向夹角	裂缝密度	裂缝活动性 τ/σ_n	储层品质级别
前积坝砂	含砾粗砂岩	低于平均值 4%	<30°	>0.4 条/m	>0.35	一级
侧积坝砂	粗砂-中砂	平均值±2%	30~45°	>0.3 条/m	0.25~0.35	二级
底部滞留沉积	粗砂-细砂	高于平均值 3~6%	60°左右	>0.1 条/m	0.15~0.25	三级
漫溢砂	细砂-泥岩	高于平均值 6%	近于垂直	无	<0.15	四级

4 基于地质力学的储层品质分级及天然气勘探建议

常规储层品质参数包括储层厚度、岩石组分、孔隙率、渗透率、含油饱和度等。实践表明[20]这些常规参数难以全面准确的评价库车坳陷超深储层品质，考虑强非均质裂缝性储层的特殊性，将地质力学参数纳入储层品质评价的参数中(表 3)。该分级方案充分考虑了地应力、天然裂缝等地质力学参数，并强调了地应力与天然裂缝之间关系对储层品质的影响，能够解释在储层物性相似条件下产能差异极大的原因，更适用于库车坳陷超深储层。

综上，通过搭建地质力学特征与区域构造、局部构造的关联，明确了不同构造特征的力学成因机理及其地质力学特征对储层的响应，根据勘探实践提出了基于地质力学的储层品质分级方案。认为①构造变换等具走滑性质的部位发育独立完整的构造形态、复杂多样的裂缝类型、具较低的地应力值、匹配的力-缝关系等优势，是优选优质储层的有利区域；②小曲率宽缓背斜构造比大曲率陡窄背斜构造具有更大范围的地质力学优势区，钻遇容差大，勘探难度较低；③强非均质储层应将地应力和天然裂缝等相关参数纳入储层品质评价参数，以避免误探由地质力学因素造成的好物性、低产能区带。

5 结论

(1) 克拉苏构造带“剪刀式”差异挤压造成东西分段的构造格局，不同程度的走滑作用对构造和储层具有不同程度影响。构造变换等具走滑性质的部位发育独立完整的构造形态、复杂多样的裂缝类型、具较低的地应力值、匹配的力-缝关系等优势，是优选优质储层的有利区域。

(2) 叠瓦状背斜构造具“双中和面”的应力分层模式，宽缓背斜构造具有更大范围的地质力学优势区，勘探和钻遇难度较低。

(3) 建议将地应力和天然裂缝等相关参数纳入强非均质储层品质评价参数，强调了地应力与天然裂缝之间关系对储层品质的影响，避免误探地质力学角度的不利区带。

参 考 文 献

[1] 杨学文，王招明，何文渊，等．塔里木盆地超深油气勘探实践与创新[M]．北京：石油工业出版社，2019.

[2] 能源，李勇，谢会文，等．库车前陆盆地盐下冲断带构造变换特征[J]．新疆石油地质，2019，40(1)：54-60.

[3] 杨海军，孙雄伟，潘杨勇，等．塔里木盆地克拉苏构造带西部构造变形规律与油气勘探方向[J]．天然气工业，2020(01)：31-37.

[4] 田军．塔里木盆地油气勘探成果与勘探方向[J]．新疆石油地质，2019，40(01)：1-11.

[5] 徐珂，田军，杨海军，等．深层致密砂岩储层现今地应力场预测及应用——以塔里木盆地克拉苏构造带克深 10 气藏为例[J]．中国矿业大学学报，2020，49(04)：708-720.

[6] 胡文瑞．地质工程一体化是实现复杂油藏效益勘探开发的必由之路[J]．中国石油勘探，2017，22(1)：1-5.

[7] 吴奇，梁兴，鲜成钢等．地质-工程一体化高效开发中国南方海相页岩气[J]．中国石油勘探，2015，20(4)：1-23.

[8] 谢军，张浩森，佘朝毅等．地质工程一体化在长宁国家级页岩气示范区中的实践[J]．中国石油勘探，2017，22(1)：21-28.

[9] 刘乃震，何凯，叶成林．地质工程一体化在苏里格致密气藏开发中的应用[J]．中国石油勘探，2017，22(1)：53-60.

[10] 杨海军，张辉，尹国庆，等．基于地质力学的地质工程一体化助推缝洞型碳酸盐岩高效勘探—以塔里木油田塔北南缘跃满西区块为例[J]．中国石油勘探，2018，23(2)：27-36.

[11] 杨向同，滕起，张杨等．地质工程一体化支撑下的裂缝性致密砂岩气藏压后评估及产能预测方法研究[J]．中国石油勘探，2018，23(2)：

104-116.

[12] 张辉，尹国庆，王海应．塔里木盆地库车坳陷天然裂缝地质力学响应对气井产能的影响[J]．天然气地球科学，2019，30(03)：379-388.

[13] 江同文，张辉，王海应，等．塔里木盆地克拉2气田断裂地质力学活动性对水侵的影响[J]．天然气地球科学，2017，28(11)：1735-1744.

[14] 张辉，杨海军，尹国庆，等．地质工程一体化关键技术在克拉苏构造带高效开发中的应用实践[J]．中国石油勘探，2020，25(02)：120-132.

[15] 田军，刘洪涛，滕学清，等塔里木盆地克拉苏构造带超深复杂气田井全生命周期地质工程一体化实践[J]．中国石油勘探，2019，24(02)：165-173.

[16] ZHANG Fuxiang，ZHANG Hui. Geomechanical Mechanism of Hydraulic Fracturing and Fracability of Natural Fractured Tight Sandstone Reservoir in Keshen Gasfield in Tarim Basin[C]//SPE Abu Dhabi International Petroleum Exhibition and Conference，2015，1-10.

[17] 王招明．试论库车前陆冲断带构造顶蓬效应[J]．天然气地球科学，2013，24(04)：671-677.

[18] 田军，杨海军，吴超，等．博孜9井的发现与塔里木盆地超深层天然气勘探潜力[J]．天然气工业，2020(01)：11-19.

[19] 能源，谢会文，李勇，等．塔里木盆地库车坳陷中部构造变形样式及分布特征[J]．地质科学，2012，47(03)：629-639.

[20] 江同文，张辉，徐珂，等．克深气田储层地质力学特征及其对开发的影响[J/OL]．西南石油大学学报（自然科学版）：1-12[2020-07-25]. http：//kns. cnki. net/kcms/detail/51. 1718. TE. 20200630. 1140. 004. html.

塔里木盆地麦盖提斜坡及周缘多期构造活动叠加控藏作用

王 祥 王 斌 屈 洋 朱礼春 黎 立

(中国石油塔里木油田分公司勘探开发研究院)

摘 要 麦盖提斜坡是塔里木盆地重要的油气富集区带，石油地质条件优越。通过关键地质时期断裂与构造样式的梳理，结合油气分布，探讨了多期叠加构造活动对油气聚集与分布的控制作用。研究结果表明，受晚加里东-早海西期、晚海西-印支期及喜山期单一因素或多因素联合影响，一方面形成多类型圈闭样式，以断背斜圈闭为主，另一方面提供油气输导通道，盐下油气得以在盐上构造层富集。耦合成藏期次认识，认为断裂活动期次与烃源岩生油气期匹配决定麦盖提斜坡及周缘盐上构造层油气的分布，即印支期断裂控制盐上油藏分布，喜山期断裂控制盐上气藏分布。根据多期构造活动叠加控藏认识，梳理出盐上巴楚隆起南缘喜山期气藏、玛东3-胜和晚海西期原生油藏等有利区带，对于下一步勘探部署与方向的选择具有重要意义。

关键词 多期构造活动；油气分布；圈闭样式；勘探领域；麦盖提斜坡及周缘

麦盖提斜坡是塔里木盆地西南坳陷的一个二级构造单元，呈北西-南东向弧形带状分布，斜坡西北端与柯坪断隆相邻，北以色力布亚-玛扎塔格断裂与巴楚隆起相连，南接喀什凹陷和叶城-和田凹陷，往东向塘古孜巴斯凹陷过渡(图1)。钻井揭示区域上自上而下发育新生界第四系，新近系、古近系和古生界二叠系、石炭系、奥陶系，寒武系、震旦系地层，缺失白垩系、侏罗系、三叠系、泥盆系、志留系。以中寒武统膏盐岩层为界，分为盐上和盐下两个构造层。寒武系膏盐岩、石炭系泥岩与不同层系有利储层形成多套储盖组合，目前已发现的油气藏主要分布在盐上有利储盖组合中，覆盖二叠系、石炭系、泥盆系、奥陶系等多个层系(图1)，具有分布散、规模小的特点。油气源对比分析表明，麦盖提斜坡及周缘油气主要来源于深层寒武系烃源岩[1]，烃源岩层与不同层系储盖层形成下生上储的空间配置关系。

借鉴塔中、塔北油气勘探经验，近几年针对麦盖提斜坡碳酸盐岩多类型储层开展油气勘探，但效果并不佳。例如，玛东构造带的潜山油气勘探仅在第一排带上发现了玛东3井和玉北1油藏，其他几排带全部落空，同样是潜山类型，究竟差别在哪里。再如麦盖提斜坡西段群古2井奥陶系"串珠"状储层油气勘探，钻探证实"串珠状"储层发育，但并未见油气，原因又何在。其实，麦盖提斜坡地质条件与塔中、塔北相比，有其自身特殊性，即寒武系发育巨厚膏盐岩层，盐下油气要在盐上层富集，必须要突破巨厚膏盐岩层。基于这一认识前提，笔者根据典型油气藏解

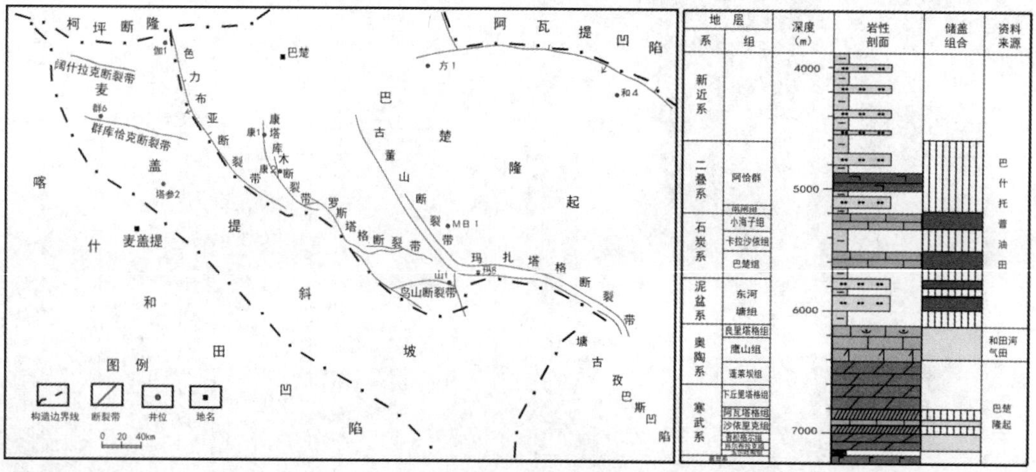

图1 塔里木盆地麦盖提斜坡周缘构造单元划分及地层分布

剖和失利井分析结果，发现盐上油气藏的形成、分布与构造活动的时空配置关系至关重要。因此，本文通过对麦盖提斜坡及周缘关键构造活动的梳理，探讨其与油气分布关系，对于正确认识油气富集规律和油气勘探方向的选择具有重要的现实意义。

1 油气分布规律

麦盖提斜坡及周缘已在多个层系发现巴什托普油田、亚松迪凝析气田、和田河气田、鸟山气藏、罗斯2气藏等油气藏，证实麦盖提斜坡及周缘为有利富油气区带。从油气分布特征看，整体表现出南北分带，东西分段、垂向分层特点，即北气南油、东西段油、中段气分布格局，油气富集层位东西段差异大。麦盖提斜坡油气来源于盐下寒武系，在油气成藏过程中，油气运移以垂向为主，除罗斯2气藏、鸟山气藏和玉北油藏含油气层位仅为奥陶系之外，巴什托普油田、和田河气田等为多层系含油气。

2 构造活动期次

麦盖提斜坡现今表现为单一西南倾区域性大斜坡，地质历史时期经历了加里东期、海西期、印支-燕山期和喜山期等多期构造运动，其中晚加里东期-早海西、晚海西-印支期和喜山期构造运动对该区的构造格局、沉积背景及成藏演化影响最大[2-4]。

2.1 晚加里东-早海西期

晚加里东-早海西期，受阿尔金洋俯冲闭合产生的挤压应力作用，以中寒武统膏盐岩层作为主滑脱面，形成叠瓦状滑脱冲断构造样式，断层走向北东，上陡下缓，向上断至志留系底部，部分地区由于缺失志留系和泥盆系，断层断至石炭系底部，向下沿中寒武统膏盐岩层滑脱，这一时期造成的构造变形在玛东构造带表现最为明显。

2.2 晚海西-印支期

受盆地南北造山运动影响，在北东向挤压应力作用下，北西向断裂持续活动，造成中生界的缺失和上古生界的剥蚀。断层沿寒武系膏盐层发育顺层滑脱，向上冲断至二叠系，断层上盘形成断弯褶皱，局部地区形成反冲断层，新生界基本未变形。这一时期断裂活动在麦盖提斜坡西段最为强烈，巴什托普断裂为典型的断层转折褶皱，构造轴线与断层走向平行，呈NWW-SEE方向展布，构造呈南翼陡、北翼缓之势，南翼倾角大于北翼。

2.3 喜山期

这一时期，周缘造山带向盆地内强烈逆冲推覆，产生的挤压应力影响新生界构造变形，断层以基底卷入和膏盐岩层滑脱型为主，形成的构造带分布很广，构造走向有NW向和NNW向两个，多以断层相关褶皱、膝褶带和冲断构造为主。由于该时期构造活动强烈，部分断层通天，且对早期构造有一定的破坏作用。

3 控藏作用

3.1 多期构造活动形成多类型圈闭样式

受多期构造活动影响，麦盖提斜坡及周缘圈闭类型以断裂-褶皱构造相关圈闭为主。根据构造活动期次所起的主导作用以及构造变形样式，圈闭样式主要有断背斜、背斜以及断层遮挡圈闭。

3.1.1 断背斜、背斜圈闭

背斜、断背斜圈闭是麦盖提斜坡及周缘普遍存在的一种圈闭类型，由于麦盖提斜坡处于挤压构造背景下，常常有逆冲断裂相伴生，基本都以断背斜形式沿断裂构造带成排成带展布。不同时期形成的圈闭特征也有所不同，如晚加里东-早海西期形成的圈闭表现出高角度冲断层相关的冲断特征，主要分布在玛东、罗南地区(图2a)。晚海西-印支期形成的圈闭表现出断层相关褶皱特征(图2b-2c)，主要分布在麦盖提斜坡西段、玛东构造带第一排。喜山期形成的圈闭多表现出断层夹持的断垒特征，和田河气田就是个典型例子(图2d)。需要注意的是，麦盖提斜坡圈闭往往存在后期活动改造现象，例如罗南-鸟山构造带晚加里东-早海西期形成高角度断背斜圈闭，海西-印支期，晚加里东期圈闭受到进一步改造，构造样式复杂化，形成逆断层夹持的断垒特征(图2e)。

3.1.2 断层遮挡圈闭

该类圈闭主要是指断层对逆冲断层下盘封闭起关键作用的圈闭。喜山期，由于构造活动整体抬升作用，形成有利储层与基底或膏盐岩侧向对接，可以形成相当规模的断层遮挡圈闭(图2f)。这种圈闭类型具有较大的探索潜力，目前未见钻井揭示，因而研究较少。

3.2 构造断裂活动提供盐下深层油气垂向输导条件

断裂是油气垂向运移的主要通道[5]。由于中下寒武统发育有一定厚度的膏盐岩层，地层在垂

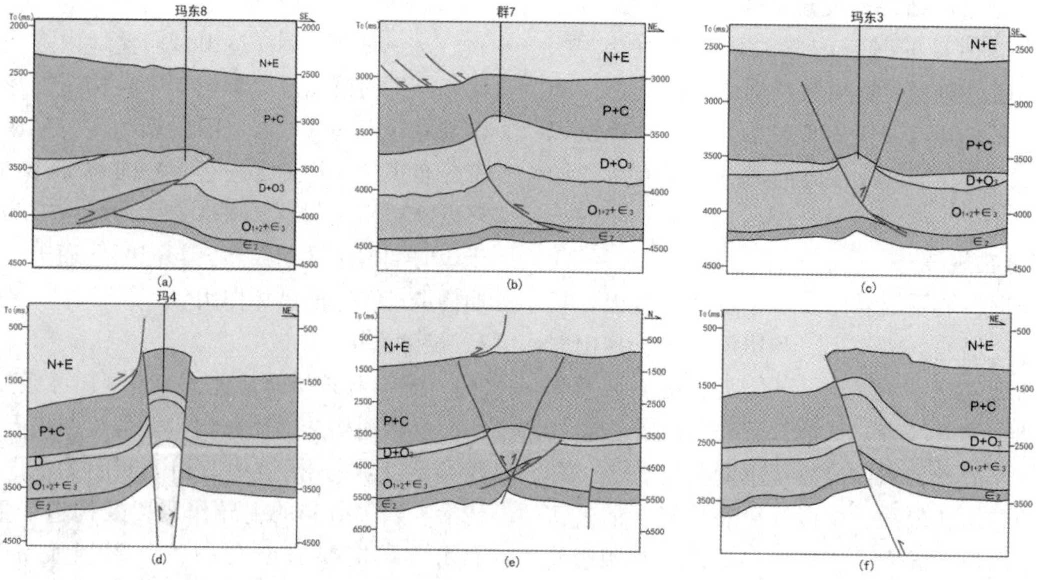

图 2 麦盖提斜坡及周缘典型圈闭样式

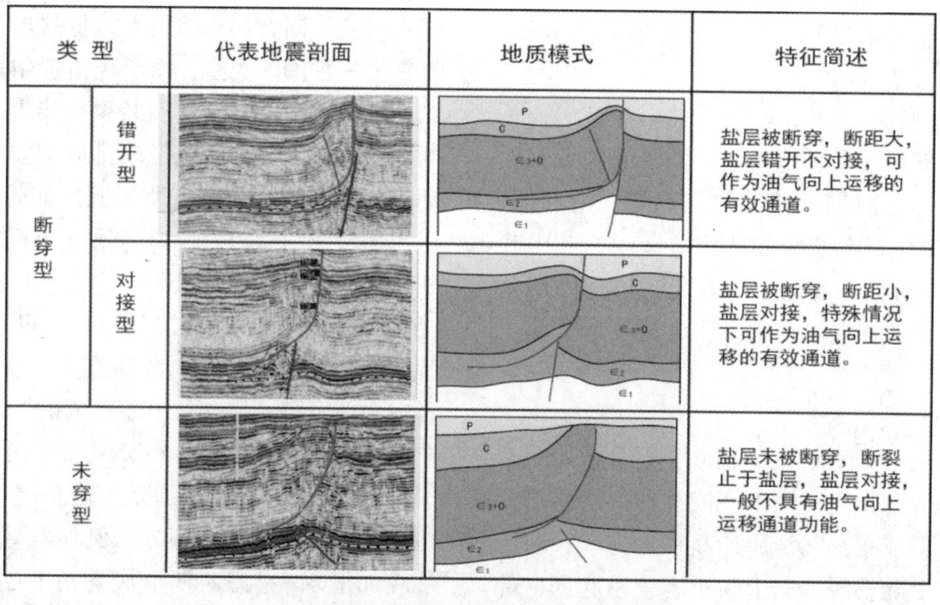

图 3 麦盖提斜坡及周缘断盖组合特征及模式

向的封闭性较好，阻碍了油气从寒武系烃源岩到奥陶系、石炭系和二叠系储集层的运移过程，油气的运移和聚集只能通过断裂活动来实现。从现今油气分布来看，几乎所有的油气藏都与断裂的发育有关系，充分说明断裂是油气运移的主要通道，而且由于不同时期构造断裂活动，盐下油气通过输导在膏盐岩层以上构造层形成了油藏、气藏。在地震剖面上，断穿膏盐岩断裂类型表现为走滑特征，形成于海西期，活动较弱，断距不大，向上止于寒武系或奥陶系地层，喜山期，受构造活动影响，此类断裂复活，表现出较强的活动性，与晚加里东期形成的滑脱断裂“嫁接”，油气可在奥陶系聚集成藏(图 3)。麦盖提斜坡中段发育穿盐断裂，断裂活动期与裂解生气期一致，膏盐岩层之下天然气通过穿盐断裂向盐上奥陶系充注，形成罗斯 2 气藏。因此，通源断裂的输导是盐上油气藏形成的关键条件之一。

3.3 构造活动期与成藏期匹配是控制盐上油气藏分布的关键

油气成藏期次研究表明，麦盖提斜坡周缘烃源岩自晚加里东时期开始生烃，油气藏多以保存条件差而遭到破坏，在岩心上可见早期沥青。区域上烃源岩大规模生油气期为晚海西–印支期和喜山期[6-7]。晚海西–印支期，盐下烃源岩大规模生油，通过此时期的断裂活动油气向盐上储集层输导，此时盐上构造层发育圈闭，则会在盐上

表 1　麦盖提斜坡及周缘断裂活动与油气藏要素分析

油气藏/失利井	含油气层系	圈闭类型	圈闭定型期	构造活动期次与强度			要素匹配性评价
				晚加里东-早海西期	晚海西-印支期	喜山期	
巴什托普油田	石炭系、泥盆系、二叠系	断背斜	晚海西-印支期	弱	强	弱	好
亚松迪凝析气田	石炭系、二叠系	断背斜	喜山期	弱	较强	强	好
罗斯 2 气藏	奥陶系	断背斜	晚海西-印支期	弱	较强	较强	好
鸟山气藏	奥陶系	断背斜	喜山期	弱	弱	强	好
和田河气田	奥陶系、石炭系	断背斜	喜山期	弱	弱	强	好
玛东 3 油藏	奥陶系	断背斜	晚海西-印支期	强	强	弱	好
玛东 5、玛东 8 井	—	断背斜	晚加里东期	强	弱	弱	差

构造层形成油藏，由于断裂断开层位的不同，会导致多个层系富集油气，如已发现的巴什托普油田二叠系、石炭系、泥盆系。喜山期，盐下烃源岩和早期形成的古油藏发生裂解，大规模生气，通过该时期断裂活动向盐上储集层输导，在盐上构造层形成气藏，如已发现的和田河气田和亚松迪凝析气田(表 1)。由此可见，麦盖提斜坡油气分布主要受多期构造活动叠加影响，也即印支期断裂控制盐上油藏分布，喜山期断裂控制盐上气藏分布。若晚海西-印支期与喜山期断裂不发育或活动强度弱，油气则主要富集于盐下深层。

4　有利勘探区带分析

前已述及，麦盖提斜坡及周缘油气分布主要受多期构造活动控制，这一认识现阶段区域油气勘探方向的选择具有重要的现实指导意义。

通过对麦盖提斜坡及周缘多期断裂的梳理，发现各时期断裂分布具有一定规律性。晚加里东期断裂活动主要分布在玛东构造带，晚海西期-印支期断裂活动主要集中在麦盖提斜坡西段和玛东构造带第一排胜和-玛东 3 一带，喜山期断裂活动主要分布在巴楚隆起南缘一带(图 4)。

基于印支期断裂控制盐上油藏分布，喜山期断裂控制盐上气藏分布这一认识，基本明确了麦盖提斜坡及周缘盐上构造层寻找规模油气的主要方向，即喜山期断裂活动领域寻找气藏、晚海西-印支期断裂活动领域寻找油藏。首先是针对喜山期气藏勘探，目前已发现和田河气田、鸟山气藏、罗斯 2 气藏。喜山期断裂活动范围主要沿巴楚隆起南缘一带，玛扎塔格构造带、罗斯-鸟山构造带、玛东构造带东段、八盘-西克尔构造带、民丰北断裂带喜山期断裂活动明显，这些区域有利于晚期形成气藏。其次是寻找印支期油藏，现已发现巴什托普油田、玛东 3 油藏，通过构造活动期次的梳理，印支期活动强的区域主要分布在麦盖提斜坡西段和胜和-玛东 3 一带，这些区域形成古油藏的可能性大。

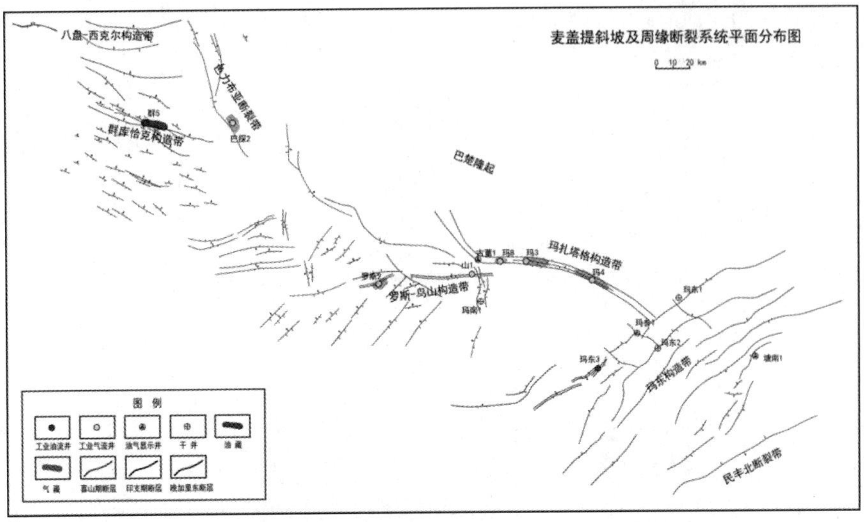

图 4　麦盖提斜坡周缘断裂分布与有利勘探区带划分

5　结论

（1）麦盖提斜坡及周缘油气分布整体表现出南北分带，东西分段、垂向分层特点，多层系油气富集取决于断裂活动强度与断开的层位。油气富集受晚加里东期、海西-印支期及喜山期多期构造活动影响，一方面形成多类型圈闭样式，以断背斜、背斜圈闭主要，局部发育断层遮挡型圈闭，另一方面提供油气输导条件，盐下油气得以在盐上构造层富集。

（2）断裂构造活动期与生烃期匹配是盐上形成油气藏的关键。印支期断裂控制盐上油藏分布，喜山期断裂控制盐上气藏分布。若晚海西-印支期与喜山期断裂不发育，油气则主要富集于盐下深层。

（3）根据多期构造活动叠加控藏认识，基本明确了麦盖提斜坡及周缘盐上构造层寻找规模油气的主要方向，即喜山期断裂活动领域寻找气藏、晚海西-印支期断裂活动领域寻找油藏，进而系统梳理出麦盖提斜坡及周缘有利勘探区带，为下一步的勘探部署提供支撑。

参考文献

[1]　丁勇，贾存善，邵志兵．巴楚-麦盖提地区主要油气藏原油地球化学特征及油源探讨[J]．石油实验地质，2013，36(6)：683-688.

[2]　张仲培，刘士林，杨子玉，等．塔里木盆地麦盖提斜坡构造演化及油气地质意义[J]．石油与天然气地质，2011，32(54)909-918.

[3]　黄玉平，姜正龙，李景瑞，等．塔里木盆地新构造运动时期构造应力方向[J]．油气地质与采收率，2013，20(3)：5-11.

[4]　杨勇，汤良杰，蒋华山，等．塔里木盆地巴楚隆起断裂分期差异活动特征及其变形机理[J]．石油实验地质，2014，36(3)：275-284.

[5]　余晓宇，施泽进，刘高波．巴楚-麦盖提地区油气成藏的输导系统[J]．石油与天然气地质，2003，24(4)：346-350.

[6]　马红强，王恕一，蔺军．塔里木盆地巴楚-麦盖提地区油气运聚与成藏[J]．石油实验地质，2006，28(3)：243-248.

[7]　刘长伟，王飞宇，李术元．塔西南坳陷北坡至巴楚凸起的生烃史[J]．新疆石油地质，2002，23(2)：121-124.

泌阳凹陷隐蔽油气藏精细勘探及关键技术

朱 颜 陈 祥 卜旭强 肖 学 金芸芸 任 桦

（中国石化河南油田分公司）

摘 要 泌阳凹陷经过近50年的勘探，已进入隐蔽油气藏勘探阶段，勘探难度越来越大，勘探目标越来越复杂，但仍有较大剩余资源量。近几年通过攻关勘探关键技术，不断获得新的发现。本文从泌阳凹陷岩性油气藏和复杂构造-岩性油气藏勘探实践出发，分析了高成熟勘探阶段老区面临的瓶颈技术，总结了泌阳凹陷高成熟探区“五精细”的精细勘探关键技术，应用效果较为显著，对老油田勘探具有一定的指导意义。

关键词 泌阳凹陷；高成熟探区；精细勘探；关键技术

1 引言

泌阳凹陷位于河南省南部的唐河县、泌阳县和桐柏县境内，是南襄盆地中的一个中、新生代富含油气的次级小型断陷，属陆相复杂断陷湖盆，面积约1000km²。凹陷构造复杂、断层发育，被北西向栗园-唐河断裂和北东向栗园-泌阳断裂所夹持，形成南深北浅的箕状凹陷。构造单元划分为南部陡坡带、中部深凹区和北部斜坡带(图1)，古近系核桃园组为勘探的主要目的层段，北部斜坡带主要发育断鼻、断块油藏，南部陡坡带主要发育构造-岩性油藏，深凹区主要发育岩性油藏。

截止到“十二五”期末，泌阳凹陷累计探明石油地质储量2.815×10⁸t，已发现油藏主要以构造和整装岩性油藏为主。凹陷通过近五十年的勘探，虽然已处于高成熟勘探阶段，但目前每年发现三级储量约500×10⁴t，约占河南油田年发现储量的60%；原油年产量近90×10⁴t，约占整个河南油田原油产量的70%，仍是河南油田增储上产的主阵地。

2 剩余资源基础与增储方向

泌阳凹陷虽处于高成熟勘探阶段，但凹陷剩余资源量2.19×10⁸t，剩余资源丰度21.9×10⁴t/km²，仍具有较大的勘探潜力。平面上南部陡坡带的双河-赵凹及下二门-梨树凹地区剩余资源量大，分别为0.93×10⁸t和0.69×10⁸t(图2)，是凹陷剩余资源最大的成藏区带。纵向上南部陡坡带的双河-赵凹及下二门-梨树凹地区核三下剩余资源量大，分别为0.59×10⁸t和0.42×10⁸t(图3)，是下步规模增储的潜力区带。

根据Tissot有机质生烃模式，当Ro大于1.2%时进入热裂解生气阶段，通过选取多井实

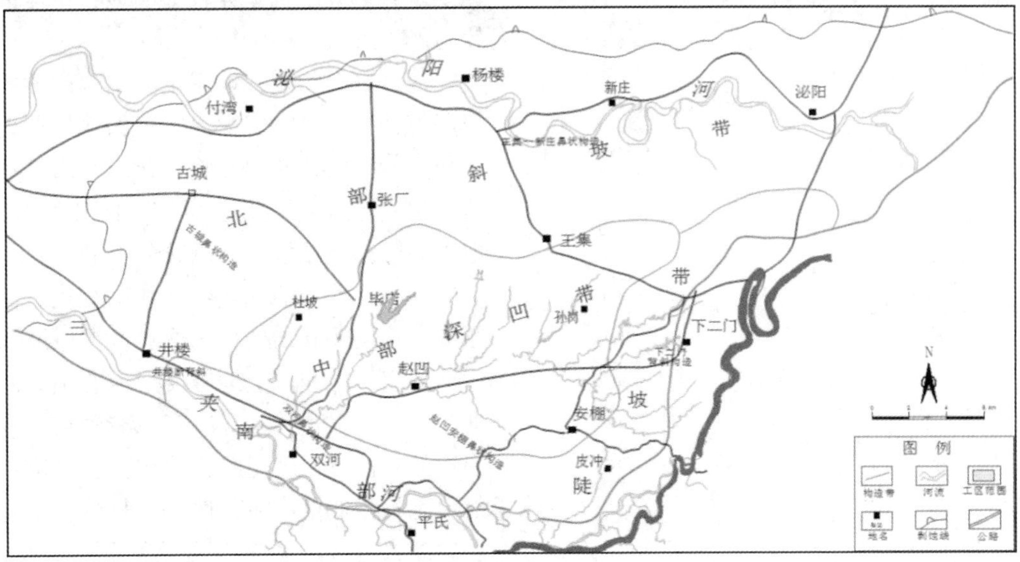

图1 泌阳凹陷构造格局分布图

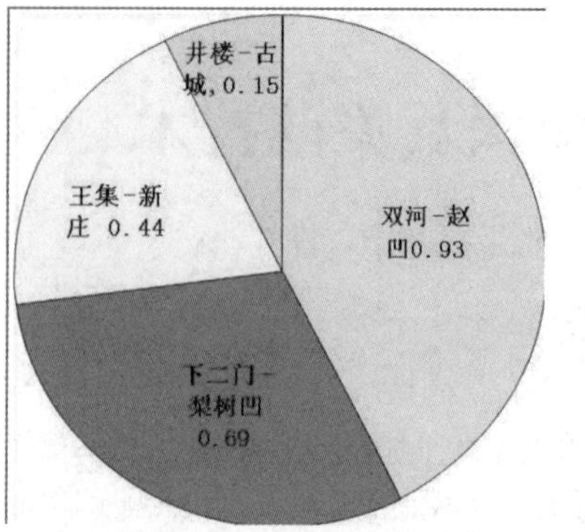

图 2 泌阳凹陷剩余资源量分布

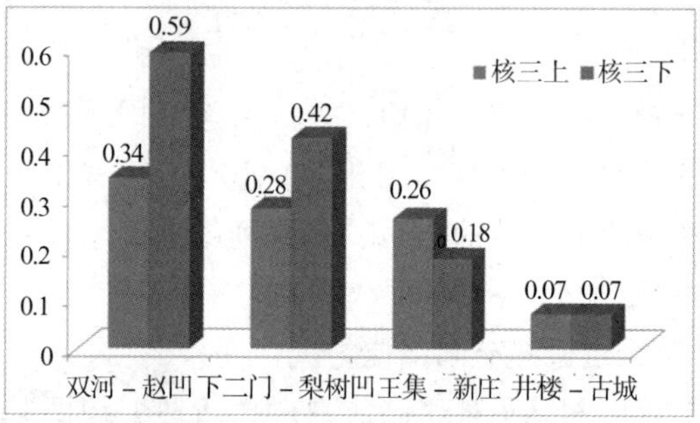

图 3 泌阳凹陷核三段剩余资源量分布图

测 Ro 值，绘制 Ro–深度交会图版(图 4)，图版中可以看出，泌阳凹陷在 3430m 以下时，开始进入热裂解生凝析气阶段，即认为凹陷深层系具备生气的物质基础。通过精细油源对比，根据成烃成藏研究结果，认为泌阳凹陷油气属自生自储，顺层运移成藏，深层油气未发生大规模向上运移，因此深层系具备优越的油源条件，资源潜力大，为下步勘探主攻方向。

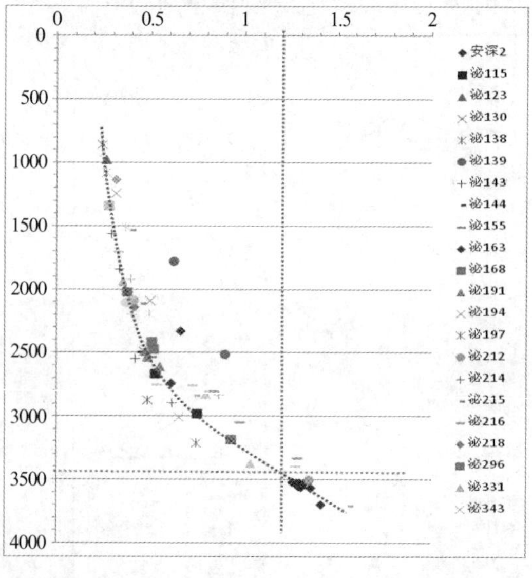

图 4 泌阳凹陷 Ro–深度交会图

3 隐蔽油气藏精细勘探技术

近年来的勘探实践表明，隐蔽油气藏已成为油气勘探的主要对象，成为了河南油田增储上产的重要油藏类型和勘探领域。针对隐蔽圈闭储层厚度薄、砂体横向变化快、储层预测难度大、构造复杂、速度变化大等问题，形成了“精细微相研究定区带、精细正演模拟定标志、精细地层切片定演化、精细属性描述定边界、精细构造解析定特征”的“五精细”隐蔽油藏预测技术，有效指导泌阳凹陷隐蔽油藏精细勘探部署。

3.1 精细微相研究定区带，确定岩性圈闭发育区

在岩芯观察描述，单井沉积相精细划分的基础上，确定测井沉积相标志并建立连井剖面相，综合砂体厚度、测井相划分，综合确定各小层的微相展布特征；其次，根据已钻井资料，逐层梳理优质储层及岩性封堵带的分布规律，明确有利的储集相带；最后，综合地层展布，沉积微相及断裂发育情况，确定岩性油藏发育的有利区带(图 5)。

3.2 精细正演模拟定标志，明确储层地震响应特征

针对研究区岩性主要为砂泥岩，通过大量的测井曲线交会分析，为了突出砂泥岩速度、密度、波阻抗的差异，选取纯度超过 80% 的砂岩、泥岩，绘制速度与密度，速度、密度、波阻抗与深度交会分析图，从图 6 至图 9 可以看出，砂泥岩的速度、波阻抗随埋深的增加有明显增大，砂岩的速度、纵波阻抗整体上高于泥岩，两种岩性速度差异、波阻抗差异较为明显，密度散点重叠较为严重。

通过岩石物理、地震正演结合已钻井储层地震反射特征，研究区广泛发育的薄储层地震响应特征受多种因素共同影响，建立了岩性油藏储层地震响应模式(图 10)，明确研究区砂岩薄储层地震响应影响要素：①阻抗(速度)大小，即储层岩性、物性和油气等；②地层结构，包括单层厚度、隔层及其结构；③地层调谐厚度和地震资料分辨率等。即薄层地震反射形态主要由砂泥速度、含量、组合关系等决定；在砂泥速度、含量一定的条件下，砂泥配置的相似程度决定地震反射形态的相似性；在其他条件相同的情况下，地层砂泥岩组合关系对地震反射形态的影响最大。即薄层地震反射形态主要由砂泥速度、含量、组

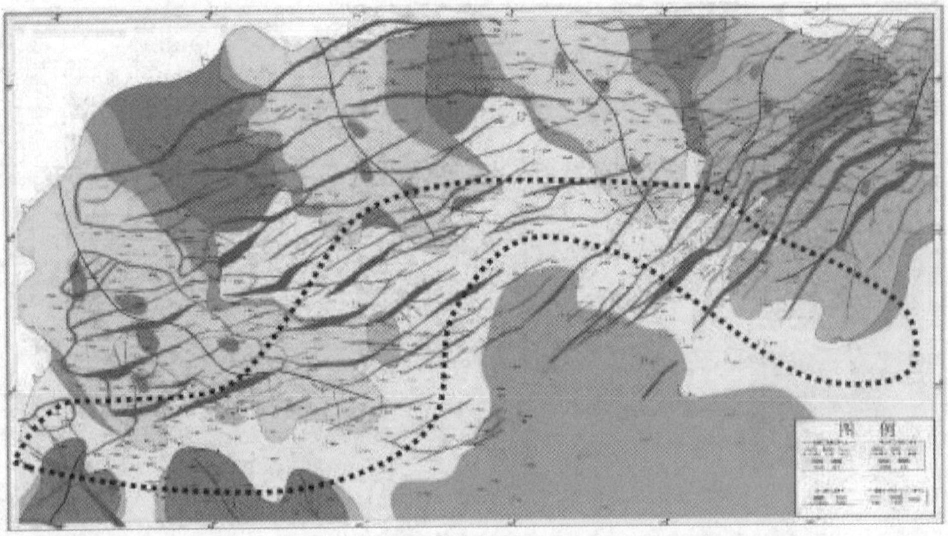

图 5　泌阳凹陷环凹带 H3Ⅲ11 小层沉积微相与 H3Ⅲ底面构造叠合图

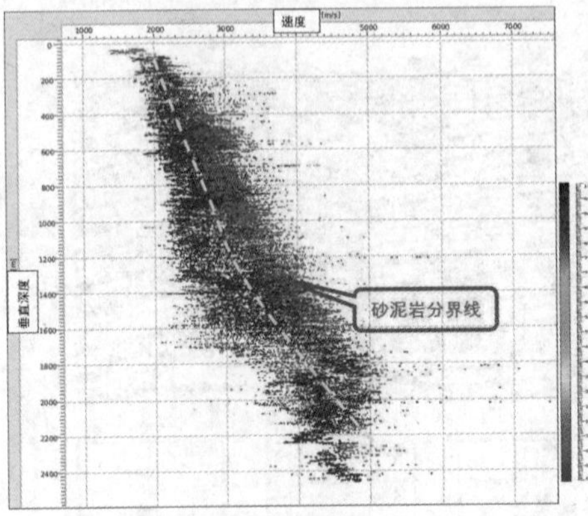

图 6　速度-深度交会图(SH>80 SH<20)

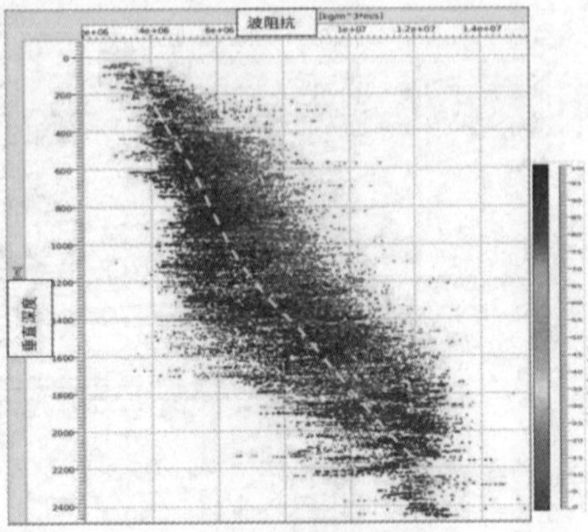

图 8　波阻抗-深度交会图(SH>80 SH<20)

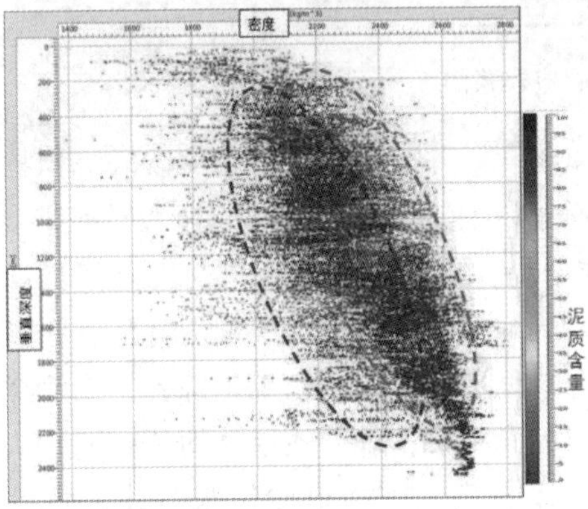

图 7　密度-深度交会图(SH>80 SH<20)

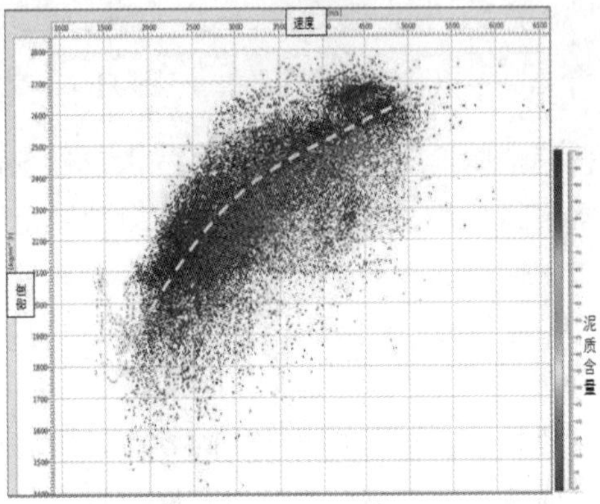

图 9　速度-密度交会图(SH>80 SH<20)

合关系等决定；在砂泥速度、含量一定的条件下，砂泥配置的相似程度决定地震反射形态的相似性；在其他条件相同的情况下，地层砂泥岩组合关系对地震反射形态的影响最大。

正演模拟表明，研究区薄储层在埋深、沉积环境基本相同的条件下，有利储层的地震响应以中弱振幅地震反射为主，发育的岩性油藏地震响应特征具有弱振幅的规律性和普遍性(图 11)。但是白云岩、页岩等非常规储层、干层等物性较差的厚砂岩、地震假象等特殊地质条件下也可能形成强反射。

3.3　精细地层切片定演化，明确砂体演化特征

通过岩石物理特征及正演模拟分析，明确了该区有利储层具有弱振幅的规律性和普遍性，我

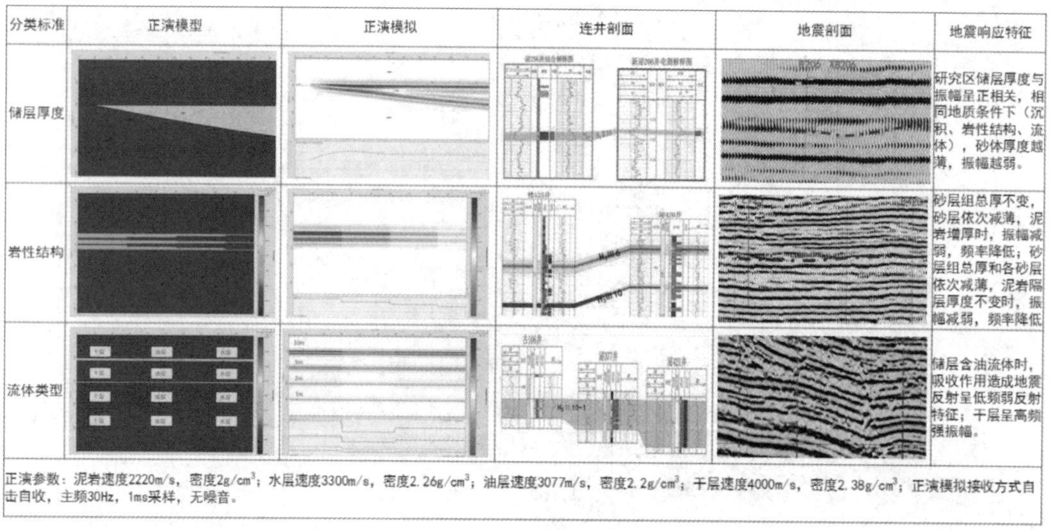

图 10　研究区岩性油藏地震响应模式图

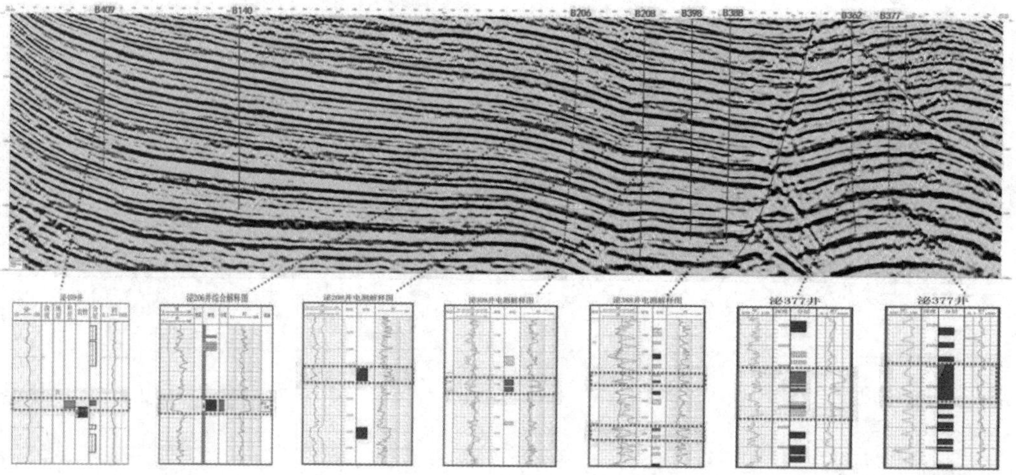

图 11　研究区岩性油藏地震响应模式图

们优选振幅属性，通过地层切片技术定性预测储层基本展布趋势。地层体切片技术以地震沉积学为基础，通过动态或立体显示手段拾取地震属性切片，来研究地质体的时空演化和空间展布特征。

一般说来，在有波阻抗差的界面处均可形成地震反射波，地震剖面上的地震反射界面是波阻抗界面的表现。当地质条件发生变化时，岩石的波阻抗特征也随之发生变化，形成波阻抗界面。因此，地质界面与波阻抗界面相对应，阻抗界面与地震反射界面相对应。在地震剖面上波峰和波谷的变化是由于波阻抗的差异引起的，波阻抗的变化实际上代表的是岩性的变化。所以，储层标定和追踪时可以将波峰、波谷或零相位作为参考标准层，开展储层预测工作。

以泌 426 井区为例，首先从该区沉积特征入手，通过精细储层标定，确定 H_3Ⅳ1^6河道砂体顶面(或略高)在地震同相轴上表现为一套复波型的反射特征。针对河道地震响应特征，在目的层开展等时地层界面层间精细追踪，精细解释，并以此作为标准层，进行地层体切片提取。从振幅切片可以看出，该河道砂体来自北部物源，泌 426 井区 H_3Ⅳ1^6河道砂体相对独立，与断层配置，可以形成构造-岩性圈闭(图 12)。

3.4　精细属性描述定边界，多属性结合描述砂体边界

地震波形指示反演采用“地震波形相控”的思想，充分利用井、地震各自的优势，提高预测结果的垂向分辨率，较好地识别薄层砂体，适合砂体横向变化快、非均质性强、薄互层等储层的

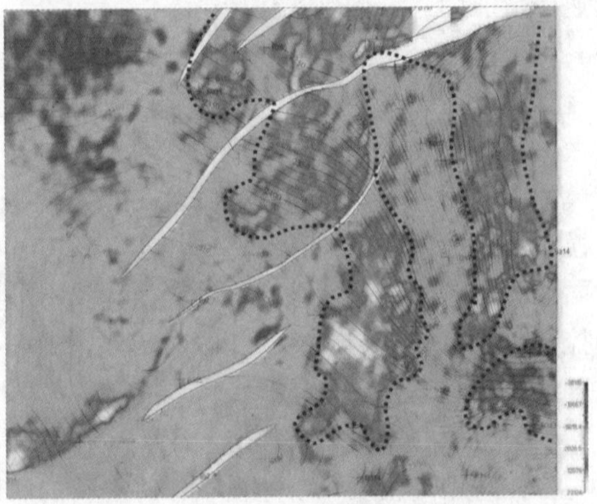

图 12　泌 426 井区振幅属性切片

预测。

图 13 是一条过泌 383-泌 381-泌 377 联井反演剖面与地震剖面叠合显示剖面，总的来看，反演结果与已钻井较为吻合，同时，砂体横向变化符合地震波形的横向变化规律。

3.5　精细构造解析定特征，确定低序级断层及微幅构造

3.5.1　低序级断层精细解析

在精细勘探阶段，低序级断层形成的微幅构造是寻找圈闭的重点。低序级断层在常规地震响应中多表现为连续相位或弱扭动反射特征，或者杂乱反射，勘探中难以落实。因此需要开展断层地震信号增强处理，提高对断层的识别能力；同时开展断层正演模拟，明确断层的地震响应特征，以此为基础，展开剖面、平面断层立体解释，提高此类断层解释的精度和效率。

（1）模型正演

研究区难以识别的断层包括因级别较低、断距较小而难以识别的核三上段低序级断层、由于地震资料品质较差而难以识别的核三下段的低序级断层、由于断层面比较平缓而不易识别的分段滑脱断层以及由于断距小、倾角近似直立的走滑断层。根据不同地区、不同类型的断层，分别确定各类断层的正演模型。

由于正演模拟建立的地质模型需要用到一些岩石物理的参数，因此从正演模拟的角度出发，应用已钻井测井资料，对王集地区的岩石物理参数进行统计分析，建立新庄地区各地层的岩石物理参数框架。针对新庄地区已钻井数量比较多，选取层位较全的 11 口井对核三段进行纵波速度、密度及波阻抗大小统计，确定正演参数（表 1）。通过正演模拟，明确了北部斜坡断层在地震剖面上的六种主要识别标志，分别为同向轴微错断、同向轴扭动、同向轴数目发生变化、同向轴能量发生变化如突见反射空白带等、地层产状发生变化、地层结构上下不协调。

表 1　砂泥岩不同深度速度取值

深度/m		1200	1400	1600	1800	2000	2200
速度/（m/s）	砂岩	2560	2800	3200	3500	3750	4000
	泥岩	3600	3750	3900	4050	4200	4300
速度差		1040	950	700	450	450	300

（2）属性优化平面分析

针对新庄实际资料断裂发育、断块复杂的特点，通过大量相干窗口选择对比试验，选取了合适相干计算窗口参数，取得了较好效果。通过新庄地区滤波前后相干体计算前后结果对比图（图 14）可以看出相干体较好地反映了断层的不连续性。但滤波后断层刻画的更加精细，对小断层刻画得更为清楚，这说明相干体对断层刻画有更高的分辨能力，在断裂复杂带相干体可以较好的指导断层解释。

（3）井控断层解释

由于研究区断层发育，受地震资料品质限

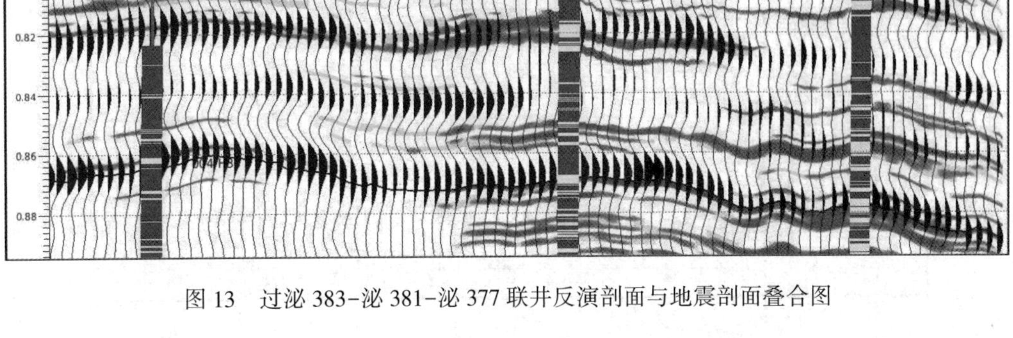

图 13　过泌 383-泌 381-泌 377 联井反演剖面与地震剖面叠合图

(a) 原始相干　　(b) 方向适应滤波后相干

图 14　泌阳凹陷新庄地区 330ms 相干切片

制，低序级断层识别难度较大。采用井控断层识别技术，充分利用地质断点断距信息，开展精细标定，分区带总结测井可识别的小断层的地震响应特征，分别有同相轴扭动、反射突然中断、突然出现 5 道以内的空白反射等。通过井震联合，识别的断层和断裂系统更精细、可信度更高。经过钻井、地震解释详细对比(表 2)，统计构造边缘井、油田边部井及部分油区抽稀井，从统计的王集新庄地质断点吻合统计来看，统计断点 122 个，吻合 99 个(绿色)，不吻合 14 个(红色)，遗漏 19 个(黄色)，已划分断层的符合率为 81.2%，考虑到所选井多数并不是主力油区的井，因此认为地质划分出的断点具有很高的精度。

3.5.2　精细变速构造分析

泌阳凹陷环凹带横跨的区域比较大，沉积环境变化也较大，尤其是受到深凹区白云岩和膏岩的影响，速度横向变化大，局部存在速度反转现象，总的变化趋势是东北高，西南低，从而造成时间剖面上，北东高于西南的假象。因此需进行变速构造成图，准确落实构造形态。

(1) 速度分析与速度场建立

本次速度场的建立采用井震约束速度模型，其做法是：利用地震叠加速度谱资料建立初始速度模型，利用单井的时深关系(或 VSP)对初始速度模型运用误差系数校正法进行校正。该方法在横向上具有较好的一致性，在纵向上由于有井点的控制也具有较高的精度，一般对于复杂地区的速度建模具有较好的效果。

(2) 时深转换与变速构造成图

首先利用高精度三维速度场，将解释的时间域层位转换成深度域层位。同时考虑到地震解释的是标准同相轴，与地质分层存在一定的误差，对转换后的深度域层位，利用地质分层进行深度校正，使地震、地质统一。

构造图编绘过程中，尽量采用小网格间距、小的平滑系数和小的等值线间隔以突出微幅度构造的准确成图。为了提高构造图精度，构造等高线勾绘过程中井点严格以钻井资料为准，井间利用连续的地震解释数据，采用硬数据(钻井数据)与软数据(地震数据)相结合的贝叶斯-克里金插值方法。分析结果表明，目的层已钻井钻遇深度与设计深度误差在 1%以内。

4　勘探实践

通过剩余资源分布再认识及有利增储领域研究，明确了有利勘探层系及区带，且针对凹陷不同区带、不同油藏类型，综合运用了上述技术，形成了适用于老油田精细勘探的“五精细”配套技术序列。

表 2　王集-新庄地区地质断点利用表

井名	断点①		断点②		断点③		井名	断点①		断点②		断点③	
	落实前	落实后	落实前	落实后	落实前	落实后		落实前	落实后	落实前	落实后	落实前	落实后
XQ42	268	268	/	/	/	/	XQ4	325	325	453	500	/	/
XQ61	无	133.5	无	359	/	/	XQ57	297	120	/	/	/	/
XQ59	226	226	/	/	/	/	XQ9	185	185	/	/	/	/
BQ98	120	120	/	/	/	/	XQ82	无	100	无	259	/	/
BQ76	无	300	/	/	/	/	XQ74	388	388	/	/	/	/
EX31	397	397	612	612	/	/	EX54	220	260	/	/	/	/
EX24	452.8	452.8	643	643	/	/	BQ94	374.2	374.2	/	/	/	/
BQ59	570	570	/	/	/	/	B165	330	330	无	930	1366	无
BQ60	286	286	/	/	/	/	B174	892	700	1092	1092	/	/
XK11	694	694	/	/	/	/	B173	1266	1215	/	/	/	/
B177	无	656	无	1100	/	/	C20	287	287	412	无	707	755
XQ27	无	652	/	/	/	/	W11	994	994	/	/	/	/
XK24	852	852	/	/	/	/	C30	664	664	/	/	/	/
B307	946	946	/	/	/	/	B162	676	676	1007	1007	1089	1089
EX16	676	676	/	/	/	/	C3	638	638	1073	1073		
B176	992	992	无	270	/	/	B157	822	822	无	922	1200	1200
B167	528	528	/	/	/	/	B242	1167	1167	/	/	/	/
X1105	810	610	/	/	/	/	EW1	648	648	1724	1724	/	/
B156	无	550	无	980	/	/	W1	1757	1757	/	/	/	/
B298	无	1140	/	/	/	/	B312	无	1430	/	/	/	/
XK6	191	191	734	734	/	/	W2	1473	1473	2044	2044	/	/
XK3103	173	173	357	357	无	600	B218	875	875	/	/	/	/
EX4	576	576	333	无	/	/	W13	1474	1370	1777	无	/	/
X3205	304	304	/	/	/	/	W7	777	777	1174	1174	1550	1550
X3202	328	328	无	910	/	/	B12	1328	1328	/	/	/	/
XQ24	202	202	588	631	/	/	W28	1485	1485	/	/	/	/
XQ13	465	465	/	/	/	/	W19	1219	1219	945	无	/	/
XQ23	492	492	/	/	/	/	B133	1907	1907	466	420		
CQ8	无	700	/	/	/	/	B245	1627	1627	/	/	/	/
EX42	323	323	/	/	/	/	B134	422	422	616	616	1054	1054
XQ8	285	285	728	728	/	/	W45	1130	1130	548	389	/	/
X6242	443	448	/	/	/	/	W37	588	588	1184	1040	1626	1626
EX52	211	211	487	487	/	/	B219	828	828	931	无	1224	1224
EX35	172	172	477	477	/	/	B166	469	无	779	无	1070	1070
EX39	518	518	/	/	/	/	W35	642	642	1241	1241	1773	无
BQ68	300	300	607	607	/	/	W10	805	805	1339	1339	1764	1764
XQ21	367	367	/	/	/	/	C24	无	836	617	610	/	/

安棚地区重点开展了岩性油气藏勘探综合研究，认为该区具有近源聚集、物性控藏、构造控富的特征，先后部署钻探了泌441井、泌446、安深2井，均试获高产工业气流。孙岗-下二门地区开展了构造-岩性油气藏勘探实践，通过开展勘探潜力再分析、构造特征再落实、沉积微相再认识、成藏条件再评价，认为孙岗-下二门及周缘地区具有“前缘砂体控储、断层岩性控圈、近源聚集控藏”的有利成藏条件，通过正演、多种属性结合精细刻画了孙岗地区断层；点、线、面、体多种解释手段结合，多种资料综合运用，建立高精度速度场，变速构造成图，发现了多个断鼻圈闭，部署的泌437、泌443、泌449、泌450等井试获工业油流，取得较好成效。

“十三五”以来，通过“五精细”勘探技术手段，泌阳凹陷发现储量达2000×10^4t，为老油田的发展奠定了坚实的资源基础。

5 结论与认识

（1）精细剩余资源分布再认识，明确了平面上、层系上有利增储领域。层系上核三下段仍然有较大的勘探潜力，从区带上看，北部斜坡内带和深凹区岩性油藏勘探程度相对较低，是下步增储的主要目标。

（2）针对不同区块、不同类型油藏，形成了配套的“五精细”勘探关键技术序列。有效解决了砂层厚度薄、砂体横向变化快的薄储层岩性油藏识别问题及低序级断层识别、微构造高点难以落实的问题。

（3）开展了勘探实践，泌阳富油凹陷精细勘探取得显著成效，发现储量达2000×10^4t，为老油田的发展奠定了坚实的资源基础。

参 考 文 献

[1] 陈冬霞，庞雄奇，姜振学．透镜体油气成藏机理研究现状与与发展趋势[J]．地球科学进展，2002，17(6)：871-876.

[2] 赵追．南襄盆地泌阳凹陷层序地层与隐蔽油气藏研究，成都理工大学(博士论文)，2002.

[3] 李丕龙，庞雄奇等．陆相断陷盆地隐蔽油气藏形成——以济阳凹陷为例，石油工业出版社，2004.

[4] 王敏，秦伟军，赵追等．南襄盆地泌阳凹陷油气藏形成条件及聚集规律[J]．石油与天然气地质，2001，22(2)：169-172.

[5] 蔡佳，罗家群，甘华军等．南襄盆地泌阳凹陷隐蔽油气藏模式与富集规律[J]．石油实验地质，2009，31(3)：244-248.

[6] 曾光明．东庄复杂断块油田油层分布规律研究．河南石油，2003，17(4)：5-7.

[7] 何祖荣．南阳凹陷东庄油田成藏特征．大庆石油地质与开发，2005，24(3)：5-7.

[8] 靳晓军，曲建山，李淑敏等．东庄油田复杂断块油藏开发评价研究．河南石油，2003，17(5)：29-311.

[9] 罗家群，宋建华等．南阳凹陷北马庄地区油藏描述技术应用．河南石油，2002，16(5)：4-6.

[10] 赵雨晴，张永华，李琛等．复杂断块圈闭识别与应用-以南阳凹陷魏岗鼻状构造带为例．断块油气田，2005，12(6)：18-21.

[11] 程喆，朱伟，谭承军等．陆相断陷盆地缓坡弯折带研究-以南阳凹陷为例．新疆石油地质，2003，24(6)：527-529.

塔里木盆地北部坳陷阿满过渡带走滑断裂特征与奥陶系油气勘探

朱永峰　张银涛　谢　舟

（中国石油塔里木油田分公司勘探开发研究院）

摘　要　阿满过渡带是塔里木盆地塔北隆起和中央隆起之间的构造-沉积转换区，奥陶系碳酸盐岩走滑断裂断控油气藏是该地区勘探开发的主要目标。本文通过二三维精细解释，从区域动力学背景演化出发，分析认为塔中低凸起发育复杂构造冲断-走滑调节断裂系统；塔北隆起发育反冲挤压纯剪共轭走滑断裂系统；阿满过渡带发育斜向挤压-转换走滑断裂系统。阿满过渡带走滑断裂力学性质差异，造成走滑断裂压扭段、张扭段、平移段断裂破碎带内部结构及储层模式存在明显差异；同一走滑断裂带不同段之间连通性较差，导致流体性质与生产特征的差异，形成分段富集特征。阿满过渡带的走滑断裂普遍具有向北部塔北隆起延伸消亡，上倾高部位消亡的特点是该区断裂破碎带油气富集的重要原因，后续勘探开发潜力非常大。

关键词　北部坳陷；奥陶系；断控油气藏；走滑断裂；断裂形成演化

塔里木盆地塔北-塔中下古生界奥陶系发现了目前我国面积最广、规模最大的碳酸盐岩富油气区[1-2]（图1）。中石油、中石化在这一领域相继发现了轮古油田、塔河油田、塔中Ⅰ号凝析气田、哈拉哈塘油田、顺北油田等大型油气田，累计探明油气地质储量当量超过25亿吨，2019年年产油气产量当量约950万吨。自1987年轮南1井首次在奥陶系获得发现以来，随着油气成藏地质理论不断深化和地震、工程技术的持续进步，勘探领域从古隆起向古斜坡和晚期坳陷挺进，勘探对象从碳酸盐岩潜山岩溶向内幕层间岩溶、坳陷断控岩溶转变，持续突破我国石油勘探7000m乃至8000m的超深层死亡线[3-5]。近3年来，中石油在北部坳陷阿满过渡带针对碳酸盐岩断控型油气藏实现了规模增储上产和高效勘探开发，快速建成了100万吨原油生产基地。2020年4月7日，位于北部坳陷中部的满深1井在奥陶系获得油气勘探重大突破，证实了台盆区碳酸盐岩埋深大于7500m的超深层仍然具有良好勘探前景[6-7]，塔北-塔中东西长400km、南北宽320km的奥陶系碳酸盐岩实现了整体连片含油气。

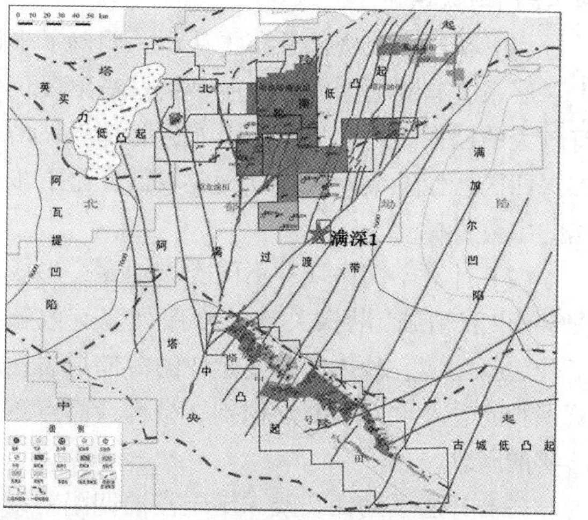

图1　阿满过渡带构造位置图

1　阿满过渡带地质概况

北部坳陷位于塔里木盆地塔北隆起与中央隆起之间，自西向东由阿瓦提凹陷、阿满过渡带、满加尔凹陷三个次级构造单元构成（图1）。其中阿满过渡带是连接塔北隆起与塔中凸起的构造鞍部，面积约$3.6\times10^4km^2$，其中塔里木油田矿权面积约$1.5\times10^4km^2$，是目前奥陶系碳酸盐岩油气勘探开发的主攻领域。

寒武纪-中奥陶世北部坳陷中西部与塔北隆起、中央隆起连成一体，为海相泥质烃源岩和碳酸盐岩台地沉积期[8]。在加里东中-晚期中央隆起、塔北隆起的持续隆升，两大隆起之间挤压形成向斜，阿瓦提凹陷、阿满过渡带与东部的满加尔凹陷连为一体，沉积了巨厚的桑塔木组泥岩盖层（图2）。海西期之后该地区下古生界碳酸盐岩始终深埋地下，缺乏淡水淋虑的岩溶条件。阿满过渡带作为两大古隆起的“桥梁”，在盆地周缘板块的多期挤压与调整过程中始终处于应力转换

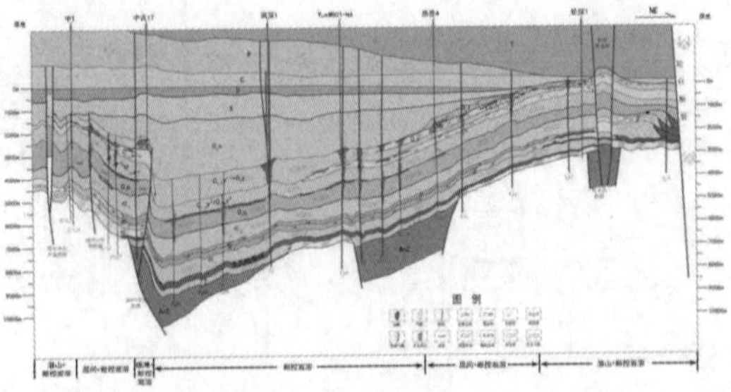

图2　塔中-阿满过渡带-塔北奥陶系海西期岩溶储层结构与油藏模式图

区。中奥陶世末，古昆仑洋开始闭合[9]，塔里木板块进入区域挤压阶段，塔北-塔中形成规模宏大的北东、北西向走滑断裂系统，阿满过渡带发育多条延伸长度超过200千米的大型走滑断裂。走滑断裂一方面使奥陶系碳酸盐岩产生宽度100~3000m的破碎带，更有利于岩溶改造，控制了缝洞储集体的发育强度；另一方面断裂沟通了寒武系盐下烃源岩，是油气垂向运移的高速通道，控制了油气成藏富集，形成了特殊的碳酸盐岩断控型油气藏。

2　走滑断裂发育特征

2.1　构造多样

阿满过渡带走滑断裂剖面上通常呈现直立型、半花状、正花状、负花状与“花上花”等5种样式[10]（图3上），具有从直立型向花状发展趋势。受走滑应力场决定，直立型走滑断裂以单一平直高陡断裂出现，断裂带狭窄直立是普遍特征，倾角>80°，因为断面陡直，倾角稍有变化即可能造成断面倾向反转，从而导致沿走向断层倾向频繁变化。“花状构造”是走滑断裂中主干断裂和分支断裂在剖面上的特殊组合形态，是走滑断裂的重要鉴别标志之一[11]。沿走滑断裂带收敛处常形成“正花状”，主干断裂在奥陶系碳酸盐岩上部形成分支断裂向上撒开形成断垒，断面高陡，向下收敛、合并，具有明显的“挤压、逆断、背形”的正花状构造特征。“负花状”主断面陡立，向下断穿寒武系至基底，向上多断至志留系-泥盆系，主干断裂在奥陶系-志留系形成二条或多条分支断裂，向上撒开，形成反向下掉的断堑，断面高陡，向下收敛、合并，具有明显的

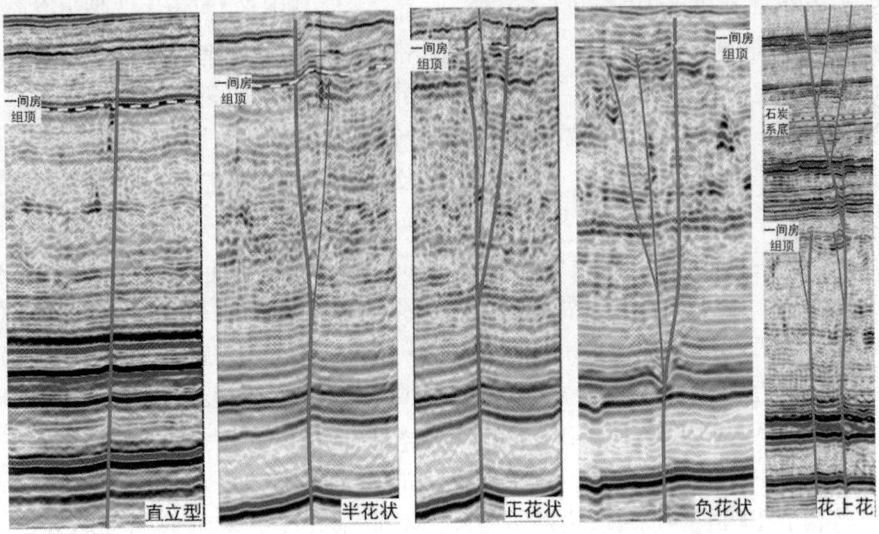

类型	线性构造	花状构造	辫状构造	雁列构造	马尾构造	拉分地堑	羽状构造
模式图	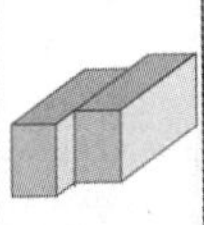	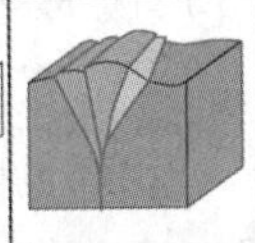		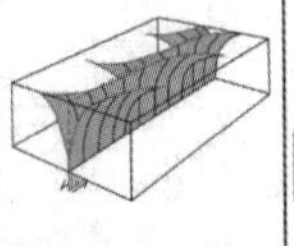	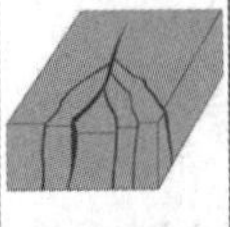	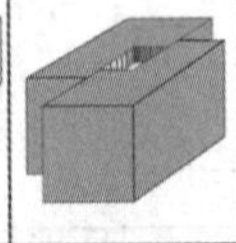	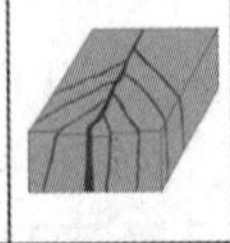
特征	单一断面高陡、线性延伸，倾向可能变化，断裂规模较小	基底走滑错断，盖层斜向压扭，上部发散分支，向下收敛合并，以半花状为主	断裂带活动强烈，断裂截切，交织形成一系列错落的堑垒，断裂带狭长延伸规模较大	盖层发育一系列雁列分布的小型断裂，以正掉为主，形成微型地堑，向下合并线性延展	沿主断裂带两边发育撒开的分支断裂，形成弧形断垒带，断裂规模较小	左行左阶或右行右阶断裂组合，形成张扭性断陷，本区规模较小	一系列斜列的次级断裂与主断裂低角度斜交，呈羽毛状排列，规模较小
分布	志留系-二叠系、下奥陶-寒武系	碎屑岩负花状发育，碳酸盐岩正花状发育	主要分布在碳酸盐岩顶面大型断裂带	主要分布在中生界，沿早期北部大型走滑带分布	多分布在奥陶系较大断裂带的尾部	在碳酸盐岩与碎屑岩中均有发育	多分布在奥陶系主断裂周缘

图3　阿满过渡带走滑断裂剖面样式（上）和走滑断裂平面构造模型（下）

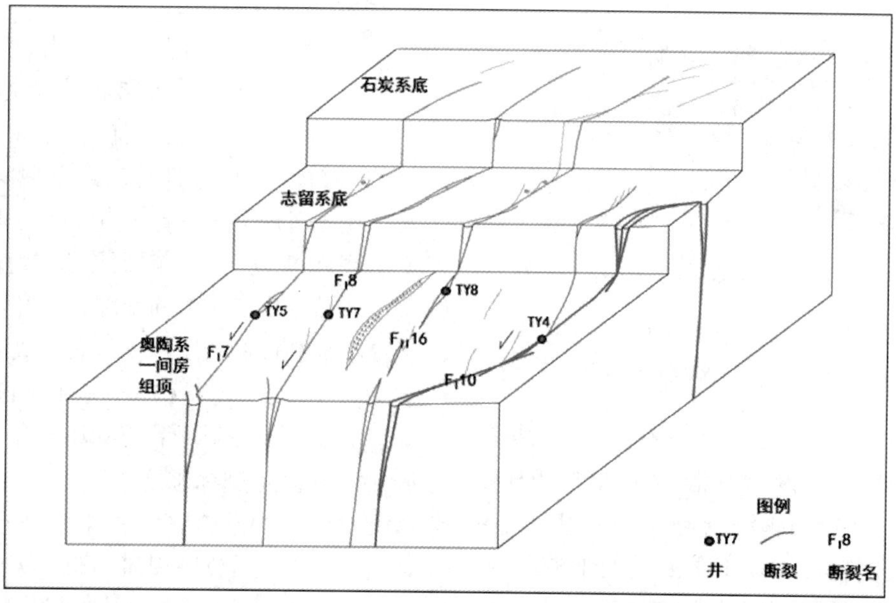

图 4 北部坳陷走滑断裂空间展布特征

"拉张、正断、向形"的负花状构造特征。"半花状"是直立型向花状构造过渡的一种构造。由于下伏地层形成"花状构造"后，主干断裂继续向上部地层发育并形成"花状构造"，上、下部地层均形成的"花上花构造"在剖面上表现为"花状花"。根据走滑断裂剖面上不同样式在平面上相互组合，阿满过渡带可形成 7 种走滑构造模型[12]：线性构造、花状构造、马尾构造、羽状构造、拉分构造、雁列构造和辫状构造(图 3 下)。

2.2 分层演化

阿满过渡带走滑断裂纵向上分层特征明显，主要形成寒武-奥陶系、志留-二叠系两大构造层的不同断裂系统[13](图 4)，局部大型走滑断裂持续活动，在三叠-古近系形成一套断裂系统。寒武-奥陶纪走滑断裂垂向断距较小，平面位移不大，构造变形主要集中在断裂带附近，狭长的直立型断裂与花状、半花状断裂发育，沿断裂带附近局部发育小型短轴背斜、断背斜或地堑。志留-二叠纪主要为线性构造、半花状构造为主，多为继承性发育，向下与早期走滑断裂合并，但发生性质转换，从压扭转向张扭，局部改造早期的断垒带，该构造层断裂主要形成于晚海西期，发育张扭背景下的负花状构造，发育局部拉分小地堑。三叠-古近纪断裂沿早期大型走滑断裂发育带局部活动，形成雁列构造，向下收敛合并与主断裂带重合，对早期断裂改造作用微弱。

2.3 分段特征

走滑断裂的分布与性质在平面上分段特征明显[14]，通过区域构造成图与断裂要素分析，大型走滑断裂在横向上变化大，由多区段多种类型样式构成，形成复杂的差异性构造带，出现明显的分段性，通常由直立线性构造带-花状堑垒带-发散马尾带/羽状构造带组合而成。阿满过渡带远离隆起，构造运动较弱，按照构造应力的差异分为压扭、张扭和平移段，通过走滑断裂要素统计分析，发现大型走滑断裂带不同区段的断距变化大，而且可能出现断距或是断面的反向，并可能频繁改变，表明断裂横向具有明显的分段特征，图 5a 为 F_I5 断裂平面展布特征，断裂带南部以张扭为主，表现左行的特征，断裂带北部以压扭为主，表现右行的特征，在阿满过渡带果勒西区块，F_I5 断裂带长 20 千米，断裂快速转化，南北部存在明显差异，分段特征明显：北部以压扭为主(图 5b)，地震剖面上表现为正花状构造特征(图 5c)，并形成局部断背斜；南部以张扭为主(图 5b)，地震剖面上表现为负花状构造特征(图 5d)，并形成局部地垫。

2.4 平面分区

塔北隆起、北部坳陷、塔中凸起走滑断裂主要形成于加里东中晚期，塔北隆起区域主要发育北东向、北西向"X"型共轭走滑断裂体系，塔中凸起主要发育北东向单剪走滑断裂，北部坳陷受两大隆起构造应力影响，整体处于共轭走滑断裂体系和单剪走滑断裂的过渡带。加里东中晚期，由于北天山洋开始俯冲闭合、南阿尔金洋盆最终闭合[15-16]等多方向陆-陆碰撞造山作用，盆内形

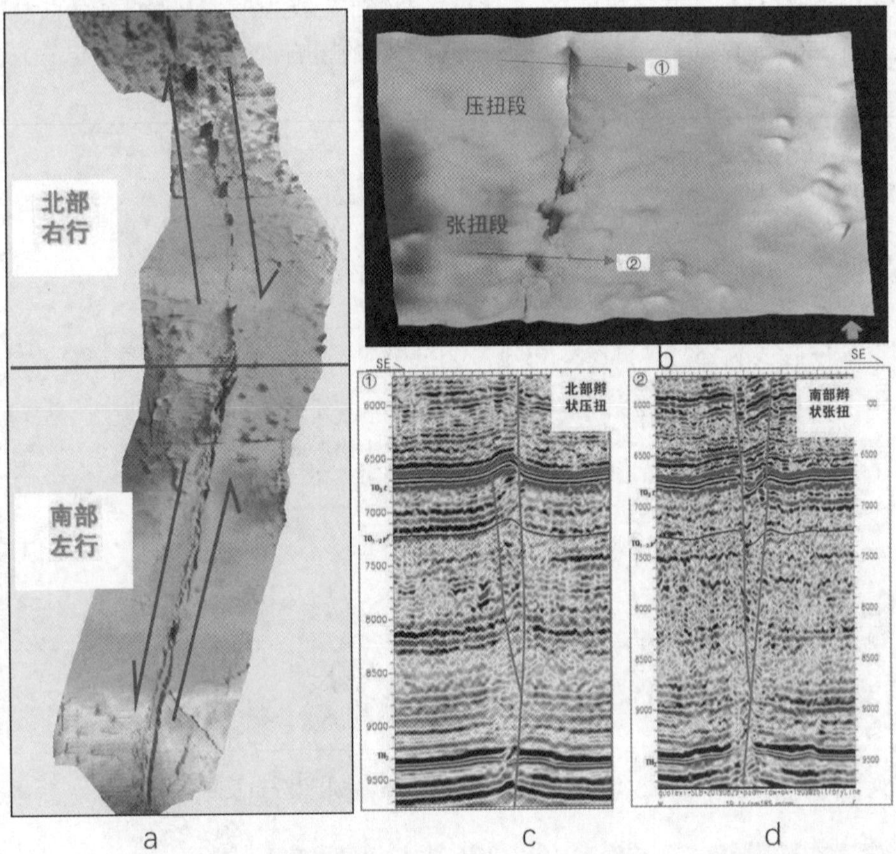

图5　北部坳陷走滑断裂平面分段特征

a. $F_1$5断裂平面分段；b. 果勒西区块微构造平面图；c. 果勒西北部辫状压扭段；d. 果勒西南部辫状张扭段

成了来自西南缘、东南缘强挤压及北部弱挤压的应力状态，塔北隆起区域发育“X”型共轭走滑断裂体系，该断裂体系属于弱挤压纯剪切的变形机制，断裂整体由北往南发育，在阿满过渡带可见马尾消亡，斜列消亡等特征。加里东中晚期，南部塔中凸起由于阿尔金地区已全面隆升，造成塔中东部强烈隆升、剥蚀严重，西部抬升小、剥蚀少，同时形成北东向应力分量横切塔中隆起发育北东向走滑断裂，部分延伸至北部坳陷，断裂整体由南往北发育，阿满过渡带局部可见分支断裂向北线性消亡特征。多期构造应力叠加，塔北隆起、北部坳陷、塔中凸起走滑断裂平面上划分为四大分区：①复杂构造冲断、走滑调节系统；②反冲纯剪走滑共轭断裂体系；③斜向挤压-转换走滑断裂体系；④斜向挤压-单剪走滑断裂体系(图6)。

3　走滑断裂控储作用

3.1　碳酸盐岩储层特征

阿满过渡带中奥陶统一间房组埋深普遍超过7000m，岩心薄片观察分析表明，碳酸盐岩原生孔隙几乎消失殆尽，以次生溶蚀孔隙为主(图7a-e)，储集空间主要为粒间溶蚀孔、洞与裂缝，少量的粒内溶孔与铸模孔，其中次生溶蚀孔隙>95%。测井解释主要有孔洞型、裂缝-孔洞型、洞穴型与裂缝型储层。CT扫描表明：76%基岩渗透率小于0.1mD，基质岩块平均孔隙度2.12%、平均渗透率0.33mD。奥陶系一间房组岩心孔渗分析结果表明，岩心孔隙度分布范围0.54%～7.46%，平均值2.17%，主峰位于1.8%～4.5%之间；渗透率分布范围0.0079-391 mD，主峰位于0.1～1 mD，属于特低孔～低孔、超低渗～低渗储层，孔渗相关性很差。

由于大型缝洞发育段难以取心，而且岩心缝洞发育段易破碎，岩心样品物性整体偏低。测井解释基质孔隙发育储层段孔隙度一般在2%～6%，大型缝洞发育段孔隙度>10%，两类储层物性差异明显。统计分析表明，高产油气流多是钻遇大型缝洞体、裂缝发育带，有部分钻井钻遇大型缝洞系统(图7f)，发生大量泥浆漏失，并有放空现象[17]，地震剖面上具有明显“串珠”反射。缝洞体储层是高产油气层段，目前阿满过渡带碳酸盐岩的勘探开发基本以该类储层为主，阿满过渡带一间房组共完钻 114 口井，放空井占比 36.0%，漏失井占比 67.5%。

裂缝带，尚未形成上下贯通的断裂面，但受地应力场的影响，裂缝仍具有一定的方向性。随地应

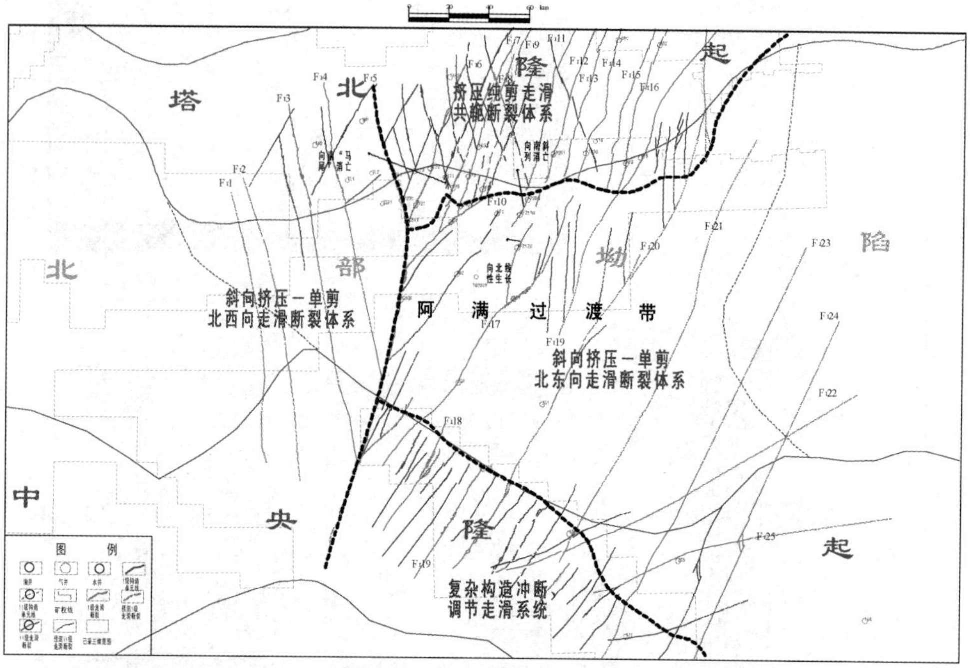

图 6　塔北隆起、北部坳陷、中央隆起奥陶系走滑分布及断裂分区图

图 7　阿满过渡带奥陶系碳酸盐岩储层典型岩心薄片及“串珠”状储层地震剖面

（a：TY2 井，一间房组，2-6/54，浅灰色灰岩，发育溶蚀孔洞，孔洞未被充填；
b：跃满 8 井，一间房组，1-44/56，浅灰色灰岩，发育高角度裂缝；c：TF102 井，一间房组，
7231.65m，亮晶砂屑灰岩，发育粒间孔、粒间溶孔、微裂缝等；d：TF102 井，一间房组，
7240m，亮晶含砾屑砂屑灰岩，粒内溶孔和铸模孔发育，未充填或半充填；
e：TF1 井，一间房组，7377.5m，生屑泥晶灰岩，构造溶蚀缝（方解石半充填），
溶孔呈串珠状；TF201-3X 井，一间房组，“串珠”状储层）

3.2　断裂带控制缝洞体储层发育

对塔北隆起、塔中凸碳酸盐岩主要目的层奥陶系一间房组储层研究较多，主要观点认为缓坡型台缘带沉积相控制了储层的“大面积准层状”发育[18]，也有顺层岩溶与风化壳岩溶作用的认识[19]，近年来勘探开发实践表明阿满过渡带一间房组储层主要受断裂控制。阿满过渡带奥陶系一间房组在早期构造应力作用下，纯灰岩初期发生以小规模小断距的一系列错综复杂裂隙为主的力增加，断裂继承性发育，这些裂隙逐渐增多且破坏程度加剧，形成一个或多个明显的错动面，多期的构造运动导致断层核部破碎程度增强，破碎范围增大，并使裂缝带发育成由断层角砾岩、细粒碎裂岩等组成的滑动破碎带，在平面上由核部向两侧以发育大量诱导裂缝为主。另一方面，因区域性的地壳抬升，导致大幅度的地层剥蚀，受岩溶和地表风化共同作用，早期断裂在垂向上沿断裂裂缝继承性发育，致使断裂更为破碎裂隙

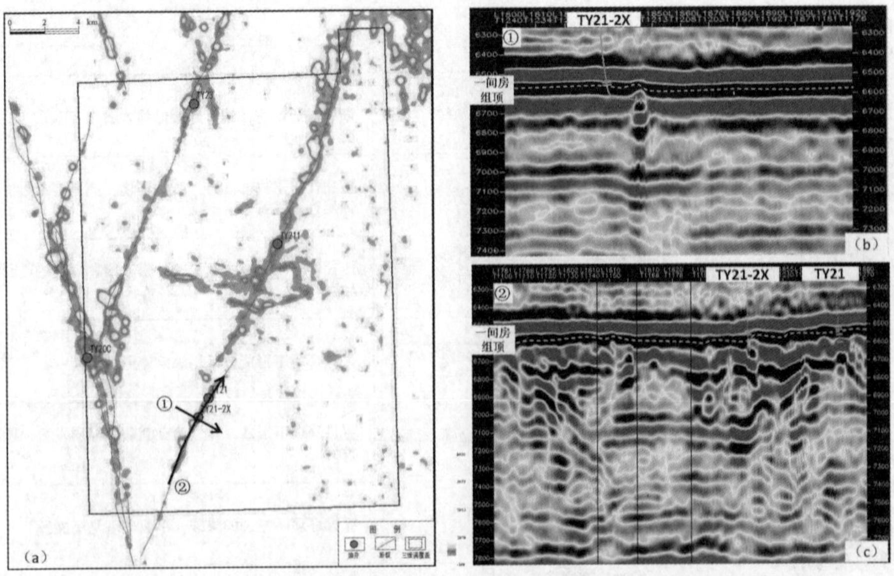

图8 阿满过渡带跃满西区块一间房组振幅变化率属性及储层地震剖面图

更为连通，高密度的网格状断裂致使灰岩地层破碎加剧连通性增强，为后期岩溶改造提供了先决条件。

通过多属性地震储层预测技术与钻井分析相结合，阿满过渡带奥陶系碳酸盐岩缝洞体储层在平面上主要表现为以斑点状沿大型走滑断裂呈条带状分布(图8a)，一般缝洞体储层发育在断裂1200m范围内，主要在600m范围内，平面上距断裂越远，缝洞体发育越少，规模也快速减小，表明缝洞体与断裂之间具有良好的相关性。剖面上缝洞体储层垂直走滑断裂呈"串珠状"(图8b)，沿走滑断裂呈板状分布(图8c)。

3.3 不同段储层差异发育

走滑断裂力学性质差异，造成断裂破碎带内部构造活动差异，进而影响碳酸盐岩岩溶改造[20]，按照构造应力差异，走滑断裂分为压扭段、张扭段、平移段(线性段)岩溶储层存在不同特点。通过对阿满过渡带已钻井统计分析，不同应力作用下储层发育特征存在明显差异(图9)。压扭段主要受挤压应力作用，岩溶储层横向普遍连通性差，但压扭辫状主动盘由于断裂活动强度大，形成的断裂破碎带宽，边界断裂处储层发育，压扭隆升高部位，局部可形成高角度张性缝，利于岩溶储层发育，且储层连通性好。张扭段主要受拉张应力作用，通常形成"负地貌"，有利于后期岩溶改造，且储层横向连通性普遍较好，局部高部位、斜列段、马尾段均可发育优质储层。平移段相对挤压段、张扭段所受应力作用相对较弱，断裂破碎带相对较窄，储层有效空间相对较小。

4 走滑断裂与油气分布

4.1 平面上油气主要沿断裂带分布

断裂带上95%以上的探井有油气或沥青显示，而没有任何显示的失利井几乎都远离断裂带(图5)，表明断裂带普遍发生过油气充注。碳酸盐岩油气主要受缝洞系统控制，而断裂带及其周缘破碎带是缝洞体储层最发育的地区，目前奥陶系发现的油气富集区块都分布在断裂带上，占90%以上的碳酸盐岩油气储量。

4.2 纵向上油气沿断裂带多层段分布

钻探分析表明，油气的产出主要集中在一间房组，同时在鹰山组顶面与内部、良里塔格组等多层段分布，井间油层层段分布有差异。局部断裂向上断至中生代，虽然断裂活动的强度明显减弱，分布也局限，但也可能形成碎屑岩油藏。油气纵向分布与断裂断开层位密切相关(图10)，奥陶系顶部断裂最为发育，油气显示与发现集中在奥陶系碳酸盐岩。

4.3 主干断裂较分支断裂油气富集

阿满过渡带碳酸盐岩油气藏的油气富集区多分布在通源的主干断裂带附近，呈带状分布，主干断裂纵向上向下断穿至寒武系有利于下伏下寒武统玉尔吐斯组烃源岩向上运移成藏。统计分析表明，研究区绝大多数高效井分布在主干断裂上或主干断裂600m范围内，虽然近主干断裂带也有低产井、不稳产井，但大多数分支断裂或远离

走滑断裂应力分类	储层发育部位	地震剖面特征	储层特征
压扭段	压扭辫状主动盘	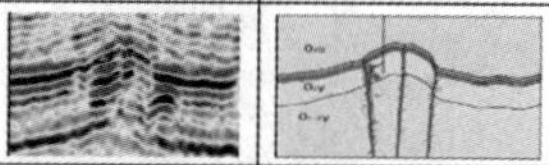	断裂破碎带宽，边界断裂储层发育
	压扭隆升高部位	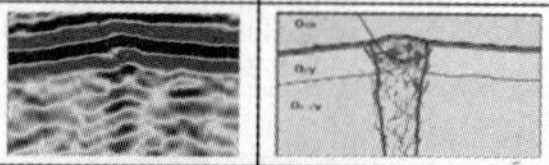	压扭作用下局部隆升，张性环境，高角度裂缝发育，储层连通性好
	压扭正花状	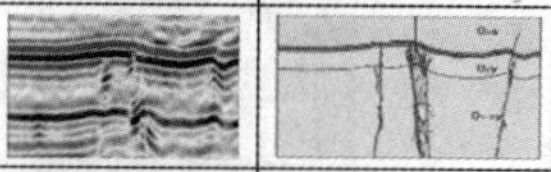	压扭环境下形成，断裂破碎带较窄，储层的连通性较差
张扭段	张扭拉分高部位	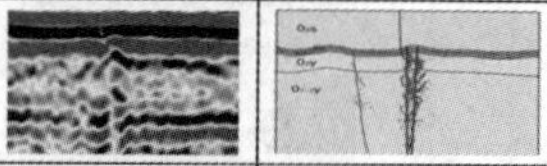	拉张环境下形成，储层纵向连通性好
	张扭斜列段	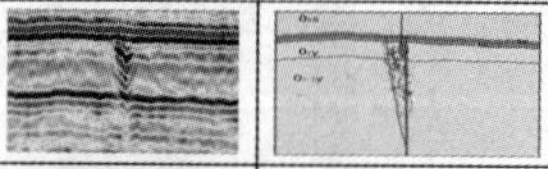	张性环境下形成，伴生分支断裂，储层发育，连通性好
	张扭马尾	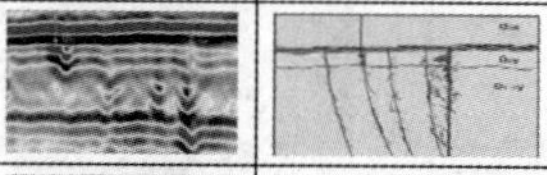	张性环境下断裂的尾端，平面呈现马尾撒开
平移段	平移无断距	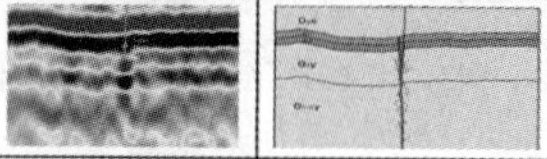	断裂活动弱，几乎无断距，储层纵横向连通差
	平移正花	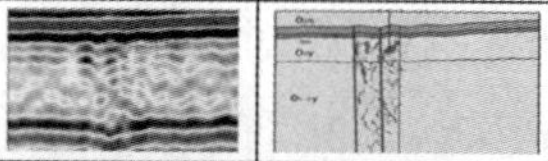	平移为主，局部形成微幅的正花状断裂，断裂活动弱储层规模有限
	平移负花	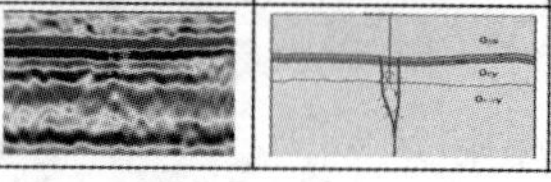	平移走滑，局部形成负花状构造，断裂活动有限，储层连通性差

图 9　阿满过渡带压扭、张扭、平移段储层发育模式

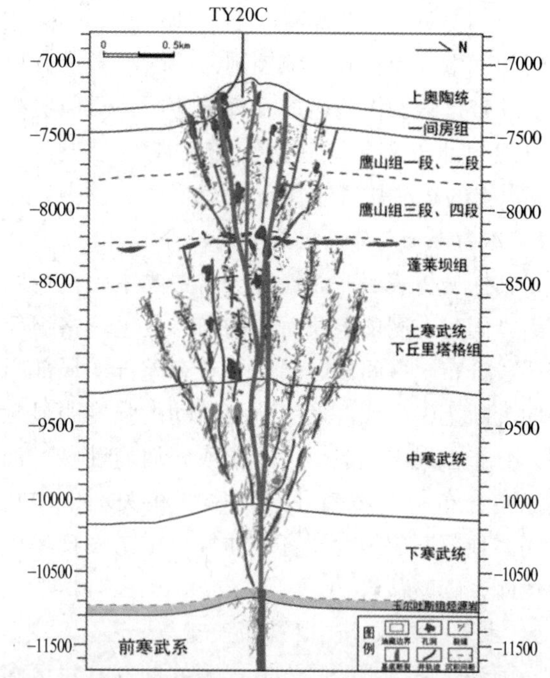

图 10　过断控碳酸盐岩油藏剖面示意图

主干断裂带的井难以高产稳产或失利(图 11 左)。位于分支断裂的 TY3-5 井 2015 年 6 月开钻，目的层为一间房组，钻揭一间房组垂深 53m 完钻，5mm 油嘴常规测试日产水 128.22m^3，气微量，测试结论含气水层，后经酸压、气举测试，日产水 1.2m^3，测试结论干层。2016 年 4 月 TY3-5 侧钻主干断裂一间房组缝洞体，钻揭一间房组垂深 21m 完钻，5mm 油嘴常规测试日产油 122.64m^3，日产气 31736m^3，已累油 5.9×10^4t，目前日产油 68t，不含水，油压 34Mpa(图 11 右)。

4.4　同一断裂带分段富集

根据走滑断裂发育力学机制，大型断裂带平面上常具有分段特征[14]，不同段由于力学性质差异，通常造成不同段之间连通性较差，进而导致不同段流体性质与生产特征的差异，形成分段富集特征。阿满过渡带 $F_1$6 断裂带整体呈线性特征，但可分为两段，一是不同段之间存在明显的走滑断裂消亡的“马尾”标志(图 12a)，二是不同段之间断层断距存在明显规律性(图 12b)。$F_1$6 断裂带南段单井气油比 267～363m^3/t，油压 29～35.8MPa，目前单井累产油(5～8.5)×10^4t；$F_1$6 断裂带北段单井气油比 85～153m^3/t，油压 10.4～19MPa，目前单井累产油(1.5～2.4)×10^4t，两段之间生产特征差异大(图 12c)，南段更为富集，推测是由于不同段充注强度不同造成。

5　讨论和结论

阿满过渡带是塔里木盆地塔北隆起和中央隆

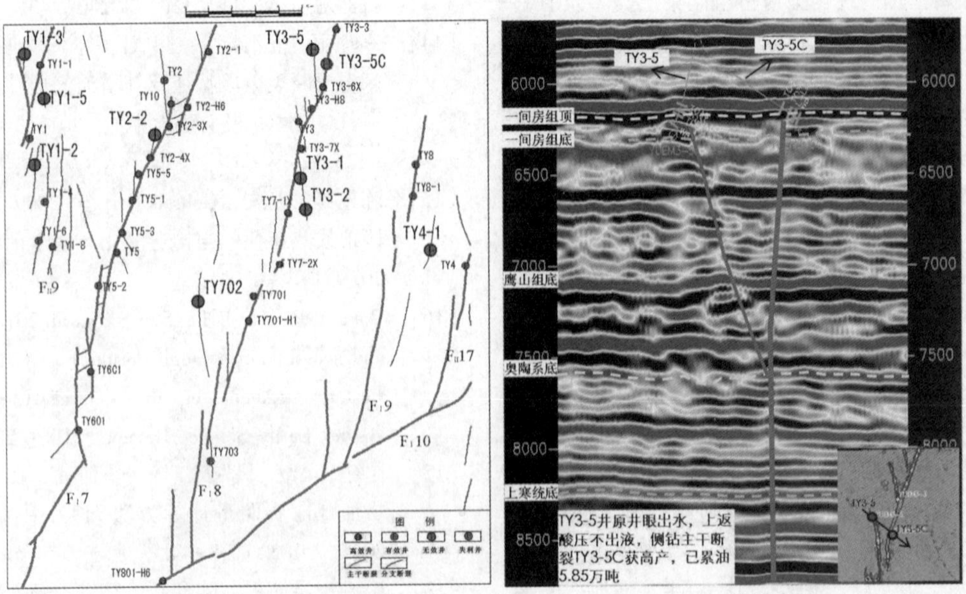

图 11 阿满过渡带跃满区块单井类产与断裂分布图(图)及 TY3-5 侧钻地震剖面图(右)

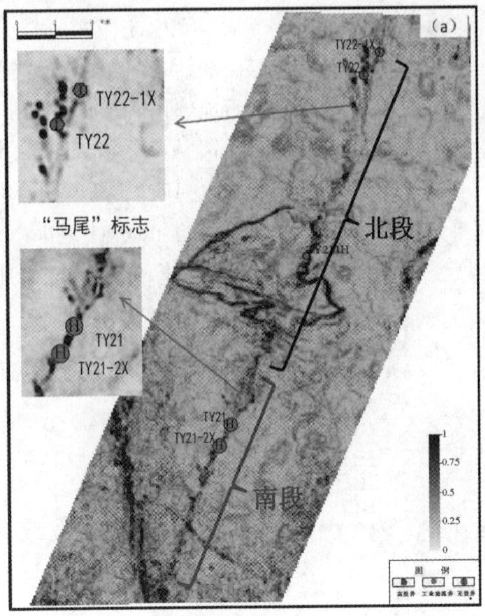

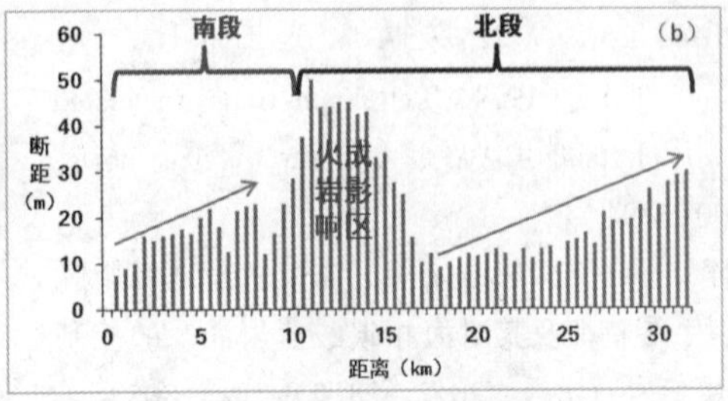

不同段单井生产情况统计

(c)

分段	井名	投产时间	初期油压/(MPa)	初期气油比/(m³/m³)	目前日产油/t	累油/(×10⁴t)
南段	TY21	2017.10	35.8	267	107	8.5
	TY21-2X	2018.11	29.0	363	97	5.0
北段	TY211H	2019.10	16.0	85	113	2.4
	TY22	2017.3	10.4	153	不出液关井	1.5
	TY22-1X	2018.10	19	111	高含水关井	1.5

图 12 阿满过渡带 F^I6 断裂带分段及不同段生产情况图

起之间的构造-沉积转换区，该地区走滑断裂的发育受塔中调节走滑断裂向北延伸与塔北反冲应力共同影响，主干走滑断裂具有南部左旋、北部右旋的应力转换特征。断裂体系普遍向北部塔北隆起延伸消亡，上倾高部位消亡的特点是该区断裂破碎带油气富集的重要原因，后续勘探开发潜力非常大。

阿满过渡带走滑断裂力学性质差异，造成走滑断裂压扭段、张扭段、平移段断裂破碎带内部结构及储层模式存在明显差异；同一走滑断裂带不同段之间连通性较差，导致流体性质与生产特征的差异，形成分段富集特征。

参 考 文 献

[1] 康玉柱．塔里木盆地油气资源潜力及勘探方向[J]．石油科学通报，2018，12(3)：369-375.

[2] 杜金虎. 塔里木盆地寒武-奥陶系碳酸盐岩油气勘探. 北京：石油工业出版社，2010.

[3] 杨海军，郝芳，韩剑发，等．塔里木盆地轮南低凸起断裂系统与复式油气聚集[J]．地质科学，2007，42(4)：795-811.

[4] 韩剑发，王招明，潘文庆，等．轮南古隆起控油理论及其潜山准层状油气藏勘探[J]．石油勘探与开发．2006，33(4)：448-453.

[5] 刘洛夫，李燕，王萍，等．塔里木盆地塔中地区Ⅰ

号断裂带上奥陶统良里塔格组储集层类型及有利区带预测[J]. 古地理学报 .2008, 10(3): 221-230.

[6] 杨海军, 邓兴梁, 张银涛, 等. 塔里木盆地满深1井奥陶系超深断控碳酸盐岩油气藏勘探重大发现及意义[J]. 中国石油勘探, 2020, 25(3): 13-23.

[7] 何治亮, 金晓辉, 沃玉进, 等. 中国海相超深层碳酸盐岩油气成藏特点及勘探领域[J]. 中国石油勘探, 2016, 21(1): 3-14.

[8] 贾承造. 塔里木盆地构造特征与油气聚集规律[J]. 新疆石油地质, 1999, 20(3): 177-183.

[9] 吕海涛, 张哨楠, 马庆佑 .2017. 塔里木盆地中北部断裂体系划分及形成机制探讨. 石油实验地质, 39(4): 444-452.

[10] 马德波, 邬光辉, 朱永峰等. 塔里木盆地深层走滑断层分段特征及对油气富集的控制: 以塔北地区哈拉哈塘油田奥陶系走滑断层为例[J]. 地学前缘, 2019, 26(1): 225-237.

[11] Harding, T. P., 1974, Petroleum traps associated with wrench faults: AAPG Bulletin, v. 58, no. 7, p. 1290-1304.

[12] 邬光辉, 杨海军, 屈泰来等. 塔里木盆地塔中隆起断裂系统特征及其对海相碳酸盐岩油气的控制作用[J]. 岩石学报, 2012, 28(2): 793-805.

[13] 邬光辉, 成丽芳, 刘玉魁等. 塔里木盆地寒武—奥陶系走滑断裂系统特征及其控油作用[J]. 新疆石油地质, 2011, 32(3): 240-243.

[14] 郑晓丽, 安海亭, 王祖君, 等. 塔北哈拉哈塘地区走滑断裂分段特征及其与油气成藏的关系[J], 浙江大学学报(理学版), 2018, 45(2): 219-225.

[15] 陈宣华, 尹安, Gehrels G E 等. 2009. 阿尔金山东段地质热年代学与构造演化. 地学前缘, 16(3): 207-219.

[16] Dong Y P, He D F, Sun S S et al. 2018. Subduction and accretionary tectonics of the East Kunlun Orogen, western segment of the central China orogenic system. Earth-Science Reviews, 186: 231-261.

[17] 赵建, 李冰, 罗云, 等. 塔河油田奥陶系碳酸盐岩油藏地质储量计算方法[J]. 中国石油勘探, 2015, 20(3): 38-44.

[18] 廖涛; 侯加根; 陈利新; 马克; 杨文明塔北哈拉哈塘油田奥陶系岩溶储层发育模式. 石油学报, 2015-11-15.

[19] 孙崇浩, 朱光有, 郑多明, 等. 塔里木盆地哈拉哈塘地区超深碳酸盐岩缝洞型储集层特征与控制因素. 矿物岩石地球化学通报, 2016-09-10.

[20] Wu, G. H., Yuan, Y. J., Huang, S. Y., Vandyk, T. M., Xiao, Y., Cai, Q., Luo, B. X., 2018. The dihedral angle and intersection processes of a conjugate strike-slip fault system in the Tarim Basin, NW China. Acta Geol. Sin. (Engl. Ed.) 92 (1), 74-88.

相控拟声波反演技术在岩性油气藏储层预测中的应用 ——以 Bongor 盆地东部凹陷 P 区为例

冯国良[1]　刘　浩[2]　胡　杰[1]　刘东海[2]　史艳丽[1]

(1. 中国石油国际勘探开发有限公司；2. 中国石油东方地球物理公司研究院)

摘　要　乍得 Bongor 盆地东部凹陷 P 区 M 组中段砂岩夹层发育，砂体单层厚度，横向变化快，非均质性强，具典型三角洲前缘沉积特征。受地震资料品质及多种预测手段多解性的影响，纯地球物理方法预测精度较低。提出地质、物探及测井相结合的相控拟声波反演技术，其基本原理是以沉积相为依托，应用重构后的声波曲线，建立三维相模型，进行相控拟声波地震反演。预测结果与钻井吻合度较高，为后续勘探开发提供有效指导。

关键词　Bongor 盆地；岩性油气藏；三角洲前缘；相控模式；曲线重构；反演

随着乍得 Bongor 盆地勘探程度不断深入，研究重心逐渐由构造油气藏向复杂隐蔽岩性油气藏转变。目前，本区绝大多数已钻井均与构造相关。在构造落实程度较高的情况下，高精度储层预测是下步勘探获得新突破的关键。但受制于地震资料品质及多种预测手段多解性的影响，应用单一地球物理方法，储层预测精度难以满足精细勘探的需求。将地质、物探及测井相结合，提出了一套依托于地质认识，指导、约束储层分布的相控反演储层预测技术。

相控反演储层预测技术是以沉积相为指导，以反演为手段，对储层砂体进行预测和描述的技术[1]。避免了单一地球物理方法预测的局限性，显著提高了反演精度，预测结果更加符合地质规律。本文应用该技术对研究区下白垩统 M 组中段砂岩隔夹层进行了预测，预测结果与钻井较吻合。

1　地质背景

乍得 Bongor 盆地位于中西非裂谷系交汇部位，呈近东西走向，面积约 $1.8\times10^4 km^2$[2]。该盆地是典型的被动裂谷盆地，受大陆分裂和大西洋张裂活动影响，经历了白垩纪断陷、第三纪坳陷两个阶段，演化形成了“东西分段、南北分带”的构造格局。平面上，自西向东，呈“北断南超”→“南断北超”→“北断南超”→“南断北超”的极性变化[3]；由北向南发育北部斜坡、中央坳陷、南部隆起和南部坳陷 4 个次级构造单元；中央坳陷又进一步划分为东部、西部和中部 3 个箕状凹陷[4](图 1)。

P 区位于东部箕状凹陷内，整体为北断南超结构。目标为断背斜构造，形成于基底沉积时期。早白垩纪 M 组以泥岩为主，夹少量砂岩，具有单层厚度薄、横向变化快、非均质性强等特点。钻井证实，B、C 井 M 组中段发育一套薄层

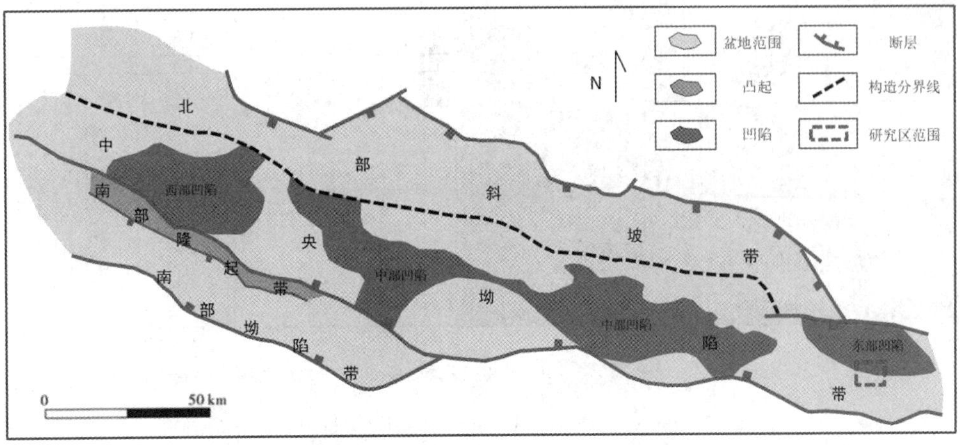

图 1　Bongor 盆地构造单元划分图(据窦立荣等，2015，修改)

含油砂体。在构造落实的情况下，应用相控反演技术对该套薄层砂体进行预测。

2 沉积相

2.1 沉积相标志

2.1.1 沉积背景

早白垩纪初期，受冈瓦纳大陆分裂和大西洋张裂活动影响，盆地发生强烈断陷[5]。P组沉积时处于断陷湖盆发育的初始阶段，随着断陷活动的加剧，盆地快速下降，形成一系列凹凸相间的构造格局。湖平面相对下降，发育三角洲沉积。至M组中后期沉积时，边界断层形成，盆地内小断层停止活动，逐渐转入稳定沉降阶段。湖平面相对上升，形成湖相沉积。晚白垩纪末期，非洲板块与欧亚板块碰撞，盆地发生强烈构造反转，整体剧烈抬升，上白垩统剥蚀殆尽。古近纪沉积时，构造运动逐渐变缓，转入坳陷热沉降阶段。海水侵入，形成海相沉积[5-7]。M组沉积时，研究区古地貌受"北断南超"断陷结构的构造演化控制，形成近东西向凹陷及次洼，控制了古水流分布及沉积体系分布。东南部F井附近发育构造转换带，为南部物源运移的主要通道；北部发育短轴物源(图2a)。

2.1.2 岩石学标志

岩屑分析结果表明M组岩性以泥岩为主，夹少量薄层砂岩。泥岩多呈黑色、深灰色(图2b)，表明碎屑物沉积时处于水下环境，为前三角洲或湖相沉积；砂岩呈深褐色，细-中粒，以石英为主，含少量长石，偶有泥质基质，分选中等-好，磨圆度较好，呈圆形至近圆形(图2c)，反映远源沉积特征。

2.1.3 测井相标志

测井相是判别沉积环境的重要标志，不同的测井相对应着不同的沉积环境类型[8]。以自然伽马曲线为代表的测井相类型主要包括以下几种：

(1) 指形测井相

自然伽马曲线呈指形，幅值变化较大，顶、底部与泥岩基线呈突变接触(图2d)，反映水动力较弱或物源供给不足的沉积环境，对应的沉积微相为前缘席状砂微相，在A、C井测井曲线中均可见。

(2) 钟形测井相

自然伽马曲线呈钟形，较光滑，上陡下缓，幅值向上逐渐增大，底部突变接触，顶部渐变接触(图2e)。反映向上水体逐渐加深，能量逐渐减弱或物源供应逐渐减少，代表河道侧向迁移的正粒序结构，对应前缘水下分流河道微相，在E、F等井的测井曲线中可见。

(3) 漏斗形测井相

自然伽马曲线呈漏斗状，与钟形曲线相反，上缓下陡，底部渐变接触、顶部突变接触(图2f)。反映水体能量逐渐加强或物源供给充分的沉积环境，研究区对应的沉积微相为前缘河口坝微相，反映了前积砂体的反粒序结构，在A、D等井的测井曲线中可见。

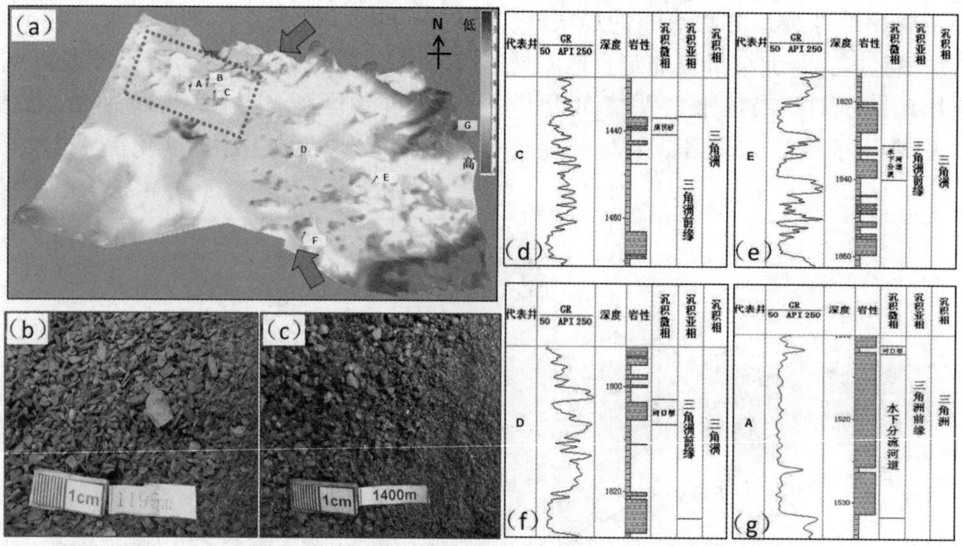

(a) M组沉积时古地貌 (b) C井M组中部泥岩岩屑 (c) C井M组中部砂岩岩屑

(d) 指形测井相 (e) 钟形测井相 (f) 漏斗形测井相 (g) 箱型测井相

图2 Bongor盆地P区M组沉积相标志(红框为研究区范围，红色箭头为物源方向)

(4) 箱形测井相

自然伽马曲线较平缓，相对于上下围岩呈箱型，幅值相对较低，曲线顶、底均为突变接触(图 2g)。反映沉积过程能量一致、物源充足、水动力条件稳定，在研究区代表水下分流河道微相，在 A、D、E 等井的测井曲线中可见。

2.1.4 沉积旋回

M 组沉积垂向层序粒度由粗变细，为正旋回结构，反映沉积水体由下至上逐渐变深，水动力逐渐减弱，发育进积型沉积。

2.2 沉积微相类型及展布特征

在沉积背景、岩电组合及沉积旋回特征等资料分析的基础上，将研究区 M 组中段划分为三角洲前缘及前三角洲亚相，三角洲前缘亚相以席状砂、河口坝及水下分流河道微相为主(图 3a)。

2.2.1 席状砂

席状砂岩性以细砂岩、粉砂岩为主，发育平行层理及砂纹层理。厚度较薄，一般在 2~3 米左右，向湖逐渐减薄。分选较好，成熟度高，垂向上以反韵律为主。测井响应多呈尖指状(图 2d)。

2.2.2 河口坝

河口坝岩性主要由砂岩和粉砂岩为主，发育槽状、楔状交错层理，小波痕交错层理等。分选、磨圆较好，垂向上呈现下细上粗的反韵律特征。测井响应多为漏斗形(图 2f)。

2.2.3 水下分流河道

水下分流河道岩性以细砂岩为主，底部见少量粗砂岩，向上逐渐变为粉砂岩、泥岩，沉积构造以小型交错层理为主。厚薄不一，随着向湖方向推进，厚度逐渐减薄。垂向主要以正韵律为主。测井响应为中-高幅钟形或箱形(图 2e、图 2g)。

结合单井相、连井相及属性分析结果精细刻画了 M 组中段沉积相展布规律(图 3b)。沉积微相呈环带状展布，研究区(粉色虚线框)东南部以席状砂为主，向西北逐渐过渡为前三角洲及滨浅湖亚相，反映水体流动方向，沿西北方向逐渐加深。

3 相控拟声波反演技术

相控拟声波反演是基于模型的反演方法。该方法以地震资料为基础，结合沉积相认识，以已知井的测井资料为约束，采用声波曲线重构技术，使合成记录与实际地震记录达到最大程度相似，达到预测储层目的[9]。相较于常规叠后反演，预测精度更高。主要技术流程包括：(1)在测井曲线预处理的基础上，优选敏感测井曲线进行声波拟合；(2)依托精细井震标定结果，建立三维相模型；(3)以相模型为约束，优选参数，开展储层反演。

3.1 特征曲线重构(拟声波)

3.1.1 敏感曲线选取

研究区早白垩世 M 组以泥岩为主，夹少量薄层砂岩。在测井曲线预处理的基础上，将其与岩性交汇，结果表明，声波曲线对储层及围岩差异敏感性较低，波阻抗无法识别该套储层；电阻率曲线对该套储层敏感性较高(图 4)。

3.1.2 声波测井曲线重构

Faust 研究结果表明：在深度约束下，电阻率曲线与速度存在统计上的关系，它们之间满足经验公式：

$$V=KHC\,d^{Rt} \tag{1}$$

式中：V 为声波速度，m/s，H 为深度，m，Rt 为电阻率，Ω · M，K、C、d 为不同地区地层参

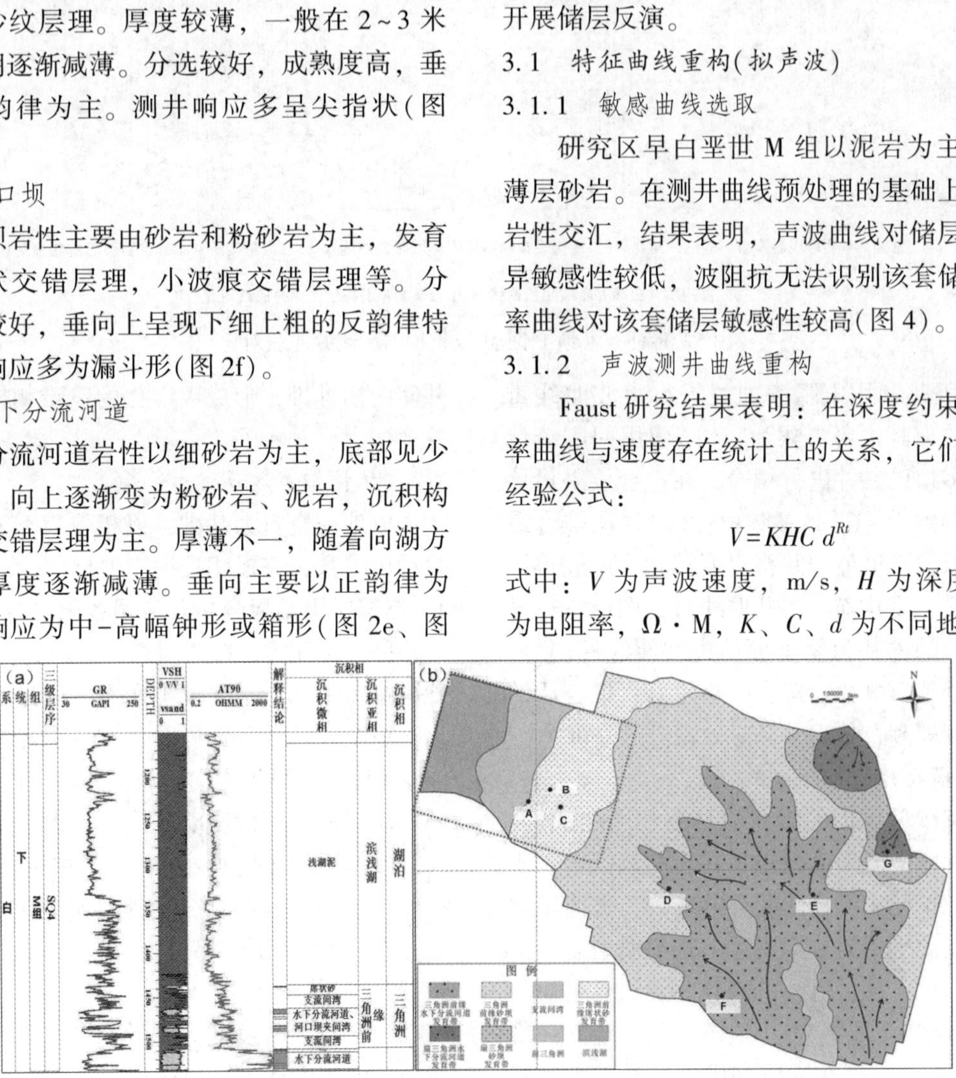

图 3 Bongor 盆地 P 区 A 井 M 组单井相图(a) Bongor 盆地 P 区 M 组中段沉积相平面图(b)

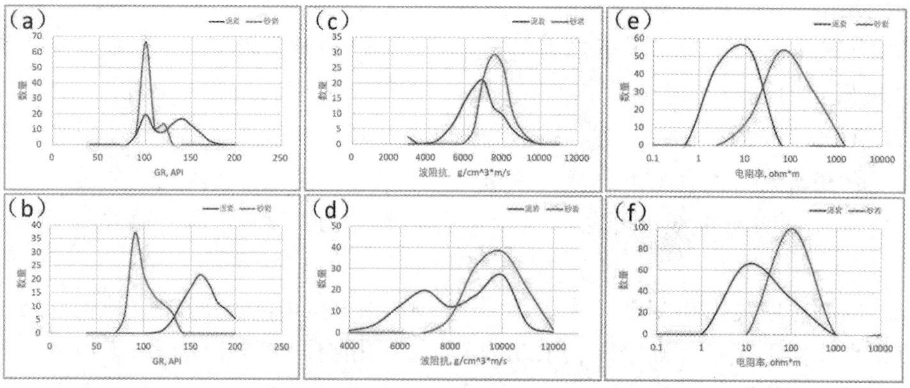

（a） B井砂泥岩伽玛曲线对比 （b） D井砂泥岩伽玛曲线对比 （c） C井砂泥岩波阻抗曲线对比

（d） D井砂泥岩波阻抗曲线对比 （e） C井砂泥岩电阻率曲线对比 （f） D井砂泥岩电阻率曲线对比

图4 Bongor盆地P区M组储层敏感电测曲线优选

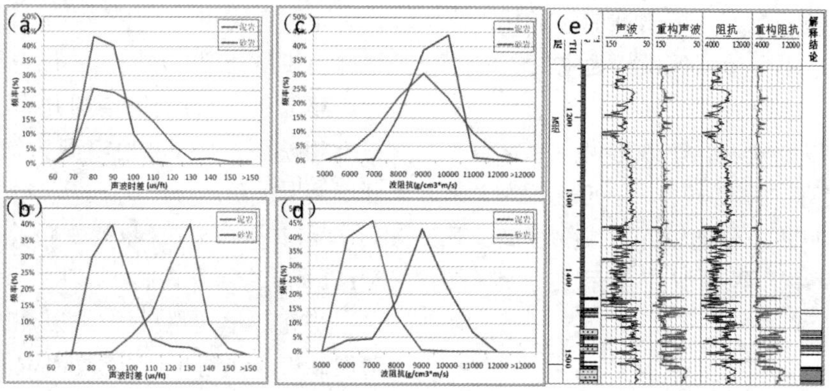

（a） 重构前M组砂泥岩声波时差曲线对比（b）重构后M组砂泥岩声波时差曲线对比（c）重构前M组砂泥岩波阻抗曲线对比

（d）重构后M组砂泥岩波阻抗曲线对比（e）A井重构前后测井曲线对比

图5 Bongor盆地P区M组重构前后测井曲线对比

数[10-12]。因此利用电阻率曲线进行声波曲线重构是可行的，其主要步骤为：(1)应用回归统计法对周边多口已钻井进行拟合，在拟合效果最佳的基础上得到K、C、d参数值；(2)根据拟合最佳关系式求取速度值，并将速度转化为声波得到拟声波曲线。重构前后测井曲线对比图(图5)显示，重构后的曲线保留了原始声波曲线的趋势，未改变原始地质规律。拟合效果较好；拟合后的曲线敏感度较高，提高了其对砂泥岩的分辨率。

3.2 相控模型建立

相同沉积单元内的沉积岩具有相同的成因，相似的物性，电阻率值域也在一定的范围内；不同的沉积相单元，受物性差异的影响，其值域差异较大。以此理论为技术支撑，相控模型建立主要分三步：(1)建立初始低频模型；(2)在初始低频模型基础上，结合各小层沉积相，建立三维相模型(图6)；(3)在三维相模型的基础上，根据精细标定结果，只应用同一沉积相内的井进行井间内插外推，形成数字化的三维相模型，即相控模型。

3.3 相控拟声波反演

以地震资料为基础，以相控模型为约束，试验最优参数，完成相控拟声波反演。

4 储层预测结果分析及应用效果

已钻井证实，自西向东，三口钻井M组中部砂体由无到有，厚度由小变大。通过与已钻井对比，相控拟声波反演结果(图7)很好的展示了砂体厚度变化与延展方向，与钻井吻合程度较高。

应用相控拟声波反演技术，识别出一个岩性体，砂体平均厚度近10m(图7中底图粉色框)。将此结果与构造结合，设计并实施了H井(红色实心点)，与预测结果较吻合。

5 结论

(1)特征曲线重构适用于声波曲线无法有效区分砂泥岩的地区，通过建立敏感曲线与声波速度联系、估算拟声波曲线“两步法”进行重构。

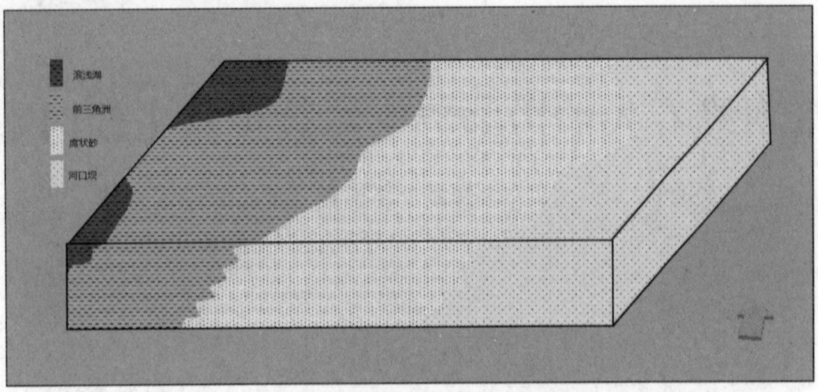

图 6　Bongor 盆地 P 区三维相模型

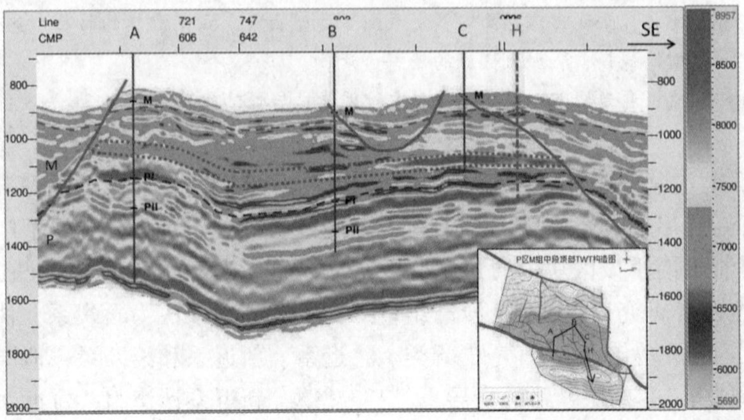

图 7　Bongor 盆地 P 井区 M 组相控拟声波反演剖面

重构后的曲线保留了原始曲线趋势，突出了储层与围岩的差异。

（2）相控反演技术以沉积特征及沉积相为指导，反演为手段，对储层砂体进行预测。地质与物探相结合，避免了单一方法预测的局限性，提高了储层预测精度。

（3）相控拟声波反演储层预测技术将相控反演技术与特征曲线重构技术相结合，有效预测了研究区 M 组中段砂体的展布特征，并通过了新钻井的验证，为研究区后续勘探开发提供了有效指导。

参 考 文 献

[1]　曾萱，张新涛，牛成民等．相控多属性预测技术在黄河口凹陷渤中 35 区储层预测中的应用[J]．世界地质，2018，37(2)：559-566.

[2]　宋红日，窦立荣，肖坤叶等．Bongor 盆地油气成藏地质条件及分布规律初探[J]．石油与天然气地质，2009，30(6)：762-767.

[3]　陈志刚，徐刚，王景春等．乍得 Bongor 盆地东、西部构造特征差异及其对油气富集的影响[J]．石油地球物理勘探，2016，51(增刊)：113-119.

[4]　窦立荣，肖坤叶，胡勇等．乍得 Bongor 盆地石油地质特征及成藏模式[J]．石油学报，2011，32(3)：379-386.

[5]　张光亚，余朝华，陈忠民等．非洲地区盆地演化与油气分布[J]．地学前缘，2018，25(2)：1-14.

[6]　方正，季汉成等．Bongor 盆地北部斜坡带早白垩世 P 组构造-沉积演化特征研究[D]．北京：中国石油大学，2018.

[7]　刘康宁，姜在兴等．尼日尔 Termit 坳陷白垩系层序地层、沉积体系与有利储层预测研究[D]．北京：中国地质大学，2012.

[8]　梁宁，郑荣才，邓吉刚等．川西北地区中二叠统栖霞组沉积相与缓斜坡模式[J]．岩性油气藏，2016，28(6)：58-67.

[9]　赵卫平，范廷恩，杨磊等．相控随机优化地震反演技术及应用[J]．地球科学前沿，2018，8(3)：484-491.

[10]　彭苏萍，孔炜，杨瑞召等．煤田反演的声波测井曲线重构[J]．北京工业职业技术学院学报，2003，2(4)：11-16.

[11]　陈钢花，王永刚．Faust 公式在声波曲线重构中的应用[J]．勘探地球物理进展，2005，28(2)：125-128.

[12]　张鸣，宁松华．重构曲线在地震反演中的应用[J]．断块油气田，2008，15(2)：34-36.

准西缘春光油田油气成藏特征及主控因素

李艳然　陈　祥　金芸芸　郭军参　朱　颜　张　驰

（中国石化河南油田分公司）

摘　要　春光油田具有多层系含油、多油藏类型、稀油稠油共存的特点，成藏过程复杂。经过近二十年的勘探，目前春光油田已进入精细勘探阶段，勘探难度越来越大，勘探目标越来越隐蔽。通过深化油气成藏特征研究，明确了成藏主控因素，建立了“双源供烃、复式输导、岩性成藏、立体富集”成藏模式。沙湾组油藏沿不同期次的砂体尖灭带分布，古近系油藏沿优质盖层发育带分布，白垩系油藏沿地层超覆/剥蚀带分布，油层纵向叠合连片，呈现出春光油田多层系、多类型油藏、立体富集的特征。经过近期勘探实践，形成了春光油田亿吨级增储规模，展现出良好的勘探前景。

关键词　准噶尔盆地；春光油田；成藏特征；主控因素；岩性油气藏

春光油田位于准噶尔盆地车排子凸起中部，排2井获得高产油流开启了该区勘探的序幕，2009年10月，河南油田接手该区块，通过深化油气成藏特征及主控因素研究，在“立足沙湾组岩性油藏精细勘探，确保增储稳产；突破新类型、探索古近系、白垩系”的勘探思路的指导下，在沙湾组新取得多个勘探成果，发现了春22井、春45井及春63井为代表的一批油藏，目前形成了千万吨级的探明储量增储阵地。同时针对该区古近系、白垩系勘探不断取得了新发现，相继在古近系发现了以春50井、春130井为代表的稀油油藏，在白垩系发现以春17井、春111井为代表的稠油油藏以及春131井、春141井为代表的稀油油藏，实现了对春光油田的立体勘探。

本文在前人研究的基础上，从成藏基本条件分析入手，结合春光油田最新研究成果，全面分析了油气成藏基本条件，系统总结了春光油田油气成藏特征及主控因素，对准噶尔盆地车排子凸起油气勘探具有一定的启示和借鉴意义。

1　区域地质概况

车排子凸起构造上位于准噶尔盆地北部，西北和北面与扎伊尔山相邻，东以红车断裂带为界与昌吉凹陷相接，南部紧邻四棵树凹陷（胡秋媛，2016；隋风贵，2015）。车排子凸起是晚海西期形成的楔形三角形继承性凸起，整体为西北向东南方向倾斜的单斜构造，由于处于盆地边缘，变形强烈，以侧向挤压作用形成的冲断推覆变形为主，经历了晚海西、印支、燕山及喜山构造运动，凸起多次沉降-抬升，地层长期遭受剥蚀，新生界之后，在北天山强烈推覆挤压下，凸起向南掀斜，地层沉降，接受了广泛的沉积。

春光油田位于车排子凸起中部（图1a），地层由老到新依次为石炭系、侏罗系、白垩系、古近系、新近系和第四系，地层厚度自东南向西北减薄，新近系沙湾组、古近系和白垩系是主力勘探层系（方世虎，2006；樊晓伊，2018）。白垩系地层在春光油田呈现上削下超，清水河组在春光油田超覆尖灭、东沟组削蚀尖灭，自下而上沉积呼图壁组、胜金口组及连木沁组，分布在工区东南部；古近系自下而上沉积紫泥泉子组及安集海河组，紫泥泉子组在春光油田超覆尖灭，安集海组表现为下部超覆、上部剥蚀；新近系沙湾组在全区均有分布（图1b）。

春光油田主要发育冲积扇-河流和三角洲两套沉积体系，区域沉积研究表明白垩系发育扇三角洲、辫状河三角洲和湖泊等多种沉积类型（杨勇，2011；王勇，2015；董艳蕾，2020；）。古近系时期，湖盆扩张，发育辫状河三角洲和湖泊沉积（李伟才，2015），新近系沙湾组沉积时期，湖泊进一步萎缩，主要发育冲积扇、辫状河和辫状河三角洲沉积。

2　油气成藏条件

2.1　油源条件

春光油田地层埋藏较浅，不具备生烃能力，油源来自车排子凸起东部的昌吉凹陷和南部的四棵树凹陷。四棵树凹陷共有三套烃源岩层分别为为侏罗系、白垩系及古近系（张枝焕，2013），侏罗系烃源岩目前处于大量生油阶段（张越迁，

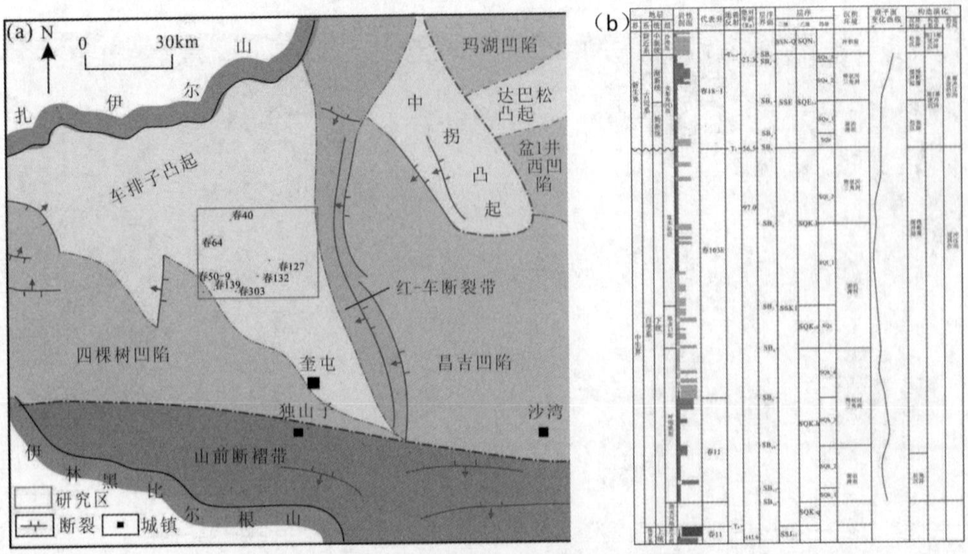

图1 春光油田位置图(a)及地层系统(b)

2011)，主要为春光油田西部油藏供源；白垩系烃源岩在四棵树凹陷分布较为有限，有机质丰度非均质性强。(王绪龙，2013)；古近系烃源岩有机质丰度高，目前处于低熟-成熟生油早期(陈建平，2016；王千军，2020)。昌吉凹陷有两套烃源岩层分别为二叠系及侏罗系，二叠系烃源岩主要影响春光油田东部的油藏。昌吉凹陷侏罗系烃源岩，主要为春光油田东部油藏供烃。前人认为古近纪之前油气来自昌吉凹陷的二叠系，而古近纪之后油气分别来自四棵树凹陷和昌吉凹陷的侏罗系(陈祥，2015)。

2.2 储盖组合

春光油田主力含油层系的油藏绝大部分为“自储自盖型”组合。新近系沙湾组埋藏浅，储层为辫状河三角洲前缘的水下分流河道及辫状河道砂体，属于高孔高渗储集层，储集条件有利。沙湾组顶部塔西河组发育含膏盐的厚层泥岩，是一套具有良好封盖能力的区域性盖层，沙湾组内部局部地区厚层泥岩发育，可以作为局部盖层，形成自储自盖型组合。

古近系储盖组合中，储层为辫状河三角洲前缘的水下分流河道和滨浅湖滩坝砂体，平均孔隙度15%~30%，渗透率120~1800mD，属于中高孔、中高渗储层。实钻井资料表明古近系仅在局部地区发育分布相对稳定的泥岩，可以作为局部盖层，形成自储自盖型组合。

白垩系储盖组合中，储层主要扇三角洲前缘的水下分流河道、辫状河三角洲前缘的水下分流河道以及滨浅湖滩坝砂体，储层孔隙度14~30%，渗透率100~1400mD，属于中高孔、中高渗储层。白垩系厚层泥岩发育，地层含砂率较低(15%~30%)，封盖条件整体较好，可以形成自储自盖型组合。

2.3 输导体系

春光油田属于典型的远源运聚、源外成藏(袁玲，2012；陶世振，2016)。因此油气输导体系的厘定尤为重要。横向上，油藏依靠侏罗系厚砂层、沙一段底部厚砂层及石炭系不整合面形成进行输导。其中石炭系不整合面顶部风化裂隙和溶蚀孔隙发育，输导性能相对有利，侏罗系发育多个沿石炭系顶面古沟谷分布的以砂砾岩为主的冲积扇，砂体厚度大、延伸范围广，具备油气横向输导能力，和石炭系顶部不整合面配置，组成了一套具有良好输导能力的“二元复合”长距离输导通道(图2)，油气进入春光油田后依靠沙一段底部厚砂层继续进行横向输导。

纵向上，由于车排子凸起构造活动复杂，经历了多期构造运动的改造，形成了不同期次的断层。在断层的活动期，断层主要起到输导作用。通过对断层进行活动期次研究，将春光油田断层分为燕山期、喜山期两类，燕山期断层形成为侏罗纪至早白垩纪，主要对二叠系烃源岩起输导作用(图3)；喜山期断层形成于古近纪以后，主要对侏罗系烃源岩起输导作用(图4)。综上所述，厚砂层、不整合面和断层构成了油气成藏的复合输导体系，控制着油气分布。

2.4 保存条件

从早白垩世开始，车排子凸起开始差异沉

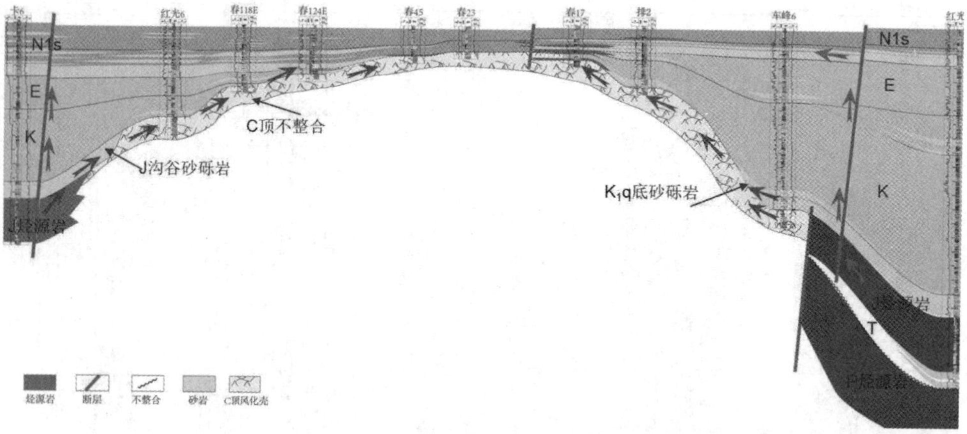

图2　车排子凸起输导体系模式图

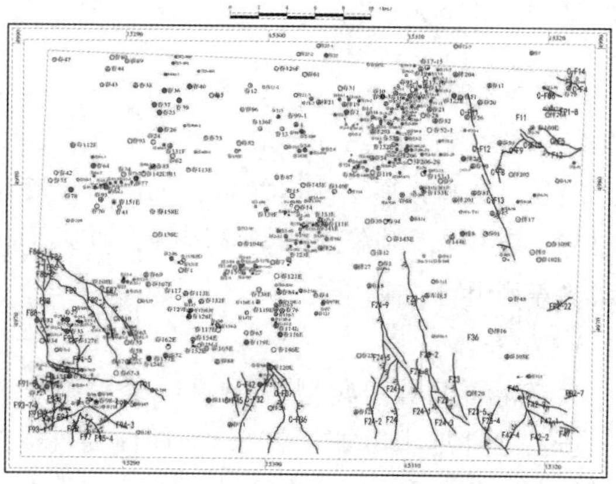

图3　燕山期断层平面分布图

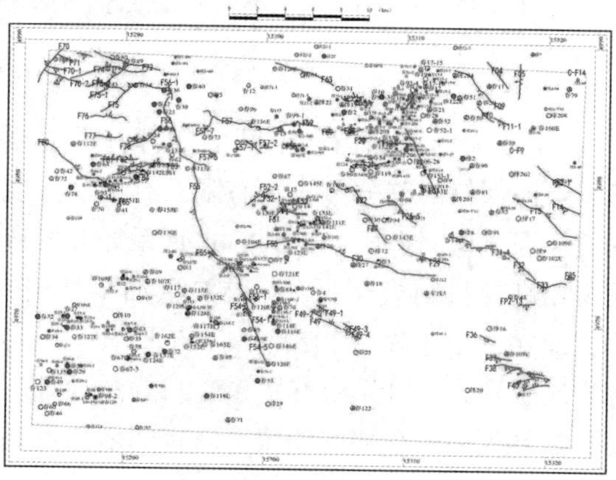

图4　喜山期断层平面分布图

降，车排子凸起的东南部和东部地区发生沉降接受沉积，并逐渐向西北超覆，此时西北部为隆起区遭受剥蚀，白垩系呈向西北方向底超顶削的楔形体(吴康军，2015；何登发，2008)。古近纪之后，车排子凸起继续以缓慢沉降为主，构造活动强度较小，因此整体上春光油田保存条件比较好，地层水多为氯化钙型，反映较为封闭的成岩流体环境(表1)。只有在春光油田东南部春122-春112井区白垩系为硫酸钠型及碳酸氢钠型，反映其后期受到浅层低矿化度地层水(地表水、大

表1　车排子凸起地层水矿化度分布

序号	井号	层位	取样深度/m	总矿化度/(mg/L)	水型	序号	井号	层位	取样深度/m	总矿化度/(mg/L)	水型
1	春17-3H	K	959.6	66114	氯化钙	11	春114侧	K	1452	82437	氯化钙
2	春2-200	K	1276.6	92726	氯化钙	12	春127侧	K	1528	75099	氯化钙
3	春17	K	912.9	69619	氯化钙	13	春118E	K	2045	76225	氯化钙
5	春21	K	1105.2	26183	氯化钙	14	春25	K	1974	24675	重碳酸钠
4	春29	K	1955.6	82496	氯化钙	15	春112	K	1686	5045	硫酸钠
6	春50-1	K	2014.4	32994	氯化钙	16	春153-2	K	1291	87919	氯化钙
7	春103E	K	2121	72743	氯化钙	17	排28	K	2132	81318	氯化钙
8	春135E	K	1946	81149	氯化钙	18	春114E	E	1690	95976	氯化钙
9	春102E	K	1915.2	104396	氯化钙	19	春133	E	1776	73506	氯化钙
10	春111	K	2589	23341	氯化钙	20	春110E-2	E	1582	130349	氯化钙

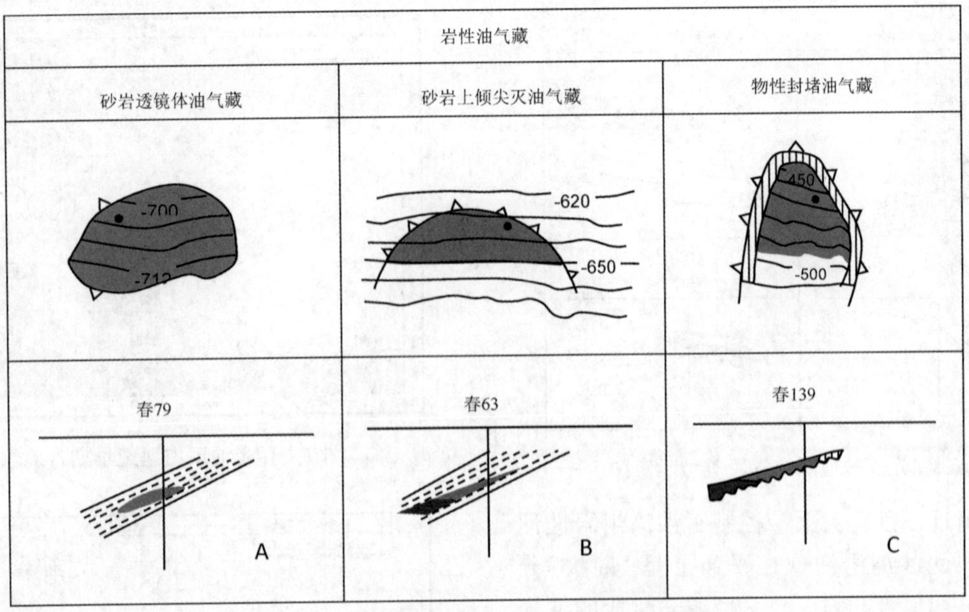

图5 春光探区岩性油气藏类型示意图

气水)的混合。

3 油气成藏特征

3.1 油气藏类型

统计结果表明春光油田岩性油气藏占已发现油藏的80%，地层油气藏占15%，复合油气藏占5%，将已发现油气藏划分为3个大类7种类型(表2)。

表2 春光油气藏类型

油气藏类型		分布层系
大类	种类	
岩性油气藏	砂岩上倾尖灭油气藏	沙一段、沙二段、白垩系、古近系
	砂岩透镜体油气藏	白垩系、古近系
	物性封堵油气藏	白垩系
地层油气藏	地层削蚀不整合油气藏	白垩系、古近系
	地层超覆不整合油气藏	白垩系、古近系
复合油气藏	断层-岩性油气藏	沙一段
	断层-地层油气藏	白垩系

3.1.1 岩性油气藏

春光油田岩性油气藏分为砂岩透镜体型、砂岩上倾尖灭型及物性封堵型，白垩系、古近系发育的滩坝砂岩厚度薄，为典型的“泥包砂”沉积，易形成砂岩透镜体油气藏。砂岩上倾尖灭油气藏是由于储集层沿上倾方向尖灭而形成，这类油藏广泛发育在沙湾组、古近系及白垩系中(图5)。

物性封堵油气藏主要发育在西南部白垩系扇三角洲中，扇三角洲分选较差，成分混杂，储层物性整体较差，并且储层非均质性较强，在局部物性相对较好的地方，容易形成物性封堵圈闭，春139井区的白垩系油藏就是物性封堵油藏(图5)。

3.1.2 地层油气藏

春光探区古近系、白垩系具有明显的“下超上削”的沉积特征，其下部地层向西、向北逐层超覆于石炭系之上，上部地层遭受不同程度的剥蚀，因此易于形成地层削蚀油气藏、地层超覆油气藏。

地层削蚀油气藏是白垩系、古近系顶部不整合面之上发育一套厚度不等的泥岩，位于不整合面之下的高孔渗储层受不整合面及上下的泥岩层封堵而形成的油气藏(图6)。白垩纪、古近纪沉积时期，沿着不整合面之上沉积的辫状河三角洲前缘水下分流河道砂体，储层物性好，随着湖盆继续扩大，在砂岩层之上超覆沉积了非渗透泥岩，形成地层超覆圈闭，油气聚集其中形成地层超覆油气藏(图6)。

3.1.3 复合油气藏

是指油气在断层-岩性、断层-地层等复合圈闭中聚集形成的油气藏。目前春光探区该类油气藏勘探取得突破的主要以白垩系油藏为主。

3.2 油气成藏特征

春光油田油藏主要分布在新近系沙一段、沙二段、古近系及白垩系，沉积体系、输导条件及成藏期次的差异造成其油气成藏特征的不同。

新近系沙一段、沙二段岩性油藏分布在各砂

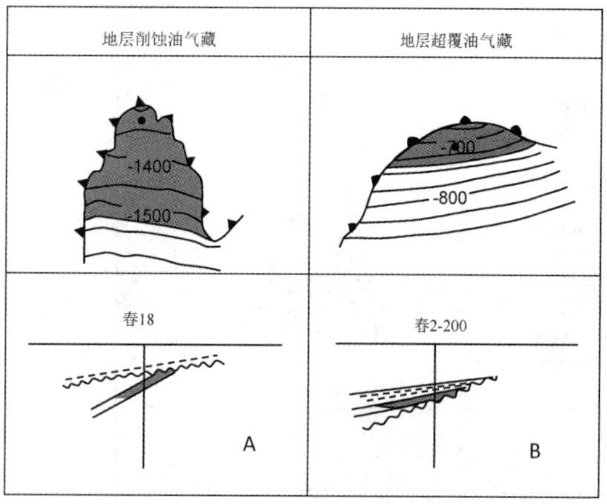

图6　春光探区地层油气藏类型示意图

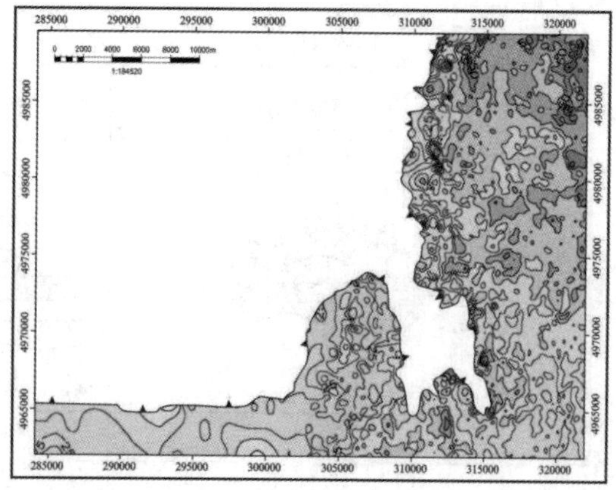

图7　春光油田白垩纪早期古地貌

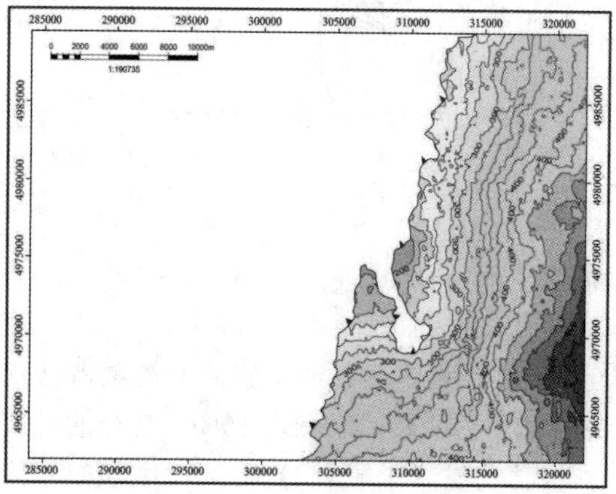

图8　春光油田白垩纪晚期古地貌

组尖灭线附近，砂体尖灭带控制了沙湾组岩性油藏分布，因此沙湾组油藏在平面上呈“带状”分布特征。早期昌吉凹陷二叠系烃源岩生成的油气来自油气通过红车断裂带及厚砂体输导运移至东部沙一段岩性圈闭成藏，后期遭受生物降解破坏形成了稠油油藏。四棵树凹陷侏罗系烃源岩生排烃较晚，油气沿侏罗系、沙湾组厚砂体以及石炭系顶不整合面横向输导至西部沙一段砂体尖灭带成藏，形成了以春22井、春45井和春63井为代表的稀油油藏，目前已经形成千万吨级的增储阵地。

古近系地层分布在油田南部，由于古近系顶部紧邻沙湾组底部厚层砂岩，因此古近系顶部的封盖条件是古近系油气成藏的关键因素，其顶部盖层的厚度分布决定了古近系油气藏在平面上的分布。油源分析表明，西部古近系油藏主要来自四棵树凹陷侏罗系烃源岩，后期遭受了一定的生物降解，形成了以春50井及春130井为代表的稀油油藏。

春光油田白垩系各个砂组都钻遇到了不同级别的油气显示，岩性油气藏、地层油气藏及复合油气藏均有发育。白垩系顶、底的不整合面是白垩系油气成藏的关键因素。西南部白垩系受四棵树凹陷侏罗系烃源岩的影响，形成了以春131井、春136井为代表的稀油油藏，在东部受到昌吉凹陷二叠系烃源岩的影响，形成了以春111井、春10井代表的稠油油藏，在中部的油源的混源区形成了以春114井为代表的混合油藏。

4　油气成藏主控因素

（1）古构造控制了不同来源油气的充注范围

通过对春光油田白垩纪进行古地貌恢复发现（图7、图8），在白垩纪早期春光油田东南部稳定发育继承性古构造，古地貌表现为中间高、两边低，在白垩纪的晚期古地貌格局为西高东低，这种类型的古地貌阻碍了四棵树凹陷二叠系烃源岩生成的油气大规模的向西运移，因此二叠系来源油气主要在工区东部聚集。新近纪之后春光油田的构造格局为北高南低，而侏罗系大规模生烃期为新近系，此时古地貌有利于南部四棵树凹陷侏罗系及昌吉凹陷侏罗系油气向北充注，因此侏罗系油气在全区都具有成藏的可能性。

（2）油源控制不同原油性质油气藏的分布

油源对比表明西部各层系的油气主要来自于四棵树凹陷侏罗系（图9），中部油气四棵树凹陷侏罗系和昌吉凹陷二叠系均有贡献，东部沙二段油气来自于昌吉凹陷侏罗系，东部沙一段、白垩系及古近系油气主要来自昌吉凹陷二叠系（图10），这种多源供烃的天然优势造就了研究区东西部均有油气富集，为春光探区油气藏形成奠定了坚实的基础。昌吉凹陷二叠系烃源岩成藏期早，生成的油气多被后期生物降解或水洗破坏，造成原油物性较稠；侏罗系烃源岩成藏期晚，生成的油气遭受了轻微的生物降解或基本未受到生物降解，多为稀油，因此油源控制了原油的物性分布。西部为侏罗系油源充注区，是寻找稀油油藏的有利区域，东部是寻找稠油油藏的潜力区域，中部则为侏罗系来源油和二叠系来源油的混源区。

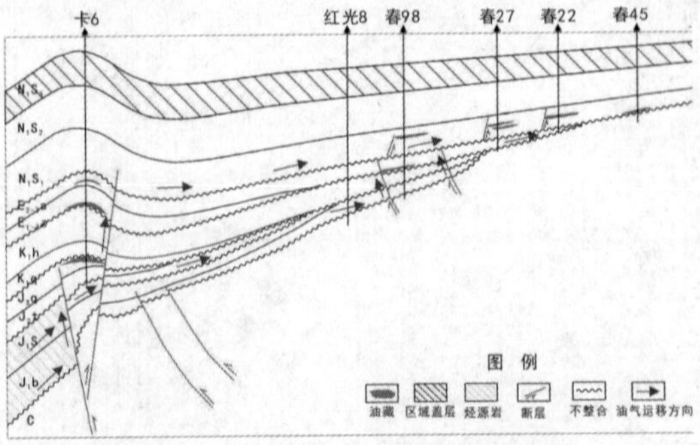

图 9　四棵树凹陷油源成藏模式图

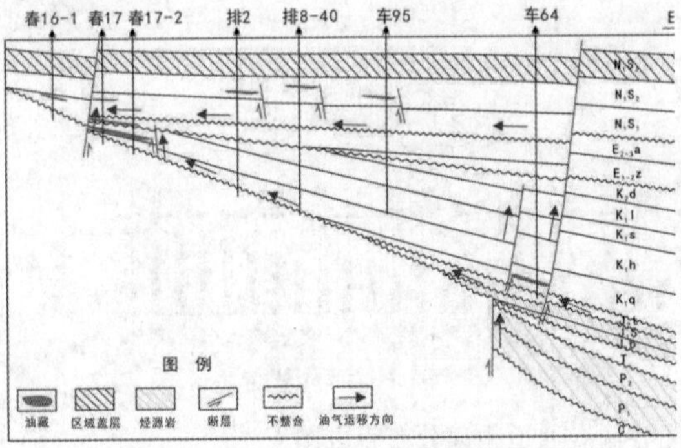

图 10　昌吉凹陷油源成藏模式图

（3）砂体尖灭带、超覆/剥蚀带控制油气富集

沙湾组发育辫状河和辫状河三角洲沉积，不同期次的辫状河、分流河道及水下分流河道迁移形成多个砂体尖灭带，砂体在向高部位上倾尖灭时，容易形成岩性圈闭(图 11)。

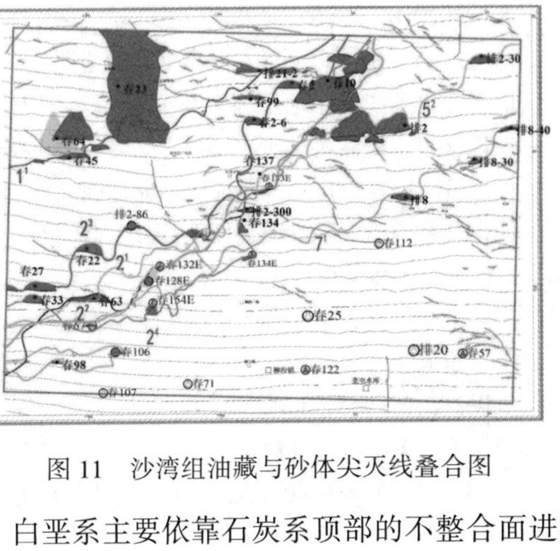

图 11　沙湾组油藏与砂体尖灭线叠合图

白垩系主要依靠石炭系顶部的不整合面进行油气输导，紧邻石炭系不整合的圈闭最容易聚集油气，而远离石炭系不整合的圈闭在没有断层沟通的情况下则难以成藏。地震剖面上白垩系“下超上削”特征明显，下部地层逐层上超在石炭系的不整合面之上，上部地层则遭受不同程度的剥蚀。由于白垩系各砂组地层超覆线和剥蚀线与石炭系顶部的不整合面直接接触，因此地层超覆线和剥蚀线附近是油气成藏的有利区带，白垩系的实钻情况也证实了这一观点：白垩系从呼图壁组到连木沁组均有油藏分布，油藏都分布在各砂组地层超覆线和剥蚀线附近，油气“成排成带”分布，叠合连片(图 12)。

（4）断层控制了油气的纵向输导高度

春光油田大体划分为两套断裂系统：上部喜山期张性断裂系统、下部燕山期压性断裂系统，燕山期断层以西北、东北、南北向为主，喜山期断层继承了早期的构造格架，以西北、北北西向断裂为主，断层延伸一般较短，断距较小，这些继承类正断层对白垩系、古近系及沙湾组“沟通”石炭系不整合面起着至关重要的作用。

据统计分析，目前发现的油藏主要分布在距离石炭系顶不整合面 150m 范围内，无明显断层时油气纵向调整高度在 60m 范围内，油气平均调整高度为 22m，有断层时油气平均调整高度为 103m(图 13)。

在明确春光油田油气成藏特征及控制因素的基础上，建立了春光油田“双源供烃、复式输导、岩性成藏、立体富集”的油气成藏模式。在成藏模式指导下，明确了各层系的勘探潜力区。沙湾组不同期次的砂体尖灭带是岩性油藏的有利发育区，纵向上细分小层，刻画多期河道的砂体尖灭线，平面上刻画不同河道砂体尖灭线，发现了成排成带分布的岩性圈闭群，形成了五千万吨优质储量阵地。古近系、白垩系是地层油藏、岩性油藏的有利发育区，其中，古近系岩性圈闭受有利盖层发育区控制，古近系三角洲砂体岩性圈闭结合盖层条件，发现了古近系岩性圈闭群，白垩系地层层层超覆于石炭系顶优势输导通道之上，通过刻画各小层三角洲砂体超覆尖灭带，发现了成排成带分布的地层岩性圈闭群，形成了中西部找稀油和普通稠油优质储量，东部找稠油规模储量的勘探思路，不断取得勘探新突破，形成七千万吨规模增储阵地。

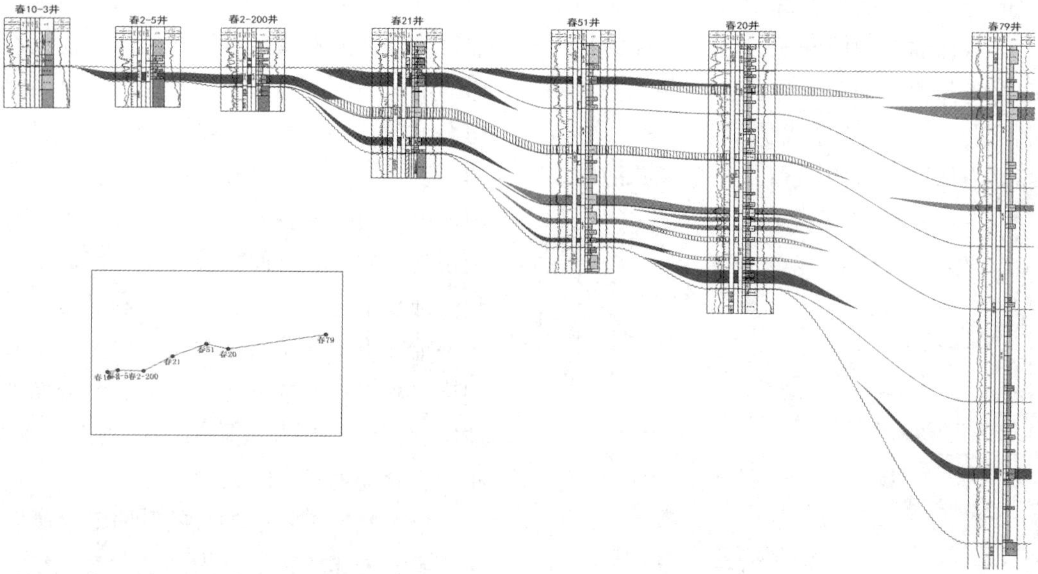

图12　过春10-3-春2-200-春20-春79井油藏剖面图

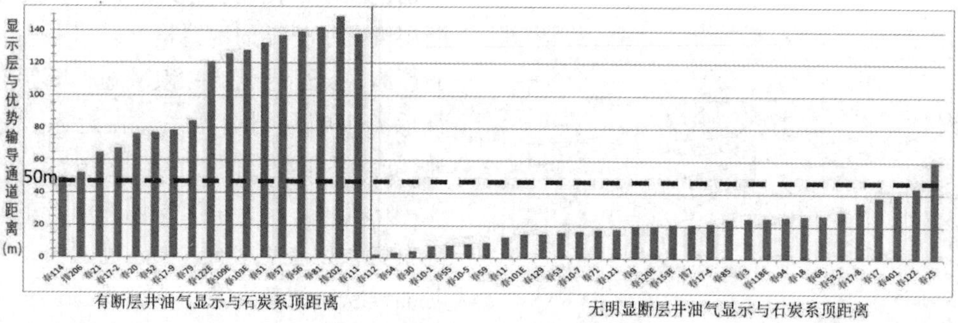

图13　有断层与无断层油气显示层与下优势输导通道距离分布直方图

5　结论

（1）春光油田油藏以岩性油藏为主，油气保存条件好，具有“双源供烃”特征，储盖组合为“自储自盖”型，厚砂层、不整合面和断层构成了油气成藏的复合输导体系。

（2）古构造控制了不同来源油气的充注范围，油源控制不同原油性质油气藏的分布，砂体尖灭带、超覆/剥蚀带控制油气的富集，断层控制了油气纵向输导的高度。总结建立了春光油田“双源供烃、复式输导、岩性成藏、立体富集”的油气成藏模式。

（3）沙湾组油藏沿不同期次的砂体尖灭带分布，古近系油藏沿优质盖层发育带分布，白垩系油藏沿地层超覆/剥蚀带分布，形成亿吨级增储阵地。

参　考　文　献

[1]　隋风贵，2015. 准噶尔盆地西北缘构造演化及其与油气成藏的关系．地质学报，89(4)：79-793.

[2]　胡秋媛，董大伟，赵利，等．准噶尔盆地车排子凸起构造演化特征及其成因[J]．石油与天然气地质，2016，37(4)：556-564.

[3]　方世虎，宋岩，贾承造，等. 准噶尔盆地白垩系底砾岩与油气成藏的关系[J]. 天然气工业，2006，26(5)：13-16.

[4]　樊晓伊，姚光庆，杨振峰，等．准噶尔盆地车排子凸起多物源复杂沉积体系中的地震沉积学[J]. 地球学，2018，43(03)：786-801.

[5]　杨勇，陈世悦，向奎等．准噶尔盆地西北缘车排子地区下白垩统层序地层与沉积演化[J]. 中国石油大学学报：自然科学版，2011，35(5)：20-26.

[6]　董艳蕾，陈祥，伍炜等．准噶尔盆地西北部春光探区白垩系地震沉积学研究[J]. 古地理学报，2020，22(03)：412-42.

[7]　王勇，李风勋，丁洁荧等．准噶尔盆地西缘春光探区沉积演化及含油砂体分布特征[J]. 石油地质与工程，2015(04)：1-4.

[8]　李伟才，樊中海，杨晓培，等，2014. 春光油田排2-400井区沉积微相研究．石油天然气学报，36(12)：38-43.

[9] 张枝焕，向奎，秦黎明，等．准噶尔盆地四棵树凹陷烃源岩地球化学特征及其对车排子凸起油气聚集的贡献[J]．中国地质，2012，39(2)：326-337.

[10] 陈建平，王绪龙，邓春萍，等．准噶尔盆地烃源岩与原油地球化学特征[J]．地质学报，2016，90(1)：37-67.

[11] 王千军，陈林，曹忠祥，张曰静，商丰凯，任新成．车排子凸起西翼轻质原油来源分析[J]．油气地质与采收率：1-9.

[12] 袁玲，任新成，穆玉庆，等．准噶尔盆地春风油田油气输导体系[J]．新疆石油地质，2012，33(3)：288-289.

[13] 陶士振，袁选俊，侯连华，等．中国岩性油气藏区带类型、地质特征与勘探领域[J]．石油勘探与开发，2016，43(6)：863-872.

[14] 何登发，陈新发，况军，等．准噶尔盆地车排子-莫索湾古隆起的形成演化与成因机制[J]．地学前缘，2008，15(4)：30-55.

[15] 吴康军，刘洛夫，曾丽媛，高小跃，徐正建，周长啸．准噶尔盆地车排子周缘新近系沙湾组砂体油气输导特征[J]．中南大学学报(自然科学版)，2014，45(12)：4258-4266.

缝洞型储层流动机理物理模拟及测试解释评价方法研究

蔡明金　牛新年　强剑力　游　智　黄文鑫

（中国石油塔里木油田分公司勘探开发研究院）

摘　要　缝洞型碳酸盐岩储层非均质性极强，流体流动特征与碎屑岩油气藏有本质区别，现有的很多适用于碎屑岩油气藏的传统理论体系尤其是试井解释评价技术已无法满足缝洞型碳酸盐岩油气藏的开发生产要求。针对塔里木油田缝洞型碳酸盐岩非均质储层，提出了缝洞型碳酸盐岩室内试井物理模拟实验方法，实现了缝洞型碳酸盐岩室内试井实验装置设计和改装，建立一套缝洞型碳酸盐岩室内试井与流动实验装置及测试过程，详细测试了不同缝洞结构组合下的流动规律，并在此基础上，测试并获得了和现场一致的反映缝洞结构特征的试井曲线。通过实验模拟，证实了缝洞型储层流动是裂缝渗流控制和洞穴膨胀流的流动机理，值得广泛推广。

关键词　碳酸盐岩；缝洞；测试；试井；物理模拟

塔里木油田缝洞型油气藏地质构造复杂，储集空间多样，流动机理复杂，研究难度较大。目前，在试井理论模型的建立中，目前国内外的学者建立了大量的理论模型，但大多在原有的达西渗流理论模型上的推导，主要建立在渗流力学原理基础上，难以反映缝洞型储层管流、洞穴流的渗流特征，尚不能适应现场缝洞型储层试井数据的拟合和解释，导致塔里木油田的试井分析普遍存在一定误差。因此，需要通过试井物理模拟实验，深入研究缝洞型油气藏中流体的流动方式和规律，形成一套适合缝洞型储层自身的试井解释理论与分析方法，为缝洞连通性分析、动态储量评价提供可靠的解释结果。本文在前人研究成果[1-13]的基础上，针对缝洞型碳酸盐岩储层渗流机理复杂，流动机理认识不清，没有成熟的试井理论模型及针对性软件，提出了缝洞型碳酸盐岩室内试井物理模拟实验方法，实现了缝洞型碳酸盐岩室内试井实验装置设计和改装，建立一套缝洞型碳酸盐岩室内试井与流动实验装置及测试过程，详细测试了不同缝洞结构组合下的流动规律，基本阐明了缝洞型储层流动是裂缝渗流控制洞穴膨胀流的流动机理，并在此基础上，测试并获得了和现场一致的反映缝洞结构特征的试井曲线，建立了不同缝洞组合的试井模型，并绘制了样版曲线，分析了曲线形态影响因素。

1　缝洞型储层流动机理物理模拟

1.1　实验装置设计

实验装置设计遵循相似性原则，采用体积为56L的野外露头大模型中间容器模拟溶洞，实验装置承受的最大压力达到80MPa最高温度达到180℃，接近油藏的实际温压数据，高压中间容器最大为1000ml，裂缝的设计采用高压细管来完成的；设计最低流量采集间隔：0.2s，最低压力采集间隔：0.001s，压力传感器是航空用万分之五精度的数字传感器，电子天平、气体流量计均通过计算机连接，实现自动、连续、精确采集；选用经过流水溶蚀、冲刷的露头碳酸盐岩制作三维岩心，经过测试其矿物成分与目标层段相似、孔洞结构与地下缝洞结构类似，符合实验要求。用高压充填的方式制作填砂管，改变不同砂粒目数及高压细管长度，制作不同渗透率的裂缝和不同长度裂缝，最终设计完成缝洞型碳酸盐岩试井物理模拟实验装置。

1.2　实验模拟测试

1.2.1　单一大模型溶洞填充/未填充试井实验测试

（1）实验设计

使用一定体积的中间容器来模拟地层中的溶洞，使用直径较大的圆管模拟井筒，将中间容器顶部与圆管直接相连模拟溶洞-井筒的流动关系。实验流体使用氮气，实验压力为10MPa。

（2）实验步骤

①按照设计的缝洞结构关系连接各装置，并在中间容器底部和六通阀处连接高精度压力传感器；②中间容器顶部接六通阀，向中间容器充气之后关闭气源，检查气密性，保持整个实验流程

封闭；③打开压力采集软件系统，待压力稳定后打开出口端阀门放气，测量气体流量以及压力变化；④改变流量大小，进行重复实验。

（3）实验结果

根据现场实际情况，设置变量为溶洞体积，在单洞连接的情况下，改变溶洞体积大小，研究溶洞大小对试井曲线的影响。

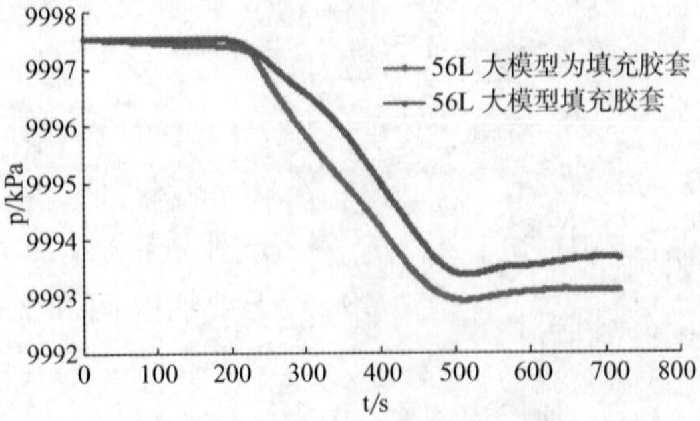

图 1　单洞 56L 压力随时间变化

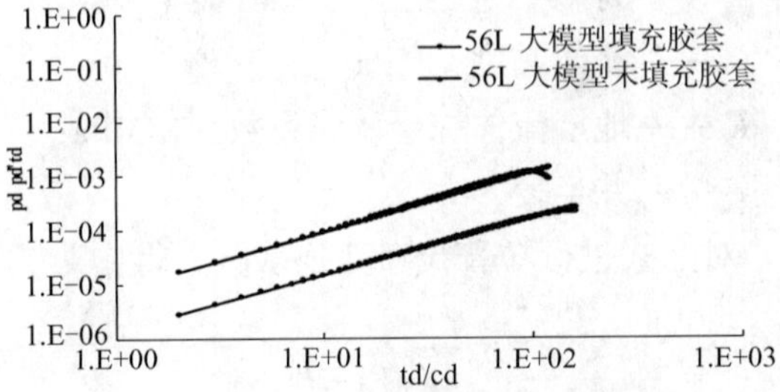

图 2　单洞 56L 试井压力及压力导数图

通过对比图 1、图 2，可以得出如下结论：溶洞相当于放大的井筒，溶洞在试井曲线上反映出为井筒储集效应，且溶洞体积越大，试井曲线越向下移动。

1.2.2　大模型溶洞与裂缝连接试井实验测试

（1）实验设计

使用一定体积的中间容器来模拟地层中的溶洞，使用一定渗透率的高压填砂细管来模拟地层中的裂缝，使用直径较大的管模拟井筒。填砂细管与中间容器顶部相连接，填砂细管通过六通阀与井筒连接。实验流体使用氮气，实验压力为 8MPa 和 6MPa。

（2）实验步骤

①按照井筒-裂缝-溶洞的结构关系连接各装置，并在中间容器底部和六通阀处连接高精度压力传感器；②中间容器顶部接六通阀，向中间容器充气之后关闭气源，检查气密性，保持整个实验流程封闭；③打开压力采集软件系统，待压力稳定后打开出口端阀门放气，测量气体流量以及压力变化；④保持溶洞不变，改变裂缝宽度为，进行重复实验；保持溶洞体积不变，改变裂缝长度为 1m、2m、3m，进行重复实验。

（3）实验结果

对井-裂缝-溶洞模式下的压力恢复测试中，为研究裂缝长度对压力恢复试井曲线特征的影响，在实验中保持每一组实验的初始压力相同、溶洞体积相同，通过改变裂缝的长度，进行压力恢复试井实验，实验中模拟裂缝的填砂细管长度分别为 1m、1.5m 和 2m，其对应的渗透率分别为 176mD、185mD、182mD，溶洞体积为 56L，开井流量为 400ml/min。测试过程中压力史曲线见图 3 所示，在滤波后作出的对应压力恢复双对数曲线图如图 4 所示。

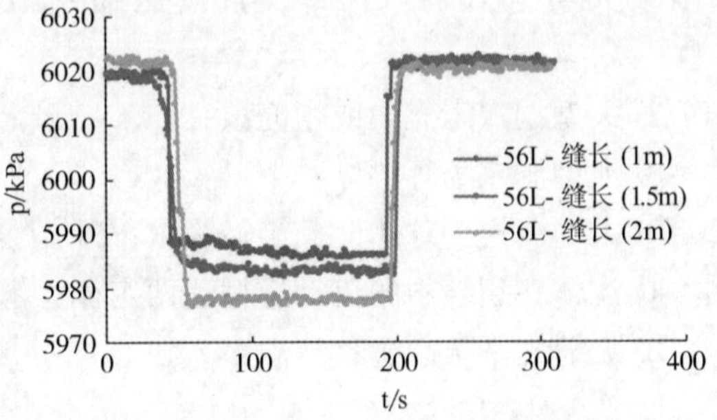

图 3　单缝洞 56L 压力随时间变化

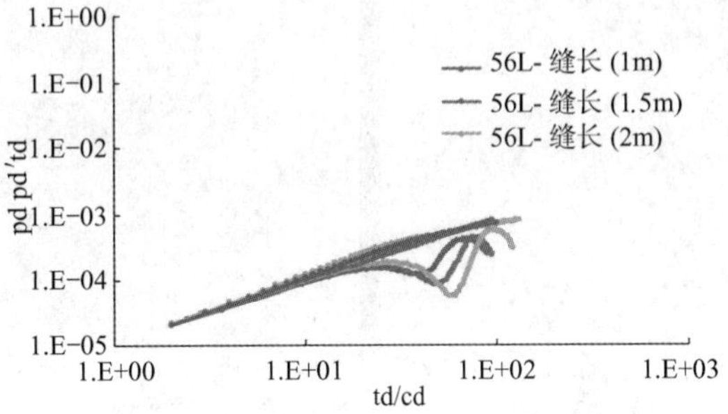

图 4　单缝洞 56L 试井压力及压力导数图

观察裂缝长度变化对流动压力变化规律的影响，得出以下几点认识：

① 在“井-裂缝-溶洞模式”下，在地层压力、生产流量、开井时间基本相近时，裂缝长度主要影响压力导数曲线上凹子出现的时间，裂缝越长，凹子出现时间越晚，凹子也越深。

② 由于管线摩阻，随裂缝长度的增大而增加，因此在相同初始压力与溶洞体积条件下，以相同的流量开井生产相同时间，如果裂缝越长，在开井阶段的压降越明显。

③ 溶洞填充后，溶洞体积减小，整体呈左

下移动的趋势。

2 缝洞型储层测试解释评价方法

2.1 孤立大型洞穴测试解释模型

1. 物理模型建立

为得到较大的的产能，井一般打在溶洞发育良好的地带，针对单洞结构，可将其连通关系简化为溶洞–井筒，如图 5 所示。模型假设条件如下：

① 该油井以定产量生产；

② 该油藏的开采方式为衰竭式开采；

③ 流体为单相，且其黏度为常数；

④ 流体弱可压缩，且其体积系数及压缩系数均为常数；

⑤ 裂缝弱可压缩，且其压缩系数为常数；

⑥ 大型洞穴弱可压缩，且其压缩系数为常数；

⑦ 大型洞穴未充填或半充填；

⑧ 大型洞穴为等势体；

⑨ 大型洞穴为球体，其半径为 R；

⑩ 流体在裂缝中的流动遵循达西定律；

⑪ 裂缝为平板裂缝；

⑫ 忽略重力的影响；

⑬ 忽略井筒储集效应和表皮效应。

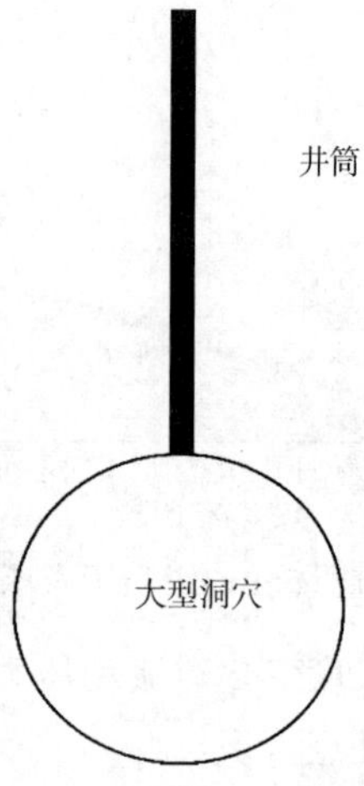

图 5 单溶洞模型示意图

2. 数学模型建立

该方法综合考虑流体膨胀等各个因素，主要方程采用波动方程来建立数学模型。

$$\frac{\partial^2 p_D}{\partial^2 r_D}+\frac{1}{r_D}\frac{\partial p_D}{\partial r_D}=\frac{1}{C_D e^{2s}}\frac{\partial^2 p_D}{\partial^2 T_D} \quad (1)$$

$$C_D\frac{dp_{wfD}}{dT_D}+r_D\frac{\partial p_D}{\partial r_D}=1(r_D=1) \quad (2)$$

$$r_{De}\frac{\partial p_D}{\partial t_D}=0(r_D=r_{De}) \quad (3)$$

$$P_D(r_D,0)=0 \quad (4)$$

$$p_{wfD}=p(1,T_D) \quad (5)$$

其中，

$$p_D=\frac{kh[p_i-p(r,t)]}{1.842qB\mu}$$

$$t_D=\frac{0.0036kt}{\varphi\mu C_t r_w^2}$$

$$r_D=\frac{r}{r_w},\ T_D=\frac{t_D}{c_D},\ C_D=\frac{c}{2\pi\varphi C_t h r_w^2}$$

以上各式中 p_D、t_D、r_D——分别为无量纲压力、无量纲时间和无量纲半径；

K——地层渗透率，10^{-3}D；

p_i——原始地层压力，MPa；

$p(r,t)$——时间 t 时 r 处压力，MPa；

μ——流体黏度，MPa. s；

C_t——地层流体综合压缩系数，1/MPa；

r_w——井半径，m。

对上式进行拉普拉斯变换求解，得：

$$p_{wfD}=\frac{1}{s(s-H)} \quad (6)$$

$$H=\frac{f(s)[I_1(f(s))K_1(r_{Da}f(s))-I_1(r_{Da}f(s))K_1(f(s))]}{I_0(f(s))K_1(r_{Da}f(s))+I_1(r_{Da}f(s))K_0(f(s))} \quad (7)$$

$$f(s)=s/\sqrt{C_D e^{2s}} \quad (8)$$

s——拉普拉斯变量。

3. 理论图版

如图 6 所示，溶洞的大小对曲线的影响规律是：随着半径的增大压力和压力导数曲线向右下移动，半径越大压力和压力导数的曲线越在右下方。再者，半径大小对压力和压力导数的影响

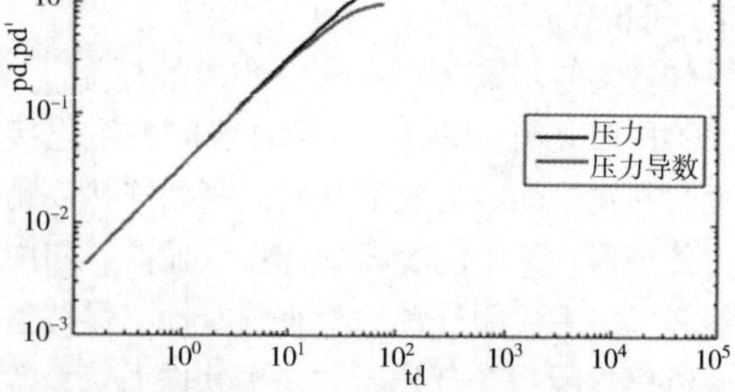

图 6 单洞模型理论图版

是：半径越大井筒储集段越长。

从图7中可以看出，表皮效应对模型的压力和压力导数曲线的形态几乎不影响，随着表皮系数的增大，这也可以说明在大溶洞中可以不考虑表皮效应。

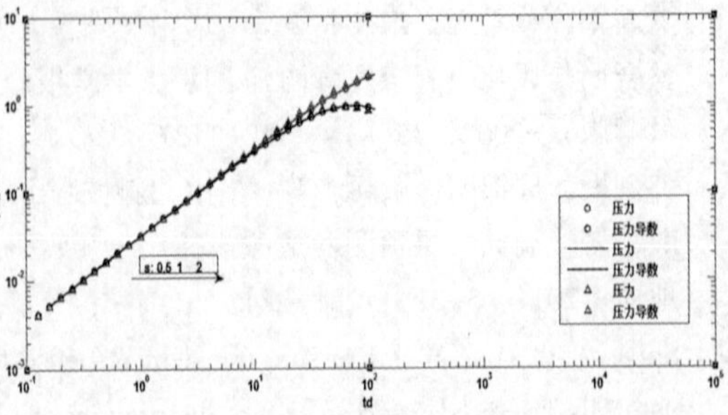

图7　表皮系数对曲线的影响

2.2　缝洞模型测试解释模型

(1) 物理模型建立

针对单缝洞结构，可将其连通关系简化为溶洞-裂缝-井筒，如图8所示。同时为方便计算，将溶洞等效为球形，裂缝与井筒均等效为长方体。其基本假设如下：

① 该油井以定产量生产；

② 该油藏的开采方式为衰竭式开采；

③ 流体为单相，且其黏度为常数；

④ 流体弱可压缩，且其体积系数及压缩系数均为常数；

⑤ 裂缝弱可压缩，且其压缩系数为常数；

⑥ 大型洞穴弱可压缩，且其压缩系数为常数；

⑦ 大型洞穴未充填或半充填；

⑧ 大型洞穴为等势体；

⑨ 大型洞穴为球体，其半径为R；

⑩ 流体在裂缝中的流动遵循达西定律；

⑪ 裂缝为平板裂缝；

⑫ 忽略重力的影响；

⑬ 忽略井筒储集效应和表皮效应。

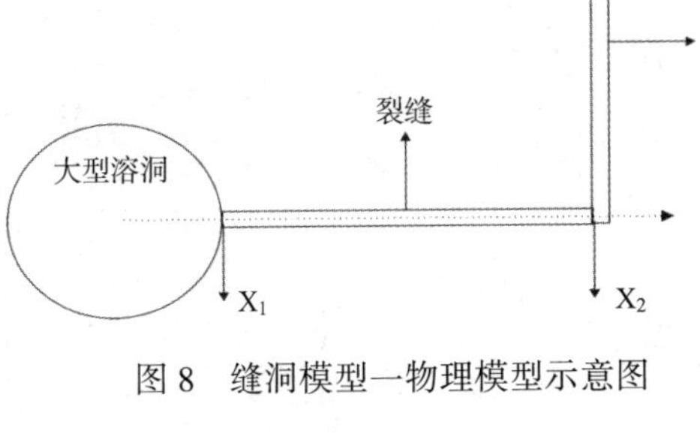

图8　缝洞模型一物理模型示意图

根据以上假设条件，流体的采出完全依靠大型洞穴、裂缝及流体的弹性能量，大型洞穴是主要的储集空间，裂缝不仅是有效的次要储集空间，并且是重要的渗流通道，大型洞穴不能直接向井筒供液，而是通过裂缝间接向井筒供液。

(2) 数学模型建立

$$\frac{\partial^2 p_{fD}}{\partial x_D^2}=\omega_f\frac{\partial p_{fD}}{\partial t_D}(x_{1D}\leqslant x_D\leqslant x_{2D}) \tag{9}$$

$$\left.\frac{\partial p_{fD}}{\partial x_D}\right|_{x=x_{1D}}=\frac{\omega_v R_D^3}{L_{2D}W_D}\frac{dp_{vD}}{dt_D} \tag{10}$$

$$\left.\frac{\partial p_{fD}}{\partial x_D}\right|_{x=x_{2D}}=\frac{1}{L_{2D}W_D} \tag{11}$$

$$p_{fD}\big|_{x=x_{1D}}=p_{vD} \tag{12}$$

$$p_{fD}\big|_{x=x_{2D}}=p_{wD} \tag{13}$$

$$p_{fD}\big|_{t=0}=p_{vD}\big|_{t=0}=p_{wD}\big|_{t=0}=0 \tag{14}$$

通过求解，得到单缝单洞无因次井底压力在拉普拉斯空间的表达式：

$$\overline{p_{wD}}=\frac{a_3a_1+a_3a_4a_2}{a_4a_2-a_1} \tag{15}$$

式中：

$$a_1=\sqrt{\omega_f s}-\frac{\omega_v R_D^3}{L_{2D}W_D}s \tag{16}$$

$$a_2=\sqrt{\omega_f s}+\frac{\omega_v R_D^3}{L_{2D}W_D}s \tag{17}$$

$$a_3=\frac{1}{L_{2D}W_D s\sqrt{\omega_f s}} \tag{18}$$

$$a_4=e^{-2\sqrt{\omega_f s}x_{1D}+2\sqrt{\omega_f s}x_{2D}} \tag{19}$$

(3) 理论图版

理论曲线具有如下特征：

① 裂缝在试井曲线上反应为压力导数曲线近似显示为裂缝到溶洞流动的过渡段，过渡段后出现溶洞流动特征、即压力导数曲线过渡段以后的凹子。

② 溶洞体积影响压力导数曲线上凹子的深

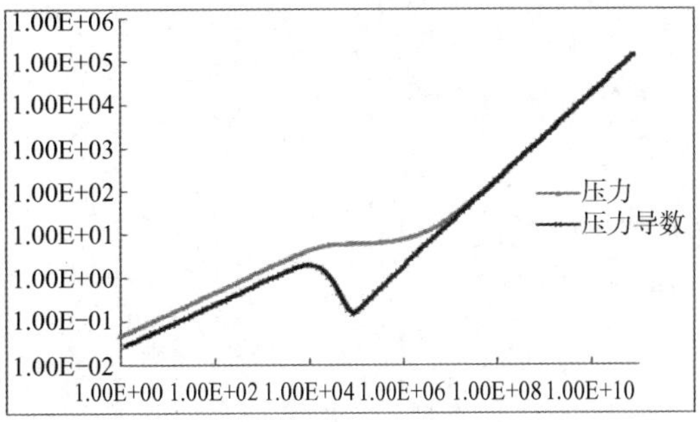

图9　缝洞模型理论图版

浅，溶洞体积越大，过渡段越平、凹子越、有向视均质过渡的趋势。同时溶洞体积越大、溶洞特征反应越晚。

③ 溶洞填充后，溶洞体积减小，曲线整体呈左下移动的趋势。

3 结论

（1）严格遵循相似性原理，设计了实验模型参数与实际地层参数的相似准则群，确保其满足几何相似、动力相似、实验流体与地层流体物性相似、初始条件与边界条件相似，确定了影响碳酸盐岩缝洞型油气藏储集、流动的主要相似准则数，忽略次要相似准则数，建立起地层条件与实验条件的对应关系。

（2）试井模拟实验测试结果表明，在双对数坐标下的压力导数曲线上，裂缝表现为过渡流段，单个溶洞的特征为一个凹子；“溶洞-裂缝-井筒”试井试验中，溶洞体积越大，凹子越大，反应越晚，裂缝越长，溶洞出现特征凹子越晚，溶洞特征凹子越深。

（3）建立不同缝洞类型的试井理论模型，能够与现场数据拟合的理论图版，具有指导现场生产开发的重要意义。

参 考 文 献

[1] 张抗. 塔里木盆地塔北隆起油气勘探领域[J]. 新疆石油地质，2003，24(3)：188-192.

[2] 陈清华，刘池阳，李琴，王绍兰. 碳酸盐岩缝洞系统研究现状与展望[J]. 石油天然气地质，2002，23(2)：197-202.

[3] 邬光辉，李启明，张宝收，等. 塔中I号断裂坡折带构造特征及勘探领域[J]. 石油学报 . 2005. 26(1)：27-30.

[4] 王招明，杨海军，等. 塔中奥陶系大型凝析气田的勘探和发现[J]. 海相油气地质，2006，11(1)：45-51.

[5] 陈景山，李忠，王振宇，等. 塔里木盆地奥陶系碳酸盐岩古岩溶作用与储层分布[J]. 沉积学报，2007，25(6)：858-868.

[6] 陈新军，蔡希源，纪友亮，等. 塔中奥陶系大型不整合面与风化壳岩溶发育[J]. 同济大学学报(自然科学版)，2007，35(8)：1122-1127.

[7] 韩剑发，周锦明，敬兵，等. 塔中北斜坡鹰山组碳酸盐岩缝洞储集层预测及成藏规律[J]. 新疆石油地质，2011，3(32)：281-284.

[8] Spivey J P，Lee W J. Pressure transient response for a naturally fractured reservoir with a distribution of block size[C]. SPE60294，2000.

[9] Camacho R. Pressure Transient and decline curve behaviors in naturally fractured vuggy carbonate reservoirs [C]. SPE77689，2002.

[10] Rodriguez R，Arana-Ortiz V，Cinco-Ley H，et al. Well test characterization of small and large-scale secondary porosity in naturally fractured reservoirs [C]. SPE90287，2004.

[11] Pulido H，Samaniego F，Rivera J，et al. On a well-test pressure theory of analysis for naturally fractured reservoirs，considering transient interporosity matrix，vugs，microfractures and fractures flow [C]. SPE 104076，2006.

[12] Wu Yushu. A Triple-continuum pressure-transient model for a naturally fractured vuggy reservoir [C]. SPE110044，2007.

[13] Popov P，Efendiev Y. Multiscale methods for modeling fluid flow through naturally fractured carbonate Karst reservoirs[C]. SPE110778，2007.

准西缘春光油田沙湾组井约束提高分辨率处理技术

黄德芹　肖　学　张高成　张　辉　徐　昊

（中石化河南油田分公司勘探开发研究院）

摘　要　春光油田已进入岩性油藏精细勘探阶段，勘探对象更加复杂、隐蔽，由于地震资料分辨率的限制，无法对薄储层进行准确预测。近期通过采用井约束提高分辨率处理技术，将目的层沙湾组频带拓宽了10~20Hz，主频达到了80Hz以上，基本满足了对薄层单砂体（2-5m）进行准确预测和精细刻画多期次砂体尖灭的地质需求。利用新处理的地震资料，通过精细对比、细分层系，将沙湾组的砂体尖灭带由原来的"两个带"扩大到"七个带"，有效拓宽了勘探领域，新发现一批岩性圈闭，部署探井成功率达80%，多口获得高产工业油流，形成千万吨级的增储阵地，取得了良好应用效果。

关键词　春光油田；提高分辨率；井约束反褶积；井约束Q值补偿

1　引言

春光油田位于准噶尔盆地西部隆起车排子凸起中部，新近系沙湾组为该区的主力含油层段。沙湾组总体上为西高南低的单斜背景，构造油藏不发育，主要为"河道砂体侧缘尖灭"型的岩性油藏[1-2]。沙湾组主要为辫状河、辫状河三角洲沉积[3-4]，不同期次的河道砂体频繁迁移改道，可形成多个岩性油藏发育带。

经过十余年勘探，春光油田已进入岩性油藏精细勘探阶段。沙湾组的油层厚度较薄，一般只有2~5m，由于地震资料分辨率的限制，厚度小于10m的砂体无法识别，只能以砂层组为对象进行勘探，无法对薄层单砂体进行准确预测和精确刻画多期次砂体尖灭带，难以满足岩性油藏精细勘探的需要。另外，随着沙湾组勘探的不断深入，勘探对象更加复杂、隐蔽，对地震资料处理的要求也越来越高，需要在保真的前提下有效提高地震资料的分辨率。

通常情况下，提高分辨率达到一定阶段后，往往会降低地震数据的信噪比和保真度，起不到真正提高地震数据分辨率的作用。为了更有效提高地震资料的分辨率，需要在地震数据和地质模型间找到一座桥梁，井资料恰恰就是这座桥梁。采用井约束模式进行反褶积和Q值补偿既能达到提高地震数据分辨率，又能确保输出结果与地质模型的吻合。井约束提高分辨率技术就是在地震资料处理过程中，最大程度地利用已有井的测井资料、VSP等资料，将井点数据和地震数据进行一体化联合分析、处理，最终为资料解释和综合研究提供高保真、高分辨率、高信噪比的"三高"地震成果数据。

2　井约束非稳态稀疏反褶积

常规的反褶积方法提高分辨率会受到信噪比的限制。常规反褶积中"反射系数是白噪，子波是最小相位"的假设条件[5]，也与实际情况有出入。而井控反褶积就可以解决这个问题。井控反褶积的原理就是将已有井的测井资料结合起来进行一系列的匹配处理，最终得到一个匹配因子，然后将这个匹配因子作用于其他井的测井信息，得到相应的地震数据。从原理上来看，可以看成在常规的双边最小反褶积方程的基础上引入井反射系数来进行改造，来直接求取反子波进行反褶积。这种方法相较于先求取子波再求取反子波进行反褶积的方法，抗噪能力更强，因此可以提高地震资料的分辨率。井控反褶积摆脱了对地震子波和反射系数所作的数学假设，有效地拓宽了地震频带，提高了地震数据反映薄层的能力。

井控反褶积的主要技术路线包括：首先利用测井资料、解释的层位资料和井旁地震道，进行高精度井震关系匹配；在井震关系匹配的过程中根据褶积模型提取地震子波；然后应用非稳态稀疏反褶积技术，提高地震资料的分辨率。

2.1　非稳态稀疏反褶积技术

（1）非稳态稀疏反褶积技术理论

传统的稳态褶积模型可以表示为：

$$S_{stat}(t)=\frac{1}{2\pi}\int_{-\infty}^{\infty}\{W(\omega)[\int_{0}^{\infty}r(z)e^{-i\omega\tau(z)}dz]e^{i\omega t}\}d\omega \tag{1}$$

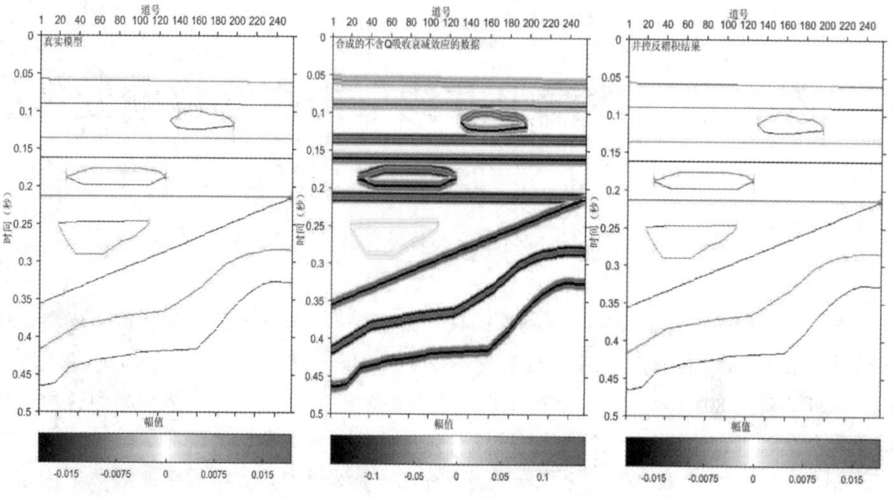

(a) 真实模型　(b) 模拟的地震数据　(c) 井约束反褶积结果

图 1　河道透镜体模型应用实例

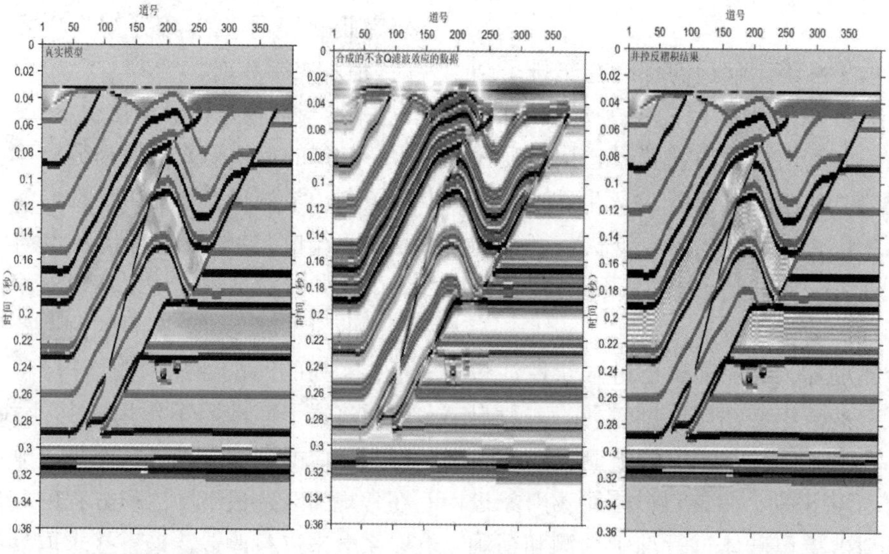

(a) 真实模型　(b) 模拟的地震数据　(c) 井约束反褶积结果

图 2　Overthrust 模型测试

其中，$S_{stat}(t)$代表稳态地震记录。式(1)中的子波可以通过井约束，基于井震匹配和统计方法求得，从而在子波已知情形下，反褶积过程中所采用的公式为：

$$W(\omega)\sum_{m=1}^{M} r_m e^{-i\omega\tau_m} = S(\omega) \tag{2}$$

其中，$W(\omega)$和$S(\omega)$分别表示输入震源子波$w(t)$和输入的地震数据$s(t)$的傅里叶变换频谱，M代表地震记录信号采样点数，r为反褶积得到的结果。上式可以离散并表示为常规的模型数据方程：

$$Gm=d \tag{3}$$

这里G为地震子波褶积观测矩阵，m为去子波反褶积后得到的地震数据，d表示输入地震数据的傅里叶变换频谱。式(2)是一个欠定的方程组，将会存在无数个解。为了寻找最优解、得到高分辨率的稀疏反褶积结果，需要对反褶积结果施加一范数稀疏约束条件，即：

$$\min \| d-Gm \|_2+\lambda \| m \|_1 \tag{4}$$

来调节噪声的放大和反褶积的分辨率。本研究采用压缩感知领域较为优越的基追踪算法来优化求解(4)式，以得到高分辨率的稀疏反褶积结果。

(2) 非稳态稀疏反褶积技术测试

为了验证非稳态稀疏反褶积方法对复杂构造的适应性，采用不同构造复杂度的模型进行测试，图 1 至图 2 分别显示了河道透镜体、Overthrust 模型合成记录的非稳态稀疏反褶积结果。从图1、图2可以看出，将非稳态稀疏反褶积技术应用于不同模型数据，在时间域波形明显得到压缩，提高了数据的分辨率，反褶积的结果与真实的模型吻合程度较好，验证了该技术的适用性。

3 井约束构建时空变 Q 体与 Q 值补偿

VSP 的下行波包含有地层的速度信息以及地层对地震波的吸收衰减信息(Q 值)。地震波在下传过程中存在吸收衰减，其吸收衰减可以表达为：

$$A_R(f)=C\cdot A_S(f)\exp\left[-\frac{\pi f\Delta t}{Q}\right] \tag{5}$$

其中，$A_R(f)$ 是接收到的或吸收衰减后的信号的振幅谱，$A_S(f)$ 是震源或者参考子波的振幅谱，C 表述了与频率无关的衰减量，包括球面扩散、反射系数、透射系数等，Δt 为震源子波和所接收到的波形之间的时间间隔，f 为频率。可采用高斯函数 f_S 来对不同的频率成分进行施加不同的权重[6]，进而计算震源振幅谱加权后的质心频率 f_S、吸收衰减后的信号的振幅谱加权后的质心频率 f_R 和震源子波加权后的方差 $\overline{\sigma}_S$，其中震源振幅谱加权后的质心频率 f_S 计算公式为

$$\overline{f_S}=\frac{\int_{f_{\min}}^{f_{\max}} fA_S(f)G(f)\,\mathrm{d}f}{\int_{f_{\min}}^{f_{\max}} A_S(f)G(f)\,\mathrm{d}f} \tag{6}$$

接收信号或吸收衰减后的信号的振幅谱加权后的质心频率 f_R 计算公式为

$$\bar{f}_R=\frac{\int_{f_{\min}}^{f_{\max}} fA_R(f)G(f)\,\mathrm{d}f}{\int_{f_{\min}}^{f_{\max}} A_R(f)G(f)\,\mathrm{d}f} \tag{7}$$

震源子波加权后的方差 $\overline{\sigma}_S^2$ 计算公式为

$$\overline{\sigma}_S^2=\frac{\int_{f_{\min}}^{f_{\max}} (f-\bar{f}_S)^2A_S(f)G(f)df}{\int_{f_{\min}}^{f_{\max}} A_S(f)G(f)df} \tag{8}$$

最后，采用加权后的质心频率和方差来进行Q值估计：

$$Q=\frac{\overline{\sigma}_S^2\pi\Delta t}{\bar{f}_S-\bar{f}_R} \tag{9}$$

这样，便可以从每口 *VSP* 井估计得到一条 Q 值曲线，记为 Q^{VSP}。

VSP 井数据存在的 Q 吸收衰减效应，随着传播距离的增加，高频成分得到衰减，振幅减弱，主频移向低频。采用稳健的加权质心频移法从 *VSP* 初至波振幅谱中估计出 Q 值，这样工区内每口 *VSP* 井将会估计出一条 Q 值曲线(深度域)(图3a)。和 *VSP* 井计算的层速度(图3b)，可以看出 Q 值曲线与层速度曲线的形态非常相似，也说明了层速度与 Q 值二者存在着一定的关系。将估计得到的 Q 值由深度域转换到时间域(图3c中的蓝线)，并对时间域的 Q 值曲线做平滑得到用于拟合的 Q 值曲线(图3c中的红线)；综合应用地质分层和地震解释的层位信息、声波测井信息，利用井约束速度建模技术，建立全工区时间域的三维时空变层速度体。得到各井处的层速度信息(图3d)；

利用多项式拟合得到速度 v 与 Q 值满足的关系

$$Q=f(v)=c_nv^n+c_{n-1}v^{n-1}+\cdots+c_0v^0=\sum_{i=0}^{n}c_iv^i \tag{10}$$

其中，$i=0,1,\cdots n$ 为拟合得到的多项式的阶数，$c_{i=0,1,\cdots n}$ 为每阶多项式项的系数。

选择高阶多项式拟合，使其相比低阶或线性拟合具有更高的精度。但值得指出的是，并不是多项式拟合的阶数越高精度越高，因为多项式拟合的精度误差是随阶数的增加而先减小后增大，因此在研究高阶多项式拟合过程中选取了拟合误差最小的阶数。

将井约束速度建模得到的三维时空变速度体代入工区速度和 Q 值之间的关系式，从而得到研究工区井约束三维时空变 Q 值体。(图3e)为多项式拟合得到的 Q 体在 *VSP* 井点处的 Q 值曲线。(图3f)是多项式拟合得到的 Q 值(蓝线)与用于拟合的 Q 值(红线)的对比。从(图3f)可以看出拟合得到的 Q 值(蓝线)与用于拟合的 Q 值(红线)较为一致，表明多项式拟合的精度较高。

4 井约束提高分辨率技术在春光油田的应用

采用井约束提高分辨率处理技术，对春光油田地震资料进行了处理。与常规的提高分辨率处理剖面相比，目的层沙湾组剖面的横向一致性、信噪比和分辨率及振幅保真度等方面均有明显的改善效果(图4a、4b)。从频谱图上(图4c)可以看到，沙湾组的主频达到了80Hz以上，比常规处理剖面提高了5~10Hz，频带较常规处理剖面拓宽10~20Hz，基本满足了对薄层单砂体(2~

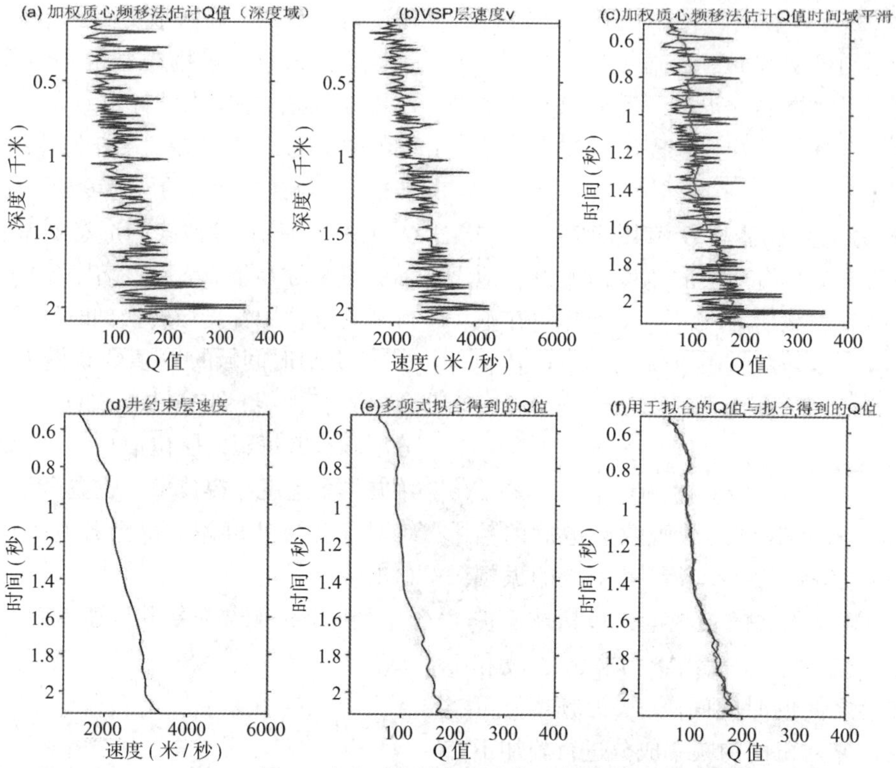

图 3　春光区块某井井约束 Q 值估计

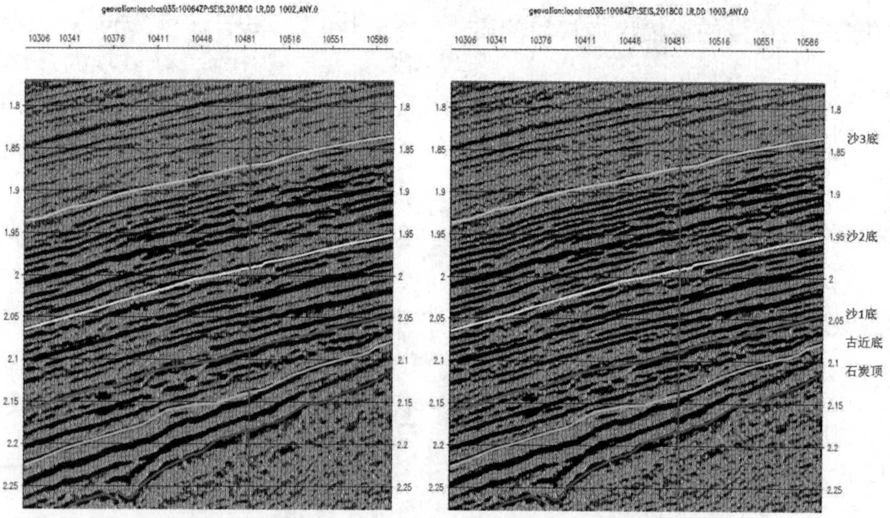

(a) 常规提高分辨率处理剖面　　(b) 井约束提高分辨率处理剖面

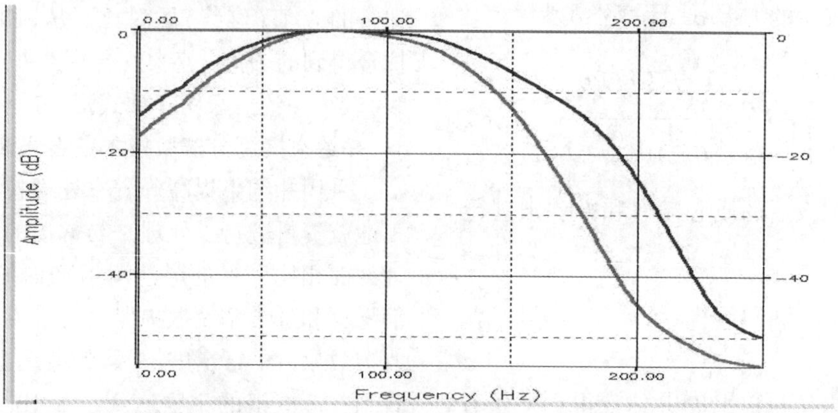

c 常规提高分辨率剖面频谱（红色）与井约束提高分辨率剖面频谱（蓝色）

图 4　常规提高分辨率处理与井约束提高分辨率的剖面及频谱对比

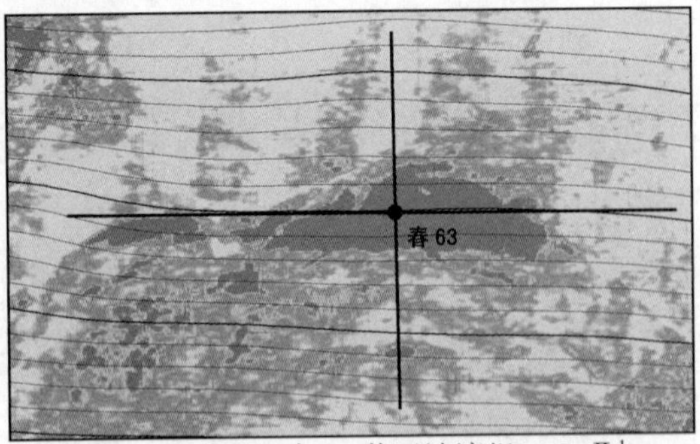

图 5　春光油田春 63 井区沙湾组 N_1S_1 Ⅱ[1]小层沿层最小振幅性图

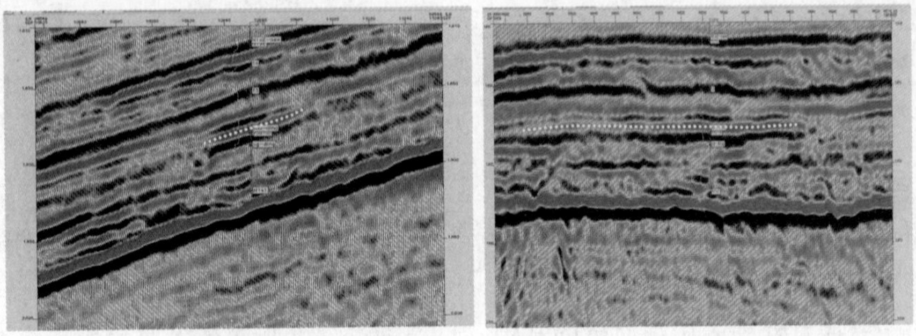

(a) 南北向地震剖面　(b) 东西向地震剖面

图 6　过春光油田春 63 井地震剖面

5m) 进行准确预测和精细刻画多期次砂体尖灭带的地质需求。

利用井约束提高分辨率处理的地震资料，针对春光油田西南部沙湾组开展了岩性圈闭识别。该区的岩性油藏主要分布在沙湾组Ⅰ、Ⅱ砂组，油质类型为稀油，单井产量较高，勘探开发效益好。以前，由于受地震资料分辨率的限制，只能识别出 N_1S_1Ⅰ、N_1S_1Ⅱ两个砂体尖灭带。利用新处理的地震资料，通过精细对比、细分层系，将Ⅱ砂组细分为四个小层，新识别出了四个砂体尖灭带；将Ⅰ砂组细分为三个小层，新识别出了三个砂体尖灭带。

这些尖灭带具相似的成藏条件，沙湾组砂体尖灭带由原来的两个带扩大到七个带，大大地拓宽了勘探领域，新发现一批岩性圈闭，部署探井成功率达 80%，多口获得高产工业油流，形成千万吨级的增储阵地，取得了良好应用效果。其中，春 63 井在 N_1S_1 Ⅱ[1]小层钻遇 4.3m 油层，投产后获得高产工业油流(最高日产原油 50.8 吨)，随后勘探开发一体化部署评价井、开发井 17 口，累产原油 30 多万吨(图 5、图 6)。

5　结论

(1) 采用井约束非稳态稀疏反褶积的方法能有效拓展地震数据的频段范围，在不降低资料信噪比和保真性的前提下提高了目的层的分辨率；

(2) 采用稳健的加权质心频移法从 *VSP* 初至波振幅谱中估计出 Q 值，与井约束速度建模技术结合，利用 Q 值与速度模型的相关性求取的 Q 体，将井资料(*VSP*)与地震信息(速度模型)关联获得稳定可靠的 Q 体，经过 Q 值补偿后能弥补地震数据因吸收作用损失的高频成份、提高了地震数据主频，从而有效的提高地震数据的分辨率。

(3) 采用井约束提高分辨率处理技术，提高了地震资料对薄层的识别能力，沙湾组砂体尖灭带由原来的两个带扩大到七个带，拓宽了勘探领域，提高了探井成功率，形成千万吨级的增储阵地，取得了良好的应用效果。

参 考 文 献

[1] 支东明，赵卫军等，准噶尔盆地车排子地区新近系沙湾组油层特征[J]. 天然气勘探与开发，2007, 30(3)：5-8.

[2] 高山林，王勇，杨双等，准噶尔盆地西缘春光油田岩性油气藏成藏主控因素[J]. 新疆地质，2018, 36(2)：233-238.

[3] 于群达，贾艳霞等，准噶尔盆地西缘春光油田沙湾组沉积相及含油规律分析[J]. 石油地质与工程，2010, 24(5)：23-27.

[4] 赵爱文，王振奇，叶春等，春光区块沙湾组沉积相类型及岩性圈闭发育模式[J]. 中国石油勘探，2017, 22(2)：58-66.

[5] 孙学凯，孙赞东等，非稳态地震稀松反褶积[N]. 石油地球物理勘探，2015 年 4 月，50(2)：260-266.

[6] 崔琴、于新霞等基于加权指数子波的质心平频法估算品质因子[J]. 物探与化探，2016 年 12 月，40(6)：1203-1210.

超深碳酸盐岩地震探测与缝洞体描述技术

彭更新　李亚林　郑多明　郭念民　赵锐锐

（中国石油塔里木油田分公司）

摘　要　塔里木盆地塔北、塔中超深层奥陶系是典型的碳酸盐岩储集层，储集空间既有溶洞（洞穴）、溶孔、基质孔隙，也有裂缝。塔里木油田为了解决碳酸盐岩油藏勘探、评价、开发等关键问题，开展了地震采集、处理及缝洞体描述等技术攻关，通过高密度宽方位三维地震采集和面向超深非均质储层的高精度叠前深度偏移技术的创新与应用，地震资料品质显著提高，研究了叠前、叠后等多方法缝洞体描述技术，形成了一套技术体系，基本满足了超深碳酸盐岩储层的评价开发需求。

关键词　超深；碳酸盐岩；地震采集；地震处理；缝洞体；储层描述

1　超深碳酸盐岩高密度宽方位地震采集

面向勘探开发一体化的高精度三维地震采集，一方面要基于叠前偏移成像精度来设计先进的观测系统，另一方面野外要采用高质量的井炮激发和高质量的检波器接收技术，提高原始地震资料的信噪比、分辨率和保真度，满足精细处理和油藏解释评价的要求。

碳酸盐岩地震采集观测系统设计与常规构造勘探的设计方法不同，它是基于绕射波成像原理，重点是提高尺度较小的缝洞体的识别能力。通过提高空间采样密度可以提高小尺度缝洞储集体的信噪比和空间分辨率；由于缝洞系统的形状和分布不规则性，需要采用较宽的观测方位采集。因此，面向碳酸盐岩缝洞型储层的观测参数设计重点是做好面元尺寸、覆盖次数、炮道密度和观测方位宽度的论证工作。笔者针对碳酸盐岩缝洞型储层特点并结合三维地震攻关资料分析来优化设计方案，确定了适合塔里木盆地超深碳酸盐岩储层的高密度宽方位采集观测系统。

1.1　面元尺寸的选择

塔里木盆地碳酸盐岩主要以岩溶缝洞型储层为主，与地震波长相比，缝洞储层一般尺度较小，主要以绕射波形式表现，要使绕射波收敛，需要较高的偏移能量，所以，碳酸盐岩三维地震勘探更要注重于缝洞体绕射的偏移成像效果。受偏移成像需求驱动，面元设计中，应重点考虑偏移时能使得95%的绕射波能量参与同相叠加。面元的大小对偏移剖面影响较大，若面元过大，容易导致出现空间假频现象，降低速度场横向精度和偏移信息量，同时增大偏移过程中的舍入误差，从而影响偏移成像效果[1]，面元越小，可偏移的频率就越高，也可降低偏移噪声，采用小面元有利于提高小地质体的横向分辨率[2]，拓宽地震频带，进而提高纵向分辨率[3-5]，可以增加来自小缝洞储层的地震绕射波的数据量，从而提高偏移剖面上小缝洞反射的信噪比。多名学者通过模型正演分析研究表明，随着采集面元的增大，孔洞的绕射能量减弱，不利于对小地质体的识别，面元越小，较小尺度缝洞体的识别能力就越强，采用较小面元可保证较小尺度缝洞体的成像[6-8]。因此，小面元有利于提高缝洞体的识别和空间立体雕刻精度。基于高密度实际数据的分析，同样表明在覆盖次数相同的情况下，碳酸盐岩缝洞型储层的信噪比更高、成像效果更佳，如图1所示。

1.2　覆盖次数的选择

要提高对碳酸盐岩储层的分辨能力，首先应保证地震信号的信噪比，在信噪比大于2的情况下，还应尽可能展宽频带。为使杂乱分布的溶孔和溶洞等的地震反射或绕射特征能从背景噪声中区分出来，采用较高的覆盖次数是重要的地震探测手段之一，碳酸盐岩缝洞储层反射信噪比与覆盖次数的关系可用下式计算：

$$S/N=\frac{R\cdot N}{a\sqrt{N}+b\cdot R\cdot N}$$

式中：S/N 为碳酸盐岩缝洞型储层反射信噪比；R 为缝洞反射系数；a 为不规则噪音系数；b 为规则噪声系数。图2为塔里木盆地沙漠区碳酸盐岩储层的不同覆盖次数的信噪比估值图，覆盖次数达到400次以上，信噪比随着覆盖次数的提升变得

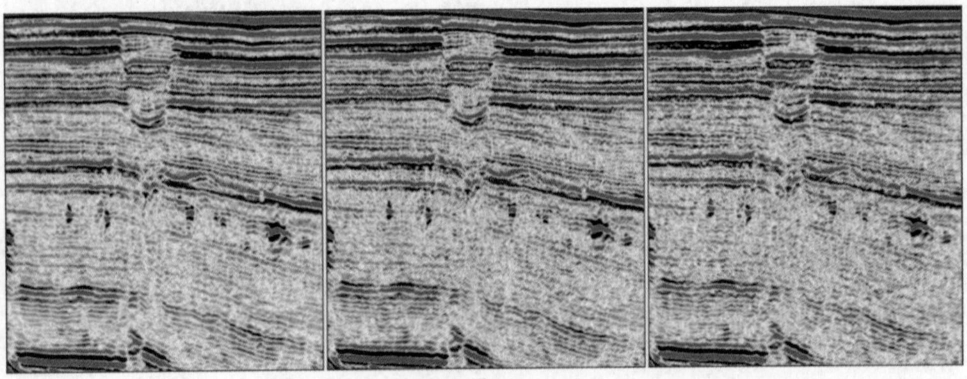

图 1　相同覆盖次数不同面元尺寸的偏移成像效果

a—面元 15×15 覆盖次数 484；b—面元 15×30 覆盖次数 484；c—面元 30×30 覆盖次数 484

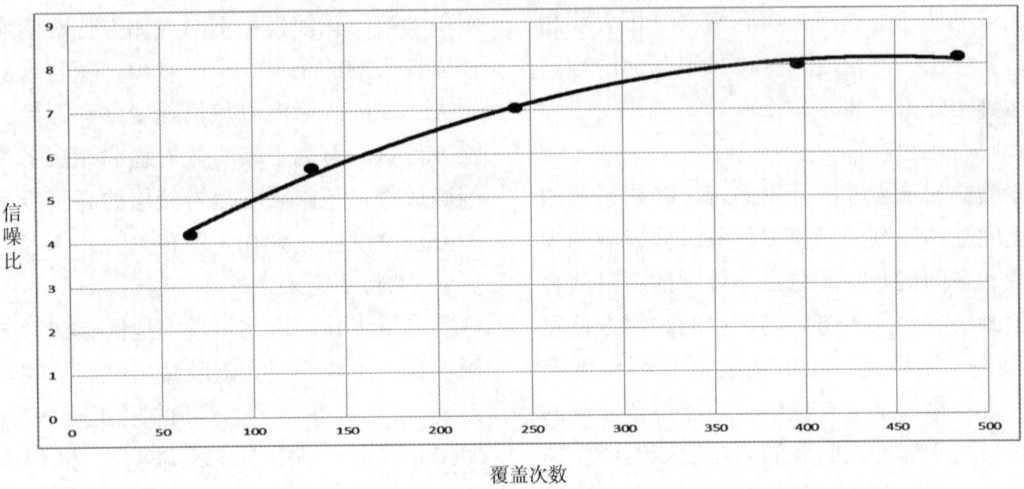

图 2　不同覆盖次数的信噪比估值图

缓慢。因此，超深碳酸盐岩储层的高密度宽方位采集观测系统的覆盖次数应至少大于 400 次。

1.3　炮道密度的选择

低信噪比资料，尤其对于碳酸盐岩缝洞型储层地震资料，炮道密度是提高地震资料成像品质的关键因素，炮道密度的计算公式如下：

$$\rho_{SR}=\frac{F_xF_y}{b_xb_y}\times10^6$$

式中 ρ_{SR} 为炮道密度，F_x、F_y 分别为纵、横向的有效覆盖次数，b_x、b_y 分别为纵横向的面元尺寸。实际资料分析论证表明高炮道密度对奥陶系内幕弱反射信噪比的提高及成像精度的改善明显，如图 3

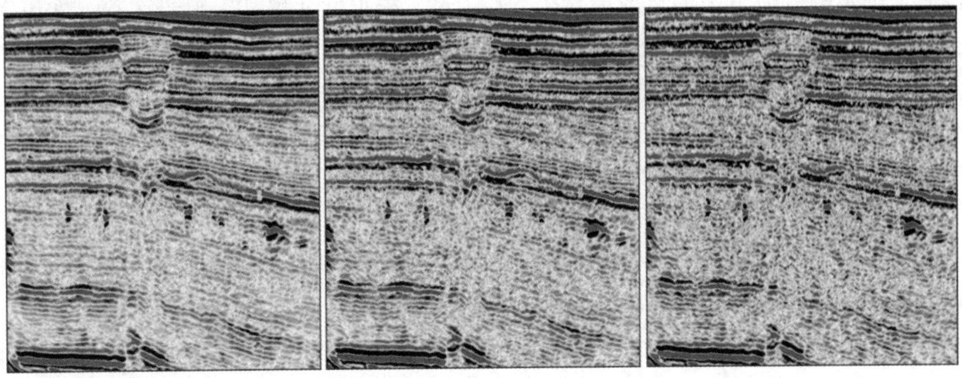

图 3　相同面元不同炮道密度的偏移成像效果

a—面元 15×15 炮道密度 215 万；b—面元 15×15 炮道密度 107 万；c—面元 15×15 炮道密度 54 万

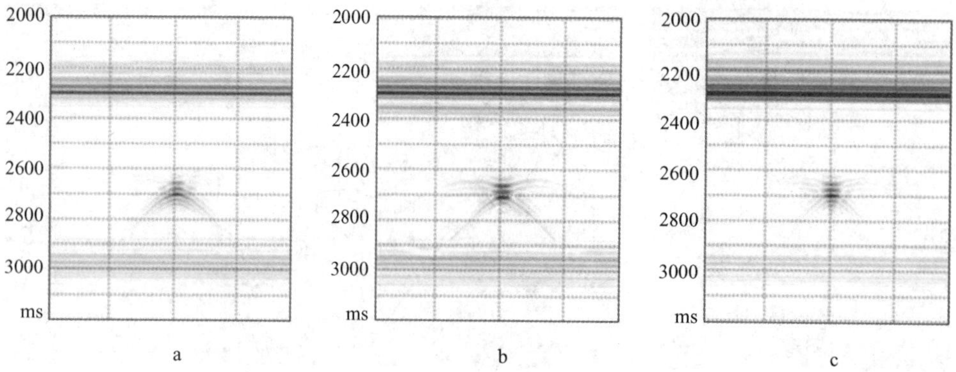

图4　不同方位角大小对溶洞横向偏移成像的影响

a—横纵比0.2；b—横纵比0.5；c—横纵比0.8

所示，随着炮道密度的增加，碳酸盐岩储层的信噪比与成像品质明显提高，实际资料分析表明超深碳酸盐岩储层的高密度宽方位采集观测的炮道密度应达到100万道/km^{2}以上。

1.4　观测方位宽度的选择

对碳酸盐岩地震勘探开发而言，缝洞系统的预测和空间立体雕刻是其重要任务，而缝洞的大小、形状和空间展布特征总是不规则的。目前叠前裂缝预测的方法大多与地震数据的观测方位宽度密切相关，为满足各个方向裂缝检测精度要求，地震资料最好是全方位的，才能得到准确的解；同时，由于非均质的缝洞体在地震上产生的响应表现为三维空间的绕射椭球体，也必须通过宽方位三维观测才能接收到来自三维空间的全部信息，从而通过偏移处理使其准确收敛和高分辨率成像。观测方位宽度的大小通常用接收排列片的最大非纵距与纵向最大炮检距之比[9]（简称横纵比）来衡量。横纵比大于0.5为宽方位观测；大于0.8可近似为全方位观测。但仅用排列片横纵比来衡量观测方位宽窄是不够的，覆盖次数横纵比亦是决定三维观测方位宽窄的重要因素[10]。因此，实际应用中应综合考虑排列片横纵比和覆盖次数横纵比的影响，尽量使两者数值趋于一致，这样才能保证各个观测方位炮检距和覆盖次数分布均匀，从而保证各个方位成像效果趋于一致。

从叠前偏移角度分析，对缝洞等小地质体而言，参与偏移的炮检距分布和偏移孔径直接决定了最终的偏移结果。当观测方位较窄时，缝洞体成像在纵向往往较好，而横向的覆盖次数较低且最大非纵距较小，偏移剖面上常常表现为绕射能量不收敛，成像质量较差[11-12]。随着观测方位的增大，纵横向的差异可以逐步消除。图4为针对单个溶洞正演模拟不同观测方位对溶洞横向偏移成像影响的结果。可以看出，随着观测方位的增大，横向绕射波收敛情况变好。因此，增加观测方位宽度有利于碳酸盐岩缝洞储层各个方向的准确成像，超深碳酸盐岩储层的高密度采集的观测方位宽度应达到0.8左右。

1.5　观测系统方案设计

塔里木盆地塔北、塔中地区碳酸盐岩油气资源丰富，主要产层为碳酸盐岩储层，储集体为岩溶缝洞型非均质体，目的层埋藏较深（塔北6000m以上、塔中5000m以上），储层内幕资料信噪比较低。常规三维地震勘探清晰刻画了大型岩溶缝洞体，实现了油气勘探的重大突破。但随着油气开发程度的深入，对裂缝预测和缝洞体系的雕刻提出了更高的要求，常规三维地震资料对小尺度的缝洞体、大洞周围的缝洞带及其连通关系识别能力不足，尤其是裂缝预测精度较低，制约了油田开发方案设计及高产井网、井组的布设。针对常规勘探在缝洞体精细刻画方面的不足，根据面元尺寸、覆盖次数、炮道密度以及观测方位宽度的需求，并考虑塔北、塔中深层碳酸盐岩储层的埋深不同，设计了适应于不同目的层埋深的高密度观测系统（表1），并在近年实施了多个高密度宽方位三维地震勘探项目，应用效果良好。

2　超深碳酸盐岩地震资料处理特色关键技术

通过近年处理攻关，逐步形成了针对超深碳酸盐岩缝洞型储层的高精度特色处理技术，基于火山岩振幅补偿技术和基于覆盖次数振幅处理技术有效填补了常规补偿方法不能解决的振幅保真问题，提高了资料的保真度。火成岩建模技术解

表1　高密度宽方位三维观测系统参数

施工方案	方案1(塔中)	方案2(塔北)
观测系统类型	48线4炮480道正交	44线5炮500道正交
面元	12.5m×25m	12.5m×25m
覆盖次数	576次	550次
接收线距	200 m	250 m
激发线距	250 m	250 m
横纵比	0.8	0.88
最大非纵距	4775 m	5475 m
纵向最大偏移距	5987.5 m	6237.5 m
最大偏移距	7658 m	8300 m
炮道密度	184.3万/km^2	176万/km^2

决了影响下伏目的层奥陶系缝洞储层成像的关键问题，实现了二叠系火山岩速度模型精细描述，提高缝洞的成像精度。双偏移面叠前深度偏移技术的应用，实现了真地表偏移，减小了地震波场的畸变，进一步提高成像精度，OVT域处理技术为碳酸盐岩储层叠前裂缝预测和AVO流体检测奠定了资料基础。

2.1　火山岩振幅下伏地层振幅补偿技术

塔里木盆地塔北探区二叠系普遍发育火山岩，其厚度、岩性的空间分布极不均匀，且对下伏地层的反射能量有不同程度的吸收衰减，这一现象对振幅特征要求极高的碳酸盐岩勘探带来挑战，常规的几何扩散补偿和地表一致性振幅补偿后不能完全解决振幅补偿问题，实际处理中应在常规补偿之后再增加火山岩振幅补偿处理，可以较好解决这一问题，并见到明显的效果。

具体方法是：首先选定一个精细时窗，要求包括火山岩下伏的所有地层，然后在CMP域统计出各道集的平均振幅和全区道集的平均振幅，利用迭代的方法，分解出每个CMP域的振幅补偿因子，并在时间方向上拟合出相应的补偿曲线，最后分别应用在各CMP道集上，消除火山岩对下伏地层的反射振幅吸收衰减的影响。图5显示了应用火山岩下伏地层振幅补偿前后的剖面，从剖面可以明显看到补偿后的剖面在火山岩的下伏地层反射能量得到较好的恢复，图6是火山岩下伏奥陶系顶面补偿前后的振幅属性对比，

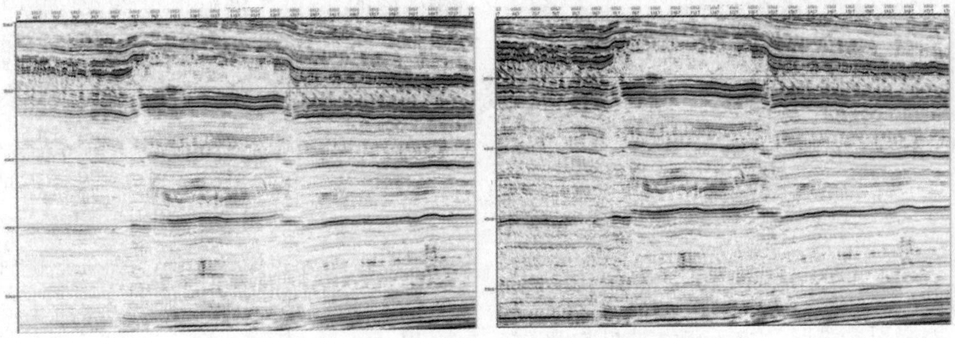

a 补偿前　　b 补偿后

图5　火山岩下伏地层补偿前后纯波剖面

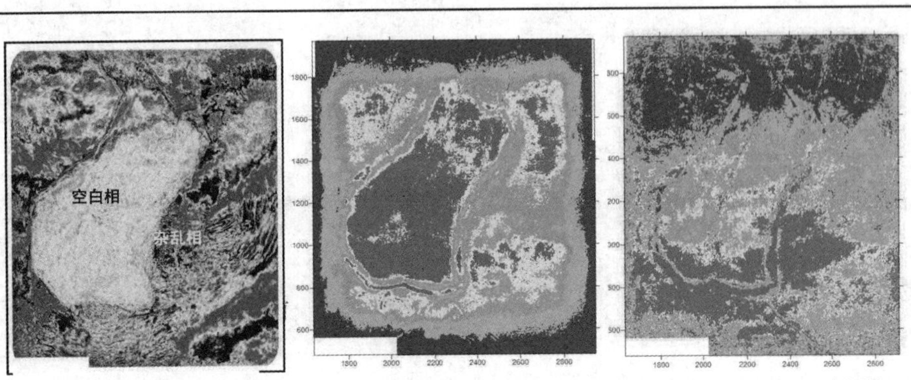

过火成岩段时间切片　　补偿前To3t上下100ms振幅属　　补偿后 To3t 上下 100ms 振幅属

图6　火山岩空间分布与下伏地层振幅补偿前后沿层振幅属性对比

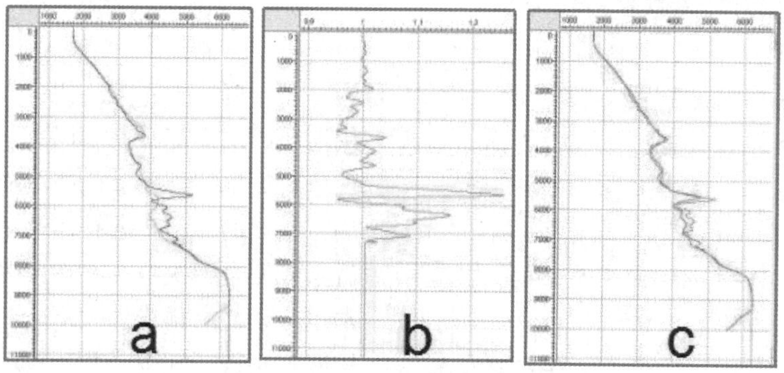

图 7 VSP 速度驱动更新地震速度

（a 中蓝色曲线为地震速度，绿色为 VSP 速度；b 为差异系数曲线；c 中的紫色曲线为 VSP 速度，浅蓝色曲线为 VSP 校正后的地震速度）

补偿前振幅关系与火山岩分布相关性非常强，补偿后相关性得以消除，其振幅关系更能反映地下地层的反射特征。

2.2 火山岩速度建模技术

2.2.1 基于 VSP 速度约束的速度建模

VSP 数据常用来分析地下复杂的波场，VSP 上行反射波与地震波的传播路径接近，能够准确地测量地层速度，可以使用 VSP 速度来更新井点附近的垂向速度，达到对复杂地质异常速度的准确刻画。具体做法为：首先提取出井旁地震速度，图 7a 中的蓝色曲线为地震速度，绿色曲线为 VSP 速度，求解出 VSP 速度与地震速度之间的差异系数，图 7b 为二者的差异系数曲线。其次将多个 VSP 井点的差异系数插值产生一个体。最后，将地震速度体与速度差异体进行体操作，利用 VSP 速度更新地震速度，图 7c 的浅蓝色曲线，提高了地震速度纵向精度。更新速度后进行偏移，如果 CIP 道集仍不平，则需通过更新各向异性参数来实现道集的拉平。

2.2.2 地震相控制的速度建模

约束后的速度纵向上对火成岩速度的描述精度有所提高，同时保持了速度横向规律。但是，由于 VSP 井点较少，横向上很难刻画不同地震相速度的突变，针对上述问题，引入了地震相分析方法，利用地层厚度、属性及地震相来确定不同相的边界。图 8 是对不同的地震相区采用相应相区内的 VSP 井进行速度约束，以地震相边界作为速度突变的边界，该方式在一定程度上可以解决速度空间变化问题。

常规地震速度为模糊的等效速度，对于大套地层能够近似的预测出来，通过接近地下真实的 VSP 垂向速度约束及地震相控制的方式，从纵横向提高了速度建模的精度，更新后的地震速度与 VSP 曲线吻合度较高，见图 9。对不同相区岩性的速度变化能够准确的描述，对火成岩地质异常体的内部结构的刻画更为准确。

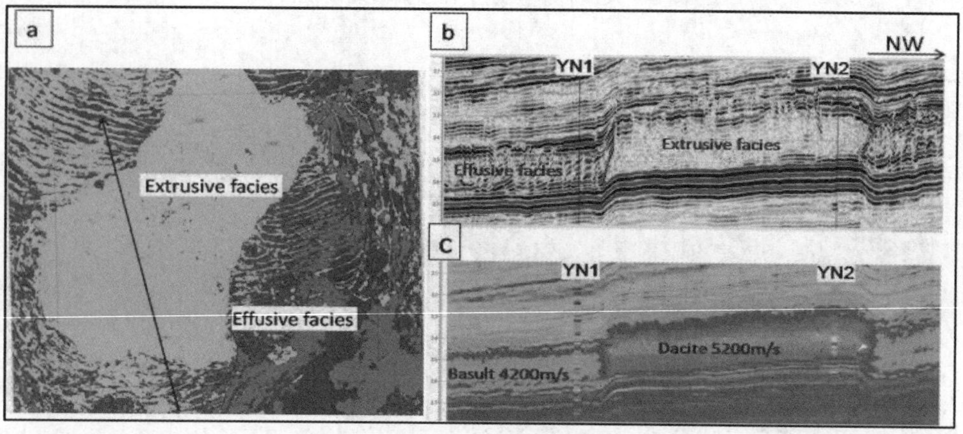

图 8 地震相及约束速度图

（图 a 为研究区地震相平面图，地震相分为两种：一种为喷出相，另一种为溢流相。图 b 为过地震相地震剖面。图 c 为地震相约束的速度建模，这种方法实现不同地震相之间速度的突变）

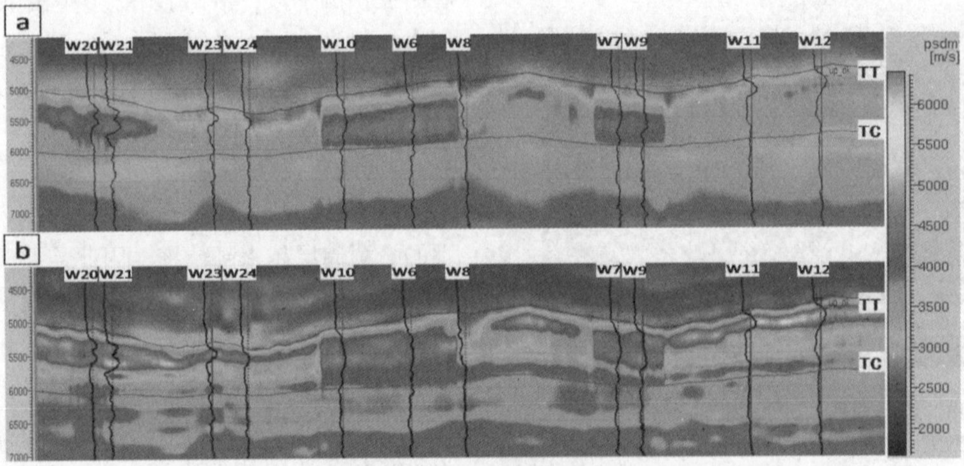

图 9　地震相控制前后地震速度对比剖面
（a 为常规的深度域速度，速度为模糊的等效速度，b 为 VSP 及地震相约束后速度，纵横向分辨率较高）

2.3　双偏移面叠前深度偏移技术

塔里木盆地塔北、塔中地区为了获得更强的地震反射信息，采集工程采用炸药震源，潜水面以下激发，在地表埋置检波器接收，即激发点和接收点不在同一个面上。以往叠前深度偏移技术破坏了实际的波场传播路径，在旅行时计算时会引起误差。为了克服这种缺陷，发展了拟真地表偏移技术，但是目前的拟真地表偏移技术都是基于单个偏移基准面的，即需要首先通过静校正将炮点从激发点校正到地表，再从地表开始偏移。当激发点深度较深时，这种校正方法仍然会破坏实际的波场传播路径，偏离了真地表偏移技术的初衷。如图 10 所示，从激发点 S 到检波点 G 的真实的传播路径为红色箭头线，而目前的偏移方法的路径为蓝色箭头线。

双偏移面叠前深度偏移成像技术的道集不用或仅用高频静校正，在旅行时计算时，射线追踪的起点放置与激发点高程面上，终点置于接收点高程面上。由于地表高程和近地表速度一般会剧烈变化，旅行时的计算方法采用波前面重建的方法，这样无需对地表高程进行平滑，可以消除平滑地表高程面引起的高频误差，达到真正意义上的真地表偏移。

双偏移面叠前深度偏移成像的关键是近地表速度建模，传统层析反演方法由于缺少深度的约束，得到的模型速度和深度往往都偏大，可以用于计算静校正量，但是不能用于叠前深度偏移。加入微测井等先验信息约束后，可以大大提高模型反演的精度，可用于深度偏移速度融合建模。

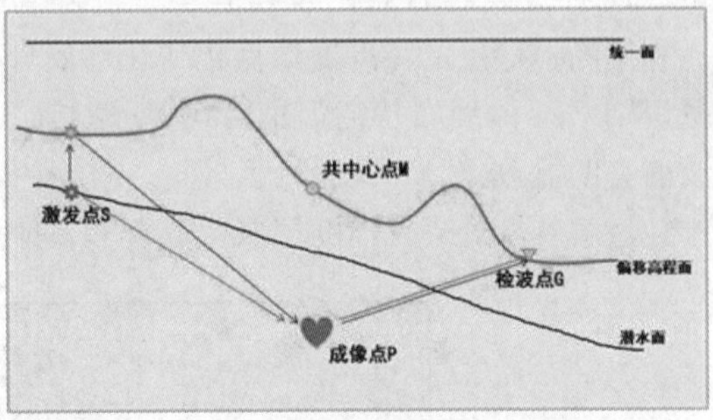

图 10　双偏移面叠前深度偏移射线路径

通过近年技术攻关，积分法双偏移面成像技术基本成熟，并已形成配套技术，实现方法是利用双基准面克希霍夫真地表偏移产生的共成像点(CIP)道集再进行速度更新。在网格层析的射线追踪部分，将射线追踪的起点放置与激发点高程面上，终点置于接收点高程面上，可以实现基于双基准面的网格层析对速度的更新，完成偏移与速度更新的迭代过程。图 11 是采用地表圆滑面的叠前深度偏移 CIP 道集和双偏移面叠前深度偏移 CIP 道集，可以看出采用双偏移面叠前深度偏移 CIP 道集更加平直。

3　超深碳酸盐岩缝洞体描述技术

3.1　走滑断裂精细刻画技术

针对碳酸盐岩储层地震资料信噪比偏低的特点，利用构造导向滤波、基于扩散方程的构造滤波等多种方法压制噪音，同时利用振幅变化率、张量厚度等属性提高断裂识别精度；针对受岩溶影响断裂刻画难度大的地区，利用走滑断裂高陡直立的特点，优选不受岩溶作用影响、距离目的层近且具有地质意义的层位作为“辅助层”进行

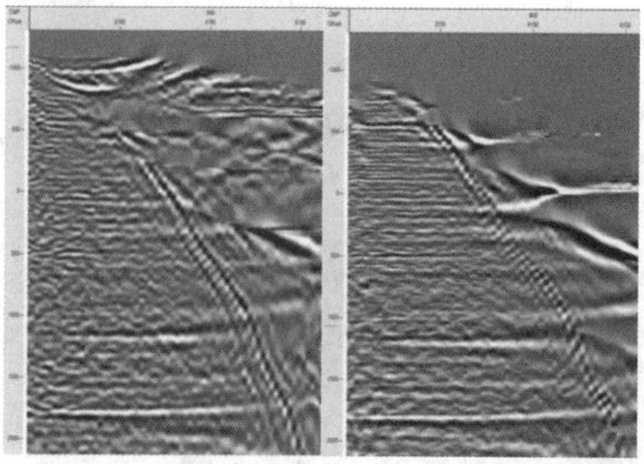

图 11　地表圆滑面偏移 CIP 道集(左)、双偏移面偏移 CIP 道集(右)

断裂相关属性提取，有效规避岩溶储层影响的同时，最大程度跟目的层断裂样式及组合关系接近一致，从而提高岩溶发育区断裂识别精度。利用多重滤波有效改善资料的信噪比，消除噪音背景，利用断控储层的特点提取振幅变化率属性能清楚识别断溶体展布特征(图 12)，断裂特征较滤波前有明显改善。

经过解释性处理及辅助层属性分析等多种叠后断裂预测手段，潜山岩溶影响区的断裂识别精度大幅提高，平面上组合关系明确，基本消除了河流水系的影响作用，达到断裂识别的目的(图 13)。

3.2　地质统计学反演技术及效果

随着碳酸盐岩评价开发工作的深入，要求识别的缝洞储层越来越精细，因此需要开展地质统计学反演。该方法以约束稀疏脉冲反演结果作为输入数据，以测井数据为主，井间变化用地质统计规律和地震数据约束，生成多个等概率属性模拟结果，优选与测井、地质分析最吻合的结果作为研究对象，预测的纵向分辨率可以达到 10~15m。地质统计学反演包括：精细地质模型建立、岩性划分及统计学参数分析、地质统计学反演、等效孔隙度协模拟。利用塔中高密度资料，分别开展常规稀疏脉冲反演与地质统计学反演，如图 14 所示，稀疏脉冲得到的反演结果，储层边界光滑，而地质统计学反演结果对串珠边界的刻画更加精细，形态与地质认识更加吻合，且具有更高的钻井吻合度。

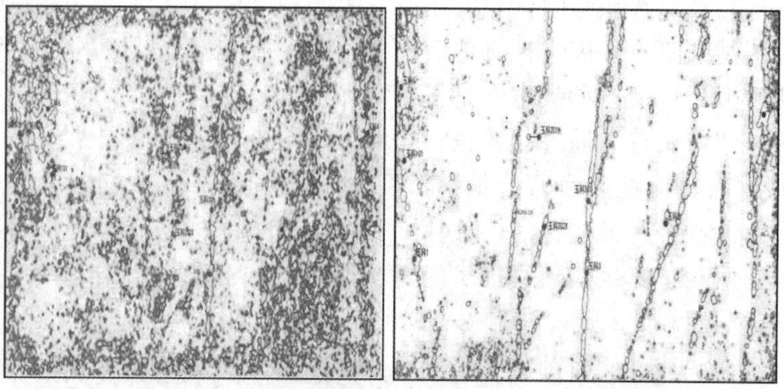

图 12　塔北某工区构造导向滤波前后振幅变化率平面图

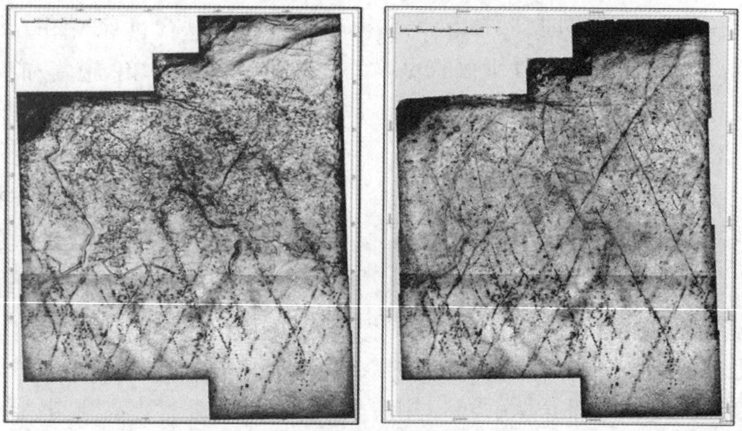

图 13　塔河北地区原始相干与滤波后辅助层相干平面对比图

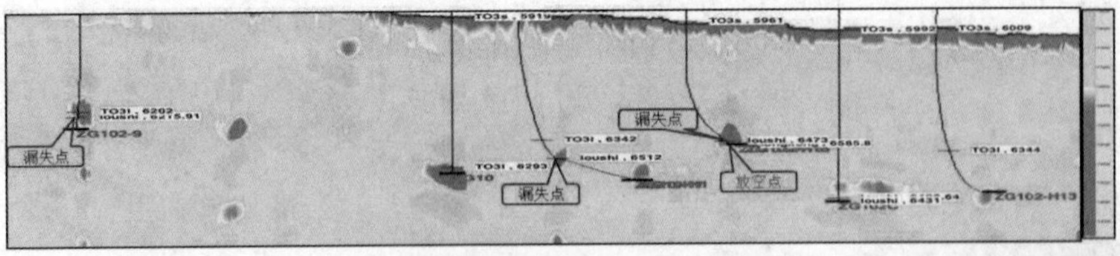

（a）稀疏脉冲反演连井剖面

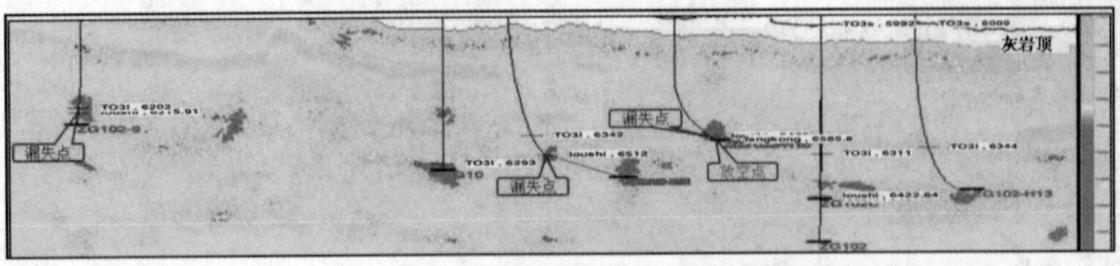

（b）地质统计学反演连井剖面

图 14　稀疏脉冲反演与地质统计学反演效果对比

3.3　基于叠后地震属性的缝洞储层量化雕刻技术

碳酸盐岩缝洞储层量化描述研究中，首先是利用高保真、高保幅的地震数据体，通过裂缝和溶洞的地震地震相识别，构建地震尺度下的缝洞体叠后属性空间几何模型；其次是利用地震波阻抗属性转化的孔隙度数据与叠后属性的空间交会，实现缝洞体内部储层类型和孔隙度的空间分布特征的量化描述；同时可以结合原油饱和度、体积系数等参数计算缝洞体地质储量。

利用叠后敏感性属性建立缝洞体三维结构模型时，首先提取与储层、裂缝有关的地震属性，采用多属性地震相分析技术，识别储层地震相和裂缝地震相；然后将储层地震相和裂缝地震相的分类结果输入到地质模型中，并根据储层和裂缝在地质模型中的连续性，搜索得到缝洞连通体，建立缝洞储集体空间结构模型。

缝洞体孔隙度模型建立则需要根据多井一致性处理及解释，得到井点处的孔隙度和波阻抗。如果钻井过程中经常出现漏失和放空现象而无法测井，造成洞穴型储层没有测井评价孔隙度值来标定纵波阻抗。应用已钻井并结合工区内放空井的测井、试油及地质综合分析资料来确定漏失放空段的孔隙度值，然后在井震精细标定剖面上读取相应波阻抗值。同时利用有波阻抗和孔隙度数据的钻井资料，得到奥陶系储层孔隙度和纵波阻抗关系图版，再通过模拟得到研究区的“等效孔隙度”。

图 15 为塔北地区缝洞体的孔隙度模型，暖色调(红黄色)代表高孔隙，冷色调代表低孔隙(蓝色)。孔隙度模型提供了储层储集特征的空间变化，利用测试资料、生产测井资料确定储层有效孔隙度的下限值为 1.8%。从孔隙度模型计算的总孔隙度中扣除小于有效孔隙度下限的部分，就得到缝洞连通体的有效孔隙度模型。缝洞储层以缝洞连通体内的有效网格为单位，可以通过积分法求取有效体积，单个有效网格的有效储集空间为单个有效网格体积与相对应的有效孔隙度的乘积，缝洞连通体的有效储集空间为缝洞连通体内所有有效网格的有效储集空间之和。

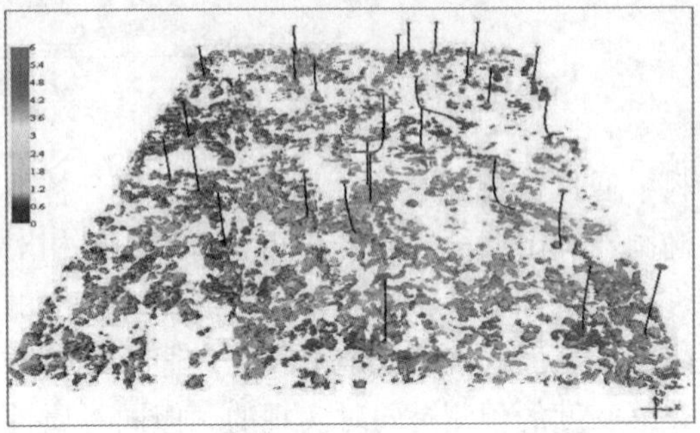

图 15　缝洞体的孔隙度地质模型

3.4　碳酸盐岩储层裂缝预测技术

叠后裂缝预测方法主要是相干加强裂缝预测技术，通过对相干数据体进行边缘检测强化处理，可以突出细微的不连续性，压制明显的不连续性，实现对小尺度断层及裂缝的预测。相干加强裂缝预测是在相干体的基础上进行裂缝的计算，计算出的裂缝发育区反应了裂缝发育强度。图 16 为塔北 A 工区奥陶系一间房顶裂缝预测平面图和断裂系统图，可以看出，在断裂发育区域裂缝也最为发育；断裂破碎带附近裂缝发育程度最强。

塔北、塔中地区均有较宽方位的高密度地震

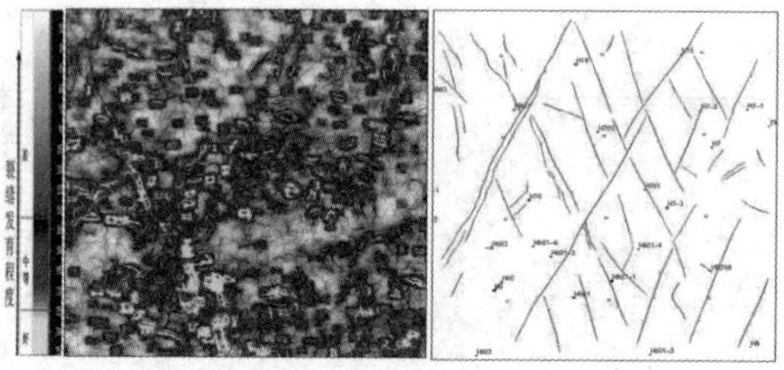

图 16　塔北 A 工区奥陶系一间房顶裂缝预测图和断裂系统图

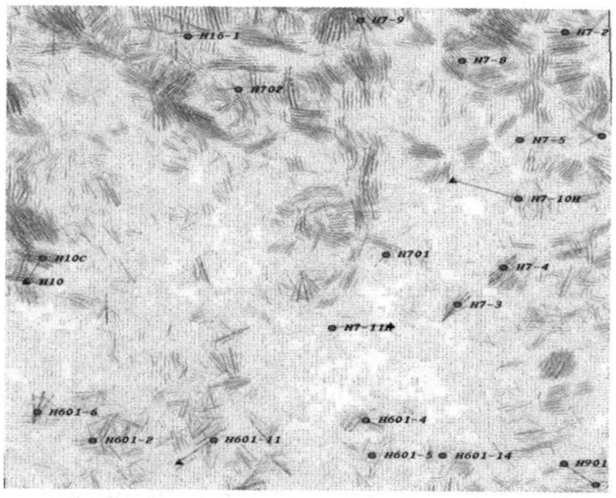

图 17　塔北 A 工区三维奥陶系一间房顶各向异性裂缝预测平面图

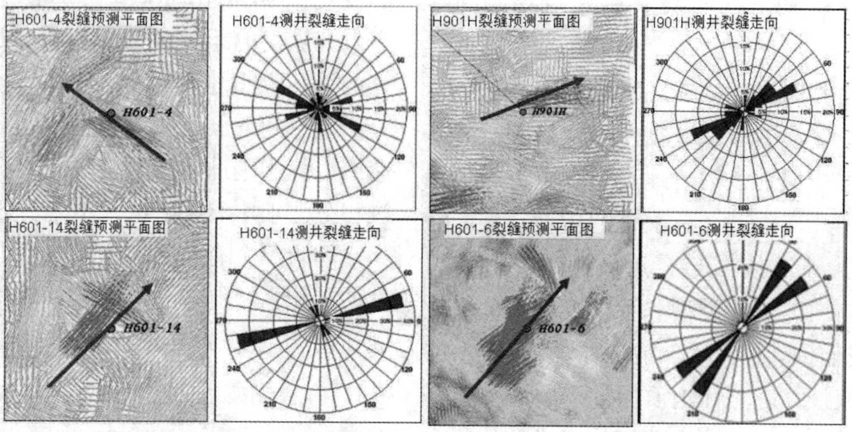

图 18　各向异性预测的裂缝方向与测井裂缝方向对比图

资料，通过资料中的各向异性信息来拟合各向异性椭圆，确定裂缝的方向和相对密度。对相对密度进行标定和校正，就能得到裂缝发育强度的相关图件，从而实现裂缝定量预测。通常裂缝方向和裂缝密度的预测是同时实现的，但同一属性对方向和密度的敏感程度或可靠性不同，可选择不同的属性分别进行方向和密度的预测。在塔北 A 工区利用振幅的各向异性裂缝预测平面图（图 17）中彩色细线条的颜色代表裂缝强度，红色裂缝最强，方向代表裂缝走向。A 工区奥陶系一间房组顶部灰岩裂缝发育，特别是在北部 H702、H16-1 地区裂缝最为发育，裂缝发育方向总体为北东向和北西向，与该区大断裂的发育方向基本一致。通过测井信息对比统计，预测裂缝方向与测井解释的吻合率达到 80%（图 18）。

4　应用效果及认识

针对塔里木盆地奥陶系碳酸盐岩缝洞型具有埋藏超深（5000～8000m）、地表复杂（主要为流动性大沙漠）、地震信噪比低的特点和地震勘探面临的高保真采集、走滑断裂及缝洞储层精准成像、非均质储层量化描述等技术难题，通过物探技术攻关，形成了基于高密度宽方位三维采集的地震探测和缝洞体描述技术体系，该技术在塔里木盆地碳酸盐岩领域大规模推广应用，实施三维地震 4537 平方千米，取得显著的应用效果：

（1）有效推动塔河南岸效益建产，钻井成功率由 84% 提高到 96%，高效井比例由 38% 提高到 60%。

（2）首次实现塔北-塔中超过 5 万平方千米三维地震资料断裂整体成图，明确了台盆区 70 条主干走滑断裂格局，发现与落实圈闭 58 个。

（3）满深 1 井在埋深 7600 米超深层碳酸盐岩获重大突破，使得塔北含油有利区向南扩大了 5000 平方千米，奠定了塔河南岸奥陶系资源基础，同时标志着塔北-塔中奥陶系含油气区整体连片，为新疆经济社会发展增添了新动能。

在技术上，攻关实践表明通过高密度、宽方位地震资料的采集、处理，可以获得资料品质明显提升、断层改善、串珠清晰的地震资料。通过塔里木油田超深碳酸盐岩高精度三维地震的勘探开发实践，结合研究成果和开发效果，取得以下几点认识：

（1）地震技术进步是推动复杂油气藏勘探开发的必要条件。宽方位高密度三维观测的各个方位覆盖次数和炮检距分布均匀，缝洞储层各个方向的偏移效果趋于一致，有利于缝洞储层空间展布特征的准确刻画和分方位处理提高裂缝预测精度。宽方位高密度地震采集、处理为酸盐岩储层预测与缝洞体描述奠定了资料基础。

（2）高精度三维地震是缝洞型碳酸盐岩规模勘探和效益开发的有效手段。超深碳酸盐岩储层预测及油气藏的岩石物理分析、地质统计学反演、叠前叠后裂缝预测、圈闭划分、流体检测、缝洞量化雕刻等技术，推动了碳酸盐岩断裂控储控藏、分段富集新认识，完善了台盆区碳酸盐岩准层状油气藏地质认识；推动了碳酸盐岩油气藏的勘探、评价、开发一体化快速发展。

（3）高精度三维地震的持续实施，推动了超深碳酸盐岩缝洞体描述技术的发展，形成了碳酸盐岩发育层间岩溶储层的新认识，必将进一步推动塔北-塔中超深碳酸盐岩千万吨级根据地的建设。

参 考 文 献

[1] 夏洪瑞. 道间距对偏移结果影响的讨论[J]. 勘探地球物理进展，2007，30(1)：33-38.

[2] Eborm D，Li X，McDonald J，et al. Bin spacing in land 3-D seismic surveys and horizontal resolution in-time slices[J]. The Leading Edge，1995，14(1)：37-40.

[3] Shabrawi A，Smart A，Anderson B，et，al. How single-sensor seismic improved image of Kuwait's minagish field[J]. First Break，2005，23(2)：63-69.

[4] 熊金良，岳英，杨勇，等. 面元大小与纵向分辨率关系[J]. 石油地球物理勘探，2006，41(4)：489-491.

[5] 刘群，李宗杰，禹金营，等. 高精度三维地震技术应用效果分析-以塔河油田S48井区为例[J]. 石油物探，2010，49(6)：573-583.

[6] 陈学强，杨举勇，简先知，等. 塔中碳酸盐岩勘探小面元三维地震采集设计方法及应用效果[J]. 天然气工业，2007，27(增刊A)：37-39.

[7] 郭恺，仝兆岐，滕厚华. 地震采集面元尺度与成像横向分辨能力分析[J]. 石油与天然气地质，2012，33(1)：141-147.

[8] 胡中平，李宗杰，赵群. 碳酸盐岩溶洞发育区高精度地震勘探效果[J]. 石油地球物理勘探，2008，43(1)：83-87.

[9] Vermeer G J O. 3-d seismic survey design[M]. Tulsa：Society of Exploration Geophysicists，2002：22-23.

[10] 牟永光. 三维复杂介质地震物理模拟[M]. 北京：石油工业出版社，2003：89-91.

[11] Yilmaz O Z. Seismic data analysis [M]. Tulsa：Society of Exploration Geophysicists，2001：502-509.

[12] Liu Y，et al. A method of acquiring full azimuth data for carbonate reservoirs exploration in Tarim basin，western China [J]. Expanded Abstracts of 82th Annual Internat SEG Mtg，2012，1-5.

鄂尔多斯盆地北部中元古界天然气成藏条件及勘探前景分析

安　川　张　威　归平军　李春堂　齐　荣

(中国石化华北油气分公司勘探开发研究院)

摘　要　鄂尔多斯地区中新元古界发育一系列北东向的裂陷槽，通过地震及钻井资料综合解释，明确了鄂尔多斯盆地北部杭锦旗地区中元古界分布特征及构造特征，识别出多个中元古界长城系箕状断陷，中元古界长城系残留厚度在500~3000m。在杭锦旗地区及周边地区发现黑色泥(板)岩，具备一定生烃能力。断陷受深大断裂控制，内部主要沉积扇三角洲砂砾岩及辫状河三角洲含砾粗砂岩、中砂岩，砂岩类型主要为不同粒级的石英砂岩、岩屑砂岩，溶蚀孔隙发育，可以作为有效储集层。中元古界内部泥岩可以作为直接盖层，上石盒子组泥岩作为区域盖层，中元古界内部泥岩及上古生界山西、太原组煤层可以作为烃源岩，构成自生自储及上生下储两种成藏组合。杭锦旗中元古界取得突破，可以打开鄂尔多斯盆地深层勘探新局面。

关键词　鄂尔多斯盆地；中元古界；生储盖组合；成藏条件；勘探前景

杭锦旗地区位于鄂尔多斯盆地北部，横跨伊盟隆起、伊陕斜坡和天环向斜三个一级构造单元。杭锦旗地区主要勘探层位是上古生界二叠系山西组及下石盒子组，已经具有相当规模的油气储量。杭锦旗地区发育多个中元古界裂陷槽，，多口探井在中元古界钻遇有利的油气显示，其中锦13井在中元古界长城系中部钻遇良好的气显示，中途测试阶段日产天然气8800~23970m^3/d；锦142井在中元古界长城系钻遇62m气层，气层段自然求产日产气7900m^3/d，证实了中元古界具有较好的勘探前景。

中元古界作为杭锦旗地区潜在的有利勘探层系，目前研究程度较低。近些年理论研究和工艺技术的进步使得天然气勘探不断向深层拓展，尤其是四川盆地安岳大气田的发现，大大增加了我们在鄂尔多斯盆地中-新元古界取得突破的信心。本文从杭锦旗地区中元古界天然气基本成藏条件分析出发，明确了中元古界构造、沉积演化特征及可能的气藏发育类型，分析勘探潜力，优选了有利勘探区带，为下一步勘探部署提供依据。

1　区域地质背景

鄂尔多斯盆地是华北板块西部典型的克拉通边缘叠合盆地，为中国内陆第2大沉积盆地，横跨陕、甘、宁、蒙、晋五省区。目前由伊盟隆起、渭北隆起、晋西挠褶带、伊陕斜坡、天环坳陷、西缘冲断带等6个一级构造单元组成，盆地面积约为25×10^{4}km^2。杭锦旗地区位于鄂尔多斯盆地北部，横跨伊盟隆起、伊陕斜坡和天环向斜三个一级构造单元。

鄂尔多斯盆地是华北板块的一部分，它的形成演化与华北板块的构造发展密不可分。盆地从太古代-新生代，经历了太古-早元古代基底形成，中晚元古代大陆裂谷发育，古生代克拉通盆地，中生代大型内陆拗陷，新生代周缘断陷五个演化阶段，也依次沉积了中新元古界、古生界、中生界、新生界。

鄂尔多斯盆地中新元古代经历了长城纪陆内裂陷、蓟县纪边部沉降、青白口纪-南华纪整体隆升和震旦纪边缘坳陷四个主要的演化阶段。长城系-震旦系在鄂尔多斯盆地内分布范围逐渐缩小，长城系和分布面积广、地层厚度大、基本上未变质；而蓟县系、青白口系和震旦系则分布局限，青白口系仅分布于盆地东南缘的豫西地区、震旦系则仅分布于盆地南缘和西缘地区，整体上具有自东北向西南逐渐加厚的趋势。同时受早期陆内裂谷的影响，不同沉积区厚度变化明显，沿北东方向呈明显的隆坳相间分布格局，最大厚度超过5000m(图1)。

2　基本成藏条件

2.1　中元古界长城系沿近南北向断陷展布

在鄂尔多斯盆地中新元古界层序基础之上，结合盆地周缘地区中上元古界沉积时代，进行了

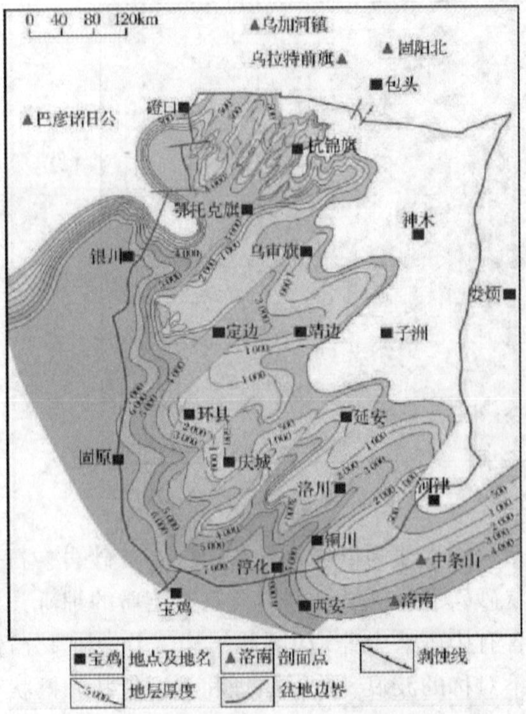

图 1 鄂尔多斯盆地中-新元古界地层厚度

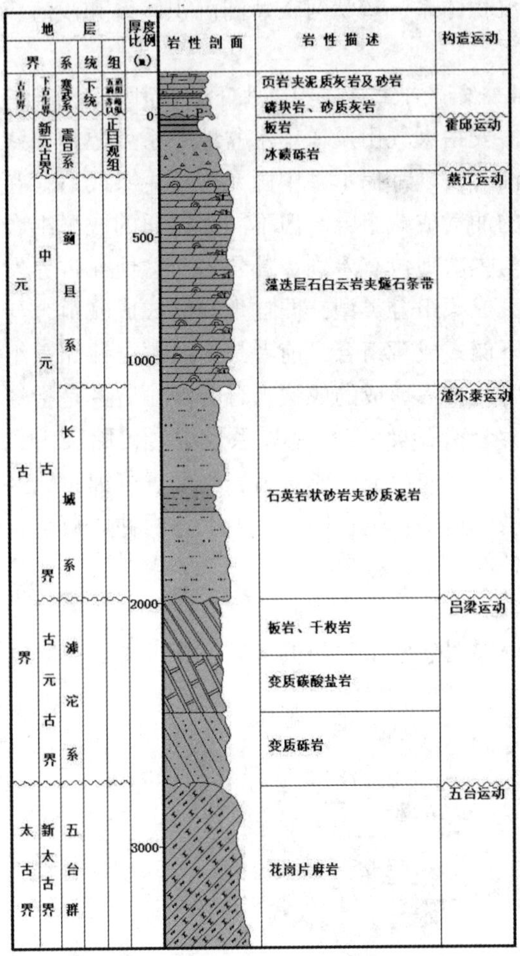

图 2 鄂尔多斯盆地太古-元古界综合柱状图

地层区域对比，在此地层格架下，结合杭锦旗地区钻井资料、野外露头及地震等资料明确了杭锦旗地区中元古界分布特征。中元古代长城纪为陆内裂谷发育时期，该时期太古代—古元古代结晶基底破裂断陷，在盆地西部、南部形成了一系列北东方向展布的陆内裂谷，沉积了巨厚的碎屑岩系。杭锦旗地区位于鄂尔多斯盆地中新元古界沉积盖层北部边界，区内蓟县系-震旦系沉积缺失，只沉积了长城系黄旗口组(Chq)，长城系黄旗口组分布于多个箕状断陷内部，地层厚度在0~3000m。

根据杭锦旗地区及周边实钻井资料，中元古界长城系(Pt_2Ch)岩性主要为砂砾岩、石英砂岩、含砾粗砂岩及泥岩。下伏地层为下元古-太古界($Ar-Pt_1$)的千枚岩与片岩和片麻岩。

2.2 伸展作用下不同规模箕状断陷

鄂尔多斯盆地在中-晚元古代是其大陆裂谷集中发育阶段，在盆地西部和南部形成的宁蒙、甘陕、晋陕、秦豫拗拉槽，它们呈北东向展布，沉积了巨厚的长城系滨海相碎屑岩。杭锦旗探区中新元古界长城系发育多个近南北向的裂陷槽，属于宁蒙裂陷槽北段。杭锦旗地长城系是在伸展作用下产生的断陷盆地，盆地形态为典型的箕状断陷。断陷内地层厚度主体在0~2000m，局部大于5000m。其中3个规模较大的裂陷槽包括百眼井断陷、蒋家梁断陷和独贵加汗断陷，分别由塔木汗断裂、乌兰素断裂和道劳断裂3条大型铲式正断裂控制。断陷内部发育大量与主断裂同向或反向的近平行次级正断层，断陷内构造复杂。

2.3 滨浅海相碎屑岩沉积体系

长城纪早期，由于受吕梁运动的影响，鄂尔多斯板块上升为陆，遭受分化剥蚀，直到长城纪晚期，鄂尔多斯西缘不断下陷，在鄂尔多斯古陆与阿拉善隆起之间形成南北向的海槽，祁连海水由南向北侵入，在此沉积环境下，沉积了黄旗口组。海侵范围北至内蒙古桌子山，东至盐池地区，西至海原一带。海槽古地形呈北高南低，并出现黄旗口地区和青龙山地区2个沉积厚度较大的沉积中心。主要以沉积物为泥质岩-砂岩-白云岩为组合特征的泻湖相沉积为主。在贺兰山北段王全口及南部闽家沟地区，主要以滨海相沉积为主。之后，板块开始慢慢抬升，海水开始退却，致使长城纪与蓟县纪发生了沉积间断。

根据钻井及野外露头的观察，杭锦旗地区长

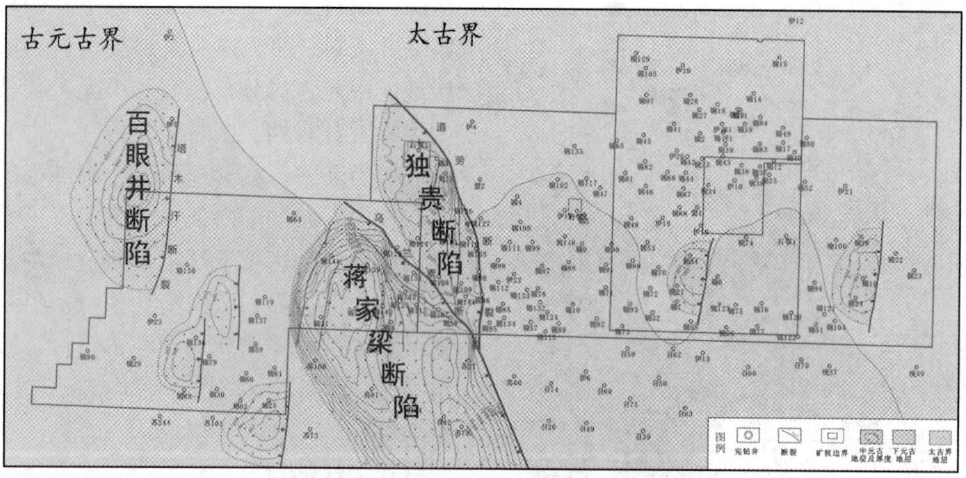

图3　杭锦旗地区中新元古界地层分布图

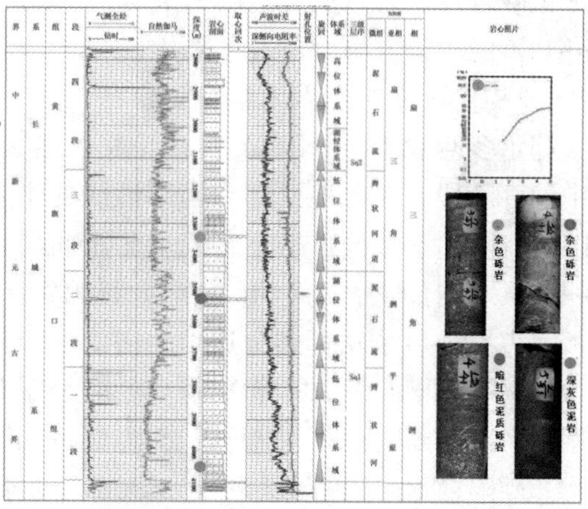

图4　杭锦旗地区锦13井中新元古界综合柱状图

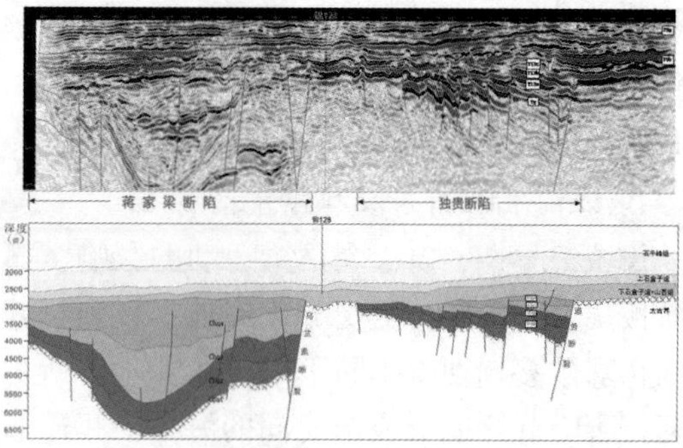

图5　杭锦旗地区中部东西向剖面图

城系岩性主要为紫红色、灰白色石英砂岩、石英岩状砂岩、砂砾岩。普遍含有石英质的细砾，局部含有中砾，中等-次圆状结构，差-中等分选，见不对称的波痕、平行层理和大型板状、槽状交错层理。杭锦旗地区元古界的沉积类型较复杂，种类较多，主要发育以下三种沉积体系：扇三角洲沉积体系、辫状河三角洲沉积体系和浅海沉积体系。

2.4　发育自生自储和上生下储两种成藏组合

安岳大气田及塔里木盆地一系列源自寒武系的油气发现都揭示，中国元古界—寒武系存在现实的油气成藏组合。但不同克拉通的成藏组合类型与主次地位有差别，鄂尔多斯盆地元古界发育两大成藏组合类型，即自生自储式成藏组合与上生下储式成藏组合，前者是指烃源岩和储盖组合都为元古界形成的成藏组合类型，后者是指烃源岩为上覆石炭-二叠系煤系烃源岩，储层为元古界碎屑岩而形成的成藏组合类型。杭锦旗地区裂陷槽内具备自生自储、上生下储两种成藏组合形成条件。

2.4.1　烃源岩

根据盆地钻井和试气成果分析，研究区内烃

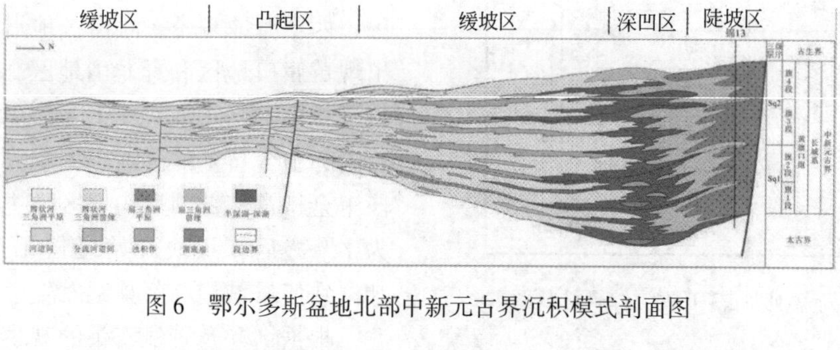

图6　鄂尔多斯盆地北部中新元古界沉积模式剖面图

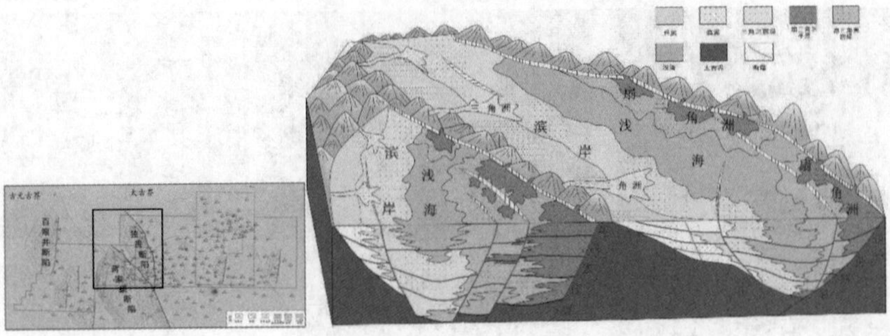

图7 鄂尔多斯盆地中新元古界沉积模式图

源岩主要分布在上古生界和中新元古界两套层系。

（1）中新元古界烃源岩

中元古界长城系和蓟县系烃源岩是中国目前发现的最古老的烃源岩，主要见于华北克拉通，其烃源岩类型主要为泥质烃源岩。在杭锦旗地区，蓟县系缺失，推测烃源岩主要发育在长城系。

据周缘地质调查证实，鄂尔多斯盆地北缘、南缘中元古界长城系发育黑色板岩、炭质板岩，烃源岩为较好的烃源岩，局部为好的烃源岩，具有较好的生烃能力；西缘在震旦系-寒武系也发现可疑的烃源岩层段。2017年渭河盆地济探1井长城系崔庄组钻遇厚22m灰黑色泥岩，有机碳平均0.62%，TOC大于0.5%的样品占45%以上，Ro为2.39%，为可靠气源岩。

在杭锦旗探区周边开展的露头烃源岩调查发现，在杭锦后旗硫铁矿露头Pt_2底部发现有厚约30米的黑色泥页岩，夹于千枚岩与变余石英砂岩、石英岩之中。经热解分析，3个样品中有机碳最大为4.6%，最小为0.12%，平均2.30%，表明这套黑色泥岩具有较高的有机质丰度，在固阳县北渣尔泰山群中所采的暗色泥岩样品的有机碳也达到1.59%。在锦13井的中新元古界底部很可能发育烃源岩，锦13井第五回次取心的底部见到三十厘米厚的深灰色泥岩，其热解有机碳到达0.48%，也显示出一定的生烃潜力。杭锦旗中元古界长城系断陷深凹区是烃源岩发育有利位置。

（2）上古界烃源岩

杭锦旗地区的上古生界烃源岩主要为太原组、山西组的煤层、暗色泥岩与炭质泥岩，其中煤为主力生气源岩。杭锦旗地区太原~山西组煤层总厚一般5~15m，最厚达20m。以泊尔江海子、乌兰吉林庙及三眼井断裂为界，具有南厚北薄、东厚西薄、凹陷最为发育的特点。上古生界烃源岩有机质类型为腐植型，有机碳测试样品结果平均值56.92%；氯仿沥青“A"测试样品结果平均值0.030%，是好的烃源岩。

2.4.2 储集层

鄂尔多斯盆地长城系主要为紫红色、灰白色等厚层块状石英砂岩，粉红色砾岩，夹板岩、泥质砂岩、泥岩、砂质泥岩及火成岩。主要经历了冲积扇体系、浅海体系、三角洲体系，主要为不同粒级、较纯的石英砂岩。尽管时代老，埋藏较深，成岩作用强烈，但储集空间依然存在。以残余粒间孔和次生溶孔为主。城川1井、莲1井、克1井、锦3井、锦13等多口井都钻遇长城系石英砂岩，其中克1井长城系钻遇石英砂岩54m，测井解释储层两段共17.9m，储集空间以残余粒间孔和次生溶孔为主，平均孔隙度为5.76%，局部发育裂缝；锦3井元古界砂岩孔隙度（2.3~9.9）%，一般（2.6~6.0）%，平均4.2%，表明长城系具备良好储层的条件。

根据杭锦旗地区已有的分析化验实验结果，元古界储层属于特低孔、特低渗储层。根据锦3井的四个样品毛管压力曲线可以分为2种类型，两种类型的门槛压力均小于1.0MPa，两个样品S_{Hgmax}小于或等于50%，说明以细孔喉为主；两个样品S_{Hgmax}大于80%，说明除了细孔喉之外，还发育一部分较粗大的孔喉。

研究区域根据锦13井取芯发现，发育垂直裂缝，裂缝的发育可以有效的改善储集性能。

2.4.3 盖层

杭锦旗地区位于盆地北部，受伊盟隆起影响，中元古储层发育区直接上覆分布广泛的石盒子组地层，缺失寒武、奥陶系地层，石盒子组泥岩为鄂尔多斯盆地的区域盖层。另外山西、太原组深色泥岩及煤层为局部盖层，气层顶部直接泥岩盖层可作为直接盖层。

图 8　鄂尔多斯盆地长城系储层岩石类型及孔隙类型

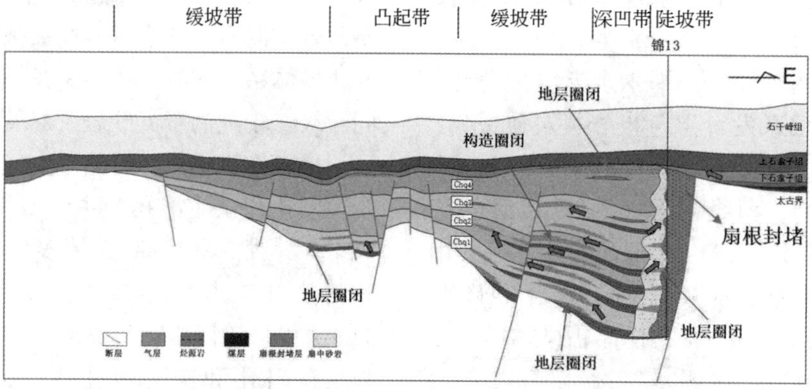

图 9　杭锦旗地区中新元古界长城系成藏模式图

3　勘探潜力及方向

3.1　鄂尔多斯盆地勘探新层系

杭锦旗地区中元古界长城系分布范围超过2000平方公里，且在断陷中部及表层已取得油气成果，如能在杭锦旗地区发现长城系有利烃源岩层段，辅以长城系较好的储集条件，有望为杭锦旗开辟新的勘探领域和层系。中新元古界在鄂尔多斯盆地四大裂陷槽大面积发育，杭锦旗中元古界取得突破，可以打开鄂尔多斯盆地深层勘探新局面，同时可以推动其他探区中新元古界勘探突破。

3.2　源储有效配置区是勘探有利方向

杭锦旗地区中新元古界独贵断陷陡坡带与缓坡带紧邻断陷深凹带源岩发育区，气源丰富；陡坡带发育扇三角洲前缘，而缓坡带发育辫状河三角洲前缘，相带中的水下分流河道砂为天然气提供了储集空间，但辫状河三角洲水下分流河道砂的成分成熟度和结构成熟度优于扇三角洲前缘水下分流河道砂，更利于天然气储集；断陷顶部是上古生界上石盒子组的区域盖层，盖层封堵条件有利，与太原组-山西组烃源岩、长城系烃源岩构成了良好的生储盖组合。同时，断层的遮挡以及岩性变化使得天然气在此聚集成藏，形成构造-岩性气藏、构造气藏。另外，该区靠近断裂，裂缝较发育，也为天然气的运移提供了通道，是成藏有利区。

4　结论

（1）杭锦旗中新元古界长城系发育多个近南北向的裂陷槽，盆地形态为典型的箕状断陷。断陷内地层厚度主体在 0～2000m，局部大于5000m。其中 3 个规模较大的裂陷槽包括百眼井断陷、蒋家梁断陷和独贵加汗断陷。

（2）杭锦旗中元古界长城系断陷内部主要沉积扇三角洲砂砾岩及辫状河三角洲含砾粗砂岩、

中砂岩，砂岩类型主要为不同粒级的石英砂岩、岩屑砂岩，溶蚀孔隙发育，可以作为有效储集层。在杭锦旗地区及周边地区发现黑色泥(板)岩，具备一定生烃能力。中元古界内部泥岩可以作为直接盖层，上石盒子组泥岩作为区域盖层。

(3) 杭锦旗地区中元古界内部泥岩及上古生界山西、太原组煤层可以作为烃源岩，构成自生自储及上生下储两种成藏组合。

(4) 杭锦旗地区中元古界长城系分布范围广，地层厚度大，断陷内部陡坡带与缓坡带紧邻断陷深凹带源岩发育区，与深凹区紧邻的缓坡区及陡坡区是勘探有利目标区。

参考文献

[1] 郝松立，孙六一，包洪平．鄂尔多斯盆地中—新元古界勘探方向及潜力[J]．天然气地球科学，2016，27(12)：2127-2135.

[2] 冯娟萍，欧阳征健，周义军，等．鄂尔多斯地区中元古界“拗拉槽”的重新厘定[J]．西北大学学报(自然科学版)，2018，48(4)：587-592.

[3] 陈敬轶，贾会冲，李永杰，等．鄂尔多斯盆地伊盟隆起上古生界天然气成因及气源[J]．石油与天然气地质，2016，37(2)：205-209.

[4] 王铁冠，韩克猷．论中-新元古界的原生油气资源[J]．石油学报，2011，32(1)：1-7.

[5] 赵文智，胡素云，汪泽成，等．中国元古界-寒武系油气地质条件与勘探地位[J]．石油勘探与开发，2018，45(1)：1-13.

[6] 赵振宇，郭彦如，王艳，等．鄂尔多斯盆地构造演化及古地理特征研究进展[J]．特种油气藏，2012，19(5)：15-21.

[7] 翟明国，胡波，彭澎，等．华北中-新元古代的岩浆作用与多期裂谷事件[J]．地学前缘，2014，21(1)：100-119.

[8] 任战利，张盛，高胜利，等．鄂尔多斯盆地构造热演化史及其成藏成矿意义[J]．中国科学，2007，37(23)：23-32.

[9] 张小龙．鄂尔多斯地区中上元古界分布与沉积环境及其油气勘探潜力[D]．西北大学，2015.

[10] 齐荣．鄂尔多斯盆地伊盟隆起什股壕区带气藏类型[J]．石油与天然气地质，2016，37(2)：205-209.

[11] 李良，袁志祥，惠宽洋，等．鄂尔多斯盆地北部上古生界天然气聚集规律[J]．石油与天然气地质，2010，21(3)：269-271.

[12] 杨华，席胜利，魏新善，等．鄂尔多斯多旋回叠合盆地演化与天然气富集[J]．石油地质，2006，1：17-24.

[13] 曲永强，孟庆任，马收先，等．华北地块北缘中元古界几个重要不整合面的地质特征及构造意义[J]．地学前缘，2010，17(4)：112-127.

[14] 孙晓，李良，丁超．鄂尔多斯盆地杭锦旗地区不整合结构类型及运移特征[J]．石油与天然气地质，2016，37(02)：165-172.

[15] 管树巍，吴林，任荣，等．中国主要克拉通前寒武纪裂谷分布与油气勘探前景[J]．石油学报，2017，38(1)：9-22.

[16] 刘正宏，刘雅琴，冯本智．华北板块北缘中元古代造山带的确立及其构造演化[J]．长春科技大学学报，2017，30(2)：110-115.

[17] 叶云涛，王华建，翟俪娜，等．新元古代重大地质事件及其与生物演化的耦合关系[J]．沉积学报，2017，35(2)：203-116.

[18] 郝蜀民，李良，张威等．鄂尔多斯盆地北缘石炭系-二叠系大型气田形成条件[J]．石油与天然气地质，2016，37(02)：149-154.

[19] 付金华，范立勇，刘新杜等．鄂尔多斯盆地天然气勘探新进展、前景展望和对策措施[J]．中国石油勘探．2019，24(04)：418-430.

存储测井关键技术控制及在页岩致密岩油气井中的应用

冉利民　赵永刚　白玉印

（中国石化华北石油工程有限公司）

摘　要　分析了超深大位移页岩油气水平井、小井眼大位移致密油气水平井测井资料采集难题；重点说明了存储仪器悬挂、井底空间预留、仪器泵出前后泥浆泵测试压及对比压的建立与比较、泥浆泵打压并入井管串拖动联合泵出控制、仪器释放过程泥浆泵压变化模型建立及应用等关键技术；实例展示了存储测井在页岩、致密岩油气水平井的应用效果；指出了存在的不足，提出了仪器电控锁紧释放技术、快速抓取技术攻关方案，提高仪器释放可靠性和测井效率。

关键词　页岩致密岩油气；存储测井；仪器释放；测试压对比压；应用效果；电控锁紧释放

泵出式存储测井技术广泛应用于各类特殊水平井的测井资料采集。存储仪器在保护工具内可靠悬挂、自护工具内安全释放，仪器释放前后合理的泥浆泵冲、泵压、排量形成的测试压与对比压优化，释放过程泵压变化模型等关键控制技术，直接决定着测井成功与否。随着井深增加，存储仪器自保护工具内释放前后的泥浆泵压变化不明显，给释放成功与否的判断带来困难；若泵冲、泵压、排量选择不当，将导致测井失败，并可能引发工程事故。

1　测井资料采集难题[1]

1.1　超深大位移页岩气水平井

难题1：水平段长达1500~2000m，常规钻输测井旁通短接处电缆易松软堆积损坏，测井失败甚至导致遇卡。

难题2：井下地质复杂，入井管串阻卡严重（图1），紧急情况下带电缆活动钻具时，不能保证电缆、钻具同步运动，电缆损坏甚至断裂诱发工程事故。

1.2　小井眼大位移致密岩油气水平井

难题1：多开次钻井，钻套环空间隙小，电缆不能在钻套环空安全运行(图2、表1)。

难题2：侧钻开窗，钻套环空间隙小于电缆直径，不能实施常规钻具输送测井(图3、表2)。

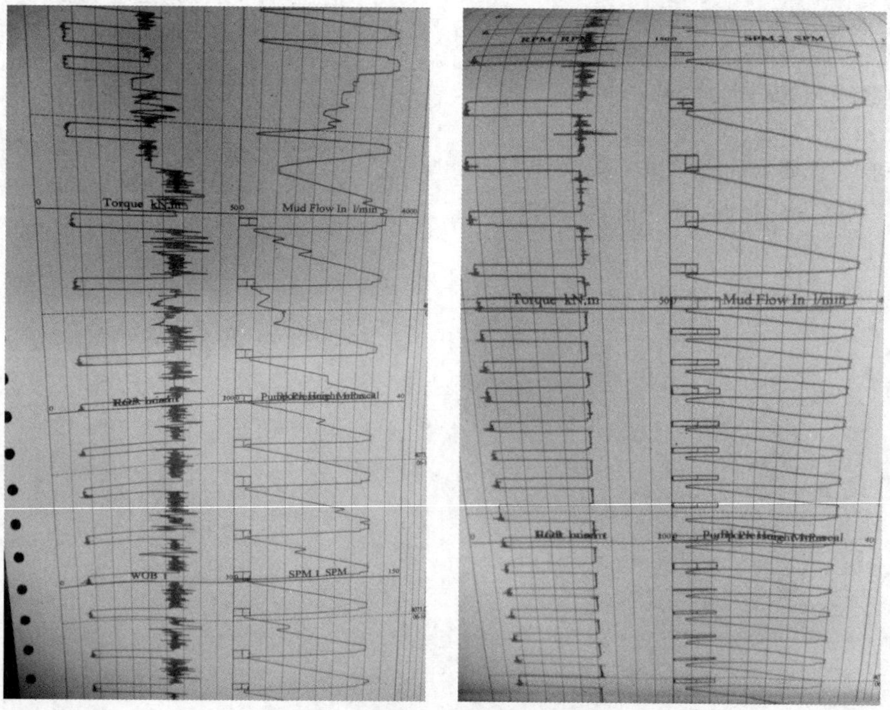

图1　泸205井常规钻具输送测井管串阻卡严重

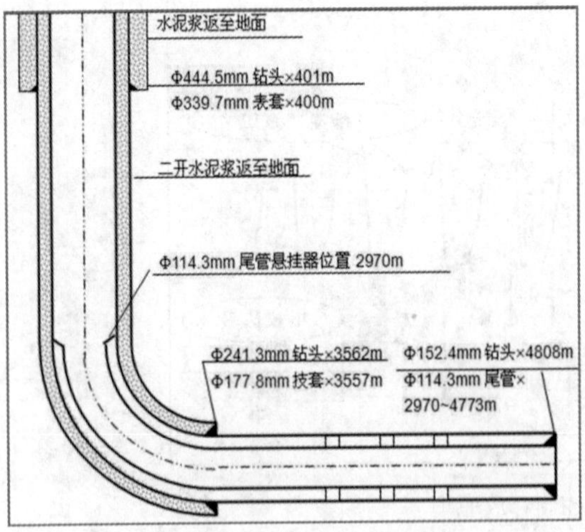

图 2　安 HF 井筒工程设计

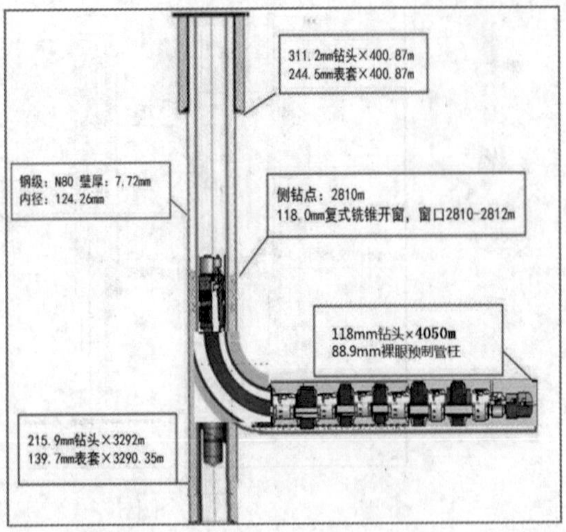

图 3　锦 125 侧井筒工程设计

表 1　安 HF1 钻输测井难题分析

技套内径	钻头直径	3-1/2′钻具节箍外径	直径差	钻套环形间隙	电缆直径	差值	常规钻具输送测井难题
156	152.4	120.6/127	35.3/29	17.7/14.5	11.8	5.9/3.7	钻套环空间隙小，钻具、电缆、套管硬卡。

表 2　锦 125 侧钻输测井难题分析

技套内径	钻头直径	3-1/2′钻具节箍外径	直径差	钻套环形间隙	电缆直径	差值	常规钻具输送测井难题
124	118	111.1/104.8	12.9/19.2	6.4/9.6	11.8	-5.4/-2.2	钻套环空间隙小于电缆直径

2　泵出存储测井技术

泵出存储测井，是测井仪器悬挂在专用保护钻具内随钻具一起入井，到达井底后，依靠泥浆泵将测井仪器自保护钻具内释放出来，仪器由自带电池供电并随钻具上提记录测井信息（图 4），测井数据存储于仪器存储器内，测量完毕后将存储器内的测量数据读出后剔除无效数据、提取有效数据、加载刻度数据形成测井曲线[2]，一次可完成三电阻率、三孔隙度、自然伽马、能谱、偶极子、井斜方位、井径项目，泛应用于各类特殊水平井的测井资料采集。

3　存储测井关键控制

3.1　测井用传感器配接

深度传感器与钻机滚筒配接、钩载传感器与钻机钩载系统配接、压强传感器与钻机泥浆压强系统配接，各传感信号作为测井深度、释放仪器控制、数据解编的依据。

3.2　组合仪器与保护工具调长、管串尾端距实际井底距离控制

仪器串悬挂于保护工具内，底部距保护工具底部 0.5~1m；对于泥浆泵加压并入井管串拖动释放：入井管串探底、循环后，上提钻具使工具

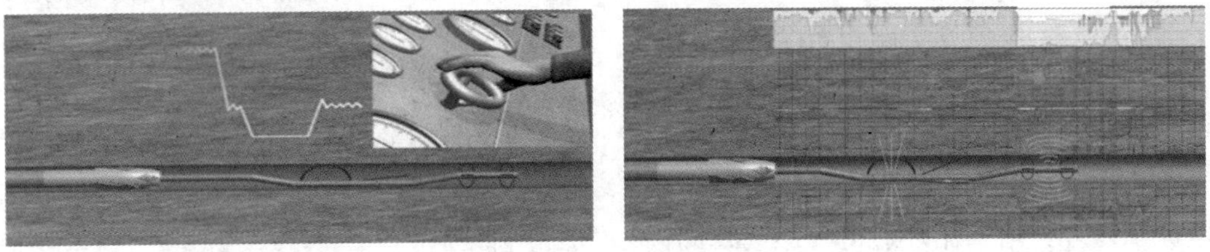

图 4　泵出式存储测井技术

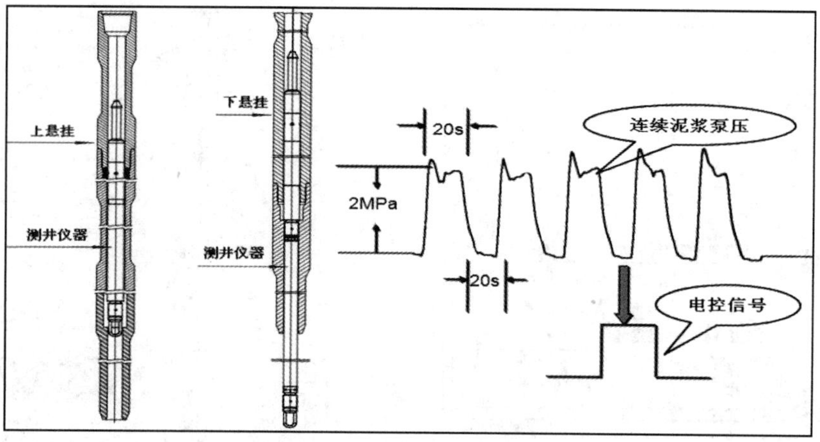

图5 连续泥浆脉冲控制释放原理

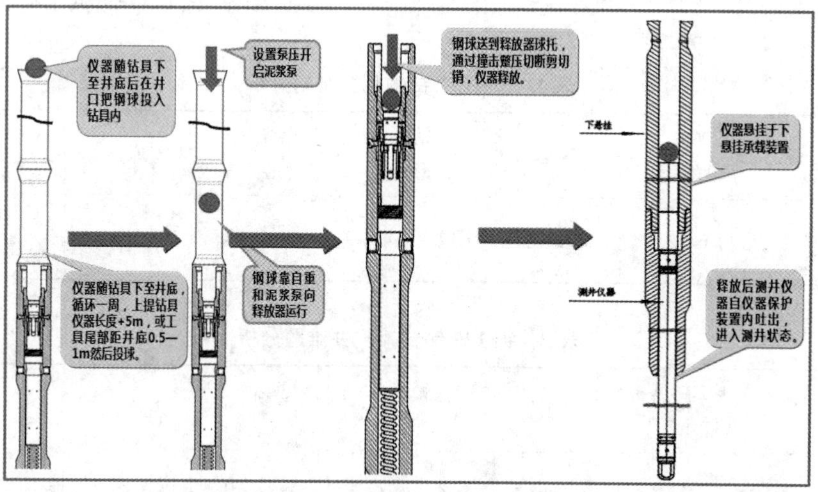

图6 投球加压机械释放原理

底部离开实际井底 0.5~0.8m；对于泥浆泵加压直接释放：入井管串探底，控制遇阻 4t、循环泥浆一周，上提钻具使工具底部离开实际井底距离为：组合仪器长度+5m。控制措施可提高仪器释放成功率，减少仪器机械损害。

3.3 测井仪器自保护工具内释放方式的选择

（1）连续泥浆脉冲控制释放：在 20 分钟内连续打 5~6 个泥浆脉冲，悬挂器内的泥浆压力传感器接收到有效信号后，形成电控脉冲，机电装置工作，收拢悬挂抓，开泵推送，完成仪器释放(图5)。机械钻机不易形成可靠的连续泵压信号，较适用于电动钻机；而随着井深增加，泵压信号畸变而不可靠，不适用于深井超深井。

（2）投球加压机械释放：测井仪器随钻具下至井底后，将特制钢球在井口投入钻具内，利用钢球所受重力和泥浆泵推力使钢球抵达机械上悬挂器的钢球承托环，堵塞循环通道，形成瞬间高压，剪断承托环剪切销，使仪器冲出保护装置并悬挂于下悬挂(图6)。适用于电动、机械钻机及各种井深。

3.4 仪器吐出过程关键控制(以投球加压机械释放为例，图7)

（1）管串探底：工具管串随钻具下至井底，开泵探底，遇阻 4 吨以内，起钻使管串尾部距井底 0.5~0.8 米。

（2）充分循环：低排量循环泥浆一周，为准确采集测试压、对比压提供条件。

（3）建立测试压：建立低、高测试压两组，记录每组泵冲(柴油机转速)、泵压。

（4）钢球至球座：钢球自钻具水眼投入，自由下落，然后开泵推送，至释放器球座，泵压上升。

（5）封挡上循环孔：钢球撞击球座憋压，剪断剪切销，封挡环下移，封堵上悬挂循环孔，泵压下降。

（6）外吐释放仪器：提高泵压增大排量，同

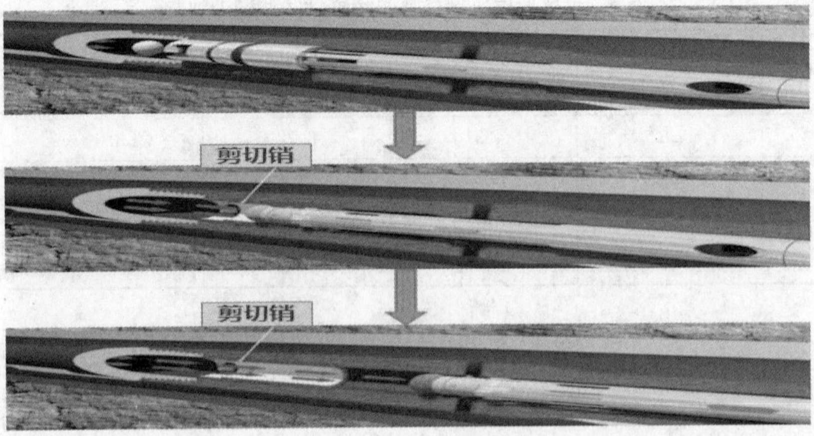

图 7　投球加压机械释放过程

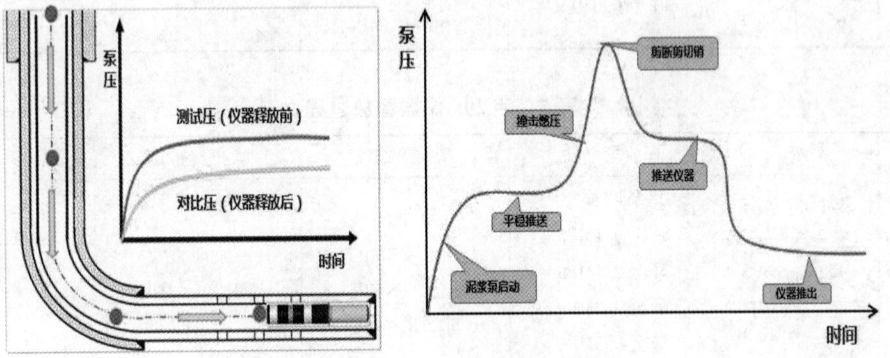

图 8　仪器释放过程泥浆泵压变化模型

时缓慢上提钻具，仪器变径、扶正器、井径、偏心弓吐出过程，泵压突变。全部吐出，悬挂于下悬挂，封堵保护工具尾端口，露出下循环孔，泵压下降。

（7）持续泵送：停止起钻，继续加大排量，推送 10~15 分钟，促进仪器完全释放。

（8）建立对比压：以释放前两组测试压的泵冲（柴油机转速）循环泥浆，采集相应泵压。

（9）释放前后泵压对比：对比压较测试压下降 10%以上，确认释放成功。

（10）若释放前后泵压变化不明显，继续加大排量推送，并重新采集对比压，直至确认释放成功。

3.5　仪器释放过程泥浆泵压变化模型的建立及应用

以存储测井释放器外径 70mm、保护工具内径 76mm 为例。释放前，上悬挂两个 Φ10mm 循环孔开启，泥浆循环通道为仪器与保护工具环空间隙和两个 Φ10mm 循环孔，泄流面积 844mm^2；释放过程，上循环孔被封挡环封挡，循环通道为仪器与保护工具环空间隙，泄流面积 687mm^2；释放后，仪器悬挂于下悬挂，仪器保护工具尾端被堵，下悬挂的三个 Φ20mm 循环孔裸露，泄流面积 942mm^2。由此，释放后泥浆泄流面积较释放前泥浆泄流面积增加 11.6%，理论泵压同比下降（图 8）。

在总结实际经验基础上，得出了推送钢球泵压经验公式：

$$P=\sqrt{\frac{\rho h}{100}}$$

P 为推送钢球泵压，单位 MPa；ρ 为泥浆密度，单位 g/cm^3；h 为井深，单位 m。

以经验公式为理论依据，结合施工井的井深、泥浆密度，计算推送钢球理论泵压值，作为泥浆泵压调整依据。实际应用表明，该理论公式计算出的泵压作为实际泵压依据，既可以使钢球有效撞击承托环，使剪切销疲劳，又可以出现较小的憋压现象作为剪断剪切销的判断依据，仪器释放过程泵压变化符合理论模型（表 3、表 4、表 5）。

4　非常规井应用效果

利用存储测井工艺完成了四川页岩气公司泸 205、阳 101H3-8，河南油田安 HF1、安深 3-1HF，

表 3　投球加压机械释放泵送钢球泵压模型应用

井号	泥浆密度	井深	理论推球泵	实际推球泵	释放成功率
安 HF1	1.36	4674	7.97	7.6	100%
安深 3-1HF	1.62	4231	8.28	8.0	100%
阳 101H3-8	2.2	6000	11.5	8.7	100%
泸 205	2.27	6125	11.6	10.8	100%
锦 125 侧	1.15	4050	定时设置释放		

表 4　阳 101H3-8 仪器释放过程

测试压		推球		释放第一柱	释放第二柱	大排量推送	对比压	
泵冲	泵压	泵冲	泵压	泵冲 65 泵压 8.7MPa 降至 6.6MPa	泵冲 70 泵压 8.4MPa 降至 7.5MPa 升至 9.3MPa	泵冲 96 泵压 15.3MPa	泵冲	泵压
70	11.4	54	6.4				70	9.8
41	4.7	65	8.7				41	3.5

表 5　泸 205 仪器释放过程

测试压		推球		释放第一柱	释放第二柱	大排量推送	对比压	
泵冲	泵压	泵冲	泵压	泵冲 66 泵压 9.1MPa 升至 0.1MPa 降至 9.2MPa 降至 8.3MPa	泵冲 66 泵压 8.3MPa 升至 9.8MPa 至降 8.3MPa	泵冲 86 泵压 15.8MPa	泵冲	泵压
69	14.5	45	8.5				69	9.5
40	6.27	55	10.8				40	3.6

华北油气分公司锦 125 侧等测井资料录取任务(表 6)，解决了超长水平段页岩油气水平井、小井眼致密砂岩油气水平井测井资料采集难题，资料满足测井地质评价需要(图 9~图 13)，井径曲线为预置管柱完井封隔器坐封位置提供了重要依据。

表 6　页岩致密岩油气井存储测井

井名	测量项目	井段/m	常规钻输
安 HF1	双侧向+声波+伽马+井径+井斜	3565-4674	无法实施
安深 3-1HF	双侧向+声波+伽马+井径+井斜	3532-4221	无法实施
阳 101H3-8	阵列感应+中子+密度+能谱+伽马+井径+偶极+声波+井斜	3458-6000	难以实施
泸 205	阵列感应+中子+密度+能谱+伽马+井径+偶极+声波+井斜	3662-6125	难以实施
锦 125 侧	双侧向+中子+密度+声波+伽马+井径+井斜	3081~4050	无法实施

5　结论

5.1　存储测井优点

消除了钻杆传输电缆测井中出现的电缆被挤伤、挤断风险；下钻过程测井仪器在钻具保护工具内，可通过旋转钻具加钻压解除遇阻；完成采用电缆测井工工艺难以完成的大斜度井、水平井和井眼条件复杂井测井施工；由于只需要一趟正常的下钻起钻过程即可完成测井任务，特别适用于大位移、小井眼水平井测井。

5.2　存储测井不足

(1) 受自然电位测井原理限制，不能实现自然电位测井。

(2) 随着井深增加，释放前后测试压、对比压差异变小，释放成功与否的判断困难；若泵冲、泵压、排量选择不当，可能导致测井失败，甚至引发工程事故。

(3) 仪器释放后，一旦出现井下管串遇卡需要活动钻具试解卡，存在仪器折断风险。

(4) 需要仪器随钻具起出井口后，通过读取仪器存储的数据才能初步判断采集数据是否正常，复测需重新实施整个作业过程，占用井口时间长。

5.3　技术攻关目标[3]

开展存储测井电控锁紧释放技术研究：保护工具随钻具下至井底，电缆带仪器入井、泥浆泵

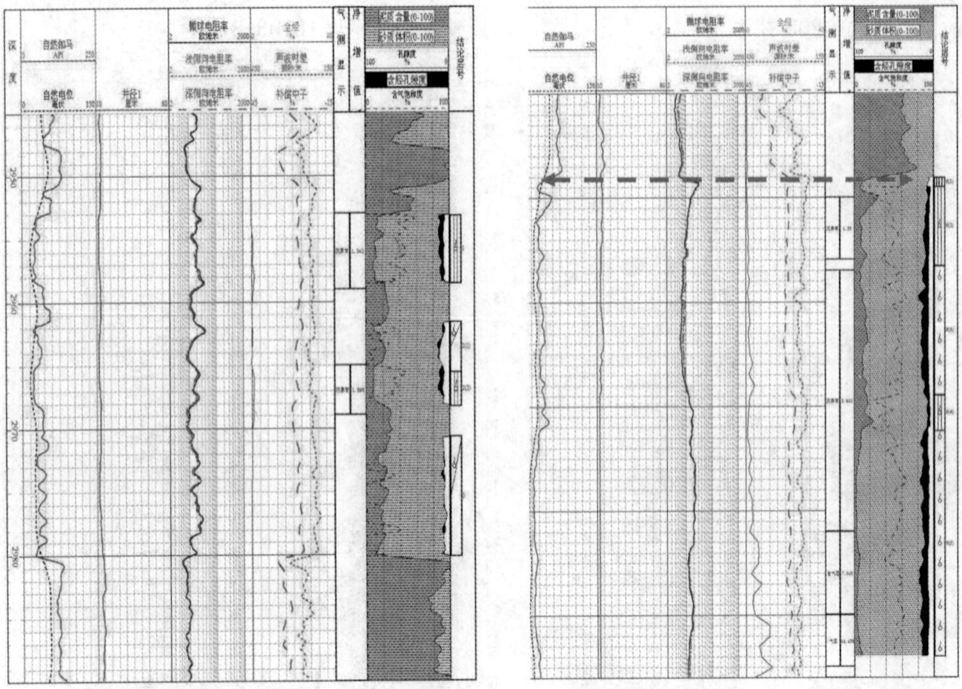

图 9　锦 125 侧 A 点存储测井(钻头 118mm、井深 3230m、水平段长 200m，岩性、电阻率、孔隙度曲线，明确指示地层自泥岩到砂岩变化)

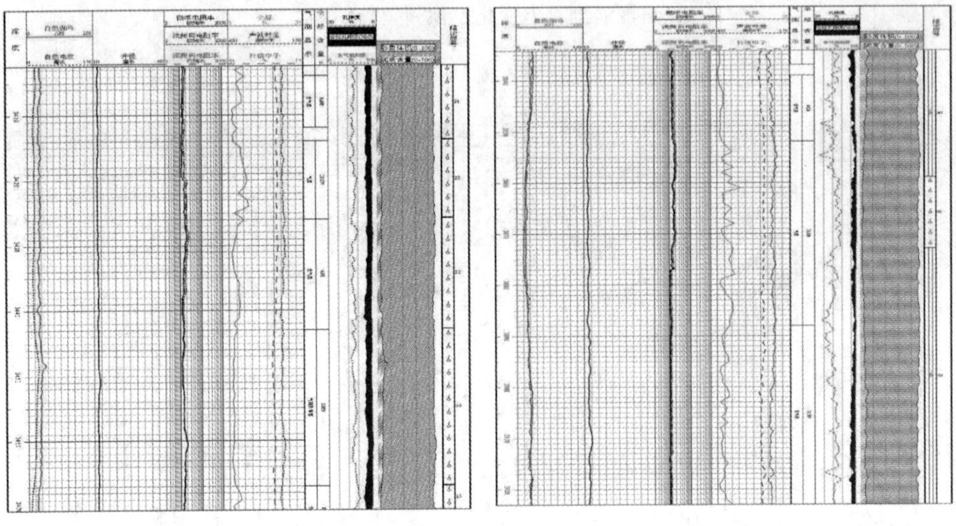

图 10　锦 125 侧 B 点存储测井(钻头 118mm、井深 4050m、水平段长 800m，岩性、电阻率、孔隙度曲线，明确指示水平段在致密砂岩目的层)

推仪器出保护工具并悬挂、起电缆使锁紧装置与仪器分离、起钻测井、锁紧装置随下入电缆抓牢打捞帽、起电缆仪器出井、读取数据。

(1) 电控锁紧释放、张力磁定位监控，提高释放可靠性。

(2) 井下管串遇卡严重时，快速抓取仪器出井，保证仪器特别是放射源安全。

(3) 快速抓取仪器出井读取数据，决定是否

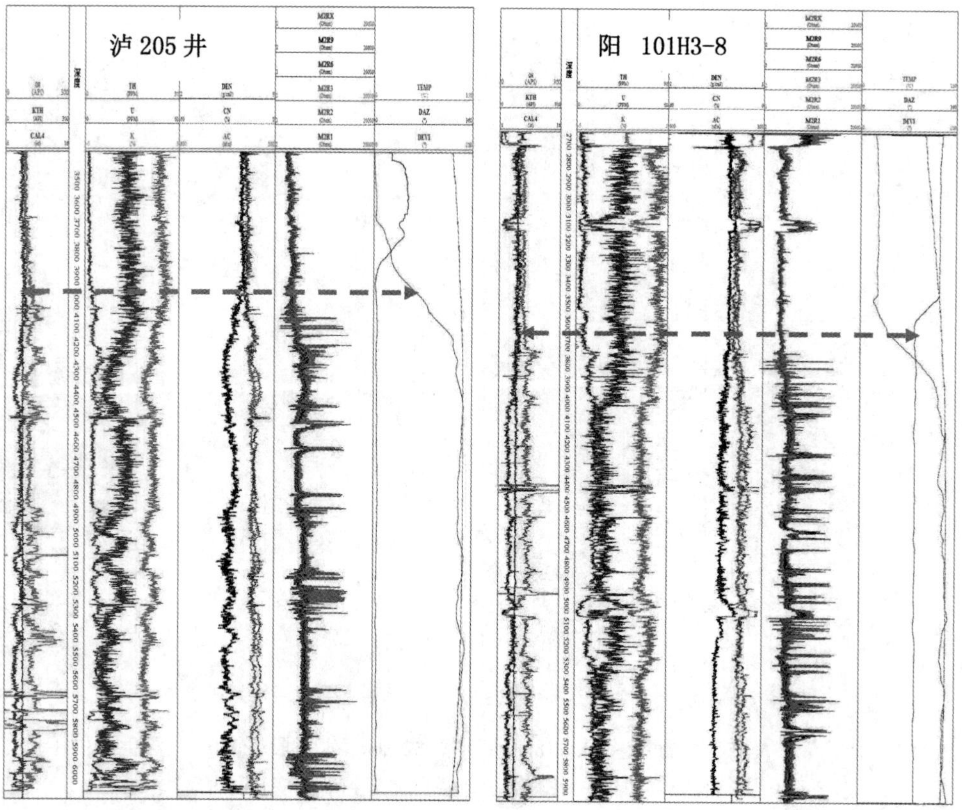

图 11　泸 205、阳 101H3-8 存储测井(岩性、孔隙度、电阻率曲线变化明确指示自泥岩到页岩变化，预测裂缝发育)

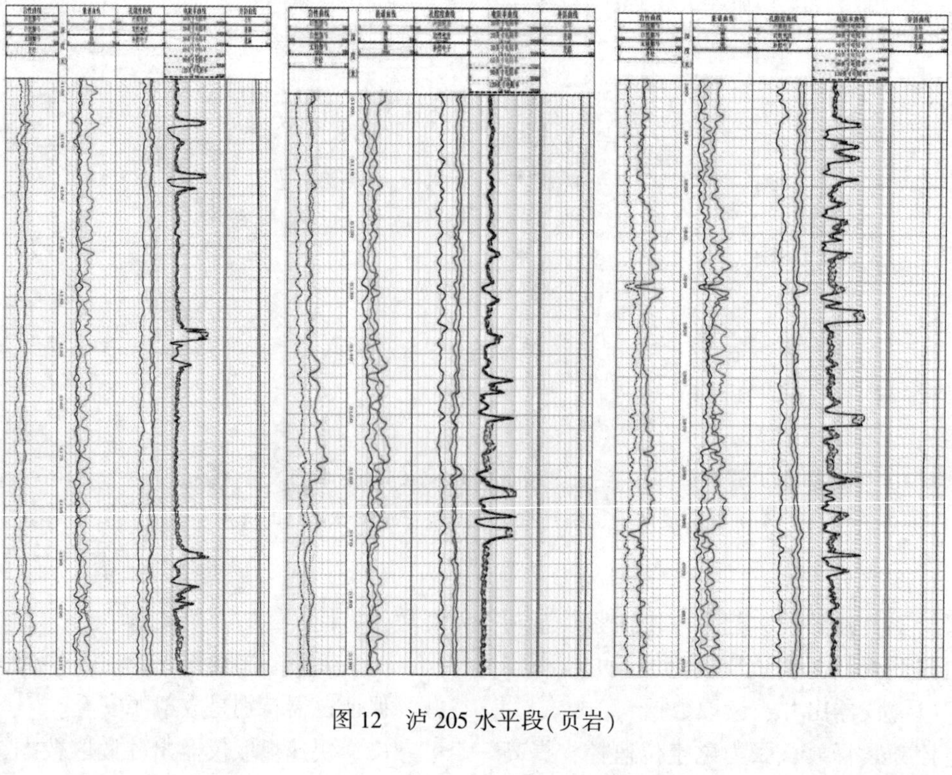

图 12　泸 205 水平段(页岩)

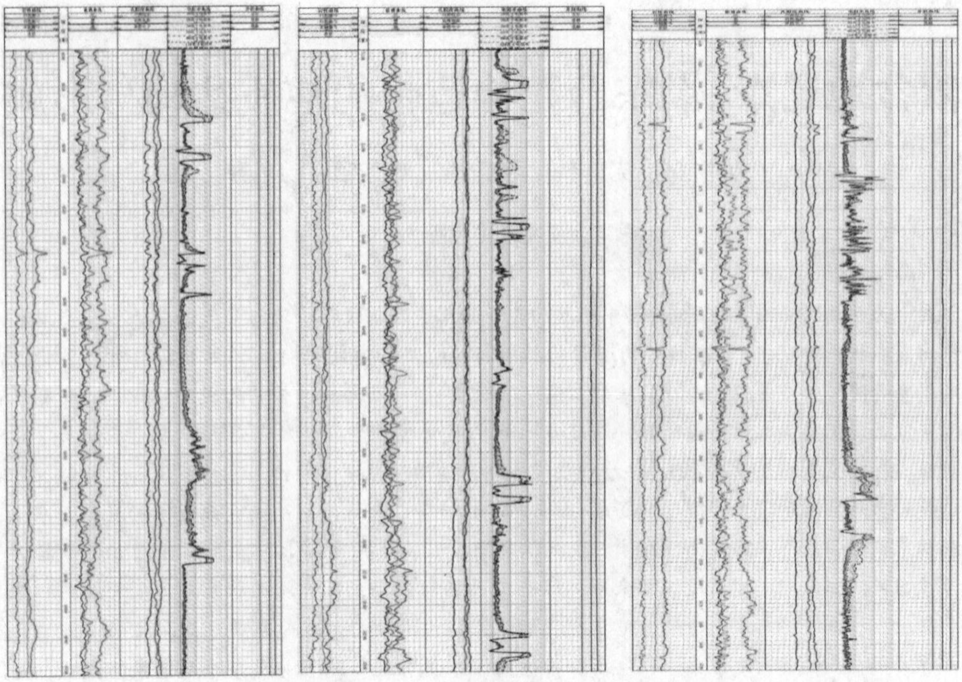

图 13 阳 101H3-8 水平段(页岩)

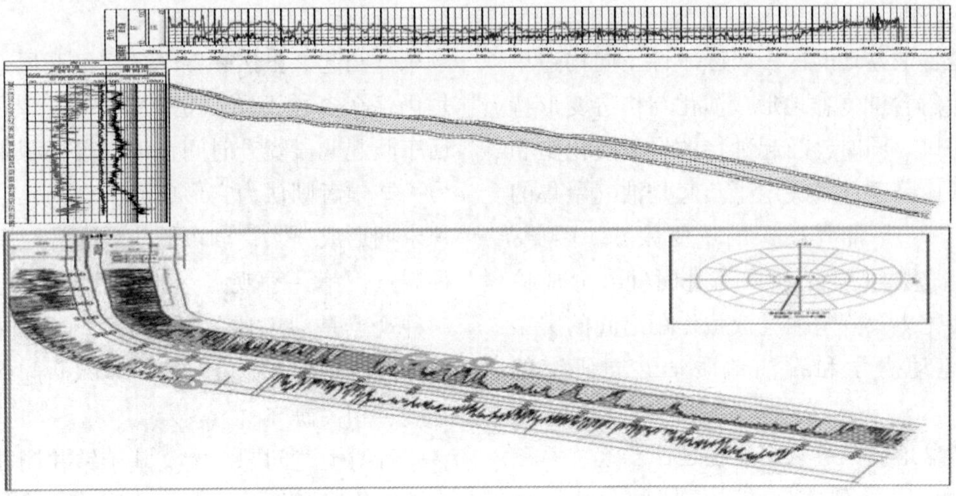

图 14 安 HF1 存储测井成果(钻头 152.4mm、井深 4808m、水平段长 1200m)

复测；如需复测，下钻至井底，直接换仪器入井，提高效率。

参 考 文 献

[1] 陈红，湿接头水平井测井中的技术难点分析[J].化工管理.2018.24：136-137.

[2] 任中豪，张文昌.LWF 存储式测井在冀东油田的应用[J].石油天然气学报.2012.09：222-225.

[3] James Aivalis 等.过钻头测井[J].国外测井技术.2013.03：70-75.

渤海湾盆地辽东-渤东凸起构造带的地质结构与形成过程

吴　斌　沈　朴　郝　婧　刘志峰　杨东升

（中海油研究总院有限责任公司）

摘　要　为明确渤海湾盆地辽东-渤东凸起构造带的形成演化过程以及与油气的关系，文中结合研究区最新三维地震数据，对辽东-渤东凸起构造带的构造特征、隆升时间进行了详细分析，对比了构造变形特征，确定了隆升时间的差异性，并在此基础上建立了辽东-渤东凸起构造带的形成演化模式。研究认为构造带内的渤东低凸起主要受控于伸展断层，而辽东凸起主要受控于早期伸展断层和晚期走滑断层，构造带内除辽东断层以外各主干断层均在孔店组-沙四段沉积期开始活动，峰值期出现在沙三段和东营组沉积期，馆陶组沉积开始后断层活动就比较微弱。辽东-渤东凸起构造带的隆升时间从南向北逐渐抬升：渤东低凸起在沙四段沉积末期抬升，辽东凸起南段在沙三段沉积末期抬升，辽东凸起北段在东三段沉积末期抬升。构造演化分为沙四段沉积末期、沙三段沉积末期、沙一二段沉积末期、东三段沉积末期、东营组沉积末期和现今等6个阶段，构造演化与油气运聚成藏具有密切关系，构造带的形成时间早于周缘生烃凹陷主要生排烃期，有利于油气在凸起带附近聚集。伸展断层控制的渤东低凸起，油气易于在凸起区聚集成藏；走滑断层控制辽东凸起，油气易于在斜坡区聚集成藏。

关键词　渤海湾盆地；辽东-渤东凸起构造带；地质结构；隆升时间；形成过程

凸起是含油盆地的次一级区域性正向构造单元[1]，是了解含油气盆地形成演化与构造变形特征的重要窗口。同时，凸起独特的形成演化史和良好的油气成藏条件又决定了凸起是油气聚集的主要部位[2-4]，是油气勘探的重要领域。因此，详细揭示凸起的地质结构、隆升时间、形成机制、构造演化史及其与油气成藏作用之间的关系始终是盆地动力学和石油地质学共同研究的方向。

渤海湾盆地内凸起众多，在辽西凸起、石臼坨凸起等地区已发现大量的油气田和含油气构造，但是位于东北部的辽东-渤东凸起构造带（图1），却少有油气发现。前人大量研究认为辽东-渤东凸起构造带是区域伸展构造变形和郯庐断裂带右旋走滑变形叠加的结果[5-7]，其结构及新生代构造带演化过程复杂，从而导致油气成藏条件与其他凸起构造带具有明显差异。辽东-渤东凸起构造带的形成演化控制了研究区大多数圈闭的形成，影响研究区沉积物源、沉积充填和有利的储集相带，并且决定了该凸起构造带的地质年龄及油气潜力，所以厘清该凸起构造带的隆升时间是非常关键。目前，对于辽东-渤东凸起构造带初始隆升时间的研究存在较大的争议，而且尚未给出一个整体的认识。比如辽东凸起北段和渤东低凸起，虽然一些学者已经开展过研究，但是仍存在多种不同的观点。一些学者研究认为，辽东凸起北段隆升时间在沙三段沉积末期[8]，而另一些学者则认为它形成时间较晚，在东三段沉积末期形成[9-10]；渤东低凸起隆升时间也存在三种观点：第一种观点是中生代末期隆升[11]，第二种观点是沙三段末期隆升[12]，第三种观点是东二段沉积前开始隆升[3]。辽东凸起南段则尚未开展过相关研究。

针对上述问题，本文基于钻井测井资料、三维地震资料和地化资料，对辽东-渤东凸起构造带的构造特征、隆升时间进行详细分析，查明了构造变形特征，确定了隆升时间，并在此基础上结合区域背景的分析，建立了辽东-渤东凸起构造带的形成演化模式，并探讨了其对油气成藏的控制作用。

1　区域地质背景

渤海湾盆地位于中国东部，是中国含油气最丰富的盆地之一，总面积约 $2.0\times10^5 km^2$，其北临燕山褶皱带，南抵鲁西隆起，东接胶辽隆起，西至太行山山脉，平面上呈斜体菱形（图1a）。辽东-渤东凸起构造带位于渤海湾盆地的东北部，包括辽东凸起和渤东低凸起，凸起被挟持在凹陷中间（图1b）。研究区发育前新生界的基底，古

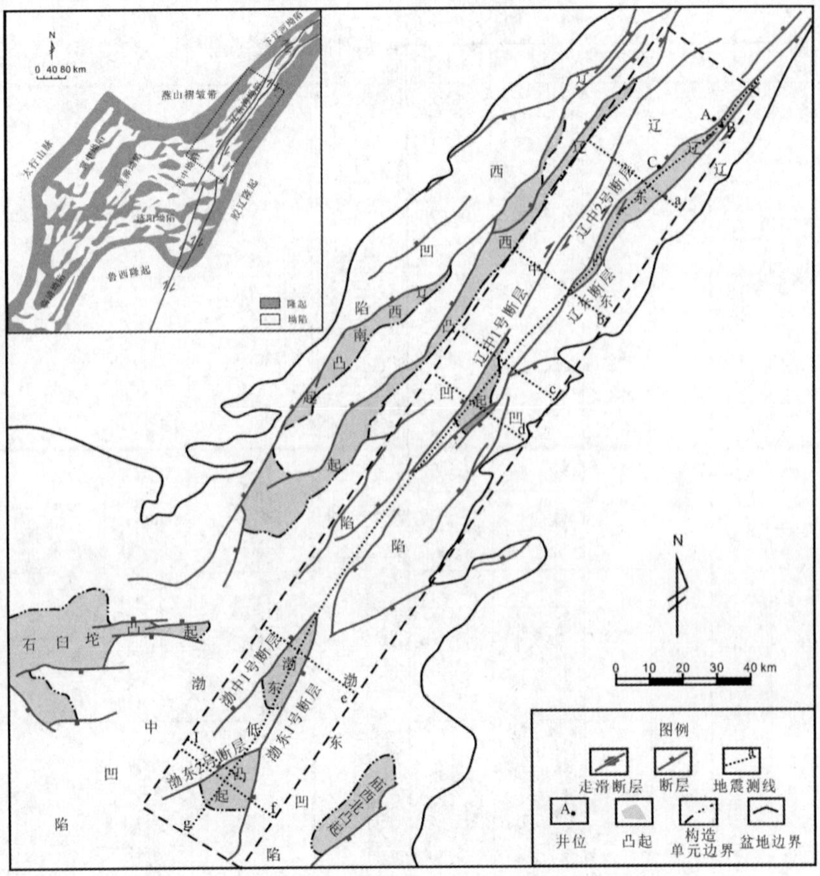

图1 研究区位置图

近系孔店组($E_{1-2}k$)、沙河街组(E_2s)、东营组(E_3d)和新近系馆陶组(N_1g)、明化镇组(N_2m)、第四系的沉积盖层。

辽东-渤东凸起构造带所在渤海湾盆地形成和演化经历了复杂的地球动力学过程，渤海湾盆地是发育在华北克拉通上的大型中、新生代裂陷盆地[13-15]，就动力学背景而言，目前普遍认为渤海湾盆地的形成受控于岩石圈伸展、深部地幔上涌和板块构造运动的影响[16-18]。岩石圈底部地幔上涌引起的地壳引张作用是古近纪断陷盆地形成和演化的主要原因[19-20]；太平洋板块俯冲，印度板块与欧亚板块碰撞引起的走滑拉分作用力，使盆地处于右旋走滑应力场之下，盆地内发育走滑性质的构造变形或被走滑作用改造，控制了古近纪和新近纪走滑拉分盆地的形成和演化[21-23]。

古新世-早始新世(65~42 Ma)，受西太平洋板块 NNW 向俯冲和郯庐断裂带左旋走滑作用[22,24]，渤海湾盆地受 SWW-NEE 向伸展和左旋走滑作用，导致了孔店组和沙四段沉积。中晚始新世(42~32.8Ma)，受印度-欧亚板块 NE 向硬碰撞，太平洋板块转为 NWW 向俯冲，郯庐断裂带转为右旋走滑，盆地受 NW 向伸展及右旋走滑作用[21,25]，导致了沙三段和沙一二段沉积。渐新世(32.8~23.3Ma)，太平洋 NWW 向俯冲速率增大，印度-欧亚板块持续硬碰撞，日本海开始张开，郯庐断裂带右旋走滑作用进一步增强[26-27]，导致了东营组沉积。东营末期发生的喜山Ⅱ幕构造运动，使渤海湾地区地壳大范围上升，形成了古近系与新近系之间的区域不整合面[28]。进入新近纪(23MPa~至今)，受太平洋 NNW 向俯冲、日本海的大规模急剧隆升的作用，盆地受控于近 NS 向伸展和右旋走滑作用[24]，导致了断层的复活和广泛的岩浆作用，稳定沉积了馆陶组、明化镇组和第四系的沉积(图2)。

2 地质结构

渤海湾盆地辽东-渤东凸起构造带整体上呈北北东走向，具有西南低、东北高的基本地质结构。凸起两侧有一系列北北东和北东方向的断层将其与相邻的凹陷相隔。辽东-渤东凸起构造带在发展演化过程中与其两侧的边界断层同步消长，但该凸起构造带在不同区段结构特征不同，

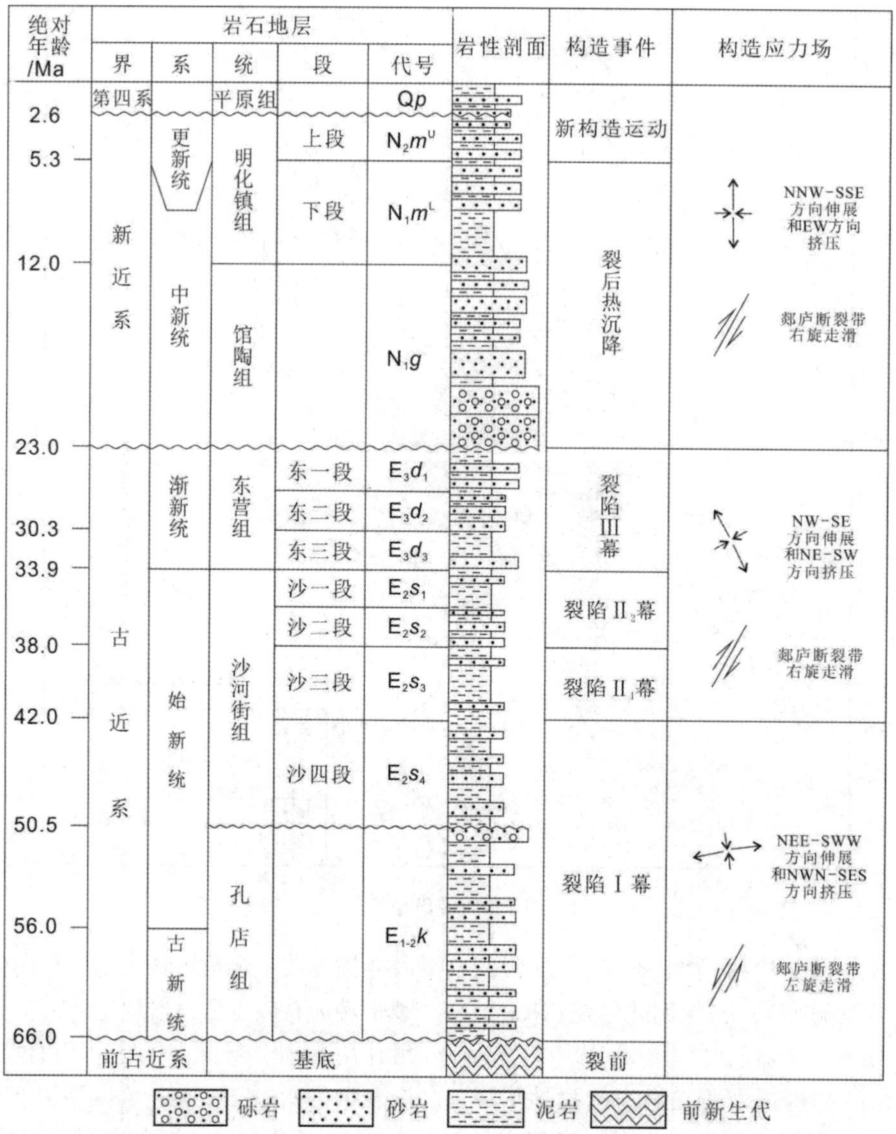

图2 渤海湾盆地辽东-渤东凸起构造带地层特征和构造应力场[29-30]

断层样式和地层展布存在差异(图3)。

2.1 辽东凸起

辽东凸起由北段和南段两部分组成。辽东凸起北段夹持于辽中2号断层和辽东断层中间。辽中2号断层走向NE，倾向NW，具有“Y”字型剖面组合样式，控制了辽中北洼新生代沉积。辽东断层走向为NNE向，是一条近于直立的断层，走滑特征明显，对辽东凹陷沉积的控制作用不明显(图3a、b)。辽中2号断层和辽东断层在凸起的南段相交，并且辽东断层切割辽中2号断层(图3b)。凸起局部残留孔店组-沙四段和东一二段的沉积地层，整体被新近纪-第四纪的沉积地层所覆盖。

辽东凸起南段夹持于辽中1号断层和辽东断层中间，辽中1号断层走向NNE，倾向NW，具有“Y”字型剖面组合样式，控制了辽中中洼新生代沉积。凸起上残留孔店组-沙四段、沙三段、东一二段的沉积地层，整体被新近纪-第四纪的沉积地层所覆盖(图3c、d)。

2.2 渤东低凸起

渤东低凸起整体上呈北东走向，凸起被断层所夹持，呈现出双断地垒结构(图3e、f)。渤东低凸起有南、北两个高点，被中部的斜坡分成南、北两部分。渤东低凸起北部受控于渤中1号断层和渤东1号断层。渤中1号断层位于渤东低凸起北段西侧，走向NNE，倾向NWW，断层较陡直，在深层主要表现为正断层特征，而浅层分支断层明显增多，并呈雁行式排列，控制了渤中凹陷新生界的沉积。渤东1号断层走向NNE，倾向SEE，断层切割较深，浅层与调节断层相交，

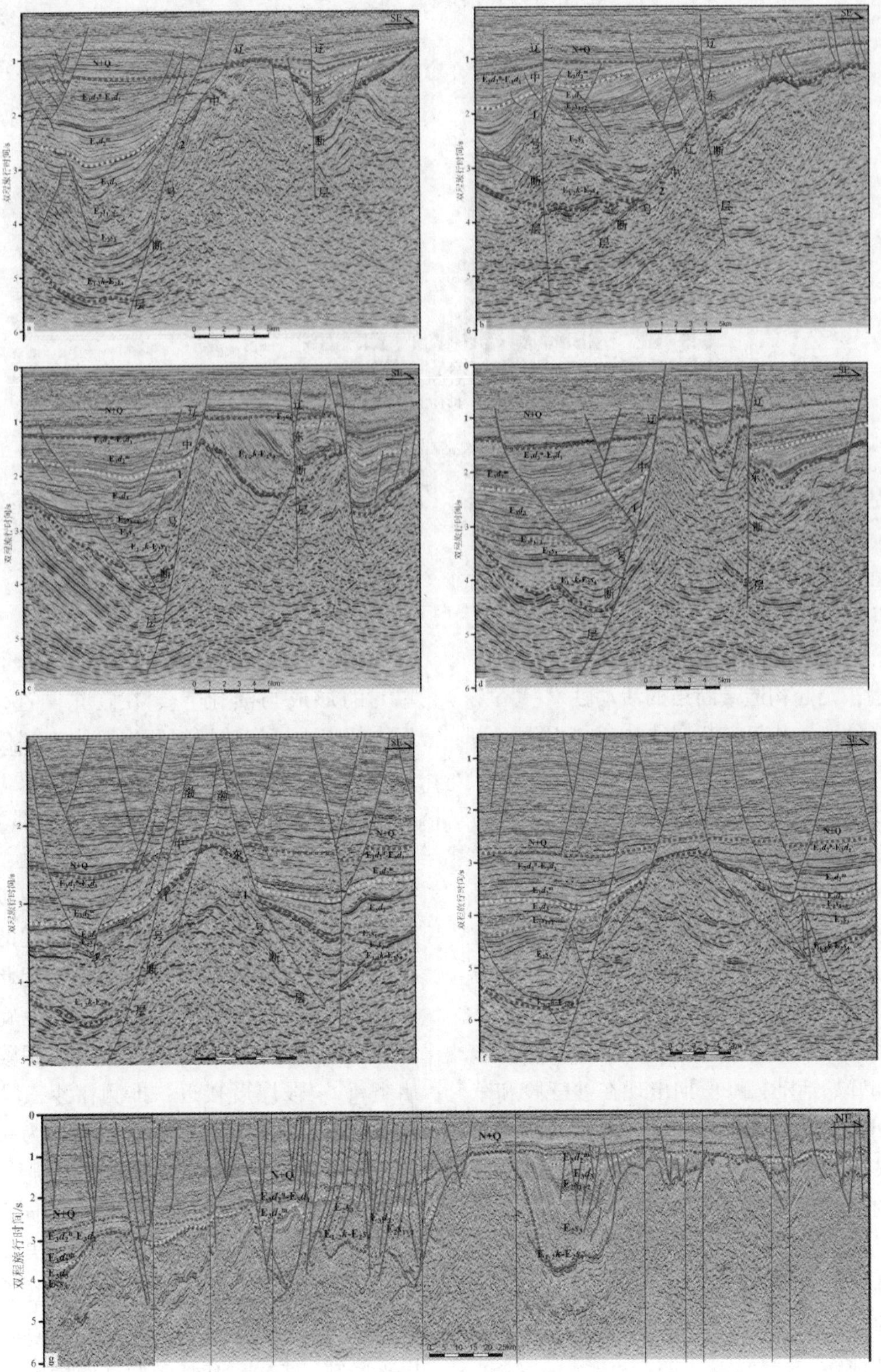

图 3　辽东-渤东凸起构造带结构剖面图(剖面位置见图 1)

呈“Y”字型剖面组合样式，控制了渤东凹陷新生界的沉积(图 3e)。渤东 1 号断层和渤东 2 号断层分别位于渤东低凸起南段东、西两侧，走向 NE，倾向分别为 SE 和 NW。在渤东低凸起南段的倾没端，渤东 1 号和渤东 2 号断层发生相交，在平面上形成“入”字型或“屋脊”状构造。在剖面上，这两条断层均表现为断面直立，断距较大，浅层发育花状构造，地层构造变形程度相对较弱。凸起上古近系东二下亚段直接覆盖于孔店组之上，缺失部分孔店组、沙河街组和东三段的沉积地层(图 3f)。

辽东-渤东凸起构造带纵向上总体表现为“北高南低”的结构特征(图 3g)。辽东凸起新生界沉积厚度较薄，浅层断层不发育，古近系顶部

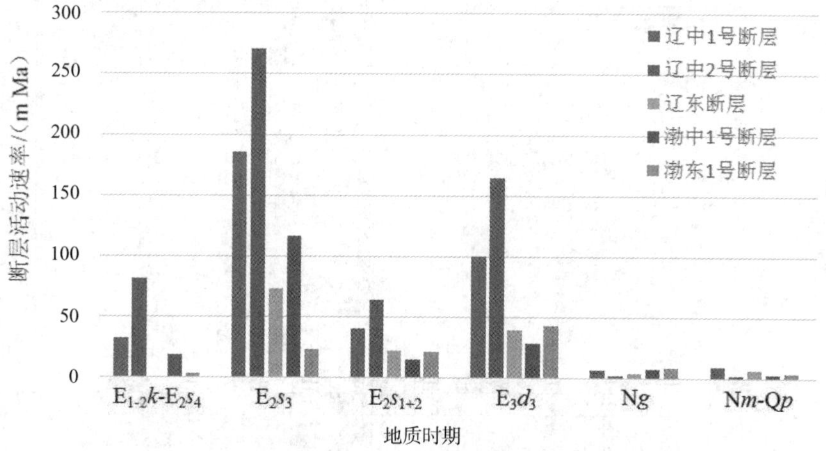

图 4　辽东-渤东凸起构造带主要断层活动量对比图

遭受强烈的剥蚀，凸起区大部分地方缺失孔店组、沙河街组和东营组，与新近系馆陶组呈角度不整合接触。渤东低凸起新生界沉积厚度较厚，浅层断层发育，凸起区东二下亚段直接覆盖于孔店组之上，呈不整合接触。

3　辽东-渤东凸起构造带断层的活动性

在断陷盆地，凸起与断层往往相伴而生、兴衰同步[31-32]，断层的活动特征与相邻凸起带的构造演化联系密切[33-34]。在辽东-渤东凸起构造带周缘有多条断层，主要有辽中 1 号断层、辽中 2 号断层、辽东断层、渤中 1 号断层和渤东 1 号断层。通过最新的三维连片地震数据，求取了这 5 条断层的活动速率，对比了其演化特征和规律(图 4)。

除辽东断层以外各主干断层均在孔店组-沙四段沉积期开始活动，峰值期出现在沙三段和东营组沉积期，馆陶组沉积开始后断层活动就比较微弱了，其中辽中 2 号断层活动垂向活动最为显著，断层的最大活动速率为 270 m/Ma。在辽东凸起地区，辽中 2 号断层活动性最强，辽中 1 号断层活动性次之，辽东断层的活动性最弱。在渤东低凸起地区，渤中 1 号断层活动性大于渤东 1 号断层活动性。

除了上诉几条主干断层之外，在辽东-渤东凸起构造带之上还发育有一系列北东和近东西向次级断层，这些断层对辽东-渤东凸起的形成控制作用不明显，多发育在东营组沉积后期，仅对凸起进行了一定程度的后期改造。

4　辽东-渤东凸起构造带的隆升时间

在构造特征研究的基础上，对地层分布特征、接触关系、沉积特征、事件性沉积响应和磷灰石裂变径迹等开展了分析研究，厘清了辽东-渤东凸起构造带的隆升时间，重塑了其构造演化过程。

4.1　辽东凸起隆升时间

地层的垂向发育和横向展布体现了盆地构造单元的形成与演化[35]。在辽东凸起北段西侧，辽中凹陷古近纪地层沉积厚度大、层位全。在东侧辽东凹陷内部地层沉积薄且层位较少，沉积地层超覆在东部斜坡带之上。凸起上部为孔店组-沙四段，与上覆东二段呈不整合接触，由此可以推测辽东凸起北段形成时间是在沙四段沉积末期到东三段沉积末期之间。相对于凸起的北段，辽东凸起南段后期改造作用强，在凸起北部的倾末端可见孔店组-沙三段残留地层发生旋转、抬升剥蚀，但是其残余厚度与东侧辽中凹陷内沉积孔店组-沙三段厚度接近，推测在沙三段沉积时期辽东凸起南段与辽中凸起凹陷是连为一整体，到沙三段沉积末期逐渐发生分离和抬升[8]。

一些学者认为[36]，如果地层向凸起上超，凸起抬升时间早于地层沉积期；如果地层层序和凸起的结构平行，凸起抬升时间则晚于地层沉积期。从过辽东凸起北段 NW-SE 向的地震剖面可以观察到(图 5)，在辽东凸起西部陡坡带，东二下亚段底界面具有下削上超的特征，凸起高部位东二下亚段具有顶薄翼厚的特征。在上述分析的基础之上，建立地层接触关系的演化模式(图 5)，在东三段沉积早期辽中 2 号断层活动，在断层西侧稳定沉积了东三段；到东三段沉积末期，受辽东凸起北段隆升影响，断层西侧地层发生逆时针旋转，致使东三段顶部地层遭受削蚀，翼部东二下亚段向凸起方向超覆，反映出凸起形成于

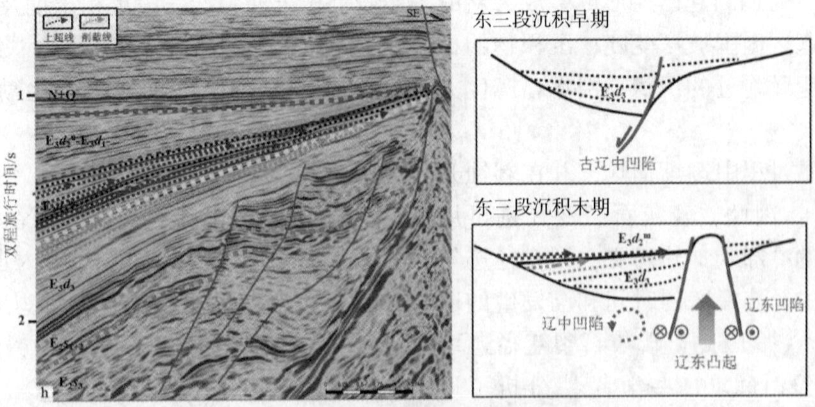

图5 辽东凸起北段地层接触关系和演化模式图

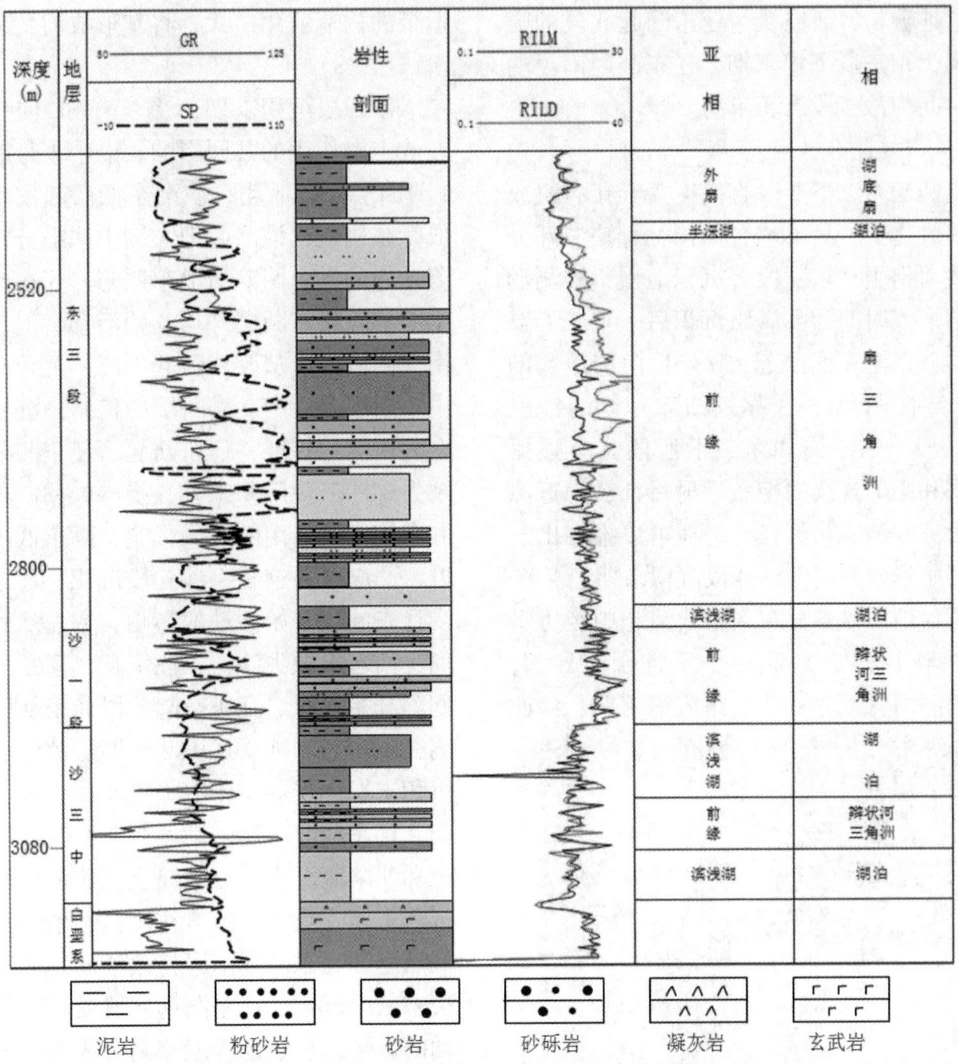

图6 辽东-渤东凸起构造带主要井的相分析

东三段沉积末期。

沉积方面的证据以辽东凸起北段西侧的锦州23-1-1井为例(图6)，在沙三段和沙一二段沉积时期沉积物主要为细粒沉积，反映的是一种远源辫状河三角洲沉积，到了东三段沉积物的粒度变粗，主要沉积是灰色泥岩和砂岩、含砾砂岩、砾岩，反映的是一种远源扇三角洲沉积，沉积物粒度比较粗。这些沉积现象表明在东三段沉积末期凸起已经形成，成为物源区。其次就是在辽东凸起北段的东二下段发育大量事件性沉积——湖底扇[9]，表明这一时期凸起已经形成，成为新的物源区，由于凸起区周围坡度变陡，沉积物的稳定性下降，使凸起区附近的沉积物滑塌，产生大量湖底扇沉积。

沉积岩在埋藏过程中逐渐加热，并在剥蚀开始时逐渐冷却[37]。因此，磷灰石裂变径迹可用于追踪寄主岩石的冷却和加热历史，裂变径迹年龄反映了磷灰石中径迹保留的时间和已发生的退火量(长度减少)[38]。因此，磷灰石裂变径迹可以反映凸起的隆升时间。一些学者[10]分析了辽东凸起北段四口井的磷灰石裂变径迹，认为辽东凸起北段隆升时间为30~11.5Ma。

综合上述分析，研究认为辽东凸起北段的隆升开始时间为东三段沉积末期，辽东凸起南段的隆升开始时间为沙三段沉积末期。

4.2　渤东低凸起隆升时间

渤东低凸起东二下亚段直接覆盖于孔店组或新生界的基底之上，呈不整合面接触，缺失部分孔店组、沙河街组和东三段等沉积地层，推测渤东低凸起的形成时间为孔店组沉积后、东二下亚段沉积前。从过渤东低凸起NW-SE向的地震剖面可以观察到(图7)，在靠近凸起一侧的沙三段、沙一二段、东三段和东二下亚段具有强振幅、低频率和中等连续的楔状反射特征，为近源沉积扇三角洲的地震相特征，进而可以推测出渤东低凸起开始形成时间为沙四段沉积末期。

渤海湾盆地海域部分在新生代演化中经历了多旋回断陷作用[28]，形成多个不整合面界面，目前认为渤海湾盆地存在孔店组沉积末期、沙四

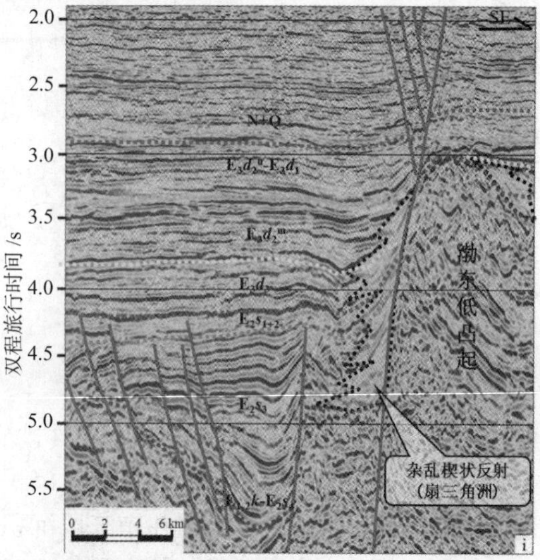

图7　渤东低凸起南段的地震相解释剖面
(剖面位置见图1)

段沉积末期、沙三段沉积末期及东营组沉积末期等一系列构造抬升事件[39-41]。结合上述凸起隆升时间的分析，本文研究认为渤东低凸起形成时间为沙四段沉积末期。

5　形成过程

辽东-渤东凸起构造带所在的渤海湾盆地为华北克拉通东部新生代陆内断陷-坳陷型盆地[33]。受印度板块与欧亚板块的碰撞作用、西太平洋板块的俯冲作用、地幔热活动影响[23]，具有复杂的构造演化史。本文在区域地质背景分析的基础之上，结合地质结构、断层活动性和隆升时间等方面的研究，建立了辽东-渤东凸起构造带的构造演化模式，将其形成演化划分为6个阶段(图8)。

沙四段沉积末期，受NW-SE向拉张应力和左旋走滑作用的共同影响。渤中1号断层和渤东1号断层开始活动，使渤东低凸起发生抬升，形成堑垒构造，该凸起把大渤中凹陷分割成箕状凹陷结构的渤中凹陷与渤东凹陷。辽东凸起两侧主干断层除辽东断层外均开始活动，但是辽东凸起南北两段尚未从胶辽隆起剥离，沉积与剥蚀受辽中1断层和辽中2号断层的控制，沉积地层具有东剥西沉的特征，辽东凸起、辽东凹陷整体沉积缺失。沙三段沉积末期，受NW-SE向拉张应力和右旋走滑作用的共同影响，渤东低凸起持续隆升，凸起区普遍缺失沙三段沉积。辽东凸起南段受辽东断层开始活动的影响，率先从胶辽隆起剥离，凸起上缺失沙一二段沉积，辽东凸起和辽东凹陷开始发育。辽东凸起北段尚未从胶辽隆起剥离，沉积与剥蚀受辽中2号断层控制。沙一二段沉积末期，受弱拉张弱走滑作用影响，渤东低凸起和辽东凸起南段活动微弱，在凸起周缘的斜坡区和凹陷区沉积了一套厚度稳定的地层。东三段沉积末期，受右旋走滑作用持续增强影响，渤东低凸起和辽东凸起南段持续活动，大部分地方缺失东三段沉积。辽东凸起北段受辽东断层强烈活动的影响，从胶辽隆起剥离，成为了剥蚀区或水下低凸起。辽东凸起北段的形成标志着古辽中凹陷瓦解，形成了辽中凹陷和辽东凹陷。东营组沉积末期为断拗转换期，研究区整体抬升，受挤压应力场和右旋走滑作用的共同影响，渤东-辽东凸起构造带整体抬升，地层遭受严重剥蚀，形成区域上古近系和新近系之间角度不整合接触。现今研究区进入整体坳陷阶段，受南北向弱拉张应

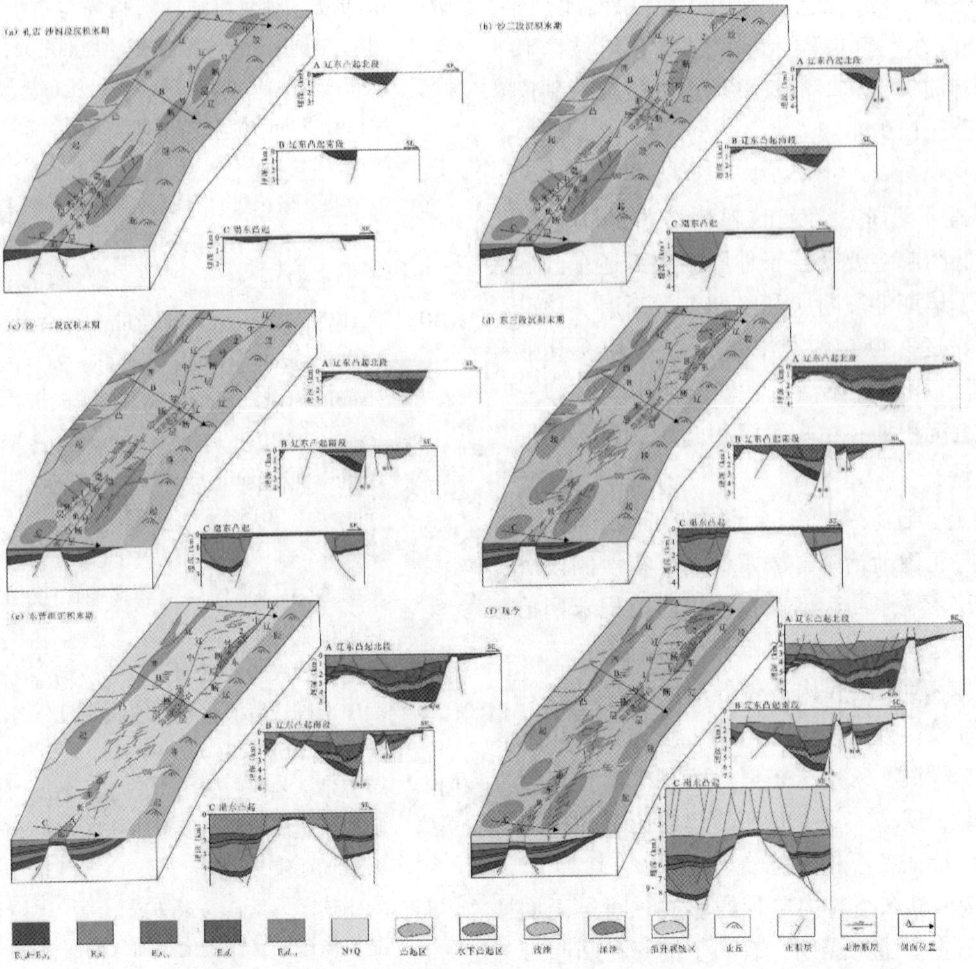

图 8 辽东-渤东凸起构造带平面演化模式

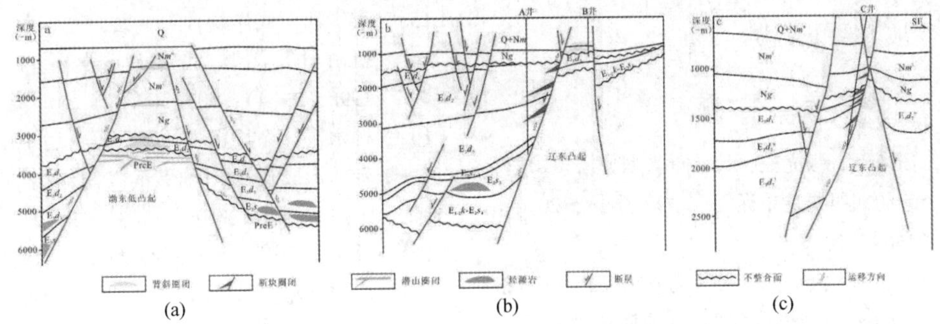

图 9 辽东-渤东凸起构造带成藏模式图

力场和弱走滑作用的共同影响，渤东-辽东凸起构造带消亡，新近系-第四系的沉积地层披覆在凸起和凹陷之上。

6 石油地质意义

渤中凹陷和辽中凹陷是辽东-渤东凸起构造带主要生烃凹陷，发育沙三段、沙一二段和东三段三套烃源岩，主要生排烃期为东营组沉积末期，馆陶组沉积末期和现今[5]。辽东-渤东凸起构造带形成时间是在沙四段沉积末期到东三段沉积末期，早于各烃源岩主要生排烃期，是油气长期运移的指向区。辽东-渤东凸起构造带经历了复杂构造变形运动，多期构造变形叠加，使得圈闭在纵向上叠加复合，形成多种类型的油气藏，主要包括潜山油气藏、断块油气藏和披覆背斜油气藏。从辽东-渤东凸起构造带目前的已钻井看，早期受伸展断层控制后期受走滑断层影响的渤东低凸起，油气沿伸展断层运移到凸起区聚集富集，在凸起区的油气藏类型主要是潜山圈闭和披覆背斜圈闭(图 9a)。受走滑断层控制的辽东凸起的凸起区，油气运移受走滑断层的阻挡，主要聚集富集在斜坡区，油气藏类型为断块圈闭(图9b)，而在辽东凸起的倾末端，油气在斜坡区和凸起区具有油气富集，油气藏类型为披覆背斜圈闭和断块圈闭(图9c)。

7 结论

1. 明确了辽东-渤东凸起构造带的构造特征，渤东低凸起主要受控于伸展断层，辽东凸起主要受控于早期伸展断层和晚期走滑断层。该凸起构造带除辽东断层以外各主干断层均在孔店组-沙四段沉积期开始活动，峰值期出现在沙三段和东营组沉积期，馆陶组沉积开始后断层活动就比较微弱了。

2. 确定了辽东-渤东凸起构造带隆升时间，凸起从南向北逐渐抬升，渤东低凸起在沙四段沉积末期抬升，辽东凸起南段在沙三段沉积末期抬升，辽东凸起北段在东三段沉积末期抬升。

3. 辽东-渤东凸起构造带的形成演化可以划分为6个阶段：沙四段沉积末期、沙三段沉积末期、沙一二段沉积末期、东三段沉积末期、东营组沉积末期、现今。每个时期凸起构造带的构造特征和沉积特征各不相同。

4. 辽东-渤东凸起构造带的形成时间早于周缘生烃凹陷主要生排烃期，有利于油气在凸起带附近聚集。伸展断层控制的渤东低凸起，油气易于在凸起区聚集成藏；走滑断层控制辽东凸起，油气易于在斜坡区聚集成藏。

参 考 文 献

[1] 李曰俊，杨海军，张光亚，等. 重新划分塔里木盆地塔北隆起的次级构造单元[J]. 岩石学报，2012，28(8)：2466-2478.

[2] 吕丁友，张宏国，麻旭刚，等. 渤海东部凸起区与斜坡区油气勘探实践与认识[J]. 地质科技情报，2018，37(05)：90-95.

[3] 王应斌，王海军，孙和风. 渤东低凸起构造演化及成藏条件[J]. 石油与天然气地质，2010(02)：151-158.

[4] LEVORSEN A I. Geology of petroleum [M]. 2nd ed. The AAPG Foundation，2001：1-700.

[5] 任拥军，杜雨佳，郭潇潇，等. 渤中凹陷古近系优质烃源岩特征及分布[J]. 油气地质与采收率，2015，22(1)：5-13.

[6] 庞雄奇，郭永华，姜福杰，等. 渤海海域优质烃源岩及其分布预测[J]. 石油与天然气地质，2009，30(4)：393-397.

[7] 张功成. 渤海海域构造格局与富生烃凹陷分布[J]. 中国海上油气(地质)，2000(02)：22-28.

[8] 贾楠，刘池洋，张功成，等. 辽东湾坳陷新生代差异抬升事件的确定及其地质意义[J]. 地学前缘，2015，22(3)：77-87.

[9] 彭靖淞，徐长贵，吴奎，等. 郯庐断裂带辽东凸起的形成与古辽中洼陷的瓦解[J]. 石油学报，2015，36(3)：274-285.

[10] CHENG Yanjun，WU Zhiping，YAN Shiyong，et al. Cenozoic tectonic evolution of Liaodong dome，Northeast Liaodong Bay，Bohai，offshore China，constraints from seismic stratigraphy，vitrinite reflectance and apatite fission track data [J]. Tectonophysics，2015，659：152-165.

[11] 葛建党. 郯庐断裂在渤中凹陷的构造特征与油气成藏的关系[J]. 海洋石油，2001，107(1)：14-20.

[12] 张参，官大勇，王明臣，等. 渤海海域渤东低凸起中南段构造演化与油气成藏[J]. 东北石油大学学报，2014，38(6)：68-75.

[13] 蒋有录，刘培，宋国奇，等. 渤海湾盆地新生代晚期断层活动与新近系油气富集关系[J]. 石油与天然气地质，2015，36(4)：5-13.

[14] 朱伟林，吴景富，张功成，等. 中国近海新生代盆地构造差异性演化及油气勘探方向[J]. 地学前缘(中国地质大学(北京)；北京大学)，2015，22(1)：88-101.

[15] 侯贵廷，钱祥麟，宋新民，等. 渤海湾盆地形成机制研究[J]. 北京大学学报(自然科学版)，1998，34(4)：503-509.

[16] 柳永军，徐长贵，吴奎，等. 辽中南洼走滑反转带的形成及其 对油藏的控制作用[J]. 大庆石油地质与开发，2016，35(3)：16-21.

[17] 夏庆龙，田立新，周心怀，等. 渤海海域构造形成演化与变形机制[M]. 北京：石油工业出版社，2012：58-63.

[18] 徐守余. 渤海湾地区盆地动力学分析及油田地质灾害研究[D]. 中国地质大学(北京)，2004.

[19] 朱日祥，徐义刚，朱光，等. 华北克拉通破坏[J]. 中国科学：地球科学，2012，42(8)：1135-1159.

[20] 李三忠，索艳慧，戴黎明，等. 渤海湾盆地形成与华北克拉通破坏[J]. 地学前缘，2010，17(4)：64-89.

[21] HUANG Lei，LIU Chiyang. Evolutionary characteristics of the sags to the east of Tan-Lu Fault Zone，Bohai Bay Basin (China)：Implications for hydrocarbon exploration and regional tectonic evolution [J]. Journal

of Asian Earth Sciences, 2014, 79: 275-287.

[22] HUANG Lei, LIU Chiyang, ZHOU Xinhuai, et al. The important turning points during evolution of Cenozoic basin offshore the Bohai Sea: Evidence and regional dynamics analysis [J]. Science China: Earth Sciences, 2012, 55(3): 476-487.

[23] 漆家福，邓荣敬，周心怀，等．渤海海域新生代盆地中的郯庐断裂带构造[J]．中国科学：地球科学，2008，38(z1)：19-29.

[24] ZHANG Yueqiao, MA Yinsheng, YANG Nong, et al. Cenozoic extensional stress evolution in North China [J]. Journal of Geodynamics, 2003, 36, 591-613.

[25] HSIAO L Y, GRAHAM S A, TILANDER N. Seismic reflection imaging of a major strike-slip fault zone in a rift system: Paleogene structure and evolution of the Tan - Lu fault system, Liaodong Bay, Bohai, offshore China [J]. AAPG Bull, 2004, 88 (1): 71-97.

[26] 侯贵廷．渤海湾盆地地球动力学[M]．北京：科学出版社，2014.

[27] NORTHRUP C J, ROYDEN L H, BURCHFIEL B C. Motion of the Pacific plate relative to Eurasia and its potential relation to Cenozoic extension along the eastern margin of Eurasia. Geology, 1995, 23: 719-722.

[28] 黄雷，周心怀，刘池洋，等．渤海海域新生代盆地演化的重要转折期——证据及区域动力学分析[J]．中国科学（地球科学），2012，42(6)：893-904.

[29] HU Panpan, YANG Fengli, TIAN Lixin, et al. Stress field modelling of the Late Oligocene tectonic inversion in the Liaodong Bay Subbasin, Bohai Bay Basin (northern China): Implications for geodynamics and petroleum accumulation [J]. Journal of Geodynamics, 2019, 126: 32-45.

[30] TENG C Y, HAO F, ZOU H Y, et al. Tan-Lu fault system and its significance in oil accumulation in the central Liaodong Bay subbasin, Bohai Bay Basin, China [J].
AAPG Bull, 2016, 100(2): 289-314.

[31] QI J F, YANG Q. Cenozoic structural deformation and dynamic processes of the Bohai Bay basin province, China [J]. Marine and Petroleum Geology, 2010, 27: 757-771.

[32] 周玉琦，周荔青，郭念发．中国东部新生代盆地油气地质[M]．北京：石油工业出版社，2004.

[33] 詹润，朱光，杨贵丽，等．渤海海域新近纪断层成因与动力学状态[J]．地学前缘，2013，20(4)：151-165.

[34] 罗群．断裂控烃理论的概念、原理、模式与意义[J]．石油勘探与开发，2010，37(3)：113-124.

[35] 李伟，戚建庆，周东红，等．辽东湾坳陷辽西凸起的形成与演化[J]．大地构造与成矿学，2019，43(5)：911-923.

[36] LEE W. Thickness maps as criteria for regional structural movements [J]. AAPG Bulletin, 1954, 38 (6): 1303-1304.

[37] MILLER D S, DUDDY I R. Early Cretaceous uplift and erosion of the Northern Appalachian Basin, New York, based on apatite fission track analysis [J]. Earth and Planetary Science Letters, 1989, 93 (1): 35-49.

[38] GREEN P F, DUDDY I R, LASLETT G M, et al. Thermal annealing of fission tracks in apatite 4: Qualitative modeling techniques and extensions to geology time scales [J]. Isotope Geosciences, 1989, 79: 155-182.

[39] 辽河油田石油地质志编辑委员会．中国石油地质志(卷三)：辽河油田[M]．北京：石油工业出版社，1993：56-91.

[40] 胜利油田石油地质志编辑委员会．中国石油地质志(卷六)：胜利油田[M]．北京：石油工业出版社，1993：18-84.

[41] 大港油田石油地质志编辑委员会．中国石油地质志(卷六)：大港油田[M]．北京：石油工业出版社，1991：32-114.

超压砾岩油层识别关键技术与勘探意义

曹志锋[1] 隆 山[2] 高秋涛[1] 黄卫东[3] 蔺敬旗[1]

(1. 中国石油测井有限公司新疆分公司；2. 中国石油测井有限公司；
3. 中国石油新疆油田公司勘探事业部)

摘 要 针对准噶尔盆地玛湖凹陷超压砾岩油层具有两低两高(低电阻率、低孔隙度、高压、高渗透率)的特征。通过研究明确了泥岩欠压实是该区形成超压油层的主要成因，超压是油藏的主控因素，提出了超压油层具有上超和下超两种类型；基于变孔隙压力岩石物理实验，搞清了超压油层孔隙结构特征及高产机理；构建了超压物性指数；形成了超压油层识别、物性表征、储层分类、产能预测的关键技术。为超压油层的认识、油气勘探发现具有积极的指导意义。

关键词 玛湖凹陷；砾岩油层；欠压实；超压地层；岩石物理实验；测井评价

准噶尔盆地玛湖凹陷发现了世界上最大的砾岩油藏，寻找优质高效油层显得越来越重要，而超压油层具有物性好、产能高的特征，越来越受到勘探家们的重视。研究发现，玛湖凹陷中—深部地层油气聚集成藏不仅受到优质储集层分布和构造的控制，还受到超压分布的影响。超压分布区往往是油气成藏有利区，例如 A×1 井下三叠统百口泉组地层压力系数 1.667，最高日产油约 70.05m^3；M×014 井上乌尔禾组地层压力系数 1.72，最高日产油约 138.29m^3，日产气 0.493×10^{4}m^3；M×8 井上乌尔禾组地层压力系数 1.38，最高日产油约 142.94m^3，最高日产气约 4.473×10^{4}m^3。许多学者对超压地层的特征、成因机理及超压与油气成藏的关系做了大量地质方面的研究，但目前对准噶尔盆地环玛湖陷三叠系百口泉组、二叠系乌尔禾组地层超压储层孔隙结构特征、油气识别方法、储层评价方法方面的研究较少[1-15]。本文基于地质、岩石物理实验和测井资料，分析研究区超压地层识别方法、超压成因机理、岩石物理实验方法、高渗机理、超压油层识别方法和超压表征方法及储层测井评价方法，形成了超压砾岩油层测井评价的关键技术；用于指导油气勘探评价为试油选层、储层改造提供了重要的技术支撑，为此类油藏的发现和评价提供了新的方法。

1 地质概况

玛湖凹陷位于准噶尔盆地西北部，西与西部隆起的山前断裂带相邻，东与陆梁隆起相接，整体呈北东—南西向展布，面积约 6800km^2，玛湖凹陷是准噶尔盆地重要的富烃凹陷，是准噶尔盆地近期增储上产的主战场(图 1 左)。

石炭系以上地层由下至上为：二叠系的佳木禾组(P_1j)、风城组(P_1f)、夏子街组(P_2x)和乌尔禾组(P_2w)，三叠系的百口泉组(T_1b)、克拉玛依组(T_2k)和白碱滩组(T_3b)，以及上覆的侏罗系和白垩系。由北西向南东、由北向南，玛湖凹陷及邻区二叠系和三叠系沉积相类型为冲积扇或扇三角洲—滨浅湖—半深湖。其中，风城组和乌尔禾组的湖相泥岩有机质丰度高，为凹陷的主力烃源岩；分布稳定的白碱滩组湖相泥岩为凹陷的区域性盖层。各地层前缘相砂砾岩孔渗性相对较好，可以作为储集层[1]。

2 异常压力分布特征

根据现有的试油实测地层压力资料，构建了地层压力与深度的关系(图 1 右)。玛湖凹陷侏罗系及以上地层基本为常压，中—上三叠统地层压力由正常压力过渡到异常高压，下三叠统及以下地层发育异常高压。

据冯冲等人通过单井地层压力预测结果，从建立的玛湖凹陷剖面剩余压力等值线图可知，以砂砾岩沉积为主的凹陷西北部，超压顶面深度大，侏罗系及以上地层多未出现超高压；泥质含量高的凹陷东南部和达巴松凸起地区，超高压顶面深度浅，侏罗系就已经开始出现超高压。

3 超压形成机理与识别方法

3.1 超压成因机理分析

目前，国内外研究人员已经提出 10 多种超压形成机制[1-15]，主要包括：1)机械压实；2)化

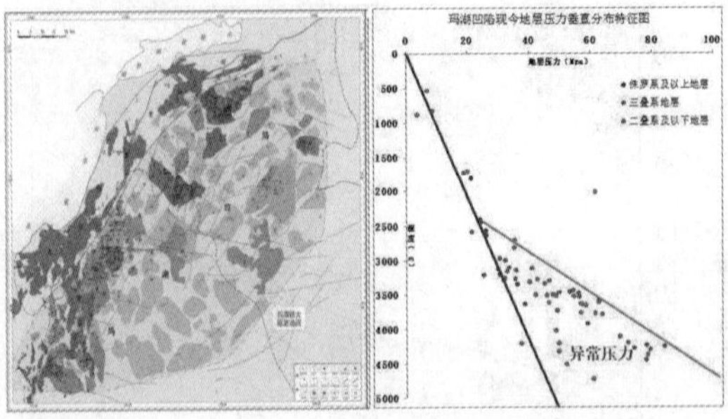

图1　玛湖凹陷勘探成果与地层压力分布图

学溶解与沉淀；3)流体热膨胀；4)有机质生烃和裂解；5)黏土矿物脱水；6)构造作用(如侧向挤压等)；7)承压作用；8)古压力；9)流体注入；10)气水密度差。研究认为，流体热增压和矿物转化脱水作用很难成为异常高压形成的主要因素，构造挤压作用、快速沉积引起的欠压实作用和烃类的生成作用是全球典型超压盆地异常高压形成的主因，他源超高压传导作用可以改变某一地区中—浅部地层异常高压的分布。

快速沉积的厚层泥岩内部压实与排水不平衡，孔隙水支撑一部分上覆岩石的重力，造成泥岩内部孔隙度和孔隙流体压力偏大，形成异常高压。由此可见，这种异常高压的形成条件是泥岩的沉积厚度大和泥岩的沉积速率高。

玛湖凹陷在二叠纪是沉降中心，三叠纪初的沉降中心南移，玛湖凹陷只是邻近沉降中心，凹陷内部沉积有厚层湖相泥岩。通过选取玛南斜坡区三叠系白碱滩组厚层泥岩为正常压实为基准，由浅到深建立了声波随深度变化，从泥岩声波时差曲线可知(图2)，地层的超压程度与泥岩的厚度有关，泥岩声波时差曲线存在异常偏大现象，说明玛湖凹陷泥岩存在欠压实现象。快速沉积欠压实作用是玛湖凹陷异常高压形成的主要因素。

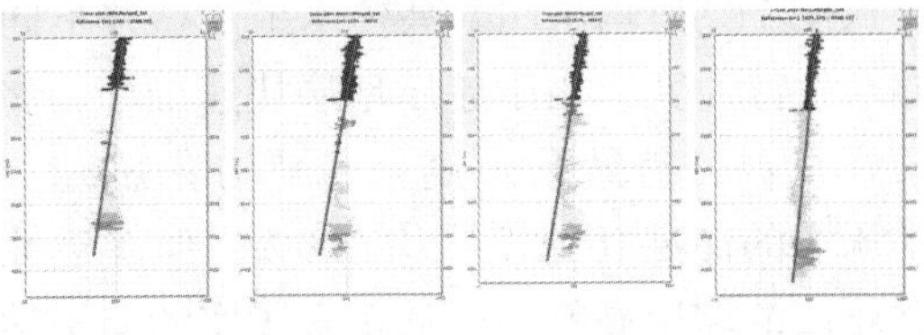

图2　典型井声波时差与深度的关系图

3.2　超压油层的测井响应特征及识别方法

超压带中泥岩的异常高的声波时差和低电阻率在解释由欠压实引起的异常高压现象时符合了人们对这种物理现象因果关系的一般理解(Wyllie et al.，1958；Mag ara，1978)，因为泥岩压实不平衡意味着对应高孔隙度、低岩石密度和高地层水含量。早在20世纪70~80年代，许多学者利用测井响应成功地解释了由欠压实导致的异常高压现象(Maga-ra，1968；Fertl，1976；Chilingar et al，2002)。他们指出超压泥岩中的声波时差和视电阻率可能反映了超压引起的泥岩本身的结构变化，并可能是流体超压的直接响应，而不是高孔隙度异常的响应，并解释了压实地层超压带出现高声波时差(低纵波速度)和低电阻率响应的原因：(1)超压带中泥岩的高声波时差可能是由于超压泥岩中含气和水的微裂隙降低了声波的传播能力；(2)超压带中泥岩的低电阻率可能是因为超压导致泥岩中形成大量的微裂隙，从而增加了超压泥岩中束缚水的相互联系而致使电阻率降低。

值得注意的是，研究区二叠系乌尔禾组超压带的高声波时差不仅仅是泥页岩具有的特征，砂砾岩也是如此，只不过砂砾岩的异常幅度相对较小，何生等人研究认为低声速异常可能主要是孔隙流体超压导致颗粒间有效应力减小直接引起的。

超压地层首先是由于泥岩的欠压实造成的，声波时差增大，泥岩电阻率降低，表现为地层压力升高，图3为超压地层压力系数与声波时差及泥岩电阻率关系图，地层压力系数与声波时差呈正向关系，超压越强，地层压力越高，声波时差越大。图4为地层压力系数与泥岩的电阻率的关系图，由图可知呈地层压力系数与泥岩的电阻率逆向关系，超压越强，地层压力越高，泥岩的电阻率越低；因此，通过泥岩的电阻率和声波时差来识别储层的超压程度。

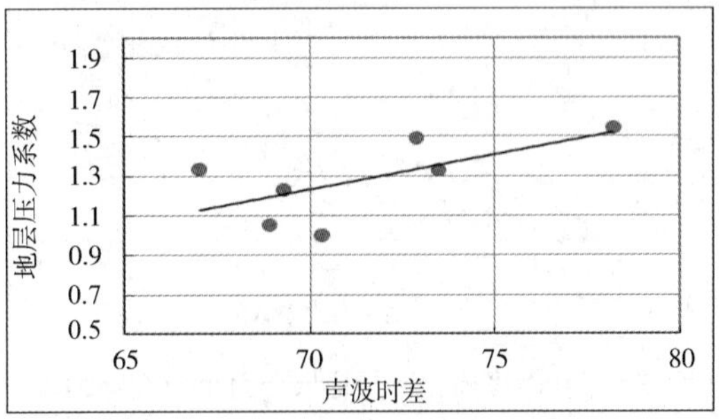

图3　地层压力系数与声波时差关系图

4　变孔隙压力孔、渗实验方法

为了验证不同孔隙压力下的储层孔隙度和渗透率的变化关系，开展了基于不同孔隙压力孔隙度、渗透率实验测量方法，观测不同孔隙压力下孔隙度、渗透率变化特征及规律。设置了变孔隙

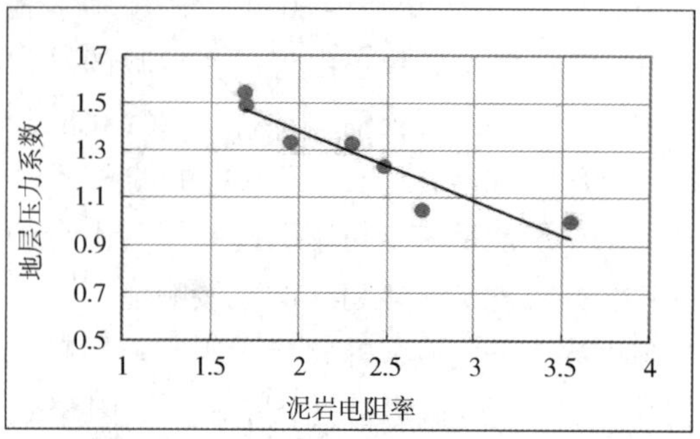

图 4　地层压力系数与泥岩电阻率关系图

压孔隙度、渗透率测量实验装置，保证实验围压为 50MPa，变孔隙压力设置地层压力系数为 2、1.8、1.4、1.2、1(说明：50MPa 相当于 2200 米深地层，孔隙压力约为 22MPa，地层压力系数为 1；孔隙压力约为 44MPa，地层压力系数为 2，采用 NaCl 盐水饱和岩样)。

通过选取玛湖凹陷二叠系上乌尔禾组 4 块不同物性的砾岩岩样进行了不同孔隙压力下的孔隙度、渗透率的测量。从图 5 变孔隙压力孔隙度测量实验结果表明：孔隙度随孔隙压力增大而增大，但绝对值变化不大，在 2%以内。

从图 6 变孔隙压力渗透率测量实验结果表明：渗透率随孔隙压力增大呈非线性关系增大，当孔隙压力达到临界值时，渗透率异常增高，反映了储层孔隙结构的变化，形成了砾石颗粒的砾面孔，砾面孔具有孔隙和微细裂缝的双重特性，从而提高了储层的渗流能力。实验结果表明，地层超压是形成高渗透性油层的主控因素。

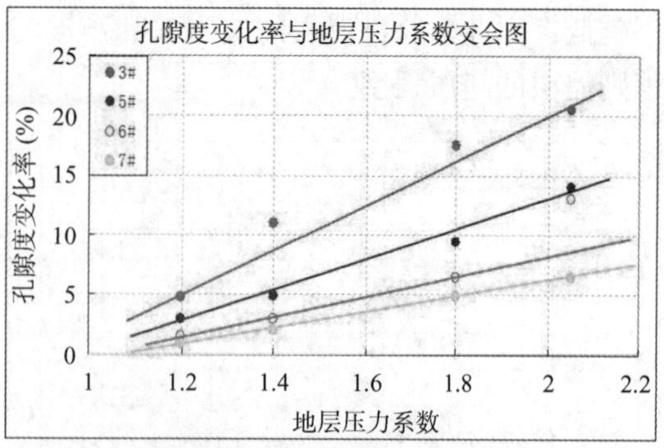

图 5　孔隙度变化率与地层压力系数交会图

5　超压储层物性特征与表征方法

5.1　超压对储层物性的影响

超压对储层的影响主要表现在以下三方面：1)超压滞缓孔隙流体运动，减缓或抑制成岩作用，保留大量原生孔隙；2)超压支撑部分上覆岩体的负荷，减少地层的有效应力，减缓超压层的压实作用，保留原始储集空间；3)超压使上覆封隔层和围岩发生破裂，形成微裂缝，增加储集空间，改善储集层连通性，提高储集层的渗透性。

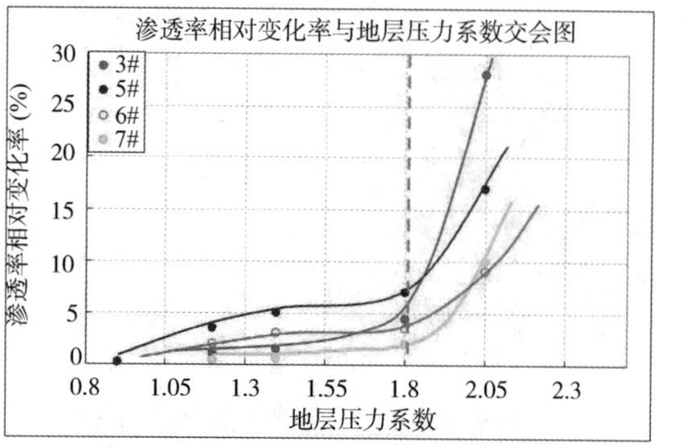

图 6　渗透率变化率与地层压力系数交会图

玛湖凹陷三叠系百口泉组、二叠系乌尔禾组超压发育，超压层内部的砂砾岩明显具有高渗透率特征，从图 7(右)铸体薄片分析，支撑砾岩保留了储层粒间孔隙，超压使砾面孔"撑开"，储层孔隙结构发上了变化，地层"存储孔"与"连通孔"大于正常压实地层，增强了储层的连通性，渗透率提高数百倍。储层砾面孔隙发育，具有孔隙和微细裂缝的双重孔隙结构特征，储层的连通性好，克服毛管阻力小，在核磁上表现为大孔隙的结构特征，毛管孔隙小，形成了高渗透性、高饱和度油层。

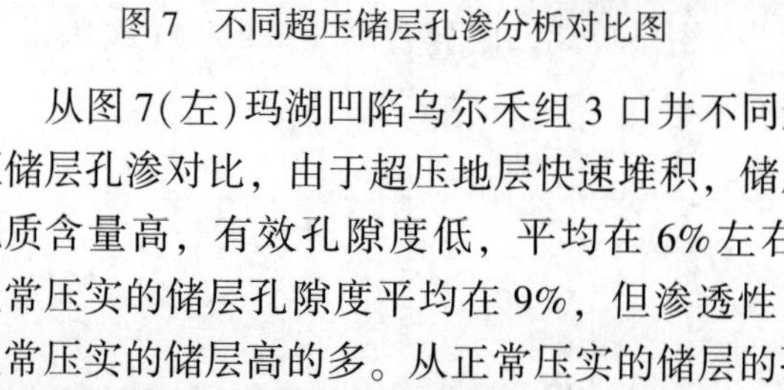

图 7　不同超压储层孔渗分析对比图

从图 7(左)玛湖凹陷乌尔禾组 3 口井不同超压储层孔渗对比，由于超压地层快速堆积，储层泥质含量高，有效孔隙度低，平均在 6%左右，正常压实的储层孔隙度平均在 9%，但渗透性比正常压实的储层高的多。从正常压实的储层的孔隙度、渗透率关系的斜率比超压储层的隙度、渗透率关系的斜率小，超压越强，储层的渗透性越好。说明储层的孔隙结构与储层的渗透性受超压的控制，超压越强，自由流体孔隙越大，含油性越好，储层的渗透性越好。

5.2　超压物性指数的表征方法

欠压实成因超压下，地层存储孔与连通孔大

于正常压实地层，超压增加了储层空间，改善了储集层的渗流能力；因此，超压强度是油气形成和储层产能的主控因素。据此提出了构建了超压储层的物性表征方法；通过分析地层压力系数与声波时差及超压泥岩电阻率具有较好的关系，形成了超压物性指数与地层压力关系公式(1)、式(2)，储层压力越高，储层物性越好(图8)。即：

$$P_i = DT/R_{sh} \tag{1}$$

$$P_i = a\rho - b \tag{2}$$

式中：a——相关系数；

b——常数；

P_i——超压物性指数；

DT——储层声波时差值，μs / ft；

R_{sh}——相邻的泥岩电阻率值，Ω · m；

ρ——地层压力系数。

超压物性指数反映了储层的品质好坏，同时也反映了储层超压程度，表现为储层的超压越强，储层的物性越好，储层的含油性越高。

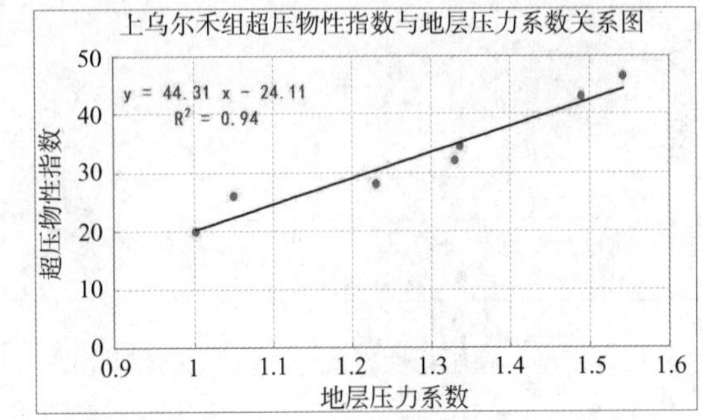

图8　超压物性指数与地层压力系数关系图

5.3　超压油层渗透率计算方法

储层的渗透性评价是油田勘探开发的关键参数。对于超压砾岩储层的核磁共振测井采用常规方法进行了处理计算，计算的渗透率与岩心分析渗透率具有较大的误差，常规方法明显不适用于超压储层核磁共振测井的处理计算，如图9渗透率一栏中的灰色阴影部分。鉴于上述渗透率计算方法的不适用性，笔者根据渗透率与孔隙结构、地层超压有关的特点，开展了地层超压与渗透率关系研究，形成了一种新的超压砾岩储层计算渗透率方法。

为了进一步减少核磁计算的渗透率误差，求准超压砾岩储层的核磁共振测井渗透率，基于超压储层渗透率的主控因素为储层的超压强度和储层孔隙结构，在SDR模型的基础上，引入了超压物性指数和储层孔隙结构指数(核磁自由流体孔隙度与有效孔隙度之比)，构建了新的核磁处理渗透率模型，即：

$$K = A\left(\frac{\phi}{100}\right)^4 \times T_{2GM}^2 \times P_i \times m \tag{3}$$

其中，P_i 为超压物性指数；m 为孔隙结构指数；ϕ 为地层总孔隙度，T2GM为T2谱的几何平均值，这两个参数由核磁共振测井获得。

从玛湖×××处理成果图中可以看出(图9)，超压储层核磁共振处理计算的孔隙度、渗透率与岩心分析孔隙度、渗透率对应性很好(渗透率一栏中的黄色部分)；采用新模型计算的渗透率与岩心分析结果一致，新模型求准了超压储层的渗透率。

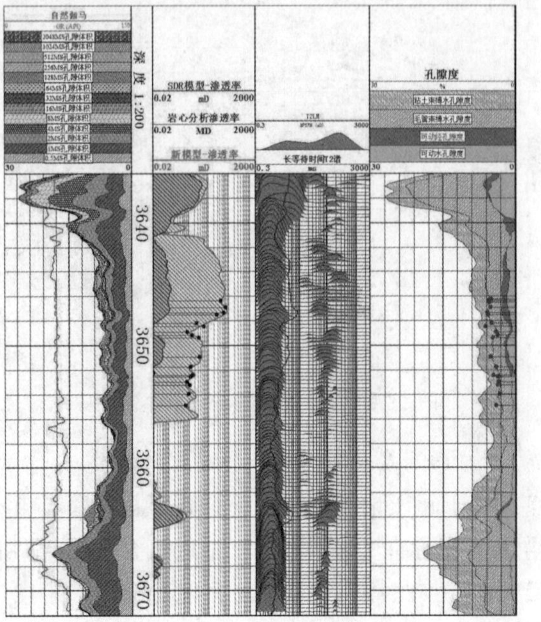

图9　SDR新模型核磁渗透率处理成果对比图

5.4　超压储层分类方法

根据超压储层测井响应为超压泥岩低阻、高声波时差的特征，图10为超压储层产能主控因素分析图，超压泥岩电阻率的大小与储层产能具有较好相关性(图10左上)，泥岩电阻率越低，超压越强，产能越高；超压储层声波时差的大小与储层产能具有较好相关性(图10左中)，声波时差越大，超压越强，产能越高；超压储层物性指数的大小与储层产能具有较好相关性(图10左下)，超压物性指数越大，超压越强，产能越高。据此，通过孔隙结构指数与储层超压物性指数建立了储层分类方法，依据产能大小，将储层分为三类，构建的储层分类图版符合率100%(图10右)。

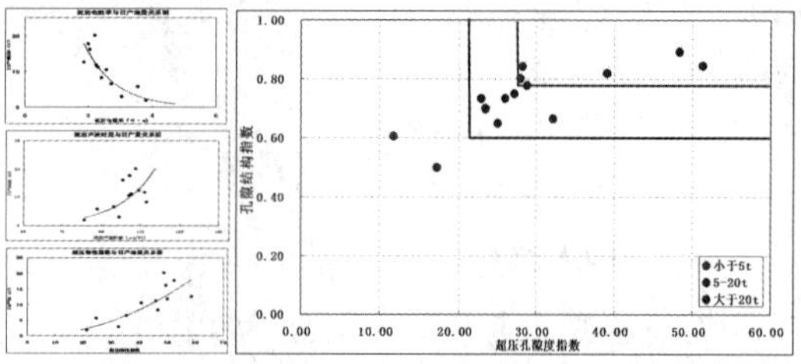

图 10　砾岩储层产能分析与储层分类图

6　超压油层类型及识别方法

6.1　超压油层类型

根据欠压实泥岩形成的超压油层，将上覆泥岩超压引起下伏储层超压的为上覆超压油层；下伏泥岩超压引起上覆油层超压的为下伏超压油层（图 11），该区已上覆超压油层为主。

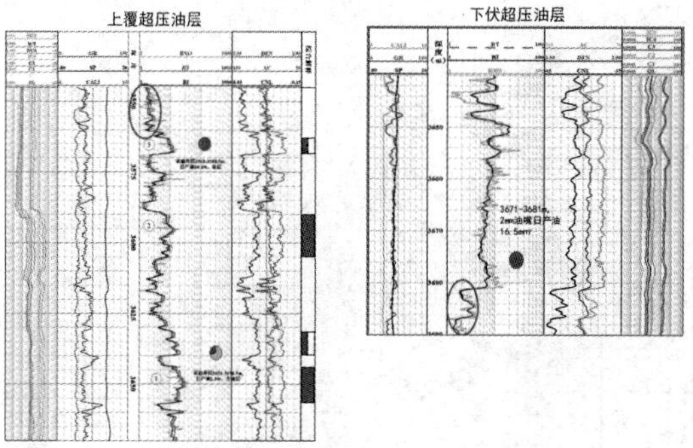

图 11　玛湖凹陷超压砾岩油层类型

6.2　超压油层识别方法

基于超压地层的认识，构建了电阻率与超压物性指数的油气识别方法，油层符合率 100%（图 12 下图），比常规电阻率与密度交会图（图 12 上图）有了大幅提高。地质认识的提高和评价技术的突破，为勘探试油选层、储量计算、勘探评价等方面提供了技术支撑，研究成果获得良好的地质应用效果。

图 13 为××016 井是该区一口评价井，地层为二叠系上乌尔禾组，储层岩性为砾岩，该层进行了两层试油，试油结论与常规方法解释结论不符合。

第 1 层试油井段 3631.0~3565.5m 储层电阻率在 25Ω · m，密度在 2.47g/cm^3，录井气测异常明显，常规电阻率与密度交会图①点为油层（图 12 上）；通过地层超压分析，第 1 层的泥岩电阻率为 3Ω · m，为正常压实地层，应用超压物性指数与电阻率建立的交会图①点为油层（图 12 下），试油为低产油层，与新方法结论一致。

第 2 层试油井段 3563.0~3568.0m 电阻率在 11Ω · m，密度在 2.52g/cm^3，气测无油气显示，常规电阻率与密度交会图③点为非油层（图 12 上图）；通过地层超压分析，第 2 层的泥岩电阻率为 2Ω · m，具有泥岩欠压实形成的地层超压，应用超压物性指数与电阻率建立的交会图③点为油层（图 12 下图），试油为高产油层，与新方法结论一致。

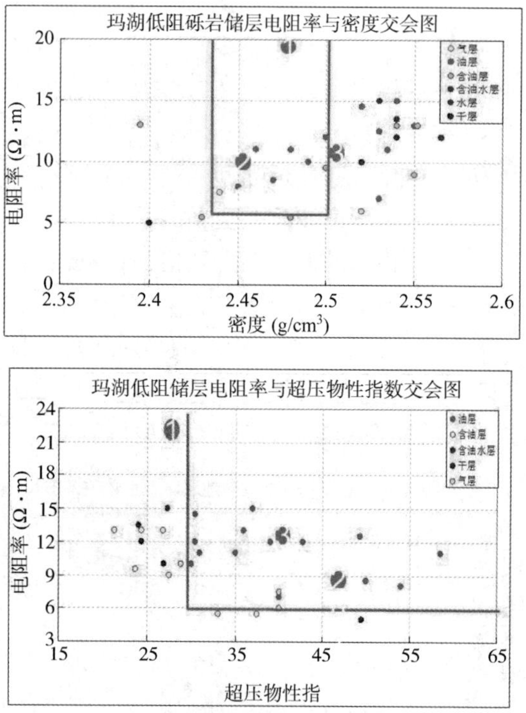

图 12　密度、超压物性指数与电阻率交会对比图

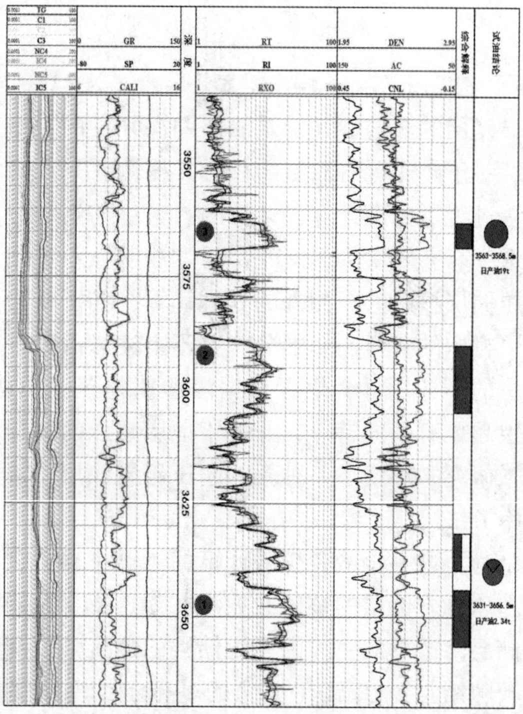

图 13　××016 井超压储层试油成果图

7 结论

1）超压油层具有隐蔽性，表现为油气显示弱、泥质含量高、储层孔隙度低、渗透性高、产能高的特点，是油气勘探的高效领域。

2）超压程度和储层孔隙结构是影响储层产能大小的主控因素，超压越强，储层的渗透性越好，产能越高。

3）超压物性指数既反映了储层的品质，又体现了超压程度，形成了储层关键参数、油层识别、储层分类、产能预测关键技术。

参 考 文 献

[1] 冯冲，姚爱国，汪建富，白雨等. 准噶尔盆地玛湖凹陷异常高压分布和形成机理[J]. 新疆石油地质，2014. 35(6)：640-645.

[2] 马启富，陈斯忠，张启明，等. 超压盆地与油气分布[M]. 北京：地质出版社，2000：1-30.

[3] 金秋月，何生，卢梅. 渤海湾盆地车镇凹陷超压特征与油气赋存关系[J]. 地质科技情报，2015，34(3)：113-118.

[4] 徐正建，刘洛夫，等. 准噶尔盆地车排子周缘地层超压特征及其与油气成藏的关系[J]. 中南大学学报(自然科学版)，2015，46(10)：3848-3858.

[5] 李仲东. 川东地区碳酸盐岩超压与天然气富集关系研究[J]. 矿物岩石，2001，21(4)：53-58.

[6] 冯志强，张顺，冯子辉. 在松辽盆地发现“油气超压运移包络面”的意义及油气运移和成藏机理探讨[J]. 中国科学：地球科学，2011，41(12)：1872-1883.

[7] 张卫海，查明，曲江秀. 准噶尔盆地南缘古近系新近系异常高压系统与油气成藏机理[J]. 石油大学学报(自然科学版)，2004，28(1)：10-12.

[8] 杨智，何生，何治亮，等. 准噶尔盆地腹部超压层分布与油气成藏[J]. 石油学报，2008，29(2)：199-212.

[9] 薛冈，管路平，等. 盆地超压地层识别方法—以四川盆地通南巴构造带为例[J]. 地球物理学进展，2004，19(3)：645-651.

[10] 高岗，黄志龙，王兆峰，等. 地层异常高压形成机理的研究[J]. 西安石油大学学报，2005，120(1)：1-7.

[11] 冯冲，姚爱国，汪建富，等. 准噶尔盆地玛湖凹陷异常高压分布和形成机理[J]. 新疆石油地质，2014，35(6)：640-645.

[12] 柳广弟，王德强. 黄骅坳陷歧口凹陷深层异常压力特征[J]. 石油勘探与开发，2001，28(3)：22-24.

[13] 查明，张卫海，曲江秀. 准噶尔盆地异常高压特征、成因及勘探意义[J]. 石油勘探与开发，2000，27(2)：31-35.

[14] 郝芳，邹华耀，方勇，等. 超压环境有机质热演化和生烃作用机理[J]. 石油学报，2006，27(5)：9-18.

[15] 刘桃，刘景东. 欠压实与流体膨胀成因超压的定量评价[J]. 石油学报，2018，39(9)：971-979.

邦戈尔盆地潜山油气重大发现与关键勘探技术

肖乾华[1] 窦立荣[2] 冯国良[3] 田志彬[4] 冯占勋[4]

（1. 中国石油集团长城钻探工程有限公司；2. 中国石油天然气勘探开发公司；
3. 中油国际（乍得）上游项目公司；4. 中国石油集团长城钻探工程有限公司地质研究院）

摘 要 受“非洲潜山，铁板一块”传统认识的束缚，邦戈尔盆地潜山2012年之前一直未作为油气勘探目的层。在辽河油田潜山勘探成功经验指导下，结合邦戈尔盆地少量钻、录、测资料及前人地质综合研究成果，突破传统认识，首次提出邦戈尔盆地前寒武纪潜山具备一定的勘探潜力，优选潜山圈闭实施钻探获得了高产工业油流，突破了非洲潜山出油关。本文系统总结了潜山油田的发现过程，所采用的“两宽一高”地震采集处理解释技术、潜山岩性综合识别技术、潜山储层测井评价技术、潜山储层地震预测技术、潜山油气层识别技术和复杂岩性钻完井配套技术六项关键勘探技术，论述了潜山油藏特征及分布规律，指出了邦戈尔盆地潜山勘探方向。以期为其他类似盆地潜山勘探提供可借鉴的经验与技术。

关键词 潜山油藏；裂缝型储层；勘探技术；邦戈尔盆地；乍得

基岩和潜山是两个有区别又相关联的概念，但有时往往由于出发点不同而造成混用。Sidney Powers于1922年在《潜山及其在石油地质学中的重要性》中首次提出潜山（buried hills）一词。“基岩”（basement）一词是Landes（1960）首次提出，并定义为“下覆在沉积层序之下的变质岩或火成岩的组合”。North（1990）扩大了基岩的定义，包含了孔隙极低或没有基质孔隙的沉积岩。

国外最早发现的潜山油田是1933—1953年，相继在美国堪萨斯中央隆起带发现的奥斯油田、林华尔油田等11个大型前寒武系潜山油田。此外，在叙利亚、越南、英国、俄罗斯、西班牙、澳大利亚、加拿大、伊朗等国家也都发现了潜山油气藏。国内变质岩潜山勘探始于西部，1957年在准噶尔盆地发现克拉玛依油田，1959年在酒泉盆地发现了鸭儿峡油田，1972年在辽河坳陷发现兴隆台潜山油田，此外在我国的松辽盆地、渤海湾盆地、海拉尔盆地等也发现了火成岩和变质岩潜山油气藏。我国在潜山成藏理论研究方面取得了重大成果，尤其是辽河油田变质岩潜山、任丘碳酸盐岩潜山的发现，有力推动了潜山的勘探和发现。

中非地区的勘探经历了40多年，一直未将潜山做为勘探目的层。2012年前乍得境内也没有在潜山获得任何油气发现。中国石油天然气集团公司自2007年首选邦戈尔盆地作为主要勘探区块，在下白垩统相继发现了几个小型砂岩油气田。2009—2010年在P组砂岩油藏勘探获得重大突破，发现了Great Baobab亿吨级大油田；2013年1月，L E 2井潜山段裸眼测试，获得自喷折算日产油＊＊＊m^3的高产工业油流。一举突破了乍得邦戈尔盆地潜山出油关。

邦戈尔盆地潜山的勘探突破是中国石油海外继苏丹裂谷盆地发现后，在中西非裂谷系油气勘探的又一次跨越，全面拓展了中西非裂谷盆地的勘探领域。

本文通过总结邦戈尔盆地潜山油气发现前的“蛛丝马迹”、剖析其发现过程及发现后应用的关键勘探技术对潜山进行勘探评价，展望邦戈尔盆地潜山勘探前景，为下一步潜山勘探部署、油藏评价及其他类似盆地潜山勘探提供可借鉴的经验。

1 区域地质概况

邦戈尔盆地位于乍得西南部、中非剪切带中段北侧，受中非剪切带影响的中生代-新生代陆内拉分盆地，盆地面积约$1.8\times10^4km^2$，呈NWW向，东西长约280km，南北宽约40~80km。盆地早白垩世经历了强烈的断陷，晚白垩世发生了构造抬升反转，造成区域挤压和基底的整体抬升，并引起沉积地层大幅剥蚀，在古近纪统一成盆。盆地由北向南可划分为北部斜坡带、中央坳陷带、南部隆起带和南部坳陷带，中央坳陷带可以进一步划分为东部、中部和西部凹陷（图1）。盆地内沉积了上万米的中生界-新生界陆相碎屑岩，包括下白垩统、古近系、新近系和第四系，是一套巨厚的湖相、河流相及冲积扇相碎屑岩沉积，地层厚度最大达 10km[1]。下部的深湖相 M 组和 P 组暗色泥岩埋藏较深，不仅是下白垩统砂岩油气田的主要源岩，也为潜山油藏油气聚集提供了丰富的油源和良好的区域盖层。

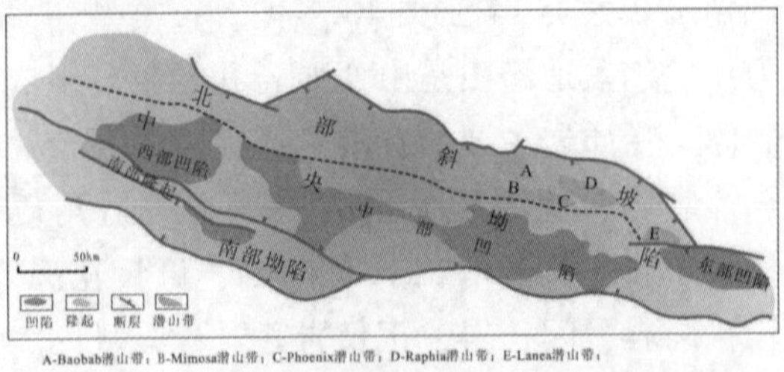

图 1 邦戈尔盆地构造单元划分及潜山油田分布图

2 乍得潜山发现过程

回顾邦戈尔盆地潜山勘探的曲折历程，可将其划分为 4 个阶段。

2.1 认识突破阶段(2009 年)

2009 年以前，人们对非洲潜山一直停留在“非洲潜山，铁板一块，无孔无缝、不能成藏”的传统认识阶段。2009 年 8 月，在研究中浅层砂岩油藏成藏条件的同时，根据零星的钻录测资料及前人成果，借鉴辽河盆地潜山勘探经验[2]，敏锐地意识到潜山的勘探潜力，其主要依据有 4 点：“一是在 PC 1 井和 M 2 井潜山段井壁取心中发现了沥清显示；二是在前人所做的一条横切盆地的构造剖面图上(图 2)发现盆地北部斜坡带发育多个受反向断层控制的潜山山头，且被上覆成熟生油岩覆盖；三是通过地质类比认为邦戈尔盆地 Mimosa 潜山构造带与辽河盆地兴隆台潜山带具有相似的成藏条件，均属于典型的“洼中隆”，被南北两个生油洼陷所包围，供油窗口大，构造演化史复杂，有一定的储集空间；四是 Kila(M 组)页岩把大部分油气都遮挡在其下部，生成的油气会大量充注潜山，形成潜山油藏”。于是，首次提出邦戈尔盆地潜山勘探。这一突破性的创新认识得到了部分同行及勘探决策者们的认可，积极准备对邦戈尔盆地潜山进行勘探。

2.2 勘探准备阶段(2010~2012 年)

2010 年 10 月，BC 1 井在进行浅层砂岩油藏钻探时揭露潜山地层 62m 并发现油气显示，由于严重井漏而未继续钻进，完井后也未对潜山进行试油。但套管下到潜山顶部 1142.50m，潜山段裸眼完井，为后续试油创造了条件。

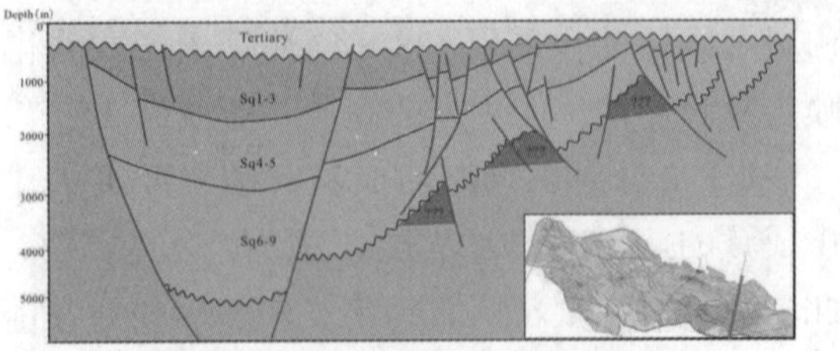

图 2 邦戈尔盆地东部地质剖面图

2012 年 4 月，在调研辽河坳陷潜山勘探成果与经验的同时，对邦戈尔盆地已完钻的老井进行了全面复查，进一步深化了潜山成藏的认识：

① 潜山油气显示活跃：截至 2012 年 3 月底，邦戈尔盆地有 61 口井钻遇潜山，其中揭示潜山厚度大于 10 米的有 37 口井，有 10 口井发现油气显示，3 口井气测值大于 2%。

② 潜山构造演化史复杂，从晚元古~早白垩世期间经历了多次构造运动，具备形成多种类型圈闭的构造条件，勘探领域广阔。

③ 潜山储层并非“铁板一块，无孔无缝”，有 4 口井在钻井过程中曾发生过泥浆漏失，其中 B C 1 井最大，漏失量达 $230m^3$，说明潜山裂缝发育，有一定的储油空间。

④ 具备良好的油源条件。邦戈尔盆地是一个富油气盆地，暗色泥岩厚度达 700m。据 B 1 和 M 2 井生油岩有机地球化学分析，TOC 一般 3%，最高 10%，S1 + S2 一般 18mg/g，最高 40 mg/g，HI 一般 550 mg/g. TOC；有机质类型为 $Ⅰ-Ⅱ_1$型；Tmax 一般大于 440℃。且这 2 口井位于盆地斜坡的隆起部位，代表性不强，推测凹陷中央的烃源岩地化指标更好，生烃潜力更高。

⑤Great Baobab 亿吨级 P 组砂岩油田的发现，验证了前期认识：“盆地内生成的大量油气只有极少部分运 移到浅层成藏，预测大部分都在深层或者潜山聚集成藏”的正确性，更加坚定了潜山勘探的信心。

2.3 预探突破阶段(2013~2014 年)

2012 年 8 月在做 L E 2 井地质设计时，首次将潜山做为兼探目的层，同时鉴于以往钻入潜山井井漏、显示差、气测值低等问题，设计三开轻泥浆裸眼完井。这种设计上的变更也期待能够获得不同的效果。2012 年 12 月 3 日 L E 2 井开钻，12 月 18 日三开 8.6ppg 轻泥浆揭开潜山后气测变得活跃、井涌、中等油气显示，这表明潜山油藏有油。该井加深钻至 1190m 后裸眼完井。

2013 年 1 月 9 日，对 L E 2 井 834-1190m 潜山段裸眼试油，采用 128/64"油嘴求产，获得自喷折算日产油＊＊＊方的高产工业油流。

L E 2 井潜山勘探的成功突破，证实了对潜山成藏的认识，大大提振了潜山勘探的信心。据此从老井复查重新试油、开发井兼探和新井部署三个方面高效部署，迅速取得一系列重大发现：筛选 7 口老井进行试油，2 口获得高产，其中 B C 1 井获得日产油＊＊＊m^3/日，截止到 2020 年 4 月 30 日，该井已累产油＊＊万方，是该盆地当之无愧的"功勋探井"；B E 2 井获得日产油＊＊＊方/日。加深开发井 12 口兼探潜山，11 口获得高产，潜山储量规模迅速扩大。新井甩开勘探，按照"沿山脊占山头"的部署原则，整体部署探井 29 口，一年内控制五大潜山带，发现有利圈闭面积 495km^2，开辟了潜山勘探新领域。

2.4 规模勘探阶段(2015 年至今)

2015 年，根据邦戈尔盆地潜山风化产物搬运规律，结合实验分析和现代沉积露头考察，判断在潜山翼部可能存在潜山风化成因的砂体，与潜山共同成藏，从而首次构建了潜山复合体成藏模式。在此模式指导下，按照"立足古隆、深挖两翼、深浅兼顾、立体勘探"的部署思路：一是围绕已发现潜山油藏向翼部探索砂岩；二是从已发现砂岩油藏向顶部探索潜山；三是运用复合体成藏规律对盆地内其他潜山展开了高效规模勘探。先后发现了 Lanea、Baobab、Raphia 、Phoenix、Mimosa 和 Prosopis 等 6 个高丰度优质高产潜山油田。新增 2P 石油地质储量＊＊＊亿吨，为乍得项目稳产＊＊＊万吨/年原油生产能力奠定了可靠的储量基础。

3 关键勘探技术

3.1 "两宽一高"地震采集处理解释技术

通过对邦戈尔盆地潜山复合体地震勘探方法的论证，首次实施"两宽一高"三维地震采集和处理，使原始地震资料的低频端由原来的 8Hz 扩展至 3Hz，频带拓宽了 30Hz，覆盖次数提高了 4 倍，纵横比提高了近 1 倍，丰富了低频信息，极大地提高了潜山反射的信噪比。形成了"两宽一高"三维地震资料处理的配套技术系列，包括高密度处理技术、宽频处理技术和宽方位处理技术。其中，震源子波低频补偿和 OVT 域的数据处理技术是"两宽一高"地震数据处理的核心技术。通过这一系列技术的应用，极大地改善了潜山复合体反射的成像品质，提高了地震反射的保真度，为落实潜山圈闭、刻画潜山构造形态和内幕储层空间分布提供了坚实的资料基础，实现了中浅层砂岩与潜山多层系的立体勘探。

3.2 潜山岩性综合识别技术

通过对潜山 15 井 200 余块岩心薄片的鉴定，共识别出 2 大类 14 亚类 40 多种岩石类型，总体认为邦戈尔盆地潜山是由变质岩和岩浆岩组成的杂岩体。变质岩主要发育混合花岗岩、混合片麻岩、片麻岩、变粒岩、角闪质岩和构造角砾岩等；岩浆岩主要发育二长花岗岩、正长花岗岩、碱长花岗岩、闪长岩、正长岩等岩石类型[3]。

由于岩心岩性定名主要是通过矿物含量、岩石结构和构造信息进行综合判定，而测井曲线仅能反映矿物含量。矿物成分相近，但岩石结构和构造不同的岩性，其测井响应特征基本类似。仅利用测井曲线无法区分薄片鉴定出来的 40 多种岩石类型，因此需要利用矿物组成及测井响应特征对 40 多种岩石类型进行归类，主要归为混合花岗岩类、混合片麻岩类、片麻岩类、酸性岩类、中性岩类五类，通过潜山典型岩性和中子密度曲线、ECS 测井响应之间的对应关系，建立了潜山岩性的测井响应模式(图 3)。由于未取到基性岩岩样，但该类岩性测井响应特征最明显，易于识别。最终总结出六类岩性的测井定量判别标准(表 1)，岩性综合识别符合率 87.5% 。

不同岩性的岩石力学实验结果显示，该盆地潜山岩石脆性由高到低顺序如下：混合花岗岩>酸性岩>混合片麻岩>中性岩>片麻岩>基性岩。石英、长石等脆性矿物含量高的岩石在构造应力

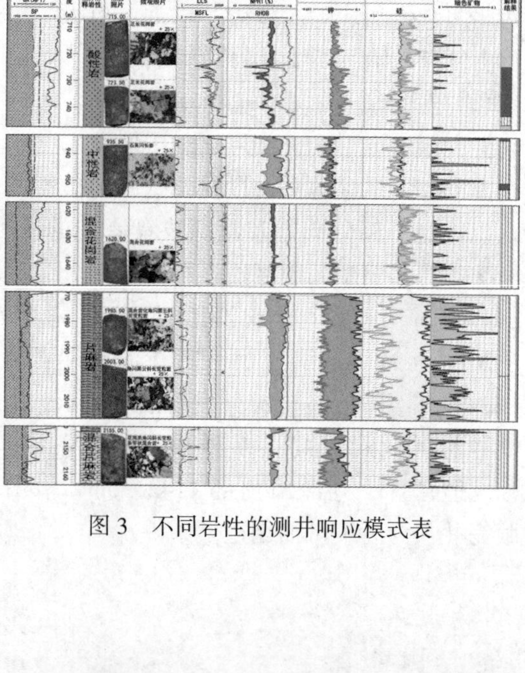

图 3 不同岩性的测井响应模式表

作用下易产生裂缝；云母和角闪石等暗色矿物含量高的岩石抗压能力强，不易产生裂缝。据完钻井岩性统计发现，潜山顶部100m内的岩性主要为混合花岗岩、混合片麻岩和酸性岩三类优势岩性，在后期构造应力作用下，易产生裂缝，为后期油气在潜山顶部聚集成藏提供了先决条件。

表1　测井岩石类型定量判别标准表

岩类	岩石测井分类	测井响应特征				
		密度/(g/cm³)	中子/%	伽玛/API	M	N
变质岩	①混合花岗岩类	<2.72	<62	>50	0.80~0.92	0.56~0.62
	②混合片麻岩类	<2.8	1~9	>60	0.76~0.85	0.52~0.60
	③片麻岩类	<2.87	2~10	40~120	0.73~0.81	0.50~0.56
岩浆岩	④酸性侵入岩	<2.66	<6	>100	0.81~0.95	0.58~0.65
	⑤中性侵入岩	<2.88	3~12	35~120	0.74~0.82	0.48~0.54
	⑥基性侵入岩	2.7~2.90	15~25	35~120	0.70~0.80	0.41~0.48

3.3　潜山储层测井评价技术

由于潜山岩性致密，电阻率背景值特别高，一般在几千到几万Ω·m。储层发育段由于孔隙、裂缝发育，容易造成泥浆侵入形成低阻带，在视电阻率曲线上表现出"高阻背景下的低阻"这一特殊现象；而在三孔隙度曲线上表现为声波时差曲线增大，补偿中子曲线增大，补偿密度曲线减小；因此，结合成像测井及阵列声波测井可对储层进行识别。在储层识别的基础上利用交会图对不同岩性的储层类型进行了划分(图4、图5、图6)，建立了各类岩性储层测井分类标准(表2)，为储层纵向分布特征研究提供了基础。

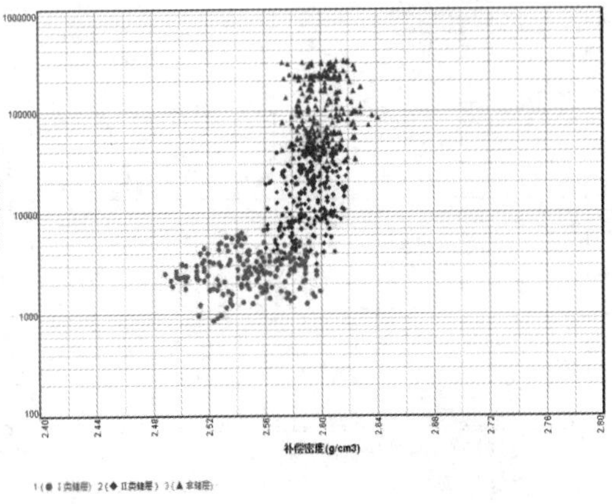

图4　混合花岗岩储层电阻率-密度识别图版

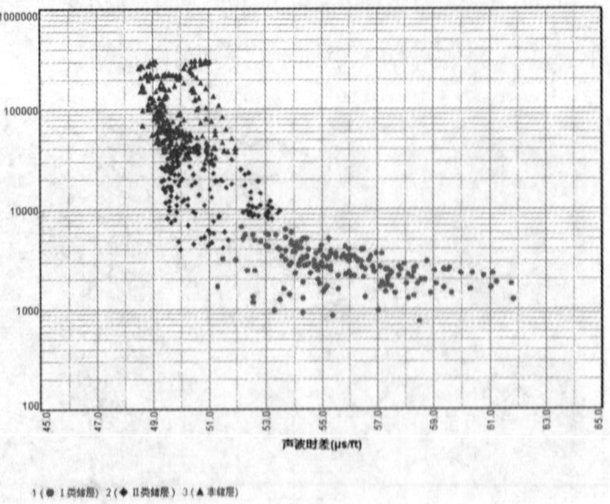

图5　混合花岗储层电阻率-时差识别图版

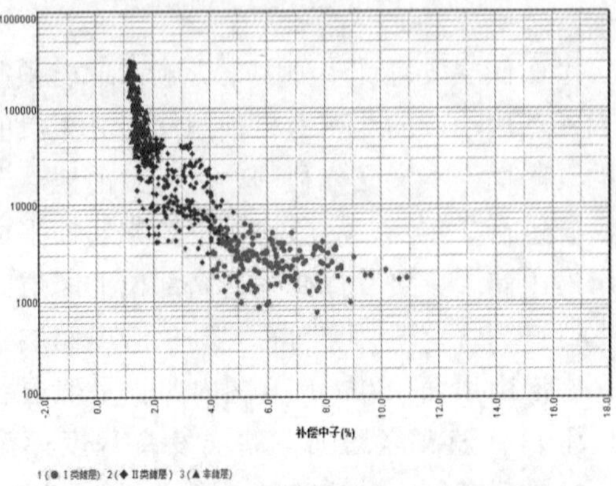

图6　混合花岗岩储层电阻率-中子识别图版

表2　潜山储层测井分类标准表

岩性	储层分类	电阻率/(ohmm)	岩性密度/(g/cm³)	补偿中子/pu	声波时差/(μs/ft)	孔隙度/%
混合花岗岩类	Ⅰ、Ⅱ类	<3000	<2.62	>3	>53	>5
	Ⅲ类	<10000	2.6~2.68	1~6	<56	3~5
	Ⅳ类	>10000	>2.62	<3	<52	<3
混合片麻岩类	Ⅰ、Ⅱ类	<3000	<2.56	>3	<56	>5
	Ⅲ类	<10000	2.56~2.62	2~7	56~59	3~5
	Ⅳ类	>10000	>2.66	3~12	<53	<3
片麻岩类	Ⅲ类	<10000	<2.82	>4	>49.5	3~5
	Ⅳ类	>10000	>2.78	>1	<50	<3
酸性岩	Ⅰ、Ⅱ类	<3000	<2.6	>4	>52	>5
	Ⅲ类	<10000	2.56~2.62	1~5	<54	3~5
	Ⅳ类	>10000	>2.58	<2.5	<52	<3

3.4　潜山储层地震预测技术

潜山储层储集空间主要发育构造裂缝、构造-溶解缝、破碎粒间孔、溶蚀孔(图7)，这与潜山经历多期构造运动、长期出露地表遭受风化剥蚀、淋滤有关[4][5]。构造裂缝以高角度缝为主，走向主要为北西-南东向，与附近断层走向基本一致，说明断层控制了裂缝的发育。

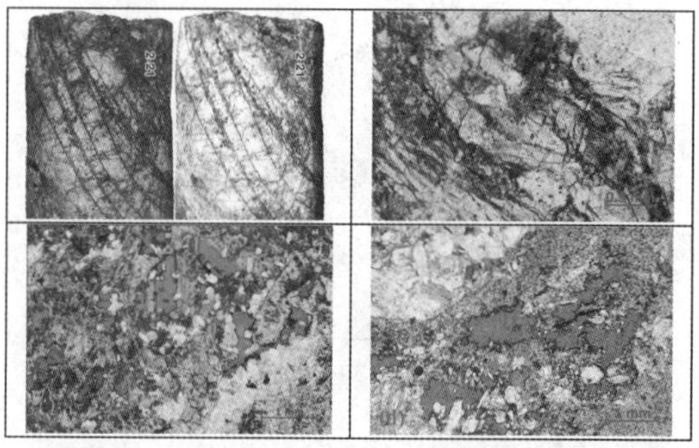

(a)构造裂缝，M 10 井 1072.24m；(b) 构造裂缝及溶孔，BC 2 井 540.0m；(c) 破碎粒间孔，BC 2 井 1227m；(d) 溶蚀孔，R SW 2 井 993.70m。

图 7　潜山储层储集空间照片

潜山储层发育受多种因素影响，地震预测难度大，利用单一的地震资料预测储层分布具有一定的局限性。本文充分利用叠后、叠前地震资料对储层进行了预测。沿层均方根振幅属性平面图显示潜山储层主要发育在构造高部位的断层附近(图 8)；叠后地震反演剖面上显示潜山储层主要发育在潜山顶面 150m 的范围内[6]，呈似层状分布(图 9)，随深度增加，储层发育程度逐渐变差，这被后期潜山试油结果证实。

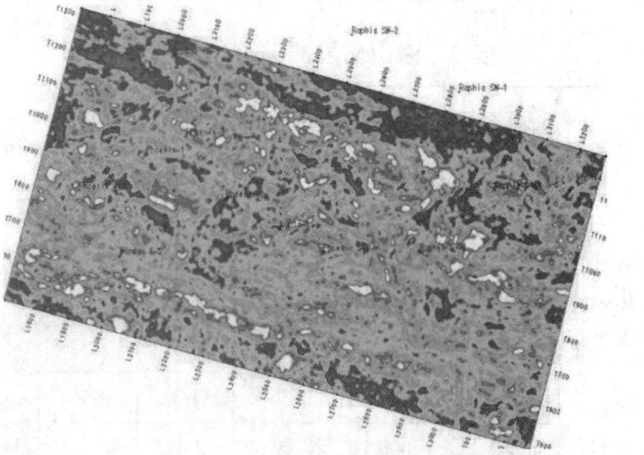

图 8　Phoenix 潜山沿层均方根振幅平面图

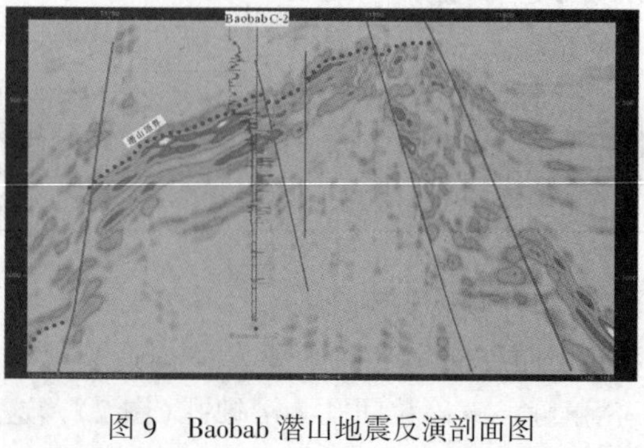

图 9　Baobab 潜山地震反演剖面图

利用“两宽一高”叠前地震资料进行了基于 OVT 域道集的裂缝预测，充分利用地震信息在横坐标、纵坐标、时间域、炮检距和方位角上的变化特征，对裂缝走向及裂缝密度进行了预测，从宏观上看裂缝发育方向与断层的走向近似平行或小角度相交，裂缝密度较大的区域主要集中在断层附近(图 10)，与区域断层走向基本一致，说明应用叠前地震资料预测的裂缝是具有构造成因的高角度构造缝。完钻井成像测井解释成果及试油资料表明预测结果具有较高的可靠性。

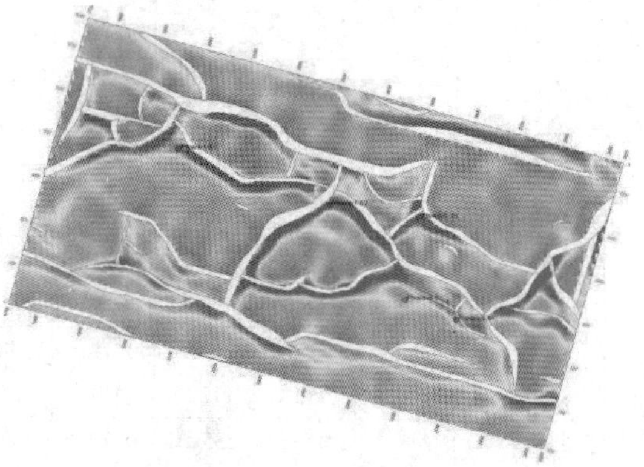

图 10　Phoenix 潜山裂缝密度图

3.5　潜山油气层识别技术

由于潜山岩性致密导致背景电阻率很高，无法用电性曲线直接判别流体性质，潜山油气层的识别一直是个难题。在潜山储层识别的基础上综合应用测、录、试及岩心分析资料进行了油层“四性”关系研究。利用电阻率和似波阻抗、长英质矿物含量与似波阻抗交会得到岩相的下限标准，长英质含量大于 65%（花岗岩、混合花岗岩、混合片麻岩），视波阻抗 Z 小于 15.5(图 11a)；通过典型电测曲线交会，得到电阻率、声

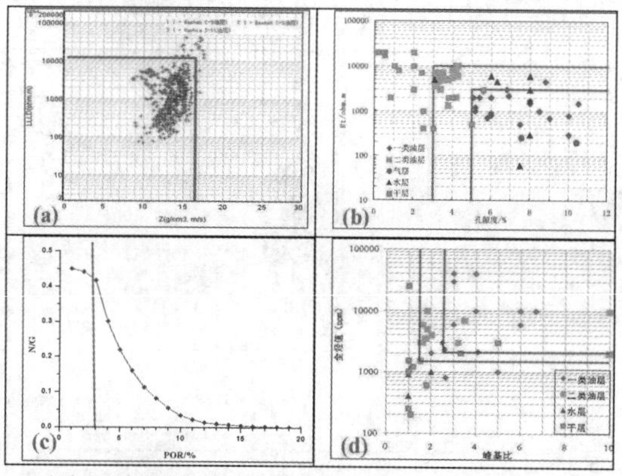

(a) 侧向电阻率和视波阻抗交会图；(b) 电阻率与孔隙度交会图；(c) 净总比敏感性分析曲线图；(d) 全烃值与峰基比交会图。

图 11　潜山油层下限判别图版

波和密度等电性下限(图 11b)；利用净总比敏感性分析曲线、累积储能丢失曲线得到物性的下限标准，孔隙度下限 3%(图 11c)；录井气测及试油资料发现，油层的全烃值和峰基比要比水层的高，能够有效区分油层和水层，据此得出油层的含油性下限：全烃值>1500ppm，峰基比>1.5(图 11d)，进而得到油层的判别标准表(表 3)。按此标准对各井潜山进行了综合解释，油层识别符合率达 84.6%。

表 3　潜山油层划分标准表

油层类别	一类油层	二类油层
长英质含量/%	>70	65~70
视波阻抗/(g/cm^3 · m/s)	<15.5	
电阻率/(ohm. m)	RT<3000, RT>Rs	RT<10000, RT>Rs
密度/(g/cm^3)	<2.6	<2.67
声波/(μm/ft)	>55	>50
孔隙度/%	>5	3~5
全烃值/(ppm)	>1500	
峰基比	>1.5	

3.6　潜山复杂岩性钻完井配套技术

针对上覆砂泥岩地层井眼缩径/井壁坍塌严重和潜山段井漏风险高、油气层保护难度大等的挑战，在分析邦戈尔盆地潜山地质和前期钻井情况的基础上，针对砂泥岩段试验和成功应用了“强抑制封堵防塌胺基”泥浆体系，不但实现了井壁稳定，缩短了钻井周期，而且有效地保护了砂岩油层。针对潜山段，提出了潜山欠平衡钻井方案，并引进成套设备，优化了井身结构，优选了微泡沫钻井液体系，提出了微泡沫钻井液配方和性能要求，确定了完井方法和分段测试方案，形成了完备的欠平衡钻井工艺技术和设备配套方案。通过现场多口井的钻井实践，欠平衡钻井/完井技术较好解决了复杂岩性地层的钻井难题，确保了潜山油气重大发现。

4　潜山油藏特征

目前已发现的潜山油藏类型主要多为层状边水油藏和块状底水油藏。

其空间分布特征主要表现为：埋藏浅(532~1880m)、含油井段长(83~272m)、纵向分布集中(潜山顶部 120m 内)、平面上主要分布在北西向和东西向断层夹持的断块内，北西向断层控制潜山的发育，东西向断层控制油气富集。

潜山油藏温度为 52~118℃，地温梯度为 4.4℃/100m，属异常高温度系统；油藏压力系数在 0.88~1.10 之间，属于正常压力系统。油品性质好，绝大部分原油为稀油，密度 0.8429~0.8907g/cm^3，原油黏度 11.65~39.19mPa · s，凝固点 25~36℃。地层水分析总矿化度平均 1791mg/L，pH 值平均 9.2，按照苏林分类标准为 $NaHCO_3$型地层水。

潜山单井产量高，试采生产效果好。截止 2020 年 7 月底，潜山油藏共投产 29 口井，开井 24 口，日产油＊＊＊＊方/日，累产油＊＊＊万方。

5　潜山勘探前景展望

由于已发现潜山油藏主要集中在北部斜坡带中、东段，北部斜坡带西段、盆地南部陡坡带和西部均无潜山探井，勘探区域较为广阔。在北部斜坡带连片三维地震工区西部，已发现 3 个整装的潜山构造，预测圈闭资源量约＊＊亿吨，是下步首选的预探目标。

据国内潜山勘探经验“生油岩埋藏多深，油气成藏底界就可能有多深；如果油源充足，潜山油气藏底界深度甚至可以大于生油岩底界深度”，从部分井发现有内幕油藏特征推测老区潜山内幕油藏的勘探还有较大的潜力。

目前已发现的潜山油藏多分布于潜山山头上，分析认为：“在北部斜坡带的中低潜山会更有利，尤其是 Raphia、Phoenix、Mimosa 潜山带的部分潜山顶部缺失 P 组烃源岩，油源来自南部深凹陷，其中低潜山近油源，会优先捕获油气成藏”。因此，盆地北部斜坡带中低潜山的勘探潜力亦值得重视。

参　考　文　献

[1]　田志彬. 乍得 Bongor 盆地基底岩浆岩岩石学及储集特征[J]. 非常规油气，2017，4(4)：22-28.

[2]　谢文彦，孟卫工，李晓光，等. 辽河坳陷基岩油气藏[M]. 北京：石油工业出版社，2012：146.

[3]　张明瑜，宋柏荣，田志彬，等. 乍得 Bongor 盆地基

底岩性特征及形成时代[J]. 自然科学，2016，4(1)：63-80.

[4] 余朝华，杜业波，肖坤叶，等. 乍得 Bongor 盆地基岩潜山储层特征与影响因素研究[J]. 岩石学报.，2019，35(4)：1279-1290.

[5] 闫林辉，常毓文，田中元，等. 乍得 Bongor 盆地潜山基岩储基层特征[J]. 地质科技情报，201 9，38(6)：60-68.

[6] 窦立荣，魏小东，王景春，等. 乍得 Bongor 盆地花岗质基岩潜山储层特征[J]. 石油学报，2017，36(8)：897-904.

断陷湖盆深层天然气成藏理论认识与实践-以辽河清水洼陷为例

蔡国钢 张东伟 杨光达 翁文胜 周 艳

（中国石油辽河油田分公司勘探开发研究院）

摘 要 受“断陷湖盆多为油型难以形成大气田、埋深超3500m无优质碎屑岩储层”等传统观念制约，辽河坳陷深层近3000km^{2}的广大领域处于勘探早期，资源评价表明天然气作为深层-超深层的主要资源类型，剩余资源量大，为潜在的勘探领域。本次研究选取辽河坳陷最大生烃中心-清水洼陷为靶区，通过烃源岩品质及演化序列、沉积物源及储集体规模、油气藏类型与成藏序次的系统研究，确认清水洼陷具备形成大型气田的地质条件。

关键词 断陷湖盆；天然气；深层；清水洼陷；烃源岩；沉积物源；成藏序次

作为以稠(重)油为主要产能的辽河油田，从资源战略角度，预保持油田千万吨稳产，面临两大难题，一是主战场坳陷陆上资源探明率已达61.4%，3500m以上中浅层已进入高成熟勘探阶段，实现勘探增储走向深层势在必行。二是资源品质较差，优质资源—尤其天然气的突破与发现早已成为油田提质增效的桎梏。作为深层的主要资源类型，“十二五”以来，我国天然气勘探取得丰硕的成果和理论认识[1-5]，但多集中于中西部的前陆、克拉通盆地，72个储量超300亿方的大型气田占比近80%。中国东部自中生代以来由于受到太平洋板块向欧亚板块的持续俯冲碰撞[6]，控制形成了诸如渤海湾、松辽等众多断陷盆地，国内研究学者在断陷湖盆深层天然气方面的研究多集中于在潜山、火山岩领域[7-12]，特别是渤中洼陷深层潜山探明天然气储量超千亿方，突破了“断陷湖盆大部属油型盆地，难以形成大型天然气田”的传统观念[13-16]，然而对于断陷湖盆沉积主体—碎屑岩领域仍未取得实质性突破，相关理论研究尚处于起步阶段[17-19]。作为渤海湾盆地的二级构造单元，辽河坳陷深层（>3500m）以碎屑岩为沉积充填主体的面积近3000km^2，四次资源评价深层剩余油气资源当量近9亿吨，为潜在的规模性领域。2013年清水洼陷西侧双兴1井在沙四段5028.7~5060.7m的超深层砂岩中压裂后5mm油嘴，日产气近4万方，甲烷同位素表征为高成熟天然气，它的发现呈现了深层高熟天然气资源存在并具较大潜力的良好苗头。

断陷湖盆特殊的地质条件，决定了研究区深层天然气勘探面临三大瓶颈问题，首先在源岩方面，断裂控制多期成盆决定了研究区具多套烃源岩，受资料及认识限制深层源岩分布有待落实，特别是以往对洼陷内部是否存在沙四段地层存在较大争议[20-22]，同时清水周边已探明储量以液态烃为主，气油比值为74.66m^3/t（包含溶解气），深层仅发现唯一高气油比区块—马古1块太古界潜山油藏，其生产气油比为1000m^3/t，深层资源类型及规模急需量化；其次是传统认识3500m为碎屑岩储层勘探“死亡线”，深层储集体规模和质量需审视和评估；三是断陷湖盆受区域拉张应力场控制为主，多期次断裂活动造成油气藏多期调整，深层是否具大规模气藏聚集及保存的条件也是研究的关键所在。因此本次研究以辽河坳陷最大生烃中心清水洼陷为研究靶区，从烃源岩规模、品质及其演化序列、沉积物源及储集体规模、油气藏类型与成藏序列等方面开展了系统的科技攻关，旨在形成具有辽河特色的断陷湖盆深层天然气勘探理论认识，为油田储量发现及长远发展奠定理论基础。

1 区域地质概况

清水洼陷位于辽河断陷西部凹陷中南部，为典型东断西超的狭长箕状湖盆，构造线整体走向北东，东侧紧邻中央凸起，西侧为双台子-双南断裂背斜带，北接兴隆台潜山带，南侧与鸳鸯沟洼陷隔隆相望，洼陷构造带面积约200km^2，最

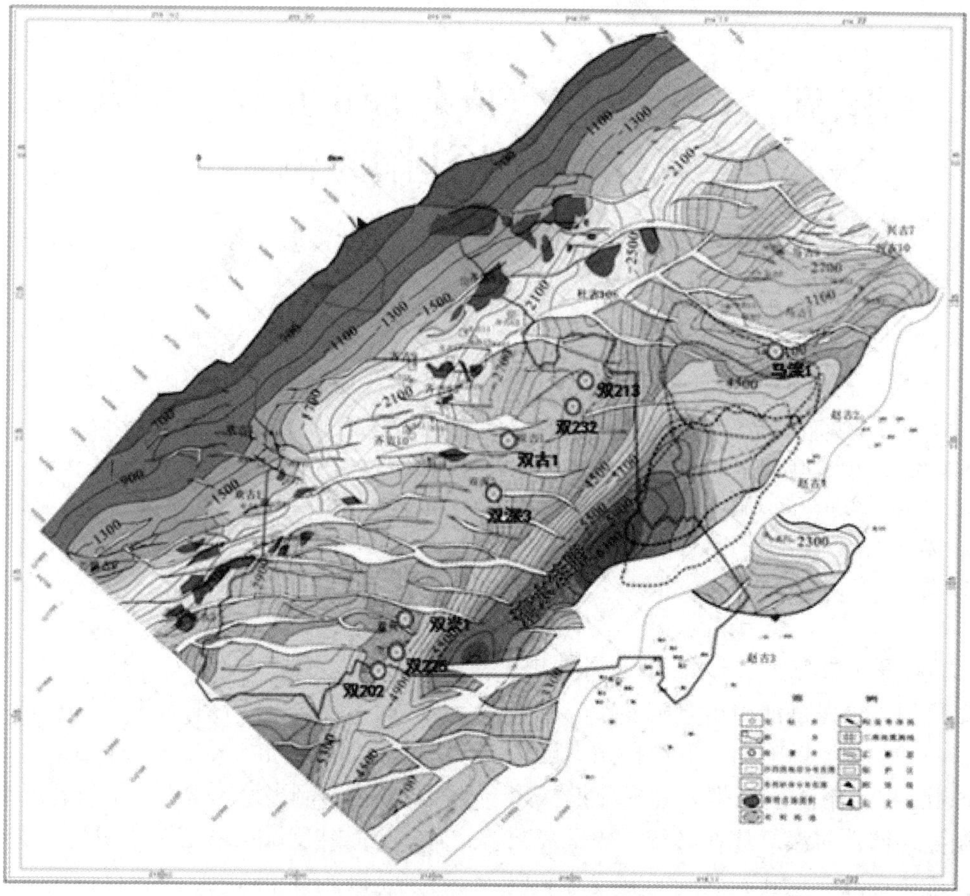

图1　西部凹陷南部沙三中最大湖泛面构造图

大埋深区域位于清水洼陷的北部(图1)。受东侧台安—大洼断层持续活动的控制，清水洼陷为西部凹陷继承性的沉积、沉降中心，自新生代以来经历了地壳拱张、裂陷和坳陷三大地质发育阶段。受盆地演化阶段性和沉积旋回性控制，新生代地层自下而上发育了古近系沙河街组、东营组，新近系馆陶组、明化镇组和第四系平原组地层。研究区主力烃源岩层主要是沙四段、沙三段的暗色泥岩，区域稳定分布的沙三中段湖泛期泥岩为优质盖层，沉积物源供给主要受来自东部凸起及西部凸起的碎屑物质持续注入，在区内形成扇三角洲—湖底扇—近岸水下扇等多个大型沉积体系，由此构造成了有利的生储盖组合及油气成藏条件，周边中深层多套层系(Ar、Mz、Es_4、Es_3^2)已发现油气藏，探明天然气储量 $984.79\times10^8m^3$，其中气层气 $360.26\times10^8m^3$，由于区内及周边主要目标层系沙三段埋藏普遍在3500m以下，导致地震资料和测井资料的品质较差，加之已有完钻井揭露沙三中段湖泛面之下探井仅8口，钻穿古近系探井仅双兴1、双深3及双古1三口井，洼陷深层整体勘探程度较低，领域广阔。

2　天然气成藏的地质认识及理论模式建立

2.1　深层沙三、沙四段高成熟源岩的规模发育奠定了大气田形成的资源基础

2.1.1　洼陷沙四段的规模发现

首次开展了以生物地层、岩性地层、地震相、地震速度四位一体的综合研究，厘定了清水洼陷深层沙四段的规模存在。生物地层分析研究区双古1、双兴1等井原沙三下段发现大量典型沙四段化石，藻类化石主要包括原始渤海藻等，孢粉化石为麻黄粉属，介型类化石以金星介为主，岩性地层上表现为指状高阻砂泥岩互层、自然伽马为中高值，结合井震标定，该套地层地震相上反应为一套低频、弱振幅、较连续的反射，进一步对该套地层的地震层速度进行了分析，速度范围在4500~4650m/s，与双兴1等单井计算的层速度范围基本一致，且明显低于周边基底老地层的速度，综合上述研究最终准确解释了沙四段的地震层位，原湖盆底界面下移近400ms，古近系最大埋深达8100m。

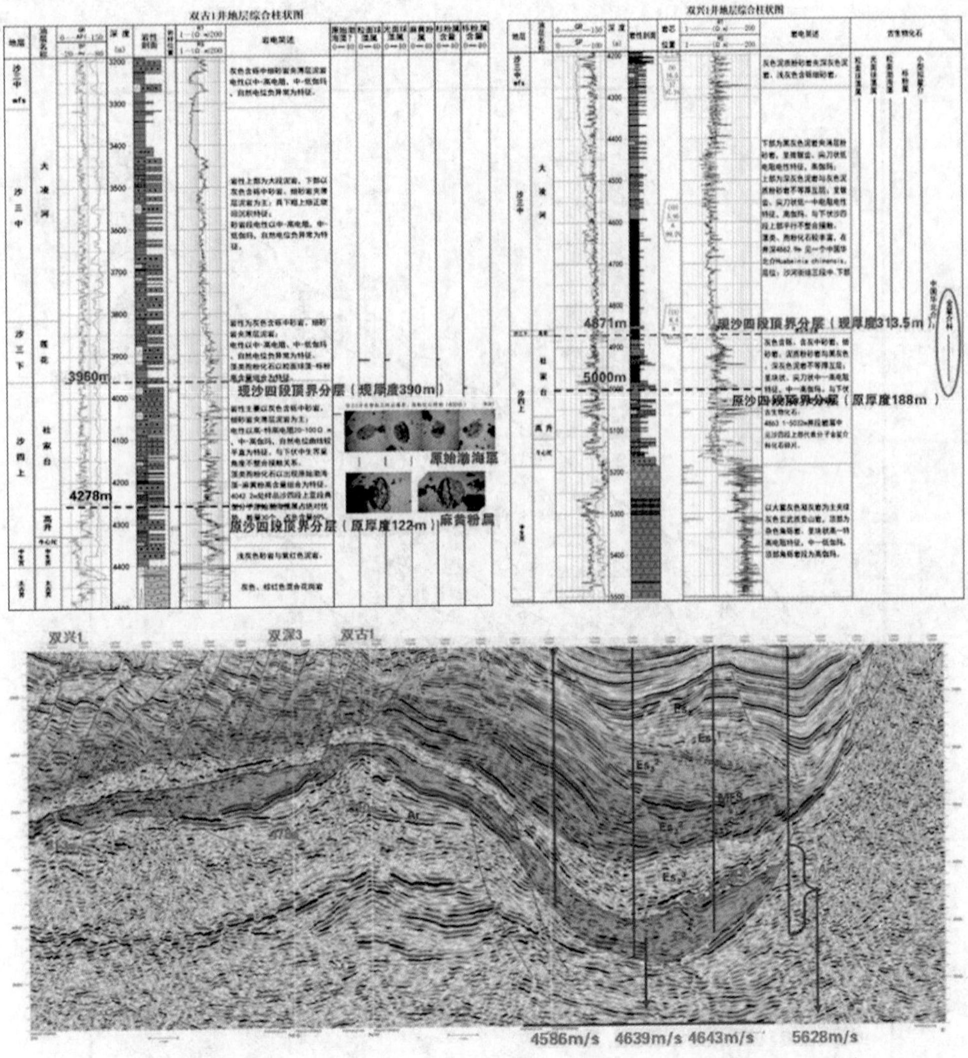

图2　清水洼陷重点探井地层综合柱状图、连井地震剖面及层速度示意图

综合上述分析，清水洼陷沙四段厚度普遍大于500m，最大厚度达900m，较之前认识平均增加400m以上，沙四段发育的这套以咸水—半咸水、干旱—半干旱气候、还原环境下形成的泥页岩，为辽河坳陷六个亿吨级油田的主力优质源岩[23-24]，它的规模存在为本区深层气藏形成提供了充足的油气源条件。

2.1.2　深层主要烃源岩地化参数

清水洼陷沙四段烃源岩厚度主体在200m以上，最大厚度达400m，沙四段TOC主体TOC>1.5%，平均值为2.0%，为好烃源岩标准，沙三中段源岩厚度主体在400m以上，最大厚度800m（图3），丰度同为好源岩标准，两套源岩在深层均处于成熟-高熟演化阶段（表1）。

2.1.3　天然气成因类型及生气模拟

研究区天然气成因分析表明，该区已发现天然气甲烷同位素主体在-45‰~36‰之间，对应

表1　清水洼陷及周边探井沙四段、中生界、太古界层速度表

井号	层速度/(m/s)		
	沙四段	中生界	太古界
双兴1井	4368	5475	—
双古1井	4377	—	5444
马古2井	—	5057	5532
马古6井	—	5081	—

为4100~3100m成熟-低熟源岩，而根据主力源岩与深度拟合关系计算，气源岩在4300m达到高成熟门限，该阶段仅发现双兴1、马古1等少量高熟天然气，结合上述湖盆底界深度，高熟源岩气态窗达3800m，为深层主要待探资源类型。生烃动力学研究高熟天然气主要来源于两大类，一类是不同类型的源岩，其干酪根均在Ro>1.3%（4300m）的条件下高温裂解而大量生气，产气率

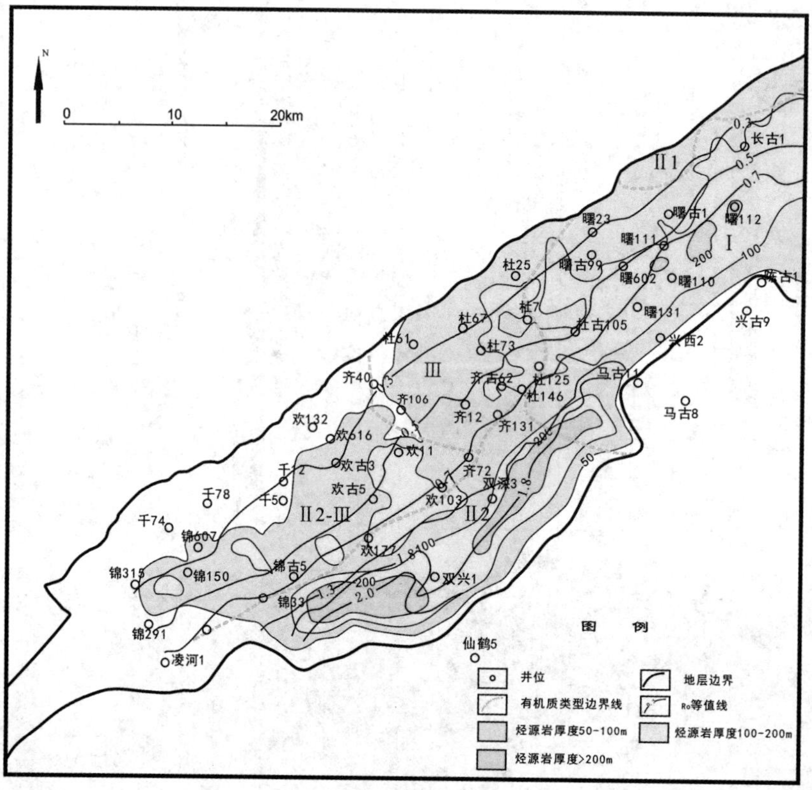

(a) 沙四段烃源岩

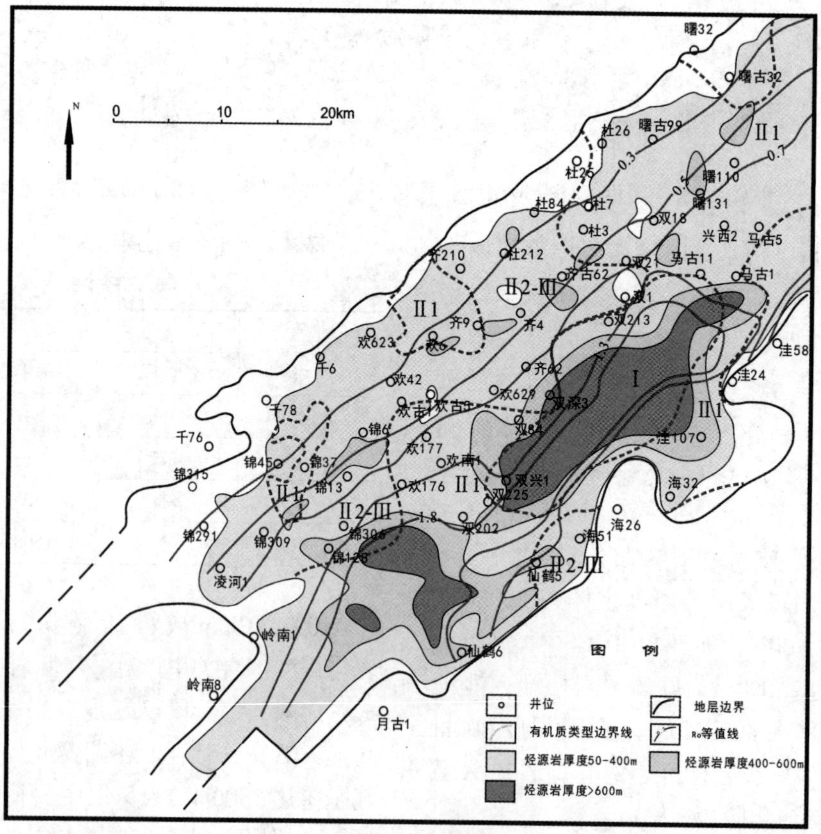

(b) 沙三中段烃源岩

图 3　清水洼陷深层主力烃源岩综合评价图

表 2　深层烃源岩（大于 3500m）有机质丰度（TOC）统计表

TOC 含量/%	非烃源岩 <0.4（样品数）	差烃源岩 0.4~0.6（样品数）	中等烃源岩 0.6~1.0（样品数）	好烃源岩 1.0~2.0（样品数）	极好源岩 >2.0（样品数）	最大值/%	最小值/%	平均值/%
沙三中段	0	4	7	37	30	4.06	0.42	1.77
沙四段	18	13	6	35	46	7.9	0.1	2.0

表 3　清水洼陷深层主力烃源岩生烃模拟结果表

层位	最大生气强度 /($\times10^8m^3/km^2$)	平均生气强度 /($\times10^8m^3/km^2$)	生气量 /($\times10^{12}m^3$)	生油量 /($\times10^8t$)
Es_4	140	60	1.17	36.15
Es_3^3	500	150	1.49	41.31
$Es_3{}^2$	650	200	1.68	49.41
Es_3^1	100	80	0.45	16.89
总计	—	—	4.79	143.76

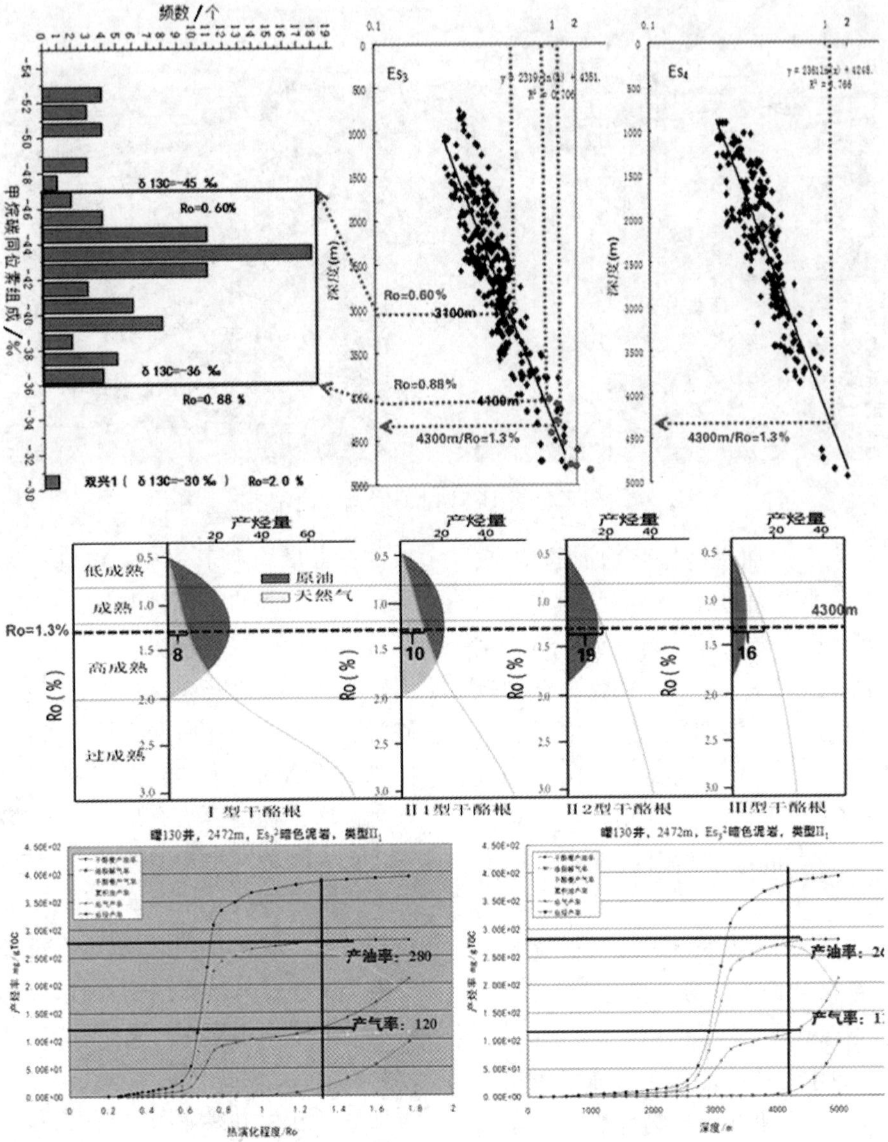

图 4　清水洼陷高熟天然气成因及来源类型图

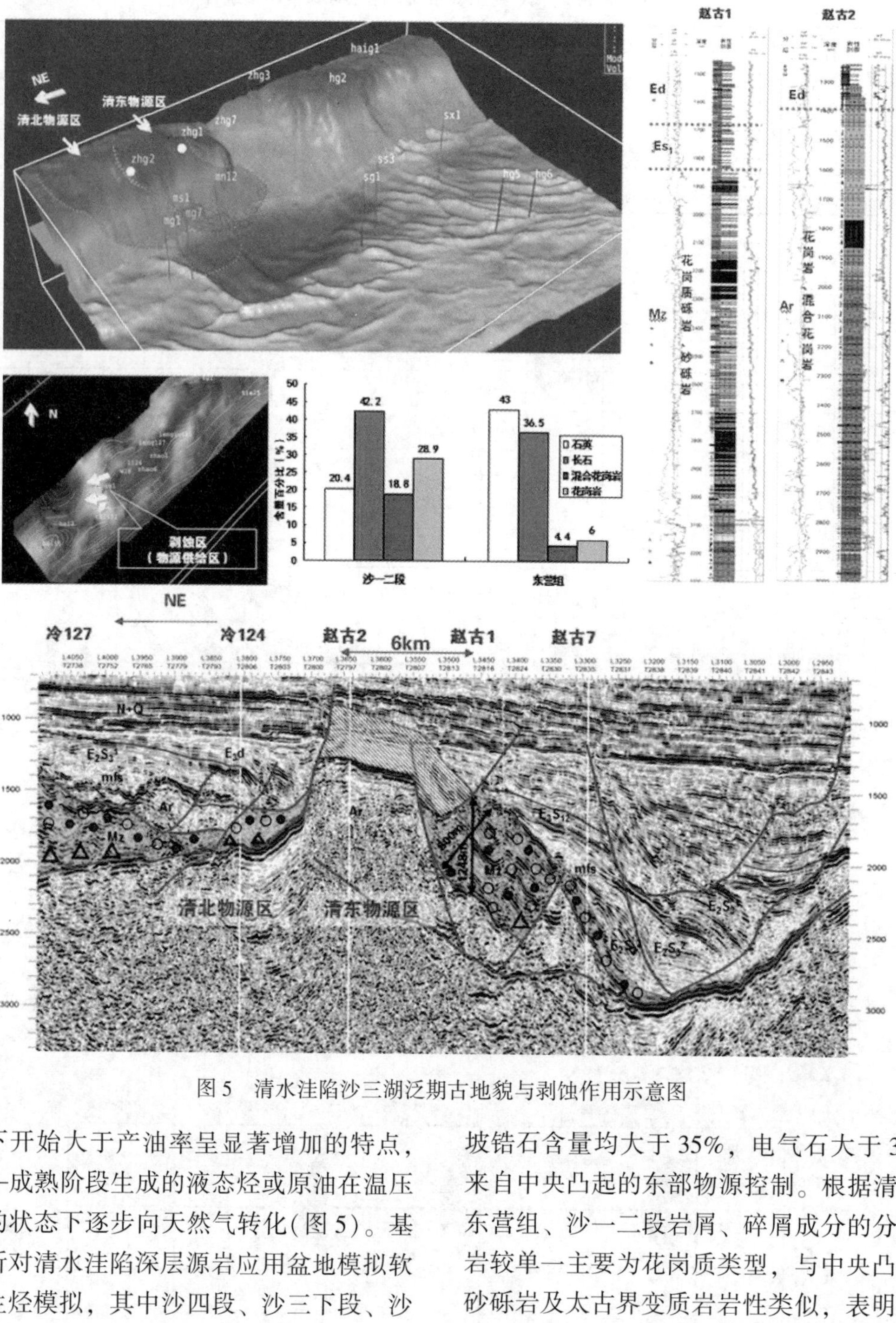

图5 清水洼陷沙三湖泛期古地貌与剥蚀作用示意图

在该门限下开始大于产油率呈显著增加的特点，二是未熟—成熟阶段生成的液态烃或原油在温压逐渐增加的状态下逐步向天然气转化（图5）。基于以上分析对清水洼陷深层源岩应用盆地模拟软件进行了生烃模拟，其中沙四段、沙三下段、沙三中段平均生气强度（表3），对比于我国已发现不同类型大气田的源岩生气强度标准[25]，总生气量达4.79万亿方，清水洼陷深层具备形成大气田的资源基础。

2.2 断陷湖盆陡岸带断裂与古地貌双重控砂机制造就了裂陷期储集体的规模发育

2.2.1 洼陷区物源体系

清水洼陷物源重矿物特征与北部陈家洼陷带类似，冷家地区、马深1井重矿物分析锆石含量均小于35%，电气石含量均在3%以下；而西斜坡锆石含量均大于35%，电气石大于3%，同受来自中央凸起的东部物源控制。根据清水、小洼东营组、沙一二段岩屑、碎屑成分的分析，其母岩较单一主要为花岗质类型，与中央凸起中生界砂砾岩及太古界变质岩岩性类似，表明了湖盆主体东部紧临的中央凸起大、小洼潜山为长期继承性剥蚀区，物源供给充足，该区继承性的剥蚀作用主要表现为两种类型，其一为赵古2井以北具大型古沟槽地貌，主要发育清北物源体系，古地貌控砂特征明显，其二是赵古2以南至赵古1井古地形平坦，从基底结构来看赵古2块南北均分布较厚的中生界地层，其中赵古1中生界厚度为1248m，东营组直接覆盖基底之上，普遍缺失沙三地层，并与上覆地层呈角度不整合接触，表明该套地层遭受严重剥蚀，横向剥蚀区6km，纵向

表 4　清水地区沙三段地震相类型表

类型	反射特征				代表沉积水体能量	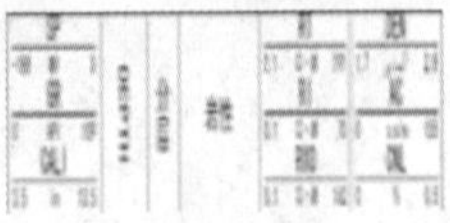	岩性岩相
	剖面特征	连续性	频率	振幅			
A	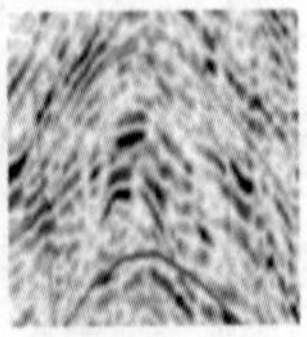	杂乱	低频	弱振幅	高能量	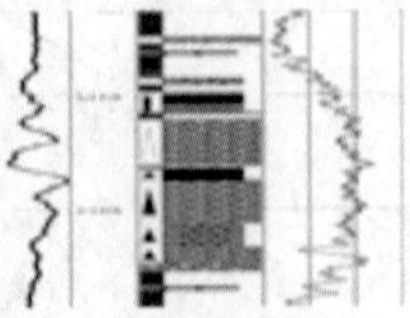	块状砂砾岩
B	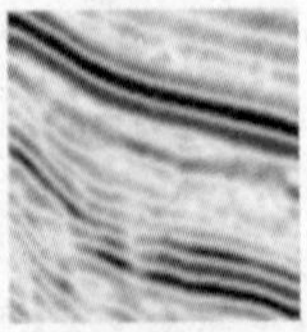	较连续	中低频	中弱振幅	中、高能量		砂泥岩互层
C	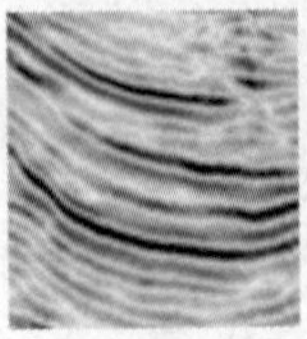	连续	中高频	强振幅	低能量	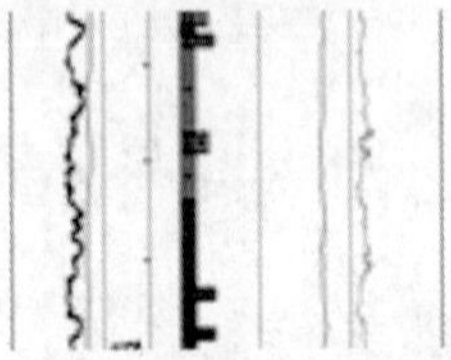	泥岩

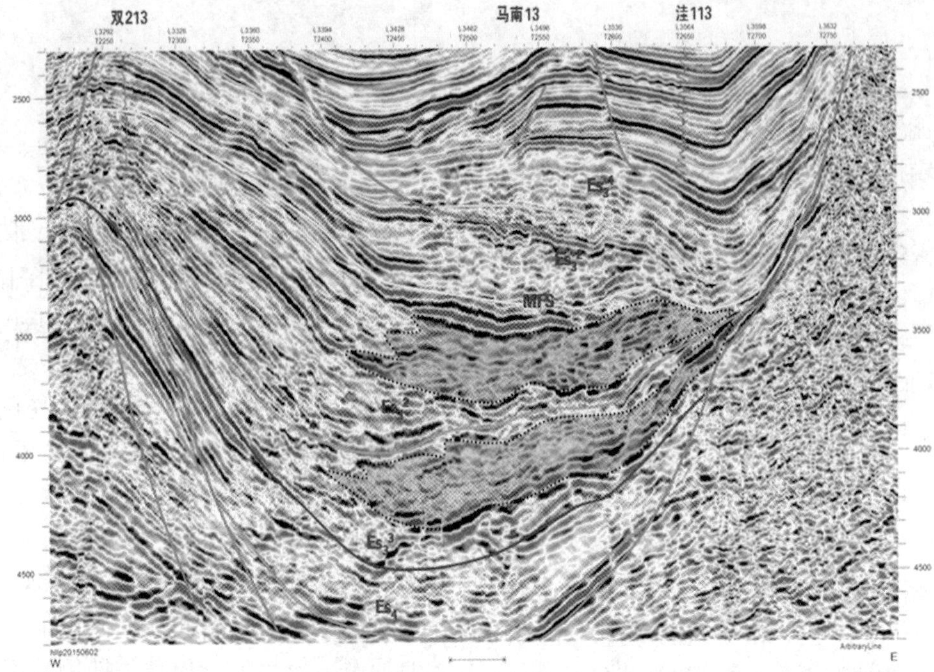

图 6　清水地区预测扇体分布地震解释剖面

剥蚀厚度达 800m，清东地区表现为整体剥蚀搬运的特征，顺物源方向显示，其剥蚀面西倾，在边界大断裂的持续活动控制下，碎屑物质易整体滑塌直接入湖，清水洼陷为主要卸载区。因此，中央凸起继承性剥蚀、古地貌背景、太古界与中生界双重基底结构及边界断裂的持续活动控制了该区清北及清东两大物源体系的发育。

2.2.2　低勘探程度区扇体识别及刻画

由于深层基本无钻井资料，为了确定两大物源体系控制的扇体分布，开展了以地震相为主、辅以地震属性的低勘探程度区扇体识别与刻画。应用地震沉积学将清水地区沙三段划分为高能、

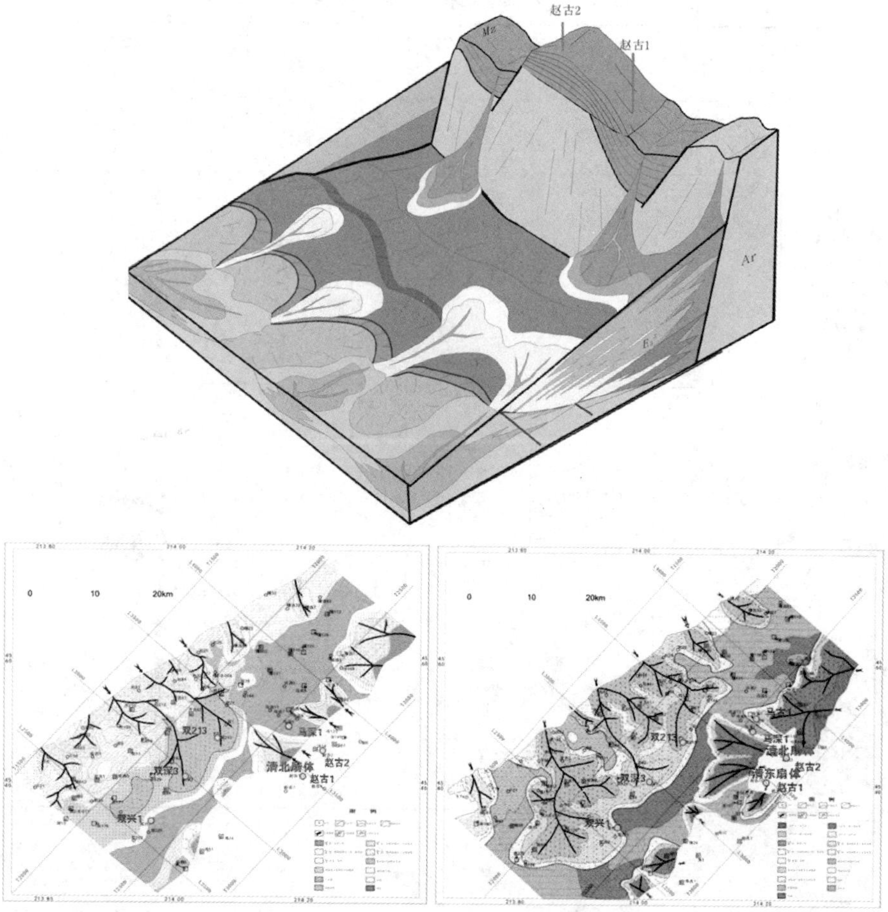

图7　清水洼陷断陷期扇体沉积模式及沙三下段、沙三中湖泛面下部沉积相平面图

中高能及低能三种地震相类型，分别代表岩性、岩相为砂砾岩相、砂泥岩互层相及泥岩相，从剖面及切片来看，扇体的底板面均为典型的低沉积能量的反射密集段，同相轴连续性好、高频、强振幅为主，扇体内部为高能的杂乱反射，频率较低，振幅相对较弱，同时结合相位、反射强度等地震属性信息，可基本确定两大扇体的分布范围。

2.2.3　断陷湖盆陡岸带裂陷期砂体沉积模式

清水湖盆沙三段主要发育古地貌沟槽控砂与断裂滑塌控砂机制为主的两种类型储集体。两类成因储集体沉积体系在时空分布上具有明显规律性，沙三下低位期，水体相对较浅，陡坡坡度较缓主要发育沟槽控制的清北扇三角洲扇体，沙三中水进期，水体大幅加深，坡度变陡，主要发育古地貌及断裂控制的清北-清东近岸水下扇砂体，两大扇体叠合面积近 110km^2。

2.3　目标层系封闭式塑性变形构造体系构成规模原生天然气藏形成与保存的客观条件

2.3.1　断陷湖盆断裂系统及构造体系划分

洼陷区主要发育断、坳两期断裂系统，裂陷期(Es_4—$Es_3{}^2$沉积时期)台安-大洼、双东等断层强烈活动，控制早期洼陷形成与分布，其后活动停止；坳陷期断裂仅断至 $Es_3{}^2$的上部，主要控制 Es_3^1之上的构造格局及 Ed 发育，对湖泛面之下无影响，在以上断裂体系控制下，以沙三中 mfs 为界，可划分为两类成藏序列背景，之下为裂陷期原生油气藏序列，之上为次生油气藏发育序列。从横向来看，东营期区域性右旋走滑造成兴隆台潜山刚性块体不断南移，导致清水洼陷北东向挤压变形明显，同时洼陷主体持续沉降，西侧不断抬升，区域性右旋构造机制又造成双台子构造走滑拉分形成北东向旋钮背斜，与清水洼陷之间构成垂向走滑挤压面，表现为两侧地震反射相位、强度均存在明显不同，双台子东翼地层倾角变缓，局部地层挤压增厚。根据垂向走滑挤压面湖泛面以下层位倾角变缓、地震反射等特征，在空间上刻画了西侧走滑挤压面的空间分布，其主要沿双台子构造带东翼呈北东向展布。因此，以垂向挤压面、顶部湖泛面及边界断层为界，将清水洼陷及周边划分为四个构造体系，洼陷主体属塑

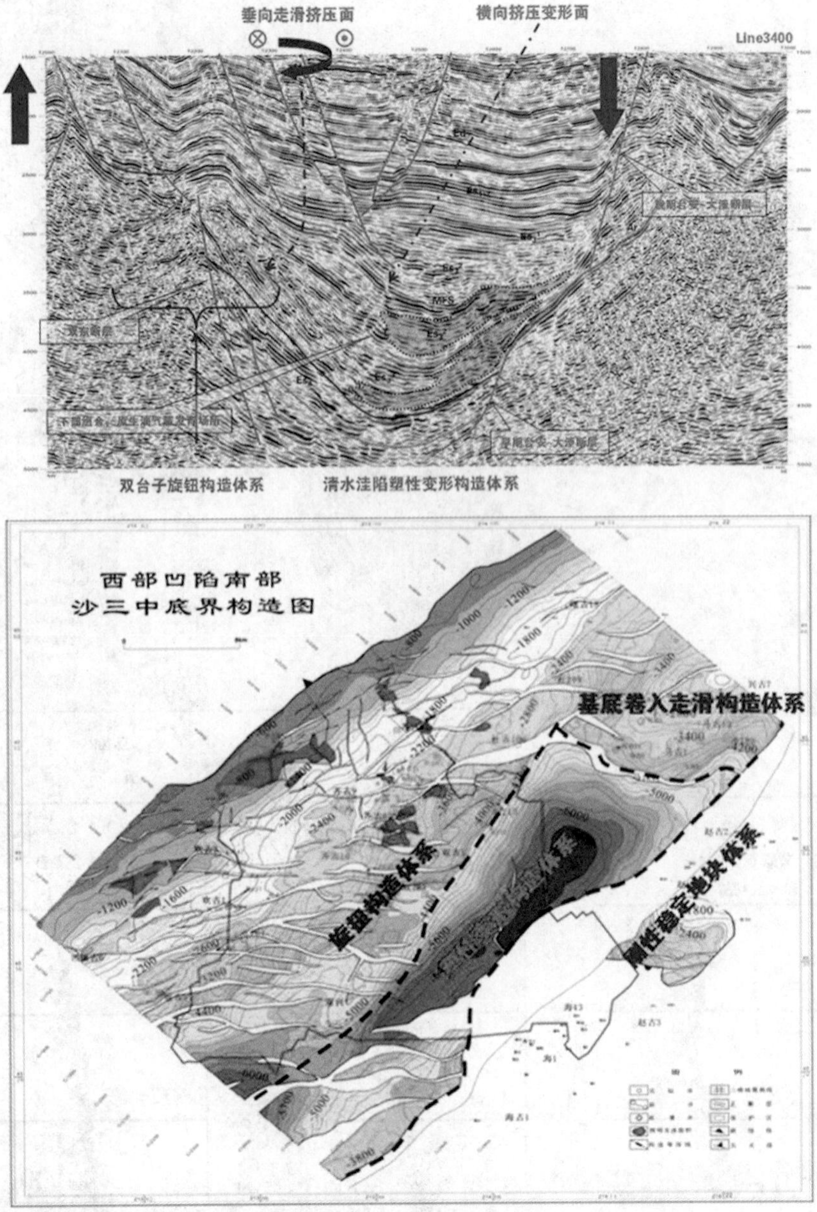

图 8 清水洼陷断裂系统及构造体系分布图

性变形构造体系，西侧为双台子-双南旋钮构造体系，东侧为中央凸起刚性稳定地块，北部为兴隆台基底卷入式构造体系，洼陷主体的塑性变形构造体系，利于天然气的保存与成藏。

2.3.2 区域盖层综合评价

沙三中为湖盆强烈裂陷期，沉积了巨厚的湖相泥岩(图 1)，最大湖泛面为该区主力盖层，该套湖泛期厚层泥岩相对西部凹陷其他泥质盖层具有相对较高的封盖能力，实验分析排替压力达到 8~10MPa，并且具横向分布稳定的特点。根据单井资料及地震预测厚层泥岩厚度在洼陷区普遍大于 400m，最大厚度近 700m，并具泥岩欠压实形成的超压封盖特征，按照我国不同类型大气田盖层评价参数统计来看[26-27]，无论从厚度，排替压力、超压特征等因素综合判断，该盖层具备封闭大型气田的能力。

2.3.3 深层天然气成藏模式

该区主要有两期油气充注，早期以油为主，晚期以大量高熟气充注为主，而早期形成的古油藏及液态烃，随着埋深、温压的增大，逐渐向天然气藏裂解转化，早期油气的注入在一定程度上抑制了储层的致密化，为先成藏后致密类型，最终在沙三中区域泥岩的封盖下形成高温、高压、多期充注、保存条件好的原生气藏，为深层勘探主要目标(图 10)。

3 应用效果与前景展望

该研究成果取得了较好的效益及应用前景。

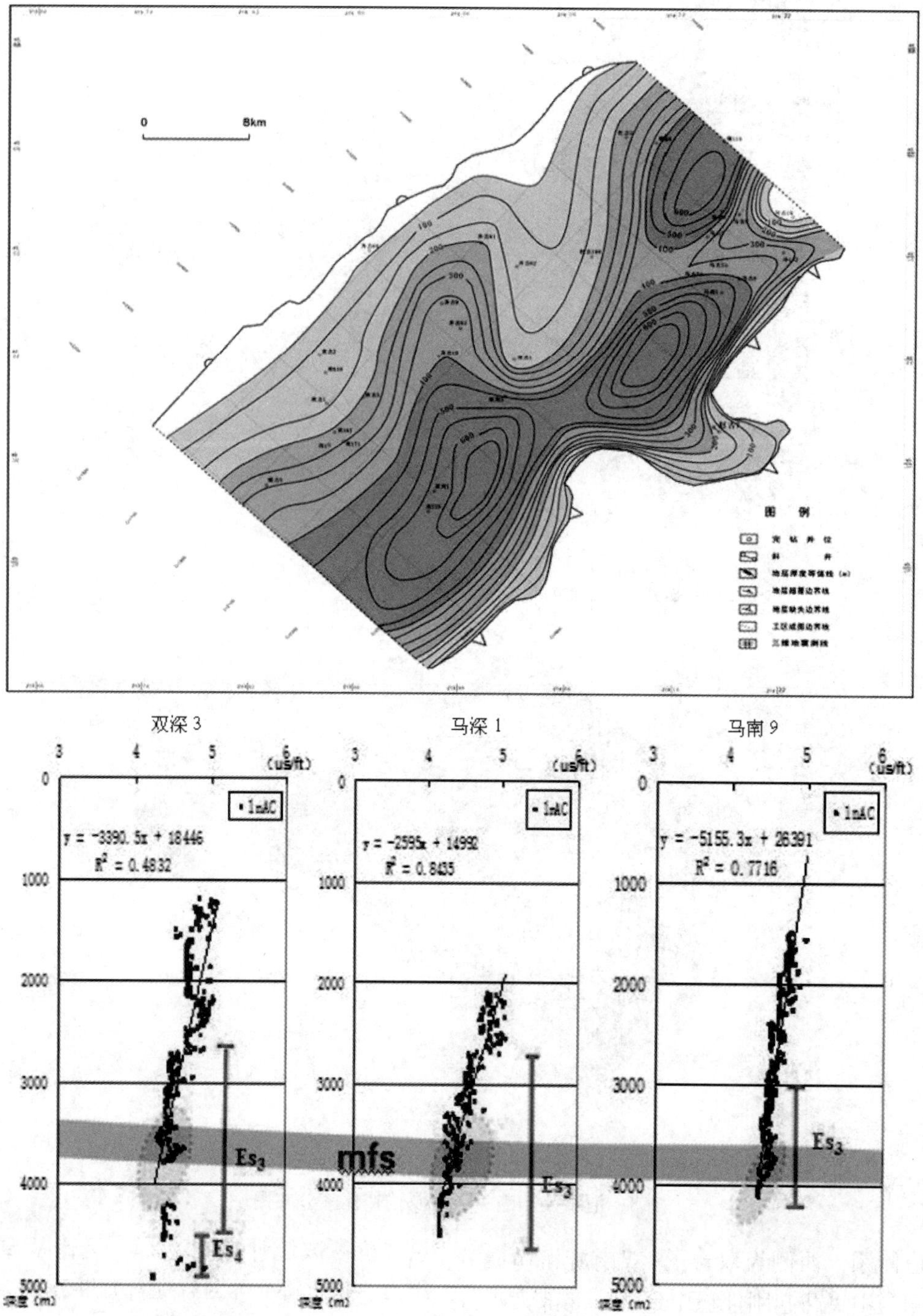

图 9　西部凹陷南部沙三中湖泛期泥岩盖层等厚图及超压分布特征

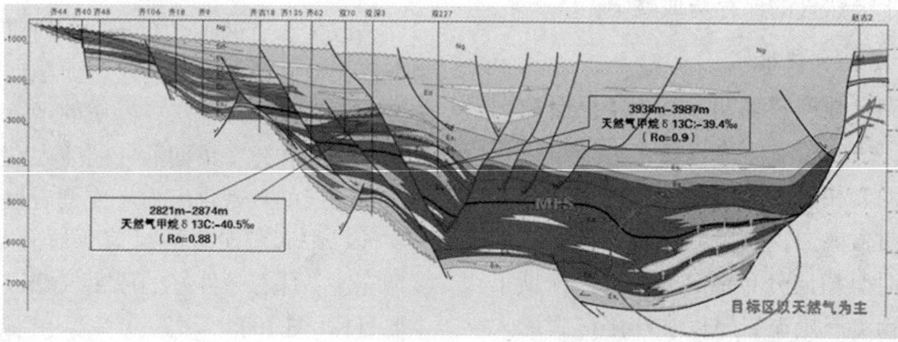

图 10　清水洼陷深层天然气成藏模式图

首先，有力的支撑了清水地区风险勘探井位部署，以其领域选择具战略意义，目标呈规模性—圈闭叠合面积近 110km^2，预测天然气资源量 3450 亿方，被集团公司批准实施马探 1 井，列为渤海湾盆地深层天然气勘探的重要领域，该井一旦成功，将带动整个辽河坳陷深层天然气的勘探进程，纵向上可拓深至 6000m 以下，平面上可拓广至整个坳陷；其次：推动了油田公司“十四五”科技攻关方向的确定，深层天然气被辽河油田确定为重点研究领域，同时支撑了国家及股份重大科技攻关项目的高质量完成；第三，所构建的断陷湖盆深层天然气源岩、储集体及成藏三大地质模型，填补了辽河油田天然气相关研究领域的空白，发展了相关学术理论认识。

参考文献

[1] 戴金星，秦胜飞，胡国艺，等．新中国天然气勘探开发 70 年来的重大进展[J]．石油勘探与开发，2019，46(6)：1037-1046.

[2] 李 剑，王晓波，魏国齐，等．天然气基础地质理论研究新进展与勘探领域[J]．天然气工业，2018，38(4)：37-45.

[3] 宋岩，陈孟晋，秦胜飞，仇明祥．中国天然气地质理论进展[J]．石油勘探与开发，2004(01)：8-11.

[4] 魏国齐，谢增业，李剑，杨威，张水昌，张奇，刘新社，王东良，张福东，程宏岗．“十二五”中国天然气地质理论研究新进展[J]．天然气工业，2017，37(08)：1-13.

[5] 康玉柱．中国油气地质新理论的建立[J]．地质学报，2010，84(09)：1231-1274.

[6] 王涛．中国东部裂谷盆地油气藏地质[M]．北京：石油工业出 版社，1997：28-32.

[7] 李剑，佘源琦，高阳，杨桂茹，李明鹏，杨慎．中国陆上深层—超深层天然气勘探领域及潜力[J]．中国石油勘探，2019，24(04)：403-417.

[8] 李剑，王晓波，魏国齐，杨威，谢增业，李志生，国建英，王义凤，马卫，李君，郝爱胜．天然气基础地质理论研究新进展与勘探领域[J]．天然气工业，2018，38(04)：37-45.

[9] 白雪峰，梁江平，张文婧，付丽，彭建亮，薛涛，杨立伟，刘继莹．松辽盆地北部深层天然气地质条件、资源潜力及勘探方向[J]．天然气地球科学，2018，29(10)：1443-1454.

[10] 张帆，冉清昌，吴玉明，任志高．松辽盆地北部古中央隆起带天然气地球化学特征及成藏条件[J]．天然气地球科学，2019，30(01)：126-132.

[11] 赵贤正，蒲秀刚，姜文亚，周立宏，金凤鸣，肖敦清，付立新，李宏军．黄骅坳陷古生界含油气系统勘探突破及其意义[J]．石油勘探与开发，2019，46(04)：621-632.

[12] 金凤鸣，王鑫，李宏军，吴雪松，付立新，楼达，张津宁，冯建园．渤海湾盆地黄骅坳陷乌马营潜山内幕原生油气藏形成特征[J]．石油勘探与开发，2019，46(03)：521-529.

[13] 王飞宇，曾花森，师玉雷，贺志勇．含油气盆地气油比的控制因素和勘探意义——以渤中凹陷为例[C]．中国石油学会石油地质专业委员会、中国地质学会石油地质专业委员会．第二届中国石油地质年会——中国油气勘探潜力及可持续发展论文集．中国石油学会石油地质专业委员会、中国地质学会石油地质专业委员会：中国地质学会，2006：373-385.

[14] 薛永安．渤海海域深层天然气勘探的突破与启示[J]．天然气工业，2019，39(01)：11-20.

[15] 谢玉洪，张功成，沈朴，刘丽芳，黄胜兵，陈少平，杨树春．渤海湾盆地渤中凹陷大气田形成条件与勘探方向[J]．石油学报，2018，39(11)：1199-1210.

[16] 施和生，王清斌，王军，刘晓健，冯冲，郝铁伟，潘文静．渤中凹陷深层渤中 19-6 构造大型凝析气田的发现及勘探意义[J]．中国石油勘探，2019，24(01)：36-45.

[17] 肖敦清，姜文亚，蒲秀刚，王娜，岳云福，孙超囡，代昆，滑双君．渤海湾盆地歧口凹陷中深层天然气成藏条件与资源潜力[J]．天然气地球科学，2018，29(10)：1409-1421.

[18] 周旭红，李军，王延山，赵佳，李德星．辽河坳陷陆上深层天然气勘探潜力研究[J]．岩性油气藏，2011，23(03)：23-28.

[19] 宋国奇，金强，王力，王娟，王秀红，林腊梅．东营凹陷深层沙河街组天然气生成动力学研究[J]．石油学报，2009，30(05)：672-677.

[20] 丁志刚，吴敬哲，于涛，李东风．下辽河西部凹陷下第三系地层及沉积特征[J]．辽宁工程技术大学学报(自然科学版)，2011，30(S1)：30-33.

[21] 谢玉华，朱筱敏，赵坤．辽河西部凹陷古近系层序地层格架[J]．科技导报，2010，28(06)：58-64.

[22] 冯有良，鲁卫华，门相勇．辽河西部凹陷古近系层序地层与地层岩性油气藏预测[J]．沉积学报，2009，27(01)：57-63.

[23] 刘立峰，姜振学．烃源岩生烃潜力恢复与排烃特征分析—以辽河西部凹陷古近系烃源岩为例[J]．石油勘探与开发，2010，37(3)：378-384.

[24] 刘立峰，姜振学，钟宁宁等. 辽河西部凹陷古近系烃源岩生烃动力学特征[J]. 地球科学—中国地质大学学报，2009，34(5)：800-805.

[25] 戴金星，邹才能，陶士振，刘全有，周庆华，胡安平，杨春. 中国大气田形成条件和主控因素[J]. 天然气地球科学，2007(04)：473-484.

[26] 李伟，喻梓靓，王雪柯，于志超，鲁雪松，冯庆付. 中国含油气盆地深层、超深层超压盖层成因及其与超大型气田的关系[J]. 天然气工业，2020，40(02)：11-21.

[27] 付广，孙迪. 中国大气田盖层封气能力综合评价及大气田形成所需盖层条件[J]. 山东科技大学学报(自然科学版)，2013，32(01)：1-9.

源控理论体系对中原油田探区含油气盆地战略选区的启示及意义

徐田武　张洪安　谈玉明　李继东　张成富

（中国化工中原油田分公司）

摘　要　中原油田涵盖东濮、内蒙、普光三大探区。通过研究表明，三大探区油气富集受源控特征明显。东濮凹陷古近系优质烃源岩（TOC>1.0%）对油气成藏起到明显的控制作用，其对油气成藏贡献可达80%；东濮凹陷上古生界煤成气主要分布在煤层厚度较大且热演化程度Ro大于1.3%的区域。内蒙探区优质烃源岩层系单一，主要分布在白垩系底部的巴音戈壁组或阿尔善组，优质烃源岩受洼陷形态控制作用明显，油气主要围绕上述单一优质源岩层系上下呈“立体成藏”特征。普光探区海陆相存在6套优质源岩，热演化程度高，以生气为主，气藏主要围绕优质烃源岩上下附近的层系呈“多层楼式”富集，其中龙潭组煤系源岩的平面分布决定了普光气田主力含气层系的空间分布。

关键词　中原油田；优质烃源岩；源控；立体成藏；多层楼式成藏

自20世纪30年代，孙健初在酒泉盆地石油沟提出陆相地层能够生油，20世纪60年代在松辽盆地，勘探家们正式提出围绕生油坳陷找油的观点，发现了大庆油田并一举甩掉了我国贫油国的帽子。21世纪初，胜利油田地质工作者们提出优质烃源岩与油气成藏存在密切关系，之后众多学者通过研究，也发现了优质源岩对油气成藏起主体贡献作用[1-17]。21世纪初（2011年），北美页岩油气的勘探开发取得了实质性突破，人们逐渐意识到与优质烃源岩相伴生的各类非常规油气藏仍有较大的勘探潜力[18]。通常此类油气藏通过具有大面积连续成藏的特征，加上水平井钻井工艺提升及体积压裂方法的改进，使之前大家公认的低品位油气突然一夜之间变成“香饽饽”，页岩油气的实质性突破，由此改变了世界能源格局，使美国一跃由石油进口大国变成石油出口国。

通过近百年来的油气勘探历程的梳理，可以看出从20世纪30年代陆相地层能够生油，到20世纪60年代的油气主要围绕生油坳陷分布，再到21世纪初的优质烃源岩控油气分布，最后到近十年来的页岩油气，源控理论体系在每个勘探阶段都发挥着巨大的作用，该理论并没有随着勘探的进展而衰亡，而是在变化中不断发展、创新，展示了强大的生命力。

近年来，由于受地缘政治及疫情等各方面因素的影响，油价一直处于低价位。对于一个已勘探四五十年的油田企业而言，如何进行高效勘探，已经成为中原油田地质工作者亟需解答的问题。笔者试图从源控理论体系方面研究，找出中原油田各大探区油气来源主控因素，明晰主要生烃层系及生烃特点，为中原油田的高效勘探开发提供“源控”方面技术支撑。

中原油田现管辖三大探区，分别为东濮、内蒙及普光探区。三大探区共含有16个矿权区块，勘探面积1.85万平方千米，包含27个油气田，石油资源量为20.44亿吨，天然气为14229亿方，其中现已探明石油储量为61370万吨，天然气为4789亿方，石油、天然气的探明率分别为30.1、33.6%。较低的石油、天然气的探明率，表明中原油田各大探区仍有较大的勘探空间。东濮、内蒙两大探区，主要含油气层均为陆相碎屑岩沉积。两者相比，东濮探区属于富含油气洼陷，现已累产原油近1.5亿吨，内蒙探区属于中低丰度含油气洼陷，累产原油仅为百万吨；通过东濮探区富含油气凹陷与内蒙中低丰度含油气洼陷的对比研究，可以更加明晰油气成藏主控因素差异，为战略选区提供更好的支撑。普光探区主要气层主要为海相碳酸盐沉积，累产天然气已经超过500亿方，为我国第一大高含硫气田。近年来，通过对上述3个探区的解剖，试图从源控理论体系方面找出不同探区的油气主要来源及成藏

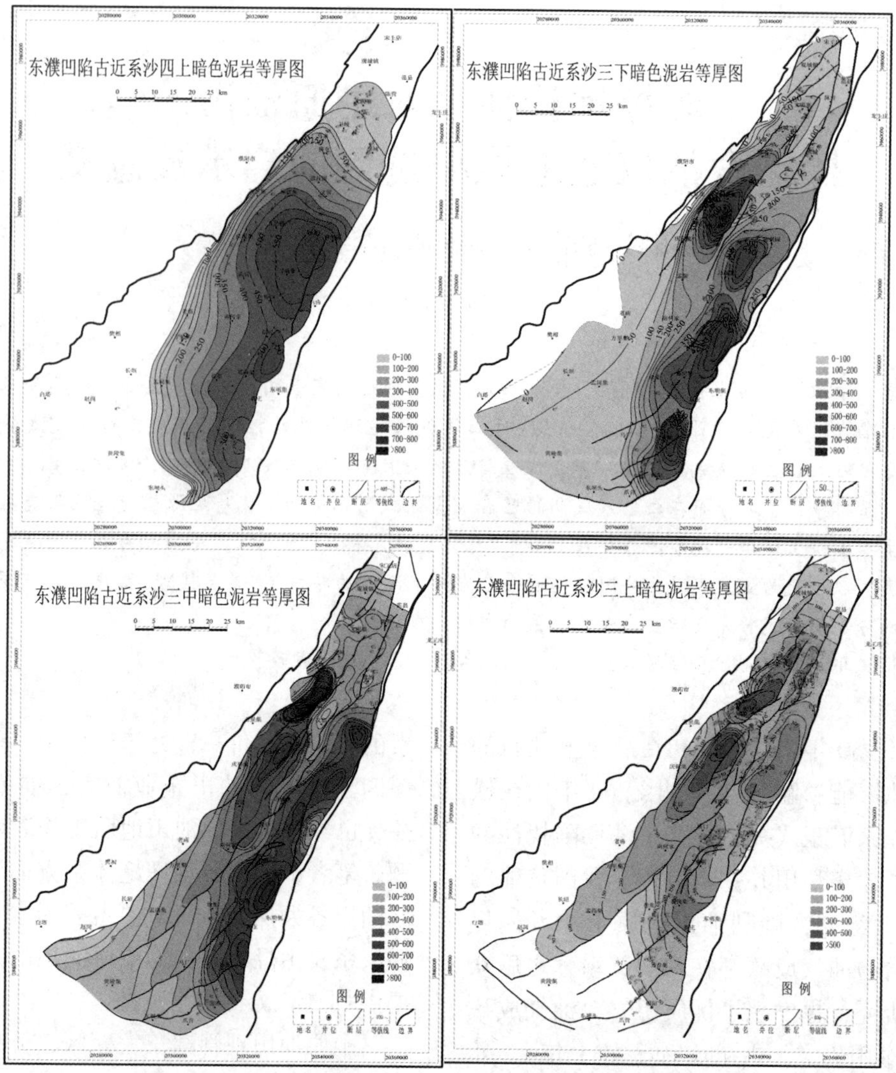

图 1　东濮凹陷不同层系暗色泥岩厚度图

主控因素，为战略选区及高效勘探提供支撑。

1　源控理论体系对富油气区东濮凹陷战略选区的启示及意义

东濮凹陷位于渤海湾盆地的西南角，勘探面积 5300 平方公里，油气资源分布存在较大不均衡的特征，北部地区为盐岩超压发育区，南部地区无盐常压发育区，油气分布呈现“北富南贫”的特征。截止到 2019 年底，北部含盐区每平方公里探明石油地质储量为 28.9 万吨，南部无盐淡水区每平方公里探明石油地质储量仅为 1.6 万吨，盐岩发育区的探明储量丰度是南部无盐淡水区的 18 倍，差距悬殊。

1.1　东濮凹陷古近系油气来源及战略勘探建议

（1）TOC 大于 1.0%的烃源岩对古近系油气成藏起主体贡献作用

东濮凹陷南北地层均含有大量的暗色泥岩，仅从暗色泥岩厚度来看，南北地区古近系沙四上、沙三下、沙三中、沙三上最大厚度差异不大，最大暗色泥岩厚度一般介于 500~600m，暗色泥岩的分布面积甚至南部还稍微大于北部的趋势（图 1）。东濮凹陷勘探开发已经四十余年，各类探井及开发井近万口，勘探开发的程度很高，已探明石油探明储量近 6 亿吨，其中 91%的储量分布在北部含盐区，南部淡水区石油探明储量仅为 9%。从勘探开发现状来看，如果暗色泥岩对油气成藏均起到贡献作用的话，南北油气储量不可能差异这么巨大。由此可以推测，广大厚度的暗色泥岩可能对油气成藏作用很微弱，仅有部分高丰度的源岩对油气成藏起主体贡献作用。

对东濮凹陷南北高丰度烃源岩分析，发现南北地区高丰度烃源岩差异较大。北部含盐区烃源岩的品质明显优于南部淡水区的烃源岩品质。通过大量地化参数统计分析，可见北部含盐区烃源岩 TOC 大于 1.0%，氯仿沥青 A 大于 0.2%，S1+

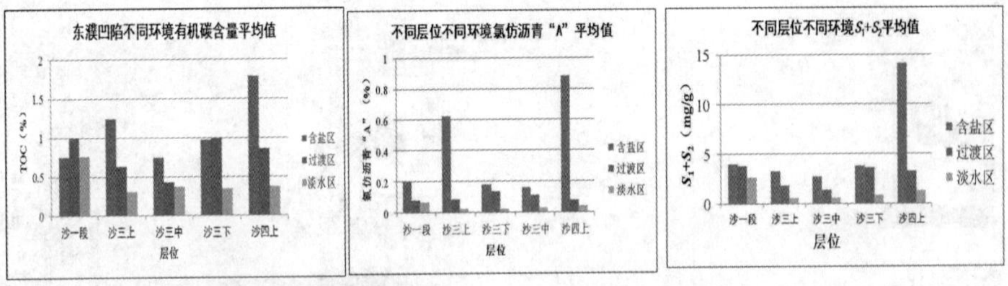

图 2　东濮凹陷南北地区不同层系烃源岩品质差异图

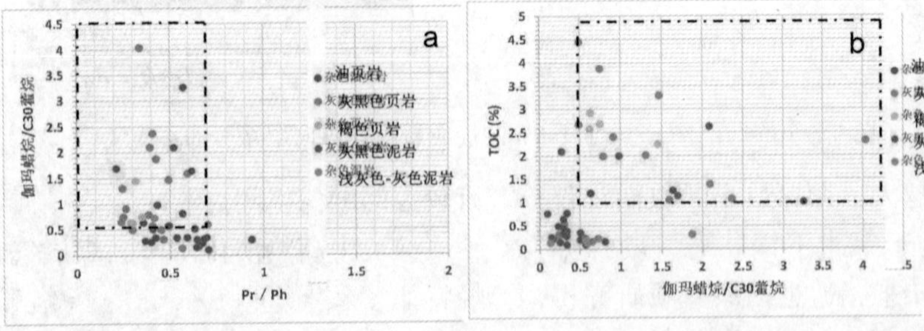

图 3　北部含盐区 γ-蜡烷—Pr/Ph(a)、伽玛蜡烷/C30 藿烷—TOC 散点图(b)

S2 大于 5mg/g 的样品，数量明显大于南部淡水区的数量(图 2)。图 2 的分析表明，高丰度烃源岩可能是油气成藏的主要贡献者，也间接验证了前面的推测的可能性。

通过对东濮凹陷原油与烃源岩生物标志化合物的对比分析，通过 300 多块原油样品测试分析，北部含盐区原油具有典型的特征，普遍具有 Pr/Ph<0.7，γ-蜡烷/C30 藿烷>0.5 的特征；南部淡水区的原油具有 0.7<Pr/Ph<0.9，γ-蜡烷/C30 藿烷< 0.5 的特征，南北原油生标特征"泾渭分明"。通过对大量烃源岩样品的测试分析，发现占东濮凹陷 91%的探明储量的北部原油生标与 TOC 大于 1.0%的页岩、部分灰黑色泥岩高度吻合，而与占泥岩厚度 80%的浅灰色-灰色泥岩(TOC 小于 1.0%)吻合差[19]。

通过对濮卫洼陷带的解剖，根据排烃特征及对油气来源的判识，TOC 大于 1.0%的烃源岩，其厚度相对较薄，但对油气成藏贡献大，对油气成藏起到 80%的贡献作用；而 TOC 小于 1.0%的烃源岩，其厚度大，反而对油气成藏贡献仅为 20%的作用。热模拟实验表明，在相同的地质条件下，两块烃源岩样品进行比较，TOC 分别为 5%和 0.5%，两者丰度相差 10 倍，但是岩石排烃率两者分别为 28.8mg/g 和 0.60mg/g，两者相差 48 倍，可见高效烃源岩虽然厚度薄但对油气成藏贡献大。

(2) 古近系沙三下-沙四上区域分布的优质烃源岩将是下一步致密油气战略勘探的重要方向。

通过对东濮凹陷的原油来源及成因分析，可知原油主要来自高丰度的烃源岩，特别是 TOC 大于 1.0%的烃源岩对油气起主体贡献作用，对东濮凹陷 TOC 大于 1.0%的烃源岩进行了纵向上的研究，发现 TOC 大于 1.0%的源岩具有纵向差异性分布特征，主体集中在沙三下-沙四上。北部含盐区：TOC 大于 1.0%的源岩自沙四上→沙三下→沙三中→沙三上厚度、层数逐渐减少，沙四上厚度为 134m，沙三下厚度为 95m，沙三中为 63m，沙三上厚度为 18m(图 4)；南部淡水区：TOC 大于 1.0%的烃源岩具有沙四上与沙三下岩厚度、层数相当，但明显多于沙三中-上的特征(图 4)，统计表明 TOC 大于 1.0%的烃源岩在沙四上、沙三下厚度分别为 28m、31m，沙三中仅为 11m，沙三上仅为 2m。

虽然南北优质烃源岩纵向发育规律具有一定的相似之处，但 TOC 大于 1.0%的烃源岩厚度还是存在较大差距，对各个层系对比分析，发现不同层系，北部含盐区厚度一般是南部淡水区厚度的 5~9 倍，正是这 5~9 倍的厚度差异，导致南北地区，每平方公里石油探明储量相差 18 倍的原因。

这过去几十年来，由于中浅层圈闭大且落实程度高，砂体孔渗及效益好等原因，对中浅层非烃源岩层系勘探非常重视，取得了原油近 6 亿吨的探明储量。近年来，随着勘探开发的进展，中

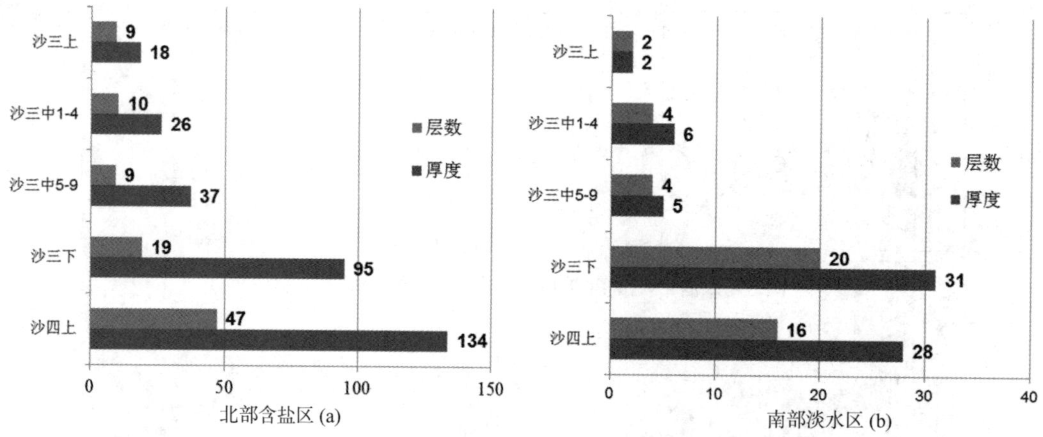

图 4 东濮凹陷 TOC 大于 1.0%的烃源岩南北纵向层系分布图

浅层的勘探难度越来越大，勘探最小断块面积仅为 0，01km²，勘探处于等米下锅状态，勘探如何转型亟需回答。近年来，通过国家专项研究得出东濮凹陷中深层沙四上-沙三下是东濮凹陷的主力烃源岩层系，具有岩性细、储层致密的特征，结合近年来北美页岩油气地质及体积压裂等工艺的调研，逐步明晰了主力烃源岩(沙四上-沙三下)层内的细粒沉积将是东濮凹陷下一步的重要勘探方向。通过国内外调研及东濮凹陷的实际特征，初步提出东濮凹陷页岩油气具有三要素控藏的特征(简称“LDP”)。L 即指岩相，指沙三下-沙四上优质烃源岩(TOC 大于 1.0%)发育层段内，具有一定砂体及可压裂改造的脆性矿物集合体；D 即指深度，指烃源岩镜质体反射率 Ro 大于 0.9%，深度一般大于 3000m；P 即指超压，通常可用气油比代替，原油密度一般小于 0.85g/cm³，一般为轻质油或者凝析油，反应了致密油气的流动性。通过上述 3 要素叠合优选，指出在北部含盐区的户部寨、卫城东翼等地区具有广阔的致密油勘探空间。

1.2 东濮凹陷上古生界高热演化区将是煤成气勘探重要领域

东濮凹陷在渤海湾盆地属于一个既富油又富气的凹陷，天然气资源量丰富，其中天然气资源量为 3675 亿方，已探明 1317 亿方，其中与煤成气相关的天然气探明储量为 202 亿方，已经采出 130 亿方，与煤成气相关的预测储量仍有 266 亿方，通过分析，可知东濮凹陷煤成气藏具有点多的特征，在东濮凹陷中央隆起带(户部寨、文 23)、西部斜坡带(胡古 2)、西南洼(方 3)及南部白庙、马厂等地区，均发现了大量煤成气藏，此表明以上古生界煤系源岩相关的煤成气藏仍具有较大的勘探空间。

(1) 中高热演化阶段，煤成气具有快速的生烃特征

通过对东濮凹陷煤系源岩有机岩石学特征研究，发现东濮凹陷各类源岩基本有机组分组成有其相似性。

通过对东濮凹陷上古生界不同层系的煤层、暗色泥岩及炭质泥岩分析，发现具有相似的规律。东濮凹陷太原组的煤岩、暗色泥岩及碳质泥岩均缺乏生油的腐泥组，具有一定生油能力的壳质组含量太少，在上述岩性中仅占 3%、0.5%及 0%，主要以生气的镜质组和惰质组(丝质组)为主，两者在上述岩性中分别占比为 87%、98.7%及 94%(图 5)，这就决定上古生界太原组煤系源岩具有以生气为主，排出了上古生界太原组既生油又生气的可能性。通过对山西组的分析，也发现了具有上述相似的规律，山西组的煤岩、暗色泥岩及碳质泥岩也均缺乏生油的腐泥组，具有一定生油能力的壳质组含量太少，在上述岩性中仅占 3%、0%及 0%，主要以生气的镜质组和惰质组(丝质组)为主，两者在上述岩性中分别占比为 88%、99%及 100%(图 5)，这就决定上古生界山西组煤系源岩也具有以生气为主，排出了上古生界山西组既生油又生气的可能性。

通过对东濮凹陷上古生界太原组、山西组烃源岩的显微组分分析可知，上古生界烃源岩以生气为主，这也与典型的煤成气藏发现相吻合，例如文 23 气藏及胡古 2 气藏均以产气为主，仅零星含少量轻质凝析油。通过对全国各地煤系源岩的调研分析，生烃特征分析表明，煤系源岩具有中高热演化阶段产气的特征，东濮凹陷煤系源岩也具有相似的特征(图 6)。模拟实验表明东濮凹

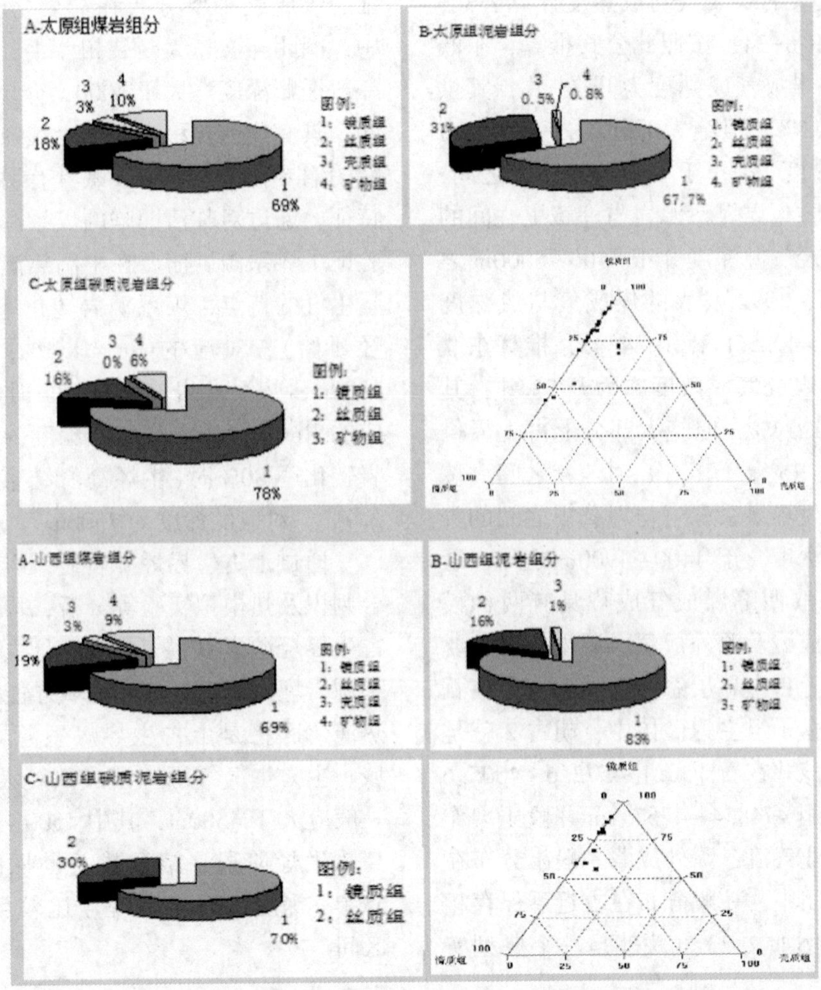

图5　东濮凹陷上古生界煤、暗色泥岩、碳质泥岩显微组分构成图

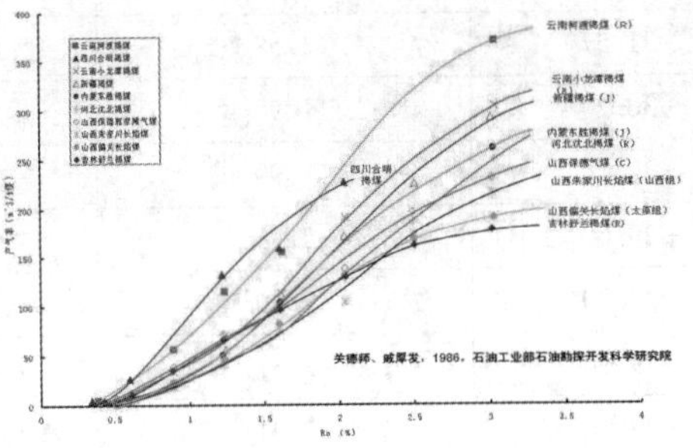

全国不同地区热模拟煤气发生率曲线图(a)

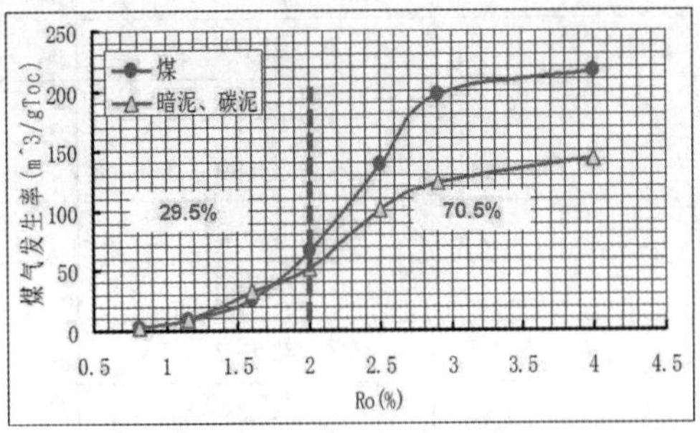

东濮凹陷煤气发生率图版(b)

图6　全国不同地区(a)及东濮凹陷(b)煤气发生率图版

陷煤成气藏应主要分布在上古生界烃源岩中高热演化区域。

(2) 东濮凹陷煤成气主要分布在Ro大于1.3%的区域

通过对东濮凹陷气源判识，判识出煤成气具有甲烷、乙烷碳同位素重、气体呈干气的特征，平面上主要分布在个洼陷的周边区域。通过甲烷同位素与煤成气成熟度之间的转换关系，按照戴金星院士1992年提出的，煤成气碳同位素与烃源岩成熟度之间的关系 δ13C1 = 14.12lgRo－34.39，按照此公式推算，东濮凹陷煤成气主要来源于上古生界烃源岩热演化程度Ro大于1.5%的区域，目前发现最低的煤成气成熟度为开33井，其供烃气源Ro为1.58%，但绝大部分上古生界供烃气源的成熟度Ro接近或者超过2.0%，主体分部在2%~3%区间，按照东濮凹陷上古生界煤系源岩与埋藏史之间的关系，东濮凹陷煤成气主力供烃气源深度介于5200~7000m之间。按照沈平，1991发表的煤成气与成熟度计算公式，δ13C1=40.49LgR o-34，按照此公式推算，东濮凹陷发现最低的煤成气成熟度为开33井，其供烃气源Ro为1.15%，但绝大部分上古生界主力供烃气源的成熟度Ro介于1.3%~1.5%之间，按照东濮凹陷上古生界煤系源岩与埋藏史之间的关系，其主力供烃气源深度介于4500~5000m之间。按照徐永昌，1992发表的煤成气与成熟度计算公式δ13C1=49.56LgR o-34.48，推算东濮凹陷发现最低的煤成气成熟度亦为开33井，其供烃气源Ro为1.14%，但绝大部分上古生界供烃气源的成熟度Ro介于1.2%~1.4%之间，按照东濮凹陷上古生界煤系源岩与埋藏史之间的关系，其主力源岩深度介于4400~4900m之间。通过地质分析，东濮凹陷煤成气成藏具有两种模式，分别为源内成藏及源外成藏。源内成藏主要指煤成气分布在上古生界层系内，一般分布在石千峰及上、下石盒子组主力砂体中，胡古2就是一个典型例证，该井在石千峰组4572.6~4605.6井段、上石盒子组4748.4~4767.1m井段压裂作业后分别试获工业气流；源外成藏一般指分布在大断裂周边的圈闭中，一般分布在古近系保存相对较好的区域，例如文23气藏就是一个典型实证，煤成气主要分布在盐岩之下的沙四上地层中，圈闭与文东大断裂相伴生，上古生界烃源岩一般埋藏深度均大于4000，介于4000~8000m之间，具有热演化程度高，生气强度大的特点，断裂的输导作用，导致成藏具有明显的下生上储的特征。通过对临清凹陷的煤系源岩热模拟实验也验证了煤系源岩需要在中高热演化区域内才能大量生气的特点，煤系源岩转化率15%时(二次生烃开始)，对应的Ro=1.1%，对应的深度为4500m；煤系源岩转化率50%时(生烃高峰)，对应的Ro=1.6%，对应的深度为6000m；煤系源岩转化率80%时(生烃高峰结束)，对应的Ro=2.7%，对应的深度为7500m。

通过上古生界烃源岩显微组分分析、地质综合判识及热模拟实验等分析，均表明东濮凹陷上古生界烃源岩以生气为主，且主要在上古生界煤系源岩埋藏深度较大的区域才能大量生气，中高热演化区将是上古生界煤系源岩勘探的有利区域。主力生气气源应该成熟度大于1.3%，深度一般应大于4500m，其中4500~7500m之间将是高效生烃阶段，结合效益勘探的要求，4500~5500m深度之间将是现今比较可靠的勘探深度区间。

表1　东濮凹陷煤成气气源来源及成熟度判识

判别公式	井名	$\delta^{13}C_1$	计算煤成气Ro	煤成气高效生烃深度
戴金星院士	开33	-31.57	1.58	5297.76
戴金星院士	卫353侧	-30.20	1.98	5863.81
戴金星院士	文199	-30.18	1.99	5872.08
戴金星院士	文古2	-29.60	2.18	6111.72
戴金星院士	部1-2	-29.30	2.29	6235.67
戴金星院士	部1-7	-29.10	2.37	6318.31
戴金星院士	文23	-29.00	2.41	6359.62
戴金星院士	部17-2	-28.80	2.49	6442.26
戴金星院士	胡古2	-28.60	2.57	6524.90
戴金星院士	部1-17	-28.60	2.57	6524.90
戴金星院士	部6	-28.40	2.66	6607.53
戴金星院士	文109	-28.10	2.79	6731.48
戴金星院士	文23-11	-28.10	2.79	6731.48
戴金星院士	文23-40	-28.107	2.79	6731.48
戴金星院士	文69-9	-28.10	2.79	6731.48
戴金星院士	文108-5	-28.00	2.83	6772.80
戴金星院士	文108-7	-28.00	2.83	6772.80
戴金星院士	文23-25	-28.00	2.83	6772.80

续表

判别公式	井名	$\delta^{13}C_1$	计算煤成气 Ro	煤成气高效生烃深度
戴金星院士	文 23-3	-28.00	2.83	6772.80
戴金星院士	文 31	-27.98	2.84	6781.06
戴金星院士	马 70	-27.60	3.03	6938.07
戴金星院士	文 108-7	-27.60	3.03	6938.07
沈平	开 33	-31.57	1.15	4482.73
沈平	卫 353 侧	-30.20	1.24	4680.13
沈平	文 199	-30.18	1.24	4683.01
沈平	文古 2	-29.60	1.28	4766.58
沈平	部 1-2	-29.30	1.31	4809.81
沈平	部 1-7	-29.10	1.32	4838.62
沈平	文 23	-29.00	1.33	4853.03
沈平	部 17-2	-28.80	1.34	4881.85
沈平	明古 2	-28.60	1.36	4910.67
沈平	部 1-17	-28.60	1.36	4910.67
沈平	部 6	-28.40	1.38	4939.48
沈平	文 109	-28.10	1.40	4982.71
沈平	文 23-11	-28.10	1.40	4982.71
沈平	文 23-40	-28.10	1.40	4982.71
沈平	文 69-9	-28.10	1.40	4982.71
沈平	文 108-5	-28.10	1.41	4997.12
沈平	文 108-7	-28.10	1.41	4997.12
沈平	文 23-25	-28.10	1.41	4997.12
沈平	文 23-3	-28.10	1.41	4997.12
沈平	文 31	-27.98	1.41	5000.00
沈平	马 70	-27.60	1.44	5054.75
沈平	马 108-7	-27.60	1.44	5054.75
徐永昌	开 33	-31.57	1.14	4475.16
徐永昌	卫 353 侧	-30.20	1.22	4636.43
徐永昌	文 199	-30.18	1.22	4638.78
徐永昌	文古 2	-29.60	1.25	4707.06
徐永昌	部 1-2	-29.30	1.27	4742.37
徐永昌	部 1-7	-29.10	1.28	4765.92
徐永昌	文 23	-29.00	1.29	4777.69
徐永昌	部 17-2	-28.80	1.30	4801.23
徐永昌	胡古 2	-28.60	1.31	4824.78
徐永昌	部 1-17	-28.60	1.31	4824.78
徐永昌	部 6	-28.40	1.33	4848.32
徐永昌	文 109	-28.10	1.35	4883.64
徐永昌	文 23-11	-28.10	1.35	4883.64
徐永昌	文 23-40	-28.10	1.35	4883.64
徐永昌	文 69-9	-28.10	1.35	4883.64
徐永昌	文 108-5	-28.10	1.35	4895.41

续表

判别公式	井名	$\delta^{13}C_1$	计算煤成气 Ro	煤成气高效生烃深度
徐永昌	文 108-7	-28.10	1.35	4895.41
徐永昌	文 23-25	-28.10	1.35	4895.41
徐永昌	文 23-3	-28.10	1.35	4895.41
徐永昌	文 31	-27.98	1.35	4897.76
徐永昌	马 70	-27.60	1.38	4942.49
徐永昌	文 108-7	-27.60	1.38	4942.49

2 源控理论体系对中低丰度内蒙探区战略选区的启示及意义

中原油田内蒙探区涵盖两大盆地，分别为二连盆地和银额盆地，其中白音查干凹陷位于二连盆地内，查干凹陷及拐子湖凹陷位于银额盆地内。内蒙探区各洼陷普遍具有小、散的特点，以二连盆地为例，其面积约为 10×104 平方公里，但涵盖了 54 个洼陷。上述各洼陷普遍具有分割强，岩性变化快，油气运距短的特点，每个洼陷具有单独的油气运聚系统，因此厘定每个洼陷的有效烃源岩的分布，对油气勘探将起到至关重要的作用。

内蒙探区拐参 1 井的突破，证实了银额盆地拐子湖洼陷为一含油性洼陷，该地区进行了探索，部分井具有高产井、但也存在部分井为低效井。通过对失利井分析，认为缺乏有效的烃源岩发育是导致勘探失败的重要原因。通过对成功井的油源对比，表明银额盆地巴音戈壁组的原油主要来自白垩系巴一段底部的页岩，油气主要沿着该套烃源岩上下立体成藏，具有就近聚集的特点。通过对二连盆地的白音查干凹陷分析，亦发现有效烃源岩主要富集在白垩系底部的阿尔善组，有效源岩的空间分布决定了油气的空间聚集。但对于一个低勘探程度地区，如何明晰其有效烃源岩的展布，比较缺乏资料，通过类比调研周围乃至二连盆地的烃源岩发育特征，将对拐子湖洼陷有效烃源岩的展布产生重要指导意义。内蒙探区凹陷根据构造样式主要分为以下三种：分别为深洼型、近洼缓坡型及深洼-缓坡型，各种洼陷形态构造样式决定了优质烃源岩空间存在不同分布差异。

深洼型：由基底深大断裂继承性活动控制的凹陷，凹陷边界断层规模大、活动性强，大量的陆源输入为水生生物生长带来了丰富的营养物质，深洼带古生产力大；深洼带宽度大，营养物质难以搬运到缓坡带，缓坡带古生产力小。另外缓坡带受大量物源扰动，水体动荡，有机质降解严重，只有古生产力足够大才能形成有效烃源岩，有效烃源岩形成和分布主要受古生产力控制，因此有效烃源岩主要分布于深洼带。例如二连盆地的阿尔凹陷和乌里雅斯太凹陷就是较好的例证。

近洼缓坡型凹陷：边界断层规模小、活动性弱，陆源输入少，古生产力小，原始有机质总量少，有机质保存条件较好才能形成有效烃源岩；深洼带宽度小，受物源影响水体动荡，近洼缓坡带相对深洼带水体安静，沉积环境的还原程度最强，有机质保存最好，因此有效烃源岩主要分布于近洼缓坡带。

深洼-缓坡型：边界断层规模和活动性居中，陆源输入居中，古生产力居中，沉积环境为弱还原环境，古生产力和氧化-还原程度共同控制着有效烃源岩的分布；深洼带较近洼缓坡带古生产力大，近洼缓坡带较深洼带还原程度强，因此有效烃源岩在深洼带和近洼缓坡带均有分布。

根据二连盆地、银额盆地各凹陷有效烃源岩分布特征，通过大量实测数据的收集、整理及归纳，结合拐子湖洼陷烃源岩发育特征，初步建立了中原油田内蒙探区小型断陷湖盆有效烃源岩分布模式(图 7)：

(1) 边界断层规模大、活动性强的小型断陷湖盆，深洼带相对宽度较大，深洼带宽度与凹陷宽度比值大于大，一般大比值大于 0.5，深洼带古生产力大，沉积环境为还原环境，有效烃源岩主要分布于深洼带，近洼缓坡带和远洼缓坡带一般为弱还原-氧化环境，基本不发育有效烃源岩。通过洼陷结构分析，白音查干达尔其油田就属于此特征类型。优质烃源岩主要分布在桑合凹陷，通过过洼陷中心部位的白参 1 井，可以判别出优质烃源岩主要分布在阿尔善及滕格尔组。

（2）边界断层规模小，活动性弱的小型断陷湖盆，深洼带相对宽度较小，深洼带宽度与凹陷宽度比值小于小，比值一般小于0.25，洼陷整体古生产力小，沉积环境为还原环境，有效烃源岩主要分布于近洼缓坡带，深洼带受物源及水体浅等要素的影响，有效烃源岩不发育，远洼缓坡带水体浅，氧化环境，也基本不发育有效烃源岩。

（3）边界断层规模中等，活动性适中的小型断陷湖盆，深洼带相对宽度居中，深洼带宽度与凹陷宽度比值中等，范围一般为0.25～0.5，古生产力较大，沉积环境介于上述两类洼陷之间，为弱还原环境，有效烃源岩在深洼带和近洼缓坡带均相对较发育，远洼缓坡带基本不发育有效烃源岩。通过对拐子湖凹陷的结构解剖，可以看出拐子湖凹陷属于此类型，优质烃源岩分布在洼陷带及近洼缓坡带，远洼缓坡带基本不发育优质烃源岩。拐5、拐8井的钻探可以说明，此两口井主要分布在远洼缓坡带，无优质烃源岩的发育，页岩厚度0～5m。拐参1井主要发育在近洼缓坡带，有较厚的优质烃源岩发育，最大页岩厚度可达63m。

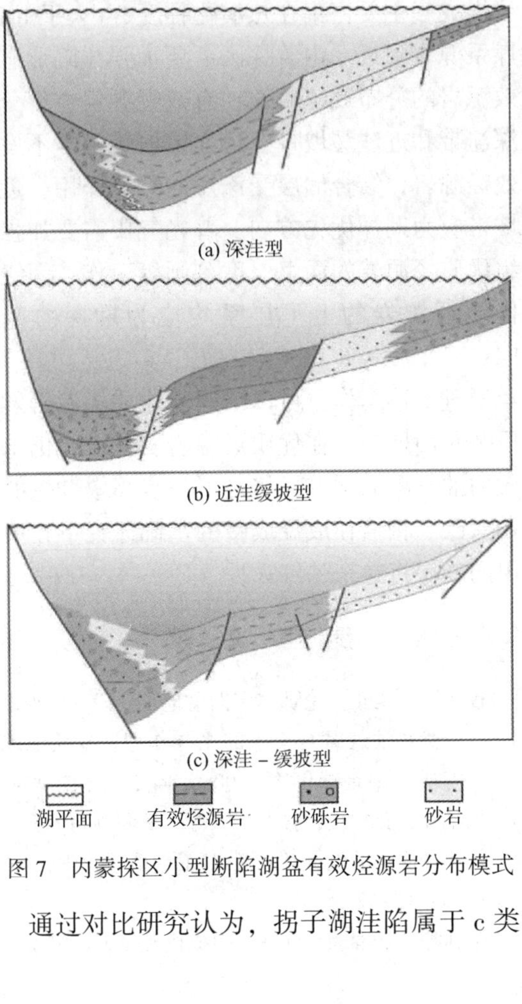

图7　内蒙探区小型断陷湖盆有效烃源岩分布模式

通过对比研究认为，拐子湖洼陷属于c类洼陷，为深洼-缓坡型洼陷，有效烃源岩在深洼带和近洼缓坡带均有分布，远洼缓坡带基本不发育有效烃源岩。因此围绕深洼带和近洼缓坡带勘探，将会对该地区的勘探成功产生重要影响。考虑到深度对储层物性的影响，近洼缓坡带将是勘探的首要区带。

3　源控理论体系对普光探区战略选区的启示及意义

川东北探区有6套优质烃源岩，海陆相均有分布、纵向分布跨度大、热演化程度高，可大量生气，每套优质源岩临近层系均可形成大规模气藏，形成了“多层楼”式成藏组合、储层样式多、礁滩相、岩溶相及致密砂等储层均发育。近期3个领域值得深入勘探：（1）围绕陆相两套高效源岩，注重三叠系须家河组的“层”勘探及侏罗系千佛崖组的非常规“甜点”勘探。（2）围绕海相龙潭组煤系源岩，加大海相成熟层系（飞仙关－长兴组）一体化滚动评价，加快嘉陵江、飞三段薄层等新类型探索。（3）围绕低勘探层系，深化生气强度、岩溶台地－斜坡带、保存条件及纵向输导等成藏要素研究，强化茅口组岩溶相勘探，适度探索龙潭组的页岩气规模。

普光探区已经探明了四千多亿方的储量，现已生产了700多亿方的天然气，如何保障普光气田的产量的硬稳定，需要勘探家们大胆解放思想，积极进行探索。其中普光气田的气源及气藏类型的认识，人们之间还存在差异，前人普遍认为该区为原油裂解气。通过原油裂解气的计算，认为原油裂解气的可能性较小。普光气田现在大部分气藏的压力系数不高，绝大部分为常压气藏，仅个别气藏为超压气藏，且压力系数也相对较小，一般不超过1.4。如果原油裂解成为天然气藏的话，在封闭体系下，理论上1t原油可以裂解为649方气，C5H9（oil）→2CH4（gas）＋C3H（pyrobitumen 沥青），按照等容原理（图8），换算成普光气田地下温压情况下，其压力系数可达18.5。可能部分人说，可能存在天然气泄漏，造成压力系数低，但是该区飞仙组之上的嘉陵江

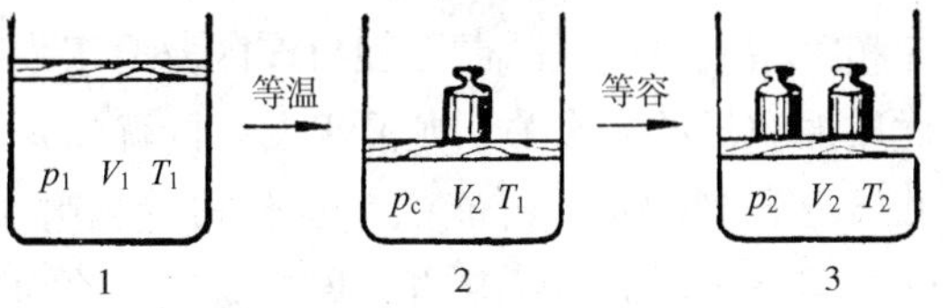

图8　天然气等容压缩原理示意图

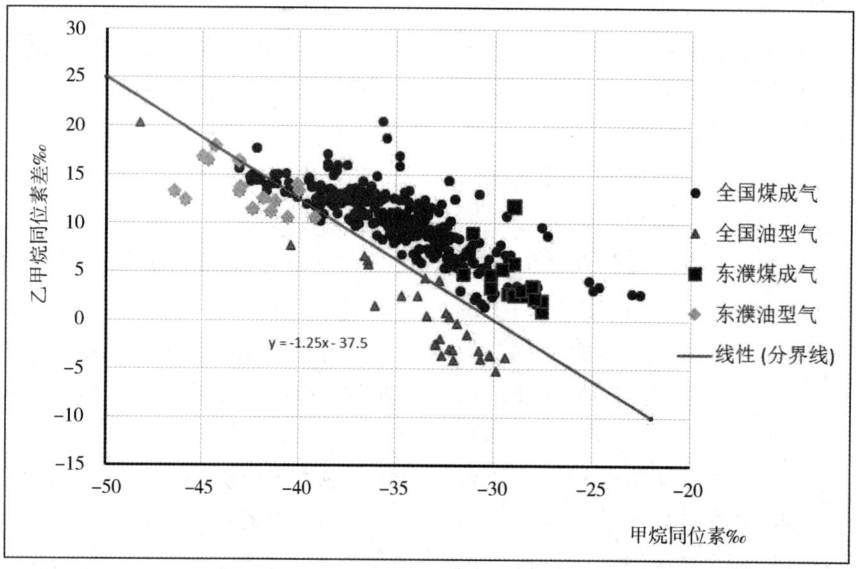

图 9 全国煤成气、油型气判识图版

组为一套盐岩地层，具有较强的封闭能力，所以可以驳斥这种观点，由此推测原油裂解气的可能性不大。另外一个证据也间接否定了原油裂解成气的证据，如果是原油裂解成气的化，普光气田主要产层飞仙关组的储层应可见到大量的沥青，但实际情况是储层中几乎发现不了沥青，只有零星的沥青存在，因此也从另外一个角度否定了原油裂解气的可能。因为原油裂解成天然气，残渣为储层沥青。通过对普光气田气田同位素的分析，其同位素普遍偏重，甲烷碳同位素平均值为-31‰，乙烷碳同位素平均值为-27‰，结合全国煤成气、油型气的判别标准，通过图版可以肯定为煤成气（图 9），为偏腐殖型干酪根成气，且为较高成熟度的偏腐殖型干酪根所生。通过对普光 5 井钻探表明，该区龙潭组发育黑色泥质岩类，厚度约为 200m，TOC 为 3%～8%，且成熟度较高。通过对龙潭组烃源岩同位素及成熟度的分析，基本可以表明普光气田来自这套烃源岩的可能性较大。

这套富含有机质质的泥岩在地震图上可以清晰辨出，其主要分布在川东北普光构造及其以南地区，普光以西强反射轴消失，普光西侧的川岳 83 井和川岳 84 井也未钻遇这套泥质岩类。因此，普光超大型气田的气源很可能与该区龙潭组发育的优质泥质烃源岩有关。龙潭组发育的优质泥质烃源岩分布到哪里，可能的气藏分布就到哪里。加强龙潭组优质泥质烃源岩的展布研究，将对普光气田的勘探起到至关重要的指导作用。

4 结论

通过源控理论体系的分析及成藏模式的研究，可以认为东濮凹陷、内蒙探区及普光探区，需要深化源控理论体系。东濮凹陷需要加强不同层系盐周边区域致密油类型的勘探、优选烃源岩热演化程度 Ro 大于 0.9%的区域进行探索，上古生界煤成气主要富集在热演化程度 Ro 大于 1.3%的煤系源岩附近。内蒙探区需要加强洼陷形态与有效源岩的分布规律研究，有效烃源岩主要分布在深洼带和近洼缓坡带，远洼缓坡带基本不发育有效烃源岩，结合储层受深度的影响作用，近洼缓坡带应为勘探优先方向。普光气田需要加强龙潭组优质烃源岩的面上厚度刻画等工作，围绕该套优质烃源岩的上下层系均应为勘探的重点方向。

通过上述工作，可以明确出优质烃源岩发育层段及平面展布，在优质烃源岩发育区，仍未取得大的油气藏的地方，将是下一步高效勘探的首先勘探区。相信在成烃成藏的基础研究下，中原油田的勘探将越来越红火！

参 考 文 献

[1] 杨华，张文正．论鄂尔多斯盆地长 7 段优质油源岩在低渗透油气藏富集中的主导作用：地质地球化学特征[J]．地球化学，2005，34(2)：147-154.

[2] 张林晔，孔祥星，张春荣，等．济阳坳陷下第三系优质烃源岩的发育及其意义[J]．地球化学，2003，3(1)：35-42.

[3] 张林晔，张春荣．低熟油生成机理及成油体系：以

济阳坳陷牛庄洼陷南部斜坡为例[M]. 北京地质出版社, 1999: 120-222.
[4] 张林晔, 刘庆, 张春荣, 等. 东营凹陷成烃与成藏关系研究[M]. 北京: 地质出版社, 2005: 45-89.
[5] 黄清华, 叶得泉, 侯启军, 等. 松辽盆地中生代地质事件与生物演化[C]// 程裕淇. 第三届全国地层会议论文集. 北京: 地质出版社, 2000: 322-325.
[6] 朱光有, 金强. 东营凹陷两套优质烃源岩层地质地球化学特征研究[J]. 沉积学报, 2003, 21 (3): 506-509.
[7] 金强, 朱光有, 王娟. 咸化湖盆优质烃源岩的形成与分布[J]. 中国石油大学学报(自然科学版), 2008, 32 (4): 19-23.
[8] 曹剑, 雷德文, 李玉文, 等. 古老碱湖优质烃源岩: 准噶尔盆地下二叠统风城组[J]. 石油学报, 2015, 36 (7): 781-789.
[9] 邱隆伟, 姜在兴, 操应长, 等. 泌阳凹陷碱性成岩作用及其对储层的影响[J]. 中国科学: D 辑 地球科学, 2001, 31 (9): 752-759.
[10] 朱光有, 金强, 张善文, 等. 渤南洼陷盐湖-咸水湖沉积组合及其油气聚集[J]. 矿物学报, 2004, 24 (1): 25-30.
[11] 何锋, 靳广兴, 魏丽红. 东濮凹陷优质烃源岩研究意义[J]. 石油天然气学报(江汉石油学院学报), 2010, 32 (4): 185-188.
[12] 陈建军, 程克明, 熊英, 等. 酒西坳陷下白垩统藻纹层灰岩生烃特征[J]. 石油勘探与开发, 2005, 32 (6): 61-65.
[13] 熊英, 程克明, 马立元. 酒西坳陷下白垩统湖相碳酸盐岩生烃研究[J]. 石油勘探与开发, 2006, 33 (6): 687-691.
[14] 金强. 有效烃源岩的重要性及其研究[J]. 油气地质与采收率, 2001, 8 (1): 1-4.
[15] 朱光有, 金强, 王锐. 有效烃源岩的识别方法[J]. 石油大学学报(自然科学版), 2003, 27(2): 6-10.
[16] 郑红菊, 董月霞, 朱光有, 等. 南堡凹陷优质烃源岩的新发现[J]. 石油勘探与开发, 2007, 34 (4): 385-391.
[17] 刘传联, 徐金鲤, 汪品先. 藻类勃发: 湖相油源岩形成的一种重要机制[J]. 地质论评, 2002, 47 (2): 207-210.
[18] 张林晔, 李钜源, 李政, 等. 北美页岩油气研究进展及对中国陆相页岩油气勘探的思考[J]. 地球科学进展, 2014, 29 (6): 700-711.
[19] 张洪安, 徐田武, 张云献. 东濮凹陷咸化湖盆优质烃源岩的发育特征及意义[J]. 断块油气田, 2017; 24(4): 437-441.

东濮凹陷构造特征对油气成藏的控制研究

余海波[1,2]　程秀申[1]　徐田武[1]　谈玉明[1]　漆家福[3]

(1. 中国石化中原油田分公司勘探开发研究院；2. 中原油田博士后科研工作站；
3. 中国石油大学 油气资源与探测国家重点实验室)

摘　要　从渤海湾盆地出发研究东濮凹陷的构造特征及其与渤海湾盆地其他坳陷的差异，利用地震、钻井、测井及重磁等资料对东濮凹陷进行构造解析，并结合原油样品及相关分析化验资料研究构造演化对油气成藏的控制作用。研究表明：东濮凹陷古近纪盆地是51Ma发育的第二期开裂盆地，具有沉降深(6400m)、速率快(246m/Ma)的特征，在北东向断层的切割作用及构造频繁转换作用下，造就了盆地的非均质性强，横向变化大的特征，具有多凸多洼的盆地结构，为盆地的复式含油气系统奠定了构造格架基础。依据有效烃源岩分布、成藏期古构造脊、流体差异性等元素，将东濮凹陷划分为10个含油气系统，具有近源聚集的特征。东濮凹陷正向构造具有构造背景大、幅度高、坡度陡的特征，并与生储盖有效配置，利于油气向构造高部位运聚和保存，控制着油气的分布及富集。本次研究采用“体积守恒法”，并结合地层厚度趋势法、邻近厚度对比法及镜质体反射率法等去综合研究，认为东濮凹陷东营组剥蚀量整体上为200~800米，古近系为持续深埋和稳定保存。东濮凹陷古近系是一个“弱改造、复式含油气系统”型的盆地，具有近源聚集、正向构造控富、连续成藏的特征，为油气精细勘探及有利区带优选提供了方向。

关键词　东濮凹陷；多凸多洼；含油气系统；剥蚀量恢复；油气成藏

东濮凹陷位于渤海湾盆地的西南角，勘探开发已经四十余年，取得了大量的研究成果。现已进入了高成熟勘探阶段，过去主要以源外构造油气藏为勘探目标，随着此类目标的勘探面积越来越小、储量越来越少、效益越来越差的现状，如何突破传统思维，采用新方法、新理论预测有利的增储区带显得尤为急迫。

在80年代具有代表性的是以地洼学说为指导，研究了东濮凹陷及中原地区中新生代盆地形成演化与油气特征[1-2]。90年代利用地震勘探三维资料和钻井等资料，在全区进行连片构造图编制和研究[3-4]。从21世纪初以来，许多科研高校和院所对东濮凹陷盆地结构、断裂系统、断裂组合、构造样式、运动学特征、动力学条件、断块群类型及形成机制的研究较多[5-6]，而东濮凹陷不同时期同沉积断裂活动性、隆洼格局演化对油气系统的控制、以及关键构造变革期剥蚀强度对油气成藏的影响研究较少。

本文以东濮凹陷区域地震剖面为基础，从华北克拉通、渤海湾盆地区域构造背景出发，研究东濮凹陷的开裂时间、沉降量、抬升量、拉张量及其与渤海湾盆地其他坳陷的差异，并分析东濮凹陷的构造特征对油气成藏的控制作用，建立不同时期裂陷盆地结构，细分构造单元和成藏单元，为精细勘探指明方向。

1　东濮凹陷古近系构造特征

1.1　区域背景概况

华北克拉通位于全球三大构造域的中心位置，被不同时期的造山带长期环绕，经多块体先后拼贴、同期联合和后期裂解，形成了复杂多样的构造格局。华北克拉通划分为东部地块、西部地块和中部南北向构造带，东部地块破坏强烈[7]。渤海湾盆地是东部地块上的一个中新生代盆地，位于华北克拉通破坏的中心区域。由于受华北克拉通破坏深断裂的影响，渤海湾盆地有5次成盆期，分别为Pt_2-T_{1-2}、J_{1-2}、J_3-K_1、K_2及新生代，形成了印支期构造层、燕山早期构造层、燕山中期构造层、燕山晚期构造层及新生代构造层5个构造层。

渤海湾盆地位于华北东部地块，周围被太行山山脉、燕山褶皱带、胶辽隆起和鲁西隆起所限，平面上呈斜体“N”字形，总面积约20×10^4 km^2，是一个新生代裂谷盆地[8]。盆地新生代构造体系叠合在中生代构造背景上，发育雁列式、帚状、网状等多种构造体系类型[9]。根据古近系的分布，整个盆地可划分为下辽河-辽东湾、渤中、黄骅、冀中、临清、济阳、昌潍 7 个坳陷以及沧县、埕宁、邢衡和内黄 4 个隆起。盆地的形成和演化经历了古近纪裂陷和新近纪的裂后热沉降作用，同时受到区域剪切应力场的影响[10-11]，与典型的裂谷盆地相比还有一定的差别[12-14]。盆地内部发育 4 条区域性走滑断裂带，断裂的不同部位在盆地内的发育程度不同[15-16]，使盆地内各个坳陷的发育具有明显的差异[9,17]。根据各坳陷所处的应力场环境，可以将渤海湾盆地划分为北部和南部剪切构造区、中部转换拉张构造区[18]，东濮凹陷位于南部剪切构造区。东濮凹陷位于华北地台中部，是华北中、新生代盆地的过渡带，在印支运动形成的古坳陷带和燕山运动形成的古隆起带上[19]。东濮凹陷是渤海湾盆地最南端的一个负向三级构造单位(图 1)，属于临清坳陷的一部分，北窄南宽，面积约为 5300km²，地处我国中原地区，包括豫北、豫东、鲁西南之沿黄河两岸的两省九个县市。

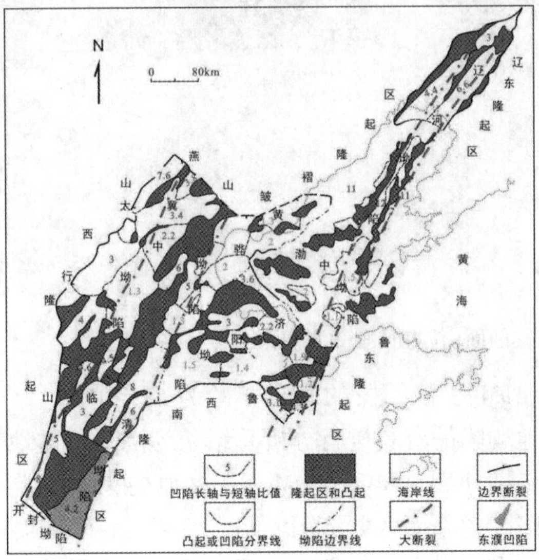

图 1　渤海湾盆地次级构造单元的划分

1.2　前古近纪盆地基底及邻区的关系

东濮凹陷在早古生代为伸展背景下的海相克拉通盆地，晚古生代为伸展背景下的近海克拉通盆地，三叠纪为挤压背景下的克拉通内大型挠曲盆地[5]。印支-燕山期发生过多次挤压运动，印支末期和燕山晚期运动在区域上都是存在的，东濮凹陷受近南北向挤压持续隆起，燕山旋回盆地缺失侏罗系和白垩系，三叠系在盆地南部、北部边缘被隆起分隔，盆地内呈东西向展布，形成了东西向宽缓褶皱。东濮凹陷古近系沉积前基底是东西高、南北低的构造格局，具有南北分区、宽缓褶皱变形的特征(图 2)，基底之上为北东向独立裂陷。

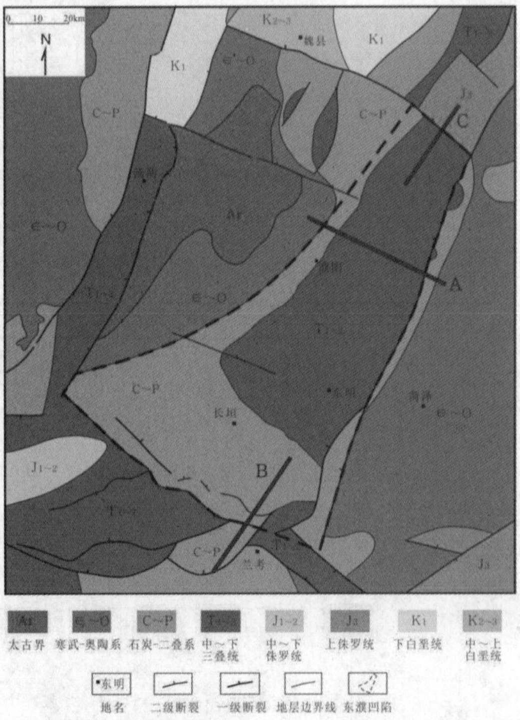

图 2　东濮凹陷及邻区古近系沉积前基底结构图

根据东濮凹陷及邻区东西向测线可以看出(图 3)，东濮凹陷向东馆陶组底面与石炭-二叠系不整合接触，向西馆陶组底面依次与古近系沙四段、中生界三叠系或石炭-二叠系不整合接触。整体来看东濮凹陷古近纪盆地向东与鲁西隆起隔开，向西超覆在内黄凸起之上的东断西超古近纪盆地。

根据挑选的过东濮凹陷南部、北部短联络测线地震剖面进行构造解析，在东濮凹陷南部边界由于北倾的封丘断层的分隔作用(图 4a)，在东濮凹陷发育石炭-二叠系与沙四段不整合接触，沙三段、沙二段地层发育很全，沙二上与馆陶组不整合接触。封丘断层上升盘残留石炭-二叠系、局部残留沙四地层。同样可以看出在印支-燕山期封丘断层活动，东濮南部和开封盆地北部三叠系都缺失；在古近纪封丘断层继续活动，断层上升盘地层发生剥蚀，东濮凹陷在古近纪和开封盆地不连通。在东濮盆地北部测线地震剖面解释可以看出(图 4b)，马陵断层的下降盘残留地层为石炭-二叠系、三叠系、侏罗系及古近系，在上升盘残留地层为石炭-二叠系、三叠系及沙二段下亚段。在印支-燕山期马陵断层活动在临清坳陷下降保留侏罗系；在古近纪马陵断层持续性活

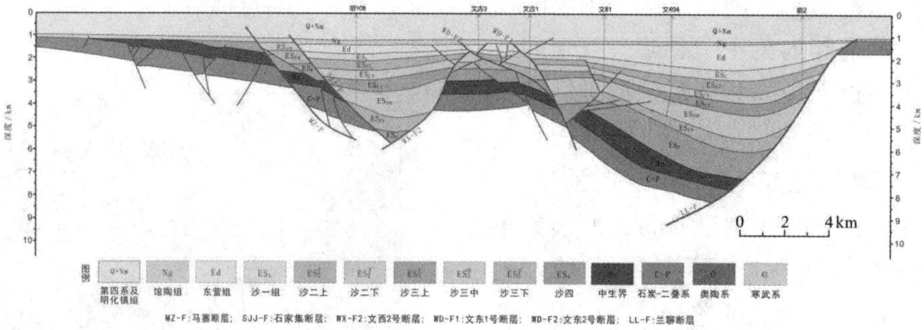

图 3　过东濮凹陷东西方向的区域大剖面图(位置见图 2 中测线 A)

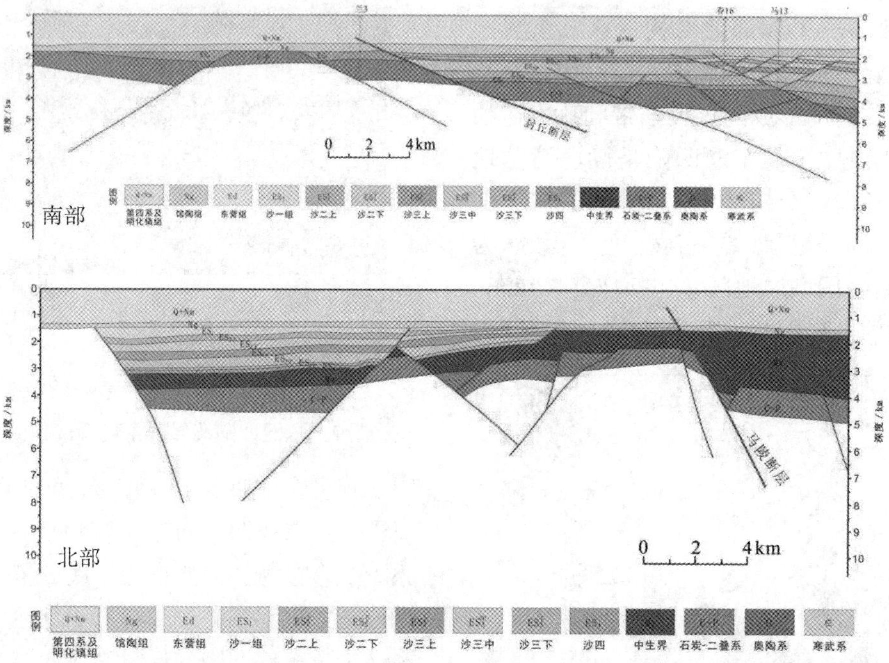

图 4　过东濮凹陷南部、北部短联络测线地震剖面(位置见图 2 测线 B、C)

动上升盘翘起剥蚀，下降盘保留较厚的古近系。

总之，东濮凹陷古近纪盆地是受兰聊断裂、封丘断裂、马陵断裂控制的相对独立的断陷，与邻区不连通，凹陷的形成演化受兰聊断层控制，具有西高东低的构造格局，在古近纪沉积演化中对烃源岩的形成及盐岩发育持续发挥作用。

1.3　东濮凹陷古近系在渤海湾盆地中的特点

根据渤海湾盆地区域地震剖面解释成果[20]，孔店组地层在冀中坳陷、黄骅坳陷南区、济阳坳陷存在，在东濮凹陷、辽东湾坳陷和下辽河坳陷和渤中坳陷缺失(图 5a)。根据绝对年代标尺和与总 GR 序列及 La2010 理论偏心率曲线的综合对比图[21]，将东营组的顶界(23.03Ma)作为建立东濮凹陷绝对天文年代标尺的锚点，确定凹陷北部各组段的年龄界限：东营组的底界年龄为 28.49Ma，沙一段的底界年龄为 30.78Ma，沙二段的底界年龄为 37.28Ma，沙三段的底界年龄为 44.21Ma，沙四段的底界年龄为 51.00Ma。结合其他坳陷的资料进行分析总结认为渤海湾盆地具有二期开裂，早期(60Ma)在盆地中央发育冀中坳陷、黄骅南区、济阳坳陷，晚期(51~45Ma)在盆地南部和东北部发育东濮凹陷、渤中坳陷、黄骅中区、下辽河坳陷、辽东湾坳陷，东濮凹陷古近纪盆地是 51Ma 发育的第二期开裂盆地。

将渤海湾盆地各个坳陷古近系的顶面拉平，不同地区沉降量和沉降速率差异明显(图 5b)。冀中坳陷沉降幅度为 6300m、沉降速率为 175m/Ma，黄骅南区沉降幅度为 3400m、沉降速率为 94m/Ma，济阳坳陷沉降幅度为 6000m、沉降速率为 167m/Ma，东濮凹陷沉降幅度为 6400m、沉降速率为 246m/Ma，渤中坳陷沉降幅度为 5500m、沉降速率为 212m/Ma，下辽河坳陷沉降幅度为 4700m、沉降速率为 224m/Ma。整体上，渤海湾盆地古近系沉降速率在盆地南部和东北部

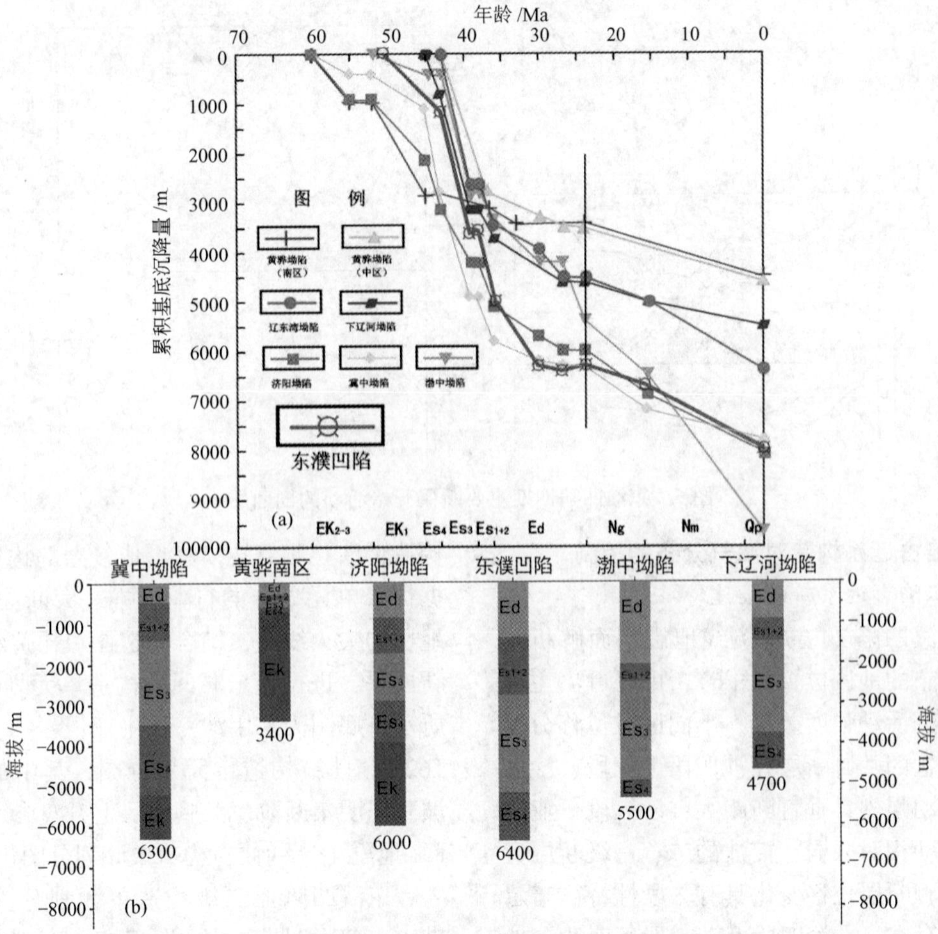

图 5　渤海湾盆地新生代不同地区累计沉降量

较快，东濮凹陷在渤海湾盆地沉降速率最快。东濮凹陷、冀中坳陷和济阳坳陷古近系沉降量在渤海湾盆地中相对较深，东濮凹陷在渤海湾盆地沉降最深。

渤海湾盆地伸展运动在沙一段沉积前强烈，沙一段沉积期后各地区伸展运动普遍较弱，到东营末期伸展停止[20]。济阳坳陷和渤中坳陷古近系伸展量最大，分别为 37km、28km，伸展速率分别为 1.03km/Ma、1.08km/Ma；下辽河坳陷和黄骅中区古近系伸展量最小，分别为 5km、8km，伸展速率分别为 0.24km/Ma、0.42km/Ma。根据东濮凹陷中区东西向区域地震剖面的构造演化恢复，在沙四段沉积期伸展量为 3km，沙三段沉积期为 5.5km，沙二段沉积期和沙一段沉积期为 2km，东营组沉积期为 1.5km，东濮凹陷古近系累计伸展量为 12km，在渤海湾盆地相对较小，伸展速率为 0.46km/Ma，在渤海湾盆地相对较弱。

渤海湾盆地各个凹陷平面上根据长轴和短轴之比，可以分为窄长型(>4)、过渡型(2-4)、开阔型(1-2)三种凹陷类型(图 1)。窄长型主要分布于渤海湾盆地郯庐断裂走滑构造带、兰聊断裂走滑构造带和太行山断裂走滑构造带，受其中一组走滑断裂控制；如辽河坳陷中的凹陷长轴和短轴之比：辽西凹陷为 11、辽中凹陷为 12。过渡型主要分布于拉分-走滑过渡区，受一强一弱两组断裂控制；如冀中坳陷中的凹陷长轴和短轴之比：霸县凹陷为 2.2、保定凹陷为 3。开阔型主要分布在中部拉分构造带，受北东、北西向两组断裂共同控制；如黄骅坳陷中的凹陷长轴和短轴之比：北塘凹陷为 1.2、南堡凹陷为 1.6。

东濮凹陷受兰聊走滑断裂带控制，长轴和短轴之比为 4.2，为窄长型盆地，盆地空间小，有利于近源聚集。东濮凹陷开裂晚、沉降深、速率快，导致烃源岩发育层位比较年轻，为沙三段下亚段-沙四段上亚段，实测的古近系 TOC 含量大于 2.0%占 6.7%，TOC 为 1%~2%的占 13.3%，TOC 为 0.4%~1%的占 33%，TOC 为小于 0.4%的占 47%，有机碳含量在渤海湾盆地为中等偏下。

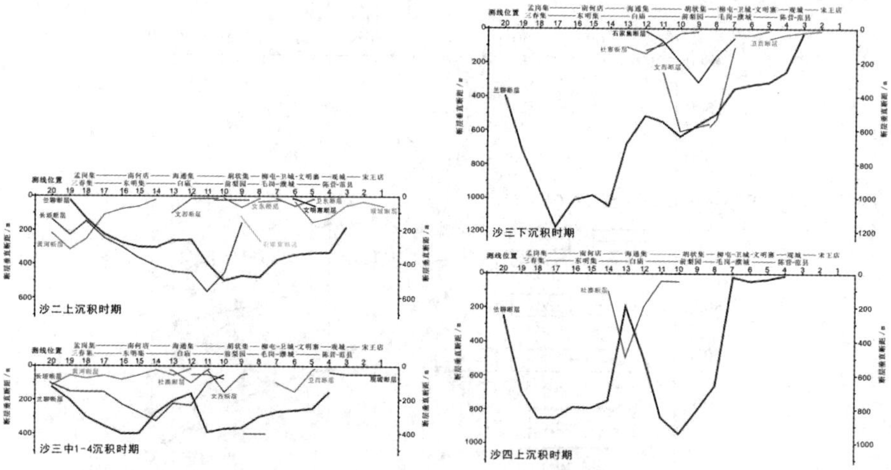

图6 东濮凹陷四期主要断层开始活动的剖面图

2 东濮凹陷古近系构造对油气分布的控制

2.1 东濮凹陷古近系断层控洼特征

根据东濮凹陷20条主测线地震剖面解析及断层发育分布的地区位置(图6)，可以看出主干断层不同时期活动强度差异，不同区段位移分配不均匀。控盆的兰聊断层在沙四段上亚段、沙三段下亚段活动强烈，垂直断距大；沙三段下亚段之后兰聊活动相对减弱，控洼的二、三级断层大量发育。兰聊断层位移变化具有分段性特征暗示横向构造的存在。在沙四段及沙三段下亚段盆地的中北部控洼断层发育较多，之后南部控洼断层开始发育。断层活动具有期次性和迁移性，控制多凸多洼的格局。

东濮凹陷古近纪主要同沉积断裂大量开始活动时间：沙四段沉积期、沙三段下亚段沉积期、沙三段中亚段1-4砂组沉积期、沙二段上亚段沉积期，分别为初始裂陷期、强烈裂陷期、多断裂陷期、裂陷减弱期。从四期开始活动断层平面图可以看出(图7)，受东西向褶皱基底影响，沙四湖盆保留有东西向特征。断层活动分期性分段性变化，兰聊沙三段下亚段中部和南部强，在沙二段上亚段相反，以及黄河长垣断层活动强度增大，洼陷整体发生跷跷板式的变化。走滑应力从侧列变为羽裂，逐步加强。二级、三级断层持续演化导致洼陷分割，单断大洼向多断多凸多洼转变。

东濮凹陷在古近纪构造应力方向改变，太平洋板块向西俯冲之后东撤，以及地幔隆升西进东退，受东西向的拉张，近东西向盆地逐步转向北东向多洼裂陷盆地。古近纪基底形成东西向转换带和转换断层，在古近纪北东向断层的切割下，构造带演化频繁转换，形成复杂的构造单元。依据构造单元划分的行业标准、大断裂、等深线、地层的尖灭线等，结合构造图、构造纲要图的最新成果，进行了东濮凹陷构造单元划分。如图8所示，底图为采用沙三段中亚段1-4砂组(地震T62反射层)构造单元划分图，其中的高平集斜坡、东明集断阶、兰聊断层上升盘参考奥陶系顶面(地震Tg反射层)构造单元划分图进行拼接。

东濮凹陷亚二级构造单元划分为兰聊断阶带、东部次凹带、中央低凸起、西部次凹带、西部斜坡带。兰聊断裂带构造单元之前的划分依据不清晰，本次认为兰聊断裂一直在持续活动，大断裂为通天断层，则以通天断点的平面连线作为构造单元的边界，采用斜投影法确定断裂在地表的平面位置[22]，和之前相比兰聊断裂带的构造单元的划分依据更加合理，三级构造单元划分更加细化。由于东濮凹陷不同时期的构造带转换快，重新厘定后形成43条一、二级断裂、35个正向构造和12个负向构造的三级构造单元(表1)，东濮凹陷具有多断多凸多洼的特征，主要四期发育的二级断裂数量总共为37条，二级断裂总长度为797km，与盆地的总面积5300km^{2}之比为0.15。东濮凹陷与渤海湾盆地其他坳陷相比二级断裂数量较多，分布密度在渤海湾相对较大。由于二级断层多、分割性强，导致东濮凹陷以断背斜、断鼻、断块的构造油气藏为主，岩性-地层油气藏较少。

2.2 东濮凹陷古近系油气系统划分

东濮凹陷古近系多凸多洼的盆地结构，为盆地的复式含油气系统奠定了构造格架基础。依据有效烃源岩分布、成藏期古构造脊、流体差异性

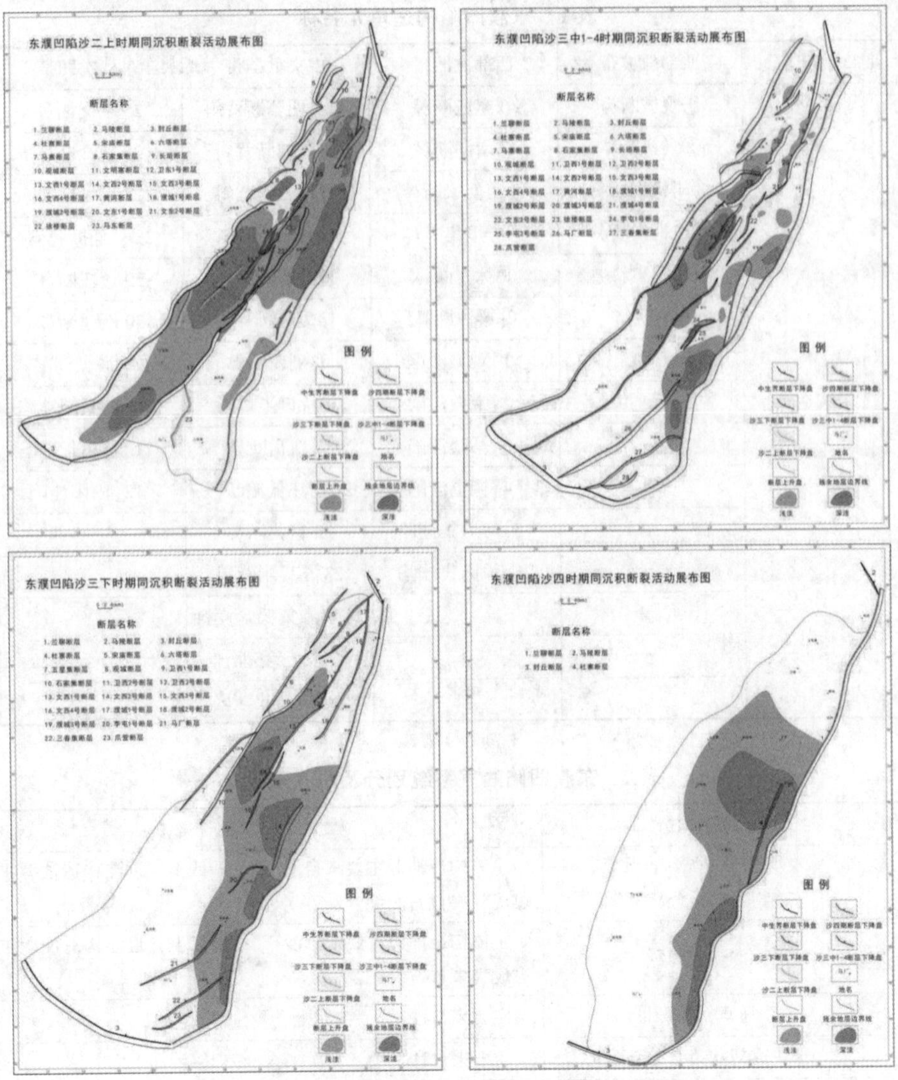

图 7　东濮凹陷四期主要断层开始活动的平面图

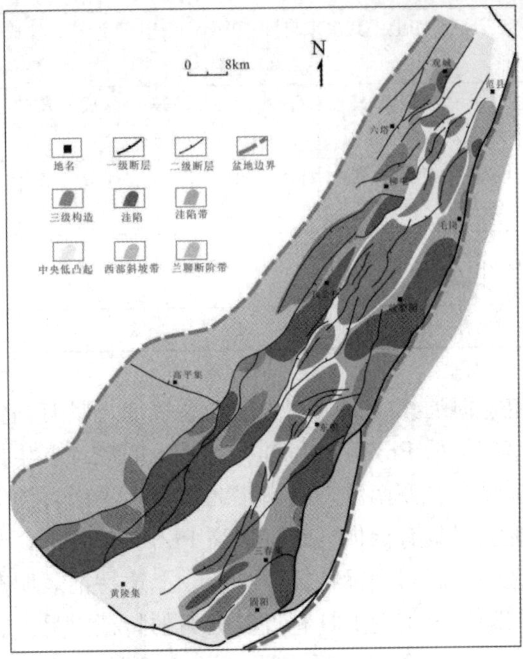

图 8　东濮凹陷构造单元划分图

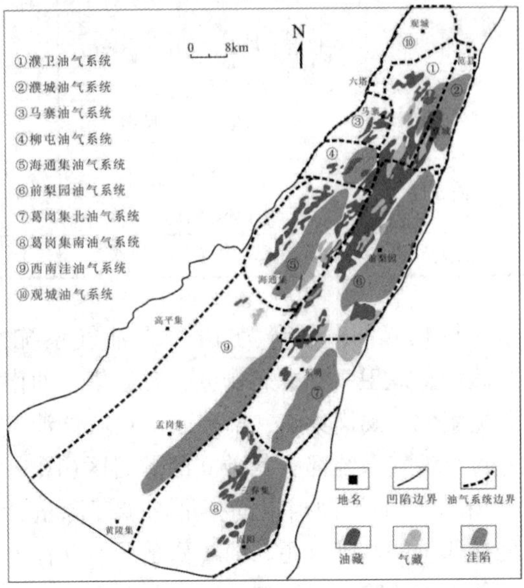

图 9　东濮凹陷油气系统划分平面图

表1　东濮凹陷构造单元名称

		亚二级构造	西部斜坡带	西部次凹带	中央低凸带	东部次凹带	兰聊断阶带
临清坳陷	东濮凹陷	三级构造	①观城断鼻	⑥赵庄断鼻	⑫文明寨断背斜	25 毛岗断鼻	31 范县潜山
			②马寨断鼻	⑦南湖断鼻	⑬卫城断背斜	26 前 2 断鼻	32 龙王庄潜山
			③胡状集断鼻	⑧南何家断鼻	⑭古云集背斜	27 前 1 断鼻	33 高庄集潜山
			④庆祖集断鼻	⑨方里集断鼻	⑮濮城断背斜	28 白庙断背斜	34 东明集潜山
			⑤高平集斜坡	⑩林寨断鼻	⑯户部寨断鼻	29 董庄断鼻	35 马头集潜山
				⑪梁占断鼻	⑰文留断背斜	30 新庄断鼻	
				[1]观城洼陷	⑱刘庄断鼻	[9]濮城洼陷	
				[2]卫西洼陷	⑲桥口半背斜	[10]前梨园洼陷	
				[3]马寨洼陷	⑳新霍断鼻	[11]葛岗集洼陷	
				[4]柳屯洼陷	21 唐庄低幅断鼻	[12]固阳洼陷	
				[5]海通集洼陷	22 徐集断鼻		
				[6]孟岗集洼陷	23 马厂半背斜		
					24 三春集低幅背斜		
					[7]古云集北洼		
					[8]古云集洼陷		

表2　东濮凹陷油气系统划分及油气来源

序号	油气系统	周边构造	油气来源
1	濮卫	文明寨、卫城、古云集、户部寨、濮城	主体构造油源主要来自沙三下-沙四上，近洼构造油源主要来自沙三中，煤成气来自石炭-二叠系
2	濮城	濮城、陈营	主体构造油源主要来自沙三下-沙四上，近洼构造油源主要来自沙三中，煤成气来自石炭-二叠系
3	马寨	马寨、马寨北	主要来自沙三下-沙四上
4	柳屯	邢庄、胡状集北、文西北	主要来自沙三中，其次来自沙三下-沙四上
5	海通集	胡状集、庆祖集、文西、刘庄西	主要来自沙三下-沙四上，其次来自沙三中、沙三上，煤成气来自石炭-二叠系
6	前梨园	文东、文南、刘庄、白庙北、桥口北	主要来自沙三下-沙四上，其次来自沙三中、沙三上、沙一，煤成气来自石炭-二叠系
7	葛岗集北	桥口南、新霍、唐庄、白庙南	主要来自沙三下-沙四上，其次来自沙三中、沙三上，煤成气来自石炭-二叠系
8	葛岗集南	马厂、徐集、三春集	主要来自沙三下-沙四上，其次来自沙三中、沙三上，煤成气来自石炭-二叠系
9	西南洼	赵庄、方里集、孟居、南何家、林寨	主要来自沙三中，其次来自沙三下、沙一，煤成气来自石炭-二叠系
10	观城	观城	沙三下-沙四上有一定的生烃能力

等元素，将东濮凹陷划分为10个含油气系统，分别为濮城、濮卫、马寨、柳屯、海通集、西南洼、葛岗集北、葛岗集南、前梨园、观城含油气系统。每个油气系统都有其独立的源岩区(图9、表2)，拓展了油气勘探空间，是下步资源量计算及勘探评价的基础单元。油气分布严格受控于周围相邻生油洼陷，油气侧向运移距离较短。

母质来源分析表明，濮城、濮卫、马寨、柳屯、海通集、前梨园含油气系统油气具有高伽马蜡烷、低Pr/Ph的特征，与该区的烃源岩生标特征吻合；西南洼、葛岗集北、葛岗集南含油气系统油气具有低伽马蜡烷、高Pr/Ph的特征，与该区的烃源岩生标特征也吻合，上述特征表明东濮凹陷油气宏观上具有近源分布的特征。另外，油气成熟度资料分析表明，10个含油气系统油气成熟度差异大，由高到低为前梨园、海通集、葛

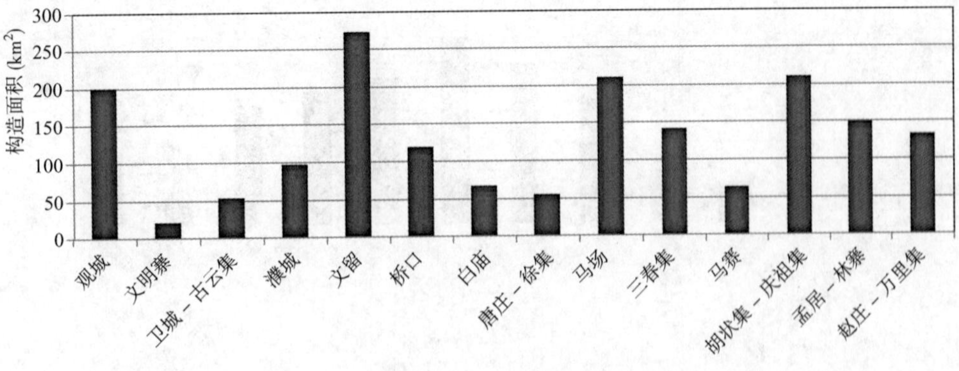

图 10　东濮凹陷主要正向构造面积分布直方图

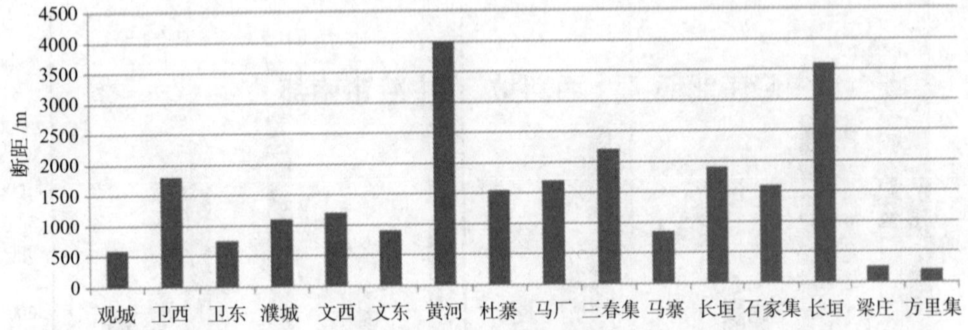

图 11　东濮凹陷主要控洼断裂最大断距分布直方图

岗集北、柳屯、葛岗集南、西南洼、濮城、濮卫、马寨、观城含油气系统，与该区的烃源岩热演化程度吻合。母质来源分析与成熟度资料综合分析表明，东濮凹陷 10 个含油气系统的油气均具有近源聚集的特征。

2.3　东濮凹陷正向构造控制油气分布及富集

东濮凹陷古近系主要正向构造有文留、马厂、胡状集-庆祖集等 14 个(图 10)，约占东濮凹陷勘探面积 45%，主要分布在中央低凸带和西部斜剖带。其中，构造面积大于 50km^{2}的正向构造有 13 个，构造面积大于 100km^{2}正向构造有 8 个；文留构造面积最大为 270km^2，文明寨构造面积最小为 20km^2。正向构造活动强度大，控洼断层规模大，除控凹的兰聊断层外，在主要 16 条控洼断层中，断距大于 500m 的有 14 条，断距大于 1000m 的 10 条(图 11)；黄河断层、长垣断层的断距规模较大，分别达到 4000m、3600m。

东濮凹陷古近系正向构造具有隆起幅度大、坡度陡的特点(图 12、图 13)。在 14 个正向构造中，隆起幅度大于 500m 的有 13 个，隆起幅度大于 1000m 的 8 个；文留构造和胡状集-庆祖集构造幅度最大，分别达到 3400m、3300m，观城构造幅度最小为 500m。在 14 个正向构造中，构造

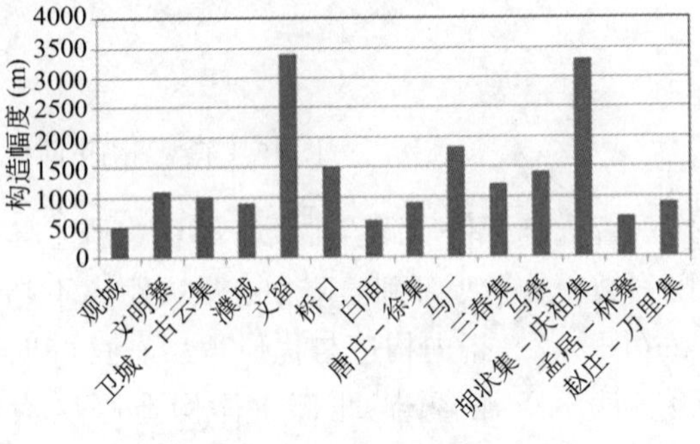

图 12　东濮凹陷主要正向构造隆起幅度分布直方图

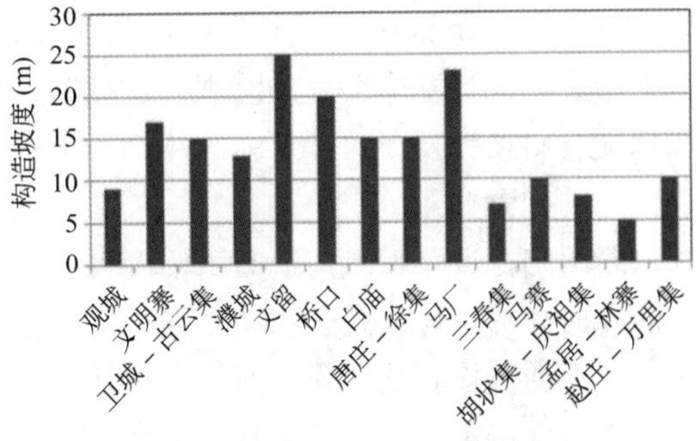

图 13　东濮凹陷主要正向构造坡度分布直方图

坡度大于 10 度的有 10 个，构造坡度大于 15 度的有 7 个；文留构造和马厂构造坡度最大，分别达到 25 度、23 度。

东濮凹陷古近系正向构造与烃源岩、盖层、

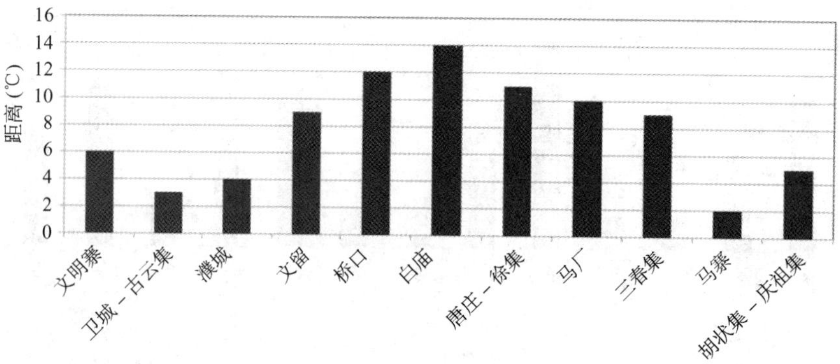

图 14　东濮凹陷主要构造的顶部与洼陷中心距离分布图

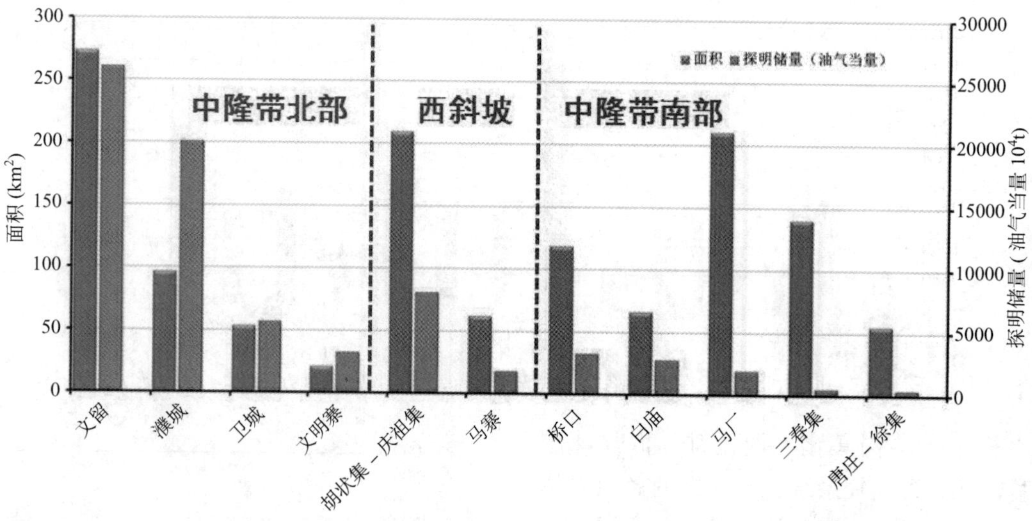

图 15　东濮凹陷正向构造面积与探明油气当量分布直方图

储层配置优越，优质源岩主要分布在构造主体及周围斜坡，构造顶部到洼陷中心最大距离不超过 14km(图 14)。正向构造与优质盖层有良好匹配关系，沙二下泥膏岩(北部主体构造厚度大于 200m)和沙三中上部泥岩、盐岩(北部主体构造厚度大于 100m)是区域盖层，其下探明储量占总储量 67%。沙二下区域广泛分布的河流相砂体、沙三中中央隆起带主体发育的滩坝砂、隆起两侧的浊积砂、斜坡带发育的三角洲砂体都和上覆盖层有良好的配置关系。

东濮凹陷古近系正向构造圈闭幅度大、坡度陡，油气向高部位运聚充分、动力强，优越生储盖配置利于油气接收及保存。油气源条件相似情况下，正向构造规模决定油气富集程度(图 15)。如文留构造面积 $270km^2$，探明油气当量占东濮凹陷总当量 36%。东濮凹陷南部地区油气源条件相对较差，油气探明储量较少。

3　关键构造变革期剥蚀量恢复特征

根据地质时间热史图及地震剖面成果(图 16)，认为东濮凹陷存在三期关键构造运动：①印支、燕山运动；②东营运动；③新构造运动。在地震剖面上，沙四与三叠系分界面局部存在明显角度不整合现象，毛岗地区在沙四沉积前构造活动强烈，发育转换断层，古地形东北高、南西低，三叠系强烈的削截减薄或尖灭，印支-燕山运动形成时间早，对油气无影响。东营组与上覆地层呈角度不整合，在盆地洼陷边缘有明显的削截现象，在西斜坡缺失，东营运动经历 10Ma，主要断层继续活动，有利于深层油气输导。新构造运动明化镇组剥蚀较小，与上覆地层呈平行不整合，经历 1-2Ma，断层活动弱，利于油气保存。

结合地震剖面、古生物、地层厚度对比和测井资料，认为东濮凹陷局部还存在沙四上与沙四下、沙三与沙二之间不整合。沙四上与沙四下(低阻红)界面处自然伽玛呈极高值，低阻红层与上覆地层在东濮凹陷较大范围内为不整合接触，同时西斜坡边界局部缺失沙四上古生物，在

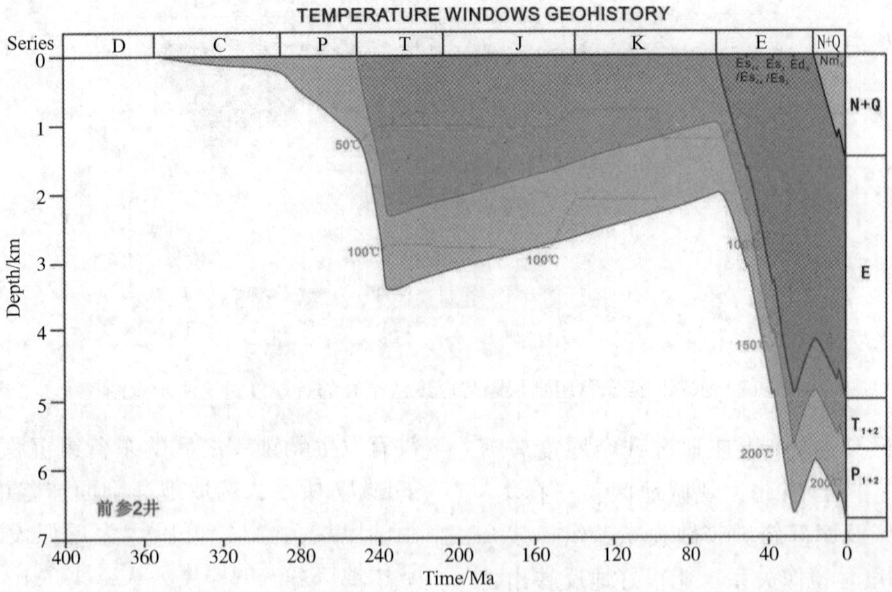

图 16　东濮凹陷地质时间热史图

地震剖面上为平行不整合。济阳、辽河、冀中、黄骅等坳陷沙二与沙三之间均存在局部的不整合，东濮地区和这些坳陷处于同一个渤海湾大水域，局部出现沙三与沙二地层不连续现象是可能的[23-24]。沙二段与沙三段之间存在明显的生物界线，生活在沙三时期的介形类如华北介、玻璃介等，进入沙二沉积时期绝大多数灭绝，同时出现种类繁多、数量丰富的新物种，尤其沙三段罕见的轮藻类突然空前繁盛。在地震剖面上，沙二下与沙三上分界面存在轻微削截现象。

渤海湾盆地东营运动是一个范围广泛、强度较大的区域性构造运动，发生于东营组沉积末期，盆地伸展裂陷作用向坳陷阶段过渡，具有普遍性和特殊性的地质构造特征[23-25]。在各个坳陷内形成了众多小规模次级断层，盆地内古近系和新近系之间出现区域性的不整合面具有横向差异性，局部存在反转构造。盆地的伸展裂陷、整体抬升以及坳陷与岩石圈快速拉伸、上地幔上涌和温度升高以及壳下岩石圈的弹性回返有关，是渤海湾盆地所遭受的最后一次较大的构造运动，它使盆地的裂陷构造基本定形，对盆地内油气藏的形成、保存起到了重要的控制作用。

东营组沉积厚度大且较为广泛，在渤海湾盆地仅次于沙三段，除沧县隆起、埕宁隆起和黄骅凹陷南部外几乎覆盖盆地全区[23]。在渤中凹陷、辽东湾、辽河西部的清水洼陷均具有厚度超过3000m以上的沉积，在东濮、南堡、歧口、黄河口、埕北凹陷及惠民凹陷的临南洼陷和东营凹陷的民丰洼陷都具有最大厚度达1000m以上的沉积。在冀中坳陷的中东部地区东营组残留地层分布广泛，但除霸县凹陷外，其他凹陷残留厚度都比较薄。

东营运动是最重要的变革期，范围广、经历时间长，盆地伸展裂陷作用向坳陷阶段过渡，对盆地内油气藏的形成、保存起到了重要的控制作用。恢复地层剥蚀量的方法很多，主要包括声波时差法、沉积速率法、镜质体反射率法、地震层速度法、砂岩孔隙度法、地震地层学法、地层对比法、天然气平衡浓度法等，大体上可分为地层分析法、地热指标法、测井技术法和沉积分析法几大类[25-32]。目前很多研究学者和专家采用了很多方法，对东营组剥蚀量恢复结果存在分歧。东营组剥蚀厚度到底是普遍大于1500m？还是普遍小于1000m？泥岩声波时差法采用的较多，认为剥蚀量普遍大于2000m。实际剥蚀情况到底是什么样？受资料约束？还是方法的局限？本次采用残余厚度分析法、地震资料分析、地热指标分析、体积守恒法等综合利用，来进行东营组的剥蚀量分析。

（1）残余厚度分析

渐新世末期的东营运动使东濮凹陷抬升并遭受剥蚀，局部地区甚至全部被剥蚀。根据东濮凹陷区域26条地震大剖面、钻测井分层资料等最新解释的成果，得出东濮凹陷东营组残余厚度分布，孟岗集洼陷残余厚度最大，可达2000m左右；前梨园洼陷次之，厚度在1000～1500m；文

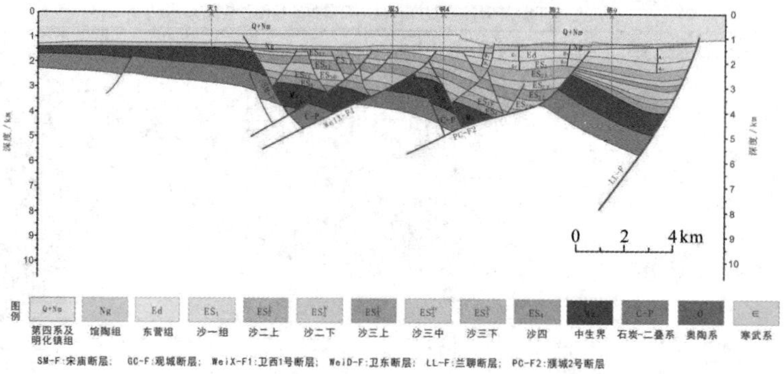

图 17　东濮凹陷东营组地层趋势厚度法结合邻近厚度对比法示意图

明寨-马寨地区、徐集-唐庄地区残余厚度较薄为 100~500m；陈营以北、观城地区、三春集-马厂-爪营地区及西部斜坡带缺失东营组。残余厚度与剥蚀厚度呈镜像关系，能很好地反映出古地势的高低和剥蚀量的大小，一般残余厚度大的地方古地势相对较低，剥蚀量较小。东濮凹陷东营末期的剥蚀量较大，剥蚀面近于平原化，而且形成剥蚀的过程只是简单的构造抬升，没有发生强烈的挤压构造变形。

沙一地层隆凹分布的构造格局，对东营组的沉积也具有一定的影响和继承性。根据东濮凹陷 26 条区域地震大剖面和钻测井资料，得出沙一地层等厚图，可以看出在沙一受断层活动出现多洼，沉积-沉降中心主要为孟岗集-海通集地区，其次为前梨园。黄河断层和长垣断层比兰聊断层活动强烈，不同区段强度出现明显差异。本次结合沙一地层平面分布趋势，来分析东营组原始地层平面分布宏观格局，进行东营组剥蚀量研究。

（2）地震资料分析

根据地层趋势厚度法的原理，在地震剖面洼子的中心向斜坡带方向找出初始剥蚀点，然后按照地震轴趋势结合东营组底界起伏进行延伸，延伸的线与馆陶组底界线差值就是剥蚀量厚度及分布范围。在东濮凹陷东营末期，整个凹陷受到整体抬升，地层残留厚度最大处也可能受到剥蚀，所以利用这种方法恢复地层剥蚀厚度可能并不是真正的地层剥蚀厚度，但是可以得到地层剥蚀厚度的横向变化趋势。

由于受地震资料精度的限制，有些地震剖面上反射轴特征和初始剥蚀点不太明显，单纯的依靠地层趋势厚度法有些困难，这时可以结合邻近厚度对比法综合分析，认为下伏沙一地层沉积后没有发生剥蚀，之后的东营组沉积具有继承性。如图 17 所示，选取地震剖面洼陷中心位置东营组的厚度为 A1，可以认为近似没有发生剥蚀，下伏地层沙一的厚度为 A2，以 A1：A2 的比值为标准，在地震剖面其他任意位置选取下伏沙一地层点 B2，其上覆地层对应的东营组原始厚度为 B1，建立的关系式为 B1：B2= A1：A2，该处的东营组剥蚀厚度为 B1 与东营组残余厚度的差值。以此类推，得出其他位置东营组剥蚀前的原始厚度分别为 C1、D1…，按照厚度趋势进行延伸与东营顶面的差值即为剥蚀量。

（3）地热指标分析

在东营组末期东濮凹陷整体发生抬升，地层趋势厚度法结合邻近厚度对比法对整体抬升剥蚀量无法计算，算出的是最小剥蚀量，需要结合地热指标进行分析补充。地层中有机质的埋藏温度和时间以及有机质的类型会控制 Ro 值大小，温度在其中起着决定性作用，Ro 与剥蚀厚度或地层埋深的联系是通过温度来关联。利用 Ro 值估算剥蚀厚度时，应将 Ro 值转换成最高古地温值，然后求取古地热梯度。大量事实表明，某一构造层的 ln(Ro)与 H 之间同样存在正线性相关关系，等效的方法是将剥蚀面以下地层的残留有机质成熟度趋势曲线反向延伸，外推至 ln(0.2)处而得到该构造层近似的古地表位置(古地表的边界条件可近似地取 Ro=0.2%)，古地表位置与不整合面位置的距离即为该构造层的剥蚀厚度。在东濮凹陷挑选了一些洼陷处井的镜质体反射率 Ro 的数值，可以看出东营组剥蚀量结果与地层厚度趋势法、邻近地层对比法等得出的数值普遍大 50~100 米，反映出东营组整体抬升的剥蚀量约为 75 米左右，结合地层法得出的剥蚀量厚度分布图进行修正。

表 3 东濮凹陷东营组残余厚度分布总体积量

	最大面积（km^2）	等值线面积				总体积量/（km^3）
		0~0.5km	0.5~1km	1~1.5km	1.5~2km	
	A0	A0~A5	A5~A10	A10~A15	A15~A20	—
面积差/（km^2）	2885.8	784.9	1275.4	713.79	109.5	—
等值线取值/km	0	0.25	0.75	1.25	1.75	—
体积/km^3	—	196.225	956.55	892.2375	191.625	2236.6375

（4）体积守恒法

通过调研各种剥蚀量恢复方法的优点和缺陷，结合东濮凹陷的实际资料，首次提出盆地内地层剥蚀量恢复的体积守恒法。根据东濮凹陷区域的地震剖面，钻井、测井资料并结合沉积学资料，认为东濮凹陷古近纪盆地是高隆闭流的独立的断陷，与邻区不连通。东濮凹陷在东营组沉积时期是四面高山之间的一个低地，是一个相对封闭的环境，东营组沉积末期的东营运动在东濮凹陷内部构造带发生差异抬升，在构造带高部位对沉积的东营组进行剥蚀，然后在构造低部位进行沉积，削高填低的过程是局限于东濮凹陷内部的东营组再分配；东营运动是属于东营组沉积时期构造运动，在东濮凹陷范围内剥蚀的东营组，沉积到洼陷部位依然是东营组地层，而不是馆陶组。根据区域地震剖面解释成果进行时-深转换得到构造解释地质剖面，得出东濮凹陷东营组残余厚度及分布范围，运用厚度加权平均法计算出东濮凹陷东营组残余厚度的总体积量为2236.6375km^3，如表 3 所示。

表 3 中：A0 代表残余地层厚度等值线数值为零，A5 代表残余地层厚度等值线数值为 500 米，A10 代表残余地层厚度等值线数值为 1000 米，A15 代表残余地层厚度等值线数值为 1500 米，A20 代表残余地层厚度等值线数值为 2000 米；

根据区域构造背景分析，东营组沉积时期整个东濮凹陷都在接受沉积，根据剥蚀-沉积体积守恒原则，以东濮凹陷东营组残余厚度的总体积量除以东濮凹陷沉积的总面积，可得在东濮凹陷沉积范围为 5300km^2 内的东营组的平均厚度为 0.422km；根据地震剖面，钻井、测井资料去解释得出东营组的下伏的沙一地层残余厚度及分布，依据沙一地层的厚薄变化趋势的比值，以及断层断距差值，对上述算出东营组的平均沉积厚度值进行修正加减，最后得出东营组原始厚度。最后将东营组原始厚度与东营组残余厚度相减，得出该地层剥蚀厚度及分布范围。利用剥蚀-沉积体积守恒的原理，影响因素少，且应用范围广泛。

（5）东营组剥蚀量分布

依据以上剥蚀量恢复方法进行综合分析和互补，得出东营组剥蚀厚度分布图（图 18）。从西斜坡-凸起-凹陷中心，地层剥蚀量顺次减小，剥蚀量整体上为 200~800m。在西斜坡剥蚀量为 700~800m；在孟岗集洼陷、濮城-前梨园洼陷中心，剥蚀量明显小于其他地区；在柳屯、海通集洼陷，葛岗集洼陷剥蚀厚度也相对周边地区较小。兰聊断层、黄河断层、长垣断层等大断层对剥蚀厚度的影响较大，在断裂两侧剥蚀量的差异表现非常明显。黄河断裂下降盘为孟岗集洼陷中心，上升盘为中央隆起带，剥蚀量最大差异达到 500~600m，中央低凸起文留-卫城地区剥蚀量整体为 300~600m。北部地区剥蚀厚度有向西北方向逐渐增大的趋势；南部地区以黄河大断裂为界，西部从洼陷中心向西北方向剥蚀厚度逐渐增加，东部剥蚀厚度由北向南逐渐增大，马厂、三春集地区剥蚀量达到 800m 左右。东营运动使东濮凹陷并不是整体简单地水平抬升，而是在整体抬升的同时伴随着断裂活动的差异升降，剥蚀强度较小，改变了前人 1000~2000m 剥蚀量厚度的认识，认为古近系为持续深埋和稳定保存，为油气持续生烃和接力成藏提供支撑。

4 东濮凹陷油气成藏动态演化特征

东濮凹陷古近系断裂按照规模可以分为控盆断裂、控洼断裂、调节油藏断裂三类，晚期构造运动弱，控制浅层油气成藏，微裂缝发育。根据 GOI 统计分析认为，以前是油层的圈闭现在变成了水层、油水同层或含油水层，说明原来的油气在构造事件中被地层水驱替出去，或者圈闭被破坏，而现在的油层相当于残余油藏或者是古油藏调整改造后的油藏。

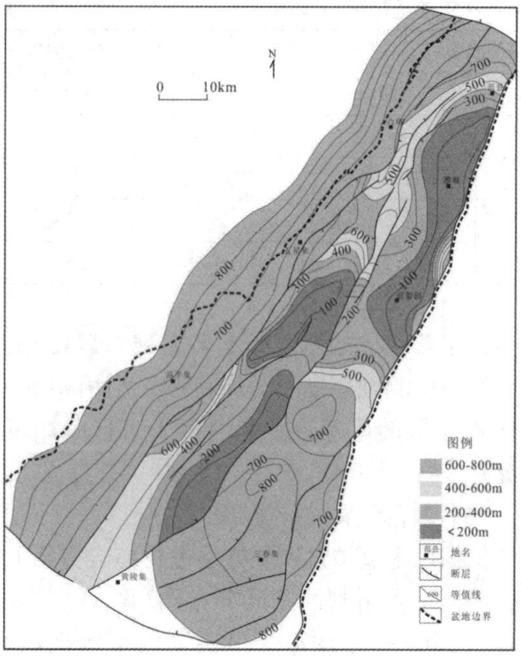

图 18 东濮凹陷东营组剥蚀厚度及分布

以东濮凹陷胡庆-文留地区为例(图 19)，沙三段中亚段沉积前，控盆断裂(兰聊断层)和控洼断层(如五星集断层、石家集断层和文西断层)强烈活动，东濮北部沙四段上亚段、沙三段下亚段盐湖环境优质源岩广泛分布，厚度大，是油气成藏的主力源岩层系。

沙三段上亚段沉积前，控洼断层大量发育(如长垣断层、文东断层)，文东断层的发育导致两洼一隆一斜坡的凹陷结构逐渐形成，东部洼陷和西部洼陷在演化上出现差异，控制西洼的长垣断层在深处和文西断层交切，洼陷带里沙三段下亚段厚度保留较少，西部洼陷的优质源岩主要发育在西斜坡的二台阶上，东濮凹陷的洼陷演化造成优质源岩分布差异性对区带油气富集影响明显。

沙二段沉积时期，东部洼陷沙四段上亚段-沙三段下亚段地层埋深较大区域进入生烃门限(2650m)，伴随基底回返运动，生成油气主要向中央低凸带顶部运移。石炭-二叠系煤成气在中央低凸带的沙四段上亚段盐下成藏(文 23 气田)。文留构造顶部沙二段下亚段、沙三段上亚段原油成熟度低，4-甲基甾烷不发育，和沙三段中亚段高 4-甲基甾烷源岩不可比，和沙三段下亚段-沙四段烃源岩对比性好。

东营运动时期，沙三段-沙四段源岩进入规模生烃期，伴随东营大规模运动，是东濮凹陷主要成藏期，以油为主，部分构造存在气顶(运移分离的早期干酪根成因气)。在晚期断裂活动减弱时，部分地区低部位发育油藏。胡庆构造油气来源分析认为，原油主要来自西斜坡二台阶本身沙三段下亚段—沙四段上亚段源岩，海通集洼陷带沙三段中亚段供烃较少。文留构造油气来源分析，认为油气主要来自文东斜坡及自身沙三段下亚段-沙四段上亚段优质源岩，混有沙三段中亚段原油，文西构造占比相对较多。文留东部油气输导路径从不同层位原油芘相对丰度图分析，东边徐楼断层与文东断层夹持带是油气主要注入口，油气沿断面运移、侧向分配。

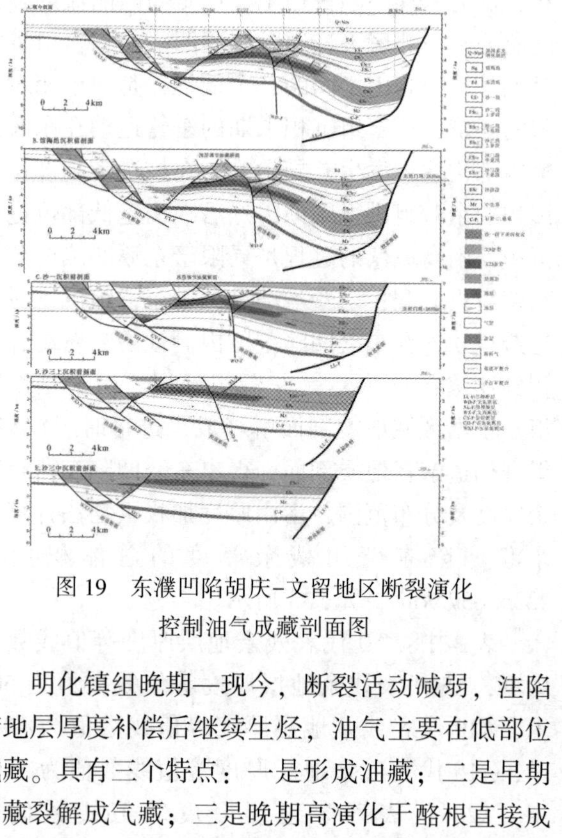

图 19 东濮凹陷胡庆-文留地区断裂演化控制油气成藏剖面图

明化镇组晚期—现今，断裂活动减弱，洼陷带地层厚度补偿后继续生烃，油气主要在低部位成藏。具有三个特点：一是形成油藏；二是早期油藏裂解成气藏；三是晚期高演化干酪根直接成气。石炭-二叠系晚期主要形成自生自储煤成气藏。埋深较浅、低部位晚期形成油气藏是目前主要勘探方向之一。

东濮凹陷在区域盖层下油气藏丰富，沙三段 1 砂组、沙三段 2 砂组出现的异常压力高峰。在压力封隔作用下，洼陷中的油气将很难发生垂向运移，在断层的活动期，由于异常压力的封隔作用减弱，油气将可能顺断层发生垂向运移。

5 结论

(1) 东濮凹陷是受兰聊断裂、封丘断裂、马陵断裂控制的相对独立的古近纪裂陷，古近系沉积前基底是东西高、南北低的构造格局，具有南北分区、宽缓褶皱变形的特征。

（2）东濮凹陷古近纪盆地是51Ma发育的第二期开裂盆地，具有沉降深而快、中间有抬升、拉张量小而弱、断层分隔性强、构造转换快的显著特征。东濮凹陷开裂晚、沉降深、速率快，导致烃源岩主要发育在沙三段下亚段-沙四段上亚段，有机碳含量在渤海湾盆地为中等偏下，凹陷空间小有利于近源聚集。

（3）东濮凹陷由于二级断层多、分割性强，导致东濮凹陷以构造油气藏为主，岩性油气藏较少。由于构造带转换快，重新厘定后形成43条一、二级断裂、35个正向构造和12个负向构造的三级构造单元，东濮凹陷具有多断多凸多洼的特征，也决定了东濮凹陷发育多个复杂的含油气系统。依据有效烃源岩分布、成藏期古构造脊、流体差异性等元素，将东濮凹陷划分为10个含油气系统，具有近源聚集的特征。

（4）东濮凹陷正向构造具有构造背景大、幅度高、坡度陡的特征，并与生储盖有效配置，利于油气向构造高部位运聚和保存，控制着油气的分布及富集。本次研究采用“体积守恒法”，并结合地层厚度趋势法、邻近厚度对比法及镜质体反射率法等去综合研究，恢复东濮凹陷东营组剥蚀量整体上为200~800米，变革期剥蚀强度小，认为古近系为持续深埋和稳定保存，为油气持续生烃和接力成藏提供支撑。

参 考 文 献

[1] 陈国达．东濮凹陷形成演化与油气．中原石油勘探局勘探开发研究院与中国科学院长沙大地构造研究所合作，内部资料，1984.

[2] 陈国达．中原地区中新生代盆地形成演化与油气．中原石油勘探局勘探开发研究院与中国科学院长沙大地构造研究所合作，内部资料，1985.

[3] 樊生利，高平，龙新仁等．东濮凹陷地层研究新成果暨东濮凹陷构造特征与油气．中原石油勘探局勘探开发研究院，内部资料，1992.

[4] 陈发景，汪新文，张绪教等．东濮凹陷及邻区区域构造与构造变换带研究．中原石油勘探局勘探开发研究院与中国地质大学（北京）合作，内部资料，1999.

[5] 漆家福，程秀申，谈玉明等．东濮凹陷构造演化与油气聚集规律研究．中国石油大学（北京）与中原油田分公司勘探开发科学研究院合作，内部资料，2005.

[6] 陈书平，慕小水，李素贞等．东濮凹陷复杂断块群类型及成因机制．中国石油大学（北京）与中原石油勘探局勘探开发研究院合作，内部资料，2011.

[7] 李三忠，索艳慧，戴黎明等．渤海湾盆地形成与华北克拉通破坏[J]．地学前缘（中国地质大学（北京）；北京大学），2010，17(4)：064-089.

[8] Ren J Y，Tamaki K，Li S T，et al. Late Mesozoic and Cenozoic rifting and its dynamic setting in Eastern China and adjacent areas [J]. Tectonophysics，2002，344：175-205.

[9] 徐守余，严科．渤海湾盆地构造体系与油气分布[J]．地质力学学报，2005，11(3)：259-265.

[10] 漆家福．渤海湾新生代盆地的两种构造系统及其成因解释[J]．中国地质，2004a，31(1)：15-22.

[11] Schellart W P，Lister G S. The role of the East Asian active margin in widespread extensional and strike-slip deformation in East Asia [J]. JGeol Soc，2005，162：959-972.

[12] Miall A D. An introduction to rift basins and their sediments [J]. Sediment Geol，2002，147：3-8.

[13] Webster R E，Chebli G A，Fischer J F. General Levalle basin，Argentina：A frontier Lower Cretaceous rift basin [J]. AAPG Bull，2004，88：627-652.

[14] Huntsman-Mapila P，Tiercelin J J，Benoit M，et al. Sediment geochemistry and tectonic setting：Application of discrimination diagrams toearly stages of intracontinental rift evolution，with examples from the Okavango and Southern Tanganyika rift basins[J]. J African Earth Sci，2009，53：33-44.

[15] 池英柳，赵文智．渤海湾盆地新生代走滑构造与油气聚集[J]．石油学报，2000，21：14-20.

[16] Qi J F，Yang Q. Cenozoic structural deformation and dynamic processes of the Bohai Bay basin province，China [J]. Marine and Petroleum Geology，2010，27：757-771.

[17] 宋景明，何毅，陈笑青．对渤海湾盆地断裂体系的认识[J]．石油地球物理勘探，2009，44（增刊1）：154-157.

[18] 滕长宇，邹华耀，郝芳．渤海湾盆地构造差异演化与油气差异富集[J]．中国科学：地球科学，2014，44（4）：579- 590.

[19] 漆家福，杨桥，陆克政，等．渤海湾盆地基岩地质图及其所包含的构造运动信息[J]．地学前缘（中国地质大学，北京），2004b，11（3）：299-307.

[20] 漆家福，张一伟，陆克政，等．渤海湾盆地新生代构造演化[J]．石油大学学报（自然科学版），

1995，19(增)：1-6.

[21] 陈红汉．东濮凹陷重点地区不同烃源岩产油气特征与烃源岩之间的匹配关系分析．中原油田分公司勘探开发研究院与中国地质大学(武汉)合作，内部资料，2018.

[22] 王步清，黄智斌，马培领，等．塔里木盆地构造单元划分标准、依据和原则的建立[J]. 大地构造与成矿学，2009，33(1)：86-93.

[23] 丁增勇，王良书，钟锴，等．渤海湾盆地新生界残留地层分布特征及其构造意义[J]. 高校地质学报，2008，14(3)：405-413.

[24] 史卜庆，吴智平，王纪祥等．渤海湾盆地东营运动的特征及成因分析[J]. 石油实验地质，2009，21(3)：196-201.

[25] 徐春华，朱光，刘国等．伊利石结晶度在恢复地层剥蚀量中的应用—以合肥盆地安参1井白垩系剥蚀量的恢复为例[J]. 地质科技情报，2005，24(1)：41-44.

[26] 张小兵，张哨楠，赵锡奎等．应用地震地层综合法计算叠合盆地剥蚀厚度—以塔里木盆地阿克库勒凸起为例[J]. 新疆石油地质，2007，28(3)：366-368.

[27] 纪友亮，胡光明，黄建军等．渤海湾地区中生代地层剥蚀量及中、新生代构造演化研究[J]. 地质学报，2006，80(3)：351-358.

[28] 付晓飞，李兆影，卢双舫等．利用声波时差资料恢复剥蚀量方法研究与应用[J]. 大庆石油地质与开发，2004，23(1)：9-11.

[29] 牟中海，唐勇，崔炳富等．塔西南地区地层剥蚀厚度恢复研究[J]. 石油学报，2002，23(1)：41-44.

[30] 佟彦明，宋立军，曾少军等．利用镜质体反射率恢复地层剥蚀厚度的新方法[J]. 古地理学报，2005，7(3)：417-424.

[31] 周小军，林畅松，丁文龙等．地层结构外延法在塔中隆起古生界多期剥蚀量估算中的应用[J]. 西安石油大学学报(自然科学版)，2008，23(2)：6-11.

[32] 鲁雪松，蒋有录，常振恒等．东濮凹陷东营组地层剥蚀厚度估算及其意义[J]. 地质科技情报，2007，26(2)：8-12.

[33] 靳广兴，卓勤功．东濮凹陷东营组地层剥蚀厚度恢复[J]. 断块油气田，2006，13(6)：18-21.

[34] 任战利．东濮凹陷及邻区热演化史与古生界二次生烃史分析．中原石油勘探局勘探开发研究院，内部科研报告，2004.

[35] 李忠．东濮凹陷深层砂岩储层性质的有效性评价及预测．中原石油勘探局勘探开发研究院，内部科研报告，2003.

[36] 蒋有录．东濮凹陷煤成气、凝析气成藏机理研究．中原石油勘探局勘探开发研究院，内部科研报告，2006.

准噶尔盆地东部大井地区石炭系石钱滩组致密砂岩储层特征及主控因素

于海跃　马　强　徐雄飞　卿　忠　付国斌

（中国石油吐哈油田公司勘探开发研究院）

摘　要　准噶尔盆地东部大井地区石钱滩凹陷石炭系石钱滩组是典型的致密砂岩储层，具有低孔特低渗的特点。通过对重点井的岩心观察，结合扫描电镜、核磁共振等关键技术及手段，综合分析认为：研究区共发育碎屑岩潮坪、浅海陆棚相和重力流水下扇等3种沉积相类型，其中重力流水下扇的限定性水下扇朵体微相储层物性最好，可提供最有利的储集空间；研究区石炭系石钱滩组储层孔隙类型多样，主要以基质微孔、次生溶孔和裂缝为主；成岩作用对储层物性具有一定的影响，其中溶蚀作用对该区储层物性的改善起到关键作用；构造作用对储层物性的影响明显，其所形成的构造裂缝是该区形成有效储集体的关键因素。

关键词　致密砂岩；沉积相；成岩作用；储层物性；石钱滩组；大井地区

准噶尔盆地位于中国新疆维吾尔自治区北部，面积约为 $13\times10^4km^2$，是我国陆上四大含油气盆地之一[1-3]。其中大井地区位于准噶尔盆地东部克拉美丽山前，面积约为 $5400km^2$，是近期中国石油吐哈油田分公司天然气勘探的重要突破区带，但受勘探程度和资料的限制，该地区的研究程度还很低。随着近几年勘探不断深入，多口钻井在石炭系石钱滩组钻遇良好油气显示。2020年，D4井在石炭系石钱滩组致密砂砾岩储层中测试获（高产）工业油气流，展示了该区石炭系石钱滩组良好的勘探潜力；同时，勘探实践也证实，多口井测试未获工业气流，主要原因是没有钻遇优质储层，因此，开展本区储层发育主控因素研究具有重要的实践意义。

然而前人对大井地区的研究多集中在烃源岩评价[4-6]和区域构造演化[7-9]的对比分析，缺少对储层特征及其主控因素方面的研究。针对上述问题，笔者选取大量岩心、分析化验和测录井资料，应用沉积学、岩石学等方法，明确了该地区主要的沉积相类型及特征，阐释了该沉积相组合的砂体成因类型及分布，分析总结了该地区储层特征及其发育主控因素。本次研究不仅明确了储层的空间分布规律，同时也对寻找有利勘探方向具有重要意义。

1　研究区地质概况

大井地区位于准噶尔盆地一级构造单元东部隆起北缘，西临纱帐断褶带，东接黑山凸起，北抵克拉美丽山，南与沙奇凸起相临，包括石树沟凹陷、黄草湖凸起和石钱滩凹陷3个二级构造单元，整体呈现“两凹夹一凸”的构造格局[10-11]，其中石钱滩凹陷为本次研究的重点地区（图1）。研究区主要经历了中海西期山前坳陷、晚海西期前陆盆地、印支-早燕山期稳定沉积和晚燕山期-早喜马拉雅期断裂抬升等4个构造演化阶段[12-14]。

大井地区地层发育相对较全，自下而上发育有石炭系-第四系，新近系全区缺失[14]。其中石钱滩凹陷地层发育最全，上石炭统石钱滩组（C_2 sh）是该凹陷所独有的层系。而上石炭统石钱滩组（C_2sh）自上而下可划分为4个亚段（石一段-石四段）。岩性以灰黑色、深灰色、深褐色凝灰质泥岩、粉砂质泥岩和泥质粉砂岩为主，夹深灰色、褐色砂砾岩、含砾中-细砂岩、细粒砂岩以及生物碎屑灰岩，主体为一套发育在浅海-海陆过渡沉积环境下的粗粒碎屑沉积。

2　沉积特征

2.1　沉积特征

沉积相是沉积环境及在该环境中形成的沉积岩（物）特征的综合。前人的研究基础上，笔者通过对关键井钻井岩心、测井、地震、分析测试等资料综合分析研究，将大井地区石钱滩凹陷石炭系石钱滩组划分出碎屑岩潮坪、浅海陆棚相和重力流水下扇等3种沉积相类型（表1）。

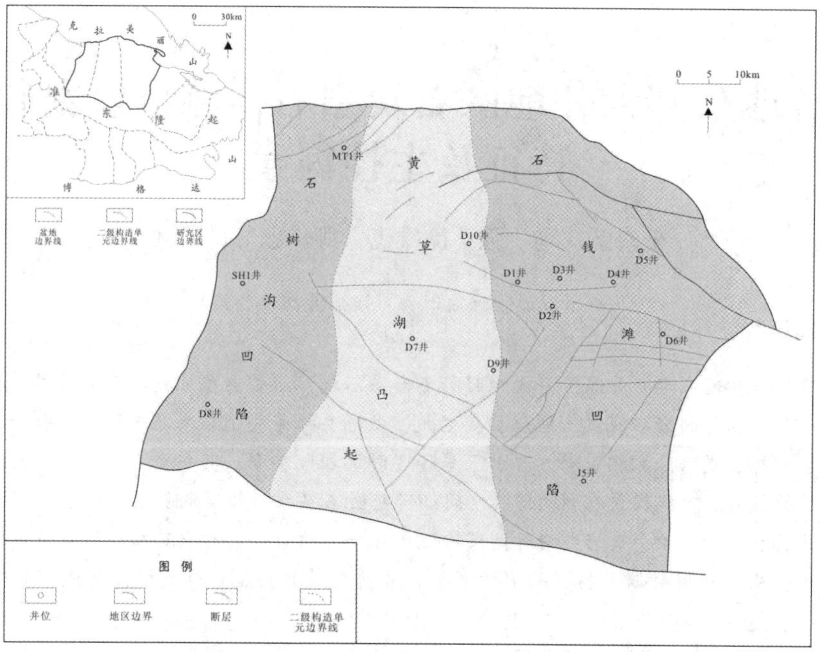

图 1　大井地区地理位置及资料分布

表 1　石钱滩凹陷石炭系石钱滩组沉积相类型及特征

沉积体系	沉积相	亚相	微相	岩性组合
海相碎屑岩沉积体系	碎屑岩潮坪	潮上带 潮间带 潮下带	潮上坪 高潮泥坪 低潮砂坪 潮下坪	以深褐色、灰色泥岩、粉砂质泥岩为主，夹灰色细砂岩及粉砂岩
	浅海陆棚	内陆棚	内陆棚泥 陆棚砂坝	以灰黑色、深灰色泥岩、粉砂质泥岩为主，夹灰色细砂岩及粉砂岩
海陆过渡相沉积体系	重力流水下扇	内扇 外扇	限定性水下扇朵体 非限定性水下扇朵体	以灰色砂砾岩、含砾砂岩及中-细砂岩为主，夹灰黑色、深灰色泥岩

（1）碎屑岩潮坪

研究区障壁型海岸相主要发育碎屑岩潮坪亚相。潮坪主要发育在地势平坦、水体能量较低的沉积环境中。沉积物主要为泥岩、粉砂岩、细砂岩，层理构造发育透镜状层理、波状层理、水平层理等，反映低能的沉积环境；层面构发育波痕构造及波痕印模，局部可见干涉波痕，反映水位变化频繁。

潮上带主要是由于涨潮等因素，细粒物质在高潮憩水期大量沉积下来，所形成的泥质沉积[15]，主要发育较厚的泥质沉积，岩性由泥岩或粉砂质泥岩组成，泥岩颜色多呈褐色、棕红色等氧化色；反映在自然伽马测井曲线上多表现为低幅的平直曲线或微齿化曲线，局部为指形或齿形曲线(图 2a)。

潮间坪是潮坪最重要的部分，并可进一步划分为高潮泥坪和低潮砂坪。高潮泥坪岩性由泥岩或粉砂质泥岩组成，泥岩颜色多呈灰色、深灰色等还原色。低潮砂坪是由于沉积物受到波浪簸选作用，形成成分成熟度和结构成熟度均较高的砂质沉积；发育冲洗层理和交错层理；反映在自然伽马测井曲线上多表现为箱形、齿化箱形或钟形(图 2a)。

（2）浅海陆棚

浅海陆棚环境是指过渡带外侧向下延伸至水深约 200m 的区域，外缘有坡折。研究区陆棚相主要以内陆棚为主。

内陆棚沉积环境水体相对较浅，阳光充足，底栖生物大量繁殖，水动力相对较强，主要沉积以黏土岩、粉砂岩等碎屑细粒沉积物，发育透镜状层理、波状层理等小型交错层理，广泛分布，常见生物扰动构造、虫孔、虫迹，生物化石种类

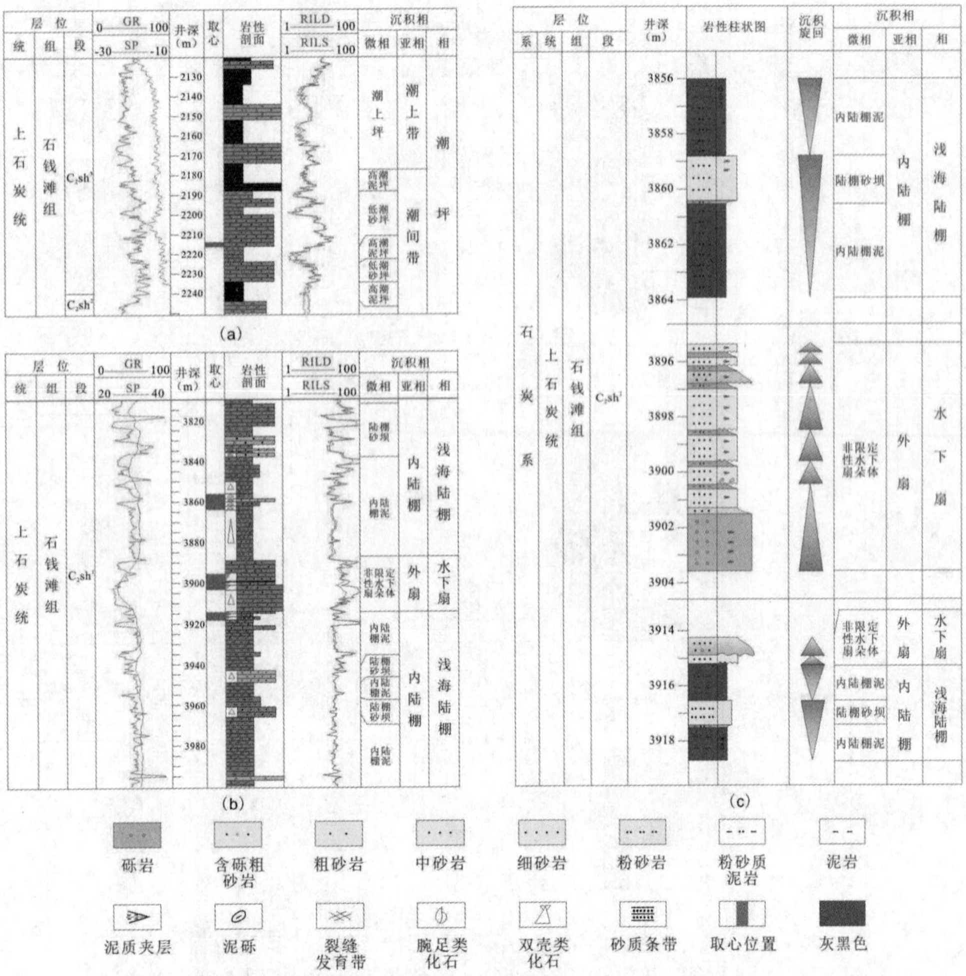

(a) D2 井石炭系石钱滩组潮坪沉积特征；(b) D4 井石炭系石钱滩组浅海陆棚及水下扇沉积特征；(c) D4 井岩心相分析

图 2　石钱滩凹陷石炭系石钱滩组沉积微相划分及岩心相分析

较多。陆棚砂坝发育在相对高能沉积环境，沉积物粒度较粗，可发育交错层理、平行层理，反映相对高能沉积环境水动力条件的变化。

(3) 重力流水下扇

重力流水下扇是石钱滩凹陷石炭系石钱滩组最为重要的沉积相类型，为冲积扇直接入海形成，在研究区广泛发育。岩性以灰色砂砾岩、含砾砂岩及中-细砂岩为主，夹灰黑色、深灰色泥岩；沉积构造以块状层理为主，块状层理在钻井中表现为岩性均一，层段内无明显的沉积构造，与下伏泥岩段呈突变接触；在 SQ1 井中，块状层理内发育条带状泥屑，分布无明显成层性，砂砾岩分选、磨圆较差，为典型的重力流沉积特征。在测井地质特征方面，发育多期向上变细的正旋回，测井相包括叠置箱型和钟形。每个正旋回下半部的测井相应特征都表现为低自然伽马、中-高电阻率的特征；上半部的电测特征表现为高自然伽马、低电阻率的特征自下而上粒度呈现由粗变细的趋势(图 2b)。

2.2　砂体成因类型及展布特征

研究区石炭系石钱滩组共发育限定性水下扇朵体、非限定性水下扇朵体和陆棚滩坝 3 种砂体类型，受不同水动力机制影响，其沉积特征及展布特征表现出差异性。

限定性水下扇朵体是发育在洼陷、沟槽等限定性地形中的朵体沉积，厚度较大、规模较小，平面展布与古地形有关。岩性主要为杂色、灰色厚层砂砾岩为主，粒度区间大，分选差，反映典型的重力流沉积特征。在测井相上，主要表现为厚层“箱型”、“齿化箱型”和“复合钟型”等多种类型，顶底均为突变接触。如在 D3 井中，限定性水下扇朵体的测井相整体表现为厚层箱型，含砂率高，垂向相互叠置(图 3a)。限定性水下扇朵体分布相对局限，受古地形的影响，主要分布在上坡折带的内扇中(图 4a、图 4b)。

非限定性水下扇朵体发育在开阔地带的朵体

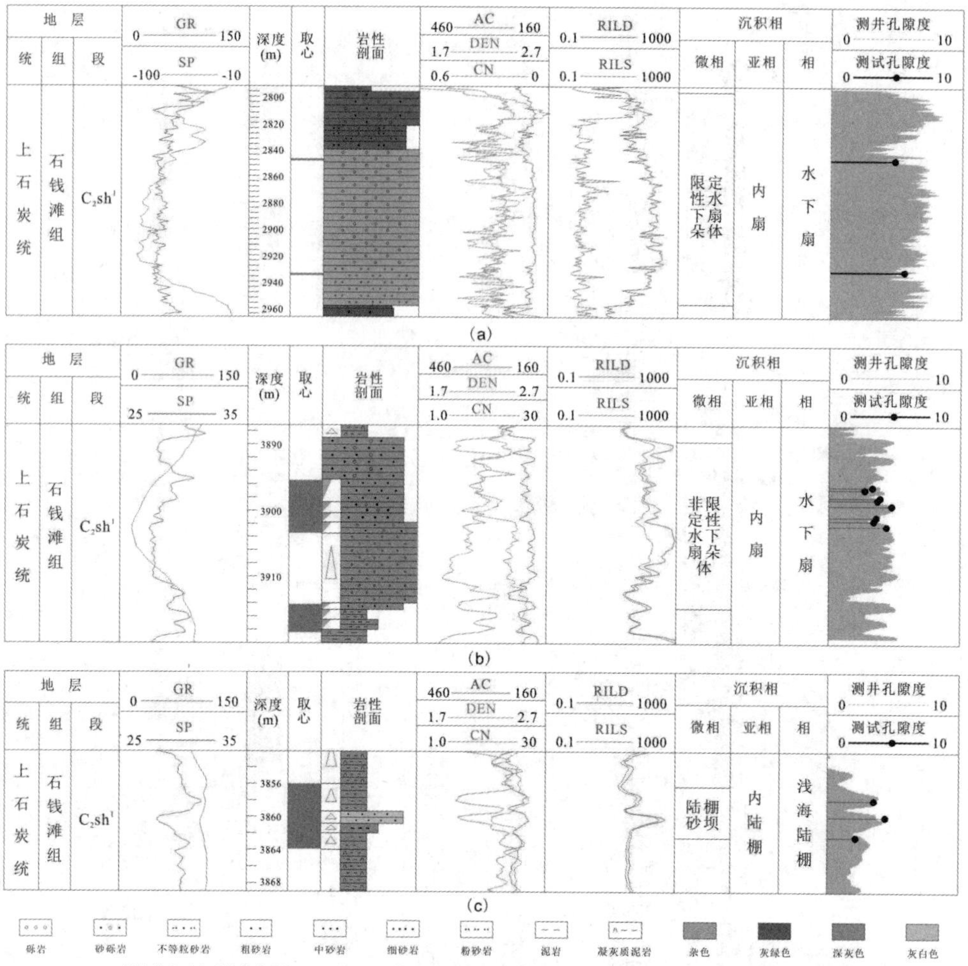

(a) 限定性水下扇朵体基本特征，D3 井；(b) 非限定性水下扇朵体基本特征，D4 井；(c) 陆棚砂坝基本特征，D4 井

图 3　石钱滩凹陷石炭系石钱滩组不同沉积微相基本特征

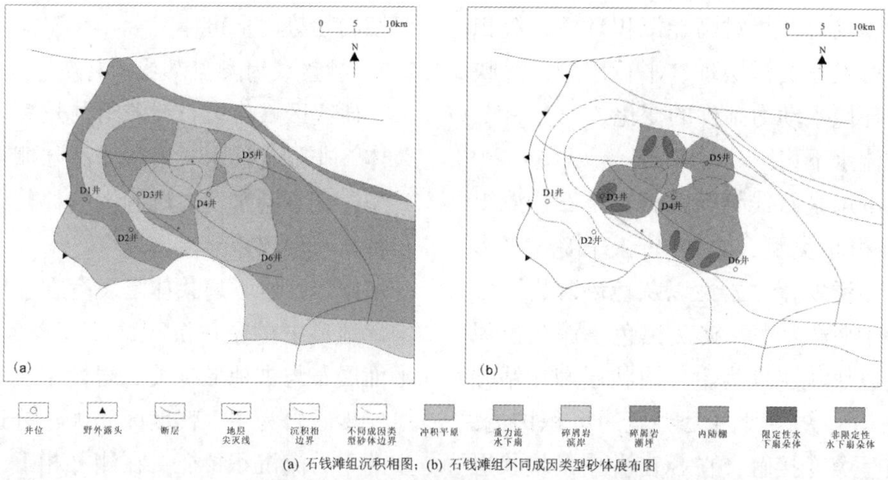

(a) 石钱滩组沉积相图；(b) 石钱滩组不同成因类型砂体展布图

图 4　石钱滩凹陷石炭系石钱滩组沉积相及砂体展布特征

沉积，厚度较薄、规模较大。岩性以相对薄层砂砾岩与细砂岩互层为主，粒度区间较大，分选较差，反映为重力流沉积的特征。在测井相上，主要表现为“箱型”和“齿化箱型”等类型，顶底均为突变接触，齿化率相对较高。如在 D4 井中，非限定性水下扇朵体的测井相整体表现为齿化箱型，多期扇体在纵向上相互叠置。在岩心相上，砂体中的沉积构造以块状层理为主，在一期扇体的底部，发育冲刷面，如在 D4 井 3900.44m 取心段，在冲刷面之上发育泥砾和泥岩撕裂屑。非

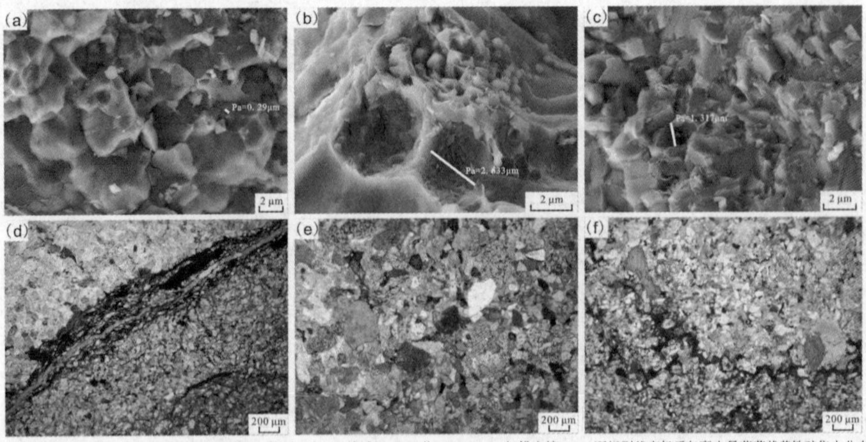

(a) 微晶石英（硅质）呈镶嵌状致密接触，发育基质孔隙，石钱滩组，D4 井 3899.32m，扫描电镜；(b) 不规则状有机质包裹少量草莓状黄铁矿集中分布，铸模孔发育，石钱滩组，D2 井 2216.67m，扫描电镜；(c) 微粒状钠长石相间分布，溶蚀孔隙发育，石钱滩组，D4 井 3899.32m，扫描电镜；(d) 灰色细砂岩，可见一条构造缝，缝宽 0.01～0.10mm，石钱滩组，D4 井 3895.51m，正交光；(e) 灰色中细砂岩，可见两条构造缝，缝宽 0.01～0.04mm，石钱滩组，D3 井 2933.89m，正交光；(f) 灰色中细砂岩，可见一条构造缝，缝宽 0.04～0.10mm，被沥青充填，石钱滩组，D4 井 3899.13m，正交光

图 5　石钱滩凹陷石炭系石钱滩组砂砾岩储层微观特征(井位位置见图 1)

限定性水下扇朵体分布相对较广，在上、下坡折带均有分布(图 4a、图 4b)。

陆棚砂坝是研究区石炭系石钱滩组发育的另一种砂体类型，是由于波浪或潮汐的改造作用所形成的条带状砂体，厚度较薄。但由于陆棚砂坝发育相对较少，所以不是研究区主要的砂体类型。岩性以灰色粉砂岩、细砂岩为主，分选较好。在测井相上主要表现为“低-高幅指型”、“齿化漏斗型”和“漏斗型”等多种形态(图 3c)。在岩心相上，陆棚砂坝一般表现为典型的反旋回，无冲刷不整合侵蚀面(图 2c)。

3　储层特征

3.1　储层岩石学特征

根据岩心、薄片等资料可以鉴定，研究区石炭系石钱滩组以岩屑砂岩和长石岩屑砂岩为主。砂岩的成分成熟度低，岩屑含量一般在 50%～70%，长石含量为 10%～30%，石英含量最低，为 15%～20%。填隙物以黏土矿物为主，含量为 10%～40%，平均为 18%，填隙物类型主要为绿泥石、高岭石和伊利石，其中绿泥石在黏土矿物含量中所占比例最高，为 60%～80%。砂岩分选较差，磨圆度较差，大多数碎屑粒为棱角-次棱角状，颗粒支撑，点-线接触，反映了沉积区距离物源较近，水动力较强的特点。

3.2　储层物性特征

根据对研究区石炭系石钱滩组砂砾岩储层的物性分析，砂砾岩孔隙度为 2.20%～7.78%，平均为 4.23%，渗透率为 $(0.002 \sim 1.85) \times 10^{-3} \mu m^2$，平均为 $0.361 \times 10^{-3} \mu m^2$。其中，孔隙度小于 3.0% 的砂砾岩约占 12.5%，孔隙度为 3.0～5.0% 的砂砾岩多占比例最大，达到了 62.5%，孔隙度大于 5.0% 的砂砾岩所占比例为 25.0%。渗透率整体较低，大于 $1.0 \times 10^{-3} \mu m^2$ 的砂砾岩仅占整体储层的 12.7%，属于典型的低孔特低渗型储层。

3.3　储层微观结构特征

储集层微观孔隙结构是指储集岩中孔隙和喉道的几何形状、大小、分布及其相互连通关系，储层岩石的微观孔隙特征直接影响着储层的储集与渗流能力。通过对铸体薄片以及扫描电镜的镜下观察，发现研究区石炭系石钱滩组砂砾岩储层发育多种孔隙类型，主要包括基质微孔(图 8a)、次生溶蚀孔(主要包括粒间溶孔、粒内溶孔和铸模孔)(图 8b、图 8c)和构造裂缝(图 8d～图 8f)等，孔径相对较小，孔隙空间小，连通能力弱。

再结合对砂岩储层饱和地层水状态下的核磁共振 T_2 谱测试可以发现：该区储层孔隙结构样品 T_2 谱主要表现为左高右低的双峰特征，T_2 弛豫时间主要分布为 0.01ms～100ms(图 6a、图 6b)。左峰所反应的孔吼半径区间主体为 0.002～0.02μm，对应到扫描电镜上表现为基质微孔的特征(图 5a)；而右峰所反应的孔吼半径区间主体为 0.08～1.28μm，对应到扫描电镜上则表现为溶蚀孔隙的特征(图 5c)。

X 射线断层成像技术(Radiation X-Ray Computed Tomography，X-CT)是致密砂岩储层微观孔隙结构表征中强有力的检测手段之一，它是利用锥形 X 射线穿透物体，通过不同倍数的物镜放

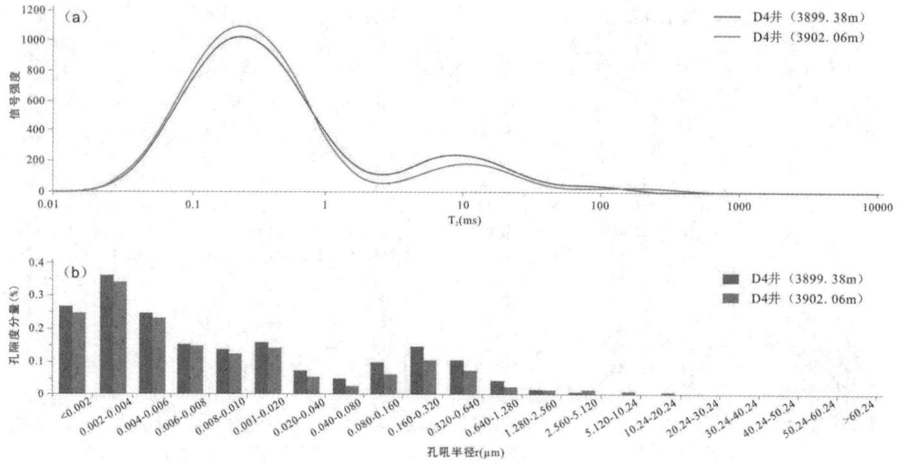

(a) 石钱滩组储层核磁共振 T_2 谱；(b) 石钱滩组储层孔吼半径分布特征

图 6　D4 井石炭系石钱滩组储层核磁共振 T_2谱及孔吼分布特征

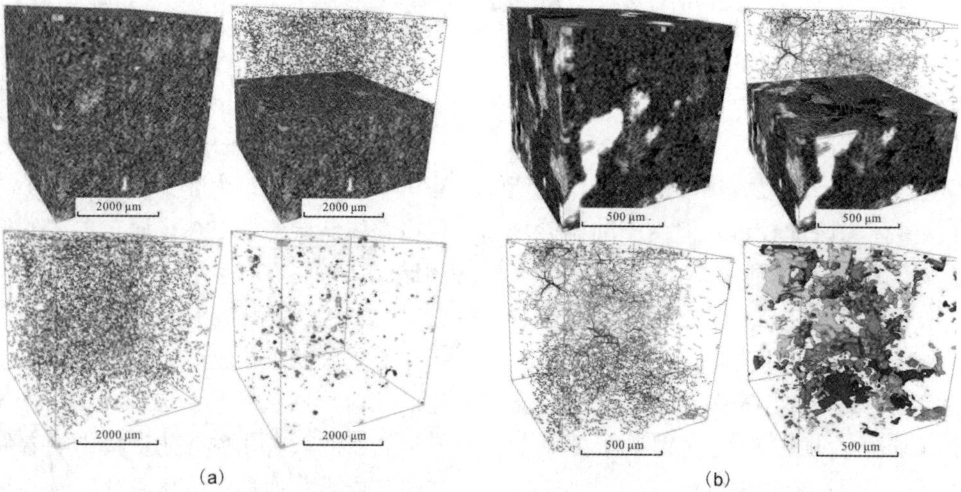

(a) 扫描分辨率为 12.50μm 的孔喉球棍模型及孔隙连通性模型；(b) 扫描分辨率为 3.04μm 的孔喉球棍模型及孔隙连通性模型

图 7　D4 井石炭系石钱滩组储层 X 射线断层成像技术分析特征

大图像，由 360 度旋转所得到的大量 X 射线衰减图像重构出孔喉三维结构特征。通过对研究区 D4 井石炭系石钱滩组砂砾岩储层同一块样品(3899. 22m)不同精度的 CT 扫描测试分析发现：当扫描分辨率为 12. 50μm 时(图 7a)，呈现出孔隙类型以基质微孔和溶蚀孔为主，计算孔隙度为 3. 29%，连通体积百分比仅为 2. 52%；当扫描分辨率降到为 3. 04μm 时(图 7b)，呈现出孔隙类型则以溶蚀孔和裂缝为主，计算孔隙度为 7. 13%，连通体积百分比可达 66. 25%。说明该区裂缝的发育，是导致储层物性增加的关键性因素。

4　储层发育主控因素

通过上述对研究区沉积及储层特征的综合分析，认为石炭系石钱滩组致密砂砾岩储层的物性好坏与沉积作用、成岩作用和构造作用等密切相关。

4. 1　沉积作用对储层物性的影响

沉积作用对储层的影响实质是对岩石类型和结构组分的影响。沉积环境的差异导致了沉积时水动力条件的不同，所形成的岩石在岩石学特征、组分等方面也都有所差异，因此砂岩原始孔隙以及沉积之后的成岩作用的类型和强度决定了砂体在纵向和横向上储集物性有明显差异[16]。

(1) 沉积微相对储层物性的影响

研究区主要发育碎屑岩潮坪、浅海陆棚和重力流水下扇等 3 种沉积相类型，其中储层主要是重力流水下扇中的限定性水下扇朵体、非限定性水下扇朵体，以及浅海陆棚中的陆棚砂坝。不同沉积微相代表着不同的储层物性。在研究区最好的是重力流水下扇中的限定性水下扇朵体，孔隙度及渗透率都相对较高，测井孔隙度为 3. 91%~8. 62%，平均为 6. 57%，储层相对均质，单期砂体底部储层物性较好，向上逐渐变差(图 3a)。非限定性水下扇朵体储层物性也相对较好，在一定条件下也可以形成优质储层，测井孔隙度 1.75%~5.37%，平均为 4.01%，储层非均质性相对较强，单期砂体中也表现为底部储层物性较好，向上逐渐变差(图 3b)。而陆棚砂坝的储层物性在研究区 3 种砂体成因类型中最差，测井孔隙度 1.31%~4.25%，平均为 3.27%，在单期砂体中表现为砂体中部储层物性最好(图 5c)。

(2) 砂砾岩粒度对储层物性的影响

储集物性的好坏与砂岩粒度大小也有直接关系，一般孔隙度和渗透率随着碎屑颗粒粒径增加而会出现增大的趋势。研究区石炭系石钱滩组致密砂砾岩储层主要细砂岩、含砾中砂岩和砂砾岩。通过岩心物性分析，砂砾岩和含砾砂岩的物性相对于细砂岩较好。

4.2　成岩作用对储层物性的影响

成岩作用对岩石储层物性的变化有着决定性的作用[17]。因此，对成岩作用的研究也是研究储层特征主控因素的重要组成部分。通过对铸体薄片和扫描电镜等资料的鉴定，结合研究区储层物性综合分析，认为压实作用、溶蚀作用以及各类胶结作用是影响该区储层物性最大的成岩作用。

(1) 压实作用对储层物性的影响

砂砾岩的储集物性在埋藏初期就受到机械压实作用的破坏。资料显示，石钱滩组砂砾岩储层现今埋深约为 2800~4000m。在埋藏过程中，机械压实作用使碎屑颗粒紧密堆积，原生粒间孔逐渐减小以致消失，仅剩余少量的残余原生粒间孔。颗粒之间逐渐由点接触变为点-线状、线状-凹凸状接触。随着埋深加大，压实作用逐渐减弱，后期则会导致一些破裂作用，形成微裂缝，对储层物性起到轻微的改善作用。

(2) 胶结作用对储层物性的影响

自生黏土矿物胶结是研究区最主要的胶结作用，其次还存在少量的硅质胶结，它们对储层孔隙度的演化主要起破坏性作用。

绿泥石是石钱滩组储层最重要的黏土矿物。研究表明，绿泥石的形成与沉积成岩环境相关[18-19]，在沉积成岩过程中，随着埋藏深度的加深、温度升高等，蒙脱石有向绿泥石转化的趋势，在富铁、镁的碱性环境下转化为绿泥石[20]。研究区的绿泥石主要呈片状集合体的形式分布在粒间孔隙中，对砂砾岩的原生孔隙产生封堵作用，进而是储层孔隙度明显下降。除此之外，泥质胶结的主要胶结物还有高岭石、伊利石和伊/蒙混层。

硅质胶结物在研究区含量相对较少，在扫描电镜下可观察到少量硅质与片状绿泥石相间分布的特征，使孔隙进一步被充填，降低了砂砾岩储层的孔隙度，让储层变得更加致密。同时，硅质胶结物又可以阻止压实作用对储层物性的破坏，一定程度地增强了砂岩的抗压实能力[21-23]。

(3) 溶蚀作用对储层物性的影响

溶蚀作用对研究区储集物性的改善有着非常重要的作用，本区最常见的是长石的溶蚀作用，它们是造成该区石钱滩组砂砾岩储层砂岩中次生孔隙发育最主要的成岩作用。研究区储层岩性主要为长石岩屑砂砾岩和岩屑砂砾岩，长石含量的相对较高为后期溶蚀作用提供了良好的物质基础。进入溶蚀作用时期，该地区成岩环境也由碱性转变为酸性，其有机酸性溶液也成为了溶蚀作用发生的必要条件。同时有机酸性流体还可以对自生矿物的增长起到抑制作用，保护原生孔隙不受破坏。溶蚀作用还能连通原本孤立的构造微裂缝，为油气的储集和运移等提供有效的空间和通道[16]。

4.3　构造作用对储层物性的影响

构造裂缝是研究区最为重要的油气储层空间和流体主要的运移通道，因此对改善储层物性，增加储层含油气概率具有重要的作用[24]。裂缝的发育与油气分布密切相关，通过对石钱滩凹陷石炭系石钱滩组产气层段的分析，发现其产气层段均有裂缝发育，主要表现为高角度裂缝及水平裂缝所构成的裂缝组网。其次，构造作用所形成的微裂缝一方面可以作为油气的储集空间，增大储层孔隙度，同时也可以沟通相对孤立的溶蚀孔隙，增加孔隙连通性，提高储层的渗透率。各种类型的裂缝相互交错，形成的连通网络控制着油气的运移和富集(图 5d~图 5f)。

5　结论

(1) 大井地区石钱滩凹陷石炭系石钱滩组发育碎屑岩潮坪、浅海陆棚相和重力流水下扇等 3 种沉积相类型，其中重力流水下扇为该地区优势储层主要发育的沉积相类型；砂体成因类型包括限定性水下扇朵体、非限定性水下扇朵体和陆棚滩坝。

(2) 大井地区石钱滩凹陷石炭系石钱滩组储

层为典型的致密砂岩储层，其岩石类型主要为长石岩屑砂岩和岩屑砂岩，成分成熟低、分选差、磨圆较差、杂基含量变化较大；孔隙类型主要以基质微孔、次生溶蚀孔（主要包括粒间溶孔、粒内溶孔和铸模孔）和构造裂缝为主。

（3）石炭系石钱滩组致密砂砾岩储层的物性好坏与沉积作用、成岩作用和构造作用等密切相关。沉积作用通过影响岩石类型和结构组分，进而影响储层物性，在各沉积微相中，限定性水下扇朵体储层物性最好，非限定性水下扇朵体次之，陆棚砂坝最差；成岩作用对储层物性的影响主要有：压实和胶结作用对储层物性具有破坏性作用，溶蚀作用是该区改善储层物性的最重要的成岩作用；构造作用所形成的构造裂缝是该区形成有效储集体的关键因素。

参 考 文 献

[1] 王绪龙，支东明，王屿涛，等．准噶尔盆地烃源岩与油气地球化学特征[M]．北京：石油工业出版社，2013：1-565.

[2] 王屿涛，杨迪生，张健，等．准噶尔盆地天然气形成与成藏[M]．北京：石油工业出版社，2014：1-173.

[3] 戴金星．中国煤成大气田及来源[M]．北京：科学出版社，2014：266-285.

[4] 李林，陈世加，杨迪生，等．准噶尔盆地滴水泉凹陷石炭系烃源岩生烃能力分析[J]．中国石油大学学报：自然科学版，2013，37(4)：52-58.

[5] 王屿涛，陈克迅．准噶尔盆地东部五彩湾-大井地区生油层特征与评价[J]．新疆石油地质，1989，10(1)：73-79.

[6] 曹倩，江兴歌，朱建辉，等．准噶尔盆地东部石炭系烃源岩演化模拟[J]．石油试验地质，2012，34(3)：314-318.

[7] 吴晓智，丁靖，夏兰，等．准噶尔盆地陆梁隆起带构造演化特征与油气聚集[J]．新疆石油地质，2012，33(3)：277-279.

[8] 郑孟林，田爱军，杨彤远．准噶尔盆地东部地区构造演化与油气聚集[J]．石油与天然气地质，2018，39(5)：908-917.

[9] 王淑芳，邹才能，侯连华，等．准噶尔盆地东部石炭系火山岩气藏石油地质特征及有利勘探方向分析[J]．地学前沿，2013，20(2)：226-236.

[10] 杨海波，陈磊，孔玉华．准噶尔盆地构造单元划分新方案[J]．新疆石油地质，2004，25(4)：686-688.

[11] 何登发，张磊，吴松涛，等．准噶尔盆地构造演化阶段及其特征[J]．石油与天然气地质，2018，39(5)：845-861.

[12] 李涛，张进，卢苗安，等．准噶尔盆地南缘东段、东北缘盆山耦合研究[J]．新疆石油地质，2008，29(6)：681-686.

[13] 易泽军，何登发．准噶尔盆地东部构造地层层序及盆地演化[J]．石油与天然气地质，2018，39(5)：932-942.

[14] 胡自龙，卞保力，刘海磊，等．准噶尔盆地大井地区天然气成因、来源与成藏过程[J]．天然气地球科学，2019，30(6)：850-859.

[15] 刘畅．鄂尔多斯盆地临兴地区上古生界层序地层格架及沉积模式[J]．非常规油气，2019，6(1)：23-33.

[16] 徐梦龙，何治亮，尹伟，等．鄂尔多斯盆地镇泾地区延长组8段致密砂岩储层特征及主控因素[J]．石油与天然气地质，2015，36(2)：241-247.

[17] 李振宏，冯胜斌，袁效奇，等．鄂尔多斯盆地及周缘下侏罗统凝灰岩年代学及意义[J]．石油与天然气地质，2014，35(3)：729-741.

[18] 郭少斌，赵可英．鄂尔多斯盆地上古生界泥页岩储层含气性影响因素及储层评价[J]．石油试验地质，2014，36(6)：678-683.

[19] 邱隆伟，黄双泉．民丰洼陷沙三段孔隙发育特征及储层物性主控因素[J]．中国石油大学学报（自然科学版），2009，33(4)：10-15.

[20] 饶强，戴朝成，张怀胜，等．绿泥石在三大岩中的赋存状态和成因[J]．四川地质学报，2016，36(4)：561-566.

[21] Trevor M Stroker，Nicholas B Harris，Crawford Elliott，et al. Diagenesis of a tight gas sand reservoir：Upper Cretaceous Mesaverde Group，Poceance Basin，Colorado [J]. Marine and Petroleum Geology，2013，40：48-68.

[22] Joe H S Macquaker，Kevin G Taylor，Margaret Keller，et al. Compositional controls on early diagenetic pathways in fine-grained sedimentary rocks：Implications for predicting unconventional reservoir attributes of mudstones [J]. AAPG Bulletin，2014，98(3)：587-603.

[23] Shirley P Dutton. Calcite cement in Permian deep-water sandstones，Delaware Basin，west Texas：Origin，distribution，and effect on reservoir properties [J]. AAPG Bulletin，2008，92(6)：765-787.

[24] 刘卫彬，张世奇，徐兴友，等．东濮凹陷沙三段致密砂岩储层裂缝形成机制及对储层物性的影响[J]．大地构造与成矿学，2019，43(1)：58-68.

东濮凹陷深层油气藏地质模型建立与地震响应分析

苏 云[1] 李令喜[1] 蔡其新[1] 秦广胜[1] 陈 辉[2]

（1. 中国石化中原油田分公司；2. 成都理工大学管理科学学院）

摘 要 东濮凹陷柳屯洼陷地质背景复杂、多物源交汇、砂泥岩频繁交互，造成了该区油气藏地震响应不明确，储层预测结果多解性较强。本文通过分析不同岩性、物性、厚度、地层组合、流体充填等情况下波阻抗特征差异，建立油气藏地质模型，并进行波形结构分析，找出油气藏地震响应模式，建立油气藏地震识别标准，对地震储层预测结果的合理地质解释、降低储层预测结果多解性有重要作用。

关键词 东濮凹陷；柳屯洼陷；岩性组合；地质模型；油气藏地震响应；波形对称分析

1 引言

陆相断陷湖盆四周地形地貌复杂多变，沿走向和倾向往往发育多个近距离沉积物源。此外由于陆相断陷湖盆水域面积相对较小，来源于多个物源的沉积物容易出现相互交叉叠置，在沉积动力上存在相互影响和改造，造成沉积相变迅速且多样。陆相断陷湖盆具有复杂的构造转换和典型盆缘同沉积断裂的发育，形成断阶或断裂坡折带等形态各异的沉积地形地貌，制约沉积物质分配，控制沉积层序内幕叠置样式，使沉积体系复杂化[1-3]。

东濮凹陷是一个典型的多物源陆相断陷盐湖盆地，具有复杂的构造转换和同沉积构造特征。沙河街组沉积层序相变剧烈，沙河街组由巨厚的湖泊、三角洲、扇三角洲、辫状河三角洲、盐湖和浊积扇等沉积体系组成，它们在纵向上复合叠置、横向上交互并置，具有相带类型复杂多样、分布变化多端的特点[4-10]。储层段以薄层粉砂岩-泥岩互层为主，致使储层发育分布规律不清、油气藏预测难度极大[11-14]。

基于此，本文在分析不同岩性、物性、厚度、地层组合、流体充填等情况下的波阻抗差异基础上，通过建立油气藏地质模型，开展地震响应分析，找出油气藏地震响应模式，建立油气藏地震识别标准，为高精度的油气藏地震预测提供指导。

2 油气藏地质模型构建

东濮凹陷属于渤海湾盆地临清坳陷的一个次一级构造单元，是一个呈 NNE 向延伸、古生界基底之上中、新生界断陷，盐岩发育。盆地，自东向西，东濮凹陷划分为东部洼陷带、中央隆起带、西部洼陷带、兰聊陡坡带和西部斜坡带五个次级构造单元，即“两洼一隆一陡一斜坡”。本文研究工区柳屯洼陷，位于东濮凹陷西斜坡西北部，洼陷北面和西面以邢庄断层为边界，东面以文西断层为边界，平面上整体呈以洼陷为中心的负向构造形态。洼陷西部以邢庄为界，东部以文西和长垣断层为界。柳屯洼陷内地层发育齐全，自上而下为第四系(Q)、新近系明化镇组(Nm)和馆陶组(Ng)、古近系东营组(Ed)和沙河街组(Es)。其中，沙三既是主要生烃层系，也是主要的储集层系，细分为上、中、下三个亚段。沙三中亚段油气富集，储量丰富，岩性油藏发育，是本文研究的主要层系。

前期通过岩性、测井等资料开展了沉积相分析，建立了该区沙三段测井岩性识别标准，其中砂岩测井解释标准为较低的自然伽玛值，低声波、低密度、低中子，低电阻率，砂体总体粒度偏细，以粉砂岩为主。确定了沙三段沉积识别标志，划分出 8 种亚相、17 种微相，明确沙三段发育扇三角洲、三角洲、湖泊、浊积扇等沉积体系，主要由水下分流河道、分流间湾、河口坝、远砂坝等微相所组成，其中三角洲水下分流河道微相、河口坝、远砂坝为储集有利相带。

基于三维地震资料，运用地震反射线描刻画工区骨架剖面内幕结构，从骨架剖面线描示例图(图 1)来看，西部中等振幅-强振幅反射为三角洲前缘水下分流河道砂体与分流河道间泥岩的组合特征，中部的弱-中等振幅短轴前积反射为湖平面下降期间三角洲前缘与分流河道间、前三角洲泥的组合特征，其间的空白反射为前三角洲泥岩，东部连续中等振幅整洁反射代表了前三角

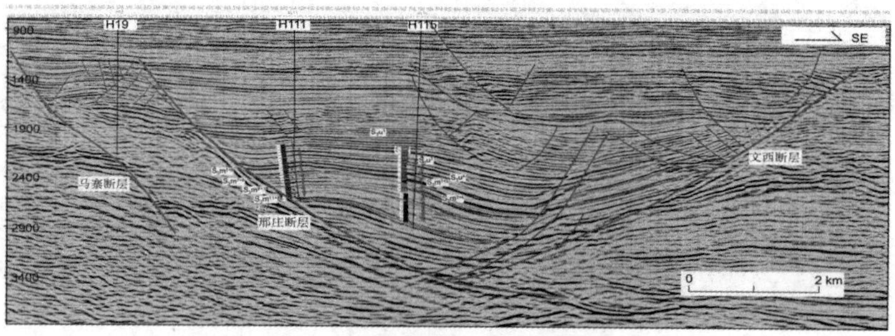

(a) 过井地震剖面线描，选择波峰进行线描

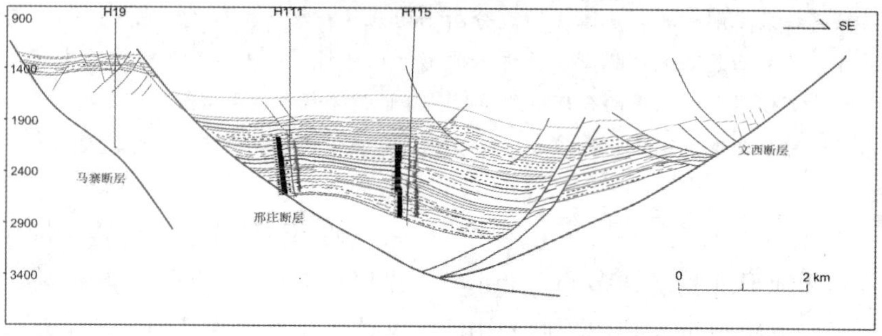

(b) 过井地震剖面线描结果剖面图

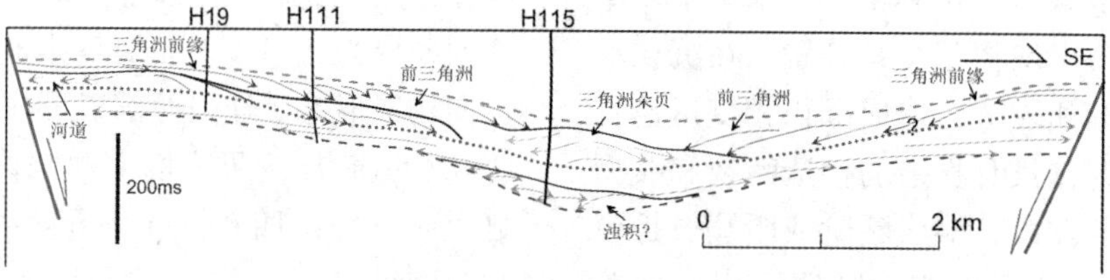

(c) 模式化后剖面

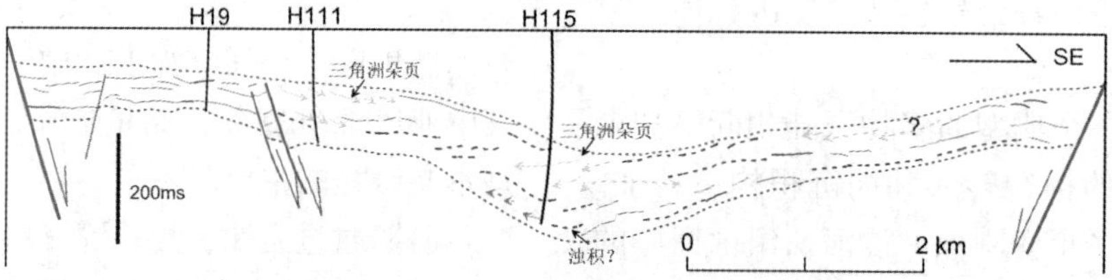

(d) 旋转拼接去掉后期断层、褶皱变形后复原剖面图

图 1　东濮凹陷柳屯洼陷过 Hu19-Hu111-Hu115 井地震线描及复原剖面图

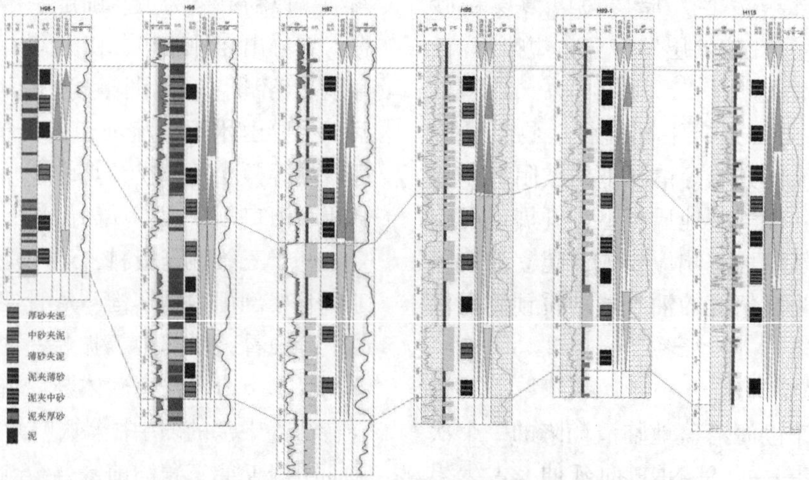

图 2　东濮凹陷连井沙河街组沙三中亚段岩性组合划分

表1　东濮凹陷柳屯洼陷沙三中亚段地震相识别模式

相带		无盐区			有盐区				
		三角洲前缘	前三角洲	湖相	三角洲前缘	前三角洲	湖相	盐湖	
地震相		近平行较连续反射	不连续，倾斜反射	极强连续性	近平行较连续反射	不连续，倾斜反射	极强连续性	极强连续性，近平行反射，边缘相位转换或振幅减弱	
深度层位	盐上	高频、强振幅	中高频中振幅	中频、强振幅	高频、强振幅	中高频中振幅	中频、强振幅	—	
	盐间（或相当）	中高频强振幅	中频强振幅		中高频极强振幅	低频强振幅		高频极强	低频极强，强泥、弱盐
	盐下（或相当）	中高频中振幅	中频中振幅	中频强振幅	中频弱振幅	中低频弱-强振幅		—	

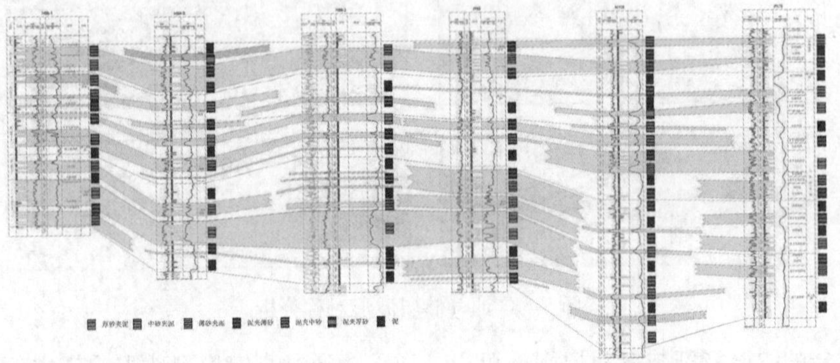

图3　东濮凹陷柳屯洼陷连井砂体组合模型剖面图

洲-浅湖背景的泥岩夹席状砂或大段泥岩的组合特征。

通过对工区开展多条骨架剖面线的解剖，分区分层建立该区地震相识别模式(表1)，明确不同沉积背景地震相特征：深部位短轴不连续弱-中振幅反射为三角洲前缘分流河道砂，空白反射、光滑连续强振幅反射为泥岩或盐岩，浅部位中-强振幅连续反射为三角洲前缘分流河道砂坝。

沙三段广泛发育粉砂岩-泥岩薄互层，单层砂体以5m以下为主，2m以下砂层广泛分布，仅局部发育大于5m的厚砂体，限于地震资料的纵向分辨率低，无法直接识别单层薄砂体，也无从讨论其地震响应，因此针对砂泥岩薄互层，储层预测的尺度多以砂泥岩组合为主，根据工区典型井的统计分析，以5级旋回为基本单元，将包括砂体组合在内的岩性组合划分为厚砂夹泥(包括厚砂)、中砂夹泥、薄砂夹泥，泥夹中砂、泥夹薄砂、泥夹厚砂、泥等7种组合(图2)，其中厚砂夹泥岩性组合段，砂地比一般大于80%，中砂夹泥岩岩性组合段，砂地比在60%～80%之间，泥夹薄砂岩性组合段砂地比最低，在10%～30%之间。

同时考虑横向组合关系，横向组合关系与沉积相组合相关，可分为三角洲前缘-前三角洲相模型组合、三角洲前缘-浅湖相模型组合、三角洲前缘-盐湖组合、前三角洲-浅湖相组合。三角洲前缘内部主要由水下分流河道、分流间湾、河口坝(或远砂坝)组成，横向组合关系包括：①水下分流河道-分流间湾，②分流间湾-河口坝(或远砂坝)；③分流间湾-前三角洲泥；④河口坝-前三角洲泥；⑤前三角洲泥-浅湖泥(盐湖泥和盐湖盐)。其中分流河道主要发育：厚砂夹泥(包括厚砂)、中砂夹泥、薄砂夹泥；分流间湾主要发育：薄砂夹泥、泥夹中砂，泥夹薄砂；河口坝主要发育：泥夹薄砂、泥。

同时通过构建2维正演模型(图3)，通过正演记录可以看到当隔层小于15m时，上下波形叠加不可分辨，当隔层大于15米时，下部出现反射，且随着隔夹层厚度增加顶部振幅减弱，同时从正演记录中可以观测，上下波形能量与砂体在旋回中位置有关，当泥岩隔层小于1/8波长时，上下砂体波形发生重置，不可分辨，此时薄互层砂体波形响应等效于等厚砂体波形，这是地震反射中的等效原则与叠加效应。

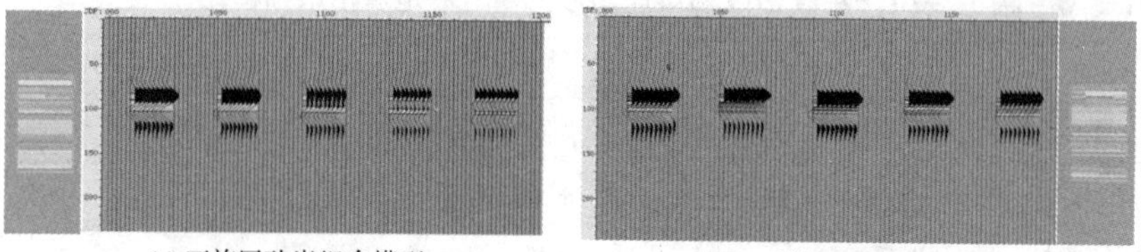

(a) 正旋回砂岩组合模型　　(b) 反旋回砂岩组合模型

图 4　不同隔夹层厚度正演分析

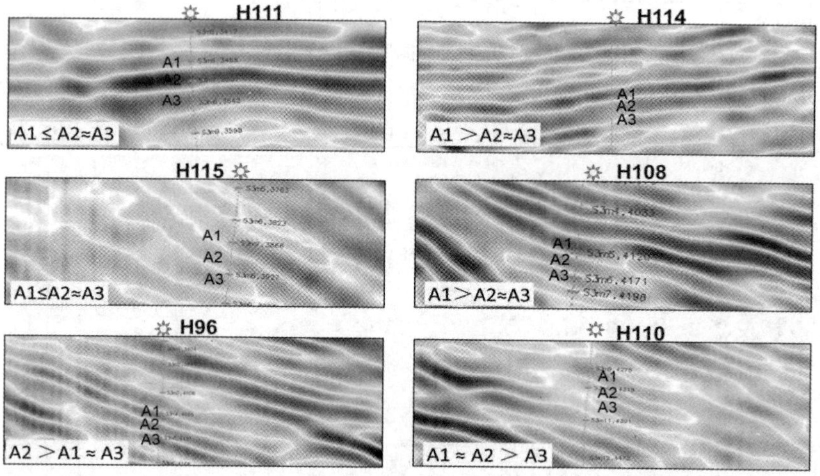

图 5　含油气储层波形对称分析

依据模型组合的韵律特征与等效原则，可以将上述 7 中岩性组合模型简化为 3 类，1 类是厚砂夹泥、中砂夹泥、薄砂夹泥，统称为“砂包泥”类；2 类为泥夹厚砂、泥夹中砂、泥夹薄砂，统称为“泥包砂”类；3 类为泥岩；横向上自三角洲前缘-前三角洲-浅湖相，地质模型逐渐从“沙包泥”类过渡到“泥包砂”类、泥岩。

3　油气藏地震响应及其规律分析

油气藏地震响应的本质是波阻抗的高低，该区速度分析表明柳屯洼陷内不同位置和不同埋深存在高波阻抗油气层和低波阻抗油气层。本文主要采用波形对称分析方法分析储集层充填不同流体时的地震响应特征，并总结出规律，波形对称分析方法主要体现在油气层（或储层）响应上下波峰波谷的能量及宽度之相对比值。

对过已钻井地震剖面的波形对称分析发现，低速厚油气层（H110）呈右下倾波形，A1 ≈ A2>A3，“红-深灰-浅红”组合；高速水层（H108，H114）呈近对称波形，强反射，右下倾不明显，A1>A2≈A3，“灰-红-浅灰组合”；较高速水层（H115）呈近对称波形，弱反射，右下倾不明显，A1≤A2≈A3，“浅灰-浅红-浅灰组合”；高速油气层（H96），呈相对高频 A2>A1≈A3，“浅灰-红-浅灰”组合。

通过真实模型地震响应实例分析可知，高孔渗储层，顶面负反射，底面正反射，厚度小于四分之一波长，顶底面干涉形成的复合波为右下倾斜对称波形，波峰下方波谷一般略小于储层顶面波谷反射（储层顶面的上波谷得到底面正反射的波谷旁波瓣加强，而下波谷是底面正反射的另一个旁波瓣）；储层含泥质增加会影响储层性能，形成储集能力逐渐变化的过渡结构，相应的其波阻抗结构也具有过渡变化特征，例如波阻抗向下增大，底面为突变界面，过渡段波形变异，波峰拉宽，视频率降低，又称低频波形（图 5）。因此波形分析明确高孔储层为能量中等的负反射右下斜对称波形，致密砂岩则为能量强的正反射左下倾对称波形，含过渡层则是频率降低为低频波形。

利用波形对称分析方法，建立研究工区油气藏波形识别表（表 2），利用该识别标准，并综合构造、沉积特征，能够有效指导该区砂体预测。

4　结论与认识

（1）根据理论模拟和实例分析，构建柳屯洼陷沙三中亚段薄互层等效模型，划分出 7 中岩性组合，并根据等效原则，地震响应只与砂地比、等效厚度和韵律性有关，将复杂地质简化为三类：“沙包泥”类、“泥包砂”类、泥岩，横向上自

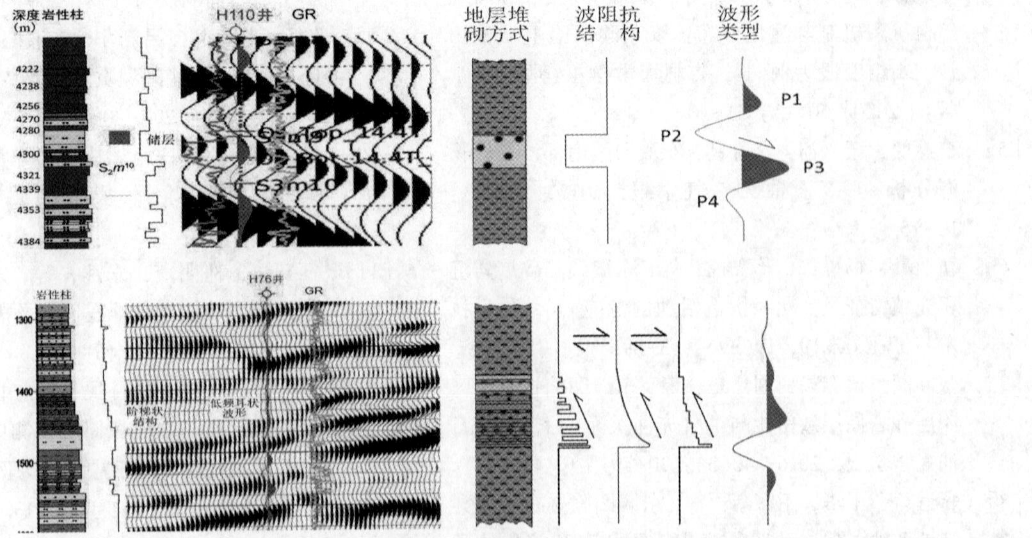

图6 储层与过渡层波形响应实例

表2 柳屯洼陷沙三中亚段油气藏波形识别标准

地质分析		速度分析		油气藏地震响应特征	
沉积相	岩相组合	压实情况	速度对比	外部几何形态	内部反射特征
三角洲前缘—前三洲的水下分流河道、滩坝	(1)发育区无盐岩发育；(2)泥岩夹薄互层砂岩	无盐岩正常压实区，压实正常	(1)浅层含气砂岩速度略大于围岩泥岩10%以上；(2)深层泥岩速度大于砂岩；(3)高孔隙优质砂岩速度明显小于泥岩；	(1)底部同相轴下拉；(2)储层上部波谷加宽；	(1)顶部强波谷和相邻下波峰连续反射；(2)右下倾斜对称波形；
	泥岩夹块状砂岩或厚层互层砂岩			(1)断续点状上倾尖灭；(2)较深水区水道发育，并被断层切割呈杂乱反射。横向底界同相轴下拉	(1)强波峰或宽波谷内弱波峰且波谷断续反射；(2)右下倾斜对称波形；(3)顶面波谷振幅能量大于底部波峰下方第一个波谷，上倾方向能趋势加大
	薄层砂岩	储层上下盐岩或钙质发育，导致泥岩欠压实	(1)砂岩速度高于泥岩；(2)含油气速度和围岩泥岩速度相当；(3)部分优质砂岩速度略低于泥岩；	(1)储层上下有明显低部位同相轴连续增强；(2)储层底部下拉；	(1)顶部同相轴弱振幅空白反射特征或波峰变窄；

三角洲前缘-前三角洲-浅湖相，地质模型逐渐从“沙包泥”类过渡到“泥包砂”类、泥岩；

(2)通过单界面解剖和正演模拟分析，确定了油气藏地震响应特征，明确无盐区低速油气层波形为右下倾对称波谷反射，上波谷能量大于下波谷，振幅能量随储层厚度增加而加强；有盐区高速油气层为左下倾对称波峰反射。

参考文献

[1] 陈彬滔，潘树新，梁苏娟，等．陆相湖盆深水块体优质储层的主控因素：以松辽盆地英台地区青山口为例[J]．吉林大学学报(地球科学版)，2015，45(4)：1002-1010.

[2] 蒲秀刚，赵贤正，王家毫，等．渤海湾盆地滨海地区古近系沙河街组一段滑塌型湖底扇储集层特征及主控因素[J]．石油勘探与开发，2020：47(4)：1-12.

[3] 赵贤正，周立宏，蒲秀刚，等．断陷盆地洼槽聚油理论的发展与勘探实践：以渤海湾盆地沧东凹陷古近系孔店组为例[J]．石油勘探与开发，2018，45(6)：1092-1102.

[4] 李维禄，高思宇，张翼，等．末端扇-滨浅湖滩坝组合沉积机制与演化分布：以东濮凹陷卫城油田沙河街组四段为例[J]．吉林大学学报(地球科学版)，2020，50(1)：31-40.

[5] 李慧明，于兴河，李胜利．东濮凹陷南部沙三段物源分析[J]．石油天然气学报，2012，34(1)：12-15.

[6] 靳亚勤，杨栋栋，蒋飞虎，等．东濮凹陷碎屑岩沉积充填特征及变化对构造活动的响应[J]．科学技术与工程，2019，19(29)：83-89.

[7] 张园园，蒋有录，刘景东，等．东濮凹陷杜寨地区深层砂岩储层致密化与油气充注关系[J]．东北石油大学学报，2016，40(3)：70-79.

[8] 廖远涛，王华，王家豪，等. 东濮凹陷文东—前梨园地区沙三段、沙四段沉积特征和有利储集体预测[J]. 石油勘探与开发，2004，31(3)：75-78.

[9] 骆杨，赵彦超，吕新华．东濮凹陷柳屯洼陷沙河街组三段上亚段盐间泥页岩储层特征[J]．石油学报，2013，34(2)：295-300.

[10] 张宝君，卢齐军，梁国胜．东濮凹陷薄砂岩储层有效识别技术[J]．煤田地质与勘探，2014，42(1)：76-78.

[11] 汪功怀，邓明霞，宋萍，等．东濮凹陷沙三上盐间泥岩裂缝油气藏地震识别及描述[J]．断块油气田，2011，18(4)：461-464.

[12] 国殿斌，万涛，徐怀民，等．相控作用下的去压实波阻抗反演方法在储层预测中的应用—以东濮凹陷濮城构造带沙三中亚段为例[J]．天然气地球科学，2014，25(6)：906-913.

箕状断陷型凹陷潜山油气输导体系特征分析——以辽河西部凹陷为例

鞠俊成　王宇斯　曹宇森　杨时杰　周约如

（中国石油辽河油田分公司勘探开发研究院）

摘　要　辽河西部凹陷是在前古近系基底上发育的新生代箕状断陷型富油气凹陷。潜山是主要的含油层系之一，占全凹陷探明石油地质储量的20%。按照潜山与烃源岩接触关系，将西部凹陷潜山划分为源内、源边和源外三种类型。以构成要素类型划分，将西部凹陷潜山油气输导体系划分为断裂、储集层、不整合和复式输导四种类型。潜山勘探方向以源内型为主攻目标，源边型潜山为重要勘探目标，源边型潜山为探索目标。

关键词　西部凹陷；潜山；输导体系；源内型；源边型；源外型

西部凹陷为辽河坳陷三大富油气凹陷之一，是在前古近系基底上发育的一个新生代箕状断陷型凹陷，油气资源丰富。按地层时代将西部凹陷分为基底潜山和古近系两大主力含油气层系。截止目前已发现新太古界、上元古界、中生界、古近系、新近系等十九套含油气层系，各含油层系纵向上叠加，横向上连片。累计探明石油地质储量近17亿吨，其中潜山是主要的含油层系之一，占全凹陷探明石油地质储量的20%，是该凹陷深化勘探的重点领域和油气规模储量发现的重点目标。

1　潜山岩性特征

根据凹陷周边露头以及钻录井资料分析，西部凹陷潜山地层包括新太古界、中上元古界、下古生界和中生界[1]，潜山顶界与古近系呈角度不整合接触。其中，新太古界变质岩系为辽河坳陷最古老的结晶基底，年代归属于新太古代（表1），分布广泛，在西部凹陷周边凸起区及坳陷内钻井均有揭露。岩性为变质岩和多期侵入岩，变质岩按成因分为区域变质岩、混合岩和碎裂变质岩三大类，以片麻岩类和混合岩类为主，包括黑云斜长片麻岩、黑云角闪斜长片麻岩、角闪斜长片麻岩、斜长角闪岩、混合片麻岩、肠状混合岩、浅粒岩质混合岩和混合花岗岩等。侵入岩呈岩基、岩墙和岩脉产出，主要岩性包括花岗岩、闪长（玢）岩、煌斑岩、辉绿岩等。根据区内钻井岩心岩屑锆石测年数据，侵入年代范围213.8~248.4Ma，经历了早、中、晚三叠世三期岩浆侵入活动（表2）。

表1　西部凹陷太古宇变质岩锆石年龄数据表

井号	W101	XG7	XG8	XG9	H2	MG3	ZG1	L127	QG10	XG4
井深/m	3403	2590	2500	3770	1923	4170	2520	2976	2837	2645
层位	Ar_3	Ar_3	Ar_3	Ar_3	Ar_3	Ar_3	Ar_3	Ar_3	Ar_3	Ar_3
年龄值/Ma	2428	2520	2513	2443	2530	2533	2461	2517	2559	2586

表2　西部凹陷太古宇火山侵入岩锆石同位素年龄表

井号	井深/m	类型	岩性	年龄/Ma	时代	地层归属
XG9	3842	岩屑	花岗岩	213.8±2.6	晚三叠	新太古界
XG7-3	3847	岩屑	花岗斑岩	225.7±2.4	晚三叠	新太古界
W101	3418.0	岩心	花岗斑岩	219.8±3.8	晚三叠	新太古界
Z7	1351.0	岩心	花岗岩	228.5±2.1	中三叠	新太古界

续表

井号	井深/m	类型	岩性	年龄/Ma	时代	地层归属
CG2	4084	岩心	花岗岩	229.2±5.2	中三叠	新太古界
W85	1337	岩心	花岗岩	232.1±4.1	中三叠	新太古界
W85	1745.0	岩心	浅粉白色花岗岩	245.3±3.1	早三叠	新太古界
W27	1507.7	岩心	花岗岩	248.4±5.7	早三叠	新太古界

表 3　西部凹陷中生界火山岩锆石同位素年龄表

井号	井深/m	类型	岩性	年龄/Ma	时代	地层归属
QG62	3197.5	岩心	安山岩	125.2±1.6	早白垩时	中生界
W609	1990	岩心	流纹质凝灰岩	117.7±2.1	早白垩	中生界
QG2	1907.7	岩心	凝灰岩	167.8±1.0	中侏罗	中生界
W27	1419	岩心	花岗岩	158±15	晚侏罗	中生界
XG7-21-20	2745	岩屑	花岗斑岩	220.1±2.7	晚三叠	中生界
X603	2244	岩心	流纹质凝灰岩	221±12	晚三叠	中生界
ZG1	2176	岩屑	玄武岩	230±22	中三叠	中生界

元古宇在西部凹陷的曙光潜山、杜家台潜山、胜利塘潜山等钻遇，岩性以海相沉积的碳酸盐岩夹碎屑岩为主，钾氩法测得海绿石全岩年龄值655—895.7百万年，地质时代属于新元古代。古生界零星钻遇，岩性为一套深灰色、紫红色石灰岩，根据牙形石鉴定为奥陶系。中生界属于残留凹陷填平补齐式沉积，岩性为火山岩和粗碎屑沉积，揭示地层有三叠系、上侏罗统和下白垩统。其中，碎屑岩以陆相沉积为主，岩性以杂色砂砾岩、砂岩和泥岩互层；火山岩为基性、中酸性的玄武岩、安山岩和花岗岩，在中-晚三叠世、中晚侏罗世、早白垩世多期喷发(表3)，与陆相粗碎屑岩呈互层状分布。

2　潜山构造特征

2.1　构造特征

渤海湾盆地是在华北地台基底上发育的新生代张性块断盆地，辽河坳陷位于渤海湾盆地东北角，郯庐断裂带北东向纵贯全区，包括西部、东部和大民屯三个生油气凹陷，其中，西部凹陷面积为2560km^2，为一个北东向展布的新生代箕状凹陷。受印支期、喜山期、燕山期等多期构造运动的改造，基底潜山呈北东向展布，西缓东陡，自西向东，分别为西部潜山带、中部潜山带和东部潜山带(图1)。其中西部潜山带自北向南发育有高升、杜家台-曙光、齐家、欢喜岭-西八千等潜山，中部潜山带由兴隆台、双台子等潜山组成，东部潜山带自北向南有牛心坨、冷家、赵家、海外河等潜山。基底主要发育北东-北北东向主干断裂，主要包括台安-大洼断层、兴西-双台子断层和齐家断层等，控制了凹陷基底的构造形态，同时也控制着凹陷新生代的构造演化和沉积充填历史。

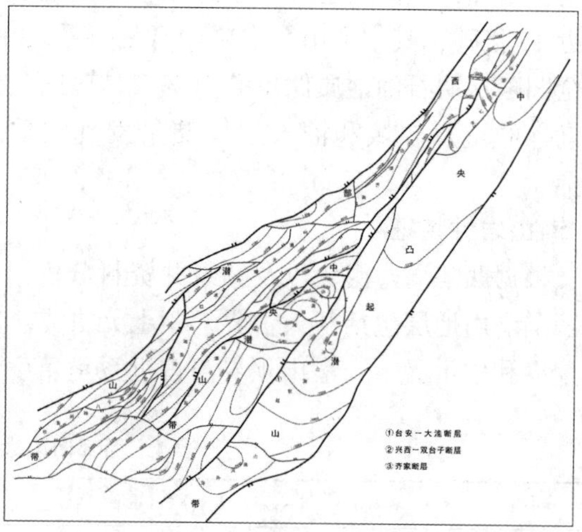

图 1　西部凹陷基底潜山构造纲要图

2.2　构造演化

辽河坳陷为华北地台新生代断陷，东临辽东地块，西部为燕辽沉降带。辽河坳陷区域构造演化经历了太古宙-古元古代准地台形成、中新元古代-古生代准地台盖层发育和中-新生代准地台破坏改造等演化阶段。辽河西部凹陷属于燕辽台褶带的一部分，基底现今构造的形成是多次构造运动叠加的结果[2]。新生代始新世沙三、沙四沉积期东西向强烈拉张运动形成盆地基底的基本构造格局，渐新世晚期侧向挤压应力形成的右旋走滑使西部潜山带进一步抬升，形成现今的构造形态。

2.2.1 前新生代构造演化

五台运动和吕梁运动使太古宇和古元古界发生强烈褶皱和区域变质作用，形成刚性结晶基底，上覆第一套沉积盖层-中新元古界和古生界，沉积一套以海相碳酸盐岩为主的地层。海西运动至印支运动，基底整体抬升并使第一盖层发生强烈褶皱变动，形成褶皱山系，西部凹陷中-新元古界及古生界呈北东向开阔的向斜。印支运动后整体抬升，中新元古界和古生界遭受到强烈的风化剥蚀作用，造成中-新元古界和古生界分布不均衡，仅残存于西部潜山带的曙光-杜家台等潜山。中生代时期，西部凹陷呈凸凹相间的构造格局，在西部斜坡带的宋家、西八千，中央构造带的兴隆台地区，东部构造带的大小洼地区发育多个小型的山间凹陷，堆积了一套碎屑岩和火山岩。晚期整体抬升，遭受剥蚀，形成了西部凹陷的基底。

2.2.2 新生代构造演化

新生代古新世晚期到渐新世，以东西向拉张应力场形成的断裂系统和箕状构造为特征。由于欧亚大陆板块与太平洋板块在古近纪相互作用及地壳与地幔相对运动，导致基底形成强大的北西向拉张应力场，辽河坳陷基底在古近纪产生一系列北东走向大断层，且多为西掉，使断层下降盘向东翘倾掀斜，逐渐使基底形成东陡西缓的箕状构造，控制了房身泡组玄武岩的裂隙喷发和沙四段、沙三段沉积。近东西向断层是由于北西向拉张应力场分布的不均匀性(受到岩性和古地形形态影响)及其诱导作用而形成的，多为延伸长度较短的北掉正断层，将北东走向潜山带切割成多个独立的断块山。

渐新世以东西向的挤压应力场和右旋走滑而形成的基底逆断层为特征。古近纪晚期，自沙一段沉积开始，凹陷逐渐由侧向拉张应力场逐渐转变成侧向挤压应力场，右旋走滑，太平洋板块运动方向由北北西向转向成北西西向，并且印度板块迅速向北推移，产生压扭性构造变动，尤其以东营组沉积时期最为显著。凹陷北部的锐角收敛区在向北走滑过程中，基底受到挤压应力最大，使凹陷北部形成了多条逆断层，以冷东和牛心坨地区逆断层最发育，使基底构造进一步复杂化[3]。

3 潜山油气输导体系

3.1 潜山类型划分

勘探实践表明，潜山成藏主要控制因素为油气运移窗口和保存条件，其次为储层发育程度。前者决定了潜山能否成藏，后者决定了潜山的含油丰度。潜山与有效源岩的接触方式、供油窗口的大小与潜山成藏和含油幅度关系密切。按照潜山与烃源岩接触关系将西部凹陷潜山划分为源内型、源边型和源外型三种类型(图2)，其中源内型潜山位于生烃洼陷之内，为烃源岩所覆盖，潜山侧向断面与烃源岩直接接触，如兴隆台潜山。源边型潜山位于生烃洼陷周边，主要通过断层与烃源岩单向接触。西部凹陷为一个典型单断箕状凹陷，台安-大洼断层位于凹陷东侧(图1)，整体呈西北倾北东向展布，长期继承性发育，控制凹陷的整体构造形态和地层发育，断层东侧潜山通过断裂面与西侧烃源岩接触，形成大面积展布的源边型潜山带，典型如赵家潜山。源外型潜山位于生烃洼陷之外，主要通过不整合沟通油源，如西斜坡高台阶潜山。

3.2 潜山油气输导体系

以构成要素类型划分，将西部凹陷潜山油气输导体系划分为断裂输导型、储集层输导型(孔隙、裂缝)、不整合输导型和复式输导四种类型(表4)。

源内型潜山位于生烃洼陷之中，侧向上与烃源岩直接接触，以断层、不整合与裂缝型储层为主要输导通道，为最有利的输导类型，供油窗口幅度大，潜山与烃源岩接触的底界深度决定了潜

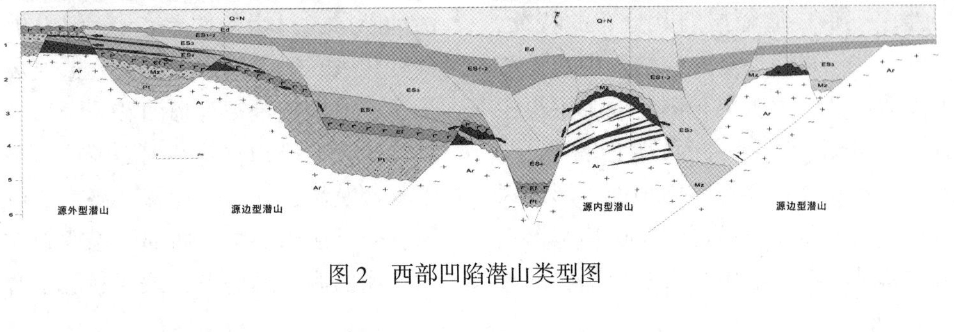

图2 西部凹陷潜山类型图

表 4　潜山输导体系类型(按构成要素)

输导体系	类型	运移主通道	影响运移的地质要素和作用
储集层	砂/砾岩体型	连通孔隙、层理面	储集层分布与连通，孔洞缝发育，原始产状
	变质岩型	连通孔隙、裂缝	
断裂	伸展断层型	断层	断裂性质、发育规模、走向、活动期，配置关系
	压扭性断层型	断层	
	裂缝型	裂缝	
不整合	不整合面	风化壳	不整合发育规模、分布、不整合面性质、产状、与其他输导层配置关系
复式	断层-砂体	断层和砂体	断裂与砂体的组合关系
	砂体-不整合面	砂体和不整合面	砂体与不整合面的组合关系
	断层-不整合面	断层和不整合面	断层与不整合面的组合关系

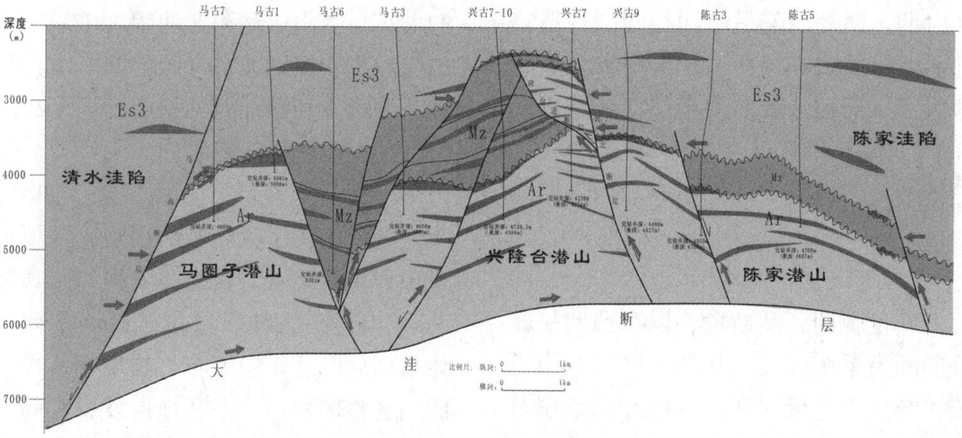

图 3　兴隆台潜山成藏模式图

山含油底界，潜山裂缝与内幕断层控制了内部油气运移，潜山裂缝的发育程度控制含油气丰度[4]。潜山岩性的不均一性决定了其具有储隔层交互分布的特征，形成风化壳及内幕油气藏。兴隆台潜山为典型的源内型潜山，该潜山位于西部凹陷中段(图 3)，四周为生烃洼陷所包围，烃源岩最大埋深 8000m(南侧清水洼陷)，西侧与南侧潜山通过断层与烃源岩接触，北侧与东侧沙三段烃源岩超覆、披覆于潜山之上，具有十分优越的油气源条件。潜山岩性为新太古界混合花岗岩与混合片麻岩，内部有多期中生界侵入体(图 4)，按照优势岩性序列形成储隔层间互分布的特征，其中太古界混合花岗岩、混合片麻岩与中生界酸性侵入体为优势储层，太古界角闪岩、中生界中基性侵入体(煌斑岩、辉绿岩等)为内幕隔层，油气通过断面与不整合运移至潜山顶面，形成风化壳油藏，油气通过断面与内幕储层运移至潜山内幕，形成内幕油气藏。潜山与有效烃源岩的接触底界决定了潜山的含油气幅度，整体形成顶部烦人风化壳油气藏和层状(似层状)内幕潜山油气藏。

源边型潜山以断层及不整合为主要输导条件，潜山含油气性及含油幅度受控于供油窗口的大小及潜山储层的发育程度。另外，断层的活动期、上覆地层的封堵性决定了潜山含油气丰度与油品性质(稀油或稠油)。中央凸起为典型的源边型潜山(图 4)，该潜山西侧通过台安—大洼断层沟通生油洼陷，具有大幅度供油窗口，油源条件优越[5]。但由于台安—大洼断层为继承性长期活动断层，封堵条件差[6-7]。潜山带上覆地层岩性变化大，封盖能力差别大，造成风化壳以稠油为主，潜山内幕则为稀油。

源外型潜山远离生烃洼陷，油气通过断层、不整合及渗透性储层运移至潜山成藏，主要发育风化壳型潜山油藏。西部凹陷西斜坡高台阶潜山为典型的源外型潜山，该区断层发育，同时多期

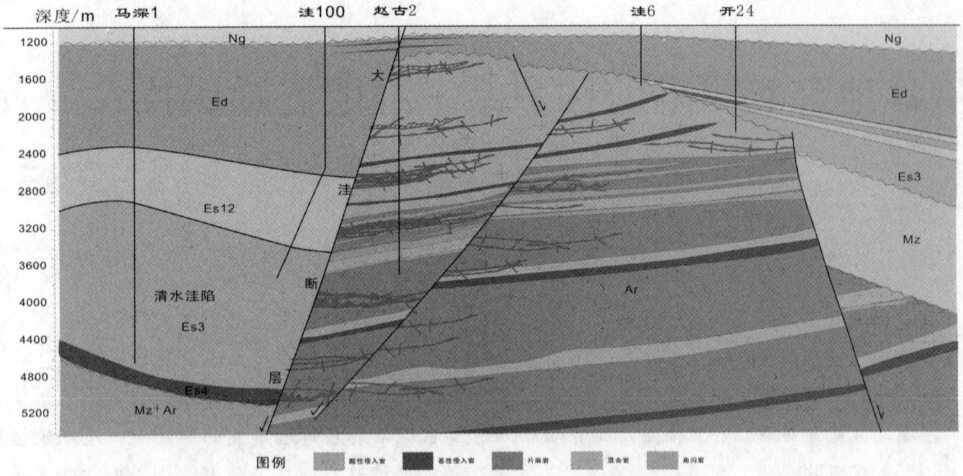

图4　中央凸起赵家潜山成藏模式

不整合为长距离油气运移通道，加之多期发育的古近系砂砾岩储层，因此该区油气具有良好的输导条件。但由于盖层岩性变化大，封堵性能差，潜山多发育风化壳稠油油藏。

4　潜山勘探方向思考

西部凹陷油源条件优越，油气富集，探明储量丰度 $70\times10^4 t/km^2$，是渤海湾盆地内著名的富油气凹陷。油气输导条件的差异，在凹陷的不同构造部位形成了多样的油藏类型，预示了西部凹陷具有十分巨大的深化勘探潜力。其中源内型潜山是主攻目标，烃源岩与潜山最大接触深度决定了潜山的含油幅度，潜山裂缝发育程度决定了油气的富集区；同时由于保存条件好，多油气共存，产能高，效益好。源边型潜山是重要勘探目标，潜山油藏的有效性取决于保存条件，重点是落实供油窗口；源外型潜山是探索目标，重点落实盖层条件。

参　考　文　献

[1]　王仁厚，魏喜，石墩久，等．辽河断陷西部凹陷中段古潜山地质时代新认识及其地质意义[J]．特种油气藏，2007，14(2)：64-69.

[2]　刘敬，刘宝鸿，钱宝娟，等．西部凹陷基底结构及油气成藏特征[J]．特种油气藏，2009，64(12)：45-48.

[3]　漆家福，李晓光，于福生，等．辽河西部凹陷新生代构造变形及“郯庐断裂带”的表现[J]．中国科学：地球科学，2013，43(8)：1324-1337.

[4]　薛会，李晓光，张金川，等．辽河坳陷西部凹陷兴隆台地区古近系油气运聚特征[J]．大庆石油地质与开发，2008，27(3)：9-14.

[5]　方世虎，徐怀民，宋岩，等．辽河西部凹陷滩海地区复合含油气系统中的油气运移流向探讨[J]．石油大学学报(自然科学版)，2005，29(4)：10-14.

[6]　刘玉祥，张金功，王永诗，等．断层输导封闭性能及其油气运移机理研究现状[J]．兰州大学学报(自然科学版)，2008，44：54-57.

[7]　吴智平，陈伟，薛雁，等．断裂带的结构特征及其对油气的输导作用[J]．地质学报，2010，84(4)：570-577.

吐哈盆地台北凹陷前侏罗系三维地震勘探技术及效果

吴多平　文一华　程　祎　宋鹏鹏

（中国石油吐哈油田公司）

摘　要　深层地震资料品质差一直制约吐哈盆地台北凹陷前侏罗系油气勘探开发进程。虽然针对台北凹陷前侏罗系成像的二维地震攻关已进行了三轮，资料品质有了一定改善，但深层反射能量弱、多次波干扰等问题始终未得到有效解决。本文梳理了吐哈盆地台北凹陷以往深层攻关及存在的问题，总结了影响勘探效果的主要地震地质难点：T-P 地层反射系数小、侏罗系煤系地层对地震波的屏蔽且产生多次波、近地表巨厚砾石层的强吸收衰减。并阐释了 2019 年在台北凹陷南斜坡连北地区开展新一轮针对前侏罗成像地震攻关——三维地震的技术措施及效果，为该区前侏罗系勘探研究奠定了资料基础。

关键词　前侏罗系；弱反射；两宽一高；多次波；深层成像

1　引言

深层前侏罗系是吐哈盆地重要的勘探领域之一，也是下步吐哈盆地油气发现的重要接替领域[1]。目前吐哈盆地前侏罗系勘探发现主要集中在台北凹陷南部的火焰山地区，发现了鲁克沁亿吨级稠油富集带，勘探程度较高。而作为生烃中心的台北凹陷，前侏罗系勘探程度非常低。通过油源对比已经证实，南部火焰山地区已发现的二叠系梧桐沟组上段薄砂体油藏均来源于台北凹陷二叠系桃东沟群。同时，台北凹陷二叠系梧桐沟组一段前缘优质储层直接覆盖在桃东沟群成熟烃源岩之上，下生上储，是形成大面积晚期稀油地层岩性油藏的最有利区域[2-3]。2019 年在台北凹陷南斜坡区钻探了玉探 1 井，钻遇二叠系梧桐沟组 2 套成熟稀油油层，进一步揭示了该区二叠系含油气系统寻找大面积岩性稀油油藏的巨大潜力。

但是，深层地震资料品质差制约台北凹陷前侏罗系油气勘探开发进程。虽然以往三轮次二维地震攻关取得了一定效果，但深层反射能量弱、多次波干扰等问题一直未得到有效解决，地震资料不能满足深层精细构造解释要求。本文梳理了吐哈盆地台北凹陷以往深层攻关及存在的问题，总结了影响勘探效果的主要地震地质难点，并在吸收以往勘探经验基础上，从提高深层资料信噪比、改善深层成像效果入手，2019 年在台北凹陷南斜坡连北地区，采用高密度、宽方位、长排列三维地震观测系统，多台低频可控震源组合激发和井炮大药量激发，SRME 法压制多次波，TTI 深度偏移等技术手段，提高了前侏罗系深层资料品质，为下步台北凹陷前侏罗系勘探研究奠定了资料基础。

2　问题与难点

2.1　以往勘探及问题

上世纪 90 年底至今，针对台北凹陷前侏罗系勘探总共开展了三轮二维地震攻关。各阶段地震采集方法见表 1。第一轮攻关在 1997—1999 年，采用了大道距、较长排列（最大炮检距 8.25km），多台多次组合激发、多串检波器组合接收，覆盖次数低(120 次)，所获地震剖面深层资料品质较差；第二轮攻关在 2002—2003 年，在第一轮的基础上采用超长排列观测，最大炮检距近 16km，并进一步加大可控震源组合台数，资

表 1　吐哈盆地台北凹陷前侏罗系二维地震攻关各阶段采集参数表

攻关阶段	第一阶段（1997—1999 年）	第二阶段（2002—2003 年）	第三阶段（2013—2014 年）
观测系统类型	单线二维	单线二维	宽线 3 线 2 炮 400 道
道距/m	50	50	50
炮点距/m	50	100	50
最大炮检距/m	4250/8250	15975/13975	9975
覆盖次数/次	120	160/140	1200
激发参数	常规震源 5 台 * 6 次 * 8-72Hz	常规震源 8 台 * 4 次 * 6-72Hz	低频震源 2-3 台 * 1 次 1.5-84Hz
接收参数	3 串面积组合	4 串面积组合	2 串面积组合

料品质获得一定改善[4]；第三轮攻关为 2013—2014 年，主要采用宽线、高覆盖及长排列观测系统，低频可控震源多台组合拓展低频激发，地震资料深层信噪比进一步改善，实现了前侏罗系反射从无到有的突破。整体上看，虽然以往三轮次二维地震攻关获得了不同程度的效果，但深层信噪比仍然很低，资料多解性强。同是，台北凹陷开展过多次常规三维地震勘探，主要针对的是侏罗系及以上浅中层目标，采集方法相对简单，深层资料品质差，不能满足前侏罗系勘探需求。从地震资料应用来看，由于火山岩与沉积岩反射界面不明显，无法有效落实前侏罗系区域凹隆格局、断层位置和地层展布，钻井频频失利。

2.2　难点

根据目前的地震地质认识，在台北凹陷开展前侏罗系地震勘探，其难点总结起来主要在三个方面：

（1）T-P 地层反射系数小。通过该区密度测井和声波测井资料分析地层反射系数，发现研究区 T-P 地层的反射系数明显比其浅地层小，在地震剖面上有效反射层能量的强弱与其地层反射系数也有着明显的对应关系。这是造成深层信噪比低的重要因素。

（2）侏罗系发育多套煤系地层严重影响深层地震资料品质。在台北凹陷，侏罗系七克台组(J2s)、西山窑组(J2x)和八道湾组(J1b)发育多套含煤层系，尤其以西山窑组煤层最为发育，单层厚度 20~40m。煤层厚度大、分布广，呈低速特征。一方面多套厚煤层对地震反射的屏蔽很强，导致下伏地层有效反射能量很弱。另一方面多套低速煤系地层在深层产生严重的多次波干扰，导致前侏罗有效信号真假难辨。

为进一步分析煤层对地震资料的影响，在地质模型中，分别在中侏罗系的七克台和西山窑组各加了一套厚度为 30m 的相对低速的煤层。从正演单炮记录可以看出(图 1)，未加煤层的正演单炮，前侏罗系地层反射虽然较中浅层能量弱，但仍比较明显；而增加了煤层的正演单炮，前侏罗系反射能量非常弱，几乎看不清有效反射，同时深层明显的产生了多次波，对前侏罗系反射同相轴产生明显干扰，这也进一步证实了煤层对深层资料品质的严重影响。

（3）近地表巨厚松散砾石层对地震波吸收衰减严重。吐哈盆地台北凹陷地表由巨厚冲积扇交错叠置而成，浅表层为松散砾石层堆积，厚度在 100m 以上，局部靠近北部博格达山前，最厚可达 400m 以上。地震波经过巨厚的松散砾石层传播后，能量和频率吸收衰减都非常严重，导致深层反射能量弱、频率低。同时，巨厚砾石冲积扇交错叠置导致表层结构横向变化剧烈，长波长静校正问题严重。

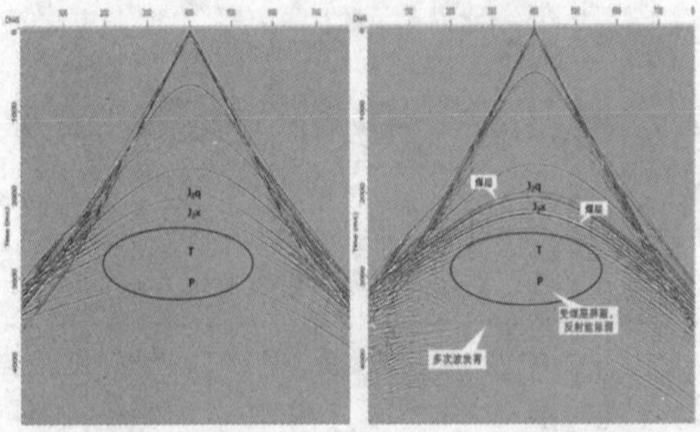

图 1　煤层正演单炮对深层能量影响

3　攻关主要技术措施

鉴于以往多轮次二维攻关无法有效解决目标区深层地震成像问题，新一轮攻关采用“两宽一高”三维地震进行攻关。围绕深层反射能量弱、信噪比低等瓶颈问题，结合以往攻关得失，以提高深层资料信噪比为根本，重点解决三个关键问题：一是提高原始单炮深层反射能量；二是有效识别并压制多次波干扰；三是提高深层成像效果及精度。

3.1　数据采集主要技术措施

（1）高密度、长排列观测系统

针对前侏罗系目的层资料信噪比低的问题，三维观测系统的选择主要考虑了两个方面：一是通过高密度大幅增加前侏罗系地层有效覆盖次数。二是通过长排列提高多次波识别能力，为处理压制多次波奠定基础。

高密度有利于实现对地震波场进行“充分、均匀、连续”采样[5]，提高有效覆盖次数，改善深层信噪比。如表 2 所示，通过抽稀检波线，将研究区先导试验数据叠加出不同覆盖次数剖面(图 2)，可以看出随着覆盖密度提高，深层信噪比提升明显。

台北凹陷前侏罗系埋藏较深，达到 6000 米以上。长排列接收能够一定程度上提高成像效果。由于反射波的射线路径和多次波射线路径的区别，多次波道集内各道地震波的旅行时不能校正为共中心点的垂直反射时间，存在动校正后残

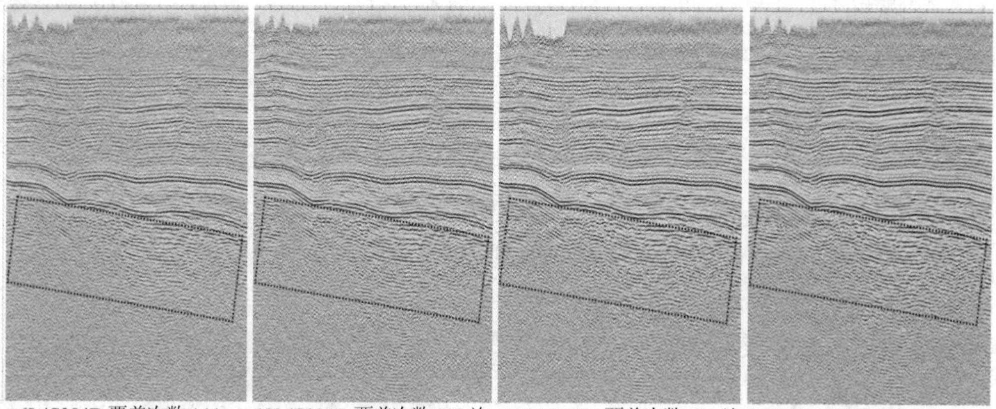

图 2 不同覆盖次数三维叠加剖面对比

表 2 采用的观测系统及退化方案

项目	退化方案 1	退化方案 2	退化方案 3	原始数据
观测系统	6 线 4 炮 384 道	12 线 16 炮 384 道	24 线 8 炮 384 道	48 线 4 炮 384 道
面元尺寸/(m * m)	20 * 20	20 * 20	20 * 20	20 * 20
接收线距/m	160	640	320	160
炮线距/m	160	160	160	160
覆盖次数/次	144	288	576	1152
最大炮检距/m	7673	8559	8559	8559
覆盖密度/(万/km^2)	36	72	144	288

余的时差。依据该区地球物理参数模型，结合反射波的射线路径和多次波射线路径的时距曲线方程，制作多次波和一次波动校时差量版(图 3)，根据量版数据分析，当排列长度超过 6000 米时，多次波剩余时差约为 30ms，足以使 20Hz 以上频率的多次波无法同相叠加。同时，长排列可以提高多次波识别能力。图 4 为该区不同最大炮检距速度谱，可以看出排列长度达到 8km 后，在速度谱上多次波和有效波能量收敛较好，多次波得到很好识别。因此，研究区地震勘探必须保证有足够长的排列接收更多的深层反射信息，提高速度分析精度，提高多次波识别能力。

(2) 低频可控震源多台组合激发

首先，通过激发拓展低频的地震信号，发挥低频信号衰减慢、穿透能力强的优点，来提高深层成像[6]。台北凹陷深层资料能够获得的有效反射频率基本都在 30Hz 以下，因此低频成分对深层成像尤为重要，在激发频带的设计上，依靠低频可控震源优势，将起始扫描频率拓展至 1.5Hz

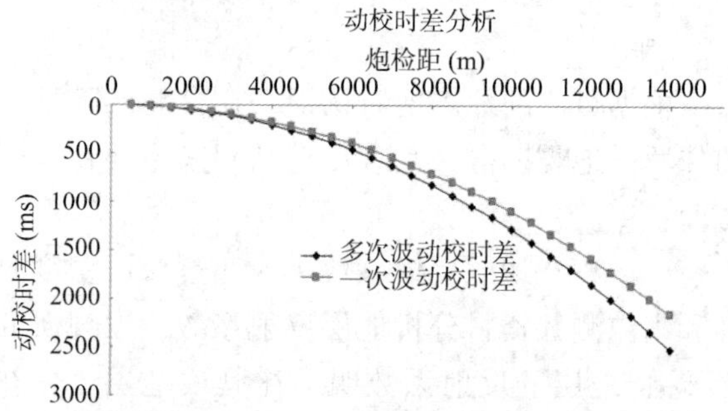

图 3 多次波和一次波动校时差分析量版

激发，以增强深层低频反射信息。其次，采用多台可控震源组合激发，加大激发能量，降低巨厚砾石浅表层和侏罗系煤层对地震反射波的影响，提高原始单炮深层信噪比[7]。在野外施工时，采用了点-微段-线三个层次的试验技术路线进行了激发台数优选，做到野外参数试验科学、有效、经济。即：先系统进行点试验，优选关键参数后，连续采集一定炮数(一般 20 炮左右)在微段叠加剖面上进行对比。最后，在微段对比基础上优化关键参数进行线试验，最终确定合理激发参数。图 5 为研究区微段试验基础上优选出的 3 台和 4 台组合参数在线试验上对比的剖面。线试验参数为 2 线 1 炮 500 道，道距 40m、炮点距 40m，覆盖次数 500 次。可以看出，在保证深层资料品质基础上，3 台组合和 4 台组合差异较小，从经济技术一体化角度考虑，最终选择 3 台低频可控震源组合激发。

3.2 数据处理主要技术措施

在地震数据处理上，针对多次波和深层成像问题，主要应用的技术措施有：

(1) 扩展 SRME 压制多次波

针对深层多次波干扰，开展 SRME 技术与拉

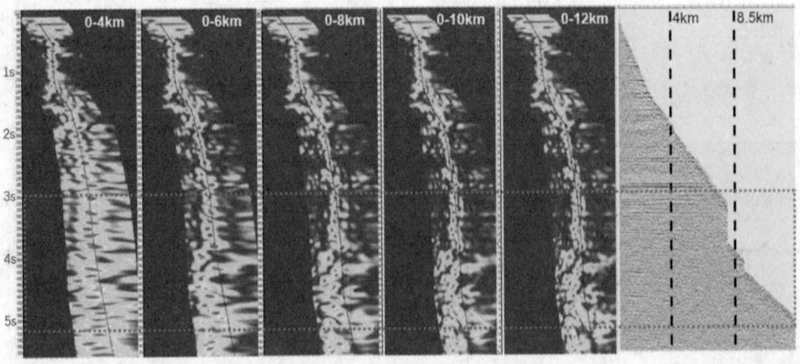

图4　不同最大炮检距速度谱及大道集

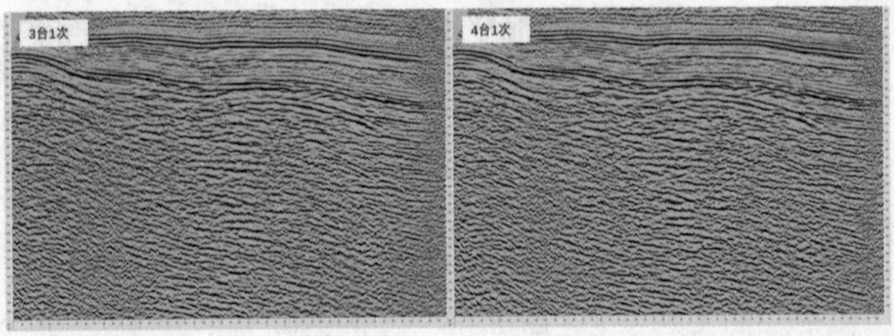

图5　研究区线试验不同可控震源组合台数激发叠加剖面(500次覆盖)

东变换联合应用[8-9]。SRME技术采用了层剥离方式，由浅至深消除多次波。解决思路分以下三步。首先是准备数据，通过井震标定和VSP资料、识别出一次波强反射同相轴，在叠加剖面上对强反射层位进行拾取。其次，预测多次波模型，采用层剥离的方式，由浅至深消除多次。最后自适应减去得到压制多次后的数据。

(2)“真”地表TTI各向异性叠前深度偏移

研究区深层发育火成岩，速度纵、横向变化大，具明显各向异性特征。常规时间偏移建立在水平层状或均匀介质理论基础上，不能实现深层准确的反射波偏移归位，故采用TTI各向异性叠前深度偏移技术提高深层成像精度。速度建模是地震叠前深度偏移的核心。受巨厚冲积扇影响，本区浅表层速度变化剧烈，且白垩系至第四系都有高速砾岩发育，会对偏移结果造成较大影响。因此，在“真地表面”基础上，首先采用表层调查约束近地表模型和井控+地震相约束高速砾岩速度建立浅表层速度模型[10]，然后根据声波测井建模得到中深层速度模型，最后利用网格层析和井约束各项异性参数迭代提高速度建模精度。

3.3　效果

通过以上技术措施应用，台北凹陷连北地区深层地震成像获得了较好的改善。图6为时间域新老剖面对比，新资料深层二三叠系构造形态更加清楚，信噪比得到了明显提高。从新资料深度域剖面来看(图7)，成像效果较时间域资料进一步改善，断裂更加清晰，归位合理。

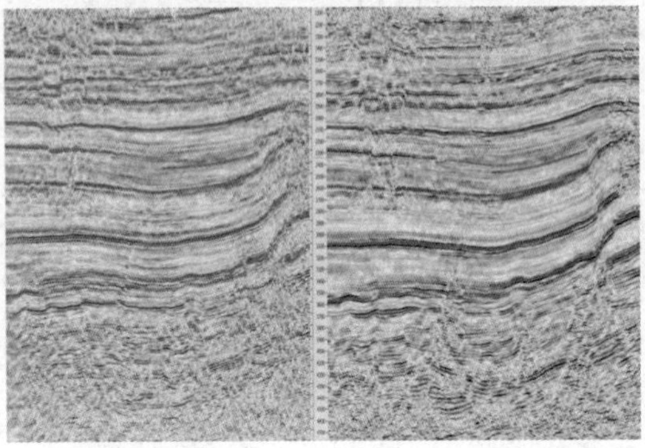

图6　新资料(右)与老资料叠前时间偏移剖面对比

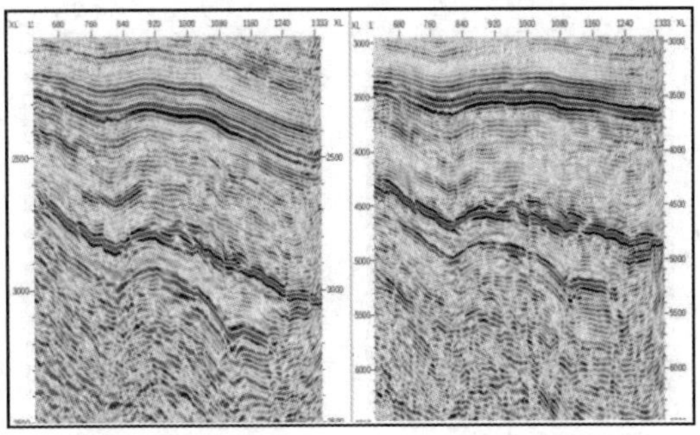

老资料（时间域）　　新资料（深度域）

图7　新资料时间域与深度域剖面对比

通过本次深层三维地震攻关，为接下来该区

前侏罗系勘探突破奠定了资料基础。目前在该区针对二叠系目标部署了英1110井(图8)，展示出三维地震深层攻关资料的应用潜力。

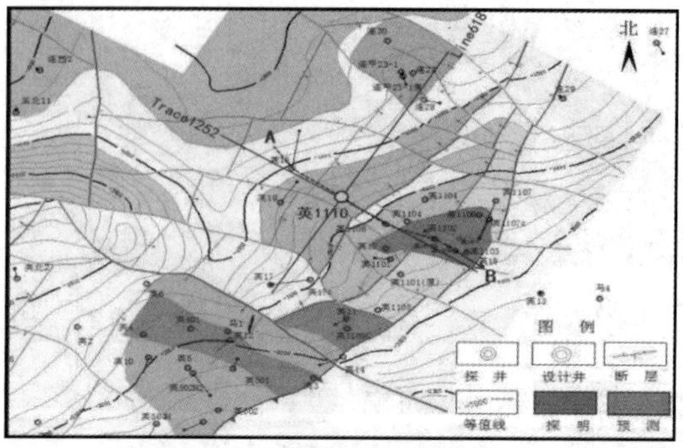

图8　英1110井构造图

4　认识

（1）与三维地震相比，二维攻关由于其自身的局限性，不能获得高品质的地震剖面；针对研究区前侏罗反射能量弱，覆盖密度是关键，高密度三维是提高资料品质的有效方法。

（2）提高原始单炮信噪比非常重要，深层地震勘探必须保证单炮具有一定的信噪比；通过多台低频可控震源组合激发是行之有效的方法。

（3）研究区多次波发育严重影响成像，要野外采集和室内处理方法联合应用才能起到好的压制效果；扩展SRME技术是一种有效的去多次波方法。

参　考　文　献

[1]　苟红光，张品，佘家朝等．吐哈盆地石油地质条件、资源潜力及勘探方向[J]．海相油气地质，2019，2：85-96.

[2]　苏传国，李定方，蒋新义等．吐哈盆地台北凹陷上二叠统源岩生烃潜力分析[J]．新疆地质，2002，20(1)：77~79.

[3]　王昌桂，杨彪．吐哈盆地二叠系油气勘探潜力[J]．新疆石油地质，2004，25(1)：17-18.

[4]　倪宇东，安树杰，詹士凡等．中国新疆吐哈盆地台北凹陷前侏罗地震资料采集技术[J]．CPS/SEG2004国际地球物理会议论文集，2004，32-36.

[5]　王学军，于宝利，赵小辉等．油气勘探中“两宽一高”技术问题的探讨与应用．中国石油勘探，2015，20(5)：41-52.

[6]　陶知非，赵永林，马磊．低频地震勘探与低频可控震源[J]．物探装备，2011，21(2)：71-76.

[7]　姜福豪，倪宇东，李志英等．深层油气勘探地震采集关键技术探讨[J]．CPS/SEG北京2018国际地球物理会议暨展览电子论文集，2018：1396-1399.

[8]　马继涛，陈小宏．SRME方法压制多次波方法研究[J]．中国地球物理，2006：135.

[9]　王彦江．多次波压制方法及应用研究[D]．中国地质科学院，2009.

[10]　赵玲芝，谷跃民，张建中．多信息融合的近地表速度建模技术及应用[J]．石油地球物理勘探，2017(01).

滨里海盆地东南缘T区块石炭系海相碳酸盐岩特征及勘探潜力评价

张胜斌[1] 金树堂[2] 范乐元[1] 盛善波[2] 付海波[1]

(1. 中国石油长城钻探工程公司国际测井公司；2. 中油国际阿克纠宾油气股份公司)

摘　要　滨里海盆地是世界上特大型含油气盆地，盐下碳酸盐岩是主要的储集体。通过对盆地东南缘塔克尔和T区块盐下碳酸盐岩发育特征的研究，并通过成藏条件的分析认为，圈闭和储层是盆地东南部油气成藏的主控因素，大型构造与渗透性储层连片大规模发育配套，是盆地油气富集形成大型油田的关键；东部成藏带盐下碳酸盐岩地层厚度大，储层较为发育，与北特鲁瓦属于同一类型的碳酸盐台地，且构造位置相对有利，断层输导体系完善，成藏条件匹配良好，具备油气成藏潜力，为了本地区的油气成藏有利勘探区带。

关键词　滨里海盆地；石炭系；碳酸盐岩；东部成藏带；勘探潜力

滨里海盆地是世界上特大型含油气盆地之一，盆地面积50余万平方公里，盆地主体(大约85%的面积)在哈萨克斯坦境内，15%的面积在俄罗斯联邦境内。盆地自晚元古代-早古生代以来至今经历了沉降为主的地壳运动，堆积了巨厚的沉积物，盆地中心沉积物最大厚度达22km(马克西莫夫，1988)，生油岩厚度达上千米，油气资源十分丰富。滨里海盆地目前已发现200多个油气田，绝大多数沿盆地周缘分布，以全盆地范围分布的孔谷阶厚盐层为界，将盆地沉积地层可以划分为盐上、盐岩和盐下三套地层组合，目前已探明的油气储量90%分布在盐下层系中。滨里海盆地预测远景可采储量为130×10^8t，目前已发现的油田仅仅是该盆地油气资源量中的一小部分，而大量的油气资源量尚处于待发现阶段[1]，勘探潜力巨大，前景十分广阔。多年来，众多中外专家学者对滨里海盆地构造演化、岩相古地理、成藏潜力等进行了大量的研究，提出了很多有建设性的观点[2-11]。

阿斯特拉罕-阿克纠宾斯克隆起带将盆地分为中央坳陷带和东南部坳陷带，整个盆地可分为北部及西北部断阶带、中央坳陷带、阿斯特拉罕-阿克纠宾斯克隆起带和东南部坳陷带四个次级构造单元，每个单元又包括若干个隆起和坳陷(图1)。滨里海盆地东南部系指阿斯特拉罕—阿克纠宾斯克隆起带和南恩巴隆起之间的区域。在盆地形成和发展过程中，它以独特的油气构造环境，构成了多层系、丰富多彩的油气成藏类型，成为滨里海地区最重要的油气富集区带之一[11]。2006年滨里海盆地北特鲁瓦油田勘探发现是中石油海外少有的几个碳酸盐岩油藏勘探最成功的案例，阿克纠宾公司通过自主勘探，在滨里海盆地东缘发现2亿吨级特鲁瓦大油田，最近几年通过地质认识不断深化，在中部成藏带发现塔克含油构造、在东部成藏带AK-1、AK-2、T13井获得勘探突破。东部成藏带继中部成藏带之后展现出良好的勘探前景，东部成藏带将成为滨里海盆地东缘有利勘探区带。

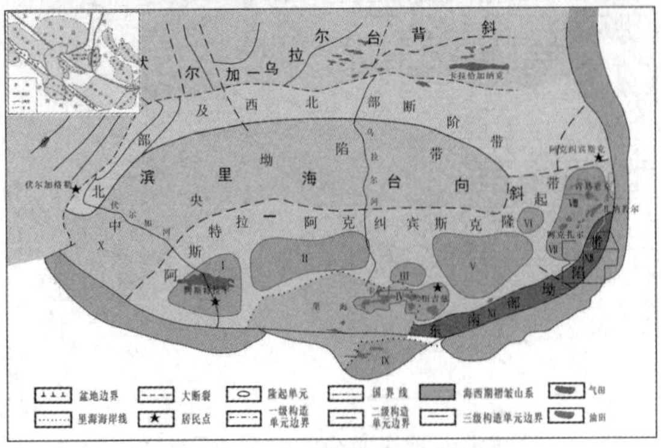

图1　盆地构造单元划分

1　构造演化特征

滨里海盆地构造上位于东欧地台的东南边缘，为克拉通边缘前陆盆地。滨里海盆地形成之后经历了复杂的构造运动，综合前人研究成果[5,6,9]，盆地东缘-南乌拉尔造山带的演化可分为四个阶段：(1)裂谷-被动陆缘期(里菲纪～志

留纪)；(2)聚敛期(D1-C1)；(3)隆升造山期(C2末-T)；(4)坳陷期(J-今)

研究区石炭纪整体属于残留洋盆沉积，杜内阶到维宪阶在沙克玛勒断层发育海相复理石沉积，维宪阶上部至晚石炭世格热尔阶(C_3g)在沙克玛勒断层东部发育复理石碳酸盐岩-碎屑岩沉积，西部则以浅海碳酸盐岩与碎屑岩陆棚交替沉积，反映了前陆盆地发育前期的沉积过程。早二叠世盆地东缘受乌拉尔造山带隆升导致的构造反转，整体进入周缘前陆盆地阶段，在东部沉积了海相灰色磨拉石建造，至晚二叠世发育陆相红色磨拉石建造，反映了该地区前陆盆地的持续发展过程。

2 沉积岩相特征

在泥盆纪—早二叠世，滨里海盆地周缘广大地区普遍发育碳酸盐沉积。在许多古隆起上还发育生物礁体，反映这一时期盆地的滨、浅海地带具有浅、清、暖且陆源碎屑供应较少的沉积环境[11]。上泥盆统陆棚碳酸盐岩的分布范围很广，几乎遍布整个阿斯特拉罕—阿克纠宾斯克隆起带(图2)。

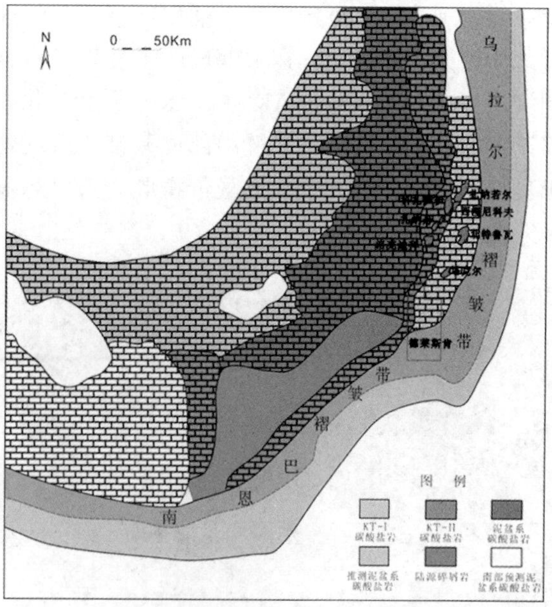

图2 滨里海盆地东南缘泥盆系-石炭系碳酸盐岩分布图(据中油阿克纠宾公司)

KT-Ⅰ和KT-Ⅱ是盐下两个主要的碳酸盐层序，中间被陆源层MKT隔开(图3)。KT-Ⅱ碳酸盐层序涵盖了很长的地质时期，从下石炭统上维宪阶(C1v3)-谢尔普霍夫阶(C1s)-中石炭统巴什基尔阶(C2b)-下莫斯科阶(C2m1)。由于石炭世海侵规模扩大，古陆棚区趋于萎缩，盆地东部和

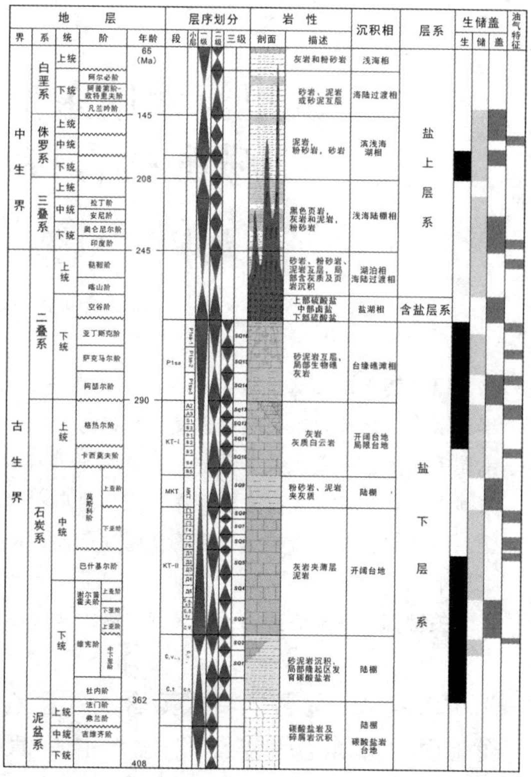

图3 滨里海盆地东南缘综合柱状图

南部均形成较平坦的半岛型“碳酸盐岩台地”[1]，KT-Ⅱ分布范围较泥盆纪碳酸盐岩范围大幅减少，目前残留的地层仅呈南北条带分布在盆地东部边缘狭窄地带，东西宽在塔克尔地区最大大约为55km，在T区块宽度为25～43km，西部受早期石炭纪构造活动抬升剥蚀，和晚期二叠纪构造反转挤压抬升的影响，西部和东部被剥蚀形成东西两个边界(图4)。根据塔克尔和T区块钻井结果表明，KT-Ⅱ地层岩性主要为浅灰色至白色生屑灰岩和藻灰岩，富含有孔虫、生物碎屑和藻类，生物成因明显，泥质含量普遍较低，只有在最东部，才会出现少量钙质泥岩和粉砂岩层，以及白云石化和重结晶。

KT-Ⅰ涵盖从中石炭统上莫斯科阶(C2m2)到上石炭统格热尔阶(C3g)地层。分布范围较KT-Ⅱ进一步萎缩，东西宽在塔克尔地区为30km左右，到T区块进一步收窄，最小处宽度为10km左右。有分析资料表明，KT-Ⅰ在平面上分布不连续，中间可能存在一个剥蚀条带，石炭纪构造运动造成KT-Ⅰ地层在局部剥蚀。同KT-Ⅱ地层一样，西部和东部被剥蚀形成东西两个边界(图5)。根据塔克尔地区岩石薄片分析数据，KT-Ⅰ主要岩石类型为生屑灰岩、砂屑灰岩、藻屑灰岩和鲕粒灰岩，白云石的含量较KT-

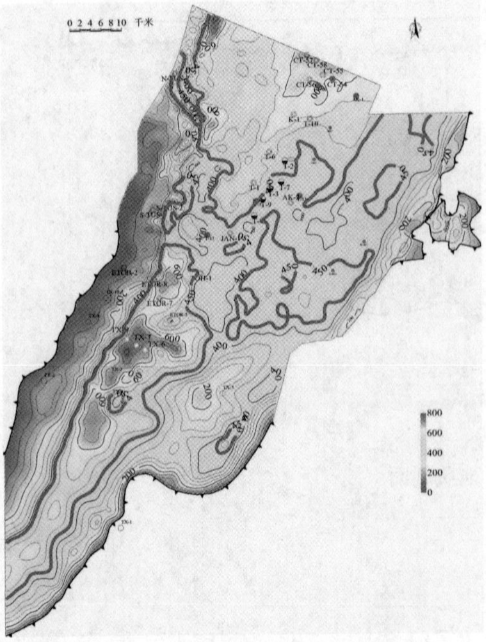

图4　东南缘KT-Ⅱ地层厚度分布图

Ⅱ明显增加，局部现白云岩，富含生物碎屑，表明浅海陆棚碳酸盐台地沉积环境。

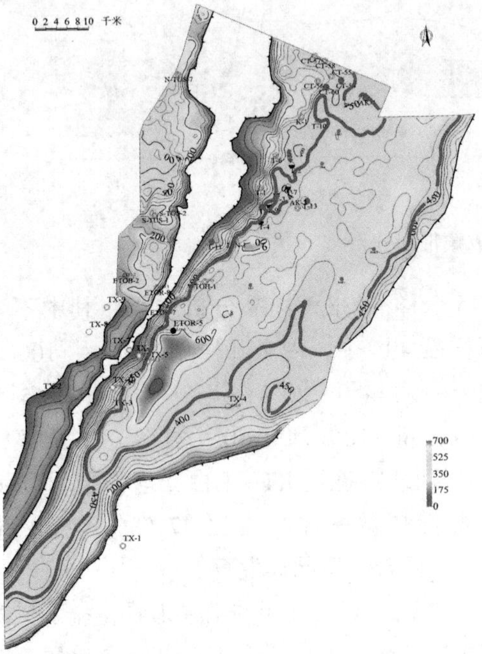

图5　东南缘KT-Ⅰ地层厚度分布图

至早二叠世，盆地东缘构造回返，哈萨克板块和东欧地台碰撞，周缘褶皱造山带形成，乌拉尔地区风化剥蚀严重，构成了丰富的碎屑岩物源区，该物源区给滨里海盆地提供了大量的陆源碎屑物质，海相碳酸盐沉积和陆源沉积交替发育（图6）。

3　成藏带的划分

区带划分的根本目的是通过区带划分，确定探区不同部位的勘探目的层，进行有利区带评价和目标优选[7]。

根据钻井和地震资料揭示，滨里海东南缘西部有2条地层缺失线边界，分别是KT-Ⅰ西部剥蚀边界和KT-Ⅱ西部剥蚀边界。依据KT-Ⅰ、KT-Ⅱ地层西部缺失线、Plsa坡折（坡折断层）和乌拉尔褶皱带边界断层（CK）为界将盆地东南缘划分为3个成藏带：西部成藏带、中部成藏带和东部成藏带（图7）。

3个构造成藏带呈近南北向展布。所划分出的区带是该区构造运动和沉积环境变化的综合反映，每个区带具有不同的构造特征、沉积环境等，因此形成不同的含油气组合[7]。

4　盐下层系油气勘探潜力

滨里海盆地勘探实践表明，盐下油气资源丰富，近年来，在盆地东缘又发现北特鲁瓦构造2亿吨大油田，预示盆地东南缘勘探潜力巨大，塔克尔构造和T区块与北特鲁瓦属于同一类型的碳酸盐台地，地质条件相似，特别是东部成藏带向乌拉尔褶皱带滚动钻探的AK-1、AK-2、T13井在盐下均获得油气发现，更加证实了本地区的勘探潜力。

4.1　烃源岩特征

滨里海盆地盐下具有良好的生油气条件。中央凹陷带和东南凹陷带在泥盆纪和石炭纪沉积了巨厚海相泥页岩和碳酸盐岩为油气提供了丰富的物质基础，研究表明，滨里海东南缘紧邻东南坳陷，油源丰富，具有中央坳陷和东南坳陷“双源供油”的特征。盆地东南缘生油岩主要为中泥盆统和下石炭统盆地相黑色页岩，有机碳含量0.1%~7.8%，平均0.75%（Tverdova等，1992）。有机质类型以Ⅱ型和Ⅲ型为主。生油岩有机质热演化程度适中石炭系的Ro为0.65%~1.16%，古地温125~200℃，反映出该区盐下石炭系的生油岩正处于成熟阶段[11]。

东部烃源岩成熟时间在二叠纪之后，大量生烃并运移发生在早侏罗世之后[1,10]。

4.2　储层条件

盐下层系储集层主要集中在下二叠统（P1sa）、石炭系（KT-Ⅰ和KT-Ⅱ），以石炭系灰岩为主。与让纳诺尔和北特鲁瓦油田相比，塔克尔和T区块盐下碳酸盐岩储层有4个显著特点：

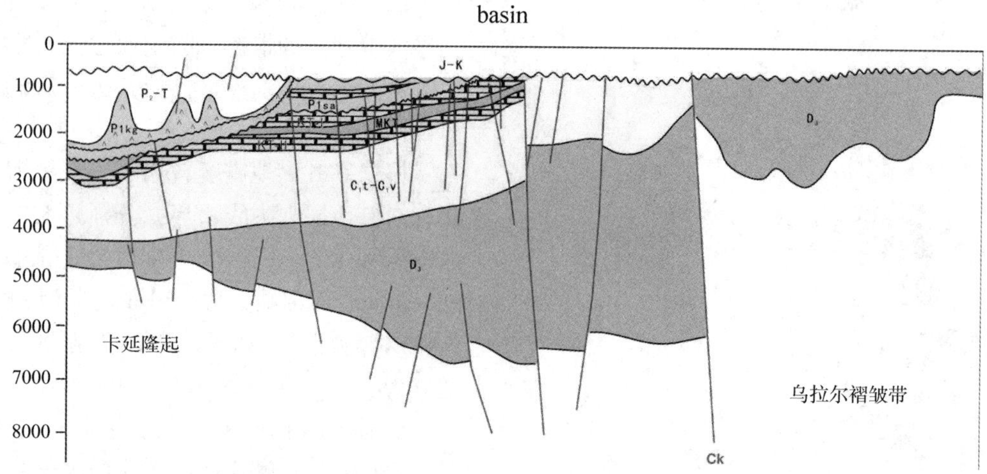

图 6　滨里海盆地塔克尔地质剖面

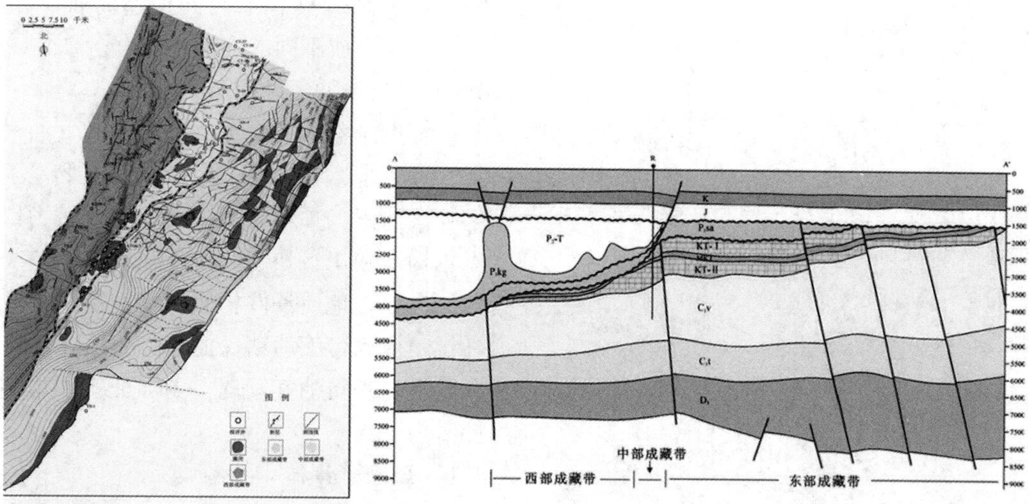

(a)　　(b)

图 7　滨里海盆地东南缘成藏带划分

一是物性普遍较低；二是储层薄；三是储层横向连续性差；四是白云岩储层不发育。KT-Ⅰ和KT-Ⅱ单层储层厚度普遍较薄，大部分小于 5m，平均单层厚度在 2.2×3.3m；根据 T 区块测井解释结果，KT-Ⅰ储层总厚度最大 28.6m，KT-Ⅱ储层总厚度最大 68.2m。根据塔克尔地区 9 口取心井 343 块样品统计，储层孔隙度整体低于 15%，储层孔隙度变化范围 4.1%~24%，平均 5.85%；渗透率整体低于 10mD，渗透率变化范围 0.0002~47.72mD，平均 1.2mD。岩心可见整段发育的溶蚀孔洞(>2mm)及高角度-垂直缝与近水平缝为主的多种有效裂缝，裂缝发育程度差异大，局部井段裂缝比较发育，储集空间以铸模孔、粒内孔和晶间(溶)孔等连通性差的孔隙为主，其次为粒间(溶)孔和微裂缝，储层类型为孔洞缝复合型或者孔隙-裂缝型储层。根据 11 口井 645 个样品 SEM 样品分析结果，其中不含白云石样品 495 个，占全部样品 76.7%；100 个样品白云石含量 0~20%，占全部样品的 15.5%；白云石含量>20%只有 50 个样品，占全部样品 7.7%。而北特鲁瓦 KT-Ⅰ白云岩储层占到 KT-Ⅰ全部储层的一半，占比 47.53%，扎纳诺尔 KT-Ⅰ白云岩储层同样发育。

从 T 区块储层预测的结果来看，盐下三套主要储集层 P1sa、KT-Ⅰ和 KT-Ⅱ有利储层分布主要集中在中-东部成藏带(图 8)。

4.3　圈闭条件

滨里海盆地盐下油气藏圈闭类型主要为生物礁建造和背斜[1,10]。盐下大型油田的发现均与这两类圈闭有关。但从目前地震资料识别的圈闭结果来看，KT-Ⅰ和 KT-Ⅱ圈闭规模普遍较小，以小型和微幅构造为主(图 7a)，P1sa 构造圈闭总

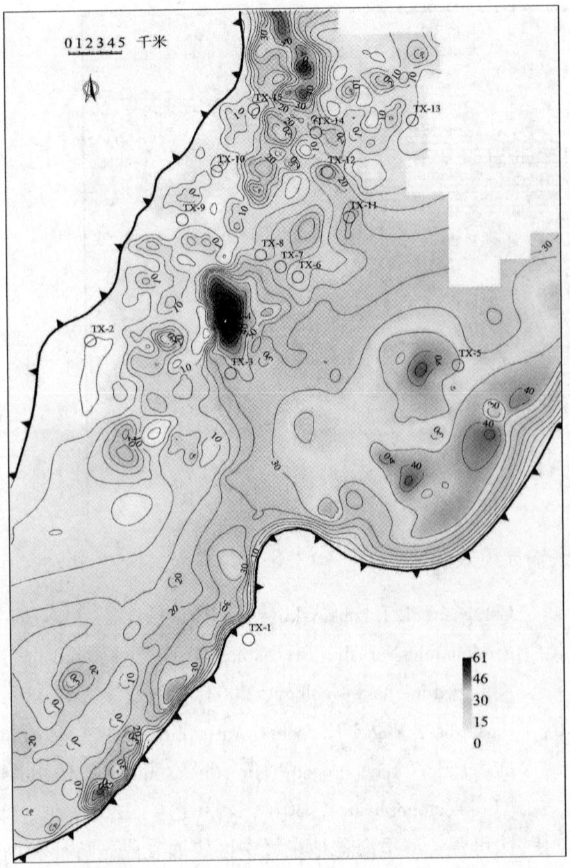

图8 T区块KT-Ⅱ有利储层厚度预测图

体不发育，但岩性圈闭相对发育。圈闭类型以背斜圈闭为主，其次是断鼻圈闭和断块圈闭，断块圈闭主要发育在塔克尔以东T区块Ⅱ区(图7a)，受地震资料所限，T区块Ⅰ区东部成藏带圈闭落实程度低，推测T区块Ⅰ区也发育这类圈闭。圈闭面积从2.8~47km^{2}不等，大部分圈闭面积在10km^{2}左右，闭合幅度20~50m，少数圈闭幅度能达到上百米，圈闭高点埋深在-2500~-1500m。总体上，断块圈闭幅度普遍比背斜圈闭大。北特鲁瓦盐下KT-Ⅰ和KT-Ⅱ碳酸盐岩圈闭面积150km^{2}左右，幅度150m左右，高点埋深-2030~-2780m，规模明显比塔克尔和T区块更大，圈闭条件更好。

值得指出的是，小型圈闭由于受地震资料品质和孔谷阶盐岩层的影响，构造成像精度难以保证，落实难度比较大，可靠程度较低，油气资源量较小，难以有大规模的发现。岩性圈闭与构造圈闭往往具有互补性，在构造圈闭不发育的地区，往往岩性圈闭比较发育，目前对于盐下岩性圈闭的研究有待进一步加强。同时，东部成藏带靠近乌拉尔逆冲推覆构造带，构造作用比较强烈，目前，在东部成藏带发现了一系列的近东西向走滑断层，这些断层和岩溶体储层可以组合形成油气富集的断溶体圈闭，断溶体在东部成藏带的发育情况有待进一步研究。

4.4 盖层条件

众所周知，滨里海盆地大型油气田的发现与全盆地普遍发育的巨厚下二叠统孔谷阶盐岩有关。东南缘盖层条件优越，盐下共发育3套主要盖层(图3)，孔谷阶盐岩在中部成藏带和西部成藏带广泛发育，是优质的区域性盖层。下二叠统阿丁斯克阶页岩和中石炭统页岩(MKT)为局部盖层。这些盖层一般厚度较大，有较好的封盖能力，但其厚度分布不一，封闭性有异，加上受局部地区较强构造应力的影响，如孔谷阶盐层较薄的地区发生断裂，油气将再次运移并重新分布，或进入盐上地层中[7]。

4.5 输导条件

滨里海东南缘盐下油气的的主要输导通道是不整合面、断层和孔洞缝发育的碳酸盐岩渗透层形成的三维空间输导网络系统。油气沿不整合面侧向运移，盆地中心坳陷主生油区油气向边缘隆起带不断补充流动；沿断层、裂缝和储层垂向运移，东南坳陷带生油区中泥盆纪和下石炭纪油气向上运移至KT-Ⅱ、KT-Ⅰ和P1sa有利部位聚集成藏(图9)，甚至继续运移至盐上圈闭。

5 勘探方向

综合分析认为，圈闭和储层是盆地东南部油气成藏的主控因素，大型构造与渗透性储层连片大规模发育配套，是盆地油气富集形成大型油田的关键。

中部成藏带在盆地东缘大型构造圈闭发育，储层条件好，成规模连片发育，近年来发现的北特鲁瓦、塔克尔等含油构造就处于中部成藏带上，油气比较富集。但向南逐步演变为狭窄条带，在塔克尔地区东西宽度为仅10km左右，在T区块中部成藏带的宽度仅为3km左右，再加之目前钻井比较集中，滚动和甩开的空间有限。

东部成藏带勘探面积大，目前钻井少，处于碳酸盐岩台地的主体区，KT-Ⅰ和KT-Ⅱ碳酸盐岩地层发育全，厚度大，储层条件较好，发育一系列背斜以及和走滑断层相关的断块圈闭以及断溶体，地层埋深较浅，深断裂发育，石炭纪和泥盆纪烃源岩生成的油气，可直接通过断层输导进

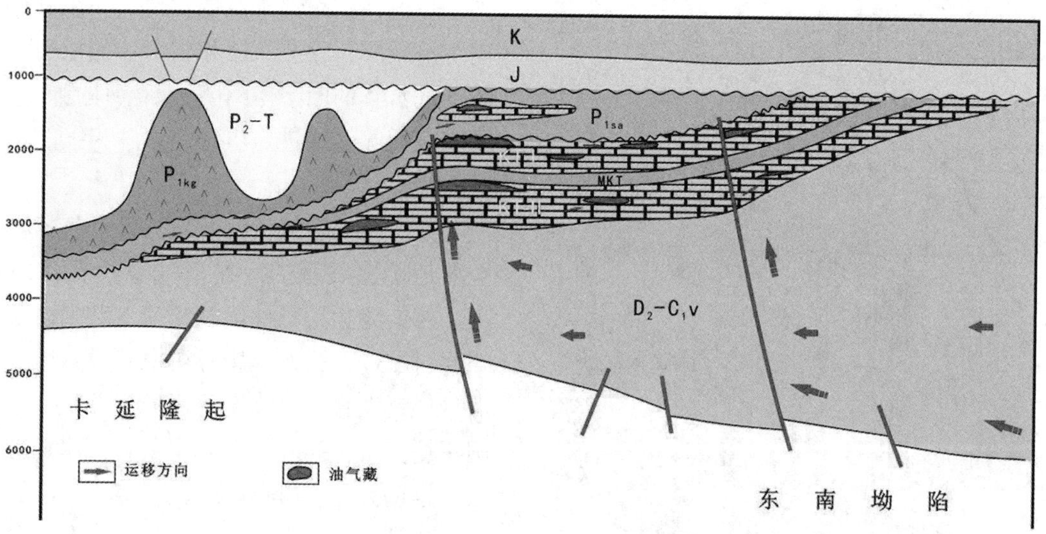

图 9　盆地东南缘油气输导模式图

入盐下储集层，成藏输导条件有利，因此，东部成藏带油气勘探潜力较大，是滨里海盆地东南缘有利勘探区带。

参 考 文 献

[1] 钱桂华. 哈萨克斯坦滨里海盆地油气地质特征及勘探方向[J]. 中国石油勘探，2005(05)：68-74.

[2] Кирюхин Л. Г.，Обрядчиков О. С.，Константинов А. А. Строение и перспективы нефтегазоносности подсолевых карбонатных отложений восточной прибортовой зоны Прикаспийской впадины [J]. Геология Нефти и Газа，1981(11)：16-21.

[3] Х. Б. Абилхасимов. Особенности формирования пр-иродных резервуаров палеозойских отложений прикаспийской впадины и оценка перспектив их нефтегазоносности [M].

[4] Ж. Жолтаев，Г. Е. Кулумбетова. Характеристика ка-рбонатных и терригенных подсолевых отложений востока прикаспийской впадины [J]. Недра Поволжья и Прикаспия，2019(98)：65-76.

[5] Yu. A. Volozh，M. P. Antipov，M. -F. Brunet，I. A. Garagash，L. I. Lobkovskii，J. -P. Cadet. Pre-Mesozoic geodynamics of the Precaspian Basin (Kazakhstan) [J]. Sedimentary Geology，2003，156(1)：35-38.

[6] Ines Görz，Peggy Hielscher. An explicit plate kinematic model for the orogeny in the southern Uralides [J]. Tectonophysics，2010，493(1)：1-26.

[7] 徐可强. 滨里海盆地东缘中区块油气成藏特征和勘探实践[M]. 北京：石油工业出版社，2011.

[8] 金树堂，郑俊章，于炳松. 滨里海盆地东缘晚古生代层序地层与沉积相[M]. 北京：石油工业出版社，2016.

[9] 梁爽，王燕琨，金树堂，王震，郑俊章. 滨里海盆地构造演化对油气的控制作用[J]. 石油实验地质，2013，35(02)：174-178.

[10] 金之钧，王骏，张生根，王俊玲，张发强. 滨里海盆地盐下油气成藏主控因素及勘探方向[J]. 石油实验地质，2007(02)：111-115.

[11] 张家青. 哈萨克斯坦滨里海盆地东南部油气地质特征及勘探方向[J]. 海洋地质前沿，2011，27(07)：50-56.

南海中南部大陆边缘盆地构造演化差异性及对油气的控制作用

唐　武　赵志刚　张功成　宋　双　刘世翔

（中海油研究总院有限责任公司）

摘　要　为了揭示南海中南部大陆边缘盆地油气富集差异性的成因，本文利用重磁、地震、钻井和露头资料，阐明盆地间构造演化差异，探讨构造演化差异性对盆地沉积充填及相应的油气地质条件的控制作用。结果表明，南海中南部大陆边缘盆地在新生代古南海俯冲消亡和新南海扩张的构造背景下，形成了南部伸展-挤压型、西部伸展-走滑型和中部伸展-漂移型3类陆缘盆地，经历了不同的构造演化过程，导致盆地沉积充填、烃源岩、储层、成藏组合及相应的油气资源量差异较大。南部盆地群新生代经历了晚始新世-早中新世的断拗期、中中新世的反转期和晚中新世以来的拗陷期3期演化阶段，发育巨厚的中新统，呈“早深晚浅”的充填特征，主要发育海陆过渡相烃源岩，以Ⅱ-Ⅲ型干酪根为主，生烃潜力巨大，砂岩和碳酸盐岩储层均较发育，形成“近岸砂岩自生自储，远岸碳酸盐岩下生上储式”成藏组合。西部盆地群新生代经历了晚始新世-早中新世的断拗期、中中新世的反转期和晚中新世以来的拗陷期3期演化阶段，地层厚度较大，呈“早湖晚海”的充填特征，发育湖相、海陆过渡相和陆源海相三类烃源岩，以$Ⅱ_2$-Ⅲ型干酪根为主，生烃潜力大，储层以砂岩为主，自生自储式砂岩成藏组合居主导地位。中部盆地群新生代经历始新世-早中新世的断拗期、中中新世的漂移期和晚中新世以来的拗陷期3期演化阶段，地层厚度中等，以滨浅海-半深海沉积环境为主，具有“早砂晚灰”的特点，发育陆源海相烃源岩，以Ⅲ型干酪根为主，生烃潜力较大，储层以碳酸盐岩为主，下生上储式碳酸盐岩成藏组合是主要类型。

关键词　构造演化；油气成藏；南海中南部；大陆边缘；古南海

1　引言

南海处于欧亚、印-澳、菲律宾-太平洋三大板块的交汇处，独特的地球动力学环境导致其经历多期复杂的构造运动，形成多种不同类型的沉积盆地[1-2]。其中在南海中南部（指北纬17°05′以南南海海域）主要发育中建南盆地、万安盆地、曾母盆地、文莱-沙巴盆地、巴拉望盆地、礼乐盆地、南薇盆地、北康盆地和南沙海槽盆地（图1），蕴含丰富的油气资源。目前南海中南部已发现数百个油气田，是世界上少有的常规储量上百亿吨油当量的巨型油气区[3]，但油气分布却极不均匀，南部的曾母和文莱-沙巴盆地油气规模巨大，可采储量将近53亿吨油当量，而西部的万安盆地仅是曾母盆地的十分之一，南沙地块上礼乐、南薇等盆地甚至还未有商业性油气田发现，这些相邻盆地为何油气发现量如此之大？盆地的构造演化存在哪些差异性？这些差异性如何控制盆地油气成藏？解决这些问题对于指导南海中南部下一步勘探具有重要的现实意义。

虽然前人对各盆地的构造演化和油气地质开展了大量工作[4-12]，但却很少将南海中南部作为整体开展综合类比分析，对盆地间构造演化的差异性与油气成藏的内部联系尚不清楚。鉴于此，本文在前人研究基础之上，从南海中南部大陆边缘盆地构造演化差异性角度，探讨盆地间构造演化和沉积充填上的差异，进而揭示这些盆地油气地质条件及油气资源量差异巨大的原因，旨在为我国制定该区域的油气勘探决策提供参考依据。

2　区域构造背景

南海西北部为相对稳定的欧亚板块，南部为向北俯冲的印度-澳大利亚板块，东部为向西汇聚的菲律宾海板块和太平洋板块。板块俯冲在西南部形成巽他-爪哇-帝汶弧沟体系，在东北侧形成菲律宾弧沟体系[13]，南海正是在多个板块俯冲背景下陆缘扩张形成的新生代洋盆。新生代初期，现今南海并不存在，印支-华南大陆与婆罗洲之间存在的大洋是古南海[14]。晚始新世以后，随着印度板块向北俯冲与欧亚板块碰撞，两者之间深层软流圈在南北应力的夹持下向东南流动，古南海开始向南俯冲，卢卡尼亚地块与婆罗

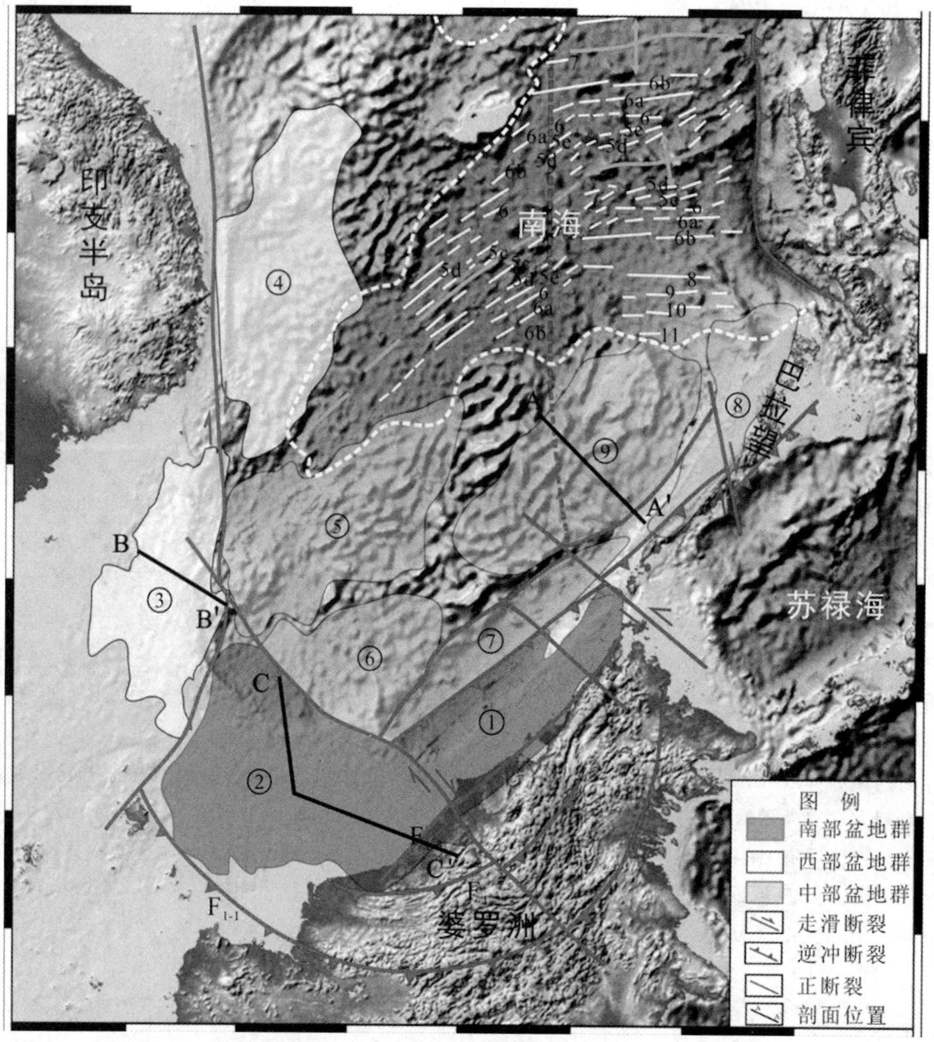

图 1　南海中南部主要盆地构造纲要图

①文莱-沙巴盆地；②曾母盆地；③万安盆地；④中建南盆地；⑤南薇盆地；

⑥北康盆地；⑦南沙海槽盆地；⑧巴拉望盆地；⑨礼乐盆地

F_{1-1}卢帕尔断裂带；F_{1-2}武吉米辛断裂带；F_{1-3}克拉维特断裂带；F_{1-4}南沙海槽南缘逆冲断裂带；

F_{2-1}越东-万安断裂带；F_{2-2}廷贾断裂带；F_{2-3}基纳巴卢山断裂带；F_{2-4}巴拉巴克山断裂带；

F_{2-5}乌鲁根断裂带；F_{2-6}中南-礼乐断裂带；F_{3-1}南沙海槽北缘断裂带

洲地块发生碰撞。而现今南海在持续伸展应力作用下于东沙-中沙-西沙与南沙地块之间的薄弱带处开裂，逐渐扩张成现今规模[1]。大洋钻探结果表明南海扩张时期为33～16Ma，对应于早渐新世-早中新世，经历了从东向西分段式扩张[15-16]。33～25Ma，随着中央海盆扩张，礼乐-巴拉望地块逐渐从华南大陆裂离[17-18]，向南漂移，早中新世末与婆罗洲-菲律宾地块碰撞；25-16Ma，随着西南次海盆渐进式扩张[19]，南沙地块与中-西沙地块分离，并于早中新世末与卢卡尼亚-婆罗洲地块发生碰撞，导致海底扩张作用停止。中中新世以后，整个区域处于热沉降阶段。

3　南海中南部大陆边缘盆地构造演化差异性

3.1　盆地群划分

新生代时期，在古南海俯冲消亡和新南海扩张的过程中，南海中南部及其周缘经历了一系列微板块(包括卢卡尼亚、南沙、礼乐-巴拉望、婆罗洲、卡加延脊、巽他地块等)拼合、增生、裂解、滑移等过程，发生多期构造运动，形成一系列成群成带分布的盆地。参照李三忠等[20]依据盆间时空关系和成因联系提出的“盆地群”概念，本文将南海中南部划分为三大盆地群，并按位置划分为南部、西部和中部(图 1)，其中南部

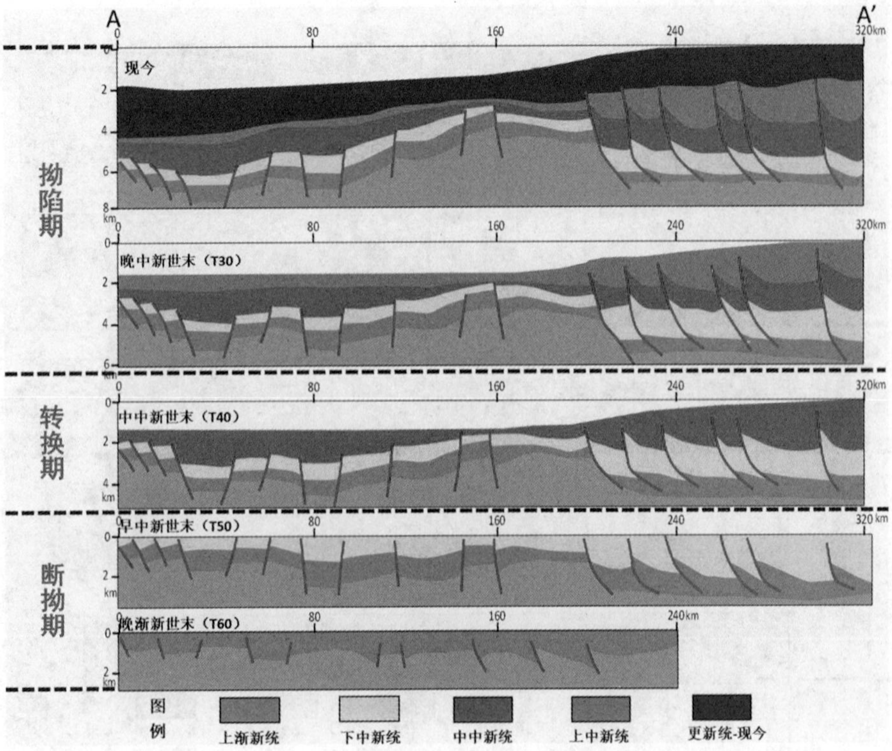

图 2　曾母盆地构造演化特征(剖面位置见图 1)

盆地群以伸展-挤压盆地为主，包括曾母和文莱-沙巴盆地；西部盆地群以伸展-走滑型盆地为主，包括万安和中建南盆地；中部盆地群以伸展-漂移型盆地为主，包括礼乐、巴拉望、北康、南薇和南沙海槽盆地。三大盆地群形成动力学体系、基底性质及断裂特征差异显著[21-23]，其中南部盆地群与古南海俯冲及南缘地块碰撞有关，主要发育于新生界早期褶皱基底区之上，伸展断裂及逆冲断裂常见；西部盆地群与印-澳板块与欧亚板块的碰撞动力学体系相关，主要发育于中生界基底之上，伸展断裂及走滑断裂常见；中部盆地群与南海开裂、海盆扩张及扩张停止的动力学体系密切相关，主要发育于中-古生界复杂基底之上，以伸展断裂为主。这些盆地群受不同的构造背景影响，其形成演化阶段存在较大差异性(图 2~图 4)。

3.2　不同盆地群构造演化差异性

3.2.1　南部伸展-挤压盆地群

南部伸展-挤压盆地群受控于古南海消亡与新南海扩张，其构造演化主要分为三个阶段(以曾母盆地为例，图 2)，新生代经历了断拗期(晚渐新世-早中新世)、反转期(中中新世)、拗陷期(晚中新世-现今)三个阶段。断拗期，由于古南海逐渐消亡于南部加里曼丹之下，该时期盆地北部处于拉张应力场，盆地南部由于俯冲碰撞作用发生逆冲推覆，北部主要以正断层为主，南部主要以逆冲推覆断层为主。反转期，由于受廷贾断裂左行走滑改造作用，盆地发生反转，局部隆升，发育碳酸盐台地。拗陷期，由于南沙地块与婆罗洲碰撞，新南海扩展停止，区域构造区域稳定，整体进入区域沉降阶段。

3.2.2　西部伸展-走滑盆地群

西部盆地群受印-澳板块与欧亚板块碰撞影响，经历长期离散伸展过程，且与越东断裂右行右阶走滑拉张活动密切相关[24]，形成独具特色的伸展-走滑型盆地，经历了晚始新世-早中新世断拗期、中中新世反转期以及晚中新世至今的拗陷期 3 期构造演化阶段，主要发育渐新统-中新统。以万安盆地为例(图 3)，断拗期南海持续向西南方向扩张使得盆地处于北西向拉伸作用背景下，发育大量北东向断裂，断拗特征明显，隆起上沉积地层较薄且断层发育少。反转期，由于受万安断裂走滑改造作用，盆地发生反转，形成花状构造，发育花状断层，盆地地层整体隆升。拗陷期，由于新南海扩展停止，走滑改造作用结束，进入区域沉降阶段。

3.2.3　中部伸展-漂移盆地群

中部伸展-漂移盆地群受控于新南海扩张，

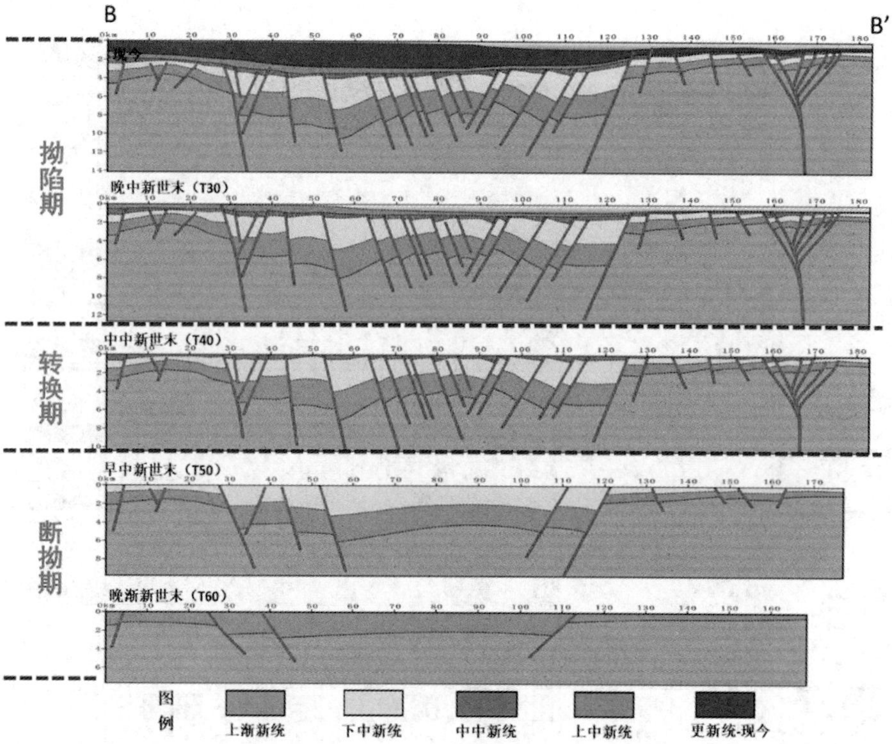

图3　万安盆地构造演化特征(剖面位置见图1)

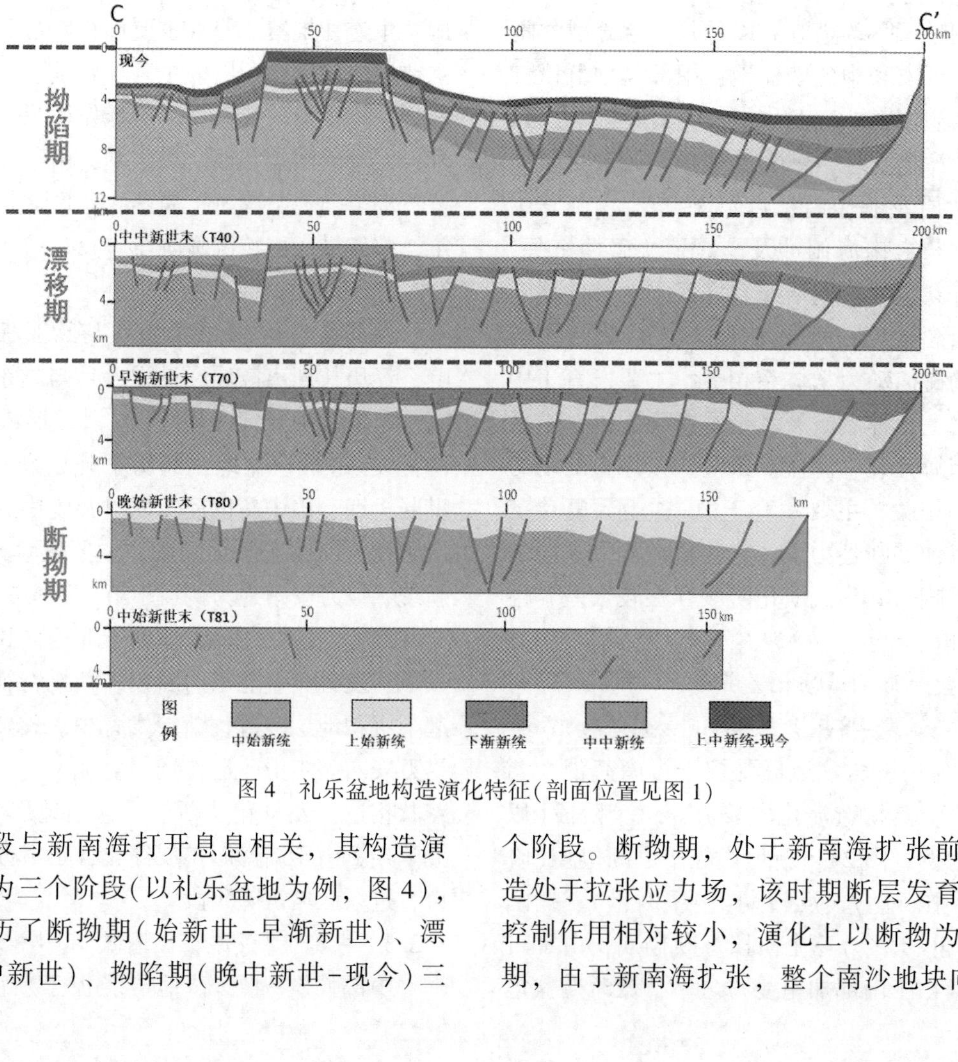

图4　礼乐盆地构造演化特征(剖面位置见图1)

其演化阶段与新南海打开息息相关，其构造演化主要分为三个阶段(以礼乐盆地为例，图4)，新生代经历了断拗期(始新世-早渐新世)、漂移期(中中新世)、拗陷期(晚中新世-现今)三个阶段。断拗期，处于新南海扩张前，区域构造处于拉张应力场，该时期断层发育，对沉积控制作用相对较小，演化上以断拗为主。漂移期，由于新南海扩张，整个南沙地块向南漂移，

表1　南海中南部不同盆地群构造演化差异性对比

盆地群	盆地类型	主要盆地	面积/10^4km^2	新生界厚度/km	基底时代	断裂特征	演化阶段	动力学体系
南部	伸展-挤压盆地	曾母盆地	14.4	3~17	新生界	伸展及逆冲断裂常见	晚始新世-早中新世断拗期、中中新世挤压反转期和晚中新世以来的拗陷期	古南海俯冲
		文莱-沙巴盆地	6	5~9				
西部	伸展-走滑盆地	万安盆地	5.96	2~10	中生界	伸展及走滑断裂常见	晚始新世-早中新世断拗期、中中新世走滑反转期和晚中新世以来的拗陷期	印-澳板块与欧亚板块的碰撞
		中建南盆地	10.8	2~6				
中部	伸展-漂移盆地	南薇盆地	10.4	1~6	中-古生界	以伸展断裂为主	始新世-早中新世断拗期、中中新世漂移期和晚中新世以来的拗陷期	新南海扩张
		北康盆地	5.16	2~7				
		南沙海槽盆地	4.1	3~6				
		礼乐盆地	9.95	2~5				
		巴拉望盆地	4.12	2~5				

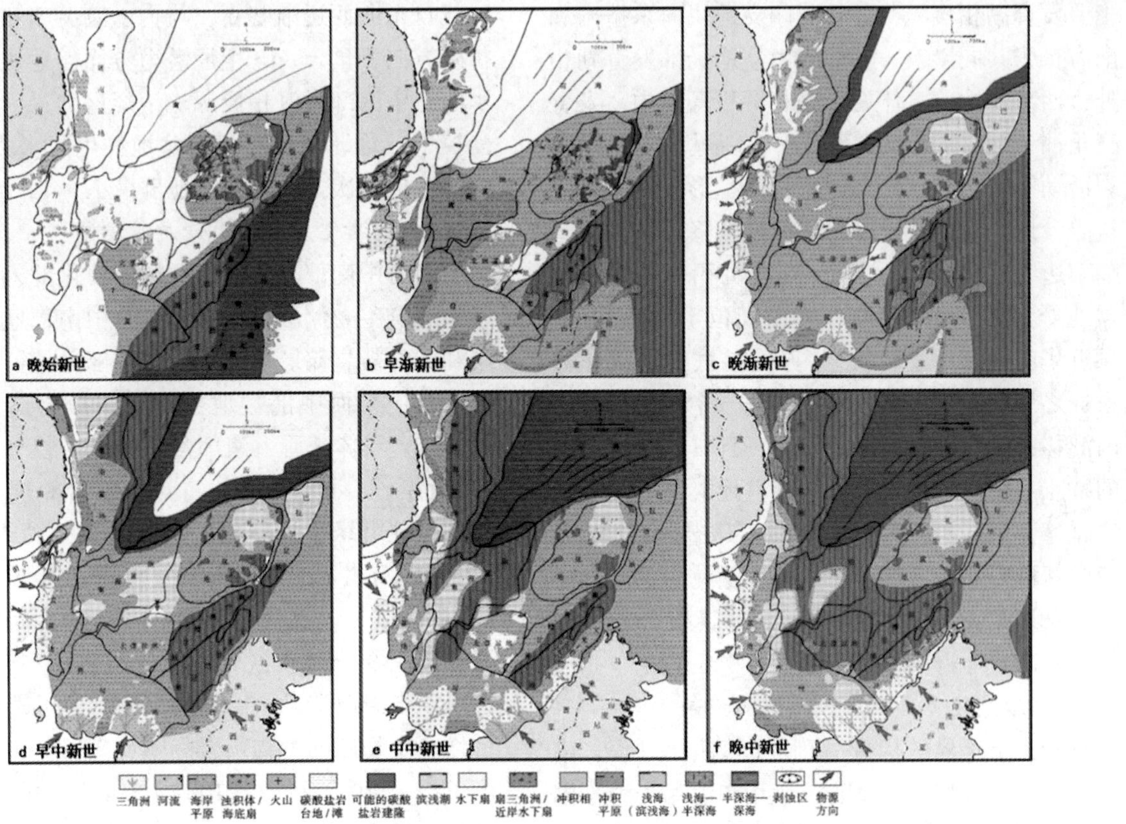

图5　南海中南部盆地新生代沉积充填演化

由于没有物源，沉积相对较薄。拗陷期，由于新南海扩展停止，断裂不发育，进入区域沉降阶段。

4　构造演化差异性对油气地质条件的控制作用

4.1　构造演化差异性对沉积充填的控制

南海中南部三大盆地群差异性构造演化过程也决定了三大盆地群不同的沉积充填演化规律（图5）。始新世时期，受古南海影响南部盆地群处于海相沉积环境，之后随着古南海自西向东俯冲，曾母、文莱-沙巴盆地南部持续发育大型三角洲，形成时代从西向东逐渐变新；且中中新世后受婆罗洲逆时针旋转影响，曾母盆地三角洲物

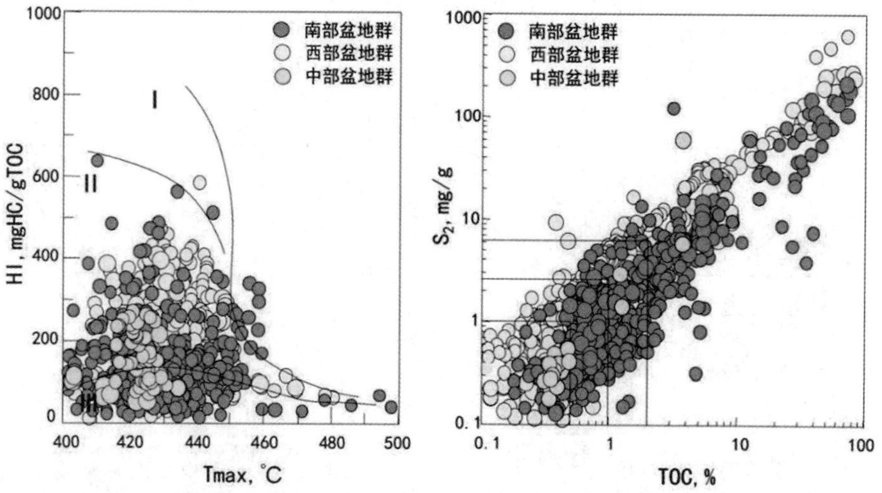

图6 南海中南部三大盆地群烃源岩特征差异性

源由西南向转为东南向[25]；而文莱-沙巴盆地随着南部挤压隆升供源增加，三角洲规模不断增大。而西部盆地群在始新世-早渐新世沉积时期主要发育湖相沉积，之后受印支地块向东挤出和南海扩张共同影响，除中建南盆地局部发育湖相外，西部盆地群总体处于海相沉积环境中，发育三角洲-滨浅海沉积体系。中中新世，受越东断裂活动影响，区域发生构造抬升，形成大量碳酸盐岩台地。晚中新世以后，区域沉降加快，发育陆架边缘三角洲-滨浅海-陆坡沉积体系。中部盆地群在始新世-早渐新世时期位于南海北部，靠近华南大陆，主要发育三角洲-滨浅海沉积体系；之后由于南海自东向西扩张，中部盆地群向南漂移，碳酸盐台地开始发育，且具有东早西晚的特点。中中新世以后，中部盆地群与婆罗洲地块碰撞，南海扩张停止，局部隆升遭受剥蚀[26]；晚中新世以后，区域沉降加速，除礼乐盆地和巴拉望盆地局部高地继续发育大型碳酸盐岩台地外，中部盆地群整体进入深水沉积环境。

4.2 构造演化差异性对烃源岩的控制

受控于差异的构造-沉积充填演化过程，南海中南部发育湖相、海陆过渡相和海相3种不同类型的烃源岩，且三大盆地群主力烃源岩特征显著不同(图6)。构造演化差异性对成烃的控制主要表现在3个方面：①有机质类型方面，南部盆地群以中新统过渡相和海相烃源岩为主，干酪根类型以Ⅱ-Ⅲ型为主，西部盆地群以渐新统-下中新统海陆过渡相烃源岩为主，干酪根类型以$Ⅱ_2$-Ⅲ为主；中部盆地群以发育始新统-渐新统海相烃源岩为主，干酪根类型主要是Ⅲ型；②关于主力烃源岩形成时代，从西部盆地群到南部盆地群盆地主力烃源岩形成时代自西向东逐渐变新、从中部盆地群向西部盆地群主力烃源岩形成时代自东向西逐渐变新，与古南海关闭和新南海扩张方向相耦合；③生烃潜力方面，地化数据揭示南海中南部过渡相烃源岩生烃潜力最大，因此受控于三角洲规模，南部盆地群生烃潜力最大，西部盆地群次之，中部盆地群最小。

4.3 构造演化差异性对储层的控制

南海中南部三大盆地群构造演化的差异导致各盆地群主力储层类型各异，其中南部盆地群砂岩和碳酸盐岩储层均较发育，西部盆地群以砂岩储层为主，而中部盆地群以碳酸盐岩储层为主(图7)。具体来看，南部盆地群中的曾母盆地具有“近岸砂、远岸礁”的特点，砂岩储层主要分布在盆地南缘的近岸地区，形成于断拗期(渐新世-早中新世)，与三角洲发育密切相关，孔隙度10%~38%，渗透率600~1000mD，而碳酸盐岩储层主要分布在盆地远岸的东北部和西北部，形成于走滑改造期(中-晚中新世)，以碳酸盐岩台地、生物礁的生物灰岩和颗粒灰岩为主，孔隙度10%~40%，渗透率100~1000mD。文莱-沙巴盆地仅发育砂岩储层，以中中新统-上新统三角洲细-中粗粒砂岩和滑塌浊积岩为主，孔隙度介于6%~26%，渗透率100~1700mD[27]。目前西部盆地群仅万安盆地有商业油气发现，主要发育砂岩和碳酸盐岩两类储层，具有“西砂东礁”的特点，且油气主要富集于盆地西部的渐新统-中新统三角洲相砂岩储层中，孔隙度13%~20%，渗透率200~300mD，该类储层油气可采储占全

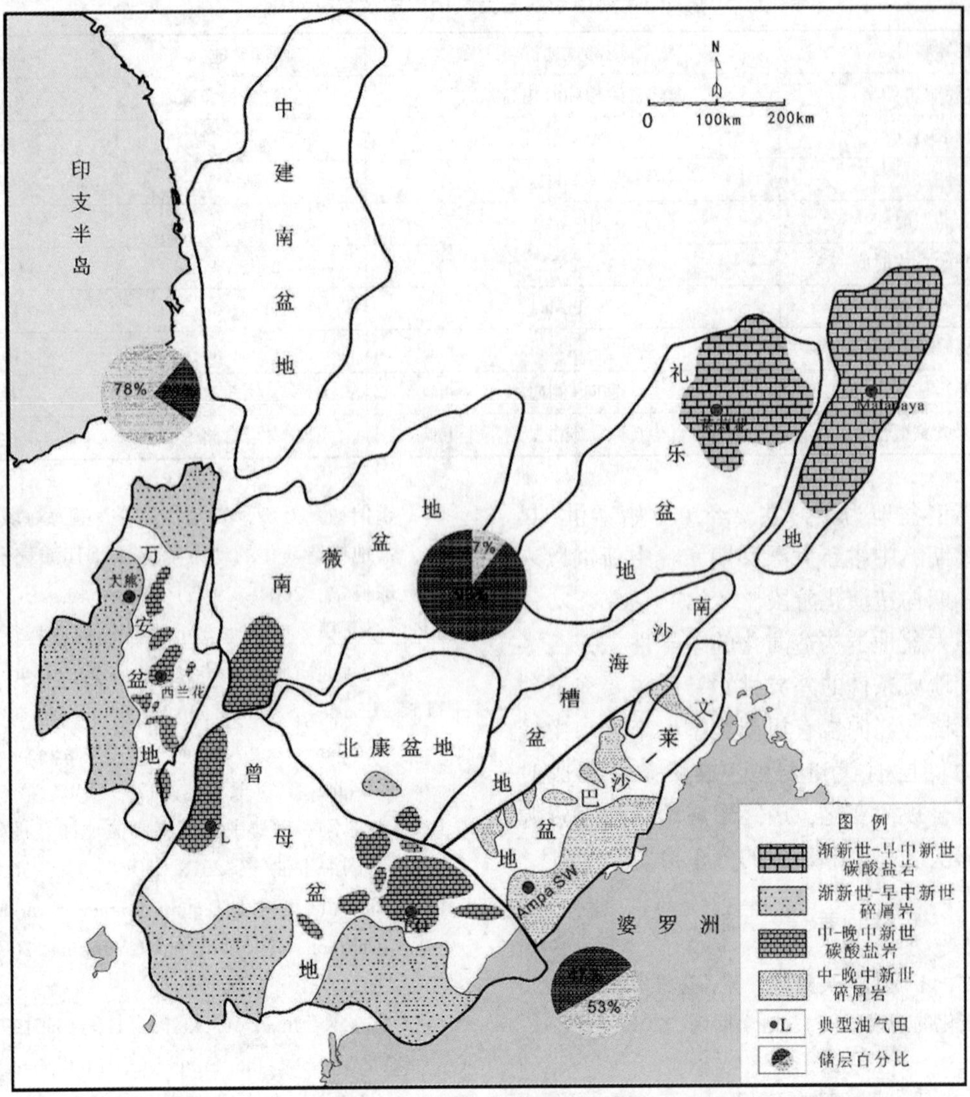

图7 南海中南部三大盆地群主力储层分布图

盆地77%；而碳酸盐岩储层主要形成于中-晚中新世，以生物灰岩和颗粒灰岩为主，孔隙度15%~40%，渗透率200~2000mD。中部盆地群由于漂移期陆缘碎屑供给较少，碳酸盐岩储层广泛发育，主要形成于渐新世-早中新世。目前中部盆地群所发现的油气主要富集于下中新统泥多(Nido)灰岩中，储层孔隙度5%~16%，渗透率200~3000mD，可采储量占整个盆地群可采储量的97.6%。

4.4 构造演化差异性对成藏的控制

南海中南部三大盆地群构造-沉积演化的差异性也导致了三大盆地群油气成藏特征的差异，其中南部盆地群和西部盆地群主力成藏组合类似，近岸持续发育大型三角洲，以自生自储式成藏组合为主；远岸碳酸盐岩储层发育，下生上储式成藏组合居主导地位，但南部盆地群主力烃源岩和储层形成时代、圈闭形成时间、生烃高峰和运移高峰均晚于西部盆地群，主要集中于中-晚中新世(表2)。而中部盆地群由于经历漂移阶段，缺乏陆缘碎屑供给，以发育下生上储式碳酸盐岩成藏组合为主，主力烃源岩时代较老，以始新统-渐新统为主，主力储层以下中新统碳酸盐岩为主，且圈闭形成时间、生烃高峰和运移高峰明显早于南海和西部盆地群。

5 结论

(1) 南海中南部海发育三大盆地群，南部盆地群以伸展-前陆盆地为主，主要经历晚始新世-早中新世断拗期、中中新世挤压反转期和晚中新世以来的拗陷期3期构造演化阶段；西部盆地群以伸展-走滑型盆地为主，主要经历晚始新世-早中新世断拗期、中中新世走滑反转期和晚中新世以来的拗陷期3期构造演化阶段；中部盆

表 2 南海中南部三大盆地群成藏特征对比

成藏特征	南部盆地群	西部盆地群	中部盆地群
主力烃源岩类型	海陆过渡相和海相烃源岩	海陆过渡相烃源岩	海相烃源岩
主力烃源岩时代	中新统	渐新统-下中新统	始新统-渐新统
主力储层类型	砂岩+碳酸盐岩	砂岩	碳酸盐岩
主力储层时代	上中新统	中新统	下中新统
圈闭开始形成时间	16~23Ma	23-36Ma	34-36Ma
生烃高峰开始时间	5-11Ma	11-16Ma	16Ma
运移高峰开始时间	5-11Ma	11-16Ma	16Ma
主要运移方式	垂向+侧向	侧向	垂向
主力成藏组合	砂岩自生自储，碳酸盐岩下生上储	自生自储	下生上储

地群以裂离型盆地为主，主要经历了始新世-早中新世断拗期、中中新世漂移期和晚中新世以来的拗陷期 3 期构造演化阶段。

(2) 三大盆地群构造演化的差异性主控三大盆地群油气地质条件的差异性，导致主要充填地层、沉积环境、烃源岩有机质类型、丰度、生烃潜力、主力储层时代和类型、成藏条件形成时间、成藏组合规律变化，最终形成南部油气资源最富、西部次之，中部最少的分布格局。

参 考 文 献

[1] 张功成，王璞君，吴景富，等．边缘海构造旋回：南海演化的新模式[J]．地学前缘，2015，22(3)：1-11.

[2] 解习农，任建业，王振峰，等．南海大陆边缘盆地构造演化差异性及其与南海扩张耦合关系[J]．地学前缘，2015，22(1)：77~87.

[3] 赵志刚，刘世翔，谢晓军，等．万安盆地油气地质特征及成藏条件[J]．中国海上油气，2016，28(4)：9-15.

[4] 谢晓军，张功成，赵志刚，等．曾母盆地油气地质条件、分布特征及有利勘探方向[J]．中国海上油气，2015，27(1)：19-26.

[5] 刘世翔，张功成，赵志刚，等．南海构造旋回对曾母盆地油气成藏的控制作用[J]．中国石油勘探，2016，21(2)：38-44.

[6] 王一博，张功成，赵志刚等，南海边缘海构造旋回对沉积充填的控制-以礼乐盆地新生代沉积为例[J]．石油学报，2016，37(4)：474-482.

[7] 王嘹亮，吴能友，周祖翼，等．南海西南部北康盆地新生代沉积演化史[J]．中国地质，2002，29(1)：96-102.

[8] 金庆焕，李唐根．南沙海域区域地质构造[J]，海洋地质与第四纪地质，2000，20(1)：1-8.

[9] 姚伯初，万玲，刘振湖，等．南海海域新生代沉积盆地构造演化的动力学特征及其油气资源[J]．地球科学，2004，29(5)：543-549.

[10] 李文勇．南海主要沉积盆地构造特征的差异性．南海地质研究，2004，10(1)：29-40.

[11] Charles S. Hutchison. Marginal basin evolution：the southern South China Sea[J]. Marine and Petroleum Geology，2004，21：1129-1148.

[12] 赵志刚．南海中南部主要盆地油气地质特征[J]．中国海上油气，2018，30(4)：45-56.

[13] Metcalfe I. 2011. Tectonic framework and Phanerozoic evolution of Sundaland. Gondwana Research，19：3-21.

[14] Hinz K，Block M，Kudrass H，et al. 1991. Structural elements of the Sulu Sea，Phillipines. *Geologisches Jahrbuch*，*Reihe A* 127，483-506.

[15] Li C F，Xu X，Lin J，et al. Ages and magnetic structures of the South China Sea constrained by deep tow magnetic surveys and IODP Expedition 349[J]. Geochemistry，Geophysics，Geosystems，2015，15(12)：4958-4983.

[16] 林间，李家彪，徐义刚，等．南海大洋钻探及海洋地质与地球物理前沿研究新突破[J]．海洋学报，2019. 41(10)：125-140.

[17] Tapponnier P，Lacassin R，Leloup P，et al. The Ailao Shan-Red River metamorphic belt：Tertiary left-lateral shear between Indochina and South China[J]. Nature，1990，343：431-437.

[18] Briais A，Patriat P，Tappannier P. Updated interpretation of magnetic anomalies and seafloor spreading stages in the South China Sea：implications for the Tertiary tectonics of Southeast Asia[J]. Journal of Geophysical Research，1993，98(B4)：6299-6328.

[19] 李家彪，丁巍伟，吴自银，等．南海西南海盆的渐进式扩张[J]．科学通报，2012，57(20)：

1896-1905.

[20] 李三忠，索艳慧，刘鑫，等．南海的盆地群与盆地动力学[J]. 海洋地质与第四纪地质，2012，32(6)：55-78.

[21] 谢锦龙，余和中，唐良民，等．南海新生代沉积基底性质和盆地类型[J]. 海相油气地质，2010，15(4)：35-47.

[22] 安慧婷，李三忠，索艳慧，等．南海西部新生代控盆断裂及盆地群成因[J]. 海洋地质与第四纪地质，2012. 32(6)：95-111.

[23] 熊莉娟，李三忠，索艳慧，等. 2012. 南海南部新生代控盆断裂特征及盆地群成因[J]. 海洋地质与第四纪地质，32(6)：113-127.

[24] Fyhn M B W，Nielsen L H，Boldreel L O，et al. Geological evolution，regional perspectives and hydrocarbon potential of the northwest Phu Khanh Basin，offshore Central Vietnam[J]. Marine and Petroleum Geology，2009，26(1)，1-24.

[25] 郭佳，谢晓军，刘世翔，等．南海曾母盆地新生代沉积体系特征[J]. 中国石油勘探，2016，21(4)：99-107.

[26] 唐武．南海北康盆地新生代重要不整合界面特征与沉积演化规律[J]. 中国海上油气，2018，30(2)：9-16.

[27] 王龙，赵志刚，谢晓军，等．南海中南部区域储层分布规律及油气成藏模式[J]. 地球科学，2019，44(3)：919-928.

深水重力流沉积主要类型及其勘探开发意义

李建平[1] 刘子玉[1]谢晓军[1]方 勇[2]

(1. 中海油研究总院有限责任公司；2. 中国海洋石油国际有限公司)

摘 要 基于野外露头和大量的岩心观察，重新认识了深水重力流形成机理。一次深水重力流事件包括前期的块体流、碎屑流和狭义浊流以及后期的低能牵引流。分异程度不高的深水重力流沉积主要为块体流沉积，分异较好的为浊流沉积，它们之间没有明确的界线。浊流沉积由水基的狭义浊流砂(砾)岩、泥基的碎屑流沉积和牵引流沉积组成。从汇水区到沉积区，深水重力流沉积可分为四个阶段：①路过沉积以泥质沉积为主，其中的砂岩夹层为浊流的尾流沉积，属于高能沉积，指示前方有浊积砂体；②限制性浊积沟道部分发育碎屑流、甚至块体流沉积，以及溢岸沉积，内部非均质性强；③弱限制性浊积沟道和朵体结合部的砂层厚，分布范围广，内部夹层少，是最好的勘探开发目标；④朵体边缘及远缘，砂层厚度减薄，为频繁的砂泥互层，显著降低了其勘探价值。地质背景、构造运动和断裂活动、物源区岩性、气候、古地形特别是坡度是影响和控制深水重力流沉积类型的主要因素。地质背景显著控制了深水重力流沉积类型。在单纯的裂谷盆地，如北海中央地堑，发育陡坡短距离深水重力流沉积，以浊流沉积为主，是很好的勘探开发目标；长期稳定的海盆，如墨西哥湾西部地区，受后期重力滑动形成的重力流沉积，内部夹有多层块体流沉积，尤其在经过长距离搬运的深海盆地，颗粒极细，进一步影响了储层物性，不是理想的勘探开发对象；在先裂陷后坳陷的地区，如中国南海琼东南盆地，中央大峡谷两侧有多个凸起(低凸起)，虽然大峡谷内以牵引流为主，高地水系注入峡谷的入口高悬，在峡谷底部形成浊积砂体，这类砂体受牵引流的改造，储层物性进一步改善。因此，多点物源长距离搬运的重力流沉积，兼具浊流和牵引流特点，是很好的勘探目标，尤其在支流注入峡谷的部位。

关键词 块体流；碎屑流；形成机理；露头；沉积模式

深水重力流沉积一直是最重要的勘探领域之一和重要的开发研究对象，一般认为深水重力流的形成条件包括：充足的水深、足够的坡度角和密度差、充沛的物源和一定的触发机制[1]。关于水深，有文献报道湖泊水深大于50米，40~110米的浅海亦可形成重力流沉积[2-3]，但一般认为水深大于500米。坡度大于2度，一般为5度以上，触发机制包括地震、海啸甚至洪水等诱因[3]。大量的实践表明，形成重力流的最小坡度为2~3度即可，密西西比河三角洲形成的海底扇坡度甚至仅有0.5度。只要重力流与水体之间有足够的密度差，就具备了形成重力流的充分条件。国内于兴河(2008)认为，最小坡度为3~5度，而典型的斜坡坡度在2~5度之间；解习农(2013)认为典型坡角为1~3度。国外学者认为一般坡度2~5度，最好大于5度。所以，关于重力流形成的坡度是指一般情况而言。仅从其定义："深水重力流沉积是由重力驱动的含有大量碎屑物质的高能流体，从岩崩、滑坡、块体流到流体流在力学性质上构成了弹性、塑性、粘性块体运动过程的统一体"，很难让人理解其流体类型、搬运机制以及所形成的复杂的砂体内部组成。目前，关于深水重力流及其沉积存在多种说法和众多的争议[4]，出现了很多流体名词，如岩屑流、颗粒流、水下泥石流、液化流、异重流[5]等，以及沉积物名词，比如高流态快速沉积、低密度浊流沉积、高密度浊流沉积、能量衰竭沉积、悬移质沉积等。目前关于重力流的术语很多，很乱，有的难以理解。本文对涉及的术语进行了统一。重力流是由重力推动的含有大量碎屑物质的高密度流体；块体流是具基质和杂基支撑的塑性流体，其沉积物碎屑的粒级变化大，具流动构造、撕裂构造，递变差或无递变，可有反向递变；狭义浊流是指湍流支撑的粘性流体，其沉积物具有粒级递变、流动构造、撕裂构造等；碎屑流是水和黏土杂基支持的粘性流体，其沉积物具有碟状构造、泄水构造、漂浮砾等构造；广义浊流包括高能阶段的狭义浊流、碎屑流和低能阶段的牵引流。

Kuenen 1950年发现了有别于牵引流的一种

流体，将此命名为浊流(Turbidite)，并于1957年建立了浊流的概念。1962年Bouma创建的鲍马序列成为浊流沉积经典层序，后来的Stow层序(细粒浊积岩)、Lowe层序(粗粒浊积岩)对其进行了补充。但他们都是基于观察到的现象进行了描述，未能从形成机理上加以解释。2000年左右，Shanmugam试图对深水重力流及其沉积进行解释，学者们认为这是对鲍马序列的挑战[6]。他认为深水重力流可分为弹性、塑性流体、宾汉塑性流体、牛顿流体，经过块体搬运、湍流搬运的滑动、滑塌，形成碎屑流、浊流及其沉积。他的解释虽然比前人有了进步，但由于未能解释碎屑流沉积与浊流沉积的形成原理和排列次序，未注意到大量的泥质块体流沉积，仍然未能被广泛接受。

在深入研究南非Karoo盆地二叠系等重力流沉积露头、北海多个深海浊积体油田实例解剖、大量观察北海上侏罗-下白垩统深海重力流沉积岩心的基础上[8-9]，建立了重力流沉积模式。认为这种认识具有很强的客观性，最为符合实际。新的深水重力流沉积模式很好地指导了北海的勘探开发工作。并应用于墨西哥深水浊积和琼东南中央大峡谷浊流沉积的研究，取得了较好的效果。

1 深水重力流形成机理及沉积模式

1.1 形成机理

Bouma在1962年建立了浊积岩的垂向分布序列，这就是著名的鲍马序列。鲍马序列由下至上包括A，砂岩-砾岩，具正粒序层理；B，砂岩，发育平行层理；C，砂岩，发育波纹交错层理或波纹层理；D，粉砂岩，发育平行纹层；E，泥岩，顶部发育生物扰动构造。现实中发育完整的鲍马序列很少见，不能涵盖所有的浊积类型。后来Stow和Lowe补充了鲍马序列，建立了Stow序列(细粒浊积岩)和Lowe序列(粗粒浊积岩)[7]。Stow序列为一向上变细的层序，兼具重力流和牵引流沉积特点，粒度细，发育透镜状、波状、包卷、薄纹层细砂岩、粉砂岩，有粒序变化泥岩和无粒序变化泥岩，泥岩中发育生物扰动构造。Lowe序列可以分为两部分，下部为砂砾岩，上部为悬移质沉积。这三种序列的共同点是注意到很多现象，但在成因机理解释方面欠缺。

针对以上传统浊流沉积认识方面的不足，2000年左右Shanmugam提出了重力流形成与演化新认识[7]。Shanmugam把重力流按沉积过程分为滑动、滑塌、碎屑流和浊流四个过程，按照搬运机制把重力流分为以层流流态为主的块体搬运和以紊流流态为主的浊流沉积两个阶段。这有利于对重力流的形成机制进行理解和认识，但把块体流(MTD，是mass transport deposit的缩写)和浊流混在一起，依然没能清晰地反映重力流的本质。

在详细研究南非Karoo盆地二叠系深水沉积等露头和大量观察深水浊积岩心的基础上建立的重力流沉积机理，认为深水重力流是事件性的流体，包括前期的高能流体和后期的牵引流。深水重力流的形成有多种因素，但必须有一定的坡度，在5度到90度之间(图1)。深水重力流可以分为分异好的和分异差的两种，之间没有明显的界线。分异差的重力流称为块体流，颗粒靠杂基支撑，内部剪切面提供了运动的条件，内部变形，失去了原来的物质联结关系。形成块体流的坡度一般很大；分异好的重力流称为广义浊流，包括高能的碎屑流和狭义浊流以及低能的牵引流，碎屑流颗粒靠泥质支撑，含有泥砾、植物根碎屑等漂浮物，见反递变层序、振动筛作用，呈悬浮状而整体具流动性；狭义浊流的颗粒靠水基支撑，为水的混合物。高能事件之后会有牵引流出现。

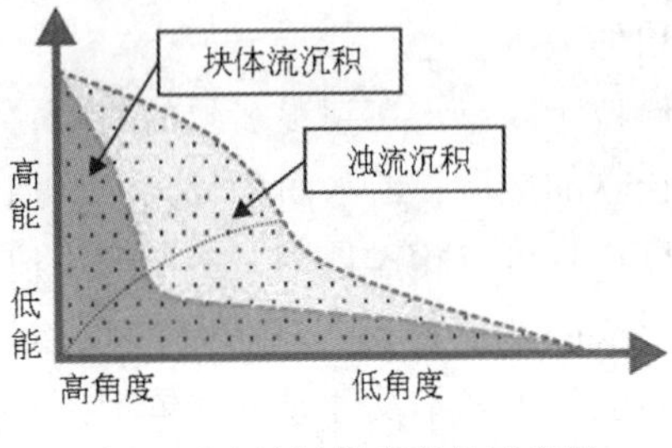

图1 重力流随坡度变化示意图

因此，重力流包括高能的块体流、碎屑流、狭义浊流和牵引流，主要体现为块体流沉积(MTD)(图2)和浊流沉积(Turbidite)(图3)，它们都是上述四种流体的有机组合。块体流沉积与浊流沉积的发育背景不同，前者发育于陡岸，其高能流体来不及分异，或分异不彻底，以水下泥石流沉积为主；后者形成于坡度较缓的环境，高能流体分异较好，由狭义的浊流、碎屑流、牵引流沉积组成。

块体流沉积主要发育于盆地裂陷初期，陆架不发育的陡岸。物源区位于陡坡高地，汇水面积

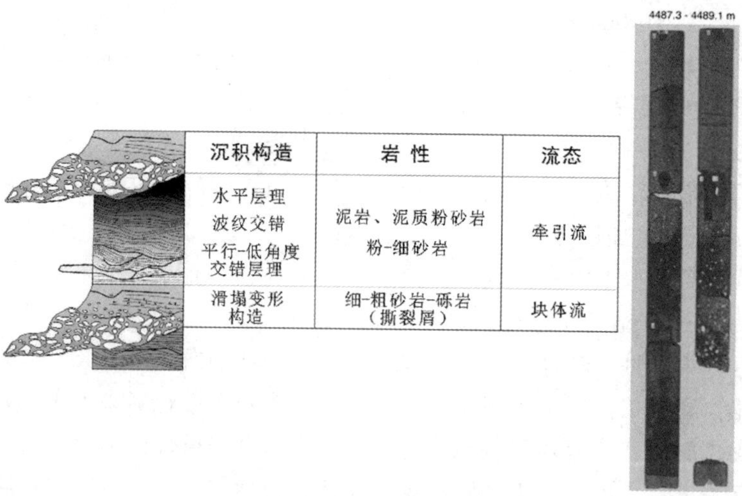

图 2　块体流沉积层序及典型岩心照片

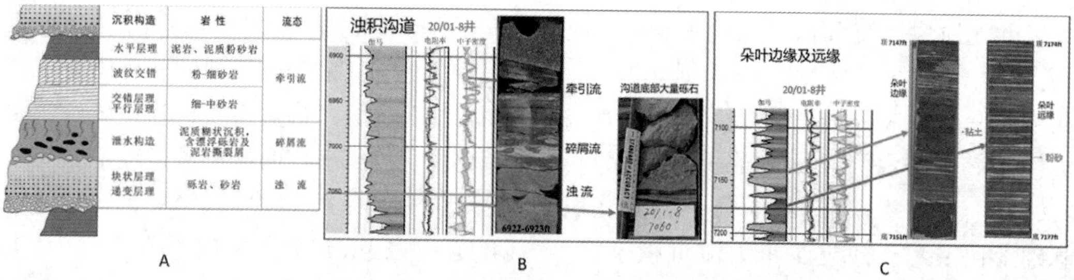

图 3　浊流沉积层序及典型岩心照片

A—广义浊流沉积层序；B—浊积沟道沉积；C—朵叶边缘及远缘沉积

小，提供物源的岩石坚硬，干旱气候制约了碎屑物质供应。在洪水季节，分选磨圆极差的碎屑物质从陡岸直接落于半深海-深海之中而形成。往往沿陡岸坡底成裙状分布，此为高能流体来不及分异的块体流沉积。

同样位于陡岸，在潮湿多雨的时期，物源岩石比较松软的地区，汇水面积较大，碎屑物质受限制程度小且可以相对长期、多期次供应，在陡岸坡地形成高能流体有一定分异的块体流沉积。相比于高能流体来不及分异的块体流沉积，高能流体有一定分异的块体流沉积碎屑物质供应充足。因此，后者规模比前者大很多，但在空间上仍受限制，碎屑物质以粗颗粒为主，分选磨圆差(图 2)。在纵向上，二者经常交互出现，在平面上高能流体有一定分异的块体流沉积可分为内扇、中扇和外扇等部分，其中内扇部分的岩性与高能流体来不及分异的块体流沉积的主体相似，以水下泥石流沉积为主。上部为低能牵引流形成的砂泥岩薄互层，砂岩具有波纹交错层理。下部为高能水下泥石流沉积，可分为两种：砂质杂基碎屑支撑砂砾岩，颗粒杂乱无章，可以是正粒序，也可以是反粒序的；泥质杂基碎屑支撑砂砾岩，颗粒杂乱无章，通常表现为正韵律。

浊流沉积层序中浊流-碎屑流-牵引流沉积往往同时出现(图 3-A)，下部为狭义浊流沉积，砂岩、砂砾岩，正粒序，发育递变层理、块状层理或平行层理；中部为碎屑流沉积，发育漂浮砾、泥岩撕裂屑、泄水构造等；上部为牵引流沉积，粉砂岩、泥质粉砂岩、泥岩，发育波纹交错、波纹、水平层理。具体到每期重力流事件，这三种岩相的发育程度可能有很大的变化。

浊流沉积序列的成因机制可以解释为，在陆架上的某一汇水区，遭受突然的暴雨事件，密度大，高流态的砂砾位于下部由水携带快速沿陡坡受重力作用下滑到深海中形成砂岩、砂砾岩浊流沉积；密度较小但也是高流态的泥质及其中的漂浮物以碎屑流的形式随后沿陡坡下滑叠置在浊流沉积之上；它们之上具有层理的牵引流沉积属于低流态，是事件末期相对平静时期的沉积。这些流体形成的浊积体分布于局限性的或开阔的海域中，有的离陆架近，有淡水注入标志，如菱铁矿团块等。

1.2　沉积模式

野外露头结合岩心是建立沉积模式的最佳方

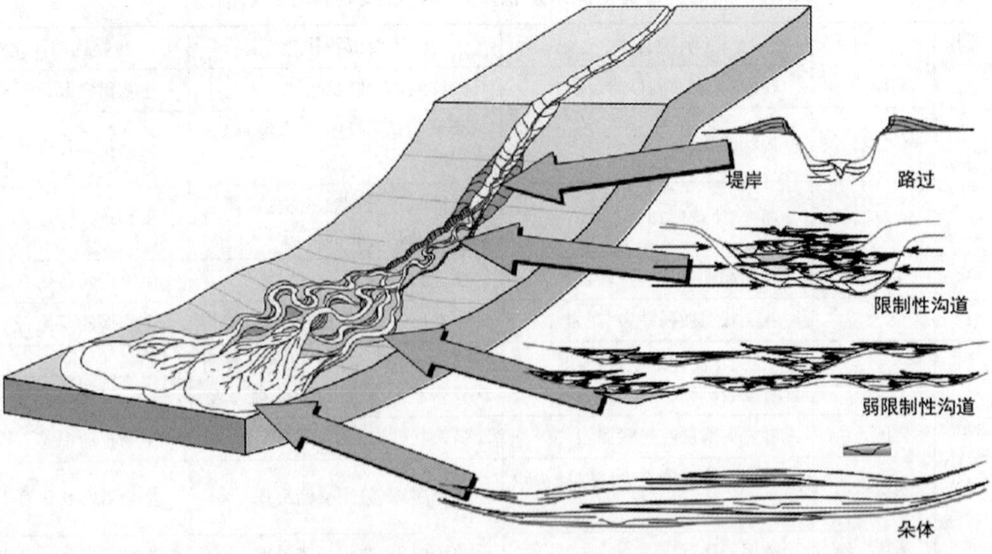

图4　深水重力流沉积模式图

式。建立沉积模式的目的在于为已有井的沉积储层认识和地震沉积储层认识提供直观依据，并将上述认识填充到井间无法观察到的位置，从而得到更加接近真实的沉积储层预测结果，指导勘探与开发工作。细致的沉积模式可以更好地模拟储层砂体的特征和性质，例如砂体的大小、几何形态、砂体连通情况等[10-11]。

英国北海上侏罗-下白垩广泛发育深水浊积油田，由于砂体相互叠置，砂泥岩交互沉积，并被断距大小不等的断层复杂化，局部发育的滑塌沉积使砂体分布更为复杂。以 Buzzard 油田为例，储层分布非均衡性强，注水监测资料表明各油组之间压力分布不均衡，注水波及程度差异很大。但示踪剂表明，尽管有的注采井距很大，注水仍可以从构造低部位向高部位较均匀推进。砂体分布的复杂性和压力分布的非均衡性像迷一样。破解这个谜对减小勘探及开发的不确定性至关重要。

南非 Karoo 盆地二叠系深水浊积等露头，无论从区域规模上，还是沉积特征上，都与英国北海深水浊积砂体油田非常相似，是一个非常好的可供直接观察的样本。通过对 Karoo 盆地露头砂体的考察，可以进一步理解和认识北海上侏罗-下白垩大多数深水浊积砂岩油田的储层特征。从露头、岩心、测井曲线到地震剖面、地质建模；从沉积环境到沉积相，沉积露头的建立使地质人员深刻认识了深水浊积沟道和朵体及其朵叶的沉积与分布规律。

根据南非 Karoo 盆地二叠系露头结合油田岩心建立了英国北海上侏罗-下白垩深海浊积沉积模式图（图 4），并对其沉积特征进行了总结（表 1）。

虽然浊流沉积一般按照浊积沟道、朵叶两部分描述，浊流沉积的过程从汇水区到盆地中心可以分为四个阶段：路过沉积、受约束的浊积沟道、弱约束浊积沟道和朵体(可能包括多个朵叶)。

路过沉积(By-pass)：重力流是一种高能流体，分为头部、主体和尾流。当其在高部位陡坡处向下冲的时候，头部和主体冲下斜坡，进入深海平原，尾流以薄层砂岩的形式沉积下来，这就是路过沉积。路过沉积为尾流在沟道内留下的薄层高能砂岩沉积。它与正常海相泥岩夹薄层砂岩有本质的区别。路过沉积预示着前方有砂体，海相泥岩夹薄层砂岩往往位于砂体的远端。路过沉积为条带状薄层砂岩，放大后显示为透镜状，顶面突变、底面侵蚀。其间泥岩极细几乎不含粉砂。条带状薄层砂岩由高能侵蚀流或路过形成。此高能流体可将沉积物路过卸载到下方。只有在流体能量衰减后沉积才会发生，沉积了尾流中相对细粒的沉积物(图 5)。而正常海相泥岩为低能沉积，即使夹有一些碎屑，也以薄片状化石壳等为主。

浊流沟道沉积(图 3-B)：具有底部冲刷面，下部砂岩、砂砾岩段含有递变层理、块状层理。递变层理为浊流沉积特有，经常可见不同来源的杂砾和泥岩撕裂屑。这些泥岩撕裂屑是高能浊流将前期沉积顶部泥岩抓起并略有改造的产物。块状层理砂岩表明其为快速堆积产物，泄水沟造发

表 1　北海盆地典型深水浊积体内部组成及其岩心沉积构造

相	亚相	微相	典型岩性	主要沉积构造	生物扰动及化石丰度
浊积	沟道	牵引流沉积	粉砂岩、泥质粉砂岩、泥岩	波纹层理、波纹交错层理	生物潜穴及化石丰度中等
		碎屑流沉积	糊状沉积	泄水构造(假团块)、漂浮砾、撕裂屑	生物扰动较少
		浊流沉积	递变、块状层理	多种砾石、碟状、火构造、撕裂屑,挤入构造;底部下切	生物扰动较少
	溢岸	决口扇	正韵律细砂岩、粉砂岩、泥岩	层理构造	生物潜穴及化石丰度中等
		天然堤	互层状泥质粉砂岩、泥岩	包卷层理、小断层	生物潜穴及化石丰度中等
	朵体	朵体核部	块状、正韵律细砂岩,有时下部含有泥岩砾,长条状、撕裂状	泄水构造(碟状、火焰、假团块)、带状层理,底部突变接触	生物扰动较少
		朵体外核	砂岩夹薄层纹层状泥岩	挤入状砂岩	生物扰动中等
		朵体边缘	砂泥岩薄互层夹少许厚层状砂岩	波纹层理、波纹交错层理	生物潜穴及化石丰度丰富
		朵体远缘	砂泥岩薄互层	波纹层理、波纹交错层理	生物潜穴及化石丰度丰富
滑塌沉积		块体流沉积	多为泥砾岩	撕裂屑、棱角状砾石、小断层、包卷层理、挤入状砂岩	生物扰动较少
海相泥岩	局限		深灰-黑色泥岩,薄片状化石贝壳顺层分布	波纹、水平层理	生物扰动缺乏
	开阔		灰色泥岩、泥质粉砂岩	波纹交错、波纹、水平层理	箭石、菊石、双壳等化石,生物扰动丰富

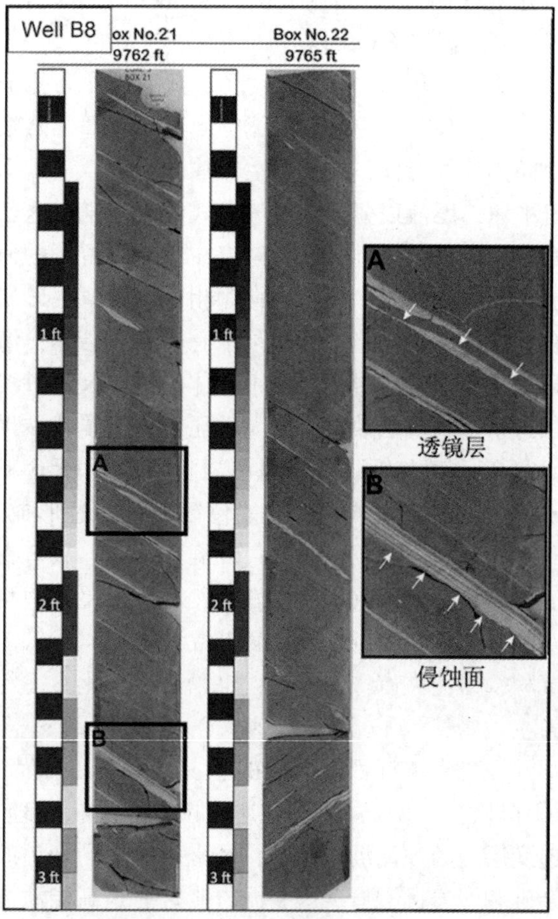

图 5　路过沉积岩心特征

育。中部碎屑流沉积为糨糊状泥质支撑沉积，且伴有大的漂浮砾，包卷层理等，振动筛作用明显。上部为层理状细砂岩、粉砂岩和泥岩段，为重力流高能事件之后相对低能的牵引流沉积。

主要在限制性浊积沟道沉积层序中还发育溢岸沉积，包括天然堤、决口扇。决口扇为正粒序砂岩叠置在下伏泥岩、粉砂岩之上，底冲刷不明显，天然堤为纹层状粉砂岩、泥岩的频繁互层。

朵体(图 3-C)：浊积沟道沉积和朵体是一个整体，自然过渡，浑然一体，没有明显的界限。一般来说，形成朵体的流体能量小于形成浊积沟道的。朵体往往由多个朵叶组成，单个朵叶可分为核部、核缘、边缘、远缘四部分。朵叶核部主要为块状砂岩，由下至上也由浊积砂岩、碎屑流沉积、牵引流沉积组成，泄水沟造发育；朵叶核缘牵引流沉积增多；朵叶边缘及远缘以泥岩为主夹向上变细薄层砂岩。

正常海相泥岩披覆层是重力流事件之间的正常海相沉积，为低能状态下的产物。主要为层理状泥岩，代表低能半深海沉积。泥岩中含有薄介壳，顺层面分布，且含有大量粉砂级碎屑。

值得注意的是，在陆架边缘富泥区受重力影响滑向海底形成的块体流沉积以泥岩为主，内部有大量的撕裂、变形、挤入构造。这种块体流沉

表 2 深水浊积的主要类型

浊积环境	流态	主要岩相	规模及物源	实例
近源短距离	块体流(MTD)、浊流、碎屑流、牵引流均有出现,以浊液沉积为特征	块体流泥砾岩(MTD)、递变层理砂岩、块状(泄水)砂岩、层理状砂岩、碎屑流沉积、波纹、波状层理粉砂岩、泥质粉砂岩、水平层理泥岩	一般 20×40km,物源来自隆起区陆架三角洲、扇三角洲、滨面砂等	英国北海晚侏罗-早白垩世
多级长距离	块体流(MTD)、浊流、牵引流。碎屑流比较少,以块体流沉积非常普遍	极细、细砂岩,粉砂岩为主。角砾状块体流沉积非常普遍	陆架 400km,陆坡 360km,同生断裂形成多几次台阶,沿途几乎没有其他物源注入。经过长距离搬运,颗粒极细,同沉积断裂为平凡的滑塌块体流沉积创造了条件	墨西哥湾新近系 Perdido 带;英国北海古近纪
多点物源长距离	块体流(MTD)、浊流、碎屑流、牵引流均有出现,以牵引流沉积为特征	块体流泥砾岩(MTD1、递变层理砂岩、块状(泄水)砂岩、层理状砂岩、碎屑流沉积、波纹、波状层理粉砂岩、泥质粉砂岩、水平层理泥岩	水道下宽:3~5 千米;水道上宽:15 千米;峡谷长:580 千米;坡度:7~30m/km,约 0.4~1.25 度。由于沿涂有陵水、松南、陵南等低凸起物源注入,颗粒普遍比较粗	中国南海琼东南盆地新近泥

积经常出现在浊积沟道核部和靠近断层处。

浊积沟道核部的块体流沉积:覆盖在层理状泥岩之上。相对干净的砂岩中夹有大量从毫米级到厘米级的次棱-圆泥砾。上覆层理状砂岩含油。类似于浊流递变层理砂岩。

靠近断层的块体流沉积:一套杂乱的泥砾岩下伏和上覆的均为含薄层砂岩的泥岩。有的块体流沉积以薄层粉砂岩、砂岩撕裂屑为特征。大砾微变形且与泥岩层理低角度接触。不规则砂岩可能是大个砾石或挤入状砂岩。

2 深水重力流的主要类型

针对上述多个地区的深水浊积,把它们分为近源短距离和长距离(中央大峡谷)等两种类型,长距离深水浊积又可分多级、多点物源两种,自然界中也许存在更多。它们受古地貌、物源、构造背景、气候变化等因素控制,表现为不同的主流态、规模,因而具有不同的岩性、岩相组成(表 2)。

2.1 近源短距离深水浊积

晚侏罗世—早白垩世的裂谷拉伸运动造成北海盆地三叉裂谷所在的 3 个地堑,为北海上侏罗统-下白垩统发育近源短距离浊积提供了条件。虽然深水浊积为多因素控制下的结果,但构造、断裂活动是主导因素。北海上侏罗-下白垩深水浊积体一般长 20~40 千米,宽 10~20 千米,以浊流为主流态,是很好的勘探开发目标,研究程度也比较深。以某油田为例,简要剖析了其构造演化与沉积充填过程。

其储层段约 300 米厚,为叠置的浊流沟道或朵叶,由粗到细粒块状及中-极细粒层理砂岩组成,夹有富砂或富泥层段,层理状或块状半深海-深海泥岩和挤入状细粒薄层砂岩。多期叠置现象非常明显,由下至上分为四期(图 6)。朵叶呈叶片状分布,纵向上被半深海-深海泥岩隔开。朵叶内部比较复杂,像迷宫一样,且每期朵叶各有特点。

第一期朵叶中的砂岩少,为裂陷初期,滑塌沉积为主。分布范围局限,侧向连续性差,明显受海底地貌控制。第二期朵叶,随着断裂活动增强,砂体沿与断裂活动有关的海底低地分布,明显加厚且侧向分布范围扩大,局部发育滑塌沉积。第三期为全区广泛分布的泥岩段,认为是长期的低密度富泥浊流沉积。该泥岩中含有大量的陆源碎屑物质,典型的为木质碎屑,表明接近滨岸地带。第四期有总厚约 90 米的多期席状砂岩组成,可进一步分为三个单元。第一单元为富砂层,由极粗颗粒砂岩组成,几乎不含泥质;第二单元为层理状砂岩,细-中粒砂岩组成,在其底部局部为泥砾或混杂砾石层,被认为是碎屑流沉积;第三单元为一厚层状砂岩,全盆分布但往盆缘减薄。断层对第四期朵叶的影响很小。因此,深水浊积体的形成发育与规模受多种因素控制,如浊流流态(高密度、低密度、碎屑流)、海底地貌及断裂(裂陷初期、中、后期)、砂源是否丰富(陡岸、陆架发育区、河流输入)等。

2.2 多级长距离深水浊积

除了著名的新生代重力滑动,墨西哥湾西部地区自晚侏罗纪以来没有发生过明显的地壳变

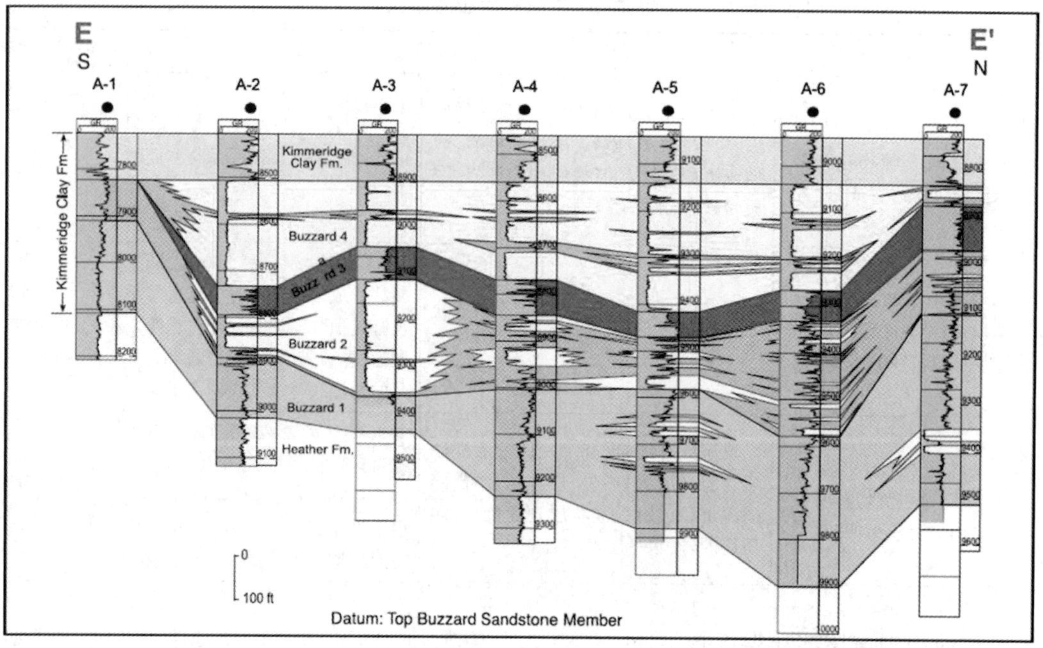

图 6　近源短距离深水浊积

形。新生代重力滑动过程是受右旋走滑断裂造成的深埋组构(滑脱面之下)变形导致的。一系列的重力滑动在墨西哥湾新近系中形成了大量的深水浊积体。但由于长期构造稳定，盆地内部整体起伏小，沿途少有水系注入，因而缺少碎屑物质。越往深海平原方向，浊积体中碎屑物质的颗粒越细[12]。

两条水系经过超过 400 千米的陆架，从陆架坡折到深海平原又经过了 360 千米，沿途没有其他物源补充，深水扇的粒径以极细砂为主。发育多级陡坡，形成了以滑塌为主流态的重力流沉积，夹有大量泥砾，严重影响了储层物性(图 7-A)。这样的墨西哥湾古近系多级长距离峡谷型深水浊积体，勘探面临一定的风险，需要进一步深入研究。

2.3　多点物源长距离深水浊积

琼东南盆地为新生代陆缘型离散边缘盆地，其西部与莺歌海盆地相邻，东北部与 珠江口盆地相接。该盆地在新生代经历了多期构造事件，可划分为裂陷期和裂后期，具有早期陆相断陷、晚期海相拗陷的特点。拗陷阶段(新近纪—第四纪)接受了滨浅海相到深海相的连续沉积。中央大峡谷位于琼东南盆地中央坳陷带，平行于陆架坡折带发育，为 1 个 S 形轴向深海峡谷，西起莺歌海盆地，经乐东-陵水凹陷、松南低凸起、宝岛-长昌凹陷，向东延伸至西沙海槽，终止于南海西北次海盆。深水浊积发育的黄流组平均厚度为 249 米，主要发育泥岩、粉砂质泥岩、泥质粉砂岩、粉砂岩和细砂岩，主要分布在海底与浅海—半深海陆坡区，沉积物以灰色为主，沉积构造多样，纵向变化频繁。黄流组以重力流沉积为主，局部为牵引流沉积，重力流环境中流体机制复杂多变，形成了浊流和块体搬运综合的沉积特征。

琼东南中央大峡谷是一条长约 580 千米，下宽 3~5 千米，上宽 15 千米的大峡谷，但坡度只有 7~30m/km，约 0.4~1.25 度，是以牵引流为主流态的浊流沉积。沿途有多条支流注入，有丰富的碎屑物质补充，浊流沉积主要来自这些支流。支流河口高悬在中央大峡谷之上，为深水浊积提供了物质保证。因此，琼东南中央大峡谷是多点长距深水浊积发育的场所。岩心上可见大量的层理构造与变形、负载、球枕、透镜状构造伴生[7]。牵引流与重力流的双重作用非常明显(图 7-B)。勘探前景广阔。

3　勘探开发意义

认识清楚重力流形成机理后，将其应用到生产实践中是我们目的。在广泛分析整理英国北海上侏罗-下白垩统[13-14]，墨西哥湾古近系[12]、中国南海新近系琼东南中央大峡谷[15-18]等深水沉积资料基础上，参考巴西[19]、尼日尔[20-21]等地区的相关资料，认识到针对不同类型的浊积岩，需要采取不同的勘探开发策略。

深水重力流事件中的四种主要流体：高能的

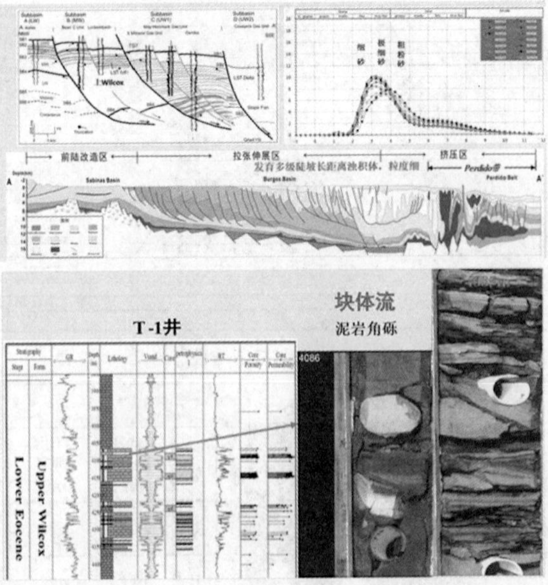
A

B

A 墨西哥湾北部超深水区发育多级陡坡，深水扇粒度细，以块体流沉积为主，夹大量泥砾；B 琼东南中央大峡谷深水浊积主要沉积构造(据高永德，2018)：a-灰色粉砂岩，爬升波状层理，箭头指示为轻微变形，L1 井，343.05m；h-灰色细砂岩，泥质胶结，层状构造，L1 井，3343.8m；b-灰色细砂岩，泥质胶结，层状构造，L1 井，3343.8m；c-灰色细砂岩，箭头指示为包卷层理，L1 井，3342.6m。

图7　多级长距离(中央大峡谷型)深水浊积

狭义浊流、碎屑流、块体流和低能的牵引流形成的沉积物内部组成差别很大，因而其勘探意义也不同。以分异好的浊流沉积为主的砂体，勘探价值最大，但其内部的碎屑流沉积是隔夹层，它们的规模和分布对油田开发有很大的影响；以分异差的块体流为主沉积体不是很好的勘探目标；牵引流沉积中的砂岩可以是好储层，尤其在增强油藏连通性方面意义重大。

从深水重力流沉积模式(图4)可以看出，浊流沉积的四个阶段生成不同的沉积。路过阶段几乎没有砂体沉积，其所在的浊积沟道被后来的泥质充填，但其间夹有薄层高能砂岩(尾流沉积)，指示前方有浊积砂体存在。限制性浊积沟道中狭义浊积砂岩与泥基的碎屑流沉积互层，且有大量溢岸沉积，增加了储层的非均质性，降低了储层物性。弱限制性浊积沟道与朵体核部连接的部分，单层砂岩厚度大，内的碎屑流沉积厚度薄、分布范围小、溢岸沉积不发育，是储层发育最好的部位，勘探开发价值最大；朵体边缘及其远缘由于砂层厚度薄、粒度细、与薄泥岩频繁互层，降低了其储层价值，也不是理想的勘探开发对象。

来自英国北海盆地某油田实例(图8)：以浊积沟道沉积为主的 Punt 砂岩，由于内部夹有多层大小规模不等的非储层，如砂砾质碎屑流沉积、泥质块体流沉积、以及由它们形成的隔夹层(图 8-A)，油藏压力变化大(图 8-C)。这些非储层在伽马曲线上表现的非常明显(图 8-C)。而以浊积沟道与朵体核部结合部为主的 Burns 砂岩(图 8-B)，由于块体流、碎屑流沉积不发育，油藏内部几乎是均匀的。在伽马曲线上可以看出内部隔夹层薄且很少(图 8-C)。尽管浊积沟道与朵体核部结合部的砂岩与朵体边缘砂岩储层物性相近，前者孔隙度 21.7%、渗透率 523mD，后者孔隙度 19.7%、渗透率 458mD(图 8-D)，但他们的储层价值差别很大。前者砂岩单层厚度达大，砂体分布范围广，日产 6000 桶以上；后者砂层薄，为砂泥岩薄互层，几乎不能投入生产。新的重力流成因机理研究揭示了这种内部非均质强的原因所在，为准确认识油藏并进行储层预测提供了指导。

4　认识与结论

1) 重力流事件包括初期高能的块体流、碎屑流和狭义的浊流以及后期低能的牵引流。主要受坡度影响，5 度到 90 度之间变化，重力流沉积可以分为分异好的浊流沉积和分异不好的块体流

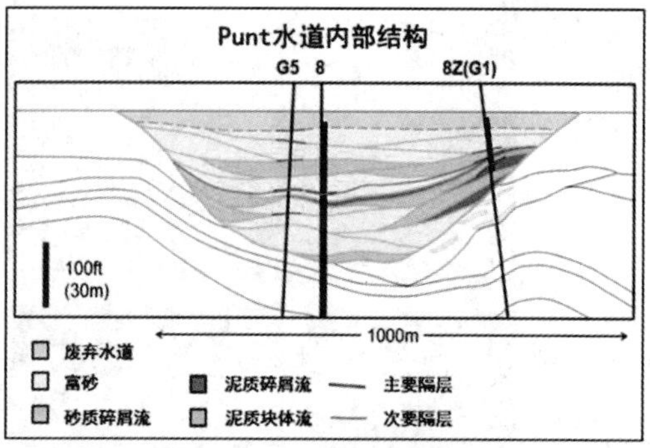

A　以浊积沟道沉积为主的 Punt 砂岩

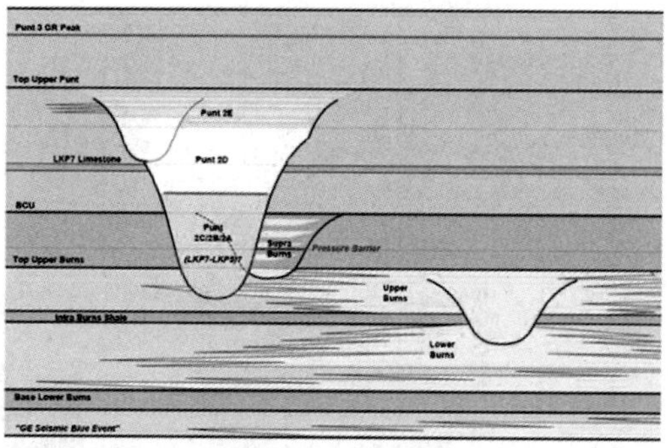

B　浊积沟道与朵体核部结合部的 Burns 砂岩

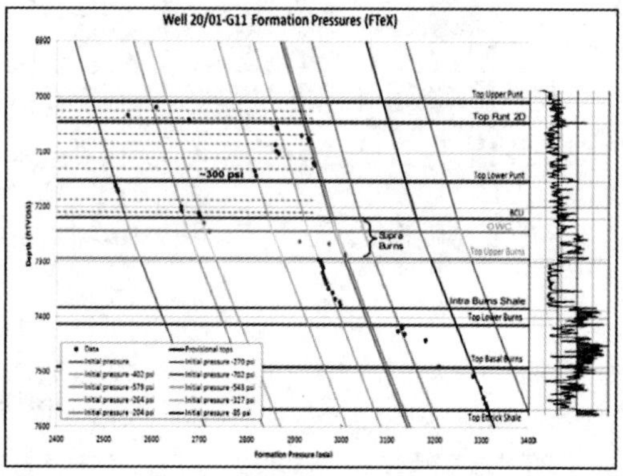

C　英国北海某油藏压力变化图

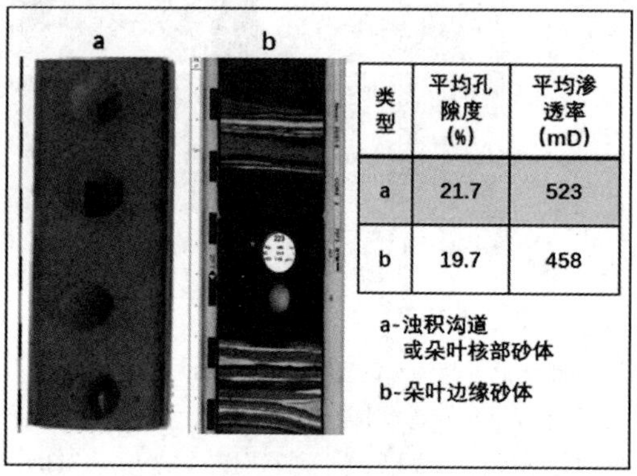

D　不同沉积微相的储层物性

图 8　深水浊积体的内部非均质性

沉积，之间没有明显的界线。一般来说分异好的浊积体是有利勘探开发目标，分异不好的块体流沉积不是好的储集体。深水浊积体由初期高能水基的狭义浊流沉积和泥基的碎屑流沉积以及后期低能的牵引流沉积组成。狭义的浊流沉积是好储层、牵引流沉积中的砂岩部分也可成为储层，碎屑流沉积以隔夹层的面貌出现。这三种沉积在厚度及平面上的分布变化很大。

2）构造运动和断裂活动也是控制深水重力流沉积的关键因素，盆地裂陷初期，沿陡坡出现小规模的沉积体，多为块体流沉积；在裂陷后期以及坳陷时期，水体开阔，可以形成大规模的浊积体。

3）物源区岩性是影响深水重力流沉积的重要因素，并不是所有的深水沉积体都是富砂的，如果物源区岩性以泥为主，形成的沉积体富泥。

4）从汇水区到沉积区，重力流沉积可分为四个阶段。①路过沉积以泥质沉积为主，其中的砂岩夹层为浊流的尾流沉积，属于高能沉积，指示前方有浊积砂体；②限制性浊积沟道部分发育碎屑流、甚至块体流沉积，以及溢岸沉积，内部非均质性强；③弱限制性浊积沟道和朵体结合部的砂层厚，分布范围广，内部夹层少，是最好的勘探开发目标；④朵体边缘及远缘，砂层厚度减薄，为频繁的砂泥互层，显著降低了其勘探价值。

5）地质背景显著控制了深水重力流沉积。在单纯的裂谷盆地，如北海中央地堑，发育陡坡短距离深水重力流沉积。其沉积体中以浊流沉积为主，是很好的勘探开发目标。长期稳定的海盆，如墨西哥湾西部地区，受后期重力滑动形成的重力流沉积，内部夹有多层块体流沉积，尤其在经过长距离搬运的深海盆地，颗粒非常细，进一步影响了储层物性，不是很好的勘探开发对象。在先裂陷后拗陷的地区，如中国南海琼东南盆地，中央大峡谷两侧有多个凸起、低凸起，虽然大峡谷内牵引流为主，高地水系注入峡谷的入口高悬，在峡谷底部形成浊积砂体。这些砂体受牵引流的改造，储层物性进一步改善。因此，多点物源，长距离搬运的重力流沉积，兼具浊流和牵引流特点，是很好的勘探目标，尤其在支流注入峡谷的部位。

参考文献

[1]　黄银涛，姚光庆，周锋德．莺歌海盆地黄流组浅海重力流砂体物源分析及油气地质意义[J]．地球科

学，2016，41(9)：1526-1538.

[2] 陈广坡，李娟，吴海波，彭威，李敬生，谢明贤，张斌，石小茜．陆相断陷湖盆滑塌型深水重力流沉积特征、识别标志及形成机制：来自海拉尔盆地东明凹陷明 D2 井全井段连续取心的证据[J]．石油学报，2018，39(10)：1119-1129.

[3] 赵贤正，浦秀刚，周立宏，等．断陷湖盆深水沉积地质特征与斜坡区勘探发现：以渤海湾盆地歧口凹陷板桥—歧北斜坡区沙河街组为例[J]．石油勘探与开发，2017，44(2)：1-12.

[4] 解习农，任建业．沉积盆地分析基础[M]．武汉：中国地质大学出版社，2013.

[5] 潘树新，刘化清，ZAVALA C，等．大型坳陷湖盆异重流成因的水道-湖底扇系统：以松辽盆地白垩系嫩江组一段为例[J]．石油勘探与开发，2017，44(6)：28-38.

[6] Shanmugam G. Ten turbidite myths[J]. Earth Science Review. 2002，58(3)：311-341.

[7] 高永德，孙殿强，陈鸣，等．陵水 17-2 深水气田黄流组重力流沉积特征及模式[J]．中国海上油气，2018，30(1)：22-30.

[8] Emma A. Morris，David M. Hodgson，Stephen Flint，et al，Integrating outcrop and subsurface data to assess the temporal evolution of a submarine channel-levee system，AAPG. V. 100，No. 11 (November 2016)，pp. 1663-1691.

[9] Ielpi，A.，& Cornamusini，G. (2013). An outer ramp to basin plain transect：Interacting pelagic and calciturbidite deposition in the Eocene-Oligocene of the Tuscan Domain，Adria Microplate (Italy). Sedimentary Geology，294，83-104.

[10] 张文彪，段太忠，刘志强，等．深水浊积水道多点地质统计模拟：以安哥拉 Plutonio 油田为例[J]．石油勘探与开发，2016，43(3)：1-8.

[11] 林煜，吴胜和，王星，等．深水浊积水道体系的构型模式研究：以西非尼日尔三角洲盆地某深水研究区为例[J]．地质论评，2013，59(3)：510-520.

[12] Le Roy，C.，Rangin，C.，Le Pichon，X.，Thi Ngoc，H. N.，Andreani，L.，& Aranda-Garcia，M. (2008). Neogene crustal shear zone along the western Gulf of Mexico margin and its implications for gravity sliding processes. Evidences from 2D and 3D multichannel seismic data. Bulletin de La Societe Geologique de France，179(2)，175-193.

[13] Adam D. McArthur，Adrian J. Hartley，Stuart G. Archer，et al，Spatiotemporal relationships of deep-marine，axial，and transverse depositional systems from the synrift Upper Jurassic of the central North Sea，AAPG Bulletin，V. 100，No. 9 (September 2016)，P. 1469-1500.

[14] S. A. STEWART，S. I. FRASER，J. A. CARTWRIGHT，et al，Controls on Upper Jurassic sediment distribution in the Durward- Dauntless area，UK Blocks 21/11，21/16，In book：Petroleum Geology of Northwest Europe：Proceedings of the 5th Conference，pp. 879-896，1999.

[15] 许怀智，蔡东升，孙志鹏，等．琼东南盆地中央峡谷沉积充填特征及油气地质意义[J]．地质学报，2012，86(4)：641-650.

[16] 姚哲，王振峰，左倩媚，等．琼东南盆地中央峡谷深水大气田形成关键要素与勘探前景[J]．石油学报，2015，36(11)：1358-1366.

[17] 付彦辉，吕福亮，袁圣强，等．琼东南盆地陆坡区深水浊积水道的地震相特征[J]热带海洋学报，2009，28(4)：87-92.

[18] 李冬，王英民，王永凤，等．琼东南盆地中央峡谷深水天然堤—溢岸沉积[J]．沉积学报，2011，29(4)：689-693.

[19] 康洪全，孟金洛，程涛，等．巴西坎波斯盆地深水沉积体系特征[J]石油勘探与开发，2018，45(1)：93-104.

[20] 赵鹏飞，杨香华，张会来，等．深海浊积扇朵叶复合体的沉积构成特征与油气水系统：以尼日尔三角洲前缘深水区 K 油田为例[J]．地球科学，2017，42(11)：1972-1983.

[21] 卜范青，张宇焜，等．深水复合浊积水道砂体连通性精细表征技术及应用[J]．断块油气田，2015，22(3)：309-313.

龙凤山中-基性火山岩气藏体积压裂技术研究

邵立民　张　冲　王娟娟　夏富国　宋宪实

（中国石化东北油气分公司）

摘　要　龙凤山地区火山岩气藏具有岩性多样化、物性变化快等特点，部分井压后初期增产效果明显，但稳产时间较短。主要原因是压裂施工中天然裂缝开启导致缝内净压力降低，影响压裂裂缝波及体积。为了提高该区域火山岩压裂改造效果，开展了体积压裂工艺技术研究，一是通过优化压裂液及支撑剂的组合，提高裂缝波及体积和多尺度裂缝的支撑效率，并研究形成了单段多簇+层间暂堵复杂裂缝压裂技术，既保障了压裂改造效果又避免工程成本的增加；二是针对火山岩裂缝发育程度高的特点，开展了缝内暂堵转向压裂工艺的研究，利用缝内暂堵技术提高净压力、增加改造体积。两项技术现场应用 17 井次，获得显著的效果。

关键词　龙凤山；火山岩；天然裂缝；改造体积；缝内暂堵；层间暂堵

龙凤山中-基性火山岩气藏是近年来东北分公司勘探开发部署主要方向，该气藏整体属于低孔、特低渗储层，具有岩性多样化、物性变化快、压力系数低、产出流体差异大的特点。岩心分析、测井资料及压裂资料分析等结果表明，储层普遍发育天然裂缝，且部分区域的裂缝发育程度非常高，给压裂施工带来挑战。由于天然裂缝的存在，使得压裂施工中缝内净压力较低，导致压裂裂缝波及体积低于预期，影响压裂增产效果。为了提高该区域火山岩压裂改造效果，针对储层地质特征开展了体积压裂工艺技术研究，旨在提高裂缝改造体积，充分释放产能。

1　体积压裂工艺技术

1.1　裂缝形态优化

以龙凤山中基性火山岩具有代表性的 B21X 井区为研究对象，建立单井地质模型，优化单井裂缝间距及裂缝复杂指数，根据产能情况分析，数模结果表明裂缝加密程度越高，储层动用越充分，单井产能越大，综合考虑经济因素，裂缝间距在 40~50m 产能释放较充分（图 1），裂缝复杂指数取 0.2（图 2）。

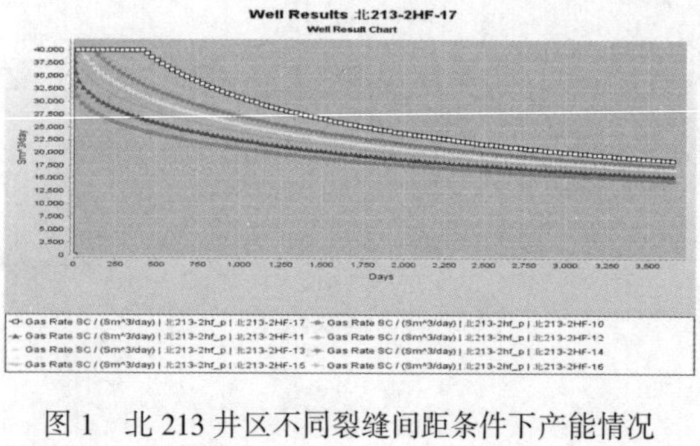

图 1　北 213 井区不同裂缝间距条件下产能情况

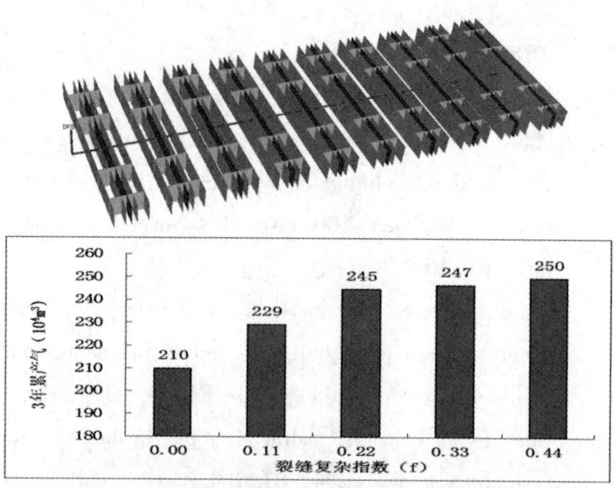

图 2　裂缝复杂指数与产出模拟结果

1.2　压裂液体系及支撑剂组合

大量理论及实验证实，低粘液体、高排量更有利于产生剪切滑移破坏，提高裂缝的复杂程度。而高粘液体则更有助于裂缝向远端延伸。为了获取最优的裂缝形态，首先利用数值模拟方法，计算了单段不同压裂液用量及组合的情况下改造体积并绘制图版（图 3），当单段液量超过 $900m^3$ 时，改造体积增加幅度明显变缓，综合考虑经济因素及改造效果，单段压裂液最佳用量为 $900 \sim 1000m^3$，将滑溜水比例优化为 30%~35%。

其次为了提高不同尺度裂缝的支撑效率，开展了复杂裂缝支撑剂输送及铺置机理研究大型物模实验，结果表明针对缝宽较小的微小裂缝，采用低粘液体更容易将粉陶输送至裂缝远端，但黏

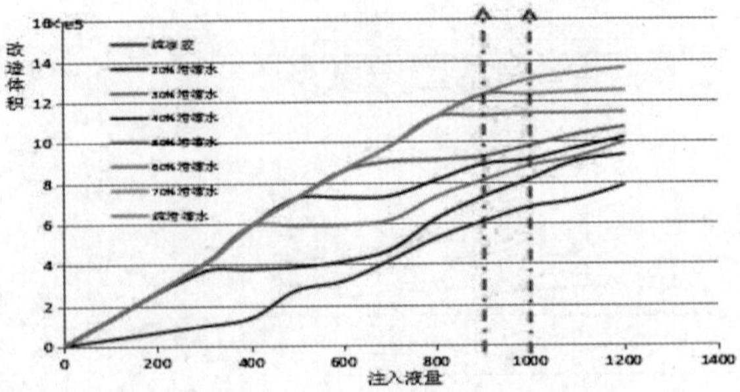

图 3　压裂液优化组合

度过低不利于携带较大粒径陶粒(图 4)。而缝宽较大会导致缝内流体流速降低，如果压裂液黏度过低会影响携砂性能，使得支撑剂无法输送至裂缝远端(图 5)。依据支撑剂输送、支撑剂动态沉降等大型物模实验成果，优化了不同类型携砂液体与支撑剂的组合。

1.3　单段多簇暂堵技术

针对密切割+复杂缝的改造工艺导致工程成本增加的问题，开展了单段多簇投球暂堵技术研究，利用物理暂堵的方法，保障较低工程成本前提下单段多簇都能得到充分改造。

首先通过室内评价实验对优选了暂堵材料：在暂堵球溶解性方面，分别评价了暂堵球在清水和破胶液中的溶解性，7h 后破胶液中暂堵球溶解率达到 89%，且降解后残渣含量低于 1%；针对暂堵球抗压强度的评价，自主设计了一套评价装置，暂堵球能够满足 70MPa 的抗压。

其次是开展了暂堵球受力及运移规律的研究，优化了暂堵工艺关键参数。依据暂堵球入座

表 1　暂堵球溶解性评价实验结果

时间/h	质量/g	质量损失/g	破胶液溶解率/%	质量/g	质量损失/g	清水溶解率/%
1	2.319	0	0	2.343	0	0
2	2.303	0.016	0.7	2.326	0.012	0.5
3	2.202	0.117	5.0	2.276	0.062	2.6
4	1.926	0.393	16.9	2.538	0.256	10.9
5	1.206	1.113	48.0	1.716	0.622	26.5
6	0.511	1.808	78.0	1.355	0.983	42.0
7	0.256	2.063	89.0	1.044	1.294	55.2

前后的受力状态分析，优化影响暂堵球封堵状态的关键参数。

依据暂堵受力数学模型分析了影响封堵效果的主要因素：施工排量、液体密度、液体黏度、孔眼个数，其中施工排量和孔眼数量影响最大。单孔排量大于 0.03m^3/min 时暂堵球可入座，当单孔排量达到 0.1m^3/min 时封堵效果显著提高；另外，为了保证暂堵球保持较高的封堵效率，压裂层段总射孔数不超过 100 孔，有效进液孔数不超过 80 孔。

2　缝内暂堵转向压裂技术

2.1　暂堵材料优选及性能评价

暂堵材料能够有效封堵天然裂缝，封堵作用机理及良好的降解性能是关键因素，实验结果表明暂堵材料能够在短时间内膨胀固结(图 8)，形成具有一定封堵强度的滤饼，2h 内降解率超过 95%。

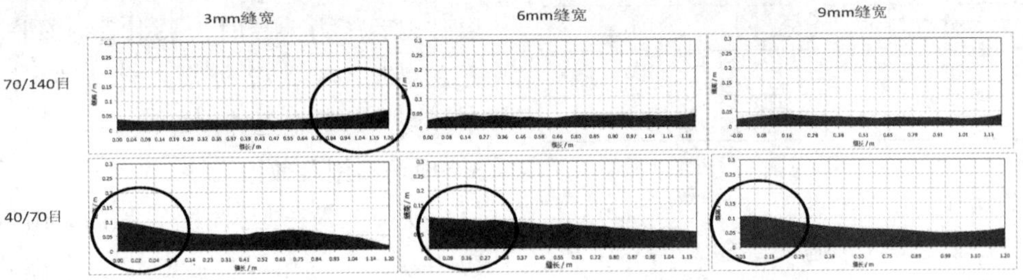

图 4　支撑剂输送实验图

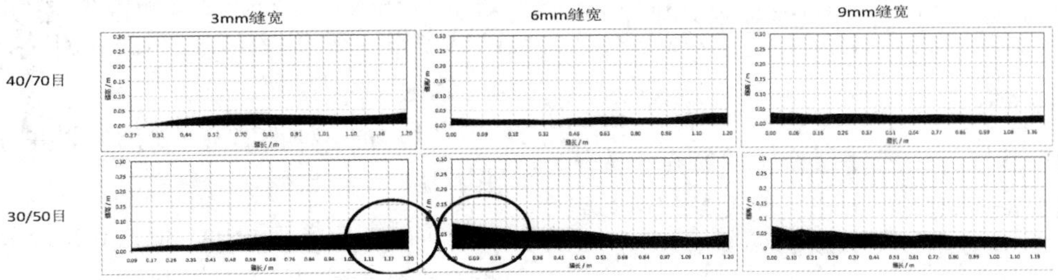

图 5　支撑剂输送实验图

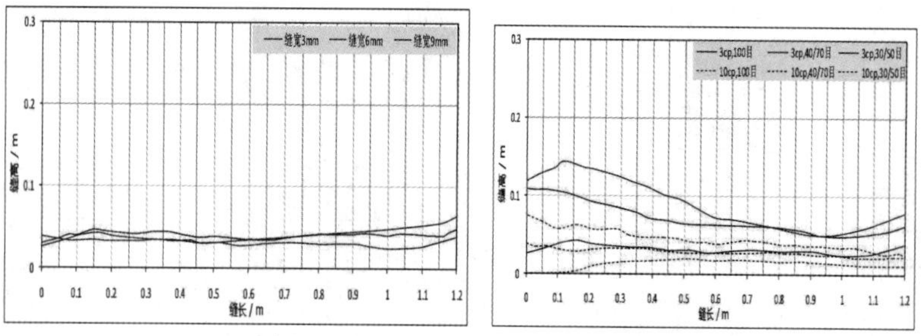

图 6　不同裂缝尺寸支撑剂铺置剖面

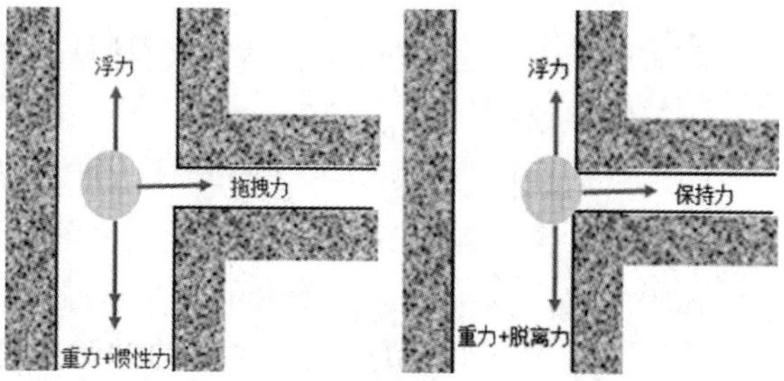

图 7　暂堵球入座前后受力示意图

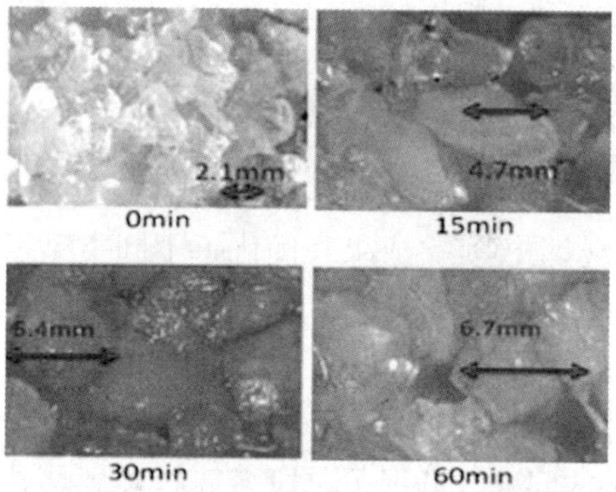

图 8　暂堵材料不同时间膨胀实验

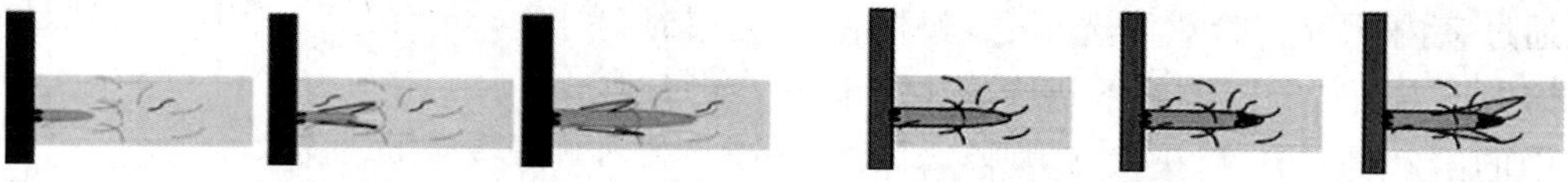

图 9　实时调参技术两套工艺思路示意图（左图控近扩远，右图长缝+复杂缝）

表 2　暂堵剂溶解性评价实验结果

型号	残渣含量/（mg/L）	胶液的黏度/（mPa・s）	溶解时间/min
50	2030	5. 1	150
70	1780	10. 6	120
80	1370	12. 1	100
无添加	610	4. 8	70

2. 2　缝内暂堵工艺研究

综合考虑地质特征、施工经验、工艺思路，建立暂堵剂用量计算模型，针对不同暂堵时机裂缝参数差异，单次堵剂用量 350～500kg，封堵位置保持在设计缝长的 35%～50%，泵送排量 4～6 方。

2. 3　实时调参技术

针对中－基性火山岩储层变化的特点，为了提高压裂工艺的针对性，提出实时调参的工艺思路，即结合前期火山岩压裂经验及认识，制定了两套压裂工艺思路：一是“控近扩远”的改造思路，当裂缝起裂后延伸压力较低时，判断近井裂缝发育程度较高，在裂缝开启程度较低时及时投入暂堵剂封堵天然裂缝，提高净压力让主裂缝充分延伸；二是“主缝+复杂缝”的改造思路，当地层破裂后压力偏高时，采用适量冻胶造主裂缝，并在裂缝 1/3～1/2 处投入暂堵剂，提高裂缝复杂程度，然后在延伸主缝。

3　现场实施及效果

研究成果在龙凤山中－基性火山岩推广应用 17 井次，平均单段加砂 65m^3，在该领域获得产能突破，累计增气 0. 6 亿方，凝析油 2. 413 万吨，采用层间投球暂堵工艺以来与 2019 年相比降低工程成本 30. 2%，获得显著的经济效益。

4　结论

（1）通过对北 213 等初期压裂井分析，龙凤山中基性火山岩储层天然裂缝发育程度较高，压裂施工过程中缝内净压力低，导致压裂改造体积低于预期，影响了改造效果。

（2）开展的密切割+复杂缝压裂技术，能够有效的增加改造体积，压裂增产效果显著提高，研究形成的层间暂堵技术，能够大幅降低工程成本。

(3)通过室内评价优选的缝内暂堵材料满足工艺需求，利用数模软件计算改造体积提高30%以上，针对火山岩储层变化快的特点，实时调参的压裂设计理念具有较好的适应性。

参考文献

[1] 李春芹. 水平井分段压裂在特低渗透油藏开发中的应用[J]. 西南石油大学学报：自然科学.

[2] 尹建，郭建春，曾凡辉. 水平井分段压裂射孔间距优化方法［J］. 石油钻探技术，2014，40(5)：67-71.

[3] 唐汝众，温庆志，苏建，等. 水平井分段压裂产能影响因素研究[J]. 石油钻探技术，2010，38(2)：80-83.

[4] 苏玉亮，慕立俊，范文敏，等. 特低渗透油藏油井压裂裂缝参数优化[J]. 石油钻探技术，2011，39(6)：69-72.

[5] 刘合，闫建文，冯程滨等. 松辽盆地深层火山岩气藏压裂新技术[J]，大庆石油地质与开发，2004，23(4)；35-37.

[6] 董明键，郭先敏，李子良. 可降解材料在完井工具中的应用及发展趋势[J]. 石油机械，2015，43(3)：31-34.

[7] 卢修峰，刘凤琴. 投球分压的理论验证及实例分析[J]. 石油钻采工艺，1994，16(3)：57-60.

[8] 龙熙华，孙同文，刘永安，等. 投球调剖计算机模拟系统研究[J]. 油气田地面工程，2002，21(1)：81-82.

[9] 蒋廷学，胥云，李治平，等. 新型前置投球选择性分压方法及其应用[J]. 天然气工业，2009，29(9)：88-90.

无井少井区中深湖相分布预测-以开平凹陷文昌组为例

熊连桥　谢晓军　赵　钊　张春宇　王　龙

（中海油研究总院有限责任公司）

摘　要　开平凹陷多口钻井油气显示丰富，但尚未发现规模油气田；长期以来，认为始新统文昌组发育中深湖相烃源岩，但凹陷内至今无井钻遇中深湖相优质烃源岩。文昌组沉积厚度巨大，且不乏优质储层，但对中深湖相烃源岩分布的预测是油气成藏规律研究面临的首要问题。以沉积背景研究为基础，通过断层活动速率统计、地震响应特征类比及地震属性分析，利用无约束属性聚类法和神经网络多属性深度学习法对开平凹陷文昌组中深湖相空间分布进行了预测。研究认为，下文昌组沉积期间，控洼断层活动速率大于100m/Ma，具备中深湖相发育背景；类比珠一凹陷文昌组中深湖相烃源岩，开平凹陷文昌组中深湖相地震反射以低频、连续为主要特征；通过RGB分频，认为低频成分分布区为深湖相发育范围；利用地震主频、瞬时属性、相关属性进行聚类分析可进一步划分中深湖相范围；通过地质认识约束，对多种地震属性进行神经网络深度学习，认为文四段中深湖相最为发育，呈东-西向展布，其中三维地震工区内主洼中深湖面积达154km^2，体积达50km^3。研究成果可为开平凹陷油气成藏规律研究奠定基础，为下一步勘探目标优选提供依据。

关键词　神经网络；中深湖相；文昌组；始新统；开平凹陷

20世纪70年代以来，围绕开平凹陷油气勘探在坎坷中前进。九十年代钻井均未获得油气发现，究其原因在于缺少油源断层沟通文昌组烃源岩和第三系[1]。由于缺乏信心，一直到2011年，开平凹陷近十五年没有钻井；2012年对开平凹陷的重新研究使钻井获得突破，再次引起了勘探家们的重视。但是截至目前，开平凹陷内的钻井均有油气显示，却无规模油气田，形成口口见由、有油无田的局面。长期以来，学者们一直坚信开平凹陷文昌组发育中中深湖相烃源岩，但是至今没有井钻遇厚层优质的中深湖相烃源岩。对白云凹陷、珠一凹陷文昌组烃源岩开展过系统研究[2-3]，但对开平凹陷文昌组烃源岩研究程度较低，也尚未见相关报道。那么文昌组中深湖相烃源岩究竟如何分布、烃源岩品质如何仍需系统研究。对文昌组烃源岩规模及分布规律的研究直接影响凹陷内油气资源量评价及相关圈闭能否近源成藏，直接影响油气成藏规律分析，对寻找规模油气田至关重要。

勘探程度低、无井、少井的地区，烃源岩评价一直是勘探家面临的难题[4-5]。对于缺少钻井的区域，有学者提出层序地层学法与地震速度岩性分析法综合评价烃源岩分布与厚度[4]；对于有少量井钻遇烃源岩的区域，有学者利用沉积相、地震相、地震属性分析及动态模拟预测烃源岩性质及展布[6,5]；钻井有分析化验的区域则可以利用TOC与测井曲线、对应地震响应特征，拟合烃源岩在钻井和地震上的对应关系对烃源岩进行定量评价[7-8]。对无井的低勘探区，沉积相刻画可为烃源岩研究提供约束条件；对于有井区烃源岩评价，沉积相分布研究或泥岩分布规律的刻画都是不可忽略的前提。

开平凹陷文昌组烃源岩分布研究的前提是明确研究区中深湖相分布规律。因此，笔者以开平凹陷为例，选取覆盖主洼的三维地震工区，在古地貌、古气候分析基础上，通过断层活动速率、地震响应特征类比、已钻井频谱分析及地震属性分析，采用无约束的属性聚类分析和有约束的神经网络深度学习方法对文昌组中深湖相分布进行刻画。以期通过半定量-定量研究为烃源岩分布规律及烃源岩品质研究奠定基础，为油气成藏规律研究提供依据。

1　区域沉积背景

开平凹陷位于珠江口盆地珠二凹陷，开平凹陷面积3800km^2，现今水深200～500m，以云开低凸起与白云凹陷分隔(图1a)。凹陷内自下而上划分为文昌组、恩平组、珠海组、珠江组、韩江组、粤海组、万山组和第四系，尚未钻遇古新

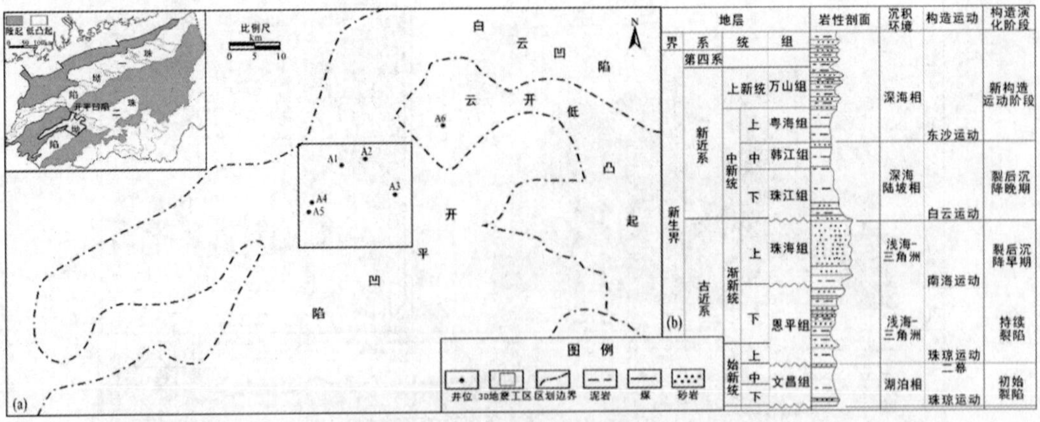

图 1 开平凹陷地理位置(a)及地层发育特征(b)(据文献[11])

统神狐组(图 1b)，开平凹陷中心厚度可达 22.5km，比白云凹陷中心厚 4.5km[9]。古新世以来，凹陷经历了初始裂陷、持续裂陷、裂后沉降早期、裂后沉降晚期和新构造运动五个演化阶段(图 1b)。开平凹陷和白云凹陷均发育文昌组，开平凹陷属于断陷型凹陷[10]，其主控洼断层规模较小，但沉降幅度大[11]。

珠江口盆地文昌组以滨浅湖-半深湖沉积为主，周边发育冲积平原和扇三角洲[12]。其中，开平凹陷文昌组最大厚度 5200 余米[13]，文昌组内部识别出 T81—T85 五个界面，将文昌组划分为六段，以 T83 为界将文昌组划分为上文昌组和下文昌组[14,15]。下文昌组属于断陷一幕构造层，发育辫状河三角洲、扇三角洲、滨浅湖、半深湖相；上文昌组属于断陷二幕构造层，发育主要为辫状河三角洲沉积[14]。有学者认为，开平凹陷文昌组可作为主要烃源岩[9]。珠二凹陷始新统文昌组具备发育湖相烃源岩条件，并且烃源岩质量较好[16,17]。通过白云凹陷钻井揭示，文昌组发育Ⅰ-Ⅱ型好烃源岩[11]。但是油气中没有可靠证据显示文昌组烃源岩对油气有明显贡献[16]。

前人研究表明，开平凹陷文昌组中深湖相可以作为优质烃源岩[16,17]，因此可以认为，明确了中深湖相空间分布也就基本明确了烃源岩分布规律。

1.1 古地貌特征

前人研究表明，文昌组沉积早期，主洼为南断北超，晚期为北断南超半地堑[15]。凹陷基底构造特征表明，文昌组可划分为西洼、西南洼、主洼、北洼和东洼五个洼陷(图 2a)。文昌组发育三期断裂系统(图 2b)，主洼南北两侧发育两个花状构造带(图 2c)。主洼文昌组最大厚度 4300 余米，表明文昌组沉积时期可容空间较大。珠二凹陷周边呈环剥蚀特征[12]，文昌组沉积期间，开平凹陷北部的神狐暗沙隆起和东部的云开低凸起可为凹陷提供物源；先存断裂控制的古沟谷、构造变换带、古洼槽可作为沉积物搬运通道；坡折带和洼陷成为碎屑物堆积区域；根据“源-渠-汇”沉积体系分析，凹陷早期各次洼分隔，发育近源沉积扇体；中期水体连片，中深湖相发育；晚期被辫状河三角洲覆盖[18]。因此，开平凹陷从四周到洼陷中心，发育扇三角洲-辫状河三角洲-湖泊沉积体系。

1.2 古气候与沉积环境

通过 A1 井孢粉和藻类组合分析，总体上 3000m 以下井段生物化石较少(图 3a)。该井段检测到水骨单缝孢、双束松粉和常绿栎粉含量较高，有少量桤木粉、柯氏双沟粉和五边粉，其中五边粉分布上限为 2966m，这一深度处常绿栎粉含量突然增高。这些孢粉组合反映文昌组沉积时期为温暖略干的气候环境。A1 井 3400m 和 3700m 检测到蕨类孢子、被子植物、孢粉、河湖相藻类和少量裸子植物花粉(图 3b)，河湖相藻类主要为环纹藻、角凸藻和百色藻等非海相藻类。湖沼相内水生植物及藻类非常发育，说明当时气候温暖湿润，是水源充足、湖泊十分发育的地区[19,20]，因此，文昌组沉积期间处于河流-湖泊环境。

2 中深湖相特征识别

无井区烃源岩评价只能充分应用区域地质背景和地震资料[4-6]，应用层序地层学法[4]、地震相和地震属性分析法[6]等技术方法开展研究。前人研究表明，开平凹陷文昌组中深湖相可以作为优质烃源岩[9,16,17]，从而，利用地震资料刻画文

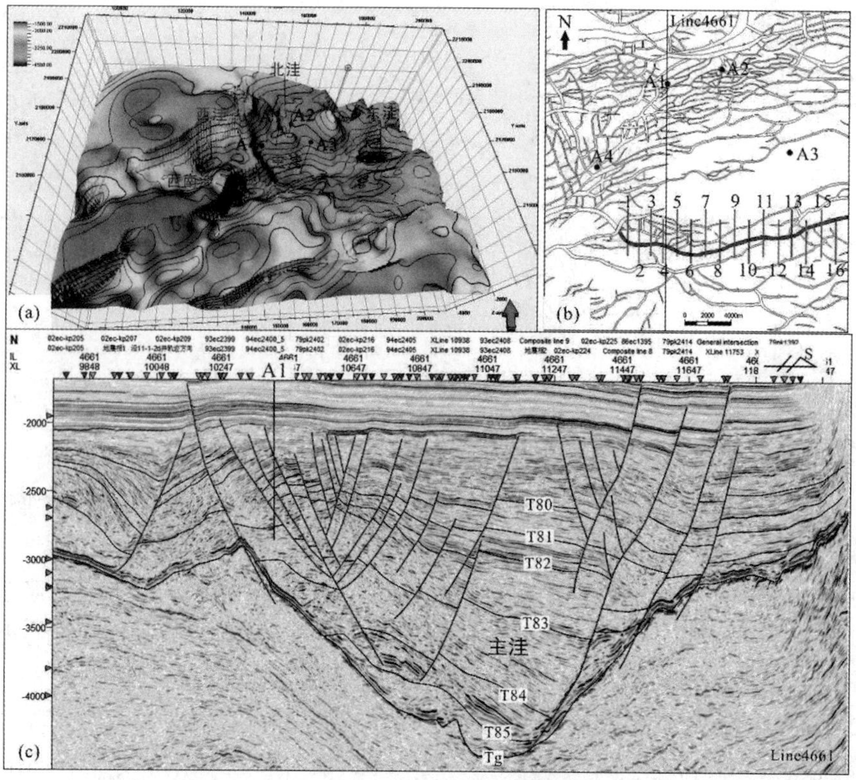

图 2　开平凹陷基底构造格局(a)，文昌组主洼断裂系统(b)及过主洼 Line4661 剖面显示的花状构造(c)

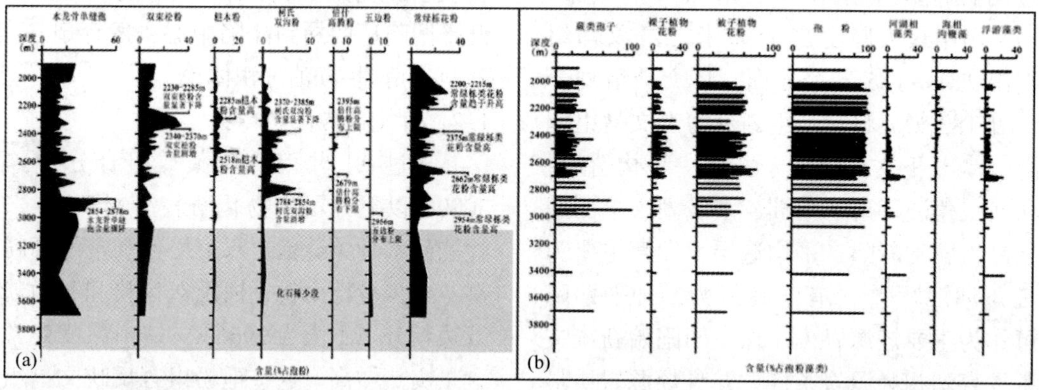

图 3　A1 井不同深度段孢粉含量特征(a)及 A1 井不同深度段藻类特征(b)

昌组中深湖相分布规律即能达到评价烃源岩分布的目的，待有井钻遇后再利用地震速度与岩性、Ro 及 TOC 等指标的关系预测烃源岩成熟度和丰度[7,8,21]。首先利用断层活动速率探讨中深湖相发育的背景，其次利用区域类比地震响应作为中深湖相识别依据，最后利用没有钻遇中深湖相的井及地震属性识别中深湖相特征，为中深湖相定量分布预测提供基础数据。

2.1　断裂活动速率

研究表明，中国近海控凹断层活动速率与凹陷中暗色泥岩厚度存在良好正相关[22]，珠一凹陷研究表明，当断层活动速率大于 100m/Ma 时，断裂控制中深湖相沉积[23]。可以推知，控洼断层活动速率大于 100m/Ma 可以作为开平凹陷寻找中深湖相发育区域的充分条件。

开平凹陷主洼南侧发育一条早期边界断层，对文昌组沉积具有明显控制作用，将其称为南开断层(图 2b)。统计分析表明，南开断层在文昌组沉积期间的活动速率均大于 100/ma(图 4)。下文昌组沉积期间，文四-文五段时期断层活动速率可达 300~400m/Ma(图 4a)；上文昌组沉积期间，文三段时期断层活动速率有所下降，文二段时期再次活跃，达到 300m/Ma 以上，文一段沉积时期断层活动性减弱(图 4b)。可见，开平凹陷主洼南开断层下降盘是寻找中深湖相的主要区域。

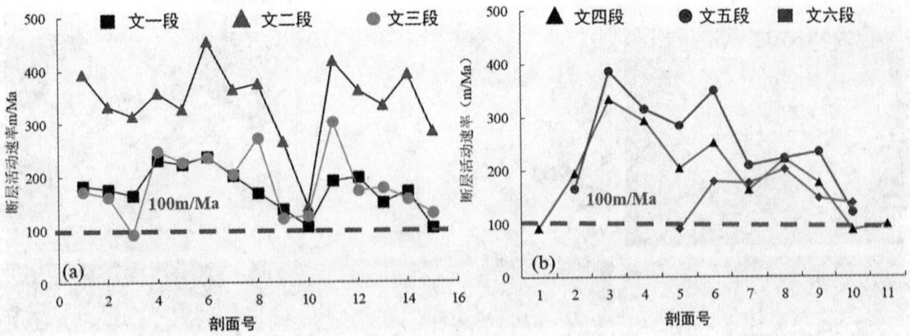

图4　文昌组沉积期间南开断层活动速率(a 上文昌组，b 下文昌组)(剖面位置见图2b)

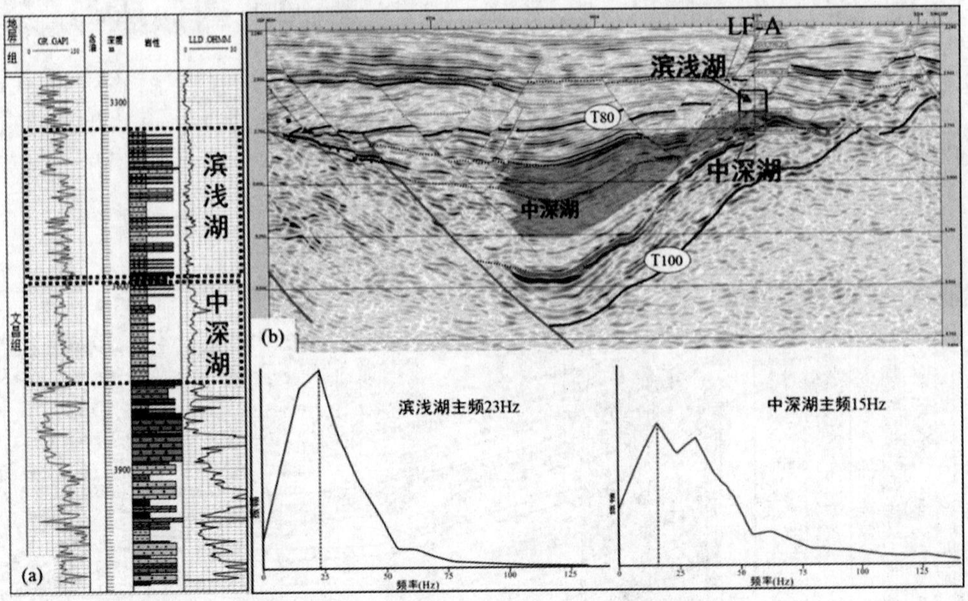

图5　LF-A 井柱状图(a)LF-A 井滨浅湖与中深湖地震主频对比(b)

2.2　地震响应区域类比

相关研究表明，低频、连续、强振幅或席状弱振幅-空白地震反射特征可用于识别湖相烃源岩[24-27]。珠一坳陷恩平凹陷钻井显示，文昌组发育大套中深湖相泥岩，地震响应为低频连续强振幅反射特征；而陆丰凹陷钻井揭示的文昌组中深湖相烃源岩为低频连续弱振幅反射特征[28]。因此，低频、连续地震响应是珠一凹陷中深湖相的共同特征。

珠一凹陷 LF13 洼 LF-A 井钻遇文昌组滨浅湖与中深湖(图5a)，其中滨浅湖相地震主频为23Hz，中深湖相地震主频为15Hz(图5b)，表明文昌组中深湖地震主频低于滨浅湖地震主频。

2.3　已钻井频谱分析

开平凹陷文昌组尚无井钻遇中深湖烃源岩，但是钻井揭示，文一-文二段发育滨浅湖和辫状河三角洲(图6)。辫状河三角洲相可见分选磨圆中等的含砾石英砂岩，为水下分流河道微相(图6a-c)。而滨浅湖相为块状深灰色泥岩(图6d)、灰绿色块状粉砂质泥岩(图6e)，部分泥岩可见有机质浸染(图6f)，Pr/Ph 为2.17，反映弱氧化-弱还原环境[22]，TOC 为1.56%，具有一定的生烃潜力。

利用壁心、测录井资料对 A3 井开展沉积相解释，划分出滨浅湖与辫状河三角洲相(图7a)。井震标定表明，三角洲相地震反射连续性较差、前积特征明显，滨浅湖相具有上超特征、地震反射连续性好、地震主频 43-62.5Hz(图7b)。基于井震标定，对过 A3 井的地震剖面进行沉积相解释，中深湖相发育部位地层厚度较大，地震主频为38Hz，相比滨浅湖低(图8)，推测研究区中深湖地震主频小于40Hz。

由于地层对地震波能量的吸收，导致地震波主频会随着传播深度增加而衰减[29]，不同深度段地震主频对比需要考虑衰减问题。统计分析表明，开平凹陷地震主频在2950ms 以上，衰减较

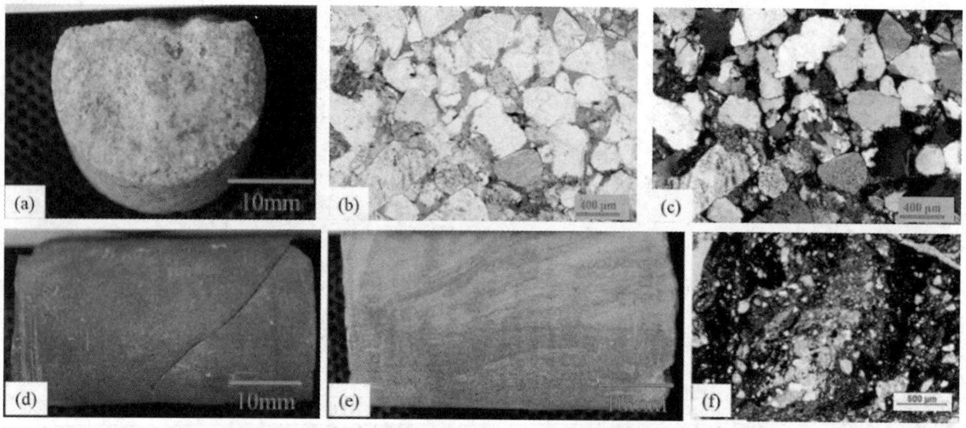

（a）辫状河三角洲水下分流河道，黄色含砾砂岩，A1井，3153.6m，壁心；（b）含砾石英砂岩，A1井，3153.6m，铸体片，单偏光；（c）图b的正交光；（d）浅湖泥，深灰色块状泥岩，A1井，3644.5m，壁心；（e）滨湖泥，绿灰色粉砂质泥岩，A1井，3176m，壁心；（f）浅湖泥，富有机质粉砂质泥岩，A2井，3609~3612m，岩屑薄片，单偏光

图6　辫状河三角洲与滨浅湖沉积特征

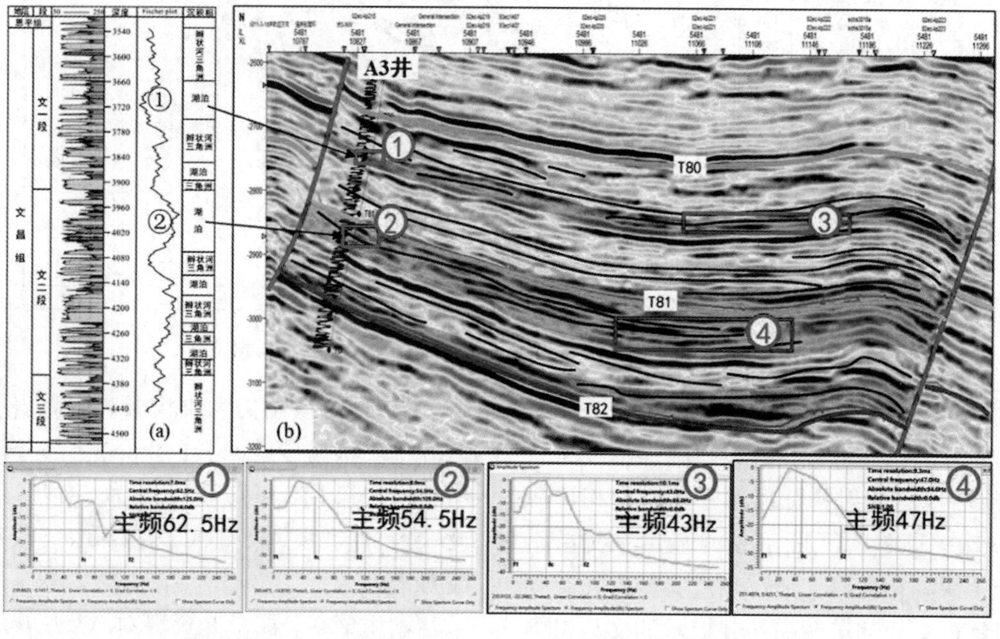

图7　（a）A3井单井沉积相解释；（b）井震标定揭示滨浅湖频率特征

快，2950ms以下衰减较慢，深度每增加100ms，主频降低约0.7Hz(图9)，而研究区滨浅湖与中深湖垂向深度差不超过300ms(图6b)，主频衰减2.1Hz左右。横向对比中深湖主频相比滨浅湖低5Hz左右，因此，研究区中深湖地震主频的确比滨浅湖低。从而，开平凹陷文昌组沉积厚度大、地震主频低、连续性好的部位可划分为中深湖相。

2.4　中深湖相地震属性特征

综上所述，选取开平凹陷覆盖主洼的三维地震工区(图1a)，以文四段为例，寻找低频、连续组分发育范围作为中深湖相。

（1）通过频谱分析，推测研究区文昌组中深湖相地震主频低于40Hz，分频提取地震主频为15Hz(图10a)、40Hz(图10a)和60Hz(图10c)的组分，可见低频组分连片的区域为中深湖发育区。

（2）提取地震工区瞬时频率属性(图10d)和主频属性(图10e)，主洼内频率低于40Hz的组分反映出中深湖发育范围；提取地震工区噪声属性(图10f)，主洼内噪声值低的区域为中深湖发育范围。

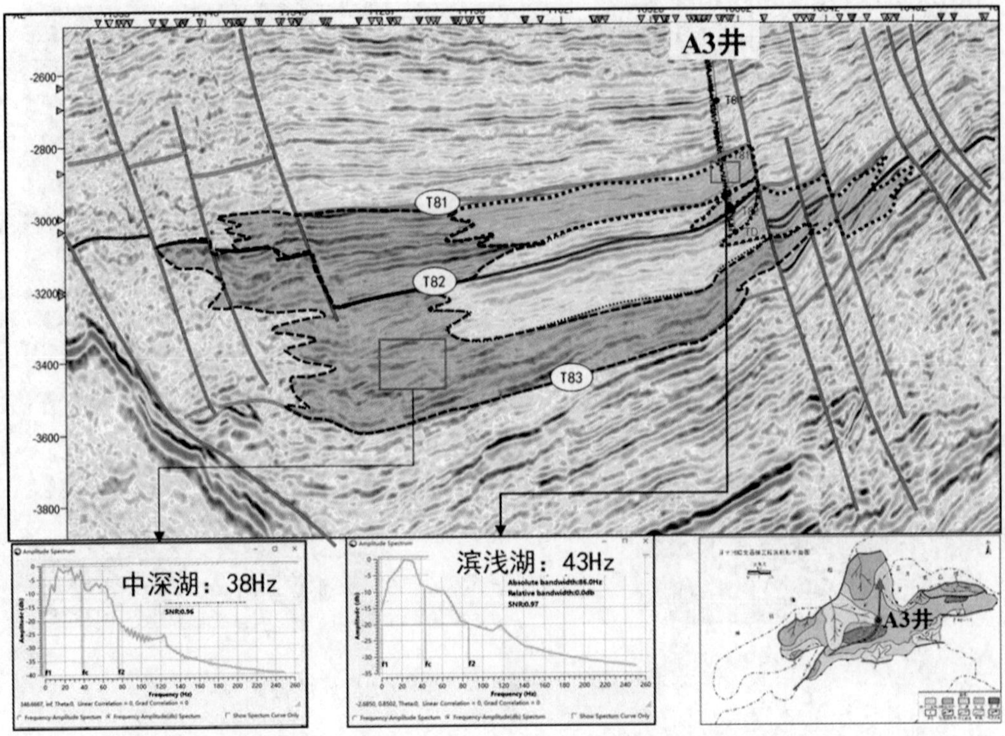

图 8　过 A3 井地震剖面沉积相解释及中深湖与滨浅湖主频特征对比

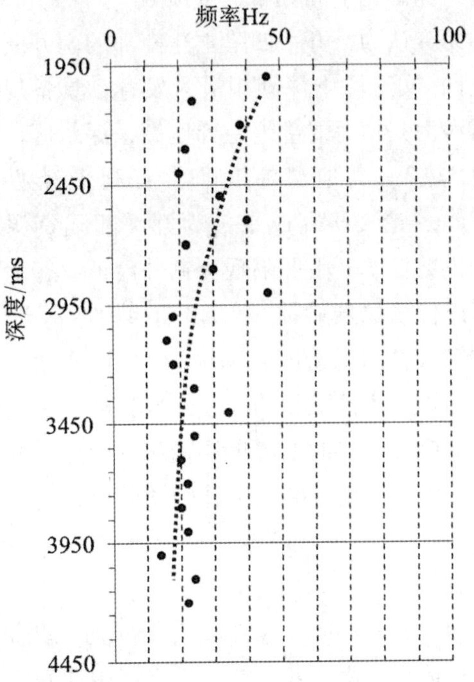

图 9　开平凹陷地震主频随深度变化关系

3　中深湖相分布预测

3.1　无约束聚类分析

基于上述研究成果，开平凹陷文昌组主洼(1)南开断层附近，(2)沉积厚度大，(3)地震主频低于 40Hz 及(4)地震噪声值低的区域可判定为中深湖相。但是上述对中深湖相的识别均是定性描述，对中深湖的刻画需要同时满足以上四个约束条件，在此采用无监督聚类分析法，集合地震瞬时频率、主频和反映地震连续性的噪声属性进行聚类分析，实现半定量刻画深湖相发育范围。

聚类分析结果表明(图 11)，地震数据体频率和连续性属性能较好的预测开平凹陷文昌组中深湖相分布范围，三维地震工区中识别出部分中深湖相，主洼东部应该还有中深湖相发育。

3.2　神经网络多属性深度学习

基于上述研究，建立起开平凹陷文昌组中深湖相分布范围的地质认识。在地质认识约束下，选取主测线和联络测线各三条地震剖面，在地震剖面上从文六段至文二段，将南开断层附近、厚度较大、低频、连续的区域设置为中深湖相。集合地震数据主频、频率面积、瞬时频率、瞬时相位、噪声等熟悉，利用神经网络多属性深度学习技术定量预测中深湖烃源岩空间分布。

经过有监督的神经网络多属性深度学习，刻画出开平凹陷文昌组中深湖空间分布范围(图 12)。平面上，文四段中深湖相分布面积最大(图

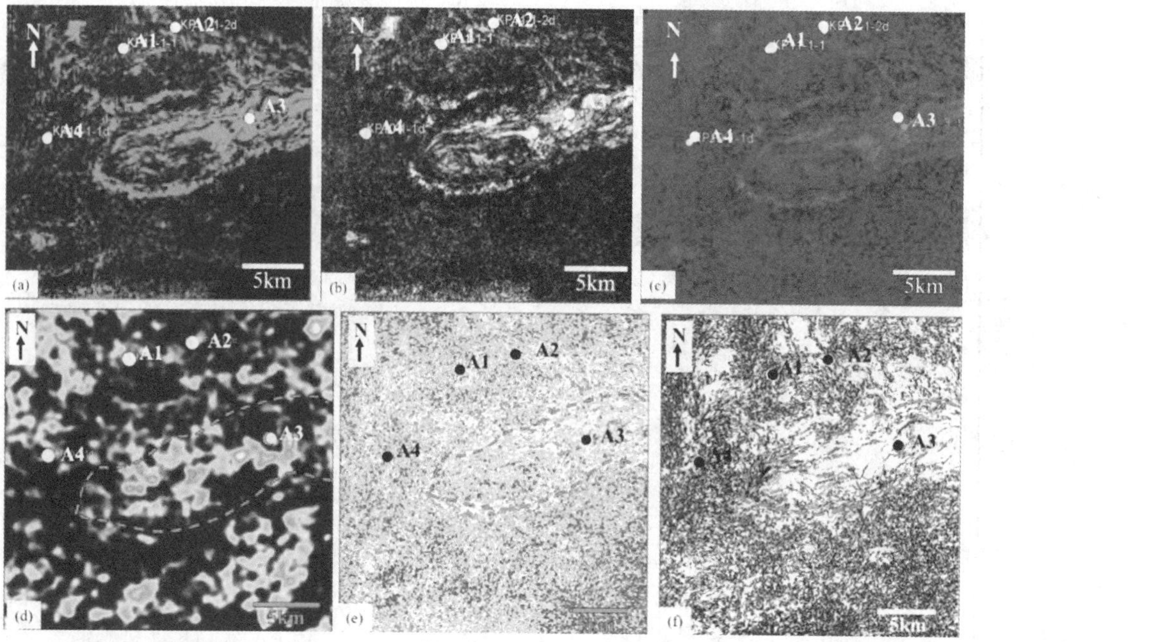

图 10 开平凹陷三维地震工区文四段地震属性特征

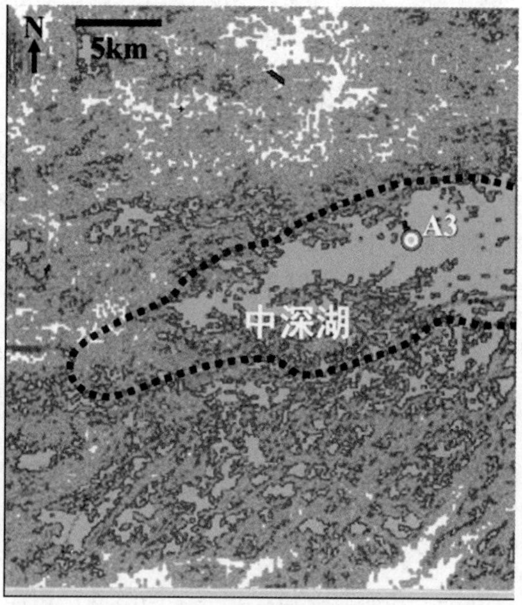

图 11 开平凹陷三维地震工区主频、瞬时频率和相干体属性聚类结果

12a)，纵向上，文六段中深湖相开始发育，文四-文五段中深湖相广泛发育，文三段至文二段中深湖相萎缩(图 12b)。通过三维空间计算，文四段中的中深湖相在三维工区中分布面积达 154km^2，体积 50km^3，实际上主洼东部，三维地震工区之外还有中深湖相分布。

基于区域沉积背景，通过断层活动速率、区域类比、地震相及地震属性分析，从定性描述中深湖相分布范围，到无约束半定量聚类分析，再到有约束定量神经网络计算，实现了对开平凹陷文昌组深湖相空间分布定量预测。

研究认为，开平凹陷主洼南部的南开断层附近文四-文五段中深湖相最为发育，具备规模烃源岩潜力，南海北部地温梯度高，深水区比浅水区更“热”，高地温梯度非常有利于烃源岩生烃[16,30]，论文研究成果可为开平凹陷资源量计算提供数据。开平凹陷现有钻井已证实，上覆地层不乏优质储层砂体[15]。多期的构造运动[11]可形成多种类型构造圈闭、构造-岩性圈闭。南开断层为控制主洼沉积的同生断层，油气生成后可优先沿南开断层向上覆地层运移。因此，开平凹陷主洼南部沿南开断层发育的圈闭可作为有利勘探目标。

4 结论

(1) 开平凹陷文昌组发育辫状河三角洲-湖泊沉积体系，南开断层在文昌组沉积期间活动速率大于 100m/Ma，控制主洼中深湖相分布。

(2) 开平凹陷文昌组中深湖具有低频、连续席状地震反射特征，中深湖相地震主频小于 40Hz，利用频率、连续性地震属性能较好的识别深湖相发育范围。

(3) 结合无约束属性聚类和有约束神经网络

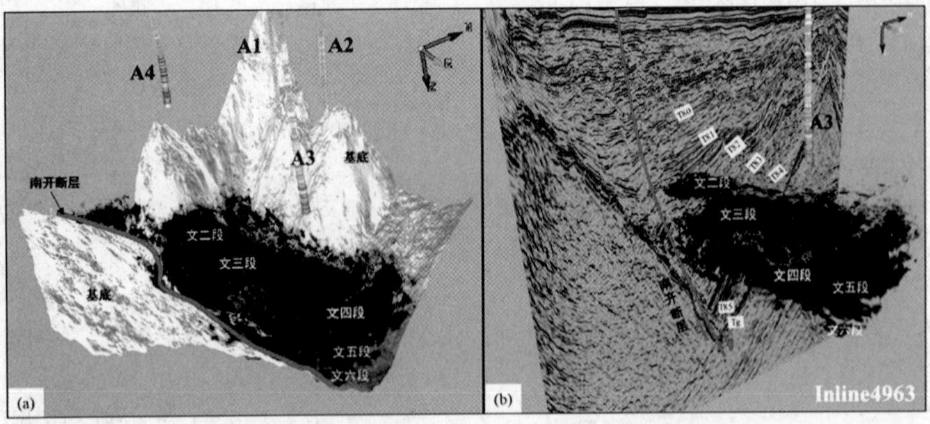

图 12 开平凹陷三维地震工区中深湖相空间分布预测

分析，实现了中深湖相空间分布定量预测，认为三维地震工区内主洼深湖面积达 154km^2，体积达 50km^3，具备规模烃源岩潜力。

参 考 文 献

[1] 戴一丁，庞雄，李平鲁．珠江口盆地开平凹陷油气聚集条件分析[J]．中国海上油气(地质)，1998，12(1)：12-18.

[2] 刘军，汪瑞良，舒誉，等．烃源岩 TOC 地球物理定量预测新技术及在珠江口盆地的应用[J]．成都理工大学学报(自科版)，2012，39(4)：415-419.

[3] 施和生，何敏，张丽丽，等．珠江口盆地(东部)油气地质特征、成藏规律及下一步勘探策略[J]．中国海上油气，2014，26(3)：11-22.

[4] 刘震，常迈，赵阳，等．低勘探程度盆地烃源岩早期预测方法研究[J]．地学前缘，2007，14(4)：159-167.

[5] 顾礼敬，徐守余，苏劲，等．利用地震资料预测和评价烃源岩[J]．天然气地球科学，2011，22(3)：554-560.

[6] 曹强，叶加仁，石万忠，等．低勘探程度盆地烃源岩早期评价——以南黄海北部盆地东北凹为例[J]．石油学报，2009，30(4)：522-529.

[7] 黄艳辉，刘震，陈婕，等．利用地震信息定量预测烃源岩热成熟度——以琼东南盆地乐东—陵水凹陷为例[J]．石油地球物理勘探，2013，48(6)：985-994.

[8] 陈宇航，姚根顺，刘震，等．利用地震信息定量预测烃源岩 TOC 质量分数[J]．中南大学学报(自然科学版)，2016，47(1)：159-165.

[9] 庞雄，陈隽，戴一丁，等．珠江口盆地白云西-开平凹陷油气聚集及勘探目标研究[J]．中国海上油气(地质)，1995，9(4)：237-245.

[10] 朱伟林．南海北部深水区油气地质特征[J]．石油学报，2010，31(4)：521-527.

[11] 杨海长，陈莹，纪沫，等．珠江口盆地深水区构造演化差异性与油气勘探意义[J]．中国石油勘探，2017，22(6)：59-68.

[12] 方竞男．珠江口盆地第三系沉积体系演变与生储盖组合[D]．北京：中国地质大学(北京)，2013.

[13] 董冬冬．南海北部陆缘深水区构造演化及其资源效应[D]．青岛：中国科学院研究生院(海洋研究所)，2008.

[14] 聂国权．被动大陆边缘洋陆过渡带构造数值模拟及成因机制：开平凹陷例析[D]．北京：中国地质大学(北京)，2006.

[15] 张志业．珠江口盆地开平凹陷断裂系统与盆地演化[D]．北京：中国地质大学(北京)，2016.

[16] 李友川，傅宁，张枝焕．南海北部深水区盆地烃源条件和油气源[J]．石油学报，2013，34(2)：247-254.

[17] 李友川，张功成，傅宁．珠江口盆地油气分带性及其控制因素[J]．中国海上油气，2014，26(4)：8-14.

[18] 魏山力．基于地震资料的陆相湖盆"源-渠-汇"沉积体系分析——以珠江口盆地开平凹陷文昌组长轴沉积体系为例[J]．断块油气田，2016，23(4)：414-418.

[19] 朱伟林．中国近海含油盆地古湖泊学研究[D]．上海：同济大学，2002.

[20] 庞雄，何敏，朱俊章，等．珠二坳陷湖相烃源岩形成条件分析[J]．中国海上油气，2009，21(2)：86-90.

[21] 王子嵩，刘震，孙志鹏，等．琼东南深水区乐东-陵水凹陷渐新统烃源岩早期预测及评价[J]．中南大学学报(自然科学版)，2014，45(3)：876-888.

[22] 李友川．中国近海湖相优质烃源岩形成的主要控制因素[J]．中国海上油气，2015，27(3)：1-9.

[23] 宗奕，梁建设，郭刚．珠江口盆地番禺低隆起文昌组断裂活动性特征及其对沉积的影响[J]．地球科学与环境学报，2012，34(4)：30-35.

[24] 刘震，孙强，武耀辉．洪浩尔舒特凹陷下白垩统热成熟度地震预测[J]．石油实验地质，1997，19(4)：371-376.

[25] 郝志伟，王楠，田建华，等．地震反射及属性对沉积相反映程度分析[J]．西南石油大学学报(自然科学版)，2011，33(5)：75-78.

[26] Løseth H，Wensaas L，Gading M，et al. Can hydrocarbon source rocks be identified on seismic data? [J]. Geology，2011，39(12)：1167-1170.

[27] 于建国，韩文功，于正军，等．济阳拗陷孔店组烃源岩的地震预测方法[J]．石油地球物理勘探，2005，40(3)：318-338.

[28] 龚丽，朱红涛，舒誉，等．珠江口盆地恩平凹陷文昌组层序格架中中—深湖相烃源岩空间展布规律及发育模式[J]．地球科学，2014，39(5)：546-556.

[29] 刘书会，潘蓓，顾汉明，等．罗家地区转换波地震勘探分辨率定量分析[J]．石油物探，2014，53(1)：61-67.

[30] 米立军，袁玉松，张功成，等．南海北部深水区地热特征及其成因[J]．石油学报，2009，30(1)：27-32.

基于岩心的深水重力流分析技术：以墨西哥湾 Burgos 盆地 Perdido 带为例

张春宇[1] 于 水[2] 梁建设[2] 郭 刚[1] 谢晓军[1]

(1. 中海油研究总院；2. 中国海洋石油国际有限公司)

摘 要 墨西哥湾盆地是世界上油气资源最为丰富的含油气盆地之一，新生代深水碎屑岩是其最主要的储层。本文以墨西哥湾西北部 Burgos 盆地深水区 Perdido 带晚古新世–早始新世上 Wilcox 组深水沉积体系为研究对象，采用大量的岩心、薄片、物性、地震及测井资料，依据岩性、结构、沉积构造、垂向序列、流体流变学等方面进行分析，对深水流体类型、与沉积微相的关系及与储层的关系这三方面进行了研究。结果表明：上 Wilcox 组深水沉积包含 5 种类型，分别为碎屑流沉积、浊流沉积、混合流沉积、远洋泥岩和底流改造沉积。其中浊流沉积可进一步划分为高密度浊流和低密度浊流沉积。研究区主要发育水道化朵叶、近端朵叶和远端朵叶三种沉积微相。水道化朵叶主要发育高密度浊流、底流改造和碎屑流沉积，近端朵叶主要发育混合流和高密度浊流沉积，远端朵叶主要发育低密度浊流沉积。高密度浊流和底流改造沉积刚性颗粒含量较高，沉积粒度较粗、杂基含量较低，储层物性最好，混合流整体储层物性中等，由物性较好(H1 段)和较差(H3 段)的两部分组成。低密度浊流沉积、碎屑流沉积和远洋泥岩塑性颗粒较多，粒度较细，杂基含量较高，储层物性较差。

关键字 Burgos 盆地；Wilcox 组；流体类型；沉积微相；储层质量

1 前言

随着油气勘探程度的逐步提高，深水重力流沉积已成为国内外研究和勘探最为引人注目的领域之一。在巴西坎波斯盆地、桑托斯盆地、西非尼日尔三角洲盆地、中国南海盆地等深水地区，一系列大型油气田相继被发现[1-5]。墨西哥湾作为全球油气资源最为丰富的盆地之一，拥有世界级的海相优质烃源岩和与盐相关的大型圈闭，优质储层是勘探面临的最大风险[6-9]。该区深水储层通常含超压，埋深大且顶部覆盖有异地盐蓬。明确优质储层的控制因素对目标评价与优选、新机会评价有着至关重要的作用。

自 Kuenen 通过水槽实验研究重力流特征以来，前人对重力流沉积的分类、流动特征、支撑机制和沉积模式等已有大量的研究[10-14]。近年来，过渡性流体的识别(混合流)、流体转化作用和远端扇模式的建立更加丰富了深水重力流沉积理论[15-21]。深水优质储层主控因素的研究目前已积累了有大量的成果。宏观方面的因素主要包括构造、物源、沉积相等[22]；微观方面的研究则聚焦于岩石学特征、地层流体和成岩作用等几个方面[23-25]。然而，新的沉积学进展应用于储层研究的研究相对较少，深水重力流沉积过程对储层物性影响的精细研究实例较为匮乏。本文以对 Burgos 盆地 Perdido 带晚古新世–早始新世上 Wilcox 组为目标(图 1、图 2)，以大量地地震、测井、岩心、薄片及物性等数据为基础，对深水流体类型和沉积微相进行了划分，建立了两者之间的对应关系，对不同沉积类型的储层特征进行了研究，探讨了沉积过程对储层的控制作用，为对深水有利储层的预测提供依据。

2 区域概况

墨西哥湾盆地位于北美大陆和尤卡坦陆块之间，东西约 2300km，南北约 2400km，盆内沉积最厚可达 20km。盆地经历了三阶段演化，形成了三套沉积层系[26,27]。晚三叠世–中侏罗世为裂谷期，以陆相河流相和湖泊相沉积为主，发育了一套分布广泛的盐岩(芦安盐岩)；(2) 晚侏罗世–晚白垩世为被动陆缘期，整体陆源碎屑供应量较少，以海相碳酸盐岩为主，在晚侏罗世提塘期发育了一套富有机质的优质烃源岩；新生代以来进入改造期，以海相碎屑岩为主，发育多套深水浊积砂岩储层。研究区位于墨西哥湾西北部 Burgos 盆地深水区 Perdido 带(图 1)，面积约 $5\times10^4km^2$，水深在 1000~3000m 之间。该区域盐岩活动强烈，发育底部原地盐和顶部异地盐双层盐

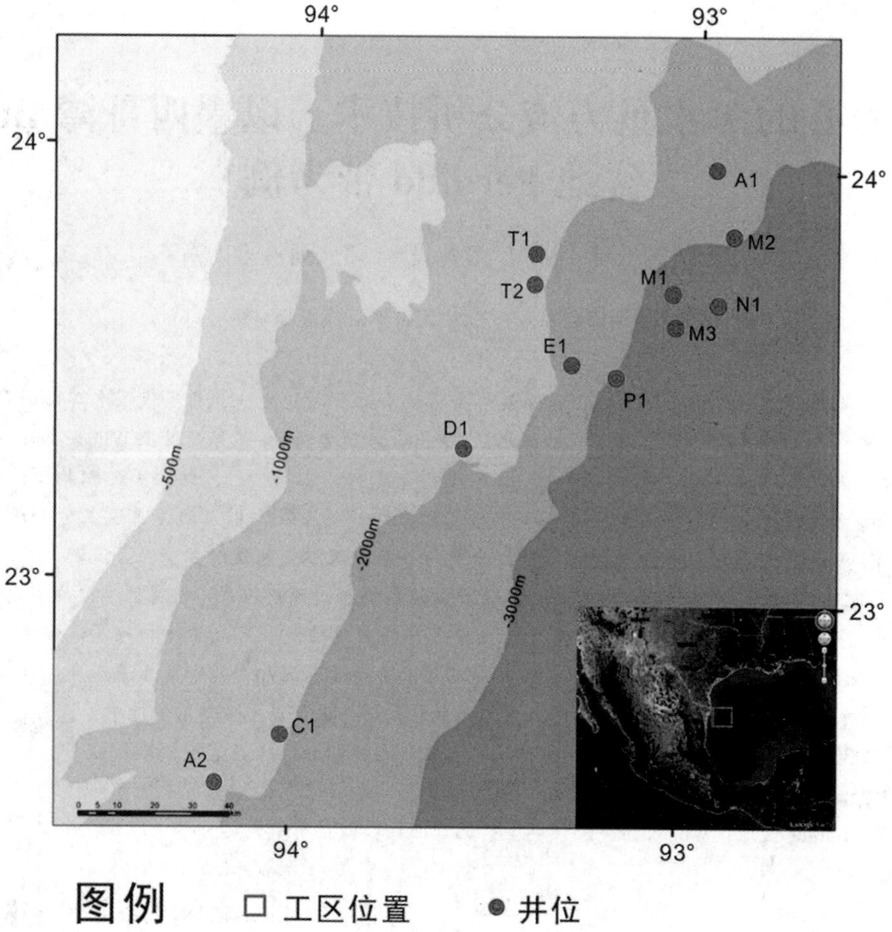

图 1　Burgos 盆地地理位置图

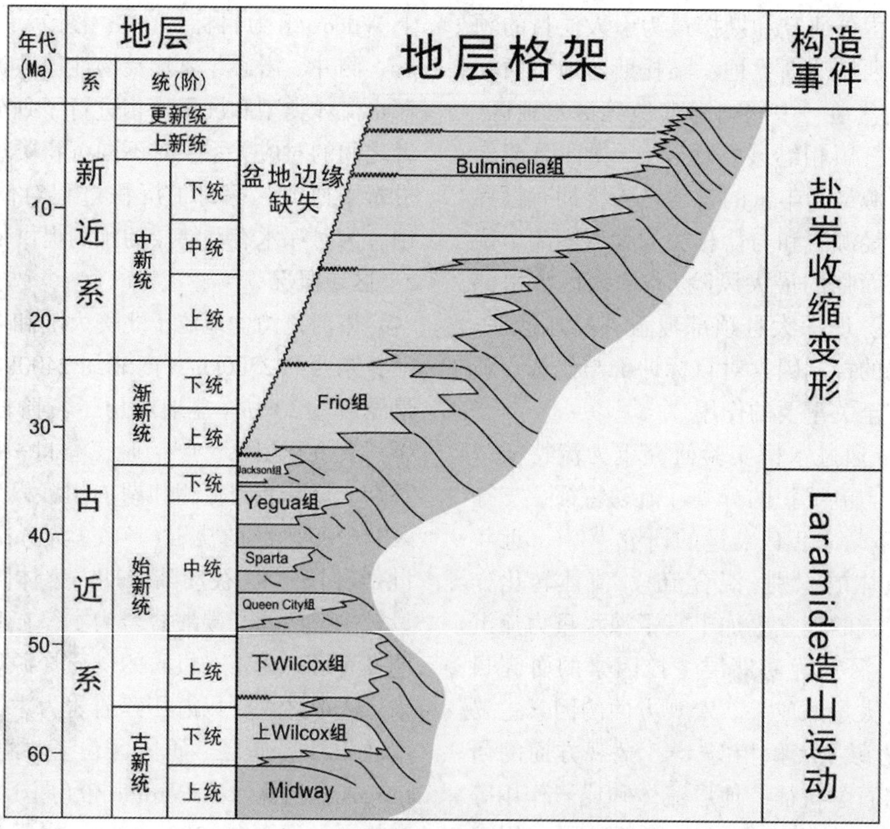

图 2　墨西哥湾深水区地层格架图

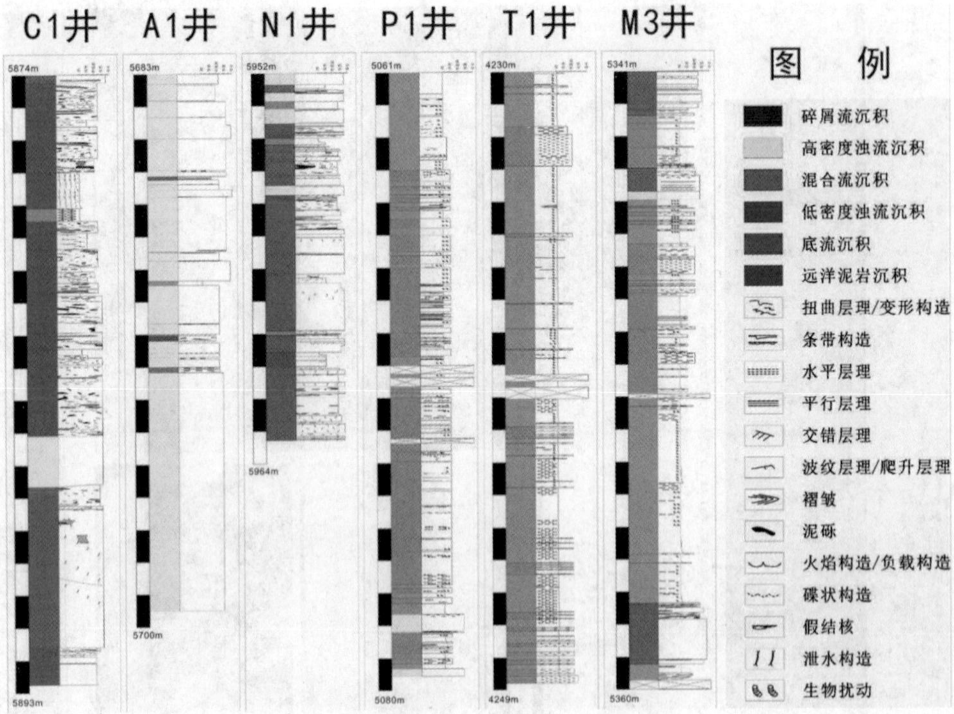

图 3　Perdido 带上 Wilcox 组典型井位取心段特征

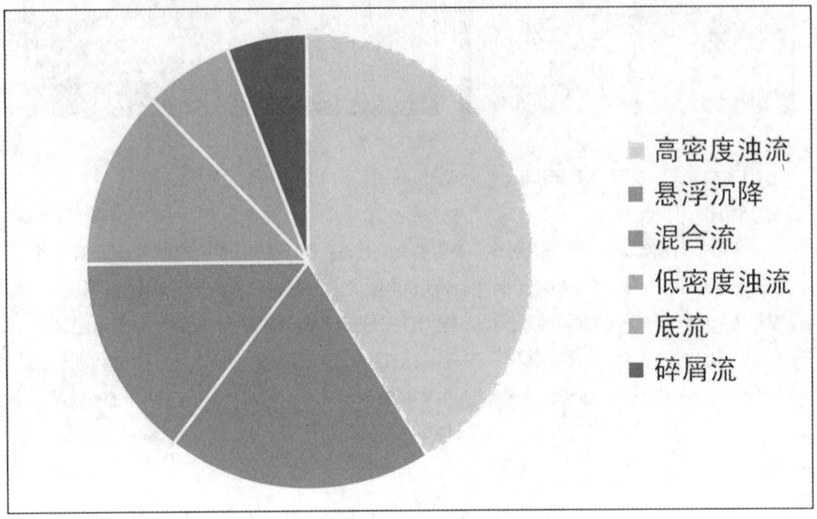

图 4　不同流体类型发育规模统计图

构造。在 Wilcox 时期，盆地主要受东北部 Colorado 水系和西部 Rio Grande 水系双物源体系的影响，物源供给速率由早到晚逐渐减小，海底峡谷和大型垮塌分别向深盆供应碎屑[27-31]。

3　流体类型及特征

研究区上 Wilcox 组发育多种类型的重力流沉积类型。本文通过对工区 12 口井 386.5m 的岩心进行厘米级的精细描述，结合大量薄片分析，依据岩性、结构、沉积构造、垂向序列、流体流变学等方面，划分出了 5 种沉积类型，分别是碎屑流沉积、浊流沉积、混合流沉积、底流改造沉积和远洋泥岩沉积，其中浊流沉积可进一步划分为高密度浊流和低密度浊流沉积。从岩心上看可以将沉积类型组合划分为三类：主要发育一种沉积类型、主要发育两种类型和多种沉积类型共同发育(图 3)。通过统计所有取心段不同流体类型的厚度可知，研究区浊流沉积占主导作用，占总厚度的 54%。远洋泥岩、混合流、底流和碎屑流沉积分别占 19.2%、14.5%、6.4%和 5.8%。浊流沉积中高密度浊流沉积又占主要部分，占总厚度的 41.2%，低密度浊流沉积占总厚度的 12.8%(图 4)。

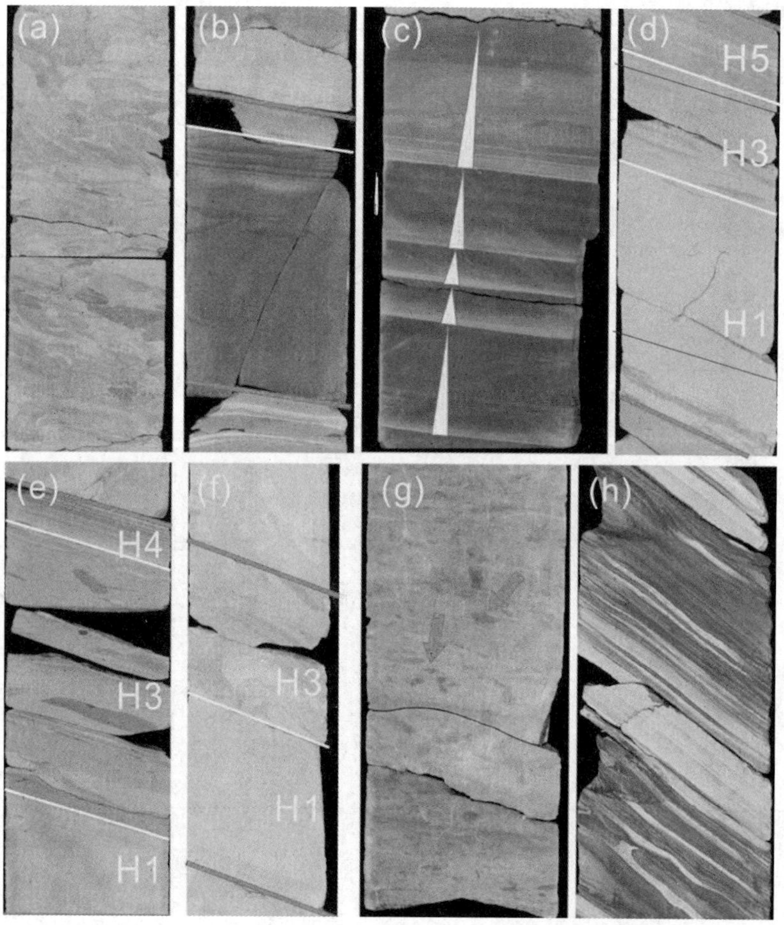

图5 Perdido带上Wilcox组流体类型典型特征

（a）碎屑流沉积，复成分砾石，C1井，5875m；（b）高密度浊流沉积，砂岩中部可见泥砾，上部可见平行层理和小型交错层理，D1井，6117m；（c）低密度浊流沉积，发育多个完整正粒序，P1井，5384m；（d）混合流沉积，可见H1+H3+H5段，内部可见泥砾，M1井，6202m；（e）混合流沉积，发育H1+H3+H4段，内部可见变形构造和泥砾，C1井，6406m；（f）混合流沉积，发育H1+H3段，H3段内部可见变形构造和泥砾，M1井，6200.5m；（g）远洋泥岩，可见生物扰动构造（箭头处），P1井，5061m；（h）底流改造沉积，可见脉状层理和交错层理，T2井，4318m

3.1 碎屑流沉积

碎屑流沉积以泥质砾岩和含砾泥岩为主，厚度在2~250cm，杂基支撑，泥质含量极高，不发育层理构造。内部含大量复成分砾石，砾石混杂排列，没有定向性，部分砾石受剪切作用而发生旋转变形（图5a）。单期碎屑流顶底突变，表明流体本身能量较强，对下伏地层进行侵蚀。研究区碎屑流沉积主要发育C1井中，单层厚度大，多套碎屑流沉运、多种沉积物支撑机制的粘结流。当流速降低时，沉积物整体“冻结”沉降，内部颗粒在沉降过程中不发生粒度的分宜。大规模的碎屑流需要一定的触发机制，一般与陆架或斜坡地区的大型滑塌有关，沉积物的厚度与流体厚度密切相关。C1井主要受西物源的影响，距陆架坡折带附近大型的滑坡和垮塌（如lobo滑坡）距离较近。

3.2 浊流沉积

研究区发育两种浊流沉积，分别为高密度浊流沉积和低密度浊流沉积。

高密度浊流沉积主要发育中砂-极细砂岩，顶部常含薄层泥质盖层（图5b）。厚度在1.5~750cm之间。砂岩以块状构造为主要特征，内部可见泄水构造和泥质撕裂屑，缺乏层理构造，泥质撕裂屑多见于砂岩底部，精细观察和对比可知泥岩撕裂屑多来源于下伏泥岩，是原地剥蚀的产物，表明高密度浊流自身能量较强。砂岩顶部可发育平行层理或小型交错层理，表明单期流体存在上下分异的情况，沉积物顶部被上覆沉积物浓度较低的流体所改造。高密度浊流是一种高沉积物浓度(>10%)的非粘结流，属于鲍马序列中的 Ta 段，Mulder 和 Alexander 将其置于超高密度流和浊流之间，表明这种高密度浊流同时具有这两种流体的性质。其内部流态为部分紊流。

低密度浊流沉积以极细砂岩-泥岩为特征，厚度在 0.5~30cm 之间，发育弥散式的"正粒序"(图 5c)。泥岩中可见轻微-强烈生物扰动构造，极细砂岩和粉砂岩中发育水平层理和小型交错层理，整体发育鲍马序列中的 Tc、Td 和 Te 段。Shanmugam 认为 Tc 和 Td 段属于底流改造沉积，然而大量物理实验结果表明浊流本身可以产生鲍马序列中含交错层理与水平层理的 Tc 段和 Td 段。低密度浊流是一种遵循牛顿流变性质、内部紊流态且紊态作为唯一沉积物支撑机制的非粘结流，内部颗粒随流速的下降呈层状通过悬浮沉降的方式发生沉积。

3.3 混合流沉积

混合流也称"混合事件流"，是单次沉积事件中，沉积流体在浊流和碎屑流之间相互转换的一种过渡流体。一般可包括两种：(1) 下部碎屑流上部浊流；(2) 下部浊流上部碎屑流。第一种情况发育在靠物源较近的位置，沉积体规模较大。研究区整体沉积背景为下陆坡和深水盆地，距离物源较远。精细的岩心观察显示目标区只发育第二种情况的流体转化。这种情况的混合流沉积完整的序列包含 5 段，自上而下分别为：(1) H1段块状净砂岩；(2) H2 段为砂泥互层段；(3) H3 段为泥质砂岩；(4) H4 段为细砂-粉砂岩；(5) H5 段泥质盖层。

研究区混合流沉积可划分为三小类：(1) H1+H3+H5；(2) H1+H3；(3) H1+H3+H4(图 5)。主要以第一种类型为主，自下而上为正粒序，构成"三明治"结构(图 5d)。H2 段极少发育。厚度为 0.5~490cm。其中 H1 段主要体现出高密度浊流的特征，主要发育极细-细净砂岩，粒度相对较粗，颗粒支撑，黏土含量较少，底部可见枕状构造和火焰构造，内部可见泄水构造和碟状构造(图 5e)，显示出沉积物快速沉降，孔隙水无法完全排除的特征。泥砾和泥质撕裂屑在该段不同位置均可发育。H2 段发育，构成条带状构造。H3 段主要体现碎屑流的特征，主要为泥质砂岩或砂质泥岩。H4 段主要体现低密度浊流的特征，主要为极细砂岩和粉砂岩，发育水平层理或小型交错层理。H5 段为薄层泥岩盖层。前人研究表明从 H1 至 H3 发生流体转换的原因众多，从本区来看，对下伏富泥质基地的侵蚀可能是最主要的原因。研究区混合流主要发育在高密度浊流沉积之后，距离物源较远。单个混合流旋回的下伏地层通常为泥岩，H1 段中发育泥砾和泥质撕裂屑，但并不局限于底部，而是在各个位置均有发育，显示出流体下伏泥岩具有侵蚀作用，这些细粒物质在被剥蚀之后进入流体，随着浮力作用逐渐上升，当它们足够大时，发生流体转换作用。

3.4 远洋泥岩沉积

远洋泥岩主要为泥岩(图 4f)，厚度在 1.5~350cm 之间，发育块状构造或纹层，含少量粉砂质条带，泥岩中可见轻微-中级生物扰动，为垂向缓慢悬浮沉降。

3.5 底流改造沉积

研究区底流改造沉积以砂泥互层，顶底突变但并无侵蚀为主要特征(图 4g)，厚度在 3~120cm 之间。粒度较为集中，为细砂-极细砂，含大量牵引流构造，包括爬升成立、波状层理、脉状层理和透镜状层理。底流是一种净水流，本身并不携带沉积物，而是对沉积物进行改造。前人在陆家坡折底部根据成因识别出 5 种类型的底流，它们的驱动机制分别为：温盐差异、风力、内潮汐、内波和表面波。不同成因的底流流动方向差异较大。底流可以长期存在并能达到平衡状态，能量表现为振荡特征。

4 沉积相类型

单一流体类型反应的是单次的沉积过程，而垂向组合则可以反映特征沉积环境的主要特征。通过岩心观察、测井相和地震相的分析，认为研究区主要发育水道化朵叶复合体、近端朵叶和远端朵叶三种沉积微相(图 6)。

水道化朵叶复合体位于水道堤岸复合体的尾端，是沉积物开始发生卸载的场所。主要发育高密度浊流、底流改造，局部发育碎屑流沉积，岩性组合主要为厚层粉-细砂岩夹薄层泥岩，单砂层厚度为 4~35m，砂地比较高。高密度砂岩底部可见砾石滞留沉积，相当于 lowe 的 R_1 段，研究表明当碎屑颗粒>30%时，流体能量较高，非限制性环境的朵叶环境无法支持如此高能流体，

沉积微相	流体类型	岩心相	测井相	地震相
水道化朵叶	高密度浊流 底流 碎屑流	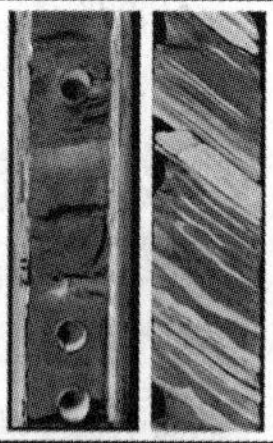	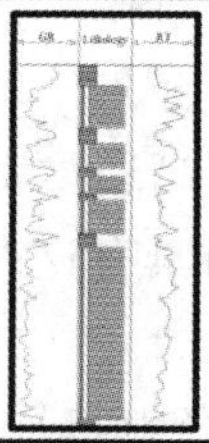	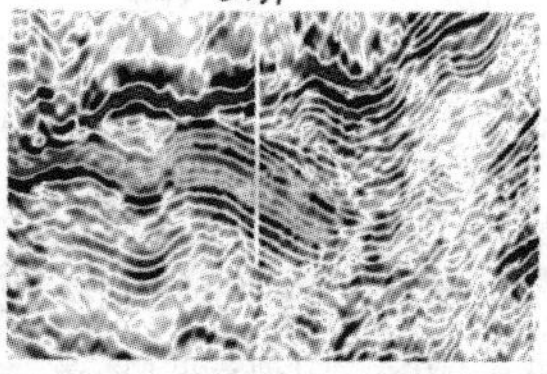
近端朵叶	高密度浊流 混合流	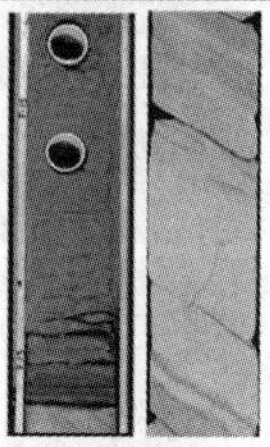		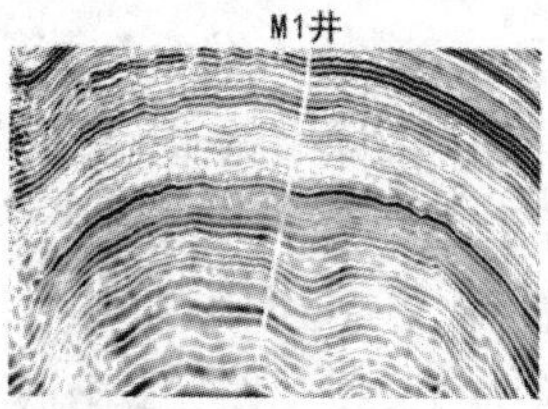
远端朵叶	低密度浊流		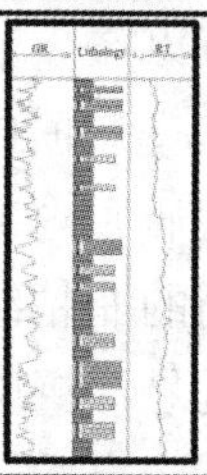	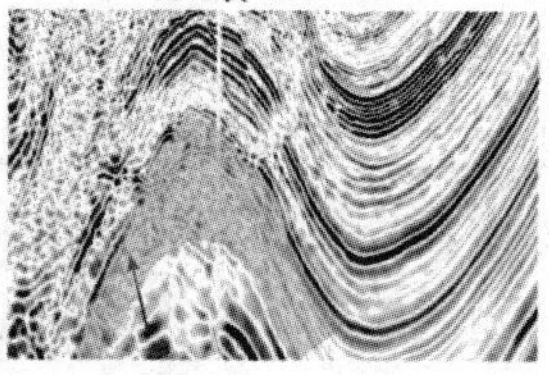

图6　不同沉积微相的流体类型、测井相和地震相特征

表明存在一定城的限制性水道。GR 测井曲线表现为箱型或钟型。地震相特征整体表现为中高频中弱振幅丘型反射特征。

近端朵叶位于水道化朵叶的尾端，内含少量分支水道，砂体表现为席状叠置的特征。主要发育高密度浊流和混合流沉积，岩性组合主要为中厚层粉-细砂岩与泥岩互层沉积，单砂层厚度为3~9m，砂地比中等。该相带高密度浊流砂岩底部不发育滞留沉积，表明无限制性水道发育。GR 测井曲线表现为锯齿状，地震相特征主要为中弱振幅差连续-杂乱反射。

远端朵叶位于整个朵叶的最外部，不发育水道，砂体厚度较薄且常被包裹在泥岩中。主要发育低密度浊流沉积，可见少量薄层混合流沉积。岩性组合为砂泥岩薄互层沉积，单砂层厚度为0.5~5m 砂地比较低。GR 测井曲线表现为呈锯齿状，地震相特征主要为中弱振幅差连续-杂乱反射。

5　流体类型与储层物性的关系

储层物性主要受沉积和成岩两大因素控制。沉积方面宏观上受沉积相带的控制，如前所述，深水体系中不同沉积相带发育不同的流体类型，进而从岩石的组分、粒度、结构、垂向组合和杂基含量等方面影响储层物性。研究区 857 个数据的统计结果表明，上 Wilcox 组孔隙度在 0.33%~35.46% 之间，均值为 21.15%；渗透率在 0.001~811.14mD 之间，均值为 106.48mD；其中高密度浊流沉积和底流改造沉积物性最好，碎屑流沉积、低密度浊流沉积和远洋泥岩沉积物性较差，混合流沉积物性总体适中，但差异较大(图7，表1)。下部 H1 段物性整体较好，但渗透率低于高密度浊流，可能是因为：(1) 混合流发育位置更偏下游，导致 H1 段砂岩平均粒径较高密度浊流偏小；(2) H1 段发育大量泄水构造，使得岩石结构收到了一定程度的影响。H3 段物性较差，但渗透率高于碎屑流，可能是因为 H3 段中的杂基含量低于碎屑流。将所有样品的孔隙度和渗透率按深度投图可知(图8)，不论在任何深度下，高密度浊流和底流改造沉积的物性较好，表明流体类型和储层物性呈很好的相关性。不同的流态表现出不同的水动力大小，而水动力大小又从两个方面影响着储层物性：骨架颗粒成分、粒度和杂基含量。研究区高密度浊流水动力作用较强，刚性颗粒(石英、长石和花岗岩岩屑等)含量较高，沉积物粒度最粗，杂基含量低；底流虽然本身不携带沉积物，但由于其水动力作

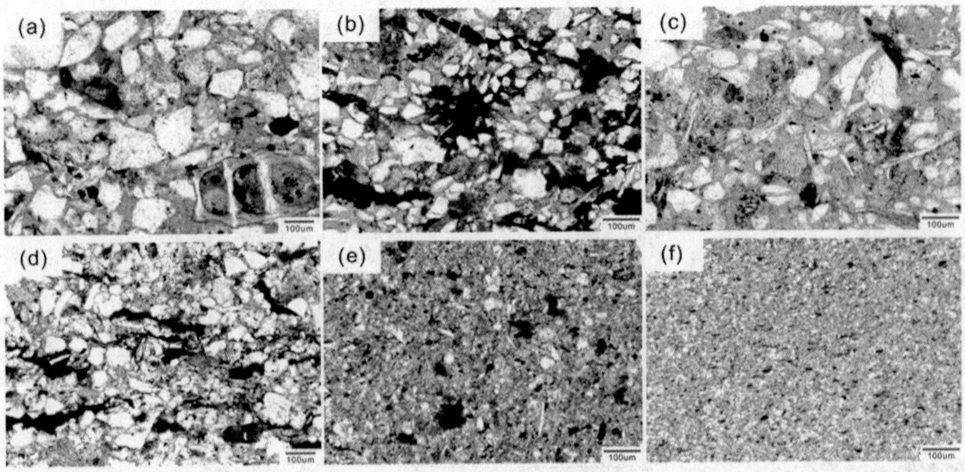

图 7 Perdido 带上 Wilcox 组不同流体类型储层薄片特征

（a）高密度浊流沉积，Φ=24.7%，K=159.9mD，M2 井，5429.48m，单偏光；（b）底流改造沉积，Φ=30.03%，K=97.34mD，T2 井，4319.09m，单偏光；（c）混合流 H1 段，Φ=28.67%，K=57.89mD，T1 井，5458.65m，单偏光；（d）低密度浊流沉积，Φ=15.173%，K=4.75mD，T2 井，4622.05m，单偏光；（e）碎屑流沉积，Φ=18.2%，K=1.2mD，N1 井，5456.56m；（f）远洋泥岩，Φ=16.21%，K=0.81mD，T2 井，4621.32m，单偏光

表 1 不同流体类型物性特征

流体类型	孔隙度区间/%	平均孔隙度/%	渗透率区间/mD	平均渗透率/mD
高密度浊流沉积	0.3~34.5	22.7	0.006~811.14	137.65
底流改造沉积	7.8~35.5	26.6	0.52~428.79	115.35
混合流沉积	5.3~33.1	15.5	0.003~630.5	32.32
低密度浊流沉积	6.0~24.9	16	0.012~57.80	6.46
碎屑流沉积	6.1~23.5	11.1	0.023~15.01	0.74
远洋泥岩	0.7~18.4	10.8	0.001~1.37	0.54

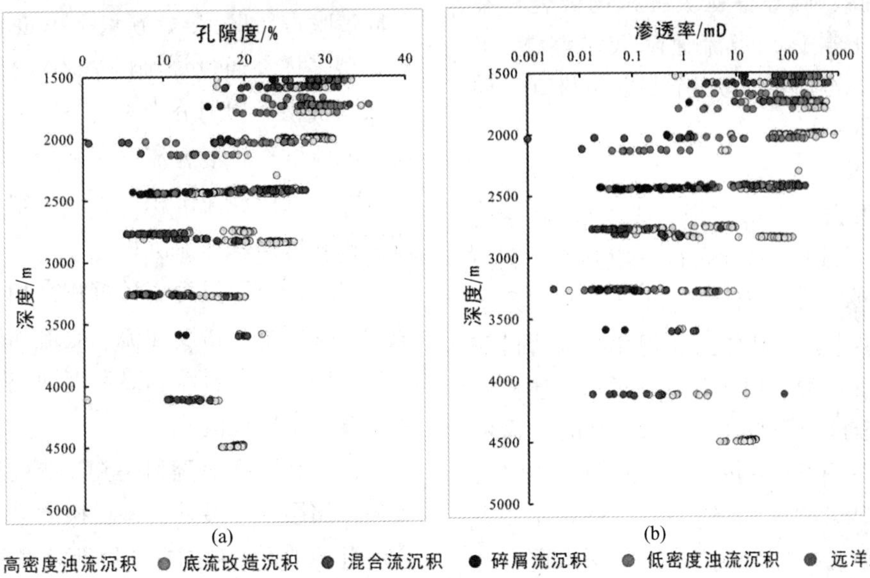

图 8 Perdido 带上 Wilcox 组物性分布特征

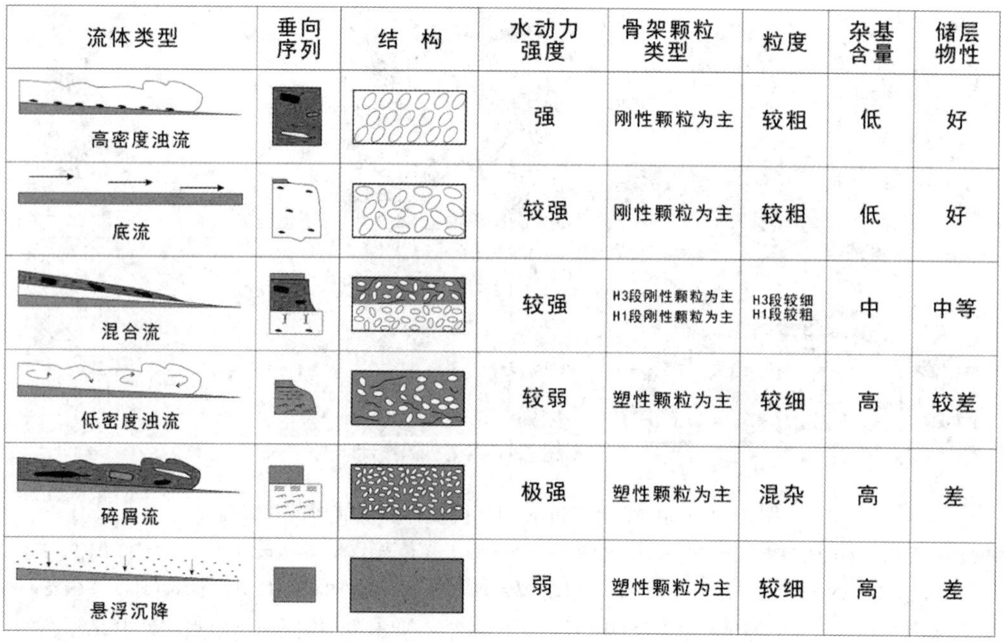

图 9　Perdido 带上 Wilcox 组不同流体类型与储层物性的关系

用较强，会对先期软沉积物进行改造，带走细粒物质，降低沉积物中杂基含量。混合流下部水动力作用较强，杂基含量较低，上部由于细粒物质的加入(主要为泥)，水动力作用减弱，塑性颗粒(泥屑和云母等)含量增加从而使得其整体物性差异较大，刚性颗粒含量较高，沉积物粒度较粗孔隙度和渗透率平均值较高密度浊流和底流改造沉积显著降低。低密度浊流沉积和(垂向)悬浮沉降作用的水动力较弱，沉积物粒度较细且杂基含量较高，故储层物性较差。碎屑流水动力作用最强，无法对沉积物进行筛选，使得泥、砂、砾等各粒级沉积物被裹挟在一起，整体向下搬运，当流速降低时整体“冻结”发生沉积。故碎屑流沉积杂基含量极高，储层物性较差(图 9)。

6　油气勘探意义

海相深水重力流类型多样、成因机制复杂，对于西非 Karoo 盆地 Skoorsteenberg 组和意大利白垩系 Gottero 深水碎屑岩体系的研究表明，深水重力流流体类型丰富，砂体展布规律复杂，目前最常用的 Bouma 的浊流模式和 Normark 的浊积扇模式并不能完全指导深水油气勘探。Burgos 盆地 Perdido 带目前共有 33 探井，其中发现井 20 口，来自 Wilcox 组砂岩的可采储量为 1.85×10^8t 油当量，储层预测是研究的重中之重。对深水重力流类型的识别不仅有助于深水砂岩成因的研究，而且对砂体的展布规律和储层预测有着重要的指导意义。现阶段全球深水勘探层系逐渐加深，目标的沉积背景逐渐由近物源逐渐向远物源转变。以墨西哥湾深水区 Wilcox 组为例，T1 井相同深度段同一沉积微相内砂岩的渗透率可相差一个数量级，导致储层含油性显示出巨大的差异，表明人们对于远端细粒的深水重力流体系的认识还存在不足。明确深水重力流流体类型，划分重力流沉积组合，建立适合的沉积模式对于深水勘探来讲具有重要的意义。

7　结论

(1) 墨西哥湾西北部 Burgos 盆地深水区 Perdido 带晚古新世–早始新世上 Wilcox 组的深水流体类型多样，通过详细的岩心观察和薄片分析，将深水沉积类型划分为 5 大类，分别为碎屑流沉积、浊流沉积、混合流沉积、远洋泥岩和底流改造沉积。其中浊流沉积可进一步划分为高密度浊流沉积和低密度浊流沉积。

(2) 研究区发育三种沉积微相，其中水道化朵叶主要发育高密度浊流、底流和碎屑流，近端朵叶主要发育混合流和高密度浊流，远端朵叶主要发育低密度浊流。

(3) 高密度浊流和底流改造沉积水动力作用较强，储层物性最好，是勘探的最有力目标。混合流沉积 H1 段和 H3 段物性差异较大，储层物性中等。低密度浊流沉积、碎屑流沉积和远洋泥岩储层物性较差。

参考文献

[1] 陈凯，康洪泉，吴景富，等. 巴西桑托斯盆地大型油气田富集主控因素[J]. 地质科技情报. 2016，35(3)：151-158.

[2] 刘深艳，胡孝林，李进波. 巴西桑托斯盆地盐下大发现及其勘探意义[J]. 中国石油勘探. 2011，16(4)：74-81.

[3] 米立军，张忠涛，庞雄，等. 南海北部陆缘白云凹陷油气富集规律及主控因素[J]. 石油勘探与开发. 2018，45(5)：902-913.

[4] 张强，吕福亮，王彬，等. 南海油气分布特征及主控因素探讨[J]. 海相油气地质. 2012，17(3)：1-8.

[5] 侯高文，刘和甫，左胜杰. 尼日尔三角洲盆地油气分布特征及控制因素[J]. 石油与天然气地质. 2012，26(3)：374-378.

[6] Zarra. Chronostratigraphic framework for the Wilcox Formation upper Paleocene－lower Eocene in the deep－water Gulf of Mexico：biostratigraphy，sequences，and depositional systems[C]. 2007.

[7] 梁杰，龚建明，成海燕. 墨西哥湾盐岩分布对油气成藏的控制作用[J]. 海洋地质动态. 2010(1)：25-30.

[8] 蒋玉波，龚建明，于小刚. 墨西哥湾盆地的油气成藏模式及主控因素[J]. 海洋地质前沿. 2012，28(5)：48-53.

[9] 刘延莉，徐向华. 墨西哥湾盆地油气分布规律及成藏主控因素分析[J]. 石油实验地质. 2014(2)：200-205.

[10] Lowe D R. Sediment gravity flows；II，Depositional models with special reference to the deposits of high-density turbidity currents[J]. Journal of sedimentary research. 1982，52(1)：279-297.

[11] Shanmugam G. The Bouma sequence and the turbidite mind set[J]. Earth-Science Reviews. 1997，42(4)：201-229.

[12] Shanmugam G. 50 years of the turbidite paradigm (1950s—1990s)：deep－water processes and facies models—a critical perspective[J]. Marine and petroleum Geology. 2000，17(2)：285-342.

[13] Mulder T，Alexander J. The physical character of subaqueous sedimentary density flows and their deposits[J]. Sedimentology. 2001，48(2)：269-299.

[14] 马永生，蔡勋育，赵培荣. 深层，超深层碳酸盐岩油气储层形成机理研究综述[J]. 地学前缘. 2011，18(4)：181-192.

[15] 李林. 重力流沉积：理论研究与野外识别[J]. 沉积学报. 2011，29(4)：677-688.

[16] 操应长，杨田，王艳忠，等. 深水碎屑流与浊流混合事件层类型及成因机制[J]. 地学前缘. 2017，24(3)：234-248.

[17] 谈明轩，朱筱敏，耿名扬，等. 沉积物重力流流体转化沉积-混合事件层[J]. 沉积学报. 2016，34(6)：1108-1119.

[18] Haughton P，Davis C，Mccaffrey W，et al. Hybrid sediment gravity flow deposits－classification，origin and significance[J]. Marine and Petroleum Geology. 2009，26(10)：1900-1918.

[19] Fonnesu M，Felletti F，Haughton P D，et al. Hybrid event bed character and distribution linked to turbidite system sub-environments：The North Apennine Gottero Sandstone (north－west Italy)[J]. Sedimentology. 2018，65(1)：151-190.

[20] Talling P J，Masson D G，Sumner E J，et al. Subaqueous sediment density flows：Depositional processes and deposit types[J]. Sedimentology. 2012，59(7)：1937-2003.

[21] Mutti E，Bernoulli D，Lucchi F R，et al. Turbidites and turbidity currents from Alpine ‘flysch’ to the exploration of continental margins [J]. Sedimentology. 2009，56(1)：267-318.

[22] Taylor T R，Giles M R，Hathon L A，et al. Sandstone diagenesis and reservoir quality prediction：Models，myths，and reality[J]. AAPG bulletin. 2010，94(8)：1093-1132.

[23] Ramm M. Reservoir quality and its relationship to facies and provenance in Middle to Upper Jurassic sequences，northeastern North Sea[J]. Clay Minerals. 2000，35(1)：77-94.

[24] 钟大康，朱筱敏，王红军. 中国深层优质碎屑岩储层特征与形成机理分析[J]. 中国科学：D辑. 2008(S1)：11-18.

[25] 陈纯芳，赵澄林，李会军. 板桥和歧北凹陷沙河街组深层碎屑岩储层物性特征及其影响因素[J]. 石油大学学报：自然科学版. 2002，26(1)：4-7.

[26] Galloway W E，Ganey-Curry P E，Li X，et al. Cenozoic depositional history of the Gulf of Mexico basin [J]. AAPG bulletin. 2000，84(11)：1743-1774.

[27] Snedden J W，Galloway W E. The Gulf of Mexico sedimentary basin：depositional evolution and petroleum applications[M]. 2019.

[28] Zhang J，Steel R，Ambrose W. Paleocene Wilcox cross－shelf channel－belt history and shelf－margin

growth: Key to Gulf of Mexico sediment delivery [J]. Sedimentary Geology. 2017, 362: 53-65.

[29] Zhang J, Covault J, Pyrcz M, et al. Quantifying sediment supply to continental margins: Application to the Paleogene Wilcox Group, Gulf of Mexico [J]. AAPG Bulletin. 2018, 102(9): 1685-1702.

[30] 梁建设，黄兴文，蔡文杰，等. 墨西哥 Burgos 盆地 Perdido 构造带 Wilcox 组源-汇体系及勘探前景[J]. 石油学报. 2019, 40(12): 1439-1450.

[31] Snedden J W, Tinker L D, Virdell J. Southern Gulf of Mexico Wilcox source to sink: Investigating and predicting Paleogene Wilcox reservoirs in eastern Mexico deep-water areas[J]. AAPG Bulletin. 2018, 102(10): 2045-2074.

渤海湾盆地辽东-渤东凸起构造带的地质结构与形成过程

吴 斌 沈 朴 郝 婧 刘志峰 杨东升

(中海油研究总院有限责任公司)

摘 要 为明确渤海湾盆地辽东-渤东凸起构造带的形成演化过程以及与油气的关系，文中结合研究区最新三维地震数据，对辽东-渤东凸起构造带的构造特征、隆升时间进行了详细分析，对比了构造变形特征，确定了隆升时间的差异性，并在此基础上建立了辽东-渤东凸起构造带的形成演化模式。研究认为构造带内的渤东低凸起主要受控于伸展断层，而辽东凸起主要受控于早期伸展断层和晚期走滑断层，构造带内除辽东断层以外各主干断层均在孔店组-沙四段沉积期开始活动，峰值期出现在沙三段和东营组沉积期，馆陶组沉积开始后断层活动就比较微弱。辽东-渤东凸起构造带的隆升时间从南向北逐渐抬升：渤东低凸起在沙四段沉积末期抬升，辽东凸起南段在沙三段沉积末期抬升，辽东凸起北段在东三段沉积末期抬升。构造演化分为沙四段沉积末期、沙三段沉积末期、沙一二段沉积末期、东三段沉积末期、东营组沉积末期和现今等6个阶段，构造演化与油气运聚成藏具有密切关系，构造带的形成时间早于周缘生烃凹陷主要生排烃期，有利于油气在凸起带附近聚集。伸展断层控制的渤东低凸起，油气易于在凸起区聚集成藏；走滑断层控制辽东凸起，油气易于在斜坡区聚集成藏。

关键词 渤海湾盆地；辽东-渤东凸起构造带；地质结构；隆升时间；形成过程

凸起是含油盆地的次一级区域性正向构造单元[1]，是了解含油气盆地形成演化与构造变形特征的重要窗口。同时，凸起独特的形成演化史和良好的油气成藏条件又决定了凸起是油气聚集的主要部位[2-4]，是油气勘探的重要领域。因此，详细揭示凸起的地质结构、隆升时间、形成机制、构造演化史及其与油气成藏作用之间的关系始终是盆地动力学和石油地质学共同研究的方向。

渤海湾盆地内凸起众多，在辽西凸起、石臼坨凸起等地区已发现大量的油气田和含油气构造，但是位于东北部的辽东-渤东凸起构造带(图1)，却少有油气发现。前人大量研究认为辽东-渤东凸起构造带是区域伸展构造变形和郯庐断裂带右旋走滑变形叠加的结果[5-7]，其结构及新生代构造带演化过程复杂，从而导致油气成藏条件与其他凸起构造带具有明显差异。辽东-渤东凸起构造带的形成演化控制了研究区大多数圈闭的形成，影响研究区沉积物源、沉积充填和有利的储集相带，并且决定了该凸起构造带的地质年龄及油气潜力，所以厘清该凸起构造带的隆升时间是非常关键。目前，对于辽东-渤东凸起构造带初始隆升时间的研究存在较大的争议，而且尚未给出一个整体的认识。比如辽东凸起北段和渤东低凸起，虽然一些学者已经开展过研究，但是仍存在多种不同的观点。一些学者研究认为，辽东凸起北段隆升时间在沙三段沉积末期[8]，而另一些学者则认为它形成时间较晚，在东三段沉积末期形成[9-10]；渤东低凸起隆升时间也存在三种观点：第一种观点是中生代末期隆升[11]，第二种观点是沙三段末期隆升[12]，第三种观点是东二段沉积前开始隆升[3]。辽东凸起南段则尚未开展过相关研究。

针对上述问题，本文基于钻井测井资料、三维地震资料和地化资料，对辽东-渤东凸起构造带的构造特征、隆升时间进行详细分析，查明了构造变形特征，确定了隆升时间，并在此基础上结合区域背景的分析，建立了辽东-渤东凸起构造带的形成演化模式，并探讨了其对油气成藏的控制作用。

1 区域地质背景

渤海湾盆地位于中国东部，是中国含油气最丰富的盆地之一，总面积约 $2.0\times10^5 km^2$，其北临燕山褶皱带，南抵鲁西隆起，东接胶辽隆起，西至太行山山脉，平面上呈斜体菱形(图1a)。辽东-渤东凸起构造带位于渤海湾盆地的东北部，包括辽东凸起和渤东低凸起，凸起被挟持在凹陷中间(图1b)。研究区发育前新生界的基底，古

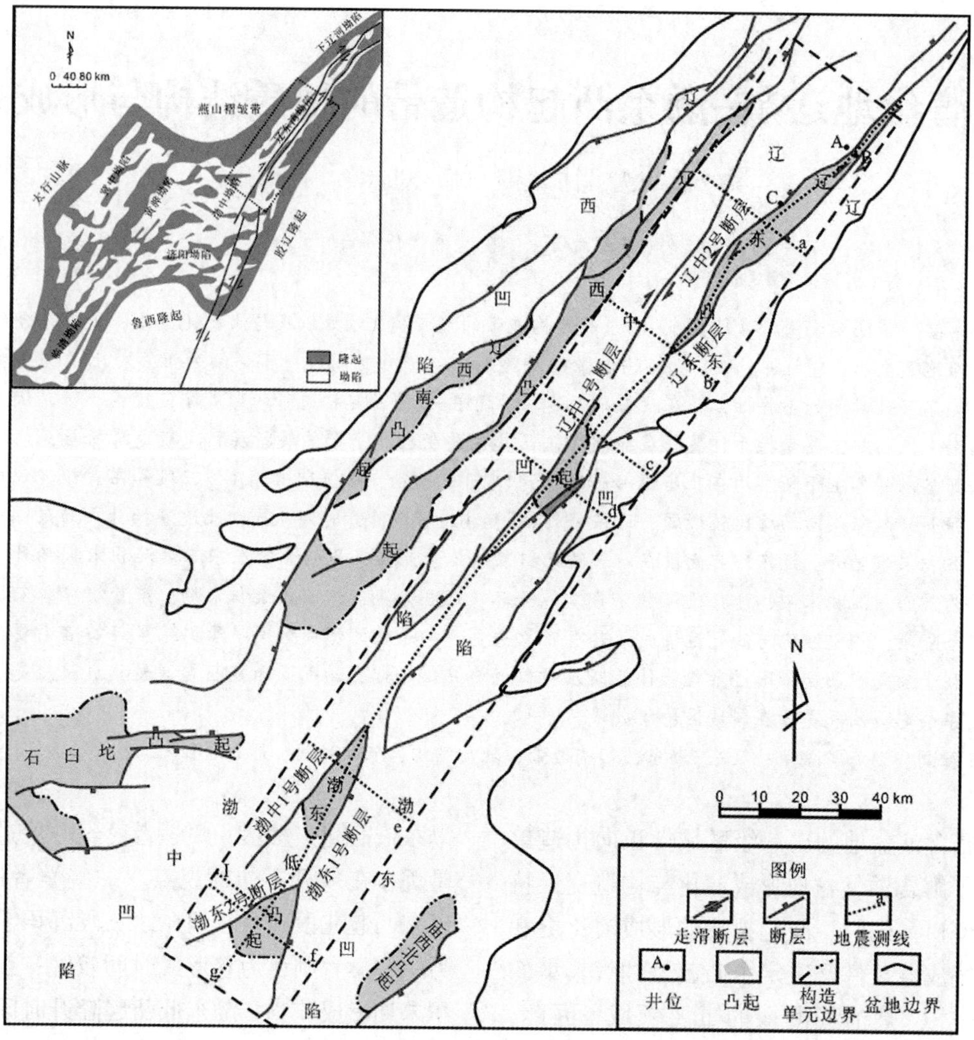

图1 研究区位置图

近系孔店组($E_{1-2}k$)、沙河街组(E_2s)、东营组(E_3d)和新近系馆陶组(N_1g)、明化镇组(N_2m)、第四系的沉积盖层。

辽东-渤东凸起构造带所在渤海湾盆地形成和演化经历了复杂的地球动力学过程，渤海湾盆地是发育在华北克拉通上的大型中、新生代裂陷盆地[13-15]，就动力学背景而言，目前普遍认为渤海湾盆地的形成受控于岩石圈伸展、深部地幔上涌和板块构造运动的影响[16-18]。岩石圈底部地幔上涌引起的地壳引张作用是古近纪断陷盆地形成和演化的主要原因[19-20]；太平洋板块俯冲，印度板块与欧亚板块碰撞引起的走滑拉分作用力，使盆地处于右旋走滑应力场之下，盆地内发育走滑性质的构造变形或被走滑作用改造，控制了古近纪和新近纪走滑拉分盆地的形成和演化[21-23]。

古新世-早始新世(65~42 Ma)，受西太平洋板块 NNW 向俯冲和郯庐断裂带左旋走滑作用[22,24]，渤海湾盆地受 SWW-NEE 向伸展和左旋走滑作用，导致了孔店组和沙四段沉积。中晚始新世(42~32.8Ma)，受印度-欧亚板块 NE 向硬碰撞，太平洋板块转为 NWW 向俯冲，郯庐断裂带转为右旋走滑，盆地受 NW 向伸展及右旋走滑作用[21,25]，导致了沙三段和沙一二段沉积。渐新世(32.8~23.3Ma)，太平洋 NWW 向俯冲速率增大，印度-欧亚板块持续硬碰撞，日本海开始张开，郯庐断裂带右旋走滑作用进一步增强[26-27]，导致了东营组沉积。东营末期发生的喜山Ⅱ幕构造运动，使渤海湾地区地壳大范围上升，形成了古近系与新近系之间的区域不整合面[28]。进入新近纪(23~至今)，受太平洋 NNW 向俯冲、日本海的大规模急剧隆升的作用，盆地受控于近 NS 向伸展和右旋走滑作用[24]，导致了断层的复活和广泛的岩浆作用，稳定沉积了馆陶组、明化镇组和第四系的沉积(图2)。

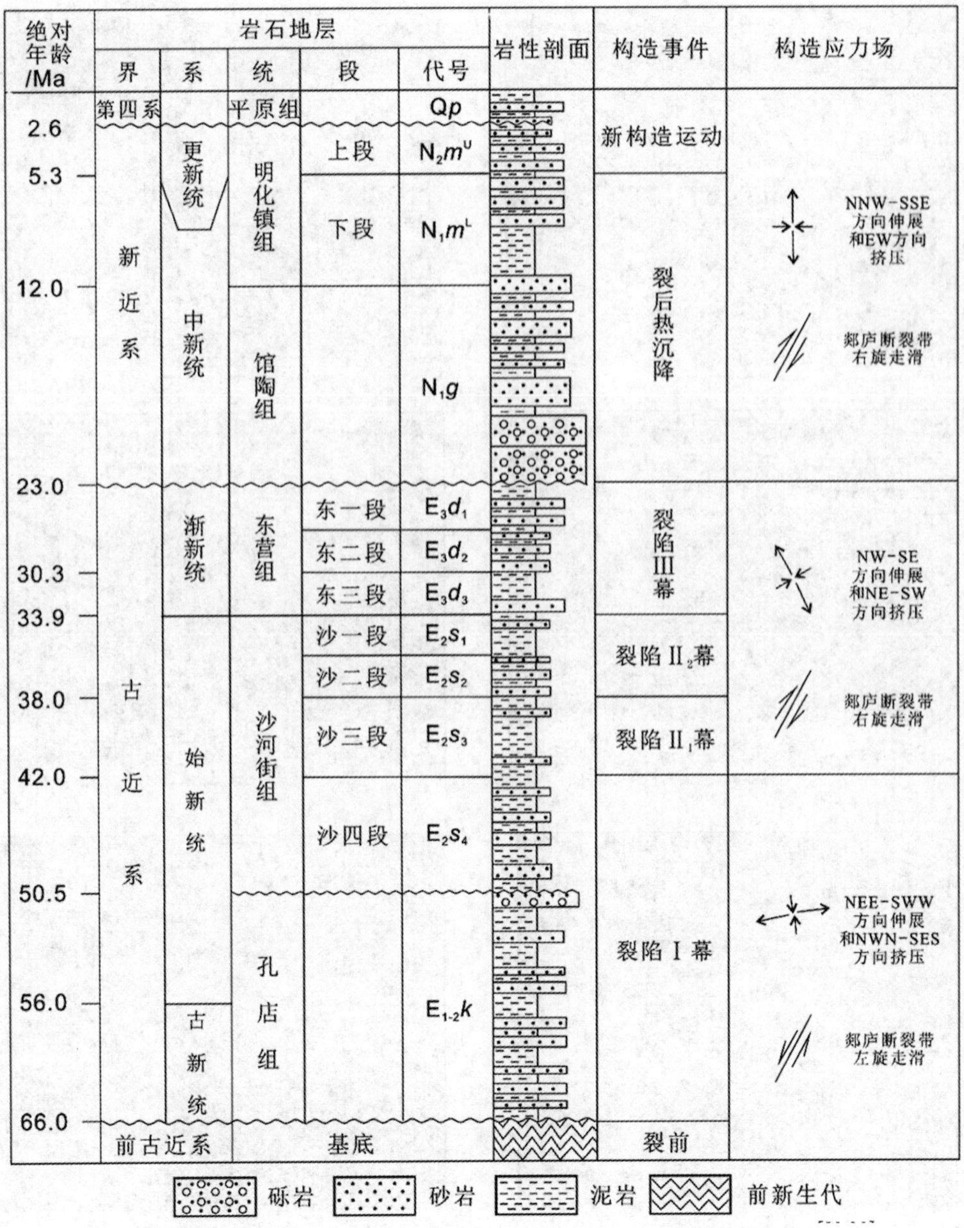

图 2 渤海湾盆地辽东-渤东凸起构造带地层特征和构造应力场[29-30]

2 地质结构

渤海湾盆地辽东-渤东凸起构造带整体上呈北北东走向，具有西南低、东北高的基本地质结构。凸起两侧有一系列北北东和北东方向的断层将其与相邻的凹陷相隔。辽东-渤东凸起构造带在发展演化过程中与其两侧的边界断层同步消长，但该凸起构造带在不同区段结构特征不同，断层样式和地层展布存在差异(图 3)。

2.1 辽东凸起

辽东凸起由北段和南段两部分组成。辽东凸起北段夹持于辽中 2 号断层和辽东断层中间。辽中 2 号断层走向 NE，倾向 NW，具有“Y”字型剖面组合样式，控制了辽中北洼新生代沉积。辽东断层走向为 NNE 向，是一条近于直立的断层，走滑特征明显，对辽东凹陷沉积的控制作用不明显(图 3a、b)。辽中 2 号断层和辽东断层在凸起的南段相交，并且辽东断层切割辽中 2 号断层(图 3b)。凸起局部残留孔店组-沙四段和东一二段的沉积地层，整体被新近纪-第四纪的沉积地层所覆盖。

辽东凸起南段夹持于辽中 1 号断层和辽东断层中间，辽中 1 号断层走向 NNE，倾向 NW，具有“Y”字型剖面组合样式，控制了辽中中洼新生代沉积。凸起上残留孔店组-沙四段、沙三段、东一二段的沉积地层，整体被新近纪-第四纪的沉积地层所覆盖(图 3c、d)。

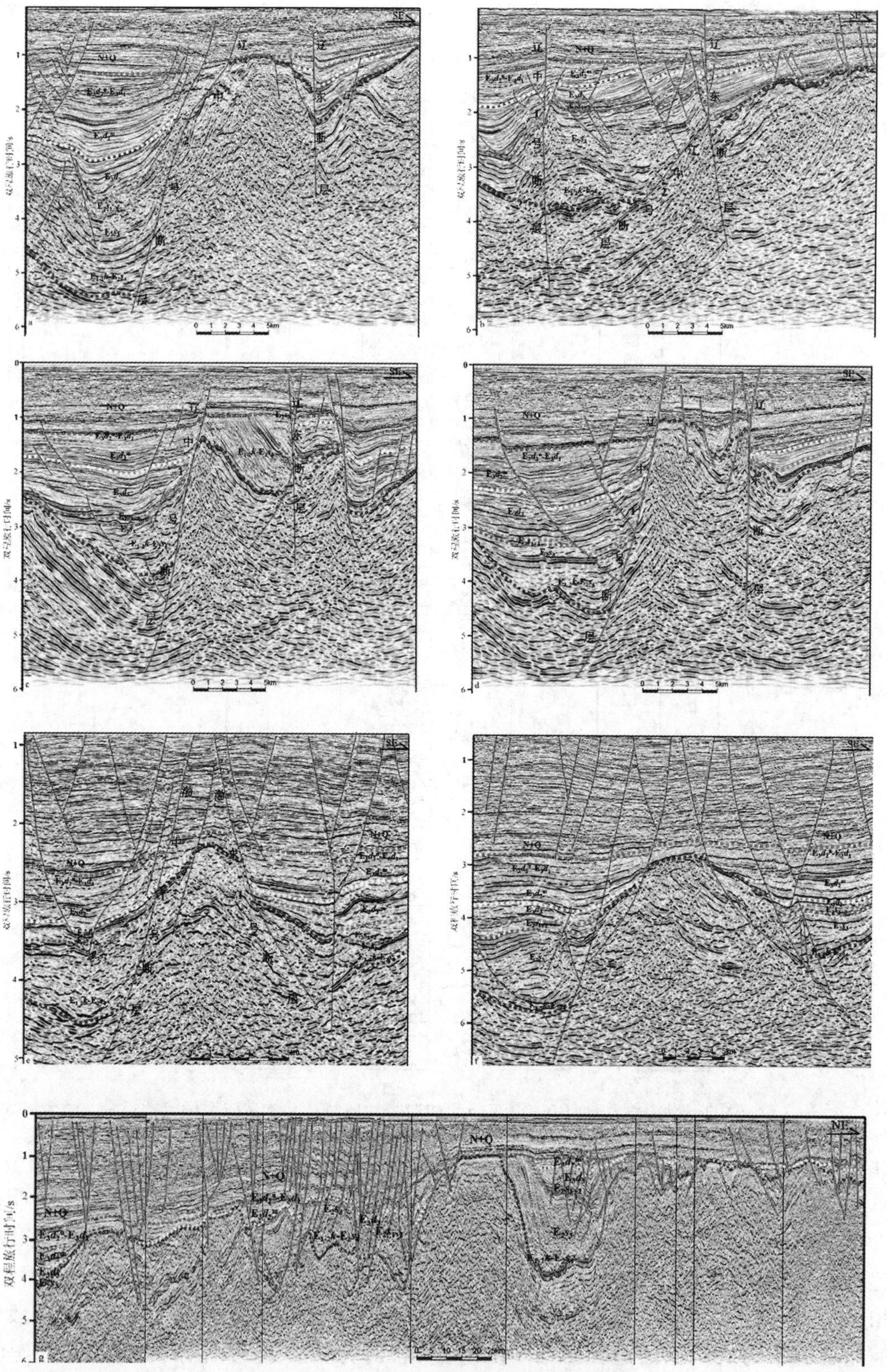

图 3　辽东-渤东凸起构造带结构剖面图(剖面位置见图 1)

2.2　渤东低凸起

渤东低凸起整体上呈北东走向，凸起被断层所夹持，呈现出双断地垒结构(图 3e、f)。渤东低凸起有南、北两个高点，被中部的斜坡分成南、北两部分。渤东低凸起北部受控于渤中 1 号断层和渤东 1 号断层。渤中 1 号断层位于渤东低凸起北段西侧，走向 NNE，倾向 NWW，断层较陡直，在深层主要表现为正断层特征，而浅层分支断层明显增多，并呈雁行式排列，控制了渤中凹陷新生界的沉积。渤东 1 号断层走向 NNE，倾向 SEE，断层切割较深，浅层与调节断层相交，呈“Y”字型剖面组合样式，控制了渤东凹陷新生界的沉积(图 3e)。渤东 1 号断层和渤东 2 号断层分别位于渤东低凸起南段东、西两侧，走向 NE，倾向分别为 SE 和 NW。在渤东低凸起南段的倾没端，渤东 1 号和渤东 2 号断层发生相交，在平面上形成“入”字型或“屋脊”状构造。在剖面上，这两条断层均表现为断面直立，断距较大，浅层发育花状构造，地层构造变形程度相对较弱。凸起上古近系东二下亚段直接覆盖于孔店组之上，缺失部分孔店组、沙河街组和东三段的沉积地层(图 3f)。

辽东-渤东凸起构造带纵向上总体表现为“北高南低”的结构特征(图 3g)。辽东凸起新生界沉积厚度较薄，浅层断层不发育，古近系顶部遭受强烈的剥蚀，凸起区大部分地方缺失孔店组、沙河街组和东营组，与新近系馆陶组呈角度不整合接触。渤东低凸起新生界沉积厚度较厚，浅层断层发育，凸起区东二下亚段直接覆盖于孔店组之上，呈不整合接触。

3　辽东-渤东凸起构造带断层的活动性

在断陷盆地，凸起与断层往往相伴而生、兴衰同步[31-32]，断层的活动特征与相邻凸起带的构造演化联系密切[33-34]。在辽东-渤东凸起构造带周缘有多条断层，主要有辽中 1 号断层、辽中 2 号断层、辽东断层、渤中 1 号断层和渤东 1 号断层。通过最新的三维连片地震数据，求取了这 5 条断层的活动速率，对比了其演化特征和规律(图 4)。

除辽东断层以外各主干断层均在孔店组-沙四段沉积期开始活动，峰值期出现在沙三段和东营组沉积期，馆陶组沉积开始后断层活动就比较微弱了，其中辽中 2 号断层活动垂向活动最为显著，断层的最大活动速率为 270 m/Ma。在辽东凸起地区，辽中 2 号断层活动性最强，辽中 1 号断层活动性次之，辽东断层的活动性最弱。在渤东低凸起地区，渤中 1 号断层活动性大于渤东 1 号断层活动性。

除了上诉几条主干断层之外，在辽东-渤东凸起构造带之上还发育有一系列北东和近东西向次级断层，这些断层对辽东-渤东凸起的形成控制作用不明显，多发育在东营组沉积后期，仅对凸起进行了一定程度的后期改造。

4　辽东-渤东凸起构造带的隆升时间

在构造特征研究的基础上，对地层分布特征、接触关系、沉积特征、事件性沉积响应和磷灰石裂变径迹等开展了分析研究，厘清了辽东-渤东凸起构造带的隆升时间，重塑了其构造演化过程。

4.1　辽东凸起隆升时间

地层的垂向发育和横向展布体现了盆地构造单元的形成与演化[35]。在辽东凸起北段西侧，辽中凹陷古近纪地层沉积厚度大、层位全。在东侧辽东凹陷内部地层沉积薄且层位较少，沉积地层超覆在东部斜坡带之上。凸起上部为孔店组-沙四段，与上覆东二段呈不整合接触，由此可以推测辽东凸起北段形成时间是在沙四段沉积末期到东三段沉积末期之间。相对于凸起的北段，辽东凸起南段后期改造作用强，在凸起北部的倾末端可见孔店组-沙三段残留地层发生旋转、抬升剥蚀，但是其残余厚度与东侧辽中凹陷内沉积孔店组-沙三段厚度接近，推测在沙三段沉积时期辽东凸起南段与辽中凸起凹陷是连为一整体，到沙三段沉积末期逐渐发生分离和抬升[8]。

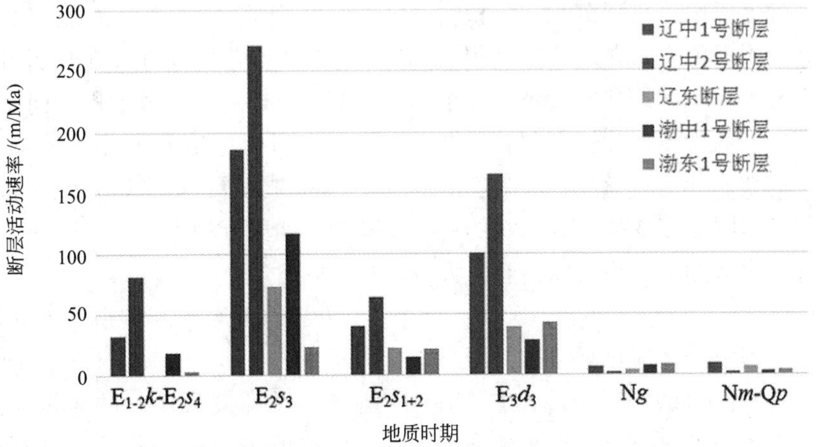

图 4　辽东-渤东凸起构造带主要断层活动量对比图

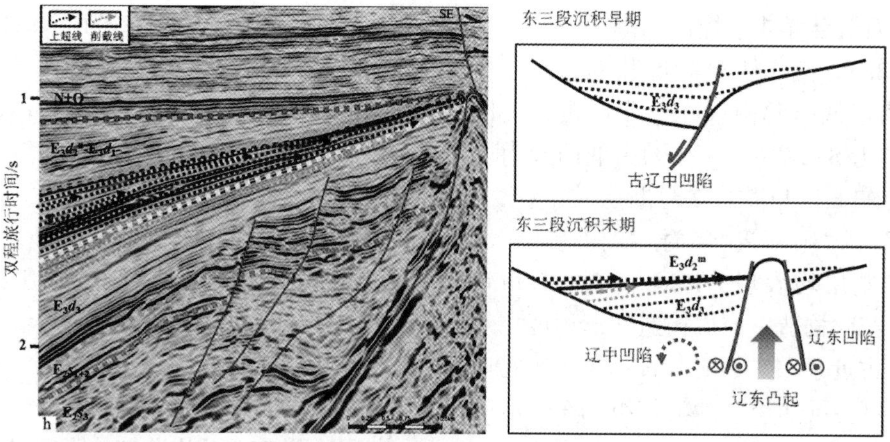

图 5　辽东凸起北段地层接触关系和演化模式图

一些学者认为[36]，如果地层向凸起上超，凸起抬升时间早于地层沉积期；如果地层层序和凸起的结构平行，凸起抬升时间则晚于地层沉积期。从过辽东凸起北段 NW-SE 向的地震剖面可以观察到(图 5)，在辽东凸起西部陡坡带，东二下亚段底界面具有下削上超的特征，凸起高部位东二下亚段具有顶薄翼厚的特征。在上述分析的基础之上，建立地层接触关系的演化模式(图 5)，在东三段沉积早期辽中 2 号断层活动，在断层西侧稳定沉积了东三段；到东三段沉积末期，受辽东凸起北段隆升影响，断层西侧地层发生逆时针旋转，致使东三段顶部地层遭受削蚀，翼部东二下亚段向凸起方向超覆，反映出凸起形成于东三段沉积末期。

沉积方面的证据以辽东凸起北段西侧的锦州 23-1-1 井为例(图 6)，在沙三段和沙一二段沉积时期沉积物主要为细粒沉积，反映的是一种远源辫状河三角洲沉积，到了东三段沉积物的粒度变粗，主要沉积是灰色泥岩和砂岩、含砾砂岩、砾岩，反映的是一种远源扇三角洲沉积，沉积物粒度比较粗。这些沉积现象表明在东三段沉积末期凸起已经形成，成为物源区。其次就是在辽东凸起北段的东二下段发育大量事件性沉积——湖底扇[9]，表明这一时期凸起已经形成，成为新的物源区，由于凸起区周围坡度变陡，沉积物的稳定性下降，使凸起区附近的沉积物滑塌，产生大量湖底扇沉积。

沉积岩在埋藏过程中逐渐加热，并在剥蚀开始时逐渐冷却[37]。因此，磷灰石裂变径迹可用于追踪寄主岩石的冷却和加热历史，裂变径迹年龄反映了磷灰石中径迹保留的时间和已发生的退火量(长度减少)[38]。因此，磷灰石裂变径迹可以反映凸起的隆升时间。一些学者[10]分析了辽东凸起北段四口井的磷灰石裂变径迹，认为辽东凸起北段隆升时间为 30~11.5Ma。

综合上述分析，研究认为辽东凸起北段的隆升开始时间为东三段沉积末期，辽东凸起南段的隆升开始时间为沙三段沉积末期。

4.2　渤东低凸起隆升时间

渤东低凸起东二下亚段直接覆盖于孔店组或新生界的基底之上，呈不整合面接触，缺失部分孔店组、沙河街组和东三段等沉积地层，推测渤东低凸起的形成时间为孔店组沉积后、东二下亚段沉积前。从过渤东低凸起 NW-SE 向的地震剖面可以观察到(图 7)，在靠近凸起一侧的沙三段、沙一二段、东三段和东二下亚段具有强振幅、低频率和中等连续的楔状反射特征，为近源沉积扇三角洲的地震相特征，进而可以推测出渤东低凸起开始形成时间为沙四段沉积末期。

渤海湾盆地海域部分在新生代演化中经历了多旋回断陷作用[28]，形成多个不整合面界面，目前认为渤海湾盆地存在孔店组沉积末期、沙四段沉积末期、沙三段沉积末期及东营组沉积末期等一系列构造抬升事件[39-41]。结合上述凸起隆升时间的分析，本文研究认为渤东低凸起形成时间为沙四段沉积末期。

5　形成过程

辽东-渤东凸起构造带所在的渤海湾盆地为华北克拉通东部新生代陆内断陷-坳陷型盆地[33]。受印度板块与欧亚板块的碰撞作用、西太平洋板块的俯冲作用、地幔热活动影响[23]，具有复杂的构造演化史。本文在区域地质背景分

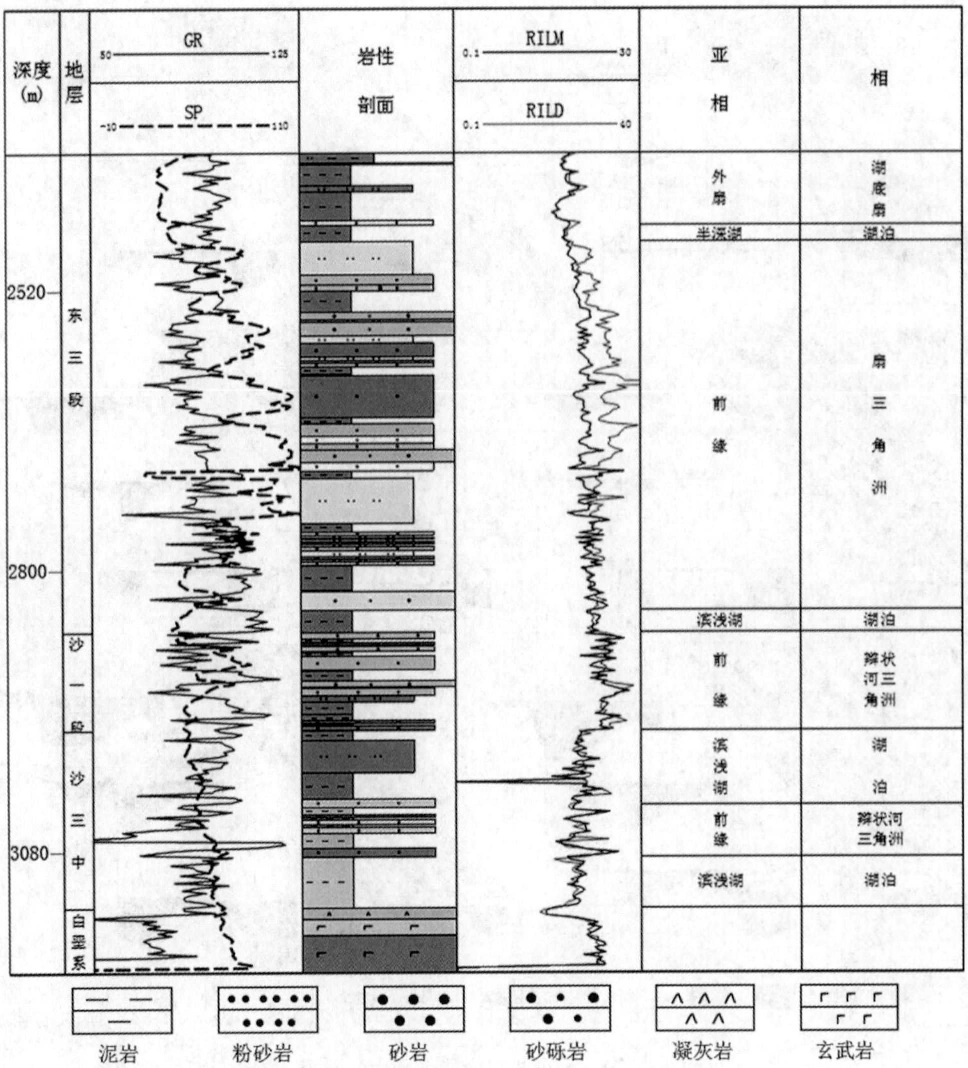

图6 辽东-渤东凸起构造带主要井的相分析

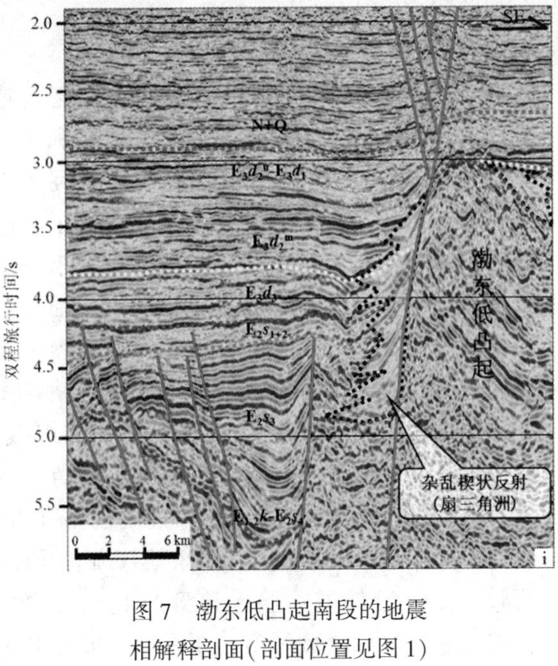

图7 渤东低凸起南段的地震相解释剖面(剖面位置见图1)

析的基础之上，结合地质结构、断层活动性和隆升时间等方面的研究，建立了辽东-渤东凸起构造带的构造演化模式，将其形成演化划分为6个阶段(图8)。

沙四段沉积末期，受NW-SE向拉张应力和左旋走滑作用的共同影响。渤中1号断层和渤东1号断层开始活动，使渤东低凸起发生抬升，形成堑垒构造，该凸起把大渤中凹陷分割成箕状凹陷结构的渤中凹陷与渤东凹陷。辽东凸起两侧主干断层除辽东断层外均开始活动，但是辽东凸起南北两段尚未从胶辽隆起剥离，沉积与剥蚀受辽中1断层和辽中2号断层的控制，沉积地层具有东剥西沉的特征，辽东凸起、辽东凹陷整体沉积缺失。沙三段沉积末期，受NW-SE向拉张应力和右旋走滑作用的共同影响，渤东低凸起持续隆升，凸起区普遍缺失沙三段沉积。辽东凸起南段受辽东断层开始活动的影响，率先从胶辽隆起剥

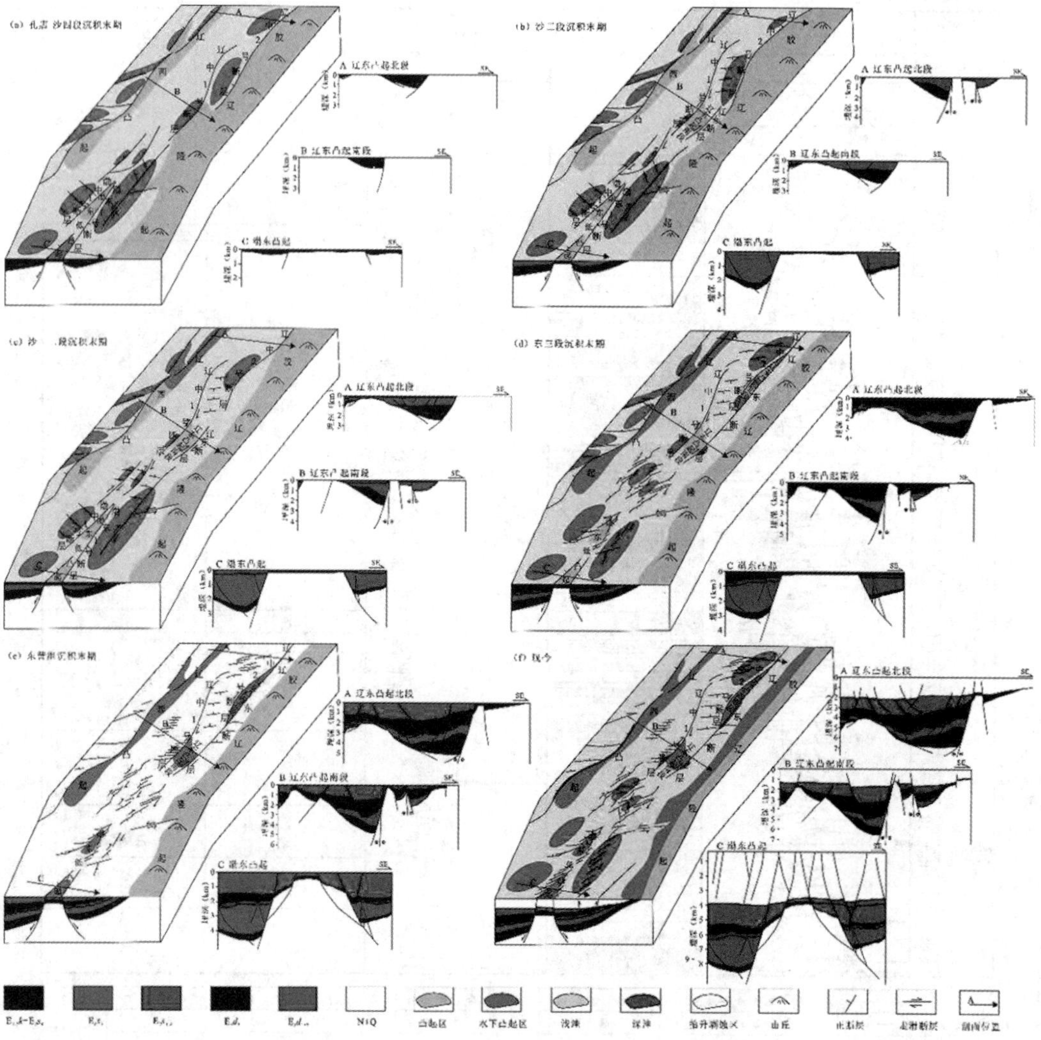

图 8　辽东-渤东凸起构造带平面演化模式

离，凸起上缺失沙一二段沉积，辽东凸起和辽东凹陷开始发育。辽东凸起北段尚未从胶辽隆起剥离，沉积与剥蚀受辽中 2 号断层控制。沙一二段沉积末期，受弱拉张弱走滑作用影响，渤东低凸起和辽东凸起南段活动微弱，在凸起周缘的斜坡区和凹陷区沉积了一套厚度稳定的地层。东三段沉积末期，受右旋走滑作用持续增强影响，渤东低凸起和辽东凸起南段持续活动，大部分地方缺失东三段沉积。辽东凸起北段受辽东断层强烈活动的影响，从胶辽隆起剥离，成为了剥蚀区或水下低凸起。辽东凸起北段的形成标志着古辽中凹陷瓦解，形成了辽中凹陷和辽东凹陷。东营组沉积末期为断拗转换期，研究区整体抬升，受挤压应力场和右旋走滑作用的共同影响，渤东-辽东凸起构造带整体抬升，地层遭受严重剥蚀，形成区域上古近系和新近系之间角度不整合接触。现今研究区进入整体坳陷阶段，受南北向弱拉张应力场和弱走滑作用的共同影响，渤东-辽东凸起构造带消亡，新近系-第四系的沉积地层披覆在凸起和凹陷之上。

6　石油地质意义

渤中凹陷和辽中凹陷是辽东-渤东凸起构造带主要生烃凹陷，发育沙三段、沙一二段和东三段三套烃源岩，主要生排烃期为东营组沉积末期，馆陶组沉积末期和现今[5]。辽东-渤东凸起构造带形成时间是在沙四段沉积末期到东三段沉积末期，早于各烃源岩主要生排烃期，是油气长期运移的指向区。辽东-渤东凸起构造带经历了复杂构造变形运动，多期构造变形叠加，使得圈闭在纵向上叠加复合，形成多种类型的油气藏，主要包括潜山油气藏、断块油气藏和披覆背斜油气藏。从辽东-渤东凸起构造带目前的已钻井看，早期受伸展断层控制后期受走滑断层影响的渤东低凸起，油气沿伸展断层运移到凸起区聚集富集，在凸起区的油气藏类型主要是潜山圈闭和披覆背斜圈闭（图 9a）。受走滑断层控制的辽东凸

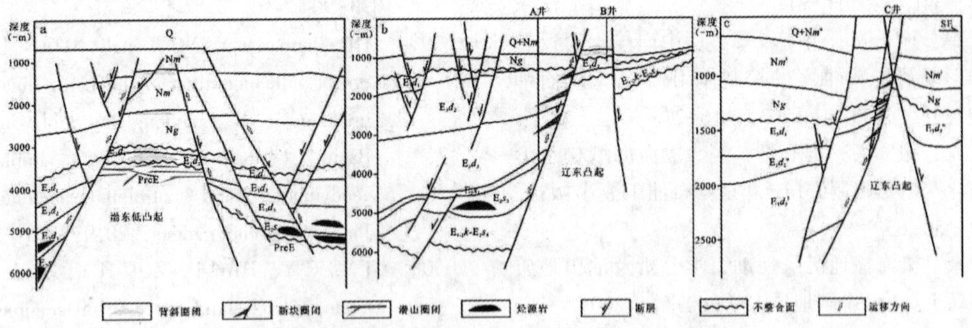

图9 辽东-渤东凸起构造带成藏模式图

起的凸起区，油气运移受走滑断层的阻挡，主要聚集富集在斜坡区，油气藏类型为断块圈闭(图9b)，而在辽东凸起的倾末端，油气在斜坡区和凸起区具有油气富集，油气藏类型为披覆背斜圈闭和断块圈闭(图9c)。

7 结论

1. 明确了辽东-渤东凸起构造带的构造特征，渤东低凸起主要受控于伸展断层，辽东凸起主要受控于早期伸展断层和晚期走滑断层。该凸起构造带除辽东断层以外各主干断层均在孔店组-沙四段沉积期开始活动，峰值期出现在沙三段和东营组沉积期，馆陶组沉积开始后断层活动就比较微弱了。

2. 确定了辽东-渤东凸起构造带隆升时间，凸起从南向北逐渐抬升，渤东低凸起在沙四段沉积末期抬升，辽东凸起南段在沙三段沉积末期抬升，辽东凸起北段在东三段沉积末期抬升。

3. 辽东-渤东凸起构造带的形成演化可以划分为6个阶段：沙四段沉积末期、沙三段沉积末期、沙一二段沉积末期、东三段沉积末期、东营组沉积末期、现今。每个时期凸起构造带的构造特征和沉积特征各不相同。

4. 辽东-渤东凸起构造带的形成时间早于周缘生烃凹陷主要生排烃期，有利于油气在凸起带附近聚集。伸展断层控制的渤东低凸起，油气易于在凸起区聚集成藏；走滑断层控制辽东凸起，油气易于在斜坡区聚集成藏。

参 考 文 献

[1] 李曰俊，杨海军，张光亚，等．重新划分塔里木盆地塔北隆起的次级构造单元[J]．岩石学报，2012，28(8)：2466-2478.

[2] 吕丁友，张宏国，麻旭刚，等．渤海东部凸起区与斜坡区油气勘探实践与认识[J]．地质科技情报，2018，37(05)：90-95.

[3] 王应斌，王海军，孙和风．渤东低凸起构造演化及成藏条件[J]．石油与天然气地质，2010(02)：151-158.

[4] LEVORSEN A I. Geology of petroleum [M]. 2nd ed. The AAPG Foundation，2001：1-700.

[5] 任拥军，杜雨佳，郭潇潇，等．渤中凹陷古近系优质烃源岩特征及分布[J]．油气地质与采收率，2015，22(1)：5-13.

[6] 庞雄奇，郭永华，姜福杰，等．渤海海域优质烃源岩及其分布预测[J]．石油与天然气地质，2009，30(4)：393-397.

[7] 张功成．渤海海域构造格局与富生烃凹陷分布[J]．中国海上油气(地质)，2000(02)：22-28.

[8] 贾楠，刘池洋，张功成，等．辽东湾坳陷新生代差异抬升事件的确定及其地质意义[J]．地学前缘，2015，22(3)：77-87.

[9] 彭靖淞，徐长贵，吴奎，等．郯庐断裂带辽东凸起的形成与古辽中洼陷的瓦解[J]．石油学报，2015，36(3)：274-285.

[10] CHENG Yanjun，WU Zhiping，YAN Shiyong，et al. Cenozoic tectonic evolution of Liaodong dome，Northeast Liaodong Bay，Bohai，offshore China，constraints from seismic stratigraphy，vitrinite reflectance and apatite fission track data [J]. Tectonophysics，2015，659：152-165.

[11] 葛建党. 郯庐断裂在渤中凹陷的构造特征与油气成藏的关系[J]．海洋石油，2001，107(1)：14-20.

[12] 张参，官大勇，王明臣，等．渤海海域渤东低凸起中南段构造演化与油气成藏[J]．东北石油大学学报，2014，38(6)：68-75.

[13] 蒋有录，刘培，宋国奇，等．渤海湾盆地新生代晚期断层活动与新近系油气富集关系[J]．石油与天然气地质，2015，36(4)：5-13.

[14] 朱伟林，吴景富，张功成，等．中国近海新生代盆地构造差异性演化及油气勘探方向[J]．地学前缘(中国地质大学(北京)；北京大学)，2015，22(1)：88-101.

[15] 侯贵廷，钱祥麟，宋新民，等．渤海湾盆地形成机制研究[J]．北京大学学报(自然科学版)，

1998，34(4)：503-509.

[16] 柳永军，徐长贵，吴奎，等．辽中南洼走滑反转带的形成及其 对油藏的控制作用[J]．大庆石油地质与开发，2016，35(3)：16-21.

[17] 夏庆龙，田立新，周心怀，等．渤海海域构造形成演化与变形机制[M]．北京：石油工业出版社，2012：58-63.

[18] 徐守余．渤海湾地区盆地动力学分析及油田地质灾害研究[D]．中国地质大学(北京)，2004.

[19] 朱日祥，徐义刚，朱光，等．华北克拉通破坏[J]．中国科学：地球科学，2012，42(8)：1135-1159.

[20] 李三忠，索艳慧，戴黎明，等．渤海湾盆地形成与华北克拉通破坏[J]．地学前缘，2010，17(4)：64-89.

[21] HUANG Lei，LIU Chiyang. Evolutionary characteristics of the sags to the east of Tan-Lu Fault Zone，Bohai Bay Basin (China)：Implications for hydrocarbon exploration and regional tectonic evolution [J]. Journal of Asian Earth Sciences，2014，79：275-287.

[22] HUANG Lei，LIU Chiyang，ZHOU Xinhuai，et al. The important turning points during evolution of Cenozoic basin offshore the Bohai Sea：Evidence and regional dynamics analysis [J]. Science China：Earth Sciences，2012，55(3)：476-487.

[23] 漆家福，邓荣敬，周心怀，等．渤海海域新生代盆地中的郯庐断裂带构造[J]．中国科学：地球科学，2008，38(z1)：19-29.

[24] ZHANG Yueqiao，MA Yinsheng，YANG Nong，et al. Cenozoic extensional stress evolution in North China [J]. Journal of Geodynamics，2003，36，591-613.

[25] HSIAO L Y，GRAHAM S A，TILANDER N. Seismic reflection imaging of a major strike-slip fault zone in a rift system：Paleogene structure and evolution of the Tan-Lu fault system，Liaodong Bay，Bohai，offshore China [J]. AAPG Bull，2004，88(1)：71-97.

[26] 侯贵廷．渤海湾盆地地球动力学[M]．北京：科学出版社，2014.

[27] NORTHRUP C J，ROYDEN L H，BURCHFIEL B C. Motion of the Pacific plate relative to Eurasia and its potential relation to Cenozoic extension along the eastern margin of Eurasia. Geology，1995，23：719-722.

[28] 黄雷，周心怀，刘池洋，等．渤海海域新生代盆地演化的重要转折期——证据及区域动力学分析[J]．中国科学(地球科学)，2012，42(6)：893-904.

[29] HU Panpan，YANG Fengli，TIAN Lixin，et al. Stress field modelling of the Late Oligocene tectonic inversion in the Liaodong Bay Subbasin，Bohai Bay Basin (northern China)：Implications for geodynamics and petroleum accumulation [J]. Journal of Geodynamics，2019，126：32-45.

[30] TENG C Y，HAO F，ZOU H Y，et al. Tan-Lu fault system and its significance in oil accumulation in the central Liaodong Bay subbasin，Bohai Bay Basin，China [J]. AAPG Bull，2016，100(2)：289-314.

[31] QI J F，YANG Q. Cenozoic structural deformation and dynamic processes of the Bohai Bay basin province，China [J]. Marine and Petroleum Geology，2010，27：757-771.

[32] 周玉琦，周荔青，郭念发．中国东部新生代盆地油气地质[M]．北京：石油工业出版社，2004.

[33] 詹润，朱光，杨贵丽，等．渤海海域新近纪断层成因与动力学状态[J]．地学前缘，2013，20(4)：151-165.

[34] 罗群．断裂控烃理论的概念、原理、模式与意义[J]．石油勘探与开发，2010，37(3)：113-124.

[35] 李伟，戚建庆，周东红，等．辽东湾坳陷辽西凸起的形成与演化[J]．大地构造与成矿学，2019，43(5)：911-923.

[36] LEE W. Thickness maps as criteria for regional structural movements [J]. AAPG Bulletin，1954，38(6)：1303-1304.

[37] MILLER D S，DUDDY I R. Early Cretaceous uplift and erosion of the Northern Appalachian Basin，New York，based on apatite fission track analysis [J]. Earth and Planetary Science Letters，1989，93(1)：35-49.

[38] GREEN P F，DUDDY I R，LASLETT G M，et al. Thermal annealing of fission tracks in apatite 4：Qualitative modeling techniques and extensions to geology time scales [J]. Isotope Geosciences，1989，79：155-182.

[39] 辽河油田石油地质志编辑委员会．中国石油地质志(卷三)：辽河油田[M]．北京：石油工业出版社，1993：56-91.

[40] 胜利油田石油地质志编辑委员会．中国石油地质志(卷六)：胜利油田[M]．北京：石油工业出版社，1993：18-84.

[41] 大港油田石油地质志编辑委员会．中国石油地质志(卷六)：大港油田[M]．北京：石油工业出版社，1991：32-114.

松辽盆地南部断陷层火山岩气藏勘探实践

牟汉生　李瑞磊　朱建峰　刘玉虎　李忠博　李　宁

（中国石化东北油气分公司）

摘　要　松辽盆地南部断陷层火石岭组和营城组普遍发育中-基性和酸性两类火山岩，通过开展火山岩储层微观特征及典型气藏解剖研究，总结了火山岩成藏主控因素。研究认为松南断陷层火山岩次生溶蚀孔隙是有效孔隙的主体，裂缝是连通孔隙的关键，登娄库末期形成的古构造控制油气汇聚主要方向；断裂活动减弱与泥岩盖层组合控制了油气主要富集层系；围绕生烃中心，以主成藏期为关键点"古构造-保存-次生孔隙-生烃增压"联动演化、耦合控藏。

关键词　松辽盆地南部；断陷层；火山岩；溶蚀孔隙；主成藏期

国外火山岩油气勘探已有百余年历史，早期认为火山岩含油气只是偶然现象或特殊情况[1]，直至1953年，委内瑞拉拉帕斯油田的发现，标志着火山岩油气藏的勘探和认识进入了一个新阶段。20世纪70年代以来，全球各地陆续发现火山岩油气藏，如印度尼西亚的贾蒂巴朗玄武岩气田、澳大利亚Scott Reef（斯考特瑞夫）玄武岩油气田、纳米比亚Kudu（库都）玄武岩气田等，以产量高、产层厚、储量大而闻名[2-10]。我国1957年在准噶尔盆地西北缘首次发现火山岩油气藏后，历经50多年，在渤海湾、松辽、准噶尔等盆地相继发现了11个火山岩油气藏[11-16]。目前，火山岩储层已经成为全世界勘探的重要领域。

松辽盆地南部断陷（以下简称松南断陷）下白垩统火石岭组和营城组普遍发育火山岩，平面呈带状分布。目前已发现火山岩气藏具有产层厚度大、单井产量高、储量规模大等特点，目前已发现的火山岩气藏，平均有效厚度143m、平均储量159亿方、平均单井日产气12.5万方，探明天然气地质储量502亿方，控制天然气101亿方、凝析油327万吨。近20年来，中石化东北油气分公司在松南断陷的火山岩勘探大致分为三个阶段：（1）探索发现阶段（2005—2012年），以酸性火山岩勘探为主，重点以现今构造上发育的火山机构为勘探目标，发现了松南气田、腰深2、3含气构造。探明天然气地质储量456亿方；（2）展开评价阶段（2013—2016年），火山岩勘探部署暂缓，查找问题，深入解剖，开展基础研究攻关；（3）创新突破阶段（2017—至今）：转变思路，以成藏期古构造背景上发育的中-基性火山岩为主要勘探目标，发现龙凤山火石岭组火山岩气藏、查1、松深1含气构造，探明天然气地质储量66.7亿方，凝析油324万吨。该阶段重新认识、分析火山岩成藏主控因素，认为松南断陷中基性火山岩经历风化淋滤和断裂改造，储层物性受埋深影响小，3500m以下仍发育好的储层，同时火山机构与烃源岩侧向对接，供烃条件有利。在区带优选的基础上，开展成藏期古构造背景研究，精细刻画火山机构和有利相带，在长岭断陷南部龙凤山次凹和梨树断陷北部苏家屯次凹部署探井，实现了松南断陷新层系（火石岭组）、新类型（中-基性火山岩）勘探突破，为下步勘探开发提供了重要阵地。

目前，火山岩气藏是东北油气分公司的重要增储领域，但勘探认识程度还相对较低，火山岩有利储层成因机理及成藏主控因素是制约油气勘探的关键。本文通过解剖松南气田酸性火山岩、龙凤山气田中-基性火山岩喷发旋回及分布特征研究，识别确定主要岩性、岩相，分析主要储集空间类型及成因机理，解剖区内已发现火山岩气藏，探讨总结成藏主控因素，为勘探开发研究工作提供指导。

1　火山岩形成及分布特征

晚侏罗世晚期-早白垩世，太平洋板块向东北地块之下俯冲，形成岩石圈下挤上张的应力环境，导致东北地块发育多个分割性强且规模不等的裂陷[17]，松辽盆地南部长岭断陷、梨树断陷也是这一时期构造活动的产物。裂陷形成同时，伴随着松辽地区大面积火山岩浆活动，沿深大断裂呈现中心式或裂隙式喷发，形成壮观的火山地貌。

松南断陷发育三个大规模的火山喷发旋回：第一个火山喷发旋回始于火石岭组早期，锆石测年约在 125Ma 左右，岩性主要为玄武岩、玄武质安山岩，此旋回火山岩厚度差异较大，在 50~1100m 之间；第二个火山岩喷发旋回始于营城组早期，锆石测年约在 110~118Ma 之间，岩性主要为安山岩，厚度 100~300m；第三个火山岩喷发旋回为营城组晚期，时间约在 100~108Ma 之间，岩性主要以酸性流纹岩、凝灰岩为主，厚度约 170~650m，之后逐渐减弱，零星喷发(图 1)。

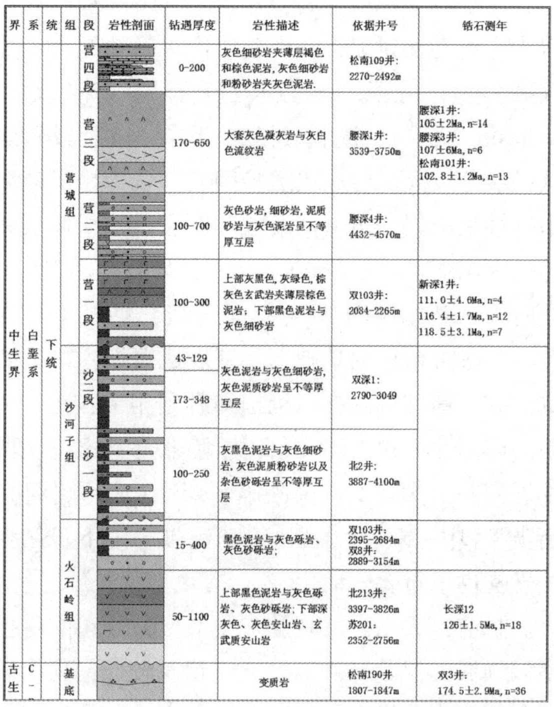

图 1　松辽盆地南部断陷地层综合柱状图

火石岭组中-基性火山岩喷发强度大，黏度小，流动性强，因此在松南地区分布较为广泛，根据区内钻井与火山岩地震反射特征识别刻画，在梨树断陷北部斜坡带和长岭断陷东南部各次凹斜坡带均有分布，多呈低幅穹隆状或丘状多期叠置连片(图 2)。

营城组火山岩喷发强度减弱，以中酸性为主，黏度大，流动性变弱，营一段火山岩主要分布于长岭断陷南部龙凤山、新安镇次凹以及达尔罕断凸带等地区，呈低幅丘状或似层状。营三段

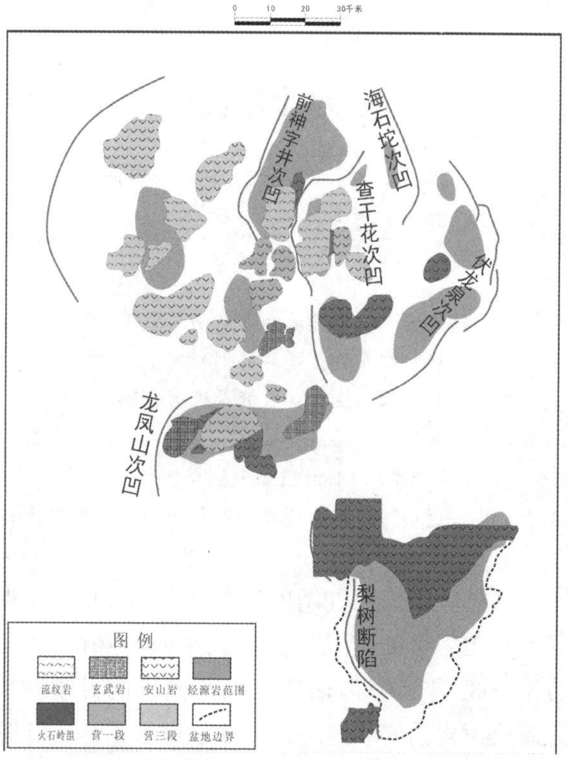

图 2　松南断陷火山岩分布平面图

火山岩主要分布于长岭断陷北部前神字井-查干花次凹斜坡带、西部断阶带，多呈单个分散机构型(图 2)。

2　火山岩储层特征与成因机理

随着近年火山岩勘探的不断突破发现，火山岩储层越来越受到广大学者与油气工作者的关注，不断有学者针对火山岩储层的宏观、微观特征进行描述[18-21]，并对火山岩储层的形成演化机制进行探讨[22-24]。本节以公司在松南火山岩勘探实践获取的大量实物资料为基础，通过对实钻火山机构、火山岩典型储层的解剖，总结火山岩储层的储集空间特征，并分析了火山岩有效储层的形成机理与有利储层控制因素。

2.1　火山岩储层特征

2.1.1　火山岩储层岩相、岩性特征

目前，松南断陷层已发现的火山岩有效储层多为火山机构喷发形成，常见的火山岩相带包括了爆发相、溢流相与火山沉积相(图 3)，火山通道相与侵出相发育程度相对较低(尚无井钻遇)。

爆发相主要包含集块岩、火山角砾岩与凝灰岩 3 种岩性，其中，集块岩与火山角砾岩主要分布在近火山口位置，集块与火山角砾成分复杂、棱角状、分选极差(图 3e)。凝灰岩主要由粒径小于毫米的晶屑、岩屑及玻屑组成，以块状构造

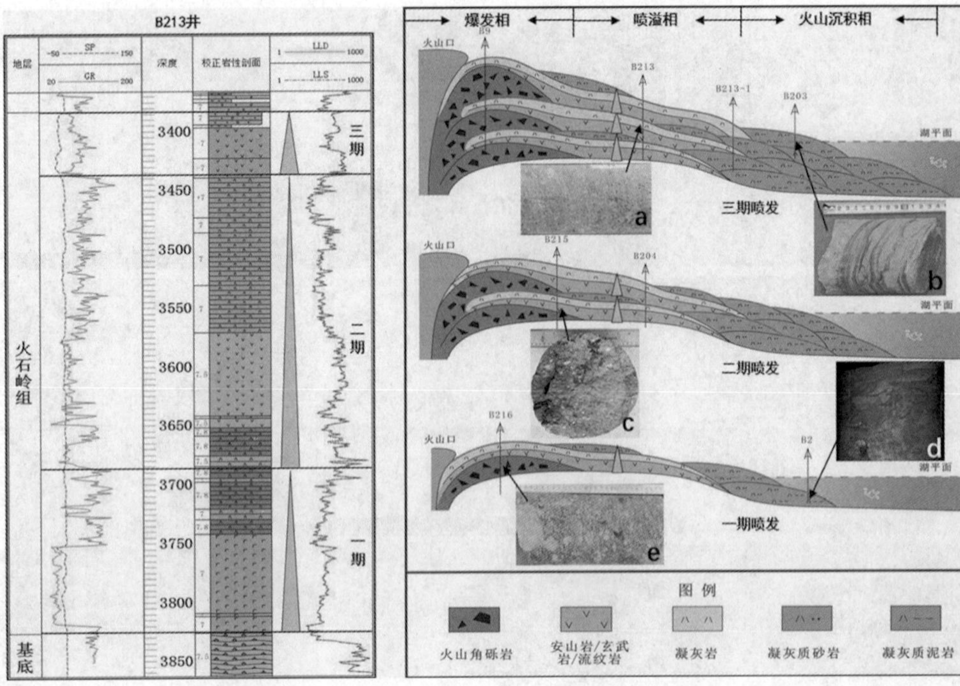

(a) (b)

图3　松辽盆地南部断陷期火山机构模式图

(a) B213井3521.43m灰白色凝灰岩；(b) B203井3873.87m沉凝灰岩，发育水平层理、变形层理、碳屑纹层；(c) B215井2318.58m灰色安山岩，发育原生气孔与杏仁构造；(d) B2井4326.96m深灰色凝灰质泥岩，包卷层理；(e) B216井3946.79m灰色火山角砾岩，棱角状火山角砾、最大砾径7cm

为主(图3a)，在近火山口与远离火山口的位置均有分布；溢流相为岩浆溢流冷凝过程中形成的火山熔岩，受岩浆成分不同影响，主要岩性有玄武岩、安山岩与流纹岩，在冷凝过程中往往有原生气孔形成(图3c)，为储集油气创造条件；火山沉积相在火山作用过程中与火山喷发间歇期均可形成，主要由火山碎屑物质再次搬运沉积形成，成份以火山碎屑为主，发育沉积构造(图3b、d)，但受短距离搬运影响，成分成熟度与结构成熟度普遍偏低。

2.1.2　火山岩储集空间类型

松南断陷火山岩储层储集空间类型包含了3类12种，3类分别为原生孔隙、次生溶蚀孔隙与裂缝，其中，原生孔隙主要包括了原生气孔(图4a)、晶间孔、砾间孔与冷凝收缩孔(图4b)，在火山角砾岩、溢流相熔岩中最为常见，通常孤立分布、互不连通，在后期埋藏成岩过程中进一步遭受充填破坏(图4c)；次生溶蚀孔隙包括了粒内溶孔(图4d、e)、斑晶溶孔、杏仁溶孔(图4f)、基质溶孔(图4g)4种类型，区内长石、火山岩屑粒内溶孔与基质溶孔最为发育，斑晶溶孔、杏仁溶孔次之。溶蚀孔隙普遍具有形态不规则、大小不等的特点，连通性较原生孔隙略好；裂缝主要包含了构造缝(图4h)、溶蚀缝(图4i)、冷凝收缩缝与隐爆缝，其中构造缝最为常见，具有开度较大、延伸较远的特点，并可切割岩石颗粒或斑晶形成复杂缝网。原生孔、溶蚀孔与裂缝相互匹配，构造了“孔隙+溶蚀”与“孔隙+缝网”有效储集空间类型。

研究认为，松南气田营城组酸性火山岩为“孔隙+溶蚀”型储层，下部气孔流纹岩原生气孔发育，孔隙度高、物性条件好；上部流纹质凝灰熔岩以溶孔为主，物性条件略差。龙凤山火石岭组中-基性火山岩为“孔隙+缝网”型储层，以安山岩与安山质凝灰岩为主要岩性，溶蚀孔隙在裂缝沟通下形成有效储层。

2.2　有效储层形成机理

多种储集空间类型的相互组合，是火山岩有效储层形成的关键。针对火山岩储层孔隙结构复杂、非均值性强的特点，在常规岩芯-铸体薄片-扫描电镜分析的基础上，引入25mm、4mm岩心柱塞CT扫描，对火山岩储层开展宏观-微观的多尺度综合分析。

分析结果表明，火山岩储层中直径大于

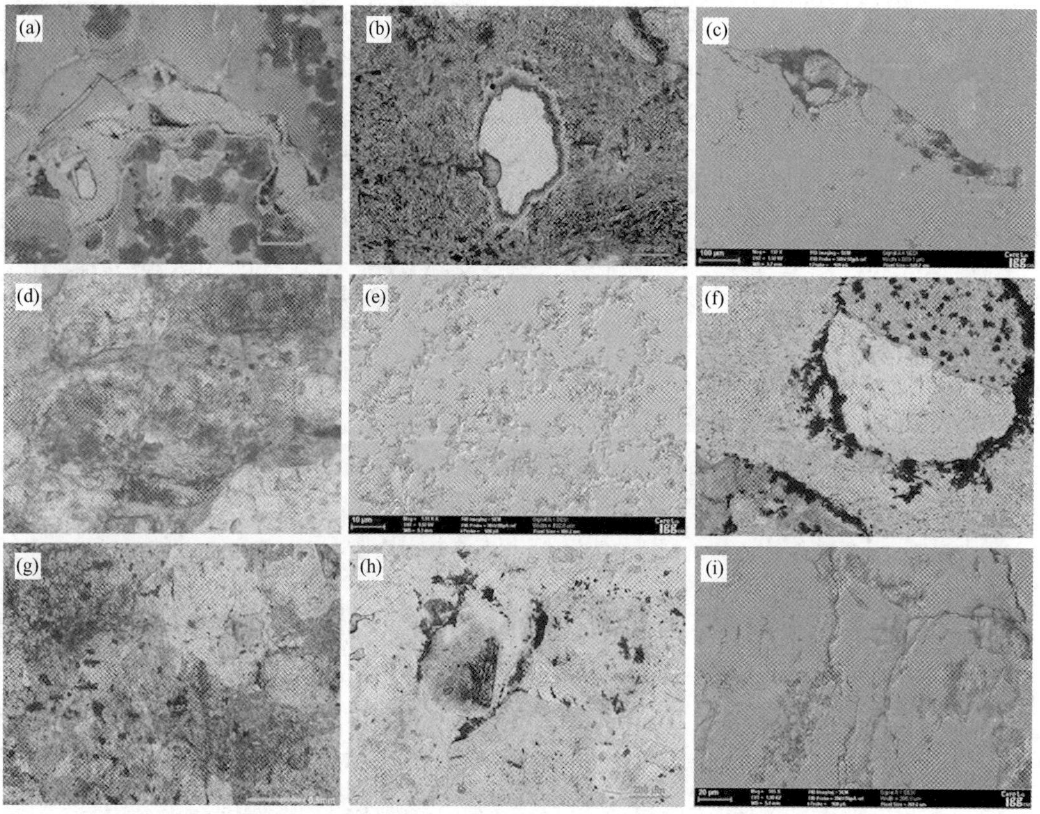

图4　松辽盆地南部断陷期火山岩储集空间类型

（a）YS101井3759.05m铸体薄片单偏光照片，流纹岩原生气孔；（b）B216井3679.37m铸体薄片单偏光照片，杏仁体收缩孔；（c）B213-1井3743.95m扫描电镜照片，原生残余孔；（d）L7井2062.90m铸体薄片单偏光照片，长石粒内溶孔；（e）L7井2132.5m扫描电镜照片，长石粒内溶孔；（f）B216井3679.37m铸体薄片单偏光照片，杏仁体溶孔；（g）B213-1井3744.2m铸体薄片单偏光照片，基质溶孔；（h）B216井3681.37m铸体薄片单偏光照片，构造微裂缝沟通溶蚀孔隙；（i）B216井3678.18m扫描电镜照片，溶蚀微裂缝沟通溶蚀孔隙

26μm的孔隙占比较低(图5a)，主体孔径范围在4~26μm之间(图5b)，以微孔为主，孔隙之间孤立分布、连通性较差，局部溶蚀孔隙发育时可以在一定程度上改善储层物性与孔隙连通性。裂缝是连通储层孔隙的主要原因(图4h)，“孔隙+缝网”是形成火山岩有效储层的关键(图5c)。

2.3　有效储层控制因素

火山岩有效储层的形成是三种储集空间类型相互匹配的结果，通过火山岩露头、钻井取芯及显微镜下分析发现，火山岩岩性是控制原生气孔发育的基本因素，酸性火山岩储层黏度大、流动性弱，以原生气孔和冷凝收缩缝为主，孔隙度可达28%(图4a)；中-基性火山岩储层黏度小、流动性强，原生气孔较少，以溶蚀孔与粒间缝为主，孔隙度普遍小于10%(图4d)。

火山岩储层原生孔隙的形成与分布主要受控于岩相类型，火山口-近火山口相带火山角砾岩与火山熔岩原生孔隙更为发育。一方面，火山口塌陷作用与隐爆角砾岩的发育，使得此处原生粒间孔更为发育；另一方面，近火山口相熔岩上部亚相占比大，原生气孔与冷凝收缩孔发育程度相对较高。

次生溶蚀孔隙的发育，主要受早成岩期风化淋滤作用与排烃期酸性流体溶蚀作用影响。火山岩储层暴露时间越长，风化壳厚度越大(图6a)，次生溶蚀孔隙的发育程度越高；排烃期酸性流体注入对火山岩储层物性具有显著的改善作用，距离生烃主洼越近、酸性流体注入规模越大，次生溶蚀孔隙越发育(图6b、c)。

裂缝的形成主要受构造部位与火山机构相带控制。构造高部位为应力释放区，断裂发育程度高，利于构造缝网形成，火山岩储层渗透率从构造低部位到高部位明显增大；火山口-近火山口相带的塌陷作用、隐爆构造与冷凝收缩作用，均利于原生粒间缝形成，导致近火山口位置火山岩储层渗透性显著改善。

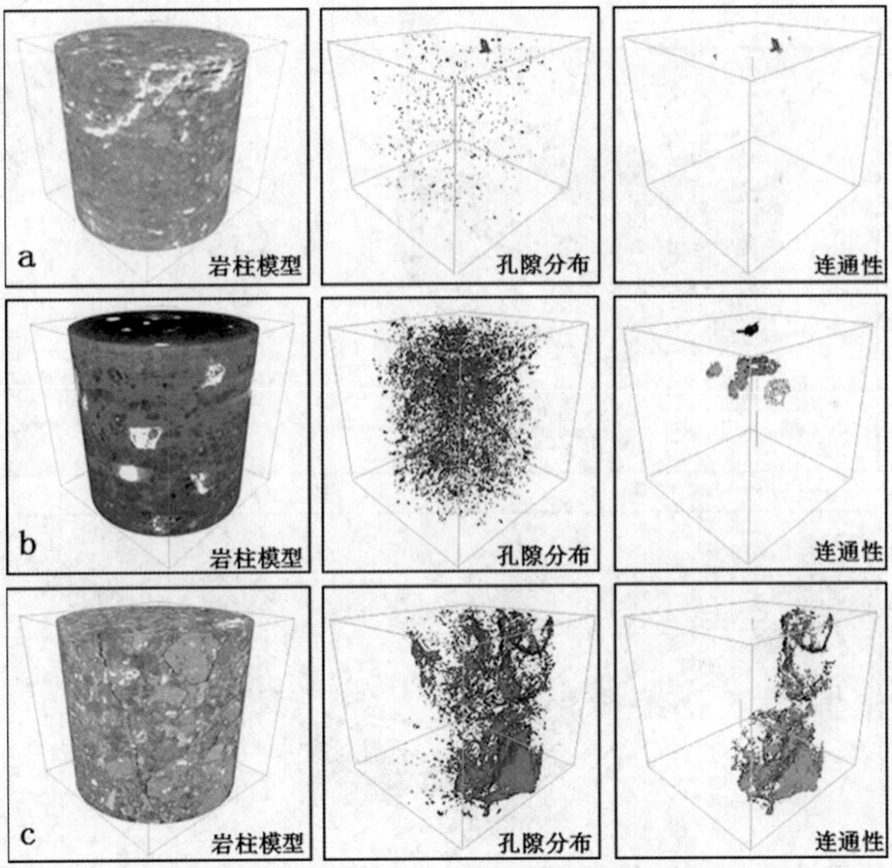

图 5　松辽盆地南部断陷火山岩储层孔隙结构图

a. L7 井 2132. 5m，流纹岩 25mm 直径柱塞中大于 26μm 孔隙分布特征；b. L7 井 2132. 5m，流纹岩 4mm 直径柱塞中大于 4μm 孔隙分布特征；c. B216 井 3678. 18m，火山角砾岩 25mm 直径柱塞中大于 26μm 孔隙与裂缝分布特征

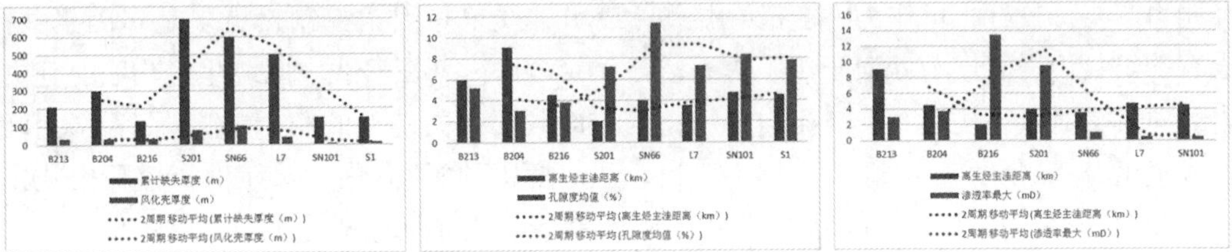

a　　b　　c

图 6　松辽盆地南部断陷期火山储层物性与影响因素关系表

a. 火山岩储层风化厚度与暴露时间关系统计表；b. 火山岩储层孔隙度与离生烃主洼距离关系统计表；c. 火山岩储层渗透率与离生烃主洼关系统计表

3　油气成藏主控因素

3.1　油气成藏模式

火山岩作为一种良好的储集体，与烃源岩、盖层等成藏要素在时空上形成有利配置，将形成多种类型的油气藏[25-26]。目前已发现火山岩主要有近源型(源内、源下)、远源型两种成藏模式，中国东部断陷以近源组合为主，沿断裂高部位形成以爆发相为主的构造-岩性油气藏，斜坡部位形成喷溢相为主的岩性油气藏，如松辽盆地徐家围子。中西部则主要发育受不整合面(风化壳)控制的大型近源型地层油气藏，如准噶尔盆地西北缘[16]。松辽盆地南部断陷层火山岩主要为近源型构造-岩性油气藏，根据烃源岩与油气藏配置关系、火山岩相带及有效储层分布、输导体系及其组合样式、盖层保存条件等特征，建立由深洼区供烃、圈源侧向对接或断砂、不整合面输导、(古)构造-盖层控制聚集的油气成藏模式(图 7)。从生储盖组合特征来看，本区存在沙河

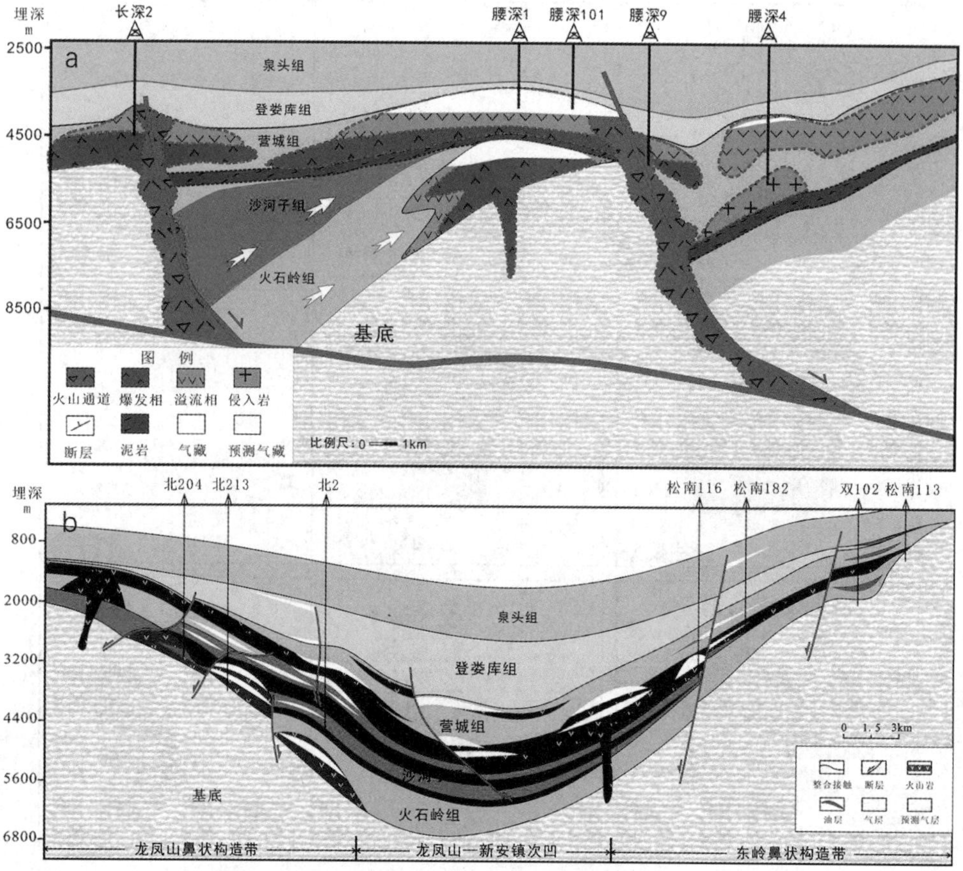

图 7　松辽盆地南部断陷火山岩成藏模式图

a. 长岭北部松南气田酸性火山岩气藏 b. 长岭南部龙凤山-东岭中-基性火山岩气藏

子组厚层暗色泥岩，既可作为优质烃源岩，也可作为直接盖层。除此之外，火石岭组暗色泥岩也具有生烃能力，指标较好，可作为一套潜在烃源层系。火石岭组火山岩储层与沙河子组、火石岭组烃源岩侧向直接对接，构成一套自生自储、上生下储的成藏组合。

从火石岭组中基性火山岩气藏分布情况看，主要受有效储层控制，纵向上分布在近火山口相带、构造高部位，平面上邻近生烃中心富集。火山机构控制岩相分布，火山口-近火山口相原生孔隙更为发育，高孔渗带所占比例大，气藏更为富集；同时，火山岩内幕各旋回/期次顶部气藏也更为富集。越邻近生烃中心，在成岩过程中被次生矿物充填的原生气孔，由于排烃期酸性流体的注入溶蚀，孔隙连通形成气藏富集带。长岭断陷南部火石岭组火山岩平面上多个机构叠置连片，火山岩整体含气，优质含气层段主要集中分布在各火山机构的中上部，具有似层状特征。

3.2　成藏主控因素

针对火山岩改造型断陷盆地，开展构造、烃源、储层、圈闭及油气充注等各成藏要素时空配置动态演化研究，发现松南断陷火山岩油气成藏并非受单一因素控制，更多是多因素共同影响。结合区内勘探实践，围绕生烃中心，建立了以主成藏期为关键点的“古构造-保存-次生孔隙-生烃增压”联动演化、四元耦合控藏模式，有效地指导了近年勘探部署工作。

3.2.1　登娄库末期形成的古构造，控制油气汇聚的主要方向

在现今构造之前所形成的或继承性发展的古隆起、古背斜等统称古构造，是古油气运移的主要方向[27]。松南断陷经历断陷、断坳转换、坳陷、反转四期构造，主成藏期构造背景主要受控于断坳转换期登娄库末构造运动，形成的古构造面貌决定了油气主要汇聚方向。依据流体包裹体及埋藏史，确定松南断陷主要存在三期油气充注：第一期发生在登娄库组末期，表现为局部充注；第二期发生在泉头组-青山口组时期，为松南断陷的主充注期；第三期发生在嫩江组之后，表现为持续充注特征。松辽盆地南部龙凤山地区

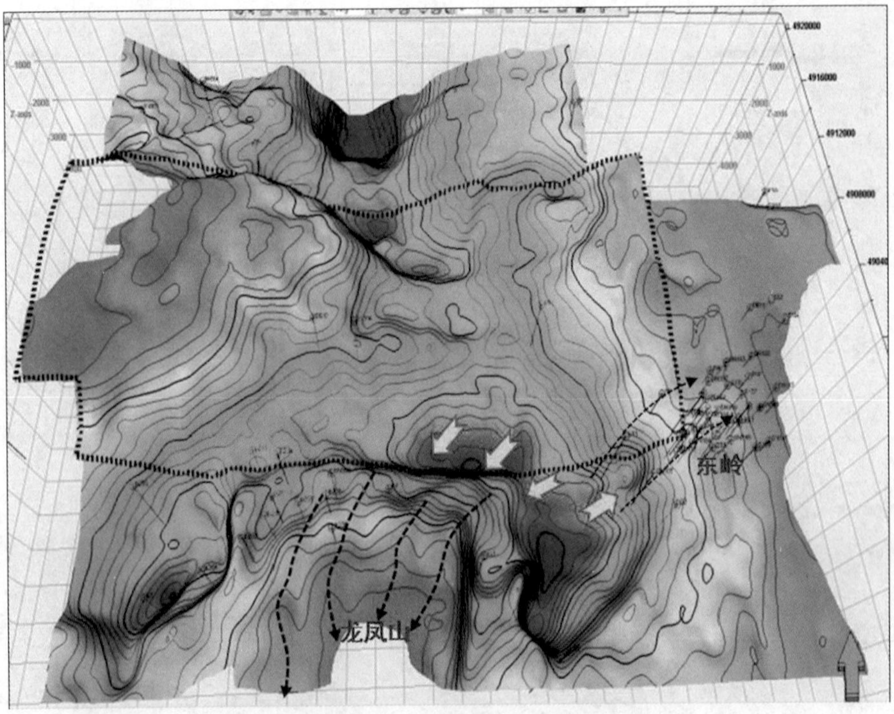

图8　长岭断陷南部登末成藏期立体构造图

在登娄库组末期形成了四个鼻状古构造背景(图8)，圈闭初步定型；在泉头组主成藏期，自北部生烃中心生成的大量油气在流体势的作用下，沿着鼻状构造脊向高部位火山岩储集体运聚，古构造控制了油气的主要汇聚方向。

3.2.2　稳定泥岩与晚期弱构造活动形成较好的保存条件，决定了油气富集层系

勘探实践表明，松南断陷不同活动期断裂与泥岩盖层组合控制了油气主要富集层系，主要有两种组合形式：一种是断陷期发生的断裂在登末停止活动或减弱，与直接盖层匹配，控制了营城组及以下富集层位；另一种是断陷期、坳陷期、反转期持续活动断裂，断穿高度控制油气上升高度，与中浅层盖层组合形成了登娄库组-泉头组油气富集层位。在火石岭组火山岩油气藏之上主要发育两套盖层：一套是作为区域盖层的青山口组和泉头组泥岩，平面上分布较为稳定。另一套是是作为直接盖层的沙河子组厚层泥岩，单层厚度大，分布稳定，既是源岩，也是直接盖层。已发现火石岭组火山岩气藏主要受第一种断盖组合形式控制，断陷期发生的断裂在登末活动减弱或趋于停止，与沙河子组泥岩盖层匹配有效封堵油气，控制了纵向上主要富集层系。

3.2.3　深洼区有利生烃中心，提供了油气成藏的物质基础和动力条件

充足的油源供给是火山岩成藏的必要条件[16]，如松辽、渤海湾、准噶尔等发育火山岩的主要陆相含油气盆地，火山岩多与沉积岩(烃源岩)共生或相邻，近乎同期发生的源储配置对火山岩成藏十分有利[25-26,28-29]。目前，长岭、梨树断陷已发现的火石岭组火山岩气藏均分布在临近生烃洼陷的斜坡带，或与主力烃源岩侧向直接对接，或通过断层及不整合面输导后能够有效运移、聚集成藏，越离近生烃中心，火山岩储层孔渗条件越好，含气性及产能也越高(图9)。

3.2.4　多类型、多尺度孔-缝发育区，控制有利储层分布，决定油气富集程度

火山岩气藏产能与储层物性条件正相关，在同等供烃、保存条件下，有效储层的发育程度直接控制了油气的富集程度。储集空间特征研究表明，原生孔隙、次生溶蚀孔隙与裂缝的发育程度直接影响了火山岩储层物性的好坏，“孔隙+缝网”的良好配置是形成有效储层的关键。由三类有效储集空间的形成控制因素可知，“近火山口、近烃源岩、构造高部位”最利于孔隙与立体缝网的形成，是火山岩有效储层发育与油气富集的有利地区。

4　火山岩勘探关键技术

火山岩气藏具有机构识别难度大、内幕反射复杂、储层非均质性强等特点，勘探开发面临巨大挑战，急需破解这些难题的新理念、新技术、

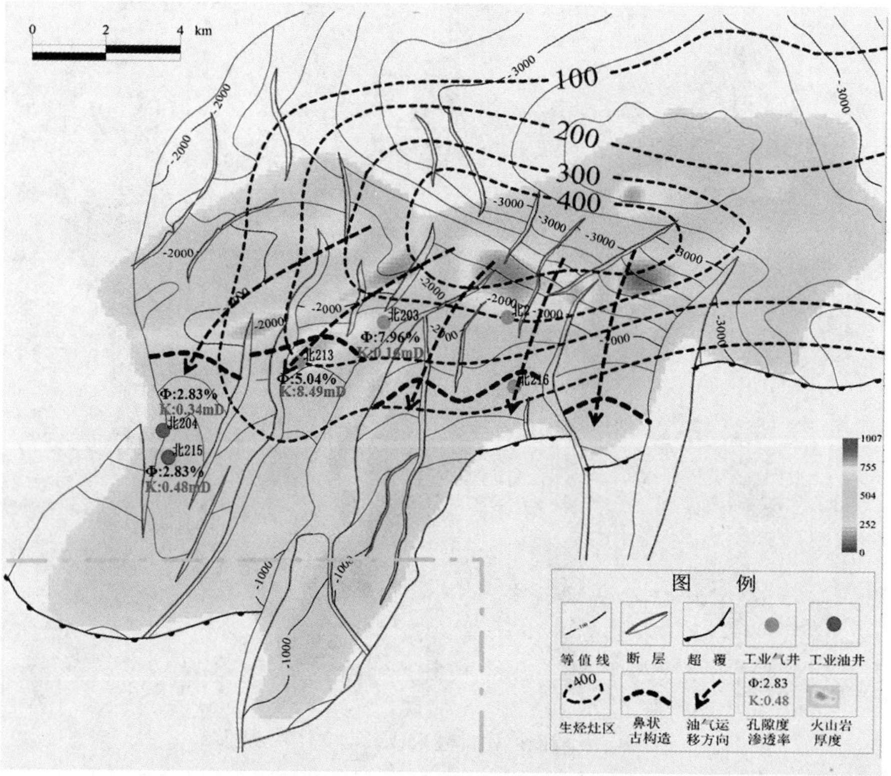

图9　龙凤山次凹火石岭组火山岩体与成藏期古构造、沙河子组生烃中心叠合图

新实践。多学科融合、多技术集成的一体化创新为破解这些难题提供了新方案。针对松南火山岩气藏的勘探开发工作，在地质地震一体化、储层地质工程一体化、全过程效益一体化三方面工作中，大胆尝试、创新模式，突破学科和组织界限，实现整合技术优势、推进火山岩气藏提产增效的实质性效果。

4.1　火山机构模型约束下的地质地震一体化储层识别技术

火山岩气藏岩性复杂，地震边界有强有弱，内幕既有层状又有杂乱反射，常规的三维地震描述方法局限性较大，需要地质地震一体化结合建立合理的火山岩机构模型来预测有效储层。通过解剖已钻井，细化火山岩储层地质评价，明确火石岭组火山岩岩性、岩相，基于地震属性聚类融合、叠前叠后正反演等地球物理方法，开展火山岩有效储层定量预测研究，逐步解决机构识别、内幕格架及有效储层预测问题，在松南断陷火山岩评价过程中取得了较好的应用效果。针对两类火山岩储层，不断优化地球物理预测方法，支撑了松南气田高效建产，在龙凤山气田显著提高了有效储层预测精度，已钻井气层钻遇率提高到70%。

4.2　火山岩储层细分甜点下的地质工程一体化储层改造技术

针对火山岩储层厚度大、显示段长、纵横向变化快的特点，地质与工程深入结合压裂改造方案，开展储层细分甜点描述，通过一井一策、一层一策的方式，不断优选工艺、调整设计方案。根据不同储层提出三种对策，形成了适应东北工区火山岩储层的特色改造技术，较以往效果显著提高。酸性火山岩，根据岩性及储层物性差异，采用不同的完井和投产方式，流纹岩采用筛管完井，酸化投产方式；凝灰岩采用套管完井，压裂投产的方式。中-基性火山岩，针对储层天然裂缝发育特点，采用近井复杂缝，远端造长缝压裂工艺思路。同时，借鉴非常规思路，探索密切割提高初产的压裂技术，形成了“三大两多一小”(大排量大液量大砂量，多簇射孔多尺度支撑，小裂缝间距)的多尺度复合压裂工艺。

4.3　复杂气藏动态描述下的全过程效益一体化评价技术

为了实现高质量勘探，一体化工作绝不仅仅停留在技术领域，同样通过管理模式的创新进一步促进一体化工作。以气藏动态评价为结合点，勘探开发全过程管理一体化运行，将勘探早、中期动态数据与进入开发初期更多井的资料相结合，勘探在不断引入油气产出动态资料基础上，重新评价已发现火山岩气藏，进一步明确控制因素，不断提高部署质量，近年来勘探成功率逐渐升高。

5 结论

（1）松南断陷发育三个大规模的火山喷发旋回，形成火石岭组、营一段及营三段火山岩，其中，火石岭组中-基性火山岩分布广泛，多呈低幅穹隆状或丘状多期叠置连片。营城组中酸性火山岩多呈单个低幅丘状或似层状分布。

（2）松南断陷火山岩发育爆发相、喷溢相和火山沉积相3种主要岩相；发育原生孔隙、次生溶蚀孔隙与裂缝3种主要储集空间类型；原生孔、溶蚀孔与裂缝相互匹配，构成“孔隙+溶蚀”与“孔隙+缝网”两种有效储集空间类型。

（3）松南断陷火山岩主要为近源型构造-岩性油气藏，围绕生烃中心，建立了以主成藏期为关键点的“古构造-保存-次生孔隙-生烃增压”联动演化、四元耦合控藏模式。

（4）针对火山岩气藏勘探开发的复杂性，多学科融合、多技术集成的地质地震识别一体化、储层精细描述与压裂改造一体化、全过程效益一体化为破解火山岩勘探开发难题提供了新方案。

参考文献

[1] Schutter S R. Hydrocarbon occurrence and exploration in andaround igneous rocks[A]. Petford N, McCaffrey K J W. Hydrocarbons in crystalline rocks[C]. London: The GeologicalSociety of London, 2003. 7-35.

[2] Koning T. Oil and gas production from basement reservoirs: Examples from Indonesia, USA and Venezuela [A]. Petford N, McCaffrey K J W. Hydrocarbons in crystalline rocks[C]. London: The Geological Society of London, 2003. 83-93.

[3] Potter J, Konnerup-Madsen J. A review of the occurrence andorigin of abiogenic hydrocarbons in igneous rocks[A]. Petford N, McCaffrey K J W. Hydrocarbons in crystalline rocks [C]. London: The Geological Society of London, 2003. 151-175.

[4] FENG ZHIQIANG. Volcanic rocks as prolific gas reservoir: a case study from the Qingshen gas field in the Songliao Basin, NE China[J]. Marine and Petroleum-Geology, 2008, 25: 416-432.

[5] MAGARA K. Volcanic reservior rocks of northwestern Honshu Island, Japan [J]. Geological Society, London, Special Publications, 2003, 214: 69-81.

[6] WU CHANGZHI, GU LIANXING, ZHANG ZUNZHONG, et al. Formation mechanisms of hydrocarbon reservoirs associated with volcanic and subvolcanicintrusive rocks: Examples in Mesozoic-Cenozoic basins of eastern China[J]. AAPG Bull, 2006, 90(1): 137-147.

[7] 赵文智，刘为付，郑德山．松辽盆地深层火山岩气藏地质特征及评价技术[J]．石油勘探与开发，2008，35(2)：129-130.

[8] 刘嘉麒，孟凡超．火山作用与油气成藏[J]．天然气工业，2009，29(8)：1-2.

[9] 罗群，刘为付，郑德山．深层火山岩油气藏的分布规律[J]．新疆石油地质，2001，22(3)：196-198.

[10] 郭占谦．火山作用与油气田的形成和分布[J]．新疆石油地质，2002，23(3)：183-185.

[11] 吴昌志，顾连兴，任作伟，等．中国东部中、新生代含油气盆地火成岩油气藏成藏机制[J]．地质学报，2005，79(4)：522-529.

[12] 吕炳全，张彦军，王红罡，等．中国东部中、新生代火山岩油气藏的现状与展望[J]．海洋石油，2003，79(4)：522-529.

[13] 牛嘉玉，张映红，袁选俊，等．中国东部中、新生代火山岩石油地质研究、油藏勘探前景及面临问题[J]．特种油气藏，2003，10(1)：7-12.

[14] 李思田，路凤香，林畅松，等．中国东部及邻区中、新生代盆地演化及地球动力学环境[M]．武汉：中国地质大学出版社，1997.

[15] 伊培荣，彭峰，韩芸．国外火山岩油气藏特征及其勘探方法[J]．特种油气藏，1998，5(2)：65-70.

[16] 邹才能，赵文智，贾承造，等．中国沉积盆地火山岩油气藏形成与分布[J]．石油勘探与开发，2008，35(3)：257-271.

[17] 张惠瑜．松辽盆地火山岩分布规律与深度壳-幔结构的耦合关系[M]．基础科学辑，2012，(4)，23-29.

[18] 王璞珺，陈崇阳，张英，等. 松辽盆地长岭断陷火山岩储层特征及有效储层分布规律[J]．天然气工业，2015，35(8)：10-18.

[19] 邱子刚，周阳，赵蕾，等．准噶尔盆地西北缘火山岩相及储层特征[J]．石油天然气学报，2012，34(8)：34-38.

[20] 修立君，邵明礼，唐华风，等．松辽盆地白垩系营城组火山岩孔缝单元类型和特征[J]．吉林大学学报：地球科学版，2016，46(1)：11-22.

[21] 马尚伟，罗静兰，陈春勇，等．火山岩储层微观孔隙结构分类评价—以准噶尔盆地东部西泉地区

石炭系火山岩为例[J]. 石油实验地质，2017，39(5)：647-654.
[22] 刘成林，杜蕴华，高嘉玉，等．松辽盆地深层火山岩储层成岩作用与孔隙演化[J]. 岩性油气藏，2008，20(4)：33-37.
[23] 王璞珺，陈树民，刘万洙，等．松辽盆地火山岩相与火山岩储层的关系[J]. 石油与天然气地质，2003，24(1)：18-23.
[24] 张震，徐国盛，袁海锋，等．准噶尔盆地哈山地区石炭系火山岩储层特征及控制因素[J]. 东北石油大学学报，2013，37(4)：39-46.
[25] 杨懋新．松辽盆地断陷期火山岩的形成及成藏条件[J]. 大庆石油地质与开发，2002(05)：15-17+67.
[26] 唐建仁，刘金平，谢春来，任贵珍，等．松辽盆地北部徐家围子断陷的火山岩分布及成藏规律[J]. 石油地球物理勘探，2001(03)：345-351+382.
[27] 宋猛飞．塔北奥陶系顶面古构造演化与油气关系研究[D]. 成都理工大学，2018.
[28] 于英太．二连盆地火山岩油藏勘探前景[J]. 石油勘探与开发，1988(04)：9-19+8.
[29] 郑常青，王璞珺，刘杰，等．松辽盆地白垩系火山岩类型与鉴别特征[J]. 大庆石油地质与开发，2007(04)：9-16.

准噶尔盆地西北缘车排子凸起车探1井重大突破及勘探领域评价

李 静 董雪梅 潘 拓 向英杰

(中国石油新疆油田分公司勘探开发研究院)

摘 要 车探1井在石炭系测试油获得商业油流和高产气流，车排子凸起油气勘探取得重大突破。凸起北东翼发育多个石炭系凹陷，凹陷内充填巨厚石炭系包谷图组和西贝库拉斯组沉积岩，形成侧向封挡条件，隆起区沿断裂发育的爆发相火山角砾岩及碎裂熔岩是优质储层，可以形成“潜山型”岩性圈闭。北西向断裂和南北向断裂相互切割，既改善了储集性能，又是油气运移调整的通道，可以形成断块型、断层岩性等构造型圈闭。车探1井原油地化分析结果表明，北东翼原油主要来源于沙湾凹陷二叠系烃源岩。天然气样的地化分析结果，北东翼不仅具备沙湾凹陷二叠系供烃、车排子凸起石炭系聚集的新生古储成藏模式，而且可能存在石炭系自生自储的成藏模式，是车排子凸起石炭系油气勘探的拓展领域。凸起西南翼与北东翼相类似，具备隆凹相间及两组断裂相互切割的构造格局。紧邻四棵树凹陷，与四棵树凹陷主力烃源岩侏罗系对接，长期位于油气运移指向区，烃源供应充足。储层相对不发育，是车排子凸起石炭系油气勘探的接替领域。凸起轴部石炭系成像品质差，尽快部署以石炭系为目的层的高精度三维地震，推动轴部地区的构造解剖和圈闭识别，是车排子凸起油气勘探的准备领域。

关键词 车排子凸起；石炭系凹陷；裂隙式喷发；新生古储；自生自储

准噶尔盆地西北缘是克拉玛依油田最早发现油气的地方，1955年10月29日，黑油山克1号井喷出油气，新中国第一个大油田—克拉玛依油田就此发现，伴随克拉玛依油田壮大成长，西北缘的原油储量及产量也在持续不断地增长，迄今为止，仍然是克拉玛依油田主力产油区。其中，西部隆起带的贡献至为重要。西部隆起带西临哈拉阿拉特—扎依尔界山，东以克乌断裂带—中拐凸起—红车断裂带—车排子凸起为界，与玛湖凹陷—沙湾凹陷相邻，作为海西期古隆起，长期位于油气运移的指向区，油气资源十分丰富。截止至2018年底，克乌断裂带、中拐凸起及红车断裂带已累计探明石油地质储量16.5亿吨，但是南部的车排子凸起却始终没有获得商业油气。2019年4月位于车排子凸起的风险井车探1井上钻，同年10月该井在石炭系太勒古拉组获得商业油流，11月又在油层之上100多米处获得一层高产气流。随着车探1井在石炭系获突破，准噶尔盆地车排子凸起深层构造解析及成藏模式更需要持续研究。

1 车探1井的重大突破及启示

车排子凸起构造隶属准噶尔盆地西部隆起带，是一个北西—南东走向的大型鼻隆，北西伸入扎伊尔山，南东倾没于沙湾凹陷和四棵树凹陷之间。构造形态与中拐凸起相似，走向与之平行(图1)。但是与中拐隆起相比，隆起时间更长，鼻隆主体缺失二叠系、三叠系及侏罗系，在燕山晚期才沉降接受沉积，白垩系、古近系和新近系披覆于石炭系古隆之上。晚石炭世至早二叠世，车排子凸起地区为洋-陆转换的后造山伸展构造环境，火山活动频繁，并发育多个断陷，沉积水体自车排子凸起向西准噶尔地区逐渐加深，发育上石炭统(含佳木河组)的沉积，中拐凸起地区已为出露水面的岛弧。中二叠世至晚三叠世，发生区域性抬升、夷平活动，车排子凸起缺失二叠系及三叠系，中拐凸起则在晚二叠世沉降接受了大套的砾岩、砂岩等粗碎屑扇体沉积。中-晚侏罗世时期，车排子凸起处于区域压扭背景中，浅部逆冲叠瓦断层活化，构造活动南强北弱，侏罗系被大面积剥蚀。白垩纪沉积时，车排子凸起发生整体沉降，进入稳定的陆内拗陷期，白垩系自沙湾凹陷向凸起上方超覆沉积，地层东厚西薄，覆盖在残余的侏罗系及石炭系之上。古近系为大范围稳定沉积，厚度较薄，分布范围比白垩系广。新近纪至第四纪，受印度与欧亚板块碰撞的远程效应，在南北向区域压扭作用下，车排子凸

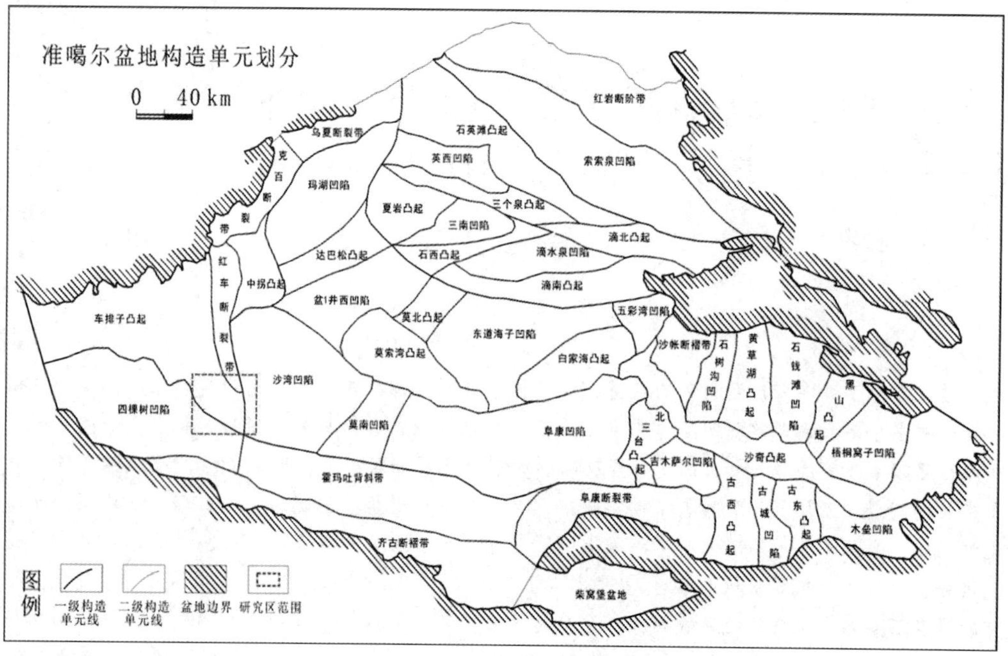

图1 研究区构造区带简示

起向北天山方向整体掀斜，使得新近系-第四系在北天山一侧发生巨厚沉积并向北呈楔形减薄，最终形成车排子凸起的现今地质结构，表现为为南北两侧被边界断裂所切割、向东南倾伏的大型鼻状构造[20-21]。

针对车排子凸起石炭系的勘探始于上世纪80年代中期，截至目前，钻揭石炭系百米之上的探井14口，车探1井作为第一口获得商业油、气流的井，对车排子凸起石炭系油气勘探具有重大意义。

1.1 厘定石炭系地层特征

依据地面露头、钻井岩相、地震层序，对车排子凸起石炭系内幕地层特征进行厘定，具有三分结构特征(图2)。下段太勒古拉组(C_1t)在全区均有分布，中基性火山岩和火山角砾岩十分发育，底部为玄武岩、硅质岩夹少量火山角砾岩，其上是厚层灰绿色火山角砾岩、安山岩夹凝灰岩、钙质泥岩沉积。在相邻的红车断裂带车25井2566.27~2568.00m井段深灰色钙质泥岩岩心中，发现大量保存完好的腕足类、介形类、双壳类、腹足类、海百合茎等海相化石[1]，表明太勒古拉组(C_1t)沉积时为海相环境，大量的火山岩则表明火山活动剧烈；中段包古图组(C_1b)，分布在石炭系凹陷中，厚度0~6000m，岩性为火山岩和沉积岩互层，底部为凝灰质角砾岩夹酸性熔岩，中部厚层凝灰质砂岩夹薄层凝灰岩，顶部则为凝灰质砂砾岩及凝灰质角砾岩，反映火山活动逐渐减弱；上段希贝库拉斯组(C_1x)，分布在石炭系凹陷中，厚度0~4000m，是一套快速堆积的粗碎屑流陆相沉积岩，岩性主要为凝灰质砂砾岩，下部夹煤层，上部夹泥灰岩及泥质粉砂岩，表明火山活动进入间歇期，煤层及泥灰岩的出现，说明为沼泽、浅水湖等陆相环境。综上所述，石炭系整体为一套海陆过渡相的火山岩、碎屑岩沉积，自下而上火山活动逐渐减弱，从早期中基性火山岩到中期酸性火山岩到晚期火山停止活动，形成完整的火山活动旋回，为典型的陆相火山喷发沉积特征。结合太勒古拉组(C_1t)的海相化石，希贝库拉斯组(C_1x)的沼泽煤炭，综合判断车排子凸起石炭系为海陆过渡相的火山岛弧环境。

1.2 车排子凸起发育石炭系断陷

从克拉美丽气田石炭系火山岩气藏发现之初，研究人员一直致力于石炭系原型盆地的恢复和构造解剖[2]。本次对车排子凸起的构造研究，首次在西部隆起带识别出石炭系凹陷的存在。车排子凸起石炭系顶界是一个被北西向断裂所夹持的鼻隆，北部以沙门子断裂为界，断裂上盘为红车断裂带，南部则以艾卡断裂为界，与四棵树凹陷相邻。从东西向横切鼻隆的地震剖面可知(图3)，石炭系凹陷沿车排子凸起与沙湾凹陷冲撞带发育，凹陷成“V”字型，两侧受正断裂控制，凹陷内充填的地层呈连续平行反射，与凹陷周边杂乱断续发射明显不同。充填的地层由浅至

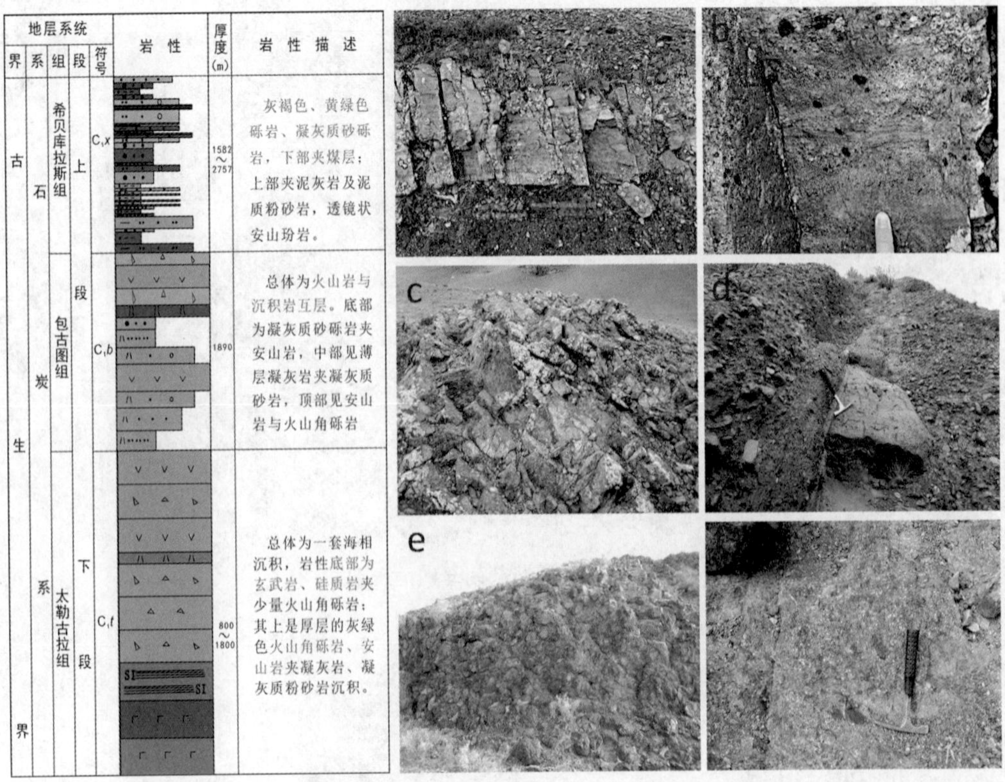

图2　地层结构划分

a—中砂岩，野外露头，石炭系西贝库拉斯组；b—含砾中砂岩，野外露头，石炭系西贝库拉斯组；c—玄武安山岩(含硅质)，野外露头，石炭系包古图组；d—砂砾岩(夹细砂岩)，野外露头，石炭系包古图组；e—枕状玄武岩，野外露头，石炭系太勒古拉组；f—火山角砾岩，石炭系太勒古拉组

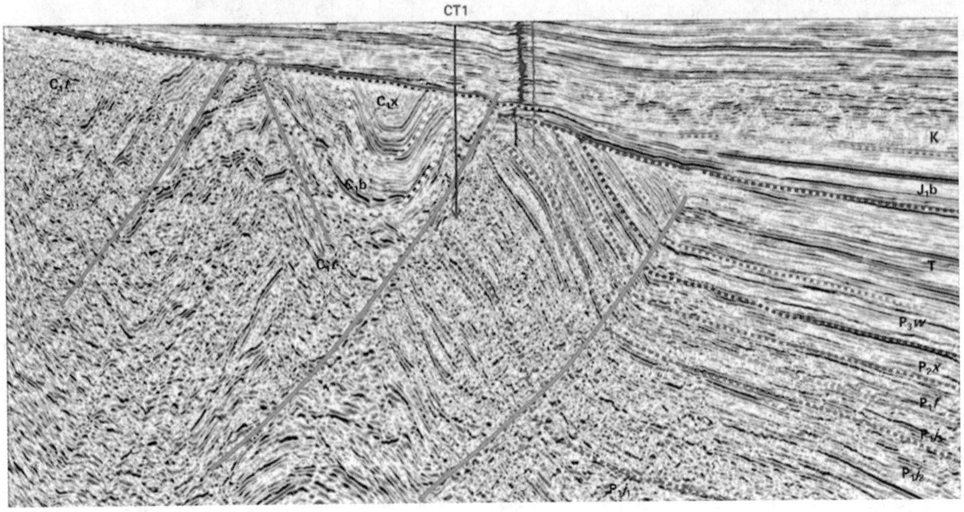

图3　过车探1井东西向地震剖面

深依次为希贝库拉斯组(C_1x)、包古图组(C_1b)和太勒古拉组(C_1t)，逐层被白垩系削蚀。希贝库拉斯组(C_1x)仅分布在凹陷中心，东西双向尖灭。包古图组(C_1b)分布范围略广，也是向东西两侧削蚀尖灭。太勒古拉组(C_1t)分布最广。而从南北向地震剖面可知(图4)，自北向南发育两个凹陷，以北西向的车排子断裂为界，车排子断裂上盘的北部凹陷面积小($300km^2$)，凹陷内充填的地层厚度在0~3500m；而位于车排子断裂下盘的南部凹陷不仅面积大($600km^2$)，厚度也更大，充填的地层最大厚度可达上万米(图5)。车排子凸起石炭系这种隆凹相间的构造格局，为寻找石炭系“内幕”油气藏奠定了物质基础。石炭系发育两组断裂：北西—南东向断裂，控制石炭

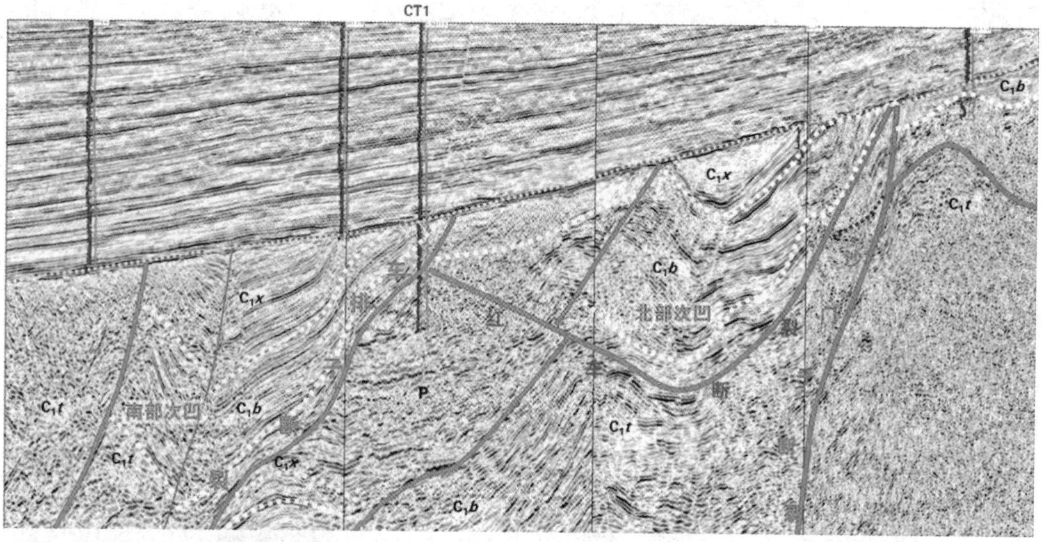

图 4　过车排子凸起南北向地震剖面

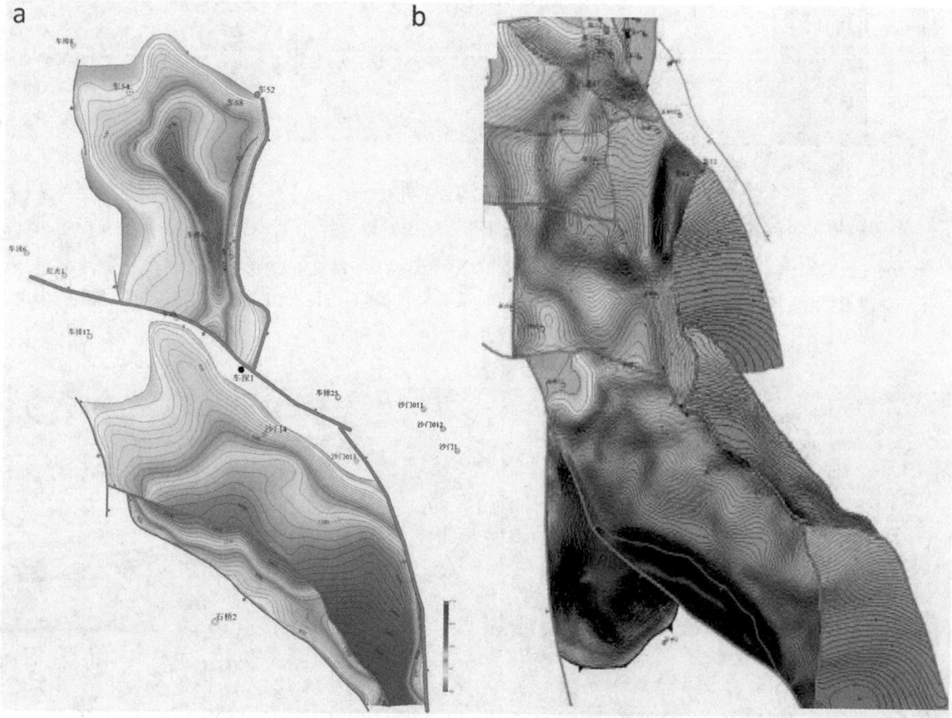

图 5　车排子凸起石炭系地层残余厚度图

a—石炭系西贝库拉斯组地层厚度图；b—石炭系包古图组地层厚度图

系构造格局，南北向断裂形成时间早，被北西-南东向断裂所切割，活动时间长，侏罗纪再次活动，沿断裂形成多个小规模“树枝状”的小裂陷。

1.3　裂隙式喷发的基性火山岩是优质储层

国内火山岩油气藏勘探历史悠久，在 2000 年前后迅速发展，目前，在我国陆上几乎所有的含油气盆地内都发现了火山岩油气藏[3-7,17]。准噶尔盆地的火山岩油气藏勘探历经 60 多年，1957 年就在西北缘首次发现玄武岩油藏。2000 年以前，石炭系火山岩仅作为兼探目的层，发现了红山咀、石西等石炭系火山岩油藏；2000 年之后，针对准噶尔盆地的石炭系结晶基底，开展物探、测井、地质等全方位的技术攻关，把火山岩作为重要含油气新领域进行全面勘探。并相继在西部隆起带发现了六区、九区等石炭系油藏，在中央隆起带发现了克拉美丽凝析气田。从已发现的火山岩油气藏来看，准噶尔盆地石炭系储层以中基性火山岩为主、中酸性火山岩为辅。这与

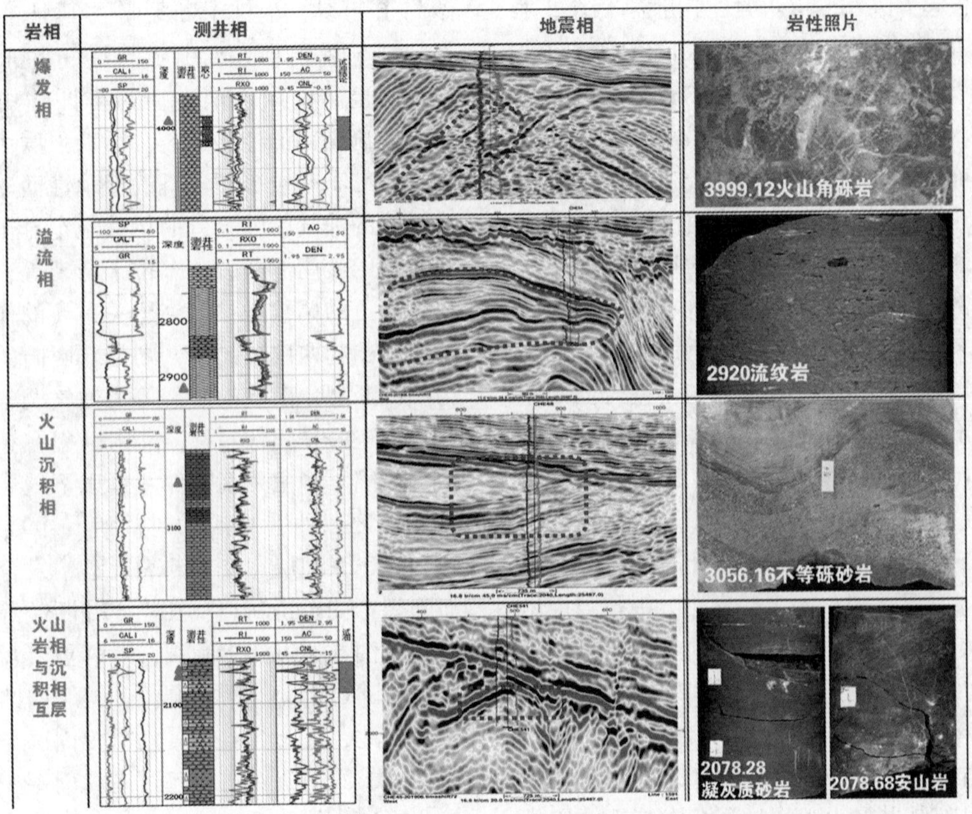

图6　车排子凸起石炭系岩相、地震相、测井相图板

国外已发现的较大型火山岩油气藏相类似，如印度尼西亚的 Jatibarang 油气田（石油探明储量为 1.65×10^8t、天然气探明储量 $764\times10^8m^3$）、澳大利亚 Scott Reef 油气田（石油探明储量为 1795×10^4t、天然气探明储量为 $3877\times10^8m^3$）、纳米比亚 Kudu 气田（储量 $849\times10^8m^3$）等，均为玄武岩储层。车排子凸起太勒古拉组（C_1t）玄武岩及玄武质角砾岩发育，具备发育大型火山岩油气藏的储层基础。

从地震、测井、取芯等资料分析，车排子凸起石炭系为海陆过渡环境，车排子凸起石炭系发育四种岩性[19]：中基性熔岩、同质角砾岩、火山碎屑岩和沉积岩，溢流相熔岩对应的地震相为强振幅、强连续、中频反射；爆发相角砾岩则为断续杂乱反射；火山碎屑岩内部为杂乱反射，与熔岩的界面则为强振幅强连续反射；本区沉积岩多为陆相粗碎屑流，因此地震响应为弱振幅空白反射、夹强振幅连续中频反射（图6）根据车排子凸起剩余磁力异常分析，近火山口的爆发相剩余磁力异常明显，主要沿车排子凸起北东翼分布，仅在凸起轴部甘家湖牧场附近有一个异常区；溢流相和火山碎屑岩相磁力异常中等，主要沿车排子凸起南西翼分布，而远火山口的沉积岩相磁力异常值低，主要分布在凸起的轴部（图7）。结合断裂分布，可以看出熔岩、角砾岩、火山碎屑岩主要沿红车断裂、沙门子断裂、车排子断裂和艾卡断裂发育，远离断裂，则逐渐过渡为沉火山岩、沉积岩。并且太勒古拉组（C_1t）熔岩含量高、流动性强、规模大，多为基性的玄武岩，也有爆发火山碎屑流，表现出典型的裂隙式喷发特征。

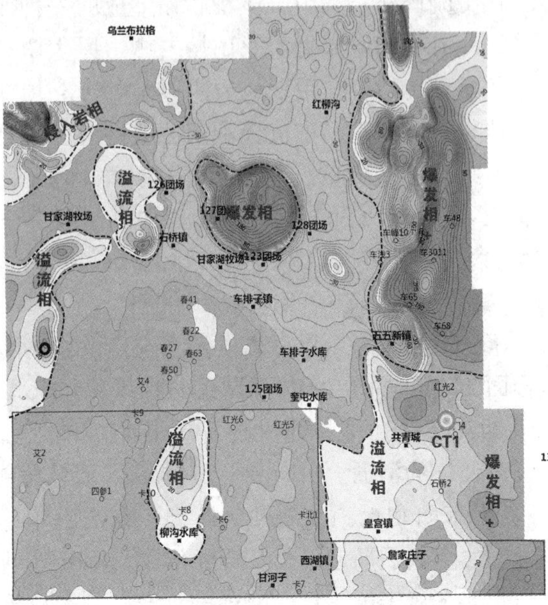

图7　剩余磁力异常图

从车排子凸起石炭系岩心物性分析统计结果来看，火山角砾岩孔隙度分布区间为6.7%～20.7%，平均值为11.5%；熔岩的孔隙度分布区间为3.4%～20.1%，平均值为8.8%；砂砾岩的孔隙度分布区间为3.0%～19.1%，平均值为8.4%。火山角砾岩储集物性最优，熔岩和砂砾岩的储集性能较差。以往的研究表明，石炭系作为盆地的结晶基地，储层性能的改善离不开风化淋滤作用。根据克拉美丽气田统计结果，克拉美丽气田石炭系储层孔隙发育程度与不整合面的距离有关，与不整合顶面距离<500m，孔隙度较发育，可达10%以上，具体可分为2个孔隙发育带，其一是距不整合面0～300m，最大孔隙可达25%，其二是距不整合面300～500m处，最大孔隙可达15%。目前的车探1井岩心分析孔隙度虽然比克拉美丽气田低，但是油层顶界距离不整合面460m，气层顶界距离不整合面244m，说明风化改造规律依然适用。

火山岩储集性能改善的另一要素是裂缝发育。根据已有钻井及火山岩地层分布特征，车排子凸起的火山岩为裂隙式喷发，沿断裂分布。岩心观察表明，车排子凸起构造缝普遍发育，溶蚀缝次之，冷凝收缩缝主要发育于火山熔岩中，砾间缝则普遍发育于火山角砾岩中。构造裂缝缝面平直、延伸较远，部分被绿泥石、方解石充填。溶蚀缝与原生裂缝伴生，其规模受到原生裂缝的控制。砾间缝沿相邻火山碎屑外缘分布，多贴近火山角砾边缘。冷凝收缩缝是岩浆喷溢至地表后，在冷凝固化过程中，体积收缩形成的一种成岩缝，冷凝收缩缝仅见于火山熔岩中。原生微细裂缝及早期构造缝在后期成岩阶段常处于充填或半充填状态，而晚期构造缝和溶蚀缝则大多数处于开启状态。裂缝的发育程度不仅跟岩性相关，还受断裂系统控制[8-9]，靠近北西向断裂及其次级断裂处裂缝最发育。

1.4 断裂为重要的油源通道

车探1井气层顶界距离石炭系与白垩系的不整合面244m，油层距离石炭系与白垩系的不整合面244m，不可能单纯依靠不整合面疏导油气，断裂对油气的沟通至关重要。车排子凸起上发育北西-南东向和近南北向两组断裂，在凸起不同位置，两组断裂所起的作用是不同的。对于车排子凸起北东翼来说，近南北向的红车断裂是沟通沙湾凹陷油气源的通道，为油源断裂，北西向的沙门子断裂、车排子断裂等，则是油气疏导断裂。红车断裂北起红山咀与红3井东侧断裂相交，南至奎屯附近消失于昌吉凹陷中，是海西期—中燕山期的逆冲断裂，活动强度大、持续时间长，红车断裂多期多幕的继承性活动，使得沙湾凹陷的油气能够充分的运移至车排子凸起，而北西向的沙门子断裂、车排子断裂等，则为油气在凸起上的调整运移起到至关重要的作用。对于车排子凸起西南翼而言，则是北西向的艾卡断裂为油源断裂，南北向断裂等为油气调整断裂。与北东翼正好呈镜像对称。艾卡断裂在独山子地区活动时间早，主要切割侏罗系以下地层，延伸至高泉地区以西，则活动时间晚，主要切割白垩系、第三系地层。艾卡断裂上盘，发育多条南北向断裂：如石桥断裂、红光5井断裂等。四棵树凹陷的油气通过艾卡断裂，运移至上盘车排子凸起，再通过南北向断裂调整，继续向凸起轴部运移。因此，在凸起北东翼勘探，优选与北西向断裂相关的圈闭，而在凸起西南翼勘探，则优选与南北断裂相关的圈闭。

1.5 油气来自不同类型的生烃母质

车探1井太勒古拉组(C_1t)3998～4034m油层取样分析表明，车探1井原油密度0.8778/cm^3，50℃时黏度为38.4MPa·s，凝固点7℃，含蜡量4.46%，属于正常成熟原油。地球化学分析表明，正构烷烃组分完整，Pr/Ph为1.14，三环萜烷C20、C21、C23呈弱山峰性分布，β-胡萝卜烷和γ-蜡烷含量低。前人对油气源分析表明[10]，存在两种类型的腐泥型烃源岩，一种特征为：原油Pr/Ph为1.0～1.3；β-胡萝卜烷和γ-蜡烷含量低～中；三环萜烷C20、C21、C23呈“山峰”型分布，说明原油母质沉积环境为正常淡水湖泊，这种类型以玛湖凹陷二叠系下乌尔禾组(P_2w)烃源岩为代表；另一种特征为原油Pr/Ph小于1.0；β-胡萝卜烷和γ-蜡烷含量很高；三环萜烷C20、C21、C23呈“上升”型分布，显示出原油母质为封闭的强还原咸化湖环境，这种典型代表是玛湖凹陷的二叠系风城组(P_1f)烃源岩。沙湾凹陷目前没有取到二叠系烃源岩岩心，无法判断是否存在咸化湖和淡水湖两种环境，总体推测车探1井原油母质为沙湾凹陷二叠系腐泥型烃源岩。

取自太勒古拉组(C_1t)3783～3905m气层的天然气甲烷碳同位素-35.3‰、乙烷碳同位素-

28.03‰，为偏腐殖型来源气，干燥系数高为0.95，从车排子凸起周边气井分析结果来看(表1)，石桥1井是中途测试见大量天然气，完井试油为水层，样品不具有代表性。除此之外，其余各井气样均为干气，说明生烃母质成熟度很高，已进入高成熟晚期或者过成熟大量生气阶段。而从天然气甲烷、乙烷碳同位素数值看，沙湾凹陷沙探2井二叠系风城组(P_1f)5490~5589m天然气甲烷、乙烷碳同位素较轻，应该来自腐泥型母质，其余各井的甲烷、乙烷碳同位素均偏重，应该来自腐殖型烃源岩。据准噶尔盆地烃源岩生烃演化史分析[11]，沙湾凹陷主要发育三套烃源岩，分别是二叠系佳木河组烃源岩、风城组烃源岩和下乌尔禾组烃源岩。其中佳木河组烃源岩于晚二叠世进入生烃门限，在三叠纪早期达到生油高峰，在晚三叠世进入生气阶段；风城组烃源岩在二叠纪末期进入生烃门限，在晚三叠世进入生油高峰，在侏罗纪早期进入生气阶段；下乌尔禾组烃源岩在侏罗纪末期进入生烃门限，在晚白垩世达到生油高峰，在古近纪进入生气阶段。这套腐殖型烃源岩成熟度很高，因此推测天然气可能来自二叠系佳木河组或者石炭系源岩[12-13]。综合以上分析，推测车探1井石炭系油源为沙湾凹陷二叠系腐泥型烃源岩，气源则有二叠系腐殖型烃源岩、石炭系烃源岩两种可能。

2 车排子凸起勘探领域评价

车排子凸起紧邻沙湾凹陷、四棵树凹陷两大生烃凹陷，双向多源供烃，烃源岩埋深大，成熟度较高，并与储层直接对接，是寻找轻质油和天然气的重要领域[14-15]。凸起上发育北西-南东向和近南北向两组断裂：北西-南东向断裂控制车排子凸起构造格局，其中沙门子断裂、艾卡断裂为车排子凸起的边界断裂，车排子断裂将石炭系凹陷分开南、北两个；近南北向断裂自东向西为红车断裂、石桥断裂、红光5井断裂，两组断裂相互切割，将车排子凸起划分为北东部、中部、西南部三个构造-地层转换带：北东翼、轴部和西南翼，三个条带的地层展布、构造特征、圈闭条件、油气来源等成藏条件各有不同，因此勘探定位也不同。

表1 车排子凸起及周边天然气样品地化分析统计表

区带	井号	层位	井段/m	甲烷碳同位素/‰	乙烷碳同位素/‰	干燥系数	备注
红车断裂带	车30	C	2363~2375	-34.77	-26.31	0.95	气层
车排子凸起	车探1	C	3783~3905	-35.30	-28.03	0.95	气层
	沙门1	K_1q	4184~4274	-32.15	-30.29	0.95	气层
		J_1s	4515~4526	-31.47	-27.08	0.93	气层
	石桥1	K_1q	4516~4601	-32.39	-26.16	0.80	中途测试
中拐鼻隆	拐3	P_1j	4610~4634	-31.58	-26.61	0.97	气层
	新光1		4552~4566	-32.51	-27.36	0.96	气层
	中佳2		4840~5760	-33.24	-27.87	0.96	气层
	新光2		3754~3766	-33.13	-26.57	0.96	
沙湾凹陷	沙探2	P_1f	5490~5589	-39.35	-30.46	0.94	

表2 红车断裂带石炭系烃源岩地化指标

井号	深度/m	有机质丰度			类型	成熟度	
		TOC/%	S1+S2/(mg/g)	氯仿沥青A/%	IH/(mg/g)	Tmax/℃	R_0/%
车25	2566.27~2568.00	1.30~1.84	0.54~0.76	0.0547	32.31	431~441	0.56~0.69
车29	2675.59~2768.90	3.18~4.94	0.85~2.21	0.0114~0.0293	24.53~51.52	439~443	0.57~0.60
车峰4	1420.40~1425.70	3.29~5.77	1.32~19.97	0.0068~0.0928	34.42~365.06	439~445	—
车峰7	1265.45~1353.35	0.06~0.52	0.06~0.24	—	35.42~85.71	436~441	—

2.1 车排子凸起北东翼是勘探拓展区

车排子凸起北东翼石炭系圈闭类型多样，烃源条件优越，车探1井已经获得突破，是石炭系油藏和气藏的拓展区。北东翼地层发育齐全，希贝库拉斯组(C_1x)、包古图组(C_1b)和太勒古拉组(C_1t)均有分布；凹隆相间的构造格局，凹陷内充填大量沉积岩，形成侧向封挡条件，隆起区沿断裂发育的爆发相火山角砾岩及碎裂玄武岩是优质储层，储盖配置条件优越，可以形成“潜山型”岩性圈闭。北西向断裂和南北向断裂相互切割，既改善了储集性能，又是油气运移调整的通道，可以形成断块型、断层岩性等构造型圈闭。紧邻沙湾凹陷，与沙湾凹陷二叠系三套主力烃源岩对接，长期位于油气运移指向区，烃源供应充足。车探1井原油地化分析结果表明，北东翼原油主要来源于沙湾凹陷二叠系烃源岩。天然气样的地化分析结果，北东翼不仅具备沙湾凹陷二叠系供烃、车排子凸起石炭系聚集的新生古储成藏模式，而且可能存在石炭系自生自储的成藏模式。车排子凸起目前尚未取到石炭系烃源岩样品，相邻的红车断裂带曾对石炭系烃源岩开展评价，以差的Ⅲ型烃源岩为主，仅在车峰4井见到中-好的$Ⅱ_2$型烃源岩，由于埋藏浅，成熟度整体较低(表2)。南部凹陷沉积厚度大(0~10000m)，现今埋深则在5000~15000m，从热模拟结果来看，石炭系沉积厚度巨大、现今埋深超过7000米的凹陷中心，白垩系沉积前已经进入大量生烃阶段。我们不仅可以沿隆起寻找新生古储型油气藏，还可以在凹陷探索自生自储型圈闭的含油气性。

2.2 车排子凸起西南翼是勘探接替区

车排子凸起西南翼紧邻四棵树凹陷，根据前人研究成果[16]，车排子凸起西南翼的原油密度较低($\rho<0.85g/cm^3$)，碳同位素较重(δ13C>-28‰)，原油基本未降解，Pr/Ph>2，三环萜烷含量低，γ-蜡烷含量低，高等植物输入标志物含量高，主要来源于四棵树凹陷侏罗系烃源岩。从断裂特征来看，西南翼也是发育北西和近东西向两组断裂，并且东西向断裂活动时间长，在侏罗纪继续活动形成一些小的断陷。而从构造的对称性来说，西南翼也应该与东北翼相类似，具备隆凹相间的构造格局。虽然地震资料品质不如北东翼，但还是可以看出在艾卡断裂上盘，有石炭系凹陷发育。中石化的苏13井，已经在石炭系获得商业油流，油源对比结果，与本区侏罗系、第三系原油样品相同，也是来自四棵树凹陷侏罗系烃源岩。与北东翼相比，西南翼石炭系储层爆发相角砾岩不发育，以溢流相熔岩和火山碎屑岩为主，储层相对不发育，寻找优质储层发育区，是勘探急需解决的问题。优选储层发育区的圈闭部署风险井，如果获得突破，可以作为车排子凸起石炭系油气勘探的接替领域。

2.3 车排子凸起轴部是勘探准备区

车排子凸起轴部地层最老，仅有太勒古拉组(C_1t)分布。目前的三维地震资料主探目的层是浅层的侏罗系、白垩系，最大偏移距小，深层石炭系成像品质差，构造特征尚不明朗。太勒古拉组(C_1t)岩性以熔岩、角砾岩和凝灰岩为主，在目前条件下还难以识别岩性圈闭。位于轴部的石桥1井，曾经在白垩系4516~4601井段中途测试时获得大量天然气，证实油气运移已达到该区。因此，尽快部署以石炭系为目的层的高精度三维地震，推动轴部地区的构造解剖和圈闭识别，加快车排子凸起轴部勘探的节奏，从而能够在车排子凸起全面开展寻找石炭系轻质原油和天然气藏。

综上所述，车排子凸起车探1井石炭系重大突破，揭开了准噶尔盆地另一个轻质油和天然气勘探邻域，针对车排子凸起的各项研究和部署已多层次展开。目前，作为拓展区的北东翼条带预探评价全面推进，尽快扩大场面及落实储量。接替区西南翼条带积极筹备风险井部署，寻求战略突破。而凸起的轴部作为准备区，则从部署地震、非地震等基础资料着手，结合老资料挖潜，整体部署、分布实施，借鉴两翼的地质认识，厘定结构、解剖构造、落实圈闭、优选目标，多层次立体化确保车排子凸起(油)气藏尽快开发，为新疆油田“天然气战略”及“提质增效”贡献力量。

3 结论

(1) 车排子凸起石炭系凹陷发育，厚度大，埋藏深，具备生烃的条件；

(2) 石炭系为海陆过渡相的火山岛弧，具有裂隙式喷发特征，沿断裂发育爆发相角砾岩和溢流相熔岩，是优质储层；

(3) 北西-南东向和近南东向断裂相互切割，不仅是油气运移通道，而且形成多个构造圈闭；

(4) 车排子凸起不仅具备新生古储的油气

藏，而且具备自生自储的成藏条件，是准噶尔盆地轻质油和天然气的重要勘探领域。

参 考 文 献

[1] 鲜继渝，车排子地区车25井岩石薄片新资料简介[J]，新疆石油地质，1986，7(4)69-88.

[2] 匡立春，吕焕通，王绪龙等．准噶尔盆地天然气勘探实践与克拉美丽气田的发现[J]，天然气工业，2010，26(2)：1-6.

[3] 操应长，姜在兴，邱隆伟等．渤海湾盆地第三系火成岩油气藏成藏条件探讨[J]，石油大学学报(自然科学版)，2002，26(2)：6-10.

[4] 闫林，周雪峰，高涛等．徐深气田兴城开发区火山岩储层次生溶蚀孔隙研究[J]，天然气工业，2007，27(8)：16-19.

[5] 曾宜君，黄思静，熊昌利等．川西色达早侏罗世郎木寺组火山岩特征及构造意义[J]，成都理工大学报(自然科学版)，2009，36(1)：78-85.

[6] 温声明，王建忠，王贵重等．塔里木盆地火成岩发育特征及对油气成藏的影响[J]，石油地球物理勘探，2005，40(增刊)：33-39.

[7] 赵文智，邹才能，冯志强等．松辽盆地深层火山岩气藏地质特征及评价技术[J]，石油勘探与开发，2008，35(2)：129-142.

[8] 杨迪生，孙中春，朱明等。准噶尔盆地火山岩油气藏测井评价技术及应用[M]，科学出版社，2016.

[9] 陈岩，刘瑞兰，王泽华等．车排子油田火山岩储层三维裂缝定量模型研究[J]，西南石油大学学报(自然科学版)，2008，30(2)：54-56.

[10] 陈建平，王绪龙，邓春萍等．准噶尔盆地烃源岩与原油地球化学特征[J]，地质学报，2016，90(1)：37-67.

[11] 王绪龙，支东明，王屿涛等。准噶尔盆地烃源岩与油气地球化学[M]，石油工业出版社，2013.

[12] 石昕，王绪龙，张霞等．准噶尔盆地石炭系烃源岩分布及地球化学特征[J]，石油地质，2005，31(1)：34-38.

[13] 国建英，李志明．准噶尔盆地石炭系烃源岩特征与气源分析[J]，石油实验地质，2009，31(3)：275-281.

[14] 石昕，张立平，何登发等．准噶尔盆地西北缘油气成藏模式分析[J]，天然气地质学，2005，16(4)：460-463.

[15] 陈世加，曾军，李延军等．红车地区油气藏地球化学研究[J]，西南石油大学学报(自然科学版)，2004，42(6)：1-5.

[16] 郭春清，沈忠民，张林晔等．准噶尔盆地南缘烃源岩生源特征与原油分类[J]，成都理工大学学报(自然科学版)，2005，32(3)：257-262.

[17] 宋传春，贺伦俊，马立群，任海宁，朱光等．准噶尔盆地车排子凸起成藏特征[J]，新疆石油地质，2007(02)：136-138.

[18] 李景晨，李旭，王招明等．准噶尔盆地车排子地区构造特征及形成机制[J]，新疆石油地质，1987(01)：8-16.

[19] 姚新玉，何正怀，吴建华等．准噶尔盆地火山岩地震相及分布特征[J]，新疆石油地质，1994(03).

[20] 曲国胜，马宗晋，张宁，李涛田野等．准噶尔盆地及周缘断裂构造特征[J]，新疆石油地质．2008(03).

[21] 马宗晋，曲国胜，陈新发等．准噶尔盆地构造格架及分区[J]，新疆石油地质．2008(01)：1-6.

西湖凹陷平北地区含煤地层岩性圈闭识别技术

刘　苗　牛华伟　蒋　涔　朱立新　陈茂根

（中国石油化工股份有限公司上海海洋油气分公司）

摘　要　西湖凹陷平北地区主要目的层平湖组沉积受潮汐作用影响较大，薄砂体多层叠置、横向变化快，煤层发育。目的层埋深普遍在3500m以下，储层物性相对较差。现有地震资料深层信噪比低、能量弱，砂泥阻抗特征差异小，储层预测及刻画难度大。本次研究在深层保幅宽频处理资料的基础上，按照明确岩性圈闭发育类型、精细砂体描述，落实岩性圈闭目标的整体思路开展研究，首先明确了古地貌背景、砂体模式及岩性圈闭发育类型，在这一格架约束下开展精细的砂体描述工作，应用地震波形、地震反射结构特征、叠前反演弹性属性相结合预测砂体、并利用叠后统计学反演预测煤层分布，提高砂体描述的精度和可靠性。取得了较好的效果。

关键字　保幅宽频处理；地震反射结构；叠前同时反演；地质统计学反演

0　概述

平北地区是西湖凹陷主要油气富集区带，近年来勘探实践证实，该地区平下段具有发育大型岩性油气藏群的潜力。平下段以边缘海半封闭海湾相沉积环境为主，发育局限浅海沉积背景、受潮汐作用影响的潮坪、三角洲沉积体系，岩性以砂、泥互层为主，夹薄层煤系，煤层具有纵向累计厚度大，横向变化快，发育不稳定的特点，储层GR曲线多呈微齿化、指状过渡的箱形特征。从埋深看，目的层埋深普遍在3500m以下，储层物性相对较差；从地震资料品质来看，深层地震信噪比低，能量弱，波组特征不明显；地震频带窄，分辨率不足；同时深层压实效应明显，砂泥岩阻抗差异小，无法准确进行储层预测，岩性圈闭的刻画难度大。

针对深层岩性油气藏的地震识别与预测方法研究，国内外学者做了大量的研究工作。李庆忠建立不同模型对岩性油气藏纵向分辨率以及砂岩的波阻抗解释等若干问题进行了探讨；王威等用层序地层分析技术、“三相”联合解释技术、叠前反演、属性分析、流体势分析、油气检测技术等多参数综合评价方法对岩性油气藏进行描述；吕公河等运用波形分类技术对河流相储层进行预测；陈永波等用多属性融合技术预测沉积微相和含油气检测技术预测油气区并取得了很好的效果；刘爱群运用常规属性和分频属性分析对砂体进行刻画取得好的效果。而针对含煤地层储层研究前人也进行了许多探索，Liu等提出了基于快速指数追踪算法的煤层强反射去除，大大提升了计算效率；Wang提出了自由尺度的匹配追踪分解方法，并利用该方法进行强反射剔除；王香文等采用振幅和瞬时频率属性以及测井约束反演技术预测鄂尔多斯盆地定北区块砂体分布范围；王宝江等利用广义S变换技术刻画子州地区山西组含煤地层内薄砂体的分布及形态；刘振峰利用地震多属性分析技术预测鄂尔多斯盆地南部某致密油田中生界延9油层组煤层中砂岩的分布；刘占族等利用地质统计学反演预测煤层气薄储层预测中，在实验地区取得了较好成果。Wang等人综合利用叠后地质统计学反演和匹配追踪方法去除含煤储层中煤层响应，取得了较好效果[1-12]。

总结当前主要的含煤地层岩性圈闭识别方法来看，大多针对的是区域相对稳定发育的厚煤层下岩性圈闭识别及刻画。而本区平下段1~2米左右薄煤层普遍发育且横向砂体变化快，主要目的层埋深较大、不同岩性地震反射特征规律不明显，进一步加剧储层预测难度。因此，针对目标区难点，结合前人研究成果及认识，应用保幅宽频处理新技术，针对深部目的层实施重处理，提高资料品质。在此基础上，根据古地貌、坡折带刻画研究控砂机制、运用“源-渠-汇”理论系统分析，明确砂体分布模式及潜在圈闭类型，充分利用多种地球物理方法（地震波形、地震反射结构特征、叠前反演弹性属性、

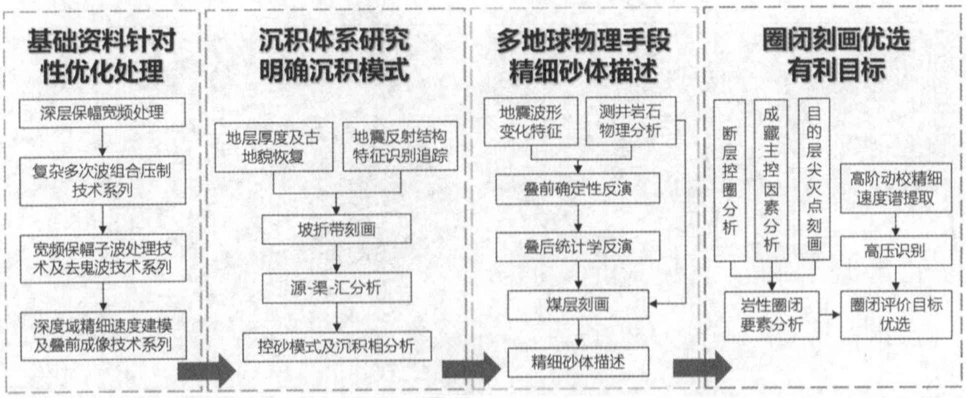

图1 研究流程图

叠后统计学反演预测薄层煤分布等)提高深层岩性圈闭预测精度，提出下一步勘探目标，取得了较好的效果。

1 研究思路

针对区域深层岩性圈闭刻画难点，本次研究通过三个方面展开：即首先加强基础地震资料针对性处理及优化研究，针对深层岩性圈闭勘探进行保幅宽频处理，提高资料品质，得到高保真高分辨率的地震资料；以优化后资料为核心，开展古地貌特征、物源通道分析、坡折带刻画、不同沉积相带的地震反射结构特征正演及地震波形识别追踪，利用“源-渠-汇”理论明确研究区控砂模式及沉积特征；在这一格架的约束下结合测井资料开展精细砂体描述工作，通过叠前确定性反演预测砂体、叠后统计学反演识别煤层相结合的手段确保砂体描述的精度和可靠性；结合成藏条件与主控因素分析开展岩性圈闭的落实与评价，具体研究思路流程如图1所示。

2 方法技术及应用效果分析

2.1 深层保幅宽频处理技术

原有的地震资料信噪比低，各种干扰波特别是多次波较为发育、断裂复杂，速度建模不精细；同时由于主要目的层埋深较大，地震信号能量衰减严重，波组特征不明显；并且深层地震资料受鬼波影响，有效频带窄，制约了岩性圈闭刻画精度。因此，为了提高地震波形结构分析可靠性及叠前反演精度，应用地震资料处理新技术开展老资料重处理，有效去除各类干扰波、恢复目的层反射振幅特征、拓展频带宽度，改善地震资料品质。本次研究通过浅水去多次、3DSRME、反褶积优化、Radon、LIFT等方法去近道多次、水层多次波及层间多次波，提高资料中深层信噪比；通过宽频保幅的叠前去噪、子波处理、鬼波处理、反褶积、低频及高频补偿技术恢复目的层反射振幅特征，优化道集质量，有效提高基础数据质量；通过层位及倾角约束的非线性网格层析成像及百分比扫描获得最有利于成像的速度模型，最终获得叠前深度偏移成像效果的改善，获得针对岩性圈闭研究的高信噪比、高保真性、低频充分的地震数据及地震速度的时空变化规律。

从图2可以看到，宽频处理后能够充分挖掘原始资料潜力，深层地震资料能量得到有效增强。其低频端的有效处理保证15Hz以下低频成分的成像效果是获得基底清晰成像的关键；高频端的有效处理获得40Hz以上频率成分的准确成像，能够改善平湖组内幕成像细节，提高中深层信噪比，为地质及储层研究提供了高质量的地震数据。

从单井合成记录与井旁道对比也可以看到，波组特征匹配程度较高，波组能量对比关系较好，相关系数较高(均大于0.8)，地震资料保幅性较好(图3)。

宽频保幅保真处理后的新资料相比于老资料地质体反射特征更加清晰。图4所示，河道反射特征明显增强，受断槽控制的多套砂体上倾尖灭特征更加明显。

2.2 控砂模式及潜在岩性圈闭类型研究

在保幅宽频地震资料精细解释的基础上，通过对重点区域、重点层位微古地貌进行精细的刻画及分析，同时结合断层活动演化评价微古地貌及断层、微坡折等对沉积作用的控制程度，综合

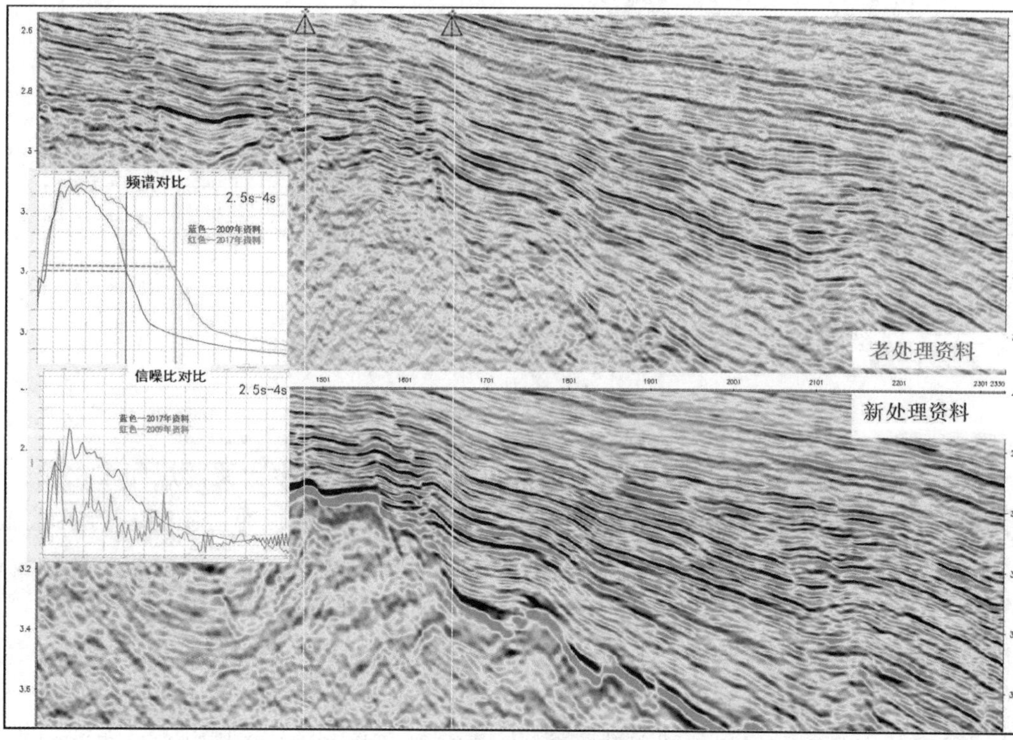

图 2　新、老处理资料频谱参数、信噪比对比

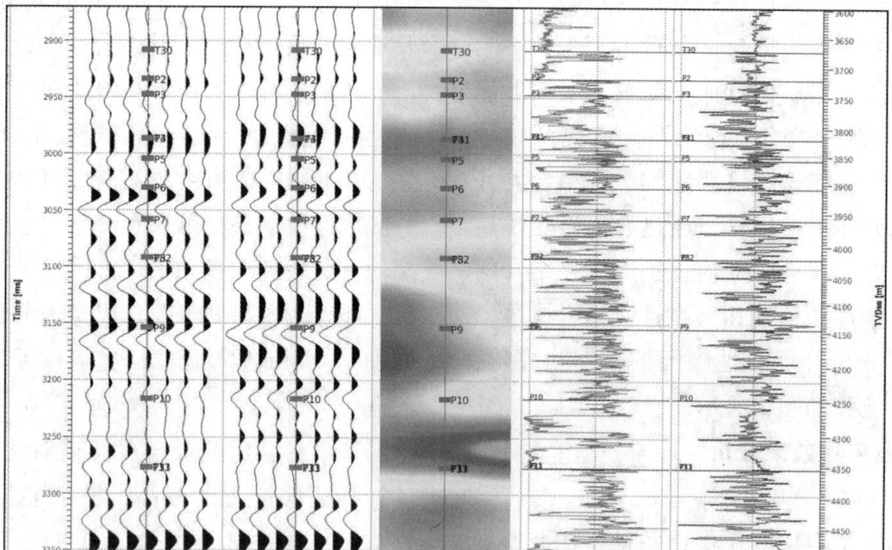

图 3　单井地震道与合成记录对比

（从左至右：井旁地震道、合成记录道、相关系数、GR 曲线、阻抗曲线）

分析地震反射结构、单井相等，编制地震相图，在此基础上确定保俶斜坡带平湖组主要三级层序的沉积相展布特征和发育演化规律，进一步开展砂层组级别的沉积微相研究，建立沉积微相发育模式，探索岩性圈闭发育模式。

通过古地貌恢复以及断裂坡折带的刻画认为，整个平北地区在平下段断陷期呈现深洼高隆的结构特征(图 5)。西部的海礁突起提供长期物源，顺南北向的地震剖面能够清晰的识别出 V 型谷(图 6)，目标区 W 构造平下段主物源方向正是 2 号凹槽口。

物源从西南方向顺 2 号凹槽口向东北方向逐级推进，在低隆起(W 断裂边界断层)与反向断阶形成的限定型空间内沉积，顺物源方向的

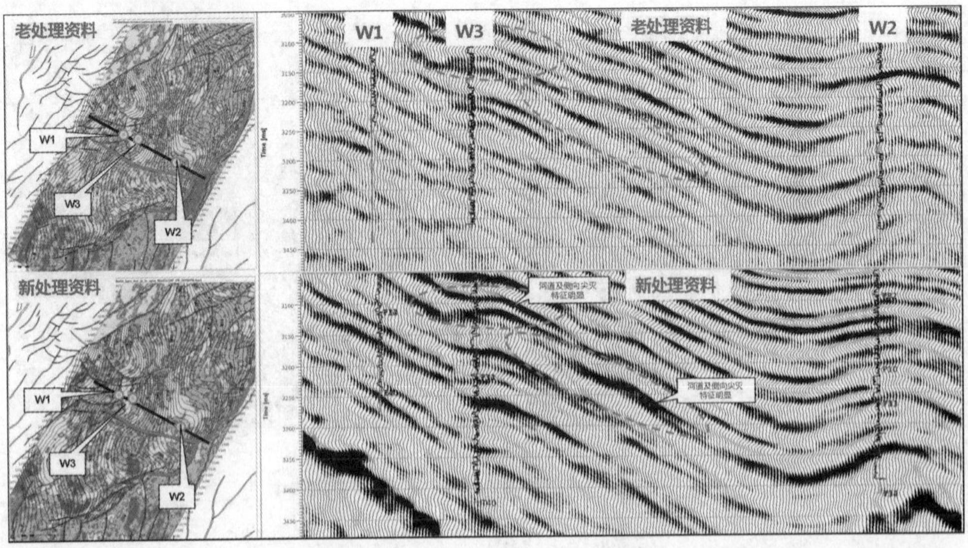

图 4　新、老处理资料地震波形结构特征对比

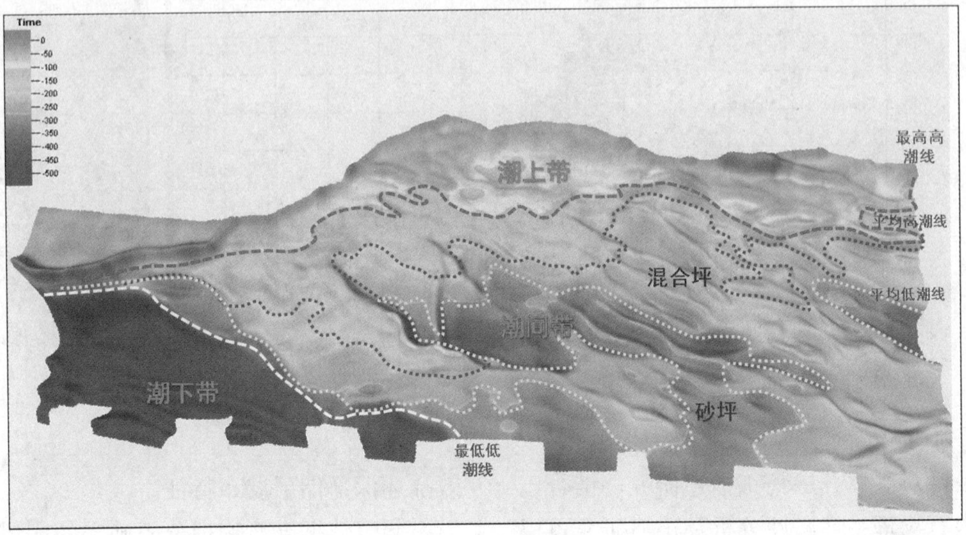

图 5　平下段古地貌图

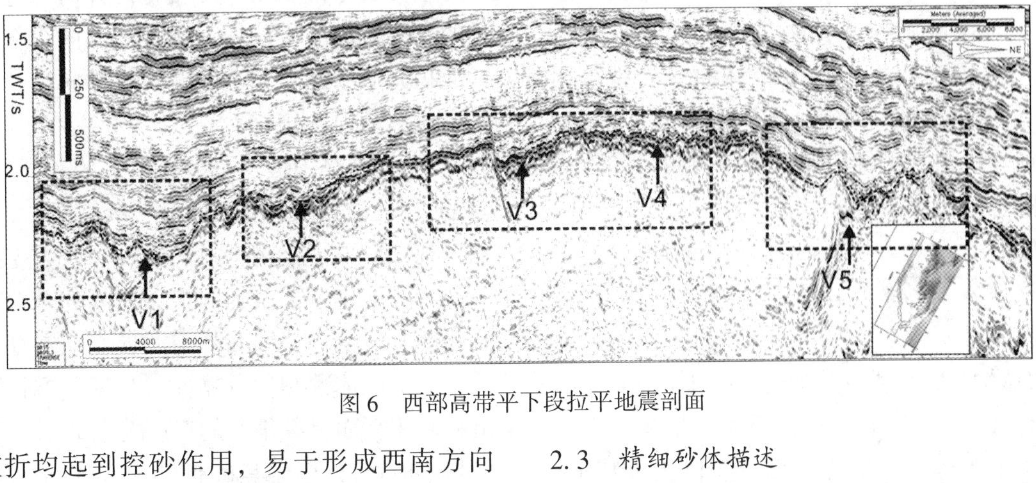

图 6　西部高带平下段拉平地震剖面

各级坡折均起到控砂作用，易于形成西南方向上倾尖灭，侧向大断裂整体封堵的岩性圈闭类型。

2.3　精细砂体描述

通过测井资料开展岩石物理模型正演分析，通过叠前反演、叠后统计学反演及地震多属性相

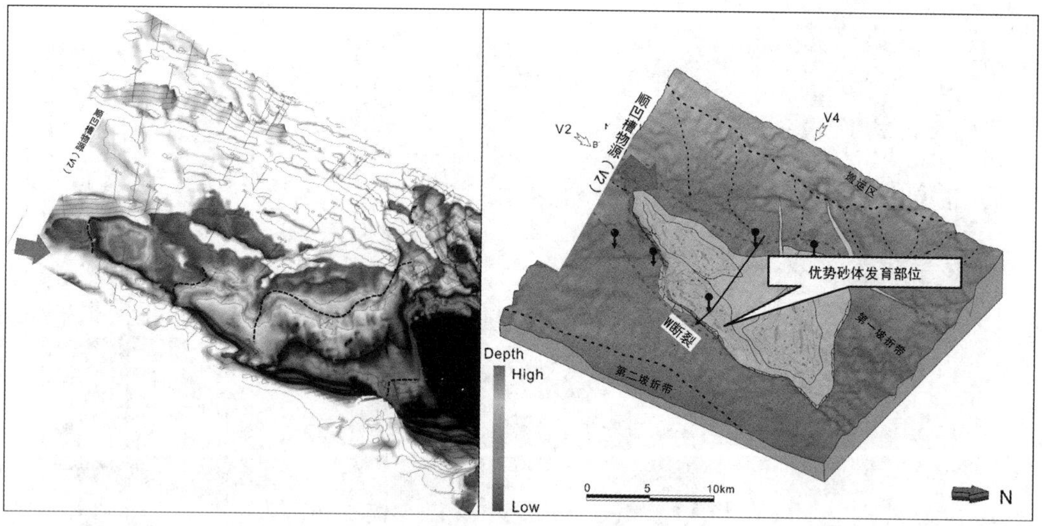

图7 平下段控砂模式

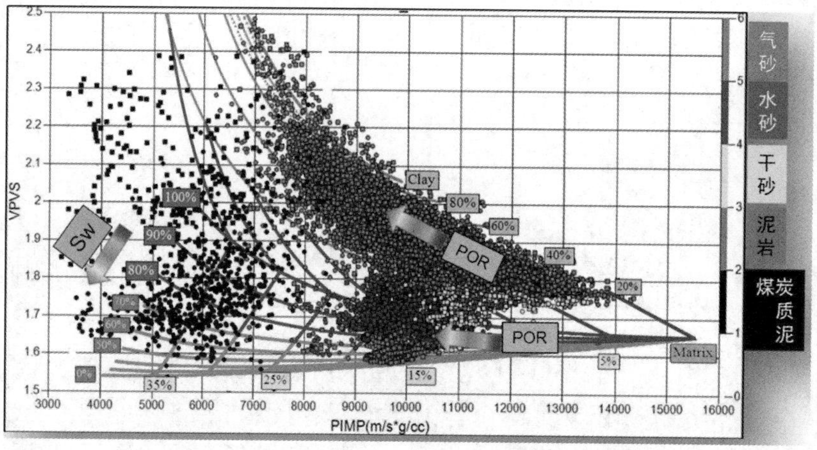

图8 平下段岩石物理模板

结合的手段针对砂体开展精细描述研究。结合已钻井进行岩石物理弹性属性分析及正演研究可以发现，Vp/Vs属性相比纵波阻抗对砂-泥岩区分更为敏感，优质砂岩储层具有明显的低纵横波速比特征，而煤层则表现为明显的低纵波阻抗特征，在岩石物理模板上具有很好的分异性。因此，通过岩石物理认识，结合不同地球物理反演方法及地震反射波形结构特征可以对目标储层进行准确的描述及刻画(图8)。

基于岩石物理敏感属性开展叠前同时反演，同时依据地震波形结构特征，针对岩性-地层目标区进行多期次、多尺度的砂体内幕刻画，拾取沉积体叠置期次，能够准确描述沉积体平面分布及空间叠置关系(图9)。可以看到，反演属性清晰的刻画出砂体厚度的变化以及上倾尖灭特征，而波形结构特征也能够准确表现多期砂体叠置关系和岩性尖灭波形变化，两种属性相结合可以有效描述深部储层展布特征。

同时依据岩石物理分析确定的阈值在叠前同时反演数据体上对各层系单砂体进行空间雕刻，确定砂体展布范围及厚度变化。针对目标区平下段的反射特征分析认为，顺凹槽方向为短轴较连续前积充填型地震相，而顺斜坡方向为长轴连续丘形充填型地震相(图10)。

图11左是根据这一特征追踪的砂体厚度图，图11右是依据反演雕刻砂体厚度图。二者清晰地表现出洼槽内砂体厚度增厚，上倾变薄的特征，与古地貌特征及区域控砂模式吻合，通过砂体地震反射结构特征刻画与波形变化特征能够进一步夯实砂体预测的可靠性，与反演弹性属性描出的砂体平面具有很好的对应关系。

2.4 地质统计学煤层识别

由于本区多发育薄煤层且对岩性圈闭刻画的影响较大，需要在砂体预测的基础上，通过

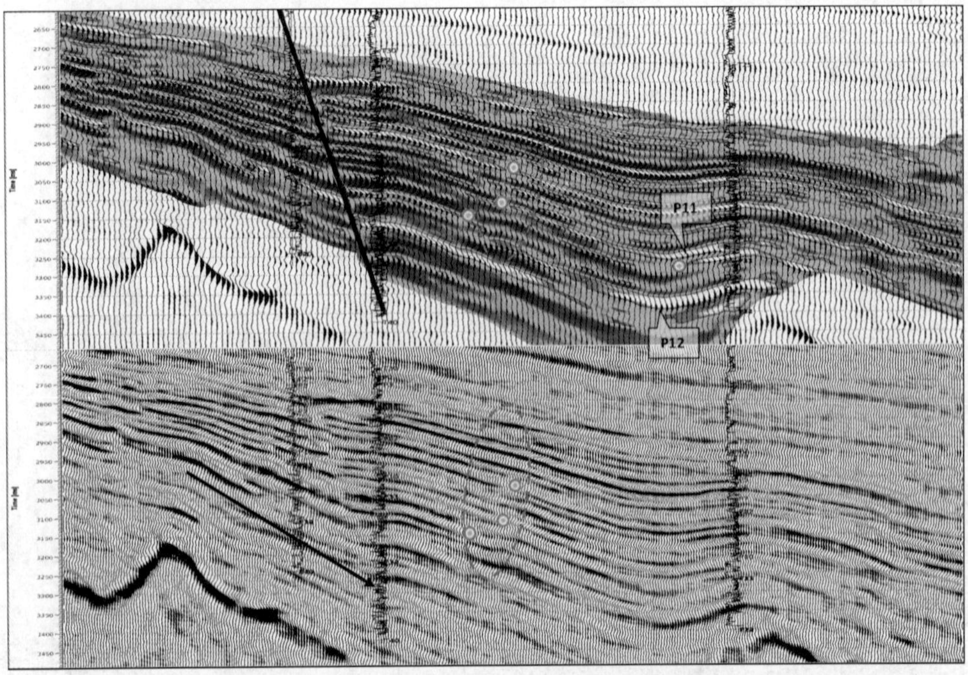

图 9　过 W1-W2-W3 井反演、波形剖面对比

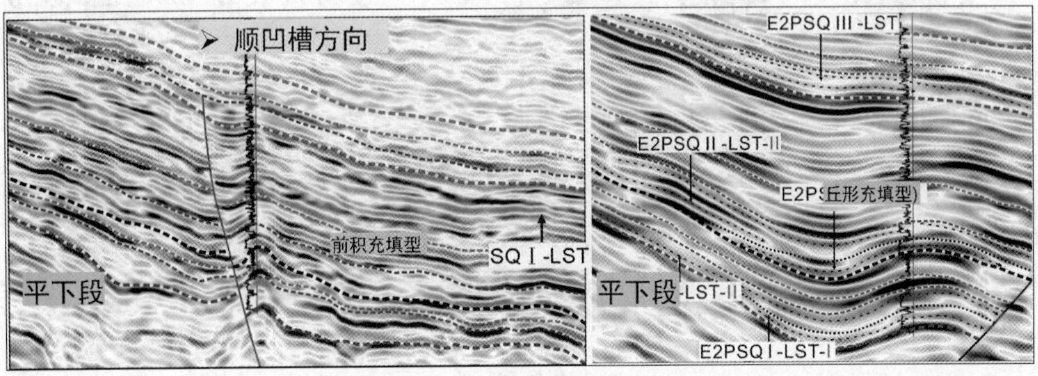

图 10　顺凹槽(左)、顺斜坡(右)地震反射结构特征

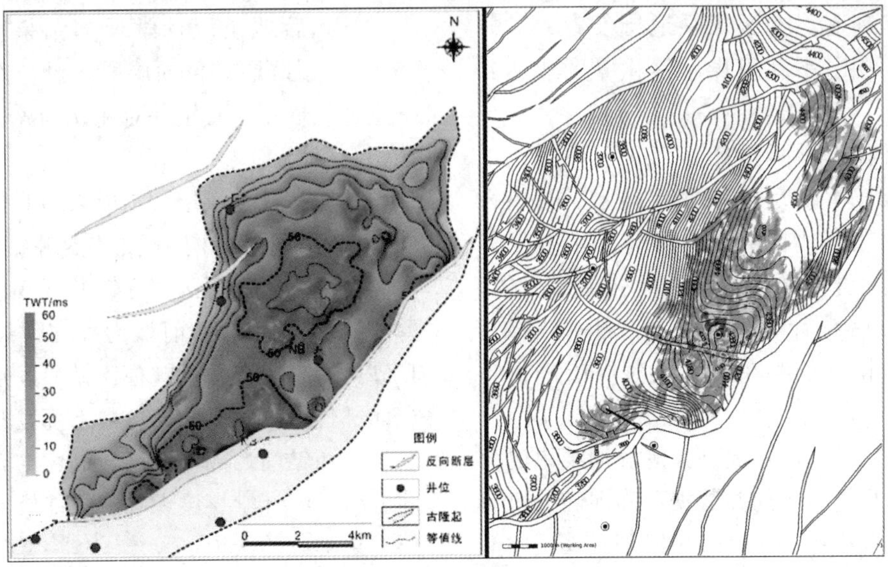

图 11　沉积体反射特征追踪砂体厚度图(左) P11b 砂体预测厚度图(右)

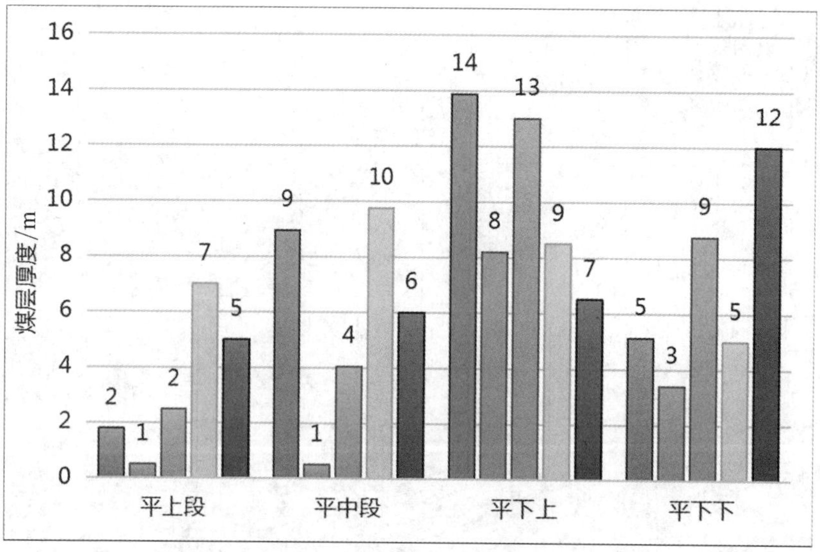

图 12　平湖组各层段煤层累积厚度统计

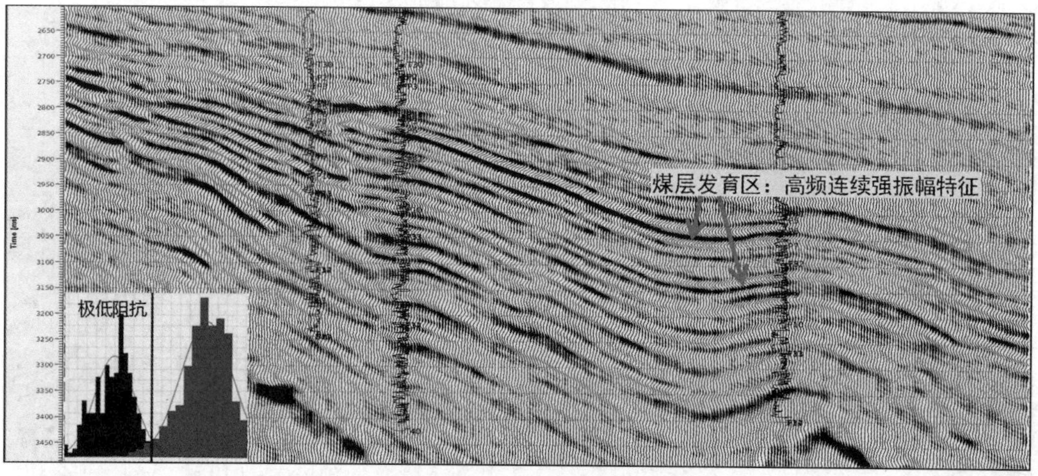

图 13　煤层发育区地震剖面

更进一步去煤层研究准确描述深层岩性圈闭。从已钻井统计来看，本区煤系地层发育，各井均钻遇多套煤层，平湖组煤层累积厚度能达到30m(图 12)。

由于煤层有极低阻抗的特点，其与上、下界面容易形成较大的反射系数差异，同时煤系地层分布相对较广，在空间上具有一定的延展性，在地震剖面上表现为高频连续强振幅反射。因此，利用叠后统计学反演在已钻井控制下，结合地震反射特征能够在有井区对煤层进行预测(图 13)。

地质统计学反演能够提高常规反演结果的分辨率，将纵向高分辨率的井数据和横向高分辨率的地震数据联合应用，尤其适用于刻画煤层空间展布特征。其能提供一个或多个在某种概率条件下的既满足数据的地质统计学特征又满足地质、测井和地震信息的预测成果(图 14)。

从叠后地质统计学反演结果可以看到(图 15)，煤系地层在目的层段广泛分布，横向具有一定连续性，与实钻井对比认为该方法能够较好地识别煤层。

地质统计学煤层刻画成果与叠前反演预测剖面叠合可以看到(图 16)，W5 井钻前认为 P7 层为高概率煤层发育区，已钻井证实该层发育多套薄煤层；P11b 层钻前认为存在薄煤层发育概率且砂体有一定厚度及规模，钻后发现在该层砂体主体部位厚度超过 20m，其下部发育薄煤层，钻后认识与钻前预测吻合度较高，结合岩石物理正演分析及统计学煤层识别成果能够对深层含煤储层有更准确的认识。

2.5　圈闭刻画及优选

在明确沉积模式的基础上，通过开展叠前同

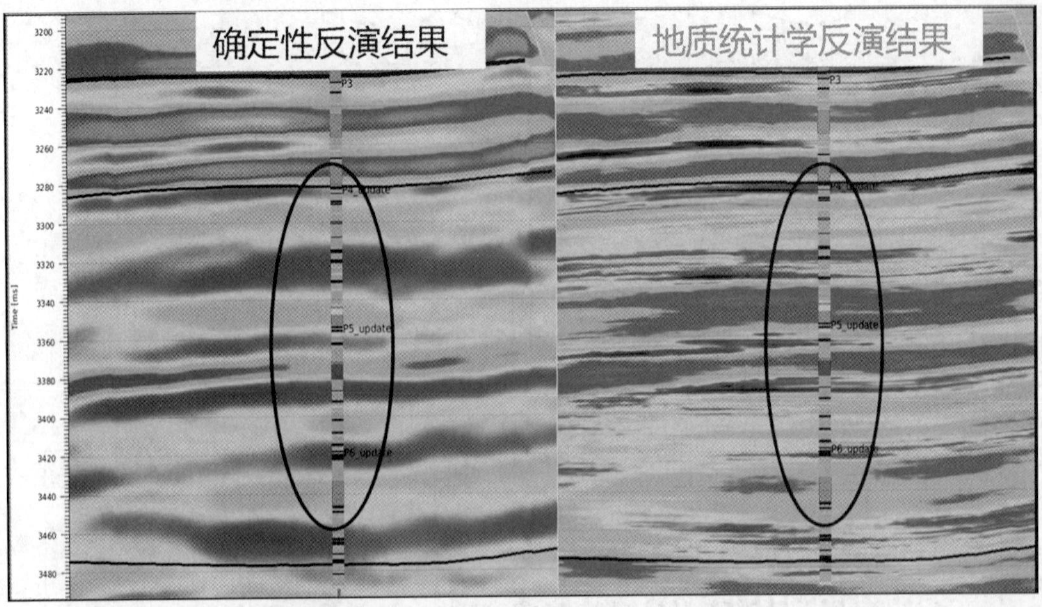

图 14　确定性反演(左)与统计学反演(右)对比图

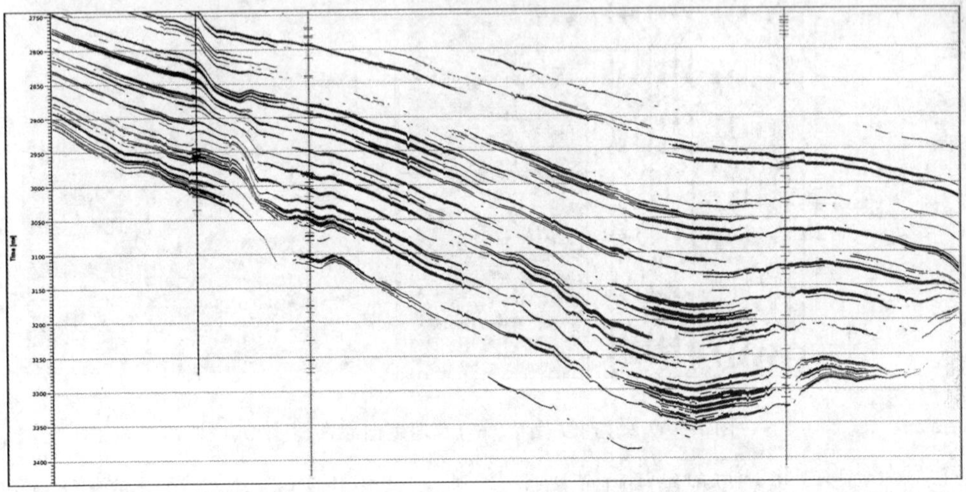

图 15　过 W1-W3-W2 井煤层识别剖面

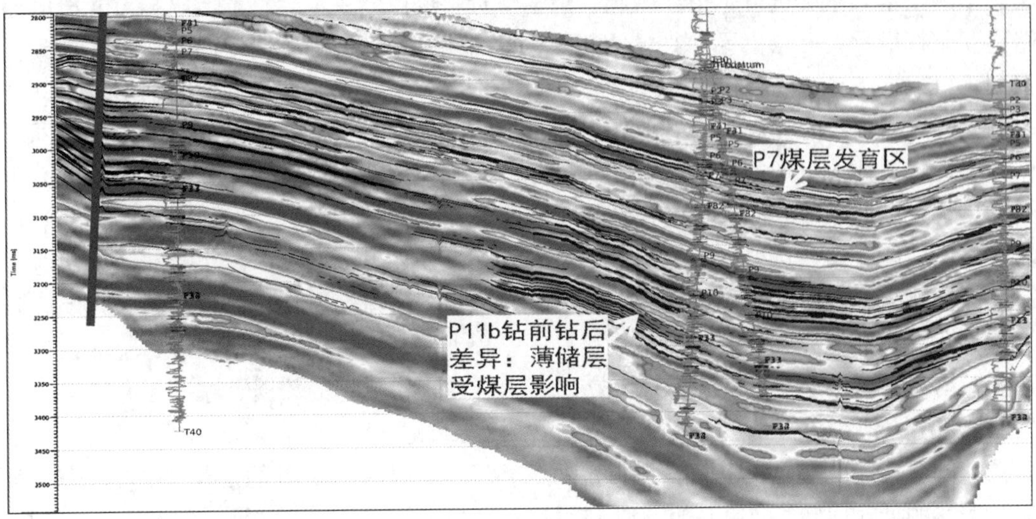

图 16　过 W3-W5-W2 井储层预测与煤层识别剖面

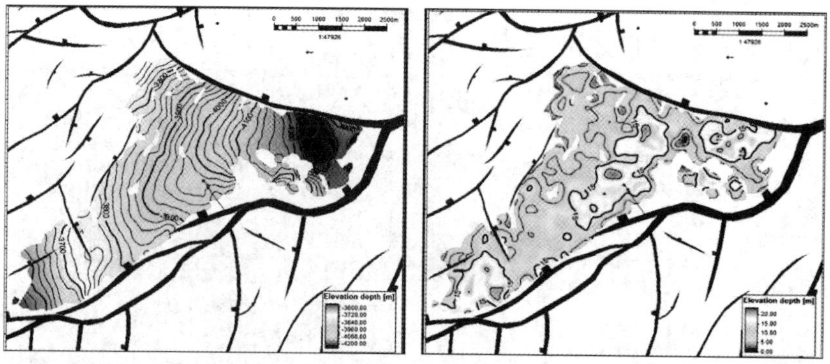

图 17　目标区砂体平面顶板图(左)及厚度图(右)

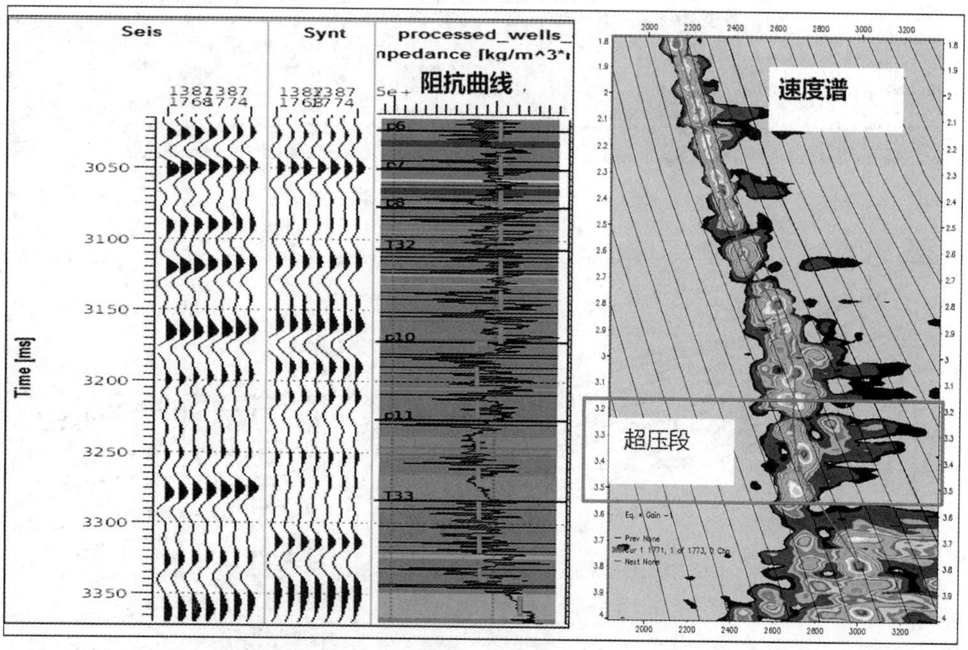

图 18　W2 井速度反转(左)及速度谱异常图(右)

时反演、波形特征变化、地震反射结构特征描述进行储层预测研究工作，并结合井约束叠后地质统计学煤层预测技术对储层进行了精细刻画，最终落实储层变化特征及尖灭点位置并对岩性圈闭进行精细刻画(图 17)。

本区深层高压对物性能够起到较好地保持作用，可作为岩性圈闭评价优选的标准，有利于寻找深层甜点。本区已钻井证实深层普遍存在异常高压。异常高压层段对应井点处表现为明显的低阻抗、速度回转特征。从图 18 可以看到，W2 井 3170~3340ms 为异常高压段，实测压力系数达到 1.48，其上下均为常压地层，压力系数 1.057 左右。高压层段在速度/阻抗曲线上出现明显的低速低阻异常；同时在速度谱上，也能看到明显的能量团向左偏移的低速回转特征。因此，通过准确的速度分析，能够对深层高压进行精细预测。

传统的速度谱拾取过分依赖人工进行，不仅工作量比较大、速度慢，在纵向上为了保证地震资料成像效果也会尽量拾取相对光滑的速度趋势而牺牲了部分高压速度回转信息，导致压力预测不准。通过高阶动校方法精细拾取目标区速度信息，能够在最大限度保证成像效果的同时准确捕捉到地层速度回转特征，为准确的压力预测提供数据基础(图 19)。从压力预测成果来看，不论是平面还是剖面，该方法能准确反映地层异常高压引起的速度反转特征，与已钻井及后验井吻合程度较高，方法的有效性得到验证，为后续储层评价提供良好的数据支撑。

3　结论

研究区主要目的层平湖组沉积环境较为复杂，薄砂体多层叠置、煤层发育，储层预测及刻画难度极大。本次研究在针对性深层保幅宽

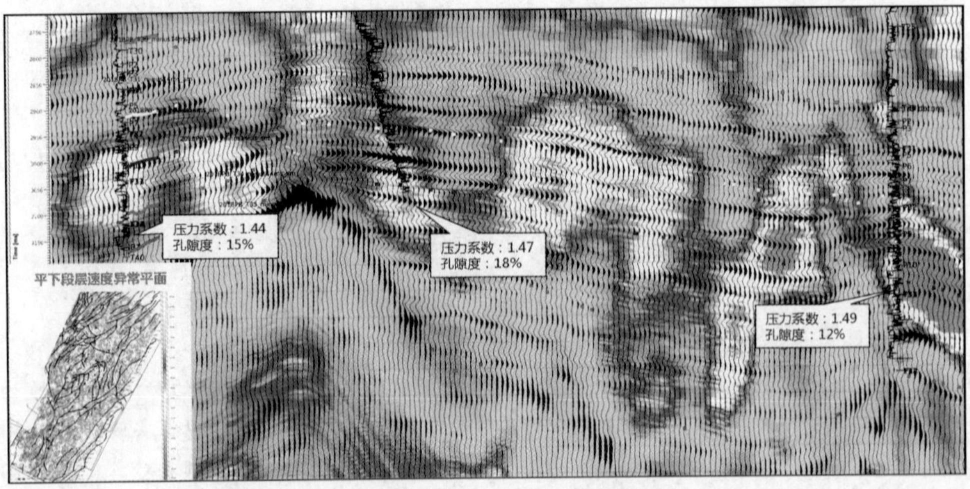

图 19　目标区压力预测图

频处理的基础上，明确了构造背景、层序沉积类型、砂体控制因素及岩性圈闭发育模式，通过常规地震资料的振幅、波形等平、剖面属性信息，结合岩石物理精细分析得到的不同岩性响应特征及敏感参数，在叠前同时反演、叠后地质统计学反演及多属性研究的成果基础上进行砂体的横向追踪及砂岩尖灭点的识别，得到砂体平面展布特征，并最终形成了以控砂模式为指导，以深层保幅宽频处理、叠前同时反演、波形特征变化、地震反射结构特征、叠后地质统计学反演及压力预测等多地球物理方法为核心的深层含煤地层岩性圈闭综合预测技术系列。在该技术系列应用基础上部署的新钻井取得了重大突破，进一步证实了该方法的可靠性及适用性，具有较强的推广意义。

参 考 文 献

[1] 何将启，杨风丽．东海西湖凹陷新生代盆地原型分析[J]．海洋石油，2003，13(8)：13-20.

[2] 李居云，姜波，屈争辉等．东海西湖凹陷构造演化及控煤作用[J]．煤田地质与勘探，2016，44(5)：22-27.

[3] 陈志勇，葛和平．西湖凹陷反转构造与油气聚集[J]．中国海上油气（地质），2003，17(1)：22-26.

[4] 叶加仁，顾惠荣．东海西湖凹陷油气地质条件及其勘探潜力[J]．海洋地质与第四纪地质，2008，28(4)：111-116

[5] 熊斌辉，张喜林，张锦伟等．西湖凹陷油气成藏的主控因素[J]．海洋石油，2008，14(11)：14-24.

[6] 印兴耀，曹丹平，王保丽等．基于叠前地震反演的流体识别方法研究进展[J]．石油地球物理勘探，2014，49(1)：22- 34.

[7] 李国发，岳英，熊金良等．基于三维模型的薄互层振幅属性实验研究[J]．石油地球物理勘探，46(1)：115-120

[8] Simmons J. L，Backus M. M. Waveform - based AVO inversion and AVO prediction error[J]. Geophysics，1996，61：1575-1588.

[9] Buland A，Omre H. Bayesian linearized AVO inversion [J]. Geophysics，2003，68(3)：185-198.

[10] Hampson D. P，Russell B. H. Simultaneous inversion of pre-stack seismic data[A]. 75th Annual International Meeting，SEG，2005：1633-1637.

[11] Russell B. H，Hampson D. P. A comparison of poststack seismic inversion methods[A]. 61th Annual International Meeting，SEG，1991：876-878.

[12] Hampson D. P. AVO inversion，theory and practice [J]. Geophysics，1991，56(6)，39-42.

中国石化东北探区火山岩勘探及关键技术
——以长岭地区火山岩为例

张 玺 陈杏霞 曹 磊 曹 玥 刘曼丽

（中国石油化工股份有限公司东北油气分公司勘探开发研究院）

摘 要 本文通过回顾东北油气分公司十多年来在松辽盆地南部火山岩领域的勘探突破和发现历程，剖析勘探思路转变带来的不断扩大的勘探成果，通过松南气田及龙凤山气田发现钻探实例剖析针对这一复杂岩性油气藏勘探实践所采取的应对措施，并总结了在探索这一领域过程中的四项相对成熟的关键勘探技术，以期为这一领域的勘探实践起到一定的借鉴作用。

关键词 火山岩气藏；火山岩储层；火山机构；长岭地区；松南气田；龙凤山气田

前言

火山岩油气藏已经成为国内外油气勘探的重要领域。截止目前，松辽盆地火山岩天然气已提交探明储量接近3500亿方。火山岩气藏属于特殊类型气藏，地质条件十分复杂，岩性岩相变化快，储层微裂缝较发育，物性差，非均质性强，含气性差别大。目前对火山岩的地震识别预测，火山岩气藏的圈闭识别评价，火山岩储层评价、含气性预测等关键技术尚缺乏系统深入研究。中国石化东北油气分公司在这一领域经过了长期坚持不懈的探索和实践，几经失败和挫折，不断总结经验教训，获得了松南大中型酸性火山岩气田和龙凤山中基性火山岩气田两大勘探成果的发现。

1 火山岩勘探历程

长岭断陷位于松辽盆地中央坳陷区南部，是松辽盆地规模最大的断陷之一。长岭断陷火石岭组和营城组发育火山岩(图1)，多沿深大断裂喷发，厚度大、分布广；营城组火山岩以酸性为主，火石岭组位于沙河子组主力生烃层系之下，广泛发育中基性火山岩；火山岩普遍具有埋深较大，物性受埋深影响较小的特点。目前，长岭断陷已发现火山岩气藏为东北油气分公司10多年增储上产做出了重要贡献。

1.1 松南气田酸性火山岩勘探实践

自2006年以来，腰深1井和腰深101、腰深102井相继获得高产工业气流，发现了松南气田，从而揭示了长岭断陷深层火山岩油气藏的巨

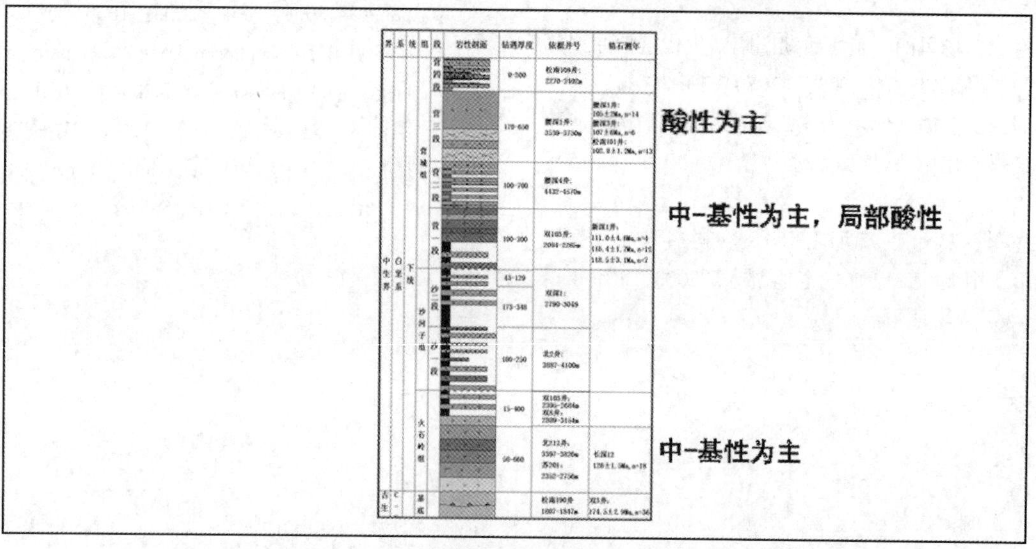

图1 长岭断陷地层综合柱状图

大勘探开发潜力[1]。2000—2007年，按照大型整装岩性-构造气藏整体含气的部署思路发现和探明了大型整装营城组火山岩气藏-松南气田。2008年按照局部构造+火山岩岩性控藏思路展开探索达尔罕断凸带，结果由于圈源配置关系不好、火山岩储层不发育等原因导致失利。2009—2010年按照近源+火山机构(岩性)控藏的思路展开探索查干花大型火山岩，实施了8口井均未获成功，主要原因是源储配置不好，有效烃源岩未与火山岩储层直接对接，且缺少运移通道。之后受地震资料品质影响，火山岩体反射特征不清、难于描述，没有作为勘探的重点，火山岩的勘探进入一段时间低谷期。

松南气田位于松辽盆地南部长岭断陷达尔罕断凸带北段，是酸性火山岩沿裂缝喷发形成的断背斜气藏，两面临凹，北临前神子次凹，东临查干花次凹。2007提交探明天然气地质储量433.60亿方。松南气田为典型的构造-火山岩岩性复合气藏，构造上为一大型断背斜构造，气藏东边界为达尔罕断裂，其他方向主要受构造等高线控制。总体上，气藏具有统一的气水界面，最大气柱高度260m。纵向上，气藏分布又受火山岩相带和储层岩性的控制，溢流相的熔蚀角砾岩和上部亚相的流纹岩物性较好，含气饱和度较高；溢流相中部亚相和爆发相的熔结凝灰岩物性较差，含气饱和度低。显示火山岩岩性变化对天然气气藏分布具有一定的控制作用。

1.2　龙凤山中基性火山岩勘探历程

已发现的松南气田以酸性火山岩为主，而对于中基性火山岩，则普遍认为受岩浆黏度的影响，流动性强，纵向期次厚度较薄、非均质性强，储层及成藏条件较差[2]。2017年，通过研究转变了对火石岭组火山岩的两个认识：一是转变了中基性火山岩储层差的认识，中基性火山岩储层物性受埋深影响小，存在构造裂缝、溶蚀孔隙，并且火石岭组火山岩经历长期暴露，局部发育好的储层。二是转变了火石岭组中基性火山岩油气成藏条件差的认识，火石岭组上部覆盖沙河子组主力生烃层系，内部发育潜在烃源岩。2018年，在火山岩勘探持续低靡之时，长岭断陷南部龙凤山次凹北213井的突破，首次实现了松南断陷火石岭组新层系和中-基性火山岩新类型的突破，又重新点燃了松南断陷火山岩气藏的勘探之路。北213井3382m进入火石岭组火山岩，总厚度437m，钻遇三个含气层段，气测含气显示段累计厚度214m，测井解释气层9层144m。对3382.8~3649m井段三段分压合试，初期日产气3.8~6.2万方，凝析油13.4~23.9方。分层试采日产气2.6万方，凝析油3.98方。上报天然气控制储量101亿方，凝析油控制储量327.09万吨，天然气预测储量192亿方，凝析油预测储量621.94万吨，展示了火石岭组火山岩的良好勘探前景。

龙凤山次凹火石岭组火山岩勘探开发实践证明：不同火山机构含气性、产能差异较大，物性控制气藏的富集程度，储层是气藏的主要控制因素，也是研究的重点。中基性火山岩气藏具有厚度大、分布广、储量规模大的特点。

2　火山岩气藏的成藏特点

在传统石油地质学油气成藏理论的基础上，系统总结了松南气田和龙凤山气田油气成藏规律，根据松南地区的特殊地质条件提出了“四元控藏”的理论。

2.1　源控论

长岭断陷烃源岩平面上分布在前神子次凹、查干花次凹、龙凤山次凹、新安镇-东岭次凹(图2)，从长岭断陷整体沉积演化特征来看，纵向层系上主要发育沙二段和营一段两套烃源岩，其中沙二段为主力烃源岩，目前已发现气田和含气构造均邻近沙河子组生烃凹陷或与其上倾方向相配置。

龙凤山次凹主力烃源岩为沙河子组暗色泥岩，累积厚度一般100~550m，暗地比40%~80%，烃源岩厚度呈东西向展布，有效烃源岩面积约150km²。在北2-北203井区以北的洼陷带厚度最大。沙河子组有机质丰度较高，TOC值大于1%，多属于优质烃源岩，干酪根类型以$Ⅱ_2$-Ⅲ型为主。从龙凤山次凹镜质体反射率来看，埋深在2200m左右时，Ro值达到0.7%，进入成熟阶段，3150m时进入高熟阶段，4300m时进入过熟阶段，总体上沙河子组处于高熟-过熟阶段，与本地区火石岭组火山岩形成侧向对接。

生烃凹陷生烃能力大小控制了火山岩气藏烃类气体充满度。断陷内烃源岩相对发育区是天然

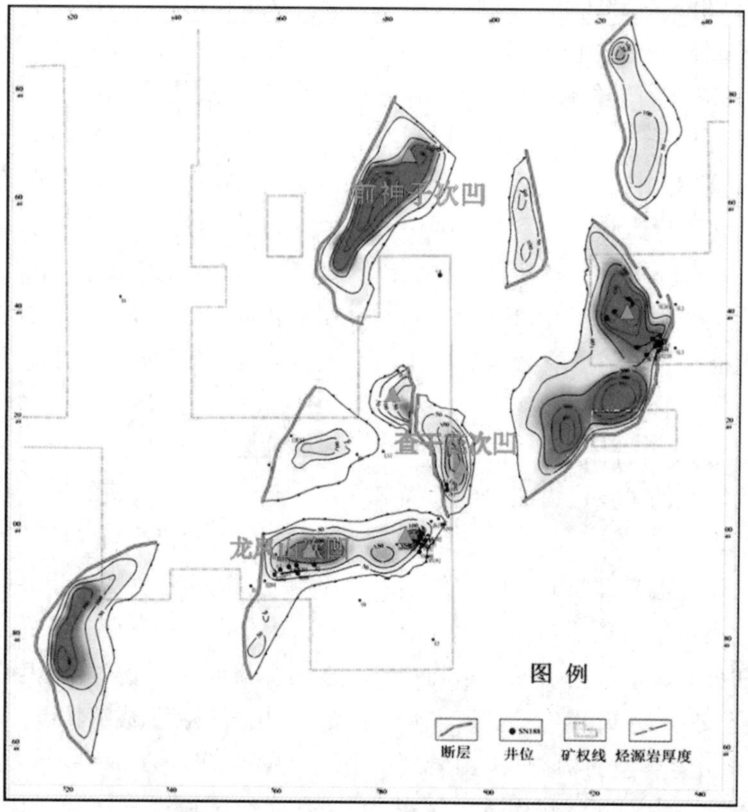

图2 长岭断陷沙河子组烃源岩分布图

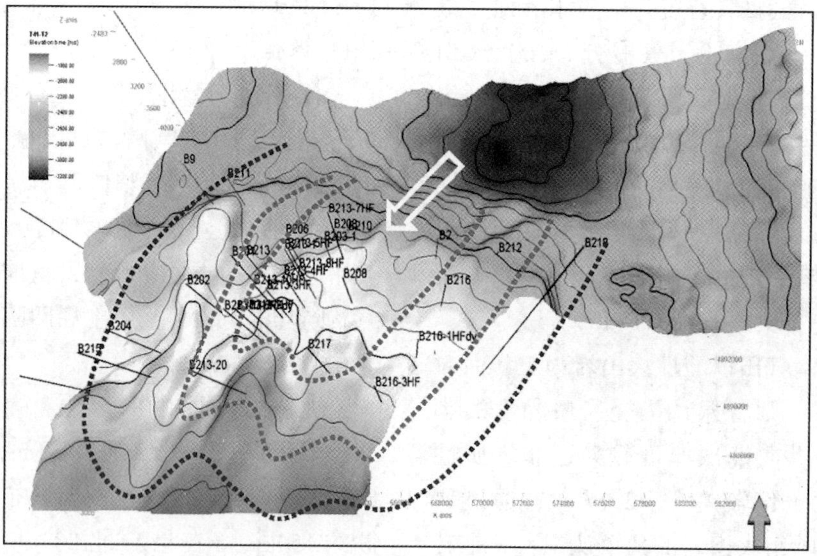

图3 龙凤山次凹沙河子组成藏期古构造图

气勘探的有利地区，从而为“满凹含气”理论提供了依据。火山岩气藏离沙河子源岩距离均不超过10km，烃源岩厚度与火山岩厚度比值大于2为天然气藏有利发育区。

2.2 圈控论

盆地埋藏史表明，长岭断陷主力烃源岩沙河子组的生烃高峰期为泉头组末期，因此泉头组末期的成藏期古构造背景决定了油气汇聚的方向。在这一主运移方向上的火山岩圈闭则优先捕获了油气而形成油气藏。北213块的油气成藏就是这种典型的模式。

2.3 储控论

龙凤山中基性火山岩储集空间主要为原生孔隙、次生溶蚀孔隙及裂缝，裂缝既是有效储集空间，也是重要的渗流通道，改善储层连通性。从铸体、孔渗分析，凝灰岩、火山角砾岩以溶蚀孔

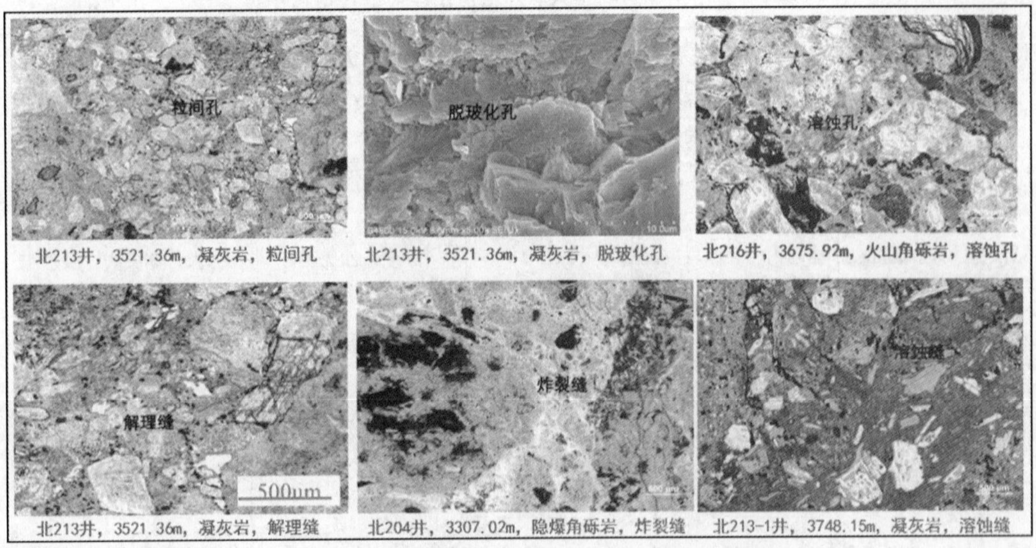

图4 中基性火山岩储集空间类型

为主，局部发育裂缝，安山岩发育脱玻化孔及溶蚀孔，三种岩性均可成为有效储层(图4)。

通过对龙凤山火石岭组中基性火山岩亚相、微观特征、物性研究，总结出有效储层的影响因素，主要有三个方面：

① 岩性、岩相控制了储层物性，近源相带较为有利

近火山口相组好于近源相组也好于远源相组，一是因为近火山口相组主要由火山通道相、喷溢相、爆发相组成，火山岩储层原生孔隙发育；二是龙凤山火山属于裂隙式喷发，火山口沿断裂分布，靠近火山口的火山岩储层裂缝发育，孔渗较高。

② 构造作用

营末构造运动产生大量构造裂缝，增大了储集空间，同时也是地下水和有机酸的重要通道，对溶解作用发生起到了重要作用。火山岩裂缝发育主要受火山岩相带及构造部位的影响，近火山口相、构造高部位、断裂附近裂缝发育，渗透率相对较高。

③ 溶蚀改造条件

通过对成岩阶段划分、成岩作用、微观特征的研究，建立了各井区储集空间演化的模式，总结出：距离烃源远近影响地层水环境，从而影响了有效孔隙发育程度；成岩演化钙质充填、交代、溶蚀等作用与有机酸形成、充注时期的匹配关系，决定了孔隙溶蚀程度，靠近烃源岩的火山岩由于生烃排酸作用进一步扩大溶蚀孔隙，有效的改善火山岩的储层物性。

2.4 盖控论

盖层就是指位于储集层之上能够封盖储集层并使其中的油气免于向上逸散的保护层。盖层的好坏直接影响着油气在储集层中的聚集效率和保存时间[3]。对龙凤山地区火石岭组中基性火山岩气藏而言，主要的封盖层有两套，即区域盖层和直接盖层。

2.4.1 区域盖层

本区的区域盖层主要为青山口组、泉头组泥岩，这几套泥岩在平面上分布比较稳定，均可作为良好的区域盖层。青山口组沉积期，整个东南隆起区处于深湖-半深湖沉积环境，沉积了一套深灰、灰黑色泥岩，泥岩质纯性软，在平面上分布比较稳定，对油气的保存起了良好的封盖作用。泉头组沉积时期，本区处于河流相沉积环境，沉积了一套紫红色、灰绿色泥岩，该套泥岩性软，单层厚度大，泉三段泥岩单层厚度一般为20~30m，泉二段泥岩单层厚度一般在10~20m。泉头组泥岩在区域平面上分布稳定，是一套良好的区域盖层。

2.4.2 直接盖层

直接盖层是指紧邻储集层之上的封闭岩层，直接盖层是单一型的盖层，可以对油气的聚集和保存起到直接封盖作用。龙凤山地区火石岭组火山岩的直接盖层主要是沙河子组厚层泥岩，该套厚层泥岩既是烃源岩，也是火石岭组火山岩气藏的直接盖层。该套泥岩全区分布，且泥岩厚度最

表1 龙凤山火石岭组不同部位火山岩成藏优势对比表

火山岩体	构造位置	与烃源岩关系	上覆地层	成藏优势	风险因素	埋深
高位火山岩	构造高部位	离主洼较远，靠断裂或储层横向输导	缺失较多、盖层较薄	圈闭高部位，利于储集油气	油气运移、盖层	<3000
中位火山岩	鼻状构造主体	离主洼较近，侧向对接	盖层较厚	烃源岩与储层对接窗口较大，供烃优越	储层非均质性	3000~4500
低位火山岩	构造低部位	洼陷内、烃源岩披覆	盖层厚	保存条件优越	埋深大、储层物性风险	>4500

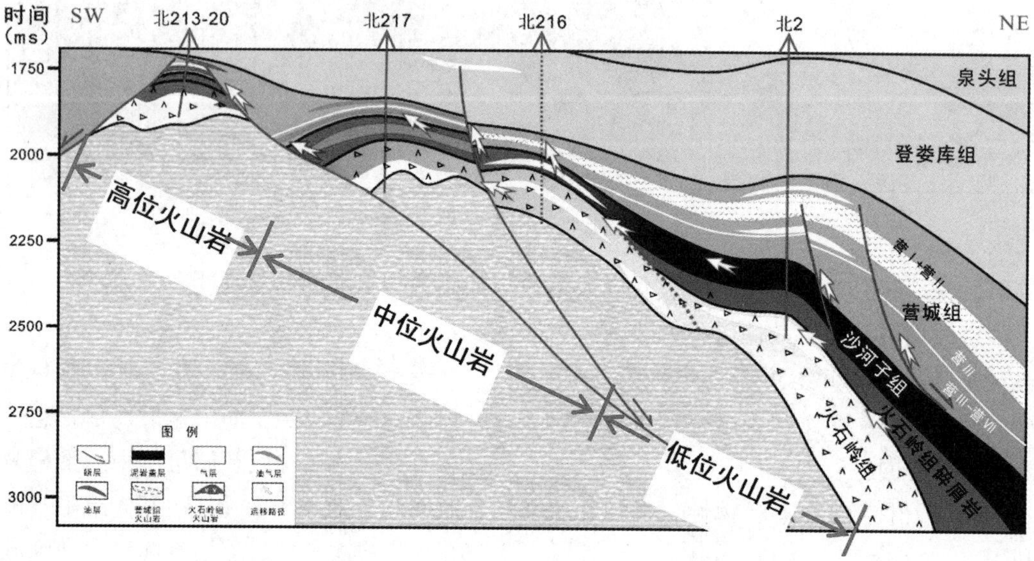

图5 龙凤山气田火石岭组不同部位火山岩成藏模式图

高可达400m，平均厚度超过20m，泥岩封盖能力强，垂向上能够有效封堵油气，聚集成藏。除此之外，在营城组内部也发育局部泥岩盖层，垂向上可形成一定封堵条件。

在四元控藏模式下总结了龙凤山中基性火山岩成藏模式。近源-斜坡成藏模式是根据生储盖组合关系及富集条件确定的，根据构造位置、与烃源岩关系、储盖等成藏条件，将龙凤山构造带火山岩体分为高、中、低位体，各区带控藏的关键因素不同(表1、图5)。

3 火山岩勘探关键技术

3.1 火山机构、期次识别刻画技术

火山岩具有较典型的地震相模式：侵入岩体多呈平行、穿层板状，喷发岩则呈“蘑菇状”或“丘状”模式，且内部多为杂乱反射，根据这些地震相特征可以预测火山岩；火山岩储层预测的关键还是地震技术，比较有效的地震技术包括：水平切片分析技术，三瞬、吸收衰减、三维曲率等地震属性技术，波阻抗和多参数反演技术等；受物性、埋深、构造运动、地震资料分辨率等多种因素的影响，火山岩储层的识别还有较大的困难，需要技术上的不断创新和理论上新的突破。

对长岭火山机构研究是在三级旋回时间格架内(对应营城组三段)划分火山机构，将沿同一火山通道主火山口和侧火山口喷发的所有期次归为一个火山机构。火山机构在地震上的识别标志为：a)具有丘状、透镜状反射外形；b)内部同向轴具有相背产出的围斜构造；c)在火山机构中部和下部可识别出具有杂乱反射特征的火山通道，下覆地层亦可发现岩浆上涌通道；d)在火山机构顶部常具有半地堑、地堑式下凹火山口(图6)。

利用火山岩的旋回、期次的划分识别，进而在地震上对火山口、火山机构进行识别描述，并对其内幕的期次、岩相进行精细刻画，由于期次及岩相界面往往是风化壳、剥蚀面等物性发育带，是天然气富集高产的有利部位。可以达到识别火山机构，预测有效储层发育带的目的，最终减少勘探风险，实现精细勘探。

3.2 火山岩岩性测井评价技术

火山岩岩性测井识别主要根据玄武岩、安山岩等测井响应的不同特征及测井交会图板，利用常规测井、辅助其他特殊测井还可以识别裂缝；

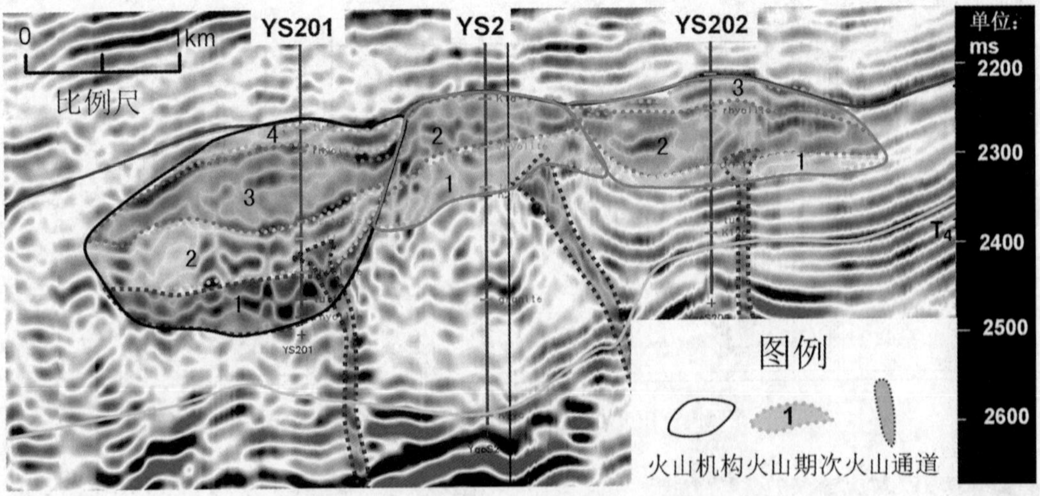

图 6　松南气田 YS2 井区火山机构及期次刻画

在火山岩储层四性关系研究的基础上，以岩心薄片定名为基础，应用岩心刻度测井的方法，并充分发挥电成像、岩性扫描等测井新技术在岩性识别上的优势，制定了组分与结构识别相结合、常规测井和特殊测井相结合的岩性识别思路，采用常规测井曲线交会图图版法、聚类分析法、TAS 图矿物成分识别法及成像模式图法等多种方法开展火山岩岩性的测井识别研究。

3.2.1　交会图版法

由于中基性火山岩岩性多样，测井特征相互重叠，很难利用一种特征来有效识别，那么，采取利用多种特征进行综合识别是行之有效的方法，而交会图技术便是目前测井资料综合解释中用于岩性划分、识别的重要手段之一[4,7,8]。通过对岩石学特征、测井响应特征的分析，选取了对岩性反映较为敏感的常规测井曲线建立了 5 类岩性交会图版，其中火山熔岩和火山沉积岩基本能够区分开来，火山碎屑岩中的安山质凝灰岩与熔岩也大致可区分，火山角砾岩与安山岩重叠部分较多。在绘制的交会图版中，GR-TH、RD-GR 交会图版识别效果相对较好(图 7、图 8)。

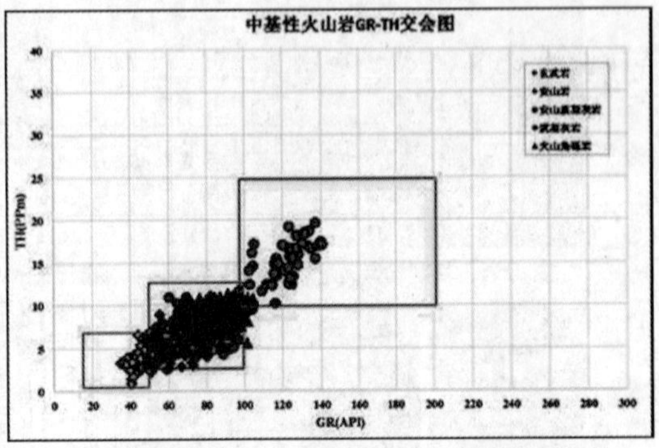

图 7　中基性火山岩 GR-TH 交会图

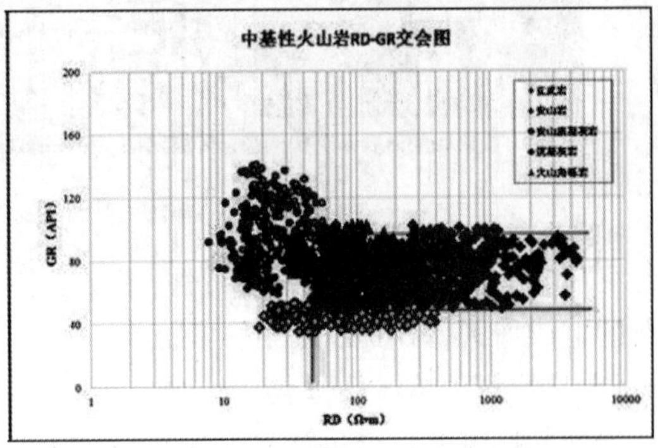

图 8　中基性火山岩 RD-GR 交会图

3.2.2　聚类分析法

聚类分析法是基于所有样品特征的高分辨率图形聚类分析技术，多点模式识别方法主要基于 K 近邻图形数据的分类。处理方法由一组用于测井相分析和岩芯数据建模的常规处理程序组成，实现了多种聚类分析算法以及曲线预测算法[10]。在实际研究中，通过测井曲线两两交会，选取相关性较好，也就是对岩性反映较为敏感的测井曲线，即自然伽玛(GR)、岩性密度(RHOB)、补偿中子(NPHI)、深侧向电阻率(LLD)、声波时差(AC)共 5 条曲线，综合这些曲线对岩性进行分类，并与岩心分析、岩屑资料建立对应关系。图 9 为北 213 井火石岭组岩性识别图，可以较好的区分安山岩、安山质凝灰岩和玄武岩。

3.2.3　电成像辅助法

电成像是地层元素导电性的图像反映，电成像测井具有超强的纵向分辨能力，是常规测井分辨率的 100 倍，可以辅助常规曲线有效识别岩石结构和构造。实际研究中，在岩心标定的基础

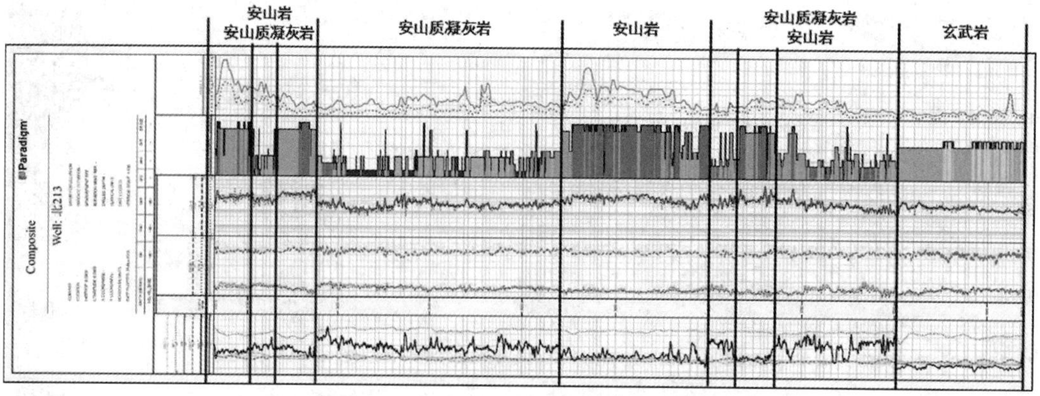

图 9 龙凤山气田北 213 井火石岭组聚类分析岩性识别图

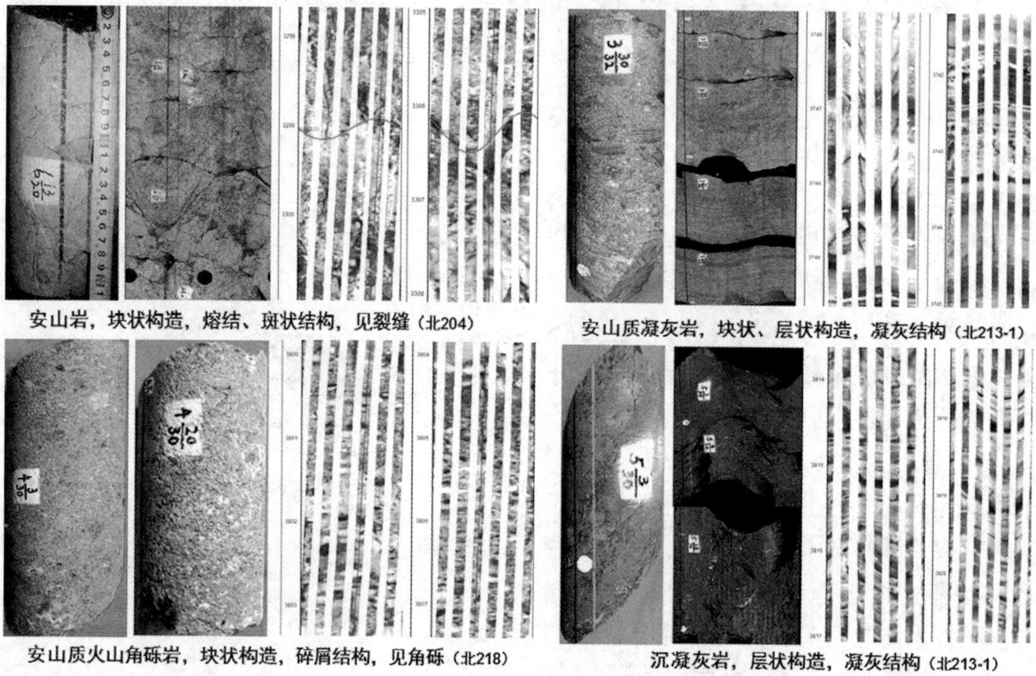

图 10 中基性火山岩各类岩性电成像图像

上，利用电成像图像辅助识别岩性，建立了各类岩石的电成像图像识别库[4,5,6,8]（图 10）。

3.3.4 岩性扫描 TAS 图分类法

岩性扫描测井仪（Litho Scanner）是在 ECS 元素俘获能谱测井仪基础上推出的基于 14MeV 脉冲中子发生器的高分辨率岩性扫描成像测井仪，在井场提供高分辨率能谱测井数据，实时定量分析复杂岩性地层的矿物成分和有机碳含量，能够提供更多的地层元素。研究中通过测量的元素与岩石物理模型获得矿物含量，利用通用的火山岩岩石分类方法（TAS 图版分类法）对火山岩岩性进行分类[4,9]。图 11 是北 217 井火石岭组两段火山岩的 TAS 图版，其中 3121～3284m 岩性主要为火山角砾岩和凝灰岩，TAS 图版成分落于中酸性-中性之间；3309.5～3342.5m 主要为安山岩，其成分为中性-中基性。由于 TAS 图版仅能指示火山岩母岩元素成分，火山岩岩性的判断需要综合考虑元素成分和成像测井的结构信息。

3.3 火山岩储层识别描述技术

目前通过重、磁、电、地震等对火山岩宏观展布及火山岩形态识别技术相对成熟，利用地震叠后属性与反演技术预测火山岩岩相及储层也相对完善，但利用地震叠前叠后综合预测火山岩有效储层及流体技术还在不断探索发展中。叠后预测技术是现阶段最现实的应用技术，关键是针对各种盆地不同地区特殊地质、地球物理问题，把握好技术组合与地质综合评价；叠前预测技术刚刚起步，开展旨在提高信噪比的保真处理和岩石物理建模的基础方法研究，积极进行技术储备。

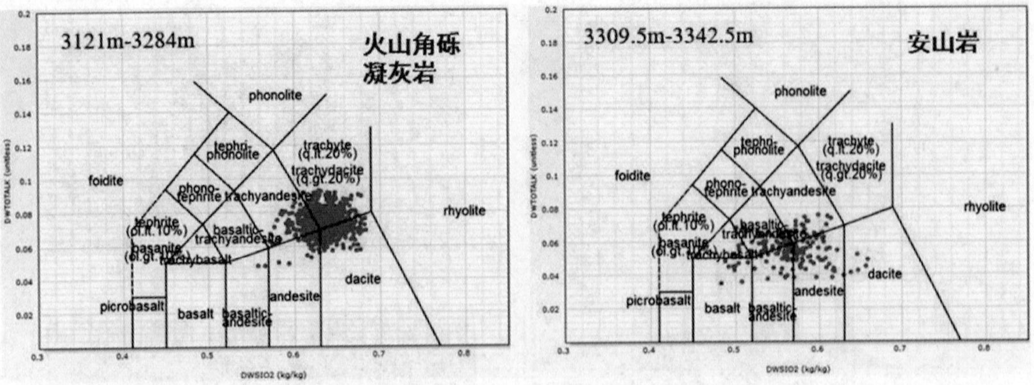

图 11　龙凤山气田北 217 井火石岭组 TAS 图版分类

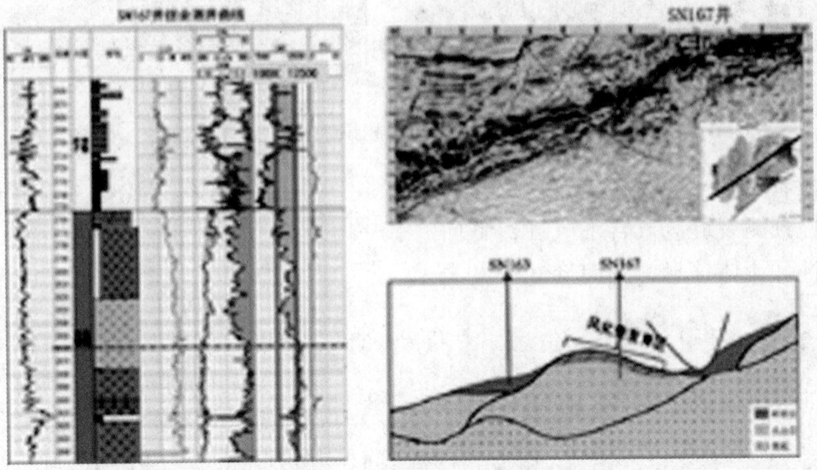

图 12　SN167 风化壳识别

松南地区火山岩的有效储层类型大致可以划分为风化壳、孔隙型、孔缝复合型三大类，在识别不同火山岩储层类型时采用不同的火山岩储层预测技术。

3.3.1　风化壳型储层

以 SN167 井为实例(图 12)，SN167 火山机构顶部局部与火石岭组顶面(T42 面)重合，其上沙河子组有地层缺失，判断为沉积间断，因此该火山机构顶部存在剥蚀风化。

对于已确定的风化壳型储层采用低阻抗预测+物性预测+含气性定性检测的联合技术手段，首先基于已钻井判断火山岩岩性波阻抗范围，其次根据火山岩波阻抗与孔隙度负相关关系预测物性，最后采用频率域叠后地震属性的含气性定性检测。

3.3.2　孔隙型储层

通过内幕物性反演基本可以确定，在单井中各喷发其次的晚期储层较为发育；在单个火山机构中，有利相带为近-中源喷溢相，通过地震相、RGB 属性融合等手段可以识别出火山通道，进而判断有利相带及进行火山机构其次划分(图 13)；在烃源岩展布特征较为确定的基础上，距离烃源岩越近的火山机构，溶蚀越为发育。

在已确定为孔隙型储层的前提下，对于为钻遇火山机构内幕储层的地区可采用叠后技术策略，井趋势约束反演粗略预测储层厚度及其含气性；在有钻井钻遇火山机构内幕且根据测井曲线可以划分出各有利储层相、干层相等，可以采用叠前技术策略，即相控贝叶斯+叠前 EEI 反演技术，其中相控贝叶斯储层反演优化了测井划相与地震学习叠前反演，但目前建立岩相不同参数趋势模型还有待改进，而叠前 EEI 反演结果基本能够反映火山机构内幕横向非均质性。

3.3.3　孔缝复合型储层：

以粒间溶孔为主，溶孔多沿包络缝分布，裂缝沟通溶蚀孔隙，形成立体“孔-缝”储集空间，需要在孔隙型预测基础上制定裂缝的预测方案。原生裂缝在火山口-近火山口相带最为发育，次生裂缝在构造高部位或邻近断层位置发育程度更高，进而需要刻画小断裂、裂缝等，其中构造裂

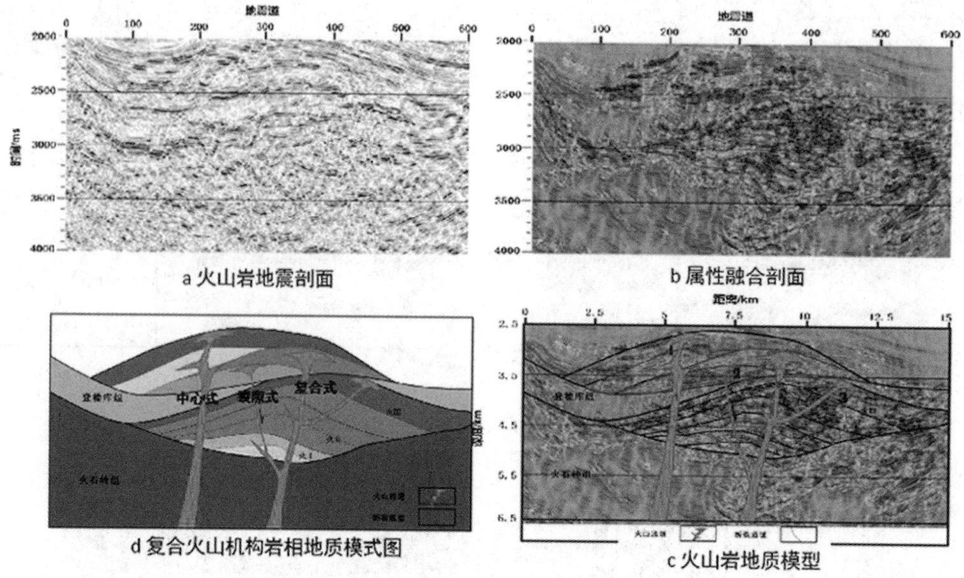

图 13　火山机构岩相识别模式图

缝群、单倾向和陡倾角缝更容易被检测和识别。常规采用叠后属性预测裂缝鸡气含油气性，各向同性属性表征岩性和流体信息，各向异性梯度表征裂缝密度。

4　结论

火山作用对油气的生成、运移、存储、圈封均具有利的贡献，不同时代，不同岩性、岩相的火山岩均有成藏的可能，但必须处于特定的盆地地质环境中，把火山作用、构造作用、沉积作用、成烃作用有机地结合在一起。火山岩油气藏是寻找油气资源的新领域、新方向。

由于火山活动多发生在裂谷作用、盆地演化的早期阶段，火山岩储层一般埋藏深，且因火山岩相比较复杂多变，因而火山岩油气藏的勘探要比传统的油气藏勘探难度大。

火山岩油气藏的勘探，应在“四元控藏”理论指导下，在落实烃源岩的基础上，利用有效储层识别技术、方法，精细的刻画火山机构，以环洼周围火山岩体为重点探索目标，减小勘探风险。

参　考　文　献

[1]　王璞珺，迟元林，刘万洙等. 松辽盆地火山岩相：类型、特征和储层意义[J]. 吉林大学学报：地球科学版，2003，33(4)：449-456.

[2]　黄玉龙，王璞珺，舒萍等. 松辽盆地营城组中基性火山岩储层特征及成储机理[J]. 岩石学报，2010，26(1)：82-92. 1.

[3]　王璞珺、刘万洙、程日辉，等. 松辽盆地北部火山岩储层预测和评价[R]. 大庆：大庆油田有限责任公司勘探开发研究院，2003.

[4]　中国石油勘探与生产分公司著. 火山岩油气藏测井评价技术及应用[M]. 北京：石油工业出版社，2009，1-50.

[5]　冉启全，王拥军，孙圆辉等. 火山岩气藏储层表征技术[M]. 北京：科学出版社，2011，119-134.

[6]　陶宏根，王宏建，傅有升. 成像测井技术及其在大庆油田的应用[M]. 北京：石油工业出版社，2008，199-230.

[7]　郑建东. 徐深气田营城组中基性火山岩储层测井评价技术研究[D]. 东北石油大学，2010，5-9，19-30.

[8]　张勇，查明，孔玉华，陈中红. 地下复杂火山岩岩性测井识别方法-以准噶尔盆地克拉美丽气田为例[J]. 西安石油大学学报，2012，27(5)：21-27.

[9]　李宁，乔德新，李庆峰等. 火山岩测井解释理论与应用[J]. 石油勘探与开发，2009，36(6)：683-692.

[10]　魏斌，陈建文，李长山等. 徐家围子断陷火山岩岩性的测井识别技术[J]. 特种油气藏，2003，10(1)，73-75.

高分辨率地震处理解释技术在岩性油气藏勘探中的应用——以歧口凹陷埕北低断阶为例

郭淑文[1]　董晓伟[1]　曾天玖[2]　贺照权[2]　王文涛[2]

（1. 中石油大港油田勘探开发研究院；2. 中国石油集团东方地球物理勘探有限责任公司）

摘　要　歧口凹陷埕北低断阶位于滩海区，区内断裂发育，砂体横向变化大，纵向相互叠置，对地震资料品质及储层预测精度要求高。通过针对滩海地区的高分辨率的处理解释技术进行研究，针对性提出浅水多次波压制技术、半面元化处理技术有效增加地震资料的频宽，提高地震成像精度及分辨率的基础上，应用相控地质统计学反演技术提高储层预测精度，可实现五级层序上的主力单砂体定量刻画，实际应用效果表明埕北低断阶目的层沙二段砂体的预测符合率由50%提高到85%。

关键词　埕北低断阶 浅水多次波；半面元化；储层预测；相控地质统计学反演

1　引言

埕北低断阶位于大港油田南部滩海区，主要含油目的层沙二段和沙三段岩性油气藏多层系叠置连片，为大型的复式含油气区。研究区断裂发育，部分区域地层产状较大，精细构造落实要求高，受物源供给及古地形等因素影响，砂体横向变化大，纵向相互叠置，储层精细刻画要求高；油藏类型及油水关系复杂，解剖油藏的难度大。常规的地震处理解释技术很难有新的突破，该区的预探评价工作自2011以来一直停滞不前，必须依靠新技术、新方法对地震资料进行双高资料处理扩大勘探领域，寻找到有利目标。研究区早期地震资料为叠前时间偏移大连片处理成果，连片处理成果主要满足歧口凹陷的整体研究的需要，目的层沙二段主频在8~42Hz，分辨率较低，复杂断裂带断层成像较差，沙二段构造落实及内幕油组等关键界面横向特征不明显，地震资料无法满足目的层有利储层精细预测的需求。埕北低断阶地区地震勘探的技术难点在于：①研究区位于水深10m以内的极浅海水域，地震资料发育比较严重的水层多次波，消除水层多次波的影响恢复地震真实响应难度较大。②老资料处理面元为25m×25m，难以满足砂层组精细刻画的需要，提高地震横向分辨率难度较大。③研究区断层发育、波场复杂，目的层沙二段埋藏深，地震反射能量吸收衰减严重，精确成像与精细构造解释难度大。④目的层砂体纵向叠置、横向变化快，常规地震属性与波阻抗反演分辨率难以满足储层精确雕刻的需求。⑤叠后地震属性预测含油气性可靠性低，需要开展叠前弹性反演。埕北断阶区高分辨率地震处理解释的技术瓶颈主要包括极浅海水域多次波消除、全地层Q值补偿技术、5m以上砂体定量预测技术、含油气预测技术等。近年来，针对滩海地区的高分辨率的处理解释技术进行攻关，针对性提出浅水多次波压制技术、半面元化处理技术、处理解释一体化深度建模技术、黏弹性Q偏移技术、五级层序相控砂体雕刻技术、基于叠前弹性参数反演的油气识别技术，有效提高地震资料的分辨率以及传从预测精度。

2　区域地质概况

埕北低断阶构造上隶属于歧口凹陷南缘埕海断坡区。埕海断坡区是在埕宁隆起向歧口主凹倾伏背景上，经羊二庄断层、赵北断层、张东断层、歧东断层等近东西走向大型顺向断裂改造而成的多阶断裂斜坡，其北侧以歧东断裂为界与歧口主凹相接，西侧以张北断层为界与歧南次凹相隔，东侧为沙南凹陷，以羊二庄断层为界，可将埕北断坡区分为两个部分，南部为埕宁隆起背景上的大型侵蚀型缓坡-埕北高斜坡，区内坡缓、层薄、斜坡结构简单。羊二庄断层以北，受赵北、张东、歧东和歧中断层控制，呈现三个顺向断阶构造组合，自南向北依次为埕北高断阶、埕北中断阶和埕北低断阶。埕北低断阶夹持于张东断层、张北断层和歧东断层之间，受中-古生界构造运动与差异沉降控制，整体形成“一隆两凹”构造格局，东、西次凹继承性发育，形态完

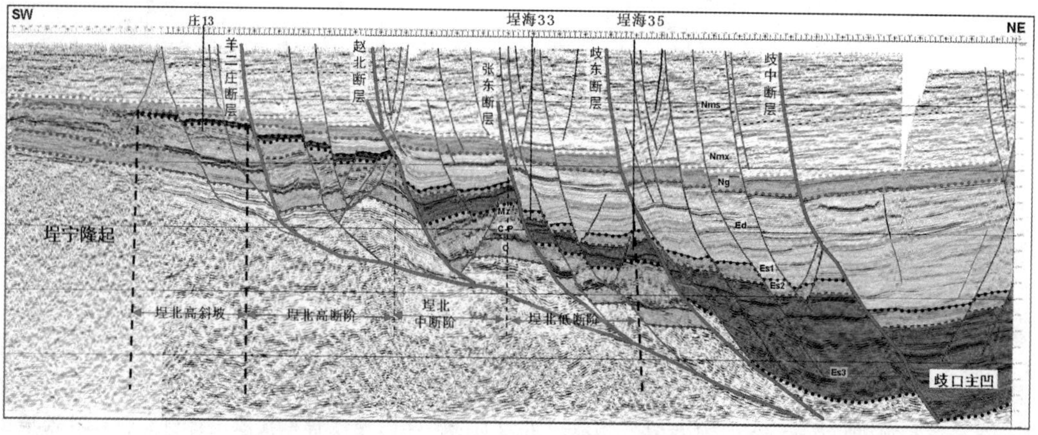

图1 埕北斜坡区南北向地震剖面

整，构造活动弱，中部隆起贯穿南北，为一系列北东和近东西向的次级断层分割，形成多个大型断鼻、断块圈闭。

埕北低断阶地区新生代地层系统由下至上由古近系沙河街组、东营组和新近系馆陶组、明化镇组及平原组组成，最大沉积厚度达到7000m。受区域构造抬升影响，地层剥蚀破坏较严重，沙河街组地层与前新生界地层呈不整合接触，两者之间缺失古近系始新世孔店组、中生界下白垩统及中上侏罗统等地层，不整合面上、下地层特征变化明显。埕北低断阶主要含油层系是古近系沙河街组二段，该时期处于坳陷湖盆早期，物源近且充足，辫状河三角洲前缘水下分流河道砂体分布范围广，延伸远，储集物性最优，其次是河口坝和前缘席状砂，但由于储层埋深大(3000～4000m)，压实作用强，实际砂岩物性资料表明储层平均孔隙度13.1%～16.7%，平均渗透率3.7～34mD，为低孔、低渗-特低渗储层。埕北低断阶紧邻歧口主凹，沙二段、沙三段烃源岩均进入生烃门限，处于大规模排烃期，地层内普遍存在异常压力，自埕宁隆起延伸至研究区的辫状河三角洲前缘砂体被成熟生烃泥岩所包围，或者与之相邻，源储配置关系好，具备形成大型岩性油气藏有利条件[1-4]。

3 地震资料高分辨率处理解释技术

3.1 浅水多次波压制技术

大港油田滩浅海地区现有水域覆盖地震资料2000余平方公里，这些资料主要采用水检(压点检波器)采集。通过正演模拟水层鸣震和混响对地震资料的影响，认为对于水深小于10m的极浅水区域，水层鸣震和混响旅行时较短，容易与一次波发生混叠，难以有效应用预测反褶积等处理手段进行消除，由此可见水层多次波的影响是制约该区地震资料品质提升的一项重要因素[5-7]。为了消除水层多次波的影响，提出浅水鸣震与混响全频带压制技术，通过模型试验和实际数据应用取得较好效果。该技术根据气枪沉放深度、检波器水深模拟炮点端虚反射、鸣震多次波和检波点端混响多次波的全频带地震响应，设计反算子对鸣震和混响进行全频带压制。

根据波的传播理论可知，气枪沉放深度的影响可以表示为：

$$A(t)=w(t)-w(t-\tau_h) \tag{1}$$

其中，$A(t)$是气枪沉放深度的影响；$w(t)$是地震子波；τ_h为气枪沉放深度为h时的双程旅行时差。

炮点端的鸣震多次波可以表示为：

$$S(t,x)=w(t)+\sum_{i=1}^{n}(-1)^{i-1}R^{i-1}\cdot w(t-t_{i,x}) \tag{2}$$

其中，$S(t,\ x)$是炮点端水层的鸣震对地震记录的影响；$\tau_{i,x}$为偏移距为x时，各阶多次波与一次反射波的旅行时差；R是海底反射系数。

水检混响多次波可以表示为：

$$H(t,x)=w(t)+\sum_{i=1}^{n}(-1)^{i}\cdot(R+1)R^{i-1}\cdot w(t-\tau_{i,x}) \tag{3}$$

其中，$H(t,\ x)$是水检接收时混响对地震记录的影响。

通常认为地震记录是地震子波和地层反射系数的褶积。

$$D(t,x)=w(t)*R(t,x) \tag{4}$$

其中$D(t,x)$是地震记录，$R(t,x)$是地层反

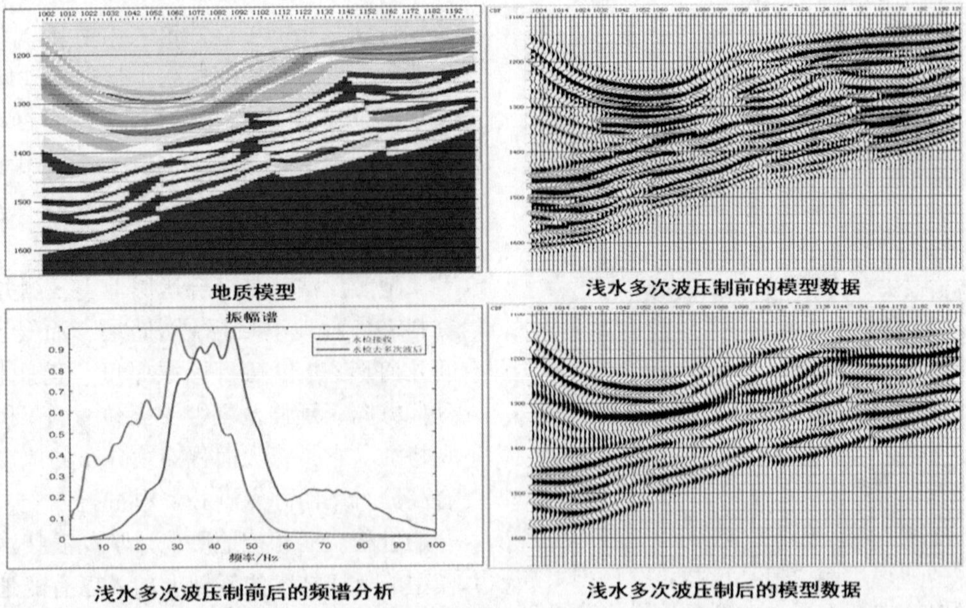

图 2　浅水多次波压制前后的模型数据及频谱分析

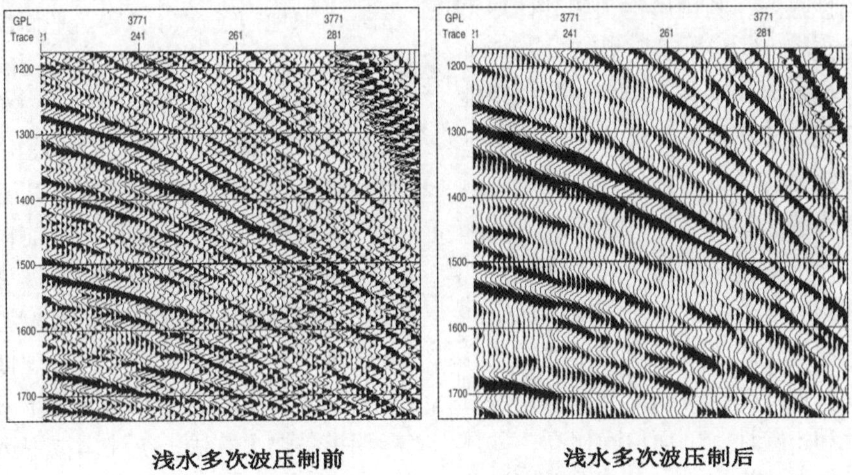

图 3　浅水多次波压制前后的水检单炮

射系数序列。

但是在地表存在水层的情况下，地震记录的褶积模型发生了改变，采用压力检波器即水检进行接收，该公式可以表示为：

$$D(t,x)=w(t)*A(t)*S(t,x)*R(t,x)*H(t,x) \tag{5}$$

根据气枪沉放深度、检波器水深模拟炮点端虚反射、鸣震多次波和检波点端混响多次波的全频带地震响应，设计反算子可以对鸣震和混响进行全频带压制。

图 2 和图 3 分别是水层多次波压制前后的模型数据和实际数据的效果。由于浅水资料炮点端虚反射、鸣震和混响多次波的影响，原始水检地震资料表现为低频衰减严重、有效频带窄，高频噪音突出、信噪比低的特点。应用鸣震与混响全频带压制后，地震资料表现为低频特征突出、有效频带宽，高频噪音得到压制信噪比提高，并显著改善了波组特征。

3.2　半面元化处理技术

高成熟油田的精细勘探对高密度地震数据需求迫切，但是地面环境往往发生较大变化，开展“两宽一高”采集条件受到限制[8]。针对早期较大面元采集的老资料攻关应用半面元化处理技术提高数据的空间采样密度，实现接近高密度采集的效果。半面元化处理，即地震资料处理过程中面元从 N×N 缩小到 N/2×N/2，偏移前通过五维空间插值数据重构新的地震数据，空间采样密度增大4倍以上。

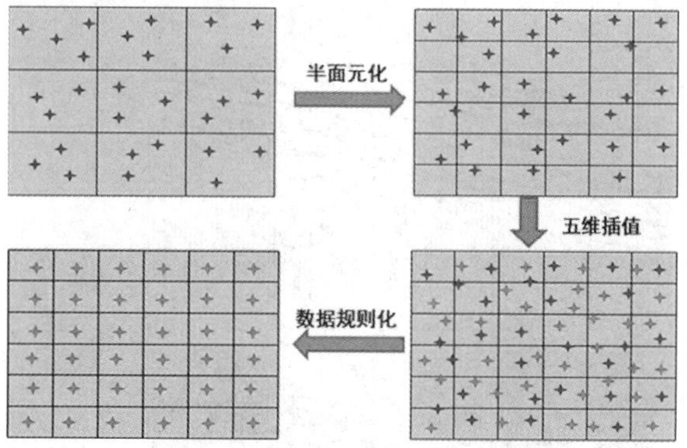

图4 半面元化处理流程示意图

半面元化处理具有显著的优点。可以增加空间采样率，增强偏移算法的收敛性及稳定性，使有效信号得到加强，偏移噪音得到更好抵消；保持反射信号原始性和丰富性，剖面信噪比高，砂体尖灭点清晰，横向分辨力提高。半面元化处理偏移结果的保幅性最好，利用属性预测砂体厚度（或砂体累积厚度）的准确性明显提高，对后期反演结果的可靠性也大大增强。半面元化处理能较好的避免空间假频干扰保护砂体边界及倾斜地层的陡倾角高频绕射信号，对砂体边界刻画、倾斜地层归位具有优势，有利于高陡构造、岩性圈闭成像。

面元化处理具有显著的优点。可以增加空间采样率，增强偏移算法的收敛性及稳定性，使有效信号得到加强，偏移噪音得到更好抵消；保持反射信号原始性和丰富性，剖面信噪比高，砂体尖灭点清晰，横向分辨力提高（图5）。半面元化处理偏移结果的保幅性最好，利用属性预测砂体厚度（或砂体累积厚度）的准确性明显提高，对后期反演结果的可靠性也大大增强。半面元化处理能较好的避免空间假频干扰保护砂体边界及倾斜地层的陡倾角高频绕射信号，对砂体边界刻画、倾斜地层归位具有优势，有利于高陡构造、岩性圈闭成像。

3.3 相控地质统计学反演技术

地震反演就是综合运用地震、测井、地质等资料来揭示地下目标层（储层、油气层等）的空间几何形态（包括目标层厚度、顶底构造形态、延伸方向、延伸范围、尖灭位置等）和目标层微观特征，它是将大面积连续分布的地震资料与具有高分辨率的井点测井资料进行匹配、转换和结合的过程。而相控地质统计学反演技术是在基于模型的反演技术的基础上加入已有的地质认识成果演变而来，其目的是降低反演的多解性，使反演结果更符合地质认识。相控地质统计学反演首先是求取地震子波，然后在平面沉积相、地震属性、地震相约束的条件下，利用岩性敏感的井数据（重构的波阻抗曲线）进行依赖地质统计学的随机模拟，建立起符合沉积微相的初始地质模型，最后进行随机反演计算，其流程如图6。

在进行地质统计学反演之前，本次研究改变以往单纯使用井数据建立初始模型的方法，充分应用沉积微相研究成果对初始模型的平面地质特征约束，提升了初始模型的合理性，也使反演结果获得了更高的纵向及横向分辨率。地震反演中运用模拟退火算法，统计模拟中运用协克里金算法，将地震反演与地质统计模拟相结合。该方法主要是利用在井点位置得到的地震、地质及测井

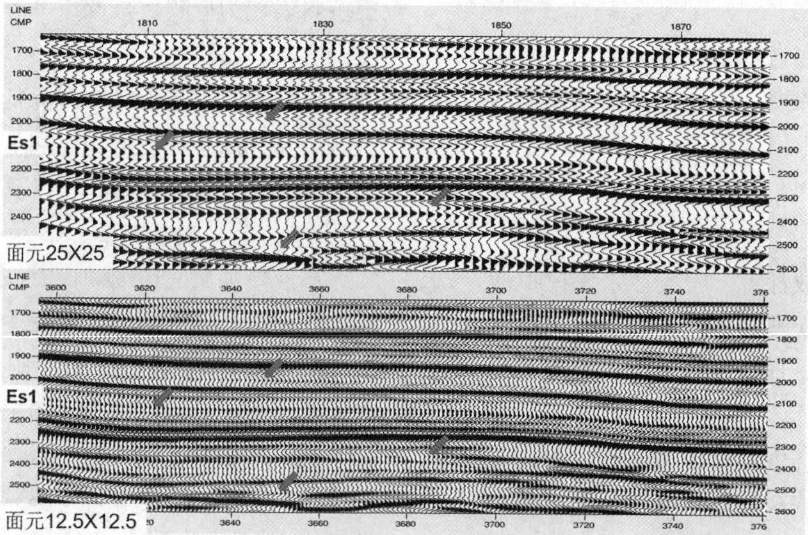

图5 半面元化处理前后效果

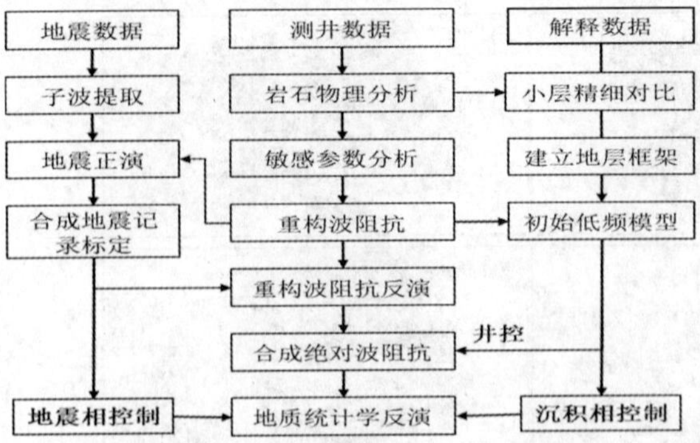

图 6　叠后地震相控地质统计学反演流程

统计数据及其关系，运用一种非线形、确定性与非确定性数学算法相结合的技术和一些空间约束条件，在整个目标空间推而广之，以求达到最大限度利用所有资料并使反演结果与已知条件充分吻合的目的。

反演结果井点与测井数据很好吻合，井间则参考了地震反射资料的波阻抗特征和测井数据的拟合关系特征，对一系列等概率反演数据体进行分析后，反演结果既最大限度地符合地震反射资料特征，又受地质构造框架模型、井点已知资料的三维空间统计模拟结果控制，在钻井较多的地区与实钻井吻合好，相比于重构波阻抗反演，不仅储层砂岩物性的分辨能力强，而且预测的储层平面分布分布与沉积体系展布吻合性较好(图 7)。优选出一组最能反映沙二段砂岩分布特征的等概率体用作沙二段的储层预测的成果。

4　高分辨率地震处理解释技术应用效果

基于高分辨率处理地震资料开展小尺度地震属性分，析明确三大优势砂体带实现了五级层序界面井、震统一，10 个五级层序界面地震上可识别、可标定、可追踪，在此基础上，构建小尺度(五级层序)地震相模型，明确沙二段纵向为一个完整“退积-进积-退积”旋回，平面上在原有西部、中部砂体带之外首次发现出东部物源体系，拓展出一个新的增储区带，明确 3 支主砂体带左右迁移，此消彼长，SQ5~SQ7 时期中部砂体沉积分布最广，SQ8~SQ10 东部、西部砂体带发育(图 8)。

通过高分辨率五级层序相控储层反演落实一批有利圈闭，攻克单一地震属性砂体预测存在多解性的难题，创新构建基于五级层序沉积微相控制的井震融合低频模型，改变以往单一测井低频模型，提高了模型约束反演地震储层预测精度，实现了斜坡带砂体的精细刻画。砂体预测精度由以往的 15~20m 提高到了 7~10m，砂体预测符合率由 50%提高到 85%，重新落实有利圈闭 14 个，解决了斜坡带岩性勘探目标落实不准的难题，为后期评价目标优选提供了地质依据。

5　认识与结论

大港油田埕北低断阶为陆相断陷盆地岩性油气藏发育区，滩海区地表条件复杂，地下断裂发育，储层叠置分布。基于浅水多次波压制、半面元化处理、五级层序相控砂体雕刻的高分辨率处理解释配套技术可满足该区高分辨率精细预测及储量动用的地质需求。

1）浅水鸣震与混响全频带压制技术根据气枪沉放深度、检波器水深模拟炮点端虚反射等参数设计反算子对鸣震和混响进行全频带压制，处理后的地震资料为低频特征突出、有效频带宽，高频噪音得到压制信噪比提高，在类似地表条件区具有一定的推广应用前景。

2）半面元化处理技术将地质资料的面元从 N×N 缩小到 N/2×N/2，偏移前通过五维空间插值数据重构新的地震数据，增加空间采样率，使有效信号得到加强，偏移噪音得到更好抵消，剖面信噪比高，砂体尖灭点清晰，横向分辨力提高，对砂体边界刻画、倾斜地层归位具有优势，有利于高陡构造、岩性圈闭成像。

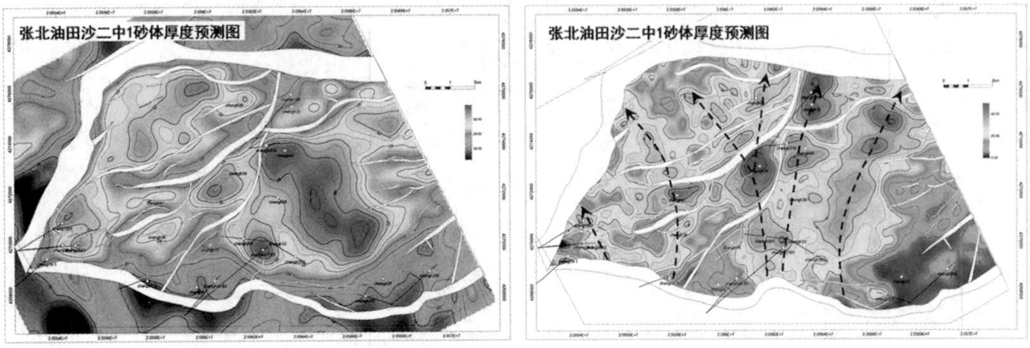

图 7　重构波阻抗反演(左)与相控地质统计学反演(右)成果对比

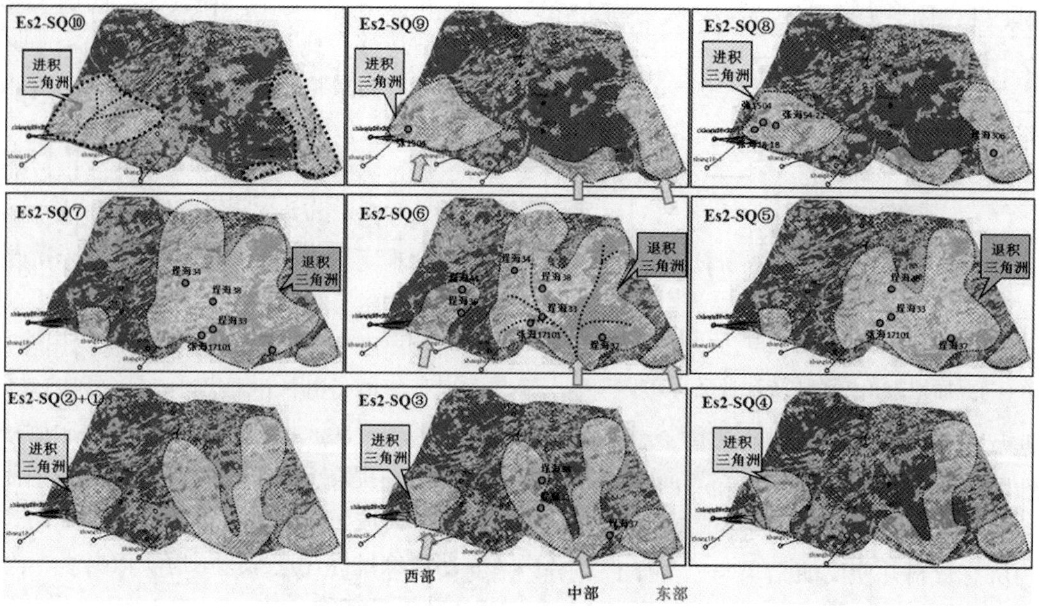

图 8 埕北低断阶沙二段五级层序地震相图

3）相控地质统计学反演储层预测技术是在基于模型的反演技术的基础上加入已有的地质认识成果演变而来，其优势在于满足高分辨砂体预测精度的基础上降低反演的多解性，使反演结果更符合地质认识。

参 考 文 献

[1] 汤戈．大港油田埕海地区沙二段碎屑岩储集性能特征及主控因素分析[J]．录井工 程，2015，12：74-79.

[2] 李峰峰，李军，高志前等．浅水辫状河三角洲前缘沉积特征及储层砂体预测——以黄骅坳陷埕北低断阶沙二段为例 J]．东北石油大学学报，2016，12：74-81.

[3] 毛丽华，李军，李峰峰．歧口凹陷埋北低断阶成藏条件分析[J]．中国石油和化工标准与质量，2013，8：198-199.

[4] 毛丽华，李军，李峰峰．歧口凹陷埋北低断阶成藏条件分析[J]．中国石油和化工标准与质量，2013，8：198-199.

[5] 王艳冬，王小刘，桑淑云等．渤海海域水平拖缆数据宽频处理关键技术[J]．石油地球物理勘探，2020，2：10-16.

[6] 黎孝璋，邓勇，赫建伟等．复杂海底自由表面多次波预测方法[J]．石油地球物理勘探，2020，2：64-70.

[7] 缪俊茜．地震多次波压制方法技术研究与应用[J]．科学管理，2020，1：156-157.

[8] 陈可洋．松辽盆地地震资料小面元叠前插值逆时偏移处理[J]．油气藏评价与开发业，2015，8(4)：12-16.

[9] 毛丽华，李军，李峰峰．储层反演精准度提高方法研究——以歧口凹陷南缘埕北低断阶沙二段为例[J]．资源与产业，2016，8(4)：43-52.

[10] 戴婉薇，范乐元，胡圣利等．基于地质统计学反演和储层分类的相控储层建模方法研究及应用[J]．地质科技情报，2017，1(1)：238-241.

[11] 韩文明．多元微相控深水储层预测方法[J]．沉积学报，2013，8(4)：700-704.

岩溶风化壳气藏有利勘探区地震预测技术

韩　翀[1]　梅安鑫[2]　彭　宇[1]

(1. 川庆钻探工程有限公司地质勘探开发研究院；2. 川庆钻探工程有限公司苏里格项目经理部)

摘　要　奥陶系马家沟组是鄂尔多斯盆地苏里格气田重要的接替产层，具有“储层厚度薄、非均质性强、主控因素复杂”三大特点，有利区预测难度极大。鉴于此，从苏五区块马五段储层的地球物理响应特征出发，应用分频解释技术，寻找储集空间响应最为明显的敏感单频体进行孔洞预测；应用印模法进行古地貌恢复，精细刻画局部岩溶构造单元；应用最大曲率属性落实局部微幅圈闭，寻找含气有利区。结合上述成果对马五段储层有利勘探目标进行综合预测，经实钻井验证应用效果良好，实现了苏里格气田马家沟组风化壳储层勘探上的突破。

关键词　岩溶风化壳；气藏；有利勘探区；地震；预测技术

0　引言

在我国与不整合面有关的碳酸盐岩古岩溶储层分布广泛，以构造抬升地层暴露形成的大规模古岩溶风化壳型储层是目前岩溶型储层的研究重点，如鄂尔多斯盆地奥陶系马家沟组[1-3]。前人的研究多集中于位于最为有利的古岩溶斜坡带的靖边气田，而处于相邻古岩溶高地上的苏里格气田则研究起步较晚，自 2007 年坚持“上古为主，兼顾下古”的立体开发原则以来，使得苏里格气田下古生界奥陶系气藏的研究取得了一定成效，展现出日益明显的开发潜力[4]。

1　地质背景及储层特征

苏里格气田位于鄂尔多斯盆地中北部，南邻靖边气田，行政区属内蒙古自治区鄂尔多斯市乌审旗，区域构造处于伊陕斜坡西北部，南北长 196km，东西宽 100km，研究区苏 5 区块位于苏里格气田中区的毛乌素沙漠腹地，三维地震勘探面积约为 765.5km^2(见图 1)，地形起伏不大，但低降速带厚度变化大，表层结构复杂，地表岩性多变。

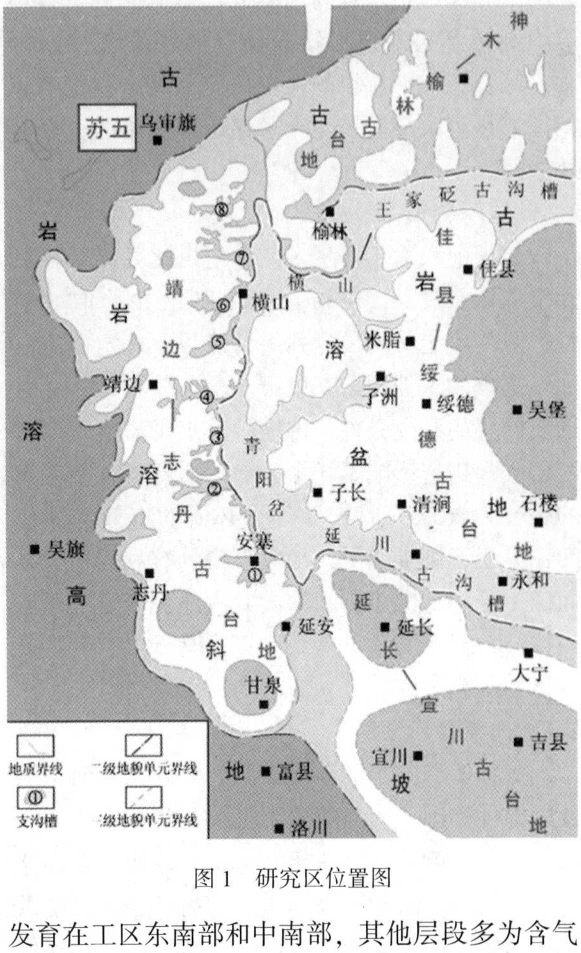

图 1　研究区位置图

苏里格气田奥陶系马家沟组马五段主要发育一套白云岩储层，上覆上古生界石炭-二叠系煤系地层，为下伏奥陶系碳酸盐岩成藏提供了丰富的气源和封盖条件，下古生界奥陶系地层经历了长期抬升剥蚀与风化淋滤作用，自西向东马五$_1$~马五$_{10}$亚段依次剥蚀出露地表，马五段白云岩储层由于构造或岩性相变形成有效封堵，有利于气藏的形成。全区马家沟组地层已钻遇井统计表明，苏五区块主力产层为马五$_4$~马五$_6$段，主要发育在工区东南部和中南部，其他层段多为含气水层或干层。储层主要岩性为泥晶云岩和角砾云岩，储层类型包括孔洞型和裂缝-孔洞型，均发育在距离马家沟组顶面 0~40m 之内，具有“薄、强、杂”三大特点，表现为储层厚度薄，非均值性强，主控因素复杂，且研究区地震资料目的层段主频较低，纵向分辨率有限(见图 2)，储层预

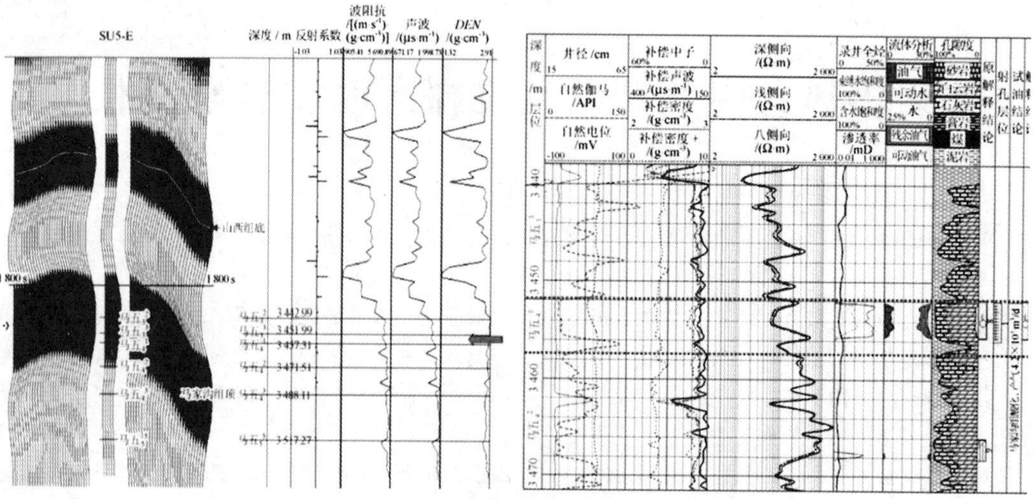

图 2　研究区标志井合成记录

测难度非常大。由于储层薄且小层之间波阻抗差异小，一味地追求提高地震分辨率从而进行各小层识别是不可行的，转而结合储层发育控制因素，综合考虑储层段的地质认识及地球物理响应特征才是解决该区风化壳薄储层预测难的一个有效途径。

2　储层解释技术及方法

梳理前人对于鄂尔多斯盆地风化壳储层控制因素的认识[5-8]，再结合本区已钻井的取心资料、薄片鉴定资料及测井解释成果，确定研究区油气富集的主控因素有以下 3 个：即沉积作用是形成储层的先决条件，古地貌决定了岩溶发育程度，微幅构造影响了气水分布。前两者在空间上的叠合为气藏的形成准备了必要的有效储集空间，第三者则提供了天然气聚集的有利场所，从而确定分别从储集空间预测、古地貌恢复、微幅构造分析 3 个方面开展研究区内马五段有利勘探目标的研究思路。

2.1　储集空间预测

分频解释技术能够揭示储层横向之间由于岩性、物性等因素引起的微小振幅变化，排除时间域内对不同频率成分的相互干扰，从而得到高于传统分辨率的解释结果[9-10]，有利于寻找最能反映薄储层段的地震响应特征。根据已钻井钻探结果，马五段岩溶孔洞型储层主要分布在风化壳顶面以下 40m 深度内，对应时窗约为 10ms。图 3 为常规数据体及分频数据体沿风化壳顶界面往下 10ms 时窗层段提取的绝对振幅积分属性平面图，通过与测井解释成果和钻井成果的对比，33Hz 分频数据体振幅属性和已钻井孔洞发育情况最为吻合，提取的地震振幅属性能反映马家沟组储层的物性变化，由于致密地层的地震波传播速度快，反映在振幅属性上就表现为相对强振幅，而孔洞比较发育的地层则速度有所下降，振幅相对于致密层段变弱。分频振幅属性预测的溶蚀孔洞发育区呈条带状分布，推测与该区沉积相带的展布相关，其中红黄色对应储集性能较好的白云坪或灰云坪沉积，黑白色则对应储集性能较差的泥云坪沉积。

2.2　古地貌恢复

古地貌决定表生岩溶作用的强弱，而印模法是通过分析风化面上下地层厚度的镜像关系，结合古岩溶分带特征识别古地貌单元[15]。应用该方法时需遵循两个原则：①地震层位的精确追踪；②基准面的选取。前者关系到能否准确地刻画风化壳的起伏形态和相对高程，后者则要求必须是一个全区分布的反射特征明显且稳定的波阻抗界面，且该界面离风化壳顶面越近越好，可以减小后期构造运动影响[16]。鄂尔多斯盆地中晚石炭纪海进超覆沉积是对奥陶系喀斯特地貌的一次填平补齐，其沉积厚度与下伏马家沟组残留厚度呈镜像关系。通过对研究区井震标定和地震波组特征研究，选取石炭系顶面作为层拉平的基准面，该界面对应马家沟组顶面上部的一个全区稳定分布的强波峰。

根据古地理环境和古岩溶发育特征，鄂尔多斯盆地岩溶区可以划分为西部岩溶高地、中部岩溶斜坡和东部岩溶凹地 3 个二级岩溶地貌单元，苏 5 区块整体上位于西部岩溶高地，对比于岩溶建设作用更强、位于岩溶斜坡位置的靖边气田，

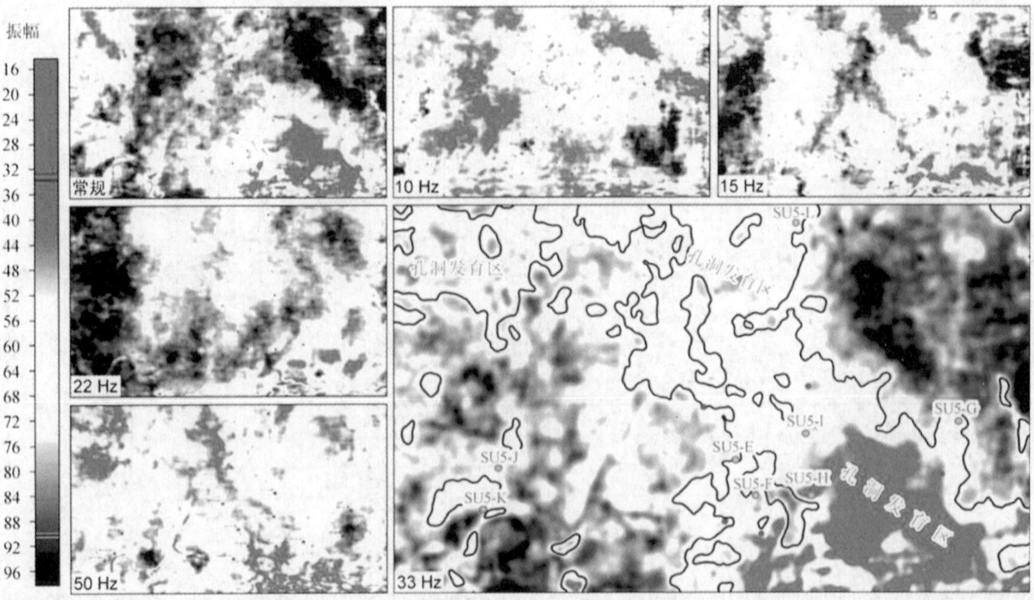

图 3　研究区东南部马家沟组顶面分频振幅属性图

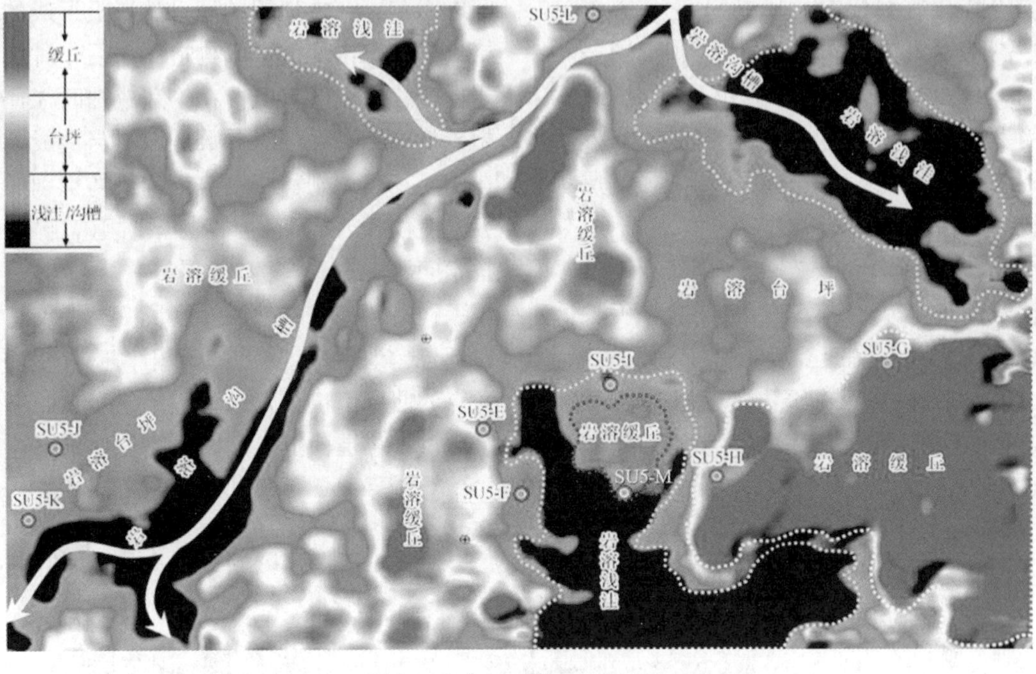

图 4　研究区东南部马家沟组顶面古地貌图

属于“在不利中寻找有利”。根据印模法所恢复出的研究区马家沟组顶面局部古地貌单元，可以进一步划分为缓丘、台坪、浅洼和沟槽 4 种类型。其中沟槽对天然气的储聚既具有破坏作用，又有建设作用。破坏作用体现在岩溶沟槽处地层溶蚀严重，有利储层缺失，因此在沟槽处井产能较差。建设性作用表现在两方面：一是沟槽中后期充填的石炭系地层构成岩性遮挡带，起到封闭作用；二是沟槽水排泄、补给充分，周边台坪和缓丘更易形成岩溶化程度高的良好储层[11-17]。

研究区东南部发育一条延续性非常好的北东-南西向主沟槽，并发育西北和东南两个方向的分支沟槽(见图 4)，位于主沟槽东侧的缓丘上的 SU5-E、SU5-F、SU5-G、SU5-H 及 SU5-M 各井储层发育情况较好，尤其是位于古残丘位置的 SU5-M 井出露地层为马五$_3^3$，主产层马五$_4^1$层储层发育，测试无阻流量高达 55 万方/日，而位于古岩溶洼地位置的 SU5-I 井出露地层为马五$_4^2$，主产层马五$_4^1$层已经完全遭受剥蚀(见图 5)，试气结果为微气，与古地貌分析成果相吻合。

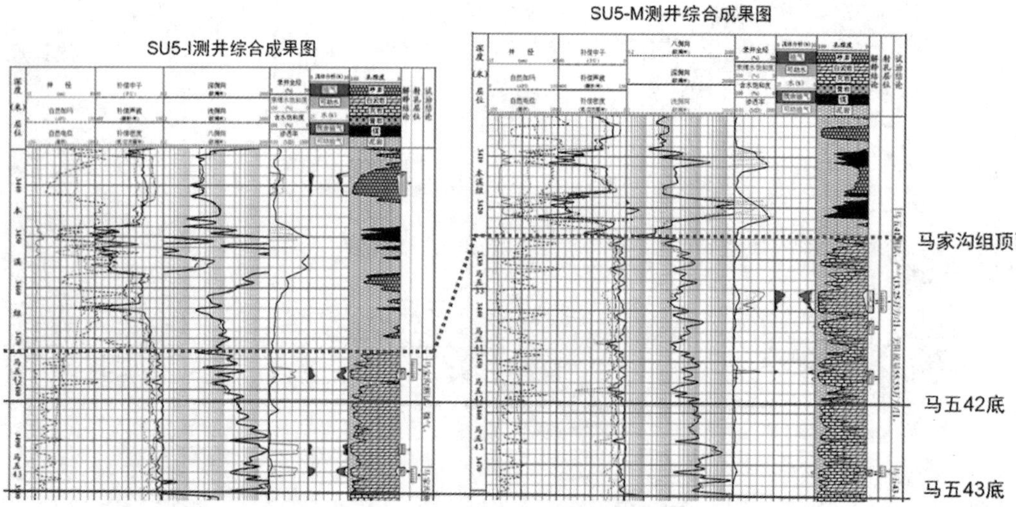

图5　研究区东南部马家沟组测井解释连井剖面

研究区中南部古地貌恢复结果见图5，研究区最高产的三口井SU5-A、SU5-B和SU5-D井均位于岩溶残丘有利位置，其中SU5-B井测试无阻流量高达百万方，而和SU5-B属于同一丛施井组的SU5-C井由于古地貌位置相对较低，储层发育程度和试气结果都相对较差。综上所述，古地貌单元的恢复和刻画对于研究区储层预测具有较好的指导作用。

2.3　微幅构造分析

微幅构造是指构造比较平缓、闭合幅度较低的一类地质体，一般构造幅度只有十到几十米，从构造成因上来讲，一种低幅构造是由于地质体形成的过程中构造活动相对微弱，没有发生强烈的升降活动而形成的；另一种则是在地势较为平缓的古地貌基础上，后期的沉积作用受到差异压实的影响，在古地貌的高点位置上形成的。苏里格气田马家沟组的微幅构造属于后一种类型。由于微幅构造幅度较低，在构造成图时往往由于网格差值或平滑处理时参数选取不当造成无法在构造图上正确识别，所以微幅构造的识别一直是研究构造气藏或构造-岩性气藏时亟需解决的关键技术问题之一。

构造运动导致地层发生形变，特别是构造枢纽部位，地层发生褶皱，产生构造形变，层面上各点的曲率值也会发生相应的改变。曲率属性就是通过计算层面上各点的曲率值变化来达到预测

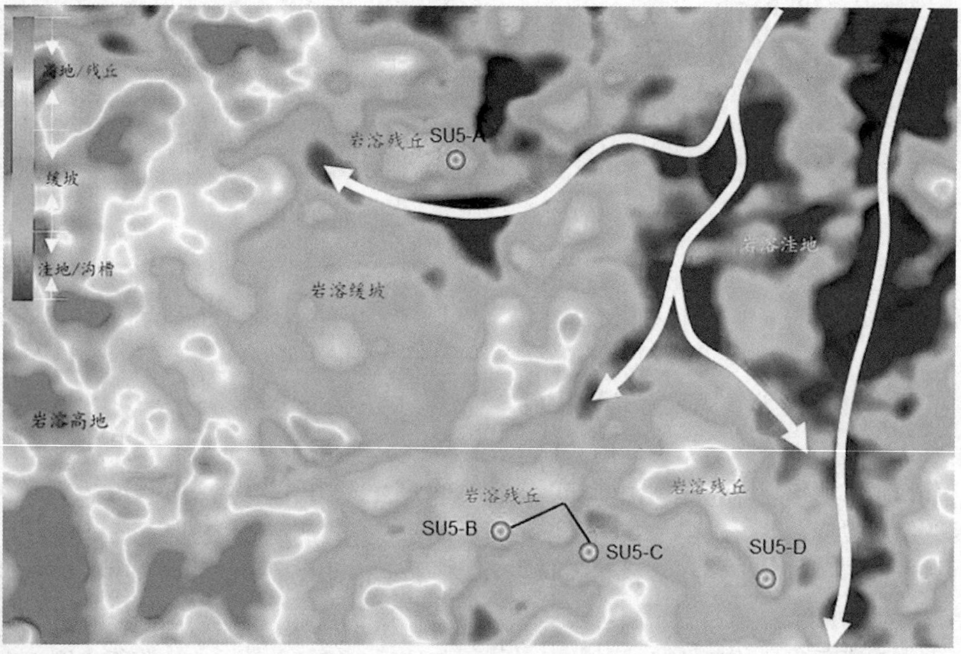

图6　研究区中南部马家沟组顶面古地貌图

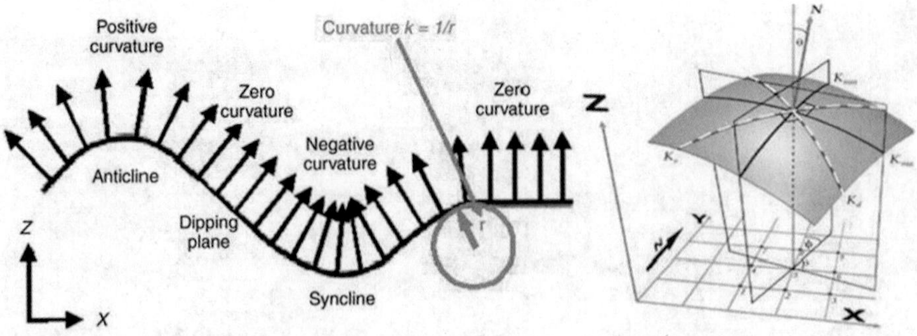

图 7　曲率的平面/三维示意图(据 Roberts，2001)

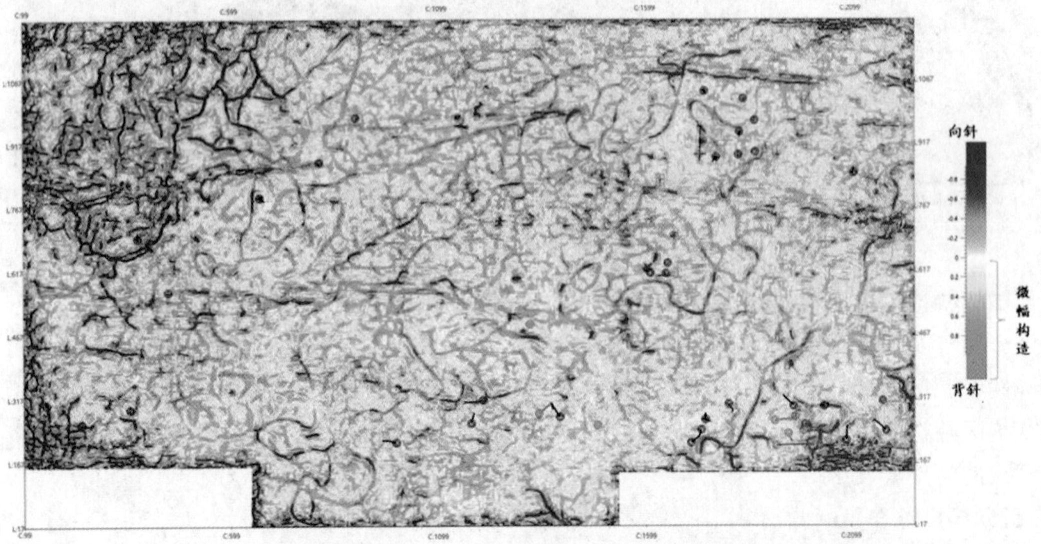

图 8　研究区马家沟组顶面微幅构造预测图

图 9　研究区东南部马家沟组顶面微幅构造(左)与现今岩溶地貌(右)对比

褶皱的目的。曲率属性在以往的研究应用中常用来反映精度高于常规地震分辨率的精细断层和微小裂缝，更精细地解释地下地质细节，但在苏里格气田马家沟组精细构造研究中发现，最大曲率是一种落实微幅构造的有效手段。

马家沟组顶面最大曲率属性图中红黄色对应于曲率正值区，绝对值越大表征背斜越发育，而蓝色对应曲率负值区，绝对值越大表征向斜越发育，通过对比发现，现今的苏里格气田所呈现的喀斯特地貌和马家沟组顶面微幅构造预测结果有很强的一致性，对于受多道岩溶沟槽切割形成的局部条带状微幅构造刻画极为精细和准确。

通过连井剖面对比也发现，研究马家沟组所有测试无阻流量大于 10 万方的 I 类井均位于预

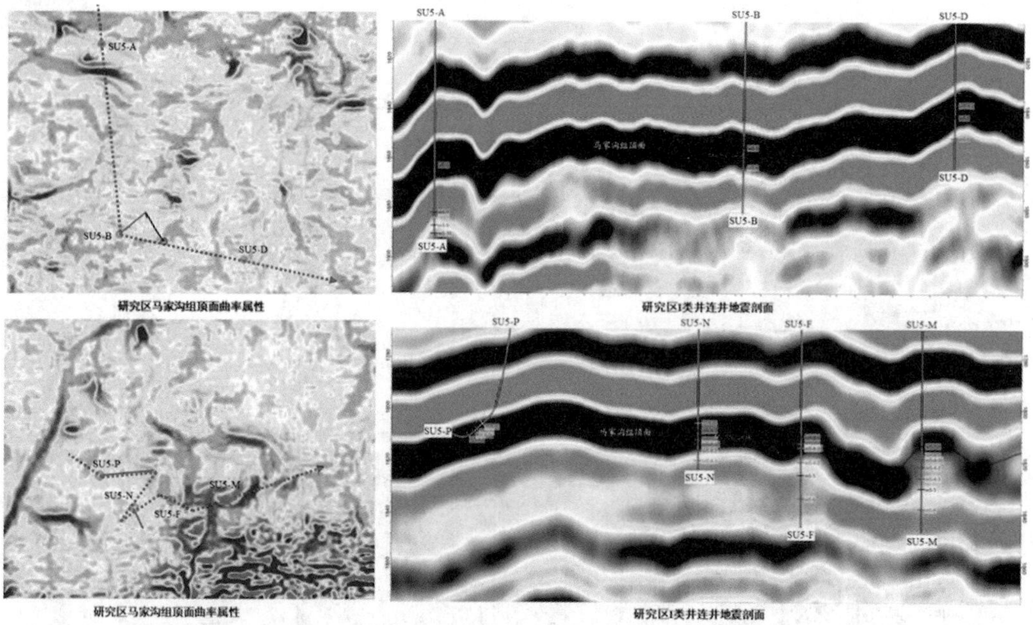

图10　研究区马家沟组顶面微幅构造预测图(左)与高产井连井剖面(右)对比

测的局部微幅构造发育区，对应平面红黄色曲率高正值区，对于碳酸盐岩岩性-构造气藏来说，即为含气性有利区。目前该技术已经作井位部署和有利富集区筛选原则之一应用于苏里格气田马家沟组气藏的生产开发中。

2.4　有利勘探区综合预测

上述三个预测方面的相互匹配构成了该区天然气良好的储集空间。将溶蚀孔洞发育的白云坪或灰云坪沉积区、古地貌恢复的古岩溶残丘和缓坡区、现今微幅构造发育区相叠合，最终落实有利勘探区带，指导井位部署。通过上述技术系列的应用，研究区马家沟组马五段风化壳白云岩储层勘探取得了显著的效果，根据建议井位部署在综合有利区带内的多口新钻井试气效果良好，获得了高产工业气流。马家沟组风化壳白云岩储层已成为苏里格气田"增储稳产"的重要接替层系，为苏里格气田保障产能提供了有力的支持。

3　结论

通过对研究区马五段风化壳储层的地质、地球物理综合研究和对该区实际勘探效果的总结，得到了以下三点结论：

(1) 沉积环境、古岩溶作用和微幅构造三者共同影响苏里格气田岩溶高地风化壳气藏的储层发育。

(2) 马五段层风化壳储层发育情况和表生岩溶作用密切相关，通过古地貌恢复寻找岩溶发育区带尤其是残丘沟槽展布是研究该类型储层的关键。

(3) 微幅构造影响马家沟组风化壳气藏的气水分布，通过最大曲率属性分析技术可以落实正向微幅构造，有效地提高勘探成功率。

参　考　文　献

[1]　罗平，张静，刘伟等. 中国海相碳酸盐岩油气储层基本特征[J]. 地学前缘，2008，15(1)：36-50.

[2]　陈学时，易万霞，卢文忠. 中国油气田古岩溶与油气储层[J]. 沉积学报，2004，22(2)：244-252.

[3]　汪泽成，李宗银，李玲等. 中国古老海相碳酸盐岩油气成藏组合的评价方法及其应用[J]. 天然气工业，2013，33(6)：7-15.

[4]　李浮萍，卢涛，唐铁柱等. 苏里格气田东区下古生界马五41储层综合评价[J]. 石油天然气学报，2012，34(7)：32-37.

[5]　李振宏，郑聪斌. 鄂尔多斯盆地东部奥陶系储层特征及控制因素[J]. 天然气地球科学，2004，15(6)：604-609.

[6]　张岳华，雷卞军，杨勇等. 苏里格南区马五$_4^1$储层特征及控制因素[J]. 天然气技术与经济，2013，7(5)：20-22.

[7]　苏中堂，陈宏德，林良彪等. 靖边气田北部下奥陶统马五$_4^1$段古岩溶储层特征及其控制因素[J]. 矿物岩石，2011，31(1)：89-96.

[8]　杨华，刘新社，张道峰. 鄂尔多斯盆地奥陶系海相碳酸盐岩天然气成藏主控因素及勘探进展[J]. 天然气工业，2013，33(5)：1-11.

[9]　欧阳永林，马晓明，郭小龙等. 利用分频地震属性

进行古风化壳岩溶储层预测—以千米桥潜山凝析气田为例[J]．天然气地球科学，2008，19(3)：381-384.

[10] 龚洪林，王振卿，李录明等．应用地震分频技术预测碳酸盐岩储层[J]．地球物理学进展，2008，23(1)：129-135.

[11] 张宏，董宁，郑浚茂，等．鄂尔多斯盆地东部奥陶系古沟槽三维地震识别方法[J]．石油学报，2010，31(3)：415-419.

[12] 欧阳诚，韩翀，石新等．岩溶高地风化壳有利勘探区的储层地震预测技术—以鄂尔多斯盆地苏5区块马五$_4^1$层为例．天然气工业，2014，34(11)：48-55.

[13] 张庆玉，陈利新，梁彬等．轮古西地区前石炭纪古岩溶微地貌特征及刻画[J]．海相油气地质，2012，17(4)：23-26.

[14] 李宗杰，刘群，李海英等．地震古岩溶学理论及应用[J]．西南石油大学学报：自然科学版，2013，35(6)：9-19.

[15] 庞艳君，代宗仰，刘善华，等．川中乐山—龙女寺古隆起奥陶系风化壳古地貌恢复方法及其特征[J]．石油地质与工程，2007，21(5)：8-15.

[16] 杨华，包洪平，马占荣．侧向供烃成藏—鄂尔多斯盆地奥陶系膏盐岩下天然气成藏新认识[J]．天然气工业，2014，34 (4)：1-8.

[17] 韩翀，陈明江，赵辉等．现代体属性分析技术在风化壳气藏勘探中的应用—以苏里格气田桃7区块马五$_3^1$段为例[J]．物探与化探，2016，40(3)：445-451.

车拐地区火山岩风化壳储层结构识别及测井评价方法

李 静 胡婷婷 高 明 吴晨骁 高子杨

(中国石油新疆油田勘探开发研究院)

摘 要 随着研究的不断深入，风化作用是车拐地区火山岩成为有效储集层的最重要因素，目前，关于火山岩风化壳的研究较少，在国内主要集中在我国东北地区中生代火山岩油气藏。前人已对松辽盆地火山岩风化壳孔隙成因、分布、风化壳发育模式等进行研究，但是对风化壳内部结构特征测井评价欠缺，与准噶尔盆地古生代火山岩风化壳相比，在风化时间、风化壳厚度、风化壳结构及其对储层的影响等方面均存在差异。本文重点对火山岩风化壳结构层测井划分的方法进行分析，该方法基于岩石物理实验分析与常规及特殊测井对风化改造型火山岩储层结构的识别，对火山岩风化壳结构储层特征进行深入定量化的评价，以期后续更好的指导本区火山岩油气勘探与开发。

关键词 有效储集层；风化壳结构；改造型火山岩；定量化评价

1 地质概况

车排子凸起区位于准噶尔盆地西部隆起，其西面和北面邻近扎伊尔山，南面为四棵树凹陷，向东以红车断裂带与昌吉凹陷相接。西部隆起为石炭纪末期开始发育的继承性古隆起，直到侏罗纪受区域性伸展作用的影响，部分古老断裂带复活，局部有冲积扇与河流沉积。早白垩世准噶尔盆地稳定沉降，车排子部分地区接受沉积。古近纪—更新世盆地西缘处于压扭构造环境，沉降中心向西迁移，车排子地区大范围接受沉积。石炭系原岩主要为玄武岩、安山岩、流纹岩、凝灰岩和泥岩，地层经历了长期暴露，为风化壳的形成提供了条件。火山岩风化程度与风化壳结构密切相关，不同结构层储集层物性差别很大，准确评价火山岩风化程度可为划分和评价风化壳结构提供依据。

2 风化壳结构地质特征

车排子地区石炭系遭受长期风化剥蚀，其顶部风化壳广泛发育。从该区数十口井的钻井、录井、测井和岩心资料分析来看，其石炭系顶部风化壳垂向上具层结构，“三分法”更为适用，自上而下依次为风化黏土层、水解层、淋滤层。

2.1 风化黏土层

风化黏土层位于石炭系顶部风化壳最上部，在不整合面以下，是在物理风化的基础上，在生物化学风化作用改造下形成的细粒残积物。该区风化黏土层主要为红色、紫红色、灰绿色泥岩(矿物完全蚀变，以高岭石、伊利石等黏土矿物为主，厚度为0~20 m。风化黏土层富含高岭石等黏土矿物，在其后的压实作用等成岩作用下易形成致密黏土岩，孔隙和裂缝发育程度差.

2.2 水解层

水解层是火山岩强蚀变后的产物，以火山岩细小颗粒和泥岩为主。岩石常呈紫红色、灰绿色、杂色，黏土化程度达50%~80%，岩石因强氧化和蚀变作用，岩石破碎，常呈角砾状构造，网状缝发育，岩石密度相对较小，厚度8~92m。岩石总体氧化性强，蚀变为赤褐铁矿，长石发生黏土化，斜长石见绢云母化，暗色矿物发生绿泥石化、帘泥石化等。

2.3 淋滤层

淋滤层是火山岩较弱蚀变后的产物，以火山岩碎块为主。岩石较致密，呈灰-深灰色，风化作用较弱，黏土化仅20%~50%，局部破碎，厚度为20~225m。岩性主要为安山岩、安山玄武岩、凝灰岩、玄武岩、英安岩，泥岩淋滤层不太发育。岩石总体氧化程度较弱，长石主要发生黏土化，斜长石见绢云母化，暗色矿物蚀变为绿泥石和形成溶孔。安山玄武岩、玄武岩见气孔和杏仁构造，杏仁为方解石和绿泥石等充填。

淋滤层由于流体系统互连通，离子迁移较快，流体溶蚀性较强，风化作用影响较弱且交代充填作用较弱，导致该结构层渗透性最好。

3 车拐地区火山岩风化壳测井评价

前期岩石风化程度研究多集中于工程地质方面，前人提出了20余种岩石风化程度评价、划分的化学风化指数模型，这些模式均是基于岩石地球化学参数提出的。钻井过程中系统取心井少，且分布不均匀，对于未系统取心的火山岩风化壳，无法利用岩石地球化学参数评价其风化程度。为此，本文提出了利用测井资料评价火山岩风化程度及火山岩风化壳有效储集层的方法和模型。

3.1 火山岩风化壳有效储集层评价

火山岩风化壳不同结构层的储集层有效性不同，有效储集层主要发育于淋滤带内，此为定性判断依据，如何定量评价风化壳有效储集层，目前尚未见适合本区的研究。为此提出利用测井资料评价火山岩风化壳有效储集层的方法和模型。

原状火山岩中，从基性火山岩到酸性火山岩自然伽马值一般是增大，密度、速度和电阻率降低；从熔岩、过渡岩类向角砾岩类，密度和速度减小。由于火山岩差异风化，在相同环境下，火山岩从基性岩到酸性岩，风化强度由弱到强，导致密度、速度、电阻率降低，放射性增大。基于对不同岩性火山岩岩心样品及测井资料的分析，建立不同岩性火山岩电性参数随风化和破碎程度的变化关系图版。根据火山岩测井响应与风化程度密切相关的特点，建立反应储集层发育程度的储集层变化指数(C_i)模型、反应储集层孔隙度变化的孔隙度变化指数(P_i)模型以及黏土化程度的模型(S)：

$$P_i=f(DEN、CNL、AC、RG)$$

$$C_i=f(DEN、CMR)$$

$$S=f(R_t、CNL、DEN、AC)$$

利用 C_i 和 P_i 的相互关系，构建 $CP=C_i-P_i$，同时结合黏土化程度 S 共同判断火山岩风化壳有效储集层发育段：

当 $CP>0.6$，S<75 时，为有效储集层发育段，其S值越小有效储集层越发育：$S<40$ 时(对应孔隙度大于12%)为优质有效储层。

利用上述方法，对50口井不同层不同岩性火山岩风化壳进行有效储集层评价，符合率达93%以上。

3.2 火山岩风化程度评价

火山岩风化程度与风化壳结构密切相关，不同结构层储集层物性差别很大，准确评价火山岩风化程度可为划分和评价风化壳结构提供依据。基于对30口钻遇风化壳取心井样品及测井资料的研究，建立利用测井资料划分火山岩风化壳结构的风化指数模型，同时也是借助S于CP两者的关系(如图1，表1)

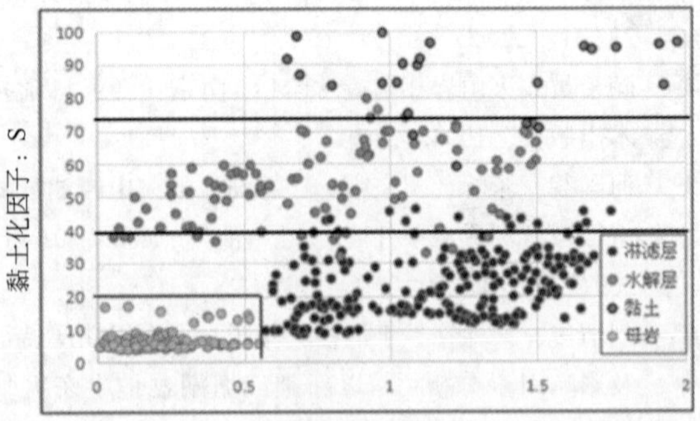

图1 石炭系风化壳结构划分图版

表1 风化壳结构主因子量化表征

风化壳结构	黏土化因子/S	孔缝因子/CP
风化黏土层	S>75	CP>0.6
水解层	40<S<75	CP>0
淋滤层	S<40	CP>0.6
原岩	S<20	CP<0.6

由此根据两者结合可定性判断火山岩风化壳储集层的主要发育层段。

4 结论

以岩心实验、测录井为基础，针对火山岩风化壳结构及风化程度的表征方法所面临的问题，通过研究得出以下认识与结论：

(1)技术方面：解决了火山岩风化壳结构定量评价的问题，通过引入常规测井资料及特殊测井资料计算得到的储集层综合指数与黏土化指数作为结构划分的重要参数，使得火山岩风化壳由定性评价到定量的结构划分，解释精度得到了提高。

(2)地质应用方面：车拐地区石炭系顶部风化壳，具有层状结构，垂向上可以划分为风化黏土层、水解层及淋滤层。风化黏土层和水解层物性差，淋滤层物性较好，是重点开发层。

参 考 文 献

[1] 王璞珺，迟元林，刘万洙，程日辉，单玄龙，任延广．松辽盆地火山岩相：类型、特征和储层意义[J]．吉林大学学报：地球科学版，2003，33(4)：449-456.

[2] 王璞珺，吴河勇，庞颜明，门广田，任延广，刘万洙，边伟华．松辽盆地火山岩相：相序、相模式

与储层物性的定量关系[J]. 吉林大学学报：地球科学版，2006，36(5)：805-812.

[3] 蔡国钢，张坤，刘立，张晓英. 辽河盆地东部凹陷中部火山岩储层特征研究[J]. 海洋石油，2003，23(2)：32-37.

[4] 陶奎员. 火山岩相构造学[M]. 南京：江苏科学技术出版社，1994.

[5] 何国貌，张峰，王文霞. 三塘湖盆地火山岩油气藏特征及有利成藏条件[J]. 吐哈油气，2004，9(4)：309-311.

[6] 刘清俊，聂保锋，于炳松，张聪. 火山岩储层特征及影响因素分析——以新疆三塘湖盆地牛东区块为例[J]. 大庆石油地质与开发，2011，30(1)：25-31

[7] 张艳，舒萍，王璞珺，郑常青，单玄龙. 陆上与水下喷发火山岩的区别及其对储层的影响——以松辽盆地营城组为例[J]. 吉林大学学报：地球科学版，2007，37(6)：1259-1265.

[8] 袁明生，张映红，韩宝福，王大锐. 三塘湖盆地火山岩地球化学特征及晚古生代大地构造环境[J]. 石油勘探与开发，2002，29(6)：32-34.

[9] 刘蓓蓓，柳成志，于海山，刘大为，张慧. 新疆马朗凹陷石炭系火山岩储层特征及成因机制分析[J]. 科学技术与工程，2011，11(16)：3615-3621.

高泉地区变速成图方法研究

叶 迪 王晓涛 陈 勇 胡可扬 郑 伟

(中国石油新疆油田公司勘探开发研究院)

摘 要 准噶尔盆地南缘冲断带西段四棵树凹陷高泉背斜高探1井获重大突破，开启了该区勘探新里程，为落实探明储量，需精细速度研究落实构造形态及高点。本文分析了以往速度建场和变速成图方法应用于山前复杂构造成图存在的问题和不足。依据研究区地质和速度资料特点，改进了速度校正方法，建立了研究区全层系速度结构三维框架模型，开展了三维模型约束的井震联合速度校正，得到了可靠的速度横向变化趋势；针对速度纵向上的岩性变化，开展了多数据驱动的层速度反演；通过融合井震联合校正速度和反演层速度优势，直观地体现了层速度在空间上的变化，校正后速度符合区域井变化规律，速度精度高，为研究区圈闭形态及高点落实提供了可靠的依据。

关键词 准噶尔盆地南缘；高泉背斜；全层系速度；多数据驱动；圈闭

1 引言

2019年初准噶尔盆地南缘山前冲断带西段四棵树凹陷高泉背斜区高探1井在下组合首次获重大突破，试油产量高达千方，证实四棵树凹陷周缘下组合具备大型油气藏条件，凹陷南北多层系构造圈闭群是下步勘探重要目标。前期研究区地震勘探程度低，主体以二维侧线覆盖、年代跨度大，圈闭难以精确落实。2018年底部署采集高探1井三维地震，三维地震资料相对二维老资料整体波组关系更清楚，成像改善突出，但是研究区存在表层低速砾岩、浅层高速砾岩、低速膏泥岩异常体，难以建立精确的速度场，圈闭高点及形态难以落实。

以往变速成图方法以地震速度为主，求取层间地震平均速度，在平面上进行井震联合校正，针对速度异常体以恒速填充，不能反映速度在空间上的变化，技术流程缺少质控手段。

本次研究提出了一种新的速度建模流程，系统分析了测井和地震速度资料，将地震速度与井速度、VSP速度、层位断层、井分层无缝整合，构建了以地质指导、分层分结构、多数据驱动的动态速度模型。

2 基础速度资料分析

2.1 区域井速度分析

沉积岩中的同地层的地质年代，岩性基本上是一致的，同一层的速度变化趋势与埋深、岩性和物性有较好的关联。地下真实速度特点之一是速度在剖面上成层分布，各层之间存在较为明显的差别，层速度在纵向上和横向上均随着岩性产生变化，地层层速度与岩性密切相关。

针对研究区井少，速度研究横向上难以控制，对准噶尔盆地南缘已钻井层速度进行统计分析。地表砾岩层有200~300m的低速沉积段，速度1500~2000m/s；进入成岩段后为高速砾岩地层，速度随埋深增加而增大，层速度在3500~4500m/s，与下覆上第三系独山子组地层相比为高速地层。独山子组层速度变化范围在2000~3000m/s之间；塔西河组层速度变化范围在3000~4000m/s之间；沙湾组地层速度较稳定，与上覆塔西河组地层速度相比为高速地层，层速度在4400m/s左右。下第三系整体速度稳定，安集海河组泥岩层速度3200m/s左右，下覆紫泥泉子组砂岩层速度在4200左右。白垩系地层层速度较稳定，层速度在4200m/s左右。

2.2 地震速度分析

研究区三维叠前时间偏移处理资料相对二维老资料整体波组关系清楚，第四系浅层高速砾岩成像改善突出。高速砾岩底界在地震上表现为南北向锯齿状强能量反射，与同向轴无关，平面上分布广。结合地质露头及测井资料(图1)分析，工区内高速砾岩可细分为三个期次冲积扇沉积；高速砾岩下覆第四系和新近系独山子组底层岩性为砂砾互层；塔西河组膏泥岩发育较厚，从测井

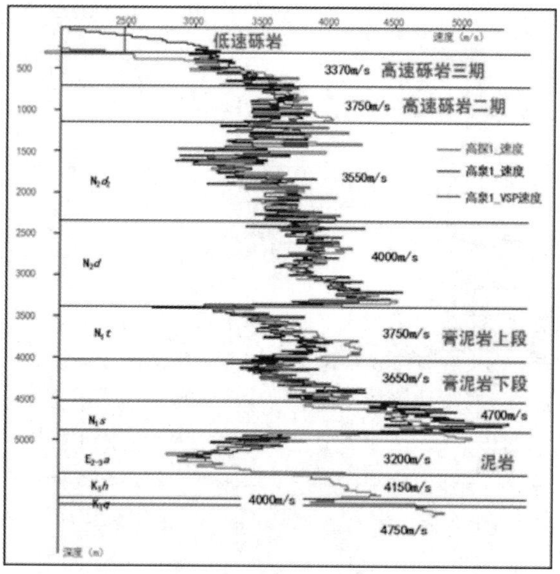

图1 高探1-高泉1井速度叠合图

资料分析，声波曲线为低—高两个台阶，纵向上可细分为两段：上膏泥岩段和下膏泥岩段。总体速度纵横向结构复杂。

研究区三维地震速度谱点平面上拾取密度大，速度在横向上变化趋势可靠；纵向上近地表速度为静校正微测井约束层析反演速度，由于以往微测井利用率低，可靠性低。浅层高速砾岩与北部第四系砂砾岩互层相对低速较清楚，但是求取高速砾岩层速度，平面变化范围2650~5000m/s，比区域井统计变化梯度大。高速砾岩以下地层地震层速度成层性差，横向存在速度突变，纵向对岩性反映不敏感，与测井速度存在差异，速度纵横向变化与地质解释存在矛盾(图2)。

3 速度校正方法

3.1 全层系速度框架模型的建立

本次研究为了实现速度体校正，搭建了研究区全层系速度框架实体模型。地震地质解释是建模的基础数据，开展了精细井震标定、全层系地震地质精细解释。建模过程中将高速砾岩底界作断面处理，但并无断距的概念，目的是将高速砾岩和塔西河组膏泥岩分层、分块、分期次，纵横向精细刻画速度边界(图3)，为后续细化速度分层、分块充填作准备。

3.2 三维模型约束的井震联合层速度校正

研究区属于勘探新区，井资料少，只有一口井，主要的速度资料来源于地震资料处理中的叠前时间偏移速度谱资料。速度谱资料对于不同的地质层位，其岩性的速度值往往与实钻井存在误差，因此需要对地震速度谱进行校正。

对于速度结构复杂的研究区块，精确落实构造，弄清楚每一层的层速度变化是关键，层速度可由速度谱通过dix公式求取。地震速度谱求取的层速度与测井声波时差求取的层速度曲线频率一不样，难以直接实现残差校正。解决的办法是利用地质层位平均速度进行校正，分别求取地震和测井各层平均速度，以测井各层平均速度为标准，校正地震速度的各层平均速度。校正后的层速度体井点处各层平均速度与测井速度一致，横向变化幅度与原始地震层速度一致(图4)。该速度校正流程与常规方法不同的地方在于利用实体速度框架模型实现了速度体的校正。

3.3 全层系反演层速度体的建立

通过实体模型约束的井震联合层速度校正得到了对井一致、横向变化趋势可靠的层速度体，但是各层速度为加权平均速度，是横速充填，纵向不能反映岩性变化，单一数据道上曲线难以体现同一岩性在深度上的压实趋势，不能直观体现

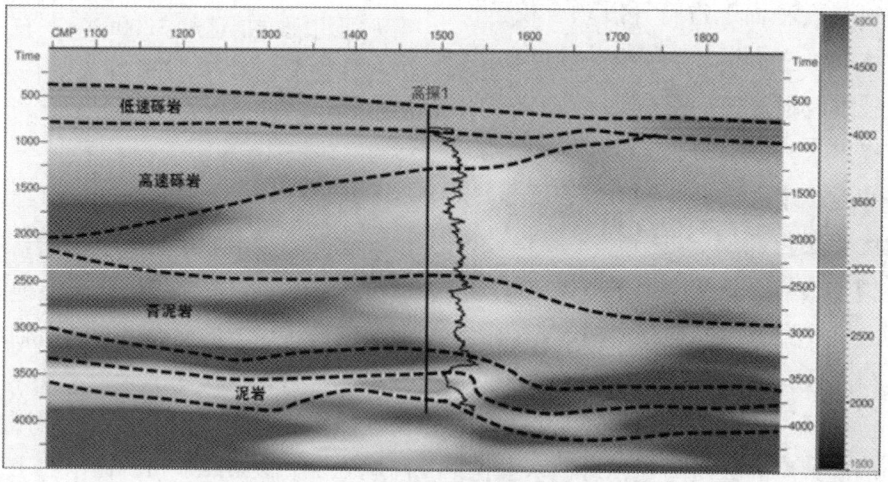

图2 研究区地震处理速度转层速度剖面

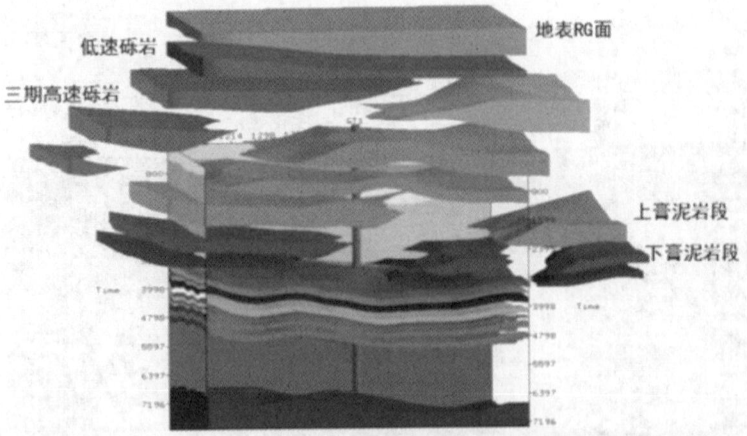

图3　研究区全层系分层分块框架模型

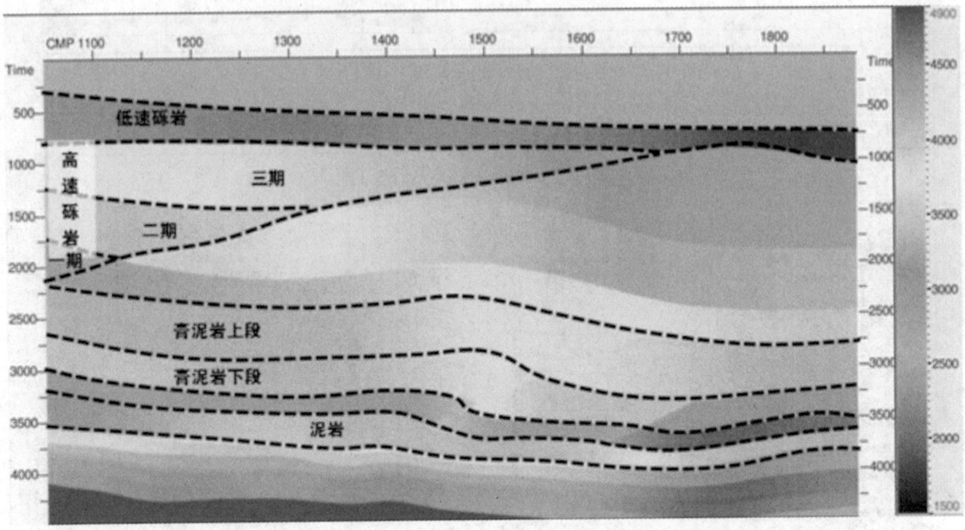

图4　三维模型约束井震联合校正层速度剖面图

速度在纵向上的变化。而静校正中层析反演速度和常规地震反演层速度能很好地体现速度在纵向上的变化。

3.1.1　深微测井约束的近地表层析反演

深微测井对本研究区速度精细研究至关重要。研究区内以往微测井较多，但由于年代跨度大，可利用率低，且微测井没有钻穿表层低速砾岩，速度结构一直难以落实。研究区有四口深微测井，完钻井深600多米，钻穿低速砾岩，层析反演在纵向上井控程度高，降低了反演过程中的多解性，纵向速度结构及变化趋势得以落实。

3.1.2　井控地震层速度反演

在地震资料品质好的情况下，要进一步提高反演的可靠性，主要落脚点在于反演过程中的井控程度。本次层速度反演研究充分利用钻测井资料，分层分块进行细化质控。深微测井钻遇高速砾岩400多米厚，对浅层高速砾岩区和低速砂砾互层区井控非常关键。高速砾岩段利用深微测井1001井和高探1井测井数据质控；工区北部浅层第四系低速互层利用深微测井1009井和地震层速度质控；第四系以下地层用高探1井测井数据质控，反演纵横向井控程度高，反演结果纵向岩性反映可靠(图5)。

4　速度体之间的变速融合

研究区井震联合校正的层速度具有可靠的横向变化趋势，但是变化幅度与区域井统计大；以往速度校正中对这种不符合区域井速度变化的速度谱点认为是异常速度，直接进行剔除；纵向不能反映岩性变化，特别是深层成像对速度不敏感。反演层速度具有较好的纵向岩性变化，井控程度高，分辨率高，但是没有横向变化。如何把两个速度体的优势结合起来，就能还原地下真实速度结构和纵横相变化。

数据体之间的融合可通过小波分解实现，小

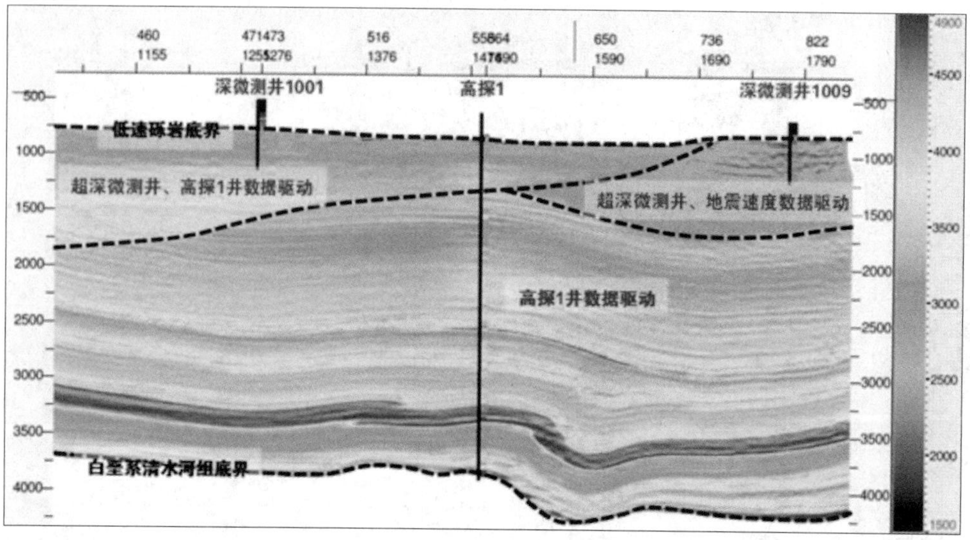

图5　井控反演层速度剖面图

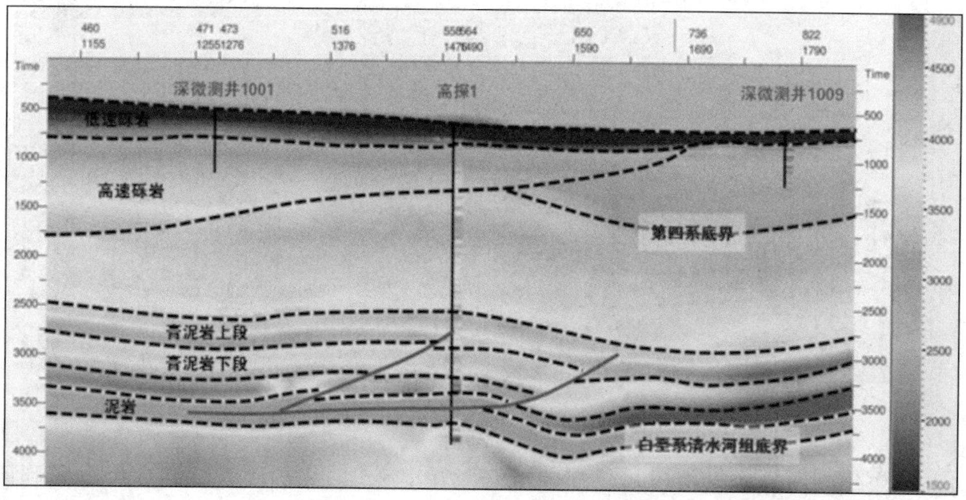

图6　变速融合层速度剖面图

波分解的原理为：设$\{V\}_{eL}$是空间$L^2(R)$的一列相互嵌套的闭合子空间，φ是尺度函数，ψ为小波函数，c^0为数据序列，对其建立函数$f(x)=\sum_n c^0\varphi_{ln}$，当某个$j\in Z$，$j>0$，函数$f(x)\in V_1$，可分解成：

$$\text{低频趋势：}S_i f(x)=\sum_{n=-\infty}^{\infty} c_n^j\varphi_{j,n}(x)$$

$$\text{高频细节：}D_i f(x)=\sum_{n=-\infty}^{\infty} d_n^j\psi_{j,n}(x)$$

将两个速度体分解为低频趋势和高频细节，结合区域井变化规律，将井校地震层速度低频趋势和反演重构速度体高频细节部分在三维模型约束下分层分块进行融合。从融合变速充填层速度剖面(图6)可以看出层速度与井上速度一致性较好，既保留了井校地震层速度横向变化，同时保留了反演层速度体的纵向岩性变化，实现了分层分块层速度体的纵横向变速充填，还原了地下真实速度结构和纵横向变化。

融合层速度体体现了地质指导、分层分结构、多数据驱动的完美结合。提取高速砾岩和膏泥岩层速度，高速砾岩速度范围2700~4500m/s，膏泥岩速度范围3450~3950m/s，符合区域井变化规律；正钻井最深已钻至沙湾组，最大误差12m，误差小，说明速度精度高。研究区钻井工程问题突出，该速度也可用于压力预测，同时也可为地震处理深度域偏移成像速度建模提供精确的初始模型。

5　认识与结论

(1)通过地表调查及钻井揭示，研究区存在浅层西域组高速砾岩及塔西河组膏泥岩，对目的层构造成图精度带来影响，难以精确落实构造形态及高点。

(2) 针对研究区块速度特点，利用复杂构造地质建模技术实现了分层、分块、按沉积规律分期次填充层速度，准确刻画了速度异常体边界；通过残差校正消除了地震层速度与测井速度误差，得到井震联合的层速度。

(3) 利用井震联合校正层速度、地震反演速度的融合控制层速度技术手段，得到了符合区域井变化规律的层速度，提高了变速成图精度。

参考文献

[1] 孙均．山前复杂构造带变速成图速度研究[J]．工程地球物理勘探，2013，6(10)：880-884.

[2] 张珺．加蓬盐下复杂构造区井控高精度变速成图的方法研究[J]．物探与化探，2017，41(3)：535-541.

[3] 许海涛，景海璐，阿依努尔等．准噶尔盆地南缘复杂构造变速成图方法及效果分析[J]．特种油气藏，2012，19(2)：50-53.

[4] 许海涛，景海璐，阿依努尔等．山前砾岩区下伏构造速度建场及成图技术[J]．特种油气藏，2010，17(1)：29-32.

[5] 乐友喜，刘陈希，问雪等．变速成图速度场随机建模的不确定性分析[J]．石油地球物理勘探，2016，51(4)：714-720.

渤海海域南部盆缘凹陷湖相优质烃源岩发育主控因素

王飞龙　王德英　汤国民　潘文静　陈容涛

（中海石油（中国）有限公司天津分公司）

摘　要　盆缘凹陷位于盆地边缘、远离主体凹陷，明确渤海海域凹陷面积占比达38%的盆缘凹陷优质烃源岩发育主控因素意义重大。本文通过烃源岩有机碳、生物标志物、孢粉相等分析，探讨了盆缘凹陷优质烃源岩发育主控因素。研究表明：南部盆缘凹陷烃源岩非均质性强；陆源输入越少越利于优质烃源岩发育，而水体盐度则呈现"微咸促富集、咸化利保存"的优质烃源岩特征；南部盆缘凹陷陆源输入相对较少，且水体盐度较高，最有利优质烃源岩发育。

关键词　渤海海域；盆缘凹陷；优质烃源岩；陆源输入；水体盐度；生烃潜力

盆缘凹陷是指位于盆地边缘、紧邻盆外隆起区、远离主体凹陷的凹陷或者洼陷。盆缘凹陷距离盆外大物源近物源供给量充足、抬升改造强烈导致可容纳空间大幅减小、水体变浅导致强还原环境难以维持，不利于优质烃源岩发育；埋深浅导致地温低，烃源岩热演化程度不够，因此，资源潜力有限。事实上，渤海海域目前油气勘探发现主要集中在富烃凹陷，而盆缘凹陷虽然占据了渤海海域凹陷面积的38%，但其资源量仅占6%，勘探成效不佳。然而，随着勘探程度的不断加深，富烃凹陷勘探难度越来越大，而盆缘凹陷勘探面积大，有巨大勘探领域拓展空间，重要性日益突出，盆缘凹陷优质烃源岩发育控制因素研究迫在眉睫。

1　地质背景

渤海海域隶属于渤海湾盆地，是整个渤海湾盆地新生代沉降中心，主要可以划分为12个（低）凸起和14凹陷，其中盆缘凹陷主要包括7个：辽西凹陷、辽东凹陷、秦南凹陷、渤东凹陷、庙西凹陷、莱州湾凹陷和青东凹陷。由于盆缘凹陷地处盆地边缘，多受到郯庐断裂强烈改造，凹陷进一步细化又可为18个次级洼陷。目前钻井资料揭示的地层来看，自下而上主要发育孔店组、沙四段、沙三段、沙一二段、东三段、东二段、东一段、馆陶组、明化镇组和平原组12套沉积地层，除沙三段、沙一二段和东三段三套主力烃源岩之外，多个盆缘凹陷还普遍发育沙四段烃源岩（图1），具有生成油气的可能性。

然而从盆缘凹陷钻探成效来，油气发现存在巨大差异，辽西凹陷、辽东凹陷、渤东凹陷几乎尚未发现规模型油气藏，莱州湾凹陷和庙西凹陷则发现蓬莱15-2、垦利10-1和垦利16-1等多个大中型油田，反映不同盆缘凹陷优质烃源岩存在巨大的差异性，因此，揭示渤海不同盆缘凹陷优质烃源岩发育的主控因素，对于下一步盆缘凹陷勘探具有主要指导意义。

2　盆缘凹陷优质烃源岩地球化学特征

由于盆缘凹陷普遍埋深较浅，烃源岩热演化程度整体相对较低，从现今各套烃源岩热演化程度来看，盆缘凹陷东三段和沙一二段烃源岩整体处于未熟-低熟阶段，Ro普遍是小0.5%，凹陷中心地区可能超过了0.5%，但是，成熟面积有限，生烃潜力较小，少数盆缘凹陷沙一二段埋深相对较深，例如，庙西凹陷沙一二段埋藏较深，可作为主力供烃源岩。而沙三段和沙四段烃源整体岩热演化程度相对较高，大部分地区都超过0.5%（图2），因此，沙河街组烃源岩是渤海海域盆缘凹陷油气来源的主力供烃源岩。

2.1　烃源岩分布特征

渤海南部盆缘凹陷主要包括：庙西凹陷、黄河口东洼、莱州湾凹陷，又可细化多个次级洼陷，古近系自下而上主要发育有四套烃源岩层（表1）。受构造演化影响研究区不同浅盆各段烃源岩层展布特征差异较大，孔店组地层仅在庙西南洼与莱州湾东北洼有局部残留，且暂未发现有效生烃能力，故文中未加以探讨。

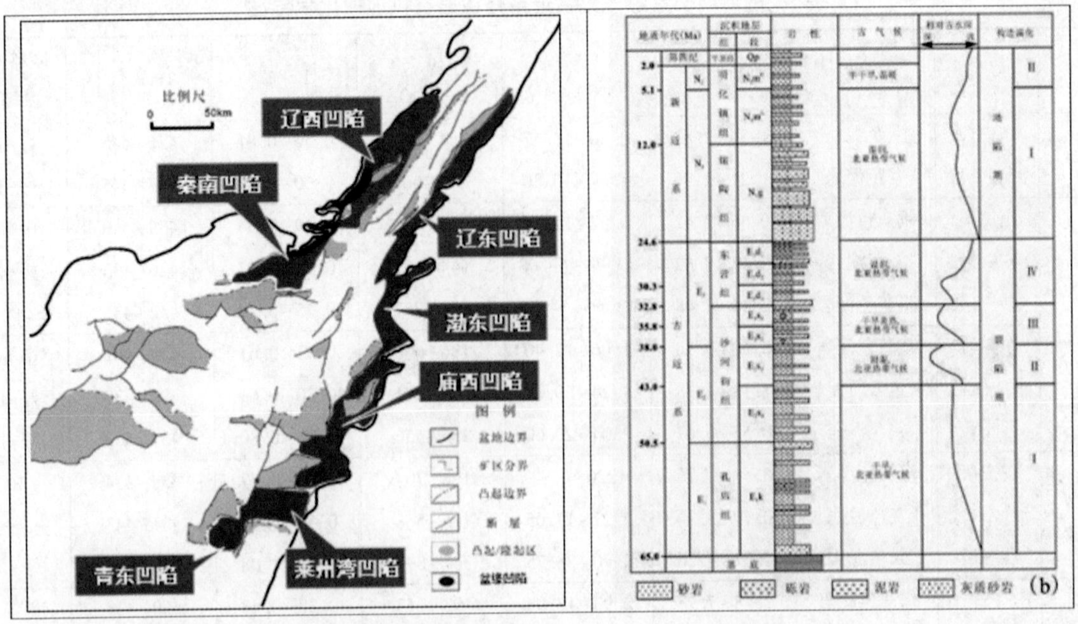

图 1 渤海海域盆缘凹陷分布范围及结构特征

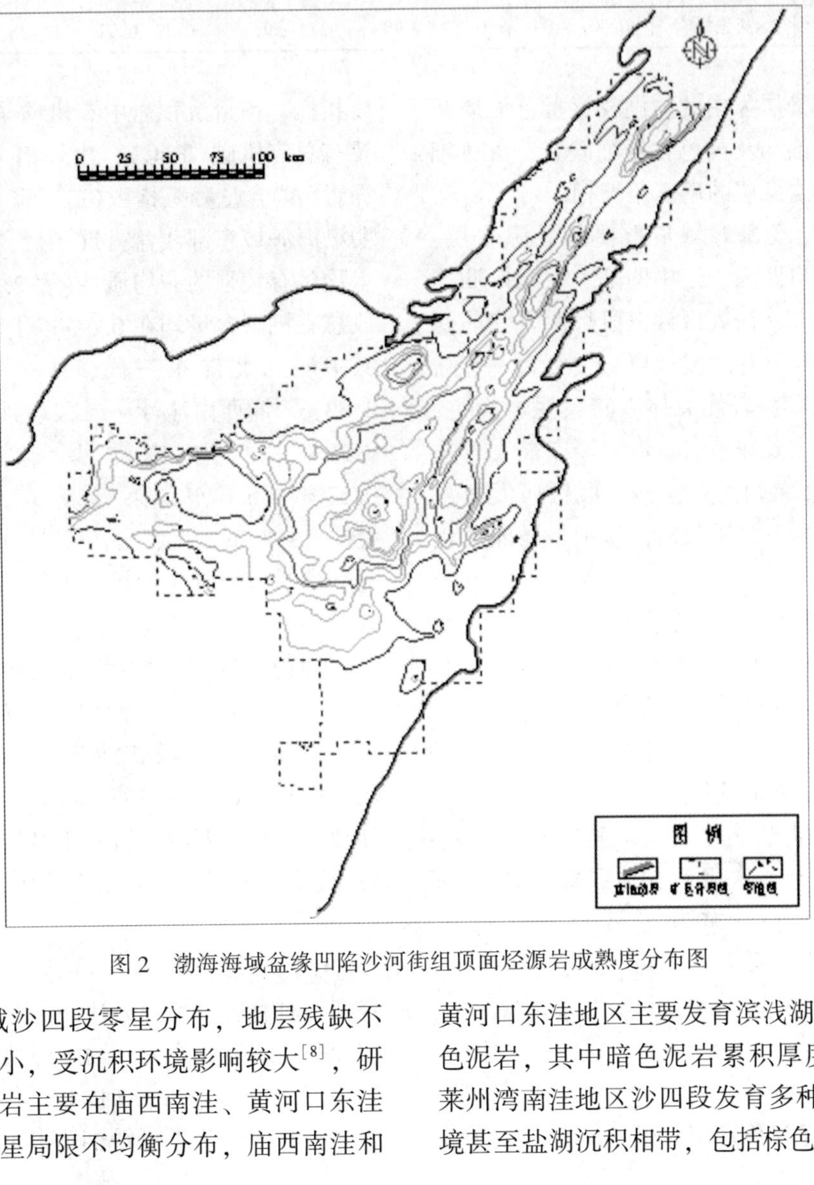

图 2 渤海海域盆缘凹陷沙河街组顶面烃源岩成熟度分布图

① 渤海海域沙四段零星分布，地层残缺不全，盆地范围狭小，受沉积环境影响较大[8]，研究区沙四段烃源岩主要在庙西南洼、黄河口东洼和莱州湾南洼零星局限不均衡分布，庙西南洼和黄河口东洼地区主要发育滨浅湖相褐色泥岩与绿色泥岩，其中暗色泥岩累积厚度在 200m 以上，莱州湾南洼地区沙四段发育多种半咸水–咸水环境甚至盐湖沉积相带，包括棕色泥岩为主的干旱

表 1　渤海南部盆缘洼陷古近系烃源岩有机地球化学特征

凹陷	层位	岩性	TOC/%	(S_1+S_2)/(mg/g)	I_H/(mg/g)	Ro/%	Tmax/℃	烃源岩评价结果
庙西北洼	东三段	灰色泥岩	1.54~2.83	8.46~15.37	274~574	0.50~0.81	435~445	好-优质
	沙一二段	灰色泥岩	1.21~2.46	4.67~10.36	217~600	0.60~0.89	437~445	好-优质
庙西南洼	东三段	褐灰色泥岩	0.66~2.42	1.52~11.65	216~710	0.29~0.34	435~440	中等-好
	沙一二段	灰色泥岩	2.46~8.62	13.74~69.08	544~791	0.30~0.33	426~435	好-优质
	沙三段	褐灰色泥岩	2.44~4.48	13.56~34.77	469~757	0.25~0.30	432~435	优质
黄河口东洼	东三段	浅灰色泥岩	0.50~3.33	1.06~12.40	186~600	0.32~0.61	434~442	中等-好
	沙一二段	灰色云质泥岩	1.18~4.78	4.24~20.64	341~471	0.30~0.61	436~438	好-优质
	沙三段	灰色泥岩	0.57~6.67	2.04~29.60	256~556	0.30~0.80	432~443	好-优质
莱州湾东北洼	东三段	绿灰色泥岩	0.58~1.76	1.20~6.82	198~707	0.42~0.77	439~444	中等
	沙一二段	灰色泥岩	0.79~3.14	2.27~17.65	116~568	0.59~0.78	431~443	中等-优质
	沙三段	灰色泥岩	0.61~4.26	2.70~28.75	387~897	0.75~1.08	432~447	好-优质
莱州湾南洼	东三段	绿灰色泥岩	1.48~7.97	2.93~17.08	193~213	0.38~0.43	430~438	中等-好
	沙一二段	灰色泥岩	0.51~1.14	0.72~2.00	133~173	0.38~0.50	429~437	中等
	沙三段	绿灰色泥岩	0.50~7.75	0.74~60.47	114~759	0.45~0.61	426~436	好-优质
	沙四段	绿灰色泥岩	0.50~5.09	1.39~30.79	242~592	0.48~0.92	428~435	中等-优质

湖泊相、白色石膏层为主的盐湖相、黄色泥质灰岩为主的咸化湖泊相及黄色含砾细砂岩、黄色细砂岩、黄色粉砂岩互层的扇三角洲相；

② 沙三段是渤海海域最重要的烃源岩层，在渤中凹陷、歧口凹陷、辽中凹陷、黄河口凹陷等深盆广泛分布[9]，研究区沙三段烃源岩除庙西北洼外，也均广泛发育此段地层，主要为一套陆相湖盆碎屑岩沉积，岩性总体以暗色泥岩为主，夹少量灰质粉砂岩及细砂岩，泥岩厚度最大可达500余米，其中，莱州湾南洼沙三段钻遇大套灰质泥岩、含灰泥岩及泥质灰岩，显示了局部咸化的特征；

③ 沙一二段烃源岩在全区广泛分布，为重要烃源岩层系之一，以辫状河三角洲与微咸-半咸水环境的滨浅湖沉积为主，发育暗色泥岩、生屑白云岩、生屑灰岩，见厚层砂(砾)岩，其中暗色泥岩厚度在100m以上；

④ 东营组烃源岩为渤海海域特有烃源岩层系，远比周围陆地油区发育，在研究区均有分布，尤其在庙西北洼东营组最大厚度可达1200m，岩性主要为深灰色泥岩夹薄层灰褐色泥岩，泥岩含量最高可达100%，属淡水环境的半深湖-深湖相沉积。

2.2　有机质丰度

有机质丰度是评价烃源岩生烃能力的一项重要指标，衡量沉积岩中有机质丰度的常用指标主要有总有机碳(TOC)、生烃潜力(S_1+S_2)、氯仿沥青“A”含量和氢指数(I_H)等。分析测试结果表明渤海海域东部浅盆古近系烃源岩纵向上与横向上均具有较强的非均质性(表2.1-2)。研究区各段总有机碳含量均在0.5%以上，为有效烃源岩，其中庙西北洼东三段、沙一二段为1.21%~2.83%，庙西南洼沙一二段、沙三段为2.44%~8.62%，黄河口东洼沙一二段、沙三段为0.57%~6.67%，莱州湾东北洼沙三段为0.61%~4.26%，莱州湾南洼东三段、沙三段、沙四段总有机碳含量较高，最高可达7.97%；生烃潜力(普遍大于10mg/g，最大可达69.08mg/g)、氯仿沥青“A”含量和氢指数均表现出相似的规律。综合来看，庙西北洼东营组和沙一二段、庙西南洼沙一二段和沙三段、黄河口东洼沙三段、莱州湾东北洼沙一二段和沙三段、莱州湾南洼沙三段和沙四段有机质丰度较高，总体评价为好-优质烃源岩，具有很大的生烃潜力。

2.3　有机质类型

不同来源、组成的有机质生烃潜力有较大的差别，对有机质类型进行评价有助于更清晰地认识烃源岩的生烃能力。渤海海域优质烃源岩有机质类型以Ⅰ型、$Ⅱ_1$型和$Ⅱ_2$型为主，少数为Ⅲ型。研究区东营组烃源岩有机质类型以$Ⅱ_1$-$Ⅱ_2$

型为主，沙河街组有机质类型以$Ⅱ_1$－Ⅰ型为主，总体具有有机质类型好、排烃早、排烃效率高的特点。

2.4　有机质成熟度

成熟度指标是衡量有机质向油气转化程度的重要参数，通过镜质体反射率(R_o)与最高热解峰温(T_{max})定量评价研究区烃源岩有机质成熟度。分析测试结果表明研究区烃源岩热演化程度总体较低，且变化较大，包含了低熟烃源岩与成熟烃源岩混合贡献，R_o值在0.25%～1.08%之间。庙西南洼烃源岩层、黄河口东洼烃源岩层及莱州湾南洼东三段与沙一二段有机质成熟度总体上偏低，R_o值大多分布在0.25%～0.5%区间，少见大于0.5%，表现出低熟特征；庙西北洼东营组、沙一二段，莱州湾南洼沙四段与莱州湾东北洼烃源岩有机质成熟度较高，Ro值多分布在0.5%以上区间，显示其均已进入成熟演化阶段。

综上所述，针对渤海南部盆缘凹/洼陷勘探时，庙西北洼应该围绕东三段和沙一段烃源岩，庙西南洼和黄河口东洼主要围绕沙三段和沙四段烃源岩，莱州湾东北洼沙河街组烃源岩都为优质烃源岩，莱州湾南洼则主要围绕沙四段烃源岩勘探。

3　盆缘凹陷优质烃源岩发育主控因素

3.1　陆源输入对优质烃源岩形成的影响

沙河街组是渤海盆缘凹陷的主力烃源岩，沉积时期深水湖湘主要发育在渤中凹陷，而盆缘凹陷受物源影响较为严重，陆源输入广泛分布，粗粒沉积占据盆缘凹陷大部分区域(图3)，尤其是北部辽东湾地区最为严重，存在多向物源供给，辽东湾盆地整体呈现细长条形状，东西两侧分布两个大物源，西部为燕山褶皱带，东部为胶辽隆起，陆源输入强烈，目前识别的水系就高达11条，同时，内部还存在辽西低凸起和辽东凸起两个小物源，辽东凹陷几乎沉积的都是砂体，缺少泥岩，烃源岩发育条件差，而辽西地区存在局部的深水相和滨浅湖沉积，可以形成局部优质烃源岩。在辽西中洼的中央构造带发育了一条反向断层，有效的阻挡了西侧陆源输入，断裂东侧形成局部安静水体，形成局部优质烃源岩，可以作为临近构造的油源。秦南地区相较辽东湾地区略好，但整体也受到燕山褶皱带物源的强烈影响，陆源输入较大，深水和滨浅湖沉积范围小，优质烃源岩分布范围小，但是秦南东洼位于陡坡带，

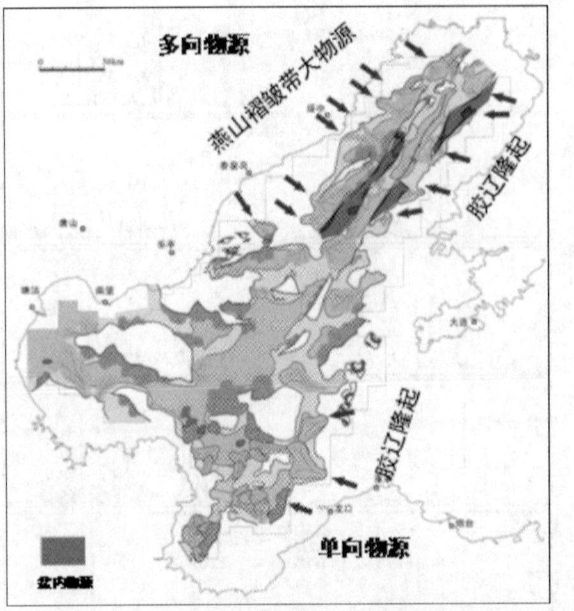

图3　渤海海域沙河街组沉积相图及物源特征

靠近渤中凹陷，距离燕山褶皱带较远，陆源输入经历长距离缓坡带，对秦南东洼影响相对较弱，在陡坡带地区形成局部优质烃源岩，可以作为局部构造供烃源岩。

到渤海南部地区物源影响相对减弱，陆源输入较北部凹陷少，虽然深水沉积范围有限，但是滨浅湖沉积几乎连片(图3)，烃源岩发育条件相对较好，基于微量元素定量分析，当陆源输入相对增加时，烃源岩品质快速降低，而陆源输入相对较少时，即使沉积环境存在短暂的氧化环境依然可以形成相对优质的烃源岩，有机质丰度可达2.3%～4.1%。因此，总体上来看，渤海南部盆缘凹陷相较北部的盆缘凹陷受陆源输入影响弱，形成优质烃源岩的可能性更大，烃源岩面积也相对较广。

3.2　水体盐度对优质烃源岩形成的影响

从目前在渤海地区盆缘凹陷已钻遇的沙河街组烃源岩特征来看，生标特征差异巨大，既有高伽马蜡烷，又有无伽马蜡烷的烃源岩(图4)，反映沙河街组烃源岩形成水体盐度范围宽泛，从淡水到盐水均有分布。因此，水体盐度的变化与优质烃源岩的发育关系密切。

常用来分析水体盐度的方法主要包括：元素分析法、古生物分析法、岩相分析法以及生物标志化合物分析法等。在生物标志化合物中常用来反映水体盐度的参数主要有伽马蜡烷、姥植比等，伽马蜡烷含量越高、姥植比越低指示水体盐

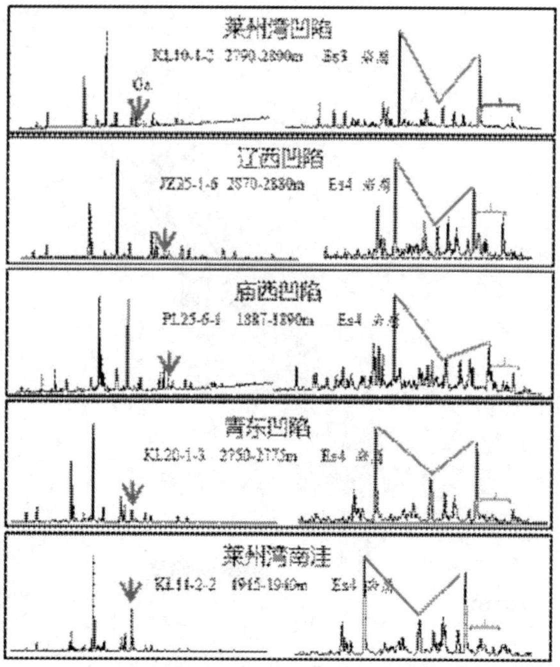

图 4　渤海海域盆缘凹陷烃源岩生标特征

度越高。

通过统计渤海地区所有沙四段烃源岩 TOC 含量与水体盐度之间的关系，结果显示伽马蜡烷含量越高，烃源岩 TOC 含量逐渐降低(图5)，反映出随着水体盐度的增加烃源岩品质相对变差，其中辽西凹陷沙四段烃源岩伽马蜡烷含量低，水体盐度较低，主要沉积灰色泥岩，其平均 TOC 含量都是高于 2.5%，而莱州湾南洼沙四段烃源岩伽马蜡烷含量最高，其 TOC 含量相对较低，仅有 1.0%，同时莱州湾南洼沙四段沉积时期，主要发育白色膏岩、盐岩和深灰色泥岩，属于典型的盐湖相沉积，说明盐度越高越不利于高丰度烃源岩的形成。

通过调研国内外水体盐度对微生物的影响，盐度越高烃源岩 TOC 越低的根本原因是由于随着水体盐度的增加，高盐水体具有“杀菌”作用，能够适应高盐水体的生物相对较少，当水体处于超盐水环境时，往往只发育 1~2 种耐盐生物(图5)，同时，生物的总量也是逐渐减少(图5)，总体来看，水体盐度越高越不利于高丰度烃源岩的形成，这与渤海南部盆缘凹陷具有相似的特征。但是，为了厘清水体盐度对优质烃源岩形成的控制作用，进一步做了如下分析。

经过系统筛选，选取可以反映的沉积环境的姥植比参数对标水体盐度，姥植比在 1 左右时，沉积环境为弱氧化-弱还原环境，水体出于微咸环境，此时烃源岩 TOC 含量最高，可以达到 5.1%。而高盐度水体环境下烃源岩 TOC 普遍小于 1%，属于一般烃源岩(图 5)。微咸水环境之所以能形成高 TOC 烃源岩，是由于微咸水环境有利于藻类的繁盛，藻类含量越高(图 5)，凹陷古生产力就相对越高，其最大古生产力水平可达到盐水环境的 3 倍，越容易形成高丰度的优质烃源岩。

虽然高盐度水体不利于形成高丰度优质烃源岩，但是，高盐度水体有利于有机质的保存。高盐度水体环境一般相对局限，受外部淡水输入较少，而盐度越高越容易形成水体分层，水体一旦出现分层，容易在湖盆底部形成强还原环境，上层水体微生物一旦死亡沉积下来，能够高效的保存下来，多形成连续的层状有机质(图 6、图 7)。对于低盐度水体，往往受到外界淡水输入较多，水体分层容易受到破坏，有机质保存条件相对较差，多以分散状有机质保存下来(图 7)。

在不同水体盐度的控制下，渤海海域盆缘凹陷优质烃源岩呈现出“微咸促富集、咸化利保存”的差异成源特征，整体变现为北部为相对淡化的微咸水环境，容易形成高丰度优质烃源岩，而南部以盐水沉积环境容易保存优质烃源岩，虽然 TOC 不是异常高，但也可以达到 1.0%~2.0% 左右。

3.3　烃源岩生烃潜力对比

孢粉相是指用 HCl 和 HF 从沉积物或沉积岩

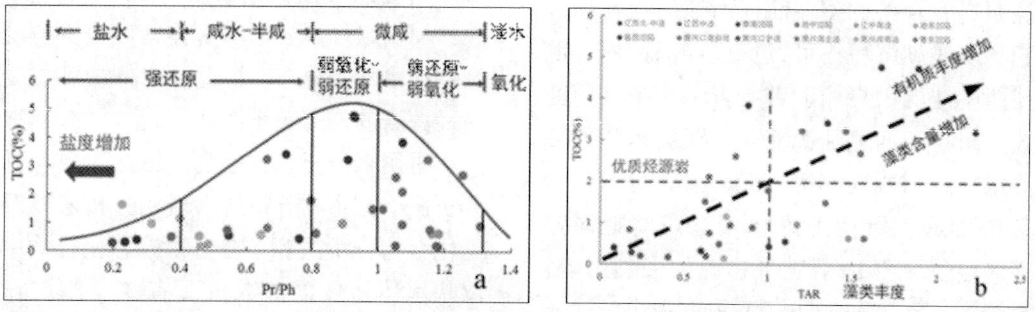

图 5　渤海海域沙河街组烃源岩品质与水体盐度的关系

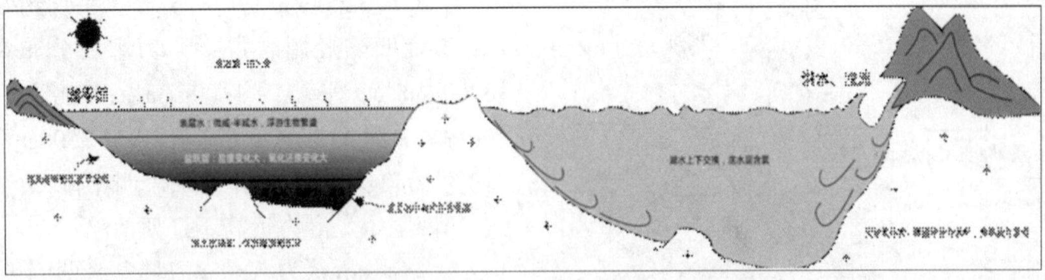

图 6　渤海海域不同水体盐度烃源岩发育模式

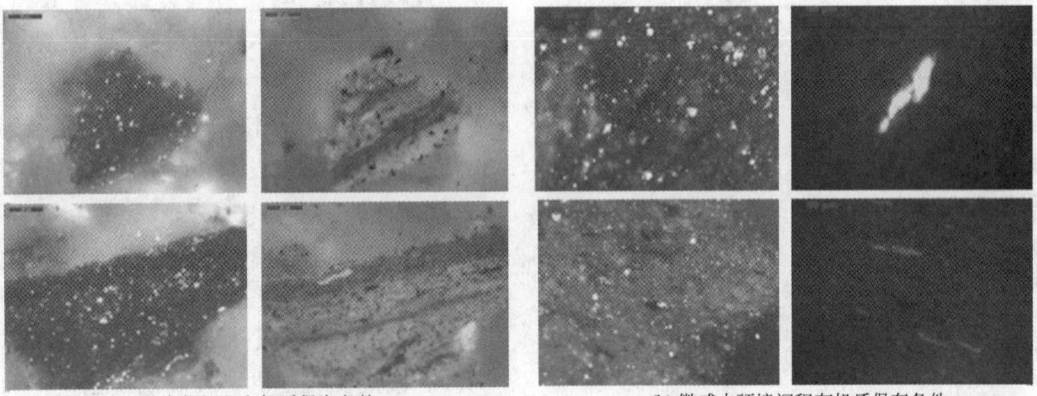

(a) 盐湖相沉积有机质保存条件　　(b) 微咸水环境沉积有机质保存条件

图 7　渤海海域不同水体盐度下烃源岩保存条件

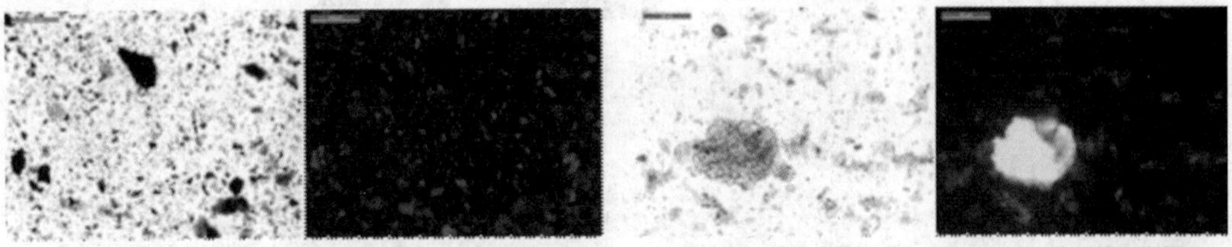

北部盆缘凹陷 - 辽西凹陷 2660-2670m 沙河街组　　南部盆缘凹陷 - 莱州湾东北洼 2940-2945m 沙河街组

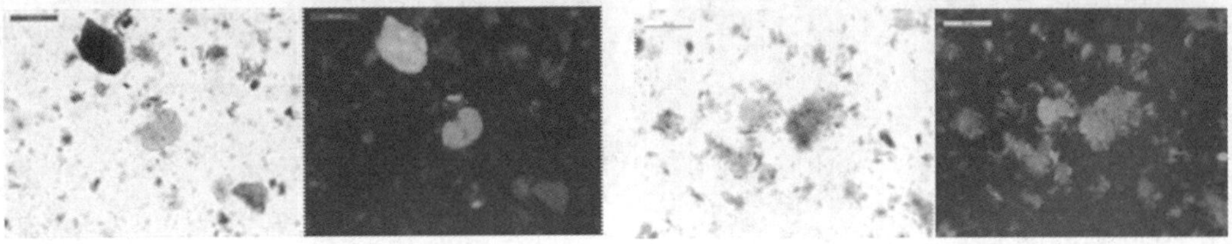

北部盆缘凹陷 - 秦南凹陷 3610m 沙河街组　　南部盆缘凹陷 - 莱州湾南洼 1740m 沙河街组

图 8　渤海海域盆缘凹陷物孢粉相特征

中获得的所有有机质，对沉积岩中有机质成分，生态特征以及沉积环境的综合地质表征。基本涵盖了湖相烃源岩的主要生烃物质类型藻类，孢粉，无定形，丝炭，角质等，具有较广泛的代表性，是评价湖盆烃源岩生烃潜力的理想指标。

孢粉相分析表明(图 8)，辽西凹陷沙河街组孢粉相分析显示有机质含量丰富，但以陆源有机质类型为主，碳屑、角质等占有较高比例，构成陆源无定形孢粉相组合，荧光微弱，生烃潜力相对较低。秦南凹陷水源无定形以及孢粉化石占有重要比例，可划分出水源无定形-孢粉组合，蓝光照射呈亮黄色-橙色荧光特征，指示较好生烃潜力。南部盆缘凹陷沙河街组水源无定形发育，并且发现大量俗称油藻的葡萄藻类化石，呈亮黄色荧光特征，藻类、絮状及团块状无定形大量发育，可划分出藻类-水源无定形孢粉相组合，蓝光照射呈黄色-橙色荧光特征，有机质丰度高，类型好，显示较好的生烃潜力。

前人研究表明利用古海洋学研究中常用的有机碳含量来估算古生产力有效可行。据此估算渤

图9 渤海海域盆缘凹陷物源输入与水体环境叠合分布图

海盆缘凹陷古生产力可知，辽西凹陷烃源岩古生产力 200~3200g/m^{3}a 均有分布，平均约 650g/m^{3}a；秦南凹陷烃源岩古生产力主要分布在 700~3200g/m^{3}a，平均约 1100g/m^{3}a；南部盆缘凹陷烃源岩古生产力主要分布在 400~3500g/m^{3}a，平均约 1050g/m^{3}a。计算结果表明秦南凹陷和南部盆缘凹陷生烃潜力远高于辽西凹陷。

综合分析认为，渤海海域盆缘凹陷主要受到“水体盐度与陆源输入”双重因素的联合控制。基于此项认识，本次研究详细分析 18 个盆缘洼陷陆源输入特征与水体盐度特征(图 9)，南部盆缘凹陷为陆源输入主要来源盆外胶辽隆起大物源，但整体输入量相对较少，主力烃源岩沉积水体为微咸-盐水环境，有机质保存条件优越。

4 优质烃源岩发育模式

渤海海域南部盆缘凹陷发育两种优质烃源岩发育模式(图 10)，一种是沉积时水体整体表现为半咸-盐水强还原环境，硅藻等特殊浮游植物为沙一段烃源岩提供了较高的初始生产力，更为重要的是沙一段广泛分布的盐跃层隔绝了表层水

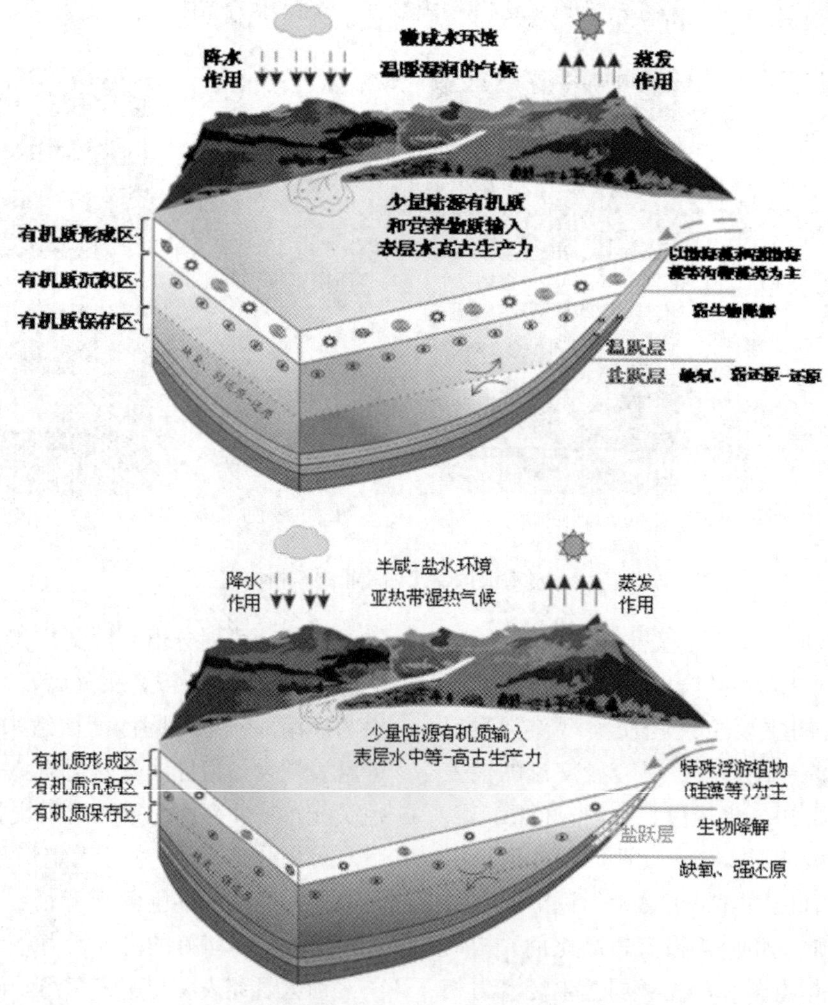

图 10 渤海海域盆缘凹陷优质烃源岩发育模式图

和底层水之间的交换，在湖盆底部形成了缺氧环境为有机质的保存提供了优越的强还原环境，形成了沙一二段、沙四段两套优质烃源岩层系；另一种是沉积时水体为微咸水环境，以渤海藻和副渤海藻等沟鞭藻类为沙三段烃源岩提供了高初始生产力，微咸水环境为沉积有机质的保存提供了较好的还原条件，形成了沙三段一套优质烃源岩层系。

4 结论

1）渤海海域南部盆缘凹陷遭受抬升剥蚀、走滑改造强烈，导致烃源岩层位发育差异大，烃源岩非均质性强，有机质类型主要为$Ⅱ_2$-Ⅰ型。

2）陆源输入越少越有利于优质烃源岩的发育，即使存在短暂的水体氧化，也可以形成好的烃源岩。

3）在不同水体盐度的控制下，渤海海域盆缘凹陷优质烃源岩呈现出“微咸促富集、咸化利保存”的差异成源特征，微咸水环境最有利于藻类生物的发育，以形成高丰度优质烃源岩，而盐水环境则有利有机质保存，可以保存相对优质的烃源岩。

4）渤海海域盆缘凹陷主要受到“水体盐度与陆源输入”双重因素的联合控制，南部盆缘凹陷陆源输入相对较少，且水体盐度较高，因此，最有利于优质烃源岩发育。

参 考 文 献

[1] [1] 刁帆，金凤鸣，郝芳，等．廊固凹陷古近系沙河街组古湖泊环境与有机质富集机制[J]．石油实验地质，2014，36(4)：479-486.

[2] 孟涛，刘鹏，邱隆伟，等．咸化湖盆深部优质弹出层形成机制与分布规律—以渤海湾盆地济阳坳陷渤南洼陷古近系沙河街组四段上亚段为例[J]．石油勘探与开发，2017，44(6)：896-905.

[3] 高红灿，郑荣才，肖应凯，等．渤海湾盆地东濮凹陷古近系沙河街组盐岩成因——来自沉积学和地球化学的证据[J]．石油学报，2015，036(001)：19-32.

[4] 李蕾，李素梅，张洪安，等．东濮凹陷西斜坡盐湖相原油地球化学特征与油源分析[J]．现代地质，2018，32(6)：1109-1124.

[5] 赵艳军，刘成林，靳彩霞，等．渤海湾盆地济阳坳陷沙河街组四段地层水特征及成盐指示[J]．地学前缘，2014，21(4)：323-330.

[6] 孟涛，刘鹏，邱隆伟，等．咸化湖盆深部优质储集层形成机制与分布规律——以渤海湾盆地济阳坳陷渤南洼陷古近系沙河街组四段上亚段为例[J]．石油勘探与开发，2017，44(6)：64-74.

[7] Orr W L. Kerogen/ asphaltene/ sulfur relationship in sulfur-rich monterey oils[J]. Organic Geochemistry，1986，10(1-3)：499-516.

[8] Damste J S，Leeuw J W. Analysis，structure and geochemical significance of organically-bound sulfur in the geosphere：State of the art and future research[J]. Organic Geochemistry，1990，16(4-6)：1077-1101.

[9] Wakeham S G，Sinninghe Damste J S，Kohnen M E L，et al. Organic sulfur compounds during early diagenesis in Black Sea sediments[J]. Geochimica Et Cosmochimica Acta，1995，59(3)：521-533.

[10] 傅强，刘彬彬，夏庆龙，等．黄河口凹陷 BZ35/36 构造高硫原油特征及运移方向[J]．石油学报，2013，34(1)：37-45.

[11] K. E. 彼得斯，C. C. 沃尔斯特，J. M. 莫尔多万．生物标记化合物指南[M]．张水昌，李振西，等译．北京：石油工业出版社，2011.

[12] 徐长贵，于水，林畅松，等．渤海海域古近系湖盆边缘构造样式及其对沉积层序的控制作用 *[J]．古地理学报，2008，10(6)：627-635.

[13] 张树林，费琪，叶加仁．断陷盆地盆缘凹陷类型及其成因[J]．石油实验地质，2007，29(1)：47-56.

[14] 张树林，费琪，叶加仁．渤海湾盆地盆缘凹陷的构造意义[J]．石油实验地质，2006，28(5)：409-413.

[15] 徐长贵．陆相断陷盆地源-汇时空耦合控砂原理：基本思想、概念体系及控砂模式[J]．中国海上油气，2013，25(4)：1-11.

[16] 宋一涛，廖永胜，王忠．济阳坳陷盐湖沉积环境高硫稠油的特征及成因[J]．石油学报，2007，28(6)：52-58.

[17] 潘文静，刘士磊，田德瑞等．渤海海域莱州湾凹陷沙四段孢粉相分析——古湖盆演化及烃源岩响应[J]．微体古生物学报，2019，36(02)：151-162.

[18] 张淼，陈清华，徐金鲤．东营凹陷沙河街组四段孢粉相特征及其生烃潜力[J]．中国石油大学学报(自然科学版)，2011，35(6)：28-35.

[19] 张晶巧，蔡进功，王学军，等．东营凹陷湖相烃源岩孢粉相特征及其意义[J]．中南大学学报(自然科学版)，2013，44(08)：3446-3452.

[20] 刘传联，徐金鲤．生油古湖泊生产力的估算方法及应用实例[J]．沉积学报，2002，20(1)：144-150.

叠前油气检测技术在渤海浅层隐蔽油气藏勘探中的应用与突破

张平平　周东红　姚永强　付　立　蒋志恒

(中海石油(中国)有限公司天津分公司渤海石油研究院)

摘　要　油气检测技术是渤海隐蔽油气藏勘探的一个重要环节。通过对叠前道集的分析，本文首次提出渤海浅层油气层多类AVO特征并存的新模式。基于流体角度的分析计算，利用近、远角度道集的交汇和旋转形成叠前流体投影技术，有效分离岩性和流体。实际应用表明，该技术不仅使常规叠前油气检测周期缩短约85%，同时目标区单砂体含油气性的预测精度达到90%以上；不仅在油水层的区分方面取得明显成效，而且在“暗点”型油藏及油水界面的识别上取得显著效果。

关键词　隐蔽油气藏；AVO响应；流体角度；流体投影；油水界面

近年来，渤海海域在浅层取得了隐蔽油气藏的重大突破，发现了一批明下段浅水三角洲岩性或构造-岩性复合油气藏。已成为渤海勘探发现的主要层系，累计发现的储量占整个渤海油田储量的65%左右。

油气检测技术已成为渤海浅层隐蔽油气藏勘探的一个重要环节。随着浅层勘探的进一步深入以及精细勘探的发展，对油气检测技术的精度和效率提出了更高的要求，技术方法也得到了快速发展。从亮点、振幅比、频谱比、吸收系数逐渐过渡到多元统计、模式识别(神经网络、灰色预测等)、分型分维、AVO、叠前反演等。地震数据应用类型从叠后逐渐走向叠前。

常规的叠后或叠前油气检测方法对于油气层的识别基本上在层段内进行，通过纵向深度或时间上不同砂体相互之间属性对比，判断砂体的含油气性。但这种对比方式受砂体物性差异、厚度差异等因素的影响，存在很大的不确定性。

本研究从CRP道集出发，通过近、远角度叠加交汇进行流体角度方向投影，将流体特征和岩性特征分离，最终识别油气。该方法有效改善了油气响应振幅在平面上的分布，并以平面为基础，建立了单砂体含油气性判断的新标准：当强振幅分布在砂体高部位，且振幅边界与构造等值线平行时，砂体含油气性可以达到95%以上。

1　渤海浅层AVO响应特征

AVO是利用反射波振幅与炮检距或入射角的关系寻找油气的一项有效技术。其振幅变化特征可指示反射界面两侧介质的岩性及物性特征，进而指导油气检测。Ostrander首先提出了利用反射系数随入射角变化识别“亮点”型含气砂岩的AVO技术，并将其成功用于墨西哥湾等地的含油气储层预测。同时得出了含油气砂岩反射振幅随偏移距增加而增加，含水砂岩反射振幅随偏移距增加而减小的重要理论，这一发现丰富了油气检测技术，标志着实用的AVO技术的出现，经过不断完善，AVO技术已经成为油气储层预测的热点技术之一。

1.1　实际资料AVO响应分析

渤海浅层含油气层相对泥岩表现为低密、低速的低阻抗特征，理论上认为砂体含油气后表现为Ⅲ类AVO特征，即含油气砂岩的顶部振幅随着偏移距的增加而增大。以蓬莱A油田为靶区，拾取CRP道集上各个主力油层的AVO特征，并对井上相应油层进行AVO正演。二者的结果均表明，在浅层主力油组存在Ⅱ类、Ⅲ类、Ⅳ类多种AVO特征共存的现象，与理论认识不符。

针对多种AVO共存的现象，在应用叠前油气检测方法之前，通常需要对CRP道集做大量的校正工作，改变偏移距间的相对振幅关系，将油层校正为Ⅲ类AVO特征。然而相对振幅特征的改变给油气检测结果带来更大的不确定性。本研究对思路进行了转换，首先对多类AVO并存现象进行合理性分析和论证。

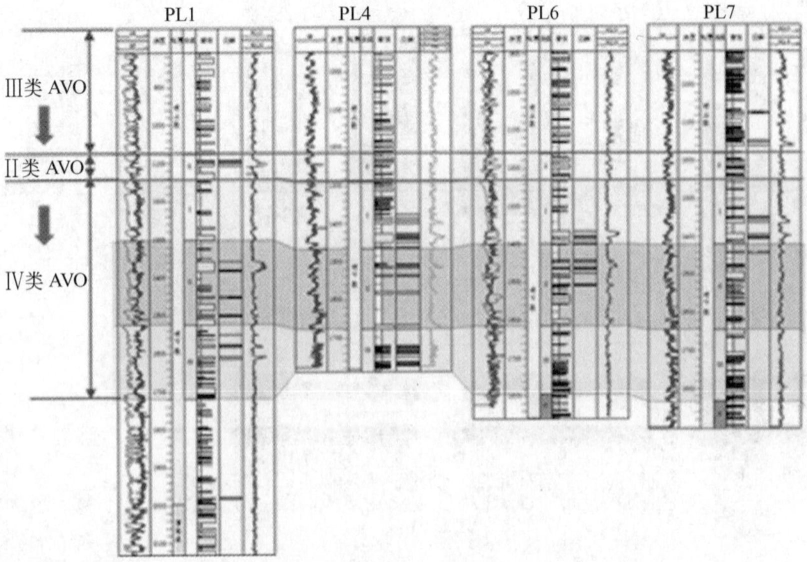

图 1　渤海浅层不同类型 AVO 随深度变化规律

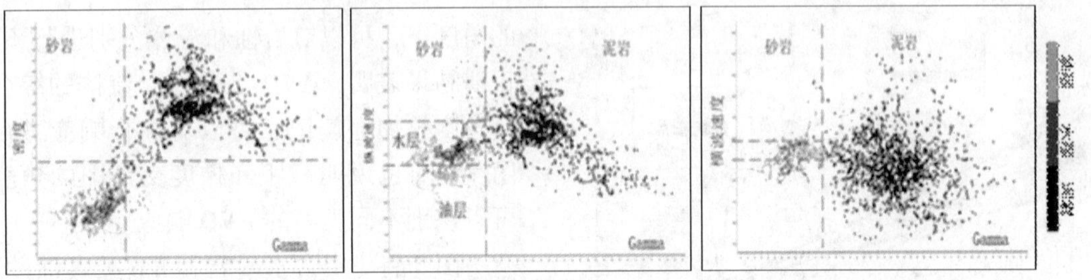

图 2　密度、纵波速度、横波速度与 Gamma 曲线交汇分析

沿深度方向，对浅层不同油组的 AVO 特征进行分类和整理。经分析发现，浅层虽然多类 AVO 并存，但随着深度的增加，各类 AVO 特征有规律出现：0 油组附近含油砂体为Ⅲ类 AVO，1 油组附近含油砂体为Ⅱ类 AVO。2 油组及以下含油砂体表现为Ⅳ类 AVO。

1.2　正演论证

为了验证该规律的合理性，对实际测井数据的纵波速度、横波速度、密度分别与伽马曲线进行交汇分析(图 2)，得到以下认识：密度对砂岩和泥岩有较好的区分性；纵波速度对油、水有较好的区分性；横波速度对油和水，砂岩和泥岩的区分性均较差。同时随着深度的增加，由于压实作用，浅层砂岩和泥岩的纵波速度差异逐渐减小，砂泥岩阻抗差异逐渐减小。根据以上测井数据规律特征，建立不同深度单砂层正演数据系统(图 3a)。对正演数据进行 AVO 正演，并分别拾取不同深度油层顶部的 AVO 特征(图 3b)。

基于实际测试参数，正演结果与实际资料出现的 AVO 特征相符，证明了实际道集资料中不同 AVO 类型在深度增加方向有规律出现的合理性。同时也证实了渤海浅层的含油气层的 AVO 响应特征新模式：当埋深较浅时，阻抗差异较大，表现为Ⅲ类 AVO 响应；随着埋深增加，阻抗差异逐渐减小，表现为Ⅱ类 AVO 特征；阻抗差异趋于接近，表现为Ⅳ类 AVO 特征。

2　基于部分叠加道集的流体投影技术

具有Ⅲ类 AVO 特征的含油气层，在叠后地震资料中大部分表现为“亮点”。对于该类型，目前遇到的主要问题是“亮点”型水层和油层的区分问题。Ⅱ类、Ⅳ类 AVO 在叠后地震资料中大部分表现为“暗点”特征，更加增大了油气层识别的难度。以上问题是叠前和叠后含油气检测工作的难点。

2.1　AVO 角度投影

从 AVO 理论出发，利用 Shuey 近似公式 $R=R_0+G\sin^2\theta$，构建任意角度的 AVO 振幅。图 4 是在不同角度，不同孔隙度和充填不同流体时的 AVO 正演模拟图。当 $\sin^2\theta=0.5$ 时($\theta=45°$)，相同流体下不同孔隙度的反射系数相交，此时是区

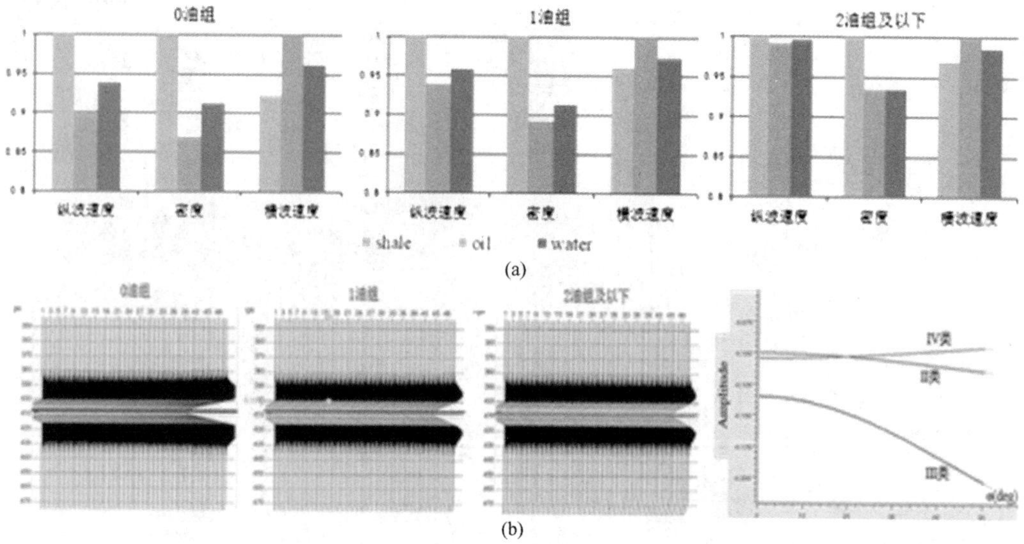

图 3　AVO 正演模拟

(a)不同深度正演数据对比；(b)不同深度正演 AVO 特征拾取

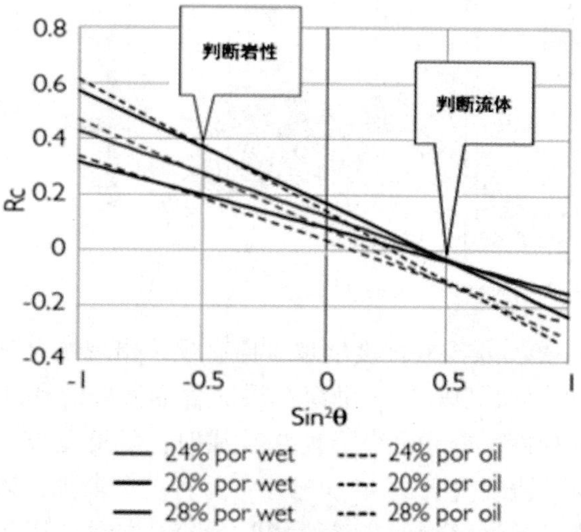

图 4　不同流体填充下 Shuey 反射系数的 AVO 分析图

分流体的最优角度。当反向延长至-0. 15 时，同一孔隙度下不同流体的反射系数相交，此时是区分岩性的最优角度。从图中可以看到，虽然不是所有孔隙度相交点对应的角度都相同，但在一定的角度下，可以对岩性和流体分别进行预测。该正演结果表明，AVO 是岩性和流体的综合响应。分角度叠加地震记录可以对综合响应进行分解。图 4 同时也说明截距和梯度交汇图的角度投影，可以识别不同类型的 AVO 响应。

图 5 将 Ⅰ 类含水砂岩和 Ⅱ p 类含油砂岩模型数据投影到 R_0-G 空间。AVO 交汇图中 0° 投影($R=R_0+G\sin^2 0°$)是沿着 y 轴方向投影到 AVO 交汇图中的截距轴。投影角度增大表示沿逆时针方向旋转坐标轴，入射角 θ 和 AVO 交汇图旋转角度 χ 之间的关系如式(1)：

$$\sin^2\theta=\tan\chi \tag{1}$$

分别对 AVO 交汇图进行 7° 和 14° 逆时针旋转，得到 $\theta=20°$ 和 $\theta=30°$ 的角度投影(图 5c、d)。在 $\theta=14°$ 投影下，泥岩与含水砂岩反射振幅为 0，而油层顶则为弱的负响应。正演证明通过 AVO 旋转，可以将全叠加数据中的“暗点”转变

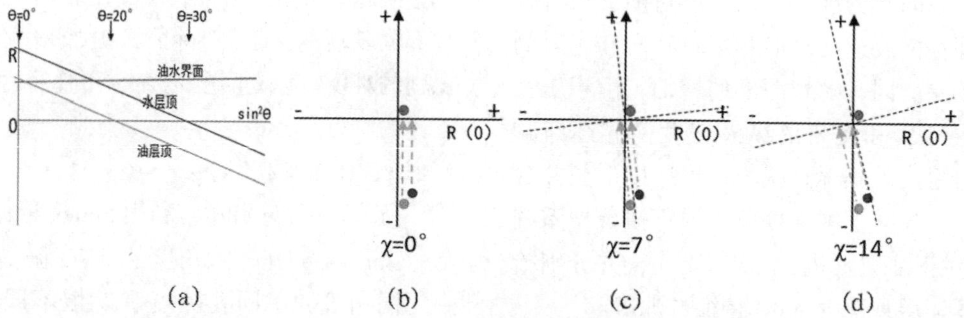

图 5　AVO 投投影原理

(a)AVO 分析数据；(b)-(d)AVO 交汇图，显示不同旋转角度下样点数据的投影

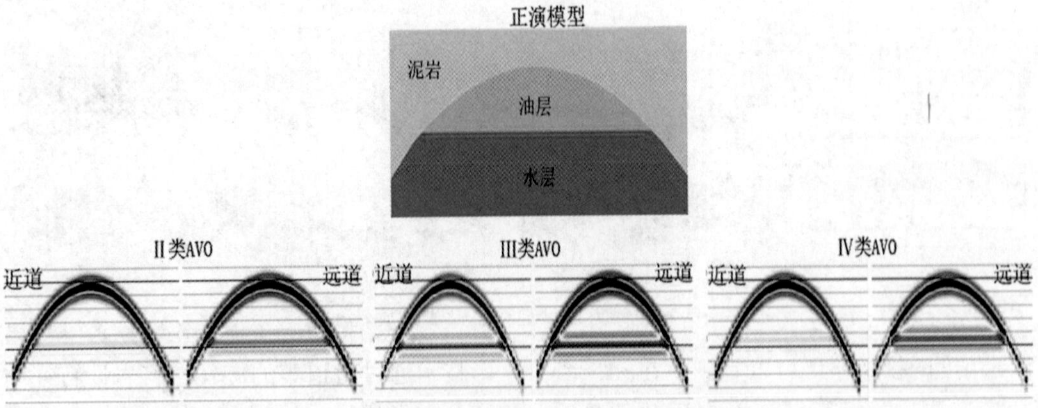

图 6　不同 AVO 类型近道、远道叠加正演记录

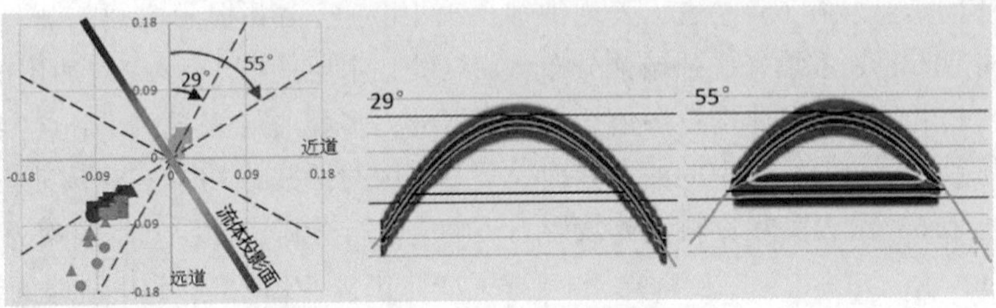

图 7　不同 AVO 类型流体样点数据近道、远道交汇图

为投影叠加记录中的“亮点”。该正演结果同时也说明，当其中一个坐标轴旋转至与水层样点重合时，此时的角度为流体角度，此时向另一个坐标轴进行投影，可以更好压制水层，点亮油层。

2.2　基于部分叠加道集的流体投影技术

理论上可以对 AVO 交汇图进行任意角度投影，但是 Shuey 方程中有 $\theta=90°(\chi=45°)$ 的角度限制。对于大角度的 χ，投影中的计算值将急剧增加，而且反射系数可能超过 1。

在以上分析基础上，为了突破 Shuey 方程中角度的限制，本次研究利用近道和远道叠加进行交汇，通过交汇图中水层基线的确定来寻找和确定流体投影角度。如图 6 建立包含油层、泥岩、水层的正演模型，其中密度、纵波速度、横波速度如图 3a 所示。通过弹性波动方程正演，得到不同 AVO 类型的近道和远道叠加数据。

从图 6 中可以看到，对于Ⅱ类和Ⅳ类 AVO，在近道叠加数据中，更多反映的是岩性的信息。在远道叠加数据中，油水界面相对增强，油层和水层顶部振幅区分性增强，流体特征增强。对于Ⅲ类 AVO，由于油层、泥岩在阻抗上差异较大，不论在近道还是远道，从振幅上对油层都有可识别性。油水界面则在远道的振幅相对全叠加数据增强。

分别在不同类型的 AVO 近、远道正演数据的油层顶、水层顶、油水界面拾取样点，再对样点进行近、远道交汇，如图 7。其中蓝色代表全部水层样点，绿色代表不同 AVO 类型油层样点，黄色代表不同类型油水界面样点。以原点为圆心，对原始坐标系进行顺时针旋转。当远道坐标轴与油水界面的基线重合时，旋转角度 $\theta=29°$。继续对坐标轴进行旋转，当远道坐标轴与水层的趋势线重合时 $\theta=55°$。以Ⅳ类 AVO 为例，根据公式(2)，计算两个角度的投影数据。

$$\text{Projection}(\quad)=\text{近道}*\cos(\quad)+\text{远道}*\sin(\quad) \tag{2}$$

图 7 投影结果表明 29°角反映岩性信息，55°角反映流体信息。该结果表明，通过坐标轴角度旋转，可以达到岩性和流体分离，进而对流体进行检测的目的。

选取浅层明下段 2 油组的油层、水层以及油水同层数据样点，对样点进行近道和远道交汇(图 8，蓝色样点为水层，绿色样点为油层、浅蓝色样点为油水同层)。油水同层和油层分布在水层样点的两侧。在交汇图中，并对原始坐标轴从−15°至 85°范围内进行旋转，每旋转到一定角度，针对工区的实际砂体，计算不同角度的投影数据，如图 8。

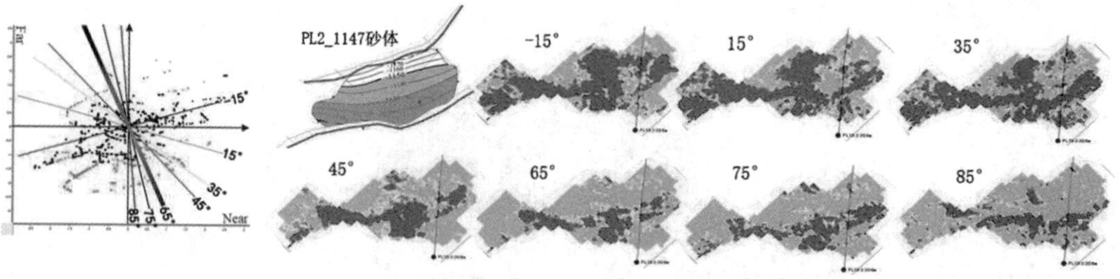

图 8　实际砂体近道远道交汇及坐标旋转示意图

从不同角度的投影结果可以看到，在-15°到35°的近角度范围内，投影结果大多反映的是与岩性相关的信息。35°到 75°的远角度范围，投影结果主要反映流体的信息。在 65°左右，表现油气的振幅特征与构造匹配关系最好，强振幅分布在砂体的高部位，并出现了与砂体构造等值线平行的振幅边界，与砂体含油面积图中的油水界面趋势一致。因此选取 65°做为实际资料流体投影角度。

3　实际应用效果分析

叠前流体投影技术在多个油田得到成功应用。

渤海 BZ 油田已钻井揭示，油层与水层的区分是该油田的主要问题。如图 9，BZ-1、BZ-3 井多套水层在叠后地震剖面中均表现强振幅“亮点”特征，部分水层振幅值甚至高于油层，在该区油层大部分也表现为“亮点”，常规油气检测技术很难对真假“亮点”进行有效区分。流体投影技术通过对道集的旋转，将岩性特征与流体特征分离，使 BZ 油田水层的强振幅得到有效压制。

渤海 PL 油田主要含油层系为浅层明上段的 2 油组，已钻井揭示主要为岩性、构造-岩性油气藏，水层的假“亮点”与油层的真“亮点”难以区分，多套油层表现为“暗点”特征，大大降低了该区的钻井成功率。对该油田 CRP 道集 AVO 响应进行分析，油层基本表现为Ⅳ类 AVO 特征，如图 10 中 PL1、3、4 井钻遇的油层。对该区应用流体投影技术进行油气检测，并提取 2 油组平面属性(图 10a、b)。从图中看到，通过该项技术的应用，在流体投影平面图中，不仅加强了原始地震中 PL5、PL7 井钻遇的具有“亮点”特征的油层，同时点亮了原始地震中的“暗点”型油层。与已钻井结果对比，流体投影技术的应用在平面上准确划分出该油组的优势含油气区带(图 10b 黑色图形内)。

应用流体投影技术分别对该油田主力砂体进

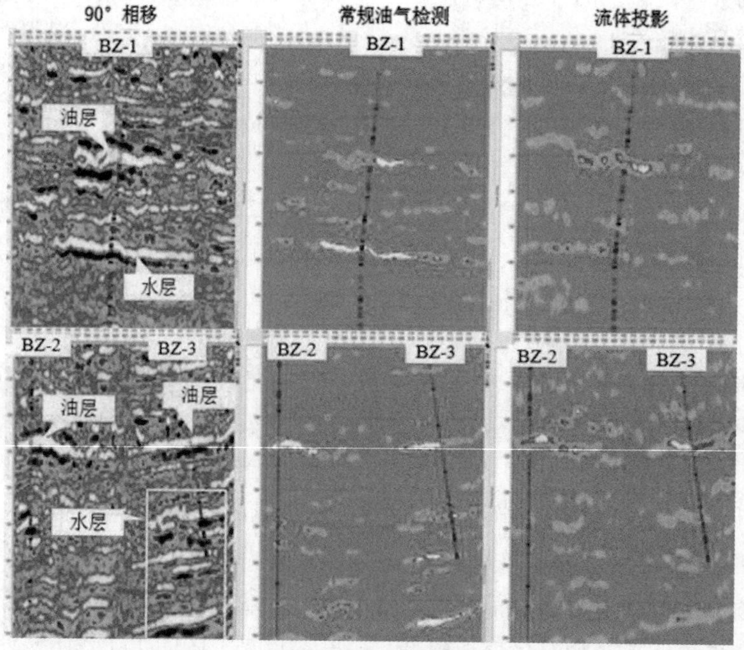

图 9　流体投影与常规油气检测技术压制水层强振幅效果对比

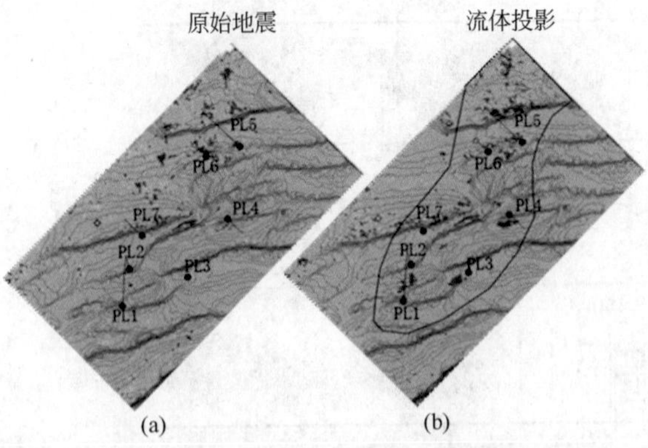

图 10　蓬莱 A 油田主力油组平面属性对比

(a)原始地震.(b)叠前流体投影

行分析(图 11)。在常规烃检属性中，振幅分布与油层的构造形态没有明显的匹配关系，强振幅在砂体高、低部位均有分布，从而无法判断单砂体的含油气性。流体投影的单砂体属性剖面中，各油层的强振幅集中在高点位置，强振幅边界与构造等直线平行，而且与钻后油水界面位置和形态一致。含水砂体在剖面上表现为“亮点”，与油层难以区分，但在平面上，与含油砂体不同，水层的部分强振幅沿垂直于构造等值线方向分布。因此，流体投影技术可以根据单砂体的平面振幅分布特征，对油层和表现为“亮点”的水层进行有效识别(PL1 井 4m 水层)。

在以上成果的基础上，本次研究进一步把预测单元由原来的层段细化到了单砂体，建立了判断单砂体含油气性的新标准：①强振幅高部位分布；②具有与构造等值线趋势一致的振幅边界。满足以上两个条件时，单砂体的含油气性能够达到 95%以上。

流体投影技术和砂体含油气性判断新标准在蓬莱 A 区 PL3 和 PL5 井钻前进行了应用。根据层段平面属性分析，PL3 井 PL5 井均分布在含油气优势区带内，进一步对每口井的钻前砂体提取平面属性，并根据振幅分布与构造匹配特征对含油气性进行预测(图 12)。通过与常规烃检结果比较，以及流体投影砂体振幅平面属性与构造等值线的匹配关系，钻前分析认为 PL3 的 Sand-1、Sand-2，PL5 井的 Sand-2 砂体具有较高的含油气概率。两口井的钻后结果揭示，PL3 井的 Sand-1 为 9.2m 油层，Sand-2 为含油水层，PL5 井 Sand-2 砂体为 6 米油层，首次将岩性油气藏的油气检测精度提高到 95%以上。

4　结论

(1) 在渤海浅层的含油气层具有多类 AVO 特征的新模式下，提出了叠前流体投影技术。应用过程中，只需对部分叠加道集进行角度旋转，从而避免了常规叠前油气检测的道集 AVO 校正工作。在运算过程中不需要钻井参与，不需建立地质模型，从而将叠前油气检测周期缩短 85%以上。

(2) 叠前流体投影技术有效改善了油气检测结果的平面特征。一方面更精确地刻画主力含油层系的油气优势分布区带，另一方面通过单砂体强振幅的平面分布特点对其含油气性进行预测，大大降低了常规油气检测技术砂体间相互对比带来的多解性。

(3) 实际应用证实，叠前流体投影技术不仅能够压制水层的假“亮点”，更能通过旋转，使“暗点”型油气藏转化为“亮点”型油气藏，多个目标区应用证实识别精度可达 95%以上，开启渤海浅层寻找隐蔽型油气藏的新模式。

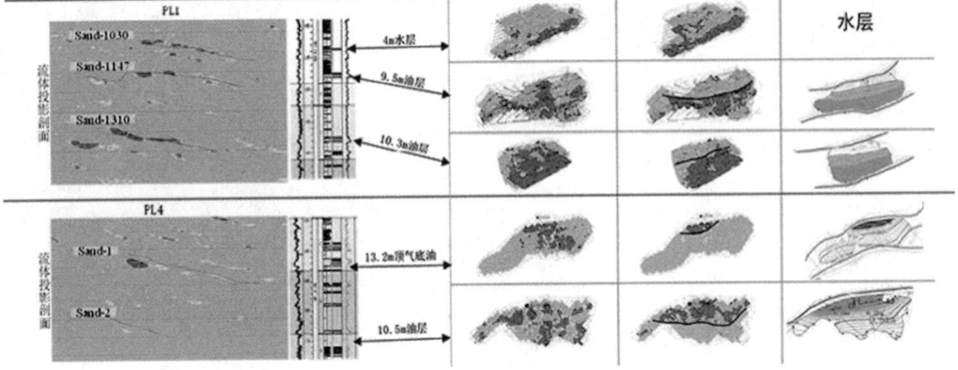

图 11　常规油气检测与流体投影技术砂体平面属性对比

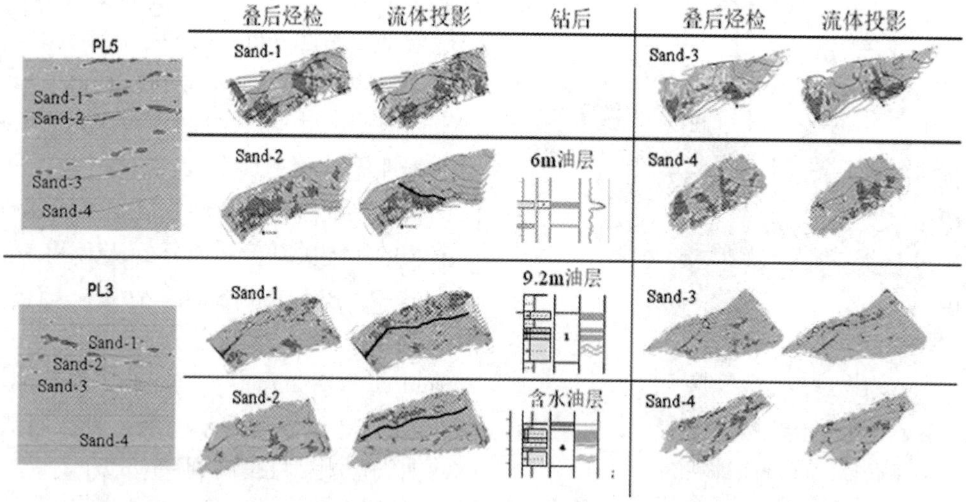

图 12　蓬莱 PL 油田 PL3、PL5 井单砂体钻前流体投影油气检测

参 考 文 献

[1]　Ostrander, W. J., Plane wave reflection coefficients for gas sands at non-normal angles of incidence, Geophysics, 49, 1637-1648, 1984.

[2]　Shuey, R. T., 1985, A simplification of the Zoeppritz-equations: Geophysics, Soe. of Expl. GeoPhys., 50, 609-614.

[3]　Castagna, J. P. and Swan, H. W., 1997, Principles of AVO crossplotting: The Leading Edge, 16, no. 04, 337-342.

[4]　王卫红，姜在兴，潘仁芳，2003，AVO 交汇分析及其应用。西安石油学院学报(自然科学版)，18(2)，5-8.

[5]　王云专，孙立志，任晓乔，2003，储层参数对多波 AVO 效应的影响。中国海上油气(地质)，17(4)，264-268.

[6]　杨绍国，周熙襄，1995，AVO 属性叠加剖面的正演模型及应用。石油地球物理勘探，30(6)，772-774.

[7]　殷八斤，曾灏等，1995，AVO 技术的理论与实践。石油工业出版社.

[8]　郑晓东，1992，AVO 理论和方法的一些新进展。石油地球物理勘探，1992，27(3)，305-317.

斜坡带盖层的逐级破裂与油气运移阶梯跃升

彭靖淞 牛成民 王德英 于海波 孙 哲 张 捷 肖锦泉

（中海石油（中国）有限公司天津分公司）

摘 要 随着渤海凸起区勘探程度的提高，勘探战场逐渐转向凹陷区、陡坡带和斜坡带。其中斜坡带是较现实的勘探区域，但勘探成功率较低，制约其勘探的主要因素为油气运移优势方向不明。为此，以环渤中区域为主要研究区，分析了斜坡带多层楼输导体系下盖层破裂与油气运移阶梯跃升的关系，提出了断陷盆地斜坡带油气阶梯式跃升的运移模式，并在此基础上创新"断陷盆地油气立体运移的模拟方法"，实现了斜坡带油气运移路径的精细预测，形成了4个创新点：1）提出斜坡带油气运聚的逐级破裂与充注模式，其近源成藏油气来至于烃源岩，在东营组区域盖层控制下沿第一输导层顺层运移；源外成藏油气来至于充注点，沿新近系多层楼输导层呈阶梯式充注运移。2）提出累计盖层断接厚度，即源外目标输导层到源内第一输导层之间的区域盖层之和减去断距，对于环渤中区域源外的各个输导层，累计盖层断接厚度开始小于450m，是下伏盖层破裂，输导层充注发生的触发条件。3）受盖层减薄和断裂活动的耦合控制，斜坡带不同构造部位所处的油气运聚的阶梯环带不同，因此可以通过"盖-断耦合"分析来预测油气的空间分布，基于这个思路创新建立了"断陷盆地油气立体运移的模拟方法"，使渤中19-3斜坡带综合预测成功率达到80%。4）由于坡折断带坡坪转换的正断层的密集发育，加上盖层厚度及其断接厚度的剧烈变化，坡折带之下的斜坡外带通常属于近源成藏，油气勘探应该以中-深层为主；坡折带之上的斜坡内带，油气通常在源外成藏，油气勘探应该以浅层为主。该研究成果对于广大的斜坡带油气勘探有着重要的预测作用，助推渤海勘探向斜坡带进军。

关键词 累计盖层厚度；断接厚度；充注点；油气运移

20世纪90年代以来，渤海海域在晚期成藏、新构造运动、油气中转站和汇聚脊等理论指导下，凸起区浅层发现了蓬莱19-3、秦皇岛32-6等一批大中型油田[1-10]。当前，渤海勘探战场逐渐由凸起区转向勘探程度相对较低的凹陷区、陡坡带和斜坡带[5-7]。其中，斜坡带面积约占盆地的60%，勘探程度较低，具有良好的勘探潜力，但失利/低效井较多，勘探成功率较凸起区、陡坡带和凹陷区低。斜坡带勘探亟需打开局面。

区别于稳定克拉通的斜坡带，箕状斜坡带断裂密集复杂，斜坡带纵向与横向输导体系都非常发育，油气运移应该是立体的，在断层处油气是垂向运移还是侧向运移，一直是油气运移分析的难点[8-12]。纵向上限制油气运移路径主要是盖层的遮挡，盖层是油气侧向运移的必要条件，斜坡带是地层和盖层逐渐减薄的区域，盖层对斜坡带油气运移的作用有待进一步研究[13-15]。斜坡带低部位发育烃源岩，油气运移是由近源成藏"断砂接力"跃迁到源外成藏，前人已经注意到了这种阶梯式运移，但对油气阶梯式跃迁发生的条件缺乏研究，无法有效预测[16-20]。近源的油气运移可以通过基于烃源岩顺层的油气运移模拟来分析，但对于源外多层楼油气运移却缺乏相应的方法，无法实现有利成藏层位和断块的精确定位[21-25]。

为了解决以上问题，笔者以环渤中地区为研究区，综合考虑了断-盖联控下的油气运移，分析断裂活动中盖层破裂程度与深、浅层油气成藏的关系；提出了累计盖层断接厚度，解决了多层楼输导体系下，油气垂向运移与侧向运移路径的选择问题。同时以蓬莱19-3油田围区为油气运移模拟分析的实验区，建立一套斜坡带油气立体运移的方法，预测了研究区的富集断块及其成藏层位，并取得了良好的勘探成效，同时提出斜坡带多层楼阶梯式破裂越迁的油气运移模式，对渤海斜坡带的斜坡带的勘探具有重要的意义。

1 区域地质概况

研究区位于渤海海域环渤中地区，是在华北中-古生界克拉通基底上发育起来的中新生代裂谷断陷盆地，是下辽河坳陷、黄骅坳陷、济阳坳陷在渤海海域的自然延伸[8-12]。研究区内石臼坨凸起、沙垒田凸起、埕北低凸起、渤南低凸起和

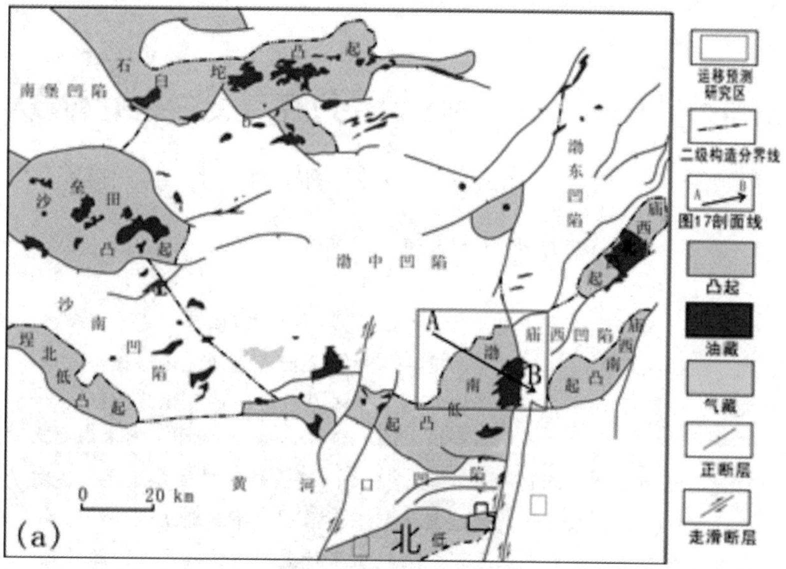

图 1　区域位置图

庙西北凸起等勘探程度较高，目前主要的勘探发现位于凸起区最高部位新近系地层中，斜坡带发现较少[1-10]。

受伸展和走滑双动力源的影响，环渤中地区为受走滑改造的复杂断陷盆地，新生代发育密集的断裂，垂向输导体系非常发育[8-12]。古近系为裂陷期，充填孔店组、沙河街组和东营组，新近系为坳陷期发育馆陶组和明化镇组地层[1-22]。沙河街组主要为三角洲相与湖相的旋回沉积，其中湖相黑色泥岩为研究区主要的烃源岩。东营组下部主要为湖相沉积，形成了一套良好的区域泥岩盖层，厚度从凹陷区到凸起区逐渐减薄，通常尖灭于斜坡带；新近系馆陶组—明化镇组下部为河流相-浅水三角洲相的砂泥岩互层沉积，为研究区主要的储盖组合[26-18]。

2　盖层破裂对油气成藏的控制作用

2.1　盖层控制下的横向输导体系

受东营组区域泥岩盖层分割，斜坡带整体上可以分为近源成藏和源外成藏[16-17]（图 2）。东营组区域泥岩盖层（盖层 A）之下的古近系-潜山油气成藏体系属于近源成藏。在东营组区域盖层之上的源外新近系馆陶组和明化镇组成藏体系属于源外成藏。

近源成藏侧向输导层：由于在区域盖层之下，储层物性较好且连续性较强的沙一二段通常超覆在潜山不整合面上。受盖层的纵向阻挡，油气会在沙河街组和不整合面之间“接力运移”，因此东营组泥岩盖层底面为近源第一输导层 A 顶

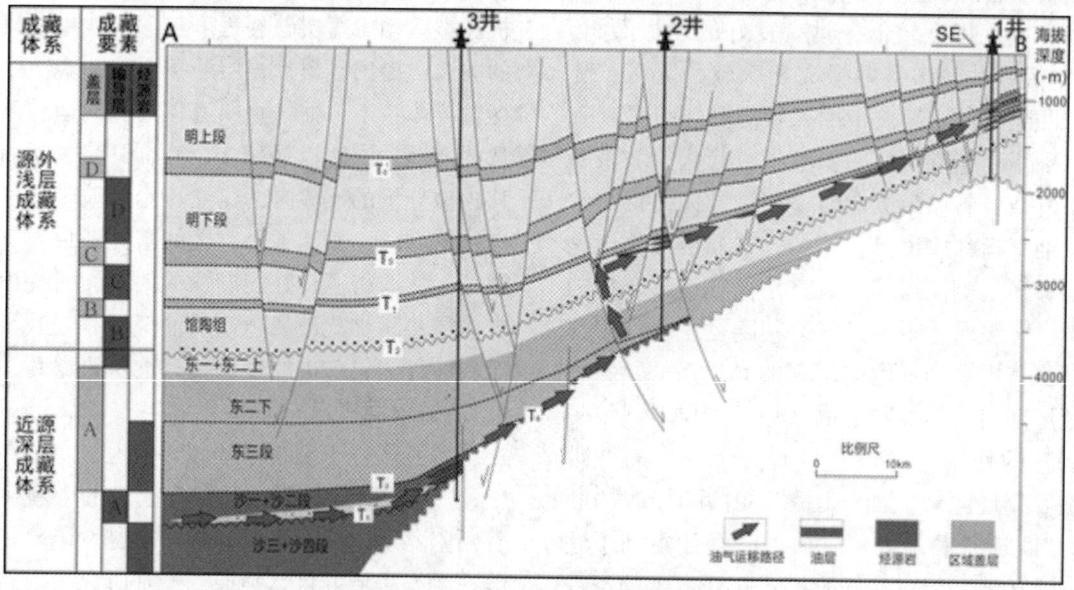

图 2　箕状断陷斜坡带盖-断双控的多层楼阶梯式成藏模式

面，同时亦是沙一二段(灰质)地层顶面 T3 侧接潜山风化壳顶面 T8。第一输导层是近源成藏体系最重要的横向输导体系，使得沙一二段和潜山成为近源最重要的成藏层系。

源外成藏侧向输导层：当地层的泥地比高于 80%，就能形成良好的区域盖层，渤中凹陷是渤海演化的归宿，因此环渤中地区浅层具有多层盖层，主要包括馆陶组中部泥岩段(盖层 B)、明下段泥岩段(盖层 C)和明上段泥岩段等盖层(盖层 D)。泥岩盖层控制了浅层的油气侧向运移，盖层底面控制了各个输导层的顶面，包括：输导层 A 顶面—馆陶组中部泥岩段底 T1、输导层 B 顶面—明下段泥岩段底 T0 和输导层 C 顶面—明上段泥岩段底 T01 等。

垂向输导层：由于沉积地层多为层状结构，油气侧向顺层运移的阻力远小于垂向运移。油源断层活动，破坏了盖层，贯穿近源第一的输导层与源外的输导层，为油气的垂向运移提供了通道。

盖层控制油气侧向运移，断层活动破坏盖层，导致垂向运移。

2.2 断层活动性

油源断层是油气从近源成藏体系向源外成藏体系运移的主要垂向输导层[21-22,29-32]。新构造运动决定了渤海浅层的晚期成藏[1-10]。新构造运动的断层活动越强，第一输导层侧向油气运移就越容易形成中断，同时断层的诱导裂缝就会越发育，断裂带的渗透性越好，第一输导层向源外输导油气的能力就越强，浅层各潜在输导层的油气成藏就会越活跃。

通过统计环渤中地区断层晚期断距即 T01 断距与浅层油气成藏的关系表明(图 3)：并不是断层晚期断距越大，源外浅层油气成藏的比例就会越高，断距与源外油气成藏的相关性较差，断裂活动对源外油气成藏的控制作用并不明显。

2.3 盖层破裂程度对源外油气成藏的控制作用

断裂对于源外浅层油气充注成藏的控制，很大程度上与断裂活动导致的区域盖层破裂有关[13-17]。盖层断接厚度，即盖层厚度减去第一输导层顶部断距，盖层断接厚度用以表征断裂活动后第一输导层上覆盖层残余的封盖能力。通过环渤中地区的统计表明(图 4)：断裂活动后东营组区域盖层残余封盖能力直接控制了渤海近源和源外油气的分配，东营组区域盖层断接厚度与浅

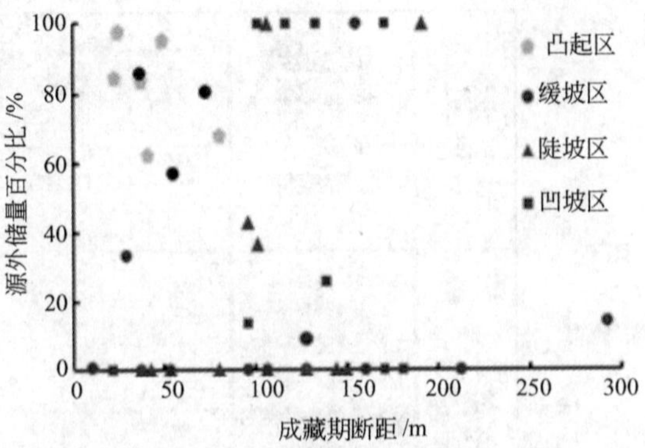

图 3 断层晚期断距与源外成藏关系图

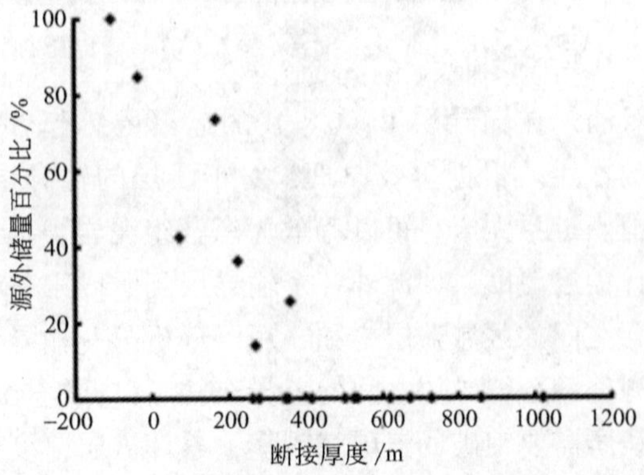

图 4 盖层断接厚度与源外成藏关系图

层油气成藏具有很好的相关性，断接厚度越小，源外油气成藏的比例就越高，盖层断接厚度小于 450m 是浅层形成油气充注的必要条件，即当盖层断接厚度开始小于 450m 之后，第一输导层向浅层输导层大规模充注的开始(源外成藏比例增加)，第一输导层大规模运移减少(源内成藏比例缩小)。

统计分析表明：源外馆陶组内部区域泥岩盖层的厚度直接关系到了明化镇组在新近系油气成藏的比例，馆陶组区域泥岩厚度越大，泥地比越高，明化镇组油气成藏的比例就会越小(图 5)。因此，不仅是东营组区域泥岩盖层 A 对油气垂向运移成藏有控制作用，新近系的区域盖层 B、C、

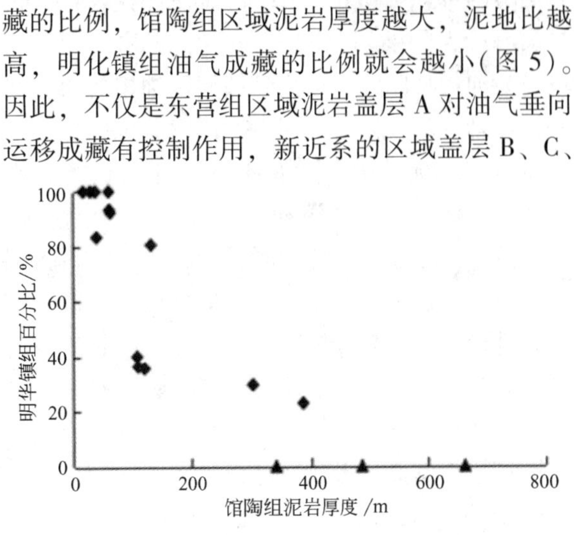

图 5 馆陶组泥岩厚度与明化镇组关系图

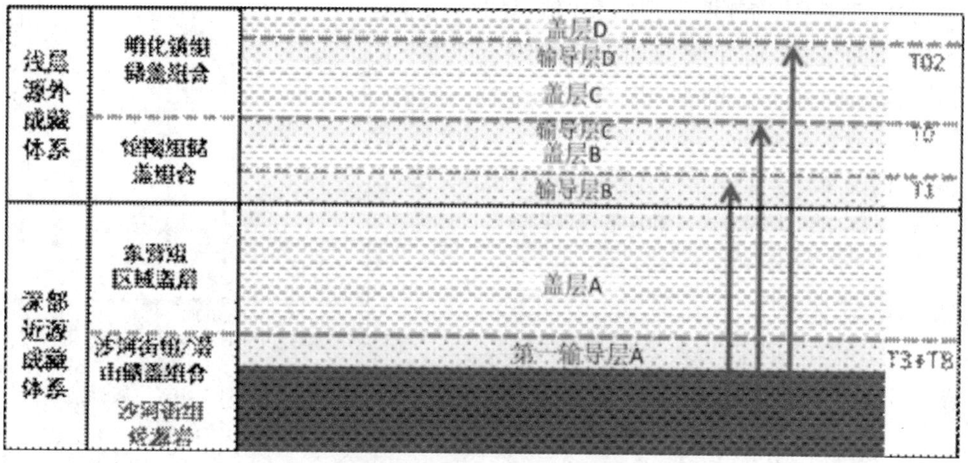

图6 第一输导层到浅层输导层累计盖层厚度模式图

D对油气在输导层B、C、D的运聚依然起着重要的作用。根据等效原理，对于浅层的输导层，下覆新近系泥岩是可以等效为东营组泥岩，提出累计盖层厚度，即源外各个输导层到源内第一输导层之间的区域盖层之和，用以分析第一输导层到源外各个输导层之间的差异充注。目标输导层越浅所需要突破的盖层就越多，累计盖层厚度就越大。

同样考虑到断层活动的作用，在累计盖层的基础上提出累计盖层断接厚度，即各个输导层到源内第一输导层之间累计盖层厚度-第一输导层顶部断距。考虑到盖层的等效性，盖层断接厚度450m的门限，同样适合于浅层各个输导层的油气充注分析。

3 累计盖层断接厚度在蓬莱19-3油田围区斜坡带立体运移分析中的应用

蓬莱19-3油田位于渤中凹陷东南部渤南凸起的最高部位，被渤中凹陷和庙西南洼所加持，是渤海最大的油田[3-7]。蓬莱19-3油田围区斜坡带为油气从凹陷区运移到凸起区油田的必经之路，探勘程度较低，勘探潜力巨大。该区位于活动断裂带，断裂众多，超过2条/平方公里，在这么多的断裂中寻找源外各个输导层的充注段/点，需要高分输导层计算断层的断距，分析盖层断接厚度，这是一个非常复杂的过程。因此，笔者通过构造建模来分析各个输导层与断裂的空间耦合关系，计算断距、盖层厚度与断接厚度，寻找到源外各个潜在输导层的充注点，进而通过油气运移数值模拟分析油气运移。

3.1 三维可视化下油源断层的识别

通过构造建模，搭建各个输导层顶面和断裂的地质数学模型。在众多的断层中，以源外各个潜在输导层为充注对象，分输导层挑选那些既搭接第一输导层A，又搭接浅层输导层B、C、D的断层为潜在的油源断层。

3.2 累计盖层断接厚度的计算

通过构造建模计算各个输导层油源断层的断距。根据已钻井资料确定各个输导层之间的区域泥岩盖层百分含量，并在此基础上乘以地层厚度，得到：东营组区域泥岩(盖层A)、馆陶组中部泥岩段(盖层B)、明下段泥岩段(盖层C)和明上段泥岩段(盖层D)等盖层的厚度。

以源外各个潜在输导层为充注对象，分输导层计算第一输导层A到源外各个输导层之间的累计盖层厚度，并在此基础上减去第一输导层顶部断距得到累计盖层断接厚度。计算表明：1、斜坡带从凹陷区到凸起区累计盖层断接厚度是逐渐变小，油气向浅层输送的能力应该是越强的；2、层位越浅的输导层，距离第一输导层的距离就会越远，所需突破的区域盖层就越大，累计盖层厚度亦会越大，油气的充注能力就会越弱。

3.3 累计盖层断接厚度约束下充注段的识别与分布

1）源内第一输导层A油气运移数值模拟

前人研究表明，第一输导层A的油气聚集是源外浅层油气成藏的关键，因此首先对第一输导层进行了油气运移模拟(图7)，分析油气运移路径与汇聚的区域，同时统计各个汇聚区，即汇聚脊的汇烃量的大小，模拟结果表明：第一输导层构造脊主要有6个，其中5个有大规模的油气聚集为汇聚脊(图8)，是油气从深层向浅层运移的潜在“中转站”[6-7]；构造脊未必都能形成汇聚

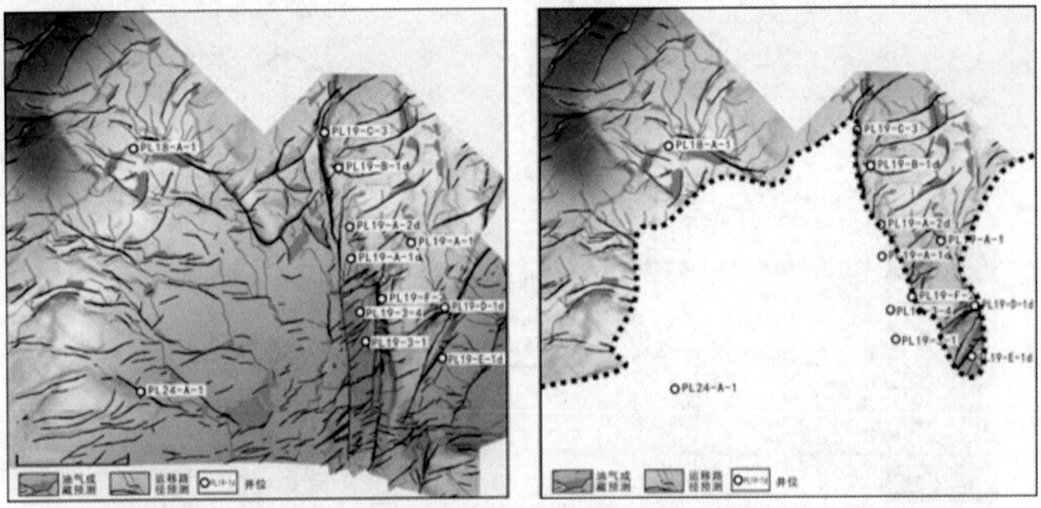

图7　第一输导层油气运移模拟

(a)第一输导层油气运移模拟(不考虑油气跃升)；(b)第一输导层油气运移模拟(考虑油气跃升)

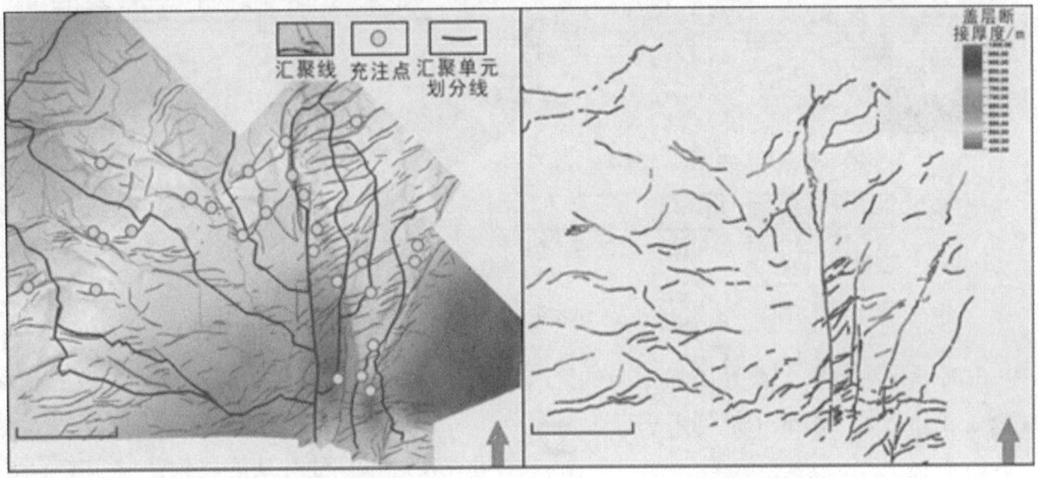

(a) 汇聚聚汇聚线与充注点　　(b) 盖层断接厚度

图8　输导层C油气充注点的识别

脊，比如研究区西南侧，由于西南次洼较浅，油气未成熟，该构造脊没有油气运聚，不能形成汇聚脊。

2）累计盖层断接厚度约束下充注段的识别

在明确了第一输导的汇聚脊之后，沿汇聚脊顺着油源断层搜索其在源外各个输导层的充注段/点，累计盖层厚度小于450m是区域盖层破裂，充注段/点形成的必要条件(图8)。通过分析表明：1)浅层断裂众多，但只有5%的断层/断面可以作为充注段/点；2)不同输导层的充注段/点在斜坡带围绕凸起区呈带状分布，笔者称之为充注带，输导层B、C、D的充注带分别为充注带B、C、D，各个输导层盖层在斜坡带逐级破裂，越浅的输导层充注带越靠近凸起区的最高点。

馆陶组下段输导层B的充注带是第一输导层A区域盖层大规模破裂、油气跃迁充注到浅层输导层输导层的区带，也是第一输导层运移结束的位置，由此裁去第一输导层A油气运移模拟图中充注带B高部位的油气运移路径与油气藏。

3.4　源外多输导层油气运移数值模拟

在确定各个输导层的充注段/点之后，参考深层汇聚脊汇烃量的10%，在各个输导层进行半定量的油气充注，模拟油气运聚。模拟结果与实际勘探的符合率达到85%，证明了该方法的可靠性(图9)。

模拟表明：1)充注段/点的差异发育决定了浅层油气的差异聚集，研究区东部充注段/点比西部发育，因此油气的运聚也更为活跃；2)浅层各输导层的油气运聚均发育在充注带附近或充注带的高部位；3)油气在输导层B、C、D充注、运移和成藏范围依次缩小，形成阶梯式成藏；

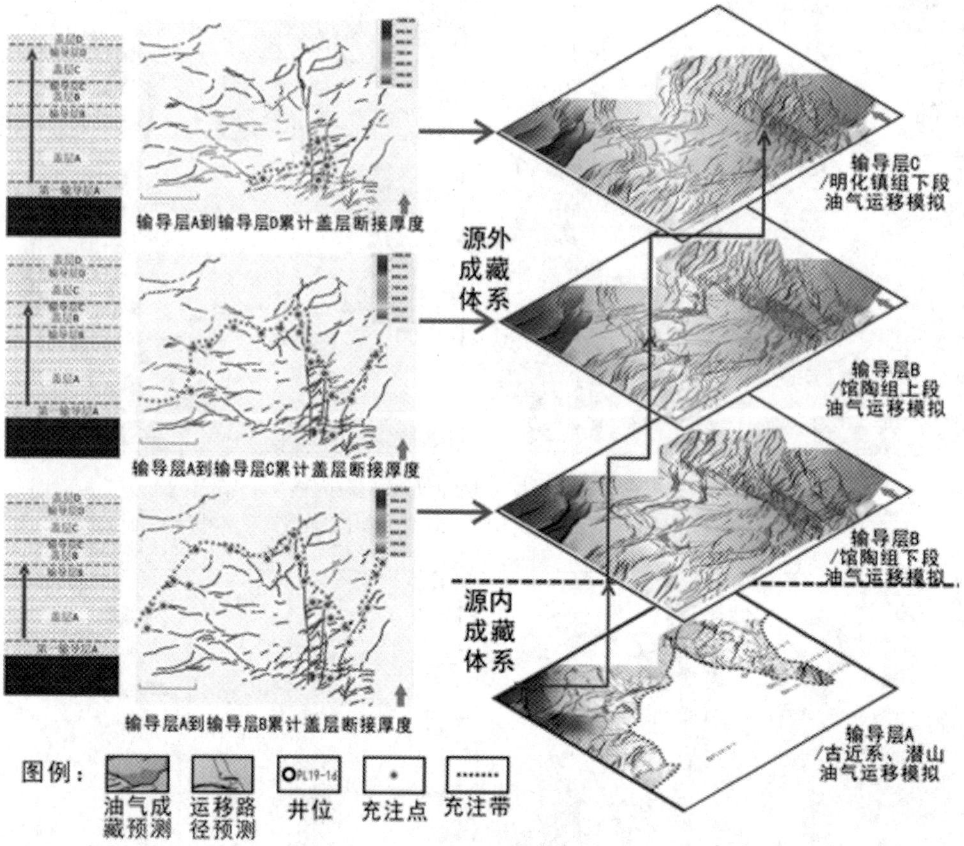

图9 蓬莱19-3斜坡带充注段与油气运移数值模拟图

4)蓬莱19-3油田是浅层各个输导层均指向的区域，因此发生了区内最大规模的油气聚集。

4 讨论

4.1 盖-断耦合对斜坡带阶梯式成藏的控制作用

通过前面分析表明，盖-断耦合控制了斜坡带区域盖层的逐级破裂和油气的阶梯式运移。多层楼的区域泥岩盖层向凸起区的减薄，造成了斜坡带高部位盖层不可避免的破裂趋势，导致油气从深层输导层到浅层输导层的跃迁、充注和阶梯式运移、成藏。对于源外的各个输导层，累计盖层断接厚度小于450m，是环渤中地区盖层发生破裂的参考标准。对于环渤中以外的地区，由于泥岩的沉积或成岩阶段不同，断裂的活动时间不同，油气成藏的早晚不同，可能导致盖层破裂门限/浅层充注门限值的差异，这一点需要通过大数据的统计来解决。

可见，斜坡带为多层楼的输导体系，但在斜坡带区域盖层逐级破裂的控制下，阶梯式运聚成藏的层位不同，由此导致了不同层位油气运聚成藏的区带呈环带分布。由此，可以通过“盖-断耦合”的构造分析来预测油气的空间分布。

4.2 坡折带对油气源内、源外成藏的控制作用

通过以上蓬莱19-3斜坡带油气运移研究，可以发现，在油气从深层到浅层运移的多级阶梯中，源内到源外这级阶梯正好位于缓坡的坡折断带。究其原因，坡折断带通常是坡坪转换处，正断层密集发育，加上盖层厚度及其断接厚度的剧烈变化，坡折带东营组区域盖层A容易发生破裂，形成源内和源外的分界线。由此也导致了坡折带之下的斜坡外带油气通常在近源成藏，其油气勘探应该以中—深层为主；坡折带之上的斜坡内带，油气通常在源外浅层的输导层成藏，其油气勘探以浅层为主。那么，这是否意味着坡折带之下的斜坡外带的浅层成藏具有较高的风险，还需要在今后的勘探中进一步证实。

4.3 运移的终点效应

运移模拟与实际勘探均证实了，运移终点凸起区蓬莱19-3油田较斜坡带的圈闭具有更好的运聚条件。对比斜坡带：1)斜坡带油气除了垂向运移还可以侧向运移，油气可能“过路不留”，而凸起区油气已经运移到高点，只能垂向运移，凸起区是油气运移的最终指向区。2)对于渤海区

域，馒头状的凸起区，通常被多个凹陷所加持，同时馒头型潜山容易形成输导层运移路径向高点收敛，具有多源，多路径充注的优势。3)实际钻探证实，在局部运移终点，油气在难于侧向运移时，会“被迫”发生垂向运移，在垂向上多层位复式成藏。4)根据晚期成藏理论，晚期油气的调整与指向决定了现今油气的富集区，斜坡带油气运移路径上的断块好比河流，流量小，具有周期性的特征，断块的截流成藏未达饱和，而蓬莱19-3油田被多条河流注入，形成“大海”，具有超饱和的油气充注与聚集，最终导致蓬莱19-3馒头型终点油气运移的活跃。

考虑到运移终点油气成藏的优势条件，斜坡带的局部终点，比如反向断层遮挡的断块，亦可能形成类似于凸起区的局部终点效应，成为油气运聚的活跃区域，是斜坡带勘探的有利地区。

5 结论

不同于克拉通盆地斜坡带，脊状断陷斜坡带表现为斜坡带区域盖层的逐级破裂和油气的阶梯式运移，其近源成藏在东营组区域盖层的控制下沿第一输导层顺层运移；源外成藏油气来至于下伏油藏盖层破裂后，沿多层楼的新近系输导层呈阶梯式运移。对于环渤中区域源外的各个输导层，距离第一输导层的累计盖层断接厚度开始小于450m，是该输导层下伏盖层破裂，充注发生的触发条件。受盖层减薄和断裂活动的耦合控制，斜坡带不同构造部位所处的油气运聚的阶梯环带不同，因此可以通过“盖-断耦合”分析来预测油气的空间分布，基于这个思路创新建立了“断陷盆地油气立体运移的模拟方法”，应用于渤中19-3斜坡带的综合预测成功率高达80%。由于坡折断带坡坪转换的正断层的密集发育，加上盖层厚度及其断接厚度的剧烈变化，坡折带之下的斜坡外带通常属于近源成藏，油气勘探应该以中—深层为主；坡折带之上的斜坡内带，油气通常在源外成藏，油气勘探应该以浅层为主。该研究成果对于广大的斜坡带油气勘探有着重要的预测作用，很好的践行了精细勘探，助推渤海勘探向斜坡带进军。

参 考 文 献

[1] 贾承造，何登发，石昕，等．中国油气晚期成藏特征[J]．中国科学：地球科学，2006，36(5)：412-420.

[2] 徐长贵，彭靖淞，柳永军，等．辽中凹陷北部新构造运动及其石油地质意义[J]．中国海上油气，2016，28(3)：20-30.

[3] 朱伟林，米立军，龚再升．渤海油气成藏与勘探[M]．北京：科学出版社，2009.

[4] 邓运华．渤海油气勘探历程回顾[J]．中国海上油气，2002，16(2)：98-101.

[5] 薛永安，柴永波，周圆圆．近期渤海海域油气勘探的新突破[J]．中国海上油气，2015，27(1)：1-9.

[6] 夏庆龙．渤海油田近10年地质认识创新与油气勘探发[J]．中国海上油气，2016，28(3)：1-9.

[7] 薛永安．认识创新推动渤海海域油气勘探取得新突破：渤海海域近年主要勘探进展回顾[J]．中国海上油气，2018，30(2)：1-8.

[8] 龚再升．中国近海含油气盆地新构造运动和油气成藏[J]．石油与天然气地质，2004，25(2)：133-138.

[9] 龚再升，王国纯．渤海新构造运动控制晚期油气成藏[J]．石油学报，2001，22(2)：1-7.

[10] 周心怀，牛成民，滕长宇．环渤中地区新构造运动期断裂活动与油气成藏关系[J]．石油与天然气地质，2009，30(4)：469-475.

[11] 彭靖淞，韦阿娟，孙哲，等．张家口—蓬莱断裂渤海沙垒田凸起东北段盆岭再造及其对油气成藏的影响[J]．石油勘探与开发，2018，45(2)：200-211.

[12] 彭靖淞．基于断层封闭性研究的晚期成藏油气运移模式探讨：以渤海油田辽东湾为例[J]．石油地质与工程，2016，30(4)：66-70.

[13] 庞雄奇，付广，万龙贵，等．盖层封油气性综合定量评价[M]．北京：地质出版社，1993：22- 46.

[14] 张蕾．盖层物性封闭力学机制新认识[J]．天然气地球科学，2010，21(1)：112-116.

[15] 蒋有录．油气藏盖层厚度与所封盖烃柱高度关系问题探讨[J]．天然气工业，1998，18(2)：20- 23.

[16] 彭靖淞，徐长贵，韦阿娟，等．渤海湾盆地辽中南洼压力封存箱的破裂与油气运移[J]．石油勘探与开发，2016，43(3)：386-394.

[17] 徐长贵，彭靖淞，吴庆勋，等．渤海湾凹陷区复杂断裂带垂向优势运移通道及油气运移模拟[J]．石油勘探与开发，2019，46(4)：684-692.

[18] 张善文，王永诗，石砥石，等．网毯式油气成藏体系：以济阳坳陷新近系为例[J]．石油勘探与开发，2003，30(1)：1-10.

[19] 邓运华．断裂砂体形成油气运移的“中转站”模式[J]．中国石油勘探，2005，10(6)：14-17.

[20] 薛永安，韦阿娟，彭靖淞，等．渤海湾盆地渤海海域大中型油田成藏模式和规律[J]．中国海上油气，2016，28(3)：10-19.

[21] 姜振学，庞雄奇，曾溅辉，等．油气优势运移通道的类型及其物理模拟实验研究[J]．地学前缘，2005，12(4)：507-516.

[22] 罗佳强．主运移通道控烃成藏论[D]．成都：成都理工大学，2007：84.

[23] 祝春荣，韦阿娟，沈东义．辽东湾地区锦州 25-1 油田油气成藏特点和运聚模拟研究[J]．海洋石油，2011，31(3)：17-22.

[24] 万涛，蒋有录，董月霞，等．渤海湾盆地南堡凹陷油气运移路径模拟及示踪[J]．地球科学，2013，38(1)：173-180.

[25] 罗晓容，张发强，张刘平，等．二次运移数学模型及其在鄂尔多斯盆地陇东地区长 8 段石油运移研究中的应用[J]．中国科学：地球科学，2007(s1)：73-82.

[26] 周心怀，刘震，李潍莲．辽东湾断陷油气成藏机理[M]．北京：石油工业出版社，2009.

[27] 王洪亮，邓宏文．渤海湾盆地第三系层序地层特征与大中型气田分布[J]．中国海上油气，2000，14(2)：100-103.

[28] 侯贵廷，钱祥麟，蔡东升．渤海湾盆地中-新生代构造演化研究[J]．北京大学学报(自然科学版)，2001，37(6)：845-851.

[29] 刘畅，陈冬霞，董月霞，等．断层对南堡凹陷潜山油气藏的控制作用[J]．石油与天然气地质，2015，36(1)：43-50.

[30] 刘景东，蒋有录，马国梁，等．断面优势运移通道的有效性及其对油气的控制作用[J]．特种油气藏，2011，18(3)：47-50.

[31] Downey. M. W. Evaluating seals for hydrocarbon accumulations [J]. AAPG Bulletin, 1984, 68(11): 1752-1763.

[32] 付晓飞，方德庆，吕延防，等．从断裂带内部结构出发评价断层垂向封闭性的方法[J]．地球科学，2005，30(3)：328-336.

构造形变体概念的提出及勘探意义

吕丁友　黄　振　杨海风　张宏国　张　参　高雁飞

（中海石油（中国）有限公司天津分公司）

摘　要　渤海油田环渤中凹陷地区新构造运动强烈，新近系是主要含油层系。新近系作为它源成藏层系，断层的垂向运移能力是成藏关键。针对油气垂向运移能力如何科学、定量评价这一关键问题，本文基于渤海晚期成藏理论，结合环渤中凹陷区新近系油田勘探实践，创新提出构造形变体的概念，将研究对象由以往从二维的单断裂转变到三维的活动断裂体，并建立了构造形变体积的定量表征方法。研究认为：(1)成藏期断裂带活动造成的间歇式应力释放是油气垂向快速高效运移的本质动力，应用构造形变体积能够更加客观地表征断裂带的整体活动强度，进而科学定量地表征油气垂向运移能力；(2)构造形变体包含释放体积与波及体积两大关键要素，两者与油气垂向运移效率均具有正相关关系，释放体积与波及体积越大，油气垂向运移能力越强；(3)构造形变体从构造区、断裂带、断块等不同尺度均控制油气垂向运移的优势充注部位。区带尺度，构造形变体积的非均一性形成了多个泵吸汇烃单元，进而控制油气释放区，泵吸单元形变体积越大，浅层油气富集程度越高；断裂带尺度，同一泵吸单元的形变中心控制油气优势释放段；断块尺度，断裂带内的局部强构造形变控制油气优势释放点，进而控制油气富集块。构造形变体概念的提出，为泵吸机制下断裂垂向运移能力评价提供了科学理论依据，高效指导渤海一批新近系油田的勘探发现与评价，对成熟区勘探再认识再挖潜具有指导意义，在洼陷区复杂断裂带浅层富集块优选及岩性油气藏勘探中具有广泛的应用前景。

关键词　晚期成藏；构造形变体；断层垂向运移能力；定量表征；油气勘探

1　引言

环渤中凹陷地区位于渤海湾盆地的中东部，整体呈现“四凹六隆”构造格局，包括渤中凹陷、渤东凹陷、黄河口凹陷等和渤南低凸起、渤东低凸起、石臼坨凸起等构造单元。作为渤海湾盆地晚期演化归宿和沉降中心，环渤中凹陷地区沙河街组烃源岩晚期大量生排烃、新近系明化镇组下段（明下段）极浅水三角洲优质储盖组合、断裂晚期强烈活动是其演化特殊性的主要体现，也决定了新近系在环渤中凹陷地区油气勘探中的主力层系地位[1-21]。统计表明，研究区超过65%的石油地质储量分布在明下段。断裂作为连接深部沙河街组烃源灶与浅层明下段圈闭的桥梁，断裂的垂向运移能力是明下段油气成藏的关键。

前人关于断层垂向运移能力评价从不同角度做过诸多研究，并形成了断层活动性、断面脊刻画、断层应力性质及深层超压驱动等研究方法[1-6]。前人研究表明，受新构造运动影响，渤海的浅层油气成藏具有特殊性，为地震泵吸作用下的晚期快速成藏，具体表现为烃源岩晚期快速生烃、主运移断裂晚期快速充注和新近系圈闭晚期快速成藏的特点。截至现今，新构造运动的影响仍在持续，“突水、突沙”在临震前十分常见，1976年唐山7.8级地震，震中临震前水位上升，并冒出地面，证实了地震活动能够激发流体在断裂或断裂带附近快速大规模运移，前人将这种地震效应称之为地震泵作用，地震泵有助于烃类在大地构造应力活动集中区的高效运移[22-24]。前人对泵吸机制下的油气垂向运移机理的研究表明，断裂的垂向运移能力与地震泵吸作用关系密切，受构造应力主导，岩层中的裂隙及断层面周期性开启，造成断裂带与围岩之间的压力差，是促使油气沿裂隙和断层面向上高效排驱的根本动力。

基于渤海浅层泵吸式成藏机理，前人把新构造运动时期即成藏期断裂的活动强度作为衡量油气垂向运移能力的重要标准。但一直以来，对于断裂活动强度研究主要集中在单个油源断裂的断裂结构、断层生长指数、断层活动速率、断距等方面，在勘探实践中，该研究结果与油气分布规律有一定的吻合度[7-10]，故而应用最广。然而，断层活动实则为三维的活动断裂体，包括了主干断裂、派生断裂以及内部地层的构造形变，因此，从机理层面，片面的研究单个断层无法客观全面地表征断裂带的整体活动强度，进而无法科学地表征油气垂向运移动力。另外，在勘探实践层面，利用单个断层的活动强度进行油气优势运移路线预测结果常与实践结果相悖，导致勘探失利案例更是屡见不鲜。渤海油田自 2016 年进入精细勘探阶段，传统的单一断裂的研究方法已无法满足渤海浅层精细勘探的需求，必然要求对断层垂向运移能力的更加科学准确的表征。

作者从环渤中凹陷断裂垂向运移机理出发，对环渤中凹陷浅层新近系油气差异富集规律展开系统研究，首次提出了基于泵吸效应的构造形变体的概念，并形成了一套构造形变体定量化表征方法，且从不同尺度探讨了其对油气垂向运移的量化控制作用，为环渤中凹陷浅层油气运移和勘探提供了新思路。目前，环渤中凹陷地区实现了三维地震资料的全面覆盖，加之丰富的钻井资料，为本次研究提供了良好的资料支持。

2　构造形变体概念的提出

在断陷盆地演化过程中，活动较强的正断层通常会将形变量通过分支断层、斜交断层、地层形变等构造形式进行传递。在这个过程中，能量既可以传递到其他断层上，也可以通过地层形变释放，从而保证在整个构造活动中能量的守恒[11]。因此，衡量一期构造活动的强弱需要考虑整个波及范围内构造变形。基于能量守恒与构造应力的传递，断裂带内的转换断层以及调节断层会消减部分应力或断距，因此单独用某一条断层表征油气运移动力，无法全面表征断裂带的活动强度，易造成认识陷阱。另外，在现今地震中，除断距以外，断裂带的宽度是表征震级强度的重要指标，断裂的开度和断裂规模呈明显正相关[12]，单一断裂的研究方法忽略了断裂带影响宽度这一衡量指标，具有片面性。断层的活动应用三维动态断裂体来表述，包括了主干断裂、派生断裂以及内部地层的构造形变，因此，从机理层面，片面的研究单个断层无法客观全面地表征断裂带的整体活动强度，进而无法科学地表征油气垂向运移动力[13]。

为了更加合理地表征油气垂向运移能力，基于晚期成藏理论下的泵吸效应原理，本文创新提出构造形变体的概念，即在油气大规模成藏期，油源断层活动引起的断裂与变形地层的总和(图 1)。将影响断层垂向运移能力的评价对象从二维的单断裂转变到三维的动态断裂体，包含了同一期构造运动在某一区域造成的所有地质体变形的总和，更符合泵吸式运移机理，亦能更能全面的表征油气垂向运移动力。

构造形变体包含两个表征参数，一是形变释放体积(V1)，可定义为在大规模成藏时期，由于断裂活动造成的地层下陷空间体积，代表断裂带整体的活动强度即地震泵吸幅度，表征油气垂向运移动力，形变体积越大，越有利于油气的垂向大规模释放；二是形变波及体积(V2)，可定义为在大规模成藏时期，断裂活动造成的下陷地质体的体积，代表油气释放的通道，波及体积越大，运移通道越大，同时对穿过盖层的破坏程度越高，阻力越小，越利于油气大规模释放。因此，两大核心要素决定了油气垂向输导效率。

3　构造形变体的定量表征

新构造运动时期，受郯庐断裂带右旋走滑作用的影响，环渤中凹陷地区发育两种最常见的构造形变体类型。其中，伸展主控型构造形变体主要发育在强伸展区，走滑改造作用相对较弱，区域应力环境以张扭应力场为主，发育受伸展断层主控的地堑式复“Y”字型构造形变体，这类形变体通常依附于大型边界断裂，以陡坡带最为常见；走滑主控型构造形变体主要发育在强走滑区，形成直立走滑与走滑派生调节断层组成的“负花状”构造样式。伸展转换带、走滑转换带及走滑与伸展应力交汇部位，构造应力集中，控制本区大型构造形变体的形成。本文针对这两种常见的构造形变体，对其释放体积和波及体积的计算方法进行了探索，并形成了科学的定量表征方法。

研究表明，环渤中凹陷新构造运动前处于坳陷期，地层趋于平缓，地层厚度稳定，由于新构造运动的强烈改造，造成了形变释放体积的形成。如图 1 所示，其体积大小主要取决于由于新构造运动活动所造成的地层下陷深度，断裂带宽度及断层延伸长度，可由图中的几何关系式求得：

$$V_1=S_1*d_1+S_2*d_2+\cdots\cdots+S_n*d_n=\sum S_n*d_n \tag{1}$$

$$S=h_1*L_1+h_2*L_2+\cdots\cdots+h_n*L_n=\sum h_n*L_n \tag{2}$$

式中，V_1为形变释放体积，S 为断点对应截面面积，h 为下陷深度，L 为断块宽度，d 为断

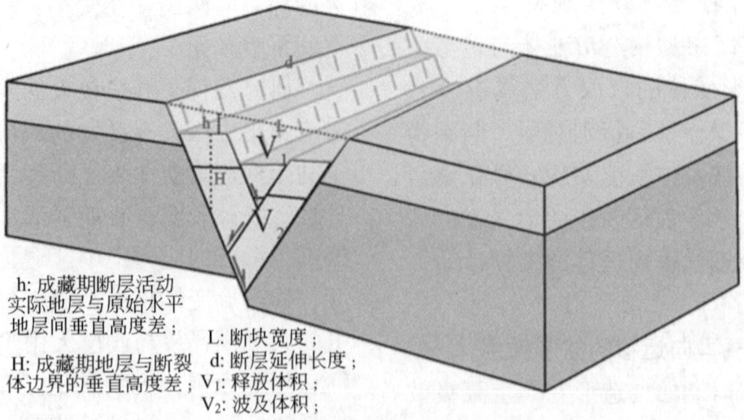

图1　构造形变体模式图

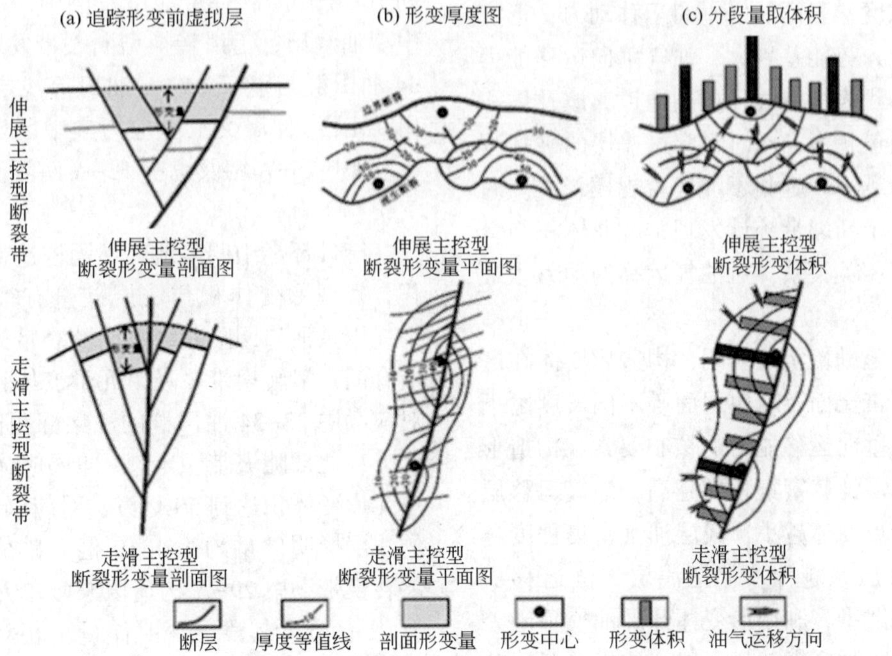

图2　释放体积厚度加权法定量表征模型

层延伸长度。

由公式可看出，释放体积并不受单一参数控制，可以表征为地层下陷深度、断块宽度及断层延伸长度的加权乘积，地层下陷深度越大、断块宽度越大、断层延伸越长，释放体积越大，断层垂向运移能力越强，反之则越弱。

同理也可求出形变波及体积，其体积大小主要取决于新构造运动活动所造成的地层顶面距断层垂直高度，断裂带宽度及断层延伸长度，可定量表征为：

$$V_2 = S'_1 * d_1 + S'_2 * d_2 + \cdots\cdots + S'_n * d_n = \sum S'_n * d_n \tag{1}$$

$$S' = H_1 * L_1 + H_2 * L_2 + \cdots\cdots + H_n * L_n = \sum H_n * L_n \tag{2}$$

式中，V_1为形变释放体积，S'为断点对应截面面积，H为地层顶面距断层垂直高度，L为断块宽度，d为断层延伸长度。

为了更加便捷快速地计算释放体积，引入基于计算机运算的厚度加权法对两类不同类型的释放体积进行表征。追踪新构造运动前的虚拟地层，在剖面上，虚拟地层与现今地层间的空腔为单剖面的形变量大小(图2a)，由点及面，计算实际地层与虚拟地层间厚度值，勾绘出厚度等值线，反映平面上地层形变厚度(图2b)，对不同段的形变厚度采用厚度加权法求取总和，结果为此段形变体积大小(图2c)。波及体积为成藏期由于构造活动导致块体下落的地层体积，可以表征为成藏期构造层与波及边界所围成的三维地质体，用同样的方法流程亦可以实现科学定量表征。伸展主控型复“Y”字型构造形变体与走滑主控型“负花状”构造形变体的求取方法具有一致性，且具有很强的可操作性，特别对同一断裂带不同段的释放体积与波及体积能实现差异化定量表征，进而能够更科学地表征断裂活动强度的非均一性，为后续开展油气垂向运移的差异性研究提供便利。

4　构造形变体对油气垂向运移的控制作用

油气大规模成藏时期的构造形变产生泵吸效应，造成流体势能差，促使油气沿断层由深层向浅层快速高效运移。释放体积代表成藏期断裂带整体的活动强度，表征油气垂向运移动力，形变释放体积越大，势能差越大，油气垂向运移能力越强；波及体积表征油气释放的通道，波及体积越大，运移通道越大，同时对穿过盖层的破坏程度越高，阻力越小，越利于油气大规模释放。对环渤中凹陷多个断裂带统计发现，波及体积与释放体积呈现正相关关系，对油气运移的动力表征具有一致性。

环渤中凹陷勘探实践表明，构造形变体在区带层面、断裂带层面及断块层面等不同尺度之下均是控制油气垂向运移能力的核心要素。构造形变体越大，浅层油气富集程度越高，油气运移层系越浅；构造形变体越小，浅层油气富集程度越低，油气运移层系越深，甚至浅层无法运移成藏。在勘探实践中，利用形变体开展油气垂向差异运移分析，更加合理解释了以往依靠单断层分析无法解决的难题。

4.1　区带尺度

众所周知，任何一条断裂带的活动强度在空间上均具有非均一性，继而造成构造形变体积横向上往往呈现规律性变化，表现为由形变中心最大的部位向两侧逐渐减小，从而形成一个相对独立的泵吸单元。

研究发现，规模较大的泵吸单元与宏观上构造应力集中区具有良好的对应关系，进一步佐证了利用构造形变体表征断裂带整体活动强度的合理性。统计表明，晚期强活动断裂带的交汇与转换部位形成的应力集中区域，易发育大型泵吸单元，构造形变体积大，应力释放充分，控制了油气的大规模释放与浅层大中型油田的分布。以黄河口凹陷为例，按照形变机理，构造形变体分为伸展转换型、走滑转换带型、走滑-伸展交汇型等三种类型。其中，伸展转换型断裂带发现了垦利 10-A、渤中 8-A 油田及渤中 26-A 油田等大中型油气田；走滑转换型断裂带发现了渤中 28-34 油田群与蓬莱 25-A 油田等浅层大中型油气田；走滑-伸展交汇型应力集中区发现渤中 36-B、渤中 25-A 南及渤中 13-A 南等浅层大中型油气田。

统计环渤中凹陷地区不同构造带构造形变体积，发现形变体积与浅层储量有很好的正相关性。以黄河口凹陷北缘不同断裂带为例，中央构造脊的走滑转换带泵吸单元形变体积约 55 亿方，对应渤中 28-34 油田群的浅层探明储量约为 1.5 亿方；北部陡坡带，走滑-伸展应力交汇带泵吸单元形变体积达到 50 亿方，对应渤中 25-1 油田的浅层探明储量约为 1.19 亿方；东部陡坡带伸展转换带渤中 29-A 构造区泵吸单元形变体积只有 21 亿方，其浅层探明储量也相对较小，其探明储量只有 2200 万方，表明构造形变体对宏观上油气释放规模具有明显的控制作用。这一认识，在一定程度上可以从宏观层面指导洼槽区不同部位油气释放规模的预测。

4.2　断裂带尺度

在一个泵吸单元内，沿断裂带走向构造形变

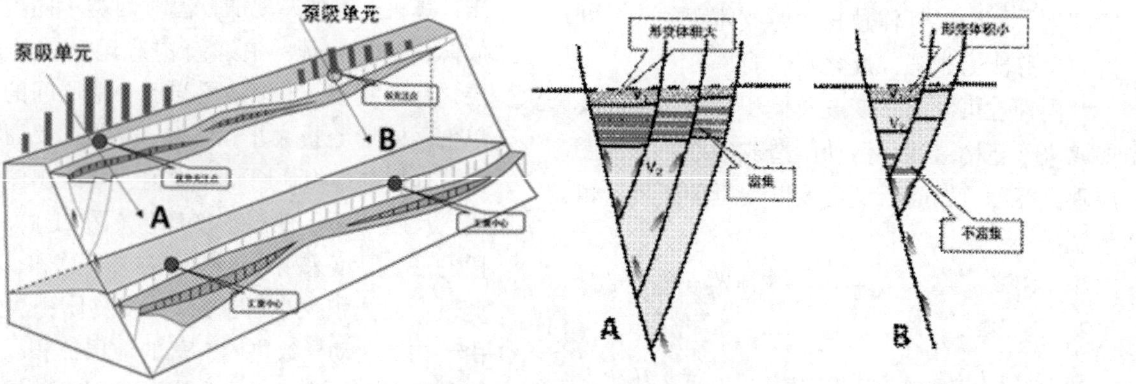

图 3　构造形变体控藏模式图

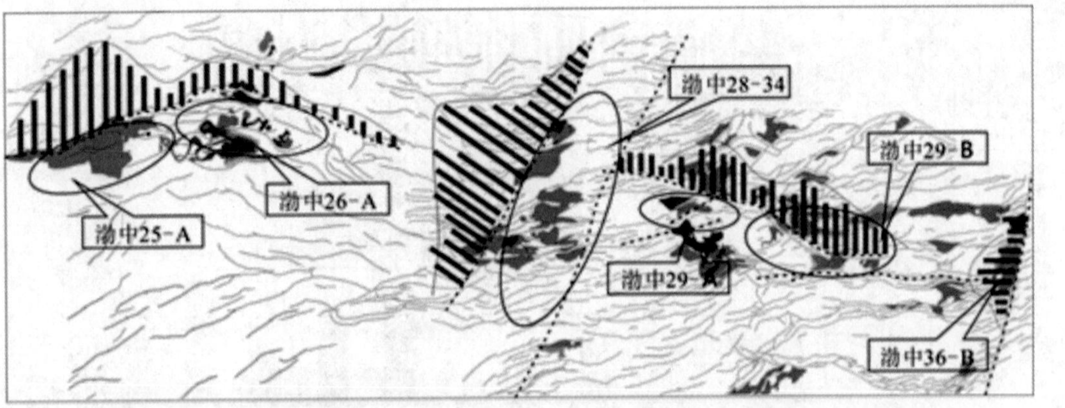

图 4 黄河口凹陷构造形变体控藏作用

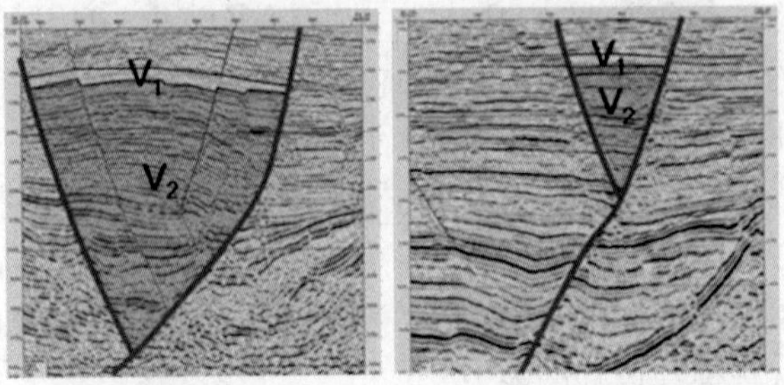

图 5 左图为 A 井区地震剖面 右图为 B 井区地震剖面

体积往往具有差异性，相对形变体积最大的部位称为形变中心部位。勘探实践表明，形变中心位置，应力释放充分，油气运移能力较强，浅层油气更加富集，成藏层系偏浅；反之，远离中心位置，油气相对贫瘠，成藏层位也相对较深。渤中 25-26 油田群、渤中 29 油田群、蓬莱 7、渤中 36-B 油田等多个油气田的勘探实践揭示均有此种变化规律。

以黄河口凹陷北缘西部陡坡带的渤中 25-26 油田群为例，虽然 B 井区切源的边界断层成藏期断距较大，断距达到 80m，但由于断裂带较窄，形变体积较小，处于泵吸单元的边缘部位，浅层油气层厚度较薄，勘探失利；而 A 井区虽然切源的边界断层断距较小，断距只有 50m，但由于断裂带较宽，地层形变体积相对较大，处于泵吸单元的中心部位，浅层多口井证实油气层厚度较大，储量丰度较高，目前已成为在开发油气田。

另外，构造形变体沿断裂带体积上的变化还表现出含油层段的差异性。蓬莱 7-A 油田位于渤中凹陷东南缘，虽然单断层的断距自南向北逐渐减小，但构造形变体积由南往北逐渐增大，成藏层系也有自南向北变浅的趋势，由南部的馆陶组、明下段底部，到北部的明下段中部、明下段顶部(图 6)，说明构造形变体积对油气纵向运移层系具有明显的控制作用。

4.3 断块尺度

聚焦断块尺度，复杂断裂带内部不同块体的形变强度又呈现出明显的差异性，进而控制油气垂向差异分配。渤海的勘探实践证实，绝大多数花状或似花状断裂带内部均表现为负向构造单元的花心部位相比花瓣部位，具有油气充注能力更强，浅层油气富集程度更高的特点，通过构造形变体控藏研究，机理上合理解释了这种特殊现象。在优势形变中心的构造形变体积较大的块体，油气垂向运移量最大，是形成浅层高丰度油藏的有利指向。例如，莱州湾凹陷北部陡坡带垦

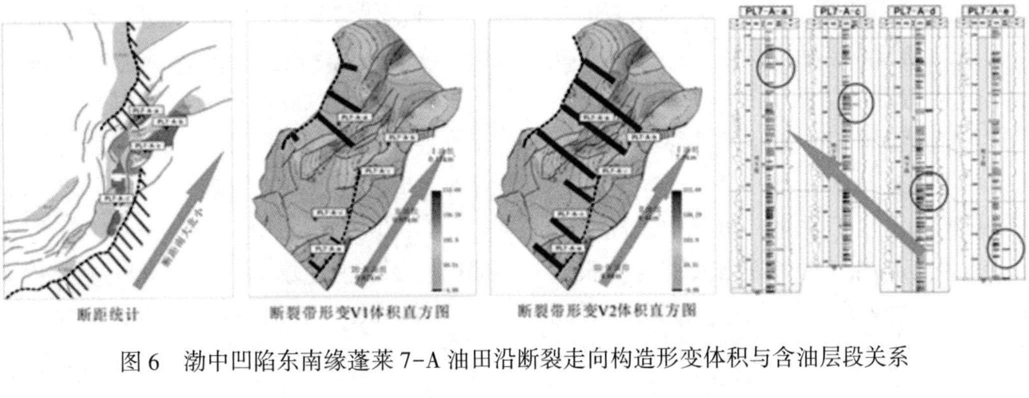

图 6 渤中凹陷东南缘蓬莱 7-A 油田沿断裂走向构造形变体积与含油层段关系

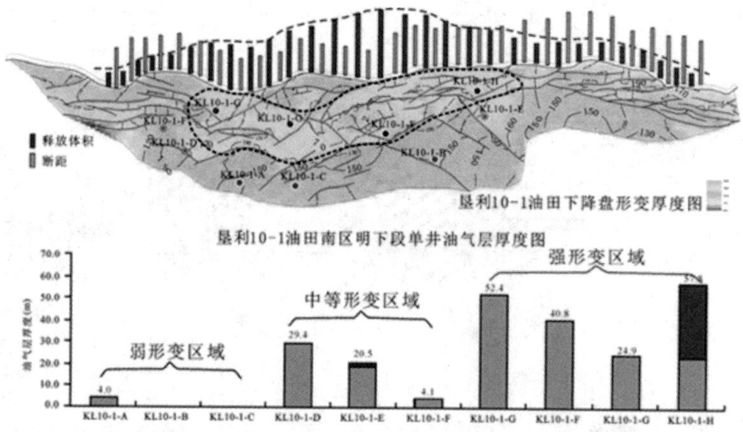

图 7　莱州湾凹陷北部陡坡带垦利 10-1 油田不同断块释放体积与油气层厚度统计

利 10-1 油田，根据形变体积大小将断块分为弱形变、中等形变、强形变等三种类型(图 7)，其中，位于形变中心的强形变块体，对应油气层平均厚度为 44.0m；中等形变块体对应油气层平均厚度为 18.0m；弱形变块体对应油气层平均厚度只有 1.3m，整体呈现出强构造形变块体富集，弱构造形变块体贫瘠的特点。这一认识，为复杂断块圈闭群油气富集块优选提供理论支撑与评价方法。

构造形变体控藏机理的内在核心是“泵吸”效应，外在表现是地层与断层组合在空间上的形变量，因此在不同尺度的地质体上控藏作用是一致的。从区带尺度上评价不同泵吸单元的差异性，泵吸单元形变量越大，越有可能形成大中型油气田群；在同一泵吸单元内部，评价不同断裂带的差异性，断裂带形变量越大，形成大中型油气田的可能性也就越大；从同一断裂带评价不同断块的差异性，位于形变中心的断块越有可能发育高丰度油气藏。

5　勘探实践

利用变形体表征断层活动强度，一方面，合理解释了以往依靠断距无法解决的难题，例如强活动断裂带新近系未成藏，弱活动断裂带新近系高丰度成藏以及同一构造区新近系差异成藏的原因。同时，也为渤海浅层勘探提供了新思路，即在断距虽小但构造形变体较大的区域开展勘探，近年来，成功指导了环渤中地区多个油田的发现与评价。

渤中 29-B 油田位于黄河口凹陷中次洼北部陡坡带，受北北东向郯庐走滑断层及北西向张蓬断裂共同影响，形成了一系列复杂断块型圈闭群。由于断块破碎，且主干油源断层成藏期断距较小，按照传统方法认为，油气运移能力存在风险，导致该区一直未获得勘探突破。2017 年，为理清该区边界断裂对油气的垂向运移能力，利用构造形变体对该构造断层活动强度重新进行了表征，结果表明，该区主运移断层断距虽然相对较小，但由于处于构造转换部位，断裂带宽、断层密度大，造成构造形变体积相对较大，具备油气规模性运移的能力。

渤中 29-B 油田西部为渤中 29-A 油田，该油田在明下段含油井段长，油层厚度在 8.6-40.6m 之间，单井平均 28.6 米，油藏丰度约 130 万吨/平方千米。通过主控断层晚期断距统计数据来看，渤中 29-B 构造平均断距为 113 米，而渤中 29-A 油田平均断距达到 185 米，造成渤中 29-B 构造油气运移能力比渤中 29-A 油田低的假象。通过对渤中 29-B 油田构造形变体积进行精细刻画，发现渤中 29-B 构造形变中心断距虽小，但构造形变体积较大，认为渤中 29-B 构造泵吸能力强，具备较强的油气垂向运移能力。另外，沿渤中 29-B 构造带走向计算构造形变体积变化规律表明，断裂带的东段构造形变更大，是油气运移的有利指向区，具备形成高丰度油藏的运移条件。

确定优势充注区后，为进一步明确渤中 29-B 构造优势充注断块，对该构造区内部的形变体积进行了精细刻画，可看出油田区内部形变体积差异性比较明显，构造北部整体形变量不大，但存在局部形变中心，构造中部形变量厚度大于 30m 的区域分布面积广，整体形变量大，构造南部构造变形程度较小，形变量普遍小于 30m。基于此项认识，制订了相应的勘探策略，优先在形变中心找相对形变体积大的断块部署井位，其

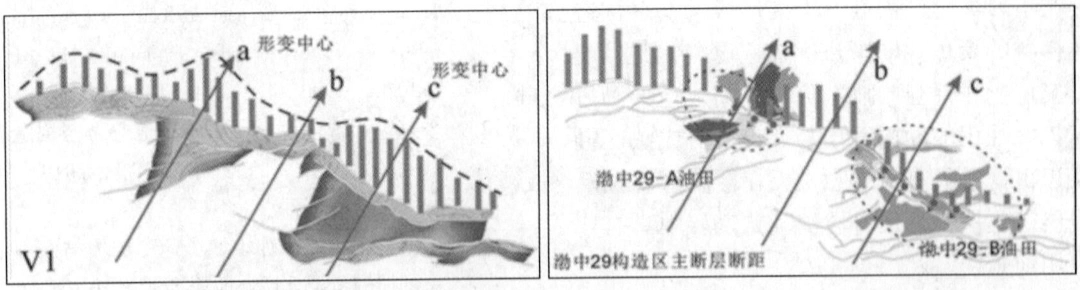

图8　黄河口凹陷北缘东部陡坡带渤中29构造区断距与构造形变体积统计

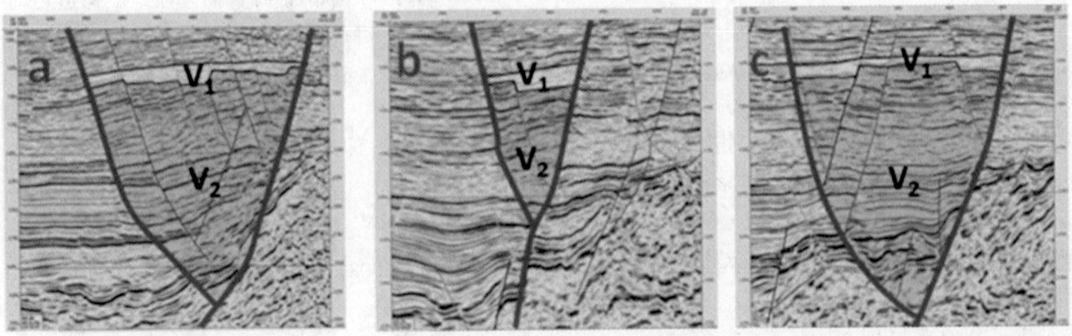

图9　黄河口凹陷北缘东部陡坡带渤中29构造区沿断裂走向断距与构造形变体积对比

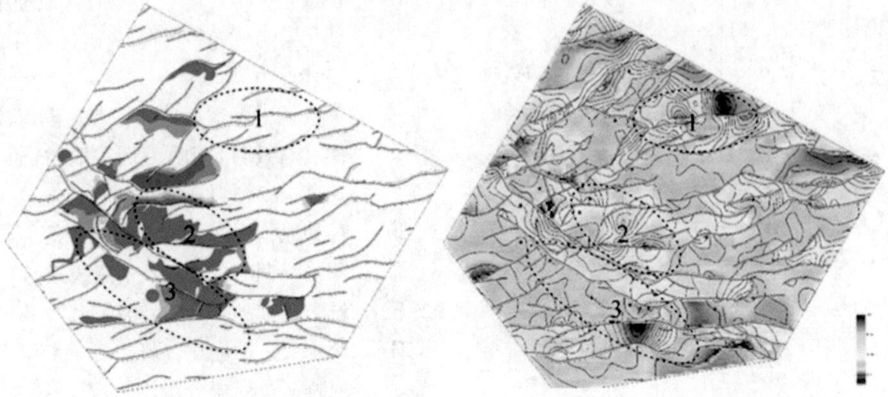

图10　渤中29-B构造带不同断块构造形变体积与油层厚度、油藏丰度平面分布图

中，2号断块油层41.9-57.3m，油藏丰度340万吨/平方千米，3号断块油层17.1-34.0m，油藏丰度240万吨/平方千米，发现了渤中29-B油田，后续评价沿用构造形变体控藏思路，推动渤中29-B油田实现高效评价，获得亿吨级油田发现。该油田的成功评价证实了构造形变体控藏的科学性，对环黄河口凹陷、渤中凹陷浅层油气运移和勘探提供了新思路。

6　结论

（1）基于油气泵吸效应运移本质，结合环渤中凹陷区新近系油田勘探实践，创新提出构造形变体的概念，将研究对象由以往二维的单个油源断裂拓展为三维的活动断裂体。断裂带活动强度的非均一性是造成油气垂向运移效率差异的根本原因，应用构造形变释放体积和波及体积能够更加客观地表征断裂带的整体活动强度，进而科学定量地表征油气垂向运移效率，两者与油气垂向运移效率均具有正相关关系，释放体积与波及体积越大，油气垂向运移能力越强；

（2）构造形变体从区带、断裂带、断块等不同尺度均控制油气垂向运移的优势充注部位。区带层面，构造形变体积的非均一性形成了多个泵吸汇烃单元，进而控制油气释放区，泵吸汇烃单元越大，浅层油气富集程度越高；断裂带层面，同一泵吸单元的形变中心部位控制油气优势释放部位；断块层面：形变中心部位，局部块体优势形变体积控制油气释放块；

（3）构造形变体概念的提出为油气垂向运移

评价提供了科学理论依据，本文形成了基于构造形变体控藏的聚焦式勘探目标优选思路，并且建立了一套可操作性强的技术流程，高效指导渤海一批新近系油田的勘探发现与评价，对成熟区勘探再认识再挖潜具有指导意义，在洼陷区复杂断裂带浅层富集块优选及岩性油气藏勘探中具有广泛的应用前景。

参 考 文 献

[1] 马晓鸣，戴俊生. 应用落差分析研究高邮凹陷南断阶主控断层[J]. 西安石油大学学报：自然科学版，2007，22(4)：31-34.

[2] 陈刚，戴俊生，叶兴树，等. 生长指数与断层落差的对比研究[J]. 西南石油大学学报，2007，39(3)：20-23.

[3] 李勤英，罗凤芝，苗翠芝. 断层活动速率研究方法及应用探讨[J]. 断块油气田，1999，7(2)：15-17.

[4] 罗群，庞雄奇，姜振学. 一种有效追踪油气运移轨迹的新方法-断面优势运移通道的提出及其应用[J]. 地质论评，2005，51(2)：156-162.

[5] 郝芳，邹华耀，方勇，等 断-压双控流体流动与油气幕式快速成藏[J]. 石油学报，2004，25(6)：38-43.

[6] 孙永河，付晓飞，吕延防，等. 地震泵抽吸作用与油气运聚成藏物理模拟[J]. 吉林大学学报(地球科学版)，2007(01)：98-104.

[7] 周心怀，牛成民，滕长宇. 环渤中地区新构造运动期断裂活动与油气成藏关系[J]. 石油与天然气地质，2009，30(4)：469-475.

[8] 吕延防，万军，沙子萱，等. 被断裂破坏的盖层封闭能力评价方法及其应用[J]. 地质科学，2008，43(1)：162-174.

[9] 刘培，蒋有录，刘华，等. 渤海湾盆地沾化凹陷断层活动与新近系油气成藏关系[J]. 天然气地球科学，2013，24(3)：541-547.

[10] 吕丁友，张宏国，麻旭刚，等. 渤海东部凸起区与斜坡区油气勘探实践与认识[J]. 地质科技情报，2018，37(5)：84-89.

[11] Morley C K，Nelson R A，Patton，T L，Munn S G. Transfer zone in the east African rift system and their relevance to hydrocarbon exploration in rift. AAPG Bulletin，1990，4(8)：1234-1253.

[12] 季宗镇，戴俊生，汪必峰. 地应力与构造裂缝参数间的定量关系[J]. 石油学报，2010，31(1)：68-72.

[13] 王博，刘耀炜，孙小龙. 地下流体与断裂活动关系的研究综述[J]. 地震研究，2008，31(003)：296-302.

[14] 龚再升. 中国近海含油气盆地新构造运动与油气成藏[J]. 地球科学-中国地质大学学报，2004，29(5)：513-517.

[15] 龚再升，王国纯. 渤海新构造运动控制晚期油气成藏[J]. 石油学报，2001，22(2)：1-7.

[16] 朱伟林，李建平，周心怀，等. 渤海新近系浅水三角洲沉积体系与大型油气田勘探[J]. 沉积学报，2008，26(4)：575-582.

[17] 龚再升，蔡东升，张功成. 郯庐断裂对渤海海域东部油气成藏的控制作用[J]. 石油学报，2007，28(4)：1-10.

[18] 杨永才，李友川. 渤海湾盆地渤中凹陷烃源岩地球化学与分布特征[J]. 矿物岩石，2012，32(4)：65-72.

[19] 王应斌，黄雷，王强，等. 渤海浅层油气富集规律-以黄河口凹陷为例[J]. 石油与天然气地质，2011，32(54)：637-650.

[20] 孙和风，周心怀，彭文绪，等. 渤海南部黄河口凹陷晚期成藏特征及富集模式[J]. 石油勘探与开发，2011，38(3)：307-313.

[21] 薛永安，王应斌，赵建臣. 渤海上第三系油藏形成特征及规律分析[J]. 石油勘探与开发，2001，28(5)：1-3.

[22] 孙玉梅，李友川，龚再升，等. 渤海湾盆地渤中坳陷油气晚期成藏的流体包裹体证据[J]. 矿物岩石地球化学通报，2009，28(1)：24-33.

[23] 陈斌，邹华耀，于水，等. 渤中凹陷油气晚期快速成藏机理研究-以黄河口凹陷 BZ34 断裂带为例[J]. 石油天然气学报，2005，27(6)：821-824.

[24] 陆明勇，牛安福，陈兵，等. 地下水位短临异常演化特征及其与地震关系的研究[J]. 中国地震，2005，21(002)：269-279.

渤海海域典型混合沉积与勘探实践

杜晓峰 宋章强 徐 伟 张 参 李晓辉

（中海石油（中国）有限公司天津分公司）

摘 要 陆源碎屑与湖相碳酸盐混合沉积在渤海海域古近系普遍发育，已经成为重要的油气勘探目标。本文基于90余口已钻井，结合地震、测井以及相关分析化验资料，以钻遇的混合沉积为研究对象，开展了岩石学特征、沉积特征与成因背景分析，建立了混合沉积发育模式，明确了混积型优质储层主控因素。研究表明：渤海海域沙一二段混合沉积发育近岸混积扇、近岸混积滩坝、远岸混积滩坝3种沉积相、7种沉积亚相和14种沉积微相。近岸混积扇以发育混积沟道为典型特征，岩性为含生屑的砂砾岩或中粗砂岩，为陡坡扇三角洲环境短源水道废弃后与生物碎屑间歇性间互沉积；近岸混积滩坝，为近源搬运沉积的陆源碎屑与盆内碎屑之间的混合沉积，典型沉积特征为发育高陆源碎屑含量的各种粒屑滩或坝；远岸混积滩坝为典型的以富含生物碎屑为主的混合沉积，陆源碎屑含量低，一般为盆内低隆或孤立潜山之上原地生长生物与少量供给的陆源碎屑发生的混合沉积。粗粒及富含生物碎屑是优质储层形成的基础，早期包壳的形成及白云石化作用有利于原生孔隙的保存是混积型优质储层形成的关键。该研究对混积型储层预测和油气勘探具有重要意义。

关键词 混合沉积；沉积特征；优质储层；控制因素；渤海海域

传统的沉积学观点认为，陆源碎屑的注入会抑制碳酸盐矿物的产出，而且在绝大多数情况下，这两种沉积物不应该也不会混合在一起。但从20世纪50年代开始，地质学家们在现代沉积与古代沉积剖面中发现大量混合沉积现象（Bruckner，1953；Maxwell，197；Button，1977；Davis，1989），并由此意识到混合沉积事件是普遍存在的，而非是一种特例。Mount在1984年首次提出了“Mixed Sediments”（混合沉积物）的概念，建立了间接混合、相源混合、原地混合、母源混合等四种浅海陆架混合沉积类型，并首次提出了四端元混合沉积岩石学分类方案（Mount，1984，1985），为后续研究奠定了理论基础。20世纪90年代开始，以海相混合沉积为研究对象，学者们从岩石分类方案、沉积特征、沉积类型以及成因机制等方面展开了系统的研究，分别建立了典型的滨海、浅海陆棚、深海斜坡等沉积背景下的混合沉积发育模式，海相混合沉积研究逐步完善（杨朝清和沙庆安，1990；Davis et al，2003；Coffey and Read，2004；Tcherepanov et al，2008）。21世纪初始，陆相混合沉积逐渐受到重视并开始一些研究（沙庆安，2001；董桂玉等，2007；董艳蕾等，2011），孟兆鸿等建立了近源型粗粒混合沉积成因模式（孟兆鸿等，2009），徐伟、冯进来等提出了远源型细粒混合沉积发育模式（徐伟等，2014；冯进来等，2011）。具有重要意义的是，这一阶段混积型油气储层获得了勘探突破，荷兰De Wijk气田砂质鲕粒滩、渤海油田古近系生屑砂岩等混积型优质储层的发现（Palermo，et al，2008；宋章强等，2013.），标志着混合沉积领域油气勘探实践的开端，同时，对于混合沉积复杂岩性的成岩作用研究也相继开展（张宁生等，2006；Madden and Wilson 2012；霍沈君，2015）。

渤海海域沙一二段发育多种类型的陆相混合沉积，其沉积特征、成因机理、储层性质及相关的油气产能特征均具有明显的差异性，本文基于大量的基础地质资料分析，以渤海海域古近系沙一二段钻遇的混合沉积为研究对象，开展了沉积特征与成因背景分析，建立了混合沉积发育模式，明确了不同类型混合沉积的成因机理与混积型优质储层形成的主控因素研究成果可为渤海海域以及其他陆相盆地混合沉积的油气藏勘探提供借鉴。

1　地质背景

渤海海域在构造位置上位于渤海湾盆地的中东部，属于渤海湾盆地现今被海水覆盖的部分，海域面积约 7.3 万 km^2，是陆上含油气盆地向海域的自然延伸，其北接燕山褶皱带，东部为胶辽隆起，南部与西部分别与济阳坳陷、黄骅坳陷相接。在构造区划上具有五个一级构造单元并可进一步划分为 14 个凹陷和 10 个凸起二级构造单元。新生代以来盆地演化具有多幕式的特点，即古新世至始新世早期孔店组至沙四段沉积时期的裂陷Ⅰ幕(65~42Ma)、始新世沙三段沉积时期的裂陷Ⅱ1 幕(42~38Ma)、渐新世早期沙二段和沙一段段沉积时期裂陷Ⅱ2 幕(38~32Ma)、渐新世晚期东营组沉积时期的裂陷Ⅲ幕(32~23.3Ma)、中新世馆陶组至明下段沉积时期的裂后热沉降阶段(23.3~5.3Ma)、上新世以来的明上段与第四系沉积时期的新构造运动阶段(5.3Ma 至今)。

渤海海域古近系沉积体系的演化与盆地构造演化有较强的耦合关系，具有明显的规律性。孔店至沙四沉积时期，盆地分割性强，气候干旱炎热，沉积以冲积河流相、干旱盐湖沉积为主；沙三段沉积时期为强裂陷期，以深水湖泊体系沉积为主，沉积了一套厚层深湖—半深湖相厚层泥岩，局部扇三角洲等近源粗碎屑较为发育，为重要的烃源岩层系；沙一二段沉积时期构造活动稳定，为强裂陷后第一个裂后稳定沉降期，以浅

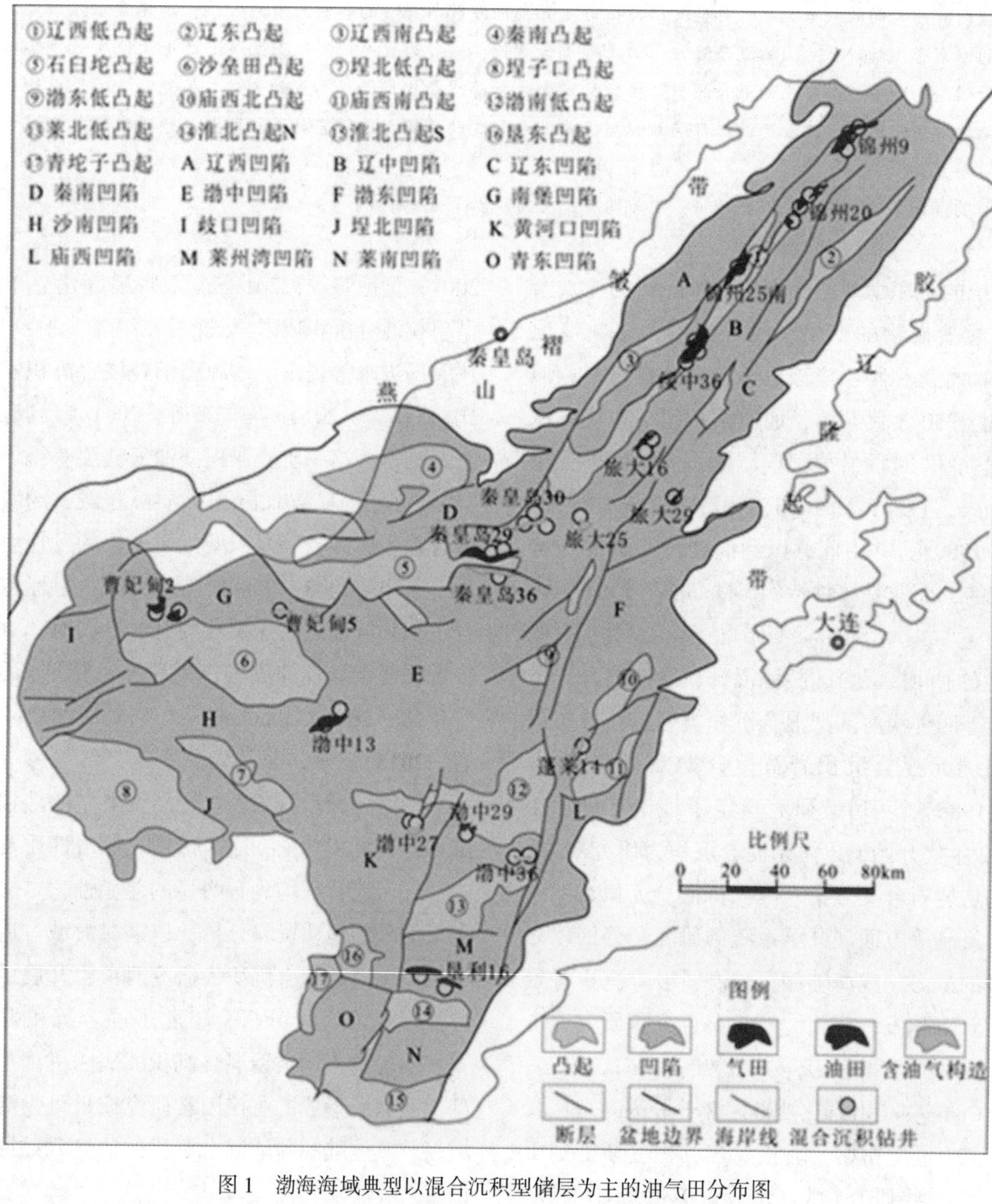

图 1　渤海海域典型以混合沉积型储层为主的油气田分布图

水-半深水湖泊沉积体系为主，辫状河三角洲增多，扇三角洲不太发育，局部发育碳酸盐岩或混合沉积(图1)；东三段层序基本继承了沙一二段层序沉积特征，但随着持续的断坳作用水体不断加深，以半深湖厚层泥岩沉积为主，局部发育三角洲，碳酸盐岩不发育；东二段层序时期，渤海探区构造活动主要为整体沉陷，沉积体系类型以辫状河三角洲、曲流河三角洲为主，在晚期湖盆萎缩阶段还发育了网状河三角洲；东一段层序渤海探区发生大规模的整体构造抬升，湖区范围缩小，沉积体系类型以河流、三角洲平原较为发育为特征。

2 混合沉积岩石学特征

综合考虑岩石分类的科学合理以及对勘探实践的指导作用，渤海油田提出了将陆源碎屑(硅质碎屑砂、黏土)、生物成因碳酸盐颗粒(生物碎屑、藻粒、团粒等)、化学成因碳酸盐(鲕粒、内碎屑、泥晶等)作为三端元的陆相混合沉积岩石分类方案(叶茂松，2018)。

2.1 以陆源碎屑为主的混积岩

宏观岩性以碎屑结构为主，多见粉砂质、砂质或者砾质结构。生物碎屑零散分布于碎屑颗粒之间，多难见完整壳体，仅见生物体铸模孔(图2a)。镜下可观察大量碎屑颗粒，如石英、长石或岩屑等(图2b)，粒级由粉砂级至砾级不等，化石碎片则多不完整，呈破碎状分布于颗粒之间(图2c)。

2.2 以生物成因碳酸盐为主的混积岩

宏观岩性以大量生物介壳粒屑密集分布为特征，大小均一，并发育大量溶蚀孔，陆源碎屑与生物碎屑相伴生，碎屑粒度包括粉砂、细砂、粗砂及砾不等(图2d)。微观岩性相主要为生物碎屑结构，且一般壳体保持较为完整，陆源碎屑颗粒零散分布于生物碎屑体之间(图2e)，同时也发育由于藻类粘结作用而形成碳酸盐与陆屑颗粒的混合(图2f)。

2.3 以化学成因碳酸盐为主的混积岩

宏观岩性多为含砂质的泥晶灰岩或白云岩，见少量陆源碎屑或生物碎屑溶蚀孔等。其微观岩石组构特征一般为生物碎屑或者陆屑颗粒零散分布于泥晶碳酸盐基质中为特征(图2g)，也发育鲕粒等化学成因的碳酸盐粒屑与陆屑颗粒的混合(图2h)。

混积层系在渤海海域也分布较广，宏观岩心可观察两类不同的岩性交替产出。碳酸盐岩层岩

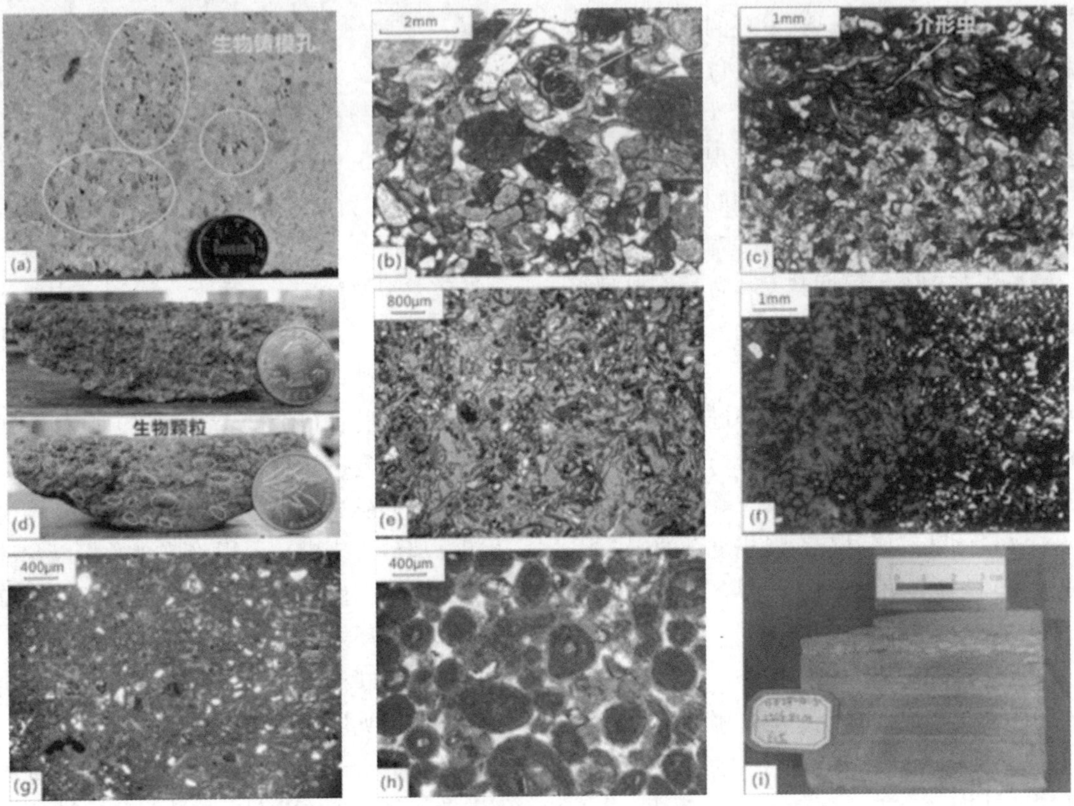

图2 渤海海域混合沉积岩石学特征

表 1　渤海海域古近系混合沉积相划分表

沉积相	亚相	微相	典型岩石类型	典型构造及取芯井
近岸混积扇	近岸混积扇根	近端沟道	正常沟道沉积的砾岩	Q29-4 井
	近岸混积扇中	混积沟道	含生屑砂砾岩	Q29-4 井、Q29-5 井
		混积碎屑滩	含生屑中-粗粒砂岩	Q29-4 井、Q29-5 井
		混积生屑(粒屑)滩	含陆屑生屑白云岩	Q29-4 井、Q29-5 井
	近岸混积扇缘		(含生屑)灰质或云质细-粉砂岩	B27-2 井
近岸混积滩坝	近岸混积坝	砾质混积坝	含生屑砾岩	L25-2 井
		砂质混积坝	含生屑砂岩	L25-2 井
	近岸混积滩	混积泥质滩	灰质泥岩	B36-W 井
		混积泥晶滩	泥晶灰岩/云岩	B36-W 井
		混积生屑(粒屑)滩	含陆屑生屑白云岩	Q36-2 井、S36-15 井
		混积碎屑滩	含生屑中-粗砂岩	Q36-2 井、B36-W 井
远岸混积滩坝	远岸混积坝	砾质混积坝	含生屑砾岩	C2-2 井、J20-1 井、J20-2 井
	远岸混积滩	混积生屑(粒屑)滩	(含陆屑)生屑白云岩	C2-2 井、J20-2 井、J20-5、J20-6、B13-2 井
		混积碎屑滩	含内碎屑中-粗砂岩	B13-3 井
		混积泥晶滩	泥晶灰岩/白云岩	J20-4 井、J20-5 井、J20-6 井

性主要为泥晶灰岩，碎屑岩层多为泥岩、粉砂岩等，两类层系的单层厚度一般为厘米级别(图 2i)。

3　混合沉积相分类及其沉积特征

3.1　混合沉积体系相带划分方案

目前渤海海域古近系已经发现的规模型混合沉积主要集中在沙一二段，占 90%以上，岩心及各种分析化验资料丰富；沙四段、沙三段在个别构造区有发现，东营组仅个别井发现了薄层混合沉积。基于渤海海域钻遇混合沉积的 15 个构造、90 余口钻井，在大量的岩心观察描述、岩石薄片等化验分析基础上，根据其发育背景、典型沉积序列、沉积岩相的差异性，将渤海古近系沙一二段混合沉积划分为近岸混积扇、近岸混积滩坝、远岸混积滩坝 3 种沉积相，并进一步细分出 7 种沉积亚相和 14 种沉积微相(表 1)。在不同沉积相带，沉积物因生物碎屑、鲕粒等内碎屑与不同粒级、含量的陆碎屑混合，形成复杂的岩石组合特征(叶茂松等，2018)。

3.2　不同混合沉积相沉积序列特征

(1) 近岸混积扇相沉积特征

该类混合沉积以发育含生物碎屑的陆源碎屑岩系为典型特征。多发育在断裂活动较强的盆缘边界断裂陡坡带，单层厚度较大，约 2~8m，垂向上表现为进积、加积的序列，多期叠置厚度可达几十至上百米，地震剖面上整体呈现出楔状外形反射特征。渤海海域 Q29 构造区沙一二段混合沉积是近岸混积扇相的典型代表(宋章强等，2013；张藜等，2018)。

根据不同的岩相及其组合特征，该类沉积相可进一步划分为近岸混积扇根、近岸混积扇中、近岸混积扇缘 3 类亚相。近岸混积扇根亚相以发育近端沟道微相为主，多形成河道砂砾岩，为粗碎屑砂砾岩沉积物，垂向上具有扇三角洲平原分流河道沉积特征，基本不含生物碎屑没有发生混合沉积作用。主要的鉴定识别标志是砂砾岩磨圆分选较差，厚度较大。而近岸混积扇中亚相一般发育混积沟道、混积碎屑滩、混积生屑(粒屑)滩 3 种微相，以发育混积沟道相的含生物碎屑砂砾岩为典型特征(图 3)。混积沟道微相垂向上具有河道砂砾岩沉积特征，整体上呈正粒序，以发育含生屑砂砾岩为主，生屑含量较少，零散分布于粗碎屑砂砾岩中。混积碎屑滩微相以含砂质粒屑云岩为主，鲕粒等内碎屑为主要岩石成分，混有粗碎屑砂质颗粒。鲕粒的形成以及与碎屑颗粒的混合，反映了较强的波浪改造作用，垂向上混积粒屑滩以夹层出现在混积沟道砂砾岩中。混积生屑(粒屑)滩微相主要发育于扇三角洲供源的间歇期，物源影响较弱，生物发育，波浪作用导致其与碎屑颗粒混合。垂向上混积生屑滩厚度较

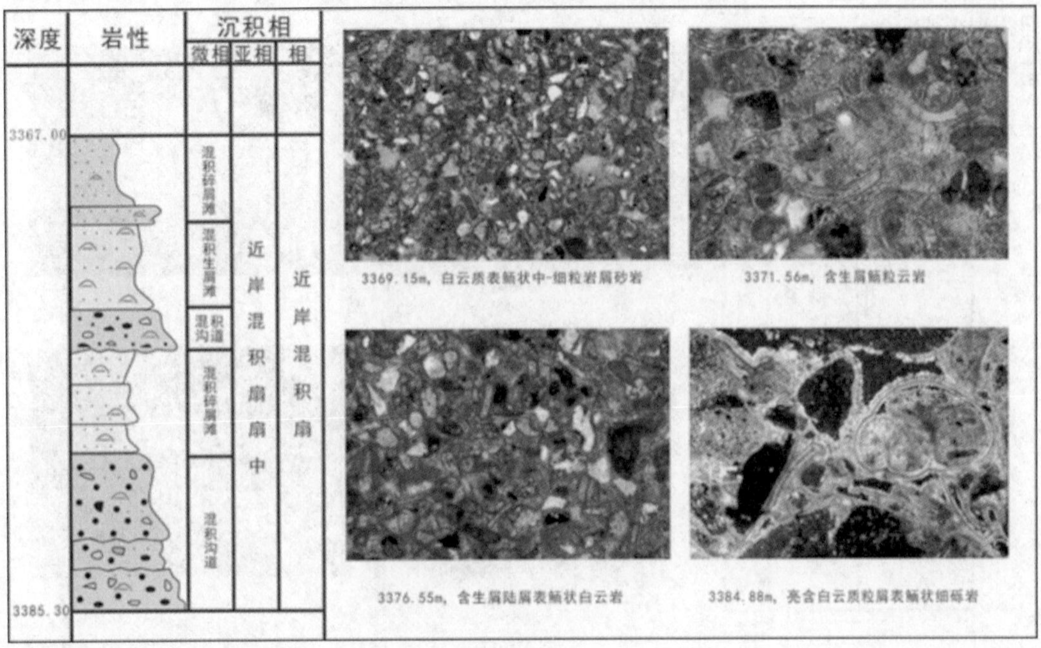

图 3　近岸混积扇典型特征——Q29-5 井为例

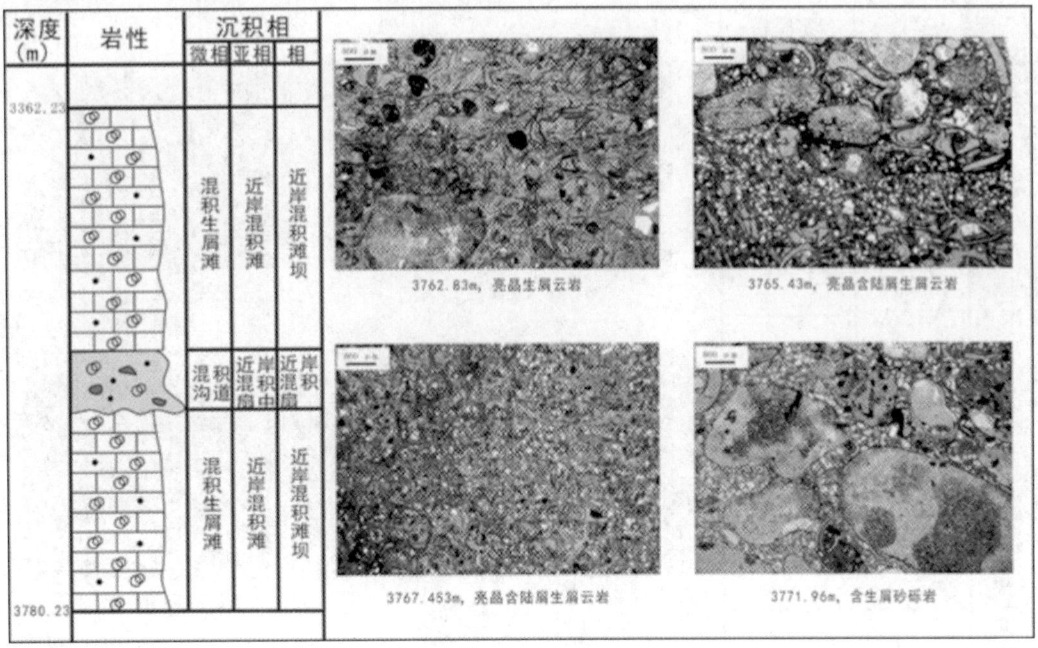

图 4　近岸(湖湾型)混积滩坝典型特征——Q36-2 井为例

小，与其他微相相互叠置伴生。

近岸混积扇缘亚相位于混积扇体的最前端，与常规扇三角洲前缘沉积特征相似，碎屑含量较高，生屑等碳酸盐颗粒含量较少。岩性较细，一般为(含生屑)灰质或云质细-粉砂岩，厚度较小。

(2) 近岸混积滩坝沉积特征

是指发育于紧邻盆内小型凸起或低凸起等局部物源区，一定程度上可以受陆源碎屑影响的混积滩坝，一般发育在湖湾区或近岸低隆区，不同古地貌背景下，发育的混合沉积特征差异较大。在近岸湖湾区，由于局部地貌遮蔽作用，大量生物碎屑、鲕粒等内碎屑在湖浪作用下聚集沉积，与少量的近源陆源碎屑产生组构型混合，主要岩相以富含生物碎屑的粒屑碳酸盐岩为主(图 4)，生物碎屑含量较高，可达 50%～85%，单个准层序的厚度约为几米至十几米，混合沉积垂向叠置厚度可达几十米；渤海海域 Q36 构造区就是该类型的典型代表。而在近岸低隆区，为一端与盆内凸起相连宽缓水下低隆地貌，可以发育来自与盆

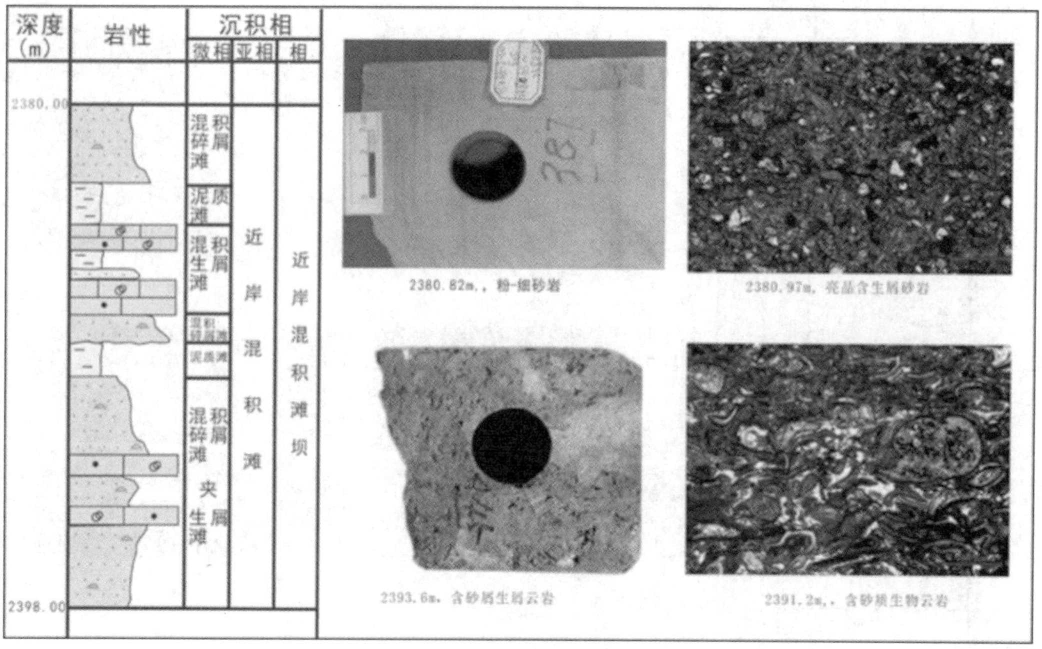

图 5　近岸(低隆型)混积滩坝典型特征——B36-W 井为例

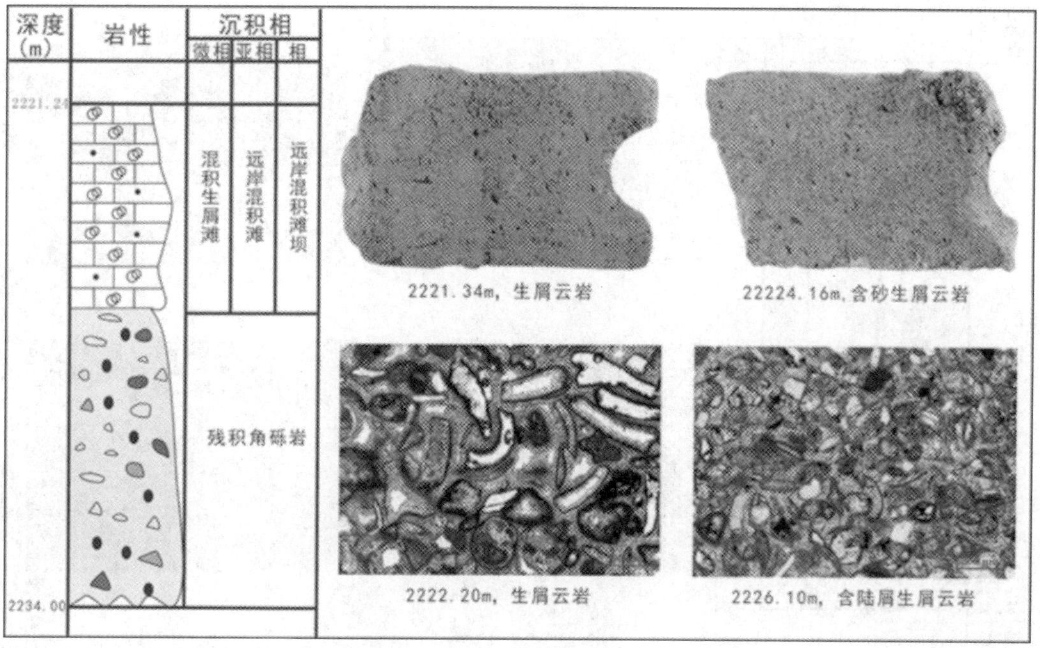

图 6　(硬底型)远岸混积滩坝典型特征——J20 构造为例

内凸起的近物源短程辫状河三角洲，在两期辫状河三角洲发育间歇期，发育厚度不大的含砂屑生屑(粒屑)碳酸盐岩或者含生屑砂岩相，在垂向上与近源辫状河三角洲沉积构成广义的混积层系(图 5)，单层厚度较小，一般小于 5m。

根据岩性相特征，近岸混积滩坝可进一步细分为近岸混积坝、近岸混积滩 2 类亚相，其中近岸混积坝主要发育砾质混积坝和砂质混积坝 2 种微相，厚度一般为几米～十几米不等，呈条带状分布；近岸混积滩一般与近岸混积坝亚相相伴生，单层厚度一般小于 10m，平面上呈席状连片分布；根据岩石类型差异性可进一步划分为混积碎屑滩、混积生屑(粒屑滩)、混积泥晶滩、混积泥质滩 4 种微相(表 3)。

(3) 远岸混积滩坝沉积特征

是指发育在远离盆外大型物源及盆内大型区域物源影响的盆内隆起区、孤立潜山之上，湖相碳酸盐岩与少量的陆源碎屑发生混合，形成的以碳酸盐岩为主的混合沉积，包括两种类型，一是硬底型，是指直接发育于前古近系潜山基底古隆

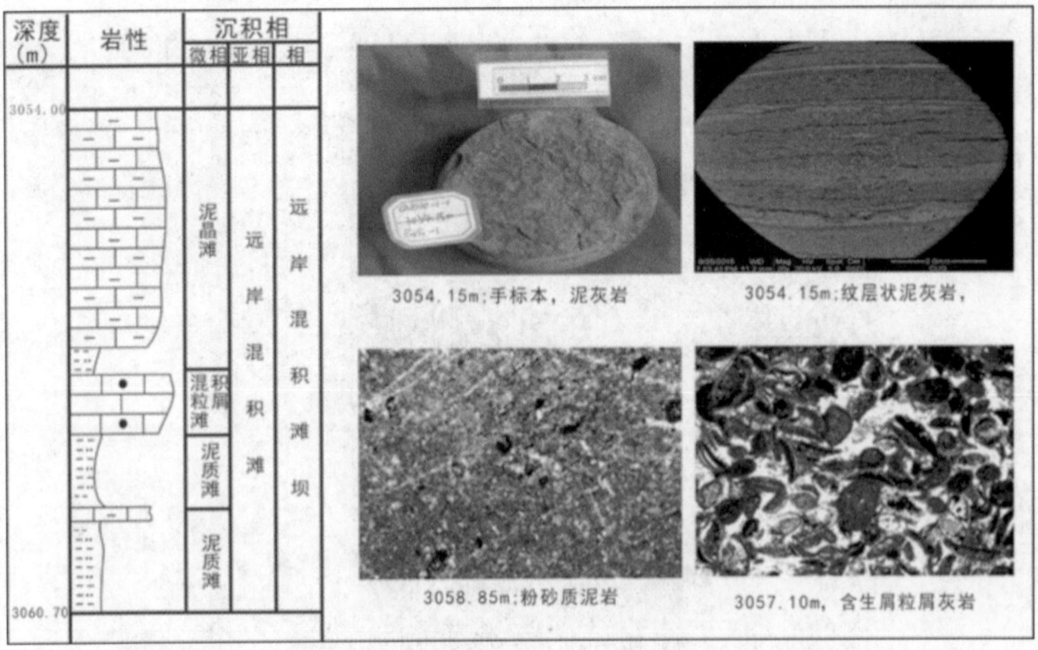

图7 （软底型）远岸混积滩坝典型发育特征——以Q30构造为例

起之上，基底岩石类型多为火成岩，形成的混合沉积主要岩石类型为含陆屑的生屑碳酸盐岩(图6)，生屑含量高，一般介于60%~80%之间甚至更高，垂向厚度较大，约10m左右，这一类型以J20、B13、C2等构造为典型；二是软底型，是指以古近系富泥质碎屑岩为基底，一般发育在基本不受陆源碎屑干扰的远岸隆起区的湖相细粒沉积背景下，发育薄层的以生物为主的生屑碳酸盐岩或晶粒碳酸盐岩，整体上多具有互层型混合沉积的特征(图7)，以J20-4井、Q30-1井最为典型。

根据不同的岩性相特征，远岸混积滩坝可进一步细分为远岸混积坝、远岸混积滩2类亚相，其中远岸混积坝主要发育砾质混积坝微相，远岸混积滩发育混积碎屑滩、混积生屑(粒屑滩)、混积泥晶滩3种微相(表3)。

4 混合沉积成因发育模式

混合沉积是一种较为特殊的沉积产物，属介于碎屑岩沉积和碳酸盐沉积之间的过度类型，既包含着碎屑岩沉积过程，也包含着碳酸盐沉积过程。因此在陆相断陷盆地广泛发育多种类型的陆源碎屑沉积大背景下，有利于碳酸盐发育的环境因素就显得十分重要，湖相碳酸盐岩一般发育在稳定的构造背景、温润的气候、一定的水体盐度、适宜的古地貌高地等特殊地质背景下，且碳酸盐岩与碎屑岩两者呈相互消长关系。

通过对渤海海域多个构造混合沉积发育特征、沉积样式分析，建立了混合沉积综合发育模式(图8)；认识到在渤海海域沙一二段沉积时期古气候、古水体环境基本一致背景下，不同构造区古地貌特征和古物源供给情况决定了混积发育类型和发育程度。

4.1 近岸混积扇成因机制

以渤海海域石臼坨凸起倾末端Q29构造区典型近岸混积扇为例。沙一二沉积时期，石臼坨凸起东倾末段北侧边界断裂活动性相对较强，当碎屑物质供给充足时，陡坡带主要发育扇三角洲沉积，近端沟道微相发育，岩性以砂砾岩以及含砾粗砂岩为主，表现出显著的近源粗碎屑沉积特征；随着物源供给逐渐减弱，碎屑干扰作用较弱，不足以完全抑制生物作用，腹足类生物便开始少量发育，与原地的三角洲砂质颗粒混合，形成以陆源碎屑为主的混积碎屑滩，岩性以含生屑砂岩为主；而在物源供给的间歇期，水体安静清澈，利于腹足类与介形类生物的繁盛生长，同时湖浪的改造作用可以使生屑颗粒与砂质碎屑充分混合，形成以含砂生屑云岩为主的混积生屑滩；当物源供给再次增强，后期扇体对供源间歇期生屑滩的冲刷改造作用，便形成富含生屑的混积沟道砂体以及以砂质碎屑为主的混积碎屑滩；随着湖平面持续上升，扇三角洲退积且展布范围受到抑制，湖相泥岩广泛沉积。整体上，受控于水体环境、物源供给与湖平面变化，近岸混积扇垂向上表现为扇三角洲近端沟道-混积碎屑滩-混积

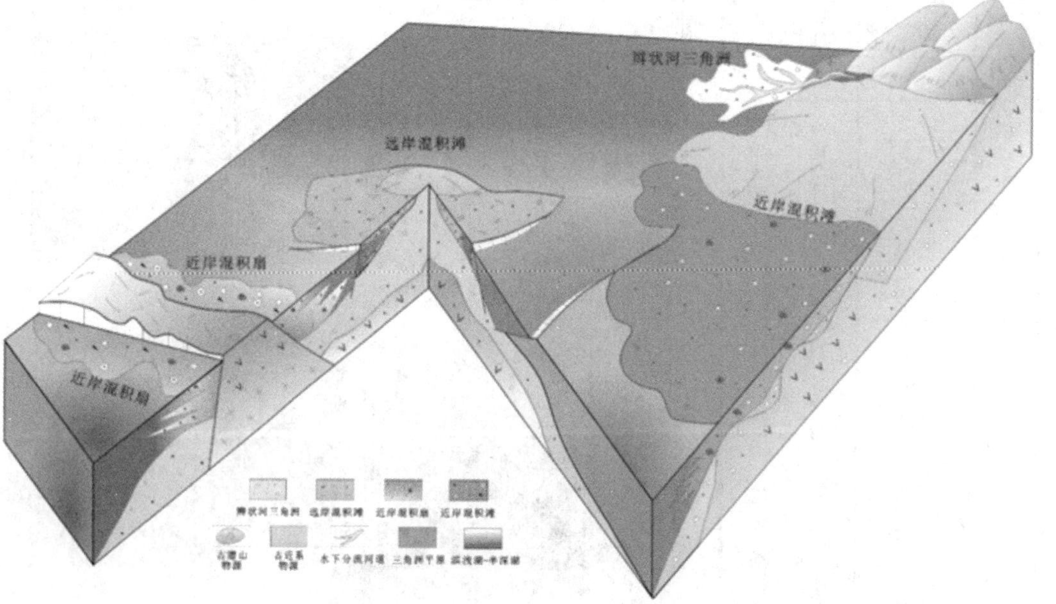

图 8　渤海海域古近系典型混合沉积发育模式

生屑滩-混积沟道-混积碎屑滩-混积扇缘-湖相的沉积序列。

4.2　近岸混积滩坝成因机制

根据地貌背景以及与陆源碎屑沉积体系的时空耦合关系，渤海海域目前发现了湖湾型(以Q36-2为代表)、近岸低隆型(以B36-W为代表)两种不同的近岸混积滩坝。湖湾型发育在具有湖湾背景的的近岸带，由于局部地貌遮蔽发育大量生物，受波浪与湖流作用影响，与少量的陆源碎屑产生组构型混合。但由于长期不处于物源供给的主要方向上，缺少陆源碎屑的直接干扰，水体安静清澈，腹足、介形类生物繁盛发育并原地堆积；同时，阵发性的湖浪作用可促进三角洲侧翼的陆源碎屑与生屑颗粒发生混合形成混积生屑滩，碎屑颗粒普遍发育泥晶白云岩包壳是波浪作用存在的显著证据。由于水体与物源环境较为有利，该类近岸混积滩坝以生物生长堆积为主，垂向多期叠置，厚度较大。近岸低隆型一般具有局部连陆背景，主要发育在辫状河三角洲发育的间歇期或废弃的辫状河三角洲形成的沉积型隆起之上，在先期三角洲砂体堆积形成的沉积隆起或平缓斜坡之上，水体浅、养分足，生物生长发育，鲕粒等碳酸盐粒屑在湖浪作用下形成，并与原地或近原地的砂质碎屑混合，形成薄层的混积生屑(粒屑)滩，并且与多期的辫状河三角洲在垂向上构成混积层系。

4.3　远岸混积滩坝成因机制

远岸混积滩亚相主要发育在远岸古隆起之上，无陆源碎屑供源的直接影响，但在波浪作用下，浅湖碳酸盐矿物可与三角洲前端细粒砂质颗粒的混合沉积。沙一二沉积早期，在有利的半咸水浅水动荡环境下，古隆起高部位有利于生物碎屑等粒屑富集，形成富含生物碎屑的混合沉积；低部位水体稍深不利于生物生长及其他内碎屑物富集，则形成细粒化学成因碳酸盐岩。在远岸隆起区湖相细粒沉积为主的背景下，由于湖平面的频繁小幅波动，垂向上形成混积生屑滩与混积泥晶滩、湖相泥岩交替发育的互层型混合沉积特征。

5　储层特征与主控因素

5.1　储层基本特征

根据岩心或井壁取心等实测结果，分析表明渤海海域混积岩的物性与岩相有密切对应关系：以生物成因为主的混积岩物性最好，岩石组构以生物碎屑颗粒为主，胶结物含量少，储层平均孔隙度在30%左右，平均渗透率均远远高于$100\times10^{-3}\mu m^2$，油气产能也较高；而以陆源碎屑为主的混积岩物性稍差，储层平均孔隙度集中在10~15%之间，渗透率多介于$1\times10^{-3}\mu m^2$至$1\times10^{-3}\mu m^2$之间，实践表明该类储层经酸化改造等措施后同样可以获得高产；而以化学 成因为主的混积岩类储层物性最差，岩石组构以碳酸盐泥晶-陆源碎屑为主，特别随着泥晶含量的增加，孔渗条件越差，储层孔隙度一般低于10%，渗透率一般小于$1\times10^{-3}\mu m^2$，一般测试难以获得商业

	阶段1 初始沉积	阶段2 快速形成	阶段3 大气淡水介入	阶段4 重浓缩白云石化
环境及沉积过程	水体浅、盐度略高	强水动力条件下快速翻滚形成包壳，并发生浓缩水白云石化	大气淡水注入，白云石化减弱，新的包壳形成	气候相对干旱，湖水盐度升高，重新发生浓缩湖水白云石化
模式图	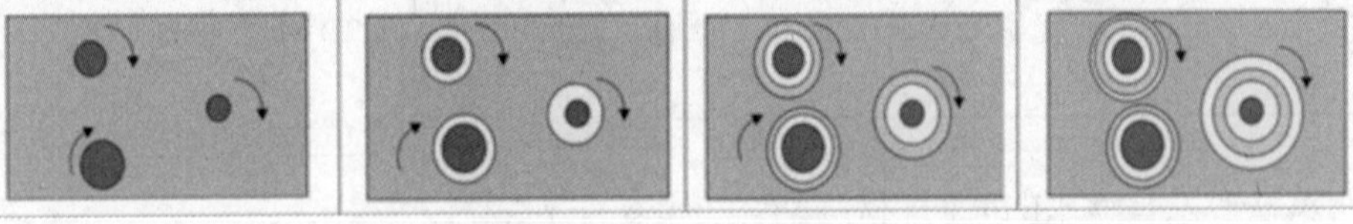			

图9　早期颗粒包壳形成过程示意图

产能。

5.2　*优质储层主控因素*

通过岩石薄片、扫描电镜、电子探针、阴极发光、同位素、包裹体等试验分析技术手段，理清了关键性成岩事件，恢复了储层成岩演化序列，明确了混积型优质储层的成因机理及主控因素。

(1)粗粒及富含生物碎屑是优质储层形成的基础

勘探实践表明，相对粗粒的混合沉积岩石类型，其孔隙结构较好，原生与次生孔隙均较为发育，储层物性好。同时，岩石中生物碎屑含量越高，越利于在准同生期发生溶蚀作用，形成大量的生物体腔孔与铸模溶孔，统计也表明，相同沉积成岩背景环境下，混积岩储层物性与生物碎屑含量具有正相关性[23]。因此，粗粒及富含生物碎屑的沉积相是形成优质储层的基础。

(2)早期包壳的形成及白云石化作用有利于原生孔隙的保存

渤海沙一二混积岩系中包壳结构普遍发育，镜下常见泥晶白云石包壳紧贴颗粒碎屑表面生长，在包壳外部发育有一层叶片状白云石环边胶结物。通过电子探针、碳氧同位素测试数据分析，包壳形成于盐度较高的环境当中并可能受到了淡水淋滤的影响，包壳成因可分为有机成因和无机成因两种：在带包壳的扫描电镜照片上可以看到岩石发育有微生物活动的痕迹，说明包壳的形成于微生物的活动有关；同时颗粒物质在牵引流的作用下不断旋转，在颗粒四周逐渐包裹住其吸附的物质，逐渐形成一层外壳。由此我们可以推测包壳形成过程：沙一二段时期，水体盐度较高，水体较浅，颗粒在强水动力条件下发生翻滚、搅动，易于形成包壳，并在干旱的条件下发生白云岩化作用；随着大气淡水的注入，白云岩化作用减弱，持续的翻滚作用会在原先形成的包壳外部再形成新的一层包壳。如此重复此过程，直到这个颗粒的重量超过了自身的浮力以及水动力的影响，自身开始沉淀降落至湖底，发生埋藏并沉积保存下来(图9)。

研究表明包壳主要形成于同生期-早成岩A期的早期。薄片镜下可见包壳结构随着后期的压实作用一同被破坏并发生断裂，说明包壳结构形成于后期压实作用之前。同时，通过对包壳中的包裹体测温，以及通过微区激光同位素分析获得的氧同位素值求取的形成温度，其形成温度偏低，主要介于之间38~66℃之间，也说明形成时期较早。对于储层而言，早期形成包壳结构及白云石化作用可以抑制后期的压实作用，同时也能抑制嵌晶胶结物生长，对原生孔隙起到保护作用，有利于形成优质储层。

(3) 晚期热液流体对储层的改造作用

早期优质储层形成之后，在后期成岩过程中，往往会发生多期次的胶结作用和不同程度的溶蚀作用，进一步改造储层，影响储层物性。研究区深大断裂多期次活动带来的深部热流体对储层影响明显。从取芯段岩石手标本可以看到一条明显的纵向脉，为热液活动的直接证据。其碳氧同位素测试结果表明：脉体与围岩之间的碳同位素值相差不大，为正常原生湖相碳酸盐岩范围(-2‰~6‰)，而氧同位素则表现出明显的差异性，其中流体通道内部测出的值明显较围岩值负偏(表1)。同时，黄铁矿大量赋存，部分黄铁矿晶形完整，呈自型-半自型，自型程度较高，部分黄铁矿被后期构造运动引起的微断裂所切穿，

表 1　热液流体通道与围岩碳氧同位素比较

点号	性质	$\delta^{18}O$‰ V-PDB	$\delta^{13}C$‰ V-PDB
1	脉体	-7.01	2.56
2	围岩	-1.25	1.93
3	脉体	-5.59	2.17
4	围岩	0.13	2.59

说明黄铁矿发育形成的时间相对较早，断裂作用对其具有一定的影响。黄铁矿中 Co/Ni 比值具有一定的成因鉴定意义：矿电子探针测定钴镍值 Co/Ni 值大部分大于 1(图 10)，因此分析可能为热液成因型黄铁矿。

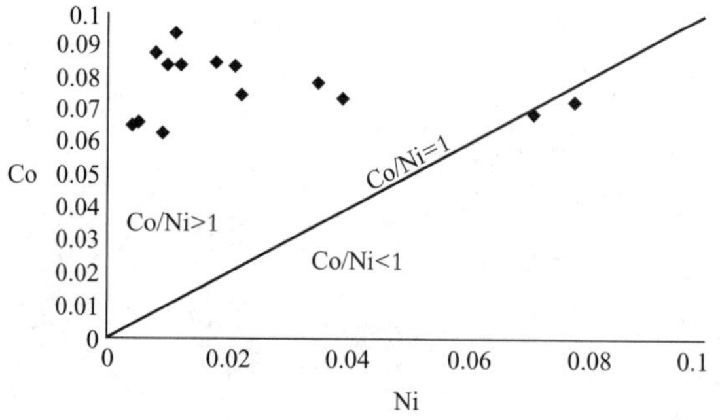

图 10　渤海海域石臼坨凸起东段 Q29-5 井黄铁矿钴、镍含量散点图

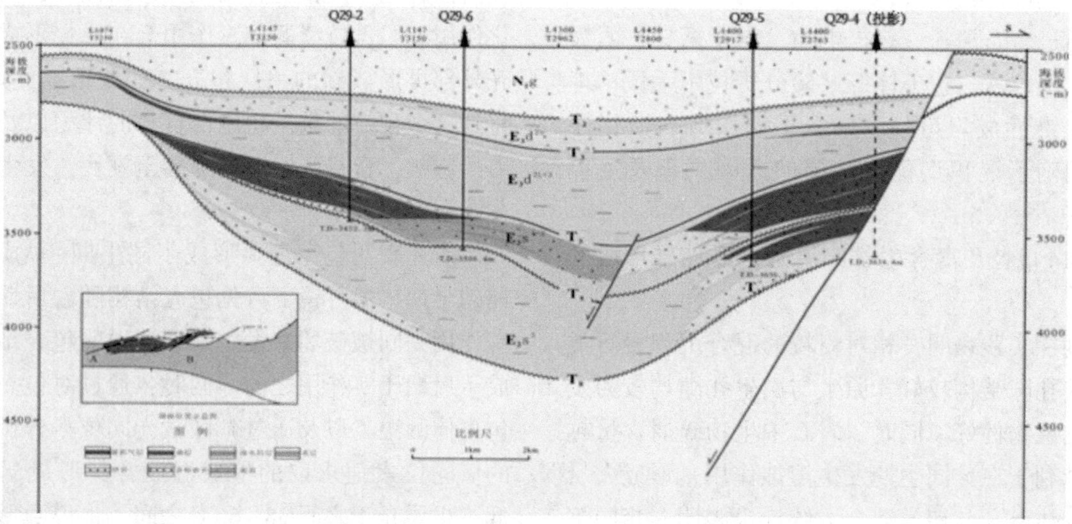

图 11　石臼坨凸起陡坡带 Q29 构造区沙一二段油气成藏模式图

渤海海域部分已钻混合沉积型油气藏中含有一定量的 CO^2 气体，尤其在 Q29 构造含量较高，部分井含量高达 50%，分析认为深部幔源成因，大量的 CO^2 气体存在形成了酸性的流体环境，对储层进一步的溶蚀改造非常有利。研究表明，除生物碎屑、白云石胶结物溶蚀外，研究区长石的溶蚀现象也极为普遍，钠长石、钾长石均有溶蚀现象，但被溶长石中钠长石的比例高于钾长石。统计表明，Q29 区含 CO^2 气体油气藏储层物性明显高于相邻其他区域储层物性，进一步说明了 CO^2 气体对优质储层形成的积极改造作用。

6　油气勘探实践与意义

渤海海域石臼坨凸起东段 Q29 构造是典型的以混积型储层为主的油气藏，在沙一二段近岸混积扇中累积发现探明油气地质储量超过五千万吨油当量。针对混积扇体钻探的 6 口井，除 1 口井因地震资料问题导致地层识别失误而勘探失利外，其他 5 口井均获得高产油气流。其中 Q29-4 井，在沙一二段单井油气层厚度超 200m，经测试日产油气超千吨，刷新了渤海沙河街组单井油层厚度、测试产能的新记录。该油气藏类型为近岸陡坡厚层混积扇背景下的构造-岩性型复合型油气藏(图 11)，为渤海古近系发现的首个具有商业价值的规模性隐蔽油气藏。该油气田的发现，开辟了渤海古近系油气勘探的新领域，对于其他相似地区的勘探具有极大的指导示范意义。

参　考　文　献

[1] Bruckner W D. Cyclic calcareous sedimentation as an index of climatic variations in the past[J]. Journal of Sedimentary Petrology, 1953, 23(4): 235-237.

[2] Button A, Vos R G. Subtidal and intertidal clastic and carbonate sedimentation in a macrotidal environment: an example from the lower Proterozoic of South Africa [J]. Sedimentary Geology, 1977, 18 (1/2/3):

175-200.

[3] Coffey B P, Read J F. Mixed carbonate-siliciclastic sequence stratigraphy of a Paleogene transition zone continental shelf, southeastern USA[J]. Sedimentary Geology, 2004, 166(1/2): 21-57.

[4] Davis H R, Byers C W. Shelf sandstones in the Mowry Shale: evidence for deposition during Cretaceous sea level falls [J]. Journal of Sedimentary Petrology, 1989, 59(4): 548-560.

[5] Davis R A, Jr, Cuffe C K, Kowalski K A, et al. Stratigraphic models for microtidal tidal deltas; examples from the Florida Gulf coast[J]. Marine Geology, 2003, 200(1/2/34): 49-60.

[6] Madden R H C, Wilson M E J. Diagenesis of Neogene delta-front patch reefs: alteration of coastal, siliciclastic-influenced carbonates from humid equatorial regions[J]. Journal of Sedimentary Research, 2012, 82(11): 871-888.

[7] Maxwell W G H, Swinchatt J P. Great Barrier Reef: regional variation in a terrigenous-carbonate province [J]. Geological Society of America Bulletin, 1970, 81(3): 691-724.

[8] Mount J F. Mixing of siliciclastic and carbonate sediments in shallow shelf environments [J]. Geology, 1984, 12(7): 432-435.

[9] Mount J. Mixed siliciclastic and carbonate sediments: a proposed first-order textural and compositional classification [J]. Sedimentology, 1985, 32(3): 435-442.

[10] Palermo D, Aigner T, Geluk M, et al. Reservoir potential of a lacustrine mixed carbonate/siliciclastic gas reservoir: the Lower Triassic Rogenstein in the Netherlands[J]. Journal of Petroleum Geology, 2008, 31(1): 61-96.

[11] Tcherepanov E N, Droxler A W, Lapointe P, et al. Neogene evolution of the mixed carbonate-siliciclastic system in the Gulf of Papua, Papua New Guinea[J]. Journal of Geophysical Research: Earth Surface, 2008, 113(F1): F01S21.

[12] 董桂玉，何幼斌，陈洪德，等，2007. 惠民凹陷沙一中湖相碳酸盐与陆源碎屑混合沉积—以山东商河地区为例. 沉积学报，25(3)：343-350.

[13] 董艳蕾，朱筱敏，滑双君，等，2011. 黄骅坳陷沙河街组一段下亚段混合沉积成因类型及演化模式. 石油与天然气地质，32(1)：98-107.

[14] 冯进来，曹剑，胡凯，等. 柴达木盆地中深层混积岩储层形成机制[J]. 岩石学报，2011，27(8)：2461-2472.

[15] 霍沈君，杨香华，王清斌，等. 黄河口凹陷 H-1 构造沙河街组混积岩储层控制因素[J]. 现代地质，2015，29(6)：1348-1359.

[16] 沙庆安，2001. 混合沉积和混积岩的讨论. 古地理学报，3(3)：63-66.

[17] 宋章强，陈延芳，杜晓峰，等. 渤海海域 A 构造区沙二段混合沉积特征及储层研究[J]. 海洋石油，2013，33(4)：13-18.

[18] 王冠民. 孤北洼陷陡坡带的混合生屑浅滩沉积[J]. 石油地质与工程，2009，23(6)：9-11.

[19] 徐伟，陈开远，曹正林，等. 咸化湖盆混积岩成因机理研究[J]. 岩石学报，2014，30(6)：1804-1816 [26]孟兆鸿，冯斌，

[20] 杨朝青，沙庆安，1990. 云南曲靖中泥盆统曲靖组的沉积环境：一种陆源碎屑与海相碳酸盐的混合沉积. 沉积学报，8(2)：59-66.

[21] 叶茂松，解习农，徐长贵，等，2018. 混积岩分类命名体系探讨及对混积岩储层评价的启示—以渤海海域混积岩研究为例. 地质论评，64(5)：1118-1131.

[22] 张藜，王德英，张新涛，等，2019. 渤海海域秦皇岛 29-2 东构造优质混积储层主控因素. 沉积学报，37(1)：200-211.

[23] 张宁生，任晓娟，魏金星，等. 柴达木盆地南翼山混积岩储层岩石类型及其与油气分布的关系[J]. 石油学报，2006，27(1)：42-46.

渤海新近系大型岩性油藏形成的主控因素与成藏模式研究——以莱北低凸起为例

杨海风　牛成民　王德英　王雪莲　张　参

（中海石油（中国）有限公司天津分公司）

摘　要　垦利 6-1 油田作为渤海莱北低凸起历经 40 余年勘探后获得的首个大型新近系岩性油田，具有储层展布面积大、油层分布集中的特点。本文重点基于实际钻探成果及岩心、壁心等分析化验资料，系统研究了该油田形成的主控因素与成藏模式。总得看来，该油田的形成主要得益于以下两点：1）在块体旋扭作用下形成的两大隐伏性汇聚脊为新近系油气的规模性汇聚提供了优越的供烃条件；）河湖交互背景下形成的大型叠合连片砂体为新近系大型岩性圈闭的形成提供了基础，同时亦可作为重要的储集和条件。进而揭示了莱北低凸起新近系油气成藏模式为受汇聚脊和大型叠置连片砂体控制下的“枝-蔓”式油气运聚模式。

关键词　大型岩性油藏；主控因素；成藏模式；新近系；莱北低凸起

自 20 世纪 90 年代以来，在渤海海域和周边地区发现了诸如蓬莱 19-3、秦皇岛 32-6 等多个新近系明化镇组、馆陶组大型油田[1]，揭示了渤海湾盆地新近系油气勘探的巨大潜力[2,3]。勘探实践证明，渤海湾盆地新近系主要发育河流相沉积体系，不具备生烃条件，运移条件是控制油气成藏和富集的关键这一认识已成为业界研究共识[1-11]。邓运华和张善文等人基于渤海海域和济阳坳陷新近系大量勘探实例的深入剖析，分别建立了“中转站”[4]和“网毯式”[5]成藏理论，有效指导了新近系油气勘探[7-11]。邓运华等基于渤海油区新近系 20 多年油气勘探的探索与实践，系统提出了浅层油气运聚理论，并有效指导了大量油气田发现[11]。如黄河口凹陷新近系河流-浅水三角洲油田群储量已超过已发现总储量的 70%[12]。但在局部地区，虽经多年勘探努力，但迟迟难以打开局面，莱北低凸起即是这样一个典型的地区。但自上世纪七十年代以来，该地区主要以构造圈闭为勘探对象，先后钻探近 10 余口钻井，投入了大量的资金，勘探没有获得大的突破，截至 2018 年，莱北低凸起仍是渤海油田唯一没有油气田发现的（低）凸起。究其主要原因，前期对于该区油气成藏的主控因素认识不清，虽井井见油，但井井不富，未能找到具有商业价值的油气富集块。2019 年以来，基于前期钻探实践与与研究成果的再认识、再研究，认为浅层新近系在传统构造圈闭的低部位具有形成大型岩性油气藏的条件，提出“从凸起高点转移到较低部位，从构造—岩性圈闭转移到岩性圈闭”的勘探思路，并部署钻探一批探井，终于成功发现垦利 6-1 这一亿吨级大型岩性油田。鉴于此，本文即以重点介绍 KL6-1 油田形成的主控因素，以期对今后新近系的精细勘探起到有益的指导和借鉴作用。

1　区域地质概况

KL6-1 油田位于渤海南部海域的莱北低凸起。从构造位置上来看，莱北低凸起在南北两侧夹持于黄河口凹陷和莱州湾凹陷两大富烃凹陷之间。其中，南侧以东西向边界大断裂与莱州湾凹陷为邻，向北则主要以斜坡带形式逐渐延伸到黄河口凹陷。东西两侧被郯庐断裂带东支与中支所夹持，整体呈北东向菱形展布的特征（图 1）。莱北低凸起之上自下而上依次发育沙三段、沙一二段、东营组、馆陶组、明化镇组与平原组，整体缺失孔店组与沙四段地层，沙三段局部缺失，东营组则缺失东一段地层，且整体较薄。其中，古近系主要发育辫状河三角洲沉积，新近系则为辫状河、曲流河和浅水三角洲沉积[13]。研究表明，新生代以来，受走滑、伸展两大构造应力场多期耦合作用影响，莱北低凸起地区经历了多次块体差异沉降与旋转，控制了莱北低凸起的形成与演化。沙三段沉积时期，受伸展叠加右行走滑作用的影响，莱北低凸起发生顺时针旋转，东南部和西北部发生局部块体沉降，中部则形成 NE-SW

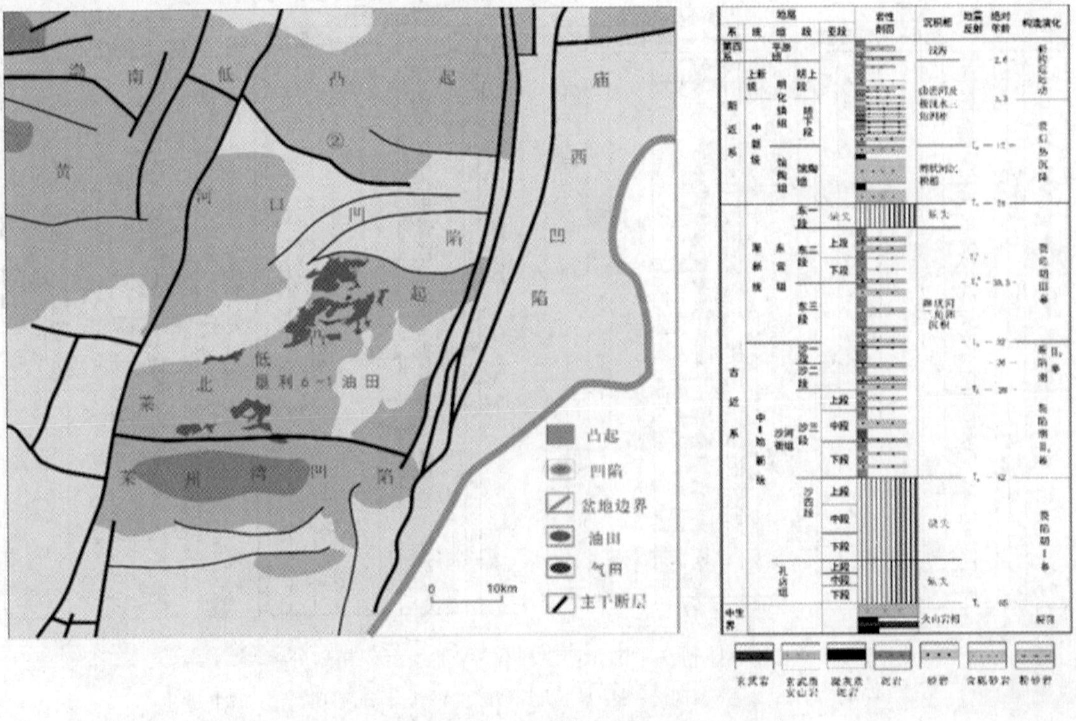

图1　莱北低凸起区域位置与地层综合柱状图

斜向展布的S型特殊隆起地貌。新近纪以来，伸展作用开始主导整个渤海湾盆地的演化。渤海湾盆地沉降和沉积中心逐渐转向渤中坳陷，莱北低凸起成为该沉积中心的边缘斜坡带[14]。

2　油田基本特征

KL6-1油田新近系含油层段分布在明下段和馆陶组(图1右)。明下段Ⅳ~Ⅴ油组为主要含油层段，其中，明下段Ⅴ油组顶部油层为主力油层，该油层的海拔埋深在-1200~-1550m之间。主力油层的储层厚度横向分布稳定，砂体平均厚度为8m。井壁取芯、岩心资料分析及测录井结果显示，该油田主要含油层段应属浅水三角洲，主要发育分流河道、分流河道间、水下分流河道和分流间湾等沉积微相(图2)。储层岩性主要为中-细粒岩屑长石砂岩，矿物成分主要为石英、长石、岩屑，碎屑颗粒分选中等~好，磨圆度次棱~次圆状。油层孔隙度为14.9%~39.8%，平均孔隙度为31.2%。渗透率$7.9\times10^{-3}\mu m^3$~$19721.3\times10^{-3}\mu m^3$，平均渗透率为$2205.52\times10^{-3}\mu m^3$，为高孔、高渗型储层。分析化验资料显示，该油田原油类型为为中质-普通重质原油，地面原油密度$0.906g/cm^3$~$0.939g/cm^3$(20℃)，黏度43.36~113.80mPa·s(50℃)，含硫量约0.21%~0.37%，含蜡量3.04%~16.01%，胶质沥青质13.27%~22.63%，凝固点：-16.0~+27.0℃，具有黏度高、胶质沥青质含量中等、含蜡量中等、含硫量低和凝固点高等特点。

3　大型岩性油田形成的主控因素与油气成藏模式

3.1　两大"隐伏性汇聚脊"的发育控制着油气富集区的分布

前人研究表明，对于凸起区这样的远离生烃凹陷的他源型成藏体系而言，油气的侧向运移条件极为重要。如薛永安认为，在渤海海域以中生界顶部(T_8层)和古近系沙河街三亚段顶部(T_5层)不整合面作为曾经遭受长期暴露剥蚀的区域高效渗透性地质体，它们具备与生烃凹陷的有效烃源岩大面积接触的条件，是油气二次大规模运移极为重要的通道。但是油气侧向规模性运移的方向则受控于这类渗透性地质体的空间形态，只有在空间上形成一个脊状形态，并且在相对高的部位具有深层油气侧向运移的"终止"点时，"终止"点处浅层的圈闭才有可能具有规模性供烃的条件，而把这种具备"终止"点的脊状形态体称之为汇聚脊[15]。换言之，汇聚脊是(低)凸起区浅层油气规模性富集的关键。

而基于区域三维地震资料开展的构造演化结果表明，莱北低凸起在新生代受地幔上涌双构造动力源和郯庐断裂带走滑作用的共同影响。始新

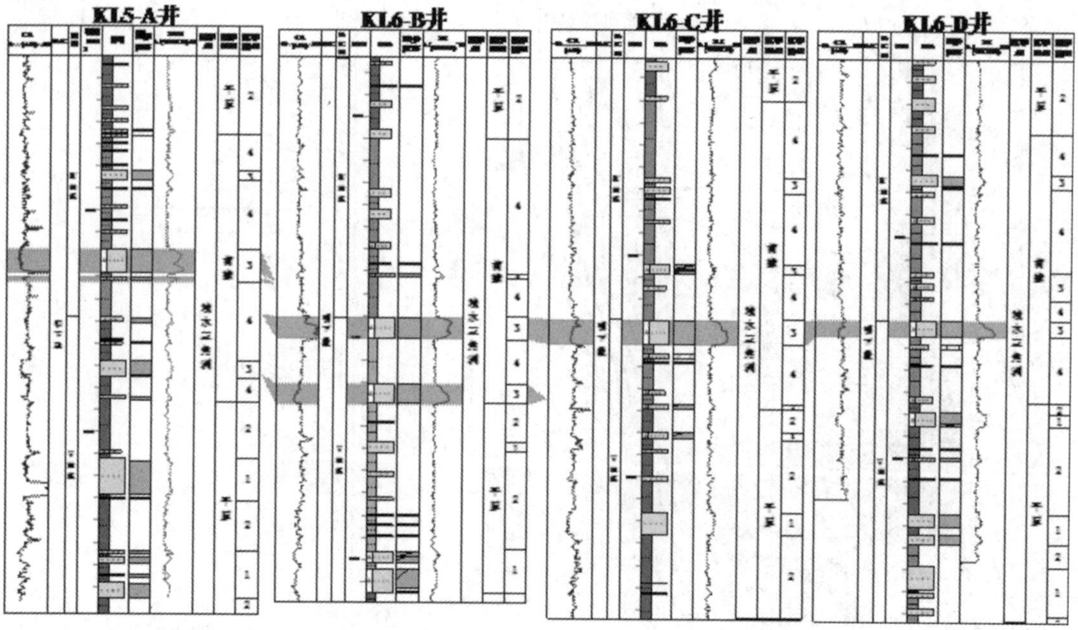

图2　垦利6-1油田明下段Ⅳ－Ⅴ油组沉积相划分

1—分流河道；2—分流间湾；3—水下分流河道；4—水下分流间湾；5—席状砂

世早期，受南北向伸展作用的控制，渤海东南部地区发育多个北降南抬的多米诺式掀斜断块，莱北低凸起的雏形初步形成。始新世末期-渐新世，随着郯庐走滑断裂带右旋走滑活动的日益增强，南北向的拉张伸展作用与北北东向的剪切作用共同控制了莱北低凸起这一掀斜断块的构造演化和几何形态。在此时期，在郯庐走滑断裂东支、中支和南侧边界断裂的共同控制下，受右旋走滑作用的控制，莱北低凸起作为一个相对完整的块体发生呈顺时针方向的块体旋扭活动(图3)。块体旋转运动使莱北低凸起西北部和东南部处于远离

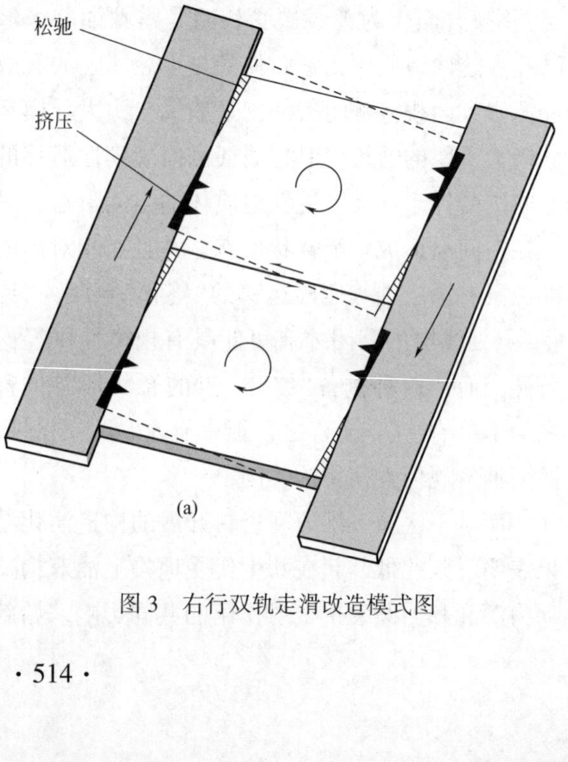

图3　右行双轨走滑改造模式图

走滑断裂带伸展应力区、进而形成局部下降；而凸起的东北部和西南部则处于挤压应力区，呈现局部挤压抬升的构造特征，随着郯庐断裂右旋活动的增强，研究区东南角和西北角处于松弛状态，并加速沉降，最终在西段形成依附边界大断层的断背斜型的汇聚脊、东段则形成长轴背斜型的汇聚脊(图4)。但这类汇聚脊相对高凸起区而言规模相对较小，汇烃能力相对较弱一些，为一种隐伏性的汇聚脊。

据此，认为莱北低凸起西段断背斜型汇聚脊和东段长轴背斜型汇聚脊发育的部位应为浅层的重点勘探方向。后期的勘探结果亦表明，含油气区域与两种类型“汇聚脊”高度叠合，表明“汇聚脊”对油气具有良好的控制作用。但需要说明的是，从油气的纵向分布来看，由于油层主要集中于明下段Ⅴ油组顶部，Ⅳ油组以浅的地层在相似的储层内则少有油气发现，表明该区这种隐伏型的汇聚脊可能与其他地区相对大型汇聚脊而言，其汇烃能力受到一定的限制。

3.2　河湖交互背景下形成的大型叠合连片砂体控制着大型岩性圈闭的发育

现代湖泊研究表明，气候对湖平面变化的影响很大，在构造活动相对较弱的湖盆萎缩期，气候必然是影响基准面变化和可容纳空间变化的主要因素。本文利用三维地震切片、岩心、测井、古生物、黏土矿物等资料对研究区明下段的层序

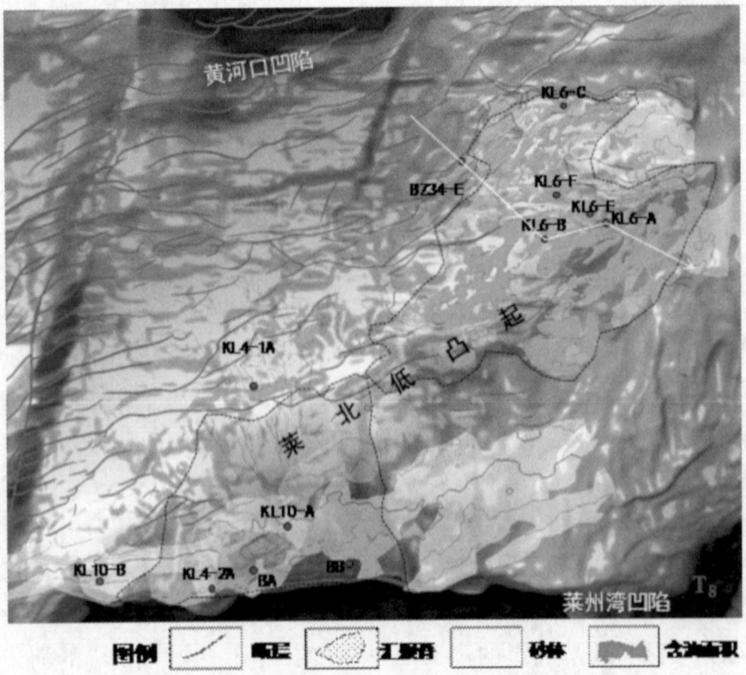

图 4　莱北低凸起汇聚脊与含油面积叠合图

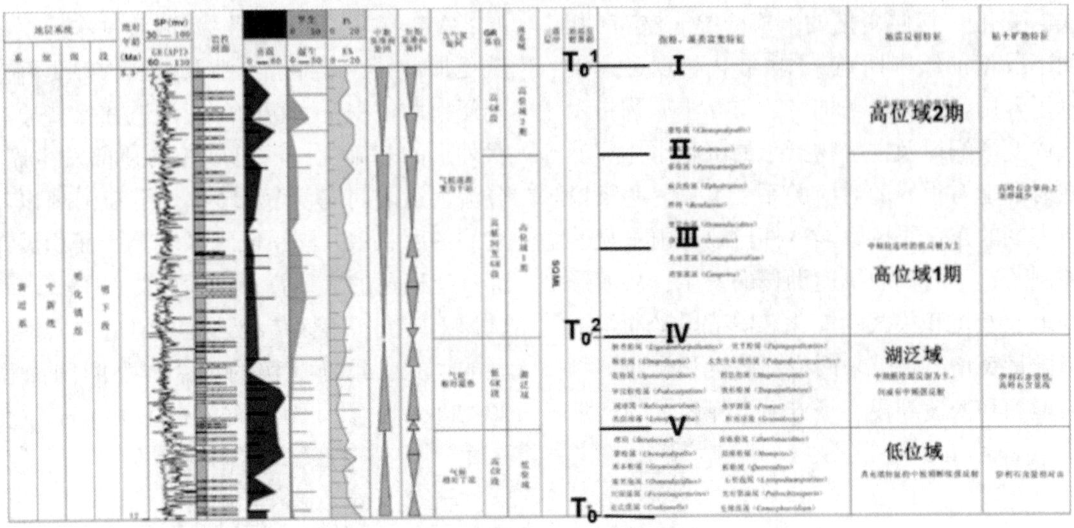

图 5　研究区明下段Ⅴ油组层序划分方案

地层和沉积相开展了系统研究，结果表明，明下段为一个完整的三级层序，Ⅴ油组为低位体系域，Ⅳ油组为湖泛体系域，Ⅰ~Ⅲ油组为高位体系域(图 5)。低位体系域发育河流相-浅水三角洲相，其中Ⅴ油组中下部以河流相为主，顶部以浅水三角洲相为主。湖侵体系域发育典型的浅水三角洲沉积。

古生物研究表明，明下段Ⅴ油组藻类含量低，以淡水、河流的穴面藻属、光对裂藻属、克氏藻属、毛球藻属为主，说明湖泊范围相对较小。明下段Ⅳ油组藻类分异度和丰度明显增加，主要是发育于滨浅湖的藻类，如盘星藻属、毛球藻属、褶皱藻属等(图 6)，说明Ⅴ油组末期~Ⅳ油组早期湖域范围明显扩大，存在快速湖侵。黏

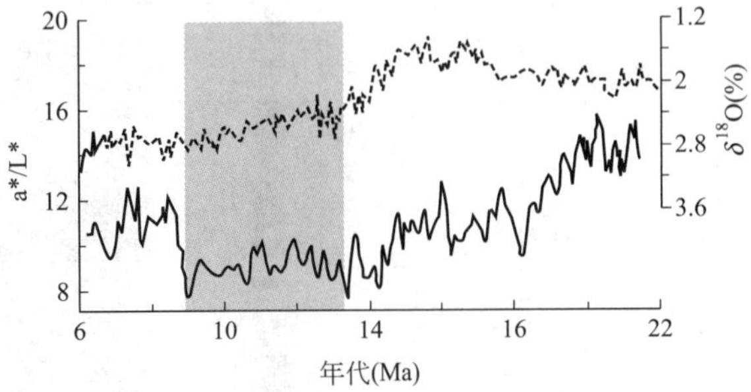

图 6　古土壤红化程度随时间变化曲线

土含量的变化也记录了古气候、古环境的信息。伊利石形成于少雨的气候条件下，由长石、云母等铝硅酸盐矿物风化形成，其晶格混层钾离子继续淋失则可向蒙脱石演化；如果气候变得湿热，化学风化彻底，碱金属(主要是钾离子)被带走，伊利石将进一步分解成高岭石。同时，反映气候相对干凉期的富含伊利石的泥岩，其 GR 值应该高于气候相对湿热期的富含高岭石泥岩的 GR 值。莱北低凸起明下Ⅴ油组的显著特征是具有明显的高 GR 段，Ⅳ油组相对于Ⅴ油组黏土含量具有伊利石降低、高岭石升高的特征，说Ⅳ油组沉积时期的气候更加湿润。

古土壤红化程度随时间变化曲线显示，在 13~9Ma 之间(对应于明下段Ⅴ油组)古土壤红化指数较低(，指示当时的东亚夏季风强度较弱，降雨量较少。弱季风段与明下段Ⅴ油组的高 GR 段在时间跨度和时间位置上都有很好的对应关系，说明了当时的沉积作用明显受气候控制，沉积模式的变化是气候变化的响应。9Ma 左右(相当于明下段Ⅴ油组末期)古土壤红化程度迅速增加指示了降雨量的突然增加，这与黏土矿物指示的古气候变湿润以及古生物指示的沉积水体突然加深在时间上有很好的对应关系。可见，明下段Ⅴ油组末期的东亚季风增强事件导致降雨量显著增加控制了这一时期的快速湖侵的发生，从而影响层序地层及沉积模式的演化。明下段Ⅴ油组末期的降雨量突增事件带来两方面的沉积响应：物源供给增加和快速湖侵。一方面，降雨量的增加使化学风化作用增强，物源区的母岩风化速度更快，单位面积的物源区提供的沉积物量更大，另一方面，降雨量的增加带来地表径流的增大，河流对沉积物的搬运能力更强，两者共同造成了河湖交互区的物源供给增强。由于地形坡度缓，河流入湖后快速频繁的分叉改道，形成网状密集交切叠置的分流河道。三维地震切片显示，Ⅴ油组顶部的分流河道密度明显大于Ⅴ油组中下部，为连片砂体的形成提供了物质基础。

随着降雨量的增加，湖平面波动上升，在河湖交互区，分流河道频繁分叉改道、相互交切的同时，不断受到波浪、沿岸流等湖水动力作用。在湖水动力的作用下，分流河道砂体的展布范围、粒序特征、分选性等都发生了明显的改变。Ⅴ油组中下部的分流河道砂体在测井上表现为典型的“箱形”或“钟形”的河道特征，而Ⅴ油组顶部的分流河道砂体则在湖浪改造作用下表现为向上变粗的反旋回或者复合旋回的特征(图 7)。同时，Ⅴ油组顶部在河流、湖浪双重作用下砂体淘洗更加彻底，砂体分选性及储层物性更好。快速湖侵作用使密集交切的分流河道在保持原有条带状外形的基础上，河道砂体的顶部发生席状化，分流河道之间充填席状砂体。分流河道以及河道之间的席状砂共同组成了区域上大面积展布、内部广泛连通的大型叠置连片砂体(图 8)。基于此认识，转变了本区传统独立窄河道型岩性圈闭刻画的模式，重新落实的单个岩性圈闭面积达到 20~30km²，累计圈闭面积高达 130km²，奠定了

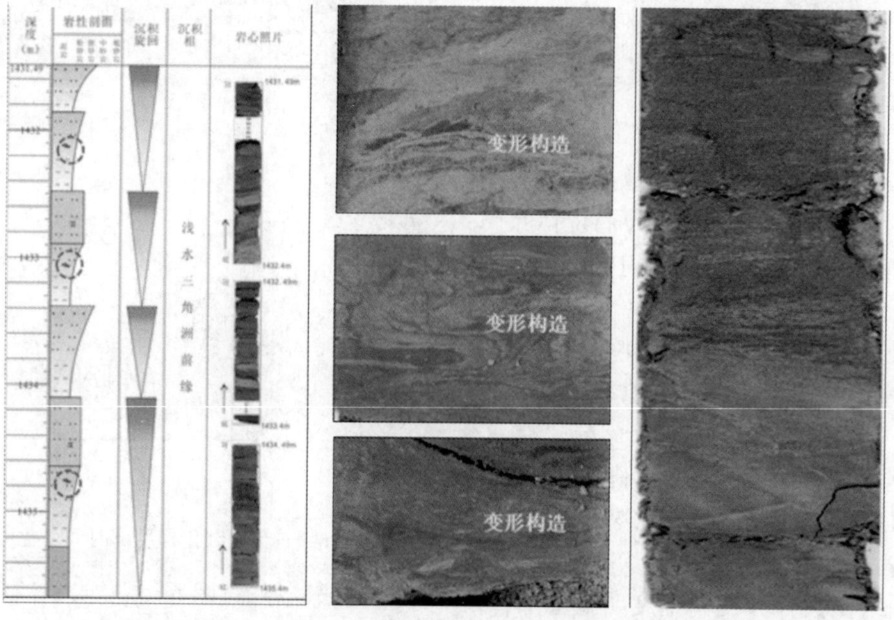

图 7　明下段Ⅴ油组顶部砂体岩心照片

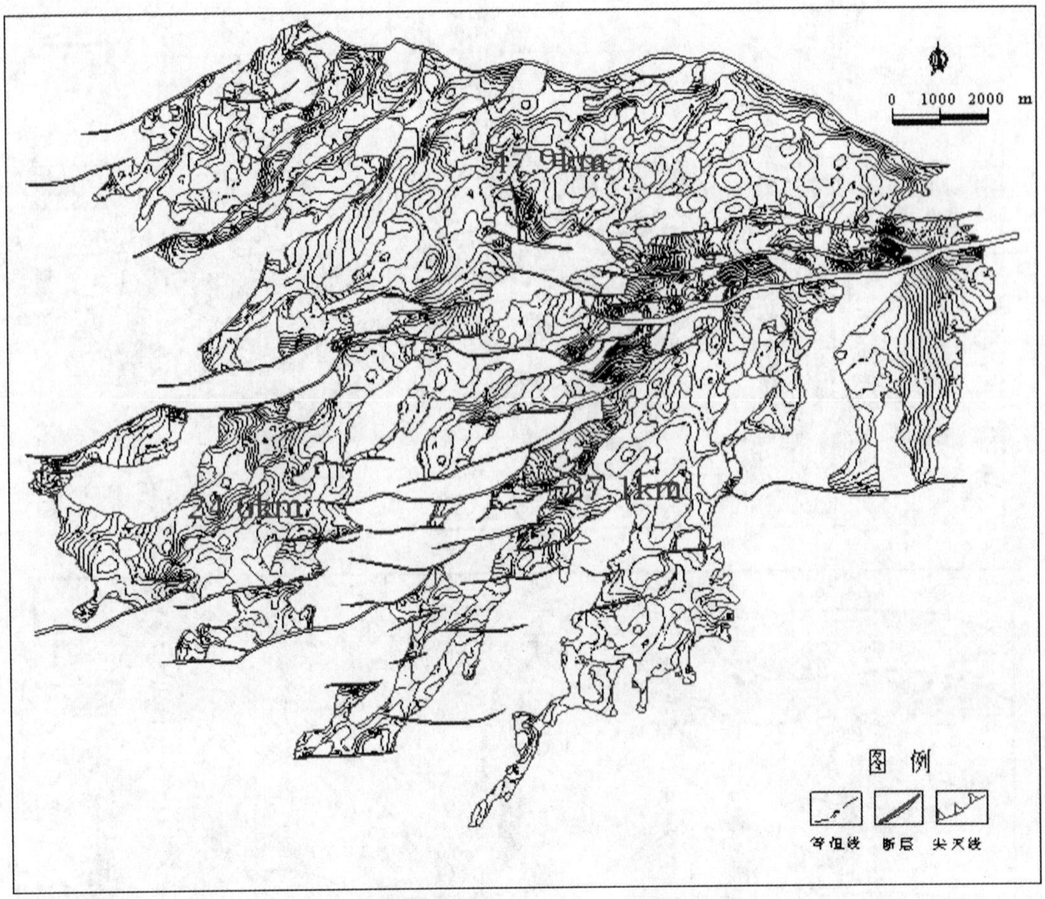

图 8 莱北低凸起明下段Ⅴ油组沉积末期砂体展布图

亿吨级油田形成的圈闭和储层基础。

3.3 莱北低凸起新近系油气成藏模式

通过对研究区油气成藏主控因素分析，建立“汇聚脊”模式指导下的新近系大型叠置连片砂体“枝-蔓”式油气运聚模式(图 9)。莱北低凸起古近系南段和北段分别发育“单斜型”和“背斜型”两种类型汇聚脊，两类汇聚脊在深层具有较强的汇油能力，受强活动断裂控制，在古近系汇聚的油气由断层向新近系沿断裂进行垂向运移。由于明下段Ⅴ油组顶部发育低可容纳空间背景下叠置连片型砂体，这类砂体分布范围广，在砂体边界和内部与多条运移断层搭接，具有多点充注优势。通过已钻井孔隙度和渗透率统计结果表明，在低可容纳空间背景下发育的叠置连片型砂体中，骨架河道砂体具有沉积厚度相对较大、物性相对较好(储层层厚度多在 10m 左右，孔隙度>30%，渗透率>1000md)的特点，是新近系油气优势充注的有利通道是油气运移的高速通道，作为油气运移的“枝”；汛水期沉积的面积广泛的前缘席状砂体虽然厚度较薄(4~8m)，储层物性偏差(孔隙度<30%，渗透率<1000md)，但具有分布范围广、连通性强的特点，是油气运移的“蔓”。及明下段Ⅴ油组顶部砂体即可以作为油气的储集层，也是该区新近系内部有利的侧向输导层，油气在大规模进入浅层以后，沿孔渗性好、连通性强的主河道快速、高效运移，完成骨干砂体充注，作为油气运移的“枝”，骨干砂体充注达到饱和后，开始缓慢向河道间孔渗性相对较差的席状砂体运移，最终实现整个砂体的充注过程(图 2-26)。已钻井实钻结果表明，主河道与河道间均为油层，不同之处在于油层厚度存在明显的差异，其中，主河道为厚套油层，如 KL6-B 井在 Ⅴ 油组 2-1429 砂体钻遇油层 10.8m，河道间为薄套油层，如 KL6-BSa 井在Ⅴ油组 2-1429 砂体钻遇油层 4.6m。

4 结论

1）垦利 6-1 油田是莱北低凸起历经 40 余年勘探后发现的首个亿吨级大型岩性油田，具有展布面积大、油层分布集中的特点。

2）莱北低凸起新近系亿吨级油田的形成主要得益于两个方面的有利成藏条件：一是在块体旋扭作用下形成的两大隐伏性汇聚脊为新近系油

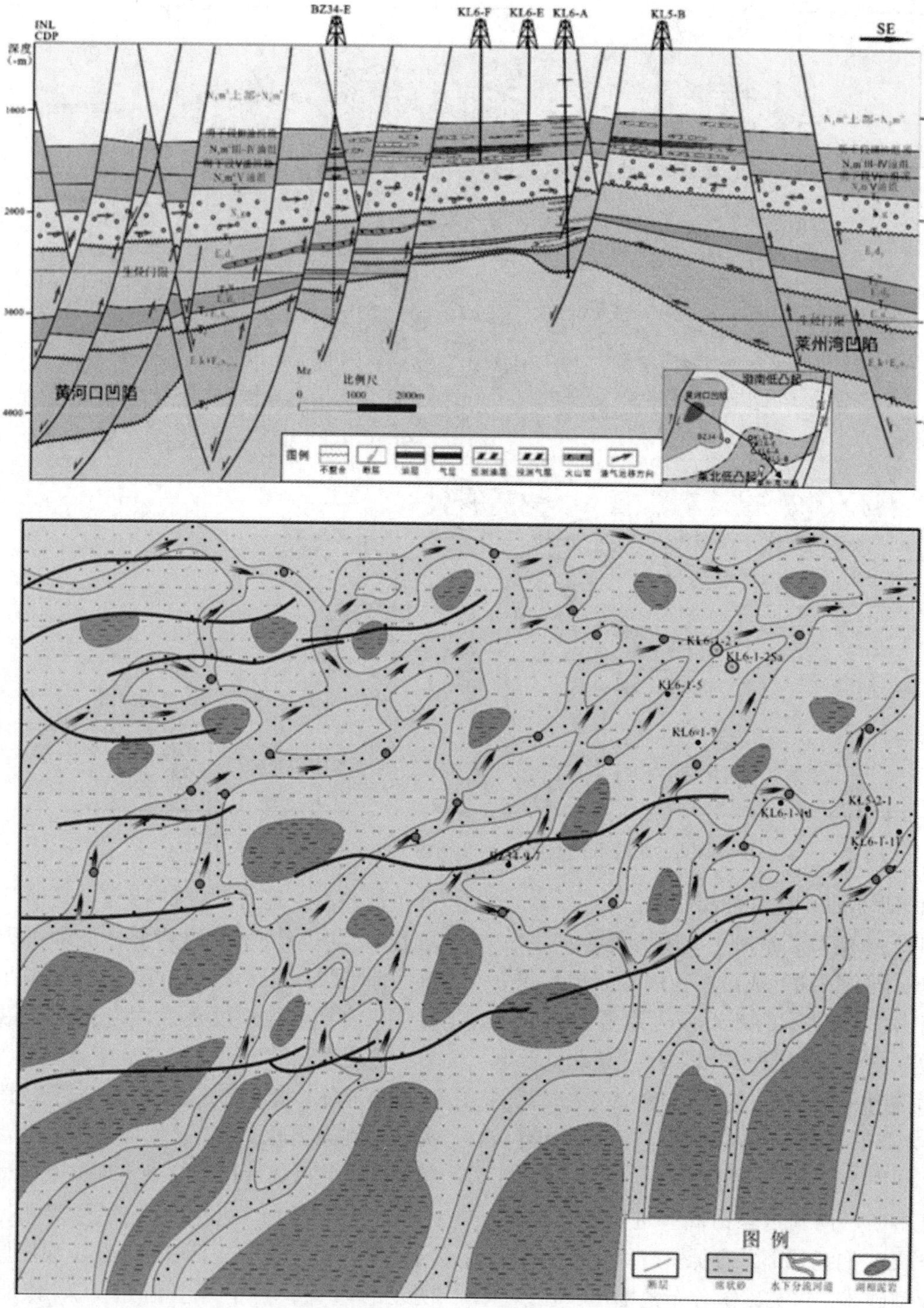

图9　莱北低凸起“枝-蔓互联”油气运移模式(上：剖面，下：平面模式图)

气的规模性汇聚提供了优越的供烃条件；二是河湖交互背景下形成的大型叠合连片砂体为新近系大型岩性圈闭的形成提供了基础，同时亦可作为重要的储集和条件。

3）莱北低凸起新近系油气成藏模式为受汇聚脊和大型叠置连片砂体控制下的“枝-蔓”式油气运聚模式。河湖交互期形成的骨架河道砂体作为油气快速运移的“枝”，骨架河道间的席状砂体作为油气接力运移的“蔓”，在汇聚脊提供优越供烃条件的前提下，枝蔓互联形成整体连片含油的特点。

参 考 文 献

[1]　[1]邓运华，李建平．浅层油气藏的形成机理—以渤海油区为例[M]．石油工业出版社，2008：23-28.

[2]　朱伟林，米立军，龚再升，等．渤海海域油气成藏与勘探[M]．北京：科学出版社，2009：41-44.

[3] 徐长贵，王冰洁，王飞龙，等.2016. 辽东湾坳陷新近系特稠油成藏模式与成藏过程—以旅大5-2北油田为例[J]. 石油学报，37(5)：599-609.

[4] 邓运华.断裂-砂体形成油气运移的“中转站”模式[J]. 中国石油勘探，2005，第6期：14-17.

[5] 张善文，王永诗，石砥石，等.网毯式油气成藏体系-以济阳坳陷新近系为例[J]. 石油勘探与开发，2003，30(1)：1-9.

[6] 薛永安，邓运华，余宏忠.渤海海域近期油气勘探进展与创新认识[J]. 中国石油勘探，2008，第4期，1-8.

[7] 邓运华.裂谷盆地油气运移“中转站”模式的实践效果[J]. 石油学报， 2012，33(1)：18-24.

[8] 石邸石.济阳坳陷太平油田网毯式油气成藏体系研究[J]. 成都理工大学学报(自然科学版)，2005，32(6)：592-596.

[9] 张善文，王永诗，彭传圣，等.网毯式油气成藏体系在勘探中的应用[J]. 石油学报， 2008，29(6) 792-797.

[10] 夏庆龙，田立新，周心怀，等.渤海海域构造形成演化与变形机制[M]. 北京：石油工业出版社，2012，60-63.

[11] 邓运华，薛永安，于水，等.浅层油气运聚理论与渤海大油田群的发现[J]. 石油学报，2017，38(1)：1-8.

[12] 杨海风，王德英，高雁飞，等.渤海湾盆地盆缘洼陷新近系天然气成因与油气差异富集机理——以黄河口凹陷东洼为例[J]. 石油学报，2019，40(5)：509-518.

[13] 王孝辕，黄江波，杨海风，等.莱北低凸起构造成因演化及其对沉积体系的控制作用[J]. 东北石油大学学报，2018，42(02)：1-10.

[14] 牛成民.渤海南部海域莱州湾凹陷构造演化与油气成藏[J]. 石油与天然气地质，2012，33(03)：100-107.

[15] 薛永安.渤海海域油气运移“汇聚脊”模式及其对新近系油气成藏的控制[J]. 石油学报，2018，39(9)：963-970，1005.

叠后多属性裂缝储层预测研究——以渤海 A 油田为例

龚　敏　李福强

（中海石油（中国）有限公司天津分公司）

摘　要　渤海 A 油田为渤海目前发现最大的太古界潜山气田。本文以渤海 A 油田为例，在充分挖掘叠后地震资料信息的基础上，形成了一套针对勘探节奏快的叠后多属性裂缝检测技术。首先通过区域地质认识和井上钻遇情况，将该区裂缝储层段在垂向上分为：风化裂缝带、半风化裂缝带和内幕裂缝带等三个裂缝发育带。结合其不同的地震响应特征，分别采用不同的叠后地震属性进行预测。在风化带裂缝检测中，总结出潜山表层裂缝发育时其反射波振幅能量的变化规律，利用振幅比属性较好表征了风化带平面发育情况。在半风化带和内幕裂缝检测中，充分利用低频信号的强穿透能力和抗干扰能力等优势。在低频地震体上分别利用相干和地震纹理属性完成对半风化带和内幕裂缝储层的平面预测。在渤海 A 油田潜山探勘实践表明：该套技术流程能较好的适应快速勘探的生产节奏。通过钻井证实，预测结果准确反映了渤海 A 油田潜山裂缝平面分布形态，有效提高渤海 A 油田花岗岩潜山储层预测的精度和勘探成功率。

关键词　潜山裂缝；振幅比属性；分频相干；地震纹理属性；小波变换

随着油气勘探开发的不断深入，裂缝性油气藏所蕴含的油气储量已经成为全球油气储量不可忽视的一部分。同时裂缝性储层也成为了一个重要的勘探新领域。在我国含油气盆地也拥有十分丰富的裂缝性油气藏。其中东部盆地主要为砂泥岩裂缝性油气藏，西南地区裂缝性油气藏主要聚集在碳酸盐岩中[1]。现今裂缝性油气藏勘探对中国石油工业的发展具有非常重要的意义。目前，国内外学者在裂缝检测应用中主要使用以下几类方法：1. 从岩芯资料较为直观的岩芯观测进行井上裂缝描述。2. 从测井曲线上来进行裂缝解释。3. 基于 HTI 介质的 P 波方位各向异性的裂缝预测方法[2-3]。4. 基于叠后属性裂缝检测技术等方法[4-6]。由于海上地震资料采集方位角为非宽方位覆盖。因此方位各向异性裂缝检测方法很大程度上受到采集方位的制约，在海上油田裂缝检测很难取到很好的效果。本文综合应用了地质、钻井、地震资料，首先在垂向上对储层进行分段，结合其地震响应特征优选出三个叠后分别对三个储层段进行预测。得到的研究成果与井上钻遇情况匹配关系良好。较好的指导了该区的勘探井的井位部署和加深钻探工作。

1　区域概况

渤海 A 油田位于渤中凹陷西南部，被渤中凹陷和黄河口凹陷包围。构造解释成果表明，该构造区中深层整体表现为被走滑断层及其派生断层复杂化的具有背斜特征的断块构造（图 1），以 NNE 向主走滑断层为边界。渤海 A 油田受大型走滑断层影响，长期活动断层及其派生断层发育，长期活动断层沟通油源，并与不整合面和砂体组成复式油气疏导体系。该区太古界花岗岩潜山由于长期遭受风化、淋滤、剥蚀，发育大量的构造缝、分化缝等，储集物性较好，上覆古近系湖湘泥岩与太古界花岗岩潜山形成良好的储盖组合。目前该区共钻探了 8 口探井均获得了工业油流。因此，如何优选研发针对性叠后储层预测技术方案，完成基岩潜山储层精细预测是该区油藏

图 1　渤海 A 油田 Tg8 断层平面组合

勘探，储量评价和开发方案的编制的重要研究内容。

2 叠后多属性花岗岩裂缝预测方法

2.1 太古界潜山储层表征技术流程

区别于沉积岩储层，花岗岩储层成层性不高，储层界面不明显，平面分布不稳定，储层形成控制因素包括花岗岩矿物组构，埋藏深度，构造运动改造期次和强度，古气候和古地貌等诸多因素，储层表征技术也有别于沉积岩储层表征技术。从井上来看，该区太古界花岗岩潜山埋藏较深大致在 3900~4570 米，整体埋深较深。综合岩心描述、铸体薄片、成像测井和测井资料，储层自上而下可以分为风化裂缝带、半风化裂缝带和内幕裂缝带(图 2)。风化带受风化作用较强，储层以溶蚀缝为主；半风化主要发育构造裂缝，另有少量溶蚀裂缝；潜山内幕储层主要受构造应力作用发育构造裂缝。通过连井地震剖面可以看出目的潜山面整体呈低频中强波峰反射、内幕成轴性较差杂乱反射，在探井区往往出现高角度反射(图 3)。本文充分挖掘目的层段叠后地震资料信息，总结出一套针对该区垂向裂缝发育特征的技术流程。

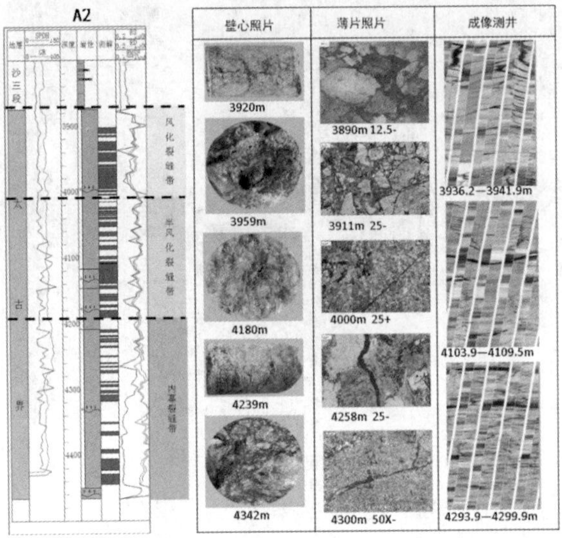

图 2 井上裂缝储层

2.2 振幅类属性

反射波振幅受到激发、接受条件、上下岩石波阻抗差异大小、地层埋藏深度等因数影响。同时地震资料的品质好坏也会影响反射波的振幅大小。通过弹性波的传播理论可知，地震波在地下介质传播中遇到波阻抗界面就会产生反射波，反射波的振幅与反射界面的反射系数大小成正比。

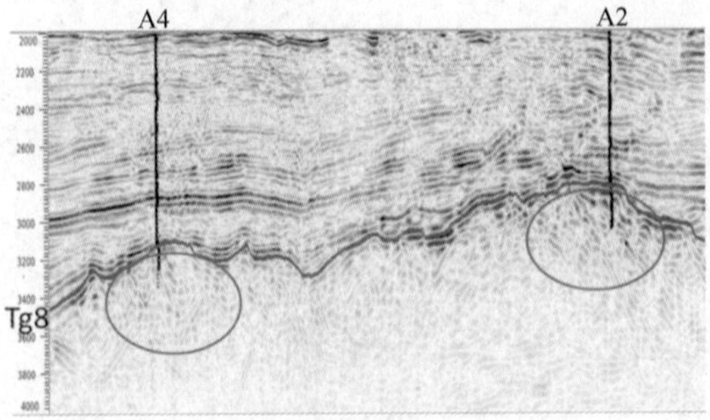

图 3 连井地震剖面

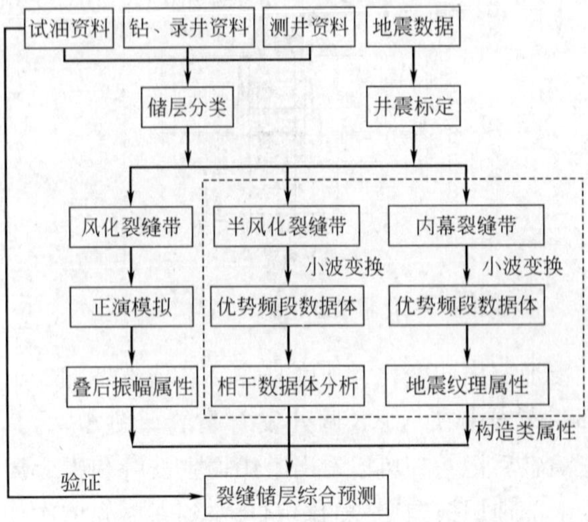

图 4 花岗岩裂缝储层表征技术流程

受沉积和风化剥蚀影响，太古界花岗岩裂缝储层一般与上部围岩呈不整合接触关系，且埋藏较深，岩性突变，相对于上部的围岩往往呈高速、高密的岩性特征。这样太古界花岗岩潜山顶面就可以看成一个较为稳定的单一强反射界面，在叠后地震剖面上表现为一峰两谷地震反射特征。图 5 为上覆围岩横向不变的风化带裂缝正演模拟。如图 5a 为正演模型，下部为太古界花岗岩，在 A 和 B 两个区域裂缝发育。图 5b 为模型 a 的正演叠后剖面，可以看出受下部裂缝影响，在裂缝发育区 A 和 B 区主瓣和下旁瓣能量都变弱(如图 5c 和 d)。主瓣与下旁瓣能量比在裂缝发育区明显增高说明裂缝发育对旁瓣能量影响较大。于是这种反射波振幅的相对变化就可以成为识别和检测裂缝储层和裂缝发育带的重要标志。

潜山顶面反射波的振幅大小除了受到潜山内幕裂缝的影响外，上部围岩的横向变化在较大程度上也决定了振幅值的大小。所以说在这种上部围岩横向变化的区域就很难单纯的利用振幅值的大小来预测裂缝发育区。图 6 为上覆围岩横向变化的风化带裂缝正演模拟。图 6a 为正演模型，

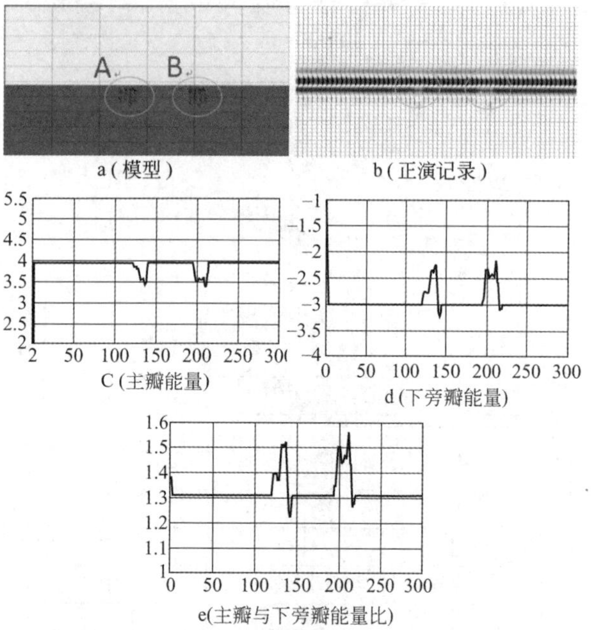

图5　风化带裂缝正演模拟(模型一)

上覆地层横向变化，速度自左到右依次增加，下部花岗岩中在A、B两处发育裂缝。图6b为其正演叠后记录，可以看出潜山面主波峰和下旁瓣受上部地层横向变化的影响自左到右振幅依次变小，同时在裂缝发育区振幅值也相应的变小(图6c和d)。这时利用单一的振幅信息就很难预测出裂缝发育区。但主瓣与下旁瓣能量比(图6e)就较好的克服了上覆地层横向变化的影响，在裂缝发育区主瓣与下旁瓣能量比要明显高于裂缝不发育区。

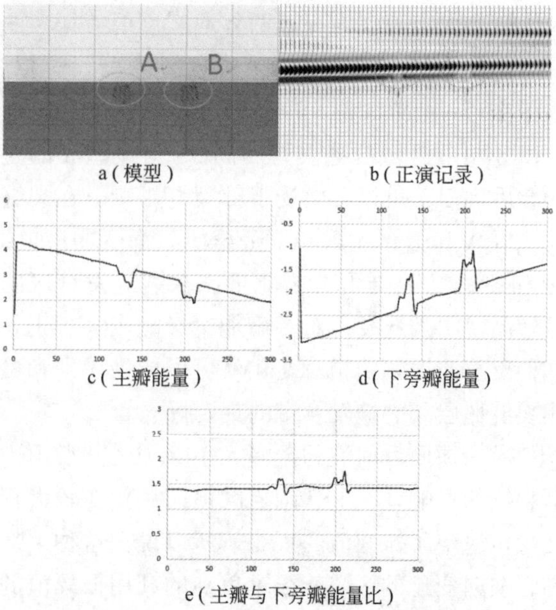

图6　风化带裂缝正演模拟(模型二)

风化带受到前期多期构造运动和后期风化剥蚀的共同影响，储层主要为裂缝—空隙型储层，潜山面地震响应表现为连续、低频中强反射。通过钻井揭示该区潜山上部地层为孔店组和沙河街组地层，岩性区域上变化较大。单一的振幅属性值大小反应的是上下地层岩性差异的大小。受上部围岩横向变化的影响，单一的振幅属性很难描述出该区潜山裂缝平面展布。见图7和图8，受低部位低速泥岩的影响，在低部位属性值较大与地质认识不符合，同时与井上钻遇情况吻合度较低。正演模拟表明，利用波峰/波谷能较好的克服上部围岩横向变化的影响。从属性图9上可以看出裂缝主要发育在构造高部位与断裂发育区。与井上钻遇情况匹配度较高，井基本都钻在属性值高的区域。只是A4井钻在低属性值区域。井上钻遇揭示：在A4井区潜山上部发育一套高阻砂砾岩，潜山面波峰主要是上部砾岩顶的地震响应。导致了该区属性值偏小。

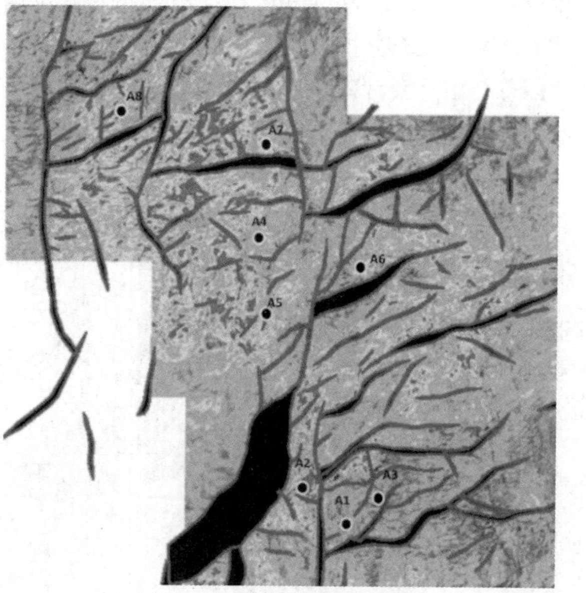

图7　波峰最大振幅属性

2.3　构造类属性

2.3.1　谱分解技术

谱分解技术[7-9]就是通过一定的数学计算方法将地震资料再频率域分解成一系列具有特定中心频率的窄带宽地震数据体。本文主要使用小波变换来对地震数据进行谱分解。通过单道地震记录小波分解，将地震资料分解成不同主频的分频数据体。设地震道为f(t)，连续的小波变换写为：

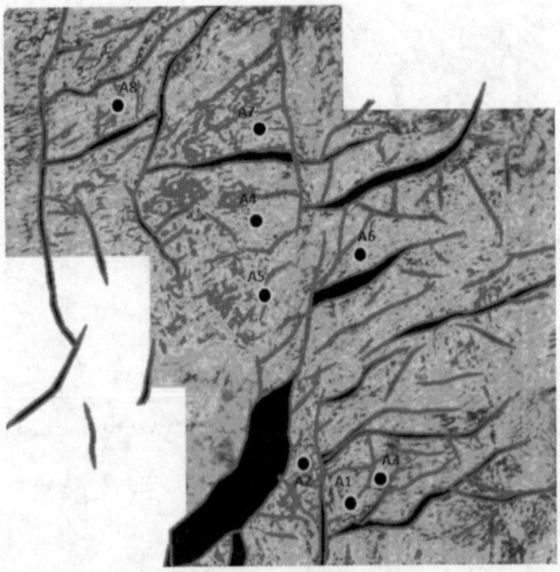

图 8　波谷最小振幅属性

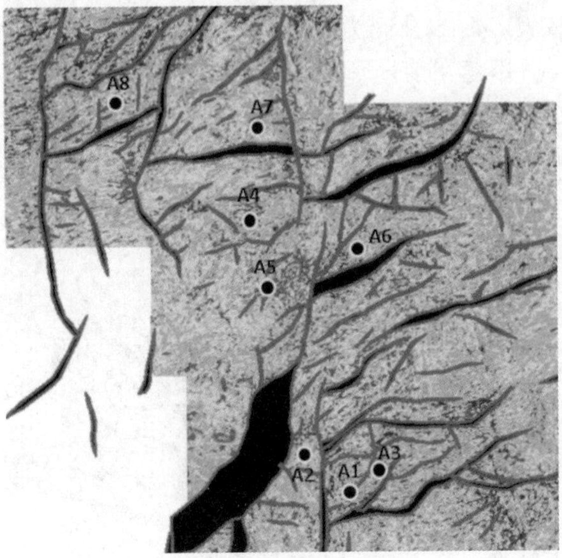

图 9　波峰/波谷属性

$$W_{\varphi}^{f}(a,b)=\frac{1}{\sqrt{c_{\varphi}}}\frac{1}{\sqrt{|a|}}\int_{\varphi}\left(\frac{b-t}{a}\right)f(t)\,\mathrm{d}t$$

$$c_{\varphi}=2\pi\int\frac{|\phi(\omega)|}{\omega}\mathrm{d}\omega$$

$$\phi(\omega)=\frac{1}{\sqrt{2\pi}}\int_{\varphi}(t)e^{-i\omega t}\,\mathrm{d}t$$

(2.1)

小波反变换为：

$$f(t)=\frac{1}{c_{\varphi}}\iint|a|^{-\frac{1}{2}}\varphi\left(\frac{t-b}{a}\right)Wf_{\varphi}(a,b)$$

(2.2)

式中，a 为伸缩因子；b 为平移因子。

该区太古界潜山埋藏深度较深，对应到时间剖面为 2900ms 以下。潜山面反射整体呈现低频中强振幅反射特征，潜山内幕杂乱反射成轴性较差，目的层段主频 12Hz。本文利用小波分频技术将原始地震资料分为低频段、中频段和高频段三个频段的地震数据体。相对于中频段和高频段数据体，低频段地震资料损失了一部分高频成分，分辨率变低。但低频信号穿透力、抗干扰能力强。受成像和高频噪音的影响，高频资料在潜山内幕呈杂乱反射地震响应特征。低频数据体上，明显可以看到一些高陡反射。低频数据体在潜山内幕断裂成像和对内幕断裂刻画上要明显优于高频数据体。

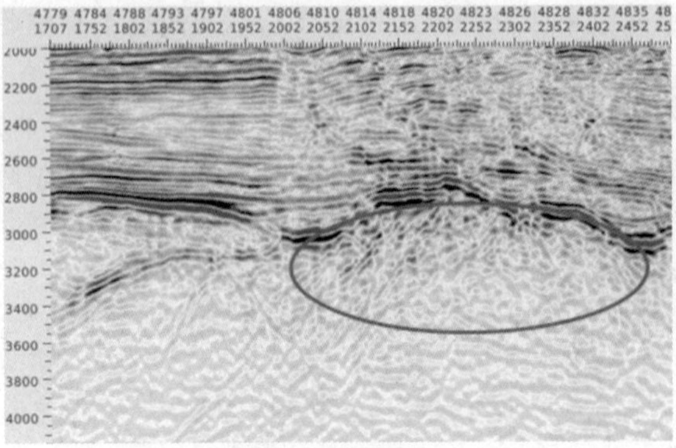

图 10　原始地震资料

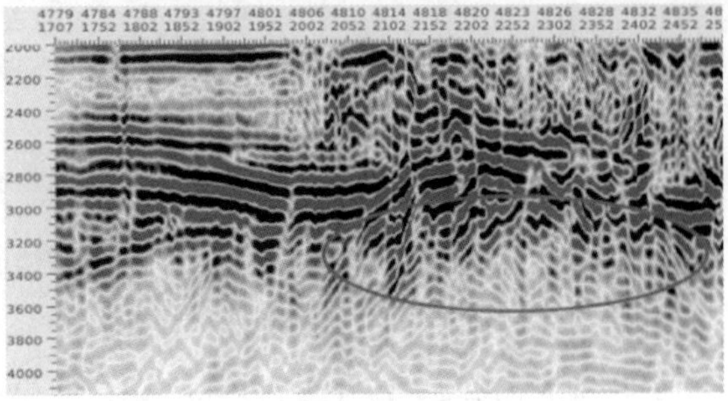

图 11　低频地震资料

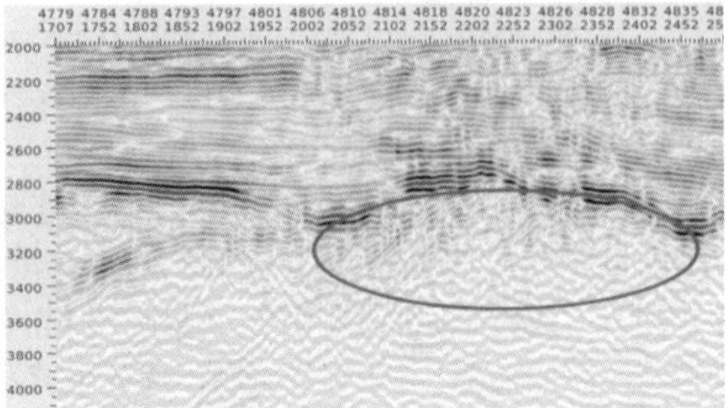

图 12　中频地震资料

2.3.2　三维相干体技术

相干体技术[10-12]利用相邻地震道间波形的

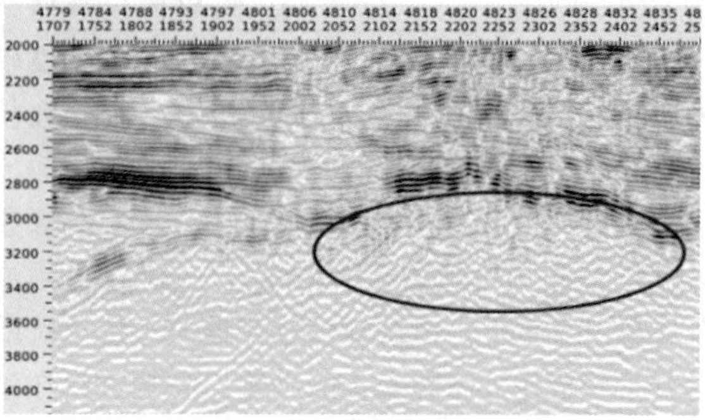

图 13　高频地震资料

相似性，通过相干算法来突出裂缝、断裂和岩性突变等不连续点。在构造解释和储层预测中得到了广泛的应用。本文主要应用第三代相干算法对不同频率段分频体进行试算。第三代相干算法首先是计算各道之间协方差矩阵 $C(p,q)$ 的特征值，在将特征值的最大值与协方差矩阵 $C(p,q)$ 的迹的比值作为该点的相干值。设 $J\times J$ 的协方差矩阵对应以 $t=n\Delta t$ 为中心、视倾角为 (p,q) 的 $2K+1$ 个采样点。

$$c(p,q)=\sum_{k=n-N/z}^{n+N/z}\begin{bmatrix} d_{1k}d_{1k} & d_{1k}d_{2k} & & \cdots & d_{1k}d_{jk} \\ d_{2k}d_{1k} & d_{2k}d_{2k} & & \cdots & d_{2k}d_{jk} \\ \cdots & \cdots & \ddots & \cdots & \\ d_{jk}d_{1k} & d_{jk}d_{2k} & & \cdots & d_{jk}d_{jk} \end{bmatrix} \tag{2.3}$$

其中 $d_{jm}=d_j(m\Delta t-px_j-qy_j)$ 为地震道沿着视倾角在 $t=m\Delta t-px_j-qy_j$ 处的内插值。

那么 C_3 相干算法相干值可以定义

$$C_3(p,q)=\frac{\lambda_1}{\sum_{j=1}^{J}\lambda_j} \tag{2.4}$$

其中 $\lambda_j=(1,2,\cdots,J)$ 是协方差矩阵 C 的第 j 个特征值，λ_1 为特征值中最大的特征值。

该区半风化带储层在潜山面下部 60 到 120m 区间，对应在地震剖面上为 T8 解释层位向下 30 到 60ms。利用第三代相干算法对该区不同频率段的分频地震体进行相干运算。然后用潜山面地层向下飘 70ms 提取三个频率段的相干体沿层切片。通过四个沿层切片(图 14~图 17)可以看出：低频相干沿层切片裂缝带刻画更为清晰，细节更加丰富。在低频相干体上可以刻画出优势裂缝发育带，主要集中在断裂发育区和古地貌的高部分(4、5 井区)。在 1、2、3、6、7、8 井区可以看出裂缝方向与周边断层走向基本一致呈近 NEE，4、5 井区小裂缝方向相对杂乱，没有一个主控方向。说明整体上该区裂缝发育受断裂系统影响较大。4、5 井区为古地貌的高部位风化剥蚀严重。裂缝在前期形成后受到了后期风化剥蚀改造，导致该区裂缝整体方向性较差。这与井上钻遇情况和地质认识也基本一致。

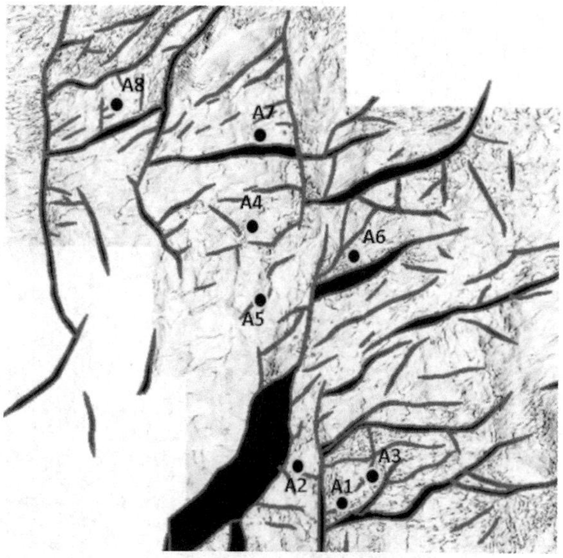

图 14　原始相干体

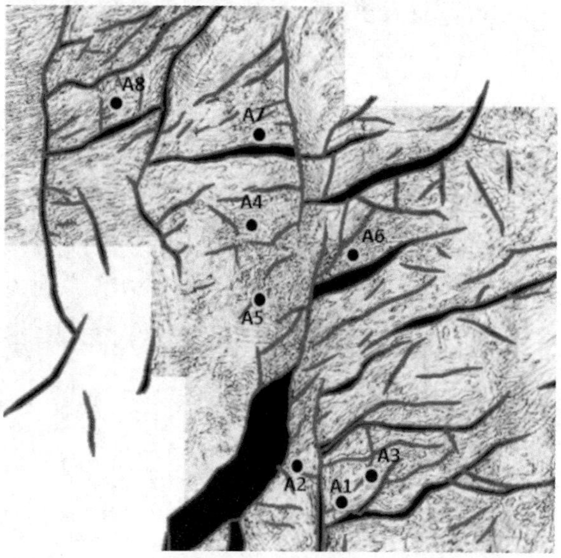

图 15　低频相干体

2.3.3　地震纹理属性

从钻井上可以看出潜山内幕断裂带一般在潜山面下 300m，对应在地震剖面上呈杂乱反射，基本不成像。通过相干、曲率等常规地震属性去进行裂缝检测往往会出现“草木皆兵”、一片乱麻的现象，不能达到裂缝检测的效果。但是太古界潜山内幕断裂基本为构造缝，往往发育在构造相对复杂区，由于裂缝中充填了油气也会导致该区的波阻抗界面增多和增强，这些无疑都会使该

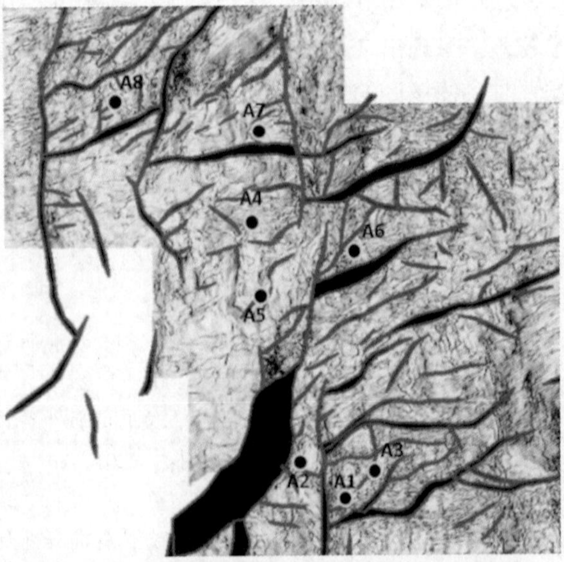

图 16　中频相干体

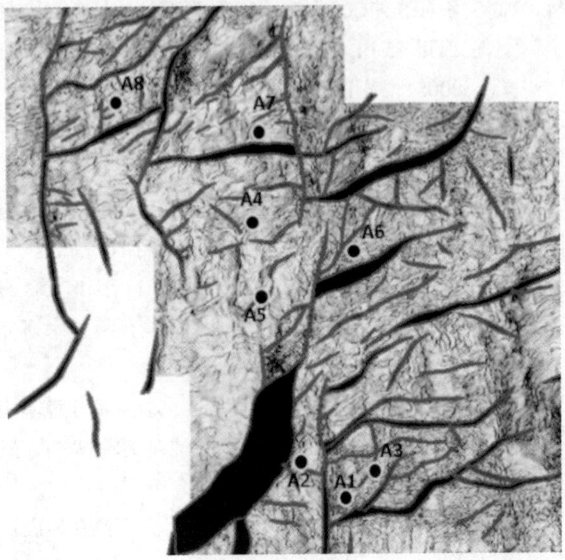

图 17　高频相干体

区的地震反射波场复杂化，反射波的能量也会得到一定的增强。这样就可以利用叠后地震的文理属性来对该区潜山内幕地震反射相带进行划分，进而达到裂缝发育带平面宏观预测的效果。

纹理[13-16]是图像分析中的一个常用概念，在这里定义为：纹理是图像灰度变化的规律和模式。灰度共生矩阵法中用于表征区域纹理特征的数值，是图像灰度共生矩阵的二次统计量。灰度共生矩阵显示的是各种灰度组合在某种指定的位置关系(角度和距离)约束下在图像中出现的概率。灰度共生矩阵的二次统计量，是对矩阵元素的一系列统计值，常用的有差异性、均一性、能量和熵等四种属性。

本文主要运用均一性属性来进行内幕裂缝平

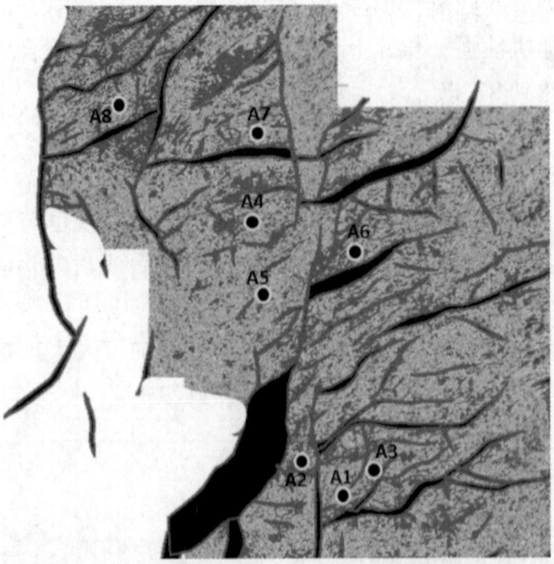

图 18　原始地震均一性属性

面发育带预测。图 19 用低频资料制作的均一性属性消除高频干扰，对裂缝储层边界刻画更为清晰。预测出的裂缝发育带与区域构造匹配程度较高。在 1、3 井区，属性值很好的区分出了井上钻遇情况。裂缝段均一性属性与各井在内幕段的钻遇吻合度达到了 87.5%。成功指导了 A8 加深钻探，在潜山内幕成功发现了 295m 储层。

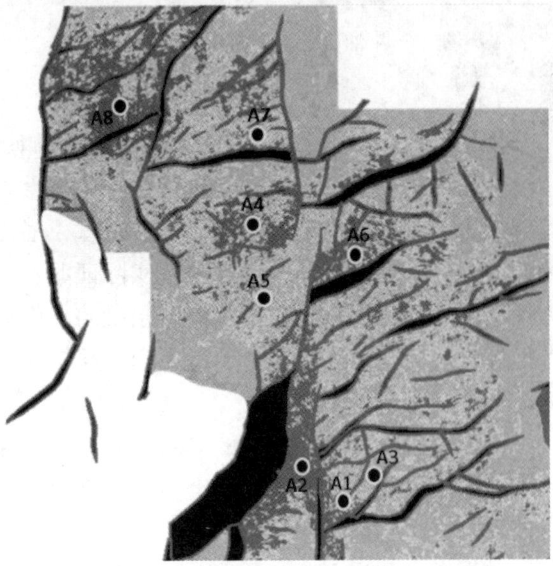

图 19　低频资料均一性属性

3　应用效果

应用上述叠后裂缝表征技术完成了渤海 A 油田区太古界潜山储层预测。预测结果揭示该区潜山裂缝发育整体上受区域断裂和后期风化剥蚀作用影响，整体裂缝走向为近 NEE 向与断层走向基本一致。只是 4、5 井区为古地貌的高部位，裂缝受到风化剥蚀改造时期较长，走向相对杂乱随机性强。与井上 FMI 裂缝识别统计结果符合率达到 87.5%。

在属性叠合图（图 20）上可以看出：该区裂缝集中发育在构造高部位和断裂发育区。已钻井均钻在优质属性区。预测出的优质属性区也与构造圈闭也达到了一定的吻合性。与后期 3 口验证井的符合率高达 100%。3 口探井均成功钻遇花岗岩潜山优质储层并获得高产工业油流大大地提高了该区的花岗岩潜山勘探的成功率。

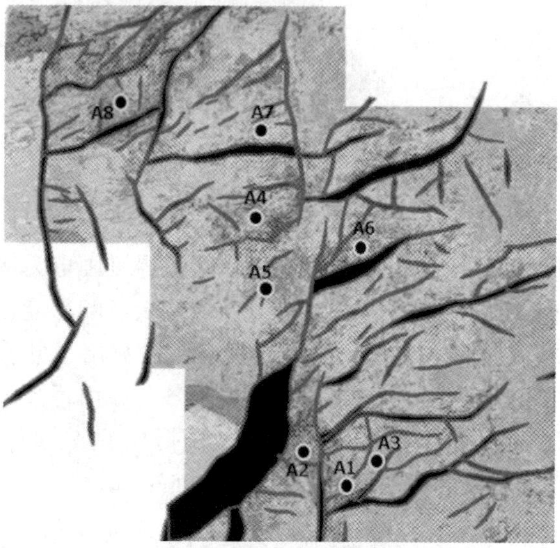

图 20　A 油田区花岗岩潜山储层分布

4　结论

本文综合区域地质条件和井上钻遇裂缝储层情况，提出了一套基于地震响应特征的分属性裂缝储层平面预测技术流程。并应用于渤海 A 潜山油田实际勘探生产工作。通过生产实际证明：该方法准确表征出了该区各个裂缝储层段的平面展布情况，并且指导了该区井位部署和加深钻探工作。具体认识包括：

（1）综合分析钻井揭示的储层垂向分布特征和裂缝带地震响应特征，是制定相应的叠后地震属性预测方法的前提。

（2）潜山顶界下发育裂缝时，潜山面波峰和下波谷能量都减弱。波峰/波谷属性能较好克服因上部围岩横向变化产生的振幅能量变化，能较好的刻画出风化带裂缝发育区。

（3）低频信号穿透力和抗干扰能力更强，在潜山内幕低频段地震资料信噪比和成像均优于原始地震。在低频相干沿层切片上断裂细节显示的更加丰富，对裂缝发育带刻画更为清晰。

（4）内幕裂缝带由于埋深较深，地震剖面成像较差，呈现出杂乱的地震反射特征。但当裂缝发育时会使该区的反射波场更加复杂化，反射波的能量也得到一定增强。通过反射特征之间的差异，地震纹理属性能在宏观上较好的区分出了裂缝发育区。

参 考 文 献

[1]　穆龙新，赵国良，田中元，等. 储层裂缝预测研究[M]. 北京：石油工业出版社，2009：1-2.

[2]　曲寿利，季玉新，王鑫，等. 全方位 P 波属性裂缝检测方法 [J]. 石油地球物理勘探，2001，36(4)：390-397.

[3]　杨勤勇，赵群，王世星，等. 纵波方位各向异性及其在 裂缝检测中的应用 [J]. 石油物探，2006，45(2)：177-188.

[4]　高云峰，李绪宣，陈桂华等 . 裂缝储层地震预测技术在锦州 25-1 南潜山的应用研究 . 中国海上油气，2008，20(1)，22-27.

贺振华，黄德济. 缝洞储层的地震检测和预测[J]. 勘探地球物理进展，2003，26(2)：80-81. .

[5]　印兴耀，周静毅. 地震属性优化方法综述[J]. 石油地球物理勘探，2005，40(4)：428-489. .

[6]　吴胜和，熊琦华. 油气储层地质学[M]. 北京：石油工 195 第 2 期刘振峰等 . 地震裂缝预测技术研究进展业出版社，1998：129-152.

[7]　张军华，王月英，赵勇，黄国平 . 小波多分辨率相干数据体的提取及用[J]. 石油地球物理勘探，2004，39(1)：33-36.

[8]　郭刚明，时立彩，高生军，等 . 小波变换在地震资料处理中的应用效果分析[J]. 石油物探，2003，42(2)：237-270.

[9]　范留明，黄润秋 . 地震动信号的小波分析[J]. 物探化探计算技术，2000，22(1)：1-4.

[10]　孙夕平，杨国权 . 三维地震相干体技术在目标区沉积相研究中的应用[J]. 石油物探，2004，43(6)：591-594.

[11]　王从镔，龚洪林 . 高分辨率相干体分析技术及其应用[J]. 地球物理学进展，2008，23(5)：1575-1578.

[12]　Sun D S，Ling Y，Gao J et al. Application of discrete frequency coherence cubes in the fracture detection of volcanic rocks in full - azimuth seismic data. SEG Tech-nical Program Expanded Abstracts，2010，29：1342-1345.

[13]　刘晓民 . 纹理研究及其应用综述[J]. 测控技术 . 2008. 27(5)：4.

[14] 崔世凌，张军华，王伟等. 地震纹理属性在JJD工区断层识别中的应用．物探化探计算技术，2010，32(3)：304-309.

[15] Dengliang, Gao. The first-order and the second-order seismic textures：AAPG Abstracts with Programs. 1999，8，45.

[16] Dengliang，Gao. Texture model regression for effective feature discrimination：Application to seismic facies visualization and interpretation [J]. Geophysics，2004，69(4)：958-967.

渤海湾盆地莱北低凸起岩性油藏成藏模式与勘探突破

温宏雷　杨海风　黄　振　郭　颖　吴庆勋

（中海石油（中国）有限公司天津分公司渤海石油研究院）

摘　要　莱北低凸起位于渤海海域的南部，构造演化复杂，断块圈闭破碎。截止到2018年，莱北低凸起还是渤海海域唯一一个没有商业发现的凸起(低凸起)。结合2018年7口钻井的钻探成果，总结了莱北低凸起新近系性油藏成藏模式：汇聚类型决定油气在凸起上的富集区带，莱北低凸起的东西段分别发育"断层汇聚型"富集带和"构造脊汇聚型"富集带；油源断裂活动性控制油气的垂向运移效率，当已钻井所在圈闭运移断层的断距大于80米时，浅层普遍获得较好油气层发现；断砂配置关系制约油气向储层充注的效率，当砂接触面积大于10m/km时，新近系圈闭普遍能有较好的油气丰度及烃柱高度。运用建立的成藏模式对凸起上新近系未钻岩性圈闭进行综合分析，筛选出23个有利目标砂体，并在后续钻探中获得成功，在莱北低凸起首次获得勘探突破，找到了第一个"亿吨级"大型商业性油田。

关键词　莱北低凸起；汇聚类型；断裂活动性；断砂配置关系；岩性油藏

近几十年的勘探实践证实，凸起(低凸起)是渤海海域的重点勘探领域，已发现油气储量超过60%分布在凸起区；自上世纪九十年代以来，新近系已成为渤海重要的勘探层系，已发现油气储量超过70%分布在新近系地层中[1]。

渤海海域共有13个凸起(低凸起)，截止到2018年，莱北低凸起是唯一一个没有商业发现的凸起(低凸起)。受北北东向走滑断裂及近东西向伸展断裂双重控制，其构造演化复杂，断块圈闭破碎，油气成藏规律复杂。受限于勘探程度较低，前人对莱北低凸起的研究成果较少[2-5]，王孝辕等从断裂体系特征、构造样式和地层厚度等方面，分析了莱北低凸起的构造演化过程，以及在走滑断裂作用下沙河街组和东营组古沟谷构造样式对沉积体系的控制作用；王鑫等通过对古水系方向、岩性分异特征、重矿物组合特性及地球物理属性特征等方面的对比，认为其物源方向来自西南部的垦东凸起。2018年以前，莱北低凸起上钻井较少，无油气田发现，前人对莱北低凸起油气成藏规律的综合研究成果较少。

2018年至2019年，陆续在莱北低凸起及周边区域钻探了7口钻井，在新近系明化镇组下段(后文简称明下段)及馆陶组顶部岩性圈闭中有了一些油气发现，但对其成藏规律认识仍不清晰，油气差异富集现象明显。基于2018年7口钻井的钻探成果，通过对莱北低凸起油气汇聚、断裂活动、砂体发育及断砂接触等方面的综合分析，总结出新近系岩性油藏差异富集的主要控制因素，建立了莱北低凸起新近系岩性油藏"汇-运-注"成藏模式。

进一步运用建立的成藏模式对莱北低凸起上新近系未钻岩性圈闭进行综合分析，筛选出有利成藏砂体，并在2019年至今的钻探中获得成功，指导了下一步的勘探部署，对莱北低凸起上第一个大型商业油田的发现做出贡献。

1　地质概况

莱北低凸起位于渤海湾盆地济阳坳陷的东北部，渤海海域的南部，其南北分别为莱州湾凹陷和黄河口凹陷两大富生烃凹陷所夹持，西侧与莱西斜坡带以郯庐断裂带中支为界，东侧与庙西南洼受郯庐断裂带东支分割，总体呈现群洼环绕格局(图1)。受郯庐断裂带东西两支的构造应力作用，莱北低凸起呈北东向菱形展布，凸起北东方向倾没于黄河口凹陷东次洼，南西方向则倾没于莱州湾凹陷东北洼，总体表现为"一脊两翼"的构造格局[6]。整个凸起区可划分为四个次级构造单元：北部断阶带、中央隆起区、西部走滑带、东南斜坡带(图1)，其中近年新钻探井主要分布在北部断阶带及中央隆起区，是本次研究的重点区域。

莱北低凸起自新生界起由下而上发育古近系沙三段、沙一二段和东营组，新近系馆陶组、明化镇组及平原组地层，局部区域缺失东一段地层[6]。近期探井钻遇油气层主要集中在明下段地

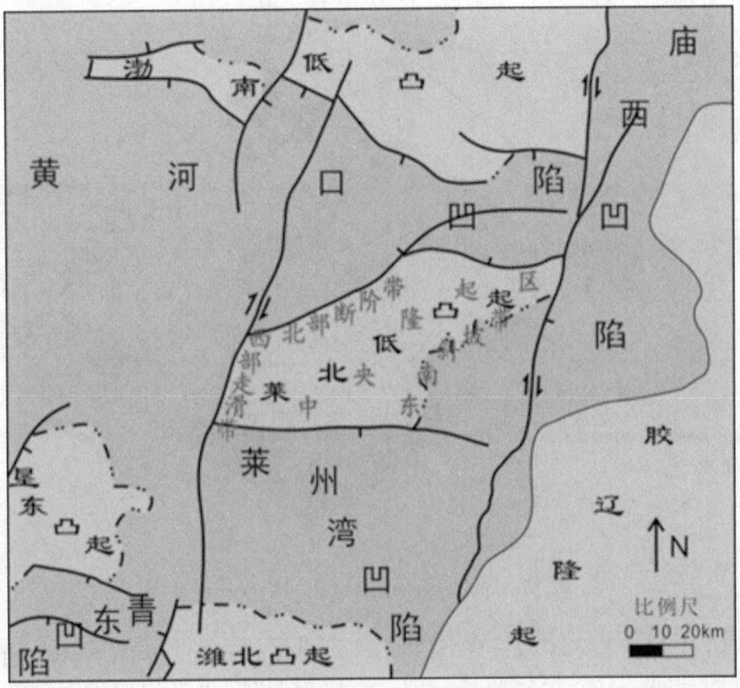

图1 莱北低凸起区域构造位置

层，少量在馆陶组顶部地层中。其油气主要来源于北部的黄河口凹陷中洼沙河街组烃源岩中[7]，顺黄河口凹陷中洼南部斜坡带及莱北低凸起北部断阶带上的输导层及断层逐级运移至凸起上明下段地层河道砂体中。

凸起及周边区域地层中发育两套稳定的区域性输导层，古近系沙河街、东营组沉积时期的沉积扇砂体和新近系馆陶组沉积时期的辫状河河道砂体。沙河街组沙一二段及东营组东三段沉积时期，大型辫状河三角洲沉积广泛发育于研究区，钻井资料揭示，辫状河三角洲砂体厚度较稳定，分布广泛，连通性较好，是油层的有利运移通道。在馆陶组沉积时期，研究区广泛发育辫状河沉积，地层整体含砂率较高，普遍在百分之35以上。辫状河河道砂体叠置发育，相互切割，连通性较好，也是油气侧向运移的有利通道。

明化镇组沉积时期，研究区主要发育曲流河-浅水三角洲沉积，河道砂体呈北东-南西向条带状分布于研究区[8]。这一时期发育的河道砂体是油气藏的有利储层。2015年，在莱北低凸起北部的过渡带上发现了深浅层复式成藏的渤中34-9油田，为后续在莱北低凸起上的钻探奠定了信心。2018年至2019年，在莱北低凸起上陆续钻探了7口探井，于新近系明下段地层及馆陶组顶部地层有一定油气发现，为本次研究提供了基础资料。

2 新近系岩性油藏形成条件与成藏模式

油气从黄河口凹陷烃源灶，运移至凸起区新近系砂体储层中，首先需要沿古近系及馆陶组输导层向凸起区侧向运移，并在合适的区域汇聚；然后沿活动性断裂从输导层向新近系地层进行垂向运移；最后从断层面向砂体储层中进行油气充注。

通过对莱北低凸起上垦利A、垦利B、垦利C、垦利D四个构造及凸起北部斜坡带上的渤中34-9油田共计20余口钻井、60余个已钻砂体，60余条断层各项参数的统计分析，本次研究对莱北低凸起新近系油藏成藏模式进行总结，认为“汇-运-注”三大成藏要素控制了新近系油藏的差异富集(图2)：

“汇”，即汇聚类型决定油气在凸起上的富集区带。莱北低凸起的东西段分别发育“断层汇聚型”富集带和“构造脊汇聚型”富集带。凸起西段为单斜形态(图3)，断裂下降盘的圈闭是油气的有利汇聚区，因此北部断阶带上的垦利A构造及凸起高部位的垦利D构造均是油气潜在富集区带；东段整体为背斜形态(图2)，构造脊高部位上的断块圈闭是油气有利汇聚区，因此凸起东段构造脊上发育的垦利B、垦利C构造区是油气的潜在富集区带。

“运”，即油源断裂活动性控制油气的垂向运移效率。当油气在优势汇聚区域富集后，需要

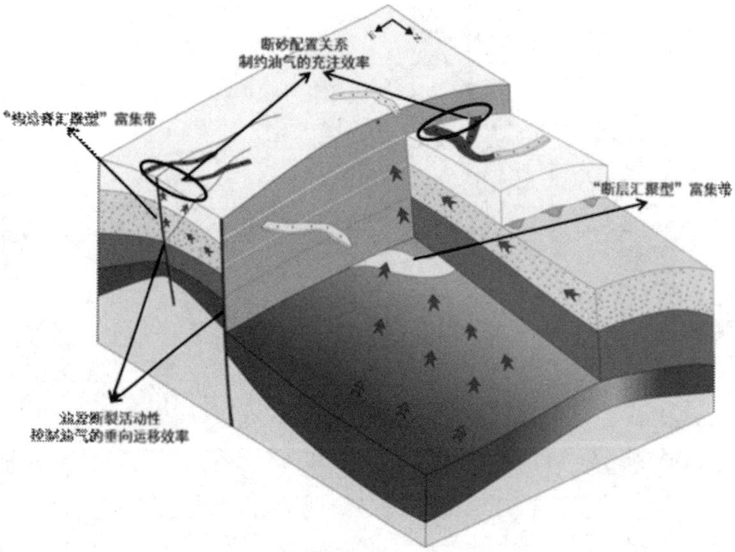

图 2　莱北低凸起新近系岩性油藏成藏模式图

沿油源断裂运移至浅层(明下段地层)，断层的活动性越强，对油气的垂向运移效率就越高。通过对凸起周边已钻砂体及油源断裂的活动性统计的对比分析，发现当已钻井所在圈闭运移断层的断距大于 80 米时，钻井在浅层普遍能获得较好油气层发现。

“注”，即断砂配置关系制约油气的充注效率。油气成藏的关键一步是从断层面向储层中充注，通过对莱北低凸起及周边 60 余个已钻砂体的统计，发现当断砂接触面积大于 10m · km 时，明下段河道砂体储层中普遍能有较好的油气丰度及烃柱高度。

2.1　汇聚类型决定油气的富集区带

在沉积盆地内，油气自烃源岩内生成，初次运移到输导层后随之发生二次运移，最后在运移动力和阻力达到平衡的圈闭内聚集成藏[9]。而油气在输导层中的二次运移主要是靠着浮力的驱动，整体的趋势就是由相对高势区向周围相对低势区运移，在研究区范围内油气的运移趋势是从凹陷区向凸起区进行侧向运移。

油气的成藏需要合适的“汇聚区”，“汇聚区”是油气的流入点[10]。断层和构造脊的高部位是油气在输导层中侧向运移的两种终点类型，这两类终点分别控制的“汇聚区”就是油气在莱北低凸起上的富集区带，即“断层汇聚型”富集带、“构造脊汇聚型”富集带。

莱北低凸起的东西两段有着不同结构。以南边的边界大断裂为界，西段地层由北向南整体呈抬升趋势，为单斜形态(图 3)，油气持续向南侧高点运移，断层是油气运移的终点类型，“断层汇聚型”富集带比较发育；东侧地层则向南、北两面的斜坡带分别倾没，整体呈背斜形态(图 3)，构造脊上的高部位是油气侧向运移的终点，“构造脊汇聚型”富集带较为发育。

在莱北低凸起的西段，北部断阶带上广泛发育近东西向，及北东-南西向伸展断层(图 4)。在油气沿深浅两套输导层向凸起南端运移过程中，断层错断了输导层砂体，对油气起遮挡作用，断层下降盘的圈闭就是油气的有利汇聚区，油气在圈闭中汇聚后，在断层的活动开启期运移至浅层岩性圈闭中富集成藏。垦利 A 构造就位于北部断阶带上，是油气向高部位运移的必经之路，“断层汇聚型”富集带比较发育。从实际钻探情况看，位于断层下降盘，并且在深层均有良好的圈闭背景的 KLA-1/2/4 三口井也都取得了较好的油气发现。而位于凸起南边的垦利 D 构造，依附于莱北低凸起边界大断层，是整个凸起上的最高部位、油气侧向汇聚的最终归宿，也是“断层汇聚型”富集带的发育区，该构造钻探的 KLD-1 井也有不错的储量发现。

莱北低凸起的东段在新生界以来继承性发育着背斜构造，“构造脊汇聚型”富集带比较发育，位于东段构造脊上的垦利 B、垦利 C 构造区是油气侧向汇聚的有利区带，油气沿输导层运移而来之后，会在构造脊高部位发育的断块圈闭中富集成藏。在构造脊上钻探的两口探井也有不错的油气层发现。

图3　莱北低凸起区新生界底面古地貌图

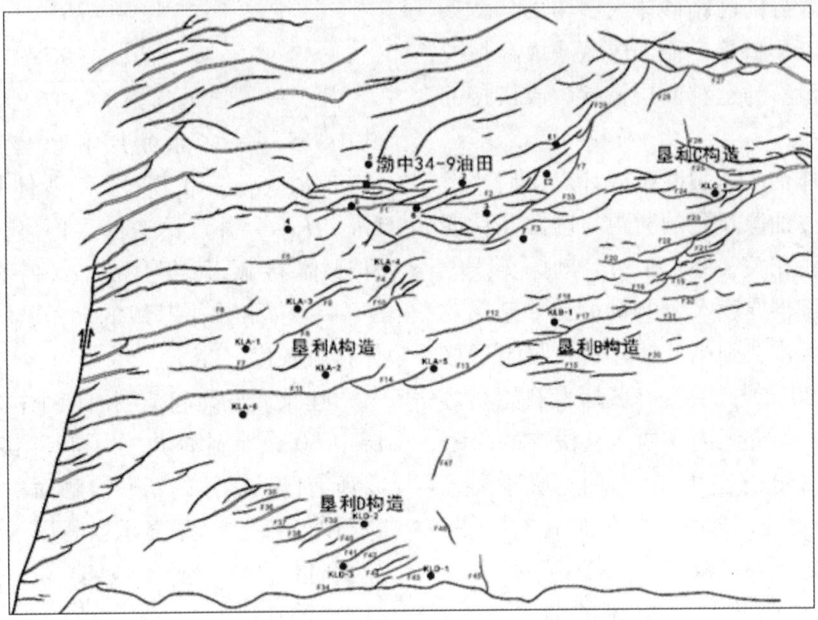

图4　莱北低凸起明下段Ⅴ油组顶面断裂纲要图

2.2　油源断裂活动性控制油气的垂向运移效率

当油气在优势汇聚区域富集后，需要沿油源断裂运移至浅层，断裂的活动性越强，对油气的垂向运移效率就越高。断裂是油气输导层与储层的连接通道，也是油气垂向运移的主要通道。油气只有在断层的活动开启期，才能沿断层面、破碎带进行垂向运移，当断层的活动强度越大、活动期次越多，对油气的垂向运移能力就越大[11-13]。

目前对伸展断层的活动性进行研究，落差法是使用较为广泛的一种方法。与其他方法相比，落差法不受上升盘地层是否缺失的限制，不受盆地整体沉降幅度的影响，地质含义明确，能直观断层的活动强度，方法简单、可操作性强[14]。落差法认为断层的活动强度反映在各地质历史时期的落差，即地层的断距上，地层断距是垂直于地层走向的剖面内，上下两盘同一岩层线的垂直距离，其表达式为：

$$\Delta H = H_u - H_d \tag{1}$$

式中：ΔH 为地层的断距，m；H_u 为某一地质时期断裂下降盘地层的海拔深度，m；H_d 为某一地质时期断裂上升盘地层的海拔深度，m。

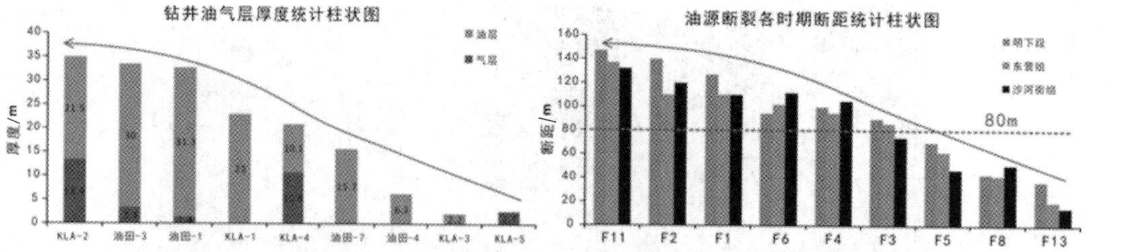

图 5　莱北低凸起断裂断距与已钻井发现油气层厚度对比关系

莱北低凸起深部缺失成熟烃源岩，油气从黄河口凹陷中洼烃源岩中阶梯式运移至低凸起上，对莱北低凸起及周边的主要断裂进行了分类后，认为能沟通古近系砂体输导层、新近系馆陶组输导层及明下段储层的断层为油源断层，并筛选出了研究区内的油源断裂(图 4 中红色断层)，对其在各地质时期的断距进行统计，再将统计结果与探井的实际勘探结果进行对比，发现浅层钻遇油气层较多的探井，普遍紧邻着活动性较强的油源断裂。成藏情况较好的已钻砂体大多与 1 到 2 条断距相对较大的断裂搭接，而未成藏或成藏情况较差的砂体大多没有与运移断层搭接，或搭接的运移断层断距较小。

在对已钻砂体油源断裂断距统计对比后，发现已钻砂体的主要油源断裂的断距与已钻井钻遇的油气层厚度有正相关关系(图 5)，勘探实践中普遍认为钻遇油气层厚度大于 15m 的钻井勘探效果较好，以此为标准，则当已钻井所在圈闭运移断层的断距大于 80m 时，钻井在浅层普遍能获得较好油气层发现。研究区内主要运移段层的断距大多在几十米至 150m 之间，钻遇油气层厚度大于 30m 的垦利 A-2 井及渤中 34-9 油田 3 井(图 4)，其所在圈闭的运移断层 F11、F2 断距均大于 140m；钻遇油气层厚度大于 20 米的渤中 34-9 油田 1 井、垦利 A-1 井、垦利 A-4 井(图 4)，其主运移断层 F1、F6、F4 断距也均在 100m 以上。与之相对应的，研究区内的几口失利探井中，渤中 34-9 油田 4 井、垦利 A-3 井在浅层钻遇油层不足 10m，其主运移断层 F5、F8 断距均小于 80m；垦利 A-5 井的主运移断层 F12 平均断距不足 40m，并且 5 井处于 F12 断层与 F14 断层的搭接处，断层活动性进一步减弱，该井在浅层没有钻遇油层，仅钻遇一套气层。

2.3　断砂配置关系制约油气向储层充注的效率

油气沿断层面运移至浅层后，成藏的最后一步，也是关键一步是从断层面向储层中充注。断层与砂体的配置关系制约油气向储层充注的效率，也决定了油气藏的形成与分布[15-17]。

渤海近年的勘探结果证实，断层与砂体的接触面积对明下段油气藏的成藏丰度有控制作用，而对断砂配置关系进行半定量描述是钻探前预测砂体油气丰度的一种常用方法[18]。此次用断砂接触面积来对断砂配置关系进行半定量描述，断砂接触面积的计算公式为：

$$S_0=S_1+S_2+S_3 \tag{2}$$

$$S_1=HL \tag{3}$$

$$H=\frac{H_1\sin(90-\beta)}{\sin(\alpha+\beta)} \tag{4}$$

式中：S_0——多条断层和砂体接触面积之和，m·km；S_1——F_1 断层和砂体接触面积，m·km；H_1——井点钻遇储层厚度，m；H——断层和砂体接触宽度，m；α——断层的倾角，°；β——砂体和水平基线的夹角，°；L——断层和砂体接触长度，km。

在莱北低凸起范围内四个构造，对明下段地层中 60 余个砂体进行了断砂接触面积的统计，将所有已钻砂体的断砂接触面积与实际钻探效果进行对比后，结果显示当断层与砂体的接触面积越大时，砂体中油气丰度越高，油气烃柱高度也越大(图 6)。

断砂接触面积较大的砂体，如渤中 34-9 油田 P 井 1771 砂体，3 井 1680 砂体，其断砂接触面积均在 50 m·km 以上，储量丰度均在 90 * 10^4t/km^2 以上，烃柱高度均在 45 m 以上，而断砂接触面积较小的砂体，如渤中 34-9 油田 8 井 1654.6 砂体、4 井 1642.5 砂体，储量丰度均只在 20 * 10^4 t/km^{2}左右，烃柱高度均在 20m 以下。垦利 A-4 井 1534 砂体，断砂接触面积为 16.8 m·km，储量丰度达到 109.2 * 10^4t/km^2，烃柱高度 41m，但同井钻遇的、同一条油源断裂控制的垦利 A-4 井 1394 砂体，其断砂接触面积为 8.0m·km，储量丰度仅为 9.0 * 10^4t/km^2，烃柱

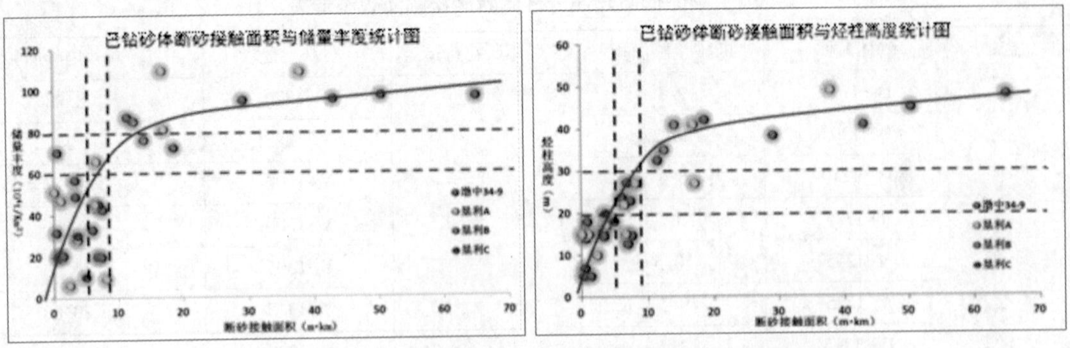

图 6　莱北低凸起断砂接触面积与砂体储量丰度、烃柱高度统计关系图

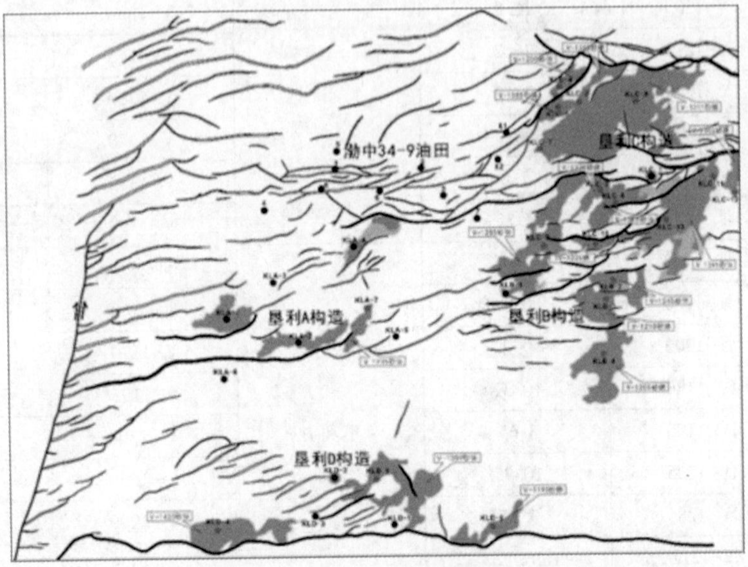

图 7　莱北低凸起 2019 年后续钻井勘探成效图

高度为 27m。

综合对比钻探成功与失利砂体的各项参数值(图 6)，认为当断砂接触面积大于 10m · km 时，砂体中油气储量丰度可超过 80 * $10^4t/km^2$，而烃柱高度普遍超过 30m；当断砂接触面积小于 6m · km 时，砂体中油气储量丰度一般低于 60 * $10^4t/km^2$，烃柱高度低于 20m。

3　成藏模式的应用与后续勘探突破

在“汇-运-注”成藏模式指导下，莱北低凸起明下段岩性油气藏下一步的评价思路应该是“聚焦优势区域，围绕优质断层，紧抓潜力砂体”。

莱北低凸起有三大油气优势汇聚区域——构造脊上的垦利 B、垦利 C 构造区，凸起高部位的垦利 D 构造，以及北部斜坡带上的垦利 A 构造；对三个优势汇聚区域内的一百余条断层进行了分类及活动性统计，筛选出其中 47 条可作为油源断裂(图 7 中红色断层)，19 条断层断距在 80m 以上，可以起到大规模油气运移作用的优质油源断层(图 7 中黑色断层)；然后在优质油源断层周边明下段地层中追踪描述了 46 个未钻砂体，对砂体与断层进行了配置关系分析，断砂接触面积统计结果(见表 1)显示，共有 23 个砂体的断砂接触面积大于 10m · km，是浅层油气成藏的有利目标 2019 年至今，陆续对构造脊上的垦利 B、垦利 C 构造，凸起高部位的垦利 D 构造及斜坡带上垦利 A 构造共 17 个断砂接触面积大于 10m · km 砂体进行了钻探(图 7)，平均单井钻遇油层达 15m 以上，叠合含油面积超过 $80km^2$，证实了“汇-运-注”成藏模式的有效性，并在莱北低凸起上首次取得重大突破，找到了第一个“亿吨级”大型商业性油田。

4　结论

(1) 莱北低凸起新近系岩性油气藏的成藏主控因素是油气汇聚类型、油源断裂活动性、断砂配置关系，其中汇聚类型决定了油气在凸起上的富集区带，油源断裂活动性控制油气的垂向运移效率，断砂配置关系制约油气的充注效率；

表 1　莱北低凸起部分砂体断砂接触面积统计表

砂体所在构造	砂体名称	断砂接触面积	砂体所在构造	砂体名称	断砂接触面积
垦利 A	Ⅳ-1190	9.8	垦利 C	Ⅴ-1270	8.88
	Ⅳ-1205	20.7		Ⅴ-1285	24
	Ⅳ-1210	6.4		Ⅴ-1200	12.85
	Ⅴ-1235	31.2		Ⅴ-1300	3.44
垦利 B	Ⅴ-1255	10.5		Ⅴ-1305	10.75
	Ⅴ-1275	9.5		Ⅴ-1315	20.88
	Ⅳ-1215	3.2		Ⅴ-1330	10.92
	Ⅳ-1240	11.0		Ⅴ-1345	9.36
	Ⅴ-1205	16.8		Ⅴ-1350	7.5
	Ⅴ-1210	26.2		Ⅴ-1355	11.52
	Ⅴ-1245	27.2		Ⅴ-1360	20.56
	Ⅴ-1305	4.8		Ⅴ-1370	5.64
垦利 C	Ⅴ-1335	7.8		Ⅴ-1385	26.48
	Ⅲ-1130	7.35		Ⅴ-1390	2.4
	Ⅲ-1160	4	垦利 D	Ⅲ-995	9.2
	Ⅲ-1180	0.5		Ⅲ-1035	2.5
	Ⅲ-1200	9.2		Ⅴ-1170	4.8
	Ⅳ-1180	10.32		Ⅴ-1195	28
	Ⅳ-1190	3.65		Ⅴ-1200	5
	Ⅳ-1225	10.95		Ⅴ-1250	14.5
	Ⅳ-1285	3.25		Ⅴ-1299	13
	Ⅴ-1211	36.72		Ⅴ-1359	43
	Ⅴ-1265	8		Ⅴ-1420	56

（2）建立了莱北低凸起新近系油藏“汇-运-注”成藏模式，油气沿输导层向凸起上运移的过程中，北部断阶带上的垦利 A 构造及凸起高部位的垦利 D 构造是“断层汇聚型”富集带，凸起东段的垦利 B、垦利 C 构造区是“构造脊汇聚型”富集带；油气沿油源断裂运移至浅层的过程中，断裂的活动性越强，对油气的垂向运移效率就越高，当油源断裂的断距大于 80 米时，浅层砂体普遍能获得较好油气发现；油气从断层面向储层中充注时，断砂接触面积越大，油气的充注效率越高，当砂体与断层面接触面积大于 10m · km 时，普遍能有较好的油气丰度及烃柱高度。

（3）应用“汇-运-注”成藏模式，对莱北低凸起三个优势汇聚区域内，接触油源断裂的潜力砂体进行了成藏分析，筛选出 23 个断砂接触面积大于 10m · km 的优质明下段未钻砂体。2019 年至今对其中 17 个砂体进行了钻探，平均单井钻遇油层厚度 15m 以上，叠合含油面积超过 $80km^2$，证实了该成藏模式的有效性，并在莱北低凸起上找到了第一个“亿吨级”大型商业性油田。

参 考 文 献

[1] 薛永安，杨海风，黄江波，等. 渤海海域浅层油气运移成藏理论技术创新与勘探突破[J]. 中国海上油气，2020(2)：14-23.

[2] 乔锦杨，张英波，杨香华，等. 黄河口凹陷莱北斜坡带玄武岩发育区砂岩成岩特征、孔隙流体及储层控制因素[J]. 现代地质，2016.30(1)：209-219.

[3] 张建民，钱赓，朱建敏，等. 渤海南部 A 油田古近系物源约束地震储层预测[J]. 西南石油大学学报：自然科学版，2018，40(2)：15-24.

[4] 廖新武，尹楠鑫. 莱州湾凹陷垦利 10-1 油田火山岩识别与分布预测[J]. 合肥工业大学学报(自然科学版)，2018，41(5)：113-118.

[5] 杨海风，牛成民，柳永军，等. 渤海垦利 6-1 新

近系大型岩性油藏勘探发现与关键技术．[J]．中国石油勘探，2020，25(3)：24-32.

[6] 王孝辕，黄江波，杨海风，等．莱北低凸起构造成因演化及其对沉积体系的控制作用[J]．东北石油大学学报，2018，42(2)：01-09.

[7] 郭涛，傅强，夏庆龙，李建平．黄河口凹陷沙三中烃源岩特征及地质意义[J]．断块油气田，2010(6)：54-57.

[8] 王鑫，余思，张远，等．渤海湾盆地莱北低凸起新近系物源分析[J]．中国石油和化工标准与质量，2014 (1)：150-150.

[9] 金之钧，张发强．油气运移研究现状及主要进展[J]．石油与天然气地质，2005，26(3)：263-270.

[10] 黄建军，纪友亮，戴林．油气汇聚体系[J]．海洋地质前沿，2005，21(3)：27-33.

[11] 孙同文，吕延防，刘哲，等．断裂控藏作用定量评价及有利区预测——以辽河坳陷齐家-鸳鸯沟地区古近系沙河街组三段上亚段为例[J]．石油与天然气地质，2013，34(6)：790-796.

[12] 薛永安．渤海海域油气运移“汇聚脊”模式及其对新近系油气成藏的控制[J]．石油学报，2018，39(9)：963-970，1005.

[13] 温宏雷，邓辉，李正宇，等．渤海海域新近系明化镇组断裂控藏作用定量评价——以黄河口凹陷中央构造脊为例[J]．油气地质与采收率，2017，24(4)：36-42.

[14] 赵勇，戴俊生．应用落差分析研究生长断层[J]．石油勘探与开发，2003，30(3))：13-15.

[15] 王伟，孙同文，曹兰柱，等．油气由断裂向砂体侧向分流能力定量评价方法——以渤海湾盆地饶阳凹陷留楚构造为例[J]．石油与天然气地质，2016，37(6)：979-989.

[16] 杨海风，徐长贵，牛成民，等．渤海湾盆地黄河口凹陷新近系油气富集模式与成藏主控因素定量评价[J]．石油与天然气地质，2020，41(2)：259-269.

[17] 薛盼．断—砂配置对油气运移与聚集的控制作用[D]. 2015.

[18] 张新涛，牛成民，黄江波，等．黄河口凹陷渤中34区明化镇组下段油气输导体系[J]．油气地质与采收率，2012，19(5)：27-30.

与频率相关的Q补偿叠前深度偏移方法

陈 静 武 威 程润伟 吴晓丰 戴南浔

(中国石油集团东方地球物理勘探有限责任公司)

摘 要 在粘滞介质中，地震波的传播速度和能量衰减程度随频率变化。传统的叠前深度偏移(PSDM)，因为不考虑粘滞介质的频散和衰减，所产生的图像会呈现相位失真、分辨率低等问题，特别是深部成像。Q补偿PSDM方法必须模拟地震波以频散速度传播，同时振幅的补偿要依据其对频率的依赖关系。我们提出两种在频率域作补偿能量衰减的方法，分别用于单程波偏移和逆时偏移。常见的时-空域Q补偿方法是通过比较空间点上各时刻的地震波幅来补偿，这种方法没有反应地震波衰减对频率的依赖性。我们的方法补偿每个频率的能量损耗。合成数据和实际数据例子展示了频率域Q补偿PSDM方法在提高分辨率和相位保真度方面的有效性。

关键词 频率域Q补偿；频散；能量衰减；单程波偏移；逆时偏移

众所周知，地层并非完美的弹性介质，而是表现出粘弹性的特性。在这种特性中，地震波在传播过程中呈现波形状畸变和能量衰减。地震波衰减通常用品质因子Q来表征。品质因子Q由系统周期内存储的平均能量除以周期内损失的能量来定义。不依赖于频率的Q的地震波衰减线性模型已广泛用于勘探地震学中(Kjartansson，1979)。基于该理论，地震波的不同频率分量在非弹性材料中以依赖于频率的相速度传播。而在弹性介质中，所有频率分量都以相同的相速度传播。在非弹性介质中，能量损失大约与频率成正比。一般而言，地震波中的高频分量比低频分量传播得更快，它们的振幅衰减得也更快。没有适当考虑频散和能量衰减的偏移成像方法会产生相位失真和分辨率较低的图像，尤其是对于低品质因子(低Q)地层下的较深层，使得进行AVO解释分析和井震层位标定更加困难。

在早期地震资料处理中，在偏移前的资料预处理过程，从地震道中消除粘弹性效应。这类处理基于一维模型，包括仅针对相位的反Q滤波(例如Bickel和Natarajan，1985；Bano，1996)，以及在偏移之前同时执行振幅补偿和相位校正的反Q滤波(Wang，2006)。由于这些方法基于一维模型，不遵循实际的波传播路径，没有考虑到速度频散和能量损耗随波传播而发生的实际情况，因此它们不适合校正复杂区数据。更为理想的方法是在基于波场模拟的叠前深度偏移方法中应用Q补偿(Zhang等，2010；Zhu等，2014)。由于非弹性介质中速度频散和能量衰减的频率相关性，因此在频域中实现这种偏移是自然而直接的。该领域的早期工作包括Dai和West(1994)的反Q偏移和波场外推的PSDM(Zhang and Wapenaar，2002)。但这类方法在波场延拓过程中对能量的补偿操作会引发数值计算的不稳定性问题。Wang(2008)提出了一种用于叠后地震数据的反Q滤波偏移方法。他通过在更高频率和更大深度上将幅度补偿的增益限制为预定阈值来取得稳定的衰减系数，进而构建频率相关的复值慢度模型，然后将其用于隐式有限差分方案中以执行偏移。

在本文中，我们先描述Q补偿单程波叠前深度偏移的实现。然后讨论在频率域作能量补偿的逆时偏移方法。

1 频率相关的Q补偿单程波偏移

Q补偿单程波偏移中，随频率变化的速度模型，作为随空间位置变化的品质因子Q模型的函数，被用于波场外推。受稳定衰减系数概念(Wang，2006年)的启发，我们设计了一个增益控制实现Q补偿偏移。该增益控制是频率和深度的函数，能够使波场延拓稳定，并抑制放大的高频噪声。

首先给出频率-波数-空间域单程波波动方程

$$\frac{\partial u(k_x,k_y,z,\omega)}{\partial z}=i\,k_z u(k_x,k_y,z,\omega) \qquad (1)$$

其中k_x，k_y，k_z分别是x，y，z方向上的波数分量。$u(k_x,k_y,z,\omega)$是深度z处，角频率为w

的平面波。方程(1)的一个解为

$$u(k_x,k_y,z+\Delta z,\omega)=\exp(i\,k_z\Delta z)\,u(k_x,k_y,z,\omega) \tag{2}$$

将 s 表示为波传播的慢度，$k=s\omega$ 为波数，则k_z定义为

$$k_z=s\omega\sqrt{1-(k_x^2+k_y^2)/k^2} \tag{3}$$

公式(2)被用来将地震波场从深度 z 经过一个深度步长 Dz 外推到下一个深度 $z+\Delta z$。基于与频率无关的 Q 因子地震波衰减线性模型(Kjartansson，1979 年)，对于粘弹性拟声波介质，实数慢度 s 被与频率相关的复数慢度 $S(\mathrm{w})$代替，定义为

$$S(\omega)=s(\omega)-i\alpha(\omega) \tag{4}$$

其中

$$s(\omega)=s_o\left(\frac{\omega_o}{\omega}\right)^{\gamma} \tag{5}$$

$$\alpha(\omega)=\frac{s_o}{2Q}\left(\frac{\omega_o}{\omega}\right)^{\gamma} \tag{6}$$

s_o是参考频率 ω_o处的传播慢度，而 $s(\omega)$是频散慢度，而 $\omega\alpha(\omega)$被称为衰减系数，且

$$\gamma=\frac{1}{\pi}\tan^{-1}\left(\frac{1}{Q}\right)\approx\frac{1}{\pi Q} \tag{7}$$

对于$Q^2\gg1$，等式(3)中垂直波数变为

$$k_z=[s(\omega)-i\alpha(\omega)]\omega\sqrt{1-(k_x^2+k_y^2)/k^2} \tag{8}$$

k_z的实部与波的频散传播有关，而虚部则与介质中依赖于频率的波能量吸收有关。

我们使用分裂步加插值方案(split-step plus interpolation scheme)(Dai 等，2002；Gazdag 和 Sguazzero，1984；Stoffa 等，1990)对粘弹性拟声波介质进行波场外推，其中包含幅度补偿的相位移在波数和空间双域中分步实现。对于每个频率波场，在每个深度选择一组参考慢度值 s_i 和Q_j。首先，我们根据公式(2)，应用一个修正的垂直波数(9)

$$k_z'=[s_i(\omega)-i\,\alpha_j(\omega)]\omega\left(\sqrt{1-(k_x^2+k_y^2)/k^2}-1\right) \tag{9}$$

获得一组参考波场。此操作保持水平波数平面未变。经过傅立叶变换到空间域后，将结果用于基于局部慢度$s_o(x,y,z)$和因子 $Q(x,y,z)$的插值以产生一个过渡波场。然后使用k_{zo}在空间域中进行包含振幅补偿的相移，其中k_{zo}是水平波数平面原点处的垂直波数：

$$k_{zo}=[s(x,y,z,\omega)-i\alpha(x,y,z,\omega)]\omega \tag{10}$$

以上波场延拓算子是一个放大器，因为对于有限的正 Q 值，其振幅因子大于 1。这会导致不稳定问题，因为高频噪声包括数值计算截断误差会随着深度的增加而呈指数增长。

为了稳定波场延拓过程，我们参考 Wang (2008)的方法，求取一个稳定的衰减系数，该衰减系数由与幅度最大增益相关的参数调整。基于粘弹性拟声波介质中一维波动方程的解，振幅衰减因子可以写为

$$W(n,\omega)=\exp\left[-\omega\Delta z\sum_{l=1}^{n}\alpha(z_l,\omega)\right] \tag{11}$$

稳定的幅度补偿因子定义为

$$W^{-1}(n,\omega)=\frac{W(n,\omega)+\sigma^2}{W^2(n,\omega)+\sigma^2} \tag{12}$$

其中稳定参数 σ 与用户指定的经验增益极限有关(Wang，2006)。通过递归关系将稳定的衰减系数 $\omega\,\alpha_{st}(z_l,\ \omega)$ 定义为

$$\exp\left[\omega\Delta z\sum_{l=1}^{n}\alpha_{st}(z_l,\omega)\right]=W^{-1}(n,\omega) \tag{13}$$

其中$\alpha_{st}(z_1,\omega)=\alpha(z_1,\omega)$。在各水平位置均有对应的一维衰减函数，它们共同构成一个三维衰减系数模型。在波场延拓中使用该稳定的衰减系数 $\omega\,\alpha_{st}(z_l,\ \omega)$模型 用于稳定延拓过程。

2　频率相关的 *Q* 补偿逆时偏移(*Q*-RTM)

在 Q 补偿逆时偏移中，我们提出了另一种避免波场放大的方法。我们不在有限差分波场传播的模拟中直接补偿能量衰减，因为这会引入数值不稳定性。相反，我们模拟了两个波场传播，它们均包含频散效应，其中一个模拟了能量衰减，另外一个没有模拟能量衰减。这两个波场传播模拟自然都是稳定的。通过在每个空间成像位置在频域计算它们每个频率的振幅谱比率，我们就能获得能量衰减补偿因子。在逆时偏移成像过程中我们用该因子来补偿每个频率下的能量衰减。

Q-RTM 中，波场传播可用以下公式描述(Kjartansson 1979，Zhou and Harris 2014)

$$\frac{1}{c_0^2(x)}\frac{\partial^2\sigma(x,t)}{\partial t^2}=\eta(x)(-\nabla^2)^{\gamma+1}\sigma(x,t)+\tau(x)\frac{\partial}{\partial t}(-\nabla^2)^{\gamma+\frac{1}{2}}\sigma(x,t) \tag{14}$$

其中

$\eta(x)=-c_0^{2\gamma(x)}\ \omega_0^{-2\gamma(x)}\cos(\pi\gamma(x))$，$\tau(x)=-c_0^{2\gamma(x)-1}\ \omega_0^{-2\gamma(x)}\sin(\pi\gamma(x))$，$\gamma=\pi^{-1}\tan^{-1}(1/Q)$。方程(14)右端第一项描述粘滞性介质的频散传播，第二项则与能量衰减有关。

RTM 实现中，需要计算来自于震源的正传

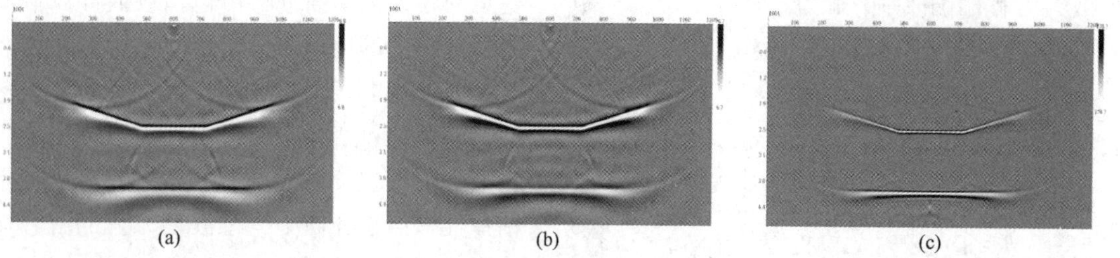

图 1　单炮的叠前偏移图像，(a) 常规 PSDM；(b) 仅考虑频散的 Q-PSDM；(c) 包括频散和能量补偿的 Q- PSDM

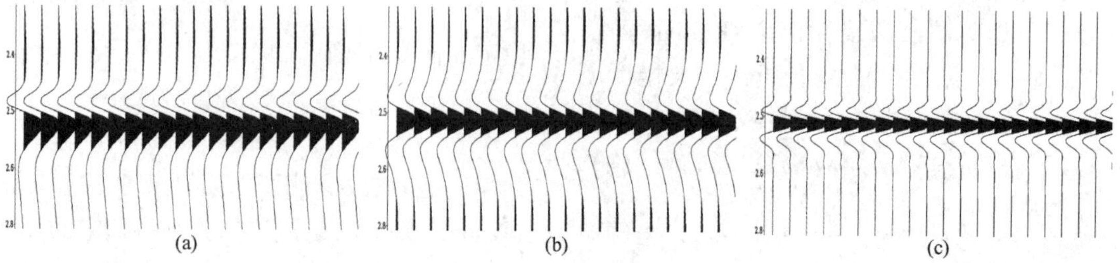

图 2　图 1 中第一个反射界面中央部分局部放大图，(a) 常规 PSDM；(b) 仅考虑频散的 Q-PSDM；(c) 包括频散和能量补偿的 Q- PSDM

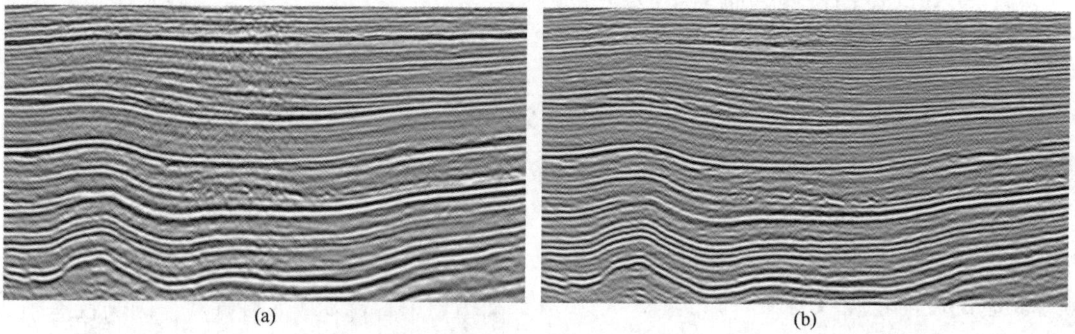

图 3　三维实际数据的叠前偏移图像，(a) 常规 PSDM；(b) 全 Q-补偿 PSDM

播波场和和来自于检波点的反传播波场。在 Q-RTM 中，我们在计算正传播波场和反传播波场时，分别模拟了有和没有能量衰减的两个波场。在每个空间成像点，通过使用短时傅立叶变换，将两个波场的时间序列转换到频率域。对于每个频率，利用不含能量衰减的波场和含有能量衰减的波场计算出能量补偿率。通过对该频率的正传播波场与反传播波场应用波场成像条件，再乘以上述传播的能量补偿因子，即可获得该频率成分的图像。对所有频率成分的图像进行叠加，即产生考虑了频散和衰减补偿的偏移结果。

3　模型和实际资料示例

我们用有限差分方法正演模拟了一个三维数据集，该模型分为三层，并在当中含有一个斜层。该模型是常数 $Q=30$ 的粘弹性拟声波介质。在图 1 中，我们显示了三维叠前深度偏移的结果图像。图 2 显示了图 1 中的第一个反射层中间区域的放大图像。图 1a 和 2a 是常规声波单程波方程 PSDM 的相同输出。尽管在有限差分模拟中使用的震源子波是对称的，但是图 1a 和 2a 图像中的同相轴波形是不对称的。图 1b 和 2b 显示了我们的 Q 补偿叠前深度偏移的结果，仅应用了速度频散校正。这些图像中的同相轴波形是对称的，并且位于正确的深度。图 1c 和 2c 是全 Q 补偿叠前深度偏移的图像，其中能量损失得到了补偿。该图像中同相轴不仅波形对称，处于正确的深度，并且子波频率也提高了很多，因此分辨率得到了提高。

一个实际数据示例如图 3 所示。图 3a 是常规叠前深度偏移图像，图 3b 是三维 Q 补偿叠前深度偏移的图像，其最大增益幅度控制在 25dB。与图 3a 中的图像相比，图 3b 中有更清晰的且符合地质意义的地震相特征，其中层深度和相位有所修正。为了比较，在图 4 中以非标准化的比例

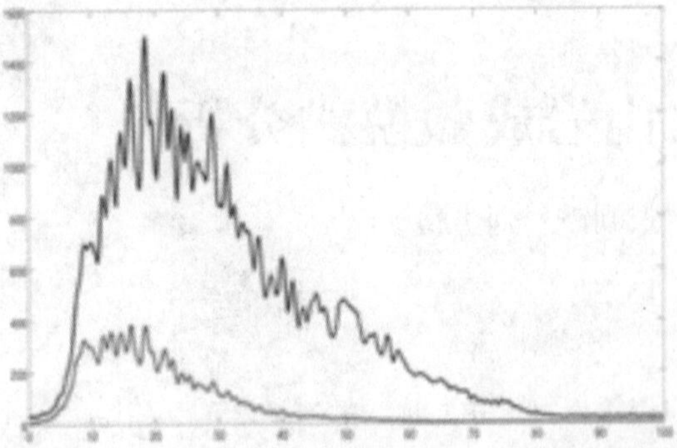

图4　图 3a 的振幅谱（红色）和图 3b 的振幅谱（蓝色）

显示了图 3a 和图 3b 中图像的振幅谱。频谱清楚地表明了来自 Q 补偿叠前深度偏移的图像具有更宽的频带。

4　结论

我们介绍了在频域中实现的单程波偏移和逆时偏移的 Q 补偿叠前深度偏移方法。该方法通过使用频率相关的速度场来校正粘滞介质中速度频散引起的相位失真。针对单程波和逆时偏移，我们都实现了频率相关的振幅衰减补偿方法，并采用不同的方案确保方法的稳定性，合成的和实际数据示例表明，Q 补偿叠前深度偏移方法不仅可以使反射同相轴正确归位，相位准确，而且可以拓宽图像的频谱并提高地震成像的分辨率。

5　致谢

本研究由东方地球物理公司中东市场处理解释关键技术研发与应用项目资助。本文作者感谢中石油和东方地球物理公司对本研究的支持以及对发表本项研究的许可。我们也感谢东方地球物理公司北京和休斯顿研发组提供的支持。

参　考　文　献

[1] Bano, M., 1996, Q-phase compensation of seismic records in the frequency domain: Bulletin of the Seismological Society of America, 86, 1179-1186.

[2] Bickel, S. H., and R. R. Natarajan, 1985, Plane-wave Q deconvolution: Geophysics, 50, 1426-1439.

[3] Dai, N., W. Chris, and Y. Sun, 2002, EAGE Steep dip imaging with wave equation prestack depth migration: presented at the 64th Annual International Conference and Exhibition, EAGE.

[4] Dai, N., and G. F. West, 1994, Inverse Q migration: 64th Annual International Meeting, SEG, Expanded Abstract, 1418-1421.

[5] Gazdag, J., and P. Sguazzero, 1984, Migration of seismic data: Proceedings of the IEEE, 72, 1302-1315.

[6] Kjartansson, E., 1979, Constant Q-wave propagation and attenuation: Journal of Geophysical Research, 84, no. B9, 4737-4748.

[7] Stoffa, P. L., Fokkema, J. T., de Luna Freire, R. M., and Kessinger, W. P., 1990, Split-step Fourier migration: Geophysics, 55, 410-421.

[8] Wang, Y., 2006, Inverse Q-filter for seismic resolution enhancement: Geophysics, 71, no. 3, V51-V60.

[9] Wang, Y., 2008, Inverse Q-filtered migration: Geophysics, 73, no. 3, S1-S6.

[10] Zhang, J., and K. Wapenaar, 2002, Wavefield extrapolation and prestack depth migration in anelastic inhomogeneous media: Geophysical Prospecting, 50, 629-643.

[11] Zhang, Y., P. Zhang, and H. Zhang, 2010, Compensating for visco-acoustic effects in reverse-time migration: 80th Annual International Meeting, SEG, Expanded Abstracts, 3160-3164.

[12] Zhu, T., J. M. Harris, and B. Biondi, 2014, Q-compensated reverse time migration: Geophysics, 79, no. 3, S77-S87.

松辽盆地南部长岭断陷火山岩成藏模式分析

汤　昶　连晓亮　袁立川　宋利霞　刘士靖

（中国石油集团东方地球物理勘探有限责任公司）

摘　要　长岭断陷位于松辽盆地南部，CS1 突破之后，部署多口探井失利，存在主要问题是：1. 源岩认识不清。2. 火山岩相带划分难度大，成藏模式认识不清。技术措施及效果：1. 通过深化长岭断陷结构特征认识，明确烃源岩分布特点。通过构造演化分析、邻井钻探结果分析及沙河子组残余厚度图等刻画了沙河子组生烃洼槽范围，从而确定烃源岩分布范围主要分布在洼槽较深部位的中南部。2. 已钻井表明源上火山岩气藏具有单体成藏、相带控藏的特点，通过分析认为近火山口爆发相及溢流相储层物性好，利用边缘检测、蚂蚁体等属性切片划分了火山岩体的相带与期次，通过建立火山岩地震相模式，开展有利火山岩储层精细刻画；3 结合源岩分布特征、构造特征、源储特征及油气运移研究等建立了长岭断陷成藏模式，推动部署沙河子组致密气探井 X×40 井，获得十万方工业气流，营城组火山岩也取得良好显示。

关键词　松辽盆地；长岭断陷；拆离断层；火山岩精细刻画；烃源岩分布；成藏规律

1　引言

长岭断陷位于松辽盆地南部，“两坳夹一隆”的西部断陷带中，为松辽盆地南部深层整体勘探开发成效最好的断陷，也是深层勘探成功率较低的断陷。长岭断陷深层指包括上侏罗统火石岭组，下白垩统沙河子组、营城组和登娄库组，至白垩系下统泉头组泉头组一、二段这层段的地层。火石岭组、沙河子组、营城组是断陷时期的构造层，分布于残留断陷中。登娄库组是断、坳过渡时期的构造层，沉积发育范围小于其上覆地层，泉头组一、二段是松辽大型拗陷盆地构造层的一部分，分布遍及整个松辽盆地[1]。

继 CS1 井后，在长岭断陷部署多口探井未获重大突破，从目前发现的天然气类型看，既有烃类气藏，也有 CO_2气藏，还有烃类气与 CO_2气混合气藏；烃类天然气主要为腐殖型气，部分为腐泥型气，表现为油裂解气和干酪根热降解气组成的混合气，主要来自沙河子组烃源岩[2]；储层岩性则既有火山岩、碎屑岩，也有基底变质岩。长岭断陷气藏分布的复杂性，也制约了长岭断陷天然气勘探的进程，因此急需理清气源运移和分布规律。开展重点洼槽天然气成藏条件和成藏模式的深入研究，弄清火山岩展布特征，进而分析出油气藏有利发育区。

通过梳理长岭断陷结构构造特征，重新认识了 CO_2气源运移通道和烃类天然气的烃源岩分布特征，同时开展火山岩岩相研究，对火山岩储层进行精细刻画，建立了成藏模式，指导下一步油气勘探。

2　长岭断陷地质特征

2.1　构造特征

长岭断陷是由一系列叠瓦状铲式正断层控制的半地堑、地堑组合成的复式断陷，不对称双断结构。在不对称伸展作用下，发育一系列叠瓦状铲式正断层，向下倾角变缓汇入底部的拆离带，并且在断陷的西边界发育一条大型低角度拆离断层。受西边界的拆离断层控制，断陷内发育一系列北北东走向箕状洼槽，组合成“长岭复式断陷群”。由图 4 可见长岭断陷是由 9 个北北东走向的箕状洼槽组成。

断陷期地层沿着拆离面伸展滑脱、并发生旋转，形成一系列反向翘倾断块，呈多米诺骨牌式组合，受后期热隆、反转构造运动影响，形成东高、西低，洼隆相间构造格局，纵向发育三期断裂，断鼻、断块圈闭发育。图 1 及图 2 表明研究区的西部发育一条拆离断层，大型的断裂以北西向断裂为主，同时发育一组北西向的小断裂。T5 构造图上仍然是以北东向的断裂居多，并沿着断裂发育一系列的断鼻、断块圈闭。营城组顶面落实和新发现圈闭 57 个，面积约 $1500km^2$。

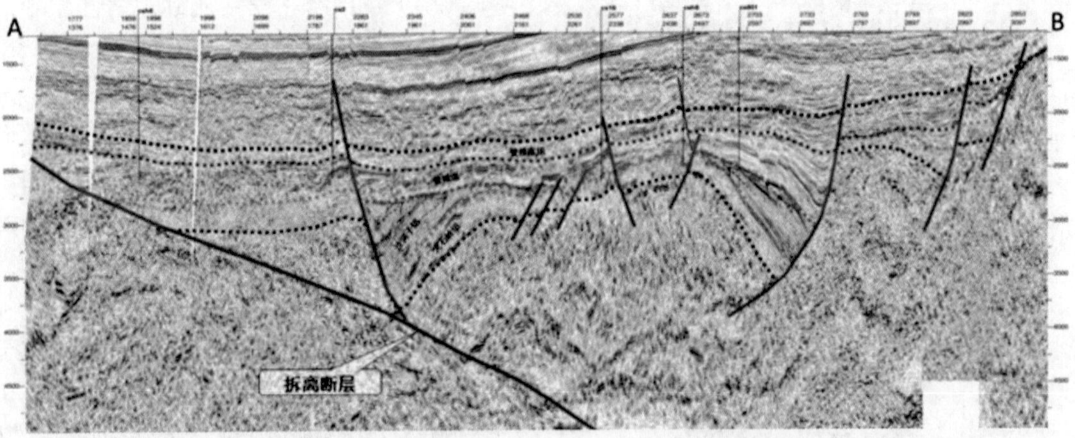

图 1 长岭断陷过井地层特征剖面(图 2 所示 AB 方向)

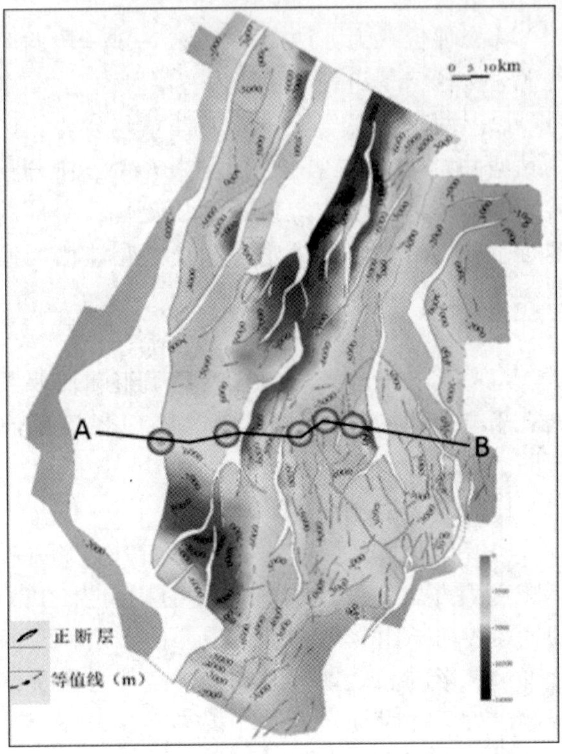

图 2 长岭断陷 T5 反射层构造图

2.2 烃源岩特征

研究表明本区烃源岩主要发育在沙河子组地层，白垩系下统的沙河子组时期迅速拉张沉积形成楔形沉积体，沙一段深湖相为主，沙二段为扇三角洲沉积，以砂砾岩储层为主，沙三段扇三角洲与深湖相交互沉积，岩性表现为砂泥互层。

区域资料分析明确了前神字洼槽内发育两套烃源岩。

1. 火二段加沙一为一套过成熟优质烃源岩

火二段~沙一段沉积时，长岭断陷为东西双断结构，但从地层厚度变化来看，东西两侧的控陷断层活动并不剧烈，整体表现为深水环境的湖相沉积，各个洼槽均发育厚层暗色泥岩。

邻区洼槽钻井揭示火二段暗色泥岩厚度100m以上，沙一段可达200m，前神字井洼槽CS37井沙一段揭穿连续50m暗色泥岩，地震相类比200m以上；地化指标较好。YS4井位于CS1井东南8.24km，火二、沙一段钻遇100m以上连续烃源岩，TOC 0.9%~1.6%；S1+S2 0.06~0.20mg/g。伏龙泉次凹位于长岭断陷的东部，受控于东部控凹断裂-伏龙泉断裂，形成东断西超的断陷结构。包括伏北次洼、兴合顺低凸起、伏南次洼和顾家店次洼。FU23井位于伏龙泉次凹的顾家店次洼中部，揭示火二段连续厚120m，沙一段连续厚度200m，有机碳TOC为1%~4.2%。

沙二段继承沙一段的演化特征，但水体变浅，广泛沉积一套三角洲相砂砾岩沉积，基本不具生烃能力。

2. 沙三段不同洼槽发育特征不一致，前神字井洼槽具备生烃潜力

沙三段沉积时控洼断层剧烈活动，各洼槽更多的表现为单断箕状特征，但各洼槽地层发育特征不一致，如查干花洼槽沙三段未沉积，而神字井洼槽则沉积了较厚的沙三段地层。

火石岭和沙一段时期神字井洼槽和查干花洼槽为统一汇水湖盆，沙二段后期随CS1隆起区抬升，使得整个汇水湖盆东南部形成大斜坡，造成沙三段湖盆局部发育，超覆于东部斜坡之上，地层呈楔状外形，西厚东薄，沉积、沉降中心位于西部陡带，也是目前保存条件最好区域。

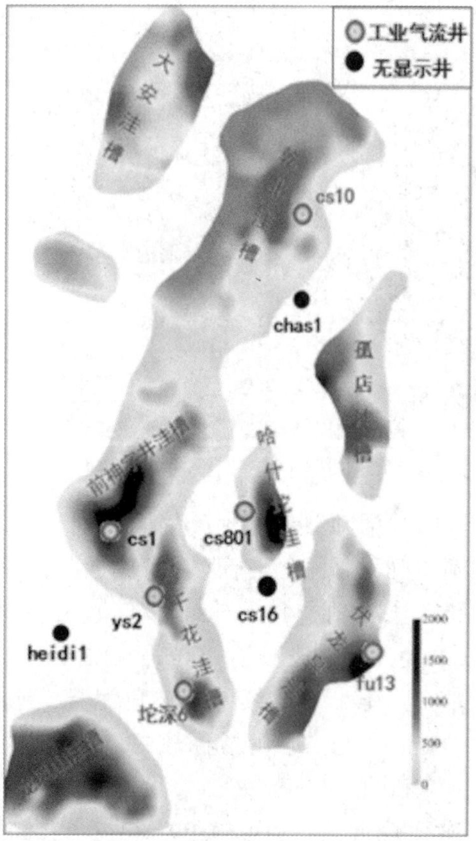

图 3　长岭断陷沙河子组地层残余厚度图

图 4　长岭断陷断陷期地层厚度图

CS17 井在沙三段钻遇砂泥岩互层 50m，泥岩为暗色泥岩，泥地比 20%左右。沥青“A”：0.074%~0.155%；总烃 HC：1103.13ppm；有机碳 TOC：0.61%~1.27%；综合评价该套烃源岩为Ⅱ2 腐泥型；地化指标：Ro 为 2.38%；Tmax：395~479℃过成熟烃源岩；S1+S2：0.42~2.33mg/g；Pg（生烃潜量）：0.42~2.33mg/g。

CS17 井生油岩评价较好，但该井位于沙三段主洼槽北部边界区域，地层薄。南部和中部主洼槽区为深湖区，地震呈强振幅连续反射，是沉积中心，地层厚度大，保存完整，烃源岩条件更为有利。

综合评价认为：沙三段、火二-沙一段两套烃源岩为沙河子组气源主要发育层段。

以上两套烃源岩在神字井洼槽均发育，区内钻遇井 CS17、37 井位于主洼槽侧翼，推测长岭断陷深洼区烃源岩厚度及品质更优，南部的前神字井、哈什坨、伏龙泉和查干花洼槽烃源岩更为发育。

2.3　储层特征

白垩系下统的营城组、沙河子组和侏罗系的火石岭组均以湖相沉积为主，但各层稍有不同。

1. 沉积岩有利相带

（1）侏罗系火石岭组为为断陷初期的沉积，不整合于古生界变质岩和海西期花岗岩之上，顶面与沙河子组接触，部分地区由于沉积时的地形起伏影响和后期抬升剥蚀，直接与泉头组接触。火石岭时期沉积中心应在 CS1 井附近，据邻区的 YS4 井和 FU23 井钻井揭示火二段以泥岩为主，为较深湖-深湖相沉积，泥地比大于 80%，厚度 100~300m，为一套烃源岩，火一段为一套扇三角洲相砂泥岩互层沉积，地震反射杂乱。

（2）白垩系下统的沙河子组时期迅速拉张沉积形成楔形沉积体，沙一段深湖相为主，沙二段为扇三角洲沉积，以砂砾岩储层为主，沙三段扇三角洲与较深湖相交互沉积，岩性表现为砂泥互层。是致密气成藏的有利储层。

（3）营城组是火山活动的剧烈期，岩性为灰黑色泥岩、凝灰岩、角砾岩和厚层状砂岩、砂砾岩，局部地区夹少量植物碳屑和煤线，孢粉化石丰富，该组地层为断陷晚期充填物，地层顶部普遍遭受剥蚀，是一套扇三角洲平原–前缘相沉积；纵向上可分为三段，上部以安山岩和玄武岩为主，中部为正常陆源碎屑岩，下部为一套火山碎屑岩；其中火成岩是区内重要的含气储层。

2. 火山岩有利相带

对松辽盆地内近30口深井中火山岩的岩心进行了详细的研究。认为松辽盆地及周缘中生代火山岩岩相包括早期爆发相、中期爆发~溢流过渡相、稳定溢流相、晚期火山通道相及火山沉积相等五种火山岩相类型。

爆发相是松辽盆地北部火山角砾岩、流纹质凝灰岩形成的主要火山岩岩相，为区内最为常见的一种火山岩相，风化淋滤孔隙发育也是很好的储层。火山沉积相的凝灰岩孔隙不发育，可以作为较好的局部盖层；稳定溢流相的流纹岩具有孔隙型裂缝~孔隙型缝洞两种孔隙类型，是松辽盆地北部深层主要的火山岩储层；爆发—溢流过渡相的流纹质凝灰岩、火山碎屑岩物性较流纹岩差，但裂缝发育可改善储集物性，是仅次于流纹岩的火山岩储层；早期爆发相的火山角砾岩多为非储层。所以爆发相和溢流相的火山岩为该区火山岩有利的相带。

3 火山岩刻画

3.1 火山岩体识别与落实

1. 井震结合确立不同火山岩相地震反射特征

利用已钻井揭示的不同岩性组合，精细分析不同岩相的地震反射特征、空间展布形态，指导火成岩体进一步精细刻画。

爆发相的火山角砾岩和和溢流相的流纹岩、英安岩及厚层安山岩地震响应为外型丘状或蘑菇状，内部为杂乱中低频强轴或空白弱反射，但整体外形有差别；喷发相多为丘状，与周边沉积岩层的产状不一致；溢流相为不对称的楔状，和周边沉积岩层的产状基本一致；喷发相和溢流相发育位置也有差别，喷发相多位于仅靠深大断裂的位置或火山通道的顶端，而溢流相则位于上述位置的侧翼。侵入相的火山岩往往呈不规则形态刺穿沉积岩层，内部呈杂乱或空白反射，岩体与围岩产状突变，界限比较清楚，一般其顶底界面的反射能量是最强的；火山沉积岩为层状反射，反射能量比正常沉积岩要强。火山岩体内部有不同岩性或夹杂沉积岩，往往为中低频较强反射。利用以上不同火山岩相的反射特征可以从剖面上识别有利火成岩体（图5）。

2. 多属性预测火山岩体分布

营城组火山岩与沉积岩振幅、频率、反射强度等存在较大差异，因此应用地震属性分析技术能较好预测火山岩平面分布，通过与已钻井对比分析，认为以下几种属性对火山岩的分布具有较好的响应特征：

振幅值累计时间厚度属性(>75)：属于振幅属性类，其计算原理常常用来突出某种振幅异常。一般情况下火山岩体与围岩的振幅存在较大差异，火成岩体多表现为中强振幅，而围岩振幅较小，可利用该种特征来预测火成岩体的平面分布。

振幅变化属性：反映上下同相轴间的振幅值变化大小。由于火成岩顶面为强轴反射，而岩体内部往往为弱反射，使得岩体顶面与内部反射能量差异很大，利用该种特性可勾画出相对独立的火成岩体。

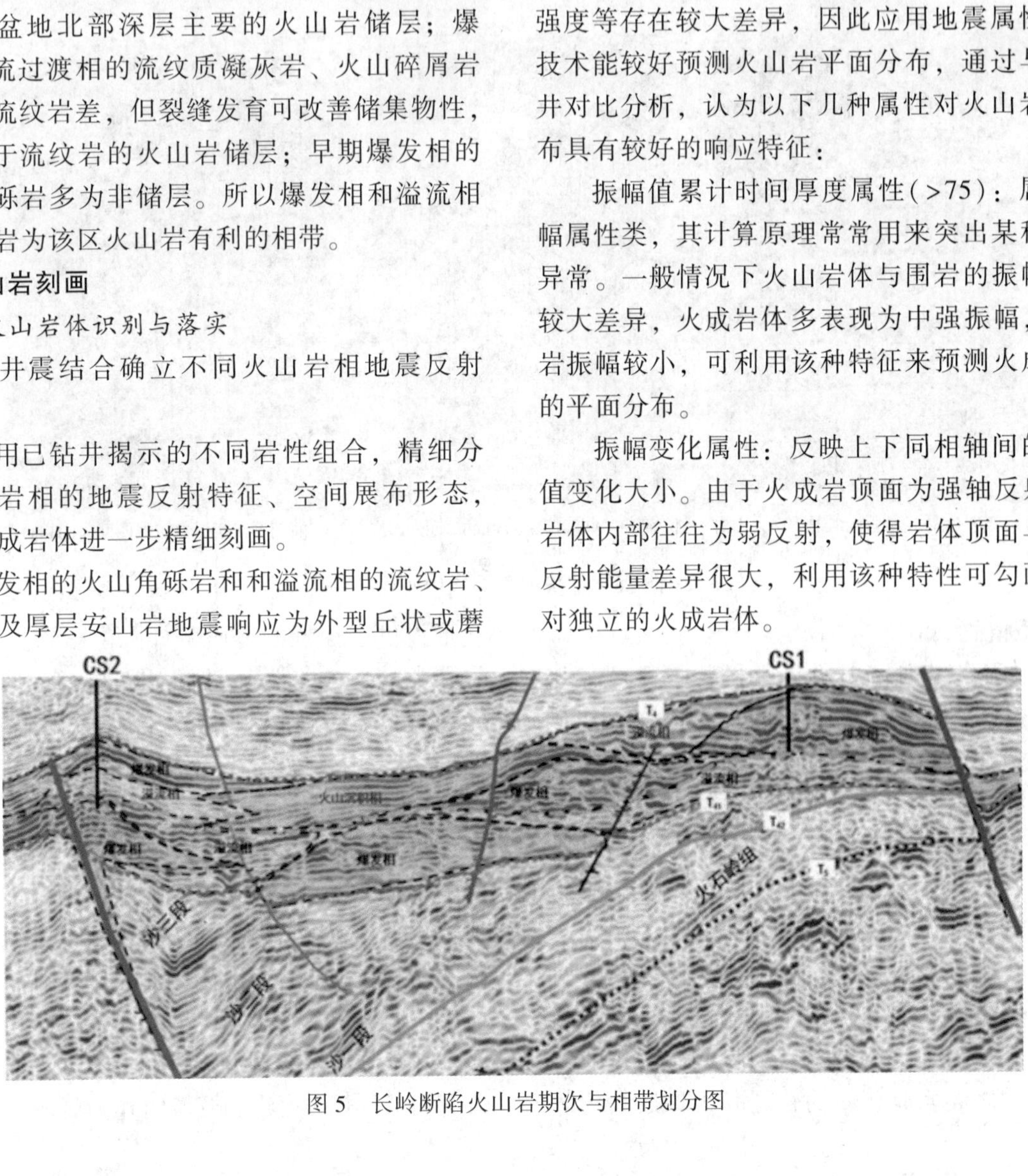

图5 长岭断陷火山岩期次与相带划分图

瞬时频率属性：在复地震道计算中，瞬时频率是相位随时间的变化率。由于有利火成岩体的孔缝发育，造成地震高频成分被吸收，通过瞬时频率的这种变化可区分有利火成岩体的大致分布。

频率斜率属性：主频峰值到最大频率的斜率属性，可用它来反映频率的衰减快慢，可用于识别地层岩性、含气、裂缝等变化，属性值高说明频率衰减快，高频成分被吸收。

3. 异常体解释刻画技术

对目标地质异常体进行顶底界的包络面解释，从剖面上提取岩性地质体，使地质体在剖面上形态可见，用解释结果提取地质体参数进行成图。可以提取岩性体几何参数，如厚度、体积；也可以提取岩性体的弹性参数和物性参数，如波阻抗、速度、孔隙度等；可利用该项技术刻画地震体中的火成岩异常体，落实火成岩圈闭。

通过上述方法的分析，在前神字井洼槽开展了火成岩异常体的搜索、判定、落实及精细刻画，落实了多个有利异常体，按发育的构造位置划分，大致可划分成三个条带。西部(CS2~CS17井)火成岩体条带、中部洼槽内部和东部(CS1井一线)火成岩条带(见图6)。西部和东部火成岩条带已钻，中部洼槽内火山岩条带未钻探，是研究和探索的有利火成岩带。

3.2 火山岩体精细刻画

井震结合确定了不同岩相的地震反射特征，剖面和切片分析确定了有利的火成岩体位置，利用异常体解释刻画技术对各类异常体进行了顶底界面的包络解释，通过对营城组多属性分析确定了有利火山岩相带的分布，最终在前神字井洼槽营城组识别了8个有利火成岩体。(图6)

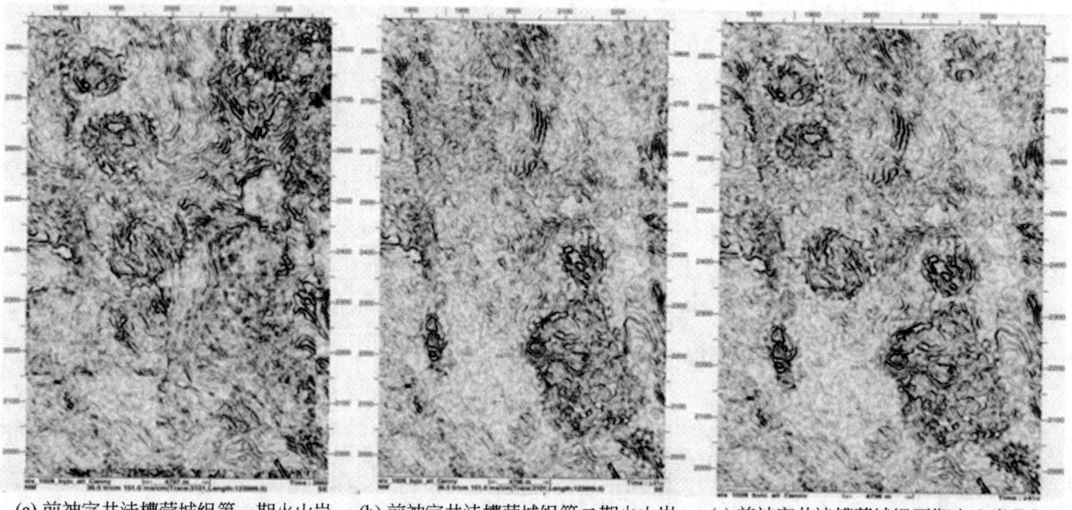

(a) 前神字井洼槽营城组第一期火山岩 (b) 前神字井洼槽营城组第二期火山岩 (c) 前神字井洼槽营城组两期火山岩叠加

图6 前神字井洼槽有利火山岩体预测图

4 成藏模式

前人研究表明，长岭断陷的深层气藏储层分为两类：一是火山岩储层，二是沙河子组砂储层岩、碎屑岩储层，前期探井基本都能钻遇好的储层。登娄库和营城组作为区域盖层。构造研究表明圈闭落实程度高。所以烃源岩和油气运移通道，即成藏模式是油气突破的关键因素。

营城组火山岩是前神字井洼槽深层天然气的主要储集层段之一，覆于沙河子、火石岭及基底之上，其下部具备断陷中央最有利的源岩，登二段泥岩是优质的盖层，为形成火山岩气藏提供了优越的地质条件。由于深层火山岩气藏类型复杂，类比性差，储层(特别是有效储层)的连通性、气水分布等都具有很大的差别。

火山岩储层条件决定气藏类型，该区发育两类火山岩气藏：当储层条件较好时，受构造与火山岩体双重控制，发育岩性构造气藏；当储层条件较差时，为受岩性控制的致密岩性气藏。岩性构造气藏受构造和火山岩体的共同控制，高部位含气，低部位含水。

CS1井和CS2井在营城组均可形成岩性-构造型气藏，登娄库组和营城组作为区域盖层条件好，营城组发育火山口优质储层，铲式正断层断穿营城组、沙河子组和火石岭组，且在青一段沉积末期活动可成为沙河子组气源垂向运移通道，沙河子组沉积末期形成区域不整合面及其上发育的鼻状构造带为沙河子组气源侧向运移通道，CS1 井和 CS2 钻探部位均在 T4 层发育的构造圈闭上，与火山岩体共同提供了聚集条件，CS1 井在斜坡的翘倾部位，沙河子组上倾尖灭有利于聚集成藏(图 7)。

通过长岭断陷的已钻井分析认为，长岭断陷深层火山岩以混合气藏为主，二氧化碳含量高(CS2、CS4、CS6 等井)，其主要原因为紧邻深大断裂，二氧化碳属于幔源气，拆离断层是二氧化碳主要气源断层，伴随着岩浆的喷发和侵入，二氧化碳气灌入盆地，铲式正断层控制了二氧化碳在盆地内的运移、聚集和分布，整体上二氧化碳在盆地内的含量西高东低，受拆离断层控制(图 8)。

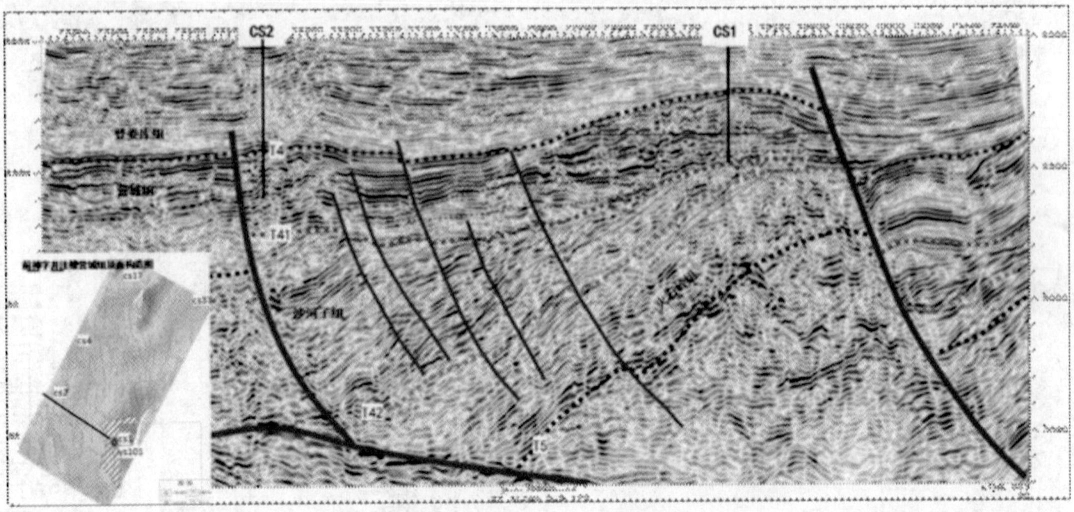

图 7　CS2-CS1 油气成藏模式图

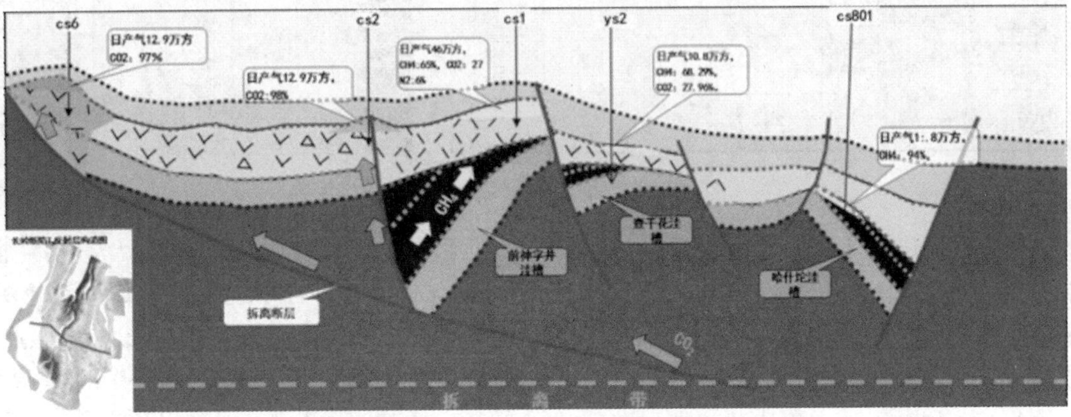

图 8　二氧化碳及甲烷运移分布规律示意图

沙河子组地层是良好的烃源岩，油气可以通过不整合面，以及铲式正断层往圈闭高点运移。沙河子组地层同时也是良好的储层，可形成构造-岩性圈闭。

因此在前神字井洼槽的沙河子主体部位，部署了 X×40 井，探索沙河子组含气性，兼探营城组火山岩。(图 9)

XX40 井在营城组火山岩气测显示厚度 80 米，峰值 70%，解释差气层 43 米，沙河子组气测显示厚度 71 米，气测峰值 75%，解释气层 26.9 米，差气层 73.7 米，XX40 钻探结果分析来看(图 10)，营城组的烃类气藏为下生上储气藏，不整合面以及断层为气源的运移通道，二氧化碳随着火山岩的喷发侵入先期充注，甲烷气后充注成藏。(图 9)

5　总结与认识

通过深化长岭断陷结构特征认识，明确沙河子组烃源岩分布特征，刻画了沙河子组洼槽范

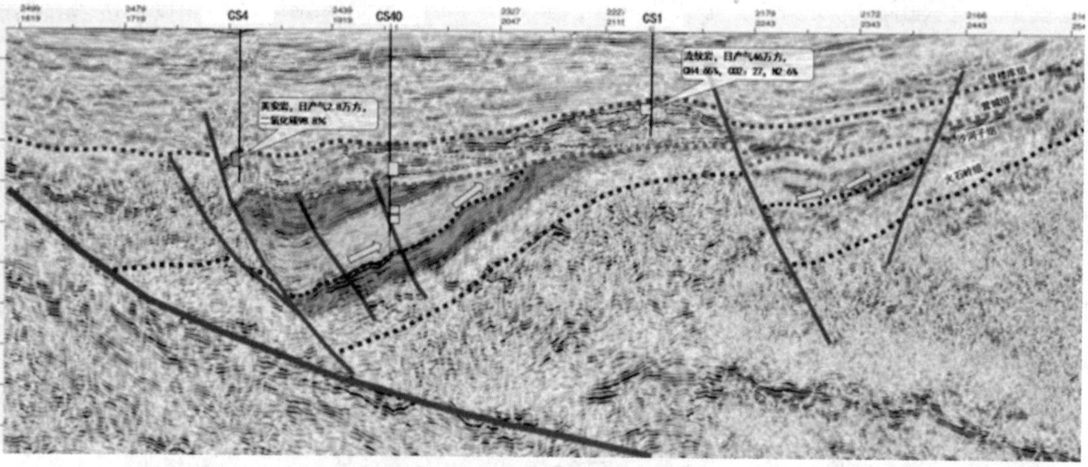

图9　火山岩气藏成藏模式图

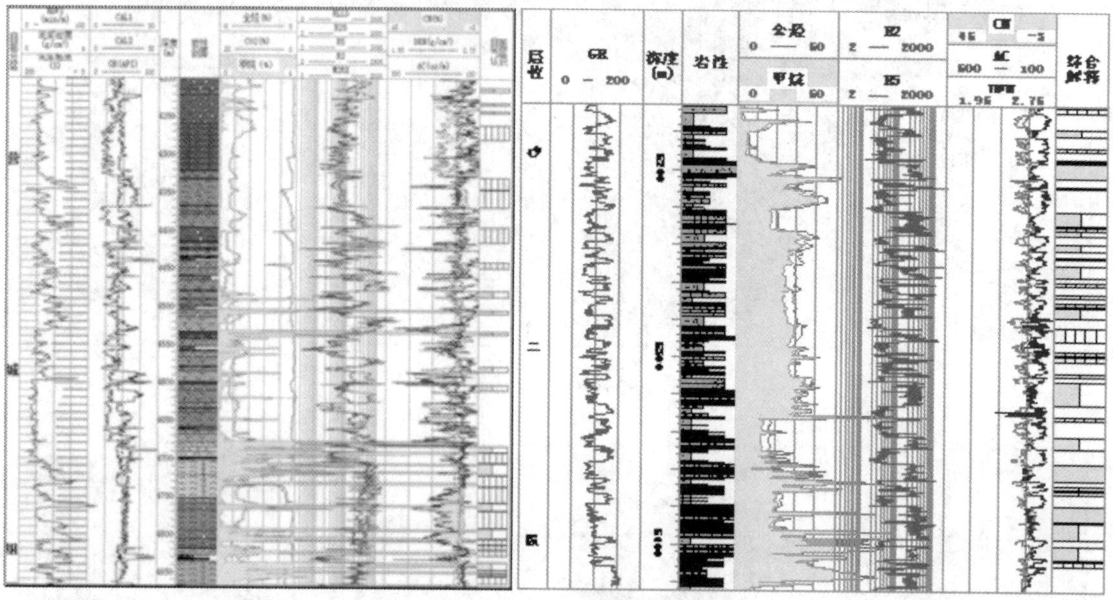

图10　长岭断陷 X×40 井综合柱状图

围，进而确定有利烃源岩主要在分布在范围深湖相的中部和南部几个洼槽；已钻井分析表明近火山口的爆发相及溢流相储层物性好，利用地震上异常体解释刻画技术，结合边缘检测、蚂蚁体等多属性的分析，划分了火山岩体的相带与期次，对火山岩有利相带储层进行精细刻画出八个有利的火山岩体；同时结合本区构造特征，分析铲式正断层和拆离断层在油气成藏中的作用，建立了长岭断陷火山岩的成藏模式有两种：由侧向和垂向运移通道沟通气源的下生上储营城组火山岩气藏；另一种是自生自储的沙河子组致密气。推动部署 1 口探井 XX40 井，该井已经在沙河子组致密气获得十万方工业气流，营城组火山岩也取得良好显示。展现了长岭断陷深层源内致密气的良好勘探潜力。

目前长岭断陷沙河子组残留洼槽 7 个，面积：3500km^2，沙河子组地层整体埋藏较深，保存条件好，勘探程度低，潜力大，是深层天然气勘探重点接替领域。特别是断陷南部哈什坨、双坨子、伏龙泉等洼槽，埋藏相对较浅、地层厚度大、烃源岩落实，是深层致密气是下一步勘探的重点区带。

参考文献

[1]　李洪革等．长岭断陷深层构造特征及天然气勘探潜力分析[J]，石油地球物理勘探，2006，9 月．

[2]　杜金虎．松辽盆地中央古隆起带(北部)天然气成藏条件分析及勘探前景．中国石油勘探，2017.

[3]　邢大全．松辽盆地上古生界构造特征探究(D)．吉林大学硕士学位论文，2015.

[4]　宋均秋．板块运动对松辽盆地构造演化的影响

[J]. 科技创新导报，2008，NO. 30：59-60.

[5] 余和中、李玉文等．松辽盆地古生代构造演化．大地构造与成矿学，2001，25(4)：389-396.

[6] 刘永江、张兴洲等．东北地区晚古生代区域构造演化．中国地质 2010，37(4)：943-951.

[7] 张兴洲、郭冶等．东北地区新-中生代盆地群形成演化的动力学背景，地学前缘(中国地质大学(北京))，2015，22(3)：89-99.

[8] 邢大全、刘永江等．松辽盆地上古生界构造格局及演化探究．世界地质 2015，34(2)：2015，396-407.

[9] 张尔华、姜传金等．徐家围子断陷深层结构形成与演化的探讨．岩石学报 2010，26(1)：149-157.

[10] 王有功、吕延防等．长岭复式断陷群构造特征及天然气富集规律．石油地球物理勘探 2014 第 49 (6)：1204-1212.

[11] 任战利、崔军平等．中国东北地区晚古生代构造演化及后期改造．石油与天然气地质 2010，31 (6)：734-742.

[12] 李浩、陆建林等．《长岭断陷南部断陷层湖相优质烃源岩发育控制因素．石油与天然气地质 2013，36(2)：209-219.

[13] 孙国庆．松辽盆地北部古中央隆起带风险探井钻探成果认识及下步工作安排．大庆，松辽盆地中央古隆起研讨会，2017.

[14] 陈树民．松辽盆地北部古中央隆起带油气成藏条件分析与勘探目标优选．大庆，松辽盆地中央古隆起研讨会，2017.

[15] 连晓亮．松辽盆地新区及风险勘探工作汇报．涿州，地研中心新区风险研讨会，2019.

柴达木盆地三湖地区纵横波联合二维地震勘探实践

吴永国[1]　邓志文[1]　姜太亮[2]　张文强[1]　张立军[1]

（1. 中国石油集团东方地球物理勘探有限责任公司；2. 中国石油青海油田公司勘探事业部）

摘　要　柴达木盆地三湖地区天然气勘探潜力巨大，该区先后开展多轮次纵波和转换波勘探没有取得实质性突破，受到含气影响低幅度构造难以成像。针对该区特有地震地质条件特点，在三湖地区开展了新一轮的纵横波联合攻关工作，一是采用低频可控震源+横波震源联合激发技术，利用低频可控震源激发增加地震波下传能量，增强目的层反射信息能量，提高原始资料信噪比，同时利用横波不受气区吸收衰减影响，有效恢复“气云区”低幅度构造；二是采用小道距高覆盖宽线观测技术提高目的层横向空间采样密度和提高目的层成像信噪比；三是形成一套高精度横波表层建模及静校正方法，实现了精细解剖近地表结构，有效解决近地表结构变化剧烈引起的横波静校正问题。通过纵横波联合采集技术实施，首次获得高品质宽频横波资料，横波比纵波有较好的分辨率，横波资料消除气云影响，构造断裂清晰。该技术成功实施，有力推动横波勘探技术进入工业化应用阶段。

关键词　低频可控震源；横波可控震源；高密度宽线；纯横波静校正

1　引言

三湖斜坡区位于柴达木盆地东部，地表较为平坦，但表层低降速带厚度和速度变化较为剧烈。该区气田属于典型疏松砂岩气藏。多年勘探实践及研究成果表明，该区地下构造幅度较小，断裂极不发育。该区气层埋藏相对浅，由于受到浅表层生物气、从疏松岩层散失到地表的天然气、低降速带变化等因素影响，地震资料信噪比低，地震剖面普遍存在“低速、低频和同相轴下拉”地震异常现象[1]（图1）。

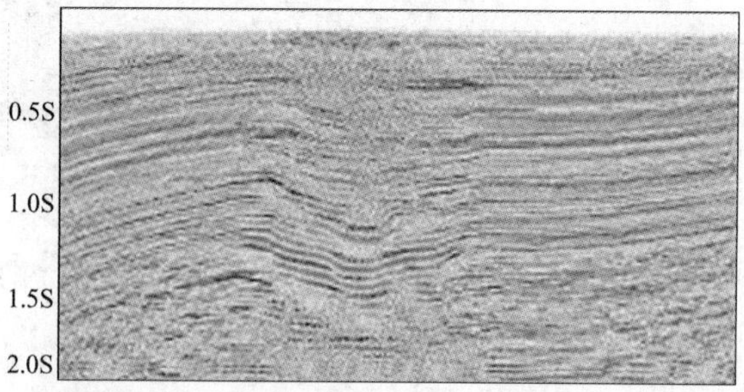

图1　含气异常与非含气异常剖面

该地区已经发现的含气构造大多为幅度很低的同沉积背斜，三大气田的发现和储量的大幅度增加，很大程度上都是依靠这种地震异常现象来识别和发现的。但随着勘探的深入，依赖地震异常特点来确定的油气钻探井出现了很多失利，使得油气勘探陷入困境。研究表明这种地震剖面异常现象不仅与地下含气有关，也和近地表结构有关。因此，这种近地表异常引起的地震剖面异常现象，往往造成含气异常识别困难，以至许多探井钻探失败。

该区地震勘探始于20世纪90年代，先后经历普通二维、高分辨二维、高精度二维阶段，单一纵波勘探难解决含气异常识别及低幅度构造成像，2006年和2009年尝试开展转换波勘探，该区地震资料品质取得大幅度提高，但是气异常区及低速异常区地震资料信噪比仍然不高，异常区边界成像不清，难以准确识别低幅构造气藏。2017年青海油田公司在该区域部署多波二维地震勘探炮公里长度800km，由东方地球物理公司青海物探处承担该项目的具体实施。针对以上勘探难点，本次攻关思路采用低频可控震源+横波震源联合激发、小道距高密度宽线观测和横波静校正等技术措施，较好解决含气异常区低幅度构造成像和准确识别含气异常。

2　纵横波联合激发技术

该区地震地质条件相对比较好，资料信噪比整体比较高，但异常区受含气异常及表层异常影响资料信噪比比较低，低幅度构造难以成像；但地表条件相对比较平坦，比较适合可控震源施工。为此，采用以下三方面措施：一是采用低频可控震源激发，相对于常规可控震源，低频可控震源激发增强了地震波低频信号能量，利用低频信号穿透性强特点，减少异常区能量吸收衰减影响，增强异常区反射信息能量；二是采用横波可控震源激发，由于横波能在岩石骨架中传播且不受含气吸收衰减影响，气异常区单炮记录信噪比较高，有利于气异常区低幅度构造成像[2]；三是采用单个三分量数字检波器可以接收到三个分量数据，同时数字检波器有利于拓宽地震资料频带和保护异常区低频信息。从图2可以看出横波激发单炮记录Y分量(SH-SH)信噪比最好，其次是X分量(SH-SV)，Z分量(SH-P)信噪比较低。从图3可以看出通过单炮记录对比，在气区纵波无明显有效信号，有效波能量衰减快，散射干扰较发育；横波有效信号强，能量衰减慢，噪声弱，信噪比较高。

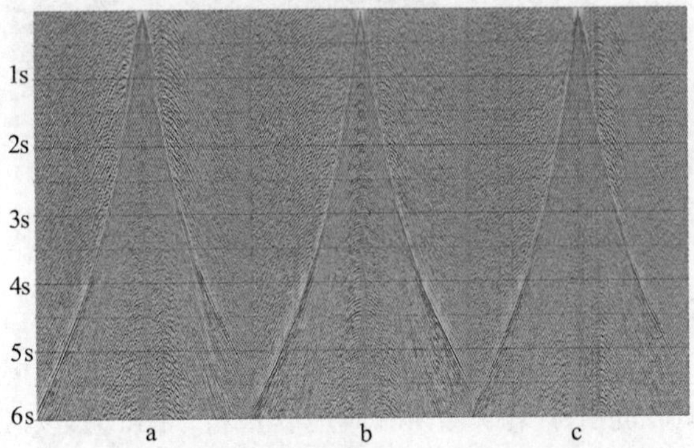

图2 横波震源激发原始单炮记录

(a：X分量SH-SV波；b：Y分量SH-SH；c：Z分量SH-P)

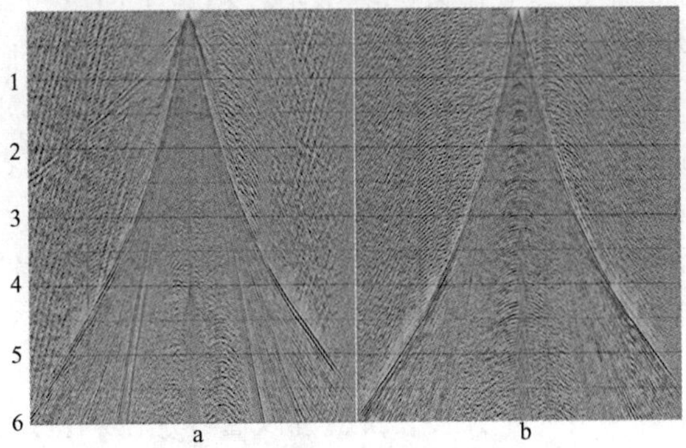

图3 含气异常区原始单炮记录对比

(a：低频震源P-P波；b：横波震源SH-SH波)

3 高密度宽线观测技术

针对异常区低幅度构造信噪比同时兼顾横波勘探需求，主要技术思路是采用小道距高覆盖观测技术，一方面小道距观测增加了地震波场空间采样密度，提高异常区成像精度；二是高密度宽线观测有利于提高异常区低幅度构造信噪比。根据空间采样定理，空间采样间隔必须小于视波长的一半，其公式如下：

$$\Delta X \leqslant \frac{V_{rms}}{4 f_{max} \sin\theta} \quad (1)$$

式中：ΔX为道距(m)，V_{rms}为均方根速度(m/s)，f_{max}为反射波最高频率(Hz)，θ为目的层地层倾角(°)，根据工区钻井、地质、地震资料计算纵横波地球物理参数并代入公式(1)计算纵横波观测系统道距(见表1和表2)，从表中可以看出横波速度和横波反射波主频相对比较低，特别横波速度比较低，纵横波速度比达到2.1左右，因此计算横波道距小于纵波，因此横波采集时需要更小道距才能满足空间采样要求，计算结果表明该区横波道距小于20m。

表1 工区内典型纵波地球物理模型参数

层名	层深度/m	均方根速度/(m/s)	最高频率/Hz	倾角/°	道距/m
K_7	1200	2290	70	12	39
K_9	1300	2530	65	12	47
K_{13}	1700	2800	60	12	56

表2 工区内典型横波地球物理模型参数

层名	层深度/m	均方根速度/(m/s)	最高频率/Hz	倾角/°	道距/m
K_7	1200	850	55	12	19
K_9	1300	960	53	12	22
K_{13}	1700	1200	52	12	29

从图3可以看出，10m小道距横波单炮记录F-K谱空间假频比较小，小道距观测减少空间假频，提高空间采样率，提高目标体横向成像精度。本文提出采用高密度宽线观测方法，提升观测系统的有效覆盖次数和压制散射噪音，提高含气异常区信噪比。从图5可以看出，随着覆盖次数增加，纵波剖面异常区低幅度构造信噪比明显提高，含气异常区成像边界更清楚。从图6可以看出，随着覆盖次数增加，横波剖面异常区低幅度构造信噪比明显提高，特别浅层同相轴波组成像更清晰。

4 纯横波静校正技术

该区横波静校正问题比较突出，主要有以下几方面：1)横波速度低，穿过近地表层时延迟时加大，因而横波对静校正有一种“放大”作用，横波静校正量比纵波大很多，静校正问题显得更加突出；2)横波初至信噪比低，横向变化大，连

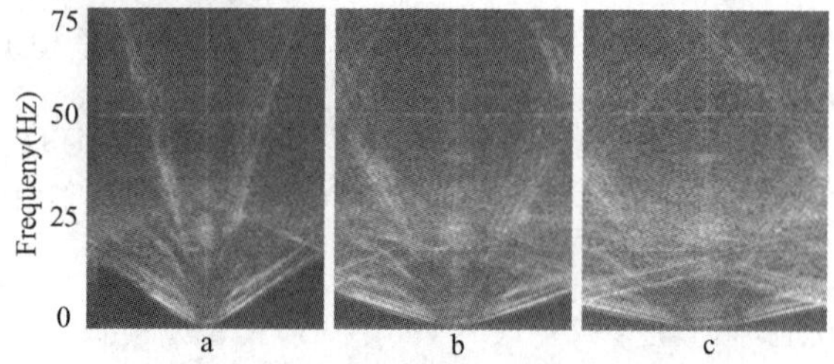

图 4　不同道距纯横波单炮记录对比
（a：道距 10m；b：道距 20m；c：道距 30m）

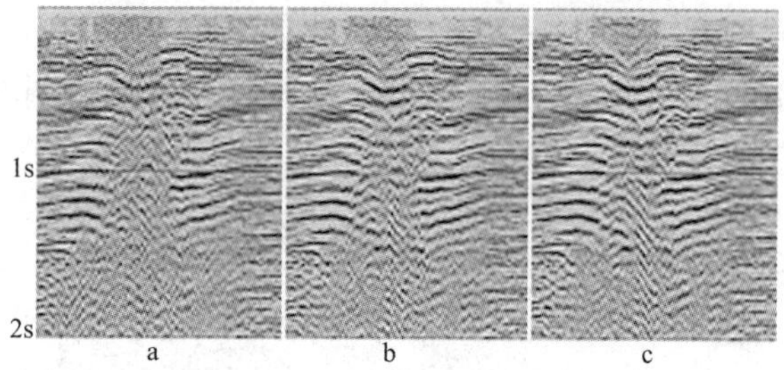

图 5　含气异常区不同覆盖次数纵波叠加剖面对比
（a：1S1L，覆盖次数 250；b：2S2L，覆盖次数 1000；c：3S3L 覆盖次数 2250）

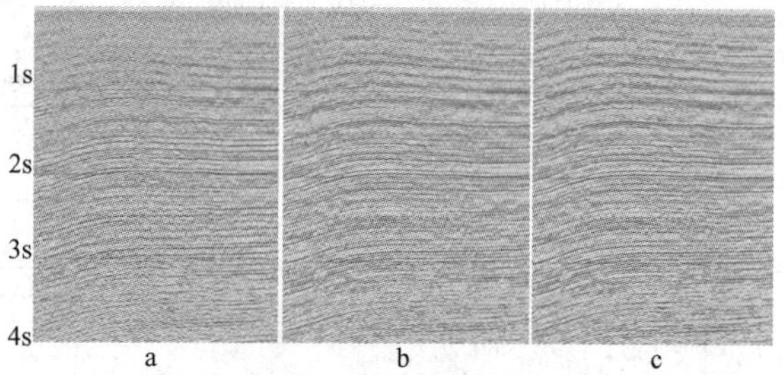

图 6　含气异常区不同覆盖次数纯横波叠加剖面对比
（a：1S1L，覆盖次数 250；b：2S2L，覆盖次数 1000；c：3S3L 覆盖次数 2250）

续性差，此外纯横波原始记录初至波一般含有纵波，横波初至大多被掩埋在了“纪录”中，无法准确的识别和拾取横波初至，给后续计算静校正量带来极大挑战；3)纵横波速度随不同层位差异很大，纵横波速度比在 1.7~4.0 之间，横波模型结构特点与纵波模型差异比较大，高速顶界面不一致，因此横波静校正比纵波静校问题更加突出。为此，本文提出以下几方面措施：一是首先开展地面枕木敲击激发和井中三分量检波器接收和井中激发地面三分量检波器接收多波微测井表层调查，调查控制点密度 2km/个，突变区适当加密，确保精细解剖纵横波近地表结构，为后续静校正计算提供合理模型约束；二是对大炮初至质量较差地区，采用滤波处理方法提高初至质量和初至拾取精度；三是采用高精度近地表结构模型约束层析射静校技术解决横波长波长静校正问题；四是横波速度比较低，高频短波长静校正量比较大，利用横波剩余静校正技术解决横波短波长静校正问题效果更明显。从图 7 可以看出，纯横波层析静校正基本解决横波长波长静校正问题，纯横波剖面波组成像更清楚，横波剩余静校正有效解决横波短波长静校正问题，波组能量明显增强，波组连续性更好。

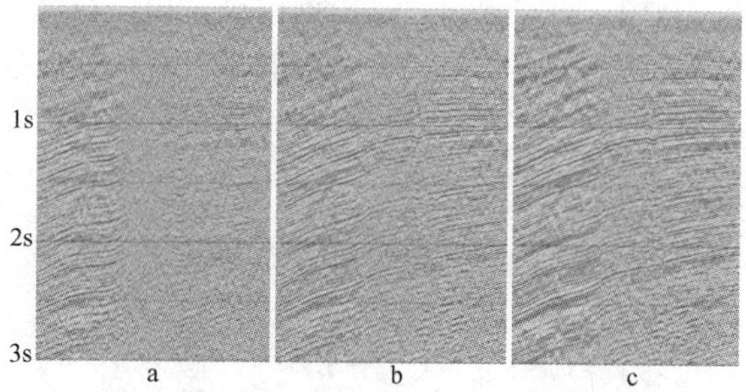

图 7　不同静校正纯横波叠加剖面对比
（a：高程静校正；b：层析静校正；c：剩余静校正）

5　应用效果

通过以上技术措施的实施，在三湖斜坡区纵横波联合采集取得高品质地震资料，图 8 为该区域典型含气异常的地震剖面，P-P 波剖面第四系主要目的层 k_7、k_9、k_{13}信噪比较高，气异常区下拉现象区受含气吸收衰减影响基本不成像，但含气异常边界成像清楚；SH-SH 横波剖面第四系主要目的层 k_7、k_9、k_{13}信噪比较高，波组连续比较好，由于横波不受气云区吸收衰减影响，横波能较好恢复气云区低幅度构造成像。由于近地表结构和含气异常导致纵波剖面存在明显“气云区”异常(见图 8a)，横波剖面“气云区”异常区低幅度构造得到清楚成像(见图 8b)，可判定为含气异常；纵横波剖面都存在明显“气云区”异常，则可判定为非含气异常，可以通过这技术特点，纵横波联合较准确识别含气异常。

6　结论

通过本次柴达木盆地三湖区纵横波联合二维多波多分量地震项目的成功实施，可以得到以下结论和认识：

1) 三湖斜坡区首次采用低频可控震源和横波震源联合激发技术，利用低频信号穿透性强特点，减少异常区能量吸收衰减影响，增强异常区反射信息能量，此外充分利用横波震源激发横波能在岩石骨架中传播且不受含气吸收衰减影响，较好恢复含气异常区低幅度构造成像；

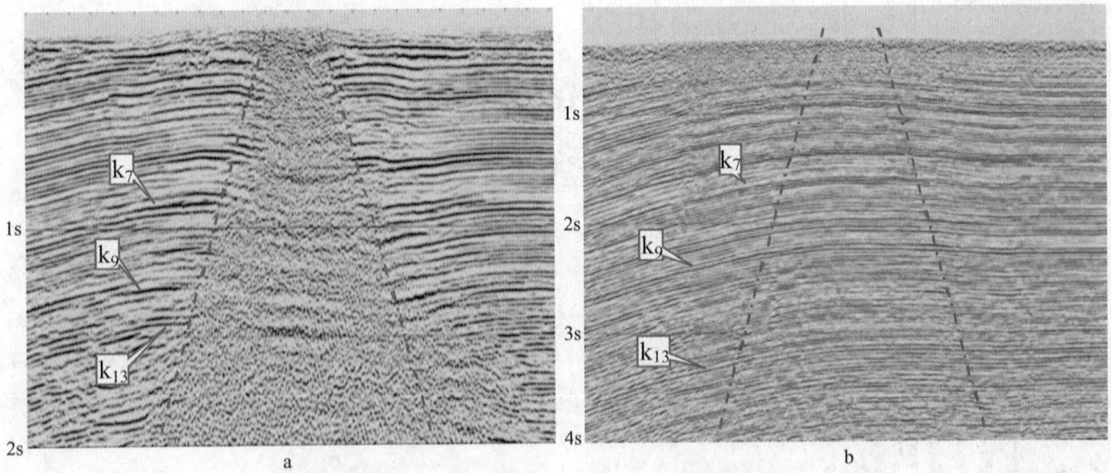

图 8　含气异常区典型二维叠前时间偏移剖面对比

（a：纵波(P-P)剖面；b：纯横波(SH-SH)剖面）

2）采用小道距高密度宽线观测技术，成倍增加炮道密度来提高提高空间采样密度和目的层有效覆盖次数，从而提高剖面成像信噪比和成像精度；

3）提出一套针对纯横波静校正技术，有效解决该区横波速度低、横波初至难以拾取引起的短、中长波长静校正突出问题；

4）通过纵横波联合采集技术准确识别含气异常，其结果准确可靠，可为三湖斜坡邻区或类似地区提供技术参考。

参 考 文 献

［1］ Wu Yongguo and Wang Haili etl. Near-surface anomaly recognition and removal technique applied to the Sanhu area of the Qaidam Basin，China. SEG Houston 2013 Annual Meeting，2013：1833~1837.

［2］ Sheila Peacock and Stuart Cramping. Shear-wave vibrator signals in transversely isotropic shale. GEOPHYSICS，1985，50(8)：1285~1293.

滨里海盆地东缘地质演化新认识与勘探意义

金树堂[1]　胡永军[2]　陈洪涛[2]　盛善波[1]　祝嗣安[2]

(1. 中油国际阿克纠宾油气股份公司；2. 中国石油集团东方地球物理勘探有限责任公司)

摘　要　CNPC在获得滨里海盆地东缘的勘探矿权以来，获得了油气勘探的重大发现。随着勘探的深入，油气勘探遇到瓶颈。通过重新梳理滨里海盆地的地质演化，将盆地的构造演化划分为断陷盆地、弧后盆地、前陆盆地、断-坳转换、坳陷盆地5个阶段，明确了每个阶段的构造、沉积特征及储层的沉积后改造作用，以此指导油气勘探的方向。将勘探重心从矿权区中部向东部及南部转移，并推动油气勘探由构造、构造+岩性勘探向多类型油气勘探的转变。

关键词　滨里海盆地东缘；地质演化；盆地类型；油藏类型；碳酸盐岩

1　引言

滨里海盆地是世界上油气最为富集的沉积盆地之一，主体部分位于哈萨克斯坦境内，盆地大致呈椭圆形，面积58.487×$10^4$$km^2$。盆地构造位于东欧地台的东南边缘，为克拉通边缘的叠合型盆地，中心沉积物厚度最厚处超过20km[1]。盆地内部可划分为北部及西北部断阶带、中央坳陷带、阿斯特拉罕—阿克纠宾斯克隆起带和东南部坳陷带4个次级构造单元[2]（图1）。中油国际阿克纠宾油气股份公司（CNPC-AMG公司，简称AMG公司，下同）矿权区位于滨里海盆地东缘，构造上横跨阿斯特拉罕—阿克纠宾斯克隆起带的东部及东南坳陷带的北部。

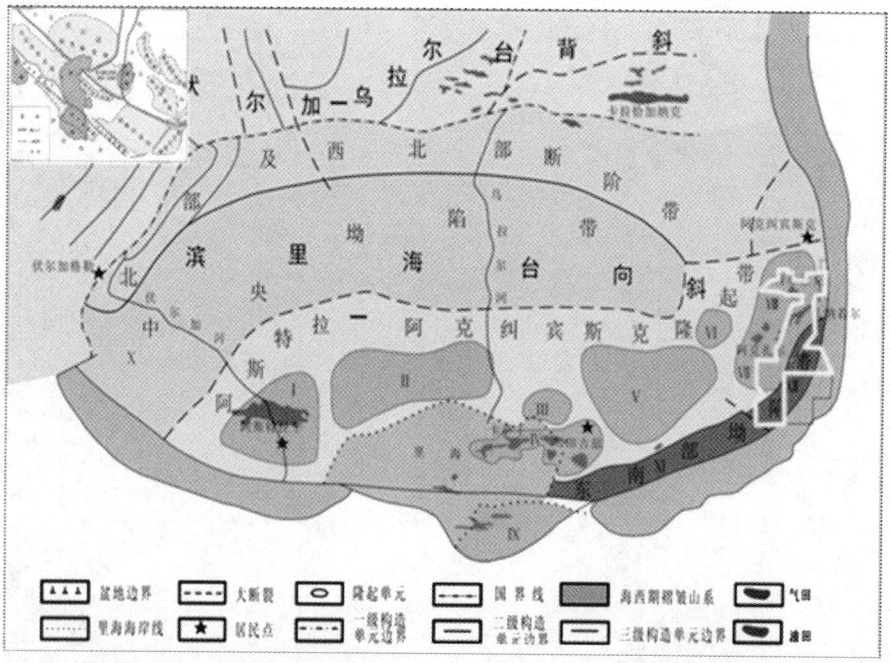

图1　滨里海盆地构造单元划分及AMG公司矿权区块位置图

滨里海盆地东缘以中下泥盆统为变质岩基底，发育自晚泥盆世到第四纪的全部地层（图2）。以二叠系空谷阶盐岩沉积为界，将地层划分为盐上和盐下两大套层系。目前的油气发现主要集中在盐下的碳酸盐岩储层中，含油层主要包括石炭系的KT-Ⅱ段和KT-Ⅰ段。下二叠统P1a-s段的碳酸盐岩中也有油气发现，但目前还未形成规模性勘探场面。

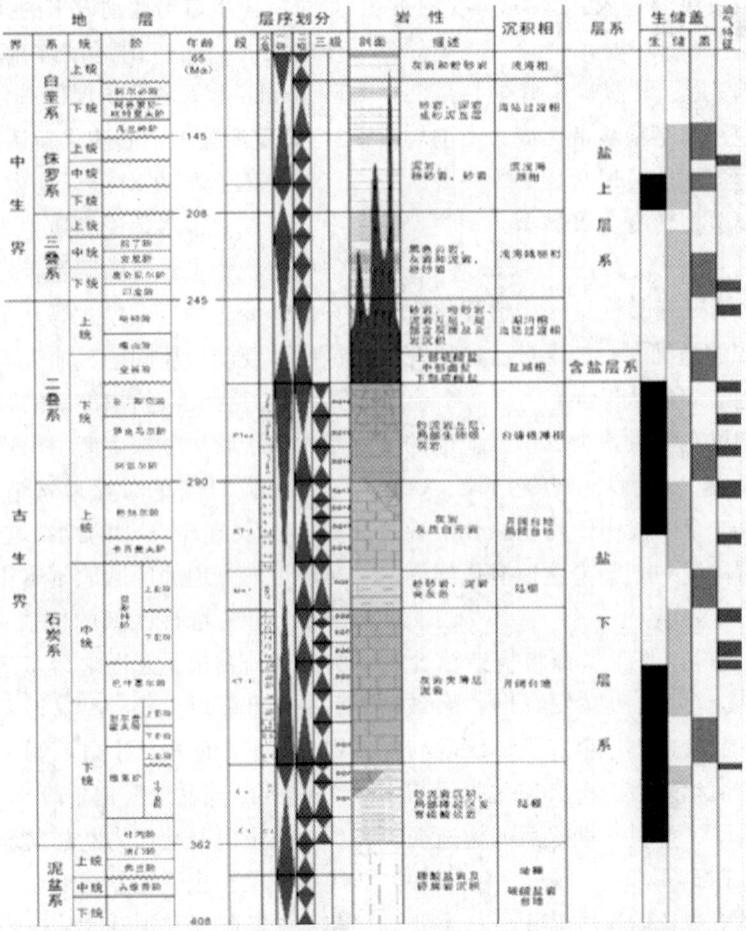

图2 滨里海盆地东缘地层综合柱状图

自2002年获得滨里海盆地东缘Z区块的矿权以来，截至2020年，AMG公司在滨里海盆地有拥有三个勘探矿权区块，总面积7270.887km^2。2004年钻探的A-1及2006年钻探的C-1井在BT背斜构造获得成功，实现了Z区块油气的突破，掀起了盐下勘探的高潮。2006年至2011年在BT构造上部署探井、评价井位近60口，钻井成功率达95%以上，实现了BT油田勘探向开发的转变，最高原油年产达220万吨。2013年，在BT油田西斜坡完成了全球陆上首块基于1.5Hz低频可控震源激发的“两宽一高”三维地震采集，利用其带来的丰富的地质信息，更是实现了在BT油田滚动评价勘探中探井成功率100%的奇迹。

BT油田发现之后，AMG公司适时拓展勘探思路，提出了在碳酸盐岩储层中探索岩性油气藏的勘探新思路。但这条路走得并不是很顺畅，最重要的原因是对沉积体系及油气运移模式认识不到位。期间虽然有TK含油构造的发现等不断出现的勘探亮点，但始终没有像BT油田一样形成场面上的突破。

如何审视现有的勘探成果？怎样解决现有勘探中存在的地质问题？怎么定位滨里海盆地东缘今后的勘探发展方向？这些都需要重新对盆地东缘现有的地质情况做一个认真的梳理后总结出结论。这个梳理，从对滨里海盆地的区域地质演化特征的重新认识开始。

2 前人对滨里海盆地构造演化的认识

前人对于滨里海盆地的构造演化有着不同的认识。

Pisarenko等人在20世纪80年代认为滨里海盆地演化始于早古生代，其演化可分为三个阶段[3]：

1）裂谷阶段，从前里菲—早古生代，形成裂谷型沉积盆地。裂谷分为三支，分别是东支的古乌拉尔洋、南支的南恩巴裂谷、西北支的帕查莱姆—萨拉托夫裂谷，此时东欧大陆开始裂解，形成许多微板块。

2）被动大陆边缘发育阶段，晚泥盆—早石炭世中期，形成被动大陆边缘型沉积物。在盆地南缘有两个被动大陆边缘，分别位于东欧大陆的边缘和乌斯秋尔特微板块的边缘，这一时期乌拉尔褶皱造山带形成。

3）裂谷聚敛阶段，早石炭世中晚期—早二叠世。板块发生碰撞，周缘褶皱带形成，山前坳陷型沉积物开始发育，形成巨厚盐层。中—晚维宪期，大陆边缘由离散型转变为聚敛型，一直持续到空谷期。

后来的中国研究者或是接受这一构造演化观点[4]，或是在此认识的基础上，加入自己的研究理解，提出自己的构造演化认识。

中石油勘探院的梁爽等人认为滨里海盆地的构造演化分为裂谷阶段、被动大陆边缘阶段、碰撞阶段、坳陷阶段共4个阶段[5]。将早二叠世晚期之后的构造演化阶段统一划归为盆地演化的坳陷阶段。

中国地质大学（北京）的谢华锋将构造演化主要分为裂谷期、被动大陆边缘发育期、聚敛期、快速沉降期、广泛抬升剥蚀期和整体沉降与盐构造再活动等六个演化阶段[6]。其演化阶段与前人的主要区别是将早二叠世晚期之后的构造演化进一步细分为三个期次。

从中国研究人员对演化阶段的认识看，主要是对乌拉尔造山运动以来的构造运动进行了进一步的细分，而造山运动之前的构造演化基本与Pisarenko等人的认识保持一致。

3 滨里海盆地地质演化新认识

AMG公司在对滨里海盆地东缘研究的过程中，出现了许多争论，最主要的争论集中在石炭纪的沉积背景、目的层是否发育生物礁台缘及其方位、油气的运聚模式等几个方面。对于这些争论所涉及的地质问题，前人对于滨里海盆地的构造演化过程无法给出准确的答案。

为了解决勘探生产中出现的地质争论，通过分析前人对滨里海盆地构造演化的认识，结合AMG公司在十几年的勘探实践中的认识，笔者对滨里海盆地的区域地质演化特征进行了重新的认识，建立起该区新的构造-沉积演化特征，认为滨里海盆地是东欧地台东南缘发育的断陷—弧后—前陆—坳陷叠合型盆地，其演化总体上可以划分为五个阶段（图3）：

1）断陷盆地演化阶段

滨里海盆地作为断陷盆地的阶段始于中元古代里菲纪，止于泥盆纪末期。本阶段又可分为两期：深断陷期和被动大陆边缘发育期。

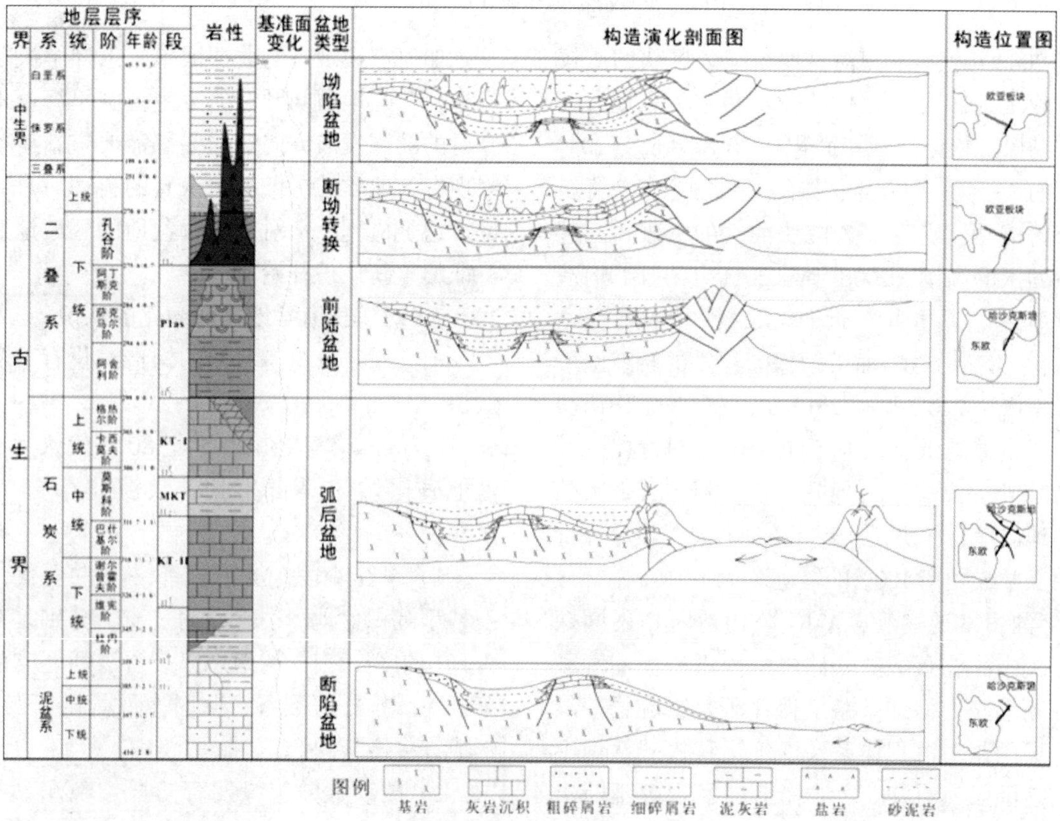

图3 滨里海盆地构造演化史简图

深断陷期始于里菲纪，止于早泥盆纪，是盆地的形成阶段。在深断陷期，原先作为整体的东欧板块，在拉伸的作用下，发生开裂，裂开的部分与东欧板块主体之间以较薄的陆壳连接，在较薄的陆壳上形成了巨大的可容空间，充填沉积了巨厚的沉积物，总厚度约7~9km。对比现今的构造，阿斯特拉罕-阿克纠宾斯克隆起带就是由东欧板块裂开的部分形成的，而中央坳陷带内的沉积物则是沉积在裂开的大陆较薄的陆壳地层之上(图4)。

深断陷期还有一件对于滨里海盆地来说十分重要的地质事件发生，这就是乌拉尔洋的形成。从《全球板块构造演化》一文中各板块在不同时期的位置关系分析，乌拉尔洋的形成期在晚志留世至早泥盆世之间，是在古特提斯洋的背景下，哈萨克斯坦板块向东欧板块靠近，古特提斯洋板块向北侧哈萨克斯坦板块和东欧板块俯冲形成的岛链分割出来的一部分古特提斯洋(图5)，也就是说乌拉尔洋的本质是古特提斯洋的一部分。

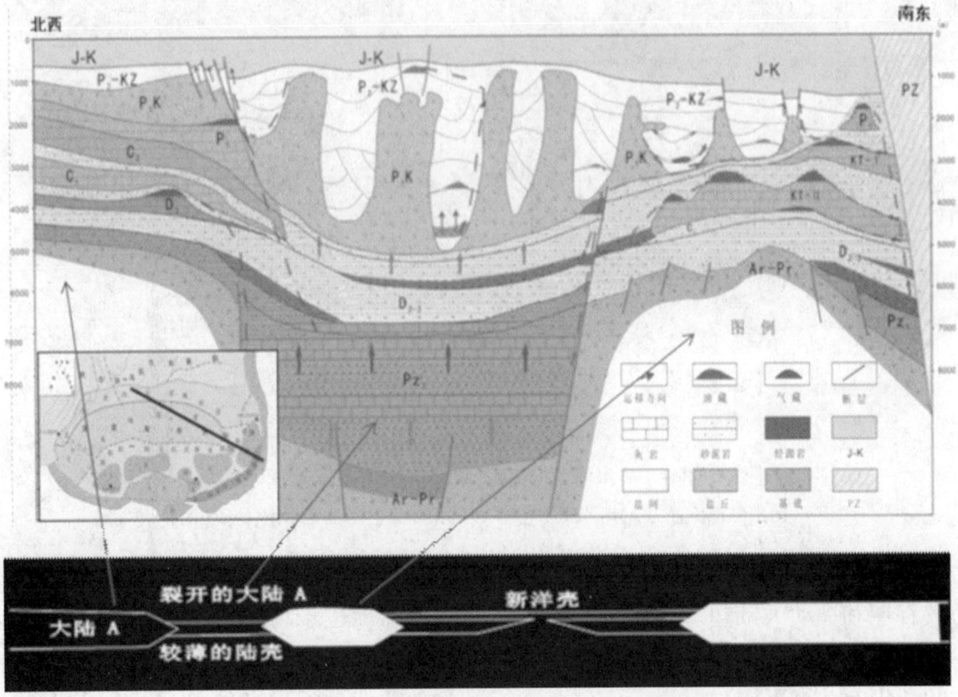

图4　大陆开裂模式下滨里海盆地各构造单元构造成因对应关系图

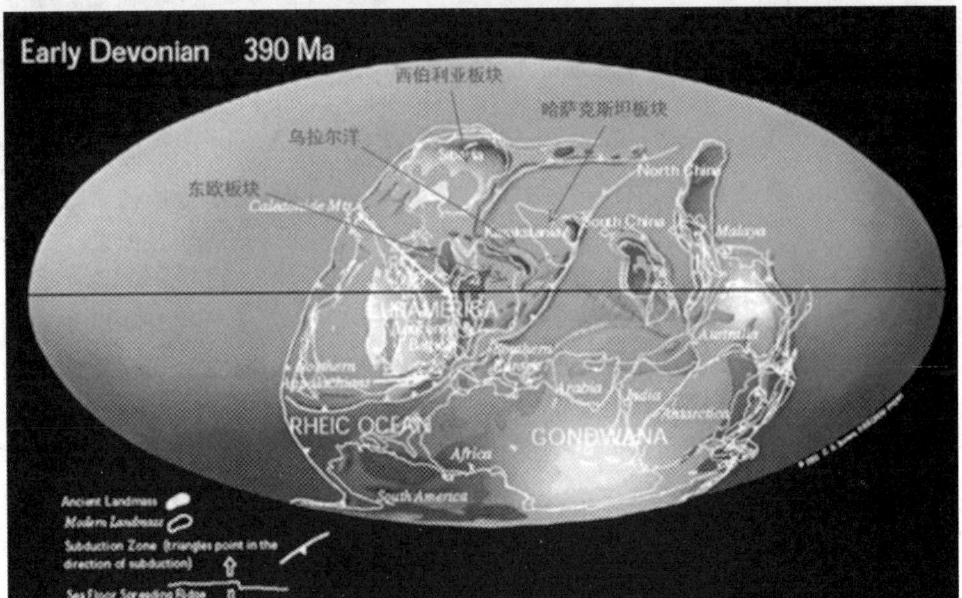

图5　早泥盆世全球板块位置图

(引自《全球板块构造演化》)

中晚泥盆世是被动大陆边缘发育期，离散型应力环境，沉积广泛的海相碳酸盐岩和碎屑岩互层沉积，大陆的裂陷作用微弱，东欧板块东南缘(现今相对位置)为稳定的被动大陆边缘沉积，沉积环境由海陆过渡相、滨浅海向深海过渡，滨里海盆地西北缘为镶边台地沉积相带、阿斯特拉罕–阿克纠宾斯克隆起带为孤立台地环境(图6)，沉积岩性以生物灰岩、泥灰岩、陆缘碎屑岩为主。

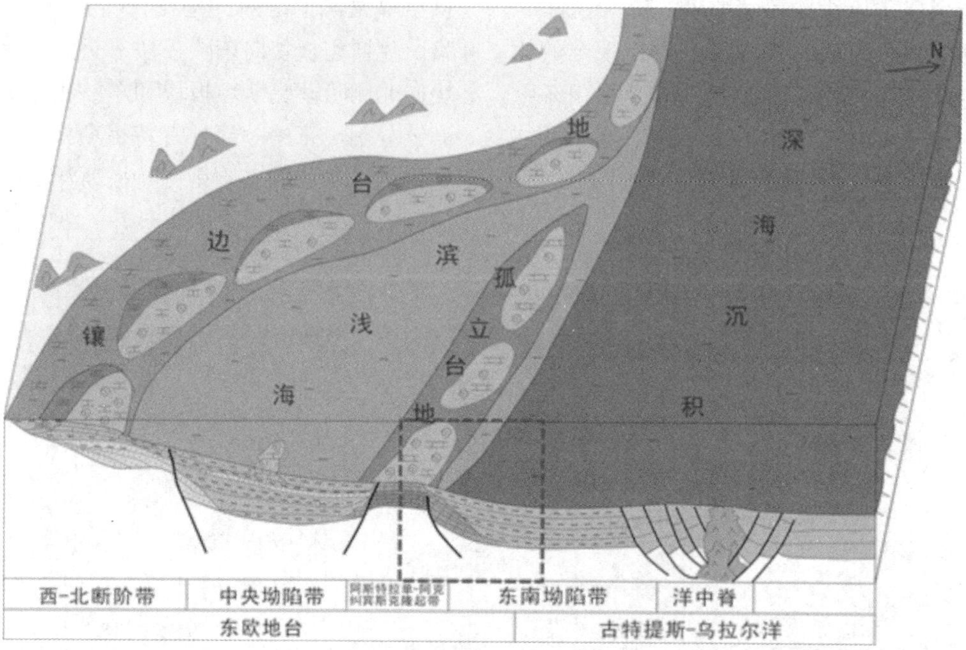

图6　滨里海盆地上泥盆统沉积体系示意图

(图中红框位置为AMG公司矿权区在沉积体系上的位置示意，后图同)

演化的第一阶段相当于把前人对滨里海盆地演化认识的裂谷期和被动大陆边缘发育期整合在一起，统称为断陷盆地演化阶段。新的构造演化认识与前人的认识有几点不同：

首先是否认了滨里海盆地中央坳陷带三叉裂谷成因的说法，认为中央坳陷带是在离散型被动大陆边缘形成的深断陷盆地，因为其基底为陆壳而非洋壳。

其次，也否定了乌拉尔洋作为三叉裂谷的一支的说法，认为乌拉尔洋只是古特提斯洋被分割出来的一部分。

第三，认为阿斯特拉罕—阿克纠宾斯克隆起带是在断陷期从东欧地台上分离出来的一部分，而非早古生代—早石炭世活化岛弧成因(朱毅秀等，2014)[7]。隆起带北缘的形状与盆地北部及西北部断阶带北缘形状的高度一致可以间接印证这一观点(图7)。

2) 弧后盆地演化阶段

石炭纪至早二叠世初期是弧后盆地阶段。在该阶段的早石炭世，哈萨克斯坦板块持续向东欧板块靠近，两板块之间(乌拉尔洋)的洋壳向两个板块之下俯冲，形成汇聚型的主动大陆边缘，俯冲带形成岛弧，乌拉尔洋开始缩小。现今的滨里海盆地位于乌拉尔洋与东欧板块之间的火山岛弧背向大洋的一侧，形成弧后盆地。在深海弧后盆地的背景下，接受了石炭系杜内阶和维宪阶泥岩加细砂岩的海相碎屑岩伴局部碳酸盐岩沉积，水体由西向东逐渐加深，在Z区块以东区域，该套地层出现次复理石沉积，表明深海沉积环境(图8)。

中晚石炭世，乌拉尔洋进一步缩小，但东欧板块与哈萨克斯坦板块尚未发生碰撞。虽然火山岛弧一直间歇活动，但处于岛弧后方的滨里海盆地构造活动保持相对的安静，沉积稳定。只是全球海平面的升降以及岛弧上碎屑物质的波及范围不同对沉积物岩性及成分组成造成影响。

中晚石炭世海平面下降，海水深度有利于造礁生物的发育，在该时期，滨里海盆地广泛发育碳酸盐岩建造，围绕阿斯特拉罕—阿克纠宾斯克隆起带形成孤立台地沉积相带(图9)，地层岩性以生物格架灰岩、生物碎屑灰岩、泥灰岩、粒泥灰岩、补丁礁等碳酸盐岩沉积为主，夹泥岩层(MKT)或泥岩条带(KT-Ⅰ段内)。

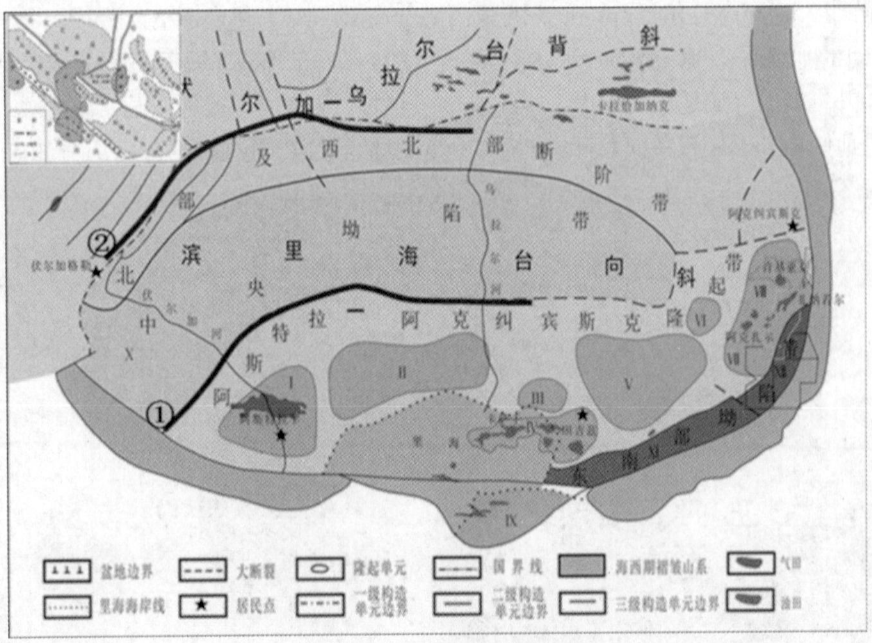

图7　滨里海盆地构造区划图

图中：①为阿斯特拉罕—阿克纠宾斯克隆起带北缘标注线；②为①线在北部及西北部断阶带北缘上的平移线

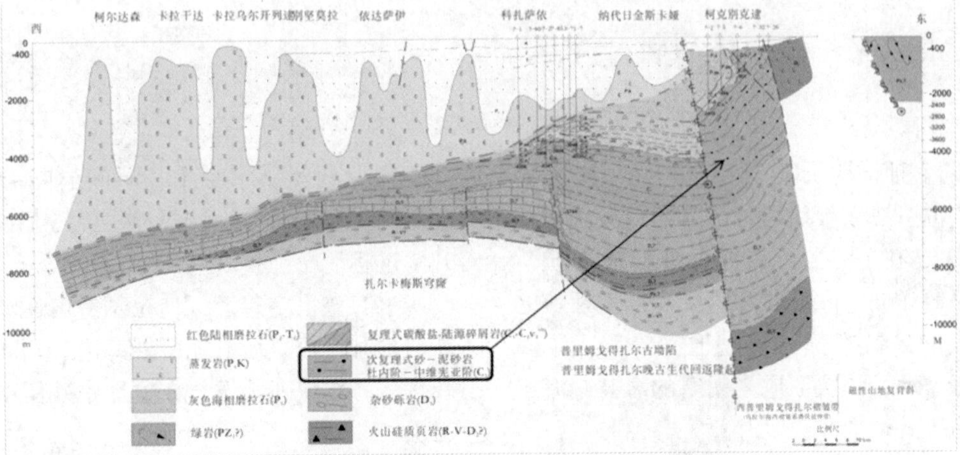

图8　科尔达森—科扎萨伊—柯克别克建构造地质剖面图

（蓝色箭头指示区域发育表明深海碎屑沉积的次复理石）

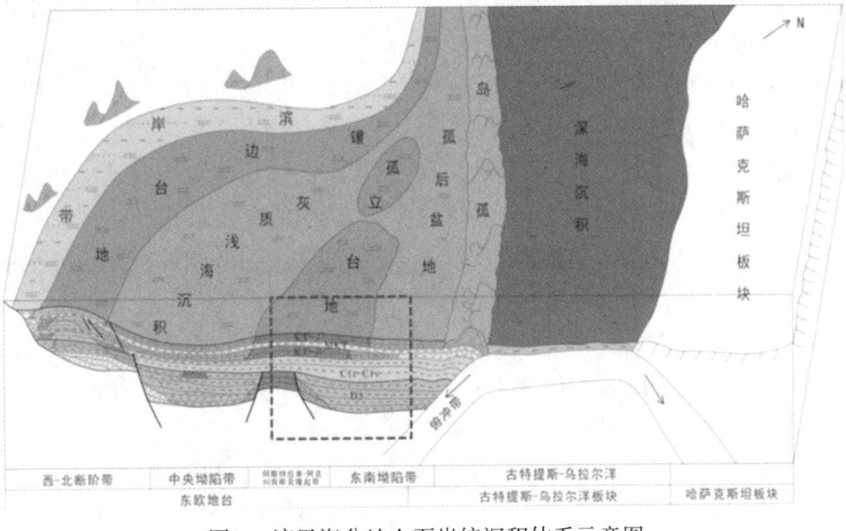

图9　滨里海盆地上石炭统沉积体系示意图

早二叠世初期，随着乌拉尔洋洋壳向东欧板块之下俯冲活动的加剧，上地幔岩浆活动活跃，局部基底地层抬升较高的区域地层发生进一步的拱升，部分孤立台地区抬升形成海岛，上石炭统遭受一定的剥蚀而形成不整合面(图10)，在水线之下的P1a-s底部形成了短暂沉积的薄层沉积物，内碎屑灰岩、泥灰岩、鲕粒灰岩、球粒灰岩和泥岩沉积，包括剥蚀后再沉积的灰岩成分的砾岩和角砾岩。

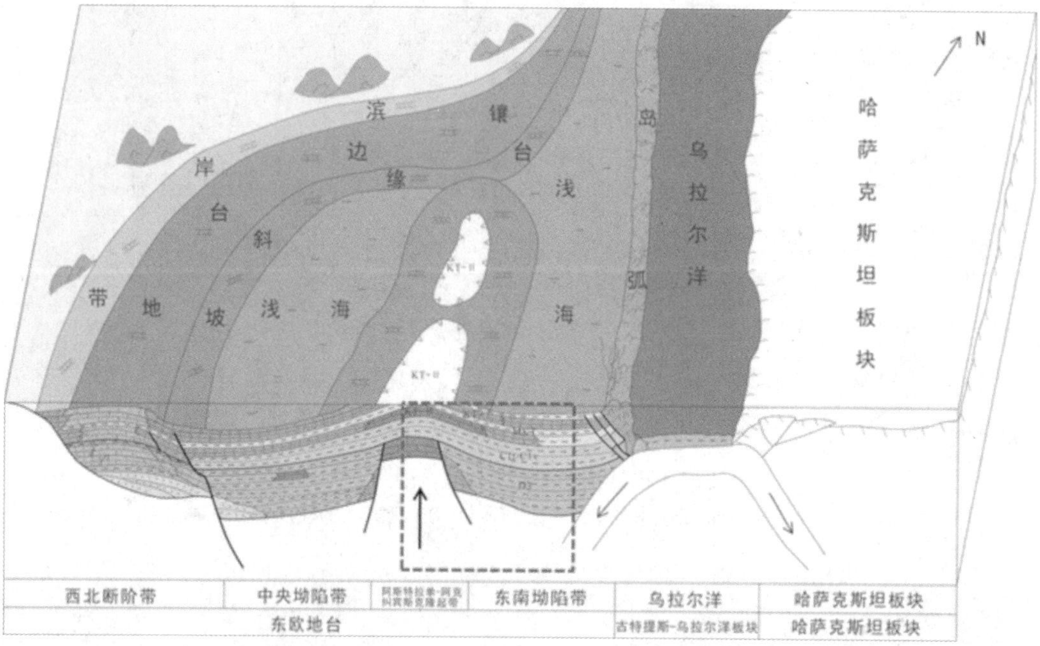

图10　滨里海盆地早二叠世初期沉积体系示意图

3）前陆盆地演化阶段

早二叠世，东欧板块与哈萨克斯坦板块碰撞到一起，乌拉尔洋消失，在缝合带形成乌拉尔山。古特提斯洋向东欧板块和哈萨克斯坦板块之下俯冲形成的岛链在滨里海盆地南缘形成了障壁，滨里海盆地第一次形成半闭塞的海湾，海水有咸化的趋势。

乌拉尔造山运动使得滨里海盆地东缘地层抬升，由原来西北高、东南低的构造格局转换为西-北-东三侧高、南侧低的海湾形态，滨里海盆地仍处于海平面之下成为前陆盆地。沿着海岸周缘形成了一圈镶边陆棚沉积，向盆地中央逐渐过渡为礁前斜坡带和深海相沉积(图11)。

陆陆碰撞造成的地质后果，除了沉积环境发生明显改变之外，对于石炭系脆性的碳酸盐岩来说，意味着断裂、微裂缝等改变其构造及储层物性的后生改造作用的发生。所产生的断裂，除了平行于乌拉尔造山带、具有逆冲或逆掩性质的收缩断层之外，由于乌拉尔山不同区域挤压量的不同，还会产生近似垂直于造山带，剖面上具有走滑性质的撕裂断层。

4）断-坳转换阶段

从早二叠世空谷期开始，至早侏罗世结束，滨里海盆地经历了一个长时间的断-坳转换期。这期间，滨里海盆地所属地层经历了三次明显的升降过程。

早二叠世空谷期，乌拉尔造山运动中地层不断的抬升，滨里海盆地所处海湾逐渐闭合并彻底咸化，海水快速蒸发，在盆地中残留下巨厚的盐岩层。

早二叠世晚期盆地发生了快速沉降，沉降活动持续到晚三叠世，使盆地内形成由边缘至中心逐渐加厚的上二叠统-三叠系碎屑岩沉积[8]。在盐岩发育区，由于上覆岩层的重力作用，导致空谷阶盐岩层发生塑性变形，形成盐底辟构造。

晚三叠世—早侏罗世，冈瓦纳大陆解体，分离出来的陆块向北与亚欧板块先后发生碰撞，导致了滨里海盆地南部产生严重挤压，整个区域内地层都发生抬升剥蚀作用，形成明显的区域不整合面。

断坳转换阶段，地层的反复升降，构造应力场的不断转换，对下伏碳酸盐岩储层的沉积后改造创造了条件。

5）坳陷盆地演化阶段

该阶段始于中侏罗世，在地层抬升剥蚀之后，整个盆地开始稳定、缓慢、持续沉降，接受

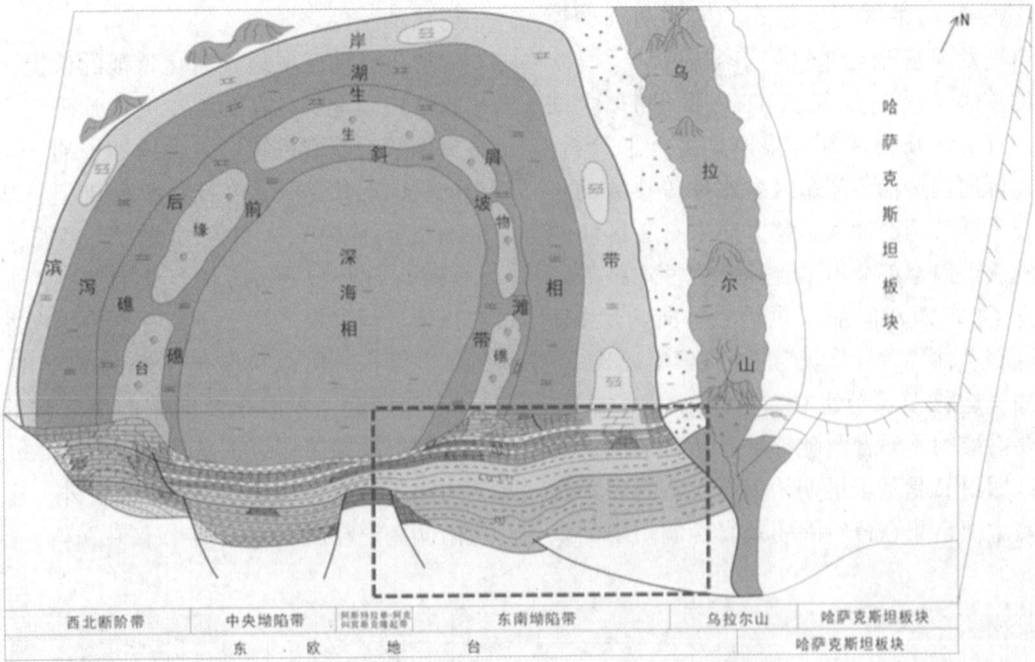

图 11　滨里海盆地下二叠统沉积体系示意图

中侏罗统及以后地层沉积，发育陆相碎屑岩，沉积厚度较为稳定，盆地演化进入坳陷阶段。

以上对于滨里海盆地演化的新认识明显有别于前人对该区构造演化的认识，主要体现在明确了滨里海盆地作为叠合盆地，各个地质时期的盆地类型、古地形特点、沉积环境及储层类型、圈闭类型等，对油气勘探起到现实的指导作用。

4　地质演化新认识在勘探实践中的指导意义

重新认识滨里海盆地的构造、沉积演化特征，对于盆地东缘的油气勘探来说有着非常现实的指导意义，主要体现在以下几个方面：

1）明确了盐下主要勘探层系沉积环境，解决了对石炭系古地形的争论，将油气勘探的重心从西侧向东侧转移

在 AMG 公司对盆地东缘 Z 区块十几年的勘探历程中，对于主要勘探目的层石炭系在沉积时期的古地形究竟是西侧高还是东侧高，不同的研究者有着截然不同的观点。而不同的观点，对于目的层系的潜力及下一步勘探方向的选择起着至关重要的作用。

一种观点认为盆地东缘石炭纪时古地形西侧高，陆缘开阔台地沉积，Z 区块向东，有延伸很广的碳酸盐岩沉积，西侧 KT-Ⅰ段在沉积后遭受了严重的剥蚀而地层保存不完全。

另一种观点认为盆地东缘石炭纪时东侧高，为物源来自东侧的镶边陆棚沉积，台缘生物礁在现今 Z 区块靠西侧的部分，往东为非常宽的台内滩及潟湖沉积。

以上两种观点虽然认识不同，但都指向在矿权区的西侧，有台缘生物礁存在。但在勘探方向向西甩的过程中，针对一些地震剖面上可能是台缘生物礁反射的地质体的钻探过程中并未发现台缘生物礁的存在。

新的地质演化观点认为 Z 区块石炭纪碳酸盐岩为孤立台地成因，台地周缘发育台缘礁，内部为台内滩等沉积。由于孤立台地发育在陆棚之上，而乌拉尔山是曾经的乌拉尔洋所在的位置，所以，在乌拉尔山以西的区域大概率能找到孤立台地的东侧台缘，而且是成藏物性最好的面向大洋一侧的生物礁台缘。AMG 公司的矿权区位于属于孤立台地的东翼，矿权区西侧区域主要目的层遭受剥蚀，而东侧区域地层保留完整，而且在乌拉尔山前位置，能发现台缘生物礁发育带的可能性很大。根据这一观点，油气勘探的重心就应向东转移。

根据以上认识，AMG 公司加大了 TK 含油构造以东区域的勘探力度，先后在 B-3、K-1 井获得油气突破，发现了 AK 含油构造带。同时，购买位于 Z 区块以东的 T-Ⅱ区块，在该区块的乌拉尔山前带，新采集处理的二维地震资料上发现了明显的台缘生物礁地震反射特征。以上发现，证实了油气勘探重心向东转移的战略正确性。

2）建立新的油气运聚模式，推动油气勘探在现有油气发现基础上向东及向南拓展

AMG 公司在先后发现了 BT 油田和 TK 含油构造后，对 Z 区块的油气运聚模式进行了分析，基于两大含油构造油气产量及含水率等参数的不同，结合早期认为的油气运移方向来自 Z 区块北侧方向的认识以及部分出油点具有岩性油藏的特点，建立了“东西双向油气供给、垂向断层+横向层间运移、油气差异聚集”的油气聚集模式。

该油气运移模式是建立在本区断裂不发育、油气主要沿层间不整合及疏导层系运移的假设基础上。该假设又是基于早期认为石炭系断裂不发育，油藏主要富集在背斜圈闭及岩性圈闭中的认识得出的结论。

通过新的区域地质演化特征的认识，认为在矿权区内，至少存在两组走向大致垂直，平面组合成网状的断裂系统，大大增加了油气运移过程中的垂向运移路径。在此认识基础上，结合以往的油气运移模式，重新建立了“多源、多通路（垂向）、网式（平面）油气运移模式”（图 12）。在该油气运移模式指导下，针对滨里海盆地东缘的油气勘探，可以跳脱出已经发现的 BT 油田和 TK 含油构造，在向东及向南的更广阔的区域内开展油气勘探工作。正是基于这样的认识，AMG 公司除了 Z 区块以东的 T-Ⅱ区块外，还在 Z 区块南侧登记注册了 T-Ⅰ矿权区块。

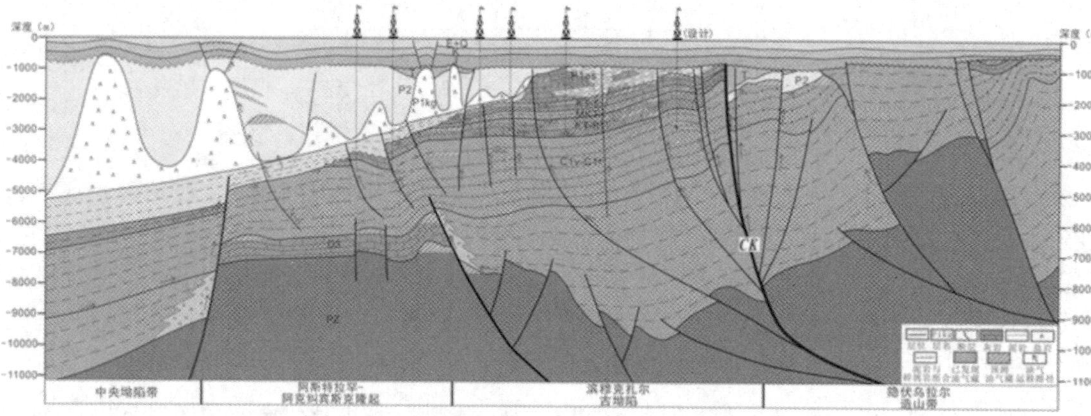

图 12　滨里海盆地东缘油气运移模式图

3）推动了油气勘探由构造、构造+岩性勘探向多类型油气勘探的转变

AMG 公司早期以挤压应力场下的背斜褶皱为主要油气勘探对象。随着勘探的深入，认识到了碳酸盐岩岩性圈闭的存在。2019 年以前的勘探，主要围绕这两种类型的圈闭展开，获得了不少重要发现，但可供钻探的圈闭越来越少，且规模越来越小。

重新梳理盆地演化特征之后，对矿权区内地层的多期升降运动、断裂的发育期次及走向等有了一个大致的判断。认为区块内的圈闭除了上述两种外，还存在基于后期改造的圈闭类型，包括断层遮挡型构造圈闭、层间岩溶型圈闭、断溶体圈闭等（图 13），这些类型的圈闭在以往的勘探中被忽视。加强这几类圈闭的研究，推动了油气勘探由构造、构造+岩性勘探向多类型油气勘探的转变，除了在新购区块的研究过程中可更加深入外，还可以在勘探老区块激发出勘探的新活力。

5　勘探效果及下步勘探方向

通过对构造背景及沉积背景的认识，认为在原有 Z 区块矿权的基础上，向东及向南均具有油气勘探的良好前景。为此，AMG 公司采取了两个方面的举措：

一方面向东及向南拓展矿权区块，向哈萨克斯坦政府新注册了 T-Ⅰ和 T-Ⅱ两个新的矿权区块。通过对新矿权区块的地质研究，在乌拉尔造山带山前发现了成排展布的挤压背斜褶皱构造带以及石炭系台缘生物礁发育带（图 14），证实了对目的层系地质演化认识的正确性，也展现了新矿权区块良好的油气勘探前景。

另一方面是在已有三维地震资料区内，针对断溶体等新的圈闭类型开展研究。认为在 AK 构造带具备断溶体形成的地质条件（图 15）。针对断溶体钻探的 K-2 井在目的层钻遇了在断溶体中富集的油藏，达到了发现新油藏类型的地质目的（图 16）。

针对滨里海盆地东缘下一步的勘探，认为应从以下 4 个方面着手：

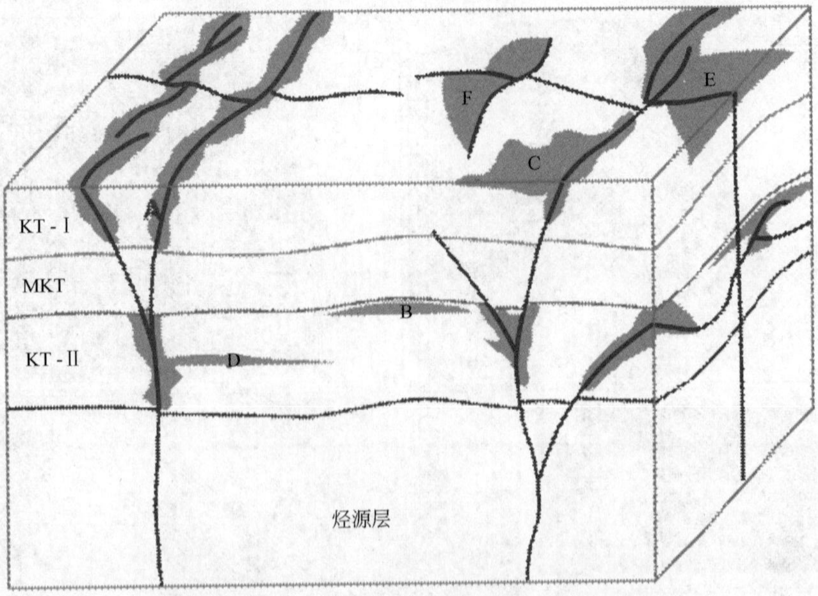

图 13　滨里海盆地东缘油藏类型示意图

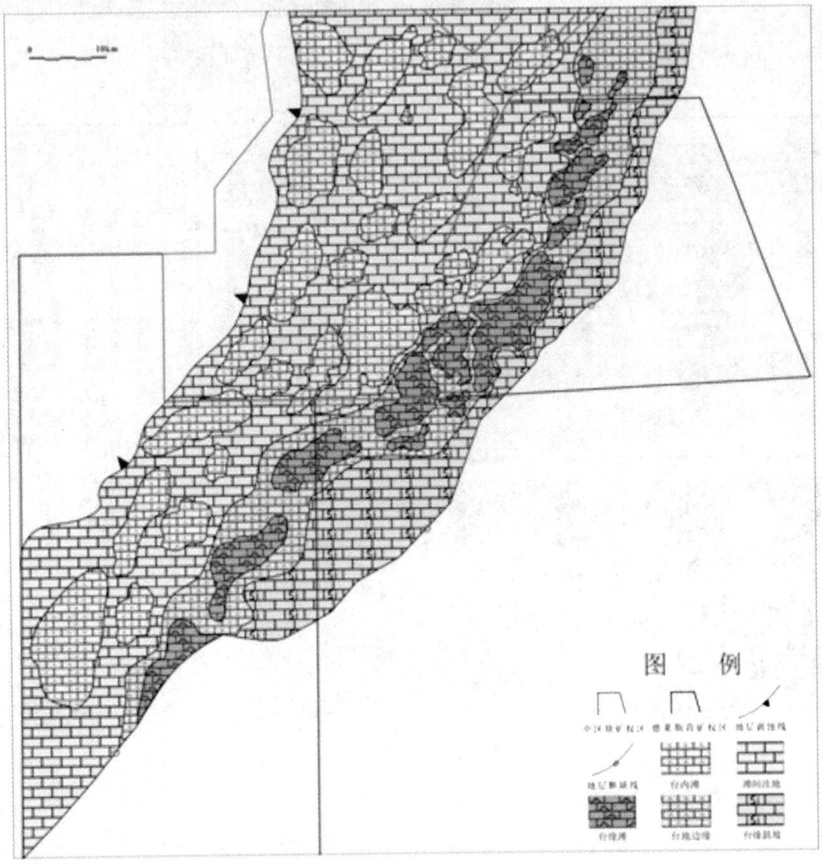

图 14　滨里海盆地东缘南段 KT-Ⅱ段岩相古地理图

1）梳理盆地东缘断裂体系，总结其展布特征及对油气成藏的控制作用，落实与断裂相关的圈闭类型及规模。

2）评价断溶体在整个矿权区内的发育规模，开展断溶体含油气性预测，实现断溶体油藏由发现突破到形成规模勘探场面的转换。

3）钻探及评价新购矿权区内的挤压背斜褶皱带及台缘生物礁发育带，力争实现规模性发现。

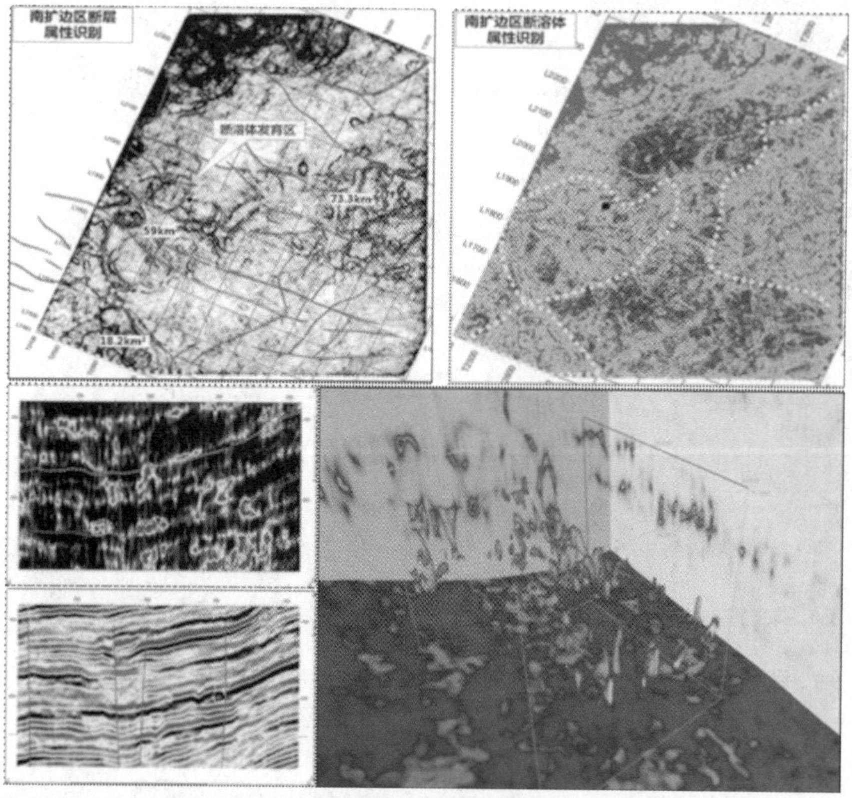

图 15　滨里海盆地东缘 Z 区块断溶体平面、剖面特征及空间立体雕刻

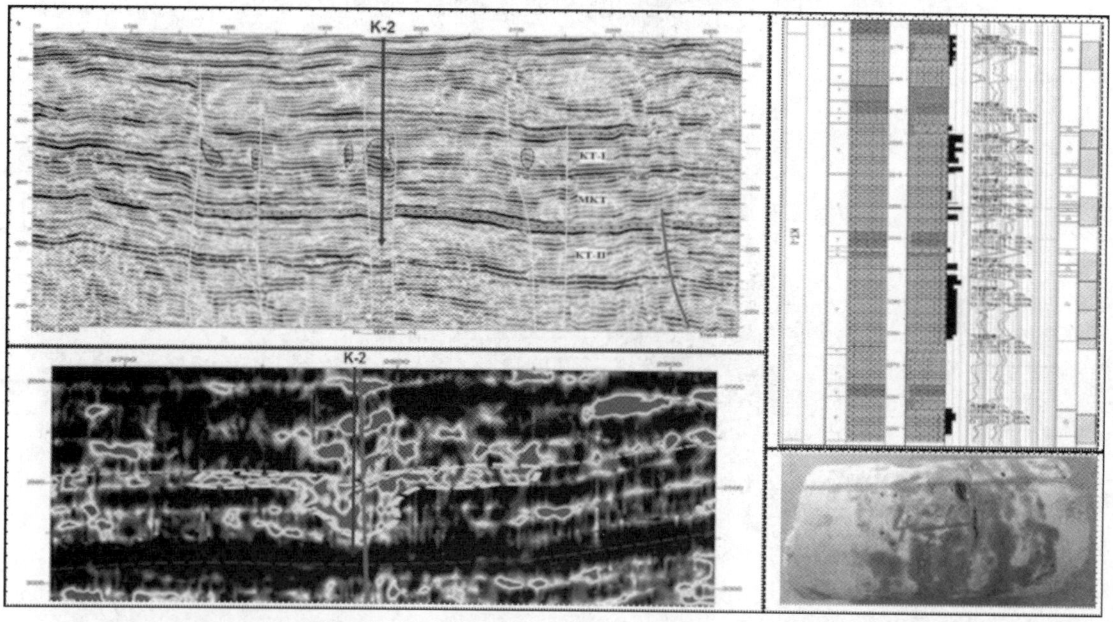

图 16　滨里海盆地东缘 AK 构造带 K-2 井断溶体剖面特征及录井显示

4）加强乌拉尔造山带内油气成藏可行性研究，解放非碳酸盐岩分布区的油气勘探。

6　结论

1）建立滨里海盆地新的地质演化特征，将构造演化划分为断陷盆地、弧后盆地、前陆盆地、断-坳转换、坳陷盆地 5 个阶段。

2）新的地质演化观点支持滨里海盆地东缘的油气勘探在已有 Z 区块油气发现的基础上，向东及向南拓展勘探领域。

3）新的构造演化特征认识推动滨里海盆地东缘的油气勘探由构造、构造+岩性勘探向多类型油气勘探的转变。

参 考 文 献

[1] 马克西莫夫 C. 深层油气藏的形成与分布[M]. 北京：石油工业出版社，1988：1-25.

[2] 刘洛夫，朱毅秀等. 滨里海盆地的岩相古地理特征及其演化[J]. 古地理学报，2003，5(3)：279-290.

[3] Pisarenko，Yu Azamarenov. Permian salt deposits of the north edge of the Caspian depression，1983.

[4] 钱桂华，哈萨克斯坦滨里海盆地油气地质特征及勘探方向[J]. 中国石油勘探，2005(5)：60-66.

[5] 梁爽，王燕琨等，滨里海盆地构造演化对油气的控制作用[J]. 石油实验地质，2013(2)：174-194.

[6] 谢华锋，滨里海盆地东缘石炭纪构造演化的沉积作用响应[D]. 北京：中国地质大学(北京)，2018.

[7] 朱毅秀，杨程宇等，阿斯特拉罕穹隆油气地质特征及勘探潜力分析[J]. 特征油气藏，2014(4)：26-30.

[8] 王晓伏，宋大玮，滨里海盆地S区盐间地层构造演化及其对油气成藏的意义[J]. 中国矿业，2014(7)，74-78.

基于五维地震数据的碳酸盐岩裂缝型储层预测方法及效果

白雪莲[1] 姚燕飞[1] 张宏伟[2] 钱宇明[1] 滕振宇[1]

（1. 中国石油集团东方地球物理勘探有限责任公司物探技术研究中心；
2. 中国石油集团东方地球物理勘探有限责任公司研究院地质研究中心）

摘　要　随着物探技术的进步，近几年宽频、宽方位、高密度地震资料采集及处理技术得到了很大进步，尤其OVT域五维地震资料与常规地震资料相比更具有优势，因为它获得了方位角和偏移距信息，而这两个信息在解决各向异性方面有着很大的优势。本文阐述了如何利用叠前OVT域五维地震资料预测碳酸盐岩裂缝型储层的解释技术，将单口井上的成像测井获得的裂缝信息与OVT域五维解释技术预测的裂缝信息进行了比较。并以中国东部油田潜山奥陶系隐蔽油气藏为例，研究区潜山埋藏深度达5000米以上，储层非均质性强，裂缝预测难度大，研究结果表明用OVT域方位各向异性技术预测的裂缝信息丰富，与钻井吻合率高，在研究区碳酸盐岩裂缝型储层预测效果好，对该区油气勘探发挥了重要的指导作用。

关键词　五维；碳酸盐岩；方位角；偏移距；潜山；裂缝预测；油气藏

1　引言

随着石油天然气资源的开发利用，常规孔隙型油气藏储量日益减少，油气勘探正向岩性油气藏、盐下油气藏、致密砂岩、页岩油气藏等隐蔽性油气藏领域拓展，而且勘探方向逐渐由浅部转向深部，裂缝型油气藏越来越受到重视。前人在裂缝预测方面作了大量的研究，提出了许多预测技术，目前传统的裂缝检测方法有两种：一种是运用相干、曲率、倾角等几何类叠后属性进行预测，但叠后数据分辨率低，对微小裂缝识别精度较低；另一种是利用叠前地震分方位数据进行裂缝预测，该方法是对共偏移距CMP道集进行分扇区叠加，对分扇区叠加数据体进行属性计算，根据不同方位角数据属性之间的差异，通过椭圆拟合进行裂缝强度及方向的预测[2]。该方法受扇区数目、角度和椭圆拟合求解方法的影响，使预测结果具有多解性，往往预测结果与钻遇情况存在较大差异。多波多分量勘探是裂缝预测非常有效的方法，但是它的投资成本比较高。本文介绍的是投资成本相对低一些的两宽一高勘探技术识别裂缝型油气藏的方法原理以及实际应用效果。

两宽一高勘探方法是指宽频带、宽方位、高密度采集、处理、解释一体化的勘探技术，是东方公司近几年在国内外广泛使用并取得非常好的勘探效果。与常规地震资料(窄方位地震资料)相比，两宽一高地震资料在薄储层和裂缝检测方面有很大优势，尤其是OVT域地震资料处理技术的发展，更为该勘探技术的应用提供了广阔的空间。

OVT(Offset Vector Tile，炮检距矢量片)技术广泛应用于高密度、宽方位地震资料处理解释中，由于OVT技术在处理过程中保留了炮检距和方位角信息，也使传统的三维解释发展到五维解释，正是这两种信息可以帮助我们解决方位各向异性问题，也就是裂缝型储层预测问题。利用方位角和炮检距信息可更好地分析地震波在各向异性介质中传播的旅行时、速度、振幅、频率和相位的差异性，通过这种差异性来识别地层的各向异性特征[1]。东方公司研发了一套基于方位角和偏移距信息进行各向异性分析的五维解释技术，开发了一套OVT域叠前地震属性预测裂缝的软件。主要是通过分析振幅随炮检距和方位角的变化(AVOA)、频率随炮检距和方位角的变化(FVOA)、地层速度随方位角的变化(VVA)来识别断层、裂缝和地层岩性。该项技术在多个油田区块进行推广应用[2]，并获得了比较好的应用效果。

2　方法原理

由于岩石中裂缝的存在导致介质的物理性质随着方位不同而发生变化，随着地层埋深的增加上覆地层的压实作用，水平或低角度裂缝近乎消失，对裂缝性油气藏贡献大的是易于保存的高角度和近于垂直的裂缝，而正是这类裂缝对地震波产生了各向异性的传播特征，这一性质使得可以依靠叠前地震资料检测裂缝。这些高角度和近于垂直的裂缝对地震波产生了水平各向异性的传播特征，正是这一特征，使我们可以利用宽方位采集数据和保幅的叠前方位角道集数据，对裂缝油气藏的方位各向异性来进行检测。

当地震波从不同方向通过整齐排列的垂直或高角度裂缝时，会产生各向异性，其反射系数、旅行时差都会存在一定变化。对于 HTI 水平各向异性介质，前人将其反射系数与方位角及入射角的关系描述为[5]：

$$R_{PP}(i,\varphi)=A+(B+D\cos2\varphi)\sin^2 i+(C+E\cos2\varphi+F\cos4\varphi)\sin^2 i\tan^2 i \quad (1)$$

式中：$A=\frac{1}{2}\frac{\Delta Z}{\bar{Z}}$，

$$B=\frac{1}{2}\left[\frac{\Delta\alpha}{\bar{\alpha}}-\left(\frac{\Delta\bar{\beta}}{\bar{\alpha}}\right)^2\right]\frac{\Delta G}{\bar{G}}+\frac{1}{4}\left[\Delta\delta^{(v)}+2\left(\frac{2\bar{\beta}}{\bar{\alpha}}\right)^2\Delta\gamma\right],$$

$$C=\frac{1}{2}\frac{\Delta\alpha}{\bar{\alpha}}+\frac{3}{16}\Delta\varepsilon^{(v)}+\frac{1}{16}\Delta\delta^{(v)},$$

$$D=\frac{1}{4}\left[\Delta\delta^{(v)}+22\left(\frac{2\bar{\beta}}{\bar{a}}\right)^2\Delta\gamma\right],$$

$$E=\frac{1}{4}\Delta\varepsilon^{(v)},$$

$$F=\frac{1}{16}[\Delta\varepsilon^{(v)}-\Delta\delta^{(v)}],$$

其中：i 表示入射角；φ 表示测线方位与裂缝走向夹角；Z 表示纵波阻抗，单位是$(kg/m^3)\cdot(m/s)$；G 表示剪切模量；α 表示纵波速度，单位是 m/s；β 表示横波速度，单位是 m/s；Δ 表示界面上、下参数之差；$\delta^{(v)}$，$\varepsilon^{(v)}$，γ 表示 HTI 介质坐标系统的 Thomsen 参数；字母上面加符号“—”表示平均值。

如公式(1)所示，当入射角较小时，公式(1)的第三项近似为0，该式即可被简化为：

$$R_{PP}(i,\varphi)=X(i)+Y(i)\cos2\varphi \quad (2)$$

式中：$X(i)$，$Y(i)$表示入射角 i 的函数，与方位角无关。

公式(2)表明，当入射角一定时或在较小范围内变化时，HTI 的纵波反射系数随方位角变化关系可以拟合为一个椭圆。当 $\varphi=0$，即地震波平行裂缝传播时，反射系数R_{PP}取最大值，纵波能量衰减小，振幅较强，对应于椭圆的长轴 $X(i)+Y(i)$；当 $\varphi=90°$，即地震波垂直裂缝走向传播时，纵波能量衰减大，振幅相对较弱，对应于椭圆的短轴 $X(i)-Y(i)$，因此，椭圆的长轴方向平行于裂缝走向，而短轴方向则垂直于裂缝走向。椭圆越扁代表各向异性越强，裂缝密度就越大。即地震波在 HTI 各向异性介质中传播时，纵波沿裂缝走向传播时旅行时最短，能量最强；随着地震波传播方向与裂缝走向夹角的增大，旅行时也增大，能量变弱；当地震波垂直于裂缝方向传播时旅行时最长，能量最弱。

3　应用效果

研究区位于中国中部油田的古潜山构造带上(图 1)，潜山构造带处于油气运移的主要指向区，具备良好的油气成藏条件。但是研究区潜山内幕奥陶系碳酸盐岩储层埋藏深度达 5000 米，且具有较强的非均质性，有效储层识别难度大，储集性能横向变化快、差异较大，导致测试产量不高或产量快速下降，难以形成稳定产能。2017 年新采集了宽方位高密度的三维地震资料，面元 25m×25m，每炮总接收道数 17600，炮线距 100m，满覆盖次数 800，扫描频率 3～72Hz，横纵比 0.88，覆盖密度达到 160 万次/km²。针对潜山储层非均质性及裂缝发育预测难点，应用叠前 OVT 域处理的 OVG 螺旋道集资料，利用 GeoEast 五维解释技术开展研究区奥陶系碳酸盐岩裂缝发育强度及走向预测。

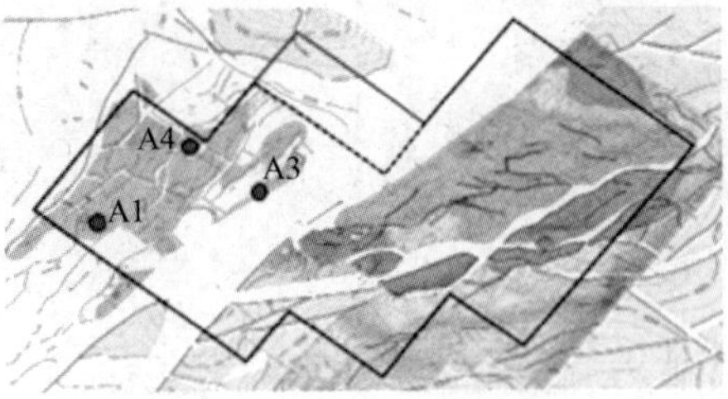

图 1　工区概况图

3.1　单井裂缝分析

在裂缝储层定性认识的基础上，遵从由点到面的原则，先从单井出发验证井点处钻遇的裂缝强度和走向是否与五维解释技术预测的吻合。图 2为实际钻井 A4 单井裂缝检测图，从 FMI 动态图(图 2a)可以看出，该井储层裂缝发育。地质测井综合评价成果表明，本井高导缝走向主要为北东东-南西西向，以高角度缝为主(图 2b)；高阻缝走向与高导缝走向基本一致(图 2c)，与钻井诱导缝走向基本一致(图 2d)，反映产生天然裂缝的古应力场方向可能未发生变化。

我们利用五维解释技术开展 A4 井点处的裂

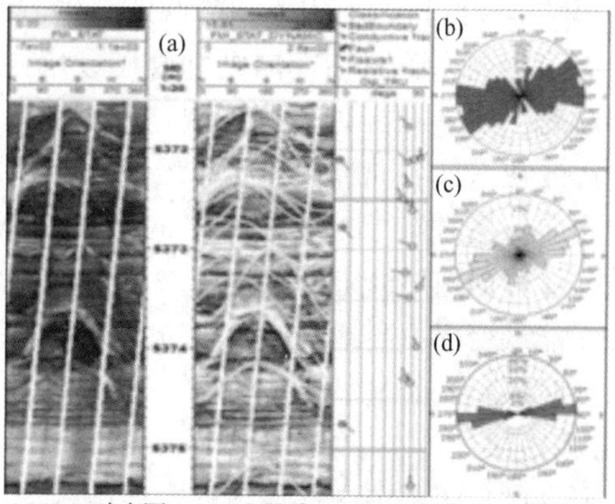

(a) FMI 动态图 (b) 高导缝 (c) 高阻缝 (d) 诱导缝

图 2 A4 单井解释裂缝图

缝发育强度及走向预测，依据地震方位信息各向异性预测裂缝的原理，考虑方位信息内覆盖次数分布均匀的重要性，扫描不同的炮检距和方位角信息，结合井上裂缝发育方向确定优势方位角(0~180°)和偏移距范围(845~3640m)，综合考虑计算机运算效率及椭圆拟合程度，方位角道集叠加为8道。由图3(a)可见，选用上述偏移距及方位角参数，椭圆拟合程度高，模拟裂缝走向也是主要为北东东-南西西向，与该井FMI解释裂缝走向一致。由此可见，裂缝预测结果与实际钻井钻遇的裂缝结果吻合较好。

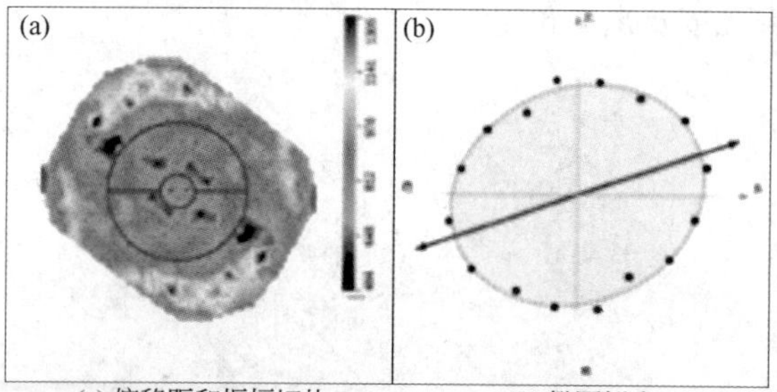

(a) 偏移距和振幅切片 (b) 椭圆拟合

图 3 A4 单井点裂缝预测图

一口井的对比数据也许具有偶然性，为此我们又做了其他三口井的对比试验。图4为A1、A3和A5井点处和预测的裂缝发育方位对比图，其中图4(a)为三口井通过钻井取心获得的裂缝发育玫瑰图，图4(b)为通过地震各向异性分析获得的预测裂缝发育玫瑰图。对比结果表明，二者基本一致。说明基于OVT道集的叠前方位各向异性分析结果是准确、可靠的。

3.2 区域预测效果分析

在单井预测结果与钻井基本一致的基础上，利用相同参数对整个研究区做了裂缝识别。图5(a)为研究区用OVT叠前资料预测的奥陶系目

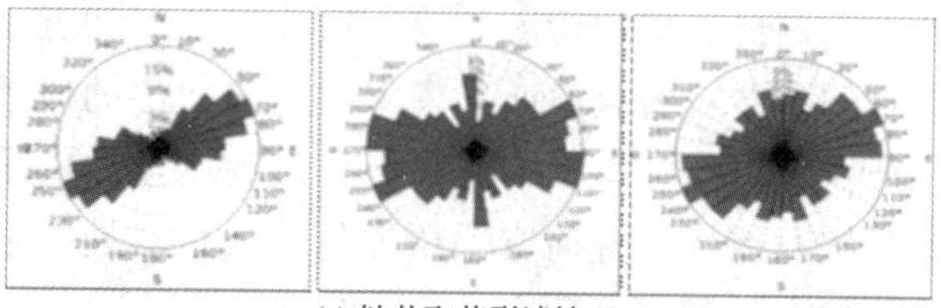

(a) 钻井取芯裂缝情况

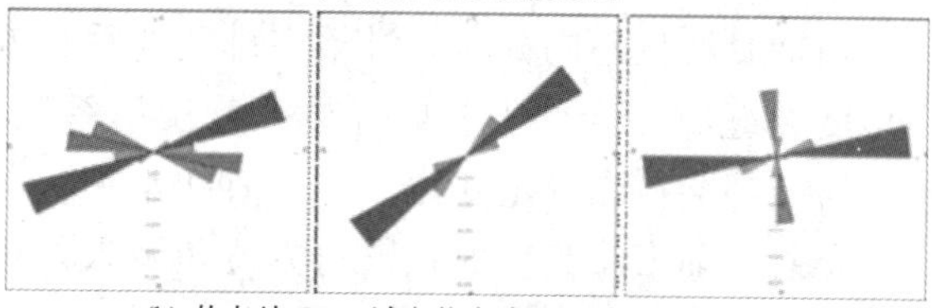

(b) 井点处 OVT 域方位各向异性裂缝预测结果

图 4 钻井取心资料与 OVT 域裂缝预测结果的对比图

的层裂缝预测结果，红色表示裂缝强度大，结果表明裂缝方向以NE向为优势方向，NW向裂缝次之(图5a)，图中蓝色椭圆区域中的红色部分为裂缝发育区。与叠后相干属性(图5b)相比，在断层发育的地方裂缝发育，同时工区西部两个裂缝发育区在相干属性上没有响应特征。由此可见，前者不仅对裂缝可以定量预测，同时预测的裂缝信息更加丰富，预测精度得到很大提高。

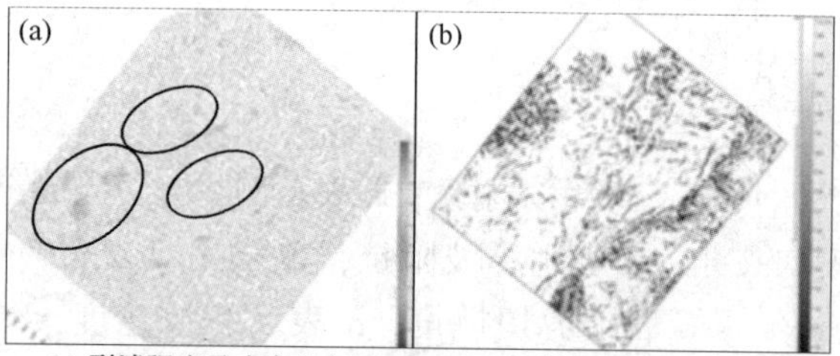

(a) 裂缝强度及走向分布图（线条表示裂缝走向，颜色为裂缝强度） (b) 相干属性平面图

图 5 研究区奥陶系目的层裂缝预测结果分析

另外，本文从钻井的油气情况再一次验证OVT域方位各向异性裂缝预测结果的正确性和合理性。本区已知钻井A1、A4和A3井的油气情况，A1井在奥陶系上马家沟中组5065~5203m压裂前获日产气3.2166×10^{4}m^3、日产油15.79m^3，压裂后试油获日产气40.89×10^{4}m^3、日产油71.16m^{3}的高产油气流。A1井上马家沟组云岩、灰质云岩有效孔隙比较发育，同时裂缝、网状裂缝十分发育，物性条件比较好，钻井过程中气测异常明显。

A4井在奥陶系下马家沟组5277.8~5392m常规试油无产量，大型酸压后日产油101.88方，气165840方。A4井下马储层在区域上相对较发育，储层连续、厚度大，成像显示溶蚀高角度缝

发育，远探测指示井旁有裂缝发育。目前日产气量稳定在 2.5 万方、油 5t。

A3 井在亮甲山组 5298.6~5458.4m 压裂前试油为干层，大型酸压后日产气 50.266 万方，日产油 35.04 方，产量高且稳产。成像测井解释 A3 井亮甲山组以孔隙(洞)型为主。

图 6(a)为过 A1、A4、和 A3 井的裂缝检测剖面图，图中黑色的方框范围为三口井对应的出油层段；图 6(b)为出油层段的裂缝识别平面图。通过钻井资料得知 A1、A4 和 A3 井出油层段裂缝预测强度分别为 0.86、0.66、0.62，裂缝方向均为北东向，成像测井与预测结果方向吻合。其中 A1、A4 井处于储层裂缝发育区，A3 井处于储层裂缝发育边缘区。由此可见，用 OVT 域叠前资料裂缝预测结果与研究区已知钻井情况吻合，再一次验证了 OVT 域方位各向异性裂缝预测技术在本区的正确性、合理性和实用性。

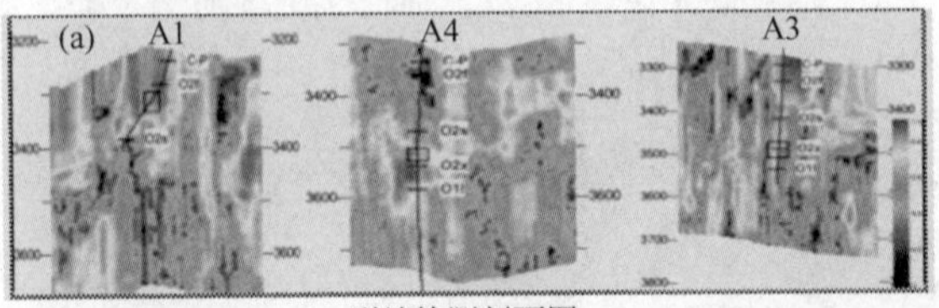

(a) 裂缝检测剖面图

(b) 出油层段的裂缝平面图

图 6 过已知钻井 A1、A4、A3 的裂缝预测结果

利用 2017 年“两宽一高”技术采集的新资料进行预测，预测结果和构造信息进行综合显示(图 7)，潜山顶面裂缝较斜坡及洼陷部分发育，裂缝展布特征与区域的构造背景保持一致。根据该预测结果，甲方在潜山西部裂缝发育区部署 B5 井，于 2018 年 8 月 15 日开钻，11 月 30 日完钻。

新部署的 B5 井在亮甲山组 5513.6~5546m 试油，裸眼测试，日产油 6.76t，日产气 22119m^3，获得工业油气流，定产 2 万方气。B5 井亮甲山组储存发育，呈块状，没有明显隔层，储层空间类型以孔隙型、裂缝-孔隙型储层为主。由此可见，裂缝预测结果与新部署井情况吻合，有效的指导了该区的井位部署。

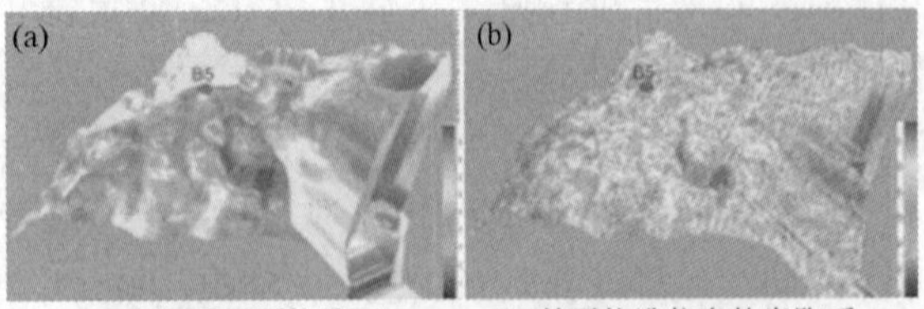

(a) 奥陶系顶面构造图　(b) 基于构造信息的奥陶系顶面裂缝预测图

图 7 研究区裂缝预测结果和构造信息分析

图 8 分别为过 B5 井的单井剖面和出油层段平面(局部放大)裂缝预测结果，图中黑色的方框范围分别为该井的出油层段。B5 井目的层段裂缝预测强度分别为 0.78，裂缝方向均为北东向，与成像测井预测方向吻合。其中 B5 井处于储层裂缝发育区。

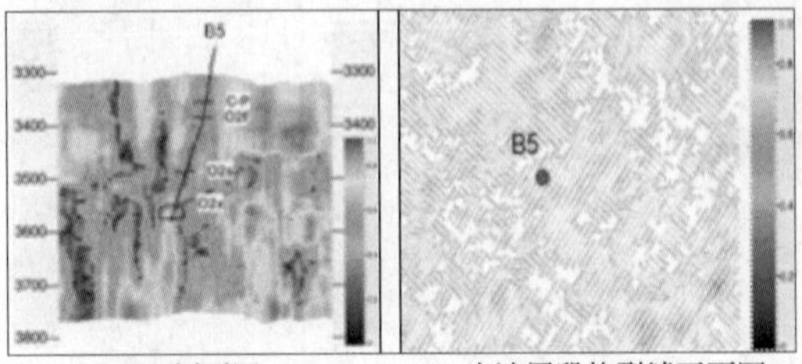

(a) 剖面图　(b) 出油层段的裂缝平面图

图 8 过新部署 B5 井的裂缝预测结果

A3 井在潜山东部亮甲山组获得稳定的高产油气流，B5 井在潜山西部亮甲山组获得工业油气流，进一步增大了研究区潜山亮甲山组连片成藏的可能性。

综合以上分析表明，利用 OVT 域方位各向异性分析技术可高精度地预测研究区裂缝分布特征。地震预测裂缝走向与成像测井解释的裂缝走向一致；裂缝平面展布与断层和构造形态一致；裂缝发育强度与已知井吻合，表明 OVT 域方位各向异性裂缝检测技术对研究区碳酸盐岩裂缝型储层预测效果好，对研究区潜山油气藏勘探开发具有重要的指导作用。

4 结论

(1) 基于“两宽一高”尤其是宽方位采集的地震数据和 OVT 域处理技术获得的三维地震资料包含了丰富的炮检距和方位角信息，五维解释技术利用这些信息提高了研究区碳酸盐岩储集层的裂缝预测精度，各向异性裂缝预测技术在类似地区有很好的推广应用前景。

(2) 从井出发，结合钻测井的 FMI 相关资料，与利用 OVT 域地震数据进行方位各向异性裂缝预测的吻合度较好，实现了以往裂缝定性识别到现在的定量计算。

5 致谢

本文研究受国家十三五专项“新一代地球物理油气勘探软件系统(2017ZX05018001-003)”项目资助。

参 考 文 献

[1] 詹仕凡，陈茂山，李磊，等. OVT 域宽方位叠前地震属性分析方法[J]. 石油地球物理勘探，2015，50(5)：956-966.

[2] 王斌，尹路，陈永波等 . 基于 OVT 域资料的低渗透砂砾岩储集层预测 . 新疆石油地质，2018，39(1)：104-108.

[3 杜金虎，何海清，赵贤正等 . 渤海湾盆地廊固凹陷研究区超深超高温奥陶系潜山油气勘探重大突破实践与启示 . 中国石油勘探，2017，22(2)：1-12.

[4] 赵贤正，金凤鸣，王权，韩春元，董雄英 . 冀中坳陷隐蔽型深潜山及潜山内幕油气藏的勘探与发现[J]. 中国石油勘探，2014，19(1)：45~56.

[5] ENRU L，ALEX M. Seismic fracture characterization concepts and practical applications [J]. Expanded Abstracts of 74th EAGE Annual Conference，2011：101-105.

[6] 蒋春玲，刘文卿，谢春辉，王恩利等 . 叠前全方位裂缝预测方法应用研究。文章编号：1673-8217(2015)06-0072-01.

滨里海盆地东缘复杂盐下碳酸盐岩规模成藏主控因素及勘探方向

李 宝*[1] 金树堂[2] 艾克拜江[1] 丁学垠[1] 仲伟祥[1]

(1. 中国石油集团东方地球物理勘探有限责任公司研究院；2. 中国石油天然气勘探开发公司)

摘 要 滨里海盆地东缘复杂盐下碳酸盐岩油气资源十分丰富，目前，盆地东缘发现的85%的油气探明储量均分布在复杂盐下碳酸盐岩地层内。盆地东缘盐下目前发现的碳酸盐岩含油层系主要有3套：泥盆系、石炭系及下二叠统，其中石炭系是复杂盐下最主要的含油层系。滨里海盆地东缘自西向东共发育4个成藏区带：西部成藏带、中部成藏带、东部成藏带、山前逆冲推覆成藏带。不同成藏带成藏主控因素不同。在对盆地东缘盐下规模成藏基本石油地质条件分析基础上，详细分析了不同成藏带盐下成藏主控因素，指出中部成藏带成藏主控因素是石炭系KT-Ⅰ、KT-Ⅱ层碳酸盐岩台地构造背斜、断背斜、礁滩体储层分布及下二叠统盐岩区域盖层分布；东部成藏带成藏主控因素是石炭系KT-Ⅰ、KT-Ⅱ层及下二叠统碳酸盐岩台地低幅度背斜、礁滩体储层及下二叠统泥岩盖层分布；西部成藏带成藏主控因素是泥盆系、石炭系KT-Ⅱ层碳酸盐岩台地断背斜、断鼻、礁滩体储层分布及下二叠统盐岩区域盖层分布；山前逆冲推覆成藏带成藏主控因素是泥盆系、下石炭统杜内阶、维宪阶断背斜、断鼻、断块、三角洲砂岩分布及下石炭统杜内阶、维宪阶泥岩盖层分布。在成藏主控因素分析基础上，提出了滨里海盆地东缘复杂盐下下步油气规模勘探的方向。

关键词 滨里海盆地；复杂盐下；成藏条件；成藏主控因素；勘探方向

1 滨里海盆地东缘勘探概况

滨里海盆地主体位于哈萨克斯坦的西北部，盆地面积约58.5×$10^4$$km^2$，是世界上沉降最深的盆地之一。盆地可划分为北部断阶带、中央坳陷带、阿斯特拉罕-阿克纠宾隆起带和东南坳陷带4个构造单元，盆地形成先后经历了六个大的演化时期，盆地内下二叠统孔谷阶广泛发育一套盐岩层，将盆地内地层纵向上划分为3套地层：盐上层系、含盐层系及盐下层系。其中盐上层系为上二叠统-第四系，以碎屑岩为主，多为浅海陆棚沉积环境，局部为海陆过渡三角洲沉积；含盐层系为下二叠统孔谷阶，主要由盐岩和硬石膏组成，为潮上带蒸发环境沉积，含盐层厚度在0~1000m之间；盐下层系为下古生界-下二叠统，主要由巨厚的碎屑岩和碳酸盐岩沉积组成[1,2]，在盆地边缘厚3000~4000m，而在盆地中心厚度为10000~13000m。受盐岩控制，盆地发育盐上和盐下两大含油系统，碎屑岩和碳酸盐岩两大勘探领域。

盆地盐下碳酸盐岩油气勘探最早始于20世纪60年代末，20世纪70年代末期至80年代初，在盆地的北缘、东缘、南缘盐下层系发现卡拉恰甘纳克、让纳若尔、肯基亚克、田吉兹一系列大中型油气田。

目前，中国石油集团公司在该盆地东缘地区拥有让纳若尔油田、肯基亚克盐上、盐下油田、北特鲁瓦油田的开发权益和中区块、德莱斯肯-Ⅰ、德莱斯肯-Ⅱ三个勘探区块，三个勘探区块东部受乌拉尔造山带控制，盐下石炭系晚期反转形成东高西低的斜坡地质背景(图1)。中区块经中石油近20年勘探，历经二维、常规三维、“两宽一高”二次三维高精度勘探三个阶段，先后发现了阿西赛、北特鲁瓦、塔克尔、阿克诺尔4个含油构造，累计发现石油地质储量约2.2亿吨，滨里海盆地东缘复杂盐下碳酸盐岩油气资源十分丰富，目前，盆地东缘发现的85%的油气探明储量均分布在复杂盐下碳酸盐岩地层内。盆地东缘盐下目前发现的碳酸盐岩含油层系主要有3套：泥盆系、石炭系及下二叠统，其中石炭系是复杂盐下最主要的含油层系。盐下层系已成为盆地东缘油气规模勘探的主要领域。

盆地东缘成藏带划分：东缘受西部卡延隆起、东部乌拉尔造山带控制，以KT-Ⅱ、KT-Ⅰ地层缺失线、下二叠统斜坡坡折带及沙柯马勒-

柯克别克金断裂为界，自西向东划分为：西部成藏带、中部成藏带、东部成藏带及山前逆冲推覆成藏带（图 1、图 2）。构造带的走向比较清楚，规律性强，均为北东东走向。

西部成藏带：西侧边界为 KT－Ⅱ剥蚀线，KT－Ⅰ地层不发育，面积约 $4100km^2$，勘探目的层为 KT－Ⅱ和深部地层，主要有肯基亚克、科扎萨伊、扎纳丹、洛克迪拜等油田。

中部成藏带：西侧边界为 KT－Ⅰ缺失线，面积约 $3900km^2$，勘探目的层为 KT－Ⅰ、KT－Ⅱ，主要有让纳若尔、北特鲁瓦、塔克尔等油田。

东部成藏带：西侧边界为下二叠统斜坡坡折

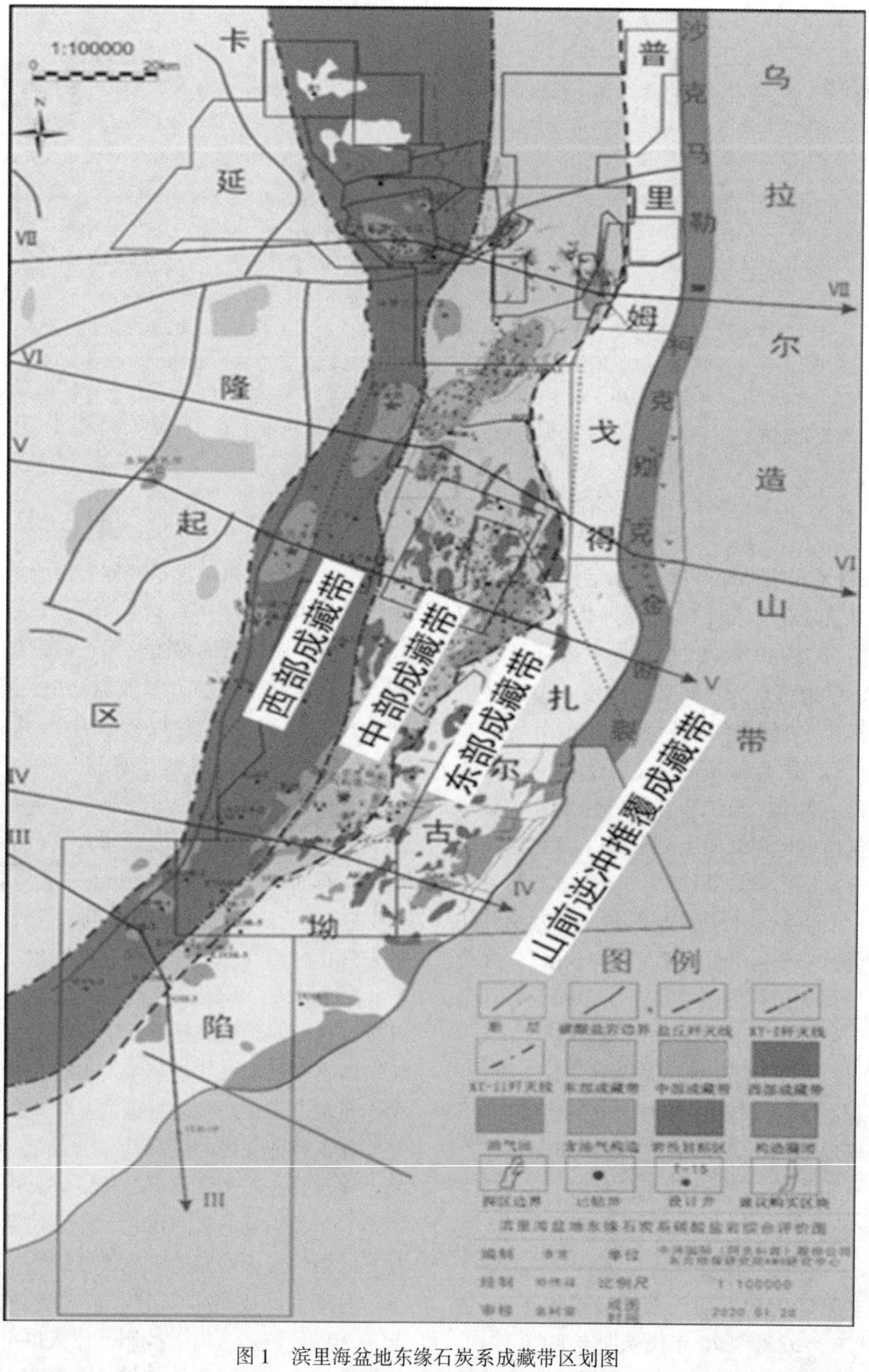

图 1 滨里海盆地东缘石炭系成藏带区划图

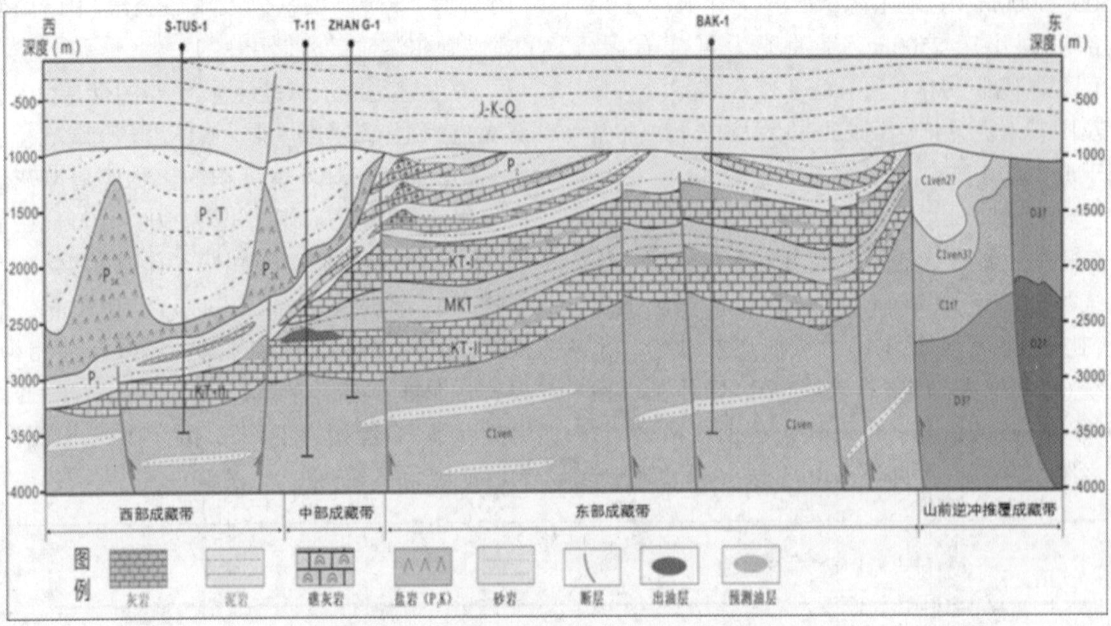

图 2　滨里海盆地东缘东西向成藏带划分地质剖面图

带，东侧边界为沙克马勒-柯克别克金断裂，面积约 4700km²，显著特征为下二叠统地层岩性、厚度变化大，发育生物灰岩产层，主要勘探目的层 P1、KT-Ⅰ、KT-Ⅱ层，为勘探空白区，T-13、AK-1、AK-2 井试油成功突破东部勘探新领域。

山前逆冲推覆成藏带：西侧边界为克马勒-柯克别克金断裂，主要受乌拉尔造山带控制，石炭系碳酸盐岩局部具有残留地层，下石炭统维宪阶、杜内阶及泥盆系地层发育逆冲推覆构造，局部构造圈闭发育，具备油气成藏的基本石油地质条件，目前钻探程度极低，为勘探空白区。

2　盐下规模成藏基本石油地质条件

2.1　烃源条件

滨里海盆地东缘盐下烃源岩十分发育，自下而上主要发育三套烃源岩：石炭系(C1~C3)灰色、深灰色泥岩、页岩及碳酸盐岩为主要烃源岩[3]；其次是中、上泥盆统(D2~D3)碳酸盐岩、下二叠统(P1)中下部泥岩和泥质碳酸盐岩。有机质丰度高，类型好、热演化程度适中，生油能力强。有机碳含量为 0.5%~1.6%，有机质类型为Ⅰ型和Ⅱ型，镜质体反射率(Ro)接近 1%。油源对比证实田吉兹油田的油气主要来自石炭系。

钻井揭示，石炭系有效的烃源岩既有碳酸盐烃源岩，也有泥质烃源岩。其中 KT-Ⅰ和 KT-Ⅱ层主要为碳酸盐岩，泥岩较少，相比之下，KT-Ⅰ层泥岩稍多一些。MKT 层以泥岩为主，灰岩较少。根据 KT-Ⅰ的统计结果，灰岩中既有带褐色调的，也有带灰色调的。各层位可能的烃源岩普遍较发育，KT-Ⅱ层最为发育，接近 100%，其次为 KT-Ⅰ层，达 95%左右，MKT 层烃源岩含量最低，但也高达 63.7%。

盆地东缘除石炭系发育烃源岩外，二叠系也有泥质烃源岩的发育。其中上二叠统以杂色泥岩为主，作为烃源岩的可能性较小。下二叠统中上部主要发育石膏、岩盐等蒸发岩，烃源岩不发育；下二叠统(P1)中下部深灰色、灰色泥岩、页岩、灰质泥岩累计厚度达 500m 左右，占地层厚度的 45%左右，既是重要的盖层，也是有效的烃源岩。

盆地东缘处于阿斯特拉罕-阿克纠宾古隆起区向东和东南倾没的古斜坡带，在中、晚泥盆世-石炭纪时期处于浅水-较深水相还原-强还原沉积环境。经滨里海盆地东缘烃源岩地化指标分析，石炭系泥岩、泥质灰岩以及上泥盆统深灰色泥岩有机质丰度较高，烃源岩有机质类型以腐泥型和偏腐泥的混合型为主，是好的烃源岩。根据东缘钻井的烃源岩地化分析结果来看，碳酸盐岩的有机质丰度普遍低于泥岩，但碳酸盐岩也具有一定的有机质含量，可以生成一定量烃类，特别是碳酸盐岩含有丰富的海相藻类，是重要的生烃母质，利于生油，类型好。

根据盆地烃源岩热演化的研究结果，烃源岩热演化程度主要处于成熟阶段，石油液态窗埋深为2500~6000m。盆地东缘下二叠统和KT-Ⅰ层中上部埋深小于2500m，生油能力可能有限。KT-Ⅰ层中下部、MKT和KT-Ⅱ层、维宪阶、杜内阶及中、上泥盆统达到2500m深度之下，非常有利于原油的生成。

2.2　储层条件

滨里海盆地东缘盐下主要发育6套储层：上泥盆统(D3)-下石炭统(C1)维宪阶砂岩、上泥盆统(D3)-下石炭统(C1)杜内阶碳酸盐岩、下石炭统(C1)维宪阶-中石炭统(C2)巴什基尔阶(KT-Ⅱ段)碳酸盐岩、中石炭统莫斯科阶砂岩、中石炭统(C2)莫斯科阶(KT-Ⅰ段)-下二叠统(P1)阿尔琴阶碳酸盐岩及下二叠统(P1)萨克马尔阶-阿尔琴阶砂岩储层。

滨里海盆地东缘盐下最主要的储层为中-下石炭统(C1-C2：KT-Ⅰ、KT-Ⅱ段)碳酸盐岩储层，为浅海-滨海环境沉积的生物碎屑滩灰岩与白云岩储集层[4,5]，其厚度为300~1000m，平均650m，该套储层储集物性好，孔隙度4%~15%，平均7%；渗透率为(0.1~173)×$10^{-3}\mu m^2$，裂缝发育。其中KT-Ⅰ段以蒸发-局限台地相为主，发育膏泥坪、白云坪、潮坪等微相；KT-Ⅱ段以开阔台地-台缘相为主，发育台内滩、滩间洼地、台缘礁滩等微相(图3、表1)。

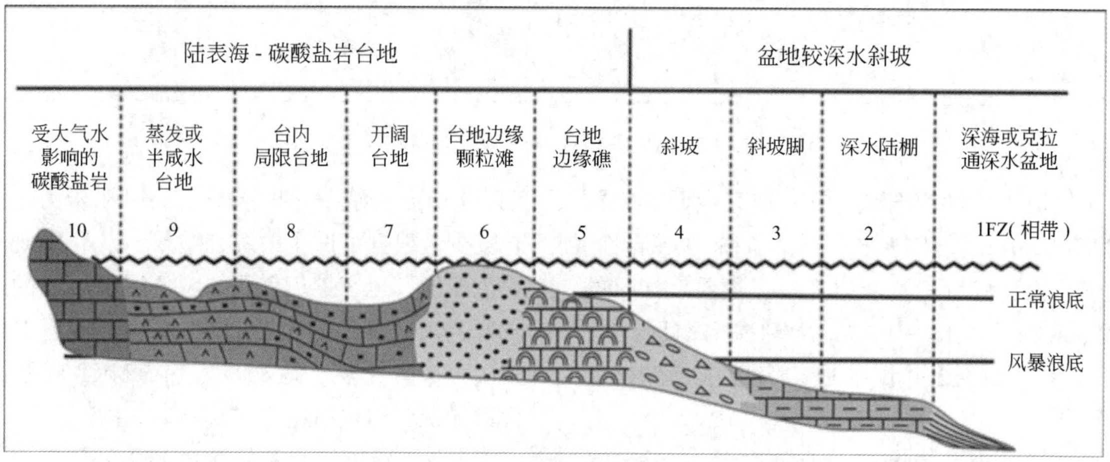

图3　滨里海盆地东缘盐下石炭系碳酸盐岩相带模式图

表1　滨里海盆地东缘盐下石炭系沉积相类型特征简表

相	亚相	微相	岩性特征	储集性
蒸发台地	蒸发池沼	盐池沼	泥晶石灰岩、白云质灰岩，夹少量生物碎屑	好
	蒸发坪	泥坪	以泥质和粉砂为主，夹有少量膏质和云质产物	
局限台地	潮间带	白云坪	具粉晶-细晶结构的浅灰-灰褐色白云岩为主	中等
		潮坪	主要为灰泥沉积，也有白云岩，砂屑和生物碎屑	
		潮汐通道	条带状亮晶颗粒石灰岩，分选较差，结构组分种类丰富，具有冲刷面和正韵律序列	差
	潮下带	泻湖	藻灰岩、生物灰岩，有白云化作用，广盐生物群，生物扰动	
开阔台地	滩间海	静水碳酸盐岩泥	生物球粒泥晶灰岩、粒泥灰岩，各种生物群，生物扰动	中等
	浅滩	滩	亮晶颗粒石灰岩为主，大量碳酸盐岩颗粒和碎屑堆积	好
		滩间洼地	岩性以灰褐色颗粒灰岩和浅灰色泥粉晶灰岩等	
台地边缘	台地边缘	暴露滩礁	以亮晶颗粒灰岩和鲕粒灰岩为主，孔隙发育	
		水下滩礁	亮晶~泥晶颗粒灰岩为主，层厚，泥质含量少	
	台地前缘斜坡	角砾岩带	以角砾灰岩为主，具有角砾构造。	中等
陆棚	深陆棚		微生物碎屑粉屑灰岩，浮游生物灰泥岩，生物碎屑-岩屑微角砾岩	中等-差
	广海陆棚		微生物碎屑粉屑灰岩，含完整贝壳灰泥岩，生物碎屑粒泥状灰岩，含包壳颗粒灰泥岩	差
深海盆地相			海相灰色磨拉石建造	

下二叠统砂岩储层也是盆地东缘盐下比较重要的一套储层，主要为扇三角洲相沉积，储层物性较差，孔隙度5%~11%，渗透率小于$50\times10^{-3}\mu m^2$。

2.3 盖层条件

滨里海盆地东缘盐下油气成藏的区域盖层是下二叠统孔谷阶盐岩层。除了东部成藏带一个很窄的条带没有沉积外，该盐岩层覆盖东缘的西部成藏带、中部成藏带大部分地区。孔谷阶盐岩层在上覆岩层差异压实作用下发生塑性流动变形，形成一系列盐丘，导致横向上盐丘厚度变化大，厚薄不均，局部甚至缺失。盖层缺失的地方，为盐下烃源岩生成的烃类流体纵向上运移至盐上储层成藏提供了一个有效通道。

下二叠统孔谷阶盐岩层在盆地东缘起着最有效盖层作用，直接覆盖于油气藏上部的其他局部或半区域性泥岩盖层的封盖效果比孔谷阶盐岩层差。

2.4 圈闭条件

滨里海盆地东缘盐下层系圈闭十分发育，其中最重要的的圈闭类型是台缘碳酸盐岩生物礁滩圈闭，其次是背斜、断背斜、断鼻、断块、地层尖灭及地层不整合圈闭，碳酸盐岩生物礁滩圈闭主要沿盆地东缘让纳若尔、铁米尔两大台地边缘分布。此外，盆地东缘盐下石炭系碳酸盐岩台地还发育背斜型圈闭，盐下下石炭统维宪阶、杜内阶及下二叠统砂岩储层中发育背斜、断背斜、断鼻、断块、地层尖灭及地层不整合圈闭。

2.5 运聚条件

滨里海盆地东缘盐下烃源岩成熟时间在二叠纪之后，大量运移和聚集在早侏罗世之后，盆地东缘盐下层系运聚成藏关键期为中生代。

盆地东缘主要有三期运聚关键期：第一期，早二叠世之前，油气来自区块东侧凹陷区，泥盆系-石炭系烃源岩此阶段成熟，形成早期原生油藏。第二期，二叠纪，乌拉尔造山运动造成挤压、抬升，原生油藏破坏，油气重新分布、部分原油氧化为沥青。第三期，侏罗纪后，盆地不断下降，来自盆地中心盐下生油岩继续排烃，进入早期形成圈闭，形成大规模东缘盐下油藏。

滨里海盆地东缘受乌拉尔造山带和卡延隆起控制，多期构造运动断裂、不整合面发育，形成油气运移的横向、垂向运移通道，同时，石炭系-二叠系碳酸盐岩溶蚀孔、洞、缝发育，形成立体的油气运聚网络，油气运聚条件良好。

3 盐下碳酸盐岩成藏主控因素分析

滨里海盆地东缘不同区带盐下层系分布、油气成藏条件差异较大，不同区带盐下油气田类型及成藏主控因素也存在明显差异(表2)。

表2 滨里海盆地东缘盐下不同成藏带典型油气田基本情况统计表

东缘成藏带	油气田	主要产层	油气藏类型	盖层	油气田类型	地质储量规模
西部成藏带	肯基亚克盐下	P1、KT-Ⅱ	背斜、生物礁滩型、砂岩透镜体型	孔谷阶盐岩	油	1亿吨级
	科扎赛依	KT-Ⅱ	断背斜、生物礁滩型	孔谷阶盐岩	气/油	8000万吨级
	扎纳丹	KT-Ⅱ	断背斜、生物礁滩型	孔谷阶盐岩	油	2000万吨级
中部成藏带	东莫尔图克	KT-Ⅰ、KT-Ⅱ	背斜、生物礁滩型	孔谷阶盐岩	油田	500万吨级
	乌里合套	KT-Ⅰ、KT-Ⅱ	背斜、生物礁滩型	孔谷阶盐岩	气/油	1亿吨级
	让纳若尔	KT-Ⅰ、KT-Ⅱ	背斜、生物礁滩型	孔谷阶盐岩	气/油	4亿吨级
	北特鲁瓦	KT-Ⅰ、KT-Ⅱ	断鼻、生物礁滩型	孔谷阶盐岩	油	2亿吨级
	北特鲁瓦西斜坡	KT-Ⅰ、KT-Ⅱ	岩性、生物礁滩岩性体	孔谷阶盐岩	油	2000万吨级
东部成藏带	阿克若尔	P1、KT-Ⅰ、KT-Ⅱ	低幅度背斜、生物礁滩型	P1泥岩	油	预测1亿吨级
山前逆冲推覆成藏带	尚未发现	C1杜内阶维宪阶、D3	断背斜、断鼻、断块砂岩透镜体型	C1泥岩	尚不明确	尚不明确

3.1 中部成藏带

滨里海盆地东缘中部成藏带是盆地东缘盐下油气最富集的区带，油气藏类型丰富多样，不同层系发育的油气藏类型及成藏控制因素不同。石炭系主要发育生物礁滩型油气藏、碳酸盐岩岩台地构造背斜型油气藏及构造斜坡背景礁滩体岩性油气藏，沿中部成藏带呈斜列式分布。目前在中部成藏带盐下发现的油气田主要与碳酸盐岩台地及生物礁滩体分布有关[6,7]，碳酸盐岩台地及生物礁滩体的分布是控制盐下成藏的关键因素。如让纳若尔油田、北特鲁瓦油田及塔克尔含油气构造，均具有碳酸盐岩台地构造背斜和继承性穹隆构造背景，北特鲁瓦西部斜坡区发现了具有斜坡背景的生物礁滩体岩性油气藏。

在中部成藏带下二叠统还发现了礁滩体岩性油气藏，盖层分布也是控制盆地东缘中部成藏带盐下规模成藏的一个重要因素。

3.2 东部成藏带

滨里海盆地东缘东部成藏带是盆地东缘勘探程度相对较低、盐下下二叠统（P1）、石炭系（KT-Ⅰ、KT-Ⅱ）碳酸盐岩地层发育齐全，但下二叠统孔谷阶盐岩不发育的区带，该区带受东侧乌拉尔造山带控制，断层发育，沟通深部石炭系、泥盆系烃源岩，供油条件十分优越。油气藏类型以低幅度背斜、构造-岩性、地层-岩性油气藏为主。目前在东部成藏带盐下发现的油气藏主要与碳酸盐岩台地低幅度背斜、断背斜、断鼻及生物礁滩体分布有关，碳酸盐岩台地低幅度背斜、断背斜、断鼻及生物礁滩体的分布是控制盐下成藏的关键因素。如新发现的阿克若尔构造，石炭系 KT-Ⅰ、KT-Ⅱ段均具有继承性碳酸盐岩台地低幅度背斜构造背景，东部成藏带新钻井 T-13、AK-1、AK-2 井钻探证实，KT-Ⅰ、KT-Ⅱ段均为局限台地-开阔台地台内滩微相沉积，碳酸盐岩礁滩体储层十分发育，储层厚度大，物性好。

在东部成藏带下二叠统，老井复查还发现了礁滩体岩性油气藏。

3.3 西部成藏带

滨里海盆地东缘西部成藏带是盆地东东缘靠近西侧卡延隆起区，石炭系顶部的 KT-Ⅰ、MKT 层剥蚀殆尽，盐下下二叠统直接覆盖在 KT-Ⅱ碳酸盐岩目的层之上，该区带受西侧卡延隆起控制，上泥盆统、下石炭统杜内阶、维宪阶、中石炭统 KT-Ⅱ段发育继承性断背斜、断鼻构造圈闭，油藏类型以碳酸盐岩台地构造继承性断背斜、断鼻油气藏为主，同时西侧石炭系碳酸盐岩台地剥蚀明显，发育风化壳性孔、洞、缝空间储集体系，储层物性好，油气运聚、盖层与圈闭配置良好，具备形成大规模油气藏条件。西部成藏带目前发现的规模型油气田为肯基亚克、乌里赫套、科扎赛依、扎纳丹等一系列油气田。西部成藏带油藏主控因素一方面是碳酸盐岩风化壳性孔、洞、缝礁滩体发育，另一方面是发育继承性断背斜、断鼻构造圈闭。

在西部成藏带盐下下二叠统还发现了一些砂岩油气藏，如肯基亚克、科克日杰下二叠统砂岩油气藏等，其中主要储层为下二叠统阿尔琴阶-阿舍利阶三角洲砂岩储层，油气藏类型为构造-岩性油藏及岩性油藏，其成藏主控因素为砂体分布。

3.4 山前逆冲推覆成藏带

滨里海盆地东缘山前逆冲推覆成藏带受盆地东缘东部乌拉尔造山带控制，受早二叠纪乌拉尔造山运动，形成山前逆冲推覆成藏带。该带发育一组逆冲断裂体系，石炭系残留部分 KT-Ⅱ地层，大部分石炭系碳酸盐岩剥蚀殆尽，地层以下石炭维宪阶、杜内阶及中、上泥盆统为主。该带主要受构造控制作用明显，断层及局部断背斜、断鼻、断块圈闭发育，储层以三角洲砂岩储层为主。该带勘探程度低，尚未发现规模油气田。

4 规模勘探方向

滨里海盆地东缘不同区带盐下层系分布、油气聚集成藏条件及成藏主控因素差异较大[8,9]，导致未来勘探方向及勘探策略也将有所不同。

4.1 规模勘探首选东部成藏带

滨里海盆地东缘东部成藏带成藏主控因素是石炭系-下二叠统碳酸盐岩台地低幅度背斜、断背斜、断鼻、断块圈闭及开阔台地台内礁滩微相分布，未来勘探方向仍是以寻找石炭系-下二叠统生物礁滩体油气藏及碳酸盐岩台地低幅度构造型油气藏为主。

由于该带主要目的层石炭系-下二叠统碳酸盐岩层位齐全，勘探剩余面积大，生意勘探面积 $2000km^2$，且该区带勘探程度低、地层埋深浅，已钻井 T-13、AK-1、AK-2 井试油在 KT-Ⅱ、KT-Ⅰ及 P1 层均获工业油气流，证实该区勘探潜力大，是下步规模勘探首选区带。

4.2 精细勘探挖潜中部成藏带

滨里海盆地东缘中部成藏带主要目的层石炭系-下二叠统碳酸盐岩埋藏适中，该区带成藏主控因素是碳酸盐岩台地构造背斜、断背斜、断鼻圈闭及斜坡区碳酸盐岩台内礁滩体岩性分布区，由于该区带历经中石油20余年勘探，碳酸盐岩构造型圈闭大多数均已钻探，勘探程度极高，并先后发现了让纳若尔、北特鲁瓦、塔克尔含油构造，并发现了北特鲁瓦西部斜坡区石炭系KT-Ⅰ、KT-Ⅱ段碳酸盐岩台内礁滩体岩性油气藏。

因此，该区带下步勘探方向应该以精细勘探挖潜剩余斜坡区石炭系KT-Ⅰ、KT-Ⅱ段碳酸盐岩台内礁滩体岩性油气藏为主。

4.3 风险勘探准备西部成藏带

滨里海盆地东缘西部成藏带主要目的层上泥盆统、中、下石炭统杜内阶、维宪阶、KT-Ⅱ段及下二叠统发育继承性断背斜、断鼻圈闭，该区盐下目的层普遍埋藏深，石炭系KT-Ⅱ段碳酸盐岩目的层埋深一般大于4000m，该区带已发现肯基亚克、乌里赫套、科扎赛依、扎纳丹等一系列背斜型构造油气藏。该带剩余勘探潜力大，但由于埋藏深，勘探投入大，风险也大。因此，该区带下步勘探方向是进一步寻找盐下泥盆系-石炭系碳酸盐岩台地构造断背斜、断鼻型油气藏。

目前，该区带在塔克尔构造带西侧，石炭系KT-Ⅱ顶已发现大型断鼻构造，建议该区带兼探深层泥盆系-下石炭统杜内阶、维宪阶继承性断背斜、断鼻圈闭，积极准备风险探井WT-1井位，完钻井深6850m，完钻层位为钻揭上泥盆系碳酸盐岩目的层。

4.4 远景勘探储备山前逆冲推覆成藏带

滨里海盆地东缘山前逆冲推覆成藏带主要为盆地东部的乌拉尔造山带，受早二叠纪挤压逆冲构造作用控制，该区带只有少部分石炭系KT-Ⅱ碳酸盐岩台地残留，大部分缺乏碳酸盐岩储层，以深层下石炭统维宪阶、杜内阶及中上泥盆统为主。该区主要风险因素是缺乏有效储盖组合条件，但该区断裂发育，局部断背斜、断鼻圈闭条件、油源条件及运聚条件良好，该区带下步勘探方向是远景勘探，积极储备有利勘探目标，寻找由山前逆冲推覆构造作用形成的一系列断背斜、断鼻型砂岩油气藏。

参 考 文 献

[1] 金之钧，王骏. 滨里海盆地盐下油气成藏主控因素及勘探方向[J]. 石油实验地质，Vol. 29，No. 2，2007：111-115.

[2] 刘东周，窦立荣，郝银全，张延章，李金良. 2004. 滨里海盆地东部盐下成藏主控因素及勘探思路. 海相油气地质，9(1-2)：53-58.

[3] 余海洋. 滨里海盆地科尔占地区盐下油气成藏条件及成藏模式[J]. 中国石油勘探，No. 6，2008：67-71.

[4] 马永生，梅冥相，陈小兵. 碳酸盐岩储层沉积学[M]. 地质出版社，1999：141-14.

[5] 何晓松、孙林、张红斌. 盐下碳酸盐岩储层礁体识别[J]. 石油地球物理勘探，Vol. 44(增刊)，2009：98-100.

[6] 徐可强主编. 滨里海盆地东缘中区块油气成藏特征和勘探实践[M]. 北京：石油工业出版社，2011.

[7] 王连岱，沈仁福. 滨里海盆地石油地质特征及勘探方向分析[J]. 大庆石油地质与开发，Vol. 23，No. 2，2004：17-18.

[8] МихальковаВ Н，БражниковОГ，БерестецкаяА М. Выбор. Направлений поиска месторождений нефти и газа в западной части Прикаспийской впадины [J]. Геология Нефти и Газа，1990，(5)：10-13.

[9] Голов А А，Кирюхин Л Г，Комиссарова И Н，идр. О Направленииипоисково разведочныхработвсеверо Восточной бортовойзонеПрикаспийскойвпадины [J]. Геология Нефти и Газа，1983，(2)：6-1.

南堡凹陷南部斜坡带聚砂规律及富砂区分布预测

张 广 徐颖新 李 赫 王 恺 杜英杰

（中国石油集团东方地球物理勘探有限责任公司研究院）

摘 要 南部斜坡带是南堡凹陷油气运移的长期指向区，成藏条件优越，勘探区带有利。受多期构造运动及物源相对较远，物源通道不明确、砂体展布规律不清楚。为了明确聚砂规律，落实优势储层发育区，建立南部物源"沟漕输砂、坡折控砂"的沉积模式，利用古地貌研究、模型正演、地震相、属性分析等综合技术手段，落实了低勘探区沙河街组富砂区的分布范围；勘探主体区，创新"优势储层曲线重构"反演技术，预测有利储层分布，精细刻画了东营组优势储层展布特征。利用该技术手段，有力指导了斜坡带中深层多层系构造-岩性圈闭的落实，培育了规模储量区，勘探取得新发现，极大地拓展了斜坡带勘探空间，为陆相断陷盆地富油凹陷辫状河三角洲沉积体系下构造-岩性勘探提供了指导思路及技术方法。

关键词 斜坡带；中深层；沟谷输砂；坡折控砂；模型正演；优势储层曲线重构

南部凹陷斜波带是南堡凹陷重点勘探区带，中浅层是油田的主力产油区，勘探程度高。随着勘探不断深入，围绕南部斜坡带中深层岩性勘探领域[1-2]，部署南堡1~68井在东三下亚段获高产工业油流，中深层油气勘探展现巨大勘探潜力。前人研究表明，南部斜坡带东二—东三段发育辫状河三角洲沉积体系，储集体为辫状河三角洲前缘河道砂、曲流河三角洲前缘河道砂，具备形成构造-岩性、岩性油藏的有利沉积条件[3-4]。由于南部斜坡带地理位置处于海域，且以潜山高部位过路井为主，钻井相对集中、地层钻遇不全，导致该区域中深层沉积体系及富砂区分布规律不明，从而制约着岩性油气藏的勘探。本文结合已钻井资料，按照"沟谷输砂，坡折控砂"理论指导，在南堡凹陷南堡1~5号构造斜坡带，利用古地貌研究、模型正演、地震相、属性分析等综合技术手段，充分发掘地震资料潜力，落实低勘探区中深层富砂区展布规律，为构造岩性圈闭落实奠定了基础，配合油田部署预探井位2口（已上钻），都揭示厚层砂岩，与预测一致，测井解释百米厚油层，有望落实千万吨级规模储量发现，也进一步证实了该方法的适用性与可靠性。此次以南堡1~南堡5号构造斜坡带为例，分析南部物源区聚砂规律及富砂分布预测。

1 研究区概况

南堡1~南堡5号构造斜坡带位于南堡凹陷西南部，勘探面积约150km^2。北部为南堡5号构造带主体与林雀次洼，南部为沙垒田凸起，东部为南堡2号构造带(图1)。南堡1号构造是受北东向南堡1号断层控制，潜山背景之上发育起来的披覆背斜构造，南堡1-南堡5号构斜坡带位于南堡1号断层上升盘向南堡5号构造过渡带上，从南堡1号-南堡5号连井地震剖面上可以看出(图2)，受潜山继承性活动翘倾影响发育斜坡背景，整体可划分为高斜坡、中斜坡和低斜坡。南部沙垒田凸起为南部斜坡带提供物源，中深层东二段-东三段发育大型辫状河三角洲沉积体系，发育多支北东向沉积朵体，在南堡1号构造、南堡1~2号洼漕区、南堡3号构造都取得较好勘探效果，而深层勘探程度相对较低，资料品质相对较差，沉积体系不明确，制约着勘探进程。因此，将勘探目标锁定在南堡1-南堡5构造斜坡带中深层是沙一、沙三一段，按照"沟漕控砂、坡折控砂"理论为指导，厘清该区的沉积体系展布特征，落实富砂区分布，争取勘探新的突破。

2 "沟谷输砂，坡折控砂"沉积模式

古地貌的恢复对沉积特征的研究具有指导意义[5]，本文通过对南堡1号-南堡5号构造沙三一亚段古地貌进行恢复发现，南堡1号-南堡5号构造斜坡带位于南堡凹陷南部缓坡带上，受潜山翘倾影响，整体上表现为自南向北逐渐下倾的斜坡背景；而近东西向断裂处发育坡折带(图3)。结合区内地震和钻井资料，认为近东西向断裂控制的断裂坡折对砂体的运输及富集具有重要的控制作用，下面详细论述。

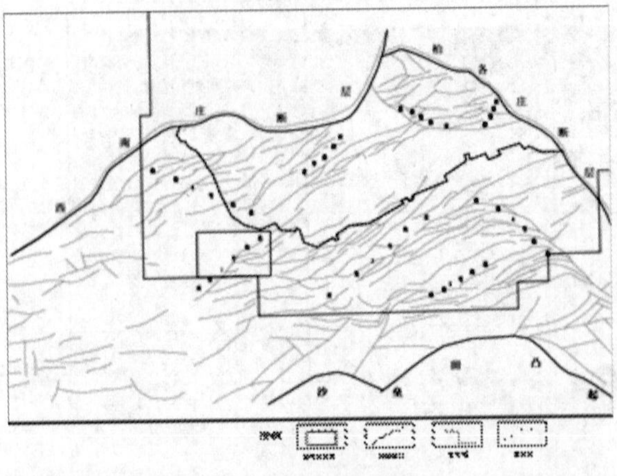

图 1　研究区位置图

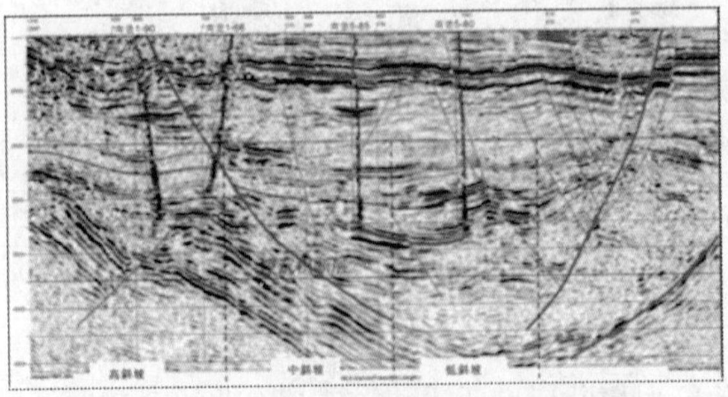

图 2　南堡 1-南堡 5 号构造连井地震剖面
测线位置见图 3、图 2；井旁蓝线为伽马测井曲线

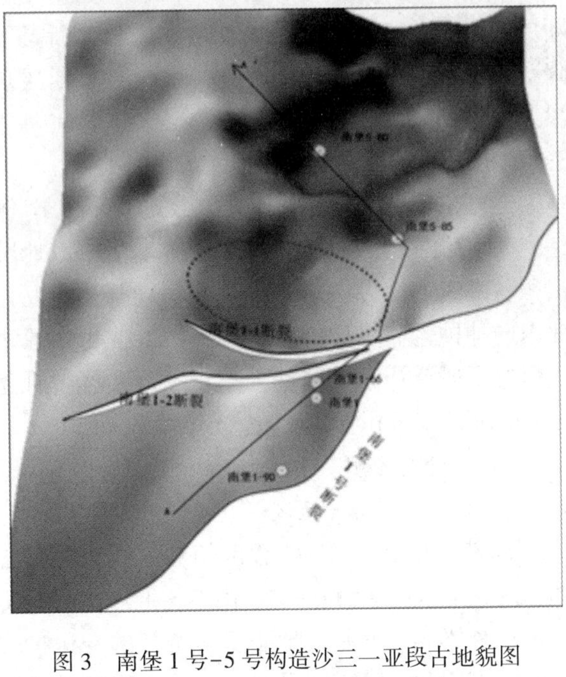

图 3　南堡 1 号-5 号构造沙三一亚段古地貌图

2.1　沟谷控制砂体的运输

从沙三一段古地貌图(图 4)可以看出，南堡 1-1、南堡 1-2 断裂及地形坡折控制着下降盘地层沉积，坡折之下发育沟谷，为物源注入提供了通道。从过南堡沙一亚段顶拉平剖面上，可以明显看到地层下切特点，发育北东向的冲蚀沟

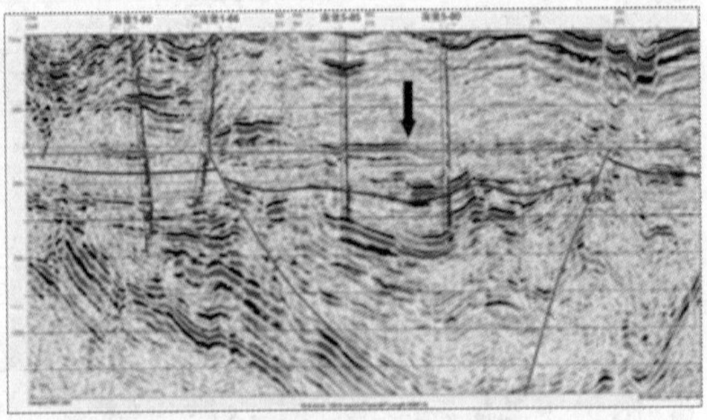

图 4　南堡 1-南堡构造连井沙一顶拉平剖面
测线位置见图 3、图 2；井旁蓝线为伽马测井曲线

谷，控制着地层的分布。

2.2　坡折断裂对砂体聚集控制作用

南堡 1 号-南堡 5 号斜坡带，发育多条近东西向断裂，连井地震对比分析，南堡 1-1 断裂控制下降盘地层沉积，坡折之下地层厚度明显加厚；钻井证实断裂坡折之下，砂体较为富集，以扇三角洲前缘亚相为主。前人研究表明，断裂坡折对沉积具有一定控制作用，下倾方向通常是沉积物卸载富集的有利场所[6~7]。从连井沉积断面图(图 5)可以看出，平面上位于断裂坡折带上倾方向的井南堡 1、南堡 1-90、南堡 1-66 井砂岩较不发育，而坡折带下倾方向相对较近的南堡 5-85 井砂岩较为富集，而远离断裂坡折的南堡 5-80 井砂体逐渐减少。连井分析表明南堡 1-南堡 5 号构造斜坡带受近东西向断裂控制的断裂坡折带对砂体富集具有明显控制作用，断裂坡折下砂体较为发育，具有典型“坡折控砂”特征。在明确“坡折控砂”模式基础上，本文对东西向断裂不同部位的活动差异性进行研究，区内主要发育南堡 1-1、南堡 1-2 两条东西向断裂，向东延伸合为一条断层(图 6)。断裂在不同构造部位活动强度存在明显差异，这种差异对沉降中心的形成和砂体的配置具有一定控制作用[8]。本次研究采用将断裂上、下盘地层厚度比值的方法分析断层的生长指数，通过对南堡 1-1 和南堡 1-2 两条断裂不同位置、不同层系的活动强度进行统计发现，断裂活动主要存在以下两方面特征：

(1) 东西向断层形成于沙河街早期，两条断层总体活动较强。其中南堡 1-1 断裂曲线活动形态具有中间高、两边低的特点(图 7)，表明其活动性中段较强，东西两侧较弱，且活动指数最大处，对应断层转折处。在东侧与南堡 1 号控山断裂相交处，活动量又明显变大；南堡 1-2 断裂曲线同样具有“中间高、两边低”的特点(图 8)。

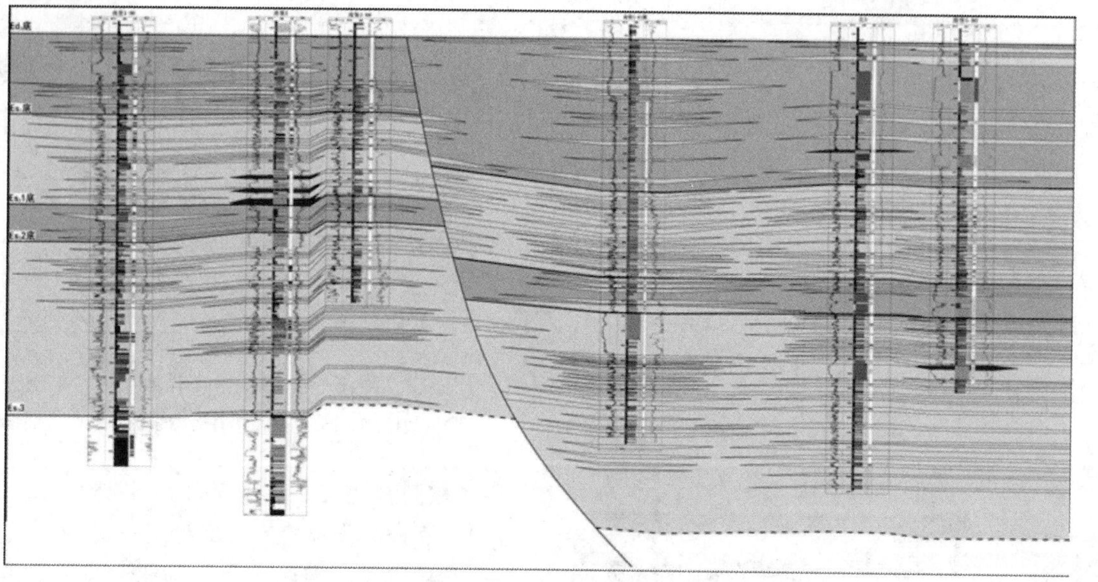

图 5　南堡 1、5 构造沉积断面图 AA′(测线位置见图 3)

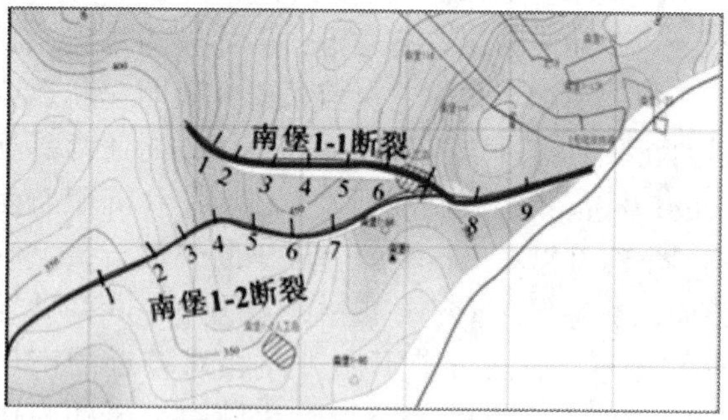

图 6　东西向断层南堡 1-1 不同位置不同时期断层活动强度对比图

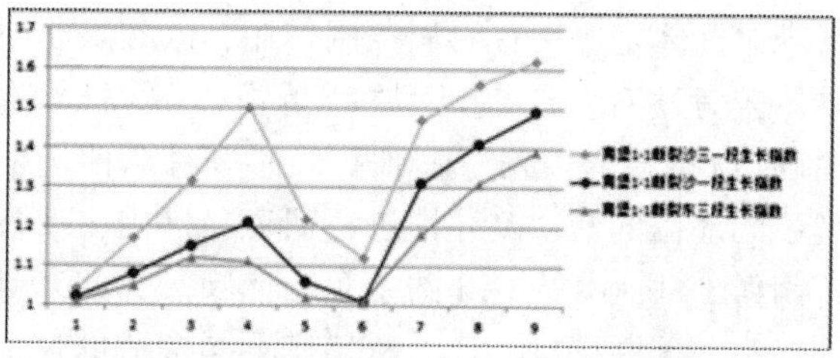

图 7　东西向南堡 1-1 断层不同位置不同时期断层活动强度对比图(测线位置图见图 6)

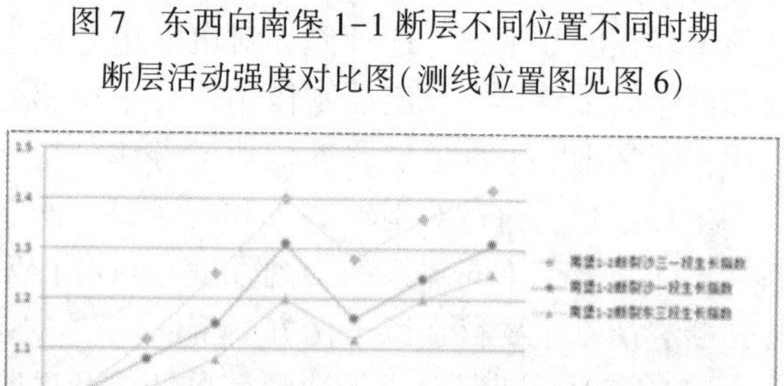

图 8　东西向南堡 1-2 断层不同位置不同时期断层活动强度对比图(测线位置图见图 6)

(2) 东三段、沙一时期两条东西向断裂继承性发育，但活动量明显活动程度都减弱，表明该断层早期发育特点，控制沙三一地层沉积作用明显，沙一段、东营组控制作用减弱[9]。

综上所述，纵向上，东西向控坡折断裂主要形成于沙三一早期，至东营时期断层继承性生长，但该断层早期活动强烈，晚期活动较弱，对沙三一地层沉积控制作用更为明显。横向上，断裂在平面上活动强度存在明显分段性，南堡 1-1 断层及南堡 1-2 断层中段断层活动最强，断层下降盘地层加厚明显；南堡 1-1、南堡 1-2 断层东段及西段活动相对较弱。

3　沉积体系展布特征

通过古地貌、断层生长指数的分析，南堡 1-1、南堡 1-2 断裂及地形坡折控制着下降盘地层沉积，南堡 1-2 断裂转折处断层活动强烈，发育北东向冲蚀沟谷，坡折之下发育沟谷，为物源注入提供了通道；结合属性分析(图 9)，落实研究区发育北东向沉积物源体系，分布面积近 50km^2。

4　富砂区分布预测

4.1　低勘探层系富砂区分布预测

研究区沙三一段勘探程度相对偏低，结合已钻井南堡 1-66、南堡 5-85、南堡 5-80 岩性特征，模拟三种不同岩性组合地震反射特征的变化，从正演模型上可以看出(图 10)，厚砂层表现为低频中强振幅；多层薄砂层表现为中高频，较弱振幅；厚层泥岩为中、高频弱振幅反射。通过该 3 口井的连井地震相分析，可以划分为三种地震相：中高频弱杂乱反射、中低频中强振幅反射、中高频较弱振幅反射。模型正演与实际地震反射结构具有很好的对应关系，推测该区中深层富砂

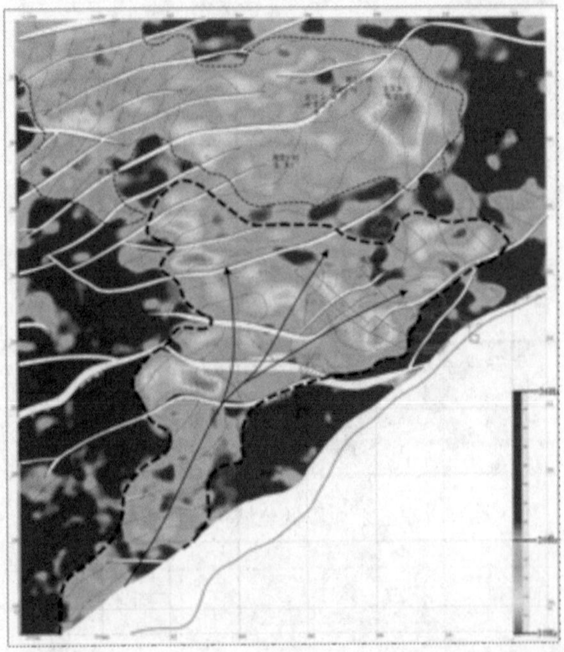

图 9　南堡 1-南堡 5 号构造沙三一亚段属性分布图

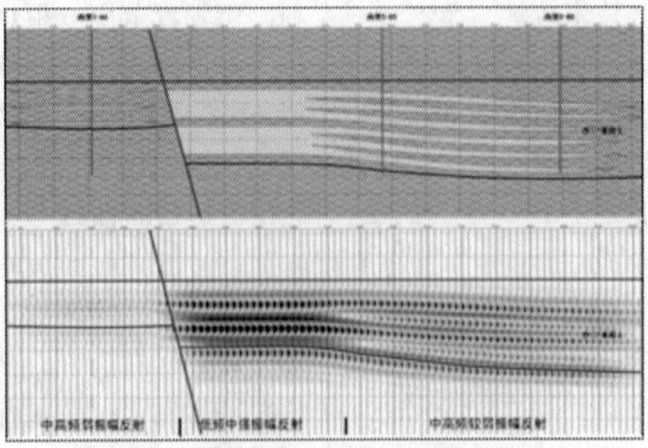

图 10　模型正演(测线位置图见图 6)

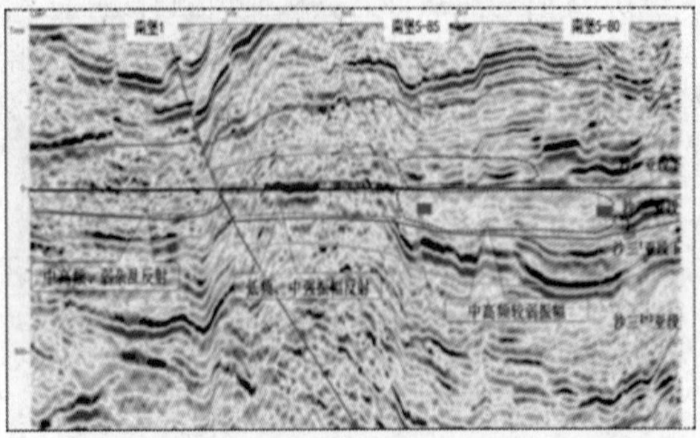

图 11　连井地震相划分(测线位置图见图 6)

区特征表现为中低频、中强振幅反射特征。通过地震相识别，落实南堡 1-南堡 5 号构造斜坡带沙三一段不同地震相的平面展布规律(图 12)。

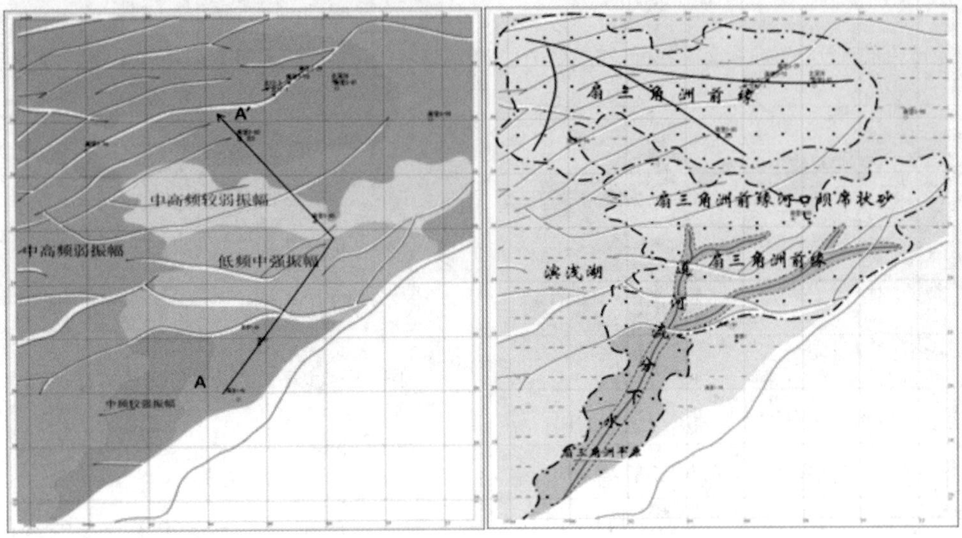

图 12　南堡 1-南堡 5 号构造沙三一段地震相图(左)和沉积相图(右)

结合单井相、地震相分析、属性分布划分该区沉积相，整体划分为扇三角洲平原辫状河道发育区、三角洲水下分流河道发育区、扇三角洲前缘河口坝、席状砂发育区，落实扇三角洲前缘有利相带分布面积为 $30km^2$。综合上述研究，南部物源受断裂坡折带控制，在东西向控沉积断裂下降盘发育有利储集带。

4.2　高勘探层系优势储层预测

前人研究表明，南堡 1 号构造东三段发育北部物源扇三角洲沉积体系，规模大、延伸距离远，研究区处于扇三角洲前缘相带，储层发育，但储层物性相对较差、横向变化快。该区共钻遇井 15 口，普遍见油气显示，仅 2 口井获得工业油流，油藏以岩性油藏为主，油气富集受优势储层控制作用明显，关键是准确预测优势储层展布规律。

通过对东三段进行体系域细分，统计发现东三上低位域和东三段下高位域油气显示最为活跃，锁定为重点研究目的层系并开展优势储层预测技术攻关，落实优势有利储层发育范围。根据地球物理特征曲线交汇分析，确定砂岩敏感曲线为伽马值大于 40 小于 80 为砂岩(图 13)，选取伽玛曲线开展配置协模拟预测砂层储层分布；在此基础上，进一步对砂岩储层开展敏感曲线分析发现：将密度、中子孔隙度、声波时差曲线放在合适的刻度下，当三条曲线保持平行且靠近时，储层物性较好，反之储层物性较差。利用方差公式拟合三孔隙度曲线(优势储层曲线)，开展优势储层曲线重构反演，确定优势储层曲线门槛值大于 0.95 时为有效砂岩，从而预测有效储层的展布特征。从优势储层曲线反演剖面可以看出，分辨率得到明显提高，火山岩、致密干层非有效储层得到消除，优势储层得到明显体现(图 14)。

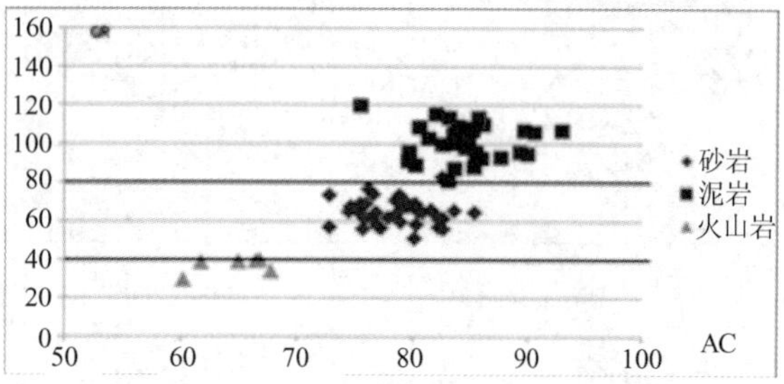

图 13　东三段敏感曲线交汇分析

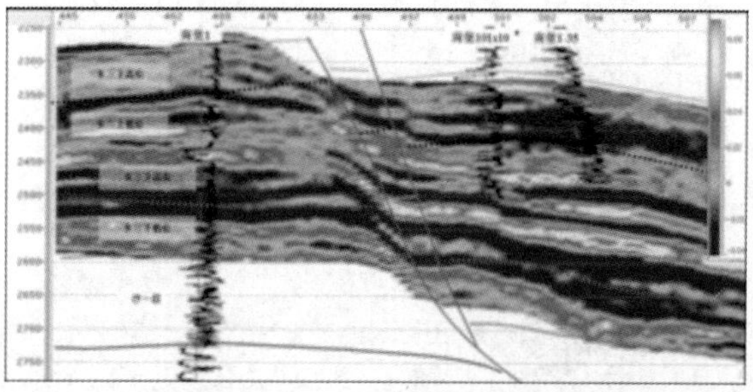

图 14　南堡 1 号构造东三段优势储层反演体剖面

利用该技术，精细刻画了重点层系东三上段低位和东三下段高位有利储层展布范围(图 15)，共落实有效砂岩面积 52.5km^2，其中优势砂岩面积 18.2km^2[10~11]。为进一步验证反演结果准确性，利用实际钻井测井解释结论对东三上亚段低位域、东三下亚段低位域两个主要目的层段有效储层层数误差进行了统计，判断是否为有效储层的标准为以优势储层反演分辨率为依据，以砂组为单元，将解释油层、水层、气层定义为有效储层，反演结果中三孔隙度值大于 0.95 为有效储层。统计发现(图 16)，吻合率较高，参与井吻合率 86.1%，盲井吻合率 84.6%，总吻合率 85.7%，表明该优势储层预测方法的可靠性。

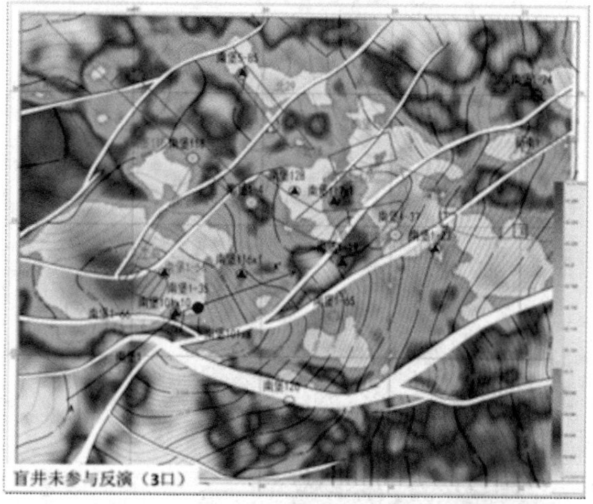

图 15　东三上亚段低位域优势储层分布图

		井号	井有效储层数	反演有效储层数	实际绝对误差层数	吻合率(%)
东三上亚段低位域有效储层误差统计表	参与井	南堡 1	1	1	0	100
		南堡 1-19	3	2	1	67
		南堡 1-35	1	1	0	100
		南堡 1-65	3	3	0	100
		南堡 1-66	1	1	0	100
		南堡 101x10	2	2	0	100
		南堡 116x1	3	3	0	100
		南堡 117x1	1	1	0	100
		南堡 128	3	2	1	67
		新南 1	3	2	1	67
		南堡 5-85	3	4	1	67
		参与井	24	22	4	83.3
	盲井	南堡 1-37	3	3	0	100
		南堡 1-4	3	3	0	100
		南堡 118	2	3	1	67
		盲井	8	9	1	87.5

图 16　东三下亚段低位域优势储层吻合统计表

5　勘探部署

通过古地貌、属性分析、模型正演等物探技术手段，落实沙三一富砂区分布的基础上，结合构造背景，围绕东西向坡折断层下降盘富砂发育区带，有利的三角洲有利相带发育区，配合油田部署 NP1-56、NP1-58 井两口预探井位，兼探东三段低位和高位优势储层发育区。目前这两口井都已完钻，兼探层东三段钻遇优质储层，进一步落实探明储量规模；目的层沙三一段钻遇厚层砂岩，与预测一致，测井解释油层上百米，有望发现千万吨级储量规模，进一步证实了“沟谷输砂，坡折控砂”理论可靠性，物探技术手段预测富砂区分布的方法适用性，对构造岩性圈闭的落实、井位部署给予了有力的技术支撑。

6 结论

(1) 早期潜山背景之上，南部斜坡区发育一系列近东西向断层，对不同时期的地层控制作用强弱存在差异。南堡1号斜坡带沙三一时期，发育两条近东西向折坡断裂控制着下降盘地层沉积，地层加厚明显，控制着砂体的聚集，为下步勘探重点目标区带指明了方向。

(2) 按照“沟谷输砂，坡折控砂”沉积模式指导，通过古地貌恢复、属性分析、控坡断裂断层生长指数分析，落实物源通道及沉积体系展布特征，确定了南部物源受断裂坡折带控制，在东西向控沉积断裂下降盘发育有利储集带。

(3)模型正演、地震相分析技术，有效指导了低勘探区中深层富砂区的地震响应特征，落实了坡折带下倾部位砂体富集规律，指导沉积相带的划分。

(4)勘探主体区，创新“优势储层曲线重构”预测技术，进一步落实目标区东营组重点层系优势有效砂岩分布范围，为岩性圈闭精细刻画、勘探部署提供了依据。

参考文献

[1] 刘海青，许廷生，李艳梅，等. 南堡凹陷中深层岩性油气藏形成及分布[期刊]. 特种油气藏，2014，21(5)：34-36.

[2] 李建林，于志龙，吴清龙，等. 地震资料精细解释技术在南堡凹陷的应用[期刊]. 石油地球物理勘探，2006，(增刊1)：29-32.

[3] 邢文军，翟瑞国，张国栋，等. 南堡凹陷砂岩体识别与勘探成效[期刊]. 石油天然气学报(江汉石油学院学报)，2013，35(2)：87-91.

[4] 张国栋. 南堡滩海地区浅层精细构造解释及储层预测[学位论文]. 中国石油大学(华东). 2007.

[5] 庞军刚，杨友远，李文厚，等. 陆相含油气盆地古地貌恢复研究进展[期刊]. 西安科技大学学报，2013，33(4)：424-430.

[6] 杨晓利，张自力，孙明，等. 同沉积断层控砂模式-以南堡凹陷南部地区 Es^1 段为例[期刊]. 石油与天然气地质，2014，35(4)：526-533.

[7] 周立宏，蒲秀刚，周建生，等. 黄骅坳陷歧口凹陷古近系坡折体系聚砂控藏机制分析[期刊]. 石油实验地质，2011，33(4)：371-377.

[8] 史冠中，王华，徐备，等. 南堡凹陷柏各庄断层活动特征及对沉积的控制作用[期刊]. 北京大学学报(自然科学版)，2011，47(1)：85-90.

[9] 王思琦，鲜本忠，万锦峰，等. 南堡凹陷滩海地区东营组和沙河街组一段储层特征及其成因机制[期刊]. 东北石油大学学报，2015，39(4)：54-62.

[10] 孙明，廖军，陈伟超，等. 南堡凹陷东部扇三角洲砂岩地震预测技术及应用[期刊]. 石油地球物理勘探，2017，52(S1)：128-133+10.

[11] 唐建超，李赫，张洪宇，等. 南堡凹陷5号构造沙一段砂体精细识别[期刊]. 石油地球物理勘探，2016，51(S1)：64-70+7.

河套盆地临河坳陷石油地质新认识与勘探重大突破

张锐锋[1] 陈树光[2] 刘喜恒[2] 王少春[3] 王会来[2] 刘 静[2] 王胜亮[3]

(1. 中国石油华北油田公司；2. 中国石油华北油田公司勘探开发研究院；3. 中国石油华北油田巴彦勘探开发分公司)

摘 要 以野外地质踏勘、新老地震资料应用为基础，系统开展了河套盆地形成演化、控烃机理、成藏规律等综合研究，提出四期成盆演化新机制，指出吉兰泰变换带为构造首选区带；揭示"盆地演化-沉积环境-埋藏史"三元联合控烃机理，明确临河坳陷中部为油气资源富集区；构建有利构造带油气成藏新模式，指导发现吉兰泰富集油藏，实现河套盆地40年油气勘探历史性重大突破，探讨研究区油气富集三大主控因素，为寻找富集油藏提供重要参考。

关键词 河套盆地；临河坳陷；构造演化；控烃机理；成藏模式；山前变换带；中央断垒带；吉兰泰油田

河套盆地临河坳陷油气勘探始于20世纪70年代末，主要历经3大勘探阶段[1-2]。①1979~1987年为石油普查勘探阶段：在临河坳陷北部钻井7口，在下白垩统和渐新统均见到生油岩和油气显示，仅临深3井下白垩统采出少量原油；②2004~2006年生物气勘探探索阶段：钻探2口浅井，见气测异常，但试气产量低；③2013~2016年埋藏较浅层油气勘探阶段：2013~2014年吉兰泰潜山附近实施钻孔4口，见到油气显示黑褐色粘稠状原油产出，于是2015~2016年在吉兰泰地区完钻探井2口，未获勘探突破。结合前人研究公开发表的文献，提出了制约油气勘探突破的关键问题，首先盆地性质及演化还有争议[3-5]，有利构造区带有待落实；资源潜力及分布认识不清[6]，勘探方向不明；油气成藏因素研究较为单一[7-8]，油气富集规律不明。基于此，本次紧紧围绕以上关键问题，加强野外地质踏勘、加密二维地震骨干剖面部署采集，重新开展了盆地构造演化分析、资源潜力评价和方向优选及油气成藏规律研究，为有效指导该区油气赋存条件的认识和总体勘探思路及井位部署的制定提供重要的地质依据。

1 地质概况

河套盆地北邻阴山山脉，东接鄂尔多斯高原，东南与贺兰山，桌子山毗邻，西至狼山。东西长约600km，南北宽30~90km，面积约4×10^4 km^2[1-2]。整体上，具有"三坳两隆"的构造格局，乌拉山隆起和包头隆起自西向东将盆地分隔为西部临河坳陷，中部乌前坳陷和东部呼和坳陷。临河坳陷面积最大(约$2.43\times10^4km^2$)，也是盆内最主要的生油坳陷和含油气区。

临河坳陷位于河套盆地西部，总体呈NE走向，为中、新生代拗断叠合型坳陷，具有东西分带、南北分区的结构特征，以吉北变换带为界，南北划分2个凹陷，以北地区为巴彦淖尔凹陷，以南地区为吉兰泰凹陷。其中，巴彦淖尔凹陷东西方向可划分为西部洼陷、中央断垒和东部洼陷；吉兰泰凹陷东西方向划分为吉西洼陷和吉东斜坡(图1)。

2 盆地结构与演化分析

2.1 构造格架与结构特征

通过井震联合精细构造解释，共识别追踪出5大层序界面，分别为基底(即白垩系底)界面(Tk)、固阳组底界面(Tkg)、古近系底界面(Te)、新近系底界面(Tn)和第四系底界面(Tq)。其中，白垩系内部固阳组底界面(Tkg)是一个区域性的重要构造不整合界面。该界面之下根据吉兰泰构造带多口钻孔井以及JC1井的孢粉、介形类及轮藻类等古生物化石资料分析，认为属于下白垩统[9]。而该界面之上根据St1井的岩心和岩屑古生物样品分析，发现2132.45m岩心样品中出现中生代特有的中生轮藻分子，可以确定该井段沉积进入早白垩世，结合地震界面特征，由此确定了白垩系固阳组顶界面位置。基于前人对河套盆地白垩纪地层命名习惯，本次将该套区域不整合界面之下白垩纪地层命名为李三沟组，而不整合界面之上白垩纪地层命名为固阳组。上部新生代依据岩电特征以及连续且全区可对比的地震反射特征分析，分别识别出了新近系底界面和第四系底界面，从而建立了全区地层格架(图2、图3、图4)。

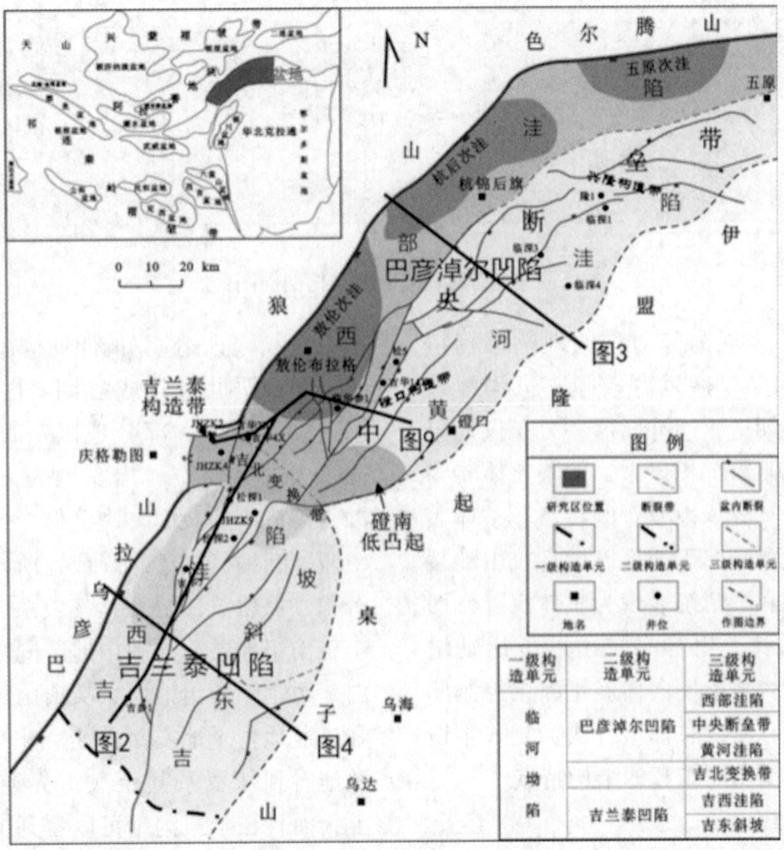

图 1 河套盆地临河坳陷构造位置及构造单元划分图

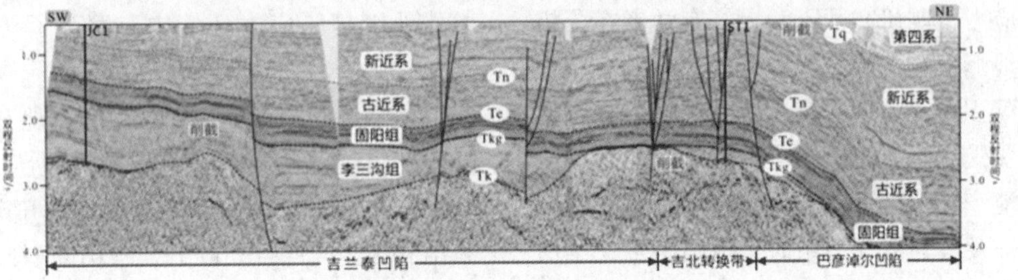

图 2 临河坳陷南北向地层格架图

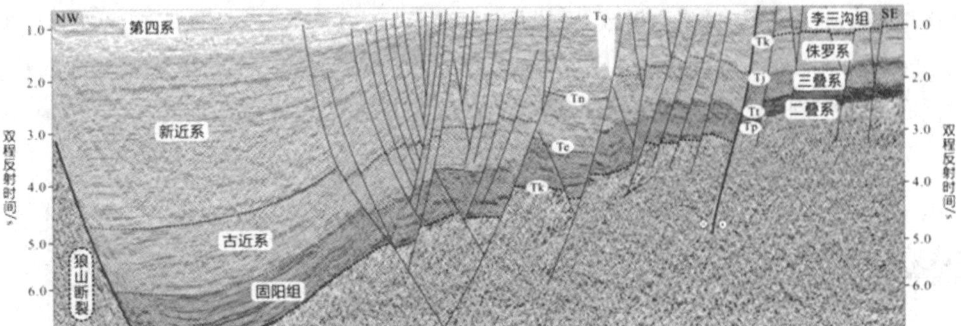

图 3 临河坳陷北部过盆地剖面图

从上述建立的不同地区地层格架来看，北部的巴彦淖尔凹陷为双断结构，受控于西部的狼山断裂和东部的黄河断裂(图 3)，主要发育白垩系固阳组以来地层，下白垩统和渐新统表现为整体沉降，西部略厚，东部略薄；新近纪以来控盆断裂构造活动差异性显著，西断东超的结构特征更

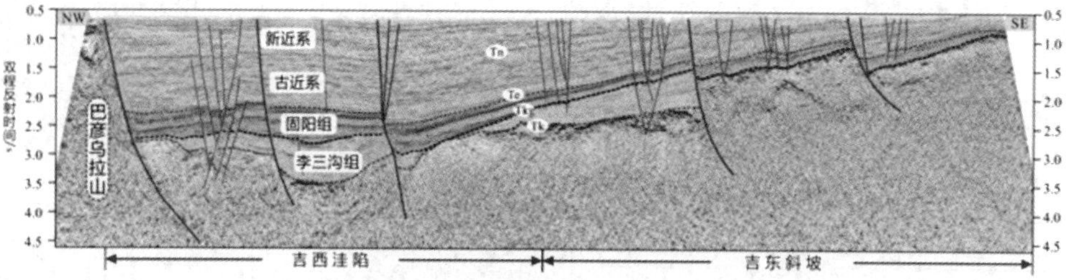

图4 临河坳陷南部结构剖面图

为明显，所以整体表现为非对称的地堑结构特征。南部吉兰泰凹陷早期发育较厚李三沟组地层，主要受控于早期挤压逆冲断层，分布仅局限于凹陷西南部；固阳组沉积以来，凹陷整体转为伸展构造特征，具有继承性发育的特点，整体表现为单断结构，主要受控于西部巴彦乌拉山断裂的活动，下白垩统和渐新统表现为整体沉降，西厚东薄；新近纪以来，巴彦乌拉山断裂活动增强，同时凹陷内发育数条反向伸展正断层控制凹陷形成多个半地堑，所以总体组合成为复式半地堑结构特征，表现为西断东超的结构特点。

2.2 盆地演化过程分析

关于河套盆地的成因演化研究起始于20世纪80年代，由于钻井地震资料少，对白垩系盆地性质及应力机制研究并不深入。有学者在分析了河套盆地弧形构造体系成因及演化机制后，提出白垩系沉积期，受区域挤压应力环境影响，河套地区主要受左旋剪切挤压应力影响，发育挤压拗陷型盆地[3-4]。也有学者在研究河套盆地断裂活动的特征及其与油气关系时，指出中生代早白垩世为拱张断陷演化阶段，并控制了固阳组湖相沉积[5]。本次在前述地层格架和盆地结构分析基础上，开展构造演化过程恢复研究，首次提出临河坳陷经历了早白垩世反转成盆期，古近纪差异伸展拗断期，新近纪强烈伸展断陷期，第四纪走滑(或反转)改造期”的四期构造演化新机制。

早白垩世反转成盆期：白垩系固阳组沉积前，临河坳陷大部分地区一直处于隆升成山阶段，太古界变质岩出露地表，长期遭受风化剥蚀，促成潜山及内幕裂缝储层的发育。而狼山及伊盟隆起地区处于沉降成盆阶段，在伊盟隆起上沉积并保留了二叠系、三叠系、侏罗系及白垩系李三沟组地层，在狼山地区同样发现有侏罗系和白垩系李三沟组地层。从狼山野外露头勘查剖面和过盆地骨干地震剖面上(图3、图5)，可以清楚地看到侏罗系甚至太古界逆冲在李三沟组之上，而且在李三沟组可以看到抬升削截现象。结合区域构造背景，该时期盆地东南部贺兰山、桌子山处于强烈隆升期，造成河套盆地及周边地区整体处于挤压应力环境中，发育了挤压坳陷型盆地[2-4]。

白垩系固阳组沉积期，河套盆地开始整体沉降，并角度不整合于李三沟组或太古界之上(图2)，地震相特征清楚，地层厚度较为稳定。狼山和伊盟隆起开始隆升，狼山断裂以及黄河断裂开始发生负反转控制固阳组沉积。另外，无论从野外剖面还是盆内地震剖面都显示该时期发育大量正断层控制了盆地沉积，在狼山断裂与巴彦乌拉山断裂转换处，开始发育山前构造变换带。后期钻井证实，该山前变换带持续控制了大型扇

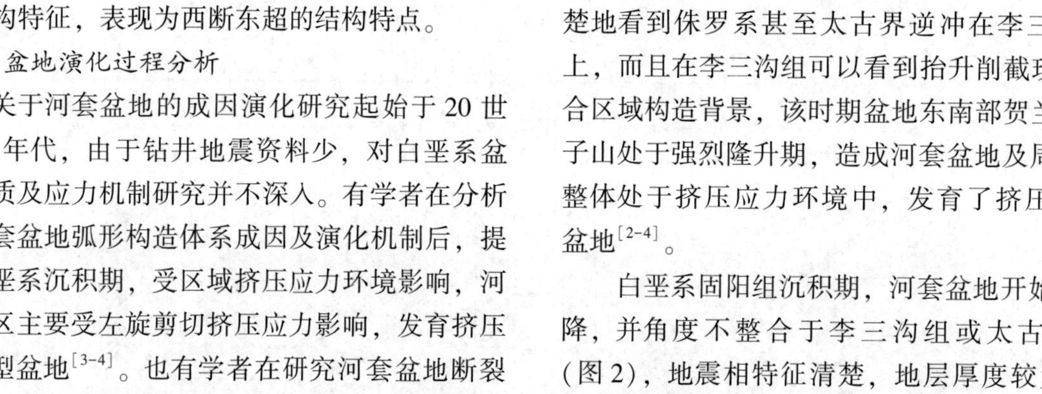

图5 内蒙古自治区乌拉特后旗东升社侏罗系–白垩系野外路线地质调查剖面图

三角洲沉积，在狼山分支断层下降盘控制发育巨厚固阳组砂砾岩体。因此，固阳组沉积期发生了河套盆地由古隆向盆地转变，狼山伊盟隆起等盆地周边发生了由沉降区向隆升区的转变，固阳组底界面为一个重要的构造变革界面。该界面不仅是构造不整合界面，还是构造应力体制由挤压向伸展发生转变的动力变革界面，同时也是盆山耦合关系发生完全变换的构造界面。所以，白垩系固阳组沉积期形成了河套盆地的雏形，完成了由山到盆的转换，为重要的反转成盆期。

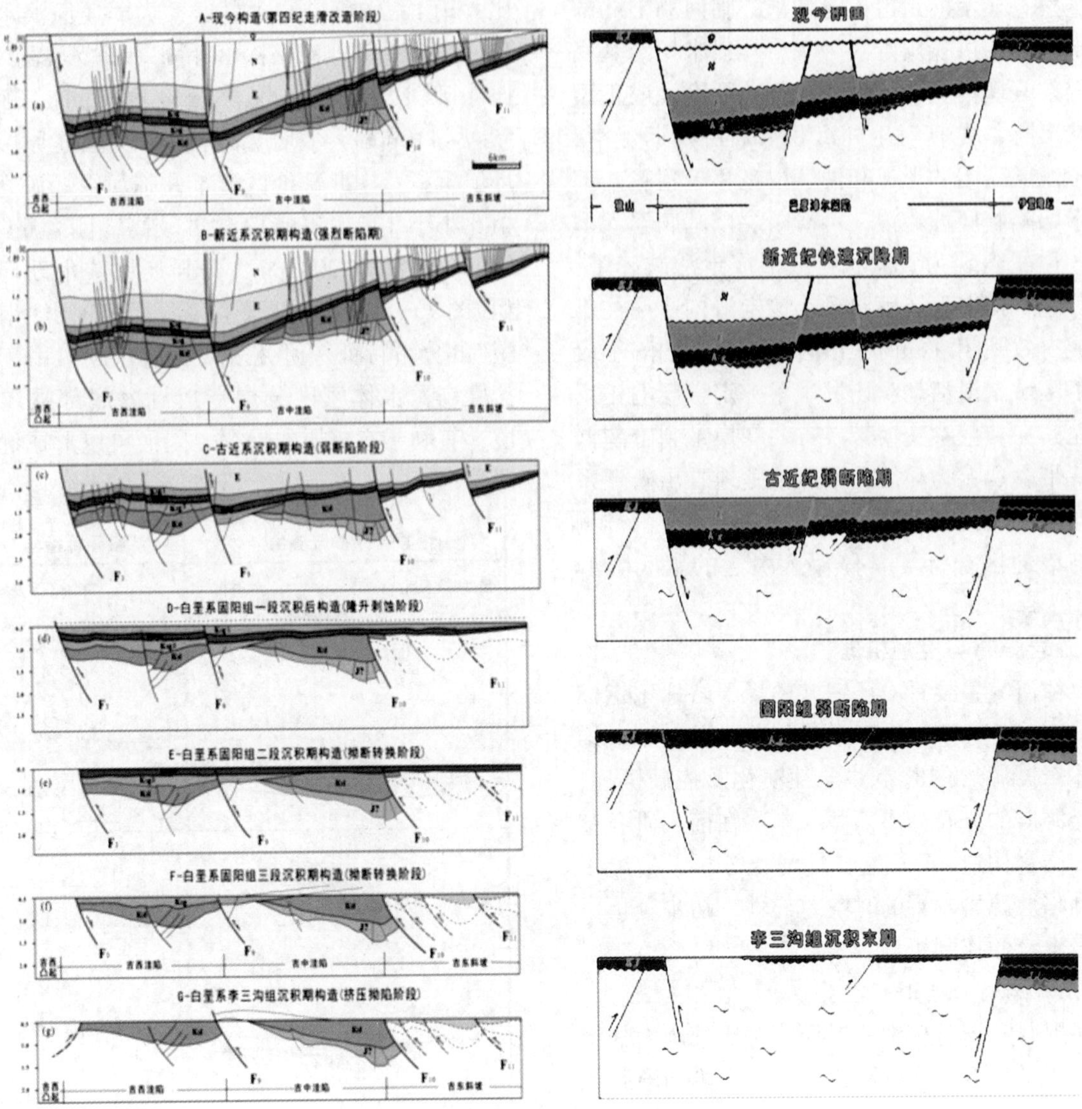

图 6　临河坳陷构造演化恢复图

古近纪差异伸展拗断期：古近系临河组沉积期，河套盆地受区域板块俯冲作用的影响，再次进入伸展拉张期，受先存构造影响，沉降中心继承性发育，狼山断层和巴彦乌拉山断层伸展活动再次增强，在两条控盆大断层的转换形成的吉兰泰山前变换带持续发育，同时磴南低凸起开始形成，在临河坳陷南北差异伸展作用下，吉兰泰山前变换带到磴南低凸起之间形成吉北变换带，控制形成了南北 2 个凹陷，该时期沉积中心集中在北部巴彦淖尔凹陷，发育一套强还原咸水湖相优质烃源岩，而南部吉兰泰凹陷此时主要发育一套棕红色泥岩和砂泥岩互层，差异伸展控凹作用显著。

新近纪强烈伸展断陷期：新近纪沉积期，盆地进入强烈伸展断陷期，狼山断裂活动显著增强，同时坳陷内发育数条控沉积大型断裂，将巴彦淖尔凹陷分隔成西部洼陷和东部黄河洼陷，南部吉兰泰凹陷形成了吉西洼陷和吉东斜坡，整体形成了临河坳陷东西分带的构造格局。同时，巴彦淖尔凹陷晚期强烈伸展快速沉积，使盆地基底埋藏深(最深达 14000m)，有利于深层烃源岩的成熟演化。同时，成岩演化时间短，尤其是新生代以来地层成岩作用弱，储层物性相对较好。

第四纪走滑(或反转)改造期：第四纪沉积期，受喜马拉雅山强烈隆升影响，河套盆地及周边地区发生了较强的走滑运动。不论原控盆断裂还是盆内断裂均表现出一定程度的走滑活动，根据地震资料显示的走滑构造样式，临河坳陷北部地区走滑断层以表皮走滑为主，一般未切穿基底面，上部表现为宽缓的负花状构造形态，或正型负花状形态，尤其对于同沉积大断层晚期走滑，有利于浅层圈闭的形成和油气的运移聚集；南部吉兰泰凹陷基底埋藏浅，走滑断层以基底卷入型为主，往往表现为直立状，或形成走滑破碎带，上部负花状构造形态不明显，该走滑构造往往难以形成有效圈闭。同时，该时期吉兰泰凹陷不仅发生了区域走滑活动，还发生了一定程度的正反转，尤其在吉兰泰变换带、吉北变换带到磴南低凸起一带表现尤为显著，可以清楚地看出新近系和第四系地层遭到不同程度的削截(图 2)，推测可能与该地区深部异常体侵入引起的基底隆升有关[9-10]。

3 烃源岩分布与控烃机理

以往研究主要针对已钻井的烃源岩地化指标(如丰度、类型等)进行了初步分析[2]，并未详细论述对烃源岩的时空差异性演化及控烃机理，优质烃源岩的分布尚不清楚。本次在前人研究基础上，结合构造-沉积差异性演化分析，指出了临河坳陷烃源岩发育的时空差异性，初步分析了烃源岩发育的控制机理。

3.1 烃源岩特征与时空差异性

根据井震结合精细地层划分对比，认为临河坳陷主要发育下白垩统固二段、固一段和渐新统临河组 3 套烃源岩。临河坳陷烃源岩发育具有明显的时空差异性，根据已钻井揭示，固二段烃源岩生烃中心在临河坳陷北部地区，以临深 3 井为例，该井厚 68.4m，平均有机碳含量 0.89%，氯仿沥青“A”平均为 0.0722%，平均总烃含量 464ppm，成熟度高，综合分析认为成熟中等生油岩；固一段烃源岩生烃中心在坳陷中部，如松探 1 井烃源岩厚度 15.8m，平均有机碳含量 0.86%，氯仿沥青“A”平均为 0.9015%，平均总烃含量 5888.1ppm，成熟度低，综合分析认为低成熟中等-好生油岩；临河组烃源岩生烃中心位于坳陷中北部，松 5 井和隆 1 井均有钻遇，其中隆 1 井烃源岩厚度 71.6m，平均有机碳含量 1.87%，氯仿沥青“A”平均为 0.4936%，平均总烃含量 1747.7ppm，成熟度低，综合分析认为低成熟中等-好生油岩。

另外，不同时期烃源岩的沉积环境具有显著差异性。北部地区临深 3 井区固二段烃源岩姥植比大于 1，伽玛蜡烷含量低，为弱还原淡水湖沉积环境；中部地区松探 1 井固一段烃源岩，姥植比小于 1，伽玛蜡烷含量较高，同时硼含量 55.7~110ppm，平均 77.5ppm，为强还原咸水湖环境沉积；中北部地区隆 1 井临河组烃源岩，姥植比小于 1，伽玛蜡烷含量较高，硼含量 157~319ppm，平均 208ppm，为强还原咸水湖环境沉积(图 7)。因此，白垩系烃源岩表现出“南咸北淡”的分布特征。研究表明，咸水湖盆由于湖水盐度高，水体密度分层造成湖盆底部强还原环境，有利于有机质的保存，因而可以形成优质烃源岩[11-12]。

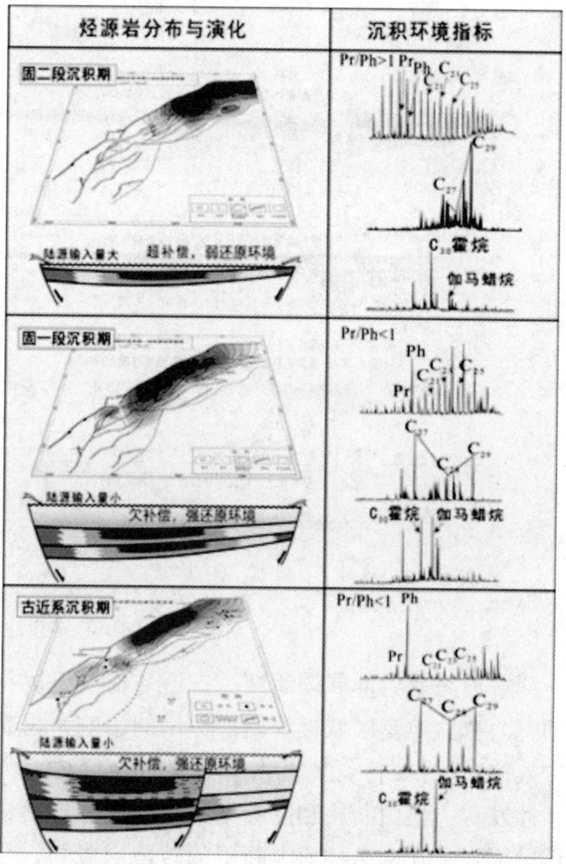

图 7 临河坳陷不同时期烃源岩厚度分布图

3.2 烃源岩分布预测与控烃机理

关于烃源岩的分布预测，前人做过很多尝试，尤其通过烃源岩正演模拟得出暗色泥岩厚度与振幅成正比关系，结合井点暗色泥岩厚度占地层厚度百分比来预测全区烃源岩厚度分布[9]。然而地震振幅影响因素很多，是否与暗色泥岩成正相关性具有普遍性值得怀疑，此外，研究区只有二维地震，测网稀，采集年代跨度大，参数不统一，资料品质差，为全区烃源岩定量预测带来极大困难。本次在充分参考前人做法的基础上，首先开展全区二维地震资料重新处理，统一参数；然后结合速度与砂泥岩综合压实模型的关系，引入速度谱开展全区泥岩厚度计算，结合井点暗色泥岩厚度占地层泥岩厚度百分比来预测全区烃源岩厚度分布，理论上可行，实践中易于操作，制作了不同时期烃源岩厚度分布(图7)。

从上述不同时期烃源岩厚度分布可以看出，固二段沉积期，盆地构造体制由挤压向伸展转换，发生初始负反转，发育泛湖盆，受先存挤压南强北弱应力影响，沉积中心位于北部，水体浅而开阔，发育淡水相烃源岩，晚期快速沉降深埋，成熟度高；固一段沉积期，盆地持续伸展拉张，洼陷分割性增强，临河坳陷沉积中心向中部迁移，水体加深，封闭性增强，发育咸水湖相优质烃源岩，受晚期南抬北降的影响，吉北变换带以北地区成熟度高，以南地区成熟度低；临河组沉积期，区域伸展作用再次增强，受吉北变换带影响，盆地沉积中心向中北部偏移，水体深而封闭，发育咸水湖相烃源岩，但埋藏时间短，演化程度低，成熟度为低熟-成熟。由此，盆地演化、沉积环境和埋藏史共同控制有效烃源岩发育演化与分布。结合不同时期烃源岩类型、面积、厚度及生烃量，计算不同地区资源量，综合评价认为临河坳陷中部地区为最有利的资源富集区。

4 油气成藏特征与勘探重大突破

4.1 储层特征

前面研究表明，白垩纪沉积前，临河坳陷绝大部分地区长期处于隆升剥蚀区，经历了海西、印支、燕山等多期次、多方向挤压构造运动，易于形成变质岩潜山立体网状裂缝体系，晚期强伸展断陷及走滑反转等构造运动，在盆内及盆缘易形成潜山构造，古隆控制了潜山裂缝储层的发育；在碎屑岩领域，尽管晚期快速沉降，目的层埋藏深，但成岩压实作用弱，实际钻井表明，该地区5100m以浅地区孔隙度能达到15%以上，反映了深层储层物性较好，具有良好的勘探潜力。因此，潜山及5100m以浅目的层均为有利储层发育区。

4.2 有利构造样式

构造样式与油气藏类型密切相关，通过不同构造样式解析，对分析构造控藏作用意义重大[13]。本次在临河坳陷主要识别出6种有利构造样式，其中临河坳陷最北部兴隆构造带，主要发育伸展滑脱型逆牵引背斜、反向断块等构造样式；中部地区主要发育逆牵引背斜、断块、断垒及潜山等构造样式；吉兰泰变换带发育反转断块潜山、大型顺向断鼻等构造样式。早期在吉兰泰潜山钻孔井已发现潜山裂隙中原油，证实潜山已成藏。总体上，以上6种构造样式及对应的圈闭类型均依靠晚期走滑伸展(反转)活动，形成时间较晚，与本地区晚生烃晚成藏匹配，具有形成大型规模油气藏的条件，为有利构造类型。

4.3 油气成藏模式与勘探突破

根据前面盆地结构和成盆演化分析，吉兰泰变换带和中央断垒带为临河坳陷最重要的正向有利构造带。其中，吉兰泰山前变换带埋藏浅，储层条件优越，圈闭落实，可多领域勘探，晚期发生强烈的走滑隆升活动，地层产状陡，流体势差大，油气运移动力充足，为油气运聚最有利区，而且早期钻孔井见到黑褐色粘稠状原油产出，表明油气已运移成藏，为勘探突破口的首选区带。中央断垒带近源，圈闭发育，晚期发生强烈伸展翘倾活动，地层产状较陡，流体势较强。尤其中部的磴口构造带，埋藏相对较浅，洼陷区发育下白垩统和渐新统2套咸化优质烃源岩，油源有利，为有利勘探方向。

根据前面地质综合分析，科学构建了吉兰泰变换带“古隆控储、走滑控圈、立体输导，多域聚集”油气复式成藏新模式(图10)。在地质油藏模式指导下，在变质岩潜山领域，整体部署了5口井位，4口取得成功。首钻JHZK2井在变质岩潜山揭示Ⅰ+Ⅱ储层126m/35层，在447.8~599.9m井段经压裂试油获日产21.59方高产油流，原油密度0.89 g/cm^3，黏度29.23 mPa.s，凝固点-1℃，后续钻井证实该油藏为具有统一油水界面(海拔475米)的底水块状潜山油藏，首次取得了河套盆地油气勘探重要发现。在碎屑岩领域，首钻位于狼山分支断层下降盘控制的断鼻构造的吉华2X井，揭示古近系油层192.8米，常规试油日产12.81m^3，为探索新层系，接着部署钻探吉华 4X 和吉华 8X 井，首次在白垩系分别获 201.9m³ 和 301.8m³ 的高产工业油流，钻井证实为多油水系统复式聚集的断鼻构造油藏，原油密度 0.87 g/cm³，粘度 8.8 mPa.s，凝固点 17℃，由此发现了碎屑岩领域高产富集油藏，实现了河套盆地油气勘探的历史性重大突破。

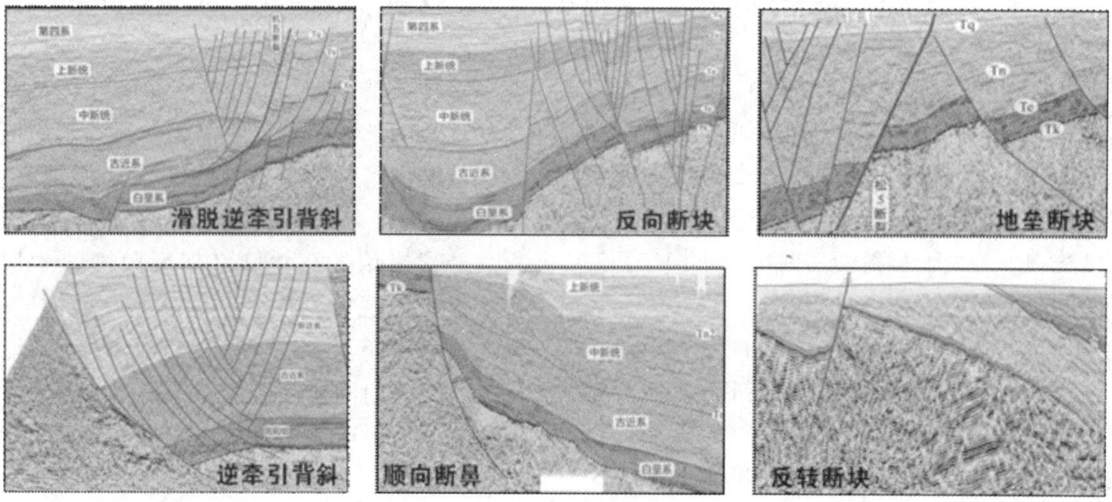

图 8　临河坳陷主要构造样式

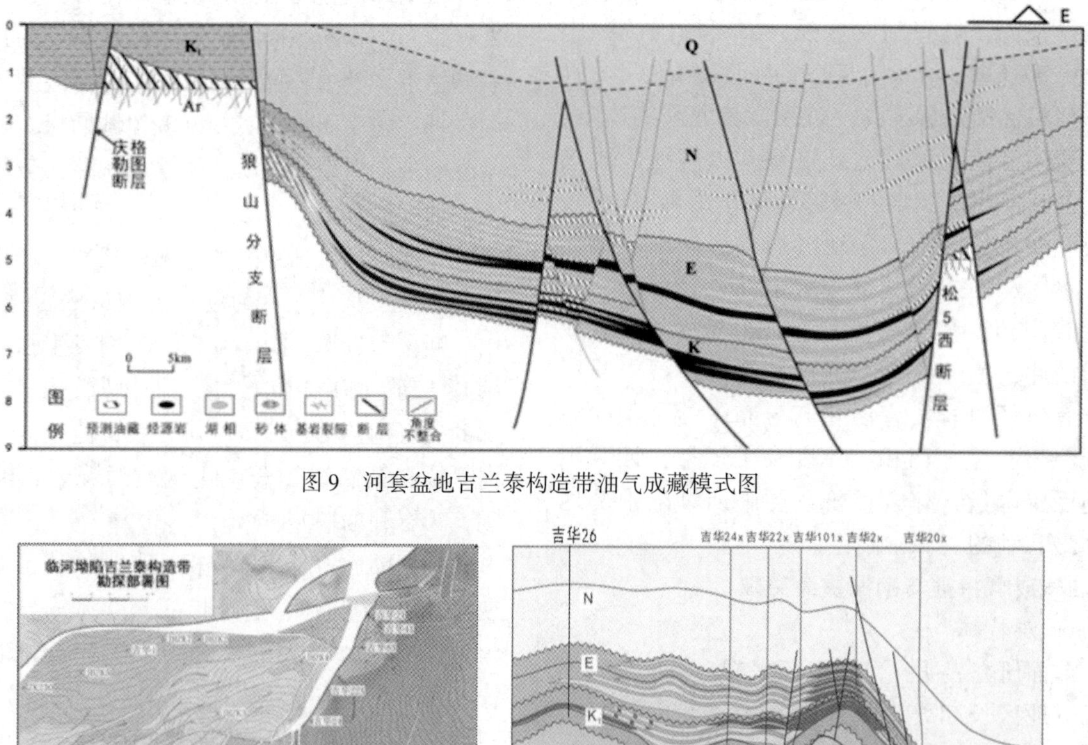

图 9　河套盆地吉兰泰构造带油气成藏模式图

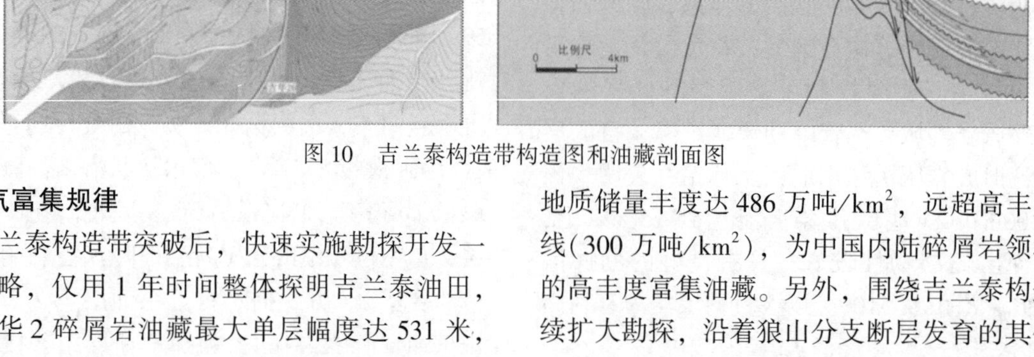

图 10　吉兰泰构造带构造图和油藏剖面图

5　油气富集规律

吉兰泰构造带突破后，快速实施勘探开发一体化战略，仅用 1 年时间整体探明吉兰泰油田，证实吉华 2 碎屑岩油藏最大单层幅度达 531 米，地质储量丰度达 486 万吨/km²，远超高丰度标准线(300 万吨/km²)，为中国内陆碎屑岩领域少有的高丰度富集油藏。另外，围绕吉兰泰构造带持续扩大勘探，沿着狼山分支断层发育的其他 3 个构造圈闭均已成藏(图 11)，并获得高产，但油藏厚度和储量丰度远不如吉华 2 油藏。在深入分析吉华 2 油藏成藏条件后，提出了本地区油气富集的三大主控因素。

厚储集体是油气富集的基础：钻井揭示吉华 2 油藏处于吉兰泰变换带所控制的大型扇三角洲扇体的主体部位，高部位钻遇单井最大油层厚度达 760m，发育巨厚储集体。

优质源岩和良好的运移通道是油气富集的关键：吉华 2 油藏位于临河坳陷中部，其东部和北部发育固一段和临河组 2 套咸化优质烃源岩，油气源充足；晚期走滑反转强烈，导致地层产状较陡，流体势差大，大规模砂体对接有效烃源岩，油气运移通道畅通。

良好的圈闭条件是油气富集的保障：新近纪晚期到第四纪，伴随吉兰泰变换带不均衡隆升，狼山分支断层发生走滑扭动，形成吉华 2 断鼻构造圈闭，对接变质岩潜山内幕致密层，形成有效封挡，圈闭落实可靠。

6 结论

(1) 首次提出临河坳陷经历了早白垩世反转成盆期，古近纪差异伸展拗断期，新近纪强烈伸展断陷期，第四纪走滑(或反转)改造期”的四期构造演化新机制，明确了吉兰泰变换带和中央断垒带为油气勘探有利构造区带。

(2) 首次厘定了临河坳陷发育固二段、固一段和临河组 3 套烃源岩，定量表征了不同时期烃源岩的分布，揭示了“盆地演化-沉积环境-埋藏史”三元联合控烃机理。

(3) 首次构建了吉兰泰变换带“古隆控储、走滑控圈、立体输导，多域聚集”成藏新模式，指导发现了变质岩高效油藏和高丰度碎屑岩富集油藏，实现了河套盆地 40 年油气勘探历史性重大突破。

(4) 初步探讨了吉兰泰构造带油气富集规律，提出了厚储集体是油气富集的基础，优质源岩和良好的运移通道是油气富集的关键，良好的圈闭条件是油气富集的保障。

参 考 文 献

[1] 张以明，张锐锋，王少春，等. 河套盆地临河坳陷油气勘探重要发现的实践与认识[J]. 中国石油勘探，2018，23(5)：1-11.

[2] 付锁堂，付金华，喻建，等. 河套盆地临河坳陷石油地质特征及勘探前景[J]. 石油勘探与开发，2018，45(5)：749-762.

[3] 郭忠铭，于忠平. 河套弧形地堑系构造特征和演化机制及其油气勘探[J]. 石油勘探与开发，1990，17(3)：11-20.

[4] 赵重远，郭忠铭，惠斌耀. 河套弧形构造体系及其形成和演化机制[J]. 石油与天然气地质，1984，5(4)：349-361.

[5] 赵孟为. 河套盆地断裂活动的特征及其与油气的关系[J]. 西北大学学报(自然科学版)，1988，18(2)：85-94.

[6] 门相勇，赵文智，张研，李小地. 河套盆地临河坳陷石油地质特征[J]. 天然气工业，2006，26(1)：20-24.

[7] 上官静雯. 临河坳陷低—高构造格局与断裂的关系及其演化与有利成藏区分析[D]. 西北大学，2017.

[8] 杜晓宇，丁文龙，焦保程，等. 河套盆地临河坳陷流体势特征及油气运聚单元划分[J]. 特种油气藏，2019，26(4)：9-14.

[9] 孙六一，蒲仁海，马占荣，等. 河套盆地吉兰泰凹陷烃源岩展布与勘探潜力[J]. 地球科学与环境学报，2018，40(5)：612-626.

[10] 陈树光，张以明，崔永谦，等. 二连盆地巴音都兰凹陷反转构造及成因机制. 地球科学，2017，42(4)：559-569. EI

[11] 张斌，何媛媛，陈琰，等. 柴达木盆地西部咸化湖相优质烃源岩地球化学特征及成藏意义[J]. 石油学报，2017，38(10)：1158-1167.

[12] 张斌，何媛媛，陈琰，等. 柴达木盆地西部咸化湖相优质烃源岩形成机理[J]. 石油学报，2018，39(6)：674-685.

[13] 陈树光，张以明，崔永谦，等. 二连盆地巴音都兰凹陷构造样式及对油气成藏的影响. 中国海上油气，2019，31(1)：32-40.

低序级断层与岩性边界地震识别描述区分方法及应用

马玉歌[1]　苏朝光[1]　张　健[1]　孟　阳[2]　徐福刚[3]

(1. 中国石化胜利油田分公司物探研究院；2. 中国石化胜利油田油气开发管理中心；
3. 中国石化胜利油田分公司河口采油厂)

摘　要　低序级断层与岩性边界的准确性识别对油藏描述具有重要的意Yi，但是由于其地震反射特征具有类似性，常规的相干、倾角、蚂蚁体属性不能满足其描述需要，为此开展了以地震波形结构特征属性为核心的方法。前人对波形的研究主要应用于地震相、沉积相等研究，本文根据地震波形结构特征属性的地质含Yi及计算方法，改变算法，进一步挖掘地震波形中隐含的信息；以正演模型提取地震波形结构特征属性，明确对低序级断层及其岩性边界的敏感属性，优选出能够有效识别低序级断层及岩性边界的相关敏感属性并分别进行一级融合；然后进行二级融合达到准确识别低序级断层和岩性边界目的。形成了基于地震波形结构特征属性的低序级断层与岩性边界识别描述区分方法。提高了低序级断层与岩性边界的识别精度，在实际应用中取得了良好的效果。

关键词　低序级断层与岩性边界；地震波形结构特征属性；敏感属性二级融合

低序级断层解释技术方面的检索和调研显示，国内外主要的识别与描述方法技术基本都是基于地震属性分析，所应用的属性类型主要有地震相干/方差体属性、倾角和方位角属性、蚂蚁体属性、地震曲率属性等。这些属性技术各有优缺点，如相干/方差体属性的分辨率有限，蚂蚁体属性结果中假断层影响严重且不易识别，倾角和方位角属性以及地震曲率则是需要事先解释好层位，时间周期较长，而且效果好坏与解释结果有关。

由于低序级断层的水平断距和垂直落差都很小，一般只有5~10m甚至更小，因而在地震剖面上很难有明显的同相轴错断特征，通常只有微错断甚至是微扭动。在构造解释中往往与岩性边界变化引起的振幅突变以及波形的分叉和合并等现象不易区分开来，因而需要专门的解释技术来提取和强化低序级断层的地震特征，得到关于断层的清晰和直观的图像，避免因为解释人员经验所导致的结果不合理性。目前低序级断层与岩性边界识别所面临的难题主要是：低序级断层与岩性边界在地震反射特征上不易区分，常规属性对低序级断层与岩性边界预测存在一定的局限性。

本文目的是要解决现有技术中存在的不足，通过分析对比地震波形结构特征属性对低序级断层和岩性边界的识别能力，提炼出能够有效识别低序级断层与岩性边界的相关敏感属性，进行二级融合，形成了一种基于地震波形结构特征属性的低序级断层与岩性边界识别方法(图1)。提高了低序级断层与岩性边界的识别精度，在实际应用中取得了良好的效果。

1　地震波形结构特征属性原理方法

常规地震属性一般是从波形的某一方面特征进行计算，难以刻画储层不连续性界线的特征，难以表达波形的相对变化关系。波形结构特征属性是对常规波形属性算法的改进，最大程度挖掘地震信息用来识别储层的外部形态和内部结构及其它不连续性信息。本文总结和开发了以下18种波形结构特征属性(表1)，包括12种纵向波形结构特征属性和6种横向振幅变化率属性(以下先列6种)：

2　基于模型的低序级断层与岩性边界的敏感属性分析

针对低序级断层与岩性相变综合模型，分析

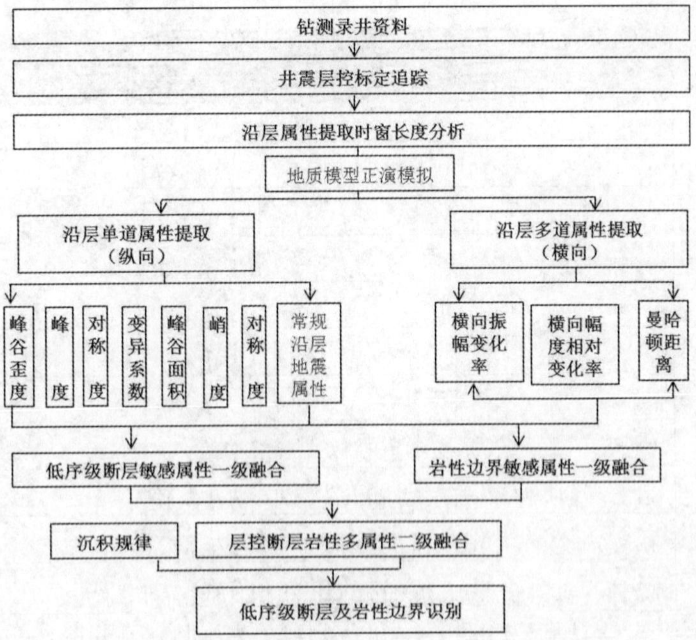

图 1　基于地震波形结构特征属性断层与岩性边界识别技术流程图

属性名称	定义	方法原理	式中符号代表的意义
质心	质心即质量中心，是物质系统上质量集中的一个假想点。	$RM=\dfrac{\sum_{i=1}^{N} i\cdot X(i)}{N\sum_{i=1}^{N}X(i)}$	RM表示一段波形的质心，N为时窗内样点个数，X(i)为时窗内第i个样点的振幅值。
扭度	扭度用来评价分布函数相对均值的对称性，主要用来反映地震波的偏度。	$V_w=\dfrac{\dfrac{\sum_{i=1}^{N}\left(X(i)-\overline{X}\right)^3}{N}}{\left\{\dfrac{\sum_{i=1}^{N}\left(X(i)-\overline{X}\right)^2}{N}\right\}^{3/2}}$	VW表示一段波形的扭度，N为时窗内样点个数，X(i)为时窗内第i个样点的振幅值，$\overline{X}$是时窗内样点振幅值的平均值
峰度	峰度属性用来表征分布函数在均值附近的集中程度。	$A_{\mathrm{Kurt}}=\dfrac{1}{N}\sum_{i=1}^{N}(X_i-\overline{X})^4\Big/\left[\dfrac{1}{\mathrm{N}}\sum_{i=1}^{N}\left(X(i)-\overline{X}\right)^2\right]^2$	AKurt表示一段波形的峰度，N为时窗内样点个数，X(i)为时窗内第i个样点的振幅值，$\overline{X}$是时窗内样点振幅值的平均值。
峰谷面积比	峰谷面积比是指在分析时窗内的地震波记录段正振幅面积与负振幅面积的比值。	$S_{PTR}=\left(\sum_{i=1}^{N_1}(X_i+X_{i+1})/2\right)\Big/\left(\sum_{j=1}^{N_2}(X_j+X_{j+1})/2\right)$	SPTR表示波形的峰谷面积比，N1为地震记录中波峰的样点数；N2 为地震记录中波谷的样点数，Xi为时窗内波峰的第i个样点的振幅值，Xj为时窗内波谷的第j个样点的振幅值，
曼哈顿距离	曼哈顿距离属性是一种有效的统计相似性与不相似性的参数。	$M=\sum_{i=1}^{N}\lvert A_i-B_i\rvert\Big/\sum_{i=1}^{N}\lvert A_i+B_i\rvert$	M是曼哈顿距离，Ai 、Bi分别是相邻两道波形第i个样点的振幅值；N 是地震波形在时窗内的样点个数。
横向振幅变化率	横向相对振幅变化率HAVR所表示的就是振幅相对于其周边振幅的强度，从而去除了地层背景值，使得断层或岩性边界能够直观地反映出来。	$\mathrm{HAVR}=\sqrt{\left(\sum_{i=1}^{N}\dfrac{dA(x,y,t_i-\Delta t_x-\Delta t_y)}{dx}\right)^2+\left(\sum_{i=1}^{N}\dfrac{dA(x,y,t_i-\Delta t_x-\Delta t_y)}{dy}\right)^2}$	HAVR表示横向绝对振幅变化率； dA/dx、dA/dy分别为振幅在x、y方向的变化率；N为时窗长度，Δt_x，Δt_y分别表示相邻地震道沿地层倾角在x和y方向上的时差。

不同属性对低序级断层及岩性边界的识别能力，提炼出能够有效识别低序级断层及岩性边界的相关敏感属性。

2.1　基于模型的低序级断层与岩性边界波形结构特征属性提取

基于低序级断层以及岩性相变组合模型(图2)，针对断距 5m、7m、13m 主频 30Hz 的地震正演模拟剖面(图 2)，砂体叠合影响因素开展地震波形结构特征属性的提取，通过分析对比地震波形结构特征属性对低序级断层和岩性边界的识别能力，总结出识别断层和岩性边界所用的属性差异。

从图 2 可以看到，砂体纵向间距小于等于 9m 时，同相轴小于半个周期，出现微扭曲-扭曲，波形结构属性异常不明显；纵向间距在 11~17m 之间时，同相轴错动，大多数波波形结构属性均出

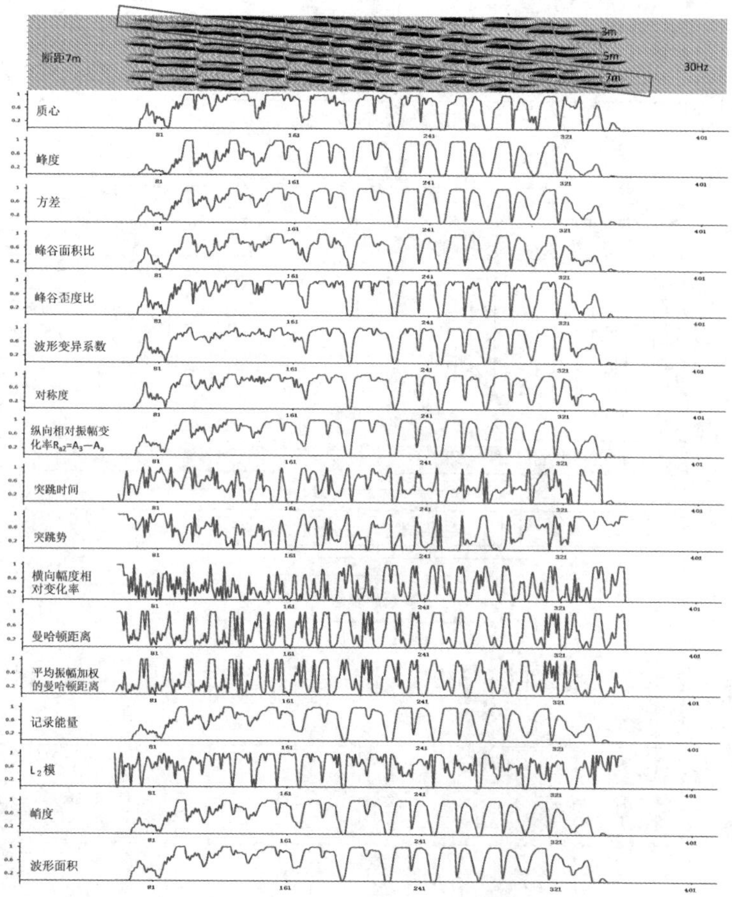

图 2 断距 7m 断层岩性复合模型的
波形结构属性曲线提取结果

现明显异常；纵向间距大于 17m 时，砂体叠合处同相轴出现微扭曲-扭曲，但波形相位增多，波形结构属性出现异常。断距 7m 时，同相轴扭曲明显，峰度、方差、对称度、纵向相对振幅变化率等属性均出现一定程度的异常。

2.2 低序级断层与岩性边界波形结构特征的敏感属性分析

从图中可以看到，所选属性均能较好地识别断层及其岩性边界，但识别断层和岩性边界所用的属性还是存在一定的差异的，详细总结在表 1 和表 2 中。

3 实际工区应用效果

将研究的基于地震波波形结构特征属性提取技术应用到 YI141 区块沙三下 9 砂组断层及浊积水道识别中，通过波形结构特征属性、多属性融合等技术的综合运用，精细刻画了低序级断层及浊积水道的展布(图 1)。

3.1 工区概况

Yi141 井区沙三下 9 砂组发育自南向北的河道，横切河道地震剖面上河道边界和低序级断层特征难以识别(图 3)。

3.2 地震波形结构特征属性提取及敏感属性融合

根据正演模拟的结果，对研究区进行波形结构特征属性提取来表征断层及岩性边界在平面上的展布，然后进行融合。属性融合就是在一定的地质规律指导下，综合考虑地球物理意 Yi，选取能够表征不同储层特征的敏感属性，将多种属性进行数学运算变换，同时考虑每一种属性对储层的影响因素，放大其优势特征，结合这些影响因素，最终实现属性融合，得到最优化的结果。在低序级断层与岩性边界的识别中，用到了以下融合算法。

表1　是有效识别低序级断层的敏感属性列表

同相轴特征	定 Yi	影响因素	敏感属性	强度
同相轴错断	相轴>1	断距≥13m	质心、峰度、方差、峰谷歪度比、对称度、纵向相对振幅变化率、记录能量、波形面积	强
同相轴能量突变				
同相轴合并分叉				
同相轴错动	1/2<同相轴<1	9m<断距<13m	质心、峰度、方差、峰谷歪度比、对称度、纵向相对振幅变化率、记录能量、波形面积	较强
同相轴扭动	1/4<同相轴<1/2	7m≤断距≤9m	峰度、方差、纵向相对振幅变化率、波形面积	中等强度
同相轴扭曲	1/4<同相轴<1/2	断距<7m	无	异常不明显

表2　是有效识别岩性相变的敏感属性列表

同相轴特征	定 Yi	影响因素	识别岩性边界		描述岩性范围	
			敏感属性	强度	敏感属性	强度
同相轴错断	同相轴>1	砂体纵向间距>13m	质心、方差、对称度、纵向相对振幅变化率、记录能量、波形面积	中等	质心、峰谷面积比、峰谷歪度比、波形变异系数、对称度、波形面积	中等
同相轴错动	1/2<同相轴<1	7m<砂体纵向间距<13m	质心、方差、对称度、纵向相对振幅变化率记录能量、波形面积	强	质心、峰度、波形变异系数 、对称度、峰谷面积比、记录能量、波形面积	强
同相轴扭动	1/4<同相轴<1/2	5m<砂体纵向间距<7m	质心、峰度、方差、对称度、纵向相对振幅变化率、记录能量、波形面积	强	质心、峰度、波形变异系数、对称度、峰谷面积比、记录能量、波形面积	强
同相轴扭曲	1/4<同相轴<1/2	砂体纵向间距<5m	质心、波形变异系数、对称度、纵向相对振幅变化率、记录能量、波形面积	中等偏弱	质心、峰谷面积比、波形变异系数、对称度、波形面积	中等偏弱
同相轴能量突变		砂体横向间距>0m 砂体纵向间距>7m	质心、方差、对称度、纵向相对振幅变化率、记录能量、波形面积	强	峰度、波形变异系数、对称度、峰谷面积比、记录能量、波形面积	强
同相轴合并分叉		7m<砂体纵向间距<13m	质心、方差、对称度、纵向相对振幅变化率、记录能量、波形面积	强	峰度、波形变异系数、对称度、记录能量、波形面积	强
同相轴相位增多		纵向间距>13m 砂体叠合>12.5m	峰谷歪度比、波形变异系数、对称度、记录能量、波形面积	强	峰度、波形变异系数、峰谷歪度比、对称度、纵向相对振幅变化率、记录能量、波形面积	较强

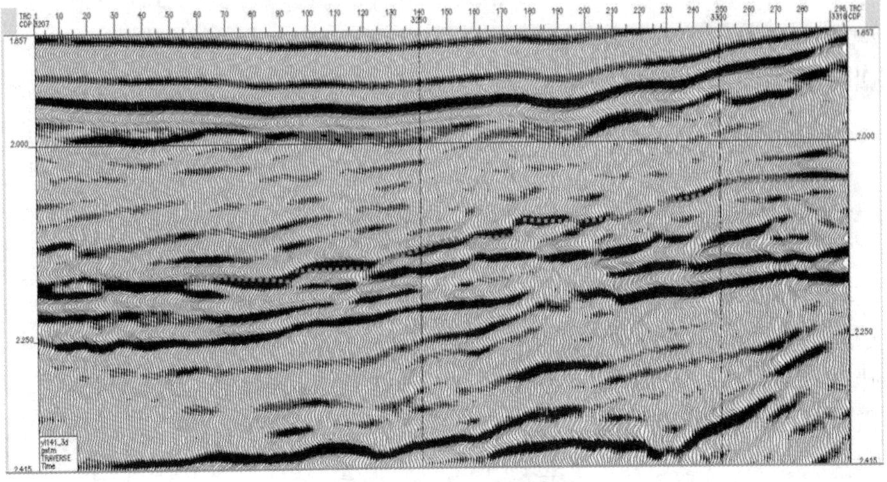

图3　近东西向地震剖面

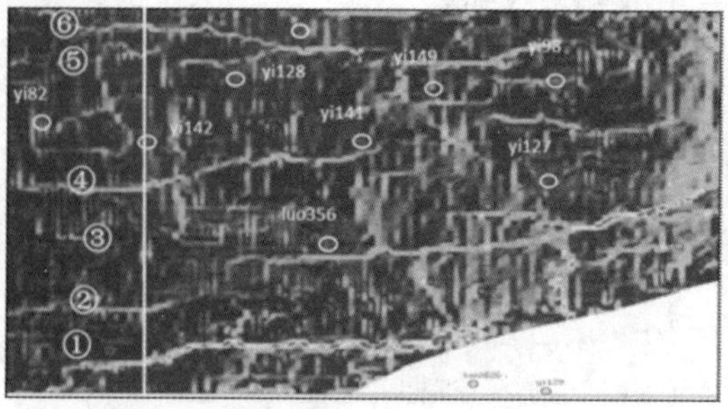

(a) 断层属性融合平面图

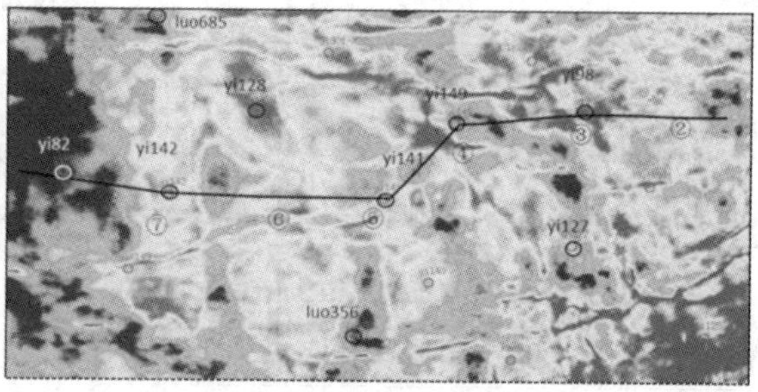

(b) 岩性边界属性融合平面图

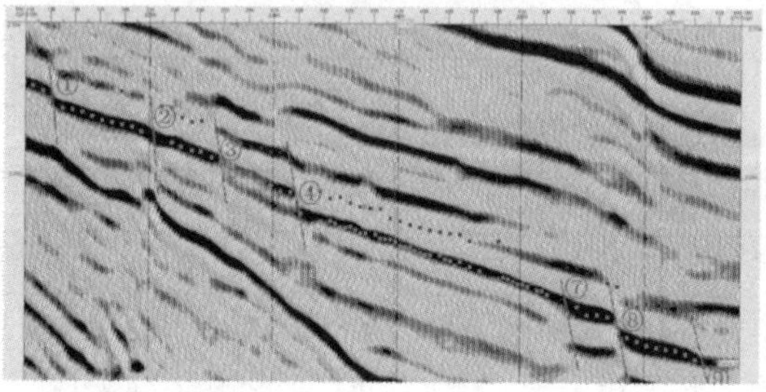

(c) 近南北向地震剖面

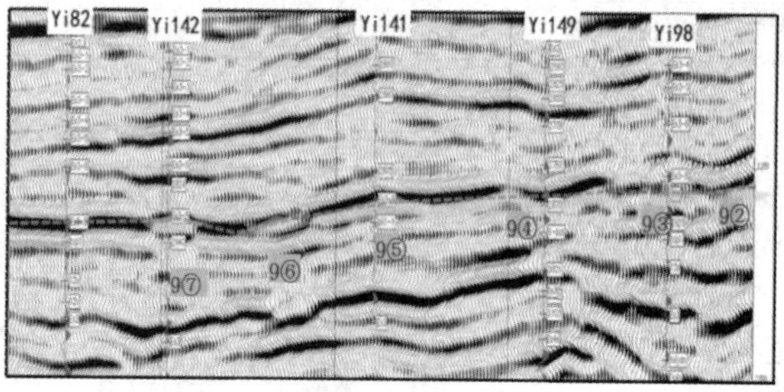

(d) 近东西向地震剖面

图 4　断层属性融合平面图及岩性边界属性融合平面图

3.2.1　断层敏感属性一级融合算法及应用

断层敏感属性融合中用到了“或”的运算：

$$B_{ij} = \max_{k=1}^{a} A_{ij}(k) \tag{1}$$

式中：A_{ij}（k）表示第 K 个敏感属性值；i、j 表示线号、CDP 号；B_{ij}表示融合后的属性值。每种属性的占比是相同的，适合于断层的识别。

在敏感属性分析基础上，利用多属性融合处理技术的综合运用，得到沙三下 9 砂组断层敏感属性融合结果，如图 4b 所示。可见，地震剖面上不易识别的⑤号、⑥号断层能够通过波形结构属性较为可靠地识别出来。表 3 是利用常规属性与波形结构属性对沙三下 9 砂组低序级断层进行识别的结果对比。

3.2.2　岩性敏感属性一级融合算法及应用

岩性敏感属性融合中用了“与”的运算：

$$B_{ij} = \sum_{k=1}^{n} W(k) A_{ij}(k) \tag{2}$$

式中：$A_{ij}(k)$表示第 K 个敏感属性值；i、j 表示线号、CDP 号；W（k）表示第 K 个属性的权系数；B_{ij}表示融合后的属性值。每种属性的占比是根据每个属性的分布特征自动计算(也可以根据各属性所反映的地质含 Yi 设定为固定值值)，适用于岩性体横向变化特征的刻画。

图 4a 分别是沙三下 9 砂组砂体展布范围敏感属性融合结果，图 4b 为过 luo35－50－yi82－yi142－ yi141－yi149－yi98 井的连井地震剖面，图中共发育有 7 个浊积水道，从砂体展布范围敏感属性融合结果平面图，可以精细刻画出 7 条南北向展布浊积水道，岩性边界清楚，水道宽度 450~1000m。图 4 是对沙三下 9 砂组 7 条浊积水道的识别结果。

3.2.3　断层和岩性敏感属性二级融合算法及应用

优选反映断裂和岩性边界的敏感参数，并进行归一化数据处理，利用归一化的属性数据进行属性融合，拟合公式：

$$R_{ij} = \sum_{i=1,j=1}^{n} k_x A_{x,y,j} \tag{3}$$

式中：kx 为第 x 个属性的融合系数；$A_{x,i,j}$为第 x 个属性第 i 线号第 j 个道号的选择归一化属性值。通过以上两种属性的融合，可以取长补短，发挥优势，既可以显示断裂的平面展布，又可以区分岩性的变化带，兼具了两种属性变化的优点，对岩性边界和低序级断层可以进行精细刻画。

3.3　应用效果

将能反映断层和岩性边界的一级融合敏感属性再次融合，二级融合基本实现了岩性边界和低序级断层的精细刻画（图 5）。结合沉积规律及多时窗属性提取结果，进一步甄别。认为单边合并通过 Yi141－斜 10：沙三段 8 砂组日油 4.35t，9 砂组解释含油水层 7.1m/1 层，上含油水层下

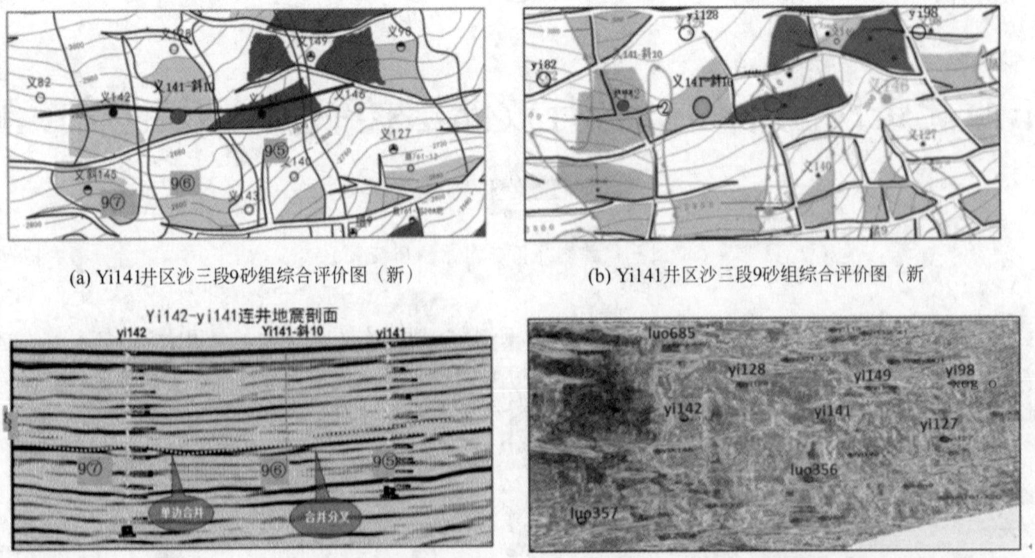

(a) Yi141井区沙三段9砂组综合评价图（新） (b) Yi141井区沙三段9砂组综合评价图（新

(c) 过 Yi141、Yi142 连井地震剖面 (d) Yi141井区沙三下9砂组断层+储层展布二级融合图

图5 二级属性融合后对比图

水层 18.8m/1 层。

4 结论

本文的研究思路充分考虑了低序级断层与岩性边界相变在地震反射特征上的难以区分难题，从纵向上或横向上提取地震波能量的构造、极性的对比、波形的相对变化、波形的变异程度、振幅变化率等波形结构特征属性，用来识别层序地层的变化、识别不同的岩性层序、识别储层的外部形态和内部结构及其它不连续性信息，通过分析对比地震波形结构特征属性对低序级断层和岩性边界的识别能力，提炼出能够有效识别低序级断层与岩性边界的相关敏感属性，形成了一套完整的基于地震波形结构特征属性的低序级断层与岩性边界区分识别方法，为实际地震资料岩性的识别和解释提供了可靠的依据及其指导作用。

参 考 文 献

[1] 白青林，杨少春，路智勇，等．复杂断块区低序级断层的井-震联合识别[J]．石油地球物理勘探，2019，54(5)：1131-1139.

[2] 张昕，甘利灯，刘文岭，等．密井网条件下井震联合低级序断层识别方法．石油地球物理勘探[J]，2012 ，47(3)：462-468.

[3] 冉怀江，梁兴，陈方鸿，等．复杂小断层精细解释方法在洋心次凹的应用．石油地球物理勘探，2011，46(2)：299-303.

[4] 马玉歌．2011. 盘河地区低序级断层地震识别和应用效果[J]．科技导报，19(5)：31-33.

[5] 王彦君，雍学善，刘应如，等．2007. 小断层识别技术研究及应用[J]．勘探地球物理进展，30(2)：135-139.

[6] 刘彦，孟小红，胡金民，等．2008. 断层识别技术及其在 MB 油气田的应用[J]．地球物理学进展，23(2)：515-521.

[7] 张欣．2010. 蚂蚁追踪在断层自动解释中的应用-以平湖油田放鹤亭构造为例[J]．石油地球物理勘探，45(2)：278-281.

[8] 刘金连，张建宁．2010. 济阳探区单一河道砂体边界地质建模及其地震正演响应特征分析[J]．石油物探，49(4)：344-350.

[9] 涂晨鸣．2016. 地震波形结构特征属性分析研究[J]．硕士学位论文，中国成都，西南石油大学．

[10] 张运龙，丁峰，尹成等，2018. 基于楔形模型的波形结构属性特征研究[J]．物探化探计算技术，40(5)：587-592.

[11] 高雪，阎建国，王立峰．2013. 地震波形结构分析技术在沉积微相识别中的应用—以海上某油田区块海底扇砂体为例[J]．长江大学学报(自科版)，10(8)：61-63.

[12] 韩宏伟．2009. 薄互层地震波形特征研究—以博兴洼陷沙四段滩坝砂为例[J]．地学前缘(中国地质大学(北京)；北京大学)．16(3)：349-355.

[13] 吕双兵．井震联合断层识别技术及其应用以杏北油田为例[J]．地球物理学进展，2015，30(5)：2200-2205.

车西北带沙三下砂砾岩有效储层控制因素及地震预测

夏志威　巴素玉　宋　亮

(中国石化胜利油田分司物探研究院)

摘　要　车西北带沙三下砂砾岩储层进行精细地质剖析，明确储层的三大控制因素为岩石粒度、砾石成分和储集空间。岩石粒度为近岸扇扇中辫状沟道发育的中砾岩和浊积扇中扇辫状水道发育含砾砂岩储集性能比较突出。砾石成分为片麻岩砾石、灰岩砾石时，储集性能相对较好。储集空间为原生孔、次生孔和裂缝三种类型均发育时，储集条件最为有利。针对三种控制因素分别进行地震预测，并建立地质评价标准，划分四类储层，Ⅰ、Ⅱ类为有效储层。

关键词　砂砾岩；有效储层；控制因素；地震预测；沙三下；车西洼陷

车镇凹陷位于济阳坳陷北部，勘探面积约 2390km^2，为北断南超、近东西向展布的"S"型陆相箕状断陷盆地。车西洼陷为车镇凹陷西部的一个次级洼陷，北部以埕南大断层为界，与埕子口凸起相邻，南部超覆于义和庄凸之上，西接庆云凸起，东部以车 3 鼻状构造与大王北东次洼相连[1-3]。车西北带砂砾岩油藏经过多年的勘探，已有多块上报控制储量，呈现"多点开花"的局面，但不同区块产能差异大，储层横向变化快，也说明该区砂砾岩成藏条件十分复杂。针对砂砾岩储层控制因素研究以及有效储层的地震预测，对于提高钻探井位成功率、推动砂砾岩油藏的高效勘探开发具有积极意义。

1　沉积岩石学特征

车西地区沙三段早期，车镇凹陷处于断陷最强烈的时期，湖水持续加深，相对湖平面不断上升，可容空间加大。由于边界断层的持续活动，凸起上大量物源卸载，直接入湖堆积，沿陡坡带的凸起边缘广泛发育近岸水下扇。在砂砾岩向前推进的方向，由于滑动、垮塌造成已经沉积的砂砾岩再次搬运，并在水下扇的前端或者更远的深湖区堆积形成滑塌浊积扇或湖底扇。沙三中晚期，湖盆持续拉张，裂陷已达到鼎盛，湖水加深至最大，可容空间大大增加，沉积物的供给相对不足，造成欠补偿沉积，形成湖进体系域[3-4]。陡坡带发育的近岸水下扇规模缩小，基本继承沙三早期的特征，仍呈裙带状分布。

研究区岩性主要为砾状砂岩、含砾砂岩、细砂岩、粉砂岩及泥岩，砂岩类型主要为岩屑质长石砂岩、长石质岩屑砂岩以及岩屑砂岩。岩屑以沉积岩为主，其次为变质岩，岩浆岩最少。整体上石英占碎屑总量的 5%～54%，长石为 1%～39%，岩屑为 9%～95%。碎屑颗粒分选中等到差，磨圆为棱角到次棱角状。胶结物主要为方解石，其次为白云石，杂基主要为泥质。岩石沉积构造丰富，主要为大型平行层理、砂纹交错层理、滑塌变形构造以及截切构造等。砂岩成分成熟度和结构成熟度都比较低，反映沉积物近源快速堆积的特点。

2　有效储层主要控制因素

有效储层是指储集了烃类流体，并且在现有的经济、技术条件下，流体能够被采出的储集层。本次研究认为，车西北带砂砾岩体有效储层主要有三大控制因素：岩石粒度、砾石成分及储集空间。岩石粒度控制有效储层发育程度，砾石成分影响有效储层演化差异，储集空间决定有效储层成藏好坏。

2.1　*岩石粒度*

车西北带沙三下发育近岸扇和浊积扇两种沉积体系。近岸扇扇中发育的中砾岩孔隙度和渗透率均较高，储集性较好，可成为较好的储层。扇根和扇端不甚发育储层。统计表明，扇中辫状水道储层百分比为 37.5%[图 1(a)]。在近岸扇发育的不同岩性中，中砾岩发育储层的百分比高达 66.67%；砾状砂岩也相对较高，为 57.14%；细砾岩则为 42.86%；粉细砂岩和粗砾岩相对较低，分别为 37.5%和 26.32%[图 1(b)]。

浊积扇内扇主水道、中扇辫状水道储集性能

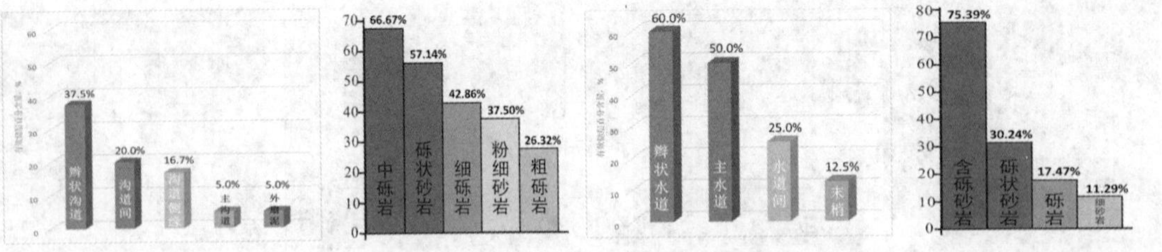

a.近岸扇各相带储层占比图　b.近岸扇各岩性储层占比图　c.浊积扇各相带储层占比图　d.浊积扇各岩性储层占比图

图1　不同相带、不同岩性有效储层百分含量图

相对较好。对浊积扇各个微相的储层进行统计分析，中扇辫状水道和内扇主水道的储层百分含量较高，分别为60%和50%[图1(c)]。从岩性方面来看，含砾砂岩储层百分比高达75.39%；砾状砂岩则为30.24%；砾岩为17.47%；细砂岩最低，仅为11.29%[图1(d)]。

从有利储层的岩性分布上看，并非粒度越粗或者越细，储集性能越好，而是粒度介于粗砾岩和砂岩之间的中砾岩和含砾砂岩储集物性相对较好。浊积扇因为推进距离更远，分选更好，所以储层物性普遍比近岸扇好。浊积扇不同相带储层发育程度也有所差别：中扇辫状水道发育的含砾砂岩，相较于内扇，具有更好的分选性，相较于外扇，泥质等细粒沉积物更少，更有利于原生孔隙的保存，因此中扇更有利于发育储层。

2.2　砾石成分

研究区沙三下主要发育多种砾石成分，其中灰岩砾石和片麻岩砾石的储层物性相对较好。选取两口典型井进行分析(图2)。车660井沙三下4130~4143m井段，灰质砾石占该层段总体的70%，含少量含砂质和泥质。该井段的最大孔隙度为12%，平均6.3%，渗透率最大7.2md。在4184~4205m的高产油层段，主要为灰质含量，几乎不含砂质。该井段储层孔渗性较高，孔隙度最大可达16%，渗透率最大可达25.5md，微观特征显示该层段为裂缝与孔隙混合的物性特征。大斜722井在沙三下3930~3984m层段，砾石成分主要为片麻岩，该层段孔隙度范围在2.76%~14.37%，平均6.96%。在3885~3916m层段，砾石成分主要为为灰岩砾石。该段物性条件相对差，孔隙度为0.71%~4.96%，平均2.63%。

分析认为，灰岩砾石易受压实作用的影响，且酸盐胶结作用较强，因此原生孔隙发育较少，局部砾石发育微裂缝。而在酸性环境下灰岩砾石发生溶蚀作用，所以次生溶孔较为发育。而片麻岩砾石由于其本身抗压实作用能力强，造成储层中原生孔隙更为发育，局部也发育少量次生溶孔。通过对比，在相同沉积条件下，片麻岩砾石较灰岩砾石物性好，成藏条件更好。

2.3　储集空间

研究区砂砾岩储层的储集空间多样，主要有原生孔隙、次生孔隙和裂缝(图3)。其中，原生

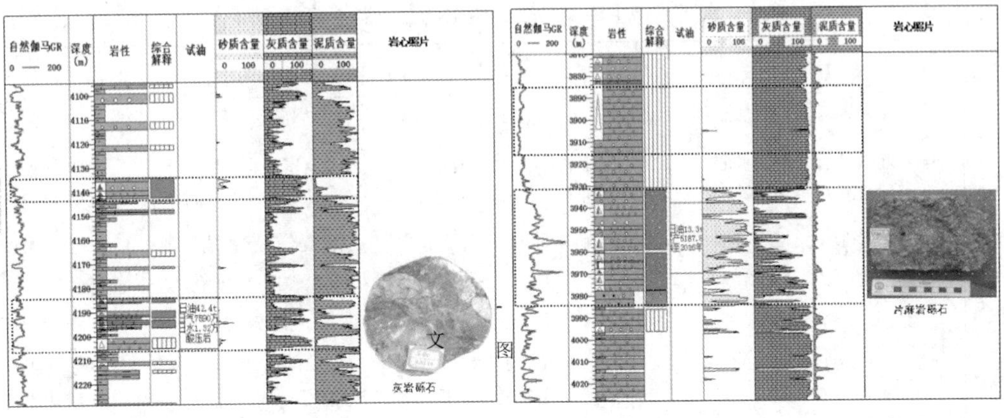

a.车660井沙三下综合解释柱状图　b.大斜722井沙三下综合解释柱状图

图2　典型井综合解释柱状图

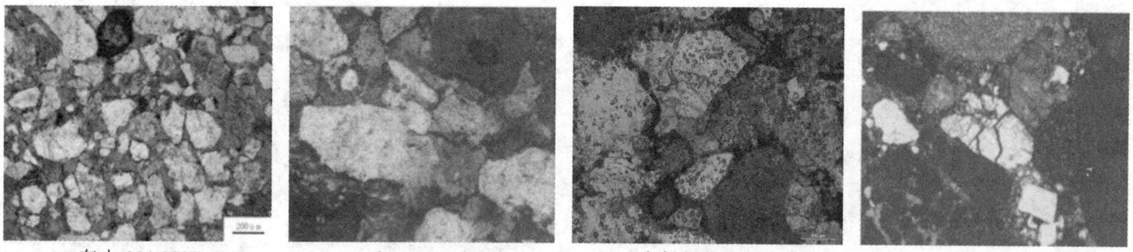

a. 车古 201,2537m, 原生孔隙(-)　b. 车 660,4193m, 粒间孔×100(+)　c. 大斜 722,3965m, 粒内溶孔(-)　d. 车 58,3854m, 超压裂缝×40(+)

图 3　车西北带沙三下储层微观特征图版

孔隙有压实残余原生粒间孔和胶结残余原生粒间孔；次生孔隙包括溶蚀粒间孔隙、溶蚀粒内孔隙和溶蚀填隙物内孔隙；裂缝包括构造裂缝、超压裂缝和收缩缝。这些储集空间类型并不单独出现，往往相互混合，构成混合孔隙类型。从目前的勘探情况看，车西北带东段的车 66 井区和大斜 722 井区储层孔隙较为发育，储层结构较好，这也是两个区块产能较好的直接原因。车 66 井区原生孔、次生孔和裂缝三种类型均有发育，成藏条件最有利。大斜 722 井区发育原生孔、次生溶孔两种类型。价分类表，划分了四类储层(表 1)，其中Ⅰ、Ⅱ类为有效储层。

2.4　储层评价分类

根据有效储层的“岩石粒度、砾石成分、储集空间”三大控制因素，建立了相应的地质评价标准，形成了车西北带砂砾岩储层的三元耦合评价分类表，划分了四类储层(表 1)，其中Ⅰ、Ⅱ类为有效储层。

3　地震预测

研究区沙三下砂砾岩可根据沉积旋回特征进一步划分为两个期次[5]。本次研究明确储层主控因素后，在现有的勘探认识基础上，针对沙三下两个期次不同的控制因素分别进行地震预测，为最终储层综合评价奠定基础。

3.1　井震分频反演预测岩石粒度分布

3.1.1　粒度指数构建

研究表明，砂砾岩体的岩石粒度主要与电阻率呈正比，与岩石骨架声波时差成反比(图 4)。由此，可以根据常规测井曲线构建单井的岩石粒度指数表征公式(3-1)：

$$G = \frac{10 \times \lg R_t}{\Delta t_{ma}} \tag{3-1}$$

其中，G 为岩石粒度指数，R_t 为电阻率值，$\Omega \cdot m$；Δt_{ma} 为岩石骨架声波时差，μs/s。

通过多井的岩石粒度指数计算，结合实际的录井剖面，建立了岩石粒度 G 的划分标准：$G>0.39$ 时，为砾岩；$0.37<G<0.39$ 时，为中砾岩；$0.33<G<0.37$ 时，为细砾岩；$0.26<G<0.33$ 时，为细砂岩；$G<0.26$ 时，为泥岩。

表 1　车西北带中深层砂砾岩储层的三元耦合评价分类表

评价指标	Ⅰ类	Ⅱ类	Ⅲ类	Ⅳ类
砾石成分	片麻岩砾石、灰岩砾石	灰岩砾石	灰岩砾石、泥砾	泥砾
沉积微相	近岸扇扇中辫状水道、浊积扇中扇辫状水道	近岸扇扇中沟道间、浊积扇内扇主水道	近岸扇扇中沟道侧缘、浊积扇中扇水道间	近岸扇扇根主水道、浊积扇外扇泥
岩石粒度	中砾岩、含砾砂岩	砾状砂岩、细砾岩	砾岩、砾状砂岩	砾岩、粉细砂岩
储集类型	原生孔、溶孔、裂缝	原生孔、溶孔	剩余粒间孔、溶孔	剩余粒间孔、微裂缝
孔隙度范围	2%~10%	1%~6%	<2%	<1%
产能情况	试油日产>10t 无措施或压裂后稳产	试油日产>10t 酸化压裂增产明显	0.5t<试油日产<10t 酸化压裂增产较差	试油日产<0.5t 酸化压裂无效

3.1.2　方法介绍

分频反演是可在复杂地质条件下直接预测岩性的一种非线性属性反演技术。本次研究主要提取了 4 种地震内部属性，分别是分频地震道、分

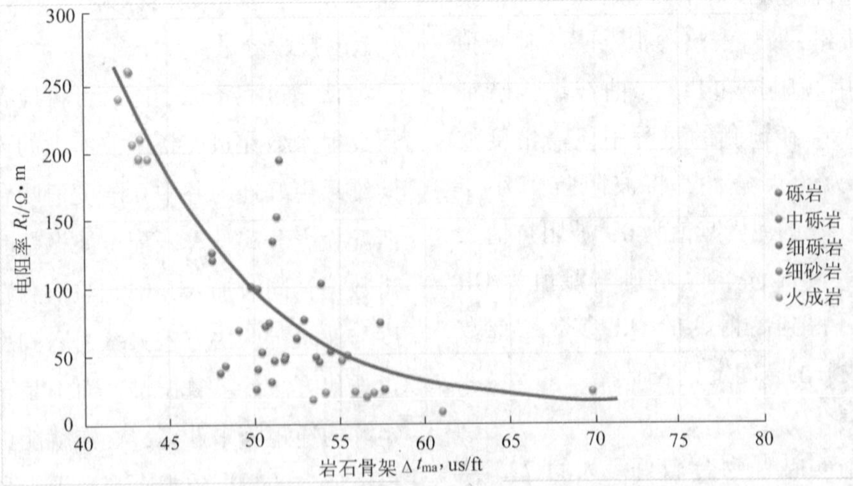

图4　砂砾岩储层中电阻率 Rt 和岩石骨架声波时差 Δt_{ma} 交汇图

频道积分、瞬时频率和瞬时相位，并利用小波分频技术将上述属性分为 10、30、50Hz 三个频率的地震属性，最终参与运算的内部属性达到 12 种。采用支持向量机(SVM)方法[6-9]，将单井的岩石粒度指数 G 与波阻抗反演和分频属性建立起非线性映射关系，开展分频反演，进而预测岩石粒度的空间分布特征。

3.1.3　应用效果

从预测结果上看，通过车 66 井的单井岩石粒度指数 G 与成像测井对比分析，计算的岩石粒度指数曲线变化趋势与砾石下粗上细的沉积韵律较为一致[图 5(a)]。平面上岩石粒度由北向南呈变细趋势，粗粒到细粒呈环带状分布。统计多口井的岩性剖面发现，沙三下期次 1 的岩石粒度地震预测结果与实际的岩石粒度变化吻合率在 80%以上，取得了较好的应用效果[图 5(b)]。

3.2　自然伽马随机模拟识别砾石成分

3.2.1　方法介绍

对研究区 20 余口井的岩石成分和测井曲线进行相关分析，发现自然伽马曲线与砾石成分有较好的相关性。在对自然伽马曲线进行标准化基础上，明确泥岩、灰岩砾石、片麻岩砾石的 GR 取值范围：片麻岩砾石的 GR 值最大，普遍在 60 至 130API 之间，平均值大于 90API；灰岩砾石的 GR 值最小，普遍在 20 至 60API 之间，平均值为 50API；泥岩的 GR 值范围介于两者之间，45~90API，平均值为 70API。由此，奠定了自然伽马曲线识别砾石成分的岩石物理基础。

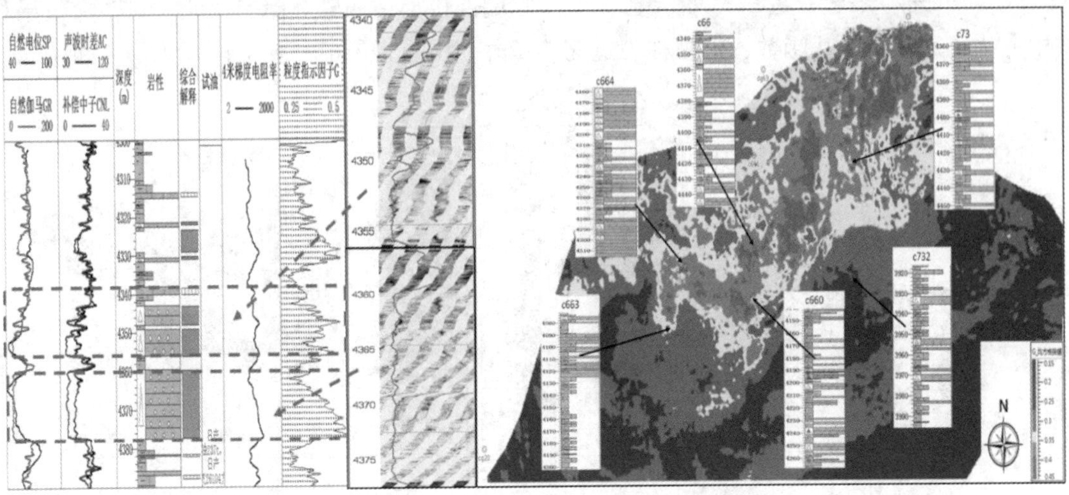

a. 车 66 井岩石粒度指数 G 与成像测井对比图　　b. 车西北带沙三下期次 I 岩石粒度地震预测图

图5　单井岩石粒度与地震预测对比图

自然伽马随机模拟技术主要是在贝叶斯框架下进行马尔科夫链-蒙特卡洛模拟[10-11]，使模拟结果符合地震中频阻抗和井 GR 曲线结构特征（条件分布概率）。在预测的过程中以高精度波阻抗反演结果为约束条件，将波阻抗值小于 11000g · m/cm^3 · s 的泥岩赋值为 0，波阻抗值大于或等于 11000g · m/cm^3 · s 的砾岩赋值为 GR 随机模拟值，可得到高精度的 GR 参数三维数据，实现砾石成分的空间定量表征。

3.2.2　应用效果

预测结果与实钻井吻合较好。大斜 722 井 3933~3998m、4030~4130m 两个层段的模拟 GR 值与岩屑描述的砾石成分数据能够较好的对应[图 6(a)]。平面随机模拟预测结果显示，沙三下主力油层段高 GR 值的片麻岩砾石集中发育在中部大斜 722 井区，低 GR 值的灰岩砾石主要发育在西部大斜 723 井区和东部的大 72 井区，呈环带状展布[图 6(b)]。

3.3　基于匹配投影孔隙度反演

3.3.1　方法原理

匹配投影就是把给定的地震信号在匹配子波库中进行分解，然后在变换域上表达原始地震信号或原始地震信号的主要成分[12-14]。设地震信号为 d，信号长度为 N，则地震信号 d 在实数域的匹配投影结果为：

$$d = \sum_{i=0}^{n-1} g_i c_i , (n \ll N) \qquad (3-2)$$

式中 g_i 为函数集中的基函数，也被称为过完备子波库，基函数被称为子波；c_i 为 d 在基函数 g_i 上的投影分量。

依靠过完备原子库，可将地震信号表示为地层反射系数在过完备子波库上的投影。为了使反演结果更好地与井中孔隙度值吻合，在地震数据匹配投影分解计算匹配子波振幅时，不仅依赖地震数据，同时加入井中先验信息，即将井中孔隙度与波阻抗的协方差关系引入到反演方程中，通过迭代方法计算复振幅，而不是直接通过求系数矩阵的逆矩阵来计算，这样就能更好地利用匹配投影反演的数据体来直观地识别高孔隙度有效砂体，进而预测孔隙发育的砂体。

3.3.2　应用效果

从反演效果上看，匹配投影孔隙度反演剖面与井中孔隙度曲线一致[图 7(a)]。在 T6 反射层（沙三段底）附近，车 66、车 660 附近为高孔隙砂体，车 661 井的孔隙度相对较低，反演结果与测井数据吻合良好。从平面上看，匹配投影方法反演的沙三下期次Ⅰ砂砾岩有效储层，平面预测结果与实钻井的吻合率达 85%以上[图 7(b)]。

4　区带评价

本次研究完成了车西北带沙三下 2 个期次的综合评价。研究区砂砾岩控制、预测储量大部分集中在期次Ⅰ，整体埋藏较深。钻遇的近岸扇中，扇根相带物性差，储层多为干层，扇中、扇端部位均钻遇较好储层；浊积扇钻探效果相对较好，内扇、中扇、外扇均有成藏。期次Ⅱ扇体整

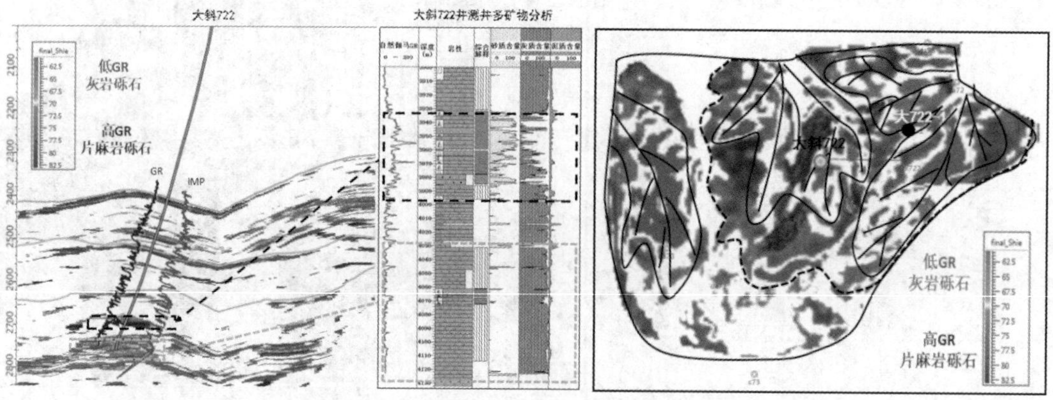

a. 过大斜 722 井自然伽马随机模拟剖面　　b. 车西北带沙三下主力油层自然伽马随机模拟预测图

图 6　砾石成分地震预测图

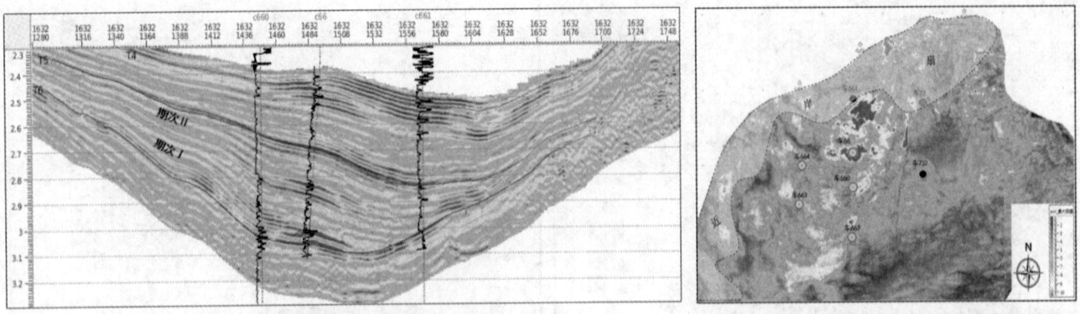

a. 地震数据匹配投影孔隙度反演剖面　　b. 匹配投影反演沙三下期次Ⅰ孔隙度预测图

图7　孔隙度地震预测图

体埋深相对较浅，储层物性整体有所提高。该期次浊积扇发育规模较小，近岸扇广泛发育。在典型井分析的基础上，综合上述各类成藏因素和预测结果，建立了车西北带沙三下有效储层综合评价标准表(表2)。

依据建立的综合评价标准表，完成了车西北带沙三下2个期次的有效储层综合评价。在期次Ⅰ中Ⅰ类储层主要为环富台潜山发育的滑塌型浊积扇以及车71井区发育的扇根封堵型近岸扇；Ⅱ类储层主要发育车西北带东段车73井区和中段的车古25井区近岸扇[图8(a)]。在期次Ⅱ中Ⅰ类储层主要为发育在大斜722井区的背斜型近岸扇、富台潜山东翼的滑塌型浊积扇以及车古25井区的扇根封堵型近岸扇；Ⅱ类储层主要发育在西段车781井区和东段大古69井区的扇根封堵型近岸扇[图8(b)]。

表2　车西北带沙三下有效储层综合评价标准表

沉积期次	沉积相带	砾石成分	岩石粒度	孔隙度	裂缝发育程度	综合评价
期次Ⅰ	近岸扇扇中	片麻岩	中砾岩、砾状砂	4%~6%	发育	Ⅰ类
	浊积扇中扇	片麻岩、灰岩	含砾砂岩	2%~4%		
	近岸扇扇端	灰岩	细砾岩、细砂岩	2%~4%	较发育	Ⅱ类
	浊积扇内扇	灰岩	砾状砂岩	1%~2%		
	近岸扇扇根	片麻岩、灰岩	砾岩	<2%	不发育	Ⅲ类
	浊积扇外扇	灰岩、白云岩	粉细砂岩	<1%		
期次Ⅱ	近岸扇扇中	片麻岩	砾岩、砾状砂	5%~9%	发育	Ⅰ类
	浊积扇中扇	片麻岩、灰岩	含砾砂岩	4%~6%		
	近岸扇扇端	灰岩	细砾岩、细砂岩	2%~5%	较发育	Ⅱ类
	浊积扇内扇	灰岩	砾状砂岩	1%~4%		
	近岸扇扇根	片麻岩、灰岩	粗砾岩	<2%	不发育	Ⅲ类
	浊积扇外扇	灰岩、白云岩	粉细砂岩	<1%		

结束语

车西北带沙三段砂砾岩储层主要有三大控制因素：岩石粒度、砾石成分和储集空间。岩石粒度控制有效储层发育程度；砾石成分影响有效储层演化差异；储集空间决定有效储层成藏好坏。针对主力层段三大控制因素，分别形成了有效的地震预测方法。同时，建立了有效储层地质评价标准，通过精细评价，明确Ⅰ、Ⅱ两类有效储层的有利发育相带，有效指导了车西北带砂砾岩油藏的高效勘探。

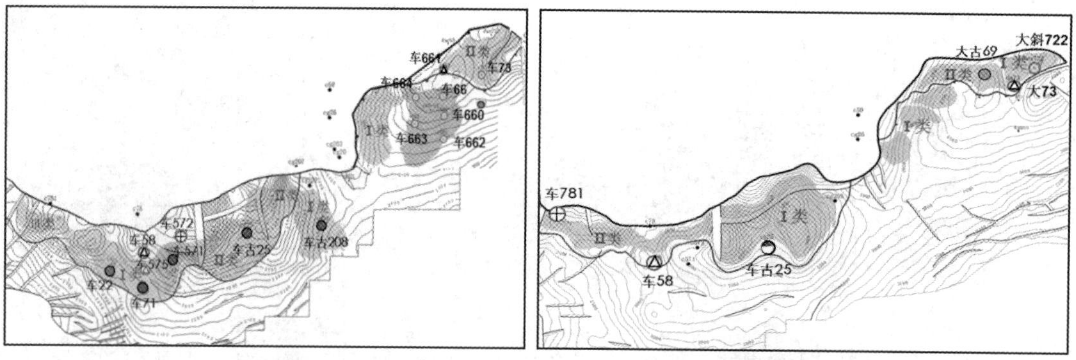

a. 车镇北带沙三下期次Ⅰ扇体综合评价图　　b. 车镇北带沙三下期次Ⅱ扇体综合评价图

图 8　车镇北带沙三下砂砾岩扇体综合评价图

参考文献

[1] 王艳忠，操应长．车镇凹陷古近系深层碎屑岩有效储层物性下限及控制因素[J]．沉积学报，2010，28(4)：752-761.

[2] 郭玉新，林会喜，王亚琳．车西洼陷缓坡带下第三系低位扇勘探[J]．油气地质与采收率，2003，10(6)：28-30，41.

[3] 王琳，张善文，刘雅利，等．车镇凹陷北带沙三段下亚段有利储层形成机制与分布规律[J]．油气地质采收率，2016，23(6)：34-40.

[4] 王蛟，姜在兴，陈世悦，等．渤海湾盆地车镇凹陷沙三—沙一段沉积演化与有利砂体预测[J]．石油实验地质，2005，27(4)：371-377.

[5] 鲜本忠，王永诗．基于小波变换基准面恢复的砂砾岩期次划分与对比[J]．中国石油大学学报(自然科学版)，2008，32(6)：1-5，11.

[6] 于建国，韩文功，刘丽辉．分频反演方法及应用[J]．石油地球物理勘探，2006，41(2)：193-197.

[7] 陈志刚，孙星，刘雷颂，等．低频地震资料分频反演在滨里海盆地中区块的应用[J]．石油地球物理勘探，2018，52(2)：261-265.

[8] 张永刚．地震波阻抗反演技术的现状和发展[J]．石油物探，2002，41(4)：385-390.

[9] 姜秀清．储层地震属性优化及属性体综合解释[D]．中国科学院研究生院(广州地球化学研究所)，2006

[10] 尹彬，胡祥云．非线性反演的贝叶斯方法研究综述[J]．地球物理学进展，2016，31(3)：1027-1032.

[11] 张广智，潘新朋，孙昌路，等．纵横波联合叠前自适应 MCMC 反演方法[J]．石油地球物理勘探，2016，51(5)：938-946.

[12] 冯磊，姜在兴．基于匹配追踪的谱分解方法及其应用[J]．勘探地球物理进展，2009，32(1)：33-36.

[13] 张显文，韩立国，王宇，等．地震信号谱分解匹配追踪快速算法及其应用[J]．石油物探，2010，49(1)：1-6.

[14] 张繁昌，李传辉．地震信号复数域高效匹配追踪分解[J]．石油地球物理勘探，2013，48(2)：171-175.

中国油气勘探技术交流大会论文集

（下册）

中国石油学会　编

中国石化出版社

图书在版编目(CIP)数据

中国油气勘探技术交流大会论文集 / 中国石油学会编. -- 北京 ：中国石化出版社，2020.11
ISBN 978-7-5114-6011-0

Ⅰ. ①中… Ⅱ. ①中… Ⅲ. . ①油气勘探-中国-学术会议-文集 Ⅳ. ①TE1-53

中国版本图书馆 CIP 数据核字(2020)第 199476 号

中国石化出版社出版发行
地址:北京市东城区安定门外大街 58 号
邮编:100011　电话:(010)57512500
发行部电话:(010)57512575
http://www. sinopec-press. com
E-mail:press@ sinopec. com
北京科信印刷有限公司印刷
全国各地新华书店经销
*
880×1230 毫米 16 开本 80.5 印张 1408 千字
2020 年 11 月第 1 版　2020 年 11 月第 1 次印刷
定价:420.00 元(上、下册)

编 委 会

前　言

石油和天然气作为重要的能源，是保障国家安全、经济发展和社会稳定的重要战略物资。伴随着我国经济长期持续增长，我国油气资源需求量也随之持续增加，导致油气对外依存度不断攀升。2019 年我国原油对外依存度达 70.8%，天然气对外依存度达 43.4%。因此，加强国内油气勘探开发力度，保障国内原油产量基本稳定和天然气产量持续增长，是当前及今后较长时期内国家油气勘探开发的基本战略。随着油气资源的不断开采，以大庆、胜利为代表的老油田常规油气开发已进入产量递减期，勘探新发现储量以低渗、非常规等低品质资源为主，油气勘探生产类型日趋复杂，难度增大。如何保障老油田的持续生产，实现新油气田的增储上产，全面提高我国油气勘探开发技术水平，是广大油气工作者和相关技术人员亟待解决的问题。

为贯彻落实中央关于加大国内油气勘探开发力度，保障国家能源安全的指示精神，更好服务于油气企业勘探生产的决策部署，中国石油学会、中国石油勘探与生产分公司、中国石化油田勘探开发事业部、中国海洋石油集团有限公司于 2020 年 11 月 3 日—5 日联合举办“中国油气勘探技术交流大会”。大会以“依靠创新驱动、推进高效勘探”为主题，旨在为中国油气田勘探专家和科技人员提供一个相互交流学习平台，通过聚焦国内外油气勘探的前沿理论和技术，促进研究领域的学术进步，掌握国际研究动态和发展方向，共享最新技术成果，为我国油气勘探提供最新的理论与技术，推动我国油气开发的技术水平全面提升，为油气企业增产提效提供帮助。

本次大会得到了国家有关部委、中国石油、中国石化、中国海油、中国中化、延长石油、大专院校和科研院所等各单位各领域广大油气勘探专家和科技工作者的大力支持。大家踊跃投稿，为大会提供了最新的科研成果和技术方法，展现了我国油气勘探理论研究与技术进步的广阔发展前景。大会共征集论文 400 余篇，经专家评审择优收录 170 篇，内容涵盖成熟盆地油气精细勘探与关键技术、复杂构造油气勘探与关键技术、特殊岩性勘探与关键技术、深层—超深层油气地质理论与勘探关键技术、海域深水油气勘探与关键技术、深层地球物理高精度勘探技术、页岩油气钻完井及压裂关键技术、大数据、人工智能等研究领域。此次展示的各勘探技术领域内科研成果和技术方法，大部分已经在油气勘探生产中得到应用并取得了显著效益，也有部分仍处于研发和探索阶段，但都反映了我国当前油气勘探科学领域的研究现状和最新成果，具有很高的学术研究与借鉴价值。希望本论文集能对各油气行业勘探领域的技术交流与推广起到一定的借鉴作用。

本书编委会

2020 年 11 月

目 录

(下册)

非常规油气勘探

南华北盆地东部火成岩特征及其对石炭-二叠系烃源岩的影响 ………………………… 王步清(603)

浅议神木-绥德山2段煤系地层沉积环境及成藏控制因素
………………………… 刘洪林 王怀厂 张 辉 赵伟波 刘 燕 刘德勋 周尚文(611)

澳大利亚博文盆地煤层气富集规律和勘探策略研究——以博文区块Moranbah煤层组为例
………………………………………… 李 铭 夏朝辉 王红军 崔泽宏 刘玲莉(622)

柴达木盆地南翼山地区致密油储层特征及有利区带优选 ………………………… 姜明玉(633)

滨里海盆地东缘KT-Ⅰ段致密岩性带的发现及意义
………………………………………… 张亚军 代寒松 金树堂 郝晋进 袁晓宇(643)

渤南洼陷沙三下页岩油岩相预测技术研究 ……… 阎丽艳 刘升余 巴素玉 张秀娟 张 鹏(650)

企业级应用开发技术支撑平台的研究与应用 ………………………… 李鹏飞 张 蕾(656)

渝东南地区页岩气立体勘探领域与潜力分析
…………………… 张培先 何希鹏 高玉巧 高全芳 孙 斌 何贵松 张志萍 万静雅(664)

川东南南川地区龙潭组页岩气成藏条件与甜点探讨 ………………… 何贵松 高全芳 关琳琳(675)

南川地区龙马溪组优质页岩段微观孔隙结构特征 ………………………………… 刘娜娜(683)

溱潼凹陷阜二段页岩油形成条件及有利区评价 …………… 昝 灵 骆卫峰 印燕铃 荆晓明(692)

南川地区五峰-龙马溪组页岩保存条件分析……………………………………… 关琳琳(701)

页岩气关键地球物理技术研发及应用 …………… 许 凯 孙振涛 林正良 胡华锋 马 妮(707)

高邮凹陷新生代侵入岩与油气聚集的关系 ……… 王 力 娄国泉 杨小军 王小阳 韦 祥(711)

三塘湖凝灰岩致密油藏体积压裂技术发展 ……… 何海波 刘建伟 邓 强 王 波 刘剑辉(716)

下寺湾油田延长组长7段页岩油储层特征及各类型页岩油勘探开发进展
………………………………………… 李锦锋 张凤博 杨连如 李星红 龚嘉顺(723)

三塘湖盆地低煤阶煤层气成藏特征及潜力分析 ………………… 王兴刚 曹志雄 周志超(730)

延安气田水平井设计优化和地质导向技术 ……… 王永科 乔向阳 冯婷婷 辛翠平 张 磊(738)

三塘湖盆地芦草沟组岩相特征及其与页岩油勘探的耦合关系
………………………………………… 陈 旋 徐雄飞 刘俊田 张亦婷 卿 忠(744)

鄂尔多斯盆地延长探区非常规石油勘探进展、挑战及关注方向 …… 任来义 贺永红 葛云锦(752)

松辽盆地南部深层致密砂岩气认识与勘探实践 … 李瑞磊 徐 文 朱建峰 刘玉虎 谢荣祥(760)

沧东凹陷孔二段页岩组构模式评价及其勘探意义
………… 韩文中　赵贤正　蒲秀刚　金凤鸣　陈世悦　牟连刚　张　伟　时战楠　汪　虎(769)
松南陆相泥页岩不同岩相孔隙贡献定量计算 ……………………………… 王　伟　倪冬梅(777)
储层定量预测技术在松南深层致密气勘探中的应用 ………………… 于　雷　张　达　苗　贺(782)
复杂构造带深层页岩气储层特征及其改造技术——以渝西地区 Z203H1 平台为例
………………………………………………………… 宗国洪　林卫东　郭　莉　雷治安　张海杰(787)
松辽盆地南部青一段页岩油成藏规律研究及甜点评价 ……………………… 刘红超　邢济麟(792)
川南深层页岩气高效勘探关键技术 ……………… 魏力民　熊　亮　史洪亮　董晓霞　王　岩(800)
川西薄层叠置窄河道致密砂岩精细刻画关键技术及应用 …………… 赵　爽　丁蔚楠　郑公营(807)
吉木萨尔页岩油录井评价分类技术 ……………… 隋泽栋　赵彦清　刘　健　陈　亮　恒丽婷(815)

工程与信息技术

湖北宜昌地区页岩气钻井工程难点与对策分析
………………………………………… 胡志方　迟焕鹏　王胜建　张家政　王玉芳　张云枭(830)
地震响应特征分析在储层描述中的作用——以四川盆地双鱼石地区栖霞组为例
…………………………………………………………………………… 魏　超　崔　栋　杨广广(836)
塔河油田北部超深层火山侵入岩地震识别与油气勘探潜力
………………………………………………………… 韩　强　李海英　洪才均　邵小明　金仙梅(845)
基于多频段融合建模的贝叶斯反演技术——以饶阳凹陷赵皇庄地区为例
………………………………………… 刘鸿洲　肖　阳　王孟华　张　浩　彭玲丽　郭惠平(850)
胜利探区页岩油压裂试油工艺制约要素分析及改进思路探索
………………………………………… 曹卫东　安　涛　孙　玉　乔鹏伟　戴方桂　李　勇(856)
探井试油射孔井段的优化研究 …………………… 董军生　孙治国　刘明辉　贵国晶　宋小维(861)
“地质工程双指数”评价方法在束鹿致密碎屑岩中的应用
………………………………………………………… 徐　婕　戴广阔　李毅逵　陈永红　郭素杰(865)
叠前地震全波反演技术在陡坡带砂砾岩储层描述中的应用 ………… 王希萍　王玉梅　慎国强(870)
分辨率可动态调节的测井约束地震反演方法 ……………… 王振涛　慎国强　孟宪军　黄捍东(875)
缓倾小夹角削蚀油藏精细勘探关键技术 ………………………………………………… 刘秉建(881)
火成岩发育区地震资料“构造假象”分析及描述 ……………………… 汤梦静　唐美瑜　王　钊(887)
基于主成分分析的 BP 神经网络识别 Fauqi 油田 Asmari 组地层岩性
……………………………………………………………………………………… 区　舫　杨辉廷(894)
页岩气井压裂高矿化度返排液的成因与启示 ……………… 游利军　邵佳新　康毅力　陈明君(902)
应用叠前 CIP 资料提高地层尖灭线识别效果 ……………………………………………… 邢成奎(910)
自固结堵漏剂研究及在南堡 36-3005 井应用 …… 王在明　张艺馨　许　婧　沈园园　李云峰(916)
长裸眼井井壁稳定技术在塔里木盆地的应用 ……………………………… 仇恒彬　张忠乾(921)
一种新型半潜式平台概念设计研究 ……………………………………………………… 王天英(926)

一体化设计思路在东营北带砂砾岩储层压裂中的应用 …………… 薛仁江 杨 成 翟恒立(932)
页岩气体积开发分段压裂产气性测井评价
…………………………………… 石文睿 王兴志 李伯珍 张志华 胡中桂 石元会(937)
双壁钻杆气举高效降压穿漏钻井新工艺研究与应用
………… 康 波 唐洪林 周延军 冯光通 陈永明 燕修良 吴仲华 朱焕刚 王树江(947)
页岩气现场检测装置研究 …………………………… 孙浩玉 裴学良 刘 丹 孙金玮 周 军(955)
薄互层低渗透油藏大规模组合压裂配套技术研究与应用 … 于法珍 杨广雷 陈 斌 王营营(963)
南川页岩气田钻井关键技术集成配套实践与认识 ……………………………………… 贺 庆(975)
南川茅口组酸压工艺研究 ………………………………………………………………… 雷 林(980)
长庆页岩油水平井体积压裂技术研究及实践 …… 马 兵 刘汉斌 唐梅荣 杜现飞 吴顺林(988)
超高压气井采气树闸板阀国产化研究及设计 …… 魏军会 黄 锟 张 宝 刘 举 景宏涛(995)
地层测试仪高级应用优化超深凝析气藏改造方案
………………………………………………… 范文同 刘 举 黄龙藏 冯觉勇 袁学芳(1003)
塔里木油田超高压气井环空压力安全控制技术 …………… 曹立虎 孔嫦娥 马亚琴 胡志宏(1010)
复杂油气层测井技术及对策措施 …………………………… 白松涛 余春昊 成志刚 李戈理(1016)
深层页岩储层改造认识与现场实践 …………………………………………… 蒋成白 李 强(1025)
松北致密砂砾岩暂堵压裂裂缝扩展规律实验研究
………………………………………………… 齐士龙 李存荣 杨春城 魏 旭 黄 粟(1029)
近油基钻井液技术及实践 …………………………………… 司西强 王中华 雷祖猛 孙 举(1037)
四川威远页岩气藏水平井压裂地质设计与优化——以威 202HX 平台为例
………………………………………………… 赵国英 白 森 卢亚亚 滕先林 蔡 雨(1048)
复杂岩性及非常规油气藏一体化钻井提速提效技术研究与应用
………………………………………… 赵前进 冯 义 杨立军 肖 华 王品德 戢能斌(1056)
辽河坳陷“两宽一高”地震勘探技术进展及成效
………………………………………… 刘 康 邹启伟 刘 兵 柏 桐 张 宏 梁绍波(1063)
松辽盆地北部页岩油储层高导流缝网压裂技术研究与应用
………………………………………………… 邱 伟 刘长延 彭 伟 卢战区 杨 超(1071)
川渝地区页岩气随钻解释及压前产能评价方法
………………………………………………… 闫慧珍 孟邵彬 荆 玲 潘素倩 王玉府(1078)
青龙台地区高分辨率处理技术研究与应用 ……………………………………………… 卢 志(1084)
宜黄区块裂缝性地层堵漏技术研究与应用 ……… 孙 艳 朱明明 王伟良 吴付频 胡祖彪(1092)
苏里格气田 Φ152.4mm 小井眼定向井钻井关键技术
………………………………………………… 史配铭 王万庆 石崇东 曲小文 杨 勇(1098)
基于大数据分析的页岩油地质甜点预测 …………………… 谭伏霖 曹健志 王亚林 郭 莉(1104)
弹性密度估算及其在火山岩叠前反演中的应用 ……………………………… 曹 磊 苗 贺(1109)
涠西地区井壁稳定技术研究 …………………………………………………… 王宏民 李基伟(1114)

龙凤山中-基性火山岩气藏体积压裂技术研究…… 邵立民 张 冲 王娟娟 夏富国 宋宪实(1127)
高凝非均质油藏修井液的研究与应用 …………… 尤秋彦 付大其 薛清祥 赵 波 王小芳(1131)
CO_2与储层主要堵塞元素的反应规律研究………………………… 夏玉磊 王祖文 兰建平(1135)
超深大位移水平井 SYX131 井定向钻井实践 ……………… 涂建平 李洪兴 陈小华 冯 珂(1142)
鄂尔多斯盆地苏 46 区块绿色环保高精度地震采集技术
…………………………………………… 梅安鑫 韩 翀 袁胜辉 张学银 黄文明(1148)
四川盆地深层-超深层复杂地质条件安全高效钻井技术
…………………………………………… 胡大梁 严焱诚 刘 伟 王文刚 黄河淳(1154)
海上宽方位地震勘探关键技术研究与实践 ……… 吴 尧 张建峰 王志亮 李 江 李博闻(1160)
"大数据+AI"时代下的录井信息化平台建设的探讨
…………………………………………… 付 海 段 斌 岳思录 姚志刚 吴文明(1170)
英雄岭构造抗高温超高密度钻井液技术 ……………………… 李 博 吴金星 屈 璠 于刘军(1175)
两种超分子化学处理剂在阳离子钻井液中的研究与应用
…………………………………………………………………………………… 程岂凡(1181)
准噶尔盆地南缘窄密度窗口长封固段油基钻井液固井技术
…………………………………………… 郑永生 杨吉祥 印洪亮 佟雪林 马 疆(1186)
库车山前复杂深层定向钻井技术探讨 …………… 丁 红 万教育 张瑞平 张 明 肖 凯(1194)
PDC-类盘式牙轮复合钻头开发与应用 …………… 陈 炼 宋朝晖 王新东 牛世伟 张武涛(1200)
复杂深井、超深井超高温超高密度水泥浆体系研究及应用
…………………………………………… 马 疆 苏洪生 徐新纽 郑永生 张 伟(1206)
XZ-NBMS-Ⅰ型近钻头地质导向系统的研制与应用
…………………………………………… 宋朝晖 李富强 王 新 叶安臣 朱年涛(1213)
乳化降黏增能复合驱油压裂技术研究及应用
…………………………………………… 岳翰林 邓有根 李一朋 张永国 宋 胜(1218)
一种新型井下安全监控系统研究 ……… 张智亮 伊 明 成攀飞 罗 顺 刘 强 林莹莹(1224)
鄂尔多斯盆地黄土山地井震联采高密度三维勘探技术
…………………………………………… 杜中东 姚宗惠 邹雪峰 高 强 曹跃辉(1230)
井地电磁技术在深层油气钻井开发中的潜在应用
…………………………………………… 赵 国 刘雪军 金 华 王志刚 夏国峰(1237)
压缩感知在阿曼地震勘探高效采集中的应用
…………………………………………… 杨 曦 张洪涛 李 恒 康旭鹏 于文昌(1241)
川东北飞仙关组鲕滩陡阶式迁移地震刻画及勘探意义
…………………………………………… 罗 晶 邓 瑛 李 霄 徐 敏 王 征(1245)
水驱油藏层内作用力及对开发效果影响研究
…………………………………………… 吴 桐 李冠林 高子昂 毛小龙 刘 雄(1249)
济阳坳陷油气精细勘探理论认识及勘探实践
…………………………………… 宋明水 王永诗 王延光 王学军 马立驰 安天下(1259)

南华北盆地东部火成岩特征及其对石炭-二叠系烃源岩的影响

王步清

（中国地质调查局油气资源调查中心）

摘　要　南华北盆地东部地区火成岩非常发育。其中晚侏罗世-早白垩世时火成岩活动最为活跃，火山岩主要发育于大别山北缘、皖北蚌埠地区和黄口坳陷，以大别山北缘毛坦厂组(k_1m)安山质磡砾岩、集块岩最为有名。侵入岩主要发育于太康隆起东南部、周口坳陷东北部、长山隆起东北部，淮北隆起少量发育，沿郯庐断裂带、大别山北缘亦有大量分布。侵入岩有岩株、岩床、岩脉等几种产状，主要侵入于寒武系、石炭-二叠系、三叠系等地层，较少侵入于奥陶系。火成岩对石炭-二叠系烃源岩的影响主要表现在二个方面：一是在区域上对烃源岩有“加温催熟”作用，但在局部范围对烃源岩有机质成熟度影响不明显；二是使围岩地层中的烃源岩发生热变质、生烃能力变差。

关键词　南华北盆地东部；火成岩；石炭-二叠系；烃源岩；晚侏罗世-早白垩世

含油气盆地的火成岩与油气成藏具有密切的关系，它可做储层也可做盖层，对烃源岩的热演化也有重要的影响。松辽盆地齐家和乾安凹陷、渤海湾盆地临邑-商河和孔店构造带、济阳坳陷及黄骅坳陷、苏北盆地闽桥构造带、准噶尔盆地车排子构造带等都已发现火山岩油气藏(李春光等，1994；周立宏等，2000；金强，2001；杨贵丽等，2005；董臣强，2015)。对于南华北盆地的火成岩，野外地质调查已基本摸清了其露头区分布、岩性特征及其形成时代，如李振生等(2016)认为霍丘四十里长山地区侵入于寒武系的脉岩具有“双峰式”特征，形成时间为晚白垩世。对于火成岩与烃源岩关系，前人开展了相关研究，取得了一些认识[13-24]，如程喆等(2011)通过对南华北盆地内500余个煤、泥岩、碳质泥岩镜质体反射率测定，发现有机质高热演化带沿太康隆起呈环带状分布，具有北高南低、西高东低的特征；但对盆地内火成岩分布特征及其与烃源岩的关系等全面、系统的研究不够，有待进一步加强。本文利用露头、钻井、地震和电法资料，全面刻画了南华北盆地火成岩分布、岩性特征、形成时代等，研究分析了火成岩对烃源岩特别是对其成熟度的影响。

1　南华北盆地东部火成岩分布及特征

南华北盆地东部主要是指位于安徽省范围的南华北盆地区域，包括周口坳陷东南部，及合肥坳陷、长山隆起、淮北隆起的大部。周口坳陷南部分布有大量的燕山晚期中酸性火山岩，喷发时间为早白垩世；中部沿淮南-驻马店一带亦有火成岩分布，多数呈孤立点状，岩性以基本呈“L”型分布(刘池阳等，2004)。大别山北缘火山岩沿金寨-霍山-庐江一带广泛分布，中性和酸性花岗岩、花岗闪长岩为主，时代归属为晚侏罗世-早白垩世。北侧太康隆起太参1井钻遇侵入岩年龄为128Ma左右，对应时代为早白垩世，周口坳陷凤凰斜1井、皖亳参1井、南14井等在三叠系、二叠系和石炭系钻遇火成岩，岩性为闪长玢岩、辉绿岩，形成时间为早白垩世。黄口凹陷丰参1井下白垩统青山组下部见灰色安山岩与棕色砂岩互层，厚度64m(何争光，2009)。吕俊祥等(2005)认为晚侏罗世—早白垩世期间，南华北盆地的火成岩发育与大别造山带核部热穹的强烈隆升和郯庐断裂带的左行走滑有关。

1.1　露头区火成岩分布及特征

据野外地质调查、安徽省区域地质志及安徽

省地质图，南华北盆地及其周缘露头区火成岩主要分布于大别山北缘、郯庐断裂带、霍丘四十里长山地区、蚌埠－定远地区和两淮地区，其中两淮地区出露岩体14个，总面积达85km²，火成岩活动时代以中新元古代、晚侏罗世和早白垩世为主。大别山北缘火成岩有侵入相，也有喷发相，中新元古代以侵入相为主，包括钾长质花岗片麻岩(ξγ)、石英二长质片麻岩(ξo)、正长斑岩(ξπ)等，早白垩世喷发岩以毛坦厂组(k_1m)最为有名，岩性主要为安山质凝灰角砾岩、角砾集块岩、集块岩、熔接角砾岩、角闪粗安岩等；侵入岩以花岗斑岩(γπ)、二长斑岩(ηπ)、正长斑岩(ξπ)，其中正长斑岩(ξπ)以脉状侵入，并与郯庐断裂走向一致，且具有明显的构造定向；霍丘四十里长山地区的火成岩以脉状侵入为主，穿层侵入寒武系马店组、馒头组和猴家山组等地层(图2)，侵入时代为晚白垩世，主要岩性为煌斑岩(χ)、花岗斑岩(γπ)和正长岩(ξ)(李振生等，2016)。淮南平峨山地区发育早白垩世喷发的花岗斑岩(γπ)。淮北地区主要发育早白垩世侵入的花岗斑岩(γπ)、闪长玢岩(δμ)和闪长岩(δ)等，侵入地层主要为寒武系、石炭系等。宿州泗县东部发育新元古界侵入的玄武玢岩(βμ)。蚌埠地区发育早元古代、中侏罗世、早白垩世侵入的二长花岗岩(ηγ)，侵入地层为新太古界－古元古界，喷发岩形成时间为早白垩世，位于凤阳县城东南，与前面所提到的大别山北缘毛坦厂组(k_1m)岩性类似。在磨盘山一带发育早白垩世侵入的二长花岗岩(ηγ)，均侵入于中新元古界之中。

1.2 覆盖区火成岩及其特征

1.2.1 钻井钻遇的火成岩及其特征

据统计，目前钻遇火成岩的井有凤凰X1井、皖亳参1井、南14井、南4井、南17井、长页1井、十五东21井、十五东13井、十五东29井、周参17井等。基本以侵入岩为主，侵入时期为早白垩世，岩性以闪长玢岩、霏细斑岩、正长斑岩为主，侵入地层以石炭－二叠系、三叠系为主，少量侵入于寒武系、震旦系，目前尚未见侵入于奥陶系。目前只有黄口凹陷丰参1井在下白垩统青山组钻遇喷发岩，岩性为安山岩，与沉积岩呈互层分布(表1)。

侵入体围岩地层岩性以泥岩、碳质泥岩和泥灰岩为主，较少侵入砂岩和灰岩地层。喷发岩岩性有安山玢岩、霏细斑岩，对应沉积地层为二叠系上、下石盒子组和白垩系临泉组；侵入岩岩性为辉绿岩、闪长玢岩、煌斑岩、细晶岩和正长斑岩等。通过对凤凰X1井3251m～3681m井段火成岩岩屑薄片观察，结果显示岩性主要为闪长玢岩，斑状结构，斑晶10%，呈板状、柱状等，主要为角闪石，局部被碳酸盐交代，部分绿泥石化。基质90%，其中：长石56%，以斜长石为主，少量钾长石，呈粒状，常见被碳酸盐交代，表面常见绢云母化；碳酸盐17%，呈泥晶－粉晶状，次生产物；角闪石13%，呈粒状、柱状；石英4%，呈粒状。

盆地内火成岩厚度、侵入地层沿平面变化较快。凤凰X1井和亳参1井平面距离只有10km左右，但侵入岩厚度和侵入地层均有较大的差异，凤凰X1井钻遇侵入岩总厚度582m，主要侵入于上部地层即三叠系及二叠系上石盒子组，厚527m；在亳参1井钻遇侵入岩总厚度282m，主要侵入于下部地层即山西组、太原组，厚226m。淮南地区沿十五东21、十五东13、十五东29等煤炭孔中在二叠系下石盒子组8煤层和4－1煤层之间钻遇侵入岩，侵入层位稳定，但厚度变化大，从北侧近100m向南均匀减薄到10m左右(表1)。

1.2.2 地震剖面识别的火成岩及其特征

在地震反射剖面上，可以识别出岩株、岩床和岩脉等侵入岩体产状，岩墙较少见。岩株纵向延伸长、密度差小，在地震反射剖面上表现为杂乱或空白反射，与周边围岩有一个明显的不规则接触界面，切穿整个古生界，但不影响其沉积。随着岩浆上升侵入，亳州断裂伸展形成断陷，近断裂面充填了较多的白垩系地层，发育同沉积伸

表1 南华北盆地东部火成岩的钻遇情况

井号 \ 侵入层位	临泉组 K_1l	二马营组 T_2er	和尚沟组 T_2h	石千峰组 P_2sh	石盒子组 P_2s, P_1x	山西组 P_1s	太原组 C_2t	总厚
南14	霏细斑岩/30m					辉绿岩/12m		42m
南4					闪长玢岩/1.5m		煌斑岩/3m	4.5m
南17					霏细斑岩/30m			30m
凤凰X1		闪长玢岩/134m		闪长玢岩/178m	闪长玢岩/232m	闪长玢岩/9m	闪长玢岩/35m	587m
长页1井								29m*
丰参1井	安山岩/64m							64m
亳参1井			闪长玢岩/14m	闪长玢岩/39m	闪长玢岩/3m	闪长玢岩/139m	闪长玢岩/87m	282m
十五东21					正长斑岩/9.5m			9.5m
十五东13					正长斑岩/42m			42m
十五东29					正长斑岩/95m			95m

*长页1井火成岩侵入于寒武系和震旦系

展构造，形成典型的箕状断陷；岩床横向延伸有一定距离，纵向厚度薄，沿地层顺层侵入，在地震反射剖面上表现为同相轴增多、反射层次杂乱、或空白反射等特点；岩脉常切层侵入，与原始地层有一定的交角，在地震反射剖面上表现为斜向穿层反射或有张口现象。周口坳陷颜集凹陷、王楼斜坡火成岩在很大一部分地震剖面上表现出类似的几何形态。

据淮南煤田丁集十五勘查线，火成岩沿下石盒子组8煤层和4-1煤层顺层侵入，厚度由北往南减薄，呈岩床样式。周口坳陷南部汝南凹陷周参17井，古生界烃源岩有机质成熟度为1.8%~2.0%，据地震剖面RU-6，周参17井钻探在火成岩体之上(何争光，2009)。

1.2.3 航空重磁解释的火成岩及其特征

据航磁资料解译和推断，获得盆地内隐伏的

火成岩平面分布范围，该火成岩平面分布范围具有一定的推测性，航磁资料推测和解译的火成岩分布具有以下特征：一是沿郯庐断裂带，主要为基性侵入岩、中酸性侵入岩以及火山岩；二是沿秦岭-大别造山带分布，主要为中酸性岩、火山岩及少量基性岩；三是沿阜阳-淮南-蚌埠一线的阜凤逆冲推覆构造带及期两侧分布，主要为中酸性岩和基性岩；四是沿阜阳深断裂及期两侧分布，主要为基性岩、中基性岩和中酸性岩。利用1∶5万高精度航磁数据结合已有钻井火成岩心磁性特征，获得亳州市及东南区域的火成岩平面分布范围。钻探结果表明，航磁数据推测范围可靠性较高，同时由于火成岩磁性与围岩差异较小，部分有火成岩侵入的区域航磁资料未能解译出来，如亳参1井区域。

1.2.4　电法解释的火成岩及其特征

南华北盆地三叠系由于发育夹砂砾岩、角砾岩，为相对高阻层，石炭-二叠系以泥岩、粉砂质泥岩、碳质泥岩和煤层为主，为相对低阻层。侵入岩与石炭-二叠系地层相比，侵入岩为相对高阻层。2019年中国地质科学院廊坊物化探所在皖北亳州地区实施了两条长度分别为10km左右的MT电阻率剖面，走向北西西-南东东，综合解释显示：颜集凹陷高阻层连续往纵深延伸，王楼斜坡三叠系高阻层之下的石炭-二叠系砂泥岩表现为低阻特征，火成岩发育的可能性较小(方慧等，2019)。基于此认识，在剖面位置A114点附近部署了亳参1井，钻探结果表明：上古生界上部及中生界火成岩不发育，但上古生界下部的太原组、山西组火成岩非常发育，占该井钻遇火成岩总厚度的80%以上。

1.2.5　南华北盆地东部火成岩分布可靠范围

结合盆地内露头资料、钻井资料、电法资料、地震资料和航磁资料，勾勒出南华北盆地火成岩分布大致范围，数据来源可靠，且多种资料相互印证，具有一定的可靠性(图1)。

2　南华北盆地火成岩对烃源岩的影响

2.1　区域上对烃源岩有“加温催熟”作用

大量相关数据分析研究表明：区域上火成岩

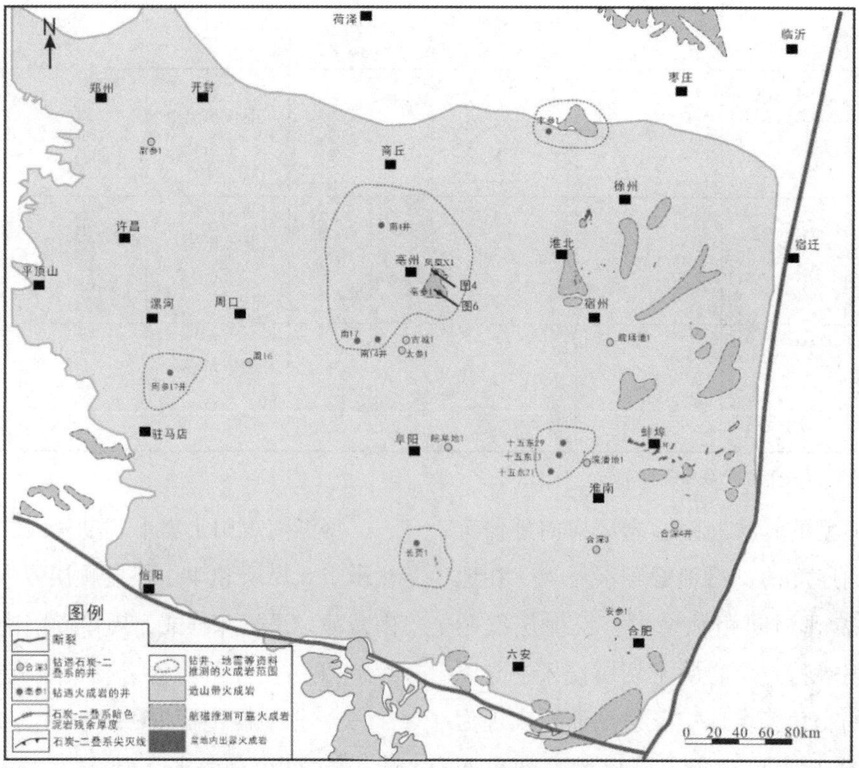

图1　南华北盆地火成岩平面分布范围

对石炭-二叠系烃源岩有“加温催熟”作用，有火成岩分布的区域，石炭-二叠系烃源岩成熟度相对要高，平均要高1%~2%区域上，有机质成熟度高的区域与火成岩发育区基本一致，火成岩的区域侵入对石炭-二叠系烃源岩具有明显的“催熟”作用，石炭-二叠系烃源岩 T_{max} 平均值升高(图1)。周口坳陷东部王楼斜坡的亳参1井2127~2540井段(相当于二叠系上石盒子组下部、下石盒子组和山西组)烃源岩 T_{max} 平均值为534℃，平均 Ro>2%；颜集凹陷的凤凰X1井2867~3868井段(相当于二叠系上石盒子组、下石盒子组、山西组和太原组)烃源岩 T_{max} 平均值为542℃，平均Ro>2%，颜集凹陷石炭-二叠系烃源岩平均Ro值在1.5%以上。周口坳陷南部汝南凹陷内周参17井，古生界烃源岩Ro值为1.8%~2.0%，周口坳陷北部鹿邑凹陷石炭-二叠系烃源岩平均Ro值在1.5%左右；周口坳陷中部倪丘集凹陷石炭-二叠系烃源岩Ro值在0.75%~1.2%之间；周口坳陷南部的谭庄-沈丘凹陷南缘采集到少量上古生界烃源岩Ro值在0.60%~0.75%之间，在南部大别山前带野外地质调查采样分析结果表明，上古生界烃源岩Ro值高达3.0%。因此，南华北盆地石炭-二叠系烃源岩成熟度总体具有“中间低，南北高”的特征，有火成岩侵入的太康隆起、周口坳陷北侧烃源岩成熟度相对偏高，而周口坳陷中部、长山隆起东北部的阜阳-淮南、淮北隆起南侧，烃源岩成熟相对偏低(图2)。航磁推测沿阜阳-淮南-蚌埠一带大量分布有中酸性岩和基性岩，而烃源岩成熟度沿该带是普遍低值，两者不一致，有待进一步研究和钻探验证。

2.2 局部范围内对烃源岩成熟度影响小

为分析局部区域火成岩侵入对烃源岩成熟度的影响，选取亳参1井2118~2837m井段(相当于二叠系上石盒子组(P_2s)下部、下石盒子组(P_1x)、山西组(P_1s)和石炭系太原组(C_2t)近1000个暗色泥岩样品现场地化分析结果，研究暗色泥岩最高峰温值(T_{max})与该井段侵入火成岩的相互关系。结果表明，暗色泥岩所经历的最高

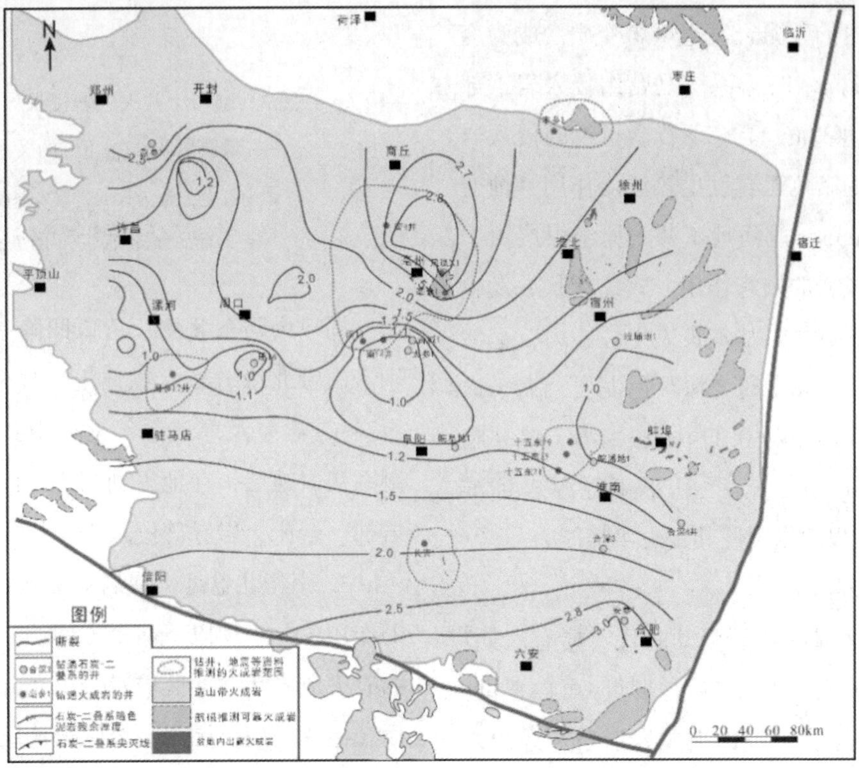

图2　南华北盆地火成岩平面分布及与石炭-二叠系烃源岩成熟度平面关系图

峰温值(T_{max})与侵入岩接触距离相互关系不明显，火成岩对其两侧的暗色泥岩不具有明显的“加温催熟”作用。井深2584～2678m火成岩段，附近暗色泥岩T_{max}值反而偏低，都在450℃以下；井深2818～2848m火成岩段，共分析了17个暗色泥岩样品，其中T_{max}值在450℃以下的12个，以上的只有5个(图3)。邻近区域鲁西南官桥煤田，火成岩侵入到煤层，煌斑岩脉厚0.65m，距煌斑岩0.49m的煤层变为天然焦，向外很快变为属正常煤种的肥气煤，镜质体反射率仅0.81%～0.88%，火成岩侵入对围岩有机质的热演化影响范围有限(程喆等，2011)。南华北盆地火成岩侵入与邻近区域表现出相似的特征。

2.3　使围岩附近的烃源岩发生热变质、生烃能力变差

火成岩的侵入活动，使其围岩发生一定程度的热变质作用。亳参1井在井深1364～1372m深度发育厚8m的灰绿色闪长玢岩，在其下部有近4m厚的泥质粉砂岩发生了变质作用，成为变质粉砂岩；凤凰X1井上、下石盒子组侵入的火成岩使围岩地层里的砂泥岩发生烘烤变质，成为变质砂岩或变质泥岩，三叠系二马营组侵入岩下部变质砂岩厚度达32m，上、下石盒子组的侵入岩引起围岩地层的暗色泥岩发生热蚀变作用，蚀变泥岩总厚度达63m；皖潘地1井太原组煤层由于受临近区域火成岩的烘烤作用，成焦炭状。发生热蚀变作用后的泥页岩基本丧失生烃能力，亳参1井2583～2584井段之间为深灰色泥岩，夹于火成岩之间，生烃潜量为0.114mg/g，小于该井暗色泥岩平均值0.2mg/g，更远小于烃源岩标准0.5mg/g，火成岩的作用使其丧失生烃能力。

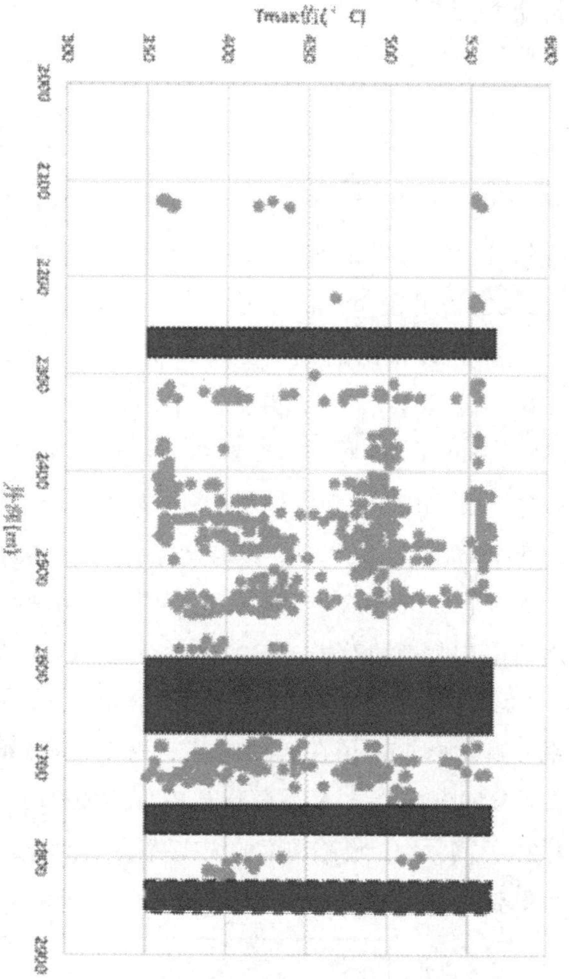

图3　亳参1井火成岩侵入与烃源岩最高峰温(T_{max}值)的关系

(图中红色方框为火成岩侵入深度范围；绿点为样品分析测试获得的T_{max}值)

3　结论

1. 南华北盆地火成岩活动时代主要有三期：分别为太古代、元古代以及晚侏罗世-早白垩世，其中晚侏罗世-早白垩世的火成岩活动对烃源岩影响最大。

2. 南华北盆地火成岩平面上主要沿太康隆起、周口坳陷东北侧、黄口凹陷一带及秦岭-大别造山带北缘分布；纵向上主要侵入于三叠系、石炭-二叠系及寒武系等地层中，较少侵入于奥陶系灰岩地层，在地震剖面上可以明显地看到有岩株、岩床、岩脉等侵入岩产状。

3. 南华北盆地火成岩对石炭-二叠系烃源岩的作用主要表现以下两个方面：一是在盆地范围内有火成岩活动的区域对烃源岩有“加热催熟”作用，但在局部范围内，对围岩地层中的烃源岩无明显“加温”作用；二是使围岩邻近火成岩区烃源岩发生热变质、生烃能力变差。

参 考 文 献

[1] 刘池阳，赵俊峰，刘永涛，等．南华北地区古生界热体制特征研究[R]．中国石油化工集团东北分公司(内部报告)，2009.

[2] 李春光．山东惠民凹陷火成岩原生油气藏[J]．江汉石油学院学报，1994，16(1)：8-12.

[3] 何争光．周口坳陷古生界热演化史分析及其油气地质意义[M]．西北大学硕士学位论文，2009.

[4] 周立宏，吴永平，肖敦清，等．黄骅坳陷第三系火成岩与油气关系探讨[J]．石油学报，21(6)：29-34.

[5] 杨贵丽，蒋有录，吕希学．济阳坳陷火成岩油气藏成藏特征分析[J]．油气地质与采收率，2005，12(1)：24-26.

[6] 金强．裂谷盆地火山活动与油气藏的形成[J]．石油大学学报(自然科学版)，2001，25(1)：27-29.

[7] 程喆，徐旭辉，王荣新，等．南华北地区上古生界烃源岩异常热演化因素探讨[J]．石油实验地质，2011，33(2)：142-147.

[8] 吕俊祥，黄泽光，翟常博．南华北地区中新生代盆地成盆环境分析[J]．石油实验地质，2005，27(2)：118-123.

[9] 全裕科，柳广第，文龙．南华北盆地倪丘集凹陷油气显示特征及找油意义[J]．石油实验地质，2006，28(4)：370-374.

[10] 张鹏，王良书，刘绍文，等．南华北盆地盆地群地温场研究[J]．地球物理学进展，2007，22(2)：604-608.

[11] 方慧，等．皖北亳州地区电磁采集成果与井位建议[R]．中国地质科学院地球物理地球化学勘查研究所(内部报告)，2019.

[12] 董臣强．车排子地区火成岩油气成藏条件及勘探关键技术[J]．油气地质与采收率，2015，22(2)：45-50.

[13] Chen Z , Yan H , Junsheng L . Relationship between Tertiary volcanic rocks and hydrocarbons in the Liaohe basin, People's Republic of China[J]. AAPG Bulletin, 1999, 83.

[14] Huafeng T, Tan K, Xiang L, et al. Characteristics and formation mechanisms of high quality reservoir of volcaniclastic sedimentary rocks of Early Cretaceous in Songliao Basin[J]. Acta Petrol Sinica, 2016.

[15] Chen Z, Wang X, Zha M, et al. Characteristics and formation mechanisms of large volcanic rock oil reservoirs: A case study of the Carboniferous rocks in the Kebai fault zone of Junggar Basin, China[J]. Aapg Bulletin, 2016, 100(10): 1585-1617.

[16] Chen Z, Liu W , Zhang Y , et al. Characterization of the paleocrusts of weathered Carboniferous volcanics from the Junggar Basin, western China: Significance as gas reservoirs[J]. Marine & Petroleum Geology, 2016, 77: 216-234.

[17] Zou Caineng, Zhang Guangya, Zhu Rukai, et al. Volcanic Reservoirs in Petroleum Exploration[M]. ELSEVIER, 2013, page 1-4.

[18] Gu L X, Ren Z W, Wu C Z, et al. Hydrocarbon reservoirs in a trachyte porphyry intrusion in the eastern depression of the Liaohe basin, NE China[J]. AAPG Bulletin, 2002, 86(10): 1821-1832.

[19] Hou lianhua, Yang Chun, Yang Fan, et al. Petroleum geology of Carboniferous volcanic weathered crust in northern Xinjiang, China [J]. Bulletin of Canadian Petroleum Geology, 2015, 63(2): 171-191.

[20] Shi Ji'an, Sun Guoqiang, Zhang Shuncun, et al. Reservoir characteristics and control factors of Carboniferous volcanic gas reservoirs in the Dixi area of Junggar Basin, China [J]. Journal of Natural Gas Geoscience, 2017, 3(1): 1-13.

[21] SRUOGA P, RUBINSTEIN N. Processes controlling porosity and permeability in volcanic reservoirs from the Austral and Neuquénbasin, Argentina [J]. AAPG Bulletin, 2007, 91(1): 115-129.

[22] Zou C N, Zhao W Z, Jia C Z, et al. Formation and distribution of volcanic hydrocarbon reservoirs in sedi-

mentary basins of China[J]. Petroleum Exploration & Development, 2008, 35(3): 257-271.

[23] Vernik L. A new type of reservoir rock in volcaniclastic sequences [J]. AAPG Bulletin, 1990, 74: 830-836.

[24] Levin L E. Volcanogenic and volcaniclastic reservoir rocks in Mesozoic－Cenozoic island arcs: examples from the Caucasus and the NW Pacific[J]. Journal of Petroleum Geology, 2010, 18(3): 267-288.

浅议神木-绥德山2段煤系地层沉积环境及成藏控制因素

刘洪林[1,2,3] 王怀厂[4] 张 辉[4] 赵伟波[4] 刘 燕[4] 刘德勋[1,2,3] 周尚文[1,2,3]

1. 中国石油勘探开发研究院；2. 中国石油非常规油气重点实验室；
3. 国家能源页岩气研发(实验)中心；4. 中国石油长庆油田勘探开发研究院

摘 要 鄂尔多斯盆地石炭-二叠系煤系地层非常规天然气资源十分丰富，沉积环境对于煤系地层非常规天然气成藏具有决定性的作用。本文应用薄片鉴定、扫描电镜等技术手段，开展了煤系地层沉积环境、微观结构特征研究，探讨了煤系非常规天然气成藏特征及富集规律，认为神木-绥德地区在山2段为辫状河三角洲沉积环境，煤层在分流河道间洪泛平原广泛发育，部分地区还受到海水影响。煤系地层发育原生、次生孔隙和裂缝，沥青质纳米孔具有强大的吸附作用，对于煤系地层非常规气成藏发挥关键作用，可以形成煤层吸附气藏和页岩气藏。山2段河道快速、频繁的侧向迁移和改道形成了砂岩、泥岩、煤空间叠置上存在多种岩性组合。煤系地层靠近生烃中心的砂体最先接受油气充注，是最有利的气藏分布区。西部地区由于埋深较大，上覆地层厚度稳定，东南部的保存条件要好于西北部。研究成果对于提高鄂尔多斯盆地石炭-二叠系煤系地层非常规天然气成藏地质认识、指导天然气勘探，有重要意义。

关键词 鄂尔多斯盆地；石炭-二叠系；煤系；非常规天然气

21世纪以来，全球范围掀起的页岩油气革命，改变了世界能源格局，一批常规油气资源开发已到后期的油气盆地也因页岩油气的开发而再现次辉煌，美国二叠盆地油气开发经验值得借鉴，该盆地已有百年开发史，20世纪70年代常规油气产量达到峰值后逐渐衰落。2005年后兴起的页岩油气技术革命又重新使该盆再次辉煌，再度成为美国油气储产量最大盆地，成为美国油气产量稳定的基石。二叠盆地具有多层系沉积、多套含油气系统，随着理论、技术进步，资源潜力不断被重新认识，是典型的巨型超级含油气盆地。我国陆上也存在鄂尔多斯、四川等类似地质条件的超级含油气盆地，因理论技术的阶段性，我们对其资源潜力的认识也是阶段性的。鄂尔多斯盆地为我国超大型含油气沉积盆地，为大型叠合盆地，古生界二叠系、石炭系、奥陶系含有非常丰富的油气资源。经过几代人的不懈努力，已发现苏里格、乌审旗、大牛地、榆林、子洲—米脂、神木和靖边等大气田[1-3]。近年来随着勘探程度及地质认识的不断提高，在非常规天然气领域的勘探不断取得新突破，尤其对对煤系烃源岩有了更深的认识[2]。对于上古生界煤系地层沉积环境，国内学者开展多大量研究，由于所依据的理论体系、研究方法、研究尺度不同，在沉积相解释、划分上存在一定程度上禅意，但都普遍认为晚古生代盆地经历了障壁岛-潮坪-泻湖沉积，然后为海陆交互沉积，最后为冲积-三角洲-湖泊沉积的沉积史[4-29]。本文以神木-绥德地区山2段为例，应用薄片鉴定、扫描电镜等技术手段，开展了煤系地层沉积环境、微观结构特征研究，探讨了煤系非常规天然气成藏特征及富集规律。

1 神木-绥德地区区域地质背景

1.1 构造特征

鄂尔多斯盆地北跨乌兰格尔凸起与河套盆地为邻，南越渭北挠褶带与渭河盆地相望，东接晋西挠褶带与吕梁隆起呼应，西经逆掩冲断构造带与六盘山、银川盆地对峙。鄂尔多斯盆地处于我国沉积盆地分布的中带，兼受东滨太平洋构造域和西南特提斯-喜马拉雅构造域地壳运动的影响，是一个稳定沉降、坳陷迁移、扭动明显的多旋回克拉通叠加盆地[30]。盆地构造演化可分为中晚元古代坳拉谷、早古生代浅海台地、晚古生代滨海平原、中生代内陆盆地和新生代周边断陷5个阶段[1-3]。鄂尔多斯盆地地质构造具有稳定和活动的两重性。海西期表现为地壳缓慢沉降，沉降速率较为稳定；印支晚期构造沉降速率明显增大，显示克拉通构造活动开始增强；燕山早期构造沉降在相对稳定的背景下有所波动；燕山中期是鄂尔多斯盆地晚古生代以来最重要的构造活动期，区域构造线由EW最终转化为SN向或NNE

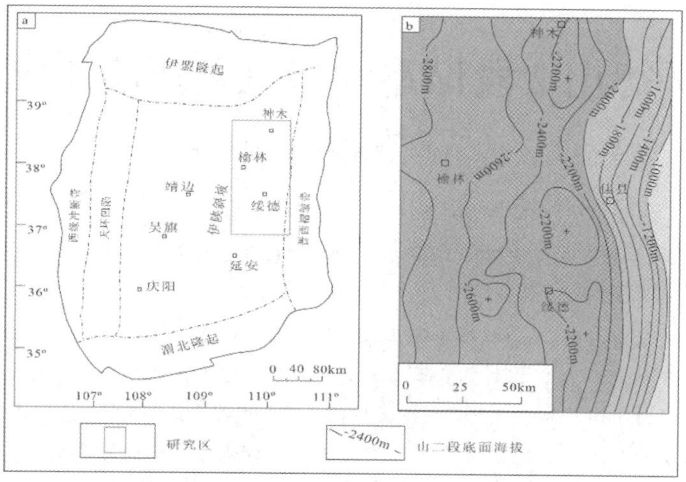

图1　神木-绥德研究区位置图

向，岩浆活动强烈。喜马拉雅期以来盆地主体部位长期隆起，遭受剥蚀[31]。盆地分为伊盟隆起、渭北隆起、天环坳陷、伊陕斜坡、西缘冲断带和晋西挠褶带共6个一级构造单元(图1)。盆地整体呈东高西低、北高南低、中部为平缓斜坡，周缘隆起并有断层发育的构造形态[2,19]。神木-绥德地区为一个单斜构造，地层倾角小于5度，相对平缓，区内断层稀少。

1.2　烃源特征

鄂尔多斯盆地以太古界及元古界变质岩为基地，在其上沉积了元古界、古生界和中新生界地层，中上元古界、下古生界以碳酸盐岩沉积为主；上古生界以河流相、湖泊、沼泽相沉积为主；中生界以内陆河流相、湖泊沼泽相沉积为主。上古生界本溪组、太原组、山西组煤系地层发育煤层和暗色泥岩，为主要烃源岩，盆内分布稳定，盆地中部煤层较薄，厚为2~10m，向西、向东增厚，可达40m；暗色泥岩盆地中部偏薄，厚度为10~90m，向东西两边逐渐增厚，局地达200m，煤系烃源岩成熟度在盆地东北部相对偏低，南部、西部相对偏高，在盆地中南部的大部分地区进入高成熟阶段，具备热异常区域Ro可大4.0%以上[2]。鄂尔多斯盆地东部神木-绥德地区的山西组为近海三角洲环境，三角洲前缘和三角洲平原的分流间湾、分流河道间等微相是煤系烃源岩形成的有利区域。神木-绥德地区受控于沉积环境演化，陆生植物占绝对优势，干酪根类型为Ⅱ~Ⅲ型，煤系地层暗色泥岩及煤岩中部厚度稳定，南北两侧厚度较小。

2　神木-绥德地区山2段沉积环境

2.1　沉积相类型

鄂尔多斯盆地在山西期为河流沉积环境，从早期至晚期，呈现出了辫状河、汇聚河到曲流河的演化特点；山西期为近海湖泊-网状河三角洲沉积体系；盆地山西组由北向南依次为三角洲平原、三角洲前缘沉积体系；山23期为滨浅湖交替沉积环境，平面上呈东西向展布的砂体为滩坝砂体。通过对现有资料的综合研究，依据了沉积学、地球物理学、地球化学、古生物学等相标志，在单井沉积环境分析基础上结合前人研究成果，认为神木-绥德研究区山西组主要为浅水三角洲沉积环境，包含2种亚相和7种微相(表1、图2)。

研究区山2段主要发育了五种典型沉积序列，以向上变细序列和向上变粗序列为典型特征(图3)。其中A和B沉积序列发育在三角洲平原环境，C、D和E序列发育在三角洲前缘-前三角洲环境。在研究区南部还发育向上变细的滨湖沙坝序列，与D和E序列相似。

2.2　主要沉积标志

山西组砂体整体多呈现复合正粒序特征，内部具多个正粒序旋回重复叠置，垂向序列上具自旋回结构，每个旋回底部与下伏岩层呈冲刷接触，冲刷面可泥砾，岩性多为粗砂或含砾粗砂岩。旋回顶部的细粒单元较为发育，多为灰黑色-深灰色泥岩-粉砂质泥岩，局部可见生物扰动构造、黄铁矿及植物碎片，二元结构明显，为典型的三角洲平原-前缘混合带沉积特征(图4、图5)。研究区砂岩主要以灰白色-浅灰色-暗灰色

表1　山西组山2段浅水三角洲沉积环境沉积亚相及微相类型

亚相	微相	主要特征
三角洲平原	分流河道	粗砂质砾岩、中粗粒岩屑砂岩，楔状、槽状、板状交错层理和冲刷构造
	废弃河道	含泥质粉砂岩与粉砂质泥岩薄互层，富含植物化石、薄煤线。沙纹层理、小型板状和槽状交错层理
	天然堤	粉细粒砂岩与泥岩互层，沙纹层理、波状层理和水平层理
	决口扇	粉细砂岩与粉砂质泥岩互层，爬升沙纹层理、波状层理和水平层理
	分流间洼地	黑色泥岩、炭质泥岩夹煤线，水平层理和生物扰动构造
	沼泽	煤层、泥岩、灰质泥岩，偶见纹层状粉砂岩
三角洲前缘	水下分流河道	含砾粗砂岩、中粗粒砂岩组合，冲刷、粒序层理、平行层理、板状层理
	水下天然堤	薄层粉砂岩和粉砂质泥岩互层，水平层理、透镜状层理，生物钻孔及扰动构
	支流间湾	灰黑色泥岩，夹粉砂质泥岩和粉砂岩，富含有机碳，水平层理和生物钻孔
	远沙坝	粉细砂岩、粉砂质泥岩和泥岩互层，逆粒序
	席状砂	细砂岩、粉砂岩与泥岩互层，反粒序或无粒序
	泥炭沼泽	黑色煤层、泥岩、灰质泥岩，偶见纹层状粉砂岩
前三角洲	前三角洲泥	黑色泥岩、灰质泥岩，偶见纹层状粉砂岩

为主，指示了沉积环境的还原性特征，山$_2^3$段-山$_2^1$段岩性不同，山$_2^3$段以石英砂岩为主，山$_2^2$段以岩屑长石砂岩为主，山$_2^1$段以长石岩屑砂岩为主，整个山2段砂岩，粒度较细，以细-中粒为主，含部分粗砂岩，分选中-好，磨圆较好，主要为次圆-次棱角状，由山$_2^3$段向山$_2^1$段逐渐升高，水动力条件逐步减弱，山2段暗色泥岩和煤层则主要形成于湿地沼泽、泛滥平原和水下分流间湾。泥岩中常见植物茎干、植物叶片，常见炭质泥岩。山$_2^3$泥坪夹有薄层粉砂岩及细砂岩，成透镜状。山2段从北向南煤层厚度增加，发育连续性较好的4#、5#煤层。

在局部地区也发现有海相环境，如大8井山1段2688.53m、大3井2832.45m发育泥晶菱铁矿岩，塔巴庙地区大5井山1段2281.78m和大3井山1段2781.01m粉晶白云岩、泥晶铁白云石，都与海相环境密切相关[32]。乡宁甘草山剖面底部泥灰岩发现有腕足类化石 *Dictyoclostus taiyuanensis* 太原网格长身贝，*Chonetes carbonifera* 石炭戟贝，*Juresania juresanensis* 朱里桑贝等晚古生代常见属种。榆48井山西组山2段泥岩(2566~2568)发现有棘皮类化石，大12井山2段2813.55m发现白云石化的海百合及有孔虫[21]。在乡宁甘草山、蒲县宋家沟、柳林成家沟，以及太原西山柳子沟等山西组剖面山$_2^3$下部发现单向水流形成的板状层理、块状层理为主，上部粉砂岩发育潮汐成因的小型双向交错层。以上证据可以充分证明在山西组沉积早期，近海浅水三角洲环境经常有海水侵入，并在局部地区沉积了少量海相地层。

2.3　山2段沉积时环境演化

鄂尔多斯盆地早二叠世山西期，北方阴山古陆和西侧贺兰山古陆抬升，来自北方的陆源屑物逐渐增多，南部秦岭和大别山古陆缓慢下沉，海水由北向南退出，沉积环境经历了陆表海环境向过渡环境、陆相环境的演化。早二叠世发生短暂海侵，海水来自SE方向，推测海侵波及本区临县—绥德—延安—韩城一带[33]。在河流-三角洲沉积体系自北向南演化过程中，本溪组、山西组、太原组聚煤作用受沉积体系发育控制，分流

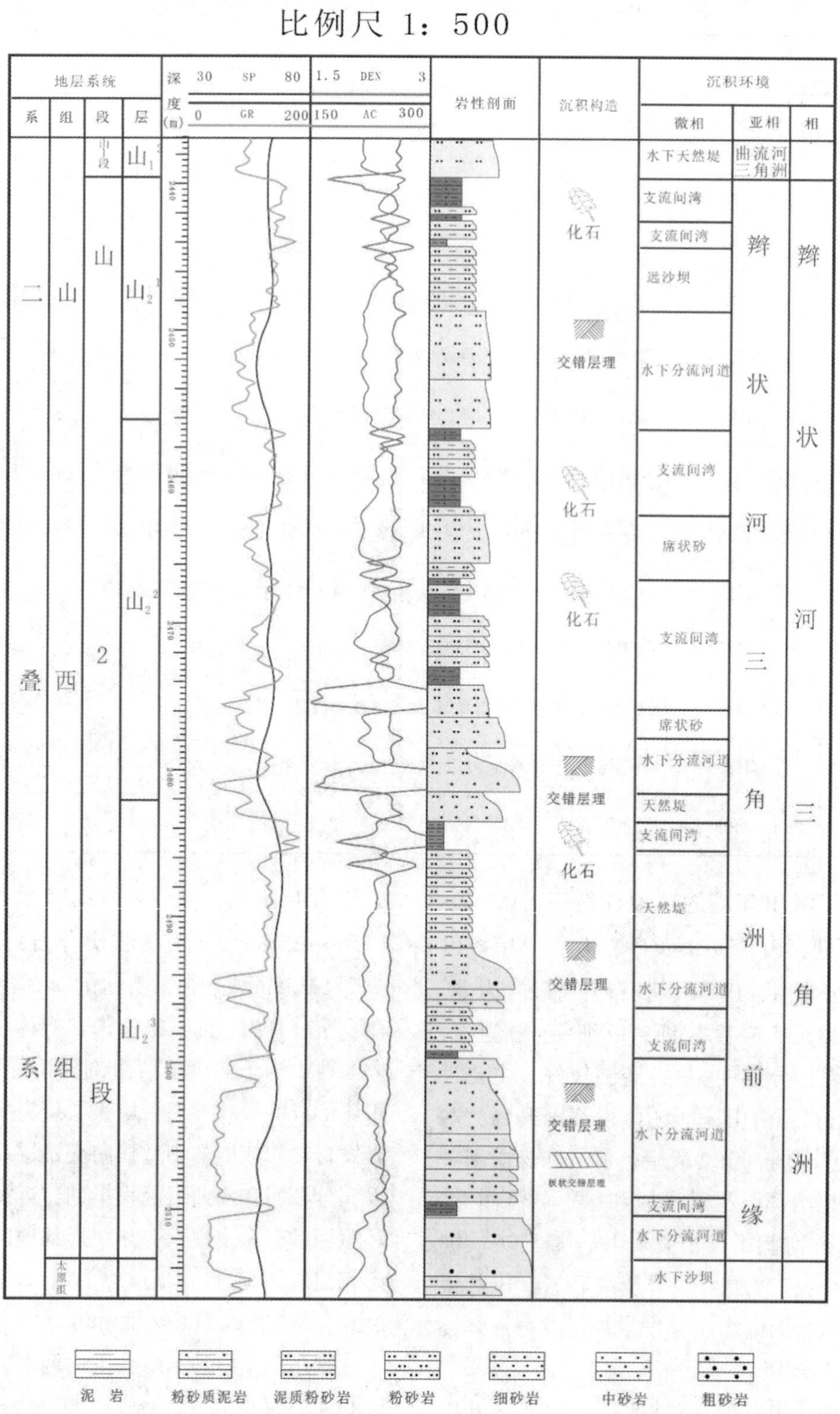

图 2　鄂尔多斯盆地神木-绥德山二段沉积相图(Y98)

间沼泽被湖水淹没、洼地积水、植被茂盛可演变成为含煤沼泽，上、下三角洲分界随湖平面升降及滨线轨迹迁移而迁移，煤系地层形成了以潮道、三角洲和河流砂体为储层，洪泛平原泥岩为盖层的多套生、储、盖组合。

神木-绥德地区在山 2 段沉积期，环境总体变化不大，为辫状河三角洲沉积环境，由南向北，从前三角洲环境、三角洲前缘，过渡到三角洲平原环境，煤层在分流河道间洪泛平原广泛发育(图 6)。平面上三角洲前缘的发育可分为前缘

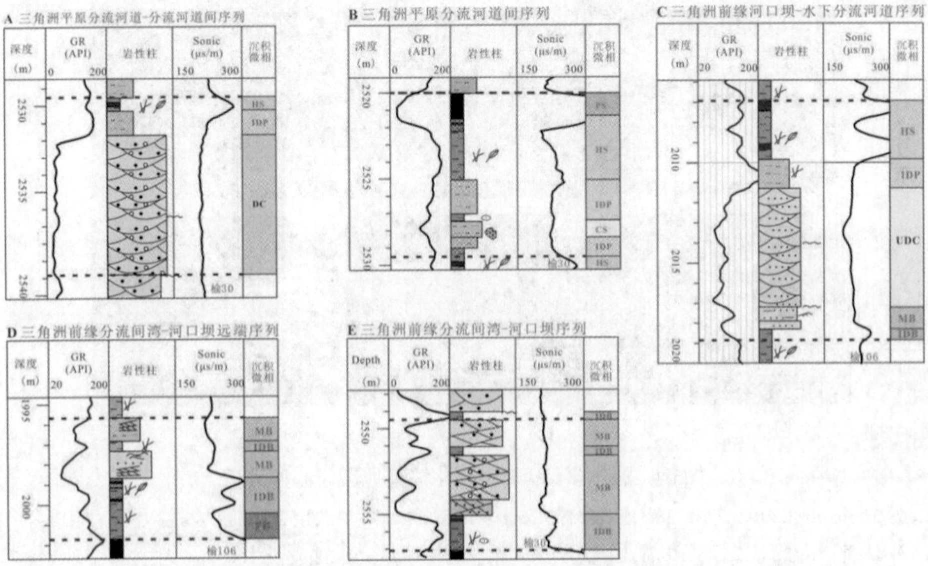

图3　山2段典型沉积序列

DC=分流河道，IDP=分流河道间，HS=草本沼泽，PS=泥炭沼泽，CS=决口扇，UDC=水下分流河道，MB=河口坝，IDB=分流间湾，PD=前三角洲

图4　鄂尔多斯盆地东部招贤石炭二叠系山西组山2段剖面特征

a)分流河道中中粒石英砂岩，发育楔状交错层理；b)小型分流河道中灰白色中粒岩屑砂岩，发育正粒序层理；c)洪泛平原中发育的暗色泥岩，顶部发育小型冲刷面；d)大型分流河道，呈现多期河道叠置现象

内带和前缘外带分叉变多，水道下切深度变浅，水下分流间湾沉积植被较少。纵向上，山2段到山1段，海水持续退去，由于研究区沉积时期地形较缓，三角洲缓慢前积。三角洲前积过程中，水下分流河道较为发育，剖面上砂体多为顶平底凹的砂体；水下分流河道发育少量的河口砂坝，剖面上与分流河道砂体相 互叠置分布。随着水位的降低，早期形成的水下分流间湾植被生长，发展为水上泥炭沼泽沉积，为山西组煤层的形成提供基础，反映浅水缓坡型三角洲前缘亚相的沉

图 5　鄂尔多斯东部神木–绥德地区岩心照片

a)麒 34 井，山 22 段，2861. 38m，细粒岩屑砂岩；b)双 114 井，山 21 段，2513. 85m，中粒岩屑砂岩；
c)神 27 井，山 22 段，2057. 73m，中粒岩屑砂岩；d)榆 94 井，山 22 段，2360. 0m，细砂岩，夹煤线；
e)榆 93 井，山 23 段，2454. 20m，细粒岩屑砂岩夹泥砾；f)榆 116 井，山 23 段，2153. 70m，煤

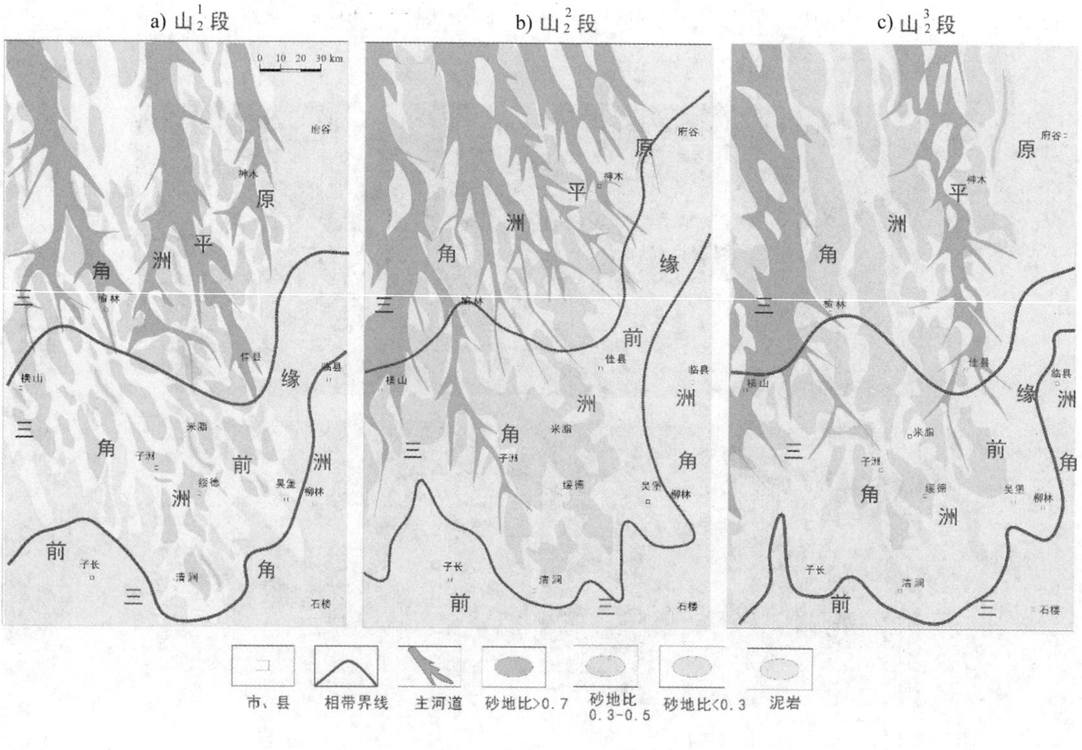

图 6　鄂尔多斯盆地东部山 2 段时期沉积相平面图

积特点。在山 2 段沉积期，主体分流主河道位置有所变动，导致横向砂体出现复合叠置现象，经过运移成藏形成了重要的致密砂岩气藏，如榆林气田、子洲气田等。

3　神木–绥德地区非常规气成藏规律探讨

3.1　沉积环境对煤系成藏起到决定性作用

对于致密砂岩气而言，沉积相和沉积环境控制着气层平面展布，优质砂体是成藏的必要条件。沉积环境不仅对砂体分布起到控制作用，而且对砂体的微观储层特征起到控制作用。神木–绥德地区辫状河三角洲沉积环境形成了横向上复合叠置的透镜状砂体，具有较好的连片性，在不同的沉积微相中，储层的储集性能存在着差异，水下分流河道由于砂体厚度大、自生矿物来源少、胶结作用弱、抗压实作用较强，一般孔隙度和渗透率高与其它相带。

煤系地层由于其砂泥煤互层的地层特征，物性差、孔喉小、非均质性强，运移动力为异常高压，烃源岩产生的气体只能就近运移贮存，靠近生烃中心的砂体最先接受油气充注，是最有利的气藏分布区。鄂尔多斯盆地平面上生烃中心位于延安—富县—洛川—庆城—华池一带；纵向上山西组和本溪组的煤岩是主要的烃源岩层。神木-绥德地区生烃期始于晚三叠世，至晚侏罗世到早白垩世达到生烃高峰，南部气区含气性好的位置平面上位于南部。

良好的保存条件是成藏的必要条件，神木-绥德地区东部毗邻构造活动强烈的晋西褶皱带，早白垩世末隆起抬升导致东部边缘地层抬升遭受了剥蚀，同时强烈的构造活动使区内产生多条大小断裂，在东部边缘沟通了上古生界气层和地面，使得断裂周围已聚集的天然气发生逸散，部分浅部气藏遭到破坏。平面上，西部地区由于埋深较大，上覆地层厚度稳定，东南部的保存条件要好于西北部(图7)。

3.2 山2段岩相组合

神木-绥德地区的聚煤作用主要发生在三角洲平原分流间湾和泛滥盆地环境，煤层主要出现在短期基准面上升至下降半旋回的转换位置。砂体主要形成于分流河道、水下分流河道、河口坝，平面上砂体主要沿河道呈南北向带状展布，剖面上砂体在东西向上以多层叠置展布。山2段为一个完整的水侵到水退沉积旋回，形成加积、退积现象，加上辫状河河道不稳定，发生快速、频繁的侧向迁移和改道现象，最终导致砂岩、泥岩、煤空间叠置上存在多种组合。研究区划分出8种组合：a. 泥-煤-砂，b. 泥-砂-煤，c. 煤-泥-砂，d. 煤-砂-泥，e. 砂-煤-泥，f. 砂-泥-煤，g. 煤-砂互层，h. 泥-砂互层(图8)。以上8种基本组合是构成研究区砂、泥、煤空间叠置方式多样的基础，各种基本组合在空间上叠合组成更为复杂的砂、泥、煤组合类型。例如：a叠置于c之上，可形成泥-煤-砂-泥组合，8种基本组合相互叠合构成了山2段优良生储盖组合，为砂、泥、煤组合类型的含气性提供了地质空间基础。砂与煤直接接触的组合为较为有利的组合，煤层可以提供丰富的气源，砂岩可以提供相对较为丰富的储集空间。

3.3 山2段沥青质纳米孔发挥重要作用

孔隙和喉道是组成砂岩储集空间的两个基本要素。孔隙大小决定了砂岩储层的孔隙度，喉道大小与连通状况决定了储层渗透性和开发潜力。通过对研究区储层段的岩石薄片、铸体薄片及扫描电镜的观察，系统研究了孔隙和吼道的大小、形状、连通性，根据成因、结构等特征，将孔隙类型分成原生孔隙、次生孔隙和裂缝(表2、图9)。

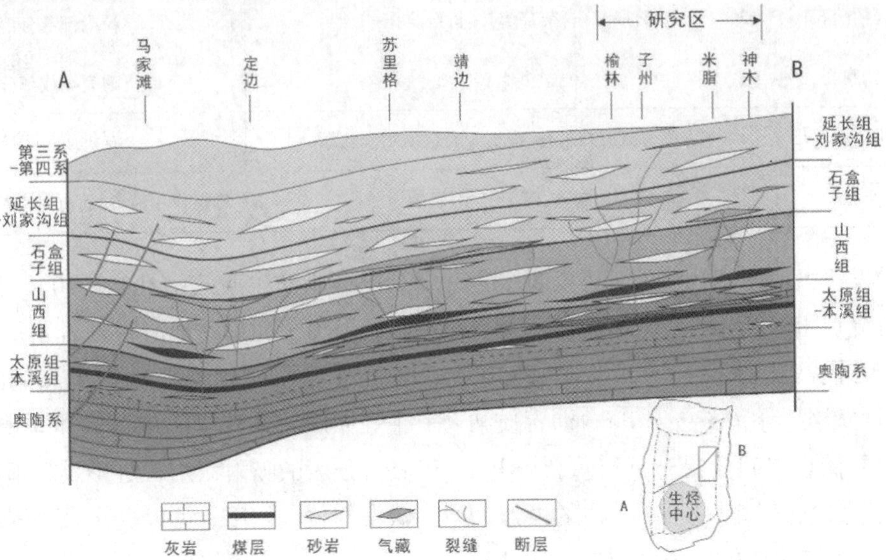

图7 神木-绥德地区煤系地层非常规气成藏模式图

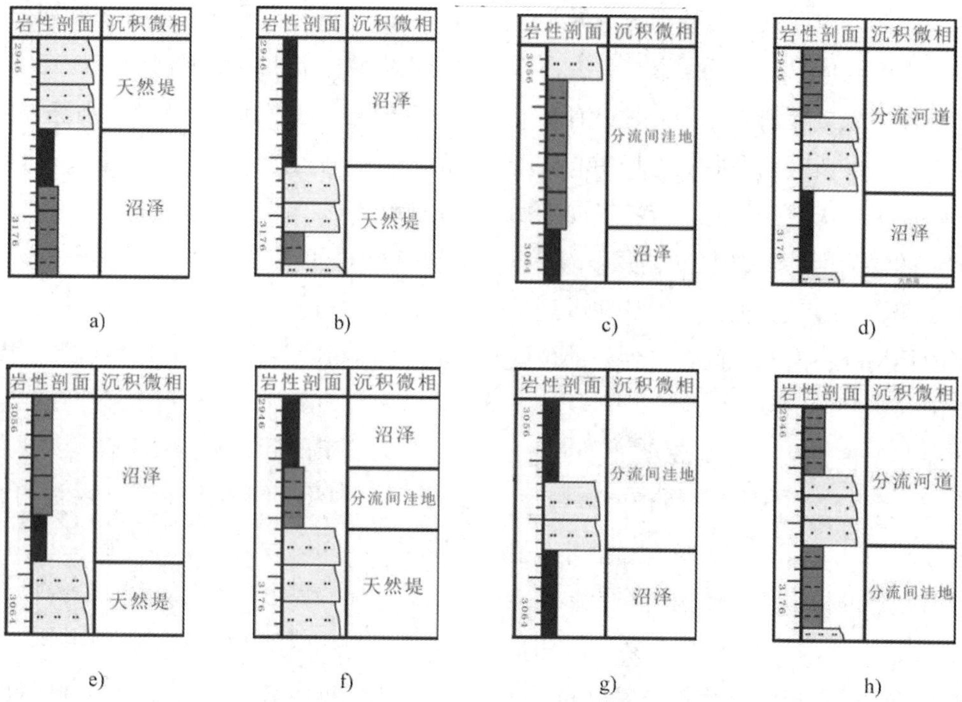

图 8　鄂尔多斯盆地山西组 2 段砂、泥、煤组合类型示意图

a)泥-煤-砂；b)泥-砂-煤；c)煤-泥-砂；d)煤-砂-泥；e)砂-煤-泥；f)砂-泥-煤；g)煤砂互层；h)泥砂互层

表 2　神木–绥德地区山 2 段煤系储层孔隙成因类型表

孔隙类型划分			成因
原生孔隙	原生粒间孔		原始粒间孔隙经压实收缩而成
次生孔隙	次生粒间孔	次生粒间溶孔、扩大次生粒间孔	粒间杂基或胶结物溶蚀形成
	粒内溶孔	岩屑溶孔、杂基溶孔、长石溶孔	颗粒内部部分溶蚀形成
	铸膜孔	铸模孔、残余铸模孔	碎屑物完全或部分被溶形成
	有机质纳米孔	煤中有机质纳米孔、泥岩中有机质纳米孔	有机质生烃后形成
裂缝	缝	粒内破裂缝、破裂缝、溶破裂缝	构造作用而形成，有时沿裂缝发育溶蚀作用

研究区除发育大量原生孔隙外，还发育大量次生孔隙、裂缝（图 9a、9b），另外还有大量次生的粒间孔、粒内溶孔（图 9c、9d），尤其在部分样品发现沥青质纳米孔（图 9e、9f）。沥青质纳米孔对煤系地层储集空间的提升具有重要作用，沥青质纳米孔形成过程一般是早期充注的液态沥青产生再次裂解，产生更轻组分的液态烃和部分天然气，天然气以气泡的形式在砂岩或泥岩中运移，伴随着液态烃的沥青化，气泡被逐步固化在其中形成沥青质气泡孔（图 10），此类沥青质气泡孔类似于四川盆地海相页岩龙马溪组页岩的沥青质气泡孔[34]。煤系地层局部地区由于有机质生烃作用导致有机质内部产生丰富的纳米孔隙，具有强大的吸附作用，对于煤系地层非常规气成藏发挥关键作用。可以提高致密气、页岩气的资源丰度，沥青网络的发育可以在一定程度上改变了砂岩的力学性质，提高的致密岩石的可改造性。

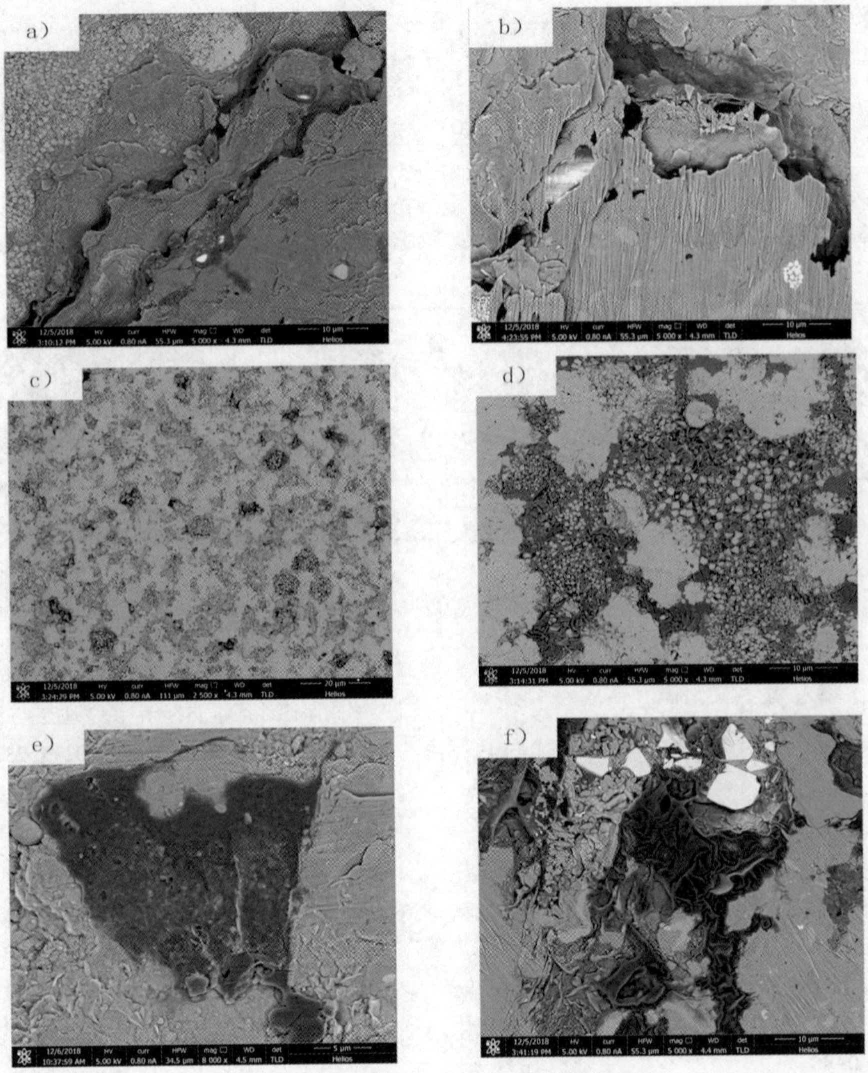

图9　研究区煤系储层孔隙镜下特征

a)麒34井，山22段，2861.38m，细粒岩屑砂岩的粒间孔；b)双114井，山21段，2513.85m，中粒岩屑砂岩的粒间孔；c)神27井，山22段，2057.73m，中粒岩屑砂岩的粒间孔；d)榆94井，山22段，2360.0m，细砂岩，粒间孔和粒内孔；e)榆93井，山23段，2454.20m，砂岩，沥青质纳米孔；f)榆116井，山23段，2153.98m，泥岩，沥青质纳米孔

4　结论

1）神木-绥德地区在山2段沉积期，环境总体变化不大，为辫状河三角洲沉积环境，由南向北，从前三角洲环境、三角洲前缘，过渡到三角洲平原环境，煤层在分流河道间洪泛平原广泛发育，部分地区还受到海水影响。

2）神木-绥德地区山2段为一个完整的水侵到水退沉积旋回，形成砂岩、泥岩、煤八种岩性组合，砂与煤直接接触的组合为较为有利的组合，煤层可以提供丰富的气源，砂岩可以提供相对较为丰富的储集空间

3）神木-绥德地区沉积环境不仅对砂体分布起到控制作用，而且对砂体的微观储层特征起到控制作用。煤系地层靠近生烃中心的砂体最先接受油气充注，是最有利的气藏分布区。西部地区由于埋深较大，上覆地层厚度稳定，东南部的保存条件要好于西北部。

4）神木-绥德地区煤系地层除了发育大量原生孔隙外，还发育大量次生孔隙和裂缝，其中次生的粒间孔、粒内溶孔、有机质纳米孔具有强大的吸附作用，对于煤系地层非常规气成藏发挥关键作用，可以形成煤层吸附气藏和页岩气藏。

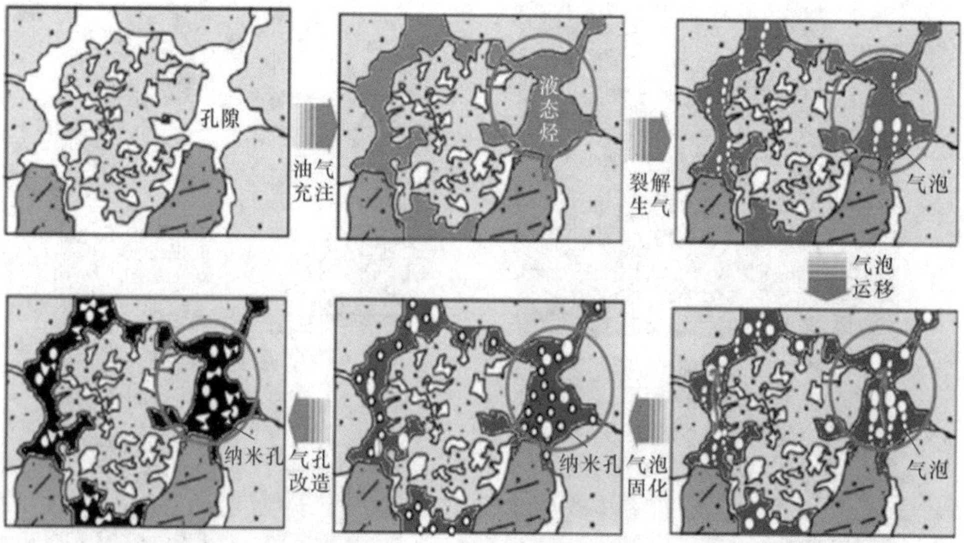

图 10　砂岩中沥青质气泡孔演化模式

参 考 文 献

[1] 杨华，傅锁堂，马振芳，等．快速高效发现苏里格大气田的成功经验[J]．中国石油勘探，2001，6(04)：89-94.

[2] 姚泾利，胡新友，范立勇，等．鄂尔多斯盆地天然气地质条件、资源潜力及勘探方向[J]．天然气地球科学，2018，29(10)：1465-1474.

[3] 杨华，刘新社，杨勇．鄂尔多斯盆地致密气勘探开发形势与未来发展展望[J]．中国工程科学，2012，14(06)：40-48.

[4] 柴文峰．鄂尔多斯盆地绥德地区山西组页岩沉积相及储层特征研究[D]．成都理工大学，2015.

[5] 陈洪德，李洁，张成弓，等．鄂尔多斯盆地山西组沉积环境讨论及其地质启示[J]．岩石学报，2011，27(08)：2213-2229.

[6] 杜永慧，李晓路，韩小琴，等．鄂尔多斯盆地东南部山西组沉积特征[J]．东北石油大学学报，2017，41(03)：44-51+116+7-8.

[7] 冯子齐．鄂尔多斯盆地东南部山西组海陆过渡相页岩储层特征与评价[D]．中国地质大学(北京)，2014.

[8] 付锁堂，田景春，陈洪德，等．鄂尔多斯盆地晚古生代三角洲沉积体系平面展布特征[J]．成都理工大学学报(自然科学版)，2003，30(03)：236-241.

[9] 郭伟，刘洪林，薛华庆，等．鄂尔多斯盆地北部山西组页岩沉积相及其对页岩储层的控制作用[J]．地质学报，2015，89(05)：931-941.

[10] 郭英海，刘焕杰．陕甘宁地区晚古生代沉积体系[J]．古地理学报，2000，2(01)：19-30.

[11] 侯中帅，陈世悦，王越，等．鄂尔多斯盆地东缘保德地区上古生界层序地层与沉积相特征[J]．古地理学报，2018，20(02)：231-243.

[12] 蒋文皓．利用测井资料识别鄂尔多斯盆地 L-S 区块沉积微相的方法研究[D]．长江大学，2018.

[13] 李洁．晚古生代鄂尔多斯盆地沉积—层序充填特征与物质分布规律[D]．成都理工大学，2011.

[14] 林雄，徐小蓉，侯中健，等．鄂尔多斯盆地北部山西期-下石盒子期盆地演化与天然气富集规律[J]．成都理工大学学报(自然科学版)，2005，32(02)：138-141.

[15] 马瑶，李文厚，王若谷，等．鄂尔多斯盆地子洲地区上古生界沉积相及演化特征[J]．地质科学，2015，50(01)：286-302.

[16] 吕振华．米脂—绥德地区盒 8、山 2 储层成岩作用特征与物质演化分析[D]．西北大学，2017.

[17] 庞军刚，李文厚，郭艳琴，等．陕北子洲地区二叠纪山西组沉积环境[J]．煤田地质与勘探，2006，34(05)：5-8.

[18] 庞军刚，李文厚，杨友运，等．鄂尔多斯盆地子洲地区上古生界沉积体系特征[J]．天然气工业，2007，27(12)：58-61+164.

[19] 彭海艳．鄂尔多斯盆地东部山西组沉积体系及岩相古地理研究[D]．成都理工大学，2006.

[20] 屈红军，马强，高胜利，等．物源与沉积相对鄂尔多斯盆地东南部上古生界砂体展布的控制[J]．沉积学报，2011，29(05)：825-834.

[21] 任世杰，高胜利，高超利．鄂尔多斯盆地东部子洲地区浅水三角洲沉积特征[J]．非常规油气，2018，5(03)：18-24.

[22] 沈玉林，郭英海，李壮福．鄂尔多斯盆地苏里格

庙地区二叠系山西组及下石盒子组盒八段沉积相[J]. 古地理学报, 2006, 8(01): 53-62.
[23] 沈玉林, 秦勇, 申建, 等. 鄂尔多斯盆地东缘上古生界煤系叠置含气系统发育的沉积控制机理[J]. 天然气工业, 2017, 37(11): 29-35.
[24] 田雯. 鄂尔多斯盆地东南部二叠系山西组沉积体系研究[D]. 西北大学, 2016.
[25] 汪正江, 陈洪德, 张锦泉. 鄂尔多斯盆地晚古生代沉积体系演化与煤成气藏[J]. 沉积与特提斯地质, 2002, 22(02): 18-23.
[26] 汪正江, 张锦泉, 陈洪德. 鄂尔多斯盆地晚古生代陆源碎屑沉积源区分析[J]. 成都理工学院学报, 2001, 28(01): 7-12.
[27] 杨仁超, 韩作振, 李文厚, 等. 鄂尔多斯地区二叠系三角洲沉积特征及其模式[J]. 西北大学学报(自然科学版), 2004, 34(03): 340-344.
[28] 叶黎明, 齐天俊, 彭海燕. 鄂尔多斯盆地东部山西组海相沉积环境分析[J]. 沉积学报, 2008, 26(02): 202-210.
[29] 赵虹, 党犇, 李文厚. 鄂尔多斯盆地中东部上古生界三角洲沉积特征[J]. 天然气工业, 2006, 26(01): 26-29+157.
[30] 彭海艳, 陈洪德, 向芳, 等. 微量元素分析在沉积环境识别中的应用——以鄂尔多斯盆地东部二叠系山西组为例[J]. 新疆地质, 2006, 24(02): 202-205.
[31] 杨华, 刘新社, 闫小雄. 鄂尔多斯盆地晚古生代以来构造-沉积演化与致密砂岩气成藏[J]. 地学前缘, 2015, 22(03): 174-183.
[32] 刘家铎, 田景春, 张翔, 等. 鄂尔多斯盆地北部塔巴庙地区山西组一段海相、过渡相沉积标志研究及环境演化分析[J]. 沉积学报, 2006, 24(01): 36-42.
[33] 郭英海, 刘焕杰. 鄂尔多斯地区晚古生代的海侵[J]. 中国矿业大学学报, 1999, 28(02): 28-31.
[34] 刘洪林, 李晓波, 周尚文. 黑色页岩中发生的气泡变孔作用及地质意义[J]. 天然气与石油, 2018, 36(06): 60-64.

澳大利亚博文盆地煤层气富集规律和勘探策略研究——以博文区块 Moranbah 煤层组为例

李 铭 夏朝辉 王红军 崔泽宏 刘玲莉

（中国石油勘探开发研究院）

摘 要 澳大利亚的博文盆地是典型的弧后前陆聚煤盆地。中石油在博文盆地拥有资源潜力较大的博文煤层气区块。博文区块地质条件复杂，尽管已开展了大量的煤层气勘探工作，但是控制煤层气富集的地质因素众多，对该区块的煤层气富集规律一直认识不清。结合博文盆地的煤层发育特征、构造特征、水文地质特征、应力特征以及煤层含气性和渗透率等地质特征，以该地区发育的Moranbah煤层组为例，提出“沉积控煤、构造控气、水文控藏、应力控带、局部高部位和边缘斜坡富集高产”的煤层气富集高产规律。沉积相控制煤层分布、煤层储层物性，河流冲积平原、上三角洲平原煤层较厚，下三角洲平原煤层较薄。构造控制含气量及富集带，向斜利于煤层气的富集高产，局部高部位形成煤层气富集高产区。水文地质条件控制了煤层气成藏，位于弱径流-承压区成藏条件好，当地表径流和地层倾向一致时，成藏条件较有利。应力场控制高渗带，埋深增加，有效应力增加，煤层割理孔隙闭合造成渗透率降低。在煤层气富集规律的基础上，厘定了煤层气资源规模、控气因素、可采性三级有利区评价指标体系，圈定了研究区块的甜点区、有利区和不利区。基于澳大利亚煤层气区块管理政策，提出了甜点区申请开发许可优先投入试产开发评价，有利区申请潜在商业区勘探保地，不利区申请退地的勘探策略。

关键词 煤层气富集规律；高分辨率层序；含气量；渗透率；甜点区；区块管理；勘探策略

博文盆地是澳大利亚主要的聚煤盆地，也是澳大利亚最早开始进行商业化开采的煤层气盆地。研究区块位于博文盆地的北部，整体面积有6000多平方公里。该区块内部逆冲断裂发育，构造起伏大，煤层埋深变化范围大。煤层在纵向上分为多套单煤层，不同单煤层横向上的分布十分复杂，单煤层横向上分叉，合并现象频繁发生，煤层的发育和富集收到多种地质条件的控制。而且煤层气的含气量，煤层气的渗透率和煤层气井的产量等也受到多种地质因素的综合控制，需要综合研究区块内地质条件开展煤层气富集规律的研究，明确煤层气富集发育的有利区域。博文区块经过十多年的勘探，目前区块内已有1300多口煤层气井和大量的煤层含气量，渗透率等分析数据。基于区域的地质背景，结合煤层气井资料和分析数据等资料，研究该区块的煤层构造沉积发育模式，综合分析该区块中与煤层气富集的相关地质主控因素，建立定量的煤层气富集发育的指标评价体系，期望为该区块滚动勘探开发提供下一步的策略和建议。

1 博文区块区域地质背景

博文盆地主体位于澳大利亚昆士兰州，向南延伸至新南威尔士州北部，博文盆地面积约20万km^2，为弧后前陆盆地，总体为NNW向展布的复杂向斜构造盆地；两翼不对称，东翼较陡，受近东西向挤压应力作用，发育一系列平行盆地轴向的逆断层[1]（图1）。博文盆地上二叠统Blackwater群为河湖相沉积，总厚度约150m，自下而上发育三套煤层组，即Moranbah、Fort Cooper和Rangal煤层组[10]，分别简称MCM、FCM和RCM。Moranbah煤层组的主要煤层为GL、GM、P、GU等。Fort Cooper煤层组分布较为稳定，包含很多厚到巨厚（10~60m）高夹矸的煤层，主要煤层有FH、FCM1-6等。Rangal煤层组东厚西薄，西部遭受剥蚀，煤层缺失，主要煤层有RV、RL等[17-20]。

澳大利亚很大比例的商业煤层气产能来自于博文盆地二叠系煤层，主要气田有Moranbah、Moura、Fairview、Spring Gully、Peat、Scotia等。本文研究的博文煤层气区块主要位于博文盆地北部（如图2中缩略小图中黄色边框范围所示，博

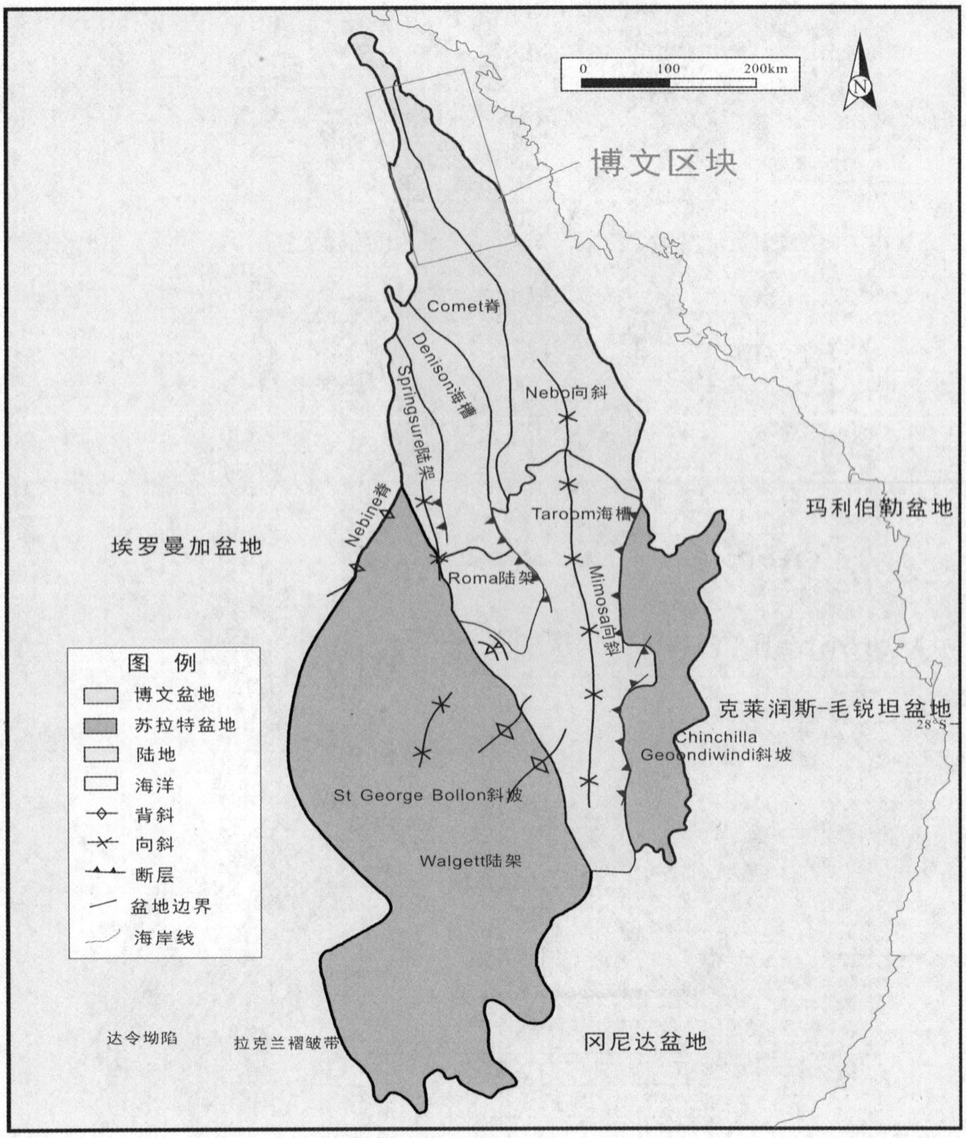

图 1　博文盆地构造纲要图

文区块范围如图 2 中 GM 煤层埋深构造图中蓝色边框所示)，其中研究区块内的 Moranbah 气田就是澳大利亚较早开发的煤层气田，煤层气主要产自 Moranbah 煤层组的 GM 和 P 煤层。Moranbah 煤层组为一个三级层序，可划分为 5 个次级高分辨层序，即 GL、GM、P、GU-Q、FH(图 3)。图 2 的三口井从左到右分别为图 1 研究区块北部的 RHOX1 井，中部的 GR06 井和南部的 SRJ0X5F 井(三口井的位置如图 2 中红五星的位置所示)。单井沉积相研究表明 GL 和 GM 高分辨率层序主要发育河漫沼泽，P 高分辨率层序主要发育河道/河漫沼泽/河漫湖，GU-Q 层序发育河道和河漫沼泽，FH 层序为河道和沼泽振荡环境。博文区块纵向煤层较多，且分叉合并现象普遍，渗透率较低(1~20mD)，主要采用水平双分支远端连通井进行开发，因此要求开发的单煤层的厚度一般要大于 2m。Moranbah 煤层组是博文区块主力开发的煤层组，下面就以 Moranbah 煤层组为例来说明煤层气富集规律和勘探策略。

2　博文区块煤层气富集规律研究

2.1　沉积相分布控制煤储层分布

2.1.1　河道迁移控制煤层分岔与合并

煤层减薄或增厚的主要方式是煤层分岔。煤层分岔可以表现为多种样式：最简单的情况下是由于煤层中夹有沉积透镜体所致，如果存在若干非煤沉积透镜体，并且在区域内逐渐分岔，煤层的分岔也可以是从一个煤层分离，而与另一煤分

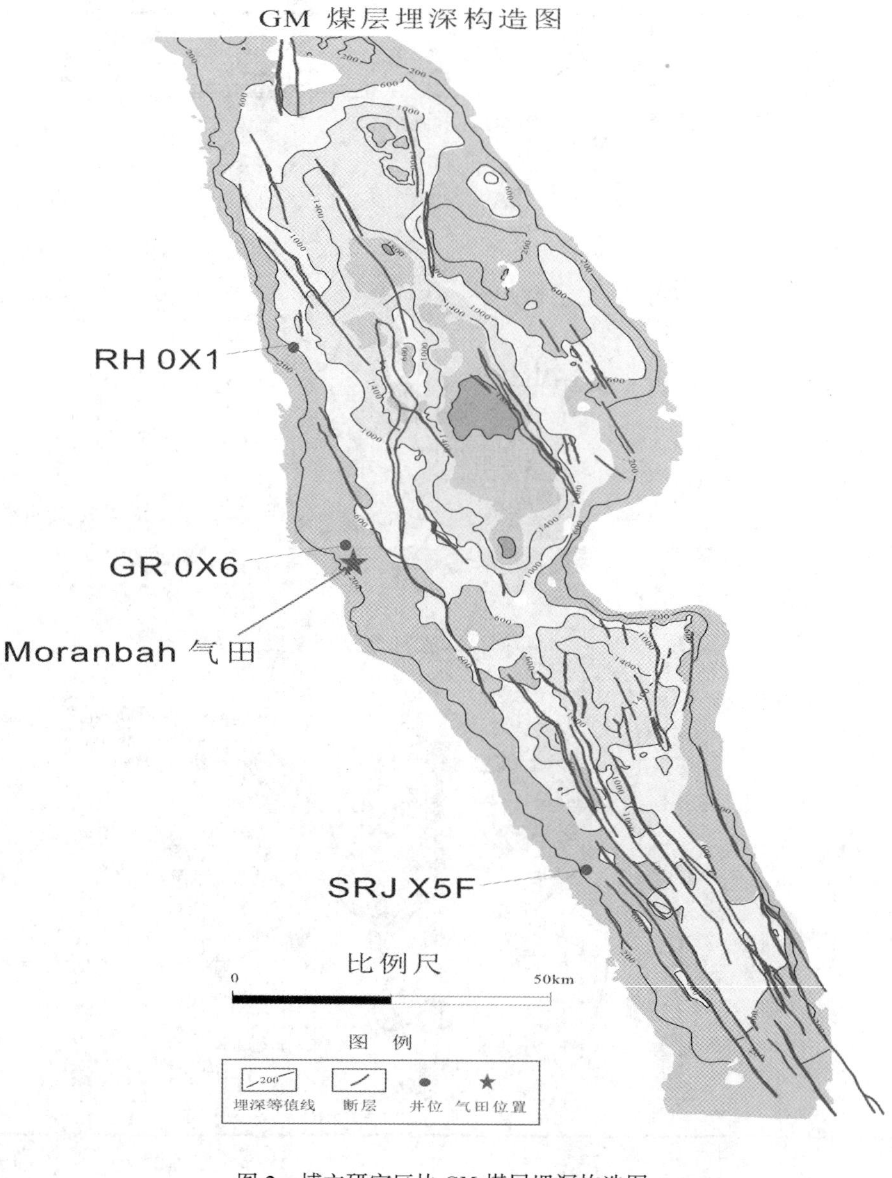

图 2 博文研究区块 GM 煤层埋深构造图

层合并，形成“Z”字型分岔(图 4GU 煤)，也可形成连续分支型式(图 4GM 煤)。

整体来说区块北部河流发育，碎屑物沉积多，煤层分岔较多，层数多，单煤层较厚；南部为滨岸环境，碎屑物沉积少，有利于草本沼泽发育，煤层分岔少，层数少，单煤层较薄。

2.1.2 沉积相空间分布和演化控制煤层的分布和厚度

博文盆地晚二叠世气候潮湿寒冷，河流冲积平原、上三角洲平原以淡水环境为主，主要生长木本沼泽，煤层侧向不稳定，局部可出现厚煤层；下三角洲平原发育咸水、半咸水环境，主要生长草本沼泽，煤层侧向分布稳定，但成层较薄。最厚最稳定的煤层一般赋存于上三角洲平原和下三角洲平原的过渡带。

GL 煤期位于海退初期，地势较陡，河流呈汇聚型特征，为辫状河成煤体系，泥炭层侧向不稳，连续性较差，但局部成煤较厚。GL 煤到 GM 煤期之间沉积期发育的河流冲积平原和上三角洲平原，以淡水环境为主，有利于森林沼泽的发育，大量堆积植物遗体，为后期的泥炭堆积创造物质基础。发育的下三角洲平原，河道显著分支，是海水和潮汐影响的地带，草本沼泽平面发育较稳定，但植物遗体堆积较少，后期泥炭堆积的物质条件有限。到了 GM 煤期，河流改道，泥炭堆积侧向不稳，平行河道方向泥炭连续性较好，形成现今局部较厚的煤层；而在上下三角洲过渡带，分流间湾大部分已被沉积物充填，为成

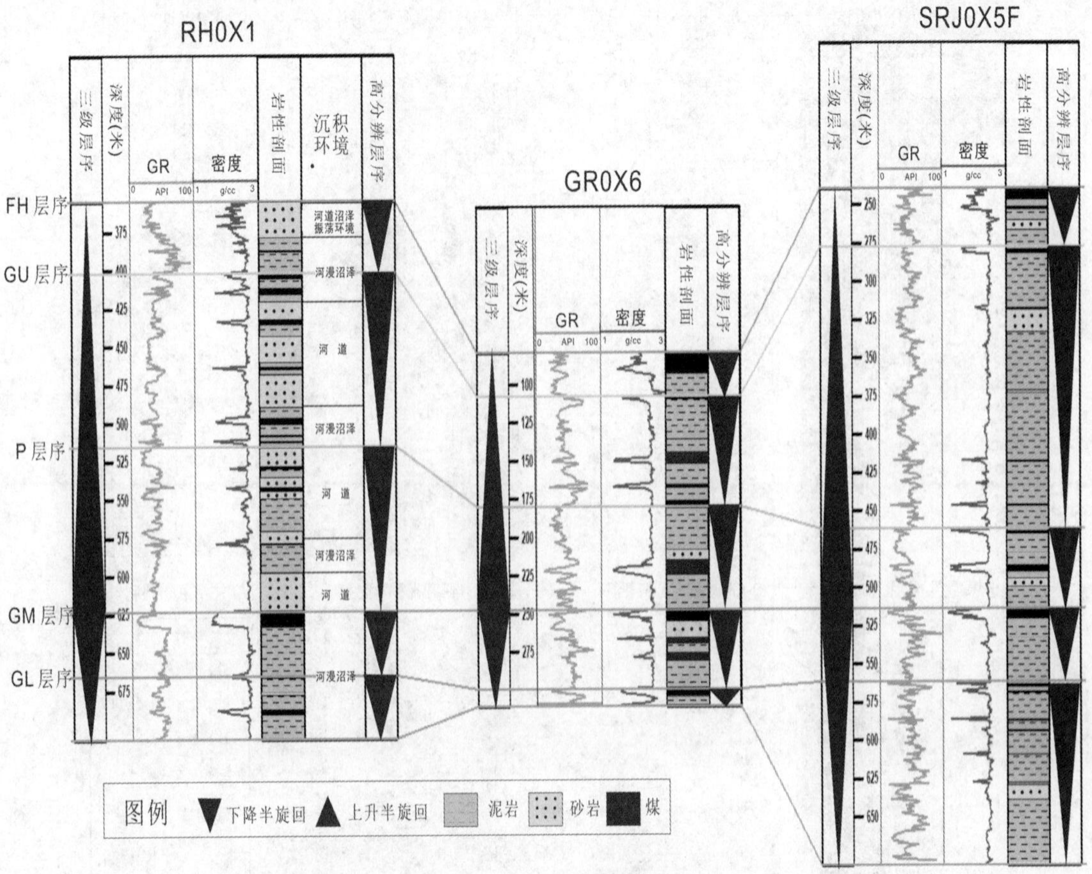

图 3　研究区块单井沉积相和层序对比图

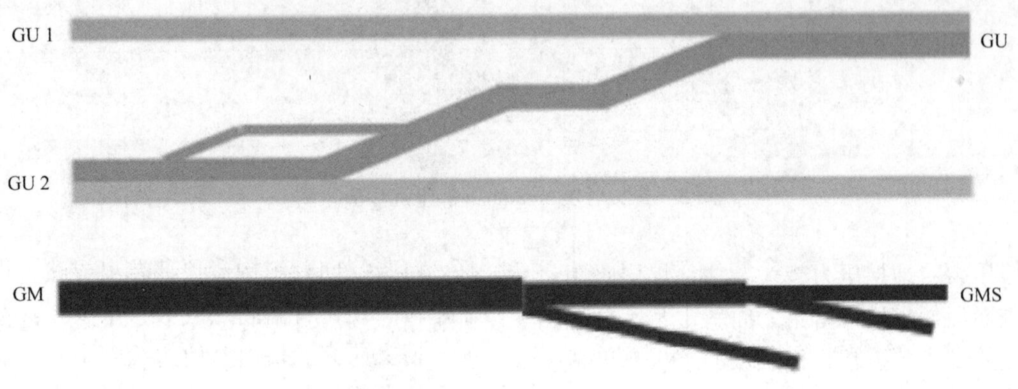

图 4　煤层分岔合并模式图

煤提供平缓台地，形成较厚煤层。P 煤期，P 到 GU 煤期和 GU 煤期也具有类似的沉积特征（图 5）。

河流作用强弱与物源供给条件决定主要成煤期。河流作用强、物源供给足时，即泥炭沼泽形成前沉积环境煤层不发育；反之河流作用弱时，即泥炭沼泽同期煤层发育，表现为河道及三角洲的类型变化及海岸线的进退。Moranbah 煤层组整体发育海退高位体系域—海侵体系域背景，可细分为多个高频旋回，煤层发育与可容空间变化关系密切，其中 GM 成煤期位于三级层序的高位体系域，发育连续的厚煤层（图 4）。

2.2　构造控制煤层含气量及富集带及局部构造高部位和边缘斜坡高产富集

向斜构造轴部水位高度较两翼低，常具有地层水的向心流动机制，因此在向斜核部能维持较

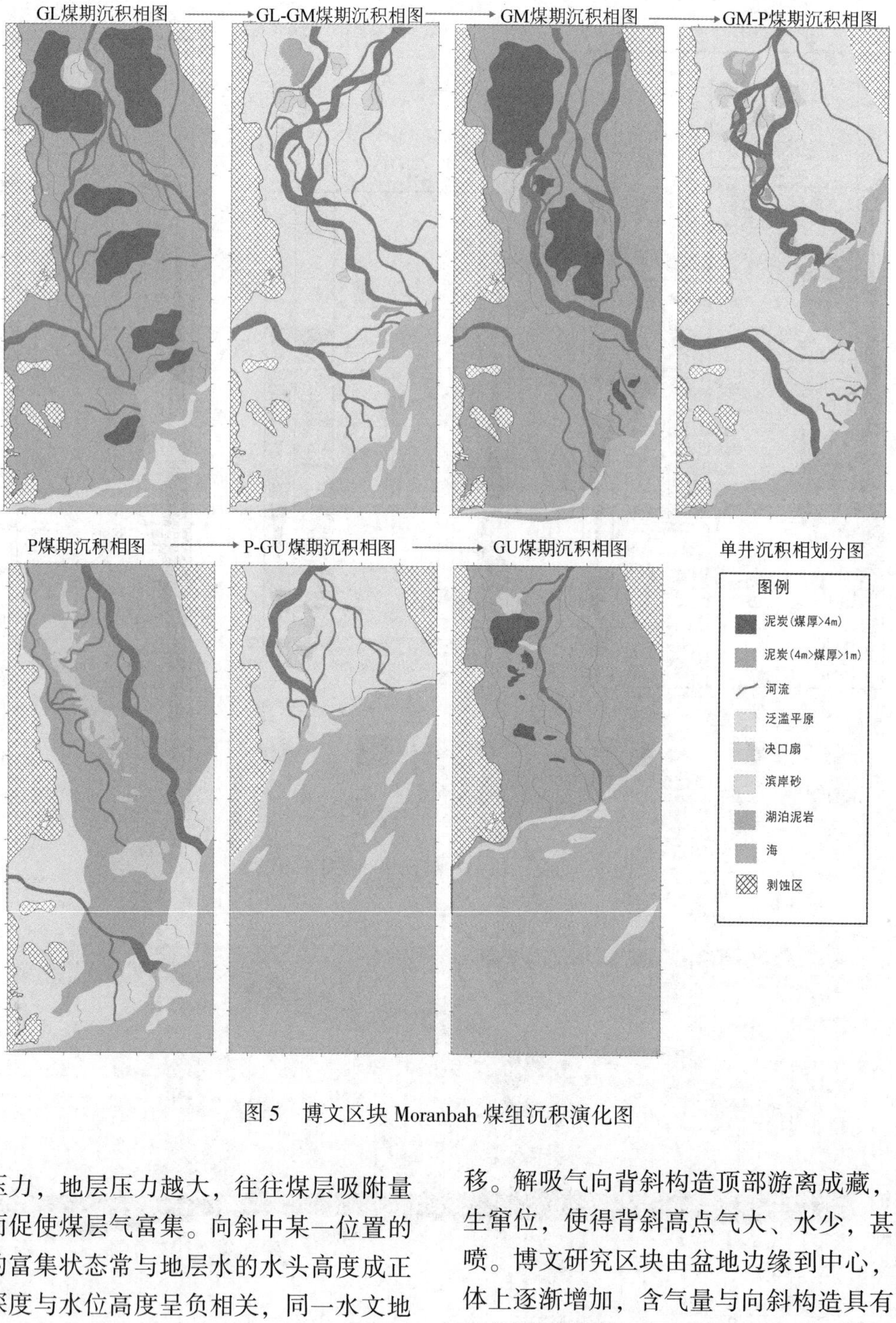

图5 博文区块 Moranbah 煤组沉积演化图

高的地层压力，地层压力越大，往往煤层吸附量越大，进而促使煤层气富集。向斜中某一位置的煤层气藏的富集状态常与地层水的水头高度成正比。海拔深度与水位高度呈负相关，同一水文地质单元内海拔越低，地层水水头高度越大，煤层含气量越高。通常情况下，向斜轴部海拔低于两翼，其地层水水位高于两翼，储层压力高，煤层吸附能力强，因此向斜轴部利于煤层气吸附成藏。此外，向斜上覆地层一般厚度较大，利于地层压力的维持，且轴部裂隙一般不发育，渗透率较低，抑制了地层水流动，使其通常处于水动力的滞流区，煤层气藏不易受水动力冲洗破坏。背斜构造往往位于局部构造高部位，开采中易发生窜位，即气向高处或高渗区运移，水向低部位运移。解吸气向背斜构造顶部游离成藏，煤层气发生窜位，使得背斜高点气大、水少，甚至后期自喷。博文研究区块由盆地边缘到中心，含气量总体上逐渐增加，含气量与向斜构造具有良好的相关性，向斜轴部含气量高于两翼。煤层背斜轴部处于拉张的应力环境中，次生裂缝较为发育，上覆有利盖层条件下煤层气得到保存，两翼又是烃类供给指向区，易形成高渗、高含气、高饱和的高产富集区[2-6]。

局部构造高部位高产富集主要是因为好的含气性和好的渗透性好。在成藏期构造抬升使低部位煤层气解吸扩散至局部构造高部位再吸附或游离成藏；开发阶段，通过大面积区域开发井投产产气，造成地层压力的“面积降压”，吸附在煤

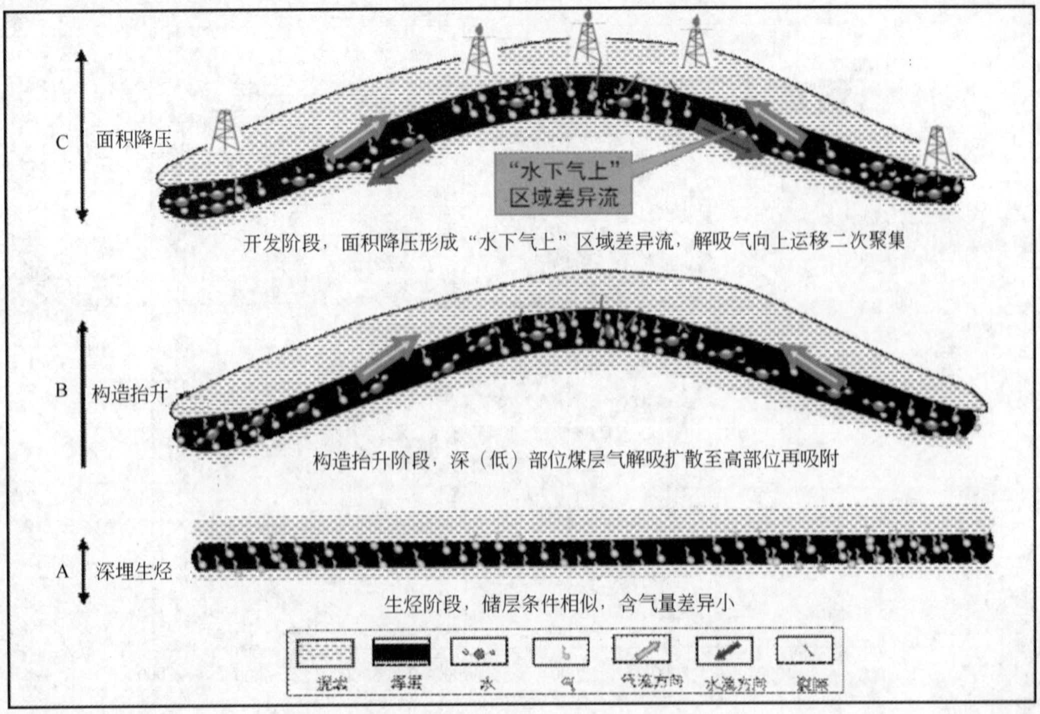

图 6　局部构造高部位演化剖面

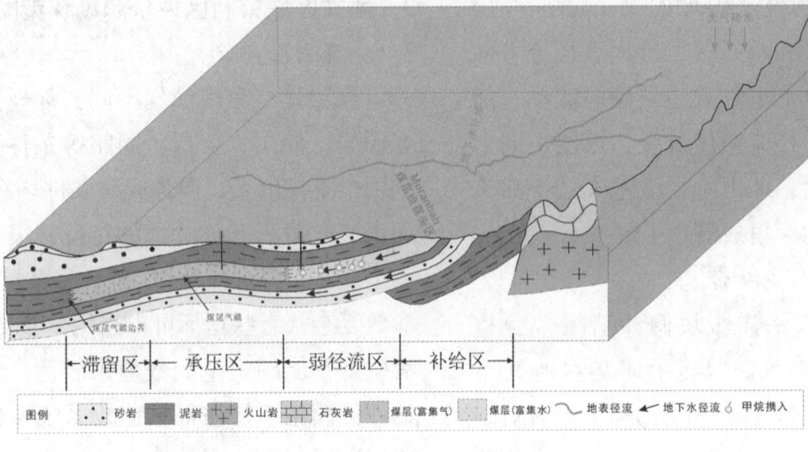

图 7　博文区块煤层气水动力保存模式

层中的吸附气大量解析，这些解吸气向构造顶部"游离成藏"，稳产期延长[7]。应力场数值模拟表明，煤岩力学性质弱，构造高部位受力后易应力集中，导致煤岩破碎，产生大量裂缝，改善煤层渗透性[8,9](图 6)。

博文盆地开发效果好的气田往往位于大型背斜或鼻状构造的局部构造高部位。博文研究区块盆地 Moranbah 煤层气田位于宽缓向斜斜坡的褶皱局部高点上，气田单井产量高、开发效果好。

2.3　水文地质条件控制煤层气聚集

不同的水文地质单元对煤层气富集成藏的影响存在着差异性。通常，处于滞流区由于地下水的循环交替较弱，首先水溶解带走煤层气甲烷的数量较少，对煤层气保存非常有利；其次滞流区储层压力较高，煤层吸附能力较强，有利于煤层气保存。地表径流方向与地层倾向一致时，地层超压或水动力封堵，成藏条件有利，且该水流方向有利于产甲烷菌群携入煤层从而产生生物气增大含气量；地表径流方向与地层倾向相反时，地层欠压或水动力冲刷致煤层气散失，成藏条件不利，且不利于产甲烷菌携入，无生物气补

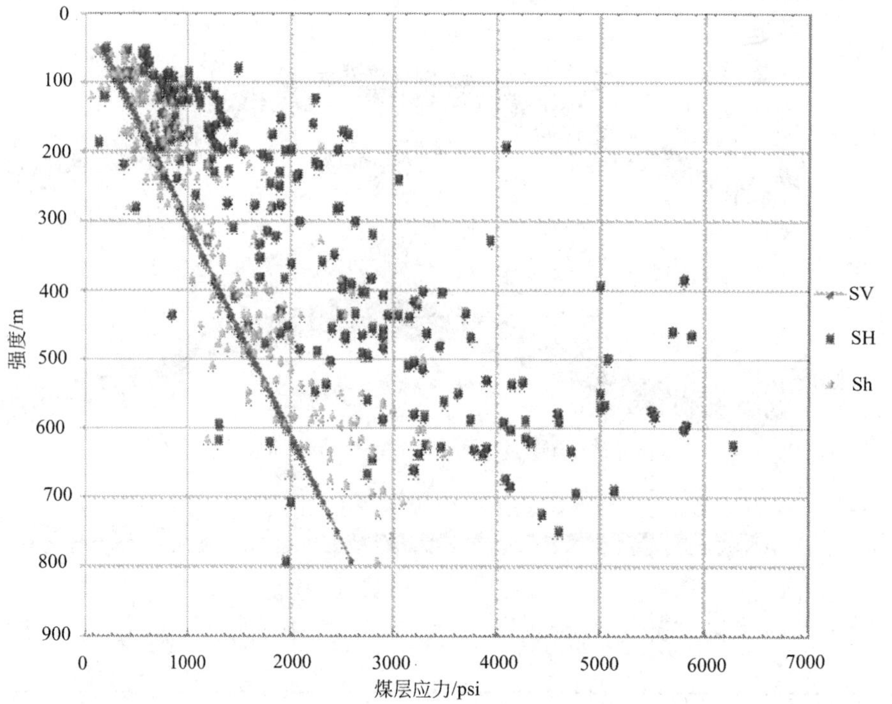

图 8　博文区块煤层应力与埋深关系图

给[7,8,9]。博文区块的位于斜坡的 Moranbah 煤层组主要处于弱径流区和承压区，且地表径流方向和地层倾向一致，地下水随着地层倾向流动，随着煤层埋深的增加，径流速度放缓，煤层中向上扩散的气体将被封闭，地下水径流基本处于滞流状，有利于煤层气的聚集成藏[10]（图 7）。

2.4　应力场控制煤层高渗带

澳大利亚东邻太平洋板块俯冲消减带，整体处于挤压环境。应力资料显示博文盆地处于逆冲断裂的应力机制下，挤压方向为 NNE-SSW，图 8 可看出最大水平主应力（SH）以及最小水平主应力（Sh）一般大于垂直应力（Sv），即 SH>Sh>Sv。与国内的沁水盆地相比，处于较强的应力环境。处于较弱的应力环境下的沁水盆地，其垂直应力大于最大水平主应力大于最小水平主应力（Sv>SH>Sh）[11-14]。根据博文研究区块煤层气井渗透率、有效应力及深度的统计分析发现，有效应力与埋深成正相关，煤层渗透率与有效应力成负相关。煤层渗透率主要取决于割理裂隙发育程度，而割理裂隙发育程度又受控于作用在煤岩上的有效应力大小。割理发育方向与现今主应力方向的关系决定割理开启状态从而影响单井产量。

3　博文区块有利区评价和勘探策略研究

3.1　有利区评价

煤层气与常规油气不同，常规油气成藏需要烃源岩、储层、盖层、圈闭等条件，通常具有一到两个主控因素，但各成藏条件均有一票否决权；而煤层气藏具有连续性的特征，很难说哪一个或两个成藏条件起控制作用[1,5]。煤层气有利区评价参数复杂，有些指标可以采用定量的方法来度量，有些则不能用定量的数值来表达，如果仅用简单的评价模型，往往很难比较系统中各因素之间的优劣次序，应选用综合评价法进行评价。但通过科学的指标评价，可以确定有利区分级级别，针对不同的有利区分级级别，优化勘探部署和退保地策略[1,6]。通过煤层气富集主控因素及高产富集规律研究，结合博文区块煤层气勘探开发实践，确定了资源基础、富集因素、高产因素三个有利区评价指标。其中临储压力比是指临界解吸压力与原始地层压力的比值，一定程度上反映了煤层气井产气前的排水期长短。临储压力比高，煤层气井排水期短，见气快，降低了早期排水费用；临储压力比低，见气前的排水期长，开发成本上升。每个一级评价指标下细化多个二级指标，建立煤层气有利区评价指标体系如表 1 所示。

表 1　博文区块有利区评价标准

有利区评价指标		甜点区	有利区	不利
资源基础	煤层厚度/m	单层>6	2~6	<2
	含气量/(m^3/t)	>10	4~10	<4
	吸附饱和度/%	>80	40~80	<40
	资源丰度($\times10^8m^3/km^2$)	>1.0	0.25~1.0	<0.25
富集因素	构造条件	盆缘斜坡局部高部位	盆缘断层上盘	盆地边缘露头区
	沉积环境	冲积平原泥碳沼泽	上下三角洲平原沼泽	浅海沼泽
	水文地质	承压区	弱径流-承压区	补给区
高产因素	渗透率/mD	>10	0.1~10	<0.1
	临储压力比	>0.8	0.4~0.8	<0.4

甜点区煤层单层厚度一般大于 6m，含气量大于 $10m^3/t$，吸附饱和度>80%，资源丰度一般大于 1 亿立方米/平方公里，往往位于盆地斜坡区局部高部位和斜坡位置，沉积环境属于冲积平原泥碳沼泽，水文地质条件上一般处于承压区，渗透率一般大于 10 毫达西，临储压力比大于 0.8，具有埋深浅、高渗透率、高含气量特征。

有利区煤层单层厚度一般 2~6m，含气量 $4\sim10m^3/t$，吸附饱和度 40%~80%，资源丰度 0.25~1.0 亿方/平方公里，往往位于盆地边缘的断层上盘构造，沉积环境属于上下三角洲平原沼泽，水文地质条件上一般处于弱径流-承压区，渗透率一般在 0.1~10 毫达西，临储压力比 0.4~0.8 之间。勘探潜力较大，埋深适中，含气量较高，渗透率中等，是勘探潜力区。

不利区煤层单层厚度一般小于 2m，含气量<$4m^3/t$，吸附饱和度<40%，资源丰度小于 0.2 亿方/平方公里，往往位于区块边缘埋深较浅位置或接近露头区，沉积环境属于浅海沼泽，水文地质条件上一般处于补给区，渗透率一般小于 0.1 毫达西，临储压力比小于 0.4。勘探潜力小煤层发育差，建议进行区块退地。

3.2　澳大利亚勘探区块管理政策

澳大利亚煤层气区块主要是按照澳大利亚 2004 年石油天然气法令进行管理的，归口的政府管理部门是自然资源和矿产部。煤层气区块租地的许可证有以下三种[21]：

(1) ATP(勘探区块)：英文全称为 Authority To Prospect，最大区块面积为 100 个次级区块。每个次级区块面积约 75 平方公里。勘探区块的勘探年限一般为 12 年，每四年退还 33.3%，已转成 PL(Petroleum Lease，开发区块)的面积不在退还之列，如果不能完成义务工作量可能遭致惩罚性退地，罚金或失去区块。ATP(勘探区块)按照投标者提出的义务工作量计划申请，政府授予区块后，要求作业者按照提交的勘探义务工作量进行勘探。

(2) PL(开发区块)：英文全称为 Petroleum Lease，最大区块面积为 3 个次级区块，约 225 平方公里，开发区块的开发年限一般是 30 年。一旦申请成功就不需要清退。开发区块的申请需要以下条件：需要提交开发方案，并且在两年之内要求投产或者有相关的商业安排；要求有独立评估公司的储量评估报告，并且要求 2P 储量不少于总储量的 20%；要求有土地主的许可和环境协议的批准。

(3) PCA(潜在商业区)：英文全称为 Po-

tential Commerical Area。最大区块面积为 3 个次级区块，约 225 平方公里。勘探区块经过勘探工作，完成义务工作量，认为有开发潜力，但是商业开发条件不具备，向政府申请潜在商业区 PCA；PCA 的申请得到政府授权认可，变成 PCA 区块，可以暂时持有一段时间(5~15 年)。潜在商业区是一种介于勘探区块和开发区块中间的租地状态。可以暂时持有一段时间，但是如果没法转成开发区块 PL 的话，还是清退被政府收回。

3.3　勘探策略研究

博文区块煤层气资源潜力较大，但是经过多年的勘探评价，一直没有经济有效的开发方式来动用博文区块的煤层气资源。Moranbah 气田由于多年的开发，近年来产气量存在无法满足合同供气量的风险。一部分不利区块由于资源潜力较差，距离核心区块较远，难以开发动用，但是还有较大的义务工作量，这些持有在手里只能是较大的负担。因此开展博文区块的潜力分析，开展区块的有利区分析来指导和优化勘探策略是项目面临的一个关键的问题。基于煤层气富集高产规律和有利区评价，将博文区块的 Moranbah 煤组分成甜点区(图 9 红色面积所示)、有利区(图 9 中褐色面积所示)和不利区(图 9 黄色面积所示)。甜点区块主要位于 Moranbah 气田及其北部的临近区块，甜点区块煤层厚度大，含气性好，资源风度大，在甜点区块申请 PL(开发许可)进行开发试采滚动评价，弥补 Moranbah 气田日益短缺的产气量，维持该气田的供气合同。有利区块主要位于博文研究区块北部和南部，潜力较大，埋深适中，含气量较高，渗透率中等，是未来下一步的滚动开发区。在有利区块申请 PCA (潜在商业区)来进行勘探保地和保留后备的勘探资源，也为今后博文区块潜在的大规模开发保证资源基础。不利区块主要处于博文研究区块处于东部边缘埋深较浅位置或接近露头区，勘探潜

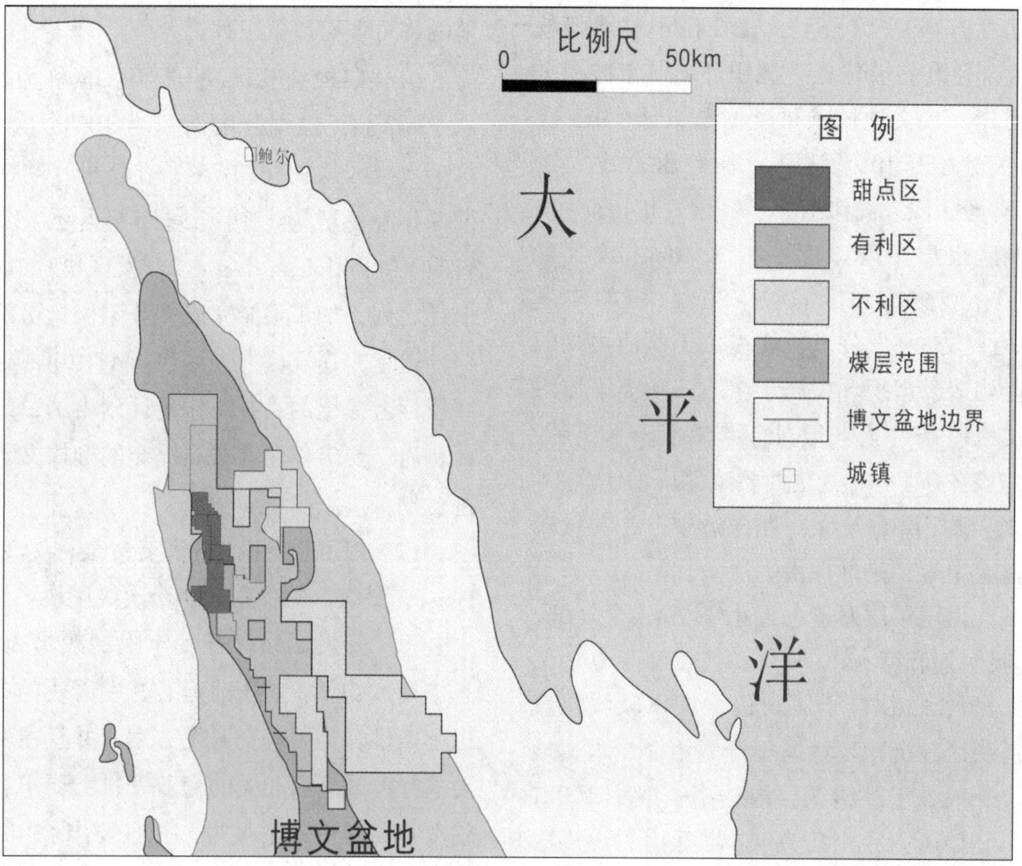

图 9　博文区块勘探有利区划分示意图

力小，煤层发育差，又具有一定的勘探义务工作量。在不利区块建议进行区块退地，减免大量的义务工作量，减轻项目的负担。

4 结论

基于博文煤层气区块的区域地质背景资料，结合该区块的煤层气井资料和实验分析等数据，对该区块的煤层气富集规律和勘探策略进行了较为深入的研究，得出以下的结论和建议：

(1) 以前对博文盆地的煤层气富集规律集中在盆地构造和沉积控煤的方向。文章中提出除了要考虑构造和沉积对博文区块煤层气富集的影响以外，水文控制煤层气藏和应力控制煤层气高渗带也是另外两个需要关注的主控因素，这对于博文区块后期滚动勘探开发的选区选带和水平井的方向选择具有重要的指导意义。

(2) 集合博文区块的煤层气富集规律，确定了资源基础、富集因素、高产因素的综合评价体系并厘定了定量的评价指标，开展了博文研究区块的有利区划分。确定甜点区位于 Moranbah 气田及其北部的临近区块，有利区块主要位于博文研究区块北部和南部，不利区块主要处于博文研究区块北部和东部边缘埋深较浅位置或接近露头区。并且基于澳大利亚的勘探区块管理规定，提出了下部的勘探策略。

(3) 因为博文区块的主力煤层组除了 Moranbah 煤层组以外，还有 Rangal 煤层组和 Fort Cooper 煤层组，今后还需要对 Rangl 煤层组和 Fort Cooper 煤层组的煤层富集规律进行研究，综合考虑三个煤层组建立博文区块煤层组的富集规律和勘探策略。

参 考 文 献

[1] 杨福忠，祝厚勤，赵文光等．澳大利亚煤层气地质特征及勘探开发技术-以博文苏拉特盆地为例[M]．北京：石油工业出版社，2013，101-106.

[2] 王红岩，刘洪林，赵庆波等．煤层气富集成藏规律[M]．北京：石油工业出版社，2005，96-128.

[3] 孙粉锦，王一兵，王勃等．华北中高阶煤层气富集规律和有利区预测[M]．北京：中国矿业大学出版社，2012，158-177.

[4] 赵庆波，李贵中，孙粉锦等．煤层气地质选区评价理论与勘探技术[M]．北京：石油工业出版社，2009，5-14.

[5] 邹才能，陶士振，侯连华等．非常规油气地质学[M]．北京：地质出版社，2014，314-331.

[6] 李勇，曹代勇，魏迎春等．准噶尔盆地南缘中低煤阶煤层气富集成藏规律[J]．石油学报，2016，37(12)：1472-1482.

[7] 赵庆波，孔祥文，赵奇等. 煤层气成藏条件及开采特征[J]．石油与天然气地质，2012，33(4)：552-560.

[8] 孙粉锦，王勃，李梦溪等. 沁水盆地南部煤层气富集高产主控地质因素[J]．石油学报，2014，35(6)：1076-1079.

[9] 赵贤正，杨延辉，孙粉锦等. 沁水盆地南部高阶煤层气成藏规律与勘探开发技术[J]．石油勘探与开发，2016，43(2)：1-7.

[10] 俞益新，邢云，唐玄，仲米虹. 澳大利亚东部聚煤盆地煤层气成藏特征差异性研究[J]．资源与产业，2014，16(1)：51-60.

[11] 俞益新，吴晓丹，谷峰，唐颖，石雪峰. 澳大利亚博文盆地中部地区煤层气富集主控因素分析[J]．资源与产业，2017，19(2)：57-63.

[12] 谷峰，唐颖，俞益新，叶浩，吴晓丹．澳大利亚鲍恩盆地冲断带煤层气构造控气特征研究[J]．煤炭科学技术，2017，45(10)：182-187.

[13] 李志华，李胜利，于兴河，方欣欣．澳洲 Bowen-Surat 盆地煤层气富集规律及主控因素[J]．煤田地质与勘探，2014，42(6)：29-33.

[14] 龙胜祥，李辛子，叶丽琴，陈纯芳．国内外煤层气地质对比及其启示[J]．石油与天然气地质，2014，35(5)：696-703.

[15] 戴金星，龚剑明．中国煤成气理论形成过程及对天然气工业发展的战略意义[J]．中国石油勘探，2018，23(4)：1-10.

[16] 温声明，文桂华，李星涛，李翔．地质工程一体化在保德煤层气田勘探开发中的实践与成效[J]．中国石油勘探，2018，23(2)：69-75.

[17] Ayaz S A，R odrigues S，Golding S D，et al. Compositional variation and palaeoenvironment of the volcanolithic Fort Cooper CoalMeasures，Bowen Basin，Australia[J]．International Journal of Coal Geology，2016，166：36-46.

[18] Ertoli O，Paul A，Casley Z，etc. Geostatistical drill-hole spacing analysis for coal resource classification in

the Bowen Basin, Queensland [J]. International Journal of Coal Geology, 2013, 112: 107-113.

[19] Brad Pinder, Luke Fredericks. Bowen Basin Geolo-gical Description [C] . Arrow Internal Document. Aust-ralia, 2014: 14-20.

[20] Bryce Healy, Lanna Prendergast, Bin Guo etc. SRK Consulting Bowen and Surat Basins Regional Structural Framework Study [R]. Australia, 2008: 5-10.

[21] N. Oberhardt, E. Curl, D. Morrissy. Bowen Tenure Maturation Plan[C]. Arrow Internal Document. Australia, 2013: 15-40.

柴达木盆地南翼山地区致密油储层特征及有利区带优选

姜明玉

（中国石油青海油田公司勘探开发研究院）

摘 要 柴达木盆地南翼山地区致密油储层非均质性强，受湖相沉积环境、岩性、物性影响严重，为明确研究区致密油储层特征及有利区带分布，基于扫描电镜、岩石薄片、铸体薄片、压汞实验等岩石微观实验，对储集性能特征进行综合分析，深入研究有利储层的展布规律。结果表明：浅湖咸水沉积环境和弱水动力条件是影响研究区储层物性差异和岩性分布的重要原因；储层岩性复杂多样，以湖相碳酸盐岩与陆源碎屑混合沉积的混积岩为主，岩石矿物包括碳酸盐、陆源碎屑、泥质等；孔隙类型以残余粒间孔，晶间孔为主，其次为粒间溶孔及微裂缝等，孔隙结构以微空隙和细喉道为主，储渗性能差；油藏紧临优质生油层，储层含油级别低，主要以性荧光为主，含少量油斑，单井基本无自然工业产能，需要后期压裂改造；储层有利区带在研究区 N_2^2 油藏构造长轴方向西北端的底部位是致密油发育的最优有利区，各小层纵向有效厚度差别大、含油性变化大。该研究成果可为柴达木盆地西部北区致密油及其他具类似特征的区域勘探起到一定的指导作用。

关键词 致密油；湖相沉积；混积岩；南翼山地区；有利区带

1 区域地质背景

南翼山地区位于柴达木盆地西部坳陷区茫崖凹陷的南翼山背斜带上。在晚第三纪末至第四纪初时期内，柴达木盆地构造演化的强烈逆冲褶皱演化阶段，受到阿尔金山、昆仑山和祁连山等盆缘山系北东向挤压应力的作用下，发生剧烈抬升，产生翼北、翼南两大相向对冲断裂，进而形成两翼基本对称的大而平缓的“两断夹一隆”模式的断背斜构造[1]。在背斜核部隆起时形成主应力来自东北方向的张性应力场，产生许多具有左旋走滑性质的正断层。南翼山地区构造演化层次清楚、构造相对简单，新近纪末期的喜山运动是该区构造形成的主要原因。

南翼山构造处于生烃中心所夹持比较高的有利凹陷地域，周围紧邻有来自西南方向的小梁山凹陷充足的油源供给条件，生油岩几乎跨越了有机质演化的各个阶段[2]。构造形成时期正好是周边及其本身生油岩排的成熟高峰期，油气以自生自储和短距离的垂向、侧向运移聚集成藏，形成自生自储、下生上储和侧生运储等多种成藏模式。受浅湖相到半深湖相沉积环境的控制，发育多套碳酸盐岩储层与暗色泥岩频繁互层的烃源岩，垂向上密切共生组合的良好储盖配合，形成多层受岩性和构造双重控制的叠瓦式油气藏[3]。具有储层物性差，源储共生，油气就近捕获、大面积成藏分布，圈闭界限不明显等致密油的地质特征[4-5]。

柴达木盆地的第三系地层发育齐全、分布广泛，在南翼山地区沉积厚度最大、保存最好。南翼山地区从新生界的新近系上新统上油砂山组至古近系下干柴沟组层位均见到油气藏存在，自上而下的层序地层为新近系的狮子沟组（N_2^3）、上油砂山组（N_2^2）、下油砂山组（N_1）和古近系的下干柴沟组上段（E_3^2），下干柴沟组下段（E_3^1），路乐河组（E_{12}）。整套地层与下伏地层整合接触，地表的狮子沟组（N_2^3）地层在构造轴部已被剥蚀，上油砂山组（N_2^2）和下油砂山组（N_1）为研究区的主要储集层。

2 储层沉积特征

2.1 沉积模式

新近纪柴达木盆地西部主要发育祁漫塔格水系、阿拉尔水系、七个泉—阿哈堤水系、索尔库里—干柴沟水系、红三旱—牛鼻子梁水系。这些水系控制了盆地西部古近系与新近系的沉积，对研究区有影响的水系在古近系主要是红三旱—牛鼻子梁水系；在新近系主要是索尔库里—干柴沟水系，由此可见研究区的物源来主要自于北西方向，与研究区构造长轴方向基本一致。尽管这些水系对沉积有影响，但边缘相带主要分布于盆地边缘，而研究区主要位于当时湖盆的浅深水区，因而不发育粗相带[6]。

沉积环境和水动力条件是影响储层物性差异和岩性分布的重要原因，其能够决定储层的发育规模、展布特征、砂体构型及物性构架，还直接影响储集体内流体的性质及分布特征[7]。

南翼山地区在新近系时期，处于一种缺乏陆源物供应、温暖清澈的浅湖咸水湖盆环境下，随着湖盆沉积中心的进一步往北东方向迁移，主要沉积浅湖亚相和半深湖亚相[8]。浅湖亚相位于浪基面以上，受湖浪作用影响较强，层理类型以水平、波状层理为主，可见小型交错层理或透镜状层理，颜色以浅灰、深灰色为主，主要发育砂坪、泥坪、颗粒滩、灰坪、云坪等微相。半深湖亚相位于浪基面以下，受湖浪作用影响较弱，层理类型以细薄的水平层理为主，颜色以深灰色、灰色、绿色、黑色为主，有机质含量高，主要发育泥坪、灰坪、砂坪等微相[9](见图1)。

图1　南翼山地区湖相沉积环境下的水平层理

2.2　沉积微相特征

（1）砂坪微相

砂坪微相在研究区多孤立存在，分布范围有限。由于南翼山地区沉积时远离物源区，所钻遇粉砂岩、细砂岩主要为洪水期在盆地边缘发育的三角洲前缘水下分流河道冲入浅湖区形成的远砂坝砂体、河口坝砂体或者为湖浪改造的滨湖砂滩砂体。其电性特征是声波时差低值、自然伽玛低值、感应电阻率中-低值。在其与下部泥岩接触面上，可见冲刷面(见图2)。

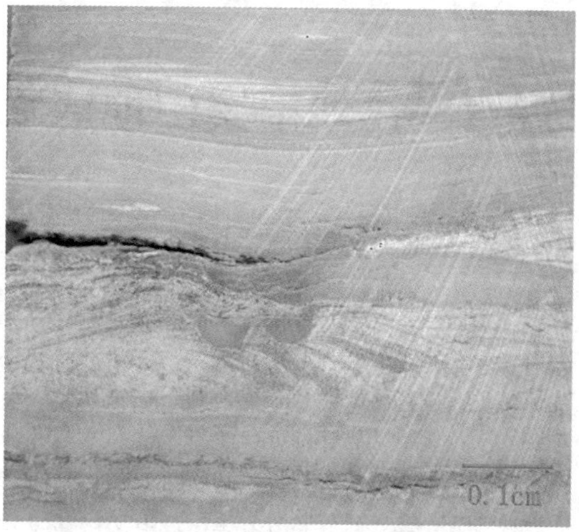

图2　南翼山地区砂坪微相泥岩夹粉砂岩

（2）泥坪微相

泥坪微相是研究区最发育的一种微相，厚度大，单层厚度可达15m，分布范围广，研究区构造的不同部位都有分布。其岩石类型主要有泥岩、钙质泥岩、云质泥岩、砂质泥岩等；颜色以浅灰为主、也有深灰色等，偶见棕褐色；见水平层理及块状层理等；常为薄-中层状，也见纹层状，为较弱的水动力条件下的产物。电性特征为自然伽玛中-高值、声波时差中-低值、电阻率低值，曲线形态普遍呈微齿状(见图3)。

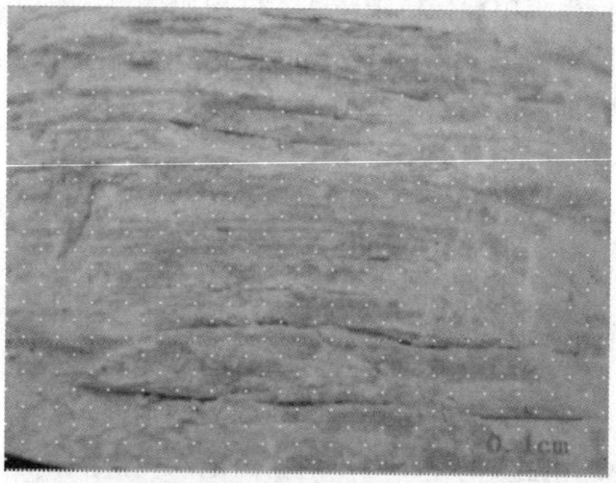

图3　南翼山地区泥坪微相钙质泥岩

（3）颗粒滩微相

颗粒滩微相主要是在盐度和温度适中，有利于生物繁殖和碳酸盐岩的形成的浅水区或水下凸起，并由于水动力较强，在湖浪的作用下，形成各种各样的碳酸盐颗粒，主要包括内碎屑、鲕粒、球粒、藻粒、生物颗粒等。

高能滩是在地形较高、湖水浅、强水动力条件下形成的，因而基质含量在5%以下，亮晶胶结为主。颗粒分选磨圆度较好，结构成熟度高。原生粒间孔、粒间溶孔、溶模孔较发育。主要岩石类型有亮晶颗粒灰(云)岩。高能滩储集性能好，电性特征为自然伽玛低值、声波时差低值、电阻率高值、自然电位负异常(见图4)。

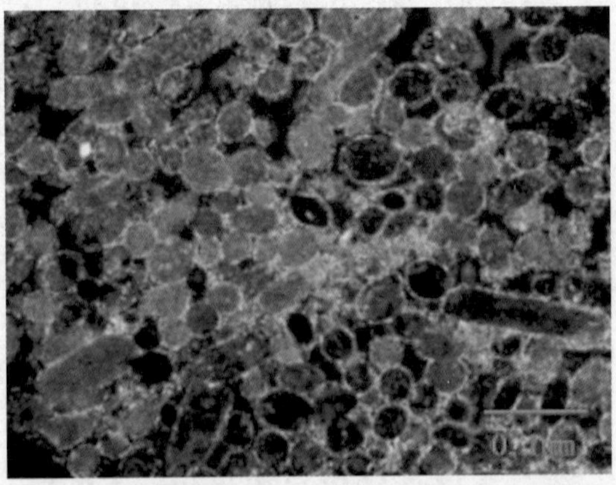

图4　南翼山地区颗粒滩微相高能滩铸体薄片

低能滩是在地形较低、湖水较深、较弱的水动力条件下形成的，一般厚度较小。泥岩颜色较深，多为深灰、浅灰色，基质(杂基)含量多在10%左右，泥晶胶结为主。颗粒分选磨圆度中等到差，结构成熟度不高。粒间孔、粒间溶孔、溶模孔发育程度要差。主要岩石类型有泥晶颗粒灰(云)岩。低能滩储集性能较差，电性特征为自然伽玛低值、声波时差低值、电阻率高值、自然电位负异常(见图5)。

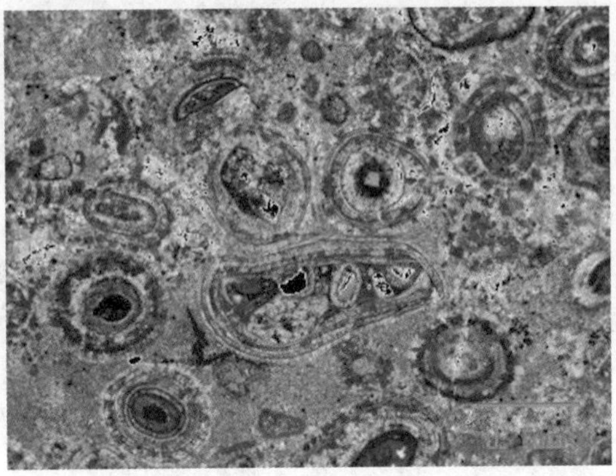

图5　南翼山地区颗粒滩微相低能滩铸体薄片

(4) 灰坪微相

灰坪微相主要为在滩间洼地或在高水位期形成的灰岩层，缺乏碳酸盐颗粒、陆源碎屑等物质。其岩石类型主要有灰岩、泥灰岩、云灰岩等；岩性致密、坚硬；颜色多为灰色、深灰色，也见棕褐色；常见水平层理、水平纹层等沉积构造，单层较厚时可见块状层理，当地下压力不平衡或有风暴时可形成包卷层理或变形层理。形成时水动力较小，水体较深，盐度较低。单层厚度变化较大，多小于2m。灰坪微相的电性特征为自然伽玛多低值，当泥质含量高时自然伽玛值增大、声波时差低值、电阻率中等值。当水平层理发育或存在泥、云夹层时，成像测井为亮的条纹状显示。由于位于浅湖区，岩石颜色可见棕褐色(见图6)。

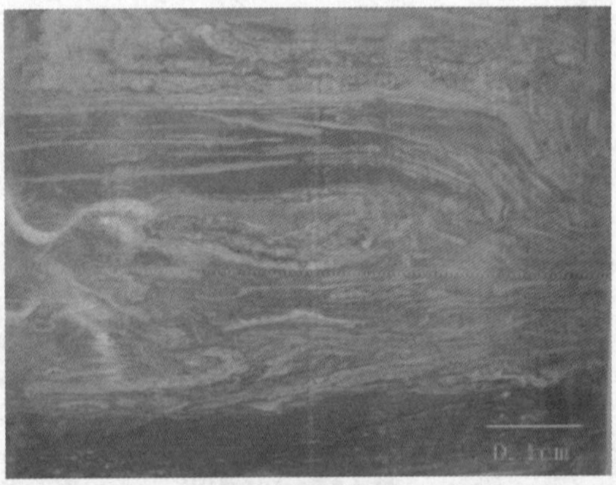

图6　南翼山地区灰坪微相泥灰岩夹白云质纹层

(5) 云坪微相

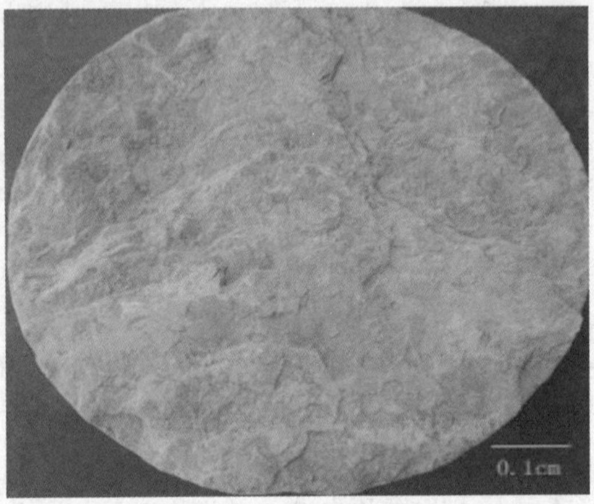

图7　南翼山地区云坪微相白云岩块状层理

云坪微相主要为在滩间洼地或在低水位期形成的云岩层，缺乏碳酸盐颗粒、陆源碎屑等物质。其形成主要是由于水下高地的阻隔，使湖水循环受阻，水动力变小，蒸发量增大，含盐度变高而形成。以及白云岩化作用而形成。其岩石类型主要有云岩、泥云岩、灰云岩等；岩性致密、坚硬；颜色多为灰色、深灰色，也见棕褐色；常见水平层理、水平纹层、块状层理等沉积构造。单层厚度变化较大，多小于5m。常以纹层状与泥岩互层。当厚度较大时多见块状构造，这时成像测井呈明显亮红色条带状。电性特征为自然伽玛多低值，但当泥质含量高时自然伽玛值增大、声波时差高值、电阻率低-中值(见图7)。

3 岩石学特征

南翼山地区岩性复杂多样，受湖相咸水沉积环境影响，混积特征明显，存在机械沉积，化学沉积和生物沉积等多重类型，具备储集条件且多靠近油源，在合适的圈闭和盖层条件下就能形成油气藏[10]。岩性以湖相碳酸盐岩与陆源碎屑的混积岩，主要为泥岩、泥晶灰岩，夹少量粉砂质、灰岩、泥质及藻灰岩(见图8)。

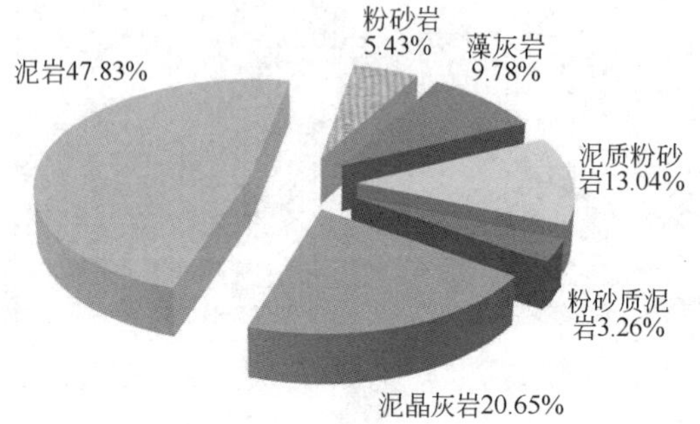

图8 南翼山地区岩性组成饼状图

储层岩性以碳酸盐岩类为主，可进一步划分为藻灰岩类和灰岩类，主要包括泥晶灰岩、藻灰岩、泥质粉砂岩，还发育有少量粉砂岩及粉砂质泥岩[8]。碳酸盐岩的矿物成分主要为方解石，其次为白云石，及黄铁矿，局部层段有少量浊沸石；陆源碎屑成分主要为石英和泥质。

3.1 颗粒灰岩特征

其颗粒含量大于50%，包括内碎屑、鲕粒、藻粒、球粒、生物碎屑，少量陆源碎屑及颗粒。颗粒之间填隙物以灰泥杂基、亮晶胶结物为主。主要发育在浅湖亚相区域，呈薄互层状，常夹于大套泥岩中。见弱动荡水环境下的水平、波痕、小型交错等层理(见图9)。

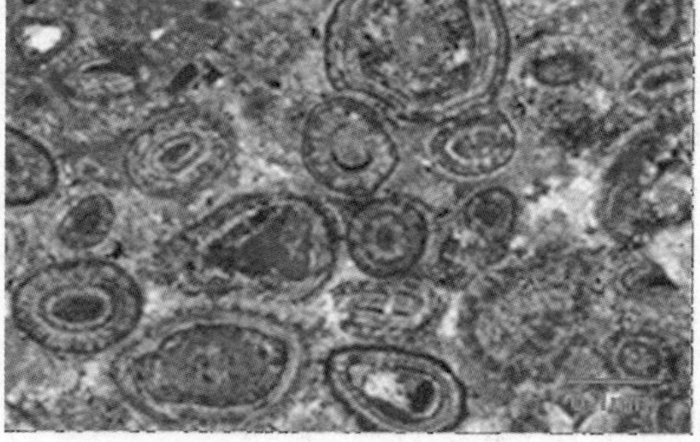

图9 南翼山地区亮晶鲕粒灰岩正交薄片

3.2 藻灰岩特征

藻灰岩既是藻类沉积的岩石类型，也是藻叠层构造类型，主要为藻叠层灰岩和藻粘结岩，主要为弱动荡水环境形成的产物，包括藻鲕、藻灰结核、藻团块、藻屑等。(见图10、图11)。

图10 南翼山地区泥晶灰岩中的藻叠层构造

图11 南翼山地区藻灰岩岩心图

3.3 泥晶灰岩特征

泥晶是碳酸盐颗粒之间常见的填隙物之一，泥晶在水动力弱的低能环境下，灰泥与颗粒同时沉积形成，常呈薄层状夹于大套泥岩之中。多见水平层理和纹层。为灰坪微相的主要岩石类型(见图12)。

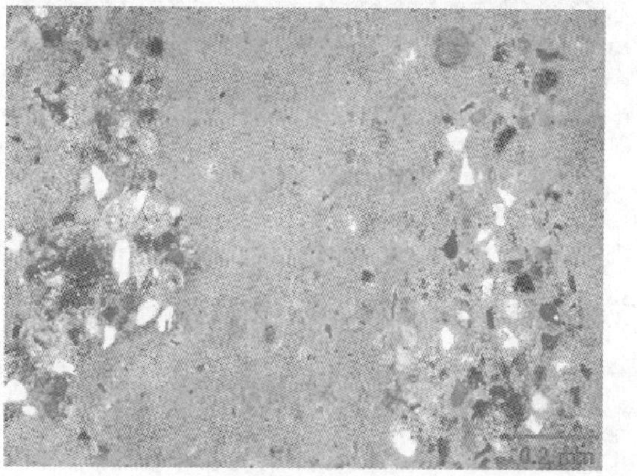

图12 南翼山地区泥晶灰岩普通薄片

3.4 粉砂岩特征

其泥质含量变化比较大，可进一步细分为灰质粉砂岩、含泥灰质粉砂岩以及含泥粉砂岩等。

常呈现薄层，发育有砂纹层、微波状、脉状及波状等层理。为水动力条件较弱的条件下的产物，常见于浅-半深湖等环境中(见图13、图14)。

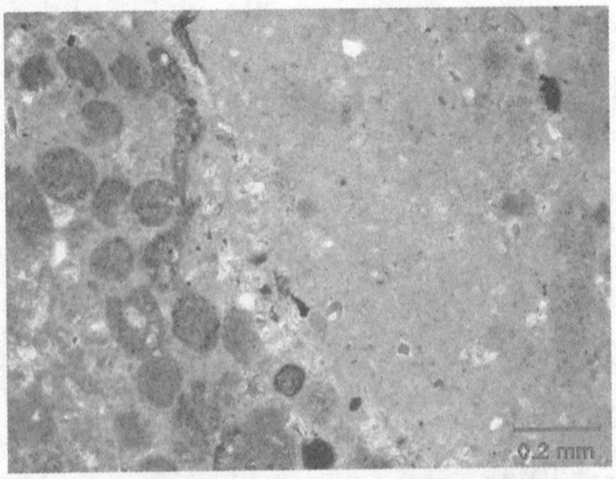

图13 南翼山地区砂质泥晶灰岩普通薄片

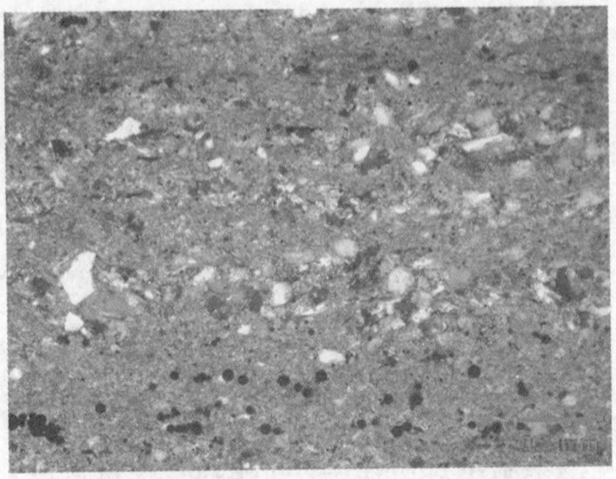

图14 南翼山地区含灰砂质泥岩普通薄片

4 储集性能特征

4.1 储集空间类型

影响储层物性的主要因素是压实作用，其次为胶结作用和成岩溶蚀作用[11]。南翼山地区储层胶结及压实作用较强，孔隙类型为残余粒间孔，晶间孔、次生粒间溶孔及微裂缝[12]。喉道类型以微细喉道为主，主要有裂缝喉道、晶间隙喉道、孔隙缩小吼道等[13,14]。

粒间孔主要发育于颗粒灰岩与颗粒云岩或碎屑颗粒之间，常经受杂基充填、成岩作用的改造，因而保存不完整，仅能保存部分残余粒间孔(见图15)。

粒间溶孔是储层连通最主要的孔隙类型和油气储集空间，主要存在于颗粒灰岩与颗粒云岩中，是由粒间胶结物或灰泥基质被溶蚀而成的孔隙，或由原生粒间孔被溶蚀扩大的粒间溶孔，形态特征为不规则状(见图16)。

裂缝在碳酸盐岩储层中的发育程度不仅控制

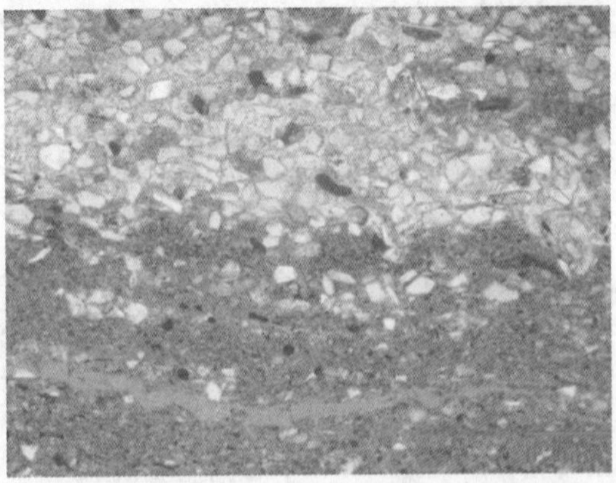

图15 南翼山地区粒间孔及裂缝喉道铸体薄片

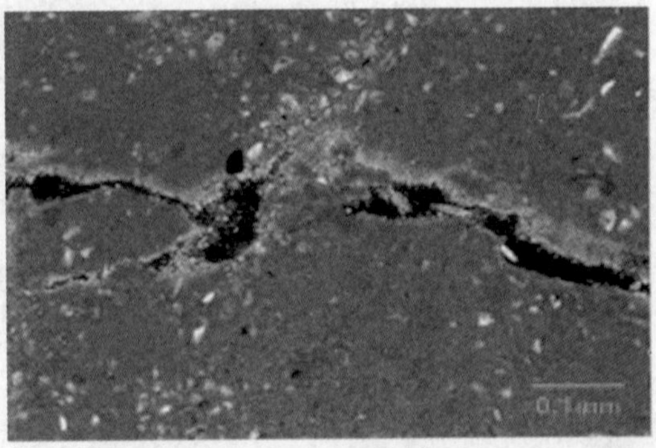

图16 南翼山地区泥晶灰岩溶蚀孔未充填正交薄片

流体的储集与渗流特征，还可导致裂缝性储层的形成。经显微镜下观察缝宽平均10~200μm，属毛细管裂缝和细裂缝(见图17)。

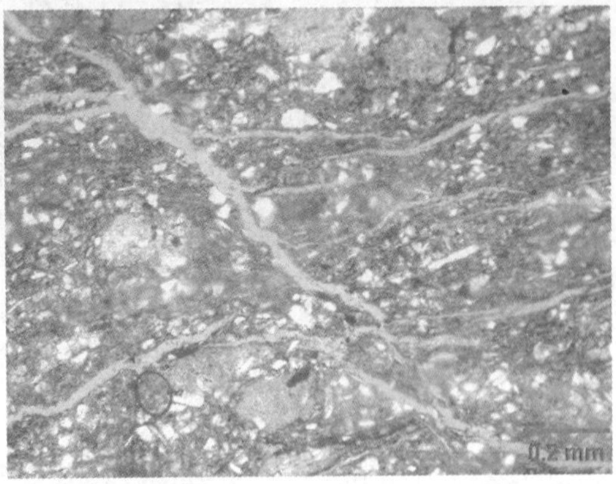

图17 南翼山地区网状微裂缝及粒间溶孔铸体薄片

4.2 储层物性特征

研究区储层属细粒沉积，其矿物粒径普遍小于5μm，原生晶间或粒间孔隙较小，地层埋深较大，咸水环境下成岩早期胶结和压实作用均较强，导致储层致密化。储层物性总体偏低，纵向上各井不同层段储层物性之间存在显著差异[15](见图18、图19)。

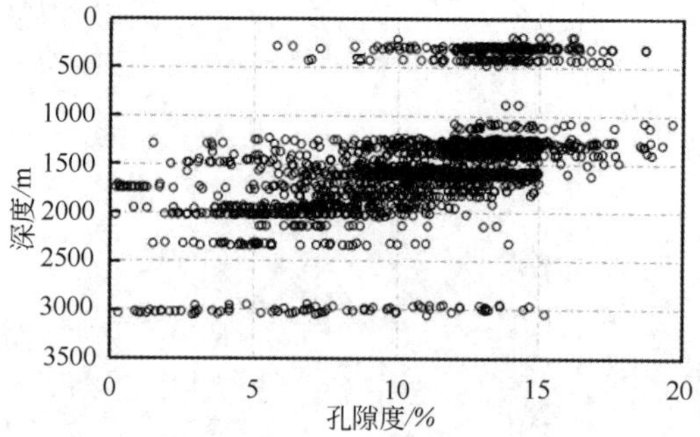

图 18　南翼山地区孔隙度随深度变化特征

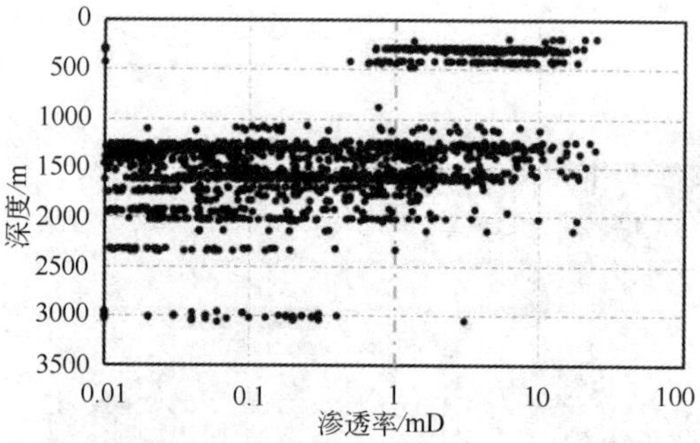

图 19　南翼山地区渗透率随深度变化特征

研究区物性数据统计结果显示孔隙度峰值为4%～12%，渗透率峰值为 0.01～1.00mD，总体表现为中低孔隙度、致密储层的特征，但储层脆性指数较大，易形成裂缝网络系统，局部地层微裂缝发育较丰富(见图 20、图 21)。

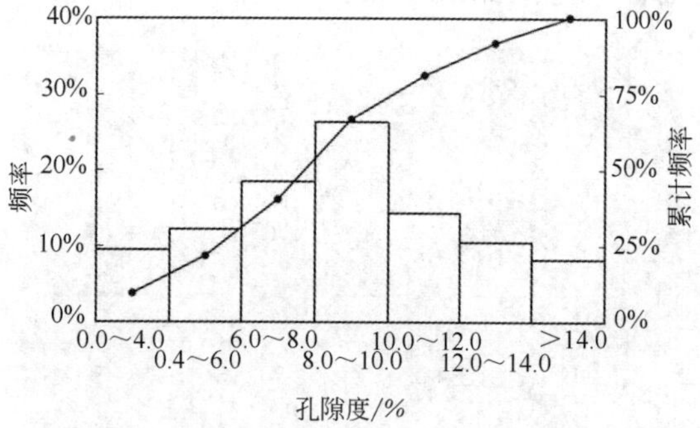

图 20　南翼山地区孔隙度分布直方图

4.3　空隙结构特征

储层孔隙结构是指岩石孔隙和喉道的形态、大小、分布及其连通关系，是影响储层渗流特征和储集能力的主要因素[16]。南翼山Ⅲ油组储集空间类型有孔隙型、微裂缝型和微裂缝–孔隙型，具有中低孔、微喉道特征[17]。Ⅲ油层组孔喉半径 0.02～0.15μm，平均排驱压力 16.5 MPa，平均最大进汞饱和度 74.3%，平均最大连通孔喉半径 0.2μm，平均退汞效率 40.3%，反映储层整体储渗性能差(见图 22)。

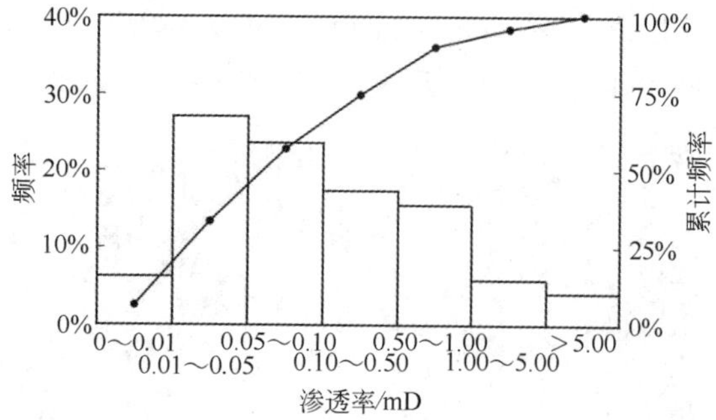

图 21　南翼山地区渗透率分布直方图

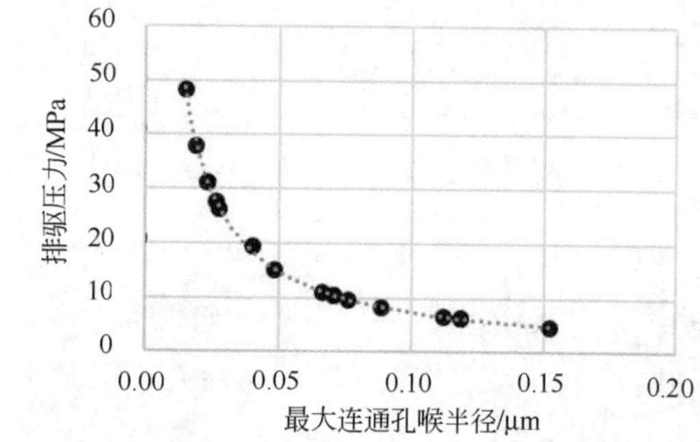

图 22　排驱压力与最大连通孔喉半径相关图

依据毛管压力曲线及孔喉半径分布范围，将南翼山Ⅲ油组孔隙结构划分为 3 种类型，分别为Ⅰ类中排驱压力–细喉型、Ⅱ类中高排驱压力–微喉型和Ⅲ类高排驱压力–特微喉型[18]。

一类为中排驱压力–细喉型，属较好储层，岩性以(含粉砂)藻灰岩为主，储集空间类型为溶孔、生物体腔孔，排驱压力一般小于 10MPa，最大连通孔喉半径大于 0.1μm，具有分布层数多，单层厚度小的特点(见图 23、图 24)。

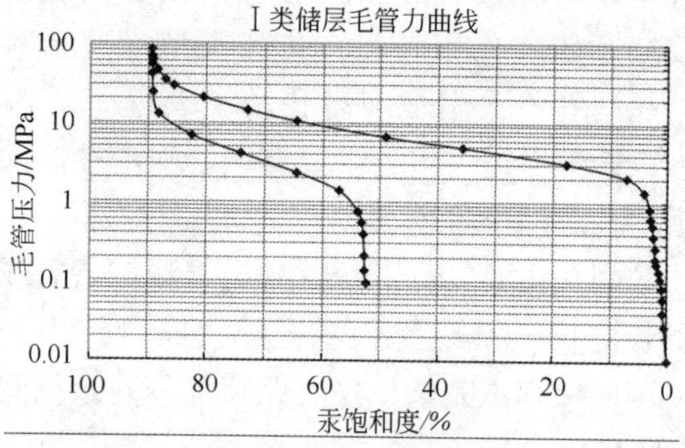

图 23　南翼山地区Ⅰ类储层毛管力曲线图

二类为中高排驱压力–微喉型，属中等储层，岩性以粉砂质(泥质)泥晶灰岩和灰、泥质粉砂岩为主，储集空间类型为成岩缝、溶孔、微孔隙及粒间孔，排驱压力小于 10MPa，最大连通孔喉半径介于 0.05～0.1μm 之间，分布较广，占储层

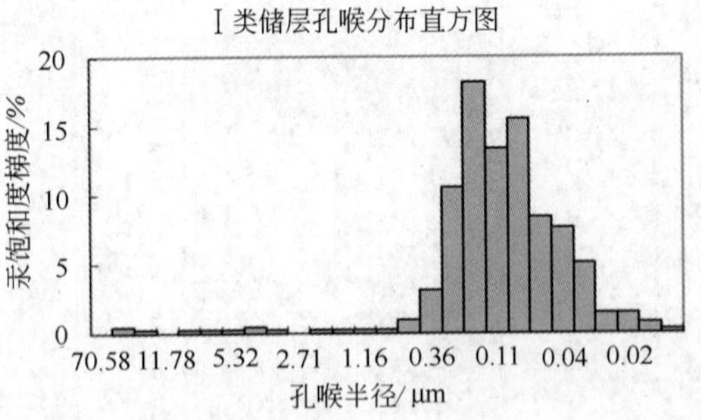

图 24 南翼山地区Ⅰ类储层孔喉半径分布直方图

总厚度的 64%~78%(见图 25、图 26)。

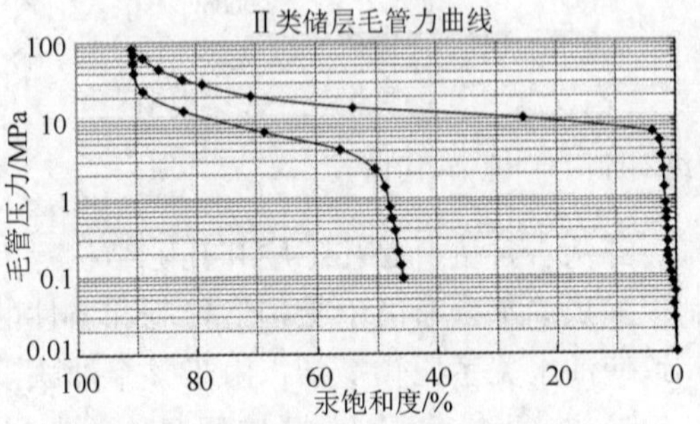

图 25 南翼山地区Ⅱ类储层毛管力曲线

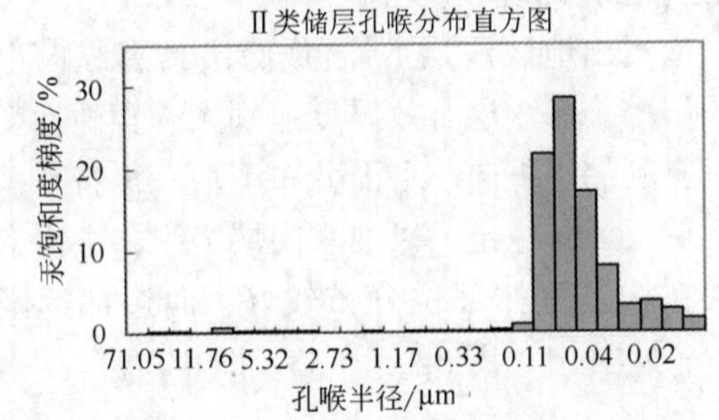

图 26 南翼山地区Ⅱ类储层孔喉半径分布直方图

三类为高排驱压力-特微喉型，属致密储层，岩性以粉砂质(灰质)泥岩为主，排驱压力一般大于 10MPa，最大连通孔喉半径小于 0.05μm，分布较少，占储层总厚度的 11%~14%(见图 27、图 28)。

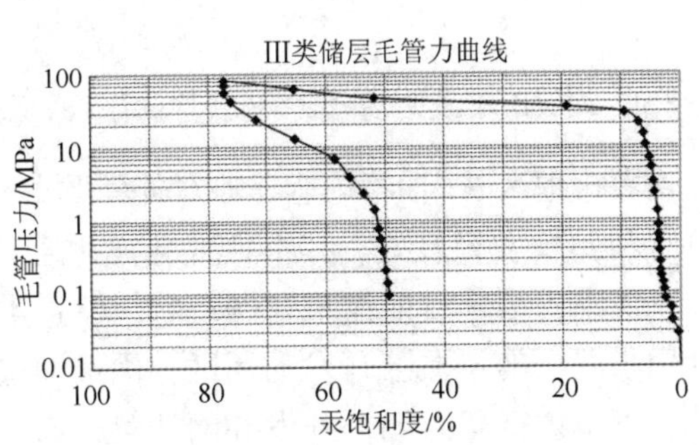

图 27 南翼山地区Ⅲ类储层毛管力曲线

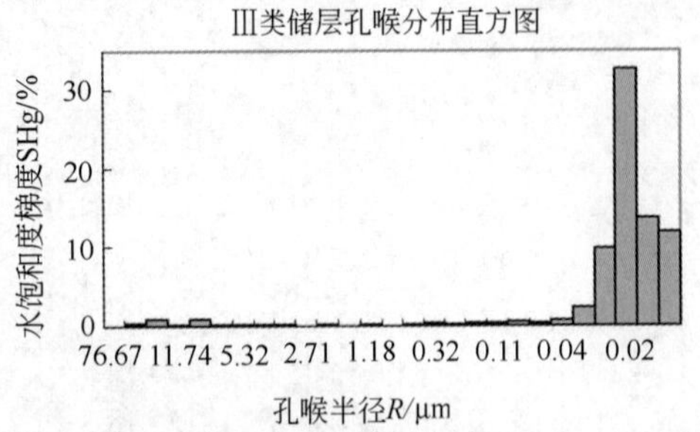

图 28 南翼山地区Ⅲ类储层孔喉半径分布直方图

5 储层含油性特征

5.1 储层含油级别

南翼山地区取心段储层整体含油，储层含油性主要为荧光级别，部分岩心可见油斑—油迹显示。定量荧光录井和荧光薄片分析储层荧光主要为黄色和绿黄色，表明其有机质组分主要为油质，与岩心录井结论一致。含油岩心的岩性以藻灰岩、泥晶灰岩为主，以及少量的泥质灰岩、粉砂岩及粉砂质泥岩。其中藻灰岩和泥晶灰岩的含油性较好。

5.2 源储组合特征

南翼山地区生烃条件良好，主要烃源岩为灰质、钙质泥岩、泥灰岩和灰泥岩，烃源岩干酪根类型为腐泥腐殖型。烃源岩自下而上 E_3^2 地层至 N_2^2 地层暗色泥岩厚度达 1000m 以上，有机碳含量平均为 0.45%至 0.52%，达到柴达木盆地西部北区生烃下限值 0.4%以上，具有生烃能力，且氯仿沥青 A 含量都较高，大于 600mg/kg，说明生油岩烃转化能力较强。有机质成熟度 R0 为 1.01%至 2.25%，已达到成熟阶段[19]。

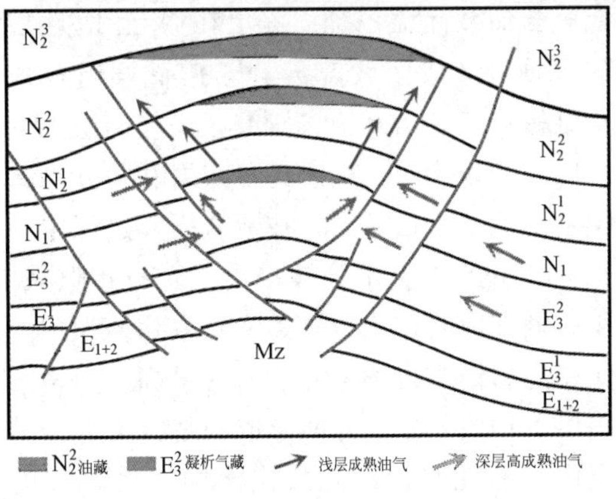

图 29 南翼山地区油气运移成藏模式图

通过油气源对比研究认为，南翼山地区的油气主要为就近捕获产物，属于下生上储式生储盖组合，深层与浅层的油气来源于本地区不同烃源

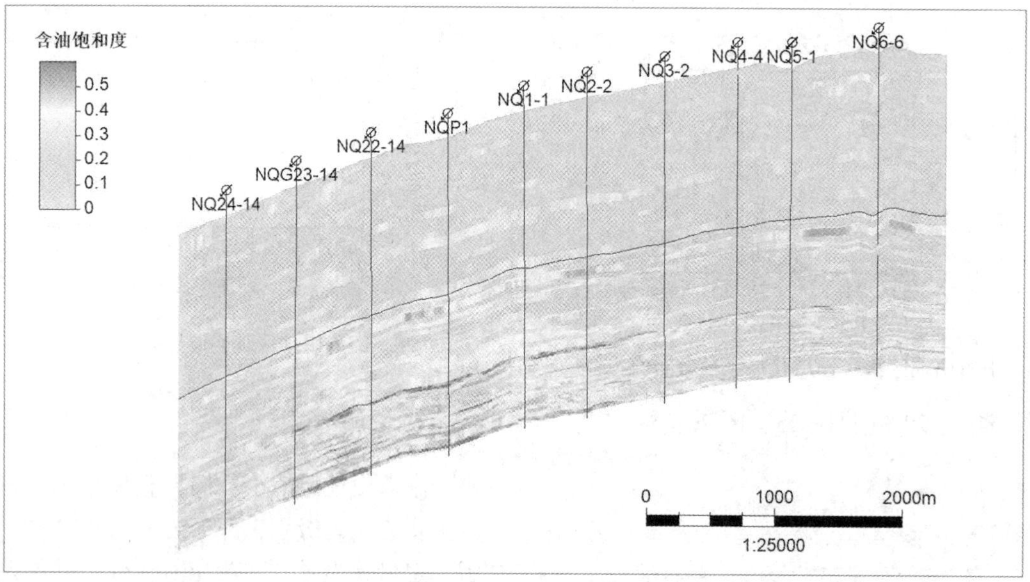

图 30 南翼山地区 N_2^2油藏含油饱和度纵剖面图(西北-东南向)

岩，研究区油气补给方式与油气初次运移的关系非常密切，成熟烃源岩生成的油气由于地层静水压差自下而上进入储集层。其中深层 E_3^2油气来自凹陷深部 E_3^2烃源岩，由于干酪根类型主要为Ⅲ型，且成熟度 Ro 达到 1.0%以上，可以生成凝析油气，顺层和沿裂缝运移到构造高部位聚集形成凝析气藏；浅层 N_2^2的油源来自凹陷深部 N_1烃源岩，干酪根类型主要为 $Ⅱ_2$型，Ro 为 0.8%，生成正常密度原油，沿断裂向上运移聚集成油藏[20](见图 29)。

6 有利区带优选

南翼山地区发育有两套区域盖层，因而形成两套生储盖组合。其中浅层在 N_2^2至 N_2^3地层发育的钙质泥岩形成区域盖层，与 N_2^2和 N_2^1的储层组合成一套油藏储盖系统；深层在 N_1至 E_3^2地层发育的泥质岩形成区域盖层，与 E_3^2储层组合成另一套凝析气藏储盖系统。研究区浅层储层的岩性组合以泥灰岩为主，其次为藻灰岩和粉砂岩，储层中由于泥质含量较高，在成岩压实过程中，粘土矿物含有的大量水分被排出，岩石孔隙减少、体积收缩，成岩作用裂缝类型以收缩缝为主。深层储层的岩性组合中碳酸盐岩含量高，为岩溶作用提供了物质基础，先期形成的裂缝又为岩溶作用提供了酸性水渗滤和带出溶蚀物质溶液的通道。从而导致深部储层溶蚀孔洞十分发育，成岩作用裂缝类型以溶蚀缝为主。

南翼山地区浅层油藏属于受岩性影响的构造油藏，储层质量好坏和油气充注程度主要由构造位置、藻灰岩含量、总孔隙度和孔隙结构等因素控制。油藏油水分布由于受构造控制和岩性的影响，致使油水关系比较复杂。由于整个油藏没有统一的油水界面，而各小层储层具有“薄、多、散、杂”的特点，油水关系自东向西整体呈现“高水低油”的现象(见图 30)。

南翼山地区浅层 N_2^2油藏储层具有纵向上含油小层多、各小层有效厚度差别大、含油性变化大、有利储层纵向、平面分布不均一等特点。平面上储层展布稳定，以油水同层为主，主力含油小层在构造主体部位分布较好，向边部逐渐变差[21](见图 31、图 32、图 33、图 34)。

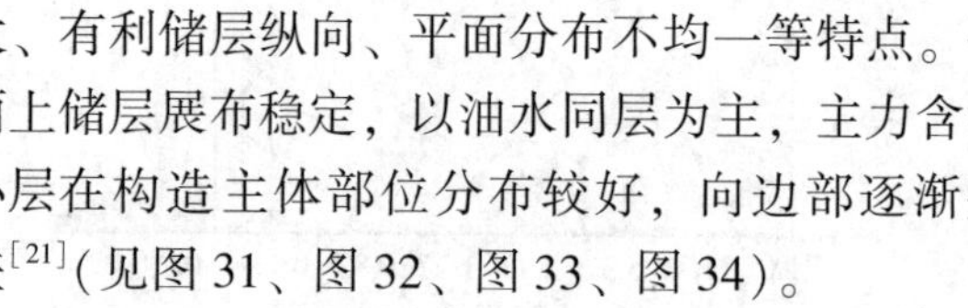

图 31 南翼山地区 N_2^2油藏Ⅲ-40 小层储量丰度图

南翼山地区 $N_2{}^2$油藏构造长轴方向西北端的底部位有利储层发育较好，其中Ⅲ油组有利区面积较Ⅳ油组小，结合目前注采井网现状，储量类别和动用状况，确定在已开发动用区，优选油层富集区，下步进行层系细分开发井网调整，通过优化注采井网系统、优化注采比，提高井网对储量

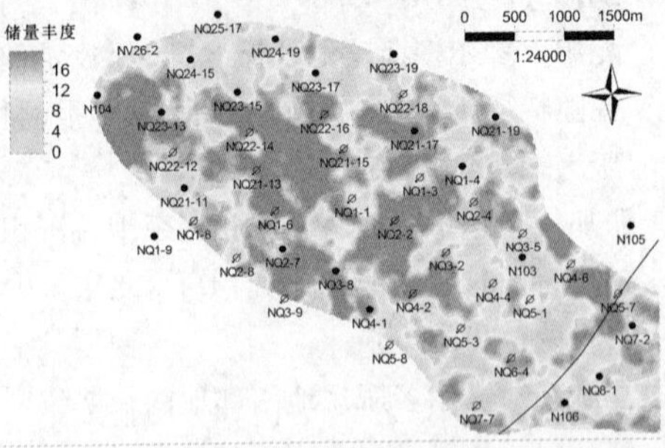

图 32　南翼山地区 N_2^2油藏Ⅲ-58 层储量丰度图

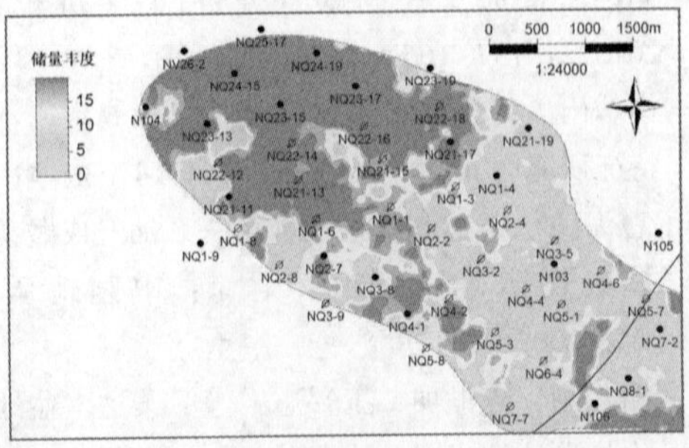

图 33　南翼山地区 N_2^2油藏Ⅳ-17 层储量丰度图

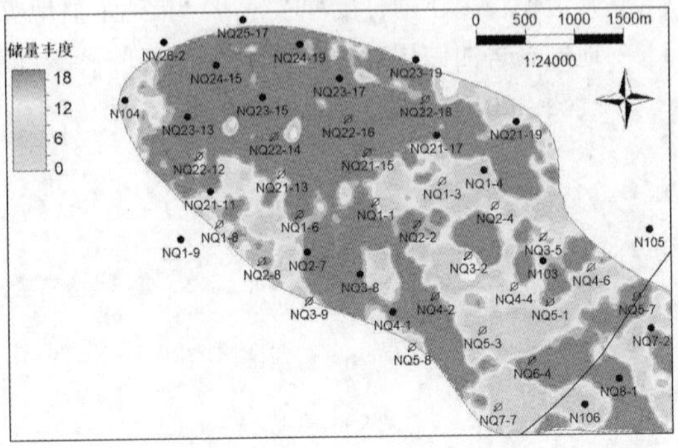

图 34　南翼山地区 N_2^2油藏Ⅳ-49 层储量丰度图

的控制程度，改善油藏开发效果见图 35、图 36）。

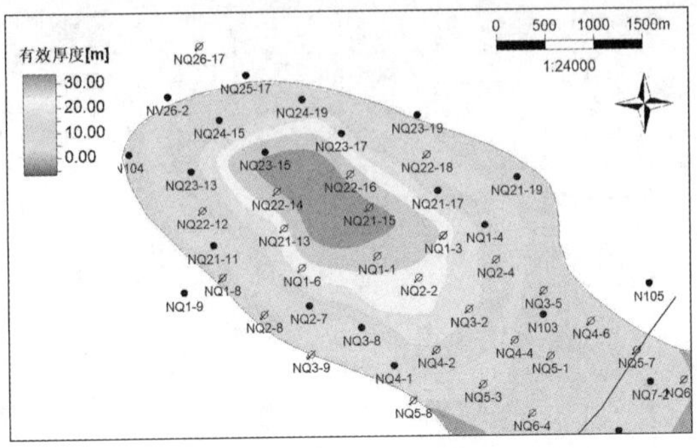

图 35　南翼山地区 N_2^2油藏Ⅲ油组储层有效厚度等值线图

7　结论及认识

南翼山地区主要发育浅湖亚相和半深湖亚相沉积。沉积特征具有纵向上沉积韵律明显，纹层交替频繁，沉积微相变化快；平面上沉积稳定，

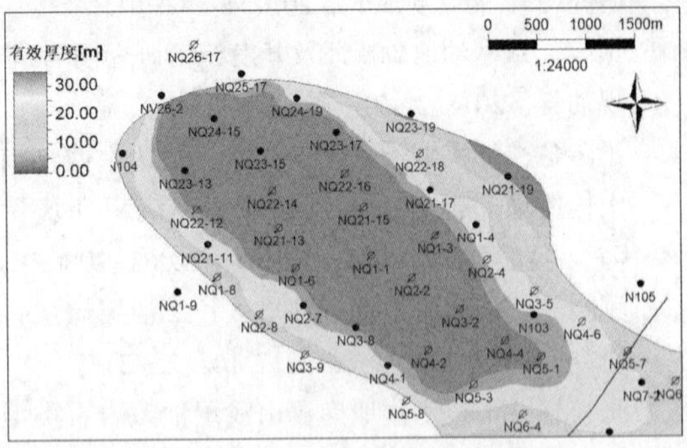

图 36　南翼山地区 N_2^2油藏Ⅳ油组储层有效厚度等值线图

岩相变化小。储层岩性主要以弱动荡水动力条件下的陆源碎屑岩与碳酸盐岩及泥岩的混合沉积产物为主，包括泥晶灰岩、藻灰岩、泥质粉砂岩等，纵向上具有层数多，单层厚度小等特征。表明沉积方式上既有机械沉积又有化学沉积和生物沉积。

南翼山地区储层总体表现为中低孔隙度、致密储层的特征，局部地层微裂缝发育明显。孔隙类型为残余粒间孔，晶间孔、次生粒间溶孔及微裂缝。喉道类型以微细喉道为主，微裂缝是储层主要的连通通道。

南翼山地区的油气聚集成藏属于下生上储式生储盖组合，成熟烃源岩生成的油气再地层静水压差的作用下油气就近捕获自下而上进入储集层。深层与浅层的油气来源于本地区不同深度烃源岩，储层含油性级别以油斑、荧光为主。油气藏类型属于岩性控制的构造油气藏，储层岩性对物性和含油性起决定性作用。

南翼山地区有利储层的分布主要受构造位置、藻灰岩含量、总孔隙度和孔隙结构等因素控制。有利储层具有纵向各小层有效厚度差别大、平面含油性分布不均一性等特点，其中 N_2^2油藏Ⅲ油组有利区面积较Ⅳ油组小。下步通过层系细分开发井网调整，改善油藏开发效果。

参　考　文　献

［1］　牟中海．南翼山油田浅层储层特征研究及地质建模［R］．成都：西南石油大学，2009.

［2］　郭璞．南翼山构造主要地质特征及油气成藏模式［J］．青海石油，2010.6：7-14.

［3］　龙国徽．南翼山油田中浅层油藏特征及成藏主控因素分析［J］．青海石油，2013.3：7-14.

［4］　王汇智．鄂尔多斯盆地陇东地区致密油储层特征

研究[J]. 非常规油气，2019.4：42-51.

[5] 焦姣. 致密油地质特征及开发特性研究[J]. 非常规油气，2015.2：71-75.

[6] 于冬冬，张永生，邢恩袁，等. 柴达木西部南翼山构造地表混积岩岩石学特征及沉积环境讨论[J]. 地质学报，2018，12(10)：2068-2080.

[7] 鲍鹏. 鄂尔多斯盆地东部塔区长2油层储层特征研究[J]. 非常规油气，2017.10：25-31.

[8] 张长好. 柴达木盆地南翼山浅层油藏岩石类型及沉积模式[J]. 天然气地质学报，2012.10：903-908.

[9] 冯进来，胡凯，曹剑，等. 陆源碎屑与碳酸盐混积岩及其油气地质意义[J]. 高校地质学报，2011，6(2)：297-307.

[10] 唐丽. 湖相碳酸盐岩油气藏特征及成藏分析[J]. 天然气地质学报，2013.6：591-598.

[11] 庞皓. 英东油田油砂山组储层特征研究及分类评价[J]. 非常规油气，2015.8：19-29.

[12] 周海彬. 南翼山新近系上统湖相碳酸盐岩储层微观孔隙结构及渗流特征[J]. 石油天然气学报，2009.6：42-45.

[13] 冯胜斌. 鄂尔多斯盆地长7致密油储层储集空间特征及其意义[J]. 中南大学学报(自然科学版)，2013.11：4574-4580.

[14] 尤源. 鄂尔多斯盆地延长组长7致密油储层微观孔隙特征研究[J]. 中国石油大学学报(自然科学版)，2014.6：18-23.

[15] 张旭. 柴达木盆地西北区新近系细粒沉积岩油气储集特征与成岩演化研究[D]. 北京：中国地质科学院，2017.

[16] 屈红军. 鄂尔多斯盆地南部地区长7致密油储层特征[J]. 非常规油气，2015.2：1-9.

[17] 臧士宾. 柴达木盆地西部北区新近系非常规低渗储集层特征及控制因素分析[J]. 沉积学报，2013.2：157-166.

[18] 秦馨雨. 蟠龙油田三叠系延长组长6致密油储层特征研究[J]. 非常规油气，2019.4：35-41.

[19] 曹海防. 柴达木盆地西部第三系油气成藏条件与富集规律研究[D]. 北京：中国地质科学院，2007.

[20] 路俊刚，陈世加，王兴志，等. 柴达木盆地南翼山构造油气成因及成藏分析[J]. 新疆石油地质，2008，6(2)：296-298.

[21] 张道伟，薛建勤，伍坤宇，等. 柴达木盆地英西地区页岩油储层特征及有利区优选[J]. 岩性油气藏，2019，6(1)：1-10.

滨里海盆地东缘 KT-Ⅰ段致密岩性带的发现及意义

张亚军[1]　代寒松[1]　金树堂[2]　郝晋进[1]　袁晓宇[1]

(1. 中国石油勘探开发研究院西北分院；2. 中油阿克纠宾油气股份公司)

摘　要　滨里海盆地东缘具有良好勘探前景，目前KK区块岩性勘探获得重大发现，但是对于斜坡背景上大规模岩性成藏的主控因素等缺乏规律性认识，影响该区的勘探开发进程。本文依据最新的钻、测井及地震等资料，从古地貌恢复、沉积相、构造演化及地震相分析等方面入手，对研究区致密岩性带沉积特征、平面展布、演化过程及与成藏的关系等方面进行了探讨。提出石碳系KT-Ⅰ沉积时期，滨里海盆地东缘发育区域性较深水碳酸盐缓坡相沉积，受后期胶结和构造反转双重因素影响，形成沿盆地东缘大范围分布的致密岩性带。该带一方面对斜坡背景上岩性油气成藏起到关键的上倾封堵作用，一方面致密岩性带的发育弱化了KT-Ⅰ顶部不整合面(C/P)对油气的逸散影响，利于油气聚集成藏。同时，较深水缓坡相细粒沉积体的发现对于完善滨里海盆地东缘石碳系的碳酸盐沉积模式、深化地质认识等方面具有重要的研究价值。

关键词　滨里海盆地；碳酸盐岩缓坡相；致密岩性带；岩性油藏；主控因素

滨里海盆地为世界上特大型含油气盆地[1-3]，可划分为北部及西北部断阶带、中央坳陷带、阿斯特拉—阿克纠宾斯克隆起带和东南坳陷带4个次级构造单元[4-5](图1)。主要产层为盐下石炭系的KT-Ⅰ和KT-Ⅱ两套碳酸盐岩层[1,6]。前人对于KT-Ⅰ层主要从沉积相类型、储层特征及成藏主控因素等方面进行了探讨。认为石炭系主产层KT-Ⅰ段具有良好的油气地质条件，发育开阔台地、局限台地和蒸发台地相，KT-Ⅰ中上段的滩相灰岩和白云岩储层孔洞发育，是油气的主要储集类型[10-21]。泥盆-下石炭统杜内阶巨厚页岩为其主要烃源岩[7-17]。KT-Ⅰ段内部(莫斯科阶/卡西莫夫阶)以及顶部(C/P)不整合面则为该段油气运移的主要通道[14-17,21-22]。构造和有利相带是影响盆地东南缘盐下碳酸盐岩成藏的主控因素[6,8,15,23-26]。但是，针对KT-Ⅰ碳酸盐岩台地沉积边界，尤其对台地较深水缓坡相带的展布及演化过程缺少研究，造成对盆地东缘斜坡构造背景上岩性油气藏大规模岩性成藏的原因知之甚少，限制了盐下碳酸盐岩勘探开发工作。因此，

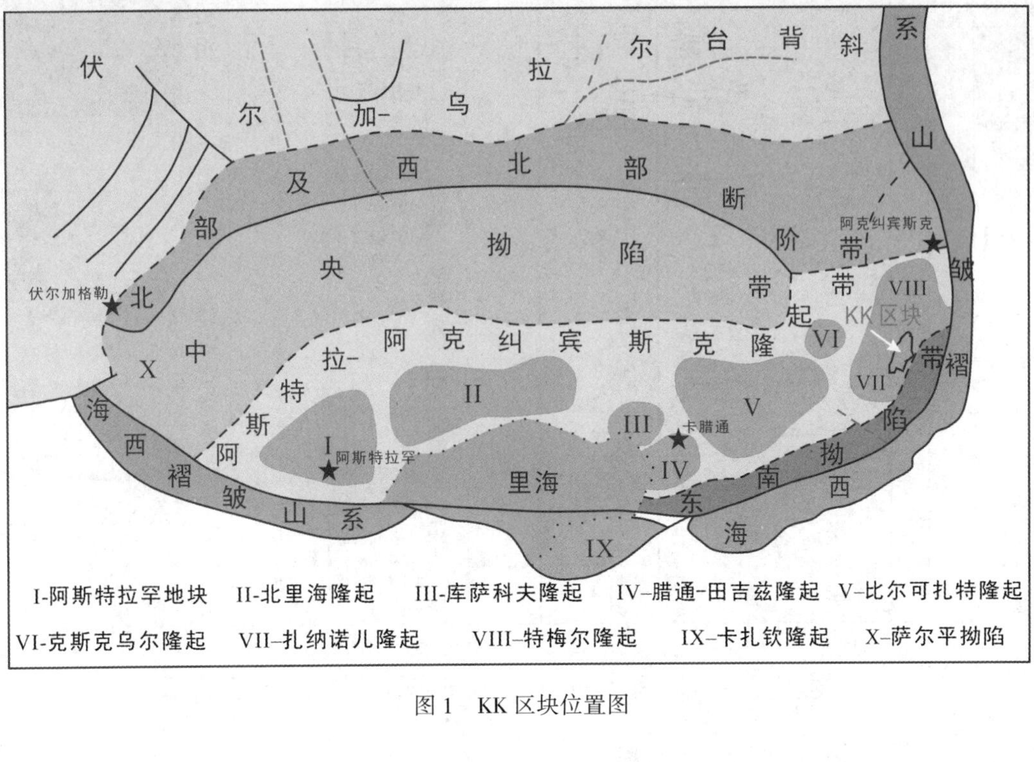

图1　KK区块位置图

本文旨在通过石炭系KT-Ⅰ段致密岩性带发育特征的分析，探讨研究区致密岩性带发育过程及主控因素，进而加深对该区大规模岩性油气成藏规律的认识。

1　地质背景

KK区块位于滨里海盆地东缘阿克纠宾斯克隆起带东翼，紧邻东南坳陷带，面积约3500km^2（图1）。晚泥盆世—晚石炭世受西侧阿斯塔拉-阿克纠比斯克隆起的影响，表现为西高东低的古地貌特征，发育了KT-Ⅰ和KT-Ⅱ两套碳酸盐岩台沉积，地层呈东厚西薄特征。石炭纪末期到早二叠世盆地东缘受乌拉尔造山挤压的影响，构造发生明显反转，至晚二叠世形成了现今东高西低的构造格局[27]。目前已在研究区的中部特鲁瓦斜坡带KT-Ⅰ段发现大规模岩性油藏，有利的沉积相带为局限台地内的白云坪微相及开阔台地内的台地滩微相，其岩性有粉晶生屑灰岩、晶粒云岩及亮晶颗粒灰岩和生物格架灰岩，是油田最有利的储集层[29]。笔者基于最新钻测井和地震资料，通过单井相识别、地震相分析、沉积演化等研究，认为KK区块东部发育区域性致密岩性带，同时对该带发育的岩性特征和控制因素进行探讨，分析其与油气成藏的关系，最终明确KK区东部致密岩性带是研究区大规模岩性油气成藏的关键因素。致密岩性带的发现对于完善滨里海盆地东缘盐下碳酸盐岩油气成藏规律、深化地质认识、指导油气勘探等方面具有重要意义。

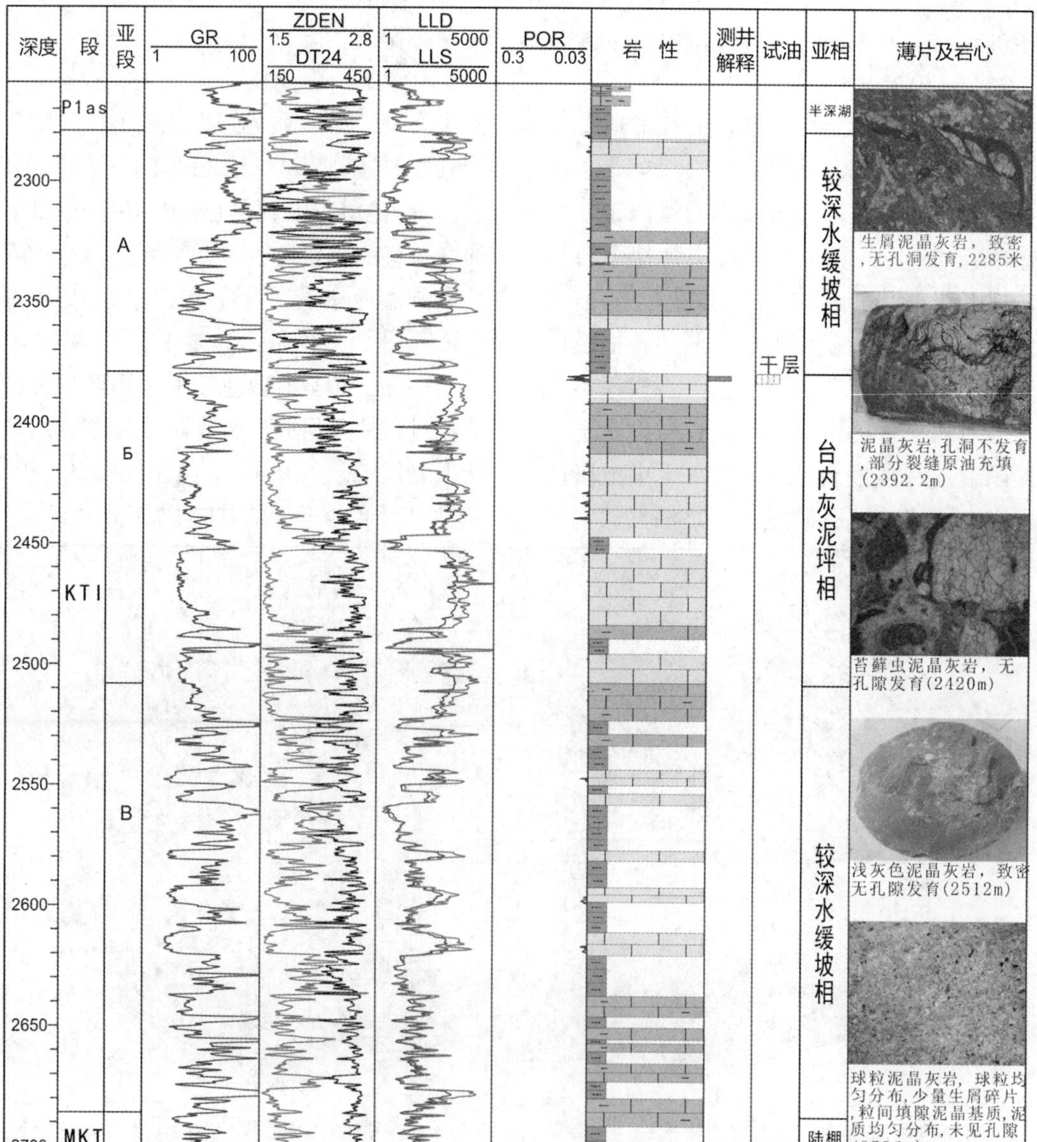

图2　致密带C井KT-Ⅰ段单井解释图

2　致密岩性带的特征及展布

KT-Ⅰ段地层分布在 KK 区块中-东部，厚 380~450m，纵向上划分为 A、Б、B 三个亚段。致密岩性带分布于 KK 区块东部，为较深水碳酸盐岩缓坡相沉积，在区内呈北北东向展布的弧形条带状展布，其岩性类型、测井特征及地震响应等方面与区块中西部台地相明显不同。

2.1　岩性及测井特征

钻井揭示，致密岩性带主要为台地与陆棚斜坡过渡带的低能环境沉积产物，属于碳酸盐岩较深水缓坡相沉积，岩性多为深灰色-浅灰色泥岩、灰质泥岩、浅灰色泥晶灰岩和泥质灰岩。该带岩性致密，测井解释及岩心分析孔隙度多低于 3%、渗透率低于 1.5MD，具低孔、低渗的特征。岩芯及薄片分析表明，该带灰岩多具油味，原油侵染较强，裂缝发育较少，缝内多为泥质充填，充填物有原油渗出，反映出早期较强的油气充注特征。纵向上，致密带内多为泥岩与灰岩互层状的岩性组合特征；在测井上表现为高伽玛(GR)、低声波时差(DT)、中低密度(DEN)的齿状曲线组合特征，与台内灰岩较为平直的测井响应有明显区别(图 2)。

2.2　地震响应特征

碳酸盐较深水缓坡相带内泥质含量高，泥岩与灰岩交互发育，岩性致密，在地震剖面上具有高-中频、强振幅、强连续性的反射特征，与 KK 区西部 KT-I 台地相灰岩段低频、弱振幅、中-弱连续的响应特征形成明显对比。平面上，致密岩性带的均方根振幅相对较强，沿 KK 区块东缘呈蓝色条带状展布，而西侧台地相稳定灰岩发育区，则表现为红-绿色块状特征，两者地震响应差异明显(图 3)。

2.3　平面展布特征

致密岩性带平面展布具有从下而上，自西向东范围逐步收缩的趋势(图 4)，反映了 KT-I 段总体水退的沉积背景。在 B 小层发育期，致密岩性带横贯工区东缘，长度约 90km，在特鲁瓦地区延伸宽度最大约 17km。Б 小层发育期，随着沉积基准面进一步下降，致密带逐步向东迁移，区内发育规模减小，分布范围缩至 C 井一带。A 小层发育期，该带进一步收缩，南北延伸长度约 50km，东西向延伸宽度约 12km。

3　致密岩性带的发育过程及主控因素

3.1　发育过程

致密岩性带的形成可划分为，初步形成期(KT-Ⅰ)、致密改造期(C/P)以及反转有效期(P-现今)三个阶段(图 5)。

① 初步形成期(KT-Ⅰ)

MKT 末期，研究区进入水退阶段，由陆棚斜坡相向台地相转变，KT-Ⅰ沉积期水体持续变浅，研究区东部为陆棚斜坡与开阔台地过渡相，属于碳酸盐岩台地较深水斜坡相沉积，岩性致密。至 KT-Ⅰ的 Б 层沉积时，较深水碳酸盐缓坡

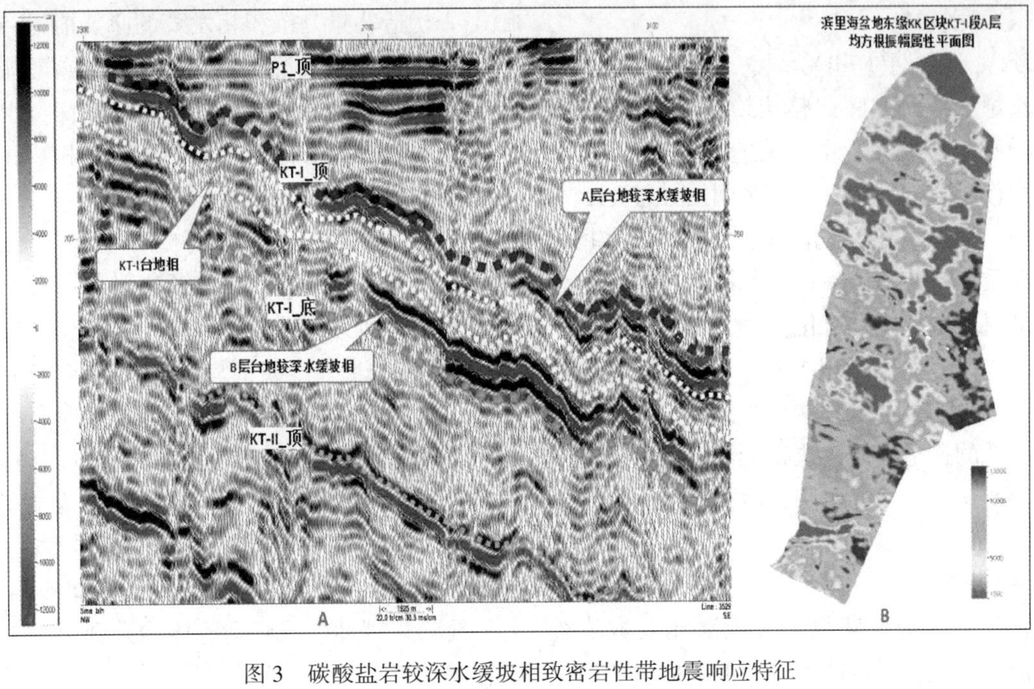

图 3　碳酸盐岩较深水缓坡相致密岩性带地震响应特征

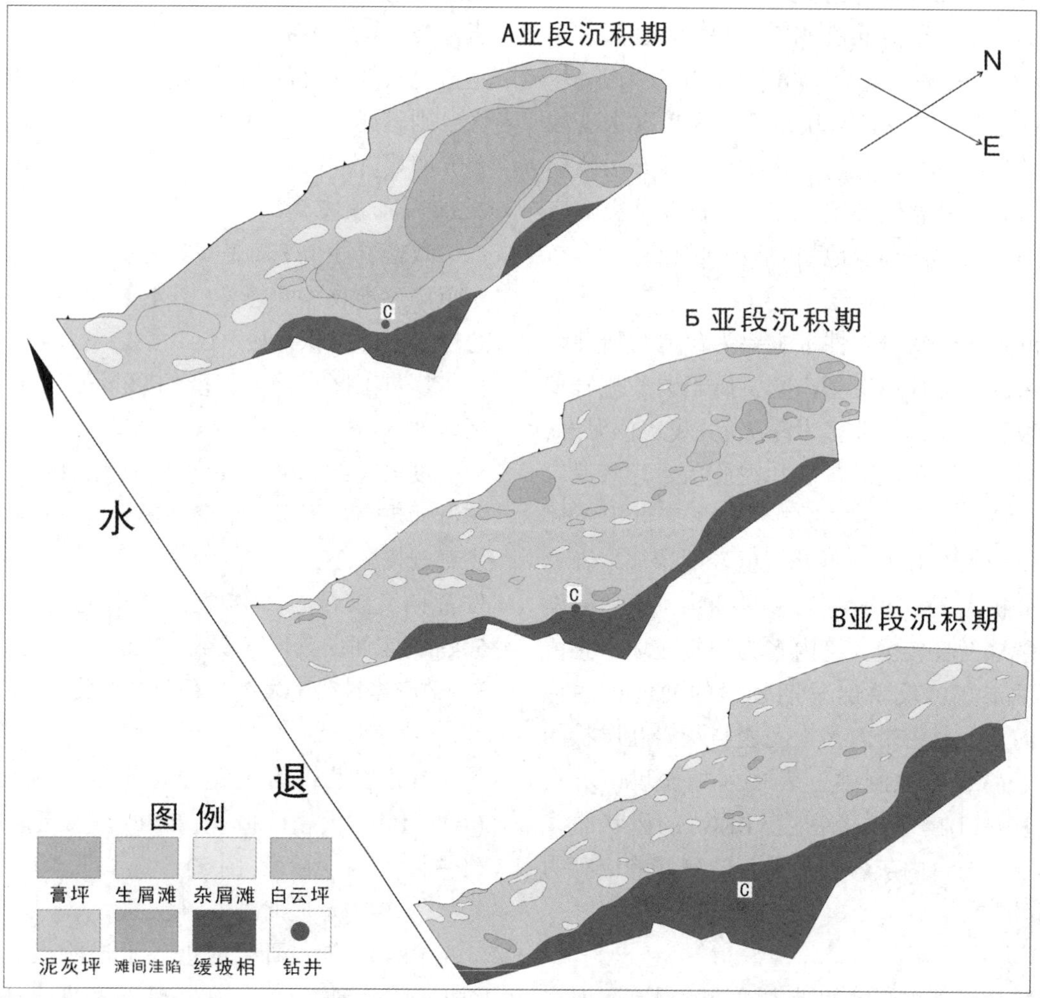

图4 KK区块KT-Ⅰ段个小层沉积相平面图

相带从研究区开始逐步向东退却，并在KT-Ⅰ末期完全退至工区以东地区，自下而上区内总体呈现退积式发育特征。

② 致密改造期(C-P)

石炭纪末，研究区在整体抬升剥蚀过程中，碳酸盐较深水缓坡相带由于构造位置相对较低，风化剥蚀作用较弱。同时，该带属溶蚀洼地，水体能量弱，溶蚀高地、岩溶斜坡中的地层水携带的大量泥质、灰质等溶解物再次沉淀，胶结，促进了该带岩性进一步致密化。

③ 反转有效期(P-现今)

二叠纪末期，滨里海盆地东缘构造反转，形成东高西低的构造格局，致密岩性带抬升至相对较高的构造位置，构成西侧台地相储层有效的上倾遮挡。

3.2 主控因素

综合研究区构造背景、沉积演化及成岩作用，分析认为致密岩性遮挡带的形成取决于以下3个方面：

① 较低的古构造背景

构造背景是沉积相发育的必要前提，研究区东缘在KT-Ⅰ段沉积期，长期处于碳酸盐岩台地与陆棚斜坡的过渡带，相对水体较深，水动力作用弱，形成厚层低能环境的细粒沉积物，为致密带的发育提供必要的沉积环境。

② 弱岩溶与强胶结等成岩作用

KT-Ⅰ沉积后，滨里海盆地东缘发生整体抬升剥蚀，研究区西部抬升幅度较大，西高东低的构造形态进一步发育[7,17,28]。苗钱友等研究认为，该时期KT-Ⅰ段在研究区由西向东可划分为岩溶高低、岩溶上斜坡、岩溶下斜坡与岩溶洼地四个岩溶带。其中，研究区西侧为岩溶高地，KT-Ⅰ组剥蚀殆尽。现今KT-Ⅰ灰岩发育主体区属于岩溶斜坡带，而研究区东缘属于岩溶洼地(图5)。因此，尽管受整体抬升剥蚀影响，东侧致密岩性带由于构造位置较低，风化淋滤改造作

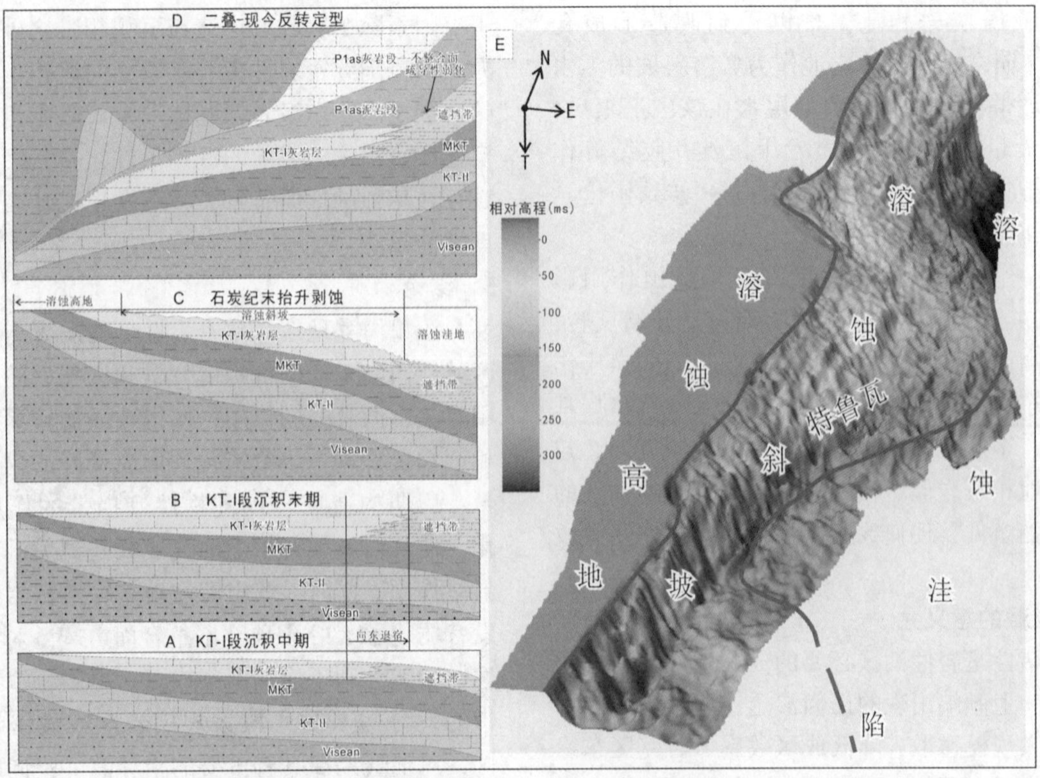

图 5　致密岩性带形成演化示意图(注：三维图为 C 末期 KT- Ⅰ顶部古地貌图)

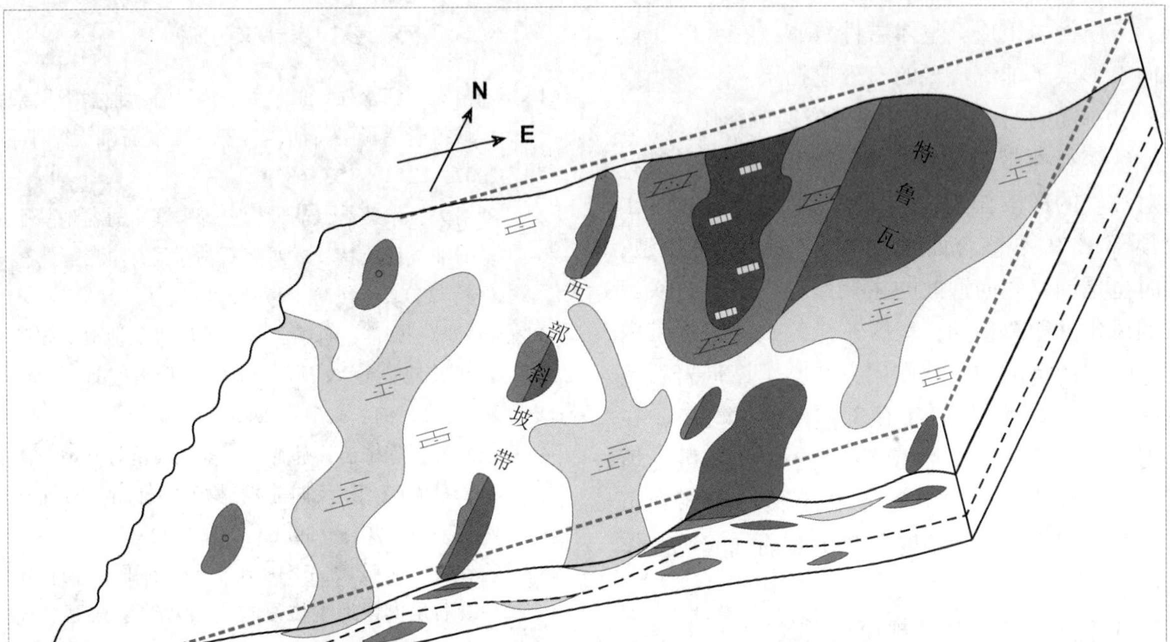

图 6　KK 区块 KT- Ⅰ段油气成藏模式图

用较西侧弱。同时，致密岩性带多发育低能量的泥岩、泥质灰岩、泥晶灰岩，与西侧大面积发育的生物碎屑灰岩相比，难以受到改造形成孔洞[5,20]。而东缘的岩溶洼地作为岩溶斜坡的汇水区，斜坡带、岩溶高地的地层水在该区汇聚后，其内部大量的泥质、灰质发生沉淀，胶结等作用[5]，促进了区块东缘致密岩性进一步致密化。

③ 后期构造反转

二叠纪以来，研究区受乌拉尔造山作用影响[27]，东侧地层逐渐抬升，早期构造开始反转，形成东高西低的构造格局。三叠纪强烈的挤压作用导致东缘地层进一步回转，石炭系构造格局基本定型。至此，致密带反转至构造上倾方向，与西侧台地相灰岩储层相配置，形成良好的油气的侧向遮挡条件，促使致密岩性带的遮挡作用有效化(图 5)。

4 对成藏的意义

封堵性是岩性油藏必要的成藏条件之一，圈闭顶部、上倾端出现的任何渗透连通，均可能导致油气大规模逸散，降低成藏效率。研究区东缘致密岩性带与油气成藏的关系体现在以下三个方面：

① 形成上倾方向有效遮挡

致密岩性带主要由低能带的泥岩、泥晶灰岩、灰质泥岩组成，整体岩性致密，在 KT-Ⅰ段侧向上形成了油气成藏的有效遮挡层。

② 弱化了不整合面对油气的逸散作用

致密岩性带的发育弱化了东侧 C/P 不整合面对油气的逸散作用，强化了遮挡效果。KT-Ⅰ段顶部 C/P 不整合面是油气运移的主要通道，同时也是油气侧向逸散的主要路径之一。石炭纪末的风化淋滤改造期，工区东缘的致密岩性带内发生强烈的沉淀和胶结作用，加剧了该带岩石致密化程度；同时，KT-Ⅰ顶部残留的古沟壑，在上覆下二叠统(P1as)大套泥岩的覆盖下得以填平，从而在纵、横向上对 C/P 不整合面起到了有效的封闭作用，大幅度弱化了对油气的逸散作用(图 5)。

③ 促使岩性油气藏规模化成藏

致密岩性带的分布与油气聚集具有明显的相关性。如图 6 所示，在研究区西部斜坡区，由于缺少大范围遮挡带，岩性油藏规模小，呈团块状展布。而在中东部的特鲁瓦地区，受东缘区域性致密岩性带遮挡封堵，特鲁瓦油田在该区表现为大规模连片聚集成藏的特点。

因此，KK 区块 KT-Ⅰ段大规模油气成藏的主控因素除了有利的构造与沉积相带之外，上倾方向大范围致密岩性带的有效侧向遮挡也是关键的因素之一。东缘岩性遮挡带为 KT-Ⅰ组灰岩规模化成藏提供了有效的遮挡条件，与其相邻的区域存在相似的地质背景，具有发现亿吨级油田的良好前景。

5 结论

滨里海盆地东缘致密岩性带的发育与沉积期区域性西高东低的古构造背景和沉积后的成岩作用有关，两者共同作用，使得碳酸盐较深水缓坡相细粒沉积进一步致密化，形成良好的物性遮挡带；后期构造反转促进物性遮挡带的作用有效化，使其对斜坡背景上油气成藏起到关键的上倾封堵作用。同时，滨里海盆地东缘致密岩性带的发育弱化了 KT-Ⅰ顶部不整合面(C/P)对油气的逸散影响，利于油气聚集成藏。总之，致密岩性带的发育与 KT-Ⅰ段大规模岩性成藏密切相关性，对油气勘探具有重要的指导意义；同时，较深水缓坡相细粒沉积体的发现对于完善石碳系 KT-Ⅰ组碳酸盐沉积模式、深化地质认识等具有重要的学术价值。

参 考 文 献

[1] 刘洛夫，郭永强，朱毅秀．滨里海盆地盐下层系的碳酸盐岩储集层与油气特征．西安石油大学学报，2007，22(1)：53-63.

[2] 刘洛夫，朱毅秀，胡爱梅，等．滨里海盆地盐下层系的油气地质特征．西南石油学院学报(自然科学版)，2002，24(3)：11-15.

[3] 杨勤林，张静，郝涛，等．滨里海盆地盐下碳酸盐岩储层地震逐级预测方法．天然气地球科学，2014，25(8)：1261-1266.

[4] 代寒松，陈彬滔，郝晋进，等．滨里海盆地东南缘石碳系 MKT 组“反向前积”构型的性质．石油与天然气地质，2018，39(6)：1247-1255.

[5] 苗钱友，朱筱敏，李国斌，等．滨里海盆地 M 区块晚石炭世古地貌恢复与白云岩储层预测．地球科学(中国地质大学学报)，2014，39(7)：871-879.

[6] 金之钧，王俊，张生根，等．滨里海盆地盐下油气成藏主控因素及勘探方向．石油实验地质，2007，29(2)：111-115.

[7] 胡杨，夏斌，王燕坤，等．滨里海盆地东缘构造演

化及油气成藏模式分析．沉积与特提斯地质，2014，34(3)：78-81.
[8] 刘东周，窦立荣，郝银全，等．滨里海盆地东部盐下成藏主控因素及勘探思路．海相油气地质，2004，9(1-2)：53-58.
[9] 侯平，田作基，郑俊章，等．中亚沉积盆地常规油气资源评价．地学前缘，2014，21(3)：56-61.
[10] 朱毅秀，杨程宇，单俊峰，等．阿斯特拉罕穹隆油气地质特征及勘探潜力分析．特种油气藏，2014，21(4)：26-30.
[11] 郑俊章，周海燕，黄先雄，等．哈萨克斯坦地区石油地质基本特征及勘探潜力分析．中国石油勘探，2009，2：80-86.
[12] 胡杨，谭凯旋，谢焱石，等．哈萨克斯坦滨里海盆地东部地区油气成藏条件分析．南华大学学报(自然科学版)，2014，28(3)：46-50.
[13] 王连岱，沈仁福，吕凤军，等．滨里海盆地石油地质特征及勘探方向分析．大庆石油地质与开发，2004，23(2)：17-19.
[14] 钱桂华．哈萨克斯坦滨里海盆地油气地质特征及勘探方向．中国石油勘探，2005，5：60-66.
[15] 张家青．哈萨克斯坦滨里海盆地东南部油气地质特征及勘探方向．海洋地质前沿，2011，27(7)：50-56.
[16] 张淮，饶轶群，张挺军，等．哈萨克斯坦滨里海盆地盐下层系油气成藏组合特征及勘探方向．中国石油勘探，2007，1：81-86.
[17] 邓西里，汪红，鲍志东，等．滨里海盆地油气分布规律及勘探潜力分析．中国石油勘探(海外勘探)，2012，5：36-43.
[18] 何伶，赵伦，李建新，等．碳酸盐岩储集层复杂孔渗关系及影响因素——以滨里海盆地台地相为例．石油勘探与开发，2014，41(2)：206-214.
[19] 石新，程绪彬，汪涓，等．滨里海盆地东缘石炭系 KT-Ⅰ油层组白云岩地球化学特征．古地理学报，2012，14(6)：777-785.
[20] 赵中平，牟小清，陈丽，等．滨里海盆地东缘石炭系碳酸盐岩储层主要成岩作用及控制因素分析．现代地质，2009，23(5)：828-834.
[21] 胡杨．滨里海盆地东部盐构造及其对油气成藏的控制作用．内蒙古石油化工，2014，12：1-3.
[22] 梁爽，王燕坤，金树堂，等．滨里海盆地构造演化对油气的控制作用．石油实验地质，2013，35(2)：174-194.
[23] 梁爽，郑俊章，张玉攀，等．滨里海盆地东南缘晚古生代碳酸盐岩台地特征及控制因素．地质科技情报，2013，32(3)：52-58.
[24] 金博，黄先雄，常广发，等．滨里海盆地南石炭系Д南石炭系碳酸盐岩储层类型及分布特征．吉林大学学报(自然科学版)，2014，44(6)：2042-2050.
[25] 金博，黄先雄，刘美，等．滨里海盆地东缘石炭系Д层碳酸盐岩储层发育的控制和影响因素．西北大学学报(自然科学版)，2014，44(5)：795-800.
[26] 张立东．滨里海盆地盐构造演化与油气圈闭的形成．内蒙古石油化工，2011，20：69-70.
[27] 胡杨，夏斌，王燕琨，等．滨里海盆地东缘构造演化及油气成藏模式分析．沉积与特提斯地质，2014，34(3)：78-81.
[28] 陈洪涛，李建英，范哲清，等．滨里海盆地 B 区块盐丘形成机制和构造演化分析．石油地球物理勘探，2008，43(1)：103-107.
[29] 张宝露，张敏，李维峰，等．滨里海盆地北特鲁瓦油田上石炭统碳酸盐岩沉积相研究与有利储层预测．科学技术与工程，2015，15(12)：34-43.

渤南洼陷沙三下页岩油岩相预测技术研究

阎丽艳　刘升余　巴素玉　张秀娟　张　鹏

(中国石化胜利油田分公司物探研究院)

摘　要　济阳坳陷陆相页岩油潜力巨大，渤南洼陷沙三下亚段油气资源丰富，是重要的勘探接替阵地。页岩油岩相是油气富集高产的关键因素，本区将岩相划分为块状灰质泥岩、块状泥质灰岩、纹层状灰质泥岩、纹层状泥质灰岩、层状泥页岩(夹砂、灰条)5类。通过基于正演模型的井控波形聚类分析方法进行岩相地震预测明确其分布特征；并针对北部脆性夹层探索了基于井统计的夹层厚度地震预测技术，实现了定量计算，对勘探具有一定的指导作用。

关键词　页岩油；岩相预测；正演；波形聚类；夹层厚度

页岩油储量丰富，具有极大的勘探潜力，是继页岩气之后非常规油气勘探开发的新热点[1-4]。目前，中国的页岩油勘探总体上还处于探索阶段[5-7]。胜利东部济阳坳陷渤南洼陷沙三下以湖相泥页岩为主，有利勘探面积500多km^2，资源丰富，潜力巨大，是重要的后备储量阵地。但是页岩油气成藏复杂，井间油气显示情况差别大，多口井获工业油流，如罗42、新义深9、义182等，累产1万多吨，但周围井则显示级别低或不显示，分析其主要原因是泥页岩非均质性强，横纵向岩相、物性、脆性、含油性等变化快，具体体现在泥页岩岩相类型多样，不同类型泥页岩成分、TOC、孔渗性、电性等特征差别较大，不同岩相的泥页岩其生油能力和储集能力差异较大。因此，准确预测岩相的分布对页岩油气的勘探具有重要的作用。

1　地质背景

渤南洼陷是济阳坳陷沾化凹陷西部的一个三级负向构造单元，为一北断南超的箕状洼陷，共发育了沙四上、沙三下、沙三中及沙一段四套泥页岩[8]。在沙三段时期，为喜山运动的深裂陷期，地壳拉张加剧，沉降迅速，沉积厚度大，约1500~2000m，湖盆边缘发育水下扇、扇三角洲等短源扇体沉积，洼陷内广泛发育中深湖暗色泥岩沉积。该时期气候温暖潮湿，且湖盆相对封闭，有利于半咸水和底层水还原环境的形成，半咸水的藻类发育，沉积了高丰度有机质的湖相烃源岩，沙三段是该区主要的烃源岩发育时期[9]。

沙三段共划分为上、中、下三个亚段，进一步细分为0-13共14个层组，沙三下亚段(9-13层组)沉积时期的水体深度适中且处于微咸水环境，泥页岩生烃指标好，其中12下-13上层组和13下层组泥页岩最大厚度分别为300m、240m。油气生成量大，具有良好的油气资源潜力[10]。罗42、新义深9、义182、义186、义187、义283等井在沙三下亚段获得工业油流，勘探形式良好；2019年新完钻义页平1井，为该区夹层型页岩油专探井，压裂试油效果良好，获得了页岩油水平井勘探突破。

2　泥页岩岩相划分及测井、岩石物理特征

2.1　泥页岩岩相划分

渤南洼陷沙三下泥页岩貌似单一，为暗色细粒沉积，实际上比较复杂，存在多种岩相类型，岩性分类复杂多样，方解石(白云石)、黏土矿物以及粉砂质陆源碎屑是主要矿物成分，其中方解石含量普遍较高[11]。受沉积条件的控制，本区泥页岩发育纹层状、层状及块状构造特征，综合考虑其成分及结构构造特征，将泥页岩划分为五种岩相：块状泥质灰岩、块状灰质泥岩、纹层状泥质灰岩、纹层状灰质泥岩、层状泥页岩相(夹砂条、灰条)。其中，纹层状泥质灰岩、纹层状灰质泥岩及层状泥页岩为优势岩相。

2.2　泥页岩岩相测井特征

泥页岩在常规测井曲线上普遍具有“三高一低一负”特征，即：中高电阻、高声波时差、高中子、低密度、自然电位负异常。不同岩相略有差异[12]。在泥页岩甜点段，由于岩石中蕴含的油气和裂缝的影响，造成双侧向(LLD、LLS)电阻率曲线均表现为高值，为高电阻特征。通过重点井岩电特征分析，明确了不同岩相的测井响应

特征，并建立了不同岩相的测井相模式(图1)。

根据岩相测井特征划分不同层组测井相，通过单井、连井分析，明确平面展布特征(以13x层组为例)，受物源供应影响，南部为块状泥质灰岩、鼻状构造带为纹层状泥质灰岩、纹层状灰质泥岩、北部为层状泥页岩、靠近断裂为砂砾岩体沉积(图2)。

2.3 泥页岩岩石物理特征

通过对不同岩相速度进行统计层状泥页岩声波时差小，速度最大，甜点裂缝段速度一般在2800~3500m/s之间，小于围岩速度。试油层段具有低纵横波速度比、低阻抗特征。通过统计分析纵横波时差、泊松比、杨氏模量参数，建立各类岩相岩石物理参数特征如图3。

3 岩相预测研究

由于泥页岩各类岩相的地球物理特征差异较小，地震属性难以与岩相建立较为匹配的关系，根据地震属性差异直接预测岩相的空间变化会存在较强的多解性。为此，根据泥页岩储层地震地质特征，建立了基于正演模型的井控波形聚类分析预测岩相技术并探索了基于井统计的夹层厚度地震预测技术。

岩相	电性特征（低→高：SP GR RT AC DEN）	测井响应值				测井响应特征
		GR	AC	DEN	RT	
块状灰质泥岩		40-106	68-100	2.3-2.65	4-55	三低-高-平直 (RT、AC、DEN低，GR高，SP平直)
块状泥质灰岩		38-83	61-89	2.56-2.65	41-70	-低-高两中-平直 (AC低，DEN高，GR、RT中等，SP平直)
纹层状灰质泥岩		40-90	71-103	2.4-2.57	40-105	两高两中-异常 (DEN、GR高，RT、AC中等，SP小幅度异常)
纹层状泥质灰岩		43-73	67-113	2.3-2.6	80-150	两高两低-异常 (GR、DEN低，Ac、RT高，SP明显异常)
层状泥页岩(夹砂条)		35-100	59-110	2.3-2.6	15-90	砂岩条带GR、AC低，DEN、RT高，SP明显异常
层状泥页岩(夹砂条)		30-98	42-146	2.3-2.7	3-112	白云岩(灰岩)条带GR、AC低，DEN、RT高，SP明显异常

图1 泥页岩岩相测井响应量板

图2 泥页岩岩相平面分布特征

岩相	岩石物理参数					典型井段
	纵波时差（us/ft）	横波时差（us/ft）	纵横波速度比	泊松比	杨氏模量	AC DEN SP GR RT CNL
块 状 灰质泥岩	72~111 平均 91	130~200 平均 162	1.59~1.95 平均 1.78	0.173~0.322 平均 0.27	13.9~36.5 平均 22.6	
块 状 泥质灰岩	67~83 平均 75	119~150, 平均 134	1.7~1.94 平均 1.8	0.237~0.317 平均 0.278	27~42 平均 34.3	
纹层状 灰质泥岩	80~101 平均 89	138~181, 平均 155	1.68~1.9 平均 1.75	0.223~0.311 平均 0.256	17.3~30.8 平均 24.2	
纹层状 泥质灰岩	70~106 平均 88	127~188, 平均 161	1.66~2.11 平均 1.84	0.211~0.356 平均 0.285	16.3~37.8 平均 23.5	
层 状 泥页岩	减小	减小	变化不明显	变化不明显	增大	

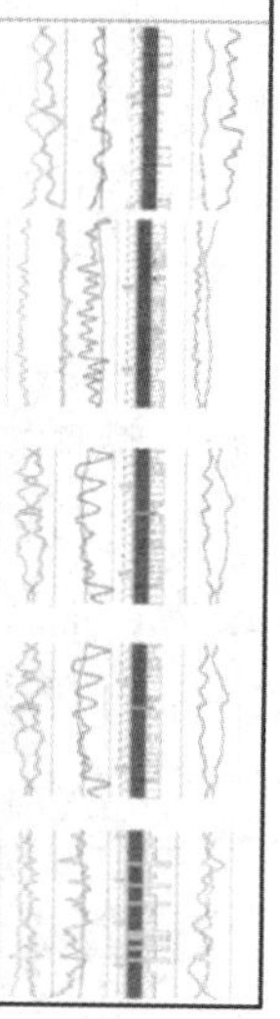

图 3　泥页岩岩相岩石物理参数特征量板

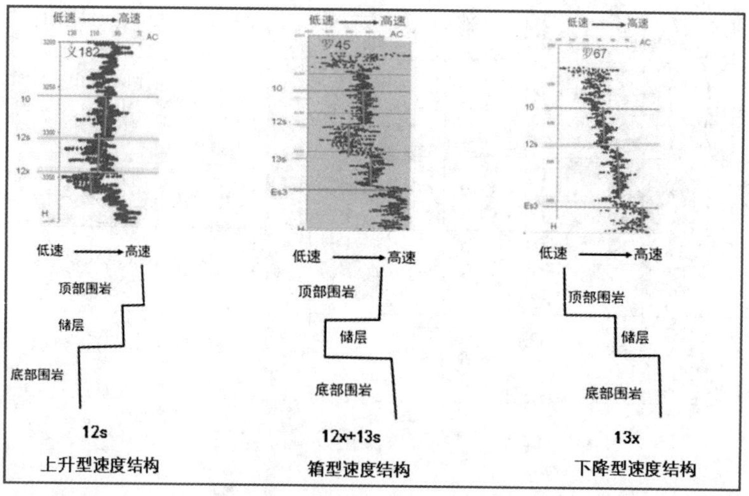

图 4　沙三下泥页岩储层与围岩速度的三种典型界面组合特征

3.1　基于正演模型的井控波形聚类分析岩相预测

(1)划分速度结构，正演分析地震反射特征

根据渤南地区沙三下泥页岩储层与围岩速度统计，建立三种速度结构：上升型、箱型、下降型(图 4)，箱型模式：其储层段多发育纹层状灰质泥岩、纹层状泥质灰岩，速度明显小于顶底围岩速度，在地震上对应的目的层段为 12 下－13 上砂组；上升型模式：顶部围岩为块状灰钙质泥岩，由于灰钙质成分较高，其等效速度较高；而底部围岩为裂缝较为发育的低速体，整体上表现为储层段的速度低于顶部围岩高于底部围岩，主要发育在 12 上砂组；下降型模式：主要表现储层段的速度为高于顶部围岩低于底部围岩，呈下降型，在地震上对应的目的层段为 13x 砂组。从正演模型上看(图 5)，纹层状灰质泥岩、纹层状泥质灰岩表现为低频中强波谷反射；层状泥页岩表现为高频中强反射；块状泥页岩为低频中弱波谷反射，为下一步岩相预测奠定基础。

(2)井控波形聚类分析划分岩相

在地震波波形中，常见的波形有对称波形、微分波形和积分波形(低频波形)三种类型。所谓波形分析，就是以这三种基本波形为基础，分析不同情况下储层顶、底面的反射波或复合波的组合形态特征[13]。聚类分析是根据事物自身的特性对被聚类对象进行类别划分的统计分析方法，它的目的是根据某种相似度度量对数据集进行划分。聚类分析方法原理是：设有 N 个样本，每个样本各成一类，计算类间距离，将距离最近

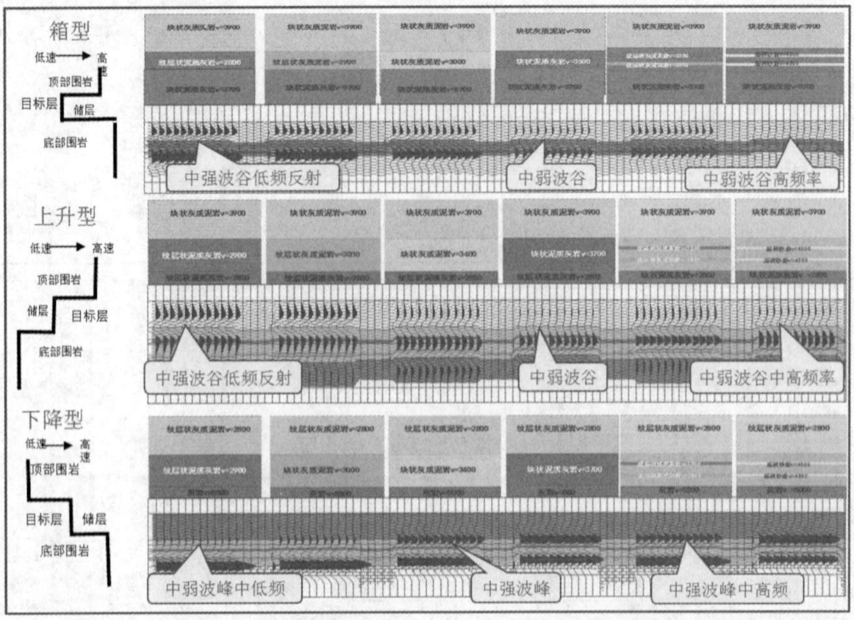

图 5　地震反射识别模式：箱型、上升型、下降型

的类合并为一个新类，这称为进行了一次聚合，这是样本集中存在 N-1 个类，对这 N-1 个类重新计算类间距离，再进行了一次聚合，如此继续下去，直到所有的样本归为一类，这时得到 N-1 个并类距离和聚类谱系图[14]。

井控波形聚类分析主要是利用地震波形的差异进行分类，通过井曲线标定每个颜色代表的地震相，聚类分析测井相转换为沉积微相。波形聚类主要建立在层序的基础上，实现时窗长度不等的聚类分析，可以看成是一种多道结构属性，反映的是沉积旋回横向结构变化。

根据单井岩相划分及正演地震反射特征，波形聚类共划分六种波形，依次代表层状、块状、纹层状泥页岩岩相(图 6)，通过对数据体进行分析、读取、聚类分析，预测岩相分布(13x 层组)(图 7)：南部缓坡带滨浅湖发育块状泥质灰岩，斜坡带发育块状灰质泥岩，向中部鼻状构造带主要为纹层状泥页岩发育区，有机质纹层明显，该区新义深 9、罗 19 获工业油流，向北部洼陷带主要发育层状泥页岩，由于北部埕东凸起、东部孤岛凸起陆源碎屑物源供应，发育夹砂条泥页岩，物源供应不足处发育夹灰，脆性高、裂缝发育[18]，义 182 井获高产工业油流，专探井义页平 1 井位于层状泥页岩发育区。

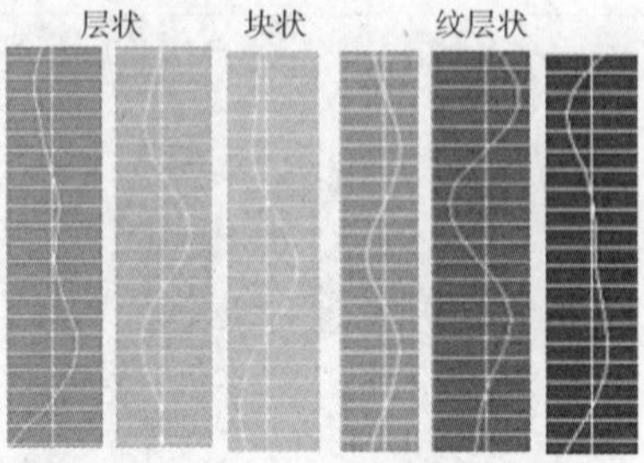

图 6　泥页岩岩相波形划分

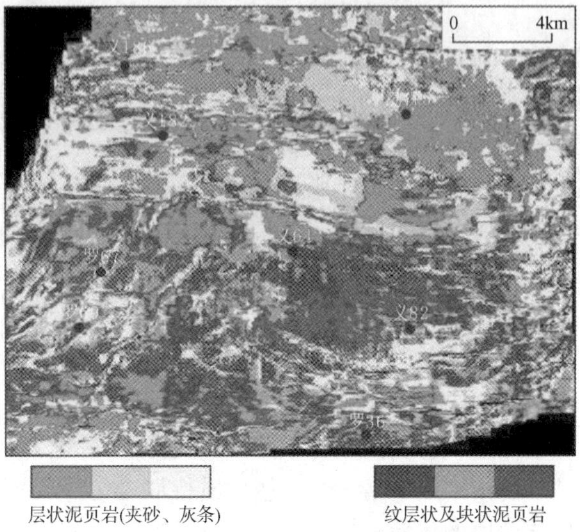

图 7　基于井控波形聚类分析的泥页岩岩相预测

3.2　基于井统计的夹层厚度地震预测技术

3.2.1　脆性夹层特征分析

受物源供应的影响，渤南洼陷北部 13x 主要为层状泥页岩，夹层主要为灰质、砂质、砂灰互层，纵横向变化快，夹层单层厚度薄 1-2m，累加厚度薄小于 18m(图 8)，平面上北部及东部发育砂质夹层，南部为灰质夹层，两者存在交汇区(图 9)。地震纵向分辨率较低，地震反映的是综

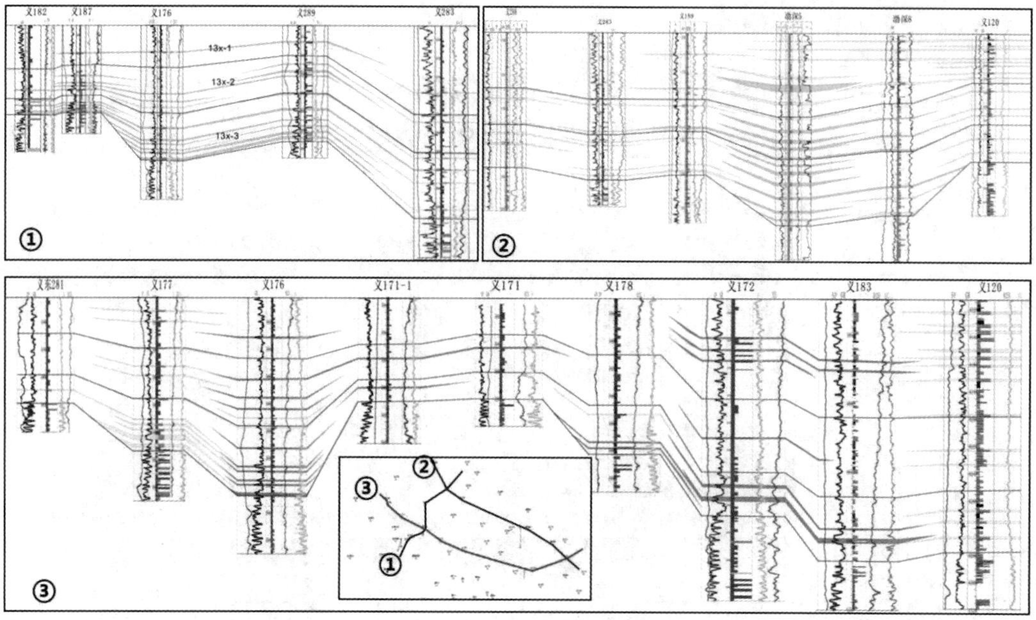

图 8 渤南地区 13x 层组脆性夹层地层对比图

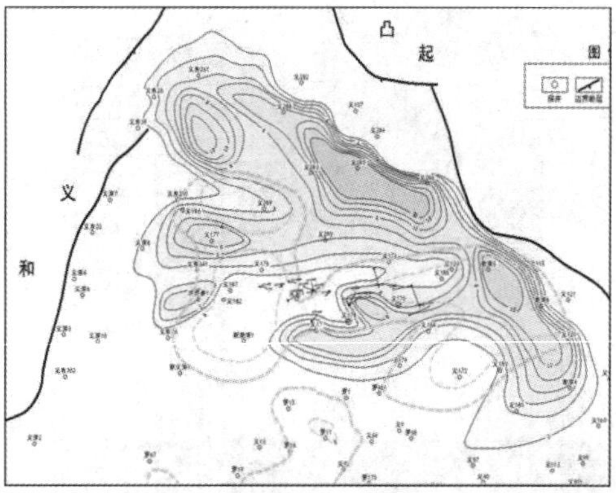

图 9 渤南地区 13x 层组夹层厚度实钻井统计厚度图

合的响应，因此预测难。

通过正演模拟，明确灰质夹层为中强反射、砂质夹层为中弱反射。本次主要是利用实钻井统计夹层累计厚度，在精细构造描述及层位解释基础上进行属性提取，对厚度与属性进行相关性分析，通过相关性分析选择不同算法[15]从而进行厚度预测。该方法的优势是利用地震属性将井点数据外推，对目的层储层厚度等进行定量计算，计算的结果能更精确地表达地质特征变化，从而确定储层的属性分布。

算法选择原则：

① Guided Mapping：当井数据信息和地震属性相关性很好的时候(>80)，主要使用数据相关性分析中得到的函数计算。

② CiKring(协克里金)：当井数据信息和地震属性相关性一般的时候(50-80)，使用函数和第二变量(井统计数据)协同计算。

③ Geostatistical Mapping(统计方法)：当井数据信息和地震属性相关性较差的时候(<50)，只使用井统计数据计算，而函数不参与运算。

从实钻井统计夹层厚度看(图 9)，由于北部、东部物源的供应，扇体前端砂质夹层发育，向西延伸，厚度中心在义 285、渤深 5，北部义 292 存在厚度中心，西部义 177 井存在厚度较小的厚度中心，说明在西部也可能有物源的供应。灰质夹层主要发育在鼻状构造带向前及向东，在东部义 172、渤深 5 等部位发育砂灰混层的区域，说明扇体的发育具有其次性，物源供应减少时灰质夹层在静水环境下发育。本次选择第一种算法计算，从预测图上看整体规律吻合(图 10)，夹层厚度整体南薄北，厚度中心吻合度较高；单井点厚度存在误差精度有待提高。

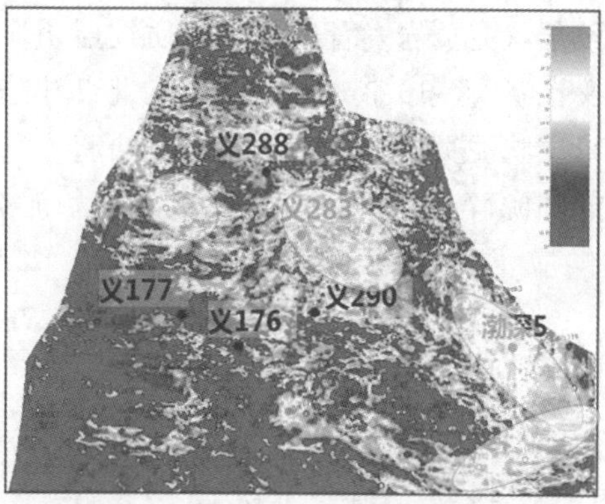

图 10 渤南地区 13x 夹层厚度地震预测平面图

4 结论

（1）渤南洼陷沙三下泥页岩，根据成分及沉积构造特征划分为五种岩相，测井上具有“三高一低”的特征。

（2）基于井控波形聚类分析，根据正演模拟确定不同岩相反射特征，利用波形差异进行聚类分析，预测岩相分布，能够较好的反映岩相的展布特征。

（3）基于井统计的夹层厚度地震预测技术，利用地震属性将井点数据外推，实现了对目的层储层厚度等进行定量计算，较好的反映了夹层的分布特征，对勘探具有一定的指导意义。

参 考 文 献

[1] 孙赞东，贾承造，李相方，等．非常规油气勘探与开发(上册)[M]．北京：石油工业出版社，2011：1-150.

[2] 邹才能，陶士振，侯连华，等．非常规油气地质[M]．北京：地质出版社，2011：1-310.

[3] 梁狄刚，冉隆辉，戴弹申，等．四川盆地中北部侏罗系大面积非常规石油勘探潜力的再认识[J]．石油学报，2011，32(1)：8-17.

[4] 贾承造，郑民，张永峰．中国非常规油气资源与勘探开发前景[J]．石油勘探与开发，2012，39(2)：129-136.

[5] 孙焕泉．济阳坳陷页岩油勘探实践与认识[J]．中国石油勘探，2017，22(4)：1-14.

[6] 关德师，牛嘉玉，郭丽娜．中国非常规油气地质[M]．北京：石油工业出版社，1995.

[7] 邹才能，董大忠，王社教，等．中国页岩气形成机理、地质特征及资源潜力[J]．石油勘探与开发，2010，37(6)：641-653.

[8] 林会喜，彭苏萍，杜文风，等．渤南洼陷沙四上亚段碳酸盐岩成藏条件与勘探潜力[J]．石油与天然气地质，2013，34(2)：161-166.

[9] 邱东升，张磊，肖丰利．渤南洼陷沙三段浊积岩沉积储层特征研究[J]．内江科技，2013，2：56-57.

[10] 王永诗，巩建强，房建军，等．渤南洼陷页岩油气富集高产条件及勘探方向[J]．油气地质与采收率，2012，19(6)：6-7.

[11] 刘惠民，张守鹏，王朴，等．沾化凹陷罗家地区沙三段下亚段页岩岩石学特征[J]．油气地质与采收率，2012，19(6)：11-15.

[12] 宋梅远，张善文，王永诗，等．沾化凹陷沙三段下亚段泥岩裂缝储层岩性分类及测井识别[J]．油气地质与采收率，2011，18(6)：21-22.

[13] 王笑雪，骆帅兵，胡琏，等．地震波波形分析方法在南海北部陆坡白云深水区含气砂岩层识别中的应用[J]．工程地球物理学报，2015，12(5)：576-582.

[14] 史海英．地震属性聚类分析技术在苏北某油田的应用[J]．石油物探，2004，43：86-88.

[15] 赵卫军，李平，丁伟，等．井震优选法储层预测新技术在拐8井区的应用[J]．四川地质学报，2014，34(4)：520-522.

企业级应用开发技术支撑平台的研究与应用

李鹏飞　张　蕾

（中国石油冀东油田公司）

摘　要　随着时代的发展，信息技术已然成为促进经济进步和国民生活水平提升的重要生产力来源。对于石油行业而言，结合信息技术来提高整体的业务实力、协助主营业务做好转型工作、同时解决传统工作中存在的弊端，不仅符合时代最新的需求，也符合业务升级的需要，因此值得相关从业者认真探索和实践。笔者所在的冀东油田积极响应石油总部的号召，提出了智慧油田建设的发展方针；实践中则在总部的指导下试图打造自主的信息技术平台，以企业级应用开发技术支撑平台为突破口，提升自身技术、提高整体实力、助力信息化建设。本文以冀东油田公司企业级应用开发技术支撑平台的建设为例，介绍了其建设背景、建设目标，在设计框架、具体实践等方面做了充分研究，对相关技术细节内容进行了介绍，进而为实际业务的开展，打下了坚实的理论基础，对其他兄弟油田的相关的建设工作，也有一定的帮助价值。

关键词　信息系统；开发技术支撑平台；微服务；PaaS；大数据

1　石油信息化工作的进展

1.1　石油信息化工作理念的提出

随着信息技术的迅速发展和网络技术的广泛使用，这两项技术在企业中的应用越来越频繁，整体上对于生产、经营和管理的各个环节助力也越来越明显，起到了举足轻重的作用。信息化和经济全球化发展作为人类未来发展的重要方向，是相互融合、相互交织的；信息化的进步会推动经济的发展，经济的发展又会带动信息化的进步，这就会对未来世界产生深远的影响，将会推动世界产业分工深化发展，整体的经济结构也会随着做出调整。

作为国家的命脉产业，以中石油为首的能源部门高度重视这方面的发展，紧跟国际石油行业发展的脉络，在深入的理论探讨和广泛的实践研究后，提出了将信息化作为提升企业生产经营管理水平、提高国际竞争能力的重要手段和战略举措。一经提出就得到了广泛认可，也在二级单位内部获得了积极的反馈。

1.2　中石油信息化工作进展介绍

我国政府高度重视信息化工作，特别是十八大提出，要推动信息化和工业化的深度融合，促进工业化、信息化、城镇化、农业现代化的同步发展，也将信息化水平和工业化水平大幅提升，设立为了重要目标，纳入到了全民实现小康社会和深化改革的目标体系中去，信息化建设工作已经被提到了新的高度，可以看作是未来重要的战略。

中石油高度重视政府提出的政策方针，认真贯彻了国家“两化融合”的战略部署，将信息化工作提升到了企业内部工作中的核心地位，以此为未来发展的根本动力，结合“十字”方针、“六统一”原则等，设立了以信息化工作为主导的工作机制，全面推进了信息系统建设工作和应用建设推广。在过去的工作积累中，整体来看中石油已经具备了不错的信息技术能力，主要体现在以下几个方面。

首先是建成应用了集中统一的经营管理平台。2011 年建成的 ERP 管理系统在 8 个业务领域、132 家成员单位上线运行。系统采取了集中地技术架构，在每个领域中都结合统一的业务流程、数据编码、软件平台等方式来管理，整体都集中在一套服务器上，解决了公司传统经营管理工作中的诸多弊病，提升了业务效率，降低了运营成本，助力于总部、油气田公司投资计划管控的协调统筹。

其次是建成应用了集中统一的生产运行管理平台。勘探与生产、炼油与化工及销售作为中石油的主营业务，一直以来对于企业发展有着至关重要的保障作用。在信息化建设中，中石油高度重视这几个方面的结合，通过数字油田建设技术实现了勘探生产的数据自动采集、运输、生产实时监控等功能，满足了业务需求，解放了生产力；在炼油化工领域则结合系统建设实现了排产计划、运行管理、生产执行等工作的在线处理；在销售领域则实现了油品销售等的信息化流程，极大提升了业务的效率，提高了市场竞争力。

再次是建设应用了集中统一的办公管理平台，将电子公文、合同管理、健康安全环保、信息门户、电子邮件等主要的业务功能都转移到了线上开展，满足了员工日常业务的需求，促进了办公管理的合规化、流程化，提升了整体的业务管理的能力。

除此之外在网络基础设施、信息化宣传推广等工作上，中石油也在积极响应国家要求大力推进相关业务，整体上都取得了不错的效果。通过信息化建设工作，中石油已经将经营管理、生产运行管理、办公管理等重要的业务按照统一的标准搬到了线上运行，持续推进的业务信息化管理制度，也为整体的管理工作带来了很多帮助，这都使得业务效率急速提升，资源配置更加精确，决策研究更加真实可靠。

1.3 冀东油田信息化建设情况介绍

冀东油田作为中石油的下属二级单位，紧跟总部步伐，结合实际情况提出了自己的信息化建设方案。建成智慧油田是冀东油田努力的方向，其中明确提出，到2030年建成拥有全新“0-9”任务目标的高质量、可持续、科学发展的绿色油田，需要加大以信息技术为载体的科技创新力度。在实践中，冀东油田以集团公司“十三五”信息化规划和“冀东智慧油田”战略为指引，深入分析油田信息化建设现状和需求，结合行业最佳实践，统筹规划，形成未来智慧油田顶层设计方案，通过智慧油田建设撬动公司生产经营模式转变。

在应用系统方面，截至目前，冀东油田以总部系统推广与公司自建系统相结合，相继建设完成84个应用系统，支撑了油田各类业务。其中统建系统38个，自建系统46个，有力支撑了油田勘探开发、生产经营等各类业务。以勘探生产领域为例，在集团统建的勘探与生产技术数据管理系统(A1)、勘探生产管理系统、油气勘探生产信息系统基础上，冀东油田又自建了岩心图文、钻井数据发布系统、A1专业数据采集系统-录井专业、勘探开发信息系统、测井综合数据库系统、钻井生产信息管理与发布系统，很好的助力了业务的发展。

在专业软件应用方面，目前冀东油田已购置勘探开发专业软件30多套，仅地球物理资料处理、解释软件采用服务器部署方式，其他多为单机版。目前在勘探开发研究领域使用的专业软件共有56套，其中勘探研究18套，开发研究38套，覆盖综合地质研究、地震处理、地震解释、油藏描述、地质建模等20类研究。

在数据资源建设方面，“十一五”以来，冀东油田加强了数据资源建设，形成了以总部统推的勘探与生产技术数据管理系统(A1)、油气水井生产数据管理系统(A2)为核心，以油田自建的钻井、录井、测井、动态监测等专业数据库为辅的勘探开发数据管理体系。

在基础设施建设方面，冀东油田着力建设部署数据中心、生产云等，为信息业务的推进以及与专业的融合打下了坚实的基础。

在信息安全方面则结合自身情况，构建起了信息安全组织体系、信息安全技术体系、信息安全管理体系、信息安全策略体系等；在实际业务中也高度重视信息安全工作，完成了总部统建的桌面安全系统推广工作；同时自建了漏洞扫描系统，全面提升了油田网络安全防护能力。

冀东油田在信息化建设方面取得的成就是显著的，但也存在着一些问题，主要集中于以下五个方面：数据资源建设水平低，数据不齐全、质量不高、数据不互通，难以满足勘探开发研究、生产管理数据应用需求；各类信息系统分散建设，技术不统一、标准不一致、架构落后、相互独立、集成难度大；各业务信息化建设缺少统一规划设计，应用系统覆盖不足，影响业务管理工作效率；IT基础设施资源性能不足，设备陈旧，不能满足信息化发展需求；信息标准、制度规范不健全，信息化建设不成体系。

为解决这些存在的问题，在未来发展中，冀东油田希望通过不断进步的信息技术与业务深度融合，实现冀东油田业务的创新发展与转型，支持勘探开发生产全过程安全高效运行与智能化应用，实现系统决策与专家智慧高度融合，实现各类业务要素指标智能追溯和自动优化配置，构建不断迭代的“聪明”经营的智慧油田管理模式，支撑企业更加敏捷、更加高效、更加科学地运行与发展，实现企业整体经济效益最大化。

在此其中，企业级应用开发技术支撑平台的建设尤为关键，该平台的建设将极大降低整体的工作难度，提升实际业务效率，而在实践中将协助业务信息获取，实现实时感知和互联互通；协助安全生产运行，满足健康运行、智能生产；协助勘探开发研究，支撑全面协同、动态模型；协助企业经营管理，达到指标控制、只能处理；协助生产指挥决策，实现统筹优化、智慧决策。因此，建设企业级应用开发技术支撑平台势在必行。

2 企业级应用开发技术支撑平台建设研究

2.1 建设目标

企业级应用开发技术支撑平台建设，是在智慧油田建设的大背景下提出的，主要是为了解决信息化工作中遇到的各类问题和制约，努力提升业务效率，保障业务质量。在建设目标方面，主要是为了建设全油田统一的企业级技术支撑平台，构建形成各类业务服务和公共服务，实现企业技术资源的统一管理和共享应用，构建企业统一流程管理，以业务技术一体化方式实现业务流程管理与优化。在服务建设层面，需要搭建业务流程管理服务、专业软件集成服务、安全管理服务、公共技术服务等公共服务功能，制订统一软件开发标准及接口规范；在与计算层面，则是充分利用集团公司业务云、科学计算云建设成果，实现油田软硬件资源云化部署、专业研究软件和决策支持系统等统一部署，实现异地备份；在大数据和人工智能方面，则是基于集团公司数据仓库、认知计算平台，搭建大数据分析/人工智能基础环境，挖掘业务数据之间的内在关联关系，使数据资产潜在价值最大化，建设针对油藏类比分析、低阻油层识别、油气生产设备预测性维护、智能调度指挥的大数据业务业务应用。

2.2 总体架构

统一技术架构需要实现各类数据服务、流程管理、专业应用软件服务、公共服务、大数据分析与认知计算等新技术应用功能，对勘探开发生产相关的通用专业服务进行管理，实现界面管理并集成各类可视化组件和应用系统。统一技术平台架构可参见如图1。

2.3 关键技术及实现

2.3.1 云平台层

1）总体架构

云平台由基础设施资源层、技术资源层、服务管理层、应用管理层及公共服务能力中心五部分构成，其整体架构如图所示。应用管理(APP)层作为顶层，由APP应用商店和APP开发者门户两项构成，能支持APP定义与注册、用户接入和访问，以及应用监控，具备较强的灵活性和敏捷性，能实现持续开发持续交付。服务管理(API)层内置多种行业服务库，并能沉淀优秀的服务资产，形成增值业务服务层，利用这种微服务+轻应用的方式对外提供服务。底层资源服务层则是利用稳定的容器组件，为上层的应用与服务交付提供支撑平台，并支持容器集群的调度与分发。平台预置了丰富的公共服务能力，可以大大降低企业对后台引擎级服务的投入，做到企业定制化应用的快速开发，形成持续交付、持续集成、协同开发的应用快速交付能力。

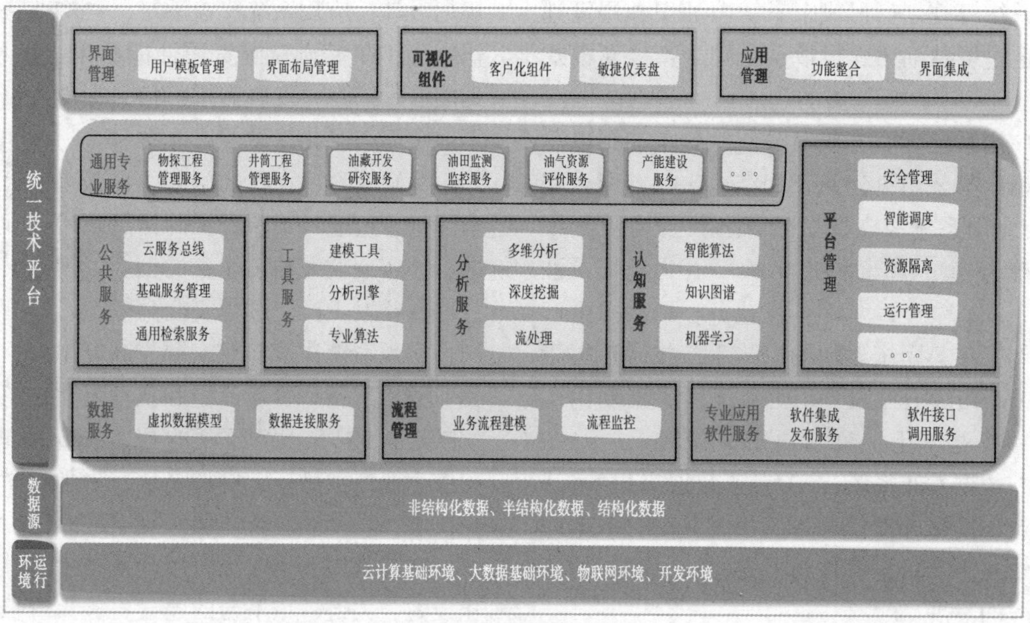

图1 总体设计架构图

与云计算经典三层架构，即 IaaS，PaaS 和 SaaS 对比，云平台技术架构将敏捷交付、开发运维一体化(DevOps)、持续开发持续集成(CICD)、微服务架构、组织变革、生态系统等新一代互联网架构与交付模式融为一体，是具备原生云特性的全栈云功能。

相比于传统做法，该方式的优势主要集中于以下几个层面。首先是弹性伸缩。在资源管理层面，平台可以实现便捷灵活分配基础资源，支持多种虚拟化技术，整合主流基础环境到统一平台，提供 IaaSOS 与 PaaSOS 的虚拟化与容器化双层资源分配能力，友好的资源分配操作与可视化监管，支持动态调配资源，不间断系统运行。其次是高可用机制。云平台支持从应用层、到服务层、再到数据层的多层高可用机制。生产环境集群架构，多节点资源冗余设计，心跳检测，故障自动恢复，资源弹性伸缩，优化调度算法，负载均衡，支持灰度发布，确保平台 7×24 不间断运行。再次是隔离性容错机制。云平台采用 Docker 容器，将系统资源部署到不同容器，将一组进程放置到一个容器中，各个容器彼此隔离。因此，当一个进程出现问题时，其他进程不受影响，实现了隔离性的容错机制。

2）PaaS 平台架构

根据系统建设需要，考虑互联网云计算计算的发展成熟，应采取完整的云计算平台作为本次项目的技术平台，即 PaaS 层、API 管理层、APP 管理层等层构建云计算核心能力，并能够加以统一综合管理。PaaS 平台包括容器服务平台、微服务管理平台和开发运维平台，可以满足项目方管理平台关于应用部署开发与中间件云管理平台建设的要求。它可以提供容器化结构为基础，为顶层 API 开发与 APP 开发提供开发、测试、部署、运维的自动化工具，同时提供高可用、集群化的数据库及各类中间件资源，为项目方管理平台提供应用部署开发与中间件管理能力。

其底层技术主要有容器管理和 DevOps 等技术。其中资源管理有计算、网络、对象存储、块存储、身份、镜像服务、门户、测量、部署编排和数据库服务等等组件，各组件可以根据需要选择安装，组网结构也很灵活、多样。Docker 基于轻量级的 LXC 机制实现了用户运行环境的控制和管理，让运营环境更简单。DevOps 打破了部门壁垒，提高了团队成员的工作效率，达到了横向协同。服务和应用管理层采用 Ad Hoc、仪表盘、SSL 和服务治理等技术，在确保安全的基础上，打造开放、敏捷、灵活的用户接入层，实现资源共享。

2.3.2　大数据基础平台层

1）大数据平台架构

结合实际的油田业务研究来看，利用大数据平台技术可以很好地处理各类的问题。该技术投入使用下建设的平台可以针对海量数据进行分布式存储、计算和分析挖掘的稳定可靠、高性能的平台，可以支撑多种计算类型的应用的混合负载，例如批处理应用、实时处理、OLAP 多维交互式分析、毫秒级高频读写、中文全文检索、机器学习等多种计算，能够有效支撑上层应用和解决方案的二次开发。

大数据平台支持从 WEB、传统关系型数据库、FTP 等来源接入数据到大数据平台，并提供离线、实时分布式计算等能力，使到大数据应用开发者可以基于大数据平台之上开发大数据应用。同时，平台提供了丰富的运维管理和安全保

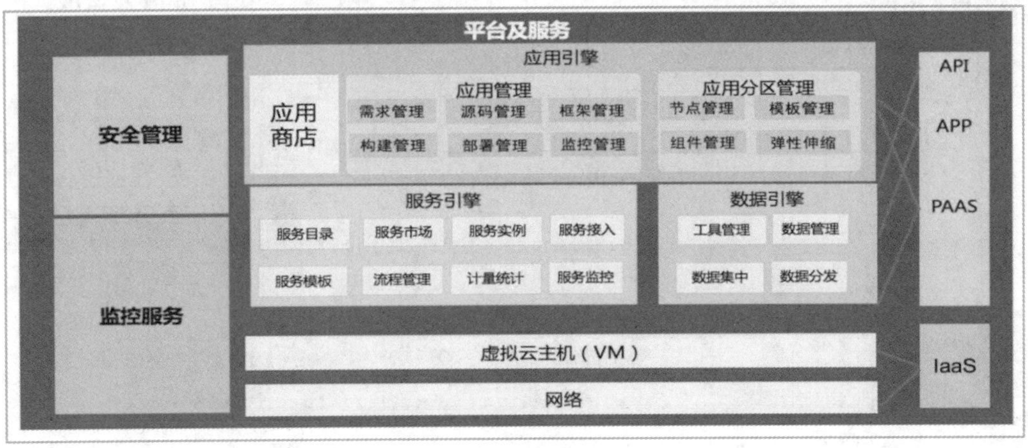

图 2　平台层服务设计

护等措施，充分保障了大数据平台的稳定可靠和安全性。

整体来看该技术的具体实践优势，主要体现在以下两个方面。首先是多维实时数据分析，也就是构建在大数据技术之上的、面向业务分析建模的 Hybrid OLAP 多维分析引擎，基于此引擎，开发者可以快速构建一个高性能、具备多维度交叉剖析的大数据分析系统，让分析师和决策者更高效、更灵活的对大数据进行洞察。其次是实时计算分析。该特点可以满足油田对于处理来自各种移动端和物联网设备的海量数据的需求。

2）人工智能平台架构

随着互联网大数据的兴起，信息的爆炸式增长，深度学习等机器学习算法在互联网领域的广泛应用，人工智能再次进入快速发展的时期。基于大数据与人工智能技术的发展，结合冀东油田的项目需求，人工智能平台架构设计可以很好地协助业务解决问题，促进整体效率提升。

基础资源层面，可利用数据丰富多样。行业词典、语料库能够为信息内容处理提供基础甚至最关键的支持。行业信息化不断推进，丰富网页内容、不同的系统日志在数据分析中具有极高的分析价值。知识库作为一种精加工的信息源，在大数据分析中能发挥出意想不到的作用。

基本方法层面，技术积累深厚而又不乏前沿性。规则方法逻辑简单、直接有效，能够很好地适应业务规律。机器学习能够有效利用有标注或无标注的数据，自动归纳数据的特征和类别。深度学习是比较前沿的技术方法，它能够利用大量的数据和复杂的网络结构自动提取特征，达到超出人类理解的效果。

基础功能层面包含分词、词性标注、新词发现、句法分析、组块分析、专名识别、文本分类、文本聚类、关键词提取、关键短语提取、指纹提取、相似度计算、词向量、语义计算、特征工程等。

2.3.3　技术服务层

一个完善的技术平台建设，不仅能够提供业务服务、支撑企业的业务发展，同时可以提供技术服务，以供各个项目组开发使用。所以冀东油田在技术服务层设计原则为建立适用各类应用的技术服务，支撑各类业务服务以及业务系统的快速开发，简化底层硬件管理，提供技术服务平台，简化运维，降低成本；建立适应于开发的完整技术服务目录体系，并根据服务分类能够进行不断补充和丰富技术服务，逐渐积累形成公司技术服务库；服务目录分类完整、清晰并易于扩展，并明确与业务服务的边界。

1）数据服务

数据层处理及分析的数据对象包括结构化数据、半结构化数据和非结构化数据，以及数据库和文件系统的访问。包括结构化数据涉及系统运行数据、策略数据、事件元组数据、监测器信息数据等数据内容；半结构化数据包含网页内容（HTML）、Web 接口服务数据（XML 和 JSON）等信息；非结构化数据包含事件文件归档、监测器运行日志等信息；通过数据库连接池、对象关系映射等实现数据库访问；通过线程池、文件流等

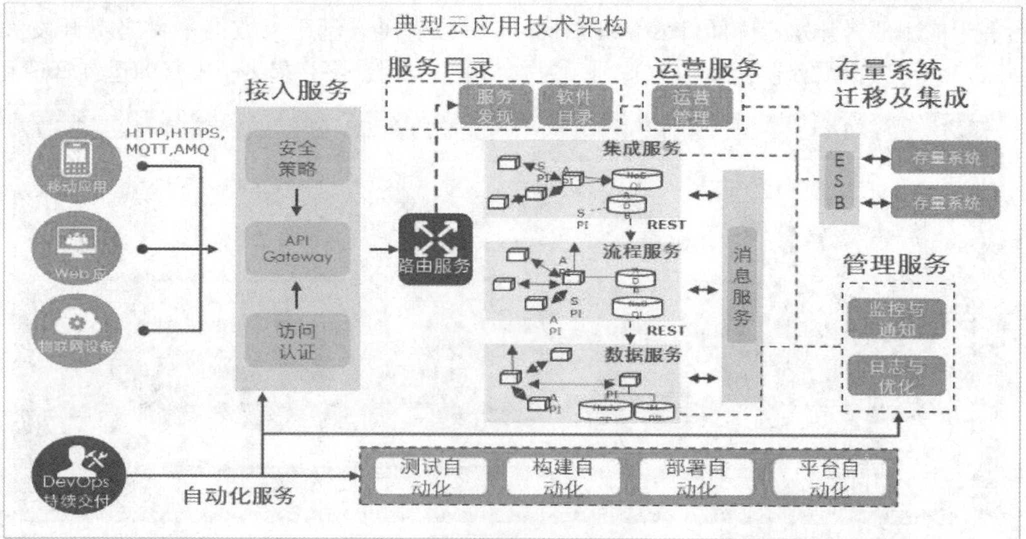

图 3　云应用技术架构图

实现文件系统访问。

2）集成服务

数据集成服务在统一技术平台中主要包括系统接口、数据源接口、数据声明周期管理，通过这些功能，实现对内外部不同数据结构和不同格式数据的集成

统一技术平台集成服务通过构件的 API、实现应用和数据的互操作，将源系统的数据封装成 API，并形成新的运行管理逻辑，打破信息孤岛，实现系统内部应用集成和数据的开放共享。平台即服务 PaaS 管理组件为云管理系统提供资源的管理引擎，包含云平台的业务服务、应用、数据及其他所有组件的基础支持能力，当云管理系统需要能力时，直接获取，不用的组件提供对外的方式也不相同，有内部 API 接口开放，tcp 通信、http 等协议，如果涉及到安全还需要密钥和认证机制。

3）安全服务

在统一技术平台的建设与运营过程中，需要重点关注管理、数据、用户 & 身份、基础设施、平台和软件、集成几个方面，以确保云安全。此外，云安全策略受组织整体及 IT 安全策略和指导原则的影响，因此，制定一个明确的 IT 安全策略是云安全方案中十分必要的工作。

4）认知服务

认知计算服务可以提供包括知识图谱在那的信息辅助和支撑能力，让系统利用广泛而深入的信息帮助用户在纷繁的数据中发现不同信息之间的内在联系。具备快速的决策能力，能够帮助客户定量地分析影响决策的方方面面的因素，从而保障决策的精准性。可以用来解决大数据的相关问题，比如通过对大量交通数据的分析，找出解决实际问题的办法。

5）分析服务

大数据分析，是对海量数据进行分析，具有明显的特征，比如数据量大、速度快、类型多、价值。大数据分析的目的是从海量数据中挖掘出数据的规律，从而提取出对数据进行深层次的解读，这也是大数据分析区别于传统分析的地方。

无论是大数据分析、传统分析，首要的任务就是获取数据。在已有数据的基础上，对数据进行清洗、转换、特征提取、模型训练。可以采用机器学习相关方法构建大数据分析工作流。大数据分析工作流可以帮助用户更加专注于项目中的大数据需求和机器学习任务。工作流包括若干个计算阶段组成，每个阶段可以是一个转换模块，或者是估计模块。这些阶段会按顺序执行，输入数据在工作流中在每个阶段会被处理和转换。

2.3.4 平台管理层

在云平台管理环节，主要涉及到的是对于云平台的管理、对于大数据平台的管理、和对于服务的管理。其中，对于云平台的管理，主要是通过对云计算技术最新发展趋势的追踪与研究，认为能力管理是云服务的关键能力。大多数的私有云基础设施有 IT 提供，可用资源的消耗速度增长的很快。应该在客户提出需求之前给私有云分配资源。云服务运营管理指的是利用云管理平台公开自助服务门户来为消费者提供服务。云管理平台可以作为所有服务管理活动的中心平台，包括配置，服务修改，监控/警告和事故管理等。云管理平台有云配置扩展点来扩展到不同云平台。

对于大数据平台的管理，主要是通过大数据平台管理工具可以降低运维门槛，提升集群的运行稳定性。通过向导式的图形化界面，可以很轻松的完成一个 Hadoop 集群的搭建，并安装相应的开源和商用软件。可以集中管理各个组件的安全配置，同时监控各个组件的安全审计日志，可以方便的搜索特定关键词的日志条目。通过资源隔离的配置，可以给企业里不同团队分配不同的资源配额，从而保证他们能够在共享的平台上稳定运行各自的大数据应用程序。

对于服务的管理，主要是对服务基本信息的管理和对服务接口的管理。七中队服务基本信息的管理，支持服务的创建，修改和删除；支持多种类型的服务：dubbo 类型，rest 类型或 dubbo+rest 混合类型；可指定服务开发运维人员，限定对服务操作权限的相关人员；并且允许指定 API 服务的快捷标签，方便开发查找。而对于服务接口实际的管理，支持服务版本的创建、删除，每个版本支持创建多个接口；每个接口可创建多个方法，定义方法的输入输出；rest 类型的接口支持定义 Get，Post，Put，Delete 的方法符合标准 Http 协议规范，dubbo 类型的接口定义支持创建自定义数据结构；支持在定义接口时设计测试用例，测试执行；保存接口定义支持异步编译，并生成 JAR 包上传到私服 Nexus 上，供服务提供方和调用方使用；支持对 API 进行在线评审；支持

API 定义的导出，导成 pdf 文档。

2.4 平台建设模式与内容

2.4.1 基于 PaaS 平台的应用建设模式

通过统一技术平台打造“厚平台、微服务、轻应用”的应用系统建设模式。首先要明确基于云的“厚平台、微服务、轻应用”的应用建设模式与传统系统建设模式之间的区别，才能更好地发挥、利用云平台的强大功能，来满足实际的业务需求。而区别于传统系统的建设，基于云平台的应用建设是基于基础设施层和平台层的基础上进行的。由于基础设施层提供了池化的计算资源、存储资源和网络安全资源，并且平台层提供了统一的交付环境、统一的运行环境、统一的业务服务组件和统一技术服务组件，那在云平台上建设应用系统的模式就简化为只需考虑应用的应用数据、应用业务逻辑和应用界面即可。

而结合前期调研来看，整体技术实现的难点主要集中在分布式系统的复杂性、远程调用多、跨多个服务的应用功能设计、依赖性管理、重构模块的边界、无状态和有状态的分离上。为解决这些问题，拟采用平台来支持开发、测试、运行、采取快速提供应用环境、结合通用的框架、基本的监控、快速应用部署、DevOps 等的支持来处理问题。特别需要注意冀东油田的业务特征，比如应用业务逻辑由私有服务及公共服务实现，应用数据只有本地私有数据等。

PaaS 平台为应用提供开发运行环境以及公共的服务、私有服务由项目组管理；公共服务由平台组管理、公共服务由云平台组统一审核并发布到服务目录。

2.4.2 微服务技术介绍

在大量调研基础上，冀东油田拟采用微服务技术来具体的建设系统。微服务架构是一种新兴的构建分布式应用的设计模式，其基于服务构建单一应用，通过自动化部署工具进行独立发布，并运行在单一的进程中。随着云的大规模发展，采用微服务架构构建面向服务的应用，其优势主要体现在敏捷交付、灵活部署和精确扩展等方面。

微服务的特征在于将整个业务应用通过一系列小的应用组织起来，这些小应用可以独立的编译和部署，并通过 API 接口相互通信。他们彼此之间相互协作，作为一个整体为用户提供功能服务，但却可以独立的进行扩容。

微服务从本质意义上看，还是 SOA 架构。但内涵有所不同，微服务并不绑定某种特殊的技术，在一个微服务的系统中，可以有 Java 编写的服务，也可以有 Python 编写的服务，他们是靠 Restful 架构风格统一成一个系统的。所以微服务本身与具体技术实现无关，扩展性强。微服务关键其实不仅仅是微服务本身，而是系统要提供一套基础的架构，这种架构使得微服务可以独立的部署、运行、升级，不仅如此，这个系统架构还让微服务与微服务之间在结构上“松耦合”。

2.4.3 微服务设计原则

结合冀东油田的实际业务特点，和微服务架构的技术特征，在实际设计中提出指导原则。分别是单一职责原则、服务自治原则、轻量级通信原则、接口明确原则。其中单一职责原则的意思是每个微服务只需要实现自己的业务逻辑就可以了，比如订单管理模块，它只需要处理订单的业务逻辑就可以了，其他的不必考虑。

服务自治原则的意思是每个微服务从开发、测试、运维等都是独立的，包括存储的数据库也都是独立的，自己就有一套完整的流程，因此完全可以把它当成一个项目来对待。不必依赖于其他模块。轻量级通信原则是指首先是通信的语言非常的轻量，第二，该通信方式需要是跨语言、跨平台的，之所以要跨平台、跨语言就是为了让每个微服务都有足够的独立性，可以不受技术的钳制。

接口明确原则是由于微服务之间可能存在着调用关系，为了尽量避免以后由于某个微服务的接口变化而导致其他微服务都做调整，在设计之初就要考虑到所有情况，让接口尽量做的更通用，更灵活，从而尽量避免其他模块也做调整。

对应原则，微服务设计大体有以下六类的设计模式，分别是聚合器微服务设计模式、代理微服务设计模式、链式微服务设计模式、分支微服务设计模式、数据共享微服务设计模式、异步消息传递微服务设计模式。

2.5 基于微服务的系统实施

在具体实施中则大体包括以下的步骤。第一阶为段试点阶段。选取试点，关注服务的业务范围、定义交付周期及功能性团队，同时明确团队工作内容的优先级（避免团队成员疲命于多个项目）定义产品的价值流映射图，建立持续集成/敏捷实践。保证该阶段输出的服务能够上线，打通端到端的双模 IT 运行机制。

第二阶段为导入阶段。定义测试策略，构建服务的单元测试、组件测试、契约测试，提升团队的自动化测试能力，基于价值流映射图，识别端到端交付流程的最大瓶颈，并协调资源消除瓶颈，建立团队的运维能力(包括但不限于部署、监控、运维、动态追踪、日志聚合)。

第三阶段为优化阶段加强团队的自我学习能力，组织培训能力，使其具备多元化的服务拆分与分析能力，明确产品的服务静态依赖图，构建基础设施的自动化能力，引入服务支持组件(注册发现、API 网关、Hystrix、配置中心)。

第四阶段为复制阶段。建立自组织的服务化全功能团队，提升团队识别瓶颈的能力，培养团队服务化经验的可复制能力，制定服务的标准化、开发性接口。当然，除了清晰的阶段定义外，实施过程中还需要有详细的定义做指引，只有这样才能完成整体业务。

在具体的实施中，云计算平台在 2017 年已经完成了硬件的设备购置工作、2018 年已经实现了软硬件资源云化部署、云平台加固工作；大数据分析方面，2017 年已经搭建了大数据分析平台、2018 年开展了大数据在措施井引用等研究；人工智能平台 2018 年已经搭建了人工智能平台，开展了图像识别研究，在 2019 年将继续深化图像识别、做好图像分类等应用研究；统一应用平台 2017 年完成了统一应用平台架构设计，初步构建了统一应用平台；2018 年则基于统一平台，开展了系统集成，完善了服务平台、流程平台、应用门户等；2019 年将继续不断优化统一平台，建成开放互联的信息应用生态圈等。

3 结语

冀东油田信息化建设已经初见成效，对于主营业务的帮助作用也越发的显著。在未来的发展中，以企业及应用开发技术支撑平台为代表的一系列系统建设，必将会促进整体的发展向着更高级的方向迈进，智慧油田建成指日可待。

参 考 文 献

[1] 曹阳. 软件工程 Web 技术开发平台[J]. 电子技术与软件工程，2019(05)：34.
[2] 单强. 基于软件工程技术的网络安全系统开发研究[J]. 计算机产品与流通，2019(02)：17+271.
[3] 敬泽中. 软件工程技术在系统软件开发过程的应用[J]. 电子技术与软件工程，2018(22)：47.
[4] 傅列昆. 基于大数据时代下软件工程关键技术的分析[J]. 中国战略新兴产业，2018(44)：117.
[5] 高春南. 软件工程技术在系统软件开发中的运用[J]. 数字技术与应用，2018，36(11)：160+162.
[6] 付喜梅. 浅析软件工程知识体系结构[J]. 电脑与信息技术，2018，26(05)：31-33.
[7] 陈建锋. 软件工程技术在系统软件开发过程的应用[J]. 计算机产品与流通，2018(08)：28+73.
[8] 吴格格. 软件工程在软件开发中的应用[J]. 电子技术与软件工程，2018(14)：34-35.
[9] 董朝贤. 软件工程技术在计算机系统软件开发中的应用[J]. 信息与电脑(理论版)，2018(09)：17-18.
[10] 陈奕辉. “互联网+”时代软件工程开发新技术研究[J]. 科技经济导刊，2018，26(04)：149.

渝东南地区页岩气立体勘探领域与潜力分析

张培先　何希鹏　高玉巧　高全芳　孙　斌　何贵松　张志萍　万静雅

（中国石油化工股份有限公司华东油气分公司勘探开发研究院）

摘　要　渝东南地区处于四川盆地东南缘的盆缘转换带，古生界发育二叠系龙潭组页岩-煤层、茅口组泥灰岩，奥陶系五峰组-志留系龙马溪组硅质页岩，寒武系水井沱组硅质页岩四套、三种类型烃源岩层系，二叠系长兴组、志留系小河坝组、寒武系石龙洞组等常规储层发育，页岩气与天然气勘探层系多，发育源内、源外两套成藏体系。“页岩气立体勘探”是以页岩气为主勘探层系，同时探索不同含气领域、不同含气层系、不同成藏类型的综合性立体勘探，常非兼探，采用页岩气水平井+分段压裂技术，实现多层系勘探突破，提高勘探成功率与勘探成效，增加资源储备。综合研究优选出南川-綦江地区为二叠系-志留系立体勘探潜力有利区，武隆-彭水地区为志留系-寒武系立体勘探潜力有利区，有效指导了勘探实践。

关键词　页岩气；立体勘探；五峰组-龙马溪组；盆缘转换带；渝东南

“十二五”以来，以奥陶系五峰组-志留系龙马溪组为主要目的层的页岩气勘探开发取得重大进展，相继发现涪陵、南川、长宁、威远等页岩气田，累计提交页岩气探明储量 $1.8\times10^8m^3$，成为继美国、加拿大之后第三个实现页岩气商业化开发的国家[1-4]，2020 年中国页岩气产量将达 $200\times10^8m^3$。渝东南地区处于四川盆地东南缘的盆缘转换带，构造复杂，以常压、高压为主，地层压力系数 1.0～1.35，前期勘探程度较低，大部分处于油气空白区，在以五峰组-龙马溪组页岩气为主要目的层系的勘探开发过程中，多口钻井在二叠系龙潭组页岩-煤，茅口组泥灰岩，志留系小河坝组致密砂岩等见到良好含气显示，甚至中途测试获得较高产量；通过坪地 1、长生 1、平桥 1 等风险探井钻探评价，认为寒武系石龙洞组、水井沱组等层系具备成藏条件，丰富了立体勘探层系。

渝东南地区“立体勘探”领域多，发育源内（页岩气）、源外（常规天然气）两种类型成藏体系，其中二叠系龙潭组、茅口组一段，奥陶系五峰组-志留系龙马溪组，寒武系水井沱组为页岩气层，属源内成藏体系，二叠系长兴组，志留系小河坝组、寒武系石龙洞组为常规天然气层，属源外成藏体系，具备较好的立体勘探潜力。通过钻井、地震、测井等基础资料综合研究，系统分析潜在的源内、源外成藏体系的地质条件，结合勘探开发实践，明确立体勘探有利区，指导生产。

1　页岩气立体勘探理念

“立体勘探”在常规油气勘探开发中早已开始实施，特别是在成熟的开发区，通过“立体勘探”寻找新的接替层系，实现油气田长期稳产的目的[5-6]。页岩气“立体勘探”是以页岩气为主要勘探层系，同时探索不同含气领域、不同含气层系、不同成藏类型的综合性立体勘探，常非兼探，采用页岩气水平井+分段压裂技术，实现多层系勘探发现，提高勘探成功率与勘探成效，增加资源储备，可有效降低勘探风险。

开展立体勘探应具有全局观、前瞻性[7]，以动态勘探思路为指导，是一种实践—认识—再实践—再认识的螺旋式上升过程，多层系或多目的层勘探是“立体勘探”的核心。渝东南地区处于盆缘转换带构造抬升剥蚀程度不一，发育地层差异较大，四川盆地盆内-盆缘地区地层沉积较齐全，出露地层以侏罗系-上三叠统地层为主，四川盆地外褶皱带地层剥蚀较多，出露地层以下三叠统-上二叠统为主，层系发育的多少直接决定了页岩气立体勘探过程中发现气层的概率，页岩气“立体勘探”应优选地层发育较齐全的地区。

（1）页岩气立体勘探深度界限

渝东南地区页岩气保存条件复杂，五峰组-龙马溪组页岩气勘探研究表明，页岩埋深对页岩气保存条件具有一定的影响，埋深增大，压力系数逐渐升高，保存条件变好[3,8]，油气成藏概率增大，立体勘探的层系就越多，越容易实现勘探发现，但是空间尺度与经济效益有直接关系。目前页岩气勘探主体以3800m以浅为主，正在积极开展3800~4500m的深层页岩气技术攻关，随着工程工艺技术的进步，勘探深度界线会不断突破，渝东南地区立体勘探的深度界线定为500~4500m，黄金深度带为2000~3800m。

（2）成藏组合

渝东南地区古生界发育龙潭组泥岩-煤、茅口组一段泥灰岩、五峰组-龙马溪组硅质页岩、水井沱组硅质页岩四套烃源岩，以及长兴组生物碎屑灰岩、小河坝组粉砂岩、石龙洞组颗粒滩灰岩等3套主要常规储层，以自生自储、下生上储型成藏组合为主。

（3）立体勘探成功标准

在页岩气立体勘探过程中，针对众多潜在的含气层系，如何判断立体勘探成功与否，本文认为发现两套及以上含气优质储层即可认为实现了立体勘探的目的。页岩气立体勘探是以四套页岩气为主要目的层系，针对潜在的多套常规层系，以先易后难为原则，遵循勘探流程，以实现多层系勘探发现为目标，具有“1井定发现”的典型特征，1井带动全面勘探，能有效降低勘探风险、节约成本，提高勘探成功率，从而发现更多的天然气资源。

2 渝东南地区发育多套海陆相含油气层系

受燕山早期北西向挤压作用形成北东向断裂，中晚期南北向压扭走滑作用形成南北向断裂，晚期改造形成近东西向断裂，多期构造作用叠加，研究区具有东西分带、隆凹相间的构造格局。

渝东南地区位于四川盆地东南缘（图1），经历了多期构造演化，加里东-海西期，构造活动方式以升降、拉张为主，区域上呈现隆坳相间的古构造格局，沉积特点表现为被动大陆边缘稳定的旋回性坳陷沉积，发育广泛的海相碳酸盐岩夹碎屑岩为主的沉积建造；印支期的大陆碰撞，由张性环境转向挤压，使四川盆地由被动大陆边缘转入前陆盆地沉积；晚燕山~喜山期，渝东南地区受SE-NW向强烈应力作用，在持续挤压和走滑的作用方式下，形成了背、向斜相间的“槽-挡”式构造特征，平面上呈“S”形或弧形复式背、向斜褶皱。经过燕山-喜山期构造改造，研究区盆内背斜核部普遍出露三叠系-侏罗系，向斜核部出露中、上侏罗统自流井组等地层；盆外背斜核部出露志留系-寒武系地层，向斜核部出露下三叠统-上二叠统地层。

渝东南地区发育多套以泥页岩、煤、泥灰岩“源储一体”的非常规勘探层系，此外发育以白云岩、灰岩、致密砂岩等多套常规储层。通过露头、钻井、地震以及测井等综合研究，结合勘探实践，渝东南地区古生界潜在的主要含气层系自上至下分别为二叠系长兴组、龙潭组、茅口组，

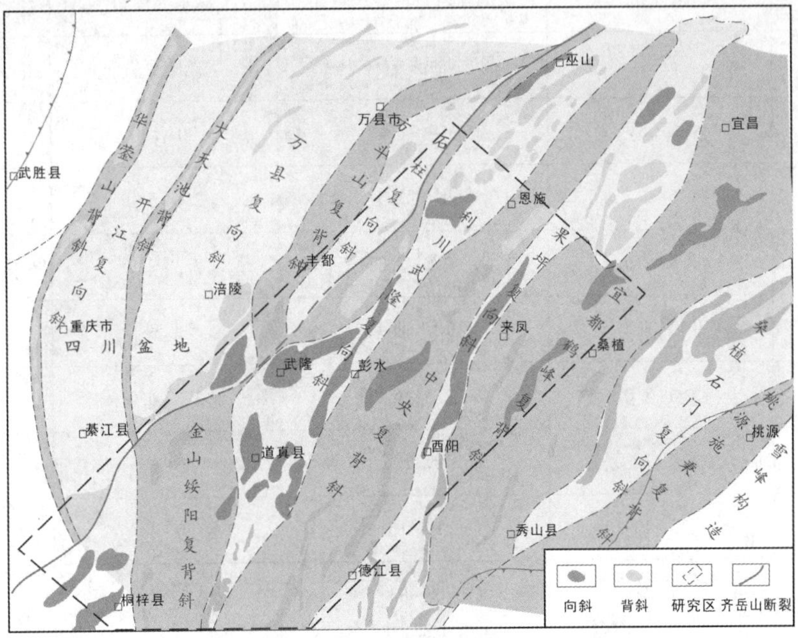

图1 渝东南地区构造区划图

志留系小河坝组，奥陶系五峰组-志留系龙马溪组，寒武系石龙洞组、水井沱组等，其中龙潭组泥岩-煤、茅口组一段泥灰岩、五峰组-龙马溪组硅质页岩、水井沱组硅质页岩为四套烃源岩，具备源储一体的成藏特点，为页岩气层系，长兴组是以龙潭组为烃源岩，生物碎屑灰岩为储层，三叠系膏岩为盖层的下生上储型成藏组合体系，小河坝组是以五峰组-龙马溪组为烃源岩，裂缝性粉砂岩为储层，韩家店组厚层泥岩为盖层的下生上储型成藏组合体系，石龙洞组是以水井沱组为烃源岩，颗粒灰岩为储层，中上寒武统厚层膏岩及致密灰岩为盖层的下生上储型成藏组合体系。

2.1 源内成藏体系

渝东南地区古生界主要发育龙潭组、茅口组一段、五峰组-龙马溪组、水井沱组四套页岩气层系，不同层系页岩气地质特点各异，但均具备页岩气成藏地质条件(表1)。

2.1.1 上二叠统龙潭组

受晚二叠世初期大范围海侵影响，四川盆地由西南至东北方向，逐渐由陆相沉积向海相沉积转变，沉积相带变化依次为河流相、沼泽相、浅水碳酸盐岩台地相、海湾相等沉积相类型。其中四川盆地东南部的沼泽相发育富有机质煤系泥页岩，北部海湾相发育黑色富有机质页岩、灰质页岩。渝东南地区处于沼泽相与浅水碳酸盐岩台地相过渡区，南川-綦江一带为沼泽相沉积，龙潭组岩性为暗色泥页岩为主，夹粉砂岩、灰岩、煤，武隆-彭水地区以东为浅水碳酸盐岩台地相沉积，吴家坪组(与龙潭组属同期异相)岩性主要为灰岩夹泥岩。

龙潭组按照沉积旋回、岩性、电性特征，自下而上可分为五段，其中潭一段、潭三段、潭五段为泥岩，潭五段泥页岩厚20~30m且分布稳定，潭二段、潭四段为灰岩。龙潭组五分性在全区可对比，由东向西呈增厚趋势，富有机质页岩厚度在20~60m之间，仁怀-綦江-南川、达州-万县地区为厚度中心可达60m，煤层主要发育在潭一段中下部，厚2~4m，具备页岩气成藏的物质基础。武隆-彭水地区泥岩单层厚度较薄，累计厚度在10~20m，页岩气成藏条件较差。

表1 四套页岩地层地质评价指标对比表

地层	龙潭组	茅口组	五峰组-龙马溪组	水井沱组
段	潭五段	茅一段	龙一段	下段
沉积相	沼泽相	碳酸盐岩台地外缓坡相	深水陆棚相	深水陆棚相
岩性组合	泥岩	泥灰岩	硅质页岩	硅质页岩
厚度/m	20~40	40~55	90~130	40~150
TOC/%	1.5~2.5	0.8~2.7	2.0~5.0	2~8.0
Ro/%	1.8~2.6	2.0~2.3	2.3~2.8	3.0~4.0
有机质类型	Ⅱ型、Ⅲ型	Ⅱ型、Ⅲ型	Ⅰ型	Ⅰ型
孔隙度/%	2.0~8.0	2.3~3.2	3.0~6.0	1.4~2.8
石英含量/%	20~30	5~10	40~60	40~50
黏土含量/%	25~40	10~15	30~40	30~35
方解石含量/%	15~25	68~83	5~10	5~10
含气量/(m^3/t))	1.5~2.5	2.0~4.0	2.0~6.0	1.0~3.0

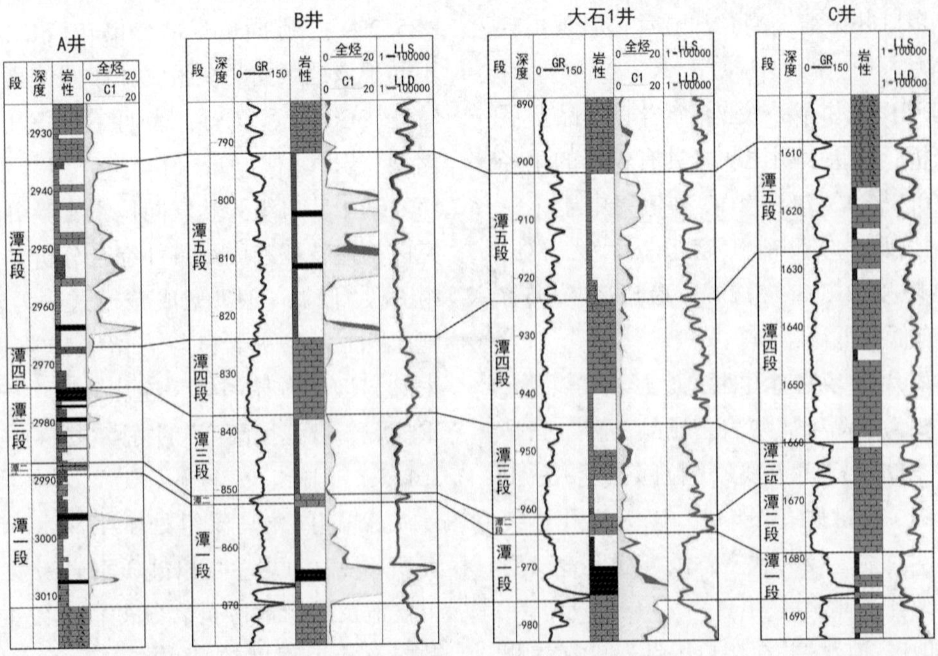

图2 渝东南地区龙潭组泥岩厚度对比图

渝东南南川地区龙潭组具有较好的页岩气成藏地质条件。泥页岩地化指标良好[9]，有机碳含量高，1.5%～3.5%，隆盛1井为1.38%～14.17%，丁山1井TOC含量在2.0%～3.0%。南川-綦江-仁怀、达州-万县地区为高值区，TOC为2%～4%。有机质类型以Ⅲ型为主，含煤泥页岩主要为Ⅲ型，不含煤暗色页岩Ⅱ、Ⅲ型，$\delta^{13}C$干≥-28‰。Ro为1.8%～2.6%，热演化程度适中，处于生干气阶段。南川地区泥页岩物性条件由东向西变好，钻井及露头分析测试揭示龙潭组孔隙度总体较高，主要介于2%～8%，平均5.84%，东页深1井孔隙度为2%～9%，野外露头孔隙度4.86%～6.38%。灰黑色碳质泥岩中微裂隙与黏土矿物孔较发育，局部有机质内发育丰富的微孔洞，另有少部分高等植物碎片残余生物结构孔。

渝东南地区龙潭组页岩气显示活跃，具有整体含气的特征，全烃普遍在2%～20%(图2)，以潭五段泥页岩与潭一段煤层气测显示最好，南页1井钻遇龙潭组85m，含气层3层，最大单层含气厚度30m，为泥岩储层，并发育煤层通过实钻连井对比分析，南川-綦江-仁怀一带龙潭组泥页岩成藏条件好，气测显示活跃。综合页岩厚度、TOC、Ro及保存条件等综合判断，龙潭组泥页岩具有普遍含气、页岩气-煤层气同时赋存的特点，具有较好的页岩气勘探潜力。

2.1.2 下二叠统茅口组一段

茅口期，上扬子地区发育南西高北东低的碳酸盐岩缓坡沉积体系，由西向东沉积相依次内缓坡、中缓坡、外缓坡、盆地相[10]，渝东南地区处于较深水的外缓坡沉积环境。综合钻井岩心、古生物化石和测井电性特征，参考前人研究成果，将研究区茅口组分为茅一段、茅二段、茅三段和茅四段，茅一段沉积时期为碳酸盐岩缓坡沉积环境，主要沉积深灰色-灰黑色泥质灰岩、泥岩、灰质泥岩(统称泥灰岩)的岩性组合，为新类型页岩气随后水体变浅，茅二-茅四逐渐变为中缓坡、内缓坡沉积，主要沉积浅灰色块状灰岩。渝东南地区茅口组地层厚度普遍在240～300m，茅一段-茅三段厚度相对稳定，茅四段顶部受抬升剥蚀程度不同厚度差异较大，茅口组各段岩性和电性具有较好的可对比性。

茅口组二段、三段岩溶白云岩作为常规储层是四川盆地重要的勘探层系，在川东北元坝等地区已经实现重大突破，元坝7井试获百万方商业气流，属于碳酸盐岩台地内缓坡沉积环境，主要沉积的是白云岩，后期发生不同程度溶蚀，储层溶蚀孔洞发育。渝东南地区沉积环境与盆内存有较大差异，茅二段、茅三段岩溶储层不发育，且盆缘转换带保存条件相对较差，显示较差，茅一段具备较好的烃源条件，为新类型的页岩气，在钻探过程中多口井见到气测异常显示，展现出较好的勘探潜力。

南川地区 DS1 井茅一段 74 个岩心样品开展 TOC 实验分析，结果表明泥灰岩具有较好的生烃条件，TOC 0.8%~2.7%，TOC 高值集中于茅一段下部的泥岩段，实测孔隙度 1.76%~3.5%，测井解释孔隙度 2.3%~3.2%，渗透率 0.05~0.1mD，具有低孔低渗特征。

岩心和薄片下多见有孔虫、介形虫等生物，岩石类型主要为泥晶生屑灰岩、泥晶灰岩、亮晶灰岩。茅一段储集空间主要以“粒间孔缝+黏土成岩收缩孔缝+有机质孔”组成，以无机孔、裂缝为主，岩性总体上较为致密，微裂缝发育，局部见少量溶蚀孔、晶洞(图 3)。

渝东南地区多口钻井在茅口组钻遇良好气测显示，全烃一般 20%~70%，节流点火放喷，焰高 2~20m，揭示茅口组含气性较好，具备一定的勘探潜力。开展地震属性裂缝预测，结合高气测显示井分布位置，认为裂缝发育程度是控制茅口组一段高产的关键因素。位于平桥背斜主体区的大石 1 井裂缝较发育，气测显示 4%~57%，采用页岩气勘探思路水平井+分段酸化压裂思路，试获 22.55 万方高产气流，实现新类型页岩气勘探重要突破；而位于平桥背斜东翼的开发井裂缝不发育，气测值普遍为 2%~5%，含气性较差。

渝东南地区茅口组一段气体为油型裂解气($\delta^{13}C_1$ 为 -31.3‰，$\delta^{13}C_2$ 为 -24.5‰，$\delta^{13}C_3$ 为 -25.2‰)，碳同位素部分倒转($\delta C_2>\delta C_3>\delta C_1$)，不同于该地区龙马溪组气体碳同位素完全倒转的特征($\delta C_3>\delta C_2>\delta C_1$)，表明茅一段气体为自生自储型页岩气。

基于茅口组天然气同位素实验分析，结合研究区构造特征和成藏条件综合分析，建立了茅口组一段“储源一体”型成藏模式，为新类型页岩气(岩性为泥灰岩，与志留系硅质页岩差异较大)，具有“源储一体、连片分布、构造-岩性双重控藏、裂缝控高产”的特点(图 4)。

2.1.3 五峰组-龙马溪组

五峰组-龙马溪组处于半深水-深水陆棚相沉积环境，页岩主要以硅质页岩为主，是目前四川盆地及周缘地区页岩气勘探开发的主力层系，勘探及认识程度较高，前人做了大量、深入的研究。

渝东南地区龙马溪组黑色页岩呈 NE 向展布，主要发育在向斜构造内，而背斜构造中多已经被剥蚀，五峰组-龙马溪组含气页岩主要分布在龙一段，页岩厚 90~130m，具有自东向西逐渐增厚的趋势，TOC>2%优质页岩为勘探甜点段，厚 24~38m，TOC 平均 3.0%~3.5%，孔隙度 3%~6%，有机质孔隙发育[11-12]，脆性矿物含量 50%~60%，含气量 2~6m^3/t，埋深适中，以 500~4500m 为主，地层压力系数 0.9~1.5[3,8,,13]，主要以常压为主，页岩气地质条件

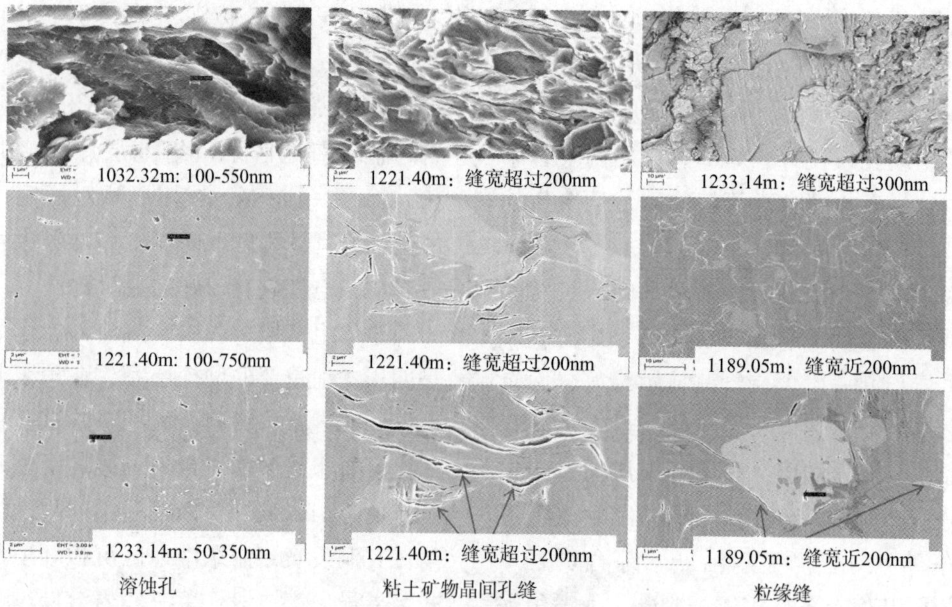

图 3 茅一段镜下储层特征

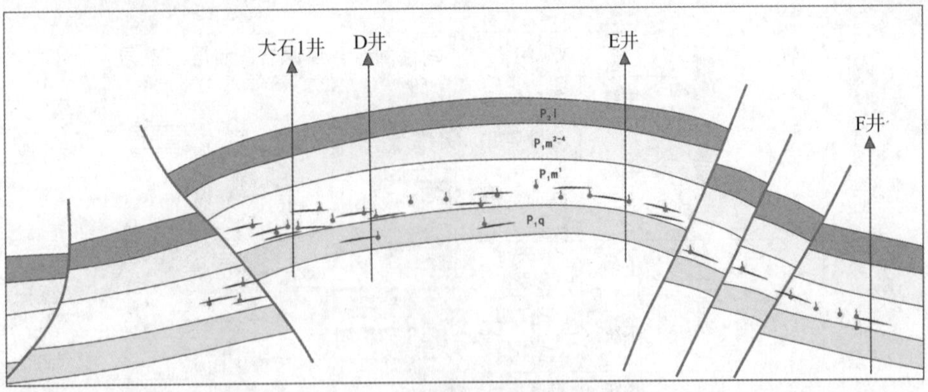

图4 渝东南地区背斜型茅口组成藏模式图

优越，明确了渝东南地区页岩气富集高产主要受“沉积微相控烃、保存条件控富、地应力场控产”三因素控制，相继发现平桥、东胜、武隆等页岩气田或含气构造，累计提交探明储量1600×10^8m^3。

渝东南地区五峰组-龙马溪组受“三因素”控制，不同地区页岩含气丰度存有差异，但具有连续、大面积分布的特点，是页岩气“立体勘探”的首要保障层系。立体勘探过程中以五峰组-龙马溪组页岩气为基础，通过纵向上扩展，进而发现更多含气层系，实现多层系勘探突破，达到立体勘探目的。

2.1.4 下寒武统水井沱组

早寒武世，四川盆地及周缘发育泸州和鄂西-渝东两个生烃中心，渝东南地区紧邻鄂西-渝东生烃中心西缘，为被动大陆边缘背景下的深水陆棚相沉积，水井沱组发育一套硅质岩-硅质页岩，从纵向上来看，水井沱组中下部为黑色碳质、硅质页岩，中上部逐渐过渡为深灰色粉砂质、砂质泥页岩，整体上呈现出由深水陆棚相过渡到浅水陆棚相的沉积特征。

渝东南地区水井沱组暗色页岩厚度变化大，厚40~150m，优质页岩厚20~60m，TOC含量高，1%~6%。渝东南彭水地区长生1井水井沱组钻遇暗色页岩112m，优质页岩60m，TOC平均4.3%，Ro平均3.8%，页岩孔隙度1.4%~2.8%，孔隙度较低，渗透率0.005~0.1md，脆性矿物平均45%，黏土矿物平均32%，通过长生1井埋藏史-熱史模拟发现，烃源岩主要生排烃期有志留纪末期与三叠纪末期两期生烃，具有厚度大、TOC含量高、热演化程度高、孔隙度低、生烃早的地质特点，总体而言具备页岩气成藏的基础地质条件。

寒武系页岩作为四川盆地及周缘地区分布最广的一套烃源岩，具备页岩气成藏的基础地质条件，但热演化程度高、生烃早、经历构造运动期次多，页岩气保存条件遭受不同程度破坏。四川盆地及周缘地区寒武系水井沱组页岩气勘探程度较低，目前仅四川盆地井研-威远及宜昌地区实现了寒武系页岩气勘探突破，其他地区尚未实现突破，寒武系页岩气分布特点总结起来主要有三类，第一类区是突破区，单井测试产量超过1万方，四川盆地内井研-威远等地区、鄂西地区宜昌斜坡单井测试产量为1.08~6.2万方，主要特点是处于弱改造区或继承性古隆起区，热演化程度较低(Ro平均3%左右)。第二类是钻井见到一定气测显示，但未获工业气流井，主要分布在川东北、黔南、丁山等地区，主要特点是页岩热演化程度高，储层条件差。第三类页岩普遍显示较差，主要分布在渝东南彭水以东、黔中隆起以及下扬子等地区，页岩含气量低，以氮气为主，出现低电阻现象[14]。构造稳定，热演化程度较低(Ro一般小于3.5%)的地区，水井沱组页岩气可获得高产或较好含气显示。

渝东南地区南川以西处于四川盆地内，水井沱组页岩埋深较大，普遍大于5000m，从当前技术及经济条件下，立体勘探潜力较小，武隆、彭水等地区处于四川盆地外，上覆地层遭受一定程度剥蚀，水井沱组页岩埋深相对较适中，主体位于2000~5000m，具备与志留系、寒武系石龙洞组兼探的立体勘探潜力。

2.2 源外成藏体系

渝东南地区古生界主要发育上述四套泥页

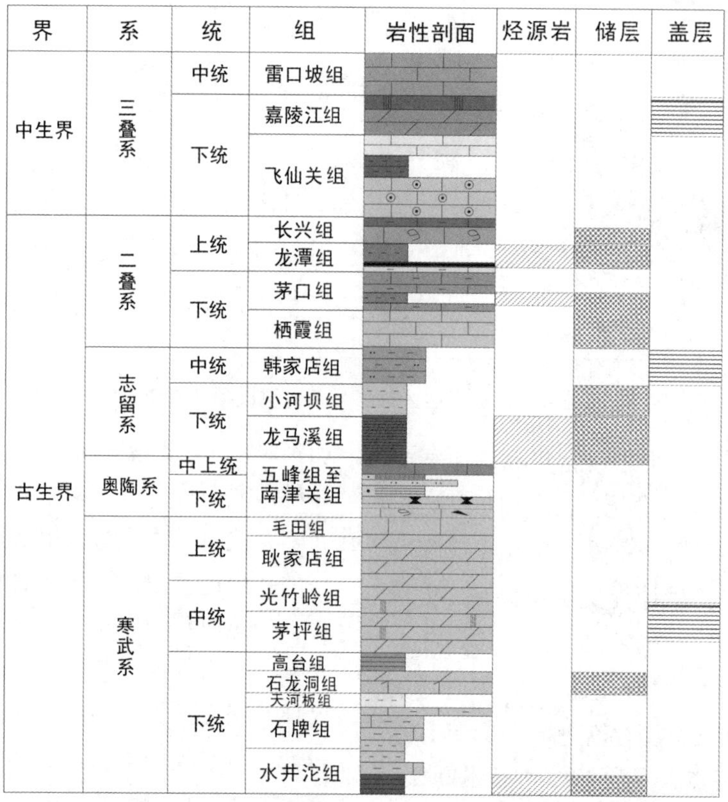

图 5　渝东南地区生储盖组合示意图

岩、泥灰岩烃源层系，通过开展沉积相、储层特征、成藏条件、源储匹配关系等分析研究，结合以志留系页岩气勘探过程中的含气性分析，主要发育三套生储盖组合，分别为龙潭组泥岩、煤—长兴组生物碎屑灰岩储层—三叠系膏岩层为盖层的生储组合，五峰组-龙马溪组硅质页岩—小河坝组致密砂岩储层—韩家店组泥岩为盖层的生储组合，水井沱组硅质页岩—石龙洞组颗粒滩灰岩储层—上寒武统膏岩层位盖层的生储盖组合(图 5)。

2.2.1　上二叠统长兴组

四川盆地晚二叠世长兴期，受峨眉山地裂运动的影响表现为“台槽”格局，沉积相由西南至北东分别为平原河流相、海陆交互相、碳酸盐岩台地浅缓坡相、台地边缘相及深水台槽相。碳酸盐岩台地浅缓坡相和台块边缘相内广泛发育生物礁，主要分布在川东北开江-梁平-忠县海槽两侧，渝东南地区处于碳酸盐岩台地浅缓坡相，主要沉积生物碎屑灰岩、微晶灰岩，厚度一般为 70~90m，向东北及西南方向厚度逐渐减薄。以龙潭组为烃源岩的长兴组具有“近源、早期成藏”的特征，储层好坏对长兴组成藏起主要作用。

渝东南地区长兴组储集空间的形成和保持受原生沉积环境、岩石类型及成岩作用的影响和控制，储层的发育模式是原生沉积作用控制储层的原始孔隙，溶蚀作用、压溶作用、白云石化作用、裂缝改善储层，压实作用、胶结作用降低储集性(图 6)。原生沉积作用控制储层的原始孔隙，长兴组滩相有利于孔隙的发育，胶结作用及压实作用会使原生粒间孔孔隙几乎消失殆尽，溶蚀作用和白云石化作用扩大了储集空间，重结晶作用可以改变结构组分，也可造成原岩结构破坏呈残余结构，中等重结晶作用有利于提高岩石的孔隙度和渗透率；强的重结晶作用旺旺造成白云石或方解石晶体呈镶嵌状，则会使连通性变差，渗透率降低；重结晶程度很低的岩石其渗率可能很高，但孔隙度往往很低。构造破裂作用会改善孔隙的结构。

根据南川地区野外露头长兴组岩石样本孔隙度统计数据表明，孔隙度在 0.36%~5.23%，平均 1.21%，以小于 2.5%为主，为低孔储层。长兴组储集空间主要有原生粒间孔、溶蚀孔、生物体腔孔、晶间孔和裂缝，最主要储集空间为溶蚀孔和裂缝。

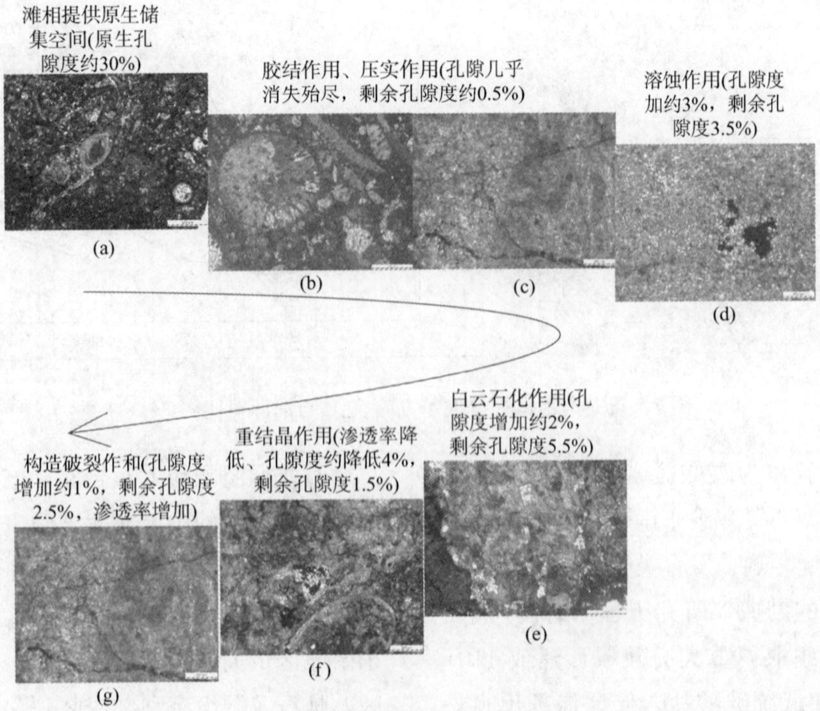

图6　长兴组储层发育模式图

(a)生屑灰岩，P_2c 南页1，1750m，(5-)；(b)生物结构内胶结方解石，P_2c，(5-)；(c)压实作用，P_2c 南页1，1730m，(10+)；(d)溶蚀孔，P_2c 南页1，1828m，(10+)；(e)白云石化作用，P_2c，南页1，1828m，(5-)；(f)重结晶作用，P_2c，南页1，1800m，(5-)；(g)斜交的构造裂缝，P_2c 南页1，1762m，(10+)

渝东南地区多口钻井钻遇长兴组含气层，在盆缘及盆内区发育三叠系膏岩区，保存条件较好，长兴组生物碎屑灰岩具有普遍含气特征，气测全烃最高可达89%，普遍在2%~10%，单层最大含气厚度41m，埋藏浅，埋深普遍小于2000m，孔隙以基质孔隙为主。长兴组与下覆的龙潭组烃源岩、上覆的三叠系膏岩盖层构成了良好的生-储-盖组合。寻找长兴组滩相有利储层是实现勘探突破的方向，可作为浅层立体勘探层系首选。

2.2.2　下志留统小河坝组

早志留世晚期，渝东南地区为受古隆起控制的局限海盆，发育一套以碎屑岩为主的小河坝组，为常规致密砂岩气勘探层系。受广西运动的影响，四川盆地中上志留统多被剥蚀，多数地区仅保留了下志留统龙马溪组、小河坝组(石牛栏组)和中统韩家店组，晚古生代地层直接覆盖在早志留世地层之上。其中三角洲沉积主要发育于靠近江南—雪峰山隆起的渝东南—湘西地区；碳酸盐岩台地沉积主要发育于川南—黔北地区；陆棚沉积主要发育于宜宾—重庆一带。

小河坝组岩性为灰、灰绿色粉砂岩、细砂岩、石英砂岩与灰绿色粉砂质页岩及少许生物碎屑灰岩[15]，厚225~443m，盆外残留向斜沉积厚度大。小河坝组泥质含量高，泥质常夹于细粉砂或粗粉砂中呈纹层或条带状产出。储层平均孔隙度2.74%，渗透率$0.083\times10^{-3}\mu m^2$，为致密砂岩储层[16]。

通过渝东南地区连井对比分析，小河坝组气测显示活跃段主要分布裂缝发育区，丁山地区小河坝组/石牛栏组发育灰岩，气测显示良好，南川地区临近齐岳山断裂带，裂缝发育，气测显示良好，南页1井钻遇2层含气层，最大单层厚度为10.78m，全烃最高达77.36%，平均19.4%，C_1最高达71.5%，平均16.4%。

小河坝组砂岩裂缝储层与下覆的龙马溪组烃源岩、上覆的韩家店组盖层构成了良好的生-储-盖组合。寻找小河坝组裂缝发育带为研究区勘探突破的方向。

2.2.3　下寒武统石龙洞组

下寒武统龙王庙组(石龙洞组)沉积时期，

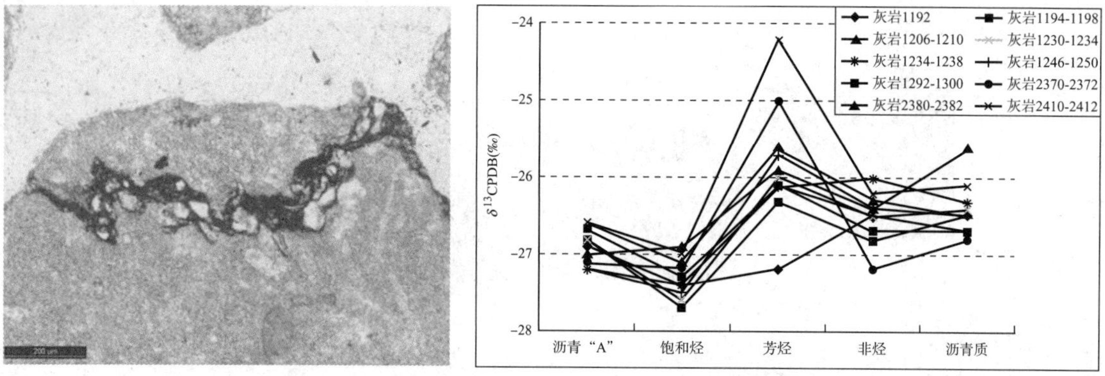

图7 石龙洞组微裂缝充填沥青(左)与油源对比图(右)

四川盆地及周缘整体为碳酸盐岩台地沉积模式，磨溪位于膏质泻湖西翼，渝东南位于膏质泻湖东翼，受微幅古隆起影响，发育类似磨溪颗粒滩储层。经过六十年的勘探、研究历程，磨溪-高石梯构造带龙王庙组取得重大突破累计建成 $110\times10^8m^3$产能，下寒武统碳酸盐岩储层展现出良好的勘探开发潜力。

渝东南地区石龙洞组具备发育台内颗粒浅滩发育环境，早期以鲕粒灰岩、砂屑灰岩为主，晚期为白云岩，发育两套优质储层，发育粒间、晶间、粒内溶孔，孔隙度 2.1%～8.7%，平均 4.7%。长生 1、林 1、丁山 1 井钻探证实渝东南地区存在高能浅滩发育区：长生 1 井钻遇石龙洞组白云岩及颗粒灰岩两套储层，储层累厚 102m，孔隙度 0.79%～1.97%，平均 1.21%，渗透率 $0.0001\sim0.2510^{-3}\mu m^2$，解释为Ⅲ类储层。岩心中发育高角度裂缝，见缝合线压溶现象；丁山 1 井钻遇清虚洞组颗粒岩厚 34m，孔隙度为 3.6%～5%，解释为Ⅲ类含气层。南川三汇剖面、习水桑木剖面及叙永县等地区石龙洞组颗粒滩储层厚度 7.6～46m，野上部白云岩储层孔洞发育，厚 25～50m。

石龙洞组颗粒灰岩中多处见沥青充填，厚 58m，表明地质历史过程中发生过油气充注，油源对比分析气源来自下伏的下寒武统水井沱组暗色页岩(图 7)，具有与川中地区相似烃源、储集、成藏等条件。石龙洞组上部的泥质白云岩夹膏岩层可作为盖层，长生 1 井石龙洞组顶部发育 6m 厚石膏层，向东增厚至 40m，直接盖层条件较好。

石龙洞组颗粒滩灰岩储层与下覆的水井沱组烃源岩、上覆的中上寒武统致密碳酸盐岩及膏岩盖层构成了良好的生-储-盖组合，明确颗粒滩储层发育规律是实现石龙洞组大发现的基础，渝东南地区的背斜或隆起区为油气有利运移指向区，是石龙洞组有利勘探区。

3 页岩气立体勘探有利区预测

在页岩气立体勘探过程中，应以“有主要目的层，而不唯主要目的层”为思路，多层兼顾、立体探索，不断开拓新的勘探空间。

根据区域地质综合研究，结合上述渝东南地区潜在的 7 套立体勘探层系及每套层系的分布特征、地化指标、含气性等特征，对比评价各项指标，考虑埋深，寻找多目的层系有利叠合区，结合志留系页岩气勘探开发过程中对过路层系的勘探实践认识，研究指出渝东南地区存在两大立体勘探有利区带，其中南川-綦江地区位于四川盆地盆缘转换带，具有埋深适中、多套含气层系发育，为盆缘页岩气立体勘探的有利区带，武隆-彭水地区位于四川盆地外武陵褶皱带，经历多期构造改造运动，地层遭受不同程度剥蚀，潜在含气层系减少，为盆外页岩气立体勘探的有利区带。在有利区带优选基础上，评价出南川地区平桥背斜为二叠系-志留系立体勘探潜力有利目标，指导勘探生产，实现了五峰组-龙马溪组页岩气、茅口组一段页岩气立体勘探突破，武隆地区老厂坪背斜为志留系-寒武系立体勘探潜力有利区，积极探索浅层五峰组-龙马溪组页岩气、寒武系石龙洞组常规气和水井沱组页岩气。

(1) 南川地区平桥背斜

平桥背斜位于四川盆地川东高陡构造带万县复向斜内，呈北东走向，为一断背斜，是目前五峰组-龙马溪组页岩气勘探开发的主战场，已经建成6.5亿方页岩气田，志留系页岩地层压力系数1.3~1.32。出露地层主要为三叠系嘉陵江组，多口开发井在三叠系飞仙关组、二叠系长兴组、龙潭组、茅口组、栖霞组，志留系小河坝组、龙马溪组等多套地层中钻遇良好含气显示，在泥浆密度1.2~1.4g/cm^{3}下，气测显示5%~60%。根据各层系成藏条件，评价出浅层茅口组一段勘探潜力较大，泥灰岩埋深1100~1200m，提出了井位部署建议，按照志留系页岩气勘探部署思路，利用水平段+分段压裂的勘探开发技术，大石1井水平段长500余米，分4段压裂，试获22.5×10^{4}m^{3}的高产气流，实现了新层系勘探突破，为扩大勘探局面奠定了良好基础。

根据成藏条件

(2) 武隆地区老厂坪背斜

老厂坪背斜位于四川盆地外第一排构造带利川-武隆复向斜内，为北东方向的断背斜，紧邻四川盆地，保存条件相对较好，志留系页岩地层压力系数1.0~1.2，目前正在开展志留系常压页岩气低成本技术攻关。出露地层为二叠系茅口组，立体勘探层系主要为志留系-寒武系地层，邻区志留系龙马溪组，寒武系水井沱组页岩气均有钻遇厚层暗色页岩，具备页岩气连续发育的地质条件。石龙洞组作为有利储层，水井沱组生成气可运移至石龙洞组颗粒滩储层中，后期构造改造未破坏或破坏较小情况下聚集成藏。以此认识为指导，有效指导了中国石化风险探井部署，有望实现勘探新发现。

4 结论

(1) 页岩气“立体勘探”是以页岩气为主要勘探层系，同时探索不同含气领域、不同含气层系、不同成藏类型的综合性立体勘探，具有“1井定发现”的特征，可有效降低勘探风险。

(2) 渝东南地区“立体勘探”领域多，发育源内、源外两种类型成藏体系，其中二叠系龙潭组、茅口组一段，奥陶系五峰组-志留系龙马溪组，寒武系水井沱组为页岩气层，属源内成藏体系，二叠系长兴组，志留系小河坝组、寒武系石龙洞组为常规天然气层，属源外成藏体系，具备较好的立体勘探潜力。

(3) 渝东南地区存在两大立体勘探有利区带，其中南川-綦江地区位于四川盆地盆缘转换带，具有埋深适中、多套含气层系发育，为盆缘二叠系-志留系立体勘探有利区，武隆-彭水地区为志留系-寒武系立体勘探潜力有利区，有效指导了勘探实践。

参 考 文 献

[1] 马永生，蔡勋育，赵培荣．中国页岩气勘探开发理论认识与实践[J]．石油勘探与开发，2018，45(4)：561-574.

[2] 龙胜祥，曹艳，朱杰，等．中国页岩气发展前景及相关问题初探[J]．石油与天然气地质，2016，37(6)：847-853.

[3] 何希鹏，何贵松，高玉巧，等．渝东南盆缘转换带常压页岩气地质特征及富集高产规律[J]．天然气工业，2018，38(12)：1-14.

[4] 马新华，谢军．川南地区页岩气勘探开发进展及发展前景[J]．石油勘探与开发，2018，45(1)：161-169.

[5] 吴月先，钟水清，潘用平，等．四川盆地天然气“立体勘探”新进展[J]．岩性油气藏，2009，21(1)：128-132.

[6] 何登发，李德生，童晓光．中国多旋回叠合盆地立体勘探论[J]．石油学报，2010，31(5)：695-709.

[7] 戴少武，贺自爱，王津义．中国南方中、古生界油气勘探的思路[J]．石油与天然气地质，2001，22(3)：195-202.

[8] 何希鹏，张培先，房大志，等．渝东南彭水—武隆地区常压页岩气生产特征[J]．油气地质与采收率，2018，25(5)：72-79.

[9] 朱扬明，顾圣啸，李颖，等．四川盆地龙潭组高热演化烃源岩有机质生源及沉积环境探讨[J]．地球化学，2012，41(1)：35-44.

[10] 向娟，胡明毅，胡忠贵，等．四川盆地中二叠统茅口组沉积相分析[J]．石油地质与工程，2011，05(1)：14-19.

[11] 聂海宽，张金川．页岩气储层类型和特征研究：以四川盆地及其周缘下古生界为例[J]．石油实验地质，2011，33(3)：219-225，232.

[12] 高玉巧，蔡潇，张培先，等．渝东南盆缘转换带五峰组—龙马溪组页岩气储层孔隙特征与演化[J]．天然气工业，2018，38(12)：15-25.
[13] 徐政语，姚根顺，梁兴，等．扬子陆块下古生界页岩气保存条件分析[J]．石油实验地质，2015，37(4)：407-417.
[14] 张培先．黔中隆起及邻区下寒武统页岩气成藏特殊性分析[J]．石油实验地质，2017，39(2)：162-168.
[15] 朱志军，陈洪德．渝东南地区志留系小河坝组砂岩特征及物源分析[J]．吉林大学学报(地球科学版)，2012，42(6)：1590-1600.
[16] 谢涛，郭英海，沈玉林，等．渝东南小河坝组砂岩成岩作用与孔隙演化[J]．天然气勘探与开发，2011，34(3)：16-23.

川东南南川地区龙潭组页岩气成藏条件与甜点探讨

何贵松　高全芳　关琳琳

(中国石化华东油气分公司勘探开发研究院)

摘　要　南川地区处于四川盆地东南缘，多井钻探揭示该区龙潭组泥页岩发育、含气性好，为了系统评价该区龙潭组页岩气勘探潜力，利用地震、钻井、测井、分析测试等资料，对龙潭组沉积环境、岩性组合、有机地化、储层物性、含气性、矿物组成等页岩气成藏地质条件开展了研究，探讨了页岩气富集主控因素，优选了甜点区和甜点段。研究结果表明：①南川地区龙潭组处于滨岸沼泽相，黑色富有机质泥页岩发育，累厚50~65m，TOC为1.5%~3.0%，Ro为2.0%~2.2%，埋深主体在1000~4000m之间，含气性较好，硅质、碳酸盐矿物等脆性矿物含量较高，具有较大页岩气勘探潜力。②页岩气富集高产主要受生气条件、保存条件、可压条件"三条件"控制，即生气条件控制页岩气成藏物质基础、保存条件控制页岩气成藏富集程度、可压条件控制压裂改造效果和产量。③初步建立了南川地区龙潭组页岩气选区评价方法和标准，优选出阳春沟背斜、东胜背斜为一类区。④建立了储层综合评价指数，优选出潭五段为页岩气勘探甜点段，潭五段上部为水平井最优穿层靶窗。

关键词　龙潭组；页岩气；成藏条件；目标优选；主控因素；四川盆地

四川盆地及周缘发育下寒武统筇竹寺组、上奥陶统五峰组—下志留统龙马溪组、上二叠统龙潭组、下侏罗统大安寨段-东岳庙段四套海相、海陆过渡相、陆相页岩气[1-2]。其中，上奥陶统五峰组—下志留统龙马溪组海相页岩气已成功实现大规模商业开发[3-8]，中国石化累计探明储量超$7000\times10^8m^3$，中国石油累计探明储量超$10000\times10^8m^3$；下寒武统筇竹寺组海相页岩气在井研-犍为地区、宜昌地区取得单井突破；下侏罗统大安寨段-东岳庙段陆相页岩气在川东北地区取得一定进展；作为四川盆地主力烃源岩的上二叠统龙潭组，其页岩气勘探潜力分析和勘探实践相对较少，近年来，中国石化在川东北地区明1井龙潭组开展了直井压裂测试，日产气$(3.0\sim3.9)\times10^4m^3$；在川东南地区南川断鼻N1井实施了直井压裂测试；在东溪构造东页深1井实施了龙潭组系统取心[1]；在丁山构造针对龙潭组页岩气实施了SY1井，即将开展直井压裂测试；总体上，龙潭组作为海陆过渡相新类型页岩气，与上述三套层系相比，其勘探开发尚处于起步阶段[9-11]。

近期，川东南的南川地区针对五峰组-龙马溪组实施了近50口页岩气钻井，这些钻井在上二叠统龙潭组均钻遇厚层泥页岩、气测显示活跃，分析测试表明页岩气静态指标良好，是一套极具潜力的页岩气层系。本文在前期勘探实践与研究认识基础上，利用钻井、分析测试、测井、地震等资料，开展南川地区龙潭组页岩气成藏条件分析，明确龙潭组海陆过渡相页岩气与海相、陆相页岩气地质差异，总结页岩气富集主控因素，探索建立龙潭组选区评价标准和甜点段优选方法，以期深化龙潭组页岩气富集规律认识，为龙潭组海陆过渡相页岩气勘探开发提供指导和参考。

1　地质背景

南川地区处于四川盆地东南缘，地质历史时期经历了多期构造运动改造，以燕山早期北西向挤压和燕山晚期-喜山期南北向压扭走滑及隆升剥蚀作用最为强烈，奠定了现今"三隆夹两凹"构造格局，自东向西发育大石坝背斜带、袁家沟向斜、东胜背斜带、神童坝向斜、阳春沟背斜带等五个构造单元(图1)。该区地层发育较完整，富有机质泥页岩主要发育于上二叠统龙潭组和上奥陶统五峰组—下志留统龙马溪组。目前，区内完钻页岩气井50余口，在龙潭组均钻遇厚层富有机质泥页岩，气测显示活跃，静态指标较好，揭示龙潭组具有较大的页岩气勘探潜力，有望成为新的页岩气接替层系。

2　页岩气成藏条件

2.1　沉积特征

四川盆地在晚二叠世早期处于海陆过渡

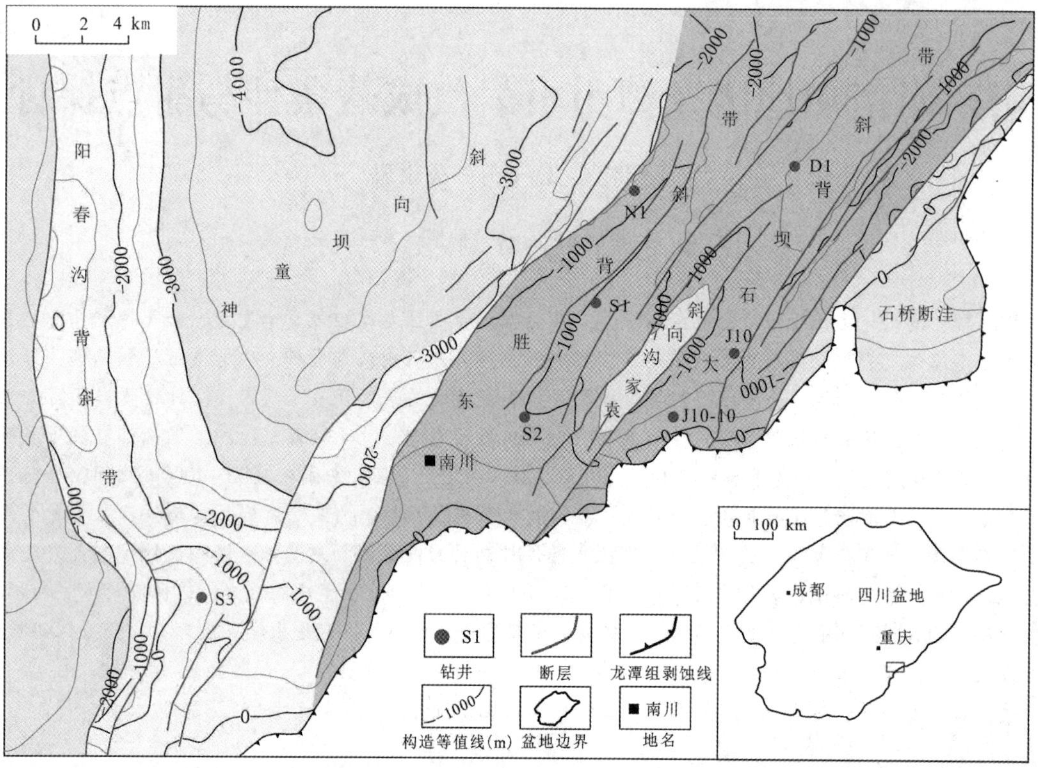

图 1　南川地区地理及构造位置图

相[12-14]，总体上地形西高东低，西部以陆相碎屑岩沉积为主，东部为海相碳酸盐岩沉积为主，从康滇古陆往东依次为冲击平原相、滨岸沼泽相，碳酸盐岩台地相，海湾泻湖相等沉积环境，岩性及岩石组合纵横向变化较大。上二叠统龙潭组富有机质黑色泥页岩主要发育于滨岸沼泽相和海湾泻湖相沉积环境。

在晚二叠世早期，南川地区整体处于滨岸沼泽相的东侧，东邻碳酸盐岩台地相，沉积的龙潭组岩性以灰黑色页岩为主，夹深灰色灰岩和 2~5 层煤线，地层厚 75~83m，其中页岩累厚 50~65m，灰岩累厚 17~25m。其东侧的涪陵－彭水地区处于碳酸盐岩台地相，岩性以灰色灰岩为主，泥页岩厚度减薄，地层厚 50~92m，其中页岩累厚 13~24m，灰岩累厚 40~68m。其西侧的东溪－丁山地区处于滨岸沼泽相的中部，岩性以灰黑色泥岩与灰质泥岩、灰岩频繁互层为主，夹 7~15 层煤线，地层厚 75~87m，其中泥岩及煤层合计 60~65m，厚度占比 80%~85%。

南川地区龙潭组按照沉积旋回、岩性和电性特征，可以划分为五段(图 2)，由下而上分别为潭一段、潭二段、潭三段、潭四段、潭五段。潭一段为海侵体系域沉积，沉积环境主要为泥坪－泥碳沼泽相，岩性为灰黑色泥岩，夹 1 层煤层，电性上表现为高自然伽马、低电阻率特征，由东向西厚度有增大趋势，东部的大石坝地区厚 12m，中部的东胜地区厚 15m，西部的阳春沟地区厚 16m。潭二段为高位体系域沉积，沉积环境为潮坪相，岩性为灰色－深灰色灰岩，厚 3~4m，电性上表现为低自然伽马、高电阻率特征。潭三段再次发生海侵，沉积环境过渡为泥坪－泥碳沼泽相，岩性为灰黑色泥岩，局部夹 1 层煤层或灰岩，电性上表现为高自然伽马、低电阻率特征，厚度分布较为稳定，在 13~16m 之间，其中泥页岩厚度为 13~14m。潭四段发生海退，沉积环境为潮坪相，岩性为灰色－深灰色灰岩，电性上表现为低自然伽马、高电阻率特征，地层厚度自东向西逐渐减薄，东部的大石坝地区厚 21m，中部的东胜地区厚 19~21m，西部的阳春沟地区厚 13m。潭五段再次发生海侵，沉积环境为泥坪~泥碳沼泽相，岩性为灰黑色泥岩，局部夹 1~2 层煤线，电性上表现为高自然伽马、低电阻率特征，该套页岩连续厚度较大，自东向西厚度逐渐增大，东部的大石坝地区厚 22m，中部的东胜地区厚 26~27m，西部的阳春沟地区厚 32m。总体上，南川地区泥页岩集中分布于潭一段、潭三段、潭五段，泥页岩内部夹层较少，岩性较均质，对页岩气地质与工程双甜点段优

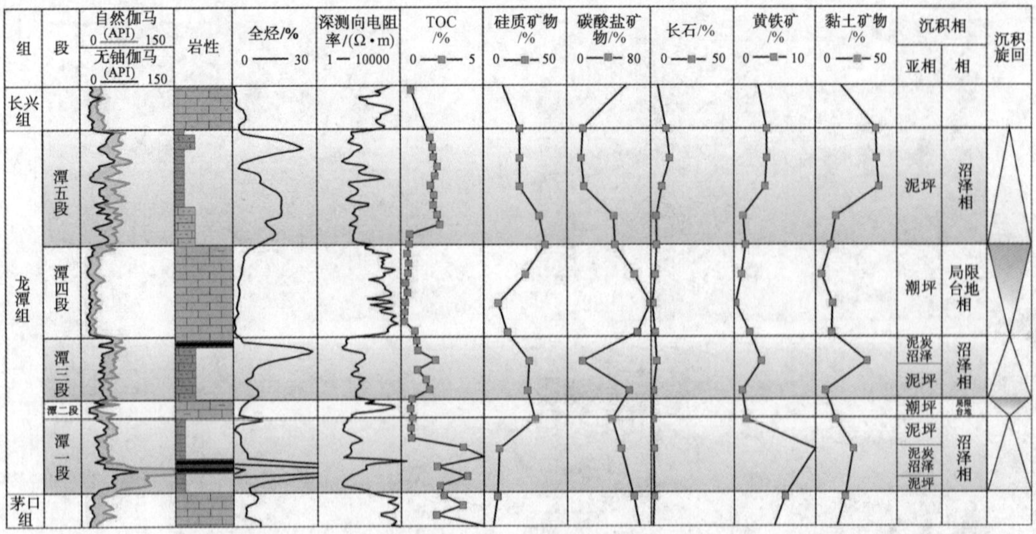

图2　南川地区龙潭组综合柱状图

选有利。

2.2　有机地化特征

南川地区龙潭组泥页岩及煤层具有较高的有机质丰度和适中的热演化程度，利于生干气。南川地区150件样品总有机碳实验分析表明，龙潭组泥页岩总有机碳含量(TOC)在0.5%～4.0%之间，平均为2.0%，煤层TOC一般为17.2%～50.2%(图2)。其中潭一段泥页岩TOC介于0.6%～4.0%，平均为2.3%，潭三段泥页岩TOC介于0.6%～2.1%，平均为1.4%，潭五段泥页岩TOC介于0.5%～2.4%，平均为2.0%。镜质体反射率(Ro)测试表明，Ro在2.03%～2.23%，平均为2.13%，表明泥页岩进入过成熟演化阶段，以生成干气为主。根据露头及邻区钻井的有机显微组分及碳同位素分析表明，南川地区龙潭组泥页岩有机质类型以"腐殖型无定型"(Ⅱ型)为主，煤的显微组分以镜质组(Ⅲ型)为主。

2.3　储层物性特征

前人对龙潭组储层特征开展了大量的研究工作[1,14-18]，大致将页岩孔隙分为粒间孔、粒内孔和有机孔3类[15]。本文利用南川地区露头及邻区钻井氩离子抛光扫描电镜观察，认为龙潭组储集空间类型主要为有机质孔隙、无机孔隙、微裂缝三种类型，有机质孔隙主要发育于部分有机质中，孔径一般50～557nm，孔隙形态以椭球形为主，部分为孔径较小的球形(图3a、3b)；无机孔隙以黏土矿物晶间孔为主，分散分布于黏土矿物中，孔隙形态不规则；微裂缝发育程度相对较高，主要为黏土矿物收缩缝和构造缝，缝宽0.1～10μm不等，缝面弯曲(图3c、3d)。FMI成像测井解释龙潭组裂缝较发育，天然缝主要发育于潭五段，东胜地区S2井龙潭组发育4条高阻缝，1条高导缝，其中潭五段发育高阻缝3条。

露头样品物性分析测试表明南川地区龙潭组孔隙度总体较高，主要介于2%～6.38%，平均4.98%，受到样品风化的影响，测试结果可能偏大。

2.4　含气性特征

南川地区完钻的近50口页岩气探井和开发井在龙潭组均钻遇良好的气测异常显示，潭一段和潭五段气测显示最为活跃(图2)，由东向西含气性变好。东部的大石坝地区龙潭组埋深在900～1850m之间，泥页岩气测全烃一般1.5%～6.8%，煤层全烃最高达20.5%。中部的东胜地区龙潭组埋深在1350～2200m之间，泥页岩气测全烃一般3.0%～25.3%，煤层全烃最高达48.6%。东部的阳春沟地区龙潭组埋深在900～4000m之间，泥页岩气测全烃一般3.8%～24.2%，煤层全烃最高超过50%。高气测异常显示一般与高TOC对应，表明有机质为页岩气储集和吸附的主要场所。

2.5　矿物组成及脆性特征

全岩X射线衍射分析表明南川地区龙潭组泥页岩脆性矿物含量较高(图2)。其中，硅质矿物含量平均25.3%，碳酸盐矿物含量平均37.2%，

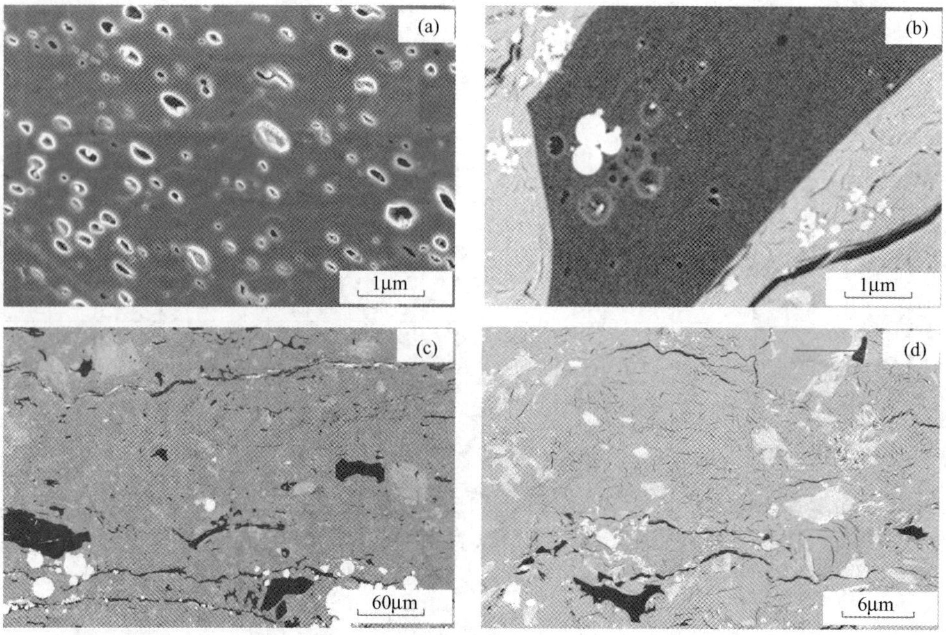

图3　川东南地区龙潭组灰黑色泥岩储集空间特征

(a)有机质孔隙，孔径50~557nm，灰黑色泥岩，龙潭组；(b)有机质孔隙，孔径80~376nm，灰黑色泥岩，龙潭组；(c)黏土矿物孔、微裂缝，见黄铁矿，灰黑色泥岩，龙潭组；(d)黏土矿物孔、微裂缝，灰黑色泥岩，龙潭组

长石含量平均4.0%，黄铁矿含量平均3.1%，黏土矿物含量平均28.5%。分段统计表明，潭一段、潭三段、潭五段泥页岩矿物组成略有差异。潭一段碳酸盐矿物含量最高，平均51.5%，硅质矿物含量平均22.0%，黏土矿物含量平均22.7%。潭三段碳酸盐矿物含量降低，硅质矿物含量增大，碳酸盐矿物含量平均37.1%，硅质矿物含量平均26.6%，黏土矿物含量平均31.0%。潭五段碳酸盐矿物含量进一步降低，硅质矿物含量增大，碳酸盐矿物含量平均27.4%，硅质矿物含量平均26.9%，黏土矿物含量平均31.1%。总体上，三段泥页岩的脆性矿物含量差异不大，黏土矿物含量适中，表明龙潭组泥页岩脆性较高，利于压裂改造。

3　龙潭组甜点区与甜点段探讨

3.1　页岩气富集主控因素探讨

在龙潭组页岩气地质条件分析和前期勘探实践的基础上，提出生气条件、保存条件、可压条件“三条件”是控制页岩气富集和高产的关键，其含义为：生气条件控制页岩气成藏物质基础、保存条件控制页岩气成藏富集程度、可压条件控制压裂改造效果和产量。

3.1.1　生气条件控制页岩气成藏物质基础

页岩气属于自生自储成藏，其自身生烃能力的大小，决定了原始生气量的高低，控制了页岩气富集成藏的物质基础。四川盆地及周缘五峰组—龙马溪组页岩气勘探开发实践表明，页岩厚度越大、有机质丰度越高、热演化程度适中，越利于形成规模页岩气藏，单井产量越高[4,7]。龙潭组作为中国南方广泛分布的重要烃源岩之一，为长兴组、飞仙关组、嘉陵江组等众多气藏提供了主要气源，其生烃能力普通较强，不同地区有一定差异。南川地区在龙潭组沉积时期处于滨岸沼泽相的东侧，自东向西页岩厚度逐渐增大、有机质丰度逐渐增高、热演化程度有增大趋势，反映生气条件逐渐变好。由于热演化程度已达高-过成熟演化阶段，Ro变化区间较小(2.0%~2.2%)，因此页岩累计厚度和有机质丰度为评价生气条件的关键指标。

3.1.2　保存条件控制页岩气成藏富集程度

保存条件是制约页岩气成藏的关键因素之一[3,4,7-8,19]，页岩气保存条件越好，压力系数越大，含气量和游离气占比越高，储层物性越好，页岩气富集程度越高，越利于获得高产[7]。顶底板封闭性和构造改造作用是控制保存条件好坏的关键因素，其中构造改造作用又主要表现在构造样式、剥蚀区、埋深、断层等四个方面。

龙潭组底板为下二叠统茅口组三段-四段泥晶灰岩、泥质灰岩，岩性致密，厚度达 60~80m，测井解释裂缝、溶孔、溶洞不发育，孔隙度和渗透率低，具有较好的封隔性。顶板为长兴组致密灰岩、泥质灰岩，厚约 30~60m，封盖能力较好。钻井揭示潭一段、潭五段气测显示活跃，也从侧面反映顶底板封闭性好。总体上，龙潭组具有良好的顶底板条件。

页岩气虽为连续性成藏，但其富集成藏仍然受到构造改造作用的控制，正向构造、适当的埋深、远离剥蚀区、断层不发育，更利于页岩气保存和富集(图 4)。四川盆地及周缘页岩气勘探实践表明，页岩气在烃浓度差、压力差等作用下有向高部位运移的趋势，构造完整的背斜为页岩气运移指向区，背斜高部位页岩气只能通过顶底板发生小规模扩散，而在扩散的同时不断得到低部位气源补充，页岩气汇聚于高部位，形成高压、高含气量页岩气藏。

南川地区龙潭组主要发育背斜、斜坡两类构造类型，背斜更靠近盆内，没有受到剥蚀区的影响，埋深更大，断层相对不发育，保存条件较好；斜坡位于盆缘，受剥蚀区影响较大，埋深变浅，保存条件变差，因此背斜保存条件优于斜坡，而斜坡深部位由于埋深大、受剥蚀区影响减小、有一定气源补充，保存条件优于浅部位。

3.1.3　可压条件控制压裂改造效果和产量

页岩的可压条件控制了压裂施工的难度和改造效果，是压裂工程实现体积改造的前提，决定了赋存于地下的页岩气能否成功采出。目前，国内已具备 3500m 以浅海相页岩气规模开发的技术能力[19]，而 3500m 以深的深层页岩气尚未实现商业开发，究其原因，在于深层页岩气埋深大、地温高、地应力大、地层塑性增强，导致页岩可压性变差，压裂改造效果不理想，单井产量较低，递减较快。

南川地区龙潭组泥页岩脆性矿物含量、黏土矿物含量与五峰组—龙马溪组基本一致，差异在于硅质矿物含量减少，碳酸盐矿物含量增大；三轴岩石力学测试表明，龙潭组泥页岩泊松比为 0.23，杨氏模量为 34.1GPa，岩石力学脆性指数为 51.2%；总体上，从矿物组成、岩石力学参数来看，南川地区龙潭组泥页岩为脆性地层，脆性指数高，利于压裂改造。对于龙潭组 3500m 以浅页岩气，应更关注夹层及其地应力对压裂改造的影响；对于龙潭组 3500m 以深的深层页岩气，应更关注埋深增大后，由于温度增高、围压增大导致地层塑性增强、地应力增大对压裂改造的影响。

3.2　建立选区评价标准，优选甜点区

目前，龙潭组页岩气勘探认识程度较低，其地

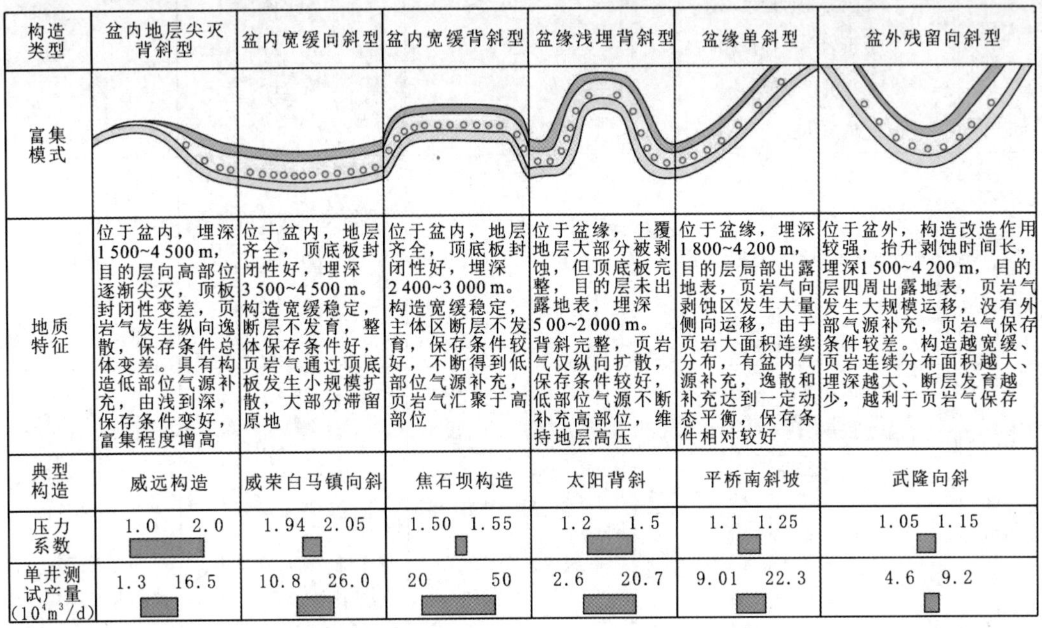

图 4　四川盆地及周缘页岩气富集模式图

质条件与五峰组—龙马溪组具有较大差异，因此适用于五峰组—龙马溪组的页岩气选区评价方法和标准只能借鉴，不能照搬，需结合龙潭组地质特点，建立适用于海陆过渡相页岩气的评价方法和标准，以高效优选有利目标，指导页岩气勘探开发。

根据龙潭组页岩气地质特点和富集主控因素，围绕生气、保存、可压"三条件"，优选了11项关键参数、7项辅助参数，初步建立了南川地区龙潭组页岩气选区评价方法和标准(表2)。利用该方法优选出阳春沟背斜、东胜背斜为南川地区一类区(图5)，面积201km^2，资源量约804×10^{8}m^3。阳春沟背斜、东胜背斜龙潭组黑色富有机质泥页岩发育，累计厚度50~60m，单层页岩厚26~32m，TOC为1.5%~3.0%，Ro为2.0%~2.2%，生气条件优越；为正向构造、背斜形态完整、断层不发育、页岩埋深适中(2000~3500m)、顶底板封闭性好，保存条件较好；脆性矿物含量为50%~60%，脆性指数为51.2%，可压条件较好。

3.3 建立储层综合评价指数，优选甜点段

海陆过渡相及陆相页岩层系中普遍存在碳酸盐岩、砂岩、煤层等众多夹层，页岩分布不连续，单层厚度较薄，页岩气勘探开发甜点段和水平井靶窗优选难度大，同时夹层的存在会形成高于或低于页岩储层应力的应力隔挡，导致压裂缝纵向延伸受阻，压裂改造体积受限。丁山地区SY1井龙潭组地层厚87m，泥质灰岩、灰质泥岩、泥质粉砂岩、煤层等夹层厚45m，页岩累计厚度42m，单层厚度一般3~5m，造成水平井靶窗优选困难，需开展直井压裂测试确定最优甜点后，再侧钻水平井。因此，在甜点段优选时，必须考虑地质甜点与工程甜点一体化，尽力避开夹层对压裂造缝的影响，实现体积改造最大化。

本文在前期勘探实践和研究认识基础上，优选TOC、孔隙度、含气量、脆性矿物含量四项主要参数，将参数归一化后求和，建立储层综合评价指数(简称RCEI)，当RCEI≥50%时，为一类储层，当RCEI介于40%~50%之间时，为二类储层，当RCEI介于30%~40%时，为三类储层。评价表明，南川地区潭五段泥岩连续厚度26~32m，有机质丰度高，储层物性好、天然缝较发育，脆性矿物含量高、黏土矿物含量适中、气测异常显示活跃、含气量高，总体为一类储层，是龙潭组页岩气勘探甜点段；潭五段上部RCEI最高，为水平井最优穿层靶窗。

表2 南川地区龙潭组页岩气选区评价标准

	评价参数		一类区	二类区	三类区
生气条件	关键参数	泥页岩累计厚度/m	>40	20~40	<20
		泥页岩单层厚度/m	>20	10~20	<10
		有机质丰度/%	>2	1~2	<1
	辅助参数	热演化程度/%	1.3~3.5	0.7~1.3	>3.5或<0.7
保存条件	关键参数	地层压力系数	>1.1	1.0~1.1	<1.0
		构造样式	背斜、盆内向斜	斜坡、宽缓的残留向斜	较紧闭~紧闭复杂褶皱
		斜坡或残留向斜型目标埋深/m	>1500	1000~1500	<1000
		孔隙度/%	>3	2~3	<2
		含气量/m^3/t	>2	1~2	<1
	辅助参数	斜坡或残留向斜型目标离剥蚀边界距离/km	>4	2~4	<2
		顶底板	岩性致密，厚度大于50m，封闭性好	岩性较致密，封闭性能较好	岩性不致密，封闭性能较差
		断层发育情况	断层较少，规模小，无开启性断层	断层较发育，规模小，距开启性断层大于1000m	断层发育，规模大，距开启性断层小于1000m
		裂缝发育情况	发育	较发育	不发育

续表

评价参数			一类区	二类区	三类区
可压条件	关键参数	脆性矿物含量/%	>50	30~50	<30
		脆性指数/%	>50	30~50	<30
		页岩埋深/m	<3500	3500~4500	>4500
	辅助参数	最大水平主应力/MPa	<80	80~95	>95
		水平应力差异系数	<0.2	0.2~0.3	>0.3

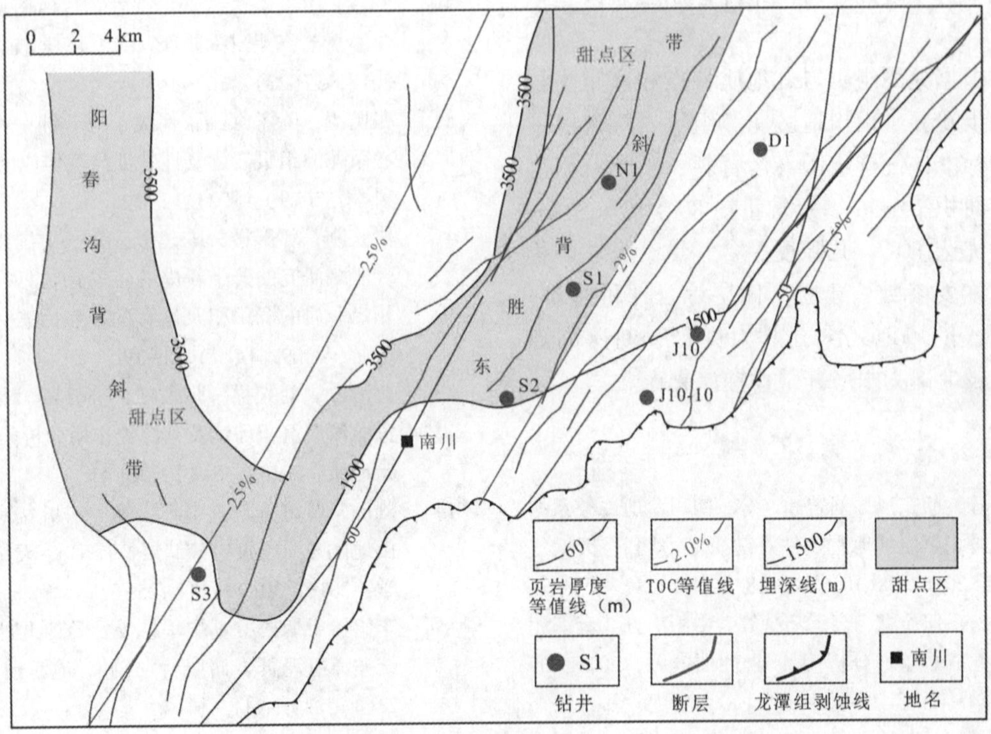

图5 南川地区龙潭组页岩气甜点区综合评价图

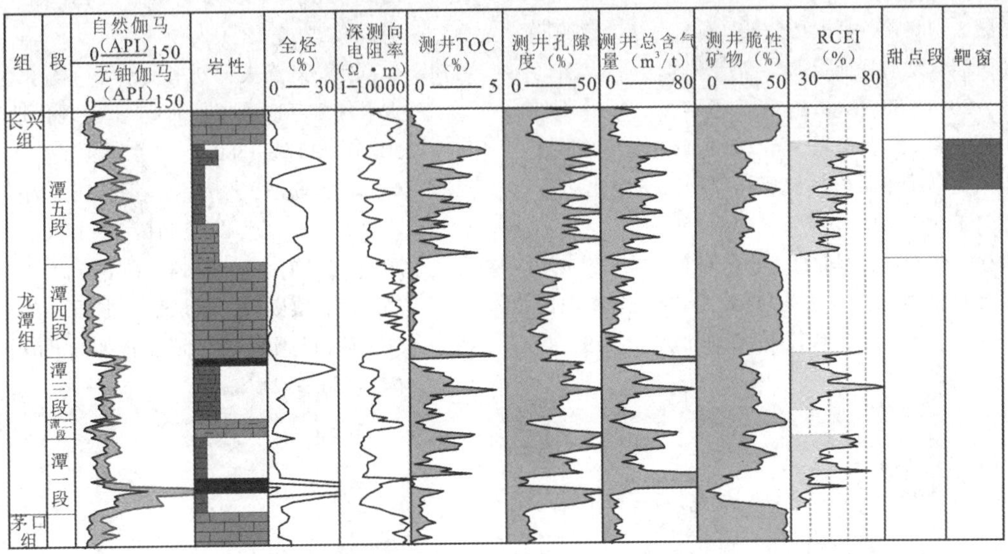

图6 南川地区龙潭组页岩气甜点段综合柱状图

4 结论

(1) 南川地区龙潭组处于滨岸沼泽相，黑色富有机质泥页岩发育，累厚50~65m，有机质丰度较高，热演化程度适中，储层物性和含气性较好，具有较大的页岩气勘探潜力。

(2) 龙潭组页岩气富集高产主要受生气条件、保存条件、可压条件“三条件”控制，即生气条件控制页岩气成藏物质基础、保存条件控制页岩气成藏富集程度、可压条件控制压裂改造效果和产量。

(3) 根据龙潭组页岩气地质特点和富集主控因素，初步建立了南川地区龙潭组页岩气选区评价方法和标准，优选出阳春沟背斜、东胜背斜为一类区，面积 $201km^2$，资源量约 $804\times10^8m^3$。

(4) 优选TOC、孔隙度、含气量、脆性矿物含量四项主要参数，建立了储层综合评价指数。评价表明，南川地区潭五段为页岩气勘探甜点段，潭五段上部为水平井最优穿层靶窗。

参考文献

[1] 郭旭升，胡东风，刘若冰，等．四川盆地二叠系海陆过渡相页岩气地质条件及勘探潜力[J]．天然气工业，2018，38(10)：11-18.

[2] 何贵松，何希鹏，高玉巧，等．中国南方3套海相页岩气成藏条件分析[J]．岩性油气藏，2019，39(1)：1-12.

[3] 何希鹏，高玉巧，唐显春，等．渝东南地区常压页岩气富集主控因素分析[J]．天然气地球科学，2017，28(4)：654-664.

[4] 何希鹏，何贵松，高玉巧，等．渝东南盆缘转换带常压页岩气地质特征及富集高产规律[J]．天然气工业，2018，38(12)：1-14.

[5] 高玉巧，蔡潇，张培先，等．渝东南盆缘转换带五峰组—龙马溪组页岩气储层孔隙特征与演化[J]．天然气工业，2018，38(12)：15-25.

[6] 何贵松，何希鹏，万静雅，等．低勘探程度区页岩气水平井地质导向方法与应用——以渝东南地区LY1HF井为例[J]．科学技术与工程，2019，19(27)：124-133.

[7] 何希鹏，齐艳平，何贵松，等．渝东南构造复杂区常压页岩气富集高产主控因素再认识[J]．油气藏评价与开发，2019，9(5)：32-39.

[8] 方志雄．中国南方常压页岩气勘探开发面临的挑战及对策[J]．油气藏评价与开发，2019，9(5)：1-13.

[9] 包书景，林拓，聂海宽，等．海陆过渡相页岩气成藏特征初探：以湘中坳陷二叠系为例[J]．地学前缘，2016，23(1)：44-53.

[10] 罗沙，王凌霞，石富伦，等．黔西南地区龙潭组煤系页岩气勘探前景[J]．科学技术与工程，2017，17(22)：162-168.

[11] 张国涛，陈孝红，张保民，等．湘中邵阳凹陷二叠系龙潭组页岩含气性特征与气体成因[J]．地球科学，2019，44(2)：1-12.

[12] 梁狄刚，郭彤楼，陈建平，等．中国南方海相生烃成藏研究的若干新进展(三)南方四套区域性海相烃源岩的沉积相及发育的控制因素．海相油气地质，2009，14(2)：1-19.

[13] 曹清古，刘光祥，张长江，等．四川盆地晚二叠世龙潭期沉积环境及其源控作用分析[J]．石油实验地质，2013，35(1)：36-41.

[14] 刘虎，曹涛涛，戚明辉，等．四川盆地东部华蓥山地区龙潭组页岩气储层特征[J]．天然气地球科学，2019，30(1)：11-25.

[15] 李娟，于炳松，夏响华，等．黔西北地区上二叠统龙潭组泥页岩储层特征[J]．地学前缘，2015，22(1)：301-311.

[16] 张吉振，李贤庆，郭曼，董泽亮，等．川南地区二叠系龙潭组页岩微观孔隙特征及其影响因素[J]．天然气地球科学，2015，26(8)：1571-1578.

[17] 徐良伟，刘洛夫，刘祖发，等．扬子地区二叠系页岩气赋存地质条件研究[J]．现代地质，2016，30(6)：1376-1389.

[18] 杨滔，曾联波，聂海宽，等．湘中坳陷海陆过渡相页岩吸附能力及控制因素[J]．岩性油气藏，2019，31(2)：105-114.

[19] 马永生，蔡勋育，赵培荣．中国页岩气勘探开发理论认识与实践[J]．石油勘探与开发，2018，45(4)：561-574.

南川地区龙马溪组优质页岩段微观孔隙结构特征

刘娜娜

（中国石化华东油气分公司）

摘　要　为观测南川地区龙马溪组优质页岩段五小层微观孔隙结构特征，分析孔隙纵向变化规律和平面展布特征，利用氩离子抛光+扫描电镜等对南川地区 JY194-3 井、SY1 井、NY1 井等龙马溪组优质页岩储层岩石样品的微观孔隙结构特征进行了观察研究，结合有机碳、孔隙度、全岩、气测等实验分析测试数据进行分析，发现纵向上随着深度的增加有机孔有先增多后减少的趋势，而平面上 JY194-3 井有机孔隙发育情况优于 SY1 井优于 NY1 井。

关键词　南川地区；龙马溪组；优质页岩；孔隙结构特征；纵向变化；平面展布

近年来，随着四川盆地及周缘页岩气勘探开发的不断深入，渝东南龙马溪组页岩气已成为非常规油气的焦点，对于四川盆地下志留统龙马溪组页岩孔隙结构特征方面已开展了大量研究工作[1-6]，与常规油气储层相比，页岩储层的孔隙孔径更小，结构更复杂[7-14]，氩离子抛光+扫描电镜是观测页岩储层微观孔隙特征、研究页岩储层结构的重要手段[15-19]，本文通过系统观察南川地区三口探井的下志留系龙马溪组优质页岩段的钻井页岩样品，研究本区龙马溪组优质页岩段孔隙结构特征，并结合实验数据，分析其空间变化规律及影响因素。

1　样品与测试

本次研究通过对南川地区 JY194-3 井、SY1 井、NY1 井(图 1)下志留系龙马溪组优质页岩段页岩样品开展有机质含量、成熟度、矿物组成、孔隙度、渗透率、氩离子抛光+扫描电镜等测试，对页岩储层微观孔隙结构及其变化规律进行了分析。实验分析均在中石化华东分公司勘探开发研究院扬州实验中心完成，氩离子抛光设备为 HITACHI 生产的 IM4000 离子抛光装置；扫描电镜为 ZEISS 生产的 SIGMA 场发射扫描电子显微镜。

JY194-3 井页岩样品 11 件，岩性为灰黑色-

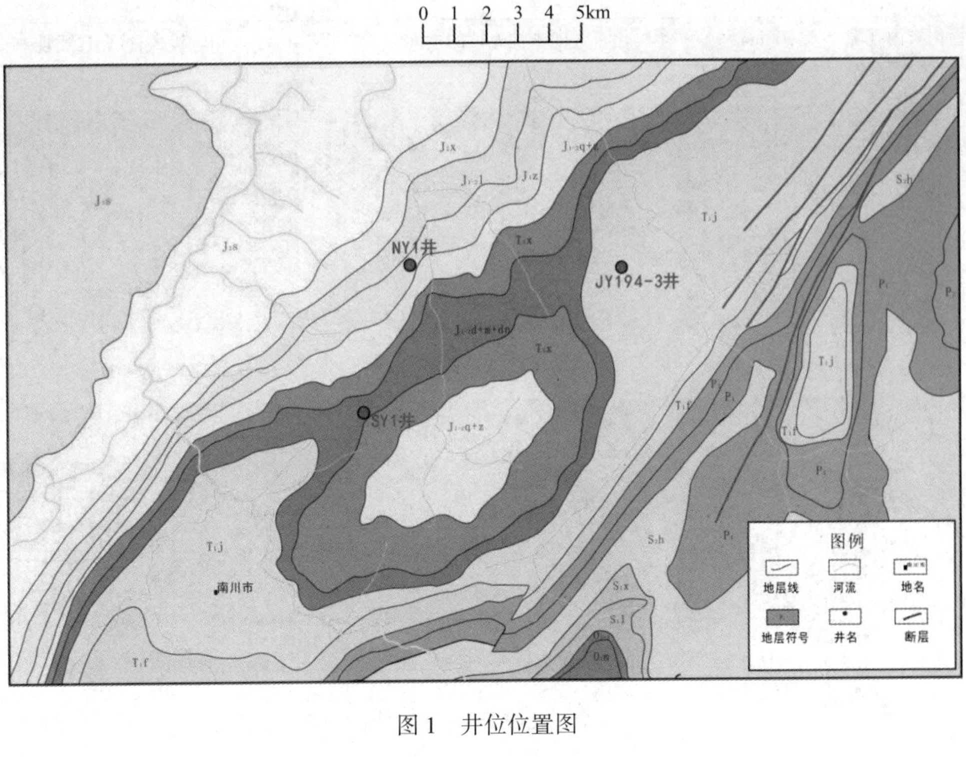

图 1　井位位置图

黑色页岩，实验分析 TOC 为 1.65%~6.66%，平均为 3.25%；SY1 井页岩样品 17 件，岩性为灰黑色-黑色页岩，实验分析 TOC 为 1.56%~7.061%，平均为 3.2%；NY1 井页岩样品 12 件，岩性为灰黑色-黑色页岩，实验分析 TOC 为 2.0%~7.73%，平均为 3.14%。

2 结果分析

观测显示，页岩储层孔隙主要为纳米级，主要发育微裂缝、微孔道、絮状物孔隙、粒内孔、有机质孔隙和生物化石内孔隙等孔隙类型（表 1）。其中，裂缝、微裂缝、微孔道、絮状物孔隙和粒内孔等属于无机孔隙；有机质孔隙和生物化石内孔隙等孔隙属于有机质孔隙。南川地区常见的无机孔隙主要有微裂缝、矿物溶蚀孔和云母晶间缝，其中，微裂缝（图 2a）一般是沿着矿物边缘产生的，延伸性较好，有利于页岩气的保存和运输[20]；溶蚀孔（图 2b）是矿物颗粒表面受地层流体作用溶蚀形成的无机孔隙，孔径多介于 0.5-1μm 之间，形状不规则居多；云母层间缝（图 2c）是晶间孔的一种，沿着云母片呈弯曲状，连通性较好。前期研究[21-23]表明南川地区页岩气主要赋存空间为有机孔，一般常见的有机孔包括黄铁矿矿物晶间有机质孔、有机质矿物复合孔，黄铁矿矿物晶间有机质孔（图 2d）是黄铁矿晶体间充填的有机质生烃被消耗后产生的孔隙的总称，孔径几十到几百纳米；有机质矿物复合孔受矿物影响孔隙往往具有定向性（图 2e），有机质与黏土矿物、硅质等融合，生烃过程中矿物起到反应物或者催化剂的作用，影响孔隙的形成，其中，有机质黏土复合孔（图 2f）较常见。

表 1 泥页岩中孔隙类型及相应特征（据 Slatt，2011）

储集空间类型		孔径	特征描述	对孔隙度及容纳页岩气贡献
无机孔隙	裂缝	<2cm	被方解石等矿物充填	在压裂改造中优先开启
	微裂缝	<10μm	微裂缝宽度分布范围较大，天然微裂缝中常充填矿物	可作为页岩气运移的通道和储集空间
	微孔道	<1μm	在泥岩基质中大致平行于层理面，延伸长度小于 0.5cm	提供重要的运移通和储集空间
	絮状物孔隙	<20μm	包括结晶矿物颗粒间孔隙和黏土矿物絮状颗粒间孔隙	絮状颗粒间孔隙广泛存在
	晶间孔	<5μm	包括结晶颗粒内孔隙、溶蚀孔隙和泥粉晶粒内孔隙	数量不多，对孔隙度的贡献有限
	晶内孔	<500nm	结晶矿物颗粒内部的晶格缺陷	数量很少，对孔隙度的贡献有限
有机质孔隙	有机质孔隙	<800nm	有机质颗粒内生烃所形成孔隙	有机质孔隙主要是赋存吸附状态的页岩气
	生物化石内孔隙	>500nm	生物化石骨架未被充填的空间	相对较少，彼此连通性差

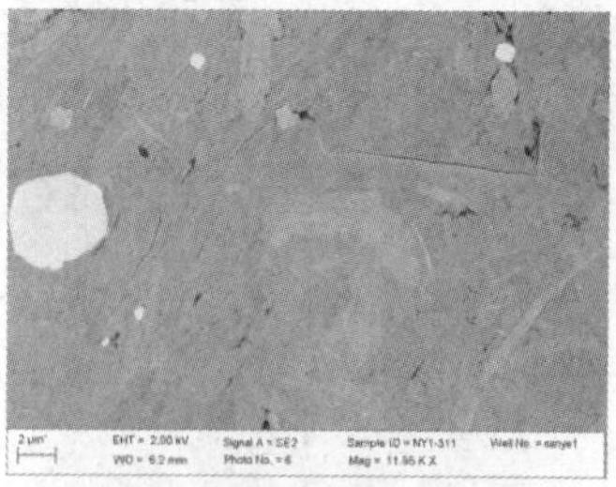
(a) 微裂缝

(b) 溶蚀孔

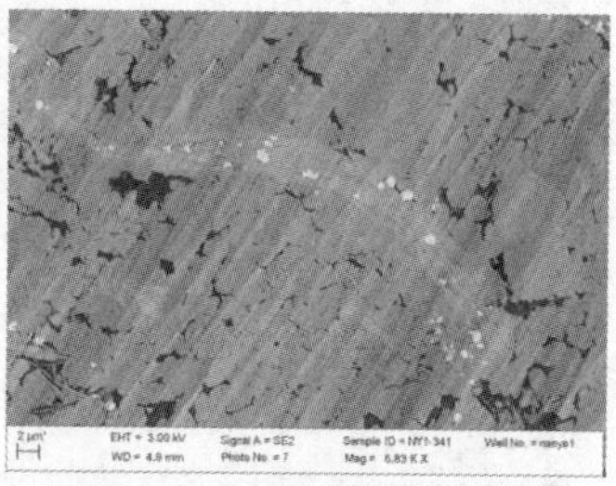
(c) 云母层间缝

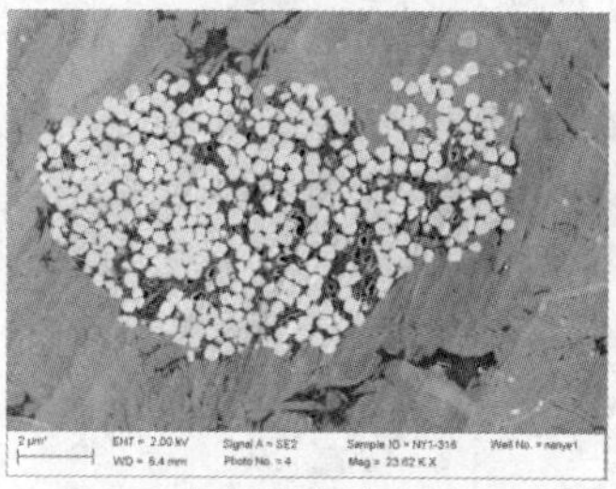
(d) 黄铁矿晶间有机质孔

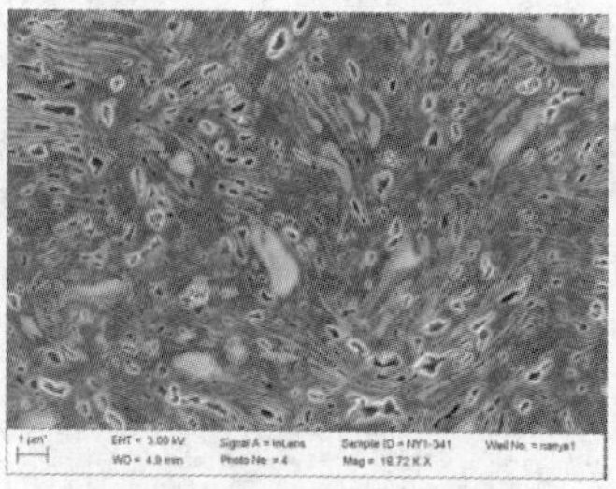
(e) 有机质矿物复合孔

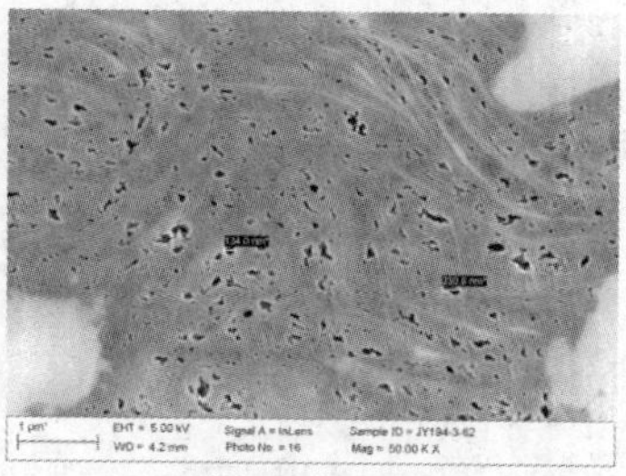
(f) 有机质粘土复合孔

图 2 孔隙类型扫描电镜

2.1 孔隙结构特征

优质页岩为TOC>2%的具有较好生烃潜力的黑色页岩，JY194-3井、SY1井、NY1井龙马溪组优质页岩段按照岩性、电性等参数可划分为五个小层(表2)。本文按照小层进行各井孔隙结构特征的描述对比。

表2 JY194-3井、SY1井、NY1井龙马溪组优质页岩段五小层厚度、TOC统计表

Table. 2 The thickness and TOC statistics of five layers

层号	JY194-3			SY1			NY1井		
	深度/m	厚度/m	TOC/%	深度/m	厚度/m	TOC/%	深度/m	厚度/m	TOC/%
⑤	2663.8~2678.5	14.7	2.32	3441.45~3455.67	5	2.13	4378~4391	13	1.84
④	2678.5~2683.5	5	3	3455.67~3460.52	6.2	3.26	4391~4394	3	2.89
③	2683.5~2692.2	8.7	3.08	3460.52~3466.4	10.6	3.04	4394~4403	9	3.17
②	2692.2~2693.2	1	6.66	3466.4~3467.65	1.3	6.03	4403~4405	2	3.37
①	2693.2~2698.5	5.3	4.78	3467.65~3471.23	3.6	4.13	4405~4411	6	4.3
总	2663.8~2698.5	34.7	3.25	3441.45~3471.23	29.8	3.2	4378~4411	33	3.14

2.1.1 JY194-3井

扫描电镜观察显示JY194-3井优质页岩段各小层有机质孔隙发育(图3)，有机孔密而圆，孔径40-80nm，其余小层有机孔呈圆形、椭圆形、不规则形，孔径范围大(50~500nm)，连通性好。⑤小层有机质分布广泛、孔隙较发育，孔径从数十至一百多纳米不等。局部伴生少量硅质颗粒；④小层有机质多呈细小的不规则颗粒，分布较广泛，有机质孔径从数十至数百纳米不等，连通性较好，但圆度较差；③小层有机质分布广泛、孔隙极发育，从几十至数百纳米不等，密集分布，连通性较好；②小层块状有机质孔隙密集发育，孔径多小于100nm，分布广泛，连通性较好；①小层有机质分布广泛、孔隙极发育，从数十至数百纳米不等，密集分布，连通性较好，局部伴生黏土矿物。

随着深度的增加TOC先增加后减小，结合扫描电镜观察发现随着深度的增加有机孔也有先增多后减少的趋势，与TOC变化趋势相同(图4)。

2.1.2 SY1井

扫描电镜观察显示SY1井优质页岩段各小层有机质孔隙发育(图5)，⑤小层孔径60nm为主，密度中等，不规则状，联通差；④小层孔径可达数百纳米，密度低，不规则状，联通差；③小层孔径50~200nm，密度低，椭圆状，联通性一般；②小层孔径60nm为主，部分可达数百纳米，密度高，不规则状，联通较好；①小层孔径多小于

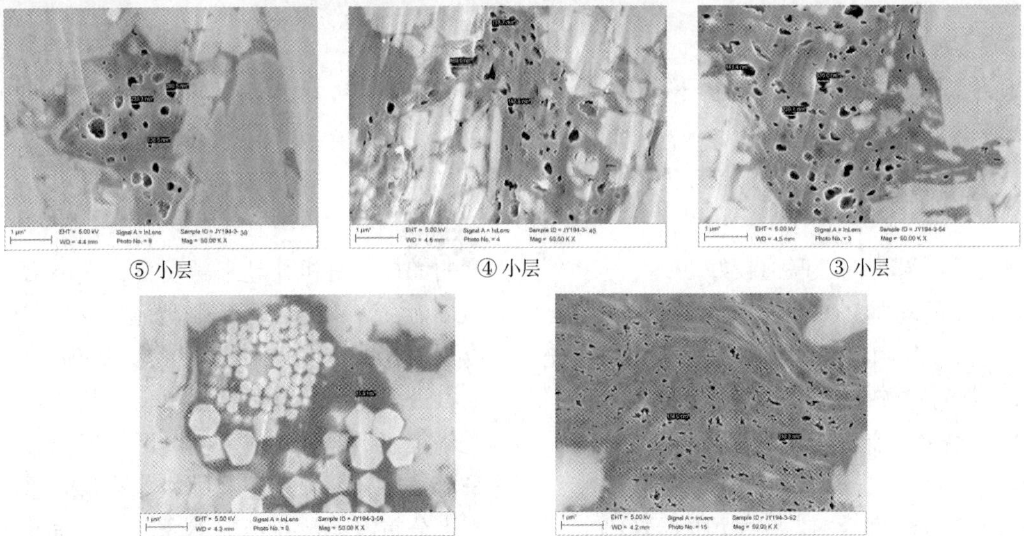

⑤小层　④小层　③小层

②小层　①小层

图3 JY194-3井优质页岩段有机质孔隙特征

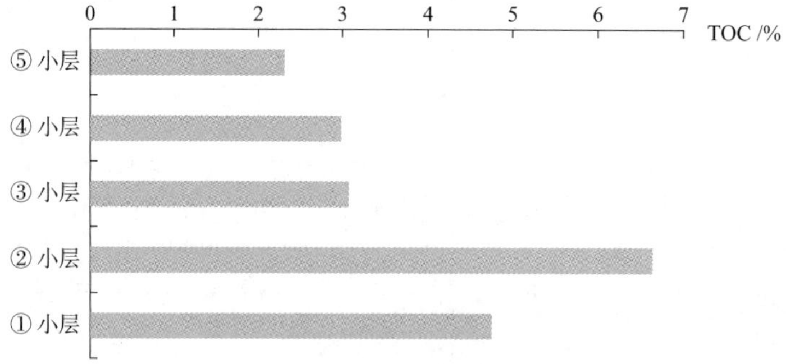

图 4　JY194-3 井五小层 TOC 对比图

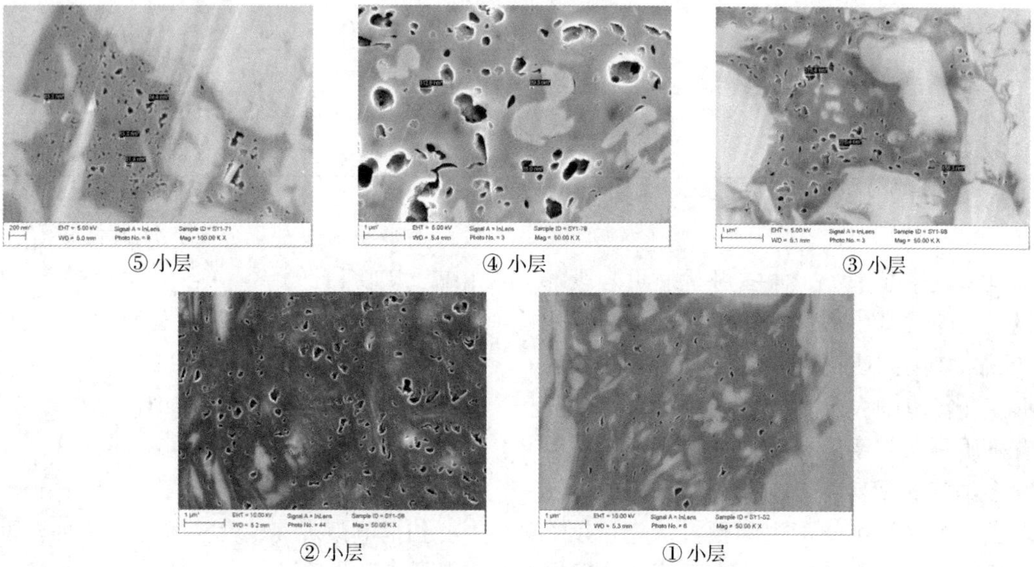

图 5　SY1 井井优质页岩段有机质孔隙特征

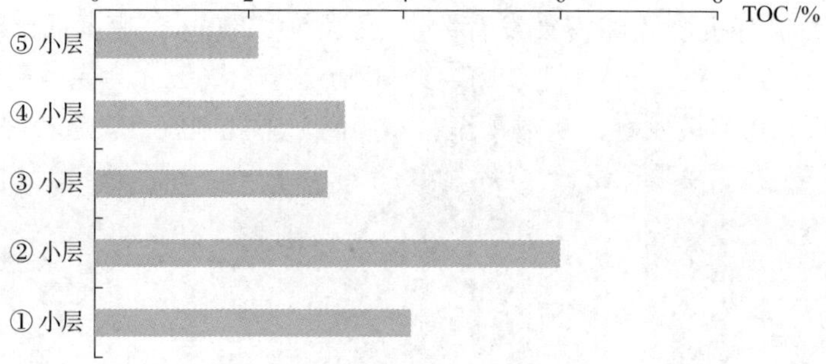

图 6　SY1 井五小层 TOC 对比图

30nm，密度高，圆度高，联通较好。

随着深度的增加 TOC 先增加后减小，结合扫描电镜观察发现随着深度的增加有机孔也有先增多后减少的趋势，与 TOC 变化趋势相同，③小层 TOC 最大，有机孔最发育(图 6)。

2.1.3　NY1 井

扫描电镜图像显示 NY1 井优质页岩段上部(第⑤、第④小层)以无机孔为主，下部(第③、第②、第①小层)以有机孔为主(图 7)，随着深度的增加，有机孔越来越发育，直至第一小层孔隙最为发育，而无机孔则显著减少。有机质孔隙以 10～100nm 为主，部分孔隙达到了 200nm 以上，最大的接近 1000nm。同时孔隙形态和大小变化较大，部分孔隙呈椭圆形或近圆形，边缘较平滑，部分孔隙呈不规则状，菱角分明，在大孔周围分布着无数孔径细小的微孔，与大孔的直径相差 30～100 倍。⑤小层孔径 20nm 为主，密度极低，椭圆状，联通差；④小层孔径 30nm 为主，密度极低，椭圆状，联通差；③小层孔径 50nm 为主，密度低，椭圆状，联通性一般；①小层孔径 30nm 为主，密度高，圆度较高，联通较好。

随着深度的增加 TOC 随之增加，结合扫描电镜观察发现随着深度的增加有机孔也越来越发育，与 TOC 变化趋势相同(图 8)。

2.2　孔隙发育影响因素分析

页岩储层孔隙发育受到页岩有机碳含量、有机质成熟度、矿物成分、储层压力等多种因素影响。

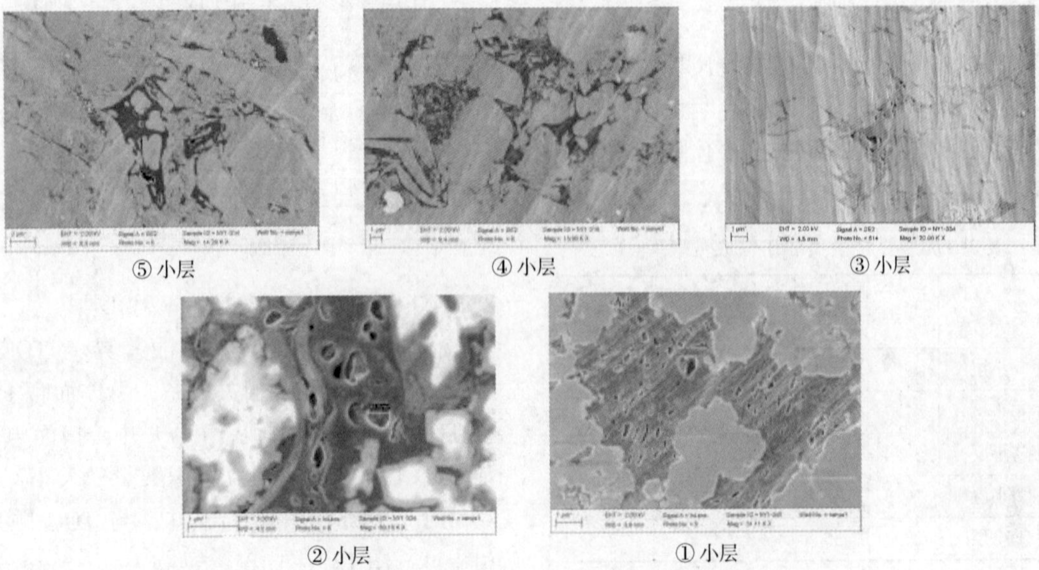

图 7　NY1 井优质页岩段有机质孔隙特征

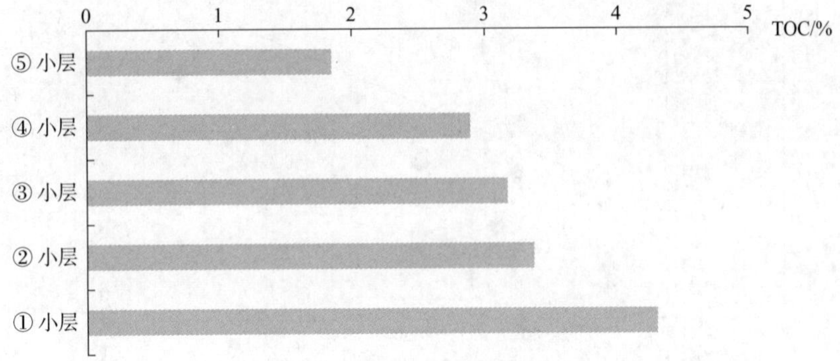

图 8　NY1 井五小层 TOC 对比图

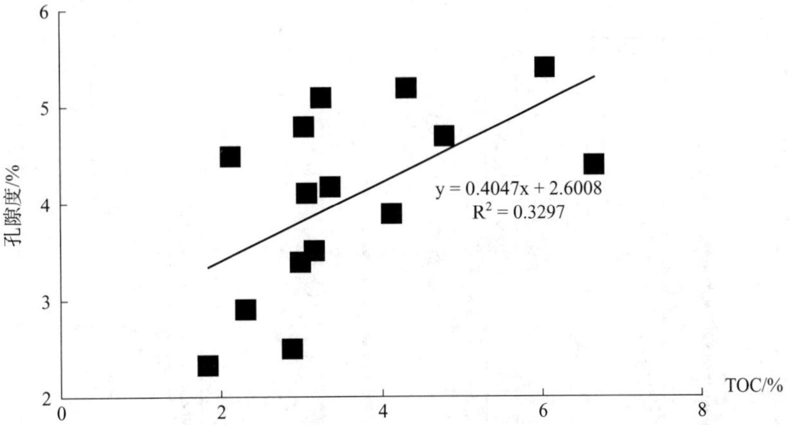

图 9　NY1 井孔隙度与 TOC 含量关系图

2.2.1 有机碳含量(TOC)的影响

南川地区页岩孔隙度与有机碳含量呈正相关关系(图9)，本地区无机孔对孔隙度也有贡献，且测试样品较少，因此孔隙度与TOC相关性因数较小，但仍然可见弱相关趋势，有机碳含量越高，有机孔越多，孔隙度越大。

2.2.2 矿物成分的影响

页岩矿物成分影响页岩储层抗压性，矿物成分不同，孔隙在压实作用下的保存程度不同，南川地区脆性矿物含量较高(表3)。孔隙度与石英含量呈弱正相关关系(图10)。

表3 优质页岩段页岩矿物成分表

层位	黏土	石英	长石	碳酸盐矿物	黄铁矿
NY1井⑤小层	47.1	34.1	9.5	5.4	3.9
NY1井④小层	42.7	33.8	8.1	11.1	4.3
NY1井③小层	34.4	48.6	6.1	7.1	3.8
NY1井②小层	29.3	53.6	4.9	7.3	4.9
NY1井①小层	29.7	55	6.8	6	2.5
SY1井⑤小层	38.5	39.5	9.77	8.9	3.6
SY1井④小层	37.3	44.3	6.36	8.1	3.9
SY1井③小层	30.2	49	6.25	7.39	7.2
SY1井②小层	33	48	8.5	5.45	5.1
SY1井①小层	34.9	40.8	4.38	16.6	4.2
JY194-3井⑤小层	39.2	42.7	8.2	5.4	4.6
JY194-3井④小层	39	41.2	6.9	6.6	6.3
JY194-3井③小层	27	54.3	5.8	8.3	4.7
JY194-3井②小层	20.5	67.3	4.7	2.1	5.4
JY194-3井①小层	22.8	66	4.6	3.9	2.6

2.3 不同井有机孔发育情况对比

不同井、不同小层物性差异与TOC有关，孔隙度与TOC呈正相关关系，总体而言JY194-3井TOC高于SY1井高于NY1井，扫面电镜观察显示JY194-3井有机孔孔隙数量、大小、连通性均优于SY1井优于NY1井，与TOC顺序相同(图11、图12、图13、表4)。

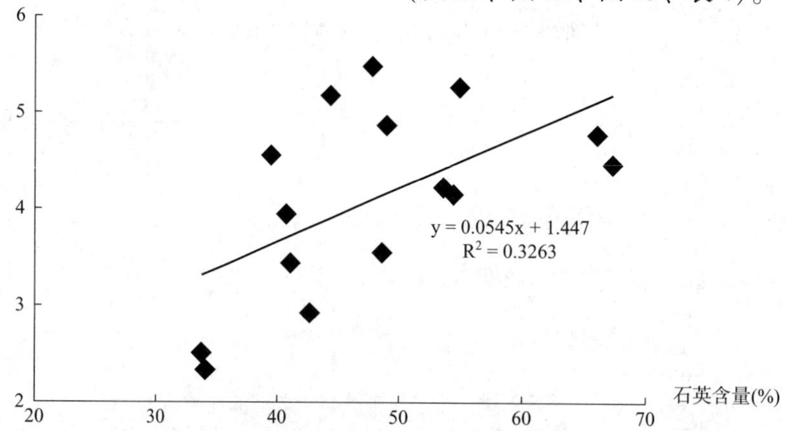

图10 NY1井孔隙度与石英含量关系图

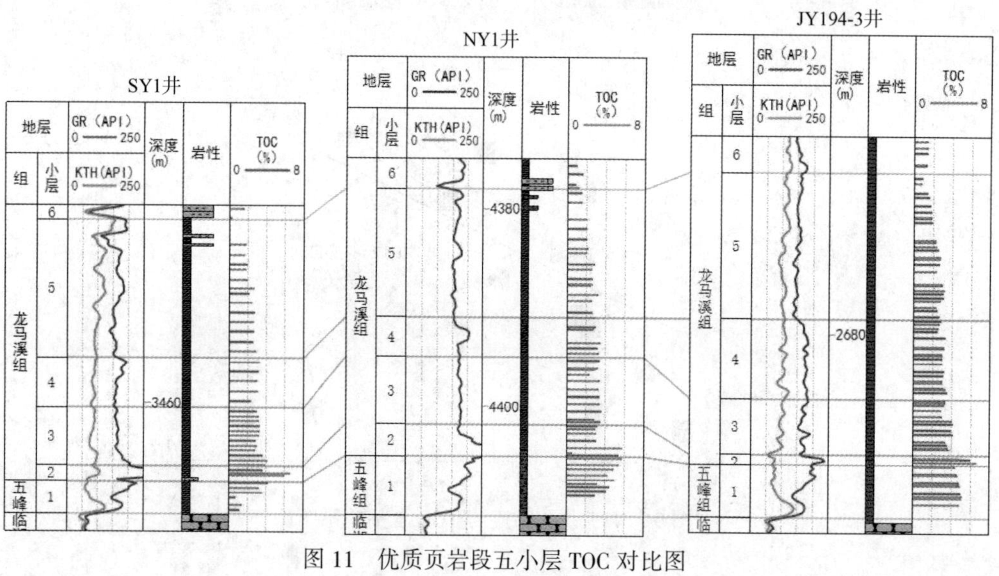

图11 优质页岩段五小层TOC对比图

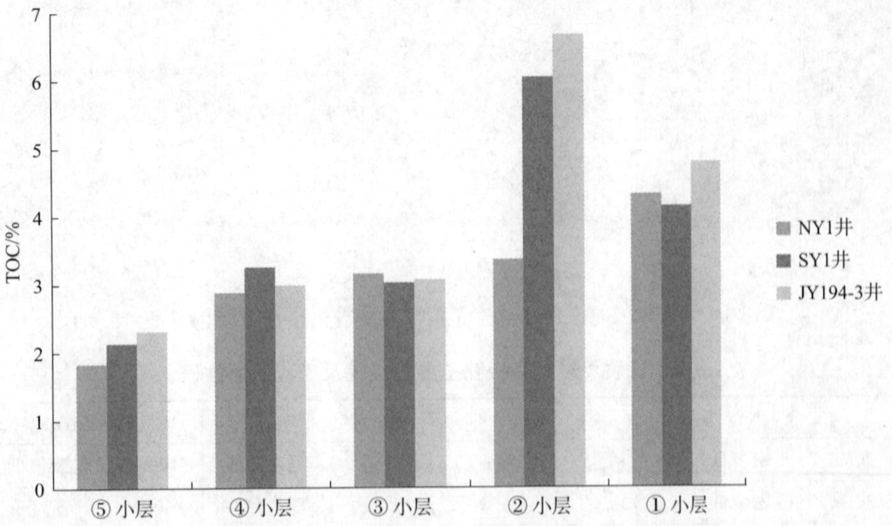

图 12　优质页岩段五小层 TOC 柱状图

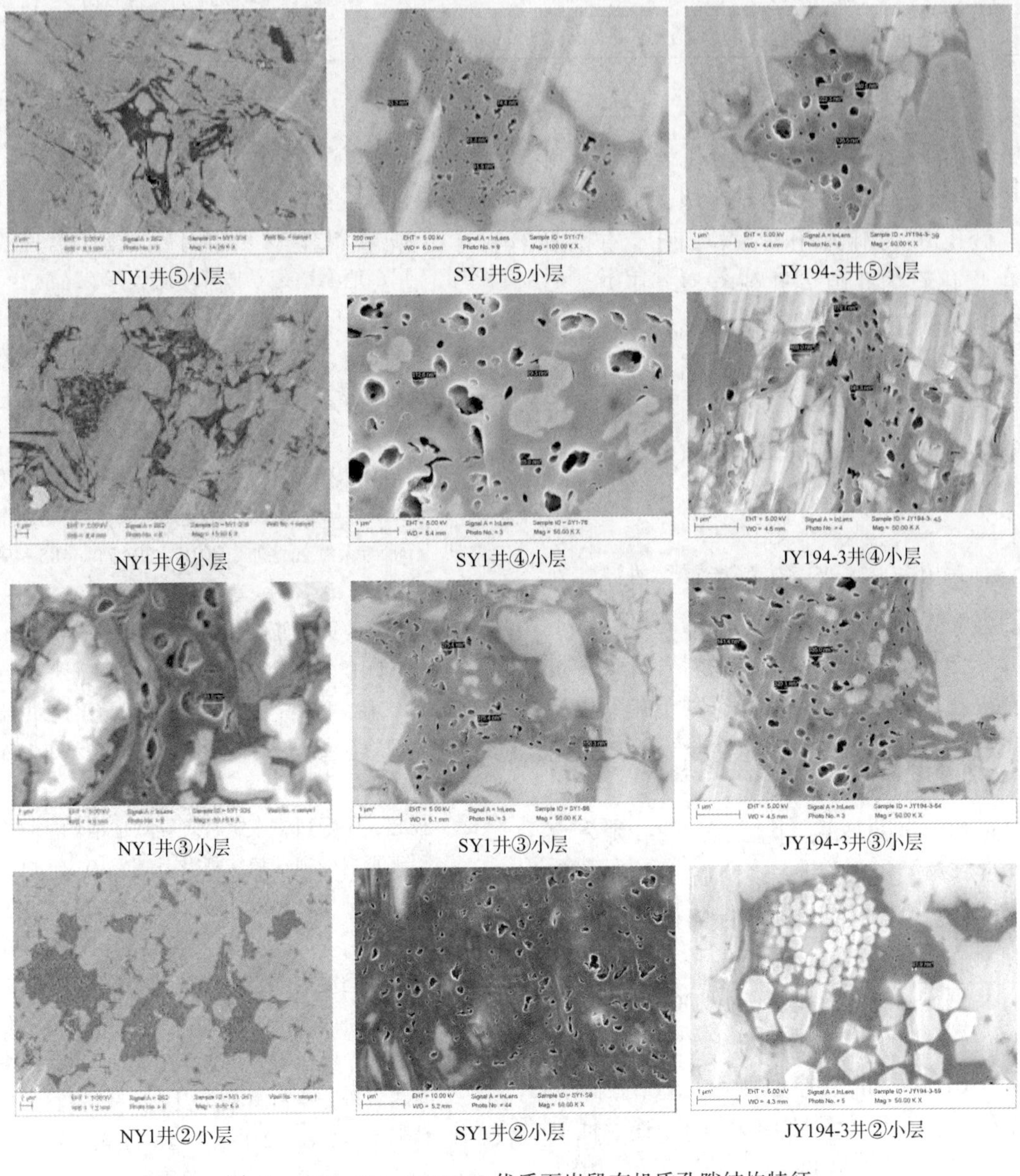

图 13　NY1-SY1-JY194-3 优质页岩段有机质孔隙结构特征

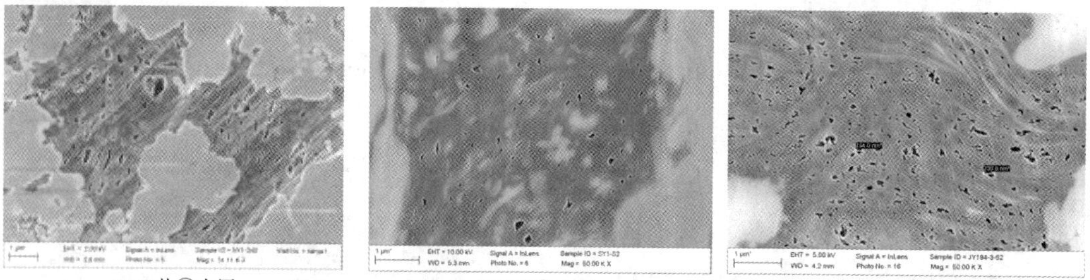

NY1井①小层 SY1井①小层 JY194-3井①小层

图 13 NY1-SY1-JY194-3 优质页岩段有机质孔隙结构特征

表 4 优质页岩段有机孔主要孔径值及密度连通性表

层位	NY1 井			SY1 井			JY194-3 井		
⑤小层	20nm	密度低	联通差	50nm	密度高	联通一般	100nm	密度低	联通差
④小层	30nm	密度低	联通差	80nm	密度高	联通一般	80nm	密度低	联通好
③小层	50nm	密度低	联通差	80nm	密度高	联通一般	100nm	密度高	联通好
②小层	10nm	密度高	联通好	20nm	密度高	联通好	20nm	密度高	联通好
①小层	30nm	密度低	联通差	10nm	密度低	联通好	30nm	密度高	联通好

3 结论

（1）氩离子抛光+扫描电镜分析表明，南川地区优质页岩储层孔隙主要为纳米级，主要发育微裂缝、微孔道、絮状物孔隙、粒内孔、有机质孔隙和生物化石内孔隙等孔隙类型。其中，裂缝、微裂缝、微孔道、絮状物孔隙和粒内孔等属于无机孔隙；一般常见的有机孔包括黄铁矿矿物晶间有机质孔、有机质矿物复合孔，其中，有机质黏土复合孔较常见。有机质孔孔隙多呈不规则状、椭圆形、圆形，孔径多介于 10～100nm 之间。

（2）对南川地区龙马溪组优质页岩段储层孔隙发育的影响因素分析表明，页岩的有机碳含量和矿物成分含量影响孔隙发育，页岩有机碳含量越高，有机孔越多，石英含量高有利于孔隙生成与保存，总之，孔隙度与有机碳含量、石英含量呈正相关关系。

（3）南川地区龙马溪组优质页岩段孔隙发育情况受 TOC 影响，纵向上表现为各小层孔隙度与 TOC 正相关，且 TOC 大的小层扫描电镜观察到的有机孔隙更发育，孔隙密度更大、孔径更大、连通性更好；平面上表现为 TOC 较大的井孔隙发育较好，JY194-3 井有机孔孔隙密度高、孔径较大(20～100nm)、连通性好，SY1 井机孔孔隙密度较高、孔径较大(20～80nm)、连通性一般，NY1 井机孔孔隙密度低、孔径较大(10～50nm)、连通性差。

参 考 文 献

[1] 聂海宽，边瑞康，张培先，等. 川东南地区下古生界页岩储层微观类型与特征及其对含气量的影响[J]. 地学前缘(中国地质大学(北京)；北京大学)，2014，21(4)：331-343.

[2] 张吉振，李贤庆，郭曼，等. 川南地区二叠系龙潭组页岩微观孔隙特征及其影响因素[J]. 天然气地球科学，2015，26(8)：1571-1578.

[3] 王超，张柏桥，舒志国，等. 四川盆地涪陵地区五峰组-龙马溪组海相页岩岩相类型及储层特征[J]. 石油与天然气地质，2018，39(3)：485-497.

[4] 黄家国，许开明，郭少斌，等. 基于 SEM-NMR 和 X-CT 的页岩储层孔隙结构综合研究[J]. 现代地质，2015，29(1)：198-205.

[5] 黄仁春，倪楷，焦石坝地区龙马溪组页岩有机质孔隙特征[J]. 天然气技术与经济，2014，8(3)：15-18.

[6] 杨超，张金川，李婉君，等. 辽河坳陷沙三-沙四段泥页岩微观孔隙特征及其成藏意义[J]. 石油与天然气地质，2014，35(2)：286-294.

[7] 刘尧文，王进，张梦吟，等. 四川盆地涪陵地区五峰—龙马溪组页岩气层孔隙特征及对开发的启示[J]. 石油实验地质，2018，40(1)：44-50.

[8] 闫建萍，贾祥娟，邵德勇，等. 四川盆地龙马溪组页岩有机孔隙 SEM 表征及成因分析[J]. 天然气地球科学，2015，26(8)：1540-1546.

[9] 魏志红，魏祥峰，页岩不同类型孔隙的含气性差异-以四川盆地焦石坝地区五峰组-龙马溪组为例

[J]. 地质勘探，2014，34(6)：37-41.

[10] 赵迪斐，贺明康，张闯辉，等. 页岩储层孔隙特征与结构的观察研究[J]. 电子显微学报，2015，34(2)：99-104.

[11] 李霞，王勤，黄志诚，页岩孔隙结构研究进展及下扬子古生界页岩孔隙特征[J]. 地质学刊，2015，39(1)：13-24.

[12] 吴艳艳，曹海虹，丁安徐，等. 页岩气储层孔隙特征差异及其对含气量影响[J]. 石油实验地质，2015，37(2)：231-236.

[13] 魏祥峰，刘若冰，张廷山，等. 页岩气储层微观孔隙结构特征及发育控制因素-以川南-黔北 XX 地区龙马溪组为例[J]. 天然气地球科学，2013，24(5)：1048-1059.

[14] 李娟，渝东南地区志留系龙马溪组页岩黏土矿物特征及其地质意义[D]. 北京：北京地质大学(北京)，2013.

[15] 蔡潇，原子力显微镜在页岩微观孔隙结构研究中的应用[J]. 电子显微学报，2015，34(4)：326-331.

[16] 靳雅夕，蔡潇，袁艺，等，渝东南地区志留系龙马溪组页岩黏土矿物特征及其地质意义[J]. 中国煤炭地质，2015，27(2)：21-25.

[17] 胡海燕. 富有机质 Woodford 页岩孔隙演化的热模拟实验[J]. 石油学报，2013，34(05)：820-825.

[18] 何希鹏，高玉巧，唐显春，张培先，何贵松. 渝东南地区常压页岩气富集主控因素分析[J]. 天然气地球科学，2017，28(04)：654-664.

[19] 吴艳艳，曹海虹，丁安徐，王亮，陈云燕. 页岩气储层孔隙特征差异及其对含气量影响[J]. 石油实验地质，2015，37(02)：231-236.

[20] 张吉振，李贤庆，郭曼，等. 川南地区二叠系龙潭组页岩微观孔隙特征及其影响因素[J]. 天然气地球科学，2015，26(8)：1571-1578.

[21] 张吉振，李贤庆，郭曼，等. 川南地区二叠系龙潭组页岩微观孔隙特征及其影响因素[J]. 天然气地球科学，2015，26(8)：1571-1578.

[22] 何希鹏，高玉巧，唐显春，等. 渝东南地区常压页岩气富集主控因素分析[J]. 天然气地球科学，2017，28(4)：654-664.

[23] 曹涛涛，邓模，罗厚勇，等. 下扬子地区中上二叠统页岩有机孔发育特征[J]. 石油实验地质，2018，40(3)：315-322.

[24] 高玉巧，蔡潇，张培先，等. 渝东南盆缘转换带五峰组—龙马溪组页岩气储层孔隙特征与演化[J]. 2018，28(12)：15-25.

溱潼凹陷阜二段页岩油形成条件及有利区评价

昝　灵　骆卫峰　印燕铃　荆晓明

（中石化华东油气分公司勘探开发研究院）

摘　要　对溱潼凹陷阜二段泥页岩段生烃、储集条件及含油性分析，优选页岩油勘探有利层段。综合岩性、压力、裂缝预测资料，评价出有利区带。结果表明：溱凹陷阜二段泥页岩 Ro 为 0.5%～1.1%，成熟范围广；优质烃源岩（TOC>2%）厚度较大，分布范围为 40～70m，主要位于②-④亚段；有机质类型好，有机显微组分以藻类体为主。阜二段孔隙度平均为 8.9%，储集空间主要为溶孔、黏土矿物和碳酸盐晶间孔，纹层状泥灰岩和粉砂质泥岩微裂缝较发育，裂缝控制储层渗透性。③-④亚段脆性矿物含量为 62%～65%，以石英和方解石为主，S1 为 0.1～2.7mg/g，平均为 0.54mg/g，为页岩油勘探的最有利层段。溱潼凹陷阜二段页岩油整体评价为Ⅱ类和Ⅲ类，平面上共划分为 3 个有利区带，其中时堰和储家楼深凹带是寻找粉砂质泥岩和泥灰岩油藏最有利区，东斜坡是寻找凝灰岩夹层型页岩油藏有利区。

关键词　阜二段；页岩油；形成条件；裂缝；深凹带

页岩油是指有效生烃泥页岩层系内的液态石油以及各种状态赋存的非气态烃类[1-2]，包括源储一体型、源储分异型、纯页岩型油藏，储集岩包括泥页岩、粉-细砂岩、碳酸盐岩等，储层致密，常规技术难以开采。淡水-微咸水-咸水环境均可形成陆相页岩油，时代从二叠纪到古近纪。陆相泥页岩非均质性强，TOC 为 1.0%～9.0%，Ro 为 0.5%～1.3%，热演化程度相对较低。有机质普遍有陆源高等植物贡献，原油含蜡量高，密度高，普遍为 0.83～0.92g/cm^3，气油比低，可流动性较差。陆相泥页岩泥质含量较高，为 10%～50%，硅质矿物含量低于 20%，成岩作用弱，普遍处于中成岩阶段，塑性强，可压裂性较差[3]。近年来，吉木萨尔二叠系芦草沟组源储一体型、济阳坳陷沙河街组夹层型和江汉盆地盐间页岩油勘探均获得突破。微观层面建立了不同赋存状态页岩油热释法定量表征方法、页岩油可动性分子地球化学评价方法，建立了岩心现场液氮冷冻及多温阶热解实验技术流程[4-6]；揭示纹层状岩相是优质储集岩相类型；提出 OSI 大于 100mg/g 是页岩油甜点预测的有效参数；建立了可压裂性评价分类标准[3]。明确微裂缝、优质岩相发育的混合型页岩油是优选突破的重点目标[7]。提出优质甜点钻遇率是页岩油高产的地质保障，密切割、高强度体积改造是页岩油高产的工程保障[8]。

苏北盆地已有 455 口井在泥页岩中见油气显示，多口井获得工业油流，展示了较好的页岩油勘探前景[9]。溱潼凹陷位于苏北盆地东台坳陷的中部（图 1），总面积 1100km^2，已发现草舍、台兴、帅垛等 21 个油田。发育阜二段、阜四段、泰二段三套烃源岩，整体热演化程度不高，Ro 为 0.5%～1.3%，油源对比表明已发现常规油藏的原油主要来自阜二段烃源岩[10]。溱潼凹陷阜二段勘探程度低，钻穿阜二段探井较少，12 口井在内斜坡和深凹带阜二段钻遇油气显示，部分井试获低产油流（图 2）。目前溱潼凹陷常规油资源探明率较高，常规油藏发现难度越来越大，随着北美页岩油勘探开发的成功，页岩油资源也愈来愈引起人们的重视。前人针对苏北盆地阜宁组泥页岩生烃、储集条件和页岩油勘探潜力进行了分析[9,11-16]，认为阜二段具有较大的页岩油勘探潜力，纵向上②、③亚段最有利，其次为④亚段。钙质泥页岩为最有利岩石相，脆性矿物含量较高，黏土矿物中蒙脱石含量较高。各类微裂缝和微孔隙发育，共发育 5 种构造裂缝，直立缝、平移式剪裂缝和正向剪切缝对于油气保存和储层发育有重要的影响。溱潼凹陷优质烃源岩主要分布在阜二段中部，阜二段沉积早期灰质泥岩在工区内广泛发育，粉砂质泥岩仅局限于凹陷西南部，晚期以黑色泥岩为主，粉砂质泥岩集中分布于凹陷西南部和北部。目前溱潼凹陷阜二段页岩油形成条件，尤其是储集性、含油性分析等方面的研究较少。本文在对溱潼凹陷阜二段泥页岩段生烃、储集条件及含油性分析基础上，落实有利勘探层段。综合岩性、压力、裂缝预测，评价有利区带。对于深化中等热演化盆地的页岩油勘探潜力认识，具有一定的理论和现实意义。

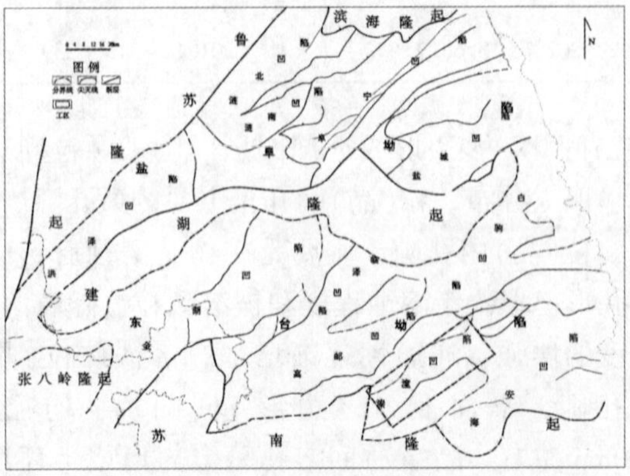

图 1　苏北盆地构造单元分布图

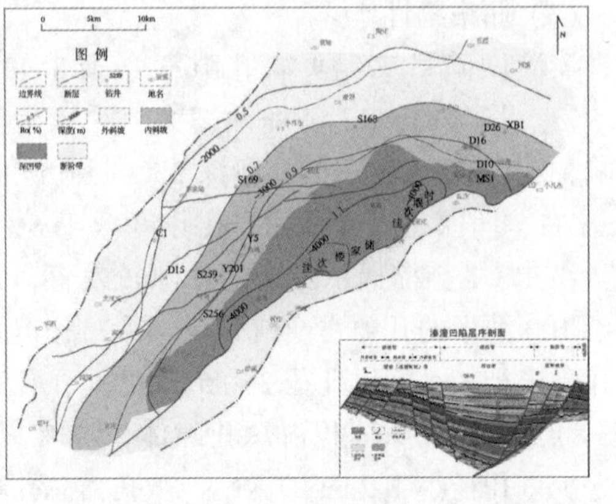

图 2　溱潼凹陷阜二段构造单元分布图

1　生烃条件

阜二段纵向上可划分为 5 个亚段，底部为厚层泥灰岩夹薄层粉砂质泥岩，泥灰岩单层厚度最大可达 10m，中部为泥岩和泥灰岩组合，以及少量凝灰岩，顶部发育厚层深灰色泥岩(图 3)。有机质丰度呈现顶部和底部低、中间高的特征，优质烃源岩有机碳含量大于 2%，生烃潜量(S1+S2)大于 6mg/g，HI 大于 400mg/g，主要分布在②-④亚段，具体生烃指标见表 1。有机质类型以Ⅱ1 型为主，有少量Ⅰ型，有机显微组分中藻类体含量普遍大于 50%，其中②、③亚段平均含量高于 80%。有机质成熟度普遍达到成熟阶段，阜二段成熟烃源岩分布范围占凹陷 70%以上。

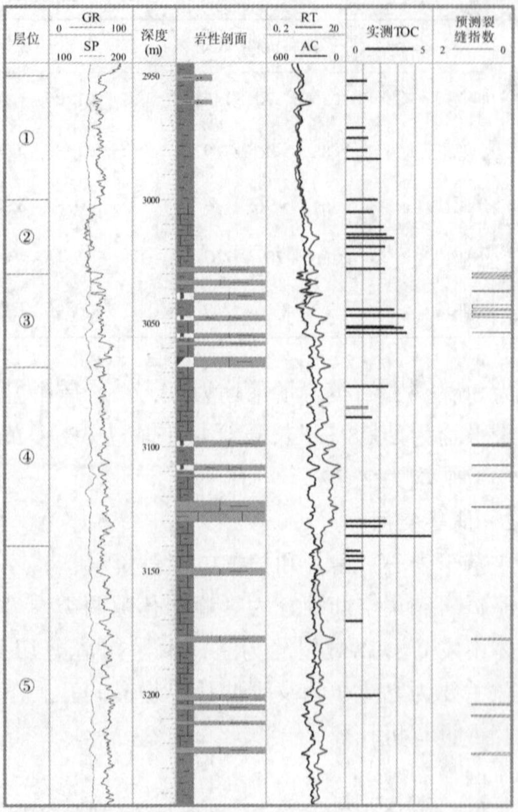

图 3　溱潼凹陷阜二段综合柱状图

2　储集条件

2.1　岩石矿物组成

阜二段①亚段为灰黑色泥岩，顶部夹少量粉砂质泥岩，②亚段为厚层块状泥灰岩，③亚段为灰黑色泥岩与泥灰岩互层，④-⑤亚段主要为为灰质泥岩、泥灰岩，夹少量粉砂质泥岩。东斜坡部分井在③、④亚段发育 1~2 米凝灰岩。

层-块状灰黑色、深灰色泥岩(图 4a)，均匀块状，偶见水平层理。矿物组成以黏土矿物、石英、方解石为主，白云石、黄铁矿及石膏含量较低。其中黏土矿物含量最高，平均为 47.7%，其次为石英，平均 32.5%，长石含量平均 3.4%，碳酸盐岩含量平均为 12.7%。

层-块状含灰泥岩(图 4b)。其沉积、构造特征与层—块状泥岩相似，矿物组成以黏土矿物、石英和方解石为主，另有少量黄铁矿、微量方沸石及石膏。其中黏土矿物含量最高，平均为 40.5%；其次为石英，平均 23.1%，碳酸盐岩含量平均为 25.8%，长石含量平均 4.9%。

层-块状泥灰岩(图 4c、4d)。纹层比较发育，矿物组成以石英、黏土矿物、碳酸盐岩为主，黄铁矿和方沸石含量较高。黏土矿物含量平

表1 溱潼凹陷阜二段烃源岩生烃指标

	腐泥组/&	TOC/%	S1+S2/(mg/g)	HI/(mg/g)
①亚段	(56.5~70.8)/61.6	(1.09~1.98)/1.45	(0.38~9.95)/3.85	(48~547)/287
②亚段	(88.6~96.9)/93.4	(1.56~2.76)/2.17	(3.05~12.12)/8.26	(267~509)/437
③亚段	(65.4~96.9)/85.5	(0.81~3.49)/2.25	(1.25~25.2)/13.98	(185~828)/587
④亚段	(64~70.4)/67.2	(1.15~4.91)/2.09	(1.81~41)/12.1	(143~822)/488
⑤亚段	(30.8~64)/47.5	(0.99~1.04)/1.01	(2.15~3.6)/2.65	(201.12~313)/259

均为36.9%，石英含量平均为23.2%，碳酸盐岩含量平均为20.8%，长石含量平均7.3%，黄铁矿含量平均为2.7%。

2.2 储集空间

基于岩心、薄片和扫描电镜等资料，将阜二段泥页岩储集空间划分为裂缝和孔隙两类。裂缝总体不发育，以微裂缝为主，少量构造剪切缝。孔隙主要为黏土矿物及碳酸盐矿物晶间孔，溶蚀孔及少量有机孔。

（1）裂缝

阜二段泥页岩段主要剪切缝和层理缝2种（图5a~5c）。剪切缝倾角小，多顺层发育，裂缝宽约10~45μm，部分裂缝被方解石充填。微裂缝较为常见，尺寸在纳米级-微米级，裂缝宽约5~15μm，主要为沉积形成的层理缝及后期构造活动或成岩作用形成的微裂缝，部分裂缝内硅质充填，微裂缝为主要的储集空间。

（2）孔隙

主要包括粒(晶)间孔隙和粒(晶)内孔隙两种（图5d~5f）。粒(晶)间孔隙：为原生孔，孔径通常为数百纳米-微米级，孔隙数量与矿物含量密切相关，主要有3类。黏土矿物晶(粒)间孔，呈长条形、三角形、或房室状，发育于伊利石等黏土矿物之间，连通性好；碳酸盐矿物晶(粒)间孔，呈多边形或环形，发育于方解石、白云石等碳酸盐矿物间，多孤立分布；其他颗粒晶(粒)间孔，多边形或近椭圆形，位于颗粒周边，多呈孤立分布。粒(晶)间孔是主要的微孔隙。

粒(晶)内孔隙，主要是矿物受溶蚀后形成，溶孔形态取决于溶蚀程度和被溶颗粒，随着溶蚀程度的增强，连通性逐渐增加。黄铁矿粒(晶)内孔隙，平面上为多边形—椭圆形，均径在200nm左右。晶(粒)间溶孔呈多边形或半环形，分布于晶(粒)周边，连通性随溶蚀作用增强而增加。

（3）储集物性

溱潼凹陷阜二泥页岩孔隙度介于3.49%~19.9%，平均8.9%，随埋深增大，受压实作用影响，孔隙度逐渐降低，埋深3500m孔隙度为8%左右，埋深超过4000m，孔隙度低于6%（图6）。纳米CT扫描揭示泥灰岩孔隙较发育，直径大于100纳米的孔隙占90%以上（图7），但孔隙的孔吼半径较小，以孔径2~35nm之间介孔为主（图8），介孔孔隙体积占总孔隙体积80%以上，另含少量孔径小于2nm的微孔，微孔占总孔隙体积低于20%。渗透率为0.02~14.1mD，大多数渗透率较低，渗透性主要取决于裂缝发育程度，裂缝发育段具有较好的渗透性，MS1井泥灰岩裂缝发育段（图5a）实测渗透率14.1mD。基于岩心观察和测井裂缝评价，中部③、④亚段裂缝较发育，在测井曲线上表现为较高的声波时差值，部分井段有声波时差跳跃特征（图3）。

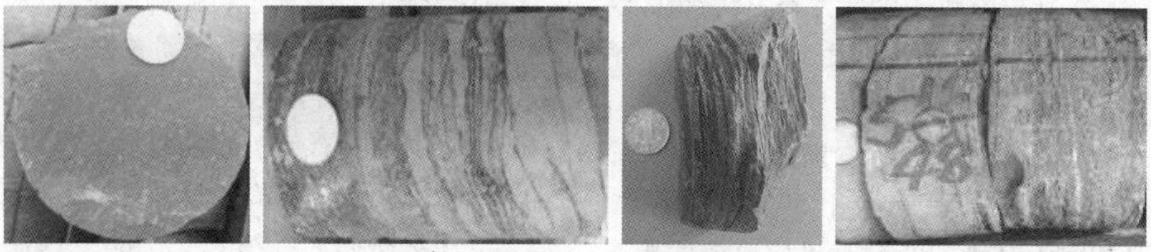

a b c d

图4 阜二段典型泥页岩岩心照片

（a，①亚段深灰色块状泥岩；b，②亚段深灰色灰质泥岩；c，③亚段灰黑色纹层状泥灰岩；d，④亚段块状泥灰岩）

a

MS1, 3232m, ③亚段，灰质泥岩，层状构造，见多条层理缝

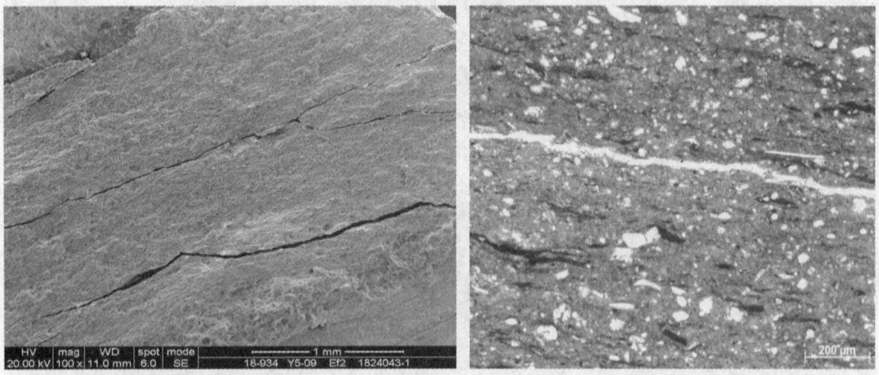

b

Y5井，3083m，④亚段，粉砂质泥岩，发育数条水平缝，部分裂缝内硅质译，缝宽10-45μm

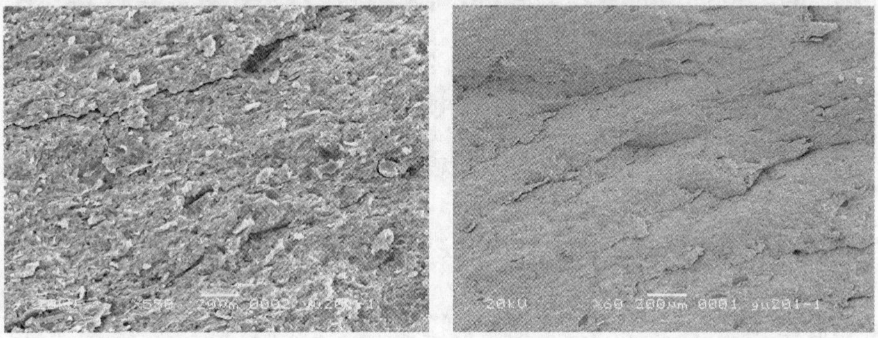

c

Y201井，3047m，③亚段，片状黏土矿物排列具定向性，呈鳞片状结构，微裂缝发育

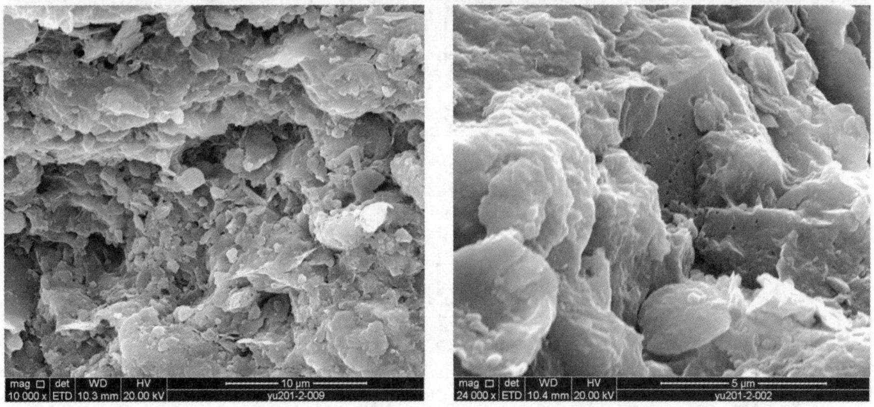

d

Y201，3047m，③亚段，灰质泥岩，孔隙类型主要为粘土矿物间微孔隙、粒内溶蚀孔

图 5　阜二段泥页岩主要储集空间微观特征

e

Y5井，3082m，④亚段，灰质泥岩，可见微裂缝及方解石溶蚀孔发育

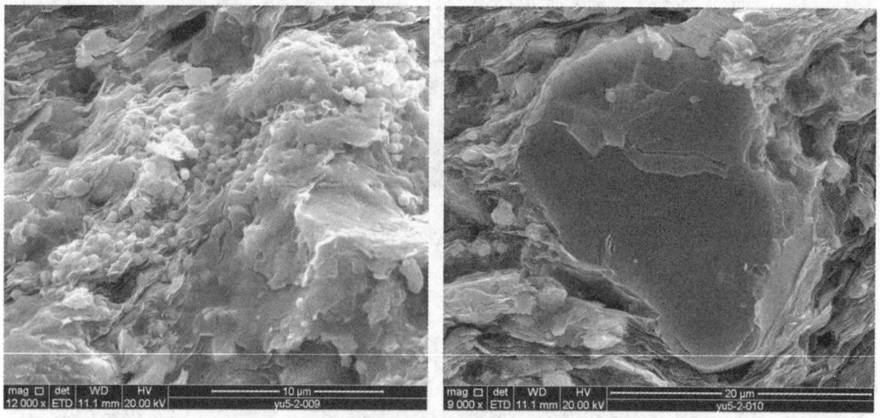

f

Y5井，3082m，④亚段，灰质泥岩，可见黄铁矿铸模孔和方解石溶蚀孔

图 5　阜二段泥页岩主要储集空间微观特征

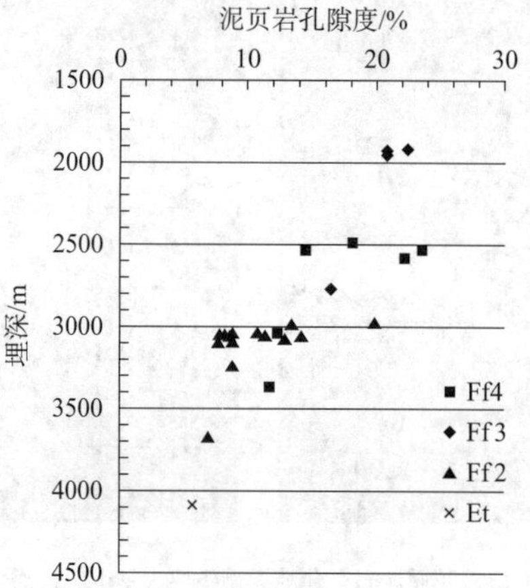

图 6　泥页岩孔隙度随深度变化趋势图

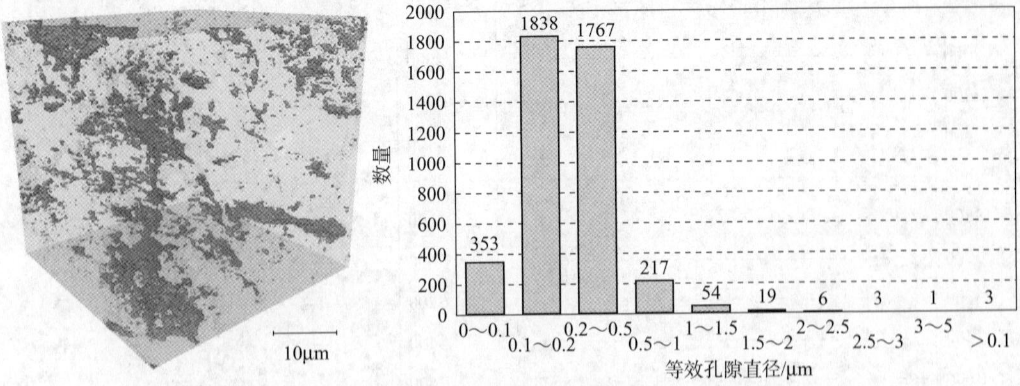

图 7　Yu201 井阜二段泥灰岩孔隙及孔隙直径分布图

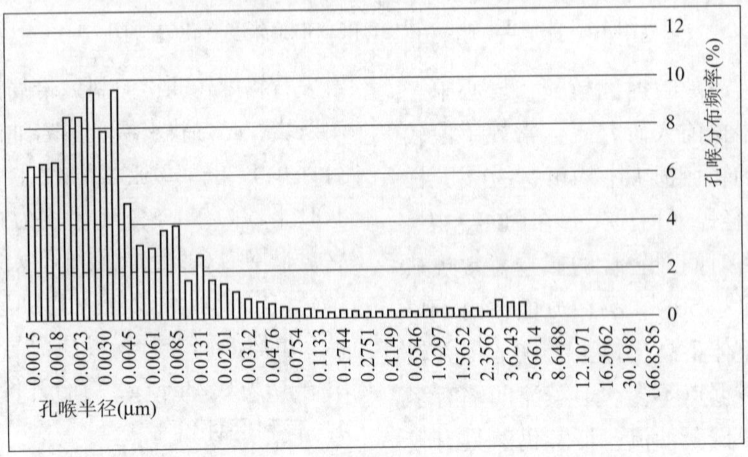

图 8　MS1 井阜二段泥灰岩孔吼半径分布图

3　有利层段评价

3.1　含油性

泥页岩含油性包括滞留油中的吸附油和游离油两部分[4]。滞留油含量与有机质丰度和成熟度相关，相同成熟度下，有机质丰度越高，滞留油含量也越高。由图 9 可见，由于阜二段泥页岩主要成熟度范围为 0.7%~1.1%，总滞留油量、游离油量与 TOC 均呈正相关关系，滞留油总量大于 6mg/g 占总样品数 46%，S1 大于 0.2mg/g 的样品占总量 41%。随埋藏深度的增大，吸附油的比例逐渐降低，游离油含量逐渐增大(图 9a)，其中③-④亚段 S1 为 0.1~2.7mg/g，平均为 0.54mg/g。

当泥页岩 OSI(S1/TOC)大于 100mg/g 时，可形成较好的裂缝型页岩油层。当 OSI 为 7~100mg/g 时，致密页岩段可作为页岩油潜在层段[17]。从 OSI 随深度变化趋势看(图 10)，埋深大于 3500m 后，S1 含量显著增加，是寻找基质型页岩油藏的有利深度。由于溱潼凹陷目前钻至深凹带探井较少，OSI 大于 75mg/g 样本较少，

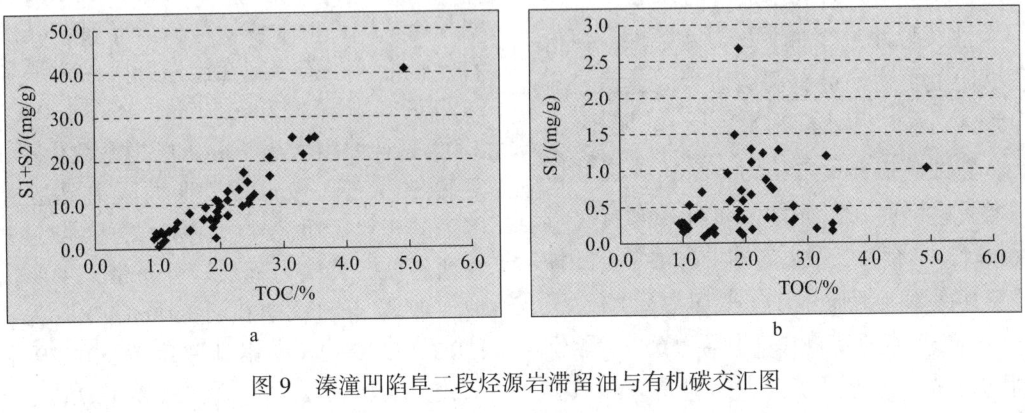

图 9　溱潼凹陷阜二段烃源岩滞留油与有机碳交汇图

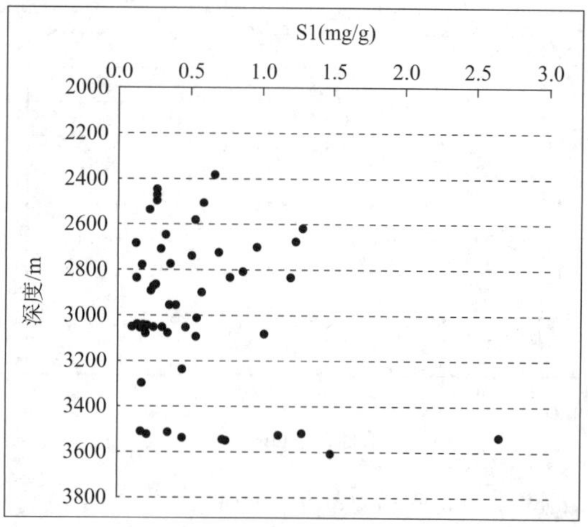

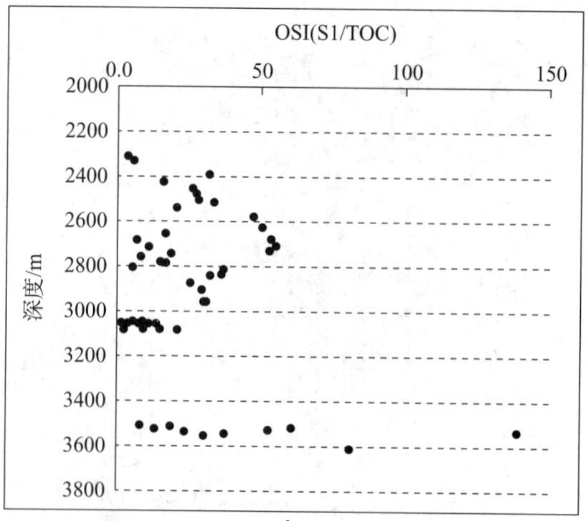

图 10 溱潼凹陷阜二段 S1 和 OSI 随深度变化趋势图

一方面是由于分析样品放置时间较长，岩心未经过现场冷冻保存。根据前人研究[5]，常规手段较液氮冷冻碎样造成的轻烃损失平均可达 30%，样品放置 54 小时以上轻烃平均损失率在 38%左右，考虑碎样方式和放置时间对轻烃的影响，常规热解方式游离油损失量达 50%。另一方面，由于阜二段泥页岩成熟度整体不高，钻至 3500m 探井较少，因此高含油率数据点不多。但溱潼凹陷有多口井在内斜坡阜二段试获油流，证实仍然具有较大的页岩油勘探潜力。

3.2 有利层段

泥页岩层系滞留油是重要的物质基础[18]，其中的吸附油主要以吸附—互溶态赋存于干酪根中，仅通过压裂改造也难以有效动用，游离油含量是评价页岩油勘探潜力的关键指标。微裂缝既是游离油的主要赋存空间，同时对于页岩油流动起关键作用，分析化验表明，微裂缝发育段渗透性好。异常高压能为页岩油流动提供原始动力，对于页岩油高产稳产至关重要。在后期压裂改造过程中，硅质和碳酸盐岩等脆性矿物含量高容易形成天然缝和诱导缝，有利于页岩油开采。

综合岩性、脆性、含油性及物性条件，评价出阜二段纵向上页岩油最有利层段为③亚段，有机质丰度高，TOC 平均为 2.2%，S1 平均为 0.61mg/g，脆性矿物含量平均为 62%，纹层和微裂缝均较发育，同时在溱潼凹陷东部还发育 1~2 米厚的凝灰岩，具有夹层型页岩油勘探前景，整体评价最好。其次为④亚段，TOC 平均为 2.1%，S1 平均为 0.52mg/g，脆性矿物含量平均为 65%，岩性为层-块状泥灰岩，纹层不太发育，构造缝和微裂缝发育程度较弱，但斜坡带局部发育粉砂质泥岩和凝灰岩，是寻找夹层型页岩油的有利层系，因此综合评价较好。②亚段岩性主要为块状含灰泥岩，TOC 平均为 2.1%，S1 平均为 0.35mg/g，脆性矿物含量平均为 60%，微裂缝不太发育，黏土矿物含量偏高，综合评价较好。①和⑤亚段有机质丰度较低，虽然局部发育粉砂质泥岩，整体含油性较差，S1 平均为 0.23mg/g，综合评价页岩油潜力小。

4 有利区评价

有利区评价包括泥页岩有机质丰度、厚度、成熟度、物性、裂缝、压力、流体性质、埋深等要素的评价。研究表明 Ro 介于 1.0%~1.3%，滞留油中含有较多的轻质油和天然气，气油比高，流动性较好，是页岩油开采的有利的成熟度范围[19]。S1 也是页岩油评价的关键参数，根据 TOC 与 S1 建立相关关系，结合 S1 的恢复系数，编制恢复后的 S1 平面分布图。综合考虑源岩品质、储集条件、地层能量以及工程条件，优选 11 项参数开展有利区带评价（表 2）。重点叠合 TOC、Ro、S1、厚度和岩性等评价关键参数，溱潼凹陷阜二段页岩油整体评价为Ⅱ类和Ⅲ类，平面上共划分为 3 个有利区带。Ⅱ类区最有利的为弱超压范围内的粉砂质泥岩分布带，其次为泥灰岩分布带，主要分布在溱潼凹陷的时堰和储家楼深凹带，埋深大于 3500m，Ro > 1.0%，TOC > 2.0%累计厚度大于 70m，压力系数大于 1.2，恢复后 S1 大于 0.9mg/g。Ⅲ类区主要是指常压范围内的含粉砂质泥岩、泥灰岩分布带，主要分布在西斜坡，其次为凝灰岩分布带，主要位于东斜坡。埋深介于 2700 ~ 3500m，Ro 为 0.7% ~ 1.0%，TOC>2.0%累计厚度为 50~70 米，压力系数为 1.0~1.2，恢复后 S1 为 0.75~0.9mg/g。

表 2　溱潼凹陷阜二段页岩油评价标准

评价指标(权重系数)		Ⅰ	Ⅱ	Ⅲ
烃源品质	TOC>2.0%累计厚度/m(0.05)	>40	30~40	<30
	成熟度 Ro/%(0.1)	>1.1	0.9~1.1	0.7~0.9
	S1(mg/g)(0.15)	>2.0	2.0~0.2	<0.2
储层品质	岩相类型(0.1)	粉砂质泥岩、凝灰质泥岩	纹层状页岩或泥灰岩/层状泥灰岩	块状泥岩/灰质泥岩
	孔隙度/%(0.05)	8~12	5~8	<5
	渗透率/mD(0.05)	0.1~1.0	0.01~0.1	<0.01
	微裂缝、层理缝发育程度(0.1)	异常发育	发育	欠发育
油藏品质	压力系数(0.1)	>1.2	1.2~1.0	<1.0
	原油密度(g/cm^3)(0.1)	<0.82	0.82~0.87	0.87~0.92
工程条件	脆性矿物含量(0.1)	>40	40~30	<30
	埋深(m)(0.1)	<3500	3500~4000	>4000

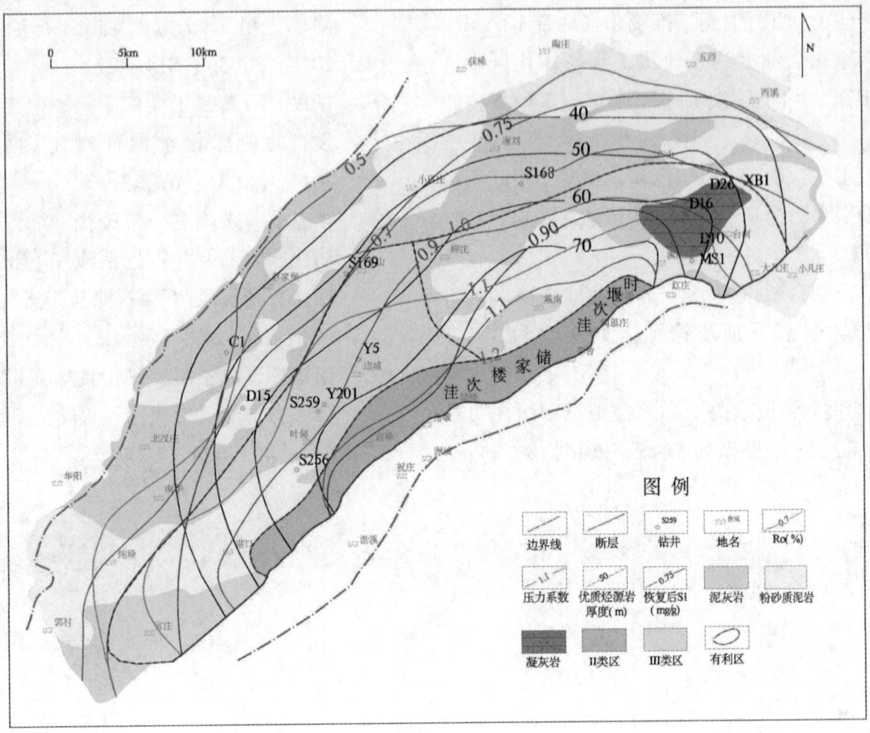

图 11　溱潼凹陷阜二段③~④亚段页岩油有利区

5　结论

(1) 溱潼凹陷阜二段泥页岩 Ro 为 0.5%~1.1%，成熟范围广，优质烃源岩(TOC>2%)厚度 40~70m，主要分布在②~④亚段，有机质类型好，有机显微组分以藻类体为主。

(2) 阜二段孔隙度平均为 8.9%，储集空间主要为溶孔、黏土矿物和碳酸盐晶间孔，纹层状泥灰岩和粉砂质泥岩微裂缝较发育，裂缝控制储层渗透性。

(3) 纵向上③~④亚段为页岩油勘探的最有利层段，平均脆性矿物含量为 62%~65%，以石英和方解石为主，S1 为 0.1~2.7mg/g，平均为 0.54mg/g。

(4) 根据 Ro、厚度、岩性和 S1 等参数，溱潼凹陷阜二段页岩油整体评价为Ⅱ类和Ⅲ类，平面上共划分为 3 个有利区带。其中时堰和储家楼深凹带是寻找粉砂质泥岩和泥灰岩油藏最有利区，东斜坡是寻找凝灰岩夹层型页岩油藏有利区。

参 考 文 献

[1]　张金川，林腊梅，李玉喜，等. 页岩油分类与评价[J]. 地学前缘，2012，19(5)：322-331.

[2] 聂海宽，张培先，边瑞康，等．中国陆相页岩油富集特征[J]．地学前缘，2016，23(2)：55-62.
[3] 孙焕泉，蔡勋育，周德华，等．中国石化页岩油勘探实践与展望[J]．中国石油勘探，2019，24(5)：569-575.
[4] 蒋启贵，黎茂稳，钱门辉，等．不同赋存状态页岩油定量表征技术与应用研究[J]．石油实验地质，2016，38(6)：842-849.
[5] 蒋启贵，黎茂稳，钱门辉，等．页岩油探井现场地质评价实验流程与技术进展[J]．石油与天然气地质，2019，40(3)：571-582.
[6] 蒋启贵，黎茂稳，马媛媛，等．页岩油可动性分子地球化学评价方法—以济阳坳陷页岩油为例[J]．石油实验地质，2019，24(5)：849-854.
[7] 宋明水．济阳坳陷页岩油勘探实践与现状[J]．油气地质与采收率，2009，26(1)：1-12.
[8] 吴宝成，李建民，邹元月等．准噶尔盆地吉木萨尔凹陷芦草沟组页岩油上甜点地质工程一体化开发实践状[J]．中国石油勘探，2009，24(5)：679-690.
[9] 刘世丽，段宏亮，章亚，等．苏北盆地阜二段陆相页岩油气勘探潜力分析[J]．海洋石油，2014，34(3)：27-33.
[10] 陆黄生，秦黎明，刘军，等．苏北盆地溱潼凹陷油气运聚模式[J]．地质论评，2009，55(3)：395-405.
[11] 程海生，刘世丽，段宏亮．苏北盆地阜宁组泥页岩储层特征[J]．复杂油气藏，2015，8(3)：10-16.
[12] 王海方．苏北盆地古近系页岩油储层有效裂缝识别[J]．西南石油大学学报(自然科学版)，2016，38(3)：21-27.
[13] 马存飞，董春梅，栾国强，等．苏北盆地古近系泥页岩有机质孔发育特征及影响因素[J]．中国石油大学学报(自然科学版)，2017，41(3)：1-13.
[14] 闫建平，温丹妮，司马立强，等．基于测井和录井信息相结合的泥页岩储层识别方法—以苏北盆地高邮凹陷阜宁组为例[J]．岩性油气藏，2015，27(4)：89-95.
[15] 昝灵，骆卫峰，马晓东．苏北盆地溱潼凹陷阜二段烃源岩生烃潜力及形成环境[J]．非常规油气，2016，3(3)：1-8.
[16] 王超，陆永潮，杜学斌，等．油页岩岩性非均质性特征及地球物理精细刻画—以苏北盆地溱潼凹陷阜宁组二段为例[J]．石油与天然气地质，2015，36(5)：814-821.
[17] 王民，石蕾，王文广，等．中美页岩油、致密油发育的地球化学特征对比[J]．岩性油气藏，2014，26(3)：67-73.
[18] 李志明，陶国亮，黎茂稳．渤海湾盆地济阳坳陷沾化凹陷L69井古近系沙三下亚段取心段页岩油勘探有利层段[J]．石油与天然气地质，2019，40(2)：236-247.
[19] 徐旭辉，郑伦举，马中良．泥页岩中有机质的赋存形态与油气形成[J]．石油实验地质，2016，38(4)：423-428.

南川地区五峰-龙马溪组页岩保存条件分析

关琳琳

（中国石化华东油气分公司勘探开发研究院）

摘　要　南川地区构造复杂，结合南川地区三维地震资料精细解释成果，对南川地区进行构造演化期次进行分析，从构造特征、断层发育及分布特征、页岩埋深、距离剥蚀边界距离、压力系数、顶底板条件等方面，对南川地区五峰-龙马溪组页岩气藏的保存条件进行了研究。结果表明：南川地区东胜、平桥南斜坡地区构造改造较为适中，五峰-龙马溪组地层压力系数较大，顶底板厚度稳定且连续，保存条件较好，是进一步勘探开发及甜点评价的重点地区。

关键词　构造特征；断层发育；埋深；压力系数；顶底板条件

1　研究区概况

渝东南地区由一系列被断层切割的复背斜和复向斜相间构成，是江南-雪峰陆内造山作用向北西方向递进扩展变形的结果。齐岳山断裂将湘鄂西-川东构造带分为湘鄂西断褶带和川东断褶带两个不同的构造区。其中湘鄂西断褶带以厚皮“隔槽式”结构为主，川东断褶带为薄皮“隔挡式”结构（图1）。

南川地区构造上位于四川盆地东南缘齐岳山断裂以西，川东隔档式褶皱带南段石柱复向斜内。受雪峰、大巴山等多期构造的影响，区块内五峰组-龙马溪组地层主要发育北东向和南北向两组逆断层。早期发育北东向断层，后期形成南北向断层，呈现东西分带、隆凹相间的构造格局。

近年来，渝东南地区志留系页岩气的勘探开发取得了一系列的突破，包括焦石坝区块、丁山区块、彭水和南川区块等。但是南川地区经过多期构造改造，褶皱变形强烈，剥蚀严重，断层规模大，压力系数主体为0.9~1.2，前期探评井低

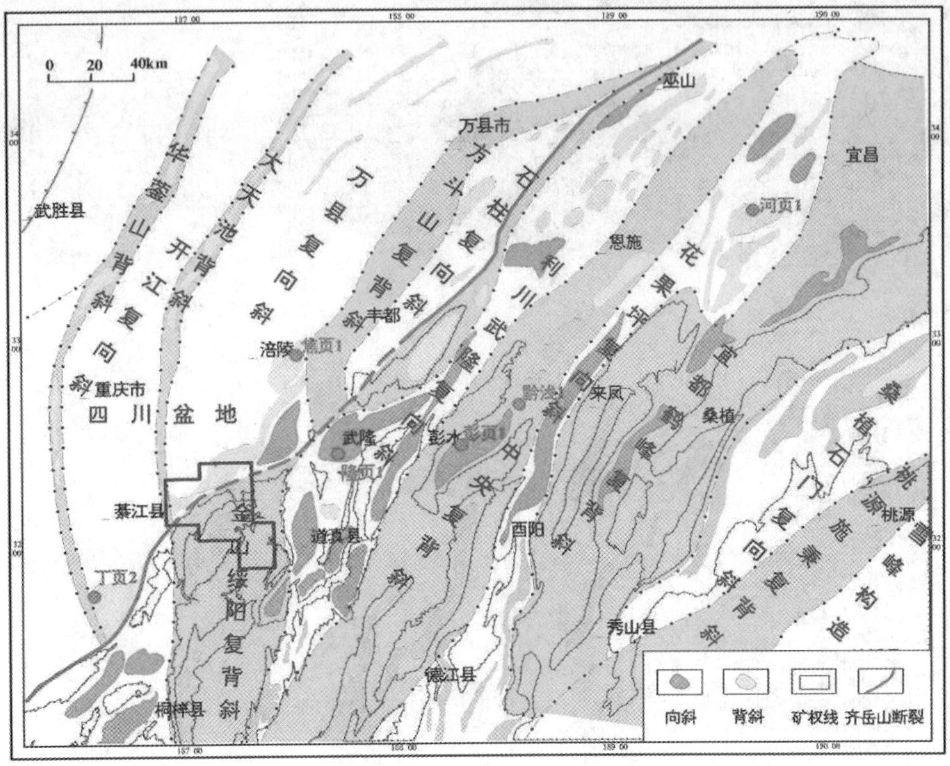

图1　渝东南构造区划图

效及失利井占比较高，高效勘探风险大。因此，在海相页岩气勘探的复杂构造区域，保存条件是页岩气富集成藏的关键，是研究的重点。本文在南川地区三维地震资料精细解释的基础上对南川地区五峰-龙马溪组地层保存条件进行了综合研究与分析，从构造特征、断裂发育及展布特征、埋藏深度、剥蚀边界距离、压力系数，顶底板条件等6个方面对页岩气保存条件的影响进行了探讨，并对南川地区五峰-龙马溪组地层保存条件进行综合评价，明确下一步勘探开发及甜点预测的方向。

2 保存条件分析

海相页岩气保存条件的研究内容主要包括物质基础、构造改造作用和封盖条件。物质基础是页岩气富集成藏的最基础因素，主要包括页岩的厚度、埋深、分布面积、物性特征、矿物组成、地化指标等。构造改造作用研究主要包括构造演化、变形强度、断层发育及展布特征、距离剥蚀边界距离等。多期次强烈构造作用以及大规模断层发育会对页岩气藏造成破坏；页岩气层埋藏浅，靠近剥蚀区，保存条件变差。封盖条件是指页岩气目的层上下顶底板的封盖性能。页岩气藏要形成大规模的富集高产，必须保证目的层上下方有良好的顶底板遮挡，有效的顶底板封隔层可以阻止目的层中页岩气的逸散。本文以三维地震资料精细解释为切入点，针对南川区块的特点，主要从6个方面进行考虑：包括构造演化期次、变形程度、断裂发育及分布、埋深及距剥蚀区距离、压力系数、顶底板条件，对南川地区页岩气保存条件进行分析与探讨。

2.1 构造演化期次

南川地区主要受燕山期和喜山期两期构造运动的影响。加里东运动使中国南方成为统一的板块，而印支运动则使中国南方结束了海相沉积的发展的历史，中、上扬子区内印支运动主要表现为隆升运动，以中三叠统雷口坡组或巴东组为主体，形成大型的北东向隆起和坳陷，而褶皱作用在本区内表现不明显。

燕山早期由于太平洋板块向扬子板块俯冲，产生了强烈挤压应力作用和宁镇运动，区内强烈褶皱造山，本区的前陆盆地的演化历史到这里告一段落。该期本区主要受到由南东-北西方向的

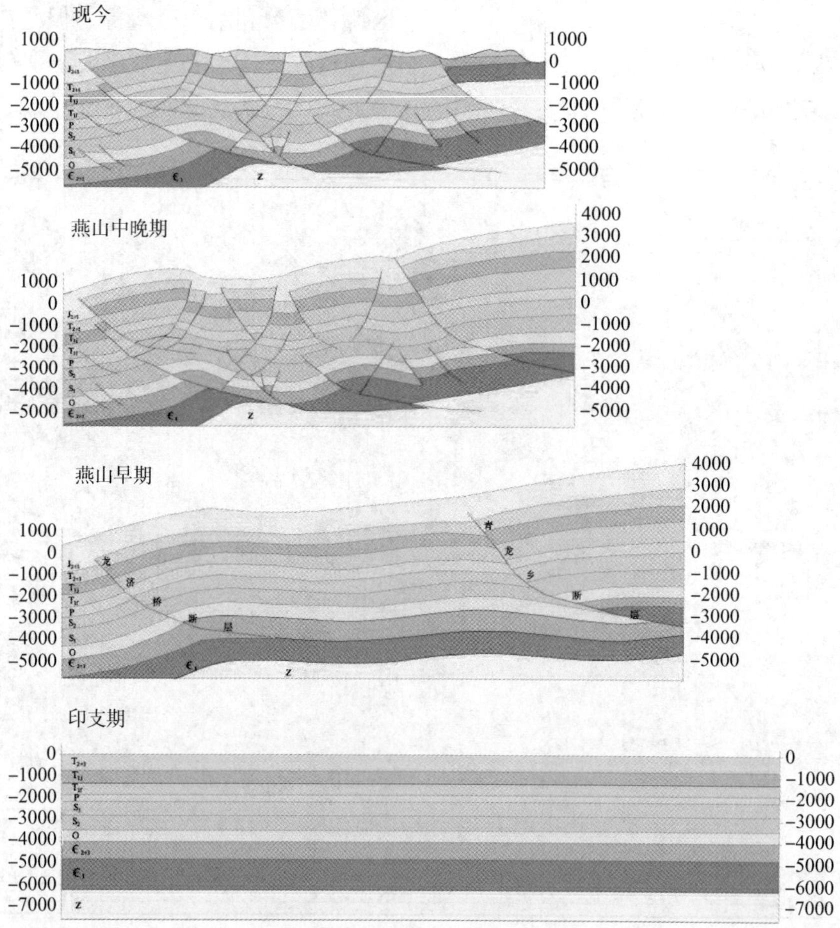

图2 南川区块三维构造演化剖面示意图

主应力影响，南川地区的构造格局基本形成，青龙乡断层和龙济桥断层形成雏形。

燕山中晚期由于江南-雪峰陆内造山带产生的北西向挤压应力加强，工区内地层形变增强，青龙乡断层、龙济桥断层发生基底逆冲，使其东南部地层发生抬升变形并发育一系列北东向逆断层。随着挤压应力进一步加强，地层形变增强，并向工区北西向扩展，于东胜、平桥地区发育断弯断展褶皱，产生一系列走向北东、倾向南东的逆断层，青龙乡断层以东地层进一步抬升到地表，产生轻微剥蚀。燕山晚期叠加南北向的走滑，形成了南川-焦石坝地区东西分带，南北分区的构造格局。燕山中晚期北西向的挤压和其后南北向的走滑作用有利于页岩气层超压的形成，对页岩气晚期成藏和保存至关重要。

喜山期，应力越过龙门山经川中波及本区，到达本区时主应力方向指向南东，能量有所减弱，对本区改造微弱，主要表现为抬升剥蚀。本区构造演化剖面如图 2 所示。

2.2　变形程度

南川地区处于江南雪峰构造体系递进变形的前锋带，自东向西变形由冲断→逆冲推覆→滑脱变性的递进式转变。

冲断带：基底逆冲，五峰-龙马溪组地层产状横向变化大，构造变形强烈，断距较大，断面较陡，目的层出露地表，剥蚀作用强，保存条件遭受破坏。

断展及断弯带：发生断展及断弯作用，断层发育规模适中，变形适中，保存条件较好，并且地应力适当释放，利于保存和压裂。

斜坡带：构造变形较弱，五峰-龙马溪组地层较为平缓，断层发育规模较小，保存条件较好，但埋深及地应力大，压裂改造困难。

2.3　断裂特征分析

断裂发育的数量、规模、距断裂的远近等对页岩气保存条件均会产生影响，进而影响到页岩单井产量。实践表明：断裂越发育，断距越大，靠近大断裂则五峰-龙马溪组保存条件越差，含气性也就越低。而一定规模的中小断层对页岩储集空间进行改造，更利于页岩气的富集与保存。

南川地区位于川东南构造褶皱带上，经历了多期构造运动，五峰-龙马溪组地层受到了多期改造，造成断裂系统较为发育。根据三维地震资料解释成果，南川地区发育三种级别断层。其中三级断层(龙济桥、青龙乡断层)控制局部构造，四级断层为局部构造内小断层，其他为五级断层。以北东东-北东、近南北两组方向展布，组成复杂的断裂网络。

从南川地区含气量的平面分布图上可以看出，靠近三级断裂龙济桥断层附近，由北往南五峰-龙马溪组含气量逐渐降低，这是由于龙济桥断层断距由北往南，断距逐渐增大，由 200m 逐渐增大至 650m，断层延伸至上部二叠系，导致五峰-龙马溪组保存条件变差，含气性降低。距离龙济桥断层距离越远，五峰-龙马溪组含气性越高。

而靠近四级、五级断层附近，小规模断层对储层进行了一定的改造，更易于页岩气的富集和储集。因此，南川地区已钻井靠近四级五级断层的单井产量较高。

2.4　目的层埋深、距剥蚀区远近条件分析

埋深条件对于页岩气的生成、勘探和开发影响很大。五峰-龙马溪组的埋深对保存条件的影响主要在于：埋深过浅，盖层遭到剥蚀破坏甚至五峰-龙马溪组地层直接出露地表，页岩气保存条件遭到破坏；过深则压裂改造作用有限，开发难度较大。南川地区已完钻井数据表明，页岩气

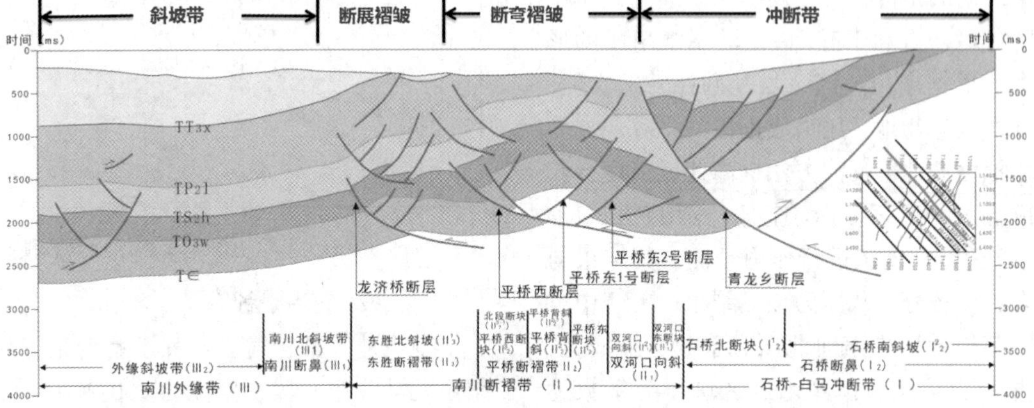

图 3　南川地区 2012NW1031 测线地震地质解释剖面

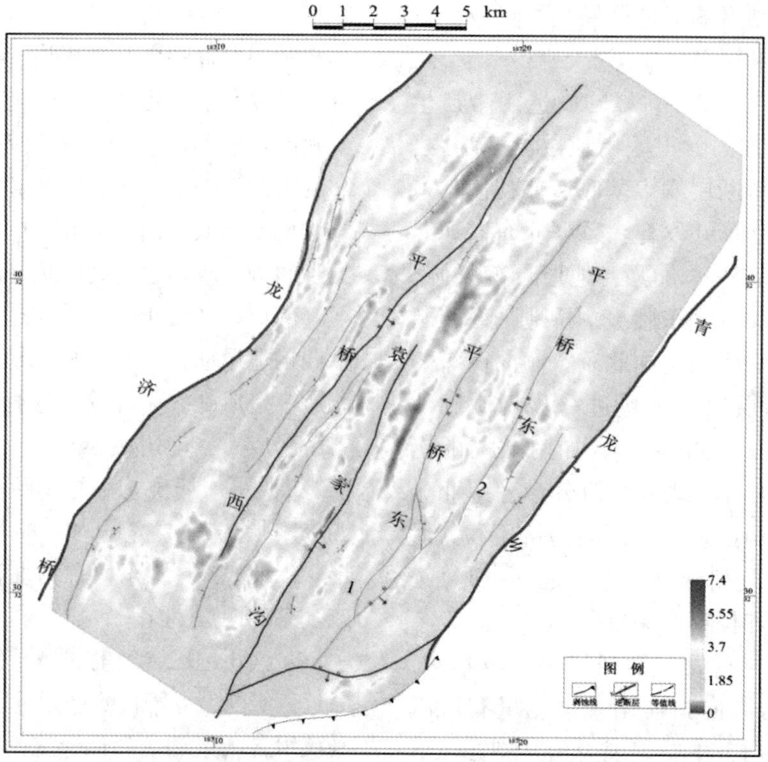

图4 南川地区五峰-龙马溪组页岩含气量平面分布图

井埋深2000~4000m的范围，埋深适中，产气效果较好，为五峰-龙马溪组保存条件较有利区域。埋深过浅、距离剥蚀边界近甚至目的层本身被剥蚀，导致页岩封闭性变差，页岩气逸散，保存条件被破坏；对于埋深大于4000m的地区，五峰-龙马溪组地层保存条件较好，但是随着埋深增加，上覆岩层压力逐渐增加，破裂压力增大，压裂改造作用有限，从而难以形成较为复杂的缝网，产气效果不理想。

2.5 地层压力系数

压力条件在南川地区海相页岩气的勘探开发中具有重要作用，压力系数是判断页岩气保存条件最直接也是最重要的指标。燕山晚期北西向的挤压和南北向的走滑作用，反映南川地区处于压扭走滑的环境，有利于五峰-龙马溪组超压的形成和保存。根据南川地区页岩气勘探开发实践，页岩气井产气量与地层压力成正相关关系。

利用拟声波地震反演方法提高速度精度，获得精确的层速度和背景平均速度，采用Fillippone公式对五峰-龙马溪组进行压力预测，其结果与钻井吻合程度较好。从压力预测结果(图5)中可以看出，南川地区由南向北压力系数逐渐增大，利用钻井资料标定，预测东胜区块压力系数为1.12~1.35。平桥南斜坡压力系数1.12~1.20，保存条件良好。

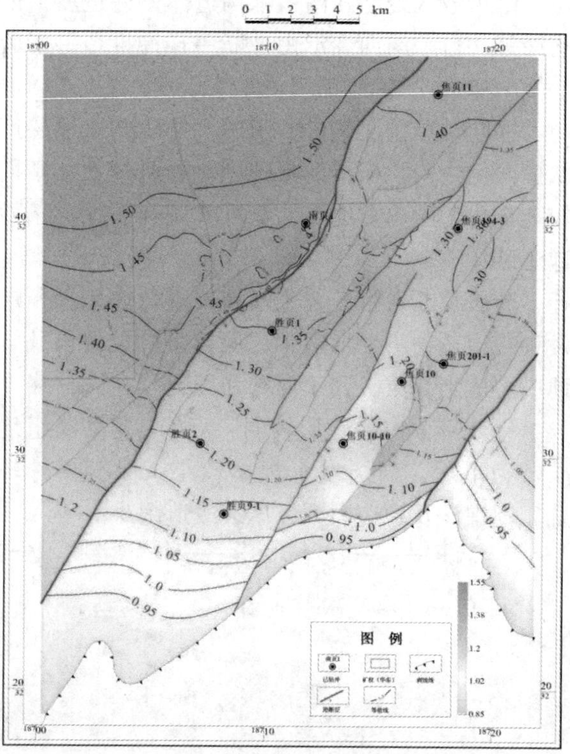

图5 南川地区五峰组页岩压力系数预测

2.6 顶底板条件分析

南川地区页岩气层发育于奥陶系五峰组-志留系龙马溪组一段，厚度为100~130m，顶板为龙二段-小河坝组。在岩性方面，目的层上覆地层沉积了灰色页岩、粉砂岩，密度较目的层大、孔隙度小、横向连续性好，沉积稳定，顶板条件较好。

底板为临湘组-宝塔组浅灰色瘤状灰岩，厚度20~30m，整体来讲底板岩层相比目的层密度大、孔隙度小，横向沉积稳定，底板条件也较好。

3　保存条件综合评价

图6是在本次研究中综合考虑构造改造期次、变形程度、断裂发育程度、埋深、压力系数、顶底板条件等对五峰-龙马溪组目的层保存条件进行综合评价的结果，保存条件评价标准见表1。该标准以中石化海相页岩气评价标准为基础，结合南川地区实际对五峰-龙马溪组页岩气保存的影响进行评价，所获得最终的综合评价图。综合评价图中，暖色调区域（粉色、黄色）是页岩保存条件较好的区域，为一类区；冷色调区域（青色、绿色）是页岩保存条件的二类区。从综合评价图来看，南川地区东胜构造带和平桥南斜坡五峰-龙马溪组地层保存条件较优，为进一步勘探开发及综合甜点评价的重点地区。

表1　南川地区页岩气保存条件评价表

评价参数	一类	二类	三类
构造形态	背斜	斜坡、宽缓向斜	紧闭向斜
断裂发育程度	断层少，规模小	断层较发育，规模小	断层发育，规模大
埋深	2000~4000m	1500~2000m 或 4000~4500m	<1500m 或>4500m
距剥蚀区距离	>4km	2~4km	<2km
区域覆盖层	三叠系或以上地层	三叠系-二叠系地层	出露志留系地层
压力系数	>1.1	0.9~1.1	<0.9
顶底板	致密，封闭性好	较致密，封闭性较好	较致密，封闭性差

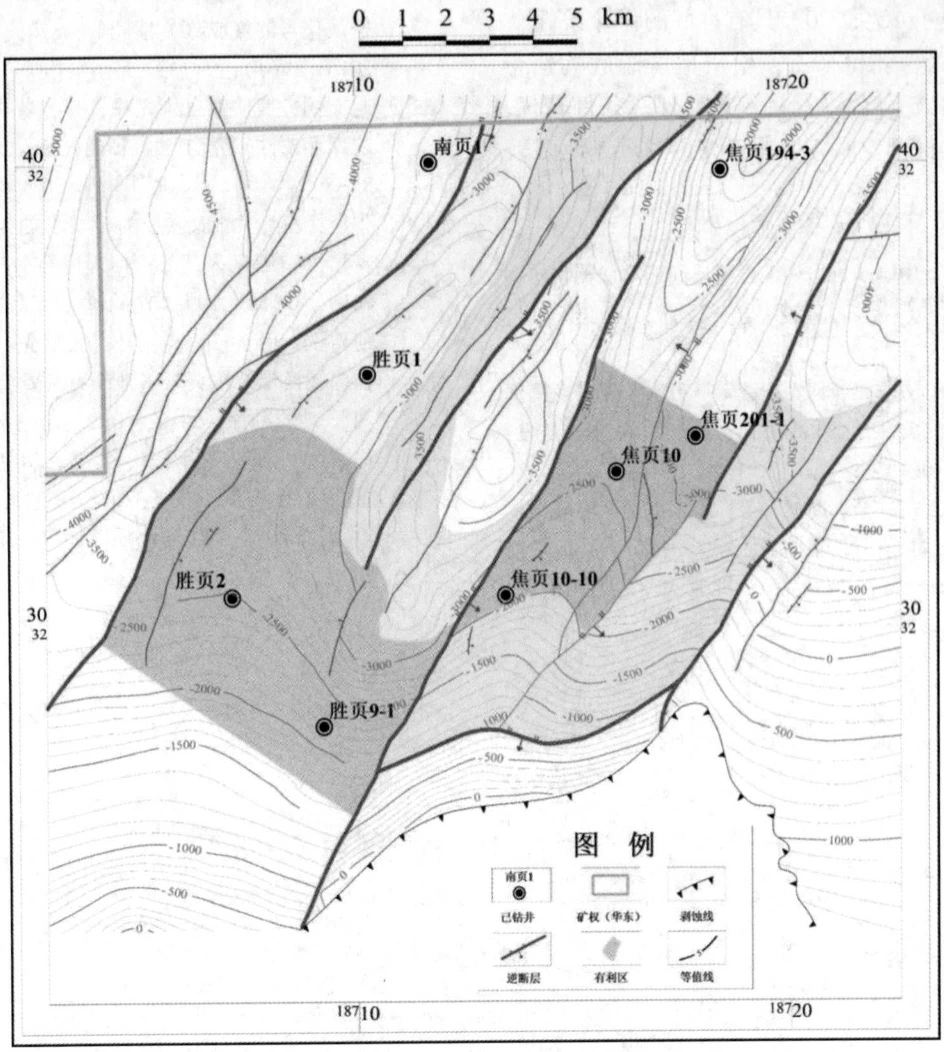

图6　南川地区五峰-龙马溪组页岩保存条件综合评价图

4 结论

1）南川地区主要受燕山期和喜山期两期构造运动的影响。燕山中晚期北西向和南北向的压扭走滑作用有利于超压的形成，对页岩气晚期成藏和保存起重要作用。

2）南川地区断展及断弯带，改造适中，保存条件较好。

3）南川地区三级断层青龙乡断层、龙济桥断层对页岩气保存影响较大；四级五级断层发育地区对五峰-龙马溪组储层有一定改造作用，断层发育规模较小区域为保存条件较好的地区。

4）页岩气目的层埋深有利范围为 2000～4000m，同时距离剥蚀区较远，保存条件较好；页岩气五峰-龙马溪组顶部泥页岩及底板灰岩密度大，区域上为厚层状连片分布，顶底板条件整体较好，起到了良好的封隔作用。

5）南川地区由南向北，压力系数逐渐增大。其中东胜构造带压力系数 1.15～1.35；平桥南斜坡压力系数 1.12～1.20，具有良好的保存条件。

6）从综合评价来看，南川地区东胜构造带和平桥南斜坡五峰-龙马溪组地层保存条件较优，为进一步勘探开发及综合甜点评价的重点地区。

参 考 文 献

[1] 郭彤楼．中国式页岩气关键地质问题与成藏富集主控因素［J］．石油勘探与开发，2016，43(3)：317-326.

[2] 袁玉松，方志雄，何希鹏，等．彭水及邻区龙马溪组页岩气常压形成机制［J］．油气藏评价与开发，2020，10(1)：9-16.

[3] 金之钧，胡宗全，高波，等．川东南地区五峰组—龙马溪组页岩气富集与高产控制因素［J］．地学前缘（中国地质大学（北京）；北京大学），2016，23(1)：1-10.

[4] 杨广济，李豫，汪凯明，等．四川盆地东南地区龙马溪组页岩气有效保存区综合评价［J］．地质勘探，2015，35(5)：15-23.

[5] 何顺，秦启荣，范存辉，等．川东南丁山地区页岩气保存条件分析［J］．油气地质与采收率，2019，26(2)：24-31.

[6] 胡东风，张汉荣，倪楷，等．四川盆地东南缘海相页岩气保存条件及其主控因素［J］．天然气工业，2014，34(6)：17-23.

[7] 方志雄，何希鹏．渝东南武隆向斜常压页岩气形成与演化［J］．石油与天然气地质，2016，37(6)：819-827.

[8] 冉琦，陈勇，齐晴，等．丁山地区龙马溪组页岩气保存条件分析［J］．石油地质与工程，2017，31(4)：22-25.

[9] 张海涛，张颖，何希鹏，等．渝东南武隆地区构造作用对页岩气形成与保存的影响［J］．中国石油勘探，2018，23(5)：47-56.

[10] 邹玉涛，李让彬，张新，等．川东南涪陵地区构造演化与油气成藏关系［J］．天然气勘探与开发，2016，39(1)：9-13.

[11] 赵文韬，荆铁亚，姚光华，等．复杂构造区页岩气保存条件研究［J］．特种油气藏，2018，25(6)：83-89.

[12] 朱彤，王烽，俞凌杰，孙润轩．四川盆地页岩气富集控制因素及类型［J］．石油与天然气地质，2016，37(3)：399-407.

[13] 何希鹏，何贵松，高玉巧，张培先，等．渝东南盆缘转换带常压页岩气地质特征及富集高产规律［J］．地质勘探，2018，30(2)：1-14.

[14] 徐政语，梁兴，王希友，等．四川盆地罗场向斜黄金坝建产区五峰组—龙马溪组页岩气藏特征［J］．石油与天然气地质，2017，38(1)：132-143.

页岩气关键地球物理技术研发及应用

许　凯　孙振涛　林正良　胡华锋　马　妮

（中国石油化工股份有限公司石油物探技术研究院）

摘　要　页岩气是一种重要的非常规清洁能源，页岩气的成藏模式打破了经典的油气成藏理论。以地震技术为主体的气藏描述技术是页岩气储层识别与评价的核心。围绕“页岩气储层地质-工程双甜点地球物理预测”的科学问题，针对国内页岩气区块地表条件复杂、地下构造复杂的地质特征，研发了页岩储层有机碳、地层压力、地应力、脆性及岩石力学预测等多项关键地球物理技术，形成了页岩气储层的双甜点地震预测技术系列，成功应用于中石化多个探区，显著提高了复杂页岩气地质目标双甜点关键参数地震预测精度，有力支撑页岩气的高效勘探开发。

关键词　页岩气；地震技术；“地质甜点”；“工程甜点”；叠前反演

1　总述

页岩气是指以甲烷为主要成分，以游离气及吸附态为主要形式蕴藏于高碳泥岩或者暗色(黑色)泥岩中的天然气。该类能源清洁、高效，在盆地内沉积范围广，厚度较大，是继煤层气之后发现的又一种重要的非常规天然气。

页岩气高效勘探开发需要从地质条件、工程要素和压后评价等方面综合考虑。页岩气“甜点”是指最佳的页岩气勘探与开发的区域或层位，从地质评价角度来讲，页岩气富集高产关键因素是优质页岩和良好保存条件，其关键表征参数是总有机碳含量(TOC)、孔隙度、地层压力、断裂及裂缝等；从工程开发角度来讲，页岩气高产、稳产关键因素是易压裂，压后能形成可观的ESRV页岩层段，其关键表征参数是地下岩石脆性、地应力大小及方向、岩石力学等。针对“页岩储层地质-工程双甜点地球物理预测”核心问题，研发了以地震技术为主体的页岩气储层识别与评价关键地球物理技术(图1)。

“地质甜点”评价技术

通常将具有一定开发价值的页岩气称为地质甜点，其主要因素有：储集层厚度、TOC含量、孔隙度、地层压力、构造、裂缝等。页岩气“地质甜点”地震预测和评价思路是：从页岩气富集的地质要素出发，充分利用地质、地球物理、测井、岩心试验等资料。基于地震属性、叠前/叠后反演等技术手段，利用地质甜点评价核心参数，优选出最佳勘探开发区域和层位。

针对“地质甜点”评价核心问题，研发了以页岩岩石物理模型为驱动、叠前地震反演为核心的页岩气TOC定量反演技术、孔隙度定量预测技术、地层压力预测技术及多尺度裂缝预测技术，形成“地质甜点”评价关键技术系列。

首先构建了富有机质页岩地震岩石物理数学模型，针对页岩岩石及地层中发育的强各向异性，通过在模型中考虑黏土、孔隙与干酪根颗粒定量排列的各向异性特征，建立了页岩地质甜点参数与地震属性的桥梁(图2)。

页岩储层的TOC含量与孔隙度参数是“地质

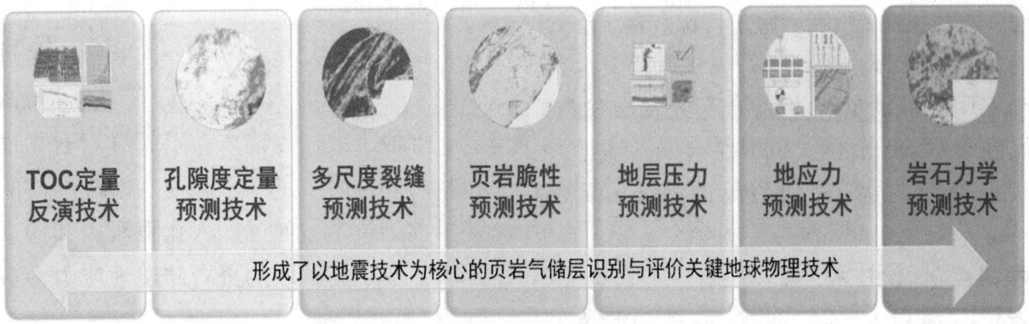

图1　页岩气储层识别与评价关键地球物理技术系列

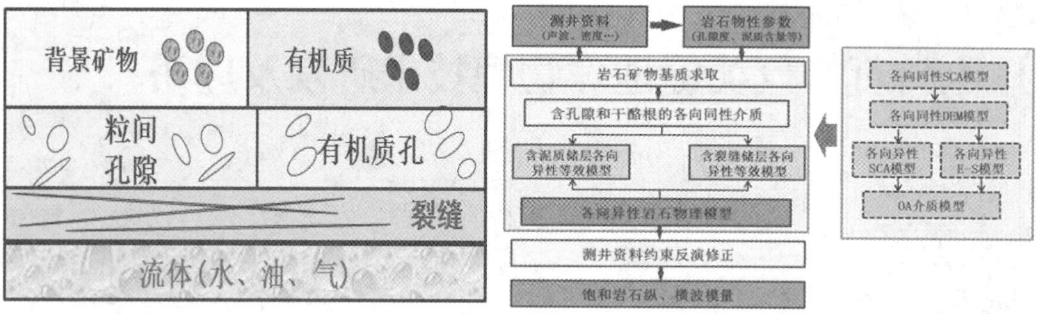

图 2 页岩岩石物理模型及构建

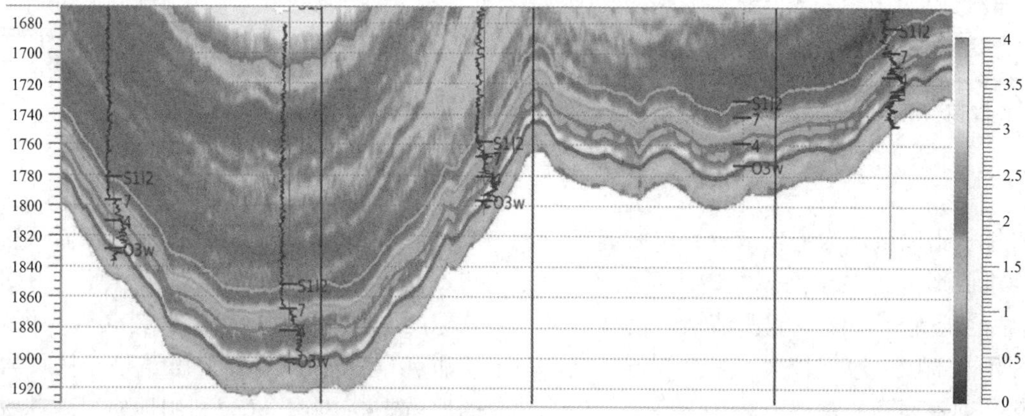

图 3 页岩 TOC 含量定量预测结果

甜点”的关键参数之一。以页岩岩石物理模型为驱动，叠前多参数反演结果为输入，基于贝叶斯后验概率分类算法实现页岩 TOC 含量、孔隙度等参数的联合反演，与常规方法相比，该方法反演结果物理意义明确，与井吻合且横向外推可信度高。

页岩储层地层压力与产气量呈正相关关系，因此，高精度的压力预测十分有意义。以分岩性构建正常压实曲线为基础，以考虑干酪根生烃异常高压成因机制的改进 CPS 模型为驱动，利用三维地震数据实现高精度的三维地层压力预测。

天然裂缝的存在增加页岩气储集空间，提高页岩的渗透能力，增加了游离态天然气的赋存体积，因此，多尺度天然裂缝预测十分重要。通过高精度的叠后倾曲率、蚂蚁体等属性，正交介质叠前 AVAZ 反演获得的复杂裂缝定量表征参数，实现多尺度天然裂缝预测，同时结合微地震监测数据，实现天然裂缝与人工裂缝的综合解释与评价。

2 “工程甜点”评价技术

页岩气工程甜点选择的主要原则是产量较高，能够通过压裂等增产措施保证较长的高产期。页岩气“工程甜点”的主要指标包括脆性、地应力、岩石力学等参数。针对“工程甜点”评价核心问题，通过三维地震资料实现页岩“工程甜点”的综合预测及评价，以优化水平井轨迹及压裂方案设计。

页岩的脆性直接影响进行水力压裂的可能性和水力压裂实施的效果，因此，准确预测页岩储层的脆性十分重要。首先基于岩石物理分析，构建脆性敏感指数 E/λ，建立基于杨氏模量与泊松比的反射系数方程，并基于贝叶斯反演理论实现脆性指数的高精度直接反演，并结合微地震压裂监测数据，实现页岩可压性综合解释及评价。

地应力的分布、发育方向和强度是页岩气开发必须要考虑的因素，其直接影响页岩气产量。以五维地震数据为输入，以裂缝岩石物理模型为先验约束，研发了基于叠前 AVAZ 反演的地应力定量预测技术，通过加入孔隙压力和构造应力校正项，实现高精度的页岩储层地应力参数的定量预测。

岩石力学参数是评价页岩气高效、安全开发

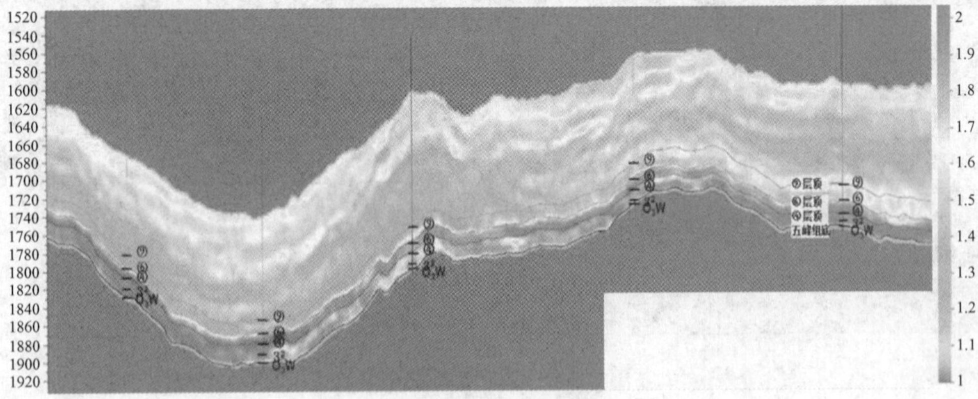

图 4　地层压力预测结果

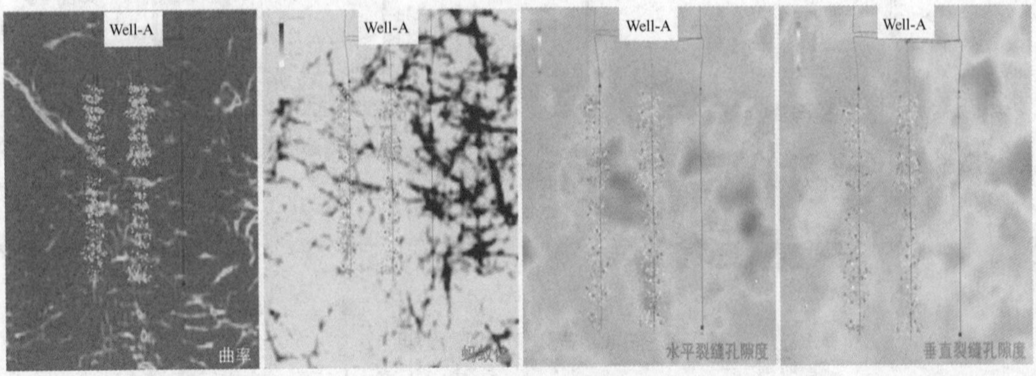

图 5　多尺度天然裂缝与微地震数据叠合显示

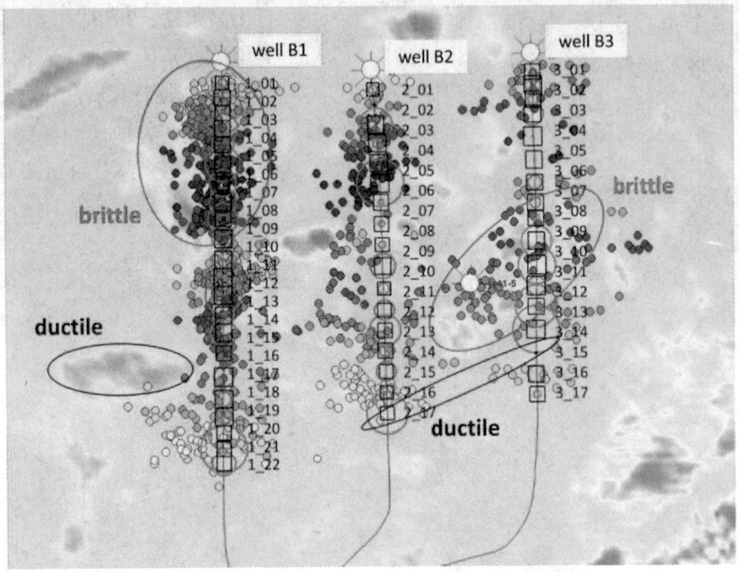

图 6　脆性指数与微地震数据叠合显示

的关键参数。通过井震相结合，以岩石力学理论数学模型为驱动，以五维地震数据为输入，以方位各向异性的弹性模量直接反演为技术手段，实现高精度的页岩气储层岩石力学参数预测。

3　总结

围绕“页岩气储层地质−工程双甜点地球物理预测”的科学问题，针对国内页岩气区块地表条件复杂、地下构造复杂的地质特征，结合地质、地震、测井、岩心等资料，研发并形成了以地震技术为核心的页岩气储层识别与评价关键地球物理技术，显著提高了复杂页岩气地质目标双甜点关键参数地震预测精度，并结合微地震压裂监测数

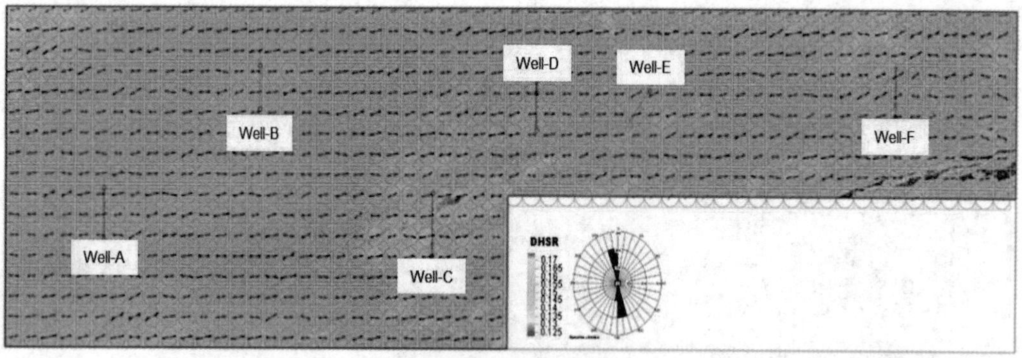

图 7　地应力定量预测结果

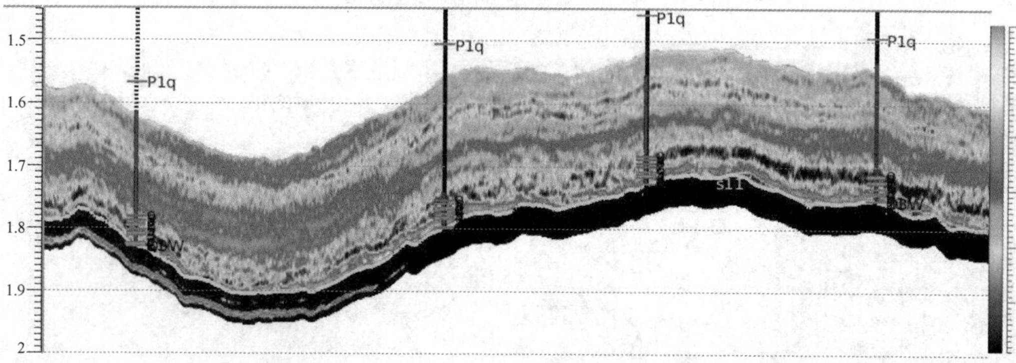

图 8　破裂压力预测结果

据，实现动静态数据结合，有效提升储层评价精度，有力支撑页岩气的高效勘探开发。该技术系列已成功应用于中石化多个页岩工区，取得显著经济效益，为国家新能源战略发展注入新动力。

参　考　文　献

[1]　曲寿利，物探新技术是降低油气勘探开发成本的重要利器[J]. 石油物探，2019，58(6)：783-790.

[2]　杨勤勇等，页岩气地球物理技术[M]. 北京，中国石化出版社，2018.

[3]　刘勇等，基于叠前地震的脆性预测方法及应用研究[J]. 石油物探，2016，55(3)：425-432.

[4]　马妮等，页岩地层的破裂压力地震预测方法[J]. 石油物探，2019，58(6)：926-934.

高邮凹陷新生代侵入岩与油气聚集的关系

王　力　娄国泉　杨小军　王小阳　韦　祥

(中国石化江苏油田分公司物探研究院)

摘　要　高邮凹陷侵入岩分布广泛、纵向叠置，与油气关系复杂。通过系统采样和分析，综合运用地球化学、地质和地震等信息，查明了侵入岩的分布特征与发育模式。深层辉绿岩由 E_1f_1-E_1f_3 和 E_2d-E_2s 两期岩浆侵入叠加而成，常形成厚层岩床；浅层辉绿岩主要在 E_2d-E_2s 时期侵入，呈现为朵叶状展布。在此基础上，通过对典型油藏展开精细解剖，查明了侵入岩与油气聚集的动态关系。辉绿岩可直接形成相关油气藏，如辉绿岩蚀变带油藏、岩墙遮挡型油藏；还能作用于油气聚集的全过程，促进了生烃演化、破坏了圈闭有效性、扩大了油气运移范围、控制了油气藏分布。

关键词　辉绿岩；侵入时期；蚀变带；油气聚集；新生代；高邮凹陷

近年来，随着石油勘探技术的提高和火成岩相关研究的深入[1-6]，火成岩油气藏越来越引人关注，目前已在准噶尔、松辽、渤海湾、辽河等多个含油气盆地中相继发现了火成岩油气藏[7,8]，展示出了良好的勘探潜力。苏北盆地高邮凹陷断裂构造发育、岩浆活动频繁，致使火成岩平面分布广泛、纵向多套叠置、与油气关系复杂，给该区的油气勘探部署带来了不少困难。许多学者利用地震和地质等资料推测了该区火成岩的分布特征和形成期次，并基于此主要探讨了侵入岩对烃源岩的催熟、油气藏的破坏和围岩储层的改造等[9-13]，而针对侵入岩与油气聚集的动态关系尚未系统研究。本文在系统采样和分析的基础上，综合运用地球化学、地质和地震等信息，明确了高邮凹陷新生代侵入岩的形成期次与发育模式，并结合典型油藏的精细解剖，查明了侵入岩与油气聚集的动态关系，建立了火成岩区油气藏模式，提出了新的认识，为该区的下步勘探提供了依据。

1　侵入岩发育特征

高邮凹陷隶属于苏北盆地东台坳陷，面积约为2670km²，属于典型的箕状凹陷，具有南断北超、南陡北缓的特征。研究区形成于晚白垩世仪征运动，之后又经历了吴堡、真武、三垛等多期构造运动，引发了强烈的岩浆活动，在新生界形成了大量的侵入岩。基于高精度三维地震资料和丰富的钻井、测井信息，有效识别出了该区的侵入岩，并厘定了其时空展布特征(图1)。

1.1　侵入岩分布特征

高邮凹陷新生代侵入岩均为辉绿岩，总体上可以划分为深、浅两套：其中深层辉绿岩主要侵入在阜一段(E_1f_1)至阜三段(E_1f_3)；浅层辉绿岩则主要分布于戴南组(E_2d)和三垛组(E_2s)，沙埝南等地区在阜四段(E_1f_4)也有分布。两套辉绿岩展布特征差异显著，表明其成因机制可能存在差异。

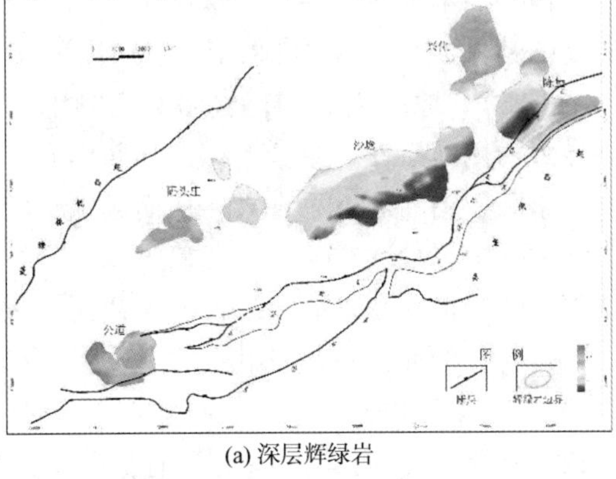

(a) 深层辉绿岩

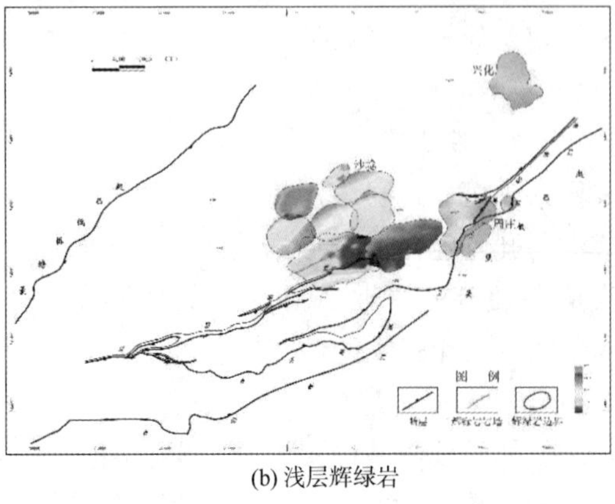

(b) 浅层辉绿岩

图1　高邮凹陷新生代辉绿岩顶面深度图

其中，深层辉绿岩分布广泛(图 1a)，西至公道地区、东至陈堡油田均有分布；单个岩体规模大、沙埝地区面积超过了 $200km^2$；厚度较大，沙埝和码头庄地区最大厚度达到了 200m，主要表现为不规则厚层岩床。

浅层辉绿岩分布较为局限(图 1b)，仅在沙埝、周庄和兴化等地区可见；单个岩体规模较小，一般都在 $50km^2$ 以下；厚度相对要小，单个岩体最大厚度主要介于 100~160m 之间；辉绿岩末端常常翘倾，呈现为碟形岩床。此外，在沙埝南等地区识别出了近乎直立的岩墙，平面位置如图 1b 所示。

1.2 侵入岩发育模式

前人主要利用地质、地震等资料对该区辉绿岩的侵入时期进行了推测[9-11]，结果存在争议，有人认为两套辉绿岩都是三垛运动期侵入，也有人认为其皆为盐城组沉积初期侵入。本次研究通过开展系统采样，并进行常量元素、微量元素、稀土元素、同位素组成和锆石 U-Pb 年代学等测试分析，为辉绿岩形成期次和成因机制分析(篇幅限制，详见另文)奠定了坚实的基础。结果表明：研究区新生代主要存在两期岩浆活动，即 E_1f_1-E_1f_3沉积时期(实测数据 65.4~55.6Ma)和 E_2d-E_2s 沉积时期(实测数据 48.2~36.9Ma)，深浅层辉绿岩并非同一时期的产物。其中深层辉绿岩于 E_1f_1-E_1f_3时期就开始侵入；E_2d-E_2s 时期进一步侵入并叠加，从而形成巨厚的岩床。而浅层辉绿岩主要在 E_2d-E_2s 时期侵入，并呈现为朵叶状[14]分布。这一认识也与高邮凹陷乃至苏北盆地火成岩展布规律是相吻合的。

2 侵入岩油气藏特征

在油气聚集成藏的地质事件中，侵入岩所起的作用是多方面的，它可以直接形成相关油气藏：作为储集层形成辉绿岩蚀变带油藏，作为封堵层形成岩墙遮挡型油藏。

2.1 辉绿岩蚀变带油藏

岩浆侵入到沉积地层后，其中逸出的挥发分及液态溶液与孔隙流体混合形成热液，进而与围岩发生反应并使其变质[15]，在侵入岩体和正常围岩之间形成了一个伴生的蚀变带。

当辉绿岩侵入泥岩地层中，蚀变作用明显。研究区辉绿岩属于浅成基性侵入岩，岩浆温度相对较低，因而主要发生低级-中级变质作用[12]，可形成板岩、千枚状板岩、堇青石角岩、红柱石角岩等。泥岩在热液作用下经脱水、变硬及有机质碳化加速成岩，并伴随矿物的扩散和重结晶作用，在岩体中产生了大量孔缝，使得储集空间得到了显著改善，主要包括微孔洞、晶间孔、微溶孔、收缩缝、构造缝、溶蚀缝等。统计结果表明，其孔隙度主要介于 1.1%~27.3%，平均值为 11.87%；渗透率主要分布于(0.04~33.3)×$10^3\mu m^2$，平均值为 3.87×$10^3\mu m^2$。其储集性能与变质程度密切相关，一般距离辉绿岩越近、变质程度越高、物性越好，例如角岩类的孔渗条件明显要好于板岩类(图 2)。

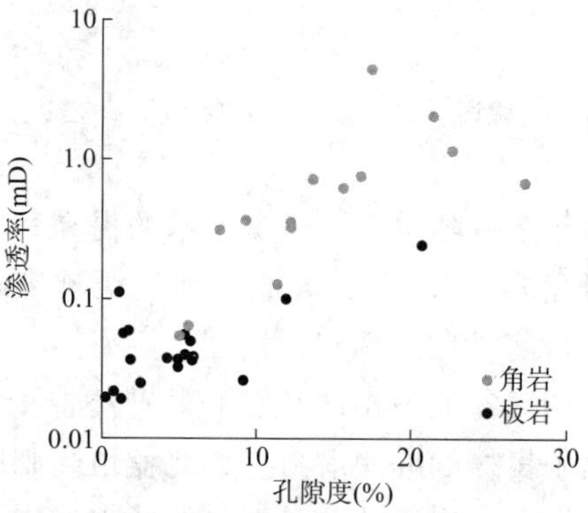

图 2 泥岩蚀变带孔隙度与渗透率的关系

当辉绿岩侵入砂岩地层中，蚀变作用不明显，变质程度往往较低，常形成变余砂岩或石英岩，与正常砂岩差别较小，故而本文不再详细叙述。综上所述，泥岩蚀变带和砂岩蚀变带均可作为储层，例如沙 18 井和沙 54-1 井分别钻遇了泥岩和砂岩蚀变带油藏。上覆未变质泥岩可作为盖层，从而形成披覆背斜、上倾尖灭和透镜体等类型油气藏。

2.2 岩墙遮挡型油藏

岩墙长度可达数百米至数公里，但宽度一般仅数米甚至几十厘米，因而常规地震资料难以有效识别。本次研究基于高精度三维地震资料和丰富的钻井资料，在高邮凹陷识别出了多个岩墙(图 1b)。地震剖面上，岩墙会切割围岩并往往导致两侧地层发生明显上拱，其两侧同相轴会出现错断、错断面近乎直立，从而区别于断层。实际钻探中，少数或部分井钻遇了厚层侵入岩，而邻近的其他井则未揭示侵入岩，往往指示着岩墙的存在。例如，花庄油田花 24 块中，花 24-12 井、花 24-13 井、花 24-18 井 E_2d 钻遇了 102~327m 辉绿岩，而其他井则没有揭示，证实了富民-花庄岩墙的存在。这些岩墙与断层走向几乎

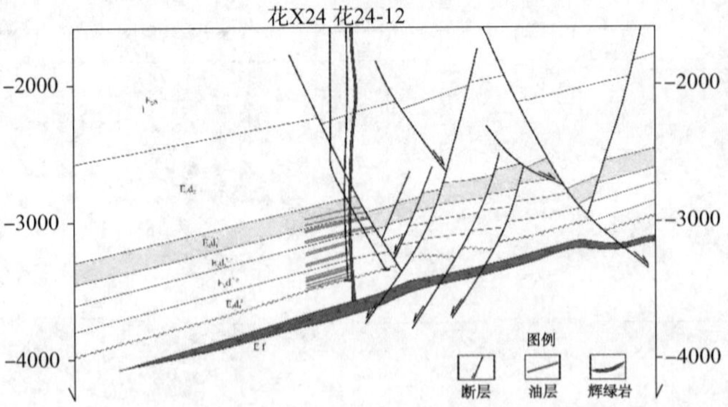

图 3　高邮凹陷花 24 块油气成藏模式图

平行(图 1b)、即垂直于区域拉张方向，且岩墙下部往往与岩床相交(图 3)，属于顶板张裂型岩墙[14]，是岩床顶板由于岩浆加厚上隆而发生张裂所形成。

岩墙是由致密的侵入岩所组成，岩体的孔隙度和渗透率非常低，封堵能力远超泥岩等封挡层，可对侧翼部位砂岩中的油气起到很好的侧向隔挡作用，并常常形成巨厚的油层，具有极好的勘探开发效益。例如富民油田富 18 块在辉绿岩岩墙封挡下，揭示油层厚度超过了 200m；花庄油田花 24 块油藏被岩墙划分为南北两块，北块仅在 $E_2d_{1上}^2$ 和 $E_2d_1^1$ 成藏，而南块由于岩墙的超强遮挡作用，在 $E_2d_1^3$、$E_2d_{1下}^2$、$E_2d_{1上}^2$ 和 $E_2d_1^1$ 均钻遇了油层(图 3)。这两个含油块在所属油田中均为储量最多、产量最高，经济效益十分可观。

3　侵入岩与油气聚集的关系

侵入岩除了可直接形成相关油气藏外，在常规油气的生成、运移和聚集过程中也能发挥重要的作用[16]。

3.1　侵入岩与生烃演化

阜二段(E_1f_2)和阜四段(E_1f_4)是高邮凹陷的主力烃源岩，同时也是辉绿岩侵入的主要层系，尤其是 E_1f_2，其与辉绿岩大面积接触，关系密切，主要表现为热作用和催化作用两个方面。

与喷发岩不同，侵入岩形成于地下封闭环境，岩浆携带的大量深部热能完全作用于周围地层，可显著提高围岩温度，并导致周围的烃源岩高-过成熟，从而促进了油气的生成[17,18]。样品实测数据显示，紧邻辉绿岩的泥岩由于受到烘烤变质而板岩化、角岩化，其热演化程度明显异常，Ro 基本都在 2.0%以上。例如沙 4 井 E_1f_2 板岩埋深 2865m，Ro 却高达 3.13%。

烃源岩中有机质生烃演化不仅是热作用的结果，还包括催化作用。有研究[18]表明，岩浆热液中的镍和钴等元素属于超级催化剂，催化作用明显强于黏土矿物，可显著加速有机质向烃类的转化。研究区距离辉绿岩相对较远且未发生变质的烃源岩，其生烃演化也偏离了正常趋势。例如，沙 8 井 2726m 处 K_2t_2 泥岩 Ro 为 0.68%，距上覆辉绿岩床超过了 600m，未受其影响；而 2165m 处 E_1f_2 泥岩成熟度与之相当(Ro = 0.65%)，其距上覆辉绿岩床约 88m，明显受到了催化作用，也致使生烃门限显著变浅。

3.2　侵入岩与油气输导

前已述及，高邮凹陷新生代主要存在 E_1f_1-E_1f_3 和 E_2d-E_2s 两期岩浆侵入，而本区 E_1f_2 和 E_1f_4 两套主力烃源岩的大规模生排烃期主要在 E_2s 沉积末期[19]，也就是说绝大部分岩浆活动要早于油气成藏期，所以其对油气藏的破坏作用非常有限。但是，早期形成的圈闭在辉绿岩侵入过程中可与相邻岩层相沟通(图 4b)，从而破坏圈闭的有效性。

高邮凹陷斜坡带发育有两套断裂体系，其中 E_1f 中绝大部分断层主要活动期为吴堡运动期，在油气成藏期基本停止了活动[10]，所以难以作为油气运移的通道。而勘探实践证实，该区 E_1f_1 和 E_1f_3 不仅是主力产层，而且油气极为富集。二者似乎有些矛盾？该区油气主要源自斜坡带南部的深凹部位(内坡)，而辉绿岩侵入形成的蚀变带发育各类孔隙和裂缝，可以作为油气运移的良好通道，从而扩大了油气运移的范围。距离深凹带较远的外坡，在辉绿岩分布的地区油气显示活跃，甚至已发现油藏；而未见有辉绿岩分布的地区，则基本未见有油气显示，二者的分布具有良好的相关性[9]。

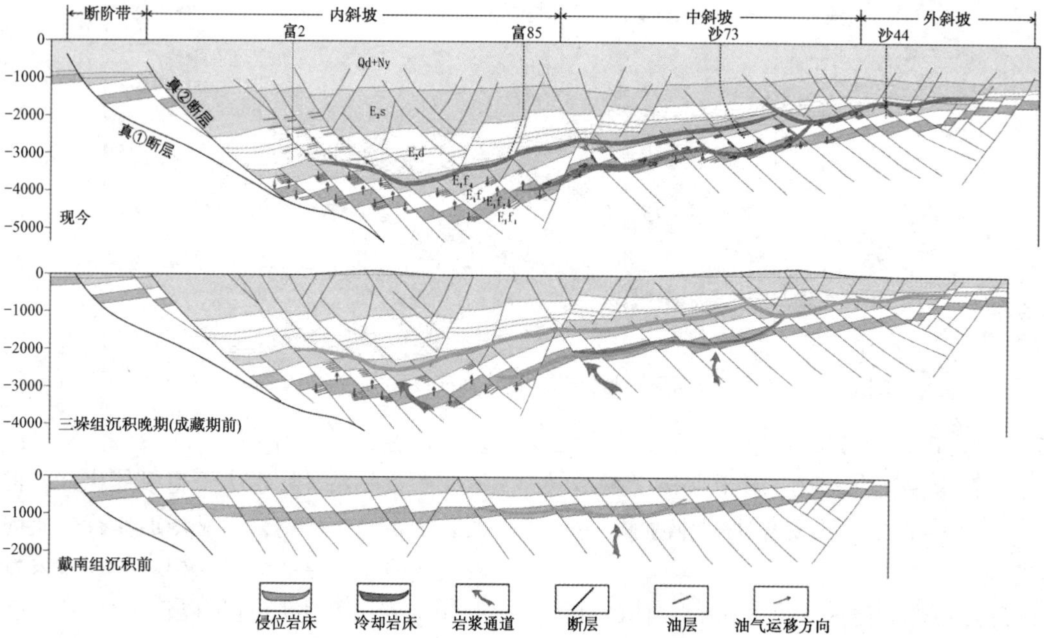

图4 高邮凹陷火成岩区油气动态成藏模式图

3.3 侵入岩区油气成藏模式

在侵入岩形成演化研究的基础上，结合典型油气藏的系统解剖，建立了侵入岩区油气动态成藏模式(图4)，明确了岩浆-构造-油气聚集的耦合关系。

戴南组沉积前：该时期高邮凹陷处于均匀裂陷伸展阶段，具有分散拉张特征，最强拉张带(伸展薄弱面)往往位于盆地中心，深层辉绿岩主要通过岩墙侵入，并向两侧扩展形成对称型岩床。成藏期前：该时期凹陷进入非均匀裂陷伸展阶段，以集中断陷为特征，最强拉张带迁移至深凹带，浅层辉绿岩主要通过断裂侵入，并沿斜坡带扩展形成非对称岩床；而深层辉绿岩可沿前期薄弱面或断裂面进一步侵入并加厚，局部地区由于岩浆的不断堆积可向上穿刺形成次级岩床；该时期仅内坡 E_1f_2烃源岩进入生油窗，主要在内坡 E_1f_1和 E_1f_3聚集成藏；岩浆侵入虽然破坏了部分圈闭的有效性，但更为重要的是打通了油气运移的通道，为油气大面积成藏奠定了基础。大规模生排烃以来：中坡 E_1f_2烃源岩被催熟，主要在 E_1f_1聚集成藏；此时内坡 E_1f_4烃源岩也开始大量生排烃，并向上运移至 E_2d 和 E_2s 聚集成藏，另一方面中内坡生成的大量油气还可以沿着蚀变带-砂体-断面复合输导体系开展长距离侧向运移，在差异聚集作用下主要在中外坡的 E_1f_3聚集成藏。上述分析表明中外坡 E_1f_1和 E_1f_3是两个相对独立的油气运聚系统，这也与地球化学示踪的结果相吻合[20]。

4 结论

(1) 高邮凹陷主要发育深、浅两套侵入岩：其中深层辉绿岩是由 E_1f_1-E_1f_3和 E_2d-E_2s 两期岩浆侵入叠加而成，常形成厚层岩床；浅层辉绿岩主要在 E_2d-E_2s 时期侵入，常呈现为朵叶状展布。

(2) 侵入岩可以直接形成相关油气藏：岩浆侵入使围岩变质并改善了储集性能，从而形成辉绿岩蚀变带油藏；辉绿岩岩墙具有超强的封挡能力，可形成油气极为富集的岩墙遮挡型油藏。

(3)明确了侵入岩与油气聚集的动态关系：辉绿岩促进了生烃演化、使中坡的烃源岩也能提供油源；岩浆活动主要集中在成藏期以前，对油气藏的破坏作用有限；破坏了早期圈闭有效性、但扩大了后期油气运移范围；控制了油气藏分布，导致了高邮凹陷尤其斜坡带油气的富集。

参 考 文 献

[1] 刘嘉麒，孟凡超．火山作用与油气成藏[J]. 天然气工业，2009，29(8)：1-4.

[2] Merino E，Girard J P，May M T，et al. Diagenetic mineralogy，geochemistry，and dynamics of Mesozoic arkoses，Hartford rift basin，Connecticut，U. S. A.

[J]. Journal of Sedimentary Research, 1997, 67(1): 212-224.

[3] Luo J, Morad S, Liang Z, et al. Controls on the quality of Archean metamorphic and Jurassic volcanic reservoir rocks from the Xinglongtai buried hill, western depression of Liaohe Basin, China[J]. AAPG Bulletin, 2005, 89(10): 1319-1346.

[4] Olavsdottir J, Andersen M S, Boldreel L O. Reservoir quality of intrabasalt volcanic lastic units onshore Faroe Islands, North Atlantic Igneous Province, northeast Atlantic[J]. AAPG Bulletin, 2015, 99(3): 467-497.

[5] 孟卫工，陈振岩，张斌，等．辽河坳陷火成岩油气藏勘探关键技术[J]．中国石油勘探，2015，20(3)：45-57.

[6] 周立宏，吴永平，肖敦清，等．黄骅坳陷第三系火成岩与油气关系探讨[J]．石油学报，2000，21(6)：29-34.

[7] 牛嘉玉，张映红，袁选俊，等．中国东部中、新生代火成岩石油地质研究、油气勘探前景及面临问题[J]. 特种油气藏，2003，10(1)：7-12.

[8] 罗静兰，邵红梅，张成立．火山岩油气藏研究方法与勘探技术综述[J]．石油学报，2003，24(1)：31-38.

[9] 李亚辉．高邮凹陷北斜坡辉绿岩与油气成藏[J]．地质力学学报，2000，6(2)：17-22.

[10] 毛凤鸣．高邮凹陷北斜坡辉绿岩形成时期的确定及其与油气关系[J]. 石油勘探与开发，2000，27(6)：19-20.

[11] 胡晓春．苏北盆地高邮凹陷侵入岩形成时期及成因机制探讨[J]．地层学杂志，2010，34(3)：293-297.

[12] 叶绍东，任红民，李储华，等．苏北盆地新生代侵入岩分布特征及地质意义[J]．地质论评，2010，56(2)：269-274.

[13] 李鸿儒，牛佳文，韩明刚，等．高邮凹陷北斜坡辉绿岩及其接触带储层发育特征与有利油气成藏条件[J]．地质科技情报，2019，38(2)：117-129.

[14] Coetzee A, Kisters A F. Dyke-sill relationships in Karoo dolerites as indicators of propagation and emplacement processes of mafic magmas in the shallow crust[J]. Journal of Structural Geology, 2017, 97: 172-188.

[15] Ferry J M. Reaction progress: A monitor of fluid-rock interaction during metamorphic and hydrothermal events[M]. NewYork: Springer, 1986: 60-88.

[16] 陈树民．中国东、西部火山岩油气藏运聚成藏机理[J]. 天然气工业，2015，35(4)：16-24.

[17] 高岗，梁浩，沈霞，等．三塘湖盆地二叠系火成岩分布及其对烃源岩热演化的影响[J]．石油实验地质，2009，31(5)：462-465.

[18] 万丛礼，金强，李钜源，等．裂谷盆地岩浆活动控制油气概论[J]. 油气地质与采收率，2014，21(1)：1-5.

[19] 陈莉琼．苏北盆地形成演化与油气成藏关系研究[J]. 石油天然气学报，2006，28(4)：180-181.

[20] 邱旭明，钱诗友，于雯泉，等．苏北盆地“十二五”油气勘探主要成果、新认识和技术进展[J]．中国石油勘探，2016，21(3)：62-73.

三塘湖凝灰岩致密油藏体积压裂技术发展

何海波 刘建伟 邓 强 王 波 刘剑辉

(中国石油吐哈油田公司工程技术研究院)

摘 要 三塘湖盆地马56区块致密油是非常规油气资源的一种特殊类型，岩性属于沉凝灰岩，具有中高孔、超低渗、高含油饱和度的特征，原油中质高粘、高蜡，正常的压力系统，无自然产能。前期通过常规压裂和直井体积压裂发现致密油，单井产量低，递减快。2013年依托股份公司重大专项，通过引进、吸收和集成水平井体积压裂技术，实现了致密油勘探突破和快速动用，迅速建成全国第一个全部由水平井开发的致密油试验区，衰竭式开发导致地层压力下降快，单井产量递减快，一次采收率为2.5%，在低油价下效益差。为进一步提高单井累计产量和采出程度，2015年，创新实践了注水蓄能+“压裂”+吞吐的恢复单井产量组合技术，单井累计产量有所提高，区块采收率提高至5%，仍达不到效益开发。2017年，以效益开发动用和提高采收率为目标，以“水平井+体积压裂”为技术主线，现场试验“井控储量”到“缝控储量”的水平井井网设计与加密技术，通过采用长水平井+细分切割+高强度改造来提高整个区块动用程度，形成了“缝控储量体积改造”提高采收率的一项开发技术，加密后井距由400m缩小至100m，储量动用程度由42.1%提高到85.2%，采收率提高至10.2%，累计生产原油104万吨。

关键词 三塘湖盆地；致密油；水平井；体积压裂；注水蓄能；缝控储量；采收率

三塘湖盆地马56块致密油属于火山岩相控制的沉凝灰岩油藏，是非常规油气资源的一种特殊类型，采用水平井+大规模体积压裂技术，实现了储量的动用。在基础井网阶段钻井39口，单井日产13.5t，建产能14.6×10^4t，在3年内快速建成了国内第一个全部由水平井开发的致密油实验基地，年生产能力达25.6×10^4t。但随着勘探开发的不断深入，暴露出致密油油藏开发存在的普遍难题：一是单井储量动用程度低；二是缺乏有效的能量补充方式，衰竭式开采单井产量递减快、累产低，区块采收率低；三是开发成本高，效益建产难度大。

2015~2018年针对单井储量动用程度和采收率低、衰竭式开采产量递减快和累产低及成本高和负效益等难题，在强化地质认识和室内渗吸实验的基础上，现场创新实践了水平井井网加密、缝控体积改造、补能与暂堵压裂、超破压“大液量、大排量”注水蓄能与吞吐等提升和恢复单井产量技术，投产了73口，单井初期产量持续提升、稳产能量得到有效补充，同时践行“缝控储量”体积改造理念，布缝与井网形势匹配，开展与井网结合的细分切割体积改造技术，区块由井控储量向缝控可采储量转变。通过这一技术理念的转变，实现了三塘湖盆地马56块致密油从“不能动”到“可动用”，再到“有效益”，开发效果逐渐变好，路线逐步清晰，从而提高了整个区块的采收率[1-2]。

1 油藏基本情况

吐哈油田三塘湖盆地位于新疆东北部，呈北西-南东向展布，总面积$2.3\times10^4km^2$，马朗、条湖凹陷位于盆地中央，面积$3200km^2$，是目前吐哈油田油气勘探开发的主要领域。

马56块致密油主力油层位于条湖组二段，条湖组二段以火山间歇期泥岩及凝灰岩沉积为主，底部为数十米厚的玻屑—晶屑凝灰岩，平面上分布范围广，是火山喷发后期火山灰“空降”于近火山口的斜坡-洼地背景，富含有机质的浅-半深湖酸性环境中水下沉积形成(图1)。储层具有中高孔、超低渗、高含油饱和度的典型致密油储层特征，矿物成分以石英、斜长石为主，含量90%以上，黏土矿物含量低于5%，基质平均孔隙度15.5%，渗透率0.36mD，含油饱和度69.1%。储层岩石杨氏模量较高、泊松比较低、脆性较强，压裂易形成剪切裂缝，具备体积压裂的物质条件。原油地面密度$0.90g/cm^3$，50℃黏度97.4~351mPa·s，凝固点15~25℃，含蜡量19%~29%，地层温度为60.9~70.7℃，地层压力系数1.013，属于中质高粘、高蜡、中凝油藏，

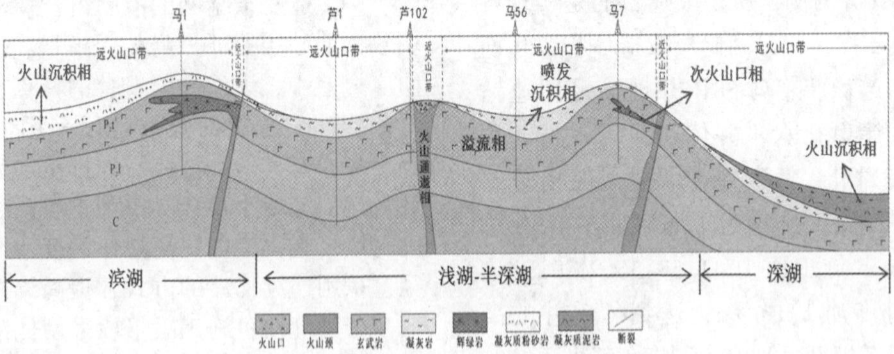

图 1　三塘湖条湖组致密油储层沉积模式图

低温正常压力系统，油井无自然产能[3]。储层岩石脆性指数高，在 0.4 以上，天然裂缝发育，裂缝密度 33 条/m，以中、高角度倾向相反的两组裂缝为主，裂缝多被方解石充填、半充填，为多重介质储层。

2　水平井体积压裂技术

水平井体积压裂技术已成为非常规油气实现有效开发的关键技术，三塘湖盆地致密油 2013 年引进水平井体积压裂技术，先后钻探马 57H、马 58H 探井及马 56-6H 开发井，试验了 3 种不同水平井分段工艺技术，分别是固井滑套投球分压、裸眼封隔器分段压裂、速钻桥塞封隔+分级多簇射孔体积压裂，根据区块特征和现场施工方便性、压后效果对比分析确定区块主体工艺技术，即以水平井体积压裂技术为原则，以速钻桥塞+分段多簇射孔为手段，采用大排量、大液量、滑溜水+低浓度瓜胶的复合压裂技术。集成了三项特色技术，一种桥塞分段多簇射孔压裂工艺技术、一套以瓜胶为主的滑溜水+低浓度冻胶压裂液体系、一组造复杂缝网的液固组合技术[4]。

（1）速钻桥塞+分段多簇射孔压裂工艺技术。三塘湖致密油初期主要以适度规模、中等排量、低伤害的技术思路实施直井常规压裂，压后产量 4.8-12.7t/d，未取得产量突破。为了取得更高产量，引入体积压裂技术理念，采用低浓度胍胶压裂液，组合粒径支撑剂，中低砂比、大排量，开展了直井大规模体积压裂试验，单井最高日产油 21.6t，初期效果显著(表 1)。

表 1　致密油直井体积压裂主要参数及效果表

序号	井号	施工日期	井段 m-m	总液量/ m^3	总砂量/ m^3	平均砂比/ %	最高砂比/ %	施工压力/ MPa	压后日产油/t
1	芦 1 井	2013/4/26	2546.0~2558.0	803.8	65.9	18	25	55.5~67.1	2.37
2	马 55	2013/7/8	2269~2290	955.6	36.7	13.6	20	21~95	6.71
3	马 56	2013/4/30	2143.0~2151.0	343.2	24.4	16.9	20	60.8~80.2	21.64
4	马 15	2013/7/20	2340.0~2349.0	930.1	71.1	16.4	25	36.2~67.1	0.72

直井常规压裂压裂 30d 后产油小于 2t/d，实施直井体积压裂后日产油大于 2t/d 的生产时间近 60d，说明体积压裂的思路可行，为后期水平井体积压裂技术的发展奠定了基础，同时直井常规压裂和体积压裂均存在平均日产量低的问题，达到了充分认识储层的目的，累产效果上未获得突破，因此要实现区块的突破，必须走水平井体积压裂技术路线。

自 2013 年，三塘湖致密油引进试验 3 套水平井多段压裂工艺，分别是裸眼封隔器、固井滑套和速钻桥塞分段，根据储层条件、现场施工时效、压后效果等因素优选方案，最终确定以“速钻桥塞+分簇射孔”(占比 98%)以及“低浓度瓜胶复合压裂液”体系(占比 96%)为主的的水平井改造系列。速钻桥塞分段压裂工艺采用套管固井，通过下入分层桥塞对改造段进行分隔，可实现任意级数的分段压裂，压后易钻，整体几乎无金属成份，钻后可实现井筒的全通径。相比水平井封隔器坐封、打开滑套压裂，速钻式桥塞分段射孔压裂后可以迅速钻磨，利于后期作业的实施[5-6]。以58H井为例，压裂改造目的是实现各级裂缝的有效支撑，获得高储层改造体积，从而达到该井的高产稳产。马58H井现场采用速钻桥塞分段、分簇射孔水平井体积压裂改造，共分8级(24簇射孔，3簇/级)压裂，现场总共加砂566.3m^3，施工排量为12m^3/min，入井总液量7755.9m^3，施工压力41.5~56.2MPa。该井压后自喷日产油131m^3/d，达到了单井的高产，也开创了三塘湖盆地马56块致密油开发的新局面。

(2)以瓜胶为主的滑溜水+低浓度冻胶压裂液体系。根据马56区块致密油储层特征，具有亲水-弱亲水特征，且基本不含黏土矿物含量，水敏伤害小，天然裂缝发育，脆性特征明显等特点，要求压裂液体系与储层特征匹配，优化液体配方，通过研发高效交联剂及调整压裂液添加剂，形成了以瓜胶为主的一体化压裂液体系，依据SY/T 5107—2005“水基压裂液性能试验方法”标准，对基础配方进行了耐温、耐剪切、流变性能室内实验评价，优选压裂液配方滑溜水稠化剂浓度为0.1%，冻胶的稠化剂浓度为0.2%，接近极限浓度，低浓度瓜胶压裂液配方体系以达到国内领先水平。实验表明可在0.2%胍胶浓度下交联，耐温能力可达30~60℃，剪切60min，黏度保持在180mPa·s以上(图1)，满足现场造缝和携砂施工要求[8]。

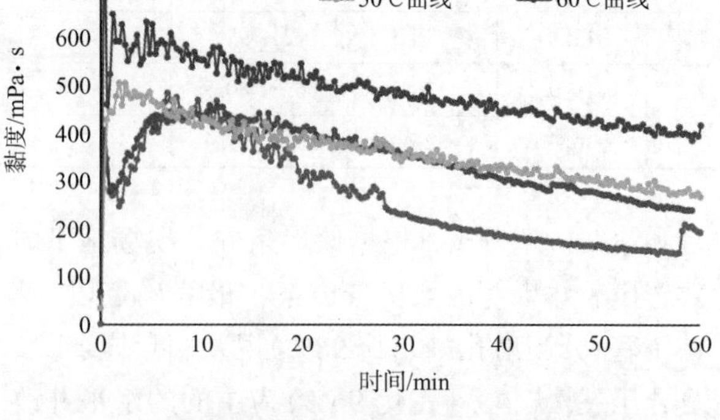

图2 不同温度瓜胶压裂液耐温耐剪切性能曲线

(3)造复杂缝网的液固组合技术。根据马56块致密油储层特征，高杨氏模量、低泊松比，两向应力差小、天然裂缝发育的特点，压裂易形成复杂缝网，压裂前置液阶段采用低砂比、低浓度、多段塞、低黏液体、大排量加砂的方式，张开天然裂缝，小粒径支撑剂充填微裂缝并进行缝内封堵；施工中段提高液体黏度，增大支撑剂粒径，采用连续加砂的方式，提高缝内净压力，形成多分支缝网；施工后半段采用低浓度瓜胶压裂液，大粒径支撑剂组合，形成一条或多条主裂缝，继续在主裂缝的侧向强制形成次生裂缝、并在次生裂缝基础上形成二级次生裂缝。并且使主裂缝和多级次生裂缝交织，一定量次的裂缝与储集层天然裂缝相沟通从而形成裂缝网络。实现三个作用，一是裂缝壁面与储集层基质的接触面积最大，二是储集层流体从基质流至裂缝的距离最短，三是基质中流体向裂缝渗流所需压差最小，三个作用提高单井产量，储量动用最大化[7]。

3 注水蓄能体积压裂技术

三塘湖盆地马56块致密油采用水平井大规模体积压裂衰竭式开发模式，导致地层压力下降快，单井产量递减快，一次采收率低的问题。2015~2016年创新实践了注水蓄能+“压裂”+吞吐的多种方式恢复单井产量，延长单井的生产周期[13-14]。

(1)室内实验评价。为了进一步提升区块的开发效果，开展了三项基础研究，室内储层润湿性评价试验、岩心渗吸置换试验及数值模拟，结果表明马56块致密油储层润湿性表现为弱亲水-亲水特征，压裂液作用后亲水性更强(表2)，结合现场实施效果，明确了马56块致密油裂缝-基质水置换油的有利条件：①储层越亲水，渗吸排油能力越强，最终采出程度越高。②缝网越复杂，油水接触面积就越大，渗吸置换效率越高。增能压裂可增加缝网复杂度，可显著提升开发效果；③油层厚度越大、含油饱和度越高，油水置换效率高；④入井液量越大，有效提高地层能量，延长有效期；⑤大排量注水可提高注水效率，提高单井生产时率，实现裂缝-基质快速动态渗吸目的。

表2 致密油压裂液作用前后储层相对润湿指数对比

岩心编号		2-21/42-1	3-23/33-1	3-31/33-2	3-13/26-1	2-40/52-2	3-13/26-2
储层相对润湿指数	压裂液作用前	0.46	0.45	0.44	0.42	0.41	0.41
	压裂液作用后	0.72	0.66	0.65	0.67	0.63	0.71

(2) 现场先导性试验。三塘湖盆地马56块致密油储层经过大规模的体积压裂以后投产，3~5天见油，压裂液返排率只有2%~5%，储层中滞留大量压裂液，这与“注水增能”效果相似，从而具有提高地层压力的效果。现场开展了常规注水吞吐、小排量注水吞吐、注水增能压裂、氮气吞吐等补充地层能量先导性试验(表3)。结果表明，注水增能重复压裂效果最好，水驱油效率最高，措施后单井日增油量为12.5t/d，相比其他工艺方式，有利于提高单井累计产量，提高原油采出程度[15-16]。

表3 致密油不同工艺方式试验井效果对比

井号	注入方式	吞吐前日产油/(t×d^{-1})	吞吐后日产油/(t×d^{-1})	对比/(t×d^{-1})	累计增油/t	施工参数		
						注入量/m^3	注入倍数	注入排量/(m^3×min^{-1})
马55H井	常规注水吞吐	0.9	2.2	1.5	375	2000	0.5	0.15~0.2
马56-5H	小排量注水吞吐	4.0	12.9	8.9	452	8239	1.1	0.7~1.4
马56-7H	注水增能压裂	1.8	14.3	12.5	2031	8507	2.0	12.6~13
马56-9H	注氮气吞吐	3.6	8.7	5.1	492	240000	/	/

(3) 实施效果。截至2019年底，三塘湖致密油水平井实施注水增能重复压裂52井次，平均单井日增油11.2t，有效率100%，平均单井入井液量2732.7m^3，平均单井入井砂量133m^3，取得了较好的效果，可提高区块采收率至3.5%。

4 缝控体积压裂技术

(1) 井网形势评价。三塘湖条湖组致密油基础井网采用水平井矩形五点法，基础井网井距400m，采用一套开发层系，衰竭式开采，水平段长500~800m，动用面积7.5km^2，动用储量1000×10^{4}t，随着开发的深入，逐渐暴露出一些开发矛盾：①衰竭式开发递减快，采收率仅2.47%；②前期油井综合治理效果差，补层压裂和氮气吞吐总体上都有增产量，但无经济效益，多元热采井况条件不能满足设计注入温度，降粘能力差，基本无效果；③单井有效控制储量小，波及面积有限，储量有效动用程度低；④致密油注水吞吐取得较好效果，采收率可提高到4.0%，但仍然很低。针对上述开发矛盾，采取了一些提高采收率的措施，通过效果分析，注水吞吐+重复压裂有较好的效果和经济效益，在高强度注水(采用压裂车组注水，日注水量1000方)吞吐过程中，很少有邻井有动态反应，相邻井无法建立有效的驱替，水驱开采无从谈起。同时压力恢复试井解释表明，有效人工裂缝半长41~89m(如表2所示)，远小于井排距，有效人工缝网延伸规模有限，证实了井控储量范围小，井间存在大量储量未动用的区域，储量有效动用程度低。

表4 压恢试井解释结果统计表

井号	投产时间	测压时间	测压方式	裂缝半长/m
马56-9H	2014.6.18	2014.8.13	直读压恢	41
马56-8H	2014.11.21	2016.8.22	环空压恢	80
芦1-9H	2015.7.29	2016.8.22	环空压恢	89
		2017.4.14	直读压恢	54
平均				66

(2) 先导性矿场试验。针对400m井网条件下井间存在未动用储量的问题，以及致密油储集层的特点，从井组整体化考虑，部署加密井(图3)，开展水平井造网状缝增能、导压、驱替提高井组产量的矿场实验，提高压裂缝长和井网的匹配程度，最终实现“一井组”产量突破推广解决区块整体产量的动用，逐步探索提高采收率的新方式[17-18]。

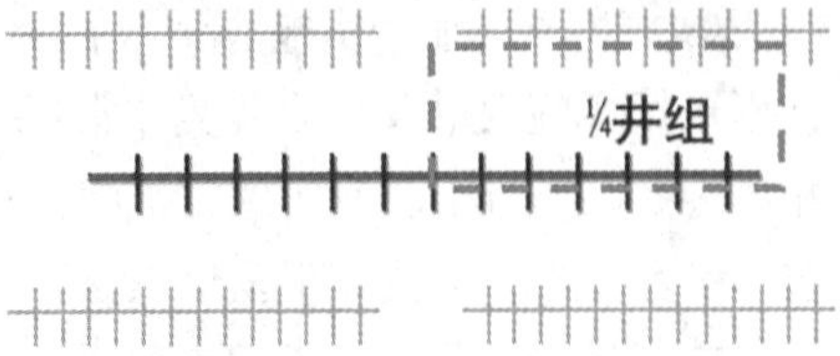

图3 致密油井组整体化压裂部署示意图

① 技术思路

以现有井网为基础，部署一口新井，通过对更新井体积压裂最大限度挖掘井间的剩余油，然后在适当时机进行注水给邻井补充能量，使邻井恢复产量，实现提高整个井组产量的目的。探索提高井组产量、注水驱替、及采收率技术[19-20]。

② 加密井压裂设计关键技术

强化加密井改造参数，实施“大排量、大液量”施工，适当砂量，不追求高砂比，保证入井液量，保证长水平段、小段距均匀改造，射孔方式采用与邻井错位射孔，交叉布缝，提高裂缝的展布面积和复杂程度[21]。

③ 压前邻井注水蓄能

压前对井组内邻井实施注水蓄能，对整体井组地层能量进行补充，马56-5H井在加密井马56-101H井的西北方向，距离加密井井最近123m，最远160m，根据该井的生产状态认为，地层严重亏空，并且对加密井具有很好的沟通作用。因此对该井实施注水蓄能，累计注水10015m^3，压力从17MPa上升到25MPa，该井前期压裂加注水蓄能的总注入液量达到近30000m^3。

④ 加密井实施体积改造

加密井马56-101H井完井水平段长1356m，现场完成19段45簇体积压裂施工，液体采用“活性水+滑溜水+低浓度瓜胶压裂液体系”，施工排量12～14m^3/min，压裂入井总液量22587m^3，总砂量712.4m^3。在压裂施工过程中井组内及周围共5口井有动态反应(4口水平井，1口直井)，最小井距55～160m，动态反应的形式表现为邻井井口压力上升，压裂过程中邻井井口最高压力上升30MPa，但是井口产液量不变，即“导压不导液”的现象，压裂施工停泵后压力逐步下降。

⑤ 井组整体实施效果

马56-101H井压后采取2mm油嘴自喷生产，初期最高日产液84.5m^3，最高日产油62.57t，含水16.8%，截至2019年12月累计产油1.69×10^4t，稳产时间达到两年，展现出稳定、持久的生产能力。通过加密井大规模体积改造的实施，在该井压裂后获得高产的同时，整个井组产量也得到不同程度的提高(表3)。井组累计日产液由15.3m^3上升到75.5m^3，日产油由11.2t上升到25.5t，井组内平均单井日增液8.37m^3，平均单井日增油5.79t，截止2019年底井组4口井累计增油达到2.5×10^4t。马56-101H井的成功，为三塘湖盆地致密油区块井网整体加密调整提供指导作用。

表5　马56-101H井井组压力响应及压裂效果统计表

井号	对应井段	距离/m	响应情况	压前		压后		累增油/t
				日产液/(m^3/d)	日产油/(t/d)	日产液/(m^3/d)	日产油/(t/d)	
马56-101H	—	—	—	—	—	84.5	62.57	16961
马56-5H	17～19	110	压裂过程中焖井压力由17.5MPa上升至25MPa	3.11	2.37	12.0	9.1	8481.4
马56-21H	1～3	55	功图变饱满，液量明显上升	4.3	3.16	15.6	11.1	5436.29
马56-6H	15～19	160	功图变饱满，液量明显上升	8.4	6.3	14.25	9.19	6179.09
马56-10H	11	160	挂抽后功图明显变饱满，液量大幅上升	1.69	1.23	15.0	10.6	5288.93

(3) 区块井网整体加密实施情况。基于前期体积改造技术现场实施效果及吸收北美非常规页岩油缝控体积压裂实践基础上，制定致密油缝控体积压裂方案技术参数(表6)。主体工艺仍然是速钻桥塞分段压裂工艺，具体主要有以下四点改进：①优化井距，井距由400m逐步调整为100m；②优化缝间距，缝间距为10～12m，每段5～6簇，每簇8～10孔，段长60m；③优化施工参数，排量12～15m^3/mi，大液量(每段前置清水500方)充分补充地层能量，提高滑溜水比例至80%，小粒径支撑剂比例90%，提高裂缝复杂程度；④优化改造成本，石英砂替代陶粒，实现全程石英砂加砂技术。

表6　马56块致密油井网加密前后压裂参数变化情况表

井网类型	水平段长度/m	压裂段数/段	段长/m	段间距/m	簇间距/m	入井液量/m^3	石英砂比例/%	细砂比例/%	施工排量/(m^3/min)
基础井网	677	6.4	52	40	25	7056	0	0	12
一次加密	883	7.6	77	37	20	11713	40	0	14
二次加密	922	8.5	75	27	13	15283	100	60	14

截至2019年底，现场实施缝控体积压裂41口，平均水平段长度922m，平均单井入井总液量为15283m^3，平均单井初期日产油19.6吨，为基础井网的1.4倍，平均最高日产油29.0t，效果好于基础井网，致密油缝控可采储量开发模式基本成型。

5 结论及认识

三塘湖马56块致密油油藏从难以动用到规模建产，从衰竭式开发到恢复单井产量，从井控储量到缝控储量开发模式的转变，这一系列的探索和实践中，始终以“非常规理念、非常规技术、非常规管理”为开发指导思想，不断创新，配套形成了致密油效益开发技术系列，在整个历程中取得了以下重要认识：

(1) 长水平段+体积压裂是提高致密油单井产量的核心，现场实施长水平段、大规模、大排量体积改造效果明显，建成了中国第一个凝灰岩致密油水平井技术示范区和规模开发试验区；

(2) 初期长水平段体积压裂准自然能量衰竭式开发+中后期能量补充及重复压裂是目前三塘湖致密油的提高单井动用程度的有效手段；

(3) 三塘湖沉凝灰岩致密油油藏的体积压裂改造必须与井网优化相结合，优化合理的布井方式和排距，坚持压裂+井网+区块采收率相结合的整体改造思想，采取直井认识储层，水平井规模建产，主体应用长水平段、小段距和簇间距的缝控体积压裂技术，是提高区块整体采收率的有效开发方式。

(4) 马56区块致密油储层具有亲水-弱亲水特征，压裂液作用后转变为强亲水，利用这一特征，在产量大幅递减时采用注水开发，采取本井吞吐，邻井驱替，可进一步提高区块采油效果。

参 考 文 献

[1] 梁浩，李新宁，马强，等．三塘湖盆地条湖组致密油地质特征及勘探潜力[J]．石油勘探与开发，2014，41(5)：563-572.

[2] 邹才能，丁云宏，卢拥军，等．“人工油气藏”理论、技术及实践[J]．石油勘探与开发，2017，44(1)：144-154.

[3] 吴奇，胥云，王腾飞，等．增产改造理念的重大变革—体积改造技术概论[J]．天然气工业，2011，31(4)：7-12.

[4] 章敬，李佳琦，史晓川，江洪，黄兴龙，蔡贤平．吉木萨尔凹陷致密油层压裂工艺探索与实践[J]．新疆石油地质，2013，34(6)：710-713.

[5] PAUL W，LARRY G，PEARSON C M. Mining the Bakken II：Pushing the envelope with extreme limited entry perforating[R]. SPE189880，2018.

[6] 吴奇，胥云，刘玉章，等．美国页岩气体积改造技术现状及对我国的启示[J]．石油钻采工艺，2011，33(21)：1-7.

[7] MAXWELLSC，URBANCICTJ，STEINSBERGERN，et al. Micro seismic imaging of hydraulic fracture complexity in the Barnett shale[C]//paper 77440 presented at the SPE Annual Technical Conference and Exhibition，29 September-2 October 2002，San Antonio，Texas，USA. New York：SPE，2002.

[8] NEIL BUFFINGTON，JUSTIN KELLNER，JAMES GKING，et al. New technology in the Bakken play increases the number of stages in packer/sleeve completions[C]//paper 133540-MS presented at the SPE Western Regional Meeting，27 - 29 May 2010，Anaheim，California，USA. New York：SPE，2010.

[9] Soni T M. LPG-Based fracturing：an alternate fracturing technique in shale reservoirs[R]. SPE170542，2014：1-7.

[10] 杨凯．裂缝性低渗透油藏注水吞吐开发影响因素分析[J]．特种油气藏，2010，17(2)：82-84.

[11] 何海波．致密油水平井缝网增能重复压裂技术实践[J]．特种油气藏，2018，25(4)：170-176.

[12] 翁定为，雷群，胥云，等．缝网压裂技术及现场应用[J]．石油学报，2011，32(2)：280-284.

[13] 王贺强，陈智宇，张丽辉，等．亲水砂岩油藏注水吞吐开发模式探讨[J]．石油勘探与开发，2004，31(5)：86-88.

[14] 张杨，杨向同，滕起，等．塔里木油田超深高温高压致密气藏地质工程一体化提产实践与认识[J]．中国石油勘探，2018，23(2)：43-50.

[15] 向洪．马56区块致密油藏“缝控”体积压裂技术[J]．油气井测试，2018，27(4)：49-54.

[16] 吴忠宝，曾倩，李锦，王璐．体积改造油藏注水吞吐有效补充地层能量开发的新方式[J]．油气地质与采收率，2017，24(5)：78-83，92.

[17] 李晓辉．致密油致密油注水吞吐采油技术在吐哈油田的探索[J]．特种油气藏，2015，22(4)：144-146.

[18] 雷群，杨立峰，段瑶瑶，等．非常规油气“缝控储量”改造优化设计技术[J]．石油勘探与开发，2018，45(4)：719-726.

[19] 陈铭，胥云，吴奇，李德旗，杨能宇，翁定为，等．水平井体积改造多裂缝扩展形态算法——不同布缝模式的研究[J]．天然气工业，2016，36(8)：79-87.

[20] 吴奇，胡文瑞，李峋．地质工程一体化在复杂油气藏效益勘探开发中存在的“异化”现象及思考建议[J]．中国石油勘探，2018，23(2)：1-5.

[21] 王昕，杨斌，王瑞．吐哈油田低饱和度油藏地质工程一体化效益勘探实践［J］．中国石油勘探，2017，22(1)：38-41.

下寺湾油田延长组长7段页岩油储层特征及各类型页岩油勘探开发进展

李锦锋 张凤博 杨连如 李星红 龚嘉顺

（延长油田股份有限公司）

摘 要 下寺湾油田三叠系延长组长7段发育丰富的非常规油气资源，目前对于其属于致密油还是页岩油尚存在争议。为了对研究区长7段这套烃源岩层系内的石油资源进行系统科研攻关，结合国内外现状及其地质特征，文章对烃源岩和页岩油进行了重新定义，并将研究区三叠系延长组7段内的石油聚集统称为页岩油，并根据岩性组合等因素将其分为多期叠置砂岩发育型（Ⅰ类）；多期叠致砂夹薄层泥岩（页岩）型（Ⅱ类）；泥岩（页岩）夹薄层砂岩型（Ⅲ类）和纯页岩型（Ⅳ类）四种类型。通过岩心观察、岩石薄片、X-射线衍射、扫描电镜观测和物化资料的统计分析，对长7段不同类型页岩油储层特征进行了研究。长7段可识别出五种沉积微相，即深湖泥沉积、半深湖泥沉积、浊流沉积、砂质碎屑流—浊流沉积、砂质碎屑流沉积；岩石类型构成较为简单，主要为砂岩和泥岩两大类型；储层储集空间类型为粒间孔隙、粒内孔隙、有机质孔孔隙和裂缝孔隙并存；储层整体较为致密，属典型的页岩油储层特征。近几年通过勘探开发技术攻关，长7段页岩油勘探开发取得良好成效：落实了Ⅰ类页岩油整装规模储量区（DG区），并进行了整装规模开发，其开发成效显著；Ⅱ类和Ⅲ类页岩油直井+水平井风险勘探突破出油关（QZ区、CD区和YC区），已成为下寺湾油田稳产上储的重要资源保障；Ⅳ类页岩油水平井风险勘探区（LLY区）取得阶段性成果，是下寺湾油田页岩油风险勘探的重要潜力区。

关键词 长7段；页岩油；烃源岩；储层特征；勘探开发进展；下寺湾油田

中图分类号 TE122.9 **文献标识码** A

美国是是世界上页岩油开发最为成功的国家，在页岩油开发各项领域中均取得了革命性的突破，截止到2019年底，其页岩油产量约占全美原油总产量的60%[1-2]。页岩油革命在助推全球油气储量和产量增长和延长世界石油工业生命周期的同时，也在进一步的影响着世界各国能源战略格局。近十年来世界页岩油气革命主要经历了科技革命、管理革命和战略革命[3-4]。科技革命将从运来单一的源外找油丰富到了源内找油、源储一体领域；管理革命则实现页岩油气低成本开发；而战略革命则重塑了世界油气资源新版图。随着对非常规油气地质理论认识的不断深入[5-10]和水平井体积压裂工艺技术的进一步提升[11-13]，页岩油因其巨大的资源量已成为非常规油气勘探开发的重要目标，并在全球能源战略中占据了重要地位[1-2]。

下寺湾油田中生界三叠系延长组长7段烃源岩层系内页岩油资源极为丰富，保守评估其页岩油储量可达一亿吨以上，按目前水平井细切割体积压裂开发技术8%～10%的采收率估算[13-14]，其产出的石油资源量在一千万吨以上。因此，下寺湾油田三叠系延长组长7段页岩油的高效勘探开发，对延长油田千万吨级稳产和保障国家能源安全均具有长远的战略意义。

文章以近年来延长油田中生界页岩油地质理论、技术攻关及勘探开发矿场试验为基础，对下寺湾油田中生界三叠系延长组长7段烃源岩的定义、页岩油的定义、页岩油类型、页岩油储层特征等进行了研究总结，在对烃源岩重新定义的基础上，重新确定了页岩油定义，细化了页岩油类型及其特征，为今后下寺湾油田长7段页岩油精细勘探开发指明技术方向。同时，近两年来长7段各类型页岩油勘探开发所取得的成果与进展，在坚定了下寺湾油田延长组长7段各类页岩油勘探开发信心的同时，也对延长油田陆相页岩油精细勘探开发起到重要的推动作用。

1 下寺湾油田中生界页岩油的界定

1.1 基本地质概况

鄂尔多斯盆地是一个大型多旋回克拉通叠合盆地，盆地内部构造较为简单，无大型断层发育。其中伊陕斜坡带构造单元为盆地内油气的主要富集区[14-15]。三叠系延长组主要发育一套内陆坳陷湖盆碎屑岩沉积，该沉积体系记录了这个大型淡水湖盆从发生、发展到消亡的演化史。延长组自上而下可分为10期(长1—长10)，其中长1—长6为延长组上组合，以河流相沉积为主；长7—长10为延长组下组合，以湖泊相沉积为主。长7期为最大湖泛期，湖盆半深湖—深湖范围达$6.5\times10^4km^2$，研究区下寺湾油田便位于半深湖—深湖范围内。根据长7段沉积旋回特征和岩性组合特征，长7段自上而下可分为3个小层，即长7_1、长7_2和长7_3。其中长7_3期为湖盆发育的鼎盛期，湖盆面积最大，以富有机质泥页岩和富有机质粉砂岩沉积为主。由长7_3期至长7_1期，湖盆整体逐渐抬升，其面积液逐渐缩小。长7_2小层和长7_1小层主要沉积了多套大面积准连续分布的细粒砂岩，同时局部地区也发育优质烃源岩。在伊陕斜坡带中南部定边、姬塬、吴起、华池、志丹、甘泉、富县等地区，广覆式烃源岩与大面积细粒砂岩互层共生，富集了丰富的页岩油资源[14-15]，是盆地内页岩油勘探的主要目标区。下寺湾油田内页岩油资源总面积约五百余平方公里，因此研究区页岩油勘探开发具有巨大的潜力。

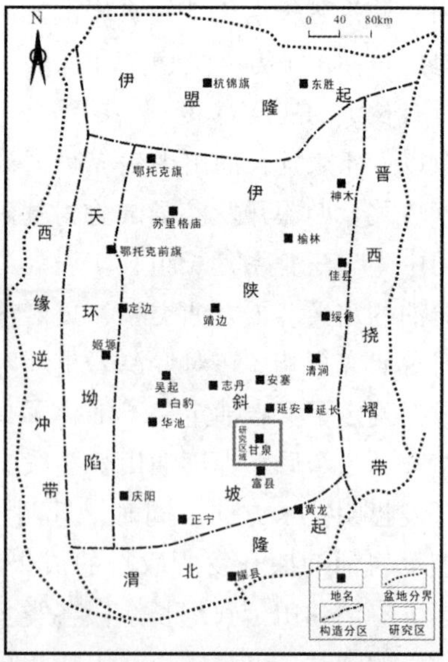

图1 鄂尔多斯盆地下寺湾油田位置分布图

1.2 烃源岩定义

根据下寺湾油田延长组7段储层地质特征和近几年勘探开发实践，为了对研究区长7段的石油资源进行统筹规划和系统攻关，本次研究采用了贾承造等人在第八届中国石油地质年会报告中对于碎屑岩沉积体系广义烃源岩的定义，即高总有机碳含量(TOC)粉砂岩和泥页岩均为研究区主要烃源岩。

1.3 页岩油定义

早期页岩油和致密油的概念均来源于欧美相关文献，但其对二者的定义或区别较为模糊。在20世纪40年代AAPG Bulletin杂志中便出现了致密油这一概念，即致密油是泛指蕴藏在具有低的孔隙度和渗透率的致密含油层中的石油资源，其开发需要使用与页岩气类似的水平井和水力压裂技术[16]。而国内直到2018年国家才颁布了致密油矿种和定义，界定储集在覆压基质渗透率小于或等于0.1mD的致密砂岩、致密碳酸盐岩或混积岩等致密储集层中的石油资源。邹才能、朱如凯和周庆凡[7,16-19]等人认为致密油仅指与烃源岩紧邻或共生的致密砂岩中近源聚集的石油，而页岩油仅指泥页岩中产出的石油。付金华、牛小兵和穆立俊[13-14]等人对鄂尔多斯盆地中生界页岩油研究认为页岩油是指烃源岩发育层系内致密砂岩和泥页岩中未经过长距离运移而形成的石油聚集。

早在2017~2018年期间，下寺湾油田便在以长7_1和长7_2致密砂岩为储层的致密油勘探开发取得重大突破，实现了整装规模开发。近两年又在以泥页岩为主的储层段试油攻关取得突破。下寺湾油田近两年对长7烃源岩层系内的石油资源主要采用水平井大规模细切割体积压裂方式进行勘探开发，其致密砂岩储层和泥页岩储层均得到了有效改造并均有贡献，尤其是在对多期叠致砂夹薄层泥岩型和泥岩(页岩)夹薄层砂岩型储层细切割大规模体积压裂时，储集层中含油页岩和薄层砂岩均被有效改造，含油页岩和致密砂岩对产能的贡献已无法区有效分开。为了对研究区长7段烃源岩层系内的石油资源进行系统攻关和整体开发，结合上述广义烃源岩定义及研究区长7段地质特征，本次研究综合考虑了广义烃源岩定义和长7地质特征等多种因此，采用了广义页岩油定义，将长7段全部定义为页岩油。

1.4 下寺湾油田中生界页岩油类型

在广义烃源岩定义和广义页岩油定义的基础上，综合考虑岩性组合、砂地比、单砂体厚度和孔渗参数等因素，将下寺湾油田延长组长7段页岩油划分为多期叠置砂岩发育型(Ⅰ类)，多期叠置砂夹薄层泥岩(页岩)型(Ⅱ类)，泥岩(页岩)夹薄层砂岩型(Ⅲ类)和纯页岩型(Ⅳ类)四种类型(表1)。

Ⅰ类页岩油为多期叠置砂岩发育型，砂地比大于20%，小于30%，单砂体厚度6~8m。该类页岩油主要发育于DG区长7_1和长7_2小层，储层以砂质碎屑流沉积、砂质碎屑流—浊流沉积和浊流沉积致密细砂岩为主，孔隙度主要分布在8%~12%之间，渗透率为主要分布在0.03~0.5mD之间。该类型页岩油在DG区开展水平井加大规模体积压裂攻关试验已取得重要突破，并实现了规模开发。

Ⅱ类页岩油为多期叠致砂夹薄层泥岩(页岩)型，砂地比大于10%，小于20%，单砂体厚度4~6m。整体以厚层细砂岩、粉砂岩为主，各砂岩层之间夹多套富有机质暗色泥岩或黑色页岩(表1)。该类页岩油主要分布在油田内LLY区、QZ区和YC区的长7_1和长7_2小层，储层以砂质碎屑流—浊流沉积和浊流沉积致密细砂岩为主，砂岩孔隙度为6%~10%，渗透率为0.03~0.2mD。该类页岩油在QZ区和YC区常规井和水平井的勘探开发中取得突破，该类型页岩油是页岩油水平井风险勘探的主要目标，可作为下一步页岩油开发的潜力区。

表1 下寺湾油田三叠系延长组长7段页岩油类型划分表

类型	Ⅰ类	Ⅱ类	Ⅲ类	Ⅳ类
岩性组和	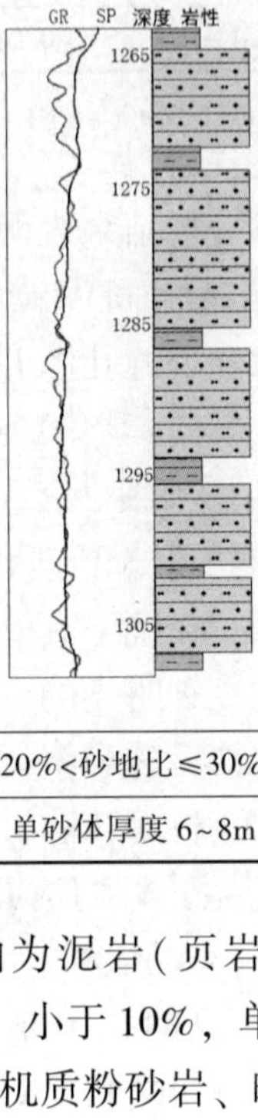	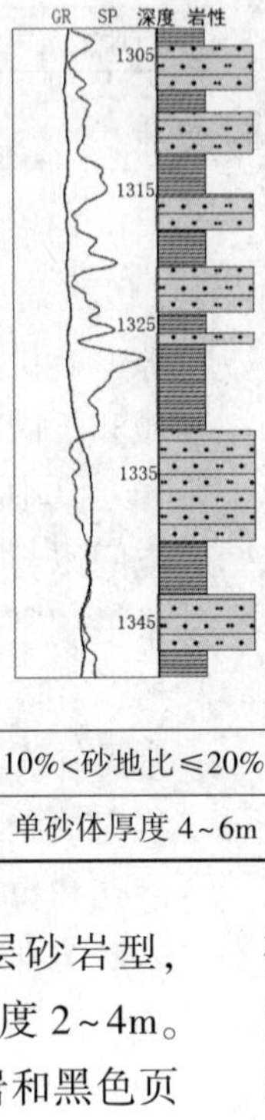	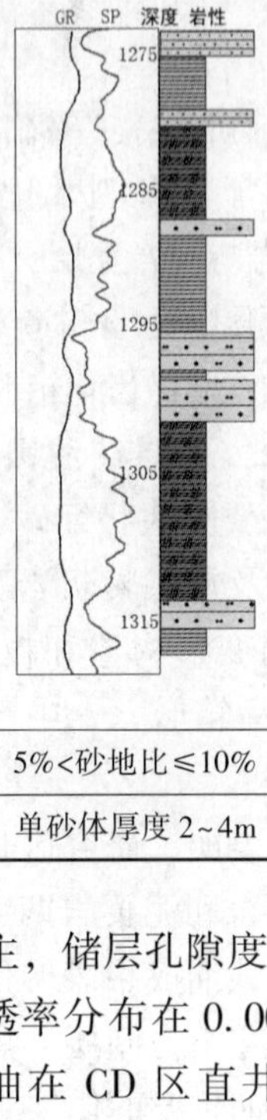	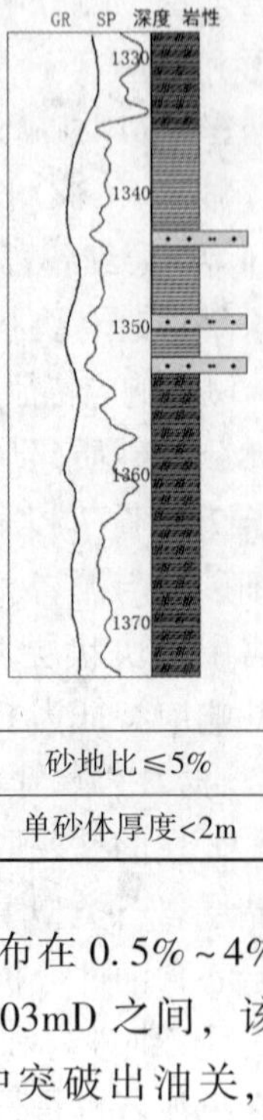
砂地比/%	20%<砂地比≤30%	10%<砂地比≤20%	5%<砂地比≤10%	砂地比≤5%
单砂体厚度/m	单砂体厚度6~8m	单砂体厚度4~6m	单砂体厚度2~4m	单砂体厚度<2m

Ⅲ类页岩油为泥岩(页岩)夹薄层砂岩型，砂地比大于5%，小于10%，单砂体厚度2~4m。以细砂岩、富有机质粉砂岩、暗色泥岩和黑色页岩为主。该类页岩油主要分布在油田内CD区和LLY区的长7_1和长7_2小层，储层以浊流沉积致密细砂岩为主，储层孔隙度主要分布在4%~8%之间，渗透率为0.0001~0.1mD，该类页岩油在CD区水平井的勘探开发中取得突破，该类型页岩油是页岩油水平井风险勘探的主要目标，可作为下一步页岩油开发的潜力区。

Ⅳ类页岩油为纯页岩型，砂地比小于5%，单砂体厚度小于2m。该类页岩油主要分布在油田内LLY区、CD区的长7_3小层，储层以半深湖—深湖沉积富有机质黑色页岩、暗色泥岩和粉砂岩为主，储层孔隙度主要分布在0.5%~4%之间，渗透率分布在0.0001~0.03mD之间，该类型页岩油在CD区直井勘探中突破出油关，在LLY区水平井勘探取得阶段性突破，是页岩油水平井风险勘探的重要储备区。

2 页岩油储层特征

2.1 沉积微相类型及特征

对研究区长7段岩心观察、有机地球化学等分析表明，长7段可划分出黑色页岩、含粉砂质纹层黑色页岩、暗色泥岩、含粉砂质纹层暗色泥岩、粉砂岩、细砂岩六种岩相。根据识别出岩相类型及特征、岩性组合特征及测井响应特征等，在研究区长7段可识别出五种沉积微相，即深湖泥沉积、半深湖泥沉积、浊流沉积、砂质碎屑流—浊流沉积、砂质碎屑流沉积。

(1) 深湖泥沉积，主要在油田西南部LLY区长7_3段和CD区长7_3段中部发育，以黑色块状页岩、黑色纹层状页岩和含粉砂质纹层黑色页岩为主，偶见薄层状凝灰岩，测井响应特征为GR曲线高缓。

(2) 半深湖泥沉积，主要在油田西南部LLY区长7_2段、CD区长7_3段上下部和DG区长7_3段发育，以暗色泥岩和含粉砂质纹层暗色泥岩为主，偶见薄层细砂岩、粉砂岩，泥质粉砂岩中现薄层凝灰岩。测井响应特征为高GR且局部存在锯齿状尖突。

(3) 浊流沉积，主要在油田西南部LLY区、QZ区、CD区长7_2段发育。以中厚层细砂岩夹薄层泥—粉砂岩为主，局部见薄层凝灰岩。粉砂岩中现水平纹理和小型沙纹层理，夹泥质薄层和凝灰岩薄层。测井响应特征为GR曲线为高幅齿化箱形和卵形。

(4) 砂质碎屑流—浊流沉积，主要在油田南部CD区长7_2和DG长7_1段发育。以块状细砂岩为主，局部为薄层细砂岩、粉砂岩与泥岩互层。细砂岩中现水平层理、块状层理、滑塌变形构造和粒序层理。测井响应特征为GR曲线呈微齿化箱形。

(5) 砂质碎屑流沉积，主要在油田南部DG区长7_1和长7_2段发育。主要为块状细砂岩，局部有细砂岩与泥岩、粉砂岩及薄层凝灰岩互层。细砂岩中现块状层理、滑塌变形构造和粒序层理。测井响应特征为GR曲线呈箱形。

2.2 储层岩性特征

大量的钻井取心资料表明，研究区长7页岩油储层岩石类型主要为砂岩和泥页岩两大类。大量岩心含油性分析和勘探试油成果表明研究区长7段不仅细砂岩和粉砂岩可作为储层，黑色页岩和暗色泥岩也是长7页岩油重要的储层类型。

Ⅰ类页岩油储层类型主要以多期叠置砂致密细砂岩为主，粉砂岩次之，岩石中长石与石英含量一般在55%~75%之间。Ⅱ类页岩油储层类型主要以多期叠置砂细砂岩和粉砂岩为主，其所夹的薄层泥岩和页岩次之，岩石中长石与石英含量合计一般在45%~55%之间。Ⅲ类页岩油储层主要为泥岩、页岩及其所夹的薄层细砂岩及粉砂岩，岩石中长石和石英含量合计一般在35%~45%之间。Ⅳ类页岩油储层主要为富有机质黑色页与岩暗色泥岩，其岩石中石英与长石含量合计一般在25%~35%之间。研究区长7页岩油砂泥岩储层脆性指数较高，一般在39%以上，较高的脆性矿物含量，为研究区页岩油储层大规模细切割体积压裂改造提供了有利条件[13-14]。

2.3 储层物性特征

根据研究区107块样品的岩心分析资料统计(表2)，长7储层的孔隙度最大值为12.6%，最小值为0.5%，平均值为4.35%，其中75%的样品其孔隙度小于6%；渗透率最大值为1.16×10^{-3} μm²，最小值为0.0001×10^{-3} μm²，平均值为0.14×10^{-3} μm²，其中85%的样品其渗透率小于0.3×10^{-3} μm²，为低孔、低—特低渗储层，为典型的页岩油储层特征。

表2 下寺湾油田长7储层孔隙度、渗透率统计表

层位	孔隙度/%			渗透率/(10^{-3} μm²)		
	最小值	最大值	均值	最小值	最大值	均值
长7	0.5	12.6	4.35	0.0001	1.16	0.14

2.4 储集空间类型及特征

扫描电镜图像分析结果表明，下寺湾油田长7段页岩油储层储集空间中粒间孔隙、粒内孔隙、有机质孔孔隙和裂缝孔隙并存，在不同的区域和不同的层位，其储集空间类型存在较大的差异。其中在长7_1和长7_2细砂岩、粉砂岩中的储集空间以粒间孔、溶蚀孔、晶间孔和微裂缝为主。常见剩余粒间孔隙，在镜下其外形呈不规则多边形，孔隙周围颗粒没有明显的溶蚀痕迹(图2a)，常见绿泥石薄膜胶结后的剩余粒间孔隙和黏土矿物充填胶结后的剩余粒间孔隙。溶蚀孔隙以粒内溶孔和粒间溶孔为主，粒内溶孔常见长石溶孔、岩屑溶孔(图2b、c、d)，粒间溶孔常见绿泥石胶结溶孔(图2c)。晶间孔主要分布在次生黏土杂基质点间，研究表明晶间孔对储集能力也有一定的贡献。微裂缝在细砂岩、粉砂岩中均有发育，在铸体薄片中可明显的观测到。这些有效裂缝孔隙的发育，既可以作为油气运移的有效通道，也可以作为油气富集的储集空间，进一步提升了储层的渗流能力，这对致密油藏油气的运移和成藏显得尤为重要。

研究区长7_3粉砂岩、页岩储集空间则以有机质孔、粒内溶孔、晶间孔、裂缝孔隙为主，其中以有机质孔最为发育，尤其在LLY区长7_3储集层中最为发育(图2e)，在CD区和QZ区长7_1和长7_2储集层中和DG长7_3储集层中也有发育，但

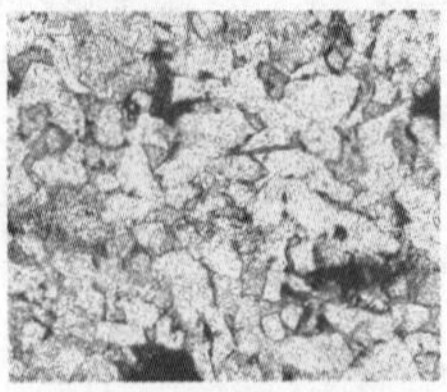
(a) 原生粒间孔、溶蚀粒间孔，LP181，长7_1

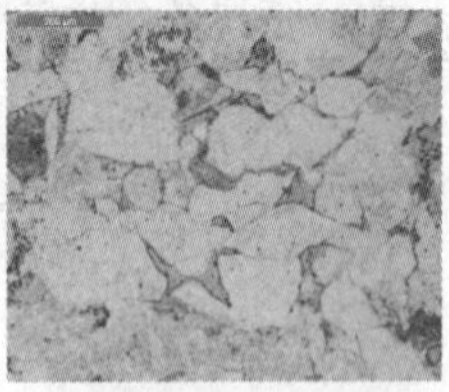
(b) 粒间孔及长石溶孔、X66，长7_2

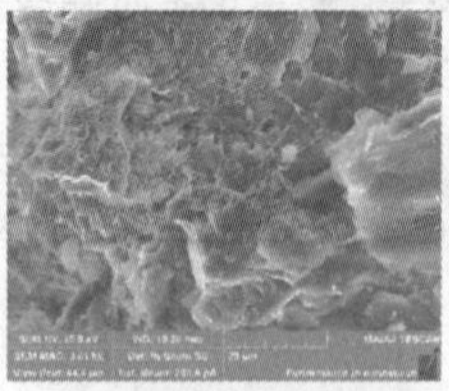
(c) 伊利石和绿泥石胶结物溶孔，QT3，长7_2

(d) 岩屑溶孔及粒间孔，X新80，长7_1

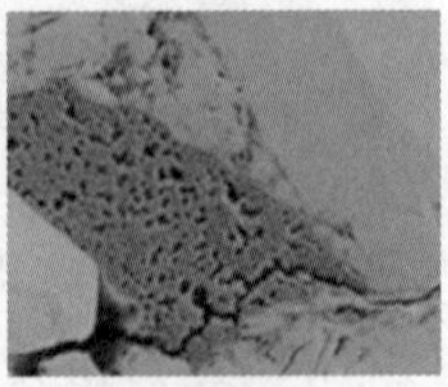
(e) 有机质孔，YY1，长7_3

(f) 伊利石晶孔，X120，长7_3

(g) 裂隙、孔隙，H48，长7_3

(h) 剪性裂缝，P136，长7

图 2　下寺湾油田长 7 页岩油储集空间类型

整体发育相对较差。有机质孔隙是研究区页岩油的主要储集空间类型之一。伊利石晶间粒内孔和黏土颗粒粒内孔也较为常见(图 2f)，二者构成长 7 段烃源岩最主要的粒内孔类型。微裂缝隙在页岩内部(图 2g)和岩石力学性质突变带(砂泥岩转换面)也常有发育(图 2h)。

2.5　烃源岩特征

受印支运动影响，晚三叠世在鄂尔多斯盆地形成了大型坳陷湖盆沉积环境，为烃源岩的形成提供了优质的沉积环境。下寺湾油田位于盆地南部，长 7 沉积期处于半深湖—深湖区域。现有研究成果表明，三叠系延长组油藏原油主要来自延长组长 7 烃源岩。研究表明，研究区长 7 段烃源岩不仅包含黑色页岩和暗色泥岩，富含有机质粉砂岩也是一种重要的烃源岩。烃源岩有机质类型以Ⅰ型、$Ⅱ_1$型和$Ⅱ_2$型为主，具有有机质含量高(TOC 值为 2.14%～5.42%)、成熟度适中(Ro 值为 0.66%～1.09%)，分布范围广、沉积厚度大(20～80m)，埋藏深度适中(900～1700m)等特点，为一套优质烃源岩，为延长组油气的富集成藏提供了丰富的油源[20]。

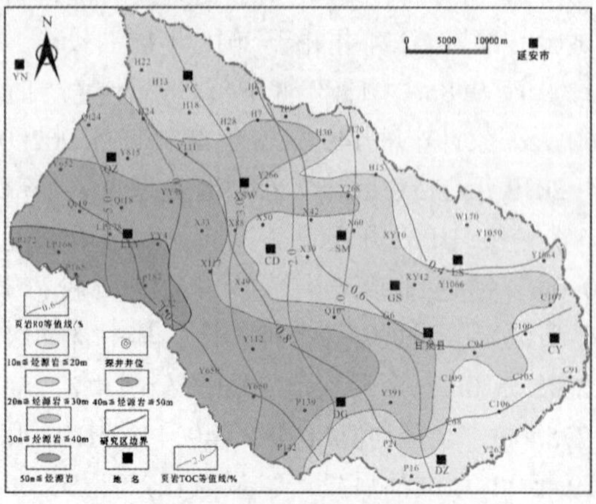

图 3　下寺湾油田长 7 段烃源岩厚度、Ro 和 TOC 等值线叠合图

3　各类型页岩油勘探开发进展

随着近几年致密油和页岩油地质理论认识和精细勘探开发各项攻关技术的不断突破[6-8,11-13]，下寺湾油田三叠系延长组长 7 段各类型页岩油的勘探开发取得了一定的成效。

3.1　Ⅰ类页岩油规模开发取得重大突破

Ⅰ类页岩油为多期叠置砂岩发育型，该类型页岩油在下寺湾油田 DG 区(图 4)开展水平井加大规模体积压裂攻关试验已取得重要突破，并实现了规模开发。DG 区矿场试验长 7 页岩油水平井 13 口，均采用体积压裂工艺。其中 3 口长 7_1 试验水平井累计产油 $1.2×10^4$t，10 口长 7_2试验水平井累计产油 $4.0×10^4$t(表 3)。随着页岩油精细勘探开发技术的不断提升，研究区长 7 段Ⅰ类页岩油展现出了巨大的开发潜力。

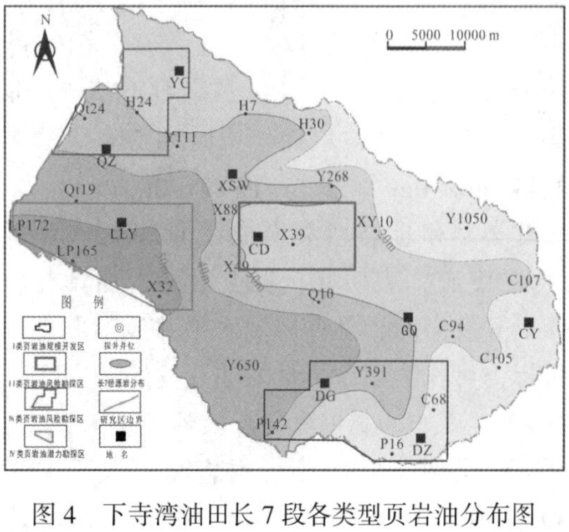

图 4　下寺湾油田长 7 段各类型页岩油分布图

表3 下寺湾油田Ⅰ类页岩油试验攻关区13口水平井产量数据表

井区	层位	井数/口	生产时间/d	初期产量		累计产量	
				日产液量/m^3	日产油量/t	产液量/m^3	产油量/t
DG区	长7_1	3	1560	32	13.2	29012	12171
DG区	长7_2	10	1230	42.6	19.9	70640	40135
合计/均值		13	1395	37.3	16.5	99652	52306

3.2 Ⅱ、Ⅲ类页岩油风险勘探均突破出油关

近几年针对Ⅱ类型页岩油和Ⅲ类型页岩油，页岩油技术攻关团队采用了水平井和直井体积压裂攻关试验，均突破了出油关。

Ⅱ类型页岩油在下寺湾油田QZ区和YC区直井和水平井的勘探开发中取得突破(图4)。2018年在QZ区长7_2小层对Ⅱ类型页岩油进行攻关试验，部署QT24井并于2018年试油投产，初期日产液9.8m^3，日产油4.8t，累计生产时间1560天，累计产液1494.0m^3，累计产油902.0t。

2019年在YC区长7_2小层Ⅱ类型页岩油部署1口水平井(HP3)开展攻关试验，水平段长度为850.0m，钻遇细砂岩、粉砂岩、泥质粉砂岩、粉砂质泥岩、泥页岩等多种岩性，其中含油级别油斑级75.0m，全烃均值35.1%~69.4%，油迹级775.0m，全烃均值30.9%~49.4%。HP3井于2019年11月试油后投产，最高日产液56.0m^3，最高日产油28.0t，累计生产时间220天，累产液量3028.0m^3，累产油1243.0t。

Ⅲ类型页岩油在下寺湾油田CD区突破出油关(图4)，2019年在CD区长7_2小层Ⅲ类型页岩油部署1口水平井(CP4)开展攻关试验，水平段长度为1000.0m，钻遇细砂岩、粉砂岩、泥质粉砂岩、粉砂质泥岩、泥页岩等多种岩性，其中含油级别油斑级74.0m，全烃均值38.5%~61.3%，油迹级871.0m，全烃均值19.4%~60.0%，荧光级90.0m，全烃均值7.9%~11.5%。CP4井于2019年11月试油后投产，最高日产液55.0m^3，最高日产油25.0t，累计生产时间210天，累计产液量3462.0m^3，累计产油881.0t。

Ⅱ类型和Ⅲ类型页岩油在QZ区、CD区和YC区的突破，表明Ⅱ、Ⅲ类型页岩油具有巨大的探勘开发潜力，是页岩油水平井风险勘探的主要目标，可作为下一步页岩油开发的潜力区。

3.3 Ⅳ类页岩油勘探取得阶段性成果

对Ⅳ类型(纯页岩型)页岩油，进行了水平井和直井体积压裂攻关试验，在部分区域取得突破。其中纯页岩型页岩油在下寺湾油田CD区X59井区直井体积压裂试验突破出油关，试油日产液7.4m^3，日产油5.4t。试验结果表明，Ⅳ类型页岩油也具备了良好的勘探潜力。2019年在LLY区优选长7_3小层部署Ⅳ类型页岩油水平井1口(GQ1井)进行攻关试验。GQ1井于2019年完钻，水平段长度为1000.0m，油层钻遇率达100%，钻遇泥质粉砂岩、粉砂质泥岩、泥页岩等多种岩性，含油级别均为油迹级，全烃均值10.0%~35.0%。开展了岩性及含油性精细解释后，制定了精细的压裂试油方案，压裂方案经过多次论证后目前正在准备压裂试油，进一步探索纯页岩型页岩油水平井风险勘探开发潜力。

4 结论

本次研究采用了贾承造等人在第八届中国石油地质年会报告中对于碎屑岩沉积体系广义烃源岩的定义，即高总有机碳含量(TOC)粉砂岩和泥页岩均为研究区主要烃源岩。在此基础上采用了广义页岩油定义，将下寺湾油田中生界长7段烃源岩发育层系内致密细砂岩岩、粉砂岩和泥页岩中的石油聚集统称为页岩油，并根据长7段储层岩性组合、砂地比、单砂体厚度、储层孔渗参数等因素，并将其细分为4种类型。下寺湾油田长7段页岩油定义的明确及类型的细分，为油田内页岩油勘探开发明确了攻关方向。研究区长7段可划分出黑色页岩、含粉砂质纹层黑色页岩、暗色泥岩、含粉砂质纹层暗色泥岩、粉砂岩、细砂岩六种岩相。根据识别出岩相类型及特征、岩性组合特征及测井响应特征等，在研究区长7段可识别出深湖泥沉积、半深湖泥沉积、浊流沉积、砂质碎屑流—浊流沉积和砂质碎屑流沉积五种沉积微相。储层储集空间类型为粒间孔隙、粒内孔隙、有机质孔孔隙和裂缝孔隙并存，储层整体较为致密，属典型的页岩油储层特征。

近年来，对长7段各类型页岩油进行了技术攻关，均取得了不同程度的突破。其中长7段Ⅰ

类页岩油在DG区水平井规模勘探开发取得突破；Ⅱ、Ⅲ类型页岩油水平井和直井相结合的方式在QZ区、YC区和CD区开展风险勘探技术攻关，均突破了出油关并展现出了巨大的勘探开发潜力；Ⅳ类页岩油在CD区直井突破出油关，在LLY区水平井勘探取得阶段性成果。随着精细勘探开发技术的不断进步和地质理论认识的不断提升，研究区长7段各类型页岩油已成为下寺湾油田增储稳产的重要接替领域。

参考文献

[1] 杨雷，金之钧．全球页岩油发展及展望[J]．中国石油勘探，2019，24(5)：553-559.

[2] 周庆凡，金之钧，杨国丰等．美国页岩油勘探开发现状与前景展望[J]．石油与天然气地质，2019，40(3)：469-477.

[3] 邹才能，潘松圻，荆振华等．页岩油气革命及影响[J]．石油学报，2020，41(01)：1-12.

[4] 金之钧，白振瑞，高波等．中国迎来页岩油气革命了吗？[J]．石油与天然气地质，2019，40(03)：451-458.

[5] 杨智，邹才能．“进源找油”：源岩油气内涵与前景[J]．石油勘探与开发，2019，46(01)：173-184.

[6] 贾承造．论非常规油气对经典石油天然气地质学理论的突破及意义[J]．石油勘探与开发，2017，44(01)：1-11.

[7] 邹才能，朱如凯，白斌等．致密油与页岩油内涵、特征、潜力及挑战[J]．矿物岩石地球化学通报，2015，34(01)：3-17+1-2.

[8] 贾承造，郑民，张永峰．非常规油气地质学重要理论问题[J]．石油学报，2014，35(01)：1-10.

[9] 杨智，邹才能，付金华等．基于原位转化/改质技术的陆相页岩选区评价——以鄂尔多斯盆地三叠系延长组7段页岩为例[J]．深圳大学学报(理工版)，2017，34(03)：221-228.

[10] 赵文智，胡素云，侯连华．页岩油地下原位转化的内涵与战略地位[J]．石油勘探与开发，2018，45(04)：537-545.

[11] 付金华，李士祥，侯雨庭等．鄂尔多斯盆地延长组7段Ⅱ类页岩油风险勘探突破及其意义[J]．中国石油勘探，2020，25(01)：78-92.

[12] 梁晓伟，郝炳英，杨孝等．鄂尔多斯盆地致密油水平井体积压裂试验区开发特征分析[J]．西北大学学报(自然科学版)，2017，47(02)：259-264.

[13] 慕立俊，赵振峰，李宪文等．鄂尔多斯盆地页岩油水平井细切割体积压裂技术[J]．石油与天然气地质，2019，40(03)：626-635.

[14] 付金华，牛小兵，淡卫东等．鄂尔多斯盆地中生界延长组长7段页岩油地质特征及勘探开发进展[J]．中国石油勘探，2019，24(05)：601-614.

[15] 杨华，梁晓伟，牛小兵等．陆相致密油形成地质条件及富集主控因素——以鄂尔多斯盆地三叠系延长组7段为例[J]．石油勘探与开发，2017，44(01)：12-20.

[16] 周庆凡，杨国丰．致密油与页岩油的概念与应用[J]．石油与天然气地质，2012，33(04)：541-544+570.

[17] 赵文智，胡素云，侯连华等．中国陆相页岩油类型、资源潜力及与致密油的边界[J]．石油勘探与开发，2020，47(01)：1-10.

[18] 李志明，陶国亮，黎茂稳等．鄂尔多斯盆地西南部彬长区块三叠系延长组7段3亚段页岩油勘探前景探讨[J]．石油与天然气地质，2019，40(03)：558-570.

[19] 邹才能，张国生，杨智等．非常规油气概念、特征、潜力及技术——兼论非常规油气地质学[J]．石油勘探与开发，2013，40(04)：385-399+454.

[20] 李锦锋，杨连如，张凤博等．下寺湾油田延长组长8段致密油富集主控因素及“甜点”模式[J]．油气藏评价与开发，2019，9(06)：1-9.

三塘湖盆地低煤阶煤层气成藏特征及潜力分析

王兴刚　曹志雄　周志超

（中国石油吐哈油田公司勘探开发研究院）

摘　要　三塘湖盆地煤层气资源丰富，勘探程度相对较低，煤层气富集规律，成藏主控因素不明，基于近年来对该区煤层气基本地质条件的剖析，明确了研究区煤层气富集规律及成藏机理。研究表明，三塘湖盆地受南北向挤压应力控制作用明显，应力释放区主要集中在盆地西南缘褶皱带和中部西峡沟地区，条湖-马朗富煤凹陷具有南陡北缓的构造特点，北部稳定斜坡带是煤层气富集有利区带。富集规律受构造运动、保存条件、水动力条件、沉积环境及埋深等因素控制。通过研究建立了三塘湖盆地北缘缓坡式煤层气成藏模式。并优选出埋深适中、构造变形程度低的条东、马北两个区带是低煤阶煤层气富集区。

关键词　低煤阶；等温吸附；热成因气；生物成因气；三塘湖盆地

第四次资源评价结果表明，我国低煤阶煤层气资源量达 $10.3\times10^{12}m^3$，占全国全国煤层气总资源量的34.5%，主要分布在西部的早-中侏罗世及东部的白垩世-古近系含煤盆地。新疆地区低煤阶煤层气资源丰富，约占全国的82.8%，主要分布在准噶尔、吐哈、三塘湖塔里木等盆地。其中三塘湖盆地2000m以浅资源量 $0.23\times10^{12}m^3$，资源量丰富。近年来随着三塘湖盆地石油资源品质的逐年劣质化，煤层气开发潜力的研究已成为诸多学者研究的重点。早期对三塘湖盆地煤层气资源富集规律、成藏特征已进行了较深入的研究，在西峡沟优选部署的1口煤层气勘探井获得 $3.5m^3/t$ 含气量，4口试采井见到了气流，日产气在 $25\sim220m^3$ 之间，见到了良好的苗头，但未获得规模突破。笔者在进一步分析三塘湖煤层气成因机制的基础上，针对性开展本区低煤阶煤层气富集规律研究，深入探讨了煤层气主控因素，并进行了有利区带评价优选。

1　研究区基本地质条件

1.1　区域构造背景

三塘湖盆地位于新疆东北部巴里坤哈萨克自治县与伊吾县境内。区域大地构造上，处天山-兴蒙褶皱系西伯利亚古板块南部陆缘增生带上，呈NW-SE向条带状展布，总面积2.3万 km^2。从西北至东南依次分布马通凹陷、苏海图凸起、汉水泉凹陷、北湖凸起、条湖凹陷、条山凸起、马朗凹陷、方方梁凸起、淖毛湖凹陷、苇北凸起及苏鲁克凹陷等11个二级构造单元，呈现“五凸六凹”的凹隆相间构造格局(图1)。

1.2　煤层发育基本特征

三塘湖盆地在晚三叠世、早侏罗世及中侏罗世发育三套煤系地层建造，分别为晚三叠统克拉玛依组、早侏罗统八道湾组和中侏罗统西山窑组。其中克拉玛依组煤岩发育程度较低，煤层厚度在1~3m之间，且仅在马朗凹陷有零星分布；八道湾组煤岩主要分布在汉水泉凹陷及条湖凹陷东斜坡区，凹陷区煤岩不发育，煤层厚度一般在5~45m之间，平面分布较连续。西山窑组是三塘湖盆地煤系地层重点发育层系，西起条湖凹陷，东至淖毛湖凹陷煤岩普遍发育，煤岩厚度在2~67.6m之间。煤岩发育特征因地而异，其中条湖凹陷主要发育4套煤，煤岩单层厚度在3~15m之间，马朗凹陷主要发育1~2套厚煤层，单层厚度在5~60m之间，淖毛湖凹陷露头区煤层厚度较大，凹陷区以煤-泥互层的薄煤层为主，单层厚度不超过5m(图2)。钻井证实三叠系克拉玛依组煤岩厚度薄，分布范围小，无煤层气勘探开发价值，因此本文主要针对侏罗系西山窑组及八道湾组两套煤层气进行分析阐述。

1.3　煤岩微观基本特征

试验分析表明，三塘湖盆地煤岩演化程度较低，镜质体反射率在0.31~0.55%，属于褐煤-长焰煤演化阶段，其中褐煤含量占80%以上。煤工业分析显示，属于特低水分、低灰分、高挥发分煤岩。煤岩显微组分及亚组分分析表明煤岩显微组分以镜质组为主，其次为惰质组，壳质组含量最低(表1)。

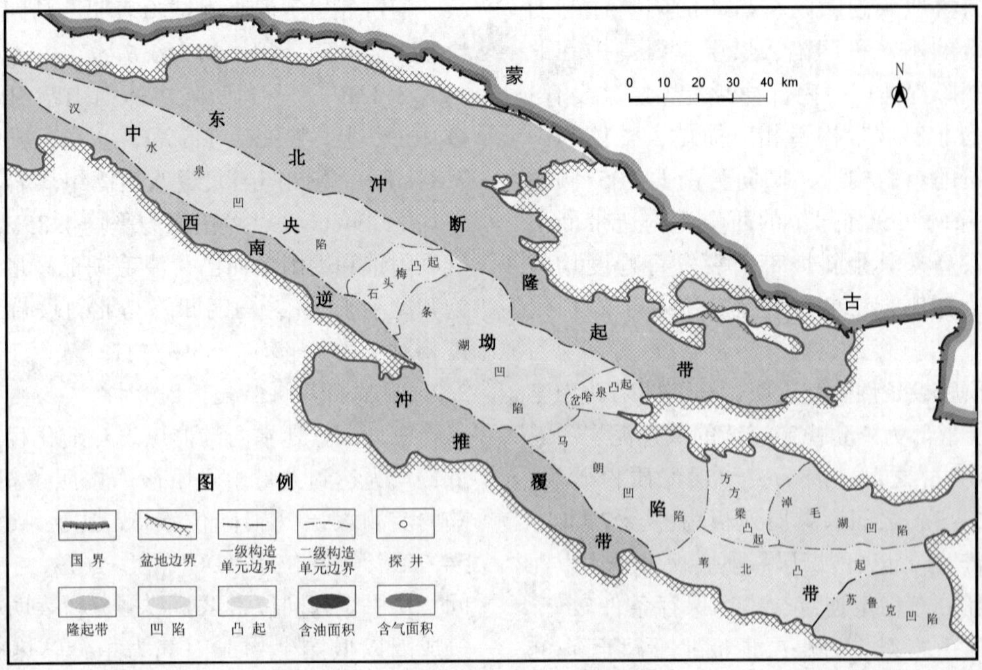

图 1 三塘湖盆地构造单元划分图

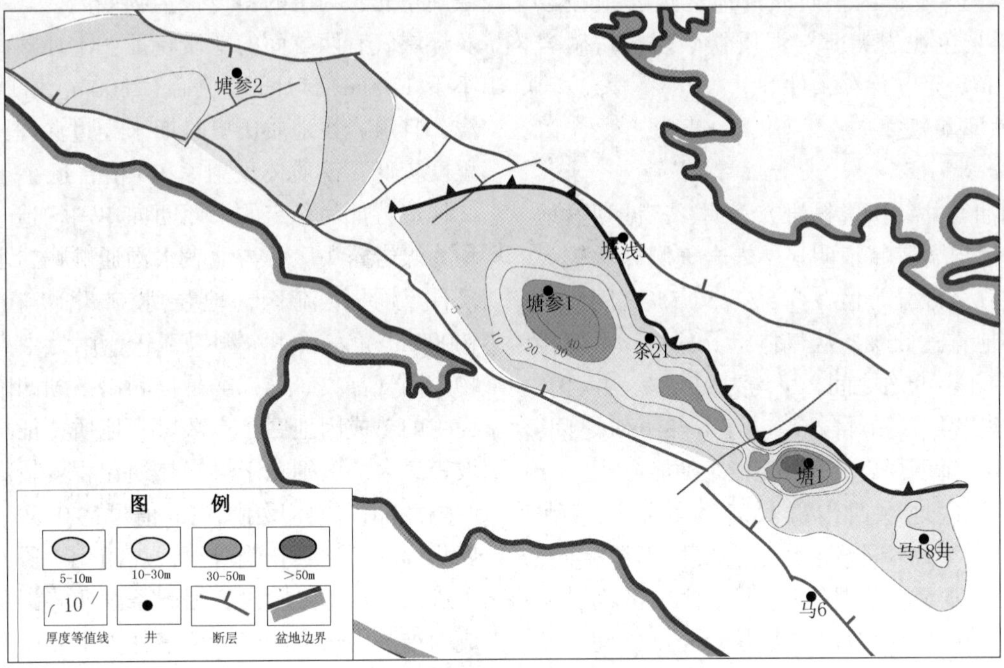

图 2 汉水泉-马朗凹陷中侏罗统煤层厚度分布图

表 1 条湖马朗凹陷 J_2x 煤层显微组分及煤工业统计表

凹陷	镜质组/%	壳质组/%	惰质组/%	矿物/%	Ro/%	水分 Mad/%	灰分 Ad/%	挥发分 Vdaf/%	固定碳 Fcad/%
马朗凹陷	33.0~8.4/36.7	1.4~5.0/2.9	58.4~63.6/55.7	4.8	0.51	5.44~7.59/6.7	4.8	4.8	0.51
条湖凹陷	26.0~43.9/34.4	0.4~2.6/1.0	54.6~73.0/58.2	6.4	0.44	54.6~73.0/58.2	6.4	6.4	0.44

1.4 煤层气保存条件

三塘湖盆地条湖凹陷、马朗凹陷整体为西南陡东北缓的不对称凹陷，煤层主要集中在北斜坡带及凹陷深洼区，南部冲断带煤层欠发育。富煤的凹陷北斜坡带构造相对简单，整体为一向西北倾覆的单斜构造，倾向为南西305°倾角9°~11°。除两凹交界部位的西峡沟构造带断层发育程度较高外其余斜坡带断裂发育程度均较低，且多为逆断层，断距较小，有利于煤层气藏保存。

煤岩顶底板条件研究表明，马朗凹陷西山窑组主力煤层上部为一套稳定连续的灰色泥岩，总厚度在5~12m之间，局部夹薄层泥质粉砂岩，厚度在0.3~3m之间。煤层地板为一套7~14m的灰色泥岩，局部夹薄煤层。顶底板岩性均以泥岩为主，且分布稳定连续，整体保存条件较好。条湖凹陷西山窑组主力煤层顶板北小湖至条35井区以灰色泥岩与薄粉砂岩互层、厚层灰色砂岩为主，岩性变化快，分布不稳定，保存条件相对较差。条东斜坡带区至西峡沟地区煤岩顶板以5~19m的灰色泥岩夹薄层泥质粉砂岩、粉砂岩为主，分布稳定，保存条件好。

2 煤层气富集规律

2.1 煤岩含气性

前期油气井钻探资料研究表明，三塘湖盆地西山窑组煤层含气特征明显，煤岩气测异常较为普遍。气测全烃异常值在3.5%~36.5%之间，牛圈湖局部地方达65%。从气体组分分析，甲烷相对含量在88%~95%之间，平均为91.5%，并且有一定的乙烷含量，相对含量在0.8%~3.68%之间，平均1.6%，证明煤岩具有一定的生油能力。

三塘湖盆地水西沟群煤岩含气量一般在0.1~6.14m^3/t，不同地区煤岩含气性不尽相同。实测及结果显示，条湖-马朗凹陷西山窑组煤层含气量普遍较高，一般在3.2~6.14m^3/t之间；条湖北缘八道湾组煤岩含气量在0.42~1.33m^3/t，含气量较低。条湖凹陷西缘至石头梅凸起西山窑组煤岩含气量在1.8m^3/t，淖毛湖凹陷西山窑组煤岩基本不含气，实测含气量普遍小于0.1m^3/t。通过实测与测井方法预测相结合分析表明，煤岩的含气量与埋深呈正相关。埋藏深度小于500m的斜坡带浅部预测含气量仅为1~2m^3/t，而埋藏深度在1200~1800m的深部地区煤岩含气量可达5~7m^3/t。由于浅部尚无测试数据，根据推测条湖-马朗凹陷风氧化带约为500m左右。

通过煤岩等温吸附试验表明，马朗凹陷西山窑组煤岩兰氏体积平均为6.7cm^3/g，兰氏压力平均为3.1MPa。条湖凹陷主体西山窑组煤岩兰氏体积平均7.966.7cm^3/g，兰氏压力平均7.84MPa。条湖凹陷北缘八道湾组煤岩兰氏体积平均11.34cm^3/g，兰氏压力平均4.85MPa。煤层气吸附饱和度因地而已，淖毛湖地区最小，含气饱和度小于5%，马朗凹陷马北斜坡带含气饱和度相对较大，平均在85%左右。

2.2 重点区块煤层气成因分析

三塘湖盆地水西沟群煤岩热演化程度普遍较低，均为达到大量生烃阶段。按照条湖-马朗凹陷的实测煤层气碳同位素$\delta^{13}C1$在-64.1‰~-54.7‰，氢同位素δDCH_4在-267‰~-238‰之间。从甲烷碳同位素试验数据分析表明本区煤层气成因以低熟生物成因气为主，以热成因气为辅。综合条湖-马朗地质条件分析认为本区煤层气可能存在三种成因机制：第一类以马北地区、条湖东北缘为主的斜坡带生物成因区。本区煤岩及煤层气有两方面的地质特征：①埋藏深度普遍小于1200m，与凹陷中心(2800m)相比埋深较浅，且煤岩在地质历史时期未经过深埋，热演化程度较低，镜质体反射率Ro值普遍小于0.5%；②构造特征为稳定的南西西向单斜构造，且浅部均为煤岩露头区，与地表水沟通顺畅，水文地质条件为弱径流区，地层水矿化度在8000~10000ml/L左右，水型以$NaHCO_3$为主，适合生物成因气富集。第二类是推测以条湖凹陷深埋区为主的热成因地区：本区煤岩地质特征与浅部斜坡带最大的区别在于煤岩热演化程度较高，推测凹陷深部镜质体反射率Ro值可达0.6%~0.8%，煤化程度可达到长焰煤至气煤演化阶段，煤岩基本进入大量生烃阶段，因此条湖凹陷深部煤层气成因推测为热成因气。第三种类主要以局部的火山活动所形成的热成因为主，主要分布在牛圈湖地区。通过区域地层对比表明，牛圈湖地区西山窑组煤岩与下覆中、上三叠统呈角度不整合接触，垂相距离最小只有16m。从区域地质研究表明，牛圈湖至西峡沟地区为条马朗凹陷前侏罗时期重点的火山活动带。地层对比表明牛圈湖-牛东地区中、上三叠统地层以凝灰质泥岩、凝灰岩为主，且上二叠条湖组大套玄武岩组合垂相距里亦不足200m，充分证明本区在地质历史时期火山活动距离，局部热事件活动频繁，对后期沉积成岩的水西沟群煤层具有"烘烤"效应，一定程度上加剧了"烘烤"区煤岩的热演化程度，进而形成局部的非连续型"干煤"煤层气热成因模式。

2.3　煤层气藏基本地质特征

三塘湖盆地条湖凹陷、马朗凹陷侏罗系西山窑组 2000m 以浅含煤面积 1400km^2，资源量 976.3×10^{8}m^3，平均资源丰度 0.7×10^{8}m^3/km^2，整体处于中等偏低水平。但马朗凹陷北缘、条湖凹陷东缘等局部地区资源丰度大于 2×10^{8}m^3/km^2，具备较大的勘探开发潜力。以马朗凹陷为例与粉河盆地、二连盆地吉尔嘎朗图凹陷对比证明本区具备良好的煤层气富集条件(表 2)。

表 2　马朗凹陷与粉河盆地、吉尔嘎朗图凹陷地质条件对比表

地质条件	盆地-凹陷		
	粉河	二连盆地吉尔嘎朗图	三塘湖盆地马朗凹陷
地质时代	E	K	J
深度/m	90~970	<900	990~1100
镜质体反射率/%	0.3~0.4	0.32~0.47	0.39~0.55
煤层厚度/m	34~170	100~200	45
含气量/m^3·t^{-1}	0.5~3.4	2~5	4.2
δ^{13}C1	-60.0‰~-56.7‰	-65.3‰~-60.3‰	-53.05‰~-52.63‰
渗透率(mD)	32~1500	>1	0.3~1.3
储层压力梯度/Mpa·hm^{-1}	0.7~0.97	正常-欠压	0.812
顶底板岩性	泥岩	致密泥质岩	致密泥质岩
单井产气量/10^{4}m^3·d^{-1}	0.2~0.4	0.1~0.2	0.2
地层水矿化度/(mg/L)	270~2720	5300~6400	8439~8875
气源类型	生物气	生物气	混合气

马朗凹陷煤岩煤层气资源分布亦具有不均衡的特征。煤岩集中发育区主要集中在马北地区马 491 井至塘 1 井一带，煤岩发育以单层巨厚煤层连续分布稳定分布、气测异常值高的特点。对应煤层构造为北北东向倾覆的单斜，煤岩上覆地层岩性以稳定的泥岩夹薄层泥质粉砂岩为主，保存条件良好，是煤层气富集成藏的有利区带。陷中部及南部牛圈湖构造带西山窑组煤岩以 1~2m 薄煤岩互层为主，单层厚度一般不超过 5m，累计厚度在 10m 左右，勘探开发潜力较小。条湖凹陷中腹地及条湖北缘斜坡带煤岩广泛分布，煤层以厚度在 5~20m 不等的 2~4 层互层的特征为主，气测全烃异常幅度较低，一般小于 5%。北 2 井、条 6 井区煤层组顶部以厚层砂砾岩为主，保存条件中等偏差。条湖东缘至西峡沟地区煤层以 2 层厚煤特征分布。煤层单层厚度在 9~15m，气测全烃异常幅度较大，最高可达 32%。西峡沟地区受北东向应力挤压构造变形程度较高，断层相对较为发育，保存条件中等偏好，有利于煤层气富集成藏。

3　煤层气成藏主控因素

通过上述现象研究表明，条湖-马朗凹陷西山窑组煤层气富集程度的主要控制因素包括一下四个方面：

(1) 构造变形程度较小的稳定斜坡带有利于煤层气的封闭保存。

条湖-马朗凹陷呈北西-南东向长条状展布，马朗凹陷洼槽区位于牛圈湖构造带及马 76 井一带，条湖凹陷洼槽区分布在条 29 井区。向北东方向分属马北斜坡带及条东斜坡带，是煤岩集中发育区。该斜坡带构造稳定连续，地层倾角在 8°左右，主断裂带主要分布在两个凹陷交界处的西侧西峡沟构造带及凹陷南缘冲断带，断层性质分别北东展布的向逆断层和北西展布的逆冲推覆断层，条北及马北斜坡带断层发育程度低，除局部有小断层发育外，斜坡区大部分区域不发育断层，有利于煤层气保存。

(2) 煤岩含气特征与煤层顶板条件关系密切。

通过对油田 34 口钻井统计分析表明，西山窑组煤层顶板条件为泥岩、泥质粉砂岩的区带，煤层气测全烃普遍偏高。其中马北、西峡沟地区气测全烃值普遍在 23%～35%之间，最大值可达 60%。而条湖凹陷东缘及北缘局部地区西山窑组煤层顶板岩性以细砂岩、砂砾岩为主，气测全烃明显偏低，全烃值一般在 5%以下。因此分析认为有利的顶板岩性条件是煤层气富集的因素之一。

(3) 水文地质条件影响煤层气富集。

从地质条件判断分析，马北及条东斜坡带地层倾角平缓，构造稳定，地层封闭条件较好。马朗凹陷马北斜坡带整体地表形态为西高东低的形态，地表汇水区与煤层露头区基本一致，因此煤层露头区可形成向地下径流的趋势，有利于地表生物细菌带入煤层，进而生成生物成因气。从地层水矿化度分析表明，马北斜坡带地层水矿化度有明显的不同。底部为马 76 井区矿化度在 10000mg/L 左右，斜坡带塘 1 井区矿化度在 8500mg/L 左右，水型均以 $NaHCO_3$型，有利于煤层气富集(图 3)。

(4) 热演化程度影响热成因部分煤层气富集

三塘湖盆地煤岩热演化程度较低，RO 值普遍小于 0.6%，属于褐煤-长焰煤演化阶段。目前发现的中浅层煤层气成因属热成因和生物成因的混合成因气($\delta^{13}C1$ 在-53‰左右)。研究认为煤岩热演化程度对煤层气富集具有一定的影响，具体在条湖-马朗凹陷表现为两个方面：

其一，煤层埋藏深度影响：通过对 18 口取心井 42 个样品研究表明，三塘湖盆地西山窑组热演化程度随着埋深的增大而升高。受不同凹陷、不同构造背景及不同岩性组合关系的影响，呈非线性耦合关系(图 4)。如条湖凹陷深洼区条 10 井埋深 2100m 左右的煤岩镜质体反射率可达到 0.7%以上，可达到气煤演化阶段；汉水泉凹陷南部塘浅 2 井埋深 339m 煤岩镜质体反射率仅为 0.44%。根据不同凹陷不同埋深煤化程度不同，地层热成因其能力有显著差别。推测条湖凹陷深部或存在以热成因气为主的煤层气藏，有待于进一步探索。

其二，局部的热事件影响：通过对条湖-马朗凹陷二叠系火山活动及其与侏罗系煤系地层的接触关系研究表明，马朗凹陷牛圈湖地区二叠系火山活动明显，岩性主要以凝灰岩和玄武岩为主，且纵向距离上覆侏罗系煤岩仅不足 50m。火山活动对侏罗系煤系地层形成的烘烤效应导致局部煤岩热演化程度偏高，进而形成热成因气。气测统计表明，牛圈湖地区牛 117 井煤岩气测全烃可达 60%，明显高于其他区块的 15%的平均值，或存在局部热成因气藏。

4 勘探潜力分析

三塘湖盆地煤炭资源丰富，但针对煤层气的勘探开发尚处于探索阶段。通过近几年油田及地矿钻井测试及试采，部分井获得日产 2000 方以上煤层气产量，勘探效果良好。通过对三塘湖盆地煤层埋深、构造、含气量、厚度、顶板岩性、水文地质条件、经济可采性等 13 项参数综合分析，初步将煤层气资源进行分类评价(图 5)。评价结果表明，一、二类区主要集中在马朗凹陷北

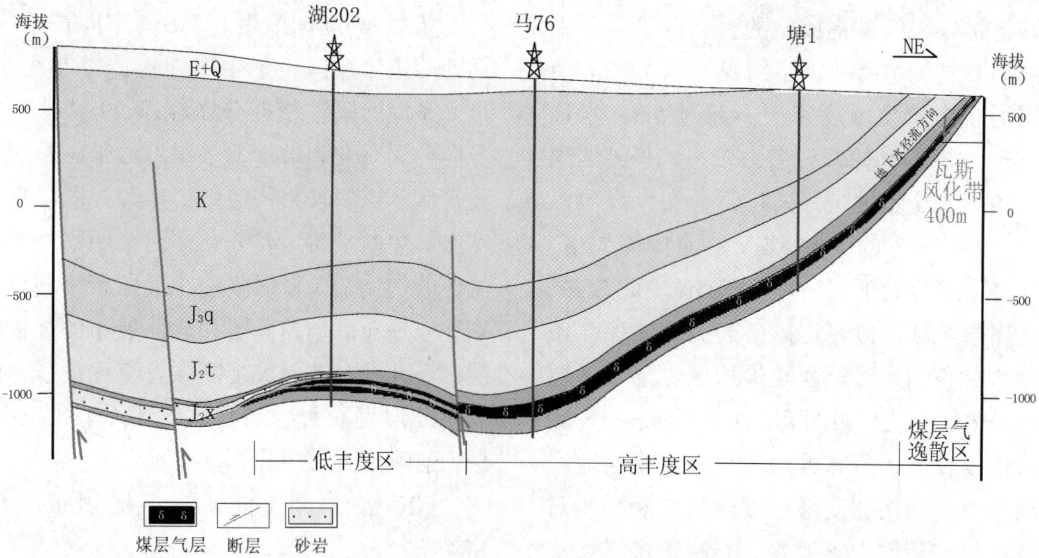

图 3 马朗凹陷西山窑组煤层气成藏模式图

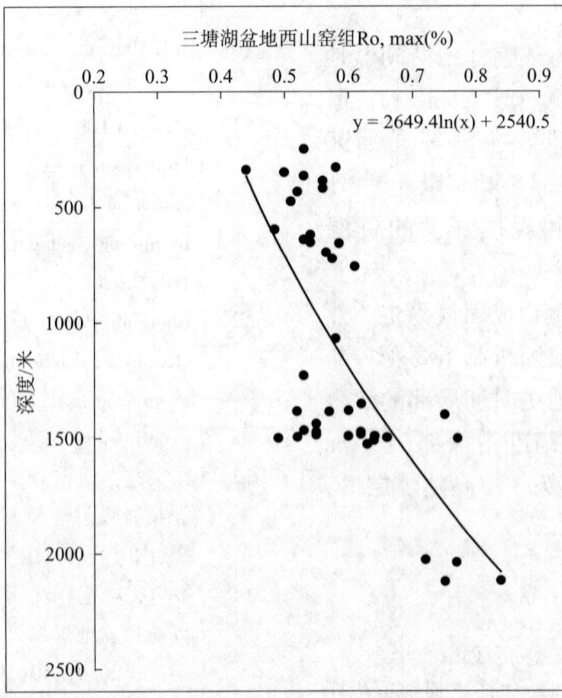

图 4　三塘湖盆地西山窑组埋深与 RO 关系图

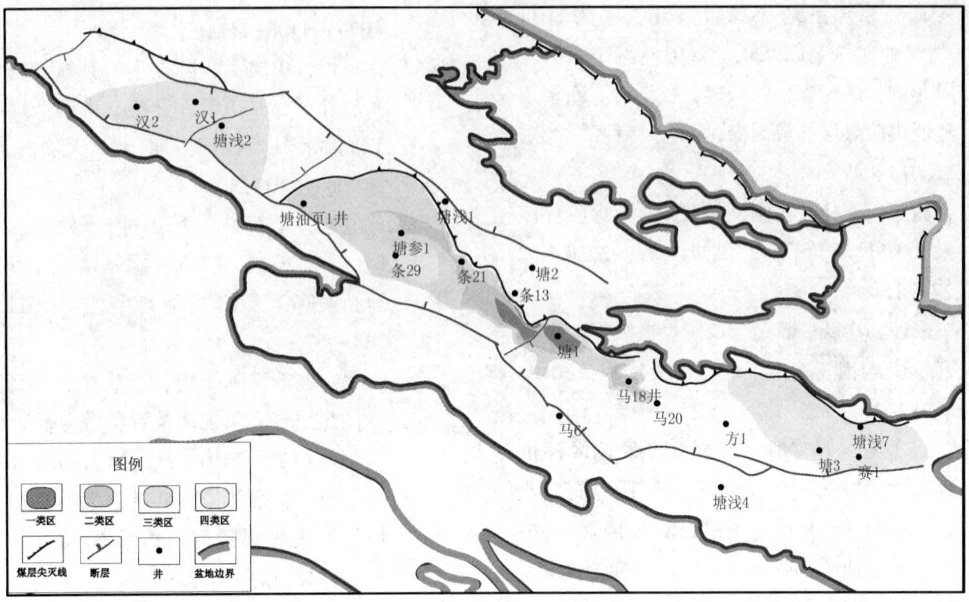

图 5　三塘湖盆地煤层气资源分类评价图

缘及条湖凹陷东北缘，具有埋深适中，煤层厚度大，构造稳定、保存条件良好、水文地质条件优越的特点，资源丰度可达到$(1.3\sim2.1)\times10^8m^3\cdot km^2$，具备集中勘探和开发建产的潜力。三类区主要集中马朗凹陷东部、条湖凹陷中部地区及汉水泉凹陷一带，煤层顶板岩性以砂岩为主，保存条件较差。且煤岩埋深普遍在 1600～2000m 之间，以目前的工艺技术水平很难达到工业产能，可作为下步勘探攻关的方向。四类区主要集中在淖毛湖凹陷及条湖-马朗斜坡高部位，含气量普遍小于 1 方/吨，且推测部分区带处于风氧化带之上，不具备开发价值。

5　结论

（1）三塘湖盆含煤凹陷 5 个，含煤总面积 $6299km^2$，纵向发育上三叠、下侏罗及中侏罗三套含煤建造。其中中侏罗统西山窑组煤层厚度大，分布范围广，含气特征明显，是煤层气勘探开发的重点层系。

(2)受煤岩热演化程度的影响，三塘湖盆地水西沟群煤层含气量整体偏低(0.2~5m^3/t)。但资源分类评价结果表明马朗、条湖等局部区带资源丰度可达到2×10^8m^3·km^2以上，具备低煤阶煤层气集中勘探和规模开发的资源基础。

(3) 西山窑组煤层气以生物成因气为主，热成因气为辅的混合成因气，成因机制主要受控与水文地质条件、煤层埋深及地史时期局部的热事件等多种因素。下步勘探应瞄准中深部(1500m以深)区域，探索以热成因气为主中高熟煤层气，寻求整体工业突破。

参 考 文 献

[1] 史鸣剑，邵龙义，王帅，张云鹤，孙斌，樊金云．伊敏凹陷早白垩世含煤岩系层序地层与聚煤模式[J]. 煤炭学报，2019，44(11)：3491-3503.

[2] 钟秋，傅雪海，张苗，张庆辉，程维平．沁水煤田石炭系—二叠系煤系地层页岩气开发潜力评价[J]. 天然气地球科学，2020，31(01)：110-121.

[3] 吴斌，周龙刚，潘新志，张耀选，杜世涛．新疆三塘湖盆地低煤阶煤层气成因探讨[J]. 特种油气藏，2020，27(01)：47-54.

[4] 汪万红，茹婷，李林，杨刚，降文萍．低煤阶煤储层产气潜力定量评价[J]. 煤炭工程，2020，52(02)：27-31.

[5] 张娜，毕彩芹，唐跃．新疆低煤阶煤层吸附能力对煤层气开发影响因素分析[J]. 煤炭技术，2019，38(09)：182-185.

[6] 付江伟，张玉贵，傅雪海．煤层气开发选区评价技术原理与方法[C]. 中国煤炭学会瓦斯地质专业委员会．瓦斯地质与瓦斯防治(2018-2019)——中国煤炭学会瓦斯地质专业委员会学术年会论文集．中国煤炭学会瓦斯地质专业委员会：中国煤炭学会瓦斯地质专业委员会，2019：104-110.

[7] 王瑞英．三塘湖盆地煤层气勘探潜力分析及有利区块评价[J]. 中国石油和化工标准与质量，2014，34(07)：199.

[8] Youjin Dai，Shiqun Li，Liangyu Xia，Jingxin Li，Yang Lü. A CBM development well type optimization method based on the long-run marginal cost[J]. Elsevier B.V.，2019，6(2).

[9] Wang Bo，Li Jingming，Zhang Yi，Wang Hongyan，Liu Honglin，Li Guizhong，Ma Jingzhang. Geological characteristics of low rank coalbed methane，China[J]. Elsevier Ltd，2009，36(1).

[10] J. L Clayton. Geochemistry of coalbed gas-A review[J]. Elsevier B.V.，1998，35(1).

[11] Wenjian Lan，Hanxiang Wang，Xin Zhang，Hongbo Fan，Kun Feng，Yanxin Liu，Bingyu Sun. Investigation on the mechanism of micro-cracks generated by microwave heating in coal and rock[J]. Elsevier Ltd，2020.

[12] Shoujian Peng，Li Jia，Jiang Xu，Chaolin Zhang，Qixian Li，Ende Han. The production schedule optimization of a multilayer superposed CBM system：An experimental study[J]. Elsevier B.V.，2020，373.

[13] 张宝鑫，傅雪海，张庆辉，周宝艳，刘正．煤系泥页岩吸附性及其影响因素[J]. 煤田地质与勘探，2019，47(01)：56-63.

[14] 秦勇，申建，沈玉林，李耿，范炳恒，姚海鹏．苏拉特盆地煤系气高产地质原因及启示[J]. 石油学报，2019，40(10)：1147-1157.

[15] 王玫珠，王勃，孙粉锦，赵洋，丛连铸，杨焦生，于荣泽，罗金洋，周红梅．沁水盆地煤层气富集高产区定量评价[J]. 天然气地球科学，2017，28(07)：1108-1114.

[16] 孙粉锦，田文广，陈振宏，孙斌，杨敏芳，孙钦平，祁灵，张勇雪，吴蓓．中国低煤阶煤层气多元成藏特征及勘探方向[J]. 天然气工业，2018，38(06)：10-18.

[17] 黄卫东，李新宁，李留中，于法政，王瑞英，陈晓红，苗殿国．三塘湖盆地煤层气资源勘探前景分析[J]. 天然气地球科学，2011，22(04)：733-737.

[18] 庚勐，陈浩，陈振宏，李贵中，邓泽，李亚男．我国煤层气富集规律及资源潜力新认识[J]. 天然气地球科学，2016，27(09)：1659-1665.

[19] 陈振宏，孟召平，曾良君．准噶尔东南缘中低煤阶煤层气富集规律及成藏模式[J]. 煤炭学报，2017，42(12)：3203-3211.

[20] 孙粉锦，李五忠，孙钦平，孙斌，田文广，陈彦君，陈振宏．二连盆地吉尔嘎朗图凹陷低煤阶煤层气勘探[J]. 石油学报，2017，38(05)：485-492.

[21] 李志军，李新宁，梁辉，王瑞英．吐哈和三塘湖盆地水文地质条件对低煤阶煤层气的影响[J]. 新疆石油地质，2013，34(02)：158-161.

[22] 邵龙义，李佳旭，王帅，侯海海，李建安，朱明宇．海拉尔盆地褐煤液氮吸附孔的孔隙结构及分形特征[J]. 天然气工业，2020，40(05)：15-25.

[23] 王琼，杨曙光，王刚，许浩，任鹏飞，董文洋．三塘湖盆地中—下侏罗统煤层甲烷风化带划分[J]．新疆石油地质，2020，41(03)：261-268.

[24] 皇甫玉慧．吐哈—三塘湖盆地低煤阶煤层气成藏特征研究[C]．中国地质学会．第四届全国青年地质大会摘要集．中国地质学会：中国地质学会地质学报编辑部，2019：166-167.

[25] 李新宁，王瑞英，梁辉，张琪．三塘湖盆地天然气成藏条件及勘探方向探讨[C]．中国石油学会天然气专业委员会、四川省石油学会、浙江省石油学会．2017年全国天然气学术年会论文集．中国石油学会天然气专业委员会、四川省石油学会、浙江省石油学会：中国石油学会天然气专业委员会，2017：45-52.

延安气田水平井设计优化和地质导向技术

王永科　乔向阳　冯婷婷　辛翠平　张　磊

［陕西延长石油(集团)有限责任公司研究院］

摘　要　延安气田上古生界致密砂岩气藏发育多套薄气层，有效储层预测和追踪难度大，通过综合应用沉积相、测录井、试井试气等不同阶段的研究成果，形成不断丰富和成长的"动态知识库"，以此建立有效储层预测模型辅助水平井设计，实现3-5米稳定单砂体的准确追踪。针对上古生界不同地质目标，综合运用气藏工程方法优化水平井井网参数，钻井过程中采用实时随钻测井、随钻实时成像和近钻头探边导向等地质导向技术，实现1-2m范围储层内部及上下界面变化的预判，水平段气层钻遇率由70%提高至82%。

关键词　延安气田；致密气藏；水平井；设计优化；地质导向；实施效果

延安气田属于多套气层纵向上互相叠加、平面上叠合连片的复式大型气田，上古生界气藏纵向尽管发育多套气层[1]，但因其规模小，叠置关系复杂，直定向井钻遇有效层程度低，单井产量低，仅能有效动用30%的多气层层状叠置区，层内砂体分散迭置，泥岩及物性夹层多，水平井砂体钻遇和有效层钻遇难[2-3]。针对致密气藏的低丰度大跨度复杂特性，研究水平井的高效动用技术[4-5]，对延安气田至关重要。

1　水平井设计优化技术

在地震资料精度不能满足开发需求的情况下，延安气田以储层建模为预测手段和实现平台，应用静动态资料，结合地质、开发、监测等研究成果[6-7]，建立综合知识库。以综合知识库为指导，在明确有效储层主控因素的条件下，建立各主控因素随机(约束)模型，结合不同层位主控因素研究成果，提取敏感参数模型叠合(约束)建立各气层有效储层模型。

根据建立的各气层有效储层模型，将各模型进行叠合，通过优势区概率统计优选井位部署位置。用新完钻井资料和生产动态数据循环丰富知识库，形成一个不断增长的动态知识库。将动态知识库和静动态资料注入预测模型，形成一个"活"的有效储层预测模型，使其逐步逼近地质实体，实现储层精准预测，见图1。

基于井点资料，从地质背景、体系类型和沉积相带识别入手进行复合砂体描述；在沉积微相、砂体叠置类型和主河道识别的基础上刻画叠置砂体；引入有效储层预测模型，进行沉积期次划分、单砂体划分、单砂体规模表征来定性单砂体规模，预测"甜点区"空间展布形态。地震、地质研究及动态资料综合利用，相互约束和验证，丰富水平井地质设计手段，形成了以有效储层预测技术为辅助的水平井设计优化技术，如图2所示。

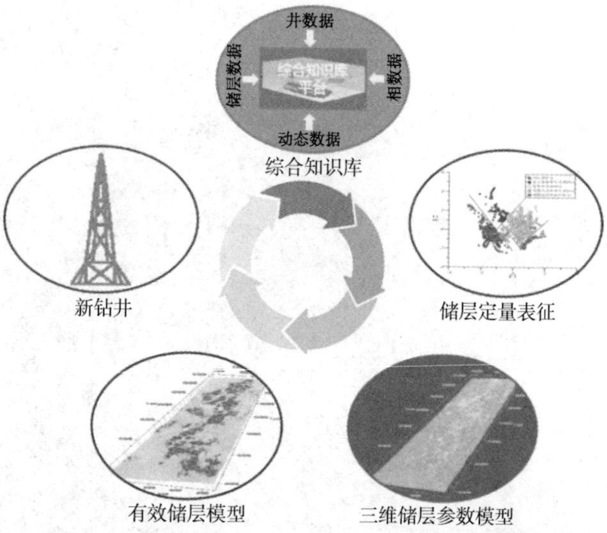

图1　基于动态知识库的有效储层预测技术

2　水平井井网参数优化

2.1　水平段长度优化

数值模拟结果(图3)显示：随着水平段长度的增加，单井累计产气量近线性增加[8]，但随着井控面积和控制地质储量的增加采收率会有所下降；从钻井工程考虑，随着水平井段长度的增加钻井风险和费用会快速增加，钻完井成本初期近线性增加，后期快速增加；在1000~1200m时，单井累计产气量增幅与钻完井成本增幅基本一致。综合考虑单井累计产量、采收率、钻井风险和经济效益，推荐水平段长度1000~1200m。

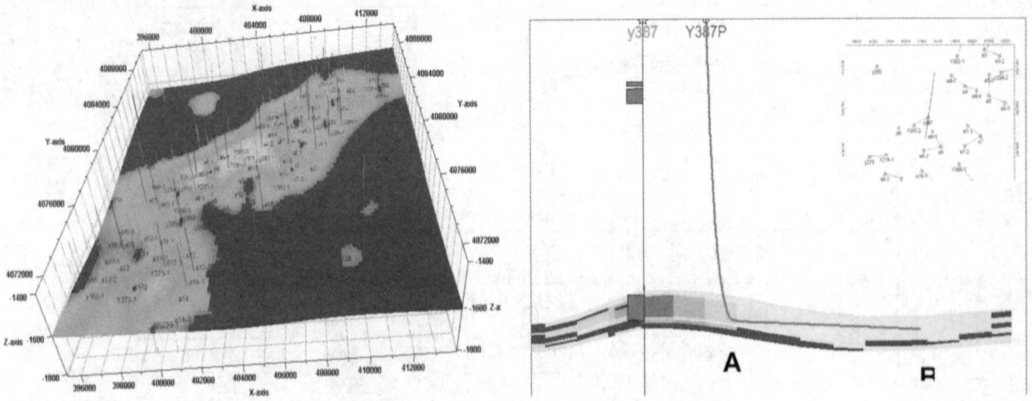

图 2　有效储层预测技术辅助水平井部署及设计

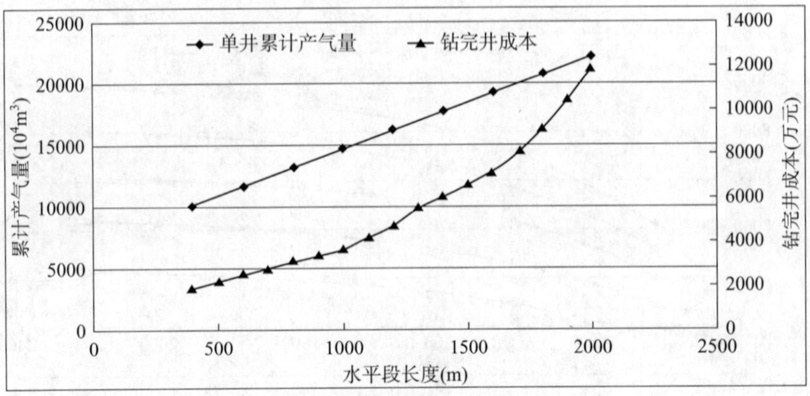

图 3　致密气藏水平段长度与累计产气量和钻完井成本关系曲线

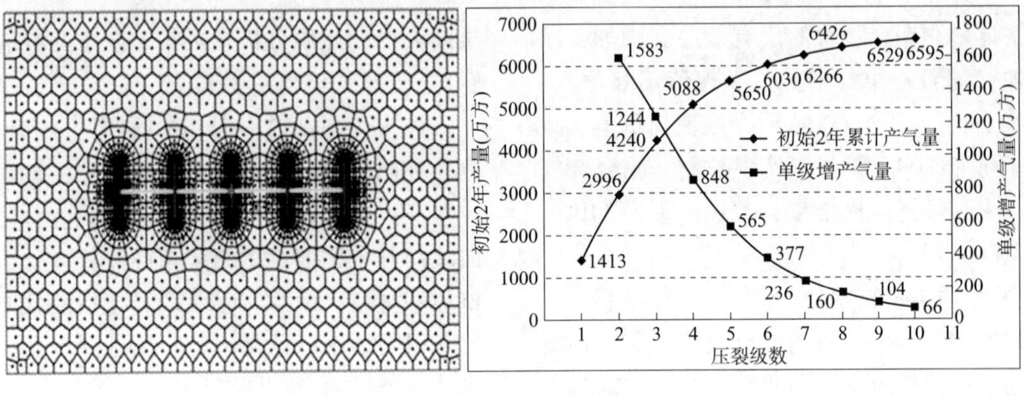

图 4　水平井压裂数值试井模型示意图(左)及不同压裂级数水平井产量预测(右)

2.2　压裂级数优化

延安气田上古生界富集区储层平均孔隙度为5.4%，平均有效渗透率为 $0.151\times10^{-3}\mu m^2$，因此，水力压裂储层改造是开发储层的重要手段[9]。

水平井压裂数值试井研究表明，随着压裂段数增加，水平井产量逐渐提高，当压裂超过4~5段时，单井累计产量趋缓，当压裂段数达到8段后，增产效果不明显，优选水平井最佳压裂段数为6~8段。基于均值数值模拟模型，水平井最佳压裂级数为6~8级，如图4所示，具体单井压裂级数视气藏品质、钻遇率、砂体连续性而定。

2.3　合理排距优化

数值模拟显示，随着储层有效厚度增加，单井累计产气量增加[10]。随着排距增大，单井累计产气量增加，但增加幅度逐渐减小。随着排距的增大，采收率逐渐减小，当排距小于1200m时，采收率变化曲线快速下降(图5)。因此，从减小井间干扰，提高采收率的角度，合理排距为1100~1300m。

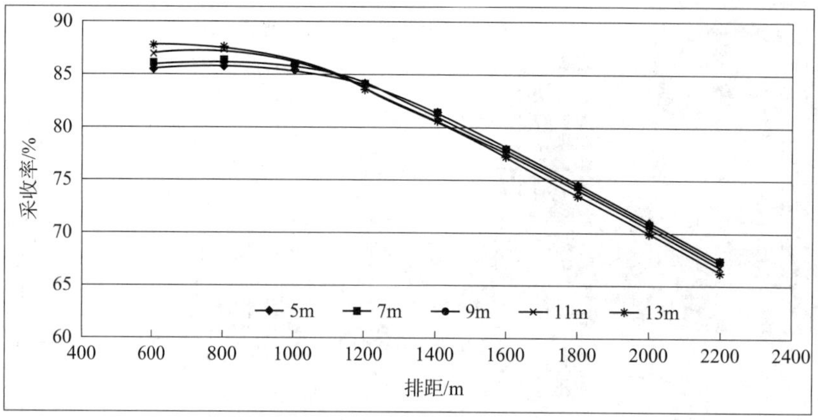

图 5　采收率与排距关系变化曲线

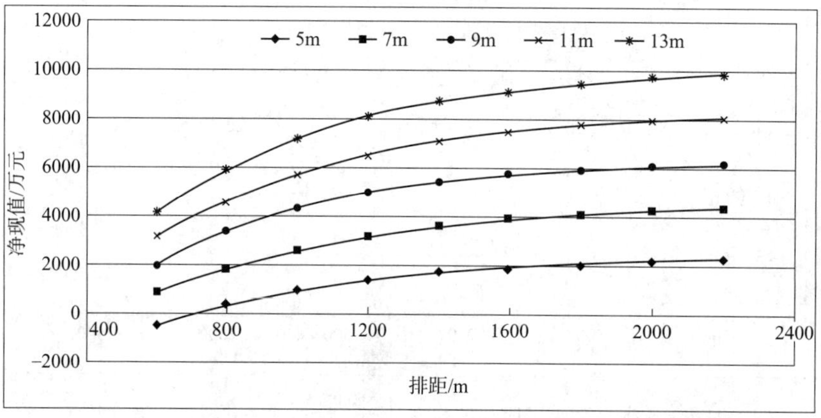

图 6　净现值与排距关系变化曲线

经济评价表明，随着储层有效厚度增加，净现值增加；随着排距的增加，净现值不断增大；有效厚度 5m、排距为 600m 时净现值为负值。故排距大于等于 800m 就可以实现盈利。综合产气量、采收率和经济评价结果，合理排距为 1100～1300m(图 6)。

3　水平井地质导向技术

受初始动态知识库制约，有效储层动态预测模型辅助水平井地质设计预测精度存在一定的不确定性[11-12]。为了消除这种不确定性，结合水平井地质导向技术，预测气层上下界面变化，刻画储层内部差异，利用实测资料实时修正有效储层预测模型，显著增加水平段气层钻遇长度[13-14]。延安气田水平井地质导向技术思路包括两个阶段、三个目标，两个阶段即为造斜段水平井入靶前地质导向阶段与水平段地质导向阶段，三个目标即造斜段精确着陆不穿层、水平段砂体连续时不出砂体、水平段砂体尖灭时快速寻找下个砂体等目标。为实现水平井地质导向的三个目标，水平井钻进过程的实时信息获取、地质导向人员的地质分析及决策是两个关键的环节。

3.1　实时随钻测井技术

该方法在钻前根据邻井地层特征和设计轨迹建立地质模型，模拟轨迹在地层中不同位置的响应特征；在实钻过程中，将常规无方位随钻测井曲线与基于钻前模型的模拟曲线相对比，通过调整地层模型，使得实时曲线和模拟曲线吻合，由此获得与地下特征基本相符的地层模型，指导水平井地质导向，如图 7 所示。

该技术适用情况是构造明确、油层标记连贯、地质特性变量较少、无岩相变化、地层的不确定性较小(厚度有变化)。

3.2　随钻实时成像技术

通过实时伽玛、密度和电阻率成像数据，可提取反映地层特征的倾角、裂缝等信息。利用拾取的地层倾角可以更新地层模型，指导实时地质导向决策。地层倾角拾取指导地质导向，在地层构造变化大时，依然不能避免出层。如果拾取的倾角不代表地层的构造倾角，可能会给地质导向决策带来较大风险。

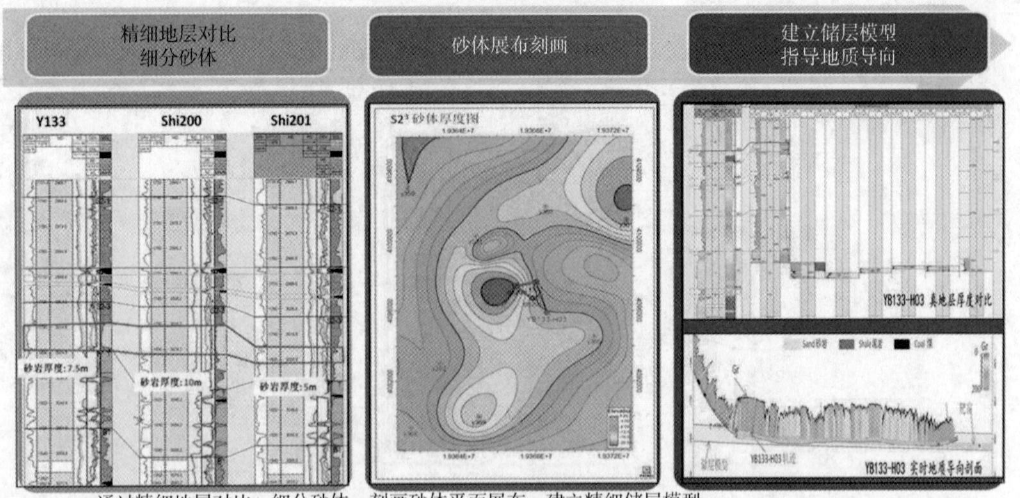

➢ 通过精细地层对比，细分砂体，刻画砂体平面展布，建立精细储层模型。
➢ 在实时地质导向过程中，运用真地层厚度对比，准确判断 轨迹在砂体的位置并动态调整井轨迹。

图 7　水平段轨迹地质导向流程

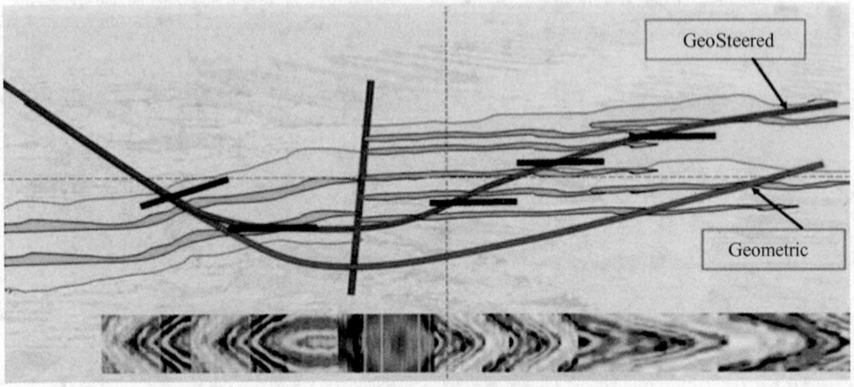

图 8　随钻实施成像地质导向

该技术适用情况是存在薄夹层、本井构造虽然存在不确定性但区域构造很明确、允许使用扶正器和旋转钻进、井眼钻出油层虽然可以接受但需要快速返回。

3.3　近钻头探边导向技术

地质模型主要是根据已钻井的数据建立的，但在三角洲前缘水下分流河道沉积环境中，砂体的连续性、形态和物性等特征不确定性很大，导致井间模型不确定性。

利用近钻头伽玛方位曲线和伽玛成像判断轨迹与地层之间的切割关系(层内)、轨迹顶出和底出(出层)，定性和定量判断地层倾角和地层厚度，提高实时决策的准确性。做好邻井对比，参考录井、地震等多方资料，结合实时数据，及时调整。

其特点是近钻头测量(0.8~1m)有助于快速反应，伽玛成像和方位伽玛曲线在砂泥岩边界的响应还是有效帮助了轨迹控制。以延安气田某井为例，轨迹在3547m第一次底出泥岩的时候根据地层倾角，快速增斜有效缩短了泥岩进尺；轨迹在3660m上切入层时根据地层倾角快速降斜；在砂泥岩互层段根据上下伽玛变化判断砂体位置和砂泥岩叠置关系有助于轨迹的调整，如图9所示。

在提供近钻头测量的基础上，采用近钻头伽玛成像提供的探边技术在复杂储层中实现地质导向施工的主动性和前瞻性。

该技术局限性体在于：探测较浅，靠近砂泥界面时才有变化，在不规则的砂泥岩互层带，伽玛成像提供的砂泥岩界面产状不能反映较大尺度的砂体整体特征和构造倾角，因此必须与储层动态预测模型结合才能更好使用。

4　实施效果

延安气田Y1井地质模型主要是根据已钻井的数据建立的，井间模型不确定性较大，在水下分流河道沉积环境中，砂体的连续性、形态和物

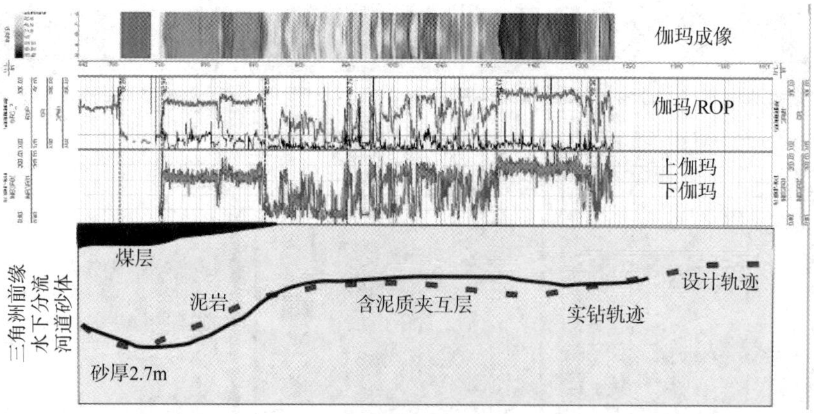

图 9　随钻探边技术的应用

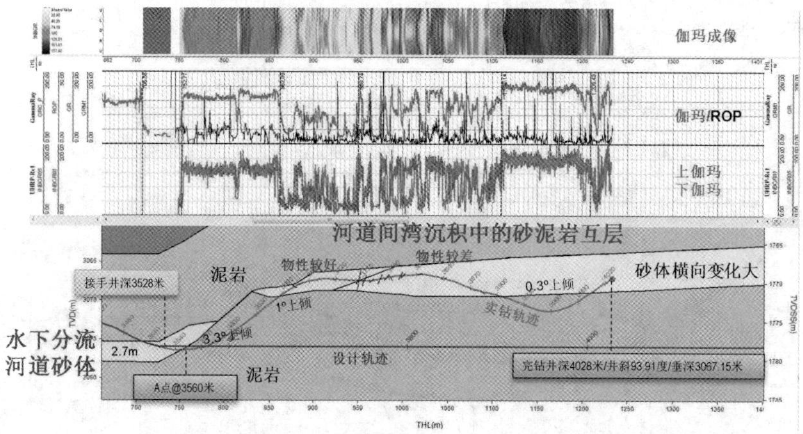

图 10　IPZIG 在 Y1 井的应用

性等特征不确定性也很大。利用近钻头伽玛成像工具 IPZIG 近钻头伽玛方位曲线和伽玛成像判断轨迹与地层之间的切割关系(层内)、轨迹顶出和底出(出层)，定性和定量判断地层倾角和地层厚度，提高实时决策的准确性。做好邻井对比，参考录井、地震等多方资料，结合实时数据，及时调整。

此次采用水平井优化设计及地质导向一体化技术的钻井作业方式确认了沿本井水平段钻进方向砂体发育的复杂性和非均质性。近钻头测量(0.8~1m)起到了快速反应的作用。伽玛成像和方位伽玛曲线在砂泥岩边界的响应有效帮助了轨迹控制：轨迹在 3547m 第一次底出泥岩的时候根据地层倾角，快速增斜有效缩短了泥岩进尺；轨迹在 3660m 上切入层时根据地层倾角快速降斜；在砂泥岩互层段根据上下伽玛变化判断砂体位置和砂泥岩叠置关系有助于轨迹的调整。

有效储层预测模型辅助水平井地质设计、水平井地质导向技术应用于延安气田水平井开发，累计实施水平井 45 口，比较技术应用前后，水平段气层钻遇率由 70%提高至 82%，为提高水平井产量打下坚实物质基础。

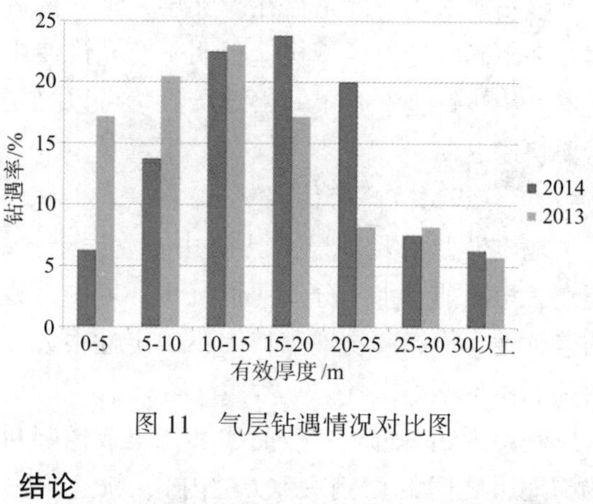

图 11　气层钻遇情况对比图

5　结论

(1) 在地震资料精度不能满足开发需求的情况下，全资料综合应用，并发展完善建模技术应用于有效储层预测，形成了“基于动态知识库的有效储层预测技术”。在此基础上进行水平井地质设计，地震、地质研究及动态资料综合利用，相互约束和验证，形成了以有效储层预测技术为辅助的水平井设计优化技术。

（2）水平井井网参数优化结果显示，考虑单井累计产量、采收率、钻井风险和经济效益，推荐水平段长度1000~1200m；基于均值数值模拟模型，水平井最佳压裂级数为6~8级；综合产气量、采收率和经济评价结果，合理排距为1100~1300m。

（3）水平井地质导向技术主要包括实时随钻测试技术、随钻实时成像技术、近钻头探边导向技术，能够预测气层上下界面变化，刻画储层内部差异，利用实测资料实时修正有效储层预测模型，显著增加水平段气层钻遇长度。

（4）有效储层预测模型辅助水平井设计优化和地质导向一体化开发技术应用于延安气田水平井开发，累计实施水平井45口，水平段气层钻遇率由70%提高至82%，为提高水平井产量打下坚实物质基础。

参考文献

[1] 沈英，韩小琴，程玉群，等．延长探区上古生界储层孔隙特征与成岩作用研究[J]．非常规油气，2015，2(4)：12-18.

[2] 马新华，贾爱林，谭健，等．中国致密砂岩气开发工程技术与实践[J]．石油勘探与开发，2012，39(2)：572-579.

[3] 罗川又．苏里格低渗透砂岩气藏经济有效开发关键配套技术[A]．西安石油大学、西南石油大学、陕西省石油学会．2017油气田勘探与开发国际会议(IFEDC 2017)论文集[C]．2017：10.

[4] 蒋廷学，王海涛，卞晓冰，等．水平井体积压裂技术研究与应用[J]．岩性油气藏：2018，4(05)1-11.

[5] 位云生，贾爱林，何东博，等．致密气藏分段压裂水平井产能评价新思路[J]．钻采工艺，2012，35(1)：32-34.

[6] 施超．水平井钻井地质设计优化及关键环节探讨[J]．化工管理，2019(15)：196.

[7] 谢利成，杨红新．鄂尔多斯盆地不同类型水平井地质优化设计研究[J]．非常规油气，2018，5(05)：49-57.

[8] 李小龙，李建雄，王涛，等．基于数值模拟的径向井压裂裂缝形态[J]．大庆石油地质与开发，2018，1-5.

[9] 郭小哲，江彩云，张子明，等．致密油储层压裂水平井缝网模拟研究[J]．非常规油气，2018，5(01)：94-100.

[10] 杨文博．致密砂岩气藏水平井分段压裂参数优化设计[D]．西安石油大学，2019.

[11] 时丕同，蔺建武，米乃哲，赫文昊，刘至，张小奇．延长油田水平井地质导向技术及其应用[J]．非常规油气，2014，1(03)：29-36.

[12] 王硕．关于水平井地质导向的难点分析及技术关键探讨[J]．化工管理，2019(24)：108.

[13] 黄根炉，赵金海，赵金洲，韩来聚．基于地质导向的水平井中靶优化设计[J]．石油钻采工艺，2004(06)：1-3+82.

[14] 唐钦锡．地质导向技术在苏里格气田苏53区块的应用[D]．东北石油大学，2016.

三塘湖盆地芦草沟组岩相特征及其与页岩油勘探的耦合关系

陈 旋[1] 徐雄飞[2] 刘俊田[2] 张亦婷[2] 卿 忠[2]

（1. 中国石油吐哈油田公司勘探事业部，2. 中国石油吐哈油田公司勘探开发研究院）

摘 要 三塘湖盆地芦草沟组页岩油是吐哈油田公司勘探重点领域，但由于对岩相特征及其与页岩油勘探的耦合关系研究不足，直接制约了勘探的进展。综合运用岩心及薄片观察、X射线衍射全岩矿物分析、高压压汞、核磁共振和场发射环境扫描电镜等技术手段，对三塘湖盆地芦草沟组开展了岩相类型及特征精细研究。研究表明：芦草沟组以碳酸盐、火山碎屑及有机质组成的多组分混杂岩相为主，包括块状泥晶白云岩、块状凝灰岩、纹层状凝灰质白云岩、纹层状云质凝灰岩等4类岩相；不同岩相类型的储集物性、孔喉结构特征以及储集空间类型存在差异，其中块状凝灰岩相孔隙发育，含油性好，压裂后能获得高产并能持续稳产；块状泥晶云岩相孔隙发育，压裂后能获得高产，稳产效果差。预测条湖凹陷南缘、马朗凹陷牛圈湖构造为页岩油勘探有利区。

关键词 岩石类型；岩相特征；页岩油；芦草沟组；三塘湖盆地

页岩油是非常规石油勘探开发的重要类型，全球能源结构中占据的比重越来越大，已成为未来油气资源的重要接替能源之一[1-2]。随着非常规油气勘探进入快速发展阶段，中国页岩油勘探也取得了丰硕成果，目前已在鄂尔多斯盆地三叠系[3]、松辽盆地白垩系[4]、准噶尔盆地二叠系[5-6]、渤海湾盆地古近系[7-9]等均取得了一系列勘探突破。

三塘湖盆地二叠系芦草沟组是中国重要的页岩油目标层系之一[10]，前人针对芦草沟组沉积环境及沉积相[11-12]、烃源岩类型及生烃条件[13]、储层特征及其成因[14-15]、页岩油形成机理及富集条件[16-17]等方面开展了大量研究，研究认识有效指导了页岩油的勘探开发。自2010年以来，马708、条34、马L1-3等多口钻井在芦草沟组获得了工业油流，展示了芦草沟组页岩油巨大的勘探潜力。但是，针对该区细粒混积岩的基础地质研究仍有亟待加强的地方，尤其是岩相精细分类及有利岩相分布规律研究的不足直接制约了此类“源储一体”型致密储层的勘探。因此，以三塘湖盆地芦草沟组细粒混合沉积岩为研究对象，针对大量钻井资料进行岩心观察、薄片鉴定、X衍射全岩矿物分析、高压压汞、核磁共振及场发射环境扫描电镜分析，开展岩相宏观和微观特征研究，查明不同岩相的储集特征及分布规律，进一步明确岩相与页岩油勘探的耦合关系，对三塘湖盆地页岩油勘探和开发具有重要意义。

1 区域地质概况

三塘湖盆地位于中国新疆东北部，与准噶尔盆地东部吉木萨尔凹陷相邻，处于西伯利亚板块西南缘，紧邻卡拉麦里—麦钦乌拉缝合线，属晚泥盆—早石炭世褶皱基底上发育的多旋回叠加型残留盆地。整体上，盆地呈NW-SE向条带状夹持于莫钦乌拉山与苏海图山之间，面积约为2.3×10^4平方公里，经历了海西、印支期、燕山期及喜山期构造运动改造[14]。盆地内可划分为中央坳陷带、北部冲断隆起带和南缘逆冲推覆带3个一级构造单元，其中，主要勘探有利区为中央坳陷带的马朗凹陷和条湖凹陷，已在石炭系、二叠系、三叠系—侏罗系获得工业性油气。而页岩油的勘探主要位于二叠系芦草沟组，该层系具有源—储紧邻、近源成藏的特征，纵向整体含油[10]。芦草沟组厚度介于100~400m，据岩性及电性特征，纵向上分为芦一段(P_2l^1)、芦二段(P_2l^2)、芦三段(P_2l^3)三段，发育上、中、上3套甜点。其中，下甜点主要位于芦一段上部，中、上甜点位于芦二段中—上部，目前勘探主要围绕中、下甜点段展开，条34、马1、马708等多口井获得工业油流，展示了良好的勘探开发前景(图1)。

2 岩相类型及特征

国内外专家学者针对页岩油岩相开展了大量

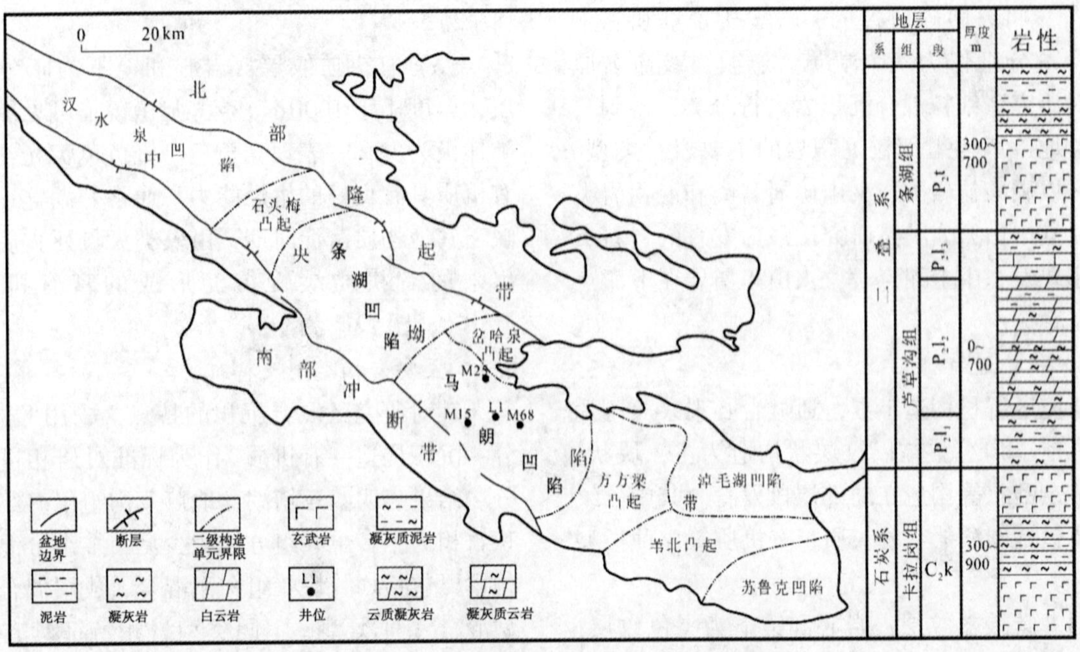

图 1　三塘湖盆地芦草沟组构造及地层柱状图特征

研究，划分依据由早期的局限于岩石矿物成分、颜色向矿物成分、层理构造及有机质含量等多因素综合发展，提出了多种划分方案[18]。笔者针对三塘湖盆地芦草沟组混合沉积的特点，综合考虑矿物成分、岩石组分、沉积构造等依据，对岩相进行划分。

2.1　*岩石组分特征*

研究选取了芦草沟组 1200 余块岩石样品进行岩石薄片鉴定、X 射线衍射全岩矿物分析和扫描电镜观察。结果表明，三塘湖盆地芦草沟组细粒沉积岩矿物成分多样，主要由碳酸盐、火山碎屑组成。火山碎屑以石英、长石为主，石英含量 7.6%~38.7%、平均 25.6%，长石包括钾长石和斜长石，含量 10%~63%、平均 35.8%；碳酸盐组分以白云石为主，普遍发育，分布范围为 15%~76%，平均 33.6%。方解石局部发育；黏土矿物含量变化大，含量 4.0%~25.7%，以伊利石、伊蒙混层为主；黄铁矿、方沸石等自生矿物普遍发育，含量一般低于 10%(表 1)。

各类矿物含量在纵向上频繁变化，不同层段差异较大。下甜点具有“高长英质、低碳酸盐、基本不含黏土”的特点，长英质含量最高可达 81%，富含钾长石，且长石含量高于石英；中、上甜点段具有“中长英质、高碳酸盐、低黏土”的特点，石英含量高于长石，碳酸盐以白云石为主，最高可达 76%。上甜点方解石含量明显增高；甜点间黏土矿物含量明显增高，最高可达 30%，长英质、碳酸盐含量相对减少(表 1)。

表 1　芦草沟组二段岩石全岩 X 衍射分析结果

甜点段	井号	深度/m	黏土	石英	钾长石	斜长石	方解石	白云石	黄铁矿	方沸石
上甜点	芦页 1	3280.075	1	29	20	27	2	19	2	0
		3281.92	1	15	0	40	22	22	0	0
		3282.38	1	16	0	26	18	39	0	0
中甜点	芦页 1	3341.2	1	9	8	11	0	71	0	0
		3342.255	1	12	8	10	0	69	0	0
		3343.745	6	5	15	17	0	55	2	0
甜点间	芦 1	3214.8	23.3	15.4	22.6	4.6	0	25.6	8.5	0
		3216.59	14.3	24.8	11.9	1.9	0	45.5	1.6	0
		3217.95	20.8	37.4	28	2.3	0	5.8	5.7	0
下甜点	条 3402	3234.8	2	33	14	25	0	18	8	0
		3235.04	0	35	13	25	0	22	5	0
		3236.43	0	31	11	38	0	15	5	0

在前人对混合沉积岩分类命名的基础上[19-20]，将火山碎屑含量、碳酸盐含量和黏土矿物含量分别作为三个端员，遵循三级命名原则，对研究区细粒混合沉积岩进行分类，得到三塘湖盆地芦草沟组细粒沉积岩的主要岩石类型。研究区以碳酸盐岩类、火山碎屑岩类和混积岩类为主。其中白云岩类是研究区最为发育的岩石类型，主要发在中上甜点段；火山碎屑岩在下甜点集中发育。

2.2　沉积构造特征

研究区沉积构造丰富，通过岩心观察及薄片鉴定，芦草沟组整体以纹层状构造为主，块状、絮状、杂乱状等构造在局部层段发育。其中，纹层主要包括碳酸盐、凝灰质、有机质等3种类型(图2)。

(1) 碳酸盐纹层：岩心和镜下为亮色纹层，厚度变化较大，介于0.1mm~2cm，主要由泥晶级别的白云石组成，晶体紧密镶嵌，黏土矿物及有机质含量低，纹层内部见少量微裂缝。扫描电镜下见自形较好的菱形白云石晶体和明显晶间孔，具有较好的油气储集能力(图2)。

(2) 凝灰质纹层：凝灰质纹层以泥级别的火山灰为主要成分[21]，火山灰性质为中基性，主要矿物成分是石英、长石，含少量方沸石和黄铁矿，黏土矿物含量低于10%。荧光显微镜下可见大量的浅绿色—黄色似层状和分散状有机质，反映火山灰与有机质富集有一定的关系[22-23](图2)。

(3) 有机质纹层：岩心和镜下为暗色细纹层，厚度小于100μm。荧光显微镜下可见层状藻类体极为发育，表现亮黄色—橙黄色荧光，这种有机质具有良好的生烃能力。通常是湖盆在极度缺乏其他物质沉淀时期，由藻类大量死亡后分解出来的有机质缓慢沉淀形成的富有机质纹层[24-25](图2)。

2.3　主要岩相类型及特征

针对研究区混合沉积的特点，采用“岩石成分—沉积构造—有机质”作为标准对岩相进行划分。结果表明，三塘湖盆地芦草沟组以多组分混积岩相为主，单一组分岩相少见；多组分混积岩相主要包括均一块状组构型混合、成层偶合纹层型混合2种类型。不同类型岩相特征具有明显差异。

(1) 均一块状组构型混合岩相。在咸化湖盆沉积背景下，间歇性火山活动形成的火山灰在沉降过程中形成颗粒和火山玻璃集簇，并以集合体形式落入湖盆中，与碳酸盐颗粒均匀混杂，形成块状泥晶白云岩相、块状火山尘凝灰岩相。

块状凝灰岩相主要发育在芦草沟一段下甜点，岩心上总体为灰色—深灰色，镜下可见火山碎屑与碳酸盐颗粒分散混积。长英质含量大于70%，白云石含量小于25%，基本不含黏土；粒

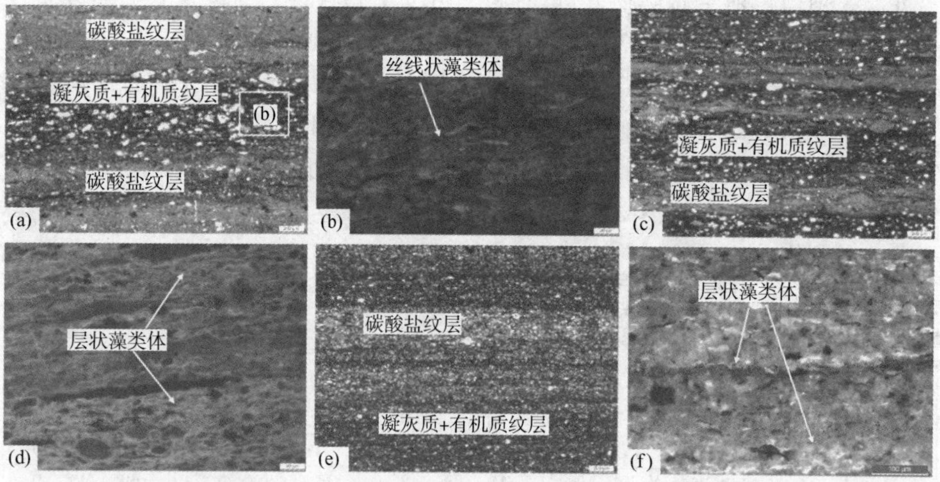

图2　三塘湖盆地芦草沟组细粒沉积岩纹层特征

(a)厘米级宽纹层状凝灰质白云岩，亮色碳酸盐纹层占主体，芦1井，3073.02m；(b)厘米级宽纹层状凝灰质白云岩，发育丝线状藻类体，芦1井，3073.02m；(c)毫米级亮暗相间细纹层状白云石凝灰岩，暗色硅质和有机质纹层占主体，芦1井，3078.87m；(d)毫米级亮暗相间细纹层状白云石凝灰岩，发育层状藻类体，芦1井，3078.87m；(e)毫米级亮暗相间细纹层状白云石凝灰岩，暗色纹层占主体，芦1井，3051.25m；(f)毫米级亮暗相间细纹层状白云石凝灰岩，发育层状藻类体，芦1井，3051.25m。

度整体小于 0.1mm，扫描电镜下可见大量有机质存在，石英、长石颗粒晶形发育较好，荧光下颗粒整体被有机质浸染呈黄绿色；脱玻化孔、粒间孔发育，孔隙度平均 12.9%、渗透率平均 0.077mD；孔喉半径主要分布在 0.16~1.0μm 之间，核磁 T2 谱以明显的右单峰、长弛豫时间为主，主峰多介于 1~100ms，即以大孔分布居多，超过 65%；压汞曲线平台较长，偏粗歪度，分选较好，排驱压力较低；岩心观察整体见原油外渗，含油饱和度大于 60%，可动烃含量高，为研究区含油性最好的一种岩相类型(图 3)。

块状泥晶白云岩相主要发育在芦草沟二段中、上甜点，岩心为灰色—深灰色，镜下可见火山碎屑与碳酸盐颗粒分散混积。白云石含量一般为 50%~80%，长英质含量小于 50%，黏土含量低；粒径整体为泥—粉晶级别，部分含有生物碎屑，扫描电镜下可以明显观察到晶型发育较好的菱形白云石颗粒，荧光下颗粒整体被浸染呈黄绿色；晶间孔、溶蚀孔及裂缝发育，物性较好，孔隙度平均为 9.8%，渗透率平均 0.049mD；孔隙结构与块状凝灰岩相类似，大孔、分选好、排驱压力较低；含油饱和度一般大于 50%，局部可达 80%以上，可动烃含量高，为研究区重要的储集层(图 3)。

(2) 多组分纹层型混积岩相

由于季节变化、水体盐度升降、火山物质间歇性输入等原因，导致了碳酸盐纹层、火山碎屑及有机质纹层频繁交替，呈互层混积，具有一定的沉积韵律特征。火山输入增多则盆内碳酸盐沉积受到抑制，纹层多为渐变接触，且多呈波状等不平直变形形态，根据纹层厚度及火山碎屑与白云石的含量多少，此类混积岩主要形成含有机质纹层状凝灰质云岩相和富有机质的纹层状云质凝灰岩相。

纹层状凝灰质白云岩相在芦二段普遍发育，岩心呈浅灰色。白云质含量介于 50%~75%，长英质含量小于 50%，有机碳含量 1.3%~4.1%；物性一般，储集空间以晶间孔隙为主，孔隙度平均 6.4%、渗透率小于 0.01mD；孔喉半径介于 0.025~0.63μm 之间，核磁 T2 谱主要为双峰型，并逐渐向左单峰型过渡，说明大孔和小孔皆有分布，且大孔逐渐减少；压汞曲线偏细歪度，分选中等—偏差，排驱压力较高；含油性一般，含油饱和度平均 33.2%(图 3)。

纹层状白云质凝灰岩相在芦二段普遍发育，岩心呈深灰色。长英质含量介 50%~75%，白云质含量小于 50%，有机质发育、且顺层分布。该类岩石孔隙不发育，扫描电镜下可见有机质孔等纳米级孔隙，孔隙度平均 4.3%、渗透率小于 0.01mD；核磁 T2 谱以左单峰为主(0.01~1ms)，即以小孔分布为主，高压压汞曲线平台较短，偏细歪度，分选偏差，排驱压力较高；含油性一般，含油饱和度平均 30.03%，目前条件下动用难度较大(图 3)。

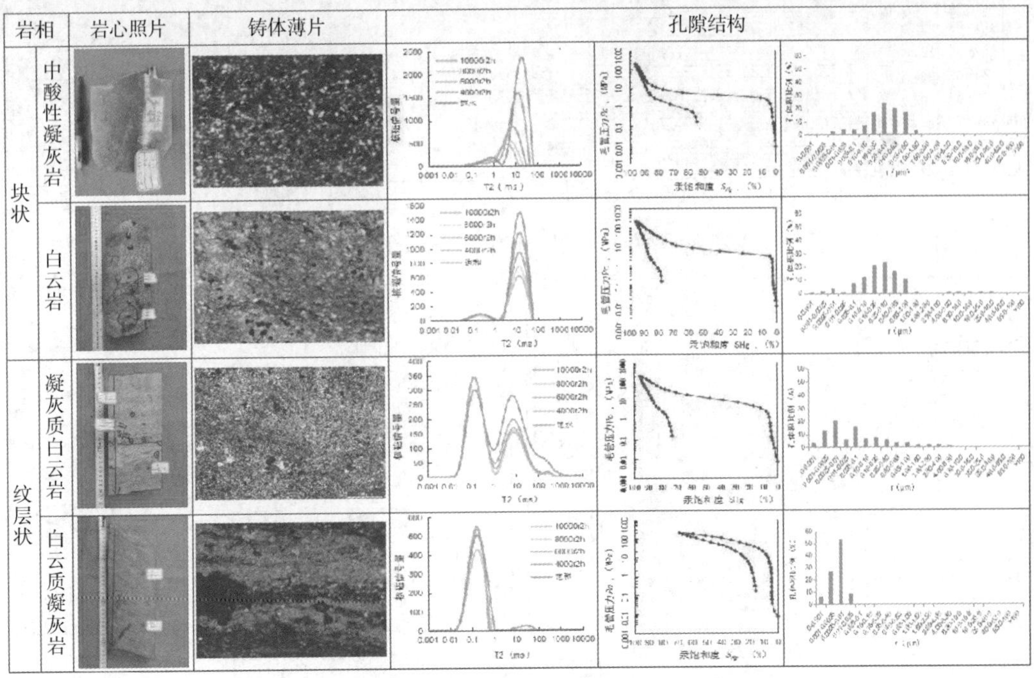

图 3　三塘湖盆地芦草沟组主要岩相储集特征

3 岩相分布规律

沉积环境、沉积相及古地貌等因素联合控制了混合沉积岩石类型的展布。其中，沉积水体盐度升降、水体深浅变化及间歇性火山活动控制了混积层系发育的旋回性；沉积相演化、水体深度变化及古地貌控制了混积层系发育的序列性。大量的古生物、微量元素及碳氧同位素分析表明[11-12]，三塘湖盆地芦草沟组以温湿气候环境下的咸化—半咸化湖泊沉积为主。在湖泊沉积背景下，水体盐度、深度频繁变化及间歇性火山喷发导致碳酸盐、火山碎屑成分呈现此消彼长的特征，岩相在纵向及平面分布也具有一定的规律性（图4、图5）。

整体而言，芦一段沉积期，湖盆范围广、水体较浅且自下而上加深，仅在条湖、马朗凹陷中部发育深湖亚相，向西北、东南水体逐渐变浅，为浅湖亚相。芦一段上部，火山活动剧烈，为凝灰岩的形成创造了条件，多为块状，具有高长英质含量、碳酸盐欠发育的特点；同时，火山活动也为藻类富集提供了充足的营养成分，镜下观察长英质颗粒多与有机质伴生。从平面分布看，厚层块状凝灰岩主要发育在近洼斜坡区高部位，呈团块状分布，局部连续性好，稳定分布，含油性好，为研究区重要的储集层之一（图5a）。

芦草沟组二段沉积期，湖盆水体较深，湖盆

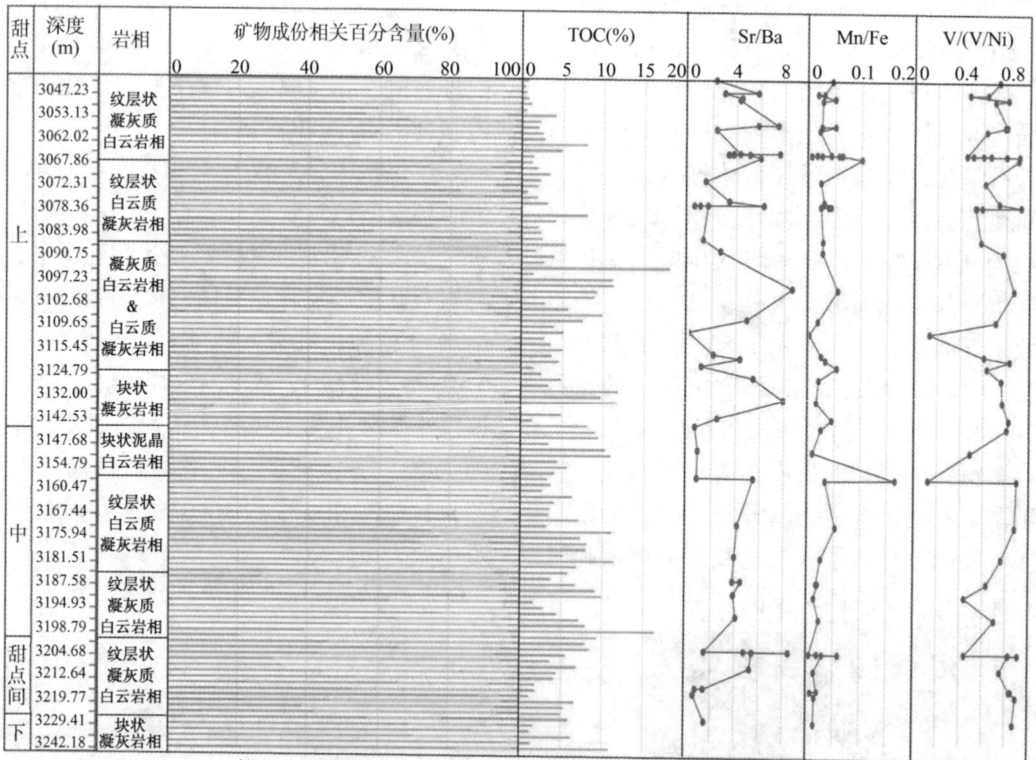

图4 三塘湖盆地芦草沟组岩相纵向分布图（以芦1井为例）

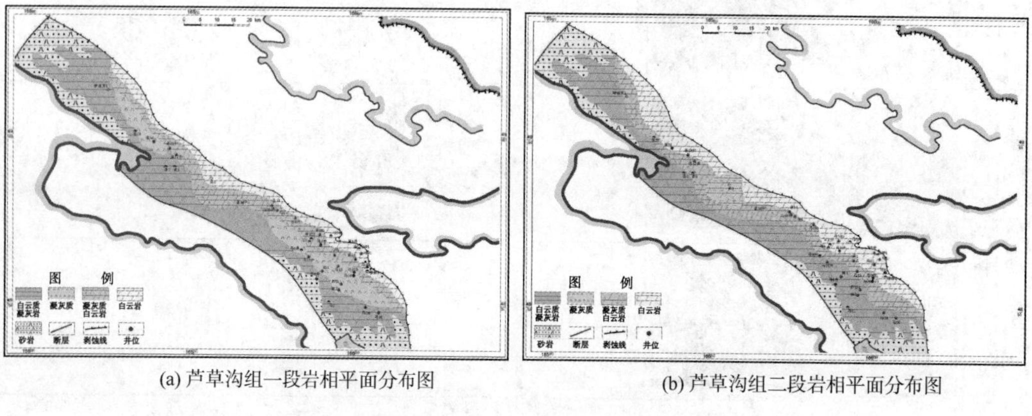

(a) 芦草沟组一段岩相平面分布图

(b) 芦草沟组二段岩相平面分布图

图5 三塘湖盆地芦草沟组岩相平面分布图

范围进一步扩大，马朗—条湖凹陷主体区为湖相沉积，湖体呈东西向展布。同时，受火山活动影响，马朗、条湖凹陷局部发育玄武岩、安山岩。水体盐度升高、间歇性火山喷发为有机质富集、准同生和白云岩化等作用创造了条件。纹层状凝灰质白云岩相在芦二段普遍发育，颗粒粒级极细，碳酸盐含量平均68%左右，长英质含量35%~50%，藻类体、无定形体等有机质呈层状、似层状富集，该类岩相构成了芦二段主力储集体；块状泥晶白云岩相在芦二段局部发育，矿物成分以碳酸盐为主，最高可达85%，有机质零星分散或少见；纹层状凝灰质白云岩相纵向集中分布，富含藻类体、无定形体有机质，该类岩相构成了芦草沟组主力烃源岩（图4）。从平面分布看，芦二段岩相整体上具有环带状分布的特点，从浅湖区到湖盆沉积中心区依次发育：贫有机质块状白云岩相—含有机质纹层状凝灰质白云岩相—富有机质纹层状白云质凝灰岩相（图5b）。

4　岩相与页岩油勘探的耦合关系

勘探实践表明，芦草沟组具有源—储紧邻、近源成藏的特征。截至目前，三塘湖盆地芦草沟组共钻探井54口，51口见显示，28口井41层见油。其中，条湖凹陷南缘条34块、马朗凹陷马1块有多口井获工业油流，且已实现开发建产；马朗凹陷马中斜坡区—洼陷区有多口井获低产油流，有效动用难度大。

从钻探及试采结果看，块状凝灰岩相为研究区最有利的储集相带。该类岩相在条湖凹陷南缘集中发育，油气显示丰富、气测组分全、全烃含量高，测井解释均有油层，单层厚度大于5m，压裂后初期均能获工业油流，并保持长期稳产。2017年钻探的条34井，在芦一段下甜点凝灰岩发育段试油获日产油22方，截至2019年底，条34块已完钻投产井9口，日产油57.79吨，累计产油超过3万吨。

块状白云岩相、纹层状凝灰质白云岩相为研究区分布最为广泛的储集相带，且与芦草沟二段主力烃源岩段紧邻，源储配置关系较好，有利于页岩油富集。其中，块状白云岩相在条湖凹陷南缘条34块、马朗凹陷牛圈湖—马中构造带较为发育，纵向主要分布在中甜点，油气显示级别高、气测组分全，测井解释以差油层为主，厚度大多在5~10m；纹层状凝灰质白云岩相在中、上甜点普遍发育，平面主要分布在马中斜坡区，单层厚度小于1m。受裂缝—孔隙双重介质影响，这两类岩相在压裂初期能获工业油流，但稳产效果差。1999年，马朗凹陷牛圈湖构造带马1井在芦草沟组中甜点块状白云岩相、纹层状凝灰质白云岩相发育段试油获日产油23方。2019年建立马1块先导试验区，目前区块共投产7口，日产油71吨，累计产油超过1.2万吨。

纹层状白云质凝灰岩相在芦草沟组二段集中分布，与烃源岩发育位置对应，源储一体，油气显示丰富、气测组分全，测井解释以差油层为主，但物性极差，目前工艺条件下不具备动用

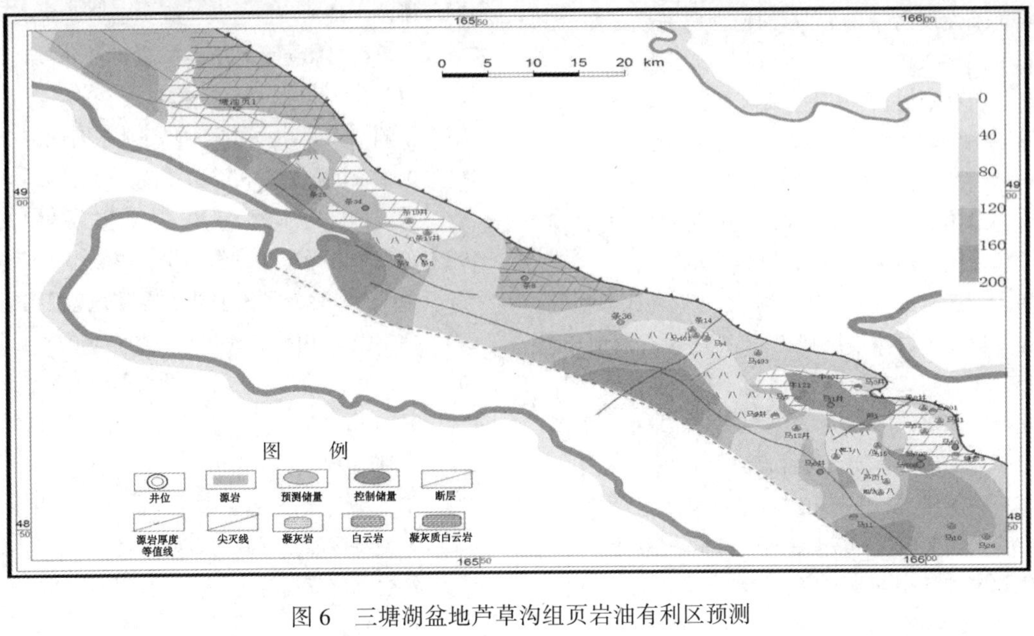

图6　三塘湖盆地芦草沟组页岩油有利区预测

条件。

综合分析认为，芦草沟组平面上具有形成大规模甜点区的趋势，目前技术条件下可动用的甜点区面积达 220km^{2}以上，资源量 1.83 亿吨，预示着三塘湖盆地芦草沟组页岩油具有较大的勘探潜力。

5 结论

（1）三塘湖盆地芦草沟组具有矿物成分复杂、岩石组分多样、纹层构造发育的特点。根据岩石类型、沉积构造等特征，存在单一组分岩相和多组分混杂岩相类型，其中单一组分岩相主要为块状，多组分混杂岩相主要包括块状多组分混杂岩相、条带—团块状多组分混杂岩相和纹层状多组分混杂岩相，每一类混杂岩相都包含碳酸盐组分、火山碎屑组分、有机质等多种组分。

（2）块状泥晶云岩相、块状凝灰岩相、纹层状凝灰质白云岩相、纹层状白云质凝灰岩相是研究区主要发育的岩相类型。不同岩相类型的储集物性、孔喉结构特征以及储集空间类型存在差异，其中块状泥晶云岩相、块状凝灰岩相为最有利岩相类型，其次为纹层状凝灰质白云岩相。

（3）马中斜坡—洼陷区、牛圈湖南斜坡—洼陷区及条湖西南缘地区集中发育块状凝灰岩相、块状白云岩等有利岩相，是三塘湖盆地芦草沟组页岩油勘探的有利区带。

参 考 文 献

[1] 邹才能，杨智，崔景伟，等．页岩油形成机制、地质特征及发展对策[J]．石油勘探与开发，2013，40(1)：14-26.

[2] 张金川，林腊梅，李玉喜，等．页岩油分类与评价[J]．地学前缘，2012，19(5)：322-331.

[3] 高辉，何梦卿，赵鹏云，等．鄂尔多斯盆地长 7 页岩油与北美地区典型页岩油地质特征对比[J]．石油实验地质，2018，40(2)：133-140.

[4] 李占东，王义军，胡慧婷，等．松辽盆地北部青山口组一段泥页岩储集层特征[J]．新疆石油地质，2015，36(1)：20-24.

[5] 支东明，宋永，何文军，等．准噶尔盆地中—下二叠统页岩油地质特征、资源潜力及勘探方向[J]．新疆石油地质，2019，40(4)：389-401.

[6] 匡立春，胡文瑄，王绪龙，等．吉木萨尔凹陷芦草沟组致密油储层初步研究：岩性与孔隙特征分析[J]．高校地质学报，2013，19(3)：529-535.

[7] 赵贤正，周立宏，蒲秀刚，等．陆相湖盆页岩层系基本地质特征与页岩油勘探突破：以渤海湾盆地沧东凹陷古近系孔店组二段一亚段为例[J]．石油勘探与开发，2018，45(3)：361-372.

[8] 卢双舫，陈国辉，王民，等．辽河坳陷大民屯凹陷沙河街组四段页岩油富集资源潜力评价[J]．石油与天然气地质，2016，37(1)：8-14.

[9] 宋明水．济阳坳陷页岩油勘探实践与现状[J]．油气地质与采收率，2019，26(1)：1-12.

[10] 梁世君，罗劝生，王瑞，等．三塘湖盆地二叠系非常规石油地质特征与勘探实践[J]．中国石油勘探，2019，24(5)：624-635.

[11] 栗维民，梁浩．三塘湖盆地上二叠统芦草沟组沉积环境[J]．新疆石油地质，2001，22(6)：497-498.

[12] 齐雪峰，何云生，赵亮，等．新疆三塘湖盆地二叠系芦草沟组古生态环境[J]．新疆石油地质，2013，34(6)：623-626.

[13] 刘俊田，卿忠，张品，等．马朗凹陷致密油藏烃源岩评价及油源分析[J]．特种油气藏，2015，22(6)：35-39.

[14] 陈旋，刘小琦，王雪纯，等．三塘湖盆地芦草沟组页岩油储层形成机理及分布特征[J]．天然气地球科学，2019，30(8)：1180-1189.

[15] 黄志龙，郭小波，柳波，等．马朗凹陷芦草沟组源岩油储集空间特征及其成因[J]．沉积学报，2012，30(6)：1115-1122.

[16] 梁世君，黄志龙，柳波，等．马朗凹陷芦草沟组页岩油形成机理与富集条件[J]．石油学报，2012，33(4)：588-594.

[17] 柳波，吕延防，赵荣，等．三塘湖盆地马朗凹陷芦草沟组泥页岩系统地层超压与页岩油富集机理[J]．石油勘探与开发，2012，39(6)：699-705.

[18] 张顺，陈世悦，崔世凌，等．东营凹陷半深湖-深湖细粒沉积岩岩相类型及特征[J]．中国石油大学学报：自然科学版，2014，38(5)：9-17.

[19] 蒽克来，操应长，朱如凯，等．吉木萨尔凹陷二叠系芦草沟组致密油储层岩石类型及特征[J]．石油学报，2015，36(12)：1495-1507.

[20] 姜在兴，梁超，吴靖，等．含油气细粒沉积岩研究的几个问题[J]．石油学报．2013，34(6)：1031-1039.

[21] 朱国华，张杰，姚根顺，等．沉火山尘凝灰岩：一种赋存油气资源的重要岩类——以新疆北部中二叠统芦草沟组为例[J]．海相油气地质，2014，19(01)：1-7.

[22] 王书荣，宋到福，何登发．三塘湖盆地火山灰对沉积有机质的富集效应及凝灰质烃源岩发育模式[J]．石油学报，2013，34(06)：1077-1087.

[23] 曲长胜，邱隆伟，杨勇强，等．准噶尔盆地吉木萨尔凹陷二叠系芦草沟组火山活动的环境响应[J]．地震地质，2019，41(03)：789-802.

[24] 王冠民．济阳坳陷古近系页岩的纹层组合及成因分类[J]．吉林大学学报(地球科学版)，2012，42(03)：666-671.

[25] 罗曦，刘子胜，胥玲，等．泌阳凹陷陆相页岩有机质特征及富集因素分析[J]．石油地质与工程，2015，29(06)：11-14.

鄂尔多斯盆地延长探区非常规石油勘探进展、挑战及关注方向

任来义　贺永红　葛云锦

[陕西延长石油(集团)有限责任公司]

摘　要　鄂尔多斯盆地为大型富油气叠合盆地，延长组三叠系发育两套页岩层系，页岩油及致密油资源丰富。延长石油集团在鄂尔多斯盆地大力推动非常规石油勘探开发理论和技术攻关，取得一定效果。致密油控制了6个含油富集带，“十三五”期间提交探明储量6000万吨，建成产能50万吨。同时开展了3类页岩油的探索，Ⅰ类、Ⅱ类页岩油均取得突破。配套形成了系列关键技术。但延长石油集团在鄂尔多斯盆地的非常规原油勘探仍处于起步探索阶段，面临着页岩油资源评价、甜点预测、储层改造、长期稳产等一系列问题；同时目前国际油价低位徘徊，非常规石油勘探开发也面临着巨大的成本挑战。未来应着重加强理论技术创新、一体化管理、成本控制等方面的研究，推动非常规石油可持续发展，使之成为未来的资源接替，以保障能源安全。

关键词　延长石油集团，鄂尔多斯盆地，致密油，页岩油，地质工程一体化；成本控制

进入21世纪以来，页岩气、页岩油、致密油、致密气等非常规油气异军突起，改变了世界能源的格局。2018年，全球石油产量为44.5×10^8t，非常规原油约占14%；天然气产量为$3.97\times10^{12}m^3$，非常规天然气约占25%[1-3]。非常规油气占比呈递增态势。非常规油气革命拓展了油气勘探的领域，推动了油气工业的理论技术发展，延长了油气工业的生命，值得所有油气行业从业者学习和思考。

目前，中国含油气盆地总体进入勘探中后期，勘探开发程度不断增高，以构造—岩性等为代表的常规大型油气藏发现的概率越来越低，油气产量增长缺乏有力支撑；另一方面中国原油消费量不断上升，2018年原油对外依存度攀升至70%，能源安全形势非常严峻，亟需寻找到油气增储稳产的新领域。因此，必须大力开展非常规油气攻关，使之成为现实的资源接替类型。

中国的含油气盆地非常规油气资源丰富[4-8]，多家石油公司在鄂尔多斯盆地、四川盆地、准噶尔盆地、渤海湾盆地等开展了非常规油气的探索，取得了一系列重要进展[9-16]。本文介绍延长石油集团在鄂尔多斯盆地针对非常规石油(致密油、页岩油)勘探开发开展的攻关工作，重点阐述鄂尔多斯盆地陆相致密油、页岩油规模发育的地质条件、资源潜力及勘探开发方面取得的主要进展，提出了致密油、页岩油未来规模勘探开发的攻关方向，以期为实现非常规石油资源效益勘探开发提供参考和借鉴。

1　鄂尔多斯盆地非常规石油概况

鄂尔多斯盆地是我国第二大含油气盆地，勘探开发历史可追溯到上个世纪初。经历近百年石油勘探开发，延安组及延长组上组合长1-长6油藏探明动用程度日渐增高，增储稳产压力增大。为寻求石油储量有序接替，2013年起延长石油集团开展了非常规石油的攻关。非常规石油主要包括致密油、页岩油、油页岩油等[17]，本文主要介绍致密油、页岩油。鄂尔多斯盆地非常规石油主要发育在三叠系延长组，延长组是湖盆形成和发展中沉积的一套河流—三角洲—湖泊相碎屑岩层系，自上而下依次为长1—长10油层组[18,19]。根据行业内主流定义及划分方法，鄂尔多斯盆地致密油主要发育在长6下部、长8、长9、长10油层组中，目前发现的储量中，长6、长8占了约90%；页岩油发育在长7油层组内部[17,20-21]。

1.1　烃源岩特征

延长组非常规石油的主力烃源岩均为长7底部的“张家滩页岩”，长7段页岩形成于深湖—半深湖沉积环境，岩性主要为黑色页岩、灰黑色粉砂质页岩，页理发育，粉砂质纹层及夹层广泛发育，纵向上纹层发育规模及韵律性变化较大，表现为黄色、白色粉砂质夹层和粉砂质纹层与深色

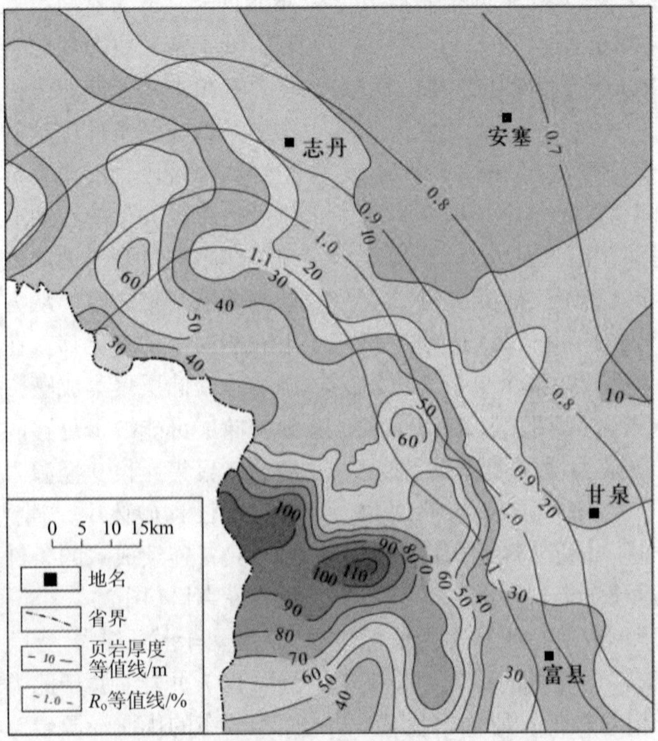

图1 延长探区长7段页岩厚度与 R_o 叠合图

均质页岩互层或呈夹层，厚度为15~110m[6-10]。长7段页岩有机质以Ⅱ1型为主，干酪根显微组分中腐泥组最发育，镜质组次之，惰质组不发育，具有腐泥型和混合型干酪根的特点，有机质以低等生物为主要生源。TOC主要分布于1.6%~7.2%，平均为4.6%，生烃潜量主要分布于10~43mg/g，氯仿沥青“A”主要分布于0.5%~1.2%，属于优质烃源岩[11]。镜质组反射率(R_o)主要分布于0.8%~1.3%(图1)，最高热解峰温Tmax主要分布于435~455℃，处于低熟—成熟油气(湿气)共生阶段，有机质具有较强的生排烃能力[12-13]。

1.2 砂岩及页岩储层特征

致密油储层主要为长6、长8-长10油层组中的致密砂岩。主要为陆相碎屑岩沉积，岩性比较复杂，以细砂岩、粉砂岩为主，粒度细、物性较差，孔隙度一般在4%~10%之间，渗透率一般小于0.5mD。长6油层组岩石类型主要为长石砂岩和岩屑长石砂岩，长石含量约为44%，石英含量平均为25%，岩屑含量为5%左右；储层填隙物以伊利石、绿泥石和碳酸盐为主。长8油层组砂岩类型主要为岩屑质长石砂岩，其次为长石质岩屑砂岩，少量为长石砂岩石英含量主要变化在15%~25%之间，平均20.9%；长石含量主要在45%~50%之间，平均约46.7%；岩屑含量平均值为15.64%。储层填隙物以伊利石、绿泥石和碳酸盐为主。致密砂岩储层孔隙类型以溶蚀孔、原生粒间孔为主，孔喉细小、孔隙结构复杂，连通性较差。方解石和铁白云石胶结物常见，黏土矿物含量较高。吼道形态主要为片状、管束状、墨水瓶状。主要为细孔微喉型及中孔微细喉型储层。

页岩油储层包括砂岩储层和页岩储层。长7段砂岩储层岩石类型主要为长石砂岩，石英含量平均值约为23.1%；长石含量平均值约50.7%；岩屑含量平均值约13.0%；胶结物含量平均为8.5%，其中以方解石、铁方解石等碳酸盐胶结物为主，其实为硅质胶结物，主要以加大边的形式存在。长7砂岩储层孔隙度主要为4%-12%，平均7%，渗透率平均值为0.2mD左右。

长7富有机质页岩储层的矿物成分主要为石英和黏土矿物，含少量长石、碳酸盐和黄铁矿，石英含量平均为31.1%，黏土矿物含量平均为44.5%。页岩储集空间包括无机孔、有机质孔和微裂缝，粒内孔隙最为发育，微裂缝与有机质孔次之，粒间孔隙发育最差。以中孔为主，中孔体积占总孔体积的73.72%，大孔体积占22.16%，微孔体积仅占4.12%。平均孔隙直径为23.3nm，中值半径平均为 11.7nm；长 7 段泥页岩储层孔隙度分布于 0.16%～5.12%，平均为 2.11%；渗透率分布于 0.004～0.239mD，平均为 0.013mD。

1.3 成藏模式

1.3.1 下生上储式

长 6 油层组成藏时间持续了整个早白垩世沉积期，伴随地层持续埋深，温度从 85℃ 升高至 125℃，R_o 从 0.65% 升至 1.0%，有机质持续生烃，并在最大埋深期（早白垩世末期）达到生烃高峰；从储层孔隙度演化看，在整个早白垩世沉积期，储层整体处于中成岩 A 期，胶结持续进行，孔隙度不断降低，在最大埋深期降至 5%～6%，基本达到致密化高峰，油气成藏与储层致密化同期进行，在此背景下，长 7 烃源岩高强度生烃，持续向长 6 储层运移聚集。

长 7 烃源岩生烃增压形成的超压推动生成的早期原油沿着层理和裂缝侧向和垂向运聚。早期形成的原油热演化程度相对较低，原油密度重，被晚期运移出来的原油推动向远离烃源岩的斜坡区以浮力向曲流河三角洲前缘沉积环境运聚。优质储层主要发育于三角洲前缘水下水下分流河道与河口坝复合沉积发育区，平面上呈带状分布，砂体两侧和上倾方向为分流间湾泥质岩构成岩性遮挡。靠近烃源岩的长 6 油组的细砂岩普遍含油，形成缓坡背景下大面积成藏的“连续型”致密油区[22]（图 2）。

1.3.2 三明治式

长 8 油组上为鄂尔多斯盆地主力烃源岩张家滩油页岩，下为盆地第二套主力源岩李家畔油页岩，处于两套主力烃源岩之间，长 8 自身为盆地主要三角洲建造期所沉积的一套以砂岩为主的储集层系，成藏条件优越。长 7 烃源岩热演化达到生烃高峰阶段，形成大量油气，在异常高压下强排烃运移，大量的石油通过微裂缝、叠置砂体等疏导体系向过剩压力降低的方向运移，遇到合适的圈闭就聚集成藏。从方向上看，石油向上、向下和侧向上均有运移，在长 8 油组靠近高丰度烃源岩致密储层聚集成藏，远离烃源岩的长 8 油组致密储层可能缺少足够的油源条件而未形成有效的油气聚集。长 9 烃源岩生成的油气主要向上直接进入长 8_2 砂体中，遇到合适的圈闭聚集成藏。长 8 具备连续成藏的条件，致密油一般分布在油页岩发育区（图 2）。

1.3.3 自生自储式

长 7 页岩油属于此类成藏模式。长 7 具有大面积分布的优质烃源岩、相对发育的致密重力流砂体、源储一体或紧邻。但其砂质储层分布范围、规模不及长 6、长 8 致密油。早白垩世末期，长 7 烃源岩达到生排烃高峰期，主力烃源岩生成的原油首先满足本身吸附以及充满各种纳米级孔隙，形成Ⅲ类页岩油（图 2）；含油性测试表明，泥页岩自身可动烃平均含量达 4.74mg/g，具有一定含油性[12]，由于长 7 烃源岩广覆式分布、厚度较大，因此具有可观的资源量。与此同时，烃源岩向其内部的致密砂岩中充注石油，运移的通道主要是各种孔喉以及微裂缝，运移的动力主

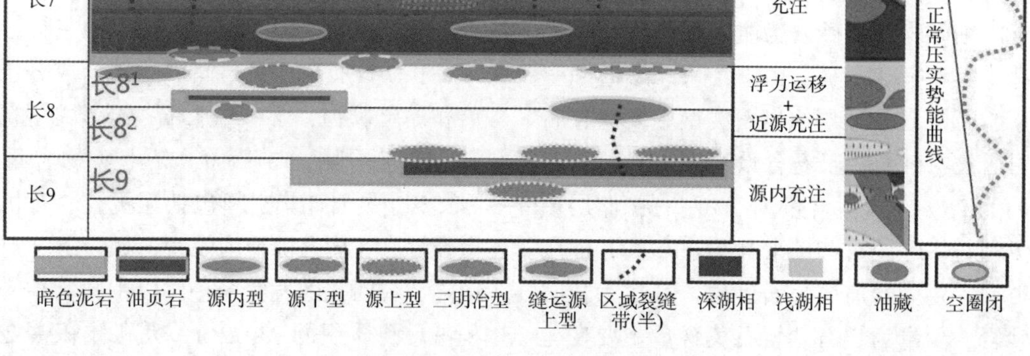

图 2　致密油-页岩油综合成藏模式图

要为生烃作用形成的异常高压。而后，原油被生烃高压推动，沿着纵向裂缝向长 7^1 和长 7^2 内碎屑流形成块状砂岩运移富集，或沿着大范围分布的砂泥岩薄互层形成的层理进行侧向运移，形成Ⅰ、Ⅱ类页岩油。如旬邑三水河长 7^1 顶部砂质碎屑流厚层砂岩普遍含油，裂缝面附着大量软沥青，表明其现今仍有活跃的油气活动。

2 延长石油集团非常规石油勘探开发进展

近年来，延长石油集团紧跟国际国内非常规油气发展形势，不断加大致密油、页岩油探索力度，加大地质、油藏、测井、工程、等理论及技术攻关，致密油、长 7 段页岩油都取得了实质性进展。

2.1 致密油形成规模开发，成效显著

延长石油集团致密油勘探开发始于 2013 年，通过几年来的科研和实践工作，逐步落实资源基础，突破关键技术，开展矿场实验，勘探开发工作有序推进。通过资源评价，落实有利区域；建立大型敞流湖盆致密油富集规律以及甜点预测技术，明确了甜点区分布[23]，指导部署探索井。2014 年，在富县地区部署了第一口致密油水平井—磨平 3 井，层位为长 8，油层中深 1450m，水平段长度 899m，油层钻遇率 100%，全烃 25%~61%。2014 年 7 月投产，投产层段 14 段，压裂排量 10~12m^3，单段平均加砂量 52m^3，累计加砂 720m^3，压裂液 10000m^3，初期日产液 49.7m^3，日产油 29.9t。10t/d 稳产超过 4 年，累计产油 1.5×10^4t，现日产油 6.5 吨。该井带动了富县、黄陵、吴起、定边等一批致密油水平井的钻探投产，建立了上畛子、槐树庄等 4 个致密油勘探开发试验区，甜点优选、钻完井工艺、水平井体积压裂等技术逐步得到试验完善。2017 年，又对地层压力为 0.8、储层渗透率为 0.3mD、原油密度为 0.9 的致密稠油区块开展了攻关，针对该区块储层致密、原油渗流困难、地层能量低、供液不足的难题，进行先期注水+水平井+增能+体积压裂的试验，成功实现了该区致密稠油的有效动用，稳产产量提升到 5t/d。截至目前，延长石油共控制了 6 个致密油富集带，初步落实致密油探明储量 2.5 亿吨，控制储量 2 亿吨，预测储量 1.9 亿吨。实施致密油水平井 410 余口，初期日产液 11t，目前平均单井日产油约 4.3t，日产油水平 1800t，建成产能 50 万吨，累产油超过 120×10^4t，致密油已成为延长石油重要的战略接替领域。

2.2 页岩油探索初步获得突破

鄂尔多斯盆地页岩油主要发育在长 7 段，根据砂质储层发育的程度可分为 3 类：多期叠置砂岩型（Ⅰ类）、页岩夹薄层砂岩型（Ⅱ类）、纯页岩型（Ⅲ类）[12]。目前延长石油集团在吴起、志丹、甘泉等地探明Ⅰ类页岩油地质储量 4700 余万吨（主要为长 7^1、长 7^2），采用直井+水平井开发。近期延长石油主要对Ⅱ、Ⅲ类页岩油开展了集中攻关。Ⅱ类页岩油采用直井体积压裂改造试验，突破了出油关，试油井 7 口，获工业油流井 2 口，其中 Z512 井最高日产油 9t，稳产 4t/d，显示了良好的勘探开发潜力；在此基础上部署了 2 口页岩油水平井，FT 平 1 井针对页岩与薄砂体互层型的Ⅱ类页岩油储层，钻遇油层岩性主要为粉砂岩和泥页岩，砂层钻遇率为 60%，砂岩为油迹显示；分 12 段 51 簇压裂；排量 10~12m^3/min，入地总液量 16000m^3，支撑剂 1120m^3，压后焖井一周，目前正在防喷。Ⅲ类页岩油主要通过水平井+体积压裂方式进行攻关，部署完钻的 GQ1 井水平段 1000m，钻遇岩性为泥岩，滴照见良好荧光显示，下步将制定具有针对性的压裂试油方案开展试油，探索Ⅲ类页岩油勘探开发潜力。

2.3 形成相关配套关键技术系列

2.3.1 致密油甜点预测技术

致密油甜点包括地质甜点和工程甜点，优源、优相、优储、优缝是致密油地质甜点的评价要素。采用权重系数法计算地质甜点控藏概率，其中单参数权重系数经 SPSS 软件聚类分析计算得到，单因素地质参数经过均一化处理。通过计算可以得到分层系的甜点分布概率。

$$P=K_{PI,7}\frac{PI_7-\mu_{PI,7}}{\sigma_{PI,7}}+K_{H,source,9}\frac{H_{source,9}-\mu_{H,source,9}}{\sigma_{H,source,9}}+K_{Por}\frac{Por-\mu_{Por}}{\sigma_{Por}}+K_{H,sand}\frac{H,sand-\mu_{H,sand}}{\sigma_{H,sand}}+K_F\frac{F-\mu_F}{\sigma_F} \tag{1}$$

式中：P，致密油甜点分布概率；σ_F 裂缝发育指数方差；$K_{PI,7}$，长 7 段排烃强度权重系数，取 0.3；PI，排烃强度；K_{Por}，孔隙度权重系数，长 6 段取 0.35，长 7 段取 0.2，长 8 段取 0.13；Por，孔隙度；μ_{Por}，孔隙度平均值；σ_{Por}，孔隙

度方差；H，$sand$，累计砂体厚度；$\mu_{H,sand}$，累计砂体厚度平均值；$\sigma_{H,sand}$，累计砂体厚度方差；$K_{H,sand}$，累计砂体厚度权重系数，长6段0.23，长7段取0.2，长8段取0.17；F，裂缝发育指数；K_F，裂缝发育指数，长6段取0.32，长7段取0.3，长8段取0.3，μ_F，裂缝发育指数平均值；$\mu_{PI,7}$，长7段排烃强度平均值，$\sigma_{PI,7}$，长7段排烃强度方差；$K_{H,source,9}$，长9烃源岩厚度权重系数，取0.15；$H_{source,9}$，长9段源岩厚度；$\mu_{H,source,9}$，长9段源岩厚度平均值；$\sigma_{H,source,9}$，长9段源岩厚度方差；同时，用含油饱和度、原油黏度、现今地层压力系数、气油比和脆性指数分别代表地层含油性、原油流动性、原油产出动力和地层可压性等评价要素，建立致密油工程“甜点”评价指标。综合地质甜点和工程甜点，优选致密油甜点，指导井位部署。

2.3.2 页岩油层测井评价方法

针对页岩强非均质性储层结构，开展针对性岩石物理实验，研究岩性、储层参数、孔隙结构特征及测井响应规律，研发了复杂矿物组分、孔隙度、渗透率高精度定量表征技术，形成页岩中砂质夹层的成像测井识别法、分形法及交会图识别法，砂质夹层解释符合率达到90%以上。同时形成了复杂矿物组分定量分析技术、高精度孔隙度及页岩含油饱和度计算模型。基于干酪根校正、密度曲线重构，分岩性建立孔隙度测井解释模型[24]；基于分子动力学模拟确定含油饱和度解释模型，集合等温吸附—声波联测确定游离烃、吸附烃的比值，建立不同相态的测井解释模型，符合率达到80%以上[25]。解决了强非均质性页岩储层解释精度不高、解释符合率较低的问题，极大地提高了页岩油气层的判识精度。

2.3.3 适用的陆相页岩油井水基钻井液体系

鄂尔多斯延长组长7段和页岩黏土矿物含量高且层理、裂缝发育，前期考虑井筒安全，采用了全油基钻井液体系、及低油水比钻井液体系，随着页岩油勘探的全面展开，井数越来越多，油基钻井液在成本和环保处理等方面的问题越来越突出，综合考虑井筒安全、降低成本、绿色环保等因素，研发了有土甲酸钾页岩水基钻井液体系[26-29]，以甲酸钾作为主要抑制剂抑制泥页岩黏土矿物水化分散膨胀，以刚性纳米碳酸钙及柔性纳米乳液等封堵剂相结合组配封堵剂配方。有土甲酸钾水基钻井液体系在GQ1井的钻井中取得应用，体系失水不高于3ml，润滑系数控制在0.08以内，流变性良好，性能稳定，起下钻顺利，满足页岩地层钻井要求，有效解决了井壁坍塌问题，成本比传统油基钻井液降低了60%，且环保易处理。

2.3.4 钻完井配套技术装备系列

陆相页岩油井会出现井轨迹调整，导致套管下入摩阻大，扶正器优化难度高，研发了井口辅助加压+免钻式漂浮接箍、半钢性螺旋扶正器、偏心式滚轮扶正器，可顺利通过缩径井段，同时大幅降低摩阻。为解决水泥浆易倒流、水平井扫塞难度大的问题，研发了固井碰压关井阀、碰压关闭式浮箍，可在注水泥完成后彻底阻断套管内外通道，具有关闭功能可靠、密封能力强、正反向承压高的特点；应用后固井质量合格率达90%以上，水平段固井质量优良率达100%。针对多级压裂要求水泥环具有强韧性、高弹性的问题，研发了纳米增韧水泥、橡胶增弹水泥，水泥石抗折和抗拉强度提高70%以上、杨氏模量降低40%以上[30]。

3 面临的挑战

（1）页岩油“甜点”预测难题：陆相湖盆沉积相变快，岩性纵向、横向变化快，薄互层甜点预测难度大；陆相页岩深度不同、成熟度不同、具有一定的非均质性，不同地区页岩的游离烃、吸附烃、溶解烃含量均有变化，如何寻找最易于开发的高游离烃含量甜点区、甜点段，是目前页岩油甜点预测面临的主要问题。在测井识别上，页岩油没有明确的含油饱和度下限，油层识别存在困难；同时页岩油想要高产，必须有裂缝发育，目前无论是地震还是测井，都难以对裂缝进行精细表征，也导致甜点识别困难。

（2）钻井难题：提速提效难，地层可钻性差，机械钻速低，非生产时间占比高，钻井周期长、效率低，单井钻井成本居高不下

（3）压裂难题：黄土塬地区生态环境脆弱，干旱缺水，而页岩油/致密油大规模压裂都需要大量用水，水的矛盾突出；陆相页岩及其中的粉砂质储层都具有非常强的非均质性，物性变化快，同时砂岩、泥岩、页岩的岩石力学性质不同，导致裂缝发育、延伸无法准确预测，储层精细建模难度大，难以准确指导压裂设计；鄂尔多斯盆地陆相页岩与南方海相页岩相比，黏土矿物含量高、地层压力低，导致页岩的可压性差，返

排效果差，水敏、水锁伤害严重。

（4）提高采收率难题：鄂尔多斯盆地致密油普遍为低压油藏，初始地层压力系数在0.7~0.9之间，水平井生产一段时间以后，地层压力系数会降到0.6以下，水平井稳产难度很大，最终导致关井停产。非常规原油都采用大规模压裂改造，在地层中形成缝网，裂缝分布复杂，传统的注水措施容易导致水淹水窜；如何补充地层能量，保证油井稳产，提高非常规石油采收率，是目前亟需攻关试验的课题。

（5）成本难题：致密油和页岩油勘探开发都具有前期投资规模大、投资回期长等特点，尤其是主要采用水平井+体积压裂，其投资是常规石油勘探开发成本的数倍甚至数十倍，如果水平井地质、钻井、压裂、工作制度、地层能量整个环节中的某个环节质量存在瑕疵，就会导致产量不乐观，影响投资的回收。尤其在目前低油价时期，非常规石油投资面临的挑战更大，延长石油前期开展的测算表明，在油价保持现结算价格情况下，测算期内非常规石油的体积压裂水平井现金净流量均为负值。而中国目前在财税优惠与国家补贴政策方面与美国还有较大的差距，成本发展曲线难以估算，要实现非常规石油的整体效益开发，还需大幅降低成本，并且需要国家政策的支持[3]。

4　非常规石油规模开发应关注的方向

（1）常规-非常规石油综合勘探开发

鄂尔多斯盆地中生界延长组非常规石油主要发育在延长组湖盆沉积中心区域，优质烃源岩广覆式发育，油源充足，烃源岩生成的原油赋存于源岩层系内部形成页岩油，近距离运移富集形成致密油，此外仍有大量原油向上运移形成常规的低渗透油藏。因此，非常规石油成藏系统内部发育多套油层，目前致密油/页岩油勘探开发成本较高，但借助前期的基础设施系统，常规的低渗透油藏仍可以实现效益开采。在目前的低油价下，根据多层油藏叠合发育的地质特点，常规-非常规油藏综合立体开发，做大规模，摊薄成本，可能是非常规石油规模效益开发的路径之一。直井勘探控制油藏，井工厂开发，开展包括直井+大斜度井分层压裂多层合采+水平井等综合多种开发方式的攻关研究与现场试验，共用基础设施，提高产量、降低成本。

（2）关键理论技术的攻关

致密油勘探开发经过数年的攻关，形成了系列理论技术，但仍然存在着一系列的不适用性，如陆相沉积相变快、储层及甜点预测精度仍需提高，砂泥互层的储层，压裂裂缝传播的不确定性仍需要研究；水平井工厂化开发正处于试验阶段，布井、钻井技术仍需要进一步在勘探开发中加以验证。未来致密油大规模开发，应关注以下核心技术："甜点"精确预测技术、高端成像测井装备与技术、井工厂优化布井技术、长水平井一趟钻技术、低伤害环保绿色压裂液技术、裂缝模拟技术、地层能量补充技术等。

页岩油目前仍处于探索阶段，虽然页岩油与致密油在某些地质特征方面类似，工程技术也有一些可通用，但是页岩油从地质到工程环节都有存在着的特殊性，以页岩和泥岩为主力目的层决定着其先天条件比致密砂岩或碳酸盐岩储层更差，需要更先进的理论和技术来支撑其勘探开发。未来鄂尔多斯盆地页岩油应关注的核心技术包括：页岩生排烃与滞留烃赋存理论、页岩储层成岩成储演化、页岩储层渗流机理评价技术、地质与工程甜点预测技术、页岩油可动烃测井表征技术、裂缝或裂缝带测井表征技术、优快钻井技术、低伤害储层改造技术、高分子驱油洗油剂、能量补充与重复压裂技术等。

（3）地质工程一体化的全过程管理

非常规石油突破得益于理念、技术和管理的革新和突破，非常规石油需要非常规的思路和管理。非常规石油勘探开发全过程涉及地质、钻井、压裂、采油、提高采收率、储运等多个环节，每一个环节都对效益开发具有一定的影响。与传统石油勘探、开发过程清楚、衔接有序不同，非常规石油勘探开发从一开始就需要地质+工程一体化，工程人员前期介入到地质评价中，地面设计提前考虑地下条件，做到评价选区、方案设计、产建实施、二次开发、管线输送、技改报废、经济评价全生命周期一体化管理，每个环节的质量控制、参数确定都需要整体所有环节的人员共同参与，做好顶层设计，整体把握，实现项目的全局优化，对非常规石油全生命周期储量指标、产量指标、质量指标、成本指标、经济指标等进行综合评价，最终实现效益最大化。

5　结论

（1）延长石油经过多年攻关探索，在非常规石油领域取得了深入的地质认识，明确致密油/

页岩油的成藏模式，指导页岩油/致密油选区评价、甜点优选和压裂改造，致密油实现了规模开发，页岩油也突破了产量关，正在探索提高产量的方法。成果拓展延长石油油气资源类型，夯实增储稳产的资源基础。同时推动技术创新，形成了甜点优选、储层评价、钻完井、储层改造等关键技术系列、促进了鄂尔多斯盆地非常规石油勘探开发进程。

（2）非常规石油勘探开发目前存在一系列难题，包括地质评价甜点预测、特殊储层钻完井、大规模压裂、提高采收率方面，尤其是在目前的低油价形势下，如何降低成本，实现效益开发，是非常规油气共同面临的难题。

（3）非常规石油开发需要非常规理念、技术、管理的共同支撑。常规-非常规兼探共采、做大规模可能是非常规石油降低成本的有效途径。非常规石油的技术进步应针对特殊的地质特征，进行有针对性的攻关，形成适用的特色技术系列。推行地质工程一体化、地上地下一体化、勘探开发一体化的管理和组织运行模式，并积极争取政府扶持政策，力争实现非常规石油的效益开发。

参 考 文 献

[1] US Energy Information Administration. Annual energy outlook 2019 with projections to 2050［R］. Washington：US Energy Information Administration，2019.

[2] US Energy Information Administration. International energy outlook 2018［R］. Washington：US Energy Information Administration，2018.

[3] 李国欣，朱如凯．中国石油非常规油气发展现状、挑战与关注问题［J］．中国石油勘探，2020，25（2）：1-13.

[4] 金之钧，白振瑞，高波，等．中国迎来页岩油气革命了吗［J］．石油与天然气地质，2019，40（3）：451-458.

[5] 邹才能，朱如凯，白斌．致密油与页岩油内涵、特征、潜力及挑战［J］．矿物岩石地球化学通报，2015，34（1）：3-16.

[6] 张廷山，彭志，杨巍，马燕妮，等．美国页岩油研究对我国的启示［J］．岩性油气藏，2015，27（3）：1-10.

[7] 黎茂稳，孙川翔，张海霞．我国陆相页岩油前景可期［J］．中国石油石化，2017（40）：38-39

[8] 杨雷，金之钧．全球页岩油发展及展望［J］．中国石油勘探，2019，24（5）：553-559.

[9] 蒲秀刚，金凤鸣，韩文中，等．陆相页岩油甜点地质特征与勘探关键技术——以沧东凹陷孔店组二段为例［J］．石油学报，2019，40（8）：997-1012.

[10] 王小军，杨智峰，郭旭光，等．准噶尔盆地吉木萨尔凹陷页岩油勘探实践与展望［J］．新疆石油地质，2019，40（4）：402-413.

[11] 周立宏，陈长伟，韩国猛，杨飞，马建英，周可佳，等．渤海湾盆地歧口凹陷沙一下亚段地质特征与页岩油勘探潜力［J］．地球科学，2019，44（8）：2736-2750.

[12] 付金华，牛小兵，淡卫东，等．鄂尔多斯盆地中生界延长组长7段页岩油地质特征及勘探开发进展［J］．中国石油勘探，2019，24（5）：601-614

[13] 杨华，牛小兵，徐黎明，等．鄂尔多斯盆地三叠系长7段页岩油勘探潜力［J］．石油勘探与开发，2016，43（4）：511-520.

[14] 王香增．陕西延长石油（集团）有限责任公司油气勘探开发进展与展望［J］．中国石油勘探，2018，23（1）：36-42

[15] 孙建博，孙兵华，赵谦平，等．鄂尔多斯盆地富县地区延长组长7湖相页岩油地质特征及勘探潜力评价［J］．中国石油勘探，2018，23（6）：29-37

[16] 杜燕，刘超，高潮，等．鄂尔多斯盆地延长探区陆相页岩气勘探开发进展、挑战与展望［J］．中国石油勘探，2020，25（2）：33-42

[17] 邹才能，陶士振，侯连华．非常规油气地质学［M］．北京：地质出版社，2014.

[18] 李文厚，庞军刚，曹红霞，等．鄂尔多斯盆地晚三叠世延长期沉积体系及岩相古地理演化［J］．西北大学学报：自然科学版，2009，39（3）：501-506

[19] 李志明，陶国亮，黎茂稳，等．鄂尔多斯盆地西南部彬长区块三叠系延长组7段3亚段页岩油勘探前景探讨［J］．石油与天然气地质，2019，40（3）：558-570.

[20] 赵政璋，杜金虎．致密油气［M］．北京：石油工业出版社，2012

[21] 杨华，李士祥，刘显阳．鄂尔多斯盆地致密油、页岩油特征及资源潜力［J］．石油学报，2013，34（1）：1-11

[22] 葛云锦．鄂尔多斯盆地延长组长6致密油成藏机理分析［J］．科学技术与工程，2019，19（9）：56-64.

[23] 王香增，任来义，贺永红，等．鄂尔多斯盆地致密油的定义［J］．油气地质与采收率，2016，23（1）：1-7

[24] 祁攀文，姜呈馥，赵谦平，史鹏，孙德瑞．陆相

页岩气测井评价方法［J］. 非常规油气，2017，4(6)：116-122.
［25］ 何羽飞，万金彬，于小龙，程道解，倪军，陈玉林. 基于测井资料的页岩含气量定量评价［J］. 测井技术，2018，42(6)：667-671.
［26］ 王香增，高瑞民，吴金桥，汶锋刚，李伟. 延长天然气探井钻井液体系优化研究［J］. 应用化工，2010，39(3)：373-376.
［27］ 马振锋，于小龙，杨全枝，杨先伦，李红梅，赵毅. 陆相页岩气水平井钻井提速技术［J］. 非常规油气，2017，4(4)：88-92
［28］ 穆景福. 页岩力学性质各向异性初探［J］. 非常规油气，2016，3(5)：114-120.
［29］ 万鑫，吴金桥，杨超，王红娟. 延长油田页岩气水平井安全钻井液密度窗口探讨［J］. 非常规油气，2016(5)：121-126.
［30］ 李伟，王涛，王秀玲，李舍坤，周战云，李艳. 陆相页岩气水平井固井技术—以延长石油延安国家级陆相页岩气示范区为例［J］. 天然气工业，2014，34(12)：106-112.

松辽盆地南部深层致密砂岩气认识与勘探实践

李瑞磊　徐　文　朱建峰　刘玉虎　谢荣祥

（中国石化东北油气分公司）

摘　要　松辽盆地南部深层致密砂岩气止前勘探已初见成效，成果显示沙河子组与营城组是松南深层致密砂岩气发育的主要层系，分布范围广，资源规模大，具有较大的勘探潜力。已发现的深层致密气根据砂泥岩组特征可划分为稳定厚砂型、砂泥互层型、泥包砂型三种类型，深层致密砂岩储层物性普遍差，孔隙度基本都在6%以下，渗透率主体小于0.1mD，属于特低孔、特低渗储层。通过对松南典型致密储层矿物成分与微观特征分析发现，致密砂岩有效储层形成主要受三方面因素控制：一是发育绿泥石，形成绿泥岩包壳，有效抑制石英次生加大的生长，增加矿物颗粒间抗压实强度，保护原生孔隙，二是富火山岩岩屑溶蚀形成次生孔隙，三是生烃增压产生大量微裂缝，改善储层渗流特征。在此基础上总结了松南致密砂岩气成藏主要受充足烃源、斜坡古沟谷与断裂控砂、次生溶蚀与微裂缝控储，断裂活动与稳定盖层控富等因素控制。

关键词　松辽盆地南部；深层致密砂岩气；有效储层；成藏主控因素

致密砂岩气是指储集体于低渗透-特低渗透致密砂岩储层中的天然气资源，需通过大规模压裂或特殊采气工艺技术才能被经济开发[1]。致密砂岩气资源分布极为广泛，在全球70余个盆地均为分布，我国在鄂尔多斯盆地、四川盆地、塔里木盆地、准噶尔盆地、松辽盆地、柴达木盆地、渤海湾盆地、库车坳陷等都具有形成致密砂岩气藏的地质条件[2-6]，致密砂岩气已成为天然气增储上产的重要领域。

“十三五”全国油气显示评价结果显示，松辽盆地南部深层致密气资源量达7000亿方，主要分布在沙河子组与营城组。2019年，中石化东北油气分公司在松南长岭断陷与梨树断陷沙河子组与营城组致密砂岩储层中均见到工业气流，证实松辽盆地南部深层同样具备致密砂岩气成藏条件，但总体上对该领域的勘探认识程度相对较低。本文旨在分析松南长岭与梨树断陷深层致密砂岩气储层特征及主控因素，解剖已知油气藏，探讨总结致密砂岩气成藏控制因素，明确资源规模，指导松南深层致密气大规模勘探开发动用。

1　致密碎屑岩气类型

目前，根据研究方向的不同，致密砂岩气有多种分类方式，如根据储层渗透率分、气藏成藏与构造演化关系或致密砂岩成藏时间与储层致密时间的先后关系等进行分类，本文主要根据致密砂岩与泥岩组合特征将目前松南已发现的致密气分为稳定厚层型、砂泥互层型与泥包砂型三种类型。

1.1　稳定厚砂型特点

稳定厚砂型致密砂岩气主要分布于斜坡至近洼陷带，以松南长岭断陷龙凤山次凹为例，营城组下部发育扇三角洲前缘水下分流河道厚层砂体，单层厚度大于10m砂体占比50%～60%，测井GR响应呈现“大型箱状”特征，平面上分布稳定，储层岩性以含砾中-粗砂岩为主，物性孔隙度主体在6%以下，渗透率主体小于0.1×10^{-3} μm^2，属于特低孔、特低渗储层，但含气饱和度均在50%以上，此类致密砂岩气藏常以厚层砂与下伏沙二段主力烃源岩形成下生上储型气藏为主，规模比较大。

1.2　砂泥互层型特点

砂泥互层型致密气主要分布于近洼陷带，以松南梨树断陷为例，东南斜坡带沙二段与营一段发育扇三角洲前缘席状砂体，单层厚度主要分布于5～10m，部分单砂体大于10m，砂体薄而多，与泥岩呈互层发育，测井GR响应呈现“小型箱状”或“指状”特征，砂体较连续，纵向叠合连片，岩性以中-细砂岩为主，储层孔隙度也在6%以下，含气饱和度在40%～50%之间，此类致密砂岩以源内自生自储为主，规模中等。

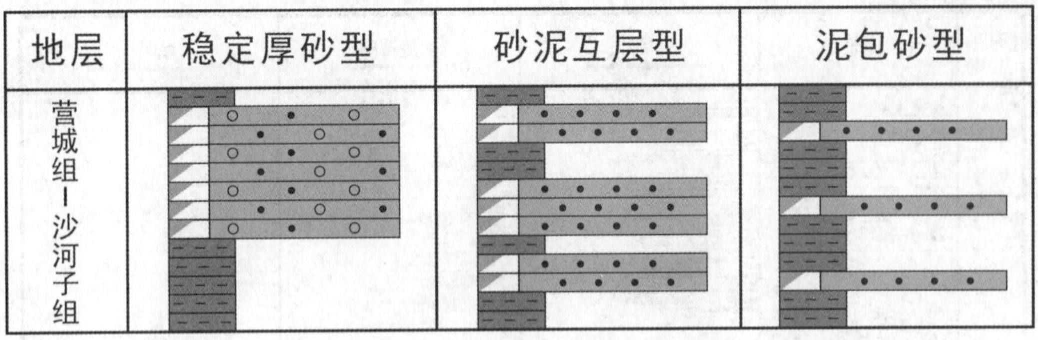

图1 松南典型致密砂岩气源储组合关系图

表1 松南典型致密砂岩气藏特征汇总表

类型	区带	沉积相		储层特征				成藏	
		亚相	微相	测井特征	单砂厚度	平面分布	储层物性	类型	规模
稳定厚砂型	斜坡带	扇三角洲相前缘	水下分流河道	“大型箱状”	大于10m	大规模连片	6%左右	下生上储	大型
砂泥互层型	近洼陷带	扇三角洲相前缘	席状砂	“小型箱状”或“指状”	5~10m	叠合连片	6%以下	自生自储	中型
泥包砂型	洼陷带	前扇三角洲相	—	“齿状”	2~5m	透镜状	4%以下	自生自储	小型

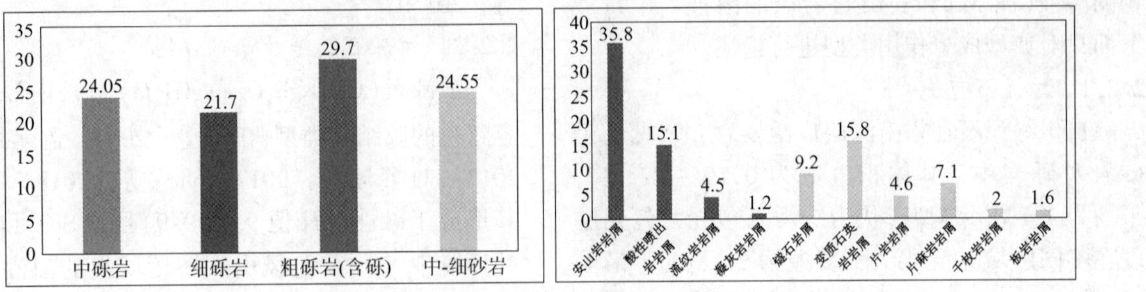

图2 松南深层致密储层岩性与岩屑分布图

1.3 泥包砂型特点

泥包砂型致密气主要分布于洼陷带，以松南梨树断陷为例，深洼区沙二段主力烃源岩内发育多层透镜状含气砂体，单层厚度2~5m，测井GR响应呈现“齿状”特征，砂体不连续，岩性以细-粉砂岩为主，储层孔隙度在4%以下，干层为主，局部含气，含气饱和度在40%以下，但此类气藏由于分布于稳定的深洼区，气藏压力一般都比较高，压力系数在1.2以上。

2 致密碎屑岩储层特征

2.1 储层岩石学特征

据岩心观察和薄片统计结果，松南深层致密砂岩储层主要近源堆积为主、分选较差、次棱角-次圆状的碎屑颗粒，岩石类型包括砾岩和砂岩，总体粒度较粗，以中-细粒砾岩和粗砂岩为主，砂岩多数为岩屑砂岩(图2)，其岩屑、长石及石英的平均比值为67∶19∶14，岩屑以火山岩岩屑为主，占岩屑总量的63.4%(图2)，主要为安山岩(图4a)和酸性喷出岩岩屑(图4b)；变质岩岩屑次之，占岩屑总量的12.1%，主要为燧石(图4c)、石英岩(图4d)及片岩(图4e)岩屑。

2.2 储层成岩作用特征

松南深层致密碎屑岩储层的成岩作用类型包括压实作用、胶结作用、交代作用、溶蚀作用等。致密碎屑岩储层的压实作用强烈，主要发生在成岩早期，导致原生孔隙大量减少，表现为颗粒的线接触-凹凸接触(图4f)，塑性颗粒(千枚岩、板岩、片岩等)的变形(图4g)，长石颗粒的破裂(图4h)等。交代作用主要表现为碳酸盐胶结物交代碎屑颗粒。储层的胶结作用包括碳酸盐胶结、硅质胶结、黏土矿物胶结和浊沸石胶结，

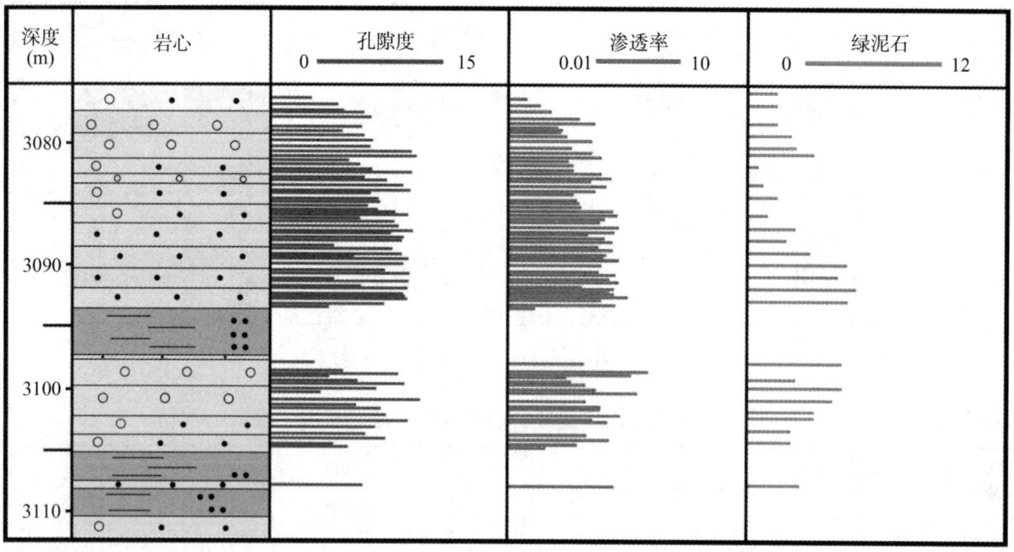

图 3　A 井绿泥石含量与孔隙度和渗透率关系图

独具特色的胶结作用为绿泥石包壳(图 4i)和浊沸石胶结(图 4j)。溶蚀作用表现为碎屑颗粒(岩屑、长石等)的溶蚀和胶结物(方解石、浊沸石等)的溶蚀，独具特色的溶蚀作用为浊沸石胶结物的溶蚀(图 3j)和安山岩岩屑的溶蚀(图 4a)。下面只对典型成岩作用类型进行论述。

2.2.1　绿泥石包壳

自生绿泥石在松南深层广泛发育，常见于粗砂岩及砾岩中，其体积分数为 0.1%～22.5%，平均为 3.1%，典型产状为绿泥石包壳，包壳厚度在不同区域差异很大，普遍为 2～8μm，最厚可达 10μm(图 4k)。绿泥石包壳常形成于富铁的碱性(pH 值为 7～9)还原环境(田建锋等，2008)[19]，成岩过程中，其形成时间较早，对储层质量主要起保护作用。相关实例在国内外含油气盆地中均有发现，Patrick 等统计世界范围内 43 个绿泥石包壳实例发现，绿泥石包壳对储层起到保护孔隙的积极和混合作用(Patrick 等，2012)[7-8]；我国的绿泥石包壳主要发育于鄂尔多斯盆地、四川盆地、松辽盆地及海拉尔等盆地，对储层同样起保护作用，仅个别降低储层质量(姚泾利等，2011；兰叶芳等，2011)[17-18]。松南深层致密储层中绿泥石包壳对储层物性具有很好的保护作用，如 A 井 3093m 和 3099m 处自生绿泥石的含量分别达到高值 6.8%和 5.9%，相应的孔隙度、渗透率也在此深度达到最大值，孔隙度最大值为 8.8%，渗透率最大值为 0.357mD(图 3)，说明自生绿泥石含量与孔渗正相关性，且绿泥石包壳含量越高对储层物性的保护越好。

绿泥石包壳保护储层的机理主要为：(1)可以抑制石英次生加大的生长；(2)能够增加矿物颗粒间抗压实强度，保护原生孔隙；(3)具有抑制碳酸盐胶结并促进其发生溶蚀的作用(曲希玉等，2015)[20]。

2.2.2　浊沸石胶结及溶蚀作用

浊沸石($CaAl_2Si_4O_{12} \cdot 4H_2O$)是松南深层不容忽视的胶结物类型(王成等，2004；孟元林等，2013；刘曦翔等，2017；胡鑫等，2018)[10-13]，其形成于碱性(pH 值 9.1～9.9)且富 SiO_2 和 Ca^{2+} 的环境中[25-28]。龙凤山次凹营城组的浊沸石胶结物含量变化很大，大部分井不发育，少数发育井的体积分数最高可达 32%，呈连晶状分布于分选较好且杂基含量较低的中—细砂岩(图 4l)中；浊沸石含量低时，呈补丁状充填孔隙。早期的浊沸石胶结堵塞孔隙，使储层孔渗急剧降低，其形成时间晚于或同步于绿泥石包壳。

浊沸石具有遇酸极易溶解的特点(WOPFNER，1991；王成等，2004)，在有机酸和 CO_2 等酸性流体作用下，松南深层致密碎屑岩储层中的浊沸石发生溶解，形成大量的溶蚀孔和溶蚀缝。龙凤山次凹营城组浊沸石胶结砂岩的平均孔隙半径为 145.8μm；平均喉道半径为 2.142μm，喉道半径大于 2μm 的占 66.73%(刘曦翔等，2017)，这些溶蚀孔、缝相互连通，有效的改善了储层物性。

2.2.3　火山岩岩屑的溶蚀作用

借助大量铸体薄片镜下观察发现，松南深层致密碎屑岩储层中见大量火山岩岩屑的溶蚀，主要包括安山岩岩屑(图 4a、图 4m)、流纹岩岩屑

A井，3130.8m，安山岩岩屑

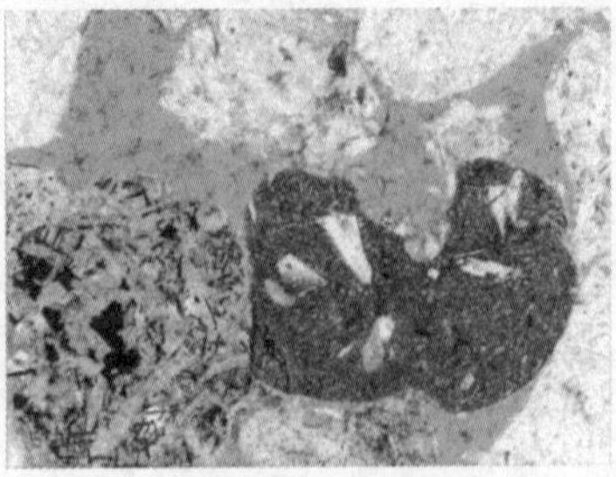
D井，2807m，酸性喷出岩岩屑

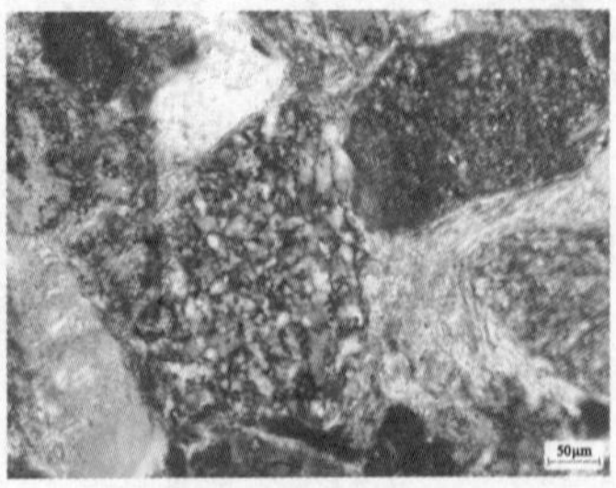

C井，3360m，燧石岩屑

E井，3401.68m，石英岩岩屑

B井，4128.8m，片岩岩屑

B井-3950.35m，颗粒线-凹凸接触

B井-3951.15m，塑性颗粒变形

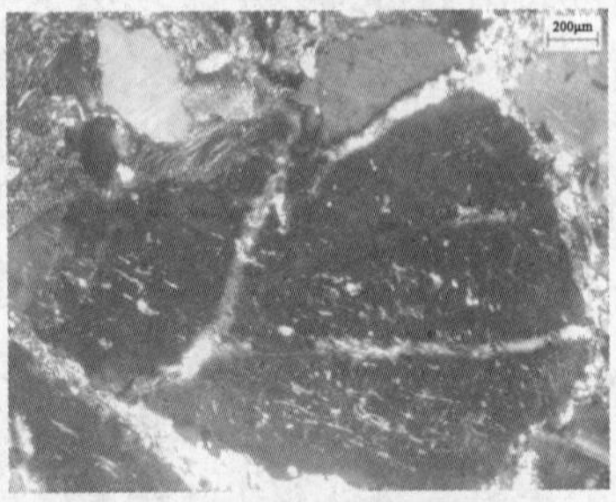

B井-3949.75m，长石破裂

A井，3099.45m，早期绿泥石围绕着岩屑形成包壳

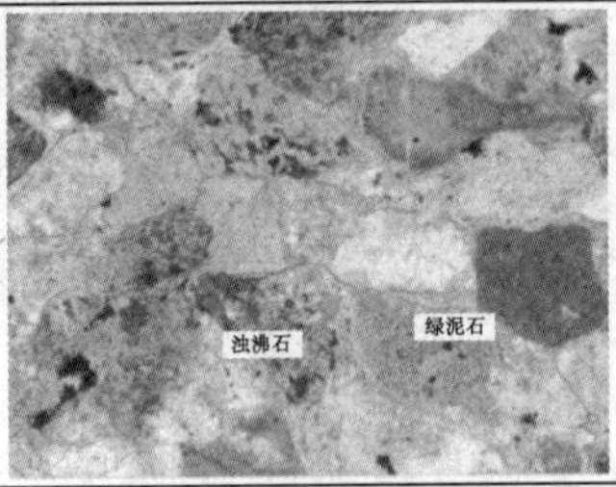

F井，3254.2m，浊沸石形成于绿泥石包壳之后，并发生溶蚀

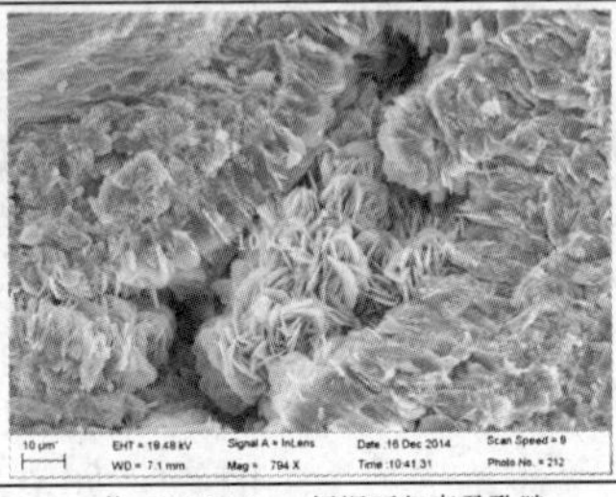
A井，3113.39m，绿泥石包壳及孔隙充填绿泥石，厚度多大于10μm

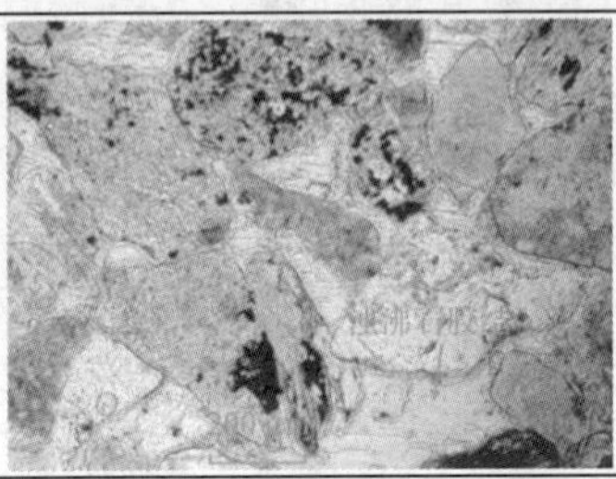
D井，3222.96m，浊沸石呈基底式连晶状胶结

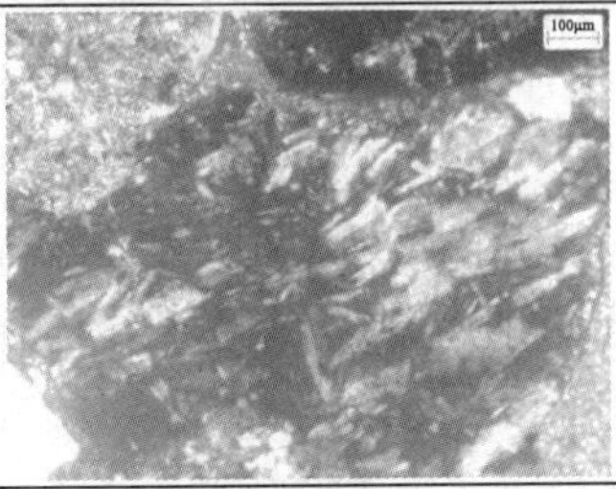

B井-3946.45m，安山岩岩屑被溶蚀

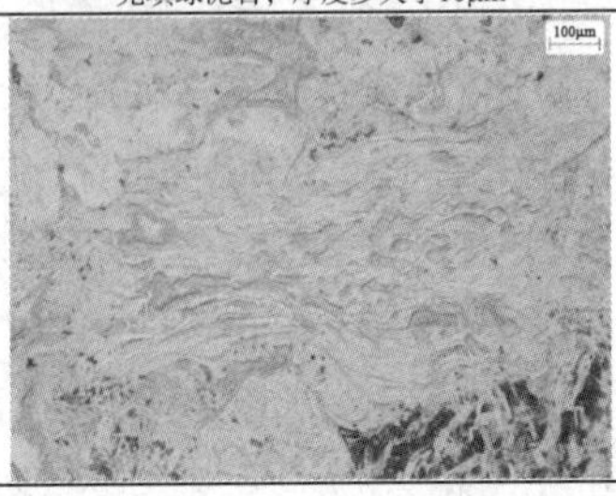

B井-3945.95m，流纹岩岩屑被溶蚀

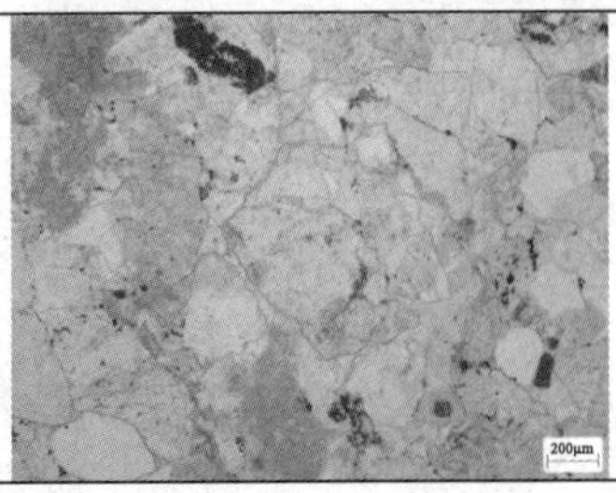

C井，3243.61m，贴粒缝

图4 松南深层致密储层微观特征图

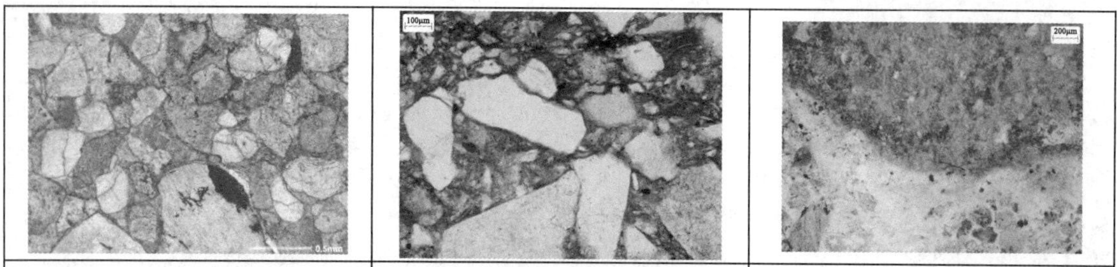

B井，3945.08m，包络缝	G井，3261.45m，构造缝	B井，4127.2m，沿贴粒缝溶蚀

图 4　松南深层致密储层微观特征图

(图 4n)及酸性喷出岩的粒内溶蚀(图 4b)现象，溶蚀对象主要为富长英质的隐晶质成分。通过图像分析确定某井孔隙类型及含量为：原生粒间孔的体积分数为 2.9%、次生溶孔的体积分数为 90.6%、裂缝的体积分数为 6.4%。次生溶孔中，火山岩岩屑的溶蚀孔占次生面孔率的 49.3%(安山岩岩屑为24.8%，酸性喷出岩岩屑为24.5%)。由于松南深层致密碎屑岩储层骨架颗粒类型主体为岩屑(近 70%)，而岩屑又以火山岩岩屑为主(占岩屑总量的 63.4%)，主要类型为安山岩和酸性喷出岩岩屑，可以断定火山岩岩屑的溶蚀孔是次生孔隙的主要贡献者。已有的水岩模拟实验也证实了安山岩和流纹岩是有利于储层次生溶孔发育的母岩类型，当其含量较高时，有利于次生溶孔的形成(曹英权等，2020)。

2.3　有效储层控制因素

2.3.1　母岩类型控制典型成岩作用的发育，进而控制储层质量

松南深层发育大量的中基性火山岩(主要为安山岩和玄武岩)，可作为母岩为深层致密碎屑岩储层提供了一定数量的火山岩岩屑及火山碎屑物质。在酸性水介质(有机酸及 CO_2)的作用下，富铁、镁及钙的中基性岩屑以及火山碎屑物质发生溶解，释放大量的 Fe^{2+}，Mg^{2+} 和 Ca^{2+} 等离子，并使水体由酸性逐渐变为弱碱性，为绿泥石包壳的形成提供提供大量的物质来源，Fe^{2+} 和 Mg^{2+} 离子如不能快速排出，将与硅酸盐发生反应并在颗粒边缘富集，形成绿泥石包壳，类似实例见于巴西桑托斯盆地(Anjos 等，2003)。随着火山碎屑的溶蚀以及 Fe^{2+}、Mg^{2+} 离子的消耗，Ca^{2+}、Na^{+} 等碱性金属阳离子逐渐增多，地层水的 pH 值不断升高，进而达到浊沸石形成所需的水介质条件(pH 值 9.1~9.9)，加之充足的钙离子供应，浊沸石开始大量形成。

上述胶结物的形成受沉积环境的影响较大，与沉积微相的平面分布匹配较好，在扇三角洲平原沉积区，火山碎屑的溶蚀提供了丰富的物质来源，由于淡水的注入使地层水呈弱碱性，因此，在扇三角洲平原发育较厚的绿泥石环边；在扇三角洲内前缘沉积区，受河流注入及湖浪的共同作用，初期地层水呈弱碱性，随着火山碎屑溶蚀及 Mg^{2+} 和 Fe^{2+} 离子形成绿泥石的进行，Ca^{2+}、Na^{+} 等碱性金属阳离子增多，地层水 pH 值不断升高，进而达到浊沸石的形成条件并开始大量形成；在扇三角洲外前缘沉积区，由于基本不受淡水的影响，地层水的 pH 值较高，主要以形成浊沸石胶结为主(刘曦翔等，2017)[10]。

松南深层火山岩岩屑(以安山岩为主)的溶蚀一方面为绿泥石包壳和浊沸石胶结提供了介质环境和物质条件，同时也保留了大量的次生溶蚀孔隙，为优质储层的形成准备了条件。

2.3.2　微裂缝影响储层渗透性及流体的可动性

松南深层存在一定数量的微裂缝，主要以贴粒缝(图 4o)、包络缝(图 4p)的形式存在，少量为构造缝(图 4q)，可见沿微裂缝发生溶蚀扩大(图 4r)的现象。以铸体薄片为统计单位进行的图像分析显示，微裂缝的平均宽度为 2.5um 左右；薄片内裂缝平均条数为 5 条左右，最多达 36 条。裂缝较发育的位置，无一例外的对应渗透率的高值点，如 B 井 3945.95m 和 3947.5m 处均发育贴粒缝，其渗透率分别为 6.389mD 和 4.59mD；再如 C 井 3243.61m 处裂缝非常发育，其渗透率高达 11.4mD，说明微裂缝的存在改善储层的渗透性。

据低温氮气吸附的结果，利用吸附滞后回环形态，在 B 井营城组识别出平行板结构的狭缝孔和墨水瓶孔两种纳米级的微观孔隙类型，狭缝型孔隙与宏观裂缝对应，墨水瓶型孔隙与次生溶孔对应。结合核磁共振分析结果发现，狭缝型孔隙样品的 BJH 法孔径均值、可动流体饱和度、渗透率均值及比表面积均明显高于墨水瓶型孔隙的样品(表 2)，说明微裂缝连通了孔隙，增加了流体的可动性，促进了致密储层中油气的聚集成藏。

表 2 B 井不同类型微观孔隙的微观结构参数表

微孔类型	BJH 法吸附平均直径/nm	可动流体饱和度/%	孔隙度/%	渗透率/mD	总孔体积/(ml/g)	BET 比表面积/(m^2/g)
狭缝型	17.1923	43.005	5.025	0.3739	0.010425	1.9768
墨水瓶型	13.3487	30.925	1.89	0.0823	0.0037	1.3708

微裂缝在松南深层的孔隙占比虽然不高(6.4%)但其在致密碎屑岩储层中发挥的作用不容小觑。在微观孔隙范畴内，微裂缝不仅起到增加喉道改善渗透性的作用；也起到了扩充孔隙直径、增加孔隙体积，进而改善烃类流体可动性的作用，对油气成藏意义重大。目前，B 井产层的实测地层压力系数为 1.17，达到了超压的标准，结合该时期该井的沉积速率大、临近生烃中心、烃源岩成熟度高，且声波时差出现异常高值、密度和电阻率均没有明显异常的特点，推断微裂缝为生烃增压成因。

3 致密砂岩气成藏主控因素

3.1 充足气源提供成藏的物质基础和动力条件

裂谷盆地高地温场、快速沉降加快烃源岩成熟，促使快速生气，一方面岩浆活动强烈、地壳厚度减薄，形成高热流背景，同时快速深埋沉降使得源岩在短时间进入高地温场，多因素综合作用促使源岩快速生气，形成较高的源储压差，提供充足的气源条件，利于天然气向致密砂岩储层运移成藏(李剑等，2017；马德文等，2011)。

充足的烃源岩是致密砂岩气形成的重要物质基础和动力条件，松南深层致密气烃源岩主要为沙河子组和营城组暗色泥岩，分布于多个生烃次凹，烃源岩连续厚度大，最大可达 300~800m，分布范围广，在各次凹深洼区与斜坡区均有发育。以长岭断陷龙凤山次凹为例，沙二段烃源岩岩心实测残余有机碳含量 082%~4.83%，平均值 1.83%，其中大于 1%的占 80%，有机质类型主是Ⅱ2 型或Ⅲ型，成熟度 Ro 值 0.95%~2.35%，平均值 1.53%，处于高-过成熟大量生气阶段，总体上评价为良好的烃源岩，是致密砂岩气成藏的前提条件。

3.2 斜坡古沟谷地貌与同沉积断裂共同控制有利砂体展布

从断陷的形成演化来看，松辽盆地南部断陷经历了火石岭期初始拉张的雏形期，形成特有的古火山岩地貌，沟壑纵横；沙河子组强裂拉张的断陷主形成期，这一时期水深坡陡，斜坡带应力平衡而形成多条同沉积断裂，与原始沟谷地貌共同控制沉积展布，形成多物源体系的扇三角洲或水下扇沉积；营城组为断陷扩张期，水浅坡缓，发育大型扇三角洲体系，分布范围大。

在上述背景下形成斜坡古沟谷地貌与同沉积断裂共同控制砂体展布的特征，以松南长岭断陷南部龙凤山-新安镇地区为例，沙河子组主要受到南部斜坡古沟谷及同沉积断裂的控制，发育近南

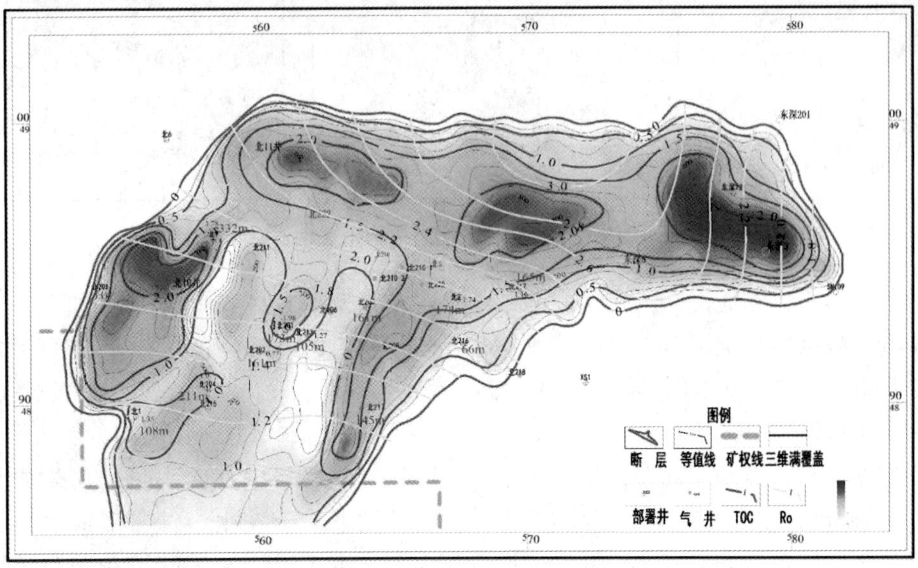

图 5 松南长岭断陷龙凤山次凹沙河子组烃源岩综合评价图

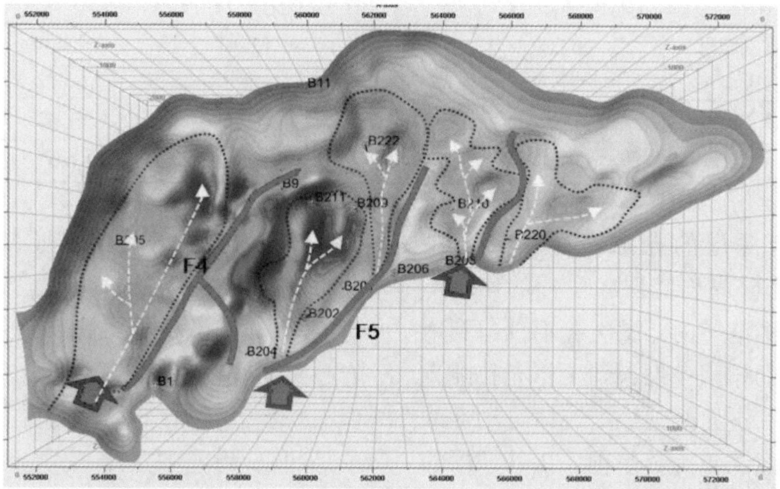

图6　松南长岭断陷龙凤山—新安镇地区沙河子组古构造及沉积体分布图

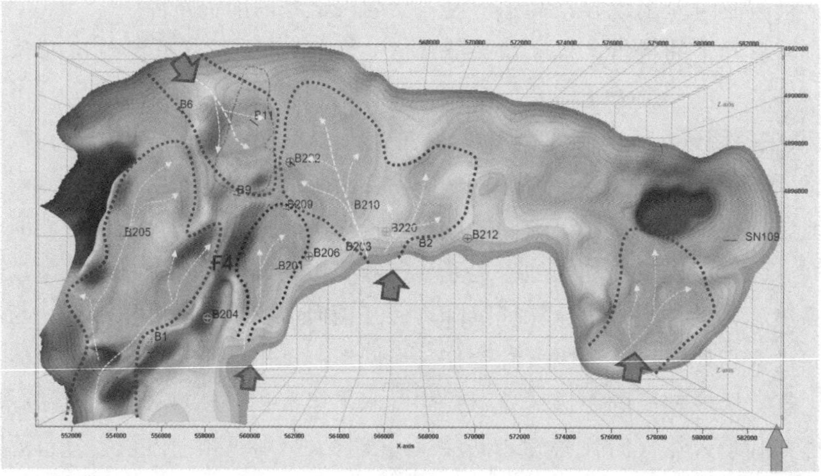

图7　松南长岭断陷龙凤山—新安镇地区营城组古构造及沉积体分布图

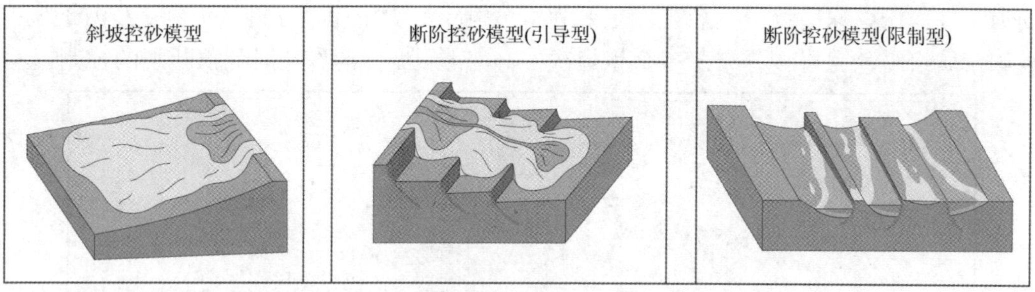

图8　松南断陷层控砂模型示意图

北向多支扇三角洲体系，伴随着同沉积断裂的影响，形成引导型与限制型两类断阶控砂模式，砂体主要沿断裂下降盘分布，相对比较局限，纵向上主要以砂岩互层型或泥包砂型存在(图6、图8)。

营城组时期同沉积断裂局部存在，物源体系主要受斜坡古沟谷背景控制，南部及北部均发育大型扇三角洲体系，沿古沟谷向深洼区推进，形成斜坡控砂模式，砂体平面分布范围广，可追踪性强，纵向上以厚层砂型存在(图7、图8)。

3.3　富火山岩岩屑溶蚀与微裂缝发育有效改善储层，是“甜点区”形成的必要条件

上述对深层致密储层的分析表明，松南断陷层致密碎屑岩中富含大量火山岩岩屑，在流体的作用下易于发生溶蚀，形成次生孔隙。另外烃源岩生烃增压导致储层在普遍致密的背景下发育大量微裂缝，两种因素叠加有效改善致密

砂岩储层渗流能力，物性变好的趋势明显，关于致密储层的分析上节已详细分析，在这里不在赘述，总体来看，致密砂岩储层储层条件的改善可形成局部的“甜点区”，是致密砂岩成藏的必要条件。

3.4　断陷期活动断裂与稳定泥岩盖层有效匹配利于致密气藏保存

松南断陷层断裂的主活动期为火石岭期-营城组末期，登娄库组开始沉积时，沙河子组为主的烃源岩进入成熟阶段，此时断裂整体活动性较弱，但砂体孔渗性较好，大规模的油气主要沿封闭断裂之间的砂体通道由生烃中心向构造高部位运移，同时部分断裂起到垂向调整作用，油气主要在和营城组与沙河子组内部的泥岩盖层遮挡下聚集成藏。至泉头组沉积中期，干酪根逐渐从生油为主向生气为主转变，同时生成的石油也逐渐开始裂解成气；此时，断裂基本停止活动，油气主要沿封闭断层之间的砂体通道发生横向运移，导致油气主要在营城组富集(图9)。

5　结论

(1) 松南深层致密砂岩气主要发育于断陷层沙河子组、营城组，根据砂泥岩组合特征划分可分为稳定厚砂型、砂泥互层型及泥包砂型，目前松南已发现的稳定厚砂型主要发育营城组，呈下生上储层，砂泥互层型与泥包砂型主要发育于沙河子组，呈自生自储型。

(2) 松南深层致密砂岩有效储层主要受三方面因素控制，一是绿泥石形成绿泥石包壳有效抑制石英次生加大的生长，增加矿物颗粒间抗压实强度，保护原生孔隙，并抑制碳酸盐胶结并促进其发生溶蚀的作用；二是富火山岩岩屑，易于发生溶蚀，形成次生孔隙，增加储集空间。三是烃源岩生烃增压产生大量微裂缝，有效改善储层渗流能力。

(3) 深洼区充足的烃源岩供给与斜坡古沟谷地貌与断裂共同控制规模砂体，富火山岩岩屑溶蚀与微裂缝发育有效改善储层以及断陷期活动断裂与稳定泥岩盖层有效匹配等因素的联动，是松南致密砂岩气成藏的关键。

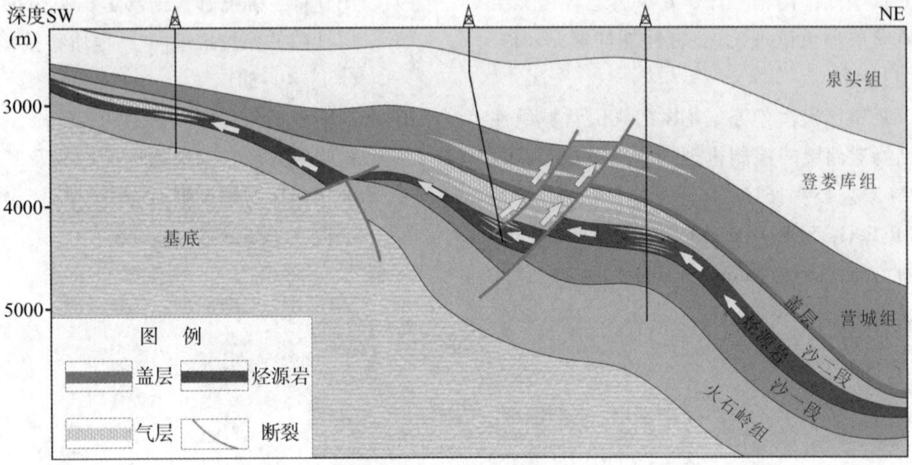

图9　松南断陷层致密砂岩气成藏模式图

4　致密砂岩气勘探实践

目前，松南断陷致密砂岩气领域勘探已经全面展开评价，在各个富烃凹陷均取得了较好的勘探成果。其中在长岭断陷南部龙凤山次凹针对营城组稳定厚层砂型致密砂岩气部署的3口探井获得突破，最高日产气8万方，基本建成了地质储量达到300万方的增储上产阵地，同时也打破了松南断陷埋深4000m以下无有效储层的禁锢。梨树凹陷带、长岭北部前神子凹陷带、德惠断陷等沙河子组取得了砂泥互层型及泥包砂型致密砂岩气的勘探突破，初步落实资源量近千万方，展现的良好的勘探前景。

参 考 文 献

[1]　邹才能．非常规油气地质[M]．北京：地质出版社，2011.

[2]　张金川，金之钧．深盆气成藏机理及分布预测[M]．北京：石油工业出版社，2005：5－9，82-83.

[3]　赵靖舟．非常规油气有关概念，分类及其资源潜力[J]．天然气地球科学，2012，23(3)：393-406.

[4]　戴金星，倪云燕，吴小奇．中国致密砂岩气及在勘探开发上的重要意义[J]．石油勘探与开发，2012，39(3)：257-264.

[5] 杨涛，张国生，梁坤，等．全球致密气勘探开发进展及中国发展趋势预测[J]．中国工程科学，2012，14(6)：64-68.

[6] WOPFNER H，MARKWORT S，SEMKIWA P M. Early diagenetic laumontite in the lower Triassic Manda beds of the Ruhuhu Basin，Southern Tanzania. Journal of Sedimentary Research，1991，61(1)：65-72.

[7] Patrick J. Dowey，Pre - requisites，processes，and prediction of chlorite grain coatings in petroleum reservoirs：A review of subsurface examples[J]. Marine and Petroleum Geology，2012，32：63-75.

[8] Anjos SMC，De Ros LF，SilvaCMA. Chlorite authigenesis and porosity preservation in the Upper Cretaceous marine sandstones of the Santos Basin，offshore eastern Brazil. In：Worden RH，Morad S. Clay Mineral Cements in Sandstones[M]. International Association of Sedimentologists，pp. 2003：291-316.

[9] 孟元林，梁洪涛，魏巍，等．浊沸石溶蚀过程的热力学计算与次生孔隙发育带预测：以徐家围子断陷深层为例[J]．沉积学报，2013，31(3)：509-515.

[10] 刘曦翔，张哨楠，杨鹏，等．龙凤山地区营城组深层优质储层形成机理[J]．岩性油气藏，2017，29(2)：117-124.

[11] 胡鑫，丁晓琪，朱颖，等．龙凤山气田营城组浊沸石胶结物对储层的控制机理[J]．断块油气田，2018，25(2)：157-161.

[12] MARINER R H，SURDAM R C. Alkalinity and formation of zeolites in saline alkaline lakes[J]. Science，1970，170(3961)：977-980.

[13] HAY R L. Zeolites and zeolitic reactions in sedimentary rocks[M]. INC New York：Geological Society of America，1966：15-70.

[14] 梁浩，罗权生，孔宏伟，等．三塘湖盆地火山岩中沸石的成因及其储层意义．沉积学报，2011，29(3)：537-543.

[15] 付国民，董满仓，张志升，等．浊沸石形成与分布及其对优质储层的控制作用：以陕北富县探区延长组长3油层为例．地球科学，2010，35(1)：107-114.

[16] 王成，邵红梅，洪淑新，等．松辽盆地北部深层碎屑岩浊沸石成因、演化及与油气关系研究．矿物岩石地球化学通报，2004，23(3)：213-218.

[17] 姚泾利，王琪，张瑞，等．鄂尔多斯盆地华庆地区延长组长6砂岩绿泥石膜的形成机理及其环境指示意义[J]．沉积学报，2011，29(1)：72-79

[18] 兰叶芳，黄思静，吕杰．储层砂岩中自生绿泥石对孔隙结构的影响-来自鄂尔多斯盆地上三叠统延长组的研究结果[J]．地质通报，2011，30(1)：134-140.

[19] 田建锋，陈振林，杨友运．自生绿泥石对砂岩储层孔隙的保护机理[J]．地质科技情报，2008，27(4)：49-54.

[20] 曲希玉，邱隆伟，张满利，陈修，于强．绿泥石包壳对碎屑岩储层物性的影响及其形成环境—以鄂尔多斯盆地大牛地气田上古生界为例[J]．沉积学报，2015，33(4)：65-73.

沧东凹陷孔二段页岩组构模式评价及其勘探意义

韩文中[1,2]　赵贤正[1]　蒲秀刚[1]　金凤鸣[1]　陈世悦[2]　牟连刚[1]　张　伟[1]　时战楠[1]　汪　虎[1]

[1. 中国石油大港油田公司；2. 中国石油大学(华东)]

摘　要　断陷盆地页岩层系看似均一，实则岩类复杂多样，纵向频繁互层，不仅发育优质烃源岩，储集层也较发育，这些地质认识突破了页岩层系仅为烃源岩的传统认识，指导了页岩油勘探发现，但如何使地质认识转化为更具操作性的模式或标准以指导页岩油选区定井定层是页岩油深化勘探所面临的关键问题。本文以沧东凹陷孔二段565m系统取心及分析化验、测录井资料为基础，开展了源、储及其配置关系的分析评价，建立了页岩模式分类和甜点评价标准，强调了沉积结构在页岩油富集中的重要作用，继而提出了薄层状灰云质页岩模式(A)、纹层状混合质页岩模式(B)、纹层状长英质页岩模式(C)和层状灰云质页岩模式(D)等四种主要页岩组构模式，一般厚约15~25m，其中B模式最为有利，是地质、工程双甜点，其次是C、A模式，分别侧重于地质甜点和工程甜点。以此模式为指导，多口直井和水平井获得高产，1701H稳产623天、累产超万吨，展示了页岩组构模式及其分类、评价标准在页岩油勘探中的重要指导意义。

关键词　页岩组构模式；页岩油；甜点评价；水平井；沧东凹陷

页岩油是继页岩气之后当前全球非常规油气发展的重点领域，页岩油资源丰富、勘探开发前景广阔，据EIA评估，全球页岩油技术可采储量为469亿吨，其中中国达到44.8亿吨[1-3]，主要分布在渤海湾盆地、鄂尔多斯盆地以及准噶尔盆地等中新生代陆相地层中[4-8]，渤海湾盆地古近系页岩油资源量占比43.5%，地质资源量可达28.2亿吨。沧东凹陷是渤海湾盆地黄骅坳陷南侧的次级凹陷，其中部古近系孔店组二段(孔二段)发育了一套厚层高有机质丰度的泥页岩，为深入认识该套层系基本地质特征，指导页岩油勘探，先后钻探G108-8及GD14两口井，连续取心565m，并系统开展了岩性、烃源岩特性、物性、含油性、脆性的系统分析[9-11]。在非常规油气勘探理论及基本地质认识指导下，KN9、GD6x1、GD13、G1605等多口井在不同层段相继获得工业油流，最高日产油32.6m^3，证实近500m的孔二段有近2/3的地层均为含油层系，但其纵向地质特征差异较大，选择哪一层段作为下步勘探的目的层以实现页岩油效益勘探和规模增储就成为勘探家亟待解决的关键问题。本文在系统取心资料和泥页岩层系测、录井特征精细解剖基础上，进行了源、储及其配置关系的研究总结，明确了四种页岩组构模式，旨在指导该区页岩油甜点区、甜点层评价优选和水平井位部署。

1　地质概况

沧东凹陷是在区域性拉张背景下发育的一个新生代陆内断陷湖盆，勘探面积约1760km^2。孔店组是古近纪早期沉积的一套“红-黑-红”岩性建造，孔二段为孔店组湖泛期沉积，厚400~600m，可进一步孔二^1(Ek_2^1)、孔二^2(Ek_2^2)、孔二^3(Ek_2^3)、孔二^4(Ek_2^4)等四个四级层序及SQ①~10共10个五级层系[9]。孔二段沉积期沧东凹陷为内陆封闭湖盆，环湖发育多个三角洲沉积朵叶体，湖盆边部主体发育三角洲前缘亚相，是以中细砂岩为主的常规砂岩发育区，湖盆中部主体发育前三角洲亚相及半深湖亚相，为泥页岩发育区，面积430km^2(图3蓝色区域)。

传统认为湖盆中部泥页岩层系主要为烃源岩而非储集层，无可动烃，是油气勘探的禁区。通过G108-8及GD14井系统取心的分析，认识到页岩层系岩石类型多样且频繁互层，源岩优质且滞留烃多，储层发育且孔缝密集，普遍含油且多段富集，脆性矿物含量较高，具备页岩油规模发育的基础[11]。

X衍射分析表明，泥页岩层系主要由石英、长石、白云石、方解石、方沸石、黄铁矿、黏土等矿物组成，脆性矿物石英、方解石、白云岩、方沸石含量较高，一般大于60%。碳酸盐矿物(方解石与白云石)、长英质矿物(石英与长石)及黏土矿物平均含量分别为33%、35%、16%，以此作为三端元主矿物，依据其含量可将传统的泥页岩划分为长英质页岩、混合质页岩、灰云质页岩、灰云岩等四种基本岩类[10]。

泥页岩整体达到好～很好烃源岩标准。有机碳含量平均3.6%，最高可达12.92%，生烃潜量S1+S2平均18.9mg/g，最高73.0mg/g，氯仿沥青“A”平均0.47%。干酪根以Ⅰ型和ⅡA型为主，Ro介于0.66～1.1之间，斜坡低部位R_o一般小于1.3%，故孔二段烃源岩以生油为主。细粒长英沉积岩、细粒混合沉积岩、白云岩TOC平均分别为4.5%、3.0%和1.1%。

储集层整体相对致密，孔隙度平均5.8%，渗透率平均0.17mD，但粒间孔、晶间孔及多种微裂缝组成的孔-缝系统使得致密的泥页岩层系可成为有效储集层。泥页岩层系纹层及层间缝较发育，组成纹层的矿物成分主要有白云石、方沸石及长英质碎屑等，可有效提高页岩层系的水平渗透率[7]。

2　页岩组构模式类型及特征

系统岩心观察表明，半深湖页岩层系呈现出不同岩类的高频韵律互层，平均单层厚度0.15m[10]，显然常规测井无法准确识别出每个沉积层，而压裂改造纵向有效厚度一般30～50m，因此模式划分主要考虑以下四点：①优势岩石类型，②岩心揭示的地层沉积旋回结构特征，③测井曲线特征，④厚度介于10～30m之间。基于此，在高频层序划分(层序厚度<30m)及岩性识别基础上[12]，建立了沧东凹陷湖相页岩层系的页岩组构模式分类方案(表1)。以G108-8井Ek_{21}为例(表1、图2)，自下而上分别发育薄层状灰云质页岩模式(A)、纹层状混合质页岩模式(B)、纹层状长英质页岩模式(C)和层状灰云质页岩模式(D)。

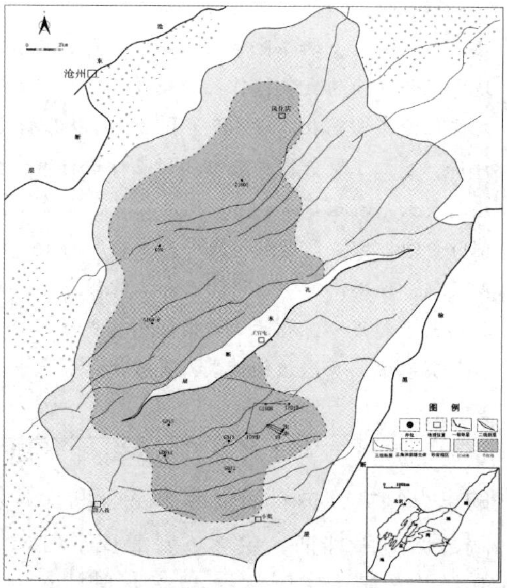

图1　渤海湾盆地沧东凹陷Ek_2^1沉积环境

表1　Ek_2^1页岩油层系页岩组构模式及其特征

组构模式	优势岩性特征	沉积结构	测井曲线特征	纹层密度/(层/米)	孔隙度/%	脆性矿物含量*/%	TOC/%	S_1/(mg/g)	RT/(Ω·m)	气测响应幅度
层状灰云质页岩模式(D)	灰云质页岩混合质页岩	层状	齿化箱形	15	4.8	85	1.6	0.8	9～15	一般呈低值
纹层状长英质页岩模式(C)	长英质页岩	纹层状	齿化箱形	54	3.0	78	4.5	3.0	30～100	一般呈高值
纹层状混合质页岩模式(B)	灰云质页岩 混合质页岩 长英质页岩各占1/3	纹层状	高频锯齿形	42	4.5	82	4.0	1.8	30～110	
薄层状灰云质页岩模式(A)	灰云质页岩 混合质页岩	薄互层	中频锯齿形	25	5.6	86	3.4	1.3	70～150	局部呈高值

*脆性矿物主要为石英、长石、方解石、白云石、方沸石等。

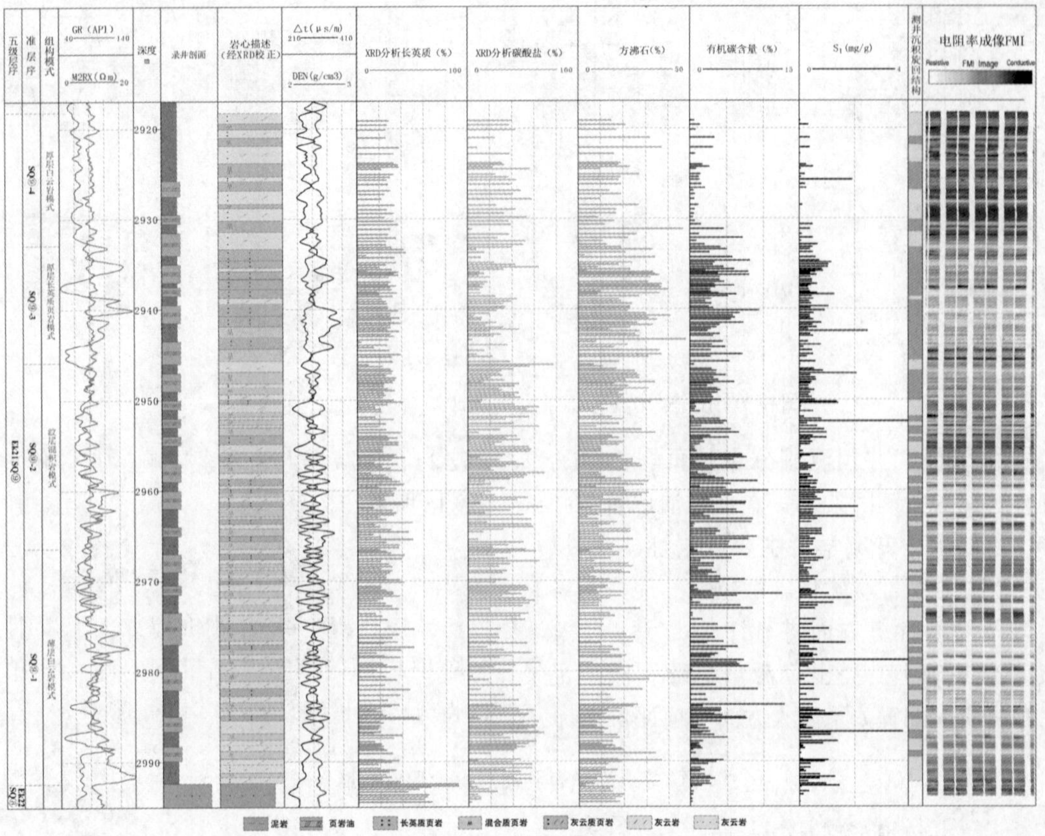

图 2　页岩组构模式综合柱状图(以 Ek_2^1SQ⑨为例)

A 模式以灰云质页岩和混合质页岩为主，呈薄层韵律互层，岩心单层厚度 0.26~1.4m，平均 0.7m，测井地层厚度平均 0.9m。页岩 TOC 最高可达 9.2%，平均 3.7%，S_1平均为 1.3mg/g。测井响应具有中低声波时差、中高密度、高电阻率的特点，AC、DEN 呈锯齿状(表 1、图 2)。

B 模式灰云质页岩、混合质页岩、长英质页岩各占 1/3，无明显优势岩类，呈千层饼状互层，岩心单层厚度 0.24~1.0m，平均 0.5m，测井地层厚度平均 0.6m。混合质页岩及长英质页岩作为主要烃源岩其 TOC 最高可达 10.6%，平均 5.0%，S_1平均为 1.8mg/g。测井响应具有中高声波时差、相对低的密度、中高电阻率的特点，AC、DEN 呈高频锯齿状(表 1、图 2)。

C 模式以长英质页岩为主，呈中厚层块状，岩心单层厚度 0.4~1.5m，平均 1.2m，测井地层厚度平均 1.5m。TOC 平均 4.5%，S_1 平均为 3.0mg/g。测井响应具有中高声波时差、相对低的密度、中高电阻率的特点，AC、DEN 齿化箱形(表 1、图 2)。

D 模式以灰云质页岩和混合质页岩为主，呈中厚层状，岩心单层厚度 0.5~2.0m，平均 1.3m，测井地层厚度平均 2.0m。TOC 平均为 1.6%，S_1平均为 0.8mg/g。测井响应具有中低声波时差、中高密度、低电阻率的特点，AC、DEN 齿化箱形(表 1、图 2)。

纵向上不同层段页岩组构模式发育的频率、厚度及其平面分布范围不同，主要受湖平面、物源供给综合影响(图 3)。G108-8 孔二细粒沉积段共发育 8 个 A 模式、5 个 B 模式、9 个 C 模式和 4 个 D 模式，其平均厚度分别为 16m、10m、14m、13m，累积厚度分别为 129m、51m、123m、51m。其中 A 模式主要出现于湖扩早期(Ek_2^4SQ②)、最大湖扩期(Ek_2^2SQ⑦)和湖退期(Ek_2^3SQ⑤、Ek_2^2SQ⑥)，B、C 模式主要出现于湖扩晚期(Ek_2^3SQ③、Ek_2^3SQ④)和高位期(Ek_2^1SQ⑨)，而 D 模式主要出现于湖退期(Ek_2^3SQ⑤、Ek_2^2SQ⑥)，在高位期(Ek_2^1SQ⑨)和湖扩晚期(Ek_2^3SQ③)也可出现，更大尺度上表现为厚层烃源岩夹白云岩的三明治样式(C+D+C)，此时成藏条件较为有利。平面上在湖盆中部细粒沉积区页岩组构模式横向分布较稳定，局部厚度较大，各模式分布面积一般为 180~350km^2。

3　页岩组构模式评价

对于隐蔽性、非均质性强的页岩油，筛选出

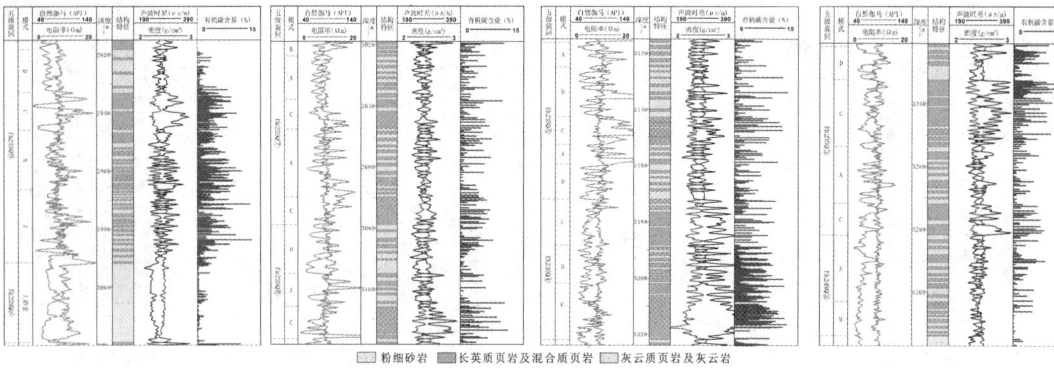

图 3　G108-8 井页岩层系岩类韵律组合分布综合柱状图

相对优质的"甜点"并预测其分布是页岩油能否进行效益勘探的关键因素之一。页岩油评价的指标较多，目前国内专家学者主要从岩性、物性、含油性、烃源岩特性、脆性、敏感性、地应力各向异性以及经济性等方面进行评价[13-15]。本文在前人研究基础上，提出烃源岩品质、储层品质、工程品质、配置关系四大方面七项评价指标(表 2)，以减少人为因素影响，其评价方法如公式(1)所示。

$$EI = \sum_{i=1}^{7} Xa_i \cdot Ya_i \quad (1)$$

式中，EI—综合评价指数，无量纲；Xa_i—各单项指标的权重，无量纲；Ya_i—各单项分类的得分，无量纲。

表 2　页岩油有利甜点综合评价标准

单项分类得分 Ya_i / 单项指标权重 Xa_i				a 类	b 类	c 类
				0.6	0.4	0.2
烃源岩品质	1	TOC/%	0.4	≥4%	2~4%	<2%
		S_1/mg · g^{-1}	0.6	≥3	1.0~3.0	<1
储层品质	1	主要岩性	0.3	白云岩	混合质页岩	长英质页岩
		含油性	0.3	测井综合评价为油层 含油饱和度≥60%	测井综合评价为差油层 含油饱和度 40%~60%	测井综合评价为致密层 含油饱和度<40%
		孔隙度	0.4	≥7%	4~7%	<4%
配置关系	0.5	岩石结构	0.5	纹层状	薄层状	层状
工程品质	0.5	脆性矿物含量/%	0.5	≥80	50~80	<50

以 G108-8 井 Ek_2^1SQ⑨为例，基于表 1 中不同页岩组构模式所具有的烃源岩、储层、配置关系及脆性特征，根据表 2 评价标准进行单项打分，表 3 中各单项数值均为根据单项分类判断的得分，无量纲，然后应用公式(1)将单项得分乘以相应指标的权重以计算综合得分。研究表明，B 模式最为有利，其次为 A 模式和 C 模式，而 D 模式相对较差。C 模式虽然烃源岩及含油性较好，但物性及脆性整体较次，工程品质相对较差，故综合评价认为 C 模式不如 A 和 B 模式品质更优。

表 3　G108-8 井 Ek_2^1SQ⑨页岩组构模式综合打分表

指标 / 模式	TOC	S_1	主要岩性	含油性	物性	配置关系	脆性矿物含量	综合打分
D	0.2	0.2	0.6	0.2	0.4	0.2	0.6	1.0
C	0.6	0.6	0.4	0.6	0.2	0.2	0.4	1.28
B	0.6	0.4	0.4	0.6	0.4	0.6	0.6	1.54
A	0.4	0.4	0.6	0.4	0.4	0.4	0.6	1.36

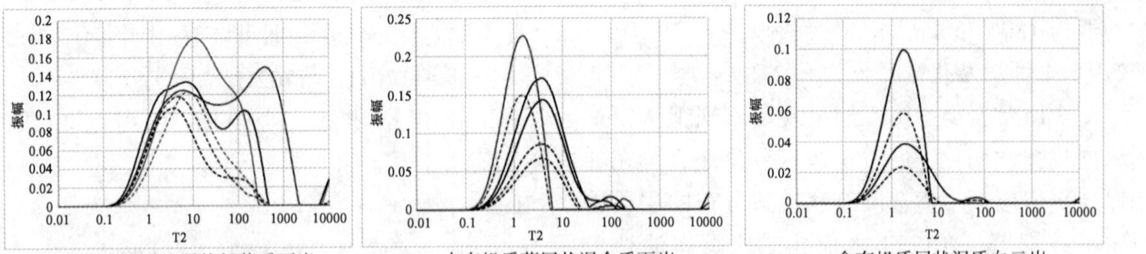

中有机质纹层状长英质页岩　中有机质薄层状混合质页岩　含有机质层状泥质白云岩

图 4　不同纹层结构页岩 T2 谱特征

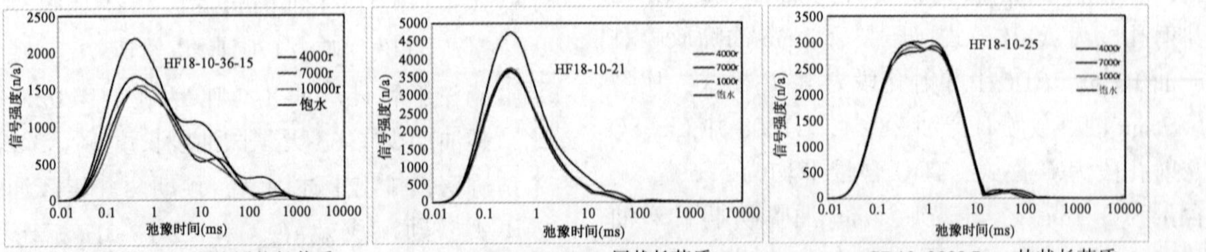

GD12, 3829.0m，纹层状长英质页岩，可动油饱和度46.75%　GD12, 3862.2m，层状长英质页岩，可动油饱和度20.6%　GD12, 3888.7m，块状长英质页岩，可动油饱和度14.7%

图 5　GD12 井不同纹层结构页岩的不同转速核磁 T2 谱弛豫时间分布特征

不同页岩类型纵向韵律结构对页岩油渗流具有重要作用。本文利用核磁共振实验分析了微观上不同岩石结构的页岩孔隙特征及流体的可动性，研究表明纹层结构发育的页岩 T2 谱特征显示出各级孔隙发育且连通性较好、可动油饱和度较高，层状结构发育的页岩 T2 谱以小孔径单峰为主，相对纹层状、薄层状页岩其孔隙结构较差，可动油饱和度较低(图 4 和图 5)。据此推断，宏观上不同组构模式也具有类似的储集和流动性特征，故 B 模式(其次是 A 模式)最有利于页岩油的储集和流动，为最优组构模式。

4　模式划分对页岩油勘探意义

4.1　小层划分对比

湖盆中部页岩层系不同岩类的韵律组合主要受湖平面季节性周期变化的影响，盆外物源供给影响较弱，尤其是高位期及最大湖扩期，因此页岩层系组构模式横向上分布较为稳定，这在地震上表现为清晰的中低频中强振幅的平行反射，连续性好，因此可在关键层序界面识别基础上结合组合模式进行更小界别(<30m)小层的划分。如图 6 所示，从湖盆西侧 Z1605 井至东侧 G1608 井，纵向上四类模式叠置关系和横向分布均较稳定，可对比性好，据此划分为 SQ⑨-①~④共 4

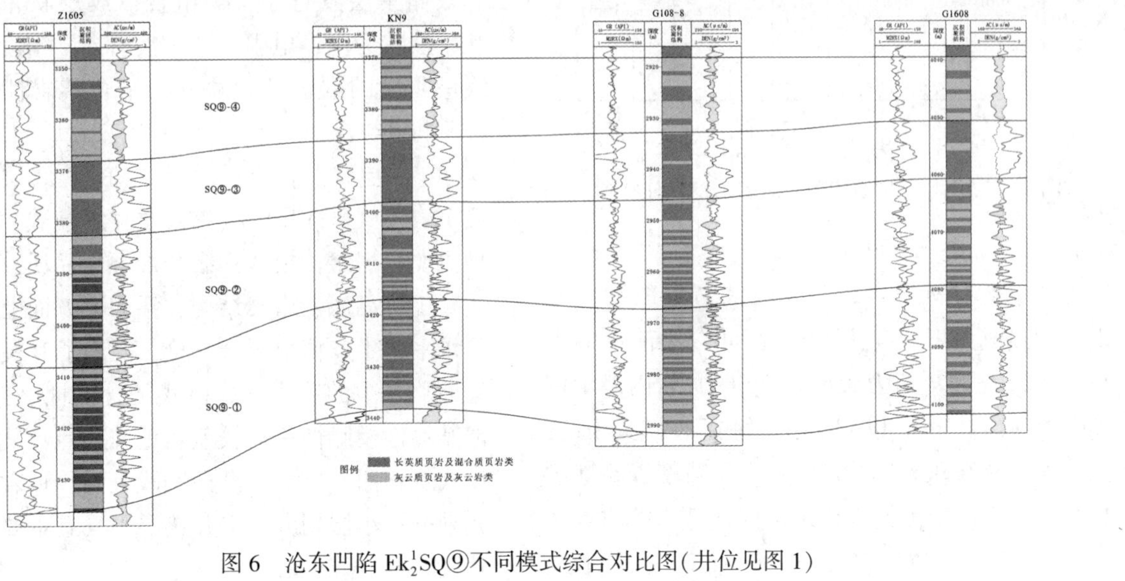

图 6　沧东凹陷 Ek_2^1SQ⑨不同模式综合对比图(井位见图 1)

个小层(准层序)，各小层厚约 10~25m，分布面积一般为 180~350km²。

4.2　水平井靶层优选

图 3 所示岩类韵律互层呈现出不同组构模式的纵向规律性变化，通过上述打分排序，可在陆相厚层页岩层系中优选出有利模式分布的层段进行水平井部署。2017 年之前孔二段页岩油处于直井探索求突破阶段，多针对不同模式的组合进行压裂试油(图 7)。KN9 井射孔段主要为 B 模式，压裂后 2mm 油嘴放喷日产油 29.6t，GD13 井射孔段为 A+B 模式，压裂后 2mm 油嘴放喷日产油 10.5t，GD6x1 井射孔段为 B+C 模式，压裂后 3mm 油嘴放喷日产油 28.5t，G1608 井 Ek_{21}SQ⑨射孔段为 C 模式，TOC 含量平均为 5.6%，S_1 含量为 3.7mg/g，压裂后 4mm 油嘴初期日产油 47.1t，试采 105 天，累产油 1540.7 吨，平均日产 14.7 吨。虽然试油产量的高低与射孔厚度、压裂规模、放喷工艺等有关，但不同模式模式试油情况亦能侧面反映其产能情况，即 B、C、A 模式一般具有较高的产能，据此，2017 年之后主要针对 B+C 模式及 C 模式进行水平井压裂提产实验。

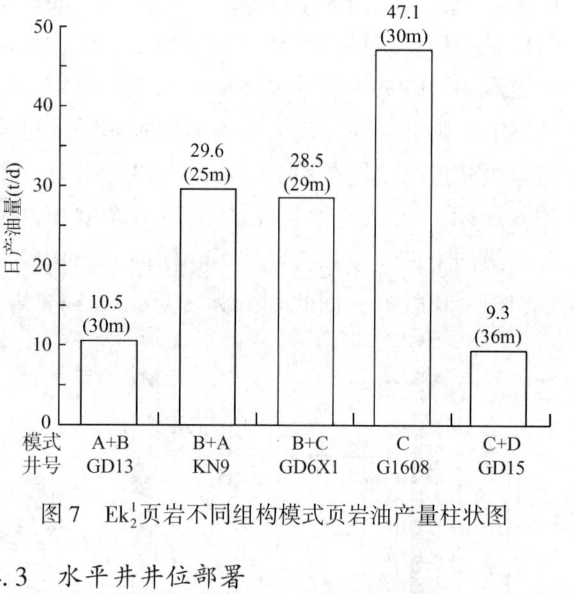

图 7　Ek_2^1页岩不同组构模式页岩油产量柱状图

4.3　水平井井位部署

高丰度有机质含量是页岩油富集的物质基础，而热成熟度 R_o 直接制约着页岩生油量的大小，研究表明 R_o 值为 0.6~1.2%时页岩内滞留可动烃含量较高[11]。以 Ek_2^1SQ⑨的 B+C 模式为例，综合考虑热演化 R_o、TOC、S_1、孔隙度、脆性矿物含量、厚度等因素，官东地区优选 I 类甜点区 54km²，满足 $TOC>2\%$，$S_1>3$mg/g，孔隙度 > 4%，脆性矿物含量 > 80%，R_o 一般大于 0.9%，Ⅱ类甜点区 64km²，Ⅲ甜点区 105km²。在 G1608 井区部署 1701H、1702H 先导实验井，在一个平台工厂化钻探 1H、2H 和 3H 等 3 口水平井(图 8)。

4.4　讨论

上述五口水平井压裂、试油及生产情况如表 4 所示，1701H、1702H 和 1H 水平井压裂试油段岩性组合为 B+C 模式，2H、3H 岩性组合主要为 C 模式。1702H 目前仍自喷，稳产期已达 623 天，累产油超万吨；1701H 井累产 7637 吨，下泵生产一年后日产油 8.9 吨/天，与 1702H 井相比，试油期少了 63 天、试油段长度少了 342m 且未钻桥塞，排出上述因素，预期两井累产油量相差不大，勘探成效好。1H、2H、3H 相比，1H 比 2H、3H 试油段长度分别减少了 152m 和 103m，米液量、米砂量均较小且未钻桥塞，从目前生产效果看，排出上述工程差异，预期 1H 产油量与 2H 基本相当但比 3H 高。综上，B+C 组合模式(以 B 模式为主)钻探的水平井累产油量和稳产周期要大于纯 C 模式钻探的水平井，这与 B 模式的基质孔隙度和工程脆性高有关，即 B 模式是地质、工程双甜点，C 模式地质甜点更优，虽然 A 模式没有水平井钻到，从表 1 可以看出，A 模式的工程甜点更优。因此，页岩油水平井应选择地质、工程双甜点的层段钻进，更有利于水平井的高产、稳产和采收率的提高。

5　结论

沧东凹陷孔二段厚层页岩层系优质烃源岩及有效储集层发育，岩类组合以纹层状、薄互层状、层状为主，电阻率、声波时差、密度测井曲线呈明显的锯齿状及块状，结合其岩性组合特征，将孔二段划分为薄层状灰云质页岩模式(A)、纹层状混合质页岩模式(B)、纹层状长英质页岩模式(C)和层状灰云质页岩模式(D)等四种主要页岩组构模式，结合烃源岩品质、储层品质、工程品质、岩石结构关系四大方面七项参数及水平井生产情况综合评价，明确了 B 模式是页岩油甜点中的甜点，C 模式的含油性一般较高，但其物性及脆性相对较差，地质甜点更优，而 A 模式工程甜点更优。勘探实践表明，页岩组构模式划分在小层划分、选井选层中具有重要的指导意义。

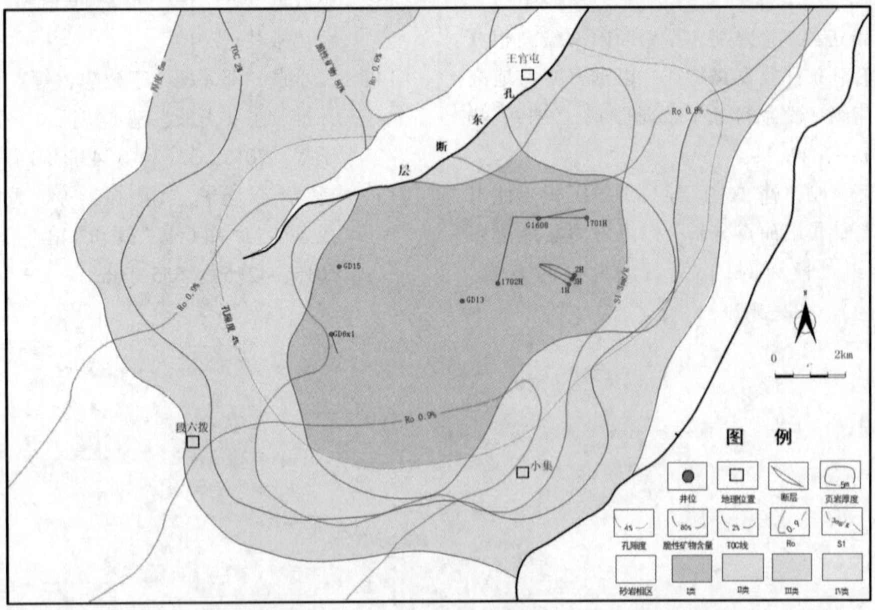

图 8　沧东凹陷孔东地区 Ek_2^1SQ⑨B+C 组构模式甜点综合评价图

表 4　沧东凹陷孔二段页岩油水平井钻探成效统计表

井号	试油段/m		簇数	米液量/m^3	米砂量/m^3	平均裂缝半长/m	生产天数/d	累产油/t	平均日产油/t	目前日产油/t	累计递减率*/%	反排率/%	动液面/m	备注
	C模式	B模式												
1701H	225	716	54	36.4	1.48	90.7	560	7637	13.6	8.9	64	42	-1463	下泵 365 天,未钻桥塞
1702H	527	756	66	32.0	1.05	94.3	623	10315	16.6	12.9	40	35	0	自喷,已钻桥塞
1H	94	310	46	35.8	2.21	87	178	2234	12.5	14.6	32	9	-253	下泵 20 天,未钻桥塞
2H	556	—	67	39.8	2.42	70	185	2596	13.9	15.8	21	11	-1952	下泵 44 天,已钻桥塞
3H	507	—	67	37.3	2.10	76	191	1932	10.0	12.3	33	11	-2084	下泵 65 天,已钻桥塞

累计递减率=(初期稳定平均日产-目前日产)/初期稳定平均日产

参 考 文 献

[1]　宋岩，李卓，姜振学，等．非常规油气地质研究进展与发展趋势[J]．石油勘探与开发，2017，44(4)：638-349.

[2]　王红军，马锋，童晓光，等．全球非常规油气资源评价[J]．石油勘探与开发，2016，43(6)：850-862.

[3]　张廷山，彭志，杨巍，等．美国页岩油研究对我国的启示[J]．岩性油气藏，2015，27(3)：1-10.

[4]　杨华，李士祥，刘显阳．鄂尔多斯盆地致密油页岩油特征及资源潜力[J]．石油学报，2013，34(1)：1-11.

[5]　蒲秀刚，周立宏，韩文中，等．歧口凹陷沙一下亚段斜坡区重力流沉积与致密油勘探[J]．石油勘探与开发，2014，41(2)：138-150.

[6]　刘成林，李冰，吴林强，等．松辽盆地上白垩统页岩油地质条件评价[M]．北京：地质出版社，2016.

[7]　金之均，胡宗全，高波，等．川东南地区五峰组-龙马溪组页岩气富集与高产控制因素[J]．地学前缘，2016，23(1)：1-10.

[8]　孙焕泉．济阳坳陷页岩油勘探实践与认识[J]．中国石油勘探，2017，22(4)：1-14.

[9]　蒲秀刚，韩文中，周立宏，等．黄骅坳陷沧东凹陷孔二段高位体系域细粒相区岩性特征及地质意义[J]．中国石油勘探，2015，20(5)：30-40.

[10]　蒲秀刚，周立宏，韩文中，等．细粒相沉积地质特征与致密油勘探—以渤海湾盆地沧东凹陷孔店组二段为例[J]．石油勘探与开发，2016，43(1)：

24-34.

[11] 赵贤正，周立宏，蒲秀刚，等．断陷湖盆湖相页岩油形成有利条件及富集特征—以渤海湾盆地沧东凹陷孔店组二段为例[J]．石油学报，2019，40(09)：1013-1029.

[12] 赵贤正，蒲秀刚，韩文中，等．细粒沉积岩性识别新方法与储集层甜点分析—以渤海湾盆地沧东凹陷孔店组二段为例[J]．石油勘探与开发，2017，44(4)：492-502.

[13] 赵政璋，杜金虎．致密油气[M]．北京：石油工业出版社，2012.

[14] 贾承造，邹才能，李建忠，等．中国致密油评价标准、主要类型、基本特征及资源前景[J]．石油学报，2012，33(3)：343-350.

[15] 杨智，侯连华，陶士振，等．致密油与页岩油形成条件与“甜点区”评价[J]．石油勘探与开发，2015，42(5)：555-566.

松南陆相泥页岩不同岩相孔隙贡献定量计算

王 伟 倪冬梅

（中国石油化工股份有限公司东北油气分公司）

摘 要 普遍认为陆相泥页岩有机质孔和无机孔均发育，那么陆相泥页岩中有机质孔到底有多大贡献，解决这一问题是弄清陆相页岩气赋存机理的关键。本文基于松南陆相泥页岩孔隙结构、孔隙度、全岩、有机质含量等测试数据，开展不同岩相泥页岩孔隙贡献定量计算。通过分析认为松南陆相泥页岩同一岩相具有相似的孔隙结构，陆相同一岩相每层岩石单位质量的脆性矿物、黏土矿物、有机质具有相似的孔隙体积，计算结果显示中钙中黏土岩相有机质孔含量最高，有机质孔占总孔隙 47.1%~76.5%，平均 64.1%，TOC 与实测孔隙度呈正相关，反映该岩相有机质孔主导了孔隙发育，该岩相成为以有机质孔为主的陆相泥页岩甜点。

关键词 陆相；泥页岩；岩相；孔隙；定量计算

普遍认为陆相泥页岩有机质孔和无机孔均发育，以无机孔为主[1-3]，那么陆相泥页岩中有机质孔到底有多大贡献、贡献比例占多少？能否定量计算？是否存在以有机质孔为主的甜点段？解决这些问题是弄清陆相页岩气赋存机理的关键，才能有效指导陆相页岩气甜点选择及匹配合适的压裂改造技术[4]。

储集空间定量表征是陆相页岩气储层评价的核心内容，也是开展页岩气富集高产机理研究的基础性工作[4]。目前，陆相泥页岩储集空间定量表征主要表征泥页岩的孔隙度、孔径分布、总孔容、总比表面积等等。孔径分布、总孔容、总比表面积这些参数主要反映泥页岩孔隙的大小及多少，多尺度描述孔隙尺寸，反映储集性能[1,2,4]。而孔隙占比是不同孔隙在总孔隙中的比例，反映赋存机理，当前研究较少[5-7]。海相泥页岩孔隙占比的研究主要有两种方法：一是主要通过高精度电子显微镜观测，并应用地质统计分析的手段获得，二是基于海相页岩的矿物组分模型定量计算获得[8-11]。方法一受单一样品的样品大小影响，往往不具备代表性；方法二主要应用于海相页岩中，陆相泥页岩沉积构造多样、矿物组成复杂，用一个模型难以完成孔隙定量计算。因此本文提出基于陆相岩相背景下的不同岩相孔隙贡献定量计算，可有效解决松南陆相泥页岩孔隙占比问题，对研究陆相泥页岩储层特征有重要意义。

1 不同泥页岩岩相的孔隙结构差异

松南陆相泥页岩段为厚层泥页岩夹薄层砂岩沉积。沉积构造多样、矿物组成复杂、有机质贫富不均，从而形成多种岩相类型。按照沉积构造划分，可划分为页理状、纹层状、层状、块状；按照有机质含量划分可划分为富有机质、含有机质；按照矿物组成划分存在低中高富四种含量等级、含有物包含硅、钙、黏土（表 1），按照矿物组成划分发育的主要岩相类型有低钙高黏土泥页岩相、低钙富黏土泥页岩相、中钙中黏土泥页岩相、高钙中黏土泥页岩相。

不同岩相决定了孔隙结构特征差异，定性看有机质孔和无机孔均发育，然而同一岩相具有相类似的孔隙结构特征，富有机质纹层状钙质泥页岩相有机质孔较发育、孔隙度高，无机孔多为黏土矿物层间孔、晶间孔；纹层状砂质页岩岩相有机质孔局部发育，无机孔多为石英、长石粒间以及矿物边缘收缩缝（表 2）。含有机质页岩中，孔隙发育受到矿物组分控制，粒间孔多。

2 应用镜下统计方法测算孔隙贡献大小

从个别样品的镜下统计看，无机孔在孔隙组成中占有绝对优势，通过场发射扫描电镜测试样品，100 幅图像统计结果，无机孔占比 90%（图 1），但该实验方法受采样样品限制，即使 100 幅图像样品也不到 1mm×1mm 大小。通过多孔径联合测试方法可以得到泥页岩的总孔容，从总孔容与 TOC 的关系看，受无机孔影响，总孔容与 TOC 无明显相关性（图 2），也就是说整体上看，有机质对孔隙的贡献没有决定性作用。

表 1　松南陆相泥页岩岩相划分表

划分依据		低	中	高	富
矿物组成	脆性矿物(硅、钙)	<20%	20%~40%	40%~50%	>50%
	黏土	<20%	20%~40%	40%~50%	>50%
	命名	低钙(硅)、低黏土	中钙(硅)、中黏土	高钙、高黏土	富钙、富黏土
	发育类型	低钙高黏土泥页岩相、低钙富黏土泥页岩相、中钙中黏土泥页岩相、高钙中黏土泥页岩相。			
沉积构造		页理状	纹层状	层状	块状
有机质		富有机质(TOC 大于 2%)含有机质(TOC 小于 2%)			

表 2　不同泥页岩岩相孔隙结构对比

岩相	图像特征、孔隙度/%		有机孔特征	无机孔特征
富有机质纹层状钙质泥页岩相	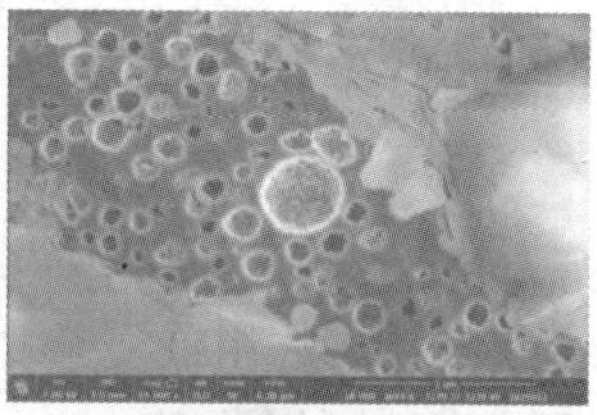 孔隙度 5.96%	 孔隙度 4.47%	有机质孔多发育于沥青质内,呈不规则状,局部见圆孔	无机孔多为黏土矿物层间孔、晶间孔
纹层状砂质页岩岩相	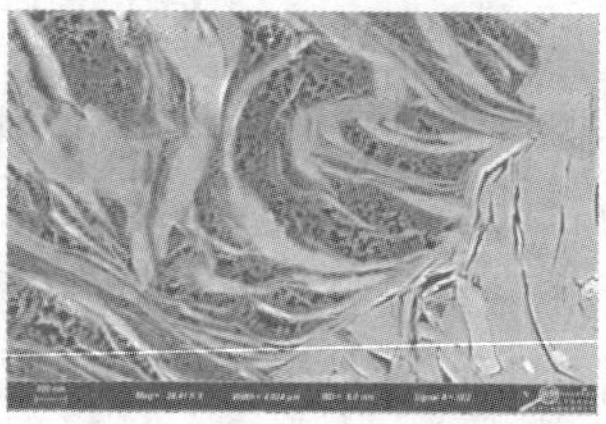 孔隙度 5.2%	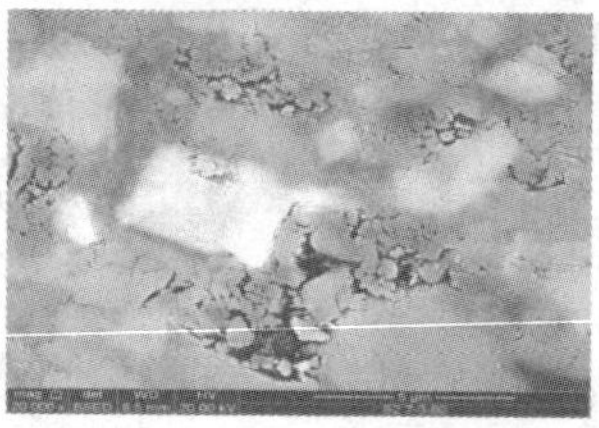 —	有机质孔局部发育	无机孔多为石英、长石粒间以及矿物边缘收缩缝
含有机质砂质页岩相	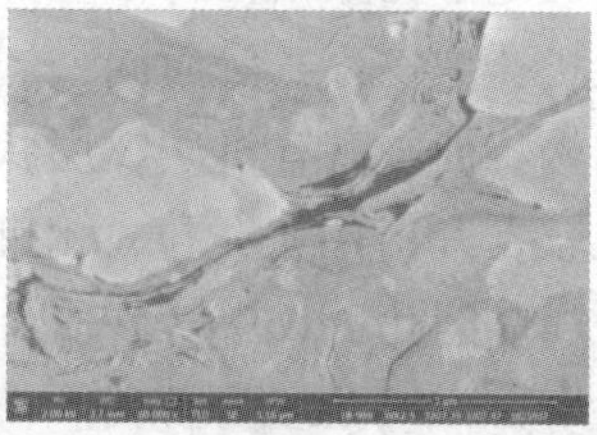 孔隙度 1.33%	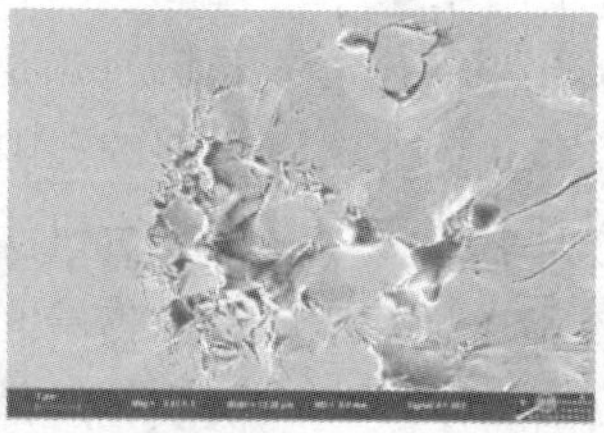 —	有机质孔少见	多见石英、长石粒间孔、黏土矿物晶间孔

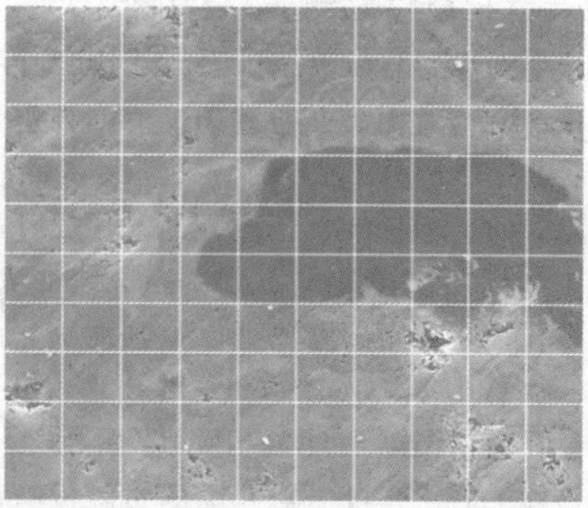

a-1　观察视域

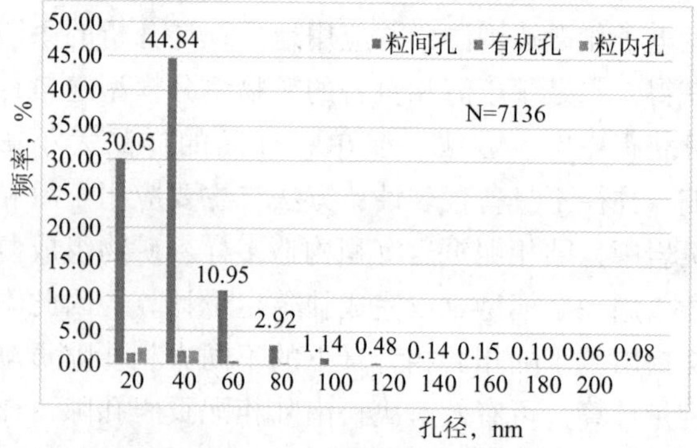

a-2　不同类型孔隙统计

图 1　场发射扫描电镜 3 万倍时 10×10 图像观察视域内矿物统计计算

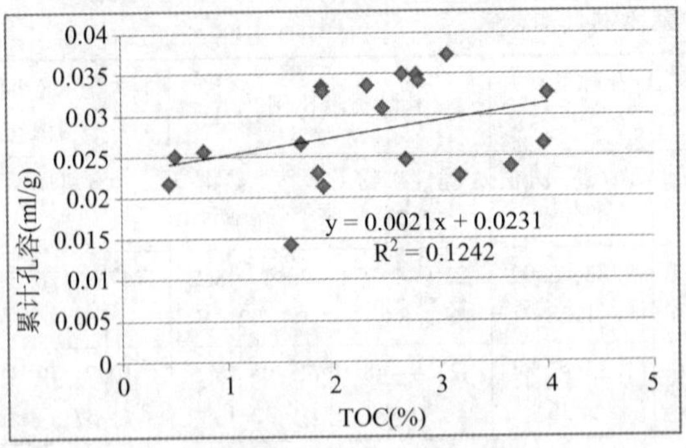

图 2　总孔容与 TOC 关系图

3　基于岩相的孔隙贡献定量计算

据王冠贵，1988；塞拉，1992；王道富，2013；王玉满，2014 等在研究北美及中国南方海相页岩时[10-13]，提出基于在沉积环境、岩石学、地球化学、成岩作用等地质条件相似的地区或层系，每层岩石单位质量的脆性矿物、黏土矿物、有机质具有各自保持一定值的孔隙体积。页岩孔隙度计算公式：

$$\varphi=\rho A_{Bri}V_{Bri}+\rho A_{Clay}V_{Clay}+\rho A_{Toc}V_{TOC}$$

式中 φ 为页岩孔隙度,%；ρ 为页岩岩石密度，t/m^3；A_{Bir}、A_{Clay}、A_{Toc} 分别为脆性矿物、黏土和有机质的单位质量内微孔隙体积，m^3/t，即 3 种物质单位质量对孔隙的贡献。

而松南泥页岩具有矿物组成复杂、沉积构造多样、有机质贫富不均的特点，通过对岩相的分析认为相似岩相具有相似的孔隙结构特征，认为湖相同一岩相每层岩石单位质量的脆性矿物、黏土矿物、有机质具有各自定值的孔隙体积，即将当前泥页岩按照脆性矿物(硅、钙)含量、黏土含量划分，可定量计算脆性矿物孔占比、黏土矿物孔占比及有机质孔占比。

按照脆性矿物(硅、钙)含量、黏土含量划分主要划分为低钙高黏土泥页岩相、低钙富黏土泥页岩相、中钙中黏土泥页岩相、高钙中黏土泥页岩相四类岩相(图 3)。

将 47 个泥页岩样品按岩相划分，通过 X 衍射测得脆性矿物(硅、钙)含量、黏土含量，热解法测得同一样品的 TOC 含量。根据同一岩相的岩石各组分数据，计算单位质量下的脆性矿物、黏土矿物、有机质的孔隙体积。同时对孔隙度数据进行测算，与氦气法测试孔隙度相关系数吻合度高，其中低钙高黏土岩相相关系数 R^2 = 0.5962(图 4)，说明同一岩相下单位质量的脆性矿物、黏土矿物、有机质具有相似的孔隙体积。

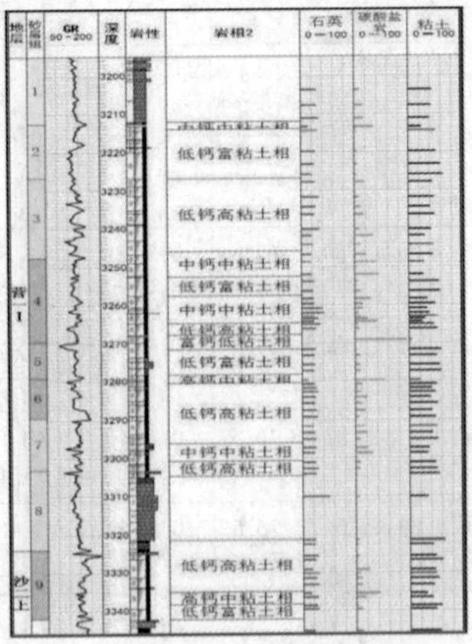

图 3　松南 X 井岩相分布剖面图

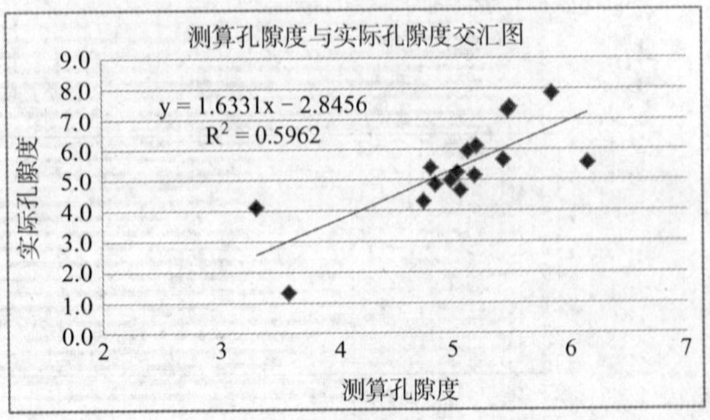

图 4　低钙高黏土岩相测算孔隙度与实测孔隙度交会图

由此，计算不同岩相的脆性矿物孔、黏土矿物孔、有机质孔贡献比例(表 3)。其中中钙中黏土泥页岩相脆性矿物孔隙占比 2.9%~4.75%，平均 3.88%，黏土矿物孔隙占比 20.1%~48.2%，平均 32%，有机质孔占总孔隙 47.1%~76.5%，平均 64.1%。低钙高黏土泥页岩岩相的脆性矿物孔隙占比 23.9%~48%，平均 30.9%，黏土矿物孔隙占比 25.9%~46.5%，平均 32.1%，有机质孔隙占比 10.3%~49.3%，平均 37.1%。

结果显示富有机质泥页岩中钙中粘岩相有机质孔含量最高(图 5)，有机质孔占总孔隙 47.1%~76.5%，平均 64.1%，同时该岩相 TOC 与氦气法测得孔隙度呈正相关(图 6)，反映有机质孔主导了孔隙发育，而该岩相即为以有机质孔为主的陆相泥页岩甜点。

4　结论

(1) 松南陆相泥页岩沉积构造多样、矿物组成复杂、有机质贫富不均，从而形成多种岩相类型，按照矿物组成划分主要的岩相类型有低钙高黏土泥页岩相、低钙富黏土泥页岩相、中钙中黏土泥页岩相、高钙中黏土泥页岩相；

表3　不同岩相内孔隙贡献比例计算表

岩相	实测物质组成及含量/%		最大值-最小值平均值	计算孔隙度/%	孔隙度/%（氦气法）	孔隙贡献比例/%		最大值-最小值平均值
	脆性矿物	黏土矿物	TOC	最大值-最小值平均值	最大值-最小值平均值	脆性矿物孔隙	黏土矿物孔隙	有机质孔隙
中钙中黏土泥页岩相	54.3~67.7 60.9	24.8~38.9 32.7	1.6~3.98 2.91	2.83~4.47 3.75	2.83~6.02 4.28	2.9~4.75 3.88	20.1~48.2 32	47.1~76.5 64.1
低钙高黏土泥页岩相	42.9~53.7 47.6	40.8~49.1 45.6	0.49~4.39 2.63	3.31~6.16 5.02	1.33~7.84 5.36	23.9~48 30.9	25.9~46.5 32.1	10.3~49.3 37.1
低钙富黏土泥页岩相	32.6~46.3 39.4	50.3~63.8 55.1	0.45~3.85 1.98	5.66~6.41 6.08	4.15~7.58 5.77	11.5~18.1 14.9	59~83.9 70.6	3.39~26.1 14.4
高钙中黏土泥页岩相	64.7~76.5 69.7	20.8~31.3 26	1.58~2.98 2.29	4.1~5.06 4.58	0.89~6.64 3.91	28.2~42 34.8	38.7~48.2 43.4	16.4~26.1 21.8

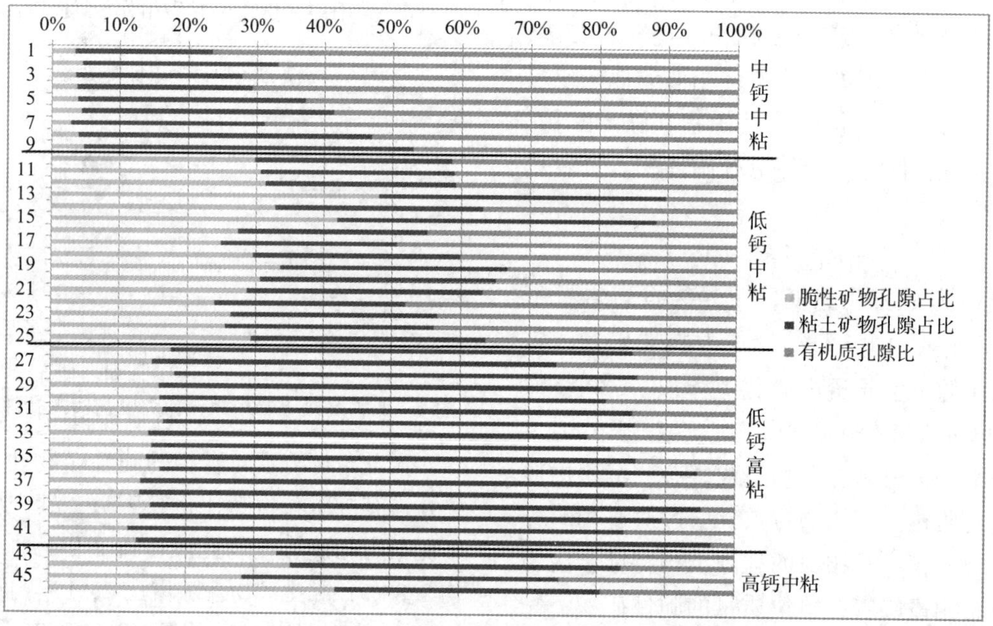

图5　不同岩相脆性矿物孔、黏土矿物孔、有机质孔贡献比例

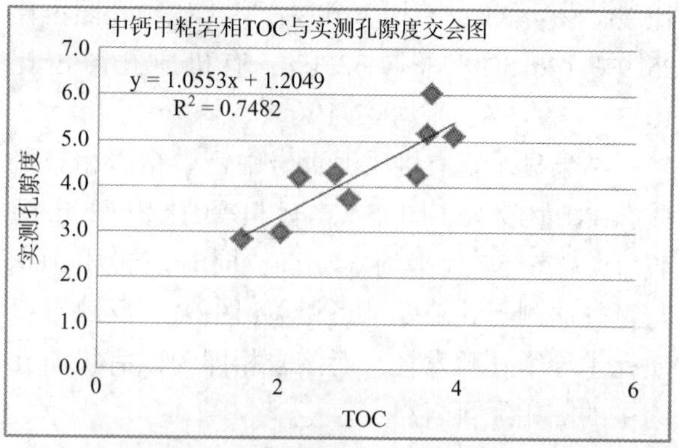

图6　中钙中黏土岩相TOC与孔隙度交会图

（2）同一岩相具有相类似的孔隙结构特征，富有机质纹层状钙质泥页岩相有机质孔较发育、孔隙度高，无机孔多为黏土矿物层间孔、晶间孔；纹层状砂质页岩岩相有机质孔局部发育，无机孔多为石英、长石粒间以及矿物边缘收缩缝。含有机质页岩中，孔隙发育受到矿物组分控制明显，粒间孔多。

（3）基于相似岩相具有相似的孔隙结构特征，认为湖相同一岩相每层岩石单位质量的脆性矿物、黏土矿物、有机质具有各自定值的孔隙体积，可定量计算不同岩相脆性矿物孔占比、黏土矿物孔占比及有机质孔占比，结果显示富有机质泥页岩中钙中粘岩相有机质孔含量最高，该岩相TOC与氦气法测得孔隙度呈正相关，反映该岩相有机质孔主导了孔隙发育。

参考文献

[1]　邹才能，杨智，何东博，常规-非常规天然气理论、技术及前景[J]．石油勘探与开发，2018，45

(4)：575-587.
[2] 马永生，蔡勋育，赵培荣，中国页岩气勘探开发理论认识与实践[J]. 石油勘探与开发，2018，45(4)：561-574.
[3] 王香增，张丽霞，李宗田等. 鄂尔多斯盆地延长组陆相页岩孔隙类型划分方案及其油气地质意义[J]. 石油与天然气地质，2016，37(1)：1-7.
[4] 贾承造，论非常规油气对经典石油天然气地质学理论的突破及意义[J]. 石油勘探与开发，2017，44(1)：1-11.
[5] 周卓明，宋振响，湛小红，梨树断陷油气藏分布特征与成藏模式[J]，吉林大学学报(地球科学版)，2012，42(2)：131-140.
[6] 宋振响，李忠博，张玺，松辽盆地梨树断陷苏家屯地区页岩气储层特征及含气性评价[J]，石油实验地质，2015，37(5)：606-613.
[7] 刘福春，陈日辉，解启来等，松辽盆地梨树断陷页岩气资源潜力评价[J]. 吉林大学学报(地球科学版)，2014，44(3)：762-773.
[8] 郭旭升，南方海相页岩气"二元富集"规律——四川盆地及周缘龙马溪组页岩气勘探实践认识[J]. 地质学报，2014，88(7)：2109-1218.
[9] 魏志红，魏祥峰，页岩不同类型孔隙的含气性差异———以四川盆地焦石坝地区五峰组—龙马溪组为例[J]. 地质勘探，2014，34(6)：37-41.
[10] 王道富，王玉满，董大忠，川南下寒武统筇竹寺组页岩储集空间定量表征[J]. 天然气工业，2013，33(7)：1-10.
[11] 王玉满，董大忠，杨桦，川南下志留统龙马溪组页岩储集空间定量表征[J]. 中国科学：地球科学，2014，44(6)：1348-1356.
[12] 塞拉 O，1992，石油科学进展 15B-测井资料地质解释[M]. 北京：石油工业出版社 . 501-503
[13] 王冠贵，1988，声波测井理论基础及其应用[M]. 北京：石油工业出版社 . 60-92.

储层定量预测技术在松南深层致密气勘探中的应用

于　雷　张　达　苗　贺

（中国石化东北油气分公司）

摘　要　在现今常规资源日趋减少的形势下，致密砂岩气以其巨大的资源潜力开始成为油气勘探的重要领域。目前，一般将致密砂岩气定义为孔隙度不大于12%，渗透率不大于$0.1\times10^{-3}\mu m^2$，天然气在岩石孔隙中流动比较缓慢的砂岩储层中的非常规天然气。由于我国致密砂岩储层经历了较强的成岩改造作用，压实作用造成了储层孔隙大量减少，胶结作用则进一步使储层物性变差，造成了储层砂体强烈的非均质性。砂岩的地球物理表征方法有多种，但需要针对致密气储层研究难点，探讨适用于致密气储层表征的方法，研究储层定量化预测技术应用于深层致密气勘探。本文以测井、岩心、测试数据和地震资料为依托，采用正演方法研究不同组合方式深层致密砂岩储层的地震反射特征，应用高分辨率地震波形指示反演等手段找出有利储层，通过定量预测得到砂岩的展布特征，并与沉积相模式相互验证，在相控储层定量预测的指导下最终确定有利“甜点”发育区。

关键词　致密砂岩；地震相；沉积相；波形指示反演；相控储层预测

松南地区地跨兴蒙-吉黑褶皱带、华北板块及其北缘增生带等大地构造单元，主要发育一系列晚中生代小规模、强改造断陷盆地，目前有多口钻井在深层致密砂岩储层获得发现。深层致密砂岩气“甜点”类型多主要由于致密砂岩气成藏类型多样化。中国地质学者提出了多种分类方案。姜振学等将致密砂岩气藏分为“先致密后成藏型”和“先成藏后致密型”2类；董晓霞等根据致密砂岩成藏与构造演化的关系特征及其不同成藏规律将其划分为改造型致密砂岩气藏和原生型致密砂岩气藏；郭秋麟等根据聚集模式将致密砂岩气聚集带划分为连续带和过渡带，并建立相应的地质模型；戴金星等根据致密砂岩气储集层特征、储量大小及所处区域构造位置高低，将其划分为“连续型”致密砂岩气藏和“圈闭型”致密砂岩气藏；不同的致密气类型，由于成因的不同，影响“甜点”主控因素不同。

1　深层致密气勘探面临的难题

松南地区深层致密砂岩储层预测问题主要有三点：

（1）地层埋深大，储层地球物理参数不敏感。波阻抗反演是目前用于地球物理储层表征的主要方法之一，它是利用叠后地震资料反演出的地层波阻抗信息对储层进行解释，在储层预测中运用相对广泛。但深层致密砂岩储层波阻抗与泥岩叠置情况严重（图1），因而无法有效地对深层致密气储层进行预测。从叠前敏感参数分析上可以看出（图2），含气砂岩的敏感参数与干砂岩和部分泥岩也存在较严重的叠置，很难区分。

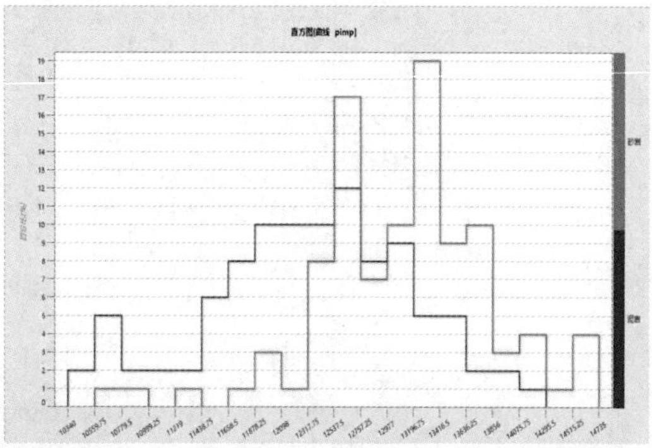

图1　叠后地震砂泥岩波阻抗直方分布图

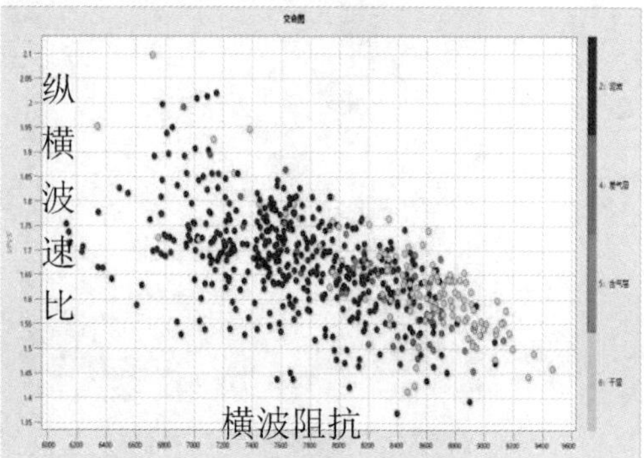

图2　叠前敏感参数交会图

（2）非常规的“甜点”类型，影响“甜点”分布因素多。

图3可以看出，松南深层致密砂岩气存在多

图 3　不同类型“甜点”岩心照片，左：孔隙型“甜点”，右：低孔高渗型“甜点”

种“甜点”类型，孔隙型“甜点”和低孔高渗型“甜点”为区内比较典型的类型。两种甜点类型的控制主控因素完全不同，所位于的沉积相带也差异较大。孔隙型甜点位于扇三角洲前缘相带，属于“先成型”甜点类型，低孔高渗型甜点位于扇体中部和扇体根部位置，属于“后成型”甜点类型。

（3）储层致密，定量化预测困难。致密砂岩储层预测和描述方法技术已成为油气资源勘探开发中必不可少的核心技术。

叠后正演结果可以看出，单层砂体在大于120m厚的情况下，叠后地震的振幅类属性是可以区分砂泥岩分布的。但当单层砂体厚度小于120m的情况下，无论砂岩内部所夹泥岩厚度变化多少，地震反射的变化都不敏感，说明振幅累属性在描述砂泥岩分布的情况下存在很强的多解性。单独的应用地震反演方法已经不能适应松南深层致密储层的精细定量描述，多解性和中速砂岩与泥岩难以区分成为制约地震勘探开发的关键问题。

对扇体前端“先成型”储层甜点的叠前进行分析（图 5），采用反射率法正演获得箭头位置的地震道集，可以认识到振幅减弱的原因，并且发现甜点位置呈现明显的 II 类 AVO 特征，同时也是叠前 AVO 属性定量预测的难题之一。

2　储层定量预测

地震反演技术能够融合地质规律、地震资料和测井资料等，是目前解决复杂岩性圈闭勘探问题的最好途径。但是目前现有储层预测技术发展存在两个极端：（1）相控类反演：强调地质规律约束，物理含义模糊且分辨率不足；（2）地质统计学反演：分辨率高，但地质规律完全依赖于井网密度。对于复杂的深层致密砂岩气甜点预测来说，需要结合相控反演的横向控制优势和地质统计学反演的定量预测优势。

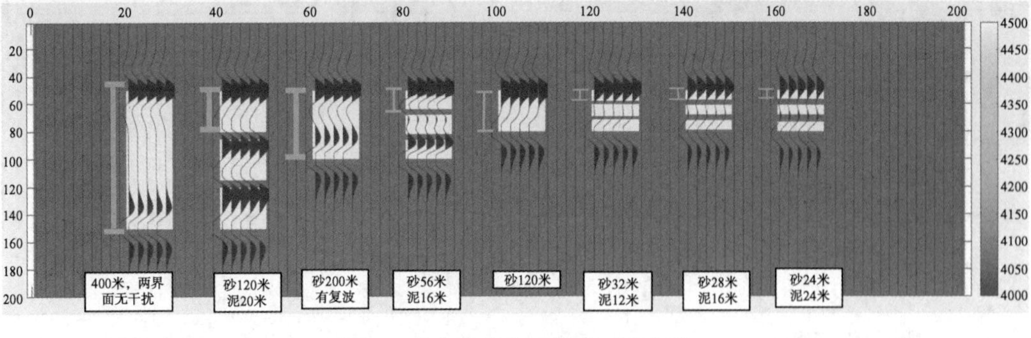

图 4　致密砂岩储层模型正演分析

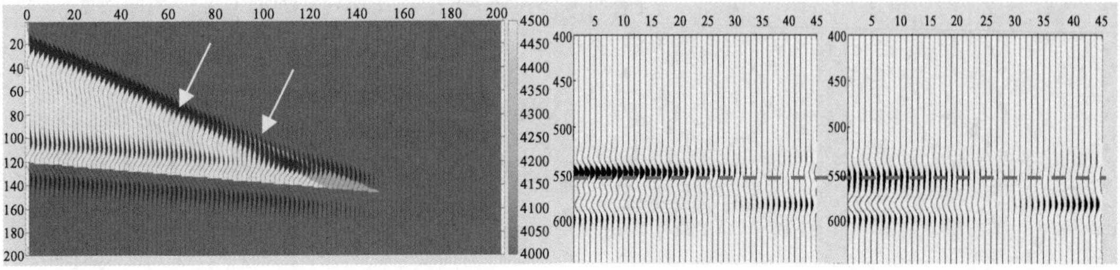

图 5　“先成型”储层甜点叠前正演分析

利用高分辨率地震波形指示反演可以有效解决地震分辨率低的问题。地震波形指示反演技术充分利用地震波形的横向变化信息，代替传统变差函数进行高频成分的模拟，对井的分布要求低，比传统随机反演方法确定性更强。而且高频结构受波形变化控制，更好地体现了沉积环境的约束。在提高垂向分辨率的同时，横向预测性得到有效保证。利用地震波形指示反演技术在松辽盆地南部梨树断陷深层致密砂岩气进行储层预测，取得了较好的效果，为钻探目标的评价提供了可靠的资料基础(图6)。

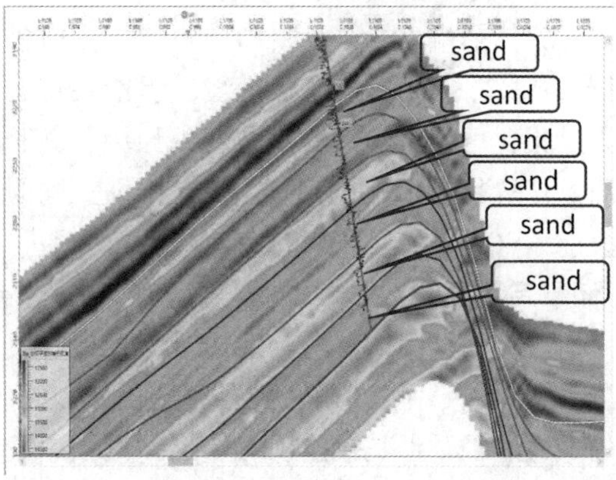

图6　沙河子组波形指示反演剖面

由于深层致密砂岩具有高阻抗特点，但每个层段砂泥岩门槛值参数略有差异，需要逐一细致分析，确定每段砂体的砂泥岩门槛值阻抗界限(图7)。

根据每层砂体砂岩阻抗门槛值，在波形指示反演体上提取每段砂体的时间厚度来对已知井进行定量预测效果分析。根据统计结果可见，目的层10套砂体中，9套砂体都有较好的反演响应特征，预测精度最小可以达到15m左右，预测厚度与实钻厚度存在明显线性关系(图8)

但是利用此方法进行定量预测存在一个问题，甜点出气层与实钻砂体厚度出现较大误差，与实钻厚度比偏薄。

3　相控储层预测

针对深层致密砂岩甜点层预测偏薄的问题，在相控储层预测思想的指导下，认为“先成型”甜点的分布受到沉积相的控制，分布在扇体前缘有利相带，定量预测解决了沉积相预测分布的问题，在以上研究的基础上 采用构建楔形模型的方法，利用模型算法把漏掉的甜点砂岩补偿回来。

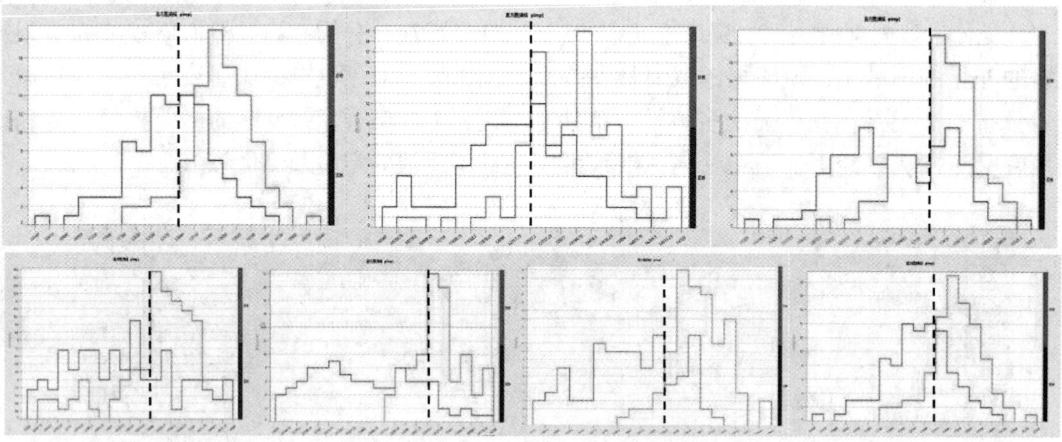

图7　不同层段砂体砂泥岩阻抗值界定

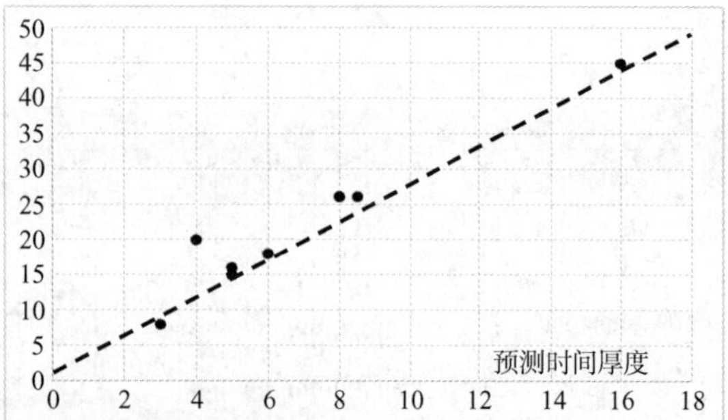

图8　定量预测厚度与实钻厚度对比分析图

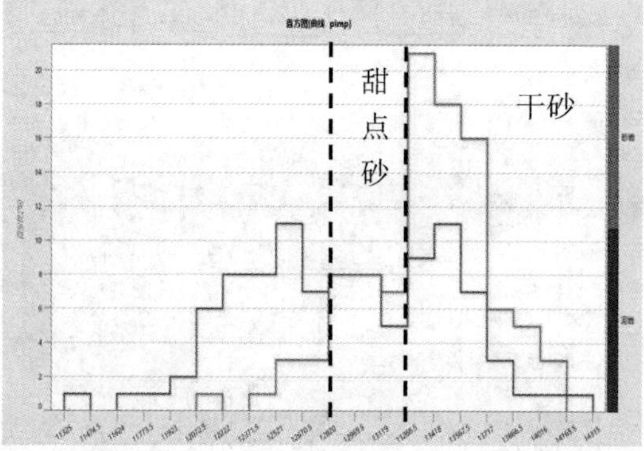

图9　甜点层段砂泥岩波阻抗直方分布图

根据图 6 可以看出，预测的原砂岩厚度偏薄的原因是因为设定的阻抗门槛值偏高，而当把砂岩的阻抗门槛值降低又会增加泥岩的干扰。因为甜点区的有效砂岩当含气后，含气砂岩阻抗值与泥岩阻抗值接近。根据砂体与泥岩的控制因素不同的原理，建立一个符合扇体前端“先成型”甜点的理论模型。砂体控制因素为受物源控制（图 10 中 1 区域），与已知扇体的厚度变化率有关，也就是与砂岩尖灭角有关，。泥岩的控制因素是受古地形控制（图 10 中 3 区域），跟古地层倾角有关。所以理论模型中的砂岩符合楔形模型，泥岩符合均匀模型。通过模型法计算有效砂岩的厚度等于砂地比乘以现厚度与原厚度的差（图 10 中 2 区域）。

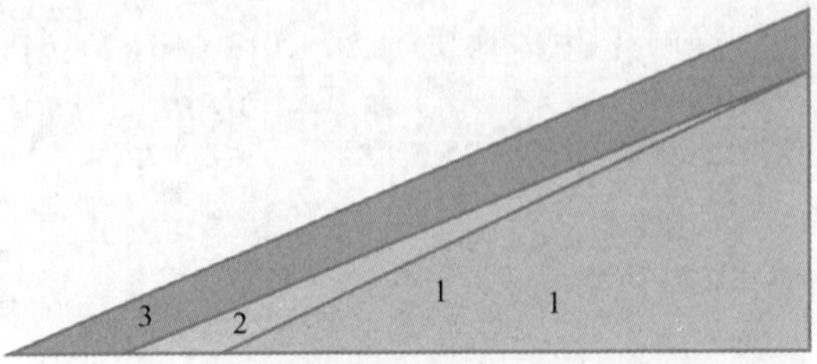

图 10　扇体前端“先成型”甜点楔形模型图

通过对甜点砂体模型法前后的对比（图 11、图 12），经过模型法计算后的砂体厚度分布图基本解决了原砂体厚度图甜点预测偏薄的问题，扇体边界更加清晰，甜点发育区刻画也有了明显改善。利用特定的相带特征和甜点模型构建，实现基于相模式控制下的甜点区预测。

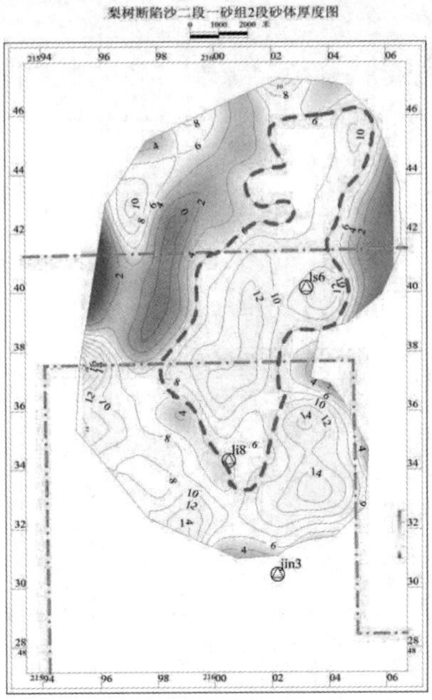

图 11　模型法计算有效砂体厚度图

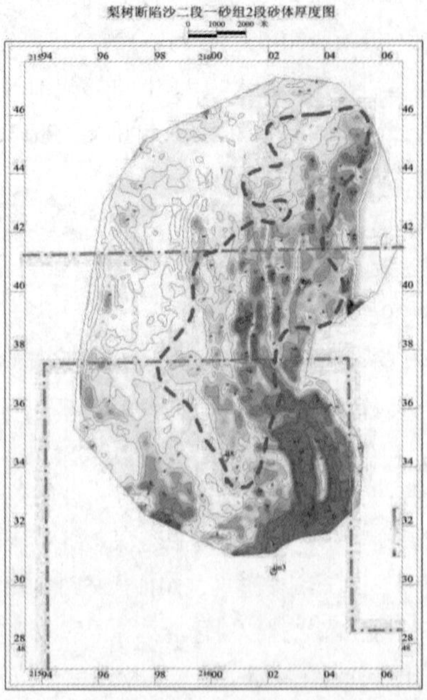

图 12　原砂体厚度图

4　结论

（1）储层定量预测在松南深层致密砂岩气勘探应用中很好的解决了扇体前端“先成型”甜点的预测问题。

（2）储层定量预测是深层致密砂岩甜点预测的核心技术，定量预测提高了沉积相认识，沉积相认识又能提高了甜点认识。

（3）本次研究的方法尚未对“后成型”类甜点预测展开测试，原因在于本方法对于“后成型”甜点定量预测精度不足。

参　考　文　献

［1］　张婉．致密含气砂岩储层预测应用研究［D］．中国地质大学，2009.

［2］　张浩．致密砂岩油气储层岩石变形理论与应力敏感性［J］．天然气地球科学．2004，15（5）：482-486.

［3］　孙怡．陡坡带砂砾岩体地球物理储层预测方法应用研究［D］．中国石油大学，2008.

［4］　李永根．致密砂岩气藏叠前地震预测［D］．中国地质大学，2009.

［5］　王泽明．致密砂岩气藏储层特征及有效储层识别研究［D］．中国地质大学，2010.

［6］　荫八斤，曾灏，杨在岩理论与实践［M］．石油工业出版社，1995.

［7］　张元中，周开金，赵建斌砂泥岩地层横波测井曲线预测方法研究［J］．石油物探，2012.

[8] 邹才能，张光亚，陶士振，等．全球油气勘探领域地质特征、重大发现及非常规石油地质[J]．石油勘探与开发，2010，37(2)：129-145.

[9] 贾承造，郑民，张永峰．中国非常规油气资源与勘探开发前景[J]．石油勘探与开发，2012，39(2)：129-136.

[10] 林森虎，邹才能，袁选俊，等．美国致密油开发现状及启示[J]．岩性油气藏，2011，23(4)：25-30.

[11] 郭秋麟，周长迁，陈宁生，等．非常规油气资源评价方法研究[J]．岩性油气藏，2011，23(4)：12-19.

[12] 李相博，付金华，陈启林，等．砂质碎屑流概念及其在鄂尔多斯盆地延长组深水沉积研究中的应用[J]．地球科学进展，2011，26(3)：286-294.

[13] 李相博，陈启林，刘化清，等．鄂尔多斯盆地延长组3种沉积物重力流及其含油气性[J]．岩性油气藏，2010，22(3)：16-21.

[14] 孙赞东，贾承造，李相方，等．非常规油气勘探与开发(上册)[M]．北京：石油工业出版社，2011：1-150.

[15] 邹才能，朱如凯，吴松涛，等．常规与非常规油气聚集类型、特征、机理及展望——以中国致密油和致密气为例[J]．石油学报，2012，33(2)：173-187.

[16] 卢雪梅．美国致密油成开发新热点[N]．中国石化报，2011-12-30(5).

[17] 关德师，牛嘉玉，郭丽娜．中国非常规油气地质[M]．北京：石油工业出版社，1995.

[18] 杨华，张文正．论鄂尔多斯盆地长7段优质油源岩在低渗透油气成藏富集中的主导作用：地质地球化学特征[J]．地球化学，2005，34(2)：147-154.

[19] 孙玉明．复杂储层相控预测及定量预测技术一体化研究：中国地质学会，2013，56(2)：183-189.

复杂构造带深层页岩气储层特征及其改造技术——以渝西地区 Z203H1 平台为例

宗国洪[1,2] 林卫东[1] 郭 莉[1] 雷治安[2] 张海杰[2]

(1. 中化石油勘探开发有限公司；2. 重庆页岩气勘探开发有限责任公司)

摘 要 中国四川盆地南部地区海相页岩气资源潜力巨大，渝西区块地处四川盆地典型的隔挡式复杂褶皱构造带，该区广泛发育志留系龙马溪组优质页岩，表现为高有机碳、高压异常、高脆度、高含气量，其评价难点是埋深大、横向厚度变化大、储集性变化大，因此地质甜点优选与高效压裂技术是成功的关键。本文以 Z203H1 平台为例，重点解剖了渝西区块深层页岩气优质储层特征，关键储层改造技术，包括密切割分段+短簇距布缝、大排量低黏滑溜水加砂、高强度小粒径组合支撑剂、全可溶桥塞分段+助溶剂等，压裂后测试产量 $20.7\times10^4m^3\sim25.1\times10^4m^3/d$，技术效果显著，标志着 4000m 深层页岩气储层体积改造技术达到工业化生产水平。

关键词 渝西区块；复杂构造带；下志留统龙马溪组；深层页岩气；储层特征；储层改造技术

1 渝西区块勘探评价概况

渝西区块为重庆页岩气勘探开发有限责任公司作业区块，位于四川盆地南部，重庆西部，自北往南依次位于重庆市大足、铜梁、北碚、璧山和江津等区，作业区面积 5098 平方千米(图 1)。渝西区块页岩气勘探始于 2014 年，区块勘探程度相对较高，二维地震覆盖全区，Z201-Z202 井区完成三维地震 430km²。截至目前，钻井完钻井 14 口(PAD)：Z201(CNPC)，Z201-H1，Z202，Z202-H1，Z203，Z205，Z206，Z202H2-2，Z202H3-2、Z203H1-1、-2、-3，Z202H3-1，Z208(TVD4348m)。正钻井 2 口：Z207，Z203H2-1。完成压裂试油 12 口：Z201(直井 TVD4366m)，Z201-H1(TVD4374m)，Z202(直井 TVD3650m)，Z202-H1(TVD3925m)，Z203(TVD4176m)，Z205(TVD3661m)，Z206(TVD4236m)，Z202H2-2(TVD4062m)，Z202H3-2(TVD3577m)，Z203H1-1(TVD4084m)、-2(TVD4206m)、-3(TVD4178m)。投产井 10 口：Z201-H1，Z202，Z202-H1，Z203，Z206，Z202H2-2，Z202H3-2，Z203H1-1、-2、-3。年产能力达到 2 亿方。

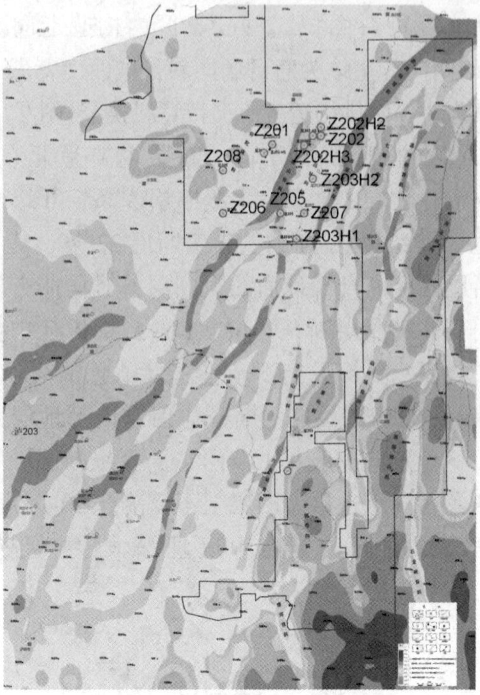

图 1 渝西区块位置及勘探部署图

本文研究讨论区域主要为蒲吕场向斜，即 Z202 井区(图 2)；该区域当前处于页岩气勘探开发先导试验阶段，已部署 Z202H2、Z202H3、Z203H1、Z203H2 四个先导试验平台共设计 14 口水平井，其中 Z202H2-2、Z202H3-2、Z203H1-1、-2、-3 完成压裂试油，初步实现先导试验指标，取得重要阶段性成果。

2 渝西区块构造与深层页岩气储层分布特征

2.1 构造特征

渝西区块位于川中平缓构造带和川南低陡构造带，地处四川盆地典型的隔挡式复杂褶皱构造带，平面上构造呈带状分布，整体表现“堑垒相

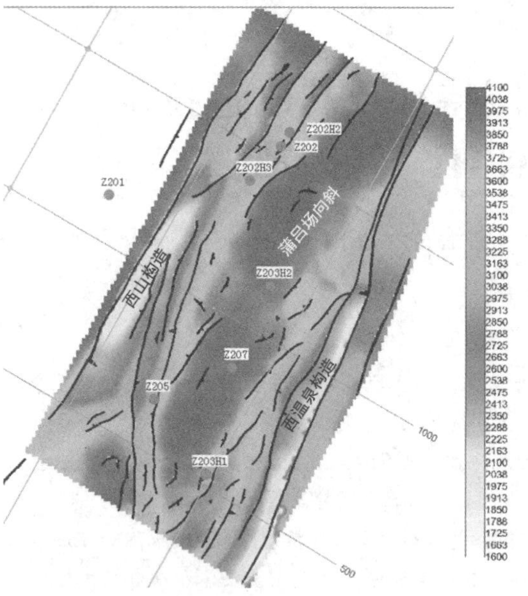

图 2　Z202 井区上奥陶统底界构造图

间”的构造特征(图 1)。Z202 井区为渝西区块先导试验区，三维地震勘探满覆盖面积 230km^2，三维地震资料面积 528km^2，区内构造走向为北东-南西向，主体为蒲吕场向斜，被西山背斜、西温泉背斜等两排构造带所夹持背斜狭窄(图 2)。

Z202 井区断裂发育，断层主要呈北东向，区内解释断层 112 条：Ⅰ级断层 3 条，Ⅱ级断层 11 条、Ⅲ级断层 71 条、Ⅳ级断层 27 条。其中Ⅰ级断层向上断开至地面的大断层，对构造有控制作用；Ⅱ级断层断开层位多(向上断开至二叠系或三叠系)，断层上下盘落差大(通常为 100～300m)，Ⅲ级断层向上断开志留系内部地层，断层上下盘落差一般在 40～100m，Ⅳ级断层一般只断开龙马溪组地层，断层上下盘落差 20～40m。

Z202 井区内五峰组底埋深大，主要介于 3500～4500m，占比 78.7%，以深层页岩气为主。3500m 以浅主要分布在西山背斜及西温泉背斜带上，面积为 107km^2，3500～4000m 主要分布在西山背斜及西温泉背斜翼部，面积为 106km^2，4000～4500m 主要分布在蒲吕场向斜内，面积为 309km^2。

2.2　储层分布特征

区域研究表明，渝西龙马溪组整体为深水陆棚相沉积，北部水体相对较浅，向南逐渐加深，中间处于相对深水区[1,2]。龙马溪组自下而上分为龙一段及龙二段，龙一段自下而上细分为龙一 1 亚段及龙一 2 亚段，龙一 1 亚段自下而上细分为龙一$_1^1$、龙一$_1^2$、龙一$_1^3$、龙一$_1^4$等 4 个小层，Ⅰ+Ⅱ类储层优质页岩主要分布在龙一$_1^{1-3}$，储层岩性以黑-灰黑色富笔石硅质页岩为主，厚度分布在 20～50m 之间，北薄南厚，Z202 井区分布在 25～35m 之间。

利用钻井资料及三维地震资料对 Z201-202 井区进行了甜点预测，三维区优质页岩的厚度在 25～60 米之间，中南部相对较厚，在 40～60m 之间，脆性指数相对稳定，多数地区在 42%～56% 之间，有效孔隙度在平面上分布变化大，在 3%～5%之间，南部 Z203 井区相对较高，有机碳介于 2%～3%之间，总体以Ⅱ类储层为主(图 3)。预测结果表现出优质页岩厚度较大、总体高有机碳、高脆度、高含气量和中低孔隙度的特点，同时展示了三维区储层在平面上具有横向厚度变化大，有效孔隙度、总有机碳、总含气量及脆性指数等储集性变化大的特点。

3　Z203H1 平台区储层基本特征

Z203H1 平台共有 4 口井先后完钻。其中，

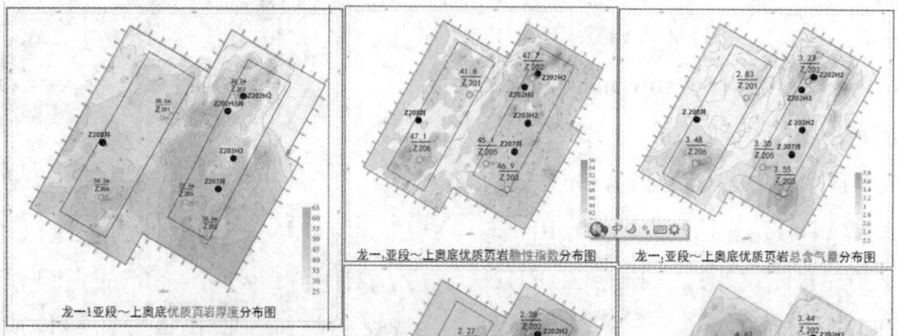

龙一1亚段～上奥底优质页岩预测结果对比表

井号	厚度(m)		TOC(%)		含气量(方/吨)		孔隙度(%)		脆性指数	
	测井	地震	测井	地震	测井	地震	测井	地震	测井	地震
Z201	38.0	38.0	2.27	2.30	2.83	2.80	4.62	4.60	41.8	42.0
Z202	36.1	36.0	2.38	2.40	3.23	3.20	3.44	3.40	47.7	48.0
Z203	56.6	57.0	2.49	2.50	3.55	3.60	4.52	4.50	46.9	47.0
Z205	51.5	52.0	2.57	2.60	3.30	3.30	4.53	4.50	45.1	45.0
Z206	54.2	54.0	2.42	2.40	3.48	3.50	4.21	4.20	47.1	47.0

图 3　渝西三维地震勘探区甜点预测图

导眼井 Z203 井先行实施，取芯进尺 93.5m，对岩心进行了采样和分析化验，获得了地球化学、岩石矿物、含气性以及储层物性、脆性方面的系统资料，根据岩心及测井解释结果，对该井储层进行了综合分析(图 4)对各层储层特征描述如下。

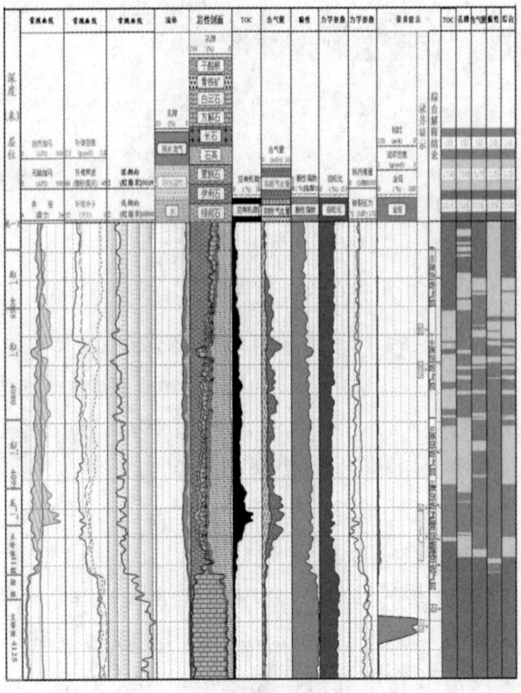

图 4　Z203 储层综合分析图

五峰组顶深 4105.9m，总厚度 8.7m，为弱还原中碳硅质页岩，脆性指数平均 74%左右，受沉积环境的影响，储层参数自下而上逐步变好：TOC 含量底部在 1%左右，顶部在 5%左右，孔隙度和 TOC 有较好的正相关性，底部在 1%左右，顶部最高 5.7%左右，含气量底部在 1.2m^3/t 左右，顶部增加到了 6.4% m^3/t。

龙一$_1^1$顶深 4096.5m，总厚度 6.4m，为强还原高碳硅质页岩，脆性指数高，平均 80%左右，储层参数在所有层段中最好：平均 TOC 含量 4%左右，孔隙度 3.5%-6%，平均 4.55%左右，有机孔占比 40%，可动流体孔隙比例 38.53%，含气量平均 6.3m^3/t。

龙一$_1^2$顶深 4084.4m，总厚度 12.1m，为还原高碳硅质页岩，脆性指数平均 74%左右，平均 TOC 含量 2.25%左右，孔隙度 2.3%~4.5%，平 3.25%左右，有机孔占比 54.32%，可动流体孔隙比例 30.18%，含气量平均 4.4m^3/t。

龙一$_1^3$顶深 4065.5m，总厚度 19.4m，为弱还原中碳硅质页岩，脆性指数平均 63%左右，平均 TOC 含量 2.21%左右，孔隙度 2%~5.9%，平 4.6%左右，有机孔占比 30%，可动流体孔隙比例 32.56%，含气量平均 4.6m^3/t。

龙一$_1^3$顶深 4054.6m，总厚度 10.4m，为弱还原特低碳黏土质页岩，脆性指数平均 53%左右，平均 TOC 含量 0.87%左右，孔隙度 2%~4.8%，平 3.3%左右。

综合评价认为，Z203 井优质储层龙一 1 亚段-五峰组Ⅰ类储层总厚度 20.3m，Ⅱ类储层 28.1m，Ⅰ+Ⅱ类储层占比 84.9%，其中龙一$_{11}$小层-五峰组顶部Ⅰ+Ⅱ类优质储层厚 12.2m，是Ⅰ类储层连续厚度最大的层段。

4　Z203H1 井组深层页岩气储层改造技术与效果

Z203 井区埋深达到了 4100~4400m，为典型的深层页岩气井，Z203 井储层品质较好，具有高杨氏模量(0.24~0.3GPa)、低泊松比(0.24~0.3)特征，页岩脆性较好，有利于体积压裂。但随着埋藏深度增加，温度和压力增大：温度在

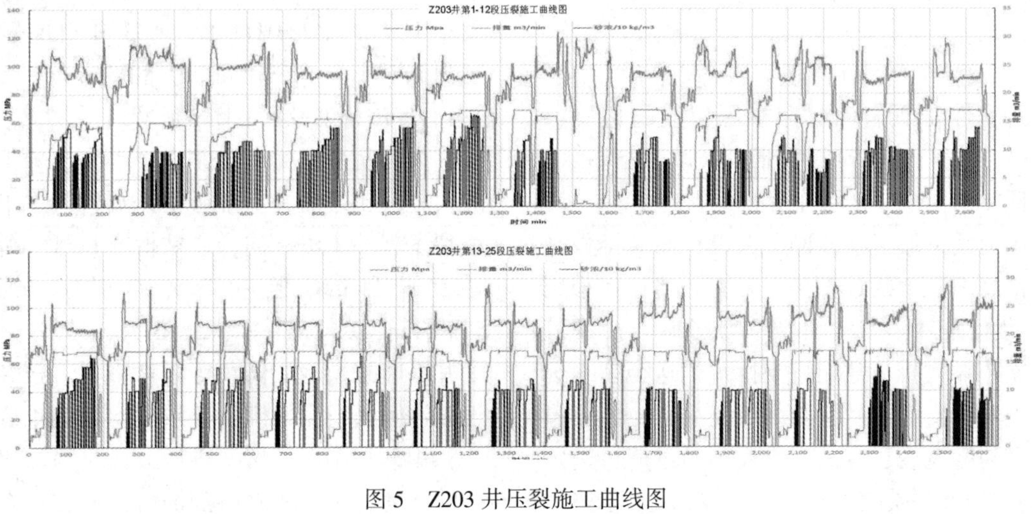

图 5　Z203 井压裂施工曲线图

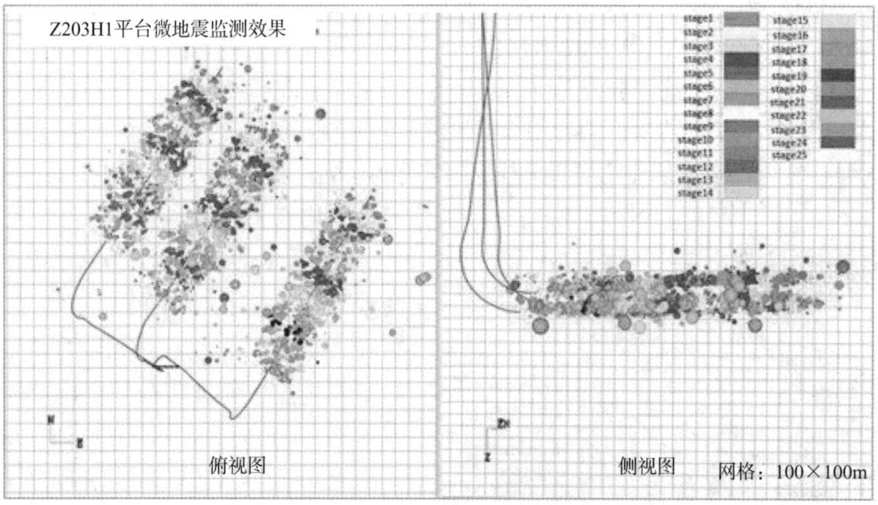

图6　Z203H1井组地面微地震整体监测效果图(左：俯视；右：侧视)

120℃左右，应力差达到了17MPa，导致复杂缝网的形成难度加大。

针对Z203井储层埋藏深，破裂压力、闭合压力高，天然裂缝发育，高应力差页岩储层特征，开展了工艺优选和参数优化，采用“密切割分段+短簇距布缝、大排量低黏滑溜水加砂、高强度小粒径组合支撑剂、可溶桥塞分段+助溶剂助溶”等体积压裂关键技术[3]，对Z203井(组)进行了压裂施工(图5)，并取得了良好的效果(图6)。

4.1　密切割分段+短簇距布缝

Z203井区应力差较大，因此采取缩短簇距、缩小气体由基质向裂缝的流动距离、减小单缝与单缝之间未充分改造区域来提高单井产量和储量动用率，为保证段内各簇均匀起裂，Z203井以3簇为主，平均段长55.22m/25段；Z203H1-1、2、3井组5~8簇，平均段长59.24~60.04m/25段，为提高裂缝复杂程度，在部分分段配合使用暂堵转向工艺。

4.2　大排量低黏滑溜水加砂

岩石脆性是页岩储层选择压裂液的重要参考，Z203井岩石脆性矿物含量高、脆性指数大，因此，低黏滑溜水是压裂工作液的首选。

净压力是形成复杂缝网的关键，而大排量施工是获得高净压力的最直接、最有效途径；采用低黏滑溜水加砂，支撑剂受重力影响会快速沉降，必须依靠大排量才能将支撑剂输送至裂缝远端，实现对分支缝、微缝的多级支撑[3]；大排量还能增大裂缝宽度，有助于支撑剂通过缝口进入地层，降低砂堵风险；对于天然裂缝发育的地层，大排量施工还能缓解因天然裂缝滤失带来的施工风险；Z203井采用17m^3/min的施工排量，Z203H1-1、2、3井组主体排量19m^3/min，施工过程中获得的净压力普遍高于应力差值，满足形成复杂缝网的条件。

4.3　高强度小粒径组合支撑剂

Z203井的井底闭合压力在80MPa以上，根据压裂支撑剂选择标准，应采用高强度抗破碎支撑剂。裂缝宽度与液体黏度呈正相关关系，与杨氏模量呈负相关关系。Z203井储层的高杨氏模量特征和以滑溜水为主的施工工艺导致缝宽受限是必须要面临的问题。因此，为利于支撑剂顺利通过缝口并在缝内顺利输送，确保施工成功，应采用小粒径支撑剂。基于上述分析，Z203井选用70/140目石英砂(占30%)和40/70目高强度陶粒组合支撑剂(占70%)，其中70/140目支撑剂主要用于打磨降滤和微缝支撑，40/70目支撑剂主要用于分支缝和主缝支撑。Z203井加砂强度1.76t/m，Z203H1-1、2、3井组加砂强度分别为2.75t/m、2.90t/m、2.80t/m。

4.4　可溶桥塞分段+助溶剂助溶

为满足后期生产测井、排水采气等工艺措施的实施，压裂后井筒全通径是页岩气水平井体积压裂发展的主流方向，速钻桥塞和可溶桥塞均可达到此目的。但由于Z203井斜深达到了5733.5m，Z203H1-1、2、3井组5911~6295m，受井眼轨迹、地层倾角等因素影响，压裂后采用连续油管易发生自锁，导致桥塞钻磨难度大。因此，用耐高温可溶桥塞进行分段。为加快可溶桥塞的溶解，可注入助溶剂助溶，该方法有助于缩短试油周期，并确保可溶桥塞彻底溶解。

4.5 应用效果分析

Z203(直改平)地面微地震监测，累计监测微地震事件 1011 个；全井 SRV 为 6179 万方，单段平均 247 万方；微地震事件响应垂直于井身轨迹沿最大主应力方向分布，范围长度 200~540m，平均 342m；宽度 65~117m，平均 86m；高度 54~150m，平均 109m；Z203(直改平)压裂后测试产量 $21.3\times10^4m^3/d$。Z203H1-1、2、3 井组地面微地震监测，累计监测事件点 1355 个、1334 个、1297 个，SRV 分别为 6026 万方、6433 万方、6130 万方，平均缝长 352~367m，缝宽 95~105m，缝高 72~75m(图 6)。压裂后测试产量(5d)分别为 $20.7\times10^4m^3/d$、$23.1\times10^4m^3/d$、$24.7\times10^4m^3/d$。技术效果显著。

5 结论

Z202 井区地处“堑垒相间”的隔挡式复杂褶皱构造带，区内断裂发育，五峰组底埋深大，为典型的复杂构造深层页岩气区。五峰组—龙马溪组页岩属深水陆棚相沉积，纵向上Ⅰ+Ⅱ类优质页岩分布在龙一 1-3，厚度分布在 20~50 米之间。甜点预测表明，Z201-202 井区优质页岩的厚度在 25~60m 之间，脆性指数在 42%~56%之间，有效孔隙度在 3%~5%之间，有机碳介于 2%~3%之间，储层在平面上横向厚度变化大，有效孔隙度、总有机碳、总含气量及脆性指数等储集性变化大。

Z203H1 平台是 Z202 井区的一个重要先导试验平台，位于 Z202 井区南部甜点区优质储层较厚的区域，Z203 井揭示Ⅰ+Ⅱ类优质储层厚度 48.4m，占比 84.9%，其中位于底部的龙一$_{11}$小层—五峰组顶部Ⅰ+Ⅱ类优质储层厚 12.2m，平均 TOC 含量 4%左右，孔隙度平均 4.55%左右，有机孔占比高，孔径大，可动流体孔隙比例达到了 38.53%，是产量的主要贡献层段。

采用“密切割分段+短簇距布缝、大排量低黏滑溜水加砂、高强度小粒径组合支撑剂、可溶桥塞分段+助溶剂助溶”等体积压裂关键技术，对 Z203H1 平台 4 口井进行了压裂施工，地面微地震监测显示全井 SRV 为 6026~6433 万方，压裂后测试产量 $20.7\times10^4m^3$~$25.1\times10^4m^3/d$，技术效果显著，标志着深层页岩气储层体积改造技术达到工业化生产水平。

参 考 文 献

[1] 马新华，谢军，雍锐．四川盆地南部龙马溪组页岩气地质特征及高产控制因素[J]. 石油勘探与开发，2020，47(5)：1-15.

[2] 王玉满，董大忠，李新景，等．四川盆地及其周缘下志留统龙马溪组层序与沉积特征[J]. 天然气工业，2015，35(3)：12-21.

[3] 曾波，等．川南深层页岩气水平井体积压裂关键技术．ECF 国际页岩气论坛，2020.

松辽盆地南部青一段页岩油成藏规律研究及甜点评价

刘红超　邢济麟

（中国石油吉林油田公司勘探开发研究院）

摘　要　松辽盆地南部发育青一二段、嫩一二段两套烃源岩，以青一段为主力页岩油层，多口井获工业油流，具备勘探潜力。烃源岩广泛分布、页岩广泛发育、长英质纹层发育、原油品质好是形成页岩油的四个有利成藏条件。有利岩相、较高成熟度、较高地层压力、微裂缝发育、较高脆性矿物是页岩油五个富集要素。依据甜点评价标准，明确大情字井夹层型页岩油、赞字井纯页岩型页岩油、余字井纯页岩型页岩油、塔虎城纯页岩型页岩油四个甜点核心区。

关键字　松辽盆地南部、页岩油、成藏条件、富集要素、甜点核心区

不断攀升的能源需求和日益增大的能源压力，让非常规能源受到越来越多的重视。美国页岩油的成功开发，使石油对外依存度从2005年的60%降到了2015年的20%，美国页岩油革命改变了世界能源格局。从全球不可再生能源的勘探开发现状分析发现，泥页岩油气是最现实的常规油气资源的重要接替资源之一。都在泥质岩圈闭中发现了工业性油气流或见油气显示，预示良好的勘探前景。

1　页岩油勘探历程

松辽盆地是叠置于古生代基底之上的大型陆相沉积盆地，坳陷期发育多套沉积体系，青山口组一、二段和嫩江组一、二段沉积了两套分布广泛、富含有机质、巨厚的半深湖—深湖相页岩。其中，松辽盆地南部中央坳陷区嫩一、二段页岩热演化程度低（Ro<0.7%），为低熟页岩油资源，青一、二段页岩热演化程度高（Ro>0.7%），为成熟页岩油资源，成熟页岩油资源潜力大，具有战略接替意义，油田将青一段成熟页岩油作为重点勘探领域。2018年，加快松辽盆地南部页岩油认识，精细基础研究及老井复查，认为松南青一段具备形成大面积页岩油的有利条件。2019年以来，按照“边研究、边攻关、边实施”的思路，以甜点评价为核心，攻关提产技术，推进页岩油效益动用，取得多项重要成果，形成页岩油藏富集动用模式。

2　页岩油成藏条件研究

2.1　优质烃源岩为成藏奠定物质基础

青一段沉积时期，古松辽湖盆发育进入极盛时期，湖水扩张，大部分地区均为湖相沉积，岩性以灰黑、深灰色泥页岩为主，夹油页岩和灰色砂岩、粉砂岩。沉积中心处于大安—乾安地区，大安凹陷青一段暗色泥页岩厚度达60~80m。根据岩芯测试结果统计，页岩TOC一般为2%~6%，TOC大于2.0%占比达73%，泥岩TOC一般为1%~4%，TOC大于2.0%占比仅为12%，可见页岩TOC含量高于泥岩。

应用氢指数（HI）与岩石最大热解峰温（Tmax）交会图指示出青一段有机质类型以Ⅰ型和Ⅱa型干酪根为主，是典型的湖相富有机质泥页岩。分析松辽盆地南部青一段泥页岩的镜质体反射率分布特征认为，泥页岩样品的Ro主要分布在0.5%~1.3%区间内，平均为1.05%，其中低成熟阶段烃源岩占比9.75%，成熟阶段烃源岩占比85.36%，高过成熟烃源岩占比4.87%。总体上有机质处于成熟阶段，Ro值位于0.7%~1.3%，其中Ro值大于1%的面积达1800km^2。同时页岩油发育区主体埋深可达1600~2600m，生烃强度大，可达$(400\sim1200)\times10^4t/km^2$。

松辽盆地南部青一段页岩有机质丰度较好，已达到生烃门限，是成熟的烃源岩，含油潜力大，全区广发分布，为页岩油成藏奠定了物质基础。

2.2　页岩储层为成藏提供储集空间

从岩芯观察上看，青一段暗色泥岩岩性可划分为页岩、块状泥岩、薄层砂岩，其中页岩表现为层理发育（图1），以黑色、灰黑色为主，纹层极为发育，新鲜面一般含油，局部形成层理缝，裂缝面见油膜；薄砂岩夹层主要赋存在暗色泥岩层系中，单层厚度小于3m，砂泥互层明显；块

图 1　D86 井青一段页岩岩心图

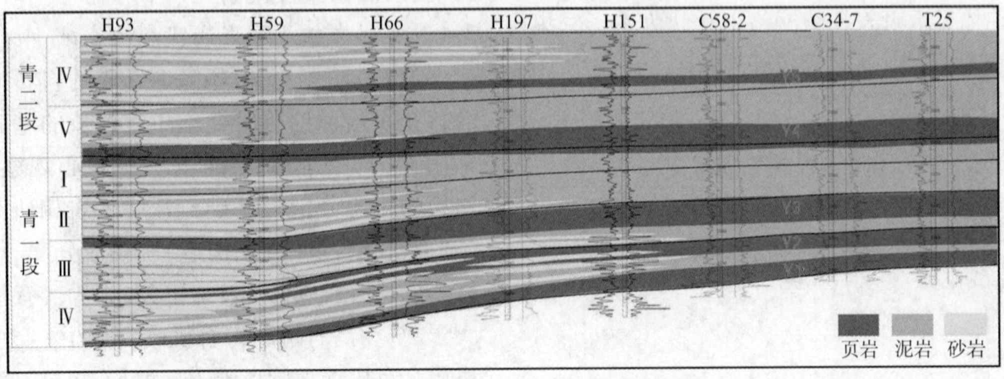

图 2　H93-T25 井青一、二段沉积特征对比图

状泥岩其颜色、粒度变化不大，整体为均质，不易碎。

页岩油系统取芯井分析结果表明，青一、二段页岩较为发育，占地层厚度 50%~60%。通过系统复查 527 口老井，建立全区页岩发育格架剖面，明确区域上青一、二段稳定发育 5 套页岩层，单层厚度 3~20m，累计厚度 30~100m。青一二段页岩储层广泛发育，厚度大，为成藏提供了储集空间(图 2)。

3.3　长英质纹层是页岩油赋存空间和渗流通道

岩心观察表明，页岩的页理较为发育，页理密度可达 2~5 层/厘米，单层厚度 2~5mm，全岩心双能量 CT 扫描进一步揭示水平方向页岩纹层发育(图 3)；矿物定量分析扫描表明，纹层按矿物组成划分为长英质纹层和黏土质纹层(图 4)；其中长英质纹层石英、长石含量之和大于 60%，石英、长石粒径 1~60um，黏土质纹层石英与长石含量之和大于 45%，石英、长石粒径小于 5um；扫描电镜结合氮气吸附试验显示，纹层主要发育微米级颗粒粒间孔和纳米级黏土矿物晶

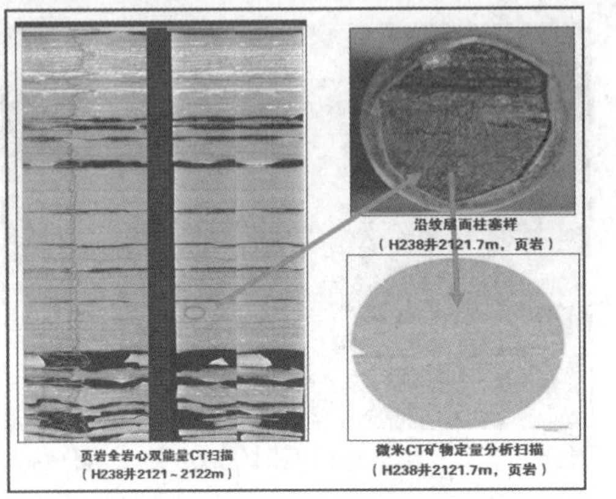

图 3　H238 井页岩全岩心双能量 CT 扫描成像图

(粒)间孔，其中长英质纹层碎屑颗粒含量高，粒间孔发育，孔喉半径可达 1~3μm，占比 28.4%~63.3%，平均 40%，面孔率 2.73%，黏土质纹层碎屑颗粒含量低，主要发育黏土孔，孔喉半径 100~300nm，占比 36.7%~71.6%，平均 60%，面孔率 1.83%；TRA(致密岩石分析)试验表明，长英质纹层有效孔隙度 3.4%~8.4%，平均 5.4%；含油饱和度 40%~80%，平均 55%。

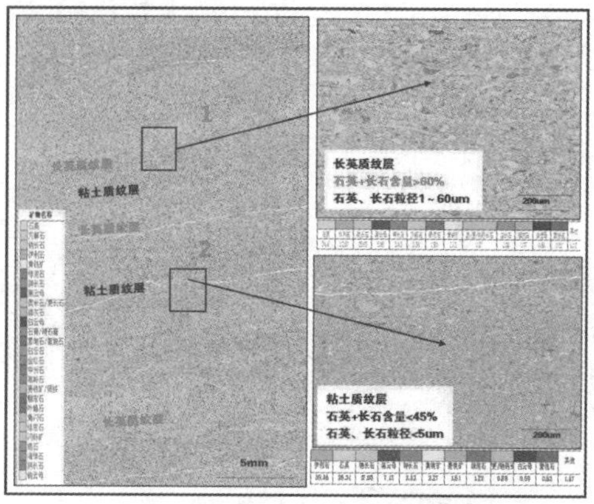

图4　H238井页岩矿物定量分析扫描成像图

二维荧光薄片分析表明细粒石英、长石、方解石定向排列，形成韵律性长英质纹层，荧光显示密集，激光共聚焦化验显示轻质组分含量高(图5)。三维CT扫描显示页岩孔隙网络以片状为主，密集分布于长英质纹层，连通性较好(图6)。

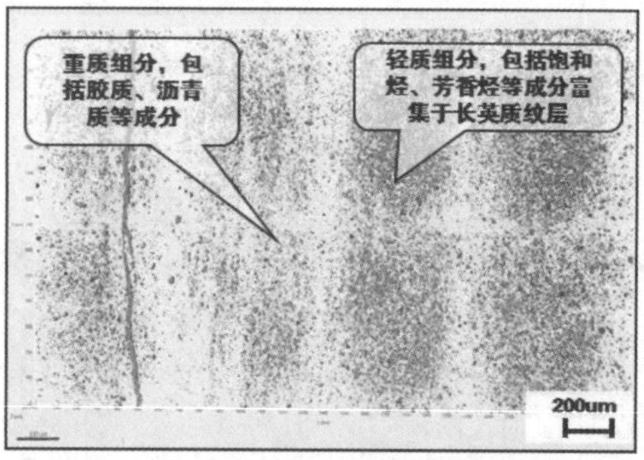

图5　页岩激光共聚焦实验图(H77井)

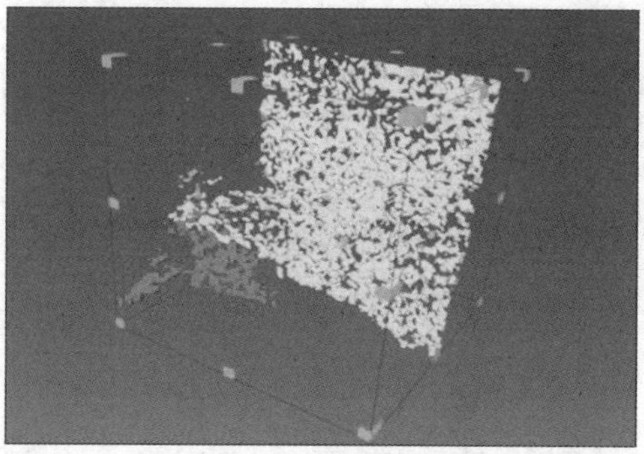

图6　页岩孔隙连通模型图(Q262井2294.9m)

初步形成松南页岩油赋存模式，即页岩储层表现为长英质纹层与黏土质纹层互层特征，其中长英质纹层脆性矿物含量高，微米级孔隙发育，具有较高的水平渗透率，可动油主要赋存在长英质纹层内，是页岩油的主要储集空间及渗流通道。

2.4　页岩油品质好、地层压力高，利于页岩油产出

页岩油原油密度20℃平均0.843～0.8624t/m^3，黏度13～34mPa·s(50℃)，凝固点24～64℃，含蜡量18.5%～0.66%，初馏点97～148℃，为高含蜡、低含硫、中黏度轻质油，原油品质与常规油相近，同时页岩层段气测显示活跃、地层压力异常，具有较好的保存条件。

3　页岩油富集要素研究

3.1　有利岩相是页岩油富集的基础

岩相是一定沉积环境中形成的岩石或岩石组合，是页岩油油藏研究、甜点评价的基础。针对松南青一、二段页岩油以系统岩心观察与描述、对应的化验分析为基础，开展了岩相研究，形成了“有机碳含量-沉积构造-矿物成分”岩相分类方案：以总有机碳含量1%和2%为界，有机碳含量大于2%为高有机质，有机碳含量1%～2%为中有机质，有机碳含量小于1%为低有机质；沉积构造主要分为三类，即块状、夹层状(夹层厚度大于1cm)、页理或纹层状(层理厚度小于1cm)；矿物成分主要分为长英质和黏土质两大类(图7)。

按照分类方案，确定松南青一二段页岩油发育六类岩相：夹层状砂岩、中有机质长英质页岩、高有机质长英质页岩、中/低有机质块状泥岩、中有机质黏土质页岩、高有机质黏土质页岩(表1)。通过储层微观、孔径、物性、可动油等参数对比，认为夹层状砂岩、中-高有机质长英质页岩、高有机质黏土质页岩各参数相对较好，为松南青一、二段页岩油有利岩相。

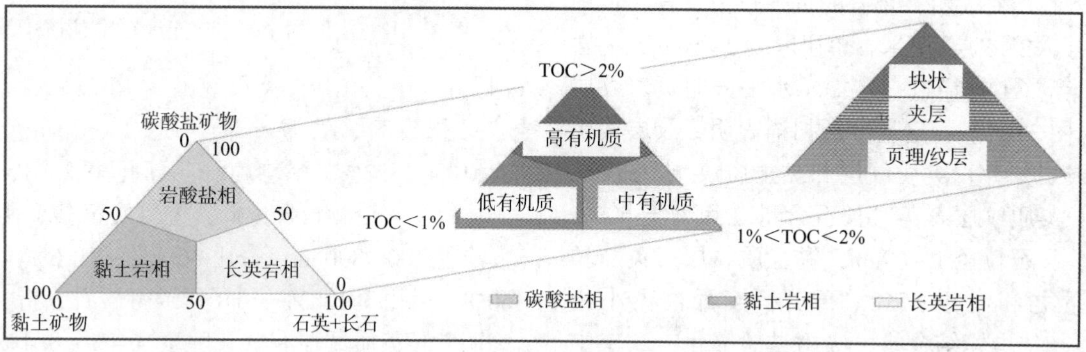

图7　松辽盆地南部青一段岩相划分方案图

表 1　松南青一、二段页岩油岩相划分及对比表

岩相名称	夹层状砂岩	中有机质长英质页岩	高有机质长英质页岩	中/高有机质块状泥岩	中有机质黏土质页岩	高有机质黏土质页岩
岩心特征						
显微特征	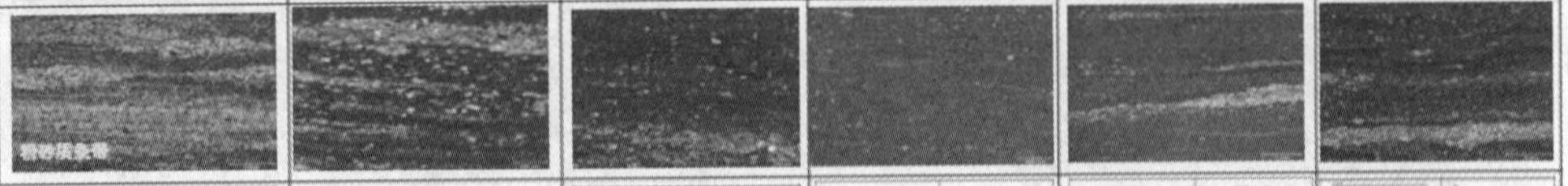					
孔径特征	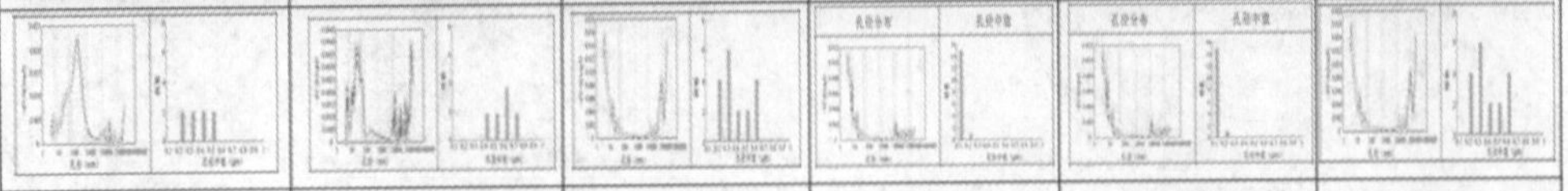					
可动油特征	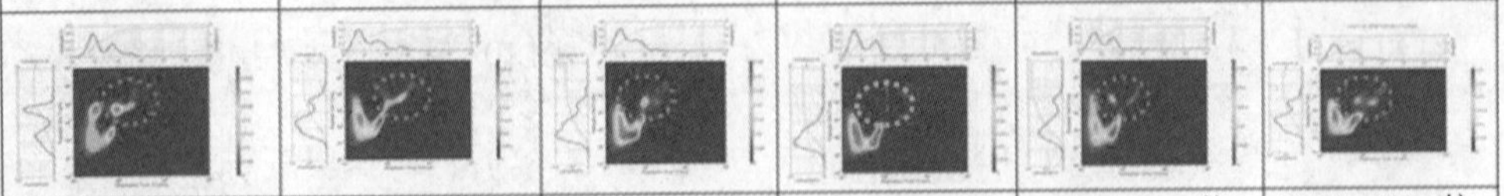					
岩相描述	夹层状构造，黏土矿物<20%	TOC1-2%，纹层状构造，脆性矿物>50%	TOC>2%，纹层状构造，脆性矿物>50%	TOC>1%，层状构造，黏土>50%	TOC1-2%，纹层状构造，黏土>50%	TOC>2%，纹层状构造，黏土>50%

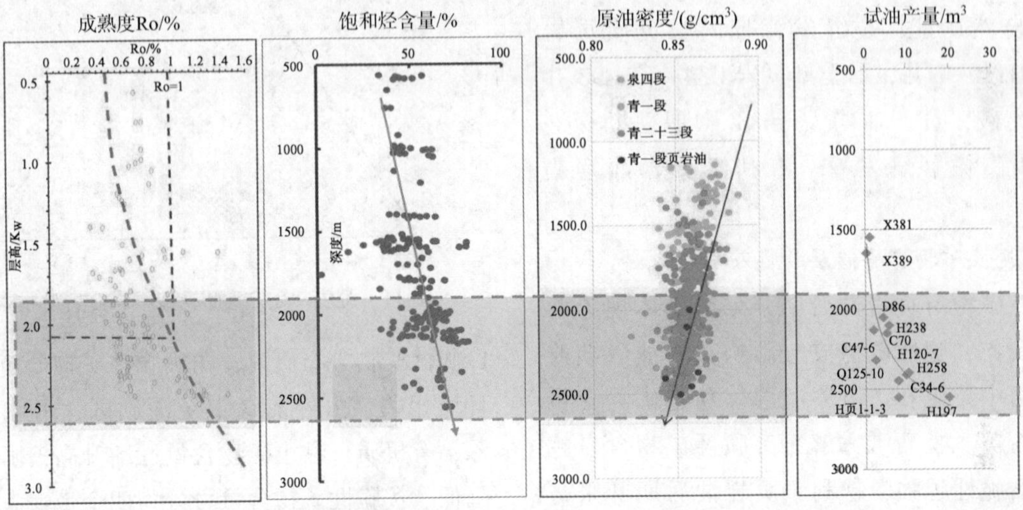

图 8　成熟度、饱和烃含量、原油密度、试油产量随埋深变化图

3.2　较高成熟度及地层压力是页岩油富集的必要条件

较高成熟度(Ro>0.9%)是页岩油富集的必要条件。通过埋深与成熟度、饱和烃含量、原油密度、原油黏度、试油产量建立关系，可以看出随埋深增加，演化程度增加，原油轻质组分含量增加，原油密度、黏度降低，试油产量增加(图 8)。可见较高成熟度条件下，页岩油原油物性好，利于产出。中央坳陷区青一、二段大面积处于成熟阶段，其中 Ro 大于 0.9%的面积达 2800 平方千米，对页岩油成藏条件有利。

较高的地层压力(压力系数>1.2)利于油气产出，超压的存在是页岩油良好保存条件及充足地层能量的反映。储层超压的成因机制包括：超压传递、欠压实作用、原油裂解、浮力作用、构造挤压、水热增压和成岩作用等，超压区因断裂活动和泥岩本身破裂会发生超压释放，超压带分布对页岩油勘探起重要指示作用。从测试数据分析，试油获得突破井均出现压力异常特征，其中 7 口页岩油井地层压力系数实测结果均大于 1.2，说明凹陷区内普遍异常高压(图 9)。超压影响试油产量，压力系数越大，试油产量越高，说明较高的超压利于油气产出。

3.3　微裂缝发育有利于页岩油富集高产

根据测试结果，裂缝发育带内 C93 井渗透率 0.7mD，探测半径 28.4m，压后水力泵求产日产油 11.8m^3，C34-6 井渗透率 0.92mD，探测半径 159.4m，自喷求产日产油 10.4m^3，表明裂缝发

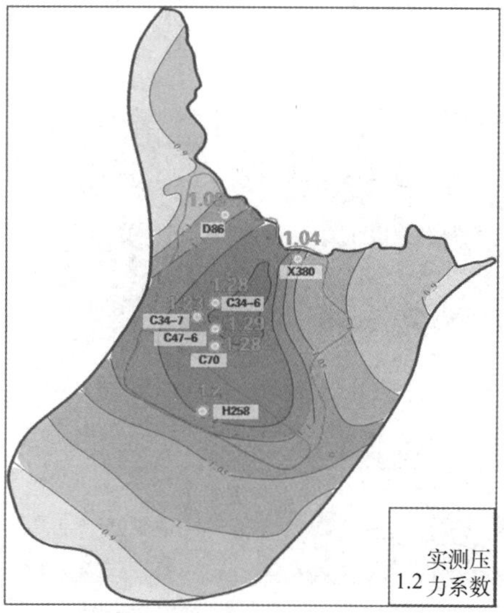

图 9　松南青一段地层压力分布图

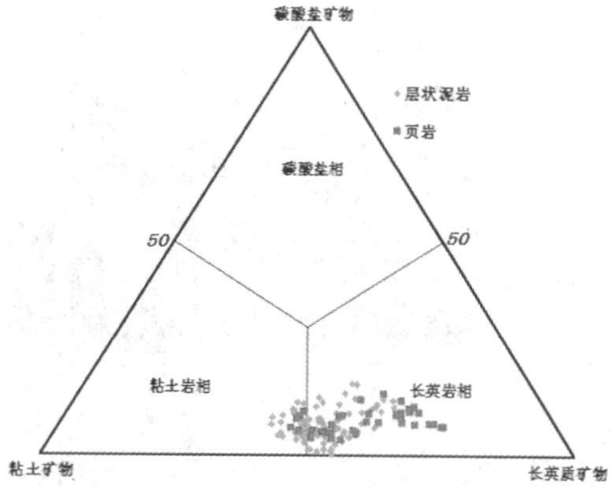

图 10　大情字井夹层型页岩全岩矿物含量

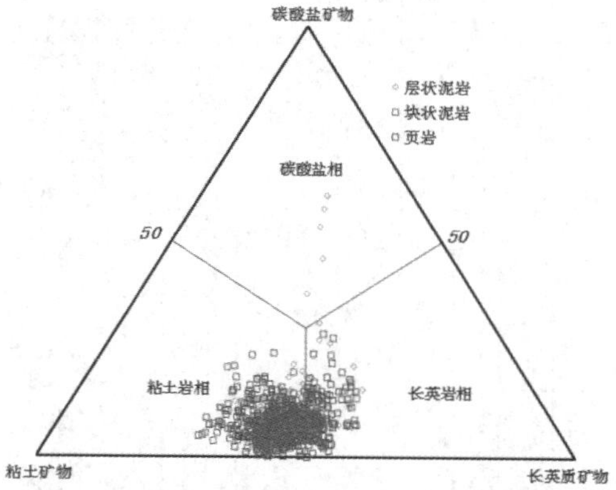

图 11　乾安-大安纯页岩型页岩全岩矿物含量

育的储层具有较高的渗透率、较大的供液半径、较高的自然产能；裂缝发育带内长英质页岩H130、H120-7井，黏土型页岩C34-6、C93井均获得突破，日产油均大于8m^3，展现勘探潜力。因此，微裂缝发育，有利于页岩油富集高产。

3.4　高脆性矿物影响储层物性及压裂改造

脆性矿物对页岩油后期开采影响体现为两方面。首先，脆性矿物成分影响页岩油后期改造。页岩中蒙脱石、伊蒙混层等黏土矿物含量越低，石英、长石、方解石等脆性矿物含量越高，岩石脆性越强，越利于页岩油后期开采与动用。其次，脆性矿物含量影响页岩微裂缝发育程度，首先，地层脆性大，在后期构造运动中，受压扭应力影响，地层易破碎，可形成大量天然裂缝，在后期压裂时，也更易形成复杂诱导缝。

松南青一、二段页岩主要分为长英质和黏土质两类，乾安-大安地区以黏土质页岩为主，矿性矿物35%~55%，大情字井外前缘薄夹层区以长英质页岩为主，脆性矿物55%~80%(图10、图11)。根据分析化验结果，对比两个地区页岩，长英质页岩脆性矿物含量高，粒间孔发育，孔隙度、可动流体饱和度均高，具备更好的孔渗条件，较高的脆性矿物含量影响储层的物性，更利于后期压裂改造。

通过岩心标定测井，建立测井模型，开展全区脆性矿物分布研究；明确脆性矿物分布与沉积环境相关，由外前缘带至深湖区，水体逐渐加深，有机质、黏土矿物含量逐渐升高，脆性矿物降低。按脆性矿物含量可分为四个带：大情字井地区脆性矿物含量大于65%，已展现效益动用潜力；赞字井地区脆性矿物含量55%~65%，目前未有井揭示；余字井地区脆性矿物含量50%~55%，展现勘探潜力；塔虎城地区脆性矿物含量小于50%，需要进一步认识。

4　页岩油甜点核心区优选

依托成藏认识，按照夹层型和纯页岩型两类页岩油分别建立了松南页岩油甜点评价标准，划分三类页岩油层，其中夹层型页岩油Ⅰ类页岩油层：自然伽马>120API、电阻率>8Ω·m、有效孔隙度>5%、TOC>1.8%、S_1>2mg/g、含油饱和度>45%、脆性指数>55%、Ro>0.9%、压力系数>1.2、岩相为中-高有机质长英质页岩、夹层状砂岩；纯页岩型页岩油Ⅰ类页岩油层：自然伽马>120API、电阻率>8Ω·m、有效孔隙度>5%、

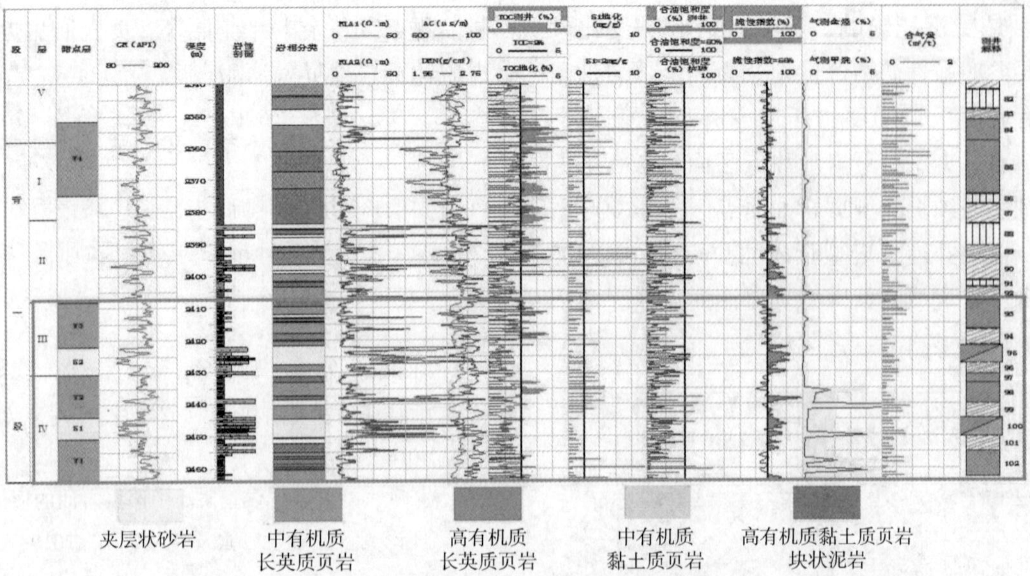

图 12　大情字井外前缘夹层型页岩油甜点评价综合柱状图

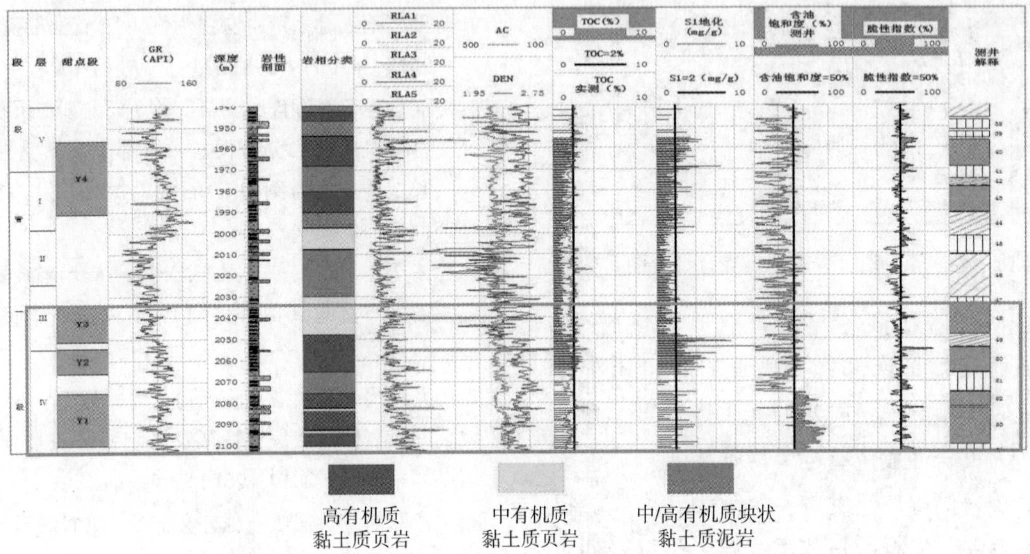

图 13　乾安-大安纯页岩型页岩油甜点评价综合柱状图

TOC>3%、S_1>2mg/g、含油饱和度>45%、脆性指数>45%、Ro>0.9%、压力系数>1.2、岩相为高有机质黏土质页岩；

依照甜点评价标准，将成熟页岩油划分为夹层型、纯页岩型两种类型，其中，夹层型页岩油储层砂地比小于 20%，单层砂岩厚度小于 5m，页岩以长英质页岩为主，主要分布于大情字井外前缘，面积 1300km^2。纯页岩型页岩油砂岩不发育，以黏土质页岩为主，主要分布于乾安-大安地区，面积 3700km^2。

通过建立"铁柱子"井，进一步明确两类页岩油纵向甜点特征：大情字井外前缘夹层型页岩油为青一段下部 3 套页岩甜点层夹两套砂岩甜点层，页岩单层 6~15m，累厚 25~45m，砂岩单层 1~5m，累厚 5~12m(图 12)。乾安-大安纯页岩型页岩油青一段下部 3 套页岩甜点层间隔分布，单层 5~23m，累厚 25~49m(图 13)。

通过多参数耦合，明确页岩油有利区分布。从中央凹陷向东西两侧延伸，构造逐渐抬升，成熟度降低，主要参照 Ro 大于 0.9%(Q229 井位于 Ro 在 0.9%，常规测试获得工业油流)线作为东西向边界；向南砂地比增加，页岩厚度减薄，TOC 逐渐降低，综合页岩单层厚度大于 5m、

TOC 大于 1.5%、砂地比小于30%，确定南边界；向北主要是受沉积影响，脆性矿物含量变化较大，主要参照脆性矿物含量划分为四个页岩油甜点区，有利面积 2300 平方千米，资源规模较大，其中大情字井夹层型页岩油甜点区面积 750 平方千米，赞字井纯页岩型页岩油甜点区面积 400 平方千米，余字井纯页岩型页岩油甜点区面积 400 平方千米，塔虎城纯页岩型页岩油甜点区，面积 750 平方千米(图 14)。

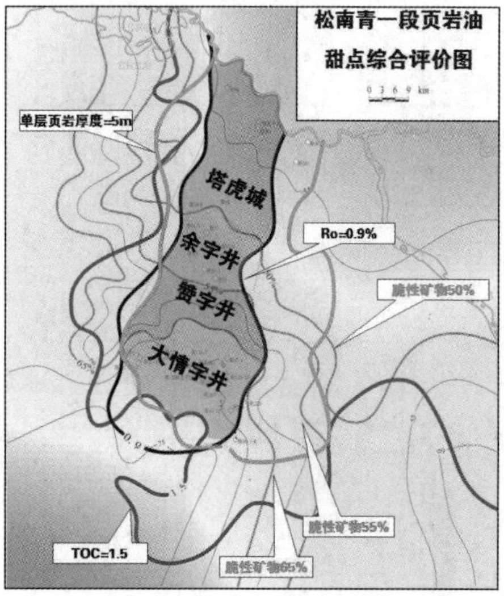

图 14 松南青一段页岩油甜点综合评价图

5 结论

(1) 松辽盆地南部青一段页岩有机质丰度高，有机质类型好，是成熟的优质烃源岩，含油潜力大，为页岩油成藏奠定了物质基础。

(2) 页岩储层广泛发育，厚度大，为成藏提供了储集空间。发育的长英质纹层，是页岩油主要的赋存空间和渗流通道。

(3) 页岩油原油品质较好，地层压力存在异常，有利于页岩油产出。

(4)“五个要素”控制了松南青一段页岩油富集：有利岩相是页岩油富集的基础；较高成熟度(Ro>0.9%)是页岩油富集的必要条件；较高的地层压力(压力系数>1.2)利于油气产出；微裂缝发育，有利于页岩油富集高产；较高的脆性矿物含量影响储层的物性，同时利于储层改造。

(5) 按照夹层型和纯页岩型两类页岩油分别建立松南页岩油甜点评价标准，划分三类页岩油层；通过多参数耦合，落实四个甜点核心区：大情字井夹层型页岩油甜点区、赞字井纯页岩型页岩油甜点区、余字井纯页岩型页岩油甜点区、塔虎城纯页岩型页岩油甜点区。

参 考 文 献

[1] 陈美玲，潘仁芳，张超谟，等. 济阳拗陷沙河街组页岩与美国 Bakken 组页岩储层“甜点”特征对比[J]. 成都理工大学学报(自然科学版)，2016，43(4)：438-446.

[2] 邹才能，杨智，崔景伟，等. 页岩油形成机制、地质特征及发展对策[J]. 石油勘探与开发，2013，40(1)：14-26.

[3] 张欣，刘吉余，侯鹏飞. 中国页岩油的形成和分布理论综述[J]. 地质与资源，2019，28(2)：165-170.

[4] 柳波，吕延防，孟元林，等. 湖相纹层状细粒岩特征、成因模式及其页岩油意义：以气塘湖盆地马朗凹陷二叠系芦草沟组为例[J]. 石油勘探与开发，2015，42(5)：598-607.

[5] 袁选俊，林森虎，刘群，等. 湖盆细粒沉积特征与富有机质页岩分布模式：以鄂尔多斯盆地延长组长 7 油层组为例[J]. 石油勘探与开发，2015，41(1)：34-43.

[6] 王勇，刘惠民，宋国奇，等. 济阳坳陷页岩油富集要素与富集模式研究[J]. 高校地质学报，2017，23(2)：268-276.

[7] 龙玉梅，陈曼霏，陈风玲，等. 潜江凹陷潜江组盐间页岩油储层发育特征及影响因素[J]. 油气地质与采收率，2019，26(1)：59-64.

[8] 卢双舫，黄文彪，陈方文，等. 页岩油气资源分级评价标准探讨[J]. 石油勘探与开发，2012，39(2)：13-14.

[9] 薛海涛，田善思，卢双舫，等. 页岩油资源定量评价中关键参数的选取与校正--以松辽盆地北部青山口组为例[J]. 矿物岩石地球化学通报，2015，34(1)：70-78.

[10] 邹才能，陶士振，杨智，等. 中国非常规油气勘探与研究新进展[J]. 矿物岩石地球化学通报，2012，31(4)：312-322.

[11] 张林晔，李钜源，李政，等. 陆相盆地页岩油气地质研究与实践[M]. 北京：石油工业出版社，2017：146-154.

[12] 高辉，何梦卿，赵鹏云，等. 鄂尔多斯盆地长 7 页岩油与北美地区典型页岩油地质特征对比[J]. 石油实验地质，2018，40(2)：133-140.

[13] 张林晔，包友书，李钜源，等．湖相页岩油可动性：以渤海湾盆地济阳坳陷东营凹陷为例[J]．石油勘探与开发，2014，41(6)：641-650.

[14] 王永诗，李政，巩建强，等．济阳坳陷页岩油气评价方法：以沾化凹陷罗家地区为例[J]．石油学报，2013，34(1)：83-91.

[15] 陈美玲，潘仁芳，潘进．黄河口地区中深层超压成因机制及分布规律研究[J]．石油天然气学报，2014，36 (7)：8-11.

[16] 杨帆，于兴河，李胜利，等．冀中坳陷蠡县斜坡油藏分布规律与主控因素研究[J]．石油天然气学报(江汉石油学院学报)，2010，32(4)：37-41.

川南深层页岩气高效勘探关键技术

魏力民　熊　亮　史洪亮　董晓霞　王　岩

（中国石化西南油气分公司勘探开发研究院）

摘　要　川南龙马溪组深层页岩气资源十分丰富，但埋深大、优质储层厚度薄、脆性低、应力复杂、压力系数高、裂缝欠发育、非均质性强等特点严重制约着深层页岩气的商业发现。围绕深层页岩气高效勘探，以富集规律深化为引领，以地质、工程技术方法创新为抓手，形成了深层页岩气富集层有效动用评价思路，创建了以优质储层评价与预测、高效钻完井和充分体积改造为核心的配套关键技术系列，提高了优质储层钻遇率和资源动用率，达到了“选好层、打好井、压好体”的目标，技术的进步为川南深层页岩气高效勘探提供了有力的支撑保障，实现了深层页岩气商业发现和产出，实现了储量快速规模增长。

关键词　深层页岩气；高效勘探；关键技术；富集；优质储层

四川盆地及其周缘作为世界上最早发现和利用天然气能源的地区，页岩气资源页岩气资源丰富，有57.27万亿方，其中埋深大于3500m的深层页岩气资源量是中深层资源量的3倍[1-3]。随着中国能源结构进一步向清洁化、低碳化加速转变，这些资源在今后的10~30年间必将成为勘探开发利用的主体，大力开发利用四川盆地丰富的页岩气资源有利于能源结构调整和清洁能源战略实施，促进地方新兴产业发展，满足人民群众生产生活需要，对推动社会经济发展和生态文明建设具有重要意义，其既是落实习近平总书记关于今后若干年要加大国内油气勘探开发力度，保障我国能源安全的重要批示的迫切要求，也是中国石化践行绿色低碳战略的重要举措。

2010年以来，中国成功借鉴美国“页岩气革命”的经验率先在四川盆地及周缘五峰组—龙马溪组海相页岩层系取得重大突破和积极进展，分别发现了涪陵、长宁、威远等一批埋藏深度小于3500米的中深层大型页岩气田，并相继建成了涪陵、威远—长宁和昭通三个国家级页岩气示范区[4-6]。深层页岩气前期虽然进行了积极的探索，但存在压后产能低、递减快（第一年递减率常常大于80%）、稳产能力差、EUR低[6-7]，储量有效动用程度低、效益开发难度大等问题[8-11]，把这些问题简单地归为压裂改造工程工艺方面显然是不够全面的，简单套用中深层页岩气勘探开发的经验，难以指导深层页岩气的高效勘探。

1　深层页岩气的地质特点与勘探难点

与中深层页岩气相比，深层页岩气（以WR地区为例）具有五个显著的特点：①气藏埋深大（3580~3850m），属于深层页岩气藏，力学可压裂指数低（0.38~0.47），缝网体积改造难度大；②储层压实强烈，致密化程度高，纵横向储层宏观、微观特征（含矿物成分）与各项异性差异大，储层精细描述与评价的难度大；③优质储层厚度薄（3.5~7.6m），地震预测以及水平井轨迹控制面临诸多挑战；④气藏超压（地层压力68.69~77.48MPa，压力系数1.94~2.06），游离气比例高（76%~84%），页岩气赋存状态及富集机理不明确；⑤储层微裂缝不发育，破裂压力高（95~113MPa），水平应力差异系数大（0.25），导致施工压力、停泵压力高，排量规模受限，压后产能不达标。现有经济技术条件下，如何实现深层页岩气商业突破和高效勘探，国内没有先例，也缺乏相应的理论认识、配套技术和经验，迫切需要先进实用的新技术、新方法，实现深层页岩气商业突破。

梳理深层页岩气勘探突破面临的严峻挑战主要有以下三个方面的挑战：一是深层页岩气赋存状态及富集机理不明确，储层特征不清、评价与预测技术不完善，缺乏合适的理论指导，现有评价方法难以实现优质页岩储层的分类评价以及高精度预测；二是岩石可钻性差、高密度条件下钻井周期长，水平井轨迹控制难度大，套管易变形，难以实现深层页岩气钻井高效、优质、打好、打成目标；三是深层页岩压裂改造体积小、有效体积保持性差、大规模加砂难度大，现有压裂技术手段难以实现深层页岩气充分改造[12-13]。

通过近年来川南地区页岩气勘探的积极探索与持续实践，以深层页岩气形成条件与富集规律研究为基础，以优质储层识别和预测为抓手，以精细评价、优快钻井和体积压裂等关键技术的突破与创新为手段，目前基本建成深层页岩气地质评价、钻井实施到压裂改造完整的技术体系，实现了川南深层页岩气的高效勘探。

2　深层页岩气以富集层有效动用为核心的评价思路

页岩气形成与富集在整个史时期可分为沉积、深埋和抬升三大阶段[14]。沉积阶段页岩所处的沉积相带决定了其先天的品质和矿物成分；深埋阶段页岩经历的生烃、孔隙、成岩和早期构造演化决定了页岩的生气能力和储气能力；抬升阶段页岩层上覆压力的降低，将会形成卸载缝，若抬升幅度超过一定限度就会造成页岩气的逸散，此时保存条件就显得非常关键，只有保存条件好的才是最有利富集的页岩气，才是“甜点”。郭旭升结合盆缘焦石坝地区前期认识和勘探开发成果，发现深水陆棚相带和保存条件是复杂构造区页岩气富集的主要矛盾，在分析总结的基础上，提出了四川盆地南方海相复杂构造区页岩气“二元(相带、保存)富集”规律[15]，有效指导了四川盆地川东南盆缘地区的勘探实践。然而对于深层页岩气，由于其主要分布于盆地内部的川南、赤水、重庆等广大地区，盆内构造作用以滑脱变形和整体隆升为主，对页岩气顶底板的破坏有限，深层页岩气普遍超高压，大面积连续分布(图1)，保存条件已不是页岩气富集的主要控制因素；此时深层页岩气商业突破的矛盾主要集中在页岩气富集层以及其的有效动用上。

实践发现深层页岩气富集与有效动用的主控因素有三个，分别是相带、演化和储层，其中相带、演化与中浅层页岩气类似，只不过更强调优

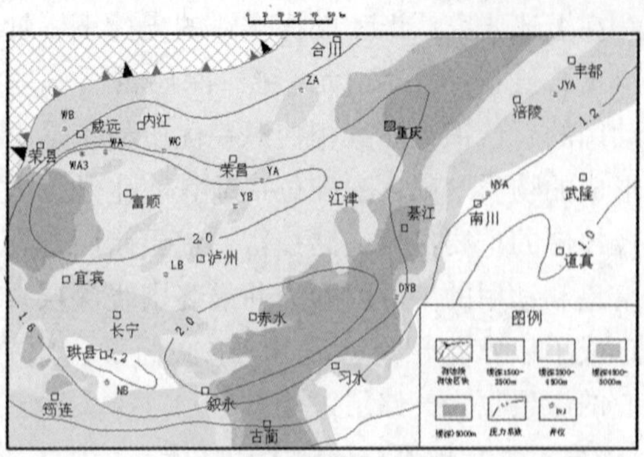

图1　川南地区下志留系龙马溪组底埋深与地压系数等值线叠合图

质、适宜。对于深层页岩气深水陆棚相带并不都是优质相带，只有硅质、钙硅质深水陆棚才是优质相带。四川盆地面积广大，构造位置差异，导致龙马溪组沉积期微相分布也略有差异，黏土质硅质深水陆棚、钙质黏土质硅质(混合)深水陆棚等虽可划入深水陆棚相带，但其在有机碳含量、孔隙空间、特别是矿物组成、可压性等参数上是差于优质相带的。适宜演化包括适宜的生烃演化(Ro>1.3%)、孔隙演化(2.2≤Ro≤2.7%)、成岩演化(中成岩B期-晚成岩阶段)、和构造演化(整体抬升，抬升幅度≥2000m)，是页岩气成烃控储的重要保障，研究发现，川南地区大部五峰-龙马溪组深层页岩演化适宜、匹配良好，为页岩气的富集奠定了良好基础。优质储层拥有高含气量、高储量丰度，是深层页岩气最富集层段(表1)，并且还具有低泊松比、高杨氏模量、低水平应力差异系数，是深层页岩气在现有经济技术条件下最易改造的层段，同时具有高原始渗透率和高逸散率(IDR)，是深层页岩气最易产出的层段。对比表明优质储层比非优储层含气量高1/3~1/2，储量丰度高1.5~2倍，泊松比低20%~45%，水平应力差异系数低50%，平均渗透率高一个数量级，逸散率高1.5~2倍，优质储层是深层页岩气富集和动用的关键因素。

表1　优质储层与非优储层参数统计表

储层	地化	储集		富集		可压性			产出	
	有机碳含量/%	孔隙度/%	有机孔占比/%	含气量/(m^3/t)	储量丰度/(m^3/m^3)	泊松比	杨氏模量/kPa	水平应力差异系数	平均渗透率/mD	逸散率
非优储层	3.4	5.7~6.7	33	6.2~7.8	15~18	0.21~0.28	24539~26467	0.18~0.26	0.0687	9~15.1
优质储层	4.0	6.1~6.7	42	10~11.7	30~34	0.16~0.20	21541~23606	0.1~0.15	0.463	22~28

在上述研究认识和勘探实践的支撑下，针对深层页岩气提出了“三元三控”深层页岩气富集和动用的新认识，即：相控源—优质相带是页岩气形成的物质基础；演控位—适宜演化是页岩气成烃控储的重要保障；储控富—优质储层是页岩气富集和动用的关键因素。并最终围绕深层页岩气形成了以富集层有效动用(下文简称富集)为核心的深层页岩气储层评价思路。

3　深层页岩气评价与预测关键技术

针对深层页岩气储层地质评价、测井定量评价、高精度地震预测等技术瓶颈开展技术攻关，形成了七项关键技术，为深层页岩气优质储层的优选提供了有力的技术保障。

3.1　深层页岩气地质评价关键技术

① 多尺度、多视域页岩储层描述技术

针对深层页岩特征纵向变化复杂，精细刻画难度大的问题，为了清晰描述龙马溪组页岩在纵向上的宏观和微观特征，建立了多尺度、多视域页岩储层描述技术，多尺度是指从层、小层、微层、纹层的角度来描述，多视域是从米、厘米、微米、纳米等尺度上来刻画。威荣地区通过该技术的应用，精细刻画了优质页岩段(4 个层、7 个小层、28 个微层、324 个纹层)储层内部微观特征及层间变化特征，突出了储层纵向上的差异，为准确把握深层页岩储层宏观、微观特征变化，实现页岩储层的精细评价奠定基础。

② 深层页岩储层分类、富集分级评价技术

针对深层页岩优质储层不明确、储层类型不清、评价不完善等问题，开展深层页岩优质储层定量评价技术攻关，形成深层页岩储层分类、富集分级评价技术。该技术通过划分深层页岩主要岩石相类型，建立储层地质模型，实现页岩储层有效分类；并以富集为评价核心优选各项参数，建立页岩储层富集分级评价指标，实现储层富集分级定量评价(图 2)。该项技术通过对深层页岩储层的地质分类与定量评价，实现了在页岩中寻找优质储层即：“好中选优，优中找富”的目标，储层定量评价精度达到 0.5 米，为页岩气水平井靶窗及轨道位置优选提供了有力支撑。

3.2　深层页岩气测井定量评价关键技术

① 地质约束下复杂矿物组分定量评价技术

深层页岩气储层矿物组分复杂，基于传统体积模型或地质统计模型难以准确评价纵向上的矿物含量变化，为克服测井解释的多解性，达到准确评价复杂岩性的目的，在深层页岩气测井定量评价中，采用了基于岩心实验分析数据建立的地质约束最优化模型，该模型充分发挥了测井理论的预测作用与地质分析的指导作用，使测井矿物组分计算结果的准确达到98%以上，为后续测井处理解释奠定了基础。

② 基于干黏土骨架的页岩孔隙度校正及评价技术

为解决由不同实验室或不同方法对同一页岩岩心样品的孔隙度测量差异(最大可达 3 倍)，以及岩心测量的孔隙度难与测井解释结果吻合的问题，创建了基于干黏土骨架的页岩孔隙度校正及评价技术。该技术利用相对稳定的沉积环境中，干黏土(不含束缚水)具有稳定测井骨架值这一特性，确定页岩总孔隙度(相当于完全干燥状态下孔隙度)，并基于不同测试条件(实验方法)孔隙度差异及其关系，实现了川南地区深层页岩孔隙度统一平台定量评价；并通过优化页岩四孔隙度解释模型，使测井孔隙度与岩心孔隙度相对误差小于 5%，其结果优于岩心刻度或体积模型的计算结果。

③ 页岩游离气、吸附气含量测井评价新方法

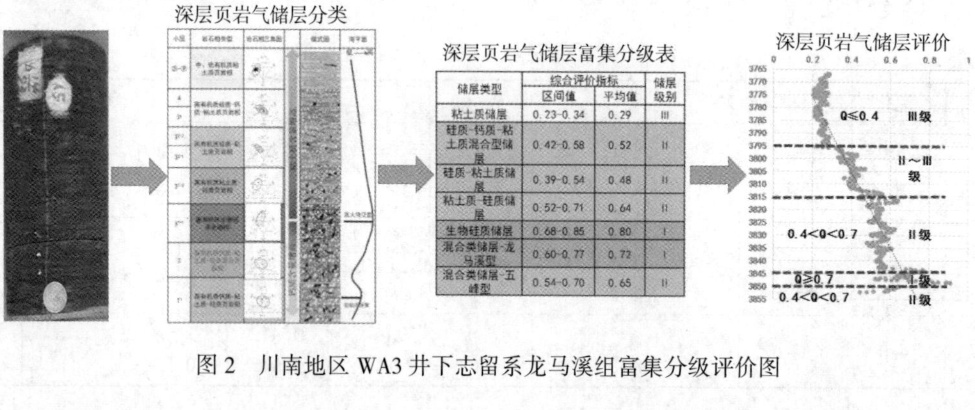

储层类型	综合评价指标 区间值	综合评价指标 平均值	储层级别
粘土质储层	0.23-0.34	0.29	III
硅质-钙质-粘土质混合型储层	0.42-0.58	0.52	II
硅质-粘土质储层	0.39-0.54	0.48	II
粘土质-硅质储层	0.52-0.71	0.64	II
生物硅质储层	0.68-0.85	0.80	I
混合类储层-龙马溪型	0.60-0.77	0.72	I
混合类储层-五峰型	0.54-0.70	0.65	II

图 2　川南地区 WA3 井下志留系龙马溪组富集分级评价图

针对传统饱和度方程不适应页岩游离气评价难点，为了更精确的评价深层页岩气的游离气、吸附气含量，通过建立基于吸附相密度及质量守恒原理的游离气含量评价新模型，以及模拟地层条件下的修正蓝氏方程建立吸附气评价方法，实现了原地条件下页岩含气量的定量评价，评价结果更接近于地下真实情况，为储层精细评价及地震品质预测奠定了坚实基础。

3.3　深层页岩气地球物理预测关键技术

①“三保三高”地震资料高保真处理技术

该技术是指采用保 AVO、保频宽、保各向异性、高信噪比、高分辨率、高保真度等地震资料高保真处理技术手段，提高地震资料品质，解决深层页岩气埋深大、地表与地下环境(构造)复杂导致地震资料存在静校正、各向异性处理、精确成像、含气性识别等诸多难题，以满足高精度页岩储层地震预测的需求，突出“精细”和“针对性”。实践表明，该技术处理的成果：构造形态更加合理，精度更高，深度误差从过去的 3%降至 1.5‰；小断层更清晰，断距 10m 以上断层可识别；优质储层地震响应特征突出，频谱丰满，为甜点预测提供了可靠基础数据。

②“三品质”深层页岩气甜点预测技术

针对深层页岩储层厚度薄、有利目标优选及富集区评价难的特点，形成高精度“三品质”深层页岩气甜点预测技术，解决了深层页岩气优质储层预测难题。该技术包括储层品质(厚度、有机碳、孔隙度)、工程品质(各向异性脆性、地应力、水平应力差异系数)、富集品质(含气丰度、含气量、游离气、裂缝、地层压力)11 种参数的地震预测(图 3)。为实现高精度预测，研发了包括基于 VTI 介质弹性理论的页岩脆性预测，基于 HTI 各向异性介质理论的地应力预测，基于多尺度吸收属性的含气丰度预测、基于 caffe 人工智能的游离气定量预测以及深层页岩 CSO (clay-silt-organic)地层压力预测等一系列新技术。预测精度较以往大幅提高，储层品质预测误差小于 2%，工程品质预测误差小于 5%，富集品质预测误差小于 1%，实现了深层页岩气甜点目标优选，支撑了深层页岩气探明储量提交与产能建设方案编制。

4　深层页岩气高效钻完井关键技术

针对深层页岩气井岩石可钻性差、高密度条件下钻井周期长，水平井轨迹控制难度大，套管变形等一系列问题，形成了五项关键技术，实现深层页岩气钻完井高效、优质、打好、打成目标。

4.1　深层页岩气优快钻井技术

①深层页岩气井身结构优化技术

针对多产层、多压力系统等难点，以三压力剖面为基础，开展易塌地层井壁稳定性评价，优化井身结构，调整各开次必封点。技术应用效果显示，通过缩小导管和一开段井眼尺寸，表层套管下深由 1550 米缩减至 500 米，节约作业时间 6~7 天，钻井周期降幅最高达 38%。

②深层页岩气快钻提速推荐作法

针对深层页岩气井岩石可钻性差、高密度条件下钻井周期长，工程风险大等难点，基于地层剖面的硬度、研磨性以及岩石力学可钻性分析，开展破岩工具与提速工艺攻关，形成各开次提速推荐作法(表 2)。技术应用效果显示，钻井周期降幅平均达 33%。

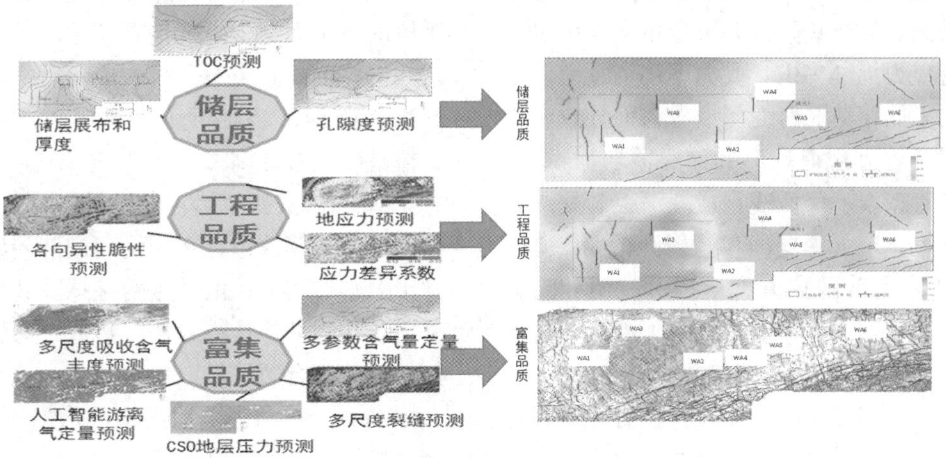

图 3　“三品质”深层页岩气甜点预测技术及威荣预测结果图

表 2　深层页岩气钻井各开次提速推荐作法及效果

开次		完钻地层	推荐作法	效果
导管		沙溪庙组	工程桩机/PDC+大尺寸螺杆	提速 3 倍
一开		沙溪庙组	PDC+单弯螺杆+扶正器	提速 3~5 倍
二开		龙马溪组	PDC+单弯螺杆+MWD+尾扶	提速 67%
三开	造斜段	龙马溪组	PDC+旋转导向	提速 52.3%
	水平段		旋转导向/PDC+单弯螺杆+远端方位伽马	

③ 深层页岩气一趟钻完井技术

针对深层页岩气井高密度条件下完井周期长的难点，开展高密度下清水替浆工艺、通刮洗联作工艺以及长短起通井技术研究，通过研制井口高压快装接头，优化井下附件和地面联接流程，通刮洗联作等手段，大幅缩短完井时间，技术应用效果显示，平均节约作业时间 7 天以上。

4.2　深层页岩气一体化轨迹调整技术

针对深层页岩气优质储层薄、水平井优质储层钻遇率低的难题，形成以地质识别、物探校正、工程优化为核心的一体化水平井眼轨迹设计调整控制技术，通过钻前精心制定预案，深化各标志点的识别，钻中物探实时深度校正、工程实时轨迹优化调控，确保精确着陆中靶、井眼光滑和优质储层钻遇率。页岩气水平井优质储层钻遇率由前期 53%提高到 95%以上。

4.3　深层页岩气一体化套变防控方案

针对深层页岩气套管变形的难题，通过开展套变主控因素与变形规律研究，明确了套变的主因是井周裂缝和岩石矿物变化导致的应力薄弱面，辅因是固井质量缺陷、井眼全角变化率过大将导致套管应力局部集中，受力不均匀，诱因是改造作业诱发储层薄弱面变形或滑移而导致套管变形。依据套管外载荷反演和储层薄弱面识别，形成提高套管壁厚、降低残余应变、控制井眼轨迹全角变化率、避开薄弱面位置射孔的“提-减-控-避”一体化套变防控方案，技术应用效果显示，水平井段套变率有前期的 57%下降到 3%。

5　深层页岩气压裂改造关键技术

针对深层页岩压裂改造体积小、有效体积保持性差、大规模加砂难度大等难题，形成了深层页岩气压裂设计思路和五项关键技术，实现深层页岩气充分改造、高产、稳产目标。

5.1　深层页岩气压裂设计思路

针对深层页岩气压裂缝单一、形态简单、缝高和缝长受限、压裂缝易失效等问题，从深层页岩力学及脆性研究入手，深化深层页岩裂缝起裂规律，模拟测定地层条件下裂缝发育及支撑剂分布状态，优化施工排量和规模，形成了以增加改造有效体积为核心，以提高裂缝复杂性、提高横向覆盖率、提升裂缝导流性和提升裂缝有效性的二代深层页岩气压裂设计思路(图 4)，设计的针对性突出。

5.2　深层页岩气压裂优化技术

① 深层页岩气压裂分段分簇优化技术

针对深层页岩气压裂改造体积小，储层改造整体覆盖率低的问题，基于应力干扰分析和有限元模拟，以最大改造体积和提高改造充分性为目标，形成深层页岩气压裂分段分簇优化技术，有效提高了水平井储层改造整体覆盖率，压裂改造覆盖率由前期 65%提高到 80%。

② 深层页岩气多级裂缝导流能力优化技术

针对深层页岩气有效体积保持性差，储层改造整体有效性低的问题，基于水电相似原理，建立多级裂缝流动能力优化模型，优化各级裂缝导流能力及铺砂浓度，形成深层页岩气多级裂缝流动能力优化技术，有效提高了水平井储层改造整体有效性，主裂缝导流能力提高到 5.35D · cm。

5.3　深层页岩气二代体积压裂技术

① 深层页岩复杂裂缝支撑剂铺置技术

基于裂缝延伸及支撑剂运移规律，形成了以“抑制层理缝开启、三超加砂(超低密度、超小粒径、超前加砂)、三级支撑(三种规格支撑三级裂缝)、较大排量和降阻水连续加砂”为主要手段的复杂裂缝支撑剂铺置技术，并形成核心工艺和支撑剂配置方案。技术应用后，单段平均加砂量达到 $91m^3$，加砂强度提高了 41.4%，裂缝支撑范围大幅提高。

② 深层页岩暂堵转向压裂技术

针对多簇改造存在非均匀进液问题，自主研发了溶解时间可控的纳米暂堵球及暂堵剂，建立了射孔孔眼冲蚀计算方法，形成了以缝内和缝口相结合的复合暂堵转向压裂技术，技术应用后压力增加 2~5MPa，微地震事件增加 42%(图 5)，缝宽扩大有效率提高了 9%。

③ 深层页岩气体积压裂主体工艺

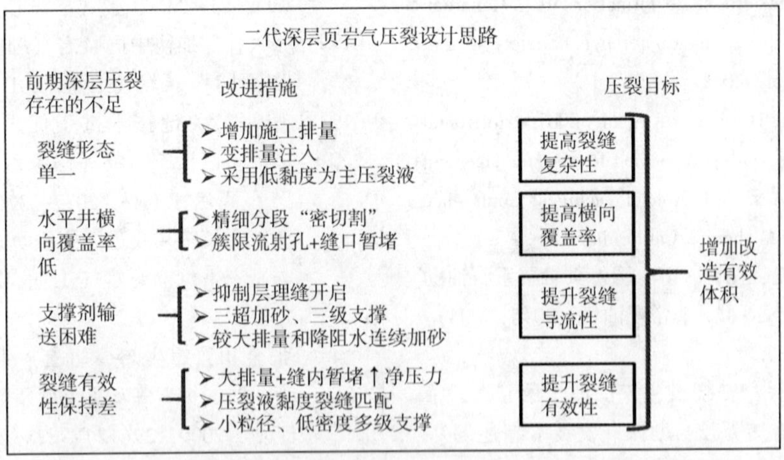

图 4　深层页岩气压裂设计思路

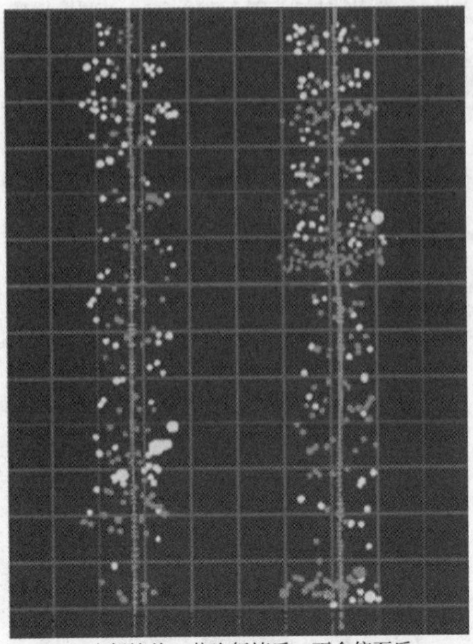

红为暂堵前，黄为暂堵后，不含停泵后

图 5　川南地区 A1 和 A2 井压裂暂堵前后微地震监测

以提高有效改造体积为目标，在前期的“控近扩远、提高裂缝有效性和分簇改造充分性”的压裂技术基础上，形成了以“少段多簇密切割+强加砂+复合暂堵转向”为特色的的深层页岩第 2 代压裂主体工艺。

6　应用效果

深层页岩气认识的进步和关键技术的应用，打破了深层页岩气商业突破技术瓶颈，推进了四川盆地深层页岩气高效勘探，有力支撑了井位部署、储量提交和方案编制。技术应用后威荣探区深层页岩气测试无阻产量从 14~17 万方/天提高到 24~43 万方/天，较前期提高了 1 倍，评估最终可采储量（EUR）由前期的 0. 34 亿方提高到 0. 6~0. 8 亿方，较前期增长了 1. 5~2 倍，配产 5. 5 万方/天可稳产 2 年，基本达到了现有经济技术条件下的效益产出，保障了威荣深层页岩气田在 2 年时间内提交探明储量 1246. 78 亿方，成为中国第一个深层千亿方大型页岩气田。威荣深层页岩气田的发现，拉开了四川盆地龙马溪组深层页岩气的勘探序幕，拓宽了勘探家的勘探视野。目前该气田产能建设工作正在快速、有序推进。

7　结论

（1）深层页岩气的高效勘探紧紧抓住了深层页岩的商业突破与富集动用之间的主要矛盾，明确了优质储层是深层页岩气富集和动用的关键因素，为深层页岩气的高效勘探提供了理论支撑，是一次认识进步指导勘探实践的成功范例。

（2）地质评价与预测、钻完井、压裂改造配套技术系列关键技术的研发和创新，实现了深层页岩优质储层“选好、打好、压好”目标，为深层页岩气高效勘探奠定了坚实基础。

参 考 文 献

[1]　郑志红，李登华，白森舒，等．四川盆地天然气资源潜力．中国石油勘探，2017，22(3)：12-20.

[2]　马新华．四川盆地天然气发展进入黄金时代[J]．天然气工业，2017，37(2)：1-10.

[3]　马新华．天然气与能源革命——以川渝地区为例[J]．天然气工业，2017，37(1)：1-8.

[4]　郭伟．四川威远区块页岩气水平井产量差异分析[J]．科学技术与工程，2018，18(4)：228-233.

[5]　彭勇民，龙胜祥，胡宗全，等．四川盆地涪陵地区页岩岩石相标定方法与应用[J]．石油与天然气地质，2016，37(6)：964-970.

[6]　Fan L，Martin R B，Thompson J W，et al. An integrated approach for understanding oil and gas reserves

potential in eagle ford shale formation[R]. Canadian Unconventional Resources Conference. Society of Petroleum Engineers, 2011.

[7] Baihly J, Grant D, Fan L, et al. 2007. Horizontal wells in tight gas sands: A method for risk management to maximize success. SPE Annual Technical Conference and Exhibition, Anaheim, California, U. S. A.

[8] 崔景伟，朱如凯，杨智，等. 国外页岩层系石油勘探开发进展及启示[J]. 非常规油气，2015，(04)：68-82.

[9] 江怀友，宋新民，安晓璇，齐仁理，乔卫杰，董利娟. 世界页岩气资源与勘探开发技术综述[J]. 天然气技术，2011，5(20)：32-33.

[10] 刘洪林，王莉，王红岩，魏伟，孙爱. 中国页岩气勘探开发适用技术探讨[J]. 油气井测试，2012(9)：21~23.

[11] 张大伟. 加快中国页岩气勘探开发和利用的主要路径[J]. 天然气工业，2011，5(25)：14~15.

[12] 谢军. 关键技术进步促进页岩气产业快速发展——以长宁—威远国家级页岩气示范区为例[J]. 天然气工业，2017，37(12)：1-11.

[13] 谢军. 长宁—威远国家级页岩气示范区建设实践与成效[J]. 天然气工业，2018，18(4)：228-233.

[14] 张金川，姜生玲，唐玄，张培先，唐颖，荆铁亚. 我国页岩气富集类型及资源特点[J]. 天然气工业，2009，29(12)：228-233.

[15] 郭旭升. 南方海相页岩气“二元富集”规律——四川盆地及周缘龙马溪组页岩气勘探实践认识[J]. 地质学报，2014，88(7)：1209-1218.

川西薄层叠置窄河道致密砂岩精细刻画关键技术及应用

赵　爽　丁蔚楠　郑公营

（中国石化西南油气分公司勘探开发研究院）

摘　要　河道砂岩储层精细刻画是实现川西致密砂岩气藏高效开发的关键之一，由于其厚度薄、宽度窄、多期叠置且物性致密，一直以来实现其精细刻画是一个重大的挑战。为此，提出以高保真、高分辨目标处理地震资料为基础，以时空域、时频域多域多属性相带刻画技术为手段，以基于岩相、物相、流体相的“三相”定量预测技术体系为核心的河道砂岩储层精细刻画技术体系，通过运用该技术体系，实现了川西河道砂岩储层外形及内幕精细刻画，提高了复合相位内叠置河道砂期次识别能力，突破了薄层岩相、物相高精度定量预测技术瓶颈，从根本上解决了川西薄层、叠置窄河道致密砂岩气藏高效开发难题。

关键词　致密砂岩气藏；河道砂；目标处理；多域多属性；定量预测

近年来，致密砂岩气藏在川西陆相气田勘探开发中地位显得越来越重要，尤其是致密河道砂岩气藏，但由于其沉积主要受三角洲平原-前缘分流河道控制，河道发育期次多、砂体叠置关系复杂、厚度薄、储层致密、岩性及物性横向变化大，且储层与非储层波阻抗差异小、叠置程度严重，气藏精细描述面临单河道相带刻画、沉积演化与期次识别、储层空间刻画、储层定量预测与描述等诸多难题，一直以来其沉积内幕、外形以及定量刻画精度较低，制约高效开发评价。此次研究从地震资料目标处理入手，实现三维地震资料高保真、高分辨，并以此为基础，开展河道砂岩沉积外形以及内幕精细，实现不同期次河道砂剥离，由定性到定量逐级递进式刻画，从根本上实现河道砂岩储层三维空间一体化定量精细描述。

1　基础地质背景

研究工区属于致密河道砂岩气藏，主要分布在川西坳陷的负向构造成都凹陷以及斜坡带东坡地区，目的层系为中浅层侏罗系沙溪庙组和蓬莱镇组，埋深大致在500~3100米，沉积上主要为一套为滨浅湖与三角洲交替的砂、泥岩沉积；物源以北东向为主，北西向为辅，由于各时期的物源方向差异和沉积位置的不同，发育滨湖、三角洲平原、三角洲前缘、前缘三角洲亚相；主要有利沉积微相为分流河道，储层以分流河道砂为主，沙溪庙组岩石类型以细-中粒岩屑长石砂岩、长石岩屑砂岩、岩屑砂岩和岩屑石英砂岩为主，蓬莱镇组砂岩主要为岩屑砂岩及岩屑质石英砂岩；沙溪庙组粒间溶孔和粒内溶孔十分发育，蓬莱镇组孔隙类型以主要为粒间溶孔；沙溪庙组砂岩厚度平均15米，孔隙度平均8.94%，渗透率平均$0.5\times10^{-3}\mu m^2$，蓬莱镇组砂岩厚度12米，孔隙度平均8.64%，渗透率平均$0.67\times10^{-3}\mu m^2$，储层属于薄层中低孔近致密~致密储层范畴。目前川西中浅层河道砂岩气藏主要由成都气田和中江气田两个大型气田组成(图1)。

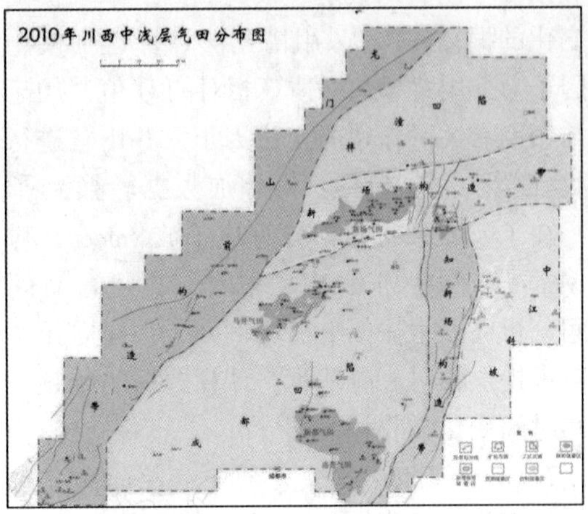

图1　川西中浅层气藏位置示意图

2　河道砂岩精细刻画关键技术

2.1　岩性气藏目标处理技术

基本思路：“先去噪、后振幅恢复与补偿”，由低到高、逐步逼近、分辨适度、改善中浅层叠加效果，突出“低频、强振幅”含气地震响应异常特征。同时在岩性处理成果基础上，采用跌后提高分辨率处理手段，在保持信号信噪比的前提下，尽可能提高地震资料分辨率，使地震数据识别薄储层的能力进一步加强，处理与解释闭合式循环，提高资料含气河道砂体刻画能力。

2.1.1 高保真岩性气藏处理关键技术

1）基于波动方程的模型法自适应地滚波衰减技术

该技术采用弹性建模的方法预测噪声并进行去除[1-2]，主要包括：通过给定的频率-速度进行倾斜叠加，得到每炮的 tau-p 谱；通过可逆的子波变换，输入数据可以被分解为不同的频率-波数域子集，在每个子集中进行弹性建模并用最小二乘拟合使得与数据面波匹配，计算自适应参数进行噪音衰减；再通过扇形滤波去除负斜率和弹性建模没有去除的剩余假频等。

2）分频去噪技术

该技术在不同的频段内，以加权中值为参考，自动识别出噪声，并根据噪声与信号的数值关系，计算出加权曲线，对噪声进行衰减，然后重构地震记录十字排列自适应建模去噪，通过弹性建模的方法预测噪音并进行去除，该技术对于剩余线性噪音、次生干扰等都非常有效。该技术是一种非常有效和安全的去噪方法，不会改变异常区域之外的任何数据。

3）基于小波变换的 Q 体剩余补偿技术

该技术是利用模型衰减比例因子来平衡随频率变化的振幅[3-4]。采用谱比法计算得到模型衰减因子 Q，用背景数据估算相对的 Q 值，用于计算与频率有关的振幅的变化因子，并用它进行反吸收补偿。主要包括：将叠加数据转换到子波域；在子波域又将数据分解成子波 voices，对每个 Voice，在共 voices 内通过对数据进行时间和空间分析而产生振幅平滑比例因子；建立频率的函数来提供相对衰减估算；计算数据的分频、空间和时间变化吸收补偿。

2.1.2 基于谐波准则恢复弱势信号的高分辨率处理

基于谐波准则恢复弱势信号（简称 BBI 技术）的高分辨率处理技术技术是利用小波变换[5-6]和谐波准则实现对信号缺失频率成分的补偿，从而达到提高地震记录分辨率的目的，技术思想主要来源于以下内容：

1）子波与谐波

傅立叶变换即信号的谐波分析。由傅里叶变换可知，任意信号经过傅里叶变换后，都可以分解为一系列余弦波的叠加，且各频率余弦波与基频余弦波都是谐波关系。

图 2 展示了 5 个不同频率成分的子波，其均由基频余弦信号与其高次谐波余弦信号叠加而成。从子波 1~5，其高次谐波成分依次增多，最终导致叠加合成的子波越来越尖（即频带越来越宽，分辨率越来越高）。

2）谐波与频带拓展

利用谐波理论，可以将信号分解得到信号的基频成分，对于每个不同频率的基波，可以计算其各自的谐波以及次谐波成分加入回原信号中，即可实现信号缺失频率成分的恢复。高频拓展对应于高次谐波恢复（基频的整数次倍频波），低频拓展对应于次谐波恢复（基频的分数次倍频波），如图 3 所示。

BBI 技术避开基于子波提取的一切高分辨思路，采用连续小波变换，将信号分解为不同尺度的基频信号，利用谐波准则，计算各基频信号的谐波与次谐波，加入原信号的小波谱中，对新的小波谱进行反变换实现信号的宽频成像。该技术大幅度提高分辨率的同时，可以保持原有数据的信噪比；可以保持地震数据的相对振幅关系；尽可能真实的恢复信号缺失的频率成分。

2.2 多域多属性河道砂体外形及内幕精细刻画技术

在河道砂岩储层叠置样式正演及地震响应特征分析基础上，开展波形分析、多属性融合、时频域频变能量融合、边缘检测、井震一体化地震沉积学分析、三维可视化等技术，对叠置河道进行分期次识别与刻画，明确河道砂岩储层在三维空间的展布，确立了时频域能量分析与多属性融合是河道精细刻画的关键技术[7-8]。

2.2.1 多属性融合技术

多属性融合技术就是将多种属性在一定的数学运算的基础上，同时考虑每一种属性对储层的影响因素，结合这些因素，最终得出最优的结果。融合技术对地震属性信噪比的要求较高，通常在地震属性融合前要进行地震属性优化及地震属性的相关性分析。地震属性融合技术充分挖掘了数据的内涵信息，优点是能够充分利用地震属性中蕴含的构造和岩性信息，从而克服了单一地震属性显示不足和单属性色彩不能突出区域异常的缺点，提高了从多属性中提取地质体的能力，使图像显示更加清晰，具有特征明显、细节丰富、高信息量和多属性联合显示的特点。该技术在川西河道砂岩相带刻画中发挥了重要作用。

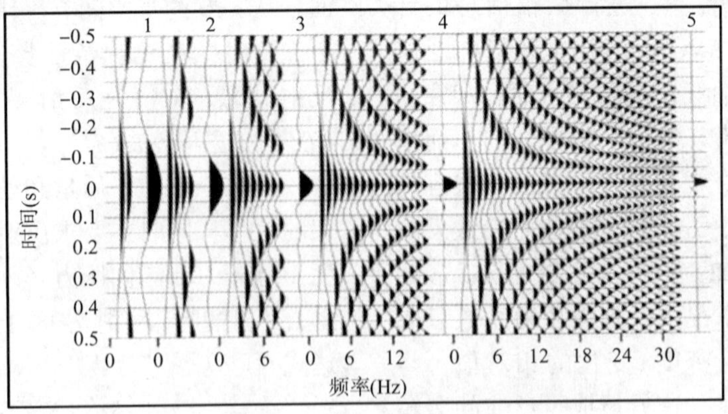

图 2 不同频率成分的子波

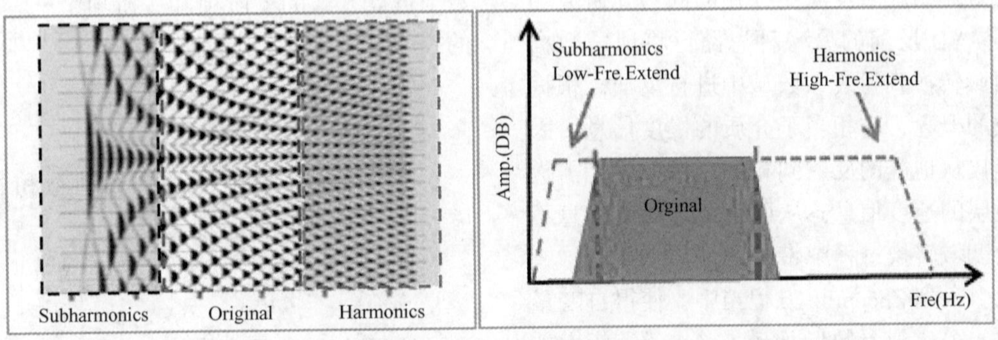

图 3 谐波频谱拓展示意图

2.2.2 时频域频变能量融合技术

时频域频变能量融合技术，即在像素处理后的地震数据体上开展基于小波变换的体分频处理，即采用一系列不同的频率和带宽 Gabor 子波，对地震道进行分频处理，得到各个不同频率带的振幅能量体和相位体。赋予每一单频振幅能量体一种颜色(通常是红、黄、蓝色中的一种)，单频振幅能量体内不同采样点处依据能量差异赋予此点同种颜色不同的亮度和强度，最后将各单频地震振幅能量体同一点处不同颜色的亮度和强度按照 RGB 混合方式得到对应的颜色值，融合形成一个频率能量体。通过该方法可观察到同一地质体不同厚度区叠合后地质体的分布范围，实现地质体外形的整体刻画，使相带连续性与相带边界刻画能力提高。并以此来识别地质体边界以及薄层地质异常体叠置关系与发育期次，其实际上是像素去噪处理技术与频变能量融合处理两项技术与体分频处理的联合运用，意在既利用像素去噪处理技术的强去噪功能，又充分发挥频变能量融合处理技术的极小时窗性和对地质异常体边界超敏感性。

2.2.3 叠置河道期次识别与空间刻画技术

在高保真去噪及高分辨目标处理基础上，在小层追踪对比线的控制下，利用三维可视化子体追踪技术自动进行河道砂岩的三维空间识别和追踪，并对满足条件的样点进行识别(也称为储层雕刻)，不同河道赋予不同颜色，不同河道埋深赋予不同颜色，实现高品质区多期次河道砂体剥离，利用剖面特征分析，采用宏观微机河道砂外形整体描述，人机交互逐条清理，实现资料非满覆盖区、断裂发育带以及城区周围河道砂体期次剥离。通过该技术的创新应用，重点结合沉积微相研究成果对追踪出的河道砂岩储层的空间分布进行地震沉积学分析，认为该技术尤其是在河道纵横向叠置的情况下，准确区分河道走向、划分河道期次方面较常规属性分析优势非常明显。

2.3 基于岩相、物相、流体相的“三相”定量预测技术

2.3.1 基于射线参数域的改进三参数反演技术

现有的叠前反演技术是通过考察地震振幅随着偏移距变化(AVO)的信息进行反推地下岩层的弹性信息，包括阻抗，泊松比，纵波速度，横波速度以及密度等。在实际生产当中，考虑到振幅与偏移距之间定量关系的复杂性，一般都是先将偏移距域的地震数据转换到角度域中，然后根据

角度域的 Zoeppritz 方程[9-10]进行振幅信息的计算。目前角度域叠前 AVO 反演技术已经广泛应用于地下岩性判断和油气储层预测方面，却往往忽视了角度域反演中带来的以下问题：(1) 而地层的速度信息求取本身就是比较困难的，很容易在角度域转换的过程中引入误差，从而导致反演结果的可信度降低；(2) 根据角度域的 Zoeppritz 方程，在给定角度的情况下，地震反射系数只取决于岩性参数(速度，密度)变化的相对值，与岩性参数的绝对值无关。这就造成了反演的多解性问题。

针对常规角度域反演所存在的问题，研究中提出地震 AVO 反演的另一种思路：将地震数据从偏移距域转换到射线参数域中进行反演。根据射线参数的概念，它相当于介质的慢度信息，因此可以直接从地震的反射同相轴上提取，无需提供上覆地层的速度信息，从而避免了速度信息不准导致角度域转换过程中带来的偏差。此外，将射线参数引入到 Zoeppritz 方程当中，使得自变量从之前的 4 个比值参数增加到 5 个参数(新增加纵波速度参量 V_{P1})，因此可以将速度的绝对值信息求取出来。即在反演过程中可以对速度信息进行无约束反演，从而减小了反演的多解性，提高反演结果精度。

2.3.2 基于孔隙介质渐进方程反演的流体识别技术

针对河道砂岩流体识别技术难题，本文研究的模型合并了 Barenblatt 模型和 Biot 弹性孔隙理论[11]，由于孔隙介质任意入射角的反射系数的表达式极其复杂，因此这里对地震波的入射角进行了限制，只考虑地震波的法向入射情况，从而大大简化了方程，得到了两种孔隙介质反射界面上的反射系数的渐进表达式。

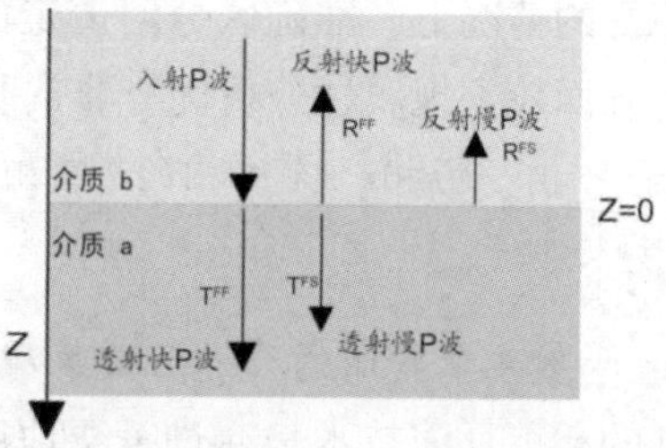

图 4 快纵波垂直入射到两种孔隙介质的界面上时的反射与透射

1) 基本原理

假设有两个弹性孔隙半空间孔隙介质 a 和 b (见图 4)，在它们的交界处(z=0)有一可渗透界面，从 z<0 的半空间有一快纵波垂直入射到界面上，这时，在反射界面上会产生 4 种类型的波：反射快波(R^{FF})，反射慢波(R^{FS})，透射快波(T^{FF})和透射慢波(T^{FS})。

孔隙介质中，质量和动量守恒暗示了岩石骨架的位移，同时，要求反射界面上流体的达西速度、总压力和流体压力必须是连续的。当地震波垂直入射时，反射界面上反射系数的渐进表达式[12]：

$$R^{FF}=R_0^{FF}+R_1^{FF}\varepsilon \tag{1}$$

这里的 R_0^{FF}，T_0^{FF}，R_1^{FF}andR_1^{FF} 分别为反射系数渐进展开式的零阶项和一阶项，ε 是关于流体的一项综合参数，定义如下：

$$\varepsilon=e^{i\pi/4}\sqrt{\left|\frac{\rho_f\kappa\omega}{\eta}\right|} \tag{2}$$

本文考虑了流体流动中的动态和非平衡效应[13]，并修改达西定理为：

$$W+\tau\frac{\partial W}{\partial t}=-\frac{\kappa}{\eta}\left(\nabla p+\rho_f\frac{\partial^2 u}{\partial t^2}\right) \tag{3}$$

这里的 W 表示流体相对于骨架的达西速度，τ 是时间尺度的参数，p 是流体压力。在修改的达西定理中附加项 $\tau\partial W/\partial t$ 代表了流体流动中的动态与非平衡关系。

2) 反演

利用公式(3)进行反射系数的反演提供了依据，重写公式(1)为：

$$R^{FF}(\omega)=R_0^{FF}+C_1(1+i)\sqrt{\omega} \tag{4}$$

这里的常数 $C_1=R_1^{FF}\sqrt{\left|\frac{\rho_f\kappa}{2\eta}\right|}$，该系数与储层流体的流动性(粘滞系数的倒数)流体的密度和流体的渗透率成正比。

本文采用混沌优化算法来对参数 R_0^{FF} 和 C_1 进行反演，反演的目标函数定义为

$$J=\sum_{\omega}\left[R^{FF}(R_0^{FF},C_1,\omega)-R_{obs}(\omega)\right]^2 \tag{5}$$

这里 R_{obs} 是频率域的观察数据，其中的 R_0^{FF}，C_1 为反演参数。

在地震勘探频带内，利用地震反射的渐进方程计算气水界面上的法向反射系数是可行的。该反射系数可表示成为对无量纲参数 ε 的幂级数，该无量纲参数为储层流体流动性、流体密度和信号频率的乘积，该反射系数的表达式结构为利用频变地震反演而产生频变地震属性提供了很好的契机。

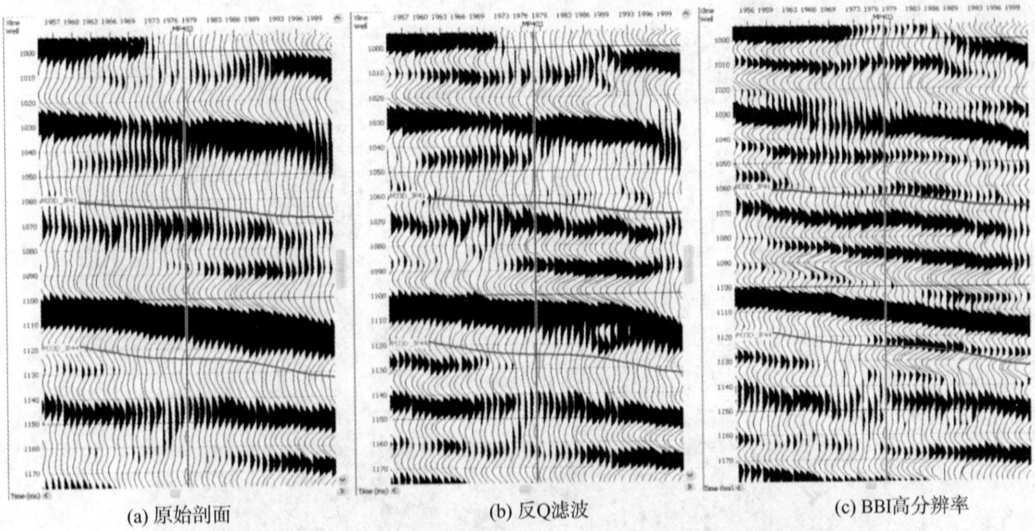

图 5　过 M403 井原始剖面、反 Q 滤波和 BBI 处理对比

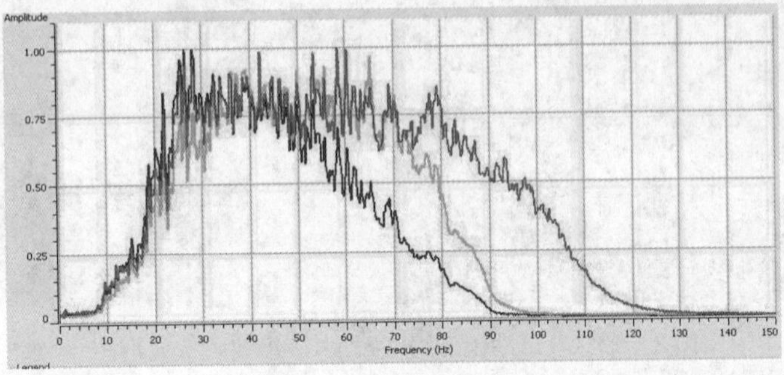

图 6　原始剖面(蓝色)与反 Q 滤波(绿色)、BBI 处理(红色)振幅谱对比

3　应用实例

3.1　薄互储层识别

针对薄互储层识别问题，与传统的反 Q 滤波技术相比，BBI 高分辨率处理技术得到的地震资料分辨能力有明显的提高，目的层段地震反射波主频和频带都提高更加明显，信噪比也较高。

图 5 和图 6 对比了过 M403 井的原始资料、反 Q 滤波和 BBI 处理的地震剖面及其频谱，可以看到，BBI 处理的地震剖面视分辨率得到较大提高，复合波很明显地区分开，层间出现较多同向轴，很多小地层反射被分辨出来；而整个剖面的能量保持均衡，没有出现局部强能量，浅层没有出现高频同频振荡现象；波组特征保持较好，剖面中连续层位保持不变，从频谱上看，两种高分辨处理技术在低频端都保持了原始信号的频谱，且都对地震频带进行了拓宽，但 BBI 频带拓宽更加明显，整个地震波频带被拓宽到 80Hz，较原始资料频宽拓展在一倍左右，而低频端保持不变，使得剖面在分辨率提高同时，保持了原始剖面的基本波组特征。因此 BBI 技术无论在提高分辨率，还是在可靠性方面都是较大提升，极大提高了识别薄互砂体的能力，是薄互层识别的又一有力工具。

3.2　叠置河道分期次刻画

图 7 为中江地区沙溪庙组 JS_{11} 砂组所在地震相位内纵向叠置和横向频繁迁移的多河道剖面特征及刻画结果，从地震剖面上可见(图 a)，河道纵向叠置频繁，追踪拾取难度大，而通过大时窗内三维可视化解释及时频域频变能量融合技术协作，河道分期次刻画效率及精度均得以提高。首先针对河道所在剖面位置进行大时窗分频频变能量融合，确定 5 条主要河道宏观分布及走向特征(图 d)；其次，针对每一条河道实施种子点控制与自动追踪成像，不同期次河道用不同颜色表示如图 b，从而将原本交叉叠置的②③④号河道在空间上有效分开；在此基础上，不同期次河道地震反射时间表征也有助于进一步认识河道发育期次，时间埋深大的河道沉积时间最早，图 c 可以看出①号河道埋深最大，其次为②③号河道，④⑤号河道埋深相对较浅。通过平面叠置河道外

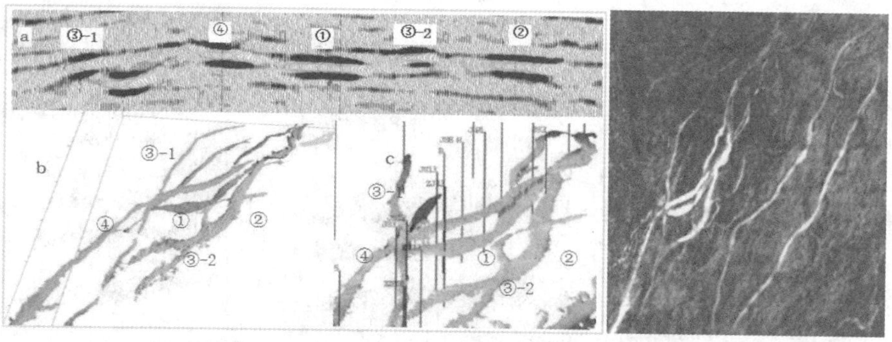

图 7　中江气田沙溪庙 JS_1^1 砂组地震剖面(a)三维可视化(b，c)与时频域频变能量融合图(d)

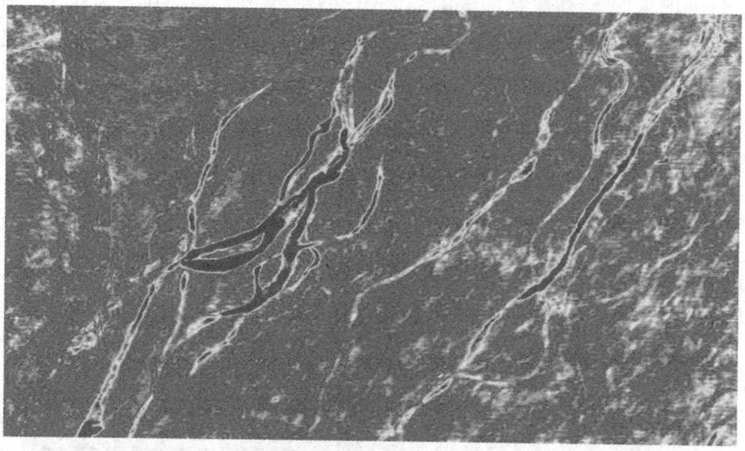

图 8　中江气田沙溪庙组气藏 JS_1^1 砂组波阻抗属性图

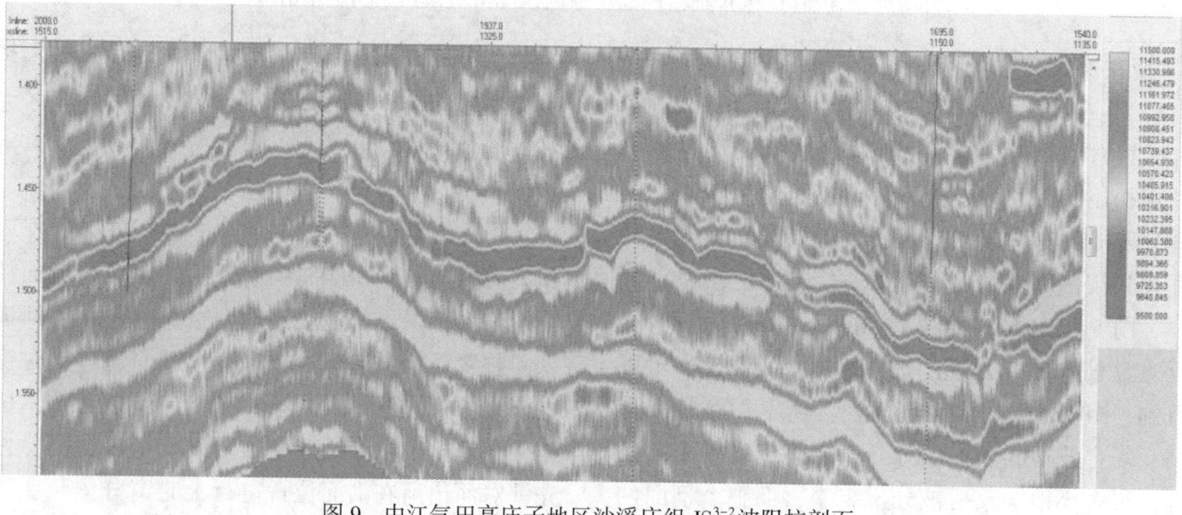

图 9　中江气田高庙子地区沙溪庙组 JS_3^{3-2} 波阻抗剖面

形控制、单河道追踪、纵向时间刻画结合剖面解释，多套河道砂体相互叠置关系以及空间展布形态刻画效果好，发育时间顺序亦非常清晰，5 条河道按编号序次发育，这在常规振幅、波阻抗等属性图上是难以区分的(图 8)。

3.3　流体识别

本文利用岩相、物相、流体相的“三相”定量预测技术进行了中江气田高庙地区地震资料的应用，图 10 为中江气田高庙地区沙溪庙组 JS_3^{3-2} 含气性检测剖面图，图 11 为中江气田高庙地区沙溪庙组 JS_3^{3-2} 含气性检测平面图，从图中可以看出，波阻抗(图 9)不能有效区分高产和低产井，而流体识别技术能够有效区分。该平面图中的已知井，含气性井位基本都在含气性检测的有利区，非含气性井也落在非有利区，总的属性平面图与已知井吻合率较高，产气井与干井的吻合率

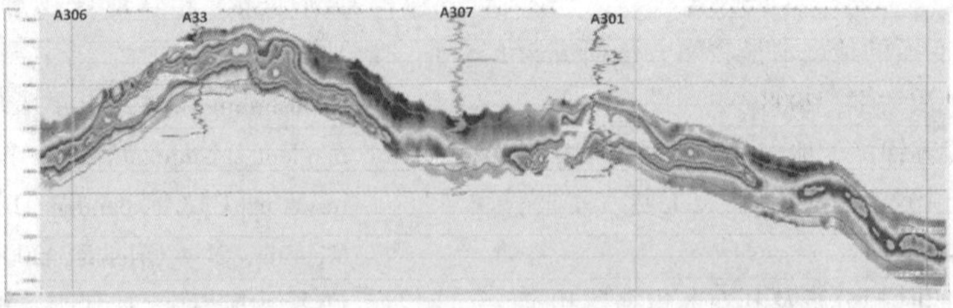

图 10　中江气田沙溪庙组 JS_3^{3-2} 流体识别因子剖面

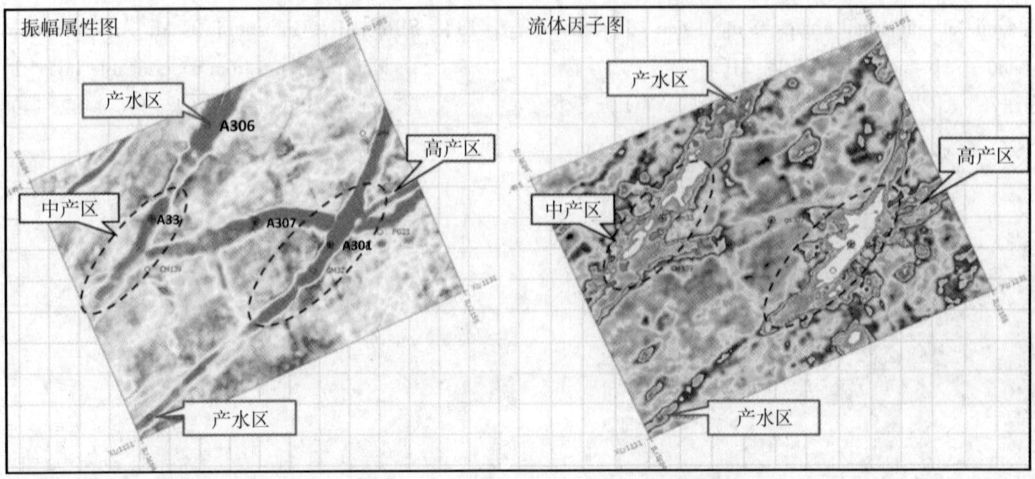

图 11　JS_3^{3-2} 层振幅属性图与 JS_3^{3-2} 层流体因子图

达 80%。

4　结束语

通过对气藏地质特征和地球物理预测难点的深入分析，研究以目标处理、相带及储层刻画、定量描述、含气性检测等技术研发和运用为重点，突破川西薄层叠置窄河道致密砂岩精细刻画难关，在实际生产应用中得出以下几点认识：

（1）针对原始地震资料信噪比不高、主频低、频带窄、分辨能力不足的根本问题，本文研究了影响岩性气藏地震资料高保真处理、宽频成像等因素，创建了河道砂岩气藏地震资料目标处理关键技术及实施流程，实现了川西致密岩性气藏地震资料高效高品质处理，为区内河道砂岩的边界识别、分期次刻画及精细定量描述等夯实了基础。

（2）创新建立了多域多属性相带刻画技术体系，基于像素各向异性去噪、非线性神经网络聚类分析等理论，从地震运动学、动力学及几何学信息入手，采用波形分类刻画河道的外形特征，多属性融合有效刻画不同河道的边界，时频域频变能量融合刻画河道边界及内部的非均质性。突出了地质体空间轮廓，提高了相带延展性、边界范围及内幕细节的刻画能力，实现了复合相位内叠置河道分期次(3 期)精细刻画，从根本上解决了叠置河道分期次描述难题，为多期次叠置河道高效勘探开发提供重要支撑。

（3）以基于射线参数域的改进三参数反演和基于孔隙介质渐进方程反演的流体检测等技术为核心的岩相、物相、流体相的“三相”定量预测技术体系，能够提高岩性、物性和含储层含性预测吻合率，能够有效解决致密气藏河道砂岩精细刻画和定量预测技术难题。

参 考 文 献

［1］　Brahitn Abbad，Bjorn Ursin and Milton J Porsani. A fast，modified parabolic Radon Transform. Geophysics，2011，76(1)：V11-V24.

［2］　薛昭，董良国等．Radon 变换去噪方法的保幅性理论分析[J]. 2012，47(6)：858-867.

［3］　郭建，王咸彬等．Q 补偿技术在提高地震分辨率中的应用——以准噶尔盆地 Y1 井区为例[J]. 2007，46(5)：509-514.

［4］　李合群，孟小红等．地震数据 Q 吸收补偿应用研究[J]．石油地球物理勘探，2010，45(2)：190-195.

［5］　刘财，姜振学，邢金艳等．小波变换及其在薄储层识别中的应用[J]．石油物探，1995，03，

23-31.

[6] 关伟．基于小波变换的地震信号去噪方法研究与模拟[D]．中国地质大学，2008.

[7] 叶泰然，刘兴艳；苏锦义．地震分频解释技术在川西陆相砂岩储层预测中的应用[J]．天然气工业，2007，S1，454-456.

[8] 李蕾．地震信号的时频分析及其在苏里格气田薄储层识别中的应用[D]．成都理工大学，2009.

[9] Ostrander W J. Plane-wave reflection coefficients for gas sands at nonnormal angles of incidence [J]. SEG Expanded Abstracts. 1982，1：216.

[10] 陈建江，印兴耀．基于贝叶斯理论的AVO三参数波形反演[J]．地球物理学报，2007，50(4)：1251-1260.

[11] Goloshubin G M，Silin D B. Using frequency-dependent seismic attributes in imaging of a fractured reservoir[C]//Expanded Abstracts，76th SEG Annual Meeting，New Orleans，2006：1742-1746.

[12] 许多，唐建明，甘其刚，肖思和．气水界面上的法向反射系数研究[J]．成都理工大学学报，2012，05，509-514.

[13] Silin D B，Goloshubin G M. An asymptotic model of seismic reflection from a permeable layer[J]. Journal of Applied Physics，1962，33，1482-1498.

吉木萨尔页岩油录井评价分类技术

隋泽栋　赵彦清　刘　健　陈　亮　恒丽婷

（中国石油集团西部钻探工程有限公司地质研究院）

摘　要　吉木萨尔页岩油是新疆油田勘探开发的重点对象，为提高录井技术在页岩油储层评价效率，开展页岩油“甜点”录井评价分类方法研究：(1) 岩屑 XRD、XRF 岩性识别技术；(2) 气测、热解含油性评价方法；(3) 脆性、物性有效储层甜点评价方法；(4) 水平井综合评价分类技术。形成了一套录井多参数融合评价分类技术，为水平井压裂分段提供重要的技术支撑。成果应用 6 井次，岩性解释符合率 85%，录井评价Ⅰ、Ⅱ、Ⅲ类储层符合率 83%。

关键词　吉木萨尔；芦草沟组；页岩油；储层分类；岩性；物性；含油性；脆性

近年来，页岩油已成为非常规石油勘探开发的重要类型，已在全球能源结构中占据重要地位。中国页岩油资源丰富，但目前勘探开发仍处在探索阶段。准噶尔盆地吉木萨尔凹陷二叠系芦草沟组是该盆地优质烃源岩层系之一，已发现近十亿吨的页岩油。研究表明，该凹陷页岩油分布范围广，埋深浅(2300~4600m)，厚度大(200~350m)，含油显示好，源储一体。储层岩性致密、颗粒细，普遍含白云石。吉木萨尔凹陷二叠系芦草沟组页岩油勘探在近年来取得许多进展及成果，多口钻井获得了工业油流，因具备丰富的油气资源和巨大的勘探潜力而受到高度关注[1]。

吉木萨尔凹陷芦草沟组储层夹于互层分布的优质烃源岩层系中，岩性多样，非均质性强，物性总体较差，以微米—纳米级孔隙为主，但孔隙中普遍含油。该组上段和下段各存在 1 套非常规“甜点体”，具有典型的致密油特征，而针对常规油气藏建立的实验分析技术难以适应和满足致密油进一步勘探开发的需求。

另外，前人对吉木萨尔凹陷芦草沟组的岩石类型、沉积特征和烃源岩评价等方面开展了大量前期勘探研究，但有关储层的研究工作比较单一，缺乏录井方面的综合评价技术[2]。

针对页岩油目的层芦草沟组岩性复杂、纵向变化快、呈薄互层状，储层为储源一体，有机质含量高，含油性定量评价难，常规录井评价手段适用性差等难点，储层如何识别？上下甜点如何评价？如何形成有效的评价标准？目前均没有有效的评价手段。一直以来，页岩油储层评价是录井储层评价中的难题[3]。

鉴于此，本技术基于气测录井、岩屑录井、XRD 矿物录井、XRF 元素录井、岩石热解分析等技术，开展吉木萨尔二叠系芦草沟组页岩油岩性、含油性、物性、脆性及页岩储层评价分类技术研究，形成与之适应相配套的录井评价方法，提高录井技术在页岩油油气评价中的应用及水平井压裂选层。

通过页岩油储层录井评价技术，建立 XRD、XRF 岩性识别图版、建立页岩油储层录井评价标准、形成一套页岩油水平井录井地质导向方法，提高水平井钻遇率。

1　岩性识别

1.1　岩性统计

芦草沟组岩性表现为类型多样、纵向变化快、呈薄互层状特征[4]。经录井岩性资料统计吉木萨尔地区岩性复杂多变[5]：岩性划分为三大类：粉细砂岩类、碳酸盐岩类和泥岩。主要的岩性有泥岩、白云质泥岩、泥质粉砂岩、粉砂质泥岩、白云质粉砂岩、灰质泥岩、泥晶白云岩、灰质粉砂岩等。泥岩类占比 56.2%，粉砂岩类占比 26.2%，白云岩类占比 11.3%，灰岩类占比 2.6%，细砂岩类占比 2.6%。

以 JX174 井为例[6]，JX174 井全井段取芯分析表明芦草沟组地层厚度 246.21m，发育了 968 层 54 种岩性，单层厚度平均 0.25m (0.01~2.25m)，以粉砂质泥岩和泥岩为主；含油显示岩心长 53.15m(198 层 39 种岩性)，单层厚度平均 0.27m(0.02~2.17m)。

1.2　岩性与含油性的关系

统计 15 口井岩心数据，含油级别来看：占

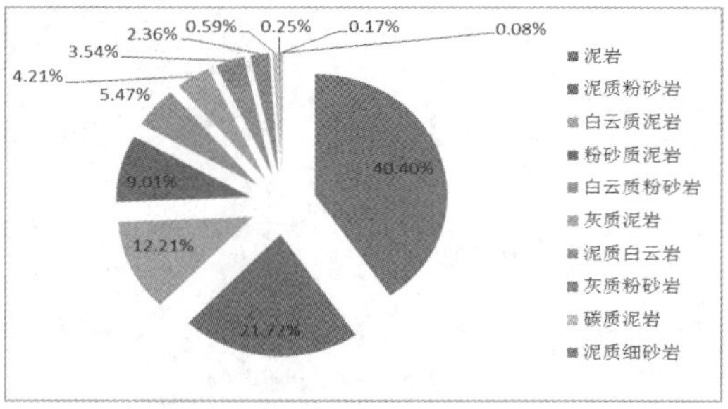

图 1　岩屑岩性统计饼状图(20 口井)

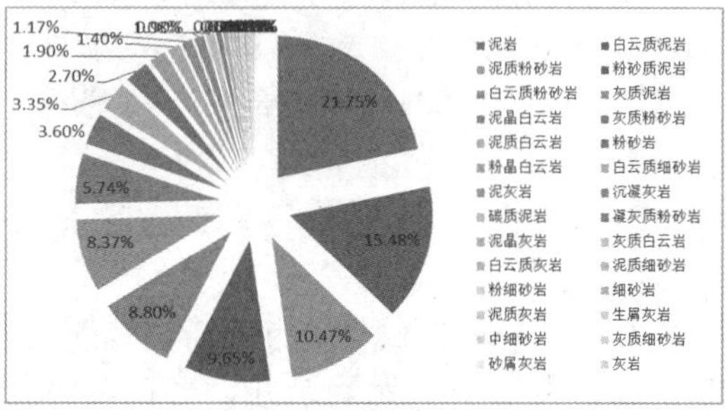

图 2　岩心岩性统计饼状图(9 口井)

比最多的荧光级岩心 64.61%，其次油迹级岩心 13.65%，再次油斑级 11.12%；含油级别富含油、油浸、油斑较好的岩性：以粉细砂岩、白云质岩性为主。因此有利岩性为粉细砂岩及白云质岩性。

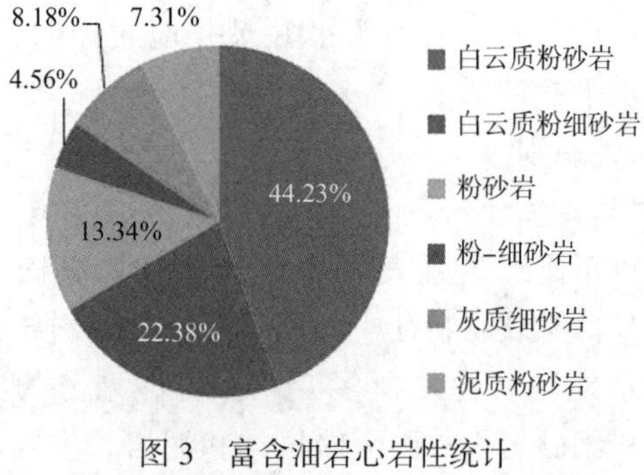

图 3　富含油岩心岩性统计

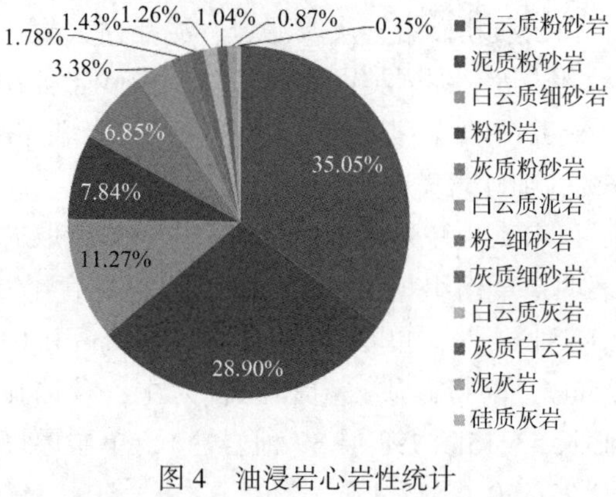

图 4　油浸岩心岩性统计

1.3　岩性识别

利用 X 射线衍射全岩矿物分析技术进行岩性

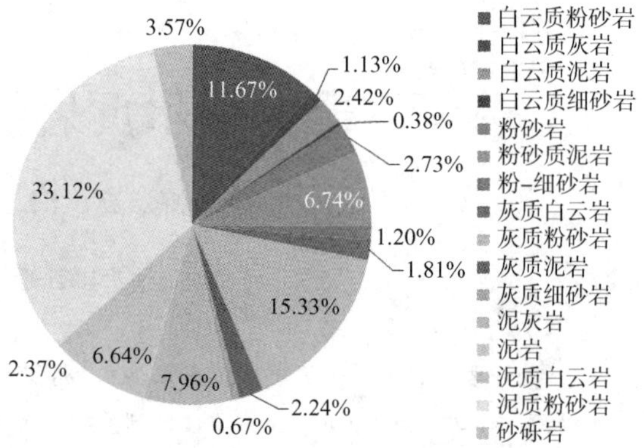

图 5　油斑岩心含油性统计

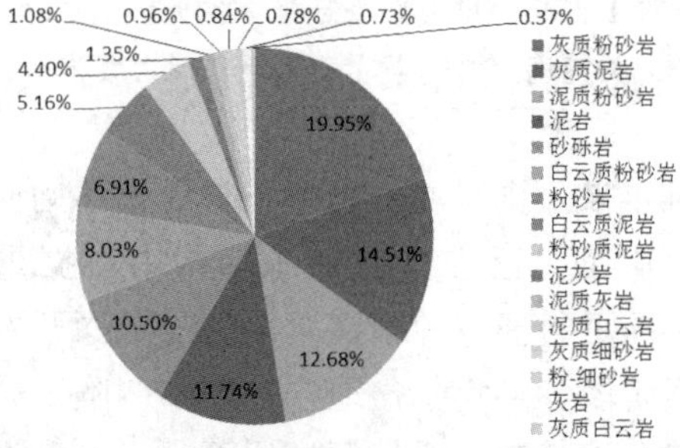

图 6　油迹岩心岩性统计

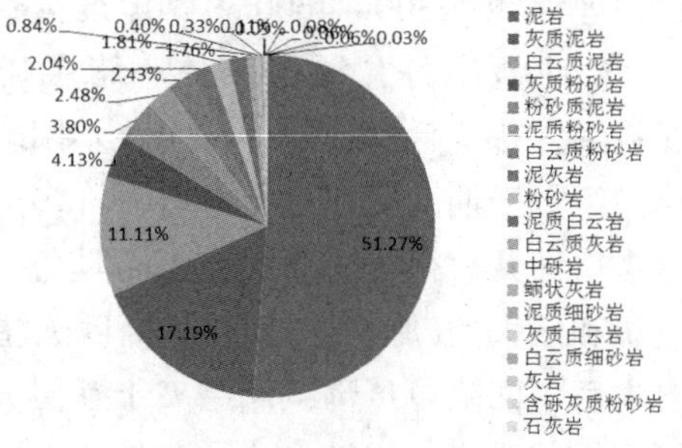

图 7　荧光岩心岩性统计

识别。通过对岩心样品 XRD 分析 575 个，XRF 分析 1193 个；岩屑样品 XRD 分析 23029 个，XRF 分析 28035 个，大量数据统计、筛选与研究分析，各矿物、元素之间与岩性之间的相关性，建立矿物及元素岩性识别图版。由于岩性不纯，落点区分度不好，但从边界上可区分纯的砂岩、泥岩与白云岩。其中元素 P 与元素 V，敏感性较好，能较好的区分出储层中白云质泥岩。

由于芦草沟组上下甜点储层特征不一致，所含矿物和元素的特征也有差异，研究分析表明：

(1) 纵向上：

上甜点体特征：XRD 矿物特征为纵向上方解石含量降低，斜长石、白云石含量升高；XRF 元素特征为纵向上 Si、Al 含量降低，Ca、Mg 含量升高。

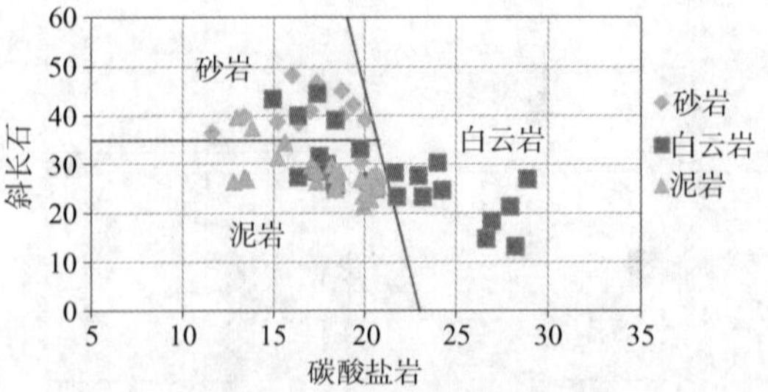

(a) 碳酸盐-斜长石岩性识别图版

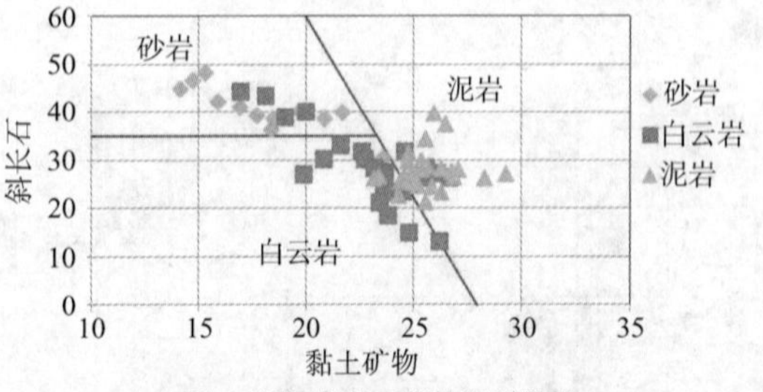

(b) 黏土矿物-斜长石岩性识别图版

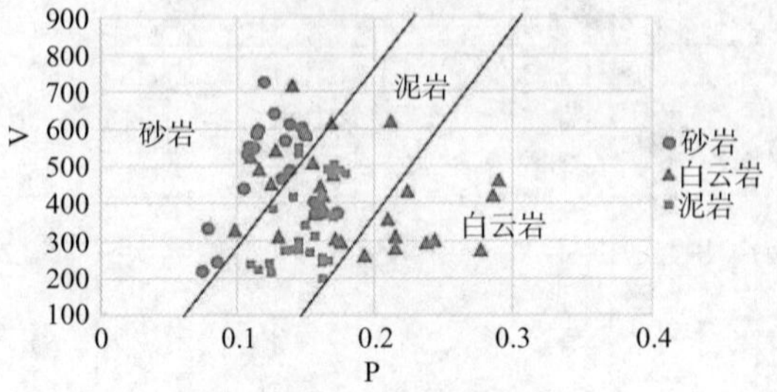

(c) 元素P-V岩性识别图版

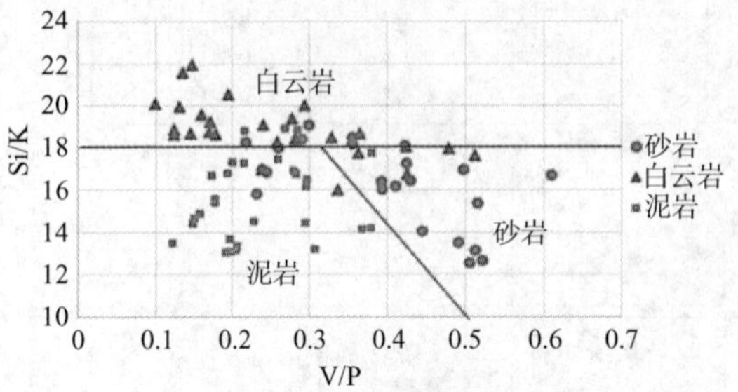

(d) V/P-Si/K岩性识别图版

图 8　吉木萨尔地区页岩油矿物及元素岩性识别图版

下甜点体特征：XRD 矿物特征为纵向上方解石含量降低，斜长石、白云石含量升高；XRF 元素特征为纵向上 Ca、Mg 含量升高。

（2）平面上：

上甜点体特征：日产油、累产油高的区域，方解石含量高，石英含量低，Mg、Si 元素含量低，表明白云岩含量低、石英含量低、方解石含量高的区域为有利区。

下甜点体特征：日产油、累产油高的区域，方解石含量高，石英含量低，特征元素分布无明显规律，表明石英含量低、方解石含量高的区域为有利区。

2　含油性评价

吉木萨尔凹陷二叠系芦草沟页岩油储层为储源一体，有机质含量高，含油性定量评价难等特点[7]，影响了录井对储层含油性的评价，这些都是目前录井解释评价的难点，给解释工作带来了困难。录井通过岩屑录井、气测录井、地化录井，特殊项目录井(XRD、XRF、γ 能谱)等开展页岩油含油性研究。

2.1　气测特征判断含油性

2.1.1　气测特征

芦草沟组录井显示对比：气测异常具广泛性，但幅度变化不大，不随岩性的变化而变化；岩性横纵向变化大，非均质性强。目前利用多因素气测形态评价参数试建解释模型，效果不好。原因在于页岩油储层为自生自储的非常规油藏，不同于常规储层。在研究过程中，利用烃湿度(WH)、烃平衡(BH)、烃特征(CH)的轻烃比率法，效果仍不理想；经对比发现 C1/C4-C1/C2 参数交汇图版，效果较好。

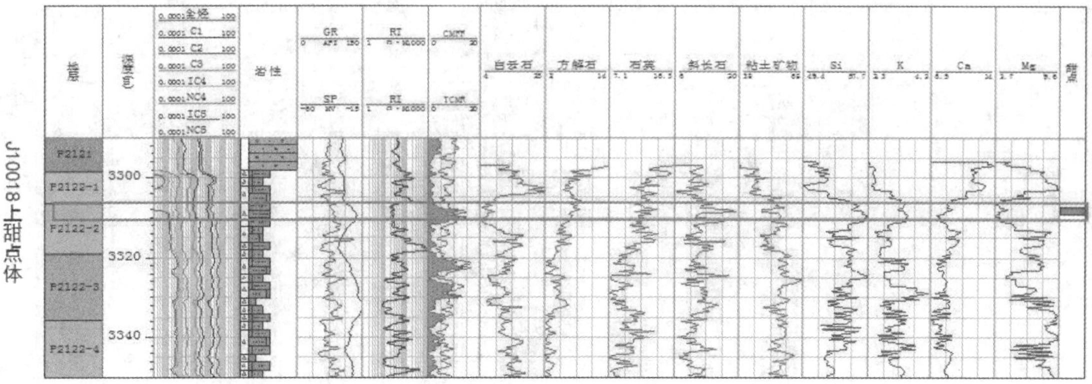

图 9　J10018 井上甜点与 J10014 井下甜点矿物元素特征剖面图

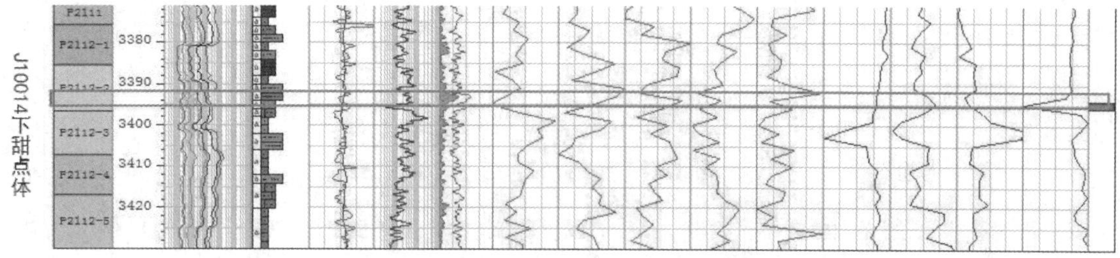

图 9　J10018 井上甜点与 J10014 井下甜点矿物元素特征剖面图

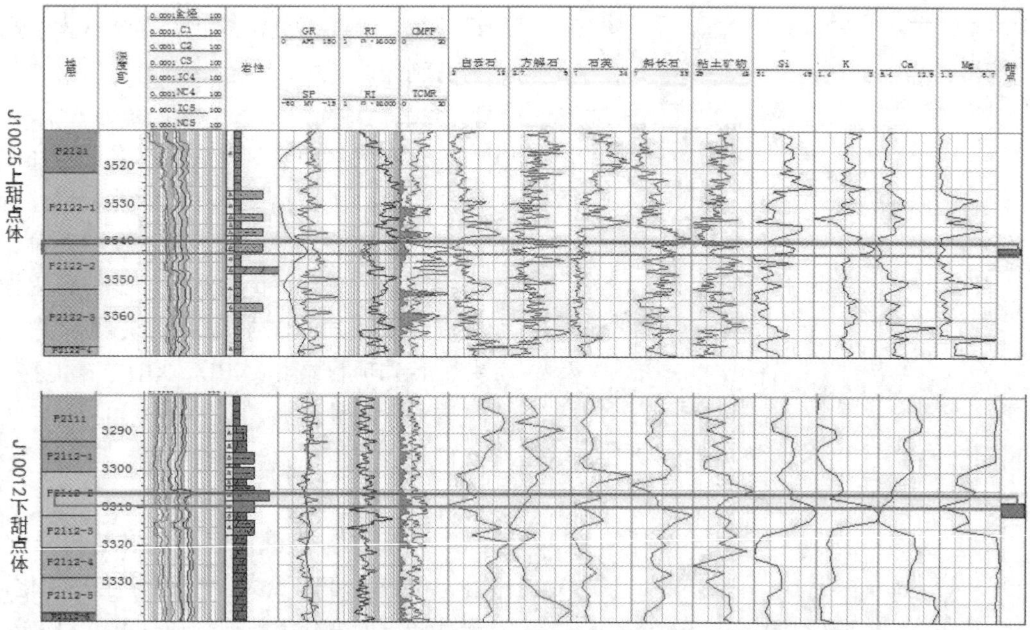

图 10　J10025 井上甜点与 J10012 井下甜点矿物元素特征剖面图

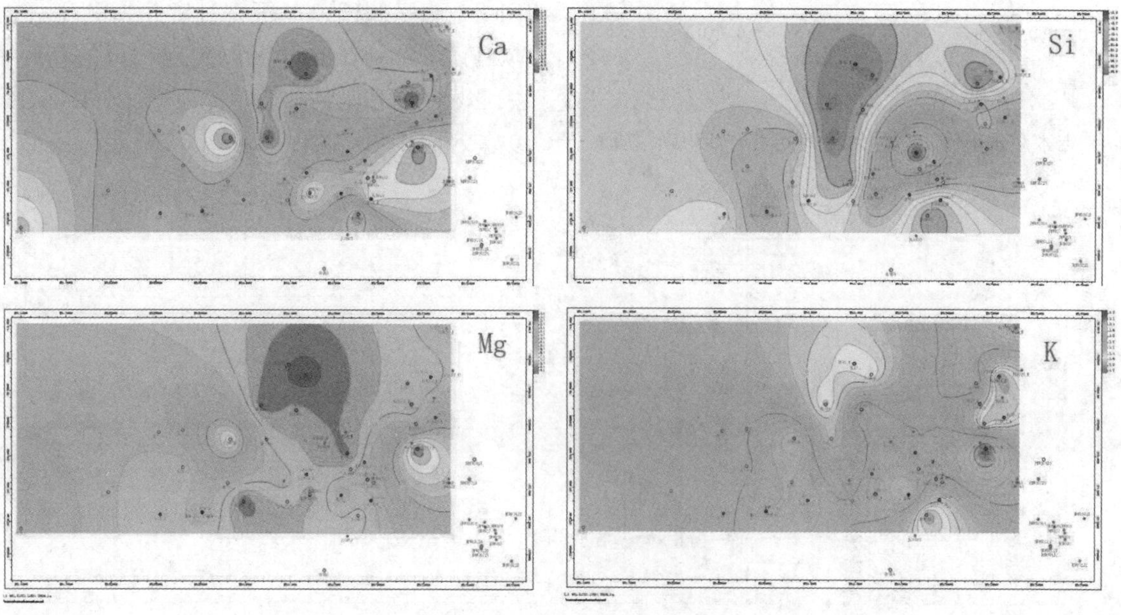

图 11　上甜点特征元素平面分布图

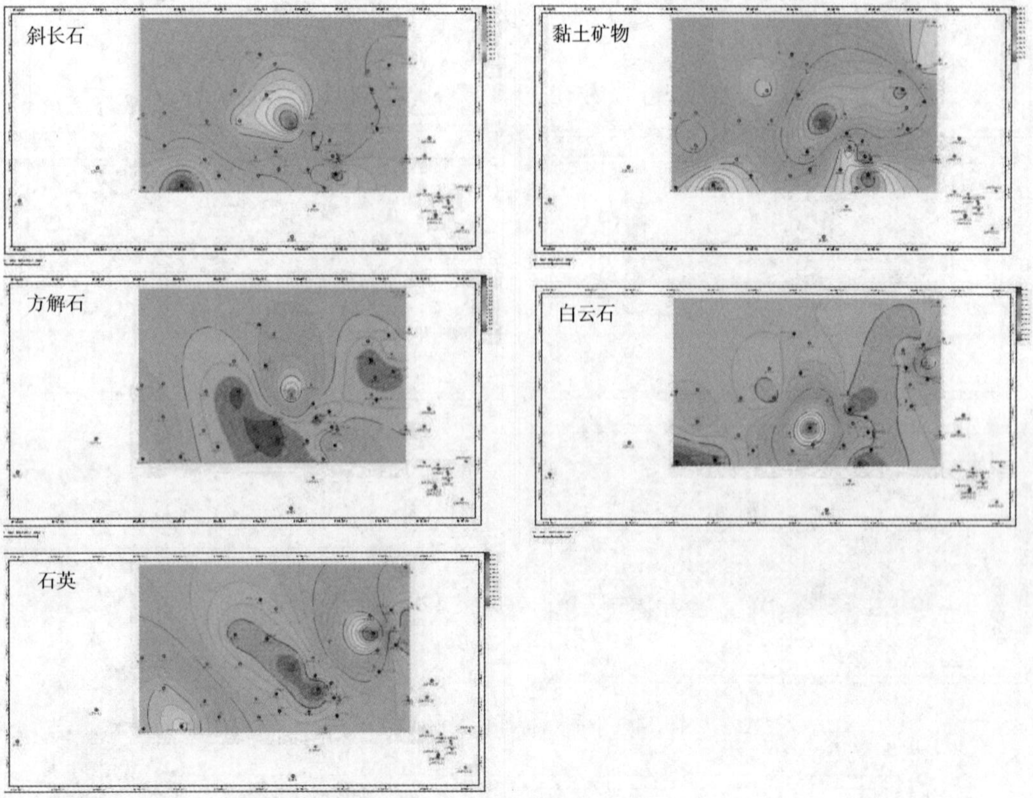

图 12　上甜点特征矿物平面分布

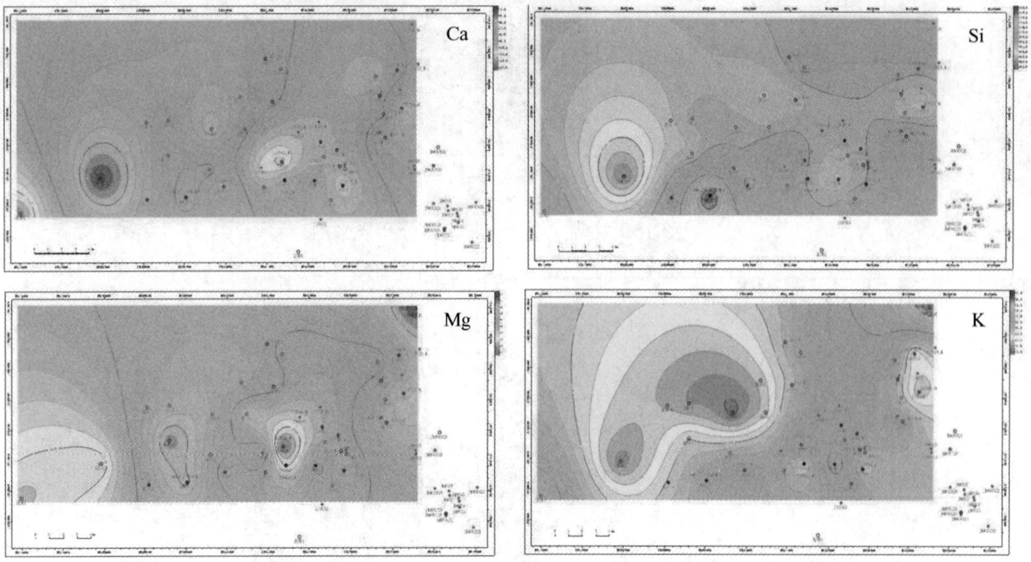

图 13　下甜点特征元素平面分布图

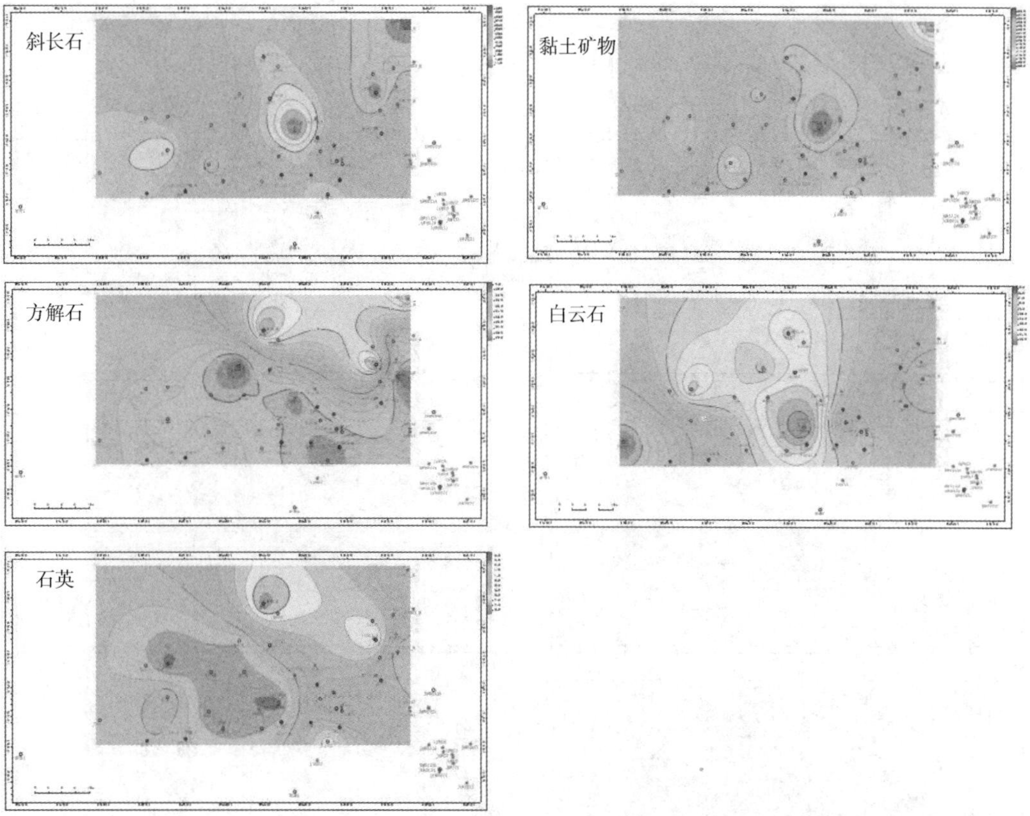

图 14　下甜点特征矿物平面分布

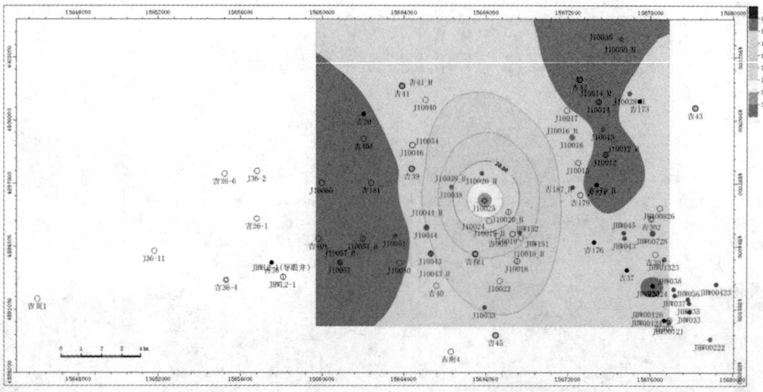

图 15　上甜点日产油平面分布图

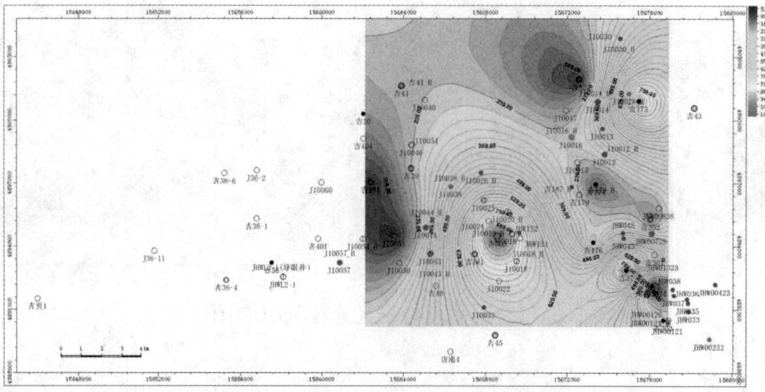

图 16　上甜点累产油平面分布图

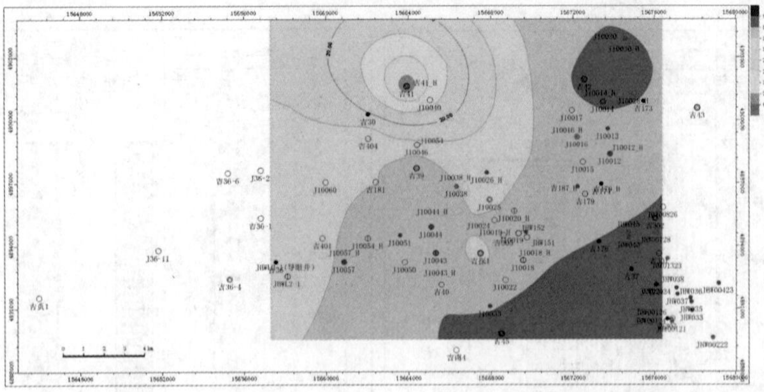

图 17　下甜点日产油平面分布图

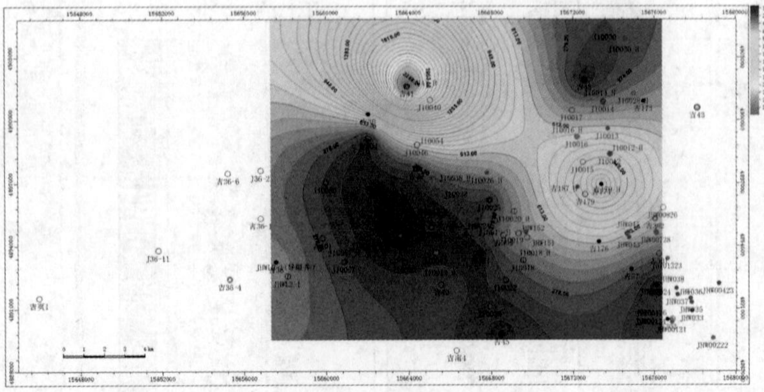

图 18　下甜点累产油平面分布图

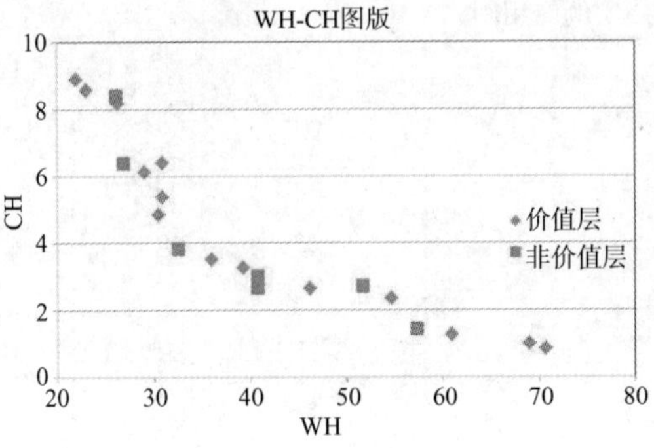

图 19　WH-CH 交会图

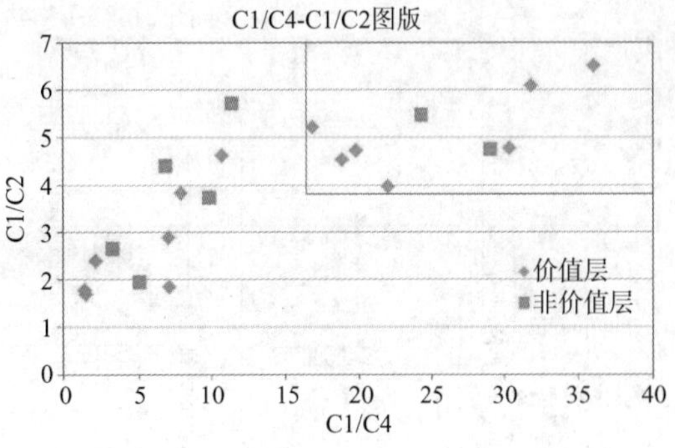

图 20　C1/C4-C1/C2 交会图

2.1.2　应用实例

分析 C1/C4 与 C1/C2 可知，当 C1/C4 与 C1/C2 的差值越大，平均日产油越高。故，C1/C4、C1/C2 参数与产量关系密切。

2.2　岩石热解判断含油性

2.2.1　岩石热解分析

页岩油储层是近年勘探开发重点、热点区域，但大规模开发还存在一定难度，本文主要针对页岩油储层为储源一体，有机质含量高，含油性定量评价难，常规录井评价手段适用性差的特征，展开地化热解与原油密度、原油黏度的相关性研究，并建立原油密度与原有黏度与产量之间的关系，更加准确地进行储层含油性评价。

地化热解资料来源有岩心、井壁取心和岩屑三种。为了实现对全井准确全面评价，必须充分利用不同来源的资料。但不同来源资料所受影响因素不同，其不同组分分析结果差别不同。为了保证吉木萨尔页岩油含油性的准确性，首先对 172 口井井数据进行筛查，筛选出具有试油数据并做了热解分析的井进行研究。首先逐井挑选对应试油井段的热解图谱，也就是挑选对应甜点井段和源岩井段的热解图谱，分析热解图谱基本特

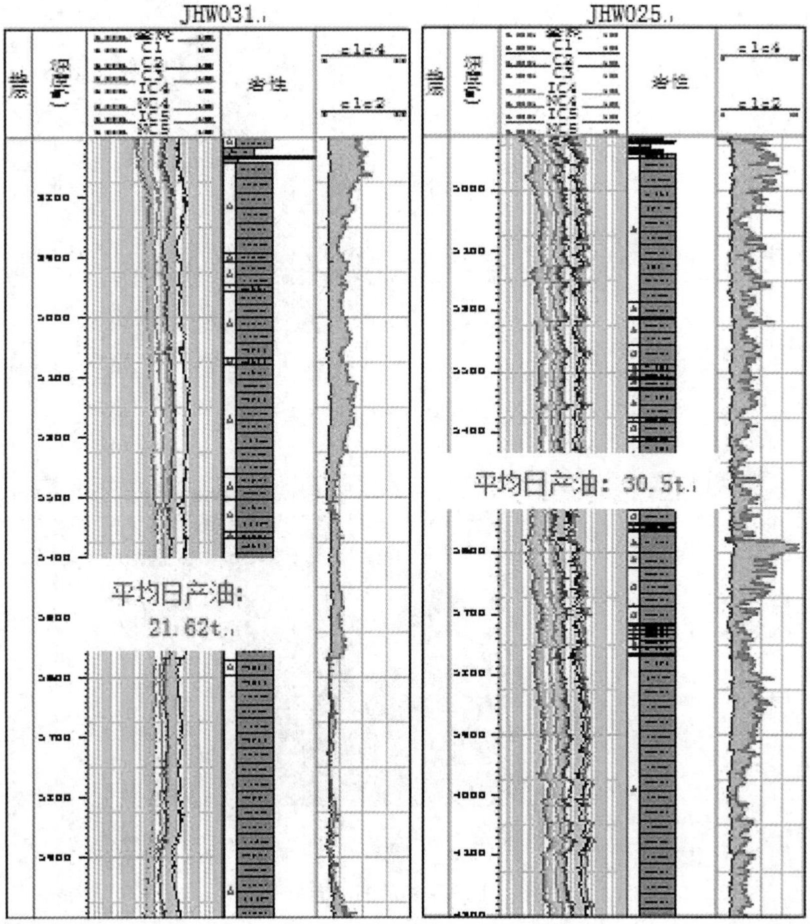

图 21　C1/C4 与 C1/C2 实例应用图

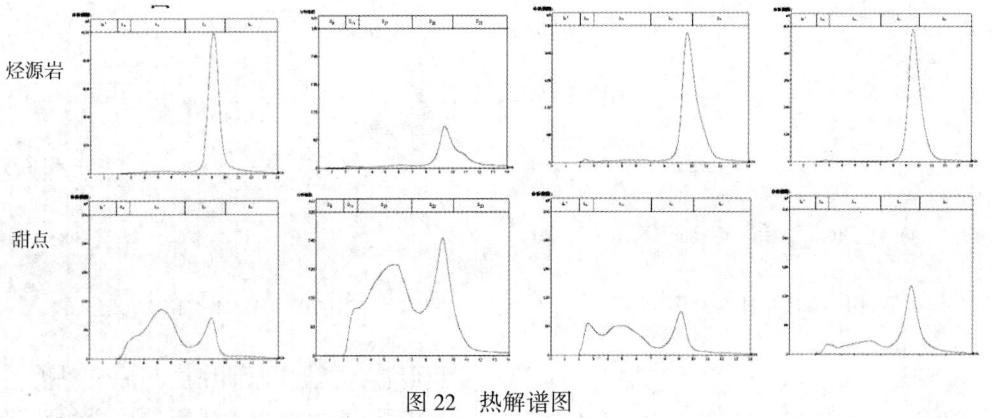

图 22　热解谱图

征，确保分析数据的准确性，为下一步研究做好准备。

甜点所对应的热解图谱 S_{11}、S_{21}、S_{22} 均有明显幅度、源岩热解图谱 S_{11}、S_{21} 的值缺失。

分析研究—原油密度和原油黏度与日产量之间的相关性。以试油井日产油高、中、底产量为分界点，建立原油密度、原油黏度与日产量之间的相关性，并得出甜点原油密度和黏度都比较底，但是原油密度和黏度低的不一定是甜点；原油密度：0.88~0.9、黏度：0~200s 的认识。

芦草沟上甜点原油密度与黏度都比较底，原油密度：0.88~0.9、黏度：0~60s。芦草沟下甜点原油密度和原油黏度与上甜点相比较高，原油密度：0.9 以上、黏度：100~200s(图 8、图 9)。

经过大量研究分析，热解参数取平均值，得出热解派生参数与原油密度、原油黏度具有较好的相关性(图 27、图 28、图 29、图 30)，其中，产油指数 OPI＝(S1 分析值+S21×0.67)/(S0+S1

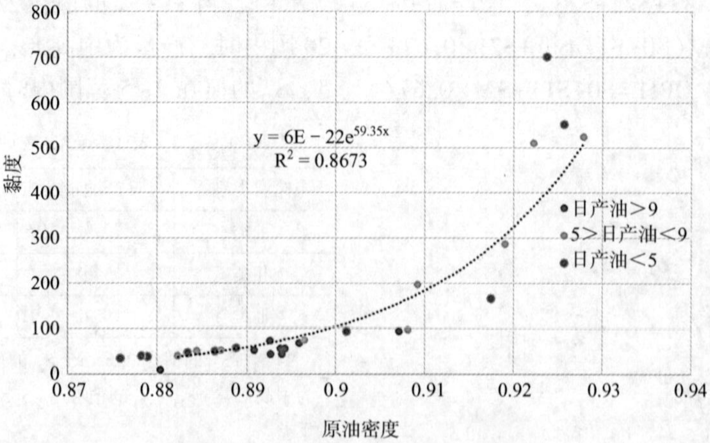

图 23　原油密度—原油黏度交会图

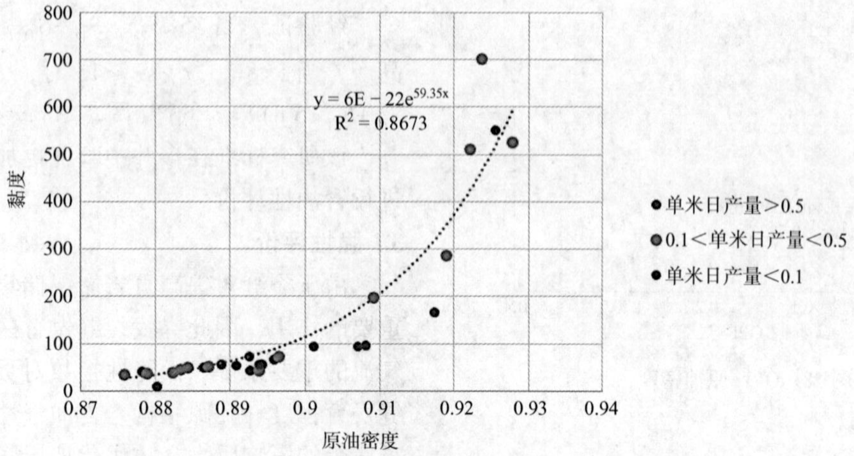

图 24　原油密度—原油黏度交会图(单米日产油)

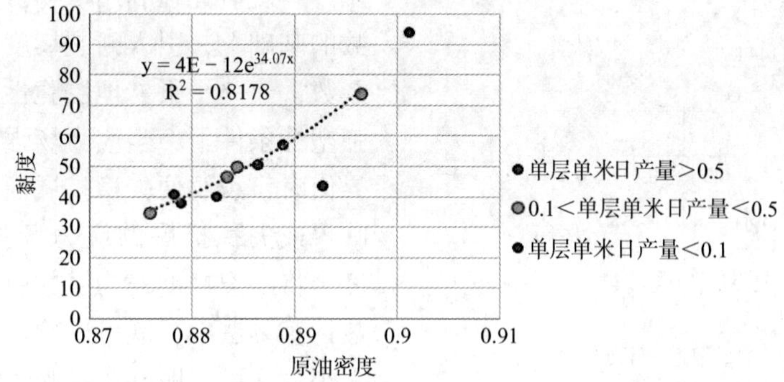

图 25　P2L2 原油密度—原油黏度交会图(单层单米日产油)

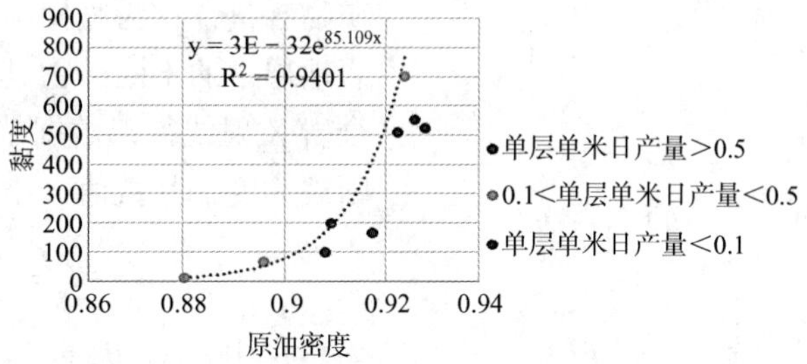

图 26　P2L1 原油密度—原油黏度交会图(单层单米日产油)

分+S21×0.67+S21 * 0.33+S22+S23)，TPI=(S0+S1 分析值+S21×0.67)/(S0+S1 分析+S21×0.67+S21×0.33+S22+S23)，OPI1=S0+S11+S21×0.67/(S21×0.33+S22+S23)。

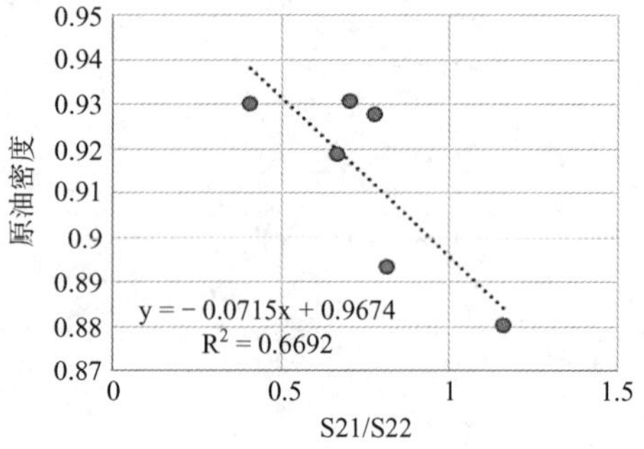

图 27　S21/S22-原油密度

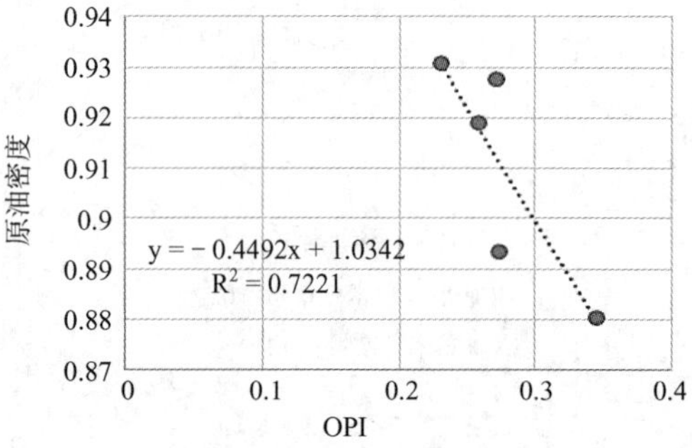

图 28　OPI-原油密度

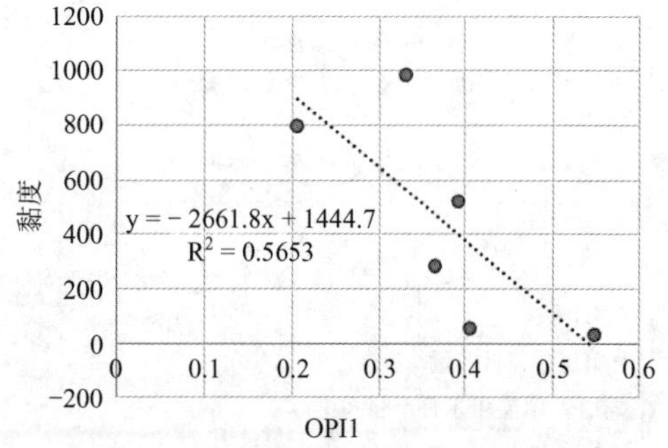

图 29　OPI1-黏度

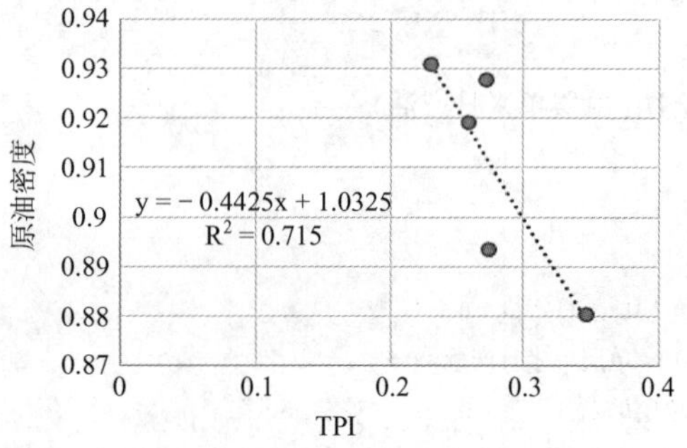

图 30　TPI-原油密度

建立含油性评价标准：根据大量直方图分析研究，找出最佳参数，形成含油性评价标准(表 1)。当 $S_{11}+S_{21}$ 的值在 2.5~15，S_{21} 的值在 5~20 围内时，产量为中高产，当 $S_{11}+S_{21}$ 的值在 3~5，S_{21} 的值在 2~5 范围内时产量差。

表 1　含油性评价标准

储层类别	日产油量/t	$S_{11}+S_{21}$	S_{21}
Ⅰ类	>9	5~12.5	5~8.5
Ⅱ类	5~9	5~20	5~20
Ⅲ类	<3	3~5	2~5

当 $S_{11}+S_{21}$ 的值在 2.5~15，S_{21} 的值在 5~20 范围内时，产量为中高产，当 $S_{11}+S_{21}$ 的值在 3~5，S_{21} 的值在 2~5 范围内时产量差。

2.2.2　应用实例

经验证，当 $15<S_{21}$、$S_{11}+S_{21}<20$ 时，产能为高产，当 $5<S_{21}$、$S_{11}+S_{21}<15$ 时，为中产，当 S_{21}、$S_{11}+S_{21}<5$ 时，为低产(图 2-35)

该研究标准在多井中验证更加准确地对储层进行含油性评价。

3　脆性评价

由于裂缝对提高页岩储层储集渗流能力有着重要的作用，因此寻找裂缝发育区是获得高产油气流的重要条件。而脆性指数对页岩储层的微裂缝发育程度、孔隙结构、含油气性及其压裂改造方式等的影响巨大，故优化地层脆性指数计算方法对寻找“甜点体”至关重要[8]。

本次研究在利用矿物含量评价页岩地脆性指数的基础上，引入断裂韧度作为每种矿物的加权系数，建立了页岩地层脆性指数评价新模型。在弹塑性条件下，当应力场强度因子增大到某一临界值时，裂纹便失稳扩展而导致材料断裂，这个临界或失稳扩展的应力场强度因子即为断裂韧度。将断裂韧度作为系数引入到页岩地层脆性指数计算方法中，既可以确定每种矿物组分系数的大小，又可以明确矿物脆性指数的物理意义。

全岩 X 射线衍射数据能有效评价页岩地层的矿物含量，这为脆性指数的评价提供了条件。页岩地层中的不同矿物具有不同的断裂韧度，结合全岩 X 射线衍射数据就可以得出页岩地层的综合断裂韧度，其数值大小可表示为：

$$K_c = \sum_{i=1}^{N} K_{ci} W_i$$

式中：K_c 为页岩地层的综合断裂韧度，MPa · m 1/2；K_{ci} 为第 i 种矿物的断裂韧度，MPa · m 1/2；W_i 为第 i 种矿物的体积分数。

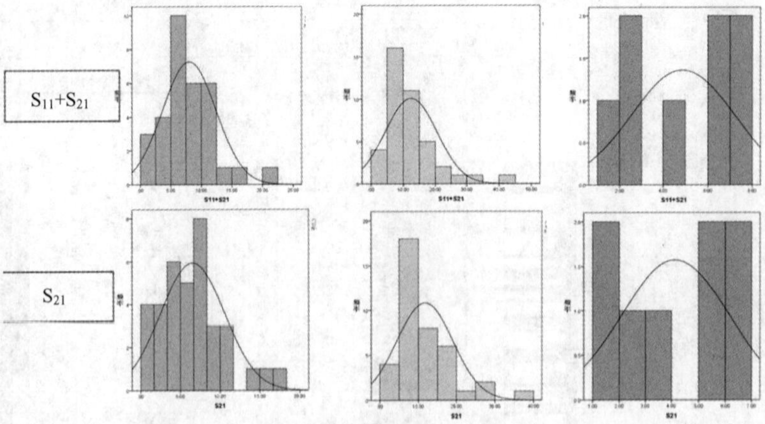

图 31　热解组分直方图

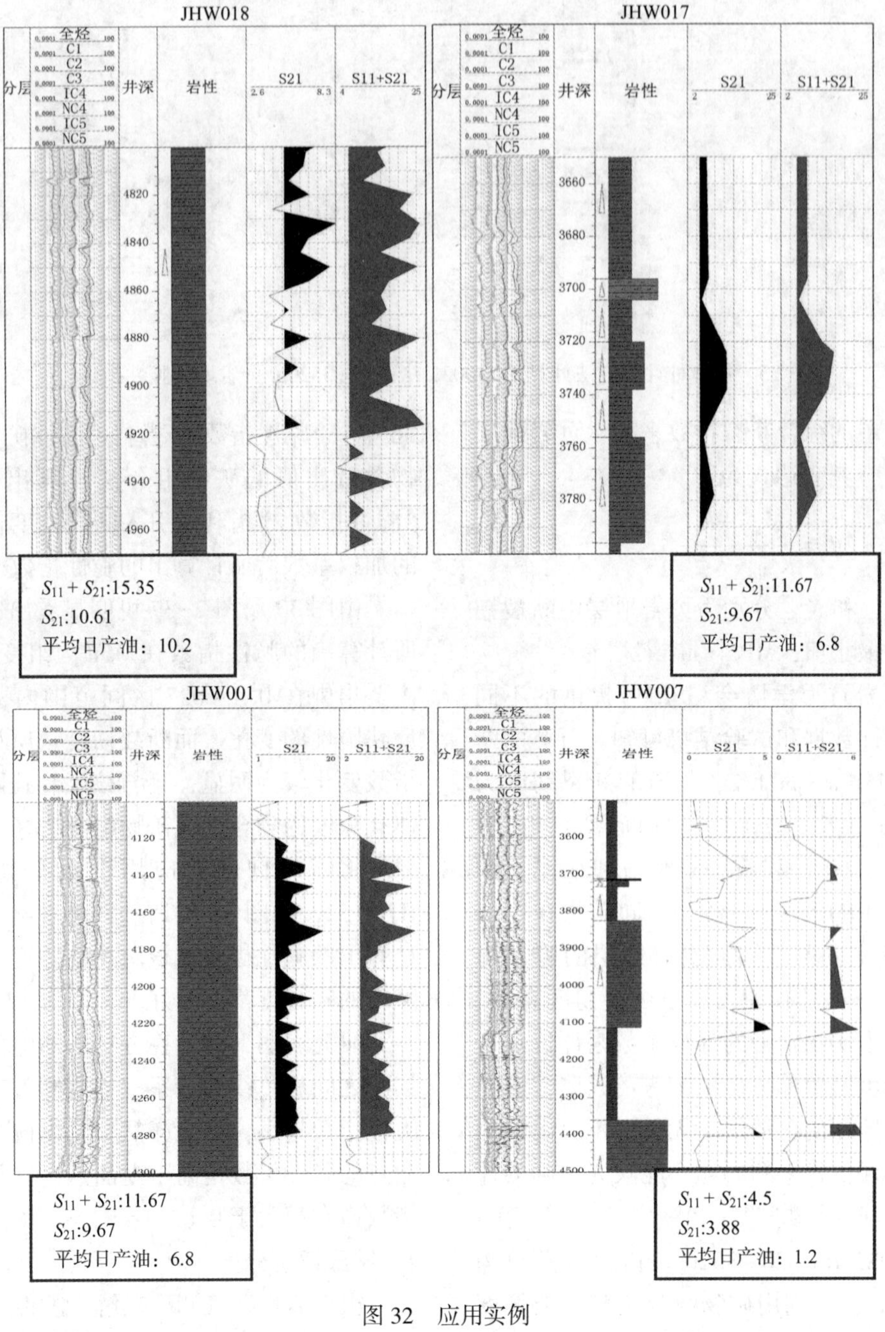

图 32　应用实例

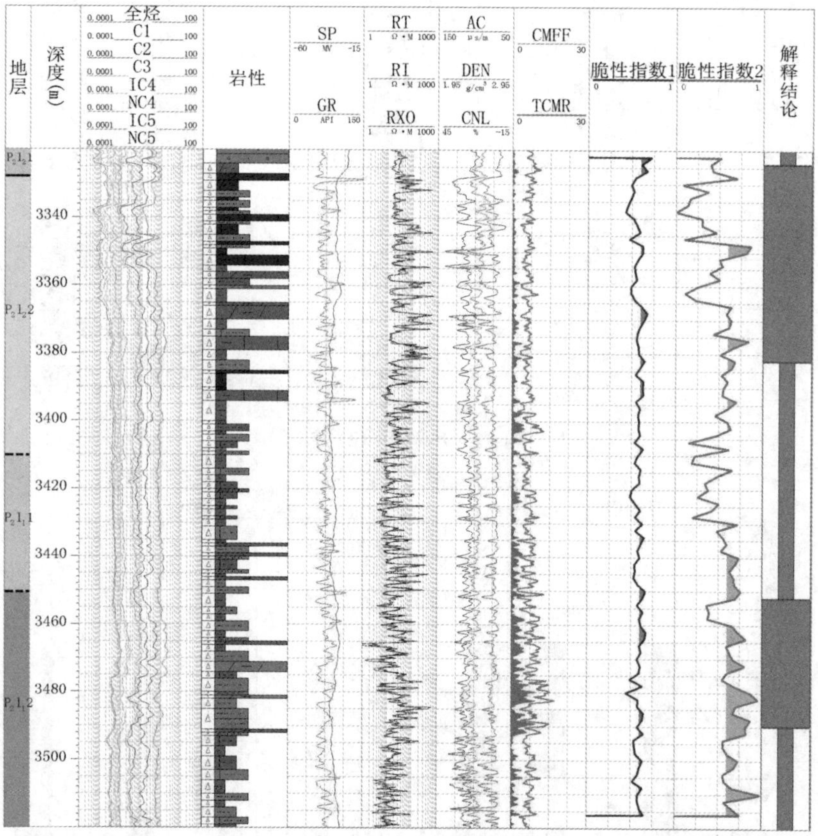

图 33　用 2 种计算方法计算的 J10022 井 3320-3520m 页岩地层脆性指数

用页岩地层的综合断裂指数来表示页岩地层的脆性指数[9]，其表达式为：

$$I_B=\frac{K_{cmax}-K_c}{K_{cmax}-K_{cmin}}$$

式中：K_{cmax} 和 K_{cmin} 分别为页岩地层中断裂韧度的最大值和最小值，MPa · m 1/2。

根据国际岩石力学协会(ISRM)提供的不同矿物的断裂韧性数据和试验结果可知：石英的断裂韧度为 0.24MPa · m 1/2，长石的断裂韧度为 0.85MPa · m 1/2，方解石的断裂韧度为 0.79MPa · m 1/2，伊利石、蒙脱石和绿泥石的断裂韧度为 2.19MPa · m 1/2。不同矿物在不同应力数值下发生断裂，因此页岩地层的脆性计算，不仅跟矿物含量有关，还跟断裂韧度有关。用断裂韧度作为矿物含量的加权系数来评价页岩地层脆性指数可避免单一矿物带来的缺陷，该计算方法与页岩地层的含油气量无关，不会出现用岩石力学参数评价带来的问题，能较为准确的评价页岩地层的脆性指数[10]。

针对 J10022 井 3320～3520m 井段(为芦草沟组)的地层参数，分别用矿物组分法和断裂韧度法计算了其脆性指数，结果如图 2 所示。图 2-36 中，“脆性指数 1”指利用脆性矿物含量与总矿物含量比值的矿物组分法计算出的脆性指数，“脆性指数 2”指利用引入断裂韧度作为每种矿物的加权系数后所计算出的脆性指数。

由图 33 及图 2-37 可明显看出，矿物组分法所计算出的脆性指数在芦草沟组变化较不明显，主要集中在 0.4～0.7 区间范围内，不能很好的反映脆性的变化。而断裂韧度法所计算出的脆性指数变化较为明显，且与核磁总孔隙度、可动流体孔隙度的吻合度较矿物组分法好。

将断裂韧度法应用于水平井 J10043-H、JHW152，如图 2-38 所示，可看出断裂韧度法所计算出的脆性指数与核磁总孔隙度、可动流体孔隙度的吻合度都比较好。

研究表明，此计算方法中的脆性指数与断裂韧度之间呈负线性关系，地层断裂韧度越大，则脆性指数越小，反之亦然。从纵向分析可知，下甜点的脆性指数稍高于上甜点，并且甜点的脆性指数通常都大于 0.6。

4　储层评价分类

根据岩性、气测、热解、脆性等评价参数的综合分析结果，得出以下判别标准，并以此作为

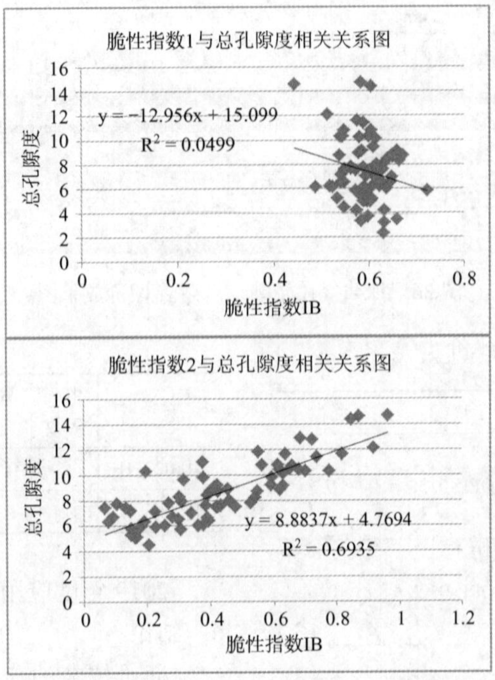

图 34　矿物组分法、断裂韧度法计算结果与总孔隙度相关关系图

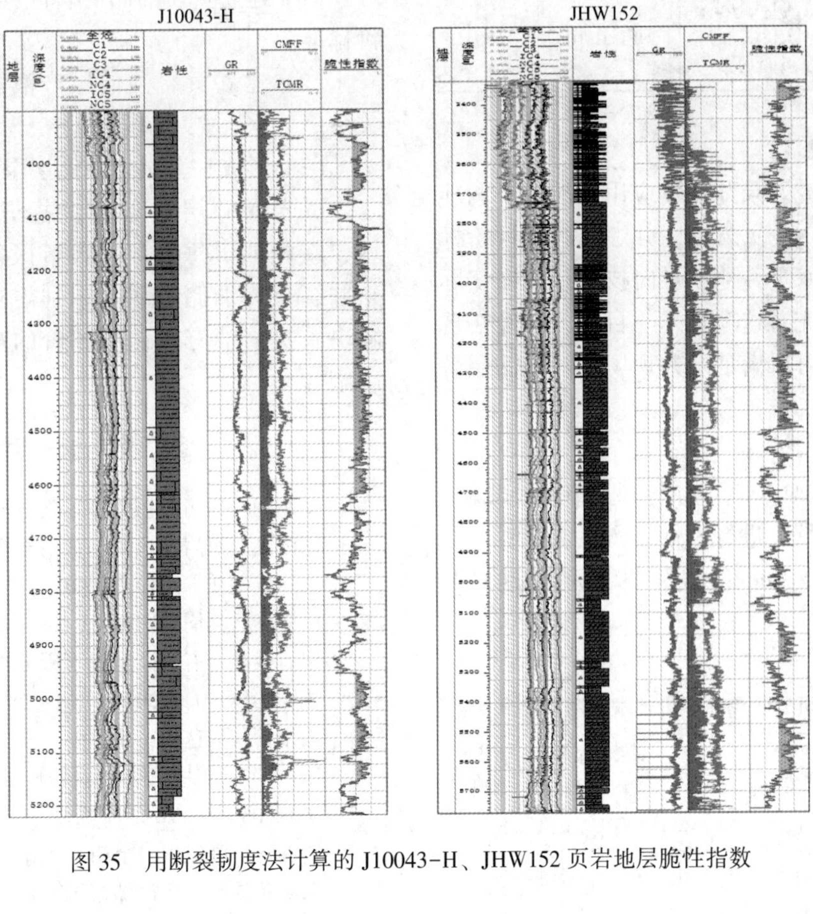

图 35　用断裂韧度法计算的 J10043-H、JHW152 页岩地层脆性指数

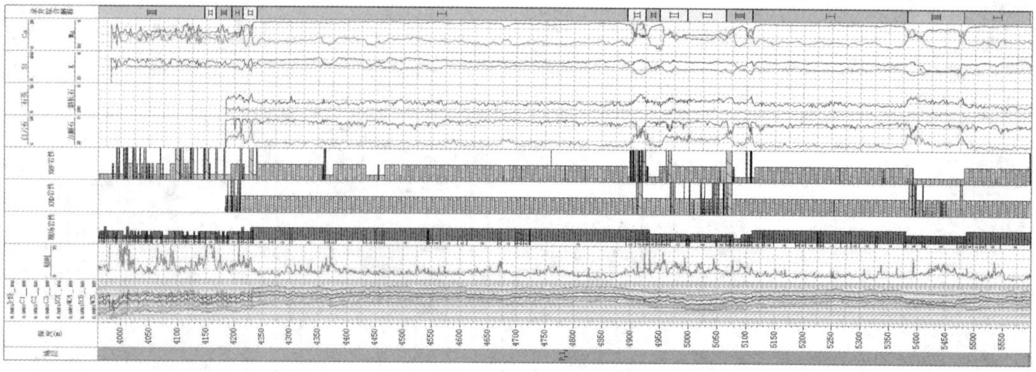

图 36　JX41_ H 录井综合解释评价成果图

评价分类的依据，对新井进行评价。

页岩油	岩性	气测比值	热解	脆性
Ⅰ类层	砂岩	C1/C4 是 C1/C2 的 8 倍以上	OPI>0.28	>0.7
Ⅱ类层	白云质砂岩	C1/C4 是 C1/C2 的 6~8 倍	OPI>0.28	>0.6
Ⅲ类层	白云岩	C1/C4 是 C1/C2 的 3~6 倍	OPI<0.28	>0.4
非价值层	泥岩	C1/C4 是 C1/C2 的 3 倍以下	OPI<0.10	<0.4

5　现场应用情况

通过项目研究及录井现场应用，形成了两项关键技术包括：(1) 页岩油录井综合解释评价标准；(2) 页岩油水平井地质导向技术，并在实际应用中不断修正完善这项技术。目前，已经在现场应用 6 井次，可以满足录井现场页岩油储层解释评价。

5.1　应用实例

在重点井 JX41_ H 应用：通过利用气测、XRD、XRF 等数据，进行岩性、物性、含油性综合评价，解释Ⅰ类-Ⅱ类储层占 91%，试油日产油 39.20t。

5.2　应用效果

表 2　2019 年页岩油录井评价技术应用情况表

井号	生产天数	日产量	累产油	试采结果	录井评价	符合情况
JX41_H	81	39.2	3113.99	Ⅰ类	Ⅰ类	符合
JHW032	143	31.05	4439.61	Ⅰ类	Ⅰ类	符合
J10064_H	116	43.96	5099.57	Ⅰ类	Ⅰ类	符合
J10002_H	183	17.93	3281.70	Ⅰ类	Ⅰ类	符合
J10022_H	12	0.25	3.01	Ⅲ类	Ⅱ类	不符合
J10003_H	121	1.53	185.39	Ⅲ类	Ⅲ类	符合

2019 年度应用 6 井录井符合率为 83%.

6　结论

通过技术的应用，认为技术有三个方面的特点：

(1) 建立页岩油储层岩性、物性、含油性评价标准。

(2) 建立页岩油储层产液量与录井资料的关系。

(3) 形成一套页岩油储层录井评价技术。

页岩油储层是近年勘探开发重点热点区域，新疆油田每年部署大量探井、评价井、水平井，页岩油储层甜点识别需求迫切。本技术解决了页岩油有效储层评价的难题，应用前景广阔。

参　考　文　献

[1]　支东明，唐勇，杨智峰，等．准噶尔盆地吉木萨尔凹陷陆相页岩油地质特征与聚集机理[J]．石油与天然气地质，2019，40(03)：78-88.

[2]　匡立春，高岗，向宝力，等．吉木萨尔凹陷芦草沟组有效源岩有机碳含量下限分析[J]．石油实验地质，2014，000(002)：224-229.

[3]　王东营，汤达祯，苟明福，等．准噶尔南缘阜康地区芦草沟组油页岩地质特征[J]．中国石油勘探，2007(06)：6+26-30+79.

[4]　斯春松，陈能贵，余朝丰，等．吉木萨尔凹陷二叠系芦草沟组致密油储层沉积特征[J]．石油实验地质，2013，000(005)：528-533.

[5]　邱振，卢斌，施振生，等．准噶尔盆地吉木萨尔凹

陷芦草沟组页岩油滞留聚集机理及资源潜力探讨[J]. 天然气地球科学, 2016(27): 1827.

[6] 向宝力, 廖健德, 周妮, 等. 吉木萨尔凹陷吉 174 井二叠系芦草沟组烃源岩地球化学特征[J]. 科学技术与工程, 2013(32): 166-170.

[7] 支东明, 宋永, 何文军, 等. 准噶尔盆地中—下二叠统页岩油地质特征、资源潜力及勘探方向[J]. 新疆石油地质, 2019(04).

[8] 郭旭光, 何文军, 杨森, 等. 准噶尔盆地页岩油"甜点区"评价与关键技术应用——以吉木萨尔凹陷二叠系芦草沟组为例[J]. 天然气地球科学, 2019(8): 1168-1179.

[9] 郭旭光, 牛志杰, 王振林, 等. 岩石脆性预测在吉木萨尔凹陷致密油勘探中的应用[J]. 地质与勘探, 2015, 51(3): 592-598.

[10] 王小军 a, 杨智峰 b, 郭旭光 b, 等. 准噶尔盆地吉木萨尔凹陷页岩油勘探实践与展望[J]. 新疆石油地质, 2019(04).

湖北宜昌地区页岩气钻井工程难点与对策分析

胡志方　迟焕鹏　王胜建　张家政　王玉芳　张云枭

（中国地质调查局油气资源调查中心）

摘　要　鄂西宜昌地区黄陵背斜是在四川盆地以外获得高产页岩气工业气流的重要地区，但该地区构造和地质情况复杂，钻井工程难点多，页岩气勘探开发工作面临很大挑战。因此，根据在该地区的钻井工程实践，结合地表地下地质情况，总结了该地区钻井工程技术难点，主要有：工程部署难度大，上部碳酸盐岩地层承压能力低、易漏失，上漏下垮、井壁稳定性差，地层研磨性强、可钻性差等问题。在分析主要原因的基础上，针对性地提出了防漏堵漏技术对策、井身结构优化设计思路、适应于该地区地层特点的钻头选型和利用旋转导向技术等建议，并在借鉴成熟地区页岩气钻井经验的基础上，指出下一步应探索适应本地区大倾角目的层的“井工厂”钻井技术和模式、形成应用于该地区低承压能力地层可靠的固井技术的方向，形成该地区的钻井工程技术体系，为后续的勘探开发提供借鉴和指导。

关键词　钻井工程难点；井身结构；井漏；旋转导向；钻头选型

1　引言

鄂西宜昌地区地处湖北西南部，西邻我国最大的页岩气田所在的四川盆地，根据2011年原国土资源部对全国页岩气资源调查评价的结果，湖北省页岩气的地质资源量位居全国第五位[1]，表明湖北省较大的页岩气勘探潜力。2014年以来，中国地质调查局油气资源调查中心在鄂西地区部署了大量的页岩气勘探和评价工作[2-5]，在宜昌地区黄陵背斜南缘部署实施的两口井通过水平井分段压裂试气取得重要发现和突破，其中鄂阳页1HF井在寒武系牛蹄塘组获得稳产7.83×10^4 m^3/d的稳产工业气流，鄂阳页2HF井在全球最古老的震旦系陡山沱组获得稳产5.46×10^4 m^3/d的稳产工业气流[6]，取得了四川盆地以外新区新层系页岩气勘探的突破，预示着宜昌地区黄陵背斜良好的勘探开发前景。

但由于宜昌地区黄陵背斜地表地质条件复杂，根据鄂阳页1HF井和鄂阳页2HF井从井位部署到完井的全过程施工情况，存在诸多钻井工程技术难点，导致钻井复杂问题多、周期长、成本高，给钻井施工带来较大挑战。因此，本文通过对该地区主要钻井工程难点进行分析，并研究解决的措施和对策，以期提高钻井速度，为该地区后续的勘探开发提供借鉴。

2　地质概况

宜昌地区黄陵背斜在构造上位于扬子板块北缘中段，属于中扬子区，北邻秦岭-大别造山带，南接江南陆内造山带，处于两大造山带之间的相对稳定区[7]。受构造作用的影响，黄陵背斜与其相邻的秭归南向斜、长阳背斜、长阳南向斜组成了复式褶皱带，并发育发育天阳坪逆冲断裂带和仙女山走滑断裂带[8]。根据前人的研究，宜昌地区地层发育较为齐全，从元古界到新生界均有不同程度分布。由于古隆起周缘埋藏深度适中、抬升较早、构造变形较弱，且逆冲推覆体下盘保存条件较好，有利于页岩气富集和保存，震旦系陡山沱组和寒武系牛蹄塘组两套地层为主要的页岩地层[9,10]。根据鄂阳页1HF井的钻探成果：陡山沱组页岩沉积厚度约为129m，TOC含量平均1.66%；牛蹄塘组优质页岩厚度约为140m，TOC含量平均2.32%，均具有良好的页岩气勘探潜力。

3　主要钻井工程难点

3.1　工程部署难度高

该研究区受多期构造运动的影响，构造复杂，区内山谷相间，断裂发育，因挤压作用造成的逆冲推覆构造普遍；地表地质条件复杂，总体属中深-深切割的中低山地形，可利用的土地资源十分有限，井位选择、材料运输和井场建设面临巨大挑战，造成井位优选困难、钻前工程周期长、大规模水力压裂施工受限等难题。

3.2　上部灰岩、白云岩地层井漏严重

目的层震旦系陡山沱组和寒武系牛蹄塘组上部地层以灰岩和白云岩为主，裂缝发育，漏失层

段较多。对鄂阳页1HF井、鄂阳页2HF井施工过程中发生的井漏进行了统计(见表1)，从中可以看出，两口井累计发生井漏34次，漏失清水、钻井液和水泥浆共计2314.1m^3。其中，严重的漏失主要发生在石龙洞组，其次为牛三段和覃家庙组。较高的井漏发生频率和漏失量不仅导致作业难度增大，钻井周期延长，还增加了作业成本。

表1 鄂阳页1HF井和鄂阳页2HF井井漏情况统计

地层名称	井深(据鄂阳页1HF导眼井)		漏失次数统计			漏失量/m^3
	顶深/m	底深/m	小型漏失/(<5m^3/h)	中型漏失/(5~20m^3/h)	失返性漏失	
覃家庙组	1087.5	1531.0	0	2	0	228.8
石龙洞组	2160.0	2354.0	0	5	12	1487.7
天河板组	2354.0	2428.0	1	0	0	20
石牌组	2428.0	2600.0	1	0	0	25.8
牛蹄塘组三段	2600.0	2837.0	11	1	1	551.8

根据井漏地层的岩性，漏失可以分为三类：

(1) 白云岩裂缝性漏失

岩性主要为灰色白云岩，方解石充填裂缝较发育，容易发生中型裂缝型漏失，主要发生在覃家庙组、石龙洞组的灰色白云岩地层。

(2) 灰岩裂缝性漏失

钻遇天然裂缝发育的灰岩地层，容易发生较严重甚至失返性漏失。本地区在石龙洞组、牛三段上部发育大段灰岩，两口井在钻进这两组地层过程中多次发生失返性漏失、堵漏后复漏。

(3) 泥岩渗透性漏失

由于泥岩地层具有层理结构，存在一些微裂缝，形成漏失通道。在天河板组底部、石牌组泥岩易发生小型的渗透性漏失，程度较轻。

对两口井发生井漏及堵漏施工过程进行分析，该地区漏失层层段主要有如下特性：

(1) 漏失压力低

鄂阳页1HF井导眼井在白云岩、灰岩易漏地层钻进过程中，采取了降低钻井液密度、粘切，提高钻井液封堵性等措施，一开(52~1822m)所用钻井液密度为1.08~1.10g/cm^3，二开(1822~3135m)所用钻井液密度为1.10~1.14g/cm^3，仍然发生多次严重漏失，说明该地区地层具有漏失压力低的特点。

(2) 漏层判断难度大

该地区上部地层以灰岩、白云岩为主，裂缝发育，漏失层段多，石龙洞组、牛三段地层堵漏成功继续钻进后又多次发生复漏，导致漏层判断难度大，堵漏成功率低。

3.3 地层承压能力低，固井风险高

由于灰岩、白云岩地层裂缝发育、古老坚硬，堵漏后地层承压能力依然较低，导致固井过程中易发生漏失。鄂阳页1HF导眼井表层套管和技术套管固井时均发生失返，侧钻水平井牛三段上部灰岩较破碎，多次堵漏提承压后当量钻井液密度低于1.25g/cm^3，无法满足水平井安全钻进需要，鄂阳页2HF井下技术套管和固井时均发生失返，两口井生产套管固井前均需要提承压作业。

3.4 上漏下垮，井壁稳定性差

根据钻井和取心情况(图1)，陡二段上部地层破碎严重，容易垮塌，岩性以灰黑色含碳白云质泥岩为主，其次是深灰色含碳灰质白云岩。为降低三开水平段在陡二段目的层钻进风险，需用技术套管将上部的破碎易垮塌段封住。所以，在钻井过程中，需要钻穿上部易漏、承压能力较低的覃家庙组、石龙洞组、牛三段，和下部陡二段破碎易垮塌地层，上漏下垮，钻井液安全密度窗口窄，维持井壁稳定挑战性大。

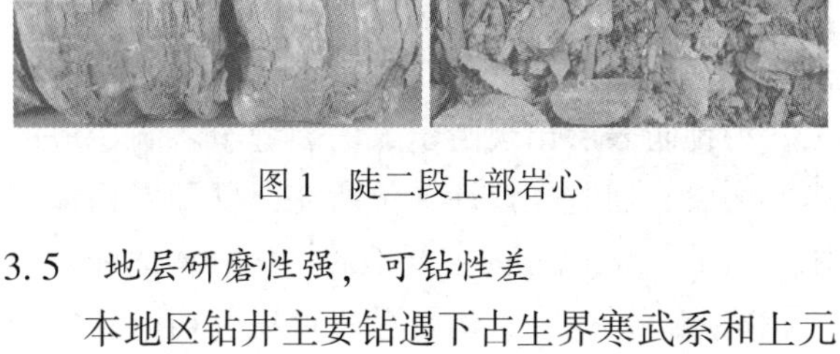

图1 陡二段上部岩心

3.5 地层研磨性强，可钻性差

本地区钻井主要钻遇下古生界寒武系和上元

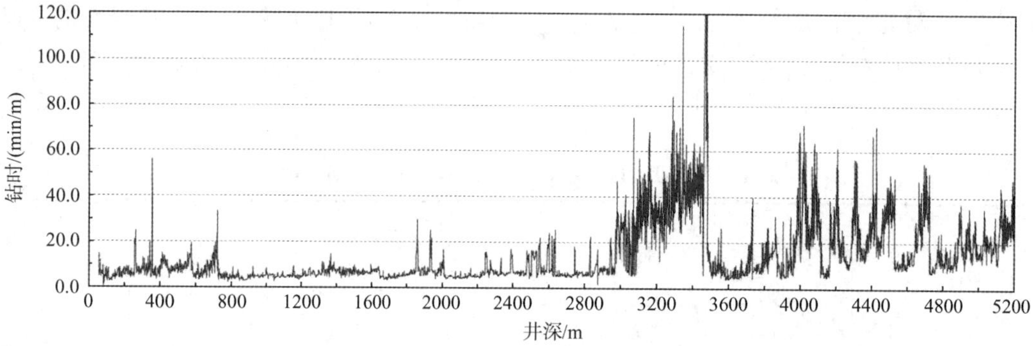

图2　鄂阳页 2HF 井钻时曲线

古界震旦系地层，以灰岩和白云岩为主，地层古老。尤其是寒武系牛蹄塘组下部、震旦系灯影组和陡山沱组地层，岩性以白云岩、灰岩、云质泥岩为主，硅质成分高，地层抗压强度高、研磨性强、可钻性差，鄂阳页 2HF 井在陡山沱组平均钻时高达 40min/m 以上(图2)，导致入井钻头磨损快、机械钻速低。

4　技术对策及建议

4.1　防漏堵漏技术对策

针对井漏，要坚持预防为主、防堵结合的原则，尽量避免人为主观因素导致的井漏，通过鄂阳页 1HF 井及鄂阳页 2HF 井的防漏堵漏实践，总结出预防和处理该地区井漏的技术对策如下：

(1) 井漏预防对策

尽量选用低密度、低滤失、强抑制、强封堵性能的钻井液体系，在保证井壁稳定的前提下，控制钻井液密度，优化流变性能，降低循环压耗，减小井底压差。

钻遇易漏井段之前，准备好清水和堵漏材料；钻至发生漏失地层前 50m 进行防漏预处理，加入随钻堵漏剂或其他堵漏材料进行防漏，尤其是针对天河板组底部和石牌组泥岩裂缝地层。

优化钻井参数，精细操作，在易漏井段应一方面严格控制起下钻速度，中途分段循环钻井液；另一方面开泵前先低转速开动转盘或顶驱破坏钻井液结构后再排量由小到大缓慢开泵，降低井下激动压力，防止井漏。

(2) 地面溶洞探测技术

为预防表层出现由于大的裂缝、溶洞造成的恶性漏失，通过在设计井位所在区域开展物探工作，队 1000m 以浅的主要地质结构、构造和岩溶地质特征进行探测，识别可能存在的构造异常和溶洞，降低恶性漏失风险。

(3) 浅表层防漏堵漏对策

该地区表层为大段的灰岩、白云岩，在构造应力集中地区存在井漏风险，在导眼、一开井段发生井漏，根据现场情况一般可以采取清水抢钻、水泥堵漏的方法进行处理，尽快完成导眼、一开井段钻进及固井。

(4) 中深层裂缝性地层堵漏对策

针对覃家庙组地层井漏，在充分暴露漏层后，根据漏失量及漏速确定堵漏浆配方，将粗中细颗粒堵漏材料按一定比例复配浓度为 10%～20%的堵漏浆进行静止堵漏。堵漏施工后如果返浆排量不足 50%，采用纤维水泥浆封堵漏层。

石龙洞组和牛三段漏层漏失压力低，且地层硬度高，堵漏材料不易在裂缝中滞留，发生复漏风险大。因此，在堵漏施工过程中要提高复合堵漏材料及纤维类材料比例，加大粗颗粒及中粗颗粒堵漏材料用量，将堵漏浆浓度提高到 20%，堵漏浆密度略高于所用钻井液，实施承压堵漏。如果承压堵漏无效，则用水泥塞配合堵漏浆进行承压堵漏，将堵漏材料憋入漏失裂缝中，通过水泥塞在井眼附近形成堵塞，关井憋压不超过 4MPa。

(5) 弱凝胶堵漏技术

鄂阳页 1HF 井在斜井段牛三段地层中钻进过程中，发生多次井漏和复漏，采用堵漏浆堵漏、水泥浆多次堵漏后，无法满足后续油基泥浆水平段钻进的地层承压要求，最后采用弱凝胶堵漏技术成功解决。

弱凝胶堵漏剂具有较高的粘弹性，进入裂缝后形成段塞滞留在裂缝中，且启动压力高，不易被钻井液冲走，能够有效封堵裂缝通道。将弱凝胶堵漏剂在地面配制好后，用光钻杆将弱凝胶段塞注入漏失井段，直接挤入裂缝中，短时间侯凝后即能够达到承压要求。

4.2 井身结构优化

根据已钻鄂阳页1HF井和鄂阳页2HF井所获取的资料及经验，分别对牛二段和陡二段两套页岩气目的层钻井井身结构进行优化(见表2和图3)：

(1) 根据地层情况，缩短一开井深，提高机械钻速，例如由鄂阳页1HF井一开1800m减少至鄂阳页2HF井的700m，后续作业可将一开缩短至500m左右，减少大尺寸井眼工作量。

(2) 对牛二段目的层，二开钻穿牛三段易漏低承压地层，下入技术套管注水泥封固，降低水平段地层承压难度，为三开水平段安全顺利钻进创造条件。

(3) 对陡二段目的层，二开钻穿陡二段破碎易坍塌地层，下入技术套管注水泥封固，降低三开水平段钻进及生产套管下入风险。同时，下一步还可以尝试与牛二段目的层相同的设计原则，可减少二开井深400~500m，三开钻下部可钻性差及破碎地层至完钻，整体缩短钻井时间。

表2 井身结构优化设计方案

开次	钻头(mm)	套管(mm)	套管下入原则或下深
导眼	609.4	508.0	一般50m,建立井口
一开	406.4	339.7	封表层娄山关、覃家庙组地层
二开	311.2	244.5	封牛三段易漏地层(牛二段目的层);封陡二段破碎地层(陡二段目的层)
三开	215.9	139.7	设计完钻深度

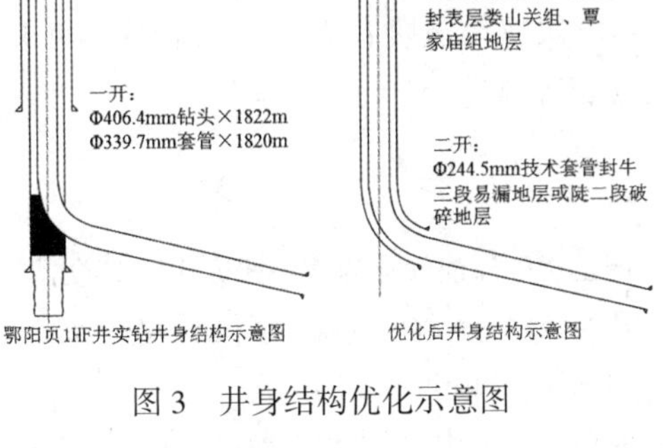

图3 井身结构优化示意图

4.3 "井工厂"钻井技术

针对该地区构造复杂、山地多、工程部署难度高的难题，借鉴四川、重庆地区山地"井工厂"钻井工程技术和作业模式[11,12]，因地制宜，探索适应本地区大倾角目的层的大斜度井"井工厂"布井方案和井场布置，进行井场布局及地面设备设施优化，进行井眼轨道优化设计，从而减小占地面积，降低钻前施工难度，最大程度地开发动用页岩气资源。

4.4 钻头优选

本地区在钻井过程中主要钻遇致密坚硬的灰岩和白云岩，可钻性差，主要表现为对PDC钻头切削齿磨损严重，对牙轮钻头外排齿磨损严重。通过对已钻两口井钻头使用情况的分析，针对本地区的地层特点，提出了钻头优选原则、选型结果及建议下一步试验的钻头建议(见表3)，并在后期的工程实践中不断总结探索，提高钻井速度。

4.5 旋转地质导向钻井技术

鄂阳页1HF井牛二段和鄂阳页2HF井陡二段水平段的靶窗高度均仅有5m；而且黄陵背斜南翼区域地质资料较少，标志层特征不明显，地层倾角较大，横向上地层倾角变化不稳定，薄夹层多，以上多个因素导致了井眼轨迹控制难度大的难题。

为了提高优质储层钻遇率和机械钻速，在鄂阳页1HF井和鄂阳页2HF井的部分斜井段和全部水平段使用了斯伦贝谢的Smith PDC钻头+PD Archer旋转导向钻井技术，实现了100%优质储层钻遇率。钻具组合为：Φ215.9mm Smith PDC钻头+PD Archer旋转导向系统+Receiver信号接收器+TeleScope随钻测量仪+Φ127mm无磁承压钻杆+井下滤网接头+浮阀+Φ127mm加重钻杆3根+Φ127mm钻杆。

使用效果见表4所示，从表中可以看出，使用旋转导向的机械钻速远大于使用PDC+螺杆(其中鄂阳页2HF井为牙轮钻头+螺杆)的钻井方式，且纯钻时效较高。主要得益于使用旋转导向系统可以在钻柱旋转的条件下对轨迹进行调整，钻压可以有效传递到钻头，有利于提高机械钻速；同时，钻出的井眼轨迹平滑，摩阻扭矩低、清岩效果好，大大降低了作业风险。旋转导向在目的层为寒武系牛蹄塘组的鄂阳页1HF井使用效果好于目的层为震旦系陡山沱组的鄂阳页2HF井，主要是由于陡山沱组地层更为古老，可钻性差所致。

表3 钻头优选结果

地层	钻头选型原则	钻头选型建议	后期试验钻头建议
导眼段	适合软至中硬低研磨性地层钢齿牙轮钻头	SKG535GK	—
娄山关~石龙洞组	攻击性好，适合中硬地层，优选6刀翼Φ16mm复合片PDC钻头	AM663DRT	KS1662DGAR、KS1662SGAR、DS665H
天河板~石牌组	抗冲击能力强，适合中硬地层，试验5刀翼和6刀翼Φ16mm复合片PDC钻头	史密斯MDSI616	TS1655BS、KMD1663DRT
牛三段	耐研磨，适合中硬、硬地层牙轮钻头或混合钻头，或耐冲击PDC钻头	HJT617GL、HJT637GL、史密斯MDSIZ716	混合钻头
牛二段	直井段考虑耐冲击、稳定性强的PDC钻头，定向考虑牙轮钻头或混合钻头	史密斯MDSI616、MDI516	斜井段：1633混合钻头；水平段：5刀翼16mm复合片PDC、6刀翼13mm复合片PDC
牛一段~陡三段	耐研磨，适合中硬、硬地层的牙轮钻头	HJT617GL、HJT637GL	混合钻头
陡二段	耐冲击、稳定性强的PDC钻头	史密斯MDI616、MDI516	斜井段可试验混合钻头，水平段可试验6刀翼13mm复合片PDC

表4 两口井应用旋转导向钻速对比表

井号	斜井段（螺杆）		斜井段（旋转导向）		水平段（旋转导向）		旋转导向纯钻时效/%
	段长/m	钻速/(m/h)	段长/m	钻速/(m/h)	段长/m	钻速/(m/h)	
鄂阳页1HF井	295	3.0	340	9.1	1836	9.4	57.4
鄂阳页2HF井	22	0.6	308	7.0	1410	2.9	40.2

4.6 低承压能力地层固井技术

固井质量的优劣关系到后期大规模水平井分段压裂施工的成功与否，并决定了试气和生产过程中发生套变的风险高低。由于该地区碳酸盐岩地层具有承压能力低的特点，导致在下套管和固井过程中容易发生井漏，水泥浆无法上返至设计高度，影响到后期作业和生产质量。因此，需要利用双凝双密度水泥浆固井技术[13]、低密度泡沫水泥浆固井技术[14]等适合于低承压能力地层的固井技术。

对低承压能力地层，为确保固井水泥浆顶替效率和固井质量，在利用合理的固井技术的同时，还需要优化相关固井工艺措施，主要有：(1) 通过模拟计算、模拟通井、使用低摩阻套管扶正器，使套管居中度不低于70%，确保套管一次性顺利下入；(2) 优化环空水泥返高，降低注水泥期间环空液柱压力；(3) 对地层进行堵漏承压，提高地层承压能力；(4) 通过计算优化注水泥结束后的环空加压数值；(5) 完善固井应急预案，准备好固井质量补救措施和物资。

5 结论

(1) 地质条件复杂、工程部署难度大，上部碳酸盐岩地层承压能力低、易漏失，上漏下垮、井壁稳定性差，地层研磨性强、可钻性差等问题是宜昌地区黄陵背斜页岩气勘探开发所面临的主要钻井工程难点。

(2) 上部碳酸盐岩地层漏失可以分为白云岩、灰岩裂缝性漏失和泥岩渗透性漏，以白云岩、灰岩裂缝性漏失为主，具有漏失压力低、漏层判断难度大的特点。

(3) 寒武系牛蹄塘组下部、震旦系灯影组和陡山沱组地层，岩性以白云岩、灰岩、云质泥岩为主，硅质成分高，地层抗压强度高、研磨性强、可钻性差，导致入井钻头磨损快、机械钻速低。

(4) 通过对井身结构进行优化设计、针对不同地层优化钻头选型、借鉴和探索相适应的“井工厂”钻井技术和模式、利用旋转导向钻井技术、探索适应于低承压能力地层的固井技术等方法和措施是解决宜昌黄陵背斜地区页岩气勘探开发钻井难点的有效途径。

参考文献

[1] 国土资源部油气资源战略研究中心．全国页岩气资源潜力调查评价及有利区优选[M]．北京：科学出版社，2016.

[2] 陈孝红，危凯，张保民，等．湖北宜昌寒武系水井沱组页岩气藏主控地质因素和富集模式[J]．中国地质，2018，45(2)：207-226.

[3] 翟刚毅，包书景，王玉芳，等．古隆起边缘成藏模

式与湖北宜昌页岩气重大发现[J]. 地球学报, 2017, 38(4): 441-447.
[4] 王玉芳, 翟刚毅, 包书景, 等. 鄂阳页1井陡山沱组页岩储层含气性及可压性评价[J]. 中国矿业, 2017, 26(6): 166-172.
[5] 张家政, 朱地, 慈兴华, 等. 湖北宜昌地区鄂阳页2井牛蹄塘组和陡山沱组页岩气随钻碳同位素特征及勘探意义[J]. 石油学报, 2019, 40(11): 1346-1357.
[6] 张君峰, 许浩, 周志, 等. 鄂西宜昌地区页岩气成藏地质特征[J]. 石油学报, 2019, 40(8): 887-899.
[7] 张焱林, 段轲, 刘早学, 等. 鄂西下寒武统牛蹄塘组页岩特征及页岩气富集主控因素[J]. 石油实验地质, 2019, 41(5): 691-698.
[8] 许露露, 张焱林, 陈程, 等. 鄂西地区黄陵背斜周缘五峰组—龙马溪组页岩气储层及含气性特征[J]. 特种油气藏, 2019, 26(5): 26-32.
[9] 刘力, 何生, 翟刚毅, 等. 黄陵背斜南翼牛蹄塘组二段页岩岩心裂缝脉体成岩环境演化与页岩气保存[J]. 地球科学, 2019, 44(11): 3583-3597.
[10] 李浩涵, 陈科, 包书景, 等. 鄂西黄陵背斜南翼震旦系陡山沱组有利目标区页岩气资源潜力评价[J]. 石油实验地质, 2019, 41(1): 31-37.
[11] 牛新明. 涪陵页岩气田钻井技术难点及对策[J]. 石油钻探技术, 2014, 42(4): 1-6.
[12] 杨芳, 覃军, 李兆丰, 等. 昭通地区页岩气水平井钻井难点与对策分析[J]. 天然气勘探与开发, 2019, 42(2): 129-136.
[13] 龙志平, 王彦祺, 周玉仓. 隆页1HF页岩气井钻井关键技术[J]. 石油钻探技术, 2016, 44(2): 16-21.
[14] 丁士东, 陶谦, 马兰荣. 中国石化固井技术进展及发展方向[J]. 石油钻探技术, 2019, 47(3): 41-49.

地震响应特征分析在储层描述中的作用——以四川盆地双鱼石地区栖霞组为例

魏 超[1] 崔 栋[1] 杨广广[2]

(1. 中国石油勘探开发研究院；2. 中国石油西南油气田公司勘探开发研究院)

摘 要 为了提高储层预测精度，尽快落实川西北双鱼石地区栖霞组储层展布特征，针对储层非均质性较强、难以有效识别问题，开展了储层地震响应特征分析研究。①综合地质认识和测井响应，明确了双鱼石地区栖霞组储集空间类型差异；②从川西北地区地质模型细化到双鱼石地区地质模型，定性分析了栖霞组储层地震响应特征，明确了栖霞组两类储层的响应特征和差异；③基于测井岩石物理定量分析，进一步明确了栖霞组储层的响应特征，并优选有效的储层敏感参数；④以储层响应特征分析结果为指导进行储层预测，定性、定量预测结果相互印证，验证了储层响应特征的有效性。

关键词 双鱼石地区；栖霞组；储层响应特征；地质模型；岩石物理分析；储层描述

1 引言

随着四川盆地勘探程度的逐步深入，下二叠统海相碳酸盐岩储层一直被认为具有巨大的油气勘探潜力[1]，尤其是川西北双鱼石地区 ST1 井栖霞组完井测试获得日产气达 87.6 万方/天[2]，展示出双鱼石地区栖霞组良好的勘探开发前景，是重要的勘探战略接替领域。

川西北地区下二叠统勘探始于 20 世纪 70 年代[3]，前人针对该地区做了大量研究工作，对该地区的地层格架、沉积特征等有着深入的认识[4-7]，栖霞组为碳酸盐镶边台地沉积体系，在开阔台地、台地边缘、前缘斜坡相均有分布，其中台地边缘相是栖霞组重要的储层且分布广泛，岩性以灰岩为主夹白云岩[8-9]。由于双鱼石地区位于龙门山前冲断带，构造复杂多变、目的层埋藏深，受裂缝和溶蚀作用，储集空间类型多变、非均质性较强，导致储层响应特征不明显，难以有效识别，这是当前双鱼石地区下二叠统栖霞组勘探的主要瓶颈所在。

为了减少储层预测多解性，提高储层识别和预测精度，本文在地质和测井综合分析基础上，从川西北部地区栖霞组地质模型出发，逐步聚焦于双鱼石地区栖霞组响应特征，并基于测井岩石物理建模定量分析物性、流体改变对储层的影响，最终明确双鱼石地区栖霞组储层响应特征、优选有效的储层敏感参数，落实双鱼石地区栖霞组储层展布特征，为勘探井位部署提供了有力支持。

2 地质概况及储层特征

川西北双鱼石地区栖霞组分布广泛，整体厚度 100~150m 左右，其与上覆茅口组、下伏梁山组均呈整合接触。根据岩性变化，栖霞组分为栖一段和栖二段，栖一段发育中深水开阔台地相，主要以深灰色生物灰岩为主，夹泥质灰岩和薄层黑色页岩；栖二段主要为台地边缘相沉积，以灰色厚层生物灰岩、中粗晶白云岩及云质灰岩为主，其中白云岩是栖霞组储层的主要目的层段，储层厚度 0~40m 左右。

受多期构造运动及溶蚀作用的影响，栖霞组储层的储集空间以孔隙、裂缝和孔洞为主，使得储层表现出较强的非均质性，导致储层段地震响应特征不明显、难以有效识别，如图 1 所示；这种强非均质性在测井曲线上主要表现为不同井储层段测井响应变化的不一致，双鱼石地区的典型井 ST1、ST3、ST7 和 ST8 井在储层段的纵波速度、横波速度和密度与非储层段相比有较明显的差异(黄色标注为储层段，上部为栖霞组储层、下部为关雾山组储层，本研究仅关注栖霞组储层)。

双鱼石栖霞组储层为灰岩背景中的白云岩储层，白云岩矿物的纵波速度、横波速度和密度都要高于灰岩矿物。从测井曲线上分析，受溶蚀孔洞、裂缝以及流体的影响，白云岩纵波速度会有明显降低，导致储层段和非储层段纵波速度差异

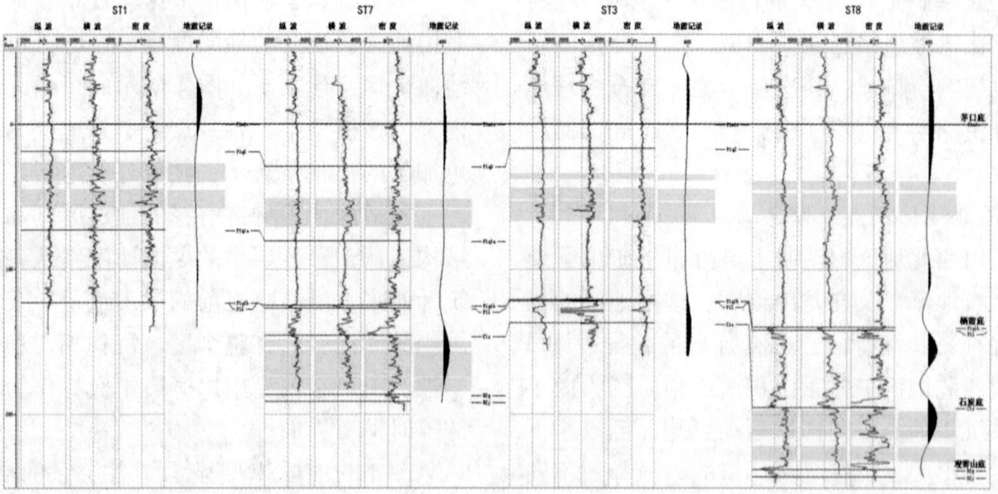

图 1　双鱼石地区四口典型井特征对比

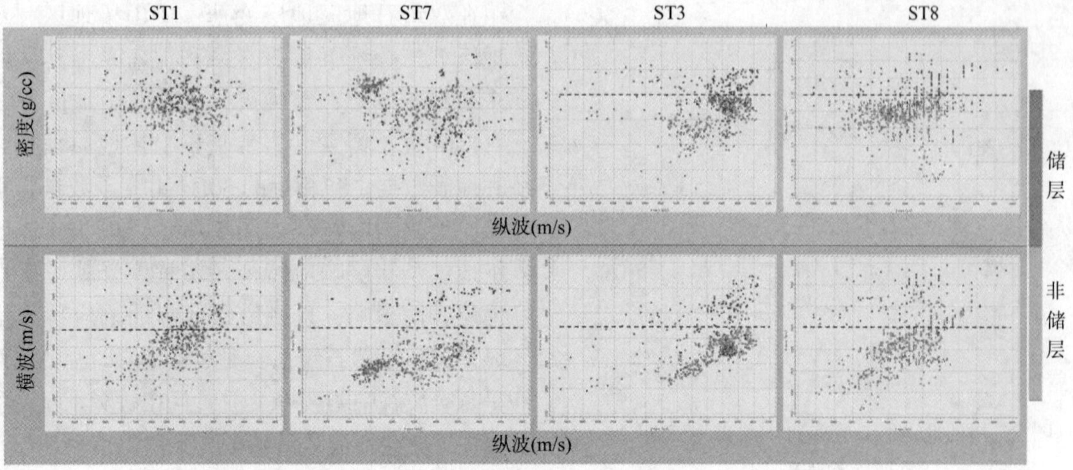

图 2　栖霞组测井交会分析

不明显；横波速度受溶蚀孔洞、裂缝的影响有限，储层段的横波速度明显高于非储层段；密度的变化主要反映次生孔隙的发育程度，ST3 和 ST8 井储层段密度明显高于非储层段，ST1 和 ST7 井储层段密度有所降低，和非储层段密度差异不明显，这在一定程度上反映了储集空间类型的差异。

栖霞组储层段和非储层段测井响应的差异，在图 2 的纵波-密度、纵波-横波的交会图中体现的更为清晰，储层和非储层在纵波上不能有效区分，横波上则区分明显，在密度上 ST1 和 ST7 井基本重合，ST3 和 ST8 井区分明显。

综合交会分析结果和相关地质认识，四口井测井响应的差异一方面体现了储层和非储层的岩性差异，另一方面则体现了储集空间类型的差异，基于此大致可以划分为两类：孔隙型和裂缝-孔隙-孔洞型。

3　地震响应特征分析

储层描述是油气勘探开发中的重要过程，需要将地质、测井等信息与地震数据有机结合，由点及面推及整个工区。在这一过程中，如何在区域地质认识基础上，从井点的测井响应特征出发，明确地质异常体地震响应特征、识别复杂地震波场信息、优选有效储层敏感参数是至关重要的，这也是储层响应特征分析的作用及意义所在。

储层地震响应特征分析可分为定性和定量两类，定性方法主要是基于区域地质认识和井点响应特征，建立综合地质模型，并以地震正演模拟为手段，了解储层变化时的地震响应特征，赋予地震波场明确的地质意义；定量方法则是以测井岩石物理分析为基础，定量讨论储层物性、流体变化对测井响应特征和地震响应特征的影响。本文首先建立了川西北地区栖霞组储层的区域地质模型，在此基础上针对双鱼石地区的具体特点，进一步细化栖霞组储层地质模型，定性分析储层变化的地震响应特征；其次基于测井岩石物理建模定量分析储层响应特征的影响因素、优选储层敏感参数。

3.1 川西北地区栖霞组储层响应特征

整个川西北地区，钻井主要分布于矿山梁地区、双鱼石地区以及九龙山地区，这些地区的栖霞组储层有其共性特征，也有各自的差异。图3所示为川西北地区二叠系沉积前古地质图，由于在二叠系沉积前受多期构造运动影响，栖霞组下伏地层差异很大，再有沉积环境的差异导致不同层系和不同区域的岩性有明显变化，这些都会影响到栖霞组储层的响应特征。

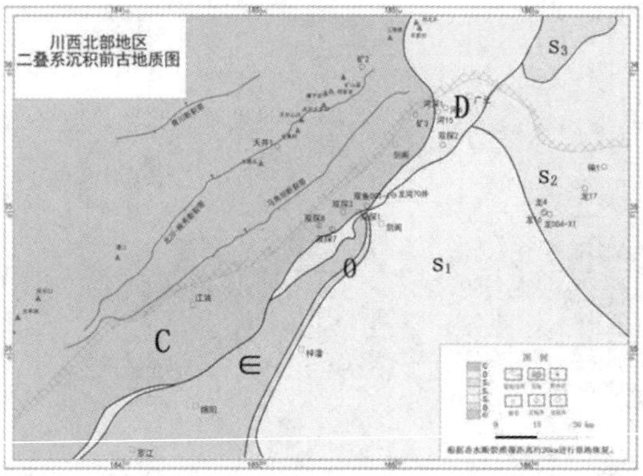

图3 川西北地区二叠系沉积前古地质图（据西南油气田）

本文统计了矿山梁地区、双鱼石地区以及九龙山地区典型井的地层厚度（表1），再结合区域地质认识，建立了如图4所示的川西北地区地质模型。该模型中，各井点处不同地层的厚度用颜色加深的柱状条表示，井点外的地层厚度综合考虑了各地区地震构造解释的地层厚度和前人的区域构造认识；各层系的纵波速度则从各地区测井统计而来。栖霞组之前的梁山组是一套深水环境沉积的砂泥岩且在整个区域沉积相对稳定、未被剥蚀，所以在模型中以栖霞组底界作为一个稳定的等时参考界面。

图4的地质模型显示了各层系的展布规律，矿山梁地区、九龙山地区栖霞组储层厚度较之于双鱼石地区相对变厚且更靠近栖霞组顶界；梁山组在双鱼石地区地层变薄；矿山梁地区、双鱼石地区下二叠统下伏石炭系和泥盆系，其从西北向东南逐渐减薄直至尖灭，而九龙山地区下二叠统直接下伏志留系砂岩。基于上述地质模型，选用和地震数据主频相近的30Hz雷克子波进行正演模拟，地震响应特征如图5所示，川西北地区栖霞组地层及储层响应特征一定程度受其下伏地层及地层岩性影响，且栖霞组底界的响应特征也有明显差异。下伏石炭系、泥盆系地层时，栖霞组储层呈宽缓波谷中弱波峰反射，且在石炭系、泥盆系地层尖灭段会形成复波特征；下伏志留系地层，栖霞组储层受子波旁瓣调谐，储层响应特征不明显。

表1 川西北地区典型井地层厚度统计

	Kuang2	Kuang3	ST2	ST1	ST3	ST7	ST8	Long17
	厚度/m	厚度/m	厚度/m	厚度/m	厚度/m	厚度/m	厚度/m	厚度/m
茅口底—栖霞-储层顶	7.8			25.2	33.8	51.5	39.3	6.0
栖霞-储层顶—栖霞-储层底	44.0	55.4	71.5	28.4	31.8	19.3	22.4	34.3
栖霞-储层底—栖1a底	15.6			14.6	11.7	9.7	16.7	19.1
栖1a底—栖1b底	37.5	48.2	38.8	46.8	41.4	44.0	60.4	40.8
栖1b底—梁山底	14.4	14.4	6.0	1.0	1.1	2.3	2.0	8.1
梁山底—石炭底	32.7	27.6	22.6	19.4	14.6	18.8	52.7	/
石炭底—观雾山底	222.7	84.9			18.4	40.3	42.5	/
观雾山底—金宝石底						4.9	5.0	
金宝石底—志留底	125.3	133.0						6.7

红色标记：储层
蓝色标记：未钻穿地层

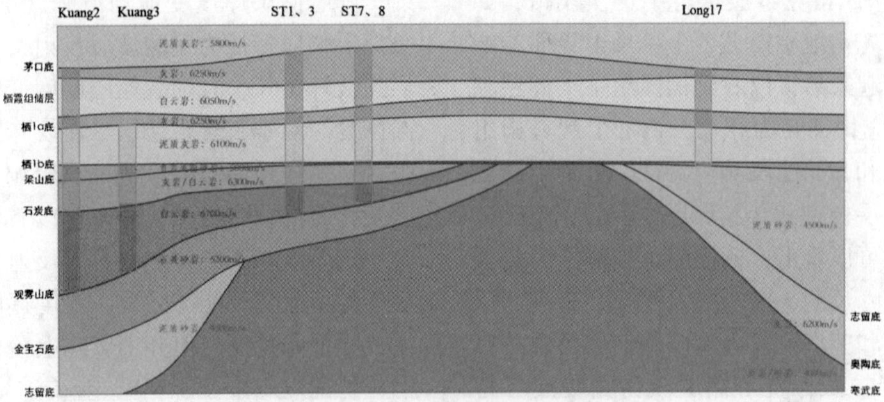

图 4　川西北地区地质模型

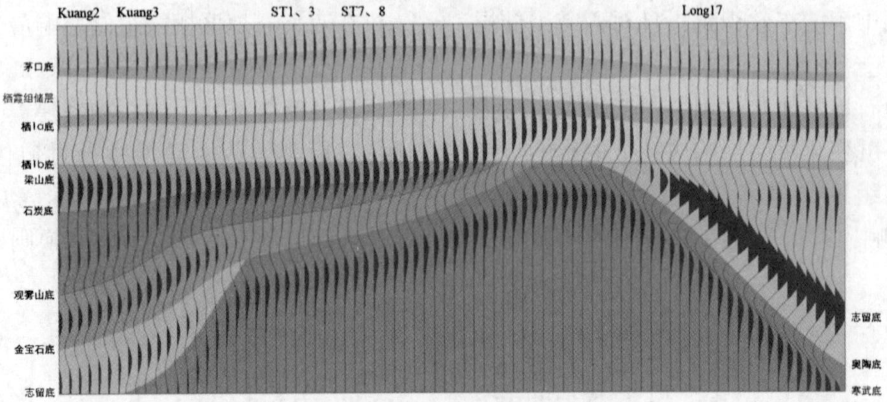

图 5　川西北地区地质模型响应特征

ST1	ST3	ST7	ST8	建模厚度	建模速度	岩性描述
厚度/m	厚度/m	厚度/m	厚度/m	m	m/s	
25.2	33.8	51.5	39.3	35.0	6250.0	灰岩
28.4	31.8	19.3	22.4	30.0	6050.0 6500.0	白云岩
14.6	11.7	9.7	16.7	15.0	6250.0	灰岩
46.8	41.4	44.0	60.4	50.0	6100.0	泥质灰岩
1.0	1.1	2.3	2.0	2.0	5000.0	页岩夹粉砂岩
19.4	14.6	18.8	52.7	3.0	5000.0	泥质灰岩
				20.0	6400.0	灰岩
				15.0		白云岩
				10.0	5300.0	泥质白云岩
	18.4	3.3	2.3	5.0	7000.0	白云岩
		33.9	34.1	40.0	6600.0	白云岩
		3.1	6.1	5.0	7000.0	白云岩
		4.9	5.0	35.0	4500.0	石英砂岩

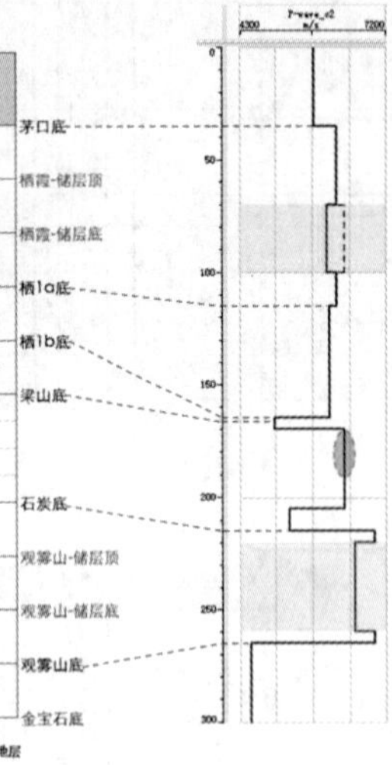

图 6　双鱼石地区地质模型

3.2　*双鱼石地区栖霞组储层响应特征*

从川西北具体到双鱼石地区，本文进一步细化了四口典型井的地层、岩性展布特征，建立了如图 6 所示的双鱼石地区地质模型。结合前述测井响应特征的分析结果，模型中栖霞组考虑了两类储层(用红、蓝两色表示)。因为栖霞组储层响应特征可能受其下伏地层影响，所以模型中也考虑了栖霞组下伏地层、储层的变化，泥盆系关雾山组储层用绿色表示；石炭系地层厚度变化差异较大，地质构造运动分析认为，石炭系沉积之后由于风化剥蚀，导致大部分地区石炭系顶部的灰岩、泥质灰岩被剥蚀，只有少部分地区还有一定留存，比如 ST8 井附近，这一点在响应特征分析中应该加以考虑。

本文以 30Hz 雷克子波进行了正演模拟，如图 7 所示，首先是地质模型各个单反射界面的响应特征，组合起来后可以看到栖霞组 1 类储层和 2 类储层的响应特征互为相反，再加上观雾山组储层响应特征和非储层段响应特征，分别组合成栖霞组 1 类储层模型和 2 类储层模型的完整响应特征。从图中可以看出，栖霞组 1 类储层为宽缓波谷中的弱波峰反射，响应特征明显；2 类储层因其储层响应和茅口组底界响应调谐后导致茅口组底界强波峰拉长，整个储层段为宽缓波谷特征，响应特征不明显；观雾山组储层由于受到观雾山组顶、底强反射界面的影响，其储层特征完全包裹在强轴中不能有效识别，且对栖霞组储层没有影响。

基于双鱼石地区地质模型，本文进一步考虑栖霞组储层厚度变化对储层响应特征的影响。图 8 分别为栖霞组两类储层厚度变化时的响应特征，1 类储层响应特征为宽缓波谷中的弱波峰反射，随着储层厚度变薄弱波峰逐渐减弱消失，2 类储层响应特征为宽缓波谷反射，顶部茅口组底界强波峰拉长，且随着储层厚度变薄波峰长度逐渐恢复。对于石炭系地层，需要考虑其厚度变化是否对栖霞组储层响应特征有影响，图 9 为其厚度变化时的响应特征，图中可以看出，在地层达到一定厚度时下二叠统底界的反射特征和石炭系底界的反射特征能够区分，厚度逐渐变薄时则调谐成一强峰特征，但并不影响上覆栖霞组储层的响应特征。

3.3 双鱼石地区栖霞组储层测井岩石物理响应特征

在双鱼石地区栖霞组储层响应特征定性分析的基础上，本文还基于 ST8 井开展了测井岩石物理建模及流体替换。岩石物理建模采用的是双联通孔隙模型[10-11]，建模中通过包体模型[12-13]和 Gassmann 方程[14]相结合，综合考虑封闭孔隙和连通孔隙的附存状态；流体替换则以栖霞组储层

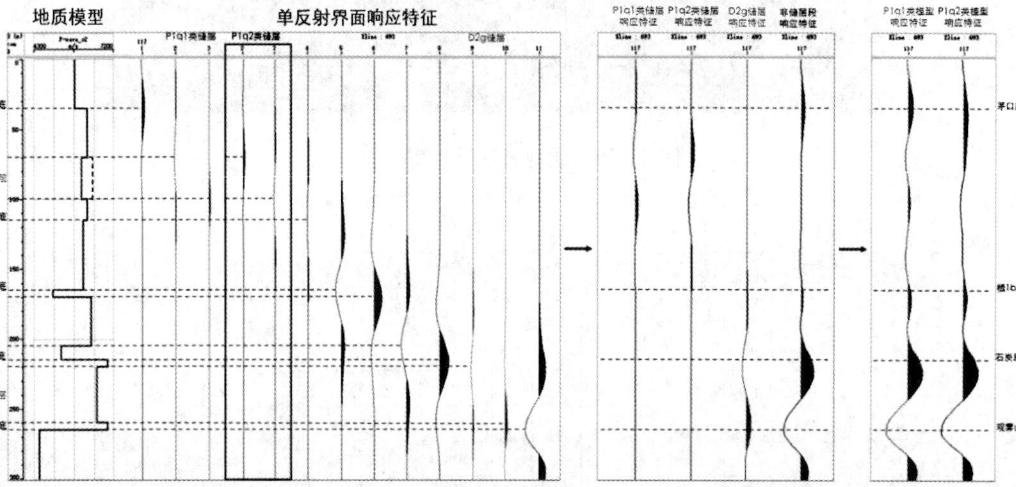

图 7　双鱼石地区地质模型响应特征分析

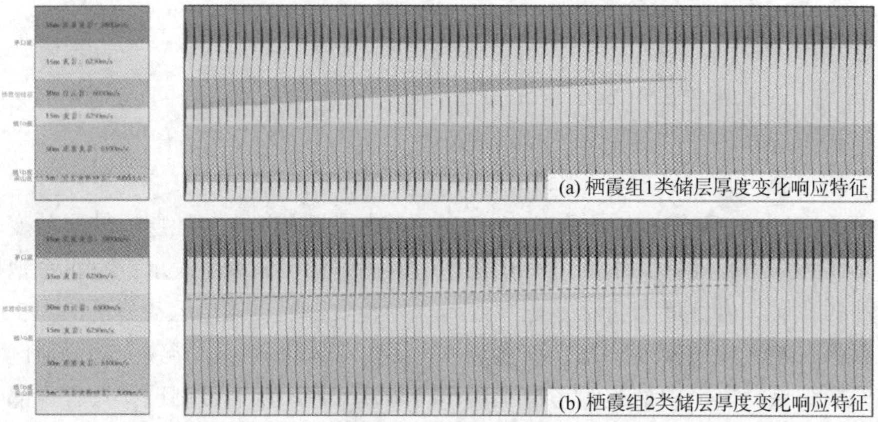

图 8　栖霞组两类储层厚度变化响应特征

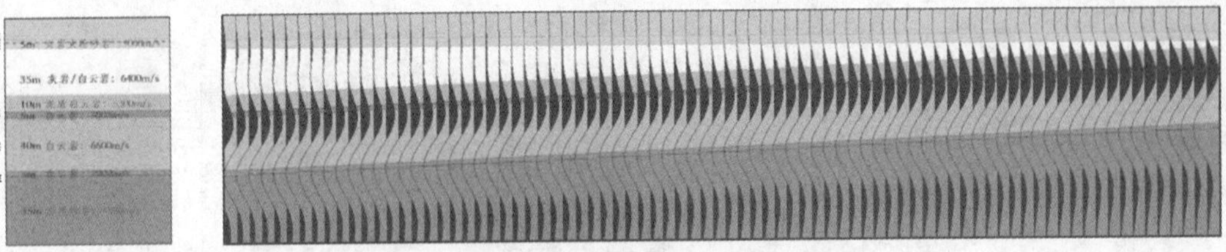

图 9　石炭系地层厚度变化响应特征

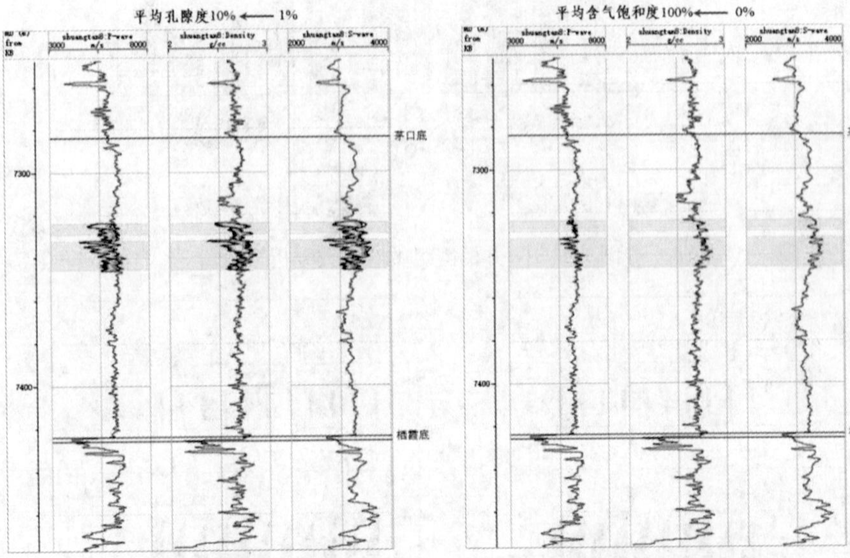

(a) 变孔隙度测井响应　　(b) 变含气饱和度测井响应

图 10　ST8 井储层段变孔隙度、含气饱和度测井响应特征对比

段平均孔隙度 2.8%、平均含气饱和度 80%为基础，定量计算储层段平均孔隙度从 1%～10%、平均含气饱和度从 0%～100%时的测井响应。图 10 分别为变孔隙度和变含气饱和度时储层段纵波速度、横波速度、密度的变化特征，当含气饱和度不变、孔隙度从 1%到 10%时，纵波速度、横波速度、密度均逐步降低、且降低幅度较大；当孔隙度不变、含气饱和度从 0 到 100%时，纵波速度有少量降低、密度和横波速度的降低则微乎其微。这些变化特征在相对变化量统计(表 2)中体现的更为清晰。

表 2　ST8 井栖霞组岩石物理分析相对变化量统计

相对变化量	变孔隙度	变含气饱和度
纵波	22.10%	4.25%
横波	19.21%	0.61%
密度	10.84%	0.94%

基于这种定量替换，本文也提取了不同弹性参数对储层和流体的敏感度(图 11)，并优选了最为敏感的参数：储层敏感参数为剪切模量或剪切模量和密度乘积，流体敏感参数为拉梅常数 λ 或拉梅常数 λ 和密度乘积。优选的敏感参数很好的符合岩石的物理性质，剪切模量和岩石骨架有关，几乎只受孔隙的影响；拉梅常数 λ 没有确切的物理含义，通常表示材料的压缩性，所以对所含流体敏感。

在测井岩石物理分析的基础上，选用 30Hz 雷克子波进行正演模拟，分析储层段随孔隙度和含气饱和度变化的地震响应特征。如图 12 所示，当含气饱和度不变、孔隙度从 1%到 10%时，储层段宽缓波谷中逐渐出现弱波峰反射特征；当孔隙度不变、含气饱和度从 0 到 100%时，储层段宽缓波谷以及顶部强波峰拉长反射特征变化不明显。

综合上述基于测井岩石物理分析的测井响应特征和地震响应特征的变化，一方面直观的表明了物性(孔隙度)变化对测井响应和地震响应特

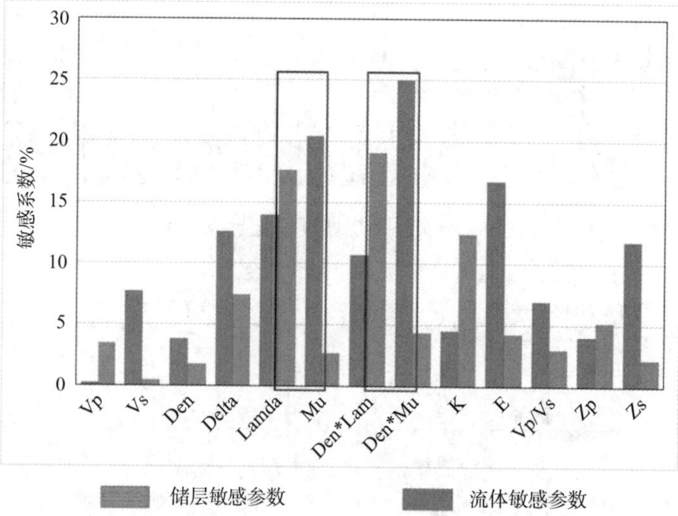

图 11 ST8 井栖霞组敏感参数分析

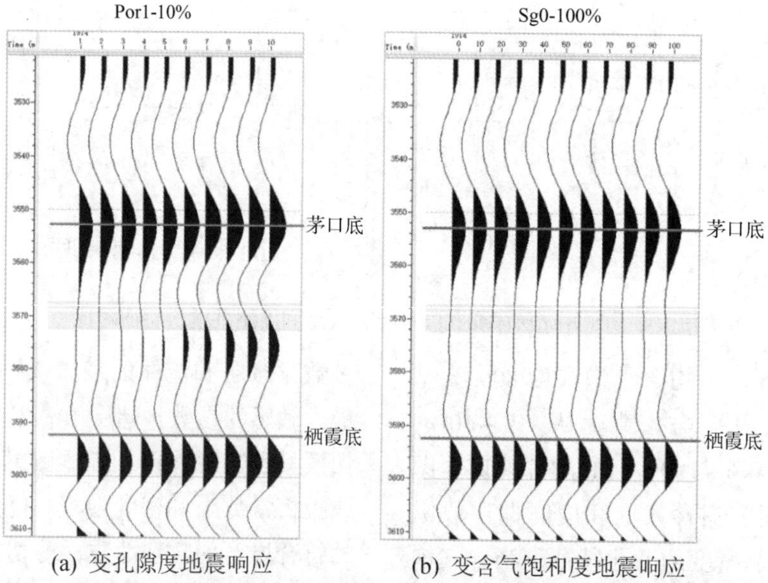

(a) 变孔隙度地震响应 (b) 变含气饱和度地震响应

图 12 ST8 井储层段变孔隙度、含气饱和度地震响应特征对比

征的影响远大于流体(含气性)变化产生的影响，另一方面也和地质模型的地震响应特征分析相互印证，反映了本文响应特征分析的可靠性、准确性。

4 储层预测结果对比

一般而言，地震响应特征分析是连接地质、测井信息与地震数据的桥梁。充分的响应特征分析不仅能够深化对地质认识的理解，也能指导有效的储层预测方法的选择，并对预测结果有很好的验证。

本文选择双鱼石地区中双鱼石南地震工区进行储层预测。首先基于对双鱼石地区栖霞组储层类型以及地震响应特征差异的充分认识，选择能够表征地震振幅、波形差异的波形分类方法进行储层定性预测。图 13(a)是选取整个栖霞组顶、底界面内的地震数据进行的波形分类结果，颜色从深红-深蓝代表储层由好到差，图中分类波形的变化趋势和图 8 中储层变化时的响应特征有很好的一致性。

其次，采用反向加权非线性 AVO 反演方法[15]进行叠前弹性参数反演，并基于敏感参数分析结果，确定储层敏感参数阈值范围进行储层定量预测，最终的栖霞组储层厚度平面分布如图 13(b)所示，对比波形分类结果，二者之间有很

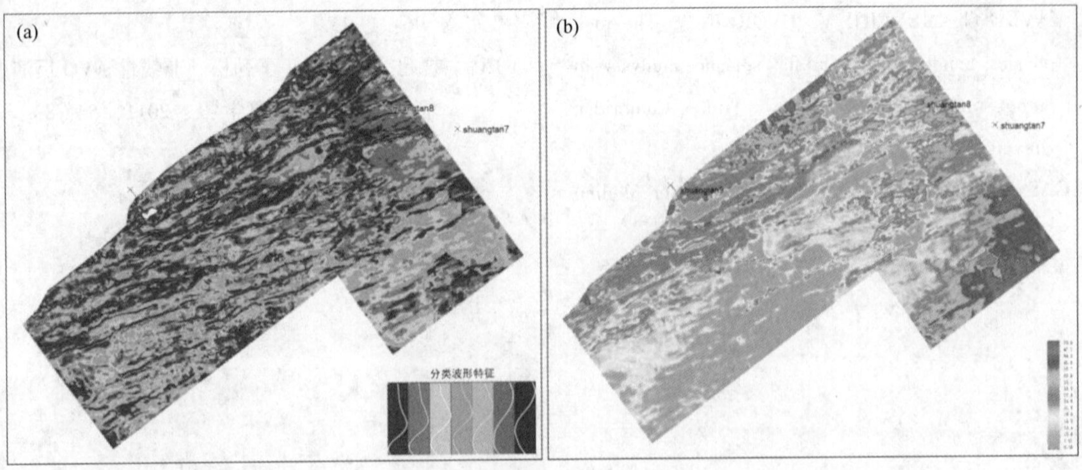

图 13　双鱼石南工区栖霞组储层波形分类(a)与储层厚度分布(b)对比

好的对应关系，相互印证了储层定性、定量预测结果的可靠性。

5　结论

在区域地质和测井响应综合分析基础上，明确了双鱼石地区栖霞组储集空间类型的差异，大致可以划分为孔隙型和裂缝-孔隙-孔洞型两种类型。

首先从川西北地区栖霞组储层响应特征影响因素分析出发，进一步细化形成双鱼石地区栖霞组储层地质模型，定性分析栖霞组储层地震响应特征，明确了栖霞组两类储层的响应特征及差异：栖霞组一类储层响应特征为宽缓波谷中夹弱波峰反射，二类储层响应特征为宽缓波谷、顶部茅口组底界强波峰拉长；其次，基于测井岩石物理建模和流体替换，定量分析物性、流体改变对储层的影响，进一步明确了双鱼石地区栖霞组储层响应特征，认识到物性变化对测井响应和地震响应特征的影响远大于流体变化产生的影响。

以储层响应特征分析为指导，针对双鱼石南工区栖霞组开展了储层预测工作，波形分类结果和储层厚度预测有很好的对应关系，验证了地质模型建立的正确性以及响应特征分析的可靠性。

参　考　文　献

[1]　梁宁，郑荣才，邓吉刚，等．川西北地区中二叠统栖霞组沉积相与缓斜坡模式[J]．岩性油气藏，2016，28(6)：58-67.

[2]　沈平，张健，宋家荣，等．四川盆地中二叠统天然气勘探新突破的意义及有利勘探方向[J]．天然气工业，2015，35(7)：1-9.

[3]　陈宗清．论四川盆地中二叠统栖霞组天然气勘探[J]．天然气地球科学，2009，20(3)：325-334.

[4]　魏国齐，杨威，朱永刚，等．川西地区中二叠统栖霞组沉积体系[J]．石油与天然气地质，2010，31(4)：443-448.

[5]　黄涵宇，何登发，李英强，等．四川盆地及邻区二叠纪梁山—栖霞组沉积盆地原型及其演化[J]．岩石学报，2017，33(4)：1317-1337.

[6]　郭维．四川盆地西南部二叠系栖霞组沉积相及储层特征[D]．成都：成都理工大学，2012.

[7]　蒋志斌，王兴志，曾德铭，等．川西北下二叠统栖霞组有利成岩作用与孔隙演化[J]．中国地质，2009，57(1)：101-109.

[8]　郭正吾，邓康龄，韩永辉．四川盆地形成与演化[M]．北京：地质出版社，1994：65-160.

[9]　张运波．四川盆地中二叠统层序地层及沉积模式[D]．北京：中国地质大学(北京)，2011.

[10]　BA Jing, CAO Hong, YAO Fengchang, et al. Double-porosity rock model and squirt flow in the laboratory frequency band [J]. Applied Geophysics, 2008, 5(4): 261-276.

[11]　BA Jing, CARCIONE J M, NIE Jianxin. Biot-Rayleigh theory of wave propagation in double-porosity media [J]. Journal of Geophysical Research, 2011, 116(B06202): 1-12.

[12]　KACHANOV M, TSUKROV I, SHAFIRO B. Effective moduli of solids with cavities of various shapes [J]. Appl. Mech. Rev., 1994, 1:

S151-S174.

[13] MAVKO G, MUKERJI T, DVORKIN J. The rock physics handbook: Tools for seismic analysis in porous media [M]. New York: Cambridge University Press, 1998.

[14] GASSMANN F. Über die Elastizität poröser Medien [J]. Viertel. Naturforsch. Ges. Zürich, 1951, 96: 1-23.

[15] 魏超，郑晓东，李劲松．非线性AVO反演方法研究[J]．地球物理学报，2011，54(8)：2110-2116.

塔河油田北部超深层火山侵入岩地震识别与油气勘探潜力

韩 强 李海英 洪才均 邵小明 金仙梅

（中国石化西北油田分公司勘探开发研究院）

摘 要 本文综合钻井和地震资料对塔河油田北部震旦系-寒武系地层内部的火山侵入岩进行识别及预测，并对火山侵入岩的油气勘探潜力进行分析。结果表明，塔河油田震旦系~寒武系超深层火山侵入岩发育，埋深超过8000m。地震剖面上火山侵入岩呈不规则地震形态，与碳酸盐岩波阻抗差异明显，按地震反射形态可识别出岩株、岩盖及岩床等侵入岩结构。火山侵入岩在平面上主要沿深大断裂分布，呈椭圆形、次圆形，面积在0~40km^{2}之间，大小不等。下寒武统火山侵入岩紧邻烃源岩，储盖配置良好，具有良好的勘探潜力。

关键词 塔里木盆地；塔河油田；震旦系-下寒武统；火山侵入岩；油气勘探潜力

火山岩油气藏作为一种特殊的油气藏类型越来越受到人们的重视，火山岩对于油气的烃源岩演化、储集体形成及储层改造、油气保存等均具有重要意义[1-4]，同时火山活动也会使得早期形成的油气藏被破坏[5]。塔里木盆地岩浆活动强烈，主要发生过震旦-寒武纪、晚奥陶-志留纪、早二叠世和白垩纪等多期热事件，盆地周缘和内部对这些岩浆活动均有不同的地质-地震记录[6]。人们对盆地内部火山岩的地震识别及油气勘探潜力做过大量的研究[7]，但火山岩领域至今未取得过大的油气发现。随着勘探的不断深入，越来越多的钻井揭示火山岩。2020年1月，位于塔北隆起的LT1井在8200m之下的下寒武统白云岩中获得轻质原油，实现了塔里木海相盆地超深层的重大油气突破[8]。LT1井在震旦系8661m钻揭了十多米的火山侵入岩（未穿），说明塔北地区深层发育火山岩。本文是在前人研究基础上，利用三维地震资料对塔河油田深层分布的火山侵入岩进行地震识别与预测，并对其油气勘探潜力进行分析，以期为盆地超深层领域提供支撑。

1 地质背景

塔河油田位于库车县和轮台县的交接处，构造上属于沙雅隆起阿克库勒凸起，西邻哈拉哈塘凹陷、南邻满加尔坳陷。阿克库勒凸起自下而上依次发育震旦系、寒武系、奥陶系、志留系、泥盆系、石炭系、二叠系、三叠系、白垩系、古近系及新近系，地层发育相对较全。阿克库勒凸起历经加里东中晚期，海西早期、海西晚期及喜马拉雅期等多期构造活动，目前是一个北东向展布的鼻状构造[9]。震旦纪~奥陶纪，阿克库勒凸起以台地相~斜坡相沉积为主，沉积了巨厚的碳酸盐岩。塔河油田中下奥陶统碳酸盐岩缝洞型油气藏为主力产层，上面叠加了多层系、多类型圈闭碎屑岩油气藏[10]。LT1井首次在奥陶系缝洞型油气藏之下揭示震旦系及寒武系。震旦系分为上、下两段，下段为海相碎屑岩，上段为藻云岩。寒武系主要为一套海相碳酸盐岩沉积自下而上为下寒武统玉尔吐斯组（ε_{1y}）、肖尔布拉克组（ε_{1x}）、吾松格尔组（ε_{1w}）；中寒武统沙依里克组（ε_{2s}）、阿瓦塔格组（ε_{2a}）及上寒武统下丘里塔格群（ε_{3ql}），与下伏震旦系和上覆奥陶系以平行不整合接触。

2 火山侵入岩地震识别及预测

利用已钻井对火山侵入岩进行地震标定，了解侵入岩地震相反射特征，再利用正演模型对类似地震相进行分析，总结火山侵入岩地震反射特征。最后利用地震切片、相干属性等对火山岩的平面展布进行预测。

2.1 侵入岩地震反射特征

火山侵入岩因其不规则的地质体形态，与围岩具有明显的差异。通过总结侵入岩地震反射特征，利用外形可以把火山侵入岩分为四类。

（1）垂直侵入反射

侵入岩岩株多为垂直侵入反射。岩株是一种呈树干状向下延伸侵入体[11]。垂直地震反射体在外形上类似于高角度断裂，外形轮廓清晰、内部反射较为杂乱，从基底向上至震旦系~寒武系

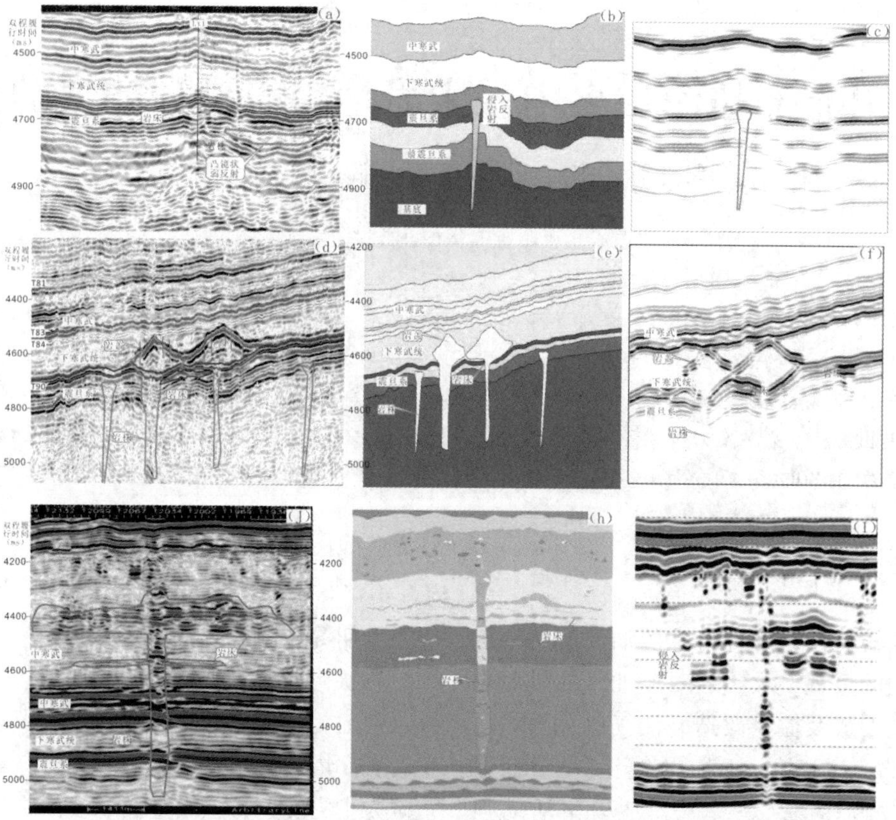

图 1　震旦系-寒武系火山岩侵入体地震剖面反射特征及其模型正演

(a)～(c)震旦系侵入岩地震剖面及其正演模型；(d)～(f)下寒武统侵入岩地震剖面及其正演模型；(j)～(k)寒武侵入岩地震剖面及其正演模型

消失，宽度一般 100～300m(图 1a、图 1d、图 1j)。垂直侵入体周围的岩层受到垂直侵入作用而发生弯曲变形。

(2) 凸镜状隆起反射

侵入岩的岩盖多表现为凸镜状隆起反射。岩盖是指侵入沉积岩层理间的酸性岩浆，因粘性较大，向四周流溢能力弱，于是将上覆岩层拱起形成底部平直、顶部凸起，厚度向边缘渐变薄的穹窿状形体[12]。凸镜状反射主要分布于下寒武统肖尔布拉克组内部，具有明显的强振幅异常，顶部凸起向两侧变薄，底部具有明显的下拉现象，火山岩厚度在 500～1000m(图 1d)。

(3) 板状强反射

上寒武统的火山岩岩床表现为板状强反射。岩床又称岩席，是由岩浆沿层面流动铺开或岩浆沿着层面流动侵入，形成与地层相整合的板状岩体[13]。上寒武统的板状强反射多是沿火山岩垂直侵入通道向两侧沉积岩层侵入，形成低频强反射异常。由于火山侵入使得围岩发生局部凸起加厚。上寒武统的强反射异常一般 2～3 个同向轴，火山岩厚度在 60～150m(图 1j)。

(4) 凸镜状弱反射

震旦系的火山岩岩床表现为凸镜状弱反射特征。LT1 井震旦系底辉绿岩(12m，未穿)标定为弱反射特征。火山岩层侵入使得震旦系围岩发生局部加厚(图 1a)。

2.2　火山岩模型正演

为了进一步验证对火山侵入岩的认识，对塔北地区测井资料统计，求取火山岩的速度、密度及波阻抗值，来设计侵入岩的正演模型(图 1)。由正演模型可以看出火成侵入岩外形轮廓清晰，内部为杂乱反射或者空白弱反射，与地震反射剖面可对比性较好。由于前震旦系～寒武系地层具有不同的岩性组合，使火山岩表现出了不同的地震特征。(1) 岩株反射在震旦系～寒武系沉积地层中较为清晰，在变质基底内特征不明显。主要是火山岩波阻抗与变质基底岩性波阻抗较为接近，火山岩波阻抗略低于基底波阻抗，在剖面上隐约可以看出低频柱状反射特征(表 1)。(2) 下寒武统肖尔布拉克组主要为灰岩、泥灰岩，速度远高于火山岩，按照 SEG 对初至下跳的规定，其顶面形成波谷强反射，表明是从灰岩高速体传播至火山岩低速体。火山内幕的强弱变化可能与岩浆岩性变化有关系。火山岩底部的下拉由于火山岩相对于围岩为低速体，地震传播时间变长所导致，也可能与火山岩晚期的塌陷有关[13-14]。(3) 由于火山岩岩性变化及其与围岩差异，在不同层位的岩床形成了不同的反射特征。震旦系主要中酸性火山岩为弱反射、上寒武基性火山岩则为强反射。此外，因受到分辨率影响，深层地震资料主频约 25Hz，火山岩速度按照 5500m/s，地震最大能够识别出火山岩最小厚度约为 55m。因此，从地震识别结果来看，深层火山岩体的体积相对较大。

表 1　塔河深层火山岩正演模型参数数据表

地层/异常体	岩性	厚度/m	速度/(m/s)	密度/(g/cm^3)	波阻抗/(m/s·g/cm^3)
肖尔布拉克组	灰岩-泥灰岩	500	6626	2.85	18884
吾松格尔组	白云岩与膏盐互层	95	6425	2.77	17797
沙依里克组	白云岩与膏盐互层	80	6513	2.81	18301
阿瓦塔格组	膏盐岩	475	6322	2.75	17385
玉尔吐斯组	泥页岩	40	5500	2.58	14190
震旦系	白云岩	200	6550	2.83	18536
	碎屑岩	50~100	4500	2.43	10935
前震旦系	变质岩		6100	2.68	16348
侵入岩	基性	60~100	5592	2.59	14483
	中酸性	100~200	5080	2.54	13348

2.3　侵入岩平面预测

在火山岩剖面特征分析的基础上，利用地震属性来预测火山岩在平面上的分布。图 2(a)是下寒武统肖尔布拉克组地震时间切片属性，可以看出火山侵入岩在平面上呈次圆形-椭圆形，面积最小 0.5km^2，最大 40km^2。图 2(b)是下寒武统底的相干属性平面图，可以看出火山岩的分布与北东向断裂分布相关性较好。图 2(c)是震旦系碎屑岩顶面振幅属性平面图，火成岩呈圆形、椭圆形的弱振幅特征，面积最小的小于 1km^2，最大的 5km^2。图 2(d)是上寒武统振幅变化率属性[15]平面图，可以看出板状火山岩呈片状沿北东向断裂分布，面积 1~30km^2。

从钻井揭示的火山岩岩性及地震预测的火山侵入岩产状来看，塔河深层震旦系~寒武系内幕的火山岩侵入时代在早奥陶世蓬莱坝组沉积前。

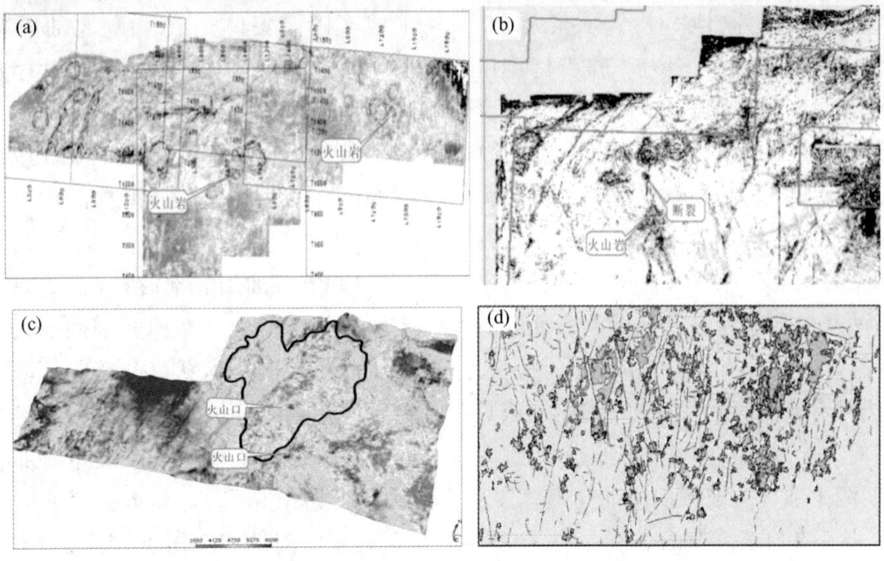

图 2　塔河油田震旦系-寒武系火山岩地震预测平面图

(a)下寒武统肖尔布拉克地震切片平面图；(b)寒武系底相干属性平面图；
(c)震旦系下段顶面振幅属性平面图；(d)上寒武统振幅变化率属性平面图

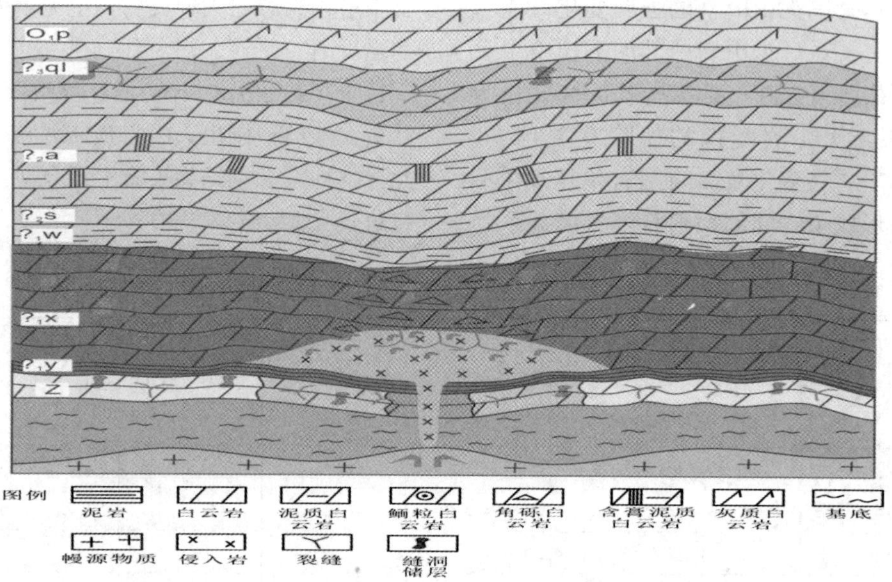

图3　塔河油田寒武系火山岩油气藏预测剖面图

塔河地区北东向走滑断裂形成于加里东早期，加里东晚期~海西早期，海西晚期、印支期及喜山早期多期活动，从火山岩分布与断裂带的关系看，火山侵入岩可能形成于加里东期早中的拉张环境背景。

3　火山侵入岩勘探潜力分析

3.1　寒武系下统侵入岩紧邻海相烃源岩，具有近“烃”楼台的优势

钻井及地震资料表明，寒武系下统火山侵入岩上、下紧邻优质海相烃源岩。火山岩底紧邻寒武系玉尔吐斯组陆棚——盆地相泥质烃源岩[16]。轮探1井揭示玉尔吐斯组泥页岩厚度56m，TOC含量1.00%~33.1%，为盆地海相优质烃源岩，R_0值为1.7，目前仍具有生烃能力。井震标定解释玉尔吐斯组广泛分布，厚度大(>30m)，这套烃源岩丰度高，是台地相区最有利的烃源发育区[17]。火山岩之上围岩为肖尔布拉克组斜坡相泥灰岩，厚度400~500m之间。据钻井实验分析这套烃源岩TOC含量0.46%~3.7%，大于0.5的平均为1.8%。这两套烃源岩在长期低地温、晚期快深埋的背景下，具有长期生烃、多期排烃特征，目前塔河地区仍存在高熟轻质油-凝析油生烃成藏过程[18]。火山侵入岩紧邻烃源岩，捕获海西晚期、喜马拉雅期两个油气主成藏期的油气概率大。

3.2　火山侵入岩具有储层发育条件

火山岩侵入的岩株、岩盖与底辟构造作用相似，形成穹窿式背斜和断背斜圈闭[19]。岩浆在形成上穹隆背斜的过程中会对上覆地层产生巨大的拱张力，使上覆岩层发生变形，形成披覆构造，为油气聚集提供了聚集场所。所有的火山岩均具有一定的晶间微孔或微缝，这些孔隙在埋藏过程中会产生蚀变和脱玻化作用，产生一定微孔[20]。从寒武系系火山岩岩盖顶面可以识别出多个正断层，具备断裂裂缝储层发育的条件。理论上讲，侵入岩岩床分为上、下致密段和中间渗透段三个部分，上、下致密段是岩床和冷凝边，中间渗透段为岩浆冷凝过程中发育的节理段[21]。同时，因为火山侵入岩主要沿断裂侵入，塔河油田的断裂具有多期活动的特征，这些断裂在后期构造活动产生裂缝，进一步使微裂缝扩大连通，形成规模储集体[22]。如顺北油田顺北鹰1井在奥陶系钻遇侵入岩，侵入岩发生了漏失，累计漏失量达356方。

基于上述分析，认为下寒武统火山岩具有较好的勘探潜力，是深层勘探的重要领域。

4　结论

1）塔河油田北部震旦系~寒武系发育火山侵入岩，火山侵入岩在地震剖面上表现为不规则的地质形态，多呈株状、凸镜状、板状等反射，与围岩波阻抗差异明显，具有独特的地震响应，火山岩在平面上沿断裂或断裂带展布，利用正演模型、地震属性可较好对火山侵入岩进行识别。

2）塔河油田深层下寒武统发育的火山岩上、下近邻优质烃源条件，邻区钻井及地震预测表明火山侵入岩具备储层条件，储盖配置良好，具有良好的勘探前景。

参考文献

[1] Schofield, N., S. Holford, J. Millett, D. Brown, D. Jolley, S. R. Passey, D. Muirhead, C. Grove, C. Magee, J. Murray, M. Hole, C. A. L. Jackson, and C. T. Stevenson, 2015, Regional magma plumbing and emplacement mechanisms of the Faroe-Shetland Sill Complex: implications for magma transport and petroleum systems within sedimentary basins: Basin Research, 29, 41-63, doi: 10.1111/bre.12164.

[2] Spacapan, J. B., J. O. Palma, O. Galland, R. Manceda, E. Rocha, A. D' Odorico, and H. A. Leanza, 2018, Thermal impact of igneous sill-complexes on organic-rich formations and implications for petroleum systems: a case study in the northern Neuquén Basin, Argentina: Marine and Petroleum Geology, 91, 519-531, doi: 10.1016/j.marpetgeo.2018.01.018.

[3] 郭占谦. 火山作用与油气田的形成和分布[J]. 新疆石油地质, 2002, 23(3): 183-185.

[4] 罗静兰, 邵红梅, 张成立. 火成岩油气藏研究方法与勘探技术综述[J]. 石油学报, 2003, 24(1): 31-38.

[5] 李宏伟, 邓宏文, 陈富新. 含油气盆地火山岩与油气关系浅论[J]. 地学前缘, 2000, 7(4): 410.

[6] 陈汉林, 杨树锋, 董传万, 等. 塔里木盆地地质热事件研究[J]. 科学通报, 1997, 42(10): 1096-1099.

[7] 陈广波, 潘文庆, 郑多明, 等. 碳酸盐岩潜山中火山岩体的地震识别与预测——以塔里木油田英买力地区为例[J]. 石油地球物理勘探, 2007, 42(10): 87-93.

[8] 杨海军, 陈永权, 田军, 等. 塔里木盆地轮探1井超深层油气勘探重大发现与意义[J]. 中国石油勘探, 2020, 42(10): 87-93.

[9] 谢大庆, 郑孟林, 蒋华山, 等. 塔里木盆地沙雅隆起形成演化与油气分布规律[J]. 大地构造与成矿学, 2013, 37(3): 398-409.

[10] 何治亮, 毛洪斌, 周晓芬, 等. 塔里木多旋回盆地与复式油气系统[J]. 石油与天然气地质, 2000, 21(3): 207-213.

[11] Hansen, D. M., and J. Cartwright, 2006, The three-dimensional geometry and growth of forced folds above saucer-shaped igneous sills: Journal of Structural Geology, 28, 1520 - 1535, doi: 10.1016/j.jsg.2006.04.004.

[12] Jackson, C. A. L., N. Schofield, and B. Golenkov, 2013, Geometry and controls on the development of igneous sill-related forced folds: A 2-D seismic reflection case study from offshore southern Australia: Geological Society of America Bulletin, 125, 1874 - 1890, doi: 10.1130/B30833.1.

[13] 吴晓川, 张功成, 蒲仁海. 琼东南盆地碟形侵入体的地震响应特征及油气意义[J]. 石油地球物理勘探, 2018, 53(03): 528-537.

[14] Ji Tianyu, Yang Wei, Pu Renhai, Wu Xueqiong, Wu Xiaochuan. Analysis of vertical position relationships between igneous sills and an unconformity surface—Interpretation of seismic profiles from the Northern Tarim Basin, NW China. Interpretation, 2020, 8(4): 1-14.

[15] 王光付. 碳酸盐岩溶洞型储层综合识别及预测方法[J]. 石油学报, 2008, 29(1): 47-51.

[16] 漆立新. 塔里木盆地下古生界碳酸盐岩大油气田勘探实践与展望[J]. 石油与天然气地质, 2014, 35(6): 771-779.

[17] 朱传玲, 闫华, 云露, 等. 塔里木盆地沙雅隆起星火1井寒武系烃源岩特征[J]. 石油实验地质, 2014, 36(5): 626-632.

[18] 赵文智, 朱光有, 苏劲, 等. 中国海相油气多期充注与成藏聚集模式研究——以塔里木盆地轮古东地区为例[J]. 岩石学报, 2012, 28(3): 709-721.

[19] 尹川, 王涛, 李春鹏, 等. 碟状侵入岩地震识别特征与形成机制及其对油气成藏的意义[J]. 大庆石油地质与开发, 2018, 37(5): 118-123.

[20] Ltveitl F, Gudmundsson A, Sydnes M. Teffect of sill emplacement on petroleum systems. Rock Fractures in Geological processes: Abstracts of the presentation an the Symposium, 2013

[21] 龚承林, 王英民, 雷怀彦, 等. 侵入岩地震信息识别及其与油气的关系[J]. 天然气地球科学, 2009, 20(5): 749-753.

基于多频段融合建模的贝叶斯反演技术——以饶阳凹陷赵皇庄地区为例

刘鸿洲 肖 阳 王孟华 张 浩 彭玲丽 郭惠平

（中国石油华北油田公司勘探开发研究院）

摘 要 随着大规模地层-岩性油气藏勘探不断推进，河道砂岩性油藏勘探已经逐步成为重要方向。由于河道砂普遍存在单个砂体厚度薄、规模小的特征，同时具有纵向多层叠置，横向孤立、分散现象，往往不能准确把握其纵横向分布，造成勘探效果不佳，需要进一步提高储层预测精度，满足高效勘探的要求。针对这类储层，常规模型反演方法，由于忽略了砂体储层对地震波形的变化作用，同时受地震资料混频（低、中、高频带混杂）影响，造成了河道砂储层预测精度不高。因此，本文提出了基于多频段融合建模的贝叶斯反演方法，充分考虑波形的相似变化因素，通过建立由低、中、高不同频段模型融合而成的初始全频段模型，并进行井控约束下的贝叶斯反演，实现了河道砂识别与精细刻画。通过实际应用，该反演方法预测符合率高，对类似的地区或区带的地震储层预测具有一定指导意义。

关键词 多频段融合建模；贝叶斯反演；河道砂；储层预测；饶阳凹陷

我国东部陆相油田以河道砂储层为重要的储层类型，其储量占地质储量的40%以上[1]。该类储层单层厚度薄，规模小，分布散，多层叠置，非均质强[2]，加之受地震资料分辨率的限制，其精细预测存在诸多挑战。

针对河道砂薄小储层的预测，通常采用基于模型的反演方法，以测井资料丰富的高频信息和完整的低频成分补充地震有限带宽的不足，可获得高分辨率的地层波阻抗资料[3]，但反演效果很大程度上取决于初始模型的精细程度[4]。利用反距离加权或径向基函数算法构建初始模型的反演方法，运算简单，但反演结果的横向分辨率相对较低[5]；利用变差函数来控制初始模型空间变异程度的反演方法，在薄互层储层预测中得到了较好的应用[6-9]，但对工区内的井数和分布有一定要求，且变差函数拟合难度大[10]。利用地震波形相似性优选相关井样本，参照样本空间分布距离和曲线分布特征建立初始模型的反演，对井位分布无要求[11-14]，但没有充分考虑原始沉积体的产状特征。因此，在前人的工作基础上，提出基于多频段融合建模的贝叶斯反演方法来精准预测河道砂储层，既具有较高的纵横向砂体预测分辨能力，也能保持砂体的原始产状特征。

1 原理与步骤

基于多频段融合建模的贝叶斯反演原理：在充分考虑了地震波形和构造特征前提下，首先利用地震和测井中优势频带信息，分别构建低、中、高频模型，再融合实现全频段建模；其次，在贝叶斯框架下不断扰动模型参数，实现全频带反演。实现过程主要包括多频段融合建模和贝叶斯反演两部分。

1.1 多频段融合建模

多频段融合建模是对阻抗模型的低、中、高频信息分别构建。首先确定低、中、高频段的范围，通过对地震数据的频谱分析，确定频宽(f_1, f_2)，即为中频段频率范围，低频段范围则为$(0\text{Hz}, f_1)$，高频段为$(f_2-300\text{Hz})$（图1）。由于地震资料有比较可靠的中频段信息，因此，在多频段融合建模中，中频段模型充分利用地震信息，低频和高频段信息利用测井数据来补偿。

低频阻抗模型采用井的低频信息进行普通克里金插值，公式为：

$$z_L = \sum_{i=0}^{n} \lambda_i z_i \tag{1}$$

其中，z_L 低频阻抗未知样本，z_i 是空间上所有已知点低频阻抗值，λ_i 是权重系数，该权重系数是满足误差最小和无偏估计条件的最优系数，不仅考虑了未知样本与已知样本的距离，而且考虑了两者之前的空间方位关系。因此，低频阻抗模型能较好反映低频信息在平面上的变化趋势。

中频段阻抗模型(z_M)采用地震谱反演方法获得，是在时频分析及子波提取技术的基础上，利用反射系数奇偶分解理论，求解波阻抗的方法。由于该方法比较依赖于地震信息，因此，中频段阻抗模型的构造形态与地震产状保持一致，较好保持了原始沉积体的产状特征[14]。

高频阻抗利用相控插值求得，充分考虑波形相似特征，其本质是地震波形特征参考下的井曲线外推，公式为：

$$z_H = \sum_{i=0}^{n} w_i z_i \quad (2)$$

其中，z_H 高频阻抗未知样本点，z_i 是空间上所有已知点高频阻抗值；w_i 为波形相似度，其计算采用基于本征值结构的第三代相干算法，具有对波形横向变化敏感，计算稳定的优点。因此，高频段阻抗模型横向上与地震波形保持一致，横向分辨率高。

多频段融合模型是低、中、高频段阻抗模型进行比例融合，公式为：

$$z = k_L Z_L + k_M Z_M + k_H Z_H \quad (3)$$

其中，k_L、k_M、k_H 分别是低、中、高频段测井阻抗与模型阻抗的比值。综合来看，利用多频段融合思想构建的初始模型更符合砂体的产状、构造特征，横向分辨率高。

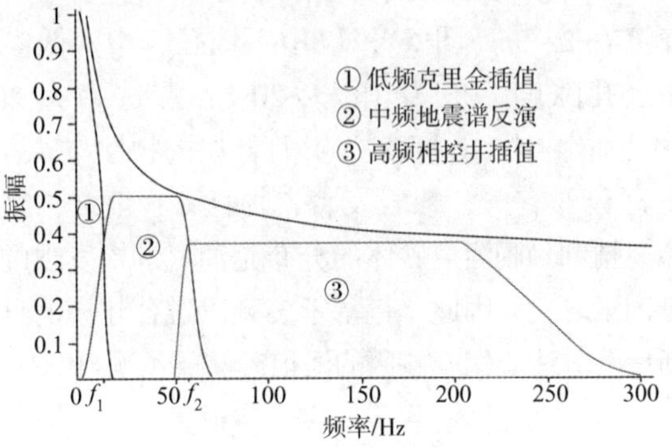

图 1 多频段融合建模示意图

1.2 贝叶斯反演

假设反射系数之和及合成记录误差服从高斯分布，在建立的多频段融合模型基础上，统计模型波阻抗的均值、方差作为先验信息，求取先验概率：

$$p(L) = p(r) = A_1 \exp(-C_1 \sum_{i}^{n} r_i^2) \quad (4)$$

将此初始模型与地震波阻抗通过匹配滤波后得到似然函数：

$$p(s \mid L) = A_2 \exp[-C_2 \sum_{i=1}^{n} (s - w \otimes r)^2] \quad (5)$$

联合得到的似然函数和先验概率，在贝叶斯框架下得到后验概率分布：

$$p(L \mid s) \propto p(L) p(s \mid L) \quad (6)$$

在公式(4)、(5)、(6)中，r_i 为初始模型的反射系数，w 为子波，s 为地震数据，L 为所求的波阻抗参数，A_1、A_2、C_1、C_2 为常系数。通过不断扰动模型参数，使后验概率密度值最大，对多个实现取平均值作为期望值输出[15]。

1.3 反演关键步骤

（1）资料分析与准备：对地震数据进行重采样和适当拓频处理，对测井曲线进行环境校正、归一化、标准化等处理。

（2）岩石物理特征分析：筛选对岩性敏感的测井曲线，确定区分砂岩和泥岩的门槛值。

（3）构建多频段融合模型：测井低频信息进行克里金插值得到低频段阻抗模型，地震谱反演得到中频段阻抗模型，测井高频信息进行基于地震波形相似度控制的插值得到高频段阻抗模型，通过比例加权融合，把低、中、高频阻抗模型转换成多频段融合模型。

（4）贝叶斯反演：在贝叶斯框架下以多频段融合模型为初始模型，通过地震合成记录的约束，修正反演结果。

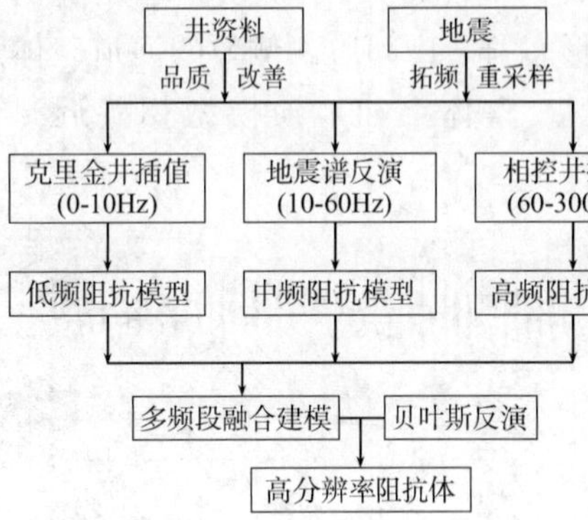

图 2 基于多频段融合建模的贝叶斯反演方法技术流程图

2 方法适用性测试

2.1 测试数据获取

为了测试反演方法预测河道砂储层的有效性，对正演模拟的数据进行测试。根据饶阳凹陷赵皇庄地区的实际井数据，建立了由 7 个最大厚度 5m，横向延伸 200m 的砂体组成的模型，砂体周围被泥岩填充，砂体间的横向距离由 9 个道间距逐渐减小到 4 个道间距；砂、泥岩声波速度分别为 4000m/s、3500m/s，密度分别为 2.35g/cm³、2.27g/cm³；采用主频 27Hz 的雷克子波和自激自收方式进行正演模拟，得到所需的测试数

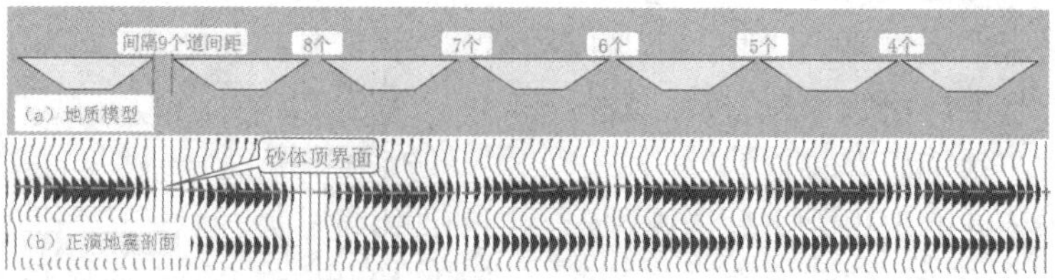

图 3　正演地质模型及模拟结果

据。从正演模拟的地震剖面可以看出，在砂体横向间隔为 8~9 个道间距的位置，地震反射有明显的空白带，能够比较容易识别单砂体的展布范围；但是，当砂体横向间隔变小时，如在 4~7 个道间距的位置，地震反射比较连续，仅通过地震很难识别砂体的尖灭位置(图 3)，需要进一步开展精细的反演预测。

2.2　初始模型构建

在模型两端砂体的最厚处设定 M 井和 N 井，分别构建常规模型和多频段融合模型，由于常规模型建立中，没有考虑同相轴振幅和高程的细微变化，得到的阻抗模型非常连续，阻抗值大小以及形态几乎没有变化[图 4(b)]，与实际地质模型差别较大；而多频段融合模型构建中，充分考虑了地震波形和同相轴产状的变化，在地震波形有变化的位置[图 4(a)]，阻抗模型也发生明显渐变，并且形态符合中间厚两侧薄的河道砂体形态[图 4(c)]，整体上和地质模型相接近，细节清晰。

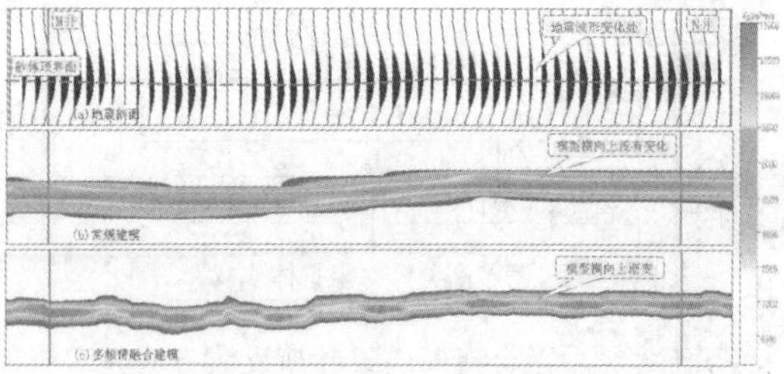

图 4　不同建模方法效果对比

2.3　反演方法验证

在建立的多频段融合模型上进行贝叶斯反演，并与常规模型反演进行对比，结果显示，两种反演方法都能够清晰识别横向间隔 6 个道间距砂体的尖灭点；但基于多频段融合建模的贝叶斯反演结果却能够识别横向间隔 4 个道间距砂体的尖灭点，显然其砂体预测的横向分辨率更高；更重要的是该方法预测的砂体形态几乎和河道砂地质模型一致，而常规模型反演预测的单砂体没有明显厚薄变化(图 5)。显然，基于多频段融合建模的贝叶斯反演适合于河道砂的储层预测，不仅横向的分辨率高，而且能够很好的刻画砂体的形态特征。

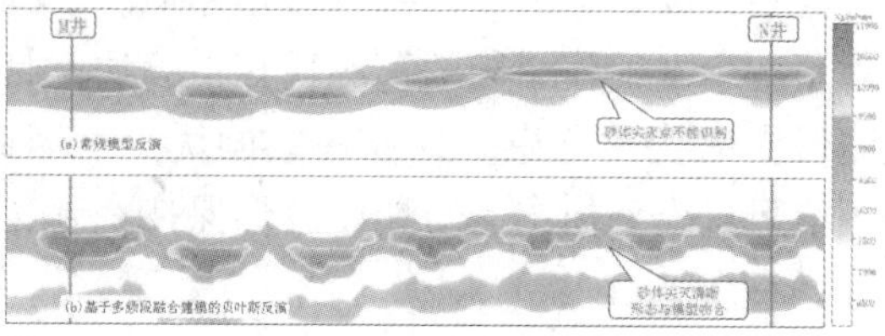

图 5　不同反演方法效果对比

3　应用实例

3.1　地质概况

赵皇庄地区位于冀中坳陷饶阳凹陷中部，三维地震勘探面积约 160km^2，共钻探 20 余口井，勘探程度相对低，其沙河街组沙一段发育曲流河河道砂体，是主要的含油层系之一，储层单砂体厚度在 2~5m(图 6)，以中—低孔、中—低渗为主，孔隙度一般为 18%~20%，渗透率为 20×10^{-3}μm^2~40×10^{-3}μm^2，并且储层的物性与砂岩的发育程度有关，砂岩发育，物性好；反之，物性差。精细刻画河道砂体的分布是油气勘探发现的关键因素之一。因此，将基于多频段融合建模的贝叶斯反演方法应用于该区的河道砂储层预测当中。

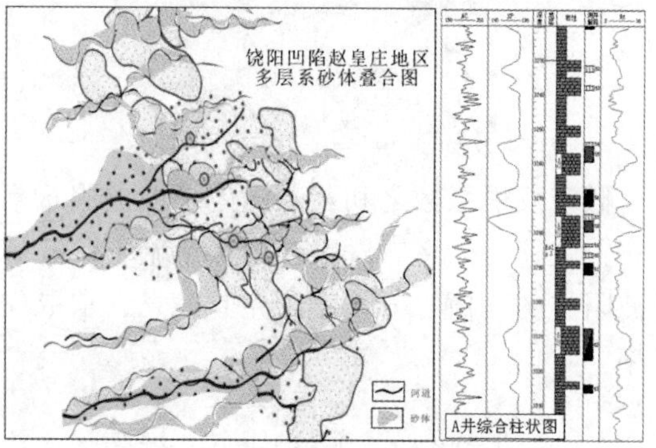

图 6　赵皇庄地区地质概况图

3.2　初始模型建立

首先对赵皇庄地区目的层段进行频谱分析，确定低、中、高频率段的起始和截止值。拓频后的地震数据目的层段主频为 32Hz，频宽为 5~

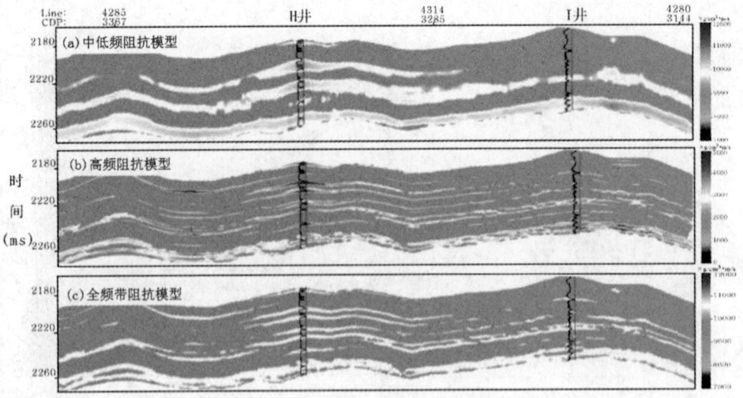

图 7　不同频带的波阻抗模型

58Hz，因此，确定低频阻抗模型选取频率范围为 0～5Hz，中频段阻抗模型选取频率范围为 5～58Hz，与地震有效频带一致，高频波阻抗模型选取频率段为 58～300Hz。从建模结果来看，低中频阻抗模型砂体纵向上分辨率较低，横向上变化自然(图 7a)，高频模型砂体纵向上分辨率较高，横向上存在比较杂乱的异常值，受噪音干扰严重(图 7b)，融合后的全频率带波阻抗模型保持了较高的纵横向分辨率(图 7c)。

对比了常规插值建模和多频段融合建模剖面，常规模型的产状和地震同相轴产状差异较大，在波形明显变化的位置，阻抗模型仍然较连续；而多频段融合模型砂体产状和地震同相轴产状一致，较好的保持了砂体构造特征(图 8)，横向分辨率高。

3.3　反演效果分析

基于多频段融合建模的贝叶斯反演方法能精准识别研究区的河道砂储层。在剖面上，砂体纵向分布与井吻合较好，横向上砂体相互叠置关系清楚、准确，尖灭点清晰(图 9a)；如图 9b 显示，通过对 P 井和 Q 井的油层对比和油藏分析，认为两口井之间的砂体是不连通的，而反演结果正好与油藏剖面一致，说明横向上砂体预测精准。在平面上，反演的砂体厚度平面分布特征为范围小，分布散(图 10a)，符合曲流河沉积相河道砂体展布规律，横向分辨率高；通过砂体误差统计分析表明，储层预测分辨 4m 以上厚度储层的吻合率达到 80%以上(表 1)。本次研究为该区图中设计 1 井和 2 井处的有利目标提供了支撑(图 10b、图 10c)。

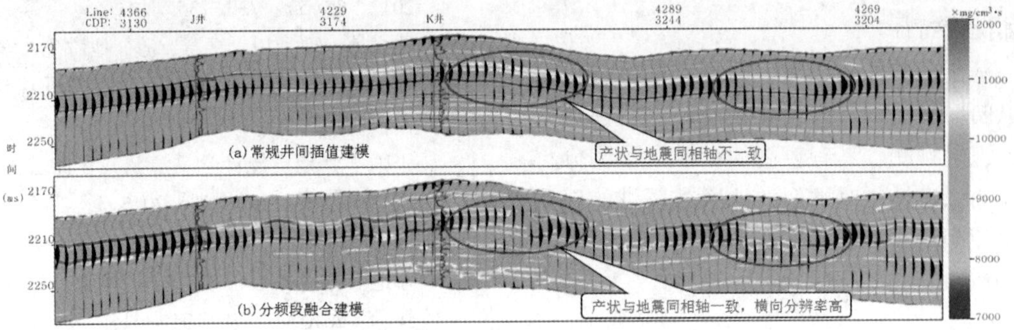

图 8　不同建模方法的初始模型对比图

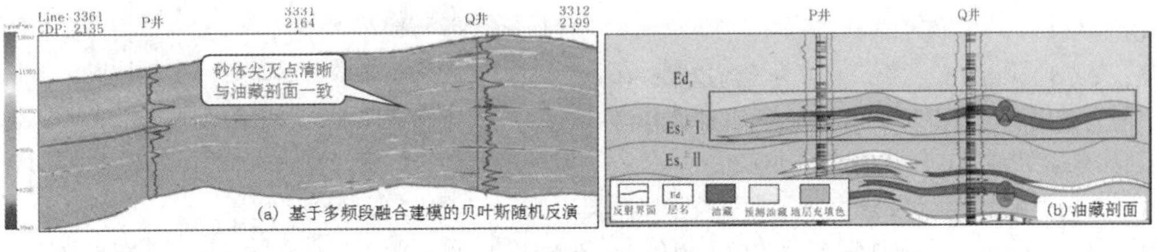

图 9　基于多频段融合建模的贝叶斯反演效果分析

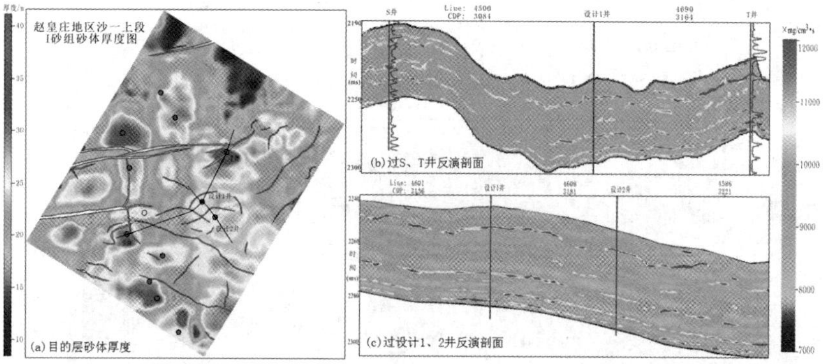

图 10　目的层段砂体厚度反演预测平面图

表 1　目的层段单砂体厚度预测误差表

验证井	Y1 井				Y2 井							Y3 井														Y4 井			
实钻单层砂体厚度/m	4	4.5	6	3.5	1.5	4.5	1.5	3.3	1	4	1.5	4	2	4	2	4	6	2	4	2	2	2	8	4	6.5	6	5	5	5
预测单层砂体厚度/m	4.6	5.2	6	4.5	0	4.7	2	4	0	4.5	2	4	0	4.7	2	3.5	5.8	3	4	0	0	3.5	8	4.5	7	6	6	5.3	6
单层厚度相对误差	15.0%	15.6%	0.0%	28.0%	未识别	4.4%	33.3%	25.0%	未识别	12.5%	33.3%	0.0%	未识别	17.5%	0.0%	-12.5%	-3.3%	50.0%	0.0%	未识别	未识别	75.0%	0.0%	12.5%	7.7%	0.0%	20.0%	6.0%	20.0%

4　结论与认识

（1）多频段融合建模，摆脱了以往地震资料各频带相互干涉的混频建模思路，考虑由低、中、高不同频段模型融合建立初始模型及波形变化规律，充分发挥不同频带对沉积地质体反映的地震数据细微变化，所建模型比较吻合薄、小等地质砂体储层特征。

（2）基于多频段融合建模的贝叶斯反演能有效解决纵向厚度薄、横向变化快、非均质性强的砂体储层识别预测，具有较高的纵横向预测分辨率和反演的稳定性。对类似的地区或区带的地质目标储层预测具有一定指导意义。

参　考　文　献

[1]　刘建民，徐守余．河流相储层沉积模式及对剩余油分布的控制[J]．石油学报，2003，24(01)：58-62.

[2]　徐慧，林承焰，雷光伦，等．水下分流河道单砂体剩余油分布规律与挖潜对策[J]．中国石油大学学报(自然科学版)，2013，37(02)：14-20.

[3]　撒利明，杨午阳，姚逢昌，等．地震反演技术回顾与展望[J]．石油地球物理勘探，2015，50(1)：184-202.

[4]　姚逢昌，甘利灯．地震反演的应用与限制[J]．石油勘探与开发，2000，27(2)：53-56.

[5]　刘贤红，查树贵．地震属性约束初始波阻抗模型建立方法[C]．中国石油学会 2010 年物探技术研讨会论文集，2010，374-376.

[6]　王香文，刘红，滕彬彬，等．地质统计学反演技术在薄储层预测中的应用[J]．石油与天然气地质，2012，33(5)：730-735.

[7]　沈洪涛，郭乃川，秦童，等．地质统计学反演技术在超薄储层预测中的应用[J]．地球物理学进展，2017，32(01)：248-253.

[8]　张国华．地质统计学反演及其在储层预测中的应用[D]．中国海洋大学，2015.

[9]　韩翀，臧殿光，李建华．地质统计学反演在四川盆地 L 地区储层预测中的应用[J]．物探化探计算技术，2010，32(3)：310-315.

[10]　杨涛，乐友喜，吴勇．形指示反演在储层预测中的应用[J]．地球物理学进展，2018，33(02)：325-332.

[11]　顾雯，徐敏，王铎翰，等．地震波形指示反演技术在薄储层预测中的应用—以准噶尔盆地 B 地区薄层砂岩气藏为例[J]．天然气地球科学，2016，27(11)：2064-2069.

[12]　韩长城．地震波形指示反演在东营凹陷王家岗地区沙四上亚段滩坝砂的应用[J]．中国石油大学学报(自然科学版)，2017，4(2)：60-69.

[13] 高君，毕建军，赵海山，等．地震波形指示反演薄储层预测技术及其应用[J]．地球物理学进展，2017，31(01)：148-151.

[14] 郭鹏，苑益军，刘喜武，等．基于高分辨率波形指示反演方法在“甜点”预测中的应用：以四川盆地焦石坝地区页岩储层为例[J]．现代地质，2018，32(02)：196-204.

[15] 肖张波．地震数据约束下的贝叶斯随机反演方法研究[D]．中国石油大学(华东)，2013.

胜利探区页岩油压裂试油工艺制约要素分析及改进思路探索

曹卫东　安　涛　孙　玉　乔鹏伟　戴方桂　李　勇

（中国石化胜利石油工程有限公司井下作业公司）

摘　要　胜利探区页岩油压裂试油整体表现出加砂难、易砂堵、不易形成复杂缝网，压后产能递减快等特点，主要分析制约因素有地质工程双甜点不吻合、储层伤害、原油性质差、施工压力高排量受限等因素造成的。针对以上制约因素，通过理论研究与现场实验逐步探索了4项改进思路：地质工程一体化勘探试油、低伤害压裂液体系、预置CO_2技术、大规模前置石英砂段塞技术，为页岩油压裂试油提供借鉴经验。

关键字　页岩油；压裂试油；制约因素；改进思路；胜利探区

胜利探区页岩油全面进入勘探试油近10年，期间对多口专探井、老井、兼探井进行先导性实验试油，主要分为三个阶段：第一阶段是初步探索实验阶段，2012年对BYP1、BYP1-2、FY1三口专探井进行压裂试油，2013—2016年进入第二阶段，新一轮基础研究与先导实验，选择老井Y283进行压裂试油实验。前两个阶段实验情况整体表现为加砂难、易砂堵、压后产能递减快、返排率低，未有实质的突破，第三阶段是2017年国家重大专项课题启动至2020年，又一次开展了新一轮技术探索，期间对F159、GX26、NX55、YYP1等井进行实验，本文将三个阶段实验数据为依据，深入分析页岩油压裂试油工艺制约要素，并探索了有针对性的改进思路。

1　页岩油压裂试油制约要素分析

1.1　地质工程双甜点不吻合

页岩油压裂甜点选择主要由地质甜点和工程甜点两大部分组成，根据前人研究富有机质纹层状岩相是页岩油富集的基础，微裂缝是高产的关键，薄夹层是稳定渗流的有利条件，异常高压则是稳产的保障[1]，这些因素构成地质甜点选择参考依据。而工程甜点选择主要考虑储层的水平应力差，矿物脆性、岩石力学脆性等要素，矿物脆性指数、岩石力学脆性指数越高越容易造缝，水平应力比值越低越容易形成复杂缝网。通过对先期4口井统计分析，BYP1、BYP2、FY1三口井压裂段为纯页岩，裂缝不发育，气测显示一般，而Y283井有砂质条带，且气测显示好，同时水平应力比值较小，脆性指数较大，同时具备地质工程双甜点特征，压裂后Y283产能明显高于其他三口井，而BYP2井根据地质甜点评价因素优选了5段压裂，其中2~4段因脆性指数较低，地质工程甜点匹配度低，导致未完成加砂，储层得不到充分改造，后期产能较低（表1、表2）。因此压裂地质、工程甜点一体化考虑对于页岩油储层压裂甜点选择非常必要。

表1　地质甜点统计分析

井号	岩性	裂缝情况	油气显示	匹配度	初期日油/t	累增油/t
BYP1	纯页岩	不发育	显示较差	一般	8.22	130.0
BYP2	纯页岩	第5段发育	显示较差	一般	4.3	141.9
FY1	纯页岩	不发育	活跃	一般	11.23	652.7
Y283	有砂条带	未测	活跃	高	22.79	682.0

表2　工程甜点统计分析

井号	应力比值	矿物性指数	力学脆性指数	匹配度	初期日油/t	累增油/t
BYP1	1.16	0.76	0.47	一般	8.22	130.0
BYP2	—	—	0.49/0.41/0.42/0.40/0.50	一般	4.3	141.9
FY1	1.12	0.52	0.41	一般	11.23	652.7
Y283	1.04	0.70	0.49	高	22.79	682.0

1.2 储层伤害

页岩油层孔吼直径小，常规页岩油优势岩相孔径为10~800nm左右[1]，黏土膨胀及毛管力作用，常常导致压裂液返排率非常低，统计研究发现，BYP1井第1段返排率为11.7%，第2段返排率为26.2%，BYP2返排率21.2%。直接影响增产效果，后来施工的FY1，Y283针对储层伤害进行深入研究，优化防膨剂方案，防膨率达到93以上(表3)，返排率分别达到了49.6%、52.5%，通过多井实验结果显示，储层伤害对于页岩油稳产是主要制约因素之一。

表3 防膨剂实验优选分析

FY1		Y283	
样品	防膨率	样品	防膨率
威德福C-350	20	三开-1	84%
0.2%L064	36.66	三开-2	90%
威德福C-200	40	FP-2	72%
LV防膨剂	61.66	GF-1	93.40%
BJ	63.33		
卡德	91.66		
LV防膨剂+2.5%KCl	93.33		

1.3 原油性质差

胜利目前已压裂层段储层成熟度Ro在0.7~1之间，成熟度低，原油密度较高、含蜡量较高、凝固点较高、气油比较低。BYP1井地面原油密度0.9041g/cm^3，黏度61.1mPa·s，凝点37℃，BYP2井地面原油密度0.9317g/cm^3，黏度476mPa·s，凝点36℃(图1)，通过计算，BYP1井原油折算地层温度下黏度为2.4mPa·s，而国外页岩为低黏气(0.012mPa·s)或低黏油(0.14)，从流度(k/μ)计算可知，页岩油流度为页岩气流度的1/200，原油流动困难，基质往人工裂缝的供油能力差。即使体积压裂改造充分，形成了复杂缝网，最后一步基质向复杂缝供液驱替压力难以将原油驱替到人工裂缝中，如何有效将基质中的原油驱替至裂缝中，是页岩油增产又一关键因素。

1.4 施工压力高，排量受限

前期压裂试油实验井在压裂施工过程中存在施工压力高(表4)，平均施工压力达到70-80MPa，过高的施工压力导致施工排量受限，无法实现稳定大排量施工，根据实验结果显示，改造体积随排量的增加呈正相关(图2)。如何降低压裂施工压力，提高施工排量，是提高压裂效果

图1 BYP1井原油

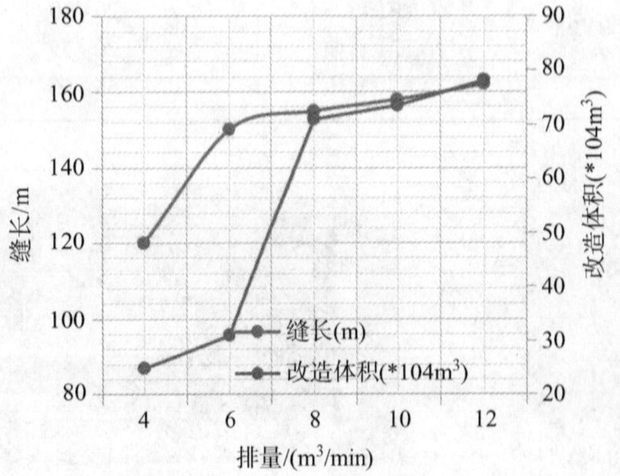

图2 施工排量与改造逢长、体积的关系

的关键因素之一。

2 改进思路探索

2.1 地质工程一体化勘探试油思路

针对地质甜点与工程甜点不吻合的问题，提出了一体化勘探试油设计思路(图3)：在地质甜点目标区域周围选择标准井组，进行目的层脆性指数、水平应力、岩石力学分析，通过采集的数据建立三维数据场，找出优势区域，再对优势区域进行射孔裂缝扩展分析，通过模拟设计出最佳的井眼轨迹，以便后期易于形成复杂缝网，确定工程甜点区域，通过以上步骤实现地质工程甜点吻合，最后实施钻探、压裂试油，该思路在YYP1(图4)实施取得了良好效果(日产93t，累计2700t)。

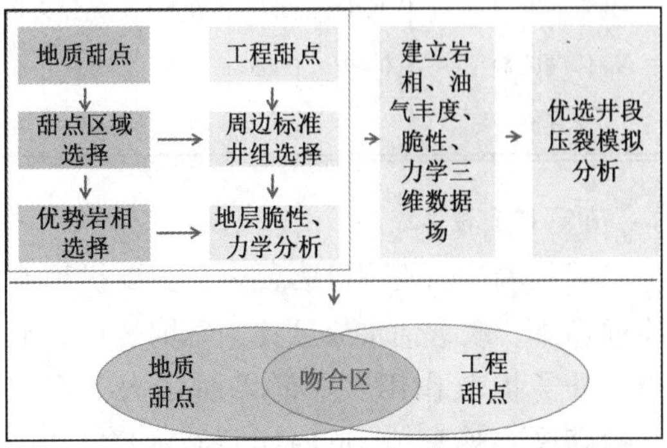

图3 地质工程一体化勘探试油流程图

表 4　施工压力统计分析

井号	段数	施工压力	施工排量	压裂方式
BYP1	第一段 第二段	75~85 40~58	6 9~12	空井筒
FY1	一段	28.97~77.38~52.23	8(排量不稳)	油管压裂
Y283	第一段 第二段 第三段	33.8~72.5 33.2~78.7 33.8~74.4	5(排量不稳) 5(排量不稳) 5(排量不稳)	油管压裂
BYP2	第一段 第二段 第三至五段 第五段复压	40~80 20~80 20~75 55~60	9~0(排量不稳) 9~2.4(排量不稳) 9~2.4(排量不稳) 13(重复压裂)	油管压裂

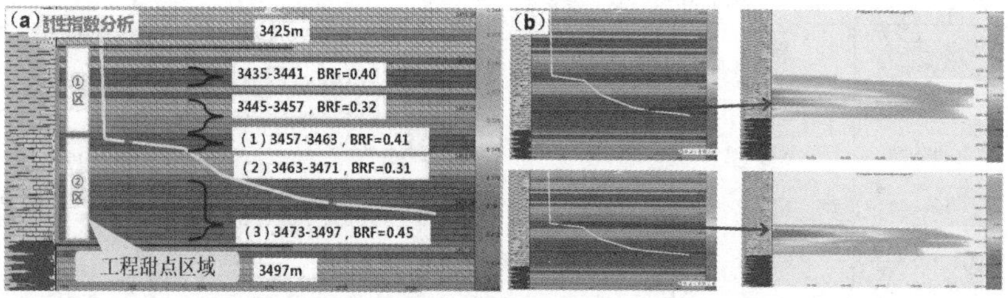

图 4　YYP1 井井眼优化模拟分析图

2.2　低伤害压裂液体系

针对页岩油大规模体积压裂改造技术需求，同时结合页岩储层泥质含量高，水基压裂对储层伤害大等技术难题，逐步研发形成了变黏度低伤害压裂液等体系(表 5)，该液体体系具有固相颗粒低、高效防膨、可实现在线混配大规模压裂。0.04%滑溜水压裂液摩阻测试最高减阻达到 82%，伤害可降低 20%~40%(图 5)。

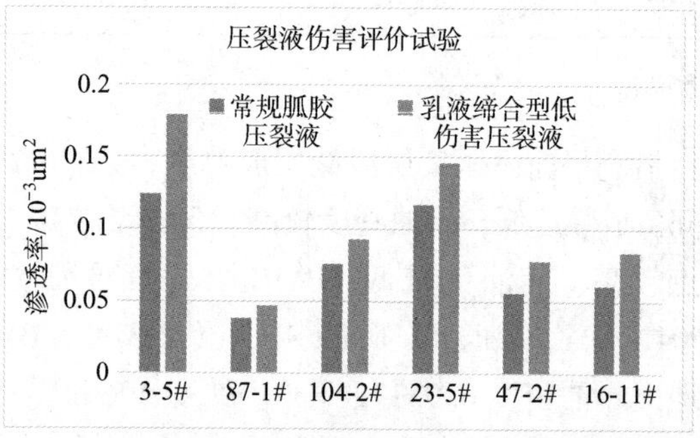

图 5　变黏度低伤害压裂液体系储层伤害评价

表 5　变黏度低伤害压裂液体系配方表

配液名称	滑溜水	低黏液	中黏液	高黏液	胶液
配方名称	配置百分比/%				
多功能乳液减阻稠化剂	0.2	0.4	0.6	1	1
高效助排剂	0.2	0.2	0.2	0.2	0.2
高效防膨剂	0.5	0.5	0.5	0.5	0.5
液体破胶剂	0.02	0.05	0.08	0.1	0.1
交联剂	—	—	—	—	0.3

2.3　预置 CO_2 技术

二氧化碳驱油机理较为复杂，主要机理有降低原油黏度、改善油水流度比、萃取轻烃、混相效应、分子扩散作用、降低界面张力、溶解气驱、提高渗透率等[2]。同时实验显示超临界 CO_2 与水对比有更低的破岩压力，且产生的裂缝更为微细复杂(图 6)。针对探区内页岩油储层原油黏度大不易流动、储层破裂压力高等特点，采用预置 CO_2 技术替代组合缝网压裂工艺中的大量低黏压裂液。当 CO_2 达到超临界(31℃，7.1MPa)条件后，变成超临界流体，具有破岩能力强、提高波及体积(扩散系数是液体的数百倍)、无水相无

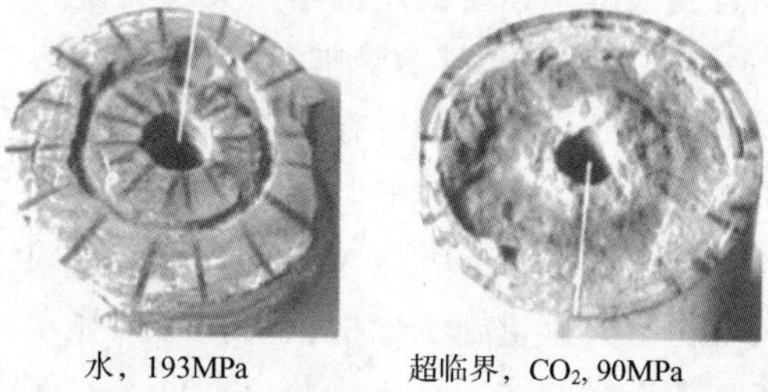

水，193MPa　　超临界，CO_2，90MPa

图 6　超临界 CO_2 破岩实验图

残渣、增加地层能量和降低原油黏度等优势，可有效提高页岩储层压裂改造效果，通过多井实验结果显示预置 CO_2 可平均降低破裂压力 14MPa(表 6)。

表 6 未预置 CO_2 与预置 CO_2 破裂压力统计

未预置 CO_2		预置 CO_2	
井号	破裂压力（①段/②段/……）MPa	井号	破裂压力（①段/②段/……）MPa
BYP1	82.7/57	F159	40/45
FY1	69	GX26	53.9/46.3/62.4
Y283	69/79.1/74.7	NX55	49/45.4/61.1/57.6
BYP2	69.1/49.8/76.2/46/46	—	—
平均破裂压力	65.3		51.2

2.4 大规模前置石英砂段塞技术

针对先期实验存在的施工压力高，压后产能递减快的问题，在支撑剂段塞环节进行研究实验。根据前人研究，水力压裂过程中的近井摩阻会导致施工压力高，而近井摩阻主要由孔眼局部摩阻及裂缝弯曲摩阻组成，主要的解决手段是支撑剂段塞工艺[3]。通过对 4 口实验井整体分析认为分析有以下两方面原因：一是陶粒磨圆度好，无法有效实现打磨裂缝壁面；二是前置段塞加砂量少(前置段塞砂量占总砂量 20%～25%左右)，相对打磨裂缝时间短，未能起到很好的打磨效果。同时区域地层闭合压力高(70～80MPa)，陶粒(目前常用的陶粒耐压级别 69MPa)在裂缝闭合后易压碎成粉末状，或者嵌入塑性地层，导致渗流能力降低，导致后期产能递减快。针对以上问题，优化支撑剂段塞思路为：采用石英砂作为前置段塞支撑剂，同时加大加砂比例和段塞数量。该思路主要有两点优势：①石英砂磨圆差，对于打磨裂缝壁面要优于陶粒；②在高闭合应力下石英砂破碎后变成粒径更小的石英砂，但仍保留一定的渗流能力，而陶粒则变为粉末状嵌入地层，导致渗流能力进一步降低。嵌入实验还发现，加砂强度与嵌入深度成反比(图 7)，因此增加前置段塞的比例，不仅可以增加对裂缝壁的打磨时间，而且可降低支撑剂嵌入深度。该设计思路在 NX55 井进行实验，设计前置石英砂段塞砂量占总砂量的 50%，在施工过程中压力低(40～60MPa)、波动小，施工排量稳定在 12m³/min 左右，实现稳定造缝，压后取得了非常好的效果(峰值日油 68t，稳产 19t)(图 8)。

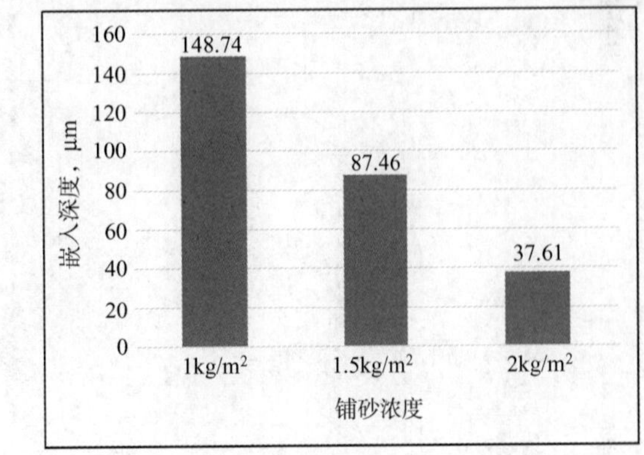

图 7 铺砂浓度与嵌入深度关系图

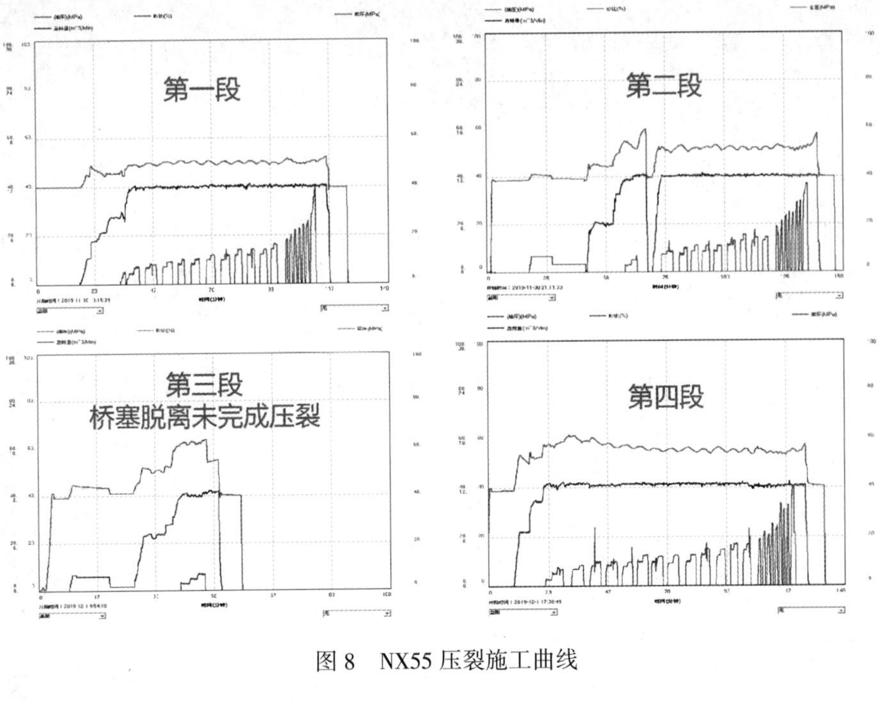

图 8 NX55 压裂施工曲线

3　结论与认识

1. 地质工程一体化勘探试油思路可有效解决了地质工程甜点不吻合造成压裂效果差的问题。

2. 变黏度低伤害压裂液体系实现低固相颗粒降低储层伤害，同时可在线连续混配，实现超大规模压裂。

3. 预置 CO_2技术可有效降低破裂压力 14MPa 左右，同时有效的解决原油性质差而导致的不易从基质向裂缝流动的问题。

4. 大规模前置石英砂段塞技术解决了施工压力高、波动大、排量受限的问题，同时提高了压后长期渗流能力，有效减缓压后产能递减快的问题。

参　考　文　献

[1] 宋明水，刘惠民，王勇，等. 济阳坳陷古近系页岩油富集规律认识与勘探实践[J]. 石油勘探与开发，2020(2)：225-235.

[2] 陈传民. 二氧化碳驱油[J]. 内蒙古石油化工，2014.

[3] 刘炜，刘觐瑄，华继军，等. 水力压裂摩阻类型及降阻措施[J]. 石化技术，2019，026(001)：69，149.

探井试油射孔井段的优化研究

董军生　孙治国　刘明辉　贵国晶　宋小维

（中国石化胜利石油工程有限公司井下作业公司）

摘　要　为了获得最大原油产量，尽可能将确定的中高渗油层射开。但遇到上下存在水层，则根据流体性质、地层物性和各层情况合理避开水层。特殊开采工艺井，比如注汽开发的稠油井，充分研究热蒸汽加热地层的规律，射开稠油层靠下部井段。低渗透油层，要通过压裂模拟，确定射孔井段。灰岩等裂缝性地层，避开水层的情况下，建议适当加长射孔井段，以射开更多裂缝，获得更大产能。

主题词　射孔井段；最大产量；优选；避水；特殊工艺

射孔是勘探开发工作中的一项重要环节，常规做法是将射孔枪下至预定深度，靠射孔弹射开目的层位的套管及水泥环，构成地层至井筒的连通孔道，以便于下步开采。射孔井段的选择更是一项重要的工作，合理准确地确定射孔井段往往决定着试油的结果、生产的产量和这口油井的寿命。射孔井段的选择不是简单的选取测井解释油层井段。不同的油气藏类型、不同的流体性质、不同的增产工艺措施和开发方式，选择射孔井段的原则不同。有时勘探试油的射孔，只是为了取得一个地质认识或者寻找油水边界，会特意选取较低电阻储层射开试油。而本文论述目的，是为了使油层获得最高日产油量和最高累产油量而进行的射孔井段优选研究。

1　中高渗油层射孔井段的优选

射孔前，研究本区块已经试油和开发资料，掌握区块基本地质特征、流体性质和开采情况。对照测井曲线和邻井对比，参照录井和地震资料。对于物性较好，油层确定，上下没有水层干扰，这种情况下，选择射孔厚度尽量大。

1.1　理论依据

根据产能公式，厚度大越，产量越高。

油层自然产能公式：

$$Q=\frac{2\pi Kh\Delta p}{S+\mu\ln\frac{R_e}{R_c}}$$

油层压裂后产能公式：

$$q=\frac{\frac{4\pi Kh}{B\mu}(p_i-p_{wf})}{\ln\frac{8.984\eta}{L_f^2}+\ln t}$$

公式中 Q、q 代表产量，K：渗透率，μ：流体黏度，ΔP：生产压差，R_e：井筒直径，R_c：渗流半径，B：体积系数，L_f：压裂裂缝半长，h：射开地层厚度。

1.2　应用

2017年胜利东部油区试油层中，预测为中高渗地层，油层确定，上下无水层干扰，射孔井段以测井解释最大井段射孔，尽可能取得最高产量，超过半数试油层，按照此原则射孔。

2　油水同层射孔井段的选择

对于油水同层，尽量射开解释油层部位。层内没有明显泥质隔层的，尽量靠近顶部射孔。有明显泥质隔夹层的，射隔夹层以上的顶部部位。油水同层在很多情况下表现为底水油藏，先看一下底水油层的渗流特征。

2.1　底水油藏渗流特征

底水油藏开发的成功与否，对开发策略极其敏感，需要掌握底水油藏渗流特征。油层射开投产后，井底压降漏斗形成，通常靠近油层顶部射开，油层压力低于下部水层，在水油压差的作用下，底水向上锥进。同时，由于水的密度大于油的密度，重力作用和地层阻力又抑制水锥的形成。当两种力平衡时，会形成一个稳定水锥。当油井产量越大，水锥高度越接近射孔井段底部，水锥无限接近射孔井段底部，还未出水，此时产量最大。这个状态下的产量，称为临界产量。

临界产量公式：

$$q_e=\frac{\pi k\Delta\rho_{wo}g(h_o^2-h_p^2)}{\mu_0\ln\frac{r_e}{r_w}}=\frac{\pi k(\rho_w-\rho_o)g(h_o^2-h_p^2)}{\mu_0\ln\frac{r_e}{r_w}}$$

式中：q_e——油井临界产量，m^3/Ms；

k——油层渗透率，D；

$\Delta\rho_{wo}$——地层条件下的水油密度差，g/cm^3；

ρ_w——地层条件下的水相密度，g/cm^3；

ρ_o——地层条件下的油相密度，g/cm^3；

g——重力加速度，m/s^2；

h_o——井点处的含油高度，m；

h_p——从油层顶部起算的油层打开厚度，m；

h_o-h_p——油蟛的避水高度，m；

μ_o——地层原油黏度，mPa · s；

r_e——油井泄油半径，m；

r_w——油井完井半径，m。

若考虑表皮影响：

$$q_e=\frac{1+b}{4b}J_e\Delta\rho_{wo}gh_o(1-b^2)$$

式中 b 油层打开程度：

$$b=\frac{h_p}{h_o}$$

J 是采油指数：

$$J_e=\frac{q_e}{\Delta p}=\frac{2h_p}{1+b}\frac{2\pi k}{\mu_o\left(\ln\frac{r_e}{r_w+s}\right)}$$

油井的临界产量随油井打开程度的增大而减少，油井在一定生产压差下的日产油量则随打开程度的增大而增大。若油井的实际产量大于临界产量，油井生产必将见水。若低于临界产量，油井产能没有得到充分的发挥。因此，对于特定油井来说，存在一个最佳打开程度，这个产量就是临界产量。因此，底水油藏油井的生产压差、最佳打开程度以及临界产量之间存在对应关系。一个油田常用排液方式基本可以确定生产压差，那么通过公式，临界产量和射孔高度就可以计算出来了。在没有底部隔层的情况下经验做法是：裂缝性储层，打开油柱高度的1/3，最大不超过1/2；砂岩地层打开油柱高度的1/2，最大不超过2/3。

2.2 应用

某油田GD68-16井，馆陶组试油，测井解释1386.30~1399.00m，12.7m纯油层，下部是3m油水同层和12m的含油水层。按照普通56mm管制泵排液，液面稳定在700m左右，生产压差7.0MPa，计算达到临界产量时，打开程度0.45，射开顶部5.7m。实际射开顶部1386.30~1392.00m，5.7m/1层油层。经过获工业油流。泵抽排液，日产油17.2m^3，无游离水，成功避开水层。

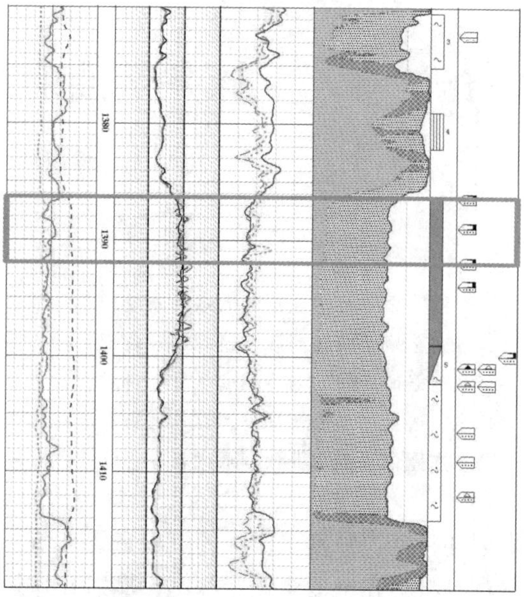

图1 GD68-16井测井曲线

3 稠油层射孔井段的选择

对于稠油层，在避开下部水层的同时，射开油层的中部及稍靠下部位。主要是基于注蒸汽开发方式，射开油层中下部位，有利于注汽蒸汽腔的形成，有利于加热更多的油层，最大限度地开发利用整个稠油层。(最好找到理论依据，或分成2~3种类型)

3.1 注汽热采油层加热规律

稠油注蒸汽加热后，黏度大幅减低，流动阻力大幅度减小，是增产的主要机理。油层的注入弹性能量、原油的溶解气、流体的热膨胀性能、砂岩被加热后润湿性转变等作用都是稠油注汽后增产的原因。为了提高注汽后的效果，一是要提高注入油层的热焓，既提高蒸汽干度和注汽量。二是提高油层加热体积。而油层注蒸汽加热规律，倾向于向上加热。高温蒸汽在注入地层后首先向上方、向远处窜流。因此，对于直井稠油层注汽施工前，若层厚超过8m，优选油层下部射孔。若油层较薄，则全部射开，蒸汽主要横向扩散。

3.2 应用实例

某油田C35井稠油层厚度达15m，射开底部7.5m，进行注汽热采，初期日产油达10t以上，稳产性好，采注比高，注汽周期超过1年以上。

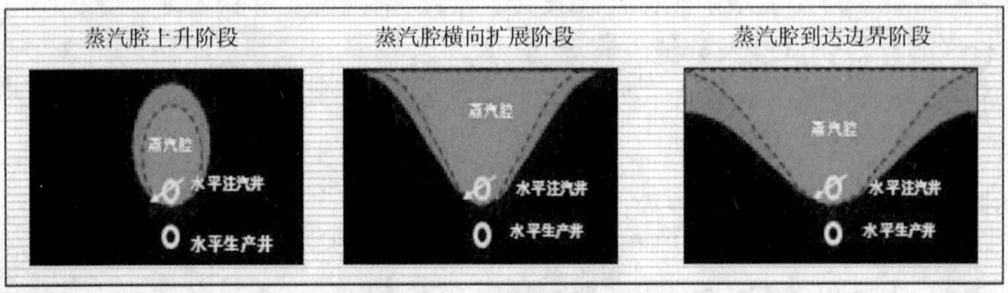

图 2　蒸汽加热地层示意图

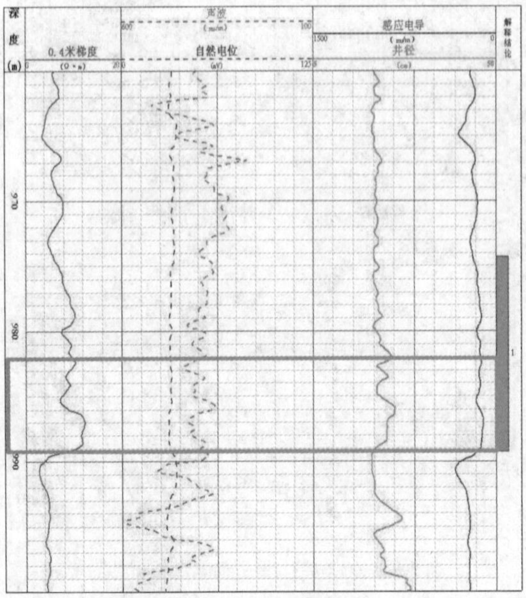

图 3　草 35 井测井曲线图

4　需要压裂改造的低渗透层射孔井段的选择

对于低渗透层，需要压裂改造，尽量减少射孔井段，有利于提高压裂液的利用效率。单套相对较薄的层，尽量射开中部，多套小层的需要压裂模拟，结合造缝高度及砂量、液量的配比关系，确定最优的射孔井段。

4.1　射孔井段对压裂的影响

过长的射孔井段，会使压裂液分散，造缝效率降低。因此压裂施工常常要求，减少射孔井段，提高压裂液的利用效率，集中造缝，产生好的效果。有一种压裂工艺，限流法压裂是通过严格控制射孔密度，以增大注入排量进行压裂施工，利用最先压开层吸收大量压裂液产生的炮眼摩阻，大幅度提高井底压力，迫使注入的压裂液分流，相继压开破裂压力接近的邻层。在现有技术条件下，可用一套管柱一次压裂同时处理近多个小层，是处理低渗透薄互层的有效方法。因此，压裂井更要严格控制射孔井段和射孔位置，需要参考软件模拟来确定射孔井段。

4.2　应用实例

Y560-斜 1 井测井解释井段累加总长度超过 60m，压裂通过模拟只射开其中 5 个层累计长度 14m，而模拟结果显示，这些射孔段通过压裂后，能充分压开几乎所有油层。该井实施后，日产原油超过 $20m^3$，不含水，效果显著。（射孔井段和解释井段见右图）

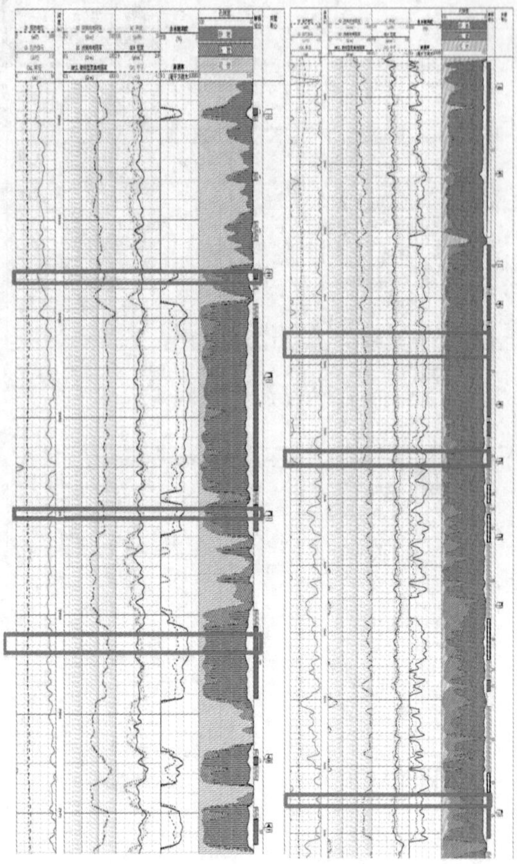

图 4　Y560-斜 1 井测井曲线图

5　碳酸盐岩、火成岩等裂缝性储层射孔井段的选择

对于灰岩、白云岩以及火成岩，如果裂缝不发育，确定射孔井段除了常规测井外，最好进行成像测井，判断裂缝发育带。这种地层常常裸眼完井，以最大限度开放裂缝。有时也会下套管射

孔完井，遇到这类储层，若无水层干扰，建议连续多射开一定长度的井段，以触及裂缝发育带。当然，立足于后期大型压裂的井除外。

5.1　裂缝性储层特征

通过岩芯观察，可以清楚看到碳酸盐岩、火山岩等储层依靠裂缝、溶洞作为主要储集空间。一般情况下，裂缝、孔洞不发育的岩石段，非常致密，地层几乎不含流体，难以流动，甚至压力恢复都异常缓慢，往往测试时间段内录取不到合格的压力资料，见右图 L70 井实例，泥灰岩地层，只射开 3.7m/3 层，没有找准裂缝带，造成埋深 3000m 的地层恢复 4000min，压力只涨到 18MPa。因此这类储层，无论试油还是生产，寻找裂缝射孔是关键。利用常规测井曲线，结合成像资料，对储层裂缝段，进行射孔。最好采取大段射孔方式，增加打开裂缝段的几率。

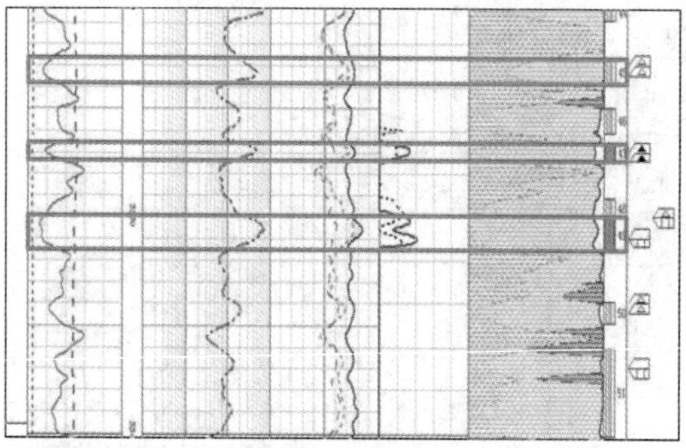

图 5　L70 井测井曲线图

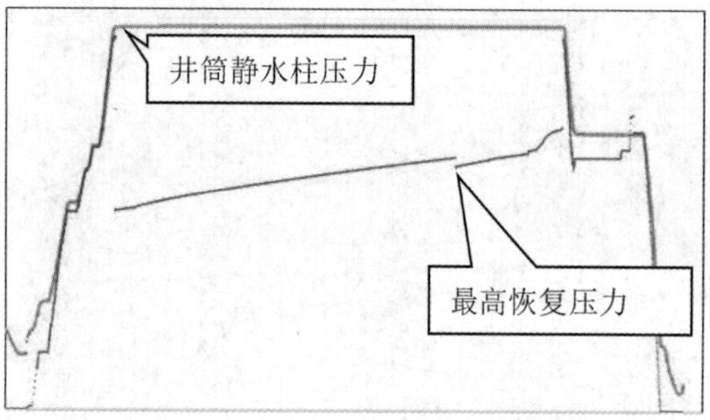

图 6　L70 井地层测试压力恢复曲线

5.2　应用实例

ZGX473 井古生界碳酸盐岩地层，按照测井曲线找准裂缝射孔，大段射孔，如右图所示，灰岩储层厚度大，超过百米，确定射孔时，参考成像资料，最终确定图中红框部分射孔，该井试油酸压后获得日产油过百吨的高产工业油气流。

6　结论和建议

6.1　在长期试油、开发工作中，总结了五类油层射孔井段的优选原则，为了获得最大原油

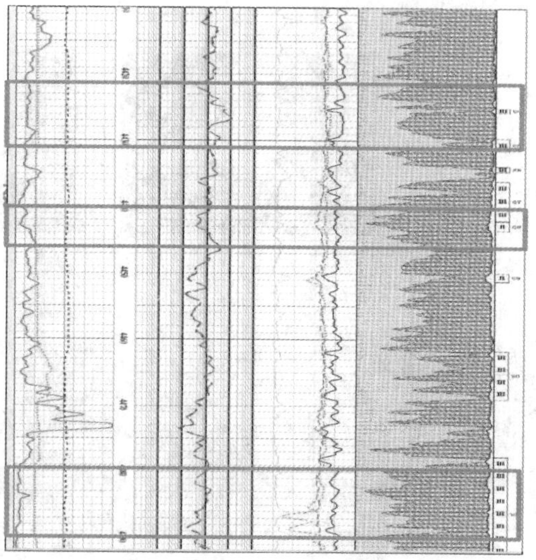

图 7　ZGX473 井测井曲线图

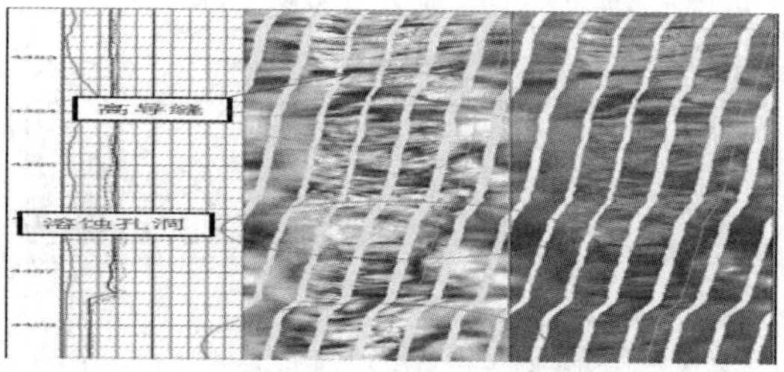

图 8　ZGX473 井成像测井图可见
高导裂缝、溶蚀孔洞

产量，尽可能将确定的高渗油层射开。但遇到上下水层，则根据流体性质、地层物性和隔层情况合理避开水层。特殊开采工艺井，比如注汽开发的稠油井，充分研究热蒸汽向上加热的规律，射开稠油层靠下部井段，充分加热整个稠油层。低渗透油层，要通过压裂模拟，确定射孔井段。灰岩等裂缝性地层，避水的情况下，找准裂缝段，建议适当加长射孔井段，以期打开更多的裂缝。

6.2　对于特殊的油藏类型，比如非常规地层，页岩油、页岩气，由于改造工艺体积压裂的特点，需要分段、分簇射孔，减少射孔井段，充分提高压裂液的效率，也要通过压裂模拟确定射孔井段。

以上只是优选射孔井段的基本原则，实际情况可能更加复杂，具体情况需要具体分析。

参　考　文　献

[1]　李传亮．油藏工程原理[M]．北京：石油工业出版社，2011.

"地质工程双指数"评价方法在束鹿致密碎屑岩中的应用

徐　婕　戴广阔　李毅逵　陈永红　郭素杰

（中国石油渤海钻探第二录井分公司）

摘　要　摘要束鹿凹陷位于渤海湾盆地冀中坳陷南部，该区古近系沙河街组沙三下段沉积形成较厚的富含有机质碳酸盐岩及深灰色泥岩，其中发育大套泥灰岩和砾岩储层，储层具致密、非均质性强的特点。岩石类型复杂多样，夹杂很多过渡岩性，不同岩性储集空间类型不同，导致含油气性差异较大给录井油气层快速评价带来了困难；泥灰岩和砾岩的脆性矿物均为白云石、方解石、石英和长石，因此通过XRD矿物分析技术评价储层的脆性已不再适用[1]。束鹿凹陷开展沙三下段致密碎屑岩综合评价方法研究，旨在解决该地区致密碎屑岩油气层综合评价难题。针对收集整理的10口井1259个岩屑、岩心样品，建立了适用于束鹿凹陷沙三下段的致密碎屑岩"地质工程双指数"评价方法，并形成了评价标准。通过J67X井的应用，井段4007~4048m压裂改造，获得日产油16.35m^{3}的工业油流。说明该技术应用效果良好，可为勘探试油选层和试油工艺的选择提供有利的参考依据。

主题词　矿物；脆性指数；可钻性指数；地质参数；工程参数

束鹿凹陷位于渤海湾盆地冀中坳陷南部，是古生界基底上发育起来的单断箕状凹陷，2013年后，在该区先后钻探了ST1H井等3口致密油气探井，取得了较大突破，束鹿凹陷成为致密油气勘探领域的重要资源接替区。该区古近系沙河街组沙三下段地层为富有机质湖相碳酸盐岩沉积，发育的大套泥灰岩和砾岩储层，储层具有致密、非均质性强等特点。

过渡岩性复杂类型多样，岩屑薄片镜下定名为灰质泥岩、泥灰岩、含砾泥灰岩、砾岩等，砾岩储集空间类型主要为裂缝-孔隙型，泥灰岩储集空间类型主要为孔隙-裂缝型，因此针对不同岩性储层的含油气性差别较大；储集层物性取决于裂缝的发育程度，而泥灰岩和砾岩的脆性矿物均为白云石、方解石、石英和长石，因此通过XRD矿物分析技术评价储层的脆性已不再适用[1]。基于以上四方面原因，开展了束鹿凹陷沙三下段致密碎屑岩综合评价方法研究，结合试油数据，建立了"地质工程双指数"图版，以及评价标准。

1　评价参数的优选

束鹿凹陷沙三下致密油气储层受有机质丰度、矿物含量、岩相岩性、及含油气丰度等多重因素影响。因此为了更精准的评价储层的流体性质，为压裂选层提供依据。评价参数不仅要考虑含油气性、物性，同时也要考虑制约压裂选层的工程方面的影响因素。因此评价参数主要选取地质参数和工程参数相结合的方式，进行致密碎屑岩储层油气层的精准评价。

1.1　地质参数的确定

地质参数，从含油性和物性两个方面考虑。含油气性主要选取的是气测的全烃和热解分析的热解烃总量Pg。全烃是录井唯一一条连续的曲线，能够反映地层的含油气性；热解烃总量Pg是热解的重要参数之一，反映储层的含油气丰度。因此选取这两个参数进行含油气性的评价。

物性主要是参考的测井的孔隙度。前文提到束鹿凹陷沙三下砾岩体以及泥灰岩两种储层，储集空间类型不同，砾岩主要为裂缝-孔隙型，泥灰岩主要为孔隙-裂缝型，但是两者均有裂缝发育也有孔隙的发育，所以孔隙是否发育可以从电测的孔隙度数值得知，孔隙度越大证明孔隙越发育，物性越好。

1.2　工程参数的确定

束鹿凹陷沙三下段泥灰岩和砾岩体，对于该套致密储层，脆性、可钻性的程度决定了压裂的好坏。脆性的评价是选取的脆性指数，可钻性的评价主要选取随钻工程参数进行可钻性指数的计算。

脆性指数的计算一般包括两种，一种是矿物成分法计算，通过选取敏感矿物，从而计算脆性指数；另一种是利用岩石力学计算脆性指数。由于束鹿凹陷沙三下砾岩体以及泥灰岩两种储层，前文提到泥灰岩和砾岩的矿物成分是非常相似的，主要的矿物为方解石和白云石，还有少量的黏土矿物、石英、长石等，其中方解石含量最多，方解石和白云石的含量之和占总矿物成分的80%以上，因此再运用常规矿物成分计算脆性指数已经不适用了，所以尝试考虑用岩石力学计算脆性指数，也就是通过测井阵列声波测的杨氏模量和泊松比来计算脆性指数，更为准确和科学，同时可以为压裂选层提供理论支撑。

可钻性指数，是通过综合录井参数 dc 指数演化派生形成的，用来评价泥灰岩和砾岩储层中裂缝是否发育。

可钻性指数是基于 dc 指数公式演变而来的，宾汉(Bingham，1964)最早给出钻速方程，并用 d 指数来衡量地层的可钻性；约翰(Jordan)和希尔利(Shirley)于 1966 年利用经验常数得到 d 指数的计算公式(1)；

$$d=[\log(R/N)]/[\log(W/D)] \tag{1}$$

考虑到钻井液密度变化会对钻速产生影响，雷姆(Rehm)和迈克林顿(McClendom)于 1971 年提出校正的 d 指数，即 d_c 指数公式。目前，国内多使用 dc 指数公式，常用的经验公式为(2)：

$$d_c=\{[\log(R/N)]/[\log(W/D)]\}\cdot\rho_w/\rho_{ce} \tag{2}$$

然而在实际钻井过程中，钻头磨损程度对 dc 指数也具有一定的影响，当钻头新度系数较高时，钻时较低，随着钻头新度系数降低，钻时会不断提高，这种变化并非由地层的真实可钻性引起，而是由钻头新度系数的变化引起。在岩石矿物组成差异不大的前提下，储层物性越好可钻性就越好。为消除钻头磨损的影响，在 dc 指数公式中引入钻头磨损系数(B)，另外，转盘转速 n 与钻井液排量正相关，因此将钻井液排量 Q 代替转盘钻速，演变为 dcz 指数公式[公式(3)]：

$$d_{cz}=[(\lg 3.282\cdot B/N\cdot T)/(\lg 0.068\cdot W/D)]\cdot\rho_w/\rho_{ce} \tag{3}$$

即得到可钻性指数式(4)：

$$K_z=d_{cn}-d_{cz} \tag{4}$$

式中：B——钻头磨损系数；

N——转盘转速，r/min；

Q——钻井液排量；

T——钻时，min/m；

W——钻压，kN；

d——钻头直径，mm；

ρ_w——地层水密度，g/cm³；

ρ_{ce}——循环当量钻井液密度，g/cm³。

与上述功指数和机械比能的基线相同，当求取储层指数后，需要分井段选取储层指数趋势线，即 dcn，为方便数据的读取，选取 dcn 与 dcs 之差作为储层品质指数(5)：

$$\text{可钻性指数}=d_{cn}-d_{cz} \tag{5}$$

在实际应用中主要取可钻性指数在 0~1 范围内的数值进行重点分析，越大代表物性越好，越小说明物性差；可钻性指数的分级结果可以储集层段物性划分为优、良、中、差 4 个级别(表 1)：

表 1　可钻性指数物性分级表

物性等级	储层品质指数
优	>0.5
良	0.3~0.5
中	0.1~0.3
差	<0.1

可钻性指数基于 d_c 指数发展而来，将钻时、钻压、转盘转速、钻头直径、钻井液密度及钻头磨损程度这些会影响反映地层可钻性的工程参数均考虑在内，最大程度消除了影响，更能客观准确反映地层物性，实现了储层评价定量化。

工程参数里最后一个参数就是白云石的含量。通过调研前人的研究文献可知砾岩及砂岩中白云石含量 12wt.%~73wt.%，平均 35.6wt.%。细粒岩中白云石含量 3wt.%~56wt.%。从扫描电镜照片来看(图 1)，中间部分为白云石，周围暗色为方解石。从放大的白云石的部分可以看到明显的孔隙发育，而周围的方解石则没有明显的孔隙的发育，因此白云石比方解石孔隙更为发育。另外，从统计的白云石含量和孔隙度交会图上可以看出(图 2)，孔隙度随着白云石含量的增大而增大，可见白云石含量和孔隙度呈明显的正相关性。对于裂缝型储层，白云石越多越利于压裂改造，所以白云石含量的多少是压裂选层改造不可缺少的重要参数之一[1]。

最终确定了全烃、Pg、孔隙度、白云石含量、脆性指数和可钻性指数 6 个参数。

2　关联分析求取参数权重

权系数是某一评价因素在决定总体特征时所

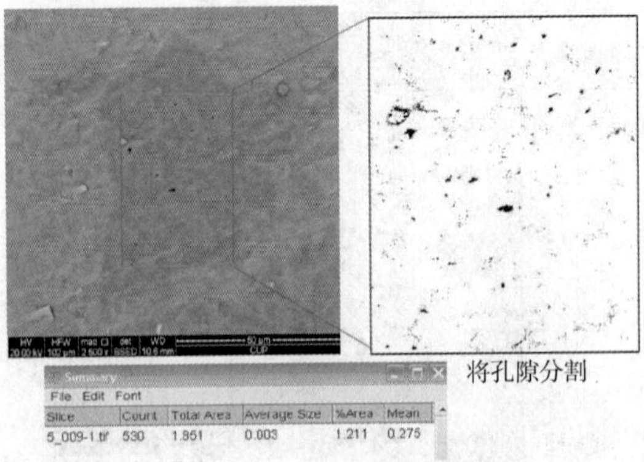

图 1 扫描电镜照片

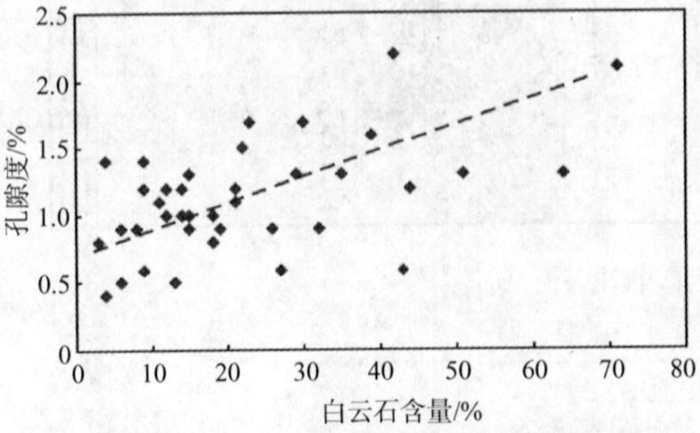

图 2 白云石含量与孔隙度交汇图

占有的重要性程度，权重确定的合理性直接关系到评价结果的可靠性，这是油气层解释评价的一个无法回避的重要难题。在储集层流体性质评价中，各参数对解释评价结果的影响主要体现在两个方面：一是评价者对各指标的重视程度不同，二是指标本身在评价过程中传递给被评判体的信息量不同。各指标的权重大小可以反映用该指标单独评价结果的准确程度，并能良好反映出所选指标的实用性及其合理性。因此，合理确定评价指标的权重系数，客观反映它在综合评价中的重要性，是提高解释符合率的有效途径。

(1)求关联度

关联度分析实质上是将系列数据进行几何关系比较，两数列的关联度以各层比较数列与参考数列的关联系数之平均值计算。

$$r_i = \frac{1}{N}\sum_{p=1}^{N} r_i(p) \tag{6}$$

式中 r_i：X_i 与主因素之间的关联度；N：层数。

由公式(6)可以看出，关联度为一有界值，范围在 0 到 1 之间，子因素与母因素之间的关联度越接近 1，表明他们之间的关系越紧密，该子因素对主因素的影响越大。

(2) 权系数计算

将所有比较数列与参考数列之间关联度求和，用每个比较数列与参考数列之间的关联度去除该值，经归一化分别求出各个数列的权系数。

$$a_i = r_i / \sum_{i=1}^{n} ri \tag{7}$$

式中 a_i：归一化后的权重系数；n：评价指标个数。

密度计算公式：$\rho = a_1 \times \rho_{HPI} + a_2 \times \rho_{TPI} + a_3 \times \rho_{OPI} + a_4 \rho_{RL-H}$（$a_i$ 为权值）

$a_i = r_i / (r_1 + r_2 + r_3 + r_4 + \cdots)$ r_i 为关联度

3 双指数评价方法的建立

根据优选出的 6 项参数进行灰色关联分析法求取关联度和权重系数，最终得到地质指数和工程指数的计算公式(8、9)。

$$I_{工程} = 0.432 \times 白云石含量 + 0.297 \times 脆性指数 + 0.271 \times 可钻性指数 \tag{8}$$

$$I_{地质} = 0.417 \times 全烃 + 0.307 \times 热解烃总量 + 0.276 \times 孔隙度 \tag{9}$$

将地质指数作为横坐标，将工程指数作为纵坐标，通过收集 ST1H、ST2X、ST3 等井的试油及基础数据从而建立"地质-工程双指数"评价图版(图 3)，从图版上油气层(油层)、差油气层(差油层、差气层)、干层之间具有明显的分区性，说明该评价方法具有一定的可行性。并建立了相应的评价标准(表 2)。

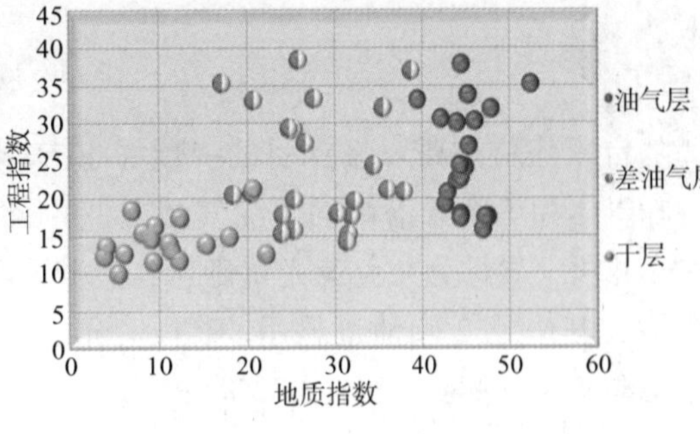

图 3 地质-工程双指数评价图版

表 2 评价标准

解释结论	工程指数	地质指数
油气层	≥15	≥40
差油气层	15~40	20~40
干层	≤20	≤20

4 实例应用

2019 年新钻的 J67X 构造位置为冀中坳陷束

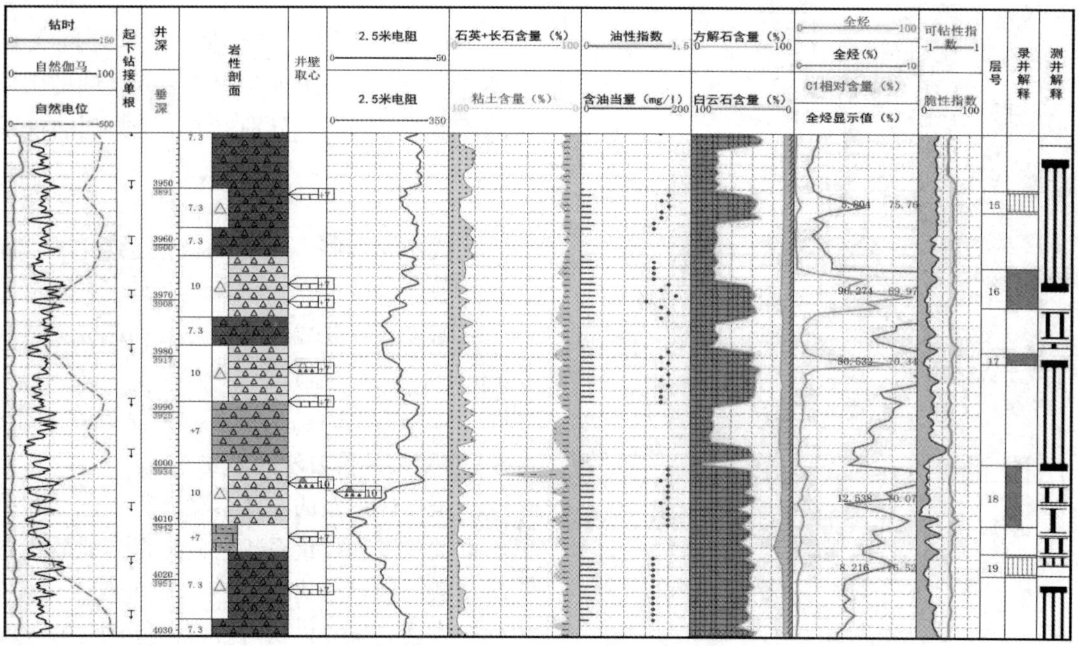

图 3　J67X 井综合录井图

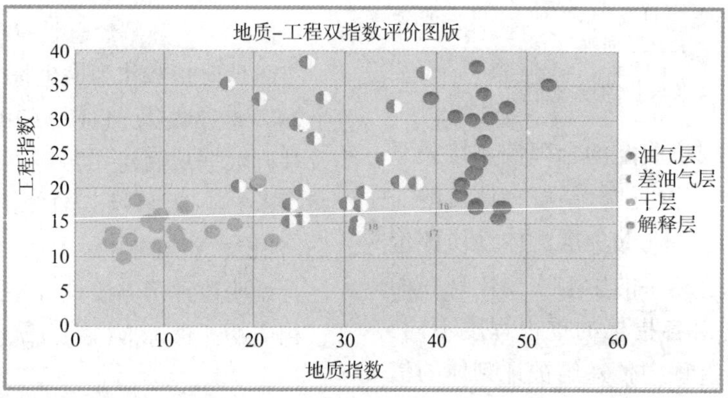

图 4　J67X 井图版投点图

鹿凹陷台家庄构造带。钻探目的：预探 J67X 井 $Es_{3下}$砾岩体和奥陶系潜山的含油气情况。3964～4019m 井段，岩性为杂色荧光角砾岩，井壁取心共 7 颗，其中见 2 颗油迹显示，1 颗荧光显示，其他无显示；气测：全烃 3.072%～96.274%，烃组分齐全，C_1：69.97%～76.52%；岩石热解：TPI：0.035～0.617，Pg：0.27～33.27mg/g；孔隙度：1.3～9.2；定量荧光：含油当量：3.97～32.62mg/L；综合解释：油层、差油层、干层（图 3）。16# 层工程指数为 17.5，地质指数为 41.02，17# 层工程指数为 13.52，地质指数为 39.8，18# 层工程指数为 14.51，地质指数为 33.2，在图版上落在了油区和差油区（图 4）。经过试油证实，4007～4048m 井段压裂，获得日产油 16.35m^3的工业油流。

5　结论

通过束鹿凹陷沙三下段致密碎屑岩综合评价方法研究，总结出了该区沙三下段致密油气储层受有机质丰度、矿物含量、岩相岩性、及含油气丰度等多重因素影响。在综合确定储层流体性质及改造井段优选方面，应充分考虑含油气性、物性、脆性等方面因素。因此采用地质、工程相结合的方式，创新形成了束鹿凹陷砾岩体致密储层双指数综合评价方法。该方法有效地将含油气性、物性、脆性、以及可压性有效地结合在一起，从而使评价更客观更全面更精准，可为勘探试油选层和试油工艺的优选提供有利的参考依据。建议在具有相近地质条件的其他区块推广使用，以期达到更好的油气勘探与开发效果。

参 考 文 献

[1] 李庆. 冀中坳陷束鹿凹陷中南部沙三下亚段砾岩及泥灰岩致密储层评价[J]. 2015.

[2] 孙赛男. 束鹿凹陷中洼槽沙河街组三段下亚段砾岩成因类型及分布[J]. 第十五届全国古地理学及沉积学学术会议 2018.

[3] 彭传利. 冀中南部束鹿凹陷泥灰岩储层特征研究[J]. 2014.

[4] 许丽婧，等. 束鹿凹陷中南部碳酸盐砾岩成因类型[A]. 2015 年全国沉积学大会：2015.

[5] 张文君. 束鹿凹陷沙三段致密油资源评价与有利区优选[M]. 2014.

叠前地震全波反演技术在陆坡带砂砾岩储层描述中的应用

王希萍　王玉梅　慎国强

（中国石化胜利油田分公司物探研究院）

摘　要　东营凹陷陡坡带砂砾岩垂向期次变化快、横向非均质性强，地震反射杂乱，难以描述砂砾岩期次和横向尖灭点。叠前地震全波形反演技术基于波动方程和叠前炮集进行反演，反演过程中不受测井插值模型约束影响，反演结果的保真性好，中低频信息稳定，横向精度高。叠前炮集预处理技术、震源子波提取技术、积分约束高阶有限差分正演模拟技术应用提高了全波形反演算法的稳定性和对陆上实际资料的适应性。开展高阶有限差分波动方程正演，推导波动方程反传算子更新速度模型，迭代反演得到深度域全波形反演数据体，首次实现了全波形反演技术在陆上三维地震资料中的实际应用，取得了良好的实际地质应用效果，对全波形反演技术在复杂岩性油藏勘探中的推广应用具有重要意义。

关键词　砂砾岩；储层描述；波动方程；全波形反演；岩性勘探

砂砾岩储层是近缘快速堆积形成的储层类型，具有岩相变化快、非均质性强的特点，地震反射特征差，砂砾岩期次划分和横向尖灭点识别难度大，严重制约了该储层油气藏的勘探开发[1-5]。叠前全波形反演技术[6-8]（FWI）基于声波波动方程理论，利用叠前炮集资料，通过有限差分正演模拟和波动方程反传进行梯度算子求解，更新初始速度场，迭代反演得到深度域地层速度，反演结果保真性好，中低频信息稳定，横向精度高。陆上地震资料波场复杂，全波形反演影响因素较多，通过炮集预处理、直达波子波提取等关键技术应用提高全波形反演算法对陆上实际资料的适应性，实现了叠前地震全波形反演技术在胜利 YX 地区陆上三维地震资料中的实际应用，取得了显著的地质应用效果。

1　方法原理

叠前全波形反演方法是基于波动方程正演模拟技术，将正演波场与观测波场进行匹配，以数据残差最小化作为目标函数，利用地震数据反演地球物理参数的方法[6-7]。全波形反演的目标函数为：

$$\mathrm{E(m)}=\frac{1}{2}(d_{\mathrm{obs}}-G_m)^{\mathrm{T}}(d_{\mathrm{obs}}-G_m) \tag{1}$$

式中：d 为实际观测数据；G_{m} 为正演波场数据。

三维声波波动方程如公式(2)所示：

$$\frac{\partial^2 u}{\partial x^2}+\frac{\partial^2 u}{\partial y^2}+\frac{\partial^2 u}{\partial z^2}=\frac{1}{\nu(x,y,z)^2}\frac{\partial^2 u}{\partial t^2} \tag{2}$$

通过高阶有限差分法求解方程(2)，推导得到正传波场差分方程如公式(3)：

$$u_{i,j,k}^{n+1}=2u_{i,j,k}^{n}-u_{i,j,k}^{n-1}+\frac{\nu^2(\Delta t)^2}{\Delta x^2}\left[c_0u_{i,j,k}^{n}+\sum_{m=1}^{\frac{M}{2}}c_m(u_{m,j,k}^{n}+u_{m,j,k}^{n})\right]+\frac{\nu^2(\Delta t)^2}{\Delta y^2}\left[c_0u_{i,j,k}^{n}+\sum_{m=1}^{\frac{M}{2}}c_m(u_{i,j+m,k}^{n}+u_{i,j-m,k}^{n})\right]+\frac{\nu^2(\Delta t)^2}{\Delta z^2}\left[c_0u_{i,j,k}^{n}+\sum_{m=1}^{\frac{M}{2}}c_m(u_{i,j,k+m}^{n}+u_{i,j,k-m}^{n})\right] \tag{3}$$

公式（3）中，c_0，c_m 表示差分系数，Δx，Δy，Δz，Δt 表示差分求解微分时分别在空间和时间上选取的网格大小。

由公式(3)计算得到时间域正演模拟波场与观测波场进行匹配求残差，残差反传求取模型更新量，不断循环迭代反演地层速度参数。反传波场的差分方程形式如公式(4)所示：

$$u_{i,j,k}^{n-1}=2u_{i,j,k}^{n}-u_{i,j,k}^{n+1}+\frac{v^2(\Delta t)^2}{\Delta x^2}\left[c_0u_{i,j,k}^{n}+\sum_{m=1}^{\frac{M}{2}}c_m(u_{i+m,j,k}^{n}+u_{i-m,j,k}^{n})\right]+\frac{v^2(\Delta t)^2}{\Delta y^2}\left[c_0u_{i,j,k}^{n}+\sum_{m=1}^{\frac{M}{2}}c_m(u_{i,j+m,k}^{n}+u_{i,j-m,k}^{n})\right]+\frac{v^2(\Delta t)^2}{\Delta z^2}\left[c_0u_{i,j,k}^{n}+\sum_{m=1}^{\frac{M}{2}}c_m(u_{i,j,k+m}^{n}+u_{i,j,k-m}^{n})\right] \tag{4}$$

其中 c_0，c_m 表示差分系数，Δx，Δy，Δz，Δt 表示差分求解微分时分别在空间和时间上选取的网格大小。

2 关键技术

陆上实际资料面波能量强、子波一致性差、计算量及存储量大等特点给全波形反演的实际应用带了极大的困难，以下关键技术应用可以有效提高全波形反演的稳定性和对实际资料的适用性。

2.1 叠前炮集预处理技术

叠前全波形反演过程中需要进行炮记录正演模拟，一些特殊的干扰波(如面波)在正演记录中难以准确实现。而实际资料中面波能量强，其能量甚至高于直达波的振幅能量，有效反射波被掩盖。另外实际资料受大地吸收影响，能量衰减严重，深浅层能量差异大，野外药量大小不同，炮间能量差异大，实际炮集资料中的差异性在正演模拟中都难以准确实现，影响叠前全波形反演中正演波场和观测波场的匹配，进而影响反演过程的稳定性和反演结果的可靠性。为满足实际资料全波形反演需求，对实际炮集资料进行几何扩撒补偿、面波去除、随机噪音衰减、地表一致性能量补偿等预处理技术应用，能够提高实际资料品质和全波形反演对实际资料的适应性。

2.2 直达波震源子波提取技术

全波形反演过程中通过地震正演模拟数据与实际观测地震数据匹配构建目标函数，确定的地震子波对于波动方程地震正演模拟必不可少。不准确的地震子波会导致全波形反演迭代陷入局部极小值，影响全波形反演的计算效率和反演结果的准确性。陆上地表激发接收条件复杂，实际子波与理论子波差异大，针对这一问题研究了源波场重建子波提取技术，以直达波作为边界条件，应用高阶有限差分算法，模拟震源爆炸沿地表传播的逆过程重建震源子波，得到与实际资料一致性较好的单炮震源子波，解决陆上地震资料中理论子波与实际子波差异大的问题，能够提高全波形反演对实际资料的适应性。

2.3 积分约束高阶有限差分正演模拟技术

常规正演模拟算法中采用时间 2 阶差分精度，空间 6~8 阶差分精度，为了降低正演模拟中的频散效应，往往采用的计算网格比较大，模拟数据频率较低。为提高全波形反演的计算精度，将时间 2 阶差分精度提高到 4 阶差分精度，空间 6~8 阶差分精度提高到 10 阶差分精度，研究形成积分约束高阶有限差分算法，提高全波形反演中三维波动方程正演模拟、波场反传计算精度，提高全波形反演的计算精度。

3 应用效果

胜利 YX 地区位于东营凹陷北部陡坡带，沙三–沙四段砂砾岩发育，但是由于砂砾岩储层横向非均质性强地震反射特征杂乱，地震资料对砂砾岩内幕期次划分以及砂体尖灭点识别能力差(如图 1 所示)，制约了该区砂砾岩油藏的进一步勘探开发。叠前全波形反演方法在该区砂砾岩储层描述中进行了实际应用并取得了显著的地质应用效果。

为提高反演算法对实际资料的适用性，首先对实际炮集数据进行预处理技术应用，图 2 所示为预处理前后炮集资料对比图，炮集预处理技术应用后，原始炮集上强能量面波得到有效去除，深浅层能量得到有效均衡，预处理后炮道集资料质量得到明显提高。应用实际炮集直达波数据进行子波提取，提取子波的波形及频谱如图 3 所示。反演过程中采用的初始速度模型和经过 13 次迭代反演后得到的反演结果如图 4 所示，其中

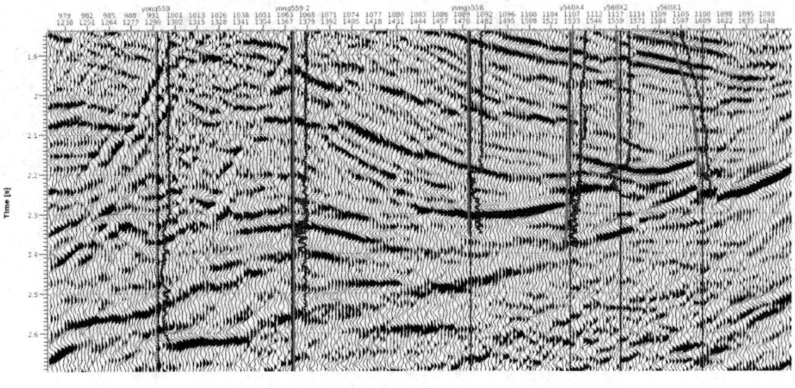

图 1 连井地震剖面

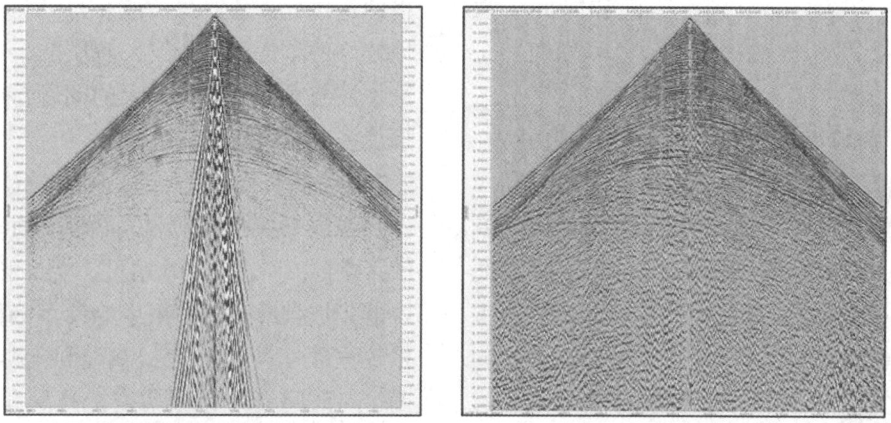

(a) 预处理前单炮记录　　(b) 预处理后单炮记录

图 2　预处理前后单炮记录对比

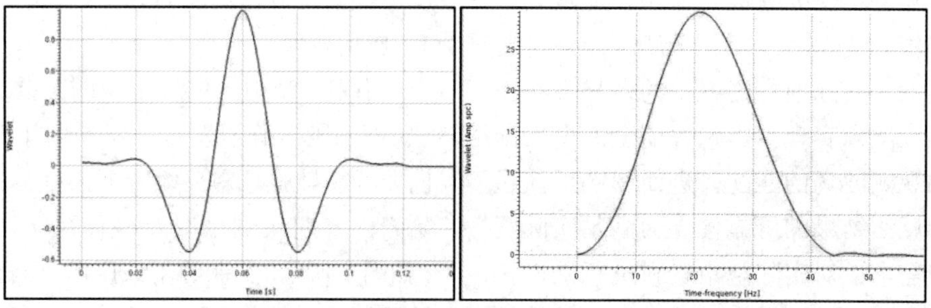

(a) 子波波形　　(b) 子波频谱

图 3　提取子波的波形及频谱

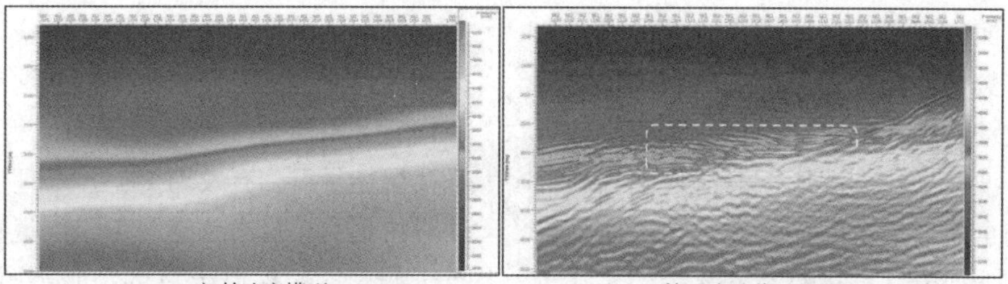

(a) 初始速度模型　　(b) 第13次迭代反演速度

图 4　深度域初始速度模型与第 13 次迭代反演结果对比

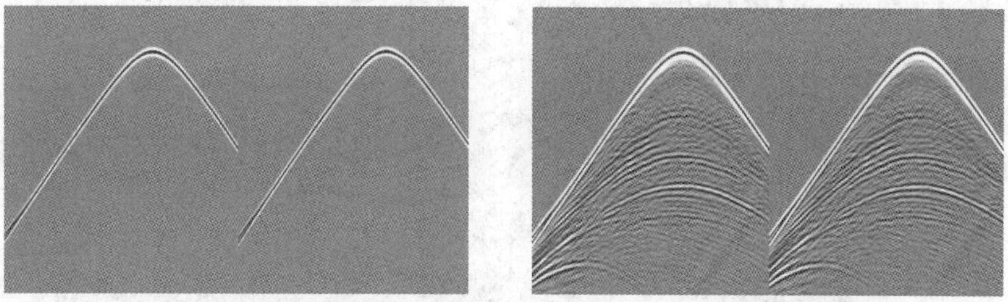

(a) 第1次迭代正演炮记录　　(b) 第13次迭代炮记录

图 5　第 1 次和第 13 次迭代正演炮记录对比

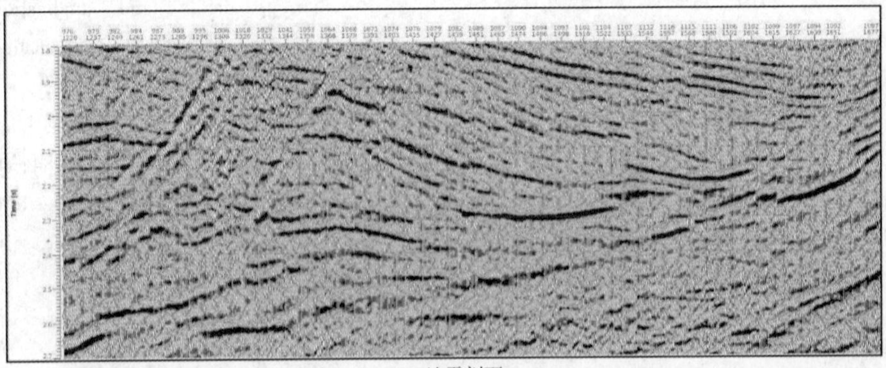

(a) 地震剖面

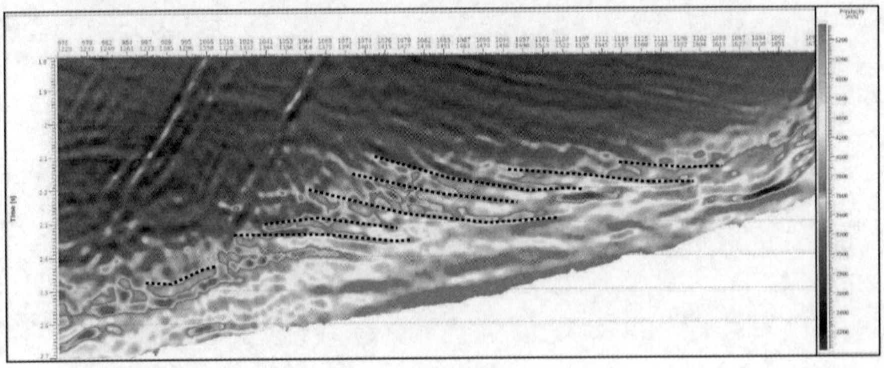

(b) 反演结果

图 6　地震剖面与反演结果的对比

初始速度模型由速度分析方法得到。图 4 中初始速度与反演速度对比结果表明经过 13 次迭代反演后结果中包含更多砂砾岩引起的速度变化细节。速度变化信息的丰富带来正演炮记录中反射信息的增加，反演中第 1 次和第 13 次迭代中生成的正演炮记录如图 5 所示，可以看出随着迭代次数的增加，正演记录中的反射信息逐渐恢复，地震同相轴信息更加丰富。

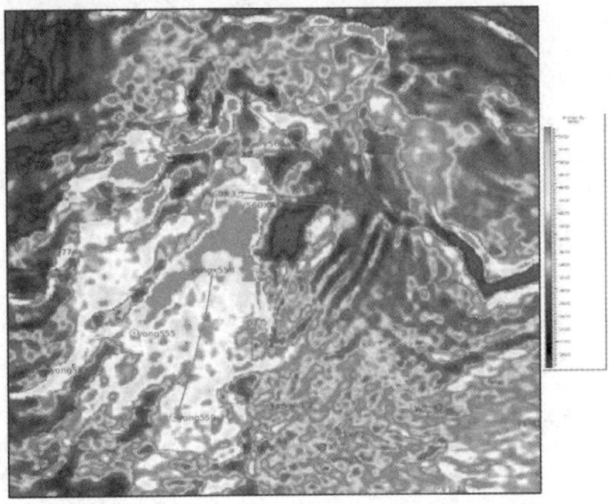

图 7　砂砾岩发育层段反演结果属性

全波形反演结果用于砂砾岩储层描述与表征。图 6 为地震与反演结果的对比剖面，对比结果表明与地震相比反演结果对砂砾岩发育特征、不同沉积期次扇体的期次关系以及叠置关系反应更加清楚。图 7 为砂砾岩发育层段反演结果属性图，北部物源砂砾岩发育特征及平面展布特征反应清楚。

4　结论认识

叠前全波形反演方法基于波动方程理论，应用叠前地震炮集资料进行反演，得到的反演结果更加可靠保真。炮集预处理技术、直达波子波提取技术等一系列关键技术应用可以有效提高叠前全波形反演方法对实际资料的适用性，提高差分精度可以提高反演结果的精度，满足储层描述的要求。利用砂砾岩高纵波速度特征，应用叠前全波形反演结果对 YX 地区砂砾岩储层进行描述，提高了砂砾岩期次划分和储层描述精度。应用实践表明叠前全波形反演方法在砂砾岩等非均质性强的特殊岩性体储层描述中具有很好的应用前景。

参 考 文 献

[1]　谈健康，张洪辉，熊钊．砂砾岩储层研究现状．中国西部科技．2013，12(1)：10-12.

[2]　李宇航．砂砾岩致密储层地震预测技术研究．中国石油大学(华东)，硕士论文，2016.

[3]　王静，张军华，等．砂砾岩致密油藏地震预测技术

综述 . 特种油气藏 . 2019，26(1)：7-10.

[4] 张晶晶 . 断陷湖盆致密砂砾岩储层特征及主控因素 . 大庆石油地质与开发，2017，36(6)：52-57.

[5] 袁义东，张金功，等 . 断陷湖盆致密砂砾岩储层特征与成因 . 地质科技情报，2018，37(2)：192-197.

[6] Lailly P. The seismic inverse problem as a sequence of before stack migrations [C]. Conference on inverse scattering: theory and application. Society for Industrial and Applied Mathematics, Philadelphia, PA, 1983：206-220.

[7] Tarantola, A., Inversion of seismic data in acoustic approximation, Geophysics, 1984, 49, 1259-1266.

[8] Virieux J, Operto S. An overview of full-waveform inversion in exploration geophysics [J]. Geophysics, 2009, 74(6)：WCC1-WCC26.

分辨率可动态调节的测井约束地震反演方法

王振涛　慎国强　孟宪军　黄捍东

（中国石化胜利油田分公司物探研究院）

摘　要　相比依赖地震的反演，测井约束地震反演能够更多补充地震信息不足，拓宽反演成果频带，提高地质分辨能力，但测井约束过紧或井间模型不确定信息的过度应用，会造成反演的不确定性增强，造成反演的失真。针对测井约束地震反演存在的问题和反演成果的要求，首先构建分辨率动态调节目标函数，将测井约束分为低频约束和宽频约束两部分，通过调节参数控制测井约束强度，从而平衡反演的分辨率和不确定性的关系，对调节参数制定了数值设置原则，然后采用非线性反演思路构建了迭代求解公式，形成了分辨率可动态调节的测井约束地震反演方法，最后在实际工区开展了方法的测试，反演能够根据测井模型可靠程度，动态调节控制反演分辨率和不确定性，在成熟勘探开发区具有较好的应用价值。

关键词　测井模型；地震反演；动态调节；高分辨率；成熟盆地

地震反演能够综合利用地震、测井及构造解释信息获取地层参数，是油气勘探开发中重要的储层预测描述技术。依赖地震信息的反演确定性强，能够较好体现地震分辨尺度的地质岩性变化，在中厚地质储层识别描述中能够发挥了重要作用，但地震反演频带有限，对大于或者小于地震尺度的地质岩性识别描述能力差，需要加强地震速度、测井信息等其他数据信息作约束，通过模型驱动约束地震反演得到宽频带弹性参数体。

测井约束地震反演通常采用非线性反演思路，利用测井模型正演地震和实际地震残差不断对初始模型迭代修正，得到反演结果，实际应用表明初始模型会对反演结果产生重要影响[1]，主要因为虽然测井信息具有宽频带高分辨率特点，但相比三维地震信息，测井信息具有样本少、离散不均匀等特点，测井约束反演提高分辨率的同时也会带来很多不确定性，给反演成果地质储层综合研究应用带来陷阱和多解性；地质统计学反演将随机模拟建模和模型驱动反演相结合的一种测井约束反演技术，它最早由 Haas 提出，Dubrule 等进行了发展[3-4]，它肯定反演存在不确定性，首先是利用测定数据随机模拟产生多个宽频带初始波阻抗体，然后同样利用正演地震和实际地震残差，不断迭代修正初始模型，最后得到多个不确定性反演体，该方法结果分辨率高，薄层识别能力强[5-6]，但计算效率低，反演成果不确定性判别应用难也不理想。

大尺度地层岩性沉积变化稳定，利用有限的测井信息通过低频模型构建和约束，能够较好的补充地震反演的低频信息，获得较为确定性的中低频反演结果，适合中厚层地质储层预测描述；小尺度地层岩性空间变化快，测井相比地震对其纵向识别能力更好，但有限的测井信息也很难描述小尺度体的快速横向变化情况，通过测井约束地震反演能够提高小尺度体的分辨能力，但在井间或者远离测井约束的区域会存在不确定性，需要针对测井及构造复杂情况，提前明确这种不确定性，利用测井约束反演提高分辨率同时保证反演的确定性，使两者达到平衡，最终提供宽频带和确定性强的反演结果。随着油气勘探程度的提高，在成熟盆地油气地区不但具有丰富地震资料，还存在大量测井资料，并积累大量地质构造沉积认识和解释成果，为测井约束反演方法研究应用提供了良好条件。

本文针对成熟盆地丰富的测井资料条件和测井约束地震高分辨率反演需求，研究形成了分率可动态调节的测井约束反演方法，开展了分辨率动态调节目标函数构建，将测井低频模型和宽频模型分别应用，增加了调节参数，针对测井和构造复杂带来的测井模型的不确定性存在，利用模型正演地震和实际地震相关性定量判别测井模型的不确定性，然后设置调节参数大小平衡分反演分辨率和不确定的关系，期望最终反演得到分辨率高、确定性强的的反演结果，最后在实际工区开展了技术的应用及评价。

1 技术原理

1.1 分辨率动态调节目标函数构建及优化

基于模型的反演方法能够突破地震频带限制，提高反演地质分辨率，常规模型驱动地震反演目标函数为：

$$F(M)=\|S-D_s\|_2^2\to\min \quad (1)$$

式中，M 为参数模型，通常利用测井信息构建，S 为模型地震响应，即利用参数模型和实际地震子波正演地震，D_s 为实际地震。

模型驱动反演方法通常采用非线性反演求解，从初始模型出发，利用模型正演地震和实际地震残差求取模型参数扰动量，从而不断迭代修正初始模型，直到合成地震和原始地震残差满足误差要求，然后输出迭代修正后的模型作为最终反演结果。初始模型构建和反演应用是影响反演分辨率的和造成不确定性的重要因素，以低频信息作为初始模型，反演分辨率低，反演确定性强，增加模型高频信息，反演分辨率增强，但是反演不确定性也会增强，常规反演目标函数中，没有设定调节参数来达到两者最佳的平衡。

针对模型驱动反演的优势和存在的问题，重新构建了分辨率可动态调节的测井模型驱动反演目标函数，式为：

$$F(M)=\|S-D_s\|_2^2+\partial\|S-D_w\|_2^2\to\min \quad (1)$$

式中，M 为参数模型，与(1)式的差别是，M 要求为低频参数模型，S 为模型地震响应，即利用参数模型和子波正演地震，采用子波应为匹配地震振幅能量，且为零相位的宽频子波，D_s 同样为实际地震；目标函数增加了一项损失函数 $\partial\|S-D_w\|_2^2$，∂ 为调节参数，主要用以调节测井宽频模型对反演影响程度，D_w 为宽频模型地震响应，为利用宽频模型和宽频子波正演构建。

基于地震褶积模型理论，将模型正演响应 S，利用泰勒一阶展开：

$$S=S_k+\frac{\partial S}{\partial M}(M-M_k)=S_k+G(M-M_k) \quad (2)$$

式中：k 为迭代次数；S_k 和 M_k 分别代表第 k 次迭代运算时的地震正演记录和模型参数；G 为初始模型正演地震对模型参数的偏导组成的雅克比矩阵

式(1)和式(2)联立可得，并求一阶偏导，并令其等于零：

$$(1+\partial)G^TG(m-m_k)+G_k^T(S_k-D_s)+\partial G_k^T(S_k-D_w)=0 \quad (3)$$

继续推导上述公式，同时为了增加反演稳定性，增加了正则化约束，可得模型参数摄动量求取公式：

$$\Delta M=(1+\partial)(G^TG+\lambda_kI)^{-1}G^T[(D_s-S_k)+\partial(D_w-S_k)] \quad (4)$$

从初始模型出发，利用模型响应与实际地震及测井宽频模型响应的残差计算初始模型摄动量，利用该摄动量不断对初始模型更新迭代，当残差达到误差要求时，就可完成模型修正，也就得到最终反演参数。新构建反演目标函数同样采取了常规模型驱动反演非线性迭代反演的思路，但是在该优化求解过程中，增加了测井宽频模型信息的约束项及其调节参数平衡参数 ∂，通过调节参数设置可来控制反演分辨率和不确定性，根据实际测井宽频模型的构建精度，使两者达到最佳平衡。

在反演目标函数构建和优化基础上，针对实际资料反演应用，提出了调节参数 ∂ 设置的一些准则：

a. 调节参数 ∂ 初值在不同地区设置应存在差异，其初值大小构建宽频模型正演和实际地震间的相关系数有关。当相关系数较大时，说明模型构建分辨率高和确定性强，反演时应适当增加测井宽频模型约束项，即设置较大的调节参数 ∂，这样反演也会有较高的分辨率和较高的确定性；当相关系数较小时，说明模型构建分辨率高但确定性差，反演时应适当减小测井宽频模型约束项，即设置较小调节参数，甚至为零，这样保证反演尽管分辨率低，但具有较高的确定性。

根据该原则，调节参数初值给出了如下设置建议

$$\partial_0=\begin{cases}0 & \mathrm{Cor}\leqslant 0.3\\ 0.5 & 0.3<\mathrm{Cor}<0.7\\ 1 & \mathrm{Cor}\geqslant 0.7\end{cases} \quad (5)$$

b. 调节参数是随着反演迭代增加逐渐减小，其变化与设置的最大迭代次数及当前迭代次数有关，这样能够保证尽量的减小测井宽频模型给反演带来的不确定性。

$$\beta_{k+1}=\beta_k\frac{(k_{\max}-k)}{k_{\max}} \quad (6)$$

其中，k 为迭代次数，k_{max} 为设置的最大迭代次数。

2　实际应用

利用胜利油田博兴洼陷樊北地区的实际资料进行了方法的测试应用，工区北靠平南大断层，属于断层下降盘。研究目标为沙三中主要发育三角洲滑塌浊积砂体，沙三中沉积早期随物源推进，南部金家三角洲推进范围逐渐扩大，基本覆盖本区西南部，三角洲前缘砂体在水进期发生大规模的滑塌；沙三中沉积晚期东南部辫状河三角洲开始活动，主要影响工区东部。通过多年勘探开发认为，沙三中含油砂体众多，纵向跨度大，平面上叠合连片，是寻找岩性油藏的有利地区，但是受地震资料分辨能力限制，砂体边界范围难以描述清楚。

对目的层开展了多井岩石物理统计分析，沙三中泥岩为低速度、低阻抗特征，砂岩表现为高速度、高阻抗特征，灰质砂岩及灰质泥岩等复杂岩性弹性参数特征介于两者之间，特别是中高阻抗灰质岩性的存在，增加了砂岩的识别难度，但是总体岩石物理分析认为砂岩表现为高速度、阻抗特征，因此地震纵波阻抗反演能够作为砂岩储层解释的参数。

在井震精细标定的基础上，对地层岩性测井和地震响应特征进行了对比分析。图 2 为 F118、F168 及 F173 三口井的测录井对比剖面，主要展示了三口井的自然电位曲线、岩性录井及油气综合解释成果等信息。图 3 位过测井 F118、F168 及 F173 井近北西方向地震剖面，其中 F118 井靠北，但井间距离分别约为 1200 米和 1900 米左右，地震剖面中井点展示的测井曲线分别为自然电位(左)和纵波阻抗曲线(右)，在剖面中标明了沙三中对应的三套砂组的位置。

1 砂组中，F118 井钻遇厚度 15 米/3 层的粉砂体组合，砂体物性好，为含油水层，其上覆盖灰质岩性与泥岩的薄互组合作为围岩，其阻抗略低于砂岩，因此地震反射特征弱，F168 井和 F173 分别钻遇了 1 米厚和 5 米厚薄粉砂岩，砂体薄地震反射弱、分辨率低，1 砂组中的砂体地震难以识别描述；2 砂组中，三中井对应地震都表现为强振幅特征，但通过测录井对比看，三口井

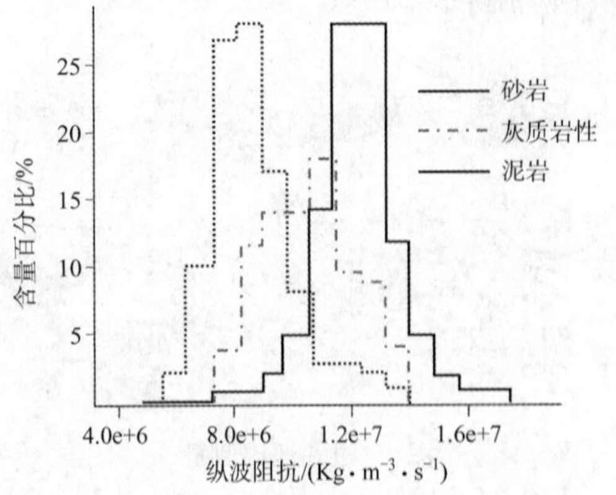

图 1　多井岩石物理统计分析

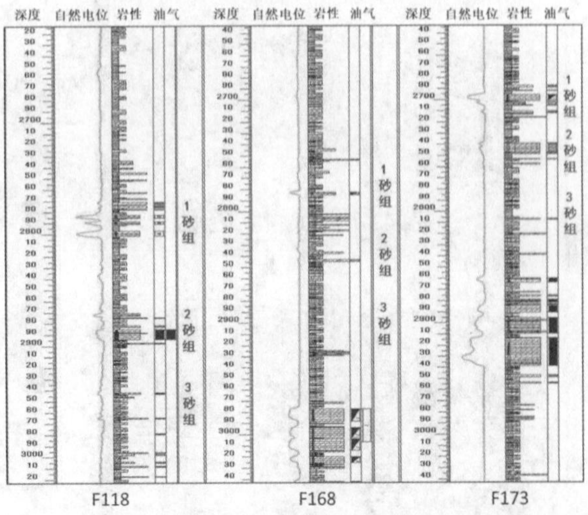

图 2　测录井对比剖面

钻遇砂体岩性变化大，F118 井钻遇砂体厚度 10 米/2 层的粉砂岩组合，其中有 9 米的含油层，F168 井只钻遇灰质砂岩条，储层不发育，F173 钻遇了厚度 8 米/1 层的灰质粉砂岩，物性差为干层；3 砂组中，三口井都没有钻遇砂岩储层，主要钻遇灰质岩性，通过多井岩石物理统计分析可以看出，灰质岩性尽管阻抗小于砂岩，但其阻抗高于围岩泥岩，因此也会形成波阻抗差，由于其厚度大，这种灰质岩性与泥岩的组合地震中也表现为强振幅特征，2 砂组砂岩地震反射特征相似。

通过三口井井震精细对比分析可以看出，该区沙三中目的层纵横向地层岩性变化非常快，地震对于 1 砂组钻遇的薄砂体难以识别描述，对 2 砂组和 3 砂组不同岩性组合产生的强振幅特征也难以分辨。在测井及地震分析基础上，利用测井阻抗建模技术，分别建立了测井低频模型和宽频模型，见图 4 和图 5，进一步分析在测井模型中

能不能体现以上地质变化。

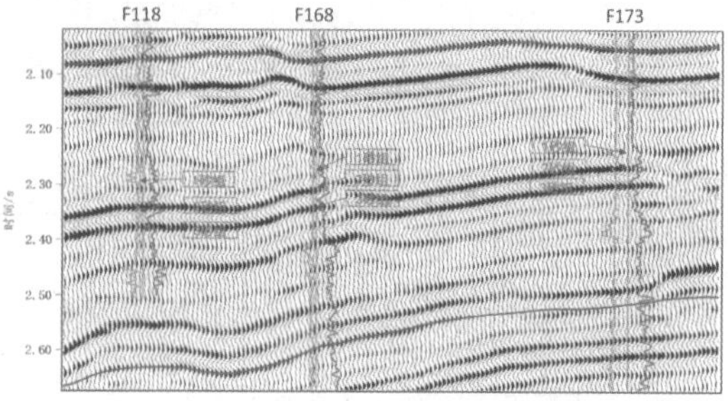

图3　过井地震剖面

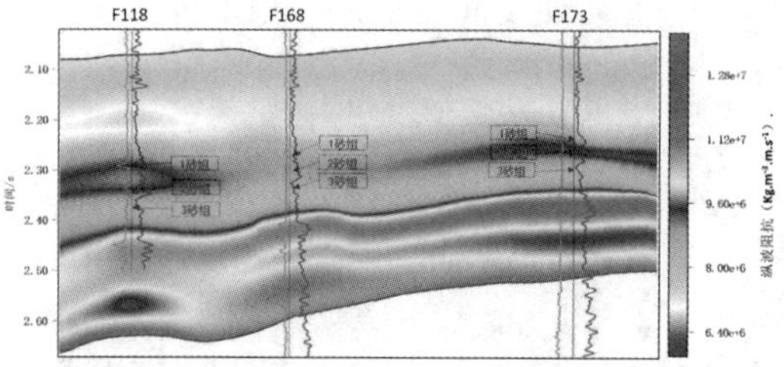

图4　测井低频模型剖面

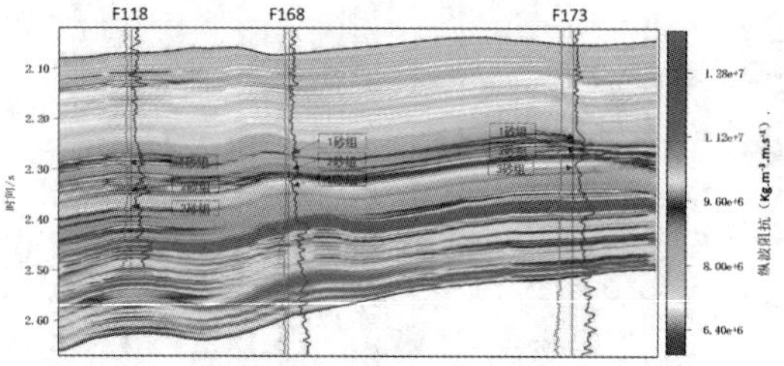

图5　测井高频模型剖面

图4为过测井F118、F168及F173井低频模型剖面，该模型是将测井纵波阻抗曲线10Hz高截后构建，对F118井点处低频模型纵向分析来看，1砂组和2砂组储层共同对应了中高阻抗地层特征，两个砂组间和砂组内部砂体难以分辨，但与3砂组阻抗差异明显，因为灰质岩性相比砂岩表现为低阻抗特征，可以看出低频信息在纵向上能够较好的表现2砂组和3砂组的岩性差异；对横向多井对比看，F168井在三个砂组中砂体储层都不发育，相比F118和F173井表现为低阻抗特征，低频模型体现了横向地层岩性的变化。可以看出尽管低频模型分辨率低，但能够很好表现了大尺度地层和岩性变化，属于保真确定性的反演约束信息。

图5为过测井F118、F168及F173井宽频模型剖面，为匹配地震频带同时考虑实际储层厚度，将测井120Hz高截后，利用地质约束精细建模方法构建，可以看出宽频模型中增加了高频测井信息，在低频信息背景下，表现了较高的纵横向分辨率，F118对应1砂组和2砂组储层同样对应中高阻抗地层特征，但相比地震和低频模型，两个砂组间区分清楚，砂组内部单砂体也得到很好分辨，F173井钻遇的薄砂体有很好的体现，井间高频信息很丰富，在构造测井精细的区域高频信息较为确定，但在构造复杂、井少的区域高频信息不确定性增强。

在测井模型构建基础上进行了方法的测试，为测试调节参数的影响，没有根据模型正演与地震相关性设定固定调节参数，而是分别将调节参数设置为0、0.5和1，反演处理得到了不同结果，然后结合地质认识进行了反演结果的分析。图6为调节参数为0时的纵波阻抗反演剖面，此时反演利用测井低频模型和实际地震信息，测井宽频模型不起作用。通过反演剖面可以看出(图6)，反演吸收了测井低频信息和地震信息，反演相比地震，对2砂组与3砂组区分明显，横向上也能够体现井间岩性的变化，反演相比模型，纵向分辨率得到提高，1砂组和2砂组区分更加明显。图7调节参数为0.5时的反演剖面，可以看到反演纵向分辨率进一步提高，砂组间及砂体间区分更明显；图8调节参数为1时的反演剖面，可以看到反演纵向分辨率明显提高，但是通过对比可以看出，F173在2砂组钻遇的8米厚灰质粉砂已经追踪到F168井，而该井砂体是不发育的，调节参数增加后虽然分辨率增加，但是增加了反演的不确定性，反演储层岩性预测能力反而变弱。综合考虑该区测井及构造情况，结合相关系数的计算，相关系数0.5反演结果更为可靠。

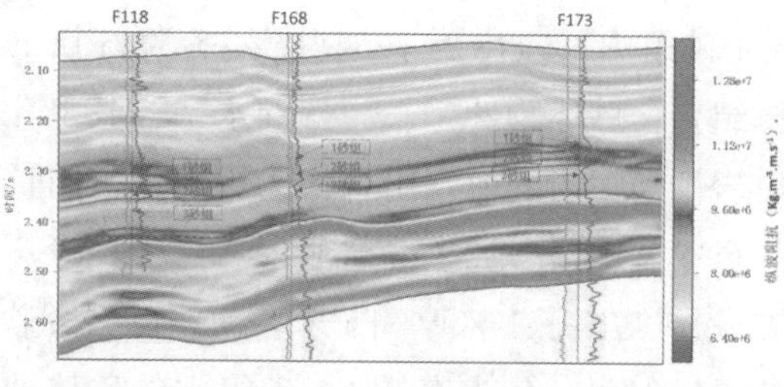

图6　调节系数0反演剖面

结合测录井资料，图2和图9，对提取的2

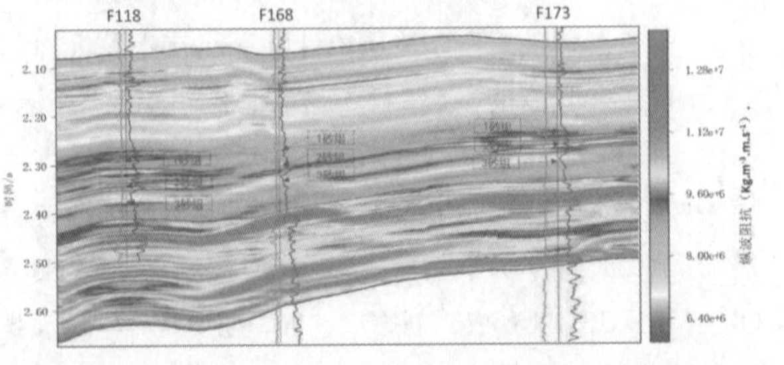

图 7　调节系数 0.5 反演剖面

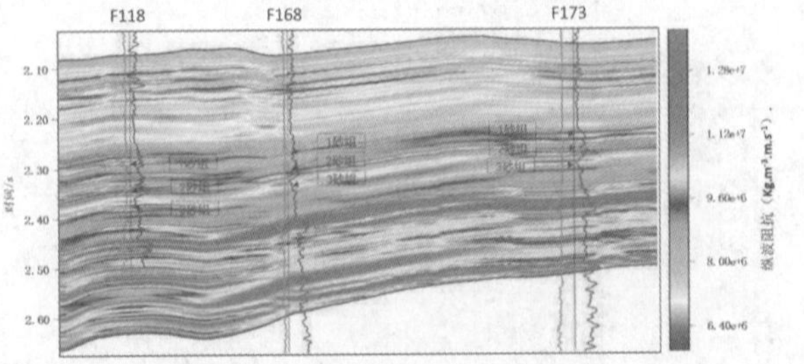

图 8　调节系数 1 反演剖面

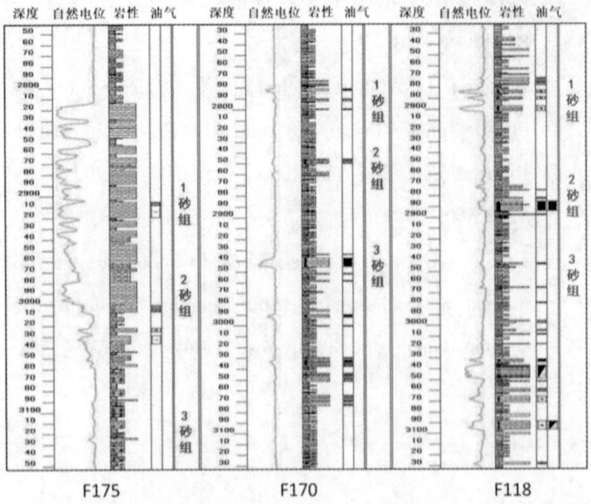

图 9　沿沉积方向测录井对比

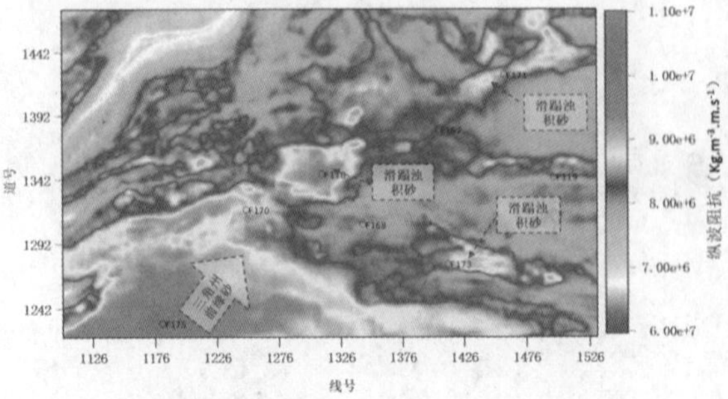

图 10　2 砂组最大反演阻抗属性

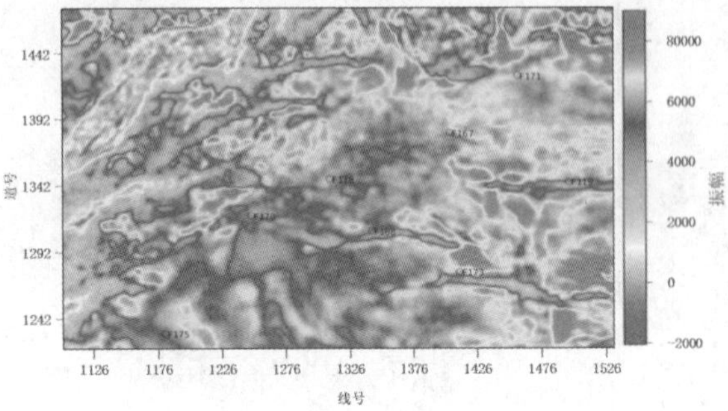

图 11　2 砂组最大地震振幅属性

砂组最大反演纵波阻抗属性(图 10)和地震最大振幅属性(图 11)进行了对比分析。图 10 为 2 砂组提取的调节系数为 0.5 最大反演纵波阻抗属性，F175 井周边靠近物源方向，为三角州前缘沉积，砂体厚度大，高纵波阻抗明显，F170 位于三角洲前缘砂体边部，砂体变薄，物性变差；F118、F174 及 F173 井都钻遇了三角州前缘砂体向前滑蹋形成的浊积砂体，F118 井钻遇砂体厚度大、物性好，为较好的油气储集层。图 11 为 2 砂组提取的最大振幅属性，地震频带窄，只能反映地层岩性组合相对变化，相比宽频带高分辨率反演，地质岩性表现能力差，不能满足地质综合研究要求。

3　结论认识

本文针对反演高分辨率和保真性要求，通过目标函数构建及优化，研究形成了分辨率可动态调节的测井约束地震反演方法，相比常规测井约束地震反演方法，该方法将测井约束分为低频约束和宽频约束两部分，并增加了调节参数，从而反演分辨率可根据测井模型可靠程度进行控制平衡，确保反演高分辨率追求下又不失真，该方法能够提高测井资料丰富的成熟盆地油气精细勘探能力，具有较好推广应用前景。

测井能够在局部区域为地震反演提供约束信息，从而提高反演分辨能力，但随着测井多寡及地质构造的复杂程度的变化，在井间或者偏离井位置测井约束信息就会或多或少存在不确定性，因此在利用测井约束提高分辨率同时，需要根据实际资料条件来确定反演分辨能力，避免过分追求分辨能力而造成反演失真，测井约束反演处理前应该加强测井优选、井震精细标定及模型构建等基础工作的开展，尽量减少测井模型构建的不确定性。

参　考　文　献

[1]　徐嬴，覃新平，吴迪，等. 基于模型地震反演储层

预测技术的应用[J]. 岩性油气藏，2012，24(4)：85-89.
[2] Bortoli L J，Alabert F，Journel A G. Constraining Stochastic Images to Seismic Data [J]. Proceedings of the International Geostatistics Congress，1992，33：526-560.
[3] Haas A，Dubrule O. Geostatistical inversion-a sequential method of stochastic reservoir modeling constrained by seismic data[J]. Geophysics，1994，48 (12)：561-569.
[4] 曾威，唐军，等. 地质统计学反演技术浅析[J]. 长江大学学报(自然科学版)理工，2012，9(6)：34-35.
[5] 姜文龙，杨锴. 岩石物理参数高分辨率地质统计学反演[J]. 石油物探，2012，51(6)：638-648.
[6] 叶云飞，刘春成，刘志斌，等. 地质统计学反演技术研究与应用[J]. 物探化探计算技术，2014，39(4)：446-451.

缓倾小夹角削蚀油藏精细勘探关键技术

刘秉建

(中国石化胜利油田分公司物探研究院)

摘　要　三合村东营组削蚀油藏与馆下段岩性油藏紧邻发育，油层及油藏类型归属极易混淆，并具缓倾角，小夹角，薄夹层特点。该类削蚀油藏目标更隐蔽，描述更困难，其发现及精细勘探主要依托于以下关键技术：井、震、芯三元标定技术确定油层归属，明确油藏类型，由过去的单一岩性成藏转变为东营组削蚀+馆下段岩性耦合成藏模式；基于连续小波变换的频谱延拓技术提高地震分辨率。包括波动方程模型正演分析明确反射特征及地质意义，谐波多体拓频提高地震识别能力；削蚀尖灭点精细描述技术准确识别尖灭点位置，包括瞬时相位变换、波形时间切片等。系列技术的应用可有效确定油层及油藏类型归属，提高削蚀环描述精度及识别率，保证勘探成功率。

关键词　缓倾角；小夹角；薄夹层；隐蔽削蚀油藏；三元标定；频谱延拓；描述精度。

济阳坳陷发育多级不整合，利于形成地层油藏。目前对缓倾角、小夹角削蚀圈闭的钻探较少，勘探及研究均处于起步阶段。该类地层圈闭发育广泛，具有广阔的勘探空间。具有埋藏浅，小而肥的特点，已逐渐成为下步高效勘探的重要类型。相对于常规地层油藏，该类削蚀油藏目标更隐蔽，描述更困难，勘探所面临的挑战主要体现在：①油层归属及油藏类型难以确定，主要原因是其紧邻馆上段岩性油藏发育，早期受地震资料分辨率及井控限制，一直按岩性成藏模式评价，但随着后续井位的钻探，发现单一成藏模式已无法解决勘探实践中的诸多问题，需要依托精细勘探技术提出新的成藏模式；②削蚀尖灭点位置难以准确刻画，由于地层产状倾角极缓，储层与其上盖层夹角极小，东营组削蚀环带成像及解释描述更易受层间干涉影响，削蚀尖灭点附近仅形成弱反射或无反射，利用趋势外推对其进行解释，不确定性大大增加。另外，井钻分析表明，圈闭含油高度普遍较低(通常小于 20m)，削蚀点位置是否准确直接影响钻探是否成功；③隔夹层需要全面描述并评价，东营组具有高砂地比特征，隔夹层普遍厚度较薄(一般为 2～10m)。而上、下储层阻抗差异不明显，地震上识别难度大，不易准确刻画。因此，本文在三元标定确定油层归属及油藏类型的基础上，通过模型正演分析明确地震反射特征，开展地震拓频处理，提高地震识别描述能力，准确识别尖灭点位置，采用多种地球物理手段全面描述、评价隔夹层，从而对该类型圈闭精细刻画，提高勘探成功率。

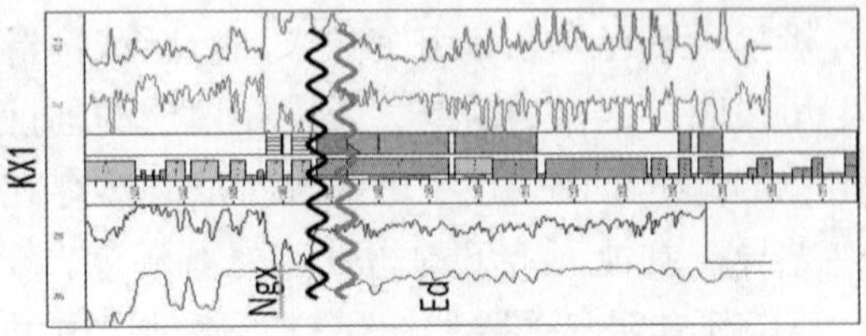

图 1　KX1 井综合柱状图

1　油层归属及油藏类型确定

1.1　三元标定技术

三合村洼陷带东营组削蚀油藏顶板为馆下段 5 砂组较发育泥岩段，厚度 20～40m，其中已发现岩性油藏。削蚀油藏与岩性油藏相距仅 5～10m，以 KX1 井和 KX1-X3 为例，其油层归属存在多解性，摇摆不定。(图 1)油层归属不确定、油藏类型不明确导致圈闭描述评价基础不牢，并体现到后续的勘探开发油水矛盾，认识的偏差无异与缘木求鱼。针对此关键问题提出了三元标定技术，尺度由大到小，精度由低到高，明确油层归属确定油藏类型，打牢后续研究基础。

① 地震宏观标定

以钻井的地质分层和区域标志层作为约束条件，利用精细的多井合成记录和 VSPLOG 剖面与井旁地震道进行反射波组、能量等反射信息的相关对比，通过反复调试，使之相关性达到最好[2]，从而得到初步的时深关系。初次标定完成以后，在层位标定准确的基础上，利用其时深关系，将有关信息(如钻井地质分层，测井解释及试油成果，反映波阻抗界面的速度曲线或声波曲线，反映储层物性的自然电位曲线等）由深度域转换为时间域，并与合成记录一起放于井旁地震道上，进行层位的二次标定。以精确的时深关系作为纽带，将地震与地质有机地结合起来。对于本区，通过地震标定，可以宏观地判断油层归属。离不整合面较远的油层段（主要指岩性油藏），基本可以明确归属及类型（图2）。而贴近不整合面需要进一步标定分析。

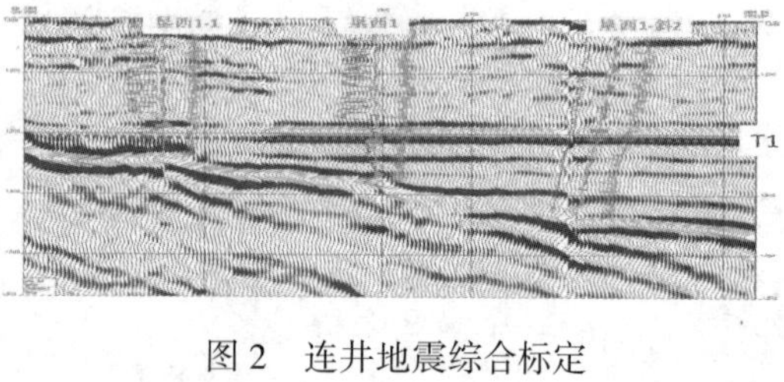

图2　连井地震综合标定

② 测井精细标定　主要是利用电性及岩性特征结合沉积环境及不整合上下差异压实特征进行分析。由于已知东营组沉积末期，区域构造上发生了块断差异掀斜活动，表现在地层的削蚀特征上，因此上下的岩性、电性等特征必然存在突变性差异。剥蚀面上下的岩性、岩石颜色，GR、RT、AC都有明显的界线（图3）。通过岩电结合测井精细标定可进一步区分明确存疑油层归属

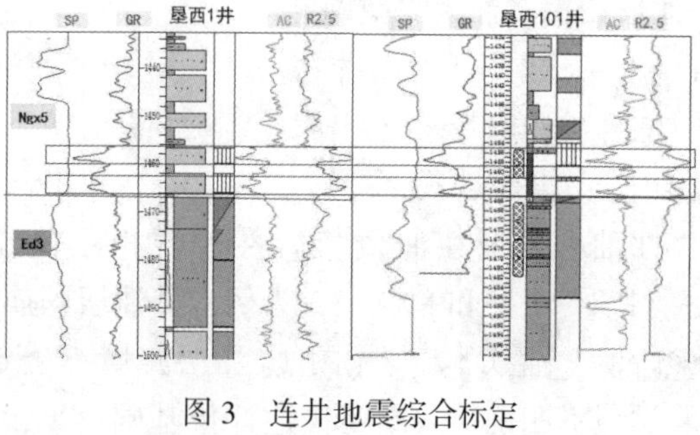

图3　连井地震综合标定

③ 岩心微观标定

前期对垦西1井油层段归属于馆下段获东营组存在争议，因此可通过岩性进行微观分析标定，进一步落实油层归属问题。垦西101井设计取芯三筒（图4），第一筒芯1~5号芯：砾石成分为灰岩岩块，砾径最大8mm，一般2~5mm，呈椭球状，棱角状，泥质胶结，较致密；第6~28号岩芯描述：砾石主要为灰岩岩块，少量泥砾，砾径最大6mm，一般2~3mm，次棱角状，椭球体，砾石呈团块状，分布不均，距顶3.50m砾石含量较多，较致密，灰岩岩块加HCl，泥岩出心后较破碎。因此，整体明确馆下段岩性特征——砾石主要为灰岩岩块，整体较致密。

第二筒芯岩性描述含油部分呈褐灰色，不含油部分呈灰色。泥质胶结，较疏松，加HCl。褐灰色原油分布不均，呈斑块状、条带状分布，含油面积占30%，油脂感弱，油味较淡，微染手，荧光滴照亮黄色。含油部分滴水呈馒头状，缓渗，因此明确东营组岩性特征——灰色含砾细砂岩与粉砂岩不等厚互层，整体较疏松。明确了垦西101井馆下段、东营组地层分层界限在1465.3m。

馆下段属于超覆沉积，地层呈近平行结构，因此，以垦西101井为标准井，与垦西1井曲线进行对比，类比确定垦西1井馆下段、东营组分界。垦西1与垦西101井馆下段灰质成分发育段特征相似、位置相当，认为馆下段与东营组地层分层位置相当，因此，垦西1井油层段（测井解释油水同层）归属东营组。

通过上述分析工作，提高了合成地震记录的制作精度，并且提高了油层标定的准确性，拟和了更为精确的时深关系。

1.2　耦合成藏模式建立

通过发展三元标定技术，明确了不整合上下油层归属，新发现东营组地层削蚀油藏。认为馆下段5砂组泥岩发育段即为东营组地层削蚀圈闭顶板，又可作为馆下段5砂组岩性圈闭围岩，从而建立了不整合上下岩性地层耦合成藏模式（图5），为后续研究奠定基础。

2　模型正演分析

2.1　模型产状设计

三合村地区为北断南超箕状洼陷，目的层东营组顶部削蚀，上覆地层为馆下段，削蚀圈闭产状研究区内不尽相同，由北至南可划分为3个区域。北部区块储层倾角为3.7°，盖层倾角为1.7°，夹角为2.0°。中部区块储层倾角为4.9°，盖层倾角为3.1°，夹角为1.8°。南部区块储层倾角为5.7°，盖层倾角为4.0°，夹角为1.7°。其中，东营组储层倾角范围为3.7°~5.9°，馆下段盖层倾角范围为1.7°~4.2°，二者夹角范围为1.7°~2.0°，油层及盖层产状由北至南逐渐变陡，二者之间夹角由北至南较为稳定，说明后期构造活动仅整体影响了削蚀圈闭产状特征，而对其内部结构未产生明显分异。

2.2　模型速度填充

已钻井声波速度及储、盖层厚度统计结果表

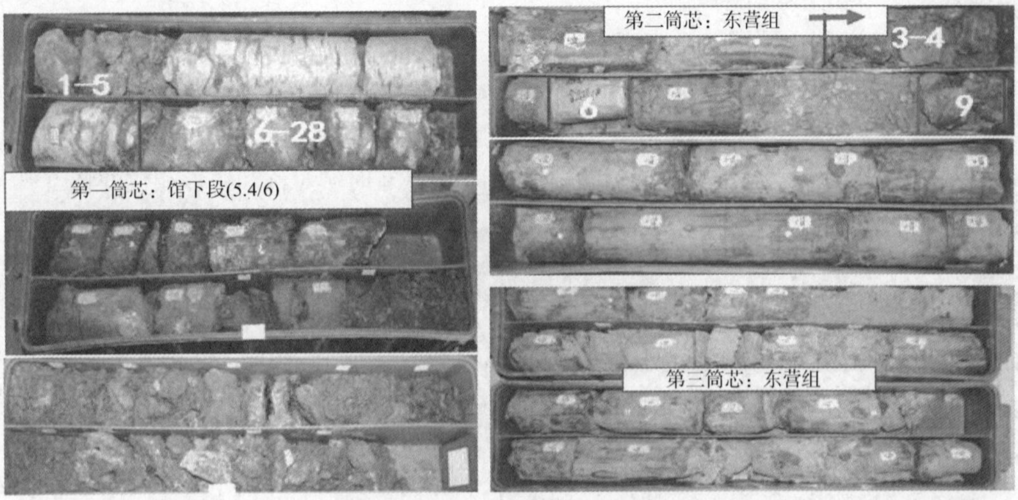

图 4　垦西 101 井取芯照片

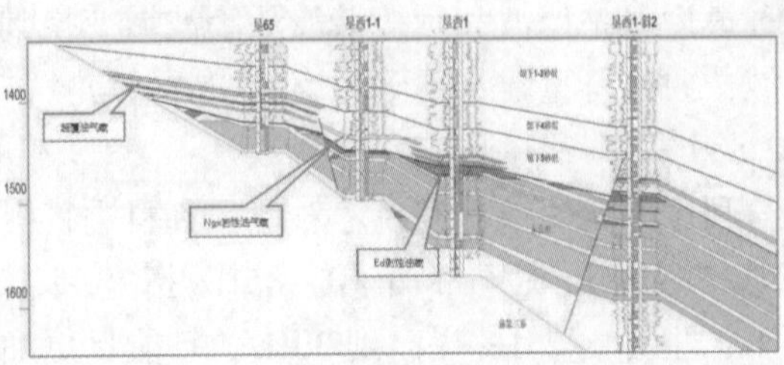

图 5　垦西 101 井取芯照片

明，不整合附近上、下速度具有如下特征：①馆下段基值速度大于东营组基值速度；②馆下段储层速度小于围岩，东营组储层速度大于围岩。厚度具有如下特征：①馆下段储层平均厚度为 5m，盖层平均厚度为 10m；②东营组地层结构为厚砂夹薄泥，储层平均厚度为 15m，隔夹层厚度变化较大，设计厚度为 2m、4m、8m，分别代表薄、较薄、厚 3 种类型。根据产状设计及速度填充，建立了 3 种初始模型(图 6)。

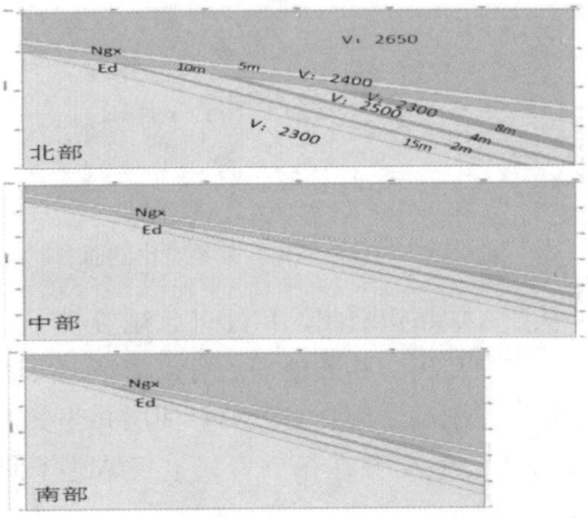

(a) 北部　(b) 中部　(c) 南部

图 6　分区域初始模型

2.3　模型正演分析

分别以主频为 15Hz、25Hz、35Hz、45Hz、55Hz 的零相位负 Ricker 子波对 3 种初始模型进行扫描，得到正演效果图(图 7)。

通过模型正演效果分析，得到以下几点认识：①馆下段基值速度大于东营组基值速度的结构特征决定了需用负极性剖面反映不整合界面及削蚀尖灭点位置；②东营组内部形成的反射同相轴为泥岩(隔夹层)顶界面反射，因此削蚀环代表了隔夹层发育环；③随着主频及分辨率的提高，薄隔夹层逐渐显现，削蚀尖灭点成像效果逐渐加强；④削蚀尖灭点位置具有波形拉长–复波特征；⑤由于各区域盖层与储层夹角近似相等，地层产状无较大变化，区域差异性对剥蚀环带及尖灭点特征也影响不大。

分析认为，利用地震资料的提频，充分发掘高频成分信息，有望提高隔夹层描述率及尖灭点位置精度。

3　地震频谱延拓

3.1　方法原理

应用频谱延拓法(FSE)[1]提高分辨率的主要步骤包括：①通过连续小波变换将地震信号在规定的主频范围内白化，得到改进后的主谐波；②将改进后的主谐波按倍频程分别在高频端和低频端进行延拓，得到延拓谐波；③将改进后的主谐波和延拓谐波从小波域反变换到时间域。

从线性代数的角度考虑，可以用任意变换来分解原始函数，然后用基本函数的线性组合来恢复原始函数，其简单的函数表达式为

$$f(t) = \sum_{k} a_k \phi_k(t) \tag{1}$$

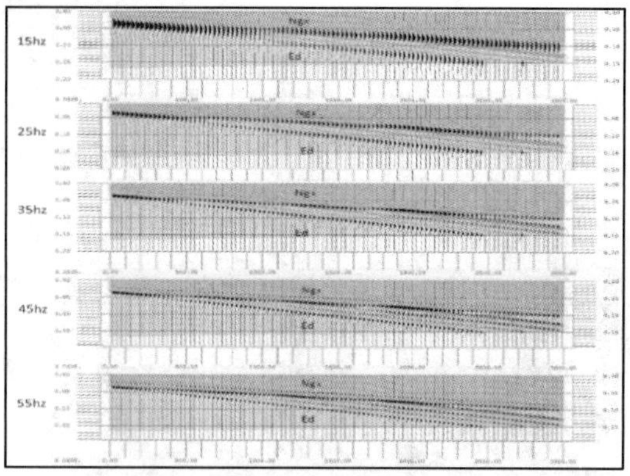

(a) 北部

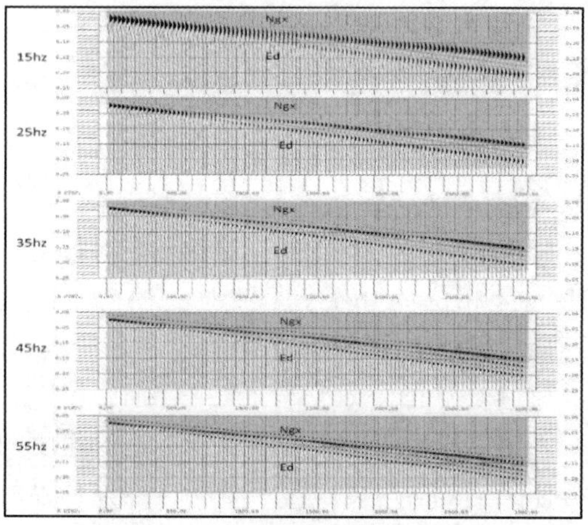

(b) 中部

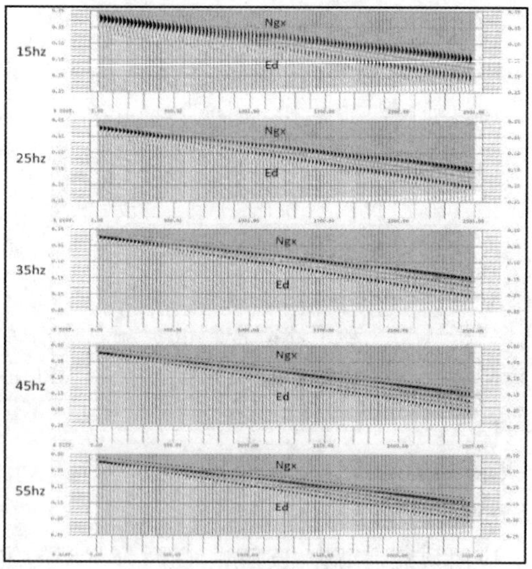

(c) 南部

图 7　分频扫描正演效果图

式中：a_k 为变换系数；$\phi_k(t)$ 为变换函数。

令 $\phi_k(t)=\exp(j2\pi kt/T)$，式(1)则为 $x(t)=\sum_{k=-\infty}^{\infty}a_k\exp\left(j\frac{2\pi kt}{T}\right)$ 的傅立叶变换，为了保证变换的唯一性，$\phi_k(t)$ 应该是一个正交函数。

小波正、反变换分别为

$$W(\tau,s)=\int_{-\infty}^{\infty}f(t)\frac{1}{\sqrt{|s|}}\psi^*\left(\frac{t-\tau}{s}\right)dt \qquad (2)$$

$$f(t)=\frac{1}{C_\Psi}\int_0^{\infty}\int_{-\infty}^{\infty}\frac{1}{\sqrt{s}}W(\tau,s)\psi\left(\frac{t-\tau}{s}\right)\frac{dsd\tau}{s^2} \qquad (3)$$

其中，母小波选择 Morlet 小波，因为其频域能量比较集中，通频带较窄，频率混叠影响较小，具有时域对称和线性相位的特点，能够保证变换不失真。

频谱延拓在小波域实现。高频端和低频端各有一个主轴频率及外推倍频程，外推以主轴频率的小波为基准，按倍频程向高频端延拓，按半倍频程向低频端延拓，得到延拓谐波。高频端延拓时，振幅用每个谐波振幅替换超谐波振幅；低频端延拓时，振幅用每个谐波振幅替换次谐波振幅。如此，可以得到频谱延拓后的小波域数据。

最后将主谐波和延拓谐波从小波域变换到时间域，并进行重建，得到频谱延拓后的信号。

3.2　效果分析

利用小波变换处理技术对地震资料进行提频处理，地震有效频带由 10～45Hz 拓宽到 10～55Hz，主频由 25Hz 提高到 30Hz，且能量更加集中。提频处理后，提高了小断层的识别精度、可精确落实东营组地层超剥位置，提高东营组内幕的地震成像精度。(图 8、图 9、图 10)

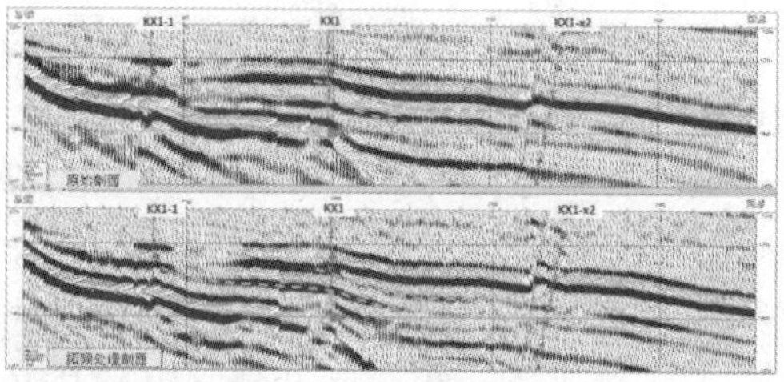

图 8　KX1 井区拓频效果对比剖面

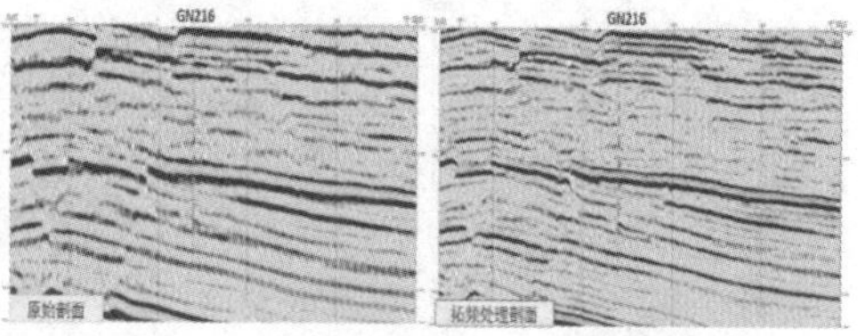

图 9　GN216 井区拓频效果对比剖面

从图 8 中可以看出，KX1 井常规资料不整合之下为空白反射，拓频处理后可以清晰地反映出该井钻遇了削蚀圈闭高点，解释油层并获得工业油流。而 KX1-1 井在拓频资料上仅钻遇了圈闭低点，因此未能成藏。

从图 9 中可以看出，拓频资料不仅将削蚀点进一步明确，而且新识别了 GN216 井北部环带。

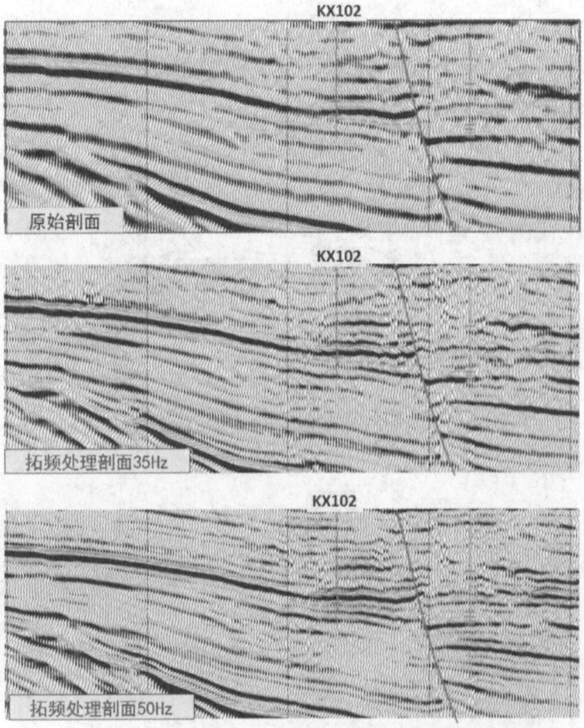

图 10　KX102 井区拓频效果对比剖面

从图 10 中可以看出，KX102 井解释油层紧贴不整合面，常规资料并未识别出该套油层。通过频谱向高频拓展，该套油层反射逐渐展现。

应用效果表明，通过拓频参数的不断调整，处理后的资料与已钻井情况有较高的吻合率，符合地质及地震特征及规律，可信度较高。

4　削蚀尖灭点描述

4.1　剥蚀线剖面识别

在剖面上，在拓频资料的基础上，利用瞬时相位能更好的描述剥蚀点的文字，其原理就是建立在希尔伯特变换基础上的属性，只是时间的函数，与反射能量无关，反映的是地震反射波的连续性，因此可以用来比较好地追踪识别地层剥蚀点，从瞬时相位剖面与常规地震剖面对比来看，瞬时相位剖面的地层剥蚀点较常规剖面剥蚀点要清楚地多(图 11)。

4.2　剥蚀线平面预测

由地层不整合正演模拟(图 12)可知，本区 T1 分界处，下伏东营组地层剥蚀、上覆馆下段 5 砂组，在地层剥蚀点处，地层厚度迅速减薄，受调谐效应的影响，地震尖灭点附近常常出现地震反射能量减弱，波形拉长现象，逐渐与 T1 界面面合成一个地震同相轴，而相位类属性的地质意义就在于能够反映地层结构的变化，且地震资料的相位类属性不受振幅信息的影响，所以可以利用相位类属性，进行地层剥蚀点平面上展布规律的描述(图 13)，结合该现象还可以利用 T1 层拉平时间切片与波形属性相互印证，作为刻画剥蚀线平面的手段之一(图 14)。

平面上，以谐波拓频为资料基础，运用波形等属性，对东营组剥蚀现象进行了平面预测，结果表明整个三合村洼陷地震可识别剥蚀边界共 8 条，其中斜坡带为 Ed31-Ed34 砂组 4 个剥蚀环带。(图 15)

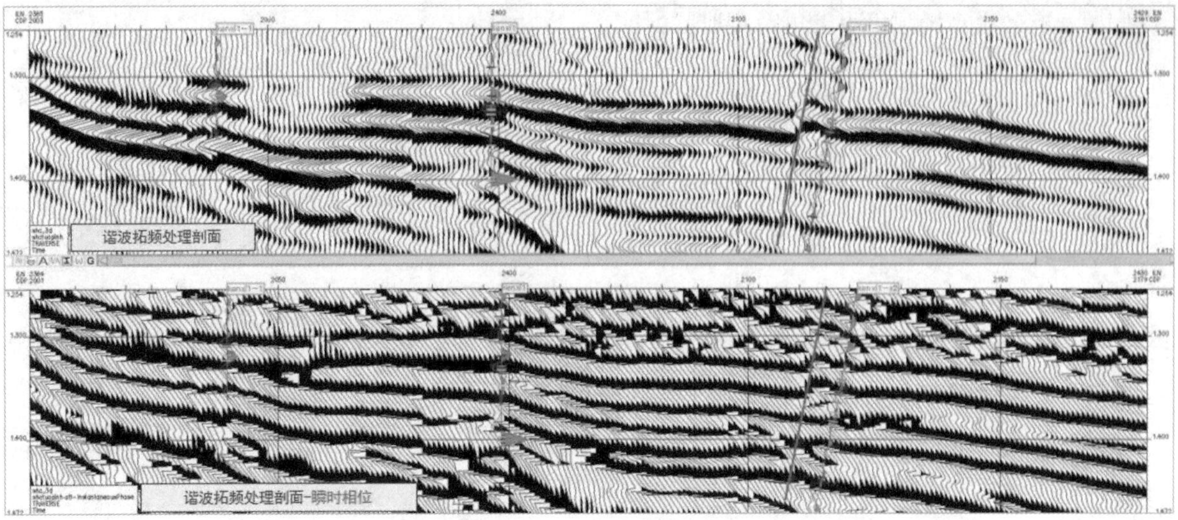

图 11　瞬时相位剖面应用效果图

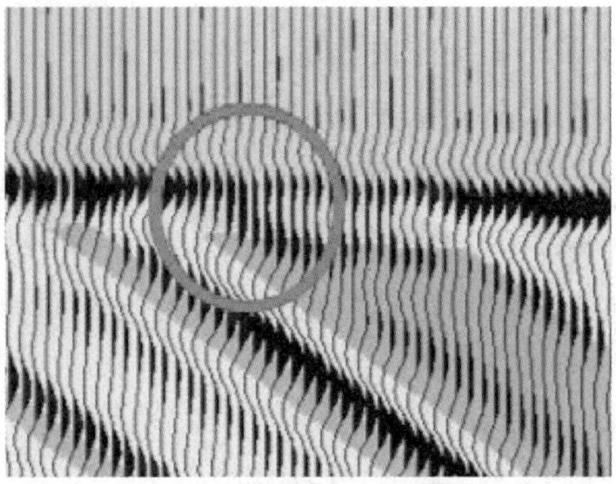

图 12　剥蚀结构正演模拟图

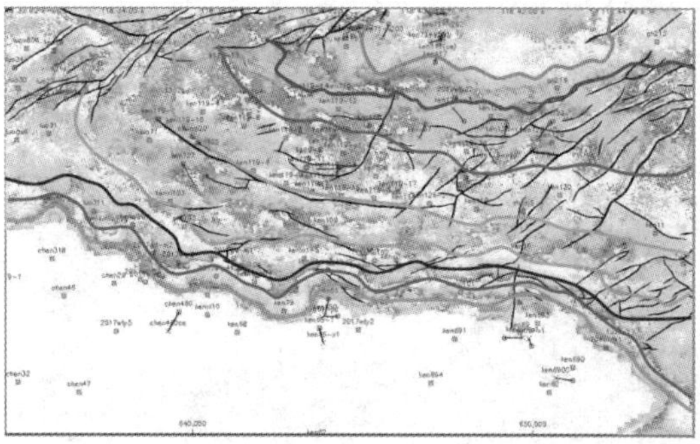

图 13　相位属性刻画剥蚀环带展布图

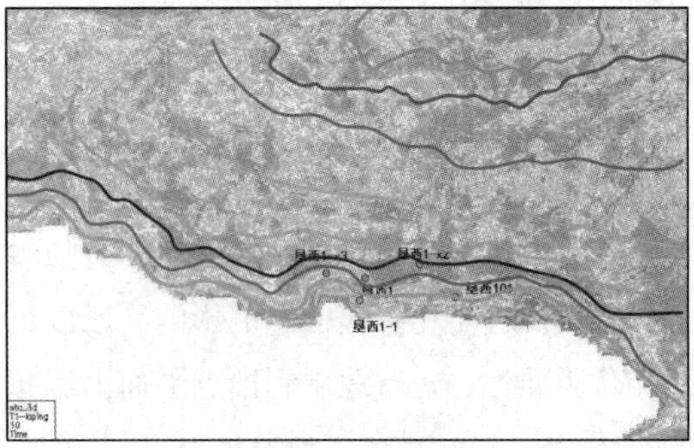

图 14　波形属性刻画剥蚀环带展布图

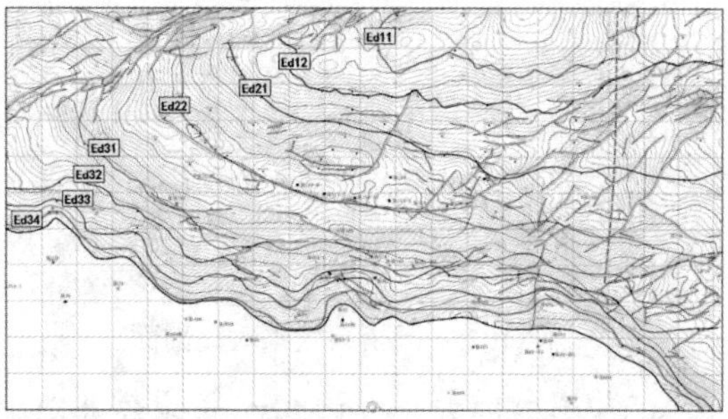

图 15　三合村地区东营组剥蚀环带展布图

通过以上多手段运用，共刻画三合村洼陷东营组剥蚀环带 8 条，在三合村南部垦西 1 井区 4 条剥蚀环带及北部 2 条剥蚀环带，共落实剥蚀圈闭 36 个，面积 17.8km^2。

5　结论

通过发展应用三元标定、频谱延拓、瞬时相位变换等关键技术序列，可有效明确油层及油藏类型归属，有效提高缓倾角小夹角隐蔽地层削蚀圈闭尖灭点描述精度及削蚀(隔夹层)环带识别率，与实钻井的吻合率较高，可以推广应用于勘探开发生产中。

参 考 文 献

[1]　李鹏. 一种基于迭代外推的 4f 光学系统图像复原方法[J]. 光电子技术 2010(06).

火成岩发育区地震资料“构造假象”分析及描述

汤梦静　唐美瑜　王　钊

（中国石化胜利油田分公司物探研究院）

摘　要　随着勘探不断发展，认识到火成岩发育区地震资料存在“构造假象”。本文以正演模拟为基础，建立地震资料构造形变影响因素量板，认为影响火成岩发育区构造形变量的主要因素是上覆火成岩的速度、厚度、产状及围岩速度，开展基于多因素线性回归的构造形变定量评价，以落实构造形变量的大小；最终在常规成图的基础上，结合构造形变量公式，恢复火成岩下伏地层的真实产状。该方法可用于火成岩发育区构造形变的定量评价。

关键词　火成岩；构造形变；影响因素；多因素线性回归；定量评价

火成岩是一种不同于正常沉积岩的特殊岩性体，在济阳坳陷的成盆期，伴随着构造运动，发生了多期岩浆活动，在下第三系地层中发育了形态、成因各异的火山岩体。随着勘探不断发展，认识到火山岩体存在速度陷阱，导致时间域地震资料中存在构造假象。但目前对于火成岩引起的假构造，还处于定性分析阶段，进行定量分析才能进一步寻找消除形变和假象的构造解释和构造成图方法。本文通过一系列不同参数的正演模拟，定量建立地震资料构造形变影响因素量板，寻找火成岩下伏地层的真实产状描述方法。

1　构造假象影响因素分析

理论分析来看：构造形变是由于上覆火成岩为高速体，导致旅行时减小所引起的。所以构造形变量应与上覆火成岩的速度、厚度及围岩的速度直接相关。另外，其他因素，如地震资料的主频、上覆火成岩产状、火成岩与下伏地层的距离是否对构造形变量有所影响？为此下面我们做了大量正演模拟，定量分析不同因素对火成岩速度陷阱引起的“构造假象”的影响程度。

1.1　上覆火成岩速度

通过对惠民商河地区 13 口井，上百个样品点的声波速度进行分析发现（图 1）：火成岩表现为高速特征，其层速度一般在 3000～6000m/s，平均层速度 4000～5000m/s，比围岩层速度（1500～3500m/s）高 1500～2500m/s。喷发岩层速度有随深度增加而增大的趋势，侵入岩层速度基本不随深度变化；同一深度，侵入岩层速度略大于喷发岩层速度，可见，不同类型火成岩速度相差较大。

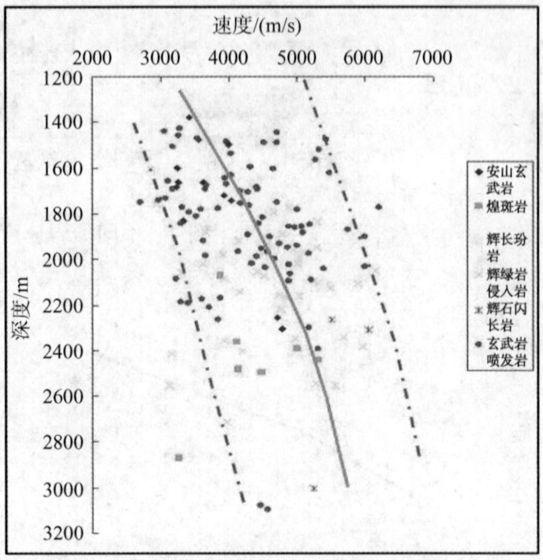

图 1　不同类型火成岩速度分布图

为此，我们在保证其他因素不变的基础上，改变火成岩的速度从 3000～6000m/s，间隔 500m/s，共建立了 7 个模型，如图 2 所示。

通过以上正演模拟，得到了不同火成岩速度对应的上拉幅度（表 1），并从图 3 火成岩速度与下伏构造上拉幅度的关系图中，可看出：火成岩速度与下伏地层的上拉幅度相关性较好，相关系数达到 0.9984，随着火成岩速度的增大，上拉幅度增大。

表 1　不同火成岩速度对应的上拉幅度表

序号	1	2	3	4	5	6	7
火成岩速度/（m/s）	3000	3500	4000	4500	5000	5500	6000
时间上拉幅度/（ms）	6	10	12	14	16	18	20

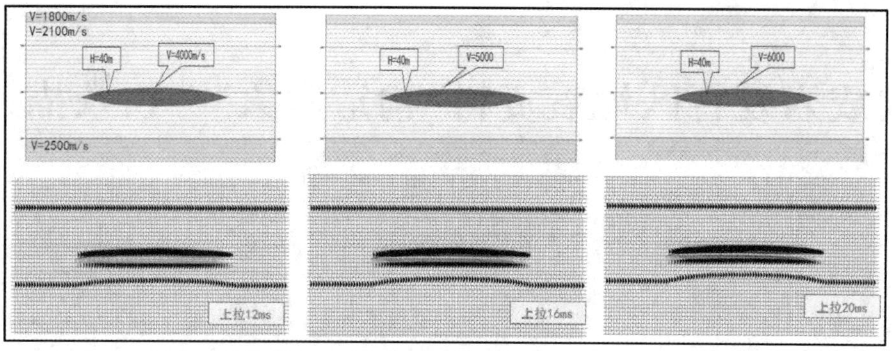

图 2　不同火成岩速度的地质模型及其正演模拟剖面

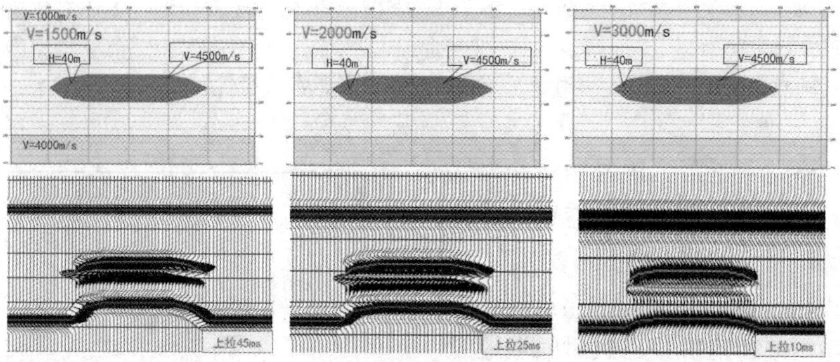

图 4　不同围岩速度的地质模型及其正演模拟剖面

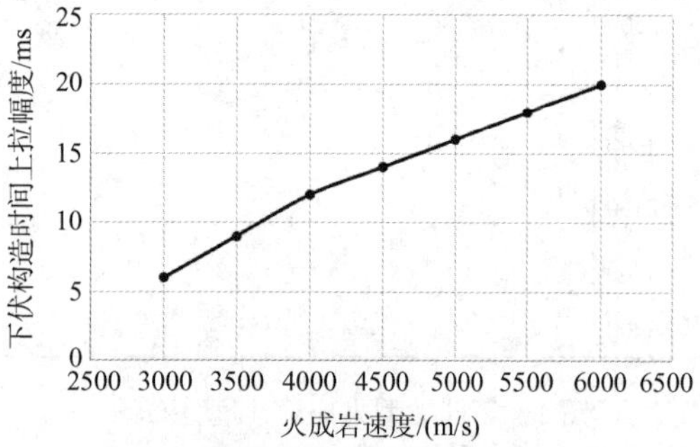

图 3　火成岩速度与下伏地层上拉幅度关系图

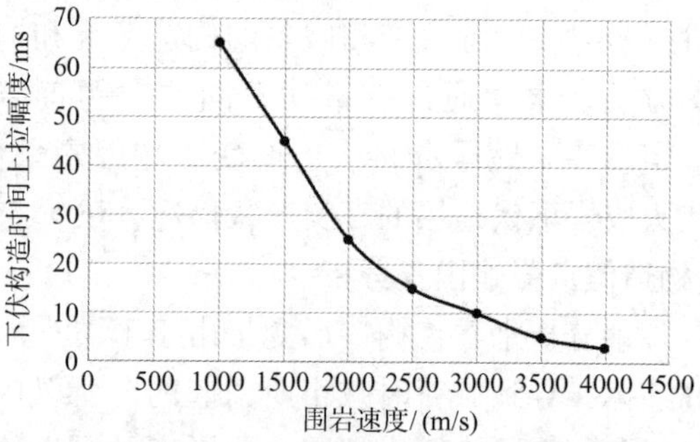

图 5　围岩速度与下伏地层上拉幅度关系图

1.2　上覆围岩速度

火成岩围岩速度不同，其与火成岩的速度差不同，同样会影响旅行时变化。为此，改变火成岩围岩的速度：从 1000～4000m/s，间隔 500m/s，共 7 个模型，如图 4 所示。

通过以上正演模拟，得到了不同围岩速度对应的下伏地层上拉幅度(表 2)，下伏地层的上拉幅度与围岩速度呈负相关性，负相关系数也较大(图 5)。

表 2　不同围岩速度对应的上拉幅度表

序号	1	2	3	4	5	6	7
围岩速度/(m/s)	1000	1500	2000	2500	3000	3500	4000
时间上拉幅度/ms	65	45	25	15	10	5	3

1.3　上覆火成岩厚度

惠民商河地区受大量分布的火成岩影响，对商河地区发育的火成岩厚度进行了统计(图 6)，发现由于发育多期火成岩，火成岩厚度分布不

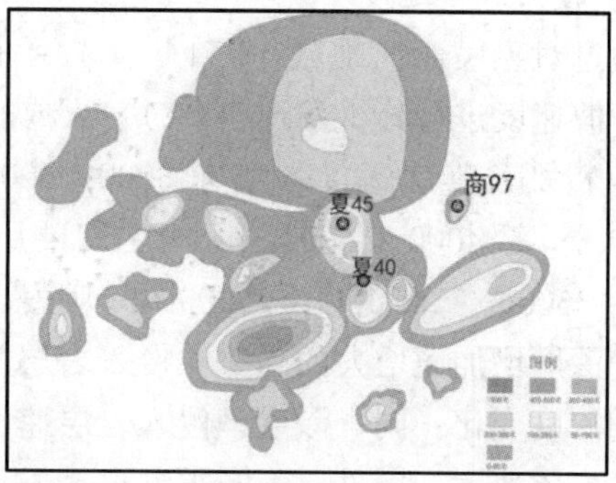

图 6　商河东部中浅层火成岩厚度图

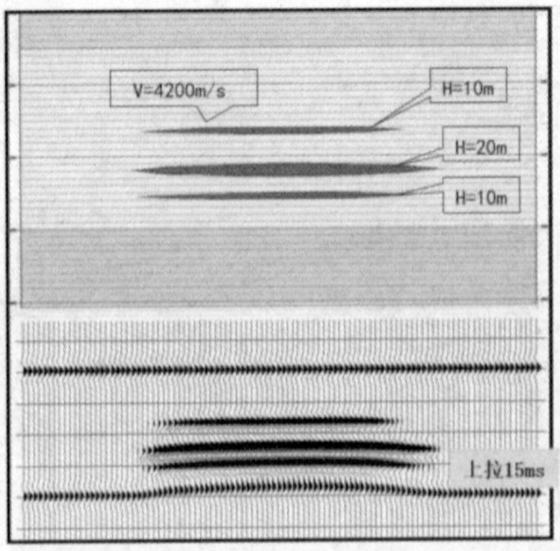

图 7　不同期次火成岩累加厚度与火成岩单层厚度正演模拟对比

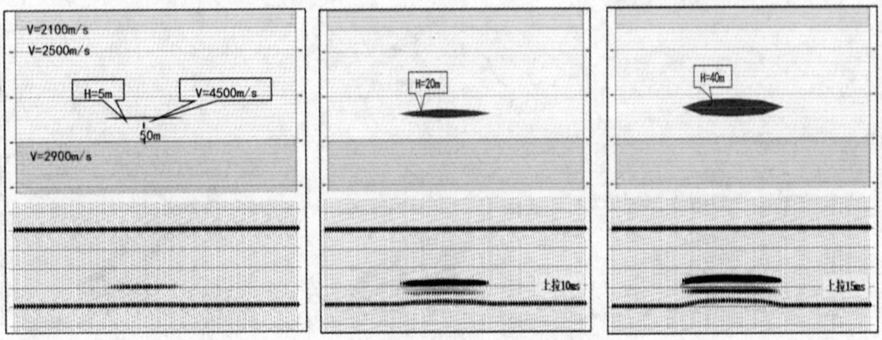

图 8　不同火成岩厚度的地质模型及其正演模拟剖面

均，从几十米到几百米不等。且通过正演模拟发现，不同期次火成岩累加厚度等于火成岩单层厚度时，对下伏地层的上拉幅度是一致的，如图 7 所示。

于是，我们把不同期次的火成岩看做一期来处理，改变火成岩的厚度从 5~200m，共 10 个模型，如图 8 所示，发现当火成岩厚度小于 5m 时，对下伏地层影响较小。

通过对上述 10 个地质模型进行正演模拟，得到了不同火成岩厚度对应的上拉幅度（表 3），发现随着火成岩厚度的增加，下伏地层上拉幅度增大（图 9），当火成岩厚度小于 5 米时，对下伏地层影响较小，可忽略不计。

表 3　不同火成岩厚度对应的上拉幅度表

序号	1	2	3	4	5	6	7	8	9	10
火成岩厚度/m	5	10	20	40	60	80	100	120	150	170
时间上拉幅度/ms	1	4	7	15	22	28	35	43	53	60

1.4　上覆火成岩产状

火成岩在地震剖面上的产状有平行板状和穿层板状（图 10），对于穿层板状，火成岩与下覆

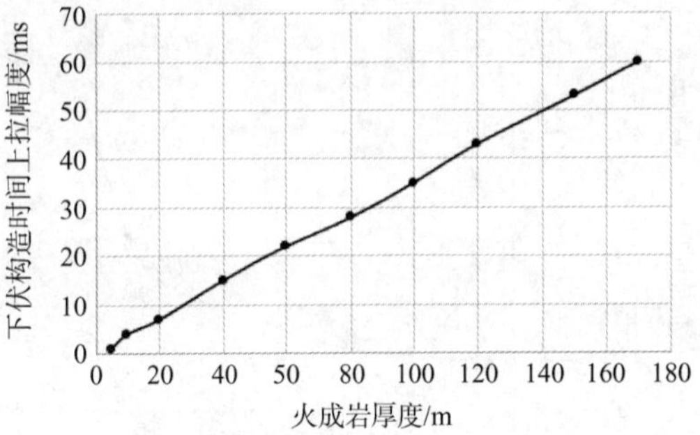

图 9　火成岩厚度与下伏地层上拉幅度关系图

地层的夹角对上拉幅度有何影响？

改变火成岩与下覆地层的夹角：从 0°~80°，共 9 个模型，如图 11 所示进行正演模拟，得到了不同火成岩产状对应的上拉幅度（表 4），发现下伏地层的上拉幅度受火成岩产状的影响，随火成岩与下覆地层夹角的增加上拉幅度增大，其中夹角小于 40°时影响较小，夹角大于 40°后影响程度增大，呈指数关系（图 12）。

表 4　不同火成岩产状对应的上拉幅度表

序号	1	2	3	4	5	6	7	8	9
与下覆地层夹角/°	0	10	20	30	40	50	60	70	80
时间上拉幅度/ms	7	7	7	8	9	12	15	20	45

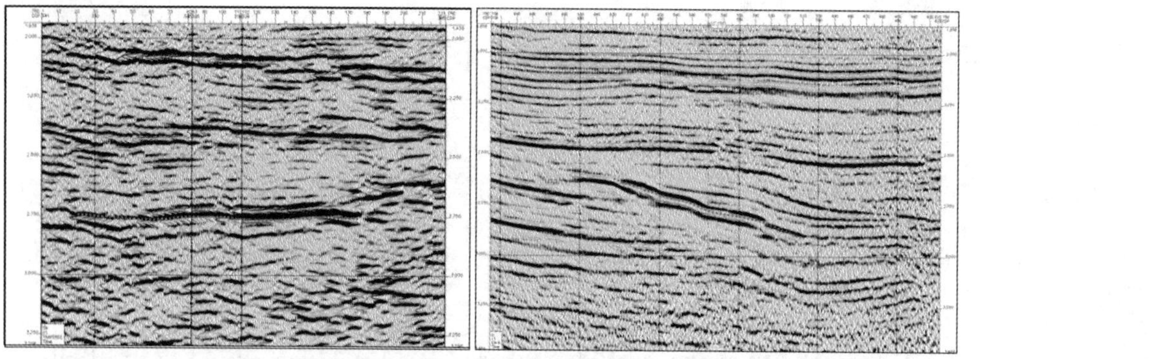

图 10　火成岩在地震剖面上的产状

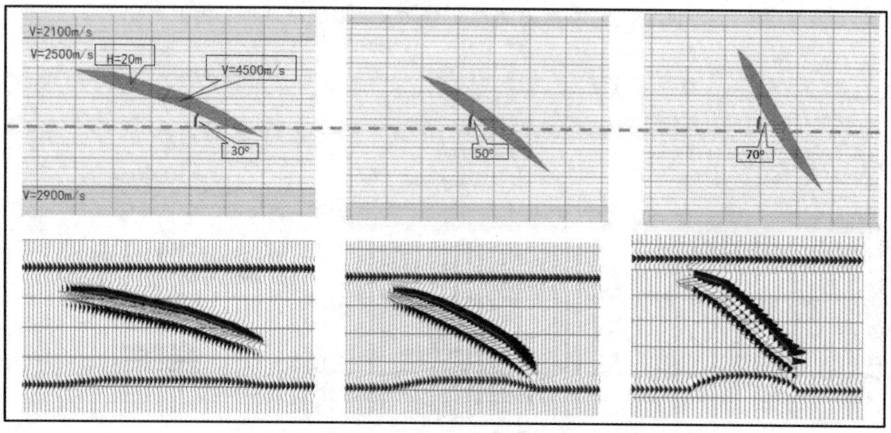

图 11　不同火成岩产状的地质模型及其正演模拟剖面

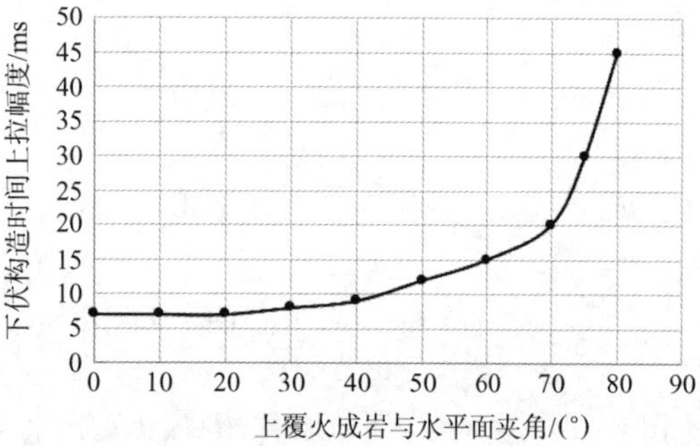

图 12　火成岩产状与下伏地层上拉幅度关系图

1.5　火成岩与下伏地层的距离

改变火成岩与下伏地层的距离，建立地质模型进行正演模拟(图 13)。可见，无论两者距离多大，下伏地层上拉幅度都是一样的，不受火成岩与下伏地层距离的影响。

1.6　地震资料主频

不同主频资料分辨率明显不同，是否对速度陷阱造成的“构造假象”有所影响？通过正演模拟分析不同主频的影响，可见主频变化不影响下伏地层的上拉幅度(图 14)。

最终通过以上分析，明确了影响火成岩发育区“构造假象”的主要因素：上覆火成岩的速度、厚度、产状及围岩速度，建立了火成岩发育区“构造假象”影响因素量板(图 15)。

2　构造形变量地质多因素综合定量评价

通过正演模拟分析，明确了火成岩发育区构造形变量受上覆火成岩的速度、厚度、产状及围岩速度多因素约束，进一步落实构造形变量的大小，可指导下步消除构造假象。

构造形变量受多种因素的影响，为了体现各种因素影响性，本次提出了构造形变量地质多因素综合定量评价技术。

2.1　建立构造形变量评价模型

以下伏地层时间上拉幅度为母因素 B_j，以反映构造形变量的大小；以确定的构造形变量主控地质因素为子因素 U_{ij}，以体现各种因素影响性。

建立构造形变量评价模型：

$$B_j = \sum_{i=1}^{m} A_i U_{ij} \quad (j = 1,2,\cdots,n)$$

构建出拟合公式：

$B_1 = (A_1 \times U_{11}) + (A_2 \times U_{21}) + \cdots + (A_n \times U_{n1})$

$B_2 = (A_1 \times U_{12}) + (A_2 \times U_{22}) + \cdots + (A_n \times U_{n2})$

……

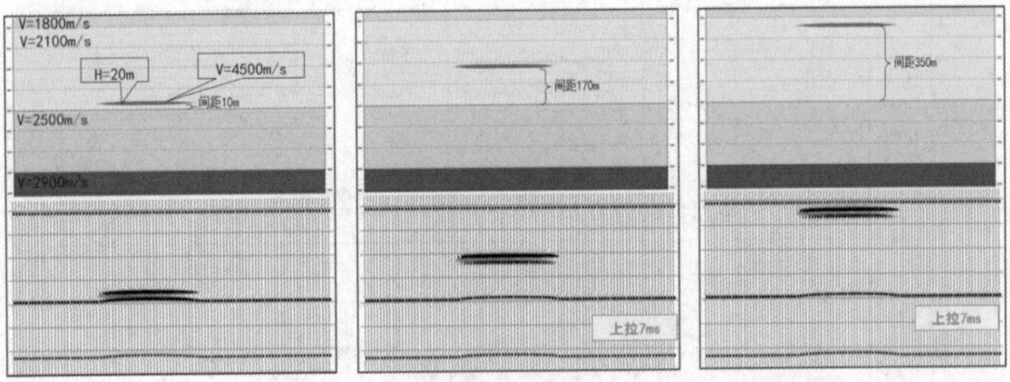

图 13 火成岩与下伏地层不同距离的地质模型及其正演模拟剖面

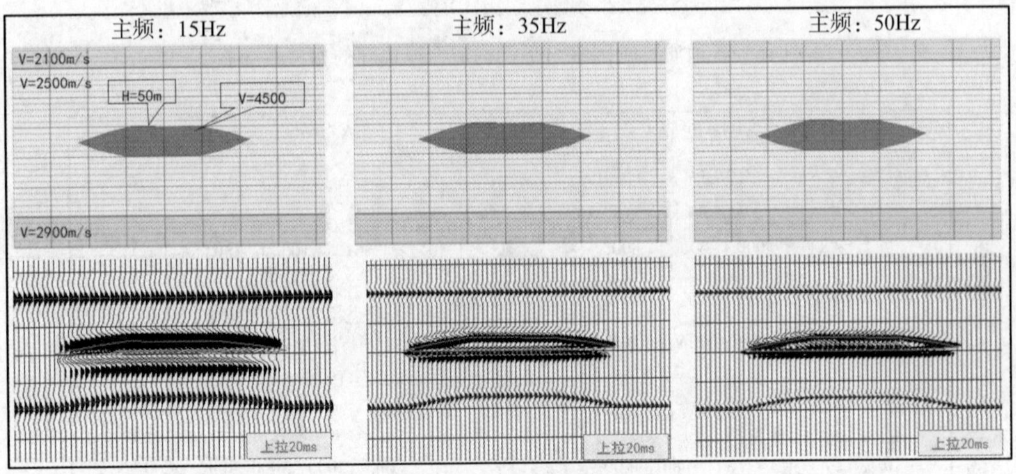

图 14 不同资料主频的地质模型及其正演模拟剖面

影响因素	上覆火成岩速度	围岩速度	上覆火成岩厚度	上覆火成岩产状
影响程度	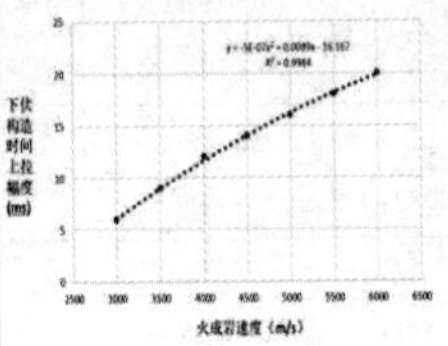 随火成岩速度增大形变量增大	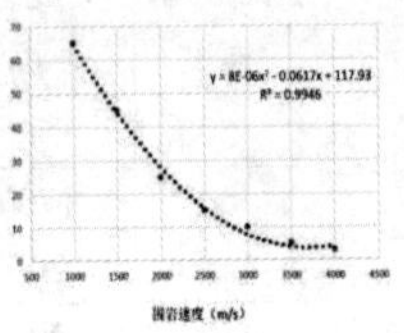 随围岩速度增大形变量减小	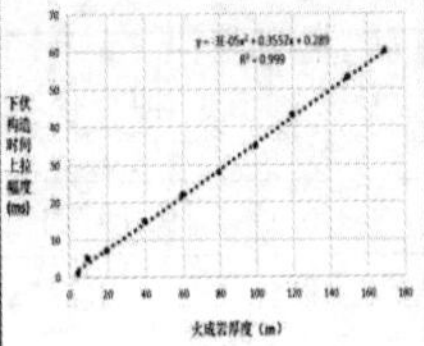 随火成岩厚度增大形变量增大	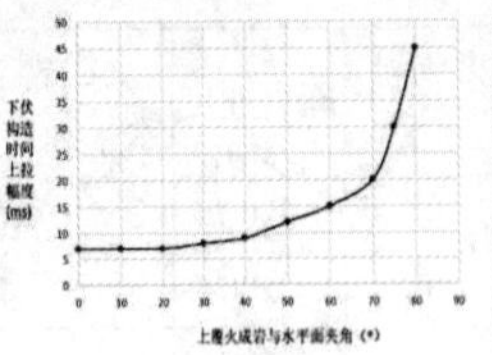 随火成岩与水平夹角增大形变量增大

图 15 火成岩发育区“构造假象”影响因素量板

$$B_m=(A_1\times U_{1m})+(A_2\times U_{2m})+\cdots+(A_n\times U_{nm})$$

在构造形变量判识过程中，主要考虑四种因素，即 U_1—上覆火成岩的速度，U_2—上覆火成岩的厚度，U_3—围岩速度，U_4—火成岩产状。

2.2 构造形变量主控地质因素权重分析

首先对构造形变量主控地质因素进行了权重分析，借助前面的正演模拟数据，绘制了各地质影响因素与下伏地层上拉幅度的相关性图版(图 16)，可见各因素的线性相关系数较高，都在 0.6 以上。

于是通过多项式线性回归分析法(图 17)，确定了主控地质因素权重系数及公式的常数，拟合出了多项式线性公式：$h=0.004571U_1+0.348475U_2-0.02007U_3+0.198053U_4+31.72021$。

2.3 拟合公式检验

借助以上公式，拟合出构造形变量的大小，与原始正演模拟值对比误差较小(表 5)，控制在 3ms 以内，基本吻合。因此该公式对火成岩发育区时间域地震资料时深转换应具有指导意义。

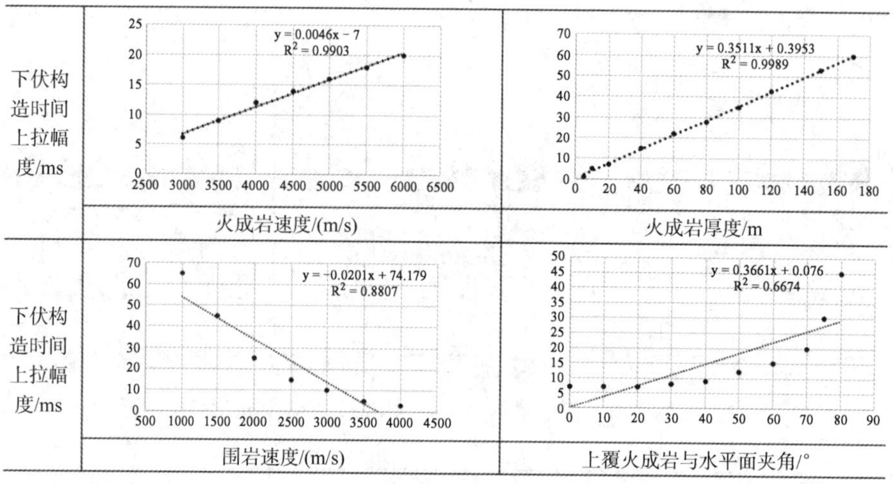

图16　各地质影响因素与下伏构造上拉幅度的相关性图版

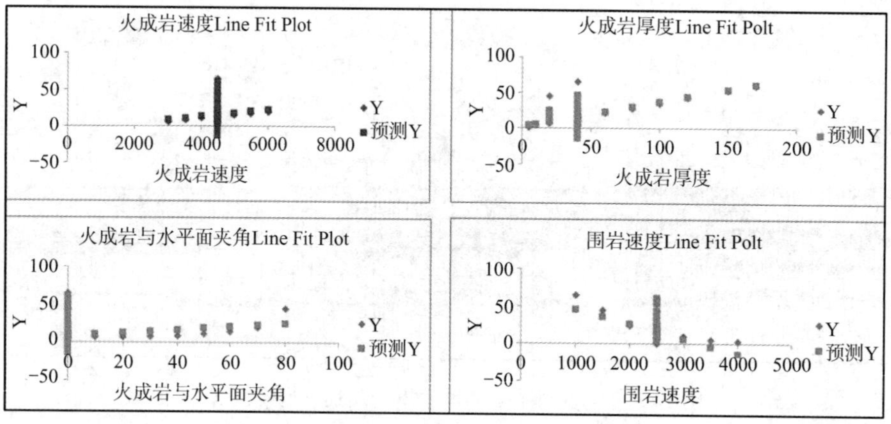

图17　多项式线性回归分析法

表5　拟合公式计算构造形变量的大小与原始正演模拟值对比误差表

火成岩速度	火成岩厚度	围岩速度	火成岩与水平面夹角	构造形变量	拟合值
3000	40	2500	0	6	9. 19721
3500	40	2500	0	9	11. 48271
4000	40	2500	0	12	13. 76821
4500	40	2500	0	14	16. 05371
5000	40	2500	0	16	18. 33921
5500	40	2500	0	18	20. 62471
6000	40	2500	0	20	22. 91021
4500	40	2000	0	25	26. 08871
4500	40	2500	0	15	16. 05371
4500	5	2500	0	1	3. 857085
4500	10	2500	0	5	5. 59946
4500	20	2500	0	7	9. 08421
4500	40	2500	0	15	16. 05371
4500	60	2500	0	22	23. 02321
4500	80	2500	0	28	29. 99271
4500	100	2500	0	35	36. 96221
4500	120	2500	0	43	43. 93171

续表

火成岩速度	火成岩厚度	围岩速度	火成岩与水平面夹角	构造形变量	拟合值
4500	150	2500	0	53	54. 38596
4500	170	2500	0	60	61. 35546
4500	20	2500	0	7	9. 08421
4500	20	2500	70	20	22. 94792

3　消除“假象”构造成图

最终在常规成图的基础上，结合上述构造形变量公式，恢复火成岩下伏地层的真实产状。通过在HM地区应用，发现与常规成图对比，深度误差仅在5m以内(表6)。

表6　常规成图与构造形变量校正后深度误差对比表

井名	实钻深度	常规成图		构造形变量校正后	
		深度	绝对误差	深度	绝对误差
XX431	2340	2332	8	2338	2
X43	2340	2352	12	2336	4
X42	2205	2214	9	2200	5
X45	2215	2228	13	2210	5

在时间偏移常规成图上(图 18), XX431 井在构造的高部位；但经过构造形变量校正后(图 19), XX431 井构造部位偏低，与 XX431 井试油出水的情况一致。可见，经过构造形变量校正的构造图可以更准确的反映微幅构造形态。

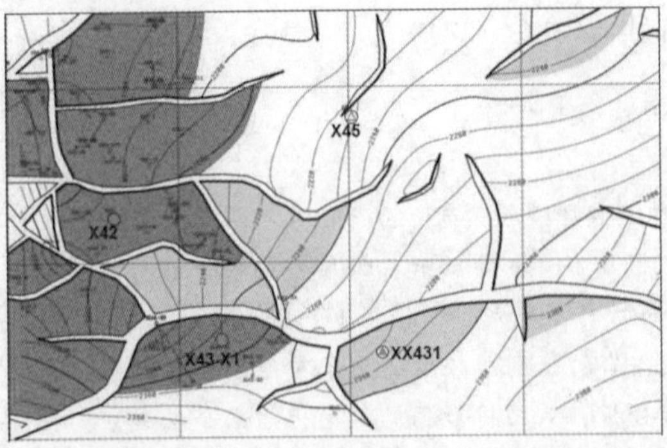

图 18　HM 地区 XX431 井区沙三上构造图(常规成图)

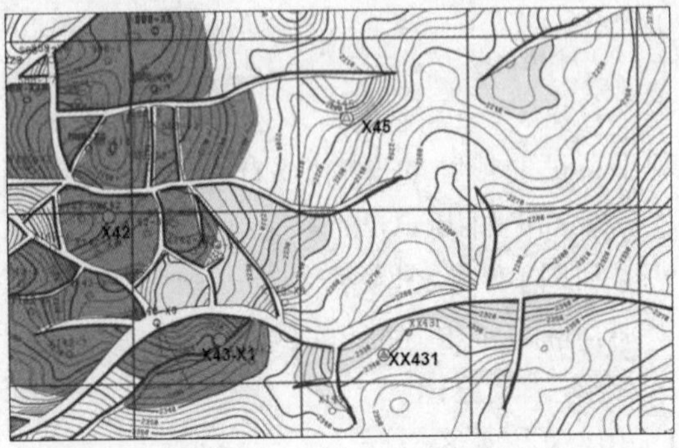

图 19　HM 地区 XX431 井区沙三上构造图(构造形变量校正后)

4　结论

(1) 火山岩体存在速度陷阱，导致时间域地震资料中存在构造假象。通过一系列不同参数的正演模拟，明确了影响火成岩发育区构造形变量大小的主要因素：上覆火成岩的速度、厚度、产状及围岩速度。

(2) 基于多因素线性回归确定了主控地质因素权重系数，拟合出构造形变量线性公式 $h=0.004571U1+0.348475U2-0.02007U3+0.198053U4+31.72021$，以落实构造形变量的大小。

(3) 在常规成图的基础上，结合构造形变量公式，可恢复火成岩下伏地层的真实产状。相比变速成图，充分考虑了多个影响因素，成图精度更高。该方法可用于火成岩发育区构造形变的定量评价。

参 考 文 献

[1] 武强，王应斌，张中巧，等. 歧中北-沙西火成岩形成机制及油气地质意义[J]. 断块油气田，2012，19(4)：467-471.

[2] 易远元，姜建莉，赵殿君. 基于模型层析法的地震速度研究[J]. 江汉石油学院学报，2003，25(1)：47-49.

[3] 易远元，李键雄，刘振彪. 特殊地质体的速度恢复技术[J]. 石油地球物理勘探，2013，48(2)：239-245.

[4] 钮学民，孟宪军，宋旭，等. 火成岩下储层构造成图校正方法及其应用[J]. 石油物探，2003，42(4)：538-540.

[5] 王江. 三维地震资料时深转换中存在的问题及解决方法[J]. 石油物探，1995，34(2)：110-115.

[6] 井西利，杨长春，李幼铭. 建立速度模型的层析成像方法研究[J]. 石油物探，2002，41(3)：72-75.

[7] 蔡刚，屈志毅. 湘中地区高陡度地层速度研究方法技术探讨[J]. 天然气地球科学，1993，16(2)：246-249.

[8] 杜治业. 哈拉哈塘地区火成岩对速度影响的研究[J]. 石油地理物理勘探，1999，34(增刊)：76-84.

[9] 王树华，刘怀山，张云银. 变速成图方法及应用研究[J]. 中国海洋大学学报，2004，34(1)：139-146.

[10] 陈汉林，杨树峰，厉子龙，等. 塔里木盆地二叠纪大火成岩发育的时空特点[J]. 新疆石油地质，2009，30(2)：179-182.

[11] 蒋先勇，王锡文，秦广胜，等. 地震速度分析的不确定性研究[J]. 石油地理物理勘探，2005，40(1)：35-41.

[12] 郭树祥，火成岩发育区的地震处理技术及需求分析-以胜利油田济阳拗陷探区为例，石油地球物理勘探，2013，48(2)：228-238.

[13] 易远元，李健雄，刘振彪. 特殊地质体的速度恢复技术. 石油地球物理勘探，2013，48(2)：239-245.

[14] 刘小平，杨晓兰，曾忠玉，等. 多参数联合反演在火成岩储集体预测中的应用[J]. 石油地球物理勘探，2007，42(1)：44-49.

基于主成分分析的 BP 神经网络识别 Fauqi 油田 Asmari 组地层岩性

区　舫　杨辉廷

（西南石油大学地球科学与技术学院）

摘　要　Fauqi 油田 Asmari 组地层岩性较为复杂，其沉积以潮坪碳酸盐岩、砂岩以及碳酸盐岩与陆源碎屑岩混积为特征，基于 FQ-28 井的取心资料与岩心分析，可将其主要分为云岩、云质砂质混合岩、砂岩与泥岩四大类。利用测井曲线直接判别复杂岩性一直存在着多解性与不确定性，根据 FQ-28 井的测井资料建立的测井交会图就难以准确识别四种岩性，尤其是云岩与混合岩的识别率较低。为了对地层岩性准确而高效地识别，根据主成分分析法对 FQ-28 井 7 条测井曲线进行分析，从而将数据结构简化为三个主成分，在此基础之上建立了 BP 神经网络岩性识别模型，并利用 873 个岩性样品对其进行训练与验证。实践表明，基于主成分分析的 BP 神经网络相比于交会图法具有更高的识别准确率，对于其他复杂地层的岩性精确识别有重要的借鉴意义与应用价值。

关键词　Fauqi 油田；Asmari 组；岩性识别；主成分分析；BP 神经网络

在油气田地质学研究中，岩性识别是储层评价工作的基础，是各种储层参数的实际载体[1]。测井资料中则包含着岩性、流体性质以及各种储层参数的信息，故而在储层评价中具有重要的作用。但实际上这些信息并非能与岩性建立确定性关系，一般是从多个方面共同反映着岩性特征。传统的岩性识别方法是利用测井数据的交会图，根据其坐标分布范围确定岩性[2]。但是依靠传统常规测井曲线建立岩性图版的方法由于未充分考虑到测井数据间的相似性造成的干扰以及与岩心实验数据尺度上的差异性，导致所建立的图版中不同类别的样本点相互重叠、界限模糊，辨识准确率受限，岩相预测偏差较大[3]。

近年来随着神经网络技术的不断发展，它在油田地质学领域也取得相当的突破与进展。尤其是油气田地质学领域数据繁杂并受到多种非确定性因素的影响，使得很难通过精确的数学方法去描述与计算，而神经网络自我学习、多参数非线性分析能力强等特点非常适合于解决油田地质学领域的相关难题[4]。赵忠军等用 BP 神经网络方法对苏里格气田致密砂岩气储层的岩性进行了识别，符合率较好[5]；薛文卓等则以银额盆地为例，比较了交会图识别岩性与 BP 神经网络识别岩性的准确率，结果利用 BP 神经网络预测符合率有显著提升[6]；马峥等以苏里格气田为例，将主成分分析与模糊识别相结合，解决了岩性识别过程中特征曲线间的模糊性和相关性问题[7]。本文根据 Fauqi 油田 FQ28 井资料，结合主成分分析法，利用 BP 神经网络对 Asmari 组地层岩性进行识别，取得了很好的识别效果。

1　理论方法及原理

1.1　BP 神经网络

假设神经网络输入层神经元个数为 M，隐含层的神经元个数为 N，输出层的神经元个数 L。输入层输出值与输入值相同为 $0m(m=1,2,3,\cdots,M)$，隐含层的第 $n(n=1,2,3,\cdots,N)$ 个神经元的输入为 NET_n，其中

$$NET_n = \sum_i O_m K_{mn} \tag{1}$$

式中 $i=1,2,\cdots,M$；K_{mn} 为输入层的第 m 个神经元到隐含层的第 n 个神经元的权值。经过激励函数后，得到隐含层的输出为 $O_n=f(NET_n)$。隐层的输出 O_n 进入输出层，输出层第 $1(1=1,2,\cdots,L)$ 个神经元的输入值 $NET_1=\sum_n O_n K_{n1}$，其中 K_{n1} 为隐含层的第 n 个神经元到输出层的第 1 个神经元的权值），最终神经网络的实际输出为 $O_1=f(NET_1)$。激励函数即

$$f(NET_n)=\frac{1}{1+e^{-(NET_n+\theta_n)}} \tag{2}$$

式中参数 θ_n 为阈值。神经网络的每一层只影响下一层的输入状态，如果在输出层得不到理想结果，则转入逆向调整权值程序，将误差值沿原

路径传回输入层，修改各权值，使误差尽量减小。

系统平均误差公式为：

$$E=\frac{1}{2}\sum_{i=1}^{L}(Y_i-O_i)^2 \tag{3}$$

其中 Y_i 为期望输出，O_i 为实际输出。而权值系数的调整应使误差减小，所以沿着逆梯度变化的方向修正权值系数，从而使网络逐渐收敛。设置 $W=-\frac{\partial E}{\partial NET}$，$U$ 为学习率，则输出层任一输出层神经元的权值系数变化量为 $\Delta K_{ln}=UW_lO_n$，而隐含层任一输出层神经元权值系数变化量为 $\Delta K_{nm}=UW_nO_m$[8-10]。

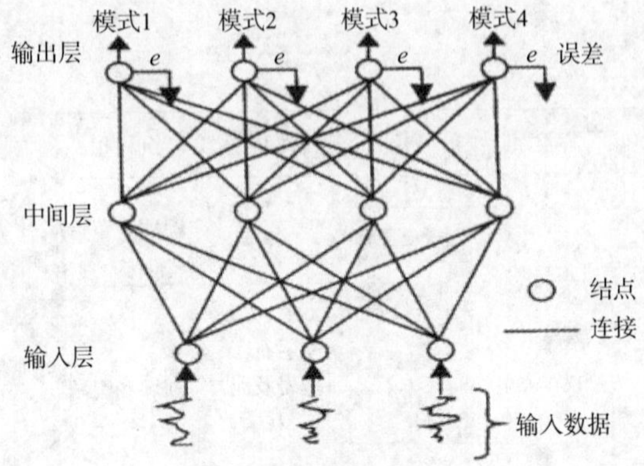

图1 神经网络示意图

1.2 主成分分析

在分析油气田开发领域的数据资料时，经常会遇见庞杂数据变量，这些变量有时还存在着相关关系，所以难以抓住主控因素。若将这些变量看做高维数组，为了进一步分析这些数据变量，必须对这些数组降维。主成分分析法本质上就是一种降维的方法，将原来的多种指标糅合为一个新的指标，从而使得提取较少的变量进行分析就可以尽可能多的反映原有信息。对于将原始数据构筑成为一个 p 个特征变量的 n 维样本矩阵 X，其主成分分析法实现步骤如下：

$$X=\begin{bmatrix} x_{11} & x_{12} & \cdots & x_{1p} \\ x_{12} & x_{22} & \cdots & x_{2p} \\ \cdots & \cdots & \cdots & \cdots \\ x_{n1} & x_{n2} & \cdots & x_{np} \end{bmatrix} \tag{4}$$

（1）首先对原始数据进行标准化化处理，从而得到样本矩阵的协方差矩阵。

$$cov(X)=\begin{bmatrix} y_{11} & y_{12} & \cdots & y_{1j} \\ y_{12} & y_{22} & \cdots & y_{2j} \\ \cdots & \cdots & \cdots & \cdots \\ y_{i1} & y_{i2} & \cdots & y_{ij} \end{bmatrix} \tag{5}$$

$$y_{ij}=\frac{x_{ij}-\bar{x}_j}{S_k^2}(i=1,2,3,\cdots,n;j=1,2,3,\cdots,p) \tag{6}$$

其中 $\bar{x}_j$ 为样本第 k 列均值，S_k^2 为样本第 k 列方差，对样本数据标准化处理的意义在于消除数量级与量纲的影响。

（2）计算样本矩阵的相关系数矩阵

$$R=\begin{bmatrix} r_{11} & r_{12} & \cdots & r_{1p} \\ r_{12} & r_{22} & \cdots & r_{2p} \\ \cdots & \cdots & \cdots & \cdots \\ r_{p1} & r_{p2} & \cdots & r_{pp} \end{bmatrix} \tag{7}$$

（3）求解特征值与特征向量

首先求出相关系数矩阵 R 的 p 个非零特征值 $\lambda_i(i=1,2,3,\cdots,p)$，以及其对应的特征向量 $\alpha_i(i=1,2,3,\cdots,p)$，并将特征值 λ_i 由大到小排序，并计算出累计方差贡献率来选择合适的主成分数目 k。通常将累计方差贡献率达到85%作为标准，此时的主成分个数 k 即为最佳的变量个数。并将样本投影到主成分方向上，得到的 $Y_1,Y_2,\cdots,Y_k$ 被作为新的变量，从而将 p 个因子降维到 k 个因子[11]。

2 应用实例

2.1 地质概况

Fauqi油田位于伊拉克东南部米桑省，毗邻伊朗边界，处于阿拉伯台地东部美索不达米亚低角度褶皱带南部，构造上属阿尔卑斯造山前带的一部分（图2）[12]。其所在地区自白垩纪到新近

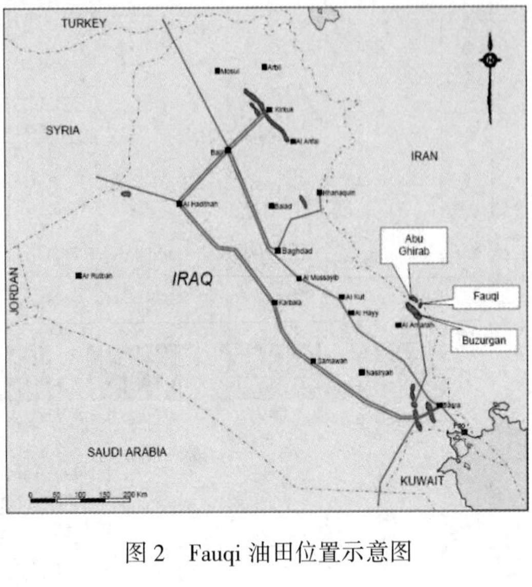

图2 Fauqi油田位置示意图

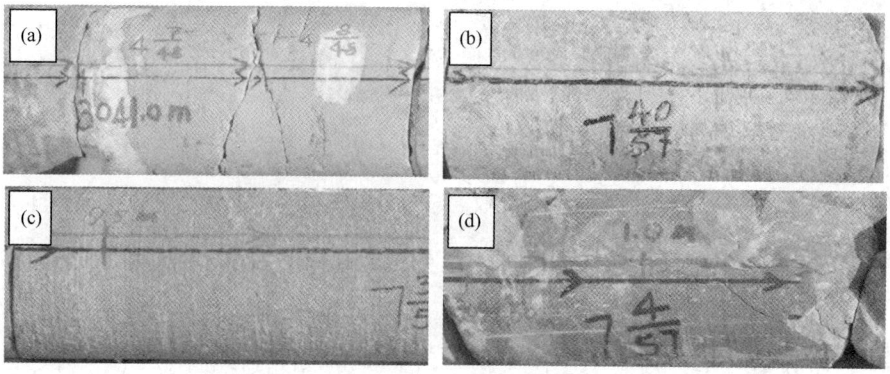

图 3　FQ-28 井 Asmari 地层岩性照片

(a)浅灰色白云岩，FQ-28 井，3041m，局部见石膏团块充填。(b)浅灰色云质砂岩，FQ-28 井，3105m，以粗粒为主，分选较好，磨圆度为次棱角状。(c)黄褐色砂岩，FQ-28 井，3103m，以细粒为主，分选良好，磨圆度为近圆形。(d)棕色泥岩，FQ-28 井，3094.5m

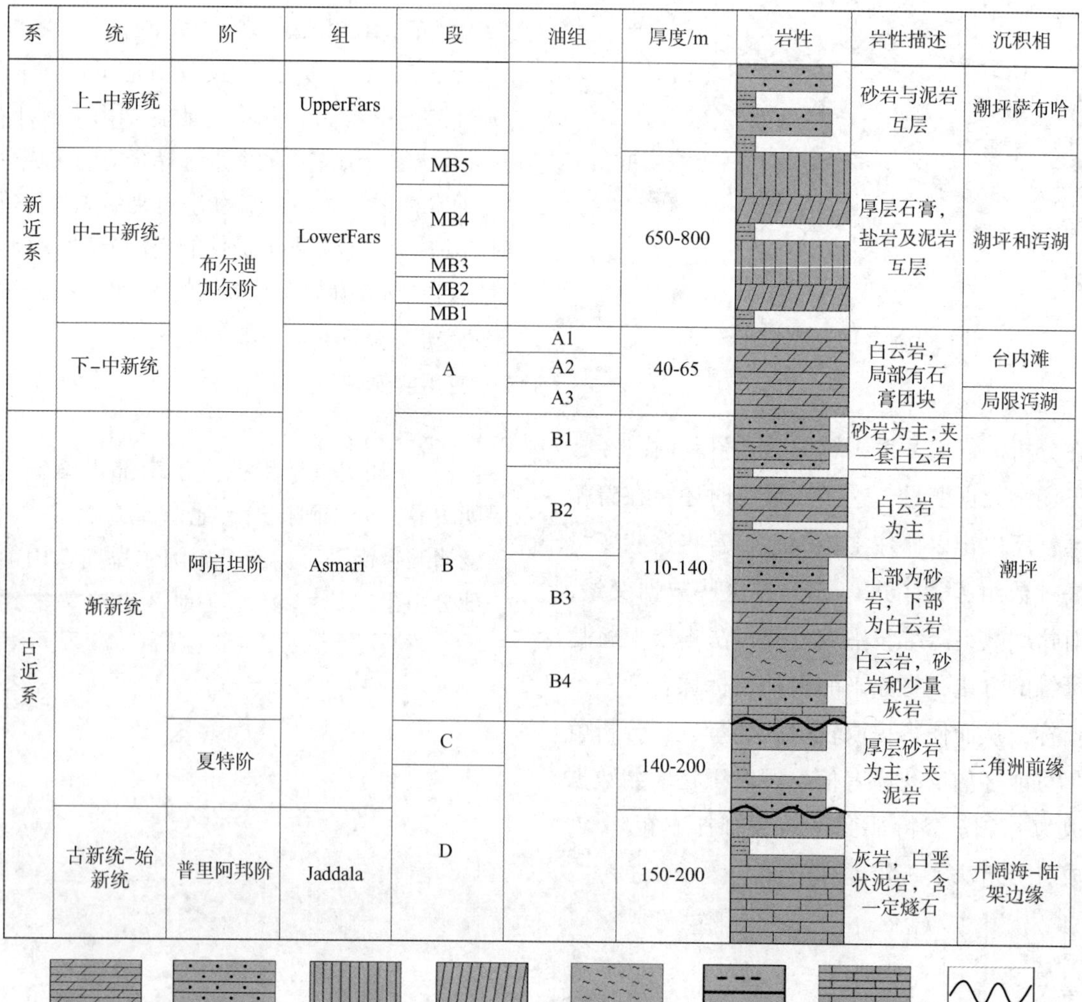

图 4　Asmari 组沉积地层柱状图

纪广泛发育海相沉积地层，其中 Asmari 地层发育于古近—新近系海陆过渡相的沉积环境，其沉积主要受相对海平面升降和阿拉伯板块隆升控制[13]，A 段以局限海台地相的白云岩发育为特征，B 段以碳酸盐岩与陆源碎屑岩混积为特征，砂岩一般发育于各小层的中上部，C 段以三角洲前缘河道砂岩为主并夹杂着泥岩沉积。岩性复杂多样难以对其精确识别。

2.2 主成分分析

Asmari 地层地层岩性复杂，根据 FQ-28 井的取心资料与测井资料，常规测井曲线交会图上很难对云岩、混合岩、砂岩以及泥岩进行高精度识别。尤其是云岩与混合岩，两者在声波时差-自然伽马交会图[图 5(a)]、声波时差-密度交会图[图 5(b)]以及密度-深探测电阻率交会图[图

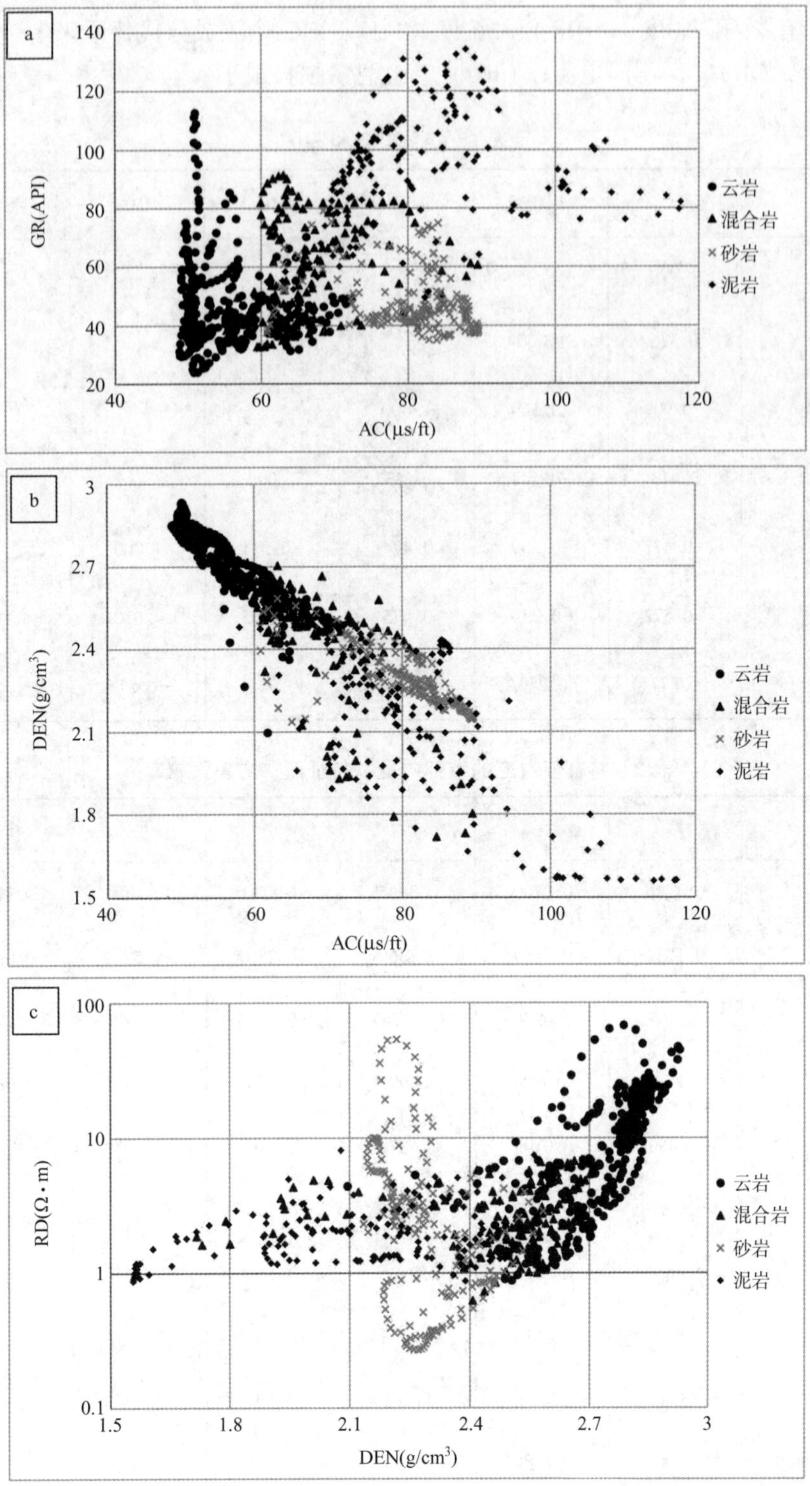

图 5 常规测井曲线交会图

5(c)]上均有大范围的交叉重叠，故而交会图法对云岩与混合岩的识别准确率较低，云岩样本365个，正确识别307个，识别率84.11%；混合岩157个，成功识别121个，识别率仅有77.07%；砂岩样本185个，正确识别164个，识别率88.66%；泥岩样本166个，正确识别131个，识别率78.92%。

利用FQ-28井的873块岩石样品，将其声波时差(AC)、有效孔隙度(PHIE)、密度(DEN)、自然伽马(GR)、深侧向电阻率(RD)、自然电位(SP)以及中子孔隙度(CNL)7条曲线值作为样本矩阵X=[AC，PHIE，DEN，GR，RD，SP，CNL]。利用软件进行主成分分析，得到了相关参数矩阵(表1)，从而求解出其特征值以及特征向量(表2)。求得的样本矩阵特征值由大到小排列为(4.1507，1.4407，0.5997，0.4342，0.2235，0.1003，0.0510)，其中前三个特征值累计方差贡献率达到88.44%，因此可以用F_1、F_2、F_3三个主成分代替原来七个变量，数据的信息量损失很小。

表1　相关系数矩阵

	AC	PHIE	DEN	GR	RD	SP	CNL
AC	1.000						
PHIE	0.326	1.000					
DEN	-0.909	-0.169	1.000				
GR	0.413	-0.447	-0.437	1.000			
RD	-0.477	-0.109	0.474	-0.311	1.000		
SP	-0.572	-0.233	0.575	-0.205	0.610	1.000	
CNL	0.877	0.250	-0.854	0.440	-0.518	-0.546	1.000

表2　特征值对应的特征向量、特征值、方差贡献率

特征向量	F_1	F_2	F_3	F_4	F_5	F_6	F_7
α_1	0.4716	0.0700	0.3095	0.0030	0.0408	0.3131	0.7597
α_2	0.1253	0.7489	0.1369	-0.2807	-0.5229	0.0903	-0.2106
α_3	-0.4652	0.0276	-0.2745	-0.1615	-0.3720	-0.4322	0.5968
α_4	0.2542	-0.6440	0.0995	-0.1683	-0.6765	0.0806	-0.1352
α_5	-0.3501	0.0199	0.6876	0.5901	-0.2079	-0.1128	-0.0093
α_6	-0.3767	-0.1353	0.5131	-0.7088	0.2535	0.0982	-0.0140
α_7	0.4652	0.0123	0.2535	-0.1268	0.1459	-0.8235	-0.0611
特征值	3.8824	1.4518	0.7931	0.3873	0.2756	0.1421	0.0676
方差贡献率/%	55.46	20.74	11.33	5.53	3.94	2.03	0.97
累计方差贡献率/%	55.46	76.20	87.53	93.07	97.00	99.03	100.00

2.3 神经网络模型识别岩性

对原始数据进行主成分分析之后，提取出F1、F2、F3三个主成分作为神经网络的输入神经元，分别对云岩[1,0,0,0]、混合岩[0,1,0,0]、砂岩[0,0,1,0]以及泥岩[0,0,0,1]进行编码，作为四个输出节点，隐层神经元一般为输入层神经元数的1~1.5倍，经过反复的训练尝试确定隐含层神经元个数为12最佳，从而构建了3-12-4的神经网络模型(图6)。将准备的873个岩性样本随机抽取655个作为训练集，利用软件进行训练，设置最大训练次数1000，给定误差精度0.01，最终经过146次迭代结束，并得到训练结果的误差分布(图7)。

2.4 神经网络模型的验证

将预留的218个岩性样本带入已完成训练的神经网络中，从而验证神经网络模型的可靠性。其岩性识别准确率云岩97.8%、混合岩87.5%、砂岩91.11%、泥岩83.33%，结合655个学习样本的神经网络岩性预测输出结果，与实际岩性进行比对，两者符合度很高(图8)。且相比于传统的交会图版识别岩性，准确率大大提高(表3)，

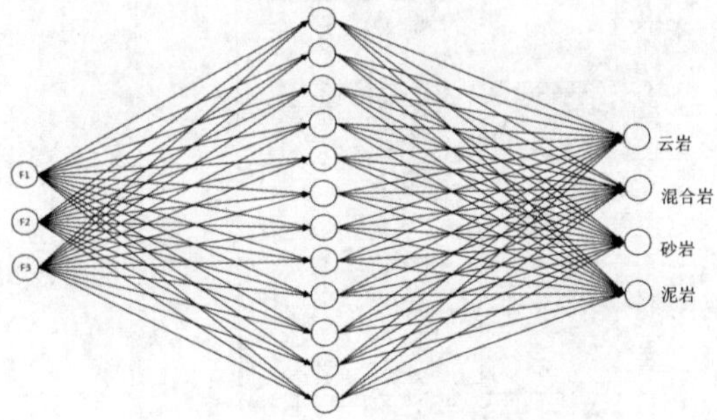

图6 岩性识别神经网络训练图

表3 岩性识别方法对比

岩性	岩样数	图版识别正确率	神经网络识别正确率	识别率提升
云岩	365	84.11%	97.81%	13.70%
混合岩	157	77.07%	89.87%	12.80%
砂岩	185	88.65%	92.43%	3.78%
泥岩	166	78.92%	88.48%	9.56%

证明了基于主成分分析的BP神经网络模型的可靠性。

3 结论

(1) FQ油田Asmari组地层岩性复杂多样，以潮坪相碳酸盐岩、砂岩以及碳酸盐岩与陆源碎屑岩混积为特征。尤其是云岩与混合岩在常规测井曲线交会图上大范围的重合，因此难以有效的将其区分。

(2) 运用主成分分析法把七种测井信息综合转化为表达岩性特征的三个主成分变量，不仅有效的减少数据信息的损失，而且也提高了神经网络模型的收敛效率。

(3) 通过实践表明，神经网络模型识别岩性对比常规方法识别岩性具有更高的效率与准确度，尤其是云岩与混合岩的识别率分别从84.1%和77.1%提高到了97.8%和87.5%。同时也避免了人为因素对岩性识别过程的影响，使得其结果更加客观，并证明了该方法的可行性。

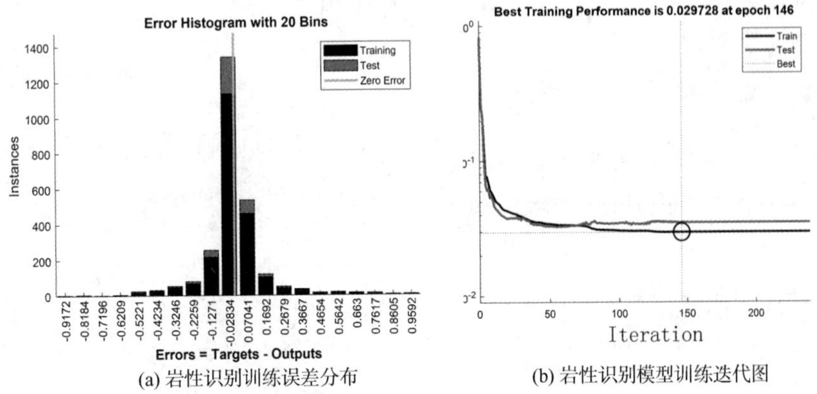

(a) 岩性识别训练误差分布　(b) 岩性识别模型训练迭代图

图7 岩性识别神经网络训练图

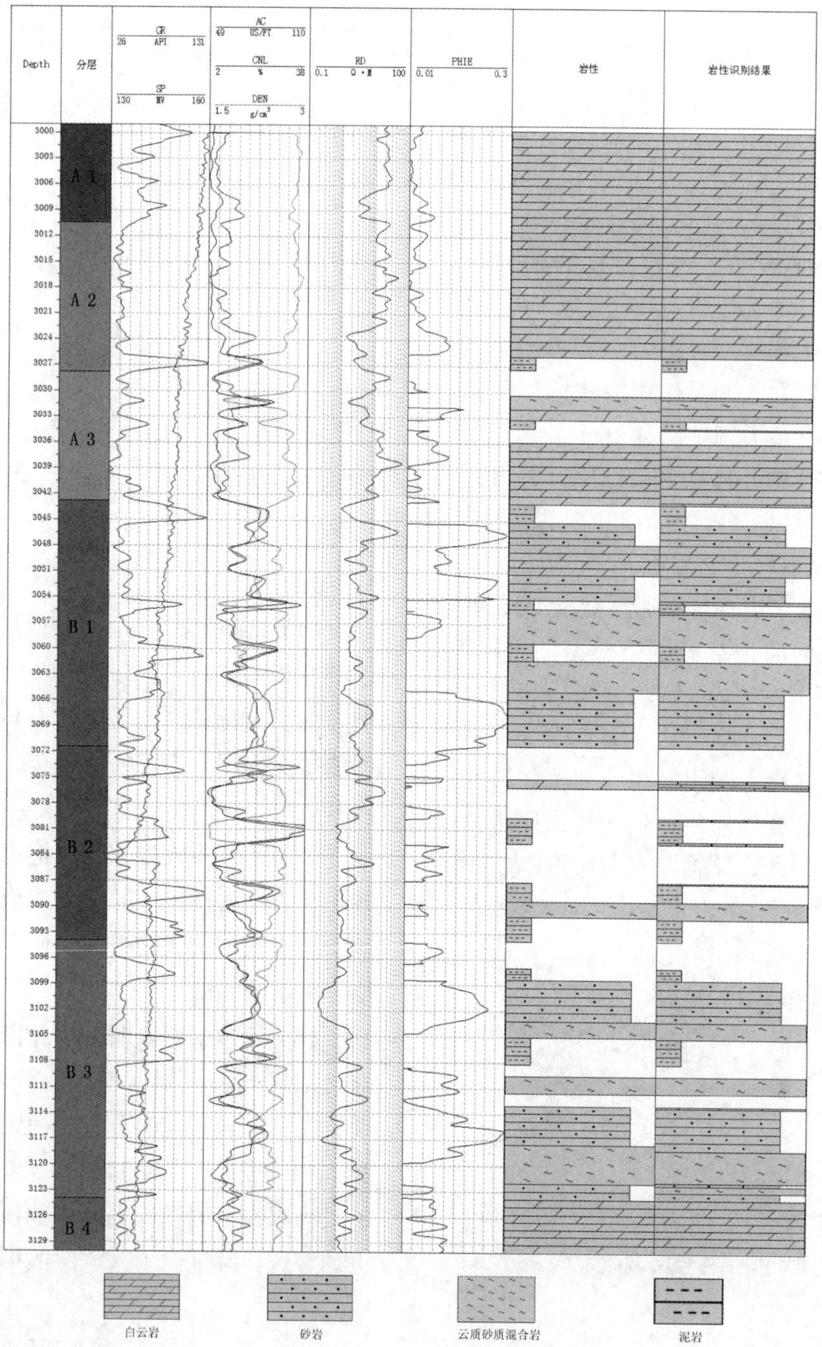

图8　FQ-28井岩性识别对比图

参考文献

[1] 张涛，莫修文．基于交会图与模糊聚类算法的复杂岩性识别[J]．吉林大学学报(地球科学版)，2007(S1)：109-113.

[2] 高旭明，张兵强，庄玮．利用测井资料识别火山岩岩性方法探讨[J]．内蒙古石油化工，2012，38(14)：42-43.

[3] 刘跃杰，刘书强，马强，姚宗森，佘家朝．BP神经网络法在三塘湖盆地芦草沟组页岩岩相识别中的应用[J]．岩性油气藏，2019，31(04)：101-111.

[4] 王娜娜．神经网络在测井岩性识别中的应用[D]．北京化工大学，2009.

[5] 赵忠军，黄强东，石林辉，王宪文，单敬福．基于BP神经网络算法识别苏里格气田致密砂岩储层岩性[J]．测井技术，2015，39(03)：363-367.

[6] 薛文卓，陈彪，张哲豪．BP-神经网络识别地层岩性-以银额盆地为例[J]．石化技术，2019，26(11)：103-107.

[7] 马峥，张春雷，高世臣．主成分分析与模糊识别在

岩性识别中的应用[J]. 岩性油气藏, 2017, 29(05): 127-133.

[8] 范训礼, 戴航, 张新家, 戴冠中. 神经网络在岩性识别中的应用[J]. 测井技术, 1999(01): 50-52.

[9] 崔勇, 赵澄林. 神经网络技术在油田地质学领域中的应用——以测井岩性识别为例[J]. 西安石油学院学报(自然科学版), 2002(04): 16-18+23-5+4.

[10] 马英杰, 周蓉生. 神经网络方法在岩性识别中的应用[J]. 物探化探计算技术, 2004(03): 220-223.

[11] 刘爱疆, 左烈, 李景景, 李瑞, 张玮. 主成分分析法在碳酸盐岩岩性识别中的应用——以地区寒武系碳酸盐岩储层为例[J]. 石油与天然气地质, 2013, 34(02): 192-196.

[12] 欧成华, 陈伟, 李朝纯, 周文江. 扎格罗斯山前 Fauqi 背斜滑脱生长褶皱的构造几何解析与模拟[J]. 中国科学: 地球科学, 2016, 46(09): 1265-1277+1-2.

[13] 何娟, 孙立春, 倪军娥, 王龙, 孙福亭. 伊拉克 M 油田 Asmari 组 B 段混积岩储层特征及储层非均质性对开发的影响[J]. 中国海上油气, 2018, 30(04): 127-134.

页岩气井压裂高矿化度返排液的成因与启示

游利军 邵佳新 康毅力 陈明君

（西南石油大学油气藏地质及开发工程国家重点实验室）

摘　要　世界范围内典型页岩气藏开发区块均存在页岩气井返排压裂液矿化度增加的现象。以四川盆地龙马溪组海相页岩气藏为研究对象，溯源高矿化度返排压裂液的地质成因，系统分析四川盆地沉积演化事件，并反演四川盆地海相页岩沉积中盐的形成与超低含水饱和度形成过程盐的伴生。刻画了压裂过程压裂液溶解盐的过程，剖析了高矿化度返排压裂液的工程意义，并浅析了高矿化度返排压裂液给环境带来的严峻挑战。

关键词　四川盆地；沉积演化；超低含水饱和度；高矿化度返排压裂液；水溶盐；环境保护

页岩气的成功商业化开发引起了新一轮油气勘探开发的热潮，并深刻改变全球能源发展的格局[1]。我国页岩气资源量丰富，分布范围广，以海相、海陆过渡相和陆相三大沉积环境类型为主，并通过自生自储的方式成藏[2]。页岩储层黏土矿物含量高，储渗空间以纳米级孔隙为主，且多数具有超低含水饱和度特征[3]。我国四川盆地龙马溪组页岩储层石英和黏土矿物含量较高[4]，孔隙存在多尺度特征，从纳米级孔隙到微米级裂缝都有发育[5]。

受限于储层物性，页岩气藏通常采用水力压裂技术增加储层渗流能力。页岩气井单井压裂液用量大，可达$(2\sim4)\times10^4m^3$，体积压裂后形成的微裂缝对压裂液的渗吸作用，以及在焖井过程中页岩基块的渗吸作用，导致大量压裂液滞留在页岩储层中，使得返排率通常在10%～50%之间[6-8]。页岩储层返排液通常具有“三高”特征，页岩气井随着返排时间的增加，返排液中总溶解固体、氯根、金属阳离子、有机物含量不断升高，返排液中总溶解固体含量往往超过10×10^4 mg/L[9-10]。通过对比压裂液入井前后的离子含量和种类，发现页岩气井压裂后焖井期间压裂液与页岩发生了物质交换。随着开井生产时间延长，返排液矿化度逐渐升高，并最终会稳定在一个较高的值。根据国内外不同区块页岩储层的物性差异，页岩气井返排液的矿化度大概分布在40000～280000mg/L之间[11-12]，而压裂液矿化度通常较低。返排液矿化度升高是页岩某种组分的溶解[13]，其中水溶盐是返排液离子的一个重要来源[14]。

导致页岩气井压裂液高矿化度的盐来自哪里呢，高矿化度的返排压裂液对于页岩气藏开发又意味着什么呢？为了回答这两个问题，笔者从全球范围内典型页岩气藏开发区块的页岩气井高矿化度返排压裂液现象入手，以四川盆地海相页岩沉积演化事件和页岩储层超低含水饱和的形成为基础，反演了四川盆地海相页岩中盐的形成；同时分析了水溶盐溶解后诱发高矿化度返排压裂液的工程意义，最后浅析了高矿化度压裂液带来的环境问题。

1　页岩气井压裂高矿化度返排液现象

世界范围内商业化开采的典型页岩气藏，如中国南方下古生界四川盆地的龙马溪组、五峰组和牛蹄塘组页岩气藏，以及美国的Barnett、Marcellus、Antrim、Fayetteville、Woodford和Haynesville等页岩气藏，其页岩气井普遍存在返排压裂液矿化度随时间增加而上升的现象。以四川盆地龙马溪组页岩气藏为例，对比压裂液(表1)和不同区块页岩气井的返排液离子组成及矿化度(表2～表4)数据发现，返排压裂液矿化度相比于压裂液大幅提高。阴离子中Cl^-浓度最高，阳离子中Na^+浓度最高，通过对比发现返排压裂液中引入了压裂液中没有的离子，如Fe^{2+}/Fe^{3+}、Ba^{2+}和Br^-。从图1也可以明显的看出，四川盆地长宁地区页岩气井返排压裂液矿化度和氯离子浓度随着时间的增加而升高，美国马斯勒地区的各个页岩气井的Cl^-浓度均随时间的增加而增加，在返排90d左右后，有的井Cl^-浓度甚至超过了160000mg/L。

表 1　四川盆地龙马溪组某页岩气井现场使用液离子组成

离子类型/(mg/L)							pH	矿化度/(mg/L)
Na^+	Ca^{2+}	K^+	Mg^{2+}	HCO_3^-	Cl^-	SO_4^{2-}		
35.60	23.54	5.43	4.21	115.48	25.30	25.18	6.38	234.74

表 2　四川盆地龙马溪组某两口页岩气井返排液离子组成和矿化度数据表

井号	离子类型/(mg/L)											pH	矿化度/(mg/L)
	Fe^{2+}/Fe^{3+}	Na^+	K^+	Mg^{2+}	Ca^{2+}	Ba^{2+}	Cl^-	SO_4^{2-}	HCO_3^-	Br^-			
M1	0.05	10137	371	41	498	23	16987	106	61	56	7.41	28280	
M2	0.02	9052	206	22	485	4	14900	125	398	144	7.46	25336	

表 3　四川盆地龙马溪组典型页岩气井压裂液返排液矿化度分析

井号	离子浓度/(mg/L)							pH	矿化度/(mg/L)
	Na^+	K^+	Mg^{2+}	Ca^{2+}	Cl^-	SO_4^{2-}	HCO_3^-		
J-1	5040	151	30	61	8575	104	1263	7.39	15223
J-2	5296	157	31	64	8652	106	1263	7.46	15569
S-1	2664	96	22	43	6974	107	1247	7.92	11153

表 4　四川盆地龙马溪组某两口页岩气井返排液离子组成和矿化度数据表[15]

井号	取样时间	离子浓度/(mg/L)							pH	矿化度/(mg/L)
		Na^+	K^+	Mg^{2+}	Ca^{2+}	Cl^-	SO_4^{2-}	HCO_3^-		
1	01:00	4984	144	29	59	7827	111	1232	7.41	14836
	05:00	5296	157	31	64	8652	103	1263	7.46	15569
	16:00	5040	151	30	64	8575	104	1263	7.39	15223
2	03:00	1535	1916	15	31	4010	125	1325	7.88	8957
	07:00	2532	96	22	40	6591	100	1169	7.99	10550
	09:00	2664	96	22	43	6974	100	1247	7.92	11153

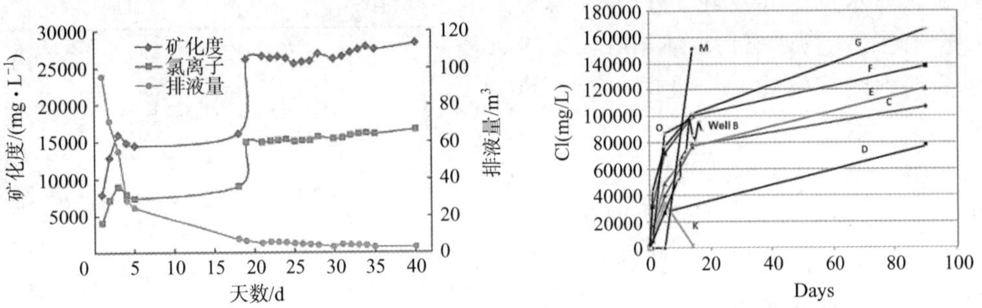

长宁地区[16]　　　　马斯勒地区[14]

图 1　不同地区页岩气井返排液中氯离子浓度变化对比

2　页岩气井压裂高矿化度返排液地质成因

2.1　四川盆地海相页岩沉积演化事件

陆源矿物及碎屑、生物沉积、火山沉积及海洋底部物化作用的产物经过长期沉积形成海相沉积环境。一般包括页岩、砂岩和石灰岩等。海相沉积是由于陆相碎屑、钠盐、钙盐和硅酸盐等可溶解的物质在风化和机械搬运等作用下进入海洋而形成。黑色页岩主要发育在海侵体系，特别是密集段及其附近的位置，海平面上升过程导致可容纳空间增大，碎屑沉积速率小于空间增大速率，只有细粒的泥质沉积物才可以搬运至盆地深处，从而有利于烃源岩的发育[17]。有利的岩相古地理环境是控制盐类沉积和聚集的重要条件，世界范围内的盐沉积的岩相古地理环境大多都是海水补给的局限海沉积环境[18]。奥陶纪末期(距今约440Ma)，气温骤降、海水退去，大量生物灭绝，中国南方扬子板块四川盆地奥陶系五峰组—志留系龙马溪组富有机质页岩孕育而生[19]。扬子板块的形成共经历了两次大规模的海浸。第一次是寒武纪到志留纪，海洋不断下陷成了海洋盆地，志留纪末期地球发生强烈的褶皱运动、造山运动，大部分地区上升为陆。石炭纪末，发生范围更大的第二次海浸，盆地再次为海洋占据。三叠纪时期，“印支运动”使盆地边缘逐渐隆起成山，被海水淹没的地区逐渐上升成陆，由海盆转为湖盆。当时湖水几乎占据现今四川盆地的全境，从此结束了海浸的历史。白垩纪末期，发生又一次强烈的“燕山运动”。盆地四周山地继续隆起，同时产生不少大断层，把盆地分为三部分。封闭的盆地地形急剧缩小水面，使气候逐渐变得干热，沉积物由海相、海陆交替相变为陆相。内陆湖泊在干燥条件下，经强烈蒸发，浓度增大，盐分不断积累，形成盐湖，后来泥沙掩埋而保存于地层之中[20]。海水或湖水蒸发到末期的产物，在蒸发沉积成岩过程中，首先析出的是溶解度较低的碳酸盐岩，其次是硫酸盐，最后是溶解度较高的氯化物(石盐)。四川盆地寒武系第四阶中上部气候干燥，温度较高，蒸发作用剧烈，盐度升高，沉积发育石盐层[21]。第三统第五阶是第二个石盐成盐期。中、晚寒武世扬子版块的气候比早寒武世晚期变得进一步炎热干旱，持续时间较长，海水进一步咸化，中寒武世晚期，生物大量灭绝，生物退缩到水体相对较深的斜坡及盆地范围内继续发展[22]。此时，岩盐的沉积范围进一步扩大。

2.2　超低含水饱和度形成与水溶盐的伴生

超低含水饱和度是指储层初始含水饱和度低于储层束缚水饱和度，即亚束缚水状态[23]。全球页岩储层的平均束缚水饱和度为70%[24]，如表5所示，中国四川盆地与北美地区的典型区块页岩储层初始含水饱和度均低于束缚水饱和度，表明页岩储层普遍存在超低含水饱和度现象。页岩储层的超低含水饱和度现象主要是生烃排水、化学生烃和汽化携液作用所导致的。页岩储层生烃排水作用是指在页岩沉积成藏过程中，在上覆岩层的压实作用下，岩石孔隙被压实，孔隙体积减小的同时大量水被排出。随着埋深和温度的增加，在后生成岩阶段，干酪根转化形成液态烃和湿气，在变生成岩阶段，干酪根降解为热成因甲烷干气、液态烃发生热裂解成为热成因甲烷干气[25]。大量甲烷干气聚集产生高压，导致上覆岩层破裂产生大量微裂缝，为液体排出提供通道，在该过程的重复进行下，页岩储层中的水越来越少[26-27]。页岩储层化学生烃作用是指在页岩储层中的水会参与成烃演化过程中的化学反应[28-29]。图2中生物化学生烃阶段，甲烷吸附在有机质和岩石颗粒表面或聚集在有机质孔内，当甲烷饱和后，游离态的甲烷分子发生初次运移和二次运移。甲烷分子在初次运移和二次运移的过程中会携带束缚水分子发生运移。烃原岩在大量生烃期间，干酪根的体积不断减小，之前由干酪根支撑的那部分有效压应力向孔隙流体转移，倘若不能及时排除流体就必然将产生异常高压，压力突破岩石破裂极限强度产生裂缝，排水过程即开始。热裂解气在运移过程中存在较强的携液能力。随着埋深的增加地层温度逐渐增加，在10MPa下，天然气在100℃下的携液能力大约是40℃下携液能力的10倍[30]。

表5　国内外典型页岩气藏初始含水饱和度统计[31-32]

四川盆地	初始含水饱和度/%	北美地区	初始含水饱和度/%
长宁	30~45	Barnett	25~35
威远	40~46	Haynesville	15~35
富顺—永川	33~39	Eagle Ford	<20
涪陵	10~29	Fayetteville	25~50
昭通	60~95	Marcellus	12~35

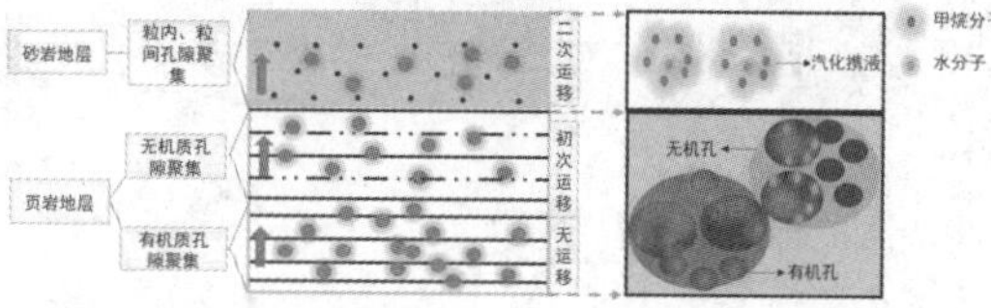

图2　页岩储层甲烷运移及汽化携液示意图

四川盆地龙马溪组某页岩气井现场取出的岩芯表面存在盐结晶(图4)，海相页岩的沉积演化过程和超低含水饱和度形成过程中生烃排水、化学生烃和汽化携液作用会消耗储层中的水。页岩储层中的黏土矿物具有半透膜的性质，水分子通过半透膜被排出[33]。而大量的高矿化度地层水滞留在微裂缝、孔隙和黏土矿物表面，逐渐浓缩、凝结和结晶形成水溶盐(图3)。相比于常规储层，页岩的沉积压实作用更强，会使黏土矿物

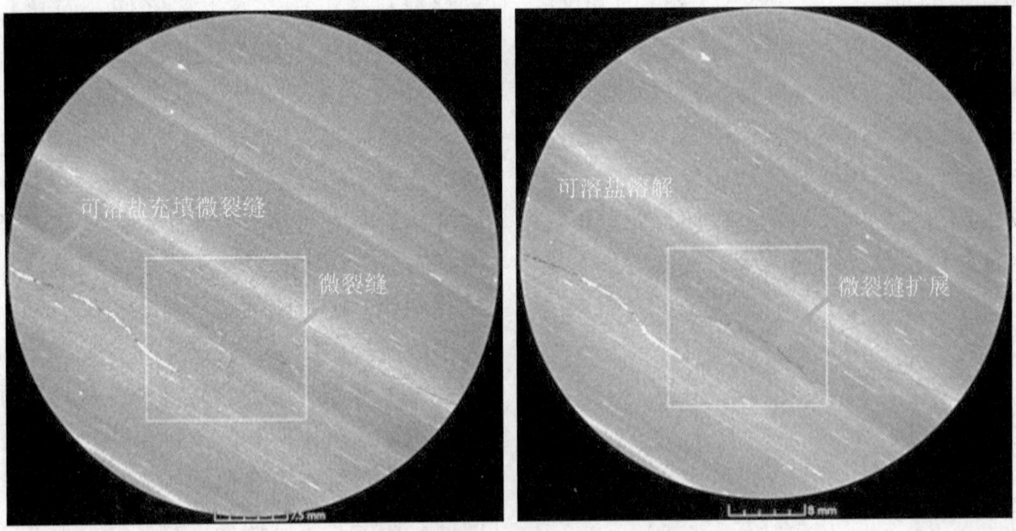

图 3　压裂液渗吸前后页岩微裂缝中水溶盐溶解 CT 扫描图

的双电层重叠而导致电中性消失，只能允许水分子通过，黏土矿物中的水分排出，水溶盐留了下来，所以黏土矿物的分布决定了水溶盐的分布位置。黏土颗粒之间的距离为 10~100nm，而黏土晶层之间的距离为小于 10nm。而页岩储层可分为毫米级、微米级和纳米级，其中纳米级孔隙又可以分为微孔(<2nm)、介孔(2~50nm)和宏孔(>50nm)。因此水溶盐主要分布于介孔与宏孔中。

图 4　页岩气井现场取芯表面出现盐结晶

2.3　页岩气井高矿化度返排压裂液工程成因

超低含水饱和度形成过程中，水分蒸发，盐沉淀在页岩的微裂缝、孔隙和黏土矿物表面。滞留在水力压裂缝中的压裂液在正压差、毛管力作用的驱动下进入裂缝壁面附近的基块孔隙中。由于压裂液与基块孔隙中的地层水矿化度差异较大，压裂液会在渗透压的作用下进一步向储层基块深处渗吸。压裂液与黏土矿物接触时，在渗透压的作用下低盐度的水分子通过重叠的双电层进入黏土微粒形成的粒内孔隙中[图 5(a)]。大量的水分子从重叠的双电层持续进入到孔隙中，孔隙中的压力逐渐增大，当压力增大到一定程度时，高盐度的溶液从孔隙中流出，以离子扩散的形式进入尺度更大的孔隙中[图 5(b)]。由于水分子中 OH^- 分布的不对称性，两端分别带不同电荷。当盐类矿物与水接触时，晶格结构中的离子被水分子带有相反电荷的一端所吸引，当水分子对离子的引力大于晶格结构中离子之间的引力时，盐类晶格结构遭到破坏，离子进入水中，盐类溶解。页岩储层水溶盐溶解过程中，盐离子的扩散可分为离子剥离和离子迁移。结晶盐和黏土矿物表面的盐离子与低矿化度压裂液接触后会迅速剥离，进入压裂液中。而离子迁移与盐离子浓度有关，在浓度差的作用下，剥离的盐离子从从黏土矿物表面或晶层间扩散到无机孔、微裂缝和人工缝，然后进入到压裂液中，进入到压裂液的盐离子再随压裂液一起返排。

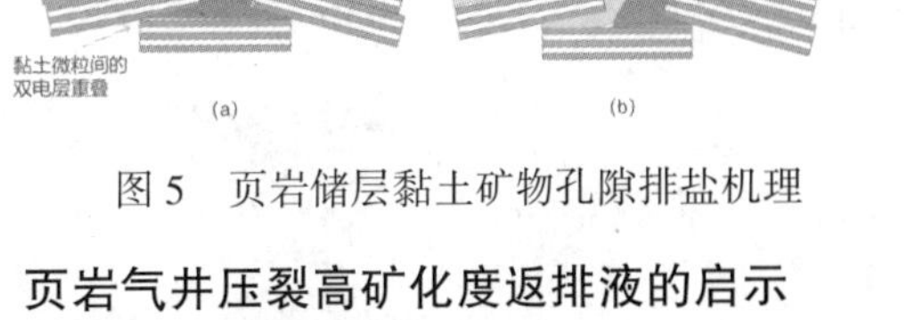

图 5　页岩储层黏土矿物孔隙排盐机理

3　页岩气井压裂高矿化度返排液的启示

3.1　水溶盐含量可作为页岩气储层甜点选择的重要指标

页岩储层水溶盐与超低含水饱和度之间存在共生关系，因此返排压裂液矿化度高的页岩储层必然存在超低含水饱和度现象。四川盆地构造活跃区的海相页岩的含水饱和度一般介于 60%~95%，而构造稳定区的一般介于 30%~45%，且含水饱和度低的页岩气井产量高(含气饱和度)(图6)。含水饱和度高，水膜会占据甲烷分子的吸附空间，导致页岩气储量降低。四川盆地沉积演化过程复杂，构造运动剧烈，构造活跃区不利于页岩气成藏，而构造稳定区断裂欠发育，页岩气不会发生逸散，且生烃演化过程使得储层形成超低含水饱和度现象，水分减少，气量增加，导致页岩储层呈现超压现象，而超压是页岩甜点的一个标准[31]。

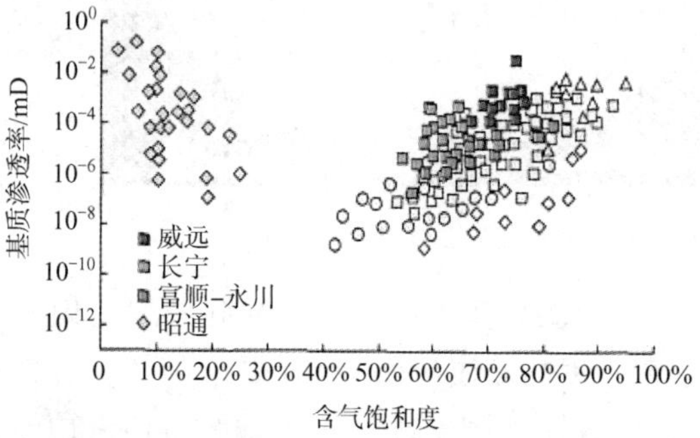

图6 中国南方海相页岩含气饱和度分布图

3.2 重视页岩气开采后期储层裂缝盐结晶与无机垢沉淀堵塞问题

页岩气井的返排可分为三个阶段，液相流阶段、气液两相流阶段和气相流阶段[15]。页岩储层中的水溶盐溶解后，随压裂液一并返排。在返排后期，高矿化度的压裂液在气藏降压开采过程中以气态形式蒸发[34-35]，而且气相流阶段的汽化携液作用也会使裂缝壁面的水分蒸发。蒸发作用促使溶解在压裂液的水溶盐再次析出，盐结晶占据了裂缝空间，导致裂缝渗透率降低(图7)。除此之外，生产压差过大可能诱发裂缝壁面的盐结晶运移，导致微粒运移损害。四川盆地龙马溪组某口井的返排压裂液数据显示返排压裂液中存在 Ba^{2+}(表2)，虽然含量较低，但是它会与 SO_4^{2-} 结合形成 $BaSO_4$ 的无机垢沉淀而堵塞孔缝，导致渗透率降低。而且几乎所有钡和硫酸盐离子都能形成沉淀，并难于消除。

3.3 清水压裂适合于含水溶盐致密储层

碳酸盐岩成岩过程中，地层水溶蚀对储层岩石的孔隙结构改变很大；水力压裂过程中，由于碳酸盐岩中有可溶性矿物(岩盐矿物、硬石膏和海绿石)，压裂液会将其溶解，如果沉积环境为咸化湖相，则可溶性矿物含量更高，而且碳酸盐岩中碳酸盐矿物含量较高，酸化过程中碳酸盐矿物会发生溶蚀。由于非常规油气藏均存在较强的非均质性，所以矿物的溶蚀是不均匀的，水力压裂和酸压过程中裂缝壁面的不均匀溶蚀会使得碳酸盐岩储层裂缝壁面形成自支撑。从龙马溪组页岩气井返排液的离子组成分析数据发现，页岩储层中的水溶盐主要是NaCl，由于现场使用的压裂液主成分是河水，且离子浓度极低，压裂液一旦与页岩储层中的水溶盐接触，会使其大量溶解，因此在裂缝壁面也会形成类似于碳酸盐岩储层中的自支撑(图8)。页岩气生产过程中，储层孔隙压力降低，有效应力增大会使得裂缝闭合。四川盆地南部志留系龙马组露头富有机质页岩应力敏感实验表明，无支撑的裂缝应力敏感程度大于有支撑的裂缝应力敏感程度[36]。因此，页岩储层水力压裂过程中裂缝壁面水溶盐的不均匀溶蚀形成的自支撑可弱化裂缝的应力敏感程度，使裂缝闭合程度减小。

4 页岩气井压裂高矿化度返排液的环境问题

高矿化度的返排液会给环境带来负面效应，如表6所示，返排液总矿化度较高，水体为棕褐色，水型为 $NaHCO_3$ 型，pH值大部分呈中性，3种细菌浓度较高，悬浮物含量较高，意味着减阻剂溶解性能较差，同时减阻水压裂液性能不达标，出现沉淀或者絮状物。因其存在COD、

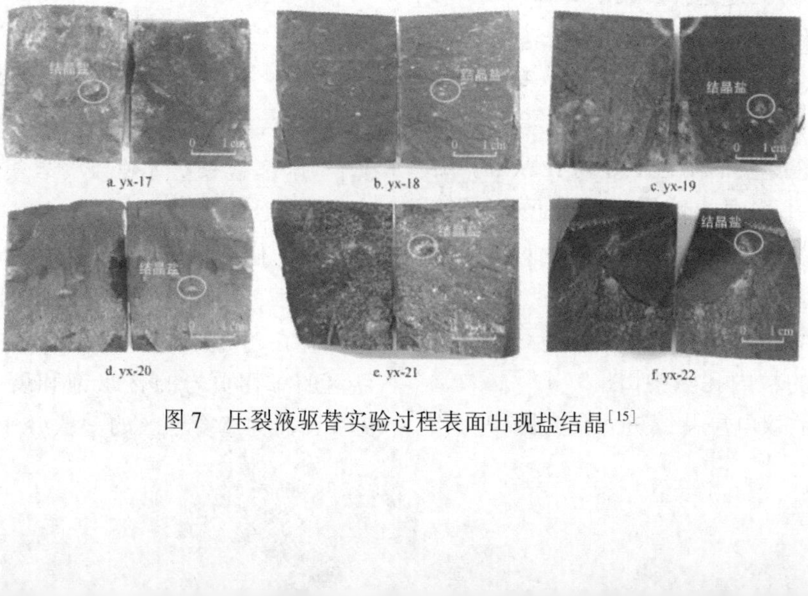

图7 压裂液驱替实验过程表面出现盐结晶[15]

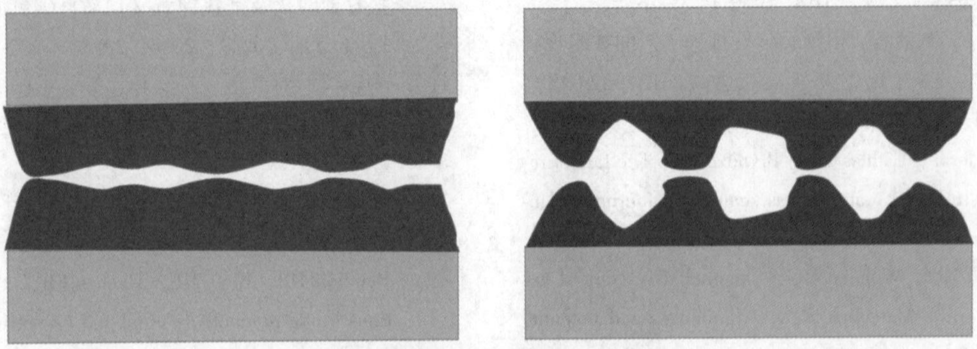

图 8　页岩储层水溶盐溶蚀前后裂缝壁面变化

细菌类等污染物，为防止污染农作物和地表水质，必须要将这些污染物进行处理后才能排放。页岩气井返排液量大，且与地层接触，其中含有的有机质、氯根及含量较高的金属离子等容易对土壤、地表水、地下水甚至人类健康造成严重危害。复杂的组分和较高的稳定性使得返排液处理的难度极大，且费用高昂，因此，压裂液返排液已经成为处理难度较大的工业污水之一。

表 6　涪陵焦石坝区块页岩气井返排液分析结果[37]

项目	1 井	2 井	3 井
K^++Na^+(mg·L^{-1})	2242	6757.94	5478.99
Ca^{2+}(mg·L^{-1})	49.26	186.97	112.18
Mg^{2+}(mg·L^{-1})	22.41	22.69	68.07
Cl^-(mg·L^{-1})	2501.6	9124.83	7106.84
SO_4^{2-}(mg·L^{-1})	360	716.99	896.24
CO_3^{2-}(mg·L^{-1})	0	0	22.5
HCO_3^-(mg·L^{-1})	1447.7	2002.65	1808.1
总矿化度(mg·L^{-1})	66230	18812.47	15492.93
水型	$NaHCO_3$	$NaHCO_3$	$NaHCO_3$
悬浮物含量(mg·L^{-1})	269	952	18
pH 值	6.8	7	6.5
SBR 细菌(个·L^{-1})	25	0	$\geq 2.5\times10^5$
TGB 细菌(个·L^{-1})	$\geq 2.5\times10^5$	2.5	$\geq 2.5\times10^5$
FB 细菌(个·L^{-1})	$\geq 2.5\times10^5$	2.5	4.5
总铁(mg·L^{-1})	6	25	—

5　结论

(1) 国内外典型页岩气藏均存在返排液矿化度上升的现象。分析我国四川盆地典型页岩气藏的压裂液和返排液数据发现 Na^+和 Cl^-含量最高，而且会新增少量压裂液中未有的离子。

(2) 两次大规模的海侵和强烈的构造运动使得海洋盆地变为内陆湖盆，封闭的盆地地形急剧缩小水面，使气候逐渐变得干热，盐分不断浓缩，形成盐湖，后来被泥沙掩埋而保存于地层之中。

(3) 超低含水饱和度形成过程中的生烃排水、化学生烃和汽化携液会使得水通过具有半透膜作用的黏土矿物排出，水溶盐留在了页岩储层中。

(4) 页岩储层水溶盐和超低含水饱和度具有共生关系，超低含水饱和度的形成会引发超压现象，超压是页岩甜点选择的指标。因此，水溶盐含量可作为页岩气储层甜点选择的重要指标。

(5) 页岩气藏排采阶段盐结晶与无机垢沉淀会堵塞裂缝，压裂过程中由于裂缝壁面的水溶盐不均匀溶蚀会对裂缝壁面形成自支撑，从而弱化应力敏感。此外，应高度重视返排液带来的环境问题。

参　考　文　献

[1]　邹才能，董大忠，王社教，等. 中国页岩气形成机理、地质特征及资源潜力[J]. 石油勘探与开发，2010，37(6)：641-653.

[2]　邹才能，赵群，董大忠，等. 页岩气基本特征、主要挑战与未来前景[J]. 天然气地球科学，2017，28(12)：1781-1796.

[3]　方朝合，黄志龙，王巧智，等. 富含气页岩储层超低含水饱和度成因及意义[J]. 天然气地球科学，2014，25(3)：471-476.

[4]　蒋裕强，董大忠，漆麟，等. 页岩气储层的基本特征及其评价[J]. 天然气工业，2010，30(10)：7-12.

[5]　郭旭升，李宇平，刘若冰，等. 四川盆地焦石坝地区龙马溪组页岩微观孔隙结构特征及其控制因素

[J]. 天然气工业, 2014, 34(6): 9-16.

[6] 张宏录, 刘海蓉. 中国页岩气排采工艺的技术现状及效果分析[J]. 天然气工业, 2012, 32(12): 49-51.

[7] Engelder T, Cathles LM, Bryndzia LT. The fate of residual treatment water in gas shale[J]. Journal of Unconventional Oil & Gas Resources, 2014, 7: 33-34.

[8] Kargbo DM, Wilhelm RG, Campbell DJ. Natural gas plays in the Marcellus Shale: challenges and potential opportunities [J]. Environmental Science & Technology, 2010, 44(15): 56-79.

[9] Zolfaghari A, Dehghanpour H, Noel M, et al. Laboratory and field analysis of flowback water from gas shales[J]. Journal of Unconventional Oil & Gas Resources, 2016, 14: 113-127.

[10] 刘文士, 廖仕孟, 向启贵, 等. 美国页岩气压裂返排液处理技术现状及启示[J]. 天然气工业, 2013, 28(12): 158-162.

[11] Zolfaghari A, Holyk J, Tang Y, et al. Flowback chemical analysis: An interplay of shale-water interactions[C]. SPE-176911-MS, 2015.

[12] 康毅力, 豆联栋, 游利军, 等. 富有机质页岩增产改造氧化液浸泡离子溶出行为[J]. 天然气地球科学, 2018, 29(7): 990-996.

[13] Blaunch ME, Myers RR, Moore T R, et al. Marcellus shale post-frac flowback waters-where is all the salt coming from and what are the implications? SPE eastern regional meeting, charleston, west virginia, USA. 2009. SPE-125740-MS.

[14] Haluszczak LO, Rose AW, Kump LR. Geochemical evaluation of flowback brine from Marcellus gas wells in Pennsylvania, USA. Applied Geochemistry J, 2013, 28: 55-61.

[15] 游利军, 谢本彬, 杨建, 等. 页岩气井压裂液返排对储层裂缝的损害机理[J]. 天然气工业, 2018, 38(12): 61-69.

[16] 卢拥军, 王海燕, 管保山, 等. 海相页岩压裂液低返排率成因[J]. 天然气工业, 2017, 37(7): 46-51.

[17] 张水昌, 张宝民, 边立增, 等. 中国海相烃源岩发育控制因素[J]. 地学前缘, 2005, 12(3): 39-48.

[18] 四川省地质矿物局. 四川省区域地质志[M]. 北京: 地质出版社, 1991: 730.

[19] 邹才能, 潘松圻, 荆振华, 高金亮, 杨智, 吴松涛, 等. 页岩油气革命及影响[J]. 石油学报, 2020, 41(1): 1-12.

[20] 王淑丽, 郑绵平, 张震, 等. 四川盆地寒武系含盐盆地演化及其找钾意义: 来自碳氧同位素的证据[J]. 地学前缘, 2016, 23(5): 202-220.

[21] 蒲心纯, 周浩达, 王熙林, 等. 中国南方寒武纪岩相古地理与成矿作用[M]. 北京: 地质出版社, 1993: 191.

[22] 陈旭, 阮亦萍. 中国古生代气候演变[M]. 北京: 科学出版社, 2001: 325.

[23] Bennion DB, Bietz RF, Thomas FB, et al. Reductions in the productivity of oil and low permeability gas reservoirs due to aqueous phase trapping[J]. JCPT, 1994, 33(8): 45-54.

[24] 杨柳. 压裂液在页岩储层中的吸收及其对工程的影响[D]. 中国石油大学(北京), 2016.

[25] 邹才能, 陶士振, 侯连华, 等. 非常规油气地质[M]. 地质出版社(北京), 2011.

[26] Newsham KE, Rushing JA, Lasswell PM. Use of vapor desorption date to characterize high capillary pressure in a basin centered gas accumulation with ultra-low connate water saturations[C]. SPE 84956. Denver, Colorado: SPE Annual Technical Conference and Exhibition, 2003.

[27] Kang Yili, Luo Pingya, Xu Jin, et al. Employing both damage control and simulation: A way to successful development for tight gas sandstone reservoirs [C]. SPE 64707. Beijing: Intertional Oil and Gas Conference and Exhibition in China, 2000.

[28] Schimmelmann A, Lewan MD, Wintsch RP. D/H isotope ratios of kerogen, bitumen, oil, and water in hydrous pyrolysis of source rocks containing kerogen types Ⅰ, Ⅱ, Ⅱ S, Ⅲ. Geochimica et Cosmochimica Acta, 1999, 63(22): 3751-3766.

[29] Seewald JS. Organic-inorganic interactions in petroleum producing sedimentary basins. Nature, 2003, 426: 327-323.

[30] Bennion DB. Remediation of water and hydrocarbon phase trapping problems in low permeability gas reservoirs. JCPT, 1999, 38(8): 39-48.

[31] 刘洪林, 王红岩. 中国南方海相页岩超低含水饱和度特征及超压核心区选择指标[J]. 天然气工业, 2013, 33(7): 140-144.

[32] Ambrose RJ, Hartman RC, Diaz-Campos M, et al. Shale Gas-in-Place Calculations Part I: New pore-scale considerations [J]. SPE Journal, 2012, 1(17): 219-229.

[33] Bredehoeft JD, CR Blyth, WA White, and GB Maxey. Possible Mechanism for Concentration of Brines in Subsurface Formations, AAPG Bulletin, 1963, 47(2): 257-269.

[34] Wattenbarger RA & Alkouh AB. New Advances in shale reservoir analysis using flowback data [C]// Paper 165721-MS presented at the SPE Eastern Regional Meeting, 20 - 22 August 2013, Pittsburgh, Pennsylvania, USA.

[35] Paukert Vankeuren AN, Hakala JA, Jarvis K & Moore JE. Mineral reactions in shale gas reservoirs: Barite scale formation from reusing produced water as hydraulic fracturing fluid [J]. Environmental Science & Technology, 2017, 51(16): 9391-9402.

[36] 游利军，王巧智，康毅力，等. 压裂液浸润对页岩储层应力敏感性的影响[J]. 油气地质与采收率，2014，21(6)：102-106.

[37] 竹涛，薛泽宇，牛文凤，等. 中美页岩气水力压裂返排液环境影响与治理[J]. 油气田环境保护，2019，29(05)：65-70.

应用叠前CIP资料提高地层尖灭线识别效果

邢成奎

（中国石化胜利油田分公司物探研究院）

摘　要　隐伏地层圈闭是指地层产状、厚度等因素引起地震剖面上地层尖灭处的(超覆或削蚀)反射特征不明确的一类地层圈闭。而采用倾角外推、地震属性等基于叠后地震数据的描述方法难以准确识别该类地层的尖灭线。本文基于超覆地层模型，分析了入射波角度、超覆地层倾角、下伏地层倾角和地震道集角度之间的几何数学关系，通过AVA正演对比了单层及多层地层叠置超覆时，地层尖灭点两侧的AVA特征。依据扩展弹性阻抗原理，把叠前AVA属性和实际地层厚度、对应岩石物理参数作为约束，建立了以入射角为变量的相关函数，经过最相关求解和地层倾角影响消除，得到了能够表征地层尖灭及岩性变化特征的叠前关联角度。最后，通过对该关联角度范围内的叠前道集资料叠加处理，改善了隐伏地层尖灭线的地震成像效果，提高了圈闭的描述精度，并取得了较好的钻探效果。

关键词　隐伏地层圈闭；地层尖灭线；叠前AVA分析；扩展弹性阻抗

1　引言

近年来地层油藏成为油气勘探热点之一，描述地层超剥线通常是评价地层油藏的关键。基于地震资料，目前常用的地层尖灭线描述方法有地层倾角外推法、叠后地震属性两大类。当地震资料对地层尖灭点的分辨率足够高时，应用属性分析技术描述地层超剥线的宏观展布比较清晰，采用该类方法评价的范例较多，不再赘述；当地层尖灭点的地震分辨率不足时，实际生产中常采用地层倾角外推法。主要研究者苏朝光[2]等人说明依据地震反射特征描述地层尖灭线的误差与实际地层和不整合面之间的夹角相关，提出了地层尖灭线夹角定量外推方法。但是，当在地层产状趋势不明确、下伏地层构造面变化较大的勘探区域，即隐伏地层，其地层倾角是较难估算的。如垦东地区北部斜坡带沙河街超覆地层，该地层自北向南层层超覆于垦东潜山潜山剥蚀面之上，但沙三段储层变化快，厚度较偏薄(如表1所示)，同时储层位于不整合面T2和Tr不整合面之间，地震反射弱或呈空白反射特征(如图1所示)，叠后储层预测难度大，制约了该区域的勘探。

本文为了能进一步提高地层尖灭点的地震分辨率，且能够考虑地层产状的变化影响，通过模型正演AVA分析了地层尖灭点附近的叠前地震属性与叠前道集角度间的关联，提出关联角度叠加方法提高地层尖灭点的地震分辨率，通过对实际资料验证取得了较好的地质效果。

2　正演模型建立

2.1　模型介绍

前述垦东北部沙河街超覆于剥蚀面中生界之上，沙河街储层发育薄(见表1)，在常规的叠后地震资料储层无法追踪解释。基于该类隐伏超覆地层圈闭层特征，将模型简化为上覆、超覆和下覆三类地层构成，如图3。图中，横向距离用X表示，纵向深度用Z表示，超覆层A的超覆点位于($X=430$m，$Z=610$m)处，超覆层B的超覆点位于($X=550$m，$Z=640$m)处。各地层岩石物理参数依据研究区内实际钻遇地层平均速度为参考，如表1所示。

表1　模型参数表 I

地层类型	厚度H/m	纵波速度V_P/(m/s)	横波速度V_P/(m/s)	密度ρ/(kg/cm^3)
上覆地层M	500-700	2200	1270	2086
超覆地层A/B	5m/2层	3300	1904	2245
下伏地层N	300~500	4000	2310	2350

2.2　地层产状与叠前地震角度分析

因为实际地震资料为纵波资料，因此这里以纵波为主要研究对象。如图3所示，当炮点激发地震波在超覆层界面Ⅰ的O点形成反射纵波，并最终被地面检波器接收，同理透射纵波在下界面Ⅱ的O'点，形成反射纵波经透射后被地面检波点接收。

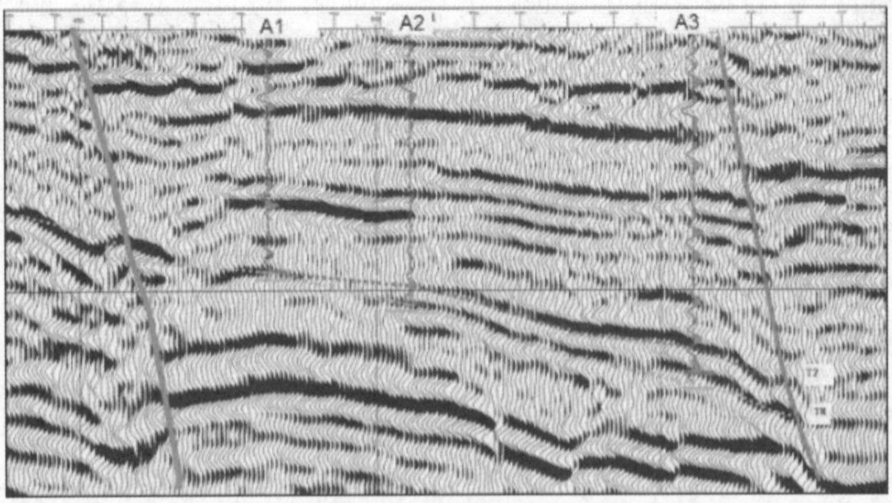

图1　垦东北部沙河街地层超覆地震剖面图

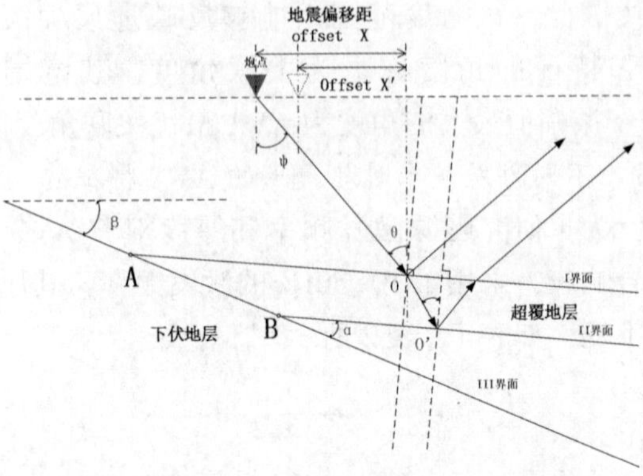

图2　地震波入射角与地层产状的关系图

依据斯奈尔定律和地层角度几何关系，入射波的角度 θ 与下伏地层倾角 β、超覆地层的超覆角 α、叠前地震道集角 ψ 之间满足如下规律：

$$\theta=\varphi+(\beta-\alpha) \tag{1}$$

透射波入射角度可依据斯奈儿定律进一步确认。

2.3　模型计算参数及正演记录

实际地震资料产状描述中，下伏地层倾角 β、超覆地层的超覆角 α 经过地震解释与统计可以求得。通过改变震源在同偏移距(offset)上激发，以间距5m，2ms为采样间隔，对入射波和各界面反射纵波记录，如图4所示。这样可依据不同震源位置、激发频率和记录的各界面反射 P 波特征，研究在共成像点(CIP)反射波的振幅和频率特性。经过速度换算可以求得地震波入射角 θ(叠前角度道集 ψ)为分析变量的AVO特征。进而可以分析在超覆界面处的AVO响应。

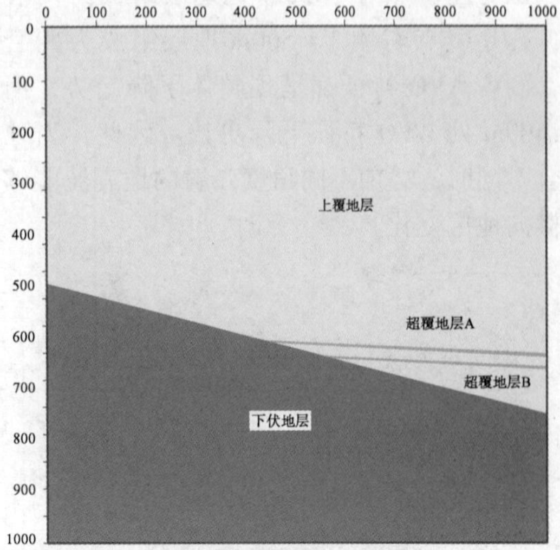

图3　隐伏超覆地层模型

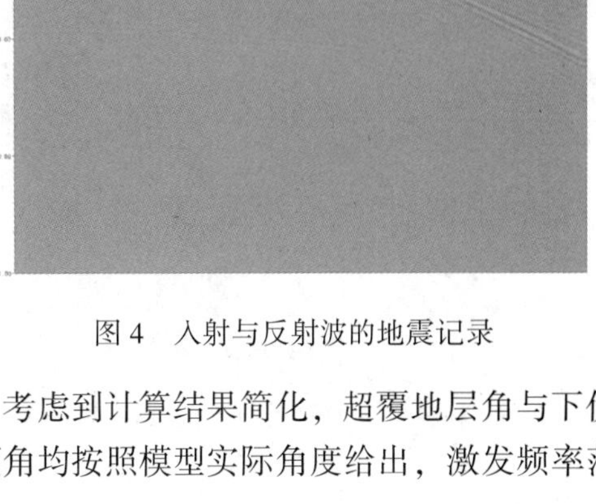

图4　入射与反射波的地震记录

本试验计算中，便于归一化分析，取入射波振幅值为1，则各界面反射波振幅值在0~1之间。考虑到计算结果简化，超覆地层角与下伏地层倾角均按照模型实际角度给出，激发频率范围和地震波入射角以实际资料可响应的频带范围为参考（如表 2 所示），便于后续的资料验证与分析。

表 2　模型参数表Ⅱ

激发频率 F(Hz)	入射波角度范围 θ(°)	超覆地层角 α(°)	下伏地层倾角 β(°)
10~50	1~60	9.5	15

3　AVA 分析与讨论

首先，为了考察地层厚度对其 AVO 的影响，采用单一激发频率 $f=40$Hz 的雷克子波为震源，分析了超覆点和离开超覆点地层厚度增加后 AVO 响应。

3.1　超覆点 A 和超覆点 B 两侧的 AVA 特征

认为超覆点 $X=430$m 处地层组成为两套地层，在超覆点右侧 $X=500$m 地层组成为四套地层，两者 AVO 特征都呈现整体下降趋势，但是 $X=500$m 处 AVO 特征下降更快。因此，当地层组合不同时，叠前不同角度入射的地震波能够反应横向地层变化。

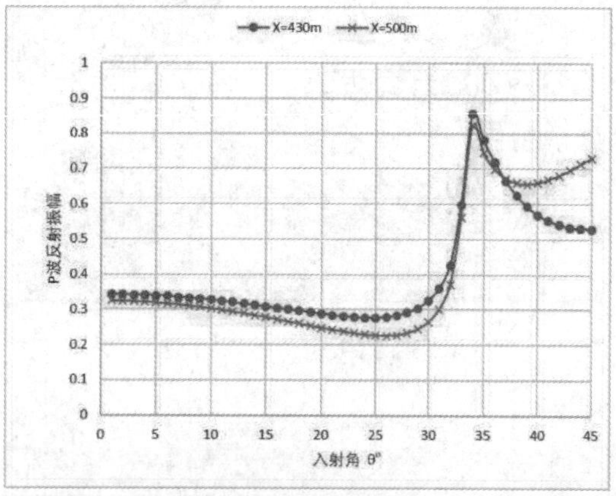

图 5　超覆层 A 两侧反射 P 波 AVA 特征

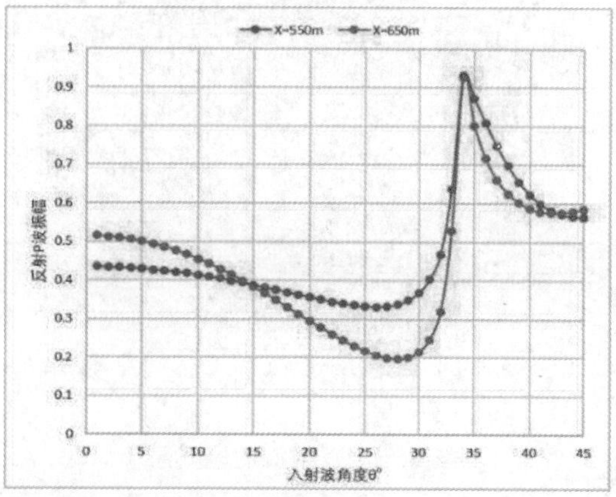

图 6　超覆层 B 两侧反射 P 波 AVA 特征

同理，在超覆点 $X=550$m 处地层组成为 4 套地层，在超覆点右侧 $X=650$m 地层组成为 6 套地层，两者 AVO 特征都呈现整体下降趋势，但是 $X=650$m 处 AVO 要比 $X=550$m 处下降更快，也比 $X=430$m 和 $X=500$m 下降更多。可以得出超覆地层增多，对应其 AVO 变化越快。

通过上述两类地层产状分析，发现当入射波角度大于一定值时，振幅受波场干涉影响较大，振幅叠加增大，可以把这时的入射波角度叫做 AVO 畸变临界角。在零度至临界角度范围内，地层每处的 AVO 特征都具有单调一致性，符合常规 AVO 分析方法与合理性。在这个范围内叠加的地震角度道集信息只是单纯地反映了地层产状变化，排除了其他入射角度的地震信息的干扰。因此，该角度范围内能够反映地层尖灭点 AVA 特征的角度称之为关联角度，其范围内 AVA 振幅值最大的角度为 AVA 最优关联角度。

3.2　不同激发频率时超覆点的 AVA 特征

为了研究震源激发频率和厚度对其 AVO 的综合响应，采用了 10-50Hz 的激发频率，其他参数不变，如表 1、表 2 所示。

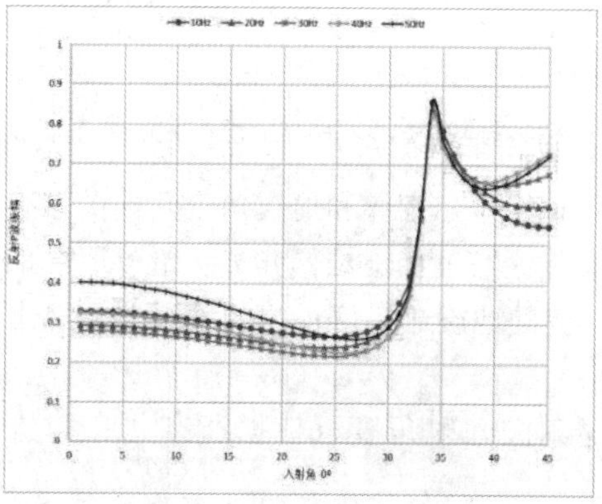

图 7　在 $X=500$ 处不同激发频率的 AVA 特征

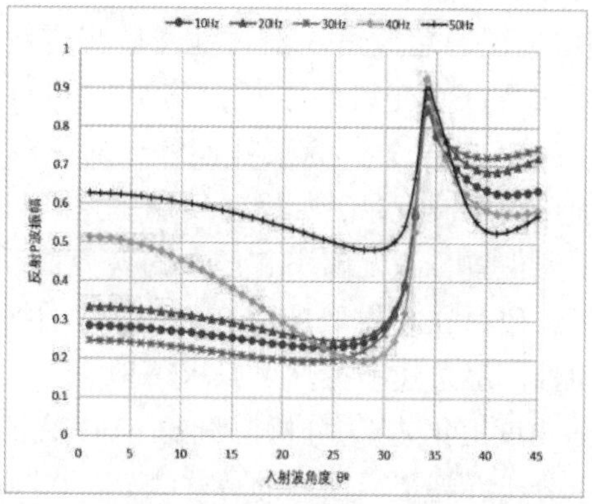

图 8　在 $X=650$ 处不同激发频率的 AVA 特征

通过对比 $X=500$ 与 $X=600$ 处的不同频率段的 AVO 响应。在 $X=500$m 处地层套数少，10～50Hz 在各频率段的 AVO 响应变化不大；在 $X=650$m 处，地层套数多，10～40Hz 的 AVO 响应受层间干涉影响较大，50Hz 高频激发的 AVO 受影响最小。

因此，高频激发能够更好的识别隐伏地层圈闭的 AVO 特征；叠后地震分频的高频分量也有助于识别隐伏地层圈闭。

3.3 超覆地层流体替换的 AVO 特性

为了研究地层圈闭含有不同的流体的 AVA 特征，进行流体替换(取值如表 3)。

表 3 流体替换后模型参数

地层类型	厚度 H/m	纵波速度 V_P/(m/s)	横波速度 V_P/(m/s)	密度 ρ/(kg/cm^3)
上覆地层 M	500～700	2200	1270	2086
超覆地层 A/B	5m/2 层	2800	1904	2245
下伏地层 N	300～500	4000	2310	2350

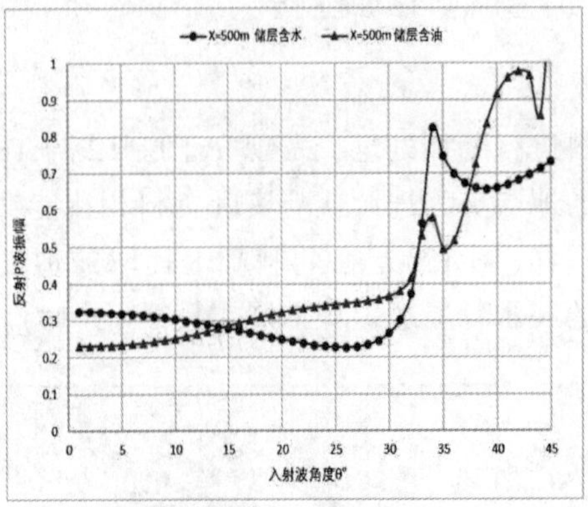

图 9 在 $X=500$ 处超覆层 A 流体替换的 AVO 特征

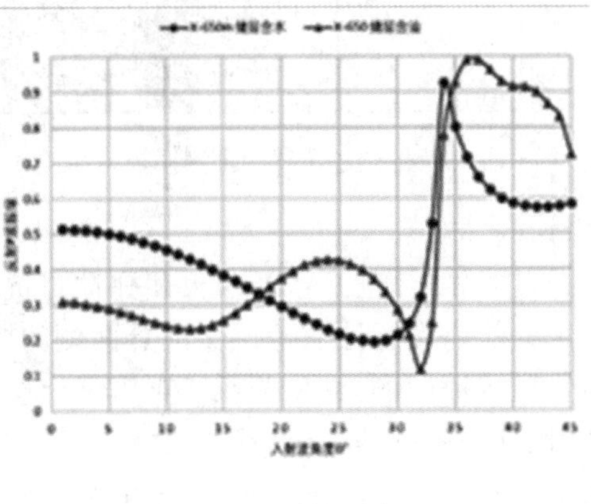

图 10 在 $X=650$ 处超覆层 B 流体替换的 AVO 特征

对于超覆层 A 进行流体替换，其 AVO 特征发生明显改变，由原来的Ⅲ类 AVO 改变为 I 类 AVO 类型。对于超覆层 B，其 AVO 类型也发生了改变，含油与含水 AVO 类型相反。由于互层模型的干扰，在临界角范围内的单调性受到影响，但是整体 AVO 类型没有改变。

3.4 模型关联临界角范围内的地震记录叠加效果

通过前面分析，在关联临界角范围内叠加地震数据有助于识别地层超覆点。因此，对 0～30°内地震记录进行叠加、偏移处理，获得如图所示效果。

深度剖面上，超覆点的地震反射特征清楚，且其位置与彩色模型叠合后位置准确。此外，含气后的超覆点地震反射特征要强于含水的超覆点地震反射特征。

综上分析，在 AVA 关联临界角范围内的地震资料叠加不仅可以提高地层尖灭点的地震分辨率，可以减少了关联临界角范围外的其他叠加波形信息的干扰，提高地层圈闭含油气的判识效果。

4 实际资料验证

4.1 基于扩展弹性阻抗理论的关联角度求取

由于实际地震地震资料的临界角无法知道，但是在 AVO 分析中，按照 shuey 公式，用叠前 P 波的 CIP 道集资料，可以建立地层反射系数 R 与截距 P、梯度属性 G 和地震波入射角 θ 的关系：

$$R_{pp}(\theta)=P+G\sin^2(\theta) \tag{2}$$

而在 Connolly 提出弹性阻抗理论中[1]，目的层的弹性阻抗 EI 与地震波入射角 θ、纵波速度 V_p、横波速度 V_s 和地层密度 ρ 也存在以下关系：

$$EI(\theta)=Vp^A Vs^B \rho^C \tag{3}$$

其中：$A(\theta)=1+\tan^2(\theta)$ $B(\theta)=-8K^2\sin^2(\theta)$ $C(\theta)=1-4K^2\sin^2(\theta)$ $K=\dfrac{V_{s1}+V_{s2}}{V_{p1}+V_{p2}}$

而地层反射系数也可以用弹性阻抗 EI 表示：

$$R_{pp}(\theta)=\frac{EI2-EI1}{EI1+EI2}\approx\frac{1}{2}\ln(\Delta EI) \tag{4}$$

一般认为，地震波在弹性介质的上下界面上，用截距和梯度表示的反射系数与用弹性阻抗表示的反射系数是等价的，因此有：

$$R_{pp}(\theta)=P+G\sin^2(\theta)\approx\frac{1}{2}\ln(\Delta EI) \tag{5}$$

公式(5)左边的信息可以从 CIP 资料中提取截距 P 和梯度 G，公式右边 EI 可以从井测量的 V_s，V_p，ρ 表示。因此左右两侧可以用不同入射

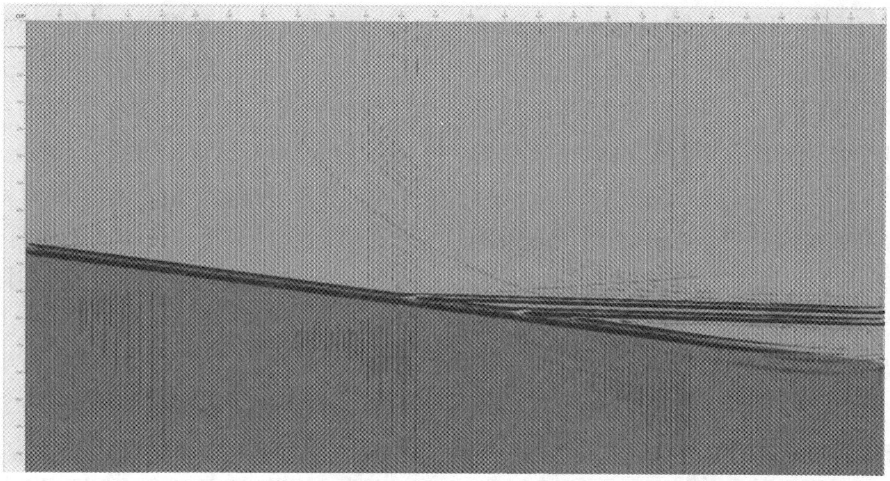

图 11　关联角度内模型地震记录叠加效果

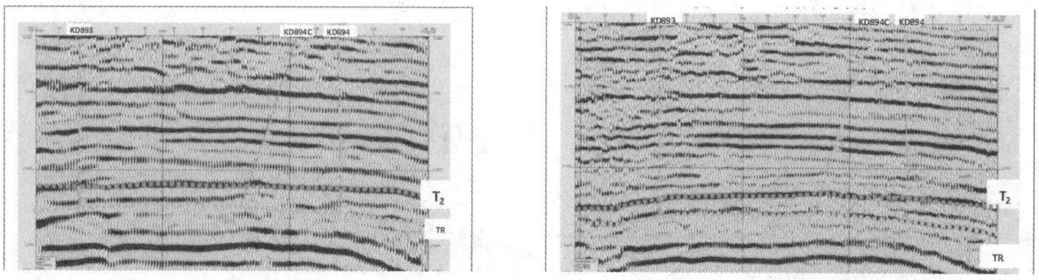

(a) 实际成果资料　(b) 关联角度内叠加地震资料

图 12　叠加资料对比分析

角 θ 为变量的建立一系列的互相关的关系 $H(\theta)$：

$$\{P+G\sin^2(\theta)\}\approx H(\theta)\approx\left\{\frac{1}{2}\ln(\Delta EI)\right\}\quad(6)$$

当 θ 取某一入射角时，这时互相关系数 H 接近于 1。因此，结合实际 CIP 资料的截距梯度属性和井上的纵横波速度和密度信息，建立互相关分析，求取它们钻遇的储层对应最佳地震波入射角 θ，如表 4。

表 4　不同井点关联地震角度求取

井号	储层厚度/m	相关系数/H	入射角 θ/(°)
A3	8	0.91	22°
A4	7.5	0.83	8°
A2	6.5	0.76	19°
A5	5	0.97	11°
A6	12.5	0.89	12°

4.2　实际地震资料叠加验证

通过对表中入射波角度我们通过公式(1)，扣除地层超覆角和下伏地层倾角。对关联角度内的资料进行叠加处理，发现介于层 T2 与 Tr 之间的目的地层更为连续，与实际资料相比能够降低歧义解释(图 12)。在此基础上提取的地震属性更好的展示各层超覆环带展布特征(图 13)。

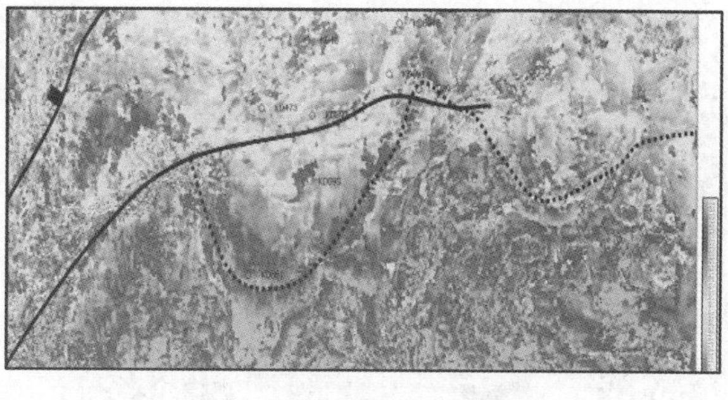

图 13　地层超覆线的预测振幅属性

5　结论

通过实际模型的 AVA 模板和弹性阻抗理论分析了叠前地震属性与地层尖灭点两侧的厚度、岩石物理特征间的 AVA 关系，克服了地层产状变化对 AVA 分析结果的影响。在探索该项研究工作的基础上，提出了叠加 AVA 关联角度内地震资料提高地层尖灭点分辨率的方法，是对现有地层尖灭点描述方法的补充。经过实际资料的验证与应用，在垦东北部地区上报控制石油地质储量259万吨。随着叠前地震资料的分辨率逐步提升，该方法可以对油田类似隐伏地层圈闭尖灭线识别具有适用性和推广性。

参考文献

[1] Connlly P，Elastic impedance[J]. The Leading Edge，1999，18(4)：438-452.
[2] 地层油藏超剥尖灭线夹角定量外推方法模型研究.
[3] 唐湘蓉，贺振华，黄德济，扩展弹性阻抗理论入射角与实际入射角的等效关系研究，石油物探，2008，47(6)：559-562.

自固结堵漏剂研究及在南堡36-3005井应用

王在明　张艺馨　许　婧　沈园园　李云峰

（中国石油冀东油田钻采工艺研究院）

摘　要　针对常规复合堵漏剂在井下容易遭受钻井液冲刷和负压对堵漏层的破坏，造成堵漏成功率低的问题，研究了自固结堵漏剂。利用流化包衣机在堵漏剂外表面涂覆一层能在井下固结的环氧胶黏剂，其在井下温度条件下会固结，从而提高堵漏剂在井下形成的封堵层强度。通过调节流化包衣机的进口风温度50~100℃、出风口温度25~40℃、喷枪速率0.5~2L/h可实现喷雾、包衣、干燥一体完成；从堵漏层扫描电镜照片看，涂覆层在温度升高过程中发生了软化和固结，固结后材料之间结合紧密；实验表明，110℃温度下，堵漏剂在2h以后开始初步固结，15h时承受的压力达到4.6MP；通过选择环氧树脂的型号、固化剂和促进剂DL-1的加量，能够调节自固结堵漏剂在井下固结时间；室内高温堵漏实验表明，研制的自固结堵漏剂具有较好的抗钻井液扰动和抗负压抽吸作用，在NP36-3005井等多口井现场应用表明，自固结堵漏剂能够大幅度提高堵漏成功率。

关键词　自固结；复合堵漏；流化包衣；固结强度；堵漏成功率

井漏发生后，通常会使用云母、核桃壳、纤维等材料进行复合堵漏，也有用凝胶进行堵漏，还有用油井水泥进行堵漏[1,2]。这些方法有各自优点和缺点，比如，用云母、核桃壳、纤维等材料复合堵漏工艺简单，是目前用得最多的一种堵漏方法，但这种方法在井下只是简单的物理堆积，在重新开泵钻井过程中钻井液会冲刷堆积的堵漏材料，破坏堵漏层，使堵漏失效[3,4,5]；凝胶堵漏对较大的裂缝漏失时，会顺着漏层流失，从而使堵漏失败[6,7]；油井水泥堵漏成功率较高，但油井水泥的硬度往往大于地层硬度，重新钻井时钻头会沿着较软的地层钻进，这样会出现新的井眼，使原来钻的老眼报废，造成损失，另外，水泥浆会污染钻井液，使钻井液失去作用而排放掉，造成成本浪费[8,9]。笔者在分析以上堵漏工艺特点基础上，利用流化包衣机在堵漏材料上喷涂一种环氧胶黏剂，其在井下温度作用下会自动固结[10,11]，增加了堵漏剂之间的粘结力，避免钻井液冲刷，经过在NP36-3005等多口井试验应用，证明这种涂覆胶黏剂的堵漏剂能够大幅度提高堵漏成功率，实现漏失层的有效封堵。

1　自固结堵漏剂组成和制备工艺

1.1　自固结堵漏剂组成

自固结堵漏剂是在云母、核桃壳、纤维等堵漏材料外表面涂覆一层水下固结的包衣材料，包衣材料是以在水中稳定且能在井下温度固结的环氧胶黏剂双酚A环氧树脂作为主剂，以酮亚胺作为水中固化剂。双酚A环氧树脂是一种环氧低聚物，含有环氧基和羟基两个活性基团，具有反应性，酮亚胺是一种潜伏性的固化剂，即加入到环氧树脂中在室温下是稳定的，在井下温度和水分子作用下会分解释放出苯酚，甲醛和脂肪胺，含有活泼氢原子的胺与环氧树脂中的环氧基作用，使环氧基开环生成羟基，生成的羟基再与环氧基起醚化反应，最后生成网状或体型聚合物[12]；促进剂DL-1用于调节固化时间，给堵漏作业提供一个安全施工窗口；偶联剂KH-550改善包衣材料与堵漏材料之间相容性，提高包衣材料与堵漏材料之间的粘结力；硬脂酸钙涂覆在最外层，防止涂覆胶黏剂的堵漏剂在存储运输过程中相互粘连。包衣材料配方组成为：

环氧树脂100份+固化剂8~12份+促进剂DL-1 0.1~3份+偶联剂1~2份+硬脂酸钙2份。

1.2　自固结堵漏剂制备工艺

1.2.1　流化包衣设备

流化包衣机是集喷雾、流化包衣和干燥于一体的多功能设备[13]，其工作原理如图1所示。空气经过滤、加热后从气流分布板进入流化室，使待包覆样品在气流的推动下上升，上升到一定高度后在自身重力作用下下降，呈现上下循环流动状态，即流化；包衣材料从管道进入喷头，在喷嘴处雾化成细小液滴，喷洒在呈流化态的样品

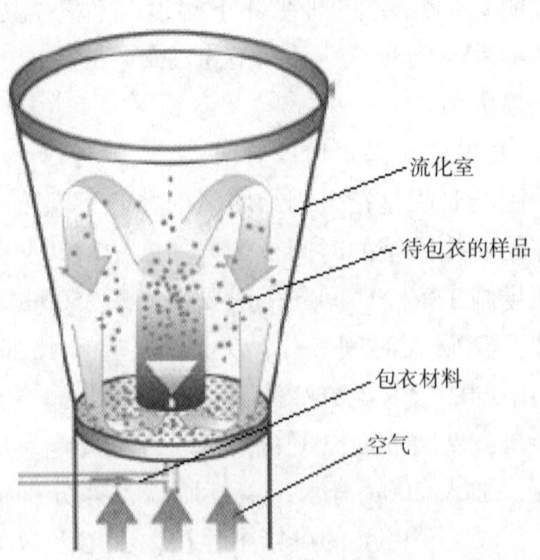

图 1 流化包衣设备原理图

上，由于流化室温度较高，样品上的液滴迅速干燥，包衣材料中的溶剂被蒸发，样品被包覆一层包衣，包衣厚度可以通过流化包衣时间进行调节[14,15]。

1.2.2 流化包衣工艺

流化包衣工艺包括以下几个步骤[16,17]：(1) 材料预处理。对云母、核桃壳、纤维等堵漏材料分别顺次经过水洗、稀硫酸溶液浸泡、偶联剂浸泡、干燥等处理，得到经过预处理的待包覆堵漏材料。(2) 配制包衣材料。将包衣材料中能溶解于乙醇溶剂的环氧树脂等材料和溶解于蒸馏水的硬脂酸钙等材料按配方份数分别配制，配制的黏度以喷枪能雾化为原则。(3) 流化包衣。先将预处理好的堵漏材料分别置于流化包衣机内，调节鼓风速率在 40～80m^3/h，喷气压力 0.4～0.6MPa，进风口温度 50～100℃，出风口温度 25～40℃；打开流化包衣机中的喷枪，调节喷枪速率在 0.5～2L/h，进行喷涂。喷涂过程和干燥过程是同步完成的，喷涂时间越长，涂覆层厚度越厚。喷涂和干燥过程完成后，将包覆好的堵漏材料从流化包衣机中取出，冷却，装袋保存。

2 自固结堵漏剂性能

自固结堵漏剂性能主要从以下三个方面进行考察，一是固结状态和固结强度，适当的固结强度可以大幅度提高堵漏成功率；二是固结时间，合适的固结时间既是现场施工安全的需求，又是堵漏成功关键因素；三是堵漏性能。

2.1 自固结堵漏剂固结状态和固结强度

按照现场堵漏配方的要求，将自固结堵漏剂进行复配，在高温堵漏仪上进行堵漏实验，并对形成的封堵层在扫描电镜下进行观察，如图 2 所示。

图 2(a)是配方 1 形成的堵漏层扫描电镜照片。配方 1 为 5%土粉浆+5%自固结随钻堵漏剂+3%自固结矿物纤维+5%自固结细云母+8%自固结蚌壳渣+5%自固结核桃壳+5%自固结细粒石灰石。用高温堵漏仪在 110℃条件下进行封堵实验形成的堵漏层并进行电镜扫描，从扫描电镜照片中看到堵漏剂相互粘接良好，纤维较好地嵌入其他堵漏剂之间，起到连接和加固堵漏层的作用，钻井液中的固相不影响自固结堵漏剂的固结；为了能更清楚地观察堵漏剂固结状态，将配方 1 中的 5%土粉浆和 3%自固结矿物纤维去除，保留配方 1 中其他材料即配方 2，图 2(b)是用高温堵漏仪在 110℃条件下用配方 2 进行封堵实验形成的堵漏层扫描电镜照片，从扫描电镜照片看到材料之间结合紧密，涂覆层在温度升高过程中发生了软化和固结的过程。

固结强度是参照《普通混凝土力学性能试验方法》进行测试[18]，试验过程是将高温堵漏仪中

(a) 配方1形成的堵漏层扫描电镜照片 (b) 配方2形成的堵漏层扫描电镜照片

图 2 110℃条件下堵漏实验封堵层扫描电镜照片

制取的封堵层端部打磨平整，制成直径 50mm、高度 30mm 的圆柱，放在抗压试验机中进行加压试验，缓慢加载压力并读取最大抗压载荷。图 3 是试样固结时间长短和抗压之间关系图。

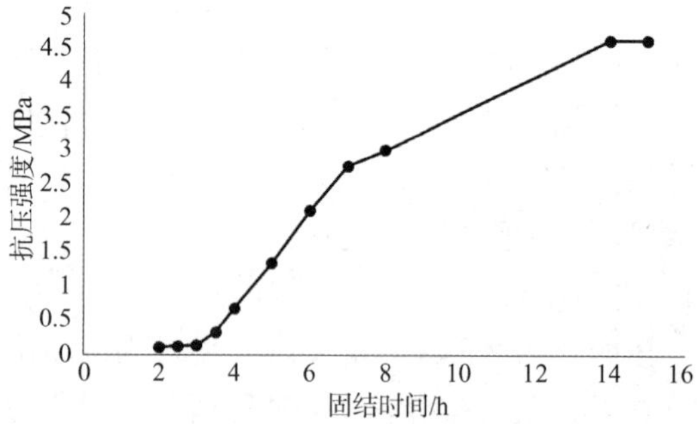

图 3 试样固结时间和抗压强度关系

由图 3 可以看出，110℃温度下，堵漏剂在 2h 开始初步固结，但承受的压力较低，3.5h 后承受的压力迅速增加，8h 时承受的压力近 3MPa，15h 时承受的压力达到 4.6MPa。抗压试验表明自固结堵漏剂在井下温度条件下能够固结，随着时间延长强度逐渐增加，并在 15 小时达到最大值。

2.2 自固结堵漏剂固结时间

固结时间是指自固结堵漏剂在井下温度条件下开始初步固结的时间，配方的固结时间必须大于现场施工安全时间，一般要求井深 3500m 左右的井安全施工时间在 2h 以上。实验步骤如下：①用不同的包衣配方喷涂云母，制备好涂覆胶粘剂云母；②将 50g 涂覆胶粘剂的云母放进实验玻璃瓶，加入 200g 清水，盖好瓶盖，并分别放入 70℃，80℃，90℃的烘箱中养护（100℃及以上温度则使用老化罐代替玻璃瓶）；③1h 后每 20～30min 观察实验玻璃瓶中样品一次，轻轻晃动实验玻璃瓶，观察涂覆胶粘剂云母是否相互粘接。表 1 是 70～110℃初步固结时间在 2h 以上的包衣材料配方。

表 1 包衣材料与固结时间的实验结果

温度/℃	树脂类型及份数	固化剂份数	促进剂 DL-1 份数	偶联剂份数	硬脂酸钙份数	固结时间/h
70	Ⅰ型环氧树脂 100 份	12 份	2.5 份	2 份	2 份	3.5
80	Ⅰ型环氧树脂 100 份	11 份	2 份	2 份	2 份	3.2
90	Ⅱ型环氧树脂 100 份	6 份	1 份	2 份	2 份	2.8
100	Ⅱ型环氧树脂 100 份	4 份	0.75 份	2 份	2 份	2.2
110	Ⅲ型环氧树脂 100 份	3 份	0.6 份	2 份	2 份	2.3

从表 1 中看到在 80℃以内，选择Ⅰ型环氧树脂，该树脂软化点低，在低温下易固化；90～100℃以内选择Ⅱ型环氧树脂；100℃以上选择Ⅲ型环氧树脂。在选择树脂类型的基础上通过调节固化剂和促进剂加量，确保固结时间保持在 2h 以上，给现场施工留下安全窗口。

2.3 自固结堵漏剂堵漏效果评价

堵漏效果评价是在 HD-Ⅱ堵漏模拟装置上完成，见图 4。该装置能提供室温～120℃，0～10MPa 正向压力，0～3MPa 的反向压力，提供 0～200r/min 搅拌条件，可实现对裂缝和孔隙的封堵实验。

图 4 HD-Ⅱ堵漏模拟装置

该装置能够模拟钻井液循环对封堵层的扰动和破坏，也可以模拟地层压力大于井筒封堵压力后堵漏效果。制备了涂覆自固结材料的自固结随钻堵漏剂、自固结矿物纤维、自固结细云母、自固结蚌壳渣、自固结核桃壳、自固结细粒石灰石；将以上材料组建的堵漏配方与未涂覆自固结材料组建的配方进行对比实验，实验步骤如下：

①对 3mm 宽度缝板进行封堵，正向加压从 0~5MPa，每增加 0.1MPa 停留 5min；②将①中完成封堵的系统加温到 110℃，并保持温度 5h，再以 200r/min 搅拌 30min，再正向从 0~5MPa 加压，每增加 0.1MPa 停留 5min，模拟考察钻井液冲刷对封堵层的影响；③将 1 中完成封堵的系统加温到 110℃，并保持温度 5h，再施加反向压力 0~3MPa，每增加 0.1MPa 压力停留 5min，模拟考察井筒抽吸等负压条件对封堵层的影响；④在 5mm 宽度缝板重复以上实验。实验结果如表 2 所示。

表 2　未涂覆自固结材料配方和涂覆自固结堵漏材料配方堵漏效果进行对比

配方	缝板宽度/mm	实验步骤①		实验步骤②	实验步骤③
		封堵成功时压力/MPa	滤失量/ml	发生漏失时压力/MPa	发生漏失时反向压力/MPa
配方 A	3	1.5	305	0.5	2
	5	1.9	336	0.3	1.8
配方 B	3	1.5	312	未发生漏失	未发生漏失
	5	2	372	未发生漏失	未发生漏失

注：配方 A 为未涂覆自固结材料配方：5%土粉浆+8%随钻堵漏剂+5%矿物纤维+4%细云母+3%蚌壳渣+4%核桃壳+4%细粒石灰石。

配方 B 为涂覆自固结材料配方：5%土粉浆+8%自固结随钻堵漏剂+5%自固结矿物纤维+4%自固结细云母+3%自固结蚌壳渣+4%自固结核桃壳+4%自固结细粒石灰石。

从表 2 堵漏效果对比实验中看到，两种配方都具有较好的封堵裂缝效果，但未涂覆自固结材料的配方在封堵完成后打开搅拌机以 200r/min 转速搅拌 30min，再施加正向 0.3~0.5MPa 压力，漏失就再次发生，表明未涂覆自固结堵漏材料的堵漏剂不能很好地抵抗钻井液的扰动；未涂覆自固结材料的配方在完成封堵后，施加 1.8~2MPa 的反向压力，封堵层即被冲开，漏失发生，表明这种堵漏剂在井下完成封堵后，遇到像抽吸、停止循环等造成负压的情况，封堵层很容易遭到破坏；而涂覆自固结材料的堵漏剂由于已经固结，完全避免了以上两种对堵漏层的破坏，即具有较好抗钻井液扰动和抗负压抽吸作用，从而使堵漏成功率得到大幅提高。

3　南堡 36-3005 井现场应用

南堡 36-3005 井是南堡油田 3 号构造堡古 2 区块上的一口四开定向开发井，设计井深 5256m，设计目的层为沙一段和寒武系毛庄组。该井在三开井段 4088~4318m 沙河街组钻遇断层发生多次失返性漏失，共堵漏 8 次，漏失钻井液 755m^3，后因井漏在 3940m 处打水泥塞侧钻。侧钻井眼 1 在井深 4308~4684m 沙河街组钻遇断层发生多次失返性漏失，共进行复合堵漏 30 次，水泥堵漏 2 次，漏失钻井液 2806m^3，后因井漏在 3840m 打水泥塞侧钻。侧钻井眼 2 在井深 4200~4380m 沙河街组钻遇断层发生井漏 29 次，进行常规复合堵漏 33 次，水泥堵漏 6 次，漏失钻井液 1720m^3。

根据分析南堡 36-3005 井钻遇较大的断层破碎带，破碎带内有大量裂缝，随着井筒压力变化，裂缝张启度也随之变化，常规复合堵漏由于材料之间没有粘接，随着井筒抽吸压力或激动压力，堵漏层会遭到破坏，造成重复井漏情况；应用水泥堵漏时，泵入水泥过程裂缝张启，水泥会随着张启的裂缝流失，也造成堵漏失败。自固结堵漏剂由于自身的粘接作用，既有常规堵漏剂易形成堵漏层的作用，又具有类似水泥浆胶结作用，因此决定在该井试验应用自固结堵漏剂。将涂覆自固结材料的堵漏剂按照以下配方配制堵漏液 35m^3：5%土粉浆+5%自固结随钻堵漏剂+3%自固结矿物纤维+5%自固结细云母+8%自固结蚌壳渣+5%自固结核桃壳+5%自固结细粒石灰石

将堵漏浆泵入钻具内并替至漏失层，再上提钻具至堵漏浆之上循环清洗钻具，关封井器给井眼加压 2~3MPa，将堵漏浆挤入地层，保持井眼 1~3MPa 压力 5h 以上，确保堵漏剂完全固结，起钻换钻头，9h 后下入钻具，在 4000m 井深处以正常排量的三分之一开泵，试探下放钻具，在井深 4310m 处碰到堵漏剂遇阻，转动钻具，用钻头将多余的堵漏剂清除，到达井深 4400m，缓慢提高泵速至正常排量，井口返浆正常，堵漏成功，后该井正常钻进，并顺利完钻。

4 结论

（1）自固结堵漏剂是在云母、核桃壳、纤维等堵漏材料外表面涂覆一层水下固结的包衣材料，包衣材料以环氧胶黏剂双酚A环氧树脂作为主剂，以酮亚胺作为固化剂。

（2）流化包衣机是集喷雾、流化包衣和干燥于一体的多功能设备，能够满足堵漏材料外表面喷涂胶黏剂、固化剂等包衣材料的需要，包衣材料与堵漏材料之间结合紧密，包衣厚度可调，材料相互不粘连。

（3）高温固结实验表明堵漏剂涂覆层在温度升高过程中发生了软化和固结的过程，固结强度随着时间增加强度逐渐增强，并在15小时达到最大值，选择环氧树脂的型号和促进剂的加量能够调节自固结堵漏剂在井下固结时间。

（4）涂覆自固结堵漏材料的堵漏剂固结后能很好地抵抗钻井液的扰动，也能够避免像抽吸、停止循环等负压对封堵层的破坏，南堡36-3005井现场应用表明固结作用使堵漏成功率得到大幅提高。

参 考 文 献

[1] 杨川，刘忠飞，肖勇，等．提高库车山前高温高压储层环空密封能力固井技术[J]．断块油气田，2019，26(2)：264-268.

[2] 鄢捷年．钻井液工艺学[M]．北京：石油大学出版社，2001：348-360.

[3] 胜亚楠，管志川，许玉强，等．井壁稳定问题的不确定性分析方法探讨[J]．断块油气田，2017，24(6)：847-850，866.

[4] 康毅力，王凯成，许成元，游利军，王立民，李宁，李家学．深井超深井钻井堵漏材料高温老化性能评价[J]．石油学报，2019，40(2)：215-223.

[5] 王在明，邱正松，徐加放等．复合堵漏中平衡区域及其在新型堵漏仪中的应用[J]．石油学报，2007，28(1)：143-145.

[6] 方俊伟，吕忠楷，何仲等．化学凝胶堵剂承压堵漏技术在顺北3井的应用[J]．钻井液与完井液，2017，34(6)：13-17.

[7] 马庆坤，朱维耀，高珉，王明．可动凝胶体系渗流流变特性及其表征[J]．石油学报，2007，28(5)：85-88.

[8] 余婷婷，邓健民，李键，等．纤维堵漏水钻井液的室内研究[J]，石油钻采工艺，2007，29(4)：89-91.

[9] 蔡利山，张进双，苏长明．关于合理适用承压堵漏技术指标的建议[J]．石油钻探技术，2008，36(2)：84-87.

[10] 冯浩，王德志，曲春艳等．一种高弹性环氧基胶粘剂材料的制备[J]．中国胶粘剂，2018，27(11)：9-15.

[11] 李久龙，张春爱，张孝阿．高柔韧性环氧树脂胶粘剂的制备与性能[J]．中国胶粘剂，2016，25(12)：25-29.

[12] 胡东岚，李卉，罗迎社．一种自制环氧树脂结构胶粘剂的动态黏弹性能研究[J]．中南林业科技大学学报，2019，39(4)：112-116.

[13] 张晶，陈婷，宋洪涛．流化床悬浮包衣法制备吗替麦考酚酯缓释微丸[J]．中国医院药学杂志，2014，34(17)：1471-1476.

[14] 徐晨，谢俊，黄春玉．粉末包衣技术在药物制剂领域的应用研究进展[J]．药学进展，2013，37(12)：635-641.

[15] 谢中国，王芙蓉，金煜华．湿法制粒与流化床工艺制备海水仔稚鱼微粒饲料研究[J]．中国粮油学报，2013，28(10)：66-69.

[16] 王新，姚研，徐庆等．热熔融流化床液固接触包衣特性的CFD-DEM模拟[J]．中国粉体技术，2019，25(2)：1-6.

[17] 游国叶．流化床包衣法制备氢氯噻嗪缓释微丸[J]．河南大学学报(医学版)，2018，37(8)：166-169.

[18] 陈毅，刘海龙，张羽臣等．热采抗高温水泥石力学完整性研究[J]．石油机械，2018，46(11)：23-28.

长裸眼井井壁稳定技术在塔里木盆地的应用

仇恒彬　张忠乾

（中国石化胜利石油工程有限公司）

摘　要　塔里木盆地地质条件复杂且油藏埋藏深，钻进深度多在6000~7000m或者7000m以上。钻井过程中为了节约成本和缩短周期，往往进行长裸眼井段钻进，这样普遍存在井壁失稳问题，不仅增加了钻井作业的难度，而且使固井质量难以保证。通过研究分析，以及现场应用情况，为了保持长裸眼井井壁稳定性，采用合理的钻井液和钻井参数，能够取得了良好的效果，为快速、安全地实施塔里木盆地钻井提供有力的支撑。

关键词　塔里木盆地；井壁稳定；井眼坍塌；坍塌压力；破裂压力

塔里木盆地位于新疆南部，北接天山山脉，南邻昆仑山脉，面积达到56万km^2，是中国最大的含油气盆地。上世纪70年代，在该盆地东北部、西南部边缘地区进行了大量的勘探工作，取得了丰富的油气勘探资源。该盆地地质条件复杂，施工钻探井多，钻井深度多在5000~6000m，甚至达到7000m以上，地层压力高达60~80MPa，造成钻井速度慢、成本高，并且在钻井过程中井壁失稳容易造成井壁垮塌、缩径、漏失、卡钻等井下复杂情况，对长裸眼井段钻进产生很大影响[1]。因此，正确认识和有效地评价地下复杂的围岩环境，深入探索井壁稳定机理，有效地控制钻井过程中的井壁失稳问题，是实现优质、安全、高效和低成本钻井的关键。本文在认识地层环境因素的基础上，分析了井壁不稳定的类型，形成了以地层压力检测、优化钻井设计及优选钻井参数的优化施工方案，并在YM702井进行现场施工试验，施工中严格按照施工方案实施钻进，成功地解决了该井长裸眼井段井壁失稳的难题，达到安全、有效地的勘探钻进的目的。

1　井壁稳定问题分析

1.1　井壁失稳的危害

钻井过程中井壁失稳易造成井壁垮塌、缩径、漏失、卡钻及储层污染等井下复杂工况和事故，严重制约了塔里木盆地油气田勘探开发工程的发展[2]。因此，正确认识和有效评价地下复杂的围岩环境，深入探索井壁稳定机理，建立预测理论和控制模型，有效控制钻井过程中的井壁失稳，是实现优质、安全、高效和低成本钻井的关键。由于钻井过程是地下工程，涉及到复杂的地质结构，而且由井壁失稳引起和诱发的其他井下事故对钻井工程危害极大，严重影响地质资料的录取、降低钻井速度、影响钻井质量，新探区会因井壁失稳而无法钻达目的层、延误勘探与开发的速度，增加钻井成本，影响经济效益。

1.2　井壁失稳地层的类型

钻井过程中所钻遇的地层，如泥页岩、砂质或粉砂质泥岩、流砂、砂岩、泥质砂岩或粉砂岩、砾岩、煤层、岩浆岩、碳酸盐岩等均可能发生井壁不稳定。在新疆、塔里木等油田的侏罗系、三叠系、二叠系、石炭系的泥页岩；新疆、塔里木等油田山前构造带等地层以及中原、青海、新疆、塔里木等油田盐膏层井壁失稳—缩径与坍塌现象不断发生。但井塌大多发生在泥页岩地层中，约占90%以上。缩径大多发生在蒙脱石含量高、含水量大的浅层泥岩、盐膏层、含盐膏软泥岩、高渗透性砂岩或粉砂岩、沥青等类地层中。压裂则可发生在任何一类地层中。井塌可能发生在各种岩性、不同黏土矿物种类及含量的地层中[3]。

井壁失稳问题不仅在砂泥岩剖面中存在，同时存在于碳酸盐岩剖面中。碳酸盐岩剖面井壁失稳的地层主要集中在地应力不平衡的地层、具有塑性和蠕变特性的盐膏岩地层、裂缝性地层及胶结性差的易破碎地层等[4]。应对碳酸盐岩地层实际钻井过程中所遇到的各种引起井壁失稳的因素进行探讨，从而给出对策对碳酸盐岩地层安全、经济、快速地钻探提供科学依据。

1.3 井壁失稳的因素

造成井眼失稳的原因，包括天然因素和人为因素两个方面。在天然因素方面有：地质构造类型和原地应力，地层的岩性和产状，含黏土矿物的类型，弱面的存在及其倾角，层面的胶结情况，地层强度，裂隙节理的发育情况，孔隙度，渗透性及孔隙中的流体压力等；在人为因素方面有：钻井液的性能(失水、黏度、流变性、密度)，钻井液的成分与泥页岩化学作用的强弱(水化、膨胀作用)，井周钻井液侵入带的深度和范围，井眼裸露时间，钻井液的环空返速及对井壁的冲蚀作用，循环动压力和起下钻的波动压力，井眼轨迹的形状，钻柱对井壁的摩擦和碰撞等。

从力学的角度上分析井壁失稳的机理，井壁失稳存在两种基本形式：压缩剪切破坏和拉伸破坏。压缩剪切破坏是钻井液密度过低不足以满足地层岩石强度和应力集中的要求所造成的[5]。根据井壁失稳后的井眼形态，破坏形式可分为两种形式：井眼扩大和缩径。井眼扩大通常发生在低强度的脆性地层，井壁破坏后，在环空钻井液流体的冲刷作用下，井壁岩石坍塌、崩落掉块。

1.4 井壁失稳的危害

严重影响地质资料的录取、降低钻井速度、影响钻井质量，新探区会因井壁失稳而无法钻达目的层、延误勘探与开发的速度，增加钻井成本，影响经济效益。

2 地层环境因素分析

2.1 岩石力学参数研究

钻井过程中所钻遇的地层，如泥页岩、砂质或粉砂质泥岩、流砂、砂岩、泥质砂岩或粉砂岩、砾岩、煤层、岩浆岩、碳酸盐岩等具有不同的岩性特征[6]。岩石力学参数是反映岩石综合性质的基础数据，正确地确定岩石力学参数对于地层压力计算和用、钻头类型优选、机械钻速提高具有重要的意义。

电测过程中能够获得大量的地层信息，反映出地层变化规律和岩石力学特性，经过系统的研究，从而能够建立利用电测资料求取岩石力学参数的理论方法[7]。通过这些方法可以弥补室内试验过程中求取岩石力学参数的不足，从而方便、快速、准确地建立塔里木盆地连续的岩石力学参数剖面，为井壁稳定、科学钻井提供重要的依据。

2.2 地层压力体系研究

(1) 上覆地层压力

为了准确地确定塔里木盆地的上覆地层压力，经过反复的研究和探索，提出了利用密度测井数据求取上覆地层压力的方法[8]。通过收集数十口井的电测资料，地层了塔里木盆地上覆地层压力梯度随井深的变化规律。

(2) 地层孔隙压力

为了准确地掌握地层孔隙压力的分布规律，利用地震层速度、声波时差、dc 指数、dec 指数和密度录井的多种方法来预测和检测地层压力，通过研究，建立了钻前压力预测、钻进中的压力检测及完井、测井后压力校对、验证的工作流程，从而掌握了塔里木盆地地层孔隙压力的分布规律。

(3) 地层破裂压力

利用岩石力学参数研究结果，通过对伊顿、安德森、测井资料等地层破裂压力计算模式的应用研究[9]，选用测井资料法来计算地层破裂压力。通过数十口井的地层破裂压力值，得出了塔里木盆地地层破裂压力的分布规律。

3 应用实例

通过井壁失稳分析和地层环境因素研究，针对以上影响井壁稳定的因素，在塔里木盆地 YM702 井钻进中采取有效的解决措施，取得了很好的效果。

3.1 YM702 基本数据

YM702 井是部署在塔里木盆地跃满 3 缝洞带中部北东方向次级走滑断裂上奥陶系一间房组的一口直改斜定向井。具体井身结构设计见表 1，ϕ406.4mm 钻头一开钻进，完钻井深 1505.00m。使用 ϕ241.3mm 钻头二开钻进，钻进至 6905.00m 起钻电测。通过测井资料调整靶点及井身轨道设计，由原来的限位移直井调整为最大井斜 69.44°的大斜度定向井。于井深 7021.00m 开始定向增斜钻进，钻进至 7334.00m 二开中完下套管。三开钻进至 7416.00m 发生井漏完钻。

表1　YM702井井身结构表

开次	设计		实际	
	钻头尺寸/mm×井深/m	套管尺寸/mm×井深/m	钻头尺寸/mm×井深/m	套管尺寸/mm×井深/m
一开	φ406.4×1500.00	φ273.05×1500.00	φ406.4×1505.00	φ273.05×1505.00
二开	φ241.3×7333.51	φ177.8×7333.00	φ241.3×7334.00	φ177.8×7332.00
三开	φ171.5×7496.99		φ171.5×7416.00	

从表1中可以看出，YM702井裸眼井段长达5833m，施工难度较大。为了安全、优质、高效地完成该井的施工，通过认真分析地层岩性、优化钻井液体系以及细化工程措施等方法，有效地解决了井下长裸眼段井壁失稳问题，保证了该井的井下安全，顺利地完成该井的施工。

3.2　认真分析岩性

断层上盘下奥陶统丘里塔格上亚群以下层位深度与设计差异较大，钻进过程几次加深。一方面由于地震剖面上丘里塔格上、下亚群界面反射不清，另一方面也有划分地层所依据的地震速度精度问题。通过本井钻探建立了该区的地层层序，自上而下钻遇地层为新生界第四系、第三系，中生界白垩系、三叠系，古生界二叠系、石炭系、寒武系断层上盘、奥陶系、寒武系断层下盘。本井二开上部将钻遇大段泥岩、灰质泥岩、油页岩互层，下部水平段将钻遇薄层泥岩、粉砂岩互层，同时结合本井大位移、长裸眼及斜井段较长的特点，要求钻井液具有高性能的抑制防塌能力。

3.3　优化钻井液保证井壁稳定

根据邻井井及有关资料，全井确立使用三套钻井液体系：第四系—二叠系，采用聚合物钻井液；石炭系—奥陶系，采用聚磺钻井液；寒武系采用欠饱和盐水聚磺钻井液。施工稳中求进，逐一解决了各井段施工中的技术难点，安全、优质、高效地完成了全井施工，并在奥陶系获得油气显示。YM702井钻井液体系、配方和分段钻井液性能见表2、表3，其钻井液性能维护如下：

（1）二开上部地层岩性胶结疏松，易发生坍塌，钻井液的主要作用是抑制地层黏土造浆，针对该井段地层特点和满足快速钻进的需要，使用聚合物防塌钻井液体系，二开中部沙河街组地层将钻遇大段泥岩、灰质泥岩、油页岩互层，且井斜角大、斜裸眼井段长、井径大，使用较强抑制防塌性能的封堵性强抑制润滑防塌钻井液体系[3-5]。二开下部斜井段将钻遇薄层泥岩、粉砂岩互层，位移大、裸眼长及水平井段较长，使用优化的封堵性强抑制润滑防塌钻井液体系。

（2）二开后半部分以后加大了抗盐、抗钙处理剂的量，钻井液抗污染能力强，钻至6912~6968m，多次钻遇快钻时地层，岩性为灰色白云岩，偶见盐垢，Cl^-含量由7452mg/l上升至43532mg/l，最高上升至105500mg/l，Ca^{2+}含量由837mg/l上升至19828mg/l，黏度由48s逐渐上升至54s，密度由1.12g/cm^{3}逐渐上升至1.14~1.15g/cm^3，其他性能没有大的变化。说明该体系具有较强的抗盐膏污染的能力。

（3）三开后在实钻中遇到大量含膏地层，及时将聚磺钻井液转化为欠饱和盐水聚磺钻井液，为了保持体系的稳定性。适当加大NaOH的使用量，使pH始终维持在9.5以上。由于体系中溶解钙的数量有限，石膏对于该体系性能的影响主要是以固相污染的形式表现出来，其中Ca^{2+}的化学污染表现不明显，现场未采用Na_2CO_3进行处理，pH基本以OH^-为主，这说明所采用钻井液体系的合理性。在现场的精心维护下，使用这种体系安全地钻达了7416.00m的调整设计井深。

表2　各开次钻井液体系表

开钻序号	分段/m		钻井液体系
一开	一开井段	0~1505	膨润土浆
二开	直井段	1505~7021.00	聚合物防塌钻井液
	斜井段	7021.00~7334.00	封堵性强抑制润滑防塌钻井液

表 3 钻井液基本配方表

材料名称 \ 分段加量	加量(t、m^3)			
	一开井段	二开直井段	二开斜井段	三开斜井段
膨润土	40~60			
碳酸钠 Na_2CO_3	3~5			
钻井液用羧甲基纤维素 HV-CMC	3~5		5	5
聚丙烯酰胺干粉 PAM		5~8	3~5	3~5
钻井液用改性铵盐		10~15	10~15	
钻井液用防塌降粘降失水剂		15~20		
钻井液用磺化沥青乳液			20~25	25~30
钻井液用磺甲基酚醛树脂Ⅰ,Ⅱ			20~30	20~30
钻井液用抗盐抗温降失水剂			20~30	20~30
原油			60~150	150~300
钻井液用固体乳化剂			2~3	3~5
钻井液用有机胺页岩抑制剂			5~10	10
钻井液用硅氟抗高温降粘剂				
钻井液用无水聚合醇			10~20	20~30
钻井液用铝基聚合物			5~10	10
钻井液用封堵型聚合物弹性微球				20
钻井液用合成基快钻剂			10~15	10~15

(4) 提高钻井液的抑制防塌能力。选用聚合铝、有机胺等材料，不仅具有良好的抑制能力，同时也具有较好的防塌效果，加入后能有效提高钻井液的防塌能力。加入足量的磺化沥青类封堵防塌剂，提高地层的防塌能力。加入硅氟类稳定剂，提高井壁井壁的稳定性。严格控制钻井液的滤失量，保证滤饼良好的质量。泥岩层段 API 滤失量≤3ml，HTHP FL≤10ml。在造斜段、可能钻遇断层或断层破碎段，加强地层封堵，控制好密度，防止坍塌。

3.4 细化工程措施

(1) 加密进行短程起下钻措施，起下钻时做好指重表指数记录。在能满足井眼净化的前提下，尽可能采用小排量钻进，以降低环空循环压耗，减少或减轻井漏。

(2) 控制下钻速度，每下入一柱钻具不能少于 30s，防止下钻速度过快产生激动压力过大，压漏地层。下钻过程中要分段循环钻井液，切不可一次下钻到底再开泵循环。开泵要缓慢，长时间静止后注意分段循环，在套管鞋以下每下入 10 柱钻具应开泵循环钻井液 10~15min。开泵循环钻井液时，应采用“先转动后开泵”的操作程序，以避免因瞬时激动压力过大而引起井漏。

3.5 固井技术

由于奥陶系灰岩裂缝发育，井漏两次。为确保双级固井作业成功，采取了一系列有效措施，固井前配 $40m^3$ 堵漏钻井液(云母 1.2t，棉籽壳 0.8t，核桃壳 1.2t，锯末 0.8t)，注入井内 $30m^3$，使用高密度水泥浆 $14m^3$，施工中漏失钻井液 $15m^3$，替浆、碰压、分级箍打开等作业程序正常。

为解决塔中地区奥陶、寒武系碳酸盐岩地层缝洞发育，深井长封固段固井易发生注水泥漏失的问题，ϕ177.8mm 套管固井中试验应用了斯伦贝谢公司的低密度水泥体系，本次固井封固井段为 1500~7334m，裸眼段长 5833.00m，井底静止温度高达 162℃，井底当量承压能力 1.26MPa (漏失压力)，实际注水泥作业入井水泥浆平均密度为 1.30g/cm^3。由于该体系运用了颗粒级配原理，具有较好的高温强度稳定性及低密高强性能。CBL 测井表明，该体系可以采用与常规密度水泥浆固井同等的标准进行界面胶结质量解释。

该次技术应用结果说明，在油套固井存在潜在注水泥漏失的条件下，采用合适的低密度体系固井可以保证水泥环的胶结质量，满足油层封固要求。

4 应用效果

根据采取以上措施，安全、顺利地完成了5833.00m裸眼段的施工，井身轨迹圆滑，井壁稳定，起下钻无阻卡现象。不仅安全、快速的完钻，而且电测、下套管一次成功，固井质量100%，节约了大量的时间，得到很好的应用效果。

5 总结

（1）施工前，对井下岩性进行认真分析，优选合理的钻井液体系以及制定严格的工程措施是保证裸眼段井下稳定性的前提。

（2）施工中，严格按照技术措施，针对井下出现的情况实时修正技术措施是安全、快速、有效钻井施工的保证。

（3）通过YM702井的应用，可以看出制定的技术措施和施工方案能够满足该区块井下施工中裸眼段井壁稳定性的要求，为安全、快速、有效地施工提供有力的支撑，为后期该区块的施工提供一些施工经验具有一定的意义。

参考文献

[1] 路宝平，蔡雨田．塔里木盆地深探井钻井工艺技术[J]．探矿工程，1996，5：7-9.

[2] 陈勉，陈治喜，金衍，等．定向井的井眼系统稳定技术[C].//中国岩石力学与工程学会．第三届全国青年岩石力学与工程学术研讨会论文集．四川成都：西南交通大学出版社，1995：233-237.

[3] 师欢欢．泥页岩井壁稳定性测井评价方法探讨[D]．东营：中国石油大学，2009：5-21.

[4] 黄汉仁，杨坤鹏，罗平亚．泥浆工艺原理[M]．北京：石油工业出版社，1984：5-9.

[5] 吴隆杰，杨凤霞．钻井液处理剂胶体化学原理[M]．四川成都：成都科技大学出版社，1992：3-10.

[6] 鄢捷年．钻井液工艺学[M]．山东东营：中国石油大学出版社，2001：34-43.

[7] 陈颙，黄庭芳．岩石物理学[M]．北京：北京大学出版社，2001：1-4.

[8] 陈勉，金衍，张广清．石油工程岩石力学[M]．北京：科学出版社，2008：88-160.

[9] Aednoy BS，Ong S. Introduction to special issue on borehole stability [A]. Journal of Petroleum Science and Engineering. 2003. 38：79-82.

一种新型半潜式平台概念设计研究

王天英

（中国石化胜利石油工程有限公司）

摘　要　在详细研究影响平台综合性能的诸多因素的基础上，根据现有半潜式平台存在的不足，开发了具有自主知识产权的自升式半潜多功能深海浮式平台概念(JCSM)。JCSM 包括箱型甲板、由外斜立柱与环形浮箱组成的浮体以及支撑箱型甲板并连接浮体的自升式桩腿。JCSM 将自升式平台与半潜式平台的优势相结合，并以平台综合性能的提升为目标进行了细节上的优化，稳性裕度大且运动性能优良，可适应干式采油、湿式采油和干湿组合式采油等不同采油模式，并同时具有钻井、早期生产、修井、油气处理与油气储运等多种功能。在详述 JCSM 的组成及性能特点的基础上，对 JCSM 进行了稳性与运动性能数值分析，并与传统半潜式平台相比较，验证了所研发新型平台性能的优越性。本研究为未来海洋油气田开发提供了一种新的选择，并对全新概念的浮式平台开发具有借鉴和指导意义。

关键词　自升式；半潜平台；外斜立柱；干式采油树；稳性；运动性能

传统的半潜式平台存在一些不足[1]，如平台重心相对较高，使得平台的稳性储备不大；功能不够全面，尤其是储油能力不足；垂荡运动幅度较大，无法支持干式采油树，大大增加了钻采作业的升沉补偿成本，导致操作成本高，作业效率低；等等。

针对传统半潜平台的不足，近年来出现了一系列新型半潜式平台概念[2-7]。典型的有美国 FloaTEC 公司提出的桁架式半潜平台(Truss Semi)和可伸展吃水半潜式平台(ESEMI)，法国 Technip 公司提出的展开式半潜式平台(EDP)，美国 SBM Atlantia 公司开发的斜立柱半潜式平台(FourStar Semi)，Mansour 和 Huang 提出的自由悬挂固体压载舱半潜式平台(FHS Semi)，Atkins 公司研发的成对立柱式半潜平台概念(Paired-column Semi)。这些新型平台的主要设计目标是减小平台的垂荡运动[1]，以使在平台上布置具有干式采油树的 TTR 立管系统成为可能。虽然新型平台和新的设计技术能够有效改善传统半潜式平台垂荡运动的性能，但同时新的问题也随之而来[1]，如使用长立柱和深吃水引起的涡激振动问题，纵/横摇固有周期减小导致的运动性能降低，新结构带来的结构安全性挑战，长立柱使得船体码头安装和托航运输困难，深吃水导致平台成本急剧上升，等等。另外，国外的新概念平台及配套技术一般受到专利保护，形成深水技术领域的垄断。相比之下，我国一般仅使用半潜式平台进行钻井作业，而对用于生产、修井作业等的半潜式平台类型开发不足[9]，这是制约我国深海油气田勘探开发的瓶颈性问题之一。目前，迫切需要开发具有自主知识产权，适应中国南海海洋环境条件且综合性能优良的新型半潜式平台，以有效促进我国海洋油气资源的开发和生产。

另外，随着海洋油气开发规模的不断扩大，海洋油气勘探开发的主战场已经转向深海。地质油藏的不确定性和传统深海油气开发设施的高造价决定了深海油气田开发的高风险性，尤其在当前油价长期持续低迷的国际大环境下，最大限度地提高平台利用率是有效降低深海油气勘探开发成本的关键措施。为此，使用多功能平台已经成为深海油田开发的最佳选择。

因此，笔者研发了一种克服现有半潜式平台的不足，可适应干式采油、湿式采油和干湿组合式采油等不同采油模式，并同时具有钻井、早期生产、修井、油气处理与油气储运等多种功能的自升式半潜多功能平台[10](Jackup combined semisubmersible multifunction platform，简称为 JCSM)，为未来海洋油气田开发提供一种新的低成本全寿命解决方案。为了验证 JCSM 平台概念的先进性，使用一个工程算例，分析对比了传统半潜式平台与 JCSM 的稳性性能与运动性能。

1　JCSM 平台概念及其特点

1.1　JCSM 平台概述

针对现有半潜式平台存在的不足，在对平台

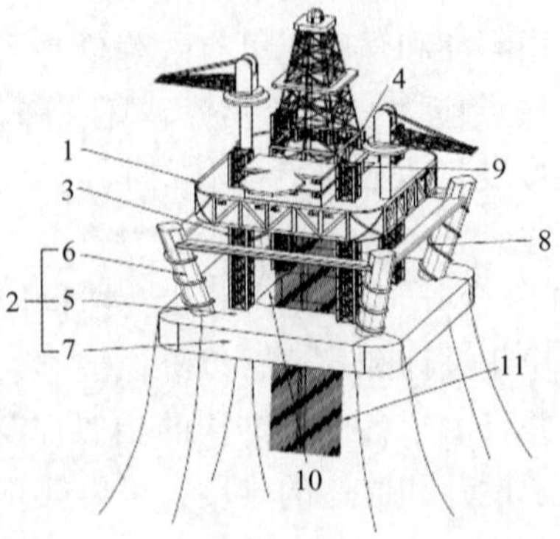

(a) 3D图

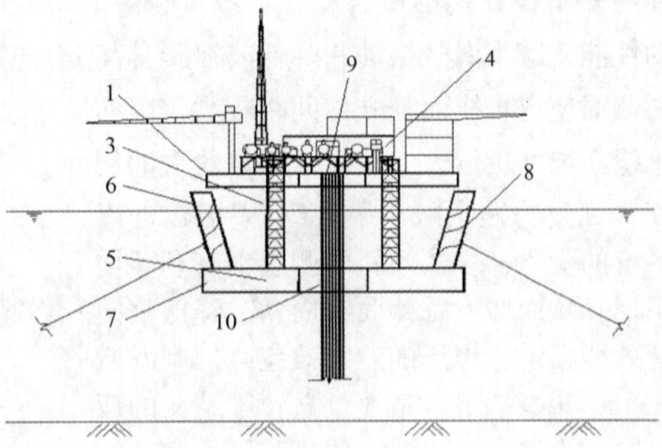

(b) 立面图

图 1 JCSM 平台概念示意图

1—箱型甲板；2—浮体；3—自升式桩腿；4—钻机及油气处理模块；5—环形浮箱；6—外斜立柱；7—浮箱外伸翼；8—螺旋形侧板；9—月池；10—中央井；11—油气生产立管/钻井立管

运动性能、稳性以及储油能力等性能指标的影响因素进行详细地理论分析的基础上，将自升式平台与半潜式平台概念的优势结合在一起，并以平台综合性能的提升为目标进行浮体结构的细节优化，提出了一种新颖的自升式半潜多功能平台，并已获得国家专利授权[11]。图 1 即为所研发新型平台的一个实施例的技术方案。

如图 1 所示，自升式半潜多功能平台包括甲板、浮体和支撑甲板并连接浮体的自升式桩腿。其中，甲板为箱体结构的箱型甲板，箱型甲板内部分设多个设备舱室，箱型甲板中央预设有月池；浮体包括 1 个环形浮箱和 4 个或 6 个对称布设在环形浮箱上方外周的外斜立柱；自升式桩腿采用透空桁架结构。

环形浮箱的横截面为方形倒圆角或矩形倒圆角，其外立面上均设有浮箱外伸翼，内部设有包括压载舱、储油舱、生产功能舱室、钻井设备舱室和泵舱。环形浮箱的部分压载舱采用永久固定压载方式，舱内填充重物，保证平台的浮心高于重心。环形浮箱的中央预设有中央井，且环形浮箱的中央井与箱型甲板的月池的几何中心在同一条垂直线上。立柱沿环形浮箱几何中心的垂向轴线向外倾斜，且立柱之间通过连接筋相互连接。外斜立柱为中空密封结构，其横截面为圆形或正多边形倒圆角，立柱的内部空间分割为若干个水密舱室，立柱的外表面固定连接有螺旋形侧板。

平台根据工作海域的环境条件和水深，可选择锚泊定位、动力定位或组合定位等方式进行定位。

1.2 JCSM 平台的优点

所研发的 JCSM 平台具有如下优点。

自升式桩腿设计解除了常规半潜式平台设计中立柱与上部甲板的强耦合作用[13]。JCSM 平台的甲板由自升式桩腿支撑，不与浮体直接接触，克服了立柱尺寸和间距对甲板设计的影响。设计者可自行定义甲板尺寸，使甲板面积和形状设计更好地满足甲板工艺模块的操作流程要求，提高平台作业效率和上部设施布置的安全性。同样，上部组块对浮体设计的限制也较小，立柱尺寸和间距、浮箱的尺寸和形状等都可进行大范围的优化，从而改善平台的稳性性能和水动力性能。这样，上部甲板和立柱可以相对独立地进行设计，更容易实现平台总体性能的最优化设计。

根据海洋环境条件和工况及载况的不同，通过甲板与自升式桩腿之间的升降装置，甲板可以沿自升式桩腿升降，以合理调节甲板至浮箱之间的桩腿长度，并结合浮箱压载量的增减，从而达到最优化平台重心高度、排水量、惯性矩和水线面面积的目的，使平台更好地适应不同海域的作业条件。

自升式桩腿采用透空桁架结构，可以大量节省钢材用量；在海流比较严重的海域，便于海流通过，减小水平拖曳力，从而减小系泊系缆受力以及平台运动；而且，还可以减小波浪沿桩腿的爬升，有效改善平台气隙性能。

立柱的外斜设计能够改善稳性、纵/横摇和垂荡运动性能，减小涡激振动和降低波浪爬升高度。外斜侧面使得水线面处立柱间距较大，因而平台的水线面惯性矩较大，从而可获得较大的初稳性高度和回复力矩，减小平台纵/横摇运动以及系泊系统的受力；立柱倾斜的侧边也有利于增大辐射阻尼，从而增大垂荡固有周期，降低垂向运动；有效增强浮体绕流的三维效应，抑制涡激振动的产生，减少平台、系缆、立管等结构的疲劳损坏；减小立柱内侧边波浪的相互干扰和叠加效应，降低波浪爬升高度。

JCSM的浮箱结构为宽大箱形结构，其尖角处设计为倒圆角，可减小波浪的拖曳力。环形浮箱中的部分压载舱采用永久固定压载方式，舱内填充铁矿砂或其他重物，可显著降低平台的重心，保证平台在任何时刻浮心高于重心，另外配置压载水舱，用于调节平台吃水深度使其达到设计吃水位置，使平台在服役期间保持较深的吃水状态以减小垂荡激励力。不仅实现平台在海洋环境中的无条件稳定，而且密度大的配重增大了垂荡固有周期，改善了平台的垂荡运动性能，克服了传统半潜式平台垂荡幅度大的固有缺陷，从而使在平台上布置具有干式采油树的顶部张紧式钻井/采油立管系统成为可能。

为了增大平台的可变载荷、排水量和储油量，降低平台重心并使环形浮箱兼具有垂荡板功能，环形浮箱在外斜立柱的外侧有所延伸，形成浮箱外伸翼。浮箱外伸翼不仅增大了舱室容积，提高平台的有效承载，降低平台重心，改善稳性，还可兼起到垂荡板功能，增大平台横/纵摇和垂荡的附加质量和阻尼，进而增大横/纵摇和垂荡固有周期，改善了横/纵摇和垂荡运动性能；另外，通过内部舱室优化设计，将排水量分隔在合理的位置，可以获得比同等排水量的传统半潜式平台更高的附加质量。浮箱外伸翼还增加了可变载荷与平台自重的比值，使平台满足远海平台的自持能力要求，适应全球远海、深水或超深水、全天候和较长时期的工作能力。

而且，环形浮箱既能作为平台整体支撑结构，为平台提供足够的浮力，增大平台装载量，增强平台自持能力，还能使平台下部结构成为一个整体框架结构，将单根立柱遭受的载荷传递给平台整体结构，从而提高平台整体强度，有效抵抗作用于平台的环境载荷；同时，环形浮箱结构还可有效传递由于波浪和平台不平衡装载造成的各立柱之间的相互作用力。因此，平台具有很好的整体结构刚度和强度，可有效降低平台连接节点的疲劳热点应力，减少疲劳破坏，降低焊接、建造工艺难度，改善平台整体结构的疲劳寿命，提高平台适应恶劣海洋环境的能力。

JCSM平台外形呈对称形状，结构简洁，适合进行模块化设计和建造，以降低成本、缩短建造工期，并且由于各模块结构的相似程度高，进一步降低了设计和建造的难度，可以实现设计与建造的系列化。

JCSM较其他新型深吃水半潜平台吃水深度小，排水量大，可有效降低平台建造、运输以及安装难度。不需大型浮吊配合，可以实现海上的简便安装。平台可在码头靠泊状态下将上部甲板与下部浮体通过桩腿进行整体组装和调试。拖航或移位作业时，排出环形浮箱内的压载水，保持平台浅吃水，减小拖航阻力，并将甲板沿自升式桩腿下降至靠近环形浮箱，尽量降低平台重心，减小受风面积，提高平台的拖航稳性，实现平台的码头安装和整体拖航(见图2)。到达预定井位后，再将甲板升至半潜吃水的目标位置，然后安装立管，进行作业。此时，因整个平台浮心高于重心，提高了稳性。新型平台的码头安装和整体拖航，避免海上安装的风险，大大降低了海上安装的周期和费用。

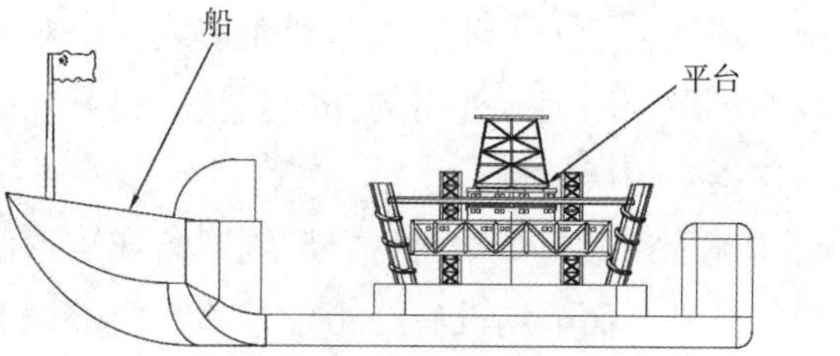

图2　拖航时的JCSM平台

2　JCSM总体性能与运动性能分析

为了验证JCSM平台具有充足的稳性储备和良好的运动性能，采用变排水量法和三维势流波浪理论[14]，计算了一个JCSM平台工程算例的大倾角稳性、垂荡与横摇运动响应，并与具有相近浮体特征参数的传统型半潜式平台模型进行了分析比较。

2.1　数值计算模型

根据某深海油田区块的开发需求，确定了JCSM平台的初步设计主尺度和数值计算所需的主要参数。上层甲板采用长、宽、高各为90m、

90m、8m 的矩形结构，甲板中间留有横截面为 9m×42m 的细长型月池，以方便双钻井设备通行。上层建筑主要参考已有半潜式平台的可受风构件，对其加以简化用于稳性计算。立柱长、宽、高尺寸为 12m×12m×38m，侧边倒角为 3m。立柱的倾斜角度为与 z 轴正方向成 30°夹角。自升式桩腿为横截面 3m×3m，高度 29m 的桁架结构。下浮箱的内、外边长分别为 60m 和 100m，内、外倒角分别为 4°和 5°，高度为 8m。操作工况下平台吃水 28m，平台质量为 65157t，重心位置为(0m，0m，22m)，转动半径分别为 R_x = 44m，R_y = 44m，R_z = 42m。JCSM 平台的 3D 模型如图 3 所示。

图 3　JCSM 平台的 3D 模型

2.2　稳性

通过固定转轴法计算了生存工况下 JCSM 平台的稳性，图 4 为正常工况下 22m 吃水时的大倾角稳性计算结果。面积比反映回复力矩与风倾力矩做功的比值，其值为 3.57，远大于 ABS，IMO MODU 规范要求，且复原力矩从正浮到第二交点的所有角度范围内均为正，初稳性高为 6.323m，说明平台有很大的稳性储备。大倾角稳性的各项指标均满足海洋平台规范要求[15]，平台不会出现倾覆现象。

2.3　垂荡与横摇

采用 SESAM 软件，通过势流边界元方法对平台整体进行频域水动力计算，得到自由漂浮状态下 JCSM 平台的六个自由度运动的 RAO 曲线。本文将 JCSM 与具有相近浮体特征参数的传统半潜式平台浮体模型的垂荡运动和横摇运动 RAO 曲线进行了对比分析[8,16]，对比结果如图 5 和图 6 所示。

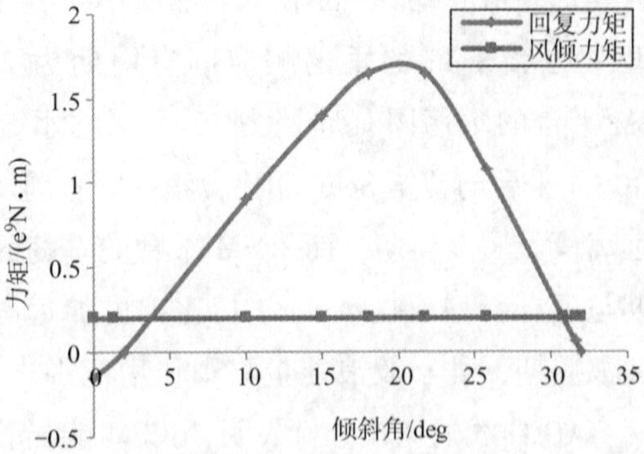

图 4　风倾力矩与回复力矩曲线图

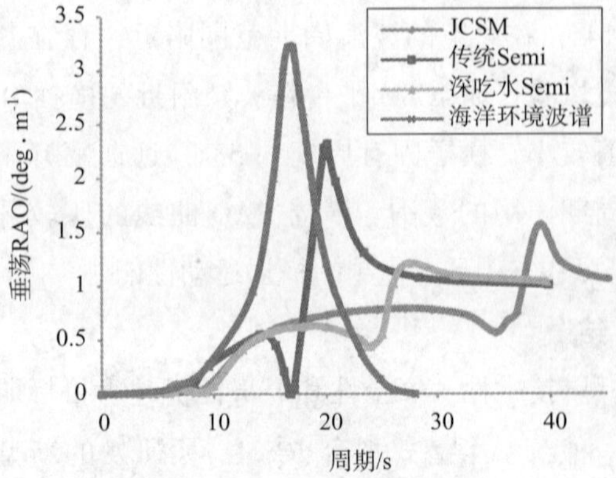

图 5　垂荡运动 RAO 曲线图

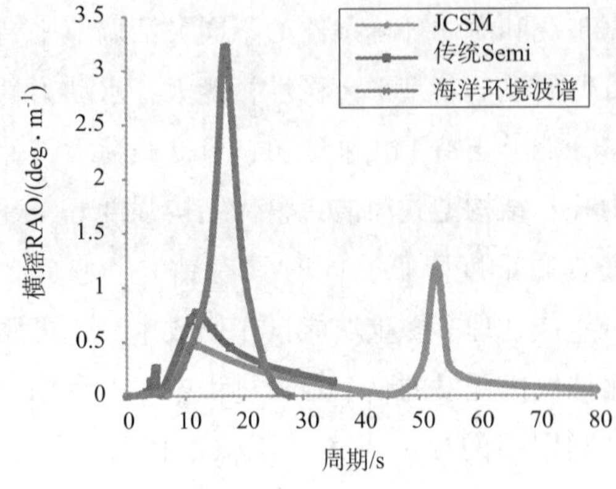

图 6　横摇运动 RAO 曲线图

从图 5 中可知，传统 Semi 的垂荡响应在波浪谱范围内变化比较剧烈，固有周期为 20s，与波浪谱周期 17s 比较接近，容易引起共振响应；而新型深吃水 Semi 和 JCSM 在 26s 以内垂荡运动幅值都比较小且平缓，且两者的垂荡响应峰值均小于传统半潜式平台。新型深吃水 Semi 和 JCSM 在 15s 时垂荡响应幅值大致相同，而 JCSM 在 0~30s 波浪能量集中的周期范围内，垂荡响应更加稳定和缓。JCSM 的垂荡响应在 37s 以内都比较小，其垂荡 RAO 曲线的第一个峰值小于 0.8m。新型深吃水 Semi 的垂荡响应固有周期为 28s，JCSM 平台的垂荡固有周期为 39s，深吃水 Semi 和 JCSM 平台与传统 Semi 相比，垂荡固有周期都能远离最大波浪周期，而 JCSM 平台的垂荡固有周期与现有新型深吃水 Semi 相比则更加远离最大波浪周期，处于波浪能量集中作用范围之外。垂荡 RAO 曲线的比较分析表明，JCSM 能显著改善平台波频范围内的垂荡运动性能。

从图 6 中可知，传统 Semi 的横摇固有周期约 14s，在给定的波浪周期范围附近，存在共振倾覆风险；而 JCSM 平台在波频附近的横摇 RAO 幅值较小，横摇固有周期约 53s，远远离开了波浪周期作用的范围。横摇 RAO 曲线的比较分析表明，JCSM 具有优越的横摇运动性能。

3 结语

以技术性、安全性和经济性优越为目标研发了一种新型半潜式平台 JCSM。所研发的新型平台充分利用自升式桩腿的长度调节功能和由外斜立柱与环形浮箱共同组成的浮体的压载功能，可根据工况和海洋环境条件的不同灵活调节平台重心。所研发的新型平台稳性裕度大，水动力性能优越，能够支持干式采油树，可变载荷大，储油能力强，结构型式简洁，整体结构强度好，建造和安装的难度降低，同时具有钻井、修井、采油、生产处理等多重功能，作业效率高，可用于深水油气田开发的整个寿命过程中。平台综合性能和利用率的提高可大大降低油田整体开发成本，获得较高的油田开发经济效益。和常规的半潜平台进行了一些特征响应的比较后，结果表明这种新型平台的运动特性优越。

自升式半潜多功能平台充分扩展了半潜式平台的应用能力和范围，是一种低成本的深水油气田开发的解决方案，可适应深水复杂环境条件下的作业要求，具有重要的工业化应用价值。在后续的研究中，为了验证这种新颖的半潜式平台在我国南海海域的适用性，仍需对该概念进行稳性、时历运动响应、系泊系统设计以及物理模型试验等一系列关键技术的研究。

参 考 文 献

[1] 姜哲，谢彬，谢文会. 新型深水半潜式生产平台发展综述[J]. 海洋工程，2011，29(3)：132-138.

[2] Murray J, Chen C Y, Yang C K. Mating analysis of the truss and hull sections on the truss semisubmersible in open water[C]//Marine Operations SpecialtySymposium (MOSS). Singapore: [s. n.], 2008.

[3] YANG C K, Murray J, Nab E, et a1. An investigation of stability and workability of ESEMI under the pre-service condition in Gulf of Mexico[C]//ASME 27th International Conference on Offshore Mechanics and Arctic Engineering. Estoril: [s. n.], 2008.

[4] Anis Hussain, Edwin Nah, Ra in Fu, et al. Motion comparison between a conventional deep draft semi-submersible and a dry tree semi-submersible[C]//Proceedings of the ASME 2009 28th International Conference on Ocean, Offshore and Arctic Engineering. 2009.

[5] Williams N, Large S, Bian S, et al. FourStar™ dry-tree semisubmersible development[C]//ASME 29th International conference on Ocean, Offshore and Arctic Engineering. Shanghai: [s. n.], 2010.

[6] Mansour A M, Huang E W. H-shaped pontoon deepwater floating production semisubmersible[C]// Proceedings of the 26th Internationa1 Conference on Offshore Mechanics and Arctic Engineering. California, USA, OMAE2007-29385.

[7] Zou J., Chianis J. Paired-Column Semisubmersible Platform for Wet Tree with Steel Catenary Riser Application in Offshore Western Australia[C]. 1st International Conference on Ocean System Engineering, Seoul, Korea, 2011.

[8] 纪亨腾，冉志煌，叶伟，等. 一种新型干树式半潜平台设计[J]. 海洋工程，2017，35(6)：10-18.

[9] 刘志刚. GM-Lift 半潜式平台立柱的结构设计与强度分析研究[D]. 上海：上海交通大学，2006.

[10] Wang T Y. A new concept of jackup combined semisubmersible multifunction platform[C]//2018 5th Internationa1 Conference on Coastal and Ocean Engineering (ICCOE 2018). Shanghai, China, 2018: 129-137.

[11] 王天英. 一种自升式半潜多功能平台：中国，CN 206926791 U [P]. 2018-01-26.

[12] 胡志强. 多学科设计优化技术在深水半潜式钻井

平台概念设计中的应用研究[D]. 博士论文，上海：上海交通大学，2008.

[13] Jun Zou, John Chianis. Low motion semisubmersible design broadens deepwater development options. https：//www.offshore-mag.com/articles/print/volume-77/issue-7/engineering-construction-installation/low-motion-semisubmersible-design-broadens-deepwater-development-options.html.

[14] Chakrabarti S. Handbook of Offshore Engineering [M]. USA, Elsevier, 2005：427-428.

[15] 中国船级社．海上移动平台入级与建造规范[M]. 北京：人民交通出版社，2005.

[16] FENG H, SUN C M, CHEN Z W, et al. The motion performance and mooring system of deepwater semi-submersible drilling unit [J]. J. Marine. Sci. Appl., 2009, 8：233-236.

一体化设计思路在东营北带砂砾岩储层压裂中的应用

薛仁江　杨　成　翟恒立

（中国石化胜利石油工程有限公司）

摘　要　胜利油区东营凹陷北带盐家永北地区沙四段发育了大量砂砾岩储层，该类储层泥砾砂混杂、分选性差、低孔低渗，厚度大，储层非均质性较强，常规压裂改造后产量递减较快、稳产性差，区块无法有效动用。采用油藏地质工程一体化研究方法，从区块、临井、目标井三个层次优化工艺方案。优化后的永936井分层压裂后取得了单井压裂开发产能突破，有效带动整个区块开发动用，对类似区块有较好借鉴意义。

主题词　砂砾岩；选井选层；机械分层压裂

东营北带广泛发育深层砂砾岩体，深度一般超过3000m，勘探面积1500km^2，潜在资源量4.5×10^8t以上。储层物性以低渗透、特低渗透为主，有效渗透率大多在$(0.1\sim10)\times10^{-3}\mu m^2$之间，存在常压高压交替和多套压力共存现象，横向连通性差，油水关系复杂，一般需要压裂改造投产。砂砾岩储层由于油藏埋藏深、油层厚度大、储层非均质严重、微裂缝发育等特点，给压裂设计和施工优化带来不少困难：①砂砾岩体储层厚度大，利用常规测井数据确定地质甜点较为困难；②由于砾石的存在使得压裂成功率低，易砂堵，裂缝延伸形态难以控制；③由于物源近、沉积分选差、储层含油丰度较低，压裂单层获得高产稳产难度大。如何在目前低油价形势下有效动用疑难区块，获得高产稳产，将是分公司增储上产，工程公司争取工作量获得现金流的双赢选择。

1　砂砾岩储层特征

东营凹陷属于渤海湾盆地济阳坳陷内部的一个次级构造单元，呈NEE走向，总体呈“北断南超”的箕状断陷基本构造格局，进一步分为北部陡坡带、中央隆起带、洼陷带和南部缓坡带四个二级构造单元。盐家永北地区砂砾岩储层发育于东营凹陷北部陡坡带，在沙四段沉积时期，在陈家庄凸起—滨县凸起—林樊家凸起的侧翼形成了大面积的近岸水下扇和扇三角洲沉积体系，堆积了多期次的砂砾岩体。

1.1　储层宏观特征

永935-永936块位于东营凹陷北部陡坡带，其物源来自北部凸起，沿盐18古冲沟冲积而成（图1）。受古地形限制，含油层系沙四段砂砾岩体沿古断剥面呈裙带分布，叠合连片。油藏埋深3000~4350m，受构造-岩性双重因素控制，测井解释孔隙度平均为7.9%，渗透率平均为$3.93\times10^{-3}\mu m^2$，属于特低孔特低渗构造-岩性油藏。该区块砂砾岩储层砾石成分比较复杂，以灰岩为主，亦有泥砾、碎屑岩砾石，岩石粒级分布宽泛，从巨砾岩到泥岩均有分布，砂砾岩分选性差，泥、砂砾混杂，泥质含量高，岩性复杂，反应了近源快速堆积的特点，其主要含油岩性为含砾砂岩和砾状砂岩。这些砂砾岩体沿太古界基底有规律进行组合、叠置和展布，不同期次的砂砾

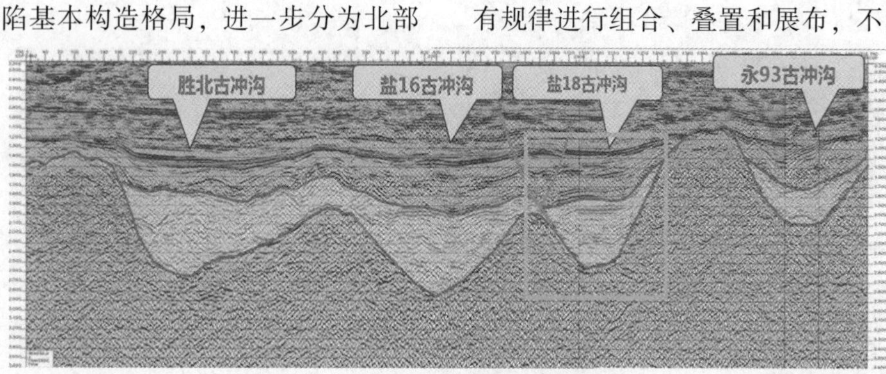

图1　东营北带东西向地震剖面图

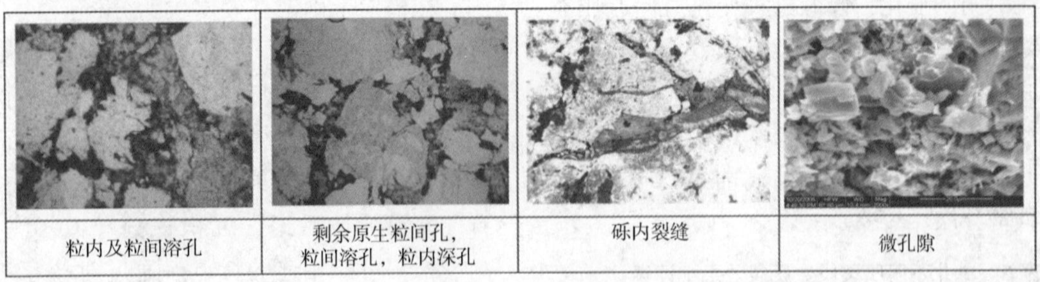

图 2　盐家永北地区砂砾岩储集空间

岩体在纵横向上相互叠置组合，储层整体厚度较大，整体呈现多期次、多旋回、横向变化快的特点，储层非均质性较强。

1.2　储层微观特征

储层薄片鉴定结果显示，岩石组成主要为不等粒岩屑长石砂岩，个别见细砾岩。碎屑组分中长石及岩屑的含量较高，岩屑组分中以变质岩屑为主，石英含量低于 30%，黏土矿物多低于 10%，且以伊利石为主。储层孔隙度绝大部分在 4%~20%之间，平均 10.7%；渗透率绝大部分小于 50×$10^{-3}\mu m^2$。孔隙类型为次生溶蚀孔、残余粒间孔、粒间溶孔、粒内裂缝以及微裂缝等(图 2)。

2　选井选层原则及方法

2.1　压裂开发效果分析

永 935-永 936 块完钻井 5 口，平均钻遇油层层数 25 层、平均厚度为 25m；平均油水同层厚度 6 层、平均厚度 6m。其中压裂试油试采井 4 口(永 928 侧、永 930、永 935、永 936 井)。压裂初期平均产能 6.3t/d，有一定产能，但稳产性差，产量衰减很快，单井单次压裂平均累油 801.8t，单井压裂开发效益较差。通过对永 935-936 块以往压裂施工分析，储层纵向非均质性强，层间应力差异大，即使在较高施工排量下 (6.0m^3/min)，水力裂缝缝高延伸仍受限，难以沟通其他未射孔有效储层。永 936 井压后井温测井曲线显示，水力裂缝高度约 30m。同区块永 920、永 928 侧、永 935 砂砾岩储层压后井温测井结果同样反映了砂砾岩体压裂缝高受限的特征，水力裂缝缝高一般在 17~26m，缝高受限主要是由于砂砾岩储层纵向非均质性强，存在较多泥质条带或泥岩隔层，储隔层间应力差异大所致。

表 1　永 935-永 936 块压裂试油投产统计表

井号	生产井段/m	生产厚度/层数 m/层	措施	加砂量/m^3	投产初期产量			末期产量				
					工作制度	日液/m^3	日油/t	工作制度	日液/m^3	日油/t	单井累油/t	累水/t
永 930	3741.0~3749.0	8.0/1	试油压裂	55	自喷	7.2	5.5	D44 泵	0.1	0.1	1381	349
永 935	4131.0~4139.5	8.5/1	试油压裂	47	D44 泵	6.2	4.3	D44 泵	0.6	0.6	429	141
永 928	3832.0~3852.0	20.0/1	试油压裂	50	自喷	12.5	9.1	D44 泵	2.7	2.3	1850	560
	3832.0~3898.0	30.0/2	补孔压裂合采	20	D44 泵	4.8	4.0	D44 泵	0.5	0.5		
936	3606.0~3614.0	8.0/1	试油压裂	44	D44 泵	9.8	8.7	D44 泵	0.1	0.1	349	221
合计											4009	
平均						8.1	6.3		0.8	0.72	801.8	

2.2　选井选层原则

根据砂砾岩油藏发育特点(多期次、多旋回、横向变化快)，为了提高单井压裂产能，实现产量效益最大化，需要对区块老井进行“甜点”优选。结合储层压裂后的产能公式，影响产能的因素主要有地层系数 kh、表皮系数 S、裂缝半长 Lf、生产压差等参数，其中地层系数 kh 属于储层因素，由储层本身品质决定，根据区块老井压裂试油投产情况统计发现，动用厚度增大，产能提高明显，递减率降低，因此在该区块选井选层原则确定方面，首要因素为有效储层厚度。储层厚度为压裂增产的基础，有效储层的厚度直接决定压裂效果，要对该类储层进行压裂选层，关键是要弄清楚在压裂裂缝延伸范围内，有效储层厚度及其在横向的变化，以及这种变化对储层压裂产能的影响。在此分析基础上，确定了该区块选井选层原则：1)沉积构造位置，要求优选扇中位置；2)储层纵向厚度分布，要求厚度较大；3)压裂改造井段，优选含砾砂岩段(甜点)；4)井筒条件，具备分层压裂要求。

表 2　单井不同压裂段数压裂效果统计表

压裂段数	井次	井段长度/m	动用厚度/m	初期日油/(t/d)	月递减率/%	第一年年递减率/%
1 段	26	69	37	14.1	11.3	76.3
2 段	28	128	91	17.6	5.8	51.2

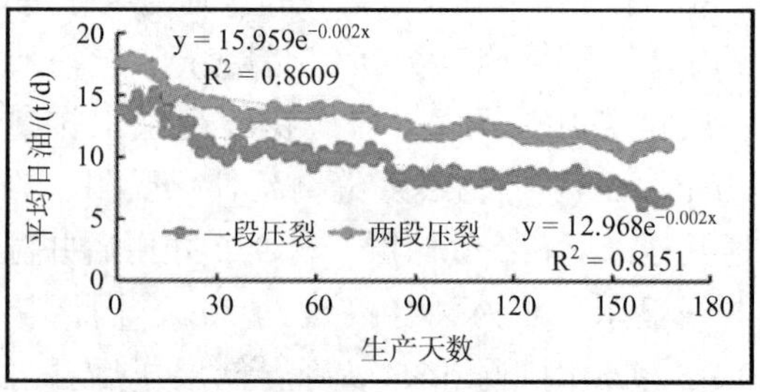

图 3　不同压裂段数井产能递减曲线

2.3　选井选层方法

根据选井原则，要确定储层有效厚度在纵横上的分布，在纵上向，需要利用钻、测、录资料对有效储层进行识别。研究表明，砂砾岩储层随着岩性变粗由砂岩、含砾砂岩、砾状砂岩到砾岩，储层孔隙度逐渐变小。物性与岩石结构具有相关性。储层物性对含油性有着重要的影响，随着物性变好，含油级别逐渐增高，其中含砾砂岩、砾状砂岩物性含油性最好，砾岩含油性较差，因此，对有效储层进行识别，关键是对含砾砂岩及砾状砂岩精确识别。实现含砾砂岩及砾状砂岩有效储层的位置和厚度进行划分确定，采用了测井三孔隙结合沉积旋回的方法，即利用测井密度、中子声波进行岩性基本识别，利用旋回方法划定岩性纵向分布位置，以达到纵向上精确划分有效储层的目的。

表 3　测井岩性划分

岩性划分	声波/(us/ft)	密度/(g/cm³)	中子/%
含砾砂岩及砾状砂岩	>57	<2.5	>9
泥岩	>75	2.5~2.6	>15
砾岩	<57	>2.5	<6

在横向上确定有效储层的分析，主要采用了沉积相分析的方法。砂砾岩体属于近岸水下扇沉积，由于近岸水下扇是一次性洪水事件的产物，具有形成时间短、突发性强的特点，因而具有向盆地推进距离小、单层厚度不大、垂向多层叠置，并沿陡坡后退、沉积物分异差、泥质含量高、根部可能相连的特点。通过对盐家-永北地区砂砾岩体近岸水下扇沉不同积亚相位置的物性分析，储层在纵向上的韵律特征在横向上也有所体现。不同的搬运距离可以影响沉积物的分选性，不同沉积微相的变化使得平面上渗透率快速变化，不同微相渗透率数相差十倍甚至上百倍(表4)，这种平面上由微相变化所产生的非均质性造成平面上单井自然产能差异明显，特别是在储层相变较快地区。因此，在压裂选井选层过程中，可利用沉积相分析储层平面非均质的变化，以准确确定扇中有效储层的分布范围。

表 4　盐 22 地区砂砾岩体不同沉积微相储层物性

沉积微相			孔隙度/%	渗透率/($10^{-3}\mu m^2$)
相	亚相	微相		
冲积扇	扇根	主河槽	10.1~15.3 12.5	1.5+216 55.5
		槽滩	1.9~18.6 7.8	0.01~0.44 0.16
扇三角洲	扇根	主沟道	6.2~30 17.39	0.02~2872 46.76
	扇中	辫状沟道	3.1~28.9 20.88	0.02~103 14.736
		沟道间	3.1~19.2 14.01	0.26~28.3 0.75
		前缘	3.3~18.4 12.196	0.23~76.3 5.77
	扇端		1.3~24.2 10.78	0.22~334 0.72

根据砂砾体储层压裂选井选层原则及方法，永 936 井处于扇中有利位置，射开层上部有较大厚度的有效储层，井筒条件较好，具备实施分段压裂增产潜力，因此优选永 936 井实施老井分层压裂。

3　压裂分段及射孔优化

针对该区块砂砾岩厚度大、非均质性强的特点，为了实现纵向上最大程度改造、动用有利储层，提高储层压裂稳产性和累油量的目标，优化射孔方案，在总结该区块压裂试油井效果的基础

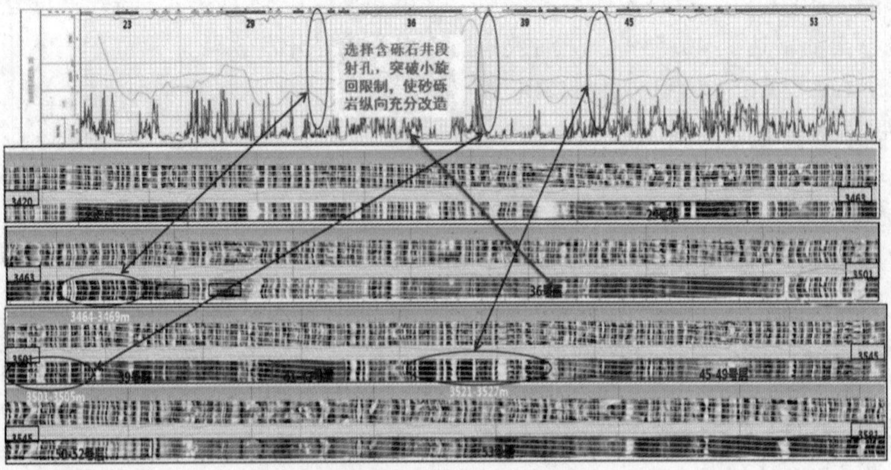

图 4　永 936 井压裂分段及射孔优化

上，地质工艺充分结合，提出了利用沉积旋回优化压裂分段及分簇射孔方案。分段分簇射孔优化具体做法为：大旋回控制分段，小旋回控制射孔，以达到大套砂砾岩储层纵向充分改造有效动用目的。

在北部陡坡带，由于砂砾岩体多期次发育，且在纵向互相叠置，因此纵向上砂砾岩体沉积旋回特征明显，旋回厚度 3~5m，纵向上岩性及物性变化快。每个小旋回底部的砾岩段的存在往往限制压裂缝高的上下延伸，导致储层压裂后纵向动用程度低，稳产较差的问题。因此，对大段砂砾岩体进行沉积旋回细分，选择旋回底部砾石井段射孔，以突破小旋回限制，成为砂砾岩体纵向充分改造成功的关键。

4　压裂增产关键技术

4.1　新型高效增产压裂液体系

为降低压裂液对储层伤害，需对液体体系进行优化。通过对压裂液体系的优化，使其在满足压裂液造缝和携砂性能基础上，还可以改变储层润湿性，使大量剩余油可以被驱替出来。实现储层伤害程度的大幅下降和压裂改造效果的大幅提升。

新型高效增产压裂液体系技术思路：

① 水相活性物质穿透能力提高：通过纳米、微乳等技术手段，确保活性物质渗入油层并抵达孔隙基质，并降低吸附损失。

② 储层岩石润湿性改变：通过表面活性物质降低原油在岩石表面吸附，改变表面润湿性，从而增强水相毛管力，提高自吸速率，打破现有油水平衡，实现原油增产。

4.1.1　助排剂优选

根据室内岩心脱水试验结果（图 5），添加 SD-20 高效助排剂的体系失水率高出常规体系 15%~19%，表明具有较好的返排性能。根据室内高温条件下返排试验结果，经过 235℃、两周的热处理之后，表现出和未经过热处理的产品几乎相同的返排能力，表明具有较好的热稳定性。

4.1.2　表面活性剂优选

添加 CRS-1080 和 GS-256 的 2%KCl 溶液其出油效果比较明显（图 6）。溶液中含有少量 CRS-1080（0.3%）和 GS-256（0.3%）时，岩心出油率大幅增加。CRS-1080 浸泡的岩心，其出油

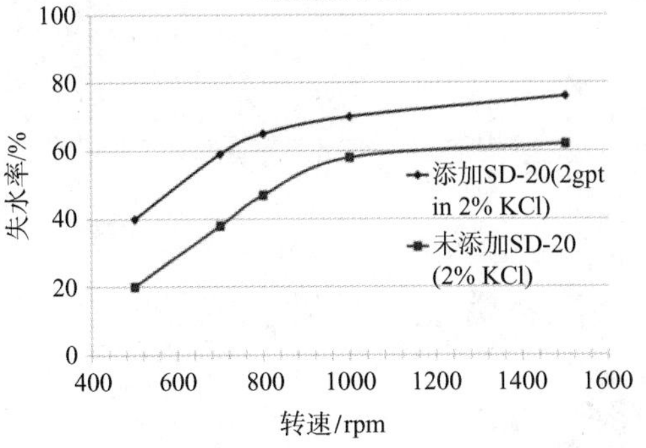

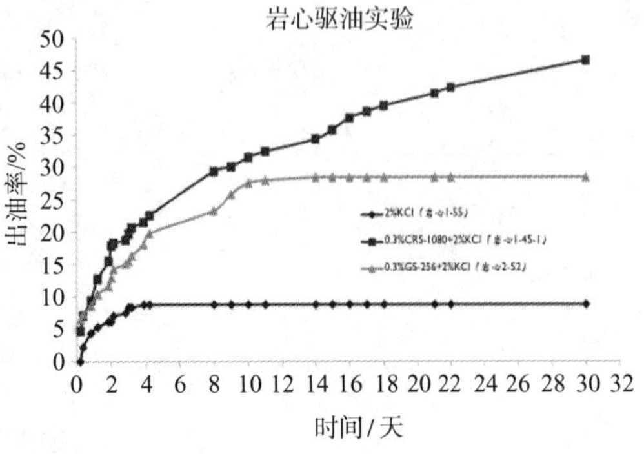

图 5　岩心脱水实验结果图 6 岩心驱油实验结果

率持续增大，浸泡30天后，岩心表面洁净，瓶内无残留油滴，出油率达到46.53%，洗油效果好。浸泡的三个岩心，CRS-1080浸泡的岩心渗透率最小，而出油率最大。综上所述，CRS-1080洗油效果最好。

4.2 高导流通道压裂

携砂液中加入纤维，使支撑剂段塞在裂缝中稳定下来，形成支撑剂基团。支撑剂填充区形成高速通道网络，将裂缝导流能力提高几个数量级。

① 降低支撑剂沉降速度，改善缝内支撑剂铺置效果，提高支撑裂缝高度；

② 变“面”支撑为“点”支撑，大幅度提高裂缝导流能力；

③ 高速通道压裂支撑剂用量约为常规工艺用量的70%，节约施工成本。

4.3 暂堵转向压裂工艺

通过采用缝内暂堵工艺，强制裂缝转向，形成复杂的裂缝，提高裂缝系统波及宽度，提高改造效果。层间暂堵，提高纵向上改造均匀程度。施工中低应力部位先压开，若不进行暂堵，压裂液可能绝大部分进入低应力层，高应力层未只进入很少的压裂液，导致改造不充分、不均匀。

5 应用效果

2017年9月，永936井优选压裂机械分层及高速通道压裂改造方式，实施分层三段压裂，总施工液1265m^3，加砂138m^3，按设计顺利完成。压裂后初期日油18t，后期稳产5t，生产1年累油2088t，取得了该区块单井压裂开发产能的突破。该井成功实施，带动整个区块有效开发动用，该区块部署8口井，区块整体压裂投产后，单井平均日油7.5t/d，新建产能2.24×10^4t，取得了较好开发效果。

参考文献

[1] 姜梅枝．低渗透重复压裂井选层研究[J]．油气井测试，2012，21(2)：38-43.

[2] 秦学成等．苏北盆地阜宁组低渗储层压裂选层地质条件研究[J]．内蒙古石油化工，2003，30(1)：132-134.

[3] 孙平，蒋廷学等．水力压裂选井选层的快速评价方法[J]．油田勘探与开发，2003，30(6)：119-122.

[4] 王居峰．济阳坳陷东营凹陷古近系沙河街组沉积相[J]．古地理学报，2005，7(1)：45-58.

[5] 张海峰，刘庆．山东东营凹陷古近系沙河街组湖盆演化及烃源岩赋存相带[J]．古地理学报，2005，7(3)：384-397.

[6] 裘亦楠，薛叔浩．油气储层评价技术[M]．北京：石油工业出版社，1997：36-43.

[7] 严科，杨少春，任怀强．储层宏观非均质性定量表征研究[J]．石油学报，2008，29(6)：870-879.

[8] 李婷，赵军龙等．储层非均质性研究方法技术综述[J]．陕西煤炭，2013，1(1)：62-64.

[9] 丁云宏．难动用储量开发压裂酸化技术[M]．北京：石油工业出版社，104-106.

[10] 王雷，张士诚．防回流纤维对支撑剂导流能力影响实验研究[J]．钻采工艺，2010，33(4)：97-98.

[11] 何红梅，李尚贵，杨兵，等．纤维对支撑剂导流能力影响实验研究[J]．钻采工艺，2009，32(1)：75-77.

[12] 张朝举，张绍彬，谭明文，等．预防支撑剂回流的纤维增强技术实验研究[J]．钻采工艺，2005，28(4)：90-95.

页岩气体积开发分段压裂产气性测井评价

石文睿[1] 王兴志[1] 李伯珍[2] 张志华[3] 胡中桂[3] 石元会[3]

(1. 西南石油大学地球科学与技术学院；2. 中石化江汉石油管理局有限公司；
3. 中石化江汉石油工程有限公司)

摘 要 涪陵岩页气田水平井具有水平段长、产量高的特点，为了解“体积开发”水平井各压裂段的动态产气能力、认识返排规律以及确定单井最佳生产工作制度，实现气田低成本高效开采，利用FSI流体扫描成像测井仪和TP温压剖面测试仪，采用牵引器或光纤—连续油管输送工艺，在65口重点井中进行了连续产气剖面测井试验和资料解释评价研究。结果表明：牵引器或光纤连续油管能将测井仪器安全高效地输送至井底，满足测井施工要求；即使在同一口页岩气井的相同或相似层段，各压裂段的产气能力仍存在较大差别；页岩气井在不同工作制度下，对滞留地层中的压裂液返排有明显影响，并影响部分压裂段生产能力；近A靶点的压裂段产气贡献高，能达到到总贡献率40%以上，最高可达到80%，这种现象为我们设计新的开采模式提供了参考。研究成果被用来指导气田单井工作制度的制定，对国内外同类页岩气田开采具有重要指导意义和参考价值。

关键词 页岩气井；产气剖面测井；光纤-连续油管；牵引器；FSI；温压剖面测试仪；试验应用

四川盆地及其周缘上奥陶统五峰组——下志留统龙马溪组海相页岩气勘探开发的突破和发展，推动中国天然气理论创新和技术进步，形成具有重大战略意义的连续型油气聚集、水平井体积压裂开发等一批关键理论技术[1]。中国页岩气的资源禀赋与北美地区存在着较大的差异，由此决定了不能生搬硬套后者页岩气革命的经验和做法[2]。涪陵页岩气田是国内发现并投入开发的大型非常规气田之一，水平段分段压裂体积开发是页岩气藏实现工业化和商业化的主要方式[3-4]。了解和掌握涪陵页岩气田体积开发模式下的各压裂段产出情况，确定最佳生产工作制度，对气田高效开发、合理配产、采收率提升至关重要。

传统的产出剖面测井技术，在应用于水平井时会面临较大的困难[5-10]。一是水平井段多相流流态的复杂性。水平段的流动以分层流动为主，且油气水之间存在滑脱现象，尤其是低流量时，井斜对流态的影响程度更为强烈[11-14]。传统的产出剖面测井仪器在井筒中为居中测量，无法准确测量和评价水平段复杂的分层流动情况。二是水平井井眼轨迹和井身结构较为复杂，传统的测井仪器组合很难在水平井中实现工具串的顺利起下与测量，稳定合理的测速也难以保证。

FSI流体扫描成像测井仪(以下简称为FSI)是国外公司为大斜度井、水平井和近水平井而开发的，处于国际同类先进技术的前列。由于涪陵页岩气气井水平段井筒环境较复杂，存在不同数量的钻屑、沉砂及其他杂物，该FSI仪器的涡轮结构仪器容易遇卡，导致测试数据不完整，测量及维修费用较高，不适于长期的生产测试任务。为此，有机构研制了专门用于大斜度井、水平井的TP型温压油气井产出剖面测试仪(以下简称为TP)。

为了实现涪陵页岩气田水平井产气剖面测量，采用电缆牵引器或光纤—连续油管输送FSI流体扫描成像测井仪、TP温压油气井产出剖面测试仪施工技术，在65口水平井中进行了多相流流态测量试验并取得了较好的应用效果与试验应用认识。

1 测井仪器传输技术

1.1 光纤-连续油管传输方式

光纤—连续油管传输方式是将测井光纤穿入连续油管中，并配备相关的工具和接头，末端与测井仪器连接，采用连续油管地面装备，依靠连续油管自身的钢度和韧性将井下测井仪器送到水平井的目的井段进行测试。与其他硬线传输介质相比，光纤具有许多优势，玻璃纤维以光脉冲的形式传播信号，传输速度更快且不受电磁干扰。有四根光纤：两根用于与传感器通信，一根用于测量温度，另一根作为备用。这些光纤被封闭在柔性铬镍铁合金钢制保护套内。该保护套与光纤都通过连续油管滚筒下入到位于连续油管管柱末端的工具头中。光纤保护套的外径只有1.8mm，对连续油管内截面的影响几乎可以忽略不计，因此不会对泵速产生影响。而且，重量非常轻，只相当于一段同等长度单芯电缆重量的1/20。

1.2 牵引器输送方式

牵引器是一种轮式牵引器，可用于套管完井水平井。工作时由地面控制器发出指令，井下仪器中的辅助电机控制牵引器的两组四支驱动轮的张开，使驱动轮紧紧压在套管壁上行走，从而完成对测井仪器的牵引工作，通过改变供电电压可调节牵引器的牵引速度。它具有牵引力大、操作简便、深度控制准确等优点。

2 测井方法与仪器简介

2.1 FSI测井

2.1.1 水平井多相流动测量

FSI仪器组合包括：一个仪器臂上有四个微转子流量计，测量流动速度剖面，另一个臂上有五个电子探针和五个光学探针，分别测量局部的持水率和持气率。另外，仪器壳体上还有第五个转子流量计和第六对电子探针和光学探针，测量井筒底端的流动。所有传感器的测量是同时在相同深度上进行的。

FSI为偏心仪器，测量时仪器主体位于井筒的底端，测量臂可展开，最大可到井筒的内直径，像井径仪一样，提供计算流动速率所需要的井筒内全范围测量。

(1) 多相流速度剖面

因为FSI测量沿井筒直径方向的速度剖面，它可测量到单个居中转子测不出的速度变化。它可测量混合和分层流态，包括多相流水平井中气相流速的独立测量。FSI甚至可以探测到井下水相的循环流动。

五个微型转子中的每一个可直接测量到流经其位置的流体速度，从而计算多相流速度剖面。

(2) 从水中辨别油气

FSI通过六个低频探针测量流体阻抗来探测水。因为水导电，但油气不能，设定一个门限值可使仪器能辨别出油气和水。当连续水相中的油滴或气泡，或连续油气相的水滴接触到探针针尖时，探针会产生一个二进制信号。根据电路接通的时间可计算出持水率，持水率剖面精确地表现了井筒内的流态。

(3) 从液体中辨别气

常规低频探针仅能从油气中辨别水，但FSI配备了用于气检测的光学探针。六个GHOST持气率光学探针对流体的光学折射系数敏感。典型地，气的折射率接近于1，水的约为1.35，原油的是1.5。因为油和水具有类似的流体光学折射系数，所以光学探针被用来从液体中辨别出气体。从原始数据中也可得到气泡计数，用来确定第一个产气点的位置。光学探针的持气率测量不需要刻度，因为其信号是二进制的。

2.1.2 水平井多相流动解释

光纤探针持气率测量是基于油气水三相流中气相中的气体和液相中的油、水对光的折射率不同，当光纤探针接触三相流体中的气体时，光在光纤探针上产生全反射现象，光线返回到传感器接收端，输出高电平；当光纤探针接触到三相中的水或油时，因为介质折射率增大，致使全反射的临界角增大，光线折射入水或油相中，不满足全反射条件，传感器输出低电平。传感器输出电平的宽度表示气的大小，实时采集传感器输出脉冲并对其进行统计，测量一定时间内光纤探针中传输光强反映到探测器的次数及脉冲宽度可计算出持气率值。

光学探针和电探针结合在一起，可提供同一深度三相持率的数据。水持率计算为：Y_w=低信号时间/总时间，气体持率：Y_g=高信号时间/总时间。

2.2 温压剖面测试

2.2.1 测试仪器

1) 管柱结构

温压剖面测试管柱由导向头、测试仪器、变扣、马达总成和连接器等组成(图1)。其中，测试仪器为存储式结构。用这种连续油管进行测试，节省了电缆或光纤的数据传输工艺，测试仪器主要测试参数为温度、压力、持率、伽马、磁定位等。

2) 测试原理

当气从储层的高压状态进入井筒后，由于压力降低，气体分子扩散，体积膨胀而吸收出气口附近的热量，引起井筒温压场变化。气流的温度在某一时刻会发生明显的异常变化，即进入井筒时的焦耳汤姆逊节流效应过程，使气流温度在射孔簇位置处突降，而气流温度的降低幅度是由该射孔簇位置处的出气量决定的，据此温度变化机

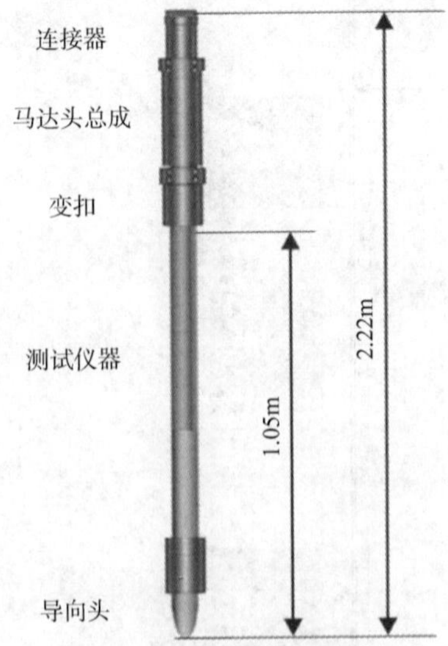

图 1　TP 温压剖面测试管柱结构示意图(左)、托筒图(右)

理建立水平气井井筒内流体流动的管流模型，再综合考虑地层温度场、井身结构、井眼轨迹、井筒积液、产出流体物理化学性质等因素对井筒温压场影响，以物质质量守恒与能量守恒为理论基础，建立数学解释模型对水平气井各射孔层段产气量进行定性解释。

仪器技术指标：温度测量范围为 0～125℃±0.5%F.S，分辨率 0.01℃；压力测量范围为 0～70MPa±0.05%F.S，分辨率 0.002MPa；数据存贮容量为 50 万组，连续测试时间为 48 小时。

3）测试工艺

借鉴连续油管进行钻塞、打捞的成熟施工工艺，考虑页岩气井水平段长一般在 2000m 左右的实际情况，采用 2in 连续油管输送仪器。在长水平段保持足够动力，保证能够将产气剖面测试仪器推送到井底；用连续油管连接与测试仪器结构相同的模拟测试工具串及打捞筒，进行通井及打捞施工，尽可能清理井筒环境，保证测试仪器安全并顺利完成测试；采用合理的测试速度（8～10m/min）对水平段进行匀速拖动或定点测试。

3　应用试验

3.1　牵引器输送 FSI 测量试验

A 井是位于川东南涪陵页岩气田的一口评价井，井深 3654.0m，井斜在 88.0°，水平段长 1008.0m，测试目的是系统评价涪陵页岩气田志留系龙马溪组页岩气含气特征及产能。

采用牵引器输送 FSI 仪器方式进行数据采集。分别在 $6\times10^4m^3/d$、$9\times10^4m^3/d$ 和 $12\times10^4m^3/d$ 产量稳定时，以 6m/min 测速从 2600.0m 开始下测，采集数据，直到井底 3550.0m。关闭牵引器以 15m/min 速度上提电缆上测。在地面计量产量为 $6\times10^4m^3/d$ 的生产制度下，水平井剖面测试过程中，仪器受井下复杂条件影响较大，部分数据缺失（图 2）。将 FSI 仪器提出井筒，发现仪器中夹杂着大块杂物，转子已经损坏，一些探针也遭到破坏，说明井下条件非常恶劣。

1）从产气剖面解释结果来看，按压裂级段，主要贡献是 12～15 段，占总产气量 90%，2～11 段贡献小，产气量仅占 10%。36 个射孔簇，13 个没有产量，有效率 64%。2769.0～2770.0m 射孔簇贡献 31.7%。

2）地面产水微量，但在井下斜井段发现有水回流现象，水平段积液较多。

3.2　光纤—连续油管输送 FS 测量试验

B 井井深 4350.0m，完钻层位为志留系下统龙马溪组，井底井斜 89.8°，水平段长 1500.0m。

为了解该井各段、簇产出情况，评价各段、簇压裂生产出力情况，为后续各井的轨迹优化、分段压裂参数优化、射孔井段优选提供依据，采用 2″光纤—连续油管携带 FSI 测井仪对目的层段进行产气剖面测试。开井至 $27\times10^4m^3/d$ 的产量稳定状态，进行了一次下测和一次上测，测试深度为 2751.0～3525.0m（压裂段 9～15 段）。测试过程中，仪器下放多次遇阻，两次通井之后打捞筒内捞出较多的卡瓦碎屑、胶皮和泥沙。

根据 FSI 采集数据进行解释，采用相应的水平井滑脱模型以及流速校正因子，利用 MPT 多传感器处理模块，从而计算出油相和水相在每个深度的产量。参考地面估算产气为 $27\times10^4m^3/d$。由于本井为套管内径 118mm 油层套管射孔完井，共压裂 15 段，但测试深度为第 9～15 压裂段，数据解释时按 7 段压裂段和 21 个射孔簇进行解释，根据 5 个转子流量计响应确定探针持水率值（图 3）。

根据转子转速和转子转速与流体速度刻度数据表，应用 MPT 计算出的产气剖面结果如下：

（1）测井解释计算地面产气为 34℃ 时 $270745.6m^3/d$。

（2）在此产量制度下，第 9～15 段，所有压裂段均有气体贡献。

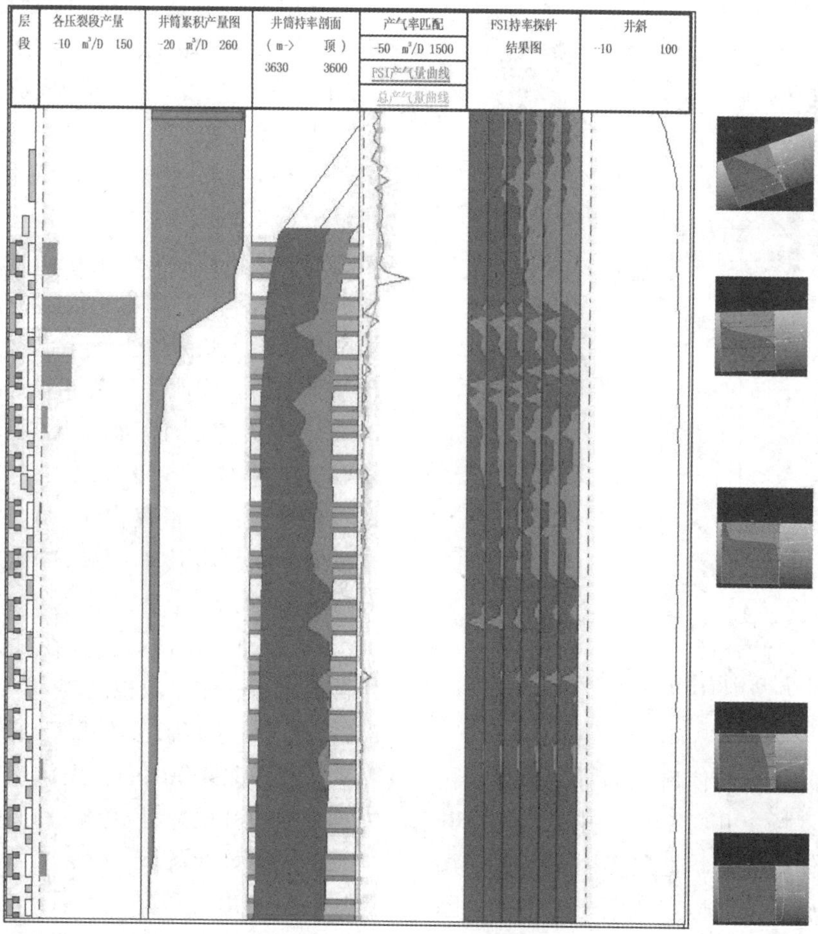

图 2　A 井 FSI 测井解释成果图

(3) 第 9 压裂段以下产气贡献占全井产量的 60.13%。

(4) 第 9~15 段井筒中没有水，全部为气。

3.3　确定合理工作制度试验

研究试验井在不同工作制度下的各产能贡献，需要选择压裂分段相对多、井筒干净、各段都有贡献的，尽可能避免出现不确定性因素影响。研究气井合理配产的工作制度，需要多次上提、下放仪器，并且要求仪器井下工作时间长，从安全角度，考虑使用光纤—连续油管输送 FSI 测井仪是可靠的。

C 井井深 4245.0m，井底井斜 89.7°，水平段长度 1344.1m，测前通井、捕捞证实井筒干净，阻卡概率低。采用 2″光纤—连续油管输送 FSI 测井仪，对目的层段 2836.0~4207.0m 进行产气剖面测井(图 4)，评价不同工作制度下的产气情况以及气井产能，确定合理工作制度，指导气井合理配产。

开井至 $20\times10^4m^3/d$ 的产量稳定状态，组合仪器串以 8m/min 速度下测到 4188.0m，然后以 15m/min 进行上测到 2802.0m，分析数据后，又以 10m/min 速度下测到 4188.0m 附近。上提仪器，上提过程中，调整产量到 $30\times10^4m^3/d$，并等稳产。开井至 $30\times10^4m^3/d$ 的产量稳定状态，组合仪器串以 10m/min 速度下测到 4188.0m 附近，然后以 15m/min 进行上测到 2802.0m。测得两种工作制度下产气剖面测井资料。

主要解释结果：

(1) 该井射开层位基本上都有产出，且分布相对均匀，两种生产制度下，产层主要产出情况略有差异，适用于单井配产试验研究。

(2) 第一种工作制度下($20\times10^4m^3/d$)，第一主产气层为第 6 段，产气 $4.14\times10^4m^3/d$，占总产量的 14.3%；第 7 段产少量水，$4.02m^3/d$。

(3) 第种二工作制度下($30\times10^4m^3/d$)，第一主产气层为第 12 段，产气 $2.85\times10^4m^3/d$，占总产量的 14.19%；基本不产水。

(4) 第一工作制度，对下部 6~9 段储层开采较为有利；第二制度，对中部 11~14 段储层开采较为有利。

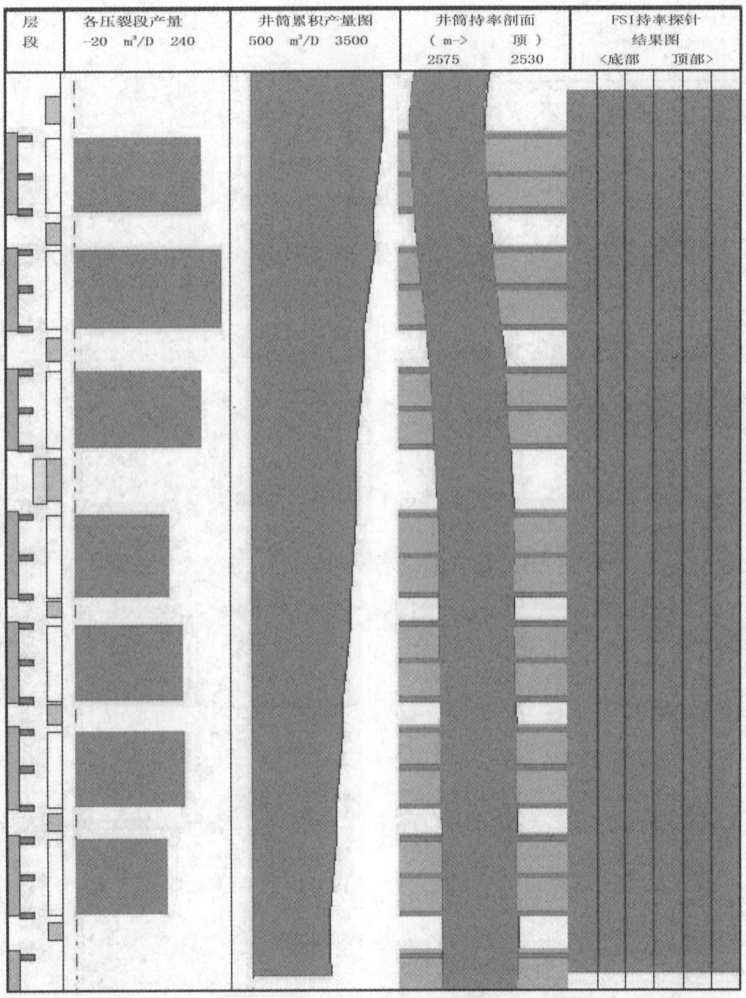

图3　B井FSI产气剖面测井解释成果图

(5) 两个工作制度下，井筒中持水率主要在第2~5级和第7~13级有较大差异。第二种工作制度$30\times10^4m^3/d$条件下，井筒中水持率明显比第一种工作制度$20\times10^4m^3/d$条件下水持率低。

3.4　温压剖面测量试验

D井完钻井深4350.0m(图5a)，完钻层位志留系下统龙马溪组，井底井斜89.8°，方位179.81°，垂深2590.62m，闭合位移2003.65m。该井邻井JY1HF井下志留统龙马溪组地层温度83℃，根据最高井口压力30.10MPa，折算地层压力为35.72MPa，钻探目的是落实水平井单井产能，优化工程工艺技术参数，评价不同井间距、不同簇间距对单井产能的影响。采用连续油管进行产出剖面测试施工，在气井正常生产状态下测试温压剖面，分析各产层产出贡献，为后续井的分段压裂参数优化、射孔层段的优选提供依据和经验。

D井投产之初，采用4mm、6mm、10mm油嘴经分离器放喷排液，井口压力17.1↗25.6MPa，出口过两相分离器返液161.88m^3，点火焰高5~8m，火焰呈橘黄色，放喷累计排液161.88m^3，地层累计返液2202.79m^3，压裂全程入井总液量28650.2m^3，待排液量26447.41m^3。用12mm、10mm、8mm、6mm油嘴放喷测试，井口压力25.5~31.2MPa，瞬时产量17.89~37.57$\times10^4m^3/d$。正式投产后，套压5.92MPa，日产气量达到36.61$\times10^4m^3$，进行温压产出剖面测试时已累计产气9257.87×104m^3，产水572.62m^3。

采用ϕ73mm连续油管带输送TP温压产出剖面测试仪，对D井进行全井段温压剖面测试。两次测试通井，测试工具串分别在3473m及3546m处遇阻，主要原因是水平井段钻屑沉积、井眼轨迹上倾，而两次遇阻深度都在靠近井眼轨迹的C靶点位置(图5b)。在上倾点井眼中，连续油管推动测试仪器前进既要克服井筒内的摩擦阻力，

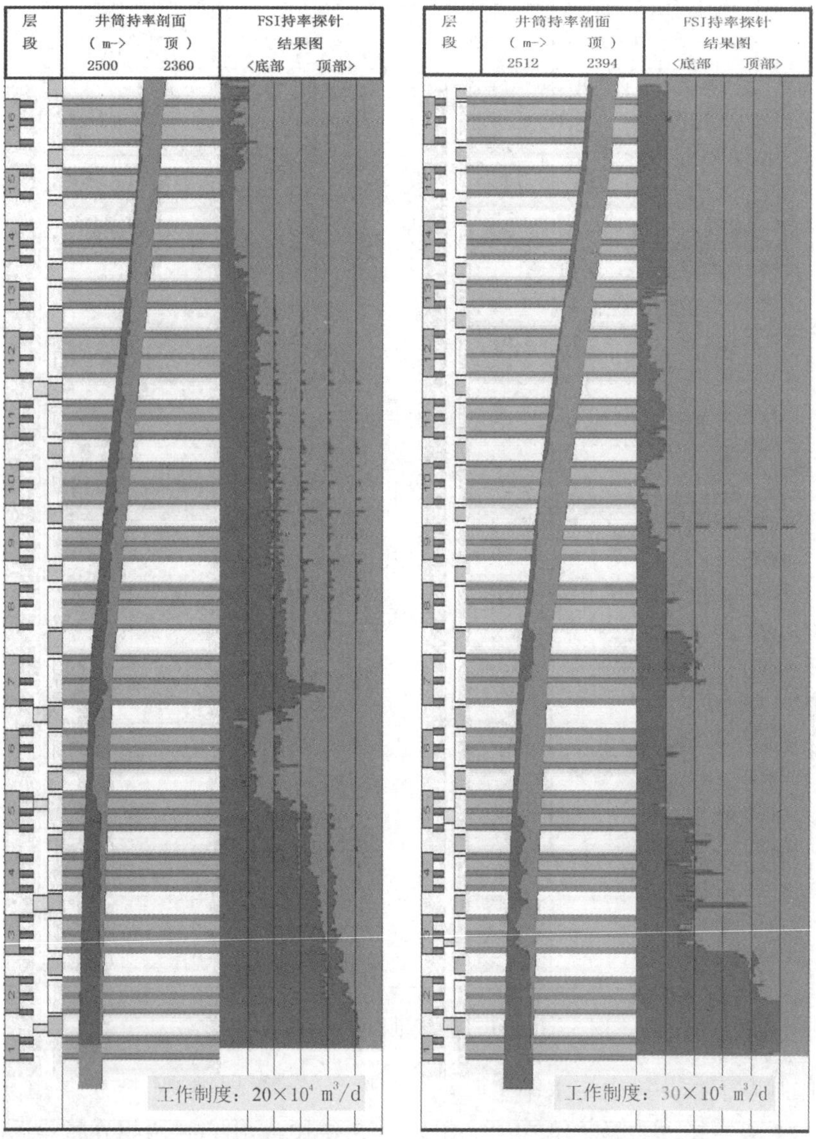

图4　两种工作制度下C井产出剖面测井解释成果对比图

又要克服部分自身重力，当井筒内存在大量碎屑及沉砂时，会增大仪器下入水平段的摩擦阻力，导致连续油管推动仪器无法前行。

两次测试通井，测试工具串第二次测试段深度(3546m)深于第一次(3473m)，因此，取第二次测试数据进行解释。两次录取到水平井段温度、压力等数据(图6)。

(1) 两次测试温压剖面曲线连续、完整性较好，对应每一射孔段的温压变化趋势基本一致，说明仪器工作状态稳定，测试数据可信；

(2) 对图6b温度压力剖面曲线，每个射孔井段的温度变化量进行了计算，以测试到第15-8段产气量为100%，计算测试各簇产气量百分比柱状图如图6c，各段产气量百分比柱状图如图6d，对第8-15段段的产气定性解释结果为。

分簇解释：

主要产气射孔簇为：第22簇(3512-3513)；、第34簇(3145-3146)、第40簇(2926-2927)、第43簇(2832-2833)；次要产气射孔簇为：第24簇(3446-3447)、第25簇(3415-3416)、第34簇(3146-3145)、第37簇(3026-3027)；产气极低射孔簇为：第27簇(3356-3357)、第32簇(3213-3214)。

分段解释：

主要产气段为：第15段(2832~2833m)、第14段(2926~2827m)、第12段(3145~3146m)、第9段(3415~3416m)、(3446~3447m)、第8段(3512~3513m)；次要产气段为：第13段(3026~3027m)；产气极低层段为：第10段(3325~3389m)。

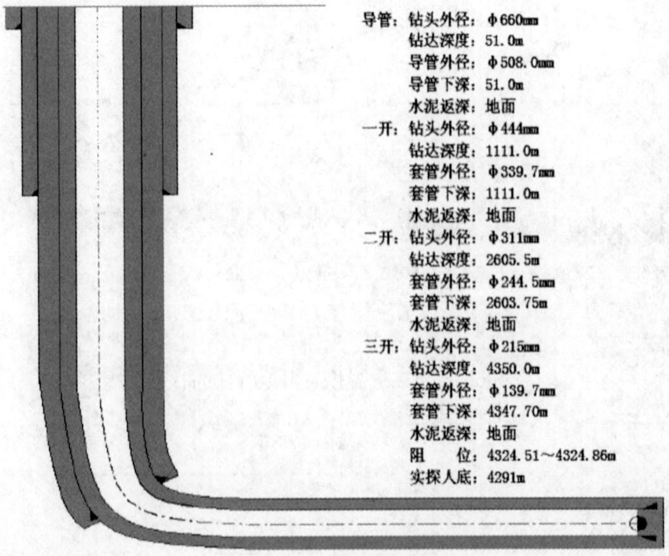

图 5a　D 井井身结构图

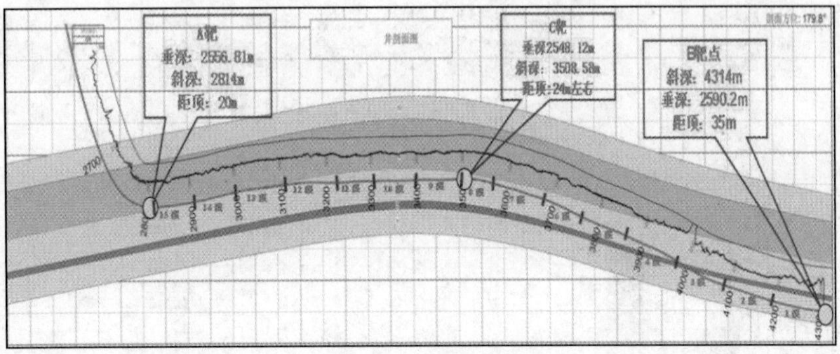

图 5b　D 井实钻轨迹图

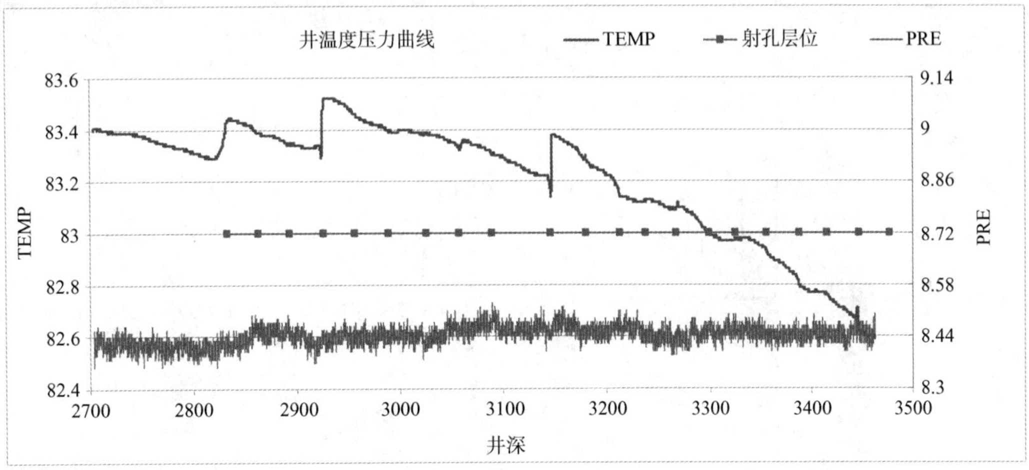

图 6a　第一次温度、压力测试曲线

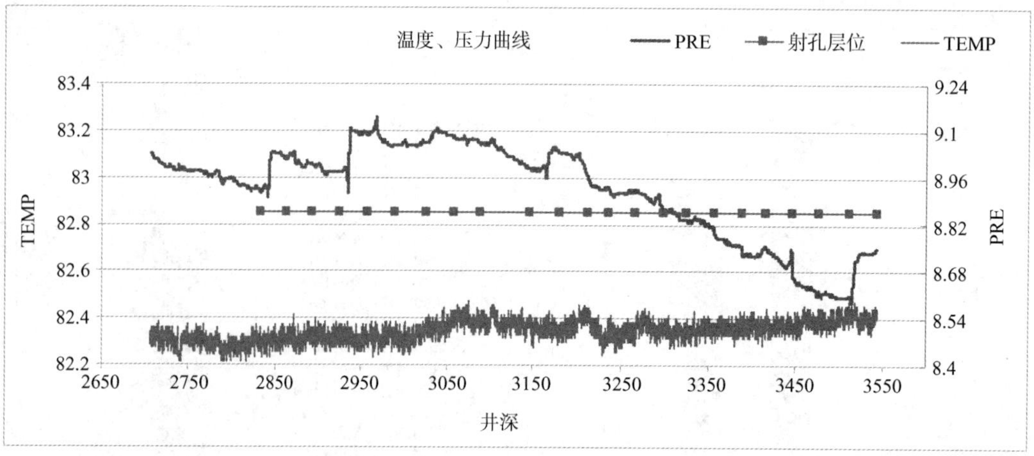

图 6b　第二次温度、压力测试曲线

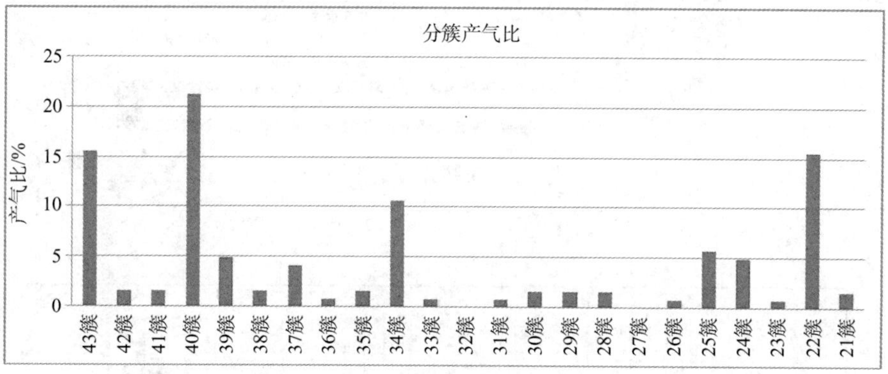

图 6c　D 井分簇产气比

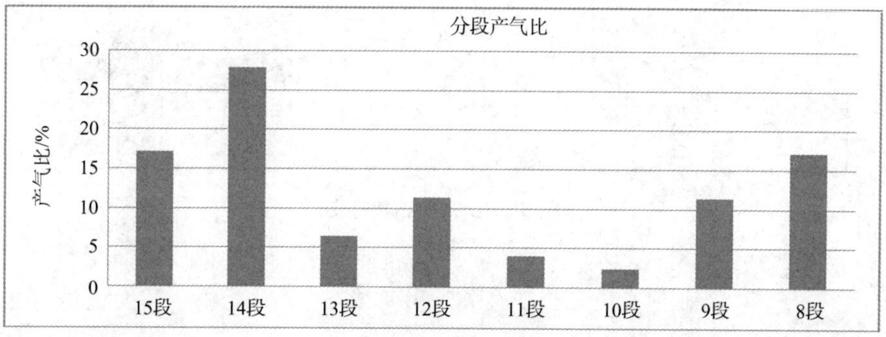

图 6d　D 井分段产气比

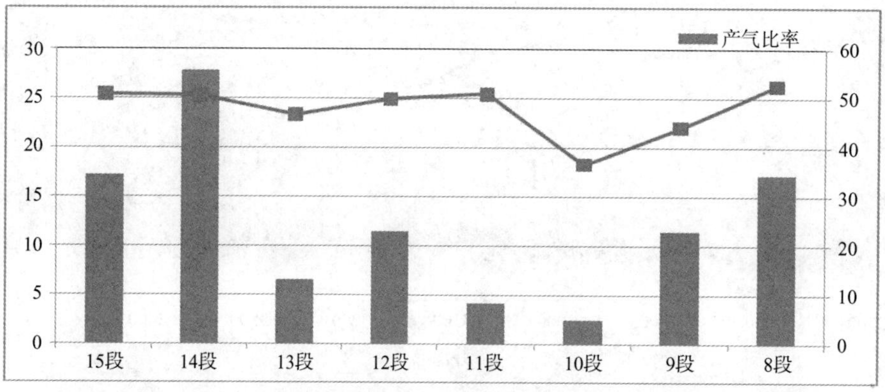

图 6e　D 井产气比与压裂施工总液量对比

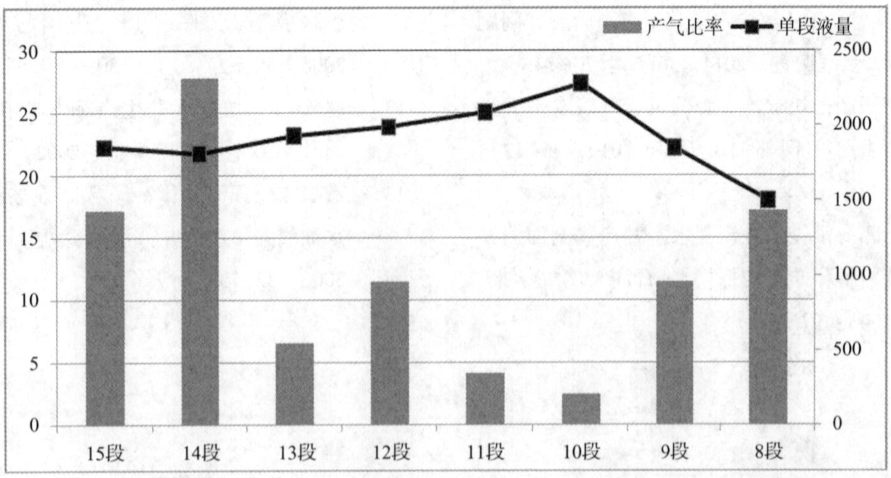

图 6f D 井各段产气贡献率图

(3) 将产气比与压裂施工总液量、总砂量进行对比(图 6e、6f)，靠近 A 靶点第 15 段(2832~2833m)、第 14 段(2926~2827m)产气贡献高。

测井过程中，在直井段上提过程中井口产量计量变化异常，由 32 万方降低至 15 万方左右，分析并查找出产量突降的原因：地面计量仪针阀被携带出的井筒胶皮阻塞而致。

4 主要认识

1）牵引器和光纤—连续油管传输是目前管水平井产气剖面测井作业最佳传输方式。为了保证 FSI 流体扫描成像测井仪器在井下正常工作，取全取准资料，测试前，要确保井筒干净，钻塞后要反复循环洗井，将残屑彻底清除出井筒。

2）FSI 流体扫描成像测井简化了水平井产出剖面测井解释算法，提高了解释精度。通过 FSI 测井仪集成的多个涡轮和传感器，同时测量水平井流动截面上不同深度的流速及各相持率，解决了居中测量的常规测井仪器在水平井或斜井中出现性能指标下降及响应结果产生纵向片面性等问题。同时，不同传感器测量得到的同一水平井流动截面的不同目标参数，实用性强，可靠性高。

3）TP 温压产出剖面测试仪性能稳定，适用环境较宽松，采用连续油管或牵引器输送风险小、成本低，温度、压力曲线的高低异常能反映地层产出流体的性质和流量，以单相流为主条件下可定性判定产气剖面，预测各段产气贡献率。

4）通过产气剖面测井分析和评价能够了解页岩气水平井各压裂层段产气情况，确定气井的最佳工作制度选择，对开发方案具有指导价值，同时也发现靠近 A 靶点的压裂段产气贡献高，能达到到总贡献率 40%以上，这种现象为我们设计新的开采模式提供了参考。

参 考 文 献

[1] 焦方正．页岩气“体积开发”理论认识、核心技术与实践[J]. 天然气工业，2019，39(5)：1-14.

[2] 刘合，孟思炜，苏健，张广明，陈琳．对中国页岩气压裂工程技术发展和工程管理的思考与建议[J]. 天然气工业，2019，39(4)：1-7.

[3] 陈安明，张辉，宋占伟．页岩气水平井钻完井关键技术分析[J]. 石油天然气学报，2012，34(11)：98-103.

[4] 王素兵，罗炽臻．页岩气藏改造技术及四川页岩气藏压裂先导性试验[J]. 天然气勘探与开发，2012(1)：65-68.

[5] 张向林，刘新茹．大斜度和水平井的生产测井[J]. 石油仪器，2007，21(6)：1-4.

[6] 王国锋，吴玲，刘婷．Flow Scanner 新型水平井生产测井仪[J]. 石油仪器，2007，21(2)：33-36.

[7] 李湘涛，秦羽乔，陈四平，葛华，田芳．水平井测井仪器输送技术[J]. 石油机械，2014，42(8)：98-102.

[8] 王兆东，路立军，雷军，贾起卫．水平井气井生产测井施工工艺及应用[J]. 国外测井技术，2009，176(4)：64-66.

[9] 曾桃，郑永建，李跃林．牵引器 MaxTRAC 及流体扫描成像测井仪 FSI 解决水平井产出剖面测井问题[J]．石油天然气勘查，2014，36(6)：70-74.

[10] 赵轩，何顺利，刘东涛．美国页岩气藏水平井生产测井技术[J]．国外油田工程，2010，26(12)：55-58.

[11] 戴家才，郭海敏，张晓岗．水平井产气剖面测井工艺及资料解释方法初探[J]．石油天然气学报，2007，29(4)：97-100.

[12] 郭海敏，刘军锋，戴家才，等．水平井产出剖面解释模型及图版[J]．中国科学：地球科学，2008，38(S2)：146-150.

[13] 赵宏敏．携液气井生产测井资料解释方法初探[J]．江汉石油学院学报，2002，24(3)：33-35.

[14] 戴家才，郭海敏，秦民君，马腾云，唐学荣．载水油气井生产测井方法研究[J]．中国测试技术，2006，32(1)：5-7.

双壁钻杆气举高效降压穿漏钻井新工艺研究与应用

康　波　唐洪林　周延军　冯光通　陈永明　燕修良　吴仲华　朱焕刚　王树江

（中国石化胜利石油工程有限公司）

摘　要　为实现深层油气、页岩气的高效开发，解决裂缝性地层钻井过程中井漏频发难题，本文从漏失发生的机理入手，结合工程实际，采用逆向思维创新性提出了一种以“降压止漏”为核心理念，以“先打成、后处理”为目标的气举穿漏钻井新工艺。该工艺采用少量双壁钻杆注气将上部钻井液举升，降低井漏原动力——“有效漏失压差”实现易漏地层快速穿越。文章通过成熟多相流模拟分析了立管压力、双壁钻杆下深及钻井液排量等关键工艺参数对降压控制效率的影响，建立了以“最优气举效率”为特色的优化设计原则，形成了“高效降压”控制方法及施工方案，并完成了2口失返性漏失井的先导试验，验证了工艺可行性及效果。试验结果表明利用该工艺可在不堵漏的情况下快速建立稳定的循环，同时满足携岩及轨迹控制要求，降低井漏复杂90%以上，大幅缩短非生产时效，具有良好市场推广应用前景。

关键字　双壁钻杆；气举高效降压；穿漏钻井工艺；先导试验

井漏复杂是深层油气、页岩气开发工程中亟待解决的重大技术难题之一，特别是多重裂缝性、失返性的恶性漏失，不仅造成施工周期、开发成本大幅增加，而且处理不当还极易造成井壁坍塌、卡钻、溢流等井下事故，更有甚者导致整个井眼报废，无法完成勘探开发的目的，损失可能超过千万元，因此系统性研究和解决井漏难题，形成一套易漏地层高效提速钻井新工艺，对加快油气勘探进程，保障国家的能源战略具有重大意义。

漏失的发生必须具备两大基本要素：即足够动力和漏失通道。关于“漏失通道（裂缝）”国内外学者开展了大量的工作，如Sanfillippo[1]、Lavrov等[2-3]分别分析了单条无限长裂缝内牛顿、幂律流体的漏失规律，得到了漏失量与裂缝宽度、压差、时间、孔隙度、综合压缩系数、井眼半径及裂缝倾角等函数关系。李大奇等[4-5]详细分析了一维径向、一维线性及二维平面漏失模型，强调指出了井筒压力系统的在裂缝网络漏失模型及缝洞型地层漏失模型的耦合作用。王明波[6]等人，建立了宾汉流体在表面粗糙、指数变形、存在倾角的二维粗糙裂缝内漏失控制方程。以上研究成果主要用于裂缝宽度、长度、面积、角度、粗糙度等预测，旨在为封堵漏失通道，提高堵漏成功率提供了理论指导。但由于地下裂缝真实情况较为复杂且在不同工况下受多种因素影响变化较大，因此预测精度不高、漏点不好判断、导致堵漏周期长、费用高、复漏频繁。针对以上问题，笔者依据自己研究工作结合实际施工情况总结，提出了一套新的解决易漏地层钻井提速提效难题的优化思路，即“先打成，后处理”的“穿漏”工艺解决方案。

1　裂缝性地层“穿漏”钻井优化解决方案

1.1　井漏处理方法及主导成因分析

面对钻井过程中井漏处理，存在如下主要解决思路，如图1所示：

由图1可以看出存在两种主要解决方案，即正向（常规）的堵漏方案和逆向（非常规）的穿漏方案。关于堵漏方案国内学者进行大量细致的工作，取得了不少研究成果[20-25]。本文主要讨论的是穿漏方案，两种方案的主要区别在于对井漏的主导成因认识不同，因而后续采用的方发也自然有所不同。

“穿漏”方案认为，由于地下断层、裂缝、裂隙、溶洞等缺陷的存在，降低了地层承压能力，存在一个导致漏失持续发生的原动力即“有效漏失压差”，使得钻井液能够不断克服裂缝中阻力流入地层，从而造成其大量损失。如果能够将这一原动力降低到钻井液无法克服流动阻力或压力平衡时（注：这里暂不考虑密度差别很大重力置换问题），即使漏失通道仍然存在，井漏也可以自然减小或停止，达到防漏止漏目的。这一思路的来源于大量现场的漏失现象的客观总结。

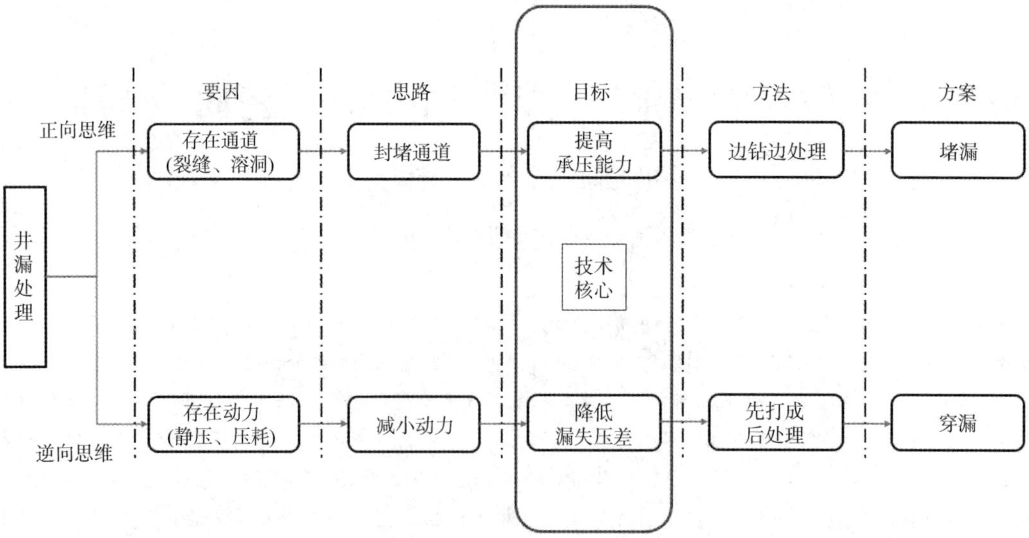

图 1　井漏处理正向与逆向思维对比

1.2　不同工况下有效漏失压差分析

对于钻井工程来说，主要由静止和循环两种工况，循环工况井筒某处压力比静止时增加了循环压耗 Δp，但由于钻井液为非牛流体 Δp 循环压耗计算较为复杂，樊洪海[7-10]等人建立了不同流变模式下流变参数准确计算方法模型，还创新提出了四参数流变模式，为钻井液循环压耗的计算提供理论依据。如表 1 所示：

表 1　钻井液不同流变模式压耗通用精确计算方法

流变模式	流变方程	压耗
宾汉模式	$\tau=\tau_0+\mu_p\frac{du}{dr}$	$\Delta p=\frac{32L\mu_p v}{D^2}+\frac{16L\tau_0}{3D}$
幂律模式	$\tau=K\left(\frac{du}{dr}\right)^n$	$\Delta p=\frac{4KL}{D}\left(\frac{3n+1}{4n}\right)^n\left(\frac{8v}{D}\right)^n$
卡森模式	$\tau^{\frac{1}{2}}=\tau_c^{\frac{1}{2}}+\eta_\infty^{\frac{1}{2}}\gamma^{\frac{1}{2}}$	$\Delta p=\frac{4L}{D}\left[\left(\eta_\infty\frac{8v}{D}-\frac{4}{147}\tau_c\right)^{0.5}+\frac{8}{7}\tau_c^{0.5}\right]^2$
赫-巴模式	$\tau=\tau_0+K\gamma^n$	$\Delta p=\frac{4KL}{D}\left(\frac{1+3n}{4n}\frac{8v}{D}\right)^n+\frac{4L\tau_0}{D}\left(\frac{3n+1}{2n+1}\right)$
罗-斯模式	$\tau=A(\gamma+C)^B$	$\Delta p=\frac{4AL}{D}\left[\frac{2(3B+1)}{BD}\left(v+\frac{CD}{6}\right)\right]^B$
Sisko 模式	$\tau=a\gamma+b\gamma^c$	$\Delta p=\frac{2\tau_w L}{R}$
四参数模式	$\tau=\tau_0+a\gamma+b\gamma^c$	$\Delta p=\frac{2\tau_w L}{R}$

表 1 中：Δp——循环压耗，Pa；r——环空中任一点到环空流道轴线的径向距离，m；τ——至环空流道轴线径向距离为 r 处的剪切应力，Pa；L——环空长度，m；Pa；τ_w——管壁处剪切应力，Pa；v——环空平均流速，m/s；D——环空内外管直径差，m；τ_0——流体屈服值，Pa；μ_p——流体塑性黏度，Pa·s；K——幂律模式和赫-巴模式中稠度系数，Pa·s^n；n——幂律模式和赫-巴模式中流动特性指数；γ——流体剪切速率，s^{-1}；η_∞——卡森模式中极限剪切黏度，Pa·s；A——罗-斯模式中稠度系数，Pa·s^B；B——罗-斯模式中流动特性指数；C——罗-斯模式中剪切速率校正值，s^{-1}；a——Sisko 模式及四参数模式中极限剪切黏度，Pa·s；b——Sisko 模式及四参数模式中稠度系数，Pa·s^c；c——Sisko 模式及四参数模式中流动特性系数。

由表1中公式可计算分析不同工况下有效的漏失压差的，分析结果如表2所示：

表2　不同工况下有效漏失压差计算分析方法

工况	漏失情况	环空液面距井口/H_L	漏速为零排量/Q_L	有效漏失压差/ΔP_L
静止	环空液位在井口	0	0	$\Delta P_L=0$
	环空液位稳定在 H_L	$H_L>0$	0	$\Delta P_L=P_{H_L}$
循环	环空液位在井口	0	Q_L	$\Delta P_L=\Delta P_{Q_L}$
	环空液位稳定在 H_L	$H_L>0$	Q_L	$\Delta P_L=P_{H_L}+\Delta P_{Q_L}$

表2中：P_{H_L}——高度为 H_L 静液压力；ΔP_{Q_L}——排量为 Q_L 产生循环压耗。

1.3　常规降压方式效果及存在问题

降低有效漏失压差就可减缓或停止漏失的发生，但是常规降压方式为何没有达到较好效果，其存在问题如表3所示：

表3　常规降压方式对比分析

序号	降压方式	降压能力	存在问题
1	降排量	一般	降低循环排量，虽可降低循环压耗防漏，但带来机械钻速及携岩效率大幅下降，导致卡钻等复杂，使施工无法继续进行。
2	降密度	中等	例如常采用清水强钻，可有效防止漏失，但是必须有两个前提，一是有充足的水源作为牺牲液，二是裂缝或溶洞能够容纳大部分新钻出岩屑，如若不然，易导致井下沉沙卡钻，使施工无法继续进行。
3	空气、泡沫钻井	很强	空气、泡沫对于漏失严重的地层具有很好防漏效果，但是由于没有液柱压力，带来井壁稳定、地层出水及环保等一系列问题，而且费用昂贵。
4	充气钻井	强	充气钻井也是一种常用降压方式，与前几种相比应用最多[11-14]，但由于气体与钻井液的混合注入的方式，存在如下问题，一是井深时气体压缩厉害，进入环空后还未膨胀就随钻井液一同漏失，使降压效果大打折扣，二是严重影响 MWD 的信号传输效果[15-17]，导致无法满足定向及轨迹控制要求。

由表3可以看出，目前常规降压方式存在不少的问题，其中充气钻井方式效果最好但仍未满足现场需求，因此，本文提出了一种基于双壁钻杆的高效气举降压的新工艺，可较好解决上述难题。

2　双壁钻杆气举穿漏钻井工艺研究

2.1　原理及优势

1. 原理

双壁钻杆气举穿漏钻井工艺是采用少量双壁钻杆注气将上部钻井液举升降低井筒环空 ECD 从而实现易漏地层快速穿越的钻井新技术。该技术核心理念“高效降压”，即降低井筒与地层之间的有效漏失压差，使钻井液很难克服地层裂缝的流动阻力，从而减少或停止漏失的发生。工艺原理如图2所示：

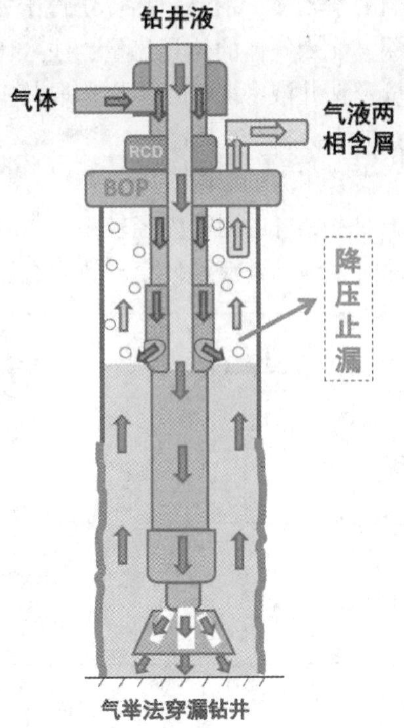

图2　双壁钻杆气举穿漏工艺

2. 技术优势

与充气钻井技术相比，气举穿漏钻井具有如下明显的优势，如表4所示：

表 4　气举穿漏与充气钻井技术对比

项目	双壁钻杆气举穿漏钻井	充气钻井
注入方式	气液分注	气液混注
降压效率	效率高、降压能力容易控制 可通过调节多种参数（钻井液密度、排量、双壁钻井下深、注入气量等）获得并控制最佳井筒 ECD 梯度分布。	虽理论上较高、但是实际效果不高特别是在中深井，降压能力不好控制，易出现井筒压力欠平衡状态。一般只能通过气量调节实现。
双梯度分布	注气段在上部套管内，井筒环空形成明显双梯度分布，减少对下部裸眼井段冲刷，有利不稳定地层井壁稳定。	全井段含气分布，无法避免对薄弱地层的冲刷
提速效果	不降密度也不牺牲排量，可更好为井下工具提供充足的动力，增强提速效果及优势	提速效果不明显
经济性	压力低、设备少、经济性好	压力高、设备多
MWD 效果	不影响 MWD 使用，效果稳定	严重影响 MWD 使用。
恢复循环	时间短（5~10 分钟）	时间较长（40 分钟以上）
随钻堵漏	可同步实施，加强穿漏防漏的效果	不可随钻堵漏

2.2 “高效降压”控制方法及影响因素分析

“高效降压”控制方法气举穿漏钻井技术的核心及特色，要实现高效降压就必须关键工艺参数影响因素进行分析。

1. 总体思路

就是利用成熟气液固多相流软件，结合气举穿漏原理，计算其关键工艺参数，并开展不同工况(井深、压力)条件下对气举效率影响的分析，然后建立基于“最优气举效率”优化原则，优选参数与组合，最终形成一套气举穿漏钻井工艺控制方法。

2. 气举降压效率的影响因素分析

因穿漏钻井特殊钻具组合，属于多流道结构，影响因素较多，主要包括：立管压力、双壁钻杆下深、注入气体的体积流量、注入压力、钻井泵排量及钻井液密度等，本文选取其中影响较大的进行如下分析。

(1) 立管压力的影响

由于双壁钻杆的内管内径较小，当双壁钻杆下入较深时，纯钻井液循环会导致立管压力的升高，从而影响气举降压的效果和机泵条件，因此十分有必要开展不同双壁钻杆长度情况下，不同注入气量时立管压力模拟与分析，通过计算结果如下图所示：

图 3 是钻井泵排量在 30L/S 时，常规钻井与气举穿漏钻井立管压力的计算分析结果，从图 3(a)可以明显发现，在纯钻井液循环方式下，随着双壁钻杆长度的增加，立管压力呈现较大上升趋势，特别是长度超过 800m 以后，增加较为明显，因此对钻井的机泵条件提出一定的要求。图 3(b)是气液双注条件下，不同双壁钻杆下深，不同注入气体流量的立管压力分析结果。从图 3(b)可以看出，相同双壁钻杆下深时，随着气量的增加，立管压力明显小于纯钻井液循环方式。结合图 3 分析表明：500m 以内在 30~60m^3/min 注气量时，立管压力增加最大为 2.32MPa，对钻井的机泵条件及气举效率影响不大。

(2) 双壁钻杆下深的影响

双壁钻杆下深直接影响气体注入点的位置，会对气举降压的效率产生较大的影响，下面选取

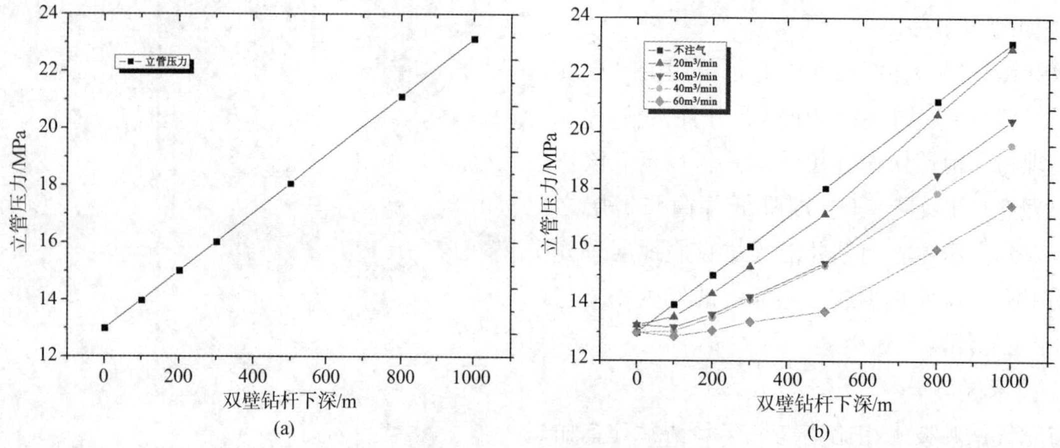

图 3　立管压力影响因素分析

三组（$30m^3/min$、$40m^3/min$、$60m^3/min$）相同注气量条件下，对气举降压的效率进行对比分析，如下图所示：

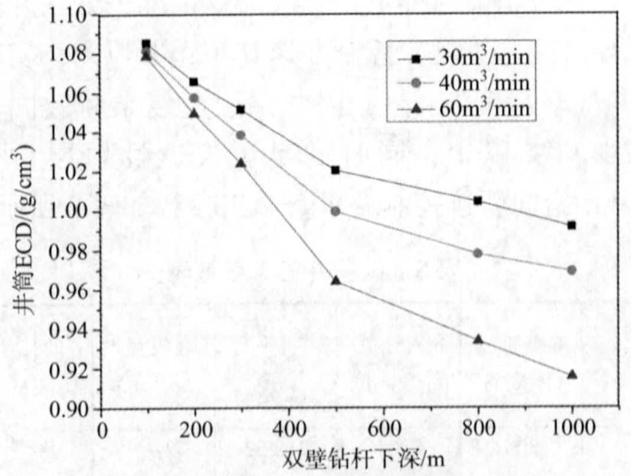

图4 双壁钻杆下深对降压效果的影响分析

从图4的对比分析可以看出，随着双壁钻杆长度增加，在相同注气量的情况下，总体降低井底ECD的能力及效果逐步在增加。但100~300m范围气举降压的效果内随注气量的增加而线性增加，300~500m气举降压的提升效果处在突变性区，800m以后气举降压的提升效果处在衰退区。为保持理想的气举降压效果，设计双壁钻杆的下深时，应尽量保持在线性区与突变区域以内。

（3）钻井泵排量的影响

钻井液循环流动时，泵的排量是一个主要流体力学指标之一，它不仅要满足钻屑携带的要求，而且还可以用其产生的循环压耗来控制和调节井底压力。常规钻井因其地层压力窗口较宽，通常情况下可以忽略循环压耗，但是对于常低压易漏地层来说，由于其压力敏感的特性，在分析气举降压效果时必须考虑排量的影响。

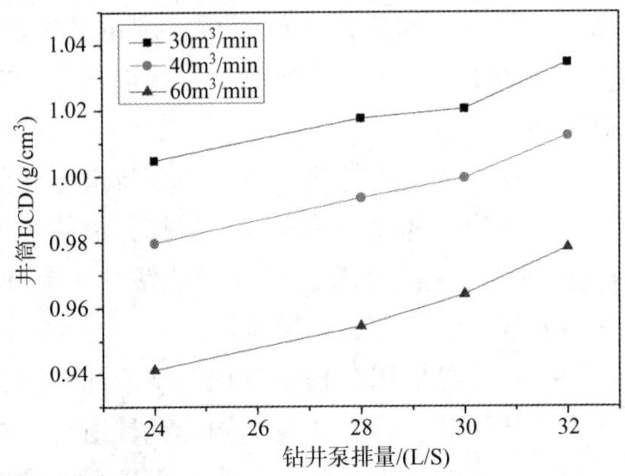

图5 钻井泵排量对气举降压效果影响分析

如图5结果所示：在满足携岩要求的前提下，相同的双壁钻杆下深及注气量时，改变钻井泵排量，会对降压效果产生0.03~0.04g/cm³的影响。对于常低压地层来说，表现尤为明显，因此可以通过此与其他参数组合来进一步优化降压效果。

3."高效降压"方案设计原则

通过以上关键参数对气举降压效果影响的分析，可以建立以下若干基于"最优气举效率"优化设计的原则，如表5所示：

表5 气举穿漏高效降压方案设计原则

关键参数	设计原则
立管压力	钻井现场机泵能力允许的范围内，将增幅控制在2~5MPa以内。
降压能力	依据穿漏工艺目标要求，结合井深的影响综合评估，不必最大。保持井筒微过平衡，控制地层流体流入。
注气设备	在满足工艺目的的前提下，尽量降低设备数量及压力等级，提高经济性。
双壁钻具	当降压能力不足时，优先考虑增加双壁钻杆下深进行调节
钻井泵排量	在满足携岩要求的前提下，可进行排量微调降压效果。

3 气举穿漏先导试验应用研究

3.1 试验井的情况

为了验证气举穿漏工艺的可行性及效果，先后开展了2口井的先导试验，基本情况如表6所示：

表6 气举穿漏试验井基本情况

	试验井1	试验井2
设计井深	3932.72m	2050m
井眼尺寸	215.9mm	215.9mm
井型	定向井	直井
漏层位置	2200~2280m	960~1040m
地层岩性	奥陶系灰岩 古生界白云岩	明化镇底风化壳 古生界白云岩
漏失程度	失返性漏失	失返性漏失
漏失ECD	0.88~0.93g/cm³	0.76~0.81g/cm³
井口液位下降	172~184m	128~133m

3.2 施工任务及难点分析

1. 施工任务

如表6所示，2口井都属于失返性恶性漏失，施工任务如表7所示：

表 7　气举穿漏施工任务

	任务 1	任务 2
试验井 1	解决井漏难题：首先建立循环，满足钻井携岩要求，减少井下复杂发生，保障钻井过程中施工安全	解决测斜难题：调节气举穿漏钻井工艺参数，保持稳定循环，满足失返漏失井常规 MWD 测斜要求
试验井 2	解决井漏缺水难题：首先建立循环大幅降低漏失量，解决缺水供应困难，保障钻井过程中施工安全	解决井下沉沙难题：调整不同气举穿漏钻井工艺，保持稳定足够清水大排量循环，满足地质捞砂及处理井下大量沉沙需求

由表 6、表 7 结合 2 口井地质情况分析有如下难点：

2. 难点分析

（1）地层漏失压力系数较低、存在多套恶性失返性漏失地层

依据邻井实钻资料计算分析，漏失压力系数很低，一旦发生漏失，就立刻失返，给钻井施工及井下安全带来很大挑战。

（2）堵漏难度很大、并且应用受到限制

由于地层裂缝及溶洞发育，堵漏的施工难度很大，一次堵漏成功率很低。而且由于总投资较低及保护地热储层等原因，基本上限制了堵漏技术的应用。

（3）地质情况复杂、新区勘探程度较低

该地区地层结构较为复杂[19]，差异性较大，导致井深差别很大，与临井相距 50 公里，相同储层埋深相差 1500～2000m。勘探程度较低，可以利用的地质、物探及钻井资料较少，预测与实钻地层存在较大差异，而且存在破碎较为严重的风化壳，井壁稳定性较差。虽为岩溶地热储层，裂缝、裂隙、溶洞、发育情况不一，有些探区存在“漏水不漏砂”的情况，导致常规清水强钻难以实施。

3.3　施工效果分析

利用本文提出双壁钻杆气举降压工艺方法实现了气液分注条件下井筒 ECD 高效降压精确控制。2 口井均圆满完成施工任务，取得很好施工效果。

1. 主要装备

（1）气体注入设备

主要包括：空压机、增压机及注气管线系统，如图 6 所示。

（2）双壁钻杆系统

主要包括：127mm G105 钢级双壁钻杆，152mm 六方双壁方钻杆及气液双注专用循环适配器及井下气举阀等，如图 7 所示。

2. 试验效果

在不堵漏前提下，解决失返性漏失井钻井液循环及携岩难题，控制漏速 0.3m^3/h 以内，实现了“气举穿漏”工艺；因井漏引起复杂时效同比减少 90% 以上；同时满足了失返性地层常规 MWD 定向轨迹控制要求。施工参数如表 8 所示：

表 8　试验井施工参数表

井号	双壁钻杆下深/m	注入气量/(m^3/min)	钻井液排量/(L/S)	漏失量/(m^3/h)	立管压力/MPa
井 1	300	30	21～22	2～3	8～9
	360	30	25～26	0.5～1	10～11
	400	30	27～30	0.3～1.4	11～12
井 2	330	30	26～27	0.8～1	3～5
	420	30	32～34	0～出水	3～7

施工效果如图 8 所示。

4　结论及建议

（1）气举穿漏钻井工艺实现了气液分注条件下井筒 ECD 高效降压精确控制，ECD 减低能力最大 0.24g/cm^3，在不堵漏前提下，解决失返性漏失井钻井液循环与携岩难题，因井漏引起复杂时效同比减少 90%以上，具有较好的市场推广应用前景。

（2）解决了失返性漏失井常规 MWD 测斜与定向难题，实现了“气举测斜”工艺及轨迹控制要求，进一步拓宽了常规定向技术应用范围。

（3）通过现场应用初步验证气举穿漏钻井新工艺可行性及应用效果，由于是新工艺，总体来说应用较少，还必须加大开展浅表层、中深层等穿漏工艺的研究与应用，积累更多理论及经验，同时加强新工具及装备的研制，尽快形成一套穿漏提速钻井技术。

（4）本工艺使用的双壁钻杆为多流道分注的创造条件，为多梯度、多密度、超临界流体等不易混注的工艺提供借鉴，有利于新钻井、完井、洗井、开发石油工艺的拓展研究。

（5）在先导应用过程中发现，基于此穿漏工艺，可以从钻井设计、井身结构、钻具组合、轨迹控制、钻井液、固完井等多个方面进行系统性优化，形成易漏地层一体化提速提效关键技术，大幅降低非生产时效，进一步满足深层、页岩油气藏低成本高效开发的要求。

图 6　气举穿漏注气设备

图 7　双壁钻杆系统

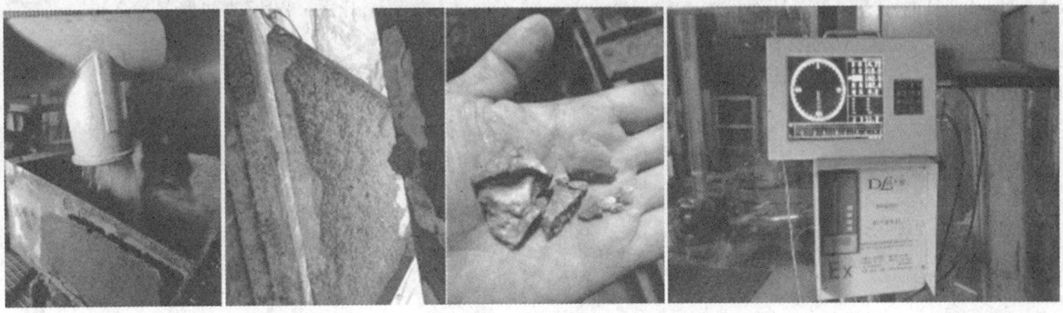

图 8　试验效果展示

参 考 文 献

[1] Sanfillippo F, Brignoli M, Santarelli F J, et al. Characterization of conductive fractures while drilling[R]. SPE 38177, 1997.

[2] Lavrov A, Tronvoll J. Mechanics of borehole ballooning in naturally—fractured formations[R]. SPE 93747, 2005.

[3] Lavrov A, Newtonian fluid flow from an arbitrarily oriented fracture into a single sink[J]. Acta Mechanica, 2006, 186(1/2/3/4): 55-74.

[4] 李大奇，康毅力，曾义金，等．缝洞型储层缝宽动态变化及其对钻井液漏失的影响[J]．中国石油大学学报：自然科学版，2011，31(5)：76-81.

[5] 李大奇．裂缝性地层钻井液漏失动力学研究[D]．成都：西南石油大学，2012.

[6] 王明波，郭亚亮，方明君，张松，等．裂缝性地层钻井液漏失动力学模拟及规[J]．石油学报，2017，33(5)：597-606.

[7] 樊洪海，王果，张辉，等．四参数流变模式及其水力计算模型[J]．石油学报，2010，31(3)：511-515.

[8] 樊洪海，冯广庆，王果，等．一种新的流变模式及其应用性评价[J]．中国石油大学学报：自然科学版，2010，34(5)：89-93.

[9] 周号博，樊洪海，翟应虎，王果，景宁，等．四参

数模式流变参数准确计算方法及其应用[J]. 石油学报，2012，33(3)：128-133.
[10] 彭齐，樊洪海，周号博，李朝玮，陈绪跃，王鄂川，叶志，等．不同流变模式钻井液环空层流压耗通用算法[J]. 石油勘探与开发，2013，40(6)：752-756.
[11] 赵启于，董红梅，段 敏，等．充气钻井治理恶性井漏技术与应用[J]. 钻采工艺，2014，37(3)：37(3)：107-108，112.
[12] 李云峰，胡中志，徐吉，沈园园，等．充气欠平衡钻井技术在南堡1号构造深层潜山油气藏的应用[C]. 2015年全国天然气学术年会．
[13] 马珲，杨赟，杨晓峰，王军闯，等．充气钻井控制ECD解决长庆靖南“上漏下喷”难题[J]. 勘探开发，2016，108-110.
[14] 邓柯，邓虎，李刚，等．充气连续循环钻井技术在深部易漏地层中的应用[J]. 钻采工艺，2018，41(2)：108-109.
[15] 李红涛，李皋，孟英峰，舒刚，朱宽亮，徐小峰，等．充气钻井随钻测量脉冲信号衰减规律[J]. 石油勘探与开发，2018，39(2)：233-237.
[16] 马骁，陈一健，孟英峰，李皋，李红涛，李兵，等．充气欠平衡钻井MWD信号衰减原因分析与解决方法[J]. 石油钻采工艺，2012，34(4)：50-53.
[17] YANG Jingzhong，WANG Haoyuan，MA Haiyun，BAI Liangjie，YANG Yong，HAO Wenlong等. Application of SlimpulseMWD in buried-hill aerated underbalanced drilling [J]. OIL DRILLING & PRODUCTION TECHNOLOGY，2013，35(2)：16-19.
[18] 郑锋，李霖，郗凤亮，柳鹤，王磊，等．充气钻井技术在油砂山油田的应用实践[J]，探矿工程(岩土钻掘工程). 2018.
[19] 王勇，施泽进，洪成云．中国岩溶型储集体的勘探技术进展及发展趋势[J]. 中国岩溶，2011，35(3)：105-116.
[20] 贾利春，陈勉，侯冰，等．裂缝性地层钻井液漏失模型及漏失规律[J]. 石油勘探与开发，2014，41(1)：95-101.
[21] 黎亮，梁文利，等．焦石坝地区中深层防漏堵漏技术研究及应用[J]. 西部探矿工程，2018，6：47-51.
[22] 顾法钊，董明健，张居波，等．泾河工区井漏特点及防漏堵漏对策[J]. 中国石油大学胜利学院学报，2016，30(3)：18-20.
[23] 贺春明，等．西北工区二叠系防漏堵漏技术[J]. 化学工程与装备，2018，11(1)：203-206.
[24] 唐国旺，于培志，等．油基钻井液随钻堵漏技术与应用[J]. 钻井液与完井液，2017，34(4)：32-37.
[25] 张丽华，杨培高，靳恒涛，李景涛，等．伊拉克米桑油田Abu区块储层防漏堵漏技术[J]. 钻井液与完井液，2017，34(6)：62-66.

页岩气现场检测装置研究

孙浩玉[1,2,3] 裴学良[1] 刘 丹[2] 孙金玮[2] 周 军[3]

(1. 中国石化胜利石油工程有限公司钻井工艺研究院；2. 仪器科学与工程学院哈尔滨工业大学；
3. 中国机械科学技术研究院哈尔滨焊接研究所)

摘 要 作为一种贮存于富有机质泥页岩及其夹层中的非常规天然气，页岩气难以有效地勘探和开发。针对页岩气开采过程中含气量检测耗时长的问题，本文提出了一种页岩气组分和浓度的现场检测方法，编制软件，实现了在线流程控制。结合高精度质谱仪，该方法可将离线检测转变为实时自动化测量。根据设计流程进行硬件设计，研制了系统样机。实验证明，整套实验设备完全满足工业生产需求，其保压防爆功能，适用于多种工况，填补了国内页岩气组分与浓度现场检测装置的空白。

关键词 页岩气，组分检测，浓度检测，在线测量

1 引言

1.1 研究目的和意义

随着中国经济的快速发展，对油气资源的需求越来越高。而石油资源的日渐枯竭使我们将目光聚焦于非常规油气资源的地质研究，加大非常规油气的勘探开发力度可以有效补充常规油气资源的不足，从而满足中国日益增长的能源需求，保证能源供给安全，为工业发展提供强有力的支持。页岩气作为一种新型的高效、清洁的天然气能源，在北美，欧洲等国家的开发已经获得成功，与常规天然气相比，页岩气开采寿命久、生产周期长，产气页岩分布范围广、厚度大且普遍含气，这使得页岩气井能够长期稳定的供给页岩气[1]。

中国在页岩气的研究方面起步较晚，且地质研究人员相对较多，页岩气勘探与开发测试技术的研究工作进展较慢，所以我国缺乏系统的页岩气数据资料库，阻碍了对页岩气的进一步研究[2]。然而页岩地层油气含量直接决定了页岩中的油气能否被有效地开采，传统的取芯技术获取的页岩岩芯在起钻过程中，由于压力变化造成岩芯中的油气不断解析逸出，地面所获取的岩芯资料无法准确评估页岩地层的真实油气含量[3]，这一问题严重影响了页岩油气的勘探开发决策和产量评估。

由此可见，页岩气勘探与开发测试技术的进步将直接推动页岩气成为中国工业发展的主要能源。依托实验室的运行，充分考虑中国的地质条件和页岩气赋存规律，研发页岩气现场检测的关键技术与设备，对促进页岩气勘探开发，具有重要的理论和现实意义[4]。

1.2 国内外研究现状

页岩含气量是指每吨岩石中所含天然气折算到标准温度和压力条件下(101.325kPa，25℃)的天然气总量，包括游离气、吸附气、溶解气等。含气量参数是页岩气生产力评价和资源量预测评估的关键，含气量测试方法的工业实践和基础理论研究是进行该项工作的首要前提[5]。但中国的页岩气勘探开发与美国等技术成熟的国家相比，仍处在初中级阶段，特别是在含气量的实验测试方面，技术欠缺较大，成熟的设备方法均较少。

目前，国内外建立了初步的页岩气含气量测定和评价方法，对含气量的测定包括直接测定法与间接测定法。

间接测定法是通过分类测定页岩中的游离气、吸附气和残留气得到页岩气总含气量，是目前国内外广泛使用的页岩气含气量测定方法[6]。对游离气含量的测定，首先确定游离气中含有水分还是油分，并通过岩芯确定含水饱和度或含油饱和度，进而确定游离气含气饱和度，最后建立岩-电关系，通过饱和度测井确定游离气含量。对于吸附气，通过岩芯(包括二次取芯)、井壁取芯或岩屑的解吸来测定其含量，但解吸的过程中吸附气会产生损失，在最后测量结果中应考虑这一因素的影响。吸附气一般用等温吸附模拟法来测量其含量，对采集的页岩样品进行等温吸附试验来模拟样品的吸附特点及吸附量，并采用

Langmuir 模型进行描述。根据该试验得到样品的等温吸附曲线，从而确定不同样品在不同压力(深度)下的最大吸附含气量。或者通过实验确定该页岩样品的 Langmuir 方程参数从而对吸附量进行计算[7]。

直接测定法是指根据实地钻井取芯有代表性的岩石碎屑来测定其实际含气量[8]，包括保压取芯测定和密闭取芯测定，密闭测定法通过密闭液覆盖可保存大部吸附气和部分游离气，国内外研究人员普遍认为直接测定法的精度不高，所以直接测定法鲜有人使用，所配套的实验设备更是少之又少[9]。

1.3　本课题主要研究内容

对于现在国外广泛使用的间接测量法，页岩样品采集后，页岩气经过起钻系统提取并存入储气罐中，后送至专业实验室，经过多种复杂人工操作后，方可得到检测结果。该过程会耗费数天时间，严重影响后续页岩油气采集效率。如果能减少等待时间，可以大大提高工作效率与生产效益。

中石化集团公司已研发出可以在起钻过程中100%原位收集岩心逸出油气的捕集工具系统，本文的主要任务是配合该系统，研发一套采用直接测量法的装置，实现页岩气含量的在线实时测量。目前对气液成分进行测定的质谱仪多为离线测量，控制实验流程将离线测量转变为在线实时测量是本文的创新重点，通过流程软件的编写，实现保压(能将欠压和过压气体转变为标准气压)、防爆的自动化流程控制，以满足实时测量的要求。

所研发的装置可自动检测气体成分，进行 H_2、N_2、O_2、CO、CO_2、H_2O、CH_4、C_2H_4 等气体组分的测量，实现离子流强度数据输出及百分比浓度的在线计算，气相质量范围为 1~200amu。通过显示控件显示检测结果，且显示结果具有多种表述方式，无需专业知识也可操作该系统。装置的测量精度为：液相体积±1%R，液相质量±0.5%FS，气相体积±1%FS，该精度指标完全可以指导工业生产。

同时装置还应集成自动化冲洗功能可实现检测后设备自动冲洗，极大的提高了现场操作的可行性。并且该设备具有适当的体积，可配置于移动车辆上，可适应多种条件下的页岩油气成分检测。

2　页岩油气现场检测装置的设计

2.1　质谱分析检测法原理

质谱分析法是通过对被测样品离子质荷比的测定来分析其组成的一种分析方法，响应速度快，测量精度高，量程范围宽，稳定性好，可同时进行多点多组分检测，完全可以满足对页岩油气含气量的定量检测要求[10]。

在线质谱分析仪由进样模块、质量分析模块、真空模块和电路模块四部分组成。质量分析模块是质谱分析仪的主体部分，其中包括离子源、离子透镜、四极杆质量分析器和检测器，样品由进样模块导入离子源，气体分子在离子源中被灯丝发射的电子电离成正离子后，经透镜系统加速并聚焦，进入四极质量分析器，在射频和直流电场共同作用下，离子按照质荷比大小由质量分析器分开进入检测器，检测信号经处理后得到质谱图[11]。

2.2　检测装置流程设计及实验内容

页岩油气现场检测装置的设计框图如图 1 所示，主要部件为集气筒、真空泵、鼓风机、压力平衡罐、过滤装置、气缸加压装置、质谱分析仪和工业控制计算机。

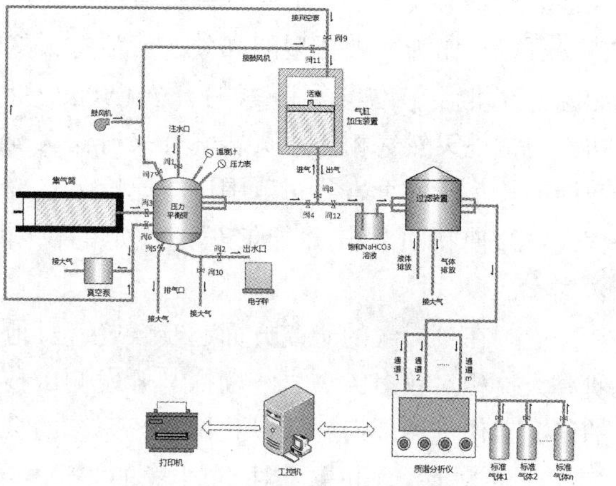

图 1　现场检测装置设计框图

集气桶收集页岩地层油气，并以此作为测量对象，将气体压入压力平衡罐中，气体在压力罐中混合均匀后，经过过滤装置对其中的灰尘及液体进行二次过滤，若气体压力不够，则通过气缸加压装置中的活塞将平衡罐中待测气体推入过滤装置及质谱分析仪。过滤装置中的饱和 $NaHCO_3$ 溶液可滤除页岩油气中的酸性气体，以免腐蚀后续装置。质谱分析仪可在线实时对输入气体组分进行监测，将检测结果送至工控机，经分析处理后，结果最终以图表形式呈现。装置检测流程如

图 2 所示。

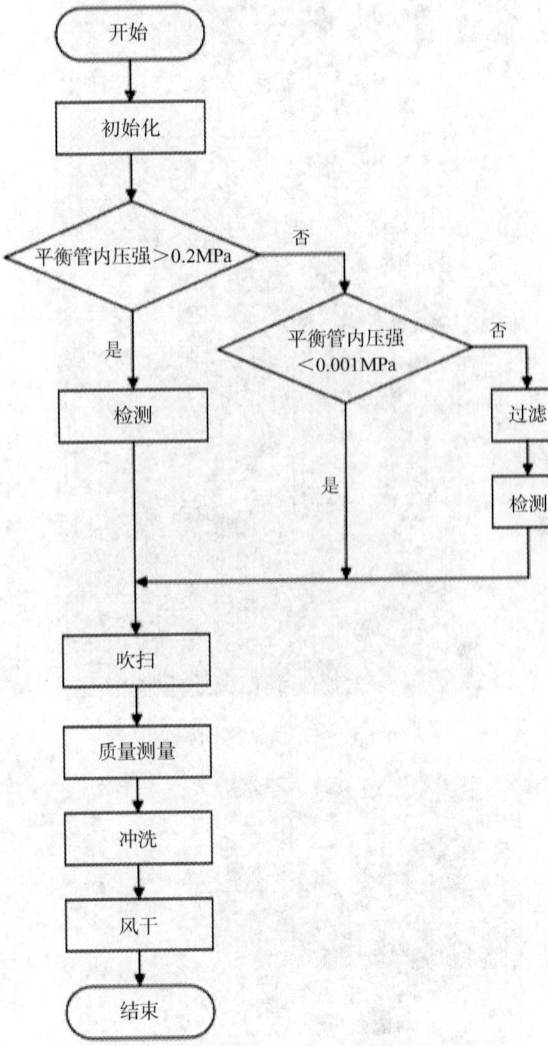

图 2　页岩气现场检测流程

系统工作时先进行初始化，关闭全部电磁阀，读取压力平衡罐压力表参数，若为 1 个大气压，则正常开始工作。开启电磁阀 6、4、8、11 与真空泵，直到压力表读数 3s 未变化，关闭电磁阀 6、4、8、11 与真空泵。系统初始化结束。

开启压力平衡罐与集气筒间的压力阀 3，将待测气体全部推入平衡罐，静置 5 分钟，让溶解在液体中的气体充分缓释，根据压力表读数，选择操作流向。

(1) 平衡罐内压强达到 0.2MPa 时，执行流程 a-b、f-j；

(2) 压强不足 0.001 MPa(即集气筒内气体少于 3 升，标准大气压下)，则放弃本次测量，执行流程 f-h；

(3) 压强大于 0.001MPa，小于 0.2MPa，则启动气缸(加压装置)，执行流程 c-j。

a. 开启电磁阀 4、12，当平衡罐内排放掉 3 升气体，吹扫掉电磁阀 12 之后管道中的大气后，开启质谱仪第一次检测，记录气体组分和浓度。

b. 进行质谱仪多次检测，保存数据，并多次平均，给出气体组分和浓度的统计结果。

c. 开启电磁阀 4、8、9，启动真空泵，抽吸平衡罐内低压或负压气体，当同步检测平衡罐内气体的压强降低了 3/300 时(即气缸活塞接近气缸顶部，平衡罐体积为 300 升，气缸体积为 3 升)，关闭电磁阀 4、9 和真空泵，开启电磁阀 11 和鼓风机，10 秒后，开启电磁阀 12。

d. 吹扫掉电磁阀 12 之后管道中的大气，避免污染被测样本。

e. 重复步骤 c，并启动质谱仪，进行多次检测，保存数据，关闭所有电磁阀。对保存的气体组分和浓度结果，进行平均，给出统计结果。

f. 吹扫：打开电磁阀 5，排放平衡罐中的残留气体，待直至读数小于 0.105MPa(当残余气体的压强大于 0.1MPa 时，执行本操作，若小于该数值，则忽略本操作)。开启电磁阀 7，开启鼓风机吹扫 5 分钟。关闭电磁阀 5，开启电磁阀 4、12、8，继续吹扫 3 分钟，将管道中的残留气体推入大气。关闭所有电磁阀与鼓风机。

g. 开启电磁阀 2，将平衡罐中的液体排入储液桶，并使用天平测量质量，将结果存入系统。

h. 冲洗：打开电磁阀 1，放入 0.1m^3 液体，关闭电磁阀 1，静置 5min，打开电磁阀 10，将液体排放至户外。

i. 风干：开启电磁阀 5、7 与鼓风机将罐体吹干。

j. 提示检测完毕，输出全部检测结果：气体组分、浓度和液体质量。

2.3　硬件实现

在满足测量需求的条件下，硬件设计时应尽量满足以下实际应用要求：

(1) 在线检测时间短：由于系统为在线定量化检测，根据检测结果指导下一步生产，并不要求结果的精确度很高，检测时间不宜过长，所以硬件设施尽量简化，减少等待时间。

(2) 装置安全性高：页岩油气挖掘现场工作条件恶劣，易有震动且现场灰尘较多，装置不宜过多暴露在外，不适合使用过多精密仪器以保证装置的可靠性与耐久性。

(3) 装置操作简单，易于移动：由于用于工业生产检测，工作人员专业知识了解不多，设备操作不宜过复杂，且检测装备要经常移动使用，体积不宜过大，应具有高度集成化，方便运输。

(4) 测量与采集模块分开：由于地下气体的不确定性，可能存在有毒气体与强腐蚀性的气体，所以采集系统与分析系统应分开集成，以免有害气体危及工作人员安全以及对检测设备寿命产生影响。

(5) 其他要求：为满足长久使用需求，方便装置的维护修理，所用零件应满足标准化，通用化，组件化要求，尽量使用市面上易于购买的零件，并考虑装置的经济节能要求，不使用大耗能部件。

考虑到以上需求，装置由油气采样装置主控系统两部分组成：主控系统和油气采样系统。

2.3.1　主控系统

主控系统如图3所示，由机柜、工控机、质谱仪与备用电源组成。系统各部件经 PCI-1730 板卡连接到工控机，通过程序来控制指示灯、鼓风机和真空泵等设备。机柜面板上集成了显示器、指示灯和电源控制开关，并配备 2 个 USB2.0 接口，用来和工控机通讯上传下载数据。面板上设置的四个指示灯用于指示系统的工作状态，其功能分别为：

(1) 设备自检灯：当装置启动后，系统会进入自检状态，此时指示灯常亮。

(2) 样本标定灯：质谱仪标定指示灯。

(3) 设备正常灯：当系统运转正常时，该指示灯常亮。

(4) 设备故障灯：当系统运转出现问题时，该指示灯常亮，同时所有设备停止工作。

质谱仪采用舜宇恒平的 SHP8400PMS-L 型号质谱仪，其中法拉第检测器的灵敏度为 100%～10ppm，电子倍增器检测器灵敏度为 100%～10ppb。子能量、离子能量与电子发射电流均为系统可调参数，充分满足测量要求，与电脑通过 USB 接口相连，方便信息传输。工控机选用研华 IPC-610C 工控机。

2.3.2　油气采样系统

油气采样系统如图4所示，由过滤装置，真空泵，气缸，压力平衡罐，称重装置组成。

压力平衡罐设计抗压上限 5MPa，体积为 $0.28m^3$。真空泵为力辰科技的 2XZ-15 旋片式真空泵，抽速为 15L/S；过滤装置为 4 通道饱和

图3　主控系统组成

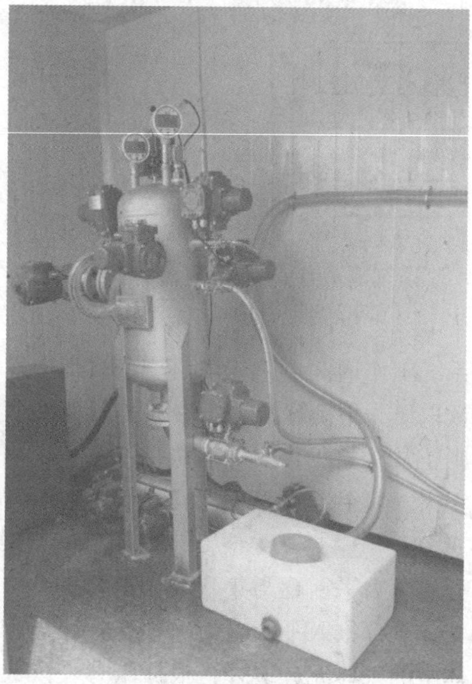

图4　油气采样系统

$NaHCO_3$ 溶液过滤器，容量体积为 200ml。系统使用气缸对欠压气体进行加压操作，气缸容量选为 20L，长度为 1m。液体质量的称重使用程控电子称，通讯接口使用 RS-485，可以由上位机软件实时测量和计算，液体体积需要人工读数。

2.4　软件实现

本实验装置控制软件“shaleOAGD”的开发采

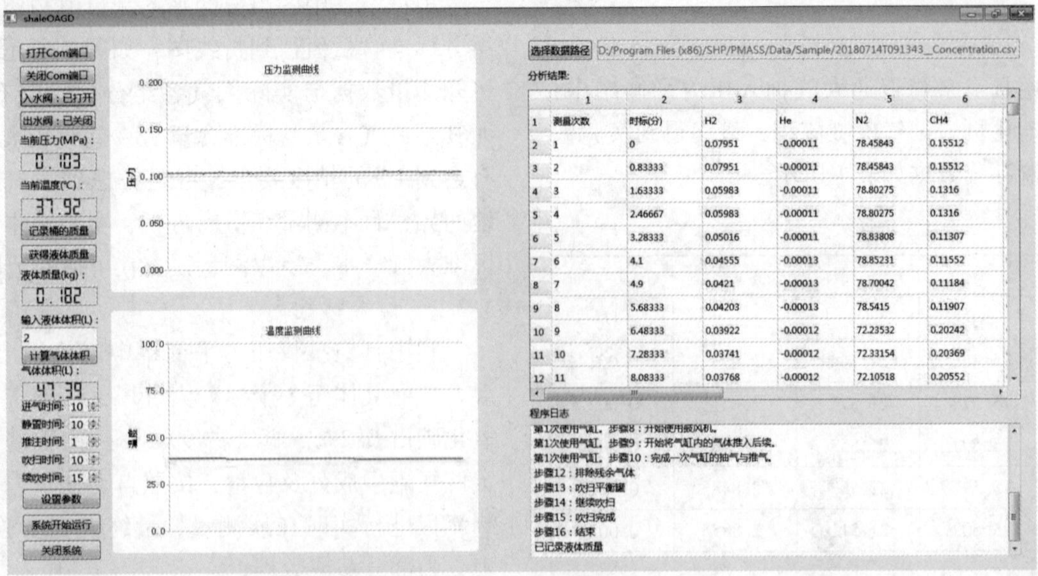

图5　运行界面

用 QT creator 开发环境，运行界面如图 5 所示。

本软件的设计目的为控制整个实验流程正常进行。对进气时间，吹扫时间等参数进行设定。对系统运行状态进行选择，可人工选择是否进行吹扫流程，并根据压力表读数自动选择是否进入测量流程，是否进行加压操作等。除此之外，软件可自动进行物理量的计算，根据压力表、温度表读数，计算平衡罐内气体总体积。理想气体状态方程：

$$\frac{PV}{T} = nR \tag{1}$$

式中，P 为气体压强，V 是气体体积，n 是气体的 mol 数，R 是常量，T 是温度。由此可知，在此装置中右式为定值，即：

$$\frac{P_1V_1}{T_1} = \frac{P_2V_2}{T_2} \tag{2}$$

压力平衡管的体积 V_1 为 300L，压强 P_1 和温度 T_1 可分别用压力表和温度计测得；等式(2)右侧 P_2 为一个标准大气压，T_2 为室温 25℃。因此可求得气体体积 V_2。

使用时先选择端口再选择数据路径，运行后在界面上可以看到压力平衡罐当前的压力和温度值以及压力和温度曲线，分析结果会提取质谱仪检测的结果。为了提高检测的自动化，减少人力参与，本操作软件将绝大部分参数集成在后台，实现一键测量，界面整洁，操作简便，不需要任何专业知识即可使用。软件界面设置工作日志，提示当前所处步骤，方便测量人员了解测量进程。

3　测系统实验结果及分析

3.1　实验流程

进行实验的整体流程如下：开启自动化页岩油气检测装置，系统进入自检状态，设备自检灯常亮。当自检完毕后，所有电磁阀关闭，真空泵、鼓风机等设备准备就绪，系统运转正常，此时设备正常灯常亮，自检灯关闭。

打开质谱仪软件 PMASS2009，设定标定气体的成分及含量。打开 shaleOAGD 流程控制软件，设定系统参数，集气筒送入压力平衡罐的持续时间设定为大于等于 10s，为了保证液体中吸附的气体得到一定程度的释放，设置的静置时间大于等于 10s，持续吹扫时间大于等于 20s。

选择端口号，打开 COM 端口，选择数据路径，点击系统开始运行按钮，此时装置开始工作，真空泵将待测气体抽入压力平衡罐中，再通过程序自动控制电磁阀的开闭，使用鼓风机将气体从平衡罐经管道推入质谱仪。在界面上将显示压力平衡罐当前的压力值、温度值，以及压力和温度曲线，分析结果会提取质谱仪对气体组分的检测结果，连同气体体积、液体质量等信息，一并显示在操作界面上。

3.2　结果分析

对现场的页岩油气样本进行调研，确定标准气体的组成和浓度，用于校对质谱仪。根据校对生成的标准库，对同类页岩油气待测样本进行精确测量。本次使用两种气体样本对装置进行测试。

3.2.1　普通大气

利用真空泵将普通大气抽入压力平衡罐中，按照自动化页岩油气检测流程，最终得到实验数据，截取部分数据如表1所示。

表1　普通大气测量结果

序号	气体组分(%)			
	N_2	O_2	Ar	CO_2
1	75.482	21.544	2.973	0.001
2	75.574	21.573	2.851	0.002
3	75.597	21.553	2.848	0.002
4	75.597	21.553	2.848	0.002
5	75.602	21.511	2.885	0.002

由测量数据得到各测量组分的箱型图，如图6所示，由图可知本系统的测量结果在不同时间段内数值非常稳定，最大值，最小值与中值间的误差几乎为零，各个测量值的方差均在0.1‰内，说明本实验系统测量稳定性较好。

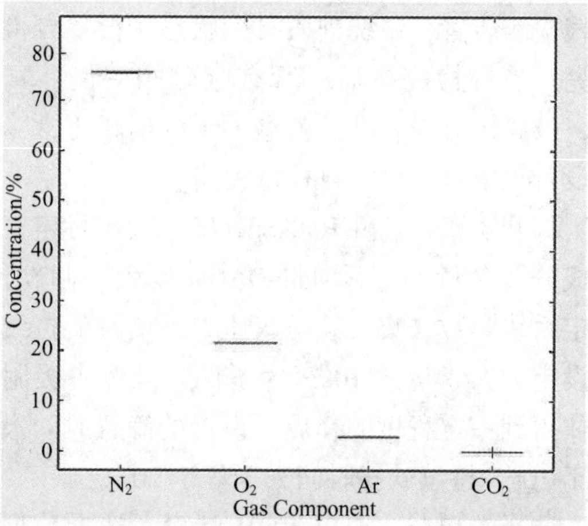

图6　空气各组分测量值箱型图

根据空气中各组分的平均测量值与空气中各组分标准含量值得到折线图，如图7所示。由图可知测量数据与实际大气各组分含量略有误差，尤其是氮气含量与标准含量78%差距较大，并没有达到1%的精度要求，但是考虑到大气成分因地而异，且本测量在室内进行，实验样本并不是标准大气样本，所以测量误差在可接受范围内。

3.2.2　混合标气

利用真空泵将压力平衡罐中气体抽出1/50，混入二元气体至1个标准大气压，二元气体中二氧化碳占0.2%，氩气占99.8%，在质谱仪中标定该气罐中成分及含量，按照自动化页岩油气检测流程进行实时在线测量，最终得到实验数据，表2为部分截取数据。

表2　混合气体测量结果

序号	气体组分/%			
	N_2	O_2	Ar	CO_2
1	74.277	21.196	4.512	0.015
2	74.287	21.184	4.513	0.016
3	74.289	21.183	4.510	0.018
4	74.291	21.189	4.504	0.016
5	74.329	21.197	4.457	0.016

由混合气体各组分测量值，得到箱型图8，由图可知，测量结果在不同时间段内数值非常稳定，最大值，最小值与中间值的误差几乎为零，各组分测量值的方差均在0.1‰内，根据体积换算，混合气体中氩气浓度上升至4.5%，二氧化碳上升至1.5%，氮气和氧气浓度略有下降，根据混合气体各组分的平均测量值与理论计算结果得到折线图9，由图可知，测量结果与理论计算

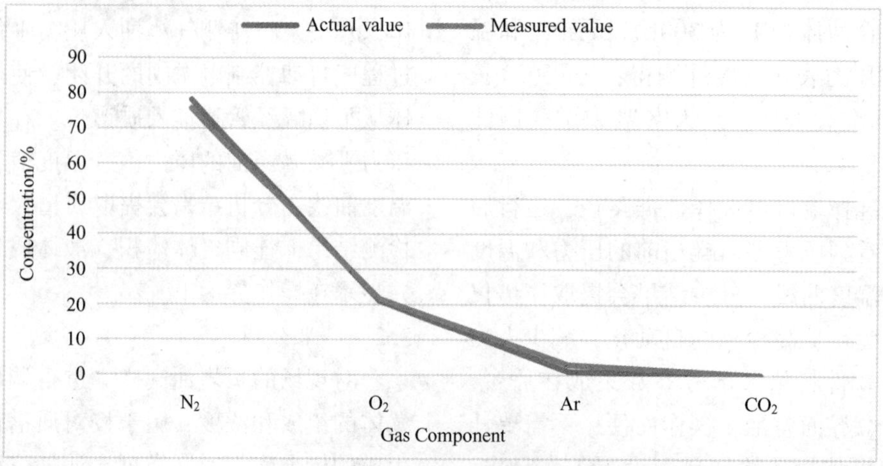

图7　空气中各组分测量值与标准值对比折线图

结果基本一致，误差在要求的1%内。

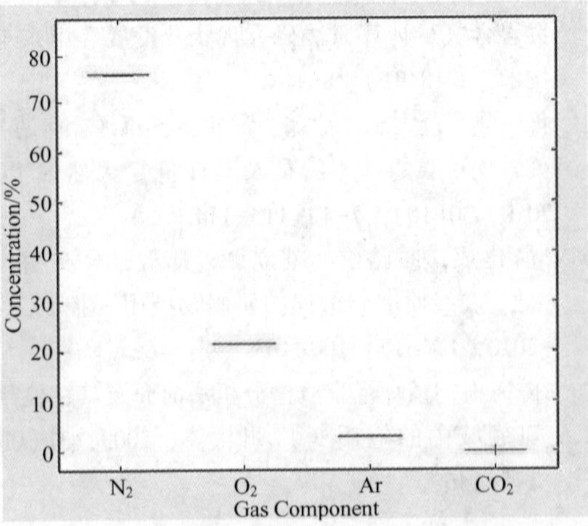

图8　混合气体各组分测量值箱形图

由以上两次实验可以看出，本系统可以进行气体组分、气体浓度、液体质量的在线定量检测，检测精度达到了所要求的指标，可用作页岩气勘探开发中含气量测量的可靠仪器。

4　结论

随着清洁低碳能源转型进程加快，中国天然气消费快速增长，保障天然气供应安全的形势日益严峻，迫切需要加大国内天然气资源开发，提高生产应能力。加强非常规天然气资源开发利用是增强中国天然气供应安全的战略选择。而页岩气以其储量大、分布广等特点，逐渐成为其中的佼佼者。中国页岩气的勘探开发虽然起步较晚，但近年来取得了重大进展和显著成绩，成为国内天然气增产增供的重要来源。页岩气含气量的多寡是评价页岩气富集程度的关键所在，在页岩气勘探至开发整个生命周期发挥重要作用。因此，如何快速准确的测量页岩气的含气量是目前亟待解决的重大课题。

针对这一实际需求，本文研究了页岩气的现场在线测量方法，基于含气量检测的直接测量法，编写了测量流程控制软件并进行硬件设计，研制了完整的页岩油气现场检测系统。该系统能够实现气液分离、压力平衡、气体过滤、自动进样等功能，系统硬件结构合理，集成度高且功能完整，能够满足页岩油气多相介质的测量要求。开发的软件系统能够对测量流程进行控制，在任意工况下均可进行保压防爆的自动化检测流程，可以实现气体组分、气体浓度、液体质量、液体体积的一键式测量，操作简单。开展了油气在线检测实验，实验结果表明，本系统工作正常，能够准确完成气体组分、气体浓度的定量检测，检测精度满足立项指标。

致谢

本文获国家“十三五”重大专项“非常规油气钻井关键自动化工具仪器研制”（课题编号：2016ZX05022006）资助。

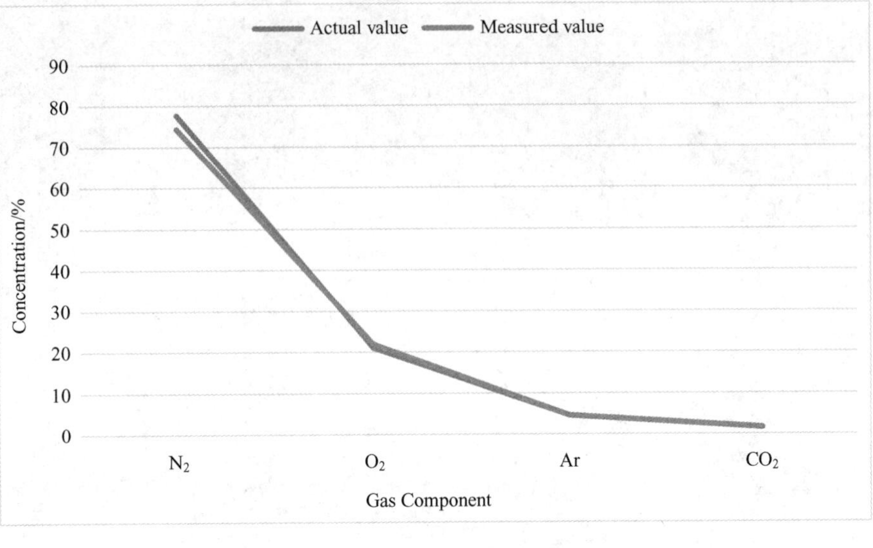

图9　混合气体中各组分测量值与标准值对比折线图

参考文献

[1]　潘继平．中国非常规天然气开发现状与前景及政策建议．国际石油经济，2019，27(02)：51-59.

[2]　康玉柱．中国非常规油气勘探重大进展和资源潜力．石油科技论坛，2018，37(04)：1-7.

[3]　谢晓岳，陈宝钦，杨杰．页岩气、煤层气等非常规油气生产计量技术及管理．当代化工研究，2018(06)：72-73.

[4] Amy Myers Jaffe. Shale Gas Will Rock the World. Wall Street Journal, 2010, 10: 689-691.

[5] 徐丽，刘福云，张戎，候祥宁，吴军涛，王彦昌. 页岩气勘探开发现状及环境影响与风险. 油气田环境保护，2017，27(04)：6-10+60.

[6] Bustin R M, Bustin A, Ross D, Chalmers Gareth, Murthy V, Chikatamarla Laxmi, Cui Albert. Shale Gas Opportunities and Challenges. (Adapted from oral presentation at AAPG Annual Convention, San Antonio, Texas, April 20-23, 2008), Search and Discovery Articles #40382 (2009), Posted February 20, 2009: 20-23.

[7] 李玉喜，乔德武，姜文利，张春贺. 页岩气含气量和页岩气地质评价综述. 地质通报，2011，30(Z1)：308-317.

[8] 张楠，张怀贵，邹媛，尚永宏，陈小兵，黄宇琪. 页岩含气量计算方法研究现状及发展. 山东工业技术，2018(19)：86+84.

[9] 蒋裕强，董大忠，漆麟，沈妍斐，蒋婵，何溥为. 页岩气储层的基本特征及其评价. 天然气工业，2010，30(10)：7-12+113-114.

[10] 俞建成，闻路红，刘立鹏，郑毅，吴文明，王健. 在线质谱分析仪的研制及应用. 控制工程，2010，17(S1)：100-103.

[11] 陈海梅，杨晓艳. 质谱分析法简介及其在检测认证领域中的应用. 广州化工，2009，37(03)：145-146.

薄互层低渗透油藏大规模组合压裂配套技术研究与应用

于法珍　杨广雷　陈　斌　王营营

(中国石化胜利油田分公司)

摘　要　纯梁油田低渗透油藏分布广泛，地质动用储量约2亿吨，占全厂总储量的58.4%。由于薄互层低渗透油藏单井投产自然产能低，压裂开发技术成为此类油藏改造必不可少的一项重要工艺措施，但因纯梁油田薄互层低渗透储层砂体发育零散、砂泥交互、纵向层数多、厚度薄，压裂裂缝形态复杂、难以控制，给压裂工艺带来了诸多难点。本文重点围绕薄互层低渗透油藏特征，开发难点，论述了压裂工艺技术的发展与优化，着重阐述了滩坝砂、浊积岩、裂缝性等大规模压裂整体配套技术，针对储层改造难点，提出了压裂整体配套组合工艺模式改造技术，针对不同类型的油藏特征优化压裂配套技术，从压裂方式、裂缝形态、加砂规模、施工排量等因素进行了分析，通过技术人员的不断优化，取得了较好的压裂效果。

关键词　低孔低渗的薄互层油藏；滩坝砂；浊积岩；压裂；高导流

1　纯梁油田低渗透油藏概况

1.1　地质概况

纯梁油田地处东营凹陷的边缘，主力生产层系沙三中和沙四段，具有油藏类型多、岩性复杂、储层物性差等特征。多年勘探结果表明发现的储量、产能建设动用的储量，都是以低渗透为主，而未动用的石油地质储量中，低渗透油田储量占的比例更大(具体见表1)，如何尽快使未动用的低渗透油田的储量得到高效投入开发，这对于采油厂每年的原油上产稳产工作具有十分重要的意义。

表1　近几年勘探、产能建设、未动用储量表1

年份	勘探			产能建设			未动用储量		
	低渗透	其他	合计	低渗透	其他	合计	低渗透	其他	合计
2015	461	41	502	425	0	425	496	52	548
2016	189		189	125	0	125	496	52	548
2017	2199	400	2599	833	400	1076	1862	52	1914
合计	3349	441	3790	1383	400	1626	2854	156	3010
	低渗透占88.4%			低渗透占85.1%			低渗透占94.8%		

近年来，采油厂投入开发的低渗透油藏，主要集中高89块、樊144块、梁8块、梁4块、纯化油田纯4-5组等区块，都属于低孔低渗的薄互层油藏，其中高89块、樊144块属于低品位油藏。这些区块的油井，大部分原始自然产能低，有的甚至没有自然产能，常规压裂改造效果不理想，为此，采油厂工艺、地质技术人员解放思想，大胆创新，针对不同区块特点、压裂改造开发的难点，有针对性地对大规模压裂工艺技术进行了优化和配套，逐步形成了适合于纯梁低渗透油藏特点的大规模压裂整体配套技术，提高了低渗透和特低渗透油藏的整体开发效果，为采油厂新区产能建设做出了巨大的贡献，同时，也为下步低渗透油藏的有效开发提供了有力的技术支撑。

1.2　储层改造难点

国内外一般称渗透率低于$50\times10^{-3}\mu m^2$的储层为低渗透油层；随着我国投入开发的低渗透油田愈来愈多，根据这些油田储层特征及开发动用情况，又进一步细分为：$(10\sim50)\times10^{-3}\mu m^2$的储层为低渗透，$(1\sim10)\times10^{-3}\mu m^2$的储层为特低渗透，小于$1\times10^{-3}\mu m^2$的储层为微渗透。纯梁采油厂产能建设的几个主力区块(梁112块、高89-1块、高891块、梁108块、纯107块)，油层埋藏深度在2670～3400m之间，平均渗透率在0.38～5.8之间，平均孔隙度在8.9～16之间，原始地层压力在35.8～41.8之间。油层埋藏深，渗透率低，孔隙度低，原始地层压力高，属于常温高压低孔特低渗透油藏。由于这些低渗透油藏原始自然产能低，有的甚至没有自然产能，不进行压裂改造无法得到有效开发。具体见表2。

表2　纯梁采油厂新区储层物性对比表

区块	主要含油层系	油藏埋深/m	含油面积/km^2	孔隙度平均值/%	平均渗透率/($10^{-3}\mu m^2$)	泥质含量/%	原始地层压力/MPa	油藏类型
梁112块	ES4	2670~2850	5.8	16	2.5	8.4	38.87	特低渗透构造岩性油藏
高89-1块	ES4	2810~3100	3.15	10.9	0.38	—	41.8	特低渗透砂岩油藏
高891块	ES4	2700~2900	4.4	8.9	4.7	—	40.85	低孔超低渗透油藏
纯107块	ES4	2850~3100	3.7	14.2	5.8	7.8	35.8	低渗透层状构造油藏
梁108块	ES4	2880	1.1	15.2	2	7.8	42.5	特低渗透构造岩性油藏

纯梁油田薄互层低渗透油藏压裂改造难点有四个方面：

(1) 多层、薄层发育，砂泥岩交互层，平均单层厚度仅1.1m，平均小层数10个以上，储层和隔层应力差小，缝高不易控制，常规压裂技术改造，由于缝高失控，造成储层内的有效铺砂浓度低，有效裂缝长度短，压裂改造后产量递减快，经济效益差，典型区块有高89块、纯4~5组；

(2) 压裂施工规模难以提高。低渗透油田低孔、低渗，非均质性强，需要形成一条长缝提高产能。而老油田注水强度大，高、低含水层分布复杂；新油田裂缝发育，易形成多条小裂缝，难以实现造长缝的目标；

(3) 储集层类型为裂缝、孔隙双重介质，特低渗透率储层，裂缝垂向延伸严重，高度难以控制。压裂层物性差，隔层薄，层间非均质性严重，有效控制裂缝高度难度大。典型区块有花古102块；

(4) 地层敏感性强，油层改造和油层保护之间矛盾突出。由于孔喉较小，对于层内黏土膨胀，反应沉淀物及进地层液体所携带的机械残渣物的堵塞伤害比较敏感，在油层改造的同时，如何搞油层保护工作，将二次伤害程度降到最低非常关键。

2　浊积岩油藏裸眼多级分段压裂工艺优化

浊积岩油藏典型区块为樊154块，该块主力生产层位为沙三中2砂组，平均油藏埋深2800m。储层特点表现为：单层厚度大，主力小层21小层砂体厚度达到10m以上；物性差，平均孔隙度14.9%，平均渗透率$1.1\times10^{-3}\mu m^2$，为低孔特低渗透储层。

由于储层特低渗透，注水难度大，因此樊154块为弹性开发单元，为进一步释放储层产能，该块采用裸眼多级分段压裂工艺。

2.1　优化完井管柱段数和封隔位置

利用油藏数值模拟技术，计算樊154块极限供油半径为54.5m，分段压裂水平井两条裂缝间距为109m，因此根据水平井段长度优化分段段，每段间隔100m，如樊154-平1井水平段长度为1200m，需要压裂12段。

同时选择井眼质量好的位置卡封封隔器，选

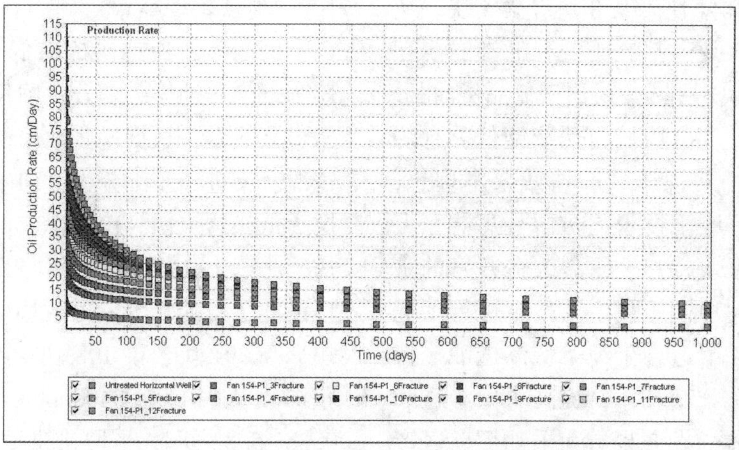

图1　樊154平1井井身结构示意图

择储层物性好的部位放置滑套，达到有效封隔、 有效改造的目的(详见表3)。

表3 樊154-平1井分段压裂段数及分段间隔表

序号	1	2	3	4	5	6	7	8	9	10	11	12	
滑套设计位置/m	2895	3002	3110	3225	3333	3435	3502	3627	3725	3815	3915	4010	
滑套间距/m	—	107	108	115	108	102	67	125	98	90	100	95	
封隔器设计位置/m	2855	2960	3075	3175	3275	3360	3473	3555	3675	3775	3860	3960	4066
封隔器间距/m	—	105	115	100	100	85	113	82	120	100	85	100	106

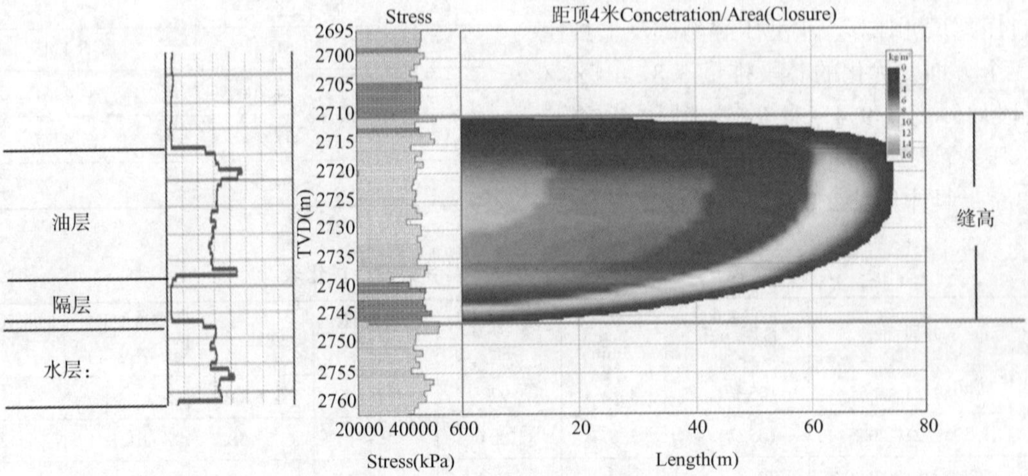

图2 距顶4m储层压裂模拟图

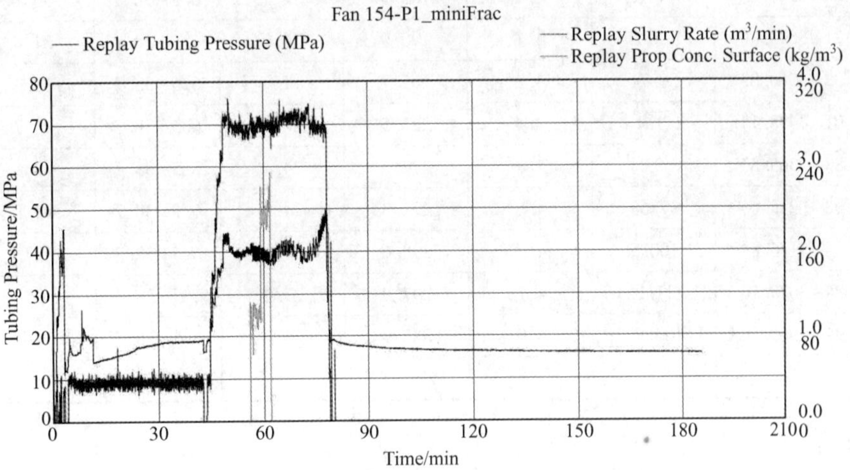

图3 小型压裂测试曲线图

2.2 缝高控制优化

为了有效控制缝高下延，避免压穿下部2号砂体，利用樊154-7井的测井资料计算了垂向应力剖面，开展了压裂参数的优化。例如：距顶4m储层压裂优化，模拟显示裂缝向下延伸，为避免压开底部15m厚的水层，优化加砂29t，缝高控制39.57m，达到了在控制缝高的前提下，尽量加大加砂量，确保了缝长的足够延伸(见图2)。

2.3 前置液优化

樊154平1井小型压裂采用阶梯排量升和阶梯排量降测试技术，共泵注Viking D压裂液106m^3，加Carbolite陶粒1.9m^3，泵注排量0.5~3.8m^3/min，停泵测压降106min，至裂缝闭合。通过采用G函数和平方根分析，确定闭合压力44.4MPa，压裂液效率22%。从小型压裂测试结果来看，压裂液效率偏低，反映裸眼储层滤失大，加砂压裂时适当增加前置液比例，由46%提高至 60%。

2.4 施工排量优化

结合分段压裂工具的球与球座具体尺寸，要求投球能顺利通过以上各部，并且在保证工具性能前提下，主要考虑各级球座的推荐最大排量，樊 154-平 1 井各段施工排量优化控制在 3.8~4.9m^3/min(见表 4)。

2.5 应用效果

(1) 优化结果

通过压裂尺寸计算、小型压裂测试及工具性能要求三个方面，优化的各段排量 3.8~4.9m^3/min，各段加砂规模 9.4~34.7m^3，砂比 6.5%~38.7%，压裂液 2770.8m^3，Carbolite 30/50 支撑剂 240.3m^3。具体各段参数优化情况详见表 5。

表 4 樊 154-平 1 井各级球座及最大施工排量设计表

球座内径/in	球座内径/mm	推荐最大泵注排量/(m^3/min)
1.15	29.21	3.82
1.275	32.39	3.98
1.4	35.56	3.98
1.525	38.74	4.13
1.65	41.91	4.13
1.775	45.09	4.29
1.9	48.26	4.45
2.025	51.44	4.45
2.15	54.61	4.61
2.275	57.79	4.77
2.4	60.96	4.93

表 5 樊 154-平 1 井各段压裂参数设计优化表

序号	井段/m	跨度/m	排量/(m^3/min)	压裂液用量/m^3	加砂规模/m^3	砂比/%	模拟缝长/m	模拟缝高/m
MiniFrac	3959.21~4065	105.79	3.8	97	2	6.5~10		
1	3959.21~4065	105.79	3.8	128.6	9.4	6.5~38.7	61.8	29.3
2	3861.40~3958.03	96.63	4	126.1	11.3	6.5~38.7	71.2	27.3
3	3776.38~3860.22	83.84	4.1	149.4	13.1	6.5~38.7	78.9	26.9
4	3674.68~3775.20	100.52	4.1	162.9	14.1	6.5~38.7	85.8	29.7
5	3561.21~3673.50	112.29	4.1	190.9	16.9	6.5~38.7	81.8	29.3
6	3479.32~3560.03	80.71	4.3	165.7	15	6.5~38.7	78.9	28.6
7	3367.01~3478.14	111.13	4.4	225.5	20.6	6.5~38.7	78.7	33.8
8	3276.83~3365.83	89	4.4	272.5	24.4	6.5~38.7	86	33
9	3178.02~3275.65	97.63	4.6	271.8	24.4	6.5~38.7	93.8	31
10	3076.34~3176.84	100.5	4.7	298.6	27.2	6.5~38.7	94	32.2
11	2963.94~3075.16	111.22	4.7	297.9	27.2	6.5~38.7	95	32
12	2861.94~2962.76	100.82	4.9	383.9	34.7	6.5~38.7	101	36
合计				2770.8	240.3			

(2) 实施效果

共计实施 10 口井，初期平均单井日产油 24.2t，阶段末平均单井日产油 3.3 吨，区块累产油 15×10^4t。

与周围临井相比，水平井自喷期产能是相邻直井的 7~10 倍(见表 6)。

表 6 与周围临井效果对比表

序号	井号	实施效果						累油/(×10^4t)
		初期			目前			
		液量/m^3	日油/m^3	含水/%	液量/m^3	日油/m^3	含水/%	
1	樊 154 平 1	179	76	57	11	4.4	60.3	2.35
2	樊 154 平 2	94.5	40.6	57	9.6	3.7	61.4	2.4
3	樊 154 平 3	57.7	17.7	70.4	3.7	2	46.5	1.3
4	樊 154 平 4	76.5	33	56.8	9.1	5.1	43.7	1.79

续表

序号	井号	实施效果						累油/(×10⁴t)
		初期			目前			
		液量/m³	日油/m³	含水/%	液量/m³	日油/m³	含水/%	
5	樊154平5	31.3	16	49	11.5	6.4	44.6	1.8
6	樊154平6	11.7	3.6	69.2	4.4	2.5	43.3	1.1
7	樊154平7	12.3	4.7	62	2.5	1.4	42.5	0.74
8	樊154平8	52.8	16	69.7	3.2	1.8	43.5	0.98
9	樊154平9	27.5	14	49	4.5	2.6	42.4	1.1
10	樊154平10	49.9	20.5	59	4.5	2.6	43	1.3
平均			24.2			3.3		1.5

3 滩坝砂油藏直井大规模机械分层压裂工艺优化

典型区块高892块，该块主力生产层位为沙四上，平均油藏埋深3000~3200m，平均渗透率(0.3~1.0)×10^{-3} μm²，平均孔隙度7.6%~8.0%(详见表5、表6)。储层特点表现为：(1)层多，小层个数普遍10个以上；(2)层薄，平均厚度1~1.6m；(3)岩性不纯，泥质含量高，最高可达到50%以上；(4)压裂层段跨度大，大于50m。由于以上特点对于压裂井的缝高控制、大规模加砂都带来了一定的难度，2010年曾尝试过水平井压裂工艺，因为在纵向上难以沟通各小层，导致压裂效果不好；2011~2012年开始尝试直井大规模笼统压裂工艺，初期平均单井日产油6.5t，见到了一定的压裂效果；2012后期开始应用机械分层压裂工艺，每层压裂规模相对较小，平均单层加砂20m³左右，实施后初期平均单井日产油7吨，但随着开发储层品味越来越差，单一一种压裂工艺无法大幅度提高单井产能，为进一步改造储层，2017年开始我们推广优化了直井大规模机械分层压裂工艺，该项工艺技术是大规模压裂与机械分层压裂的组合压裂工艺。

表7 高892-1取芯物性分析表

井段/m	距顶/m	孔隙度/%	水平渗透率/10^{-3} μm²	备注
3022.00~3026.40	1.07	11	0.044	泥岩
3062.50~3069.60	0.22	9.6	1.41	
3062.50~3069.60	2.45	7	1.39	
3062.50~3069.60	3.42	6.7	0.06	泥岩
3062.50~3069.60	4	6.6	0.272	
3062.50~3069.60	5.4	2.8	0.067	泥岩

表8 高892-3取芯物性分析表

井段/m	距顶/m	孔隙度/%	水平渗透率/10^{-3} μm²	备注
3155~3163	0.25	6.6	0.126	干层
3163~3170.5	4.6	7.9	0.318	干层
3163~3170.5	6.46	3.5	0.066	泥岩
3225~3229.1	0.27	8.3	0.237	干层
3229.13~3234.2	4.75	3.2	0.066	泥岩

3.1 解决如何分层问题

(1)依据测井资料分压裂层段

依据测井图上显示压裂段跨度大小；自然伽马、声波等曲线判断砂岩纯度，分析每一层的压裂起缝难度；微电极、微电位判断物性好坏。我们对于储层跨度大、物性差异大、造缝难度不同的井段采用分层压裂工艺，可分为2段、3段、4段等压裂工艺，如高892斜11井分2段压裂。

(2)依据地应力分析确定分层段数

应用gohfer软件模拟地层应力，分析隔层遮挡应力差值，选择地应力高的区域作为隔层，如梁755井根据地应力分析，将该井分为3段压裂。另外，对于遮挡性差的储层优化射孔，力求做到抓住主要层段，减少射孔簇数，控制多条裂缝同时起裂和延伸，必要时放弃一些层段，确保分层合理性和改造的效果。

3.2 加砂规模优化

高892块为特低渗油藏，储层致密，主要压裂思路以造长缝来提高单井产能。因此，该块主要以大规模压裂方式为主。做了不同加砂规模下支撑缝长与支撑逢高的变化曲线，得出最佳改造缝长(即随着加砂量继续增加，缝长增长变缓，

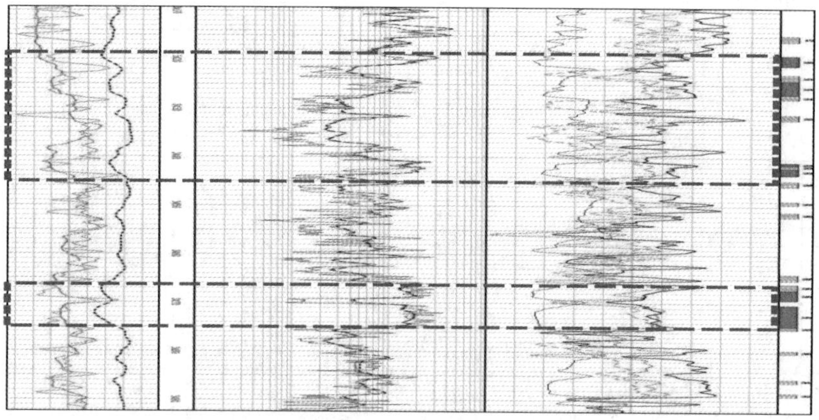

图 4　高 892 斜 11 井测井图

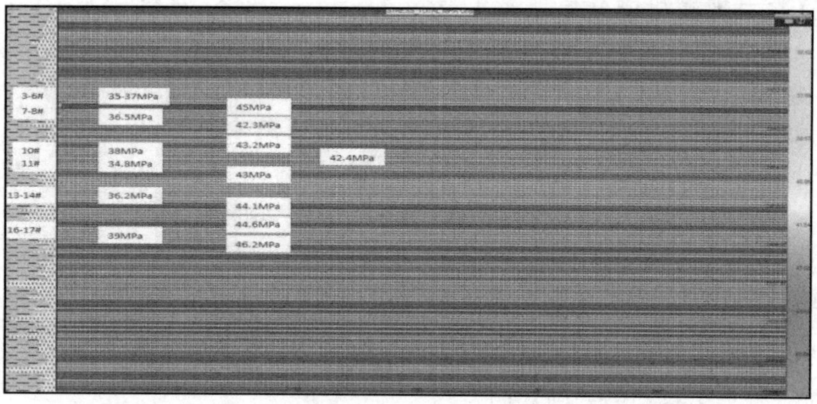

图 5　梁 755 井地应力模拟图

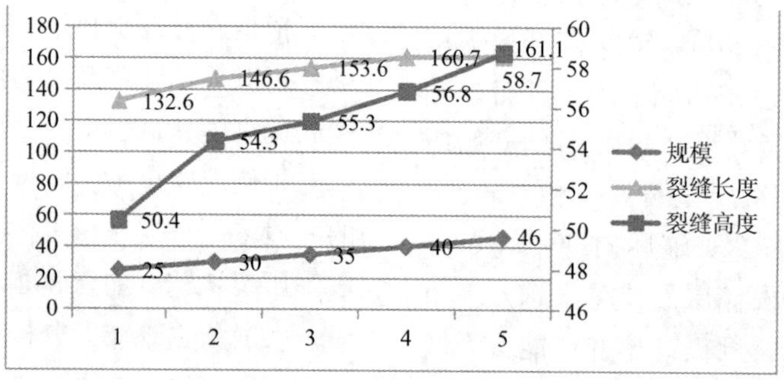

图 6　高 892 斜 12 井下层裂缝长度与高度变化关系图

对产能贡献率变差），从而确定最佳加砂量，确保效益最大化。

高 892 斜 12 井做了 5 套加砂规模程序，通过绘制该井缝长与缝高变化曲线，发现加砂规模达到 $40m^3$ 以后，裂缝长度不再增加，缝高增加速度明显加快，不利于储层的有效加砂与缝高控制，为此，最后确定下层加砂规模不大于 $40m^3$，缝长可达到 160m。

3.3　缝高控制优化

缝高控制是分层压裂的关键技术，施工排量是影响缝高的关键参数。由于该块主要执行大规模压裂工艺，需要一定的施工排量来支撑缝宽，为控制缝高，该块主要实行变排量施工。例如：高 892 斜 4 井井机械分层压裂井第一段施工排量的优化，做了两种排量计算，如图 8、图 9。可以看出排量 $3.0m^3/min$ 缝高控制较好，为最佳起泵排量。

3.4　层间暂堵压裂技术优化

针对分段后，每段各小层间还存在压裂改造差异大的现象，分段压裂时部分储层未压开问题，推广应用了层间暂堵压裂工艺，目的是使每段内各小层压裂更精细重新造缝，实现储层均匀改造，如高 946、高 892 斜 11 等井。

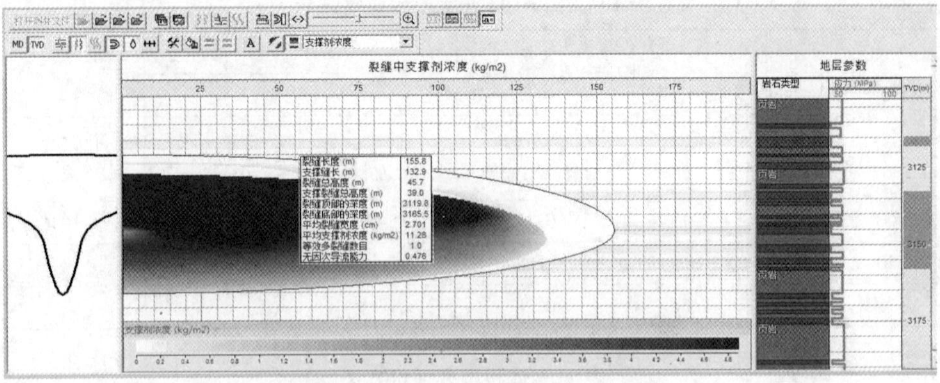

图 7　高 892 斜 12 井下层压裂模拟图

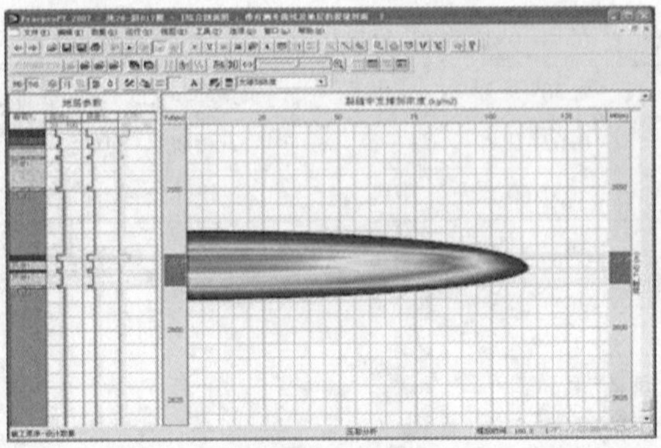

图 8　排量为 3.0m^3/min

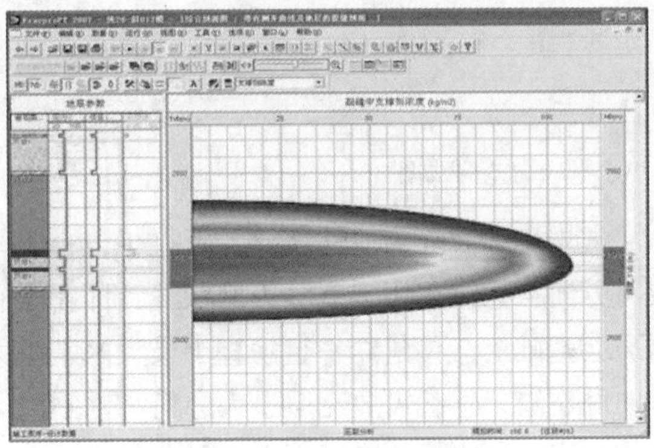

图 9　排量为 4.0m^3/min

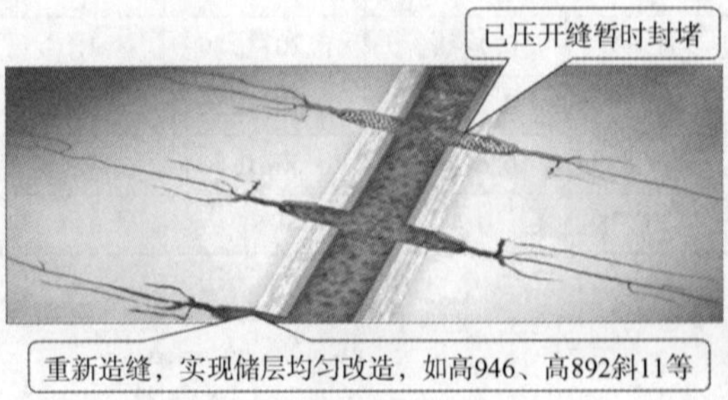

图 10　暂堵压裂裂缝模拟图

3.5　应用效果

典型区块 G89 地区，2017~2018 年实施大规模机械分层压裂井 5 口，初期平均单井日油 19.3t，目前平均单井日油 8.2t，与前期压裂井日油 7 吨相比，初期日油增加 12.3t，取得了很好的压裂效果。

4　致密裂缝油藏“体积+高导流”组合压裂工艺优化

典型区块花古 102 块，该块主力含油层段为上古生界二叠系上石盒子组奎山段。平均油藏埋深 2300~2400m，平均渗透率 0.28×10^{-3}μm^2，平均孔隙度 7.56%，属于低孔、特低渗油藏。

表 9　2017—2018 年压裂效果统计表

序号	井号	初期产量			目前			累产油/t
		日液/t	日油/t	含水/%	日液/t	日油/t	含水/%	
1	G946	40	32	20	11.5	11	4	12605
2	GX949	13	10	23	7.2	6.3	13	1168
3	G892X11	36	31.3	13	13.7	13.3	3	2802
4	G892X16	18.5	17	8	6.1	6	2.4	3958
5	G892X18	8	6.3	21	4.8	4.6	4.5	2672
平均			19.3			8.24		4641

表 10　花古 102 井岩心分析物性表

序号	井段/m	地质院		测井公司（核磁）		对比	
		孔隙度/%	渗透率/$10^{-3}\mu m^2$	孔隙度/%	渗透率/$10^{-3}\mu m^2$	孔隙度/%	渗透率/$10^{-3}\mu m^2$
1	2370.00~2378.20	7.13	0.17	5.67	0.09	-1.46	-0.08
2	2378.20~2386.30	8	0.4				
平均		7.56	0.28				

表 11　体积压裂评价方法

可压裂级别	脆性指数	脆性矿物指数	应力各向异性	天然裂缝	可压指数	可压裂性评价	储层压裂液选择
Ⅲ	0.1~0.3	0.20~0.30	1.5	不发育	0.18~0.32	低	交联液
Ⅱ	0.3~0.6	0.30~0.50	1.3	中等发育	0.36~0.58	中等	滑溜水/线性胶+交联液
Ⅰ	0.6~0.8	0.50~0.80	1.1	发育	0.62~0.82	高	滑溜水+交联液
花古 102 井	0.48	0.87	1.1	发育	0.60	中等偏上	线性胶+交联液

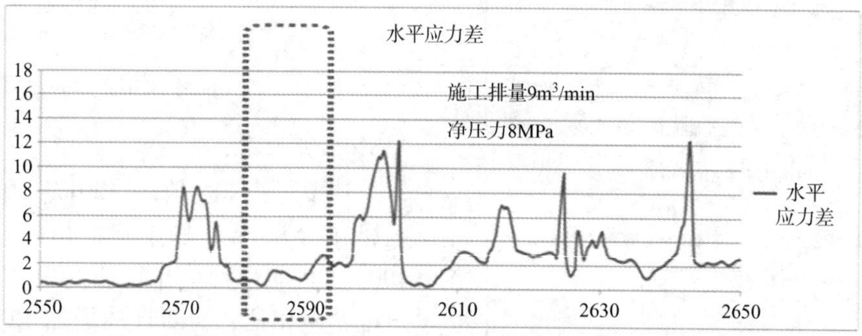

图 11　花古 101 斜 2 井最大最小水平应力差曲线图

储层特点表现为：(1) 裂缝发育，缝宽 1~3mm，偶见孔洞，裂缝面附近见棕黄色油迹、油斑，含油不均匀，该块属于裂缝—孔隙型双重介质储层；(2) 储层致密，花古 102 井取芯显示上部灰白色石英砂岩，致密，无显示；下部见紫红色泥岩；(3) 储层厚度大且横向连通性好，单层厚度大于 5m 以上。

针对于该块油藏致密性、裂缝性的特点，推广应用了“体积+高导流”组合压裂工艺，主要目的是在目的层造体积缝、长缝来沟通储层裂缝，从而释放储层产能。

4.1　体积缝压裂工艺优化

(1) 体积压裂可行性评价

应用体积压裂评价方法，开展了脆性指数分析，计算了可压指数，如花古 102 井计算可压指数 0.60，接近体积可压裂级别 I 类，体积可压裂性评价为中等偏上。

(2) 施工排量优化

常规压裂裂缝为线性裂缝，垂直于最小水平应力方向；而体积压裂裂缝为网状缝，即在原有的裂缝基础上，再建立一组垂直于最大水平应力方向的裂缝。这就需要克服最大、最小水平应力差值，当地层附加的净压力大于最大最小主应力差时就会在产生一组垂直于最大水平应力方向的裂缝。花古 101-斜 2 井最大最小主应力差为 2~11MPa，依据花古 101 斜 2 井最大最小主应力差分析结果，施工排量优化为 $9m^3/min$，产生附加净压力 8MPa，满足了建体积缝要求。

(3) 改造体积优化

依据地质构造井网要求，尽可能提高改造体积。模拟了花古 102 井 $40m^3$、$60m^3$、$80m^3$ 条件下体积裂缝参数，改造体积分别为 $0.45\times10^6m^3$、$0.95\times10^6m^3$、$1.2\times10^6m^3$。虽然加砂 $80m^3$，改造体积增大，但由于缝高控制难以控制，向上突破严重，不利于压裂后增产，为此优化加砂 $60m^3$。

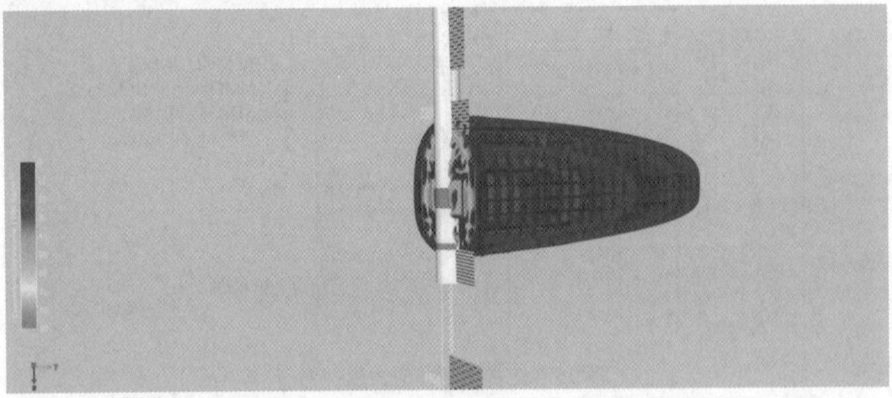

图 12　花古 102 井 $40m^3$ 条件下三维模拟图

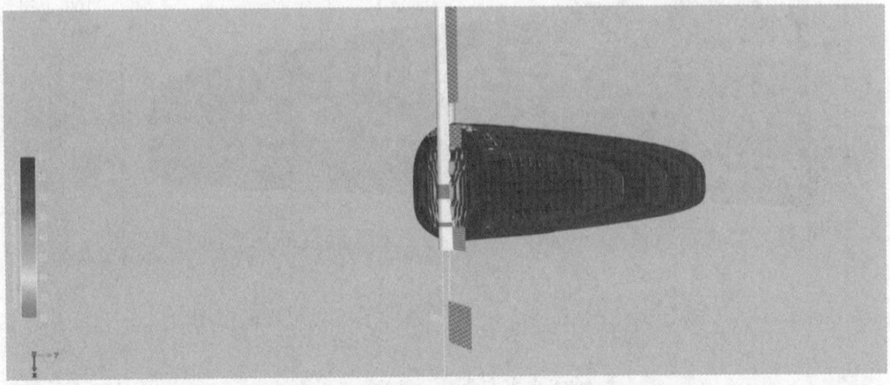

图 13　花古 102 井 $60m^3$ 条件下三维模拟图

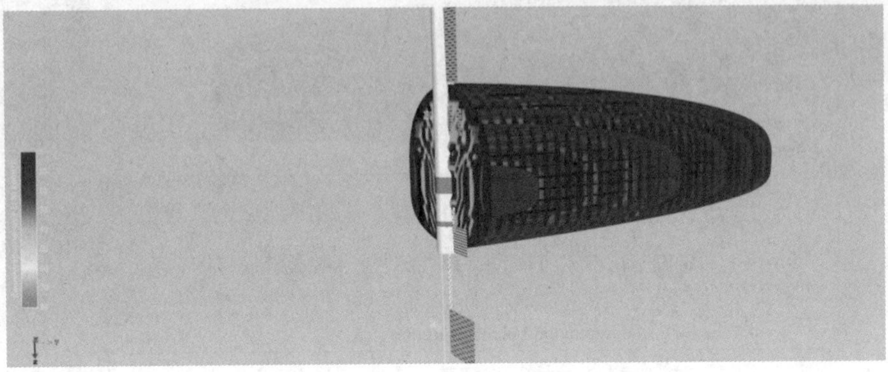

图 14　花古 102 井 $80m^3$ 条件下三维模拟图

4.2　高导流压裂工艺优化

（1）高导流压裂可行性评价

开展了储层力学参数计算，获得了岩石力学参数，建立了力学数模模型，评价了储层高导流压裂的可压性。计算了花古 102 井储层的破裂压力、最大最小水平应力、泊松比和杨氏模量等力学参数，得出高导流通道适应性指数介于 1418，大于适应性指数 600 的界定范围。因此通过计算，该井主裂缝设计适合采用高导流通道压裂技术，以提高裂缝导流能力。

（2）加砂规模优化

依据地质构造井网半缝长要求，优化加砂规模。模拟了花古 101 斜 2 井 $40m^3$、$55m^3$、$70m^3$ 条件下高导流裂缝参数，支撑半缝长分别为 151m、181m、202m。依据井网半缝长 180m 的要求，优选加砂规模 $55m^3$。

表 12　花古 101-斜 2 井不同加砂量下模拟结果表

砂量/m^3	支撑缝长/m	支撑缝高/m	改造体积/10^6m^3
40	151	30	0.51
55	181	33	0.65
70	202	34	0.8

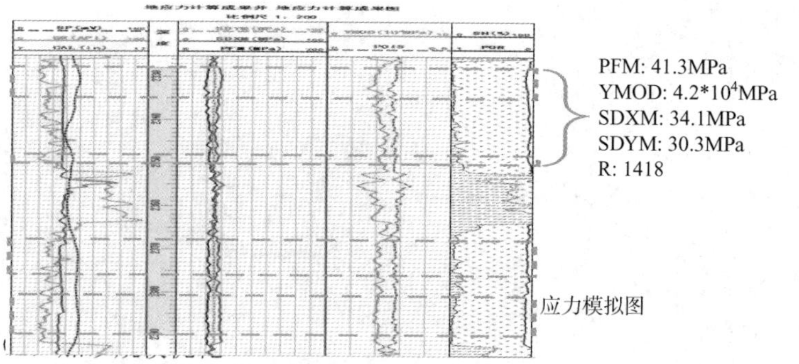

图 15　花古 102 井应力模拟图

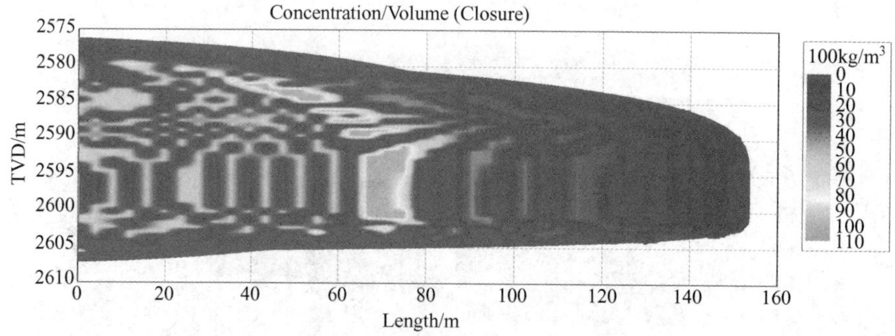

图 16　花古 10 斜 2 井 40m³ 条件下压裂裂缝模拟图

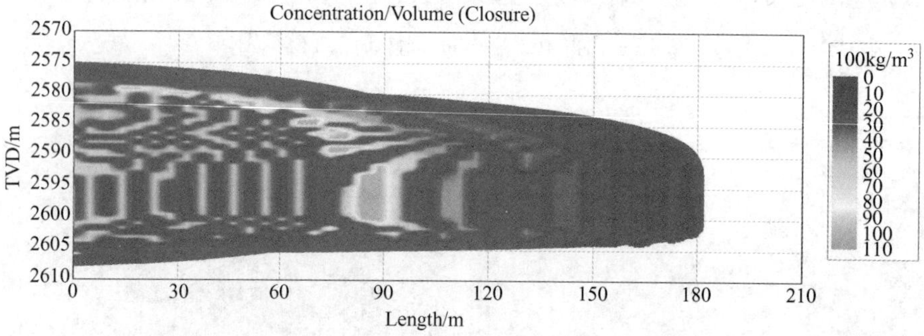

图 17　花古 10 斜 2 井 55m³ 条件下压裂裂缝模拟图

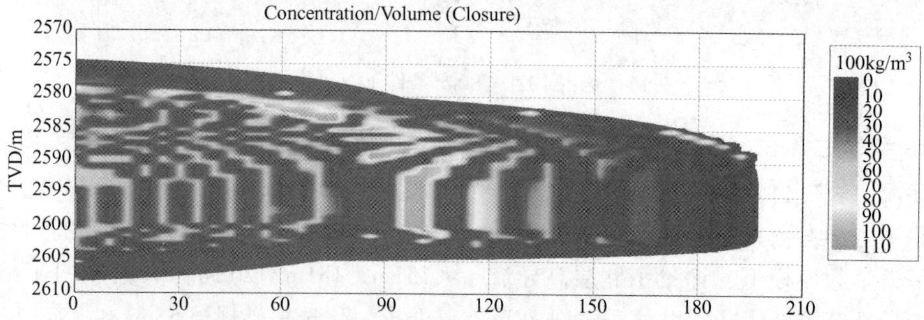

图 18　花古 10 斜 2 井 70m³ 条件下压裂裂缝模拟图

（3）泵注程序优化

图 19 显示常规加砂裂缝内支撑为“点”支撑，导流通道在各砂粒之间，而高导流加砂裂缝内支撑为“柱”支撑，导流通道在各砂团之间。每个砂团之间的导流能力是无限大远远高于砂粒之间的导流能力，有利于致密储层产能的提高。

要实现压裂后的高导流，就要进行压裂泵注程序优化。一是通过脉冲加砂方式（支撑剂段塞

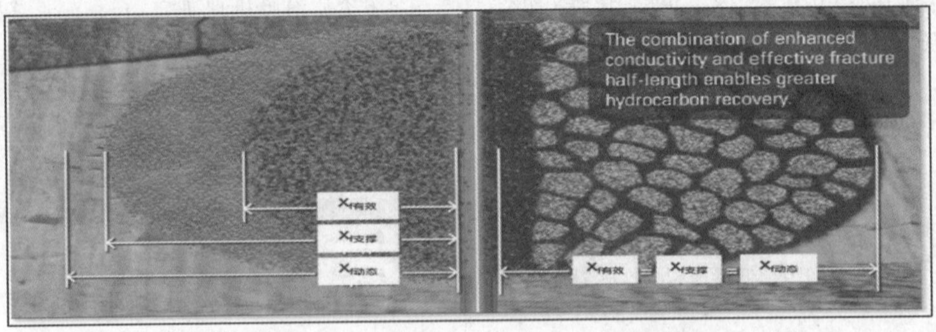

图 19　高导流加砂与常规加砂模拟形态图

注入），即在泵注液体不停的情况下，加砂与停砂交替进行。通过计算，在体积缝的情况下，施工排量 $8m^3/min$ 的条件下，每停砂 1min，各砂团可达到 5mm 以上，极大提高了裂缝导流能力；二是加砂时伴注纤维，促使砂粒成团，进一步实现高导流加砂。

4.3　应用效果

2016-2018 年在花古 102 块实施"体积+高导流"组合压裂工艺井 3 口井，平均单井初期日产油 12.7t，目前平均单井日产油 4.7t，累产油 1.77×10^4t，使原来难以开发花古 102 块得到有效开发。

表 13　花古 102 块压裂效果统计表

序号	井号	压裂工艺	初期产量			目前产量			累油/($\times10^4t$)
			日液/t	日油/t	含水/%	日液/t	日油/t	含水/%	
1	HG102	体积+高导流	21.6	19	12	6	5.6	7	1.1
2	HG101X4	体积+高导流	14	11	21.5	3.8	2.9	23	0.24
3	HG6	体积+高导流	11.2	8.2	27	19.8	5.7	71	0.43
合计			46.8	38.2		29.6	14.2		1.77
平均			15.6	12.7		9.8	4.7		

5　结论与认识

采油厂低渗透储层区块多，其地质条件不尽相同，从上个世纪 90 年代，就开始推广优化压裂工艺。改造初期，我们优选区块的储层特征主要表现为，储层厚度大，砂岩岩性纯，地层能量充足。优选压裂工艺以小规模压裂开发为主。随着储层条件的变差，地层能量下降，储层改造难度越来越大，因此需要不断优化工艺来满足不同的地质条件需要。经过科研人员的不断优化，先后经历了水平井压裂、连续油管压裂、裸眼多级分段压裂、直井机械分层压裂、高导流压裂、体积压裂等多项工艺技术创新。

（1）纯梁低渗透储层地质条件复杂，经过 20 多年的压裂工艺发展，技术人员针对储层的不同特征采取了多样化的压裂工艺，取得了很好的压裂效果。

（2）规模越来越"大"。随着区块的逐渐开发，储层品味以及地层能量都越来越低，想要获得同样的产能，改造规模越来越"大"。由初期的 $7\sim8m^3$ 上升到目前的 $90m^3$。

（3）配套工艺越来越"精"。配套技术从笼统——投球暂堵——机械分层——裸眼封隔器——泵送桥塞——高导流——体积压裂，压裂工艺呈现多样化现象，对储层的改造越来越"精"。

参 考 文 献

[1]　孙海成，胥云，蒋建方等．支撑剂嵌入对水力压裂裂缝导流能力的影响[J]．油气井测试，2009，18(3)：8-10.

[2]　曲占庆，周丽萍，曲冠政等．高速通道压裂支撑剂裂缝导流能力实验评价[J]．油气地质与采收率，2015，22(1)：122-126.

[3]　王香增主编，特低渗油藏采油工艺技术．石油工业出版社，2013.12.

[4]　蒋建方，陆红军等．羧夹击羟丙基瓜尔胶压裂液的高温性能评价．油田化学，2011.3.

[5] 唐汝众，温庆志，苏建等．水平井分段压裂产能影响因素研究，2010，38(2)：80-83.
[6] 郑云川，陶建林等．苏里格气田裸眼水平井分段压裂工艺技术及其应用．天然气工业，2010 年 12 期．
[7] 张英芝，杨铁军，王文昌．特低渗透油藏开发技术研究．北京：石油工业出版社，2004.
[8] 朱维耀，鞠岩，赵明等．低渗透裂缝性砂岩油藏多孔介质渗吸机理研究[J]．石油学报，2002，23(6)：56-59.
[9] 祝春生，程林松，阳忠华等．特低渗透砂岩油藏渗流特征性研究．见油气地质与采收率，2008.
[10] 温庆志，张士诚，王雷等．支撑剂嵌入对裂缝长期导流能力的影响研究[J]．天然气工业，2005，25(5)：65-68.

南川页岩气田钻井关键技术集成配套实践与认识

贺 庆

（中国石化华东油气分公司石油工程技术研究院）

摘 要 页岩气钻井技术经过近些年的攻关实践在各项关键技术上有所突破，但集成配套略显不足，导致整体提速提效效果不够理想。本文在系统分析南川页岩气田钻井过程中各层段钻井难点的基础上，以地层分段划分集成配套应用为主要思路，围绕浅表层工勘技术、井身结构优化技术、钻头选型技术、强化参数钻井技术、轨迹控制技术、组合式工厂化钻井技术等钻井关键技术，从提速提效的角度，阐述对钻井关键技术集成配套实践的认识和思考，以期为页岩气钻井工程技术持续攻关和提速提效提供借鉴与参考。

关键词 南川页岩气田；井身结构；钻头选型；强化参数；提速提效

1 引言

中石化华东油气分公司南川页岩气田构造位置主要处于四川盆地盆缘转化带，为超压-常压过渡区，主要包括平桥、东胜、阳春沟、南川断鼻四个背斜构造，双河口、袁家沟两个向斜构造，武隆、桑柘坪、道真、湾地向斜四个残留向斜构造，累计探明含气面积 176km^2，地质储量1929亿方，其中常压页岩气储量1073亿方。油气田区块目前主要位于南川、武隆、彭水地区，包括平桥南区块、东胜区块、焦页10井区、武隆区块、彭水区块，目前开发重点区块是东胜区块，评价重点区块为武隆区块，油气田2018年已建成6.5亿方产能，计划2020年底建成17.6亿方产能。经过四年多的摸索实践，南川页岩气田钻井工程技术也经历了由学习借鉴到自主创新的转变过程，这其中有成果，也有教训；有经验，也有不足。为了系统总结南川页岩气田钻井工程技术，笔者以地层分段划分集成配套应用为主线，围绕浅表层工勘技术、井身结构优化技术、钻头选型技术、强化参数钻井技术、轨迹控制技术、组合式工厂化钻井技术术等钻井关键技术，从提速提效提质的角度，阐述对近些年钻井关键技术集成配套应用实践的认识和思考，以期为页岩气钻井工程技术持续攻关提供借鉴。

2 地质概况和钻井难点

南川页岩气田自上而下钻遇三叠系须家河组、雷口坡组、嘉陵江组、飞仙关组；二叠系长兴组、龙潭组、茅口组、栖霞组、梁山组；志留系韩家店组、小河坝组和龙马溪组；奥陶系五峰组。南川页岩气田平桥区块、东胜区块南部、武隆区块、焦页10井区地表出露以嘉陵江组为主；东胜区块北部地表出露以须家河组或雷口坡为主，部分井地表出露为侏罗系地层。

南川页岩气田东胜区块茅口组以上地层坍塌压力系数0.60～1.10，破裂压力系数1.57～2.42，栖霞组至龙马溪组坍塌压力系数0.80～1.25，破裂压力系数1.71～2.07。钻遇地层为常压地层，整体地层压力系数分布在0.95～1.20之间；武隆区块是典型的常压地层，隆页1HF井微压测试表明，龙马溪组地层压力系数1.08；平桥南区块上部地层为正常压力系统，下部页岩气储层段压裂前地层压力系数1.25～1.30，压裂后实测地层压力系数1.56。

南川页岩气田钻井主要存在以下难点[1-3]，制约提速提效提质：

1. 浅表层地质复杂。雷口坡组-嘉陵江组浅表层溶洞、暗河、破碎带发育，井漏、垮塌、井底沉砂共存，配套工艺不成熟，钻井效率低、钻井风险高。2019年开钻的36口井中(焦页10井区21口、东胜区块区15口)，导管及一开发生井漏的有28口井、93井次，漏失清水/钻井液平均5780m^3/口井，漏失频繁，漏失量大、损失时间长。其中以东胜区块表现最为明显，已开钻7个平台浅表层全部发生不同程度漏失。

2. 龙潭组、茅口组，小河坝组等难钻地层，机械钻速慢、钻头使用多、钻井效率低。其中龙潭组-茅口组地层夹碳质泥岩、硅质泥岩，局部含黄铁矿，地层软硬交错，可钻性差，前期龙潭-茅口组平均钻时14min/m，单井需使用2~3只钻头；小河坝组地层石英砂含量高，研磨性强，硬度达到6级，抗压强度高，平均钻时23min/m，单井需使用2~3只钻头。

3. 中下部地层漏失不规律发育，钻井堵漏难度大，耗时长。其中东胜区块、焦页10井区以韩家店-龙马溪组漏失为主，彭水、武隆区块以二叠系裂缝性漏失为主。

4. 深部龙马溪组水平段导向效率低，影响钻井效率。

3 钻井关键技术集成配套

3.1 浅表层钻井关键技术集成配套

2016—2018年，南川页岩气田平桥南区块浅表层钻井的实践主要集中在“两项工艺、一项优化”，即清水抢钻工艺，“406.4mm井段大钻铤+螺杆+PDC”钻井工艺和井身结构优化。随着清水抢钻工艺和快速钻井工艺的成熟，井身结构也逐渐由“三开制”优化至“二开制”。2019年，随着勘探开发重心向东胜区块转移，尤其东胜区块北部“浅表层雷口坡-嘉陵江地层裂缝、溶洞型漏失频繁，漏失量大”的问题甚至更加严峻，上述工艺技术适应性下降，短板凸显。主要体现在雷口坡组-嘉陵江组浅表层溶洞、暗河、破碎带发育，井漏、垮塌、井底沉砂共存的问题没有得到有效解。东胜区块北部老胜页3-1井、DP3、DP20、DP1平台浅表层平均井深965m，平均漏失量90191方，浅表层平均钻井天数92.1天，其中老胜页1-3HF井浅表层钻进180天，经历多次堵漏、卡钻具、侧钻后最终弃井。因此浅表层钻井技术有必要由过去单一的“清水抢钻”技术，向“避、封、抢、堵”的集成配套技术转变。

3.1.1 浅表层工勘技术

“避”就是加强对浅表层认识，平台选址，先行工勘，避难寻易。总体原则是避“大洞”。“避”的关键是通过加强浅表层工勘加强对浅表层地层的准确认识。

浅表层工勘技术优选主要遵循以下原则：北部易漏失层位埋深较深，采用音频大地电磁法工勘；南部易漏失层位埋深较浅，采用微动法工勘。微动法相比电磁法具有不受电磁环境干扰，速度结构分层比电磁法分辨率更高的优点，但工勘深度不够。

3.1.2 浅表层套管层序优化技术

浅表层套管层序优化技术的关键是“封”垮塌层，二开制井身结构是浅表层是采用ϕ406.4mm钻头，采用清水钻井方式钻进，以封隔嘉陵江组地层为原则确定导管中完深度，该浅表层套管层序针对单一漏失性地层，配合清水抢钻可以到达快速钻穿，封隔漏层的目的，但面对井漏、垮塌、井底沉砂共存的问题难以有效解决。所以浅表层套管层序优化应由“封”漏失层向“封”垮塌层转变，整体井身结构也应由“简化”井身结构向“丰富、完善”井身结构序列转变。尤其是针对东胜区块北部自流井、须家河开孔地层，应采用专打专封、留有备用的浅表层套管层序设计思路，确保雷口坡以上垮塌层的有效封隔。

3.1.3 抢钻技术

整体以清水抢钻工艺为主体，东胜区块北部等井底沉砂较为严重的区域实践双壁钻杆气举携岩抢钻。清水抢钻要求平台供水能力达到200方/小时，确保以正常排量钻进，达到强化携岩的目的。

3.1.4 堵漏技术

堵漏技术的应用主要是针对裂缝型漏失，对于溶洞型漏失以套管封隔为主。堵漏技术应用过程中需要调经济性、加强漏失特征、层位、深度、裂缝方向等基础研究突出针对性。综合各种因素目前双液平推法堵漏工艺应用成功率较高。

集成配套应用后，东胜北部地区的钻井成井率100%，浅表层钻井周期由92.1天缩短至26天，钻井效率明显提升。

3.2 中上部地层钻井关键技术集成配套

中上部地层(飞仙关组-梁山组)钻井关键技术集成配套主要体现在“强化参数+钻头优选+轨迹控制”技术的综合配套。

3.2.1 强化参数钻井技术

强化参数钻井技术主要包括水力、机械参数的强化和工具、设备的配套。

1. 参数强化

水力参数和机械破岩参数较现有水平提高20%~30%以上，具体参数如表1所示。

表1　水力参数优选表

井眼尺寸/mm	排量/(L/S)		泵压/MPa		钻头压降/MPa		钻头水功率/kW		射流冲击力/N		射流速度/(m/s)		喷嘴过流面积/cm^2	
	试验方案	现有水平	试验方案	现有水平	试验方案	现有水平	试验方案	现有水平	试验方案	现有水平	试验方案	现有水平	试验方案	现有水平
406.4	60	50	17.83	14.19	2.22	1.11	133.55	59.08	4578.6	2871.0	52.63	37.13	11.401	14.366
311.2	60	50	30.54	19.71	8.44	1.92	506.32	105.79	8915.0	3901.5	102.47	48.92	5.855	11.242
215.9	34	28	32.66	27.25	4.29	2.22	117.51	74.19	4311.4	2543.7	74.03	52.63	4.570	6.334

备注：条件允许的情况下，尽可能提高扭矩、钻压，正常钻进时的扭矩与钻压在现有基础上提高20%。

2. 设备配套

设备配套以现有设备升级改造为主，重点满足激进水力参数。要求配套2台52MPa F1600泥浆泵改造、高压立管、水龙带升级改造、四级固控设备升级改造、自动送钻装置配备、4000m一级5-1/2"钻杆。

3. 工具配套

配套引进高扭矩大功率螺杆、引进高幅高频水力振荡器、优选地质导向仪器、优选高效长寿命钻头、现场组织与决策。以引进BICO大扭矩螺杆(如表2所示)、优选高效长寿命PDC钻头为主，重点满足机械破岩参数。

表2　BICO大扭矩螺杆性能参数对照表

厂家	型号	头数	级数	额定排量/GPM	转速范围/rpm	最大工作压差/psi	最大工作扭矩/(ft-lb)	速比/(rev/gal)	推荐功率/HP
BICO	9-5/8 SSS100	7~8	4.8	600~1200	63~126	1550	40650	0.105	750
NOV	9 5/8″-7/8-4.8	7~8	4.8	600~1200	66~132	1090	26160	0.11	687
国产	H7LZ216 * 7.0-3.8DW	7~8	3.8	554~872	94~147	1102	20400		155

3.2.2　钻头选型技术

飞仙关组-梁山组钻头选型的重点难点是龙潭组-茅口组地层钻头的优选。通过不断选型优化，经历了2017年的"6刀翼+617牙轮钻头、混合钻头、637牙轮"摸索实践阶段，2018年的"6刀翼+637牙轮"分段提速阶段，目前该段提速钻头选型已经全面实现去牙轮化，形成相对成熟稳定的钻头序列，具备1-3只钻头钻完能力。目前选型钻头具有以下结构特征：冠部轮廓采用中抛物线轮廓[4,5]，锥顶位于钻头半径1/2~2/3，中锥面；刀翼数量6，直刀翼；保径结构采用切削齿保径和标准保径；主切削齿采用16mm复合片，数量40左右；内锥主切削齿采用抗冲击复合片，并设有减震齿(至少保证主刀翼)；锥顶至外锥部分，采用抗冲击性复合片，切削结构采用双排齿结构。

3.2.3　轨迹控制

在平台轨道整体优化的基础上，中上部井段轨迹控制思路由防斜打直、被动防碰，向控制定向、主动绕障转变，采用自然漂移规律预造斜或人为造斜的方式，减少滑动钻进、释放钻井参数，并达到强化参数的目的；利用上部井段滑动钻进钻时相对较快的优势，达到提高机械钻速和钻井效率的目的。

2020年集成配套应用平台胜页2平台、胜页9平台、胜页14平台、隆页1平台同井段提速30%以上，其中隆页1-3HF井仅用5.71天钻至1965.00m进入韩家店组，创南川油气田一开钻井周期最短、机械钻速最快两项纪录，隆页1-2HF井也仅用5.65天钻至1839.00m进入韩家店组。

3.3　中下部地层钻井关键技术集成配套

中下部地层(韩家店组-小河坝组)钻井关键技术集成配套主要体现在"套管下深优化+钻头优选"技术的综合配套。

3.3.1　套管下深优化

东胜区块和焦页10井区韩家店组漏失情况严重，其中203平台、207平台单井油基钻井液漏失量均超1000方。从目前堵漏工艺成熟度看，水基钻井液堵漏工艺较油基钻井液堵漏工艺成熟，从目前堵漏效果看，采用"堵漏浆+挤水泥"的组合工艺堵漏效果，较单纯采用堵漏浆、或挤水泥效果好，但总体而言针对小河坝组还没有稳定成熟的堵漏工艺，尤其是采用油基钻井液钻井时，缺乏有效高效的堵漏手段。综上所述，东胜区块、焦页10区块技术套管下至龙马溪组更为合适。其他区块可平台第1口井技术套管下至龙马溪，后续井根据情况上提至小河坝组、韩家店组。

3.3.2 钻头选型技术

韩家店组-小河坝组钻头选型的重点难点是小河坝组地层钻头的优选。综合轨迹控制情况可选用以下钻头技术方案。小河坝组需要定向造斜的井优选混合钻头，提高造斜效率。小河坝组不需要定向造斜的井选用PDC钻头，提高机械钻速，PDC钻头应具有以下结构特性：冠部轮廓采用中圆弧轮廓，锥顶位于钻头半径1/2~2/3，中锥面；刀翼数量7，螺旋刀翼；保径结构采用切削齿保径和标准保径；主切削齿采用16mm复合片，数量40左右；内锥主切削齿采用抗研磨复合片，锥顶至外锥部分，采用抗研磨复合片，锥顶-保径段设计副切削齿。

通过集成配套应用，韩家店组-小河坝组的钻井时间由2018年的14.12天，缩短至2020年的8.56天，其中小河坝组具备1~2只钻头钻穿能力。

3.4 水平段钻井关键技术集成配套

水平段（龙马溪组）钻井关键技术的集成配套主要体现在“高效PDC钻头+LWD+大扭矩螺杆+强化钻井参数”技术的综合配套。通过优选高效长寿命PDC钻头，配套引进高扭矩大功率螺杆、优选地质导向仪器，配合强化钻井参数的应用形成水平段“一趟钻”钻井技术。具体配套要求如下：

1. 钻头选型：5刀翼、16mm齿，直刀翼，中短保径，等磨损设计高效PDC钻头

2. 动力钻具：输出扭矩不小于15500ft-lb，工作时间不少于300h的螺杆

3. 导向工具：可靠性高，承受钻压不小于180kN

4. 配套设备：自动送钻系统，压力波动≤0.5吨；52MPa F1600泥浆泵及高压立管

5. 钻具组合：高复合比，与强化参数相匹配的BHA，配备低压耗减阻工具。

通过集成配套，水平段实现一趟钻完钻的井由2018年的1口，提升至2019年的3口；水平段单趟钻超过1000m的井由2018年的3口，提升至2019—2020年的12口。日有效进尺由2018年的132米/天，提升至2019—2020年的183米/天。

3.5 组合式工厂化钻井技术实践与认识

目前国内根据工厂化钻机类型及施工工序的差异将其分为3种模式[6-8]：单钻机整托式作业模式、单型钻机流水线作业模式、双钻机同平台批量作业模式。这3种工厂化作业模式在一定程度能提高作业效率，但仍未真正意义实现工厂化批量化、流水线式作业模式。2016—2018年南川页岩气田井工厂模式，也主要为上述3中模式，2019年在上述工厂化模式的基础上开展了针对组合钻机工厂化模式的研究，其特点为：采用小钻机批量钻浅部地层，大钻机批量钻深部地层，一方面可减少钻机综合费用，另一方面可解放大型钻机紧缺的压力。重点探索实践了两种组合型钻机工厂化钻井模式，分别为“车载钻机+大型钻机”组合作业模式和“ZJ40型+ZJ50型”组合作业模式。

3.5.1 “车载钻机+大型钻机”组合工厂化作业模式

该模式施工工序为，采用车载钻机打导管，采用大型钻机打后续井段。应用思路是将车载钻机与钻前工厂同步进行，缩短建井周期，充分发挥车载钻机具有动迁费用低、钻进日费低的优势。

3.5.2 “中型钻机+大型钻机”组合工厂化作业模式

该模式施工工序为，采用中型ZJ40钻机钻导管、一开（二开）等水基钻井液钻井层段，大型ZJ50钻机钻二开（三开）油基钻井液层段，如图1所示。应用思路是发挥中型钻机动迁费用低、钻进日费低的优势，缩短水基钻井液、油基钻井液转换时间，降低环保处理费用，最大化工厂化钻井模式下的学习效应，同时提高大型钻机运行效率。

4 综合配套技术应用情况

上述分层段集成配套技术在胜页2平台胜页2-4HF井、胜页2-2HF井综合集成应用，取得良好效果。胜页2-4HF井井深4400m，钻完井周期45.79天，机械钻速10.92m/h，如图2所示。其中胜页2-2HF井井深5039m，钻井周期42.05d，完井时间4.09d，机械钻速10.08m/h，如图3所示。

5 结论与建议

（1）在攻关关键技术的基础上，通过集成配套应用对页岩气钻井工程技术持续攻关和提速提

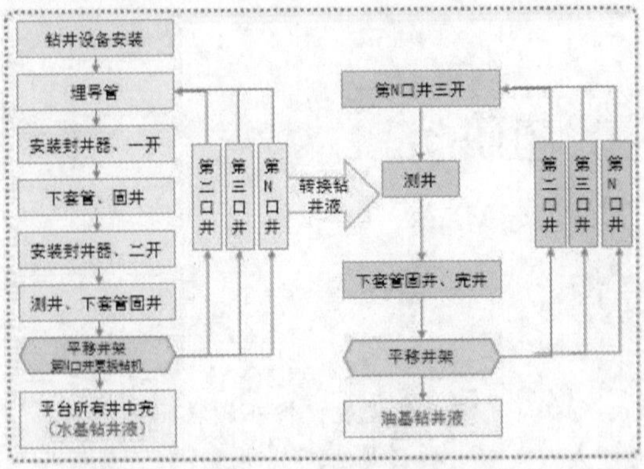

图 1　“中型钻机+大型钻机”组合工厂化作业模式施工流程图

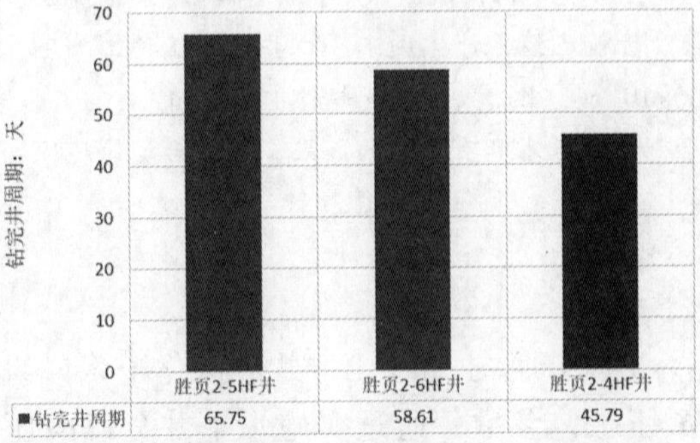

图 2　胜页 2 平台单钻机井工厂技术指标
（备注：时间排序）

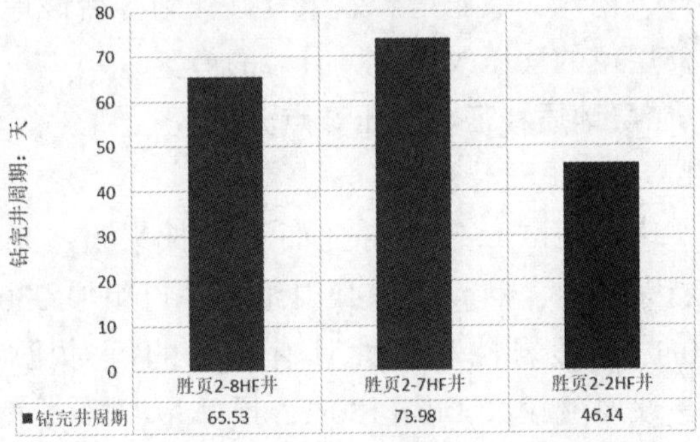

图 3　胜页 2 平台组合式井工厂技术指标
（备注：时间排序）

效具有借鉴参考意义。

（3）应进一步加强关键钻井关键技术的研究，为集成配套奠定基础。如韩家店组的防漏堵漏技术，尤其是油基钻井液高效防漏堵漏技术的研究。

（2）应进一步加集成配套，目前集成配套技术具有进一步优化提升空间，如浅表层钻井关键技术集成配套，随确保了成井，钻井效率有所提高，但整体提速效果还有待提升。

参考文献

[1] 潘军，刘卫东，张金成．陵页岩气田钻井工程技术进展与发展建议[J]．石油钻探技术，2018，46(4)：1-11.

[2] 牛新明．涪陵页岩气田钻井技术难点及对策[J]．石油钻探技术，2014，42(4)：1-6.

[3] 周贤海．涪陵焦石坝区块页岩气水平井钻井完井技术[J]．石油钻探技术，2013，41(5)：26-30.

[4] 韦忠良．PDC 钻头切削齿磨损过程的试验及模拟研究[D]．石油大学，1997.

[5] 屈建省．PDC 切削齿破岩机理的研究[D]．1989.

[6] 艾军，张金成，臧艳彬，等．涪陵页岩气田钻井关键技术[J]．石油钻探技术，2014，42(5)：9-15.

[7] 周贤海，臧艳彬．涪陵地区页岩气山地“井工厂”钻井技术[J]．石油钻探技术，2015，43(3)：45-49.

[8] 陈平，刘阳，马天寿．页岩气“井工厂”钻井技术现状及展望[J]．石油钻探技术，2014，42(3)：1-7.

南川茅口组酸压工艺研究

雷　林

（中国石化华东油气分公司）

摘　要　川东南地区在深层气藏特别是页岩气勘探开发方面取得了重大的进展，但在浅层气勘探方面一直无较大进展，特别是浅层的茅口组气藏，其为裂缝-基质型灰岩气藏，储层孔隙度，渗透率低，裂缝发育一般，储层温度低，压力系数低。酸压过程中，酸液破胶困难，返排难，效果差，难以实现突破。以南川茅口组碳酸盐储层特征为起点，分析其改造过程中的难点，合成了清洁胶凝酸稠化剂并阐述了其自破胶降解机理，优化了酸液体系配方，优选了水平井分段压裂方式，形成了清洁胶凝酸+多级封隔器/泵送桥塞分段的酸压工艺体系，同时优化了茅口组分段酸压工艺参数。目前已经累计完成了3口井的酸压施工，压后平均测试产量达到了$13.5\times10^4m^3/d$，累计产气超过了$4200\times10^4m^3$，且目前日产气超过$17\times10^4m^3$。

结果表明川东南浅层灰岩采用清洁胶凝酸+水平井分段酸压工艺技术具有较好的效果，为今后类似层位的酸压改造提供有益的借鉴。

关键词　川东南浅层气；灰岩；水平井；清洁胶凝酸；分段酸压

四川盆地天然气资源丰富，但目前探明天然气资源主要为深层、超深层[1]-[3]，浅层天然气勘探开发不多，特别是川东南地区，但近几年来随着勘探的不断深入，川渝地区页岩气勘探快速推进，对川东南地区下二叠系茅口组开展了大量工作，在浅层的茅口组、栖霞组见到了良好的显示[4]，揭示了川东南地区浅层天然气开发的巨大勘探潜力，但部分井未经过改造措施就投产后，产量、油压迅速下降，供气能力不足，无法继续生产。目前针对灰岩油气藏以酸压改造为主[5,6]，酸液体系主要有常规酸、稠化酸、乳化酸、泡沫酸、固体酸、变黏酸、表面活性酸、羟基羧酸等，酸压工艺主要有混氮气酸压、前置液酸压、携砂酸压、平衡酸压、闭合酸化、多级交替注入酸压、复合酸压、超大型重复酸压、水力喷射分段酸压、网络裂缝酸压等，这些工艺技术均在高温高压井应用较多，注重提高液体及工具的抗高温高压[7-12]，对于四川盆地内浅层碳酸盐岩储层改造工艺技术论述较少，特别是针对盆内浅层特低孔特低渗低温常压碳酸盐岩储层的水平井酸压工艺，缺乏相应专项研究。

鉴于以上情况，笔者基于南川地区优质碳酸盐岩层系-二叠系茅口组、栖霞组储层特征，分析了酸压改造过程的难点，合成了清洁胶凝酸稠化剂并阐述了其自破胶降解机理，优化了酸液体系配方，针对储层特征及物性显示形成了泵送桥塞/一趟分压管柱的分压方式，优化了茅口组分段酸压工艺参数，通过实施水平井分段酸压改造，沟通裂缝、溶洞，增加了泄气面积，压后直接放喷投产，节约作业时间，且该井实现单井的高产、稳产，酸压增产效果良好，为今后该地区类似层位的酸压改造提供有益的借鉴。

1　储层地质特征与酸压难点分析

1.1　储层地质特征

南川地区二叠系自上而下为长兴组、龙潭组，茅口组、栖霞组、梁山组。茅口组厚230～300m，各段岩性和电性具有较好的可对比性，茅一段厚度较大146～180m，顶部茅四段由东向西剥蚀程度增加，残留5～10m，茅口组主要储层茅一段整体岩性为深灰色泥质灰岩夹灰黑色灰质泥岩，岩心和薄片下多见有孔虫、介形虫等生物，见图1。

茅一段测井解释孔隙度2.3%～3.2%，渗透率0.05～0.1md，实测孔隙度1.4%，为特低孔特低渗储层，大石1HF井测井解释水平段孔隙度平均为0.67%，渗透率平均0.11md，其中①小层孔隙度、渗透率较高，孔隙度一般1%～3%，茅一段储集空间主要为“溶蚀孔、粒缘缝及黏土矿物晶间孔缝”，以无机孔、裂缝为主，见少量有机质孔，如图2所示。

通过茅口组岩心观察，茅一段上部岩心主要为浅灰色含泥质灰岩夹薄层黑色灰质泥岩，浅灰

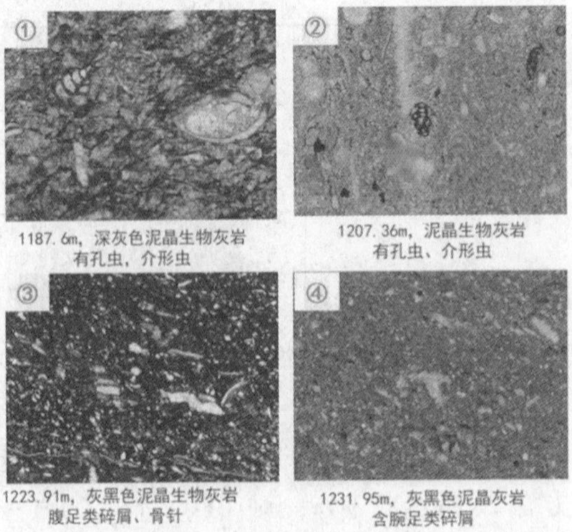

图1 储层薄片特征

色含泥质灰岩发育孔洞，方解石充填，整体岩心高角度缝及水平缝不发育，不规则裂缝发育，方解石充填；茅一段中部岩心主要为浅灰色泥质灰岩与灰黑色灰质泥岩交替出现，泥质灰岩裂缝及孔洞较发育，方解石充填，层理发育；茅一段下部岩性自上至下从灰黑色泥质灰岩逐渐变成浅灰色含泥质灰岩夹深灰色含泥质灰岩，且裂缝发育，多见网状裂缝，被方解石充填，裂缝密度1.13条/m。

通过岩心全岩X-射线衍射定量分析，茅口组碳酸盐含量在67.6%~86.3%之间，平均81.94%，黏土含量在7.7%~17.2%之间，平均14%。

测井解释茅口组碳酸盐含量在55.3%~91.6%之间，平均75%，黏土矿物含量介于1.1%~3.2%之间，平均2.2%，岩石矿物成分以碳酸盐矿物为主。

茅一段、栖霞组的岩屑在20%盐酸中都具有较高的溶蚀率82.70%~92.89%，说明岩屑以灰质成分为主，这为酸压改造奠定了良好基础。

测井解释茅口组茅一段泊松比介于0.31%~0.33；杨氏模量介于34~60GPa；三轴力学测试结果，茅口组茅一段泊松比介于0.35~0.37；杨氏模量介于13~56GPa，通过应力计算裸眼段的最小主应力在20.4~22.3MPa之间，

1.2 酸压难点分析

茅口组茅一段埋深1140m，其储层温度低，储层中部温度为43.82℃，水平段孔隙度平均为0.67%，渗透率平均0.11mD，压力系数为1.14，酸压目的层为典型特低孔特低渗低温常压储层，以胶凝酸、交联酸为主要代表的酸液体系（改性聚丙烯酰胺类酸液稠化剂），其在降低酸岩反应速率的同时，会对储层造成一定的伤害[13]，主要表现为酸液各组分配伍性差，在储层条件下易出现絮凝物；酸液在低温条件下，由于高分子聚合物的热降解效应较弱，破胶液黏度高，返排困难，严重影响了储层改造作业的效果；同时对于常压低孔低渗储层酸压后的残留物长时间滞留地层的，易对储层造成二次伤害。

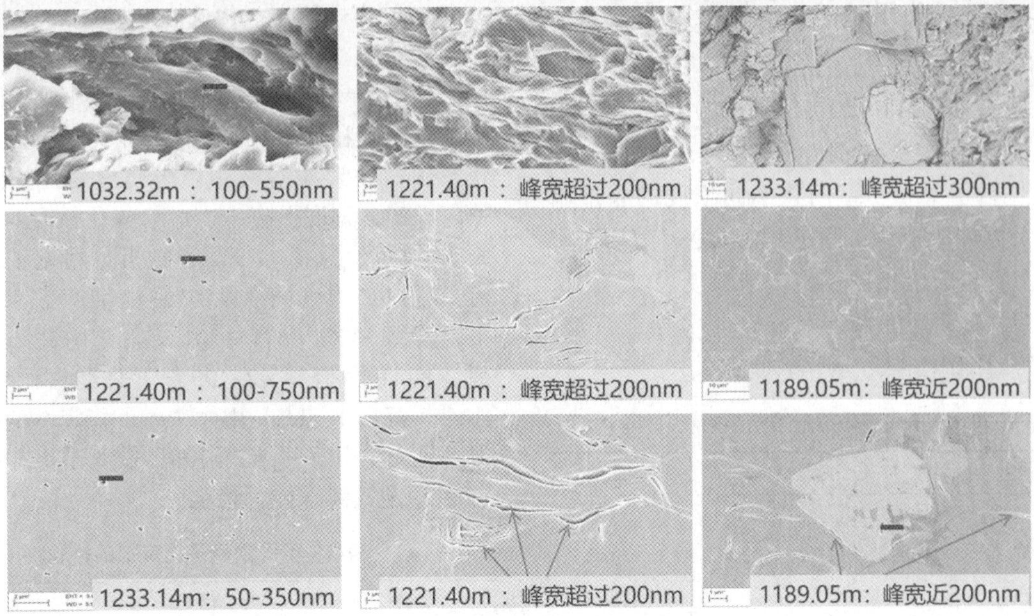

图2 茅一段储集空间及孔隙结构

2 酸液体系优化

2.1 清洁胶凝酸稠化剂的合成及自降解机理

（1）清洁胶凝酸稠化剂合成

在装有温度计、搅拌器、滴定管及氮气保护装置的4口烧瓶中，在三口瓶中加入一定比例的单体丙烯酰胺（AM）、甲基丙烯酰氧乙基三甲基氯化铵（DMC）、去离子水，采用NaOH调节pH值至7，通入N_2后加入一定量引发剂过硫酸铵-亚硫酸氢钠（比例1∶1），升温至50℃反应4h，得到胶状物的稠化剂，然后采用无水乙醇洗涤，烘干，造粒，得到清洁胶凝酸稠化剂BFC-13。

（2）清洁胶凝酸稠化剂破胶及自降解机理

清洁胶凝酸稠化剂在酸液主要发生以下过程，其聚合物结构中的阳离子具有较强的电荷排斥作用，在相对分子质量和相对分子质量分布等条件相同情况下对酸液体系具有较强的稠化作用[14]；同时也可会吸引体系中的负电荷离子提高断链效率，起到破胶及自降解的过作用，酸液中的稠化剂有少量过氧化物存在，在高温作用下，随着时间推移其共聚单体中的活性位点会缓慢发生自降解行为，降低产品的分子量，从而降低酸液的黏度。

2.2 酸液体体系评价与优化

（1）添加剂评价优选

a. 胶凝剂优选

性能良好的稠化剂，应具有良好的化学稳定性，剪切稳定性和热稳定性，与酸液中的其他添加剂配伍好；溶解迅速、配置简单、现场应用方便，根据SY/T 6214—2016《稠化酸用稠化剂》室内对清洁胶凝酸稠化剂BFC-13、CX-208和YLG-1进行了评价，室内将不同浓度的酸液增稠剂加入20%HCL中，测定其在170S^{-1}剪切速率下黏度，直至酸液黏度稳定，结果见表1，测试结果表明，三种酸液体系均未产生分层或沉淀，均可在短时间内溶胀，酸溶性良好。

表1　不同稠化剂酸溶结果对比

稠化剂代号	浓度/%	酸溶时间/min	黏度/mPa·s
BFC-13	0.3	30	34
	0.4	35	43
	0.5	46	50
	0.6	58	56
	0.7	72	61

续表

稠化剂代号	浓度/%	酸溶时间/min	黏度/mPa·s
CX-208	0.3	40	23
	0.4	60	31
	0.5	80	37
YLG-1（乳液）	0.7	20	21
	1.0	25	26
	1.3	30	31

b. 缓蚀剂优选

根据SY/T5405—1996《酸化用缓蚀剂性能试验方法及评价指标》，对BFC-17、YLH-1、YHS-2、SD-820四种常用缓蚀剂进行了静态腐蚀速率测定见表2。从实验结果看出BFC-17性能最好，优选作为体系缓蚀剂。

表2　不同缓蚀剂性能比较（20%HCL，N80，95℃）

缓蚀剂	浓度	腐蚀速度 /[g/(m²·h)]	是否发生点蚀
BFC-17	1%	0.35	否
	2%	0.18	否
YLH-1	1%	0.4	否
	2%	0.2	否
YHS-2	1%	1.0	否
	2%	0.8	否
SD-820	1%	0.9	否
	2%	0.7	否

c. 铁离子稳定剂优选

在酸压过程中，酸液极易溶解油、套管上的铁锈，也容易溶蚀地层中的含铁矿物，如：黄铁矿、菱铁矿和绿泥石等。溶解下来的铁先以溶解状态保留在残酸溶液中，当残酸pH值上升时，铁离子的溶解度下降，生成氢氧化铁凝胶，该凝胶的颗粒极小（$d=1.8\mu m$），极易堵塞油层的喉道，造成严重伤害，影响酸化增产效果[15][16]，室内依据SY/T 6571—2012《酸化用铁离子稳定剂性能评价指标》在95℃下评价了TW-15，HAC，YLF-1，FCA几种铁离子稳定剂的络合能力，见表3由实验结果可知，铁离子稳定剂TW-15的稳定铁离子能力最强。

表3　不同铁离子稳定剂的比较

铁离子稳定剂	TW-15	HAC	YLF-1	FCA
加量 g/L	10	10	10	10
稳定Fe^{3+}能力（mg/ml）	136	86	130	85

d. 助排剂优选

酸化施工结束后要求残酸能够尽可能的快速返排出来，助排剂的加入能降低液体的毛管阻力、提高残酸的排液效率，室内依据 SY/T5755—2016《压裂酸化用助排剂性能评价方法》，测试了不同浓度 BZP-03、AM-C 和 CF-5A 在 20%HCL 中的表面张力，见表 4，BZP-03 相对性能较好，优选 0.5%BZP-03 为体系助排剂。

表 4　不同助排剂性能比较

名称	浓度/%	表面张力/(Mn/m)
BZP-03	0.3	26.5
	0.4	23.2
	0.5	22.1
AM-C	0.3	27.9
	0.4	25.0
	0.5	23.1
CF-5A	0.3	27.8
	0.4	23.3
	0.5	22.6

(2) 清洁胶凝酸体系综合性能评价

通过对添加剂的筛选和加量优化，综合工艺要求和储层地质特征，优选了清洁胶凝酸配方：20%HCl+可降解胶凝剂 0.4%+1%缓蚀剂+1%铁离子稳定剂+0.3%高效助排剂+1%防膨剂

a. 流变性

测试了 0.4%的清洁胶凝酸不同温度下的黏度-剪切速率关系(90min)，见表 5，在 50℃时，黏度达到 36mPa·s。

表 5　清洁胶凝酸不同温度下的黏度-剪切速率关系

温度/℃	流态指数/n'	稠度系数 K'/mPa·sn	剪切速率/s^{-1}		
			40	100	170
25	0.460	0.00951	82.5	58.1	48
50	0.459	0.00762	68.9	50.5	36
60	0.473	0.00521	36.8	22.3	17.6
75	0.560	0.00276	26.9	17.2	14.8

b. 酸岩反应动力学试验

在酸压过程中，井底温度、岩石与酸液的面容比、酸液的流速以及岩石的矿物成分等都是影响酸岩反应速度的因素，然而现有的室内试验方法还难以对酸岩反应进行精确的测试。利用旋转岩盘试验仪，设定一定的温度、压力和转速，可以对酸岩反应动力学参数和氢离子传质系数进行测定，见表 6。

表 6　清洁胶凝酸酸岩反应动力学参数

温度/℃	酸浓度/(mol/L)	岩心直径/cm	ΔC/(mol/L)	反应时间/sec	酸液体积/cm	反应速度 mol/(sec·cm²)	氢离子传质系数 cm²/sec
50	5.6254	3.815	0.0698	180	500.1	3.1761×10^{-5}	6.50×10^{-6}
	4.5173	3.812	0.0675	180	500.1	2.4579×10^{-5}	7.13×10^{-6}
	3.6951	3.816	0.0369	180	500.3	1.9490×10^{-5}	5.64×10^{-6}
	2.4837	3.810	0.0351	180	500.0	1.2307×10^{-5}	3.15×10^{-6}

根据上面的试验结果，我们得到了在 50℃时的酸岩反应动力学方程：

反应级数：$m=1.1608$

反应速度常数：$K=4.275\times10^{-6}$ (mol/L)$^{-1.1608}$·mol/sec·cm^2；

反应速度方程：$J=4.257\times10^{-6}\cdot C^{1.1608}$

根据实验结果可知，与普通盐酸的实验数据对比可知，该清洁胶凝酸明显地降低酸岩反应速度。

c. 缓蚀性能测试

高浓度盐酸会对井下管柱产生强烈的腐蚀，为确保酸压施工的顺利进行，必须对清洁胶凝酸的缓蚀性能进行检测，加入不同浓度的缓蚀剂配成清洁胶凝酸，在 50℃、20%HCl、反应时间 4h 的条件下利用高温高压腐蚀率仪，在动态条件下进行腐蚀速度测定，钢片表面积 15.2647cm²，试验前钢片重 10.4711g，试验后钢片重 10.4642g，腐蚀速度为 1.1351g/m²·h，钢片表面光亮，均匀腐蚀

d. 与地层水的配伍性评价

酸液的配伍性在一定程度上对酸化效果有影响。如果酸液的配伍性差，当酸液与地层流体接触时会产生沉淀或分层，造成储层伤害。大石 1 井地层产水其矿化度为 15804mg/L，采用矿化度 16000mg/L 的标准盐水配制的胶凝酸液，经 45℃老化和静置 7 天后，胶凝酸皆无分层，无絮凝，

无沉淀。

e. 残酸表面张力

按清洁胶凝酸配方将酸液配好，测定鲜酸的表面张力，同时将清洁胶凝酸与岩石反应制成残酸，测定残酸的自破胶表面张力，在25℃时鲜酸表面张力23.2N/m，残酸表面张力24.1N/m，该清洁胶凝酸具有较好的降低酸液表面张力的作用，且鲜酸和残酸的表面张力变化不大，性能稳定，有利于酸液的返排。

f. 岩心伤害评价

采用大石1-1HF导眼井岩心在室内对清洁胶凝酸体系进行岩心渗透率伤害评价，结果如表7所示。

表7　岩心渗透率伤害试验结果表

岩芯号	伤害前渗透率 K_1 $\times10^{-3}\mu m^2$	伤害后渗透率 K_2 $\times10^{-3}\mu m^2$	伤害率 %	平均伤害率%
1	0.135	0.105	22.22	21.55
2	0.091	0.072	20.88	

从表7的实验结果可以看出，清洁胶凝酸体系对地层岩心渗透率的平均伤害率为21.55%，伤害值较低，清洁胶凝酸体系对地层的伤害较小。

(3) 清洁胶凝酸的主要性能

通过对清洁胶凝酸综合评价，认为该配方体系可以满足大石1HF灰岩地层酸压改造要求，见表8。

表8　清洁胶凝酸综合性能

酸液黏度(25℃)	≥25mPa·s
酸液密度(g/cm^3)	1.09~1.11
滤失系数 $10^{-4}m/min^{0.5}$	3.08
缓速率(%)	≥85.0
残酸表面张力	≤30mN/m
残酸界面张力	≤5mN/m
腐蚀速度(45℃)	≤3.0g/(m^2·h)
铁离子稳定能力(mg/l)	≥1600
配伍性	无絮凝、不分层、无沉淀

3　水平井分段压裂工具

茅口组酸压目的层为常压低温低孔低渗的碳酸盐岩储层，主要渗流通道及能力要靠天然裂缝或者溶洞，酸压是以沟通缝洞为主要目的，因此对于气测好、斜度小、水平段短，采用一趟分压管柱，而对于气测显示较差的井则采用可钻桥塞进行分段。

3.1　一趟管柱分压管柱

一趟管柱分压管柱主要由扩张式封隔器、压裂水力锚、弹性扶正器、安全接头、上滑套节流喷砂器、中上滑套节流喷砂器、中下滑套节流喷砂器、下节流喷砂器组成，耐温120℃，耐压70MPa，见图3，在下入工具之前，先将预先选择层段全部射孔，采用一趟管柱将封隔器及相应配套工全部下入，通过投球的方式依次打开各个层段的喷砂器同时暂时封堵已酸压层段，待酸压结束后可不动管柱直接投产。

3.2　可钻桥塞分段

作为目前水平井压裂分段工具使用最用的桥塞具有作业简单，工具成熟可靠等特点，同时因进行酸压改造，为保证分段的有效性，选用可钻桥塞，而不选用可溶桥塞，见图4，在茅口组酸压水平井进行多井次的应用，相比水力加砂压裂水平井分段，为保证压后下一段泵送桥塞联作工具的下入安全，在酸压一段结束后，需将全部酸液顶替进目的层。

4　茅口组酸压施工参数优化

4.1　酸压液量优化

酸液规模对于酸压刻蚀裂缝的缝长有直接的影响，过多过少的酸液都不能达到最优的缝长[17-19]，采用大石1HF井导眼井测井数据，结合储层应力特征、裂缝发育特征等情况，笔者利用Gofher模拟不同酸压规模下的裂缝长度及压后生产能力变化情况，见图5，图6。

从图4可以看出，随着酸液规模在400m^3以前，酸蚀的裂缝长度、高度逐增加幅度较高，但规模在超过600m^3酸液，增幅较小，而根据目前对大石1HF井所钻遇优质储层的认识可知，其优质储层厚度在30m^3左右，因此酸液规模600m^3以内较好，同时从图6可以看出，酸液超过400m^3后，累计日产气、累计产气增加幅度不大，因此总体酸液规模为400~600m^3。

4.2　施工排量优化

对于酸压施工，为了延长酸液作用距离，在井口及管柱施工限压以下最大程度的提高施工排量[20-22]，同时在钻井过程中上下部未发现水层，茅口组生产套管下入N80套管，抗内压63MPa，套管头额定压力70MPa及施工安全，限压60MPa，预测不同排量下施工压力，在施工限压60MPa的情况下，采用一趟分压管柱时最大施工

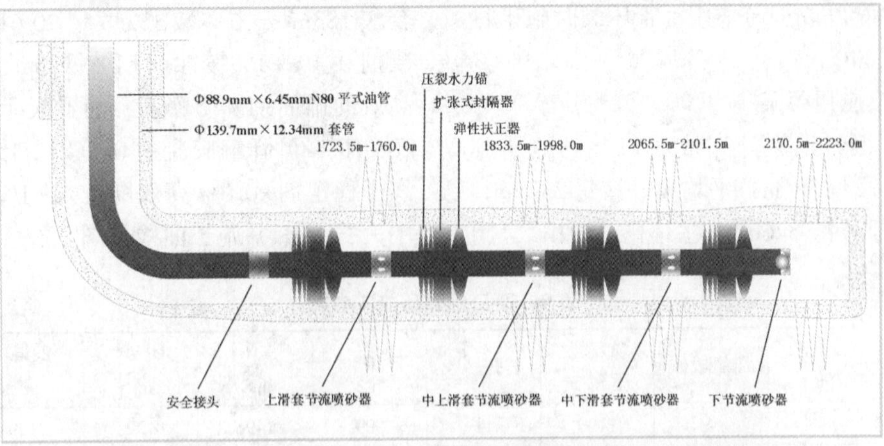

图 3 大石 1HF 井分段压裂管柱示意图

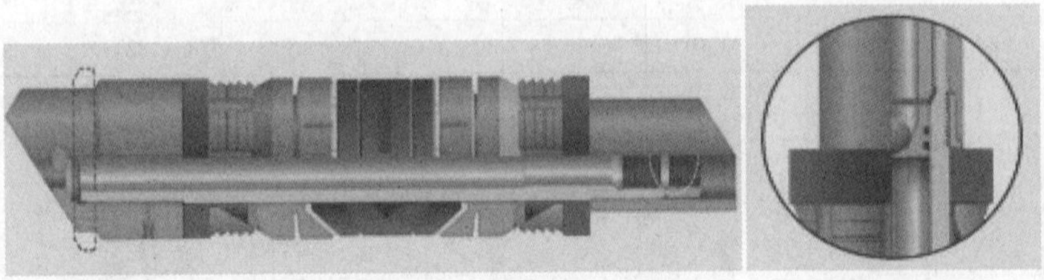

图 4 可钻桥塞结构示意图

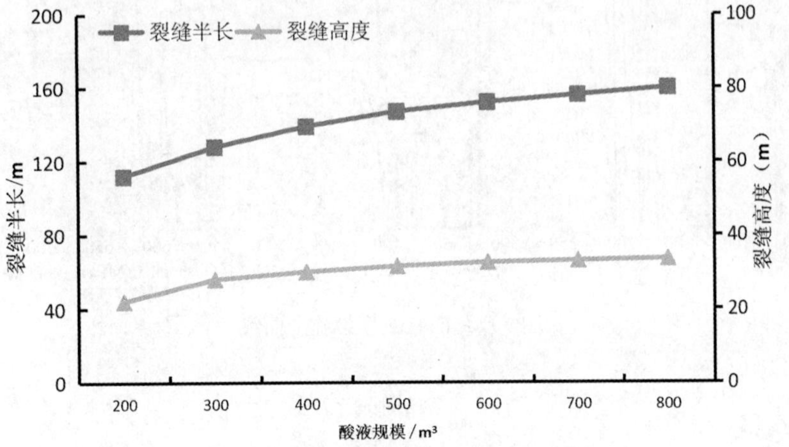

图 5 不同酸液规模下裂缝的几何尺寸

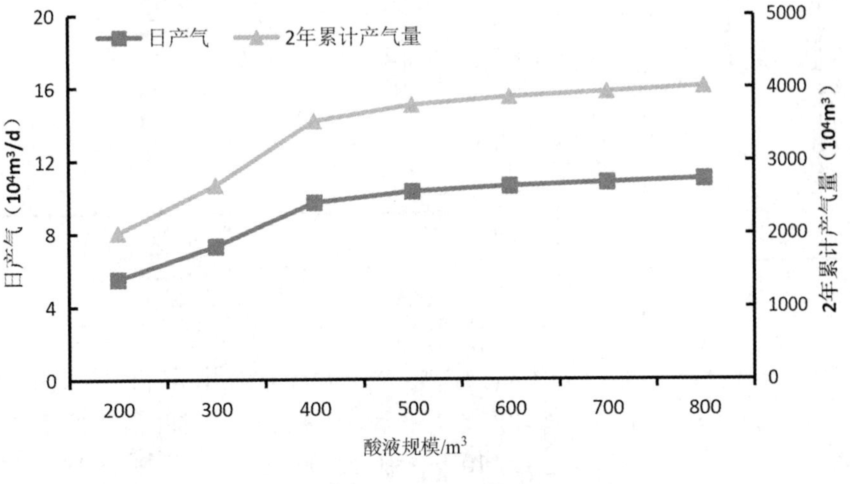

图 6 不同酸液规模下对应的累计产量

排量可达 5~6m^3/min，而采用套管压裂时施工排量可达 10m^3/min。

5　现场试验及应用效果

南川茅口组目前累计完成 3 口井的酸压施工，平均试气段长 561m，平均单井液量 2322m^3，见表 9（其中前置酸 546m^3，主体酸 1592m^3，闭合酸 183m^3，主体酸配方为：20%HCl+可降解胶凝剂 0.4%+1%缓蚀剂+1%铁离子稳定剂+0.3%高效助排剂+1%防膨剂，前置酸/闭合酸配方为：20%HCl+可降解胶凝剂 0.2%+1%缓蚀剂+1%铁离子稳定剂+0.3%高效助排剂+1%防膨剂），其中大石 1HF 井施工曲线见图 7。

表 9　茅口组酸压施工参数

井号	试气段长/m	压裂段数	试气段垂深/m	射孔簇数	前置/m^3	主体/m^3	闭合/m^3	液量/m^3	排量/(m^3/min)
大石 1HF	548	4	1190	11	509	1498	122	2129	548
大石 2HF	629	4	1277	15	527	1911	275	2713	629
大石 1-1HF	507	3	1102	14	603	1368	152	2123	507
平均值	561	4	1190	13	546	1592	183	2322	561

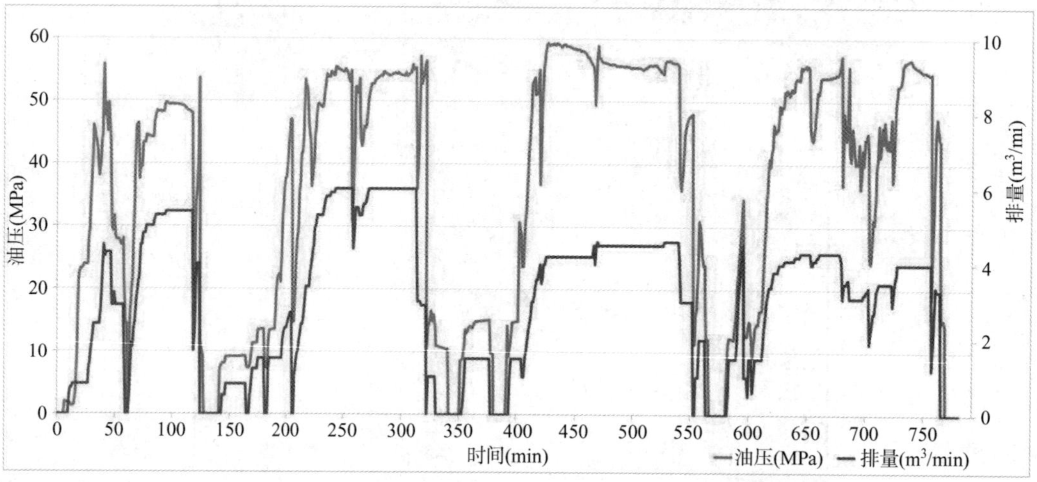

图 7　大石 1HF 压裂施工曲线

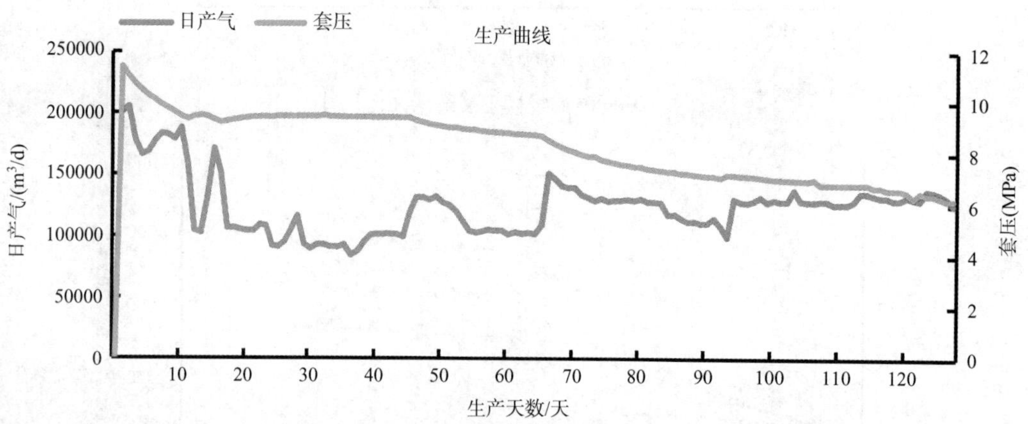

图 8　大石 1HF 井生产曲线

3 口井压后测试产量（8.6~23.1）×$10^4$$m^3$/d，平均测试产量达到了 13.5×$10^4$$m^3$/d，累计产气超过了 4200×$10^4$$m^3$，且目前日产气超过 17×$10^4$$m^3$，其中大石 1-1HF 井生产曲线见图 8。

大石 1HF 井压后直接采用原管柱直接投产，节省了起下管柱时间，日产气 11.6 万方/天，油压 12.09MPa，套压 9.46MPa，油压、套压、产量保持稳定，目前累计产气超过 3000 万方，实现了川东南浅层气勘探的突破。

6 结论及建议

1) 茅口组碳酸盐储层孔隙度低、渗透率低、地层温度低、压力系数低，天然裂缝密度低，需要采用伤害低、返排快、大规模、高排量的酸压工艺才能实现高效的改造及压后高产。

2) 室内研究和现场试验表明，优选的清洁胶凝酸液体系，压后返排液取样测试黏度为3.11mPa·s，表面张力28.62mN/m，采用水平井分压的方式可以满足茅口组孔隙-裂缝型碳酸盐储层改造需要。

3) 川东南浅层碳酸储层物性差、裂缝不发育，建议开展体积酸压工艺技术研究，提高裂缝复杂性，提高有效渗流面积，避免低排量、小液量而使得酸液刻蚀距离短、改造体积小的情况，同时加强大规模酸压后返排研究，降低残酸的伤害。

参 考 文 献

[1] 郑志红，李登华，白森舒，等．四川盆地天然气资源潜力[J]．中国石油勘探，2017，22(3)：12-20.

[2] 朱华，杨光，苑保国，等．四川盆地常规天然气地质条件、资源潜力及勘探方向[J]．天然气地球科学，2018，29(10)：1475-1485.

[3] 洪海涛，田兴旺，等．四川盆地海相碳酸盐岩天然气富集规律[J]．中国地质，2020，47(01)：99-110.

[4] 徐姣，孙庆莉，段杰，等．四川盆地东部涪陵—巴南地区茅口组储层特征及预测[J]．天然气勘探与开发，2019，42(3)：86-93.

[5] 张倩，李年银，李长燕，等．中国海相碳酸盐岩储层酸化压裂改造技术现状及发展趋势[J]．特种油气藏，2020，27(2)：1-5.

[6] Jing Tang，Shangqi Shao，Wengang Ding，et al. Research Progress and Prospect of Acidizing Process and Acid Fracturing Technology. 2019，2(1).

[7] 叶颉枭，李力，韩慧芬，等．多级交替注入酸压工艺优化研究——以磨溪龙女寺构造龙王庙组储层改造为例[J]．油气藏评价与开发，2018，8(3)：46-50.

[8] 张以明，才博，何春明，等．超高温超深非均质碳酸盐岩储层地质工程一体化体积改造技术[J]．石油学报，2018，39(1)：92-100.

[9] 熊春明，石阳，周福建，等．深层油气藏暂堵转向高效改造增产技术及应用[J]．石油勘探与开发，2018，45(5)：888-893.

[10] 焦方正．塔里木盆地深层碳酸盐岩缝洞型油藏体积开发实践与认识[J]．石油勘探与开发，2019，46(3)：552-558.

[11] 李松，马辉运，张华，等．四川盆地震旦系气藏大斜度井水平井酸压技术[J]．西南石油大学学报(自然科学版)，2018，40(3)：146-155.

[12] 赵荣华，刘文峥，邹建敏，等．复合暂堵转向酸化压裂技术在塔河油田的应用[J/OL]．特种油气藏[2019-12-29]．http：//kns.cnki.net/kcms/detail/21.1357.TE.20191014.1507.014.html.

[13] 李耕．胶凝酸稠化剂在方解石中的滞留伤害研究[D]．成都，西南石油大学，2017.

[14] 陈奎，张汝生，贺甲元．离子度对丙烯酰胺(AM)和甲基丙烯酰氧乙基三甲基氯化铵(DMC)共聚物破胶及酸降解的影响研究[J]．油田化学，2017(2)：235-240.

[15] 张冰．酸化中酸岩反应潜在的伤害研究[D]．大庆，东北石油大学，2017.

[16] 张朝举．川东北海相碳酸盐岩气藏酸化压裂技术及应用研究[D]，成都，西南石油大学，2017.

[17] 侯帆，许艳艳，张艾，等．超深高温碳酸盐岩自生酸深穿透酸压工艺研究与应用[J]．钻采工艺，2018，41(1)：35-37.

[18] 杜勇．碳酸盐岩油藏定点射流深度均衡酸压工艺研究及应用[J]．钻采工艺，2018，41(3)：48-51.

[19] 王明星，吴亚红，孙海洋，等．酸液对酸蚀裂缝导流能力影响的研究[J]．特种油气藏，2019，26(5)：153-158.

[20] 刘壮，郭建春，马辉运，等．提升高温气井酸压有效缝长方法——以川西地区栖霞组为例[J]．天然气地球科学，2019，30(12)：1694-1700.

[21] 蒋廷学，周珺，贾文峰，等．顺北油气田超深碳酸盐岩储层深穿透酸压技术[J]．石油钻探技术，2019，47(3)：140-147.

[22] 周林波，刘红磊，解皓楠，等．超深碳酸盐岩水平井水力喷射定点深度酸化压裂技术[J]．特种油气藏，2019，26(3)：158-162.

长庆页岩油水平井体积压裂技术研究及实践

马　兵[1,2]　刘汉斌[1,2]　唐梅荣[1,2]　杜现飞[1,2]　吴顺林[1,2]

（1. 中国石油长庆油田分公司；2. 低渗透油气田开发国家工程重点实验室）

摘　要　鄂尔多斯盆地庆城大油田长7页岩油资源量丰富，是长庆油田5000万吨长期稳产的重要资源基础，水平井体积压裂是开发页岩油的关键核心技术，但受原始地层压力系数低、湖相沉积非均质性强、形成复杂缝网难度大等世界性难题的制约，实现规模效益开发难度大。本文通过先进的室内实验物理模拟方法和监测手段准确认识了长7页岩油水力压裂裂缝形态及扩展规律，在此基础上，通过创新长水平井细分切割体积压裂技术，建立压裂、补能、驱油一体化优化设计方法，研发DMS可溶金属球座无限级压裂工艺及CSI驱油压裂液体系，集成配套FDA裂缝精细控制技术，最终建立了长7页岩油低成本高效体积压裂技术模式。该技术模式应用于现场后，人工裂缝对储层的控制程度达到90%以上，压后地层压力系数达到1.2以上，初期单井日产油增加1倍，第1年产量递减率下降了14.7%。庆城大油田页岩油水平井低成本高效体积压裂技术为国内外其他页岩油资源高效动用和效益开发提供了经验借鉴。

关键词　庆城大油田；页岩油；长水平井；细分切割；体积压裂

鄂尔多斯盆地庆城大油田长7页岩油具体是指三叠系延长组长7段烃源岩发育层系内致密砂岩和页岩中未经过大规模长距离运移而形成的石油聚集。长7页岩油经济有效开发在压裂改造方面主要存在以下技术难点：脆性指数低（35%~45%），水平应力差大（5~8MPa），裂缝形态呈条带状简单缝，增大改造体积难度大；压力系数低（0.77~0.84），地层能量不足，产量递减大。

针对长7页岩油压裂改造难点，通过积极攻关，创新研发长水平段细分切割体积压裂关键技术，配套新型低成本高性能关键工具材料，单井产量相比前期得到大幅提升，增产效果显著，强力助推了庆城大油田规模效益开发。

1　水力裂缝扩展特征研究与认识

为了指导页岩油水平井体积压裂方案优化，采用室内物理模拟实验研究、矿场水平井取心观察、微地震裂缝监测多种手段，对长7页岩油体积压裂水力裂缝扩展特征开展了综合研究[1-4]。

1.1　水力压裂物理模拟实验研究

1.1.1　大型天然露头压裂物理模拟实验研究

采用中石油勘探开发研究院全三维水力压裂物理模拟实验系统，开展了大型天然露头水力压裂物理模拟实验，岩样尺寸为762mm×762mm×914mm。实验条件：压裂液体采用低粘滑溜水，液体黏度为3~5mPa·s，岩样水平两向主应力相等，其中1块岩样微裂缝及结构弱面较发育，另3块岩样微裂缝发育程度较低。

实验结果显示微裂缝发育的岩样观察到较复杂的裂缝系统（见图1），而微裂缝不发育的3块岩心压裂后以单一主裂缝为主（见图2）。实验结果表明，微裂缝与结构弱面发育有利于提高裂缝复杂程度，而长7页岩油储层非均质强，天然微裂缝发育并不普遍，形成复杂裂缝网络难度大。

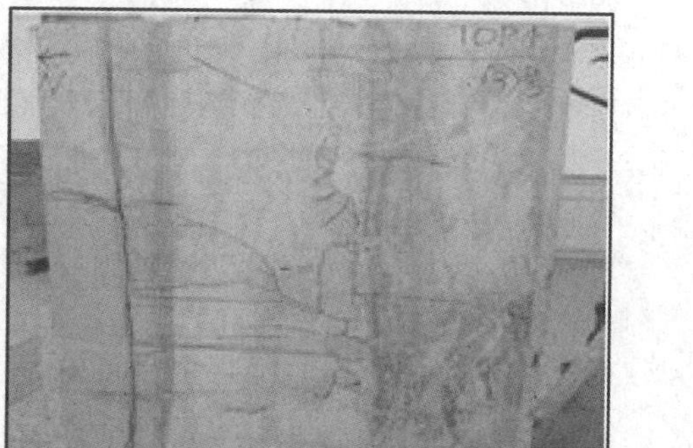

图1　较复杂裂缝形态

1.1.2　小型水泥试件压裂物理模拟实验研究

按照长7储层岩石的力学性质，室内采用水泥浇铸了30cm×30cm×30cm的人工试件，胶结料为PC32.5R复合硅酸盐水泥，骨料为40~70目的石英砂，水泥和石英砂按质量比1∶1混合浇筑。实验采用中国石油大学（北京）自主研发的高温高应力压裂模拟系统。为了研究裂缝扩展过程中声发射分布规律，在试件的四个面上共布

图 2　单一主裂缝形态

设 12 个 AE 声发射探头，设置水平两向应力差为 5MPa，用 2% 的红色胍胶压裂液，黏度为 5mPa·s。实验后剖切试件，红色区域代表水力裂缝面，观察到裂缝面呈椭圆状，为近垂直于最小地应力的平面裂缝(见图 3)。

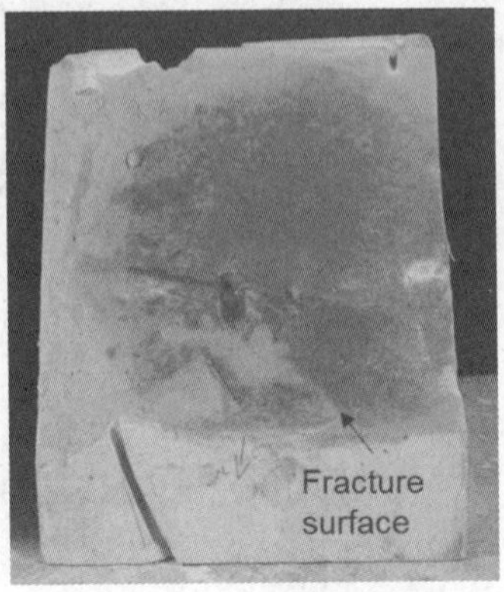

图 3　水力压裂裂缝形态

通过声发射信号对裂缝形态进行了分析，将声发射信号的能量分为三类，红色代表声发射事件能级最高，其次为蓝色，绿色能级最小，最高能级表示主裂缝轨迹。主裂缝周围聚集大量的高能级和低能级声发射事件(见图 4)，说明主裂缝周围伴随有分支裂缝，但信号主要分布在主裂缝面上，所形成的裂缝形态总体上相对较单一。

为了分析微观裂缝形态，选取试件的裂缝剖切面进行电镜扫描，如下图所示。水力裂缝扩展过程中一定程度上发生了转向并产生分支裂缝，而宏观裂缝剖切面上很难观察到该现象。微观分支裂缝的产生符合声发射事件呈条带状分布现象，即在主裂缝周围存在大量的声发射信号。从声发射事件的条带状分布和微观分支裂缝分布可认为水力裂缝是具有一定带宽的裂缝带。

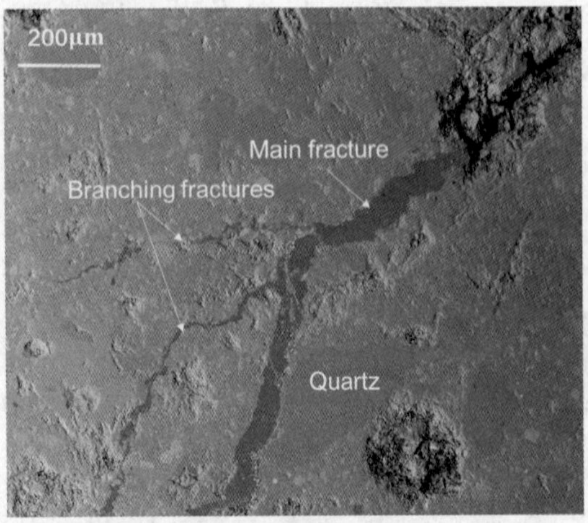

图 5　水力裂缝微观形态

1.2　裂缝形态矿场实践分析研究

1.2.1　水平井取心观察验证

选取前期页岩油常规大排量压裂改造定向井，国内首次采用水平井取心评价认识水力压裂裂缝。定向井压裂排量 6.0m^3/min，入地液量 630m^3，井下微地震监测裂缝带长 310m、带宽 80m，水平取心检查井位于微地震监测事件最密集区域内，距离压裂井 50m，取心水平段长 80m(见图 6)。岩心观察显示，总体裂缝波及痕迹和储层动用特征不明显，仅发现 3 条疑似人工裂缝迹象，且无支撑剂填充，表明虽然经过大规模压

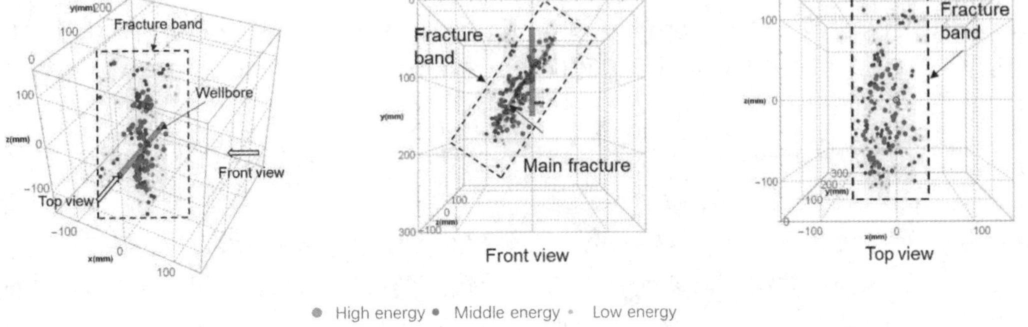

(a)　(b)　(c)

图 4　试件声发射信号三视图

裂，但实际人工裂缝形态远没有微地震显示复杂，人工裂缝控藏程度不够。

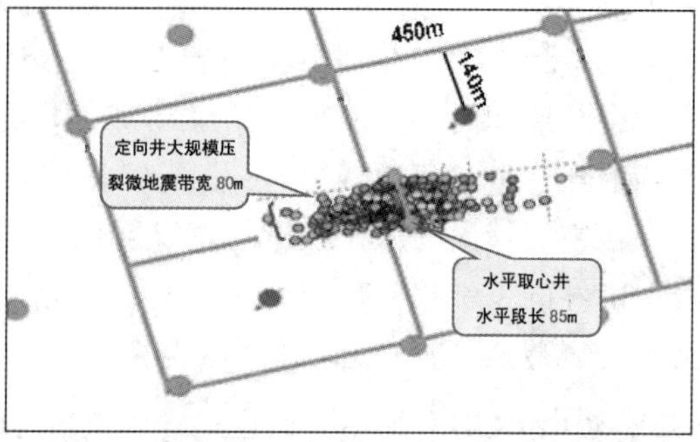

图 6　体积压裂井与水平取芯检查井位置图

1.2.2　井下微地震裂缝监测

长 7 页岩油 24 口水平井 188 段井下微地震监测结果表明：裂缝半带长 200～450m，带宽 60～120m，复杂因子(带宽/半带长)普遍小于 0.3，条带状裂缝特征明显(见图 7)。

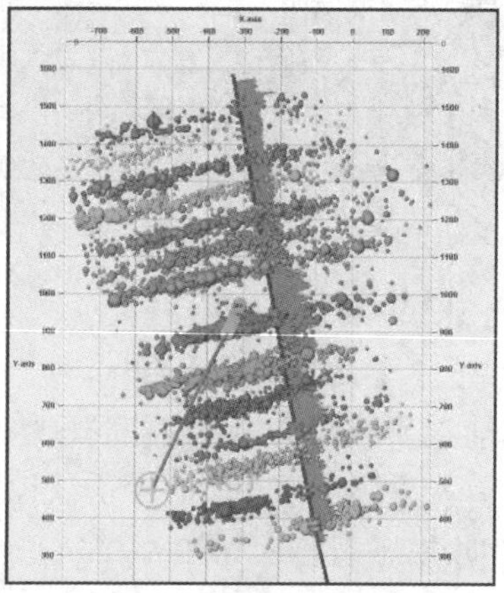

图 7　长庆页岩油体积压裂裂缝监测图

微地震事件 b 值分析：根据 Gutenberg－Richter 地震频度—震级关系经验公式[见式(1)]，天然裂缝/微断层对微地震整体事件的影响程度越大，公式中 b 值越小，当 b 值大于 1.5 时裂缝总体复杂程度不高。统计分析页岩油体积压裂微地震事件，b 值整体在 1.5 以上(见图 8)，表明裂缝系统以人工主裂缝为主，天然裂缝开启程度较低。

$$\log N(M) = a - bM \tag{1}$$

其中：N 代表微地震事件数量，M 代表微地震量级，a 为常数，b 代表天然裂缝影响程度。

综合室内物模实验研究及矿场实践分析，结合长 7 陆相页岩油的地应力状态和储层力学性质，可以认为长 7 页岩油体积压裂裂缝总体呈条带状特征，主裂缝周围发育一定程度的次生裂缝，但复杂程度相对较低。宏观裂缝垂直于最小主应力方向，次生裂缝及激活的天然裂缝以 I－II 型破坏形式分布在主裂缝周围，如图 9 所示。

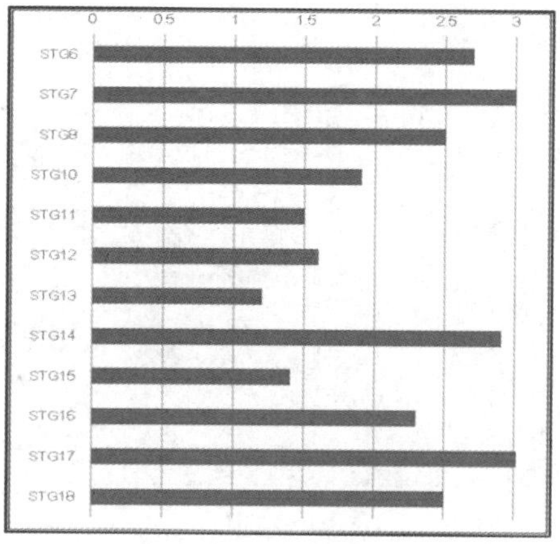

图 8　页岩油 XX 井微地震 b 值分布

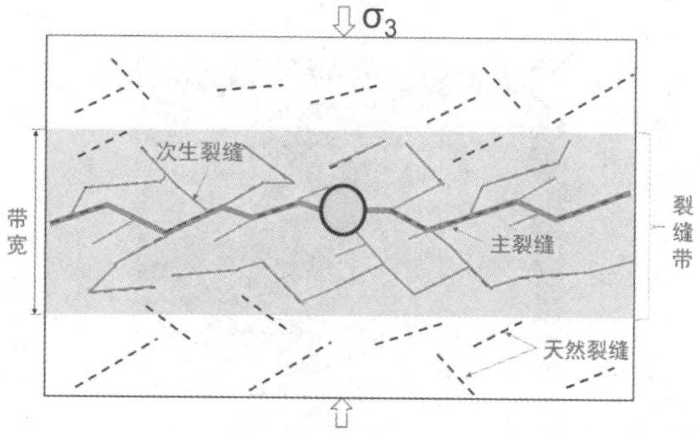

图 9　水力压裂形成的“宏观主裂缝+微观次生裂缝”的裂缝带示意图

2　水平井压驱采一体化体积压裂设计

针对盆地长 7 页岩油条带状简单缝，结合低压特征，创新提出压驱采一体化设计模式，由传统单一压裂向造缝、补能、驱油三位一体升级，通过密切割造缝增大改造体积，强化进液强度补充地层能量，应用渗吸改善剂加快油水置换提高渗吸驱油效果，从而最终提高单井产量。

2.1　密切割造缝增大改造体积

裂缝间距是影响盆地页岩油水平井压裂效果和作业成本的关键因素[5-7]。通过缩短裂缝间距，提高裂缝密度，可增大裂缝与储层接触面积，但过小又会大幅增加作业成本。针对长 7 页岩油裂缝形态特征，建立非常规复杂缝网模型，综合考虑储层非均质性、应力各向异性、水力裂缝和天然裂缝的相互作用、水力裂缝之间相互作用(应力阴影效应)，真实模拟裂缝扩展过程。分别模拟了 20m、15m、10m、5m、2.5m 裂缝间距下的多簇裂缝扩展形态。从模拟结果图中可以看出(见图 10)，间距为 20m、15m 时应力阴影影响小，水力裂缝独立扩展；间距为 10m、5m 时应力阴影对裂缝扩展产生明显一定影响，水力裂缝出现不均衡扩展，裂缝复杂程度有所增加；间距为 2.5m 时水力裂缝之间有强烈竞争，导致很多水力压裂裂缝扩展有限，整体裂缝改造范围较到影响。统计了矿场水平井裂缝密度(条/100米)与百米有效水平段半年累产油散点图(见图 11)，表明随着裂缝密度增加，改造体积增大，阶段累产油显著提升，裂缝密度超过 10 条/百米，产量增幅小于 10%，综合优化有效裂缝密度 8~10 条/百米。

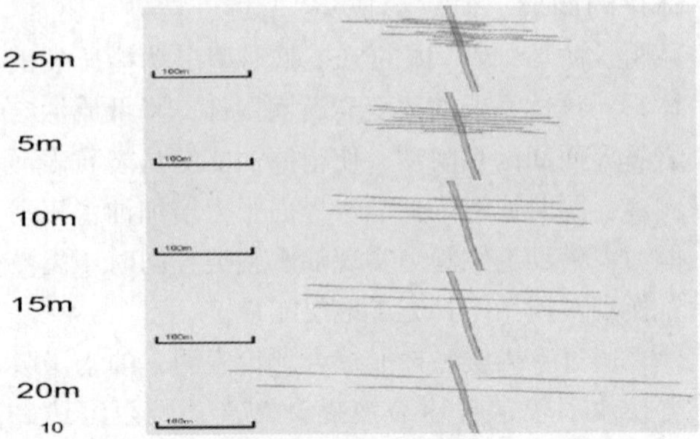

图 10　一定水平段不同间距多簇裂缝扩展形态

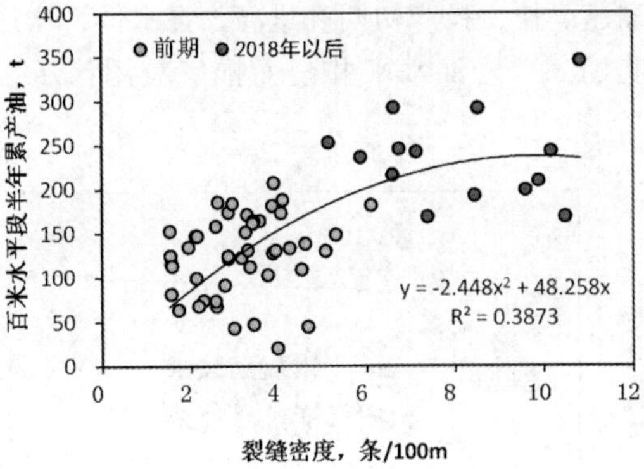

图 11　水平井裂缝密度与百米有效水平段半年累产油散点图

2.2　强化进液强度提高地层能量

鄂尔多斯盆地页岩油为典型低压油藏，大都压后需要人工举升生产。压裂液需要具有造缝和增能双重作用，考虑井组缝网全覆盖和初期自喷生产，将压裂造缝与超前补能相融合，根据液体效率、水平段长、井距等参数优化入地液量。根据压裂入地液体物质守恒，定义页岩油改造后地层压力系数 α_p(见式 2)，以其大于 1.0、实现自喷生产为目标进行优化。

$$\alpha_p = [V \times \eta \times \lambda / (C_f \times L \times D \times H \times P_{or}) + P_i] / H \times 100 \quad (2)$$

其中：α_p 为地层压力系数；V 为压裂液量，m^3；η 为液体效率，%；λ 为滞留比例，指压裂总液量与压后至投产返排液量之差，%；C_f 为岩石有效压缩系数，MPa^{-1}；L 为水平段长度，m；D 为水平井井距，m；H 为储层厚度，m；P_{or} 为孔隙度；P_i 为原始地层压力，MPa；H 为储层垂深，m。

在满足压裂后裂缝全覆盖及压力系数大于 1.0 的基础上，还需考虑压裂液的投入产出情况，寻找入地液量的最经济化参数。统计了矿场水平井进液强度与百米水平段半年累产油散点图(见图 12)，表明随着进液强度增大，阶段累产油呈上升趋势，年递减率明显下降；当进液强度超过 25 方/米，产量增幅和递减趋势变缓，综合优化有效水平段进液强度为 20~25 方/米。自 2017 年以来的页岩油水平井压裂后地层能量充足，压力系数达到 1.0 以上(见图 13)，投产初期自喷井比例达到 92%，年递减率降至 30% 以下。

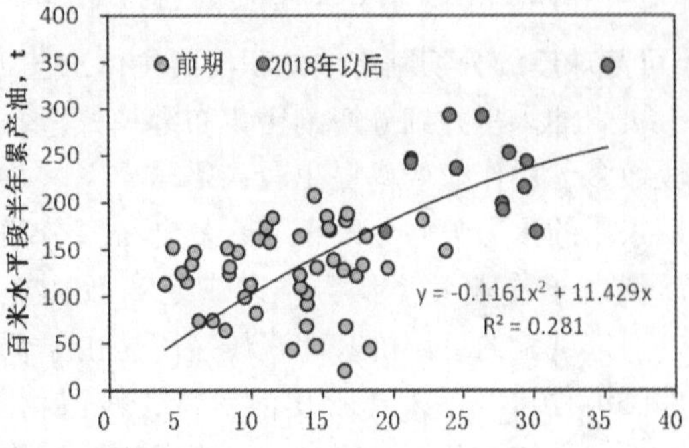

图 12　水平井进液强度与百米水平段半年累产油散点图

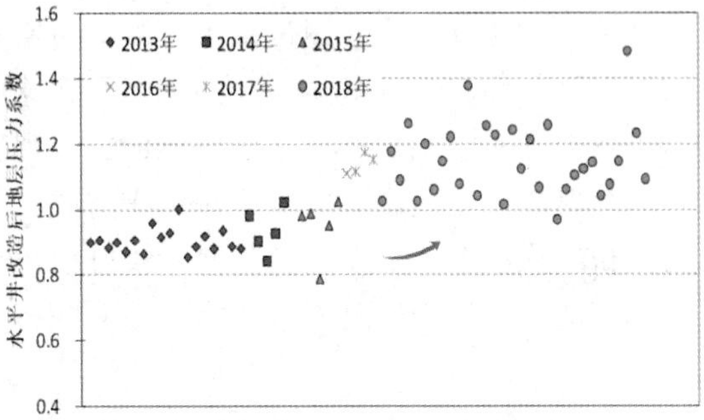

图 13　页岩油水平井改造后地层压力系数随年份分布图

2.3　渗吸改善剂加快油水置换

长 7 页岩油储层发育大量的微纳米级喉道，

孔喉半径小，室内核磁共振渗吸实验表明，水相在毛管力作用下，由细微孔道进入岩心，能够将其中赋存的原油推动至大孔道，逐步汇集后排出，实现油水置换(见图14)。界面张力是影响长7页岩油储层渗吸效率的主控因素，通过在前置液阶段压裂液中加入渗吸改善剂，改变油水界面张力和岩石壁面润湿性，将微孔、纳米孔中不可动油部分置换为可动油，加快油水置换，提高渗吸效率。同时基于岩心渗吸实验、数值模拟等优化压后闷井时间，提高油水置换程度，实现存地滞留液体高效利用[8]。

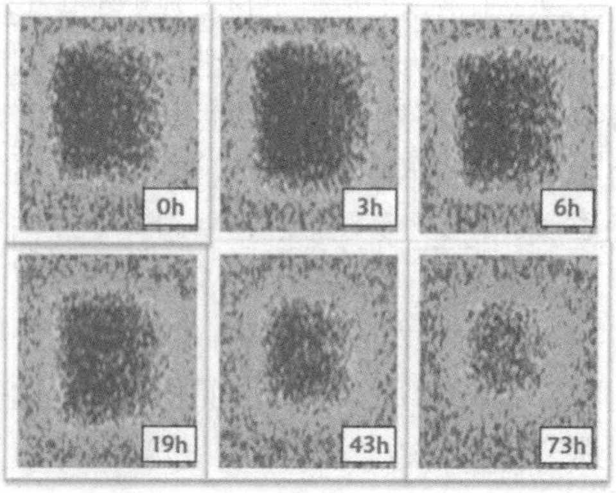

图14　水相逐渐浸入岩心将油相置换(核磁伪彩图)

3　可溶球座细分切割高效体积压裂主体工艺

页岩油水平井细分切割密集布缝模式下，改造段数多，对作业效率提出较高需求[9-11]。攻关初期采用的水力喷砂分段压裂、复合桥塞分段多簇压裂由于作业效率低，难以满足高效作业需求。引进试验的可溶桥塞体积压裂工艺由于低温条件(50~70℃)下桥塞胶皮溶解慢、残留物多，压裂后容易堵塞井筒。针对长水平段细分切割体积压裂技术需求，攻关形成了以“多簇射孔密布缝+可溶球座硬封隔+暂堵转向软分簇”为核心的高效体积压裂主体工艺。通过采用可溶金属密封替代橡胶密封，研制了全金属的DMS可溶球座(见图15、表1)，有效解决了溶解难题，实现压后井筒免钻磨、全通径，压裂后井筒清洁效率相比可溶桥塞提高30%，单支工具费用较可溶桥塞降低20%。

图15　DMS可溶金属球座实物图

表1　DMS可溶金属球座与哈里伯顿可溶桥塞性能参数对比表

类型	外径/mm	内径/mm	长度/mm	胶筒长度/mm	承压/MPa	完全溶解时间/d
DMS可溶球座	113	55~60	269	无胶筒	70.0	7
可溶桥塞	111	33	375	52.2	70.0	28
复合桥塞	108	50	800	60	70.0	不溶解

4　驱油型多功能压裂液体系

以改善基质润湿性、增强毛管自吸力为目的，基于水相乳液合成技术，解决多种添加剂一体化的问题，研发形成集“造缝、携砂、驱油、减阻、防垢”为一体的CSI驱油型多功能压裂液体系。该体系能够改变岩石润湿性，降低原油与岩石界面间的粘附功，使得原油能够从岩石表面剥离，同时通过降低油水界面张力增加油水流动能力，借助毛细管力实现油水置换，同时压裂液置换到基质系统补充了地层能量。

通过室内实验性能综合评价表明，油水渗吸置换效率较常规压裂液提升27%，减阻率达到72%，减阻起效时间小于10s，在70℃下，阻止钙、钡、镁离子结垢性能达到90%以上。矿试验见油速度快，投产初期产量高，含水低，增产效果明显，页岩油水平井全面推广应用该压裂液体系。

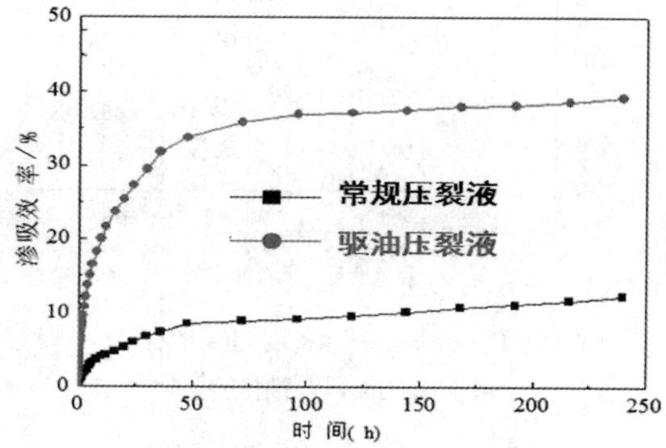

图16　渗吸置换率对比曲线

5　多簇裂缝精细控制[12-17]

页岩油水平井密切割布缝模式下压裂段数和簇数大幅增加，必然会造成工程成本快速增涨。为平衡提单产与控成本之间的矛盾，集成极限分簇射孔和动态暂堵转向技术，提高多簇起裂有效性，通过多簇高效合压，实现少段多簇压裂，同时还能够显著增加裂缝带宽，防止生成超级裂缝

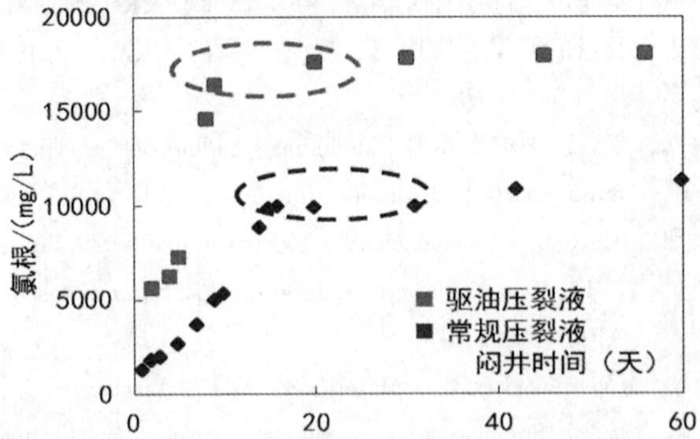

图 17　不同压裂液体系随闷井时间氯根变化

窜通邻井影响改造效果。

5.1　极限分簇射孔

极限分簇射孔技术是近期在北美非常规储层改造实践中逐渐兴起的一项新技术，主要通过大幅增加单段射孔簇数、控制单簇射孔密度，大幅度提高井底压力，改善多簇间流体分布的均匀性，实现多簇均衡起裂并有效延伸，增大裂缝带宽。极限分簇射孔技术单段射孔 10～14 簇，每簇 2 孔，为了验证多簇起裂效果，选取试验井在前置液、砂塞及主压裂结束后三个阶段分别开展阶梯排量测试，测试结果表明，极限分簇射孔孔眼起裂效率达到 91%，较常规分簇射孔提高 37%（见图 18）。采用极限射孔技术 1500m 水平段单井改造段数由前期的 24 段下降到 21 段，在确保效果前提下实现单井成本控降 100 万元。

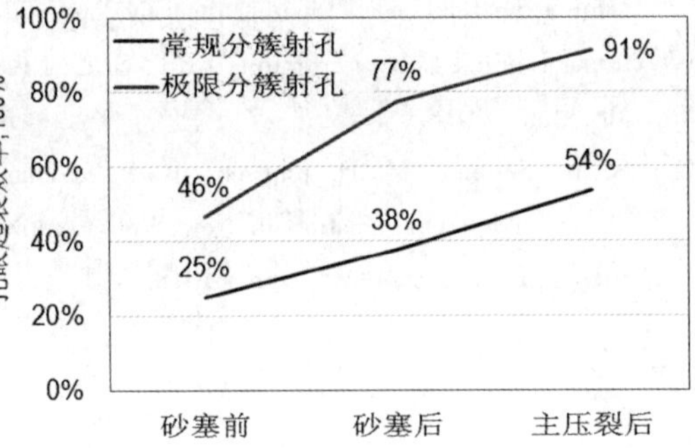

图 18　极限分簇射孔与常规分簇射孔孔眼起裂效率对比

5.2　动态暂堵转向

为进一步提高多簇射孔起裂有效性，以常用的环保医用材料为基体，自主研发了不同粒径可降解暂堵转向剂，配套多级注入模式，通过暂堵升压克服簇间应力差，实现多簇裂缝有效起裂。其中大粒径封堵已压开裂缝缝口，小粒径运移并封堵缝端，实现裂缝转向至未起裂射孔簇或高应力区域。考虑施工安全，通常施工压力低于 35MPa 时进行暂堵，以暂堵升压和暂堵前后工作压力差大于簇间应力差（通常选取 3MPa）判断暂堵是否有效。矿场对于加注一级暂堵升压效果不明显的井，可进行二级或三级暂堵。矿场规模应用应用，裂缝转向成功率达到 84.8%。

6　矿场实践效果及评价

2017 年以来，共开展水平井细分切割体积压裂试验 200 余口井，平均水平段长 1706m，井均改造 22 段 94 簇，入地液量 28294m^3，支撑剂量 3146m^3，压裂排量 10～15m^3/min，裂缝间距 5～15m，裂缝密度 7.8 条/百米，进液强度 24.2m^3/m，加砂强度 4.8t/m。其中单井最多压裂 48 段 248 簇，最大入地液量 7.2 万方，最大加砂量 1.2 万吨。井下微地震监测显示段间未改造空白区域明显减小，基本实现裂缝对储层的全覆盖，人工裂缝对储层的控制程度达到 90%以上（见图 19）。水平井初期单井日产油由前期 10 吨左右提高至 18.6 吨（见图 20），第一年井均累产油 4680 吨，第 1 年递减率由前期 42.5%下降至 27.8%，预测三年累计产油 8766 吨，1500m 水平段、400m 井距条件下单井 EUR 达到 2.4 万吨。

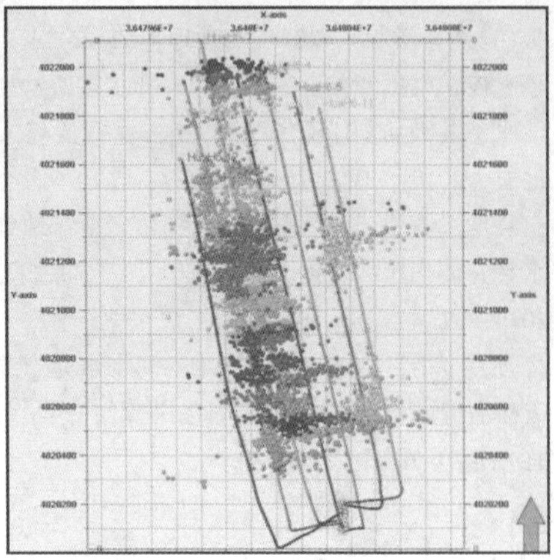

图 19　页岩油水平井细分切割压裂微地震监测图

7　结论与认识

（1）鄂尔多斯盆地长 7 页岩油地层压力系数低、裂缝条带状特征明显，储层有效改造的关键是通过提高裂缝密度增大改造体积，强化进液强度补充地层能量，应用渗吸改善剂加快油水置换。

（2）长水平段细切割体积压裂技术与长 7 页岩油储层适配性好，能够有效提高储层裂缝缝控程度，实现储层的充分有效动用，大幅提高页岩

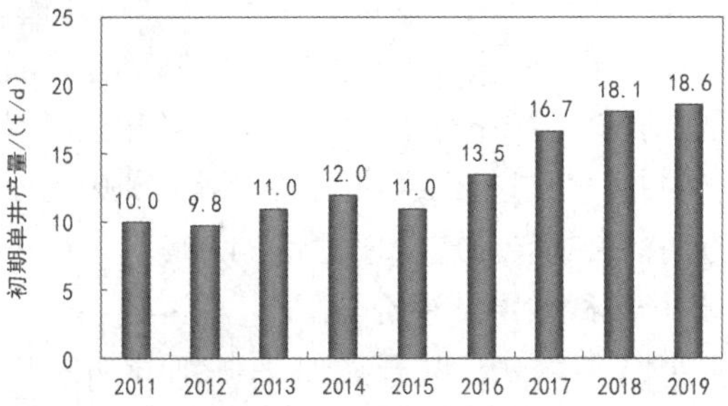

图 20　页岩油水平井历年单井初期产量变化

油水平井单井产量和 EUR，为国内外同类油藏的改造提供了技术借鉴。

参 考 文 献

[1]　李宪文，樊凤玲，杨华，等．鄂尔多斯盆地低压致密油藏不同开发方式下的水平井体积压裂实践[J]．钻采工艺，2016，39(3)：34-36.

[2]　吴奇，胥云，张守良，等．非常规油气藏体积改造技术核心理论与优化设计关键[J]．石油学报，2014，35(4)：706-714.

[3]　吴奇，胥云，王晓泉，等．非常规油气藏体积改造技术——内涵、优化设计与实现[J]．石油勘探与开发，2012，39(3)：353-357.

[4]　石道涵，张兵，何举涛，等．鄂尔多斯长 7 致密砂岩储层体积压裂可行性评价[J]．西安石油大学学报(自然科学版)，2014，29(1)：52-55.

[5]　慕立俊，赵振峰，李宪文，等．鄂尔多斯盆地页岩油水平井细切割体积压裂技术[J]．石油与天然气地质，2019，40(3)：626-635.

[6]　白晓虎，齐银，陆红军，等．鄂尔多斯盆地致密油水平井体积压裂优化设计研究[J]．石油钻采工艺，2015，37(4)：83-86.

[7]　程万，金衍，陈勉，等．三维空间中水力裂缝穿透天然裂缝的判别准则[J]．石油勘探与开发，2014，41(2)：1-6.

[8]　范华波，薛小佳，李楷，等．驱油型表面活性剂压裂液的研发与应用[J]．石油与天然气化工，2019，48(1)：74-78.

[9]　TALEGHANI A D. Modeling simultaneous growth of multi - branch hydraulic fractures：45th U. S. Rock Mechanics/ Geomechanics Symposium，26-29 June，2011，San Francisco，California[R]. San Francisco：ARMA，2011.

[10]　Warpinski N. R.，Mayerhofer，M. J.，Vincent M. C.，et al. Stimulating unconventional reservoirs：maximizing network growth while optimizing fracture conductivity [C]. SPE，2008，SPE 114173.

[11]　赵振峰，唐梅荣，杜现飞，等．水平井套管定位球座分段多簇压裂技术[J]．石油钻采工艺，2018，40(3)：381-385.

[12]　翁定为，雷群，胥云，等．缝网压裂技术及其现场应用[J]．石油学报，2011，32(2)：281-282.

[13]　Paul Weddle，Larry Griffin，and C. Mark Pearson. Mining the Bakken：Driving Cluster Efficiency Higher Using Particulate Diverters [R]. SPE-184828-MS，Jan，2017.

[14]　Stephen Rassenfoss，Getting More From Fracturing with Diversion [R]. SPE - 0617 - 0042 - JPT，Jun，2017.

[15]　Chris Carpenter，Enhancing Well Performance by In-Stage Diversion in Unconventional Wells [R]. SPE-0717-0070-JPT，Jul，2017.

[16]　Paul Weddle，Larry Griffin，and C. Mark Pearson. Mining the Bakken II-Pushing the Envelope with Extreme Limited Entry Perforating [R]. SPE-189880-MS. Jan，2018.

[17]　C. W. Senters，M. D. Johnson，R. S. Leonard，et al. Diversion Optimization in New Well Completions [R]. SPE-189900-MS. Jan，2018.

超高压气井采气树闸板阀国产化研究及设计

魏军会　黄　锟　张　宝　刘　举　景宏涛

（中国石油塔里木油田公司油气工程研究院）

摘　要　随着塔里木油田勘探开发的深入，部分勘探新区一大批井关井压力超过105MPa，且后期这些区块将成为增储上产的主力战场。目前需要从国外进口140MPa采气井口，一方面价格高昂，平均单套600万元，另一方面存在被“卡脖子”的风险，故国产超高压采气井口的研制势在必行。本文设计了一种超高压采气树闸板阀，通过对阀体强度、闸板阀座应力、阀杆校核及开关、流场进行分析，并与塔里木油田在用超高压闸板阀进行对比，本设计实现了其94.98%的设计。综合安全系数提高了57.96%。

关键词　平板闸阀；强度；阀杆；流场；采气树；阀体；阀座

采气树是采气井口的重要设备之一，而平板闸阀更是采气树的核心部件。现如今，石油工业的不断发展对井口装置尤其是阀门的可靠性和控制性提出了更高的要求。随着塔里木油田勘探开发的深入，部分勘探新区一大批井关井压力超过105MPa，且后期这些区块将成为增储上产的主力战场。国产105MPa采气井口已经无法满足需求。目前需要从国外进口140MPa采气树，一方面价格高昂，平均单套600万元，另一方面存在被“卡脖子”的风险，国产超高压采气井口的研制势在必行。作为采气树最重要的部件，如何在保证质量的前提下，设计出符合现场需求平板阀，降低成本，尤为关键。

1　超高压闸板阀设计

设计140MPa闸板阀[1-5]见图1 。布局形式选择暗杆式结构、选择“浮动式”双阀座、密封全部采用骨架密封圈，阀板、阀座和阀杆采用UNS N07718锻件耐蚀合金材料，硬度32～40HRC，机械性能达120K，Kv8≥68J（-60℃），阀板和阀座表面喷涂碳化钨材料，密封面硬度达65～72HRC；阀杆表面做QPQ处理，提高表面硬化。在工作压力下，阀杆的轴向最大力262081.2N。

2　超高压闸板阀的强度校核

2.1　阀体强度校核

图2所示是设计的超高压闸板阀阀体的Mises应力云图。阀体材料采用调质后的1Cr13，应力最大值为591.6MPa，未超过材料屈服强度。

对比进口超高压阀体的应力分析情况，设计的阀体在应力分布上基本一致；在应力数值上有所下降，最大应力值减小了37.55MPa。

图3所示是阀盖应力云图。阀盖最大应力为542.11MPa，最大应力位置在注脂孔与阀盖内腔相贯线处，阀盖内腔应力在241.01MPa到301.23MPa区间之间。

2.2　闸板阀座分析

通过对所用的超高压的阀板和阀座有限元分析，发现阀座在高压气体的作用下出现了较高的局部应力值，为了改善阀座及阀板的受力情况，设计闸板阀阀座从两方面

进行改进。第一改进内阀座的结构[6-7]，见图4，同时使用骨架密封，第二改进闸板阀座的材料。进行改进后，对阀座进行有限元仿真，校核及验证改进效果。

改进内阀座的密封采用泛塞封的结构，减少了一个密封沟槽，避免出现所用闸板阀密封槽处应力集中乃至屈服的可能性。

（1）基础资料准备

通过查阅文献，找出718材料在不同温度下的力学性能如表1所示。

表1　718材料在不同温度下的力学性能

温度/℃	弹性模量/（10^3ksi）	泊松比	屈服强度/MPa
-188.89	31.3	0.254	
-65.56	30.6	0.299	
20	30	0.284	980
63.89	29.7	0.307	
108.33	29.3	0.303	
160	28.9	0.308	
200			925
400			775

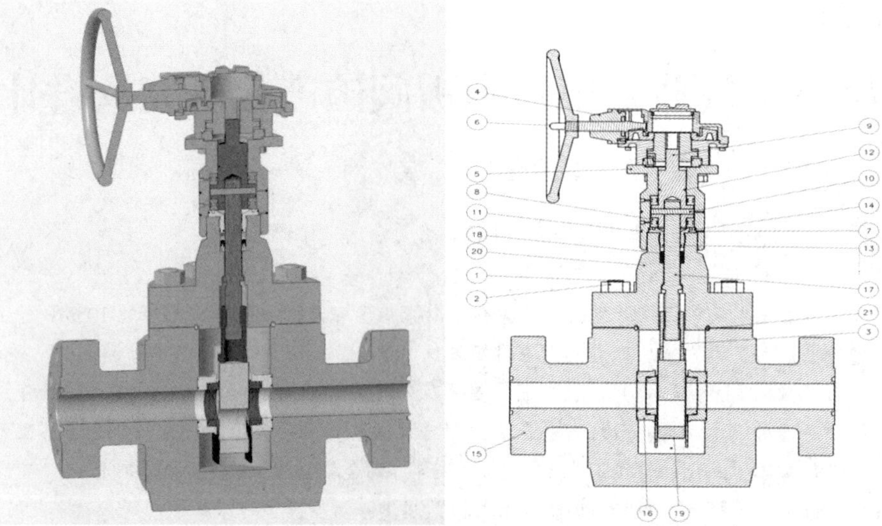

1 螺栓 2 螺母 3 型螺母 4 省力机构总成　5 压帽　6 手轮　7 盘根压帽 8 轴承 9 轴承套 10 销钉 11 闸阀 0 型圈 1　12 闸阀 0 型圈 2　13 闸阀 0 型圈 3　14 闸阀 0 型圈 4 15 阀体　16 阀座总成　17 阀杆　18 阀杆盘根　19 阀板　20 阀盖　21 阀盖钢盖

图 1　设计平板阀示意图

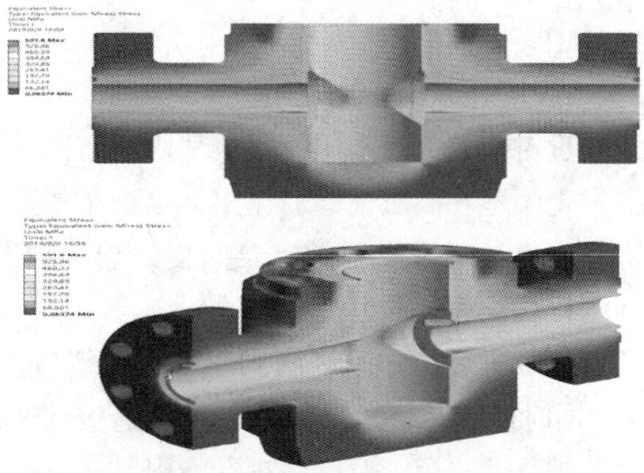

图 2　设计阀体应力云图

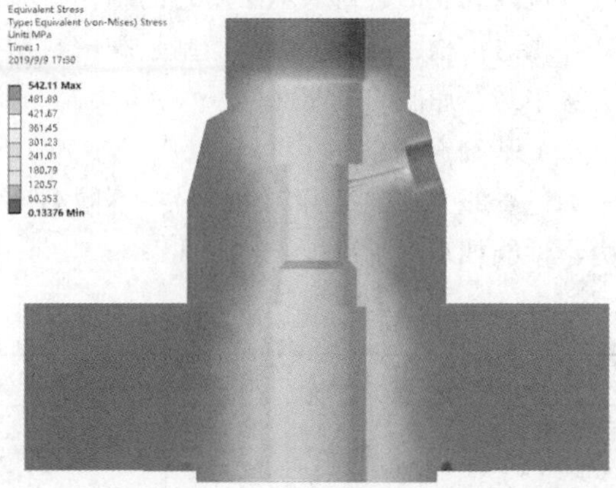

图 3　进口闸阀阀盖应力云图

对 718 材料泊松比进行数据拟合得出公式：

$$y = 4E - 9X^3 - 3E - 7X^2 + 1E - 5X + 0.2972$$

并将温度带入公式得出：在-46℃时泊松比为 0.299，121℃时泊松比为 0.305，718 泊松比拟合曲线见图 5。

图 4　国产 78-140 内阀座

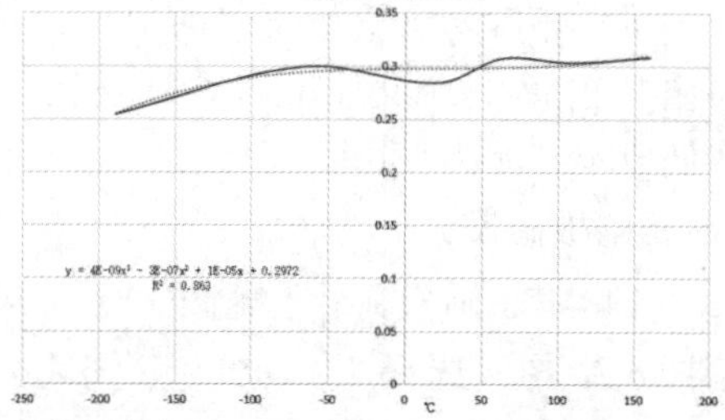

图 5　718 泊松比拟合曲线

对 718 材料弹性模量进行数据拟合得出公式：

$$y = -5e - 6x^2 - 0.0074x + 30.155$$

残差 $R^2 = 0.9997$。并将温度代入公式得出：在 - 46℃ 时弹性模量为 30.47 × 103ksi 即 209.3GPa，121℃时弹性模量为 29.226×103ksi 即 199.88GPa，718 弹性模量拟合曲线见图 6。

对 718 材料屈服强度进行数据拟合得出公式[8-10]：

$$y = -0.0012x^2 - 0.0482x + 981.43$$

并将温度代入公式得出：在-46℃时屈服强度为 981.11MPa，在 121℃ 时屈服强度为

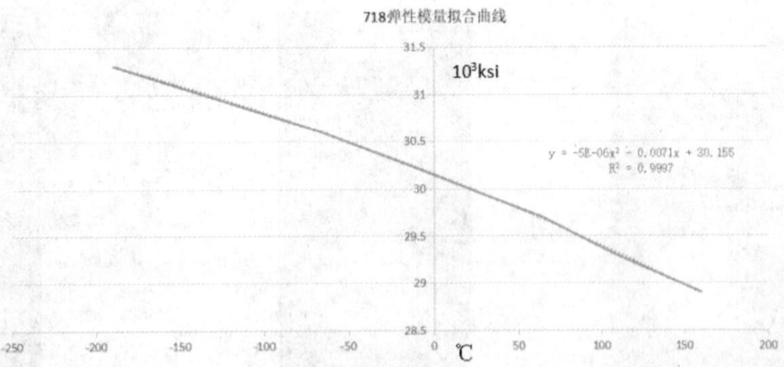

图 6　718 弹性模量拟合曲线

950.78MPa，718 屈服强度拟合曲线见图 7。

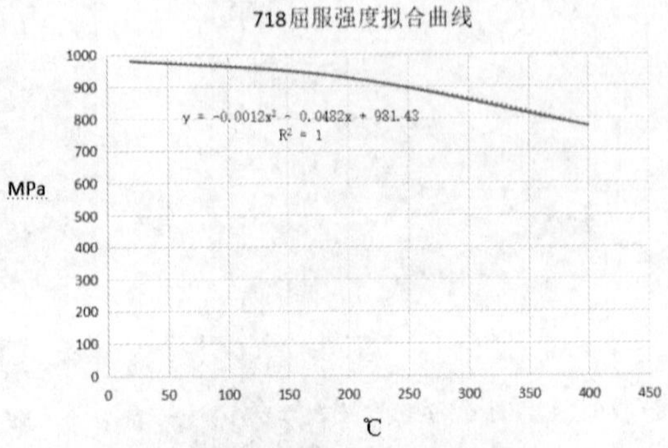

图 7　718 屈服强度拟合曲线

（2）仿真结果分析

① 高压低温状态仿真

模拟闸板的实际使用工况，在特定的平面加载 140MPa 的压力，同时设定成低温（-46℃），对改进的闸板与内阀座进行仿真[11]：

入口端的闸板形变量较大，达到 0.12mm，而出口端的内阀座形变量较小，应变图见图 8。

最大应力出现在出口端内阀座底面与外阀座接触的倒角处，集中应力达到了 834.93MPa。出口端内阀座平均应力为 250MPa，闸板上的应力相对较小[12-13]。未出现与进口某型号闸板阀类似的屈服现象，应力图见图 9。

-46℃时闸板与内阀座间接触应力见图 10，入口端的接触应力相对较小，接触应力由外向内逐渐增大[14]，外边缘处接触应力仅仅为 16MPa，内边缘处接触应力为 230MPa。出口端的接触应力相对较大，内圈边缘处的应力达到了 426.06MPa，在此接触应力下，可以实现 140MPa 的高压气体密封。

② 高压高温状态仿真

121℃时闸板与内阀座应变图见图 11，由于在 121℃情况下 718 材料有所变软，内阀座与闸板应变量相对较大，应变最大值出现在闸板入口端，达到了 0.11mm，出口端的应变量相对较小[15]。

121℃时闸板与内阀座应力见图 12，最大应力出现在出口端阀座底面与外阀座接触的倒角处，达到了 855.59MPa，最大应力比-46℃情况下低 30MPa，是由于弹性模量随着温度升高而降低的原因造成的。内阀座平均应力为 300MPa，同时闸板的应力较小。

121℃时闸板与内阀座接触应力见入口端接触应力相对较小，接触应力最大值出现在内圈边缘处达到 240MPa，出口端接触应力较大，内圈边缘处达到了 424.37MPa。相比于进口某型号闸板阀的接触应力较低，同时可以实现 140MPa 气体密封，见图 13。

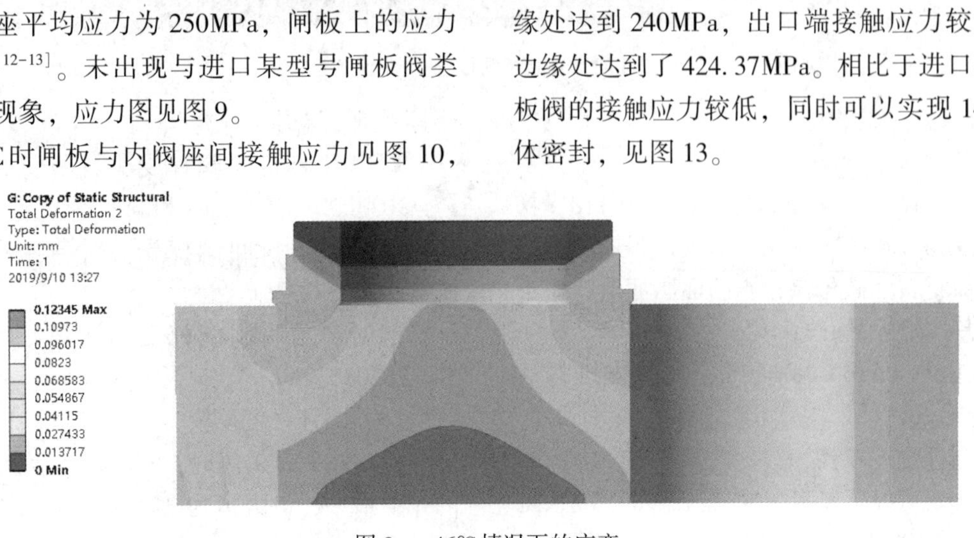

图 8　-46℃情况下的应变

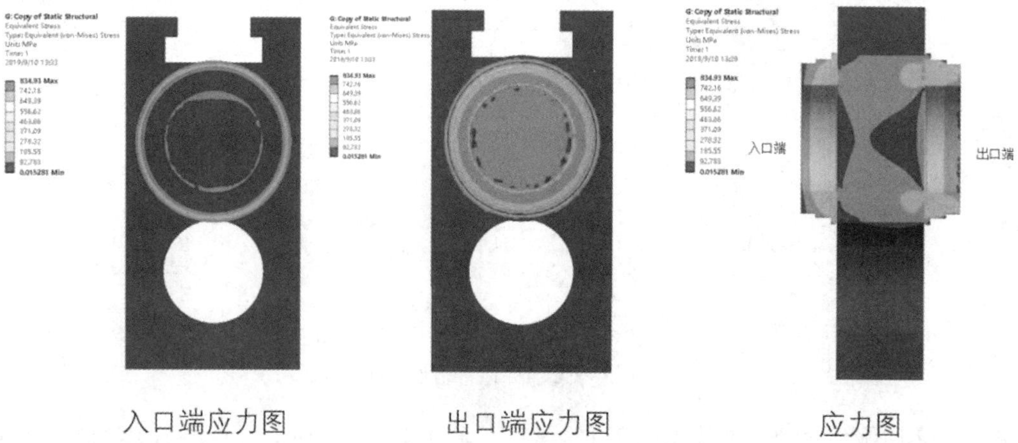

图 9 −46℃时闸板与内阀座的应力

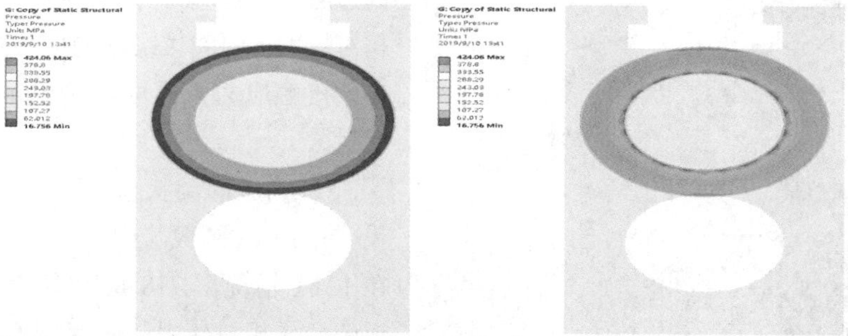

图 10 −46℃时闸板与内阀座间的入口端接触应力(左)和出口端接触应力(右)

图 11 121℃时闸板与内阀座应变

2.3 阀杆校核及开关

(1) 开关转矩计算

经过初步设计，阀杆的材料选择为 718，梯形传动螺纹为 29°ACME-4n。本设计阀板与内阀座表面喷涂材料为碳化钨，查的油脂润滑状态下碳化钨间静摩擦系数 $\mu=0.12$。

总扭矩 $T_3=1160.28\text{N}\cdot\text{m}$，加省力机构后 $T=193.38\text{N}\cdot\text{m}$。

(2) 阀杆强度校核

已知 718 室温下屈服强度 $\sigma_{0.2}\geqslant980\text{MPa}$，抗拉强度 $\sigma_b\geqslant1100\text{MPa}$。为确保安全，碳化钨动静摩擦系数 μ 均取 0.12。

阀门开启瞬间阀杆受力计算：阀杆受拉，$F_a=103305.1\text{N}$；

阀门关闭瞬间阀杆受力计算：阀杆受压，$F_a=-420857.3\text{N}$；

阀门启功瞬间阀杆受力计算：阀杆受拉，$F_a=262081.2\text{N}$。

(3) 阀杆强度校核

阀门在完全关闭时，阀门启动瞬间阀杆所受的拉力最大，最大值为 262081.2N，故选该状态进行受拉强度校核。阀门启动瞬间阀杆受拉应力

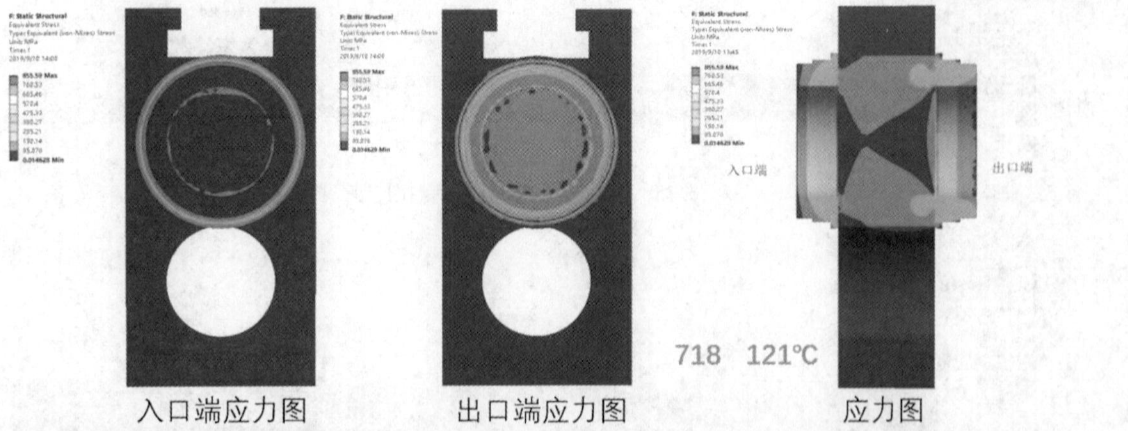

图 12　121℃时闸板与内阀座应力

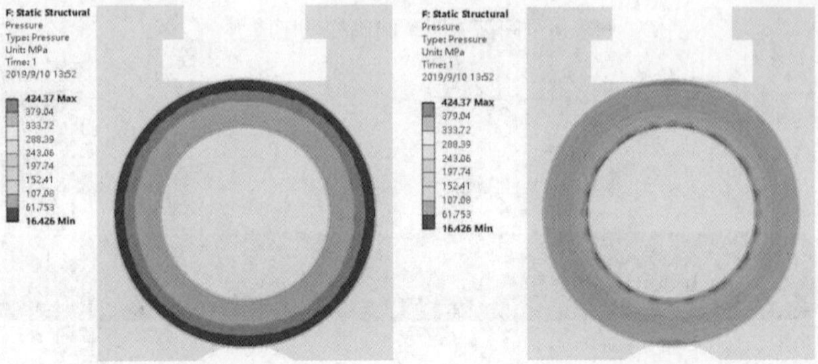

图 13　121℃时闸板与内阀座间的入口端接触应力(左)和出口端接触应力(右)

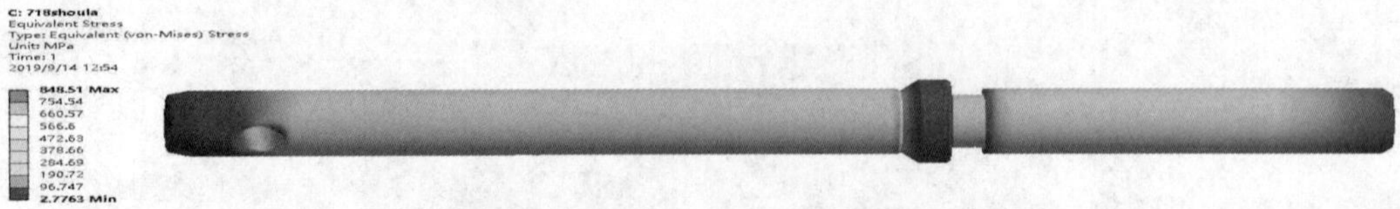

图 14　阀门启动瞬间阀杆受拉应力

见图 14，最大应力出现在销钉孔内壁处，最大值为 848.51MPa，小于材料的屈服强度。阀门启动瞬间阀杆受拉应变见图 15，应变最大值出现在阀杆梯形螺纹与 T 形套联接处，最大值为 0.22283mm。

阀门关闭瞬间，阀杆所受大的压力最大，最大值为 420857.3N，故选该状态进行强度校核。阀门关闭瞬间阀杆受压应力见图 16，最大应力出现在销钉联接孔内壁处，最大值为 926.07MPa，阀杆其他位置最大应力均不超过 600MPa，满足材料使用要求。阀门关闭瞬间阀杆受压应变见图 17，最大应变在阀杆梯形螺纹与 T 型套连接表面，最大值为 0.48778mm。

2.4　闸板阀的流场分析

闸板阀打开过程中，高压流体会涌入阀腔。涌入阀腔内部的高压流体不仅会冲击阀腔，将砂子带入并腔，还会带走阀腔内的密封脂。为了防止这种情况的发生，可以在阀座上面加装一块如图 18②所示的挡板。在加上挡板之后，在闸板阀开度为 0.19%(刚刚打开)的状态下，分析此时闸板阀内部流场。

(1) 建立流道模型以及划分网格

根据闸板阀的三维图建立闸板阀开度为 0.19%时的流道理想化模型见图 19，该模型的网格划分情况如图 20 所示。

(2) 加装挡板后闸板阀开度为 0.19%时的流场稳态计算

以甲烷为流体建立湍流模型，进口边界条件设置为 140MPa。计算完成后的后处理结果如图 21、图 22 所示。

虽然从压力云图中可以看到阀腔内部有高压流体，但相对于没有安装挡板的情况，流入阀腔

图 15　阀门启动瞬间阀杆受拉应变

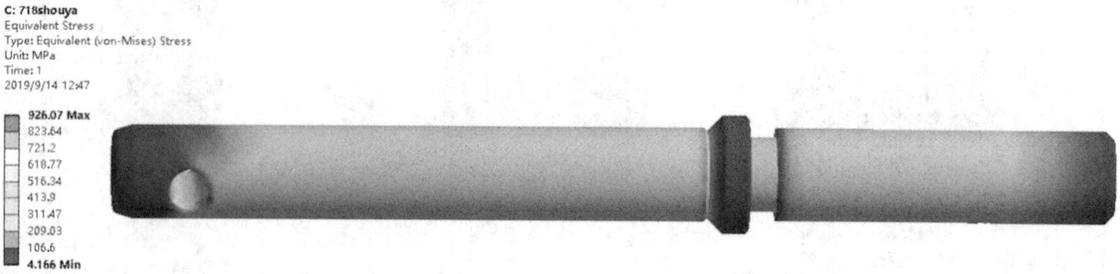

图 16　阀门关闭瞬间阀杆受压应力

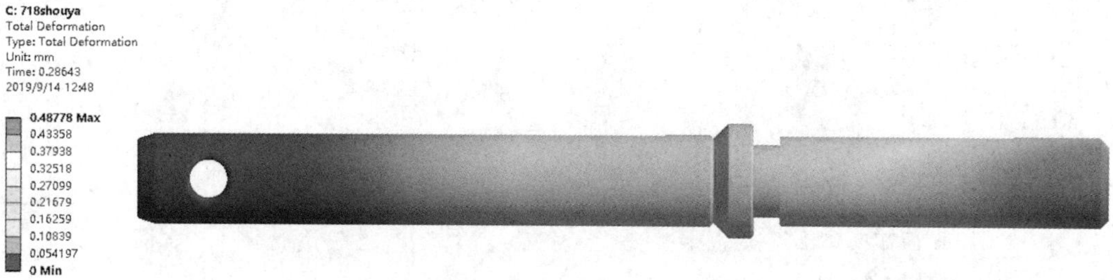

图 17　阀门关闭瞬间阀杆受压应变

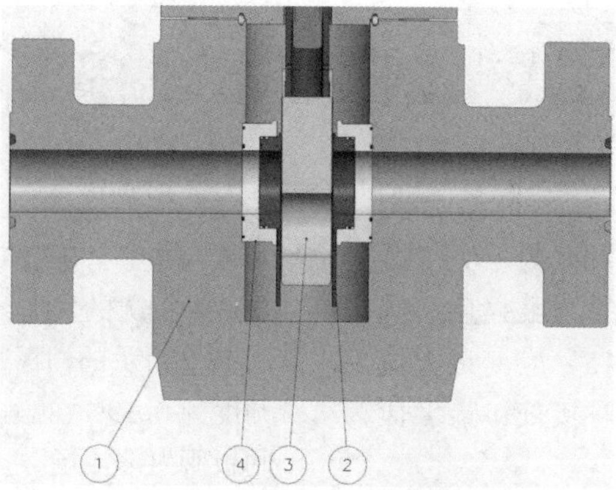

图 18　加装挡板后的闸板阀三维模型

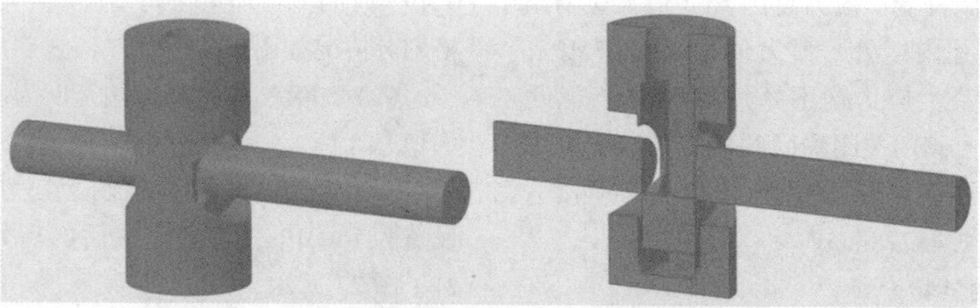

图 19　闸板阀加装挡板后开度为 0.19%时的流道理想模型

图 20　闸板阀加装挡板后开度为 0.19%时的流道网格

图 21　闸板阀加装挡板后开度为 0.19%时的压力云图

的气流大大减少。密封脂的流出通道也大大减小，密封脂被带走的概率大大降低。

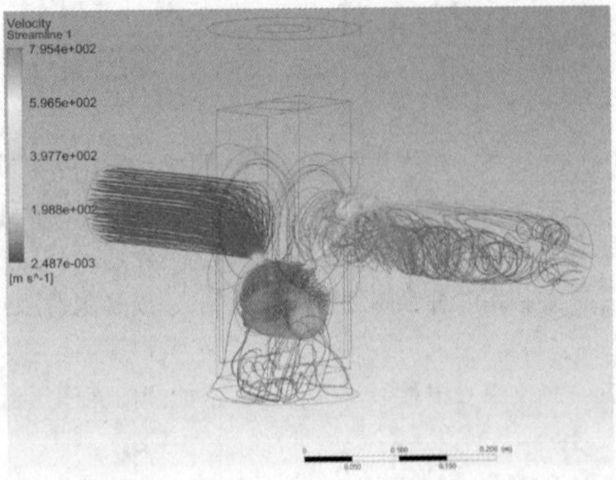

图 22　闸板阀加装挡板后开度为 0.19%时的流线图

3　结果对比

闸板阀的开关受力是设计的主要指标。将设计的闸板阀校核结果与在用的的计算值比较，结果如表 2，本设计与在用的比较，实现了其 94.98%的设计。在不考虑国内外原材料(钢材)在炼钢、锻造、热处理、加工精度等差异的条件下，本设计的综合安全系数对比进口某型号提高了 57.96%。

表 2　设计闸板阀开关受力与进口对比数据表

	进口		设计		对比	
	应力	安全系数	应力	安全系数	应力	安全系数
阀座最大应力(-46℃)	638.02	0.933	834.93	1.175	0.860	1.260
阀座最大应力(121℃)	659.71	0.902	855.59	1.111	0.771	1.232
阀板阀座接触应力(-46℃)	475.12	1.252	424.06	2.314	1.120	1.847
阀板阀座接触应力(121℃)	512.37	1.161	424.37	2.240	1.207	1.929
阀板最大变形量(-46℃)	0.097		0.12		0.808	
阀板最大变形量(121℃)	0.106		0.11		0.964	
阀杆最大应力	632.18	0.941	926.07	1.058	0.683	1.124
阀杆最大形变	0.5095		0.4878		1.044	
开关扭矩(N×M)	210.93		193.38		1.091	
AVERAGE	安全系数对比		1.5796	设计值对比		0.9498

参　考　文　献

[1]　陈浩，崔岚，周锡容．我国采气(油)井口装置系统的现状及其可靠性研究的必要性[J]．石油矿场机械．1992(01).

[2]　刘中伟，张艳伟．采气树及气井地面建设集成橇一体化装置[J]．石油机械．2011(10).

[3]　青海油田天然气开发公司完成 2013 年涩北气田采气树隐患治理工作[J]．天然气技术与经济．2013(05).

[4]　王烨炜，杨昭勇，陈增辉，李彦军，呼成刚．苏里格气田井口采气树常见故障原因分析及对策[J]．石油和化工设备．2014(07).

[5]　方文敏，成琳琳，傅新，周华，杨华勇．带 U 形节流槽的滑阀稳态液动力研究 [J]．浙江大学学报(工学版)．2010 (03).

[6]　张海平．纠正一些关于稳态液动力的错误认识[J]．液压气动与密封．2010 (09).

[7]　曾祥荣，宋陶陶．稳态液动力补偿型单级溢流阀及其试验研究[J]．机床与液压．1984(06).

[8] 马六成．差动式单级溢流阀的稳态液动力补偿[J]．机械工程师．1986(05)．
[9] 2009年全国失效分析学术会议第一号通知[J]．金属热处理．2009（02）．
[10] 吴猛猛，董秀臣，赵德耀，李刚．基于声发射的管路阀门内漏检测技术研究综述［J］．山东科技大学学报(自然科学版)．2019（06）．
[11] 姜伯军．分水阀注射模设计[J]．模具制造．2019（11）．
[12] 杨文军，田林军，李君祎．耐蚀阀门壳体用钛材材料浅析[J]．通用机械．2019(12)．
[13] 周俊泽，练章华，王裕海，刘洋，吴捷．节流阀阀芯失效分析及其结构改进［J］．石油机械．2019（12）．
[14] 杨文军，田林军，李君祎．耐蚀阀门壳体用钛材材料浅析[J]．通用机械．2019(12)．
[15] 周俊泽，练章华，王裕海，刘洋，吴捷．节流阀阀芯失效分析及其结构改进［J］．石油机械．2019（12）．

地层测试仪高级应用优化超深凝析气藏改造方案

范文同　刘　举　黄龙藏　冯觉勇　袁学芳

（中国石油塔里木油田分公司油气工程研究院）

摘　要　位于中国西部的塔里木盆地西北的凝析气藏B，是非常规致密凝析气藏，埋深超深，低孔，低渗，气藏温度130℃属于常规温度梯度。为了获取经济开发产能，大多数井需要提产措施以提高单井产能。先前的研究显示天然裂缝在产能贡献方面作用巨大并且多数井通过酸压处理即可实现较高产能，这是因为天然裂缝中充填了酸溶胶结物。大约3个月后，这些井开始出现出砂和蜡堵的情况，由于产量下降，井筒温度不能温度凝析油气中的重组分，导致井筒中接近井口的部分结蜡，严重堵塞井筒，影响气藏的开发。文中实例详述了如何从地层测试获取数据用来评估储层，优化开发方案并最终实现了颠覆先前酸压方案而采用加砂压裂方案来改造储层，并采取覆膜砂尾追方式抑制地层出砂。

地层测试在世界范围和中国国内被广泛用来进行油气勘探和开发，帮助进行储层特征描述和油气藏评估。然而，采用地层测试技术进行完井方案的优化很少见到公开报道。本文的中国西部超深凝析气藏的实例总结了如何利用地层测试数据来优化的改造方案。

关键词　超深凝析气藏；井筒结蜡；井口温度；储层改造；方案优化

1　研究背景

1.1　地质概况

塔里木盆地库车坳陷凝析气藏B具有巨大的油气勘探潜力。库车坳陷是在海西运动晚期开始发育，经历了多期次构造运动，在古生代被动大陆边缘基础之上发育起来的中、新生代叠合前陆盆地前缘坳陷。根据库车坳陷构造变形特征，将其自北向南分为北部单斜带、克拉苏冲断带、依奇克里克冲断带、拜城凹陷、阳霞凹陷、乌什凹陷、秋里塔格构造带和南部斜坡带。凝析气藏B位于库车坳陷克拉苏冲断带的西部，钻遇的地层层序正常，自上而下分别为第四系，新近系库车组、康村组、吉迪克组，古近系苏维依组、库姆格列木群，下白垩统巴什基奇克组、巴西盖组[1-5]。

1.2　储层认识

巴什基奇克组为气藏的主力含气层，储层埋深7000m左右，地层压力系数1.83，井底温度130℃以上，地层产出天然气含蜡量约为0.5%，CO_2含量0.171%~0.186%，综合分析凝析气藏B为常温高压边水层状断背斜高含蜡凝析气藏。区域储层厚度100~300m，其第一岩性段在研究区多被剥蚀，主要目的层为第二和第三岩性段。巴什基奇克组岩性以中-厚层状中砂岩、细砂岩为主，夹薄层状泥岩、粉砂质泥岩，同时见多套含泥砾砂岩，泥砾扁平状顺层分布。储集空间以原生粒间孔和粒间溶蚀孔为主（占70%以上），其次为粒内溶孔和微孔隙，并发育少量的微裂缝；砂岩总体分选较差，泥质杂基含量高。从凝析气藏B巴什基奇克组全井段测井物性分析解释来看，有效储层孔隙度范围在3.5%~13.46%之间，平均6.02%，渗透率分布在（0.062~0.234）×$10^{-3}\mu m^2$之间。实测岩心分析孔隙度主要分布在4.0%~12.0%之间，平均7.74%，渗透率主要分布在（0.1~1.0）×$10^{-3}\mu m^2$之间[6-11]。

由于喜马拉雅晚期和燕山期强烈的构造挤压和构造变形，形成了凝析气藏B裂缝体系，根据裂缝的成因和形态特征，可以分为构造缝、溶蚀缝、成岩缝、构造溶蚀缝及人工诱导缝等类型。从成像资料来看，凝析气藏B目的层段存在一定的高角度裂缝及微裂缝，裂缝走向以近东西向（南东东向~北西西向）为主，裂缝密度主要分布在0.2~0.4条/m之间。岩心裂缝统计结果显示：裂缝密度0.87条/m，裂缝开度平均为0.25mm，裂缝发育，但裂缝规模较小。

1.3　邻井提产认识

凝析气藏B完钻3口井：B1井、B101井和B102井，其中B1井产层段裸眼完井投产，B101井和B102井进行射孔测试及酸压改造，均获得工业油气流。B1 井对白垩系巴什基奇克组井段 7014.00~7084.00m 进行了完井测试，5mm 油嘴求产，油压 67.23MPa，日产油 29.5m^3，日产气 24.5×10^{4}m^3。B101 井对白垩系巴什基奇克组井段 6921.00~7091.00m 进行酸压作业，液体规模 470m^3，酸后测试 5mm 油嘴求产，油压 53.51MPa，日产油 25.7m^3，日产气 16.25×10^{4}m^3。B102 井对白垩系巴什基奇克组井段 6760.00~6879.00m 进行酸压作业，液体规模 560m^3，酸后测试 4mm 油嘴求产，油压 38.41MPa，日产油 11.6m^3，日产气 10.1×10^{4}m^3。据测试情况分析，凝析气藏 B 储层裂缝发育，储层物性较好，完井测试或酸压测试后，具有较好的产能[12-14]。

2　新井提产难点及对策

2.1　储层综合评价

B104 井目的层白垩系巴什基奇克组 6757.00~6850.00m，主要岩性为褐色泥岩、褐色细砂岩、灰褐色细砂岩，见油气显示 39.0m/15 层，气测全烃最高 8.11%，测井解释气层 74.0m/19 层、差气层 31.0m/15 层，孔隙度 3.8%~11.7%，含油饱和度 50%~78%，岩心测试孔隙度为 5.89%~6.48%，平均 6.18%；气测渗透率 0.0210~0.1208mD，平均 0.0391mD，基质物性较差。

岩心上观察发育裂缝为中高角度，裂缝宽度中等，以半充填为主，为钙质充填，裂缝组合模式为雁列式，成像测井解释目的层发育Ⅱ、Ⅲ类裂缝，纵向上上部Ⅱ类裂缝发育，有效性较好，而下部主要发育Ⅲ类裂缝，有效性相对较差，拾取到裂缝条数为 186 条，Ⅱ、Ⅲ类裂缝分别为 41 条和 145 条，裂缝发育程度较差。综合测井和岩心实验结果，B104 井属于基质低孔特低渗裂缝性储层。

表 1　凝析气藏 B 天然裂缝发育质量分类

裂缝分类	Ⅰ类裂缝	Ⅱ类裂缝	Ⅲ类裂缝
井漏特征	明显漏失	高密度(>3 条/m)发育时渗漏 低密度(<3 条/m)发育时不漏	不漏
测井识别裂缝描述	裂缝宽度大于 0.1mm， 裂缝倾角大于 70 度， 力缝夹角小于 30 度。	裂缝宽度多小于 0.1mm， 裂缝倾角中高角度， 力缝夹角小于 30 度。	裂缝宽度多小于 0.1mm， 裂缝倾角中低角度， 力缝夹角大于 30 度。
Biot 系数	1	0.85	0.7
激活难易	容易	中等	难
单井的裂缝发育特征	发育Ⅰ类裂缝储层厚度大	发育Ⅱ类裂缝储层厚度大	发育Ⅲ类裂缝储层厚度大
代表井	B1	B101、B104	B102
改造工艺优选	缝网酸压	缝网压裂	常规压裂

2.2　提产难点分析

凝析气藏 B 储层物性较好，天然裂缝发育，且现有井多采用经济有效的酸压提产方式实现工业产能。但随着气藏不断开发，甚至受季节变换的影响，井筒温度降低会导致井筒近井口附近蜡质组分析出，堵塞井筒，制约生产。该区块的 B1 井正常生产 22 个月后出现井筒蜡堵，累计产油 789t，累产气 0.11×10^{8}m^3，后期实施热洗作业，解堵未成功，随后停产关井。B101 投产 4 个月后因井筒结蜡关井，B102 井投产生产 10 个月后因井筒结蜡关井。为获取流体组分，得到凝析气的析蜡温度，先后从井筒、井口取样多次。通过试验发现，各次取样得到的析蜡温度差很大，井口取样获取组分得到的析蜡温度为 4.4℃-40℃不等，判断是上述井口附近所取样品中重组分析出，取样无法代表地层原状凝析油气。根据现有井开发情况，井筒析蜡、结蜡是制约凝析气藏 B 单井正常生产的主要问题。

对于最新完钻的 B104 井，以何种方式进行改造提产，存在较大争议，能否采用压裂方式提高单井产量、提高井筒温度，实现无蜡堵顺利生产存在不确定性。由于目标产量、目标井口温度均无法确定，加砂压裂方案具体施工参数，亟待确定。

2.3　地层测试认识

B104 井完钻井深 6930.00m，预测目的层温度 138℃，压力 MPa，尾管采用 139.70mm 套管，常规的地层测试工具受工况限制不能使用。为获取地层流体，引进最新的地层测试工具进行地层流体取样及组分分析。该仪器封隔器采用独立滤网结构，液体过面面积高达 370cm^2，胶皮单元

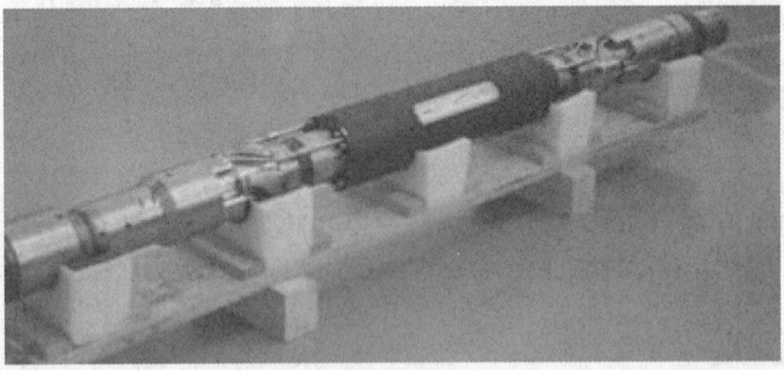

图 1　新型地层测试仪实体

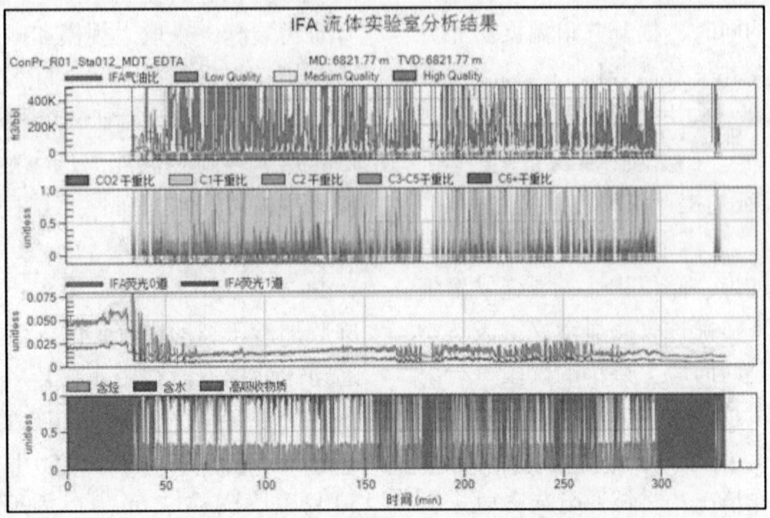

图 2　新型地层测试仪资料录取成果图

采用独立设计，最大承压可达 55MPa。该地层测试器采用新型探针，主要应用于低孔低渗储层的压力测试、流体分析、小型测试，与同类型超大探针相比，其泵抽采用效率更高，可以节省大量的作业时间。

借助地层测试仪，使用超大探针进行 14 次压力测试(包含流度测试)，其中 11 次测试结果均为致密，3 个测试点压力得到有效恢复。使用速星 5 在两个深度(6783.5m，6821.8m)进行流度分析，流体分析后，等待压力恢复，获取高质量地层压力。井下流体实验室模块对地层流体进行分析，获取高质量地层流体组分信息。

最终该井在两个深度(6783.5m，6821.8m)进行流度分析，得到地层压力系数 1.74，地层温度分别为 132℃、134℃，两个泵抽点流体性质一直，组分一致，为湿气。

深度/m	探针流度/(mD/cP)	压恢渗透率/mD	泵抽时间/min	泵抽量/L	最大压降/psi	泵抽转速/rpm	IFA 组分/(干重%)	气油比/(m^3/m^3)	结论
6821.8	0.05	0.04	300	11	6400	400	C_1:78%;C_2:13% C_3–C_5:4% C_{6+}:5%	/	湿气
6783.5	0.38	0.1	100	19	3000	1000	C_1:78% C_2:12% C_3–C_5:3% C_{6+}:6%	36500	湿气

借助新型地层测试仪的采集数据，结合地层流体分析，获取到凝析气藏B准确的地层流体组分和地层参数。通过进一步试验评价，得到B104井原油最高析蜡温度为38℃左右。在此基础上进行井口温度预测，数值模拟显示，当单井日产气量在24至$30\times10^4m^3$时，井口温度可以达到38℃以上，可以有效缓解井筒结蜡，实现长效生产。

2.4 提产方案对策

基于准确的气藏地层测试及试验认识，确定了本井储层改造对策：采用较高强度的改造方式，实现产量提高的同时，提升井口温度防止井筒结蜡，最终实现单井长效高产稳产。结合气藏认识及邻井改造经验，本井采用大规模加砂压裂方式进行提产改造。

3 基于气藏地质特征的提产工程方案

3.1 储层分层特征

根据上述气藏认识、储层物性、裂缝发育情况及地应力分布特征，优选气测显示好、天然裂缝发育、地应力低且两向应力差小的层段进行射孔。最终优选射孔段总计36m/8段，改造层段从6757.00～6850.00m，厚度93m。依据纵向上次应力差异及岩心分布情况，将该井分成2段进行改造。第一级6757.00～6797.00m，覆盖上部4个射孔段，该井段地应力较低，平均在128MPa左右，天然裂缝与最大主应力呈中等夹角相交；第二级为6805.0～6850.00m，覆盖下方4个射孔段，该井段地应力有增加趋势，平均在131MPa左右，且天然裂缝与最大主应力方向呈小夹角相交。上下两级之间发育一高应力隔层，在改造层段上下应力较储层段高4～6MPa，纵向上能有效控制缝高。

3.2 改造模拟及方案优化

为进一步提高单井产能，优化改造方案，本井结合天然裂缝发育情况，采用三维缝网压裂模拟软件进行加砂压裂改造模拟。在充分考虑的天然裂缝参数不同的情况下，从压裂模拟角度给出方案优化方向。人工裂缝模拟显示，上部层段储层Ⅱ类裂缝发育，且天然裂缝走向与主应力夹角较大(30°以上)，人工裂缝与天然裂缝相互影响，易形成复杂程度较高的裂缝网络，此类储层宜采用缝网压裂方式提高单井产能。下部第二级储层主要发育Ⅲ类裂缝，且天然裂缝走向与主应力夹角较小，易形成形态较为单一双翼长缝，此类储层宜采取大规模冻胶加砂压裂方式改造，人工制造长缝尽可能沟通远端天然裂缝实现提产。

3.3 提产方案

充分考虑本井储层特征及地质条件，结合前期邻井试油情况分析，改造层段基质物性差，低孔特低渗，天然裂缝发育程度较低，钻井过程中无井漏，如采取自然投产与酸压改造增产效果不理想。总体上以大规模加砂压裂为主、缝网压裂为辅的改造思路，分两级进行压裂改造，上部层段(6757.0～6800.0m)Ⅱ类裂缝相对发育，采用缝网压裂改造；下部层段(6800.0～6850.0m)发育Ⅲ类裂缝，采取大规模加砂压裂措施。

第一级采取滑溜水+冻胶复合压裂液体系，前置液段滑溜水激活天然裂缝，携砂液段冻胶携砂，形成较高导流能力的主裂缝沟通天然裂缝。设计规模滑溜水$180m^3$，线性胶+冻胶$456m^3$，支撑剂采用高强度陶粒，其中70/140目粉陶$1.2m^3$，30/50目陶粒$24.8m^3$。第二级主要采取冻胶加砂压裂形成较长的人工主裂缝，增大泄气通道。前置液段利用冻胶开启裂缝，使之充分扩展，携砂液段采用冻胶连续加砂。设计规模$446m^3$，陶粒$23.5m^3$(30/50目陶粒$15.9m^3$，30/50目覆膜陶粒$7.6m^3$)。因地层闭合压力较高，采用30/50目高强度陶粒，形成长效导流裂缝。

本井采取缝网压裂+大规模加砂两级分段压裂，设计总液量$1171m^3$，包括滑溜水$180m^3$，线性胶+冻胶$971m^3$，陶粒$49.5m^3$(70/140目粉陶$1.2m^3$，30/50目陶粒$40.7m^3$，覆膜砂$7.6m^3$)。

4 应用效果分析

4.1 求产认识

本井完井管柱置井后进行常规测试求产，采用3mm油嘴，油压43.39MPa，日产气$4.68\times10^4m^3$，日产油0t。B104井实际施工改造规模为$1153m^3$，陶粒为$51.2m^3$，主体排量为$5.3m^3/min$。加砂压裂改造后测试，B104井折日产气$51.6\times10^4m^3$，计算生产压差为7.2MPa，测量井口温度为45.4℃，取得了良好的提产效果。压降曲线分析，井底延伸压力、闭合压力分别为152.5MPa、146.7MPa，对应的延伸压力梯度、闭合压力梯度为0.0224MPa/m和0.0216MPa/m，与邻井B102井酸压分析结果相当。G函数曲线分析显示明显多裂缝特征，分析认为施工初期大排量滑溜水注入沟通有效性好、开启压力相对较低的Ⅱ类裂缝，形成裂缝网络，而停泵压降速率

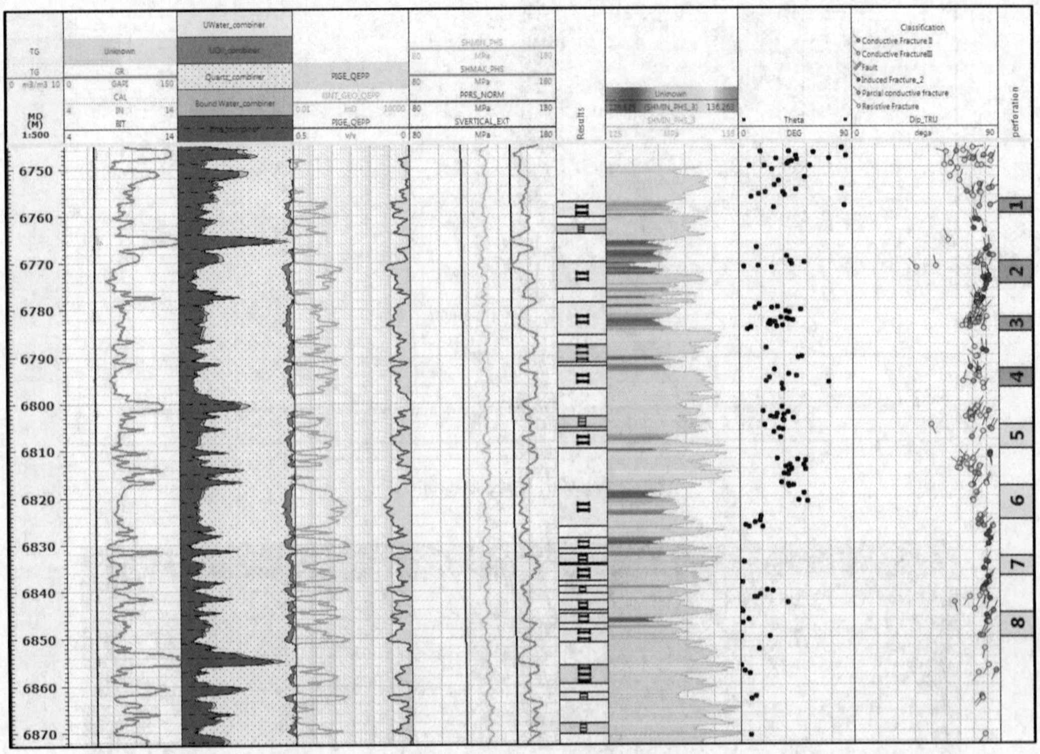

图 3　B102 井裂缝评价成果图

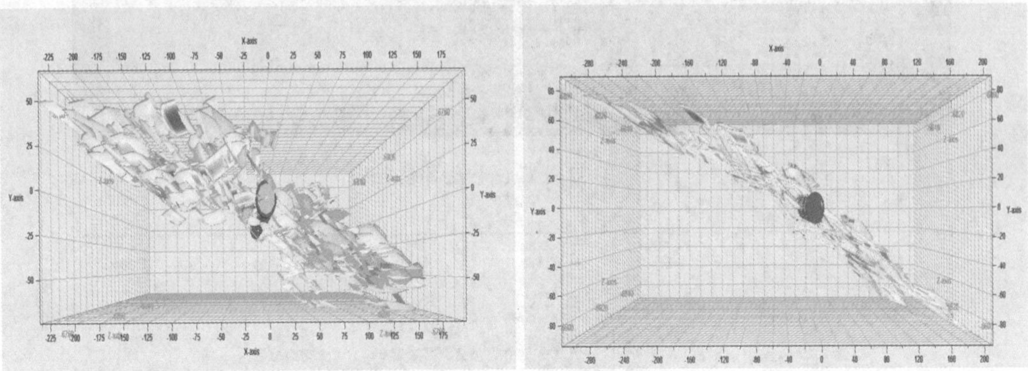

图 4　B102 井压裂模拟成果图

较低，表明基质物性差，通过后续大规模冻胶压裂造长缝增加泄气面积。

4.2　生产跟踪

该井完井试油作业后即转投产，投产前静压 90.82MPa，正式投产采用 7mm 油嘴，油压 82.44MPa，日产气 53.14×10^4 m^3，日产油 23.95t，井口温度 40.4℃以上，井筒无结蜡现象，截至 2019 年 10 月份生产平稳，期间未出现井筒近井口附近蜡质组分析出现象及井筒蜡堵情况发现，累计产气 5.23 亿方，累计产油 1.95 万吨。借助地层测试获取的关键温度、压力及地层流体组分参数，在提产方案制定和优化起到了至关重要的作用，最终使该井获取了良好的油气产量和经济效益。

5　结论

5.1　本文详细阐述了工区超深凝析气藏参数缺失及生产过程中存在的蜡堵问题，并提出采用高级地层测试仪器获取关键参数的解决方法；

5.2　新型地层测试仪获取的地层温度、压力数据及流体组分数据为数值模拟提供了准确的输入参数，确定了稳定生产的关键产能数据，为改造方案制定提供了依据；

5.3　通过模拟的产能目标，优化制定了加砂压裂提产工艺，现场提产效果显著，解决了原有提产方案与气藏特征不匹配的问题，实现了超深凝析气藏高效开发。

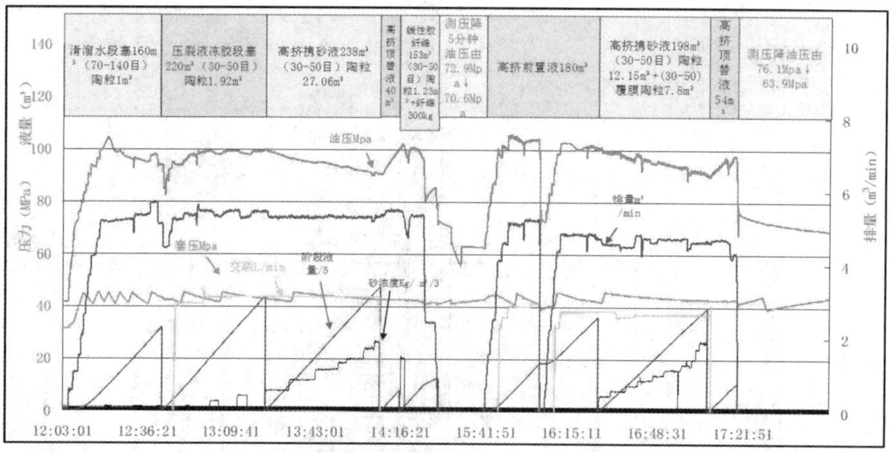

图 5　B102 井压裂施工曲线图

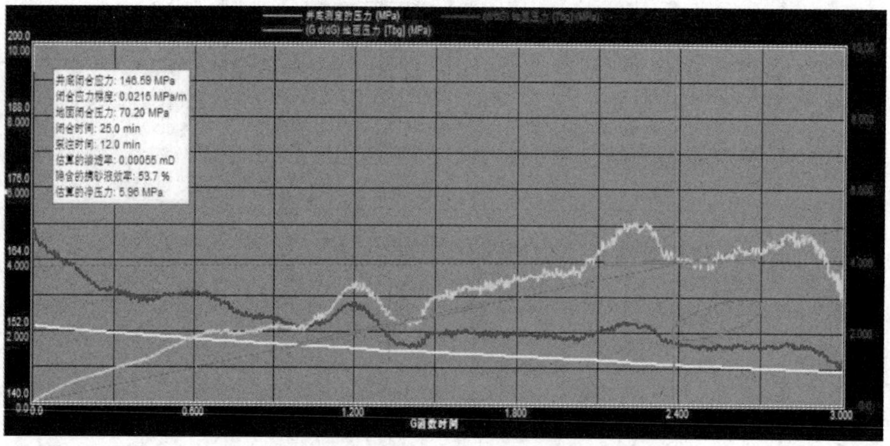

图 6　B102 井 G 函数后评估分析

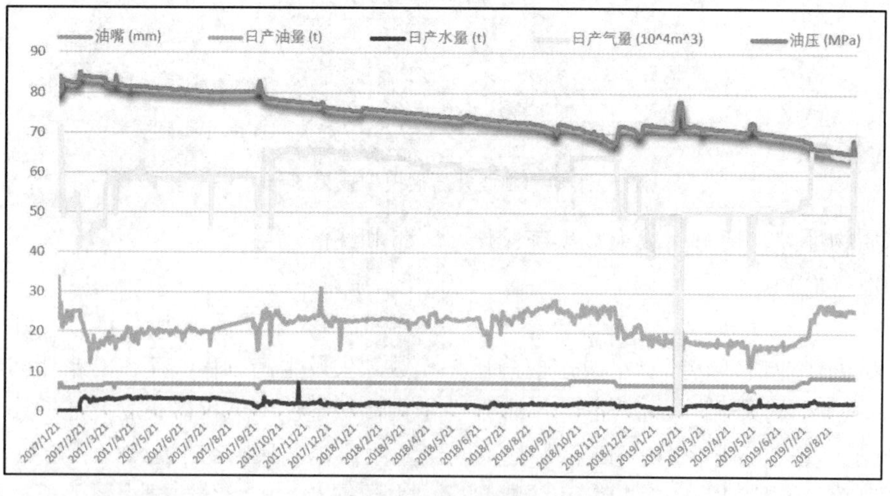

图 7　B102 井生产曲线

参　考　文　献

[1]　江同文，张辉，王海应，等．塔里木盆地克拉 2 气田断裂地质力学活动性对水侵的影响[J]．天然气地球科学，2017，28(11)：1736-1744.

[2]　王凯，王贵文，徐渤，等．克深 2 井区裂缝分类及构造裂缝期次研究[J]．地球物理学进展，2015，30(3)：1251-1256.

[3]　江同文，孙雄伟．库车前陆盆地克深气田超深超高压气藏开发认识与技术对策[J]．天然气工业，2018，38(6)：1-9.

[4]　周鹏，谢亚妮，能源，等．库车坳陷博孜井区巴什

基奇克组暗色纹层及测井响应[J]. 新疆石油地质，2016，37(3)：286-290.

[5] 柳燕丽. 博孜区块高温高压凝析气藏清防蜡剂研究与应用[J]. 天然气技术与经济，2019,，13(4)：40-45.

[6] 江同文，滕学清，杨向同. 塔里木盆地克深8超深超高压裂缝性致密砂岩气藏快速高效建产配套技术[J]. 天然气工业，2016，36(10)：1-9.

[7] 张杨，王振兰，范文同，等. 基于裂缝精细评价和力学活动性分析的储层改造方案优选及其在博孜区块的应用[J]. 中国石油勘探，2017，22(6)：34-45.

[8] 王振彪，孙雄伟，肖香姣. 超深超高压裂缝性致密砂岩气藏高效开发技术-以塔里木盆地克拉苏气田为例[J]. 天然气工业，2018，38(4)：87-95.

[9] 范文同，郑新华，袁仕俊，等. 大北高陡构造地应力测井解释及致密砂岩储层有效性评价[J]. 工程地球物理学报，2014，11(1)：66-70.

[10] 信毅，杨帆，陈伟中，等. 利用声电成像评价致密砂岩储层裂缝的有效性[J]. 工程地球物理学报，2012，9(3)：253-257.

[11] 金衍，张旭东，陈勉. 天然裂缝地层中垂直井水力裂缝起裂压力模型研究[J]. 石油学报，2005，26(6)：113-114.

[12] K. Qiu，J. R. Marsden，J. Alexander，and A. Retnanto，et al. 2006. Practical Approach to Achieve Accuracy in Sanding Prediction. Presented at the 2006 Asia Pacific Oil&Gas Conference and Exhibition held in Adelaide，Australia，11 - 13 September 2006.

[13] Jude O. Amaefule and Mehmet Altunbay. Enhanced Reservoir Description：Using Core and Log Data to Identify Hydraulic (Flow) Units and Predict Permeability in Uncored Intervals/Wells. SPE 26436 (1993) 205-220.

[14] Xiangtong Yang，Yuanwei Pan，Wentong Fan，et al. 2017. Case Study：4D Reservoir Geomechanics Simulation of an HP/HT Naturally Fractured Reservoir. Presented at SPE Kuwait Oil & Gas Show and Conference held in Kuwait City，Kuwait，15-18 October 2017.

塔里木油田超高压气井环空压力安全控制技术

曹立虎[1] 孔嫦娥[1] 马亚琴[1] 胡志宏[2]

(1. 中国石油塔里木油田公司油气工程研究院；
2. 中国石油塔里木油田公司塔里木油田克拉油气开发部)

摘 要 塔里木油田库车前陆盆地超深、超高温、超高压工况与苛刻的腐蚀环境，对气井完整性带来极大挑战，安全生产风险高，要实现类似超高压气田群的效益开发，关键是解决超高压环空压力安全控制难题。为此，建立了以“两级井屏障等强度设计、环空压力动态窗口控制和压力分级管控”为核心的环空压力安全控制技术，目前已在塔里木推广应用，超高压环空压力安全控制技术能实现超高压气井精细管控，有效保障了高压气井的长期安全生产。

关键词 三超气井；等强度设计；环空压力控制；分级管控；现场应用

1 引言

塔里木油田库车前陆盆地复杂的地质条件(超深8098m、超高温189℃、超高压143MPa)、极端的工况(70%井需要大规模改造，改造时井口泵压达到140MPa)和苛刻腐蚀环境[1](经历鲜酸、残酸、凝析水、地层水交替腐蚀，氯根含量超80000mg/L，CO_2分压超1MPa)对气井完整性带来极大挑战[2-3]，环空异常带压问题严峻、安全生产风险高。要实现类似库车前陆盆地超高压气田群的勘探突破和效益开发，关键是解决超高压环空压力安全控制难题。通过现场调研超高压气井油管泄漏情况，发现以往超高压气井两级屏障逐级递减的设计方法和压力管控措施难以适应精细安全管控要求。为此，建立了以“两级井屏障等强度设计、环空压力动态窗口控制和压力分级管控”为核心的环空压力安全控制技术[4]，实现超高压气井精细管控。一旦确定环空异常带压，查找泄漏通道，进行井筒风险评估，根据评估结果，将超高压气井分为“红、橙、黄、绿”四个等级，采取不同处理措施，确保超高压气井安全受控。基于塔里木油田超高压环空压力安全控制技术，对库车前陆盆地172口超高压气井进行精细管控，确保了库车前陆盆地200亿方超高压气田群的效益开发和安全生产。

2 环空压力安全控制的挑战

超高压的储层即使“利”有是“弊”，虽然能确保气井高产稳产，但井筒超高压安全管控难度极大，同时气井生产过程中伴随强酸、CO_2、地层水、凝析水等腐蚀流体，恶劣环境下的油套管出现油套环空异常带压问题突出，安全生产风险极高。

在开关过程中压力和产量变化(开关井、调产)、改造过程中泵压、排量等施工参数的变化都在井筒内产生压力波动即水锤现象。水锤效应会导致井筒内液体压力迅速变化，瞬间可以产生数十兆帕的压力波动，进而影响井下管柱安全性、封隔器的密封性，严重时能够造成油管断裂。在生产过程中，地层出砂导致油管通道堵塞，会造成该井内外压差超过该油管抗挤强度会发生油管挤毁和脱扣。

环空压力过高严重威胁气井管柱的安全性和井筒完整性，目前尚未形成有效的技术措施来彻底根除环空带压的问题，现有的环空压力治理措施如大修和化学堵漏等措施存在成本高、效果差和作业难度大的问题，频繁的补压、放压作业会增加了气井的管理难度和生产成本，因此环空带压问题最主要的应对措施是将其控制在安全范围内，从而延长高压气井的安全开发周期。

3 环空压力安全控制技术体系

3.1 基于等强度设计的环空双承压技术

塔里木油田库车山前以往主要使用抗内压强度为90MPa和105MPa的生产套管，对于常规气井能够满足生产需求。但是对于塔里木油田超高压气井而言，二级井屏障(套管头和生产套管)低于一级井屏障(油管)的强度，油管一旦发生泄漏，必须立刻进行压井，没有预留足够的时间和空间恢复一级井屏障。第一井屏障安全失效风险高，一旦第一井屏障失效，以生产套管为主要组成部分的第二井屏障就必须承担起防止地层流体无控制泄漏的问题，而未考虑等强度设计的生产套管无法满足该要求，且生产套管的套管头为橡胶密封，在地层含腐蚀介质的气体长时间接触条件下，已发生橡胶老化、失效等问题。若采用抗内压强度为 90MPa 和 105MPa 的生产套管，无法保证气藏长期安全，后续修井作业风险也非常高，甚至易导致恶性井喷事故的发生。常规的抗内压强度为 90MPa 和 105MPa 的生产套管已不能满足塔里木油田超高压气井完井的要求。

为解决二级井屏障低于一级井屏障的强度难题，旨在基于等强度设计的高性能套管（见图 1）和井口装备研发，实现井筒承压“双保险”，井筒一级屏障一旦失效，二级屏障仍可承受井筒高压，为一级屏障恢复提供充足时间。具体体现在以下面两个方面：一是提出了油管柱、生产套管和套管头等强度设计理念，通过优化扭矩台肩受力状态和调整密封面位置，研发了小接箍、抗内压 140MPa 生产套管，在原有井身结构中，既保证了环空间隙，又提升了套管柱的整体强度（通过设计密封面，接箍有效壁厚增加，让高压气不能直接作用于小接箍的最薄弱截面）；二是设计了用于芯轴式悬挂器的易取放金属密封环，研制了 140MPa 套管头，弥补了原金属密封处于芯轴式悬挂器下方可能损坏的不足。

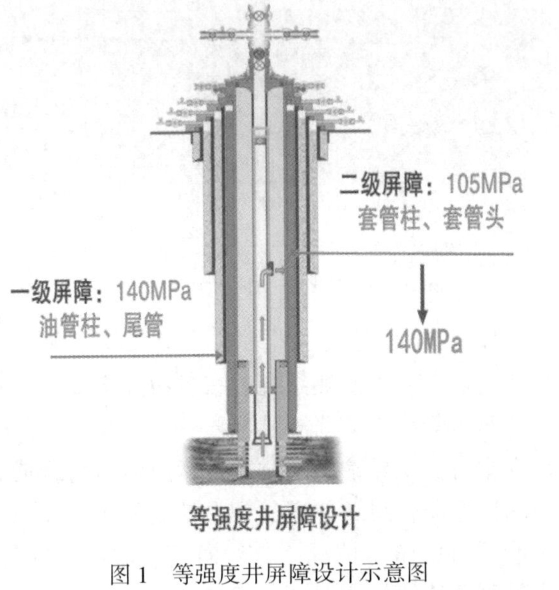

图 1　等强度井屏障设计示意图

3.2　环空控制压力动态窗口计算方法

环空压力变化情况是反映高压气井屏障是否存在的关键，高压气井生产过程中由于热效应、人为施加压力等因素不可避免会出现环空带压，如何确定合理的环空压力控制范围是高压气井管理需解决的关键问题。API RP90 关于环空许可压力的确定方法只能确定最大值，该方法主要是用来指导海上油气井环空压力管理，基于经验参数来确定环空压力许可值，与具体的井的油套管强度、压力、温度、产量、井深等参数无关，确定的 A 环空许可压力为静态值，各级环空未考虑套管头压力级别，不符合高压气井的实际工况。结合塔里木油田高压气井超深、超高压、超高温等特点，以构建环空各组件（套管头、油管柱、生产套管、封隔器）的安全性评价为基础，结合单井实际工况形成了高压高温气井环空压力控制范围确定方法。

（1）改造工况

高压气井改造过程中，安全控制至关重要。一旦失控，将造成作业失败甚至灾难性后果。为了确保作业安全，通常需要对油套环空进行补压，合理的油套环空压力值对改造作业安全性至关重要[5-6]。

为有效指导高压气井的改造施工，从构成油套环空的装置（组件）分析，以油管头、生产套管、油管柱强度校核和封隔器工作压差校核为基础，创新发明了一种高压油气井改造过程中油套环空补压范围的获取方法，依据该方法可以计算出不同油压值对应油套环空压力控制范围并形成图版（图 2），能科学、全面、准确地解决高压气井改造施工过程中油套环空许可工作压力确定的难题，非常方便现场操作，有效避免大规模改造造成的油管失效问题。

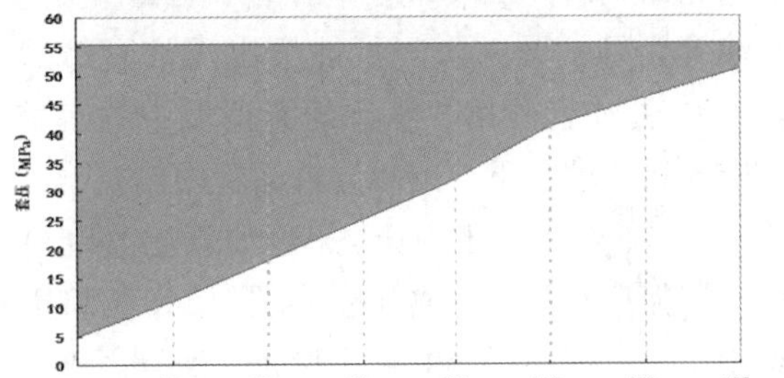

图 2　改造过程中油套环空补压值与施工泵压的关系曲线

（2）生产工况（开、关井、生产阶段）

在超高压气井投产前，根据 API RP90 和 NORSOK D010 标准，为突破国际标准对环空压力单点控制的做法[7-8]，发明了环空许可压力动态窗口计算方法，使环空允许压力值由单点控制变成范围控制，取值更合理、更安全性、可靠性

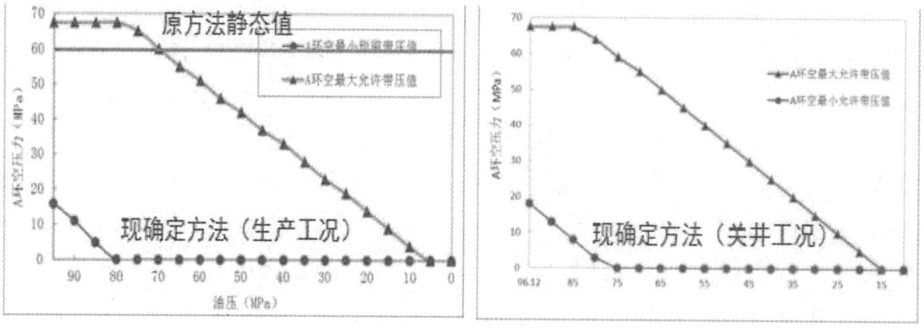

图3 某井开井及关井状态下允许环空压力范围

更强，能有效地提高现场可操作性和指导性。以A环空为例，通过对油管头、生产套管、油管进行校核以及对封隔器进行工作压差校核，取其中最小的压力值作为A环空最大许可压力值。通过正常生产和关井两种工况下油套管内外压差来确定A环空最小预留带压值，形成如图3所示的环空压力动态窗口。A环空最大允许压力由单点变成范围控制，降低现场操作难度。

若出现某个井屏障部件发生退化或失效、某环空发生持续带压等井完整性状况变化，则需对井完整性风险进行重新评估，但目前没有屏障失效模式下的计算方法，提出了需要考虑失效模式下的环空控制压力。在参考国外标准（API RP 90、API RP 90-2、ISO 16530-2）[9-12]的基础上，结合屏障正常情况下计算方法，以构成环空井屏障部件为基础，按照压力突破方向（油管柱渗漏、油套窜通、环空连通），评价井屏障部件能否有效阻挡油气或者压力的泄露，创新建立了屏障失效模式下的环空压力控制值。

克深气田高压气井防砂措施未配套，出砂加剧油管腐蚀，开井瞬间可能会出现油管挤毁现象，X1井油管砂堵3年，静置环境中的自催化效应导致点蚀严重；出砂导致油管内堵塞，油管内外压差（外压大于内压）超过油管已经降低的抗外挤强度（应力腐蚀开裂），进而发生挤毁后脱扣。2014年6月X1开井瞬间，油管内外压差超过油管抗外挤强度，加上瞬时冲击作用导致油管发生挤毁（图4、图5）。高压低渗气田的油管堵塞井存在放喷时挤毁油管的风险，环空压力推荐做法中明确了放喷时不同A环空带压值下的最小预留油压值，指导现场环空压力管理，能避免放喷等作业挤毁油管。

3.3 高压气井五位一体分级管控模式

投产前对各级环空均安装RTU远程控制系统，保证24小时实时监控，配套具备预警提示功能的环空压力监测系统，在各级环空安装连接紧急泄压管线或诊断测试泄压管线的接口，以便环空压力出现异常时及时安装紧急泄压管线或诊断测试泄压管线，并通过针阀控制放压，详细记录泄压前后压力情况、持续时间、放出流体等，为风险评估提供依据。一旦超过环空允许压力管控图版范围，立即开展环空诊断分析。

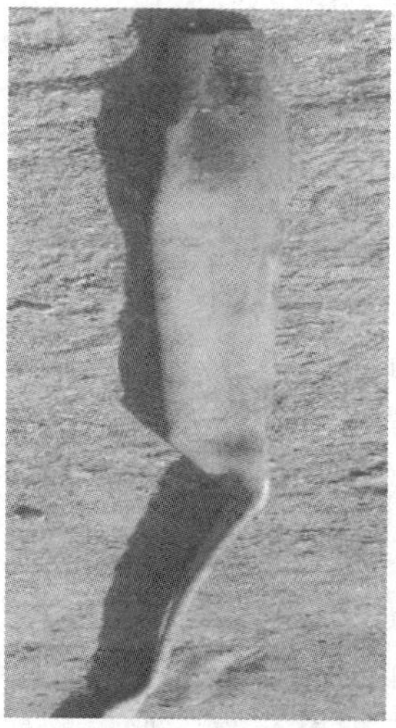

图4 油管挤毁照片

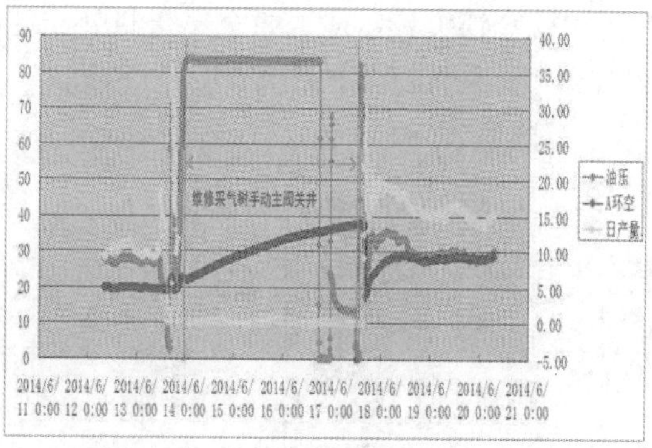

图5 X1井开井瞬间产量压力曲线

一旦确定环空异常带压，按照构建井屏障失效风险评估模型（图6）开展井完整性失效风险评估[13-17]，评估基本流程如下：

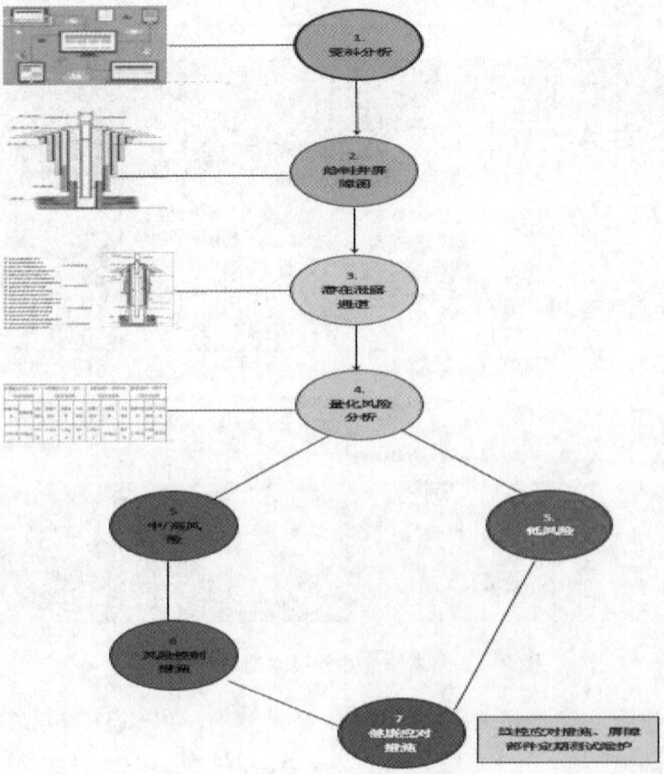

图 6　井完整性定量风险评估流程

① 分析环空压力监测资料和井完整性测试诊断资料，重新绘制井屏障图；

② 绘制潜在泄漏通道图，结合进一步的诊断分析，判断异常压力来源；

③ 建立风险分析所使用的风险矩阵和可接受准则，确保分析的一致性，并提供决策依据。风险矩阵应至少考虑安全风险、环境风险和经济风险，并对失效可能性和失效后果进行定性和量化描述，以确保定性和定量分析的需要；

④ 根据矩阵图确定气井风险等级。

以 K2 井为例，该井发生环空压力异常后，结合相关生产数据分析得出该井油套环空窜通、第一井屏障已失效且 B 环空和 C 环空存在一定的连通性的结论。根据该井的井屏障现状，对设计状态、目前井屏障退化状态及开井和关井状态下的井完整性风险进行定量评估，通过故障树分析（FTA）和对井泄漏后果的加权计算后，得出定量风险结果（表 1）和风险评估矩阵（图 7）。

表 1　K2 井风险定量分析结果

井屏障完好状态（设计）风险评估结果			井屏障现状状态（现状）风险评估结果			敏感性案例-保持关井风险评估结果			敏感性案例-保持开井风险评估结果		
泄漏可能性	泄漏速率	风险等级	泄漏可能性	泄漏速率	风险等级	泄漏可能性	泄漏速率	风险等级	泄漏可能性	泄漏速率	风险等级
3.87E-04	4.65kg/s	中风险	1.51E-02	5.10kg/s	高风险	1.33E-02	4.63kg/s	高风险	2.70E-02	4.63kg/s	高风险

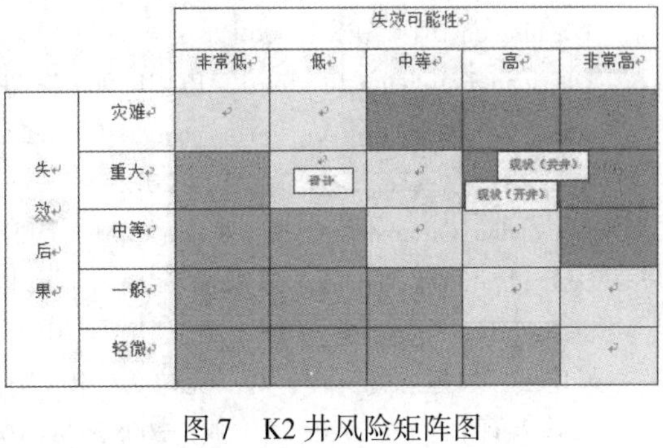

图 7　K2 井风险矩阵图

根据通过井屏障完整性分析及风险评估结果，将超高压气井分为“红、橙、黄、绿”四个等级（图 8），采取不同处理措施，确保超高压气井安全受控，避免一旦异常就修井的情况。针对中高风险井（橙色、红色井）的第一井屏障受损或失效，通过分析井筒存在的具体问题，依托等强度的第二井屏障，开展第一井屏障恢复作业。高温高压气井井屏障恢复作业技术难度高、井控

类别	分级原则	措施	管理原则
红色	第一屏障失效，第二屏障受损（或失效），风险评估确认为高风险；或已经发生泄漏至地面。	红色井确定后，必须立即治理，业务管理部门应立即组织治理方案编制，生产单位立即采取应急预案，实施风险削减措施，防控风险；组织实施治理方案。	油田公司领导批准治理方案，业务管理部门组织协调，生产部门组织实施。
橙色	第一屏障受损（或失效）、第二屏障完好，风险评估后，确认为中风险；或第一屏障受损（或失效）、第二屏障受损，但经过风险评估后，确认为中风险。	首先制定应急预案，根据情况进行监控生产或采取风险削减措施，少调产，尽量减少对环空实施泄压或补压；严密跟踪生产动态，发现问题及时分析评估并采取相应措施。	业务管理部门组织技术支撑单位和生产部门共同制定监控措施；生产单位负责监控生产，发生重大变化，上报业务管理部门，并组织技术支撑单位分析变化原因及影响，提出处置
黄色	第一屏障完好，第二屏障受损，经过风险评估后，确认为低风险；或第一屏障受损，第二屏障完好，经风险评估后，确认为低风险	采取维护或风险削减措施，保持稳定生产，严密监控各环空压力的变化情况；尽量减少对环空采取泄压或补压措施。	由生产单位自行监控生产，若发生重大变化，上报业务管理部门，并组织技术支撑单位分析变化原因及影响，提出处置意见。
绿色	第一及第二屏障均处于完好状态。	正常监控和维护。	由生产单位自行监控生产，若发生重大变化，上报业务管理部门，并组织技术支撑单位分析变化原因及影响，提出处置意见。

图 8　高温高压气井分级原则及响应措施

风险大，塔里木油田通过配套完善相关工艺，实现了经济高效地恢复井屏障。

4　应用效果

基于塔里木油田超高压环空压力安全控制技术，对库车前陆盆地 172 口超高压气井进行精细管控，新井 1 年内油套环空带压比例由 40%降低 0%，整体环空异常带压井从 29.4%降至 19.7%，确保了库车前陆盆地 200 亿方超高压气田群的效益开发和安全生产，持续向中国供气超 2000 亿方。

经过多年的持续攻关建立中国首部超高压气井安全管控指南、设计准则和管理规范，完善了世界高温高压井筒完整性标准体系，提升了油气田高温高压井筒管理管理、设计和操作水平。同时，随着全球油气资源勘探开发朝着超深超高压领域进军，且对天然气的需求不断增加，本技术具有价高的推广前景。

参 考 文 献

[1]　杨向同，肖伟伟，刘洪涛，等．甲酸盐对套管/油管腐蚀速率评价方法与影响因素[J]．钻井液与完井液，2016，33(06)：51-57.

[2]　Zhang，F.，Yang，X.，Peng，J.．Well integrity technical practice of ultra deep ultrahigh pressure well in Tarim Oilfield[C]．IIPTC 17126，2013.

[3]　Mainguy，M.，Innes，R.．Explaining sustained A-annulus pressure in Major North Sea high-pressure/high-temperature fields[J]．SPE Drilling and Completion，2019，34(01)：71-80.

[4]　Liu，H.，Cao，L.，Xie，J.，et al. Research and practice of full life cycle well integrity in HTHP well，Tarim Oilfield[C]．IPTC 19403，2019.

[5]　杨向同，沈新普，王克林，等．完井作业油管柱失效的力学机理—以塔里木盆地某高温高压井为例[J]．天然气工业，2018，38(7)：86-92.

[6]　曹立虎，刘洪涛，张雪松，等．高压注入工况下井完整性评价与应用[J]．石油管材与仪器，2018，4(1：55-58.

[7]　丁亮亮，杨向同，张红，等．高压气井环空压力管理图版设计与应用[J]．天然气工业，2017，37(1)：83-88.

[8]　黎丽丽，彭建云，张宝，等．高压气井环空压力许可值确定方法及其应用[J]．天然气工业，2013，33(1)：101-104.

[9]　International Organization for Standardization. ISO/TS 16530-2-2014 Well integrity—Part 2：Well integrity for the operational phase[S]．Geneva：ISO，2014.

[10]　American Petroleum Institute. API RP 90 Annular casing pressure management for offshore wells[S]．Washington DC：API，2006.

[11]　American Petroleum Institute. API RP 90-2-2016 Annular casing pressure management for onshore wells[S]．Washington DC：API，2012.

[12]　Norwegian Oil and Gas Association (prior OLF)．OLF 117-2011 Recommended guidelines for well integrity[S]．Stavanger：OLF，2011.

[13]　彭建云，周理志，阮洋，等．克拉 2 气田高压气井风险评估[J]．天然气工业，2008，28(10)：

110-112.
[14] 石榆帆，张智，肖太平，等. 气井环空带压安全状况评价方法研究[J]. 重庆科技学院学报(自然科学版)，2012，14(1)：97-99.
[15] 曾努，曾有信，廖伟伟，等. 克深区块高温超高压气井环空压力异常风险评估[J]. 天然气技术与经济，2017，11(1)：21-23.
[16] 张智，顾南，杨辉，等. 高含硫高产气井环空带压安全评价研究[J]. 钻采工艺，2011，34(1)：42-44.
[17] 郑有成，张果，游晓波，等. 油气井完整性与完整性管理[J]. 钻采工艺，2008，31(5)：6-9.

复杂油气层测井技术及对策措施

白松涛　余春昊　成志刚　李戈理

（中国石油集团测井有限公司）

摘　要　随着油气勘探不断深入，地质对象越来越复杂，资源品质越来越低，工程作业要求越来越高，“测量难、评价难”成为测井面临的突出问题。自中国石油测井专业化重组两年来，围绕油气勘探开发对测井的技术需求，测井技术在原有基础上有了更快的发展，基本形成中国石油测井成套装备CPLog，CPLog探井测井系统包含“阵列感应、微电阻率成像、阵列侧向、阵列声波、超声成像、核磁共振、地层元素”系列仪器。这些成像成像测井仪器的设计均在不同程度上考虑了地层的非均质性，对非均质油气藏具有较强的适应能力，特别适合于提供裂缝、孔洞、薄互层等非均质信息，并在研究地质构造、沉积环境等方面具有常规测井不可比拟的优越性。通过以油气藏为工作对象、以油气含量为中心、以单井产量为目标、以成像测井为保障，不断提升复杂油气层发现能力，近两年来在深层、低孔低渗、复杂岩性及非常规油气风险勘探中发挥了重要作用。

关键词　测井；复杂油气层；成像；深层；低孔低渗；非常规油气；复杂岩性

1　前言

随着油气勘探不断深入，地质对象越来越复杂，资源品质越来越低，工程作业要求越来越高，“测量难、评价难”成为测井面临的突出问题。由于地下油气分布具有复杂性和不确定性，利用测井资料分析评价油气层具有一定间接性，需要相当复杂“破译”过程，自1927年斯伦贝谢兄弟发现测井曲线，便步入定性识别地层时代，1941年阿尔奇[1]建立了阿尔奇饱和度计算公式，将测井带入定量解释阶段，1969年法国o塞拉[2]总结出测井地质解释相关观点，指出测井解释的重点是确定测井信息和地质信息的映射，60年代，大庆油田[3]提出岩性、物性、含油性、电性的“四性”关系分析作为测井解释的基本内容，以Hingle交会图[4]为代表的一批图版逐步将定性、定量解释的标准可视化，90年代，通过国家“七五”油藏描述技术重点科研攻关[5]，国内形成了测井资料沉积相、沉积环境；井震结合；储层预测、储层参数研究与解释方法及油藏描述计算机技术等多个关键技术，2000年以来，我国成像测井技术的飞速发展，形成了一批复杂及非常规储层中找油找气的技术利器，通过阵列化手段描述地层的非均质性、发现油气的隐蔽性，形成了以复杂因素的低电阻率油气层评价、“七性及三品质”致密油气评价[6-9]、“煤层气系统”测井解释[10]等为代表的解释评价技术系列，利用定性及定量手段有效支持油田勘探及开发。

目前，常规砂岩储层、非均质复杂储层、“三低”储层等领域形成了一批关键解释评价技术，基本满足油田现场问题，但随着国内油气田勘探和开发程度的进一步加大，所面临储集层的岩性变得更加复杂，地质对象日益复杂化、测井解释日益精细化，如复杂砂砾岩储层、深层火成岩储层、深层变质岩储层、混积岩储层、页岩油气等，这些地层的油气如何更精准测量，区域甜点及层段蜜点的位置在哪里，都需要测井给予精细、精准、精确的解答。

常规测井测量信息较单一，难以满足目前复杂油气层高精度评价的要求，而以成像测井为代表的高端测井技术，具有多方法、阵列化、全方位、多尺度、高精度、宽范围、高分辨率等优势[11-15]，能够大幅提高油气发现率和油气层识别准确率。本文通过梳理近年来复杂油气测井面临的“深、低、非、复杂”问题，给出相应的技术对策，并介绍了国产成像采集技术在核磁共振、微电阻率扫描、三维感应、地层元素、远探测阵列声波等装备方面的进展，介绍了以“一量四谱”处理解释为核心的油气分析技术，为近年来我国复杂勘探开发提供保障和支撑。

2　复杂油气测井面临问题与技术对策

2.1　深层、超深层

国际上通常将埋深超过4500米定为深

图 1　四代测井系统

层[16]。我国东、西部地质有差异，工程标准也不同。东部盆地 3500～4500 米为深层，大于 4500 米为超深层；西部盆地 4500～6000 米为深层，大于 6000 米为超深层。此外，深层页岩气的埋深大于 3500 米。国内深井划分，垂深 4500～6000 米为深井，垂深超过 6000 米为超深井，垂深超过 9000 米为特深井。随着勘探开发理论发展及技术进步，向更深、更古老层系寻找油气资源已成为油公司的重要目标，深层、超深层主要面临采集难度大、缝洞评价难度大等问题。

在测井采集难方面，由于深井、超深井井身结构复杂、井液类型多样、井壁环境恶劣、地层高温高压、施工作业时间长，对测井仪器耐高温高压、长工作时间、高通过性等指标要求十分苛刻。主要表现有 5 方面，高温、高压：井底温度压力最高已超过 200℃/170MPa；超长裸眼段：穿越多套压力系统，仪器容易阻卡，安全的风险高；富含硫化氢：分布广、局部富集，腐蚀仪器；井眼尺寸小：一般为 57/8″或 6″，最小井眼仅 41/8″；井控风险大：压力窗口窄、易喷易漏，溢流、井漏多。

针对深层、超深层采集难问题，通过第三代阵列成像系统、第四代扫描成像系统的发展，将传统电路板优化集成为测井芯片，减小尺寸，有效提高性能和质量，改善了稳定性，并研发出适应深井测量的高温高压、小井眼、过钻杆测井系列，有效提升仪器工作时长指标，基本满足超深、复杂井况下的地层参数采集需求。

在深层碳酸盐岩储层评价中，缝洞发育程度是评价的难点和关键，裂缝-孔洞是深层油气的主要储集空间和运移通道，要准确识别储层、计算储量和评估产能，需要从井壁到井旁对缝洞体进行精细识别和评价[17]。采用“微电阻率成像+远探测声波”成像测井组合，利用高精度电阻率图像分析井壁裂缝发育情况，主要是将电成像图通过模型公式转换为孔隙度谱，并根据形态结构分为孔隙型、孔缝型和缝孔型。利用远探测声波测井评价裂缝在井眼周围的空间连通性，直观指示缝洞的延伸程度。

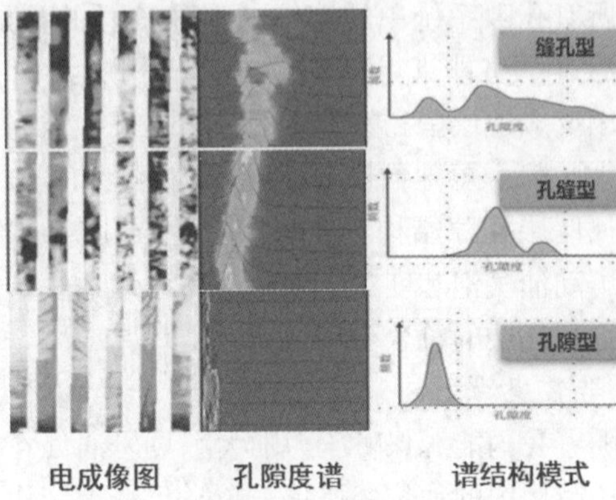

图 2　电成像图、孔隙度谱及谱结构模式

2.2　低孔低渗油气层

由于低渗透储层沉积物矿物成熟度低，具有孔隙度小、粒度及孔隙结构复杂、孔喉半径小、胶结程度高、毛细管压力大、束缚水饱和度高、泥质含量高、流体流动困难、储层损害程度严重等特点[18]，使得对其研究和描述非常困难，在常规测井曲线响应中，低孔低渗地层中的油、气与水之间的信号差异小、对比度低，造成常规方法计算饱和度误差较大，流体识别困难，难以准确评价储层。针对低孔低渗探测及评价问题，采用“三维感应+核磁共振”测井解决评价难题。

三维感应成像测井仪可称为常规阵列感应成像测井的升级版，除提供常规阵列感应仪器所有信息外，还可通过反演技术从三维张量电压矩阵中提取表征地层各向异性的水平电阻率和垂直电阻率、地层倾角、方位角和水平井中的层界面位置等信息，适用于斜井、大斜度井和水平井测

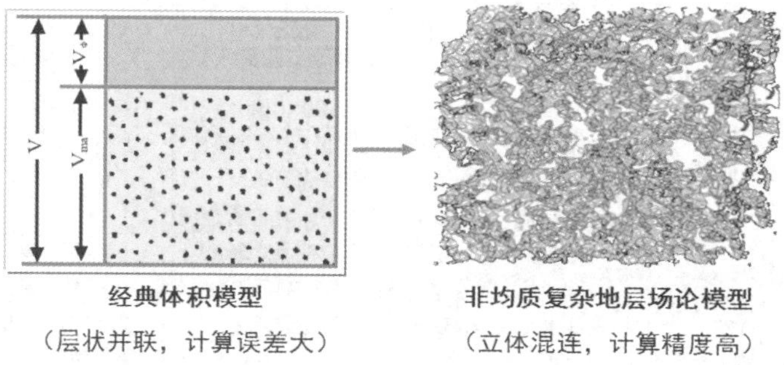

图 3　经典体积模型与非均质复杂地层场论模型

量。能够对层状和薄交互层中的“低阻油层”识别、求准含油饱和度。

核磁共振测井所得核磁共振 T2 分布与压汞法都能很好地反映地层岩石的孔隙结构，两者之间存在着必然的相关性。即由毛管压力曲线可以计算出相应的；根据 T2 分布也可以计算出毛管压力曲线。核 NMR 测井得到的回波信号是由地层中所有孔隙系统中的流体的弛豫信号的叠加，然后通过反演计算得到 T2 分布[19]。所以 T2 分布可以反应地层中孔隙大小的分布，长弛豫时间对应大孔隙，短弛豫对应小孔隙，因此 T2 分布可表征储层孔隙结构。准确评价地层孔隙结构，增大可动油气饱和度对比度，提高可动油气饱和度识别油气层的符合率。

2.3　非常规油气

随着我国能源保障压力加大，页岩油气在我国能源结构中的地位变得越来越举足轻重。作为一种非常规油气资源，页岩油气具有自生自储、矿物成分复杂、发育微米—纳米级孔隙、通常为超低孔渗、吸附气与游离气共存等地质特征[20]，主要表现在 2 个方面：一是源储一体，其赋存与邻近储层或烃源岩密切相关；二是必须采用水平井钻井和体积压裂改造才可获得商业油气流。因此，相对于常规油气测井评价聚焦于储层评价，需要采用“地层元素+阵列声波”测井，对以地层总有机质含量、脆性指数、弹性参数等“三品质”进行综合评估。

地层元素测井通过“剥谱法”可以对元素俘获能谱解谱，得到 O、Si、Al、Fe 等多种元素含量，通过氧闭合模型得到矿物组分，利用岩石矿物组分可计算 TOC 和脆性矿物含量。阵列声波测井测量地层弹性力学参数，综合开展“甜点”识别。

2.4　复杂岩性

混积岩、火山岩、变质岩等岩石矿物成分复

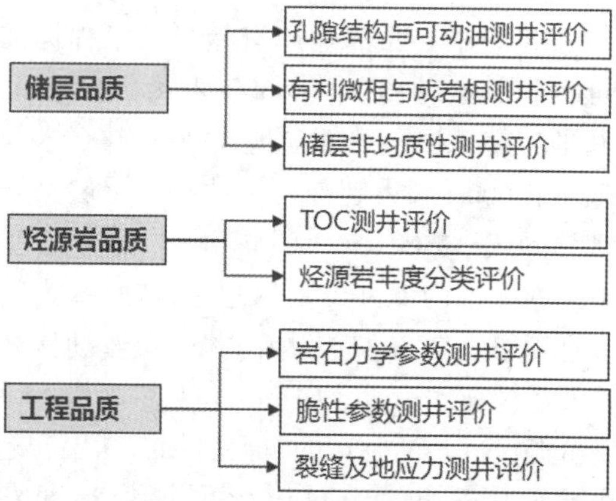

图 4　“三品质”评价技术路线

杂、非均质性强，其中，混积岩的砂、泥、灰各占三分之一[21]，岩性定名和储集层判别难度大（图 12），火山岩命名需考虑岩石结构成因、矿物成分等（图 13），需要开展岩石成分和有效储集空间的精细评价，确定优势岩性岩相。

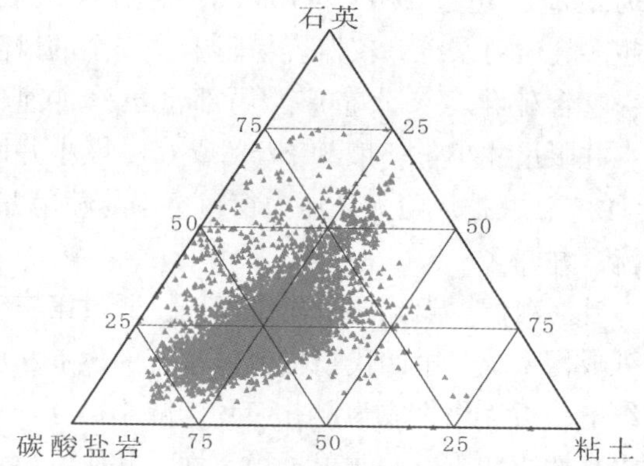

图 5　混积岩三角图

采用“地层元素+微电阻率成像+核磁共振+阵列声波”测井。地层元素精确计算矿物成分，确定岩性；微电阻率成像识别岩石结构；核磁判断孔隙类型、孔隙结构；阵列声波判断裂缝有效性（图 7）。

3　国产成像测井技术进展

中国石油测井专业化重组两年来，围绕油气

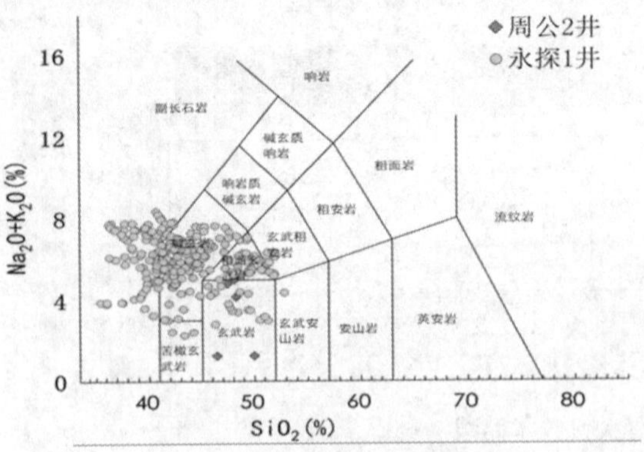

图 6 火山岩 TAS 图

勘探开发对测井的技术需求，测井技术在原有基础上有了更快的发展，已基本形成中国石油测井成套装备 CPLog，包括探井测井系统、快速测井系统、随钻测导系统、取心测试系统、桥塞射孔系统、生产测井系统等六大系统，为油气勘探开发全生命周期提供更精准、更高效、更优质的测井技术服务。CPLog 探井测井系统包含“阵列感应、微电阻率成像、阵列侧向、阵列声波、超声成像、核磁共振、地层元素”系列仪器。

3.1 国产成像采集技术进展

3.1.1 核磁共振成像测井仪

能够提供孔隙度、孔径分布、流体性质等重要地层参数，适用于复杂储层空间类型识别、有效储层评价、油气含量计算等。已形成居中和偏心 2 代产品(图 8、表 1)。

表 1 MRT 主要技术指标

类型	MRT(居中型)	iMRT(偏心型)
井眼范围	150~220mm/180~310mm	≥170mm
测量精度	5%或 1p. u.	
纵向分辨率	61cm	
最小回波间隔	0. 6ms	0. 3ms
泥浆电阻率	≥0. 02Ω · m	不受限制

形成多种振铃抑制降噪、自适应功率发射、自主化观测模式定制及信号处理解释等核心技术，推广应用 22 套，在长庆等油田测井 700 余口，在复杂储层解释评价中显示出独特优势。

3.1.2 微电阻率成像测井仪

能够提供井眼 360°高分辨率图像，识别裂缝、孔洞、薄互层，评价地层各向异性，开展沉积相和构造分析。已形成常温版、高温、小井眼、超高压 4 代产品(表 2)。形成了多道微弱电极信号采样检测、大功率信源与数字化极板、自适应承压密封、六臂分动自适应推靠等 10 余项自主核心技术。

表 2 MCI 微电阻率成像测井仪技术指标

指标	MCI5570 常温	MCI6570 高温	MCI6572 小井眼	MCI6573 超高压
最高耐温(℃)	155	175	175	175
最大耐压(MPa)	100	140	140	170
井眼范围(mm)	150~500	150~500	125~450	150~500
井眼覆盖率	60%(8 寸)	60%(8 寸)	58%(6 寸)	60%(8 寸)
电阻率测量范围(Ω · m)	0. 2~2000	0. 2~5000	0. 2~5000	0. 2~5000
分辨率	5mm			

3.1.3 三维阵列感应成像测井仪

能够准确测量多频多分量原始电导率信息，反演地层水平和垂直电阻率等储层各项异性参数。提高薄互层、斜井和倾斜地层的电阻率测量精度(表 3)。

表 3 三维阵列感应成像测井仪技术指标

指标	3DIT
测量范围	水平(Rh):0. 1Ω · m~1000Ω · m; 垂直(Rv):0. 1Ω · m~400Ω · m
测量精度	水平(Rh):±1mS/m 或<2%; 垂直(Rv):±2. 5mS/m 或<2%
最大探测深度	2. 25m(Rh)/1. 5m(Rv)
纵向分辨率	0. 3m、0. 6m 和 1. 2m(Rh); 0. 6m 和 1. 2m(Rv)
泥浆电阻率	0. 5~10000Ω · m
井眼范围	120~440mm

形成了三维线圈、高集成发射接收一体化、多频发射与微弱信号检测、空间刻度与标定、自适应实时处理与环境校正等多项核心技术，实现地层评价从二维到三维的突破(图 9)。

3.1.4 地层元素测井仪

测量地层中 10 余种元素的含量，定量计算地层矿物成分，是提高复杂岩性、非常规储层解释评价精度的重要技术手段(图 10、表 4)。形成了低漂移高精度全谱采集、高温耐磨热中子屏蔽硼套等核心技术、氧化物闭合模型及元素含量多尺度解谱计算等核心技术。

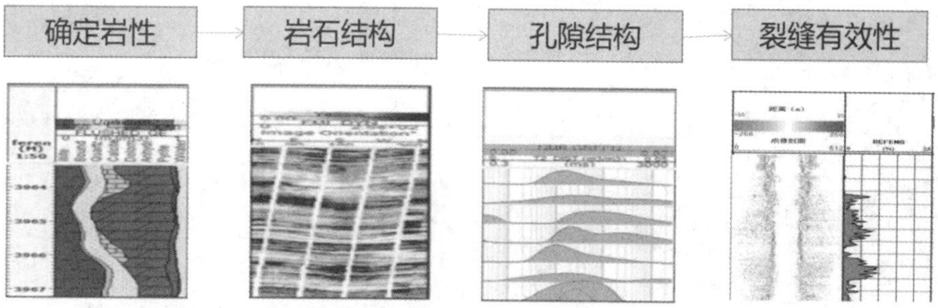

图7 复杂岩性油气层解释关键技术路线

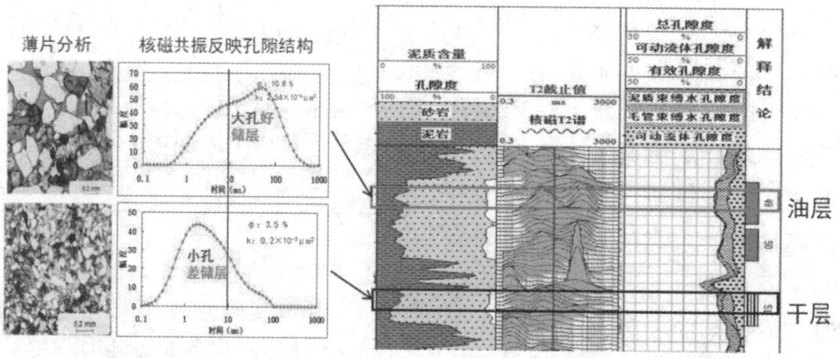

图8 核磁共振成像测井流体识别

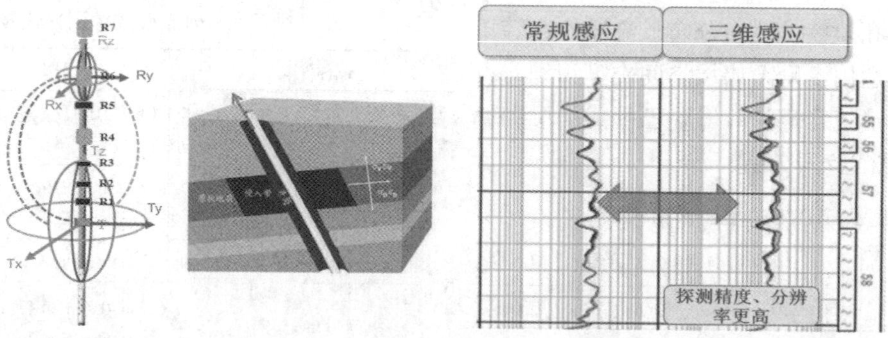

图9 三维感应测井原理及效果图

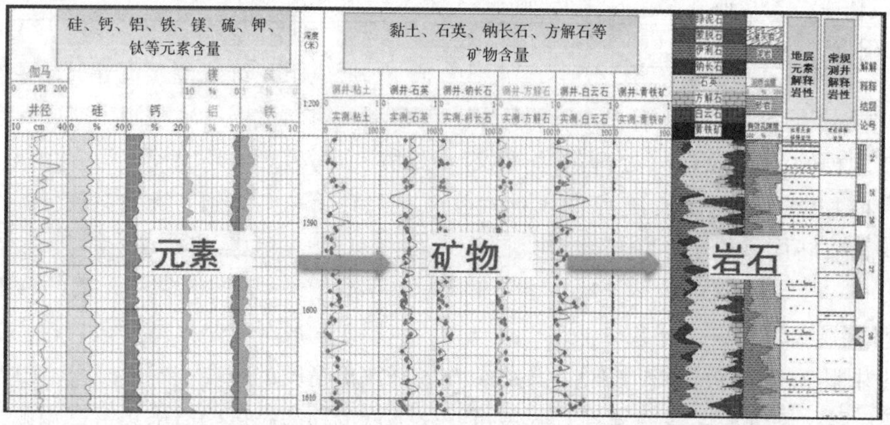

图10 地层元素测井成果实例

表 4 地层元素测井仪主要指标

仪器	FEM
中子源	Am-Be 源(20Ci)
探测器	BGO 晶体
井眼范围/in	6~20
测量范围/MeV	0.6~10
探测深度/cm	25
测量元素	Si、Ca、Fe、S、Ti、Gd、K、Mg、Al、Mn 十种元素
垂直分辨率	50cm

3.1.5 远探测阵列声波测井仪

研发了 MPAL-F(Ⅱ)远探测阵列声波测井仪，形成超长时间采样及实时数据压缩、井下自适应声波信号采集控制、F-K 滤波、K-L 变换成像去噪处理等多项核心技术。在常规声波测量基础上，增加了对井筒周围 10-80 米地层反射成像功能，可对井旁构造进行探测和评价，大幅扩展了测井探测范围(图 11)。仪器长度 8.33m，其主要测量模式包括阵列声波、30 米元探测模式、80 米元探测模式。耐温耐压达到 175℃/140Mpa。

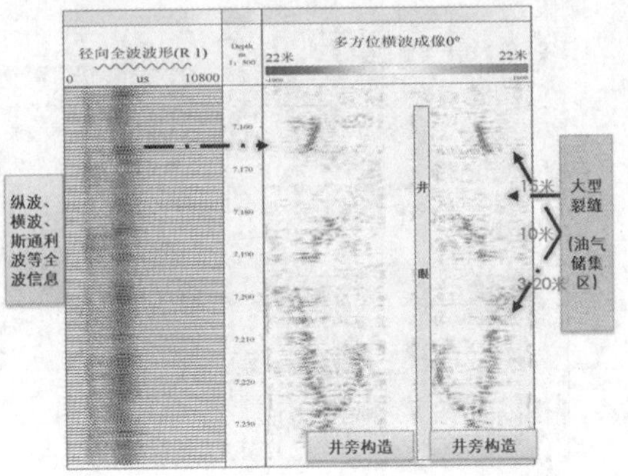

图 11 远探测阵列声波测井成果实例

3.2 处理解释技术进展

针对复杂及非常规油气藏，按照用真电阻率与孔隙结构谱和矿物组分谱确定油气含量的方法原理，将测井技术路线由传统的建立含油性与岩性、物性、电性的“四性”关系，转变为建立油气含量与电阻率谱、声波谱、孔隙结构谱、矿物组分谱的“一量四谱”关系，在井旁测量电阻率谱和声波谱，在井周测量孔隙结构谱和矿物组分谱，通过“四谱”计算井旁油气储量，通过充分挖掘成像测井信息，丰富“四性关系”内涵，构建“四谱”复杂油气层评价体系[22]，多维度、多尺度精细刻画表征地层(图 12)。

矿物组分谱：针对混积岩、火成岩、变质岩等复杂岩性识别难题。利用地层元素测井测量地层中元素含量，计算矿物含量，识别岩性，准确评价孔隙度、TOC 有机碳含量。

孔隙结构谱：针对致密砂岩等储层中的复杂孔隙结构识别难题。通过测量核磁 T_2 谱，判别地层孔径尺寸、孔隙分布信息，定量计算地层渗透性，分析流体赋存状态。

声波谱：针对储集体和流体通道的有效性判识难题。利用阵列声波测井对井旁进行三维空间成像，分析层界面、裂缝和孔洞等有效反射体，识别有效空间，确定产层[23-24]。

电阻率谱：电成像孔隙度谱及视地层水电阻率谱。(带方位的)阵列化的电性曲线集进行的剖面反演及变化，以解决储层评价及流体评价难题。

4 测井保障勘探应用效果

随着成像测井技术的发展，测井仪器的分辨率越来越高，资料品质越来越高，取得的地层参数和工程参数越来越精确，利用这些资料解决地层划分、油气层评价及其勘探开发中的其他地质、工程问题，完成油气层层评价。主要包括单井油气解释和储集层精细描述[26-30]。前者是划分岩性与储集层，确定油、气、水层，并初步估算油气产能；后者是进行岩性分析，计算孔隙度、渗透率、饱和度。近年来通过以油气藏为工作对象、以油气含量为中心、以单井产量为目标、以成像测井为保障，不断提升深层、低孔低渗、非常规和复杂岩性等复杂油气层发现能力。

4.1 深层领域

在深层领域中，常规测井表现为电阻率低(5ohmm)，储层四性关系表征不明显，有效储层难以识别，利用油基泥浆电成像拾取高角度裂缝，计算裂缝角度、充填程度，准确描述裂缝特征，在博孜 x 井的 7600m 深层中发现气层 178m，经测试日产有 167 方，日产气 70.5 万方，有效助力塔里木深层千亿方级大气田发现(图 13)。

4.2 低孔低渗领域

在低孔低渗领域中，利用电成像识别砾岩岩石成分和结构，核磁 T_2 谱几何均值精准计算储层物性参数、评价流体性质，助力沙探 x 井上乌尔禾组低渗砂砾岩油气发现，该井试油获日产 20.22 方，有效助力玛湖低渗砾岩油气藏高效勘探(图 14)。

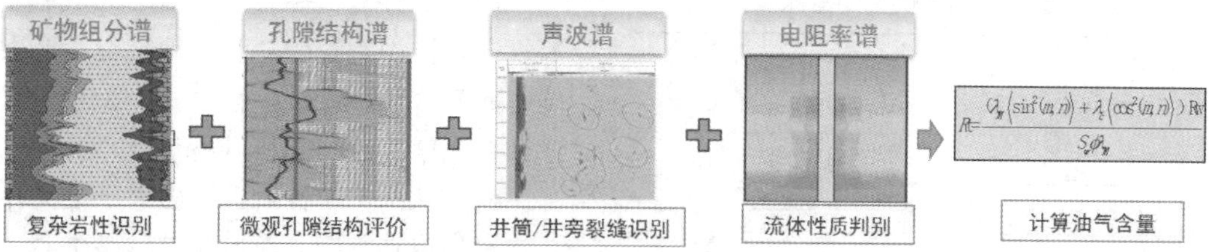

图 12 “四谱”复杂油气层评价体系

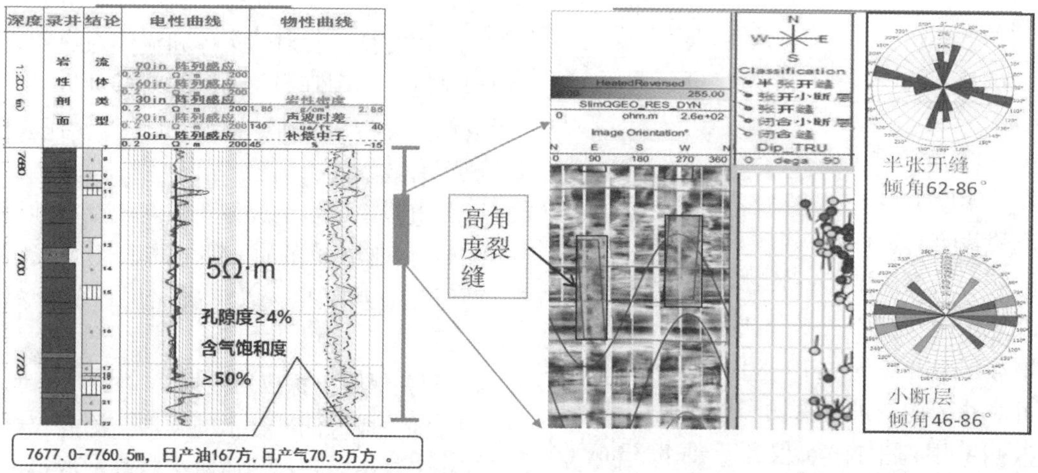

图 13 博孜 x 井测井解释成果图

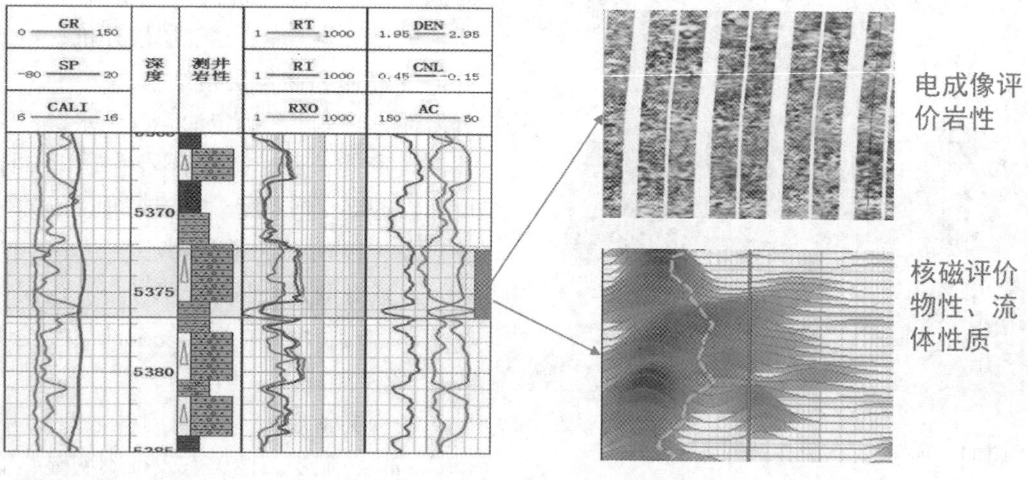

图 14 沙探 x 井测井解释成果图

4.3 非常规领域

在非常规页岩油领域中，以核磁共振评价孔隙结构为核心，精准识别高伽马优质储层，构建基于成像测井的烃源岩、储层、工程力学三类品质十二项参数的定量解释模型，为源内油藏精细识别和工程甜点预测提供依据，通过成像资料解释城页 x 井，目的层段解释岩性以富黏土硅质页岩为主，核磁评价有效孔隙度 5.5%，元素计算 TOC 含量 2.1%，阵列声波脆性指数平均 53%，助力庆城油田精准发现(图 15)。

4.4 复杂岩性领域

通过电成像+核磁共振，精细识别火山岩岩性和结构、划分风化壳结构层带、评价有效孔隙度，解释车探 x 井油气层 106.9 米/14 层，助力新疆油田车排子凸起勘探突破(图 16)。

5 结论

(1) 测井技术是伴随着油气勘探开发工程发展起来的一门高科技学科，它的发展历程从起步的模拟测井时代到先进的成像测井时代。测井技术被广泛应用于油气田勘探与开发全过程，成为油气资源评价和油气藏管理不可缺少的关键技术

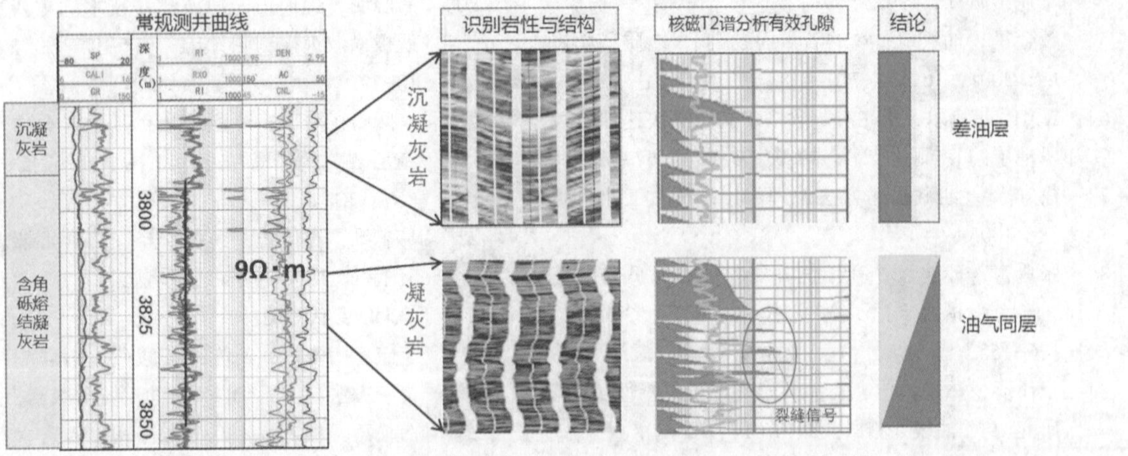

图 15　车探 x 井测井解释成果图

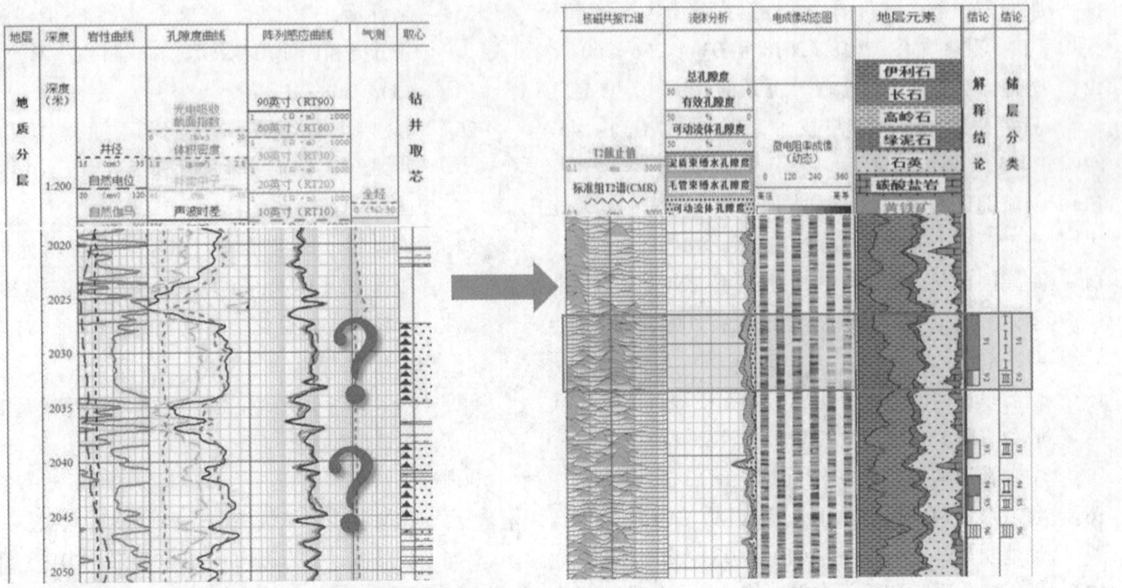

图 16　城页 x 井测井解释成果图

手段。经过十二五、十三五的持续攻关，实现了国内成像测井技术的跨越式发展。

（2）成像测井技术进步和规模应用，是解决复杂油气层评价难题的基础，通过优选成像测井系列，做好测前设计，做好准确评价复杂油气层的前提条件；通过加强采集、处理、解释全过程质量控制，有效保障复杂油气层的准确评价。

（3）测井技术攻关仍需以油气发现和储量评价的需求为导向，不断提升装备水平、加强基础研究、深化评价应用，持续提高复杂地质和井筒问题的服务保障能力，加强成像精细处理与融合，提升处理精度，精准评价低对比度及非常规油气层，强化油藏背景下多井解释能力，有效提升油气解释符合率。

参　考　文　献

［1］　Yakov V，Looyestijn W J，Slijkerman W F J，et al. A practical approach to obtain primary drainage capillary pressure curves from NMR core and log data［J］. Petrophysics，2001，42(4)：334-343.

［2］　何雨丹，毛志强，肖立志，等．利用核磁共振 T_2 分布构造毛管压力曲线的新方法［J］．吉林大学学报：地球科学版，2005，35(2)：177-181.
HeYudan，Mao Zhiqiang，Xiao Lizhi，et al. A New Method to Obtain Capillary Pressure Curve Using NMR T_2 Distribution［J］. Journal of Jiling University（Earth Science Edition），2005，35(2)：177-181.

［3］　Archie G E. The Electrical Resistivity Log as an Aid in Determining SomeReseviour Characteristics，Transaction. AIME. 1942，146：54-62.

［4］　O·塞拉，肖义越．测井资料地质解释［M］．石油

工业出版社，1992.

[5] 戴金星．油气地质学的若干问题[J]．地质科学进展，2001，16(5)：710-718.

[6] W. H. 弗特尔，章兆淇．欣格尔交会法快速评价大段地层[J]．测井技术，1980，04(01)：67-72.

[7] 徐守余．油藏描述方法原理[M]．石油工业出版社，2005.

[8] 张晋言，孙建孟．利用测井资料评价泥页岩油气“五性”指标[J]．测井技术，2012，36(2)：146-153.

[9] 张作清，郑炀，孙建孟．页岩气评价“六性关系”研究[J]．油气井测试，2013(1)：65-70.

[10] 赵良孝，陈明江．论储层评价中的五性关系[J]．天然气工业，2015，35(1)：53-60.

[11] 张晋言．测井评价的“九性”关系及其研究方法[J]．测井技术，2018(2018年03)：256-260.

[12] 孙建孟．基于新“七性”关系的煤层气，页岩气测井评价[J]．测井技术，2013，37(5)：457-465.

[13] 傅诚德．石油科学技术发展对策与思考[M]．北京：石油工业出版社，2010：54-87.

[14] 孙建国．阿尔奇(Archie)公式：提出背景与早期争论[J]．地球物理学进展，2007，22(2)：472-486.

[15] 侯启军，何海清，李建忠，等．中国石油天然气股份有限公司近期油气勘探进展及前景展望[J]．中国石油勘探，2018，23(1)：1-13.

[16] 魏淑燕．薄油层水平井油层对比方法[J]．大庆石油地质与开发，2019(2019年03)：80-86.

[17] 周立宏．老油田效益增储对策——以大港油田为例[J]．中国石油勘探，2018，23(6)：20-28.

[18] 陈元千，齐亚东，傅礼兵，等．井控页岩气可动地质储量和可采储量的评价方法[J]．油气地质与采收率，2018，25(4)：73-78.

[19] 陆大卫．测井分析，测井解释，测井评价，测井应用常用词辨析[J]．测井技术，2018，42(6)：607-611.

[20] 唐晓明，魏周拓．声波测井技术的重要进展——偶极横波远探测测井[J]．应用声学，2012(1)：10-17.

[21] 李闯，杨清山，卢艳，等．基于岩石物理相的水淹层测井解释方法[J]．测井技术，2018(5)：13.

[22] 吴忠维，崔传智，杨勇，等．高含水期大孔道渗流特征及定量描述方法[J]．OIL & GAS GEOLOGY，2018.

[23] 李宁，陶宏根，刘传平．酸性火山岩测井解释理论、方法与应用[M]．石油工业出版社，2009.

[24] 白松涛，程道解，万金彬，等．砂岩岩石核磁共振T2谱定量表征[J]．石油学报，2016，37(3)：382-391，414.

[25] 冯春珍，林伟川，成志刚，et al. 低渗透储层测井分类和产能预测技术[J]．测井技术，2012，36(3)：308-313.

[26] 郝建飞，周灿灿，李霞，等．页岩气地球物理测井评价综述[J]．地球物理学进展，2012，27(4)：1624-1632.

[27] 董经利．多极子阵列声波测井资料处理及应用[J]．测井技术，2009，33(02)：115-119.

[28] 李剑浩．均质化地层电磁场论[M]．石油工业出版社，2015.

[29] 郭荣坤，王贵文．测井地质学[M]．石油大学出版社，2000.

[30] 王清辉，冯进，管耀，et al. 基于动态资料的低孔低渗砂岩储层渗透率测井评价方法——以陆丰凹陷古近系为例[J]．石油学报，2019，40(s1).

[31] 韩强，屈展，叶正寅．基于多尺度均匀化理论的页岩强度表征[J]．石油学报，2019，40(07)：858-865.

[32] 李潮流，胡法龙，袁超，李霞，李长喜，刘学锋．利用核磁共振与常规测井联合反演确定致密储层多矿物组分[J]．石油学报，2018，39(09)：1019-1027.

深层页岩储层改造认识与现场实践

蒋成白　李　强

（中国石化江汉石油工程有限公司）

摘　要　随着四川盆地页岩气的大规模开发，勘探开发工作也由中浅层逐渐向深层页岩（埋深超过3500m）拓展，储层埋深增加，岩石压实程度增强，裂缝起裂需更高能量，岩石脆性指数降低，塑性增强，裂缝延伸受限，缝宽变窄，高强度加砂受限，裂缝导流能力降低，深层页岩水平应力差值增大，不利于复杂缝网形成。为此，通过对深层页岩取芯研究，提出了多尺度造缝和全尺度裂缝充填等相关改造工艺，尽可能提高裂缝复杂度。在威远某区块进行试验，获得 $6.5\times10^4m^3/d$ 的初始产量，实现了该地区产能突破，对深层页岩开发具有重要的指导意义。

关键词　深层页岩；取芯；射孔；支撑剂；现场应用

国内页岩气已进入大规模开发阶段，如涪陵焦石坝区块已完成一期和二期产能建设，生产区块逐渐向外围深层页岩开发，使用中浅层压裂改造工艺对深层页岩改造，出现施工排量低、压力高、加砂困难等施工难点，压后产量低、递减快。为此，中浅层页岩成熟压裂工艺无法继续在深层页岩应用，本文通过对深层页岩取芯研究，在充分认识深层页岩储层的基础上，提出了适合于深层页岩改造的压裂工艺。

1　深层页岩取芯研究

1.1　岩芯裂缝发育特征

对同一层位深层与中浅层页岩取芯对比，深层页岩裂缝数量明显少于中浅层，⑤小层天然裂缝数量由14条↘2条，④小层天然裂缝数量由18条↘6条（见图1）。埋深增加，层理发育密度和天然裂缝数量明显降低，岩石压实程度增强，不利于复杂缝网的形成。

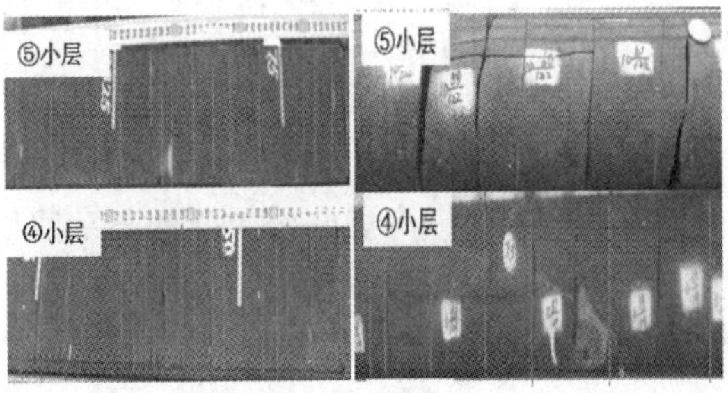

图1　深层页岩与中浅层页岩岩芯裂缝数量对比

1.2　残余应力试验

对深层岩芯不同围压下岩石残余应力试验发现（见图2），围压增加，各小层弹性模量和泊松比呈非线性变化，压后峰值增大。同一层位深层页岩与中浅层页岩的破坏强度对比发现，破坏峰值强度由75MPa↗160MPa，使其趋于岩石本体值，岩石破坏和起裂需要更高的能量。

1.3　三轴力学试验

岩芯三轴力学实验结果表明（见图3），围压增加，岩石脆性指数降低，塑性增强，剪切滑移面由粗糙变为光滑，裂缝导流能力降低，压后稳产能力降低。

1.4　数模试验

数模结果显示（见图4），围压增大，深层页岩缝长和缝宽明显小于中浅层页岩，储层改造体积减小。

通过深层页岩取芯试验，发现深层页岩具有天然裂缝数量少，诱导能力降低，裂缝起裂需要更高能量，脆性指数降低，塑性增强，裂缝延伸受限，缝宽变窄，高强度加砂困难，裂缝导流能力低等压裂改造难点。为此，针对深层页岩特征，提出了通过优化段簇设计、压裂液体系、泵注参数等，以实现多尺度造缝和裂缝高效支撑为核心的储层改造思路。

2　多尺度造缝技术

2.1　变黏压裂液技术

针对深层页岩天然裂缝欠发育的特征，提出以高黏滑溜水造主缝和延伸主缝，低黏滑溜水沟通天然裂缝，利用不同黏度压裂液组合形成不同尺度的多级裂缝系统，达到提高改造体积目的。

深层页岩压裂使用乳液型减阻剂，在线配液，通过改变减阻剂注入排量，实现压裂液黏度

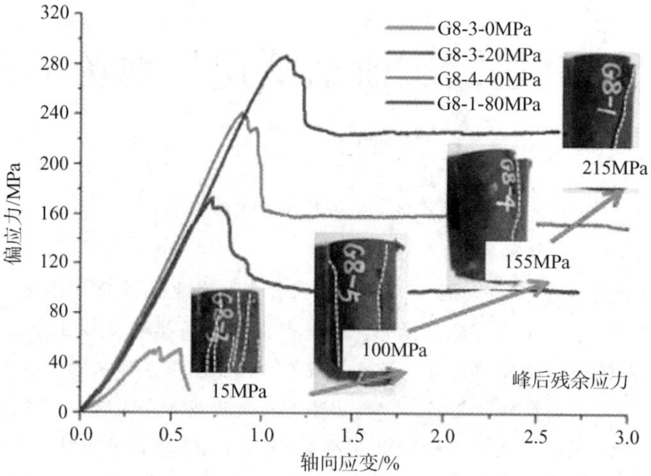

图2 不同围压下岩心残余应力

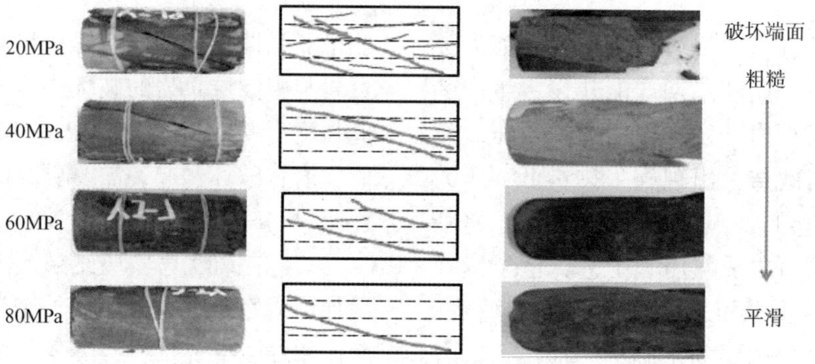

图3 不同应力下岩层表面光滑度对比

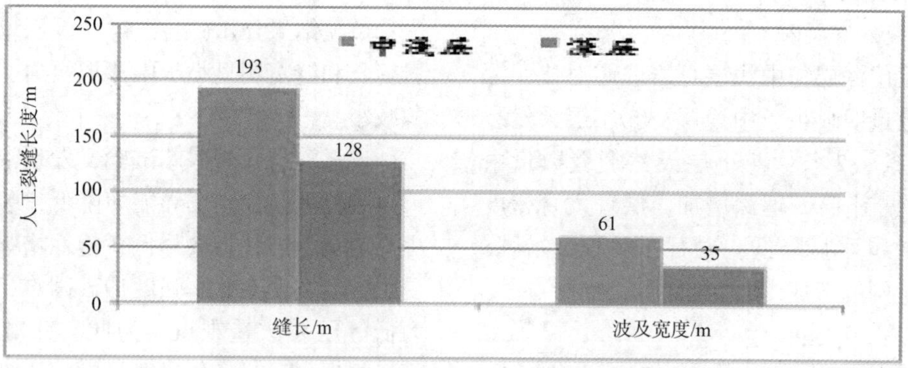

图4 数模试验深层-中浅层页岩缝长、缝宽对比

的即时改变。现场试验，调节减阻剂排量，可实现滑溜水黏度3~48mPa·s的改变。

2.2 变排量压裂技术

变排量压裂施工的目的是通过不断提高施工排量，补充裂缝延伸带来的能量损失，提高缝内净压力，促进裂缝延伸、转向，促使裂缝复杂化(见图5)。

在压裂施工前期控制施工排量，减小近井地带裂缝复杂程度，中期采用大排量携砂，形成填砂主缝，压裂后期采用更大排量促进远井区支缝和分支缝的形成，提高远井区裂缝的复杂程度。压裂时逐级提高施工排量，增加缝内高净压力，促进裂缝延伸和转向。

2.3 段簇优化技术

岩芯力学试验发现，深层页岩水平应力差值增大，易形成单一裂缝，复杂缝网形成困难，为提高裂缝复杂度，优化段簇设计，采用段内密切割多簇射孔，簇间距由21~38m↘8~12m，单段

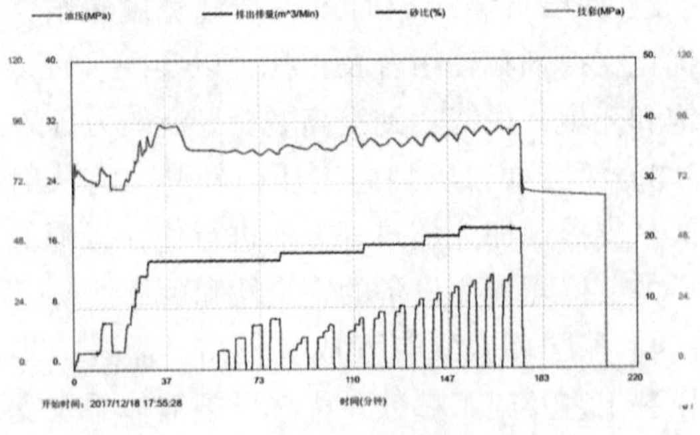

图5 变排量压裂曲线

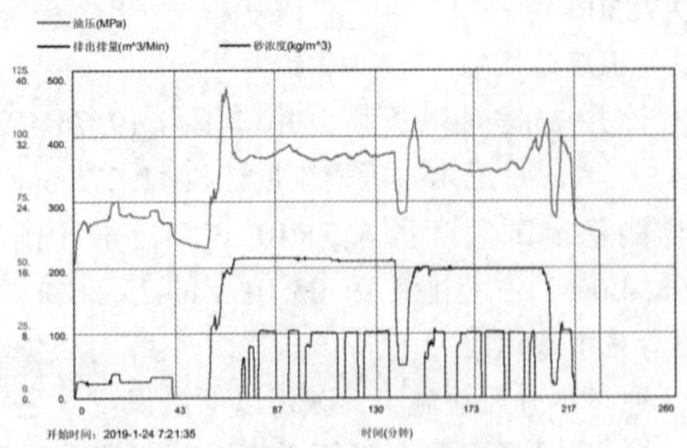

图6 暂堵转向压裂曲线

4~6簇，减小簇间距，强化簇间应力干扰，促进裂缝复杂化。

此外，采用变密度射孔，增大趾端射孔数量，可以促使段内各簇裂缝均匀扩展和支撑剂均匀分布，实现段内各射孔簇的均匀改造。

2.4 大孔径射孔技术

压裂施工中合理优化射孔参数，可有效降低孔眼摩阻，提高压裂净压力，孔眼摩阻公式如下[4]：

$$\Delta P_{pf} = 2.33 \times 10^{-10} \frac{Q^2 \rho s}{(D_{en} h)^2 D_p^4 C_p^2} \quad (1)$$

式中 ΔP_{pf} 为孔眼摩阻，MPa；Q 为施工排量，m^3/min；ρs 为压裂液密度，Kg/m^3；D_{en} 为射孔密度，孔/m；h 为压裂层段打开厚度，m；D_p 为孔眼直径，m；C_p 为排出系数。

由式(1)可见，当排量、压裂液密度、射孔密度、压裂层段打开厚度确定情况下，孔眼摩阻随着孔眼直径的增大而减小。为降低孔眼摩阻，深层页岩多选择穿透能力强、孔眼直径大的射孔弹，通过降低孔眼摩阻来降低地面施工压力。

2.5 暂堵转向技术

暂堵剂多在施工中加注，若施工压力较高，可采取降排量添加暂堵剂(见图6)，再将排量提高至原施工排量，对已压开裂缝封堵，提高净压力，促使裂缝发生转向，形成网络裂缝。

3 全尺度充填技术

3.1 支撑剂运移规律研究

支撑剂在裂缝运移方式主要包括随着压裂液携带作用的水平位移和垂直方向的沉降位移，加注支撑剂时，一部分支撑剂在重力作用下发生沉降，一部分支撑剂随压裂液向前延伸，不断沉降的支撑剂减小了缝高。在施工排量、压裂液黏度不变情况下，裂缝净压力不变，缝宽不变，缝高随着支撑剂的沉降作用不断减小，直到封堵整个裂缝高度。

3.2 支撑剂粒径优选

利用Mayer软件模拟主缝和支缝不同尺度缝宽裂缝占比，3500米井深，主缝缝宽基本在1.272~1.800mm，支缝缝宽基本在0.636~1.272mm[1]。

当支撑剂平均粒径为缝宽的1/6时，能够保证支撑剂顺利运移，避免缝口过早堵塞，综合考虑深层页岩支撑剂抗压强度和粒径等因素，主缝以填充40/70目陶粒为主，支缝以70/140目石英砂或陶粒为主。

表1 支撑剂粒径与规格

支撑剂规格/目	支撑剂粒径/μm
80/120	106~212
40/70	212~425
30/50	300~600

3.3 支撑剂加注方式优化

支撑剂粒径降低一个级别，沉降速度降低1/3~1/2，为强化远端裂缝支撑，增加小粒径支撑剂使用量，促进远端裂缝有效支撑。

为提高深层页岩加砂强度，避免缝口过早堵塞，深层页岩压裂多采用低砂比连续加砂模式，降低支撑剂加砂浓度，提高支撑剂运移距离，实现裂缝高强度支撑。

4 现场试验与认识

4.1 A井压裂井筒况

A井，垂深3783m，水平段长721m，划分12段，段间距22~30m，簇间距4~15m，采用密切割射孔，单段射孔4~9簇，全程乳液型减阻剂，在线配液，施工排量12m^3/min，每段施工中途投暂堵球1次，单段液量2099~2728m^3，采用长段塞组合式加砂方式，单段砂量180~318t，支撑剂为100目粉砂和40/70陶粒，施工压力

72~78MPa。

4.2 压后效果

该井7mm油嘴放喷，井口压力19.76MPa，用152.4mm丹尼尔差压式流量计装41.275mm孔板监测稳定试气产量$6.5\times10^4m^3/d$，累计排液$4598.45m^3$，占应排液$19505.01m^3$的23.58%。

4.3 施工认识

通过本井压裂施工，获得以下认识：

1）深层页岩井施工压力高，高强度加砂困难，采用粉砂+陶粒长段塞加砂，单段最大砂量321.2吨，刷新了该区块最高加砂强度记录；

2）采用乳液型降阻剂在线配液，即时调整减阻剂排量以满足施工中的不同压裂液黏度需求，施工期间监测滑溜水黏度在9~45mPa·s，施工压力整体平稳；

3）不断优化压裂液黏度组合和支撑剂加注方式，使该井单段砂液比由最初的6.6%提高到13.1%，达到了高强度支撑的目的。

5 结论与建议

1）深层页岩水平应力差值大，难以形成复杂裂缝，需从分段分簇射孔方案、压裂液体系、施工参数等方面进行优化，以提高人工裂缝的复杂程度；

2）深层页岩压裂时人工裂缝宽度较窄，需要优化支撑剂粒径组合及占比，以实现多级裂缝的饱和充填，最终达到提高裂缝导流能力目的；

3）深层页岩压裂施工压力较高，需从射孔方式、支撑剂加注模式等方面进行优化以降低施工压力，保障地面设备的安全性和可靠性；

4）深层页岩气开发成本较高，需进一步优化压裂工艺及施工参数，优选压裂液体系及支撑剂类型，降低单井开发成本。

参 考 文 献

[1] 王海涛，蒋延学，卞晓兵，段华．深层页岩压裂工艺优化与现场试验，石油钻探技术[A]，1001-0890(2016)02-0076-06.

[2] 曾义金，陈作，卞晓兵．川东南深层页岩气分段压裂技术的突破与认识，天然气工业，2016，36(1)：61-67.

[3] 蒋延学，卞晓兵，王海涛，李双明，贾长贵，刘红磊，孙海成．深层页岩气水平井体积压裂技术，天然气工业，1000-0976.2017.01.011.

[4] 李海涛，王永清，李洪健，等．压裂施工井的射孔优化设计方法[J]．天然气工业，1998，18(02)：53-56.

松北致密砂砾岩暂堵压裂裂缝扩展规律实验研究

齐士龙 李存荣 杨春城 魏 旭 黄 粟

（大庆油田有限责任公司）

摘 要 为论证松北致密砂砾岩气藏暂堵转向压裂形成复杂裂缝的可行性，通过真三轴压裂模拟实验开展了井下全直径岩心暂堵转向压裂模拟，评价具有不同砾石特征层段水力裂缝扩展、暂堵转向特征。实验发现致密气高水平应力差条件下下形成一条简单横切裂缝，通过1次暂堵后可形成分支缝，提高裂缝复杂程度。较大砾石致使水力裂缝局部迂曲，围绕砾石形成大量剪切微裂缝，裂缝形态更为复杂，不含砾石试样整体裂缝形态复杂性低于含砾石试样。

关键词 致密砂砾岩；非均质性；暂堵压裂；转向；复杂裂缝

1 引言

致密砂砾岩储层一般埋藏深，储层物性差，非均质性强，单井产能低，常规开发方式难以有效动用[1-3]。松北致密砂砾岩气藏储层异常致密、属于典型的低孔低渗储层，水平应力差大、天然裂缝欠发育，常规体积压裂无法有效形成缝网，需要暂堵转向压裂、水平井密切割压裂[4-6]。为评价松北致密砂砾岩气藏和优化暂堵压裂施工设计，需要明确裂缝扩展规律和主控因素。

前期针对水力裂缝扩展机理国内外学者已经开展了大量的数值模拟[7-13]与实验研究[14-18]。针对砂砾岩水力裂缝扩展机理的研究相对较少，李连崇等[19]采用数值计算方法对砂砾岩压裂裂缝的扩展规律进行了研究，包括地应力场、砾石含量和粒径等对裂缝扩展形态及压裂压力的影响。刘向君[20]等利用数值模拟方法构建含有真实砾石的二维模型，研究砂砾岩中裂缝扩展的过程，讨论了砾石强度对裂缝扩展机制的影响。孟庆民等[21]使用人造混凝土岩样模拟了无砾石、有砾石在不同压差、不同砾石粒径条件下的裂缝扩展规律。李宁等[22]使用天然砂砾岩露头分析了砾石粒径及分布规律对水力裂缝扩展形态的影响。

前期工作只是针对常规压裂，暂堵压裂裂缝扩展相关研究未见报道，在中高水平应力差条件下其能否强化缝网形成有待论证。笔者主要评价松北致密砂砾岩气藏不同砾石特征层位在体积压裂、暂堵压裂时水力裂缝起裂延伸特征与可压性。本文使用CT扫描观察了砂砾岩内部砾石形态及分布，之后采用一套小尺寸真三轴实验系统和声发射监测仪，对该地区井下不同层位不同特征全直径岩芯岩样开展了裂缝扩展模拟实验，系统研究了砾石特征对可压性和暂堵转向压裂形成缝网的影响。

2 裂缝扩展模拟实验

2.1 试样性质

试样取自松辽盆地北部沙河子组致密砂砾岩，岩心成分以凝灰岩砾、硅质岩砾为主，泥砾次之，少量石英砾，砂质胶结，较致密，分选较差，磨圆呈次圆状。孔隙度在3.5%~6.4%；渗透率在$0.03 \sim 1.48 \times 10^{-3} \mu m^2$。在有效围压20MPa条件下开展标准岩样三轴压缩试验，试样破裂形态和应力应变曲线分别如图1和图2所示。砾石大小对试样变形和破坏特征影响明显，含大砾石（粒径20mm）岩样弹性模量28.5GPa，泊松比0.206；含小砾石（粒径2mm）岩样弹性模量24.7GPa，泊松比0.218；无砾石岩样弹性模量24.2GPa，泊松比0.201。整体上表现为破裂面与岩样轴线斜交的剪切破坏，其中不含砾石岩样表面的裂缝迹线较为平滑，而含砾石试样表面的裂缝局部呈锯齿状。

在轴向载荷的加载过程中，岩样的轴向应变先线性增加，输入能量以弹性能的形式存储在岩石中；在达到峰值应力前出现明显的非线性阶段，表明岩样内部微裂纹的产生和扩展成核；峰后阶段承载能力逐渐降低，储存的能量逐渐释放[23-25]。通过峰后应力-应变曲线的斜率可以确定岩石的软化模量，其表征峰后岩石承载能力丧失的快慢。软化模量的绝对值越大，即发生较小

(a) 含大砾石　　(b) 含小砾石　　(c) 不含砾石

图 1　三轴压缩试验岩样破坏形态

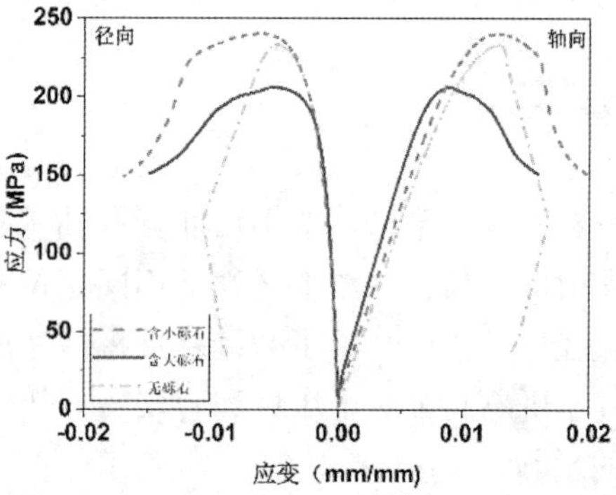

图 2　含不同粒径砾石试样的应力应变曲线

的轴向应变时岩石的承载能力迅速降低，说明岩石的脆性越强。由图 2 可知，不含砾石的岩样应力-应变曲线的峰后阶段最为陡峭，表明岩样破坏过程中承载能力迅速降低，主要依赖内部弹性能的释放；而含粒径大砾石的岩样的峰后应力-应变曲线较为平缓，表明岩样破坏的过程需要外部能量的持续输入；含粒径较小砾石的岩样的峰后应力-应变曲线斜率介于含大砾石与不含砾石岩样之间。因此，应力-应变曲线特征反映出不含砾石的岩样脆性最强，含小砾石岩样的脆性次之，含大砾石岩样的脆性最小。

2.2　实验装置与试样制备

实验采用一套小尺寸真三轴压裂模拟实验系统，该系统主要由应力加载系统、岩心室、恒速恒压泵、温度控制系统、中间容器、数据采集系统、辅助装置等部分组成，如图 3 所示。针对松北沙河子组不同砾石特征的 3 块全直径岩心（ϕ100×100mm）以开展压裂实验。采用环形全封闭数控砂线切割机床将直径 100mm 的全直径岩心加工成 8cm×8cm×10cm 的长方体试样，边角缺失部分采用高强度环氧树脂胶浇筑。在长方体试样 8cm×8cm 的横截面中心用外径为 1.5cm 的钻头钻取深度为 5.3cm 的盲孔。采用高强度环氧树脂胶将外径为 1.3cm、内径为 0.6cm、长度为 4.3cm 的钢管（模拟井筒）和井壁粘结，在井底形成长度为 10mm 的裸眼段，并在裸眼段切割形成 2 个间距 10mm 的割缝，深度为 0.3cm。同时为了避免盲孔底部应力集中，采用高强度环氧树脂胶在盲孔底部预制 5mm 厚度的人工井底。全直径岩心与标准小尺寸压裂物模试样与完井示意图如图 4 所示。图 5 为试样裸眼段 CT 扫描结果，表明不同段的岩心砾石特征差异大，试样 1 为灰色砂砾岩，含有大量小于 20mm 砾石；试样 2 为灰色砂砾岩，含有大量小于 2mm 的砾石；试样 3 为灰色砂岩，不含砾石。

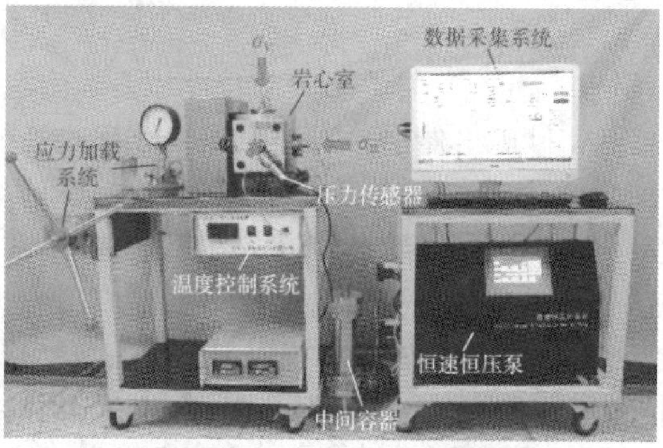

图 3　小尺寸真三轴压裂模拟实验系统

2.3　实验方法与方案

为了模拟水平井的三向应力环境，采用三轴液压加载方式，分别施加水平最小主应力（σ_h）、水平最大主应力（σ_H）和垂向应力（σ_V），如图 4（b）所示。井筒方向与水平最小主应力（σ_h）方向一致。松北沙河子组致密砂砾岩储层水平应力差 7.6~9.8MPa，实验中水平应力差恒定为 8MPa，三向应力分别为 σ_V = 16MPa、σ_h = 5MPa、σ_H = 13MPa，压裂液为 2.5mPa·s 的滑溜水。为了容易观测水力裂缝形态，添加红色示踪剂在滑溜水压裂液中开展压裂模拟实验，试验完成后从而根据试样表面染色液分布情况确定表面裂缝形态。压裂模拟过程中，利用双缸恒速恒压泵以恒定排量将滑溜水压裂液从中间容器注入到井筒内，应用压力传感器记录井口压力并传输到计算机。当井口压力快速下降，不再升压时，表明水力裂缝起裂并延伸至试样表面，此时停泵；将装混有 150 目石英砂支撑剂滑溜水压裂液的中间容器管线连通井口，再次开泵，井口压力迅速上升，直至压力快速下降，表明试样再次破裂，停泵。实验结束后取出岩样，根据试样表面染色液分布情

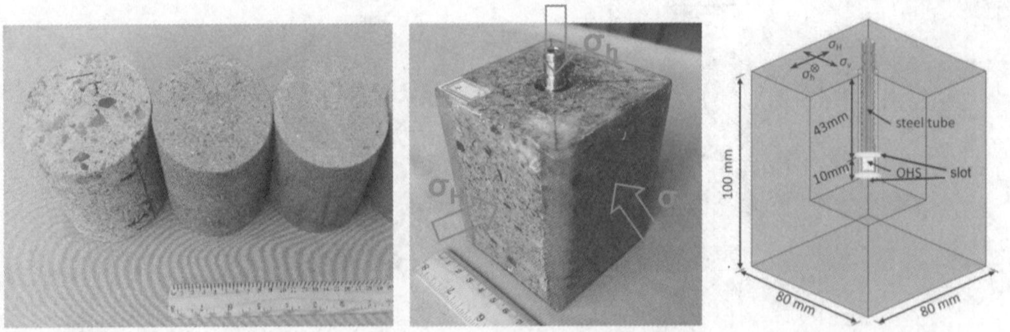

(a) 全直径岩心　(b) 物模试样　(c)完井示意图

图 4　全直径岩心与物模试样与完井示意图

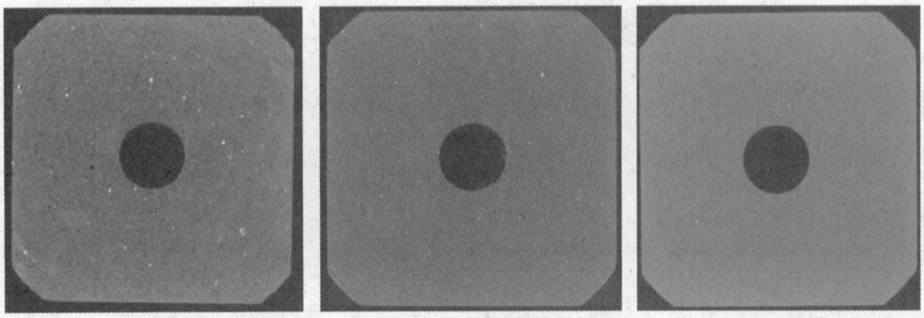

(a) 试样 1　(b) 试样 2　(c) 试样 3

图 5　试样裸眼段 CT 扫描，(a)试样 1 含<20mm 的大砾石，(b)试样 2 含<2mm 的小砾石，(c)试样 3 灰色砂岩(不含砾石)

况确定表面裂缝形态，采用裂缝宽度测量仪测量裂缝宽度，结合井底注入压力曲线分析裂缝起裂及扩展特征。

3　实验结果与分析

3.1　砾石对人工裂缝起裂特征、扩展形态的影响

共开展了 3 组不同砾石特征的水平井压裂实验，裂缝形态结果如图 6 所示，泵注压力曲线如图 7 所示。

试样 1 含有大量粒径低于 20mm 砾石，通过体积压裂、暂堵压裂形成的水力裂缝形态如图 8 所示，井底压力与时间的关系曲线如图 7(a)所示。在 8MPa 高水平应力差条件下，在一次体积压裂过程中，井底压力达到 6.9MPa 时(8s)试样起裂，非均质性致使单段 2 簇压裂仅单簇起裂，并沿最大水平主应力方向扩展，形成一条垂直于井筒的简单横切裂缝。随着压裂液注入，井底压力不再升高，在 16s 时停泵。随后开展暂堵压裂(41s)，井底压力以阶梯式上升，说明 150 目粉砂在一次压裂裂缝中逐渐形成堵塞，在 54s 时井底压力达到 15.6MPa 后试样 1 再次发生起裂，形成一条主分支缝，局部多分支缝，随后压裂液通过形成的水力裂缝快速流到试样表面，井底压力迅速降低到低值(2.3MPa)。砾石(<20mm)致使水力裂缝局部迂曲，水力裂缝扩展过程中沿着砾石的边界发生多次转向形成复杂分支缝，导致裂缝宽度不断变化，但对裂缝整体路径、形态影响较小。

如图 9 所示，含有大量粒径低于 2mm 砾石的试样 2，通过体积压裂、暂堵压裂形成的水力裂缝形态则变的相对简单。井底压力与时间的关系曲线如图 7(b)所示。在 8MPa 的高水平应力差下，一次体积压裂同样形成一条垂直井筒沿最大水平主应力方向扩展的简单横切裂缝，破裂压力为 8.3MPa(17s)，随后开展暂堵压裂(68s)，在 74s 时井底压力达到 18.6MPa 后试样 2 再次发生起裂，形成一条分支缝。由于砾石粒径偏小，水力裂缝沿砾石边界的转向距离较短，对裂缝形态影响非常小，裂缝面较为平直。

相比于试样 1 和 2 含有大量砾石，试样 3 为砂岩相对均质几乎不含砾石，通过体积压裂、暂堵压裂形成的水力裂缝形态(如图 10 所示)简单平直，井底压力与时间的关系曲线如图 7(c)所示。在一次体积压裂过程中，同样仅形成一条垂直井筒的简单横切裂缝，破裂压力

（a）试样 1

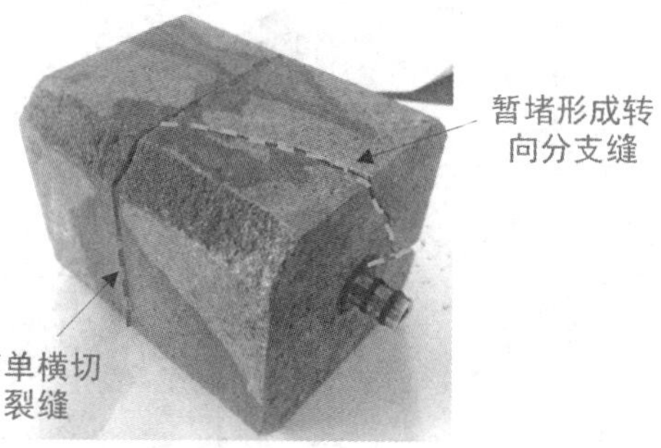

（b）试样 2

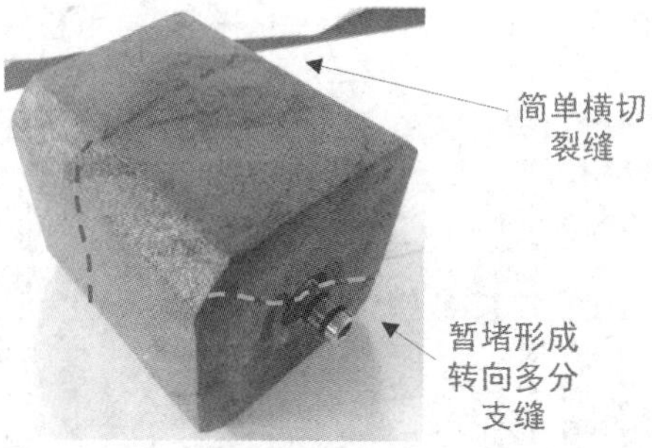

（c）试样 3

图 6　不同砾石特征试样压裂后试样表面裂缝形态

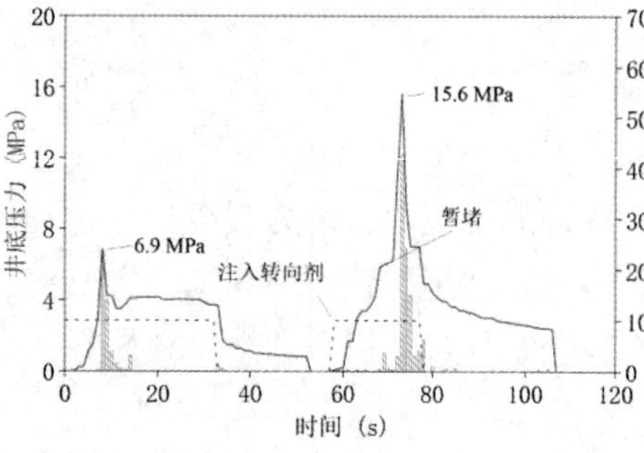

(a) 试样 1

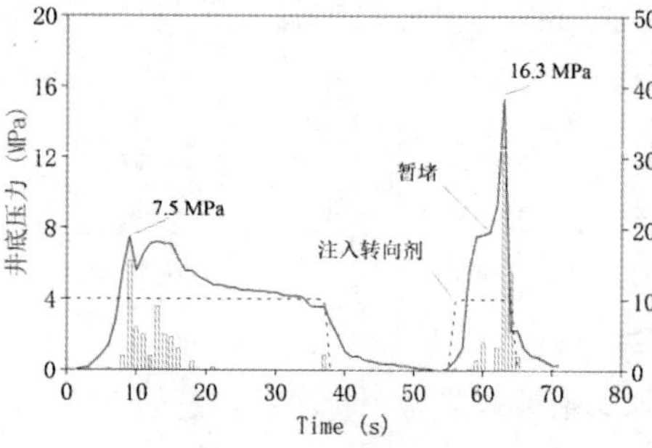

(b) 试样 2

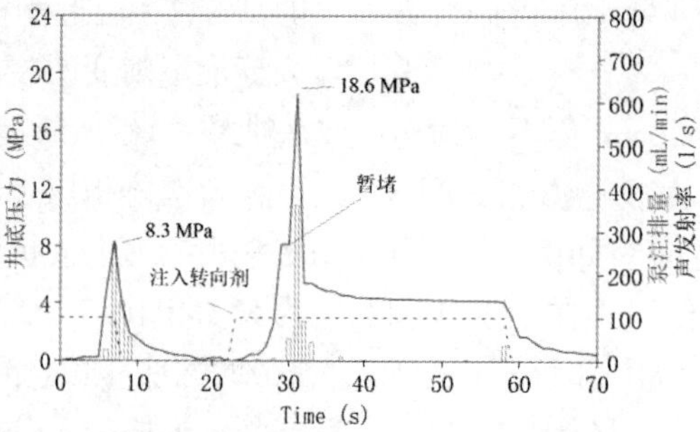

(c)试样 3

图 7　不同砾石特征试样泵注压力曲线

8.2MPa(13s)。随后开展暂堵压裂(63s)，在85s时井底压力达到18.6MPa后试样3再次发生起裂，形成一条分支缝，不含砾石试样水力裂缝整体形态比含砾石试样的简单，暂堵转向破裂压力更高。这是由于3试样不含砾石，弱面不发育，整体上较均质，强度大，所以暂堵后破裂压力较大，初次破裂压力不高是因为预先在裸眼段割缝，降低了岩石破裂难度。

含粒径较大砾石岩样试样1，基于应力-应变曲线的能量演化的脆性分析，脆性较小；含粒径较小砾石岩样试样2，基于应力-应变曲线的能量演化的脆性分析，脆性较大；不含砾石岩样

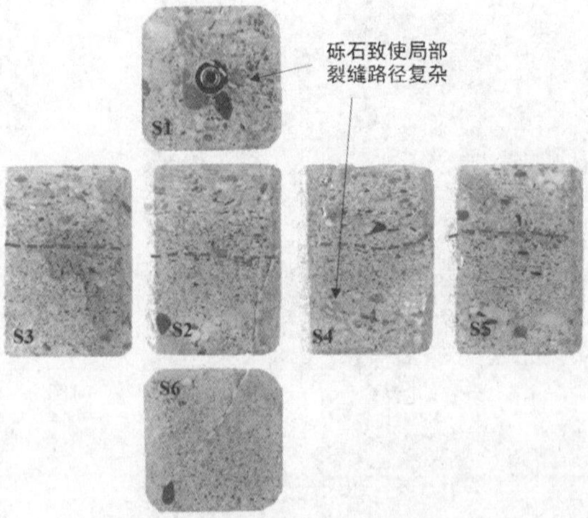

图 8　试样 1 各表面裂缝形态

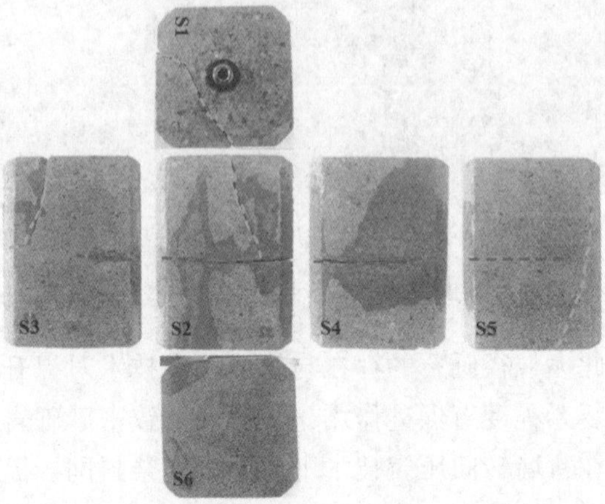

图 9　试样 2 各表面裂缝形态

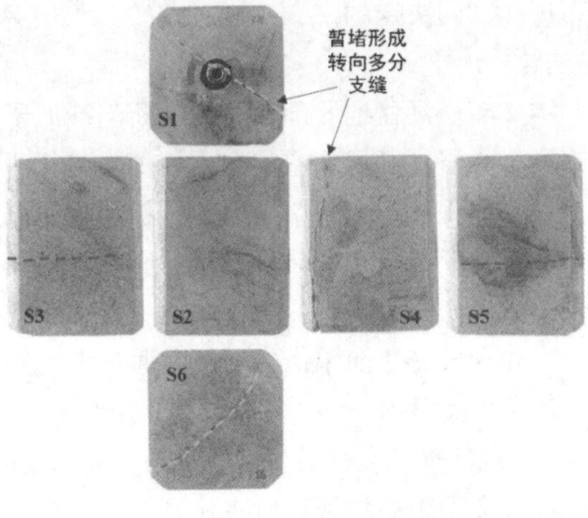

图 10　试样 3 各表面裂缝形态

试样 3，基于应力−应变曲线的能量演化的脆性分析，脆性最大。理论上根据脆性对岩石形成复杂裂缝的影响，脆性越大的岩样形成的裂缝越复杂。但实验结果显示脆性小的含粒径较大砾石的岩样经暂堵压裂后形成的裂缝更复杂，而相对脆性大的含砾石粒径较小的裂缝形态较简单，脆性最强的不含砾石岩样的裂缝形态最简单。这主要是由于砂砾岩中砾石的存在带来了发育的结构弱面，砾石与基质的胶结面强度低，水力裂缝容易打开弱面，表现为绕粒扩展，致使裂缝形态复杂。含大砾石的岩样弱面最为发育，所以含大砾石的岩样形成的裂缝最复杂。通过局部裂缝扩展形态(见图 11)，可以更加直观的观察到砾石以及其带来的结构弱面对裂缝扩展的影响。

水力裂缝与砾石相接触时，在接触点处，水力裂缝分别沿着 2 个砾石边界绕砾扩展导致裂缝分叉，且伴随着裂缝分叉裂缝缝宽显著降低，绕过砾石后由于应力加载水力裂缝偏转向最大水平主应力方向继续扩展[见图 11(a)、(b)]。由于砾石强度较大，岩样表面鲜有穿砾现象发生，水力裂缝通常在砾石内部终止[见图 11(b)]。含大量大粒径砾石的试样 1 表面出现水力裂缝沿多砾石边界发生连续偏转的现象[见图 11(c)]。相比于含大量大粒径砾石的试样 1 相对均质的砂岩试样 3 水力裂缝扩展形态则较简单，裂缝扩展路径平直且缝宽较大[见图 11(d)]，除暂堵压裂后水力裂缝发生分叉，未见裂缝出现明显的分支扩展。

为阐明不同砾石特征条件下压裂裂缝起裂扩展规律与声发射响应特征的关系，在实验过程中对不同砾石特征试样的压裂过程进行了声发射监测。岩石破坏过程中，由于弹性能的释放，会产生大量的声发射事件，声发射信号可以分为膨胀型和压缩型两种类型，根据探头中接收到信号的膨胀型初动所占的比例，室内声发射监测可以判断该点破裂的类型。张性破裂时，膨胀型初动占主导；裂缝闭合时，压缩型初动占主导；裂缝发生剪切滑移时，膨胀型初动与压缩型初动所占比例接近[26]。图 14 为三块不同砾石特征试样的声发射定位监测结果，其中不同的颜色表示不同的声发射类型。

由图 7 压力曲线可知，声发射事件主要活跃在岩样破裂前后较短时段内；图 12 显示的声发射事件点三维空间分布趋势与试样裂缝扩展路径整体上保持一致，三块试样的声发射事件点主要分布在裸眼段起裂位置与暂堵转向位置，因此，通过现场微地震监测手段来识别致密砂砾岩储层地下裂缝的展布方向与预估裂缝体积是可行的。整体上含大粒径砾石的试样 1 的声发射事件点要高于含小砾石的试样 2 与均质的试样 3，这与试

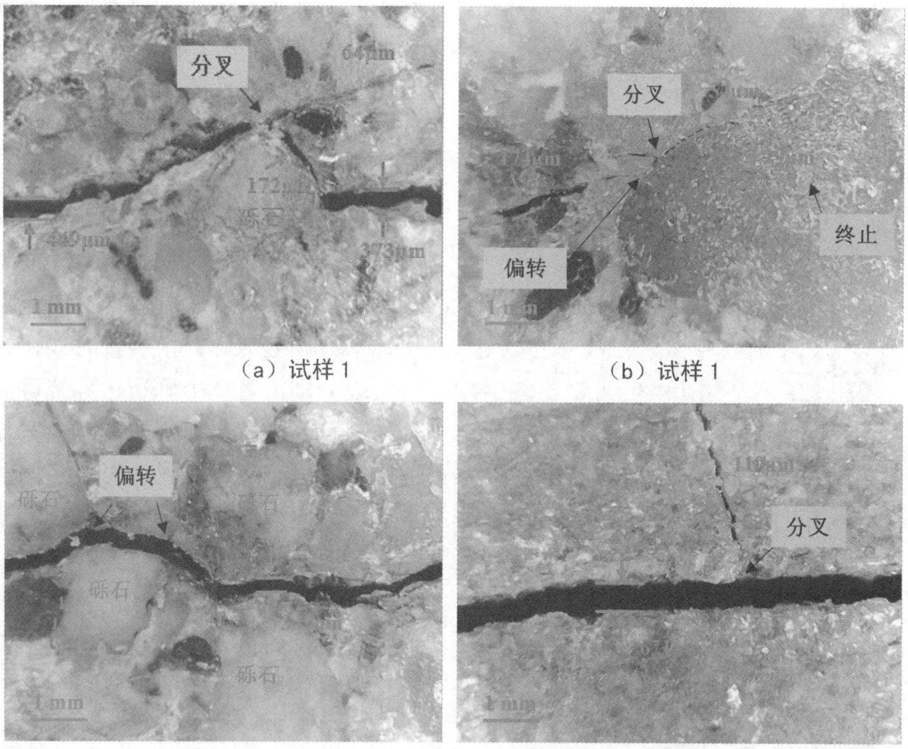

（a）试样 1　（b）试样 1

（c）试样 1　（d）试样 3

图 11　不同砾石特征试样局部裂缝扩展形态

样 1 裂缝较复杂对应。试样 1 暂堵前剪切事件比例 28.4%，张性事件比例 69.5%；试样 1 暂堵后剪切事件比例 57.5%，张性事件比例 36.2%。试样 1 暂堵后剪切事件比例明显增高，在所有声发射事件中占据主导，且试样 1 的剪切事件点分布较分散，这主要是由于大粒径砾石（>20mm）带来的结构弱面发生的剪切破坏与滑移，也印证了大砾石的存在有助于增加水力裂缝复杂程度。试样 2 暂堵前剪切事件比例 25.4%，张性事件比例 71.8%；试样 2 暂堵后剪切事件比例 44.3.%，张性事件比例 50.4%。试样 2 的声发射事件点数量明显低于试样 1，暂堵后剪切事件比例有提高但张性事件仍占主导作用，岩样的破坏机制有从剪切破坏占主导过渡为张性破坏占主导，且试样 2 声发射事件点三维空间分布较集中，与实际裂缝对应关系较好，可见小粒径（<2mm）砾石对水力裂缝扩展影响很小。试样 3 暂堵前剪切事件比例 20.9%，张性事件比例 74.7%；试样 3 暂堵后剪切事件比例 24.9%，张性事件比例 72.3%。不含砾石的均质试样 3，暂堵前后张性破裂事件比例都显著高于剪切事件，在所有声发射事件中占据主导，空间分布也较清晰简单。随着剪切事件比例的提高，水力裂缝呈现出逐渐复杂的趋势，因此大粒径砾石的存在与暂堵压裂技术对提升裂缝复杂程度有促进作用，沙河子组致密砂砾岩储层在暂堵转向压裂技术下可形成复杂封网，提高储层改造体积。综上所述，松北致密砂砾岩储层水力裂缝的复杂程度是由储层脆性和砾石粒径及分布规律共同决定的。

4　结论

本文对松辽盆地北部徐家围子断陷沙河子组全直径岩心岩样开展了室内压裂模拟实验，研究了该地区体积压裂，暂堵压裂裂缝扩展规律以及不同砾石粒径与分布对裂缝扩展的影响。松北沙河子组砂砾岩试样在较高水平应力差 8MPa 条件下，主要形成一条简单横切裂缝，通过 1 次暂堵压裂后可形成复杂分支缝。相对较大砾石（粒径<20mm）致使水力裂缝发生绕砾扩展，局部迂曲，岩石破坏类型中剪切破坏所占比例较高，易形成复杂分支缝，但对裂缝整体路径、形态影响较小；更小粒径砾石（粒径<2mm）对水力裂缝的扩展与形态影响微乎其微；不含砾石均质砂岩试样整体裂缝形态复杂性低于含砾石试样，且岩石破坏机制由张性破坏主导，暂堵转向破裂压力更高。对于松北致密砂砾岩储层，相比于脆性，砾石与基质间的胶结弱面对水力裂缝复杂程度的影

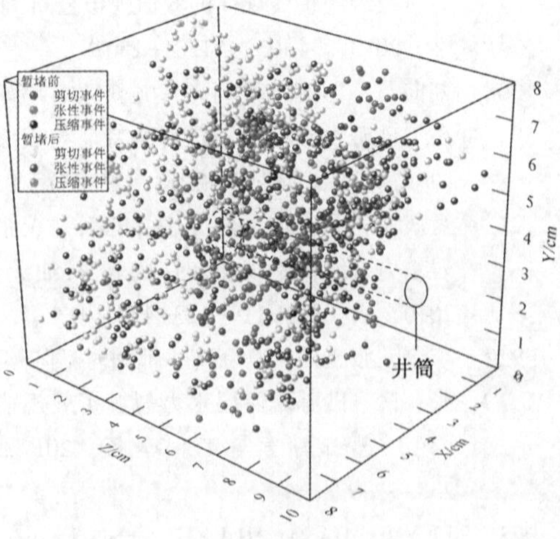

（a）试样 1

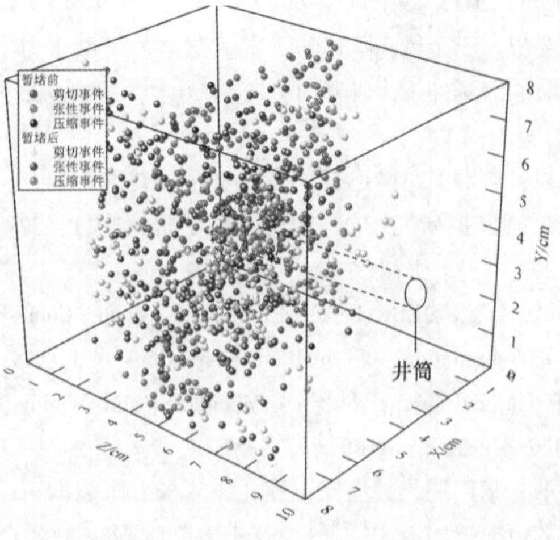

（b）试样 2

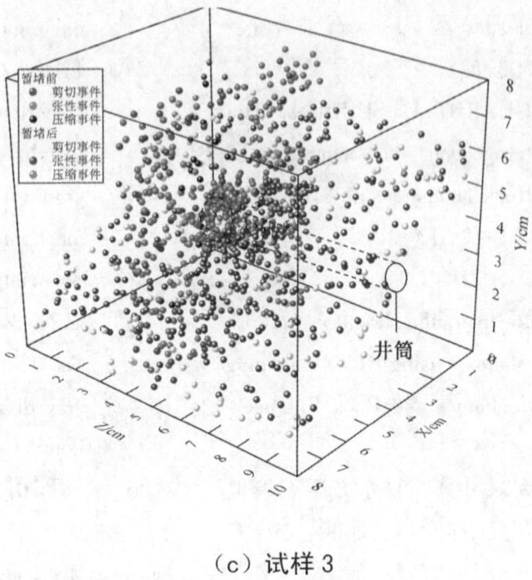

（c）试样 3

图 12　不同砾石特征岩样声发射监测结果

响更为显著。判断砾岩储层可压性时不能紧考虑评价脆性还需考虑砾石含量、大小、分布以及胶结程度等砾石特征因素。

参 考 文 献

［1］ 于兴河，李顺利，杨志浩．致密砂岩气储层的沉积-成岩成因机理探讨与热点问题［J］．岩性油气藏，2015，27(01)：1-13+131.

［2］ 付育武，马飞，杨逸，宋燕高．致密砂砾岩气藏储层改造关键技术研究［J］．石油地质与工程，2011，25(01)：134-136+146.

［3］ 邵曌一，吴朝东，张大智，杨步增．松辽盆地徐家围子断陷沙河子组储层特征及控制因素［J］．石油与天然气地质，2019，40(01)：101-108.

［4］ 伏海蛟，汤达祯，许浩，陈晓智，崔立伟，马英哲．致密砂岩储层特征及气藏成藏过程［J］．断块油气田，2012，19(01)：47-50.

［5］ 李进步，白建文，朱李安，贾建鹏，祖凯，韩红旭．苏里格气田致密砂岩气藏体积压裂技术与实践［J］．天然气工业，2013，33(09)：65-69.

［6］ 谢新秋，邹鸿江，武龙，张红岗，徐洋，赵晨君．暂堵压裂在低渗透油田的研究与应用［J］．钻采工艺，2017，40(03)：65-67+11.

［7］ KESHAVARZI R，MOHAMMADI S，BAYESTEH H. Hydraulic fracture propagation in unconventional reservoirs：the role of natural fractures［C］// The 46th U. S. Rock Mechanics/Geomechanics Symposium. Chicago：American Rock Mechanics Association，2012.

［8］ HOSSAIN M M，RAHMAN M K. Numerical simulation of complex fracture growth during tight reservoir stimulation by hydraulic fracturing［J］. Journal of Petroleum Science and Engineering，2008，60(2)：86-104.

［9］ 张汝生，王强，张祖国，孙志宇，林鑫．水力压裂裂缝三维扩展 ABAQUS 数值模拟研究［J］．石油钻

采工艺，2012，34(06)：69-72.

[10] 邓金根，王金凤，闫建华．弱固结砂岩气藏水力压裂裂缝延伸规律研究[J]．岩土力学，2002，23(1)：72-74.

[11] 李根，唐春安，梁正召，等．水压致裂过程的三维数值模拟研究[J]．岩土工程学报，2011，32(12)：1 875-1 881.

[12] ADACHI J，SIEBRITS E，PEIRCE A，et al. Computer simulation of hydraulic fractures [J]. International Journal of Rock Mechanics and Mining Sciences，2007，44(5)：739-757.

[13] 薛炳，张广明，吴恒安，等．油井水力压裂的三维数值模拟[J]．中国科学技术大学学报，2008，38 (11)：1322-1325.

[14] 张士诚，郭天魁，周彤，邹雨时，牟松茹．天然页岩压裂裂缝扩展机理试验[J]．石油学报，2014，35(03)：496-503+518.

[15] STANCHITS S，BURGHARDT J，SURDI A. Hydraulic fracturing of heterogeneous rock monitored by acoustic emission[J]. Rock Mechanics and Rock Engineering，2015，48(12)：2 513-2 527.

[16] ZOU Y S，ZHANG S C，ZHOU T，et al. Experimental investigation into hydraulic fracture network propagation in gas shales using CT scanning technology[J]. Rock Mechanics and Rock Engineering.

[17] 陈勉，庞飞，金衍．大尺寸真三轴水力压裂模拟与分析[J]．岩石力学与工程学报，2000，19(增刊)：868-872.

[18] 周健，陈勉，金衍．裂缝性储层水力裂缝扩展机理试验研究[J]．石油学报，2007，28(5)：109-113.

[19] 李连崇，李根，孟庆民，王昊，王振．砂砾岩水力压裂裂缝扩展规律的数值模拟分析[J]．岩土力学，2013，34(05)：1501-1507.

[20] 刘向君，熊健，梁利喜，尤新才．玛湖凹陷百口泉组砂砾岩储集层岩石力学特征与裂缝扩展机理[J]．新疆石油地质，2018，39(01)：83-91.

[21] 孟庆民，张士诚，郭先敏，陈新浩，张云．砂砾岩水力裂缝扩展规律初探[J]．石油天然气学报，2010，32(04)：119-123+427.

[22] 李宁，张士诚，马新仿，邹雨时，陈铭，李四海，张一诺．砂砾岩储层水力裂缝扩展规律试验研究[J]．岩石力学与工程学报，2017，36(10)：2383-2392.

[23] LI YW，JIA D，RUI ZH，et al. Evaluation method of rock brittleness based on statistical constitutive relations for rock damage[J]. Journal of Petroleum Science and Engineering，2017(153)：123-132.

[24] Li N，Zhang SC，Ma XF，Zou YS，Cao T (2019a) Experimental research on the effect of cold water injection on the mechanical properties and brittleness of granite in HDR. In：53rd US Rock Mechanics/ Geomechanics Symposium，American Rock Mechanics Association183：106349.

[25] Li N，Zou YS，Zhang SC，Ma XF，Zhu XW，Li SH，Cao T. (2019) Rock brittleness evaluation based on energy dissipation under triaxial compression. Journal of Petroleum Science and Engineering.

[26] 马新仿，李宁，尹丛彬，et al. 页岩水力裂缝扩展形态与声发射解释——以四川盆地志留系龙马溪组页岩为例[J]．石油勘探与开发(6)：142-149.

[27] AHMED MG，QI Q，RUSSELL M，SCOTT N，TEDR. New insights into hydraulic fracturing of shale formations[R]. IPTC 17594，2014.

近油基钻井液技术及实践

司西强 王中华 雷祖猛 孙 举

（中国石化中原石油工程有限公司钻井工程技术研究院）

摘 要 随着环保要求的日益严苛和钻井液技术的不断进步，“水替油”成为钻井液技术发展的必然趋势。针对目前油基钻井液配制成本高、钻屑后处理压力大等问题，开展了作用机理与油基相近、性能与油基相当、且绿色环保的近油基钻井液研究。通过钻井液体系构建及配方优化，得到了近油基钻井液优化配方：近油基基液（水活度0.746）+1.0%~3.0%土+1.5%~2.0%降滤失剂ZY-JLS+0.1%~0.3%流型调节剂ZYPG-1+3.0%~7.0%成膜封堵剂ZYPCT-1+1.0%~3.0%纳米封堵剂ZYFD-1+0.5%~2.0%抑制增强剂ZY-COYZ-1+0.1%~0.3%pH调节剂+重晶石。钻井液密度在1.17~2.50g/cm^3范围内可调。密度为1.17g/cm^3时，钻井液水活度为0.651。钻井液抗温达150℃；岩屑回收率>99%；极压润滑系数0.035，泥饼黏附系数0.0524；钻井液滤液表面张力29.425mN/m；钻井液中压滤失量0ml，高温高压滤失量4.5ml；钻井液EC_{50}值128400mg/L；钻井液抗盐达饱和，抗钙10%，抗土30%、钻屑25%，抗水30%，抗原油20%；钻井液表现出较好的储层保护性能。结果表明，近油基钻井液作用机理与油基相近，通过嵌入及拉紧晶层、吸附成膜阻水、低水活度反渗透驱水等发挥抑制防塌性能。该钻井液抑制防塌性能优异、固相清洁及容纳能力强、润滑防卡效果好、不粘卡钻具、环保优势显著，适用于高活性泥页岩、含泥岩等易坍塌地层及页岩油气水平井的钻井施工，实现现场绿色、安全、高效钻进。近油基钻井液体系在东北松辽盆地北部的X页油XHF井成功应用，效果突出。在邻井坍塌周期不超过21d的情况下，该井100%纯泥岩裸眼浸泡165天仍然保持强效持久的井壁稳定，完井作业以200~300m/h的高速度下套管一次成功。X页油XHF井是我国第一口用水基钻井液打成的页岩油水平井，打破了松辽盆地北部页岩油层被称为“钻井禁区”、“不可战胜”的神话，为我国下步页岩油大规模开发积累了宝贵的第一手资料，意义重大。从技术、成本及环保等角度来说，近油基钻井液体系均表现出明显的优势，有利于促进国内外钻井液技术进步，具有较好的经济效益和社会效益，应用前景广阔。

关键词 近油基钻井液；近油基基液；页岩油气；低活度；强抑制；高润滑；水替油

众所周知，井壁失稳是油气钻探过程中最常见的井下复杂情况。据统计，90%以上的井壁失稳发生在泥页岩及含泥岩等易坍塌地层[1-7]。在钻遇黏土矿物含量高的高活性泥页岩及含泥岩等易坍塌地层时：常规水基钻井液不能有效抑制黏土水化膨胀、分散；强抑制水基钻井液虽然抑制防塌效果好，绿色环保，但远未达到油基钻井液的应用效果[8-12]；目前传统解决办法仍然是采用油基钻井液[13]。但油基钻井液存在配制成本高、钻屑后处理压力大等问题，限制了其更大规模的推广应用，且待环保要求严苛到一定程度、钻井液技术发展到一定高度时，油基钻井液必将被水基钻井液所取代[14]。于是，在这种形势下，寻求一种作用机理与油基钻井液相近、性能与油基钻井液相当、且绿色环保的近油基钻井液体系成为现场亟需。

要想成功研发出近油基钻井液体系，首先要弄清楚油基钻井液和水基钻井液的根本区别在于：油基钻井液为非水环境，不存在地层水化作用，而现有水基钻井液均存在不同程度水化作用，水化作用的存在对井壁稳定是非常不利的[15-16]。从本质上来说，水基钻井液的水化作用是导致钻井施工中井壁失稳的主要因素[17-21]。因此，在水基钻井液体系研发过程中，要想达到油基钻井液的应用效果，必须把消除水化作用作为钻井液性能的重中之重。消除钻井液水化作用的前提条件主要有两个：一是钻井液可在地层井壁上吸附成膜[22-25]，阻止钻井液中自由水进入地层，避免水化作用引起的井壁垮塌；二是钻井液水活度足够低[26-28]，可在渗透压差的作用下驱使地层水往钻井液中反渗透，达到地层去水化的效果。也就是说，只有具备了吸附成膜阻水和反渗透驱水这两个基本特征的钻井液才是真正的近油基钻井液。

近油基钻井液与现有高性能水基钻井液的本质区别在于：高性能水基钻井液是依靠强抑制剂来实现抑制防塌，地层水化作用无法避免，坍塌周期较短；而近油基钻井液与油基钻井液一样，无水化过程，不存在黏土矿物的水化运移，地层坍塌周期可无限延长，或者可认为不存在坍塌周期的概念。既然不存在水化作用，那么压力传递就成为影响近油基钻井液和油基钻井液井壁稳定效果的主要因素。因此，要想避免井壁失稳，近油基钻井液还必须做好封堵措施[29-30]，避免或减弱压力传递作用，从去水化、强封堵等多个角度共同作用来确保井壁稳定。总的来说，要想实现近油基钻井液的技术目标，需要使钻井液满足吸附成膜阻水、反渗透驱水这两个基本条件，同时具备强封堵效果。

自2011年以来，中石化中原石油工程公司研究人员研制出了低活度的近油基基液，并以其为基础，配套不同功能的其他配伍处理剂，构建并形成了近油基钻井液体系优化配方，该钻井液体系具有嵌入及拉紧黏土晶层、吸附成膜阻水、低水活度反渗透驱水、高润滑、低成本、绿色环保等特性，其作用机理与油基钻井液相近、性能与油基钻井液相当，现场达到了油基钻井液的应用效果。近油基钻井液体系适用于高活性泥页岩、含泥岩等易坍塌地层及页岩油气水平井的钻井施工，符合现场亟需，对实现现场施工的绿色、安全、高效钻进具有重要意义。本文主要介绍近油基钻井液的研究概况、技术优势及现场应用效果，以期对国内外钻井液技术人员有一定的启发作用，促进钻井液技术的不断进步。

1 近油基钻井液

近油基钻井液要达到的研究目标很明确，即充分发挥近油基基液的近油特性，以近油基基液为主体，研制或优选其他配伍处理剂，通过协同作用来提高近油基钻井液的综合性能，形成一种作用机理与有机相近，性能与油基相当，且绿色环保的近油基钻井液体系，使钻井液技术朝着绿色环保、低成本、高性能的方向发展。

1.1 体系构建及配方优化

1.1.1 近油基基液

近油基基液是由糖基聚醚、杂多糖、烷基糖苷、植物胶、壳聚糖等天然产物经一系列生物化学反应制备得到。近油基基液具有油的性质，可认为是一种油，但又不存在油的环保问题。

通过对近油基基液特性评价，可以看出当近油基基液水活度≤0.746时，可发挥出较好的成膜及反渗透、抑制、润滑等效果，且水活度在0.746~0.702范围内时，黏度效应不明显。可确定近油基基液在水活度为0.746时可充分发挥作用，且对钻井液黏度无影响。因此，在构建近油基钻井液体系时，以水活度为0.746的近油基基液为基础进行。

1.1.2 体系构建及配方优化

以水活度为0.746的近油基基液为基础，围绕其研制或优选了不同功能的各种配伍处理剂，并优化了加量，最终研究形成了近油基钻井液体系的优化配方：近油基基液（水活度0.746）+1.5%~2.0%降滤失剂ZY-JLS+0.1%~0.3%流型调节剂ZYLX-1+3.0%~7.0%成膜封堵剂ZYFD-1+1.0%~3.0%纳米封堵剂ZYFD-2+0.5%~2.0%抑制增强剂ZYYZ-1+0.1%~0.3%pH调节剂+重晶石。经测试，密度为1.17g/cm³时，钻井液水活度为0.651。

根据所钻地层实际需要，钻井液密度在1.17~2.50g/cm³范围内可调。对近油基钻井液体系优化配方及加重后的钻井液性能进行了评价。钻井液老化实验条件为：140℃、16h，高温高压滤失量测试温度为140℃，不同密度下近油基钻井液的性能评价结果如表1所示。

表1 不同密度近油基钻井液体系配方的性能

密度ρ/(g/cm³)	AV/(mPa·s)	PV/(mPa·s)	YP/Pa	YP/PV/[Pa/(mPa·s)]	G′/G″/(Pa/Pa)	FL_{API}/ml	FL_{HTHP}/ml	润滑系数	黏附系数	pH
1.17	30.5	21	9.5	0.452	3.5/4.5	0	4.5	0.032	0.0524	9.0
1.40	35.0	24	10.5	0.438	1.5/2.0	0	5.0	0.051	0.0612	9.0
1.60	40.0	29	11.0	0.379	1.5/2.0	0	4.0	0.066	0.0787	9.0
1.80	48.0	37	11.0	0.297	1.5/2.5	0	4.0	0.075	0.0875	9.0
2.00	54.5	45	9.5	0.211	2.0/3.0	0	3.8	0.083	0.1051	9.0
2.20	59.0	50	9.0	0.180	1.5/3.0	0	3.8	0.095	0.1228	9.0
2.35	62.5	50	12.5	0.250	2.0/3.5	0	3.8	0.125	0.1228	9.0
2.50	70.0	59	11.0	0.186	2.5/5.0	0	2.8	0.129	0.1228	9.0

由表1中数据可以看出，近油基钻井液体系在不加重及密度较低的情况下，流变性及降滤失性能均较好，随着密度的升高，钻井液黏度和切力均呈上升趋势，高温高压滤失量呈降低趋势，虽然润滑系数随着密度升高而逐渐增大，但在高密度条件下仍然保持了较好的润滑性能。当密度升高至2.0g/cm³时，钻井液表观黏度54.5mPa·s，塑性黏度45mPa·s，高温高压滤失量3.8mL，极压润滑系数0.083，泥饼黏附系数0.1051；当密度升高至2.5g/cm³时，钻井液表观黏度70mPa·s，塑性黏度59mPa·s，高温高压滤失量降至2.8mL，极压润滑系数0.129，泥饼黏附系数0.1228。可以看出，在高密度情况下，钻井液黏度上升幅度较大，特别是塑性黏度较表观黏度上升的速度更快，针对上述问题，可通过严格控制重晶石质量、调变钻井液配方中聚合物加量来优化钻井液流变性能，确保近油基钻井液体系在高密度时仍然具有较好的流型，满足不同区块现场施工的技术需求，实现安全、快速、高效钻进。普通水基钻井液或高性能水基钻井液在高密度时，由于其抑制地层造浆的能力较差，在钻进的中后期，往往会出现钻井液黏切大幅度上升的问题，而近油基钻井液则不会出现这种情况，这是因为近油基钻井液体系中的近油基基液是一种性能与油相近的流体，可消除地层黏土矿物的水化作用，从而避免地层造浆导致的流变性能失控难题。

1.2 近油基钻井液性能

近油基钻井液以水活度为0.746的近油基基液作为基础，使近油基钻井液具有吸附成膜阻水、低水活度反渗透驱水、嵌入及拉紧晶层等作用，配合着成膜封堵及纳微米级配封堵等措施，可保证应用地层的井壁稳定，实现现场施工的安全快速高效钻进。为了充分展示近油基钻井液的性能优势，对烷基糖苷(APG)钻井液和近油基钻井液的性能进行了对比。性能评价结果如表2所示。

表2 APG钻井液与近油基钻井液的性能对比结果

性能	APG钻井液	近油基钻井液
抑制性能	岩屑回收率:5%:29.75%;35%:89.04%; 促进黏土分散。	岩屑回收率:5%:95.55%;15%:99.80%; 抑制地层造浆效果好。
润滑性能	极压润滑系数0.075 泥饼黏附系数0.0875	极压润滑系数0.035 泥饼黏附系数0.0524
抗温性能	抗温<130℃	抗温达150℃
环保性能	无生物毒性、可生物降解,符合海洋排放标准	无生物毒性(EC_{50}值128400mg/L)、可生物降解,符合海洋排放标准
成本	>7000元/m³	4500~6600元/m³

由表2中数据可以看出，近油基钻井液岩屑回收率：5%时，95.55%；15%时，99.80%；近油基钻井液抑制地层造浆效果好；近油基钻井液极压润滑系数0.035，泥饼黏附系数0.0524；近油基钻井液抗温达150℃；近油基钻井液无生物毒性，可生物降解，符合海洋排放标准；近油基钻井液单方成本4500~6600元/m³。通过与APG钻井液进行对比，可以看出，近油基钻井液从抑制、润滑、抗温、环保、成本等方面均具有显著优势，符合钻井液绿色化、低成本、高性能的发展趋势。

2.3 近油基与油基性能对比

为充分展现近油基钻井液体系的近油基特性及环保性能，从抑制、润滑、失水、储层保护及生物毒性等方面对近油基钻井液和油基钻井液进行了比较。岩屑回收实验条件为120℃、16h，钻井液老化实验条件为150℃、16h，动静态渗透率恢复值测试温度为90℃。近油基钻井液按1.1.2中提供的优化配方配制；油基钻井液配方组成：柴油+20%$CaCl_2$+4%粉状乳化剂+1%Span80+3%CaO+2%结构剂+2%降滤失剂JPAS，油水比为8：2。实验结果如表3所示。

表3 近油基钻井液与油基钻井液性能对比

钻井液	岩屑回收率/%	润滑系数	FL_{API}/mL	FL_{HTHP}/mL	动/静态渗透率恢复值/%	EC_{50}值/(mg/L)
近油基	99.10	0.035	0	4.5	91.24/92.70	128400
油基	100.00	0.045	1.6	5.0	90.40/95.60	—

基浆　　近油基钻井液

图 1　钻井液浸泡岩心的扫描电镜照片

由表 3 中数据可以看出，近油基钻井液岩屑回收率为 99.10%，油基钻井液岩屑回收率为 100%；近油基钻井液润滑系数为 0.035，油基钻井液润滑系数为 0.045；近油基钻井液中压滤失量和高温高压滤失量分别为 0mL 和 4.5mL，油基钻井液中压滤失量和高温高压滤失量分别为 1.6mL 和 5.0mL；近油基钻井液动静态渗透率恢复值分别大于 91% 和 92%，油基钻井液动静态渗透率恢复值分别大于 90% 和 95%。由上述实验数据分析结果可以看出，近油基钻井液在抑制、润滑、降滤失、储层保护等方面性能与油基钻井液相当，且绿色环保。因此，在目前世界环保要求日益严格的情况下，近油基钻井液可作为避免现场钻井施工过程中环保压力的一种有效解决手段，实现绿色、安全、高效钻进。近油基钻井液是未来钻井液技术发展的一个主流方向。

2　近油基钻井液技术优势

2.1　井壁稳定能力强效持久

近油基钻井液通过嵌入及拉紧晶层、吸附成膜阻水、低水活度反渗透驱水等作用机理共同作用来保持井壁的强效持久稳定。

2.1.1　嵌入及拉紧晶层

近油基基液拉紧黏土晶层的实验结果见表 4。

表 4　近油基基液处理前后黏土样品 XRD 数据

样品	2θ/(°)	晶层间距 D/nm
钙土-清水	6.2830	1.4056
钙土-近油基基液	6.3880	1.3824

由表 4 中数据可以看出，近油基基液拉紧黏土晶层的效果显著。这是因为近油基基液含有多个羟基和胺基，可优先于自由水进入黏土晶层，拉紧黏土晶层间距，实现强抑制。

2.1.2　吸附成膜阻水

基浆及近油基钻井液浸泡岩心的扫描电镜照片如图 1 所示。

由图 1 可以明显看到，近油基基液可以在岩心表面形成非常明显的吸附膜。这是因为近油基基液多个亲水的羟基、胺基吸附在井壁表面，亲油的烷基露在外面形成致密的“油膜”，可阻止自由水进入地层，实现强抑制。

2.1.3　反渗透驱水

近油基基液吸附在井壁表面形成半透膜，同时通过氢键结合自由水，滤液水活度低，可实现地层水在渗透压差作用下向钻井液中运移。当近油基基液水活度低于 0.746 时，具有明显的反渗透驱水现象。泥球浸泡实验结果如图 2 和表 5 所示。

低水活度的近油基基液不仅可跟高水活度时一样嵌入及拉紧晶层，而且可通过强吸附成膜、降低水活度实现反渗透，有效控制钻井液滤液侵入地层和促使地层水向钻井液反渗透，避免地层孔隙压力传递，从而抑制泥页岩水化膨胀分散，达到稳定井壁的目的。通过泥球浸泡实验来评价近油基基液的成膜性能及反渗透性能。泥球浸泡实验的操作步骤如下所示：制备质量为 20g 的泥球（土水质量比为 2∶1），精确称出其质量 m_1，室温下，分别浸泡在清水及不同水活度的近油基基液中，浸泡一定时间后取出，用滤纸吸净表面液体，精确称出其质量 m_2，对比浸泡前后泥球质量的变化，并观察泥球外观形貌的变化。根据测试结果，确定出近油基基液具有明显成膜作用时的水活度。清水及不同水活度近油基基液中泥球浸泡实验结果见图 2 和表 5。

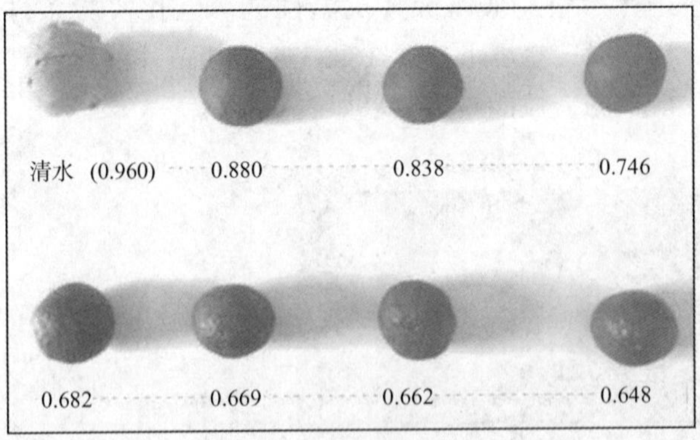

图 2　不同水活度近油基基液浸泡泥球 1d 后外观变化

表 5　清水及不同水活度近油基基液中泥球质量随时间变化

基液水活度	初始质量/g	浸泡 1d 质量/g	浸泡 1d 脱水量/g	浸泡 3d 质量/g	浸泡 3d 脱水量/g
0. 960	19. 14	28. 18	-9. 04	—	—
0. 880	19. 77	20. 14	-0. 37	20. 36	-0. 59
0. 838	19. 80	20. 00	-0. 20	20. 08	-0. 28
0. 746	20. 09	19. 95	0. 14	20. 03	0. 06
0. 682	20. 12	19. 45	0. 67	19. 50	0. 62
0. 648	19. 57	18. 24	1. 33	18. 28	1. 29

由表 5 中数据可以看出，当泥球浸泡在不同水活度的近油基基液中，随着水活度的降低，浸泡一定时间后，泥球的脱水趋势越来越强，由于近油基基液的强吸附作用，泥球表面呈致密光滑的状态，切开后泥球内部干燥，泥球表面的成膜效果越来越明显。当用清水浸泡泥球时，泥球水化膨胀分散程度较大，浸泡 1 天后，泥球吸水量达 9. 04g，浸泡 3 天后，泥球已经膨胀分散于水中，无法准确称量吸水质量；当近油基基液水活度为 0. 838 时，泥球仍然在吸水，但吸水量很小，水活度为 0. 880 和 0. 838 的近油基基液浸泡 3 天后的泥球吸水量分别为 0. 59g 和 0. 28g；当近油基基液水活度≤0. 746 时，泥球呈现出逐渐增大的脱水趋势，水活度为 0. 746、0. 682、0. 648 的近油基基液浸泡 3 天后的泥球脱水量分别为 0. 06g、0. 62g、1. 29g。通过上述分析可以看出，当近油基基液水活度≤0. 746 时，其可在浸泡泥球表面形成较好的吸附膜，并能实现反渗透作用，驱使自由水从泥球中析出，使浸泡后泥球质量小于浸泡前泥球质量。因此，确定近油基基液水活度在 0. 746 时，能够保证钻井液具有较好的吸附成膜阻水和反渗透驱水的效果。

2. 1. 4　岩心柱浸泡试验

油基钻井液及近油基钻井液等不同钻井液体系浸泡 180d 的岩心柱外观照片如图 3 所示。

由图 3 可以直观地看出，岩心柱在近油基钻井液中浸泡 180d 未垮塌，表明其具有非常强效持久的抑制防塌性能，其抑制防塌效果与油基钻井液相当；同时近油基钻井液可在浸泡的岩心柱表面形成致密吸附膜，阻止滤液侵入，使柱内水析出，保持岩心柱内部干燥、质地坚硬。

2. 2　润滑性能好

近油基基液同时吸附在井壁和钻具表面形成规则致密“油膜”，降低了泥饼的黏附系数和起下钻摩阻，实现高润滑效果，润滑性能与油基钻井液相当。钻井液基浆为近油基钻井液扣除近油基基液配制得到。钻井液泥饼的扫描电镜照片如图 4 所示。

近油基钻井液密度在 1. 2~2. 0g/cm^{3}时，极压

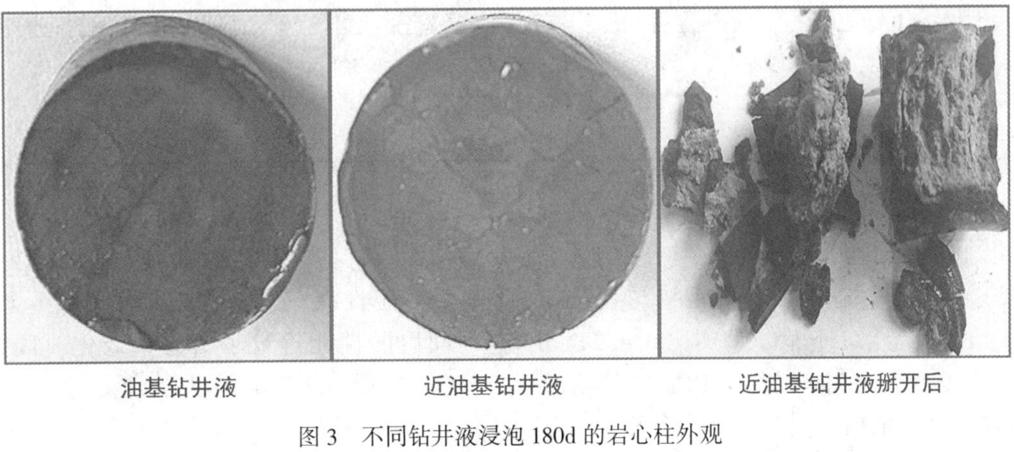

油基钻井液　　近油基钻井液　　近油基钻井液掰开后

图 3　不同钻井液浸泡 180d 的岩心柱外观

润滑系数 0.048～0.083，泥饼黏附系数 0.052～0.105，润滑性能优异。不需要添加其他极压润滑剂，近油基基液本身即可满足长水平段润滑需要。不同密度的近油基钻井液的极压润滑系数和泥饼黏附系数测试结果如图 5 所示。

2.3　抗温性能强

通过对不同老化温度下近油基钻井液的性能进行考察，来评价其抗温性能。老化实验条件为：设定温度下热滚 16h。近油基钻井液流变性能及滤失性能测试结果如表 6 所示。

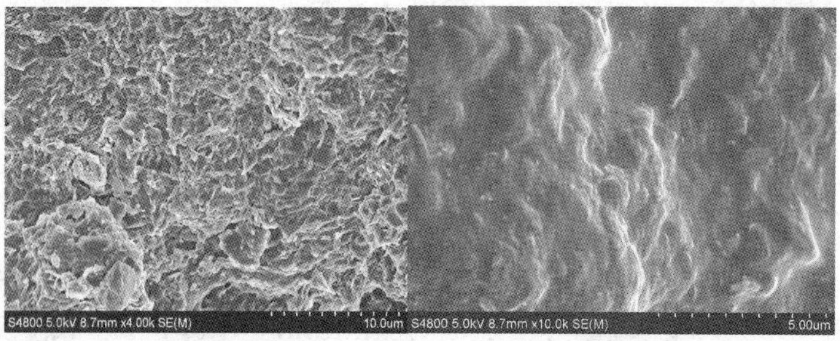

图 4　钻井液基浆及近油基钻井液泥饼的扫描电镜照片

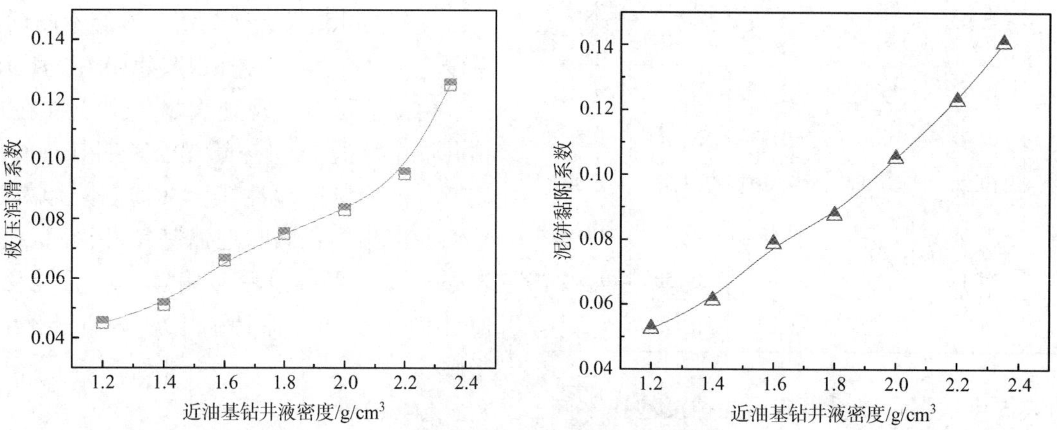

图 5　不同密度近油基钻井液润滑性能

表 6　近油基钻井液在不同温度下的性能

老化温度/℃	AV/(mPa·s)	PV/(mPa·s)	YP/Pa	YP/PV/[Pa/(mPa·s)]	G′/G″/(Pa/Pa)	FL_{API}/ml	FL_{HTHP}/ml	pH
100	34.5	22	12.5	0.568	4.0/5.5	0	1.4	9.0
120	33.5	23	10.5	0.457	4.0/5.5	0	4.0	9.0
140	30.5	21	9.5	0.452	3.5/4.5	0	4.5	9.0
150	31.5	22	9.5	0.432	3.0/3.5	0	6.0	9.0

由表 6 中数据可以看出，近油基钻井液在 140℃老化 16h 后，动塑比 0.452，初终切适宜(3.5/4.5)，中压滤失量 0ml，高温高压滤失量 4.5ml；在 150℃老化 16h 后，动塑比 0.432，初终切适宜(3.0/3.5)，中压滤失量 0ml，高温高压滤失量 6.0ml。依据上述实验结果分析，可认为近油基钻井液抗温达 150℃。

为了进一步考察近油基钻井液抗温性能的持久稳定性能，对钻井液在 140℃下老化不同时间后的性能进行了考察，老化时间分别为：16h、32h、48h、64h、96h。实验结果如表 7 所示。

表7　近油基钻井液不同老化时间的性能（140℃）

老化时间/h	AV/(mPa·s)	PV/(mPa·s)	YP/Pa	YP/PV/[Pa/(mPa·s)]	G′/G″/(Pa/Pa)	FL_{API}/ml	FL_{HTHP}/ml	pH
16	30.5	21	9.5	0.452	3.5/4.5	0	4.5	9.0
32	31	22	9.0	0.410	2.5/6.0	0	5.0	9.0
48	30	21	9.0	0.429	3.0/4.0	0	5.0	9.0
64	32	23	9.0	0.391	3.0/4.0	0	5.0	9.0
96	28	20	8.0	0.400	3.0/3.5	0.1	6.6	9.0

由表7中数据可以看出，近油基钻井液在140℃高温老化96h后，仍能保持较好的流变性和较低的滤失量，动塑比0.400，初终切适宜(3.0/3.5)，中压滤失量接近0，高温高压滤失量6.6ml。如果钻井液流变性能及滤失性能开始变差，可通过补充增黏提切剂、降滤失剂等进行维护，使钻井液性能在高温条件下长时间保持稳定状态。上述实验结果表明，近油基钻井液在140℃长期老化后，可保持稳定的钻井液性能，现场施工过程中可减少维护次数，缩减材料消耗成本，实现降本目的。

2.4　储层保护效果好

近油基钻井液的滤液表面张力及动静态渗透率恢复值的实验结果如表8和表9所示。

表8　近油基钻井液滤液表面张力测试结果

配方	滤液表面张力/(mN/m)	滤液表面张力降低率/%
基浆	42.935	—
近油基钻井液	29.425	31.47

表9　近油基钻井液渗透率恢复值测试结果

渗透率	围压/MPa	$P_{前稳}$/MPa	$P_{后稳}$/MPa	渗透率恢复值/%
静态	6.0	0.364	0.389	93.57
动态	6.0	0.417	0.455	91.65

由表8和表9中数据可以看出，近油基钻井液的滤液油水界面张力低，仅为29.425mN/m，可减小水锁效应，提高滤液返排效率；近油基钻井液的岩心静态、动态渗透率恢复值都大于91%，表现出较好的储层保护性能。

2.5　环保效果好

对近油基钻井液的生物毒性进行了评价测试，所用方法为发光细菌法，检测指标为EC_{50}值。经检测，近油基钻井液优化配方的EC_{50}值为128400mg/L，远大于排放标准30000mg/L。得出结论为：近油基钻井液无生物毒性，可适用于海洋及其他环保要求较高地区的钻井施工，实现绿色、安全、高效钻进。

3　近油基钻井液现场应用

主要介绍近油基钻井液体系在东北松辽盆地北部X页油XHF井的应用情况。

3.1　概况

近油基钻井液体系在东北松辽盆地X页油XHF井成功应用，该井是国内第一口采用水基钻井液成功完井的陆相页岩油水平井。该井井别为参数井，井型为开窗侧钻水平井，钻探目的为开发松辽盆地北部页岩油资源。该井设计井深3154m，井斜87.3°，裸眼段长1600m，水平段长800m，完井方式为套管固井、压裂完井。造斜段依次穿过嫩江组、姚家组、青山口组青三、二段，水平段目的层为青山口组青一段。造斜段和水平段钻遇地层岩性为灰黑色泥岩、灰黑色荧光泥岩，岩性分析结论为100%纯泥岩。

3.2　技术难点

该井施工技术难点主要表现在以下三个方面：

1）泥页岩地质特性，导致地层井壁稳定难度极大。

造斜段：嫩江组、姚家组、青山口组青二、三段的软泥岩垮塌趋势严重。水平段：青山口组青一段的泥岩地层层理、裂缝发育、胶结性差。施工区块内已完井情况表明，青山口组地层坍塌周期不超过21d，井壁失稳风险极大。

2）整个造斜段及水平段岩性为100%纯泥岩，采取裸眼钻进，润滑防卡难度大。

如果钻井液抑制及润滑性能不强，则极易造成钻头泥包，从而导致工艺面不好确定，钻头容易漂移，定向困难；另外，若钻井液体系润滑性能较差，则极易引起托压、卡钻等井下复杂事故。

3）整个造斜段及水平段的纯泥岩地层极易造浆，导致钻井液维护处理难度大。

X页油XHF井造斜段及水平段的地层岩性为100%纯泥岩，主要为灰黑色泥岩、灰黑色荧光泥岩，极易水化膨胀、分散，导致地层造浆严重。一旦钻井液抑制性能较差，钻进过程中来不及除掉的泥岩钻屑将会侵入钻井液，分散形成亚微米颗粒，引起钻井液有害固相含量迅速升高，致使钻井液的维护处理难度加大。更为严重的是，对于高密度钻井液可能导致流变性能失控，无法维护。

3.3 技术对策

根据施工技术难点分析，主要从井壁稳定技术和润滑技术两个方面来制定技术对策。

1）井壁稳定及固相清洁技术

① 超强抑制及固相清洁：近油基基液+抑制增强剂ZYYZ-1；

② 成膜封堵：近油基基液+成膜封堵剂ZYFD-1；

③ 纳微米级配封堵：纳米封堵剂ZYFD-2+不同粒径刚性和变形材料(与地层孔缝相匹配)。

2）润滑技术

① 近油基基液在井壁及钻具表面吸附形成疏水润滑膜；

② 后期完井作业使用塑料小球、石墨等固体润滑剂，保障下套管作业顺利施工。

3.4 应用效果

通过对现场实钻情况进行总结分析，发现近油基钻井液体系具有以下应用效果。

(1) 抑制防塌效果突出，井壁保持长久稳定

钻进过程中返出泥岩钻屑形貌如图6所示。

由图6可以看出，1554~3154m造斜段、水平段钻出的嫩江、姚家、青山口灰黑色、深灰色、灰褐色软泥岩均保持了原始形貌，棱角分明，硬度较大，掰开后内部干燥。

X页油XHF井不同地层井段的稳定周期统计情况如表10所示。

表10 X页油XHF井不同地层井段的稳定周期

层位	岩性	邻井X井坍塌周期/d	X页油XHF井稳定周期/d
嫩江组	深灰、灰黑色泥岩、灰黑色泥岩夹薄层黑褐色油页岩等	7~10	165
姚家组	灰黑、灰色泥岩、粉砂质泥岩、灰绿、紫红色泥岩等	7~10	161
青山口组	灰黑色泥岩、灰黑色介形虫层、褐黑色油页岩等	21	159

由表8中统计数据可以看出，近油基钻井液体系应用于X页油XHF井的井壁稳定周期远远高于以往施工邻井的坍塌周期，稳定造斜段软泥岩和水平段纯泥岩的能力强效持久，坍塌周期得到极大延长，我们认为近油基钻井液可大幅延长高活性泥页岩易坍塌地层的坍塌周期，确保易坍塌地层的安全、快速、高效钻进。

(2) 自身润滑性好，无托压卡钻和钻头泥包

近油基钻井液自身润滑性好，无需添加其他润滑剂。定向段和水平段起下钻摩阻小，润滑防卡效果好。

① 定向段：起钻摩阻6~7t，下钻摩阻4~5t；水平段：起钻摩阻10~12t，下钻摩阻6~8t。近油基钻井液润滑防卡效果好；

② 整个定向段定向过程顺利，无任何托压现象；

③ 定向段和水平段起下钻顺畅，无钻头泥包现象。

近油基钻井液施工过程中，刚出井的复合PDC钻头外观如图7所示。

(3) 钻井液不粘卡钻具，无钻头泥包

图6 钻进过程中返出泥岩钻屑外观

图 7　近油基钻进过程中刚出井钻头外观

在钻具长时间静置、钻井液不循环的情况下长达 28h，钻具未发生粘卡现象，为停泵维修、井下复杂处理等作业提供了充足时间，避免了埋钻具、井眼报废的风险。不粘卡钻具是近油基钻井液较其他水基钻井液的一个非常显著的技术优势。另外，近油基钻井液在钻进过程中，无钻头泥包现象，利于提高机械钻速。

（4）钻井液性能稳定，固相容纳能力强，抑制地层造浆效果显著

近油基基液对钻井液具有良好流型调节作用，钻井液易于维护处理，各项性能稳定，固相容纳能力强，在固控设备失效情况下仍然保持较好流动性；在整个钻进过程中，钻井液坂含为 5.4~21.4g/L，劣质固相不易分散，便于固控设备及时清除，钻井液具有良好的固相清洁能力，固相含量不超过 31.0%。

近油基钻井液施工井段的泥浆性能测试结果如表 11 所示。

表 11　近油基钻井液不同井深的性能测试结果

井深/m	密度/(g/cm³)	FV/s	PV/(mPa·s)	YP/Pa	Gel/(Pa/Pa)	FL/ml	固相/%	MBT/(g/L)	HTHP/ml	K^+/(mg/L)	黏附系数
1766	1.40	48	31	8.5	2.0/3.0	2.4	13	6.4	—	28000	0.0612
2122	1.41	54	43	16	3.5/7.0	2.2	15	5.4	4.8	28800	0.0699
2435	1.60	89	70	28	5.0/10.0	0.2	21.5	6.2	2.2	29800	0.0875
2867	1.60	70	61	18	5.0/16.0	0.2	23.6	8.0	3.8	31000	0.0699
3106	1.60	99	83	35	7.0/25.0	0.3	25.2	16.0	4.0	31000	0.0699

（5）钻井液无生物毒性，可生物降解，绿色环保

近油基钻井液主要组成为近油基基液、生物聚合物、改性多糖、纤维素聚合物、惰性封堵剂、无机电解质等，除惰性固相和无机盐外，其余均为可生物降解物质。前期曾对近油基钻井液室内配方的生物毒性进行了测试，测试指标为 EC_{50} 值，测得近油基钻井液室内配方的 EC_{50} 值为 128400mg/L，远大于排放标准 30000mg/L，无生物毒性。得出结论为：近油基钻井液无生物毒性，可生物降解，绿色环保，具有油基钻井液所不具备的环保优势，可缓解目前油基钻井液带来的环保压力，扩大水基钻井液的适用范围，近油基钻井液可适用于海洋及其他环保要求较高的地区钻井。

4　结论及认识

（1）通过对近油基基液水活度、黏度、成膜及反渗透、抑制及润滑等特性进行评价，确定了近油基基液水活度≥0.746 时，可充分发挥其近油基特性。

（2）以水活度为 0.746 的近油基基液为基础，构建并研究得到了近油基钻井液体系优化配方，具有优异的抑制、抗温及润滑性能；近油基钻井液作用机理与油基钻井液相近，性能与油基钻井液相当，且绿色环保，从技术及环保等方面均表现出明显优势。

（3）X 页油 XHF 井现场应用情况表明，近油基钻井液体系具有超强抑制、地层不造浆、高润滑、不粘卡钻具、强封堵、绿色环保等显著技术优势，可有效解决高活性泥页岩等易坍塌地层

及页岩油气水平井钻井施工过程中出现的井壁失稳、托压卡钻等井下复杂，利于提高机械钻速，缩短钻井周期，降低钻井成本，经济效益和社会效益显著，应用前景广。

(4) 在现有研究基础上，继续开展近油基钻井液作用机理的深入研究，比如说近油基基液水活度与成膜效果、抑制防塌性能的内在联系，近油基基液与其他配伍处理剂的协同作用，为近油基钻井液体系的现场推广应用提供理论支撑。

(5)针对国内各页岩油气区块地层的不同地质特点，优化调整钻井液配方组成及施工技术方案，开展近油 基钻井液体系的适用性研究，形成满足不同页岩地层复杂地质特征的近油基钻井液系列技术，在威荣、涪陵、松辽、黄金坝、长宁、延长等页岩油气区块开展推广应用，满足目前钻井施工中对钻井液性能、成本、环保等方面的严苛要求，实现绿色、安全、高效钻进。

(6) 开展近油基钻井液老浆的回收利用技术研究，提升钻井液循环利用率，在确保性能满足现场技术要求的前提下，降低钻井液综合使用成本。

(7) 在目前“近油基钻井液体系”研究及实践基础上，开展“超油基钻井液体系”的前瞻研究。

参考文献

[1] 王中华. 钻井液及处理剂新论[M]. 北京：中国石化出版社，2017：456-467.

[2] 唐文泉. 泥页岩水化作用对井壁稳定性影响的研究[D]. 青岛：中国石油大学，2011：2-4.

[3] 李天太，高德利. 页岩在水溶液中膨胀规律的实验研究[J]. 石油钻探技术，2002，30(3)：1-3.

[4] 刘向君，丁乙，罗平亚，等. 钻井卸载对泥页岩地层井壁稳定性的影响[J]. 石油钻探技术，2018，46(1)：10-16.

[5] 沈建文，屈展，陈军斌，等. 溶质离子扩散条件下泥页岩力学与化学井眼稳定模型研究[J]. 石油钻探技术，2006，34(2)：35-37.

[6] 唐文泉，高书阳，王成彪，等. 龙马溪页岩井壁失稳机理及高性能水基钻井液技术[J]. 钻井液与完井液，2017，34(3)：21-26.

[7] 袁华玉，程远方，王伟，等. 长水平段钻井泥岩井壁坍塌周期分析[J]. 科学技术与工程，2017，17(3)：183-189.

[8] 张克勤，何纶，安淑芳，等. 国外高性能水基钻井液介绍[J]. 钻井液与完井液，2007，24(3)：68-73.

[9] 王治法，蒋官澄，林永学，等. 美国页岩气水平井水基钻井液研究与应用进展[J]. 科技导报，2016，34(23)：43-50.

[10] 王建华，鄢捷年，丁彤伟. 高性能水基钻井液研究进展[J]. 钻井液与完井液，2007，24(1)：71-75.

[11] 赵虎，龙大清，司西强，等. 烷基糖苷衍生物钻井液研究及其在页岩气井的应用[J]. 钻井液与完井液，2016，33(6)：23-27.

[12] 龙大清，樊相生，王昆，等. 应用于中国页岩气水平井的高性能水基钻井液[J]. 钻井液与完井液，2016，33(1)：17-21.

[13] 王中华. 油基钻井液技术[M]. 北京：中国石化出版社，2019：344-345.

[14] 闫丽丽，李丛俊，张志磊，等. 基于页岩气“水替油”的高性能水基钻井液技术[J]. 钻井液与完井液，2015，32(5)：1-6.

[15] 司西强，王中华，王伟亮. 聚醚胺基烷基糖苷类油基钻井液研究[J]. 应用化工，2016，45(12)：2308-2312.

[16] 谢俊，司西强，雷祖猛，等. 类油基水基钻井液体系研究与应用[J]. 钻井液与完井液，2017，34(4)：26-31.

[17] 贾俊，赵向阳，刘伟. 长庆油田水基环保成膜钻井液研究与现场试验[J]. 石油钻探技术，2017，45(5)：41-47.

[18] 张国仿. 涪陵页岩气田低黏低切聚合物防塌水基钻井液研制及现场试验[J]. 石油钻探技术，2016，44(2)：22-27.

[19] 司西强，王中华，王伟亮. 龙马溪页岩气钻井用高性能水基钻井液的研究[J]. 能源化工，2016，37(5)：41-46.

[20] 魏风勇，司西强，王中华，等. 烷基糖苷及其衍生物钻井液发展趋势[J]. 现代化工，2015，35(5)：48-51.

[21] 刘敬平，孙金声. 页岩气藏地层井壁水化失稳机理与抑制方法[J]. 钻井液与完井液，2016，33(3)：25-29.

[22] 张克勤，方慧，刘颖，等. 国外水基钻井液半透膜的研究概述[J]. 钻井液与完井液，2003，20(6)：1-5.

[23] 屈沅治，孙金声，苏义脑. 新型纳米复合材料的膜效率研究[J]. 石油钻探技术，2008，36(2)：32-35.

[24] 李海涛，赵修太，龙秋莲，等. 镶嵌剂与成膜剂协同增效保护储层钻井液室内研究[J]. 石油钻探技术，2012，40(4)：65-71.

[25] 蒲晓林，雷刚，罗兴树，等．钻井液隔离膜理论与成膜钻井液研究[J]．钻井液与完井液，2005，22(6)：1-4.

[26] 于雷，张敬辉，李公让，等．低活度强抑制封堵钻井液研究与应用[J]．石油钻探技术，2018，46(1)：44-48.

[27] 刘敬平，孙金声．钻井液活度对川滇页岩气地层水化膨胀与分散的影响[J]．钻井液与完井液，2016，33(2)：31-35.

[28] 陈金霞，阚艳娜，陈春来，等．反渗透型低自由水钻井液体系[J]．钻井液与完井液，2015，32(1)：14-17.

[29] 侯杰．硬脆性泥页岩微米-纳米级裂缝封堵评价新方法[J]．石油钻探技术，2017，45(3)：32-37.

[30] 刘凡，蒋官澄，王凯，等．新型纳米材料在页岩气水基钻井液中的应用研究[J]．钻井液与完井液，2018，35(1)：27-33.

四川威远页岩气藏水平井压裂地质设计与优化
——以威202HX平台为例

赵国英 白 森 卢亚亚 滕先林 蔡 雨

（中国石油集团长城钻探工程有限公司地质研究院）

摘 要 威远页岩气藏构造上位于四川盆地边缘，地应力及储层分布较为复杂，水平井在压裂过程中易发生套管变形，影响气井产能。为了提高水平井井筒完整性，在精细地质研究及储层可压性评价基础上，开展了地质-工程一体化压裂地质设计与优化研究，同时进行了套变风险预测及措施优化。结果表明：应用三维地质模型及地应力模型开展压裂设计优化综合了储层品质及工程品质因素，压裂段簇设计更加科学合理。研究得出的7项套变评估风险要素和Ⅰ、Ⅱ、Ⅲ级套变风险识别标准及优化策略现场应用效果较好。2019年威202区块实施压裂27口水平井，套变井比例较前一年降低44.6%，投产后效果较理想，平均单井测试日产量超过28万方。以上成果认识对于提高分段压裂效果以及页岩气藏经济有效开发具有重要意义。

关键词 页岩气藏；水平井；压裂设计；威202；地应力建模；套变风险预测

水平井钻井和分段压裂是目前页岩气开采的核心技术。页岩储层需要进行大规模压裂才能形成工业产能，页岩气储层分段压裂技术可以增大水平井的导流能力，提高水平井的产能，最大限度提高地质储量可动用程度，并最大限度地减少对储层的伤害。因此，储层压裂改造效果在页岩气藏经济高效开发中发挥着举足轻重的作用[1]。

四川威远作为国家页岩气示范基地，自2015年实施规模建产以来，页岩气产量逐年提升，气藏开发取得初步成效。但对比北美页岩气开发实践，威远页岩储层非均质性较强，地质条件更为复杂。近几年水平井储层压裂改造效果不太理想，尤其2018年套管变形井比例超过60%导致大部分气井筒完整性差，对气井产能影响较大。以往水平井压裂段簇设计主要借鉴国内外压裂实践经验，缺乏针对威远地质特点有针对性的地质-工程一体化设计，没有考虑可能诱发套变的地质因素，未形成一套科学有效的压裂地质设计方案流程和方法。因此，从地质角度着手开展压裂设计及优化，对于页岩气井发挥最大产能以及威远地区页岩气规模建产具有重要意义。

1 地质特征及储层可压性评价

储层岩石力学特征、脆性特征、地应力以及天然裂缝分布等对人工裂缝的延伸以及裂缝网络的形成起着重要作用，从客观角度决定了储层改造的效果和质量[2]。因此，精细地质研究和储层可压性评价对于水平井压裂地质设计尤为重要。

1.1 构造特征

威远页岩气田构造上位于川西南古中斜坡低褶带，整体表现为由北西向南东方向倾斜的大型宽缓单斜构造。威202区块位于威远区块西北部，威202HX平台位于威202区块中东部，平台部署5口水平井，主要目的层为志留系龙马溪组底部厚度约40~50m的优质页岩。平台附近为单斜构造，地层倾角2°~5°，大尺度断层不发育。目的层埋藏较深，平台5口井埋深由北西3440m向南东逐渐变深至3630m，深度跨度约200m。

1.2 储层特征

利用威202HX平台导眼井测井评价结果，龙一$_1$亚段-五峰组页岩厚度53.3m，有机碳含量1.7%~5.3%，各小层孔隙度分布在4.8%~6.3%，渗透率273~461nD，含气量5.8~10.7m^3/t。该优质页岩地化、物性特征相对较好，页理发育，储层评价以Ⅰ、Ⅱ类为主。龙一$_1$亚段页岩储层品质好，孔隙度、有机碳、含气量曲线整体上呈现自上而下逐渐增高，储层物性自上而下逐渐变好。储层最发育是龙一$_1$亚段底部的龙一$_{11}$小层，厚度约6.4m，岩性主要为富含有机质的硅质页岩，电性上表现为低GR、高阻、低密度、低中子、游离气含量高，地层压力系数在1.65~1.73。五峰组储层物性和含气性相

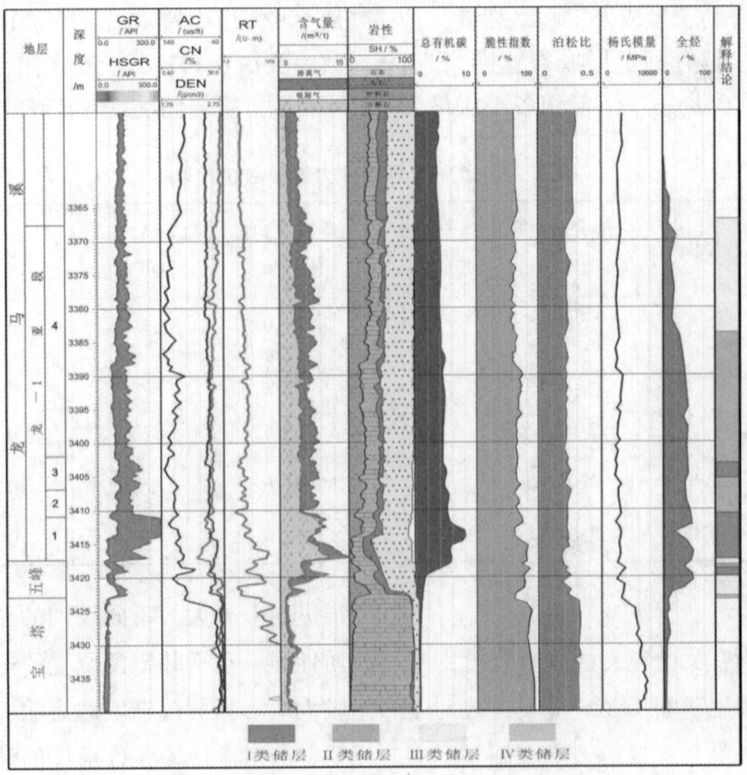

图 1 威 202HX 平台导眼井储层综合分析图

对较差，总体评价为Ⅱ类储层。

1.3 矿物组成特征

威远页岩气田五峰组—龙一$_1$亚段为优质页岩段，是目前水平井开发目的层。距五峰组底部约 10-15m 页岩层理发育，岩性以硅质页岩、钙质页岩为主，富含生物化石笔石。依据威 202HX 平台导眼井 ECS 测井资料，主要矿物成分为石英、长石、黏土矿物和黄铁矿等(表 1)。五峰组—龙一$_{14}$脆性矿物含量介于 62.6%~76.3%，平均 65.7%。其中石英矿物含量最高，42.1%~53.9%，平均 43.9%；其次是碳酸盐矿物，8.3%~23.8%，平均 14.2%；长石含量相对最少 6.6%~11.2%，平均 7.6%。导眼井五峰组—龙一$_1$亚段单井脆性矿物平均含量介于 62.6%~76.3%，平均 65.7%，自上而下逐渐增大；黏土矿物含量自上而下总体呈逐渐减小特征，含量 9.7%~26.3%，平均 17.8%。龙一$_{11}$小层泥质含量最低(9.7%)，脆性指数较高(73.4%)。

表 1 威 202HX 导眼井岩石组分统计表

井段/m	层位	泥质含量/%	黄铁矿/%	干酪根/%	石英/%	碳酸盐/%	长石/%
3717.4~3751.3	龙一$_{14}$	26.3	1.3	4.5	42.1	13.9	6.6
3753.1~3757.3	龙一$_{13}$	22.0	1.5	5.8	43.4	14.1	6.9
3757.3~3761.2	龙一$_{12}$	18.5	1.6	6.8	44.2	13.8	9.2
3761.2~3767.9	龙一$_{11}$	9.7	1.9	8.9	53.9	8.3	11.2
3767.9~3773.3	五峰	14.5	1.1	3.2	43.5	23.8	9.0

1.4 地质力学特征

地应力纵向上受构造、岩性、矿物组成等因素变化较大，研究三向地应力纵向变化规律和岩石力学参数，评估地层可压性，选择合适的压裂层段，是实现成功压裂的重要保证。

依据导眼井测井资料，交叉偶极声波、电成像图上显示最大主应力方向总体为南东北西向，100°左右。三轴力分析优质页岩段 3717.4~3773.3m(龙一$_{14}$-五峰组)破裂压力 85~128MPa，平均 96MPa；最小地应力 75~100MPa，平均 83MPa；最大地应力 89~114MPa，平均 96MPa，垂向地应力 86~88MPa，平均 87MPa。水平应力差异系数是评价页岩气储层可压性的核心参数之一，直接关系到压裂裂缝的几何形态。应力差异系数小于0.30时，有利于形成人工网络裂缝，且应力差异系数越小，越有利于形成裂缝网络[3]。依据导眼井力学数据，龙一$_{14}$-五峰组各小层最大最小水平应力差12.2~12.7MPa，水平应力差异系数一般在0.147~0.156之间，平均0.15，表明本平台附近页岩储层具有较好的可压性。

表2　威202HX导眼井力学参数统计表

井段/m	层位	杨氏模量/MPa	最大主应力/MPa	最小主应力/MPa	垂向应力/MPa	泊松比	破裂压力/MPa
3717.4~3751.3	龙一$_{14}$	26421.5	95.2	83.0	87.2	0.2	96.7
3753.1~3757.3	龙一$_{13}$	25777.8	97.7	85.3	87.7	0.2	100.7
3757.3~3761.2	龙一$_{12}$	27804.2	96.0	83.5	87.8	0.2	97.1
3761.2~3767.9	龙一$_{11}$	29062.6	94.3	81.6	87.9	0.2	93.3
3767.9~3773.3	五峰	33646.4	96.4	83.9	88.0	0.2	97.6

1.5　裂缝特征

对于压裂设计而言，研究裂缝发育程度对于优化段簇设计，合理规避断层及裂缝发育段对于预防井漏、套变等风险，实现压裂安全施工具有重要意义。目前威远页岩气裂缝研究表明裂缝类型主要是构造缝和层间页理缝。研究方法包括地震曲率及蚂蚁体属性预测。如图2所示，威202HX平台附近地震曲率值变化小，表明构造比较平缓。平台西北部曲率值显示异常（红色条带），表明可能存在一条北东-南西向裂缝发育带，距本平台约2.8km。地震蚂蚁体显示区内裂缝比较发育（图3），裂缝走向主要为北东-南西向，本平台西部相邻两个平台微裂缝比较发育，尽管本平台三维地震资料未能满覆盖，预测本平台水平井区裂缝发育。

1.6　水平井箱体可压性评价

威远地区龙马溪组底部页岩储层"七性"特征纵向差异大，不同级别的储层纵向叠置，非均质性强，水平井靶窗位置的选择对单井产能影响较大[4]。压裂改造实践表明，水平井目标箱体即要充分考虑地质条件最优的储层段，又要考虑工程压裂裂缝易于开启并形成网状缝层段[5]。因此，水平井目标箱体要精准锁定"地质+工程双甜点"，依据中石油页岩气测井评价技术规范，首选储层品质为I类的储层，即总有机碳含量均值超过3%、含气性高于3m^3/t、孔隙度大于5%、黏土含量小于30%；其次，考虑工程品质，即脆性指数大于55%。综合考虑地质与工程品质，选取龙一$_1^1$小层为水平井目标箱体。

威202HX平台5口井水平段长度较大，平均长度1573m。水平段轨迹质量优，平均单井龙一$_1^1$钻遇率97.8%，其中3口井达100%。综合目的层埋深、储层类型、压力系数等参数，评价该平台具备较好的储层改造条件（表3）。

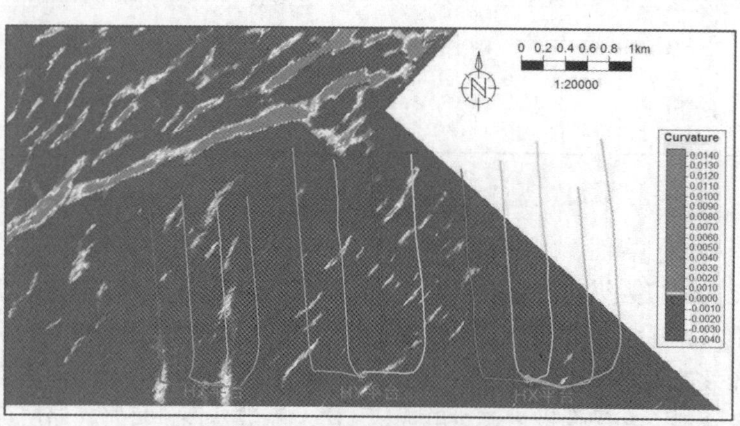

图2　威202HX平台地震曲率体图

图 3　威 202HX 平台地震蚂蚁体图

表 3　威 202HX 平台水平井可压性评价表

井号	水平段长度/m	龙一$_1^1$厚度/m	龙一$_1^1$钻遇率/%	埋深/m	压力系数	水平应力差/MPa	储层类型	裂缝情况	评价结果
威 202HX-1	1512	6.2	100	3546	1.67	12.7	Ⅰ类	发育	较好
威 202HX-2	1550	6.3	100	3577	1.68	12.7	Ⅰ类	发育	较好
威 202HX-3	1700	6.4	100	3601	1.69	12.7	Ⅰ类	较发育	较好
威 202HX-4	1403	6.4	91.4	3631	1.70	12.7	Ⅰ类	较发育	较好
威 202HX-5	1700	6.5	100	3636	1.71	12.7	Ⅰ类	较发育	较好

2　压裂地质设计及优化

2.1　设计思路

秉承地质-工程一体化研究思路，以精细地质研究为依托，考虑水平井储层品质和完井品质，遵照差异化设计原则优化压裂段、簇设计。应用三维地质模型构建在压平台与周边平台空间位置关系网络，并开展压前套变风险预测，细化套变风险定级，提示工程风险。

2.2　压裂段设计

依据近几年国内外页岩气藏开发经验，密切割已成为主流的压裂设计方案，该方案可有效降低段内各簇间的进液差异以及裂缝扩展差异，有利于段内各簇实现均匀有效改造，实现簇间未实现充分改造区域储量的有效动用，可增加气井单控储量及 EUR[6]。

威远目前压裂设计主要采用密切割分段方案，参照相邻平台井压裂数值模型结果，段长 60~75m 模拟改造面积最大(图 4)。设计重点遵循以下原则：(1) 单井平均压裂段长一般控制在 60~75m；(2) 若遇断层或天然裂缝发育带，避断层至少 20m 以上，天然裂缝富集段尽量要独立分段，不与基质段划分在同一段内，且可以适当加大段长 10~15m；(3) 若改造段存在高套变风险，本段及前一段适当增大段长 10~20m。

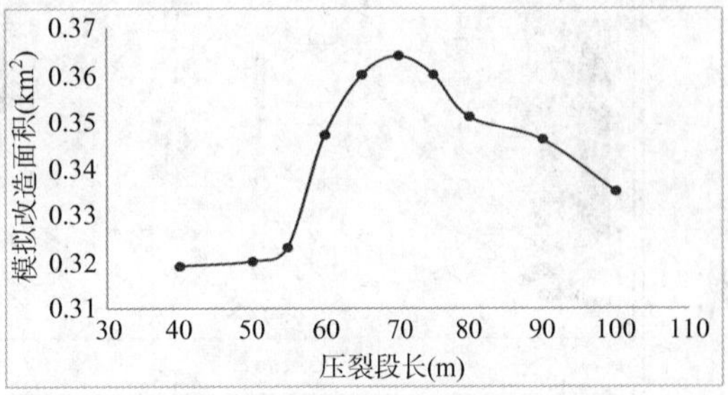

图 4　压裂段长设计优化模拟结果

压裂地质设计在三维地质模型中完成。首先，建立地质模型。应用 Petrel 软件建立平台精细三维地质模型，包括构造模型、裂缝模型和地应力模型(图 5-a、5-b)。模型平面网格精度 50×50m，纵向精度 0.5m；第二步，构建储层关键参数平面图。在地质模型中沿着目标层位龙一$_1^1$小层，分别提取断层数据、天然裂缝、应力差、杨氏模量、泊松比等关键参数平面属性图，将钻井轨迹数据叠合在平面属性图上(图 5-c、d、e、f)，检查井轨迹在各属性图上是否有异常情况，例如是否钻遇断层、裂缝发育带、应力异常等。本平台井未钻遇断层，也无应力异常等情况；第三步，建立压裂设计剖面，划分压裂段。剖面曲线道集数据包括井轨迹分层、测井(GR、弹性参数、最大/最小主应力等)、录井(全烃、元素)、

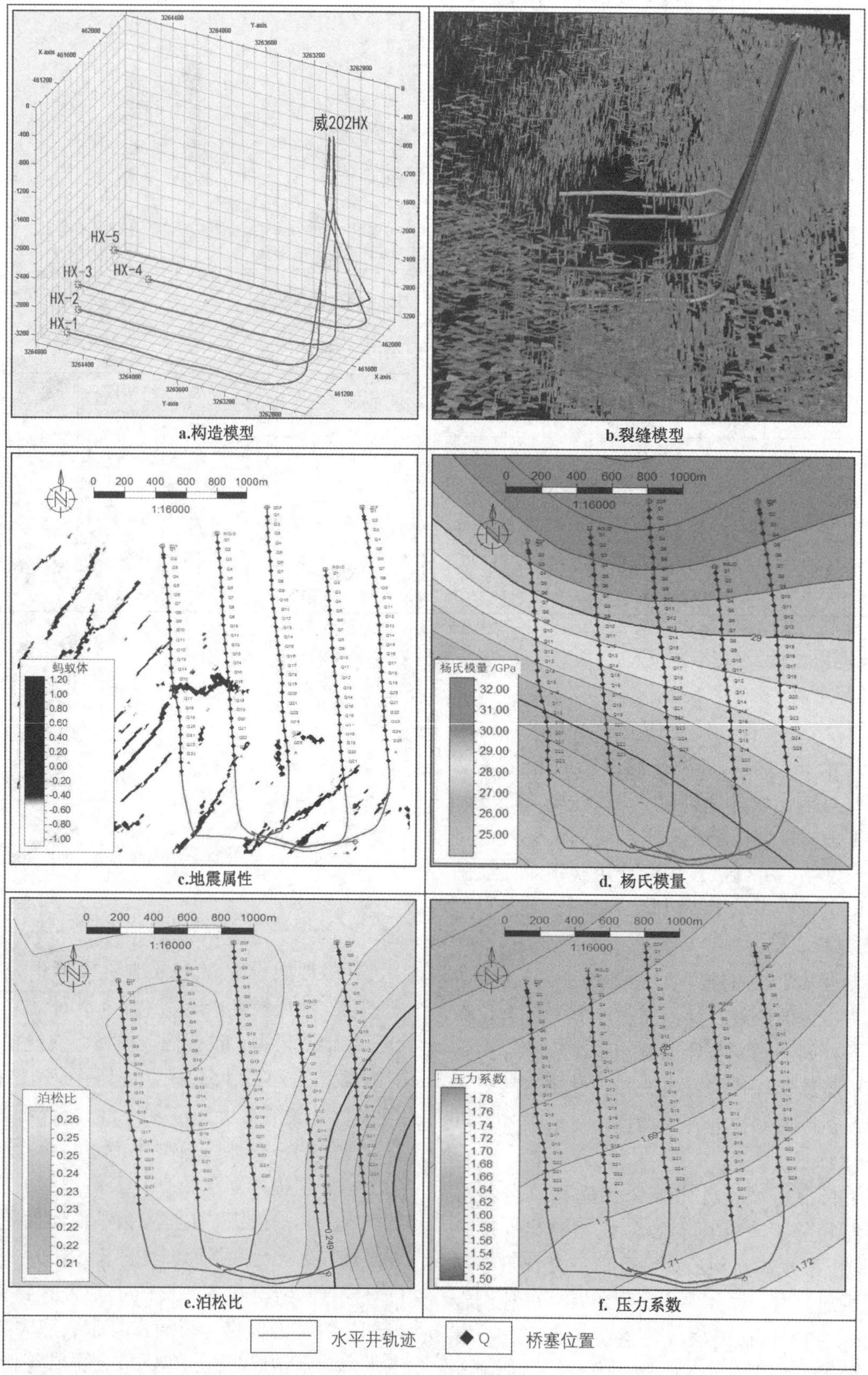

威202HX
HX-5
HX-4
HX-3
HX-2
HX-1
a.构造模型
b.裂缝模型
0 200 400 600 800 1000m
1:16000
蚂蚁体
1.20
1.00
0.80
0.60
0.40
0.20
0.00
-0.20
-0.40
-0.60
-0.80
-1.00
c.地震属性
杨氏模量 /GPa
32.00
31.00
30.00
29.00
28.00
27.00
26.00
25.00
d. 杨氏模量
泊松比
0.26
0.25
0.25
0.24
0.23
0.23
0.22
0.22
0.21
e.泊松比
压力系数
1.78
1.76
1.74
1.72
1.70
1.68
1.66
1.64
1.62
1.60
1.58
1.56
1.54
1.52
1.50
f. 压力系数
水平井轨迹
Q 桥塞位置

图 5　压裂设计模型

套管接箍、固井声幅、狗腿度、井斜角等。首先对层位进行筛选，把井轨迹钻遇非龙一$_{1}^{1}$小层的地层，如五峰组卡出来单独设计。因威远五峰组含气量低，无经济产能，根据钻遇情况其最大段长可加大至 80~90m，设计采用大段向上定向射孔。接下来，对轨迹钻遇龙一$_{1}^{1}$小层的井段精细划分 3 段，即龙一$_{1上}^{1}$、龙一$_{1中}^{1}$、龙一$_{1下}^{1}$，其中，龙一$_{1上}^{1}$页岩的含钙量相对较高。结合曲线特征，尽量保证单段不跨小层，长度控制在 60~75m 进行分段，确定桥塞位置；第四步，质量检查。将桥塞设计位置及水平井轨迹数据叠合到上述各个储层关键属性参数图上，逐一检查合理性。采用平剖结合的质控方法，应用软件平剖联动功能，逐一完成各井、各压裂段的设计。根据模型优化结果，本平台 5 口井单井设计改造段长 1359~1657m，平均 1525m；单井设计改造段数 22~26 段，平均 24 段；设计段长区间在 60~70m，平均约 63m(表 4)。

2.3 射孔簇设计

射孔簇设计包括射孔簇数、簇间距、簇长等，遵循以下原则：(1) 依据储层性质一般每段设计 3~4 个射孔簇，簇间距 15~20m；(2) 射孔簇位置设计参照随钻 GR、全烃、测录井解释及地球物理成果，选取页岩储层性质相近点作为射孔簇，尽量缩小同一段内各簇进液差异；(3) 射孔簇位置避开狗腿大、轨迹穿越小层等复杂的位置；(4) 射孔簇位置选择固井质量好的部位；(5) 射孔簇避开套管接箍 0.7~1.0m。

在上述压裂段设计剖面中开展射孔簇设计。本平台 5 口井各压裂段射孔簇均设计 3 簇，单井设计簇数 66~78 簇，平均约 72 簇；簇间距 17~22m，平均约 20m，单簇长 1m，孔密 16 孔/m (表 4)。由于压裂设计考虑的地质因素较多，所以在实际设计工作过程中对射孔段、簇的设计环节往往是经过多次调整、循环往复，以求得到最优的设计。

表 4 威 202HX 平台水平井压裂地质设计参数表

井号	改造段长/m	设计段数	段长区间/m	平均段长/m	设计簇数	簇间距/m
威 202HX-1	1467	23	60~67	63.5	69	18~22
威 202HX-2	1487	24	61~65	62.9	72	17~22
威 202HX-3	1657	26	62~64	63.7	78	19~21
威 202HX-4	1359	22	60~70	62.8	66	17~22
威 202HX-5	1655	26	63~64	63.7	78	19~21

2.4 套变风险预测及措施

2017-2018 年，威远页岩气开发示范区的套变率在 50%左右(套变率按照套变井数占总压裂井数的百分比统计)，个别井区套变率高达 80%以上，大规模体积压裂过程中的套变仍然是页岩气水平井开发中未解决的一个技术问题[7-8]。根据《长城钻探川渝页岩气套变防治手册》，同时结合长城公司威 202 区块历年发生套变井原因分析结果，可能导致水平井套变的地质因素主要有 7 项，即断层、裂缝、应力异常、地震弹性属性异常、测井 GR 异常、岩性变化及井轨迹质量差。依据上述因素制定 7 项套变风险评估要素，将套变风险分为Ⅰ、Ⅱ、Ⅲ共 3 个等级(表 5)。

套变风险预测主要应用测井资料、三维断层数据、三维裂缝数据、三维应力属性等资料，预测套变风险位置和级别，针对不同风险等级制定设计优化策略。如表 5 所示，将 7 个要素按对套变产生影响的概率进一步划分为 A、B、C 三类。其中，断层要素类别定为 A 类；裂缝和应力异常定为 B 类；弹性属性异常、GR 变化、岩性变化及井轨迹质量定为 C 类。依据待压裂段各类要素出现频次确定套变风险级别。若出现 A 要素，具体特征表现为待压裂段穿过断层或距断层 20m 以内，则将该段定为Ⅰ级风险。其他 B、C 级特征描述详见表 5 所示。若要素 B 与要素 C 同时出现则定为Ⅱ级套变风险；要素 B 或 C 中只出现 1 种定为Ⅲ级套变风险。

针对上述套变风险，设计优化总体思路是采取规避断层、优化射孔簇位置、加大压裂段长度以及风险预警提示。优化措施：(1) 针对Ⅰ级套变风险，断层两侧的射孔簇位置与断层距离至少避 20m 以上。(2) 针对Ⅱ级套变风险，适当增加本改造段及前 1 段改造长度，一般 10~20m。

(3) 对于Ⅲ级套变风险，预测套变风险点位置，在压裂地质设计中增加套变风险预警提示。此外，建议压裂过程中加强裂缝监测，依据现场施工状况适当降低施工强度。

表5　威202区块套变风险因素识别标准表

序号	要素	要素类别	代表井	套变风险级别	特征描述
1	断层	A	H2-1/2、H7-3、H9-5、H75-1	Ⅰ	待压裂段穿过断层或距断层20m以内
2	裂缝	B	H71-2/3/4、H57-1/2/3	Ⅱ/Ⅲ	待压裂段穿过裂缝带或距裂缝10m以内
3	应力异常	B	H7-5、H39-4	Ⅱ/Ⅲ	待压裂段与相邻段之间的应力差大于10MPa
4	弹性属性异常	C	H9-6/8	Ⅲ	待压裂段与相邻段之间的杨氏模量差值大于5GPa，泊松比差值大于0.1
5	GR变化	C	H65-3、H4-3	Ⅲ	待压裂段与相邻段之间的GR差值大于50API
6	岩性变化	C	H39-1/4、H8-2/3/4	Ⅲ	待压裂段与相邻段之间的泥质含量差值大于5%或参考随钻GR值变化，与相邻段不在同一小层
7	井轨迹质量差	C	H33-3	Ⅲ	待压裂段狗腿度大于5°/30m

表6　威202HX平台水平井套变风险识别表

井号	设计段数	预测套变风险段数	预测套变风险段	要素类别	套变风险级别
威202HX-1	23	6	9、10、11、12、16、17	C	Ⅲ
威202HX-2	24	5	11、15、16、17、24	C	Ⅲ
威202HX-3	26	5	3、4、24、25、26	C	Ⅲ
威202HX-4	22	4	12、13、14、22	B\C	Ⅱ/Ⅲ
威202HX-5	26	3	18、21、26	C	Ⅲ

按照上述套变风险定级标准，威202HX平台5口水平井共识别出23个套变风险段，大多为III级风险(表5)，主要体现在裂缝发育、GR异常及个别井段轨迹狗腿度偏大。采取措施及建议：一是在压裂现场施工过程中加强裂缝监测，注意观察施工压力及地层压裂液注入情况，如遇异常可适当降低施工规模；二是优化平台5口井压裂施工顺序，因平台5口井设计改造长度偏差较大，其中3井、5井水平段平均1656m，较1、2井长约180m，建议优先施工这两口井前3段。然后实施1、2井。本着“齐头并进”原则，待1、2、3、5井压裂进展到与4井首段拉齐时，再5口井同时拉链施工；三是加强压裂地质跟踪，地质设计人员在平台井压裂过程中全程跟踪，与工程人员紧密配合，便于及时调整设计与施工。

3　现场应用效果

威202HX平台5口井于2019年8月6日开始压裂，截至9月8日完成施工，34天压裂122段，平均单段砂量101吨，平均单段液量1793方，压裂设计符合度100%，施工效率3.59段/天。该平台5口井压裂施工过程中均未发生套变，实现了“零套变、零丢段”，井筒完整性100%、压裂设计段簇参数与实际参数符合率100%。

该平台施工过程中，密切关注邻平台施工情况，优化钻井、压裂及投产井运行安排，未发生压窜和井间干扰情况，该平台实现了科学、高效压裂。威202HX平台于2019年9月9日返排投产，平台5口水平井合计测试日产气233万方，其中单井测试日产最高达60万方。投产半年，该平台累产气达1.56亿方，开发效果较理想。

2019年，威202区块压裂投产井27口，其中发生套变井5口，套变井占比18.5%，同比2018年63.1%下降幅度较大。气井平均井筒完整性达到95%以上，区块新投产井平均单井测试日产量超过28万方，威202区块取得较好的开发效果。

4　结论及认识

(1) 储层地质综合分析及可压性评价是做好

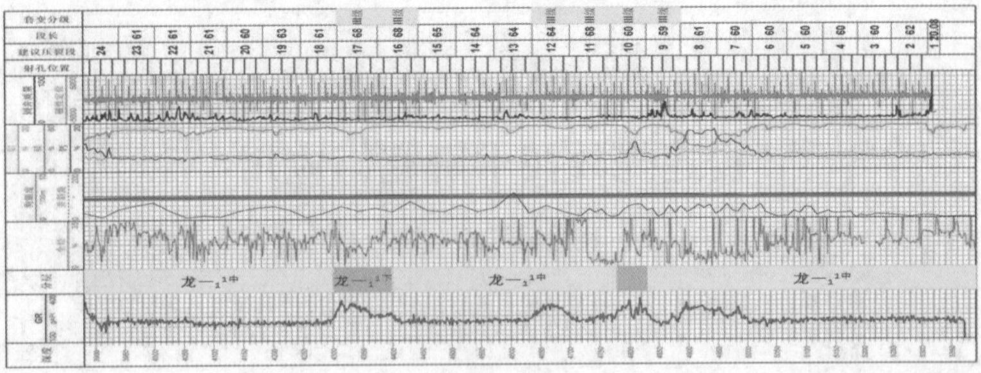

图 6　威 202HX-1 井压裂地质设计剖面

压裂地质设计的前提和基础，实践表明，威 202 区块水平井目标靶体为龙一$_{1}^{1}$小层，平均钻遇率一般在 90%以上，若水平段钻遇储层测井评价为Ⅰ类，目的层埋深小于 3500m、压力系数大于 1.5 且应力差小于 15MPa，水平井可压性相对较好。

（2）应用三维地质模型开展压裂设计优化是一个有效手段。通过运用构造模型、裂缝模型以及地应力模型对储层品质和钻完井品质进行刻画，实现了地质-工程一体化压裂设计。目前威远页岩气水平井主体采用“密分割”分段方式，单井平均段长 60~65m，每段 3~4 簇的设计效果较好。

（3）套变风险预测是压裂地质设计中重要一环，将套变风险分 3 个等级，其中，应对Ⅰ级套变风险需将射孔簇位置规避断层 20m 以上，Ⅱ级风险加大设计压裂段长度 10~20m，Ⅲ级套变风险在设计中明确风险位置、提出工程风险预警。此外，在现场施压裂施工过程中建议通过加强压裂监测、优化施工顺序、适当降低压裂段施工规模等可有效减缓套变发生几率，保障井筒完整性。

（4）页岩气藏水平井压裂设计需在实践中持续优化。套变产生机理复杂，是多因素共同作用的结果，不仅包括地质环境、储层品质、轨迹质量等客观因素，还涉及到压裂设计质量、工程施工能力、科学管理等主观因素，较为复杂。本文地质-工程一体化压裂地质设计方法目前对威远区块及其他页岩气田的经济有效开发具有一定的指导作用，但仍需在今后的实践中不断探索、不断优化。

参　考　文　献

[1]　石晓闪，刘大安，崔振东，孙波，唐铁吾. 页岩气开采压裂技术分析与思考[J]. 天然气勘探与开发，2015，38(3)：62-65.

[2]　蒋廷学，卞晓冰，袁凯，等. 页岩气水平井分段压裂优化设计新方法. 石油钻探技术，2014，42(2)：1-6.

[3]　张旭，蒋廷学，贾长贵，等. 页岩气储层水力压裂物理模拟试验研究. 石油钻探技术，2013，41(2)：70-74.

[4]　高全芳. 武隆向斜五峰组-龙马溪组优质页岩特征及水平井靶窗优选[J]. 非常规油气，2019，(03)：99-105.

[5]　吴雪平. 页岩气水平井地质导向钻进中的储层甜点评价技术[J]. 天然气工业，2016，36(5)：74-80.

[6]　范宇，周小金，曾波，等. 密切割分段压裂工艺在深层页岩气 Zi2 井的应用. 新疆石油地质，2019，40(2)：223-227.

[7]　李凡华，乔磊，田中兰，等. 威远页岩气水平井压裂套变原因分析. 石油钻采工艺，2019，41(6)：734-738.

[8]　李斌，向军文，李明建，等. 页岩气勘探中的空间关系型数据库设计[J]. 非常规油气，2019，(02)：111-116，90.

复杂岩性及非常规油气藏一体化钻井提速提效技术研究与应用

赵前进[1] 冯 义[1] 杨立军[1] 肖 华[2] 王品德[1] 戢能斌[1]

（1. 中国石油吐哈油田公司工程技术研究院；2. 中国石油吐哈油田公司勘探公司）

摘 要 近年来，吐哈油田勘探开发不断向深层推进，复杂深井钻井周期偏长、复杂事故率高；同时致密油、页岩油等非常规油藏产状复杂，水平井长水平段延伸能力差与油层钻遇率低等矛盾突出，如何在低油价环境下实现提质增效是亟需解决的瓶颈难题。为实现"提高速度、提高油层钻遇率、提高产量、降低成本"攻关目标，开展了高陡地层井身质量控制、"一趟钻"钻具组合、安全钻井工具及水平井工程地质一体化钻井等技术攻关研究，形成了低成本钻井提速技术系列。通过现场示范引领与规模推广，4500米以上深探井钻井周期降低15%以上；水平井水平段达1800米，油层钻遇率由76%提高至96.5%，国产化提速工具配套率达95%以上，为非常规油气藏高效勘探、规模效益开发提供了有效途径。

关键词 非常规油藏；深井提速；安全钻井工具；长段水平井；油层钻遇率

随着吐哈油田勘探开发进入非常规时代，资源品质劣质化愈发明显、油气开发难度不断加大，勘探开发对象日益集中于深层超深层和复杂类型油气藏，复杂深井钻井周期偏长，漏塌、阻卡复杂事故频发，长水平段水平井钻井效率低等问题日益凸显，通过一体化钻井提速提效工具与工艺攻关研发，形成重点区块安全高效钻完井技术模板，切实提高钻井速度、缩短钻井周期，为低油价下实现复杂油气藏的经济有效动用提供技术支撑。

1 主要钻井难点

（1）大尺寸井眼控斜效率低，防斜打快矛盾突出，防斜打快效果差。

（2）深部地层破岩效率与行程钻速低，提速手段需升级优化。

（3）复杂层段"塌、缩、阻、卡"等频发，连续钻井效率低。

（4）非常规油藏产状复杂，常规导向仪器与工艺方法不能适应优质储层高效追踪的需求。

2 钻井提速提效配套技术

2.1 高陡地层井身质量控制技术

在开展地层造斜规律、井眼行程轨迹规律等研究的基础上，建立低成本近垂直钻井井身质量控制思路，结合钟摆防斜、动力学防斜原理理论，形成一种适合大倾角地层复合钻进的全压控斜技术，该技术采用特殊构型稳定器的螺杆、个性化尺寸与安装位置的新型组合，是通过稳定器的数量、构型、尺寸大小及安装位置的调整来实现防斜打快，形成了"两短一长+外径递增"特殊三稳定器"0-1-2"组合设计，达到钟摆力最大化，实现全压复合钻井条件下自主控斜的功效，该钻具辅助配套MWD随钻跟踪，实现"防、稳、纠"多功能于一体，可精确控制井斜与方位走势；同时优化配置具有井壁修复功能的新型稳定器，实现易塌、易缩井段井壁随钻修复，保障起下钻、短拉过程中钻具起下顺畅。

通过现场试验验证，1000米调整段长≤40米，最大井斜控制精度 ≤3°，全压复合钻进比例≥95%，钻压40~120KN范围可调，有效解决了前期常规钻具轻压吊打、频繁纠斜、钻井效率低的技术难题，实现了有效性、安全性与经济性的和谐统一。

2.2 "一趟钻"高效钻具配套技术

研发配套自主知识产权的提速型PDC钻头系列、井下动力钻具，研究形成以"提高单趟钻进时间和钻井机速"为核心的"一趟钻"提速技术。

2.2.1 多类型PDC钻头

通过对各种岩性可钻性与研磨性分析，设计研发并引进了多类型PDC钻头，形成了中浅层、深层非均质性、强冲击性与强研磨性等复杂岩性的地层的主体钻头型号，进一步实现四大岩性地层高效破岩(如表1所示)。

表1 不同岩性地层PDC钻头设计思路

地层类别	设计思路	主要功能
可钻性好地层	深宽排屑槽、冠部尖锐,中等密度布齿、大螺旋五刀翼、超深宽排屑槽、高抛物线头型设计	攻击性强,可主动切削地层和防止泥包
研磨性强地层	六刀翼,采用热稳定性强的深度滤钴复合片,多空间多角度较高密度布齿、低抛物线头型、短保径等设计	冠部头型平缓定向工具面稳定抗冲击抗研磨性强
岩性多变地层	水力脉冲钻头与专用配套螺杆相结合,有机结合水力脉冲、瞬时负压、空化射流和高速剪切"四合一"高效破岩手段	将水功率转化为交变钻压,改变井底岩石受力状态
深部极硬地层	五/六刀翼,复合片设计为非平面齿,改变破岩方式,提高深部难钻地层的使用寿命与机械钻速	复合片应力集中工具面易控制强抗冲击性

2.2.2 高效螺杆

(1) 结构设计

采用7头或9头中低速大扭矩螺杆代替常规的5头高速螺杆，增加螺杆输出扭矩，减少单弯螺杆偏移距对井壁产生的机械碰撞；采用球铰接式万向轴、转子中空设计，实现大排量下低转速高功率输出，为钻头提供大扭矩、大排量清洗和长寿命匹配，为钻头提供大扭矩、大液量清洗和长寿命匹配，通过优化改进，螺杆的工作寿命由180h提高至300~600h，助推以"提高单趟钻进时间和机械钻速"为核心的一趟钻技术指标全面提升。

(2) 近钻头稳定器设计

集成配套新型全尺寸非标稳定器，结合地层自然造斜规律，对稳定器尺寸构型进行设计，满足全井型、全尺寸井眼轨迹控制要求。稳定器主要包括对称式和非对称式。非对称式主要为三棱非对称式，工具面低边一侧的扶正块宽大，提高滑动钻进工况下的定向效率，高边位置为宽槽设计，为岩屑上返运移提供充分的通道；对称式的稳定器包括螺旋式、对称直条式，稳定器耐磨棱带对称分布，更适应于复合钻稳斜阶段，稳定器尺寸一般可在比井眼尺寸小3~12mm的范围内调整。

2.2.3 MWD无线随钻测斜仪

为满足恶劣井筒环境下井眼轨迹的随钻测量，在抗高温、防砂卡、抗冲刷、节能降耗等方面进行了优化。一是采用活塞补偿替代橡胶波纹管，耐高温能力和可靠性大幅提升；二是MWD脉冲发生器机械平衡阀式代替油囊式，采用新型条状滤网结构，防砂卡、抗冲刷能力显著提高，可满足大排量、更能有效地适应高固相、大粒径砂砾岩及泥浆堵漏材料，可适应堵漏作业下的恶劣井况；三是引入流量开关、旋转传感器减少了非定向工况下的仪器能耗，电池使用寿命更长。

2.3 复杂井筒安全钻井配套技术

2.3.1 断层破碎带绕障技术

(1) 综合三维地震剖面及邻井实钻资料分析，开展断层破碎带集中发育分布区域识别，轨迹设计投影至三维地震剖面，利用轨迹优化绕开断层破碎带发育的高风险区域。

(2) 采取钻前预防进行井眼轨迹优化绕开破碎带的技术思路，充分利用地层飘移规律及自然造斜率大小，大斜度定向井优选"直-增-自然增-微降"四段制剖面(如图1所示)，全井段狗腿度≤2.5°/30m，井眼轨迹更加顺畅、光滑。

2.3.2 安全钻井工具系列

(1) 可破碎井壁落物PDC钻头

设计思路为：一是刀翼根部独特的保径和锥形倒划眼齿设计，既能实现倒划眼功能，又能大幅提高了钻头处理井下掉块的能力。二是采用钢体式结构，深排屑槽，双对称刀翼设计，有效增强钻头冲击性，提高井底工作稳定性，拓宽岩屑运移空间。三是摒弃常规设计理念，特殊的大活水眼结构设计及喷射方位、角度的优化，有效提高岩屑运移效率，降低井壁冲蚀效应，实现以主动预防复杂事故为主，被动处理为辅的目的，设计形成了四刀翼、五刀翼、六刀翼的三种型号的可破碎井壁落物钢体PDC钻头(如图2所示)。

(2) 随钻井壁修复器

主要设计思路一是平直切削修复体本体顺时针方向，内嵌8mm至19mm金刚石复合片结构，有效实现了易坍塌缩径井段主动随钻修复井壁功能，使井眼更加规则光滑，保证了流道通畅及钻具上提长短拉作业顺畅无阻；二是上坡体、下坡体背部尖锥齿或尖圆齿设计，突出了冲击、挤压功能，当遇到井壁坍塌落物掉块时，可在随钻震击器的上下击力作用下，有效破碎较大块状落物，使之变小通过环空带出。三是设计外径为ϕ208~373mm，翼体设计为四直翼与三螺旋式两

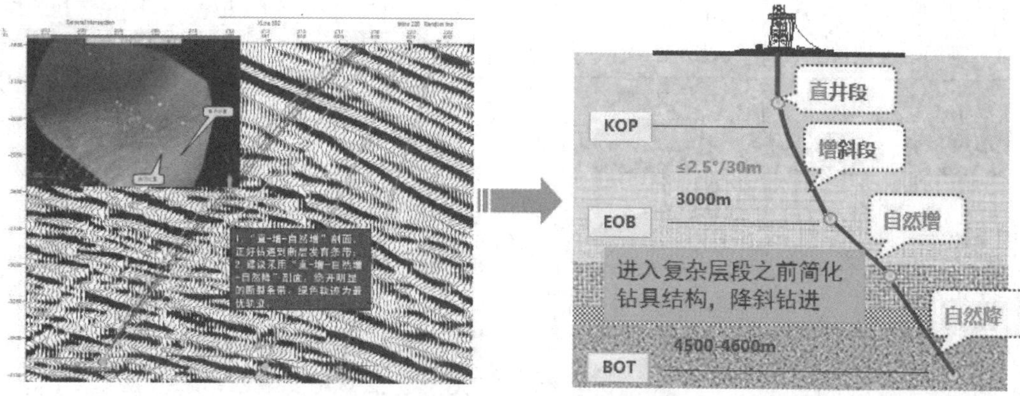

图 1　火焰山中央隆起带玉北区块断层破碎带轨迹绕障技术

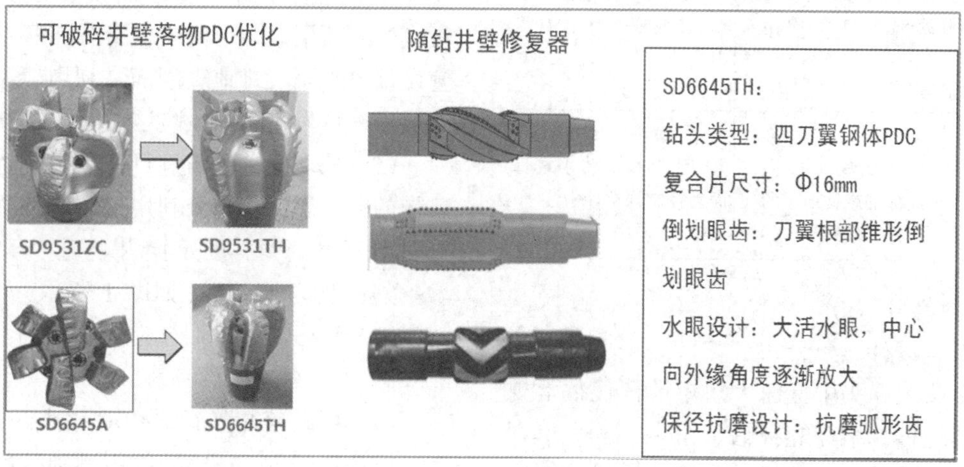

图 2　安全钻井工具设计

种，充分满足不同尺寸井眼(ϕ216~375mm)、不同井型(直井、大斜度井、水平井)、不同工况(复合钻进、定向钻进)安全快速钻进需求。

(3) 双向通井工具

双向通井工具是一种专门进行通井作业的井下工具，适用于由于泥岩、盐膏层等较软地层缩径和岩屑堆积引起的下钻遇阻，水平段砂泥岩互层坍塌等复杂情况。双向通井工具主要由领眼及螺旋扶正器两部分组成，基本组合为“双向通井工具井+井壁修复器+钻头伴侣”。具有不会划出新井眼、能正反向来回修整井眼、有效提升排量清洁井眼、钻具结构简单、可模拟下套管等功能。

安全钻井工具先后在火焰山中央隆起带、三塘湖马朗-条湖凹陷及准东矿权流转新区推广应用 64 口，先后解决了煤层、破碎带坍塌卡钻、膏泥岩缩径等制约钻井提速的难题，平均复杂事故时效由 3. 85%降至 0. 75%，长段水平井通井、下套管一次通过率 100%，钻完井效率大幅提升。

2. 4　水平井高效钻井技术

2. 4. 1　提高水平段延伸能力

通过应用Ⅱ型中压低频水力振荡器、岩屑床清除器、双向通井工具、复合导向钻具等降摩阻工具和高效携岩弱凝胶钻井液体系，解决造斜段定向托压、水平段延伸与携岩效果差的问题，深部地层定向摩阻降低约 50%，水平段延伸能力提高 20%，使薄油层水平井、浅层大位移井、千米长段水平井的技术指标再上新台阶(如表 2 所示)。

表 2　多类型水平井应用主要指标对比

序号	水平井类型	应用前	应用后
1	薄油层水平井	平均水平段 587 米，油层钻遇率 92. 4%	平均水平段 920 米，平均油层钻遇率 95. 4%
2	浅层大位移井	最大水垂比 0. 76	最大水垂比 1. 58
3	千米长段水平井	最长水平段 953 米	最长水平段 1800 米

2.4.2 提高油层钻遇率

通过引进应用 CGDS 近钻头地质导向系统，将“近钻头地质导向+多靶点、宽靶框、动态靶盒+稳斜导向钻具”等技术相结合，油层伽玛、电阻率参数探测距离由原来的 15 米缩短为 2.5 米，能够更早、更准确地分析出所钻地层位于油层的上边界还是下边界，实时判断和确保钻头在油层中穿行，避免轨迹频繁大幅度调整。

该方法的核心技术思路是在结合前期地震及实钻资料，在油层顶部着陆后，继续着陆油层底部 2 次或多次，及时动态的精确修正油层倾角，建立长水平段动态靶盒模型，实钻以设计为基准在靶盒里做实时调整，加强与地质、录井、测井数据综合应用，更体现出水平井目的层“宁底勿顶、中部穿行”的安全钻井模式，实现油层钻遇率最大化。

(1) 双点预判卡层技术

要保障钻头轨迹在油层中连续穿行，必须得相对精确的描述出油层顶、底界位置和油层倾向(即油层倾角)，因此，结合前期油藏资料或导眼井资料，实钻过程中采用主动逐步探底技术方法切实可行。

技术原理：采用了不在同一直线上的三点可确定两条平行直线的原理，实际上入油顶点、一次探油底点、二次探油底点(甚至多次探油底点)，在垂向上连接起来，两边延伸，在一定程度上能模拟油层的产状，这样便于在实钻中实时模拟钻头轨迹在预算出的动态靶盒中穿行。

不管实钻运行轨迹如何(如图 3 所示)只要确定不在同一直线上的三个点，即能确定出目标方向上的唯一的两条平行直线。红色曲线即为双探底轨迹模型，蓝色曲线为穿出油底后再次进入轨迹模型。

(2) 动态靶盒模拟技术

运用双(多)探底技术，确定了入油顶点、一次探油底点、二次探油底点之后，油层顶底界模型即建立起来(包括油层厚度、地层倾角)，对于超薄油层而言，油层顶底界即为靶盒顶底界。这时又存在两种情况，第一种为倾角相对稳定、变化幅度相对较小的地层，通过双探底基本可以确定靶盒模型，后续钻进控制在油顶、底界面之间即可；第二种为倾角变化幅度相对较大的地层(变缓、变陡)，通过多次探底(顶)，实现动态油顶底靶盒模拟，为后续长水平段钻进提供保障。

技术原理：依据双(多)探底技术，将长水平段微分化，形成多个连续的“双探底”模型段，从垂向整体上看，即将连续稳定的地层微分为多个矩形靶盒，形成动态靶盒(如图 4 所示)。

3 现场应用情况及效果

3.1 复杂地质条件深探井

2019 年玉北、胜北、准东矿权新区钻探深井超深井 4 口，其中玉探 1 井集成大尺寸钢体 PDC+大扭矩螺杆+全压控斜钻具，创吐哈油田井深 6350 米最深纪录，与前期 5000 米以上指标相比，周期缩短 39.3%，机速提高 97.2%。玉北 12H 水平井完钻井深 4670m，钻井周期 93 天，与前期水平井相比周期缩短 16.2%。胜北 26 井相比胜探 1 井周期缩短 35.8%。吉 3301 井与邻井相比，在完钻井深增加 1040 米的情况下，周期缩幅 28.2%，刷新了区块最短钻井周期与最高机械钻速纪录。

表 3 2019 年吐哈油田深井超深井钻井主要指标

井号	完钻井深/m	钻井周期/d	平均机速/(m/h)	复杂事故时效/%
玉北 12H	4670	93	5.5	4.16
胜北 26	4800	113	4.59	3.52
玉探 1	6350	210	2.80	4.38
吉 3301	4700	60.6	7.37	0
平均	5130	119.2	4.27	3.6

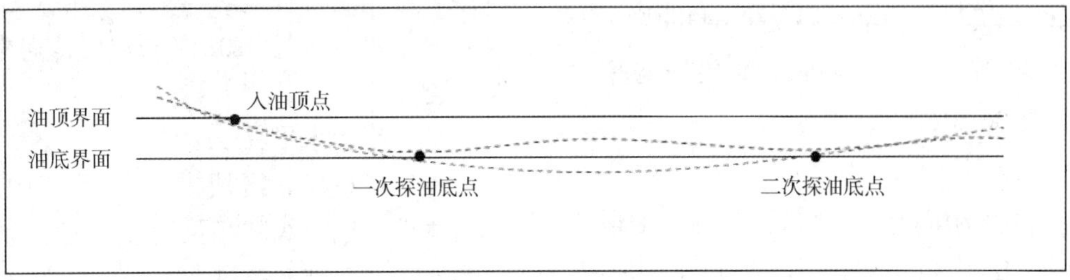

图 3 双点预判卡层技术示意图

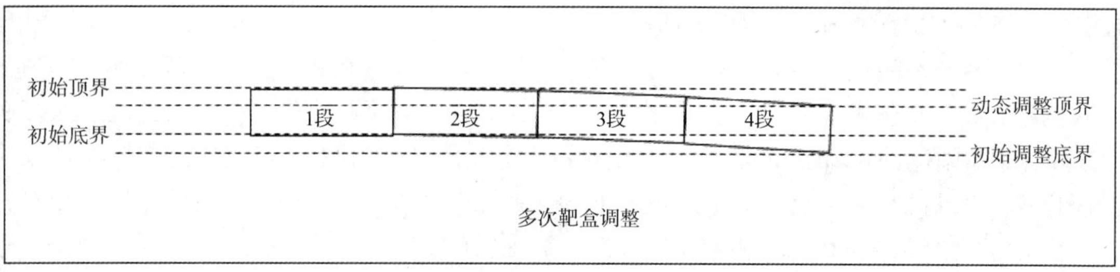

图4　动态靶盒模拟模型示意图

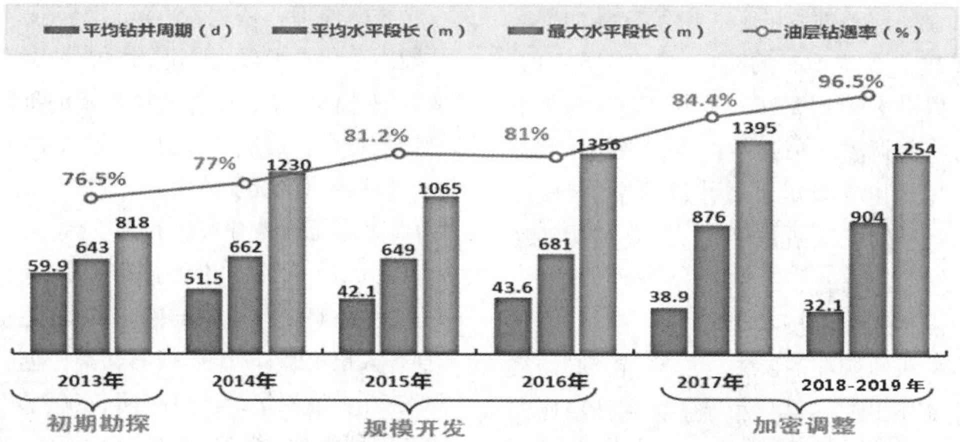

图5　非常规油藏水平井主要技术指标进展

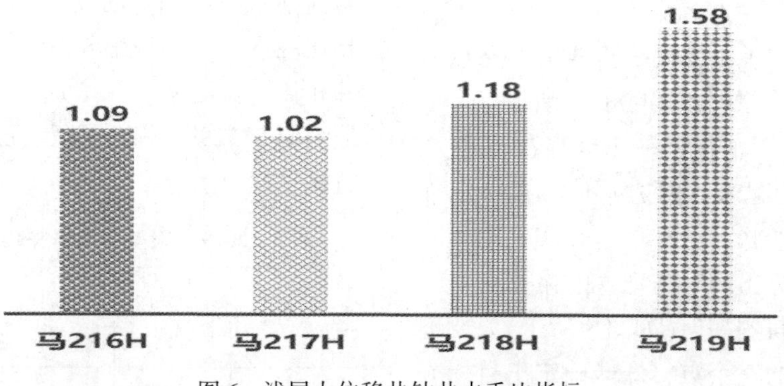

图6　浅层大位移井钻井水垂比指标

3.2　多类型水平井

（1）长段水平井

近3年以来，三塘湖马中区块致密油实施加密调整水平井80口，其中千米长段水平井24口，与初期勘探阶段相比，水平井钻井周期由60天缩短至32.1天，平均水平段长由643m增加至904m，最长水平段长为1400m，油层钻遇率由76.5%提高至96.5%。

（2）浅层水平井

三塘湖西峡沟区块应用4口，平均水平段长875m，水垂比由1.02提高至1.58（垂深715.6m，水平位移1132.7m）。

（3）薄油层水平井

薄油层（2.5m）水平井应用6口，与攻关前后相比，平均钻井周期由42.2天缩短至32.7天，缩短幅度22.5%，水平段长由759米增加至1241米，平均油层钻遇率93.2%提高至94.6%，井眼轨迹完全符合地质与工程要求，创吐哈薄油层水平井水平段长1102米与油层钻遇率100%的最高纪录。

（4）平台水平井

准东矿权流转区块吉28块位于中国石油新疆吉木萨尔国家级陆相页岩油示范区，采用丛式平台水平井布井，经过2019-2020年三轮井的钻井提速提效技术攻关，导眼水平井钻井周期缩短至55天，水平井钻井周期缩短至41天，周期同比缩短50.1%，水平段日进尺突破200米，全井平均机速达到10m/h以上，平均油层钻遇率达90%以上。

表4 薄油层水平井攻关前后钻井指标对比

项目	井号	完钻井深/m	钻井周期/d	水平段长/m	油层钻遇率/%
攻关前	胜北306H	2840.00	43.75	899	91.4
	胜北307H	3065.00	37.88	1102	100
	胜北308H	2829.35	44.87	759.35	85.5
	平均指标	2911.5	42.2	920.1	93.2
攻关后	胜北309H	2650	35	602	100
	胜北311H	2936	30.23	1032	91.7
	胜北310H	3227	33	1241	94.44
	平均指标	2937.7	32.7	958.3	94.6

表5 吉28井区平台水平井钻井主要指标

	井号	井型	完钻井深/m	钻井周期/d	平均机速/(m/h)	导眼周期/d	侧钻、水平段周期/d	完井周期/d
第一轮	吉2801H	直导眼水平井	4878	114.44	5.52	62.40	41.27	22.33
	吉2802H	直导眼水平井	4415	86.58	8.15	43.93	28.99	17.08
第二轮	吉2805H	直导眼水平井	4750	58.06	8.06	33.83	17.85	6.38
	吉2806-2H	斜导眼水平井	5000	57.53	8.39	36.46	11.41	6.7
	吉2807H	直导眼水平井	4900	55.82	10.16	24.62	24.50	6.71
第三轮	吉2805-2H	侧翼三维水平井	4800	41.49	10.30	—	—	3.30

4 结论与认识

1）将全尺寸井壁修复工具融入钻具组合中，丰富完善低成本“防、稳、纠”一体化全压控斜系列化钻具，解决了深井防斜打快、安全钻井及垂直钻井成本高的难题。

2）全方位优化结构、材质、构型、组合设计，自主研发定制型耐偏磨PDC、非平面齿PDC、大扭矩高造斜螺杆、Ⅱ型水力振荡器等新型破岩工具，解决了复杂岩性不同钻井方式下钻井效率低的问题。

3）突破单纯从钻井液角度处理钻井复杂，研发可破碎井壁落物的PDC钻头、随钻井壁修复器、Ⅱ型双向通井工具及组合方法，解决了“卡脖子”井段钻井复杂高与完井工况下阻卡频发的问题。

4）创新水平井工程地质导向一体化技术，将“国产近钻头地质导向+多靶点、宽靶框、动态靶盒优化+双扶倒装稳斜钻具”等相结合，解决非常规油藏水平井油层钻遇率低的问题。

5）下一步针对深部难钻地层综合提速与深层定向技术难题，开展以震动钻井、推力钻井、冲击钻井为代表的基础理论分析研究、新工具机试制及现场试验。

参 考 文 献

[1] 赵洪山，冯光通，唐波，等．准噶尔盆地火成岩钻井提速难点与技术对策[J]．石油机械，2013，41(3)：21-26.

[2] 朱宽亮，李楠，李睿，等．南堡油田玄武岩个性化高效钻头的设计与应用[J]．石油学报，2009，30(5)：760-763.

[3] 孙明光，张云连，马德坤．适合多夹层地层PDC

钻头设计及应用[J]. 石油学报，2001，22(5)：95-99.
[4] 罗西超，李萌，刘凤，等. 带可调弯壳体和可换稳定器的导向螺杆钻具[J]. 石油科技论坛，2013，3(13)：52-54.
[5] 郭元恒，何世明，刘忠飞，等. 长水平段水平井钻井技术难点分析及对策[J]. 石油钻采工艺，2013，35(1)：14-18.
[6] 兰凯，张金成，母亚军，等. 高研磨性硬地层钻井提速技术[J]. 石油钻采工艺，2015，37(6)：18-22.

辽河坳陷“两宽一高”地震勘探技术进展及成效

刘 康[1] 邹启伟[1] 刘 兵[2] 柏 桐[1] 张 宏[2] 梁绍波[2]

（1. 中国石油辽河油田公司；2. 中国石油集团东方地球物理公司）

摘 要 辽河坳陷矿权面积小，勘探程度高，地表障碍密集，工农关系复杂；在经历两轮次三维地震勘探后，当前目标勘探阶段面临的地质问题更为复杂，对地震资料品质提出了更高的要求。近年来，辽河油田持续开展“两宽一高”地震技术攻关，通过“两宽一高”三维地震采集方案优化设计、复杂地表区可控震源高效采集、无线节点单点接收等一系列创新技术的联合应用，实现了地震资料品质和采集效率的同步提升，为高勘探程度油区地震勘探的技术、经济及资源的一体化提供了有效借鉴。

关键词 东部复杂区；“两宽一高”可控震源；无线节点；高效采集质控

辽河坳陷是渤海湾盆地的北部分支，面积仅占渤海湾盆地的5%，但支撑了辽河油田连续34年千万吨持续稳产。1984年-2012年，辽河坳陷陆上全区先后完成了两轮次的三维地震勘探，是东部探区典型的高勘探程度油区。从2013年开始，辽河坳陷正式进入“两宽一高”目标勘探阶段，地震勘探主要面临三个方面的挑战：①面对日趋复杂的地质目标，如何设计针对性强的地震采集方案，提高地震资料品质，完成地质任务；②面对复杂地表条件和油地关系，如何实现地震勘探的高效作业，缩短施工周期，实现地震勘探的技术经济一体化和规模实施；③面对高效地震采集生产模式，如何有效实现地震采集的质量控制，确保获得优质原始资料。

针对辽河坳陷复杂地质需求和地表条件，辽河油田持续开展“两宽一高”地震勘探技术试验与攻关，以“两宽一高”采集方案优化设计、高精度可控震源高效激发、无线节点单点接收为核心，通过多个采集工程的应用及总结完善，逐步形成了一套适合东部复杂区的精细地震勘探技术和配套方法，实现了目标勘探阶段地震资料品质和采集效率的同步提升，显著提升了解决复杂地质问题的能力，有力支撑了高勘探程度油区地震勘探的规模实施。

1 “两宽一高”采集方案优化设计

紧密围绕地质目标特点和勘探需求，按照“两宽一高”技术理念，突出三维地震采集方案宽方位、宽频带、高密度特点，设计基于可控震源实施的三维地震观测系统，保障技术方案可工业化规模实施。

（1）宽方位设计：对三维地震观测系统，宽、窄方位通过三维观测系统横纵比（最大横向炮检距/最大纵向炮检距）来衡量：当观测系统横纵比小于0.5，为窄方位观测系统；当观测系统横纵比位于0.5~0.75之间，为宽方位观测系统；当观测系统横纵比大于0.75时，为全方位观测系统。对辽河坳陷目标勘探阶段多层系、多目标勘探特点，对设计的三维观测系统，按照观测系统横纵比达到0.75以上确定最大纵向、横向炮检距；对于勘探目的层深度，保证观测系统纵横比达到0.85以上，实现各个观测方位覆盖次数均匀。

（2）宽频带设计：为提高地震资料的分辨率，地震采集中需尽可能拓展激发地震子波的频带宽度。对炸药药柱激发产生的地震信号，地震子波近似为最小相位脉冲信号，地震子波的波形、频带宽度不能精确控制。对可控震源而言，激发的地震子波波形、频带宽度、起止相位均可结合地质需求针对性设计。辽河坳陷的地震勘探，选用高精度可控震源EV56激发，其扫描信号频宽可达到1.5~160Hz，额定振动出力达到70500b，相对低频可控震源具有扫描信号频带宽、出力大的优势。在保证可控震源状态指标正常的前提下，最大程度拓展原始单炮的信号频宽，具体按照两方面的原则来确定可控震源扫描信号的起始频率和终止频率：

① 确定扫描信号起始频率：可控震源采集的一个固有特点是振动过程可能会产生谐波失真，特别是在可控震源低频段扫描时更容易产生失真，这主要是由于震源液压系统的非线性特

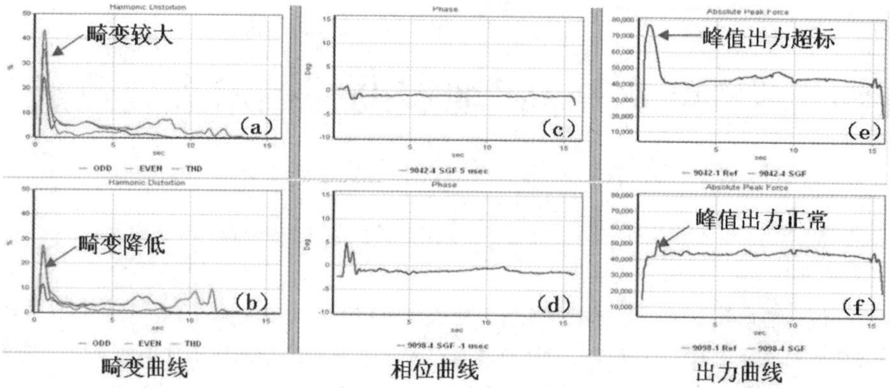

图 1　高精度可控震源起止频率 1.5~130Hz(上图)和 2~130Hz(下图)力信号指标对比

征、地表低硬度导致的震板-地面耦合不佳造成的。对高精度可控震源 EV56，通过试验对比分析，将扫描信号起始频率从 1.5Hz 调整为 2Hz，提高低频段震源振动正常出力的上限，减少震源起振阶段超过正常出力阈值的概率，从而降低信号畸变的可能。对比高精度可控震源不同起始频率扫描的力信号，采用 2Hz 作为起始扫描频率时，力信号峰值出力指标恢复正常，畸变值大幅降低(图 1)。

② 确定扫描信号终止频率：可控震源完成一次振动激发，输出的总能量固定；设计的可控震源扫描频率越宽，单位频带内对应的能量越弱。具体采集区块，由于地层的滤波效应，实际可接收到的有效地震信号存在上限频率；可控震源扫描信号终止频率不应超过上限频率，避免激发不能被有效接收的高频地震信号，造成激发能量损失。应用采集区块以往井炮资料进行不同频带高通扫描，准确确定本区实际可接收到的地震信号上限频率，参考确定扫描信号的终止频率。

遵循以上两方面的原则，辽河坳陷目标勘探阶段，高精度可控震源 EV56 选取 2~130Hz 的扫描信号，激发信号的频宽达到 6 个倍频程。

(3) 高密度设计：辽河坳陷地震采集高密度参数的设计，主要体现在地震采集覆盖密度(覆盖次数/面元面积)的选取上，具体通过折算法确定可控震源采集需要的覆盖次数，设计论证如下：

① 确定井炮采集需要的覆盖次数：通过经验公式，依据采集区块地震剖面期望信噪比和原始井炮信噪比确定所需的覆盖次数，具体经验公式如下：

$$\mathrm{Fold}_{\mathrm{required}} = \left[\frac{(S/N)_{\mathrm{required}}}{(S/N)_{\mathrm{raw}}}\right]^2$$

式中：$(S/N)_{\mathrm{raw}}$ 为原始井炮信噪比，$(S/N)_{\mathrm{required}}$ 地震剖面目的层期望的信噪比，$\mathrm{Fold}_{\mathrm{required}}$ 为地震剖面达到相应信噪比采用井炮激发所需的覆盖次数。

通过采集区块以往资料的同流程处理，分析不同覆盖次数地震剖面信噪比变化，确定剖面信噪比与覆盖次数的关系曲线，资料品质变化拐点对应的覆盖次数即为需要的覆盖次数。综合经验公式和资料分析两方面结果，可确定采集需要的覆盖次数。

② 折算得到可控震源采集需要的覆盖次数：面对辽河坳陷复杂地表条件，为保证激发点的可实施性，以可控震源 1 台 1 次实施为出发点，通过采集密度的增加，弥补可控震源炮相对井炮在能量和信噪比方面的不足，达到改善资料品质的目的。按照井炮与可控震源炮信噪比的关系，映射求取基于可控震源采集所需的覆盖次数，具体公式如下：

$$\frac{\mathrm{Fold}_{\mathrm{required震源}}}{\mathrm{Fold}_{\mathrm{required井炮}}} = \left[\frac{(S/N)_{\mathrm{raw井炮}}}{(S/N)_{\mathrm{raw震源}}}\right]^2$$

式中：$(S/N)_{\mathrm{raw}}$ 井炮为原始井炮的信噪比，$(S/N)_{\mathrm{raw}}$ 震源为原始可控震源单炮的信噪比；$\mathrm{Fold}_{\mathrm{required}}$ 震源为达到地震剖面期望信噪比采用可控震源激发需要的覆盖次数，$\mathrm{Fold}_{\mathrm{required}}$ 井炮为地震剖面达到相同信噪比采用井炮激发需要的覆盖次数。

地震攻关实际资料表明，辽河坳陷开展目标地震勘探，可控震源 1 台 1 次采集需要的覆盖次数为井炮采集的 2~3 倍，地震采集覆盖密度宜达到 600 万道/km^2 以上。

2　复杂地表区高效地震采集

面对目标勘探阶段地震采集方案不断强化、

地表条件日益复杂带来的勘探成本增加问题，通过高效作业缩短施工周期、缓解成本压力，是实现地震勘探技术经济一体化和规模实施的有效途径。复杂地表区可控震源高效采集技术主要包含可控震源高效采集技术和无线节点单点接收两项支撑技术。

2.1 复杂地表区可控震源高效采集技术

（1）复杂地表区可控震源作业轨迹预设计技术

辽河坳陷地表条件复杂，密集分布的河流、水渠、窄涵洞、下地口和田间垄沟是制约可控震源快速通行的主要因素。依据高清卫片和实地踏勘获得的地物信息，对全部的震点，通过逐点预先设计可控震源作业轨迹，引导可控震源在复杂地表区快速通行、循迹高效激发。以辽河坳陷QLT三维为例，可控震源作业轨迹预设计具体包括六个环节：

①分块预布设：基于分辨率为0.5m的地表卫星图片，以田垄、水渠等地物为边界，将农田分块，全区激发点面积424.8km^2，共划分376个可控震源作业块；在室内完成全部震点预布设，块内震点逐个连接，形成初步作业轨迹。②逐点实地检核和优化：对室内布设的震点，预案人员现场逐块核实；逐点确认可控震源是否可以通行；同时，重点记录相邻块连接处震源通行的受限点。③提前清障作业：对制约可控震源通行的下地口、田间垄沟等6类受限点，因地制宜开展清障工作，提前完成垫渠、填沟、修路、扩口，修通震源行进通道，累计清障527处。④制定作业轨迹：根据核实的信息，顺序连接震点、清障点，形成生产使用的可控震源作业轨迹，共制作可控震源作业轨迹4357km。⑤划分生产任务：对一天的采集任务，考虑各块的炮数和震源转块的距离；均衡分配工作，将各块对应的作业轨迹文件通过网络推送给可控震源机组。⑥可控震源循迹高效作业：每组可控震源通过车载导航终端，实时接收作业轨迹文件并显示，按照作业轨迹的指引，实现复杂地表区的各个震源机组快速循迹通行，可控震源到点率达到99.1%。

（2）可控震源动态扫描技术

可控震源动态扫描通过设计T-D曲线将时间域和空间域联合起来，把交替扫描、滑动扫描和距离分开同步扫描3种扫描方式综合在一起，其在振动时间间隔固定的滑动扫描基础上，采用时间、空间两个维度控制相邻震次激发的时间间隔；通过增加震源距离来缩短震源激发时间间隔，进一步提高可控震源的激发效率(图2)。

设置动态扫描T-D曲线需要四个控制参数，分别为最大滑动扫描时间Tmax、最小滑动扫描时间To、最大炮检距Lmax、同步扫描要求的最小距离Ldsss。地震采集时，地震仪器实时计算相邻震次可控震源的距离，按照T-D曲线的规则动态切换扫描方式，自动确定扫描方式：①当相邻震次的可控震源距离大于或等于同步扫描所需的距离Ldsss时，可控震源扫描状态处于D点右侧，采用距离分离同步扫描，此时效率最高；②当相邻震次的可控震源间距小于Ldsss时，就采用滑动扫描，该滑动扫描分为等间隔和变间隔滑动扫描两种：当可控震源间距大于Lmax且小于Ldsss时，可控震源扫描状态处于BC段，采用变间隔滑动扫描；当可控震源间距小于Lmax时，可控震源扫描状态处于AB段，采用等间隔滑动扫描；③当可控震源不能满效滑动激发，相邻震次激发的时间间隔大于最大滑动扫描时间Tmax，可控震源扫描状态处于AB段上部，采用交替扫描激发。

动态扫描T-D曲线的设置，重点是通过现场试验确定最大滑动扫描时间Tmax和同步扫描要求的最小距离Ldsss两个值。①最大滑动扫描时间Tmax确定：开展相同位置、不同时间间隔的可控震源滑动扫描试验，按照高阶谐波不干扰最深目的层的原则，确定可控震源最大滑动间

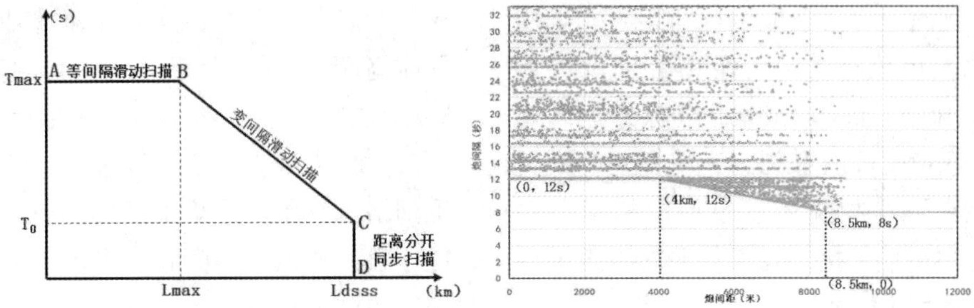

图2　动态扫描T-D曲线及QLT三维震点时序分布图

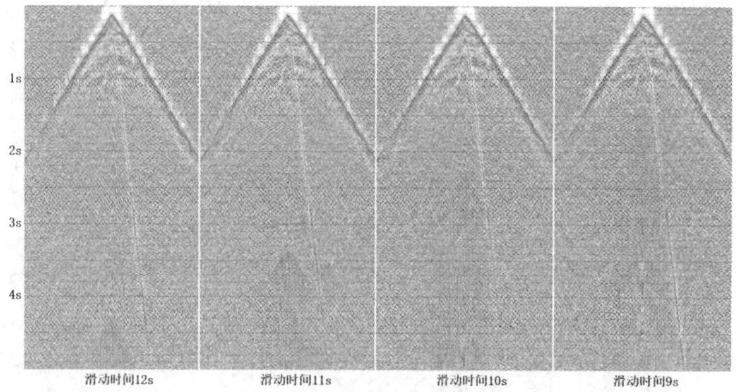

图 3　辽河坳陷 QLT 三维不同滑动时间采集单炮对比(70~140Hz 高通滤波)

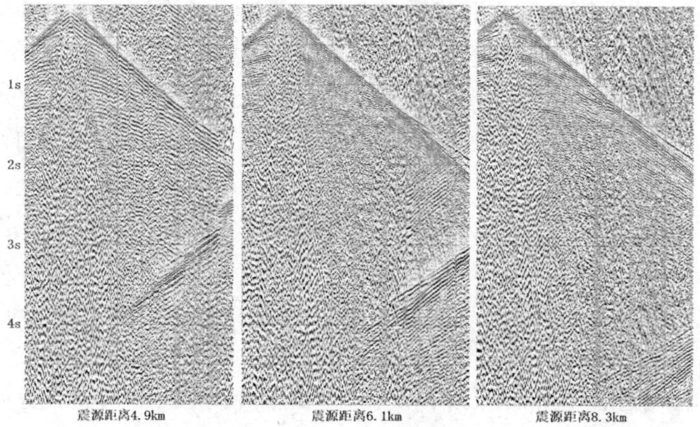

图 4　辽河坳陷 QLT 三维不同距离同步扫描单炮对比(全频)

隔。以辽河坳陷 QLT 地区为例，本区最深目标地层时间深度为 4s。采用两组可控震源，将滑动时间分别设定为 9s、10s、11s 和 12s 进行激发，对每组试验单炮，选取激发时序在前的单炮进行 70-140Hz 的高通滤波，在单炮记录中具有与单炮初至平行的“倒三角”特征的干扰即为高阶谐波；可以看到，随着滑动时间的减小，高阶谐波在单炮记录中出现的时间随之提前(图 3)。按照高阶谐波不影响目的层资料的原则，可控震源合适的最大滑动扫描时间为 12s。

② 同步扫描要求的最小距离 Ldsss 确定：开展不同位置、相同时间振动的可控震源同步扫描试验，按照相邻震次初至不影响最深目的层的原则，确定可控震源同步扫描最小空间距离。采用两组可控震源，将彼此之间的距离分别设置为 4. 9km、6. 1km 和 8. 3km，对每组震源分别同时激发，对比单炮激发可以看到，当震源间的距离达到 8. 3km 后，同步扫描激发单炮的初至不对 4s 以上的目的层造成干扰。可控震源同步扫描要求的最小距离不宜小于 8. 3km。

根据现场试验资料，辽河坳陷 QLT 三维采用 12s 滑动时间、8. 5km 同步扫描距离，在(4km，12s)、(8. 5km，8s)设计线性变滑动区间，全区采集处于变滑动扫描震次占比为 18. 3%，相比滑动扫描采集效率再提高了 5% 以上。

(3) 可控震源自主网激发技术

可控震源自主激发技术通过 4G 网络、数字电台、MESH 电台等 3 种方式联合组网，形成可控震源控制信号和通讯信号的高冗余通讯网络。室内控制终端取代传统的仪器车，直接在营地进行放炮生产和采集进度管控，完成可控震源扫描信号和作业文件推送、震源滑动扫描精确授时控制、完成激发点的实时更新显示、震源位置实时显示及震源状态指标实时显示等功能；可控震源导航终端完成控制信号接收和状态指标回传，图 5 为可控震源自主激发技术实施示意图。

可控震源自主激发技术通过建立高冗余的通讯网络，克服了采集工区村庄密集、复杂电磁干扰导致的通讯不畅问题，支撑室内终端与野外可控震源的无盲区、不间断通讯，首次在辽河坳陷实现了可控震源 24 小时全天候作业。通过室内

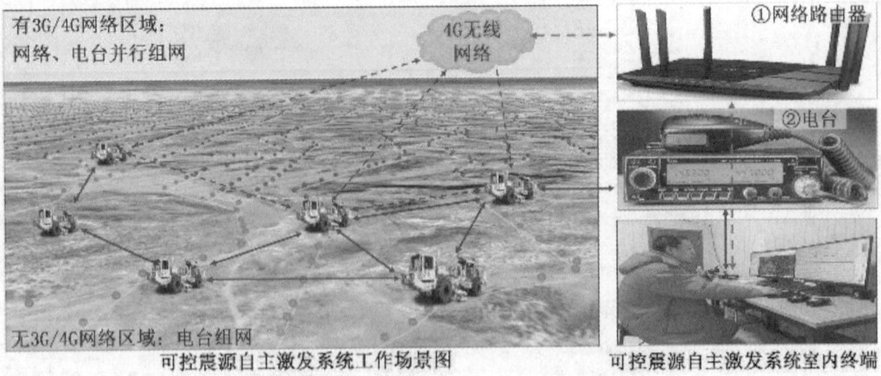

图5　可控震源自主网激发实施图

终端对可控震源生产进度和激发状态的监控，实现地震采集远程实时管理和质控，是地震采集技术信息化的最新成果。

2.2　无线节点单点接收技术

相对传统的有线地震采集系统，无线节点(SmartSolo IGU-16HR)最主要的特征是取消了检波器之间的连接电缆，由于不受连接电缆和作业地表的约束，利用无线节点开展地震采集具有以下优势：①其没有数据传输带宽的限制，理论上采集道数可无限扩展；②无线节点彼此独立，放样后即刻开始接收与存储数据，可以实现25天的连续记录，不存在有线仪器排列通断和电瓶更换问题，大大增加了有效采集时间；③在复杂地表区，避免了传统有线排列穿越河流、公路、大型村镇架设过路线的问题，降低了作业强度；④无线节点单体重量轻，减少了采集附属设备、野外施工人员及车辆，在高密度地震采集中具有明显的作业优势。

在地震采集过程中，无线节点利用GPS授时和定位，在野外不间断记录，数据接收与存贮一体。通过GPS授时系统获得精准采集时间，在接收数据上打时间戳，实现地震采集数据的同步和后期数据切分处理。无线节点采集系统包括野外采集单元和数据下载管理单元；使用无线节点进行野外采集，包括采集参数写入，野外布设，APP扫码，回传布设文件，设备回收，设备充电等步骤；数据下载管理单元包括单炮数据切分和数据转储两个部分。

(1) 无线节点野外采集布设

无线节点(SmartSolo IGU-16HR)采用盲采工作模式，其在野外布设完成后，即刻开始自主连续接收、存贮地震数据；野外通过无线节点物理序列号、二维码标签与接收桩号的匹配完成节点的布设管理。首先，测量人员完成每个接收点的坐标实测，将接收点坐标文件上传至无线节点布设监控平台；同时，放线人员在手机APP上同步接收到需要放样的接收点的桩号文件，野外完成一个节点的埋置后，在手机APP中确认当前桩号的无线节点布设完成，并扫描无线节点外壳上的二维码，即完成该无线节点与接收点桩号、位置坐标的匹配。每完成一个无线节点二维码的扫描生成一个接收点布设完成文件，通过手机及时传输至室内布设监控平台，技术人员基于该平台就可以实时监控野外无线节点的埋置进度和布设状态，根据设定的观测系统确定放炮采集需要使用的排列范围、可以回收的排列范围、需要铺设的排列范围，实现无线节点的有序采集与排列滚动。

(2) 数据切分与转储技术

无线节点采集生成单炮数据的方式与有线仪器采集直接形成炮集数据不同，在采集过程中，无线节点记录的是单个接收点的连续数据。每天将野外回收的节点数据以检波点道数据的形式进行下载和存储，当下载的检波点道数达到三维观测系统约定的道数后，在SPS、布设文件和放炮时间文件的约束下，进行道数据的分选与切分，形成完整的单炮数据，图6为无线节点存储数据的切分流程图。

2020年辽河坳陷三界泡三维地震采集中，充分利用无线节点全排列接收、室内使用SPS设定接收道进行数据切分形成单炮的特点，在原设计的44L×7S×408T观测系统的基础上，采用44L×7S×552T观测系统进行数据分选与切分，通过在设计的接收段外增加额外的接收道，灵活提高地震采集覆盖次数，为后期资料处理进一步提高剖面信噪比奠定资料基础。

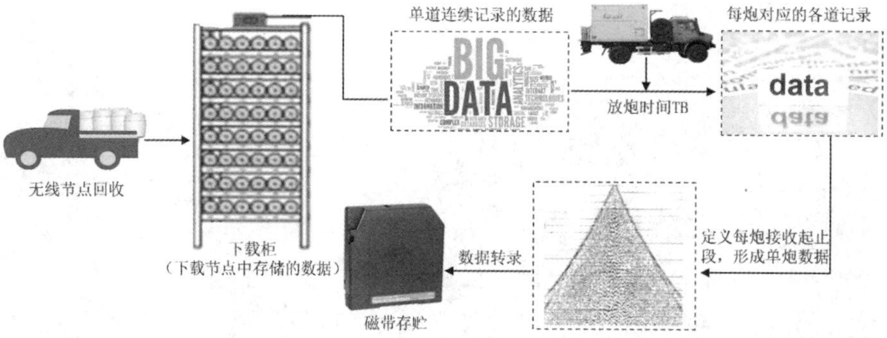

图6　无线节点存储数据的切分流程图

3　地震高效采集质量控制

相对传统的地震采集作业模式，辽河坳陷地震高效采集质量控制的重点出现明显的变化，表现为从以往注重采集单炮质量的后评价转变为注重作业过程的实时控制：①对可控震源激发，可控震源每次激发时表征震源工作状态的6项指标合格，从而保证可控震源的正常激发；②对无线节点单点接收，突出全部节点启用前的系统检测和每日状态检查，确保无线节点的正常接收。

3.1　可控震源高效采集质控技术

以可控震源为核心，将质控重点从注重单炮数据转为注重过程指标，实现每日500G大数据的实时量化质控，具体监控流程见图7，主要包含以下环节：

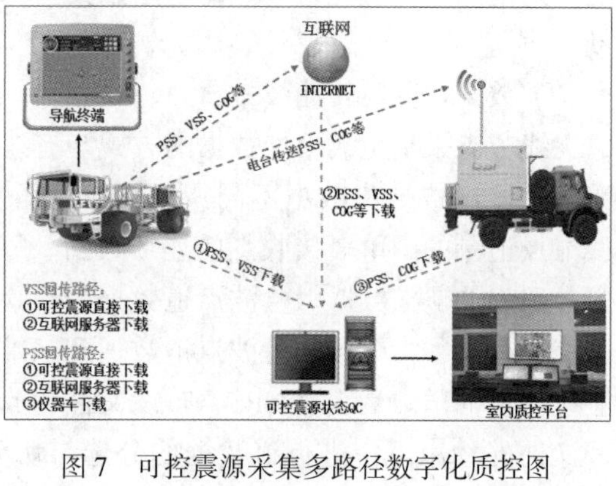

图7　可控震源采集多路径数字化质控图

① 可控震源手质控：可控震源每次振动后箱体屏幕显示相位、畸变、出力等6项指标，震源操作手实时监控震源指标情况；若发现指标超限，可控震源原地重震。

② 仪器操作员质控：可控震源每激发一炮，仪器实时显示震源指标和COG偏差，发现指标超标，通知可控震源及时重震。

③ 室内质控：对可控震源激发的每个震次的VSS信号和震源指标PSS报告，由可控震源箱体直接下载并通过互联网远程回传至室内监控平台；基于汇总的可控震源每个震次的VSS和PSS文件，使用软件进行质控分析，及时掌握了可控震源的性能，确保可控震源状态正常。

3.2　无线节点接收质控技术

(1) 野外设备质控

无线节点的埋置质量和完备程度是野外采集质控最关键的环节。针对辽河坳陷冬季采集作业的特点，为保证冻土地表无线节点的埋置质量，按照节点外壳尺寸及尾锥长度，研制了机械化打孔器，配备专用钻头，在埋置工序上采用“双工序”作业：①打孔组使用机械化打孔器，提前逐点打孔，提高打孔速度；②埋置组将无线节点放置到已打好的节点孔中，使节点尾锥全部插入地表(图8)。通过“打孔+埋置”流水线作业，在提高节点埋置速度的同时，实现无线节点与地表耦合良好，保证接收效果。

在保持节点完备方面，重点保证无线节点的回收率。对生产回收的一定范围内的无线节点数量与节点布设阶段产生的布设文件数量进行对比；若前者少于后者，则表明存在未被回收的无线节点。对已回收的无线节点，通过数据下载管理系统下载数据时，同时读取节点的物理序列号；由于该序列号与节点的二维码标签、接收桩号存在一一映射关系，通过比对回收的全部节点序列号对应的接收桩号与该范围内全部布设文件接收桩号的差异，就确定了未被回收的无线节点桩号。将这些桩号反馈给野外放线人员，就可以精确找回被遗漏的节点，避免节点设备和采集数据的丢失。通过以上方法的应用，SJP三维全区节点丢失率控制在0.78‰，有效防止无线节点丢失，保证采集数据完整。

(2) 室内质控

接收完成后回收的每个无线节点，在节点存

机械化打孔器　　完钻孔眼　　无线节点埋置效果

图 8　“双工序”流水线作业无线节点埋置效果图

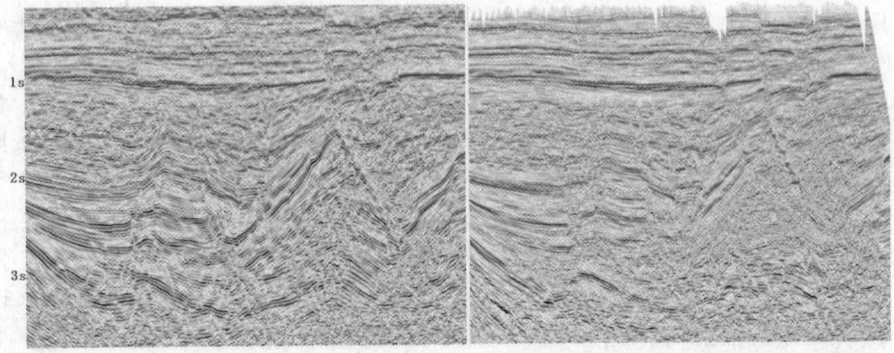

图 9　辽河坳陷三界泡地区地区新(左图)老(右图)新老三维剖面对比

贮器中均会生产记录节点位置信息(GPS)和信号强度信息(RMS)的脚本报告，利用这两个数据可以对节点在野外记录期间的状态进行有效质控。节点室内质控包括：①节点埋置位置质控：对比节点自身记录的 GPS 位置信息和测量提前实测的坐标，当节点位置信息与实测坐标超过行业标准限定值时，到野外复测节点实际埋置点的坐标和高程，替换测量成果，保证点位数据的准确性。②节点记录数据质控：数据下载管理系统在下载节点数据的同时，提取每个节点接收期间的使用卫星数量、GPS 信号强度、GPS 时钟漂移量等状态参数，按照记录时间段生成各个参数的曲线图；表征无线节点正常工作的关键参数为 GPS 信号强度和 GPS 时钟漂移量，对比标准值挑选出曲线异常对应的无线节点，就可以保证在用节点的正常接收。

4　应用效果

辽河探区从 2013 年实施目标勘探以来，目前已完成“两宽一高”三维地震勘探工程 12 个。以 2020 年三界泡三维为例，通过设计覆盖密度 748 万道/km^2的“两宽一高”观测系统，采用高精度可控震源 EV56 进行 2-130Hz 宽频带扫描激发，在辽河坳陷首次采用全无线节点接收，在数据切分时拓展接收排列提高采集覆盖次数；新采集剖面资料主频提高了 10Hz，资料频宽从 7~50Hz 拓展到 2~70Hz；复杂构造的成像精度大幅提高，断裂及派生断层成像清晰，层间信息明显丰富，潜山顶界和内幕更为清楚，地震资料品质显著提升(图 9)。

经过可控震源高效地震采集技术、配套方法和工艺的联合应用，实现了辽河探区地震采集效率的大幅提高，辽河坳陷复杂地表区地震采集平均日效达 5000 炮以上，辽河外围盆地地震采集平均日效达 6000 炮以上，有效缓解了目标勘探阶段技术方案强化形成的勘探成本压力，为“两宽一高”技术在高勘探程度油区的规模推广应用提供了有力支撑。

5　结论和认识

随着辽河坳陷目标勘探的不断深入，增储领域地质目标将更趋复杂，油田实现效益勘探对复杂地质体的刻画精度将更为迫切，对地震勘探技术和资料品质将提出更高的要求。对后续地震勘探技术的发展方向，形成以下认识：

(1) 在辽河坳陷高勘探程度油区，采用“两宽一高”技术方案，通过可控震源高效激发等先进技术实现高效采集，能够实现地震资料品质和采集效率的同步提升，解决目标勘探阶段的复杂地质难题，实现地震勘探技术经济的一体化。

（2）面对辽河坳陷复杂的地表条件和地质问题，后续地震采集选用的观测系统将更趋强化；采用无线节点采集技术，排列理论上可无限扩展，野外无需额外设备的投入，使复杂区超大道数、超高密度地震采集成为可能，是支撑下步超高密度地震勘探技术、经济及资源一体化的有效解决方案。

（3）无线节点采用盲采的工作模式，地震数据管理具有明显的分段性，需要经过下载、切分和质控三道工序才能形成单炮数据，因此，基于5G技术的采集数据实时回传和质控将是后续无线节点技术发展的重点方向。

参 考 文 献

[1] 王学军，于宝利，赵小辉等．油气勘探中“两宽一高”技术问题的探讨与应用[J]．中国石油勘探，2015，20(5)：41-53.

[2] 宁宏晓，唐东磊，皮红梅等．国内陆上“两宽一高”地震勘探技术及发展[J]．石油物探，2019，58(5)：645-653.

[3] M·E·什内尔索纳．可控震源地震勘探[M]．李乐天等译．北京：石油工业出版社，1993

[4] 倪宇东，秦天才，纪迎章等．可控震源地震勘探采集技术[M]．北京：石油工业出版社，2014.

[5] 倪宇东，王井富，马涛等．可控震源地震采集技术的进展[J]．石油地球物理勘探，2011，46(3)：349-356.

[6] 林娟，罗勇，刘宜文等．可控震源滑动扫描谐波干扰压制方法[J]．石油地球物理勘探，2014，49(5)：852-856.

[7] 肖虎，唐东磊，杨国平等．可控震源动态扫描技术及应用[J]．石油地球物理勘探，2019，54(3)：493-499.

[8] 陈巍，吴少平，蔡玉哲．复杂地区地震勘探高效无桩号施工采集技术[J]．物探装备，2018，28(1)：4-8.

[9] 路交通，孟祥顺，裴全理．无线节点地震采集技术在复杂地区应用研究[J]．石化技术，2020，27(02)：326-327.

松辽盆地北部页岩油储层高导流缝网压裂技术研究与应用

邱　伟　刘长延　彭　伟　卢战区　杨　超

（中国石化中原石油工程公司井下特种作业公司）

摘　要　页岩油作为三大非常规油气资源之一，资源量十分丰富，其中松辽盆地北部青山口组陆相页岩油储层成藏条件好，可采资源量巨大。针对松辽盆地北部青山口组陆相页岩油储层的地质特征，开展了陆相页岩油储层高导流缝网压裂技术研究。以A井为例，优化了射孔工艺，研究了前置液态二氧化碳增能技术，优选了低伤害压裂液体系，优化了高导流缝网压裂工艺，形成了适用于松辽盆地页岩油高效压裂技术。该技术在A井现场实施，压后测试日产油4.93方/天，获得工业油流，实现了国内陆相页岩油勘探突破，对陆相页岩储层压裂改造提供了技术借鉴。

关键词　页岩油；高导流；缝网；压裂

1　概述

中国页岩(致密)油可采储量45.8亿吨，居世界第三位，占石油资源量的10%左右，主要分布在松辽盆地、渤海湾盆地、鄂尔多斯盆地、南襄凹陷、苏北盆地、三塘湖盆地、准格尔盆地、四川盆地等。其中松辽盆地可采资源量11.6亿吨(EIA，2013)，占中国资源量的25%。

松辽盆地是一个陆相深湖-半深湖相沉积盆地，其中北部青山口组是松辽盆地主要生油层段，其页岩单层厚度大、分布范围广、有机碳含量高、热演化程度适宜、脆性矿物含量较高、微孔隙发育等特征。尤其是青山口组青一段暗色泥岩是主力生油岩层，有机质丰度好，成熟度高。青山口组主体区厚度为200~300m，埋藏深度1800~2500m，有效厚度30~50m，TOC为3.2%~5.1%，平均为4.2%，Ro为1.0%~2.0%，干酪根类型以Ⅰ和Ⅱ型为主，是页岩油勘探的重点层系。

青山口组岩性为灰黑色泥岩夹灰色泥质粉砂岩、粉砂岩及灰黑色介形虫层、黑褐色油页岩。青山口组上段以粉砂岩为主，下段以泥岩为主。青山口组下段青一段暗色泥岩石英等陆源碎屑含量为30%~50%，平均为38%；碳酸盐沉积2%~23%，平均值为11%；黏土矿物含量占22%~49%，平均值为40%，并以蒙脱石、伊利石及伊/蒙混层为主；石英和碳酸盐岩等脆性矿物含量40%~50%(见图1)；天然裂缝欠发育，为纯基质型泥页岩。

表1给出了松辽盆地北部青山口组页岩油与北美三大页岩油产区的地层评价指标对比，可以看出松辽盆地北部青山口组陆相页岩油气与北美海相页岩油指标基本吻合，不同之处在于北美的页岩油储层脆性矿物含量较高，地层压力系数高，而松辽盆地北部页岩油储层脆性矿物含量相对较低，黏土矿物含量较高，地层压力系数低。

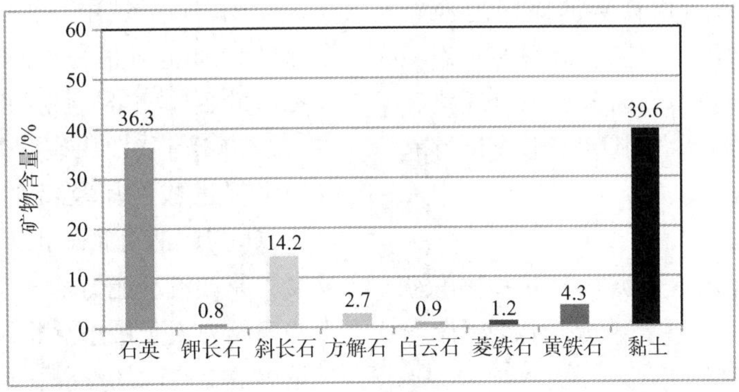

图1　A井青山口组青一段矿物成分分布图

表1　松辽盆地北部页岩油与北美页岩油地层评价指标对比表

名称	北美三大页岩油产区			松辽盆地北部青山口组
	barnett	Eagle Ford	bakken	
埋藏深度/m	1950~2550	1800~4200	1400~1800	1800~2500
有效厚度/m	15~61	45~100	5~30	30~50
TOC/%	4.5	2.0~8.0	7.2~10.6	3.2~5.1
Ro/%	1.0~1.9	0.4~2.3	1.6~1.9	1.0~2.0
脆性矿物含量/%	50~65	55~70	50~65	40~50
孔隙度/%	4.0~5.0	5.0~8.0	3.0~13.0	4.0~12
渗透率/mD	8.5~9.9	0.001~0.003	0.1~1.0	0.6~1.3
地层压力系数	1.08~1.37	1.3~1.8	1.35~1.58	1.0~1.1

近年来对松辽盆地北部青山口组页岩油储层进行过初步勘探，效果不甚理想，特别在储层压裂改造方面存在居多难题：①储层黏土矿物含量高，易受压裂液伤害；②地层偏塑性，加砂难度大、易砂堵，裂缝闭合后支撑剂嵌入程度高，导致裂缝导流能力下降；③低孔低渗低压地层，地层能量低，压后压裂液返排困难；④水平应力差大及天然裂缝欠发育，难以形成常规的页岩油气压裂的缝网体系。

2　压裂工艺优化

中国陆相页岩油储层普遍特低孔超低渗特征，以松辽盆地北部A井为例，其青山口组青一段页岩油储层基质孔隙度平均8.2%，渗透率平均0.9mD，几乎没有自然产能，根据国外多年的开发实践和研究，页岩油储层的压裂设计思路跟页岩气有些类似，主要核心是“缝网”压裂（见图2），人工裂缝与天然裂缝沟通、扩展和延伸，形成缝网体系。但页岩油与页岩气的储层流体不同，在同样的地层条件下，普通原油比气态天然气流动性要差的多，在进行储层改造时，应有所区别，页岩油储层压裂改造时应以高导流长缝为主，减小流体的渗流阻力，提高压裂效果。

针对松辽盆地北部陆相页岩油储层地质特征，其压裂技术主要从射孔工艺、低伤害压裂液体系、高导流缝网压裂技术、前置液态二氧化碳增能技术等方面进行研究，使其易于形成足够充分的高导流“缝网系统”。

2.1　射孔工艺优化

射孔井段及工艺优化不仅关系到页岩储层纵向上“黄金甜点”的选择，还影响水力压裂“体积缝网”的形成和近井摩阻大小。

页岩储层“甜点”选择和常规砂岩储层不同，射孔井段应该选择在低应力区、高孔隙度区、石英富集区、高含油气量和高有机碳区。A井测井解释成果和地应力特征表明其青山口组青一段2082~2148m是本井最优的页岩储层，从有机碳含量、含油气量、脆性矿物、孔隙度、渗透率等各项参数分析，评价该段页岩储层含油气性较好。

射孔工艺对于页岩储层压裂是否形成“缝网”非常重要。采用簇式射孔方式，可以增大“体积缝网”的形成，同时可以优化射孔孔数，降低射孔孔眼摩阻。A井选择的射孔段分三簇射孔，每簇1~2m，采用16孔/m、相位角60度的深穿透弹进行螺旋布孔。优化的射孔井段和工艺有利于对“甜点”的充分改造、“缝网”的形成以及摩阻的降低。

2.2　前置液态二氧化碳增能技术

针对页岩油目的层低孔低渗，压裂液不易返排的情况，采用前置液态CO_2增能技术。主要作用有：①提高压后返排率，CO_2泡沫界面张力是清水的20%~30%，且在地层内汽化后膨胀，增加了压裂液返排能量。②提高前期造缝效果，液态CO_2黏度和表面张力低，流动过程中动能损失小，净压力传导效率高，可实现远端大范围内的有效破岩。③抑制黏土膨胀，CO_2为酸性气体，使地层液态环境呈酸性，地层黏土颗粒收缩，减少运移。④与酸性压裂液配伍，CO_2形成的酸性环境可促进酸性压裂液的交联。⑤具有高溶解性，CO_2与原油有很好的互溶性，能显著降低其黏度，原油流动能力增加，可以提高产能。以施工井底压力大于最小混相压力确定临界最小施工排量参数1.0~2.0/min，利用物质平衡原理理论计算液体CO_2用液量80~120m^3。

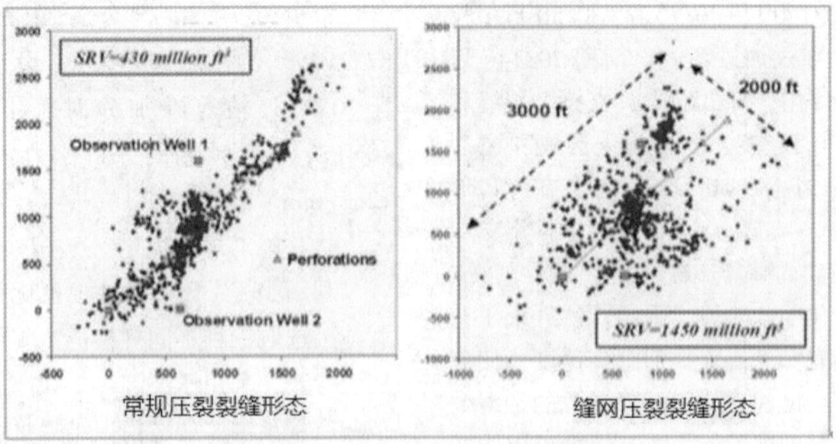

图 2　常规压裂与缝网压裂裂缝形态对比图

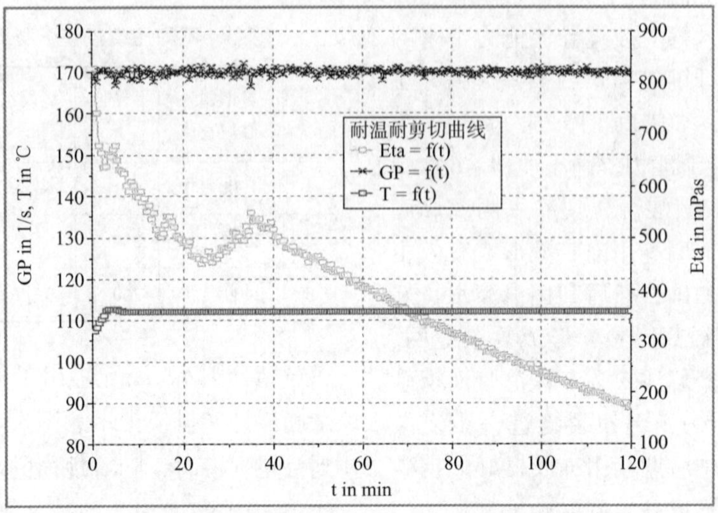

图 3　酸性冻胶压裂液流变曲线图

2.3　低伤害压裂液体系

压裂液选用滑溜水+冻胶混合体系以提高缝网压裂的改造效果。由于松辽盆地北部青山口组青一段黏土含量较高(平均 40%)，五敏实验显示为强碱敏性，在压裂过程中压裂液侵入势必会造成黏土膨胀，导致对储层的伤害，因此滑溜水和冻胶都采用低伤害体系，以减小压裂液注入对储层的伤害。

(1) 滑溜水采用耐盐速溶乳液体系，配方为：降阻剂+助排剂+复合防膨剂+破乳剂。此体系具有加量低、降阻效果好、溶胀速度快、耐盐性好，而且使用复合防膨剂能有效抑制黏土膨胀，减少地层伤害。

(2) 冻胶采用酸性压裂液体系-羧甲基羟丙基胍胶压裂液(CMHPG)，配方为：稠化剂+防膨剂+破乳剂+助排剂+杀菌剂+交联剂+调理剂+破胶剂。可有效避免常规胍胶压裂液(呈碱性)而引起的黏土矿物膨胀运移，从而降低压裂液对储层的伤害。室内实验表面该体系配伍性好，在110℃、170s^{-1}条件下剪切 2h 后，流体的黏度能保持在 170mPa · s 以上(见图 3)，具有较好的耐温抗剪性能；破胶后所产生的残渣含量低(173mg/L)，远小于常规压裂液的残渣含量(600mg/L)，破胶液黏度小(1.72mPa · s)，对地层伤害小。与常规的胍胶压裂液相比，CMHPG 压裂液具有高弹性、高悬砂性及低稠化剂使用浓度低、低基液黏度、低伤害、低摩阻的"二高四低"性能，利用 CMHPG 良好造缝和携砂能力，尽量提高砂液比，形成高导人工裂缝，达到充分改造储层的目的。

2.4　高导流缝网压裂工艺

为了形成缝网体系，一般采用“大液量、大砂量、大排量、低砂比、小粒径”体积压裂的理念，但如何形成高导流裂缝，则主要是采用多尺度多缝多粒径支撑剂组合加砂模式、高砂比伴注纤维加砂工艺、混合压裂液变黏度多级交替注入工艺。

（1）采用70/140目+40/70目+30/50目多粒径支撑剂组合段塞式加砂模式。前期70/140目支撑剂打磨孔眼摩阻，降低滤失，支撑微裂缝和次生裂缝；40/70目支撑剂支撑分支缝和主裂缝；后期加入高砂比30/50目支撑剂，在缝口形成高导流主裂缝，实现多尺度多缝的“分支缝网+高导流主裂缝”的高导流缝网体系。

（2）在高砂比加砂阶段，采用伴注纤维工艺技术，主要作用有：降低支撑剂沉降速度，使裂缝闭合过程中不会出现支撑剂沉降导致的裂缝效率下降；具有很好的携砂能力，支撑剂可以输送到深部，提高裂缝导流能力；降低由于闭合压力造成支撑剂破碎、嵌入等对裂缝导流能力带来的伤害。室内实验证明纤维的加入可大幅提高导流能力，在闭合压力40～50MPa时，加了纤维(浓度1.0‰～2.0‰)后导流能力提高了40%～60%。

（3）滑溜水+冻胶液混合压裂液采用变黏度多级交替注入模式，前期利用冻胶液形成有效主缝的基础上便于后续加砂；然后利用滑溜水良好的沟通能力，尽可能提高排量，形成复杂缝网，并在滑溜水加砂阶段交替注入2-3次冻胶液携砂段塞提高裂缝内净压力，促使裂缝进一步复杂化，形成复杂缝网；中后期利用冻胶良好的携砂能力，提高砂液比，形成高导流裂缝。

2.5 施工参数优化

（1）排量优化

由于页岩储层裂缝系统较发育，因此在井筒条件及施工设备允许的情况下，尽可能采用大排量注人来弥补天然裂缝滤失，从而压开缝网裂缝，增加与地层的沟通面积，提高改造效果。

通过小压测试得到A井井底延伸，地层延伸压力梯度在0.020MPa/m时，本井为5.5”光套管注入，预计地面井底施工压力在40～60MPa之间，具体如表2：

表2 不同排量下施工压力预测

排量/(m^3/min)	井底延伸压力/MPa	总摩阻/MPa	液柱压力/MPa	井口压力/MPa
10	42.4	19.9	21.1	41.2
11	42.4	23.8	21.1	45.1
12	42.4	27.6	21.1	48.9
13	42.4	32.7	21.1	54.0
14	42.4	37.8	21.1	59.1
15	42.4	42.9	21.1	64.2
16	42.4	48.4	21.1	69.7

本井完井生产套管最大抗内压强度87.2MPa，为保证施工安全，设计本井施工限高压70MPa。估算在加砂时施工净压力为8～10MPa，结合预测的井口压力，则最佳排量在12m^3/min.

（2）施工规模优化

利用Meyer压裂软件模拟优化施工规模。压裂施工选取三种不同规模的施工用量，输入相关地层参数，利用压裂Meyer软件进行人工裂缝模拟和产量预测。裂缝模拟结果见表3所示，裂缝模拟形态如图4所示。

表3 不同压裂规模下裂缝模拟结果统计表

方案	总液量+砂量/m^3	半缝长/m	缝高/m	裂缝/m^3	改造地层体积/($\times10^4m^3$)
1	1600+80	221.4	63.4	425	98.45
2	2000+100	254.5	67.2	494	112.89
3	2400+120	269.9	69.3	534	121.92

结合图5、图6给出了不同压裂规模下日产量和累计产量模拟示意图。表明了当压裂规模达到一定规模时，随着规模的增加，半缝长和改造体积SRV的增加趋势逐步减缓，日产量和累计产量的增加趋势逐步减缓。综合考虑，本层段压裂施工规模采用方案2：液量2000m^3+支撑剂100m^3。

3 现场应用

A井(直井)位于黑龙江省大庆市杜尔伯特蒙古族自治县，构造上位于松辽盆地中央坳陷区龙虎泡-大安阶地龙虎泡构造，井别为参数井，井型为直井。钻探目的为了评价下白垩统青山口组泥页岩油储层。设计井深2347m，完钻井深2350m。

钻录井揭示该井青山口组青一段(2082.00～2148.00m)，岩性以含砂泥岩、粉砂质泥岩、泥质粉砂岩为主，脆性矿物与泥质和有机质呈互层状分布目的层泥岩类占88.68%、砂岩类占6.72%。总体上青一段属于纹层型泥页岩、韵律型泥页岩、夹薄砂条型泥页岩，为纯基质型泥页岩。具有丰富的页岩油资源潜力，其中Ⅰ类页岩油57m/3层，Ⅱ类页岩油7.6m/1层。

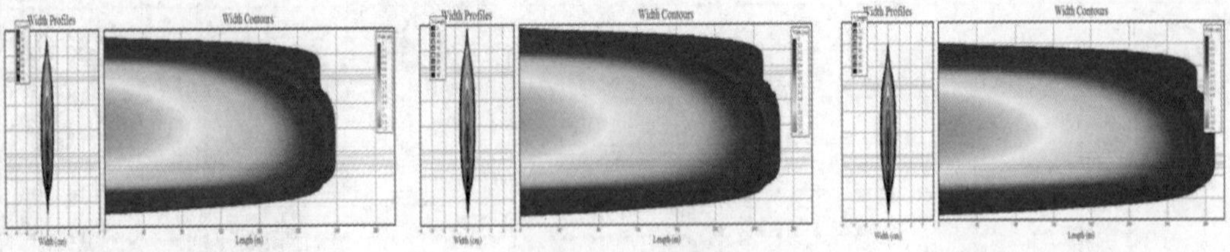

规模1600m³+80m³裂缝模拟图　规模2000m³+100m³裂缝模拟图　规模2400m³+120m³裂缝模拟图

图 4　不同压裂规模裂缝模拟对比图

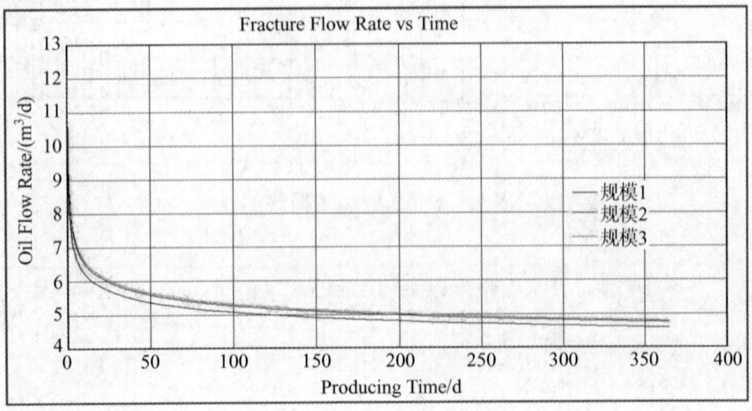

图 5　不同施工规模下的日产量模拟曲线图

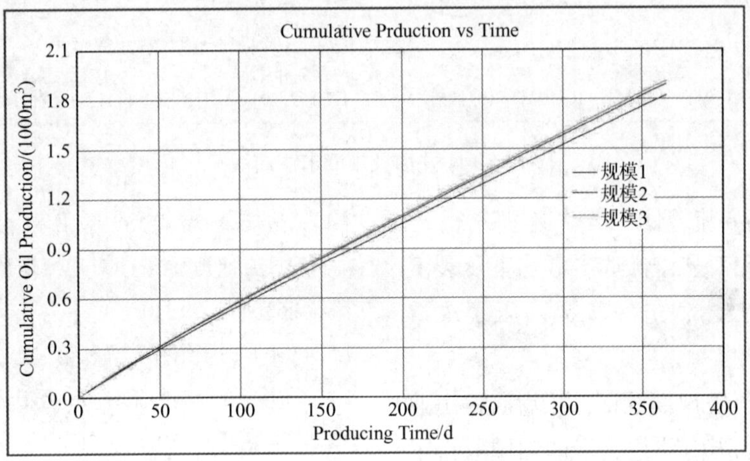

图 6　不同施工规模下的累计产量模拟曲线图

A 井青山口组青一段压裂施工共注入总液量 2008m³，其中酸液 10m³，冻胶液 1062m³，滑溜水 915m³，支撑剂总量 98m³，其中 70/140 目粉陶 30m³、40/70 目覆膜石英砂 59m³；30/50 目覆膜石英砂 9m³；施工泵压 21.0~34.3MPa，施工排量 10~12.6m³/min，最高砂比 18%，平均砂比 12%，地层破裂压力 31.4MPa，停泵压力 26.6MPa(见图 7)。

压后放喷期间累计排液 625.8m³，自喷返排率达到了 30%。然后下管柱抽汲排液，测试求产日产油量 4.93m³(见图 8)，达到工业油流标准(SY/T 6293—2008 勘探试油工作标准规范)。本层压裂前储层无产出，对比说明压后效果良好，形成的人工裂缝有效沟通了目的层，提高了储层的渗流能力。

4　结论与认识

(1) 明晰了松辽盆地北部青山口组陆相页岩油储层低孔低渗低压、脆性矿物含量相对较低、黏土矿物含量较高、天然裂缝欠发育的特征，为纯基质型泥页岩。

(2) 提出了“多尺度多缝多粒径支撑剂组合加砂+高砂比伴注纤维加砂+混合压裂液变黏度

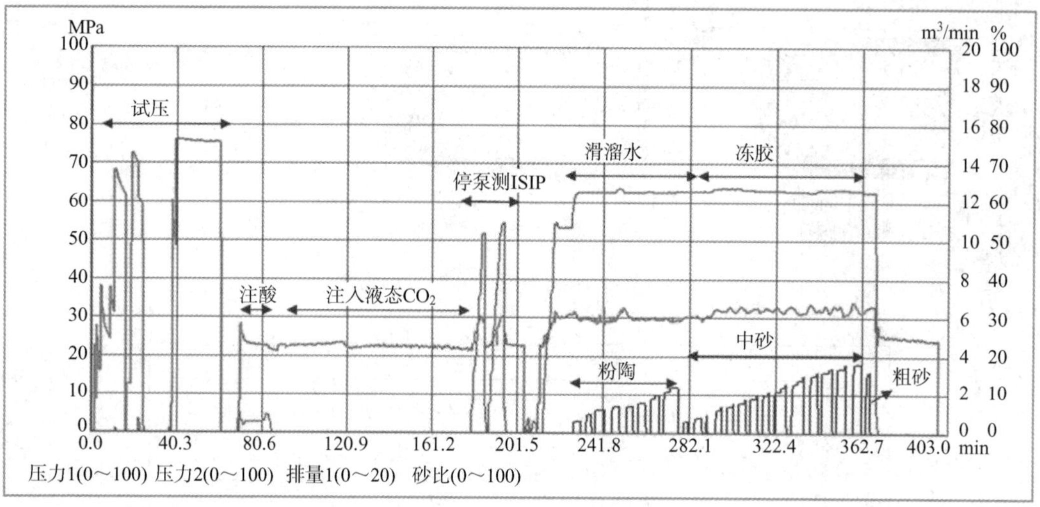

图 7　A 井压裂施工曲线图

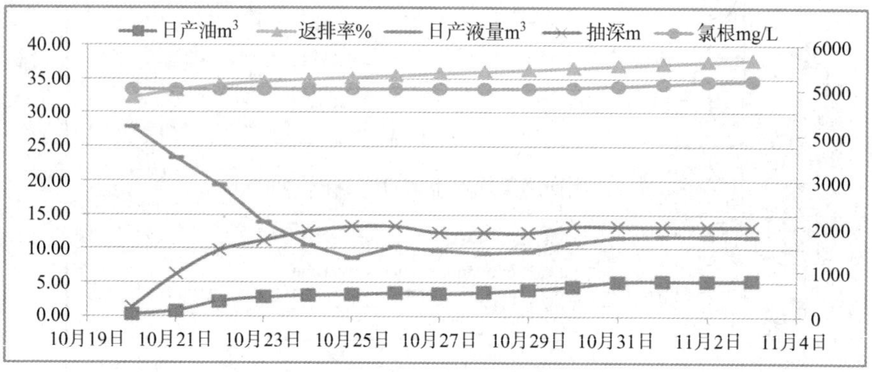

图 8　A 井抽汲排液求产曲线

多级交替注入"的高导流缝网压裂改造思路。

(3) 优化了射孔工艺，优选出低伤害压裂液体系，研究出增能技术，进一步提高压裂改造效果。

(4) 在 A 井进行了现场验证，压后获得工业油气流，在松辽盆地国内陆相页岩油领域取得了重要突破，表明了高导流缝网压裂技术对陆相页岩油的适用性。

参　考　文　献

[1] 陈祥，丁连民，刘洪涛，等．南襄盆地泌阳凹陷陆相页岩储层压裂技术研究与应用[J]．石油地质与工程，2011，5(3)：93-96.

[2] 盛湘，陈祥，章新文，贾艳雨，等．中国陆相页岩油开发前景与挑战，石油实验地质[J]. 2015，5(3)：268-271.

[3] 李世臻，刘卫彬，王丹丹，等．南襄盆地泌阳凹陷陆相页岩储层压裂技术研究与应用[J]．石油地质与工程，2011，3(5)：93-96.

[4] 边瑞康，武晓玲，包书景，聂海宽，等．中美陆相页岩油地质条件对比，地质评论学报[J]. 2017，63(4)：39-40.

[5] 才博，张绍礼，马秋菊，等．巴肯致密油压裂水平井产能影响因素分析，重庆科技学院学报(自然科学版)[J]. 2015，17(3)：43-45.

[6] 盛湘，陈祥，章新文，等．中国陆相页岩油开发前景与挑战，石油实验地质[J]. 2015，37(3)：46-49.

[7] 张全胜，李明，张子麟，等．胜利油田致密油储层体积压裂技术及应用[J]．中国石油勘探，2019，24(2)：235-239.

[8] 梁卫卫，张亮，崔鹏兴，等．缝网压裂技术在鄂尔多斯盆地 S 区块特低渗透砂岩油藏水平井开发中的应用[J]．石油地质与工程，2018，32(5)：95-98.

[9] 王文东，赵广渊，苏玉亮等．致密油藏体积压裂技术应用[J]．新疆石油地质，2013，34(3)：345-348.

[10] 李友志. 致密油体积压裂缝网优化设计方法研究[D]. 山东青岛：中国石油大学(华东)，2014.

[11] 高武彬，陈宝春，王成旺，等. 缝网压裂技术在超低渗透油藏裂缝储层中的应用[J]. 油气井测试，2014，22(1)：52-54.

[12] 许亮，杨红，童长兵，余海棠，王迪东，金永辉. 体积压裂工艺在延长油田超低渗油藏中的应用效果分析[J]. 石油化工应用，2016，35(2)：31-33.

[13] 刘晶晶. 缝网压裂技术在龙虎泡油田的应用[D]. 黑龙江大庆：东北石油大学，2016.

[14] Sherif Fakher；Abdulmohsin Imqam，Application of carbon dioxide injection in shale oil reservoirs for increasing oil recovery and carbon dioxide storage[J]，Fuel，Volume 265，1 April 2020，116939.

川渝地区页岩气随钻解释及压前产能评价方法

闫慧珍 孟邵彬 荆 玲 潘素倩 王玉府

（中国石化中原石油工程有限公司）

摘 要 随着页岩气勘探开发的不断深入和建产周期的加快，页岩气录井急需提高现场分析的时效性，提高解释评价的综合性和标准化程度，快速为页岩气完井、开发等后期工程的实施提供技术支撑。基于川渝地区页岩气主产区目标层及产能与录井检测数据的关系，分析页岩气产能主控地质因素，开展随钻录井参数优选，建立页岩气目标层随钻解释标准，构建录井压前产能评价模型，开发了相应的页岩气专业解释评价软件。该技术在川渝地区9口页岩气井的推广应用，经试气验证，目标层随钻解释层符合率90.1%，产能评价符合率90.5%，技术满足现场适用条件，达到了随钻技术标准。

关键词 页岩气；主控因素；随钻解释；压前产能评价；软件系统

页岩气资源潜力巨大，未来五年国家仍把页岩气做为我国重要的接替能源，页岩气开发将继续大力推进，页岩气开发的石油工程技术也将持续、大力地向纵深方向发展。录井做为全过程跟踪井筒的地质专业分析技术，对页岩气的随钻识别、评价具有最快速、最直接应用价值。

页岩气为典型的原地成藏模式。利用岩石实物进行的一系列油气分析检测特别适合于页岩气的这种原地（就近）、稳定、连续性沉积地层。以川渝地区页岩气为目标，除常规的天然气录井识别外，重点开展对页岩储层品质的录井评价[1]，形成对特征含气性、岩石可压性、物性、有机质、埋藏条件等个性指标的随钻解释以及页岩气产能、潜力的远景评价方法。

1 地质概况

川渝地区是页岩气勘探开发快速发展并获得规模成功的地区。该区有多个国家级页岩气示范区，如中国石化的涪陵页岩气示范区、中国石油“四川长宁-威远”、“滇黔北昭通”页岩气示范区，而且川渝地区页岩气勘探开发场面还在不断在扩大，页岩气产能建设规模近两年增长很快。

川东南从南至北，构造走向由北北西转向北北东，再转向北东，形成四川盆地最具特征的弧形褶皱带。川东高陡褶皱带是四川盆地川东南构造区最重要的二级构造单元，也是四川盆地的重要产气区。该区页岩气主要储集在志留系下统龙马溪组及奥陶系上统五峰组，以龙马溪组为主。钻探大部分开发井均为水平井，页岩水平段钻穿长度1300~1800m。该区页岩气非常规性地质需求表现在三个方面：

（1）目标层快速落实：泥页岩地层岩性变化、井眼轨迹调整、储层非均质性常使大位移水平井出现开发目标位置的难以精确锁定；

（2）定向射孔位置定位：储层孔缝发育、岩石脆性、干酪根富集及应力分布情况需更详细的分析，该工作除测井技术分析外，页岩气定向射孔位置更需要录井样品实物分析资料的支持；

（3）压裂增产措施前的潜力评价：页岩气压裂工艺复杂，成本消耗巨大，必须详细掌握目标层实际地质情况，预估单井生产潜力，才能够制定后续的工艺措施。

2 页岩气随钻解释及压前产能评价方法

页岩气区别于常规油气层主要体现在两个方面：一是储层地质特征的差异，页岩气赋存于泥页岩中，具有自生自储、无气水界面、大面积连续成藏、低孔特低渗等特征[6]。其价值除取决于通常的含气性外，还与泥页岩的有机质特性及岩石脆性密切相关。二是后期作业改造工艺不同，多级水力体积压裂和工厂化作业模式是最常用的开发方式。所以，针对页岩气除常规的天然气录井识别外，还应包括储层品质的录井评价，尤其在水平段地质导向中，对时效性要求很高，本技术方法通过现场对页岩含气性、岩石脆性、有机质丰度、埋深、厚度等个性指标的随钻跟踪解释，最终达对储层品质以及产能的快速评价。

2.1 页岩气随钻解释方法

运用现场气测、地化、X射线元素、解析气、综合录井等多项随钻录井原始参数衍生出游离气指数、吸附气指数、物性指数等11项综合解释参数(表1)，完成对页岩气储层含气性、物性、可压性、有机质、埋藏条件的解释分析。

泥页岩含气性解释包括游离气和吸附气分析两个方面。游离气指数应用气测录井参数运算而来，吸附气能量指数[3]以岩石黏土矿物、干酪根、储层厚度等多方面指标加权计算而来，对于油基钻井液，计算前需进行气测和地化参数的回归处理。解析含气量是通过页岩气解析仪测量所得，为游离气和吸附气之和。该参数通常为岩心或岩屑密闭解析出的含气量，为直接测量参数。如果目标层有该项数据则优先用之来评价含气性，来替换游离气和吸附气能量指数[4]。

储层物性综合考虑页岩层理和孔渗性，物性指数由岩性类型、层理级别、可钻性、泥页岩密度、气测异常等特征综合计算而来。脆性指数根据主要脆性矿物元素Si、Ca、Mg元素变化计算而来，硅铝比为硅铝元素含量比值。Si、Ca、Mg、Si、AL元素取自X射线元素录井检测数据。

有机碳丰度、成熟度、有效页岩厚度、埋藏深度、地层压力采用录井随钻直接测量参数。

表1 页岩气录井解释参数及地质评价意义

地质因素	参数名称	地质意义	备注
含气性	游离气指数	反映气井产量	能否具有动用价值的考量参数
	吸附气指数	反映气层后续能量	页岩气井寿命的考量参数
	解析气量	包含游离气、吸附气	反映地层含气程度
储层物性	物性指数	反映储集空间的大小	多项定性参数加权计算
储层可压性	脆性指数	反映脆性矿物含量	评价目标层可改造程度
	硅铝比	反映烃源岩沉积环境	值越大,储层改造效果越好
有机质	有机碳丰度	残余烃类含量高低	商业开采价值的评价指标之一
	成熟度	热解烃峰顶温度	能否生成烃类基本条件
气藏地质条件	有效页岩厚度	具有生烃能力页岩	商业开采价值的评价指标之一
	埋藏深度	越浅开发价值越好	通常小于3500m
	地层压力	异常压力地层识别	反映地层能量高低

综合页岩含气性、储层物性、储层可压性、有机质、气藏地质条件五个方面录井特征把页岩气异常层划分为Ⅰ、Ⅱ、Ⅲ三个含气级别[2,5](表2)。

表2 页岩气随钻录井解释标准

评价指标	Ⅰ类层	Ⅱ类层	Ⅲ类层
有机碳丰度/%	>4	2~4	1~2
干酪跟类型	Ⅰ、Ⅱ	Ⅰ、Ⅱ、Ⅲ	Ⅰ、Ⅱ、Ⅲ
成熟度/℃	>435	>435	>435
游离气指数	≥30	≥10	5~10
吸附气指数	≥2000	≥1000	100~1000
解析气量/(cm^3/g)	>2	1~2	<1
脆性指数	≥40	≥40	≥20
硅铝比	>4	3~4	<3
物性指数	≥60	≥60	40~60
埋藏深度/m	≤3000	≤3500	≤5000
有效页岩厚度/m	≥30	≥10	≥5
地层压力	高压异常	高压或常压	高压或常压

Ⅰ类层：相当于页岩层有机质中高成熟，丰度高，层理缝或裂缝发育，脆性中等以上，具有自然产能，且埋藏条件较好。

Ⅱ类层：相当于页岩层有机质中高成熟，丰度相对较高，层理缝或微裂缝较发育，脆性中等以上，虽不具自然产能或产出气低，但经压裂改造后具有较高产能，且埋藏条件较好。

Ⅲ类层：相当于页岩层有机质成熟，丰度偏低，层理缝或裂缝不发育，脆性低，不具自然产能或产出气低，且经压裂改造后仍难以获得较高产能，且埋藏条件也较差。

川渝地区页岩气单井随钻解释实例：CH26-5井

该井直接测量参数稳定性好，录井技术应用较全面，随钻解释参数较为齐全(表3)，应用页岩气随钻录井解释标准，两层目标层均解释为Ⅰ类层(图1)。

表 3　CH26-5 井随钻录井参数解释数据表

井段/m	层厚/m	有机质丰度/%	干酪跟类型	成熟度/℃	游离气指数	吸附气指数	脆性指数	硅铝比	物性指数	层顶埋深/m	有效页岩厚度/m	地层压力	解释结论
2800~2930	130	4.4	II_1	>435	105.2	11537	57	6.5	87	2700	40	1.98	Ⅰ类层
3500~3800	300	5.14	II_1	>435	72.7	21554	55	12.1	87	2700	40	2.02	Ⅰ类层

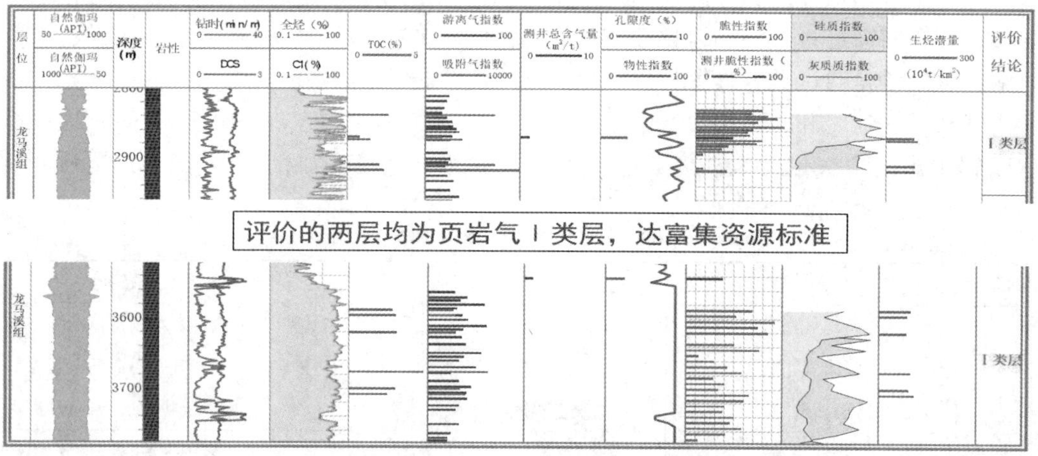

图 1　CH26-5 井页岩气随钻解释效果图

该井后期经过试气验证，试气产量日产 7.92 万方，达到页岩气工业气流标准，与随钻解释结果为Ⅰ类层吻合(图 1)

2.2　压前产能评估方法

页岩气自生自储，原地成藏，稳定沉积，其产量也主要受自身地质条件和开发工艺影响较大。产能地质主控因素包括储层品质、储层物性、可改造性等[6]，反映在录井上即含气性、物性、含气岩石体积、有机质、地层压力。

与产能相关的录井随钻参数包含了多项定性参数和经验参数，也有部分为衍生参数，为了实现参数现场应用价值的最大化，对产能指数的计算采用统计学中的应用因素分析方法，其是一种定性分析方法。该方法简单易行，适合页岩气这种稳定沉积气藏、且录井现场时间紧迫、测量参数的种类有时不齐全的状态。

参与产能计算的有机质参数包括有机质丰度、干酪跟类型、成熟度，对三项参数量化生成因素指数-有机质能量指数 OMi；

参与产能计算的物性参数包括岩石层理、孔缝、dc 指数、泥页岩密度、气测全烃/基值，对六项参数量化生成因素指数-物性指数 Pi；

参与产能计算含气岩石体积参数包括水平段长度、气层有效厚度(穿行部位)、压裂波及有效页岩宽度，对四项参数量化生成因素指数-岩石体积能量指数 Vi；

参与产能计算含气性参数包括气测全烃值、全烃基值、显示厚度、泥页岩密度、黏土矿物含量、泥页岩连续厚度、有机质热演化系数、有机质丰度，对八项参数量化生成因素指数-含气性能量指数 Gi；

参与产能计算的地层压力参数包括综合录井 dc 指数(可钻性)、地层压力系数，对两项参数量化生成因素指数-地层压力指数 Fp。

对与产能密切相关的上述五个因素指数，加权处理，建立产能快速评价的录井参数和数学计算模型。

产气指数(Ig)录井解释模型为：

$$Ig = aGi \times bPi \times cVi \times dOMi \times eFp$$

Ig 为产气指数，无量纲，a、b、c、d、e 为含气性、物性、含气岩石体积、有机质、地层压力五个单项贡献因素相关因子，无单位。

根据产能指数计算结果，建立川渝地区产能指数与预测产量的对应关系(表 4)。

表 4　川渝地区产能指数与预测产量对应性关系表

计算产能指数	产能分级评价	页岩气日产量/万方
500~1000	低产	<10
1000~1500	中产	10~20
>1500	高产	>20

页岩气产量受后期压裂改造工艺影响很大，现场录井仅考虑地质主控因素，对压前产能只能做定性划分。

依据产气指数录井解释模型对川渝地区15口页岩气单井产能进行计算，计算结果如表5，产气指数与实际产量具有较好的对应性，依据分级评价标准，分别解释为低产、中产、高产，与实际产量基本吻合。

只有CH9-2井，计算产气指数1337.82，预估产量小于20万方，而该井后期压裂后获得日产24万方。分析原因可能是地化检测样品所致，检测有机质丰度只有3.6%，低于相邻高产井的有机质丰度4.0%~4.7%。

表5　川渝地区部分井产气指数与实际产量数据表

序号	井号	产气指数	产能分级评价	实际产量($10^4m^3/d$)
1	JY7	671.79	低产	6.27
2	CH26-5	793.01	低产	7.92
3	CH26-4	735.78	低产	10.73
4	CH26-3	865.45	低产	11.36
5	CH26-2	945.05	低产	14.23
6	CH9-4	930.46	低产	15.40
7	CH9-5	1266.27	中产	18.07
8	JY8	2118.19	高产	23.00
9	CH9-2	1337.82	中产	24.00
10	CH10-1	2176.13	高产	28.06
11	CH9-3	1926.39	高产	30.20
12	CH9-6	1429.02	中产	30.80
13	CH9-1	1680.08	高产	32.00
14	CH10-2	2291.54	高产	32.07
15	CH10-3	1707.70	高产	35.00

应用录井产能指数预估产能或者页岩气潜力的优势具有快速、直接的特点，目标层钻穿即可现场完成潜力评估，尤其对于页岩气新探区、滚动区，钻井现场快速评价设计层产能和潜力对于页岩气目标卡准、动态调整以及进一步措施具有重要意义。

3　页岩气随钻解释及产能预测系统软件

根据页岩气随钻解释及产能预测技术方法以及定量化录井解释标准，开发页岩气随钻解释及产能预测系统软件。在人工地质评价的基础上，引进因素分析、聚类分析等先进的计算机处理技术，丰富数据处理基础，降低人工误差，减少处理过程和时间，把人工的、经验的参数取值、储层划分、参数类比、同类型页岩气井搜索等分析方法，通过计算机系统和人脑综合解释的方法，实现大数据量分析、减少纸质对比以适应现场环境条件，从而达到计算机科学、智能化分析、解释的目的(图2)。

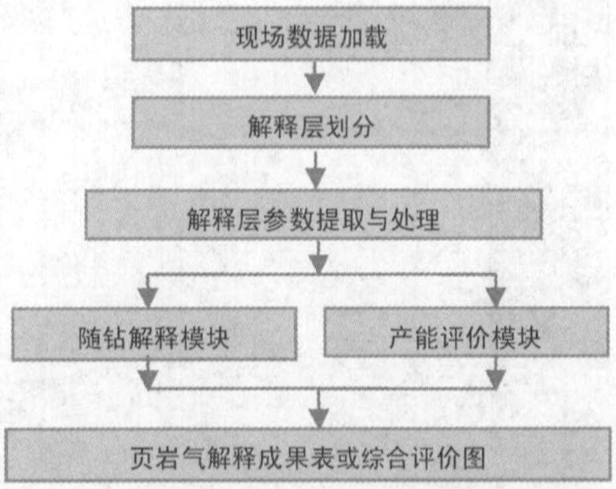

图2　软件系统工作流程图

软件主要功能：

① 异常层快速解释：随钻录井、分析资料入库管理；基础参数自动取值；解释参数计算；层分析解释。

② 产能评价：产能相关参数取值，产能指数计算，产量分级预测。

③ 地质甜点确定：甜点指数计算，甜点位置确定与排序。

④ 相关地质参数搜索：一些缺项数据(未检测、分析不完整或资料有偏差)的查漏补缺。

⑤ 相邻井关键评价参数对比：页岩气同区块、相邻井、相似层段相关参数的类比分析。

⑥ 相关分析图件和成果输出。

4　应用效果

本研究开发的页岩气随钻解释及产能评价系统软件在川渝地区9口页岩气井钻井过程中进行了应用，以JY198-3HF井为例，说明随钻解释和压前产能评价软件的应用效果。

JY198-3H井应用《页岩气随钻解释和压前产能预测系统》软件解释井段长为2056m，开展了单井随钻解释、钻后解释与评价、区域潜力对比、相邻井井间对比等多项地质分析。软件系统共解释页岩气层1836m/16层，随钻解释层符合率90.1%，综合结论符合率89.5%，产能指数符合率90.5%(表6)。

表 6　JY198-3H 井随钻解释与试气结果对比

随钻解释					产能预测	
解释井段/m	解释米数/层数	解释结论	解释层符合率/%	结论符合率/%	产能指数	产能指数会合率/%
3402~5458	1836/16	Ⅰ、Ⅱ、Ⅲ类层	90.1	89.5	1073	90.5

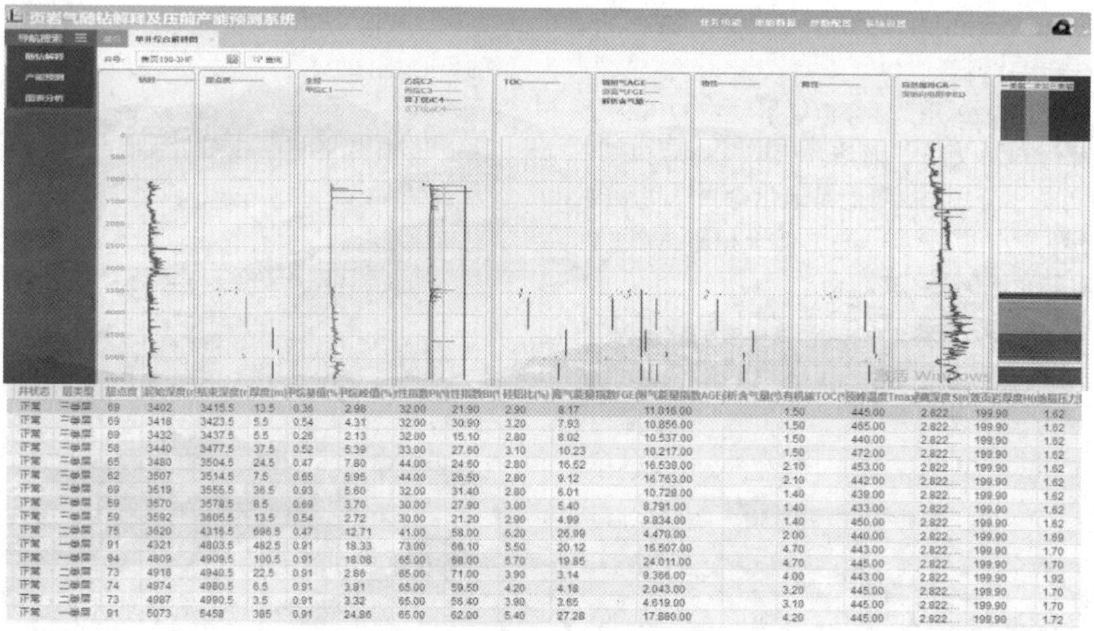

图 3　YJ198-3HF 井页岩气随钻解释成果图

随钻解释结果

全井龙马溪组共解释页岩气层 1836m/16 层(图 3)，其中Ⅰ类层 968m/3 层，Ⅱ类层 729m/4 层，Ⅲ类层 139m/9 层。随钻解释成果图和各单项分析参数数据表见图 3。

产能预测效果

YJ198-3HF 井对解释为Ⅰ类层的 5073~5458m 进行产能预测，计算产气指数为 1073，依据产气指数与预测产量对应性关系表，即产气指数处于 1000~1500，预测产能为 15~25×10^4m^3/d，该井经试气，日产 18.4×10^4m^3/d，与解释结果吻合。

应用页岩气随钻解释及压前产能评价软件系统，可随钻、连续、跟踪解释目标层，快速定位水平井射孔位置，预估页岩气潜力，为制定下步措施提供快速地质建议。

5　结论与认识

(1) 该技术充分考虑页岩气的地质特征和开发方式，发挥录井技术实物检测、现场解释的优势，实现随钻对页岩储层含气性、物性、有机质、可压性以及产层类别的解释，综合五个方面的地质特征和随钻解释标准将页岩气显示层划分为Ⅰ、Ⅱ、Ⅲ类层，分别对应于页岩气富集层、中低能量层、低能量层。

(2) 优质页岩气产层主控地质因素包括储层中有机质、含气性、物性、地层压力、含气岩石体积，研究各项主控因素与试气产量的相关性，建立页岩气产气指数(Ig)录井解释模型，达到随钻、快速，分级评价产能的技术要求。

(3) 立足于现场随钻分析数据，开发页岩气随钻录井解释与产能评价软件，实现录井现场的自动化解释。解释层划分科学合理，数据提取方法正确、快捷，推理过程逻辑性强，页岩气层识别与试气结论符合率达到 85%以上。

参　考　文　献

[1]　王志战，非常规油气层录井综合解释的思路与方法，录井工程，2018. 29(2)：3-4.

[2]　张建平、叶应贵、廖勇，等.《页岩气水平井水平段气层产气性评价方法技术》，中国，CN201608184303. 2016. 09-12.

[3]　郭怀志　潘保芝、张丽华，等. 页岩吸附模型及吸附气含气量计算方法进展，地球物理学进展，2016

(3期)；1080-1087.

[4] 李玉喜，乔德武，姜文利等. 页岩气含气量和页岩气地质评价综述，地质通报，2011. 30（3）：312-315.

[5] 罗鑫，翟子易，罗明生，等. 四川盆地志留系龙马溪组页岩气储集层录井解释方法研究，录井工程，2018. 29(1)：81-82.

[6] 蒲泊伶，蒋有录，王毅，等. 四川盆地下志留统龙马溪组页岩气成藏条件及有利地区分析，石油学报，2010，31(2)：228-230.

青龙台地区高分辨率处理技术研究与应用

卢 志

（中国石油辽河油田公司勘探开发研究院）

摘 要 受复杂地表及地下地质条件影响，辽河坳陷青龙台地区的地震资料品质差，无法满足地质目标精细刻画的需求，已成为制约油气勘探的瓶颈。本次研究分析了可控震源的特征及对地震资料品质的影响，并通过精细保幅去噪、子波处理、叠前谱拓展、OVT域数据规则化等技术来提高叠前道集质量，通过应用叠前深度偏移技术，有效提高了目标区的成像精度，丰富了地震资料的层间信息，满足了辽河探区勘探开发部署研究对地震资料的需求，对下一步储层预测等综合性研究有重要作用。

关键词 可控震源；精细去噪；子波处理；叠前谱拓展；OVT域数据规则化

随着油田勘探难度的加大，特别是高分辨率勘探的深入，对地震资料的需求精度也越来越高，要求地震数据具有宽频、高保真、高信噪比，以便更好地识别岩性、流体、裂缝油藏。青龙台地区是辽河坳陷地质条件最复杂的地区之一，也是辽河坳陷勘探程度较低的地区之一。由于该地区现有的地震资料不能满足地质需求，主要目的层沙三段、太古界、元古界潜山构造形态及断裂展布不易落实，断距15m左右的小断层不清晰，且对沙三段10m以上单砂体和砂层组储层描述及预测困难。因此，开展了保幅保真高分辨率处理技术研究，克服原始资料主频较低的缺点，提高目的层储层的纵、横向分辨能力，为地层岩性油气藏的精细勘探和水平井部署提供有利的基础资料，同时为下一步叠前反演奠定基础。

1 资料特点

此次研究区的资料是渤海湾地区首次采用单点、大道数、高密度数字检波器接收的地震资料，具有技术引领和示范推广作用。由于数字检波器采集资料的频带宽，涵盖的信号较为丰富，但是噪音也比较发育，因此，在研究过程中针对该地区地质需求和处理要求，一方面通过对资料的信噪比、能量、频率、面元大小等特征进行分析，找到原始资料存在的问题，把握处理过程中需要解决的重点，找到解决问题的方法。另一方面从研究区的地质任务出发，结合处理软件及处理技术的特点，在处理过程中注重提高信噪比和振幅、相位及频率等方面的一致性，对资料各个处理步骤作出明确的预期要求，并据此选择合理的处理方法和参数。

青龙台地区的地震资料主要表现为噪声干扰强烈，信噪比低，分辨率不高等特点。通过分析，认为制约该地区地震资料处理的关键问题有3个方面：（1）干扰波压制问题：研究区的资料噪音类型多，一些干扰波主频位于地震有效波主频带内，常规的干扰波压制方法不灵，特别是许多侧反射干扰波难以有效去除[2]。面波和折射波干涉带较窄，本区发育的面波优势频率多在12Hz以内，其能量衰减较快，对资料品质影响不大，但分布范围比较广泛。而且激发因素有两种，可控震源和炸药震源，其中可控震源产生的谐波的干扰不同于其他噪音，它的频率为有效波频率的整数倍，要将其去除也不易；（2）子波处理问题：研究区内井炮和可控震源的能量、频率、相位等方面存在差异，影响资料同相轴的连续性。（3）分辨率问题[3]：由于资料本身频带的限制，资料信噪比低，怎样选择合理的处理技术，突出地震资料优势频带，在增强反射同相轴连续性的同时，又能对低频和高频端信息的保护，突出反射波组特征。

2 针对性处理技术

2.1 精细保幅去噪技术

噪音是影响资料信噪比的主要因素，噪音的存在，使有效信号淹没在噪音中，不但影响叠加效果，而且严重影响反褶积、速度分析、静校正等处理效果。不同的处理阶段，噪音对信号的影响不同，因此，去噪处理贯穿了整个处理过程。

针对强能量面波干扰，开展了三套方案的研究工作。一种方案是常规的区域滤波，效率高，便于速度分析和剩余静校正的及时进行，但是影

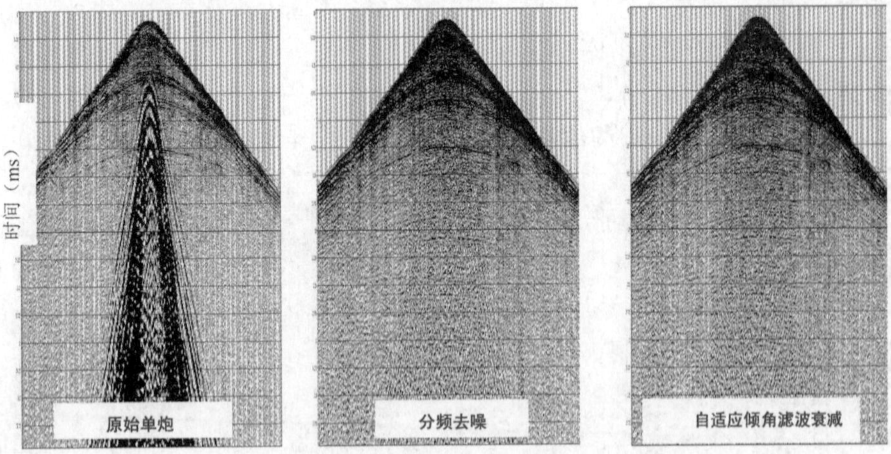

图 1　分频去噪及自适应倾角滤波衰减前后单炮效果对比图

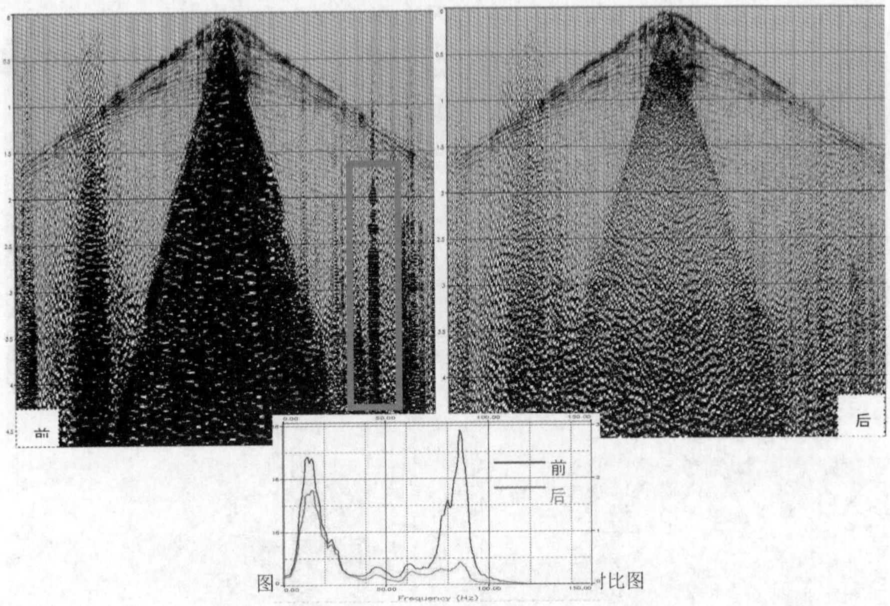

图 2　可控震源谐波去除前后单炮效果对比图

响反褶积效果，导致共偏移距剖面上存在低频条带现象。为此进行了方案二的研究，在反褶积之前进行面波能量的压制，反褶积之后进行区域滤波，虽然较方案一有改进，但是理论上讲毕竟是不科学的。方案三就是高精度分频去噪，在不同分频段对噪音进行去除，该方法在保护有效低频成分同时，不损失任何有效频率信息。在方案三的基础上，进行了多项试验，采取了自适应面波衰减技术消除该噪音的影响，该方法主要用于对面波的去除，起到了很好的效果。(图 1)。

由于此次采集的资料可控震源产生了谐波干扰，通过调查分析，谐波干扰的特征主要表现在以下三个方面：(1) 频率范围：谐波分量的频率为有效波频率的整数倍，它们的频率随有效波频率的变化而变化；(2) 出现地区：对某一集中的工区而言，谐波是成片出现的；(3) 出现位置：谐波分布在整个剖面上，近道尤为明显。针对谐波干扰的特点，利用外部源干扰去除与单频干扰去除技术相结合进行去除，并采取了多域重排异常振幅压制，将数据按照不同的域进行多次分选，然后从该域中找出该干扰与有效信号不同之处，针对性地进行去除(图 2)。

2.2　子波处理技术

可控震源激发采集到的地震数据的地震子波是可控震源扫描信号的自相关，所以是零相位的。通常后续的叠前反褶积处理要求输入的地震数据的子波是最小相位的。为此需要将可控震源的地震子波进行最小相位化处理。最小相位化因子的求取需要用到可控震源激发的扫描信号。因为只有利用扫描信号进行自相关，才能得到零相位子波，再将这个零相位子波转换为具有相同振幅谱的最小相位子波，，进而求取出匹配因子，这个匹配因子就是最小相位化的因子。

通过子波整形后，可以看出资料的信噪比较之前有很大提高和改善(图3)，但是整形后的可控震源与炸药震源之间仍存在14ms时差，调整之后，同相轴连续性变好(图4)。

通过子波最小相位化处理，从叠加剖面上看，同相性增强，信噪比得到显著提高(图5)，为后续处理打下了基础。

2.3　高分辨率处理技术

反褶积是是压缩地震子波、提高分辨率的手段，是资料处理中的重要环节之一。反褶积方法很多，不同方法及参数的选择，直接影响资料的信噪比和分辨率。因此开展了大量反褶积试验的研究工作，包括各种反褶积组合以及不同参数的试验。由于资料本身频带的限制，资料信噪比低，怎样选择合理的反褶积参数，突出地震资料优势频带，增强反射同相轴的连续性，突出反射波组特征，做到分辨率与信噪比的和谐统一是至关重要的[4]。通过对地震子波的频率特征、相位特性以及一致性等多方面质量监控，在参数的选择过程中，充分考虑资料本身的特点和地质任务，以获得小构造、小断块，满足储层预测为依据。应用地表一致性反褶积技术，对地震子波进行校正，消除地表条件差异对地震子波的影响，

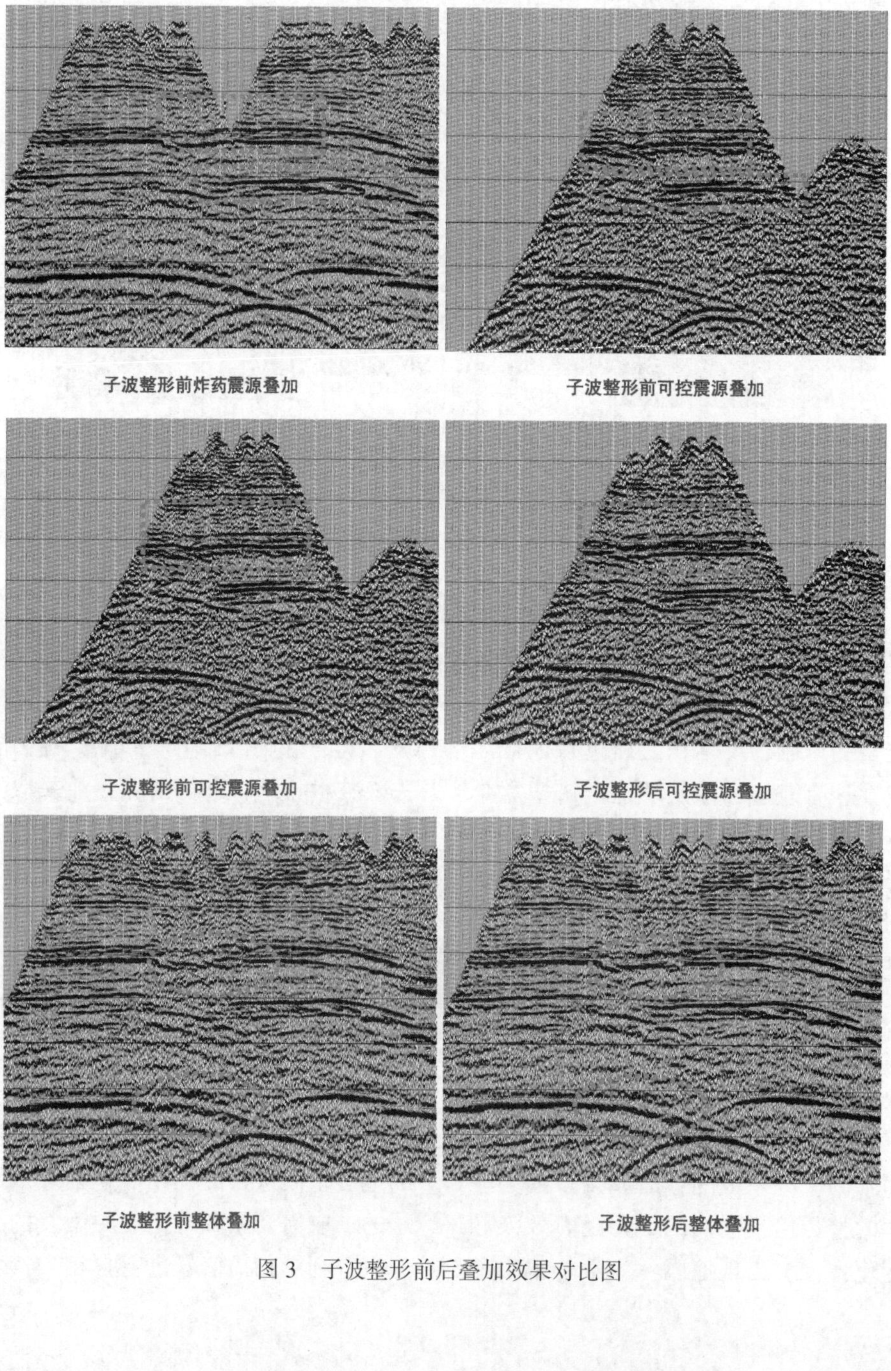

图3　子波整形前后叠加效果对比图

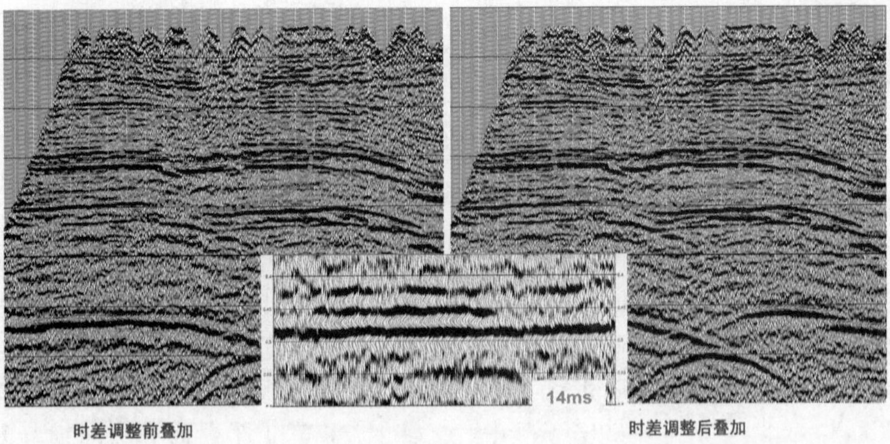

图4　时差调整前后叠加效果对比图

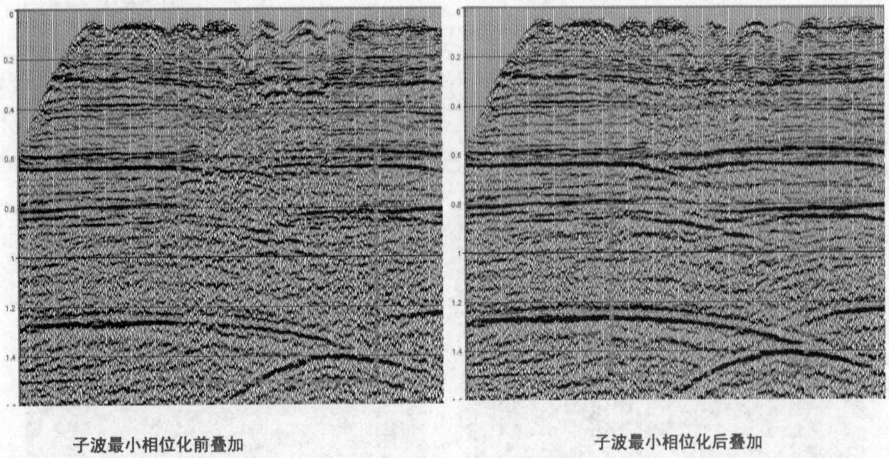

图5　子波最小相位前后叠加效果对比图

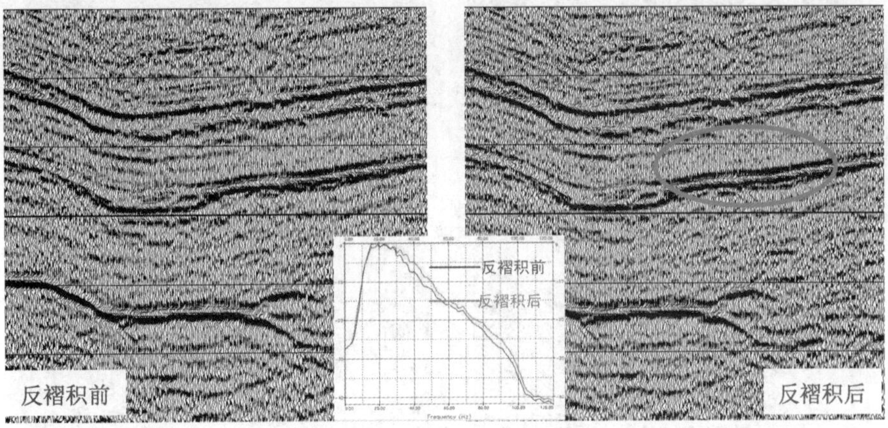

图6　地表一致性反褶积前后叠加

从而增强地震子波横向稳定性和一致性(图6)。

本次研究的方向是高分辨率处理，对低频信息的保护有利于叠前时间偏移成像。通过研究开发了低频补偿技术，提高潜山内幕信噪比。具体实现过程为：从地震数据中提取地震子波，通过信噪分离，得到信号谱和噪音谱，将信号谱进行谱整形，得到滤波算子，应用到地震数据中。从实际偏移结果看，潜山内幕低频信息丰富后，信噪比得到较大提高，而且低频段频带展宽了2Hz。

而针对高频段的信息本次研究采用了基于小波变换的叠前谱拓展技术，从时变上分别进行频率拓展，选取的时窗范围是100～1000ms、1000～2500ms、2500～4000ms，通过此项技术能有效保护低频，在保证资料信噪比的前提下，层间信息更为丰富，较大地提高了资料的分辨率。为了确定科学适度的提高分辨率参数，对目的层进行分频扫描，发现在 60～70Hz 区间，还能看到有效信息，之后我们根据扫描的结果，对不同时段分别选取不同的参数进行频谱拓展(图 7)。

从上图看到，不是频谱越宽越好，得结合本次研究的地震资料，必须保证资料的信噪比，选取合适的参数拓宽频谱，提高分辨率。下图为本次处理叠前谱拓展的成果，有效频带展宽了 10Hz(图 8)。

2.4　OVT 域数据规则化技术

研究区采集的资料有些地方覆盖次数及偏移距分布不均，这对后续的偏移成像造成了非常严重的影响。研究过程中进行了常规振幅能量调整之后的试偏移，画弧现象非常严重，通过分析，主要有两方面原因：一方面是由于覆盖次数不均匀造成的；另一方面是由于偏移距分布不均匀造成的。针对造成能量不均匀的这两种因素，开展了共矢量面元体(OVT)数据规则化技术的研究。

每个 OVT 子集是一个限制方位角范围的偏移距组(图 9)。OVT 子集优点：①空间采样均匀，规则化去噪等处理精度更高；②同时考虑偏移距和方位角信息，更贴近实际地震波传播。

由于野外障碍区的存在，OVT 划分后仍存在数据不规则问题，为提高偏移成像精度，进行 OVT 域数据规则化(图 10)。在规则化参数的选取上，以保护小断面和层间细节为主要原则,。比如规则化的道数选取，试验参数 13 和 15，相对比较大，对部分断层损失较大，而道数 11 的剖面断点比较清楚，保真度也比较高。为了进一步保证资料的陡倾角成像效果，对视速度也进行了试验，同时综合考虑横纵向的空间分辨率，本次研究选用的是视速度 1200 的参数，它的陡倾角成像效果比视速度 800 要好些。

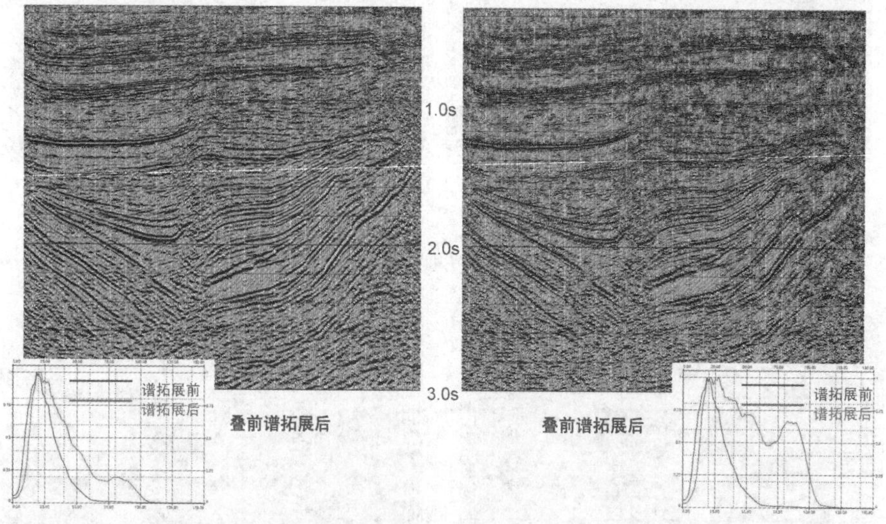

图 7　不同参数谱拓展前后偏移剖面

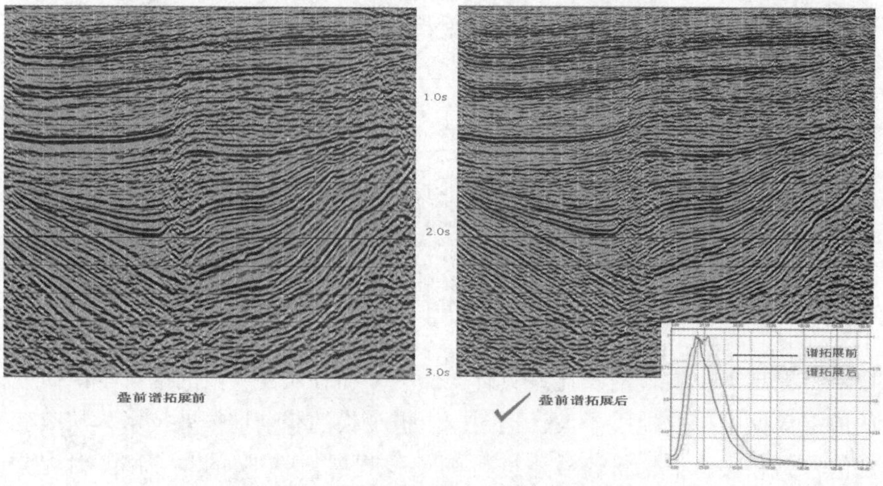

图 8　最终选取的参数谱拓展前后偏移剖面

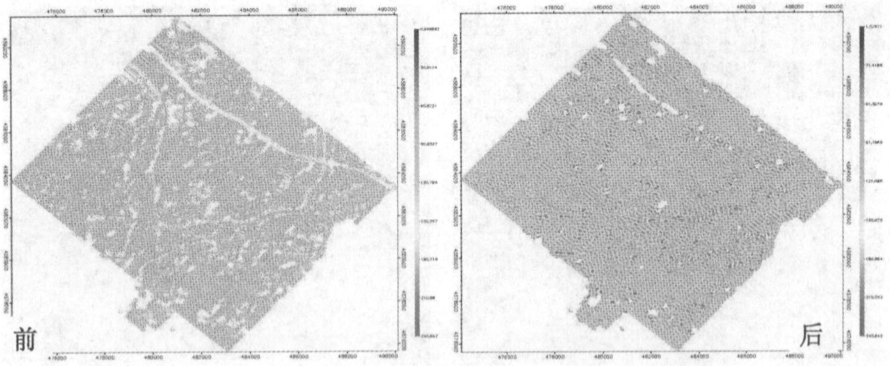

图 9　一个 OVT 子集规则化后的偏移距分布

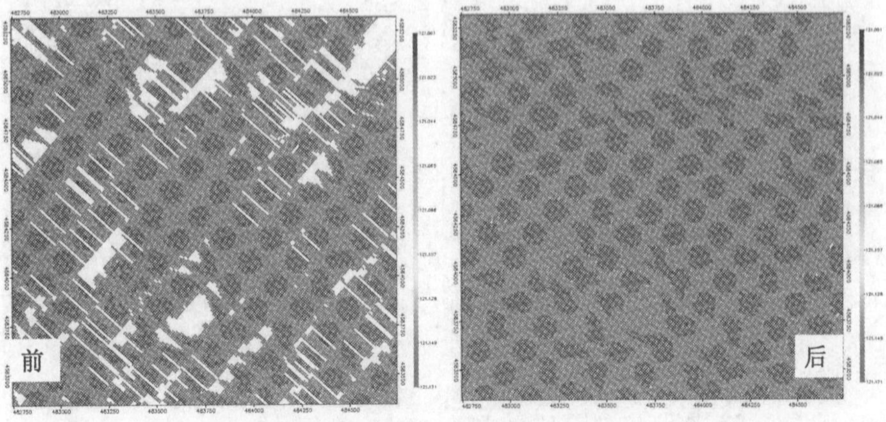

图 10　规则化前后面元分布

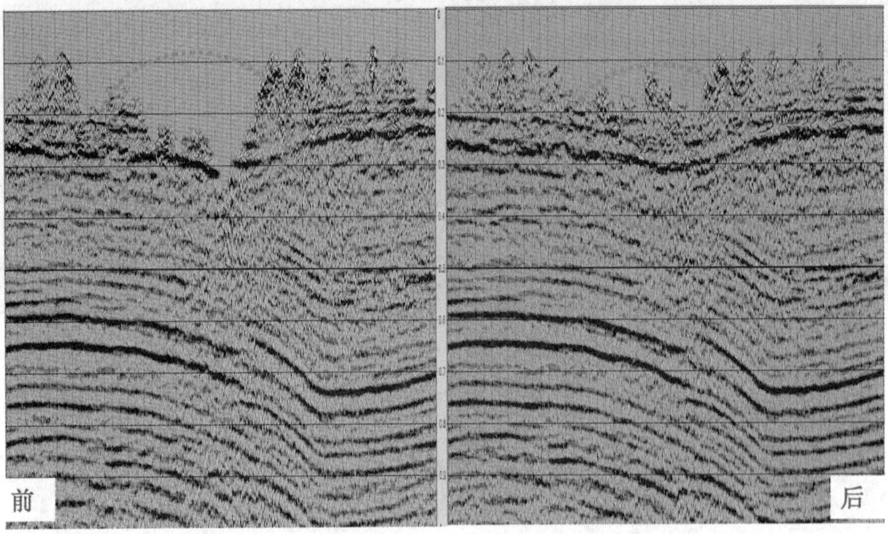

图 11　规则化前后的叠加效果对比图

在研究过程中，通过两种参数的综合运用，从数据规则化前后的叠加剖面对比看出，规则化后同相轴连续性得到一定程度的增强，较好地补偿了近偏移距缺失引起的浅层覆盖次数不足造成的剖面缺口，同时提高剖面整体信噪比(图 11)，部分地区的偏移画弧现象也得到解决。

之后在规划化后的剖面上进行了去噪试验，资料的信噪比得到提高，有些地区的分辨率也得到明显改善(图 12)。

通过前期的处理和不同阶段的质量控制，研究区的茨西、茨东、牛青构造带及目的层信噪比有很大提高。高质量的叠前道集[5]是保证叠前时间偏移和叠前深度偏移达到最佳效果的前提条件。通过以上的常规处理，使叠前数据体较宽较

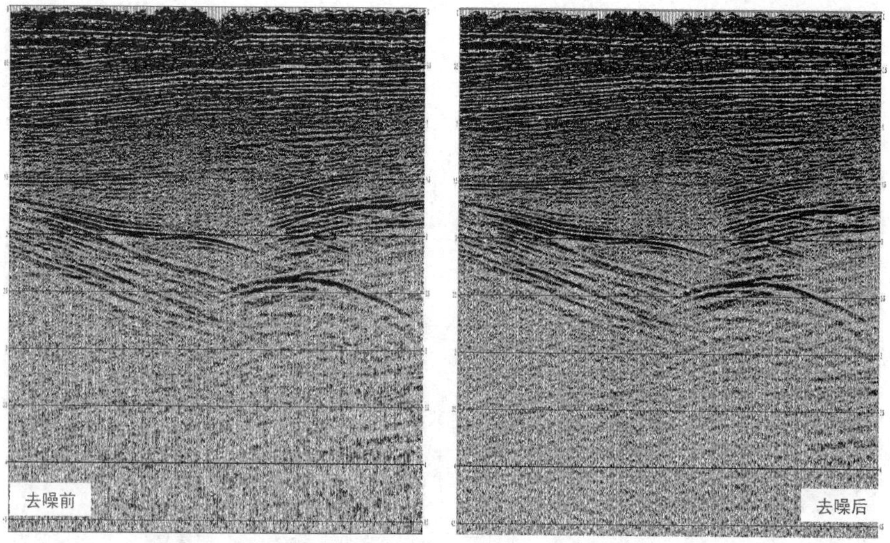

图 12　规则化后去噪叠加效果对比图

高的信噪比，获得了比原始记录更高的分辨率，给偏移成像处理打下了良好的基础。

3　成像效果分析

本次研究针对资料特点，开发应用了精细保幅去噪、子波整形、低频补偿、叠前谱拓展及 OVT 域数据规则化等技术，资料整体品质得到改善，分辨率有很大提高，最终偏移剖面信息丰富。目的层（1000～2500ms）主频提高 10HZ，频带拓宽 10～15HZ 左右。新处理成果在目的层低频端信息相当、高频端信息丰富。与以往处理成果相比较，新剖面信噪比较高，目的层波组特征较为清楚，层间信息丰富，断点干脆，断面清晰，偏移归位合理（图 13）。

与以往处理成果相比较，在主要目的层沙一段、沙三段分辨率提高的同时，信噪比较为适中，波组特征清楚、层间信息较为丰富，弱反射信息突出出来（图 14）。

抽取了部分横线进行新老成果对比，发现横线的效果优于老处理成果，剖面波组特征清楚，断面清楚、断块清晰，沙一、沙三段的分辨率比以往的高，内部信息较为丰富，能满足解释人员的需求（图 15）。

4　结论

本次研究对原始资料进行全面细致的分析，做了大量试验工作，制定了合理处理流程和选择最佳参数，能够满足高分辨率处理提出的地质解释和储层预测的需要。针对青龙台地区资料的特点，研究开发了适合高密度全方位资料的保幅去噪、子波处理、叠前谱拓展及 OVT 域处理等技术，取得了较好的效果，形成了一套针对数字检

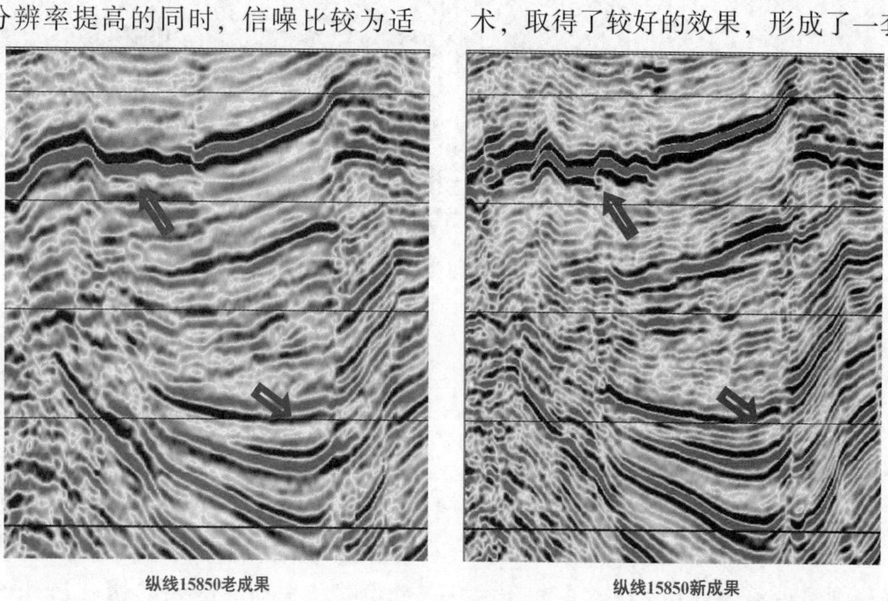

图 13　纵线 15850 新老成果对比

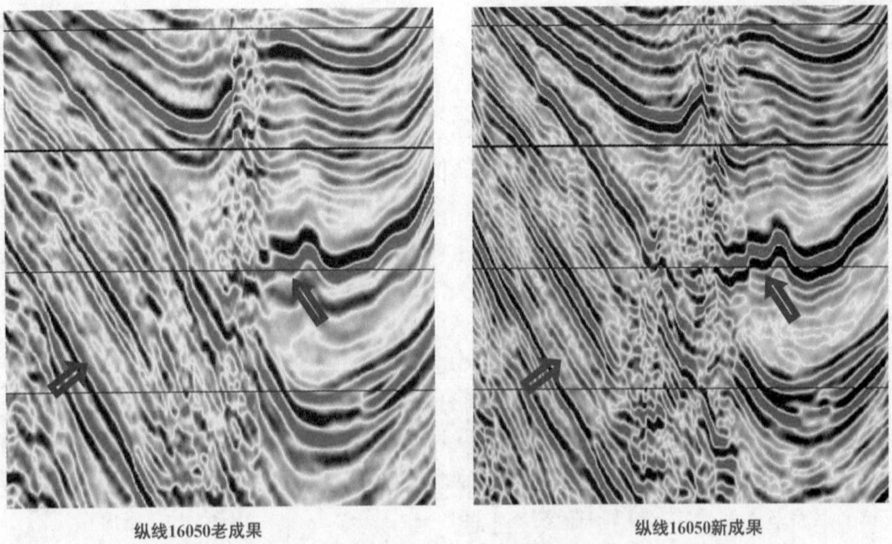

图 14　纵线 16050 新老成果对比

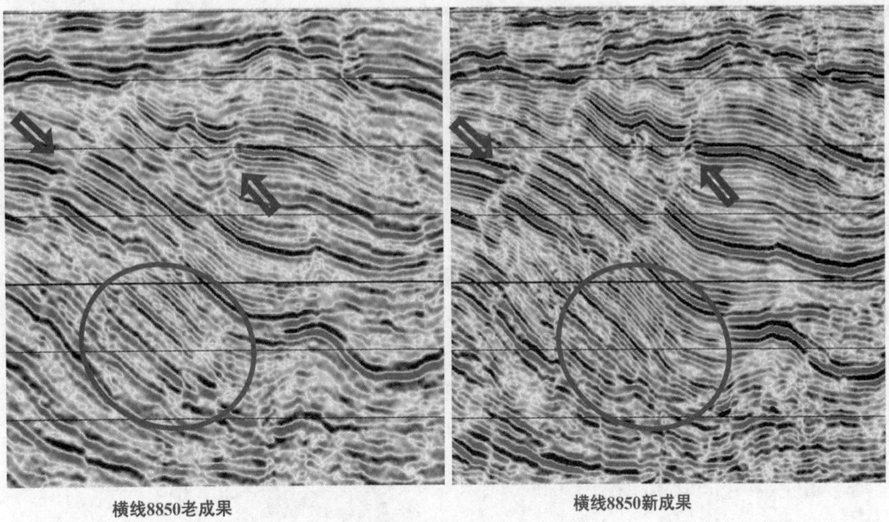

图 15　横线 8850 新老成果对比

波器采集资料的高分辨率处理技术。新成果品质有明显提升：沙三段内部反射层次清晰，主频较老资料提高 10Hz 左右，在小断层、层间等细节成像上具有突出优势，偏移后的道集含有宝贵丰富的地质信息，对下一步储层预测等综合性研究有重要作用。

参 考 文 献

[1]　熊翥．复杂地区地震数据处理思路[M]．北京：石油工业出版社，1987：1-40.

[2]　米雪，徐苏，常汉章，李尊，刘东奇，徐荣才．辽河盆地深层地震资料处理技术[J]．新疆石油地质，2000，21(2)：114-115.

[3]　郭平，宋宏文，张文坡，舒良树，高艳．辽河油田大民屯凹陷地震资料的成像技术．石油地球物理勘探，2006，35(1)：62-66.

[4]　郭平．近地表吸收补偿在辽河油区地震资料中的应用．特种油气藏，2015，22(2)：31-34.

[5]　方伍宝，周腾，袁联生等．叠前深度偏移在复杂地区的应用．石油物探，2013，32(1)：68-71.

宜黄区块裂缝性地层堵漏技术研究与应用

孙　艳　朱明明　王伟良　吴付频　胡祖彪

（中国石油集团川庆钻探工程有限公司长庆钻井公司）

摘　要　宜黄区块地层钻井过程中易发生漏失，且堵漏难度大。通过现场实践和机理分析，认为该区块漏失主要由微裂缝扩展及天然裂缝的贯通形成漏失通道引起。针对该区块漏失特征，进行室内研究，以多维粒子架桥、网状立体纤维填充，用凝胶类材料将封堵带中的堵漏材料胶结固化，形成封堵型堵漏工作液 DLY-1。该工作液施工 50~60℃ 井温，24 小时固化强度 28MPa，流动性好、承压能力强、可固化。并在在宜黄区块现场试验 7 口井，钻井成本降低 15%，将漏层承压能力从 1.19g/cm^3 提高到 1.25g/cm^3，表明该技术能满足宜黄区块压差性诱导裂缝漏失的堵漏需要。

关键词　宜黄区块；裂缝漏失；堵漏

宜黄区块是长庆油田近几年天然气勘探重点区域，在钻井过程中多口井发生漏失，导致钻井成本过高，延误钻井作业的时间，延长整个钻井周期，而且可能会损害油气层，干扰地质录井等工作。宜黄区块井筒垂深浅，同一井段漏点多，单层位漏失段长达 60m，需多次抢钻堵漏，堵漏施工效率低，井下风险大；边缘探井漏层裂缝随井下压力波动使堵剂无法进入漏层或封门，循环钻进或提高密度时裂缝张开，堵漏失效。井漏主要层位为刘家沟组和石千峰组，多为复发型井漏。针对该区块的地层漏失问题，进行了漏失机理分析，研发了高强度、可固化堵漏处理剂，并在现场应用，取得了良好效果。

1　漏失特征及机理分析

宜黄区块各层为不同程度存在天然裂缝，如延长组、刘家沟组、石千峰、石河子组和山西组；通过现场实践认识，宜黄区块漏失类型主要为压差性诱导裂缝漏失，主要原因是地层承压能力差，明显特征是漏失量会随着钻井液比重及黏度、切力的增加而增加，而且还会随着地层的承压能力的不同发生变化。漏失速度由裂缝的大小决定，漏速较慢的可以维持循环，漏速较大时会出现失返现象。

该区块重点漏失层位是刘家沟、石千峰。其漏失特征是，①大型失返性漏失主要集中在刘家沟和石千峰地层；②同一裸眼段多个层位漏失（3~8 个漏层），同一漏层垂直裂缝连续段长（垂直裂缝，单个连续漏失段长 10~60m），漏失井段钻进漏失速度控制技术缺乏，导致漏层连续段钻进时需分段多次堵漏，需多次抢钻堵漏，砂卡风险大，堵漏效率低；③双石层易垮塌，密度提高后，井漏复发，且不易判断具体复发层位；④裂缝受压力激动和沉砂影响大，钻进时失返，堵漏时裂缝“假性闭合”，堵漏材料无法有效进入漏层。

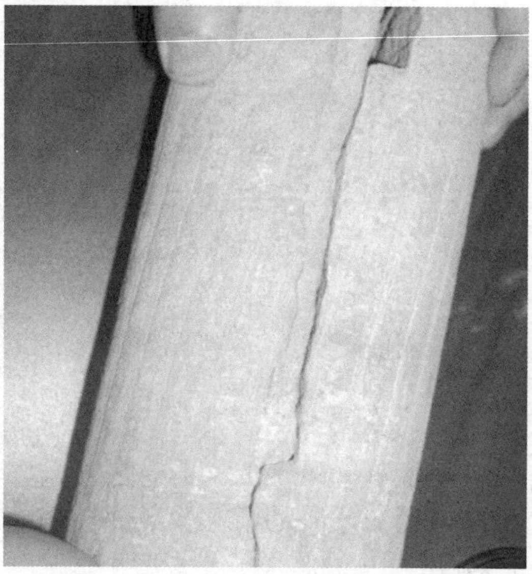

图 1　刘家沟组岩心天然裂缝

对宜黄区块石千峰、石盒子地层取心，进行扫描电镜分析可知，石千峰组属裂缝发育地层，石盒子组属发育溶蚀孔、晶间孔和裂缝。如图 2、图 3 所示。

赵正国等[1-3]，结合现场堵漏分析，以大量的实验研究为基础，提出了裂缝性漏失堵漏评价的新观念：即常规桥接堵漏材料封堵裂缝存在 4 种状态：封门状态；封喉状态；封腰状态；封尾

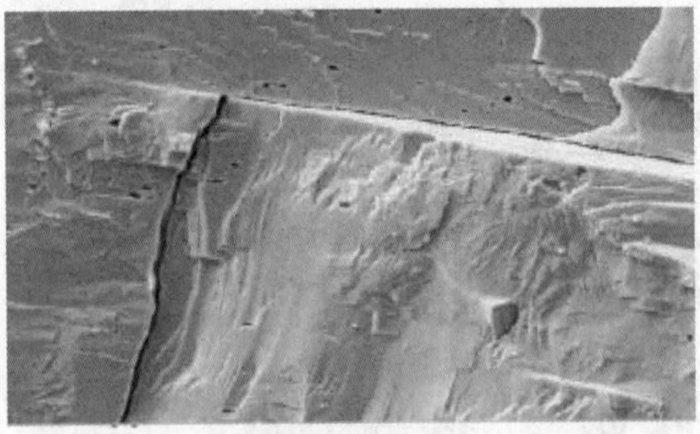

图 2　石千峰组岩心扫描电镜图

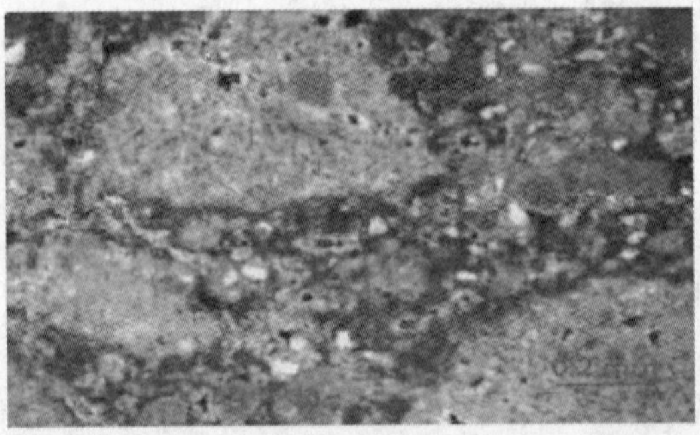

图 3　石盒子组岩心扫描电镜图

状态，如图 4 所示。

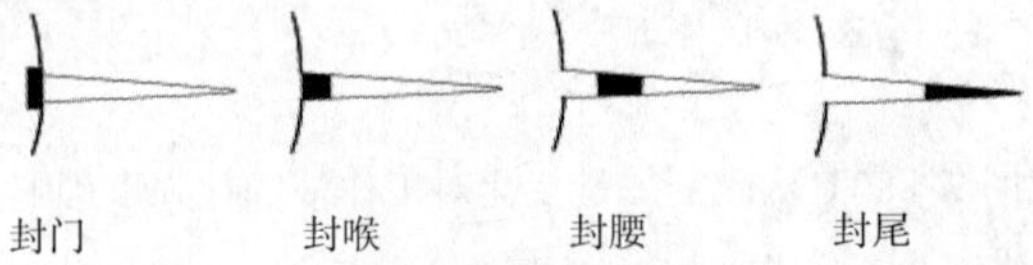

图 4　裂缝封堵的几种形态

经分析发现岩心延长段裂缝在地层中分布和发育极不均匀，随机性很强；大多是张性裂缝，静止时闭合或缩小，堵漏剂无法进入漏层，循环打钻时张开，漏失复发；堵漏成功率较低、复发率较高。刘家沟地层压差性漏失与裂缝性漏失共存，堵剂尺寸与漏层孔隙难以精确匹配，造成“封门”现象[4]；一层多点漏失（2~4 个漏点），同一漏点垂直裂缝连续段长（10~60m）；裂缝受压力激动和沉砂影响大，钻进时失返，堵漏时裂缝“假性闭合”，堵漏材料无法有效进入漏层。石盒子垂直裂缝，下井壁裂缝被钻屑/堵漏剂填埋，形成假性封门，上井壁挤封时进入堵漏浆，停止挤封后，由于重力作用，堵漏浆回吐至井筒，堵漏效果差。该区块漏层分布图，见图 5。

该区块地层压差性漏失和裂缝性漏失并存导致地层承压低，因此，为防止漏失，解决钻进过程中发生的井漏，堵漏材料采用多级颗粒混配为主，经有效搭配和组合对压差性漏失和天然贯通裂缝性漏失进行有效封堵，阻止钻井液的进一步侵入。

2　防漏堵漏剂配方研究

2.1　研究思路及处理剂优选

堵漏剂尺寸与漏层孔隙的精确匹配是漏失通道被有效堵塞的前提，根据现场漏速特征及漏失通道尺寸的预测[5]，对宜黄区块堵漏剂进行配方设计如下：堵漏材料进入大裂缝后，先用构晶粒子进行初步构架；再用高强度刚性多维粒子对中型裂缝进行填充，之后由立体纤维材料对封堵带中的微小空隙进行封堵，最后用胶凝类材料将封堵带中所有堵漏材料进行网状胶结固化，形成高强度封堵墙，以满足更宽范围的裂缝要求和更高的承压能力。结构示意图，见图 6。

在前期研究基础上以及研究思路分析，室内优选堵漏材料见表 1，以此形成堵漏浆配方，并进行性能评价。

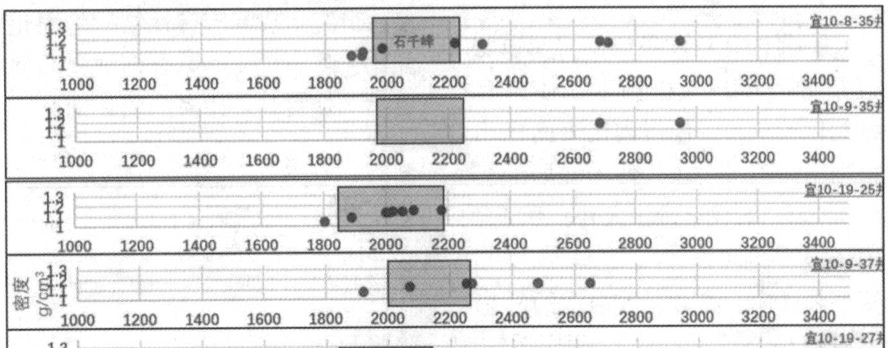

图 5　宜黄区块漏层分布图

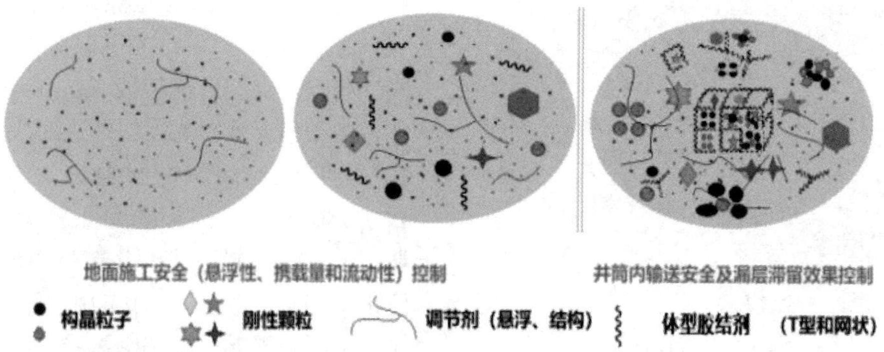

图 6　多元刚性胶凝堵漏剂作用原理示意图

表 1　多元刚性胶凝堵漏材料表

堵漏剂	种类	颗粒尺寸/mm
构晶材料	可变形	<0.5
复合堵漏剂	架桥材料	0.3~2.0
立体纤维	纤维	<0.5
胶凝材料	凝胶	<0.5

2.2　堵漏剂配方研究

2.2.1　构晶剂及其加量优化

构晶粒子及其加量对有效粘连多维粒子颗粒及堵漏工作液的固化性能有着重要影响。为确定不同类型堵漏剂最优配比，以5%膨润土浆为基浆，优选构晶材料。

表 2　构晶剂固化时间及抗压强度对比表

名称	70℃固化时间/min	70℃、24h抗压强度/MPa	70℃、72h抗压强度/MPa
GJJ-Ⅰ	90	28	62.5
GJJ-Ⅱ	45	35	54.5
GJJ-Ⅲ	24	40.5	42.3

由表2可见GJJ-Ⅲ固化速度最快，前期强度增长也较快。这是由于GJJ-Ⅲ的内部晶体具有很大的孔隙，结构比较疏松，使得内比表面积比较大。同时，根据堵漏工艺要求，便于现场配浆及泵送需求，堵漏工作液不能固化太快。因此，选择GJJ-Ⅰ型作为构晶剂主剂。

为了便于观察和描述，参考凝胶强度的静态评价方法[6]。根据堵漏浆固化过程的不同形态，将固化过程从弱到强分为A、B、C、D共4个等级。依次为：A、较好的流动性；B、松散装、稠度大；C、橡皮泥状、已固化；（无法泵送）D、具有整体性的固化体。

由图7可知，当构晶剂加量35%时，堵漏浆固化速度过快，影响施工安全泵送；加量为20%时，堵漏浆固化强度较低，影响封堵效果；因此，堵漏浆中构晶剂固化材料的合适加量范围为25%~30%。

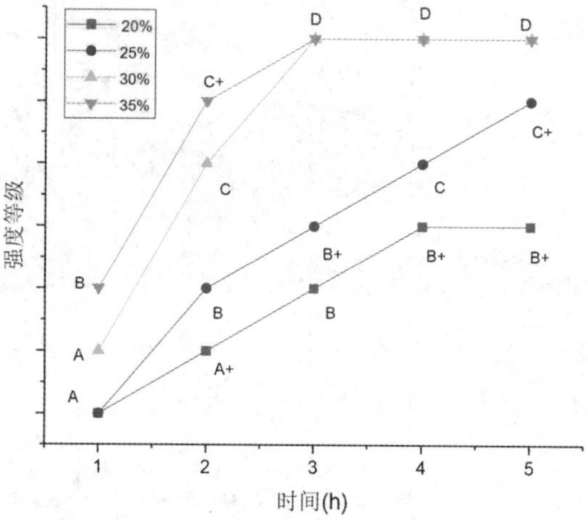

图 7　80℃构晶剂加量变化对工作液固化强度影响

2.2.2　有机胶凝材料的确定及流型特征分析

利用聚合物凝胶的网状结构，使得晶型固化的各个晶型链接紧密，同时可以减少构晶剂的加量，最终形成具有弹性结构的固化体。按照一定配比，将有机交联粘合剂加入晶型固化堵漏工作液中，观察其工作液的固化情况。如表3所示。

表 3　交联黏合与晶型固化配比表

晶型固化材料/%	交联黏合/%	固化情况
30	5	60℃,30min 整体固化,弹性固体
25	5	60℃,50min 整体固化,弹性固体
20	5	60℃,70min 整体固化,弹性固体
20	3	60℃,90min 固化,强度较低
20	7	60℃,50min 固化,强度较高
20	10	60℃,20min 固化,强度高

堵漏工作液的固化效果，见图8所示。

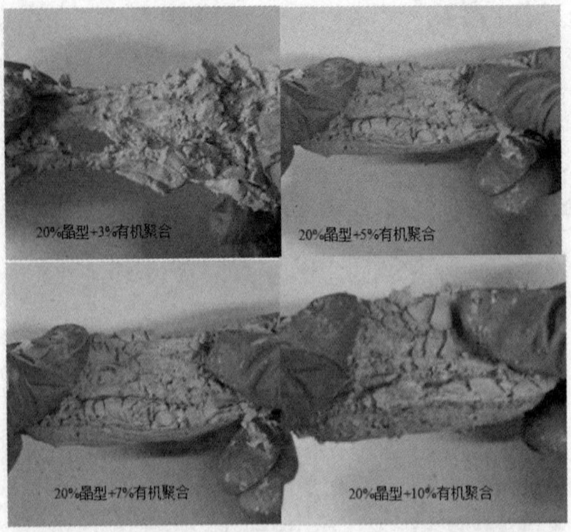

图 8 交联粘合与晶型固化复合工作液固化效果

由图 8 可见，交联粘合与晶型固化二者共同作用下，能够形成完整的固化体，且该具有粘弹性。当交联粘合剂加入一定量时，固化体很好的韧性，在外力作用下不易破碎。该堵漏工作液的在 60℃下，固化时间在 20～90min（交联粘合剂量越多，固化时间越快）。因此，该堵漏工作液体系适合 50～60℃井温的漏层，该堵漏工作液的流动性能较好，二者配比为 20%～30%晶型固化材料+5%交联剂较为合适。

2.2.3 复合堵漏剂、立体纤维尺寸的确定

在油田上目前的复合堵漏剂已逐步取代了单一的惰性桥堵剂，而成为目前油田井漏处理的主要堵漏剂。根据宜黄区块地层裂隙宽度，选取粒径分别为 0.3～0.5mm、0.5～1.0mm、1.0～2.0mm 之间的刚性粒子作为复合堵漏剂填充地层的中型裂缝；同时选取长度为 0.5～2.0cm 之间的立体纤维封堵地层中的微小裂缝。

利用 QD-2 型堵漏材料试验仪的承压实验，确定复合堵漏剂加量。QD-2 型堵漏材料试验仪以气压模拟堵漏剂在地层的承压强度，不同的缝板宽度模拟地层裂缝的宽度。借助给堵漏工作液施压来考察堵漏浆的在不同宽度的缝板中的流失量，进而判断其滞留和封堵能力。堵漏工作液在未固化时，确保工作液正常管道泵送的前提下，缝板（5mm）滤失量与工作液负载测试结果见表 4。

由表 4 可以看出，当复合堵漏剂加量在 15%～20%时，堵漏工作液在裂缝处的滞留效果较好，且流动性能满足泵送要求。因此，符合堵漏剂的适宜加量定在 15%～20%之间。

表 4 符合堵漏材料的加量对工作液的性能影响

加量/%	流动度/cm	实验结果
5	21	至 3.5MPa 过程中共漏失 550ml，加压至 5MPa 全部漏失
10	19	至 3.5MPa 过程中共漏失 200ml，加压至 5MPa 共漏失 500ml
15	18	至 3.5MPa 过程中共漏失 180ml，加压至 5MPa 稳定 30min 无漏失
20	15	至 3.5MPa 过程中共漏失 130ml，加压至 5MPa 稳定 30min 无漏失
25	12	至 3.5MPa 过程中共漏失 80ml，加压至 5MPa 稳定 30min 无漏失

利用凝胶强度测试仪对工作液加入立体纤维进行了评价，将材料混合固化后制成成型试块（$\phi 5\times 3$），测试成型试块的抗压强度，其测定值为单位受力面积上所能承受的最大压力（g/cm^2 或 kg/cm^2）。

表 5 可晶型固化桥塞堵漏工作液固化前后主要参数的对比

	流动度/cm	密度/（g/cm^3）	固化时间/min	固化强度
无纤维堵漏工作液	26	1.23	120	整体凝固，微压痕，0.8kg/cm^2
有纤维堵漏工作液	17	1.63	135	硬化固结，无压痕，4.3kg/cm^2

可以看出通过适宜大小的桥塞的介入，不仅有利于改善堵漏工作液的滤失性，提高其在缝隙间的有效滞留，而且不同骨料间的相互复合粘结作用可有效地防止或弥补因试块快速固化而可能产生的体积塌陷，确保较好的整体性的同时，兼备更好的承压能力。

通过上述实验，确定最优的堵漏配方为：8%基浆+25%～30%构晶剂+15%～20%复合堵漏剂+5%立体纤维+5%有机胶结剂，形成堵漏工作液 DLY-1，工作液的固化时间、固化强度符合现场堵漏条件。

3 现场应用

利用研发的堵漏工作液在宜黄完成 7 口井堵漏施工，钻井液成本降低了 15%，防漏治漏效果逐渐显现。取得了良好效果。以宜 10-16-28H1 井为例，介绍堵漏工作液 DLY-1 的实施效果。宜 10-16-28H1 井设计井深 4101m，设计水平段长度 1500m，三开结构的水平井。根据邻井资料

显示，该区块处于低压浅层易漏区，漏失频同一井段多个漏点并存，易复发，漏点的准确判断难度高，现场堵漏施工难度大。

在钻井施工过程发现，该井垂深浅，漏点多，易复发；刘家沟与双石层易漏失，石千峰最为严重；水平井二开井段漏失较常规井相比，施工密度高，井漏次数多，由此判断该井可能是大型缝洞型恶性漏失，裂缝以垂直走向为主且裂缝开度较大，地层自上而下存在贯通性大裂缝使得该井地层承压能力低。本井钻至1680米，刘家沟组便提前使用防漏配方进行提前预防。钻至1779米，漏速12～16方/时第二次随钻堵漏失败，采用针对贯通性大裂缝地层的自研堵漏工作液进行堵漏作业，本井共计15个漏层，挤封7次，纯水泥1次，自研DLY-1工作液9次，具体漏失情况如表6所示。

表6　宜10-16-28H1井漏点情况

井深（米）	漏失情况	堵漏措施	堵漏效果
1680	漏速4～5方/时	随钻堵漏	降为2～3方/小时
1779	漏速12～16方/时	随钻堵漏，DLY-1	成功
1780	井口失返	承压堵漏	挤入16方，稳不住压，降低钻井参数随钻堵漏钻进
1916	出口失返	承压堵漏	挤入16.4方堵漏浆，降低参数恢复钻进
1980	12方/小时	随钻堵漏	降为1～2方/小时
2008	出口失返	随钻堵漏，DLY-1	成功
2147	出口失返	承压堵漏，DLY-1	成功
2162	出口失返	静止堵漏，承压堵漏注水泥堵漏，DLY-1	成功
2171	31方/小时	承压堵漏，DLY-1	成功
2168.88	失返	承压堵漏	成功
2216	20～40	承压堵漏	成功
2217	8～15	DLY-1	成功

本井在其他堵漏工艺失败后采用堵漏工作液DLY-1堵漏9次，均一次成功，损失时间499h，地层承压能力从1.19g/cm³提高到1.25g/cm³，保证斜井段顺利入窗。井底扫塞固结物如图9、图10所示。

图9　扫塞固结物中纤维

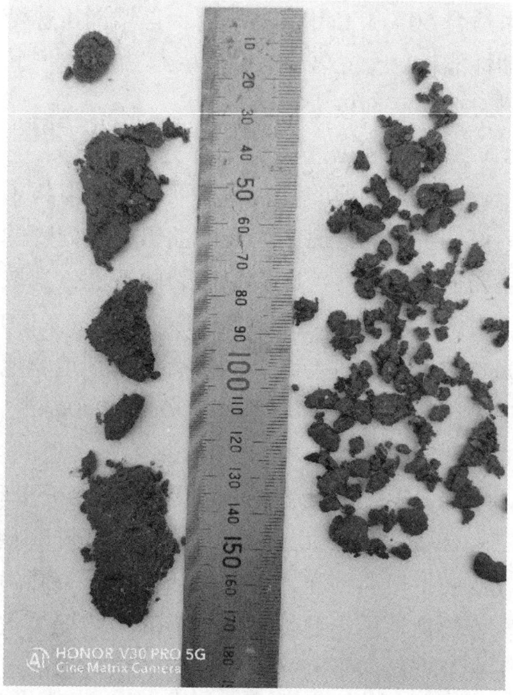

图10　DLY-1堵漏剂中纤维的拉筋悬浮嵌入效果

同时在宜10-7-35井进行施工，该井组原由外包队施工，第一口井施工过程中因为技术难题钻井周期超过90天，钻井队难以突破技术瓶颈被迫撤离。长庆钻井施工队接续施工，利用该技术连续施工两口井钻井周期控制在24天之内，漏失量减少60%。

4 结论

1. 宜黄区块井漏问题严重，对该区块井漏资料分析和岩石特性研究，结果表明该区块地层地层承压能力差，井漏主要为压差性漏失、裂缝性漏失。且堵漏时裂缝“假性闭合”，堵漏材料无法有效进入漏层。

2. 针对宜黄区块地层漏失特性，研发了堵漏工作液 DLY-1，该工作液施工 50～60℃井温，24 小时固化强度 28MPa，流动性好、承压能力强、可固化，现场配制简单方便，利于现场施工。

3. 应用堵漏工作液 DLY-1 进行现场堵漏实验 9 次，均能达到一次成功，较原来缩短了施工周期，同时将地层承压能力由 $1.19g/cm^3$ 提高到 $1.25g/cm^3$，为斜井段顺利入窗提供了保障，支撑了该区块钻井施工的顺利进行。

参考文献

[1] 水基钻井液用防塌封堵剂封堵效果实验研究[J]. 曹成，蒲晓林，王贵等．化工应用．2015(02).

[2] Ehsan Sabooniha, Mohammad - Reza Rokhforouz, Shahab Ayatollahi. Pore-scale investigation of selective plugging mechanism in immiscible two - phase flow using phase-field method. 2019, 74.

[3] 基于温敏形状记忆特性的智能化堵漏材料研究展望[J]．暴丹，邱正松，赵欣等．钻井液与完井液．2019(03).

[4] Lietard 天然裂缝宽度预测模型求解新方法[J]．彭浩，李黔，尹虎等．石油钻探技术．2016(03).

[5] 缝洞型油藏裂缝宽度变化预测模型及其应用[J]．王超，张强勇，刘中春等．中国石油大学学报．2016(01).

[6] 油田用聚合物凝胶相对强度表征方法研究[J]．朱怀江，谭中良，绳德强等．油田化学．2001(03).

苏里格气田 Φ152.4mm 小井眼定向井钻井关键技术

史配铭　王万庆　石崇东　曲小文　杨　勇

（中国石油川庆钻探工程有限公司长庆钻井总公司）

摘　要　Φ152.4 mm 小井眼钻井技术是提高钻井速度、降低成本和减小环保压力的有效途径，在施工过程中存在储层垂深深、水平位移大、轨迹控制难度大、电测成功率低、机械钻速低等技术难点，制约钻井提速。为此分析工厂化施工特点及钻遇地层特性，优化形成了一套 Φ152.4mm 小井眼大斜度井钻井关键技术，包括：小井眼工厂化作业模式优化；高效 PDC 钻头、长寿命螺杆序列优选；钻具组合优化；“直-增-稳-微降”两趟钻轨迹控制技术；CQCG-G 钻井液体系优化；配置水力振荡器、岩屑床清除器提速工具优化应用等。通过 SN0103 井丛实践应用，平均机械钻速 25.54m/h，钻井周期 12.49d，建井周期 22.91d，电测一次成功率 100%，较上年机械钻速提高 51.93%，钻井周期缩短 26.57%，建井周期缩短 31.86%，电测功率提高 62.5%，提速效果显著。

关键词　苏里格南部气田；小井眼；大斜度井；工厂化；两趟钻

苏里格南部气田位于内蒙古自治区鄂托克前旗境内苏里格南部，该区域构造属于鄂尔多斯盆地天环坳陷构造带，主要储层为上古生界二叠系下石盒子组的盒$_8$段及山西组的山$_1$段，次主力储层为下二叠统山西组山$_2$段、太原组及石炭系本溪组，属于低渗、低压、低丰度、大面积分布的多层系致密砂岩气藏，气藏埋藏垂深 3400～3600m，平均完钻井深 3900m。随着新环保法的实施，小井眼钻井施工以其成本低、环保压力小等优点成为降低勘探开发成本、节能减排的努力方向。苏里格南部气田率先开展了 Φ152.4mm 小井眼大斜度井钻井技术，历经 2 年技术攻关，借鉴涪陵页岩气示范区开展了“井工厂”作业模式[1-3]，优化形成了一套 Φ152.4mm 小井眼大斜度井钻井关键技术，通过现场应用，完成井平均钻井周期 12.49d，建井周期 22.91d，较上年钻井周期缩短 26.57%，建井周期缩短 31.86%，对苏里格南部气田 Φ152.4mm 小井眼规模开发具有良好的借鉴和指导意义。

1　地层特点及钻井技术难点

1.1　地层特点

苏里格南部气田地层自上而下分新生界第四系，白垩系洛河组志丹统，侏罗系安定组、直罗组、延安组，中生界三叠系延长组、纸坊组、和尚沟组、刘家沟组，二叠系石千峰组、石盒子组、山西组，上古生界石炭系本溪组、太原组，下古生界奥陶系马家沟组。其中志丹组、直罗组易出水；直罗组、延长组泥岩容易缩径垮塌；延长组底部、纸坊组顶部含有砂、砾、泥岩互层，刘家沟组地层研磨性强、可钻性差，石千峰组底部紫红色泥岩、石盒子组中下部灰黑色泥岩易受钻井液长期浸泡导致垮塌。

1.2　技术难点

（1）井眼轨迹控制难度大。水平位移大，稳斜段长，地层自然增降斜规律难以利用，井身轨迹严格，按照设计轨迹+5°～-3°要求施工，轨迹调整频繁，深井段滑动托压严重，机械钻速低。

（2）钻具组合与地层匹配性差。采用单弯双稳钻具组合钻井，全井段降斜，延长组中下部地层降斜率高达 6～10°/100m，纸坊组至刘家沟组地层降斜率 2～4°/100m，不利于轨迹控制。

（3）地层非均质性强，机械钻速低。刘家沟组地层研磨性强，可钻性差，PDC 钻头容易发生先期磨损；石盒子组至马家沟组地层泥岩砂岩互层，非均质性强，PDC 钻头复合片易绷掉，单只钻头进尺少，机械钻速低，起下钻趟数多。

（4）电测一次成功率低。直罗组、延长组泥岩、石盒子组灰黑色泥岩、山西组煤层等地层稳定性差，易垮塌；加之井眼尺寸小，沉砂、掉块等容易滑落聚集形成砂桥等因素导致电测一次成

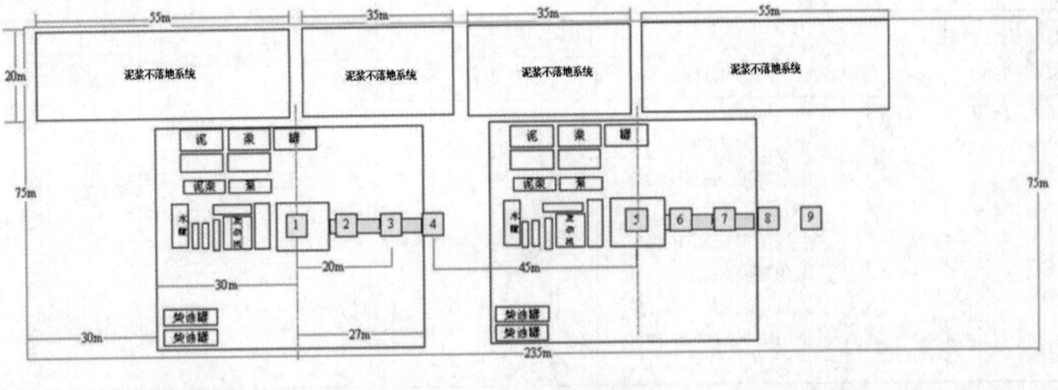

图1　井平台优化布局

功率37.5%。

2　小井眼工厂化作业模式优化

2.1　井身结构设计

为防止岩性松散、胶结程度低的第四系地层流沙层易漏易塌，采用导管+二开井身结构，以SN0103-07井为例，导管采用Φ346mm钻头钻至井深55m，Φ273.4mm导管下至井深55m，封固第四系流沙层，钻井过程采用低比重（1.02g/cm³），膨润土钻井液，小排量（30L/s），低转速（45r/min）钻进，预防流沙层垮塌；一开采用Φ215.9mm钻头钻至井深789m，进入安定组紫红色泥岩30m，下Φ177.8mm套管至789m固井，封固白垩系洛河组浅水层；二开采用Φ152.4mm钻头钻至井深4080m，采用强抑制防塌钻井液体系进入马家沟组65m完钻，下Φ88.9mm套管至井深4077m，封固气层完井。

2.2　工厂化井平台优化布井设计

1）工厂化井平台9口井布井。苏里格南部气田每个井平台靶点按照“田”字形方式设计，布井共9口井，1口直井、4口1000m左右位移的定向井、4口1400m左右位移的定向井，后期根据储层显示进行加密，适当调整单井靶点位置，多层位开发。2）优化布局，单双机作业。根据双钻机联合作业施工计划对井场布局优化设计[2]，采用235m×75m井场标准，单排一字最优布井设计，1~4号井口间距10m，4~5号井口间距45m，6号~9号各井口间距10m，井场布局优化后适合40型、50型单钻机逐井作业或者双机同步逐井同时作业模式。

2.3　工厂化钻机高效推移模式

通过电网接入和循环系统管线优化改造，形成了工厂化井平台钻机高效推移模式[3]。1）电网接入技术。通过地方区域电力资源合理扩容，开展“网电钻井”技术引入，钻机平移过程只需移动钻机，电动钻机机房、钻机、泥浆泵采用电缆转接端口延长电缆，单井搬家时间缩短3d以上；2）循环系统管线改造。为了实现钻机平移，循环系统不移动，采用延伸泵上水低压管线、井口出口管线方式，实现循环设备4~5口井挪移一次，大大降低劳动强度，井间作业周期缩短了近59.6%。

2.4　工厂化钻井液不落地技术

借鉴“工厂化”资源共享、工艺技术模式化特点，井平台应用钻井液不落地随钻处理系统，优化形成废弃物回收、预分离处理、固液分离、滤液收集、岩屑收集五个工艺流程单元的钻井液不落地技术[4]。1）滤液重复利用。通过压滤机将预先加入破胶剂和絮凝剂处理后的完井液进行压滤完成固液分离，分离液（滤液）性能：黏度28~29s，密度1.02g/cm³，滤液加入相应处理剂，调整钻井液性能，进行重复利用，用于下口井二开施工；2）岩屑集中回收处理。严格执行钻井液岩屑不落地统一标准，使不落地装置处理达到环保要求，将分离在振动筛岩屑槽的岩屑、压滤机泥饼槽的干泥饼，集中存放，统一回收用于工业制砖、铺路。

3　钻井关键技术

3.1　个性化钻头优选

根据地层特征，为提高机械钻速，从钻头攻击性、导向稳定性、抗研磨性三方面进行设计优选，形成各开次个性化高效钻头序列，见表1。

表 1　优选钻头序列表

开次	钻头直径/mm	地层	钻头特征			推荐型号	备注
			攻击性	导向稳定性	抗研磨性		
一开	215.9	软地层	19mm 复合片 主切削尺后倾角 18° 出刃高度 9mm	6 刀翼 三长三短保径		SD6954	
二开	152.4	非均质性地层	16mm 复合片 主切削尺后倾角 20° 出刃高度 8mm	5 刀翼 三长两短保径	双排切削齿	SD6521ZC	二开第 1 趟钻
			16mm 复合片 主切削尺后倾角 20° 出刃高度 8mm	4 刀翼，长保径	双排切削齿	SD6432ZC	二开第 2 趟钻

3.2　长寿命高效螺杆优选

根据地层可钻性划分标准和岩石硬度分级、实钻钻头出井情况，分井段优选不同级数转速及扭矩螺杆，匹配个性化 PDC 钻头，采用"PDC+螺杆+WMD"复合钻进，增加单只钻头进尺，提高机械钻速。一开所钻地层第四系至安定组，优选 7LZ172×1.25°五级高转速大功率螺杆，在额定排量 39L/s，转速 168r/min，最大扭矩 10.13KN·m，其特点是高转速、大功率，有利于提高上部软地层机械钻速；二开第 1 趟钻所钻地层直罗组至刘家沟组，同时要进行定向、轨迹调整，为提高滑动效率，降低滑动比，优选 7LZ127×1.5°五级高转速低扭矩长寿命螺杆，此螺杆理论造斜率 10.46°/30m，较 7LZ127×1.25°螺杆造斜率高 1.8°/30m（见表 2），额定排量 22L/s，转速 230r/min，最大扭矩 4.09KN·m，最大功率 93Kw，有利于轨迹控制及上部软地层快速钻进；第 2 趟钻所钻地层石千峰组至马家沟组，优选 7LZ127×1.25°四级中转速螺杆，额定排量 22L/s，转速 162r/min，最大功率 65Kw，最大扭矩 4.31kN·m，与五级螺杆扭矩相当，有利于提高钻头钻遇石盒子至马家沟组非均质性地层破岩效率。螺杆序列见表 3。

表 2　螺杆理论造斜率

弯壳体角度°/30m	1.25°	1.35°	1.5°	1.75°	2°
7LZ127-4 7LZ127-5	8.66	9.38	10.46	12.26	14.06

表 3　分段螺杆优选序列表

螺杆型号	额定排量/(L·s^{-1})	转速/(r·min^{-1})	最大扭矩/(kN·m)	最大压降/MPa	最大功率/kW	平均纯钻时/h	入井时间/h	备注
7LZ172×1.25°(5 级)	20~39	84~168	10.13	5.65	160	9.5	13.25	一开
7LZ127×1.5°(5 级)	10~22	115~230	4.09	5.65	93	84	98	二开第 1 趟钻
7LZ127×1.25°(4 级)	10~22	75~162	4.31	4.5	65	43	97	二开第 2 趟钻

3.3　钻具组合优化

（1）针对应用单弯双稳定"四合一"（PDC+螺杆+短钻铤+扶正器）钻具组合在延长组、纸坊组、和尚沟、刘家沟组复合钻进降斜率高、滑动频繁，托压严重，机械钻速低等问题，分析滑动钻进中摩擦阻力影响机械钻速的机理，用 ϕ101.6mm 加重钻杆替代 ϕ121mm 钻铤，降低近钻头位置钻具重量；优选 1.5° 单弯螺杆、ϕ127mm 水力振荡器[5-7]，利用单弯螺杆自身产生的径向振动与 ϕ127mm 水力振荡器产生的轴向振动，优化 ϕ127mm 水力振荡器安装位置，组成一套既可以产生径向振动又能够产生轴向振动，减少导向钻进过程中钻具与井眼之间的摩阻的单弯单稳振荡钻具组合：ϕ152.4mmPDC 钻头 + 7LZ127 × 1.5° + ϕ127mm 水力振荡器 + ϕ127mmMWD+ϕ127mm 无磁钻铤+ϕ101.6mm 加重钻杆×9 根+ϕ101.6mm 普通钻杆×100 根+ϕ101.6mm 加重钻杆×36 根+ϕ101.6mm 普通钻杆，由表3可知：该钻具组合在各地层复合降斜率较“四合一”钻具组合”低3°~5°/100m，滑动比例降低3.4%，滑动机械钻速提高33.41%，有利于井眼轨迹控制和机械钻速提高。

表4 钻具复合增斜率对比表

钻具组合	地层增降斜规律/[°·(100m)$^{-1}$]					滑动比例/%	滑动机械钻速/(m·/h^{-1})
	延安组	延长组	纸坊组	和尚沟组	刘家沟组		
单弯双稳定“四合一”钻具	-2~-3	-4~-10	-2~-5	-2~-3	-1~-2	7.4	4.64
单弯单稳振荡钻具组合	1~3	-3~-4	-1~-2	1~2	2~4	4	6.19

(2)利用双稳定器力学特性[8]，优化上稳定器较螺杆稳定器尺寸大2~3mm，形成单弯双稳微降斜钻具组合：ϕ152.4mmPDC钻头+7LZ127×1.25°+ϕ148mm稳定器+ϕ127mmMWD+ϕ127mm无磁钻铤+ϕ101.6mm加重钻杆×9根+ϕ101.6mm普通钻杆×120根+ϕ101.6mm加重钻杆×36根+ϕ101.6mm普通钻杆，可根据对靶降斜要求随时微调控制，提高机械钻速。实践表明：单弯双稳微降斜钻组合在下部石千峰组、石盒子组地层复合降斜率在2~4°/100m，达到轨迹控制要求，第2趟钻实现了“0”滑动目标。

3.4 “两趟钻”轨迹控制技术模式

利用单弯单稳振荡钻具组合特性，结合地层增降斜规律，优化造斜点高度，按照预期设计的“直+增+稳+缓降”两趟钻轨迹剖面[9]，对实钻井眼进行控制，形成一套轨迹控制技术模式。

(1)直-增-稳-缓降”两趟钻轨迹剖面设计。利用钻具组合特性设计了“直+增+稳+缓降”两趟钻轨迹剖面。表层采用单弯双稳钻具组合完成“直井段+造斜段”，表层完钻井斜达到对靶井斜。二开第1趟钻(750~3200m)采用单弯单稳振荡钻具组合完成“增斜段+稳斜段”井段；第2趟钻(3200~3900m)采用单弯双稳钻具组合复合完钻，完成“缓降斜”井段。

(2)为降低全井段最大井斜、摩阻、扭矩，根据设计水平位移大小，优化造斜点高度、初始井斜角、方位角，形成适合不同水平位移轨迹控制表(见表5)，利用钻具组合特性在各地层增降斜规律，微调控制，钻穿刘家沟组起钻前剩余位移控制在200m以内，对靶降斜率控制在2~4°/100m。

表5 不同水平位移井斜方位控制表

设计水平位移/m	造斜点位置/m	初始井斜角/(°)	初始方位角/(°)	进强降斜段(1800m)井斜控制/(°)	钻穿延长组井斜控制/(°)	起钻前	
						对靶降斜率°/100m	剩余位移/m
≤1000	850	24°~26°	>对靶方位角4°~6°	>对靶井斜角2°~4°	<对靶井斜角2°~3°	2~4°	≤200
1000<水平位移≤1400	450	28°~30°	>对靶方位角4°~6°	>对靶井斜角4°~6°	>对靶井斜角3°~4°		
>1400	450	30°~32°	>对靶方位角4°~6°	>对靶井斜角4°~6°	>对靶井斜角3°~4°		

(3)第2趟钻根据剩余位移、对靶降斜率，采用单弯双稳微降斜钻具组合钻复合钻井完成“缓降斜”井段。

3.5 CQCG-G钻井液优化配套应用

综合考虑直罗组、延长组泥岩和山西组煤层易垮塌，延长下部、刘家沟组承压能力低易发生漏失，井眼小，携砂困难等因素，优选具有强抑制防塌性、封堵护壁性、携岩能力和防漏堵漏能力的CQCG-G钻井液体系，配方为：1.0%~1.5%膨润土+3.0%~5.0%weigh2+0.2%强抑制包被剂IND30+0.2%~0.3%强抑制剂K-PAM+0.5%~2.0%天然高分子降滤失剂NAT20+0.5%~2.0%防塌封堵剂NFA25+0.1%~0.2%提切剂XCD+2.0%~3.0%超细碳酸钙ZDS+0.3%~0.5%纳米封堵剂NP-1+1.0%~2.0%润滑剂+0.2%~0.5%NaOH。

(1)提高钻井液的强抑制防塌性。二开按配方提前配好胶液，加入0.2%IND30、0.2%K-PAM和3%~5%Weigh2，勤维护，补充新浆聚合物含量不低于0.3%、Weigh2 3%~5%，保持聚合物含量，提高 CQCG-G 钻井液抑制防塌性，防止直罗组、延长组泥岩垮塌，确保振动筛返出砂样成型，不糊筛。

（2）提高钻井液的强封堵护壁性。二开加入 1%~1.5% 白土、0.5%~1% NFA25 和 0.3%~0.5%NP-1 形成薄、韧性强的泥饼，控制失水<12ml，抗冲刷能力强、护壁性强，利于井壁稳定，延长中部加入 NAT20，ZDS，提高体系封堵性，降低钻井液失水至 8ml。

（3）钻井液的低粘高切性。二开加入 0.1% XCD 和 0.2%IND30，控制动切力和 Φ6 读数，低粘高切，提高钻井液的携砂性和悬浮能力；定期清理锥形罐，加强固控设备的使用，控制钻井液有害固相，降低体系的塑性黏度。

（4）钻井液的防漏堵漏性。该体系加入 0.3%~0.5% NP-1（纳米级封堵剂），复配 NFA25、白土、石灰石（150 目数）、ZDS（1250 目）、重晶石（200 目）等不同粒径固相颗粒材料，代替传统堵漏材料，逐步提高地层承压能力。

3.6　岩屑床清除器优化应用

针对 Φ152.4mm 井眼电测遇阻频繁井段在 1500~1900m，地层延长组、直罗组地层，分析电测图发现此井段井壁失稳垮塌形成“大肚子”，细砂在“大肚子”井段无法循环带出；井眼小，少量沉砂容易聚集造成电测遇阻。通过应用 φ127mm 岩屑床清除器[10-11]。钻进过程利用其螺旋棱对岩屑床的机械破坏及螺旋棱产生特殊环空流场对“大肚子”井段岩屑颗粒的推动加速作用，清除积砂，应用高效 CQCG-G 钻井液体系清洁井筒，解决了小井眼电测一次成功率低的问题。2019 年小井眼试验应用 8 口，电测一次成功率 100%，较上年提高 62.5%。

4　SN0103 井平台应用效果

（1）严格按照大井丛作业模式组织施工，40LDB 钻机井间作业周期由 3d 缩至 1.2d，建井周期缩短 31.89%，滤液重复利用量 327m^3/口，利用率到达 77.3%，岩屑集中回收处置 294m^3/口，处置率 100%，实现了快速高效清洁化生产。

（2）SN0103 井平台 8 口井应用分段优选出高效 PDC 钻头、螺杆序列，全井段“PDC 钻头+螺杆”复合钻井技术，机械钻速提高显著。2019 年完成井平均机械钻速 25.54m/h，较上年提高 51.93%，二开机械钻速 22.05m/h，较上年提高 28.19%。

（3）SN0103 井平台应用“两趟钻”轨迹控制模式利用钻具组合特性，结合地层增降斜规律、PDC 钻头井尺能力，“直+增+稳+缓降”两趟钻轨迹控制技术，大幅度提高了两趟钻比例。2019 年完成井两趟组比例 87.5%，较上年提高 50%。

（4）通过钻井关键技术的应用，2019 年 SN0103 井平台共完成井 8 口，平均钻井周期 12.49d，平均建井周期 22.91d，钻机月速度 6675 米/台月，较 2018 年钻井周期缩短 26.57%，建井周期缩短 31.86%，钻机月速度提高 53.58%，提速效果显著。见表 6。

表 6　2019 年小井眼完成井提速对比表

年份	完井口数	进尺/m	平均井深/m	钻井周期/d	二开钻井周期/d	完井周期/d	建井周期/d	月速 [m·(ty)$^{-1}$]	机速/(m·h^{-1})
2019	8	31409	3926	12.49	8.92	5.16	22.91	6675	25.54
2018	6	21650	3822	16.74	13.51	7.65	30.46	4423	16.79
对比				-4.45	-4.49	-2.50	-9.70	2370	8.72
%				-26.57	-33.21	-32.70	-31.86	53.58	51.93

5　结论与建议

（1）利用工厂化井平台大井丛平台布井设计、布局、钻机推移系统、钻井液不落技术等措施优化研究，形成了小井眼大井丛作业模式，实现了清洁化生产，大幅度提高了井间作业效率。

（2）通过对高效钻头、长寿命螺杆序列优选，钻具组合、轨迹控制技术模式、钻井液体系及提速工具的优化研究，形成了 ϕ152.4mm 小井眼定向井钻井关键技术，大幅度提高小井眼钻井速度。

（3）采用具有强抑制防塌、封堵护壁、低粘高切、防漏堵漏等特性高效钻井液体系，优化应用岩屑床清除器，解决小井眼定向井岩屑床清除问题，提高了小井眼电测一次成功率。

(4) 建议借鉴国内外先进提速工具，以小井眼成熟的“两趟钻”轨迹控制技术、高效钻头螺杆序列为基础，选用与之井眼相匹配的变径稳定器[12-13]，持续开展小井眼二开“一趟钻”技术研究。

参考文献

[1] 臧艳彬，张金成，赵明琨，等．涪陵页岩气田“井工厂”技术经济性评价[J]．石油钻探技术，2016，44(6)：30-35.

[2] 张金成，艾军，臧艳彬，等．涪陵页岩气田“井工厂”技术[J]．石油钻探技术，2016，44(3)：9-15.

[3] 秦文政，党军，臧传贞，等．玛湖油田玛18井区“工厂化”水平井钻井技术[J]．石油钻探技术，2019，47(2)：15-20.

[4] 肖春学，王勇，史配铭．苏南区块钻井液不落地技术[J]．油气田环境保护，2018，28(06)：29-31.

[5] 明瑞卿，张时中，王海涛，等．国内外水力振荡器的研究现状及展望[J]．石油钻探技术，2015，43(5)：116-122.

[6] 石崇东，党克军，张军，等．水力振荡器在苏36-8-18H井的应用[J]．石油机械，2012，40(3)：35-38.

[7] 张康，冯强，王建龙，等．水力振荡器最优安放位置研究与应用[J]．石油机械，2016，44(2)：38-41.

[8] 刘宝生，杨进，刘小刚，杨保健，等．渤海油田探井非常规井眼防斜打快组合技术[J]．石油钻采工艺，2018，40(3)：293-296.

[9] 史配铭，肖春学，王建军．苏里格南部气田大斜度井钻井技术[J]．石油钻采工艺，2019，41(1)：18-22.

[10] 闫铁，邵帅，孙晓峰，等．井眼清洁工具作用下岩屑颗粒运动规律研究[J]．石油钻采工艺，2013，35(3)：001-004.

[11] 张炳顺，谭勇志，张贵全，等．大斜度井岩屑床分析及新型井眼清洁工具应用[J]．石油矿场机械，2018，47(1)：80-82.

[12] 王培峰，谭平，雷桐，等．小尺寸变径稳定器在小井眼定向井中的应用[J]．石油钻采工艺，2002，24(3)：030-31.

[13] 苏义脑，窦修荣，王家进．变径稳定器及其应用[J]．石油钻采工艺，2003，25(3)：004-008.

[14] 闫铁，邵帅，孙晓峰，等．井眼清洁工具作用下岩屑颗粒运动规律研究[J]．石油钻采工艺，2013，35(3)：001-004.

基于大数据分析的页岩油地质甜点预测

谭伏霖　曹健志　王亚林　郭　莉

（中化石油勘探开发有限公司）

摘　要　页岩油气储层的地质甜点预测是非常规页岩油气勘探开发的难点和重点。基于美国二叠盆地355口水平井的地质数据、工程数据与生产数据，利用因子分析、对应分析等数据分析方法，通过数据挖掘建立了三种数据之间的数学逻辑关系，然后通过对压裂参数的归一化，得到了带有产能指示意义的页岩油地质甜点指数，它可用于地质甜点预测与新井产量预测。同时，在众多地质因素中，地层的能量对产量的影响最大，而页岩油的含量次之。

关键词　页岩油；甜点预测；产量预测；大数据分析；二叠盆地

1　研究区概况

研究区位于美国西南部，构造上位于二叠盆地Midland次盆南部。主要目的层为晚宾夕法尼亚世-早二叠世沉积的Wolfcamp组页岩。二叠盆地是一个大型古生界盆地，宾夕法尼亚纪以来至二叠纪，受北东-西南向挤压应力作用形成了一系列相间的隆起和次盆，同时GONDWANA大陆和北美大陆开始挤压，在盆地南部形成了Marathon冲断带，Midland盆地和开阔海之间被Marathon冲断带和盆地中央隆起隔开，局限厌氧环境保存了丰富的有机质[1-4]。

Wolfcamp层构造总的形态构造比较简单，整体表现为南高北低、东高西低的构造格局，整套地层厚度比较稳定，平均约在1500ft[5]。Wolfcamp层沉积体系主要为重力流及半深海-深海沉积体系，包括近源斜坡滑塌沉积、碎屑流沉积、浊流沉积、高频浊流沉积、深海泥沉积等相态。Wolfcamp层主体以钙质页岩、泥质灰岩、泥质粉砂岩等混合岩相为主。孔隙度平均在4%~9%左右，渗透率平均1~300nD。

Wolfcamp层有机质类型以Ⅱ型干酪根为主，总有机碳TOC含量统计结果在1%~8%之间，3%~6%为峰值区间；有机质热成熟度Ro值范围0.7%~1.0%，以生油为主[6]。

脆性矿物具有高杨氏模量、低泊松比的特点，整体的脆性矿物含量均在40%以上，易于水平井压裂开发。Wolfcamp层整体处于超压状态，油藏压力、压力系数从盆地中心向边缘降低。

2　基于井数据的大数据分析

大数据是指以容量大、类型多、存取速度快、应用价值高为主要特征的数据集合；大数据分析就是指对规模巨大的数据进行分析，通过分析建立各种数据之间的数学关系，并用这些数学关系指导科学活动与实际生产。大数据处理一般包含数据采集、数据导入与预处理、数据分析和统计、数据挖掘4步流程[7-8]。

页岩油油气储层的地质甜点预测，对于指导油气勘探开发变得尤为重要。在页岩油气的勘探开发过程中，形成了大量石油地质数据、工程数据与生产数据。由于其地质甜点的影响因素众多，很难通过数据回归等传统方式建立预测模型。对于这些海量的数据，需要利用大数据分析的方法，通过数据分析与挖掘[9-13]，得到甜点与地质数据和工程数据的数学逻辑关系，然后根据该数学逻辑关系开展甜点预测[14]，寻找影响页岩油产量的关键地质因素。

2.1　数据采集与预处理

研究中共收集到研究区355口水平井的生产数据和工程数据、97口直井的测井数据和一些地质参数的平面图，包括储层厚度、埋藏深度、孔隙度、泥质含量、烃含量、TOC、孔隙压力、脆性矿物指数等。首先通过测井解释评价，获得了97口直井的地质数据，再利用测井解释的地质数据验证和挑选收集到的地质平面图，然后在各种地质平面图读上取355口水平井的地质数据，建立包含355口水平井的地质数据、工程数据与产量数据的数据库。同时为减少水平井眼长度不同对产量分析的影响，将所有产量数据都标准化到水平井眼长度10000ft的状态下的产量。

2.2 数据分析

为构建能够指示页岩油甜点变化的参数，研究中首先将标准化后的产量数据与影响页岩油产量的各种地质因素、工程因素进行相关分析。经过对比分析，累积365日产量的峰值与BVH(孔隙度×饱和度)、孔隙压力、干酪根体积、泥值含量、加砂量、加液量等影响页岩油产量的地质数据、工程数据有较好的相关性。同时考略到页岩油气开发基本都是能量衰竭式开发，产量随着生产呈现下降的趋势，累积365日产量的峰值最能代表页岩油气井的初始生产能力，与页岩油气储层的地质甜点的关系最为紧密，因此将平均每日的累积365日产量的峰值定义为页岩油产量指数，用于指示页岩油产量的变化与页岩油甜点变化。

同时，利用R型因子分析对可能影响页岩油产量的众多地质数据、工程数据进行降维处理，将因子载荷图上因子得分较低的地质数据、工程数据逐个剔除。得到最终的R型因子分析的因子载荷图(图1)，从图中可以看出，保留的地质数据包括孔隙压力、地层埋深、地层厚度、黏土含量、干酪根体积、BVH，保留的工程数据为压裂参数中的加砂量和加液量，这些地质数据和压裂参数都围绕坐标原点呈近似椭圆状分布(其中加砂量和加液量基本重合)，难以继续根据因子得分的大小进一步剔除，于是将保留下的每口水平井的地质数据和压裂参数进行Q型因子分析，得到两主因子F1、F2，他们的贡献率分别为54.5%与31.2%，累计贡献率达到了85.7%，然后将每口水平井的产量大小用对应大小的气泡标识到Q型因子分析的因子载荷图中(图2)。

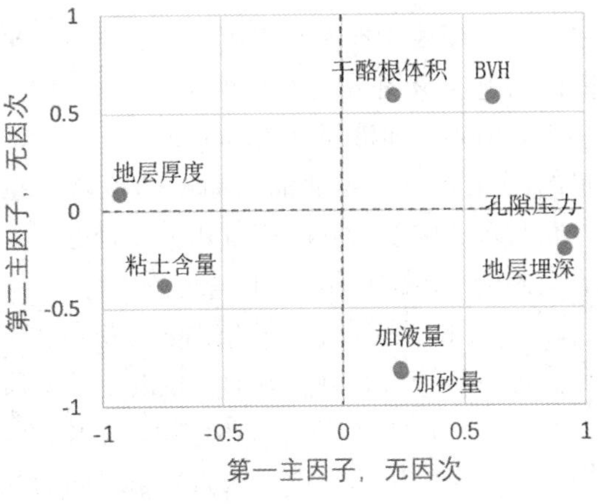

图1　R型因子分析的因子载荷图

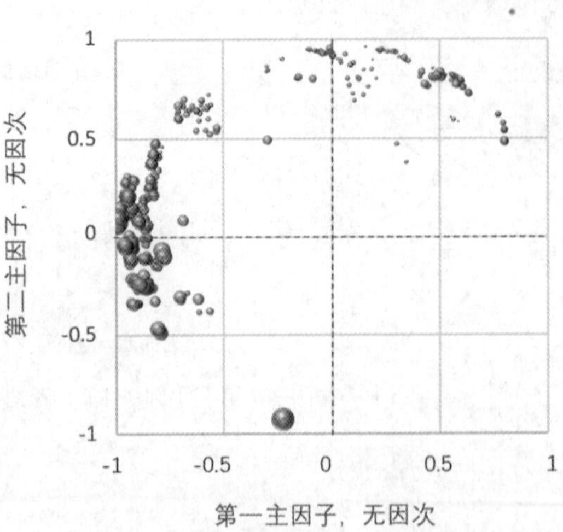

图2　Q型因子分析的因子载荷图

图2显示，从第一主因子、第二主因子的负半轴到正半轴，样品水平井的产量整体呈现变小的趋势。将两个主因子F1、F2分别与构建的页岩油产量指数进行相关分析发现，第二主因子F2与页岩油产量指数有良好的相关性，其复相关系数达到了0.707(图3)，表明利用地质数据(孔隙压力、BVH、干酪根体积、泥质含量、地层埋深、储层厚度)与压裂数据(加砂量、加液量)计算的第二主因子F2能较好指示研究区的页岩油井的产量，可以用于研究区的页岩油气储层的地质甜点预测。

考虑到本次研究目的层段储层厚度的分布范围为430~700ft，压裂后的裂缝高度约300ft左右，即压裂后的裂缝体基本都在目的层内。为测试地层厚度变化对研究结果的影响，尝试删除地层厚度后再进行R因子分析。由于在R型因子分析的因子载荷图上，加砂量和加液量基本重合，表明这两个变量内含的数学信息有很大的相似性，为此删除因子贡献率相对略低的加液量。然后再按照前述的方法再次进行Q型因子分析，得到两个主因子F3、F4。，他们的贡献率分别为50.2%与30.1%，累计贡献率达到了80.3%。将两个主因子分别与构建的页岩油产量指数进行相关分析，结果显示第二主因子F4与页岩油产量指数有良好的相关性，其复相关系数达到了0.664(图4)，这表明，相对于构建的第二主因子F2，剔除地层厚度与加液量后新构建的第二主因子F4与页岩油产量指数的相关性降低，但仍能较好地指示研究区的页岩油井的产量，也可以用于研究区的页岩油气储层的地质甜点预测。

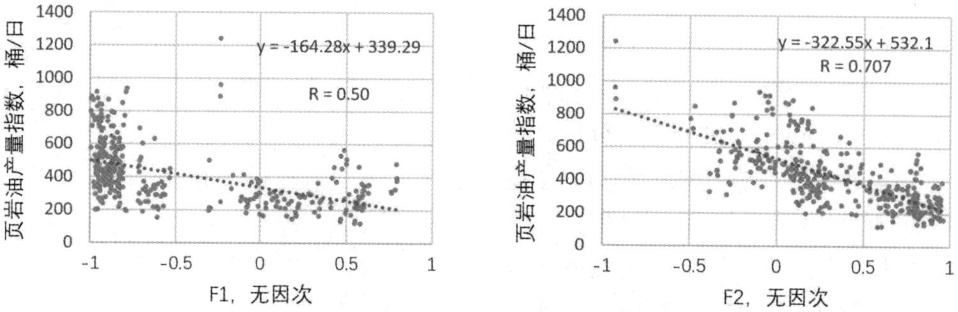

图 3　第一主因子 F1、第二主因子 F2 与页岩油产量指数相关关系图

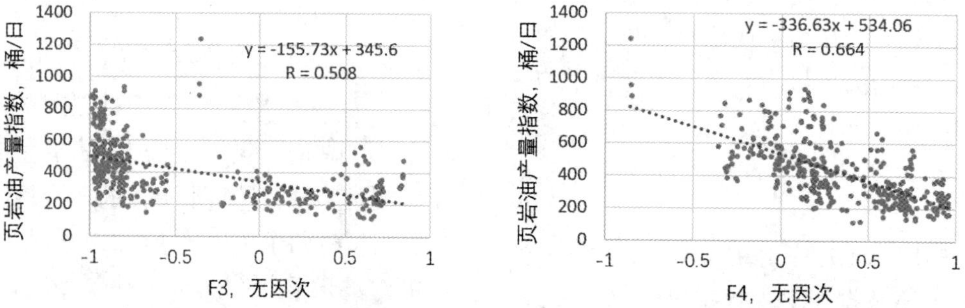

图 4　第一主因子 F3、第二主因子 F4 与页岩油产量指数相关关系图

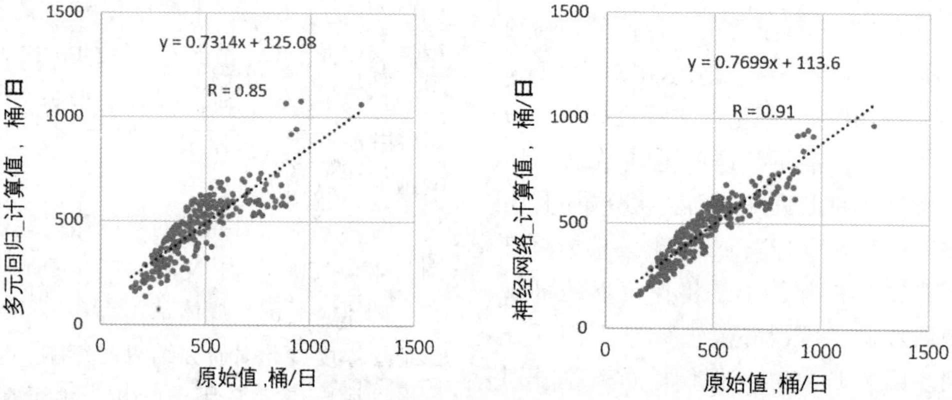

图 5　页岩油产量指数计算值与原始值对比图

2.3　数据挖掘

1. 页岩油气储层的地质甜点预测

首先利用多元线性回归与 BP 神经网络分别建立两次 R 型因子分析得到的两个第二主因子（F2 与 F4）、地质数据（孔隙压力、BVH、干酪根体积、泥质含量、地层埋深、储层厚度）、压裂参数（加砂量、加液量）与页岩油产量指数之间的数学关系，多元线性回归的相关系数达到了 0.855，神经网络的计算结果与原始值之间相关关系达到了 0.918（图 5）。

根据建立的数学关系，页岩油井的产量受地质因素和压裂规模双重影响。如果将压裂参数（加砂量、加液量）标准化到某一个值，则计算出的页岩油产量指数主要受地质因素影响，该计算结果不但能够指示页岩油气储层的地质甜点变化，而且带有产量预测的意义。图 6 是将加砂量和加液量分别标准化到 1700LBS 与 45BPF 时的结果，图中绿线为本次研究用到的 355 口水平井的井眼轨迹，该图反映了在相同的工程因素（加砂量 1700LBS、加液量 45BPF）作用下页岩油井产量的变化，即页岩油油气储层的地质甜点变化，它与现有的生产井的产量相关性较好，能够用于新井的页岩油产量预测。

2. 页岩油产量的主控地质因素分析

为进一步分析影响页岩油产量的主控地质因素，研究中采用 R 型因子分析与 Q 型因子分析相结合的对应分析来分析各地质数据之间的联系以及它们与页岩油井的产量之间的联系。经过多次的对应分析，每次对应分析都剔除掉因子得分较小的地质因素，得到最后的因子载荷图，第一主因子和第二主因子的因子贡献率分别为 68.3% 与 24.4%，累计贡献率为 92.7%。为便于分析地质因素与产量之间的联系，将每个样品井的产量大小用对应大小的气泡标识到对应分析的因子载荷图中，见图 7。

从图 7 中可以看出，在第一主因子的因子载荷中，占比较大的是孔隙压力、地层埋深和黏土含量；在第二主因子的因子载荷中，占比较大的是 BVH、干酪根体积和黏土含量。离图上孔隙压力、埋深、BVH、干酪根体积这 4 个地质参数越近，离地质参数黏土含量越远，代表样品井的产量的气泡越大，即样品井的产量越高。而孔隙压力与埋深可以解释为地层的能量，BVH 与干酪根体积可解释为地层中页岩油的含量。因此，图 7 表明，页岩油的产量主要受地层的能量和页岩油的含量的影响，其中地层的能量为第一主控因素，地层中页岩油的含量是第二主控因素，而黏土含量对页岩油产量有负面的影响。

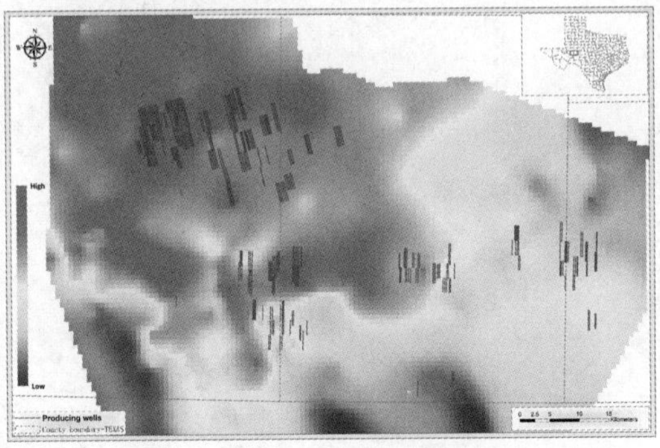

图 6　研究区页岩油地质甜点指数平面分布图

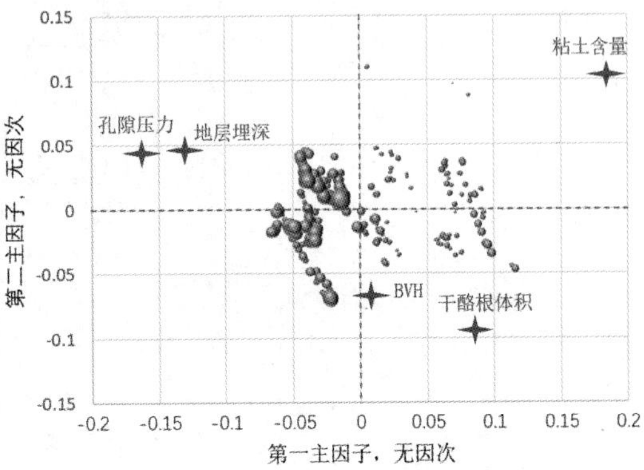

图 7　对应分析的因子载荷图

3　结论

1）页岩油气储层的地质甜点的影响因素众多，本文基于美国二叠盆地的大量水平井的数据，利用大数据分析的方法，通过数据挖掘建立了地质数据、压裂参数与生产数据之间的数学逻辑关系，然后通过将压裂参数归一化的方法实现了页岩油气储层的地质甜点预测，该预测结果带有产能的指示意义，能直接用于新井产量的预测。

2）地层的能量是研究区页岩油气储层地质甜点的第一主控因素，地层中页岩油的含量是研究区页岩油气储层地质甜点的第二主控因素，而黏土含量对页岩油产量有负面的影响。

3）本文提供的页岩油气储层的地质甜点的预测方法与结论，可为国内非常规页岩油气储层的地质甜点刻画提供重要的参考与借鉴。

参　考　文　献

[1] Shumaker, R. C., Paleozoic structure of the Central Basin uplift and the adjacent Delaware Basin, west Texas: AAPG Bulletin, 1992, v. 76, p. 1804－1824.

[2] Wright, W. F., Petroleum geology of the Permian Basin: Midland, West Texas geological Society Special Publication 79-71, 1979, 98.

[3] Yang, K.－M., and S. L. Dorobek, The Permian Basin of west Texas and New Mexico: Tectonic history of a "composite" foreland basin and its effects on stratigraphic development, in S. L. Dorobek and G. M. Ross, eds., Stratigraphic evolution of foreland basins: SEPM (Society for Sedimentary Geology) Special Publication 52, 1995, p. 149-174.

[4] Wayne R. Wright, Pennsylvanian paleodepositional evolution of the greater Permian Basin, Texas and New Mexico: Depositional systems and hydrocarbon reservoir analysis. AAPG, 2011, v. 95, p. 1525-1555.

[5] Gerhard W Heij, R Douglas Elmore. Burial Diagenesis and Tectonism Inferred From Paleomagnetism and Magnetic Fabrics in the Wolfcamp Shale, Midland Basin, Texas, USA[J]. Journal of Geophysical Research. Solid Earth, 2020, 125(5).

[6] Paul C. Hackley, Tongwei Zhang, Aaron M. Jubb, Brett J. Valentine, Frank T. Dulong, Javin J. Hatcherian. Organic petrography of Leonardian (Wolfcamp A) mudrocks and carbonates, Midland Basin, Texas: The fate of oil－prone sedimentary organic matter in the oil window[J]. Marine and Petroleum

Geology，2020，112.

[7] 王新浩．基于事故隐患大数据分析的风险预警方法研究[D]．中国地质大学(北京)，2019.

[8] 吴永平．大数据技术在油田勘探开发生产中的应用[J]．现代信息科技，2018，2(12)：122-123+126.

[9] 李大伟，石广仁．油气勘探开发常用数据挖掘算法优选[J]．石油学报，2018，39(02)：240-246.

[10] 郭素杰，姜维寨，孟庆峰，马友生，王秋爱，徐婕，颜怀羽．数据挖掘技术在复杂油气层评价中的应用探索[J]．录井工程，2019，30(04)：1-7+145.

[11] 聂帅帅，唐世星，刘可，徐康泰，李江飞，王少征．数据挖掘诊断X油田低渗透稠油油藏压裂效果的主控因素[J]．石油地质与工程，2019，33(06)：90-94.

[12] 王娟，梁立星，武璠，孙亚莉，孙学萌．数据挖掘技术在数字化油气藏研究与决策中的应用[J]．钻采工艺，2018，41(03)：107-109.

[13] 顾娟．数据挖掘技术在油田信息化建设中的应用探讨[J]．现代信息科技，2019，3(08)：132-133.

[14] 徐兵祥，白玉湖，陈岭，陈桂华．页岩油气产能预测新思路及方法流程[J]．天然气技术与经济，2019，13(05)：36-42.

弹性密度估算及其在火山岩叠前反演中的应用

曹 磊 苗 贺

（中国石化东北油气分公司）

摘 要 在龙凤山地区火山岩的实际研究中，密度与储层孔隙度等物性参数密切相关，能够反映储层和流体的变化规律，在部分饱和油气藏的勘探开发中亦扮演着重要角色。为了提高油气勘探开发成效，利用叠前密度反演在该地区开展火山岩储层预测的探索研究。利用纵波速度、横波速度和分角度叠加地震数据进行相应角度的弹性密度估算，再将估算的弹性密度参与到叠前扩展弹性波阻抗反演中。反演得到的密度结果与叠前三参数反演的密度对比，预测结果的火山岩内幕储层横向非均质性更强，更加符合地质认识和地震反射特征；在钻井吻合度方面基于叠前扩展弹性波阻抗反演的密度结果分辨率更高，吻合度更好。通过该方法部署直井2口，水平井6口，均获得工业气流。

关键字 密度估算；火山岩；叠前反演；扩展弹性波阻抗；EEI

通过在长岭断陷腰英台、查干花和龙凤山等地区的研究，认为密度参数是火山岩储层评价的重要敏感参数，但由于地震资料频带及采集入射角的限制，通常认为准确获得密度信息难度较大。尽管叠前反演方法近年有了较快的发展，但大多数学者仍认为获得稳定的、准确的密度反演结果仍是比较困难。

Lines L[1]基于 Fatti 近似方程分析密度的敏感性，认为密度对反射系数的贡献相对纵波阻抗和横波阻抗较小，无法获得稳定的反演结果。Downton 和 Zong[2]基于 Aki-Richards 近似方程的分析认为：虽然密度对反射系数的贡献仅次于纵波速度，但是纵横波速度与密度之间的相关性导致密度反演的稳定性较差。尽管如此，国内外专家对密度反演这一难题进行了研究探索，2002年孔祥宁[3]通过从地震资料提取地层密度提高油气预测效果；Kabir[4]和 Behura 等人[5]分别对密度稳定性反演的可能性进行了研究，认为利用高阶近似方程、具有大角度入射角地震资料、界面两侧密度差异加大则可以获取可靠的密度反演结果；Buland[6]基于贝叶斯理论引入参数之间统计相关系数约束提高反演稳定性；Alemie[7]提出三元柯西分布与参数间协方差矩阵约束，提高密度反演的精度；冯清源[8]通过多波联合反演有效提高了密度提取的稳定性。

目前的叠前反演方法众多，大多是基于 Zoeppritz 方程及 Aki and Richards，Shuey，Fatti，Gray 等展开式。但是由于叠前道集资料的信噪比较低，常规的最小二乘法通常表现为病态特征，存在波阻抗随着入射角的增大急剧降低的问题，这样在进行近、远炮检距弹性阻抗值分析时可能会掩盖流体或岩性变化差异的信息，因此在综合分析声波阻抗与弹性波阻抗时，首先需要将弹性波阻抗变换为声波阻抗，给实际工作造成不便的同时也增加了反演结果的多解性。1999 年 Connolly[9]首次提出建立在叠前地震资料基础上的弹性波阻抗反演；2002 年 Whitcombe[10]对 Connolly 推导的弹性阻抗公式进行了归一化处理，避免了量纲和数值随入射角增大而剧烈变化的问题，更加适用于储层识别以及流体检测；Whitcombe 等[11]对公式进行了变量替换引出了扩展弹性波阻抗（EEI）的概念；Neves 等[12]利用 EEI 反演伪伽马曲线进行天然气勘探。国内的专家学者对拓展的弹性阻抗也进行了广泛的研究并进行实际应用，甘利灯等[13]分析弹性阻抗在岩性与流体预测中的潜力；Peng 等[14]利用拓展的弹性阻抗反演进行气水识别；牛聪等[15]将拓展的弹性阻抗反演应用于实际工区的储层预测并着重讨论了该方法在实际应用中需要注意的问题；肖为等[16]利用拓展的弹性阻抗技术反演南海某油气田的含水饱和度；谢清惠等[17]将拓展的弹性阻抗反演技术用于深海扇含气储层的识别；李金磊等[18]提出一种稳定的基于弹性阻抗的叠前密度反演方法，以提高优质页岩的识别精度。本文通过纵波速度、横波速度和分角度叠加地震数据估算出分角度的弹性密度应用扩展弹性波阻抗进行火山岩内幕储层反演并取得了良好的效果。

1　方法原理

弹性波阻抗公式是由 Zoeppritz 方程的近似式推导而来的，R. T. Shuey 认为研究绝对振幅涉及到的问题远比研究相对振幅复杂，他对 Zoeppritz 方程进行简化，给出了相对反射系数公式：

$$R(\theta) = A + B\sin^2\theta + C(\tan^2\theta - \sin^2\theta) \quad (1)$$

式中：

$$A = \frac{1}{2}\left[\frac{\Delta v_p}{\bar{v}_p} + \frac{\Delta\rho}{\bar{\rho}}\right]$$

$$B = \frac{1}{2}\frac{\Delta v_p}{\bar{v}_p} - 4\frac{v_s^2}{v_p^2}\frac{\Delta v_s}{\bar{v}_s} - 2\frac{v_s^2}{v_p^2}\frac{\Delta\rho}{\bar{\rho}}$$

$$C = \frac{1}{2}\frac{\Delta v_p}{\bar{v}_p}$$

其中 R 为反射系数，θ 为入射角，v_p 为纵波速度，v_s 为横波速度，ρ 为密度；Δv_p，Δv_s，$\Delta\rho$ 分别为分界面上下地层的纵波速度、横波速度和密度的差值，$\bar{v}_p$，$\bar{v}_s$，$\bar{\rho}$ 为分界面上下地层的纵波速度、横波速度和密度的平均值。

从公式(1)可以看出：反射振幅 R 既与入射角有关，又与相邻两层介质的弹性参数纵波速度、横波速度和密度有关。当入射角在 0~30°范围内时，$\tan^2\theta-\sin^2\theta$ 趋近于零，即第 3 项对反射系数无影响；当入射角大于 30 时，第 3 项则对反射系数起主导作用，即纵波速度和密度的相对变化对纵波反射振幅影响最大，而横波速度的影响则相对较小。

在大入射角的情况下，密度项对反射系数的影响很大，应用单一密度曲线参加多个角度地震数据的叠前反演具有一定的不合理性。

利用公式(1)构建一个与声波阻抗 EI 的相似的方程为：

$$R(\theta)=\frac{EI_{i+1}-EI_i}{EI_{i+1}+EI_i}\approx\frac{1}{2}\frac{\Delta EI}{EI}\approx\frac{1}{2}\ln EI \quad (2)$$

联立公式(1)和(2)，弹性阻抗可以表示为：

$$EI(\theta)=v_p^{(1+\sin^2\theta)}v_s^{(-8K\sin^2\theta)}\rho^{(1-4K\sin^2\theta)} \quad (3)$$

对公式(3)两边取对数得到密度的表达式：

$$\ln\rho = \frac{\ln EI(\theta) - \ln v_p^{(1+\sin^2\theta)}v_s^{(-8K\sin^2\theta)}}{-4K\sin^2\theta} \quad (4)$$

式中：$K=\frac{v_s^2}{v_p^2}$

通过近、中、远偏移距地震数据、纵波速度和横波速度求取不同角度的弹性密度，使弹性密度作为纵波反射能量变化的主控因素，从而进行叠前密度反演，在方法上更加合理的同时，在一定程度上能够改善密度的稳定性。

2　方法测试

2.1　岩心测试分析

在实际研究中，密度与储层孔隙度等物性参数密切相关，能够反映储层和流体的变化规律。在进行密度估算时，首先对龙凤山地区火山岩 9 口井的 23 块岩芯进行岩石物理测试来确定气饱和状态下纵波速度与体密度之间的关系。岩心速度与体密度的关系主要体现岩心的孔隙度和岩性的不同。对于同一块岩心，速度还与孔隙流体有关。图 1 绘出了最大围压 60MPa，最大孔隙压力 50MPa，温度 100℃时的气饱和状态时速度与体密度的分布，可以看出：纵波速度和密度以乘幂形式进行拟合较为合适，横波速度和密度之间由于采样点较少，没有较为规律的拟合曲线。

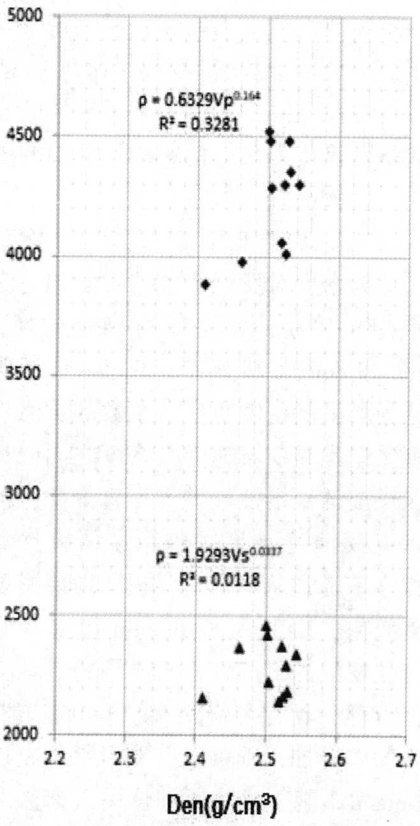

图 1　火山岩岩芯实验数据速度与密度关系

2.2　弹性密度估算

通过公式(4)对弹性密度进行求解，提取井旁到叠后地震数据计算反射系数 R(其中 $\theta=0$)，应用公式(2)求取 EI，最后把井上实测的纵波速度、横波速度曲线代入到公式(4)，得到密度曲

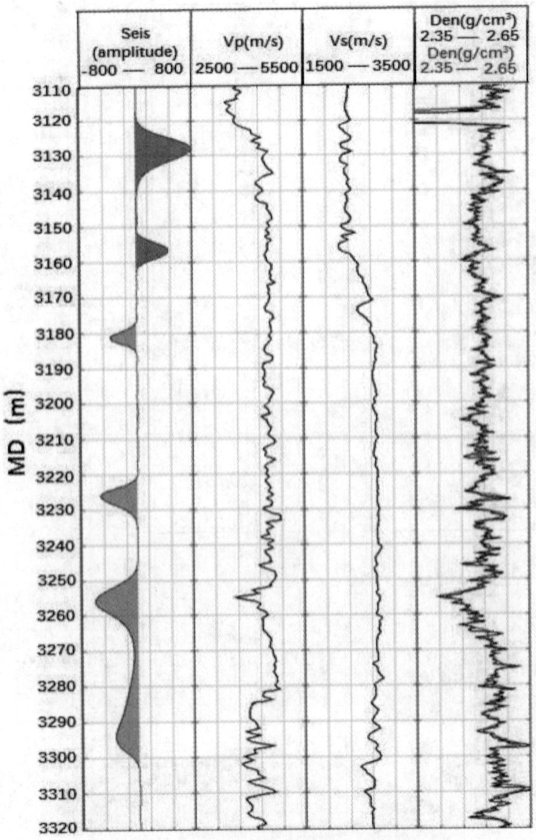

图 2　模型数据弹性密度估算结果对比

线。图 2 中黑色曲线为实测密度曲线，红色曲线为估算的密度曲线，两者基本一致。可见，通过地震数据和纵波速度、横波速度估算密度是合理且能够实现的。对于弹性密度的估算，可以对分角度叠加地震数据提取井旁道地震数据(其中 θ 为对应的地震叠加角度)，通过公式(4)估算出对应角度的弹性密度曲线。

3　实际应用

将本文提出的弹性密度估算方法应用于长岭断陷龙凤山火山岩工区，该地区火石岭组发育一套中基性火山岩，岩性以安山岩和凝灰岩为主。上覆一套碎屑岩地层，下伏为基底。地震剖面上火山机构顶底均为强振幅，火山机构内幕为多期次叠置沉积，中弱振幅，且横向连续性较好。该区地震资料最大入射角为 38^0，满足后续反演的需求。应用公式(4)分别通过 7°、18°和 31°分角度叠加地震数据计算出各自角度的弹性密度曲线，如图 3 所示。对估算的弹性密度与实测密度对比分析：密度的低门槛值没有发生变化，都是 $2.42g/cm^3$，高门槛值随着入射角度的增大，从原始的 $2.65g/cm^3$ 逐渐增大到 $3.05g/cm^3$，应用估算的弹性密度进行叠前反演，可以放大密度的影响。

通过图 1 火山岩实验室岩芯实验数据速度与密度关系可见，密度与纵波速度同样具有一定的乘幂关系。由此可见：在进行叠前三参数反演时，近中远三角度用相同的速度和密度参与反演是不合理的。

应用公式(3)求取的 $EI(\theta)$ 随着入射角的增大其值急剧降低，使得弹性阻抗和声波阻抗不能对比分析，掩盖了流体或者岩性引起的弹性阻抗变化差异，不利于地层中流体或岩性信息的提取。为了解决这个问题，Whitcombe 对公式(3)进行了修改，使得所有角度的阻抗值都得到归一化：

$$EI(\theta)=v_{p0}\rho_0\left[\left(\frac{v_p}{v_{p0}}\right)^{1+\sin^2\theta}\left(\frac{v_s}{v_{s0}}\right)^{-8K\sin^2\theta}\left(\frac{\rho}{\rho_0}\right)^{1-4K\sin^2\theta}\right] \tag{5}$$

其中：v_{p0}、v_{s0} 和 ρ_0 为常数因子，分别为地层纵波速度、横波速度和密度的平均值。

公式(5)能够将弹性波阻抗值归一化到声波阻抗的数量级上，解决了阻抗值随入射角发生变化的问题，但是其对应的反射系数可能大于 1，这与实际的地震记录不符。

Whitcombe 为了增加弹性波阻抗的稳定性，再次进行改进，将原反射系数乘以一个因子 $\cos\chi$，使得 $\tan\chi=\sin^2\theta$，从而提出扩展弹性波阻抗(EEI)的概念，公式(5)可以改写为：

$$EEI(\chi)=v_{p0}\rho_0\left[\left(\frac{v_p}{v_{p0}}\right)^{\cos\chi+\sin\chi}\left(\frac{v_s}{v_{s0}}\right)^{-8K\sin\chi}\left(\frac{\rho}{\rho_0}\right)^{\cos\chi-4K\sin\chi}\right] \tag{6}$$

前人利用不同深度下油、气、水层和泥岩的纵、横波速度与密度数据，对上述方法进行了模型对比，证实了当两层介质的纵波速度和横波速度的差异同向增加或减少时，EEI 的计算结果要优于式 EI。Shuey 等人已经证明了当入射角大于 30°时，$\sin^2\theta$ 对应的振幅会急剧下降，而 $\tan\chi$ 替换能够使用入射角大于 30°时的角度数据，而且方程的定义域从[0,1]扩展到(−∞,+∞)，当 $\chi=0°$ 时，$EEI(0)$ 为声波阻抗，当 $\chi=90°$ 时，$EEI(90)$ 为梯度阻抗。EEI 既解决了阻抗值随入射角急剧变化的问题，同时控制反射系数在[−1,1]内，这更符合地震记录的实际情况，因此可以利用它进行岩性和流体检测。

在进行反演之前对地震数据进行了去噪、能

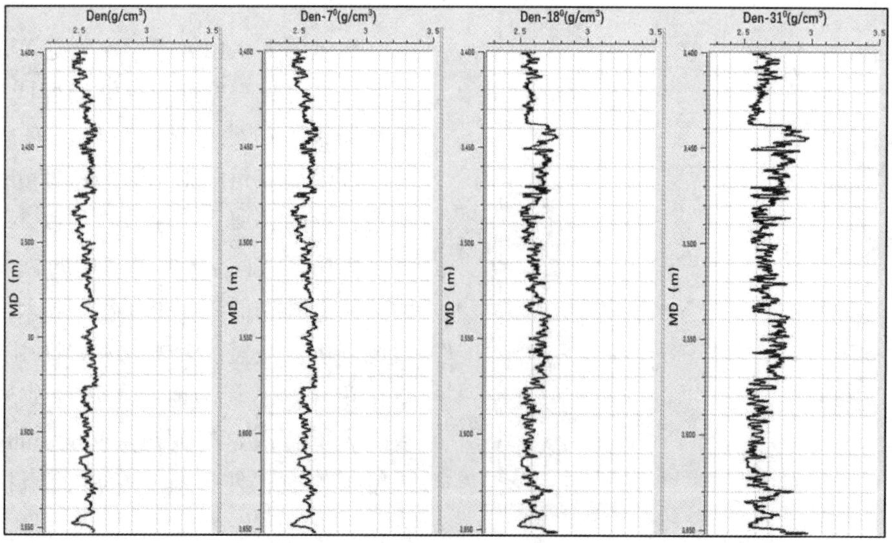

图 3　分角度弹性密度估算结果

量补偿等道集优化处理，从而保证叠前反演的质量。图 5 为过井常规三参数同时反演的密度剖面，图 6 为过井 EEI 反演的密度剖面，图中黄、红色为低密度值，蓝绿色为高密度值，两种方法都能较好的反演出火山岩顶部的有效储层，但是火山岩内幕有效储层 EEI 反演的效果更好。同时与图 4 地震剖面对比，三参数同时反演结果由于框架模型的约束火山岩内幕储层横向连续性强，而 EEI 反演结果火山岩内幕储层横向连续性与地震更加一致。EEI 反演能够很好的反应火山岩内幕密度的横向变化趋势和细节变化特征，具有较高的分辨率。

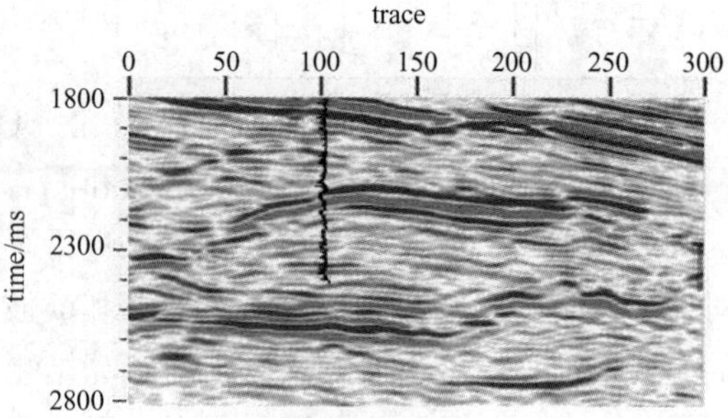

图 4　地震剖面

4　结论

Zoeppritz 不同近似方程的弹性波阻抗对密度参数的敏感性不同，实际火山岩岩石物理测试及分析表明，扩展弹性波阻抗方程对密度的敏感性较高，反演算法更为收敛。

探索一种估算不同角度的弹性密度进行叠前 EEI 反演方法，反演过程中放大了大角度密度的权重，密度反演结果精度更高。在龙凤山地区的

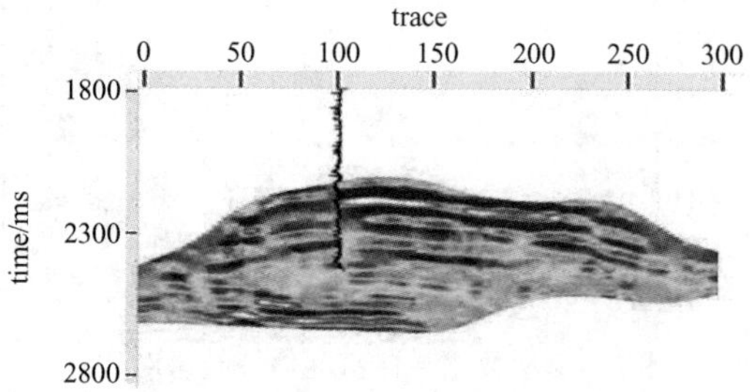

图 5　叠前三参数反演剖面

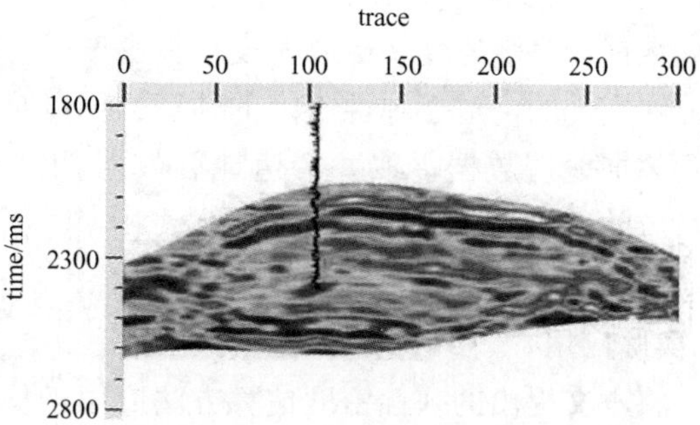

图 6　EEI 反演剖面

应用实践表明，该种方法对火山岩内幕物性预测更加合理，精度更高，具有一定的推广前景。

参　考　文　献

[1]　Lines L. Density and AVO. Canadian Journal of Exploration Geophysics [J]. 1999, 35(12): 32-35.

[2]　Downton J E. Seismic parameter cstimation from AVO inversion [D]. Calgary, University of Calgary.

[3]　孔祥宁．地层密度估算及其应用[J]．石油物探，2002，41(4)：429-432.

[4]　Kabir N, Lavaud B, ChaventG. Estimation of the density contrast by AVO inversion beyond the linearized approxi-

mation: An indicator of gas saturation. 70th Ann, Internat Mtg. Soc, Expi. Geophys. Expanded Abstracts.

[5] Behura J, Kabir N, Crider R, et al. Density extraction form P-wave AVO inversion: Tuscaloosa trend example. The Leading Edge, 2010, 29(7): 772-777.

[6] Buland A, Omre H. Bayesian linearized AVO inversion. Geophysics, 2003, 68(1): 185-198.

[7] Alemie W, Sacchi M D. High-resolution three-term AVO inversion by means of a trivaiate Cauchy probability distribution. 2011, 76(3): 43-55.

[8] 冯清源．叠前密度反演方法研究[J]. 能源与环保, 2019, 41(6): 57-61.

[9] Connolly P. Elastic impedance [J]. The Leading Edge, 1999, 18(4): 438-452.
Whitcombe DN. Elastic impedance normalization[J]. Geophysics, 2002, 67(1): 60-62.

[10] Whitcombe DN, Elastic impedance normalization. Geophysics. 2002, 67(1): 60-62.

[11] Whitcombe DN, Connolly PA, Reagan RL, et al. Extended elastic impedance for fluid and lithology prediction[J]. Geophysics, 2002, 67(1): 63-67.

[12] Neves F A, Mustafa H M, Rutty P M. Pseudo-gamma ray volume from extended elastic impedance inversion for gas exploration [J]. The Leading Edge, 2004, 23(6): 536-540.

[13] 甘利灯，赵邦六，杜文辉，等．弹性阻抗在岩性与流体预测中的潜力分析[J]. 石油物探, 2005, 44(5): 504-508.

[14] Peng ZM, Li YL, Wu SH, et al. Discriminating gas and water using multi-angle extended elastic impedance inversion in carbonate reservoirs[J]. Chinese Journal of Geophysics, 2008, 51(3): 639-644.

[15] 牛聪，刘春成，刘志斌，等．扩展弹性阻抗反演在储层预测中的应用[J]. 石油地球物理勘探, 2011, 46(1): 67-71.

[16] 肖为，史文英，方中于，等．EEI 反演技术在南海 A 区开发气田中的应用[J]. 物探化探计算技术, 2013, 35(5): 589-597.

[17] 谢清惠，邓宏文，郑文波，等．扩展弹性阻抗反演在深海扇含气储层识别中的应用[J]. 天然气地球科学, 2013, 24(1): 162-168.

[18] 李金磊，易成，刘晓晶等．页岩储层叠前密度稳定反演方法[J]. 地球物理学报, 2019, 62(5): 1861-1871.

涠西地区井壁稳定技术研究

王宏民　李基伟

(中国石油化工股份有限公司上海海洋油气分公司)

摘　要　北部湾涠洲海域在钻探过程中，存在的钻井难点为不同程度的井壁坍塌，特别是涠二段和流二段地层，井径扩径严重，严重影响了钻井施工安全和效率。此文研究以涠西已钻井的地质、施工条件为基础，通过对涠西区块井壁失稳的研究，找出解决涠西井壁失稳的关键。本次研究主要包括涠西区块井壁失稳机理研究，钻井液体系优化，防塌工程技术研究，形成一套适用于涠西区块的井壁稳定技术，研究成果应用于后续现场钻井施工，取得较好的成果。

关键词　涠西区块；涠二段；流二段；井壁稳定；钻井液；防塌工程技术

涠西地区目前钻成 4 口井，分别是 H1 井、W1 井、W2 井及 W3 井。从钻井施工来看，一开和二开开路钻井都比较顺利，没有遇到复杂情况。但三开以下井段，井眼状况不佳，多次遇阻，且井眼扩径相对较大。先前中海油在涠洲海域钻井的经历也表明，影响该区域钻井效率的主要问题是涠洲组与流沙港组井壁失稳问题。其在北部湾海域共钻井 100 多口，几乎都在涠二段及流二段遇到井壁失稳问题，轻则起下钻等作业会遇阻，重则卡钻、甚至井眼报废而被迫侧钻。其中，W-1 油田与 W-3 油田井眼复杂事故率都在 60%以上，最高者达 72%[1-4]。

1　涠西区块已钻井情况分析

涠西地区已钻井所钻遇地层主要为灯角楼组、角尾组、下洋组、涠洲组(分为一、二、三、四段)、流沙港组(分为一、二、三段)以及长流组，存在不同程度的地层缺失，这大多出现在涠洲组与流沙港组部分段等。钻遇地层的岩性主要是砂、泥岩互层，另外，在有的地层之间存在不整合接触面。对前期四口已钻井进行了钻井操作中所出现的各种复杂情况的统计，结果可以看出，涠洲区块钻井问题主要是由地质原因所引起的钻井井下复杂情况或者事故，这就是 4 口井都频繁遇到的起下钻或者仪器等的遇阻、遇卡。这浪费了大量的钻时，降低了钻井效率，影响了钻井质量。从发生非正常情况的数量统计来看，涠西地区主要出现的是起下钻遇阻问题，4 口井共计遇阻 89 次，占所有非正常情况的 96%。进行前期四口井对比，H1 井遇到复杂事故最为频繁，复杂情况占四口井总数的 65%，详见图 1。

图 2 为 H1 井、W1 井、W2 井及 W3 井的井径扩大率图示，从中可以看出，H1 井在 1700m 以下扩径严重，且为长井段扩径，最高扩径率达到了 50%。W1 井与 W2 井井径扩大特征相似，都存在多处扩径井段，扩径严重，最高扩径率也达到了 50%。W3 井扩径特征与 H1 井相似，都是长井段地扩径，从 1600～2800m 井眼扩径严重，扩径率超过了 30%。涠西地区四口前期已钻井均严重地出现了扩径，表明在该地区钻井过程中，井壁垮塌现象较为严重。

如此严重的井壁垮塌不仅影响钻进、固井、测井等施工环节的效率及质量，而且存在发生卡钻等严重钻井事故的风险。

2　涠西区块井壁失稳机理研究

井壁失稳最终呈现的结果是力学不稳定。当井壁岩石所受的应力超过其自身的强度时就会发生井壁失稳现象。这其中的原因极其复杂，就其主要原因而言，可总体归纳为力学因素、物理化学因素和工程技术因素等三大方面，前者更多是与岩石自身的特性相关，决定着该岩石井壁稳定的本质属性及钻井中的表现状态，后两个因素则往往更多涉及钻井操作工艺对岩石的作用，若其不能适应所揭开的岩石，均因会影响井壁应力分布和井壁岩石的力学性质而最终造成井壁失稳。其中泥页岩地层井眼失稳主要是由泥页岩水化造成井眼周围孔隙压力变化以及泥页岩物理化学和力学特性的变化引起的。井眼稳定既是力学问题，同时也是泥页岩与钻井液之间的物理化学作用问题。因此，在泥页岩地层井眼稳定分析中必须考虑力学和物理化学效应等对井眼周围局部应

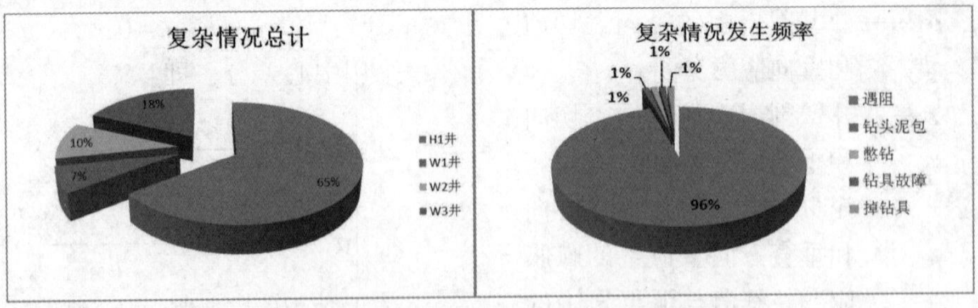

图 1　涠西 4 口已钻井复杂情况及复杂情况频率统计

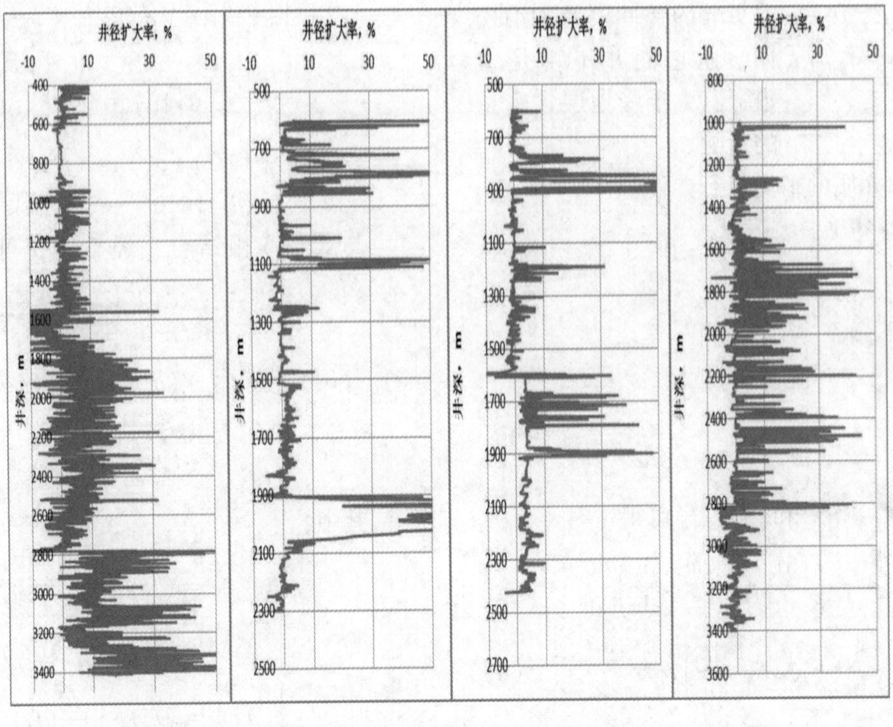

图 2　涠西 4 口已钻井井径扩大率

力分布和岩石力学特性的耦合影响。

泥页岩吸水一方面改变井壁岩石的力学性能，使岩石强度降低；另一方面产生水化膨胀，如果这种膨胀受到约束便会产生膨胀应力，从而改变近井壁的应力状态，诱发或加剧井壁岩石的受力不平衡。要解决涠西地区的井壁失稳问题，仅靠单独地使用不低于坍塌压力的钻井液密度是无法实现的，必须建立一个耦合物理化学影响因素的井眼稳定模型进行综合研究。这一研究系统地考虑力学、化学对泥页岩地层井眼稳定的影响，建立了力–化耦合的井眼稳定模型。然后采用该模型来评估力学参数、化学参数对安全钻井液密度窗口的影响程度，并且预测泥页岩地层的井壁坍塌周期[5-10]。

建立泥页岩井壁稳定失稳模型，为了使问题简化，采取如下假定：

1）假定该泥页岩地层为横向各向同性，即在水平方向上性质相同，而在垂直方向上不同；

2）假定该井处于平面应变状态，即垂直方向的应变 ε_z 为零；

3）假定泥页岩因吸水而产生的应变在水平方向上为 ε_h，在垂直方向上为 ε_v，二者并不相等，其相关系数用各向异性比 m 来表示，即 $\varepsilon_h = m\varepsilon_v$，$0<m<1$。不同的泥页岩，其各向异性比也不同，可通过试验来确定；

4）假定泥页岩为线弹性材料。

首先只考虑均匀地应力的情况，即最大水平地应力和最小水平地应力相等的情况，根据上述假定，在圆柱坐标下，泥页岩吸水后平面应变状态下的井眼周围的应力–应变关系，可以表示为：

$$\begin{cases} \varepsilon_r = \dfrac{1}{E}[\sigma_r - \mu(\sigma_\theta + \sigma_z)] + \varepsilon_h \\ \varepsilon_\theta = \dfrac{1}{E}[\sigma_\theta - \mu(\sigma_r + \sigma_z)] + \varepsilon_h \\ \varepsilon_z = \dfrac{1}{E}[\sigma_z - \mu(\sigma_r + \sigma_\theta)] + \varepsilon_v \end{cases} \tag{1}$$

式中：σ_r，σ_θ，σ_z——井壁围岩中的径向、切向和垂向应力分量；

ε_r，ε_θ，ε_z——井壁围岩中的径向、切向和垂向应变分量；

ε_h，ε_v——泥页岩吸水后在水平方向和垂直方向上产生的膨胀应变，其值与泥页岩中的含水量有关；

E，μ——泥页岩的弹性模量和泊松比，但它们并不再是常数，其大小受地层含水量的影响。

井眼周围介质的平衡状态方程：

$$\frac{d\sigma_r}{dr}+\frac{\sigma_r-\sigma_\theta}{r}=0 \tag{2}$$

几何方程：

$$\begin{cases}\varepsilon_r=\dfrac{du}{dr}\\ \varepsilon_\theta=\dfrac{u}{r}\end{cases} \tag{3}$$

由方程(1)、(2)和(3)推导可得：

$$r\frac{d^2\sigma_r}{dr^2}+\left(3-\frac{r}{E}\frac{dE}{dr}+\frac{2vr}{v^2-1}\frac{dv}{dr}\right)\frac{d\sigma_r}{dr}+\left(\frac{4v+1}{v^2-1}\frac{dv}{dr}-\frac{1}{E}\frac{2v-1}{v-1}\frac{dE}{dr}\right)\sigma_r=\frac{E(m+v)}{v^2-1}\frac{d\varepsilon_v}{dr}+\frac{E\varepsilon_v}{v^2-1}\frac{dv}{dr} \tag{4}$$

令：

$$\begin{cases}f_1=r\\ f_2=3-\dfrac{r}{E}\dfrac{dE}{dr}+\dfrac{2vr}{v^2-1}\dfrac{dv}{dr}\\ f_3=\dfrac{4v+1}{v^2-1}\dfrac{dv}{dr}-\dfrac{1}{E}\dfrac{2v-1}{v-1}\dfrac{dE}{dr}\\ f_4=\dfrac{E(m+v)}{v^2-1}\dfrac{d\varepsilon_v}{dr}+\dfrac{E\varepsilon_v}{v^2-1}\dfrac{dv}{dr}\end{cases}$$

则式(4)可化为：

$$f_1\sigma''_r+f_2\sigma'_r+f_3\sigma_r=f_4 \tag{5}$$

式(5)的边界条件为：

$$\begin{matrix}\sigma_r=P_i & r=a\\ \sigma_r=S & r=\infty\end{matrix} \tag{6}$$

式中：P_i——井内钻井液液柱压力

S——远场均匀水平地应力

我们采用有限差分法来解方程(5)和方程(6)，取步长为h，即：

$$r_k=a+kh \quad k=0,1,\cdots,n-1$$

采用中心差分，即：

$$\begin{cases}\sigma'_r=\dfrac{(\sigma_r)_{i+1}-(\sigma_r)_{i-1}}{2h}\\ \sigma''_r=\dfrac{(\sigma_r)_{i+1}-2(\sigma_r)_i+(\sigma_r)_{i-1}}{h^2}\end{cases} \tag{7}$$

将式(7)代入到式(5)，得：

$$\frac{(f_1)_i}{h^2}[(\sigma_r)_{i+1}-2(\sigma_r)_i+(\sigma_r)_{i-1}]+\frac{(f_2)_i}{2h}[(\sigma_r)_{i+1}-(\sigma_r)_{i-1}]+(f_3)_i(\sigma_r)_i=(f_4)_i$$

$$(i=1,\ 2,\ \cdots,\ n-2)$$

与式(6)相结合，经整理，可得如下关于$(\sigma_r)i$的方程组：

$$\begin{cases}(\sigma_r)_0=P_i\\ (A_1)_i(\sigma_r)_{i-1}+(A_2)_i(\sigma_r)_i+(A_3)_i(\sigma_r)_{i+1}=(A_4)_i\\ (\sigma_r)_{n-1}=S\end{cases} \tag{8}$$

其中：

$$\begin{cases}(A_1)_i=(f_1)_i-\dfrac{h}{2}(f_2)_i\\ (A_2)_i=h^2(f_3)_i-2(f_1)_i\\ (A_3)_i=(f_1)_i+\dfrac{h}{2}(f_2)_i\\ (A_4)_i=h^2(f_4)_i\end{cases}$$

用矩阵表示为：

$$\begin{bmatrix}(A_2)_0 & (A_3)_0 & & & 0\\ (A_1)_1 & (A_2)_1 & (A_3)_1 & & \\ & \ddots & \ddots & \ddots & \\ 0 & & (A_1)_{n-2} & (A_2)_{n-2} & (A_3)_{n-2}\\ & & & (A_1)_{n-1} & (A_2)_{n-1}\end{bmatrix}\begin{bmatrix}(\sigma_r)_0\\ (\sigma_r)_1\\ \vdots\\ (\sigma_r)_{n-2}\\ (\sigma_r)_{n-1}\end{bmatrix}=\begin{bmatrix}(A_4)_0\\ (A_4)_1\\ \vdots\\ (A_4)_{n-2}\\ (A_4)_{n-1}\end{bmatrix} \tag{9}$$

另外，通过对大庆油田泥页岩的力学性能试验，可得其力学性质参数：

弹性模量：

$$E=E_1e^{-E_2\sqrt{w-w_0}} \tag{10}$$

其中：$E_1=40000$MPa，$E_2=11$，$w_0=0.02$。

泊松比：

$$v = 0.2 + 1.3w \tag{11}$$

吸水引起的垂直方向上的应变：

$$\varepsilon_v = K_1 w + K_2 w^2 \tag{12}$$

其中：$K_1 = 0.0333$，$K_2 = 0.832$

方程组采用有限差分法求解，得出各节点处的径向应力 σ_r，再由平衡方程可以求出各节点处的切向应力 σ_θ：

$$(\sigma_\theta)_i = (\sigma_r)_i + r(\sigma_r)'_r \tag{13}$$

根据此方法可以计算在均匀水平地应力条件下，直井井眼中泥页岩地层中的含水量及井眼周围的应力分布。

失效准则主要包含剪切失效和拉伸失效：

（1）剪切失效

根据前人对岩石失效形式的研究，应用莫尔-库仑失效准则来评价压缩失效，设地层内一点的有效主应力状态为$[\sigma'_1 \quad \sigma'_2 \quad \sigma'_3]$，依据莫尔-库仑准则，当井壁应力呈现下式的状态时，井壁发生剪切破坏：

$$\sigma'_1 = \sigma'_3 \mathrm{ctg}^2(45° - \varphi/2) + 2C \cdot \mathrm{ctg}(45° - \varphi/2) \tag{14}$$

为研究泥页岩地层的剪切破坏，在这里引入破坏比的概念，定义地层破坏比：

$$K = \frac{\sigma'_1}{\sigma'_3 \mathrm{ctg}^2(45° - \varphi/2) + 2C \cdot \mathrm{ctg}(45° - \varphi/2)} \tag{15}$$

当 $K \geq 1$ 时地层破坏，当 $K < 1$ 时井周地层保持稳定。

需要注意的是，在失效准则中必须考虑含水量对泥页岩粘聚力 C 值和内摩擦角 φ 值的影响。试验结果表明含水量的增大会急剧降低泥页岩的粘聚强度。但影响程度与泥页岩的埋深有关，即与其密度相关。泥页岩的粘聚力与含水量的关系可以描述为：

$$C = C_B - K_S(W - W_B) \tag{16}$$

式中：C_B——该岩石已知含水量 W_B 时的粘聚力，MPa；

$W-W_B$——含水增量；

K_S——系数，其值与岩石的埋藏深度 H 和岩石密度相关，可以通过实验得到。

泥页岩含水量与内摩擦角 φ 值的关系可以描述为：

$$\phi = \phi_B - 187.5(W - W_B) \tag{17}$$

式中：ϕ_B——该岩石已知含水量为 W_B 时的内摩擦角；

上述 C、$\phi = f(w)$ 关系的建立，为计算水化后井壁围岩的应力及评价井眼的稳定性提供了条件。

（2）拉伸失效

对于井壁破裂，虽然有些研究者提出，在井壁初始破裂时剪切破裂呈优势，而后的裂缝才发展成为拉伸破裂。但目前多数人仍认为地层破裂为拉伸机制所控制。当井壁上的最小有效主应力小于地层抗拉强度时发生拉伸失效，因此，拉伸失效准则可以表示为：

$$(\sigma_3 - \alpha_p P_p) \leq -|\sigma_t| \tag{18}$$

其中，σ_t是岩石抗拉强度。

根据以上模型对涠洲已钻井进行模拟分析，如图 3 所示，随着井眼打开时间的延长，地层的破坏比加大，而且开始时破坏比增加迅速，然后增速变缓。钻井液密度增加，地层的破坏比降低。例如，在涠二段地层中，当钻井液密度为 1.2g/cm³时，钻井的安全周期为 7.5 天，当钻井液密度为 1.4g/cm³时，钻井的安全周期增长到 60 天；在流二段地层中，当钻井液密度为 1.2g/cm³时，钻井的安全周期为 5.5 天，当钻井液密度为 1.4g/cm³时，钻井的安全周期增长到 22 天。由此可以看出，在钻遇水敏性泥页岩时，钻井液密度对钻井安全周期的影响非常之大，通过计算得出随钻井液密度的增加，泥页岩地层井壁失稳“坍塌周期”增长。因此，钻进泥页岩地层过程中，将钻井液提高至少等于“坍塌压力当量密度”对于维持长时间的井壁稳定有益。但是，钻井液密度不可过大，否则过大的压差则会使泥页岩层理、缝隙开启，而加速滤液的侵入和压力的传导；并且，过高的钻井液密度将降低钻进速度，同时钻井液密度要以地层破裂压力为限，在实际钻井过程中应该综合考虑。

3 涠西区块钻井液体系优化研究

涠西地区易塌地层（即涠二段及流二段）的黏土矿物分布状态主要以非高膨胀性的黏土矿物为主（例如：伊-蒙混层或者伊利石等），发生水化作用时，由于矿物晶层间的水化程度不均，一旦黏土矿物轻微膨胀以后就会引起开裂而呈崩解性地剥落，这归属脆性破坏范畴，应该加以重点关注。经过这些年来的工作，除了认识到泥页岩

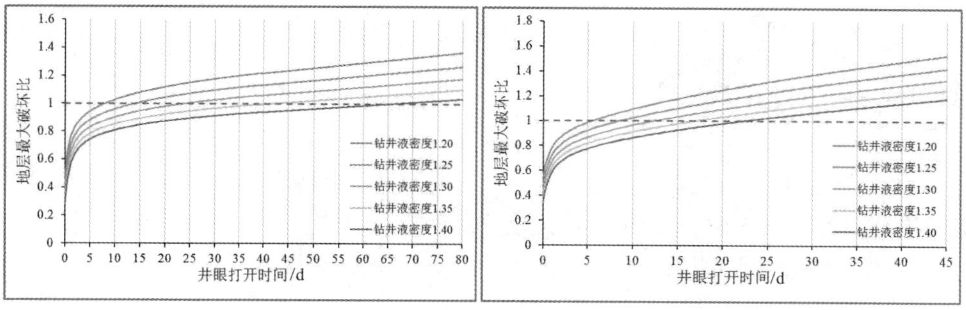

图 3　涠二段、流二段地层不同内压不同时刻井眼周围地层的最大破坏比

问题是涠西地区产生井壁失稳的一方面因素外，还同时意识到地应力作用也是造成井壁失稳的极其重要因素，从而基本判明涠西地区的井塌属于不良的地应力作用加上泥页岩水敏性复合类型，必须从多方面联合采取措施才能有效地加以治理。

在具体的钻井液措施使用上，主要着重从力学与物理化学两个方面考虑，严格地消除对涠西地区井壁失稳的不利影响，相应提出解决其井壁失稳的对策[11-13]。

3.1　合理地控制钻井液的密度

由于涠西地区易塌地层(即涠二段及流二段)形成于特殊的地质环境，这两个层段的地层存在不均衡地应力、地层层段中以泥页岩为主并且泥页岩的缝隙发育。不均衡地应力以及泥页岩缝隙(后者往往导致岩石破碎)的存在，要求使用合适的钻井液密度来提供足够的井下液柱压力，以便形成支护作用从而达到预防井塌的目的。

由于涠洲组、流沙港组地层坍塌应力较大，必须在有效地封堵抑制微裂缝地层的前提下，适当地提高钻井液的密度以径向支撑应力来稳定井眼。根据邻井经验及坍塌压力预测模型计算，涠洲组密度控制在 1.20~1.30g/cm^3、流沙港组控制在 1.30~1.45g/cm^3 比较合适，注意过高密度所产生的负面影响。

实践表明，要恢复已垮塌的地层稳定所需的钻井液密度比预先合理地使用钻井液密度来防止其垮塌要大得多。

3.2　强抑制技术的应用

解决泥页岩水化主要是通过泥页岩抑制剂形成钻井液的强抑制性，降低泥页岩水化活性：

1) KCL 的抑制作用。利用钾离子置换泥岩晶格中的其他离子，降低泥岩的水化膨胀趋势。

2) 聚合物的抑制包被作用。PAM 吸附在钻屑带正电荷的部位后可以起包被作用，从而可以抑制黏土矿物水化膨胀，同时防止钻屑分散以提高固控设备的清除效率。

3) KCL-聚合醇协同防塌作用。首先，利用聚合醇的浊点效应，通过聚合醇在钻具、岩屑、井壁上吸附，封堵泥页岩微裂缝和毛细管，阻止钻井液滤液进入地层，抑制泥页岩的水化膨胀和分散，同时其极易渗入黏土粒子晶层并置换水化层从而削弱泥岩水化膨胀和分散；其次，实验证明当 KCL 和聚合醇配合使用时，随着 KCl 加量增加，聚合醇的浊点降低，溶解度下降，可使聚合醇在黏土上的吸附量明显增加，当温度高于浊点时，少量 KCl 即可大幅度提高聚合醇的吸附量，且吸附平衡时间缩短。此外，KCL 和聚合醇复配使用还可以降低钻屑分散体系的负电性，降低水活度，大幅降低滤液界面张力，抑制页岩的表面水化。

4) 利用聚胺抑制剂提高钻井液的抑制性。在 KCL 聚合醇钻井液体系中引入聚胺抑制剂，可大幅提高钻井液体系的抑制能力。该聚胺抑制剂完全水溶，低毒，可与其他添加剂一起使用，不水解，具有成膜作用。其独特的分子结构可充填在黏土层间，减少黏土的吸水倾向；—NH_2键的极性很大，会优先吸附在黏土表面促使黏土晶层间脱水，减小膨胀力。该体系被认为是替代油基钻井液且又能安全钻进的一类性能更高的水基钻井液。M-I 公司的 ULTRADRIL、哈利伯顿公司的 HYDRO-GUADRTM 高性能水基钻井液主要处理剂就是胺基抑制剂。

3.3　非渗透钻井液技术的应用

钻井液能够有效快速地实现对微裂缝地层的强封堵是阻缓钻井液滤液和压力向地层传递的首要手段。

由于微裂缝是由大小不一的孔径所组成，因此，我们采用可变形封堵材料和刚性封堵材料相结合的方法，引入“成膜封堵”概念，把各种大小可变形颗粒及胶体封堵材料复配，发挥协同效应，提高封堵性，得到低渗透率的滤饼，进而减少滤液渗入微裂缝的数量和深度，以延长钻井液对井壁浸泡的垮塌周期。

1）用各种粒度的超细碳酸钙作为刚性封堵材料，对封堵起到架桥作用。

2）采用纤维类非渗透处理剂、沥青类处理剂 DYFT、LSF 及乳化石蜡作为软化封堵材料，利用其粒度和可变形的特点，与刚性材料协同作用，对地层进行有效封堵，形成良好的非渗透性泥饼，增加其强度，提高与裂缝的联结力。

3）利用聚合醇的浊点效应，当温度超出其浊点后，聚合醇从溶液中析出，形成乳化油滴，在井内压差的作用下被挤入井壁孔隙或裂缝，起封堵作用，同时，聚合醇具有很强的吸附性能，能够与水分子争抢页岩中黏土矿物上的吸附位置，并优先吸附到黏土矿物表面，阻止水分子进入黏土矿物的晶层中，降低了黏土膨胀压。

4）加入聚合铝化学防塌抑制剂：它在温度、压力及适当的 pH 值下，能与微裂缝中的钙、镁离子等结合成凝胶，还能与黏土结合形成具有固结作用的硅铝酸盐不渗透层，可以有效阻止滤液的进一步侵入，是一种以形成化学封固微裂缝胶结物为主要作用的防塌剂。

5）控制钻井液中劣质固相的含量，严格地降低失水，形成良好的泥饼，减少滤液的侵入。

6）适时地加入封堵材料，保证对地层的及时封堵：进入易坍塌地层之前，提前一次性加足各种封堵材料，并在施工中随时补充确保各种类型的封堵材料的浓度，以“屏蔽暂堵”方式来延缓水化作用。

泥页岩的井壁失稳必须依靠提高钻井液的抑制性来加以解决。最好使用合成基钻井液（以前为油基，但是对环境的污染较严重），相应可以有效地解决井壁失稳，但是这存在成本高以及不适用于严重井漏工况等问题。水基钻井液通常使用最为广泛，这时要求尽可能地提高其抑制能力。

4 涠西区块防塌工程技术研究

在钻井工程上主要采取的技术措施包括：确定合理的井身结构和尽可能提高机械钻速，以降低钻井液浸泡易坍塌井段的时间。

4.1 井身结构优化

涠西区块作为一个不成熟的探区，其勘探作业本身具有很大的危险性，因此在井身结构设计时将采取较高的安全系数。根据井身结构设计原则和邻井资料，并结合涠西区块的地层岩性分析、井壁稳定性分析、三压力剖面及风险分析，其设计依据为：

1）30″套管封固泥线以下 80m 左右浅表地层，建立简易井口，形成循环通路；

2）17-1/2″井眼钻至 800m，下 13-3/8″套管建立井口，形成闭路循环，满足下面地层取资料及井控的要求；

3）12-1/4″井眼钻至涠二底，下 9-5/8″套管主要封住易垮塌的涠二段，避免因 8-1/2″井眼中地质取资料较多导致周期太长引发井壁失稳，由于井深较浅，故定向井和直井都应钻至涠二段底部，且定向井建议尽早开始造斜，可以在角尾组开始造斜，造斜结束点在涠二段中结束。

4）8-1/2″井眼钻剩余的涠洲组及流沙港组，在涠洲组中钻进时可采用较低的钻井液密度，保护了油气层，根据需要下入 7″尾管。

4.2 钻头优选

涠西区块 12-1/4″井眼主要集中在涠洲组，该地层岩性以砂岩、泥岩为主，夹部分煤层薄层，PDC 钻头的岩石可钻性集中在 4.5~7 之间，属于软至中等硬度的地层，在花港组地层岩石抗压强度由 5000psi 逐渐上升至 8000psi，部分灰质夹层岩石抗压强度达到 25000psi，已钻 4 口探井在涠洲组钻进钻头表现迥异，除 H1 井外，其他几口井钻头都取得较高的机械钻速，出井钻头状况 H1 井、W1 井较差，其他井较好，因此涠洲组钻进需要的钻头可根据 W2 井和 W3 井的钻头的使用情况，进行适当的优化，需要钻头具备强的攻击性、强的冲击性和好的稳定性，推荐采用 IADC S323/M223（钢体/胎体、19mm 齿、5 刀翼）的 PDC 钻头，根据该区块钻头使用情况，推荐使用新速通、川克及贝克休斯的 PDC 钻头，具体型号如表 1。

表 1 涠西区块 12-1/4″钻头推荐表

序号	1	2	3
厂家	新速通	川克	贝克休斯
型号	STS936RS	CK605	T605S
IADC 代码	S323	M223	M223

续表

序号	1	2	3
刀翼数/个	6	5	5
齿径/mm	19	19	19
喷嘴数/个	8	7	7
本体形式	钢体	胎体	胎体

8-1/2″井眼钻遇地层主要集中在流沙港组、长流组，该地层岩性以砂岩、泥岩为主，部分层位发育有棕黑色页岩及煤层，PDC 钻头的岩石可钻性集中在 4.5～8 之间，属于软至中等硬度的地层，在该段地层岩石抗压强度由 5000psi 逐步上升至 8000psi，长流组地层岩石抗压强度达到 20000psi，且夹层频繁，需要钻头具备强的抗研磨性、抗冲击性和长的使用寿命，推荐采用 IADC S323/M323（钢体/胎体、16mm/19mm 齿、5/6 刀翼）的 PDC 钻头，根据涠西区块钻头使用情况，推荐使用新速通、川克及贝克休斯的 PDC 钻头，具体型号见表 2。

表 2 涠西区块 8-1/2″钻头推荐表

序号	1	2	3
厂家	新速通	川克	贝克休斯
型号	STS636RS	CK605	T605S
IADC 代码	S323	M223	M323
刀翼数/个	6	5	5
齿径/mm	16	19	19
喷嘴数/个	7	5	6
本体形式	钢体	胎体	胎体

4.3 涠西区块提速工具及钻具组合优化

根据涠洲区域探井成熟的钻井经验以及周边钻井经验，可以采用以下的钻具组合，主要分为直井及定向井两种。

1）直井钻具组合推荐为：PDC 加马达的小钟摆复合钻具组合

12-1/4″井段推荐钻具组合为：12-1/4″PDC 钻头+9-5/8″弯螺杆（0.75°）+浮阀+ 8″钻铤 1 根+12-1/4″螺旋扶正器+8″钻铤 8 根+8″震击器 1 套+5″加重钻杆。

8-1/2″井眼推荐钻具组合：8-1/2″PDC 钻头+6-3/4″弯螺杆（0.75°）+浮阀+6-1/2″钻铤 1 根+8-1/2″螺旋扶正器+6-1/2″钻铤 11 根+6-1/2″震击器 1 套+5″加重钻杆 13 根。

该钻具组合的优点在于：一是高效 PDC 钻头，在目前大部分所钻的地层中机械钻速远远高于牙轮钻头；二是复合钻井下的钻头转速可以达到 200r/min，高的钻头转速可以进一步提高机械钻速；三是利用小弯角马达，可对井眼进行微扩孔，利于起下钻；四是当由于地层倾角较大导致井斜角较大时，可以利用螺杆马达进行滑动纠斜。

2）定向井钻具组合推荐：

① 常规的定向井钻具组合

12-1/4″井段推荐钻具组合为：12-1/4″PDC 钻头+9-5/8″马达 1.5°+8″浮阀接头（装浮阀）+8″LWD+8″MWD+12-1/8″倒划眼扶正器+8″无磁钻铤 1 根+8″钻铤 6 根+8″震击器 & 挠性接头+配合接头+5-1/2″加重钻杆 20 根。

8-1/2″井眼推荐钻具组合：8-1/2″PDC 钻头+6-3/4″马达 1.25°+6-1/2″浮阀接头（装浮阀）+6-3/4″LWD+6-3/4″MWD+8-1/4″倒划眼扶正器+6-1/4″无磁钻铤 1 根+6-1/2″钻铤 6 根+6-1/2″（震击器+挠性接头）+配合接头+5-1/2″加重钻杆 20 根。

② 旋转导向钻具组合

12-1/4″井段推荐钻具组合为：12-1/4″PDC 钻头+9-1/2″旋转导向工具+9-1/2″超级马达+LWD+MWD+供电短节+无磁断电短节+无磁浮阀短节+无磁滤网短节+12-1/8″倒划眼扶正器+6-5/8″无磁钻杆+配合接头+5″加重钻杆 6 根+配合接头+8″震击器（带挠性接头）+配合接头+5″加重钻杆 11 根。

8-1/2″井眼推荐钻具组合：8-1/2″PDC 钻头+6-3/4″旋转导向头+6-3/4″超级马达+On trak+供电短节+电路保护短节+无磁浮阀短节+无磁滤网短节+8-1/8″倒划眼扶正器+无磁钻杆+接头（411＊4A10）+6-1/2″钻铤 1 柱+接头（4A11＊410）+6-1/2″震击器（带挠性接头）+5″加重钻杆 14 根。

定向井钻具组合推荐分为常规及旋转导向两种钻具组合，从使用效果上旋转导向钻具比常规定向井钻具组合的钻进效率要高很多，最大程度解放钻进参数，提高机械钻速，且操作方便，钻出的井眼质量高，井眼轨迹光滑，井径较为规则，这种作业方式的缺点是日费率较高，但综合作业周期考虑，旋转导向钻具组合仍具有较高的竞争力。

4.4 钻井参数优选

根据以上4口井的实际钻井效果和钻井参数的使用经验，参考其他油区的钻进情况，在不考虑钻井设备能力限制的情况下，对涠西后续探井钻井参数进行推荐，直井对钻压敏感性较大，需考虑防斜打直的要求，定向井要考虑井眼清洁及井下托压的影响，需提高钻井排量，具体钻井参数推荐范围主要分为直井及定向井两种类型，见表3及表4。

表3 涠西区块直井钻井参数使用推荐

钻头尺寸	钻头类型	钻压/kN	转速/rpm	排量/(L/min)
12-1/4″	牙轮钻头	50~200	70~100	2800~3300
	PDC钻头	10~100	80~120	3000~3500
8-1/2″	牙轮钻头	80~180	60~100	1700~2000
	PDC钻头	20~80	80~110	1900~2200

表4 涠西区块定向井钻井参数使用推荐

钻头尺寸	钻头类型	钻压/kN	转速/rpm	排量/(L/min)
12-1/4″	牙轮钻头	50~220	70~90	3000~3500
	PDC钻头	50~150	80~110	3200~3700
8-1/2″	牙轮钻头	80~200	60~90	1900~2100
	PDC钻头	60~120	80~100	2000~2300

5 现场应用

5.1 井径扩大率

图4、5为H2井井径扩大率，可以看出，H2井涠二段为大段泥岩，存在部分井段扩径严重，扩径率最高达到了50%；流二段整体泥岩厚度较小，但揭露地层时间较久，故扩径明显，局部多处扩径超30%，但整体而言，涠二段井径扩大率平均为8.48%，流二段井径平均扩大率为16.46%，能够满足钻井要求。

图6、7为W4井井径扩大率，W4井相对H2井，井径情况较好，涠二段大部分井段井径扩大率都不超过20%，井径扩大率低于10%井段也较多；流二段大部分井段井径扩大率都不超过10%，在扩径的标准内，整体而言，涠二段井径扩大率平均为7.60%，流二段井径平均扩大率为4.69%，井径良好。

图8、9为W5井井径扩大率，可以看出，W5井井径情况较好，涠二段大部分井段井径扩大率都不超过15%，扩径不明显；流二段大部分井段井径扩大率都不超过5%，在扩径的标准内，整体而言，涠二段井径扩大率平均为5.43%，流二段井径平均扩大率为3.04%，井径良好。

图10、11为W6井井径扩大率，可以看出，W6井同样井径情况较好，涠二段厚度较小，且揭露时间相对较少，大部分井段井径扩大率都不超过10%，在扩径的标准内；流二段井径更加理想，整体井径扩大率都不超过5%，整体而言，涠二段井径扩大率平均为4.85%，流二段井径平均扩大率为2.18%。

表5 新钻4口井涠二段和流二段平均井径扩大率

层位	H2井	W4井	W5井	W6井
涠二段	8.48%	7.60%	5.43%	4.85%
流二段	16.46%	4.69%	3.04%	2.18%

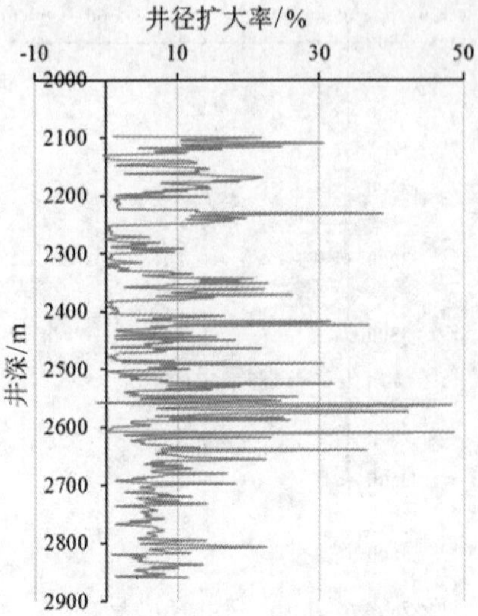

图4 H2井涠二段井径扩大率情况

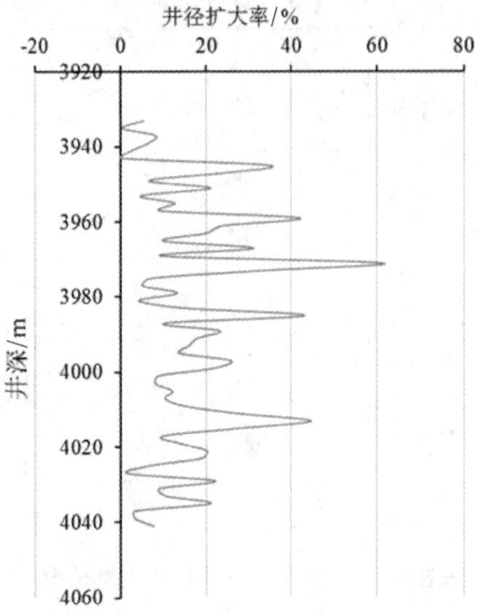

图5 H2井流二段井径扩大率情况

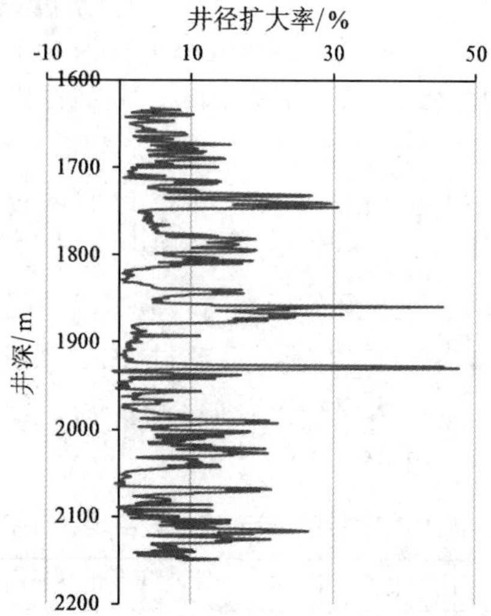

图 6　W4 井涠二段井径扩大率情况

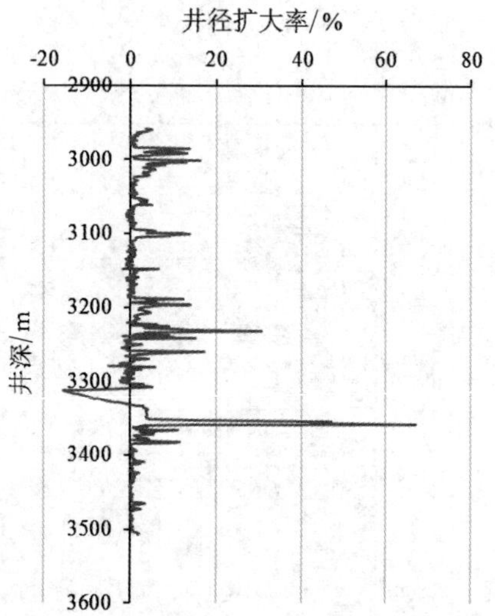

图 7　W4 井流二段井径扩大率情况

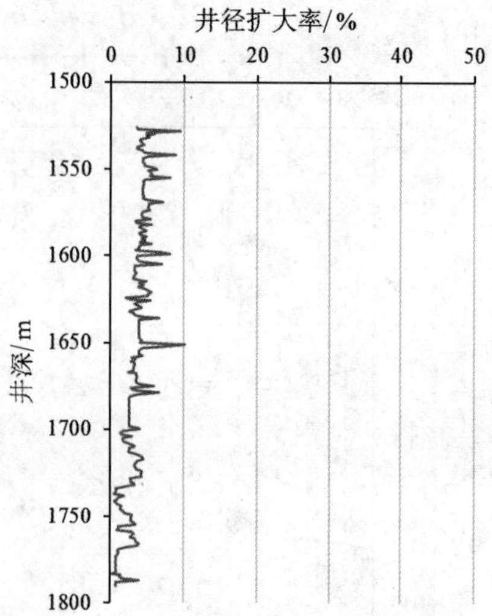

图 8　W5 井涠二段井径扩大率情况

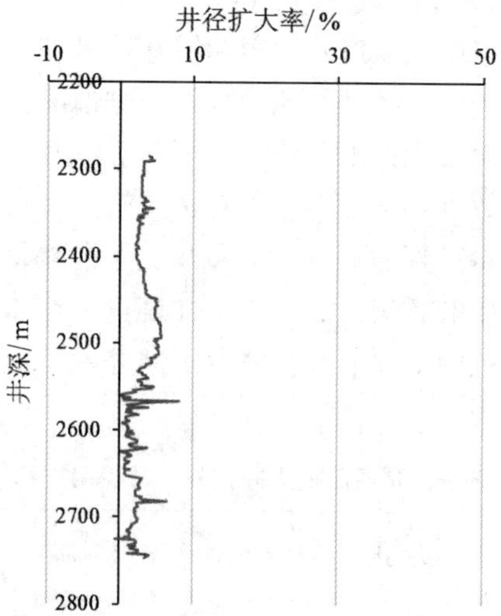

图 9　W5 井流二段井径扩大率情况

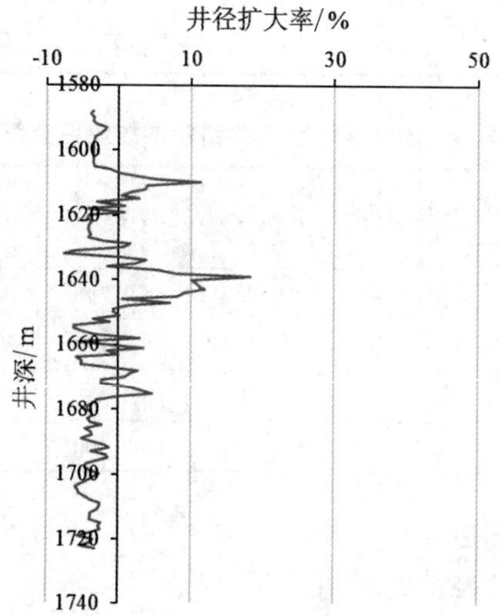

图 10　W6 井涠二段井径扩大率情况

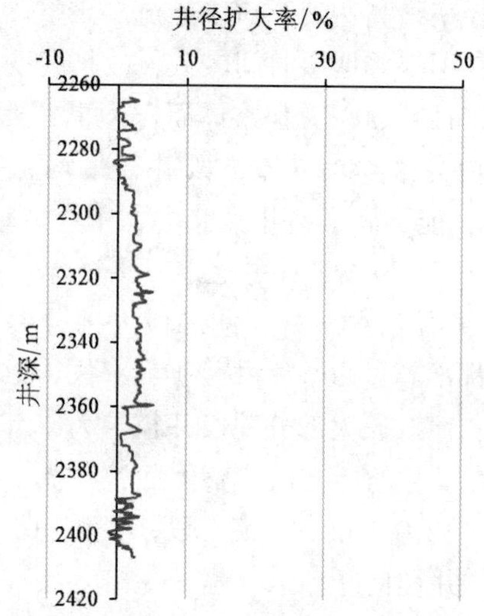

图 11　W6 井流二段井径扩大率情况

5.2 事故发生率

H2 井、W4 井、W5 井和 W6 井复杂情况和处理方法统计结果来看，见表 6、表 7、表 8 和表 9。H2 井为涠洲区块第 1 口大斜度定向井，且井深超过 4000m，复杂情况最后都顺利处理，但也浪费了一定的钻时，降低了钻井效率。从复杂情况类型来看，涠西区块定向井钻进主要问题仍是起下钻遇阻问题，W4 井和 W5 井所有复杂情况均是起下钻或电测遇阻。4 口井共计遇阻 41 次，占所有复杂情况的 80%。

表 6 H2 井复杂情况及处理方法统计

井深/m	复杂情况及事故	处理方式
1180~1187	遇阻 10t	划眼通过
1213~1198	超拉 10t	倒划眼通过
1930	遇阻 10t	划眼至井底
2090	遇阻 10t	倒划眼至 1810m
1975	遇阻 8t	上提下放活动通过
2494	遇阻 5t	划眼下钻至井底，期间频繁憋泵
2620~2640	频繁憋扭矩	多次下放钻具至悬重 25t（正常悬重 83t），无法解卡，憋扭矩至 14klb · fts，多次下放钻具至悬重 25t（正常悬重 83t），解卡成功
2519	遇阻 10t	上下活动钻具无法通过，划眼通过
2960	遇阻 10t	上下活动钻具无法通过，划眼通过
3106	钻头泥包	高转速多次上下活动钻具，期间扫 15m^3 稀塞清洗钻头
3100~2920	划眼困难，频繁蹩泵、蹩扭矩	
2526	遇阻 10t	划眼下钻至 2700m
3195	遇阻 10t	上下活动钻具无法通过，划眼下钻至井底
3540	遇阻	多次下放仪器无法通过，起出电测仪器
3940	遇阻 15t	上下活动钻具无法通过，划眼下钻至井底
3417、3526、3688	遇阻	上下活动仪器通过
3714	遇卡	最大超拉 3500lb，解卡，起出仪器
3940	遇阻 15t	上下活动钻具无法通过，划眼下钻至井底
3421	遇阻	多次上下活动仪器无法通过，上提仪器至 3400m 遇卡，过提 1000lbs 仪器未通过，下放电缆至马笼头张力为 0lbs，仪器未下移，转穿心打捞作业
3670、3825、4096	遇阻	上下活动钻具后通过

表 7 W4 井复杂情况及处理方法统计

井深/m	复杂情况及事故	处理方式
704、715、997、1060	过提 15t	倒划眼通过
1743~1745、2304~2307、2506~2508、2542~2544、2724~2726	遇阻 10t	上下活动钻具通过
2787~2784、2756~2754	超拉 10t	上下活动钻具通过
1789	仪器遇阻	多次活动未能通过，上提仪器至 1760m 遇卡，过提 3000lbs 仪器未通过，下放电缆至马笼头张力为 0lbs，仪器未下移；多次活动电缆尝试解卡，无效；转穿心打捞作业
2725	遇阻 15t	活动钻具无法通过，划眼至井底
1948~1949、2423~2424、2542~2543、2571~2572	遇阻 10t	活动钻具通过，并多次上提下放钻具修整井壁
1785、1897、2294	仪器遇阻	上下活动钻具后通过
2805	仪器遇阻 4000lbs	上下活动钻具无法通过，未能下到井底，实际测井井段为 2801m 以上

续表

井深/m	复杂情况及事故	处理方式
1785、1897、2294	仪器遇阻	上下活动钻具后通过
1835~1837、1880~1890、1930~1933、2204~2206、2430~2432	遇阻 10t	上下活动钻具通过
3500	遇阻 15t	上下活动钻具无法通过，倒划眼起钻至 3150m
3710	遇阻 15t	上下活动钻具无法通过，倒划眼起钻至 3500m
3054、3098、3243、3395	仪器遇阻	上下活动钻具后通过

表 8　W5 井复杂情况及处理方法统计

井深/m	复杂情况及事故	处理方式
1791	遇阻 15t	上下活动钻具无法通过，倒划眼起钻至 1550m
1898、1894、1806	遇阻	最大过提 15t，上下活动钻具通过
2275	遇阻 15t	上下活动钻具无法通过，倒划眼起钻至 1965m

表 9　W6 井复杂情况及处理方法统计

井深(m)	复杂情况及事故	处理方式
801	井漏	替堵漏搬土浆 45m^3，替至 30m^3时井口见返出，替至 35m^3时液面下降，液面下降至海平面附近，替入 80m^3堵漏搬土浆护孔
157	憋扭矩，起钻下放不到底	多次划眼通过，替 10m^3重稠浆清扫井眼
721、613、589、578、529、525、275、265	过提 10-15t	划眼通过
231、243、255	遇阻 10t	划眼通过
666、695、710、775	遇阻 10t	划眼通过
570	遇阻 25t	接循环头，多次活动通过
1354	LWD 数据传输故障	多次调试未恢复
1677、1649、1622、1595	遇阻 15t	划眼通过
1750	顶驱液动吊卡故障	修理
1968	遇阻 15t	上下活动钻具无法通过，倒划眼起钻至 1760m
2022、2140	最大遇阻 10t	上下活动钻具后通过
2142	遇阻 10t	上下活动钻具无法通过，划眼下钻至井底

H2 井和 W4 井为大斜度定向井，钻井难度明显增大，由于井斜角较大，起下钻遇阻更加频繁。对比前四已钻直井，H2 井、W4 井、W5 井和 W6 井遇到复杂事故率降低 39%，复杂情况占 12 口井总数 38%，非生产时间降低 11%，见图 12、图 13、图 14 和图 15。

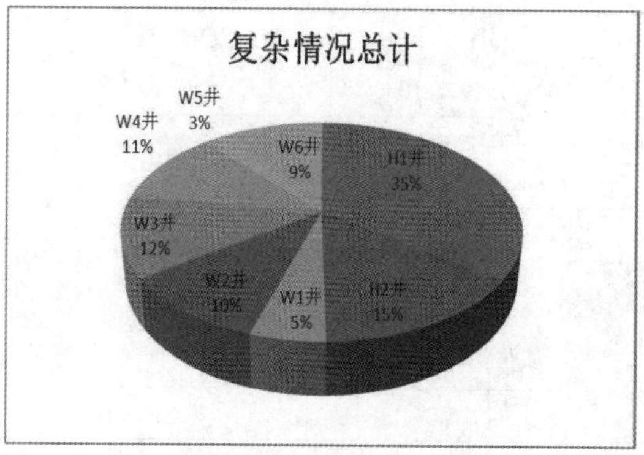

图 12　涠西区块复杂情况总计

5.3　深部地层机械钻速

根据统计，由于 8-1/2″井段埋深较深，地层可钻性较差，通常所钻地层为流沙港组及长流组，部分井含上部涠三段和涠四段，机械钻速较低。H1 井、W1 井、W2 井及 W3 井 8-1/2″井段平均机械钻速为 5.59m/h，H2 井机械钻速为 9.78m/h，W4 井机械钻速为 11.88m/h，W5 井机械钻速为 8.45m/h，W6 井机械钻速为 7.54m/h，新钻 4 口井较前 4 口已钻井机械钻速平均提高 68.48%，

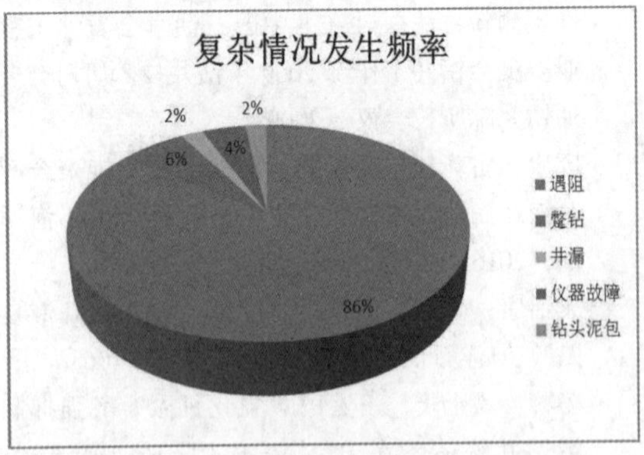

图 13　新钻 4 口井复杂情况发生频率图

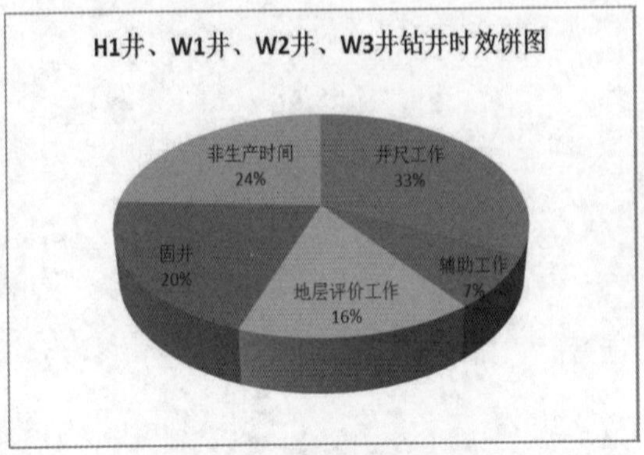

图 14　已钻 4 口井钻井时效饼图

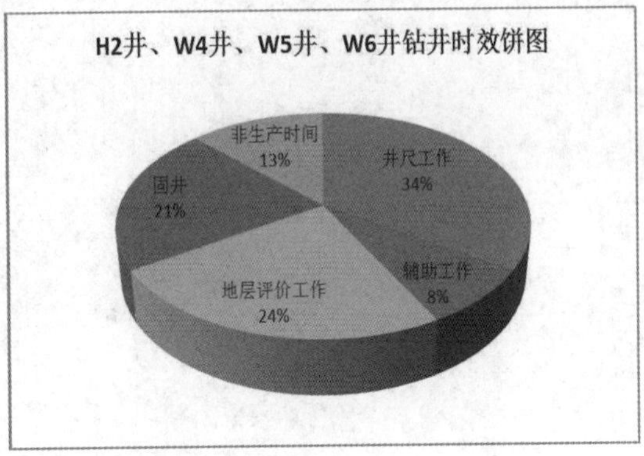

图 15　新钻 4 口井钻井时效饼图

见图16。

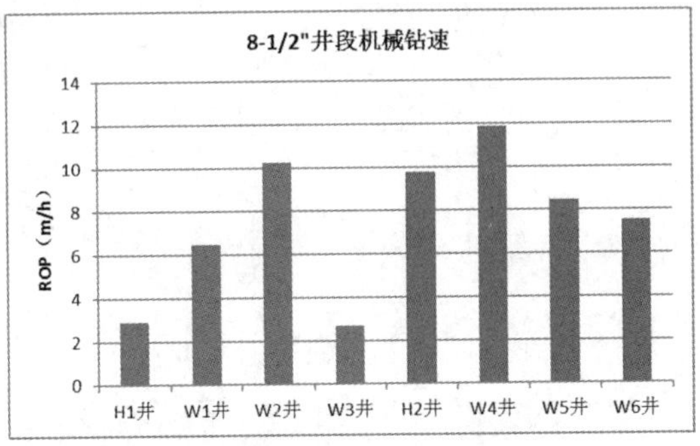

图 16　涠西地区 8-1/2″井段机械钻速对比图

6　结论

（1）分析总结了涠西区块已钻 4 口井复杂情况及井径扩大状况，得出涠西地区主要钻井难点为起下钻遇阻问题。

（2）分析涠西地区井壁失稳原因，总体归纳为力学因素、物理化学因素和工程技术因素等三大方面。

（3）通过涠西地区泥页岩力-化耦合失稳模型研究，建立泥页岩井壁吸水扩散方程，在井壁附近造成应力集中，随着钻井时间增加，应力集中的状况得到缓解。随着泥页岩地层与井眼中心距离的增加，切向应力趋于未水化时的切向应力分布。由于地层含水量是时间的函数，所以井壁坍塌将和井眼钻开的时间相关。

（4）在钻遇水敏性泥页岩时，钻井液密度对钻井安全周期的影响非常之大，通过计算得出随钻井液密度的增加，泥页岩地层井壁失稳“坍塌周期”增长。在涠二段及流二段地层中，当钻井液密度为 1.2g/cm^{3}时，钻井的安全周期为 5.5~7.5 天。

（5）优化了钻井液体系，采取合理地控制钻井液密度、“快速屏蔽、固壁成膜”、优化钻井液性能参数等多面的共同措施能够有效地实现在涠西地区钻井的井壁稳定。

（6）以尽可能缩短裸眼时间及为井眼轨迹走向选取有利地应力区间为目标，合理地优化井身结构、优选定向井的井眼轨迹、合理地采用优选钻头与井下钻具组合等优快钻井技术有助于强化井壁稳定的效果。

参　考　文　献

［1］　黄凯文，刘书杰．涠洲 12-1 北油田涠二段井壁稳定性技术［J］．石油钻采工艺，2007，29（6）：7-9.

［2］　管申，谭强，黄熠，等．海上复杂压力体系油田钻井安全密度窗口研究［J］．天然气与石油，2015，33(5)：52-55.

［3］　郭永峰，金晓剑，唐长全，等．解决 W12-1 北油田钻井井壁稳定问题的多学科实践［J］．钻井液与完井液，2007，24(4)：5-8.

［4］　谢克姜，胡文军，赵文．涠洲 12-1N 油田开发储层保护技术［J］．石油钻采工艺，2007，29（6）：80-82.

［5］　石油工程岩石力学［M］．科学出版社，陈勉，2008.

［6］　泥页岩井壁稳定影响因素分析［J］．王倩，周英操，唐玉林，姜智博．岩石力学与工程学报．2012

(01).

[7] Optimizing the Method Used to Design the Trajectory of a Horizontal Well[J]. Qi Bin, Chen Ping, Xia Hongquan, Wei Chenxing. Chemistry and Technology of Fuels and Oils. 2014(4).

[8] 魏春光. 涠西南地区现今构造应力场数值模拟与井壁稳定性研究[D]. 中国地质大学(北京), 2006.

[9] 宋世超. 泥页岩井壁稳定的力学与化学协同作用研究与应用[D]. 长江大学, 2013.

[10] 吴超，曾义金，鲍洪志. 油田地应力及井壁稳定性预测新方法探讨[C] 中国石油学会石油工程专业委员会钻井工作部2009年钻井技术研讨会暨石油钻井院所长会议. 2009.

[11] 邱康，雷新超，贾凤龙，马帅. 氯化钾聚合醇钻井液在涠西区块定向井应用效果分析[J]. 海洋石油，2016，36(3)：93-97.

[12] 袁怡康，郭辉，刘传海. 北部湾涠西钻井液技术[J]. 海洋石油，2016，36(3)：103-106.

[13] 姜韡，梁土羡，王宏民. 氯化钾聚合醇强抑制封堵钻井液体系在H2井的应用[J]. 海洋石油，2016，36(2)：76-80.

龙凤山中-基性火山岩气藏体积压裂技术研究

邵立民　张　冲　王娟娟　夏富国　宋宪实

（中国石化东北油气分公司有效储层改造技术攻关项目团队）

摘　要　龙凤山地区火山岩气藏具有岩性多样化、物性变化快等特点，部分井压后初期增产效果明显，但稳产时间较短。主要原因是压裂施工中天然裂缝开启导致缝内净压力降低，影响压裂裂缝波及体积。为了提高该区域火山岩压裂改造效果，开展了体积压裂工艺技术研究，一是通过优化压裂液及支撑剂的组合，提高裂缝波及体积和多尺度裂缝的支撑效率，并研究形成了单段多簇+层间暂堵复杂裂缝压裂技术，既保障了压裂改造效果又避免工程成本的增加；二是针对火山岩裂缝发育程度高的特点，开展了缝内暂堵转向压裂工艺的研究，利用缝内暂堵技术提高净压力、增加改造体积。两项技术现场应用17井次，获得显著的效果。

关键词　龙凤山；火山岩；天然裂缝；改造体积；缝内暂堵；层间暂堵

龙凤山中-基性火山岩气藏是近年来东北分公司勘探开发部署主要方向，该气藏整体属于低孔、特低渗储层，具有岩性多样化、物性变化快、压力系数低、产出流体差异大的特点。岩心分析、测井资料及压裂资料分析等结果表明，储层普遍发育天然裂缝，且部分区域的裂缝发育程度非常高，给压裂施工带来挑战。由于天然裂缝的存在，使得压裂施工中缝内净压力较低，导致压裂裂缝波及体积低于预期，影响压裂增产效果。为了提高该区域火山岩压裂改造效果，针对储层地质特征开展了体积压裂工艺技术研究，旨在提高裂缝改造体积，充分释放产能。

1　体积压裂工艺技术

1.1　裂缝形态优化

以龙凤山中基性火山岩具有代表性的B21X井区为研究对象，建立单井地质模型，优化单井裂缝间距及裂缝复杂指数，根据产能情况分析，数模结果表明裂缝加密程度越高，储层动用越充分，单井产能越大，综合考虑经济因素，裂缝间距在40~50m产能释放较充分(图1)，裂缝复杂指数取0.2(图2)。

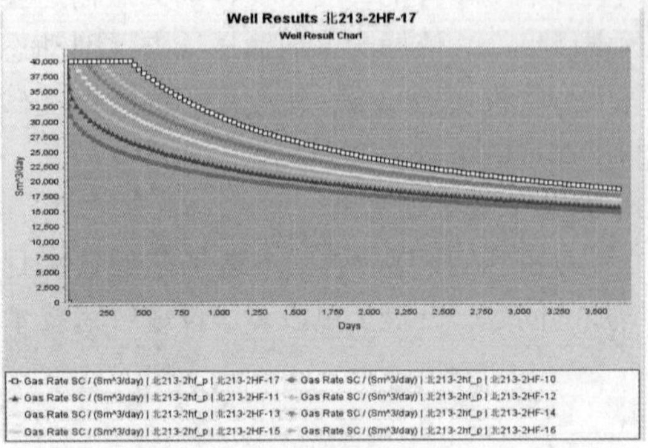

图1　北213井区不同裂缝间距条件下产能情况

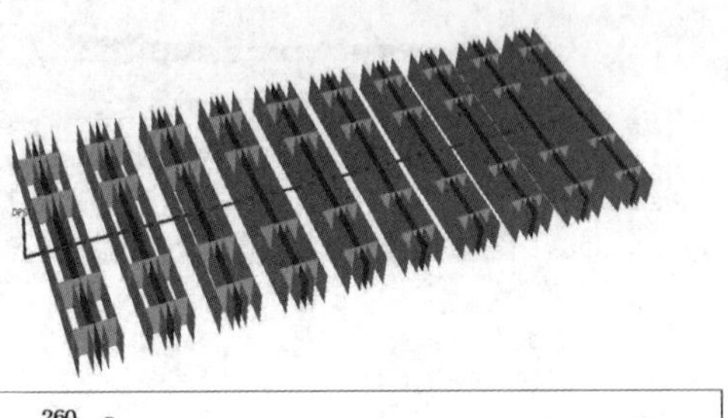

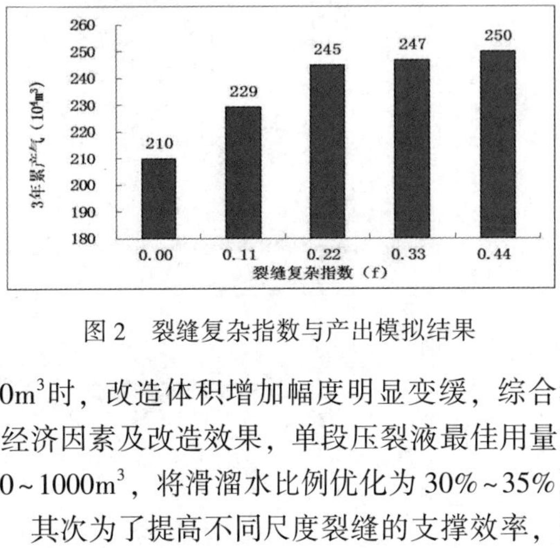

图2　裂缝复杂指数与产出模拟结果

1.2　压裂液体系及支撑剂组合

大量理论及实验证实，低粘液体、高排量更有利于产生剪切滑移破坏，提高裂缝的复杂程度。而高粘液体则更有助于裂缝向远端延伸。为了获取最优的裂缝形态，首先利用数值模拟方法，计算了单段不同压裂液用量及组合的情况下改造体积并绘制图版(图3)，当单段液量超过900m^{3}时，改造体积增加幅度明显变缓，综合考虑经济因素及改造效果，单段压裂液最佳用量为900~1000m^3，将滑溜水比例优化为30%~35%。

其次为了提高不同尺度裂缝的支撑效率，开

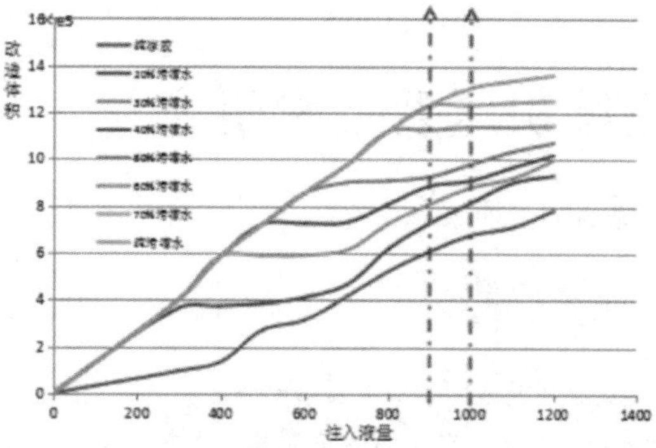

图 3　压裂液优化组合

展了复杂裂缝支撑剂输送及铺置机理研究大型物模实验，结果表明针对缝宽较小的微小裂缝，采用低粘液体更容易将粉陶输送至裂缝远端，但黏度过低不利于携带较大粒径陶粒(图 4)。而缝宽较大会导致缝内流体流速降低，如果压裂液黏度过低会影响携砂性能，使得支撑剂无法输送至裂缝远端(图 5)。依据支撑剂输送、支撑剂动态沉降等大型物模实验成果，优化了不同类型携砂液体与支撑剂的组合。

1.3　单段多簇暂堵技术

针对密切割+复杂缝的改造工艺导致工程成本增加的问题，开展了单段多簇投球暂堵技术研究，利用物理暂堵的方法，保障较低工程成本前提下单段多簇都能得到充分改造。

首先通过室内评价实验对优选了暂堵材料：在暂堵球溶解性方面，分别评价了暂堵球在清水和破胶液中的溶解性，7h 后破胶液中暂堵球溶解率达到 89%，且降解后残渣含量低于 1%；针对暂堵球抗压强度的评价，自主设计了一套评价装置，暂堵球能够满足 70MPa 的抗压。

表 1　暂堵球溶解性评价实验结果

时间/h	质量/g	质量损失/g	破胶液溶解率/%	质量/g	质量损失/g	清水溶解率/%
1	2.319	0	0	2.343	0	0
2	2.303	0.016	0.7	2.326	0.012	0.5
3	2.202	0.117	5.0	2.276	0.062	2.6
4	1.926	0.393	16.9	2.538	0.256	10.9
5	1.206	1.113	48.0	1.716	0.622	26.5
6	0.511	1.808	78.0	1.355	0.983	42.0
7	0.256	2.063	89.0	1.044	1.294	55.2

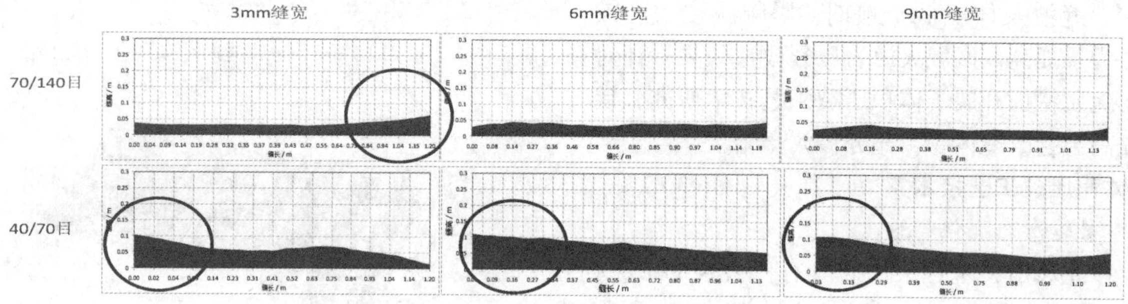

图 4　支撑剂输送实验图

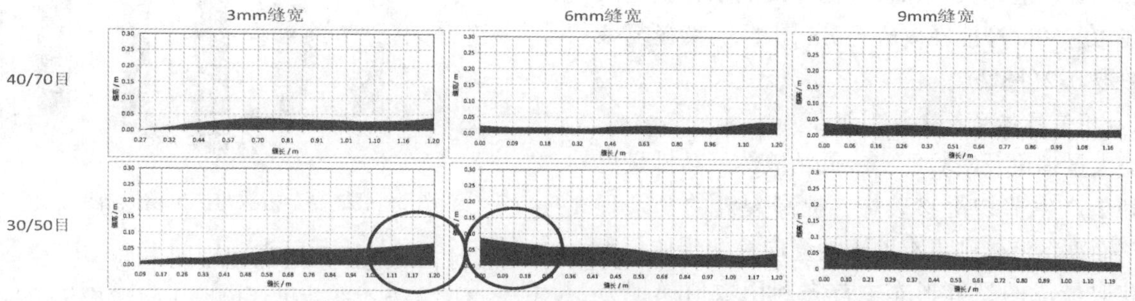

图 5　支撑剂输送实验图

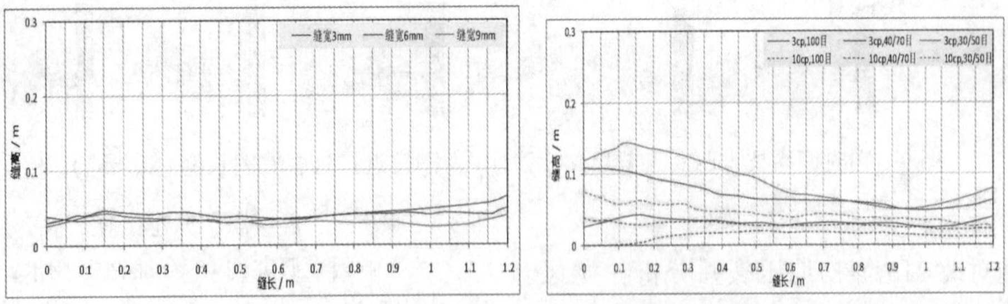

图 6 不同裂缝尺寸支撑剂铺置剖面

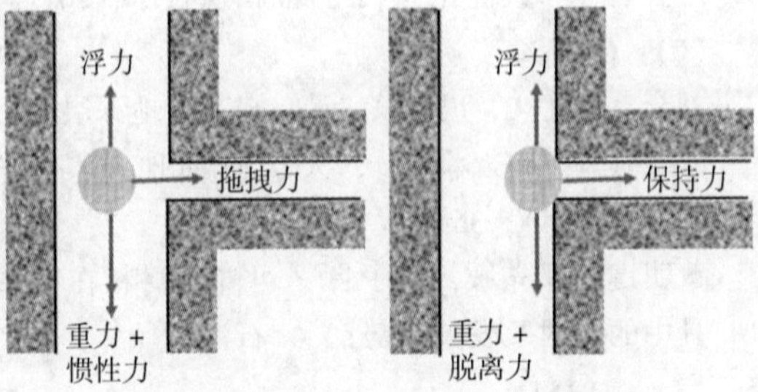

图 7 暂堵球入座前后受力示意图

图 8 暂堵材料不同时间膨胀实验

其次是开展了暂堵球受力及运移规律的研究，优化了暂堵工艺关键参数。依据暂堵球入座前后的受力状态分析，优化影响暂堵球封堵状态的关键参数。

依据暂堵受力数学模型分析了影响封堵效果的主要因素：施工排量、液体密度、液体黏度、孔眼个数，其中施工排量和孔眼数量影响最大。单孔排量大于 0.03m^3/min 时暂堵球可入座，当单孔排量达到 0.1m^3/min 时封堵效果显著提高；另外，为了保证暂堵球保持较高的封堵效率，压裂层段总射孔数不超过 100 孔，有效进液孔数不超过 80 孔。

2 缝内暂堵转向压裂技术

2.1 暂堵材料优选及性能评价

暂堵材料能够有效封堵天然裂缝，封堵作用机理及良好的降解性能是关键因素，实验结果表明暂堵材料能够在短时间内膨胀固结(图 8)，形成具有一定封堵强度的滤饼，2h 内降解率超过 95%。

表 2 暂堵剂溶解性评价实验结果

型号	残渣含量/(mg/L)	胶液的黏度/(mPa·s)	溶解时间/min
50	2030	5.1	150
70	1780	10.6	120
80	1370	12.1	100
无添加	610	4.8	70

2.2 缝内暂堵工艺研究

综合考虑地质特征、施工经验、工艺思路，建立暂堵剂用量计算模型，针对不同暂堵时机裂缝参数差异，单次堵剂用量 350~500kg，封堵位置保持在设计缝长的 35%~50%，泵送排量 4~6 方。

2.3 实时调参技术

针对中-基性火山岩储层变化的特点，为了提高压裂工艺的针对性，提出实时调参的工艺思路，即结合前期火山岩压裂经验及认识，制定了两套压裂工艺思路：一是“控近扩远”的改造思路，当裂缝起裂后延伸压力较低时，判断近井裂缝发育程度较高，在裂缝开启程度较低时及时投入暂堵剂封堵天然裂缝，提高净压力让主裂缝充分延伸；二是“主缝+复杂缝”的改造思路，当地层破裂后压力偏高时，采用适量冻胶造主裂缝，并在裂缝 1/3~1/2 处投入暂堵剂，提高裂缝复杂程度，然后在延伸主缝。

3 现场实施及效果

研究成果在龙凤山中-基性火山岩推广应用 17 井次，平均单段加砂 65m^3，在该领域获得产能突破，累计增气 0.6 亿方，凝析油 2.413 万吨，采用层间投球暂堵工艺以来与 2019 年相比降低工程成本 30.2%，获得显著的经济效益。

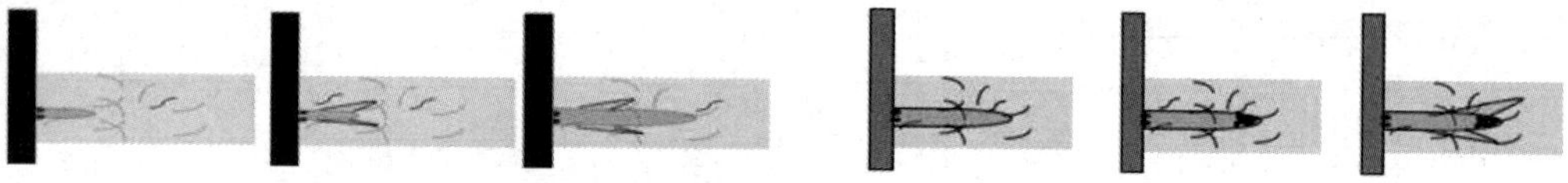

图 9　实时调参技术两套工艺思路示意图(左图控近扩远，右图长缝+复杂缝)

4　结论

(1) 通过对北 213 等初期压裂井分析，龙凤山中基性火山岩储层天然裂缝发育程度较高，压裂施工过程中缝内净压力低，导致压裂改造体积低于预期，影响了改造效果。

(2) 开展的密切割+复杂缝压裂技术，能够有效的增加改造体积，压裂增产效果显著提高，研究形成的层间暂堵技术，能够大幅降低工程成本。

(3) 通过室内评价优选的缝内暂堵材料满足工艺需求，利用数模软件计算改造体积提高 30% 以上，针对火山岩储层变化快的特点，实时调参的压裂设计理念具有较好的适应性。

参 考 文 献

[1]　李春芹．水平井分段压裂在特低渗透油藏开发中的应用[J]．西南石油大学学报：自然科学．

[2]　尹建，郭建春，曾凡辉．水平井分段压裂射孔间距优化方法 [J]．石油钻探技术，2014，40(5)：67-71.

[3]　唐汝众，温庆志，苏建，等．水平井分段压裂产能影响因素研究[J]．石油钻探技术，2010，38(2)：80-83.

[4]　苏玉亮，慕立俊，范文敏，等．特低渗透油藏油井压裂裂缝参数优化[J]．石油钻探技术，2011，39(6)：69-72.

[5]　刘合，闫建文，冯程滨，等．松辽盆地深层火山岩气藏压裂新技术[J]，大庆石油地质与开发，2004，23(4)；35-37.

[6]　董明键，郭先敏，李子良．可降解材料在完井工具中的应用及发展趋势[J]．石油机械，2015，43(3)：31-34.

[7]　卢修峰，刘凤琴．投球分压的理论验证及实例分析[J]．石油钻采工艺，1994，16(3)：57-60.

[8]　龙熙华，孙同文，刘永安，等．投球调剖计算机模拟系统研究[J]．油气田地面工程，2002，21(1)：81-82.

[9]　蒋廷学，胥云，李治平，等．新型前置投球选择性分压方法及其应用[J]．天然气工业，2009，29(9)：88-90.

高凝非均质油藏修井液的研究与应用

尤秋彦[1] 付大其[1] 薛清祥[1] 赵 波[2] 王小芳[1]

（1. 中国石油大港油田石油工程研究院；2. 渤海钻探国际工程公司）

摘 要 高凝非均质油藏因原油凝固点高、孔渗性差、易结蜡等内因，作业过程易造成水敏、水锁、冷伤害。常规技术作业后，油气井产量平均恢复期超过6.6天，平均恢复率低于77.8%。针对高凝低渗油田水敏、水锁、冷伤害难题，将“温度大于40℃的采油污水”改造成具备防垢、防水锁等储层保护性能的修井液，现场施工井恢复期2天，恢复率100%。

关键词 采油污水；高凝油；返排率；非均质；洗油率

前言

大港油田高凝低渗油田油气产量占总产量的35%以上。地质特征复杂，储层渗透率低、水敏性强、原油凝固点高，开发难度大。作业过程中油层污染比较严重，作业后油井出现大幅度减产，且恢复期长达6.6天，每年为此损失油气超过3万吨。调查表明，大部分修井作业采用采油污水、卤水作为修井液，没有采取油层保护措施，对储层造成严重污染。原油物性差，凝固点高，温度较低的修井液作业过程容易造成油管内或储层蜡堵，使得油层渗透率降低，或者增加洗井压力，使更多的修井液浸入储层，造成油层污染。同时这类油藏泥质含量高，渗透率低，水敏现象严重，储层受到修井液的侵蚀后，产生黏土膨胀、颗粒运移、水锁，导致渗透率下降，使修井作业后产量恢复困难。

1 机理及配方选择

1.1 高凝油修井液CGZ机理研究

传统的无固相修井液采用洁净的自来水配制，因为自来水中结垢离子、固相颗粒等杂质含量低，不容易造成对油气层的损害。本技术打破常规，采用原本是容易损害油层的采污水配制保护油气层的修井液。该项技术采用“物理与化学协同作用”的思路，利用表面润湿、离子螯合、黏土稳定等技术将“温度大于40℃的采油污水”改造成具备防垢、防水锁等储层保护性能的修井液。一方面，通过无固相修井液的温度保持在40℃以上，可以有效防止高凝原油结蜡；另一方面，针对性研发的润湿剥离洗油剂，进一步解除结蜡并去除有机垢。在修井液温度和表面活性剂的双重作用下，修井液防止高凝原油结蜡性能更加高效，可在较低温度和处理剂加量的基础上实现对该类储层的保护，并循环利用采油污水，降低成本。

1.2 配方选择

室内进行研究的配方组成如下：大站采油污水温度为40℃以上+润湿剥离剂+黏土稳定剂+缓蚀阻垢剂+杀菌剂。

1.2.1 基液选择

筛选基液的原则是采油污水温度大于原油凝固点，对地层损害小，与其他添加剂配伍性好。因采油污水成分复杂与添加剂配伍性差，存在结垢、固体堵塞等损害因素。所以，考虑温度的同时对水质进行了改性，通过加入低磷胺类阻垢剂和沉淀方式，使采油污水在保证温度的同时水质≤30NTU，达到配制用液要求。

1.2.2 多重除垢、防垢能力的选择

实际油气井生产中，地层中的垢样成分是复杂的，往往是多种有机和无机成分的混合物，为保护储层，提高油气井产量，需要考虑修井液协同作用下，有效清除有机、无机复杂混合垢，为进一步储层保护打下基础。。

（1）有机除垢剂的选择 在有化学试剂作用下，无固相修井液的温度保持在40℃以上，可以有效防止高凝原油结蜡问题。温度指标要求过高，浪费能源，增加成本，过低，对于有机垢清除效率低。因此，通过添加聚醚与丙三醇混合物的水溶液，磺酸钠与乙醇混合物的水溶液，聚醚为非离子表面活性剂，抗盐但抗温不好，而磺酸钠为阴离子表面活性剂，抗盐性稍差，但比较抗温，两种表面活性剂取长补短，增加了修井液体系对不同矿化度、不同井温下适应性。丙三醇与

乙醇，均为互溶剂，可以与油、水混溶，有助于对有机成分的分散与溶解。为降低成本，提高效率，充分考虑试剂的协同增效作用，药剂 WB 加量 0.97%~2.8%与 SY 加量 0.18%~0.28%的低加量情况下，洗油效率仍然达到80%以上，满足了对有机垢的润湿、剥离、清除。

（2）无机除垢剂的选择　采用杀菌剂杀死水源中的细菌，来防止修井液中细菌繁殖过快而堵塞储层原油流通道。选用具有螯合、分散作用的低磷碱性阻垢剂，一方面防止修井液与地层水不配伍形成无机垢，难溶或微溶盐类，如碳酸钙、硫酸钙等。另一方面通过降低高矿化度配制出修井液对井下设施的腐蚀性，减少腐蚀产物对除垢的不利影响。

1.2.3　防水敏剂的选择

由于配制修井液采用的是采油污水，其原始矿化度较高，水的活度较小，可以起到一定防止黏土膨胀作用。选用环氧丙基三甲基氯化铵和氯化钾协同作用保持黏土稳定，防止水敏。加量 0.97%~1.86%，在采油污水、环氧丙基三甲基氯化铵和氯化钾综合作用下，皂土防膨率可达 90.5%。，防止了修井液对储层的水敏损害。

1.2.4　防水锁剂的选择

修井液采用高矿化度的采油污水配制，为了提高处理剂抗盐能力，考虑了磺酸钠类与聚醚类混合物的水溶液二者协同作用，减少了储层由于毛细管阻力造成的流体滞留，提高体系的快速返排时间，防止水锁损害。体系对煤油的界面张力 0.277~0.921mN/m 之间，大幅度降低界面张力，使得原油在储层孔喉中的流动阻力降低，从而提高油井渗透率。

同时，配方中的磺酸钠类、烷基酚聚氧乙烯醚等表面活性剂为水润湿，可以避免环氧丙基三甲基氯化铵等阳离子表面活性剂因为润湿反转作用造成对储层的伤害。

2　配方性能评价

2.1　CGZ 体系抑制性

对配方抑制性采用常温离心法和耐水洗膨胀倍数来评价黏土在膨胀过程中，黏土把水吸入到晶体结构中，导致体系增加，从而堵塞地层孔道；在运移过程中，黏土物质被外来液体分散，或为产出液所携带，在毛细管的孔隙喉道处形成桥阻或节流点，然后导致地层渗透率的下降，见表 1。

表 1　CGZ 体系黏土稳定性试验

样品名称	膨胀量/ml	防膨率/%	耐水洗倍数
清水	8.87	—	—
煤油	0.28	—	—
采油污水	2.72	71	18
常规体系	2.48	74	24
BH-CGZ 体系	1.3	88	32
BF-CGZ 体系	1.1	90.5	35

通过试验数据，可以看出 CGZ 配方体系防膨率抑制性强，耐水洗适中，满足施工和油层保护的需求。

2.2　CGZ 体系润湿剥离能力

对润湿剥离能力试验，采用石英粉砂中加入 8.0%蒙脱石含量为 80%~90%的膨胀润土，30%小 9-3-1 井原油（凝固点 44℃、含蜡量 27%），混合均匀后，装入带刻度的试管内，制成非胶结岩心，然后加入一定浓度 CGZ 体系，放置 40~60℃水浴锅 8h，观察原油剥离情况，见图 1。

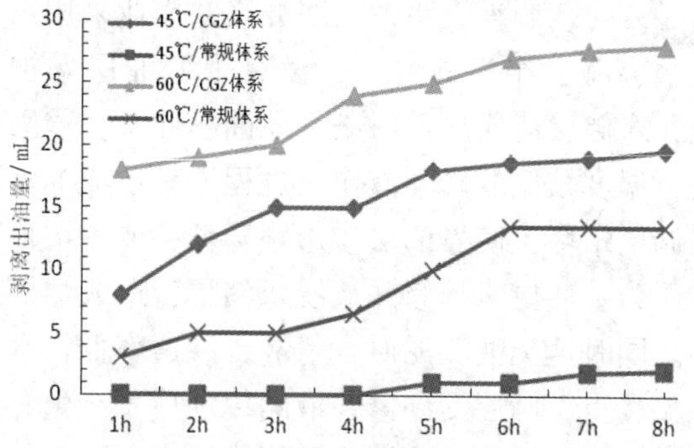

图 1　CGZ 体系与常规体系润湿剥离能力

由图 1 可知，在采油污水中加热到 60℃常规体系润湿剥离出油量 13.5ml，说明单一的采用采油污水作业达不到高凝油润湿剥离的目的。CGZ 体系 45℃润湿剥离出油量 19.6ml，说明聚醚与丙三醇混合物的水溶液，低温下将原油中蜡润湿脱离溶解，丙三醇与乙醇，均为互溶剂，可以与油、水混溶，有助于对有机成分的分散，加快了高凝原油的剥离速度，CGZ 体系 60℃润湿剥离出油量 28ml，比常规体系剥离出油量高出 51.7%。按采油用地层清洗剂苯酚醚 Q/12DGY 3432-2014 中 5.7 检测洗油率 86%。

2.3　CGZ 体系阻垢溶垢能力

采油污水最多成分是 Na、Ca、Si、Mg 等，还有溶解浓度不同 H_2S、CO_2，使污水整体的矿化度升高。回注水中含有大量的成垢离子 Ca^{2+} 和

HCO^{3-}，当温度升高、压力发生变化时便可分解成 $CaCO_3$。在添加药剂后与温度之间不断的发生互逆反应生成沉淀物，降低储层渗透率。根据体系筛选一种合成碱性胺类阻垢剂，利用螯合溶液中的成垢离子，使溶液中的成垢离子浓度降低达到阻垢作用。对阻垢溶垢能力采用钙保留率方法评价。见表 2。

表 2　CGZ 体系阻垢能力和腐蚀性评价

加药量/%	钙保留率/%	N80 钢腐蚀评价/(mm/a)
0	67.2(采油污水)	1.133
0.2	93.4	0.056
0.4	89.3	0.074
0.6	86.6	0.064
1	83.5	0.064

从表 2 试验数据看，阻垢剂加量不是越多越好，加量范围在 0.1%~0.2%钙保留率最高，水腐蚀速率越低。阻垢剂的加入抑制了此种不稳定 $Ca(HCO_3)^2$ 物质形式存在，阻垢率达到 93.4%。

2.4　CGZ 体系快速返排能力

对高凝非均质储层提高快速返排时间是避免修井液对储层损害的主要因素之一。配方中磺酸钠类与聚醚类混合物组成，采用白金环法测定 CGZ 体系表面张力 23mn/m、界面张力 0.78mn/m。配制上述配方和常规体系，在常温条件下选用小 10-16 井岩心，7#岩心渗透率 8.5md，12#岩心渗透率 12.5md；长度 2.45mm 进行岩心返排时间试验，标准盐水饱和岩心制备好样品。在相同流量和泵压下进行测试见图 3。

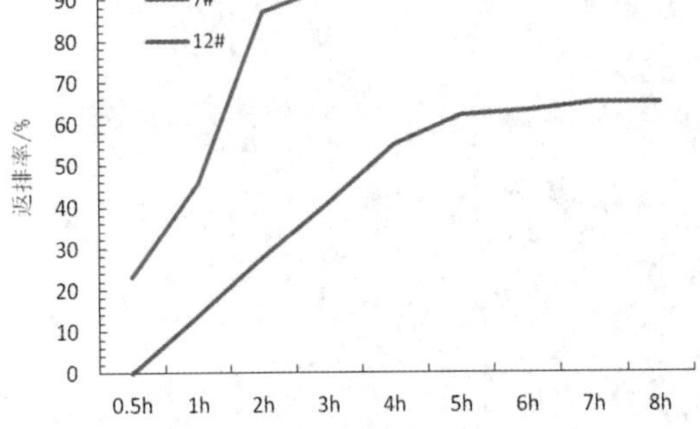

图 2　CGZ 体系与常规体系岩心评价返排能力

通过实验数据，可以看出 7#岩心配方润湿性好表面张力低，返排速度快 3h 返排率达到 90%以上，常规体系返排速度慢返排率最高 63%。说明 CGZ 体系采用表面活性剂、醇类、阻垢等试剂在对储层表面的原油和复杂垢清除后，油气流通道得到基本疏通，磺酸钠与乙醇混合物加入大幅度降低界面张力，使得原油在储层孔喉中的流动阻力降低，从而提高油井储层的渗透率。

3　现场应用情况

CGZ 体系 2020 年在小集、段六拨油田维护井现场技术服务 3 井次，(小 9-6-3、小 20-9-1、小 23-9-2)均 1 次作业成功。

上述三口井是老井检泵作业恢复生产。储层物性较差，渗透率从 1.53~60md，凝固点 38~50℃，含蜡量 27%~33%，原油黏度 84.39~2594.4mPa·s。采用 CGZ 体系进行修井液作业，层位为枣二、三油组细砂岩，泥质含量均≥5%。2020 年上半年应用修井液体系 132 方。检泵作业施工过程顺利，恢复期均 2 天恢复，恢复率均 100%，见小 20-9-1 井施工曲线图，作业后油、液同时上升，取得较好的油层保护效果。按照恢复期 7 天计算，2 天恢复减少原油损失 0.27 吨。增产原油按 365 天计算，增产 98.55 吨，经济效益显著。

4　结论

研制出修井液 CGZ，具有如下性能：

(1) 防膨抑制性强。该配方耐水洗倍数≥32，可防止非均质储层中泥质含量的防膨抑制率降低；

(2) 润湿剥离能力强。该配方比常规体系剥离出油量高出 51.7%，界面张力 0.78mn/m，使体系 60℃洗油率达到 86%；

(3) 阻垢效果好。将采油污水通过低磷碱性阻垢剂与杀菌剂协同作用，改造为阻垢率 93.4%,、腐蚀速率≤0.076mm/a 高温配伍性好的基液；

(4) 对地层损害小。该配方润湿性好，较低的表、界面张力，3h 返排率达到 90%以上，减少了液体滞留储层，造成储层渗透率降低，影响油井恢复期。

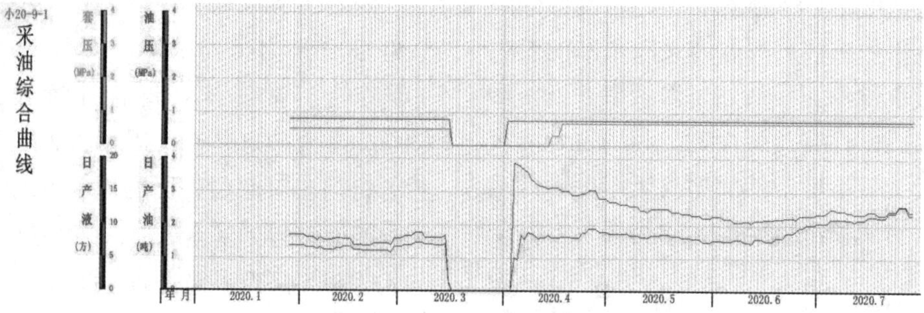

图3　应用井生产曲线

参 考 文 献

[1]　孟庆学，王玉臣．高凝油及其开采技术[J]．石油科技论坛，2006，25(5)：43-47.

[2]　陈根强 表面活性剂[J]．西南石油学院学报，1983，(4).

[3]　章媛君，马洪兴聚季胺——氯化铵复合黏土稳定剂的研究和应用[J]．石油钻采工艺，1988，10(5).

[4]　罗宪波，何艳．一种新型低伤害压井液LW的研制[J]．钻采工艺，2004，27(5).

[5]　P. H. Javora，G. Baccigalopi. Effective High-Density Wellbore Cleaning Fluids：Brine-based and Solids-Free，SPF99158，2006.

[6]　Mingjie Ke and William Foxenberg. Lubricity of Brine Completion and Workover Fluids，SPE130679，2010.

[7]　王彪．原油降凝剂的发展概况．精细石油化工．1989，(5).

[8]　国玺．表面活性剂物理化学．北京大学出版社，1984.

[9]　王彪等．含蜡原油流动性改进剂—F21原油降凝剂．精细石油化工，1989(5).

[10]　张琰，崔迎春．低渗气藏主要损害机理及保护方法研究[J]，地质与勘探，2000，36(5)：76-78.

[11]　胡文瑞．中国低渗透油气的现状与未来[J]．中国工程科学．2009，11(8)：29-37.

[12]　左景栾，任韶然，于洪敏．油田防垢技术研究与应用进展[J]．石油工程建设．2008，34(2).

[13]　钟新荣，黄雷，王利华．低渗透气藏水锁效应研究进展[J]．特种油气藏．2008，15(6)：12-15.

[14]　靳秀菊，姚合法．低渗致密砂岩气田储层损害评价及保护措施[J]．现代地质．2002，16(4)：408-413.

[15]　姚培正，包秀萍，郭丽梅，刘敏．油田水阻垢剂的阻垢机理及其研究进展[J]．杭州化工，2009. 39(1)：16-19.

CO_2与储层主要堵塞元素的反应规律研究

夏玉磊[1,2] 王祖文[1,2] 兰建平[1,2]

（1. 中国石油集团川庆钻探工程有限公司长庆井下技术作业公司；2. 二氧化碳压裂增产研究室）

摘 要 为了理清CO_2压裂过程中不同气水比例下CO_2与岩石的反应规律及其与主要阳离子反应规律，开展了CO_2在蒸馏水、地层水中的溶解度、pH值和矿化度的实验测试，测试发现CO_2溶解在地层水的pH值随温度的升高而增加，随压力的增大而减小。针对长庆区域油气层的地质条件，测试钙、锶、钡离子和CO_2水溶液的反应，发现随着CO_2侵蚀时间的增大而增加，钙、钡、锶垢样的溶解量随着气水比的增加而增大。通过本文研究，为致密油气藏CO_2压裂工艺技术提供必要的理论基础。

关键词 CO_2；反应规律；测试；堵塞元素；储层

1 前言

在二氧化碳地质储存过程中，超临界CO_2在深部咸水层中所表现出的性质非常复杂。CO_2在注入地层后极易溶于地层水，在进行CO_2驱油时，CO_2注入后在层水中的溶解度直接决定了地层水成分、pH值等物理化学性质的变化，也直接关系到CO_2在地层水的运移方式。国内外已有的研究和应用成果表明，注入地层的二氧化碳在地层水中溶解后生成碳酸。碳酸电离产生的氢离子，将会改变地层流体的pH值。同时地层流体的pH值变化，将会使储层岩石及其胶结物发生溶蚀，以及形成新的矿物，这直接导致地层水的性质、储层的孔隙结构、储层的渗透率发生改变，从而影响到二氧化碳的封存及驱油效果。已有的研究表明，CO_2在盐水中溶解后会使得溶液的pH值降低，但这些研究都是针对常压状态下，有关高压下CO_2的溶解所引起的体系pH值变化研究相对较少。总之，当页岩储层中存在地层水时，在利用CO_2开采油气时，CO_2必然会溶解于地层水中形成碳酸从而对储层部分矿物、气井及地面设施造成腐蚀，因此在进行利用CO_2开采页岩气过程中一定要进行井筒及地面设计的腐蚀与防护研究，确保开发安全有效地进行。综上所述，研究埋藏条件下CO_2在地层水中的溶解度，地层流体的pH值变化，以及CO_2—地层水—岩石相互作用规律，可以厘清CO_2注入后主要造岩矿物的溶蚀—沉淀规律，对于认识溶蚀型储层发育机制有重要意义，也有利于实现以CO_2地质封存为手段的温室气体减排目标以及CO_2-EOR工作的开展。

2 建立不同温度、压力条件下地层水pH值的变化规律

2.1 溶解度、pH值、矿化度测量

分别针对油藏温度为75℃、压力18MPa条件下，气藏温度100℃、压力25MPa条件下，定量测量CO_2在蒸馏水中的溶解度和pH值。取地层水，分析离子的成分和含量，测量CO_2在地层水中的溶解度、pH值、矿化度。

2.1.1 激光拉曼测定蒸馏水中CO_2溶解度

首先将细毛细管插入至腔体底部，注入1cm左右的蒸馏水，再向腔中通入CO_2气体。将CO_2引入透明腔，并且利用加压泵加压。考虑到气相CO_2向液相扩散并达到平衡所需时间较长，因此在加压时，压力高于实验设定的最高压力并放置3天以上以促进透明腔充分溶解于液相之中。应用色散型共聚焦拉曼光谱仪进行光谱收集，光谱分辨率≤$1.5cm^{-1}$横向分辨<1μm，纵向分辨率<2um。收集光谱时将透明腔置于冷热台后调节温度压力至设定温压条件后发现有CO_2气泡析出，因而可以证明在该温压条件下CO_2在液相中溶解达到平衡，此可保证测定的数据更加可靠。

2.1.2 pH计测定蒸馏水中CO_2的pH值

高压下CO_2-水体系的pH值用连接耐压复合电极的pH计测定。将20ml的蒸馏水装入图中的高温高压釜，插入pH电极。预热溶液到指定温度后，通入二氧化碳气体到指定压力，逐渐增加压力，记录每个压力点pH计上显示的平衡后的pH值。在75℃、18MPa环境条件下，溶解度为

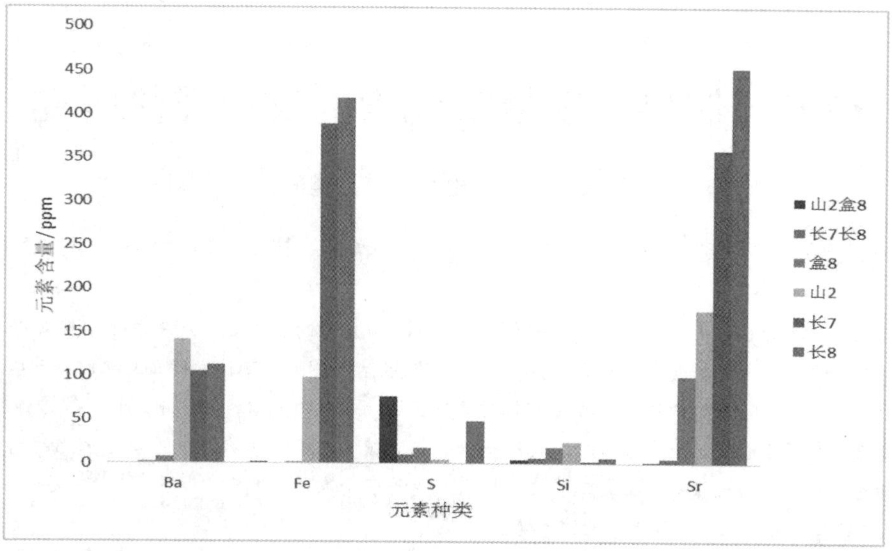

图1　地面水、地层水元素含量分布对比图

0.3718mol/kg，pH 为 2.987；在 100℃、25Mpa 环境条件下，溶解度为 0.7113mol/kg，PH 为3.018。

与地面水相比，地层水的矿化度更大，在 Na^+、Ca^{2+}、K^+、Fe^{3+}、Ba^{2+}等金属元素含量上有明显的增加。

2.1.3　泡点压力法测定地层水中 CO_2溶解度

实验选择泡点法进行 CO_2在地层水溶液中溶解度的测定，即将溶液与 CO_2封入高压透明腔，根据其在室温下的长度计算出 CO_2完全溶解进入溶液中的浓度，随后加压将 CO_2全部溶解进入溶液之中并且给予一定的时间使其扩散均一，实验时降压出现第一个气泡时的压力即为泡点压力，即可得到这个温度和压力条件下 CO_2的溶解度。

2.1.4　pH 计测定地层水中 CO_2的 PH 值

高压下 CO_2-水体系的 pH 值用连接耐压复合电极的 pH 计测定。将 20ml 的地层水装入高温高压釜，插入 pH 电极。预热溶液到指定温度后，通入二氧化碳气体到指定压力，逐渐增加压力，记录每个压力点 pH 计上显示的平衡后的 pH 值。

2.1.5　矿化度测试

矿化度指水中含有钙、镁、铝和锰等金属的碳酸盐、重碳酸盐、氯化物、硫酸盐、硝酸盐以及各种钠盐等的总和。一般用 1L 水中含有各种盐分的总量来表示，单位为 mg/L 或 g/L，也可近似地用‰（千分之几）来表示。测试结果如下：

表1　CO_2在地层水中的溶解度、pH 值、矿化度

地层条件	温度压力	溶解度/(mol/kg)	pH 值	矿化度/(g/kg)
山 2	100℃、25MPa	0.9863mol/kg	2.94	10.470
盒 8	100℃、25MPa	1.0652mol/kg	2.92	19.896
长 7	75℃、18MPa	1.0068mol/kg	2.76	37.652
长 8	75℃、18MPa	0.9418mol/kg	2.78	40.356

2.2　pH 值变化规律模型构建

描述地层水和 CO_2混合体系 pH 值随温度和压力变化规律，建立相关热力学模型，建立水与 CO_2之间分子相互作用力的热力学状态方程，获得温度为 60℃、80℃、100℃、120℃，压力分别为 6MPa、10MPa、14MPa、18MPa、22MPa、26MPa、30MPa 下地层水 pH 值的变化规律。

2.2.1　CO_2在地层水中热力学模型建立

主要思路如下：现有溶解度计算模型的适应性分析；比较现有的 H_2S/CO_2溶解度计算模型，判断各自的使用条件，分析已有模型的不足。建立溶解度计算模型，基于 Peng-Robinson 状态方程和 Vander-Waals 混合规则和 Huron 等提出的逸度系数模型来描述 CO_2-水体系的热力学性质。

CO_2溶解度影响因素敏感性理论分析：从温度、压力和溶液矿化度三个方向进行CO_2溶解度敏感性分析，完善溶解度预测模型。由CO_2在地层水中的溶解度和化学平衡方程得到pH值计算模型。

模型的计算过程为：由已知条件计算气相逸度系数，再通过气相逸度系数迭代求出液相逸度系数和液相中的CO_2含量，最后通过返算得到溶解度的计算值。

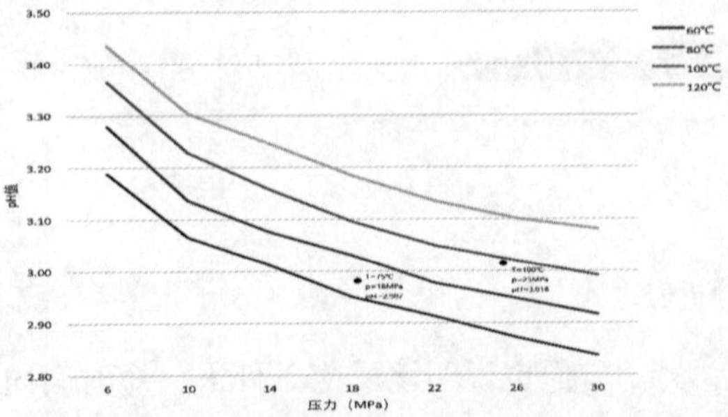

图2　地层水pH值随温度、压力的变化规律

采用pH计测定不同温度和压力下CO_2-水体系的pH值。将20ml的地层水装入的高温高压釜，插入pH电极。分别预热溶液到指定温度60℃、80℃、100℃、120℃后，通入二氧化碳气体到指定压力，逐渐增加压力至6MPa、10MPa、14MPa、18MPa、22MPa、26MPa、30MPa，记录每个压力点pH计上显示的平衡后的pH值。将实验值与计算值进行对照，发现具有良好的一致性。

2.3　混合CO_2地层水pH值随温度和压力的变化规律分析

当CO_2遇水后会不断向水中溶解，CO_2在水中的溶解度受温度、压力和水中无机盐的矿化度共同影响。离子浓度对溶解度的影响比较复杂。但可以类比于盐析现象。当离子溶于水时，会对水产生水化作用，也即离子的静电力破坏了原来的水分子结构，使其被极化。随着被极化的水分子增多，根据相似相容原理，非极性分子CO_2便会从极性增强的溶液体系中逸出。在自由电子相同的情况下，如本研究中，不同离子具有的不同离子势（离子价态与离子半径的比值）影响了水的极化，进而影响着CO_2-H_2O相平衡。

为了较清楚地解释温度对溶解度的影响原理，可将溶解度视为符合Henry定律的理想溶液。当系统达到平衡时：

$$\ln \frac{x'}{x} = \frac{S' - S}{R} \ln \frac{T'}{T}$$

式中：S——物质的熵、（$kJ \cdot kg^{-1} \cdot K^{-1}$）；

x——物质在两相体系中的摩尔分数。

CO_2溶解时的熵变量为其自身的固有属性，若温度的变化范围不宽，气体溶解熵$S'-S$可以看作一个常数。因此在其他条件不变时，温度是影响气体摩尔分数的唯一因素。

考虑压力对溶解度的影响，存在热力学关系如Krichevsky-Kasanovsy方程所示：

$$\ln \frac{f}{x} = \ln k + \frac{v^{\infty}}{RT}(p - p^{s})$$

式中：f——物质的逸度/MPa，其与温度和压力的关系比较复杂，但是在本研究所考虑的温压范围内，可认为f变化不大；

x——物质在相应溶液中的摩尔分数；

v^{∞}——气体在溶剂中的偏摩尔体积/（$cm^3 \cdot mol^{-1}$）；

k——亨利常数/MPa。

由于k只依赖于温度以及CO_2和H_2O的属性，所以从等式右边看来，压力对溶解度的影响是依赖于温度的，温度越高的情况下，固定的压差所产生的溶解度差值也就越小。

3　开展不同比例CO_2+水注入岩心测试，测量岩心孔隙度和渗透率的变化规律

3.1　溶解度实验

分别设定温度为75℃、100℃，压力18MPa、25MPa，进行CO_2在地面水和地层水的溶解度为0.3，0.5，0.7，0.9，1.1mol/kg的溶解度实验。

选择泡点法进行CO_2在地面水和地层水溶液中进行溶解度的测定，即将溶液与CO_2封入高压透明腔，根据其在室温下的长度计算出CO_2完全溶解进入溶液中的浓度，随后加压将CO_2全部溶解进入溶液之中并且给予一定的时间使其扩散均一，实验时降压出现第一个气泡时的压力即为泡点压力，因为一个CO_2气泡的量对于总的溶解量的影响极小，因此记录下此时的温度和压力，即可得到这个温度和压力条件下CO_2的溶解度。

3.2　CO_2-水-岩石实验

分别取油层（长7、长8）和气层（山2、盒8）岩心，针对地面水和地层水，在温度为75℃、压力18MPa和在温度为100℃、压力为25MPa条件下，选取合适的CO_2和水配比比例，进行反应时间分别为1，5，10天的岩心溶蚀实验。扫描溶蚀反应前后岩心的孔隙形貌，得到相应的孔隙

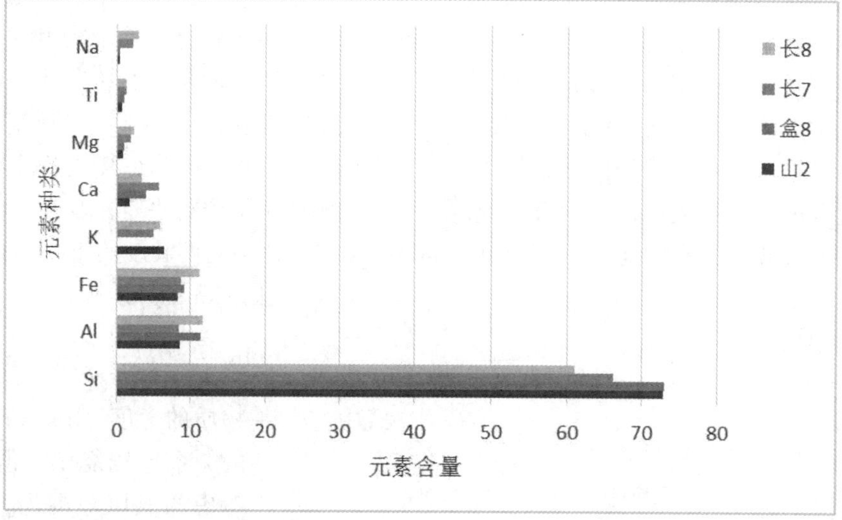

图3　岩心元素分析表

度，测量溶蚀反应前后岩心的渗透率，获得岩心的孔隙度、渗透率变化规律。

3.3　*岩心渗透率测试实验*

采用脉冲衰减法测定渗透率，对一定规格的柱塞状岩石样品，使某一压力的气体饱和，待压力稳定后，可以通过降低下游压力，建立岩心上游端和下游端的压差；在气体渗流过程中，上游压力不断下降，下游压力不断升高，并逐渐趋于平衡；通过建立上下游平均压力与时间的函数关系，计算岩石的渗透率。

3.4　*岩心成分分析实验*

采用电感耦合等离子体发射光谱仪（ICP）对标准样品切割的岩屑进行衍射分析。分别选择油层和气层岩样，对其切割时的岩屑进行荧光分析。

4　分析反应前后孔隙连通性及变化情况，得到注入不同比例 CO_2+水溶液与岩石反应规律

4.1　*CO_2-水-岩石反应规律*

4.1.1　*CO_2-地面水-岩石反应*

岩石和地面水在对应的油气层下反应后，孔隙率增大至8%～12%，渗透率增大至0.05～1.7md，说明经由 CO_2 压裂后，岩石的孔隙条件得到改善。随着反应的进行，地面水矿化度逐渐增大，表明 CO_2 对储层岩石的溶蚀作用逐渐增强，溶蚀所产生的离子更多地释放到地面水中。随着 CO_2 的注入，Na^+、K^+ 的浓度呈上升的趋势，说明钠、钾长石矿物发生溶蚀，Na^+、K^+ 进入溶液，使溶液中 Na^+、K^+ 的浓度上升。Ca^{2+} 质量浓度有所增加，一方面说明钙长石的溶蚀强度加剧，另一方面也说明该反应条件下，短时间内不利于方解石、白云石等含钙碳酸盐的形成。Mg^{2+} 浓度有所上升，这可能是因为矿物中含镁的化合物在酸性条件下发生溶蚀所以造成浓度的上升。反应液中 Fe^{3+} 质量浓度很低，变化不明显，可能是岩石中的铁的磷酸矿物没有发生溶蚀。Si^{4+} 无明显变化，推测矿物中的 SiO_2 没有发生溶蚀。Sr^{2+} 的含量有所下降，推测在地层中发生了含锶化合物的溶解反应。

超临界 CO_2 注入后，Na^+、Mg^{2+} 的浓度有明显下降，推测是和岩样表面发生反应，生成含钠镁的矿物附着在岩石表面；K^+ 的浓度呈上升趋势，说明钾长石矿物发生溶蚀，K^+ 进入溶液中，使离子浓度增加。Ca^{2+} 质量浓度显著增加，一方面说明钙长石的溶蚀强度加剧，另一方面也说明该反应条件下，短时间内不利于方解石、白云石等含钙碳酸盐的形成。Si^{4+} 有轻微降低，说明矿物中的 SiO_2 开始发生溶蚀。对于油气层的两组反应，反应地面水中的离子含量变化趋势非常一致。

4.1.2　*CO_2-地层水-岩石反应*

注入至地下地质构造稳定咸水层的 CO_2，在化学反应发生的早期阶段，以溶解为主。溶解量的大小取决于存储介质的温度、压力和盐度的变化。通常情况下，CO_2 在咸水层中的溶解度会随着压力的增大、温度的降低以及盐度的增加而增大，同时与地层水接触有关。

随着压裂时间的增加，四种岩石的孔隙率和渗透率均有不同程度的增大。说明在富 CO_2 酸性

流体的作用下，储层的物性得到明显的改善。碳酸盐胶结物及长石等碱性矿物的溶解是控制着储层次生孔隙发育的重要机制，对改善储层物性，增大油气储集空间具有重要意义。溶蚀作用受到地层水性质的影响较大，如在含高浓度 Na^+的地层水中，钠长石不受影响甚至次生加大。此外，溶蚀作用受到 CO_2含量控制，CO_2含量越高，矿物的溶蚀程度越剧烈。

当自由态的 CO_2相通过先存裂隙或高初始孔隙度区进入岩石后将造成裂隙或孔隙内流体的 pH 值降低，并且导致方解石的大量溶解和孔隙度的升高。由图 5.24 可见，四种岩样的孔隙度都随着压裂时间的增大而增加；从图 5.25 中可以看出，渗透率随着压裂时间的增大有不同程度的增加，其中气层岩样的渗透率增大程度明显，油层岩样的渗透率变化程度相对轻微。推测为气层的温度和压力相较于油层更大所致。

5 找到产生沉淀的钙盐、锶盐、钡盐的 CO_2和水的临界配比

二氧化碳溶于溶液中形成碳酸，电离出大量的 H^+，并且压力愈高，溶解在溶液中的二氧化碳也愈多，电离出的 H^+愈多。当压力在 18~25MPa 时，溶液 pH 值在 2~3 之间波动，波动幅度比较小，二氧化碳在溶液中主要是以 H_2CO_3形式存在。随着 $CaCl_2$浓度增加，溶液的 pH 值降低，继续增加 $CaCl_2$浓度，在 30%的氯化钙溶液中通入二氧化碳，溶液中气体凝结呈白色。将溶有二氧化碳气体的氯化钙溶液取出后，有大量的气体从溶液中逸出，静置一段时间溶液变澄清，没有沉淀产生。这表明二氧化碳通入 $CaCl_2$溶液中，主要是以碳酸氢根和 H_2CO_3的形式存在。

在实际实验中发现，$BaCl_2$和 $SrCl_2$并没有与 CO_{32}发生反应，一方面，在较高压力下，CO_2在溶液中主要以 H_2CO_3和 HCO_{3-}形式存在，而且 25℃下，碳酸锶的 $K_{sp}=1.1\times10^{-10}$，在溶有二氧化碳气体的氯化锶溶液中，$[Sr^{2+}][CO_3^{2-}]<1.1\times10^{-10}$，因此，二氧化碳在氯化锶溶液中的 CO_{32-}浓度很低，无法与 Sr^{2+}生成 $SrCO_3$沉淀。另一方面，常温下硫酸锶和硫酸钡的的 Ksp 分别为 3.2×10^{-7}和 1.1×10^{-10}，由于地层水内 SO_4^{2-}含量少，不足以形成垢沉淀。

6 结论

6.1 在对应的油气层环境中，CO_2在地层水中的溶解度为 0.8~1.2(mol/kg)之间，pH 值为 2~3 之间，CO_2在地层水中溶解度总的趋势为：随着压力的增加而不断增大，随温度的增加而不断减小。

6.2 地层水中主要的阳离子为 Na^+、Ca^{2+}、Mg^{2+}、K^+、Fe^{3+}等。与地面水相比，地层水的矿化度更大，在 Na^+、Ca^{2+}、K^+、Fe^{3+}、Ba^{2+}等金属元素含量上有明显的增加。

6.3 岩石中主要的元素成分为 Si、Fe、Al、Ca、Mg 等。气层岩石主要成分为石英(二氧化硅)、其余为钙镁铝的氧化物和铜铁镍锌的氧化物等。油层岩石主要成分为石英(二氧化硅)、铁的磷酸矿物，钠钙铝复合矿物，钠长石和钙长石等等。

6.4 岩心的孔隙度为 7%~10%之间，渗透率为 0.03~0.08md 之间。四种岩样的孔隙度都随着压裂时间的增大而增加：压裂 1 天后的孔隙度变化不明显，压裂 5 天后孔隙度达到 8%~12%，压裂 10 天后孔隙度达到 10%~15%。渗透率随着压裂时间的增大有不同程度的增加，其中气层岩样的渗透率增大程度明显，山 2 岩样的渗透率可以达到 1.683md，油层岩样的渗透率变化程度相对轻微，但长 8 也增加到 0.159md。变化程度的差异推测为气层的温度和压力相较于油层更大所致。

6.5 在 0~5 天内，随着 CO_2压裂反应的进行，反应液中总矿化度含量增加。岩石中发生了明显的矿物溶解，并且在不同的反应体系中溶解强度有一定的差异性。尽管实验中发现有新矿物析出，但它们只能使个别离子浓度降低，而对总矿化度的影响很小。

6.6 在 5 到 10 天内，反应液中主要离子含量开始降低，说明实验中不断有新矿物析出，矿物的溶解速率小于沉淀速率。岩石的溶解能为反应体系提供一定量的 Ca^{2+}、Mg^{2+}、Mn^{2+}、Fe^{2+}等阳离子，随着反应的进行，有利于阴阳离子的重新组合，形成少量新的碳酸盐矿物或其他次生矿物。

6.7 通过钙锶钡盐与 CO_2的沉淀实验发现，二氧化碳在各溶液中主要以 H_2CO_3形式存在。导致溶液中 CO_3^{2-}浓度很低，无法与 Ca^{2+}、Sr^{2+}、Ba^{2+}生成沉淀。因此，CO_2驱替过程中，即使地层温度较高也不会形成这三种盐垢而影响油藏的渗透率。

6.8 通过钙锶钡垢与CO_2的溶解实验发现，当气水比低于二氧化碳的饱和溶解度时，随着气水比的增加，钙锶钡盐的溶解量均有不同程度的增加，但均属于微量溶解，数量级均为10^{-2}mol/L，在气水比达到饱和溶解度之后，气水比的增加对盐的溶解量影响不大，在100ml溶液中，钙垢的溶解量是0.319g，锶垢的溶解量是0.11g，钡垢的溶解量是0.642g。在100℃，25MPa的情况下，在100ml溶液中，钙垢的溶解量是0.305g，锶垢的溶解量是0.105g，钡垢的溶解量是0.611g。溶解量增长放缓甚至停止。随着气水比的增加，即CO_2溶解度的增加，垢样的溶解量也增大，当到达CO_2的饱和溶解度时，垢样的溶解量增加放缓甚至停止。

参考文献

[1] 孙小辉，孙宝江，王志远．超临界CO_2压裂裂缝温度场模型[J]．石油学报，2015，36(12)：1586-1592.

[2] Hasan A. R., Kabir C. S. and Wang, X. et al. A Robust Steady-State Model for Flowing-Fluid Temperature in Complex Wells[C]. SPE 109765, 2007.

[3] 任岚等．高渗透地层压裂液滤失模型研究[J]．天然气工业，2006，26(11)：116-118.

[4] 王佩文，刘春艳，万小迅，等．二氧化碳吞吐开采稠油影响因素实验研究[J]．石油地质与工程，2016，30(3)：115-118.

[5] 胡丽莎，常春，于青春．鄂尔多斯盆地山西组地下咸水CO_2溶解能力[J]．地球科学(中国地质大学学报)，2012(2)：301-306.

[6] 张森琦．中国二氧化碳地质储存地质基础及场地地质评价．地质出版社，2011.

[7] 张振冬，杨正先，张永华．CO_2捕集与封存研究进展及其在我国的发展前景．海洋环境科学，2012，31(3)：456-459.

[8] 蔡春芳，梅博文，马亭，等．塔里木盆地流体-岩石相互作用研究．北京：地质出版社，1997.

[9] 刘富强，张伟杰．计算H甘醇中酸性气体溶解度的方法[J]．石油与天然气化工，2010，39(1)：65-73.

[10] 沈淘淘，林文胜．利用溶液理论计算饱和甲烷中二氧化碳溶解度[J]．低温技术，2010，38(9)：17-21.

[11] 付晓泰，王振平，卢双肋．气体在水中的溶解机理及溶解度方程[D]．中国科学(B辑)，1996，26(2)：124-129.

[12] 郭朝斌，张可霓，鲁维丰，等．滞后现象对CO_2深部咸水层地质封存的影响[J]．水文地质工程地质，2014，41(2)：91-97.

[13] 时静雅，武培怡．傅里叶变换红外光谱技术在超临界CO_2作用聚合物体系中的应用[J]．化学进展，2009(5)：1023-1033.

[14] 侯大力，罗平亚，王长权，等．高温高压下CO_2在水中溶解度实验及理论模型[J]．吉林大学学报(地球科学版)，2015，45(2)：564-572.

[15] 邓芸．一种气体溶解度的测定装置及使用方法[P]．中国专利：2013104755415，2013-10-11.

[16] 赵孟军，马行涉．地层水气体溶解度测定装置[P]．中国专利：201410561815，2014-10-21.

[17] 徐伟．一种测定气体在较高沸点液体中的溶解度的装置及方法[P]．中国专利：201110314971，X，2011-10-17.

[18] Pierotti R. A. A scaled particle theory of aqueous and nonaqueous solution[J]. Chemical Reviews, 1976, 76(6): 717-726.

[19] Preston G. T, Prausnitz J. M. A generalized correlation for Henry's constants in nonpolar systems [J]. Industrial & Engineering Chemistry Fundamentals, 1971, 10(3): 389-397.

[20] 赗英，徐英年，Prausnitz J. M. 气体溶解度的分子热力学(I)—气体在非极性溶剂中的Henry常数[J]．化工学报，1987，1(1)：22-8. PH

[21] Liu Y, Hou M, Yang G, et al. Solubility of CO_2 in aqueous solutions of NaCl, KCl, $CaCl_2$ and their mixed salts at different temperatures and pressures [J]. The Journal of Supercritical Fluids, 2011, 56(2): 125-129.

[22] 段海燕，王雷．我国石油工业二氧化碳地质封存研究[J]．石油钻采工艺，2009，31(1)：121-124.

[23] 刘志坚，史建公，张毅．二氧化碳储存技术研究进展[J]．中外能源，2017，22(3)：1-9.

[24] 万玉玉．鄂尔多斯盆地石千峰组咸水层CO_2地质储存中的迁移转化特征[D]．长春：吉林大学，2012.

[25] 曹明，鄢捷年，汪华成，等．高含CO_2气藏结垢机理研究及结垢趋势预测[J]．可钻井液与完井液，2008，25(5)：41-44.

[26] 范明，蒋小琼，刘伟新，等．不同温度条件下CO_2水溶液对碳酸盐岩的溶蚀作用[J]．沉积学报，2007，25(6)：825-829.

[27] 蒋伟，郑云萍，司先锋，等．油田水结垢预测研究综述[J]．特种油气藏，2006，13(5)：15-19.

[28] 刘宝明，何家雄，夏带，等．国内外CO_2研究现

状及发展趋势[J]．天然气地球科学，2004，15(4)：412-417.

[29] 蒋小琼．普光与建南气田碳酸盐岩礁滩相储层埋藏溶蚀作用对比研究[D]．中国地质大学，2014.

[30] 刘再华，W. Dreybrodt，韩军，李华举．$CaCO_3$-CO_2-H_2O岩溶系统的平衡化学及其分析[J]．中国岩溶，2005(01)：3-16.

[31] 李紫晶，郭冀隆，张阳阳，陈家玮．砂岩高温超临界CO2水岩模拟实验及其地质意义[J]．天然气工业，2015，35(05)：31-38.

[32] 尤丽，曲希玉，钟佳，李才，吴仕玖，高媛，崔京钢．高温超压储层孔隙演化的物理模拟实验[J]．天然气工业，2019，39(07)：21-30.

[33] 张冰，梁凯强，王维波，陈龙龙，王宏．鄂尔多斯盆地深部咸水层CO2有效地质封存潜力评价[J]．非常规油气，2019，6(03)：15-20.

[34] 赵宁宁．二氧化碳地质储存中储层孔渗及矿物特征对其运移演化的影响[D]．吉林大学，2018.

[35] 郑展鹏．多孔介质内CO_2/盐水岩心驱替数值模拟研究[D]．大连理工大学，2018.

[36] 刘小天．CO_2-水岩反应对砂岩储层矿化封存机制的影响[D]．中国地质大学(北京)，2018.

[37] 潘颖．深部咸水层CO_2溶解埋存量估算及影响因素分析[D]．东北石油大学，2017.

超深大位移水平井 SYX131 井定向钻井实践

涂建平　李洪兴　陈小华　冯　珂

（中国石油川庆钻探工程公司川西钻探公司）

摘　要　四川 SYS 构造栖霞组气藏埋藏深，垂深超过 7000m。该地区水平井定向段岩石可钻性差、多层段易漏、造斜率低、托压严重、储层垂深差异大，对水平井钻井技术提出了极高要求。SYX131 井是 SYS 构造上第一口水平井，通过优化设计轨迹、基于滑动方式的井眼轨迹控制技术优化、钻头和钻具组合优化、防托压技术、先进高温高压 LWD 仪器应用，解决了高温高压环境下井眼轨迹的测量及控制问题。根据地层岩性特点调整钻井液性能，满足了 SYS 构造深井水平井高温稳定性、携砂和润滑性要求。通过 SYX131 井定向钻井施工，总结了一套适合 SYS 地区栖霞组水平井钻井技术。

关键词　超深；大位移；微摆减阻；水力振荡器；螺杆；狮虎兽钻头；LWD

SYX131 井是西南油气田分公司部署在 SYS 构造第一口水平井，以二叠系栖霞组储层为主要目的层，设计完钻井深 8330m，靶前距高达 960m，靶点垂深 7195m，水平位移 1625m。是 SYS 地区施工难度较大的一口超深大位移水平井。其施工难点主要表现在：

（1）地层倾角大，直井段易斜

上部白垩系、侏罗系（蓬莱镇组、遂宁组和沙溪庙组）地层以及下部三叠系雷口坡组（雷一）、嘉陵江组（嘉三、嘉二、嘉一）和飞仙关组都易产生井斜。ST9 井使用钟摆组合钻进，嘉陵江组最大井斜达 26.25°，电测井斜段平均倾角高达 45°；ST6 井直井段最大井斜 9.03°。直井段发生井斜，将增大下部轨迹控制和钻井作业难度。

（2）定向滑动工具面稳定性差，托压严重

定向施工井段垂深在 5400m 以上，滑动钻进时钻压不能有效传递，滑动钻进中工具面可控性差，扭矩传递慢，工具面调整到位困难[1-2]。裸眼段长，摩阻扭矩大，滑动钻进存在“托压”现象，给井眼轨迹控制和防止卡钻造成困难。储层栖霞组地层压力低，孔缝发育好，压差-粘附卡钻风险大，ST7 井、ST8 井在栖霞组均发生压差卡钻，给滑动钻进增加了难度和风险。

（3）飞仙关-茅口组井段可钻性差

该层段主要岩性为泥灰岩、石灰岩、生屑灰岩、灰岩、页岩、云岩。吴家坪组含深灰褐色燧石结核灰岩，单只钻头进尺低。地层老、压实强度高，是定向提速的“瓶颈”层段。

（4）飞仙关-茅口组安全密度窗口窄，钻井液密度高

飞仙关-茅口组安全密度窗口窄，设计钻井液密度为 1.67～1.97g/cm^3，易引发喷漏同存和卡钻。ST1 井在吴家坪-栖霞组，钻井液密度 1.92g/cm^{3}仍见后效，1.93g/cm^{3}共发生井漏 15 次。对钻井液高温稳定性、流变性、润滑性、携砂要求高，维护难度大。

（5）高温、高压

预计 SYX131 井的井底最高静止温度达 159℃左右，最高地层压力达到 127.84MPa。高温高压条件下定向工具仪器故障率高。

针对以上难点，在井眼轨迹控制、钻具组合优化、钻头和螺杆优化、解决托压问题、钻井液技术等方面提出了配套技术措施，确保了安全、快速施工。

1　优化轨迹设计技术

SYX131 井设计 A 点垂深 7195m、井斜 81.45°，靶前距过长，靶点深，导致施工难度加大。设计造斜点 5340m，ϕ241.3mm 井眼中完井深 7422m，控制段长达 2082m，井斜 14 度稳斜段长达 1449m，如何实现长稳斜段稳斜、稳方位钻进是一个难题。根据地层以及岩性特点，井身剖面采用“分段微增”剖面（见表 1），取消稳斜段。嘉陵江组、飞仙关组和长兴组可钻性好的地层采用复合钻微增为主，微调方位为辅；吴家坪组采用近钻头单扶或单弯螺杆复合钻增斜为主，最大增斜狗腿度 2.98°/30m；茅口组根据分层情况调整入窗，方便了轨迹调整和快速钻进。

表 1　SYX131 井井眼轨迹优化设计

测深/m	井斜/°	网格方位/°	垂深/m	北坐标/m	东坐标/m	狗腿度/(°/30m)	闭合距/m	闭合方位/°	描述
5400.00	1.83	358.81	5398.32	53.61	9.50	0.00	54.45	10.04	造斜点
5500.00	4.00	100.00	5498.22	54.61	12.90	1.41	56.11	13.29	
6000.00	8.00	100.00	5995.38	45.53	64.36	0.24	78.84	54.72	
6136.03	8.90	100.00	6129.94	42.06	84.04	0.20	93.98	63.41	嘉一
6171.47	9.14	100.00	6164.94	41.10	89.52	0.20	98.50	65.34	飞四
6300.00	10.00	100.00	6291.68	37.39	110.56	0.20	116.71	71.32	
6374.56	11.48	97.73	6364.93	35.26	124.29	0.62	129.19	74.16	飞三
6477.00	13.54	95.43	6464.93	32.76	146.33	0.62	149.95	77.38	飞二
6500.00	14.00	95.00	6487.27	32.26	151.78	0.61	155.17	78.00	
6528.55	14.70	95.00	6514.93	31.64	158.83	0.74	161.95	78.73	飞一
6711.56	19.22	94.00	6689.94	27.52	212.04	0.74	213.82	82.61	长兴组
6886.35	28.00	94.00	6849.94	22.64	281.81	1.51	282.71	85.41	吴家坪
7200.00	59.12	91.00	7074.47	14.96	495.12	2.98	495.34	88.27	
7455.00	81.45	90.00	7159.95	13.03	733.64	2.63	733.76	88.98	茅口
7590.80	81.63	90.42	7179.93	12.53	867.96	0.10	868.05	89.17	
7692.79	81.45	88.88	7194.93	13.15	968.84	0.45	968.93	89.22	A 点
8365.38	81.45	88.88	7294.93	26.15	1633.83	0.00	1634.03	89.08	B 点

2　井眼轨迹控制技术

2.1　钻头优选

根据 SYX131 井井深、地层可钻性差的特点，应用了三类钻头(见表 2)。嘉陵江-长兴组可钻性较好地层使用了 GS1605 型 5 刀翼胎体 PDC 钻头(见图 1)。长兴组底部和吴家坪组使用狮虎兽钻头定向增斜，使用牙轮钻头+近钻头单扶组合穿燧石结核灰岩。狮虎兽钻头相比 PDC 钻头具有更低、更平稳的钻进扭矩，定向钻进更易控制工具面，对付多夹层地层寿命更长，扭转振动低；狮虎兽钻头相比牙轮钻头具有更高的机械钻速，更小的轴向振动和更低的钻压[3]。四刀翼、两牙轮、16mm 切削齿，有效缓解了定向托压和解决了造斜率低的问题。但对于吴家坪组燧石结核灰岩夹层，狮虎兽钻头的平均寿命较短，磨损严重(见图 2)。一旦复合钻扭矩增大、钻时变慢、随钻测井工具(Logging While Drilling，缩写为 LWD)信号受较大干扰，考虑钻头磨损严重，应起钻检查。茅口组根据分段岩性特点使用狮虎兽钻头应对难钻地层和夹层，使用 PDC 钻头提高机械钻速。

表 2　SYX131 井 ϕ241.3mm 和 ϕ149.2mm 井眼定向段钻头使用情况统计表

序号	类型	型号	使用井段/m	层位	进尺/m	纯钻/h	机械钻速/(m/h)	钻压/kN	转速/rpm	排量/(L/s)	立压/MPa	起钻原因
1-1	PDC	GS1605R	5374~5439.38	嘉四	65.38	31.5	2.08	80~120	35+LZ	26~28	22~25	井漏，堵漏堵水眼
1-2	PDC	GS1605R	5441.03~6078.52	嘉四-嘉一	637.49	197.99	3.22	80~110	40+LZ	25~27	23~25	钻时变慢
2	PDC	GS1605T	6078.52~6501	嘉一-飞二	422.48	121.35	3.48	80~110	40+LZ	25~27	23~25	钻时变慢
3	PDC	GS1606	6501~6777.46	飞二-长兴	276.46	118	2.34	100~160	40+LZ	24-26	23~27	钻时变慢
4	PDC	GS1606T	6777.46~6841.69	长兴	64.23	27	2.38	100~130	40+LZ	24~26	23~26	井漏
5	PDC	MV616 TAXU	6841.69~6899.5	长兴	57.81	44	1.31	100~130	40+LZ	24-26	23-26	钻时变慢

续表

序号	类型	型号	使用井段/m	层位	进尺/m	纯钻/h	机械钻速/(m/h)	钻压/kN	转速/rpm	排量/(L/s)	立压/MPa	起钻原因
6	狮虎兽	SH542	6899.5~6966.44	长兴-吴家坪	66.94	75.67	0.88	100~160	40+LZ	24~26	22~26	钻时变慢
7	牙轮	HJ637GL	6966.44~6974.86	吴家坪	8.42	24.33	0.35	130~180	60~70	22~24	20~23	钻时变慢
8	狮虎兽	SH542-Q	6974.86~6994.78	吴家坪	19.92	37	0.54	100~160	40+LZ	24~26	22~26	钻时变慢
9	牙轮	HJT617G	6994.78~7012.1	吴家坪	17.32	43	0.40	130~180	60~70	22~24	20~23	钻时变慢
10	狮虎兽	KPM 1342ADR	7012.1~7079.63	吴家坪-茅口	67.53	94.5	0.71	100~150	30+LZ	22~24	22~23	钻时变慢扭矩增大
11	狮虎兽	SH542	7079.63~7087	茅口	7.37	6.5	1.13	100~120	30+LZ	22~23	22~24	井漏
12	PDC	GSI1606T	7087~7125	茅口	38	31.25	1.22	100~130	30+LZ	22~23	22~24	钻时变慢
13	狮虎兽	SH542	7125~7188.28	茅口	63.28	69	0.92	100~150	40+LZ	22~23	24~26	钻时变慢
14	狮虎兽	KPM 1642DRT	7188.28~7289	茅口	100.72	96	1.05	100~150	30+LZ	22~24	22~24	钻时变慢
15	PDC	GSI1606T	7289~7481	茅口-栖霞	192	121.25	1.58	80~130	35+LZ	22~24	22~24	钻达固井井深
16	PDC	GS1307R	7485~7576	栖霞	91	47.25	1.93	20~50	35+LZ	12~15	24~27	定向困难调整组合
17	PDC	GS1307R	7576~7859	栖霞-梁山	283	77.5	3.65	20~50	35+LZ	12~15	24~27	进梁山1m完钻

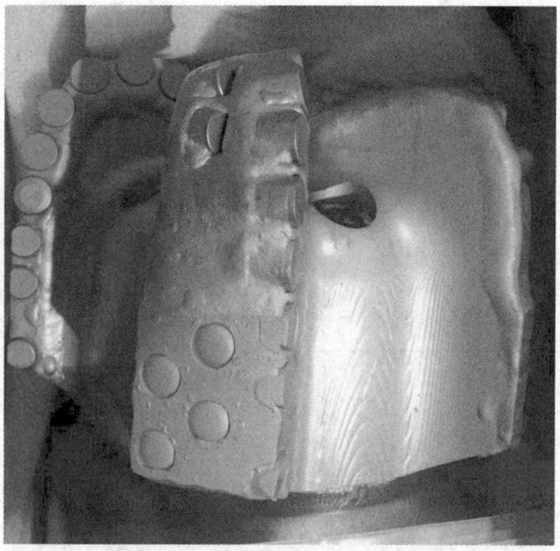

图1 GS1605T 胎体钻头

图2 吴家坪组磨损后的狮虎兽钻头(SH542)

2.2 钻具组合优化及定向效能分析

直井段使用 MWD+弯螺杆或钟摆组合防斜提速效果明显，造斜点处，闭合距仅 53.19m。

根据 SY 区块水平井超深、钻具负荷大、安全风险高的特点，通过优化钻具组合，满足了安全钻井和井眼轨迹控制需要，定向井段钻具组合及定向效能见表 3。SYX131 井使用了单弯双稳、单弯单稳、近钻头单扶三种组合形式，在水平段对钻具进行了倒装，通过 SunnyDrilling 钻井设计分析系统软件持续优化和改进钻具组合，防止钻具发生屈曲，有效避免了井下故障。

通过对不同型号螺杆使用情况分析，7LZ197

×1.25°238mm 扶螺杆由于螺扶偏大，不利于定向，而 7LZ197×1.25°（或 1.5°）235mm 扶螺杆能够满足增斜率需要，同时减缓了托压。水平段使用 7LZ120×1.25°135mm 扶和 1.5 度无扶两种高温单弯螺杆，1.25°135mm 扶螺杆比 1.5°无扶螺杆工具面稳定性更好。

入窗井段复合钻方位右漂严重，为后续井优化轨迹提供参考。

表 3　SYX131 井钻具组合及定向效能统计表

序号	定向段/m	层位	钻具组合	组合形式	滑动、复合钻规律
1	5374-5439.4	嘉四	ϕ241.3mmPDC 钻头+197mm 单弯 1.25°螺杆+回压阀+ϕ168mm 无磁钻铤+悬挂接头+ϕ230mm 扶正器+ϕ168mm 钻铤 1 柱+ϕ127mm 加重钻杆 9 柱+ϕ168mm 随钻震击器+ϕ127mm 加重钻杆 3 柱+ϕ127mm 钻杆+ϕ139.7mm 钻杆	单弯双稳（螺扶 238mm）	滑动增斜率 0.16°/m
2	5441-6078.5	嘉四-嘉一	ϕ241.3mmPDC 钻头+197mm 单弯 1.25°螺杆+回压阀+ϕ168mm 无磁钻铤+悬挂接头+ϕ127mm 加重钻杆 9 柱+……	单弯单稳（螺扶 235mm）	滑动增斜率 0.25°/m；嘉四复合增斜 0.2~0.3°/30m，增方位 1~2°/30m；嘉三复合增斜 0.2~0.4°/30m，增方位 3~7°/30m；嘉二、嘉一复合增斜 0.3~0.6°/30m，稳方位
3	6078.5-6501	嘉一-飞二	ϕ241.3mmPDC 钻头+197mm 单弯 1.25°螺杆+回压阀+ϕ168mm 无磁钻铤+悬挂接头+ϕ127mm 加重钻杆 10 根+φ168mm 水力振荡器+……	单弯单稳（螺扶 235mm）加水力振荡器	嘉一段滑动增斜率仅 0.17°/m；复合增斜 1~1.5°/30m，增方位 1~3°/30m
4	6501-6777.5	飞二-长兴	ϕ241.3mmPDC 钻头+197mm 单弯 1.25°螺杆+回压阀 2 只+ϕ168mm 无磁钻铤+悬挂接头+ϕ127mm 加重钻杆 9 柱+……	单弯单稳（螺扶 235mm）	复合增斜 0.7~1.2°/30m，增方位 0~1°/30m
5	6777.5-6899.5	长兴	ϕ241.3mmPDC 钻头+197mm 单弯 1.25°螺杆+回压阀 2 只+ϕ168mm 无磁钻铤+悬挂接头+ϕ127mm 加重钻杆 10 根+ϕ168mm 水力振荡器+……	单弯单稳（螺扶 235mm）加水力振荡器	复合增斜 0.3~0.5°/30m，稳方位
6	6899.5-6994.78	长兴-吴家坪	ϕ241.3mm 狮虎兽钻头+197mm 单弯 1.25°螺杆+回压阀 2 只+ϕ168mm 无磁钻铤+悬挂接头+ϕ127mm 加重钻杆 5 根+ϕ168mm 随钻震击器+……	单弯单稳（螺扶 235mm）；6966.44~6974.86m、6994.78~7012.1m 近钻头单扶	滑动增斜率 0.25°/m，复合稳斜
7	7012.1-7087	吴家坪-茅口	ϕ241.3mm 狮虎兽或 PDC 钻头+197mm 单弯 1.5°螺杆+……	单弯单稳（螺扶 235mm）	滑动增斜率 0.3°~0.35°/m，复合稳斜、稳方位
8	7087-7125	茅口	同序号 7，钻头为 PDC	单弯单稳（螺扶 235mm）	滑动增斜率 0.3°~0.35°/m
9	7125-7289	茅口	同序号 7	单弯单稳（螺扶 235mm）	滑动增斜率 0.34°~0.4°/m，复合增斜 0.3°~0.5°/30m，稳方位
10	7289-7481	茅口-栖霞	同序号 7，钻头为 PDC	单弯单稳（螺扶 235mm）	滑动增斜率 0.35°~0.4°/m，复合增斜 1.2°~1.4°/30m，茅口组底 100m 复合稳斜
11	7481-7576	栖霞	ϕ149.2mmPDC 钻头+120mm 单弯 1.25°螺杆+回压阀 2 只+LWD 仪器+ϕ101.6mm 加重钻杆 1 柱+ϕ101.6mm 钻杆 30 柱+ϕ101.6mm 加重钻杆 14 柱+ϕ101.6mm 钻杆 153 柱+ϕ127mm 钻杆	单弯单稳、倒装（螺扶 135mm）	滑动增斜率 0.3°/m，复合增斜 0.5°~1.0°/30m，降方位 0.7°~1.5°/30m
12	7576-7859	栖霞-梁山	ϕ149.2mmPDC 钻头+120mm 单弯 1.5°螺杆+回压阀 2 只+MWD+γ 仪器+ϕ101.6mm 加重钻杆 1 根+ϕ101.6mm 钻杆 6 柱+ϕ120mm 水力振荡器+……	单弯单稳、倒装（无扶）	滑动增斜率 0.3°/m；储层滑动困难，复合增斜 0.5°/30m，降方位 1°/30m；非储层段，复合微降斜 0.2°/30m，增方位 1°/30m

2.3 解决托压技术

2.3.1 微摆减阻技术

滑动钻进中的摩阻释放问题现已成为制约现代钻井工程安全快速钻进的瓶径。Schlumberger、BakerHughes、Shell 和 Halliburton 等公司对此开展了大量的研究工作。地面持续不断定量扭摆钻具，就是一个简单易行的摩阻释放措施[4-5]。在滑动定向施工过程中，根据定向参数出现的变化，如工具面不变或者持续增大、钻压越加越大、钻速持续降低、泵压下降等，通过在井口对井下钻柱施加一定的扭矩，使井口附近钻柱保持1~3圈的“正转-回转”的往复状态，利于下部钻柱减少与井壁的摩擦阻力，使钻压有效传递到钻头，提高滑动钻井效率。

2.3.2 水力振荡器减阻

在钻柱中安装水力振荡器，开泵时它通过自身产生周期性的轴向振动，来提高滑动钻进过程中钻压传递的有效性，减少底部钻具与井眼之间的摩阻[6]，改善钻压的传递，减少钻柱发生粘卡的可能性。通过总结四川 WY 地区页岩气和 MG 地区水平井常规定向经验，优化水力振荡器安放位置在距钻头 110~120m。

通过油基钻井液+微摆减阻+水力振荡器+狮虎兽钻头“四合一”技术，有效解决了定向托压，满足轨迹要求，提高了机械钻速。

2.4 有效应对地层差异

SYX131 井实钻岩屑分层与设计差异大，三叠系飞仙关底界比设计垂深加厚 98.76m，长兴组较设计加厚 205.64m，储层栖霞组顶界较设计加厚 81.32m。实钻过程中，采取实钻井斜略小于设计井斜的方法，始终保持实钻轨迹线在设计轨迹线下方(见图 3)。结合区域标准层吴家坪组底部王坡页岩，进行待钻井眼校正设计。结合元素录井和随钻自然伽马 API 变化，避免因地层原因导致轨迹失控，确保矢量中靶。

储层段使用 LWD+元素录井+地质导向，电阻率受油基钻井液影响呈“满幅”状，无参考意义。储层段呈“Λ”型(见图 4)，加之地质认识不足，导致未能在“Λ”型储层顶部入窗，继而导致储层钻遇率较低。

2.5 高温高压 LWD 的应用

SYS 地区栖霞组水平井地层温度在 155℃以上，对 LWD 仪器耐高温、高压性要求高。SYS 地区已施工的栖霞组定向井中定向仪器故障较高，常规定向仪器难以满足钻井施工的要求。针对 SYS 地区高温、高压的特点，采用了高温 175℃、高压 25000psi 进口 LWD 仪器，确保了施工的顺利进行[7]。

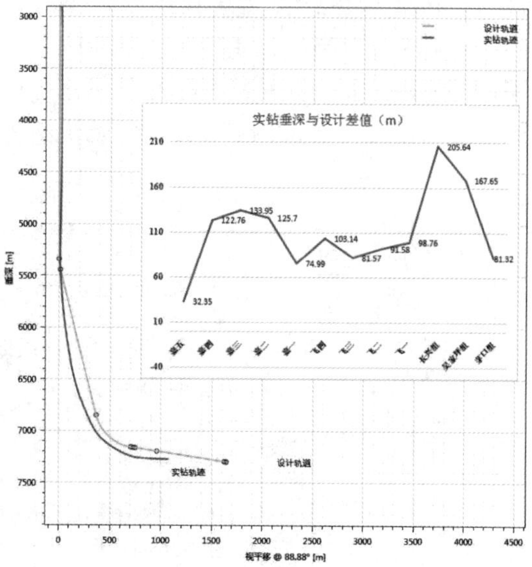

图 3 SYX131 井轨迹垂直投影图

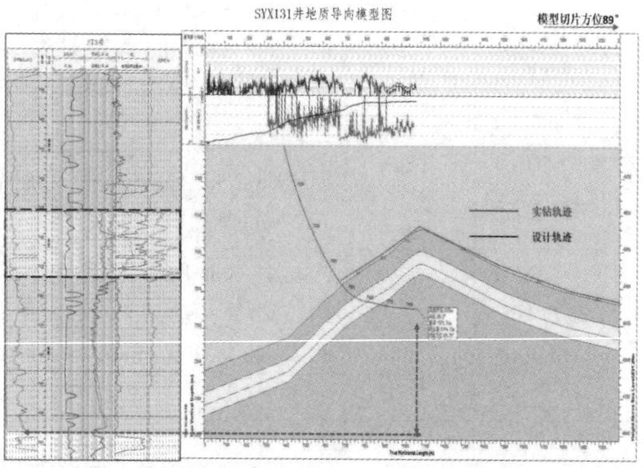

图 4 SYX131 井地质导向模型图

3 钻井液技术

3.1 控制原则

维持钻井液优良的润滑性。现场合理控制油基钻井液油水比，采取分段循环清理岩屑床、间断大排量冲砂及适当的短起下，破坏岩屑床。优化钻井液性能，特别是抗高温性能，使其具有良好的流变性、抑制性，润滑防卡和固壁防塌能力，保障井眼通畅、井筒清洁。

提高钻井液的高温稳定性。在体系设计中，重点对抗高温降滤失剂、封堵剂等处理剂进行优选，每钻进 50m 测试高温性能，每日按照井底温度+5℃开展高温滚动老化实验，保证钻井液体系在高温下的稳定性[8-9]。

严格控制钻井液的固相。钻进过程中，充分

使用各级固控设备，振动筛使用 200 目以上筛布，间断使用离心机控制有害固相含量。利用欠平衡钻井技术，控制钻井液密度窗口，解决嘉四段、长兴组、茅口组井漏和飞三段出水问题。

3.2 现场施工

根据在 SYS 地区栖霞组定向井施工经验，在定向井段使用油基钻井液，利用成熟的钻井液体系满足井壁稳定需要，避免了定向托压，同时通过优化高密度钻井液流变性，以满足井眼净化要求。

4 定向效果

SYX131 井 ϕ241.3mm 井眼定向段实钻造斜点 5400m，中完井深 7481m，中完井斜 71°，造斜段长 2081m，平均机械钻速 1.85m/h；滑动进尺 287m，滑动比例 13.79%，用时 16.56 天。ϕ149.2mm 井眼水平段进尺 378m，完钻井斜 89.5°，平均机械钻速 3.0m/h；滑动进尺 74m，滑动比例 19.58%，用时 2.69 天。水平段钻进入梁山组 1m，地质导向分析地层一直上倾，倾角 10 度左右，就此完钻。测试产量大于 100×10^4 m^3/d。

5 结论

（1）通过使用改型螺杆、水力振荡器、狮虎兽钻头配合微摆减阻等技术措施，有效解决了大斜度井段托压问题。

（2）SYX131 井采用常规定向钻井技术完成定向施工，井眼轨迹控制质量满足设计要求，为该区水平井施工提供参考。

（3）对 SYS 地区水平井 ϕ241.3mm 井眼入窗段的建议：由于井漏、地层出水问题，可使用水基钻井液，造斜点尽量选在飞仙关组，通过优化轨迹，复合微增入窗；用 185mm 弯螺杆提高滑动增斜率。

（4）对 SYS 地区水平井 ϕ149.2mm 井眼水平段的建议：储层段使用 MWD+γ 配合元素录井进行地质导向；提高对 SYS 地区栖霞组储层的横向认识。

参 考 文 献

[1] 李光泉，刘匡晓，郭瑞昌，等．元坝 272H 井超深水平井钻井技术[J]．钻采工艺，2012，35(6)：116-118.

[2] 周延军，曾强渗，窦玉玲，等．金平 1 浅层大位移水平井钻井工程设计技术及应用[J]．钻采工艺，2008，增刊(31)：24-27.

[3] 窦亮彬，李天太，张明，等．山前地区复杂地层新型钻头技术及应用研究[J]．石油机械，2015，43(8)：41-46.

[4] 易先中，李智鹏，周元华，等．地面钻柱扭摆方法释放井下摩阻的研究进展[J]．钻采工艺，2014，37(4)：73-76.

[5] 苏义脑，窦修荣，王家进．减摩工具及其应用[J]．石油钻采工艺，2005，27(2)：78-80.

[6] 许京国，陶瑞东，杨静，等．水力振荡器在大位移井张海 29-38L 井的应用[J]．断块油气田，2014，21(4)：527-529.

[7] 唐志军，周金柱，赵洪山，等．元坝气田超深水平井随钻测量与控制技术[J]．石油钻采工艺，2015，37(2)：54-57.

[8] 张军．川东北地区抗高温超高密度钻井液研究[J]．钻井液与完井液，2009，26(2)：39-43.

[9] 胡大梁，严焱诚，刘匡晓，等．超深水平井元坝 103H 井钻井技术[J]．石油钻采工艺，2012，34(6)：14-17.

鄂尔多斯盆地苏46区块绿色环保高精度地震采集技术

梅安鑫[1]　韩　翀[2]　袁胜辉[3]　张学银[3]　黄文明[1]

（1. 中国石油川庆钻探工程有限公司苏里格项目经理部；2. 中国石油川庆钻探工程有限公司地质勘探开发研究院；3. 中国石油集团东方地球物理公司华北物探处）

摘　要　鄂尔多斯盆地苏46区块为低孔、低渗、低丰度的气藏，气层单砂体厚度薄，且非均质性强。该区地表为起伏沙丘，导致能量和频率衰减严重。受复杂的地表、地质条件影响，先前的地震资料品质不稳定，资料分辨率较低。近年来当地政府推进生态环保工作，对以往的炸药震源作业模式存有疑虑，制约了本区的地震勘探进程。本文从基于AVO分析的观测系统设计、基于低频可控震源的“两宽一高”采集技术、基于提高资料信噪比的组合接收技术等方面进行研究，实现了绿色环保勘探，获得了高品质的地震资料，取得了良好的钻探效果。

关键词　苏46区块；AVO分析；绿色环保；低频可控震源；组合接收

1　引言

鄂尔多斯盆地苏46区块位于鄂尔多斯盆地伊陕斜坡西北侧的苏里格气田西区，该区地表主要为沙漠覆盖，含气层为上古生界二叠系下石盒子组的盒8段及山西组的山1段，气藏主要受控于近南北向分布的大型河流、三角洲砂体带，是典型的岩性圈闭气藏，气层单砂体厚度薄，且非均质性强，属于低孔、低渗、低产、低丰度的大型气藏[1-2]。

苏46区块位于毛乌素沙漠腹地，地表为起伏沙丘，近地表岩性复杂多变，高大沙丘对激发能量和频率衰减严重，导致资料品质变化大[1-3]。该区以往采用炸药震源激发，受近地表结构的影响，地震资料品质不稳定，资料频带窄、信噪比低，无法满足气田精细开发的需求。

近年来当地政府推进生态环保工作，实施了植树造林、草场改良一系列防沙治沙的绿色环保工作，对以往的炸药震源作业模式存有疑虑，为杜绝炸药震源施工对地表及地下造成双重伤害，当地政府对地震勘探施工许可的审批难度大，从而制约了本区的地震勘探进程，因此亟需采取更加绿色环保的高精度地震采集技术。

2　绿色环保高精度地震采集技术

2.1　基于AVO分析的观测系统设计

（1）模型正演及AVO特征分析

根据该区以往地震地质资料，建立含气砂岩、含水砂岩的地质模型（图1），从模型正演看地震波经过含气地层时，地震记录低频段能量会相对增强，而高频段能量相对减弱（图2、图3），含气地质体的AVO特征显著。

（2）基于AVO分析的最大炮检距选择

AVO属性分析能够检测油气，用于岩性解释和储层非均质性研究[4-5]，满足AVO分析对观测系统的需求：排列长度足够长，满足反射系数能量稳定，空间采样和照明度均匀，具备较高的覆盖次数，以提高P、G拟合结果的稳定性。地层反射系数与入射角、地层速度、介质密度的变化关系为Zoeppritz方程，求解Zoeppritz方程较为复杂，人们简化参数，推导出了不同形式的近似方程，使其更为简洁易懂，有较明确的物理释义，这些近似方程是目前地质解释人员研究地震数据AVO属性的基础依据[6-8]。Shuey（1985年）的简化方程即是化繁为简近似方程的一种，其近似方程如下[9-10]：

$$R_P(\theta)\approx R_0+\left[A_0R_0+\frac{\Delta\sigma}{(1-\sigma)^2}\right]\sin^2\theta\,\frac{\Delta V_P}{2V_P}(\mathrm{tg}^2\theta-\sin^2\theta) \tag{1}$$

其中，

$$R_0=\frac{1}{2}\left(\frac{\Delta V_P}{V_P}+\frac{\Delta\rho}{\rho}\right) \tag{2}$$

$$A_0=B-\frac{(1+B)(1+2\sigma)}{1-\sigma} \tag{3}$$

$$B=\left(\frac{\Delta V_P}{V_P}\right)\Bigg/\left(\frac{\Delta V_P}{V_P}+\frac{\Delta\rho}{\rho}\right) \tag{4}$$

式中，R_p为纵波的反射系数，V_P为反射界面两侧介质纵波速度的平均值，V_S为反射界面两侧

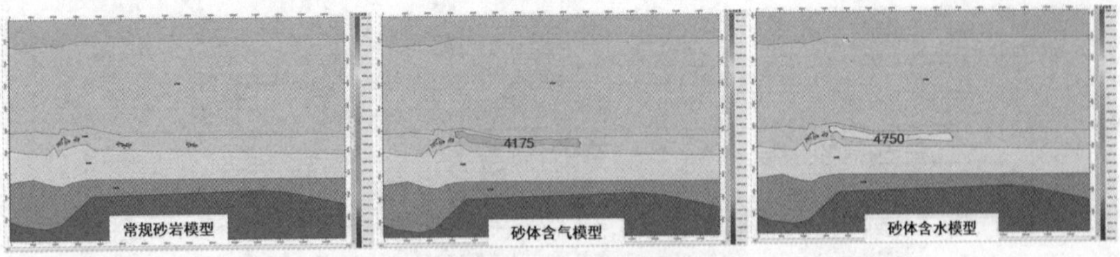

图1　二维地质模型

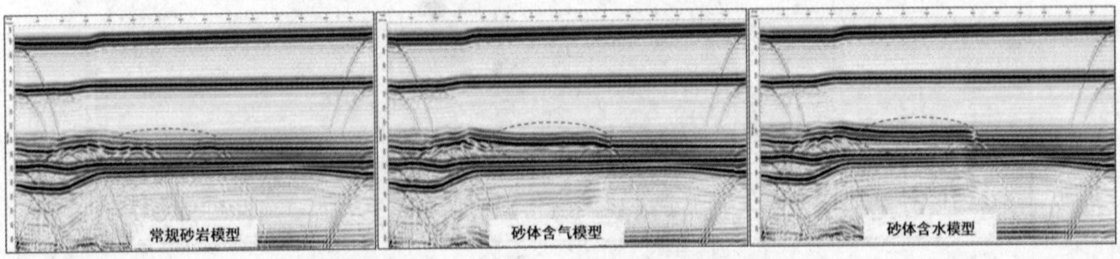

图2　模型正演剖面

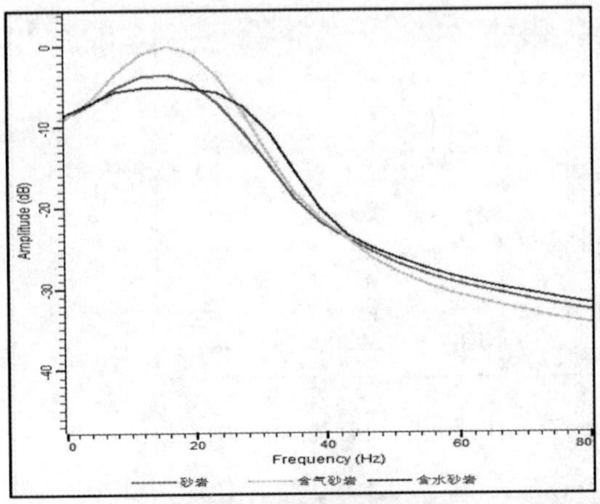

图3　模型正演剖面频谱分析

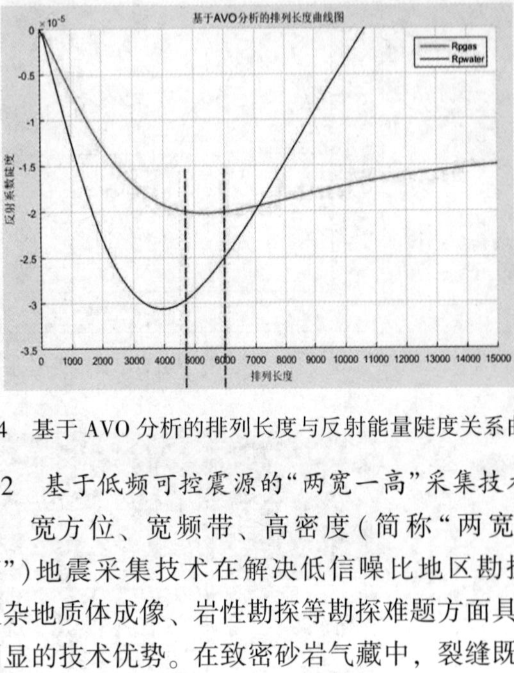

图4　基于AVO分析的排列长度与反射能量陡度关系曲线

介质横波速度的平均值，ρ 为反射界面两侧介质密度的平均值，ΔV_P 为反射界面两侧介质纵波速度的差值，ΔV_S 为反射界面两侧介质横波速度的差值，$\Delta\rho$ 为反射界面两侧介质密度的差值，θ 为纵波入射角与纵波透射角的平均值，σ 和 $\Delta\sigma$ 分别为反射界面两侧介质泊松比的平均值与差值。

反射系数能量变化相对陡度为：

$$S(\theta)=\frac{\Delta R_P(\theta)}{\Delta X(\theta)}=\frac{R_P(\theta_i)-R_P(\theta_{i-1})}{X(\theta_i)-X(\theta_{i-1})} \quad (5)$$

式中，$S(\theta)$ 为反射系数能量变化相对陡度，ΔR_p 为纵波的反射系数能量差，ΔX 为偏移距差值。

根据(式5)可得，最大炮检距为4800~6000米时，含气砂岩反射能量变化梯度较为稳定(图4)，有利于获得具有良好AVO特征的地震资料。

2.2　基于低频可控震源的“两宽一高”采集技术

宽方位、宽频带、高密度(简称“两宽一高”)地震采集技术在解决低信噪比地区勘探、复杂地质体成像、岩性勘探等勘探难题方面具有明显的技术优势。在致密砂岩气藏中，裂缝既是流体运移的主要通道，又是天然气的储集空间，它不仅控制着气藏的分布特征，而且是气藏开发方案研究的重点[11~12]。苏46区块断裂发育，断裂方向各异，具有很强的各向异性；从不同方位的叠加剖面看，断层反射特征各不相同(图5)。因此，为了更好地辨别地质体的横向变化，需要采用宽方位的观测系统采集。

该区以往都是采用炸药震源施工，对地表及地下造成了双重伤害，当地政府对该模式的地震勘探许可审批难度大。因此，我们首次将基于可控震源“两宽一高”地震采集技术推广到苏里格探区，一是实现了绿色环保勘探，赢得了政府的

图5　不同方位的叠加剖面

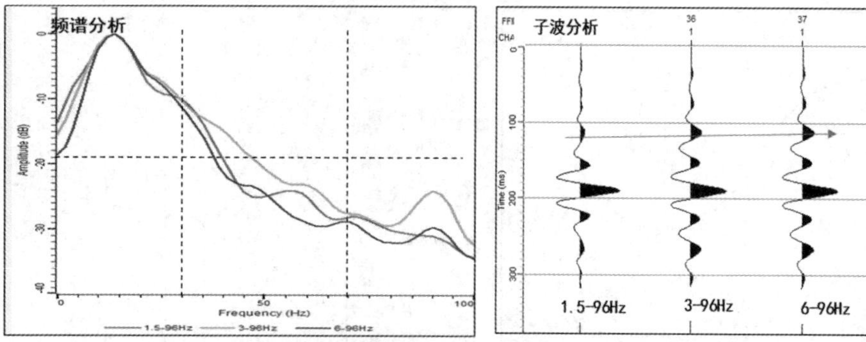

图6　不同频率扫描信号频谱分析、子波分析

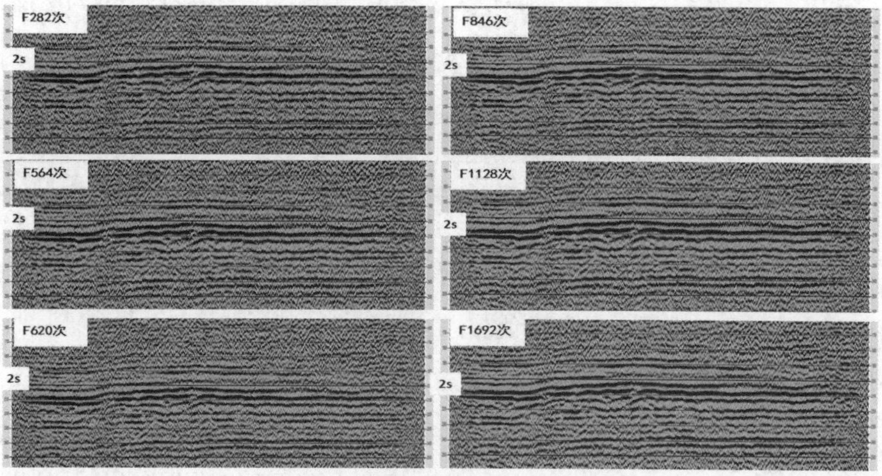

图7　不同覆盖次数 BP20~40Hz 叠加剖面

理解和支持，快速通过了施工许可的审批；二是解决了井炮“两宽一高”性价比低的问题，使“两宽一高”地震采集技术得以实施。另外，与井炮相比，低频可控震源激发起始频率 1.5Hz 的低频信息，地震波吸收衰减慢，穿透能力强，有效克服了本区由于近地表松软导致地震波衰减严重的问题，提高了资料的能量和信噪比，且低频激发拓展了倍频程、减少了旁瓣(图6)，从而提高了地震资料的分辨率；宽频成份对提高地震资料分辨率、识别薄储层有很重要的作用。

从不同覆盖次数叠加剖面、信噪比分析、频谱分析看，覆盖次数 620 次以上盒 8 段砂体识别清晰，资料信噪比较高(图 7)。因此，采用高覆盖次数(即高密度)有利于提高该区资料的信噪比。

2.3　基于提高资料信噪比的组合接收技术

该区地表多为起伏沙丘覆盖，随机噪声干扰严重，地震波能量衰减强烈，资料信噪比低[13~17]。在信噪比相对高的地区应该采用单点采集方式来提高地震资料分辨率，而在信噪比相对低的地区应该采用组合接收方式来提高地震资料信噪比[18]。与单支、单串检波器堆放相比，单串检波器组合基距 6m×6m 的正方形面积组合，有效压制了随机噪声干扰，提高了地震资料(尤其是高频端)的信噪比(图 8)。若采用可控震源激发、单支接收技术施工，需要较高的覆盖次数才能取得预期效果[19~20]，根据本区资料品质估算，采用该技术施工覆盖次数需达 1240 次以上，性价比较低，故不建议采用该技术，而采用基于提高资料信噪比的组合接收技术性价比高，更易于实现预期效果。

3　应用效果分析

苏 46 区块 2019 年三维地震勘探项目首次在苏里格探区采用基于低频可控震源的“两宽一高”及其配套地震采集技术，主要采集参数：面元 20m×20m、覆盖次数 625 次、最大炮检距 5629m、横纵比 1.00、覆盖密度 156.25 万次/km^2、可控震源型号 BV-620LF、震动台次 2 台 1 次、扫描频率 1.5~96Hz、检波器类型 30DX-10Hz、组合个数 10 个、组合基距 Lx = Ly = 6m。实现绿色环保勘探的同时，获得了高品质的地震资料。与以往井炮资料相比(图 9)，新资料品质发生了质的变化，反射信息丰富，波组特征明显，信噪比高。与井资料相比(图 10)，新采集的地震资料与合成记录可对比性强，主要勘探目的层盒 8、山 1、太原组资的反射特征清楚，信噪比高，分辨率高。

利用苏 46 区块新采集处理的三维地震资料部署的 SU46-A 井盒 8 段获得高产气流，是苏里格气田风险合作开发十五年来斩获的第一口超过两百万方级无阻流量的高产气井，创造了苏里格气田上古生界直斜井测试产量新记录，为苏里格气田开发“西进战略”增添了信心，也验证了绿色环保“两宽一高”地震采集技术的良好应用效果。

4　结论

(1) 采用绿色环保“两宽一高”地震采集技术既保护了当地生态环境，又获得了高品质的地震资料，同时取得了良好的钻探效果。

(2) 采用低频可控震源激发的低频信号，地震波吸收衰减慢，穿透能力强，有效克服了由于近地表松软导致地震波衰减严重的问题，提高了资料的能量和信噪比，而且低频激发拓展了倍频程、减少旁瓣，从而提高了地震资料的分辨率。

(3) 在信噪比相对低的地区采用检波器组合接收方式，能够有效压制随机噪声干扰，提高地震资料的信噪比。

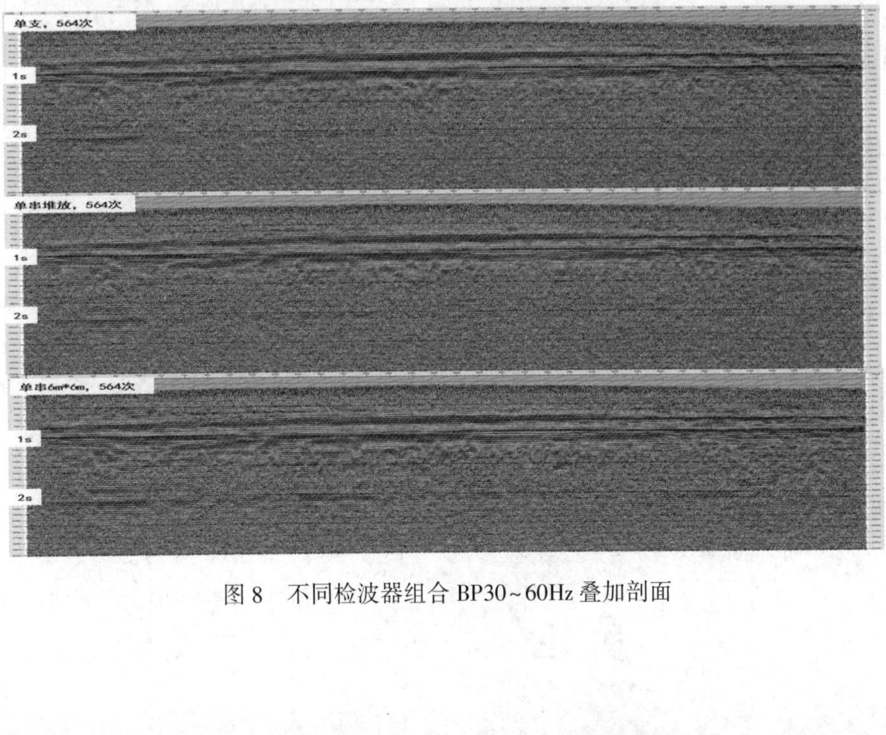

图 8　不同检波器组合 BP30~60Hz 叠加剖面

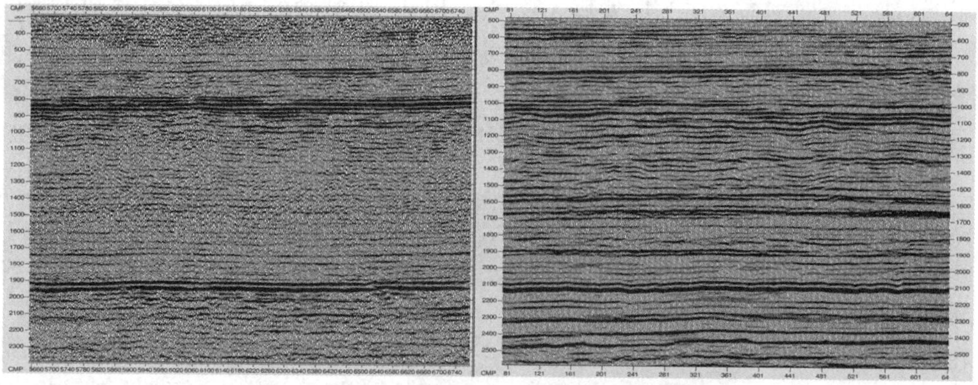

图9　井炮(左)、可控震源(右)叠前时间偏移剖面

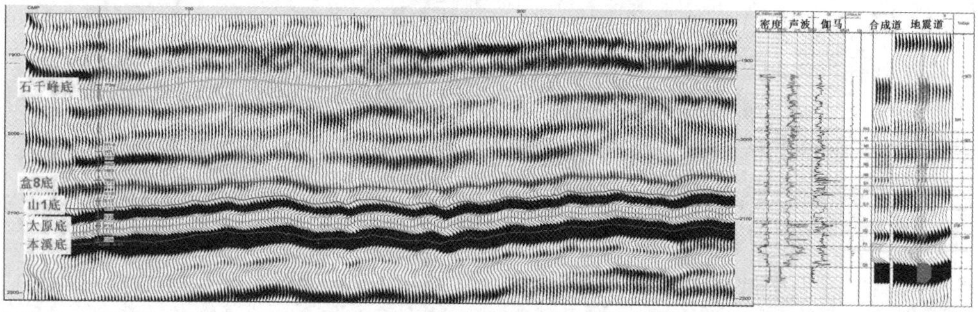

图10　新地震资料与井合成记录对比

参　考　文　献

[1]　叶秋焱，朱敏，张学银等．苏里格地区“7+1 曲线法”激发井深设计技术[J]．中国石油和化工标准与质量，2013，33(12)：166-167.

[2]　明治良，贺新蔚，孙进等．苏里格地区低渗透砂岩气藏多波地震勘探技术及应用[J]．中国石油勘探，2011，14(5)：103-110.

[3]　张登豪，袁胜辉，张学银等．宽频激发技术在苏里格 AVO 采集中的应用[C]．东方地球物理公司 2009 年度地震采集技术交流会论文集，2010：19-22.

[4]　路中奇，赵忠军，李跃刚等．苏里格气田东部致密砂岩储层的沉积-成岩约束[J]．科学技术与工程，2015，15(3)：52-54.

[5]　杨双定．鄂尔多斯盆地致密砂岩气层测井评价新技术[J]．天然气工业，2005，25(9)：45-47.

[6]　郑晓东．AVO 理论和方法的一些新进展[J]．石油地球物理勘探，1992，27(3)：305-317.

[7]　X H Chen，J Y Li，L Jin. AVO attributes analysis for time-lapse seismic，6th International Conference on Theoretical and Computational Acoustic[C]．2003，Hawaii.

[8]　周林，李景叶，陈小宏．基于精确 Zoeppritz 方程的非线性 AVO 三参数反演[J]．地球物理学报，2016，59(7)：2663-2673.

[9]　R T Shuey. A simplification of the Zoeppritz equations[J]．Geophysics，1985(4)：609-614.

[10]　X P Pan，G Z Zhang，J J Zhang. Zoeppritz-based AVO inversion using an improved Markov chain Monte Carlo method[J]．Petroleum Science，2017，14(1)：75-83.

[11]　王正国，曾联波．特低渗透砂岩储层裂缝特征及其常规井识别方法[J]．西安科技大学学报，2007，22(2)：14-22.

[12]　李进步，吴小宁，赵忠军等．苏里格气田上古生界裂缝特征及成因探讨[J]．天然气工业，2016，33(3)：414-421.

[13]　BaiXuming，DengZhiwen，ZhangXueyin. Control point's uniformity analysis in near-surface structure investigation[C]．80th SEG Annual Meeting. Denver，Colorado，2010：1999-2003.

[14]　白旭明，张学银，陈敬国等．精细表层调查控制网的布设方法研究[J]．中国石油学会 2010 年物探技术研讨会，2010：872-876.

[15]　熊峰，崔宏良，张学银等．煤层气地区叠加构造形态影响因素分析[J]．石油天然气学报，2014，

36(3)：261-264.

[16] 白旭明，崔宏良，张学银．一种近地表异常区的静校正方法及应用效果[J]．中国石油勘探．2013，18(1)：36-38.

[17] 苏海，高棒棒，段淑远等．苏里格南部地区地震储层预测技术研究—以盒8段为例[J]．地球物理学进展，2019，12：1-7.

[18] 于世焕，赵殿栋，于晨．数字检波器单点地震采集与组合接收对比试验[J]．石油物探，2012，51(3)：264-270.

[19] 吴学兵．面向宽频采集的新型检波器研发与应用[J]．石油物探，2018，57(6)：823-830.

[20] 白旭明，李海东，陈敬国等．可控震源单台高密度采集技术及应用效果[J]．中国石油勘探，2015，20(6)：39-43.

四川盆地深层-超深层复杂地质条件安全高效钻井技术

胡大梁[2] 严焱诚[1] 刘 伟[1] 王文刚[2] 黄河淳[1]

(1. 中国石化西南油气分公司；2. 中石化石油工程技术服务有限公司)

摘 要 四川盆地深层-超深层是天然气勘探开发的重点领域。针对深层-超深层地质条件异常复杂、地层可钻性差、高温、高压、高含硫等钻井技术难题，构建钻井风险识别理论体系，研发风险识别及预警软件，形成四川盆地深层-超深层复杂地质条件安全高效钻井技术。在元坝气田、川西气田及川深1井等44口井应用，钻井成功率100%，解决了元坝超深高含硫水平井钻井难题，保障了四川盆地第一深井川深1井的安全完钻，并创造了多项石油工程纪录。

关键词 深层-超深层；风险识别；钻井技术；钻井液；高温高压

四川盆地作为国内天然气的重要产地，深层-超深层发育多套大规模储层，目前已经发现川西雷口坡组、川东北茅口组、灯影组等多个大中型气藏，深层-超深层天然气资源量约为16.5万亿方，占全国深层天然气资源量的27.9%[1-3]，是天然气勘探开发的重点领域。针对深层地质条件异常复杂、不可预见性因素较多、陆相深部地层可钻性差、海相地层高温、高压、高含硫、盐水层发育等世界级钻井技术难题，通过项目的技术攻关，形成四川盆地深层-特深层复杂地质条件安全高效钻井技术，促进了元坝气田的高效建产和川西气田的发现。

1 深层-超深层钻井面临的技术难题

在中国油气勘探开发实践中，将埋深4500~6000m的地层定义为西部深层领域，埋深大于等于6000m的地层定义为西部超深层领域。以四川盆地震旦系灯影组为例，在阆中-元坝地区埋深超过8000m，自上而下钻遇白垩系、侏罗系、三叠系、二叠系、志留系、奥陶系、寒武系和震旦系，钻探过程中存在“喷、漏、塌、卡、硬、毒”等多项技术难题，主要工程技术难点如下：

(1) 超深层气藏具有埋藏超深、高温、高压、气水关系复杂等特点，面临地层条件异常复杂、机械钻速慢、复杂事故多、周期长等诸多挑战，而且超深井段地质不确定因素多，如MS1井完钻井深8418m，钻井周期593.5d，发生井漏8次；YN1井意外钻遇峨眉山火山岩储层[4-5]，发现新的勘探目标。

(2) 自上而下预测钻遇陆相和海相共27套地层，纵向上多压力系统，高低压互层，地层压力系数1.0↑1.6↓1.35↑1.75↓1.2，相邻层位压力系数差别超过0.2的地层达到7套。长兴组地压系数1.0~1.1，具有低压、易漏的特点，上部的嘉陵江组和下部的茅口组、龙王庙组均属于区域高压气层，受套管下入层次限制，难以将所有压力层系分隔，井涌和井漏矛盾突出。陆相沙溪庙组、须家河组地层井壁稳定性差；海相嘉陵江组地层膏盐岩发育，筇竹寺组泥页岩易水化失稳[6-7]，海相地层含硫化氢和二氧化碳，为保障井控安全需选用防硫套管及厚壁套管，导致了井身结构设计难度大，同一裸眼段不同压力体系并存，给钻井施工带来极大难度。

(3) 地层须家河组和小塘子组岩性致密、砂岩泥岩交错、硬度高、可钻性差，憋跳钻严重，而且地层压力高，钻井液密度高，限制了扭力冲击器等提速工具的应用[8]；海相地层茅口组大段硅质灰岩、沧浪铺组泥岩地层压实性强、灯影组四段硅质含量高，钻头磨损失效快，起下钻次数多，导致钻井效率低。

(4) 震旦系灯影组预测温度180~190℃、井底最高液柱压力约160MPa，面临井下材料耐温性能不足、发生复杂情况风险高、钻井仪器故障率高的问题。在前期施工的YB103H井、YB124-C1井中均出现多次仪器无信号问题，不得不起钻检查，大大降低了生产时效。马深1电子多点仪到底不能正常工作，电测仪器被挤扁一次，钻井液高温稠化板结。

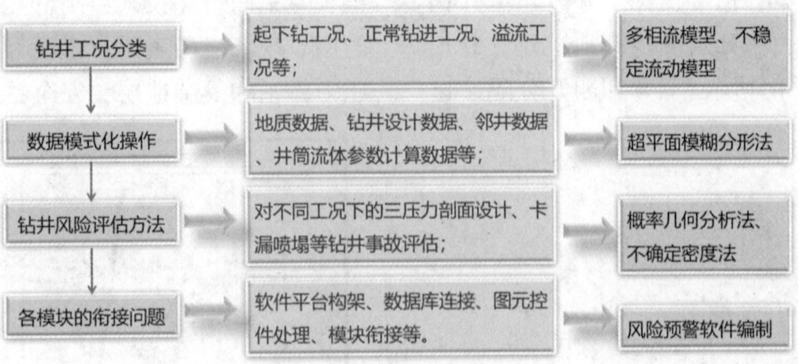

图 1　钻井风险理论体系框架图

2　复杂多压力系统长裸眼钻井风险识别与预警技术

2.1　钻井风险识别理论体系构建

针对复杂地层长裸眼井段(3000m 以上)、多压力系统、窄密度窗口地层易诱发漏喷塌卡等钻井复杂问题，系统构建钻井风险识别理论体系。钻井风险识别是指对钻井项目在实施过程中存在的风险事件进行鉴别，对尚未显化的、处于潜伏状态的各种风险进行辨别，钻井风险主要来源于地质预测风险、工程设计风险和工程施工风险[9-10]。采用 AHP 和模糊综合评价相结合方法对钻井风险进行综合评价，利用数学方法进行分析处理，其评价结果可精确地定量表示。

建立钻井风险递阶层次结构，分解为目标层、主准则层和分准则层，其中目标层表示所要评价对象，主准则层为评价对象包含因素类别，分准则层为各类因素所包含的单因素。定义主准则层评价因素集为 $X=(X_1, X_2, X_3)$，定义分准则层评价因素集为 $X_k=(X_{k1}, X_{k2}, \cdots, X_{knk})$，其中 $k=1, 2, 3$；nk 表示主准则层中第 k 类因素所包含的单因素数目，其中各评价因素重要性应由加权系数确定。构造判断矩阵利用 9 级标度法将某一因素与另一因素的相对重要度用 1、2、3、4、5、6、7、8、9 来表示，并将因素之间进行两两比较，构建出成对比较矩阵，即判断矩阵 A。

$$A=\begin{bmatrix} x_{11} & x_{12}\cdots & & x_{1n} \\ x_{21} & x_{22} & \cdots & x_{2n} \\ \vdots & \vdots & & \vdots \\ x_{n1} & x_{n2} & \cdots & x_{nn} \end{bmatrix}$$

判断矩阵用来判断各准则层中诸元素的相对重要性，X_{ij}表示评价因素 X_i 相对 X_j 的重要性，其值是由专家评判小组确定，专家依据各种风险因素在钻井中所占比重，将各准则层中属于同类风险各个因素两两比较。针对钻井风险识别中较突出的地层孔隙压力预测风险问题，前期依靠钻井、录井、测井和地震等资料已形成了较为成熟的预测技术，但考虑川西工区地质条件复杂，其预测结果误差仍较大，对井身结构设计、钻井液密度设计和井控设计等带来较大影响，利用修正灰色预测理论开展地层孔隙压力预测。

2.2　风险识别及预警软件研发

“深井窄密度窗口风险识别与安全钻进系统”工作对象主要是深井、超深井、探井等各种钻井风险识别及预警，主要由多源信息融合中心、井下风险预测模块、识别模块、评价模块和控制模块等模块组成，具备卡漏喷塌单风险评估、数据交互、防风险压力剖面融合设计、单风险识别、资料查询、辅助计算等主要功能，能及时进行钻前风险评估、钻进过程风险识别、钻后风险评价，对复杂情况及时作出预警和主动处理。软件在永胜 1 井和川深 1 井应用，有效识别了各开次钻井施工风险并提出了安全钻井技术对策，确保了两口重点风险探井的安全完钻。

3　深层-超深层安全高效钻井关键技术

3.1　复杂地质条件井身结构优化设计技术

针对深部岩石力学特性认识不清、超深井安全密度窗口窄等问题，开展了高温高压对岩石力学的影响实验，考虑温度、压力对流体与套管的影响，建立了超深井迭代式套管下深优化方法，形成了安全密度窗口拓宽与精细利用的深井-超深井井身结构优化设计技术。在井身结构设计中，对上部已知井段设计采用大尺寸井眼承担更多进尺，为深部未知地层钻探留下调整余地，同时尽量将区域主力气层分隔处于不同开次，以减少相互干扰。优化形成灯影组超深井五开备六开的井身结构设计方案，指导川深 1 井等超深井钻井工程设计的完成，一开封隔浅部地层建立井控条件，二开封隔陆相地层，三开和四开分隔茅口组、龙王庙组和长兴组高低压地层，五开专打目的层。现场应用表明，该设计有效封隔了不同的压力体系和复杂地层，安全钻至井深 8420m。

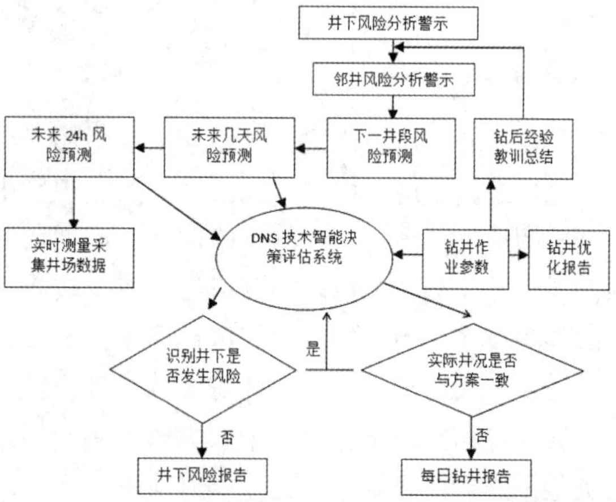

图 2　风险钻井技术智能决策评估工艺过程

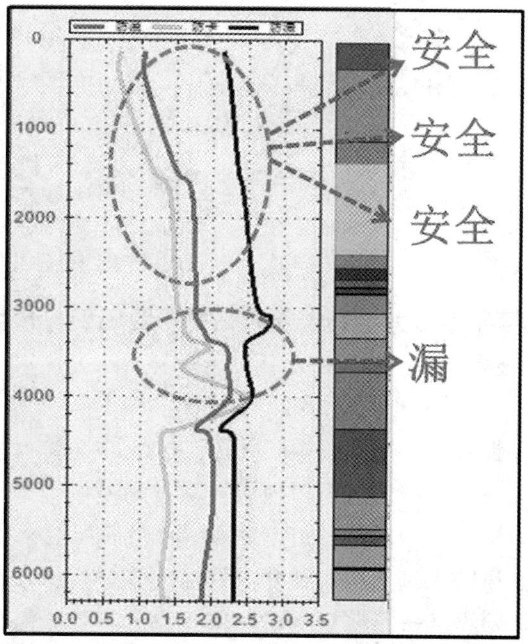

图 3　综合风险识别结果

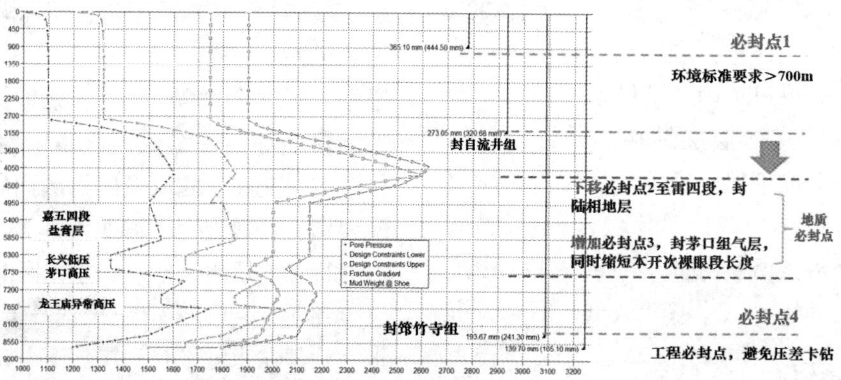

图 4　川深 1 井必封点设置示意图

表 1　川深 1 井井身结构设计表

开钻程序	钻头程序		套管程序		备注
	尺寸/mm	完钻深度/m	尺寸/mm	下入井段/m	
导管	ϕ914.4	52	ϕ720	50	封地表水层
1	ϕ660.4	902	ϕ508	0~900	表套，封蓬莱镇组
2	ϕ444.5	4302	ϕ365.1	0~4300	技套，封雷四段破碎带以浅
3	ϕ320.68	6952	ϕ273.1	4100~6950	技套，封栖霞组以浅
				0~4100	回接套管至井口固井
4	ϕ241.3	8302	ϕ193.7	6600~8300	进入筇竹寺组下部，悬挂尾管固井
				0~6600	回接套管至井口固井
5	ϕ165.1	8690	ϕ139.7	8100~8688	悬挂 ϕ139.7mm 尾管
备用 6	ϕ114.3	8690			裸眼完井

3.2 复杂地层大尺寸井眼气体钻井技术

针对四川盆地地质条件复杂，大尺寸井眼常规钻井机械钻速低的问题[11]，开展了气体钻井井壁稳定性、复杂井筒环境的井眼净化理论模型与评价方法研究，提出了非规则井眼固相动态运移模型及仿真和实验方法，建立了一套大尺度、全尺寸、多角度(井眼直径 152.4mm、长度 36m、0~90°)气体钻井井眼净化大型模拟实验装置，开展了气体钻井环空堵塞-解堵问题研究，建立了渗流(注气)-产气-憋压的耦合模型，求解出井下憋堵压力与时间的关系，发现水湿岩屑在环空复杂流道的扩径段台阶处以及关节点的台阶处容易发生聚团，更严重的情况是在该处出现泥包，适当的增加注气量可以减少非水化水湿岩屑通过液桥的连结，能够改善环空复杂流道的携岩情况，通过强化大尺寸井眼气体钻井注气量和注气压力，现场应用 22 口井，总进尺 63000m，井下事故率为 0，有效解决了致密强研磨性地层钻速慢、井下事故多的难题，实现了气体钻井在川东北复杂地层大尺寸井眼的成功应用。

3.3 致密坚硬地层钻井提速技术

针对陆相深层须家河组和小塘子组地层可钻性差、钻头吃入地层困难的问题，开展了坚硬难钻地层机械钻速影响因素分析研究[12]，提出硬地层钻井提速三要素理念，完善了工程参数分析与优化方法；明确了 PDC 钻头工作扭矩不足是制约钻井提速的主要矛盾，提出门限扭矩的概念，即钻头牙齿开始压入地层并发生转动破碎岩石的最小扭矩，通过室内微钻头实验，得出钻头尺寸、岩石抗压强度、内摩擦角与钻头扭矩的关系，并对此进行拟合，得出门限扭矩的计算方法，据此优化不同岩性地层所需的门限扭矩。针对性研发低速大扭矩动力钻具，建立等应力马达定子管线型设计方法，优选马达线型，降低橡胶应力幅值实现马达性能的提升，输出扭矩比常规螺杆钻具提高 30%以上。建立了耐超高温材料分析评价方法，通过材料配方和制备工艺研究，优化生胶体系、增塑体系、补强体系等，开发出耐温能力达 205℃×120h 的高温定子橡胶材料，耐超高温螺杆钻具在川深 1 井使用时间大于 145h。

海相地层可钻性较好，为了实现防斜打快目标，基于预弯曲动力学理论建立钻柱力学模型[13]，模拟钻具组合的井下动力学特征，优化扶正器尺寸和安放位置，对钻头处产生稳定的轴向力和侧向力，复合钻井时，钻具处于涡动状态，产生动态侧向力和动态轴向力。动态侧向力能够提供较大防斜力，且受钻压影响较小，有利于释放钻压，提高机械钻速；动态轴向力能够对地层形成一定的冲击效果，达到辅助破岩作用，实现防斜打快。在川深 1 井应用，完钻井深 8420m，最大井斜 1.53，井底位移 33.18m，井身质量控制良好。

3.4 超深井抗高温钻井液技术

提出抗高温钻井液体系构建思路，以常规聚

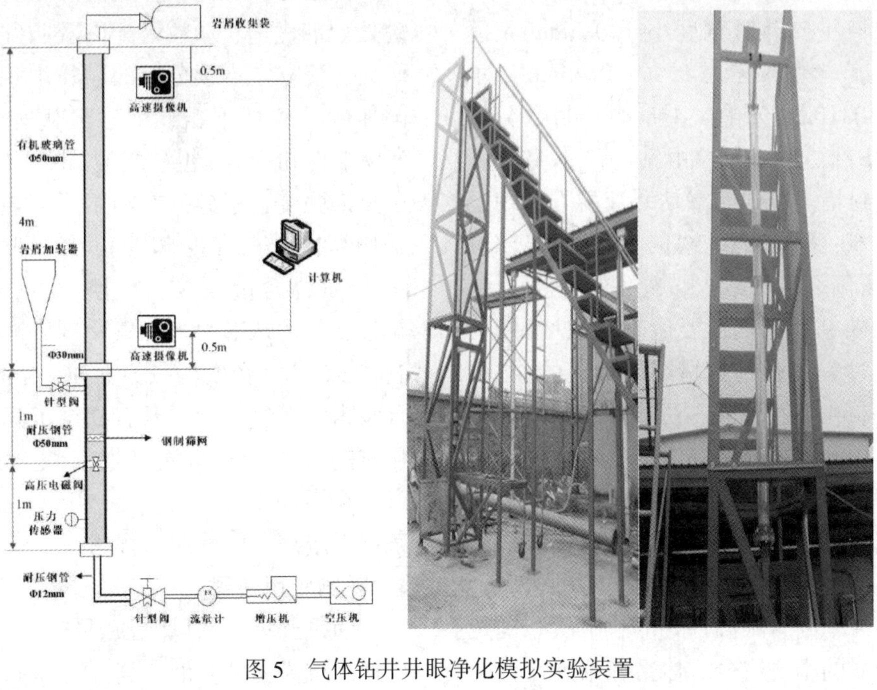

图 5　气体钻井井眼净化模拟实验装置

磺钻井液体系为基础，以耐高温高性能处理剂为核心，加重材料合理级配和处理剂适度交联的方法。优选抗高温降滤失剂，减少处理剂高温解吸和降解，协同配比保证钻井液良好的流变性能[14]。研制能有效去除钻井液中的细菌和溶解氧的高温稳定剂，阻止聚合物老化降解，有效提高了处理剂的抗温能力。根据水化分散机理，优选出能改变储层润湿性的高效抑制剂，有效控制岩屑表面水化，提高井壁稳定性。自主研制的超高温钻井液体系抗温 200℃，密度为 2.0g/cm^3，高温高压滤失为 9.8ml，泥质岩屑滚动回收率达 93%，性能满足川深 1 井钻井需求。现场应用表明，该体系具有抗高温、抗污染性能优良，流变性易于控制等优点，未发生钻井液高温稠化、板结等现象。

3.5 海相裂缝溶孔地层防漏堵漏技术

针对海相裂缝溶洞地层易发生漏失的特点，提出随钻封堵，强化井筒，提高井壁稳定能力的防漏堵漏思路。在原有可酸溶配方的基础上，增加粘弹性与温变形材料，提高对孔洞-缝宽的适应性。优选的封缝即堵强化剂主要由热塑树脂胶、合成聚合物及复合纤维等材料组成，通过不同粒径、形态的复合材料，在正压差下嵌入近井壁带的地层缝洞、裂缝、层理、裂隙中；同时本材料含有特殊功能团的合成聚合物，可在岩石表面强力吸附，并形成网状结构，有效防止井壁的剥落和坍塌，改善近井壁破碎岩石的受力条件，起到强化井眼的作用。

防漏钻井液主要针对宽度小于 0.5mm 裂缝来进行设计，卡缝颗粒考虑 0.40~0.45mm，填充颗粒考虑在 0.10mm 左右，对应颗粒目数分别为 60 目和 180 目，更小颗粒由钻井液本身具备的粒度来进行封堵，得到防漏钻井液配方：现场钻井液+5%的 60 目石灰石+2%的 180 目石灰石+2%封缝即堵强化剂。在钻入裂缝发育地层前在钻井液中加入随钻堵漏剂，要适时补加堵漏剂，其能够在漏失过程中起到封堵漏失通道的作用，最大限度地控制孔隙性渗漏、诱导性井漏的漏失速度，起到防止井漏或降低漏失速度的作用。

3.6 长裸眼井段解卡技术

针对海相地层卡钻井段温度高、常规解卡酸对钻具腐蚀速率大的问题，研发出了一种低腐蚀速率、岩心溶蚀率高、耐温性好的解卡酸。确定盐酸作为解卡酸的主要成分，体系酸浓度设计为 25%~31%，保证海相地层溶蚀解卡效果。其次，由于乳化酸体系中油相作为外相能够隔离酸相，H+释放速率缓慢，对井下工具腐蚀速率低，定型设计了一种油包酸型乳化酸结构产品，解决高浓度酸液 150℃高温下腐蚀速率高的问题。同时，乳化酸还具有全面的溶蚀作用，其油相可溶解钻井液中的有机质，酸相可溶解卡钻岩心。然后，通过优选表面活性剂形成长链烷基乳化剂/长链烷基醇类型的微乳化剂，采用高剪切分散技术，制备出油相/酸相互溶的透明微乳酸体系，解决常规乳化解卡酸体系高温不稳定问题。最后，进一步优选胶束形态调整剂并进行预包覆技术处理，将其作为关键处理剂加入微乳体系中，形成一种耐温、油水结构稳定的微乳酸技术，适用于陆相和海相不稳定地层不同卡点类型。该微乳酸耐温达到 150℃，酸液对 N80 钢片腐蚀速率仅为 72.77g/m^2.h，表明其对钻具腐蚀速率低。酸液对雷口坡组岩心酸溶蚀率达到 90%以上，对含岩屑钻井液泥饼的酸溶率达到 50%，表明其解卡效果良好。

3.7 超深井长裸眼高温高压固井技术

明确了套管下入影响因素，基于三维刚杆模型建立管柱与井眼相容性的套管下入理论模型，模拟多种井眼条件下的下入可行性，优化套管串结构，强化套管居中及通井措施，完善形成标准化、规范化的 3500m 长裸眼段套管下入技术措施。

基于分形理论，开展抗高温防气窜水泥浆关键处理剂优选、颗粒级配以及防气窜能力评价等研究，建立了连续分布的颗粒堆积模型，得出不同加砂量条件下粗、细砂最优理论配比，采用 20%细硅粉+30%粗硅粉复配技术，细硅砂有利于早期强度，粗硅砂有利于后期强度增长，优选平均粒径 156nm 的苯丙胶乳，研发密度 1.37g/cm^3、固体含量 45%、粒径 162nm、室温稳定器超过 2 年的球形纳米二氧化硅乳液，构建了超高温(220℃)高密度(2.20~2.40g/cm^3)胶乳液硅复合防窜水泥浆体系，具有高温沉降稳定性好，稠化时间可调、早期强度发展快、SPN 值小等特点。在川深 1 井四开井深 8059.5m、温度 180℃条件下应用，固井质量优秀。

4 现场应用效果

通过开展钻井风险预警技术、坚硬地层钻井提速、抗高温钻井液、高温高压固井等关键技术攻关研究，形成了深层-超深层复杂地层安全高效钻井技术，在元坝超深高含硫气田、川西气田雷口坡组气藏及永胜1井、川深1井等44口井应用，钻井成功率100%。解决了元坝气田斜深接近8000m、160℃高温、140MPa条件下的超深高含硫水平井钻井技术难题[15]，攻克了川西须家河组巨厚难钻地层和雷口坡组破碎地层安全钻井瓶颈，促进了元坝气田的高效建产和川西气田的发现，保障了川深1井的安全完钻，并创造了多项石油工程纪录：川深1井完钻井深8420m，创当时亚洲第一深井新纪录；元坝121H井完钻井深7786m，垂深6991.19m，创世界陆上超深水平井垂深最深纪录；元坝272-1H井完钻井深7788m，水平段长1073.3m，创世界陆上超深水平井水平段最长纪录。技术成果丰富了高含硫气藏超深井钻井理论与关键技术实践，标志着国内具备在四川盆地复杂地质条件实施9000m特深井的能力，步入了同类气田钻井工程技术领先行列，推动了国家十三五"深地"探测领域技术发展进步，为深层-超深层油气资源的勘探开发打下基础。

5　结论及建议

(1) 深层-超深层复杂地层安全高效钻井技术为四川盆地及类似区块的深层油气资源勘探开发提供了技术支撑，成功完钻了一批超深高难度重点井，推动了我国超深井钻探领域的技术进步。

(2) 研发的深井钻井风险识别及预警软件，对安全钻井有很好的指导作用，可以提高钻井施工的安全性。

(3) 埋深大于8000m的灯影组超深井主体采用五开制井身结构，一开封隔浅部地层建立井控条件，二开封隔陆相地层，三开和四开分隔高低压地层，五开专打目的层，能够满足现场安全钻井及地质变化的调整需要。

(4) 针对超深井井底高温高压特点，建议进一步加强抗高温耐高压井下测控仪器研制，为超深层定向井、水平井的实施提供支持。

参 考 文 献

[1] 李阳，薛兆杰，程喆，等. 中国深层油气勘探开发进展与发展方向[J]. 中国石油勘探，2020，25(1)：45-57.

[2] 郑志红，李登华，白森舒，等. 四川盆地天然气资源潜力[J]. 中国石油勘探，2017，22(3)：12-20.

[3] 于京都，郑民，李建忠，等. 我国深层天然气资源潜力、勘探前景与有利方向[J]. 天然气地球科学，2018，29(10)：1398-1408.

[4] 陈明，黄志远，马庆涛，等. 马深1井钻井工程设计与施工[J]. 石油钻探技术，2017，45(04)：15-20.

[5] 胡大梁，欧彪，郭治良，等. 川西二叠系超深风险井永胜1井钻井关键技术[J]. 断块油气田，2019，26(04)：524-528.

[6] 叶金龙，沈建文，吴玉君，等. 川深1井超深井钻井提速关键技术[J]. 石油钻探技术，2019，47(03)：121-126.

[7] 杨博仲，汪瑶，叶小科. 川西地区复杂超深井钻井技术[J]. 钻采工艺，2018，41(04)：27-30+6-7.

[8] 胡大梁，严焱诚，李群生，等. 混合钻头在元坝须家河组高研磨性地层的应用[J]. 钻采工艺，2013，36(06)：8-12+149.

[9] 何沙，王志明. 基于层次分析法的高含硫气井钻井风险评价研究[J]. 钻采工艺，2010，33(02)：28-30+37+137.

[10] 沈建文，王旭东，丁俊选. 川西深井漏涌卡钻井事故风险识别分析[J]. 钻采工艺，2017，40(03)：10-12+7.

[11] 周代生，杨欢，胡锡辉，等. 川西双鱼石构造超深井大尺寸井眼钻井提速技术研究[J]. 钻采工艺，2019，42(06)：25-27+36+2.

[12] 曾义金. 海相碳酸盐岩超深油气井安全高效钻井关键技术[J]. 石油钻探技术，2019，47(03)：25-33.

[13] 王怡，陈小锋，孙连忠，等. 预弯曲钻具组合在软硬交错地层的应用[J]. 科学技术与工程，2019，19(21)：136-140.

[14] 魏昱，白龙，王骁男. 川深1井钻井液关键技术[J]. 钻井液与完井液，2019，36(02)：194-201.

[15] 何龙，胡大梁. 元坝气田海相超深水平井钻井技术[J]. 钻采工艺，2014，37(05)：28-32+8.

海上宽方位地震勘探关键技术研究与实践

吴　尧　张建峰　王志亮　李　江　李博闻

[中海石油(中国)有限公司天津分公司]

摘　要　针对渤海复杂油气藏为目标的地震勘探面临的储层横向变化大、地震波场杂乱、构造成像差等难题，在渤中 19-6 构造区开展宽方位地震采集技术研究，通过对裂缝成像能力、方位角对比、覆盖次数分布等观测系统属性分析，提出了 12 线束线宽方位观测系统解决方案。实际采集资料及初步处理成果表明，通过高覆盖次数和富角度照明的观测系统采集，得到的地震资料信噪比高、波组特征丰富、成像清晰，地震资料品质大幅提升。宽方位地震勘探采集技术能大幅提高中深层的勘探效果。

关键词　海底电缆；观测系统；地震采集、宽方位

我国海上油气勘探开发正面临着从浅层向中深层、由构造油气藏向复杂岩性油气藏转移的新形势和新任务，勘探难度的不断增大对地震勘探技术提出了更高的要求。渤海油田常规的地震勘探通常采取拖缆和窄束线海底电缆观测系统，横向排列短、纵向排列长，方位角属性窄，沿一个排列方向的地震传播路径对地下构造进行成像。在地质构造复杂、地层速度变化剧烈、地震波场杂乱的情况下，窄方位角采集观测系统会造成部分地下构造无法有效成像，对勘探带来不利影响。

地下地质体是三维的，也是各向异性的，应该用三维地震波场数据来描述。但是，窄方位观测系统由于方位角窄，使得各向异性引起的速度、振幅、频率、相位、成像的变化在窄方位地震数据体上观察不到。因此，只有通过宽方位数据采集来增加采集照明度，以获得较完整的地下地震波场，从而提高地震资料的精度。

近年来“两宽一高”高精度地震勘探技术逐步走向成熟与规模化应用，代表现阶段地球物理勘探技术发展的重要方向。国内外各大地球物理公司陆续推出了多种多样的海上宽方位地震采集方式，主要有多方位拖缆、多船宽方位拖缆、环形全方位拖缆采集、海底电缆以及海底节点宽方位采集等，对改善复杂构造成像效果起到了极大的推动作用。针对渤海地震地质特征及地震采集作业环境，海底电缆地震采集技术有效推动了地震勘探进展，较其他采集方法具有如下优势：①观测系统多样，可根据地质需求和水面水文特征灵活设计；②当今海底电缆多为四分量检波器接收，可记录上下行波和转换波，进行多分量地震勘探；③电缆沉放在海底，有效降低了噪声影响，提高了资料信噪比；④将压力检波器数据与 Z 分量数据合并处理，可以消除电缆鬼波的影响；⑤由于检波点位置准确，可进行重复地震观测，适宜进行四维地震和长久性油田观测。

笔者在渤中 19-6 构造区设计并对比了几种宽方位观测系统，并优选开展采集工作，实际资料采集及初步处理结果表明，本次宽方位采集案例满足了后续宽方位处理解释对原始采集数据的要求，为解决实际生产问题、为目标区后续勘探开发提供了重要保障。

1　宽方位海底电缆采集方案设计

1.1　目标区地质问题及现有资料情况

目标区渤中 19-6 构造位于渤海海域渤中凹陷西南部，西临渤中 13 构造脊，东靠渤中 21-22 构造脊，地处渤中 19 构造脊，三大深层构造脊，多洼环绕，成藏条件优越，主要目的层为孔店组砂砾岩储层及潜山内裂缝型储层。工区内储量丰富且地质条件复杂，既有裂缝型储层等较难分辨的储层类型，又有全区不同沉积期次的火成岩屏蔽。在 20 世纪 90 年代末 21 世纪初本工区进行过拖缆三维资料采集，虽经多轮重处理攻关，但依然难以满足地质研究需求，主要表现在①潜山内幕成像差、信噪比低，反射特征单一呈杂乱反射，内幕断裂解释难度大，不满足潜山内幕裂缝储层研究需求；②局部区域潜山上覆地层包含砂砾岩、火成岩、低速泥岩等多种岩性，复杂岩性影响潜山地震响应，使得的潜山顶面地震成像较差，导致影响潜山顶面反射因素多，储层

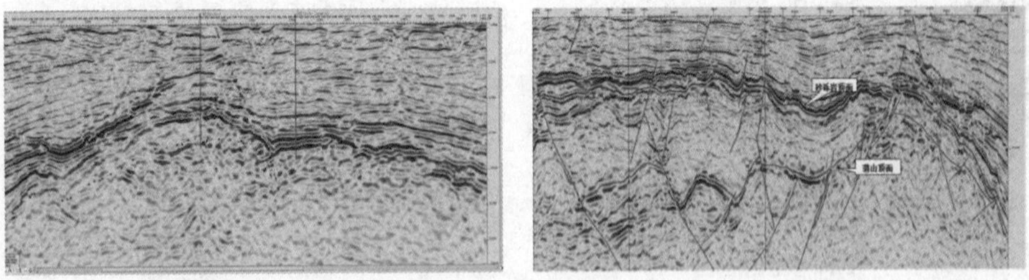

(a)井位标定?　(b)潜山顶面

图 1　现有资料在孔店组和潜山的地震成像效果

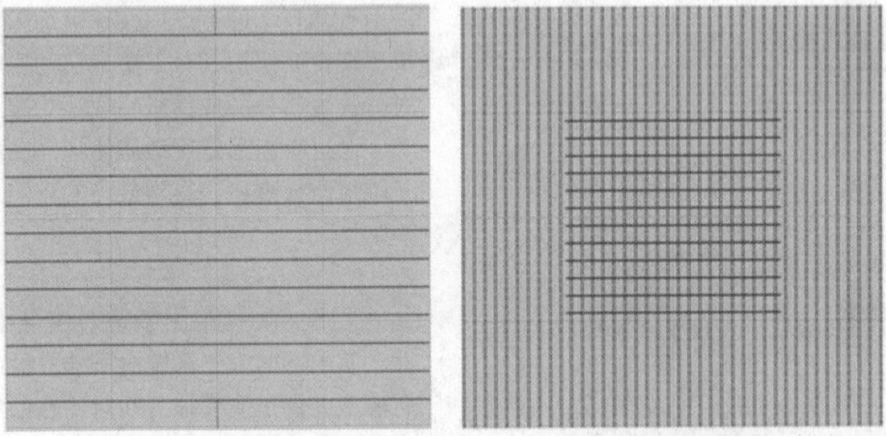

(a) 12L12S　(b) 12L5K

图 2　不同采集方案观测系统

预测多解性强；③孔店组内部地震反射特征单一(中低频、弱整幅、断续反射)，井震关系存在较大矛盾；沉积期次划分不清楚，优质储层预测难度大(图 1)。

1.2　采集参数论证及宽方位观测系统优选

针对目标区前述存在的问题，提取靶区典型区域的地球物理参数进行新的采集参数论证。获得采集面元尺寸、最大及最小炮检距、采样率、记录长度等基本采集参数后，在此基础上提出宽方位观测系统并进行对比分析。渤海通常使用的海底电缆采集观测系统主要包括 PATCH 和 SWATH 两种方式，这两种方式都可以开展宽方位设计。

针对该靶区采集的主要目的和采集参数论证情况，提出了 12 线 12 炮束状采集方案和 12L5K-PATCH 采集方案(图 2)并对属性进行了对比(表 1)。

表 1　不同采集方案观测系统参数

参数	方案 1	方案 2
观测系统	12L12S 束线	12L5K Patch
观测系统类型	束线	Patch
接收线距	300m	400m
面元大小	12. 5m×25m	12. 5m×25m
覆盖次数	12 横×100 纵＝1200	12 横×20 纵＝240
接收道数	12×400 道	12×200 道
道距	25m	25m
炮点距	纵 50m/横 50m	纵 250m/横 50m
炮线距	50m	250m
横纵比	0. 72	0. 8

其中方案 1 横纵比为 0. 72，方案 2 横纵比为 0. 8。从图 3 所示的玫瑰图中可以看出，两者的分布形态具有一定的相似性，虽然方案 2 的横纵比稍高，但是从覆盖次数分布均匀性的角度出发，方案 1 在不同方位的偏移距分布的更加均匀，更有利于各向异性的潜山裂缝预测。另外方案 1 的面元覆盖次数要远远高于方案 2。

为了进一步证明束状的宽方位观测系统方案的优势，创建一个火成岩模型(图 4)进行照明论证。分别采用以下三组观测系统(2S3L、10L12S、12L12S)进行火成岩照明分析。对比岩下成像结果(图 5)，火成岩对砂砾岩及潜山顶面

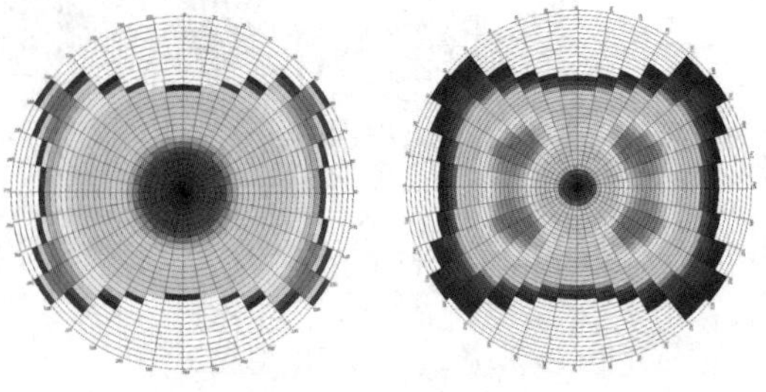

(a) 12L12S　　(b) 12L5K

图 3　不同采集方案方位角分布图

有一定影响，通过使用宽方位束线观测系统较老资料照明能量显著提升。12L12S 在火成岩下成像提升明显，且能量级别提升明显。

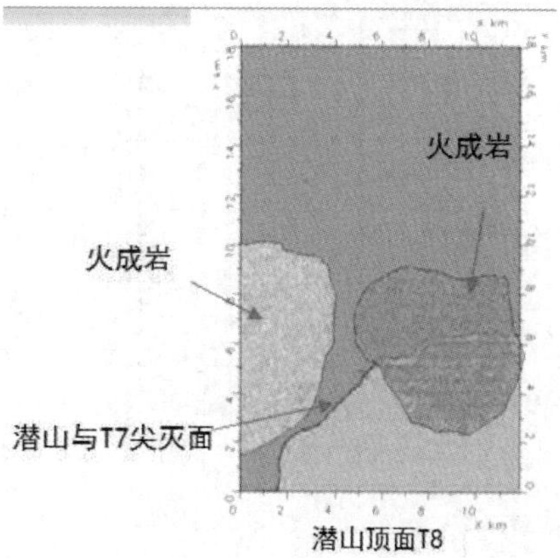

图 4　岩石物理模型

1.3　方案设计关键技术

1.3.1　特殊地质体模型设计技术

在此模型中特别加入了火成岩用以模拟火成岩对下覆地层的屏蔽作用；在潜山内加入了若干个透镜体模拟裂缝，可以在相干体上反映出裂缝的密度从而为后期裂缝解释提供一定的方向。

如图 6 所示为工区内加入的火成岩及裂缝，火成岩主要在东营组，而裂缝主要分布在潜山及潜山下几百米的范围内，通过加入特殊地质体用于后期正演模拟其对下伏地层的影响及观测系统对特殊地质体的成像敏感性。

通过将上述特殊地质体加入高精度复杂变速三维地质模型后，得到最终的正演地质模型如图 7 所示。

1.3.2　潜山裂缝成像正演分析技术

为了反映各观测系统对模型中裂缝的敏感性，使用不同观测系统对所建立的高精度三维地质模型进行正演模拟，并对比目的层位置深度切片，结果如(图 8)所示，可以看出，使用海底电缆的观测系统成像较拖缆有大幅提升，随着横纵比变大成像效果有一定提升，总体来讲 12L12S 可得到最优成像结果。

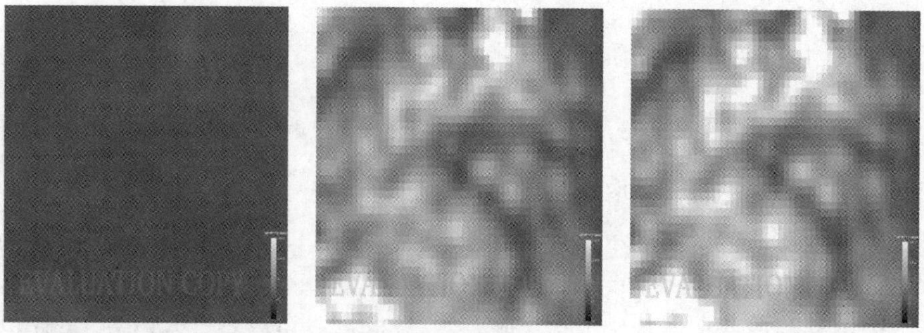

(a) 2S3L　　(b) 10L12S　　(c) 12L12S

图 5　照明成果图

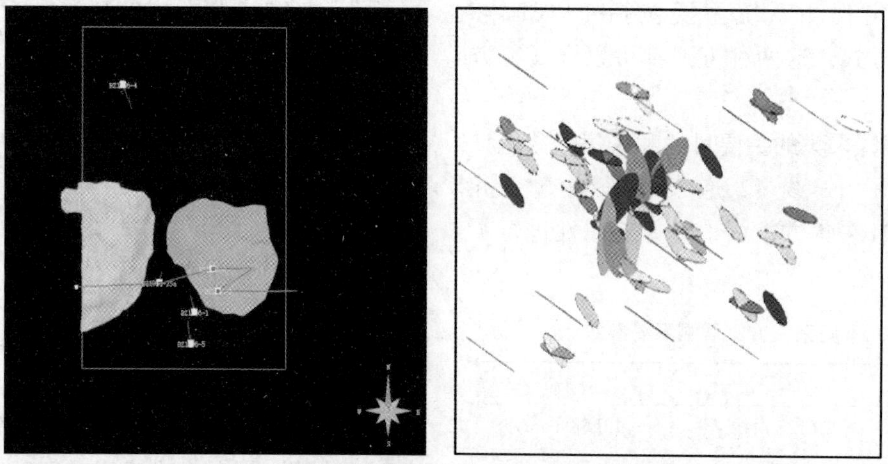

图 6　特殊地质体(左：火成岩，右：裂缝)

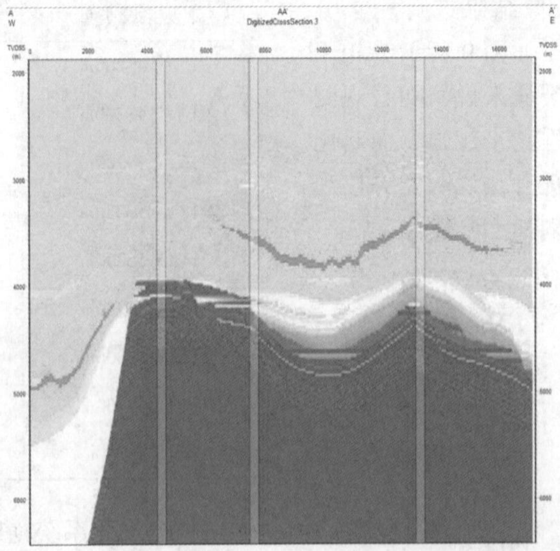

图 7　高精度三维地质模型

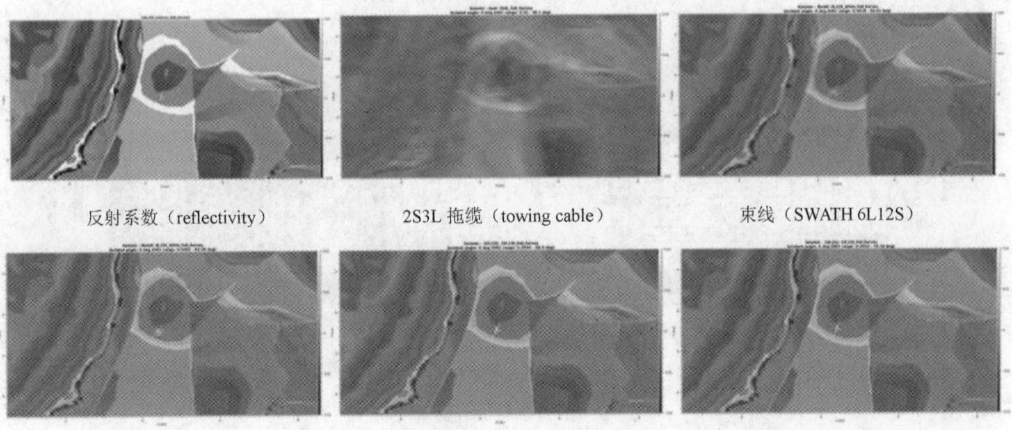

反射系数（reflectivity）　2S3L 拖缆（towing cable）　束线（SWATH 6L12S）

束线（SWATH 8L12S）　束线（SWATH 10L12S）　束线（SWATH 12L12S）

图 8　不同观测系统对裂缝识别情况图

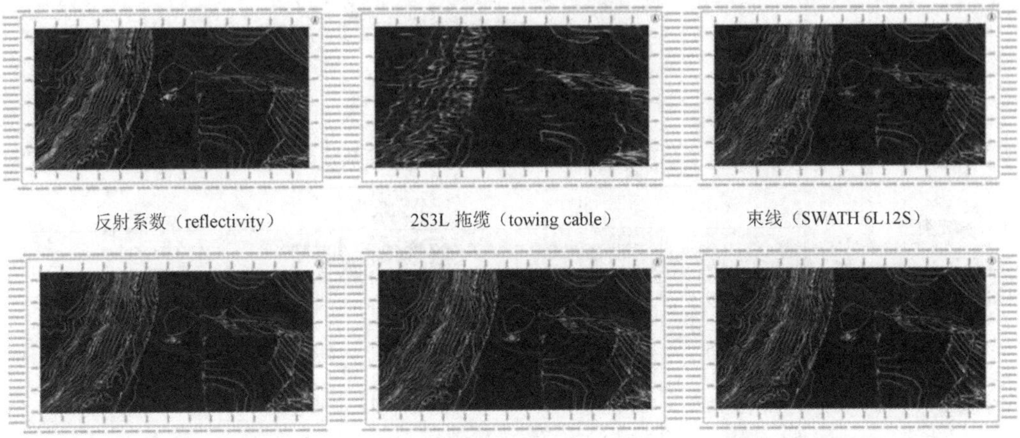

反射系数（reflectivity）　2S3L 拖缆（towing cable）　束线（SWATH 6L12S）

束线（SWATH 8L12S）　束线（SWATH 10L12S）　束线（SWATH 12L12S）

图 9　不同观测系统裂缝相干图

接下来通过相关图为后期解释提供裂缝密度可能的分布情况，我们将成像结果进行相干分析，放大对裂缝的敏感程度，如图9所示为相干结果展示，可以看出，对于裂缝来说，随着观测系统横纵比的提升，其聚焦性越来越强，而对比拖缆观测系统刻画程度大幅提升，说明宽方位观测系统对于裂缝及微断裂的刻画十分有益。

1.3.3　宽方位观测系统属性评价技术

$$CSQF = \frac{\sqrt{NMaxFold^2 + FMaxOcc^2}}{\sqrt{VarNMaxFold^2 + VarFMaxOcc^2 + k}}$$

（综合质量因子评价公式）

各参数如下：

$NMaxFold$ = 最大覆盖次数 /670

$FMaxOcc$ = 最大所占比率 /100

$VarNMaxFold$ = 覆盖次数最大最小差值

$VarFMaxOcc$ = 所占比率最大最小差值

k = 一个常数，0.02

表2　不同采集方案的综合质量因子值

观测系统类型	横纵比	综合质量因子值
12线4S200m	0.48	25.7243
14线4S200m	0.56	29.2603
16线4S200m	0.64	34.1001
12线5S250m	0.6	25.2305
14线5S250m	0.7	29.3012
16线5S250m	0.8	34.3222
12线6S300m	0.72	25.458
14线6S300m	0.84	29.0485
16线6S300m	0.96	33.9167

根据观测系统横纵比和综合质量因子的定量分析，指标性评判观测系统解决能力。对不同方位角带上覆盖次数的统计分析，利于后期开展分方位数据处理及各项异性检测（表3）。

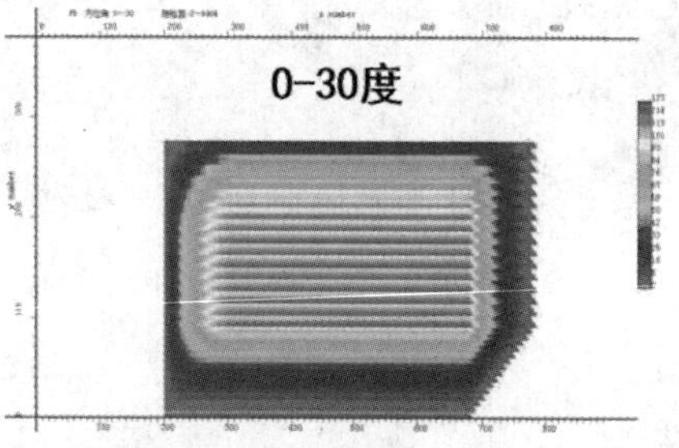

(a) 0-30度

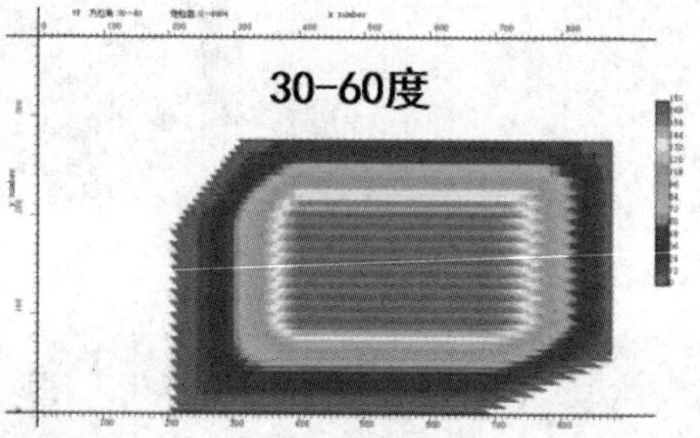

(b) 30-60度

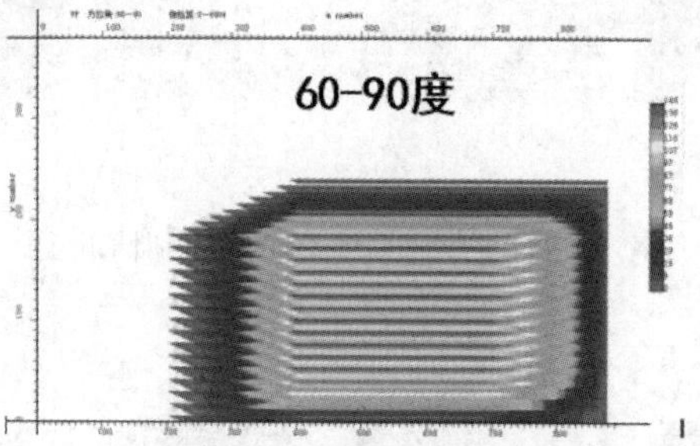

(c) 60-90度

图10　不同方位角下的覆盖次数

表3　不同采集方案几种方位角的覆盖次数

观测系统类型	分角度覆盖次数					
	0~30度	30~60度	60~90度	90~120度	120~150度	150~180度
12线4S200m	30~50	64~97	143~195	143~195	64~97	30~50
14线4S200m	44~66	94~129	148~203	148~203	94~129	44~66
16线4S200m	62~85	128~160	149~204	149~204	128~160	62~85
12线4S250m	42~63	87~119	113~170	113~170	87~119	42~63
14线5S250m	60~83	119~149	113~170	113~170	119~149	60~83

续表

观测系统类型	分角度覆盖次数					
	0~30 度	30~60 度	60~90 度	90~120 度	120~150 度	150~180 度
16 线 4S250m	77~106	140~179	113~170	113~170	140~176	77~106
12 线 6S300m	45~75	96~132	87~146	87~146	96~132	45~75
14 线 6S300m	72~99	126~158	87~146	87~146	126~158	72~99
16 线 6S300m	93~127	144~181	87~146	87~146	144~181	93~127

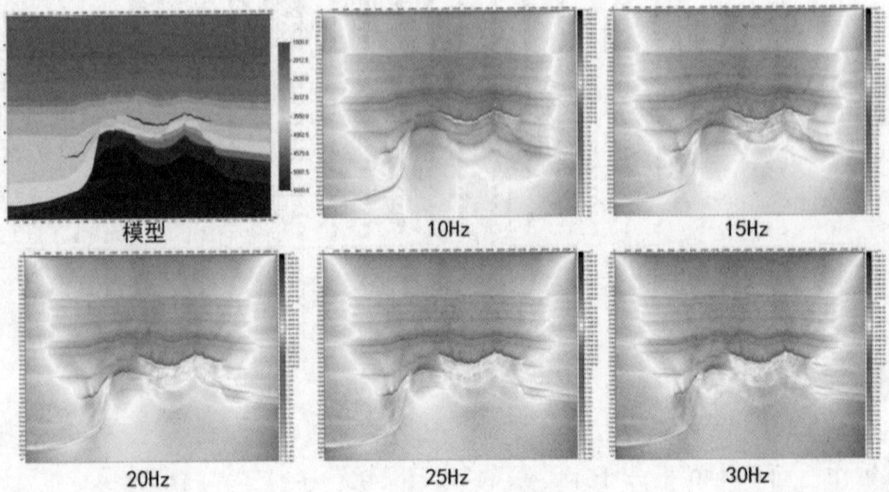

图 11 不同频率正演照明结果

1.3.4 点震源正演模拟技术

本次采集所针对的目的层相对较深，除了孔店组外则是潜山界面及潜山内幕储层勘探，对于震源容量及频带要求相对较高，同时本次采集区域有大面积火成岩展布，导致其对信号有一定的屏蔽作用，综合考虑上述因素，在震源总体能量以低频端穿透力更强的信号为主来进行设计。

首先，通过二维正演模拟，研究火成岩对不同频率信号的屏蔽作用(图 11)，为不同频率正演照明结果对比，从结果上可以看出，20Hz 以下低频信号尤其是 10Hz 左右的信号穿透能力最强，所以本次设计应注重这部分频带能量的提升。

之后，对比了本次推荐震源 5090cuin 与老三维采集震源 2250cuin 的模拟能量差异从而来推测使用新震源(5090cuin)在目标区可能提升的能量范围，如表 4 所示。从结果可以看出，新震源对火成岩及砂砾岩屏蔽区下成像能量提升显著，对于无屏蔽区域能量也有不错的提升，满足本次对基底区域成像能量的要求。

表 4 震源能量提升情况

区块	A	B	C
成像类型	东营组火成岩屏蔽+砂砾岩屏蔽基底	无屏蔽基底	馆陶组火成岩屏蔽
实际数据能量	1.4	3.2	2.3
震源 2250cu. in 模拟数据能量	1.18	2.9	1.98
震源 5090cu. in 模拟数据能量	2.67	5.22	4.09
实际数据与震源 2250cu. in 能量差距	15.7%	9.4%	14%
震源 5090cu. in 模拟较 2250cu. in 模拟提升量	126%	80%	107%
使用新震源(5090)可能提升能量范围	90%~126%	63%~80%	78%~107%

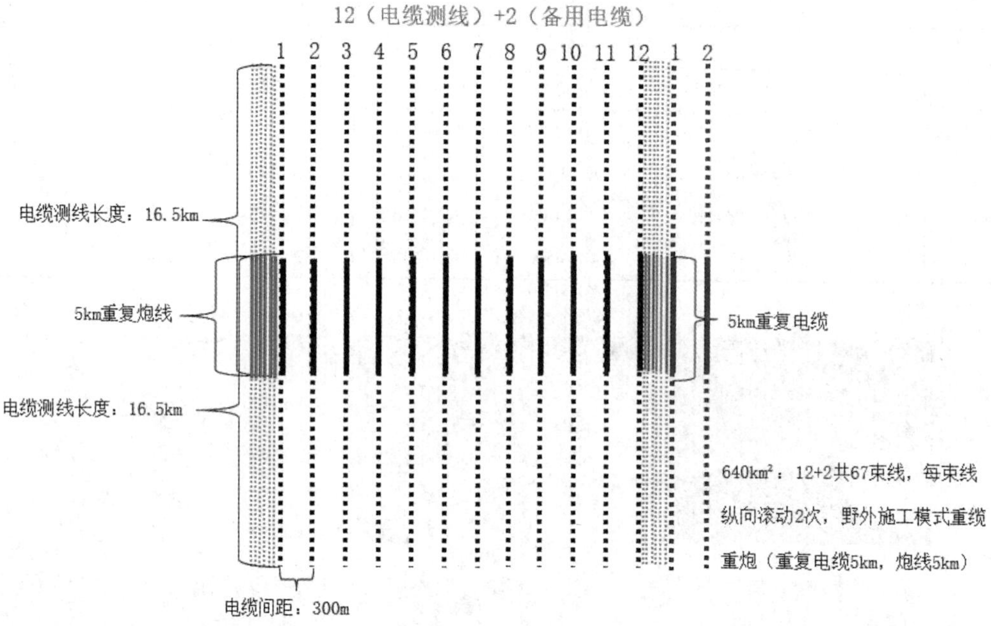

图 12　野外采集方式

2　宽方位地震采集与处理效果

2.1　采集作业方式

第一期采集作业面积 640 平方千米，采取 12+2 海底电缆滚动、两次大铺设满覆盖拼接的方式作业(图 12)。

接收方式采用全排列接收，收放缆船从中间分两次布放，每次布放 8.25km，共布放 12 根 16.5km 排列电缆和 2 根 16.5km 备用电缆(图 13)；A、B 仪器船四锚就位连接 1-12 号电缆并进行通电测试。C、D 两艘条仪器船在指定就位点四锚就位并连接备用电缆 1-2 号通电测试；震源船在电缆铺放结束并测试正常后开始响炮作业，A，B 仪器船采集接收；当前排列(1-12 号缆)响炮结束后转入下个排列(2-12 号缆+1 号备用缆)继续响炮，4 艘仪器船同时接收。收放缆船收图中 1 缆后继续横向布放。当 A、B 仪器船电缆全连接到 C、D 仪器船后，A、B 仪器船起锚到下个就位点。

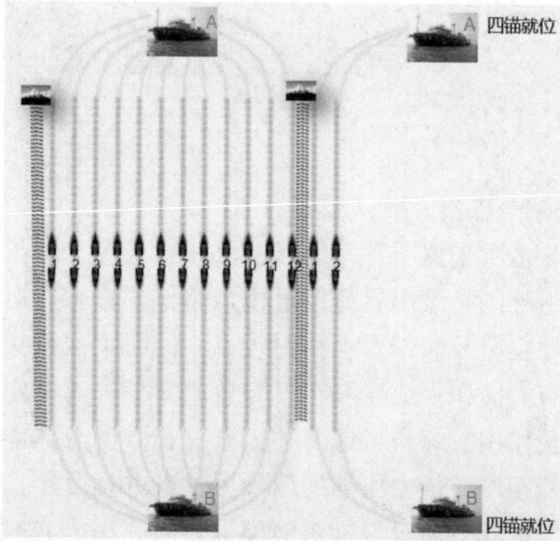

图 13　作业模式

2.2　采集资料分析

从单炮分析上来看，新采集数据由于采用了低频震源，低频(2~8Hz)更丰富，穿透力更强，有利于火成岩屏蔽区成像(图 14)。

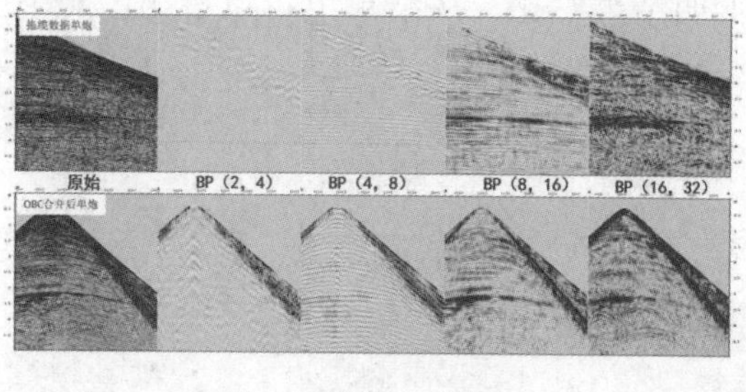

图 14　单炮地震数据

另外，由于采用了高炮道密度，覆盖次数的增加，地震资料信噪比相比与原拖缆数据提高了 25%，有利于提高潜山内幕信噪比(图 15)。

新采集数据除了有更好的穿透力、更高的信噪比外，宽方位数据方位更宽，有天然压制多次波能力，且照明更好，有利于潜山内幕断层成像(图 16)。新采宽方位数据退化为窄方位数据后多次波的压制效果，可以明显看到仅通过叠加，宽方位数据多次波压制能力更好，主要原因是多次波在不同方位相干性差，宽方位叠加具有天然多次波压制能力。

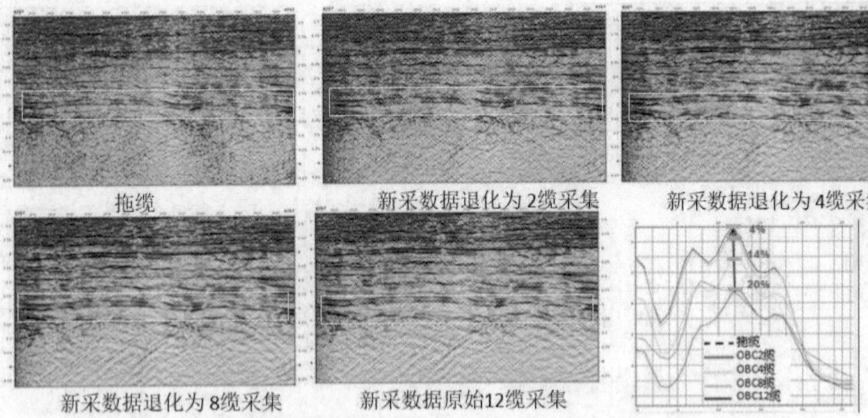

图 15　新采数据退化成不同炮密度信噪比提升情况

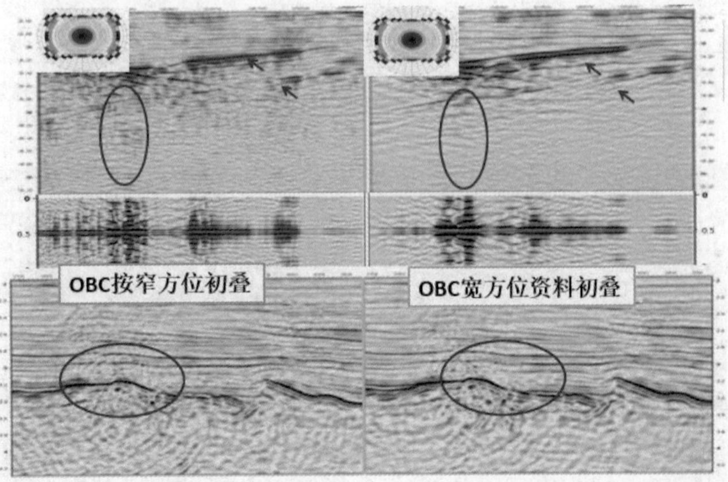

图 16　宽方位退化成窄方位后叠加

2.3　资料处理及效果

宽、窄方位资料处理有较大区别，主要体现在如下几个方面(图 17)：

1) 插值技术：窄方位主要在偏移距域插值，而宽方位多在 OVT 矢量域插值，如五维插值技术。五维插值具体实现是在五个域同时对不规则数据在频率域做傅里叶正变换，傅里叶反变换利用五维的信息沿着炮线及检波线输出规则网格的数据。五维插值可以保留原始采集的数据道，而不是简单的把它用插值道替换，这样可以对比插值道与原始道情况，来验证插值道的保真合理性。针对特别不规则的地震数据，五维插值内部还可以选用反遗漏傅里叶变换的方法，进一步避免输入数据不规则造成的能量大小的假象，提供更优的 CRP 道集用于后续的 AVO 分析及反演工作。

2) 多次波压制：考虑三维的去多次波技术，如三维拉东域去多次波技术。由于多了一个维度，道集变成了三维体，以前的二维拉东不太适用，需要三维拉东去多次技术。

3) 偏移方法：区别于传统的窄方位，宽方位需要保留方位属性以利于后续裂缝储层的预测，因此，宽方位地震资料在 OVT 域进行偏移，保留了方位属性。

4) 各向异性处理：由于裂缝的存在，方位各向异性会导致振幅和传播速度随方位的变化。目前多采用椭圆拟合的方法进行方位速度各向异性校正。其基于共成像点道集上的旅行时椭圆变化来估计拟合椭圆各向异性速度场。首先度量宽方位角资料成像道集上的每一个反射轴的旅行时抖动，然后会将旅行时翻译转换而输出时、空变的快方向速度场、慢方向速度场，快方向的方位角，以及旅行时拟合的均方根误差。其中椭圆各向异性拟合所采用的求解算法是相对比较抗噪而稳定的，最后将测量到的走时转换为逐层的层属性并应用椭圆各向异性动校正于数据获得拉平后道集。

5) 叠加处理：由于不同方位其照明能力不

宽、窄方位处理技术对比

	常规技术	宽方位处理技术
对方位的处理	偏移距域，三维插值	COV域,五维插值
多次波压制	2D拉冬	3D拉冬
深度域速度建模	窄方位层析成像	宽方位层析成像
偏移方法	偏移距域偏移	COV域或全方位角度域
方位各向异性	不考虑	方位各向异性
叠加	无方位概念	最优方位叠加

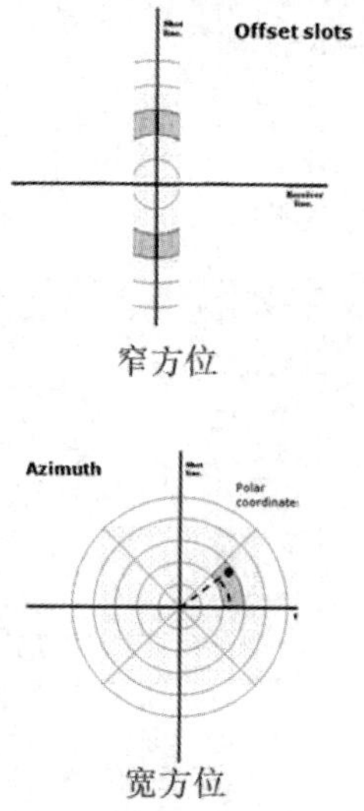

图 17　宽、窄方位地震资料处理差异对比

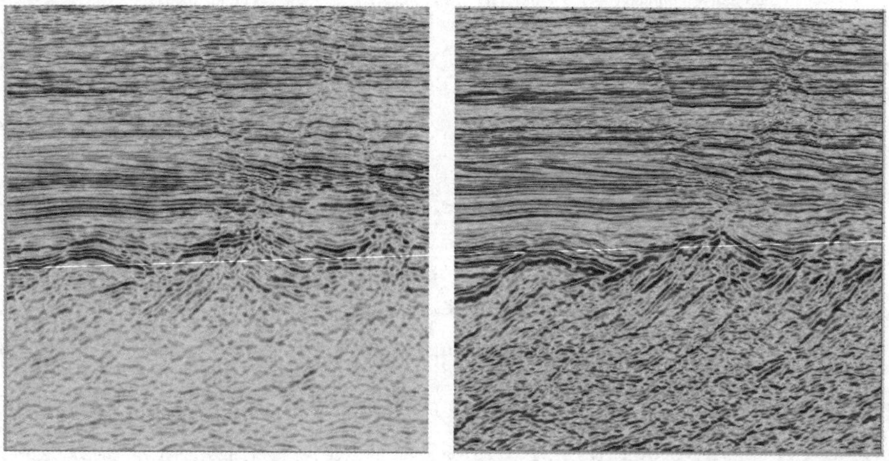

(a) 老资料　　(b) 宽方位资料

图 18　宽方位资料对比

同，因此采用了最优方位叠加技术来提高最优方位的权重。

初步处理的成果剖面(图 18)，由于宽方位资料有更好的照明，更高的信噪比，并采用了与宽方位资料匹配的宽方位处理技术，新资料相比如老资料有了很大提升，可以看到，潜山顶面更为清晰，潜山内幕与裂缝相关的断裂更为清楚，为该区的裂缝储层预测奠定了基础。

3　结论与认识

笔者阐述了海上宽方位地震勘探关键技术，并结合了渤海油田的应用实例，进行研究探讨，得到以下结论：

1）本文设计的束线宽方位海底电缆采集观测系统纵横比达到0.72，相对于拖缆和常规海底电缆采集在观测系统属性方面具有明显优势，照明能量分布均匀。

2）实际资料采集和初步处理效果表明，宽方位束线观测系统采集的高覆盖次数和富方位属性可以大幅提高以潜山裂缝为目标的中深层勘探精度。

3）对中深层特殊地质体的宽方位观测系统设计，是目前采集设计发展的一个发展方向，具有一定的推广性。

参　考　文　献

[1]　王守君．海底电缆地震技术优势及在中国近海的应用效果[J]．中国海上油气，2012，(2)：9-12.

[2]　张金森．海上双正交宽方位地震勘探技术研究与实践[J]．中国海上油气，2018，30(4)：66-75.

[3] 吴尧．基于渤中A区块气云区目标体的采集参数优化设计[J]．物探化探计算技术．2019，41(2)，166-172.

[4] 叶苑权，周滨，陈浩林，等．OBC三维宽方位观测系统设计方法及应用．2015，704-708.

[5] 何进勇，李欣，张鹏．海底电缆宽方位观测系统探索．西部探矿工程．2014，9，62-64.

[6] 李欣，尹成，葛子建，等．海上地震采集观测系统研究现状与展望[A]．西南石油大学学报(自然科学版)．2014，36(5)，67-80.

[7] 张建峰，龚旭东，杨志国，等．滩浅海地区海底电缆地震采集正交束线观测系统分析[A]．石油物探．2012，41(2)，280-285.

[8] 赵邦六，王喜双，董世泰，等．渤海湾盆地物探技术需求及发展方向[A]．石油地球物理勘探．2014，49(2)，394-410.

[9] 王海，臧峰，谢占安，等．南堡滩海地区高精度三维地震采集技术及效果分析[A]．勘探技术．2010，1(8)，39-44.

[10] 王学军，于宝利，赵小辉，等．油气勘探中“两宽一高”技术问题的探讨与应用[A]．中国石油勘探．2015，5，41-52.

“大数据+AI”时代下的录井信息化平台建设的探讨

付 海 段 斌 岳思录 姚志刚 吴文明

（中国石油集团西部钻探工程有限公司）

摘 要 录井在油气勘探开发过程中，产生了大量的对油气层评价与油气藏工程中不可缺少的数据。通过当前大数据与人工智能的飞速发展带来的技术革新，让如何采集、传输、存储、管理这些海量数据，挖掘数据的潜在价值提供了更加方便快捷的方法。在分析录井信息技术发展现状的基础上，建立并逐步完善录井信息化平台，充分利用大数据与人工智能的优势，解决录井行业“大数据”管理问题，并在已建成的中心数据库基础上对数据综合应用模式进行了初步探讨。

关键词 大数据；人工智能；中心数据库；录井信息平台；地质分析；工程预警

近几年，人工智能技术在各行各业的应用已随处可见。生产制造业中，自动视觉检测、机器参数调整、产量优化、维护预测等技术的应用极大地提高了生产效率；服务型机器人深入翻译、会计、客服等领域，服务业正在发生重要变革；此外，金融、医疗等领域，也因人工智能技术的加入而更加繁荣。某种意义上，人工智能为这个时代的经济发展提供了一种新的能量。人工智能的飞速发展，背后离不开大数据的支持。而在大数据的发展过程中，人工智能的加入也使得更多类型、更大体量的数据能够得到迅速的处理与分析。

目前，人工智能发展所取得的大部分成就都和大数据密切相关。通过数据采集、处理、分析，从各行各业的海量数据中，获得有价值的洞察，为更高级的算法提供素材。腾讯 CEO 马化腾在清华大学洞见论坛上表示，“有 AI 的地方都必须涉及大数据，这毫无疑问是未来的方向”。李开复也曾在演讲中谈到“人工智能即将成为远大于移动互联网的产业，而大数据一体化将是通往这个未来的必要条件。”“人工智能离不开深度学习，通过大量数据的积累探索，在任何狭窄的领域，如围棋博弈、商业精准营销、无人驾驶等等，人类终究会被机器所超越。而 AI 技术要实现这一跨越式的发展，把人从更多的劳力劳动中彻底解放出来，除了计算能力和深度学习算法的演进，大数据更是其中的关键。”

与此同时，人工智能的出现也提高了可利用数据的广度。大数据分为结构化数据与非结构化数据。结构化数据记录了生产、业务、交易和客户信息等；但大部分的数据，约有 85%以上都是非结构化数据。在互联网时代，随着社交媒体的兴起，非机构化数据的增长更为惊人。然而，大数据爆炸的时代不允许个人在研究的过程中读懂每一篇论文，了解所有的观点。因此这就对高级算法提出了要求，如何快速寻找真正适合有效的信息。人工智能辅助大数据利用一个典型的例子就是“预测未来”。邓白氏高级副总裁兼首席数据科学家安东尼·斯克里费加诺曾分享过一个处理欺诈的案例。专业团队可以根据传统的欺诈类型设计成千上万不同的算法，用于专业人员处理不同类型的欺诈行为。然而，现实中还存在一个“观察者效应”，也就是说如果这个人知道有别人在观察他，他就会不自主地改变自身的行为，直接导致了被观察对象的行为与其真实表现的差异性，但这一点没有办法通过传统的建模方法进行行为检测。所以这就需要更为高级的人工智能手段和更加先进的调查方法来进行解决，去建模未来可能发生欺诈的行为。

1 “大数据+AI”在石油工程领域的研究应用概况

AI 在石油工程领域的研究应用已有几十年的历史，最早于 20 世纪 70 年代出现在国际石油工程师协会(SPE)论坛。2009 年，SPE 数字能源科技部门的部分会员成立了“人工智能与预测分析会”分会，定期组织相关研讨，推动 AI 技术在油气领域的应用。

从 2000 年开始，石油工程领域对 AI 保持了较高的研究热情，2010 年之后公开发表研究文章的增长速度大幅提升，从应用方法的选择上来看，人工神经网络、模糊逻辑和遗传算法时石油工程应用中最常用的AI技术，其他如支持向量机、功能网络和基于案例的推理等方法也有应用。2010年之后，关于机器学习的研究和应用超过了人工神经网络，成为研究最多的领域。

近年来，国家逐步提高了对发展工业智能化建设的重视度和相关要求，并争对性的作出了一系列战略部署。党的十九大报告明确提出："要推进互联网、大数据、人工智能同实体经济深度融合，做大做强数字经济"。2015年政府工作报告首次提出"互联网+"的概念，2017年，人工智能被首次写入政府工作报告，2019年政府工作报告指出，要打造工业互联网平台，拓展"智能+"。政府工作报告从"互联网+"向"智能+"表述变化的背后，是我国对创新发展战略的升级迭代。近年来，国务院印发的《中国制造2025》、《关于深化"互联网+先进制造业"发展工业互联网的指导意见》、《"十三五"国家科技创新规划》、《新一代人工智能发展规划》、《关于促进人工智能和实体经济深度融合的指导意见》，从国家战略层面上引导和促进了互联网、大数据、人工智能等新兴技术产业的健康发展。"互联网+""智能+"已成为发达国家推进"再工业化"战略、抢占新一轮科技革命和产业变革制高点的必争之地，更是我国深入推进供给侧结构性改革，助力我国工业面向数字化、网络化、智能化新旧动能转换，实现"换道超车"、企业转型升级的重要机遇[1]。

自2014年国际油价断崖式下跌至今，又逢今年新冠肺炎对世界经济的严重影响，造成石油行业前所未有的最"黑暗"时刻，使石油工程领域的参与者为了提升竞争力和抗风险能力，都希望通过数据分析、实时监测和自动化来寻求可持续性发展，人工智能技术以软件、智能装备、作业平台及专项服务等多种形式在石油工程领域广泛应用，应用的领域已渗透到从管理到勘探开发施工现场的各个环节，提升了石油工程领域自动化和智能化水平。

2 "大数据+AI"与石油工业技术融合现状

当前，互联网创新发展与新工业革命正处于历史交汇期，互联网应用场景从虚拟领域向实体工业快速延伸，由网络化向数字化、智能化深度拓展，成为推动大数据、人工智能和实体经济融合发展的突破口，世界主要国家纷纷将数字化、网络化、智能化作为产业变革的核心。"互联网+大数据+AI"正在持续地影响着整个经济社会并促使其不断发生深刻的变革，它已经成功地改造了传媒、金融、零售及服务等多个行业领域。在"赋能"石油工业建设方面，壳牌公司为适应日益复杂的油气田地质条件和国际社会新变化的需要，早在2008年提出了智能化油气田这一概念，并在建设过程中取得了较好的效果。智能化油田利用互联网、物联网、云计算和信息监控等技术，包括实时监测、模型建立、决策与实施3个环节，具备自主采集、分析、判断、规划、协调、重组与扩充、自我学习、自行维护等能力。近年来，面对"互联网+""智能+"时代的到来以及国家"智慧能源"战略的提出，国内以智能化为代表的油气技术革命正式拉开序幕，很多油气生产企业提出了油田智慧化或智慧油田建设的问题，有的油区基本完成了智能钻井实时分析、数字油藏化描述、生产数据即时传输以及数字化油气田管理等应用建设，覆盖了油田开发生产各个业务领域，初步形成了资源共享、优化集成的信息系统平台，打造了一系列核心业务应用系统，实现了企业决策分析智能量化、生产运行实时优化、生产管理高效协同、生产经营精细管控的一体化运作模式。当前"大数据+AI"技术对我国石油天然气行业的贡献价值正处于量变到质变的关键节点，新一代勘探开发智能化技术体系正在形成，新一轮技术革命蓄势待发，互联网、大数据、人工智能和行业深度融合，成为不可阻挡的时代潮流。

3 基于大数据技术下录井信息化平台的建设与实践应用

根据录井技术现状与发展需求，围绕"地层剖面建立、油气识别与评价、工程监控和信息传输"四大工程任务，借助"大数据、人工智能、移动互联网、云计算、物联网"等新兴技术，研究录井数据智能采集、录井设备运维、安全传输、智能解释及远程指挥决策一体化关键技术，将钻井工程参数、岩性与油气显示识别、大数据分析等技术高度集成，构建集井场数据采集、处理、评价、传输、发布于一体的系统管理平台，突破录井作业以人为中心的人机物融合理论方法，通过工业机器人自动选样、仪器自动分析、数据实时挖掘与智能解释评价，以及环境感知、智能决策、自动控制技术单元的深度整合，实现数据采集与传输、工程预警、实时智能解释评价、信息发布等井场协同信息化支持体系，改变现有的传统录井作业方式，逐步实现检测技术同人工智能技术协同融合、智能运行维护与无人值守录井的创新变革。

3.1　录井信息化平台架构

3.1.1　录井信息化平台大数据建设

录井中心数据库是实现数据管理存储一体化的最佳解决方案，更是充分发挥数据应用一体化的前提和基础。数据库建设围绕中心数据库这个大数据中心，面向数据采集、存储、管理及应用主题开展服务于业务应用的数据资源管理模式建设，形成规范、安全的数据资源管理体系，为数据交换与共享等服务提供支撑。为了更好地满足不同维度的业务需求，以面向对象的方式设计数据存储模型，按照“专业、产生、存储”三位一体的思路构建中心数据库存储系统。中心数据库支持存储勘探、钻井、录井、测井、试油、分析化验以及生产管理等结构化及非结构化数据类型，同时按照数据的产生过程结合时间顺序存储，展现出强大的数据存储功能。中心数据库也提供按照不同业务类型以实时库、静态库、成果库、知识库及生产管理库的方式进行存储，实现数据分布式存储(图1)。

录井中心数据库的关键是数据质量与数据安全性。为了保证数据质量，需要配套完善的数据管理规范和相应的管理制度。基于中心数据库模型设计标准，建设面向各个岗位的数据采集体系，从仪器采集、数据录入到数据迁移再至数据远程传输、数据质量审核，确保数据来源唯一性、及时性、真实性、完整性。为保证数据的安全性与访问效率，中心数据库采用反向代理模式，此模式可使外部网络用户通过反向代理访向内部服务器，只能看到反向代理服务器的 IP 地址和端口号，内部服务器对于外部网络来说是完全不可见。而且反向代理服务器上没有保存任何的信息资源，所有的信息资源都保存在内部服务器上，对反向代理服务器的攻击并不能使真的信息资源系统受到破坏，这样就提高了内部服务器数据的安全性。同时反向代理服务器的缓存功能也加快了用户的访问速度，提高了工作效率，充分发挥出中心数据库的优势。

在建成的中心数据库支撑下，为了充分整合数据资源，发挥数据应用方面的效益最大化，针对工程技术服务业务对象，梳理数据应用层次，需要建设一个集成、共享、协同的工作平台。该平台应是基于多学科融合、支持一体化、智能化应用的地质工程一体化协同工作平台，不仅能提供数据的智能检索，同时可供工程地质人员、油田勘探开发技术人员进行综合应用分析，更重要的是要具有随钻智能跟踪分析功能，并支持远程诊断与远程作业支持，促进大数据应用向着一体化、智能化方向发展。该平台是以井场数据一体化，具有互联化、多学科、多终端、多模式协同、工作流、智能化的特点根据建设目标，平台上的应用主要包括大数据的查询展示、数据综合分析研究、随钻动态跟踪、现场实时视频监控、专家远程决策支持等。总而言之，该平台是一个集视频、通讯、数据采集、数据传输、数据管理、数据应用、数据分析、数据共享为一体的协

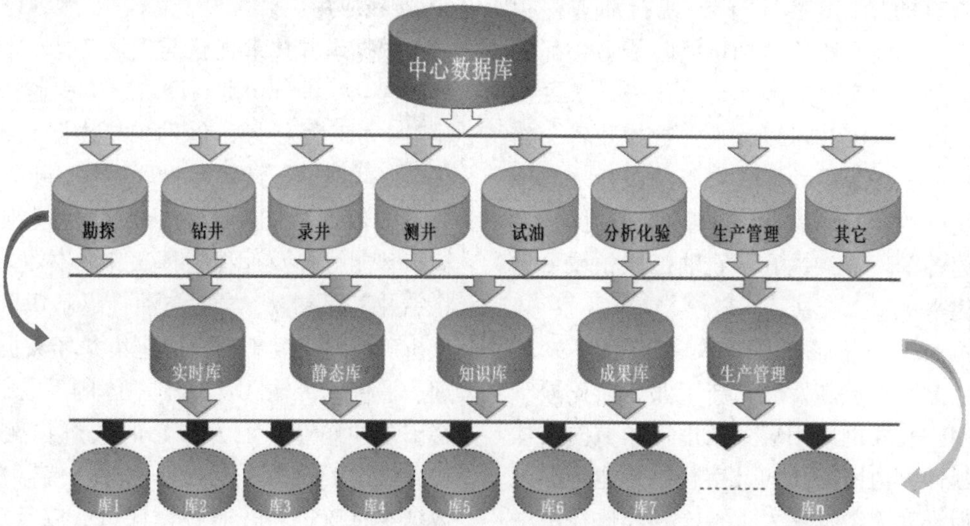

图1　中心数据库组成图

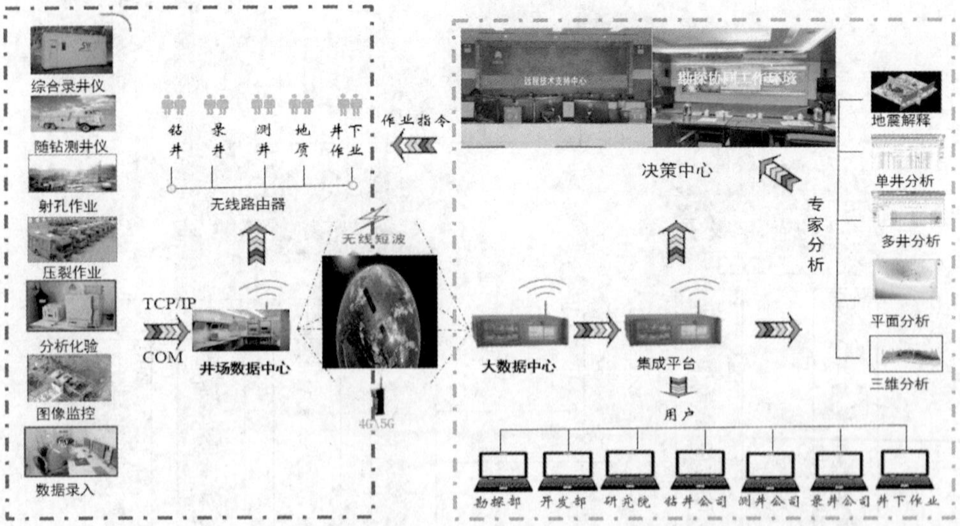

图2 录井信息化平台总体架构图

同工作和远程作业支持平台，为钻井工程师、地质师、油藏工程师以及管理者提供一体化的协同工作环境，使不同学科的专家和技术人员之间的交流更直观，有效地推进决策进度和效率，避免决策的片面性。同时最大程度地利用企业在各地的专家资源，充分地共享信息，以及更加直观、迅速地做出决策，实时指导现场作业、提高井场作业管理的效率和作业质量，带来生产管理方式的变革。

3.2 录井信息化平台在勘探开发中的应用

随着油气勘探开发技术手段的现代化和信息需求量的增加，越来越多的单位需要及时了解钻井现场的钻探动态和测井、试油(气)、录井等方面的信息，而录井信息化平台正好为勘探发开提供了必要的信息来源方式，为实现信息化资源共享创造了条件，在勘探发开过程中无论是甲方油田公司还是乙方工程服务公司的生产管理者都可以通过访问录井信息化平台，及时获取钻探过程中的实时数据。

3.2.1 基于平台服务器大数据调用，提供地质分析研究

随着录井技术的不断发展，所采集获得的数据类型丰富多样，为满足勘探开发地质研究工作，基于工程地质协同工作平台加强数据资源共享和专业应用，提供数据综合分析研究的功能，为勘探决策部署和地质导向提供有效地质支撑。在地质研究过程中，通过集成各种绘图、专业分析软件(如单井地质图绘制分析模块、构造图绘制分析模块、油藏剖面绘制模块、多井地层对比模块、二维地质导向模块、地层压力预测模块、油气层综合解释评价模块等)，聚集可供基础地质研究的各类分析工具，实现各类数据专业应用、成果共享。具体表现在：①在钻井前，基于区域和邻井资料，建立起知识库模型，对钻井过程中可能出现的问题进行充分预估，做好钻前设计和地质预告；②在钻井过程中，根据已有的知识库模型，结合平台远程技术支持模块，对正钻井进行快速、准确的岩性、层界面、油气水识别和钻头位置判断，形成初步认识；同时，充分发挥基地、专家协同作战，充分交流、讨论，集思广益，对初步认识进行地质修正，得出更为及时、准确的地质认识，为地质导向提供有力支撑，提高钻遇率。③在完井后，对录井数据进行统计分析，通过建立合理的数据分析预测模型，实现录井岩性剖面、储集层流体性质及录井工程参数特征在线实时解释评价。并可在后期监测试油、试气状态，收集相关资料。

3.2.2 录井大数据信息挖掘与工程异常预警

大数据的价值在于数据分析以及分析基础上的数据挖掘和智能决策。只有基于大数据建立有效的模型和工具，才能充分发挥大数据的价值。其中，数据挖掘是从大量数据中提取出有效的、新颖的、有潜在作用的、可信的、并能最终被人们理解的模式的处理过程，是数据库知识发现的关键组成部分。工程异常预警以录井信息平台为依托，以大数据源为基础，以人工智能技术与计算机技术结合为手段，挖掘工程录井资料信息，与钻井工程相结合，集随钻地质信息采集与分

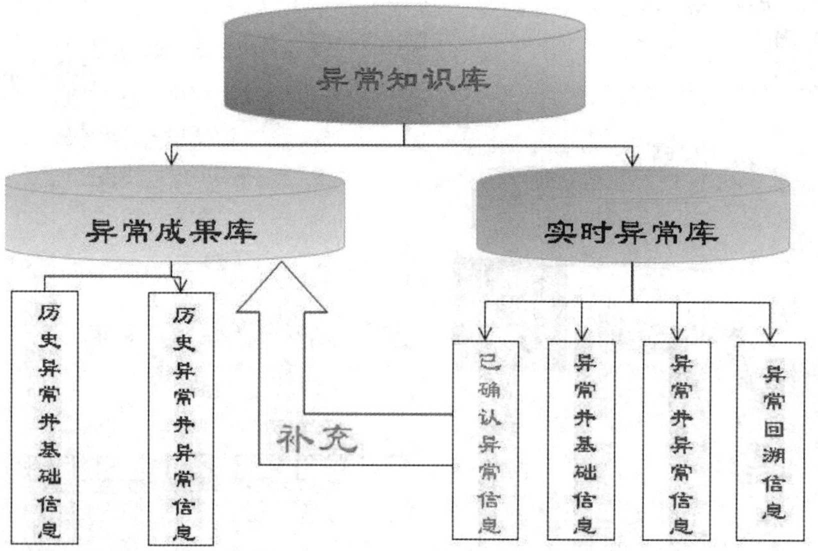

图3　工程异常信息库组成图

析、钻井工程参数监测、钻井液参数监测和地层压力监测为一体，建立工程异常知识库、完成工程录井异常分析模块与多井异常监控预警模块，结合现场实时视频监控（RTOC），构建录井工程异常综合应用系统，实现多用户实时共享，为钻头选型、工程参数优化及异常提前预警起到指导作用，从而进一步提高了工程录井服务的质量（图3）。

4　结束语

当前，录井行业正面临着生产方式的智能化、数字化、信息化的深度融合与转型的关键期。人工智能替代传统人工操作“是企业生产要素变革的必然趋势，网络协同和数据智能化是未来价值链重构的必然转变。随着录井技术的进步，在大数据、高速移动互联网的影响下录井综合信息平台将被更广泛地应用到油田勘探开发的各个层面，在建设“数字化油田”向“智慧化油田”转变中，其信息源头作用将更加明显。展望石油勘探开发信息化与网络化的发展，以井场录井综合信息平台为依托，逐步完善专家信息决策系统、探索利用人工神经网络、遗传算法等人工智能技术，实现井场信息在线智能监控、判断与识别，向可视化交互处理与智能化方向发展，实现井场生产运行全过程综合监控、智能分析、辅助井场生产运行管理，为勘探开发决策提供科学依据。

参 考 文 献

［1］　阎荣辉．“互联网+”时代的智慧录井系统应用探索。录井工程，2020，31(2)：1-5.

［2］　王志战．一体化、智能化时代的录井技术发展方向探讨。录井工程，2020，31(1)：1-6.

［3］　刘伟、闫娜．人工智能在石油工程领域应用及影响。石油科技论坛，2018，4.

［4］　普登岗．录井综合信息平台及其在勘探开发中的应用．录井工程，2010，21(4)：30-33.

英雄岭构造抗高温超高密度钻井液技术

李　博　吴金星　屈　璠　于刘军

（中国石油集团西部钻探工程有限公司青海钻井公司）

摘　要　英雄岭构造上干柴沟组到下干柴沟组地质构造复杂，地层压力条件多变且高压油气水层分布紊乱，深部地层温度高，常规钻井液体系不能满足钻井要求。本文优选了抗高温降滤失剂、有机盐加量和固相加重剂，复配其他处理剂，研制出抗高温超高密度聚胺有机盐钻井液体系。室内评价结果表明，该体系密度可达 2.5g/cm^3，沉降稳定性良好，可抗高温 190℃，有较强的抗污染能力。在英中区块狮 63 井、狮 65 井、狮新 214 井和狮 58-1 井的现场应用表明，该体系流变性能稳定，高温高压滤失量适中，有效解决了钻井过程中的卡、漏、塌等多种复杂情况。

关键词　超高密度钻井液；高温；流变性；高温高压滤失量；英雄岭构造

英雄岭地质构造复杂，地应力高且高压油气水层分布紊乱，地层压力系数高，最大钻深达 6143m，温度达 186℃。常规超高密度钻井液的固相含量在 50%以上，自由水含量少，固-固，固-液之间内摩擦力大，加重剂与膨润土、聚合物形成网架结构，造成黏度、切力急剧上升[1]。为保证体系流变性能的可控性，需要保持较低的膨润土含量，而此时又难以满足体系较低的高温高压(HTHP)滤失量，因此，超高密度钻井液流变性和 HTHP 滤失量的矛盾最为突出[2]。上干柴沟组至下干柴沟组含有不均质盐膏夹层，分布深度在 2300~5300m，钻进膏盐层时，高温下钻井液易产生高温增稠、高温减稠、高温固化现象等技术难点[3][4]。且高压盐水层分布紊乱，钻井液易受污染，性能难以维护，为防止喷、漏、卡等井下复杂情况发生，要求超高密钻井液能够抗高温，具有良好的流变性、封堵性和沉降稳定性[5~9]。基于以上思路，本文分析了抗高温超高密度钻井液的主要影响因素，开展室内优化实验，体系性能评价实验形成了适用于英雄岭深部构造的抗高温超高密度聚胺有机盐钻井液体系，以在钻井过程中保持稳定的流变性和合适的滤失量。

1　超高密度、高温对钻井液性能的影响

1.1　超高密度对钻井液性能的影响

影响超高密度钻井液流变性的主要因素是固相含量和固相粒子的分散度[10]。体系密度越高，固相含量越高，固-固、固-液相互之间摩擦力越大，流动阻力越大；另外，固相颗粒分散性越强，固相颗粒比表面积越大，通过润湿作用和吸附作用使得钻井液中自由水含量大幅减少，导致体系中钻屑容量降低，抗固相污染能力低，加重剂黏度效应明显，且固相颗粒粒径过大，沉降稳定性差，流变性和沉降稳定性之间矛盾凸显[11]。

1.2　高温对钻井液性能的影响

高温会引起钻井液组分变化，影响组分间化学和物理化学作用，主要影响钻井液中的黏土和处理剂。高温环境中，黏土主要表现为高温分散、聚结和钝化[12]，钻井液处理剂则主要表现为：①高温降解，包括高分子主链断裂和亲水基团与主链联接链的断离，使处理剂失效[13]；②高温交联，有机高分子中不饱和键和活性基团在高温下相互交联，适当交联可增大分子量，抵消高温降解的破坏作用，保持以至增大处理剂的作用效果，但过度交联则会使处理剂完全失效；③高温解吸，高温条件下，有机分子在黏土表面的吸附平衡向解吸附方向移动，吸附量降低，钻井液流变性能较差，高温高压滤失量增加；④高温去水化，黏土颗粒水化膜变薄，促进高温聚结作用，使高温高压滤失量增加，引起流变性变化。

2　抗高温超高密度钻井液的研制

要安全钻穿地质构造复杂的英雄岭构造上干柴沟组到下干柴沟组地层，要求钻井液必须具有较强的抗高温稳定性、较小的高温高压滤失量、较好的滤饼质量以及合适的流变性能等。为此，笔者考虑地层岩性、地层压力变化情况、物理化学性能，从以下几个方面来调控抗高温超高密度钻井液的流变性能和 HTHP 滤失量：①控制膨润土含量，用有机盐作为液相加重剂，增加液相密度和黏度，减少固相含量，调控钻井液的流变性

能；②对于超高密度钻井液，控制滤失量的关键是形成渗透率低的内滤饼，优选合适的重晶石粒度级配，可减小加重剂的黏度效应，有利于形成渗透率低的内滤饼，降低 HTHP 滤失量；使用沥青和超细碳酸钙进行有效封堵，二者均可迅速在近井壁内侧桥塞住孔喉，形成内滤饼，大幅度降低滤失介质的渗透率，起到封堵、防塌、降低高温高压滤失量的作用；③为改善钻井液流动性，可利用润滑剂对重晶石表面改性，形成电性络合水化膜，增加动力稳定性，同时弹性水化膜可降低固-固界面、固-液界面之间的摩擦力，从而改善超高密度钻井液的流动性。

2.1 膨润土加量优选

以聚胺有机盐钻井液为基础，进行膨润土加量优选试验。钻井液基液密度为 2.5g/cm³，性能如表 1 所示。随着膨润土含量的增加，体系黏切上升；当膨润土含量低于 6g/L 时，老化后钻井液出现加重剂轻微沉淀现象，说明体系的沉降稳定性不足；含量高于 12g/L 后，体系黏切上升幅度大，流变性变差。因此在现场维护中，抗高温超高密度钻井液（2.30~2.50g/cm³）膨润土加量应控制在 6~12g/L 范围内，为后续钻井液性能调整预留空间。

表 1 膨润土含量的优选

密度 g/cm³	MBT g/L	PV mPa·s	YP Pa	Gel Pa/Pa	FL_{HTHP} ml	备注
2.50	4	69	5	1.5/5	11.8	微沉淀
	6	78	9	2/7	11.0	稳定
	8	85	14	3/9	10.4	稳定
	10	94	19	4.5/13	9.2	稳定
	12	101	25	6/18	8.4	稳定
	15	121	29	8.5/27	7.8	稳定

注：老化条件，190℃，16h，在 70℃下测其性能。

2.2 抗高温降滤失剂优选

抗高温降滤失剂是控制超高密度钻井液流变性和滤失性的关键处理剂[14]。降滤失剂 Redu2 和 Redu200 是针对有机盐钻井液体系研究出来的抗高温抗盐降滤失剂，其中 Redu2 抗高温可达 180℃，Redu200 抗高温可达 210℃，二者可与 DSP-1 复配使用。大量室内实验表明，2% Redu2+3% Redu200+3% DSP-1 可作为抗高温超高密度钻井液体系的最优降滤失剂组合。如表 2 所示，以 2% Redu2+3% Redu200+3% DSP-1 为降滤失剂的钻井液体系老化前后流变性能和滤失量变化不大，该体系可抗 190℃高温。

表 2 抗高温降滤失剂效果评价

试验条件	PV mPa·s	YP Pa	Gel Pa/Pa	FL_{API} ml	FL_{HTHP} ml
热滚前	42	12	2/4	0.8	—
热滚后	30	4	1/1.5	1.2	10.8

注：老化条件 190℃，16h，在 70℃下测量性能，高温高压试验条件为 190℃，3.5MPa。

2.3 有机盐含量确定

用有机盐 Weigh2 和 Weigh3 作为钻井液体系的液相加重剂，减少体系的固相含量，有利于体系流变性的调控。有机盐 Weigh2 和 Weigh3 复配盐水溶液对应的密度如表 3 所示，有机盐含量越多，盐水溶液密度越大。老化后的盐水溶液性能见表 4。

表 3 复配盐水溶液对应密度表

编号	Weigh2 含量 %	Weigh3 含量 %	盐水密度 g/cm³
1	10	20	1.15
2	20	30	1.22
3	30	40	1.28
4	40	50	1.345

表 4 复配盐水溶液对体系性能影响

编号	600	300	6	3	YP Pa	Gel Pa/Pa	FL_{API} ml	FL_{HTHP} ml
1	196	104	4	2	6	1.5/4	5.0	16
2	228	127	7	3	13	2.5/7	2.6	14.6
3	266	148	8	4	15	4/9	1.8	10.2
4	>300	254	19	14	—	9/19	1.0	8.4

注：老化条件 190℃，16h，在 70℃下测量性能，高温高压试验条件为 190℃，3.5MPa。

表 4 中的实验数据表明，随着有机盐含量的增加，体系的黏度、切力增大，滤失量减小。有机盐含量过高，体系的流变性差，含量过低，滤失量过大。综合各项指标，3#复配体系性能最佳，即复配盐水溶液的最佳配方为 30% Weigh2+40% Weigh3。

同时，有机盐加重剂在钻井液体系内可解离出大量的有机酸根阴离子 $XmRCOO^-$，该阴离子含有较多的还原性基团，可除掉钻井液中溶解的大部分氧，清水与不同浓度的有机盐溶液中的溶解氧浓度如图 1 所示。淡水中，Weigh2 的溶解

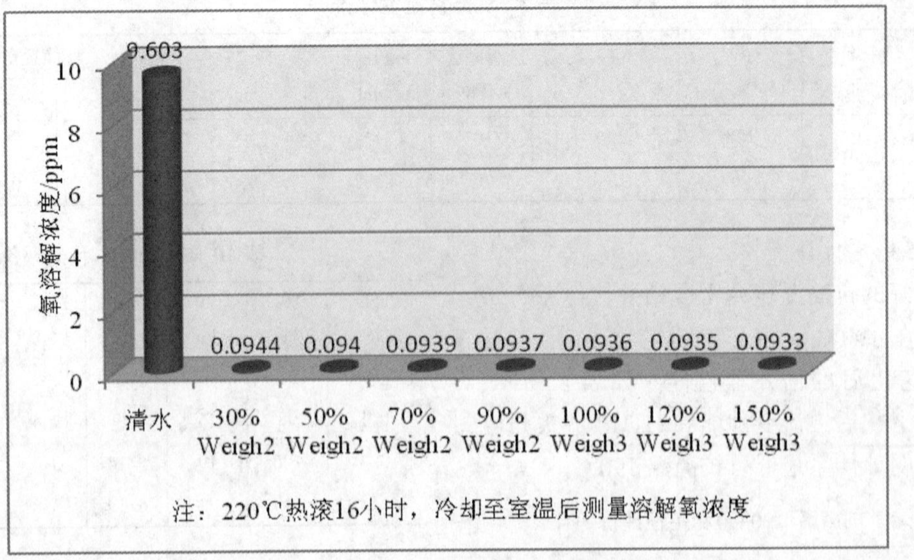

图1　清水与有机盐溶液中的溶解氧浓度

度为95%，Weigh3的溶解度为150%。当有机盐加量为30%以上时，有机盐溶液中的还原性基团与溶解氧反应，使溶液中的溶解氧浓度降低了99%以上，有效减缓有机高分子链的氧化断裂，为钻井液处理剂提供了较好的高温保护环境。

2.4　固相加重剂优选

固相加重剂中水溶性碱土金属引起的黏度效应对超高密度钻井液的黏度影响极大。不同黏度效应的固相加重剂性能如表5所示。

表5　固相加重剂的黏度效应

固相加重剂	密度 g/cm^3	细度 74μm 筛余%	水溶性碱土金属%，mg/kg	黏度效应	
				加入硫酸钙前 mPa·s	加入硫酸钙后 mPa·s
A	4.23	0.46	24	77	63
B	4.30	0.27	28	78	65
C	4.32	0.32	44	89	83
D	4.16	0.63	68	132	126

用不同黏度效应的固相加重剂将钻井液体系密度调整至2.50g/cm³，老化后的体系性能如表6所示，固相加重剂的碱金属含量越低，黏度效应越低，对超高密度钻井液的流变性能和HTHP滤失造壁性影响越小。

另外，超高密度钻井液HTHP滤失造壁性难以调控的主要原因是74μm的API标准重晶石粉以及极少量的黏土胶体颗粒参与“造壁”作用，级配较单一，难以形成渗透率低的泥饼。可引进两级中间粒子300~500目的超细碳酸钙和具有可塑性形变的沥青，与重晶石粉和黏土颗粒形成紧密堆积，使泥饼薄而致密，有效降低体系的HTHP滤失量。

表6　不同加重剂对体系性能影响

固相加重剂	体系密度 g/cm^3	PV mPa·s	YP Pa	Gel Pa/Pa	FL_{API} ml	FL_{HTHP} ml	备注
A	2.50	98	19	2.5/7.5	1.8	11.4	无沉淀
B		101	18	2.0/8.0	1.8	10.6	无沉淀
C		103	17	2.5/7.5	1.6	10.2	无沉淀
D		—	—	8.0/20.5	2.2	38.0	无沉淀

3　抗高温超高密度钻井液体系性能评价

通过以上优选实验，研制出抗高温超高密度钻井液体系，其组成为：H_2O+0.5%Redu1+2%Redu2+3%Redu200+3%DSP－1+3%PPL+2%HRFL+3%PGCS－1+30%Weigh2+40%Weigh3+1.0%WX+重晶石(加重至2.50g/cm³)。

3.1　沉降稳定性评价

配制抗高温超高密度钻井液体系，在190℃条件下老化16h，常温下静置24h、48h和72h，分别测量高温沉降罐内上下部分钻井液密度，测量结果如表7所示，静置24h、48h和72h后，钻井液上下密度差分别为0、0.015g/cm³和0.03g/cm³，说明该体系经过190℃，16h老化后沉降稳定性良好。

表 7 沉降稳定性评价

试验条件	密度 g/cm³	PV mPa·s	YP Pa	Gel Pa/Pa	FL_{API} ml	FL_{HTHP} ml	静置密度差		
							24h	48h	72h
热滚前	2.50	128	29	8/19	1.8	—	—	—	—
热滚后		96	15	4/9	2.2	8.6	0	0.015	0.03

3.2 抗高温稳定性评价

将配制好的抗高温超高密度钻井液体系分成3份，分别在190℃条件下连续老化16h、32h、48h，测试老化后的钻井液性能。如表8所示，体系在高温老化后，流变性能和HTHP滤失量变化不大，说明该体系最低可抗高温190℃。

表 8 抗高温(190℃)稳定性评价

试验条件	PV mPa·s	YP Pa	Gel Pa/Pa	FL_{API} ml	FL_{HTHP} ml	备注
热滚前	128	29	8/19	1.8	—	—
热滚16h后	96	15	4/9	2.2	8.6	无沉淀
热滚32h后	89	13	3.5/7.5	2.8	9.8	无沉淀
热滚48h后	84	11	3/6	3.4	11.5	无沉淀

3.3 抗污染能力评价

将配制好的抗高温超高密度钻井液体系分成3份，分别向钻井液内加入1%、3%和5%的岩屑粉(取英中浅层棕红色岩屑，干燥后粉碎，用100目标准筛筛出，获得均匀的岩屑粉末)，搅拌均匀后，置190℃高温滚子炉中老化16h，冷却至70℃，测量流变性和190℃高温高压滤失量。实验结果如表9所示。

表 9 抗岩屑污染评价

岩屑加量 %	PV mPa·s	YP Pa	Gel Pa/Pa	FL_{API} ml	FL_{HTHP} ml	备注
0	96	15	4/9	2.2	8.6	无沉淀
1	102	17	4/12	2.6	9.2	无沉淀
3	110	21	6/15	3.4	10.4	无沉淀
5	121	26	8/20	4.2	11.6	无沉淀

将配制好的抗高温超高密度钻井液体系分成3份，分别向钻井液内加入0.3%、0.7%和1%$CaSO_4$，搅拌均匀后，置190℃高温滚子炉中，老化16h，冷却至70℃，测量体系流变性和190℃高温高压滤失量。实验结果如表10所示。

表 10 抗$CaSO_4$污染评价

$CaSO_4$加量%	PV mPa·s	YP Pa	Gel Pa/Pa	FL_{API} ml	FL_{HTHP} ml	备注
0	96	15	4/9	2.2	8.6	无沉淀
0.1	98	15	4/9	2.4	9.0	无沉淀
0.7	106	19	5/14	3.0	10.2	无沉淀
1	114	22	6/19	3.8	10.8	无沉淀

表9和表10中的实验结果表明，岩屑和$CaSO_4$的侵入对钻井液体系的流变性和滤失性产生了一定的副作用，但影响不大，体系的性能变化均在可接受范围内，说明体系具有较好的抗岩屑污染和抗钙污染能力。

4 现场应用

4.1 应用概况

研制的抗高温超高密度钻井液体系已应用于英雄岭构造带，有效解决了上干柴沟组到下干柴沟组地层深度大、温度高，高压盐水层分布紊乱，钻井液易受污染且性能难以维护的问题。以研制的抗高温超高密度钻井液体系为基础，结合地层特点，适当调整后的钻井液体系在狮58-1井、狮63井、狮65井和狮新214井钻进过程中流变性能稳定，滤失量低于12ml。

4.2 现场应用实例

4.2.1 狮58-1井

狮58-1井是青海油田在英雄岭构造带英中区块布置的一口预探井，完钻井深5788m，井底温度高达171℃。

深部井段钻进过程中，确保足量的Weigh2和Weigh3以保证体系的强抑制性，控制劣质固相的侵入，减少低密度固相含量，同时增加处理剂的抗温能力；以水剂的形式加入1.5%Redu1和5.5%Redu2，控制钻井液HTHP滤失量在12ml以内；维护处理时保证体系中的3%NFA-25和2%QS-2在压力作用下填充由重晶石粉形成泥饼的渗滤通道，增加泥饼的致密性，降低滤失量；确保体系中有足量的PGCS-1，以降低体系内部的摩擦力，改善钻井液的流动性；控制加重速度，使进、出口的钻井液密度差不大于 0.02g/cm³，根据密度和流变性的变化，边加重、边补充稀胶液；并利用固控设备的四级净化；最终达到兼顾钻井液流变性能和 HTHP 滤失量的目的。

狮 58-1 井自二开钻遇高压层后，钻井液密度长时间维持在 2.15~2.40g/cm³之间，顺利钻穿长段盐膏层，性能稳定，流变性良好。四开采用密度 2.37~2.40g/cm³的钻井液进行钻进，钻进过程中频繁发生漏失，数次采用溶胶类可变形封堵剂+刚性颗粒粉+抗高温拉筋材料进行堵漏，堵漏成功后，流变性仍能保持良好状态，且 HTHP 滤失量始终在 12ml 以下，确保狮 58-1 井顺利完钻。

4.2.2　狮 63 井

该井三开至 4768m 钻遇高压气层，用 2.28g/cm³的压井液压井成功后，恢复钻进，钻进过程中气侵严重，全烃居高不下（最低值 33.67%），期间数次上提密度最高达 2.50g/cm³。四开至 5327m 钻遇高压盐水层，用 2.52g/cm³的压井液压井成功后，恢复钻进，完井井深 6143m。

随着钻井液密度的提高，钻井液流型发生变化，黏度和切力增大。钻井过程，主要通过以下措施控制钻井液流型：①加重前，清除钻井液中的泥页岩微粒，并严格控制膨润土含量在 8~10g/L 之间；②稀胶液维护时，控制大分子量处理剂的量；③通过 Weigh2 和 Weigh3 增加体系的液相密度，减少加重剂的含量，同时抑制泥页岩的水化分散，减少体系内的低密度固相；④密度超过 1.75g/cm³时，采用 4.30g/cm³的重晶石粉加重；⑤加强四级固控设备的使用，使用 240 目振动筛，并定期使用离心机，清除钻井液中的有害固相。

狮 63 井四开钻进施工中，钻井液密度长时间保持在 2.42~2.55g/cm³之间，井下施工顺利，钻井液性能良好，钻井液漏斗黏度一直维持在 85~96mPa·s 之间，保证了该井钻进作业顺利进行。

4.2.3　狮 65 井

该井四开钻井液密度长时间维持在 2.20~2.35g/cm³之间，顺利钻穿长段盐膏层，性能稳定，流变性良好。四开过程中共钻遇 4 个油气层位，为保护油气层，使用欠平衡钻井，钻井液长时间被油气污染，但性能稳定，流变性良好，且 HTHP 滤失量在 12ml 以下，确保狮 65 井顺利完钻。

4.2.4　狮新 214 井

该井钻进至 4918.91m 时出现气测异常，期间多次提密度，最高达 2.46g/cm³。循环加重过程中发生多次井漏，随后导致井口外溢，在后期的钻进过程中钻遇高压低渗地层，地层承压能力低，钻井液密度窗口窄，存在易漏易出的井下复杂情况。

通过保持 Weigh3、XC 等处理剂的有效含量，提高钻井液的抑制性；加强四级固控设备的使用，降低钻井液中劣质固相含量。加入 1%~2%的 QS-2、FT-1A 和 NFA-25 等封堵防塌材料，改善泥饼质量，增强钻井液的封堵和承压能力，防止地层坍塌和井漏。加入 1% YG-16、2% MEG，保证体系的润滑性，有效防止井下复杂情况的发生，确保井下安全。通井时提高排量，彻底循环钻井液，并在起钻前替入性能优良的封闭浆，保证井眼畅通，井底无沉砂，确保钻完井作业顺利。

5　结论

（1）针对英雄岭构造上干柴沟组至下干柴沟组含有不均质盐膏夹层，地层深度大、温度高，高压盐水层分布紊乱，钻井液易受污染且性能难以维护等问题，研制出抗高温超高密度钻井液体系，其密度可达 2.5g/cm³，沉降稳定性良好，可抗高温 190℃，具有较强的抗岩屑污染能力和抗钙污染能力。

（2）研制的抗高温超高密度钻井液体系成功应用于狮 58-1 井、狮 63 井、狮 65 井和狮新 214 井钻井，钻进过程中体系流变性能稳定、高温高压滤失量低于 12ml，有效解决了邻井气测异常、卡、漏等复杂情况。

参 考 文 献

[1]　匡韶华，蒲晓林，等．超高密度有机盐钻井液流变性和滤失量控制技术［J］．石油钻采工艺，2010，32(2)：30-33.

[2]　张斌，张明，李天太，等．高密度钻井液滤失量影响因素定量评价［J］．石油钻采工艺，2008，30(5)：52-55.

[3]　鄢捷年．钻井液工艺学［M］．东营：石油大学出版社，2001：224-228.

[4] 刘伟，李华坤，徐先觉．土库曼斯坦阿姆河右岸气田复杂深井超高密度钻井液技术[J]．石油钻探技术，044(003)：33-38.

[5] ZENG W，BOUGUETTA M. A Comparative assessment of barite SAG evaluation methods[C]//SPE Deepwater Drilling and Completions Conference. Society of Petroleum Engineers，2016.

[6] 张晖，蒋绍宾，袁学芳，等．微锰加重剂在钻井液中的应用［J］．钻井液与完井液，2018，35(1)：1-7.

[7] 黄维安，邱正松，钟汉毅．高密度钻井液加重剂的研究［J]．国外油田工程，2010，26(8)：37-40.

[8] 尹达，吴晓花，刘锋报，徐同台，晏智航，赵续荣．抗 160℃超高密度柴油基钻井液体系[J]．钻井液与完井液，2019，36(03)：280-286.

[9] 天工．超高温超高密度水泥浆技术在中国石油塔里木油田成熟应用[J]．天然气工业，2018，38(05)：147.

[10] 蒲晓林，黄林基，罗兴树，等．深井水基高密度钻井液流变性-造壁性控制原理[J]．天然气工业，2001，20(6)：48-51.

[11] 李公让，赵怀珍，薛玉志，等．超高密度高温钻井液流变性影响因素研究[J]．钻井液与完井液，2009，26(1)：12-14.

[12] 刘震寰，超高密度高温钻井液体系与流变性调控机理研究[D]．山东：中国石油大学华东，2008

[13] 黄维安，超深井钻井液高温稳定机理与应用研究[D]．山东：中国石油大学华东，2007

[14] Patel A D，Stamatakis E，Young S. HIGH PERFORMANCE WATER-BASED DRILLING MUD AND METHOD OF USE[J]. 2005.

两种超分子化学处理剂在阳离子钻井液中的研究与应用

程岂凡

（中国石油集团西部钻探工程有限公司玉门钻井公司）

摘　要　酒东油田 K_1g_1 油层逐渐成为勘探开发的重点油层。井身结构随之发生重大改变，三开井段井眼小，钻井液黏度、切力高的问题越来越突出，常常导致泵压高，排量小，不利于携砂及提速工具的应用。而现有阳离子钻井液体系缺乏配套的抑制型封堵剂，易塌地层大量分散性封堵材料的加入，严重影响钻井液流变性。维护过程中很难达到封堵防塌与流变性控制上的平衡，最终导致井壁失稳或定向井完井电测困难。现场在原有阳离子钻井液配方的基础上引入了两种超分子化学处理剂，在提高封堵防塌能力的同时优化钻井液流变性，解决了钻井过程中井壁稳定和流变性控制问题以及完井测井困难的难题。

关键词　高密度钻井液；超分子化学；封堵；流变性

引言

玉门油田酒东区块 K_1g_1 油层逐渐成为勘探开发的重点油层，井身设计随之发生改变，三开井段井眼小，钻井液密度>2.00g/cm³ 的高密度阳离子钻井液存在钻井液维护技术要求高、难度大，定向井钻井复杂事故多、完井电缆测井成功率低等问题[1]。玉门钻井公司在阳离子高密度钻井液体系的基础上，通过引入以超分了聚合原理合成的纳米封堵材料—钻井液用封堵剂 JHS-01 和具有分子结构“自组装”特性的钻井液用抗盐抗高温降滤失剂 JY-1B 两种高性能处理剂[2]，经过配方优化和性能改造，并在酒东长309 井三开井段进行了试验，试验表明，两种超分子处理剂与阳离子体系配伍性好，抑制性强，能较好的解决高密度钻井液井壁稳定与流变性控制问题。

1　超分子化学

超分子化学即超越分子概念的化学，是基于分子间的非共价键相互作用而形成的分子聚集体的化学。在超分子化学中，不同类型的分子间相互作用是可以区分的，根据他们不同的强弱程度、取向以及对距离和角度的依赖程度，可以分为：金属离子的配位键、氢键、π-π 堆积作用、静电作用和疏水作用等。它们的强度分布由 π-π 堆积作用及氢键的弱到中等，到金属离子配位键的强或非常强，这些作用力成为驱动超分子自组装的基本方法。人们可以根据超分子自组装原则，以分子间的相互作用力作为工具，把具有特定的结构和功能的组分或建筑模块按照一定的方式组装成新的超分子化合物。这些新的化合物能表现出单个分子所不具备的特有性质[2]。

2　JHS-01、JY-1B 的作用原理

超分子化学处理剂 JHS-01、JY-1B 粒度极小，粒子分布均匀[2]，微米级颗粒含量达到 93% 以上。能够有效进入泥页岩地层的微孔隙裂缝，并形成致密的封堵层。在高密度阳离子钻井液中不仅有利于储层保护，且抗温性能、流变特性好、有良好的抑制防塌和抗污染能力[3]。

3　室内实验研究

3.1　基浆性能评价

室内取酒东区块长 3-14 井钻井液作为基浆，测其性能见表 1。

表 1　基浆加重前后性能

实验条件	ρ/(g/cm³)	FL_{API}/ml	FL_{HTHP}/ml	Gel/(Pa/Pa)	AV/mPa·s	PV/mPa·s	YP/Pa	pH
热滚前	1.83	1.8	10.8	5.5/12	98	74	24	10
120℃、16h	1.83	2.4	12	2/7.5	60	51	9	8
热滚前	2.0	3.4	15	11/30	—	—	—	10
120℃、16h	2.0	3.4	17	8/28	—	—	—	8

注：基浆为(3%膨润土+0.4%CHM+0.5%NW-1+1%JXFQ-6+2-3%WBF-1+3%HS-1+4%HS-2+1%TX-1+0.5%CaO+0.5%NaOH+重晶石粉)

表 2　不同加量 JHS-01 对钻井液性能的影响

JHS-01 加量	实验条件	FL_{API}/ml	FL_{HTHP}/ml	Gel/(Pa/Pa)	AV/mPa·s	PV/mPa·s	YP/Pa
1%	热滚前	2	11	8.5/19	—	—	—
	120℃、16h	1.8	13	3/12	81	66	15
2%	热滚前	1.8	11	7.5/18	149	93	56
	120℃、16h	1.6	11	3.5/12.5	93	76	17
3%	热滚前	2	12	7/17.5	143	109	34
	120℃、16h	2.2	12	4.5/15	94.5	77	17.5
4%	热滚前	2.2	12	6.5/16.5	138	113	25
	120℃、16h	2	12.4	3/10	86	69	17
5%	热滚前	2.2	13	6.5/16	134	108	26
	120℃、16h	2.4	14	3.5/11	86.5	69	17.5

实验数据表明：钻井液在热滚前后及提高密度后，高温高压滤失、流变参数变化幅度大。

3.2　JHS-01 评价

室内在基浆中加入 1%~5%JHS-01，测其流变参数变化情况并进行对比分析。

图 1　4%热滚前泥饼

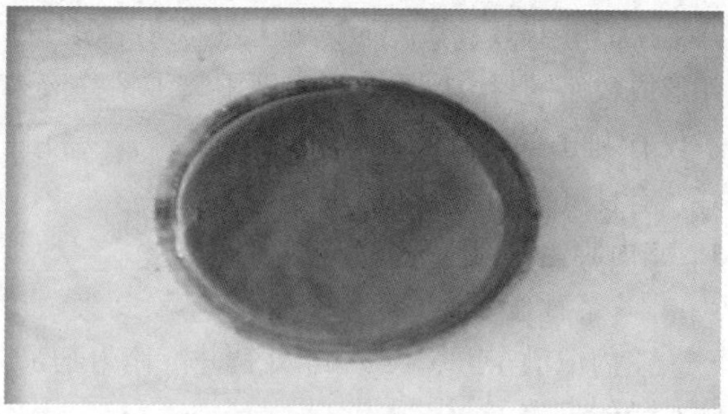

图 2　4%热滚后泥饼

实验数据表明：加入 4% HJS-01 流变性能最优。

3.3　JHS-01 封堵性评价

针对纳米封堵材料，室内采取人造滤饼[4-6]来测定其封堵效果，见表 3。

实验数据表明：基浆+4% HJS-01 封堵效果明显高于基浆。

表 3　JHS-01 封堵性实验数据

实验项目	滤饼厚度/(mm)	滤失量/(ml)
封堵前清水	4.2	20
基浆		16
封堵后清水		15
封堵前清水	3.5	20
基浆+4%HJS-01		11
封堵后清水		9

3.4　JY-1B 评价

室内在确认最优 JHS-01 加量的基础上，以正交实验法采取基浆+4%JHS-01+1-5%JY-1B+$BaSO_4$，120℃、16h，进行实验优选。结果见图 3~图 6。

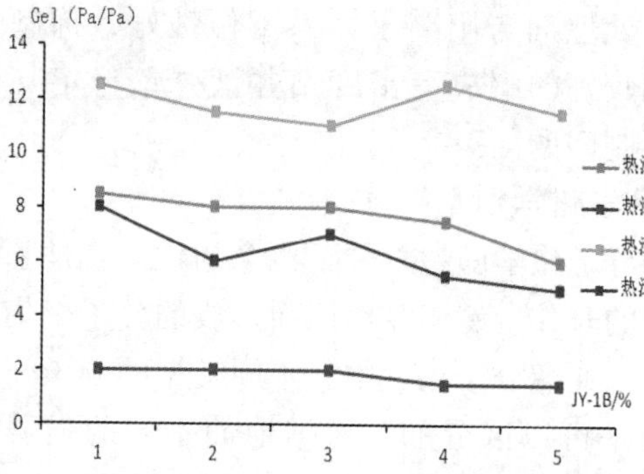

图 3　JY-1B 对切力的影响

实验数据和综合分析：配方 4%JHS-01+2-4%JY-1B 能将钻井液封堵效果及流变性能调整至最佳。

3.5　JHS-01、JY-1B 抗高温能力评价

室内对最优配方基浆+4%JHS-01+2-4%JY-1B，进行了抗温能力评价：

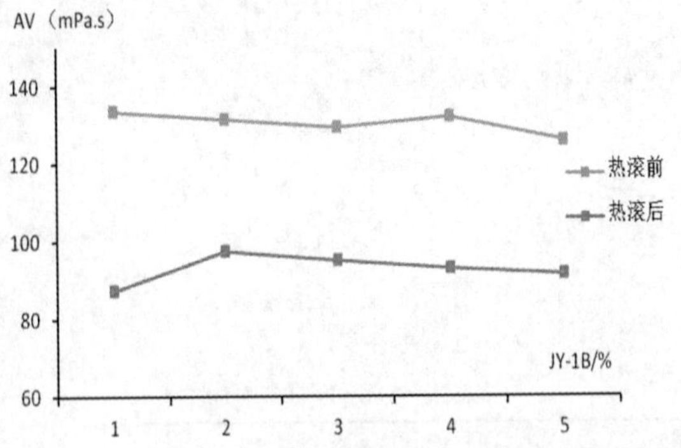

图4　JY-1B对视黏度的影响

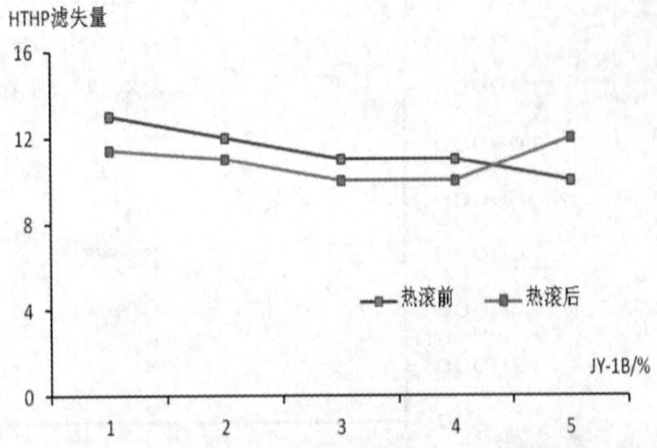

图5　JY-1B对高温高压滤失量的影响

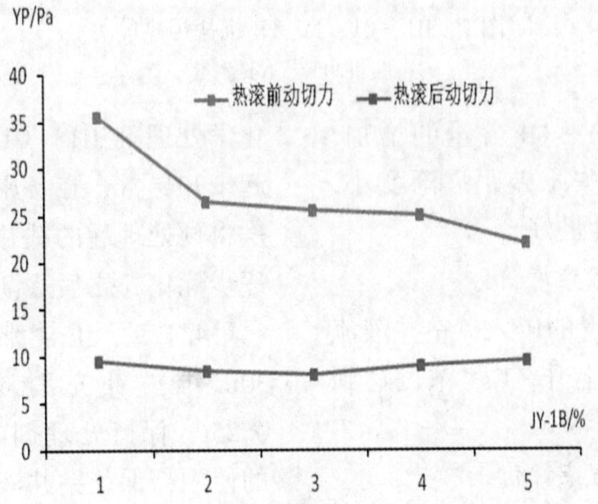

图6　JY-1B对动切力的影响

表4　抗高温实验数据

配方	实验条件	FL_{API} (ml)	FL_{HTHP} (ml)	Gel(Pa/Pa)	AV (mPa·s)	PV (mPa·s)	YP (Pa)
基浆+4%JHS-01+2%JY-1B	150℃、32h	2.2	12	2.5/9	90.5	88	12.5
	150℃、48h	2.4	18	3.5/9.5	82	79	13
基浆+4%JHS-01+3%JY-1	150℃、32h	2	12	2/7	88	86	9
	150℃、48h	2.4	16.2	3/8	85	80	8.5
基浆+4%JHS-01+4%JY-1	150℃、32h	1.8	11.6	2/6	89	85	9
	150℃、48h	2	13	3/7	82	80	8

表5　JHS-01、JY-1B抗钙污染实验数据

配方	FL_{API} (ml)	FL_{HTHP} (ml)	Gel(Pa/Pa)	AV (mPa·s)	PV (mPa·s)	YP (Pa)	Ca^{2+} mg/L
基浆	3.4	17	8/28	—	—	—	640
基浆+4%JHS-01+4%JY-1	1.2	11	7.5/12.5	132	107	25	520
1%CaO乳液	1.4	12	7.5/12	130.5	101	29.5	560
2%CaO乳液	1.6	12.8	7/11.5	128.5	111	17.5	640
3%CaO乳液	2.0	13	6.5/11	126.5	111	15.5	880
4%CaO乳液	2.4	18	5.5/11.5	120.5	103	17.5	960
5%CaO乳液	2.8	22	7/10	116	103	13	1200

注：基浆2000ml+4%JHS-01+4%JY-1B+加1%~5%CaO乳液(200ml清水+100gCaO)+加重至2.0g/cm^3，常温测其性能。

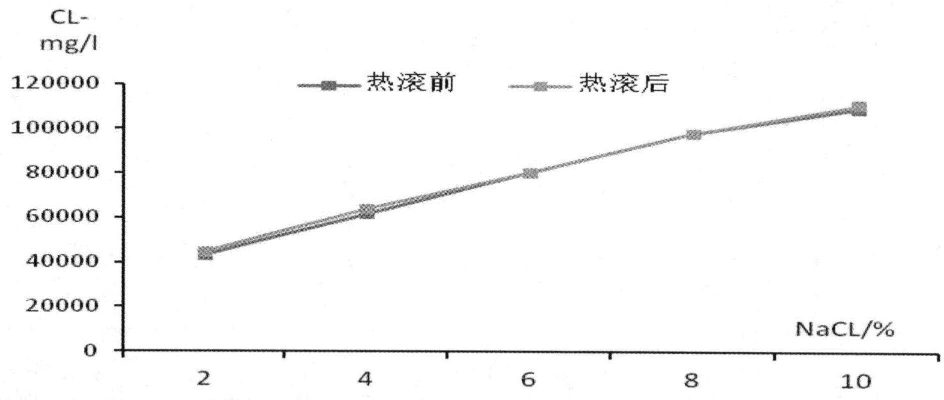

注：120℃、16h 测量

图 7　JHS-01、JY-1B 抗盐污染能力

注：120℃、16h 测量

实验数据表明：随着 JY-1B 含量的增加，48h 与 32h 热滚后高温高压失水差距逐渐变小，4%JHS-01+4%JY-1B 抗温性最好。

3.6　JHS-01、JY-1B 抗钙污染评价

实验数据表明：随着 Ca^{2+} 的侵入，钻井液流变性进一步优化，失水逐步上升，Ca^{2+} 浓度达到 880mg/L 时钻井液性能良好。

3.7　JHS-01、JY-1B 抗盐污染评价

实验数据表明：氯化钠污染后流变性进一步优化，失水升高不明显，能抗 6% NaCl 污染，Cl^{-1} 达到 80230mg/L。

3.8　JHS-01、JY-1B 抑制性评价

取酒东 2000m 岩屑，进行 40 目岩屑回收率实验，结果见表 6。

表 6　滚动回收率实验数据

配方	实验条件	滚动回收率/%
清水	150℃、16h	19.8
基浆		93.4
基浆+4%JHS-01+4%JY-1B（稀释胶液为 50%）		95.6

基浆+4%JHS-01+4%JY-1B 具有较强的抑制性，钻屑回收率达到 95.6%，不但不影响基浆抑制性，反而能使基浆抑制性进一步提高。

4　现场应用

4.1　钻井液维护工艺

4.1.1　长 309 井是酒泉盆地酒东坳陷营尔凹陷长沙岭构造上的一口定向评价井，完钻井深 5250.00m，三开井段于井深 4500m 引入超分子化学处理剂 JHS-01、JY-1B。为防止处理剂引起未知异常，在备用池内进行预处理钻井液，三次将预处理后的钻井液混入井浆后，钻井液性能逐步优化，之后逐渐滴加入井。

4.1.2　正常维护钻进过程中，每钻进约 30m 维护补充消耗 JHS-01：0.5t，JY-1B：0.25t，保持处理剂的有效含量，加强固控设备的使用，保证钻井液具有合理的动塑比，提高携砂能力。

4.2　应用效果

JHS-01、JY-1B 引入后，钻井液流变性、封堵性得到明显改善且易于维护，在未使用稀释剂及其他封堵剂的情况下漏斗黏度，终切值，屈服值较近年酒东同密度较优钻井液性能有大幅度（详见表 7），钻进时井壁稳定，无掉块返出（平均井径扩大率 11.3%<15%）。在保持最高泵压 25MPa 的前提下，由于钻井液流变性的优化，能将钻井排量有 12L/s 提升至 1412L/s。完井常规四趟电缆测井均一次成功，取全了地质测井资料，成功解决了多年来困扰酒东高密度钻井液条件下定向井电缆测井的难题。

5　结论与认识

5.1　超分子处理剂能够改善阳离子钻井液性能，与阳离子钻井液体系配伍性良好。

5.2　封堵剂 JHS-01 封堵效果好，能有效防止 K_1g 层发生垮塌，井壁稳定，钻进过程中无掉块和蹩钻现象，井径较规则，且能改善钻井液流变性。

5.3　HS-2 配合 JY-1B 使用，HTHP 失水稳定，泥饼致密。

表7　长309井与邻井长308井、长3-14井钻井液性能对比表

井号	井段 (m)	ρ (g/cm³)	FV (s)	FL_{API} (ml)	FL_{HTHP} (ml)	Gel_2 (Pa/Pa)	YP (Pa)	PV (mPa·s)	MBT (g/L)
长309	4422-5250	1.81—2.02	73—86	3—2	≤11	2~6—4~10	9—18	70—100	21
长308	4346—4990	1.92—2.02	80—98	3—3	11~12	4~9—8—12	8—21	54—102	25
长3-14	4242—5050	1.81—2.01	73—150	2.8—3	9~12	5~12—10~20	11—34	69—99	28—20

参考文献

[1] 杜苏，刘丹，汪志强，等．高密钻井液在长102井的研究与应用[J]．石油地质与工程，2011(S1).

[2] Zakari M，Husein M M，Harland G. Novel Nanoparticle-Based Drilling Fluid with improved Charactenstics. [C]. SPE.

[3] 付艳，黄进军，武元鹏，等．钻井液用纳米离子封堵性能的评价[J]．重庆科技学院学报，2013，39(15).

[4] 钟煜，刘传芳，常文贵．分子自组装及超分子自组装的研究进展[J]．枣庄学院学报，2005，22(5).

[5] 徐传奇，李海燕，张小锋，等．纳米封堵剂性能评价及机理分析[J]．钻采工艺，2019，42(03).

[6] 徐同台，卢淑芹，何瑞兵，等．钻井液用封堵剂的评价方法及影响因素[J]．钻井液与完井液，2009，26(2).

[7] 王勇，蒋官澄，杜庆福，等．超分子化学堵漏技术研究与应用[J]．钻井液与完井液，2018，35(3).

准噶尔盆地南缘窄密度窗口长封固段油基钻井液固井技术

郑永生　杨吉祥　印洪亮　佟雪林　马　疆

（中国石油集团西部钻探工程有限公司固井公司）

摘　要　准噶尔盆地南缘区域三开后使用高密度油基钻井液，同时该井5500米以下存在多套高压水层，安全密度窗口窄，封固段长，压稳和防漏矛盾突出，保证固井质量难度极大。本文针对该井窄密度窗口油基钻井液固井技术难题，在分析相关固井难点的基础上，结合油基泥浆固井和深井超深井固井技术，采用近平衡反密度差浆柱结构，控制井底ECD变排量顶替技术，并开展了冲洗型加重隔离液和高密度水泥浆的优选和固井工艺优化研究，成功解决了南缘区块的窄密度窗口长封固段固井技术难题。

关键词　窄密度窗口；油基钻井液；长封固段；高密度水泥浆；高压水层；南缘

前言

高101井位于南缘冲断带四棵树凹陷高泉背斜区，钻探目的是落实高泉背斜白垩系清水河组油气藏规模，评价头屯河组、三工河组、八道湾组油气藏特征，对南缘勘探开发具有重要意义。作为集团公司重点风险井，高101井完钻井深5910m，下入ϕ244.5mm技术套管，裸眼井段长达2860m，岩性和压力系统复杂，地层稳定性差，为克服高密度水基钻井液高温性能的不足以及钻进中的缩径、垮塌、卡钻等复杂事故，高101井三开使用了密度2.32g/cm^{3}高密度白油基钻井液，油基钻井液的使用保证了钻井的顺利进行，但由于油基钻井液与水基固井液之间相容性差，并伴有水敏地层、高温、高压、高密度等条件，给后续的固井工作带来了极大的挑战。同时该井5500米以下存在多套高压水层，封固段长，安全密度窗口窄，压稳和防漏矛盾突出。针对高101井固井中存在的难题，通过控制井底ECD设计浆柱结构及施工排量，优选隔离液材料、优化水泥浆配方、改善水泥浆综合性能和优化管串结构设计和相关固井工艺，并结合现场实践，形成了准噶尔盆地南缘区域窄密度窗口长封固段油基钻井液固井技术。

1　高101井概况

1.1　井身结构(表1)

表1　高101井井深结构

序号	钻头尺寸		套管结构		
	规格/mm	钻深/m	规格/mm	下深/m	封固井段/m
1	660.400	200.00	508.000	0.00~199.00	0.00~200.00
2	444.500	3050.00	339.700	0.00~3049.70	300.00~3050.00
3	311.100	5910.00	244.475	0.00~5910.00	2500.00~5910.00

1.2　地质条件及地质分层

准噶尔盆地南缘位于北天山山前，为新近纪—第四纪形成的大型再生前陆盆地南缘油。气勘探历史悠久，是中国最早开展勘探的地区之一。南缘发育新近系塔西河组、古近系安集海河组和白垩系吐谷鲁群3套区域分布的泥岩（膏泥岩）盖层，相应地构成上、中、下3套储盖组合。其中，下组合是由侏罗系八道湾组、三工河组、西山窑组、头屯河组、白垩系清水河组等储集层与白垩系吐谷鲁群盖层形成的储盖组合[1]，高泉背斜构造上属准噶尔盆地南缘山前冲断带四棵树凹陷，经历了晚海西、燕山、喜山期三个构造期次而发展起来的构造单元，喜山末期构造运动对其影响较大。背斜整体表现为一北北东走向长轴背斜，背斜北翼发育高泉北断裂，为该构造北界的控边断裂，背斜西翼发育高泉1井南断裂，为东西向北倾逆断裂。

高101井系落实白垩系清水河组油气藏规模，评价头屯河组油气藏特征，属典型南缘下组合，新近系为灰色、褐灰色砂砾岩、灰黄色泥质细砂岩、褐灰色泥岩不等，第四系和独山子组中上部砾石发育，井壁垮塌；塔西河组膏质泥岩和膏盐岩发育，井眼缩径。安集海河组灰色泥岩地

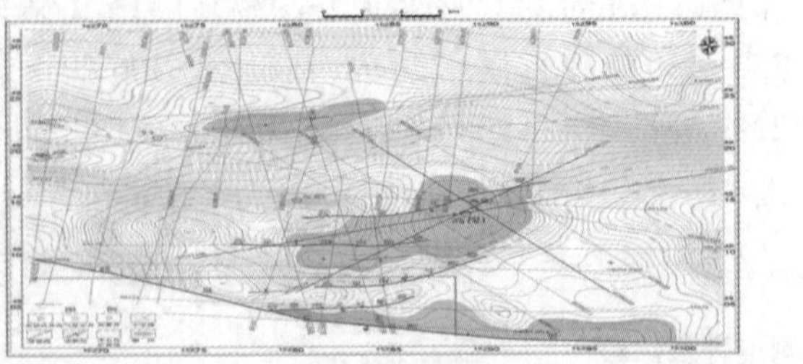

图 1 高泉背斜构造位置图

层水敏性强，部分井段缩径、垮塌，紫泥泉子组及吐谷鲁群存在多段高压水层。地质分层及高压水层见表 2、表 3。

表 2 高 101 井地质分层

名称	分层	底界深度/m	层厚/m
第四系	Q	1578	1578
独山子组	N_2d	2596	1018
塔西河组	N_1t	4948	2352
沙湾组	N_1s	5306	358
安集海组	$E_{2-3}a$	5630	324
紫泥泉子组	$E_{1-2}z$	5680	50
吐谷鲁群	K_1tg	5910	230

表 3 高 101 井高压水层情况

井段	层位	压稳钻井液密度
4944~5200	水层	2.22
5558~5560	疑似水层	2.27
5622~5623	水层	2.28
5842~5844	水层	2.32
5858~5860	水层	2.32
5870.3~5878	水层	2.32

2 高 101 井固井技术难点

2.1 界面润湿清洗困难

为压稳高压水层，同时避免钻进中的缩径、垮塌、卡钻等复杂事故，高 101 井三开使用了密度 2.32g/cm³高密度白油基钻井液，高密度的强封堵型油基钻井液特性：钻井液黏度高、黏附力强；钻井液中的乳化剂和润湿剂使井壁岩石表面反转为亲油性，水泥环难以与井壁形成良好胶结。因此，油基钻井液解决了井壁失稳与储层保护的问题，但造成固井井壁和套管壁清洗困难，难以有效清除滤饼，从而降低水泥环的胶结质量，影响储层封固质量。另外，在固井施工过程中，使用冲洗液和隔离液对界面进行处理，若对油基钻井液的清理效果不佳，会影响到水泥浆的性能，油基钻井液与水泥浆接触会产生严重的污染，对固井施工产生极其不利的影响。

2.2 地质条件复杂，安全密度窗口窄，压稳和防漏矛盾突出

由于准噶尔盆地高泉背斜地层压力呈低-高-较高变化趋势，地层压力高且多套压力系统并存，使井身结构合理设计和固井方案优化难度加大，面临裸眼段多套压力共存及安全窗口窄的井漏溢流技术施工难题。

该井安集海河组、紫泥泉子组井段中泥岩黏土矿物含量较高，水化能力较强，地层微裂缝充填物基本为蒙脱石，水敏性极强，极易水化分散，高密度钻井液的使用，导致地层压力、地层破裂压力非常接近，表现为在井身 5500 以下安集海、吐古鲁群存在多段高压水层，使油基钻井液破乳电压显著降低，油水比下降，压稳高压水层最低钻井液密度为 2.32g/cm³，同时根据邻井资料显示，该井深处井底动当量密度超过 2.37g/cm³漏失风险极大，所以，该井安全密度窗口极窄，只有 0.05g/cm³，要同时兼顾下部高压水层的压稳和井底的防漏难度大。

2.3 水泥浆封固段长、封固段上下温差大

高 101 井井深 5910m，设计水泥返高 2500m，水泥封固段长达 3410m，井底温度 133℃，2500m 处温度 60℃，封固段上下温差达到 73℃，大温差极易造成顶部封固段水泥石强度发展缓慢，影响到上部地层及套管重叠段的封固质量。同时，由于水泥量大，固井施工排量小(最大施工排量 1.0m³/min)导致该井固井作业时间长，领浆稠化时间长，早期强度发挥慢。

2.4 井眼不规则，施工排量受限，顶替效率低

安集海组属于强水敏地层、易垮塌形成大肚子井眼，而缩径段直径小于钻头直径，井眼呈犬牙状，注水泥过程中形成宽窄流道，影响顶替效率和水泥环质量。此外，由于井深、水泥浆量和替浆量大，同时要防止发生井漏，导致固井施工排量受限，水泥浆与钻井液密度差小，驱替效果差，顶替效率低，容易发生水泥浆窜槽、污染等风险。

3 固井工艺技术研究

3.1 井眼准备

根据电测情况模拟静止 72h，模拟完成单扶钻具组合带 306mm 扶正器通井，通井钻具组合

的刚度不小于套管刚度，井下正常方可进行下套管作业；通井到底后以最大钻井排量(43L/s)循环洗井，调整好泥浆性能，进出口密度均匀，控制好泥浆流变性和稳定性，保证井下压稳。

钻具组合(306mm 扶正器，单三结构，模拟计算钻具组合与套管刚度比 2.37)：311.2 钻头+730×630+229 浮阀+229mm 钻铤×3+306 扶正器+229mm 钻铤×3+203 钻铤×6+203 随钻+203mm 钻铤×2+139.7mm 加重钻杆×6+139.7mm 普通钻杆×98 柱+旋塞+浮阀+139.7mm 普通钻杆。

表 3　钻具组合一刚度计算结果

扶正器外径/mm	扶正器内径/mm	扶正块长度/m	钻铤外径/mm	钻铤内径/mm	钻铤长度/m
306	72	0.7	229	72	9.66
扶正器惯性矩 (mm^4)			钻铤惯性矩 (mm^4)		
8740826640			2723184625		
套管外径/mm	套管内径/mm	套管惯性矩/mm^4			
244.5	220.52	1208891802			
通井钻具组合类型			刚度比值(无因次)		
单 1(钻头+钻铤+扶正器)			2.58896789		
单 2(钻头+钻铤 X2+扶正器+钻铤)			2.426678453		
单 3(钻头+钻铤 X3+扶正器+钻铤)			2.370030254		

3.2　下套管磨阻计算

通过软件计算(套管内摩擦系数 0.25，裸眼摩擦系数 0.30)，下套管过程中不会产生正弦屈曲和螺旋屈曲，整个作业过程满足下套管的需要。由于测井井眼轨迹未校正，理论计算下放摩阻为 50t 左右，结果如下表所示：

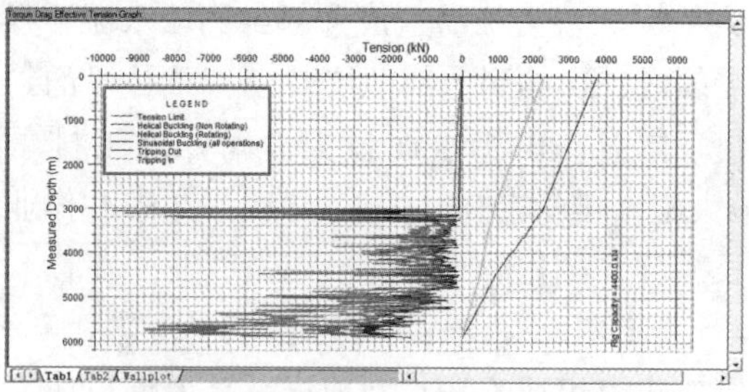

图 2　高 101 井下套管磨阻计算

3.3　扶正器选择及安放位置

套管居中度是影响固井顶替效率和封固质量最重要的因素之一，下入套管后扶正器要承受较大负荷，因此选用外径为 306mm 下套管摩阻较小整体弹性扶正器，来保证套管居中度大于 67%；安放位置：封固段 5500～5910m 每 2 根安放一只整体弹性扶正器，2500～5500m 每 3 根安放一只整体弹性扶正器。

3.4　近平衡反密度差浆柱结构设计

固井水泥浆候凝过程中随着水泥静胶强度的

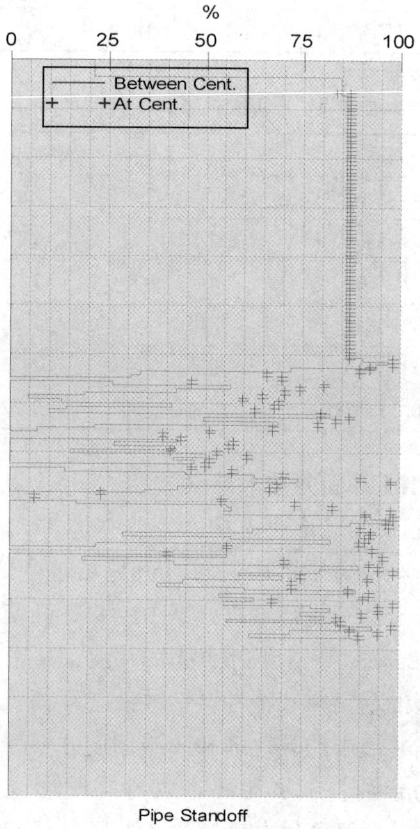

图 3　套管居中度

发展，环空液柱压力不断降低，在静胶凝强度达到阻止水窜发生前，压稳是防止水窜的有效措施，而安全钻井液密度窗口窄，压稳与防止井下

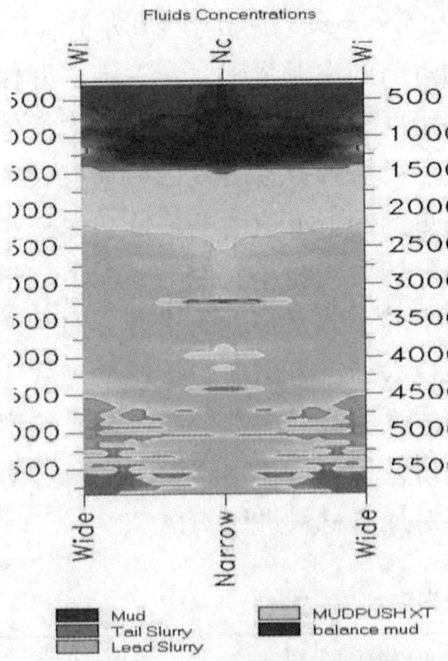

图4 顶替效率

漏失必须兼顾，针对此问题，采用双凝双密度水泥浆柱设计。浆柱结构设计原则为控制井底井当量密度大于 2.30g/cm³，压稳下部高压水层，考虑到高压水层都位于 5300m 以下，尾浆采用密度 2.20g/cm³高早强快干水泥浆，稠化时间 420～450min，段长设计为 600m；领浆采用密度 2.37g/cm³缓凝水泥浆，封固井段 2500～5300m，稠化时间 530～580min，保证压稳水层；设计密度 2.35g/cm³高效驱油隔离液 36m³，环空高度 1000m，隔离液具有良好的流变性，有效冲刷井壁；设计密度 2.10g/cm³的平衡液 34m³，环空占高 950m 降低环空静液柱压力减少井漏风险。

浆柱结构设计为：2.10g/cm³平衡液（950m）+2.35g/cm³隔离液（1000m）+2.37g/cm³领浆（2800m）+2.20g/cm³尾浆（610m），施工静压当量密度 2.30g/cm³，最大动当量密度不超过 2.36g/cm³，保证压稳防漏。

表4 环空压稳情况

No	测深/m	垂深/m	流体名称	密度/(g/cm³)	环空静压/MPa	当量泥浆密度/(g/cm³)	压稳提示
1	247.1	247.1	1. 钻井液	2.320	5.6	2.320	正常
2	850.0	849.9	1. 平衡液	2.100	18.0	2.164	正常
3	1344.7	1344.6			28.2	2.140	正常
4	1950.0	1949.9	2. 隔离液	2.350	42.2	2.205	正常
5	2500.0	2499.8			54.9	2.237	正常
6	3100.0	3099.8	1. 领浆	2.370	68.8	2.263	正常
7	3700.0	3699.4			82.8	2.280	正常
8	4300.0	4298.7			96.7	2.293	正常
9	4900.0	4898.2			110.6	2.302	正常
10	5300.0	5298.2			119.9	2.307	正常
11	5900.0	5897.8	2. 尾浆	2.200	132.9	2.30	正常
12	5910.0	5907.8			133.1	2.30	正常

3.5 控制井底 ECD 在 2.34 至 2.37g/cm³，进行变排量顶替

设计平衡液、前置液、领浆、尾浆注入排量为在 1m³/min，替浆前期顶替排量 1m³/min，隔离液出套管鞋后提高排量至 1.2m³/min，在替浆至 124m³ 时降排量至 0.6m³/min，替浆至 174m³ 时降排量至 0.4m³/min，替浆至 191m³ 时采用 2.10g/cm³轻泥浆，替浆排量 0.4m³/min。施工时井底 ECD 如图，由图 5 可知，整个固井施工过程，井底最大动当量密度在 2.34～2.369g/cm³，施工过程满足压稳和防漏的要求。

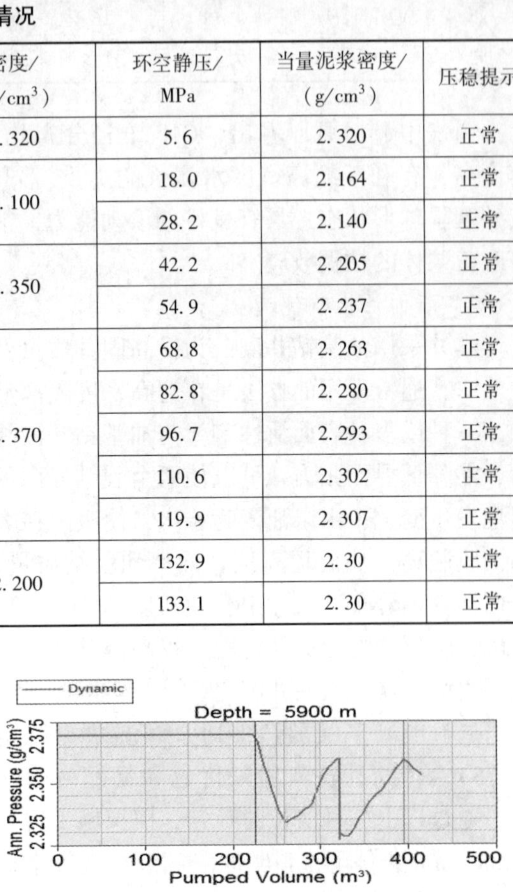

图5 井底动当量密度

4 超高密度水泥浆体系设计

超高密度水泥浆体系中重点要解决的是浆体的沉降稳定性与流动性之间的协调问题及各种外加剂之间的协调混配。通过对水泥、加重料、外

加剂的合理选择，形成解决不同固井技术难点的超高密度水泥浆。

4.1　外加剂优选

4.1.1　加重材料优选

超高密度水泥浆体系中加重材料的选择至关重要。常用的加重剂有重晶石、赤铁矿、钛铁矿以及石英砂。加重材料杂质含量越小，粒度越均匀，密度越高，配浆能力越强。加重材料颗粒的下沉速率 V 和保持水泥浆稳定的最小静切力 s 与加重剂的密度、颗粒尺寸等的关系为：

$$V=gd(\rho_0-\rho_s)/6$$

$$\tau_s=gd^2(\rho_0-\rho_s)/(18\eta_s)$$

在加重前的水泥浆密度 ρ_s 一定，并保持高密度水泥浆密度满足要求的前提下，为使体系沉降稳定，应尽可能选择密度较低和颗粒较细的加重剂，使加重剂的下沉速度 V 最低和保持水泥浆稳定的最小静切力 τ_s 最小。但是，加重材料的密度太低，将不利于体系密度的提高，同时，如果加重材料颗粒太细，将出现严重的增黏效应，从而严重影响体系的可混配性。通过激光粒度仪对加重材料进行粒径分析，用李氏密度瓶法对密度进行测试，对加重材料进行初选。

表5　加重材料密度及粒度分布

外掺料		密度 g/cm³	颗粒直径(μm)及粒度分布(v,%)						
类别	代号		<10	10~20	20~38	38~45	45~75	75~125	>125
加重剂	Fe_2O_3-1	4.9	87.9	2.0	3.2	1.2	3.7	2.0	
	Fe_2O_3-2	4.9	14.2	14.6	17.1	4.7	13.8	15.3	20.3
	$TiO_2 \cdot Fe_2O_3$	4.45	16	12.4	18.6	6.3	18.7	16.6	11.4
	GM-1	7.31	1.26	3.8	14.2	17.5	23.7	35.6	3.9

由表中数据可以看出，GM-1径分布均匀，密度高，有利于超高密度水泥浆的加重，同时，其外观呈球形状态，具有良好的滚动能力，能显著改善浆体的粘稠效应。

4.1.2　表面活性剂优选

本井采用油基钻井液，为提高固井质量及清洗效率，通常采用的方法是在超高密度隔离液中加入一种或多种表面活性剂。与油基钻井液相混后，能降低界面张力，可以使两个胶结界面的润湿性发生变化，由亲油变为亲水，使吸附在表面的油膜脱离，从而提高顶替效率和胶结质量[2]。表面活性剂分子溶入油中，使油以乳状液的形式分散，降低油之间的结构力，提高流动性，更易被隔离液裹挟着带向井筒[3]。

通过电导率实验(图4)、润湿角测试实验(图5)、转筒冲洗实验来优选和复配表面活性剂，通过以上三种实验的筛选，模拟施工排量在1.2m³/min条件下，该驱油隔离液冲洗效率达到95%，具有良好的驱油效果。

4.2　超高密度水泥浆体系性能

通过颗粒级配原理、紧密堆积理论、最小需水量技术设计的超高密度水泥浆体系具体性能见表6、表7、表8，从表中数据可以看出：

(1) 该水泥浆具有良好的抗高温能力，并且其稳定性能良好，能防止体系在混配、泵注、及井底温度压力条件下凝结过程中失稳、分层；失水小，能避免水泥浆的不完全顶替或注替不到位和桥塞环空的风险；析水为零，能避免自由水上窜聚集、窜通而引发环空窜流。

(2) 该水泥浆具有良好的流变性和流动能力，利于体系的现场混配和泵注，利于降低循环压耗、实现窄安全压力窗口条件下的平衡注水泥。设计的水泥浆流变性能良好，且混拌时下灰容易，便于现场施工时混配，能满足一次加重到设计密度的要求，大大简化了施工工艺。

(3) 该水泥浆抗压强度满足固井施工技术要求，经30天的养护，强度衰退甚微。有效解决了水泥浆稠化时间长，水泥石早期强度发展慢的技术难题，并保证了长封固段顶部强度。这是因为该体系采用颗粒级配，实现了多元粒径材料的紧密堆积，提高了水泥石的致密度、抗渗性和防腐性，减少了空隙水，范德华力增强，因而提高了水泥石强度，并能有效防止水泥石在井底高温条件下的强度衰退。

(4) 该水泥浆在15%清水及15%盐水加量侵入下，抗压强度分别为17.8MPa、14.4MPa，有较强的抗水侵性能，水侵后抗压强度仍能满足固井技术要求，满足封固该井底部高压水层抗侵需要。

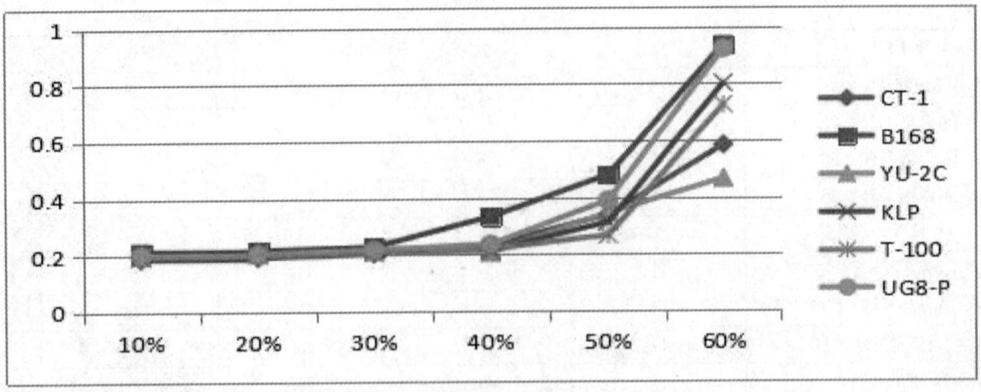

图 6　不同表面活性剂电导率测试图

图 7　水滴在不同润湿条件下润湿剂角侧视图

表 6　高 101 井超高密度水泥浆性能

配方	G 级+78%加重材料+12%微硅+6%早强剂+6%膨胀剂 +(12%降失水剂+2%分散剂+0.6%缓凝剂+0.1%消泡剂)						
密度 g/cm³	温度 ℃	压力 MPa	API 失水 ml	24h 强度 MPa	稠化时间 min	稳定性 g/cm³	游离液 ml
2.37	133	136	40	26.6	568	2.37/2.37/2.37	0
高温流变	7-9-44-78-127			常温流变	23-27-140-186		

表 7　高 101 井超高密度水泥浆抗压强度

实验条件		24h/MPa	48h	7d/MPa	30d/MPa
井底条件	133℃×136MPa	23.3	35.9	35.4	34.8
返高面条件	90℃×70MPa	18.2	27.6	27.3	26.7

表 8　高 101 井水泥浆抗水侵实验

实验条件	0%	5%	8%	10%	15%	
清水	133℃×136MPa	26.2MPa	24.8MPa	23.3MPa	20.9MPa	17.8MPa
15%盐水		26.2MPa	23.2MPa	21.5MPa	17.2.8MPa	14.4MPa

4.3　相容性试验

高 101 井水泥浆体系良好的相容能力是顺利固井作业的重要保障。在实验中，通过模拟井底温度压力条件并测定体系的流变数据，通过相容性指数进行判别。相容性指数 R=(混合浆体各组分 100rpm 最大读值)-(单一浆体 100rpm 最大读值)。其中：R<0，完全兼容；0≤R≤40，兼容性良好；40<R≤70，兼容性差；R>70，完全不兼容。

表 9　高温高压条件下体系流变数据表

体积比	Φ3	Φ6	Φ100	Φ200	Φ300
泥浆 100%	8	8	32	55	76
新型超高密度水泥浆 100%	7	9	44	78	127

续表

隔离液 100%	16	21	50	60	73
泥浆：隔离液＝5：95	13	21	42	50	57
泥浆：隔离液＝25：75	6	8	29	43	56
泥浆：隔离液＝50：50	4	6	24	41	54
泥浆：隔离液＝75：25	3	4	19	30	38
泥浆：隔离液＝95：5	5	7	25	36	46
水泥浆：隔离液＝5：95	11	17	41	62	85
水泥浆：隔离液＝25：75	11	19	43	69	89
水泥浆：隔离液＝50：50	17	21	48	77	95
水泥浆：隔离液＝75：25	15	20	44	80	97
水泥浆：隔离液＝95：5	14	23	45	75	93
泥浆：水泥浆＝5：95	13	20	77	113	147
泥浆：水泥浆＝25：75	15	23	85	121	153
泥浆：水泥浆＝50：50	27	35	141	207	260
泥浆：水泥浆＝75：25	18	19	89	135	149
泥浆：水泥浆＝95：5	17	20	88	139	147

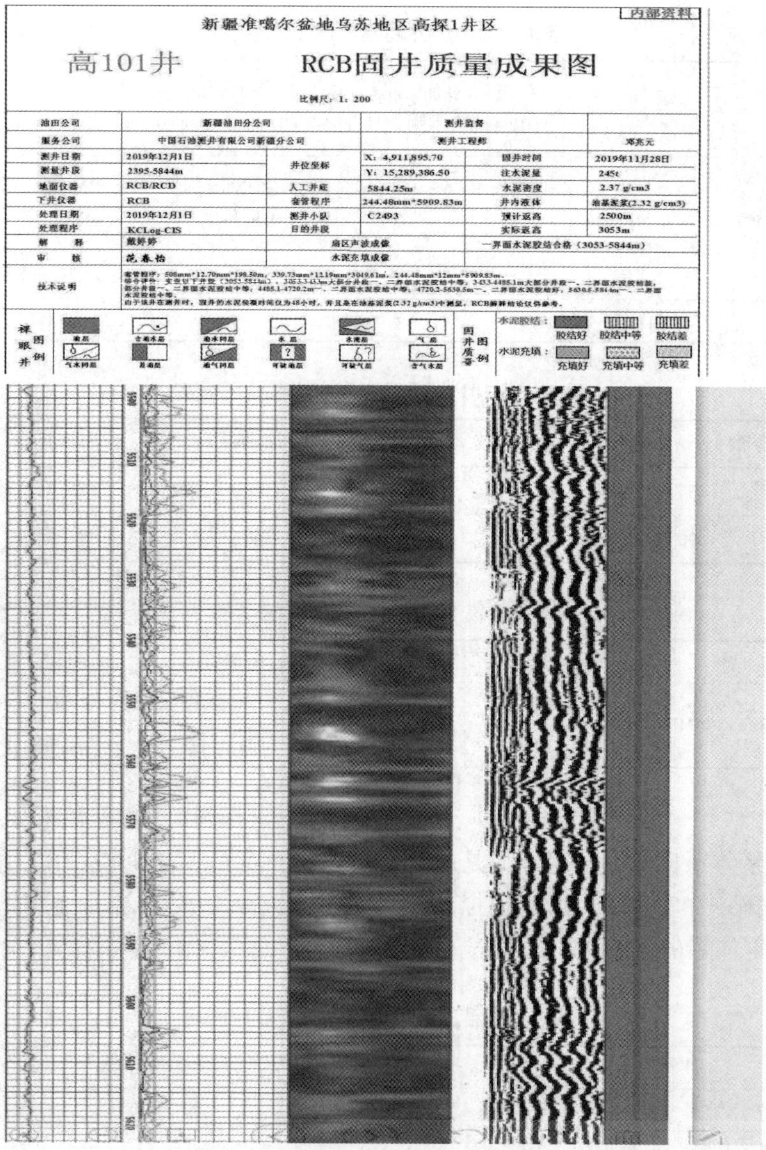

图 8　高 101 井测井声幅图

由表 9 可以看出，隔离液与泥浆、水泥浆完全相溶性。泥浆与水泥浆 $R=141-44=97>71$，完全不相容；泥浆与隔离液 $R=42-50=-8<0$，完全相容；隔离液与水泥浆 $R=48-50=-2<0$，完全相容；

5 高 101 井现场应用情况

高 101 井，井深 5910 米，φ244.5mm 套管下深 5909.83m，套管下到设计位置后，以最大排量 1.0m^3/min 循环 2 周，达到固井施工要求后进行固井作业。注入平衡液 34m^3，密度 2.10g/m^3，排量 1.0m^3/min；注入隔离液 35m^3，密度 2.35g/m^3，排量 1.0m^3/min；注入领浆 96m^3，平均密度 2.37g/m^3，排量 1.0m^3/min；注入尾浆 25m^3，平均密度 2.20g/m^3，排量 1.0m^3/min；注压塞液 4m^3，密度 2.0g/m^3，排量 0.6m^3/min；井队泥浆泵替浆共 219m^3，施工排量 1.0-0.4m^3/min，碰压由 1.6MPa 至 8.2MPa；放回水正常，关闸门和防喷器，环空加回压 4MPa 候凝。

本次固井施工作业安全顺利完成，各项技术指标达到固井设计要求，全井封固质量合格，4700~5910m 为优质井段，有效封固了井底高压水层，固井质量和水泥封固效果达到预期效果。

6 结论与认识

（1）近平衡反密度差浆柱结构设计能够有效解决高 101 井面临的窄密度窗口长封固段固井技术难题；

（2）掌握和获取地层承压能力，控制作业井底 ECD 是易漏失井固井技术的核心。通过固井设计软件准确计算整个固井施工过程井底 ECD，是高 101 井采用控制井底 ECD 变排量顶替能够成功的关键；

（3）采用颗粒级配原理、紧密堆积理论、最小需水量技术设计的超高密度水泥浆具有良好的稳定性、较高的抗强度、良好的相容性及抗水侵性能，保证了下部井段高压水层的压稳和封固；

（4）设计的高效驱油隔离液对高密度油基钻井液的清洗效果较好，通过大段的隔离液使用和较高的环空返速可以保证对井径不规则井段的驱替效果；

（5）窄密度窗口长封固段油基钻井液固井技术在高 101 井的成功应用，为今后南缘区域同类型井固井提供了工艺技术保障，推广应用前景广阔。

参 考 文 献

[1] 杜金虎，支东明，李建忠等准噶尔盆地南缘高探 1 井重大发现及下组合勘探前景展望[J]，石油勘探与开发，2019，46(2)：205.

[2] 齐静，李宝贵，张新文，等. 适用于油基钻井液的高效前置液的研究与应用[J]. 钻井液与完井液，2008，25(3)：49-51.

[3] 王荐，岳前升，吴彬，等. 油基钻井液井筒清洗技术室内研究[J]. 海洋石油，2008，12(4)：73-76.

库车山前复杂深层定向钻井技术探讨

丁　红　万教育　张瑞平　张　明　肖　凯

（中国石油集团西部钻探工程有限公司）

摘　要　库车山前是塔里木油田油气勘探开发的重要区域，近年来部署了深层定向井，钻井过程中存在高陡及易斜难钻砾石层、复合盐膏岩层段定向钻井井斜方位易漂移、高压地层常规钻具摩阻大，定向效率低、井下阻卡频繁等技术难点，通过对目标区块地质及已钻井情况调研分析，对复杂深层定向井工艺及配套技术措施进行了技术探讨，成功应用于3口深层定向井，轨迹控制与提速取得了一定效果，这对山前深层定向钻井技术应用具有很好的借鉴作用。

关键词　库车山前；复杂深层；定向钻井；轨迹控制，技术探讨

库车山前区域是近年来塔里木油田天然气主力上产区域之一，地质构造复杂[1]，钻探难度大，深层定向井直井段存在盐上浅层高陡构造及巨厚砾石层，定向钻井控制段无法避开高压复合盐膏层段及高压易漏研磨性强难钻目的层。膏盐层定向钻井，由于膏盐岩存在蠕变现象，井眼易变形，井壁易出现失稳，从而引发缩径卡钻、坍塌卡钻、粘附卡钻等复杂情况与事故，施工作业风险大；区域目的层压实程度高，可钻性差，机械钻速低，裂缝发育，井漏频发，且属于低孔低渗气藏，安全钻进效率低。目前在库车山前区域博孜等区块部署了定向井，钻井难度及施工风险[2]极大，需要开展相关技术研究，提高钻井速度，保障井眼轨迹控制质量，降低施工复杂与事故的发生，提高施工效率。通过对库车山前区域目标区块地质特征、已钻井情况分析以及定向钻井难点分析，研究提出防斜提速、轨迹控制及钻井液等方面相应的技术方案，并对该区块定向钻井配套技术措施等进行了思考与探讨，以期提高对该山前区域的深层定向井钻井技术集成与推动技术应用。

1　区域地质特征

库车坳陷位于塔里木盆地北部，北与南天山断裂褶皱带以逆冲断层相接，南为塔北隆起，东起阳霞凹陷，西至乌什凹陷，是一个以中、新生界沉积为主的叠加型前陆盆地。坳陷中部自北向南划分为“两带一凹”，即克拉苏冲断带、拜城凹陷、秋里塔格冲断带。克拉苏冲断带是南天山南麓第一排冲断构造，东西长235km，南北宽15~30km，自西向东分5段：阿瓦特段、博孜段、大北段、克深段、克拉段，总面积5500km^2。该冲断带由北部单斜带，克拉苏构造带两个次级构造单元组成。克拉苏构造带是塔里木油田天然气主力上产区块，克拉苏构造带受强烈造山运动形成浅层高陡构造（地层倾角最大87°）和深层大量冲断叠瓦构造，地质条件极其复杂。横向上盐上砾石层自东向西逐渐增厚，砾石层厚度最高达5900m；盐膏层自东向西埋深、厚度差异大，盐间发育欠压实“软泥岩”、高压盐水、砂泥岩薄弱层，压力系统复杂。纵向上集中了盐上高陡构造、复合盐膏层、盐下强研磨目的层3套复杂地层；探明的油气资源储量主要集中在盐下强研磨致密地层。以博孜区块为例，博孜区块位于塔里木盆地北部库车坳陷克拉苏冲断带上，博孜段位于克拉苏~大北富油气区带西段，大范围的发育浅层砾岩，导致浅层地层往南加厚，膏岩盐厚度相比邻区变小，在中部第二断阶段白垩系顶面与盐顶距离较近，盐下构造在叠瓦状构造前缘较缓，中部和后部抬升较高。博孜区块地层自上而下可划分为第四系、新近系、白垩系，储层埋深在6000~7000m，为常温高压凝析气藏，其中博孜3地层压力系数达到1.91，博孜1井深7006.15m地层温度130.6℃。

2　定向井钻井难点

2019年以来，塔里木油田在库车山前博孜等区块部署了深层定向井，以开发增加储层钻遇厚度，提高单井产能。博孜区块上部存在易斜难钻巨厚砾岩地层，中部存在200~1200m膏盐层，储层为高压难钻砂岩地层，前期所钻井型为直井，钻井周期在300天以上；该区块定向井钻井

无配套邻井定向钻井技术借鉴，加之地质情况复杂存在不确定性，要求自井深3000m开始综合录井及时准确识别地层与地质卡层，定向井轨迹控制与提速难度大，井下施工风险高。

2.1 直井段井身质量控制难

库车山前博孜区块盐上直井段地层倾角一般在10°~20°，已钻5口直井在库姆格列木群盐上井段均采用双钟摆钻具组合防斜（完钻直井井身质量控制见表1），进入库姆格列木群之前简化钻具组合，更换为光钻铤钻进，其中博孜3井1口井井斜超出设计要求。然而，定向井由于在下部井段需要进行精确控制轨迹，靶半径≤10m。井筒条件还要满足测井、测试等施工作业及后期生产监测和井下作业需要，对上部直井段井身质量要求更加严格，要求井斜角、水平位移、全角变化率尽可能控制在较小值范围内（不同井型井的直井段井身质量要求见表2），以利于下部定向钻井段的轨迹控制，降低井下施工作业风险。

表1 完钻直井井身质量控制

井号	二开钻具	三开钻具	四开钻具	五开钻具	六开钻具	实钻最大井斜/°	对应井深/m
博孜101	双钟摆	双钟摆	双钟摆	双钟摆光钻铤	光钻铤	2.81	6450
博孜102	双钟摆	双钟摆	双钟摆	双钟摆光钻铤	光钻铤	8.97	6921
博孜103	双钟摆	双钟摆	双钟摆光钻铤	光钻铤		3.92	4177
博孜104	双钟摆	双钟摆	双钟摆光钻铤	光钻铤		5.3	6900
博孜3	双钟摆	双钟摆	双钟摆光钻铤	光钻铤		8.1	5929

表2 不同井型井的直井段井身质量要求

名称	井段/m	井斜/°	水平位移/m	全角变化率/(°/30m)
直井	0~1000	<3	≤30	≤1.8
	1000~2000	<4	≤50	≤2.4
	200~3000	<5	≤80	≤3.0
	3000~4000	<6	≤100	≤3.6
	4000~5000	<7	≤140	≤4.2
定向井直井段	0~1000	≤1.5	≤15	≤1
	1000~2000	≤2.0	≤25	≤1.5
	2000~3000	≤2.5	≤40	≤1.5
	3000~4000	≤3.0	≤60	≤2
	4000~5000	≤3.5	≤70	≤3

2.2 复杂地层造斜率不易控制

选择在膏盐岩段造斜，设计造斜点是理论计算的造斜点，在实际施工时，存在在设计造斜点井深附近的地层岩性不适合造斜施工，使得实际的造斜点与设计造斜点位置相差过大从而无法按原设计轨迹钻达靶点的风险；设计造斜段全部在膏盐岩地层中完成，由于膏盐岩地层的岩性特点，存在在定向井施工中井斜方位易漂移，无法达到设计造斜率的风险；若在造斜段发生井漏，存在堵漏作业不便于施工的风险。

2.3 膏盐及以下地层复杂难钻速度慢

苏维依组至库姆格列木群的复合膏盐层地层可钻性在4~6，变化幅度较小，可钻性相对白垩系地层好，但地层易蠕动变形，地层压力高，采用常规钻具定向钻井易托压，摩阻大，施工风险高；目的层厚度100~300m左右，主要岩性为含灰质细砂岩，石英含量40%~60%，地层可钻性9~11，为超硬砂岩地层，研磨性强，地层可钻性差。如博孜301井，白垩系地层使用1只PDC钻头的进尺94.42m，两趟钻纯钻时间126.5h，平均机械钻速仅0.75m/h。

2.4 管柱下入难

在膏盐岩层段若采用常规滑动钻进方式导向钻进，全角变化率可能变化较大，下复合尾管，由于套管弹性大，易遇阻卡；由于钻具在下井壁接触旋转，若常规滑动钻进钻具稳定器处于纯盐岩段，易形成大肚子井段，在后期下套管时，套管鞋顶在井眼下部大肚子的凹陷处，造成无法下套管的风险。

3 定向井技术方案

3.1 井身结构设计

前期在库车山前克深区块有其他钻探单位试验井采用塔标Ⅱ五开井身结构，一开封固表层疏松地层，二开套管下至盐顶按照巨厚盐膏层两分原则，采用两层厚壁套管封巨厚盐膏层，三开封固软泥岩、四开封固定向造斜段盐膏层段，五开盐下强研磨目的层尾管完井，实现了盐膏层专打专封。博孜区块深层定向井井身结构借鉴参考了该种五开井身结构设计思路，一开封固表层疏松地层，二开技术套管封固库车组中下部砾石层未成岩段和过渡段较低压力地层，三开技术套封固盐上薄弱地层，四开技术套管封固全部盐层，五开尾管封固目的层。井身结构基本设计数据见表3。

表3 井身结构基本设计数据

开钻次序	套管程序	钻头尺寸/mm	套管尺寸/mm	套管下入地层层位	钻井液密度/(g/cm³)
1	表套	660.40	508.00	库车组	1.05~1.10
2	技套1	444.5	365.13	康村组	1.10~1.40
3	技套2	333.4	273.05	库姆格列木群上泥岩段	1.40~1.85
			293.45		
4	技术悬挂	241.3	196.85	库姆格列木群下泥岩	2.10~2.35
			206.38		
5	油层悬挂	168.3	139.7	舒善河组	1.95~2.05

3.2 井身剖面优化

结合区块地层特点和靶点信息，该区块可供选择的造斜点有三处，即盐上地层和盐层中泥岩、盐层膏盐岩段。在盐上地层段造斜，稳斜段长，成本高，暂不予考虑；盐层中泥岩段，地层中为褐色泥岩、膏质泥岩与薄层状褐灰色膏质粉砂岩、膏质细砂岩不等厚互层，局部夹白色泥膏岩、石膏岩、膏盐岩等；膏盐岩段存在井斜和方位易漂移、可钻性差等问题。结合甲方要求在地质提供的地层预测剖面基础上，要在设计造斜点附近(±10m)选取稳定可靠的地层实施造斜作业。如果设计造斜点附近没有适宜造斜的地层，就要在实钻地层及预测地层剖面的基础上做出井眼轨迹变更设计。以BZ3-2X井为例，原设计轨道造斜点井深5419.73m，处于膏盐岩层段，以4°/30m造斜率增斜，在垂深5791.88m处井斜达到60°，此时距膏盐岩底界垂深57.44m，便于卡膏盐岩底界。在原设计基础上考虑4种不同井身剖面优化方案，井身剖面优化方案见表4。井身剖面优化方案主要分为“直-增-稳-增-稳”五段式轨道和“直-增-稳”三段式轨道，考虑到复合盐膏层地质情况复杂，造斜率变化不易控制，还需要在实钻中盐底卡层，优化方案中三段式轨道居多，以利于预留更多的稳斜段便于快速穿盐膏层及在盐底卡层中稳斜控时钻进卡盐底，减少复合盐膏层的裸眼浸泡时间。其中方案4为设计造斜点以下10m内实钻钻遇泥岩层，优化造斜点井深5426m，Φ241.3mm井眼井段造斜+稳斜，以4°/30m增斜，造斜段长448.90m，稳斜段长85.10m；Φ168.3mm井段稳斜段长375.60m，入靶井斜为59.88°，卡层处垂深能满足设计要求，方案4在这5种剖面方案设计中，造斜段相对最短，稳斜段较长，采用该种“直-增-稳”三段式轨做为最终确定剖面方案。

表4 井身剖面优化方案

名称	靶点井深/m	造斜点井深/m	造斜段长/m	造斜率/(°/30m)	稳斜段长/m	备注
原设计	6342.61	5419.73	450	4	130.27	四开膏盐底井斜60°
			0	0	342.61	五开靶点井斜60°
方案1	6200.08	4700	533.32	1.54	715.93	四开膏盐底井斜27.33°
			250.75	3.91	0	五开靶点井斜60°

续表

名称	靶点井深/m	造斜点井深/m	造斜段长/m	造斜率/(°/30m)	稳斜段长/m	备注
方案2	6315.15	5311.75	570	3	118.25	四开膏盐底井斜57°
			0	0	315.15	五开靶点井斜57°
方案3	6336.01	5384.29	514.29	3.5	101.42	四开膏盐底井斜60°
			0	0	336.01	五开靶点井斜60°
方案4	6335.6	5426	448.95	4	125.05	四开膏盐底井斜59.88°
			0	0	335.6	五开靶点井斜59.88°

3.3 钻具组合与参数选择

库车山前博孜区块定向井的直井段，为山前易斜、含砾及复杂难钻地层，控斜提速一直处于攻关研究中，近年来钟摆钻具、多维扭冲工具、国内外的垂直钻井系统[3]等都在该区块应用，取得了一定控斜提速效果，已经基本形成了集成的系列配套技术，考虑到下部复杂难钻地层定向钻井段的轨迹控制，建议直井段以垂直钻井配套技术应用为主，其他控斜提速技术为辅，以确保造斜点以上直井段井身质量控制。

造斜段要穿越古近系膏盐岩地层，古近系库姆格列木群膏盐岩段岩性为厚~巨厚层状白色盐岩、褐色泥岩、灰白色石膏岩、泥膏岩，夹褐色盐质泥岩、膏质泥岩、泥质云岩，在进入膏盐岩段后，需要与地质上加强地层对比与预测分析工作，选择稳定可靠的泥岩地层井深为造斜点钻进。定向钻井地层中存在盐岩与泥岩夹层段，钻井液密度高达2.0g/cm^{3}左右，如果采用常规螺杆钻具组合滑动定向增斜钻进方式，易产生托压现象，摩阻大，最大达到25Tonf以上，极易出现阻卡等井下施工风险，因此在膏盐岩地层选择旋转导向定向增斜、稳斜钻进方式，在钻柱旋转的情况下具有导向能力，以旋转导向钻进方式自动、灵活地调整井斜和方位，提高钻井速度和钻井安全性，轨迹控制精度高，全程旋转的特性能得到井眼质量，有效降低盐膏层发育井段定向钻进风险。进入白垩系目的层段以稳斜钻进为主，井眼稳定情况下，可使用旋转导向工具提速，进入易漏复杂目的层采用螺杆钻具组合复合钻进提速。定向钻井段钻具组合与钻井参数见表5。常规螺杆钻具定向钻井摩阻分析见图1。

表5 定向钻井段钻具组合与钻井参数

序号	井段	钻具组合	钻压/kN	转速/rpm	泵压/MPa	排量/(L/s)
1	造斜钻进	Φ241.3mm定向PDC钻头+Φ172mm Archer旋转导向+Φ172mm坐键接头+Φ127mm柔性短节+Φ172mm无磁钻铤×1根+Φ127mm无磁加重钻杆×1根+Φ172mm浮阀接头+Φ139.7mm加重钻杆×3根+Φ165mm震击器+Φ139.7mm加重钻杆×3根+Φ139.70mm钻杆	40~100	80~90	20~25	28~32
2	稳斜钻进	Φ241.3mm PDC钻头+Φ172mm PDX6旋转导向+Φ172mm浮阀接头+Φ172mm无磁钻铤+Φ177.8mm悬挂短节+Φ139.7mm加重钻杆×3根+Φ167mm震击器+Φ139.7mm加重钻杆×3根+Φ139.70mm钻杆	60~100	80~90	20~25	28~32
3	稳斜钻进	Φ168.3mmPDC+Φ122mmPDX6旋转导向+Φ120mm浮阀接头+Φ127mm座键接头+Φ129mmMWD悬挂短节+Φ127mm变扣接头+Φ101.6mm加重钻杆×5柱+Φ101.6mm钻杆+Φ139.7mm钻杆	40~60	70~90	23~25	12~15
4	稳斜钻进	Φ168.3mmPDC钻头+Φ127mm单弯螺杆(1.5°)+Φ120mm单流阀+Φ120mm无磁钻铤×1根+Φ120mm悬挂接头+Φ120mm无磁接头+Φ101.6mm斜坡钻杆×20柱+Φ101.6mm钻杆+Φ139.7mm钻杆	20~60	50+螺杆	23~25	12~15

3.4 钻井液技术

根据目标区块已钻直井钻井液应用情况，在四开钻古近系盐膏层以及五开钻白垩系地层，库姆格列木群下泥岩段厚度薄、承压能力差，目的层属于低孔低渗裂缝性储层，为异常高压系统。部分完钻直井分别采用KCL-欠饱和~饱和盐水

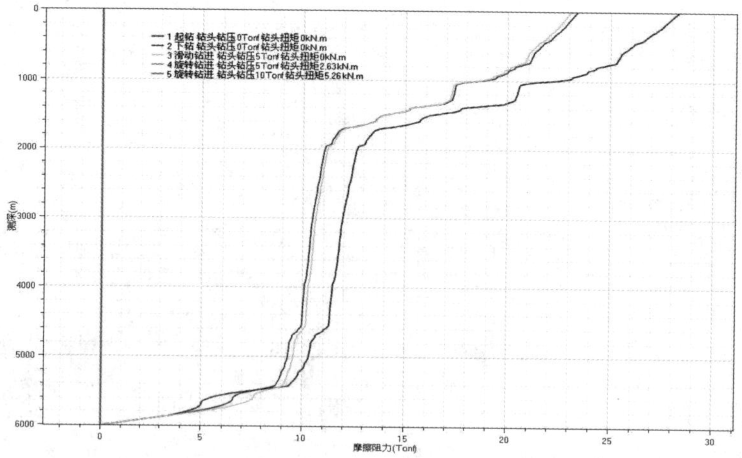

图 1　常规螺杆钻具定向钻井摩阻分析

体系、KCL-聚磺体系，另外一部分井采用抗高温油基钻井液体系。已钻井盐膏层及以下地层钻井液体系应用情况见表 6。水基钻井液体系由于自由水比例大，地层岩性的极性亲水特性，使井壁吸水性增强，瞬时失水增加，井壁岩性吸水易引起水敏性井壁失稳，另外结晶盐岩溶入井浆形成大肚子，盐间泥岩失去支撑导致掉块发生，膏岩吸水膨胀导致缩径发生，最终导致井壁失稳，造成井下复杂。同水基钻井液体系相比，抗高温高密度油基钻井液体系具备超强的抗污染性能力和抑制性等优势，有利于提高井壁的稳定性[4,5]。

表 6　已钻井盐膏层及以下地层钻井液体系应用情况

井号	层位	井段/m	钻井液体系	钻井液密度/(g/cm³)
BZ3	小库孜拜组~塔拉克组	4485~5951.52	KCl-欠饱和~饱和盐水	2.18~2.22
	塔拉克组~舒善河组	5951.52~6100	KCl-聚磺	1.95~1.98
BZ301	库姆格列木群	5206~5780	油基	2.19~2.22
	库姆格列木群~舒善河组	5780~5983		2.02~2.05
BZ12	阿瓦特群~塔拉克组	4247~6817	油基	2.10~2.35
	塔拉克组~舒善河组	6817~7057		1.80~1.95

3.5　配套技术措施

在进入膏盐岩段后，及时与地质方沟通了解地层变化，防止卡钻、井漏、溢流等复杂情况的发生；提前做好轨迹调整，达到中完井深轨迹满足五开施工要求。钻膏盐岩段容易形成大肚子井段，严禁定点长时间循环，循环时上下活动钻具。膏盐岩层钻进中注意防漏、防卡。如果发生井漏，在井下条件允许的情况下，提钻换常规钻具堵漏，正常后再下旋导工具。钻膏盐岩段容易形成大肚子井段，严禁定点长时间循环，循环时上下活动钻具。地层中存在的盐岩与泥岩夹层段，存在井眼不稳定的风险，钻井液做好防塌，防缩径，强抑制，保证钻井液良好的流变性，清除有害固相。钻进时应保证尽可能大的钻井液排量和较高的返速，有利于清洗井底，冲刷井壁上吸附的厚虚假泥饼。在钻揭白垩系前和钻进中需密切关注地层压力变化、加强岩性地层判断，及时调整好钻井液密度，预防井漏、溢流、卡钻等复杂和井喷事故的发生。在满足井下钻进参数和井眼轨迹控制的情况下，简化井下钻具组合，减少钻铤数量，增加加重钻杆的数量，使用 18°斜坡钻杆，避免下部钻柱螺旋屈曲和降低摩擦阻力；使用大尺寸钻杆提高井底净化效果。

4　应用情况与效果

截至目前在库车山前博孜区块 BZ3-2X 井等 3 口深层定向井完成技术应用。未来准备在山前其他区块进一步开展技术研究与应用。

4.1　直井段控斜与提速

在深层定向井含砾易斜直井段使用垂直钻井配套技术，井斜角控制在 1°以内，全角变化率多控制在 1°/30m 以内，水平位移控制在 50m 以内，井身质量控制在设计要求范围内；3 口深层定向井直井段应用垂直钻井配套技术平均机械钻速达到3.37m/h，比邻井BZ301的2.54m/h提高了32.68%。深层定向井直井段与邻井钻速对比见表7。

表7 深层定向井直井段与邻井钻速对比

井号	井段/m	进尺/m	纯钻/h	平均机械钻速/(m/h)	备注
BZ301	275~5408	2679	1055	2.54	Power-V(垂钻)、BH-VDT(垂钻)、XZ-AVDS-(垂钻)+扭力冲击器
BZ3-2X	787~5410	4500	1179	3.82	VDS(垂钻)+多维冲击器、Power-V(垂钻)
BZ3-3X	469~5425	4599	1438.5	3.20	VDS(垂钻)、VDS(垂钻)+多维冲击器、Power-V(垂钻)
BZ3-1X	275~5440	5071	1592.7	3.18	VDS(垂钻)、VDS(垂钻)+多维冲击器、Power-V(垂钻)

4.2 定向钻井段轨迹控制与提速

根据方案在复合盐膏层段内泥岩段确定造斜点深度位置，并应用高造斜率旋转导向系统以较低的造斜率钻进并控制轨迹平滑，稳斜控时钻进卡盐膏层底，盐膏层段钻井液体系为高密度抗高温油基钻井液体系，有效保障了盐膏层段的井壁稳定；进入目的层段以稳斜钻进为主，钻井液体系为高密度抗高温油基钻井液体系，有利于减小大井斜稳斜段钻具与井壁间的摩阻，定向钻井段轨迹控制符合要求。

在库车山前博孜区块首次完成3口深层定向井，自造斜点至最终完钻井深的斜井段平均机械钻速2.29m/h，平均定向工期61.74天，比该段设计平均定向工期缩短30天以上。复合盐膏层造斜段都应用高造斜率旋转导向系统钻进，其中BZ3-1X井1趟钻进尺590m，平均机械钻速达到5.59m/h，创3口井中进尺、钻速最高纪录；目的层属于深层高压易漏裂缝性致密砂岩层段，平均机械钻速2.15m/h，存在频繁随钻堵漏情况，不利于钻井速度的提高与井下安全钻进，需要进一步完善研究提速提效。

5 结论与建议

(1) 应用垂直钻井配套技术在库车山前深层定向井直井段，井身质量控制效果好，也有利于上部复杂地层提速。

(2) 对于复杂深层定向井的井身剖面优化，需要结合地质、工程等多方面因素的考虑，才更利于钻井、完井安全顺利的施工作业。

(3) 在复合盐膏层定向钻井段应用旋转导向系统钻井有利于提高定向钻井施工效率。

(4) 形成的深层复合盐膏层定向井钻井技术，可供库车山前其他类似区块推广应用。

(5) 针对复杂难钻目的层段可选择的提速方式、提速工具较少，有待进一步研究配套。

参考文献

[1] 董文，符力耘，肖又军，等. 库车坳陷高陡构造地震勘探复杂性定量分析[J]. 地球物理学报，2011，54(6)1601-1613.

[2] 朱亮，钟文建，刘晓明. 库车凹陷山前地区钻井风险评价及措施研究[J]. 石油天然气学报，2014，36(2)：110-113.

[3] 周健，刘永旺，贾红军，等. 库车山前巨厚盐膏层提速技术探索与应用[J]. 钻采工艺，2017，40(1)：21-24.

[4] 祝学飞，严福寿，舒义勇，等. 裸眼水基钻井液替换油基钻井液技术[J]. 钻井液与完井液，2016，33(3)：56-59.

[5] 祝学飞，严福寿，舒义勇，等. 高压膏盐层定向井钻井关键技术[J]. 天然气工业，2018，33(3)：103-109.

PDC-类盘式牙轮复合钻头开发与应用

陈 炼[1,2,3] 宋朝晖[4] 王新东[4] 牛世伟[2] 张武涛[4]

（1. 中国石油集团西部钻探工程有限公司博士后科研工作站；2. 西南石油大学机电工程学院；
3. 西南石油大学博士后科研流动站；4. 中国石油集团西部钻探工程有限公司工程技术研究院）

摘　要　针对硬地层钻头机械钻速慢、寿命短的问题，结合常规复合钻头特点及类盘式牙轮钻头在硬地层中的破岩优势，提出PDC-类盘式牙轮复合钻头新技术。分析PDC-类盘式牙轮复合钻头结构原理和工作特点，开展与常规复合钻头的室内钻岩对比实验，开发PDC-类盘式牙轮复合钻头并进行现场应用。室内钻岩实验表明：新型复合钻头的牙轮能在井底形成沟槽状破碎坑，牙轮类盘齿圈对井底岩石的周向覆盖率高，对井底岩石的预破碎作用更明显；新型复合钻头在软岩中的机械钻速不及常规复合钻头，但在硬岩中比常规复合钻头的机械钻速高。现场应用表明：PDC-类盘式牙轮复合钻头的地层适应性强，导向性能优越，是复杂难钻地层提速的良好选择，能为钻井提速提供自主知识产权的新利器。

关键词　类盘式牙轮；复合钻头；预损伤；井底覆盖率；破岩

随着浅层油气的枯竭，油气钻井逐渐向深部发展，难钻地层明显增多，钻井井身结构也越来越复杂多样。深部地层及特殊的井身结构对钻头的钻进性能提出的要求越来越高[1-4]。钻头研究者们一直在研究创新，并在新结构钻头及破岩新方法方面开展了一些颇有价值的研究工作。2009年，美国Baker Hughes公司开发的PDC-牙轮复合钻头即为其中一个典型的成功案例。PDC-牙轮复合钻头由牙轮和固定PDC切削结构复合而成，该复合钻头以PDC刮切破岩为主，牙轮冲压破岩为辅。现场应用表明，PDC-牙轮复合钻头的机械钻速是牙轮钻头的2~4倍；扭矩相比常规PDC钻头降低了约50%，减少了涡旋和粘滑现象，降低了钻头的扭矩波动，在定向钻井中具有比PDC钻头更好的工具面控制性能，与牙轮钻头定向能力相当[5-7]。复合钻头取得成功的关键在于其特殊结构带来的破岩方式的变化。牙轮牙齿冲压井底形成凹坑，预破碎岩石，辅助PDC齿吃入地层，并弱化岩石强度，提高固定PDC切削结构的破岩钻进效率。所以，如何对牙轮切削结构进行改进，使其达到更好的预破碎、预损伤效果，是复合钻头技术发展的方向之一。

为进一步发挥复合钻头的破岩优势，西南石油大学钻头研究所提出一种新型复合钻头——PDC-类盘式牙轮复合钻头[8,9]，并开展了初步研究。本文在新型复合钻头基本原理的基础上，进行PDC-类盘式牙轮复合钻头开发与应用，为后续该新型钻头的产品化推广提供支持和方向参考。

1　PDC-类盘式牙轮复合钻头结构原理

1.1　盘式牙轮钻头基本结构

全断面隧道掘进机（Tunnel Boring Machine，简称TBM）是隧道掘进工程中破碎硬岩的重要工具[10-12]，如图1(a)。盘形刀圈（简称盘刀）是TBM掘进时直接与岩体接触的关键构件。盘刀以连续滚压的方式作用于岩体，通过盘刀对岩体的挤压和剪切使岩体发生破碎，在岩面上切出一系列的同心圆破碎痕[图1(b)]。

为了将盘刀破碎硬岩的优势应用到钻井工程中去，曾有研究者研制了油气钻井用的盘式牙轮钻头[13-16]，如图2。盘式牙轮钻头与普通牙轮钻头相比具有以下特点：与岩石接触比压大，机械钻速高，破岩能耗小；连续滚压岩石，不存在一个齿到另一个齿的冲击滚动，工作振动幅度小、钻头扭矩低、轴承寿命长。然而，在实际钻井应用中，盘式牙轮钻头磨损快、寿命低，主要原因是盘式牙轮钻头的刀盘为整体钢质圆盘，与牙轮钻头的硬质合材料牙齿相比，其强度和耐磨性显著下降，在工作过程中易发生严重塑变和磨损[17,19][图2(b)]。虽然国内外学者一直想将盘式牙轮钻头应用于钻井工程中，并提出了一些改进技术思路，也进行过下井试验，但由于刀盘寿命太短，无法满足钻井实际需求，因此一直未能实现工业化应用。

（a）隧道掘进机及盘刀　　（b）隧道掘进岩体破碎痕

图 1　隧道掘进机与岩体破碎痕

图 2　盘式牙轮钻头(a)及盘刀失效(b)

1.2　类盘式牙轮钻头结构

为了解决盘式牙轮钻头齿圈强度和耐磨性不足的问题，杨迎新、陈炼等人提出了能将盘式钻头齿圈结构优势与镶齿牙轮钻头的牙齿材质优势相结合的新型钻头，如图 3 所示。这种钻头采用硬质合金宽刃齿横镶的方式，同齿圈上的齿与齿之间的间隔空当小，齿圈圆度高，形成与盘式牙轮钻头连续齿圈的形状与功能相类似的切削结构，故称其为“类盘式牙轮钻头”[19-21]。齿圈称为“类盘齿圈”，齿圈上的齿称为“类盘齿”。类盘式牙轮钻头为一种特殊的镶齿盘式牙轮钻头，其切削结构与盘式牙轮的切削结构类似，破岩原理与盘式牙轮钻头相同；同时，该钻头的牙齿与镶齿牙轮钻头的牙齿一样，具有强度高、耐磨性强的优点。

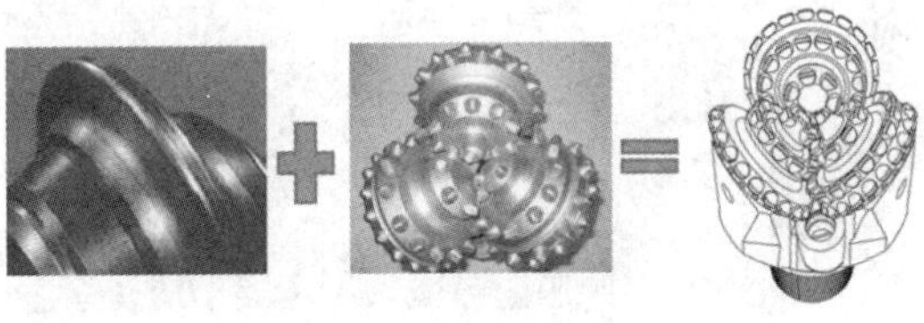

图 3　类盘式牙轮钻头

1.3　PDC-类盘式牙轮复合钻头结构原理

PDC-类盘式牙轮复合钻头是将类盘式牙轮切削结构和固定切削结构(PDC 刀翼)结合在一起而形成的新型复合结构钻头[8,9]，如图 4 所示。在复合钻头中，牙轮虽然是辅助切削结构，但牙轮牙齿对井底岩石的预破碎、预损伤作用却是至关重要的。预破碎、预损伤效果越好，PDC 齿切削岩石时的难度就越低，复合钻头的性能就越好。类盘式牙轮的引入，就是强化预破碎、预损伤效果的一个有力手段。

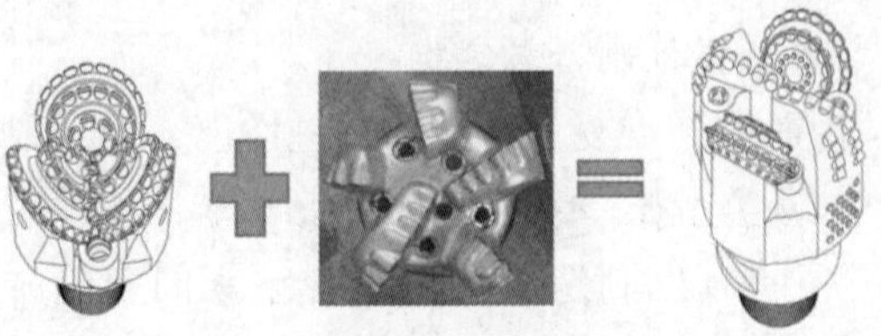

图 4　PDC-类盘式牙轮复合钻头

2　PDC-类盘式牙轮复合钻头工作特点

图 5 为 PDC-类盘式牙轮复合钻头的工作破岩原理图。复合钻头工作过程中，类盘齿以近似静压的方式碾压、楔入(劈裂)岩石，使岩石破碎和损伤，在井底形成较连续的一圈圈的沿 PDC 齿刮切方向上(如图 5)的沟槽状或条状破碎坑[如图 6(a)]。显然，这种破碎坑比普通牙轮牙齿的点状破碎坑[如图 6(b)]在预破碎、预损伤效果方面更具优势。一方面，在 PDC 齿切削方向(圆周方向)上，类盘齿的沟槽状破碎坑的长度明显大于普通牙齿的点状破碎坑，这样，预破碎区域的宽度就更大；另一方面，在相同齿间距条件下，由于前后相续的两个沟槽状破碎坑的边缘距离更短，所以类盘齿对齿间未破碎区域岩石所造成的预损伤(内裂纹)作用更强，内裂纹的延伸能产生更好的降低岩石强度的效果。类盘齿所产生的预破碎、预损伤作用，使固定刀翼上的 PDC 齿更易于侵入、刮切井底岩石，从而提升钻头的破岩效率，延长钻头使用寿命。

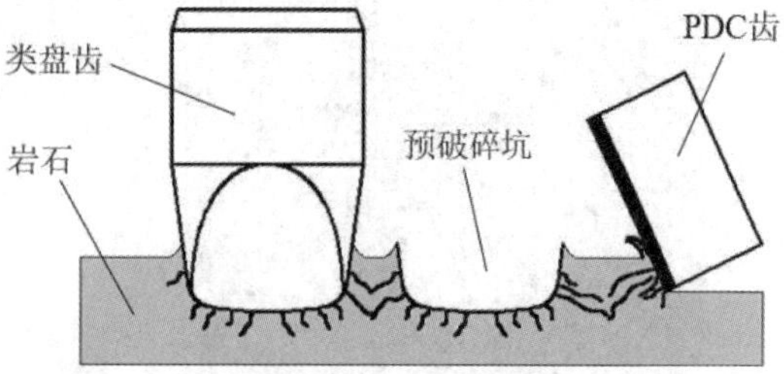

图5　PDC-类盘式牙轮复合钻头破岩原理

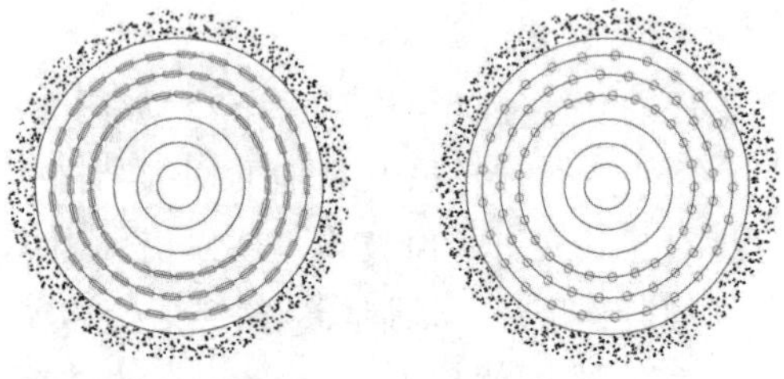

图6　新型复合钻头与常规复合钻头井底模式对比

3　实验测试

3.1　实验样机制造与实验

为研究新型复合钻头的钻进性能，设计制造了PDC-类盘式牙轮复合钻头实验样机[图7(b)]，同时也制造了常规复合钻头的实验样机[图7(a)]。并开展了新型复合钻头的破岩钻进实验及与常规复合钻头的对比钻进实验测试(图8)。

图7　复合钻头实验样机

图8　实验过程

3.2　实验结果与分析

3.2.1　井底模式分析

图9和图10分别为常规复合钻头和新型复合钻头钻进砂岩和灰岩形成的岩石井底。从图中可以看出，常规复合钻头在井底冲压出一个个点状凹坑，牙轮齿坑间距大，较分散，井底圆周方向上的齿坑覆盖率低。而新型复合钻头的牙轮齿在井底压碾、劈裂出的齿坑为沟槽状，同圈的沟槽与沟槽之间的间距小，沟槽较连续，井底圆周方向上的沟槽覆盖率高；在较硬的灰岩上造出的沟槽边缘附近伴有明显的岩石崩裂(体积破碎)，类盘式牙轮的压碾、劈裂对井底岩石的预破碎、预损伤作用更明显。因此，新型复合钻头的类盘式牙轮的较连续的压碾、劈裂辅助破岩方式，有利于固定PDC切削齿的吃入和刮切破岩，能明显提高钻头在硬地层中的破岩效率，并延长钻头的使用寿命。

图9　常规复合钻头井底

图10　PDC-类盘式牙轮复合钻头井底

3.2.2　破岩效率对比分析

图11为新型复合钻头和常规复合钻头钻进砂岩和灰岩时，钻压与机械钻速之间的关系曲

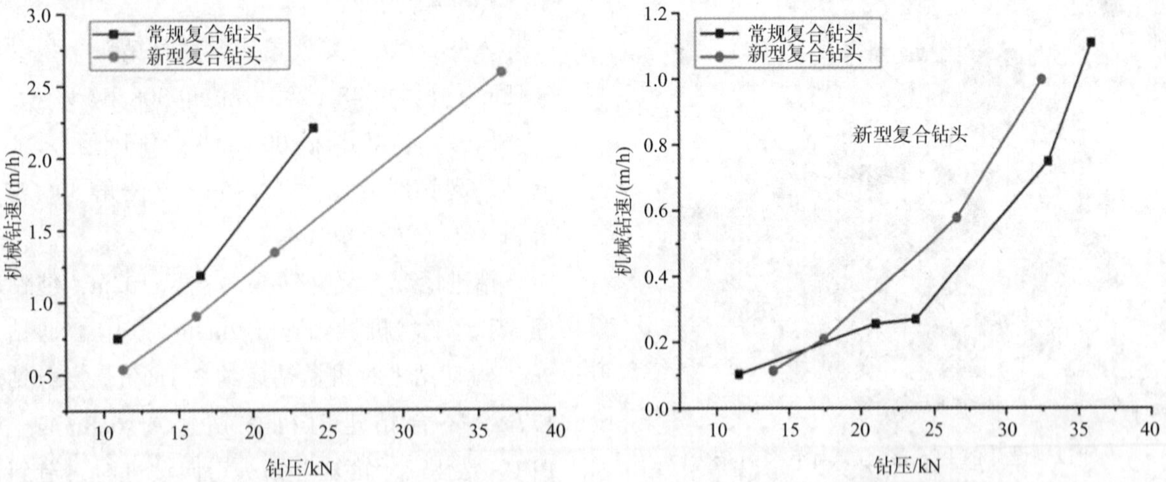

(a) 钻进砂岩　　(b) 钻进灰岩

图 11　破岩钻进钻压-机械钻速关系曲线

线。从图可知，一、钻压相同时，两种复合钻头在较软的砂岩上钻进时的机械钻速均明显高于它们分别在较硬的灰岩上钻进时的机械钻速。二、在较软的砂岩上钻进时，常规复合钻头的机械钻速高于新型复合钻头[图 11(a)]；但在较硬的灰岩上钻进时，新型复合钻头的机械钻速高于常规复合钻头[图 11(b)]。上述结果的主要原因如下：

(1) 砂岩较软，钻头上的切削齿易于侵入岩石，钻头切削齿的吃入深度较大，常规复合钻头的牙轮牙齿冠部相对尖，牙轮同齿圈上的齿顶较稀(虽然齿数相同，但齿顶与齿顶间的空当间距大)，牙轮齿与岩石的接触面积及时间较短，而新型复合钻头的牙轮齿较宽，同齿圈上齿的齿顶连续，牙轮齿与岩石的接触面积及时间均比常规复合钻头高。在较大吃深下，常规牙轮的齿圈分担的钻压比例较小，PDC 固定切削结构获得的钻压相对高；而类盘齿圈的类盘齿吃入较深后齿圈分担钻压大，PDC 固定切削结构上的钻压就小，抑制了钻头的吃入深度，因此在较软的岩石上钻进时，当吃深达到较深的深度时，新型复合钻头的机械钻速不及常规复合钻头。也就是，在较软地层钻进时，PDC-类盘式牙轮复合钻头的提速效果不如常规复合钻头。

(2) 在较硬的灰岩中，由于岩石硬度高，钻头切削齿侵入岩石深度相对浅，常规复合钻头的牙轮齿顶较稀，牙轮齿的周向覆盖率低，牙轮的压入造坑和预破碎作用有限，对 PDC 的吃入和刮切破岩辅助作用有限。而新型复合钻头的类盘齿圈较连续，类盘齿的周向覆盖率高，牙轮上扁而宽的类盘齿的压碾、劈裂作用，使硬岩产生明显的体积破碎和较大的张应力破坏，且滋生大量裂纹，增强了对硬岩的预破碎、预损伤作用，辅助 PDC 齿的吃入和刮切破岩效果明显。因此，在机械钻速低的难钻硬地层中，PDC-类盘式牙轮复合钻头的提速效果优于常规复合钻头。

4　PDC-类盘式牙轮复合钻头开发与应用

4.1　PDC-类盘式牙轮复合钻头开发

南堡油田的井深相对较深，一般都在 4000m 以上，钻头钻进时会钻遇地层岩性复杂的东营组和沙河街组，该层位岩石非均质性强，互层多，岩性变化频繁，地层可钻性差，研磨性较强，PDC 钻头难以适应，进尺较短(不足 200m)，牙轮钻头机械钻速低。另外，南堡油田普遍为大斜度井，且位移大。采用常规牙轮钻头和 PDC 钻头，作业效果均不理想。针对南堡油田深部开发过程中现有钻头存在的问题，设计了 PDC-类盘式牙轮复合钻头(图 12)，并开发出 215.9mm 新型复合钻头产品(图 13)，该钻头由两个固定刀翼和两个类盘式牙轮组成。

4.2　现场应用

开发的新型 PDC-类盘式牙轮复合钻头在南堡油田的庙 39X6 井下井试验，钻进地层为东营组的东三段，地层特性主要为含砾砂岩及泥砂互层，地层埋深较大，压实明显，不均质强，互层频繁，可钻性差。

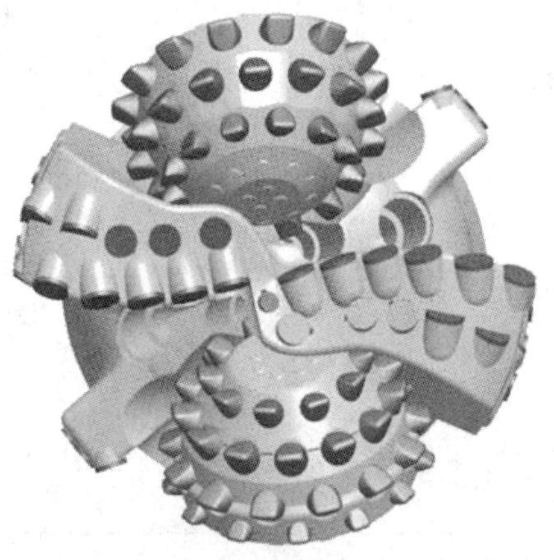

图 12　设计的 PDC-类盘式牙轮复合钻头

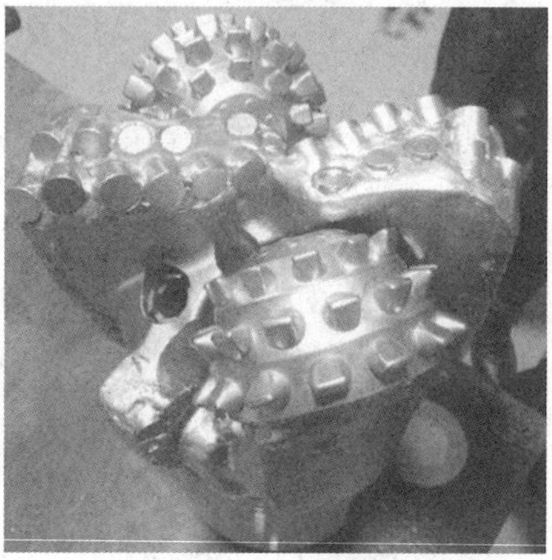

图 13　开发出的新型复合钻头

（1）钻进情况

入井：PDC-类盘式牙轮复合钻头下入井深 3818m，井斜角 48.32°，方位角 308.64°。

出井：钻至井深 4000m 时，由于地层取心而起钻。起钻时井斜角 42.95°，方位角 306.37°，降斜 5.4°，方位角基本未变。

钻进情况：复合钻头总进尺 182m，纯钻时间 35h，平均机械钻速 5.2m/h。其中滑动钻进 5m，滑动钻进时机械钻速约 2.1m/h，复合钻进 177m，复合钻进时机械钻速约 6.8m/h。该 PDC-类盘式牙轮复合钻头定向钻进时，造斜率高，工具面稳定。

（2）钻进效果对比

表 1 为 PDC-类盘式牙轮复合钻头与同层位其他钻头使用情况对比。由于地层埋深大且不均质性强，冲击和研磨性均很高，PDC 钻头的使用寿命和进尺均很短，另又有定向的需要，PDC 钻头定向效率非常低，因此复合钻头之后的井段放弃使用 PDC 钻头，使用的均为牙轮钻头。新型复合钻头比其他钻头的平均机械钻速高 126.1%以上，比其他钻头的进尺高 89.6%以上。

表 1　新型复合钻头与同层位其他钻头使用情况对比

钻头类型	尺寸/mm	使用井段/m	进尺/m	纯钻时间/h	机械钻速/(m/h)
PDC-类盘式牙轮复合钻头	215.9	3818~4000	182	35	5.2
MD517X(三牙轮钻头)	215.9	4006~4102	96	41.5	2.3
MD537X(三牙轮钻头)	215.9	4102~4131	29	14.5	2.0

如图 14 为 PDC-类盘式牙轮复合钻头出井情况。复合钻头磨损分级为：1-1-WT-G-X-I-BT-CP。复合钻头出井状态良好，新度较高，PDC 磨损较少，仅心部和规径处有个别 PDC 齿局部崩损；牙轮的牙齿齿顶有约 0.5mm 磨损，牙轮轴承密封系统较完好；钻头本体无明显磨损，保径正常，无缩径。复合钻头因取心而起钻，该钻头仍有良好的钻进能力，剩余寿命较长，若继续钻进将能形成更长的进尺。

图 14　钻头出井情况

此次试验为新型 PDC-类盘式牙轮复合钻头的首次现场应用，取得了良好的应用效果。现场应用表明，新型复合钻头的地层适用性强，导向性能良好，在复杂难钻地层取得了良好的提速效果。因此，PDC-类盘式牙轮复合钻头是深部复杂难钻地层的提速利器，能为钻井提速提效提供有效手段和选择。

5 总结

(1) PDC-类盘式牙轮复合钻头对井底岩石的破碎覆盖率比常规复合钻头高，预破碎及预损伤效果更明显，有利于 PDC 齿的吃入和刮切，提高 PDC 齿的寿命。

(2) PDC-类盘式牙轮复合钻头在软地层中的机械钻速不及普通复合钻头，但其在硬地层中的机械钻速比常规复合钻头高，因此更适合于难钻硬地层的钻进。

(3) 开发的新型复合钻头现场应用表明，PDC-类盘式牙轮复合钻头的地层适应性强，且导向性能优越，是复杂难钻地层提速的良好选择。

(4) PDC-类盘式牙轮复合钻头的成功应用，为该类新型钻头的开发与推广应用提供了宝贵的参考，也为我国的钻井提速提供了自主知识产权的利器选择。

参考文献

[1] 高德利．复杂地质条件下深井超深井钻井技术[M]. 北京：石油工业出版社，2004.

[2] 曾义金，刘建立．深井超深井钻井技术现状和发展趋势[J]. 石油钻探技术，2005，33(5)：1-5.

[3] 汪海阁，郑新权．中石油深井钻井技术现状与面临的挑战[J]. 石油钻采工艺，2005，27(2)：4-8.

[4] 刘汝山，朱德武．中国石化深井钻井主要技术难点及对策[J]. 石油钻探技术，2005，33(5)：6-10.

[5] Pessier R，Damschen M. Hybrid bits offer distinct advantages in selected roller-cone and PDC-bit applications[J]. SPE Drilling & Completion，2011，26(01)，p96-103.

[6] Rickard W，Bailey A，Pahler M，et al. Kymera TM Hybrid Bit Technology Reduces Drilling Cost[C]// Thirty-ninth Workshop on Geothermal Reservoir Engineering. Stanford，California. 2014，p1-12.

[7] Hapnes M. Drilling in Salt Formations and Rate of Penetration Modelling[J]. 2014.

[8] 杨迎新，陈炼，任海涛，等．一种宽齿牙轮复合钻头[P]. 中国：ZL 201310063630. 9，2015-01-28.

[9] 杨迎新，陈炼，任海涛，等．一种混合钻头[P]. 中国：ZL 201310063633. 2，2015-07-08.

[10] 宋克志，袁大军，王梦恕．盘形滚刀与岩石相互作用研究综述[J]. 铁道工程学报，2005，22(6)：66-69.

[11] 王超．TBM 刀盘受力分析及盘形滚刀破岩机理研究[D]. 沈阳建筑大学，2013.

[12] 胡琴，刘清友．复合齿形牙轮钻头及其破岩机理研究[J]. 天然气工业，2006，26(4)：77-79.

[13] Gertsch L，Summers D. Disc Cutting of Low-Strength Brittle Rock[J]. 2006.

[14] Karekal S. Oscillating Disc Cutting Technique for Hard Rock Excavation[J]. 2013.

[15] Abu B M Z，Gertsch L S. Saturation Effects on Disc Cutting of Sandstone[J]. 2011.

[16] Placido J C R，Friant J E. The Disc Bit-A Tool for Hard Rock Drilling[J]. Spe Drilling & Completion，2004，19(4)：205-211.

[17] 黄志强，刘清友，郭召海，等．盘式钻头齿圈强化工艺技术试验研究[J]. 西南石油大学学报(自然科学版)，2003，25(4)：73-73.

[18] 黄本生，刘清友，汤小文．盘式钻头齿面强化试验[J]. 西南石油大学学报(自然科学版)，2003，25(3)：73-75.

[19] 杨迎新，陈炼，任海涛，等．一种镶齿牙轮钻头[P]. 中国：ZL 201310063631. 3，2016-04-20.

[20] 杨迎新，陈炼，任海涛，等．一种盘式镶齿牙轮钻头[P]. 中国：ZL 201310063619. 2，2015-08-19.

[21] 林敏，刘八仙，杨迎新，等．类盘式牙轮钻头破岩机理实验研究[J]. 钻采工艺，2017，40(1)：11-13.

复杂深井、超深井超高温超高密度水泥浆体系研究及应用

马　疆[1]　苏洪生[2]　徐新纽[3]　郑永生[2]　张　伟[3]

（1. 中国石油集团西部钻探工程有限公司钻井工程技术研究院；2. 中国石油集团西部钻探工程有限公司固井技术研究中心；3. 中国石油新疆油田公司勘探事业部）

摘　要　针对复杂深井、超深井的一些地质特点，阐述了固井的主要技术难点，重点从水泥浆技术方面提出了技术难题和解决措施。运用颗粒级配原理，通过大量的室内实验，选取粒径合适的加重材料和充填材料，并确定合适的加量，设计出最高密度范围 2.70g/cm³、最高温度 200℃，各项性能满足固井技术需求的超高温超高密度水泥浆，解决了超高密度水泥浆在超高温环境下稳定性差、浆体流变性差、抗压强度发挥慢、难相容等技术难题。该体系在新疆油田南缘区块上已成功使用。

关键词　超高温；超高密度；水泥浆；驱油隔离液

随着油气开发的不断进行，我国各主力油田现都已进入了开发的中后期，浅层勘探已很难发现大型新的油气资源。目前我国陆上 39%剩余石油和 57%剩余天然气分布在深层，为了实现增产和稳产，国内各大油田一方面在老区块向更深地层进行勘探和开发；另一方面不断加大老区块外围和新区块的开发力度，寻求新的油气资源，因此深井开发成为行业发展的一个重要方向。随着深井、超深井开发的推进，高温、高压、复杂地层给深井钻探带来了一系列钻井、泥浆、固井等技术难题，也反过来推动了对固井材料、油井水泥外加剂及工艺技术措施的研究及探讨[1]。

1　固井、水泥浆技术难点及解决措施

复杂深井、超深井的固井技术，主要面临着高温、高压、膏岩层、盐水层、窄环空、长封固段、长裸眼、低压易漏等等一系列技术问题，风险很大[2]。

（1）油基钻井液因具有良好的抑制性及抗温性，能减少钻进事故复杂，现已在深井、超深井逐步推广使用，但油基钻井液给固井作业却带来了较多技术难题。

（2）在较复杂的深井中，窄环空是急需解决的问题，环空间隙往往只有 10~17mm，在套管接箍和井眼间，间隙甚至小于 4mm。固井质量不好，水泥浆驱替效率低是最为常见的问题。

（3）水泥浆封固段长、封固段上下温差大，水泥浆既要满足井底循环温度要求，还要满足顶部强度要求，因此对水泥浆体系各项性能要求较高。

针对深井、超深井固井技术难点，加上复杂地质条件、井况及其他原因，提出了水泥浆体系设计的几条难点：

（1）超高温水泥浆难以获得稳定的稠化时间。在超高温深井中：一方面，由于井下温度难准确测量，有可能导致水泥浆稠化时间大幅度延长或缩短，从而给固井作业带来风险。因此，要求超高温固井水泥浆体系随温度变化不敏感；同时，由于浆柱与地层之间存在压力差，造成水泥浆失水或地层水渗入到水泥浆中，导致水泥浆密度增大或减小。因此，要求固井水泥浆体系具有稠化时间稳定，随水泥浆密度变化不敏感[3]。

（2）超高温水泥浆的浆体稳定性控制难度大。水泥浆的浆体稳定性是一项重要的性能指标。水泥浆的浆体稳定性主要从失水、析水和沉降稳定性三个方面进行评价。井底高温往往会导致水泥浆失水、析水严重和沉降稳定性差。高温条件下失水量过大，会导致水泥浆流动性变差和稠化时间变化；此外，在油层固井作业中，失水量过大还会对储层造成不同程度的污染。

（3）长封固段或大温差固井作业中，顶部水泥石强度发展缓慢。一般而言，水泥浆稠化时间随温度的升高而缩短。当固井结束，水泥浆顶替到位后，固井水泥浆在井底呈柱状分布。若封固段较长，水泥浆柱顶部和底部温差大，从而导致下层高温段水泥浆稠化时间短，而上层低温段水泥浆稠化时间长等现象，严重者甚至会出现上层低温段水泥浆超缓凝、不凝固无强度等异常现象。水泥石强度的发展，一方面直接影响了固井

质量，另一方面关系着下一开次钻井作业的顺利进行[4]。

(4) 油基钻井液环境下的固井质量无法得到有效保证。油基钻井液本身为亲油性体系，固井水泥浆为亲水性体系，两者具有完全的不相容性，固井过程中油基钻井液会污染固井水泥浆，同时固井前置液也不能够有效的清洗井壁，导致固井胶结质量较差，固井质量无法保证[5]。

针对复杂深井、超深井带给固井水泥浆的困难，解决措施如下：

(1) 优选适合的高温缓凝剂，高温环境下对温度变化不敏感，并呈线性关系；

(2) 选用合适的抗高温降失水剂，不仅能在高温环境下有效控制浆体滤失量，同时还有减少析水及提高稳定性的作用；

(3) 运用颗粒级配原理，选用多元粒径固相材料，提高堆积密度，并确定各组分加量，提高浆体的热悬浮稳定性及水泥石早期强度；

(4) 配制合理的抗高温驱油隔离液，保证泥浆、隔离液、水泥浆的相容性，提高顶替效率、清洗效率；

2　超高温超高密度水泥浆体系室内研究

2.1　材料优选

2.1.1　加重材料优选

新型超高密度水泥浆体系中加重材料的选择至关重要。常用的加重剂有重晶石、赤铁矿、钛铁矿以及石英砂。加重材料杂质含量越小，粒度越均匀，密度越高，配浆能力越强。加重材料颗粒的下沉速率 V 和保持水泥浆稳定的最小静切力 s 与加重剂的密度、颗粒尺寸等的关系为：

$$V=gd(\rho_0-\rho_s)/6$$

$$\tau_s=gd^2(\rho_0-\rho_s)/(18\eta_s)$$

在加重前的水泥浆密度 ρ_s 一定，并保持高密度水泥浆密度满足要求的前提下，为使体系沉降稳定，应尽可能选择密度较低和颗粒较细的加重剂，使加重剂的下沉速度 V 最低和保持水泥浆稳定的最小静切力 τ_s 最小。但是，加重材料的密度太低，将不利于体系密度的提高，同时，如果加重材料颗粒太细，将出现严重的增粘效应，从而严重影响体系的可混配性。通过激光粒度仪对加重材料进行粒径分析，用李氏密度瓶法对密度进行测试，对加重材料进行初选。

表 1　加重材料密度及粒度分布

外掺料		密度 g/cm³	颗粒直径(μm)及粒度分布(v/%)						
类别	代号		<10	10~20	20~38	38~45	45~75	75~125	>125
加重剂	Fe_2O_3-1	4.9	87.9	2.0	3.2	1.2	3.7	2.0	
	Fe_2O_3-2	4.9	14.2	14.6	17.1	4.7	13.8	15.3	20.3
	$TiO_2\cdot Fe_2O_3$	4.45	16	12.4	18.6	6.3	18.7	16.6	11.4
	GM-1	7.31	1.26	3.8	14.2	17.5	23.7	35.6	3.9

由表 1 中数据可以看出，GM-1 径分布均匀，密度高，有利于超高密度水泥浆的加重，同时，其外观呈球形状态，具有良好的滚动能力，能显著改善浆体的粘稠效应。

2.1.2　降失水剂优选

在高温、超高温的条件下，聚合物降失水剂由于分子量大小和分子结构不同，形成的聚合物类降失水剂种类很多，产品综合性能明盈优于其他类型的降失水剂，且具有抗温，分子链不易断裂等优点，故从中进行筛选。

从现有固井外加剂中优选出四种降失水剂 BP-3A、LR300、PC-G81、DB420-1，来进行筛选，实验温度：150℃；实验配方(2.40g/cm³)：水泥+GM-1+分散剂+降失水剂+缓凝剂)，实验结果见图 1。

由图 1 可以看出在 150 度条件下，降失水剂加到一定比例才能控制水泥浆失水，PC-G81 控制失水能力优于 BP-3A、LR300、DB420-1，按不同类型及性价比考虑，PC-G81 加量控制在 4%~6%最优。

选择 PC-G81 进行抗温性能测试，实验配方(2.40g/cm³)：水泥+GM-1+分散剂+6% PC-G81+缓凝剂)，由图 2 可以看出 6%PC-G81 在 200℃以下时，失水量随温度的升高呈线性关系，大于 200℃以后，浆体失水量呈“全失出气”状态，降失水剂失去效果，可以认定该降失水剂最高抗温 200℃。

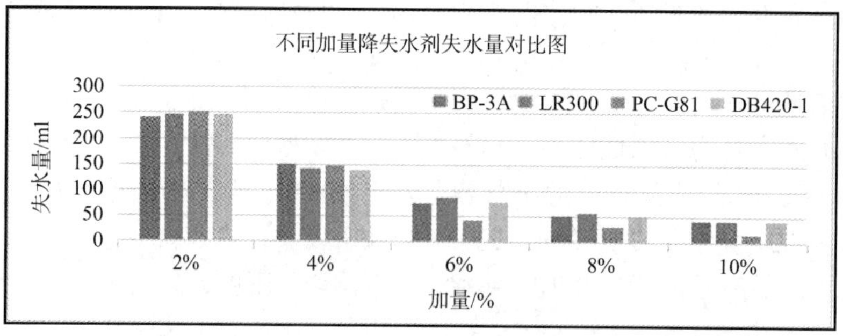

图 1　150℃条件下不同加量降失水剂失水量对比图

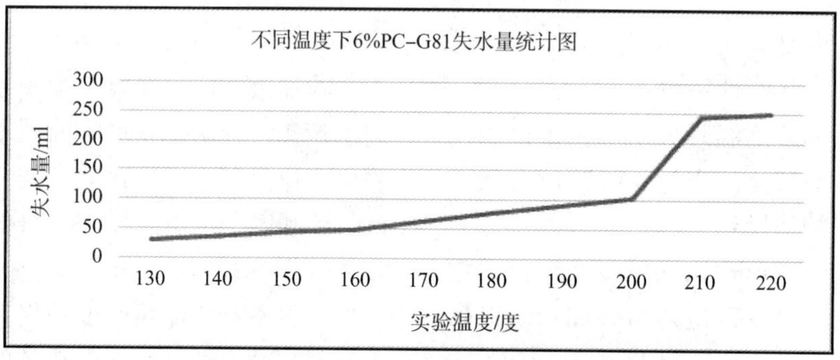

图 2　不同温度条件下相同加量 PC-G81 失水量统计图

表 2　不同温度、不同缓凝剂加量条件下稠化时间表

序号	缓凝剂%	API 稠化时间，min/100BC						
	BWOC	80℃	100℃	120℃	140℃	160℃	180℃	200℃
1	0.4	124	—	—	—	—	—	—
2	0.6	184	140	131	—	—	—	—
3	0.8	280	210	201	—	—	—	—
4	1.0	376	317	251	—	—	—	—
5	1.2	—	—	377	126	—	—	—
6	1.5	—	—	—	170	98	—	—
7	1.8	—	—	—	185	132	—	—
8	2.0	—	—	—	236	189	136	—
9	3.0	—	—	—	361	279	218	—
10	4.0	—	—	—	—	364	275	243

注：1. 温度<110℃；G 级+GM-1+4%降失水剂 PC-G81+缓凝剂；密度：2.40g/cm³；

2. 110℃≤温度≤150℃；G 级+GM-1+35%石英砂+5%降失水剂 PC-G81+缓凝剂；密度：2.40g/cm³；

3. 温度>150℃；G 级+GM-1+35%石英砂+5.5%降失水剂 PC-G81+缓凝剂；密度：2.40g/cm³。

2.1.3　缓凝剂优选

进行了不同缓凝剂加量和不同实验温度下的水泥浆稠化时间。根据降失水剂性能评价的实验结果，在不同的实验温度下加入相应量的降失水剂产品，保证水泥浆的失水性能及考察降失水剂和缓凝剂之间的配伍性能。

通过表 2 可以看出，调整缓凝剂加量，可有效的调整不同温度条件下的水泥浆稠化时间。水泥浆 150℃时稠化曲线如图 3 所示，水泥浆 180℃时稠化曲线如图 4，水泥浆 200℃时稠化曲线如图 5 所示；高温、超高温稠化曲线均未出现“鼓包”、“走台阶”等异常现象，说明该缓凝剂在高温、超高温条件下性能稳定。

在井底温度估算或测量不准的情况下，会导致水泥浆稠化时间大幅度波动。若稠化时间大幅度缩短至小于固井施工时间，可能会导致注水泥

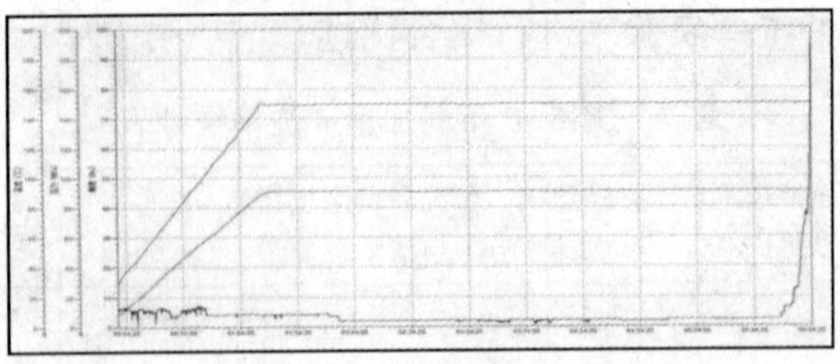

图 3　150℃水泥浆稠化曲线

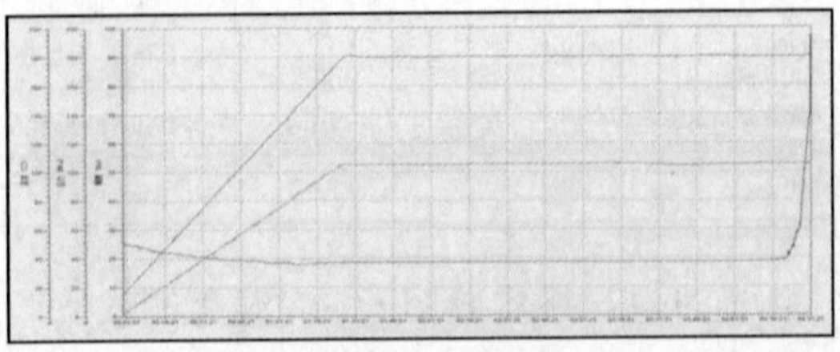

图 4　180℃水泥浆稠化曲线

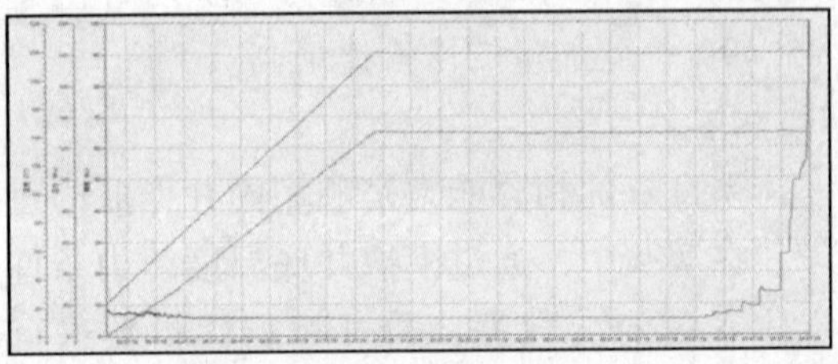

图 5　200℃水泥浆稠化曲线

浆“灌香肠”，造成工程事故；若稠化时间大幅度延长，可能会导致井下流体窜槽严重、固井水泥石封固质量差、水泥石强度发展慢等不利影响，严重者会导致固井封固失败。实验考察了150℃、180℃条件下的水泥浆稠化时间随温度变化±5℃、±10℃的变化情况，实验结果如表 3 所示。

表 3　缓凝剂温度敏感性考察

序号	水泥浆配方	试验温度/℃	稠化时间/min	稠化时间变化率
1	配方 1	140	323	11.76%
2		145	301	4.15%
3		150	289	—
4		155	272	5.88%
5		160	256	11.42%
6	配方 2	170	352	11.75%
7		175	336	6.25%
8		180	315	—
9		185	286	9.20%
10		190	274	13.02%

注：1. 配方 1　G 级+GM-1+35%石英砂+5%降失水剂 PC-G81+2%缓凝剂 PTY-C；密度：2.40g/cm³；

2. 配方 2　G 级+GM-1+35%石英砂+5.5%降失水剂 PC-G81+3%缓凝剂 PTY-C；密度：2.40g/cm³。

缓凝剂评价标准要求：温度±5℃，稠化时间变化率：≤20%。从实验结果可以看出：缓凝剂 PTY-C 温度敏感性满足缓凝剂评价标准的要求。相同配方下，水泥浆稠化时间随温度的增加而降低。150℃条件下的实验配方一：在实验温度+5℃的条件下，稠化时间缩短了 8min；在实验温度+10℃的条件下，稠化时间缩短了 23min；在实验温度-5℃的条件下，稠化时间延长了 12min；在实验温度-10℃的条件下，稠化时间延长了 25min；180℃条件下的实验配方二：在实验温度+5℃的条件下，稠化时间缩短了 29min；在实验温度+10℃的条件下，稠化时间缩短了 41min；在实验温度-5℃的条件下，稠化时间延长了 21min；在实验温度-10℃的条件下，稠化时间延长了 37min。

2.2　超高温超高密度水泥浆体系性能

设计超高温超高密度水泥浆技术关键在于：运用颗粒级配原理，选择颗粒粒径分布合理，抗高温能力强的材料，合理级配，协调好水泥浆流变性、沉降稳定性、抗压强度之间的关系，确定各组分的最佳加量，使综合性能最优化。2.70g/cm³超高温超高密度水泥浆干混材料配比见表 4。

表 4　2.70g/cm³超高密度水泥浆干混材料配比

编号	G 级水泥	SiO_2 %	GM-1%	WG%	初稠 Bc	流动度 cm
1#	100	38	130	7	32	18.0
2#	100	36	135	9	30	18.5
3#	100	35	140	7	20	19.5
4#	100	35	150	10	18	20.5
5#	100	34	150	11	22	19.3

实验数据表明，干混材料中铁矿粉加量增大，相应的增加微硅加量，提高体系悬浮能力，水泥浆初始稠度反而会减小，4#加量最佳。最终确定 2.70g/cm³超高温超高密度水泥浆配方为 G 级水泥+35% SiO_2+150% GM-1+10% WG+(6% PC-G81+1.9% SXY-2+2% 缓凝剂+0.05% ST500L)，表 5、表 6 性能评价均以此配方为基础进行研究。

2.2.1　稳定性、抗温性能试验

将配制好的水泥浆装入沉降稳定试验模，在井底温度、压力条件下养护 24h 后取出，按上下顺序截成 3 份，测定水泥石密度，考察水泥浆的稳定性。实验数据见表 7。

表 5　超高密度水泥浆体系高温稳定性

水泥浆密度（g/cm^3）	实验条件	水泥石密度（g/cm^3）			API 失水（ml）	析水（ml）
		上	中	下		
2.70	150℃×140MPa	2.69	2.70	2.70	40	0

注：配方 G 级+35% SiO_2+150% GM-1+10% WG+（6% PC-G81+1.9%SXY-2+2%缓凝剂+0.05%ST500L）。

表中数据表明，该体系具有良好的抗高温能力，并且其稳定性能良好，能防止体系在混配、泵注、及井底温度压力条件下凝结过程中失稳、分层；失水小，能避免水泥浆的不完全顶替或注替不到位和桥塞环空的风险；析水为零，能避免自由水上窜聚集、窜通而引发环空窜流。

2.2.2　抗压强度实验

将配制好的水泥浆装入强度试验模子，分别在井底温度压力条件和水泥浆返高面温度压力下养护 24h，实验数据见下表。

表 6　体系抗压强度对比

实验条件	24h/MPa	48h	7d/MPa	30d/MPa
150℃×140MPa	23.3	35.9	35.4	34.8
90℃×70MPa	18.2	27.6	27.3	26.7

注：配方 G 级+35% SiO_2+150% GM-1+10% WG+（6% PC-G81+1.9%SXY-2+2%缓凝剂+0.05%ST500L）。

实验结果表明抗压强度满足固井施工技术要求，经 30 天的养护，强度衰退甚微。该体系有效解决了水泥浆稠化时间长，水泥石早期强度发展慢的技术难题，并保证了长封固段顶部强度。这是因为该体系采用颗粒级配，实现了多元粒径材料的紧密堆积，提高了水泥石的致密度、抗渗性和防腐性，减少了空隙水，范德华力增强，因而提高了水泥石强度，并能有效防止水泥石在井底高温条件下的强度衰退。

2.3　超高温超高密度驱油隔离液效果评价

为达到隔离、清洗油基钻井液，主要是在隔离液中加入不同作用机理的表面处理剂，以实现强化油基或油包水泥浆的增溶、螯合、渗透以及乳化作用，在较短的时间内快速把第一界面以及第二界面上的钻井液残留冲洗掉，把第一界面和第二界面的油湿改为水湿，从而达到隔离、驱油的目的。

选择 CT-1、B168、YU-2C、KLP、T-100、UG8-P 六种抗高温表面处理剂进行评价。评价方法主要由过电导率实验、润湿角测试实验及转筒冲洗率实验来进行组合优选。

表 7　UG8-P 不同加量冲洗率统计表

表面处理剂加量	泥饼与滤纸总质量	洗后剩余泥饼与滤纸总质量	滤纸质量	冲洗率
0	7.52g	3.16g	0.69g	63.84%
10%	7.91g	2.01g	0.66g	81.38%
20%	7.62g	1.49g	0.67g	88.20%
30%	7.38g	1.17g	0.68g	92.69%
40%	7.56g	0.99g	0.68g	95.49%
50%	7.22g	1.11g	0.66g	93.14%

由通过电导率实验图 6、润湿角测试实验图 7、表 8 可以看出，超高温超高密度驱油隔离液中当表面处理剂 UG8-P 加量为 40%时冲洗率最高 95.49%，此加量的性价比最高。

2.4　相容性试验

体系良好的相容能力是顺利固井作业的重要保障。在实验中，通过模拟井底温度压力条件并测定体系的流变数据，通过相容性指数进行判别。相容性指数 R=（混合浆体各组分 100rpm 最大读值）-（单一浆体 100rpm 最大读值）。其中：$R<0$，完全兼容；$0\leq R\leq 40$，兼容性良好；$40<R\leq 70$，兼容性差；$R>70$，完全不兼容。

表 8　高温高压条件下体系流变数据表

体积比	Φ3	Φ6	Φ100	Φ200	Φ300
泥浆 100%	8	8	32	55	76
水泥浆	7	9	44	78	127
隔离液 100%	16	21	50	60	73
泥浆：隔离液=5：95	13	21	42	50	57
泥浆：隔离液=25：75	6	8	29	43	56
泥浆：隔离液=50：50	4	6	24	41	54
泥浆：隔离液=75：25	3	4	19	30	38
泥浆：隔离液=95：5	5	7	25	36	46
水泥浆：隔离液=5：95	11	17	41	62	85
水泥浆：隔离液=25：75	11	19	43	69	89
水泥浆：隔离液=50：50	17	21	48	77	95
水泥浆：隔离液=75：25	15	20	44	80	97
水泥浆：隔离液=95：5	14	23	45	75	93
泥浆：水泥浆=5：95	13	20	77	113	147
泥浆：水泥浆=25：75	15	23	85	121	153
泥浆：水泥浆=50：50	27	35	141	207	260
泥浆：水泥浆=75：25	18	19	89	135	149
泥浆：水泥浆=95：5	17	20	88	139	147

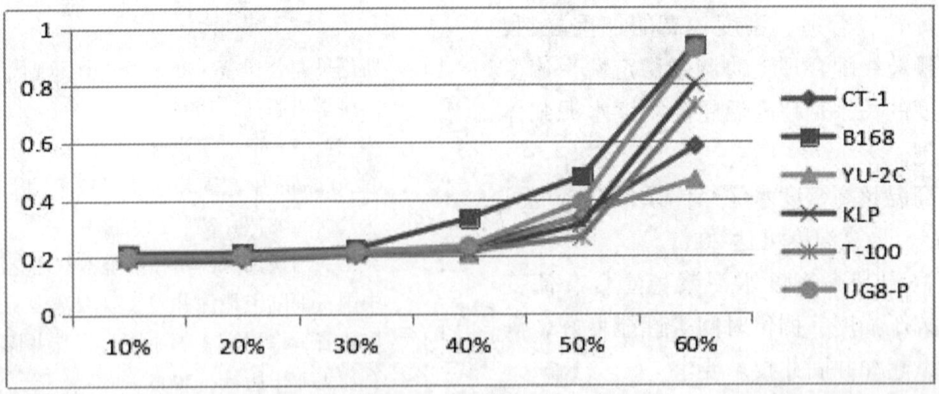

图 6　不同表面活性剂电导率测试图

图 7　水滴在不同润湿条件下润湿剂角侧视图

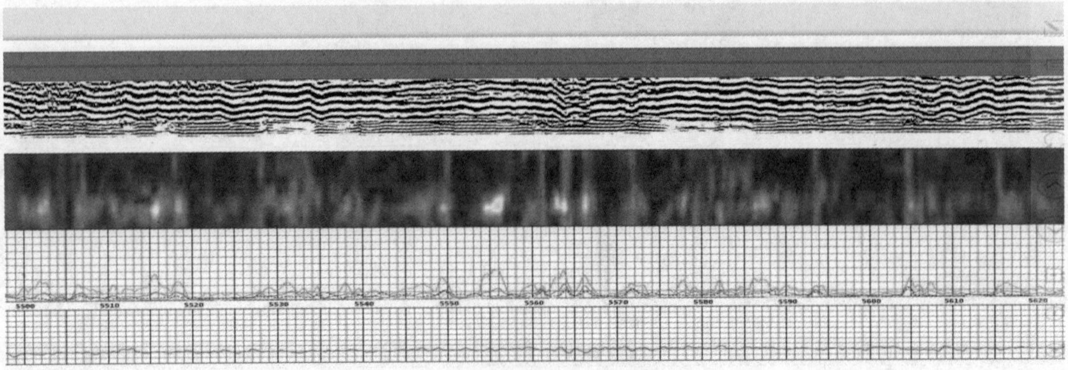

图 8　高××井测井声幅图

由表 7 可以看出，隔离液与泥浆、水泥浆完全相溶性。泥浆与水泥浆 $R=141-44=97>71$，完全不相容；泥浆与隔离液 $R=42-50=-8<0$，完全相容；隔离液与水泥浆 $R=48-50=-2<0$，完全相容；

3　现场应用

南缘高××井井深 5910m，ϕ244.5mm 套管下深 5909.83m，三开使用密度 2.42g/cm^{3}高密度白油基钻井液，第四系和独山子组中上部砾石发育，井壁垮塌；塔西河组膏质泥岩和膏盐岩发育，井眼缩径；安集海河组灰色泥岩地层水敏性强，部分井段缩径、垮塌，紫泥泉子组及吐谷鲁群存在多段高压水层。该井固井水泥返高 2500m，水泥封固段长达 3410m，封固段上下温差 73℃。

该井套管下到设计位置后，以最大排量 1.0m^3/min 循环 2 周，达到固井施工要求后进行固井作业。注入平衡液 34m^3，密度 2.10g/m^3，排量 1.0m^3/min；注入隔离液 35m^3，密度 2.45g/m^3，排量 1.0m^3/min；注入领浆 96m^3，平均密度 2.47g/m^3，排量 1.0m^3/min；注入尾浆 25m^3，平均密度 2.30g/m^3，排量 1.0m^3/min；注压塞液 4m^3，密度 2.1g/m^3，排量 0.6m^3/min；井队泥浆泵替浆共 219m^3，施工排量 1.0~0.4m^3/min，碰压由 1.6MPa 至 8.2MPa；放回水正常，关闸门和防喷器，环空加回压 4MPa 候凝。

本次固井施工作业安全顺利完成，各项技术指标达到固井设计要求，全井封固质量合格，4700~5910m 为优质井段，有效封固了井底高压水层，固井质量和水泥封固效果达到预期效果。

4 总结与认识

（1）选择粒径合适、密度较高的加重材料，充填材料，颗粒级配合理，协调好稳定性、流变性、抗压强度的关系是超高温超高密度水泥浆体系设计的关键。

（2）超高温超高密度水泥浆体系最高密度可达 2.70g/cm³，最高温度可达 200℃。

（3）超高温超高密度水泥浆稳定性、流变性、失水、抗压强度、稠化时间等性能良好，满足复杂深井、超深井固井技术要求。

（4）超高温超高密度驱油隔离液与泥浆、水泥浆有良好的相容性，能有效解决了油基钻井液环境下环空顶替及井壁清洗率问题，清洗率可达 95%以上。

参考文献

[1] 斯伦贝谢公司著．刘大为等译．现代固井技术．辽宁科学出版社，1994.

[2] 柳健，齐静，苏洪生．莫深 1 井 Φ244.5mm + Φ250.8mm 中完固井水泥浆技术[J]．新疆石油天然气，2008，4(3)：22-26.

[3] 天工．川庆钻探公司在塔里木盆地克深 902 井完钻中国石油陆上最深井[J]．天然气工业，2015(2).

[4] 屈建省，许树谦，郭小阳．特殊井固井技术[M]．石油工业出版社，2006.

[5] 范鹏，康建平，吴村章等．油水双效 PC-W21L 冲洗液在 PY30-1 气田固井作业中的应用[J]．石油天然气学报，2011，(5)：189-192.

XZ-NBMS-Ⅰ型近钻头地质导向系统的研制与应用

宋朝晖[1]　李富强[1]　王　新[2]　叶安臣[3]　朱年涛[1]

（1. 中国石油集团西部钻探工程有限公司工程技术研究院；2. 中国石油集团西部钻探工程有限公司工程技术处；3. 中国石油集团西部钻探工程有限公司科技信息处）

摘　要　常规随钻测量系统（LWD）由于测量点离钻头较远而无法获取近钻头处的信息，不能及时判别钻头钻出储层情况，导致油田薄油层砂岩的钻遇率低，储层未得到有效地开采。通过近钻头的井斜和方位伽马测量工具设计，采用电磁波跨螺杆通信技术实现数据传输，研制了距钻头测点均小于0.5md近钻头随钻测量系统，实现近钻头地质导向功能。

关键词　近钻头测量；地质导向，跨螺杆传输；方位伽马；近钻头井斜

国内大部分油田的开发已进入中后期，主力油层都已有效开采，仅外围的薄油层和稠油油层等难开采的储层需要先进的技术进行有效的开采[1]。而目前常规的导向钻井技术常常由于储层钻遇率低而无法实现预期的开发目标。近钻头地质导向系统具有多参数近距离测量的特点，其弥补了常规随钻测量系统的测量距离远的不足。现场施工过程中，依据近距离的地质参数和工程参数及时判断钻头与储层的相对位置，提高井眼轨迹的控制精度，实现真正意义的地质导向，从而提高油层的钻遇率。

1　近钻头地质导向系统介绍

近钻头地质导向技术以井下钻头附近的实际地质参数为导向目标，引导井眼最大程度的穿越油层，大幅度提高储层钻遇率，降低开发成本。目前，近钻头测量技术由哈利伯顿、斯伦贝谢等国外油服公司垄断，国内还没有成熟工具进行大规模应用。为满足难动储量的有效开发，开展近钻头地质导向系统的研制。

1.1　特点及性能参数

XZ-NBMS-Ⅰ型近钻头地质导向系统，将测点置于钻头后方，近钻头井斜与方位伽马测点零长为0.5m，测得的近钻头数据通过跨螺杆传输技术上传数据至MWD，再由MWD上传至地面，可大幅度提高储层钻遇率，尤其适用于复杂地层、薄目的层水平井开发。工具性能指标如表1。

表1　系统性能参数表

工具尺寸	Φ172mm	接收短节内径	74mm
跨螺杆传输方式	电磁波无线短传	接收短节外径	172mm
方位伽马测量扇区	8扇区、4扇区	近钻头短节内径	39mm
上传方位伽马区数	4方位成像伽马	近钻头短节外径	172mm
伽马零长	距底部台肩0.5m	最大工作温度	175℃
井斜传感器零长	距底部台肩0.5m	最大工作压力	137MPa
传输速率	最大50bit/s	最大排量	40L/s
井斜角测量范围	0~180°	振动	20g,30~500Hz
伽马测量范围	0~512API	冲击	1000g

1.2　工作原理

XZ-NBMS-Ⅰ型近钻头地质导向系统由测量短节、接收短节和无线通信短节三部分组成。测量短节实现近钻头参数（包括方位伽马、自然伽马和近钻头井斜等）测量和工程参数（包括震动、温度等）测量，存储和编码后采用无线短传技术把测量信息越过导向马达传至接收短节；接收短节对数据进行接收、存储，并通过无线短传技术把接收信息传输至无线通信短节；无线通信短节作为MWD的定向接头，通过无线短传将接收到

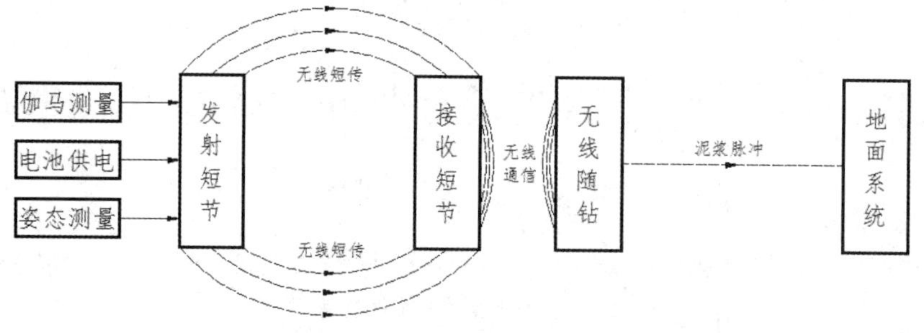

图1　近钻头测量系统总体结构框图

图2　近钻头发射短节

图3　近钻头接收短节

的信息传输给 MWD，MWD 统一编码后通过泥浆脉冲发送至地面，地面系统对数据进行处理和解释。

2　关键技术

2.1　跨螺杆传输技术

XZ-NBMS-Ⅰ型近钻头地质导向系统采用电磁波短程传输方式来进行井下跨螺杆数据传输。发射电路主要负责将传感器数据进行调制后进行功率放大，之后再将放大后的信号经由发射天线发射至由钻井液及井下环空构成的电磁信道中。接收电路首先由接收天线将感应到电磁信号转换为电信号，再将其放大滤波，最后进行信号解调获取原始数据，至此完成近钻头传感器数据的无线短传。

本系统设计了 DDS 发生器，并且采用正弦波作为载波，对数字码元进行 PSK 调制，并在 FPGA 内部完成了 PSK 调制系统。系统通过 E-2PROM 存储井下数据，利用数模转换将正弦波转换为模拟正弦波，通过低通滤波，利用运算放大器对微弱信号进行放大并传输给线圈。接收电路通过放大电路放大接收线圈感应到的微弱正弦载波，A/D 转换电路采集正弦载波进入 FPGA 内部，进行解码及 PSK 非相干解调，然后利用 FIFO 进行缓冲。

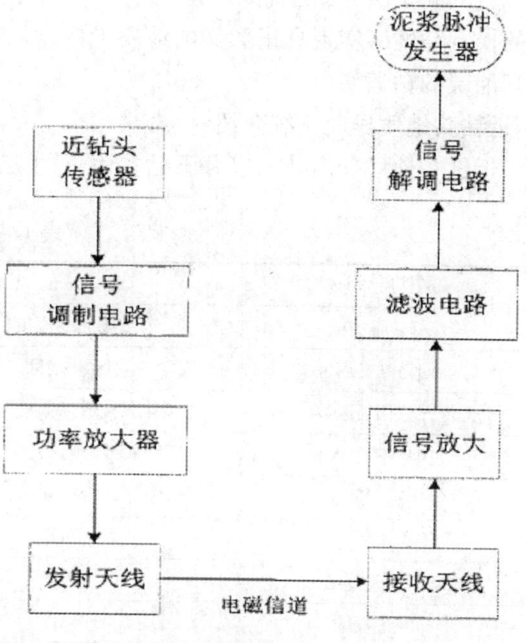

图4　跨螺杆传输原理图

发射信号由天线发出后，在天线附近的地层消耗掉大部分能量，接收天线仅接收到的部分信号。因此，在电路设计中采用二阶压控型滤波器对信号进行放大滤波，以提高信噪比，并进行自适应的程控放大，以适应地层变化带来的信号衰减。

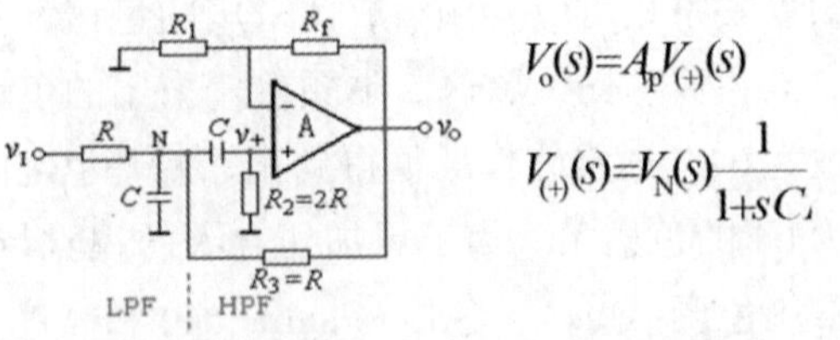

图 5　二阶压控型滤波器及传递函数

跨螺杆传输测试，通过对发射及接收电路的调试，测试了在不同电导率环境下的信号接收幅度，0.05Ωm 步进值调整水槽电阻率，并记录接收信号幅度。试验表明，XZ-NBMS-Ⅰ型近钻头地质导向系统电磁波短传最远传输距离达到 20m。

图 6　水槽试验

2.2　方位伽马测量技术

自然伽马测量仪在国内外是比较成熟技术。NBMS-I 近钻头系统集成了高端进口伽马传感器，将伽马传感器偏心安装于发射短节中，并在传感器下部和左右两侧用特殊材料屏蔽，采用伽马控制板与伽马传感器通讯，测量方位伽马数据。

方位伽马系统的核心模块之一就是扇区检测模块。扇区检测模块，实现方位伽马传感器窗口位置的实时指示，由计数模块把伽马计数和当前方向相结合，形成带有方向指示的伽马数据。

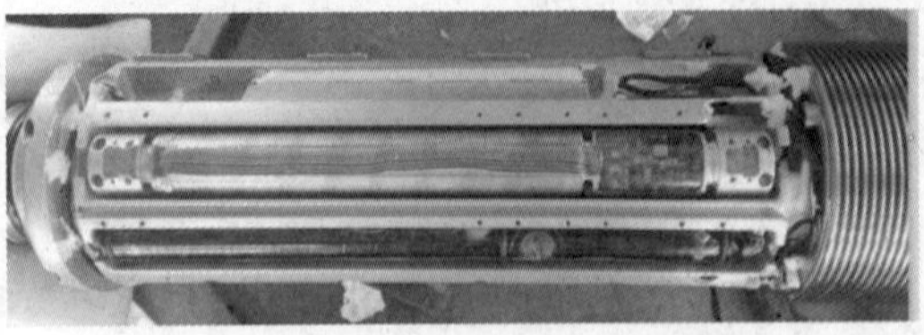

图 7　伽马传感器

通常，在钻井过程中，现场工程师主要关注上下两个方向上的伽马变化。上下是针对重力场而言，通常重力高边位置为上，低边为下。由于钻进过程中，钻具和近钻头工具是顺时针方向旋转的，所以近钻头工具上的方位伽马传感器按照上、右、下、左的顺序旋转一周。

为了细化地层，会使用八扇区方位伽马。

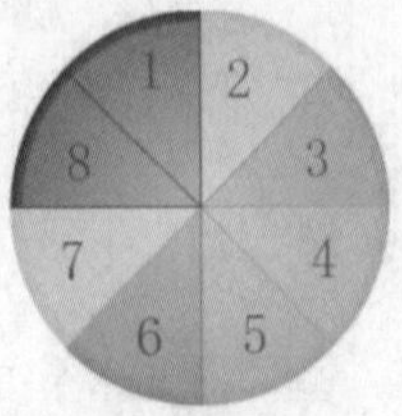

图 8　方位伽马扇区分区

扇区检测算法，是通过不断检测重力工具面，当重力工具面跨越扇区分界角度时，指示计数模块，当前进入到下一个扇区。算法流程如图 6 所示。

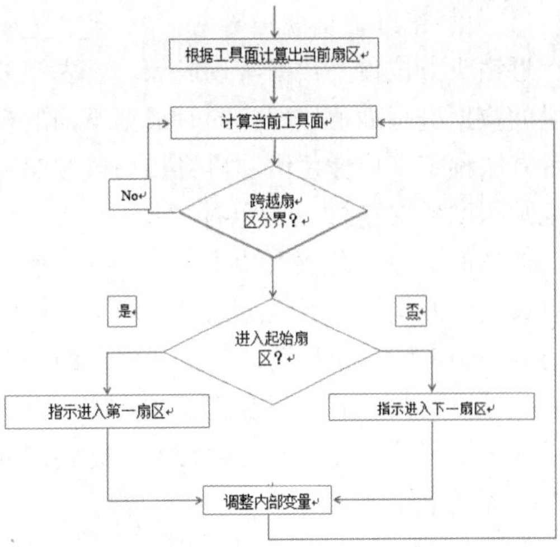

图 9　扇区检测算法

由于方位伽马的方向是以重力场的上下左右来划分的，自然想到的扇区检测模块的核心元器件就是重力加速度计。但是，重力加速度计对震动比较敏感；同时，安装在近钻头短节中的重力加速度计会因工具旋转，直接影响到重力工具面计算的准确性。

重力工具面角 GTF 与磁工具面角 MTF 之间的角差 GM 是磁北(实际上是磁北在钻具横截面上的投影)与高边的夹角，只与井斜角 α 和方位角 β 有关，与钻具转动角度(即 GTF 自身)无关。而磁工具面角 MTF 可由两轴磁通门(x 轴、y 轴)的测量值直接解算而得出，且磁通门的测量精度几乎不受振动冲击和旋转工况的影响。所以，在连续旋转条件下，对重力工具面角的实时测量，可转化为对磁工具面角的实时测量，然后再利用两者间的角差 GM 进行补偿。

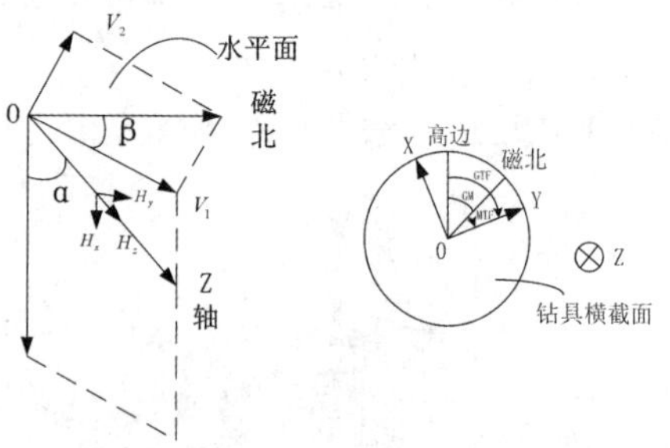

图 10　重工与磁工关系示意图

磁通门受震动影响极小，其精度几乎不受到震动的影响，而重力工具面与磁性工具面之间在一定的区间又存在角差相对固定的关系，所以，可以通过磁性工具面来计算出对应的重力工具面。

2.3　方位伽马成像系统

2.3.1　数据采样插值方法研究

近钻头方位伽马数据实现成像，首先需要将测量的数据进行插值处理，同时根据不同的色度标定方法预定义成像色谱，再将伽马值按照一定的规则刻度成对应颜色的色标数据(一般亮色代表低伽马值，暗色代表高伽马值)，最后把伽马颜色数据按照坐标位置显示出来，即可生成随钻伽马测井图像。通过后续计算机图像学的进一步处理，可以提高成像测井图像解释结果的精度，从而满足不同地层地质分析的要求。完整的处理成像流程框架图如下。

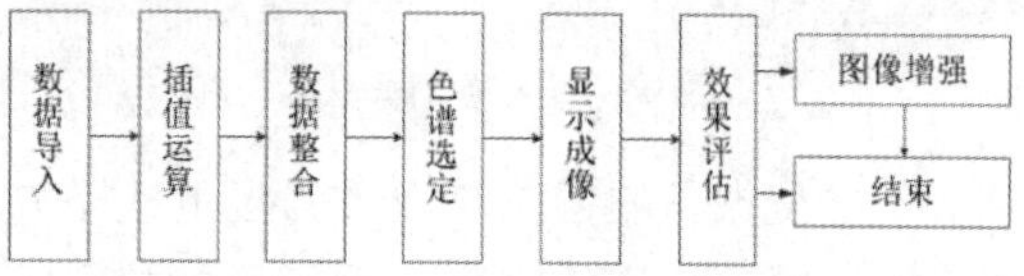

图 11　处理成像流程框架图

2.3.2　方位伽马成像色谱设计

伽马图像的显示效果与色谱的选择密切相关。一般情况下选择浅色表示低伽马值，暗色表示高伽马值，这样生产的伽马图像即能与实际地层的自然特征相符合，又能与行业内通用的电阻率颜色关系相对应。伽马成像采用的色谱基色为白、橙、黄、褐、黑这 5 中颜色，采用的色谱级别数为 64，通常线性插值得到相邻两基色之间等级为 64 的色谱条。为了更加切合人的视觉特点，通常用色调(Hue)、色度(Saturation)和亮度(Intensity)组成的 HIS 颜色空间来描述。因此，需要利用线性插值完成对 HIS 颜色空间的插值运算。由于 RGB 颜色标准是目前计算机中运用最广的颜色系统，图像大多以 RGB 色彩模式存储，因此，为了实现 HIS 颜色空间内颜色的线性插值，需要在 HIS 颜色空间与 RGB 颜色空间之间进行转换。4.3 在完成初步生成随钻伽马测井图像后需要对成像效果进行评估，通过观察可以看出图像的成像质量较差，不同伽马值之间对应的颜色过渡不明显，存在阶梯现象，这是由于相对于整个区间插值点的选取数量相对较少，相邻插值点之间可能存在数值的阶跃现象，所以需要对生成的图像进行恰当的图像增强处理来提高图像的质量。通过选用 Matlab 图像处理工具箱的 interp2 二维插值函数中的 linear 最邻近插值法，利用已知邻近像素点的色度值来产生未知像素点的色度值，从而在不增加新的像素点的情况下对原有像素进行重新分布，使得原始图像再生成具有更高分辨率的图像，从而消除了相邻插值点之间可能存在数值的阶跃问题以及不同颜色之间的阶梯现象，使得图像平滑过渡，实现了图像质量的提高，为后续测井图像的应用解释提供准确的地质资料，图像处理效果如图 12 所示。

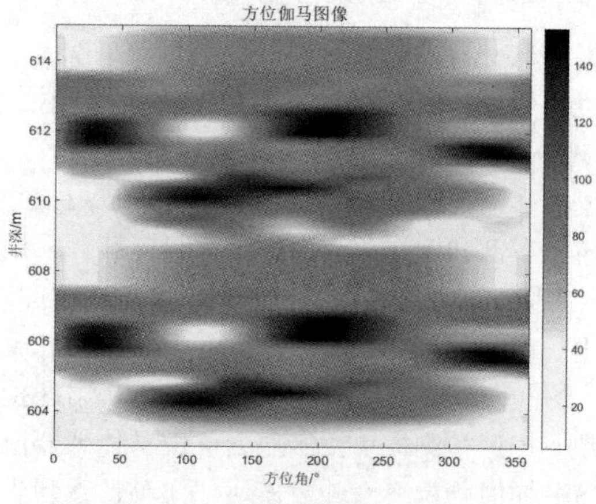

图 12　成像处理效果图

3 现场应用情况

本项目研发的近钻头测量系统先后开展了样机功能试验、工具工作寿命和现场应用三个阶段16口井的现场试验及应用，单口井最长工作时间303小时，总工作时间超过2000小时。以下是典型井樊70平××的现场应用情况。

3.1 樊70平××井基本情况

樊70平××井位于山西沁水盆地樊庄区块，该区块目的层为3#和15#煤层，煤层最大厚度3m，且断层较多，地层疏松，“追层”难度较高，施工难度较大。目的层上部地层以灰黑色砂泥岩为主，夹深灰色细砂岩。工具应用井段567～1367m，实现一趟钻完成水平段进尺800m，井下工作时间120h，工作期间电磁波跨螺杆传输稳定，近钻头参数测量、传输、解码连续准确。经测定该区块煤层伽马值在10～50API，灰岩伽马在0～50API，泥岩伽马在80～150API，施工过程中方位伽马曲线入层、切层反应明显，通过分析伽马曲线变化，及时调整施工导向参数，最终储层钻遇率达到100%。

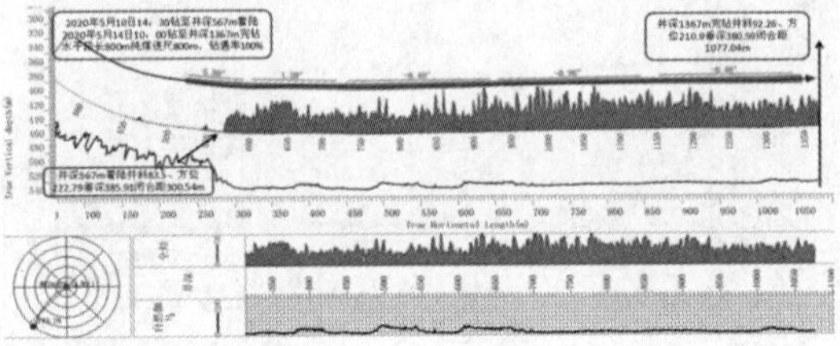

图13 樊70平XX井地质导向模型图

4 结论

（1）XZNBMS-Ⅰ型近钻头地质导向系统测量盲区短，距钻头仅0.5m，能够及时提供近钻头地质参数和工程参数，真实反映地层岩性变化，极大地降低了现场地质分析和卡层的难度，对地层的认识更加清晰明了。

（2）本文对电磁波跨螺杆通信技术进行系统研究，经试验表明，XZNBMS-Ⅰ型近钻头地质导向系统电磁波短传最远传输距离达到20m，满足工具要求。

（3）XZNBMS-Ⅰ型近钻头地质导向系可为开发利用常规钻井技术难以开采的复杂油气藏提供强有力的技术支撑，现场应用具有明显的效果和显著的经济效益。

参 考 文 献

[1] 苏义脑．地质导向钻井技术概况及其在我国的研究进展[A]//苏义脑，徐鸣雨．钻井基础理论研究与前沿技术开发新进展[C]．北京：石油工业出版社，2004：23-34.

[2] 苏义脑，窦修荣．随钻测量、随钻测井与录井工具[J]．大庆石油学院学报，2008，32(2)：47-53.

[3] 方世虎，宋岩，徐怀民，等．构造演化与含油气系统的形成-以准葛尔盆地东部吉木萨尔凹陷为例[J]．石油试验地质，2007，29(2)：149-153.

[4] 匡立春，唐勇，雷德文，等．准格尔盆地二叠系咸化湖盆云质岩致密油形成条件与勘探潜力[J]．石油勘探与开发，2012，39(6)：657-667.

乳化降黏增能复合驱油压裂技术研究及应用

岳翰林 邓有根 李一朋 张永国 宋 胜

（中国石油集团西部钻探工程有限公司吐哈井下作业公司）

摘 要 随着油田开发，地层原油轻组分不断挥发，同时地层温度及压力不断下降，地层条件下原油黏度会更高，流动性更差，近井地带渗流阻力大，严重影响了压裂措施效果。针对致密砂岩储层特征，乳化降黏增能复合驱油技术研究与应用，在措施过程中复合注入乳化降黏驱油剂，提高油水流动性，降低孔喉毛管力、黏滞力及排驱压力，提高油水乳状液的渗流能力，提高实现剩余油动用，达到提高采收率目的。

关键字 致密砂岩；乳化降黏；增能；驱油；压裂

STH 油田 P_2t 油藏主要为深灰色凝灰岩、沉凝灰岩、灰色玄武岩夹深灰色凝灰岩、炭质泥岩及深灰色凝灰质粉砂岩等；储层孔隙度平均 14%~22%，渗透率平均 0.1~0.5md，平均含油饱和度 70.2%，储层具有中高孔、特低渗、高含油饱和度致密油特征。地层原油密度 0.89~0.94g/cm³，50℃地面黏度 97.4~351mPa·s、地层黏度 58~83mPa·s，属中黏、高蜡、中凝油藏。由于原油黏度高，水油流度比差异大，注水开发水驱指进现象严重，波及系数小，平均采收率低，随着油田开发，地层原油轻组分不断挥发，同时地层温度及压力不断下降，地层条件下原油黏度会更高，流动性更差，近井地带渗流阻力大，严重影响了压裂措施效果。针对致密砂岩储层，储层岩石的孔喉半径多数小于 0.05μm，属于微细喉道，毛管力较大，油气渗流所需排驱压力较高，加之储层岩石亲水性较弱，存在一定的水敏伤害。近年来，国内外学者在稠油乳化降黏技术研究工作取得了长足进展[1-2]。早在 20 世纪 60 年代，Simon 等人就在井筒中注入表面活性剂，使高黏原油由 W/O 型转变成 O/W 型乳状液，从而提高人工举升效率[3]。由此开展了乳化降黏增能复合驱油压裂技术研究与应用，在措施过程中复合注入乳化降黏驱油剂，提高油水流动性，降低孔喉毛管力、黏滞力及排驱压力，提高油水乳状液的渗流能力，提高实现剩余油动用，达到提高采收率目的。

1 STH 油田 P_2t 油藏开发现状

1.1 油水置换速率快，见油早，压裂液返排率低

STH 油田 P_2t 油藏经过多年探索，形成水平井+体积压裂、注水吞吐补充能量和井网加密的开发技术路线，储量得到有效动用。但由于油水置换速率快，见油早、含水下降快，投产后，含水降至 30%以下平均 18.3 天，对应返排率 13%。

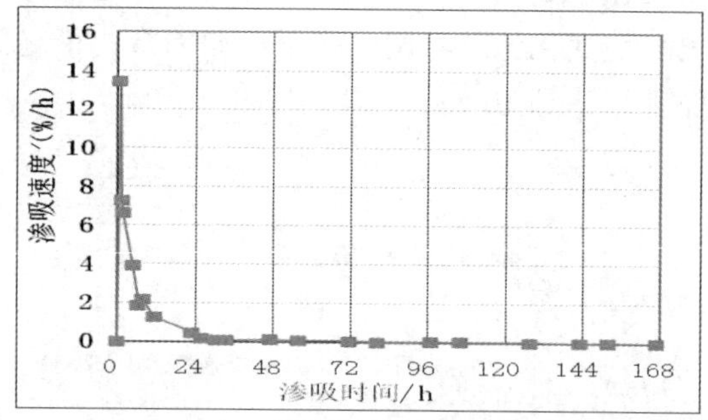

图 1 渗析速度随时间变化曲线

1.2 压后初期产量高、后期递减快

由于 P_2t 致密油储层物性差、地层能量不足、原油黏度大，压后初期产量高、后期递减快，初始递减率大于 50%，稳产难度大，一次采收率 2.5%。

2 乳化降黏驱油技术思路

2.1 表面活性剂作用过程

表面活性剂分子向油水界面运移；表面活性剂分子在油水界面排布；亲水基团与亲油基团空间位阻差异，迫使油水界面失稳变形。Robbins-Mitchell 和 Ninham 提出几何排列理论[4]，表面活性剂分子在油水界面形成吸附层。若亲水基团的空间位阻大，则液面向水相凸起，形成“O/W”乳状液；若亲油基团的空间位阻大，则液面向油相凸起，形成“W/O”乳状液。

2.2 乳化降黏驱油剂筛选基本原则

沥青质是原油中的天然乳化剂，是影响提高

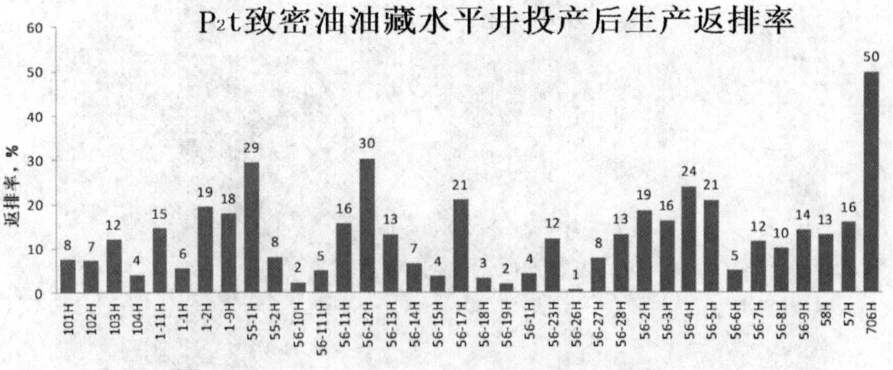

图 2　P_2t 油藏水平井投产后正常生产返排率

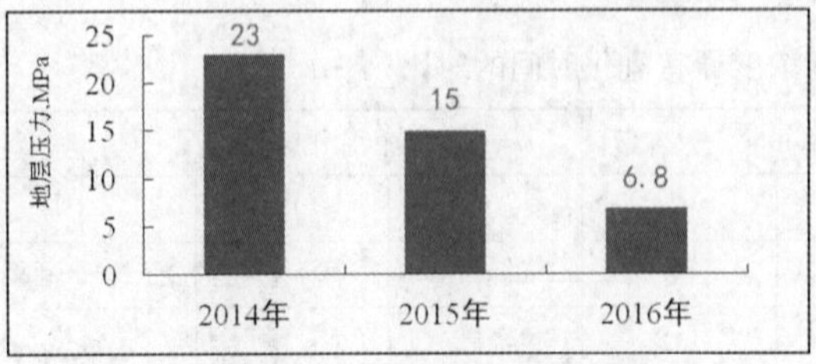

图 3　历年地层压力柱状图

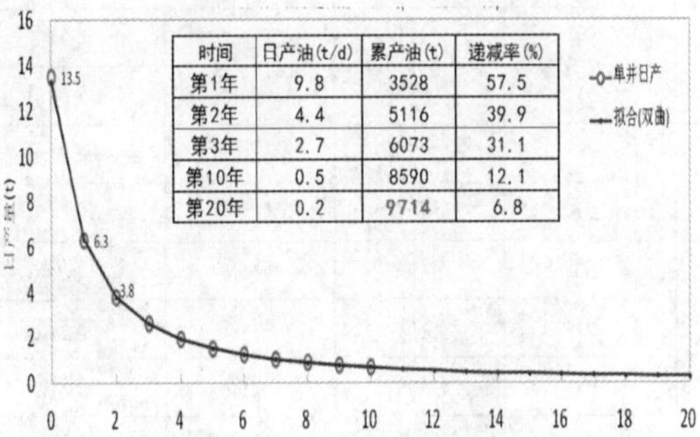

时间	日产油(t/d)	累产油(t)	递减率(%)
第1年	9.8	3528	57.5
第2年	4.4	5116	39.9
第3年	2.7	6073	31.1
第10年	0.5	8590	12.1
第20年	0.2	9714	6.8

图 4　单井递减拟合曲线

稠油采收率的重要因素。由于沥青质亲油基团体积大于亲水基团体积，因此，稠油开发中乳化形态多为“W/O”乳状液，渗流阻力较大，不利于稠油开采。其表面活性大于沥青质；亲油基团为环状结构结构与沥青质相似相容；亲水基团为长链结构，其体积大于亲油基团；大亲水基团为实现岩石水润湿提供了条件。

2.3　低剪切力乳化降黏及润湿反转洗油原理

低剪切力乳化降黏：常规乳化需要剪切外力，其主要原因是乳化剂运移到油水界面速度较慢，低剪切力乳化由于乳化剂亲油基团与沥青质结构相似，能快速运移到油水界面，并排列成膜，无需外力。同时，由于乳化剂亲水基团空间位阻较大，油水界面不平衡，原 W/O 乳状液界面失稳变形，形成 O/W 乳状液，从而降低地层流体黏度及渗流阻力；

润湿反转洗油：由于乳化降黏驱油剂亲水基团分子量较大，致使其具有很强水润湿性，能将吸附在岩石表面的含沥青质稠油从岩石表面翻转剥落，从而达到洗油、驱油目的。

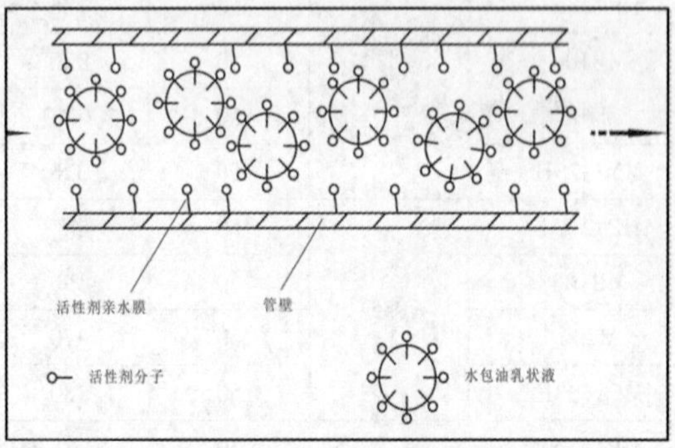

图 5　形成 O/W 乳状液

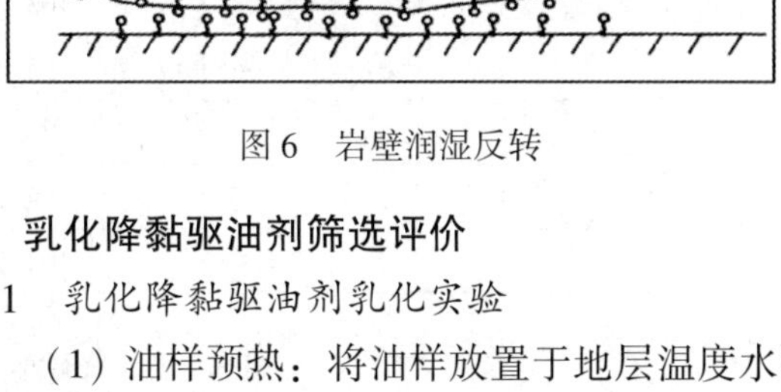

图 6　岩壁润湿反转

3　乳化降黏驱油剂筛选评价

3.1　乳化降黏驱油剂乳化实验

（1）油样预热：将油样放置于地层温度水浴中预热，使稠油具备流动性即可。

（2）乳状液制备：准确移取配置好的样品溶液 30ml 于 100ml 刻度量筒中，将管内壁完全润湿。再准确加入预热好的油样 20ml，倒油时不要将原油黏在管内壁。放置地层温度水浴中预热 10min。

图 7　乳化实验

表 1　乳化降黏驱油剂 A、B、C 不同浓度原有乳化时间的对比

油样	实验浓度/%	乳化实验温度/℃	乳状液稳定时间/s			乳化挂壁情况		
			A	B	C	A	B	C
HP42-51	1	50	126	60	66	轻微	轻微	较严重
MB106		50	920	60	145	轻微	轻微	轻微
M706		50	1440	510	322	轻微	轻微	轻微
M56-23H		50	325	225	120	不挂	轻微	轻微
HP42-51	0.5	50	43	8	9	不挂	轻微	轻微
MB106		50	190	55	24	较严重	严重	较严重
M706		50	370	39	35	较严重	较严重	家严重
M56-23H		50	180	50	20	较严重	较严重	较严重
HP42-51	0.3	50	30	5	5	轻微	轻微	轻微
MB106		50	60	8	20	轻微	严重	轻微
M706		50	290	31	36	轻微	轻微	轻微
M56-23H		50	127	8	7	轻微	轻微	轻微

表 2　乳化降黏驱油剂 A、B、C 润湿性能指标对比

油样	样品	原油接触角/°	表活剂处理后的接触角/°	接触角下降值/°
MB106	配方 A	103.522	33.631	69.891
	配方 B	103.522	53.644	49.878
HP42-51	配方 A	95.46	62.556	32.904
	配方 C	95.46	64.533	30.927
M56-23H	配方 A	104.008	39.814	64.194
	配方 B	104.008	56.168	47.840

表 3　乳化降黏驱油剂 A、B、C 界面张力对比

产品	实验浓度/%	界面张力(mN/m)			平均值(mN/m)
A	0.1	0.0536	0.0578	0.0551	0.0555
B	0.1	0.0932	0.0891	0.0951	0.0925
C	0.1	0.0904	0.0872	0.0886	0.0887

（3）静态乳化能力测试：将制备好的乳状液按照水平→竖直的方法反复晃动五次，观察油样与样品溶液的静态乳化状态，记录水溶液析出25ml时的时间，用乳状液的稳定时间表征其静态乳化能力。

通过对三种乳化降黏剂的筛选评价，在同等条件下，乳化降黏剂A的乳状液稳定时间最长，挂壁情况最小，对岩石润湿反转作用最好，界面张力值最小。

3.2　乳化降黏驱油剂A降黏实验

在500ml烧杯中加入300ml稠油样，在75℃下恒温20min后测其黏度 η_o；然后按油水体积比6：4将稠油与乳化降黏剂水溶液混合，在75℃水浴恒温20min后用玻璃棒搅拌混合溶液，测定稠油乳状液黏度 η_e。降黏率 R 按下式计算：

$$R=(\eta_o-\eta_e)/\eta_o$$

使用黏度计分别测定浓度为0.1%、0.2%、0.3%、0.4%、0.5%、0.6%、0.7%、0.8%、0.9%、1.0%的乳化降黏剂水溶液在75℃下与稠油形成乳状液的黏度，随着降黏剂浓度增加，乳状液的黏度降低。

表4　不同乳化降黏剂浓度在75℃下与稠油形成乳状液的黏度

浓度	黏度（75℃）mPa·s	降黏率（75℃）%	浓度	黏度（75℃）mPa·s	降黏率（75℃）%
纯原油	624	—	0.6%	26	95.8%
0.2%	498	20.2%	0.7%	17	97.3%
0.3%	112	82.1%	0.8%	16	97.4%
0.4%	72	88.5%	0.9%	15	97.6%
0.5%	63	89.9%	1.0%	14	97.8%

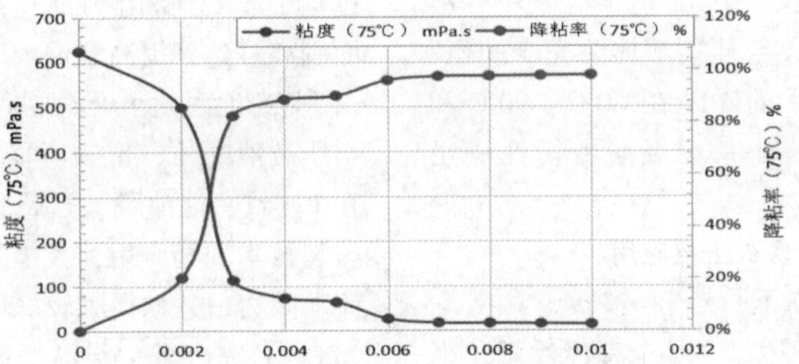

图8　不同乳化降黏剂浓度降黏率曲线

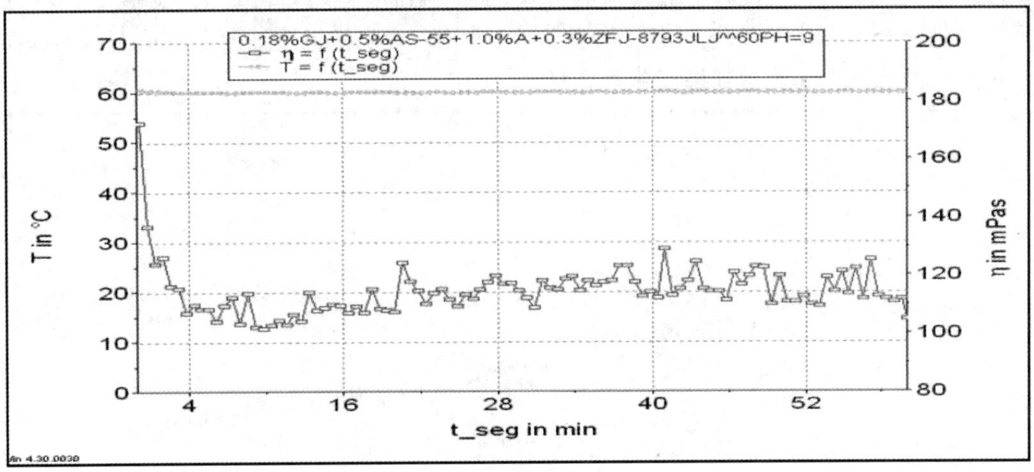

图9　乳化降黏驱油压裂液体系耐温耐剪切性（60℃）

3.3　乳化降黏驱油剂与压裂液配伍实验

（1）60℃基液配方：

0.18%HPG+0.5% AS-55+1%乳化降黏剂A，用YC-150调整基液pH值为9.0，基液黏度12mPa·s。

交联剂：15% ZFJ-8793；交联比：100∶2.0；交联时间：10s起黏，30s交联，泡沫较多。

（2）90℃基液配方

0.30%HPG+0.5% AS-55+1%乳化降黏剂A，用YC-150调整基液pH值为12.0，基液黏度25.5mPa·s；交联剂：25% ZFJ-8793；交联比：100∶2.0；交联时间：10s起黏，30s交联，泡沫较多。

（3）105℃基液配方：

0.30%HPG+0.5% AS-55+1%乳化降黏剂A，用YC-150调整基液PH值为14.0，基液黏度25.5mPa·s。

交联剂：25% ZFJ-8793；交联比：100∶2.0；交联时间：30s起黏，60s交联，泡沫较多。

乳化降黏驱油剂A与压裂液体系完全配伍，通过调节压裂液体系的PH在60℃、90℃和105℃温度下的压裂液体系耐温耐剪切性满足要求。

4　乳化降黏增能复合驱油压裂应用

4.1　乳化降黏驱油+压裂

乳化降黏驱油+压裂：一是全程伴注乳化降黏驱油剂配方A，使乳化降黏驱油剂随着压裂缝网充分扩散，增大波及体积，同时降低近井地带渗流阻力，二是配合压裂技术改造，提高裂缝导流能力，扩大缝网体积，从而达到提高单井产量目的。

典型井案例分析：

M56-53H井开展降黏驱油压裂试验，全程伴注乳化降黏驱油剂，压后初期日产液22.6m^3/d，日产油15.8t/d，含水21.3%，日增液18.7m^3/d，日增油12.9t/d，效果显著。

4.2　乳化降黏驱油增能吞吐

注水蓄能+乳化降黏：注入大量新型乳化降黏驱油剂配方A，补充地层能量，在焖井期间利用乳化降黏驱油剂与原有件低界面张力特性，形成O/W乳状液，降低近井原有黏度，降低原油渗流阻力，同时通过润湿反转，对岩石表面剩余油进行清洗、拉拽、驱替，大幅提高单井产量。

典型井案例分析：

M56-51H井开展降黏增能吞吐试验，措施后焖井9天，开井即见油，出液为泡沫油，初期日产液10m^3/d，日产油7.3t/d，含水17.7%，日增液6.6m^3/d，日增油4.9t/d，效果明显。

5　结论和认识

（1）乳化降黏驱油剂能够在与岩石表面接触过程中改变其润湿性，这有利于将原油从岩石表面剥离，达到提高洗油效率的目的。

（2）通过对乳化降黏驱油剂的优化，筛选出与压裂液配伍，低表界面张力乳化降黏驱油剂，在P_2t致密油油藏、开展乳化降黏增能复合驱油压裂技术现场应用，大幅降低了储层原油黏度及流动阻力，并取得了较好增油效果及经济效益。

（3）完善乳化降黏增能复合驱油技术，根据储层物性优化组合"注水蓄能、注气吞吐+乳化降黏驱油+暂堵转向压裂"等技术，降低油水流度比，提高洗油驱油效率，从而达到提高稠油采收率目的。

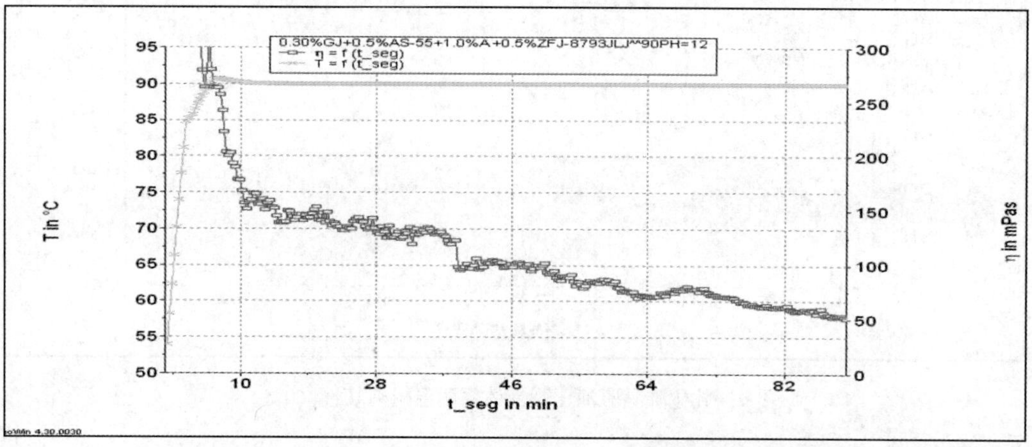

图10　提高采收率表面活性剂压裂液体系耐温耐剪切性(90℃，pH=12)

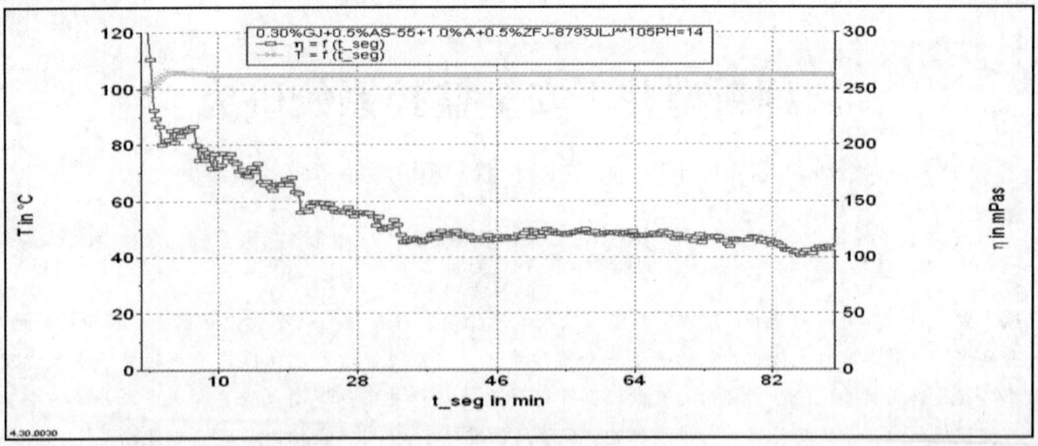

图 11　提高采收率表面活性剂压裂液体系耐温耐剪切性(105℃，pH=14)

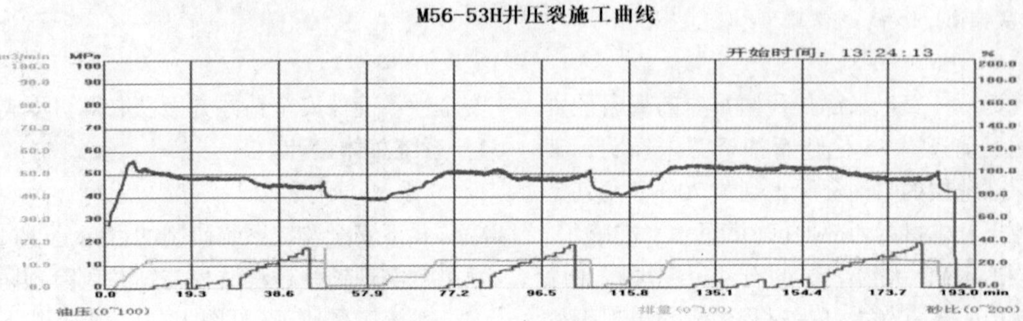

图 12　M56-53H 井压裂施工曲线

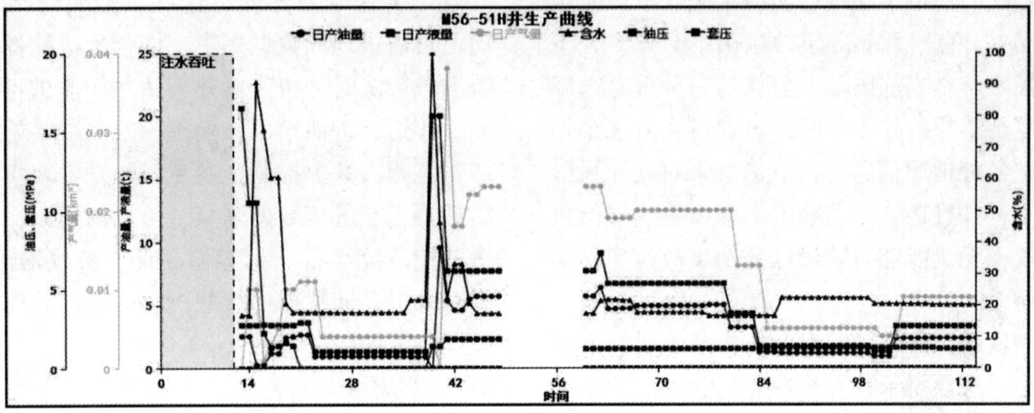

图 13　M56-51H 井生产曲线

参　考　文　献

［1］　何延龙，蒲春生，郑伟林，等．嵌段高分子自乳化体系及其对超稠油的乳化性能［J］．油田化学，2015，32(3)．

［2］　杨志坚，马贵阳，胡志勇，等．α-烯基磺酸钠与碳酸钠复配降黏剂对稠油乳化降黏效果的影响［J］．油田化学，2018，35(1)．

［3］　Ralph S，Poynter W G. Pipelining Oil/Water Mixtures：US3519006［P］. 1970-07-07.

［4］　白永庆，龚福忠，李丹，徐运贵。微乳液的结构性质及其应用进展。化工技术与开发．2007. 11.

一种新型井下安全监控系统研究

张智亮[1,2]　伊　明[1]　成攀飞[1]　罗　顺[1]　刘　强[2]　林莹莹[2]

(1. 中国石油集团西部钻探工程有限公司工程技术研究院；2. 西南石油大学机电工程学院)

摘　要　针对目前国内深井、超深井钻井安全事故风险高，存在预警效率低、监测技术较滞后的问题，设计并实现了一种具有自主知识产权的井下安全监控系统，该系统通过处理传感器所测的井下参数以及监测数据实时地进行钻井风险分析评估可有效提高深部复杂地层钻井条件下高风险井、高成本井的安全钻井水平。经现场试验，系统功能完善、性能稳定，风险评估准确率>95%，在相同参数的测量指标上已经部分达到或超过国外同类产品的技术水平。试验结果表明：井下安全监控系统有效提升了深井、超深井风险预警水平、降低钻井风险，填补了国内技术空白，技术具有良好的发展前景。

关键词　钻井；安全监控；设计；实现

油气资源一直以来都是我国重要的战略性资源，我国目前还有85亿吨石油资源未探明，其中处于深部地层的石油资源占到了70%，尤其是油气资源极其丰富的西部地区(塔里木、准噶尔、吐哈和柴达木)，大约73%的石油资源埋藏在深部复杂地层[1]，在钻井开采过程中较易出现事故率高、不确定性因素多等问题。由于难以对井下的钻井工况与地层情况进行实时准确获取，故卡钻、坍塌、井漏、跳钻等事故层出不穷[2]。井下安全监控系统是当前国际上公认的一种可有效降低井下复杂事故的技术手段，可通过实时采集钻进过程中各种地面信息、井下信息来对钻井风险进行预测，并且还会自动给出消除风险或降低风险的建议，无疑能够有效降低复杂事故时率、提高钻井时效[3]。

欧美发达国家在井下安全监控系统研究方面起步较早，也取得了较大的发展，CoPilot井下随钻诊断系统(贝克休斯公司研发)、ADT系统(哈里伯顿公司研发)、NDS无风险钻井系统(斯伦贝谢公司研发)就是其中佼佼者，已经被广泛应用到各大油气企业[4-6]，但使用成本较高，并且形成了技术垄断。而国内学术界、工程界虽然在这方面取得了一些单项进展，但仍然处于起步阶段，目前国内仅有中国石油西部钻探工程技术研究院等少数研究机构开展了系统化的技术攻关，在软件开发、装备研制、配套检测设施等多个方面均取得了多项重大进展，并且在塔里木油田、新疆油田等地13口井开展了先导性试验，试验井中成功预测了多项井下事故复杂，在提高井筒安全性、确保安全钻井方面已取得初步成效。

1　系统总体设计

1.1　系统工作原理

井下安全监控系统研制的目标是通过井下参数测量实现钻井过程监控与钻井风险预防。井下安全系统工作原理(见图1)为：通过井下工具实时测量钻井动态参数，经过井下数据处理后以钻井液无线脉冲的方式将这些参数实时传输到地面，再通过地面数据采集、综合分析软件对这些数据进行实时分析，对井下钻井作业进行风险预测、评估，进而给出风险提示及消减措施，实现井下监测、井上控制，避免风险发生，实现无风险钻井。在进行数据测量、传输的同时，井下安全监控系统具备数据存储功能，待仪器出井后，则对井下存储数据进行分析。本系统总体方案及关键技术如图2所示。

1.2　系统组成

井下安全监控系统的模块主要有：井下参数测量、井下数据传输处理、钻井风险实时分析评估，其系统组成如图2所示。

1.3　系统技术特点

(1) 以解决复杂问题为目标，井下安全监控系统可有效提高深部复杂地层钻井条件下高风险井、高成本井的安全钻井水平。

(2) 多参数采集。井下安全监控系统可同时采集井眼轨迹、钻具、随钻动态钻井水力学等多个参数。

(3) 数据处理性能强。井下安全监控系统可快速处理、筛选、比对海量数据，为用户提供高

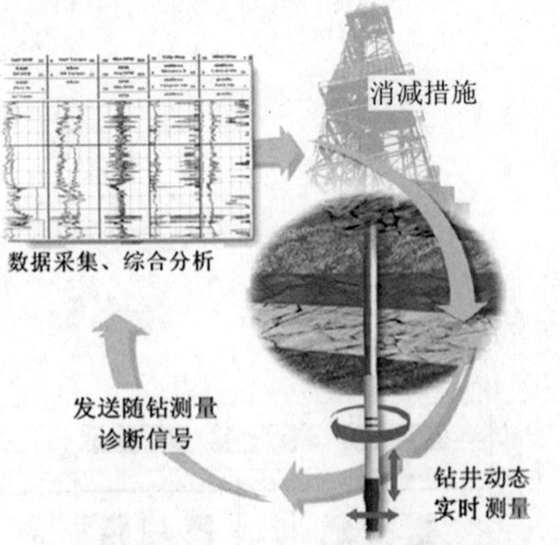

图 1 井下安全监控系统工作原理图

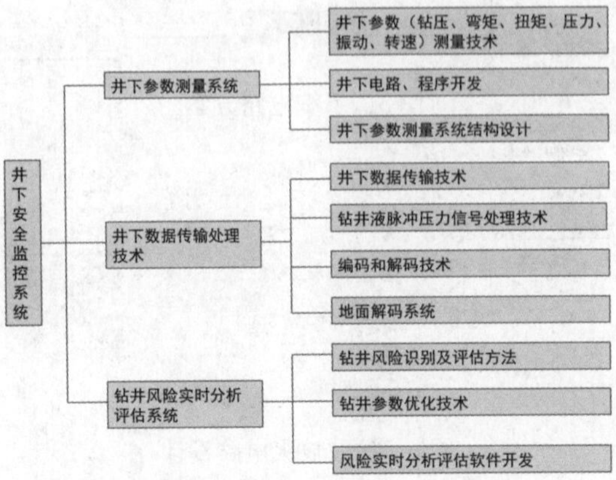

图 2 井下安全监控系统组成结构图

效的数据分析与数据管理。

(4) 钻井专家系统较为完备。井下安全监控系统可基于数据分析结果来科学评价风险大小，并且及时给出消除风险或降低风险的建议。

(5) 结果显示方式直观。所有的处理结果均是以三维模型或曲线等形式来进行体现，用户能够在较短时间内就可发现可能存在的危险。

2 系统主要功能设计

2.1 井下参数测量系统

井下测量系统结构示意图如图 3 所示，由测量短节、供电及信号传输短节等部分组成。其中测量短节主要进行钻压、弯矩、扭矩、转速、钻柱内外压力、振动、井斜、方位的测量及数据处理；泥浆脉冲发电机完成信号的上传及系统电路的供电。

2.1.1 精确测量井下参数

随着传感器技术的迅猛发展，转速、井斜、方位、压力、振动的测量均可选用成熟传感器，

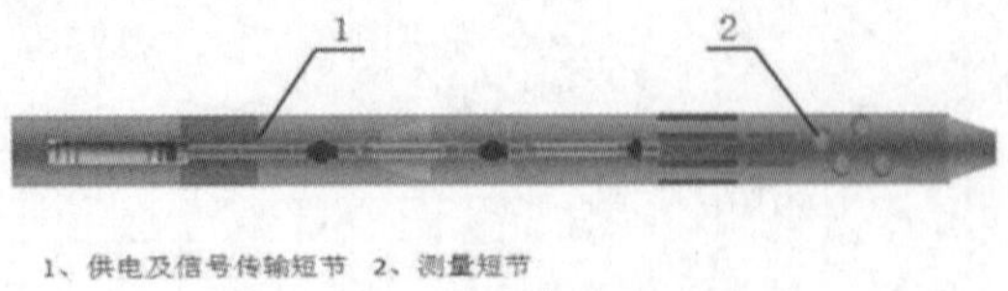

图 3 井下测量系统结构示意图

综合比较之后，转速参数测量选用日本 ONO SOKKI 公司生产的 NP-2106 转速压力传感器[灵敏度为 0.035pC/(m/s^2)±20%]；压力参数测量选用北京中航威斯特生产的 CYB-15S 压力传感器(测试压力范围为 0~138MPa，精度为 0.1% FS)；振动参数测量选用 TE Connectivity(TE) 生产的 834HT 高温板装式三轴加速度传感器(量程为±2000g 和±6000g，分辨率为 0.002g)；井斜方位参数测量选用青岛汉源微电子有限公司生产的汉源 WL800 测斜短节(倾斜角精度为±0.1°，方位角精度为±0.3°，工具面角精度为±0.1°)，所选用芯片及元件均耐温 150℃。

国内外目前尚未有专门针对钻压、扭矩、弯矩测量且能够满足井下工况的专用传感器。有鉴于此，为保证系统精度达到 1%~0.5%，故结合石油钻井工具特点来设计了专用于井下安全监控系统钻压、弯矩、扭矩标定测试的试验台(如图 4 所示)。该试验台要完成对工具的拉、压、弯、扭四种给定范围的载荷的施加功能，能适应的工具轴向长度变化范围是 2000~3000mm，能适应工具的直径变化范围是 150~300mm，满足给定的工具的标定需求。本试验台采用 DACELL 公司的 100T 轮辐式拉压传感器，拉压传感器可以同时测试拉力及压力双方向的力的大小，精度达到 0.05%。拉压传感器通过螺钉直接与液压缸的液压杆连接，使拉压传感器直接测得液压杆的推力与压力。拉压传感器后接信号放大器，经过信号放大器的信号放大作用后，可直接输出 0~5V 电压信号，三路电压信号通过 National Instruments 公司的 16 位模拟信号采集卡对数据信号进行采集，并传输到工控机，工控机运行实验台数据采集处理程序，实现采集信号的接收、滤波、转换和存储功能。其中拉压力测试直接读取传感器数据即为拉压力实际值大小，弯矩测试与扭矩测试则需要对液压缸施力点到弯扭矩施加点的距离，将力传感器采集到的数据与距离相乘，即可得到弯矩与扭矩测试值。最后，将测量值与工具显示值进行对比，得到工具传感器的实际精度。

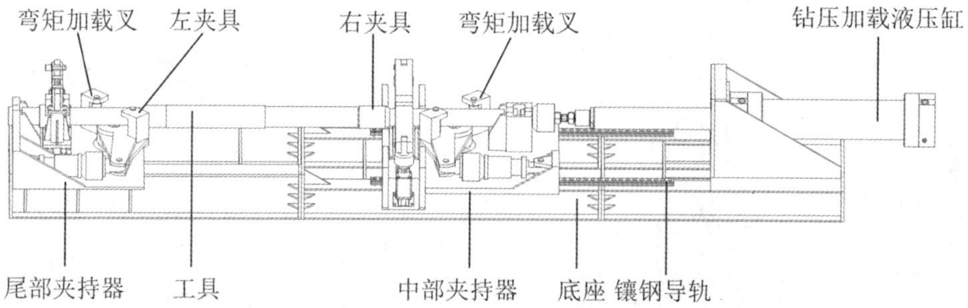

图 4　试验台总体方案示意图

2.1.2　系统供电

井下仪器供电目前常用的技术为电池供电，但电池供电会受到电量有限的制约。随着钻井技术的发展，为了延长仪器在井下的工作时间，井下泥浆发电机得以出现。泥浆发电机把钻井液的循环动能转换成了电能，其优点在于可持续工作，缺点则是对钻井状态和钻井循环排量有要求，只有在钻井液循环的时候才能对仪器供电。鉴于井下安全监控系统是为保证钻井安全而进行研制，需要进行全过程钻井动态监控。因此，井下系统供电采用泥浆发电机与电池供电相结合的方式进行，以保证系统的全过程钻井动态监测。

2.1.3　电路系统设计方案

井下采集电路设计为 2 套，主控电路设计为 1 套。其中，钻压、扭矩、弯矩、井底环空压力、钻具内部液柱压力的采集计算周期为 5s，读取其 5s 内的最大值和平均值；近钻头振动参数采集计算周期为 5 秒，采集 5 秒内 X、Y、Z 三轴加速度，通过 DFT 算法计算其频率并求取最大值幅值，将最大频率对应的幅值与最大幅值对应的频率视为一次采集计算周期内的结果，将该结果通过相关算法评价出其对钻具影响的等级。转速的采集为：采集 10s 周期内的磁阻传感器数值曲线峰值次数，并放大 6 倍(滤波放大电路设计如图 6 所示)，即可得到当前近钻头转速。采集电路按照各采集计算周期将采集结果存储至 16M 存储器。主控电路与采集电路之间采用单总线通讯，主控电路在每个循环周期向 2 个采集电路发送数据读取指令，并将读取到的数据与自身采集的井斜、方位数据按照相关算法进行编码，形成脉冲驱动信号输出至脉冲发生器。

2.2　井下数据传输处理技术

2.2.1　传输技术

随着国内外钻井行业的迅猛发展，井下数据传输技术也随之取得了较大的发展。由于钻井液脉冲方式具有成本较低、原理简单、使用方便等一系列优点，且还不会影响到钻井过程，故本项目采用钻井液脉冲技术进行数据传输。

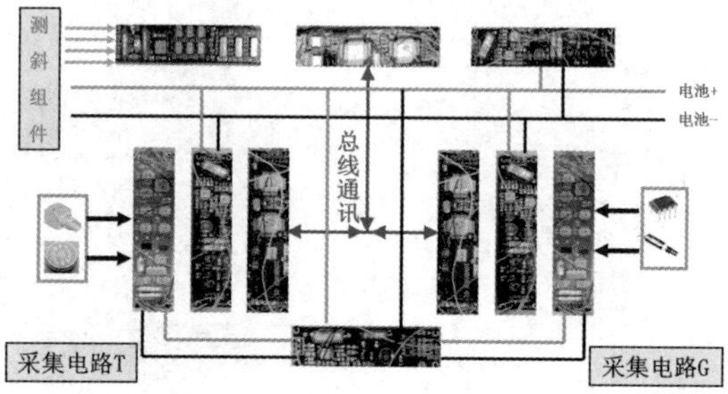

图 5　系统电路方案

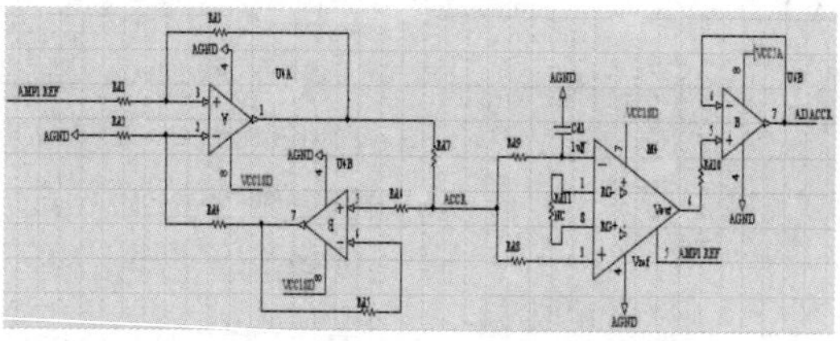

图 6　滤波放大电路设计

2.2.2　信号处理技术

系统信号处理主要由 7 个功能部分来组成(如图 7 所示)，包括井下数据采集、数据编码、脉冲控制、地面基于 Can-Bus 的数据采集、数据通讯、Can-Bus 接口地面数据接收和数据解码，其中，除数据接收和数据解码是在地面进行之外，其余均固化在井下电路中。具体数据流程为：由传感器来采集井下各个物理量作用，通过 A/D 转换器将其转为数字信号，并且存储于数据寄存器；采集软件在对数据进行读取、处理之后就进行编码，以此来促使脉冲发生器产生脉冲压力传向地面，而地面采集系统则将数据传送到系统接收解码软件。最后，数据库内存储解码数据与波形数据，并且以曲线或者数字的方式来实时显示。

表 2 与国外同类产品的技术指标对比

名称		钻压	弯矩	扭矩	振动	压力	转速
CoPilot 井下随钻诊断系统	量程	±375kN	±113kNm	±38kNm	±50g	0~138MPa	-500~1000rpm
	分辨率	<60N	<3Nm	<2Nm	<0.002g	<7000Pa	
	误差	±0.2%	±0.9%	±1.9%	±5%	0.25%	<1RPM
井下安全监控系统	量程	±400kN	±113kNm	±40kNm	±62.5g	0~138MPa	±360rpm
	分辨率	<78N	<34Nm	<23Nm	<0.008g	<5000Pa	
	误差	±0.6%	±0.4%	±2%	±5%	0.05%	<1RPM

5.2 经济分析

（1）产值创收

单口井的工具技术服务费用为 30000 元，同比与国外的技术，可节省费用 10000 元，每口井的施工工期为 20 天，一年按照 12 口井计算，总共一年的产值为：3000×20×12＝7200000 元。

（2）节约的技术费用

单口井节约费用 10000 元，因此，可以给甲方节约的费用为：10000×20×12＝2400000 元。

（3）减少井下复杂节约的费用

按降低复杂 20%计算，保守计算每次处理复杂按 7 天计算，每年可以避免 2 次复杂，40 钻机日费按 60000 计算，总共可以节省的费用为：60000×7×2＝840000 元。

综上所述，总共可以给甲方节省金额 2400000＋840000＝3240000 元。因此，单套工具产生的经济效益为 7200000＋3240000＝10440000 元。由此可见，井下安全监控系统的研制成功对于节约钻井成本可起到积极的作用。

6 结论

（1）通过综合开发，分析评价应用情况，业界一致认为井下安全监控系统是有效解决深部复杂地层安全钻井问题的利器。

（2）井下安全监控系统有效提升深井、超深井风险预警水平，降低钻井事故的发生率，有利于将国外公司在装备、技术等方面的垄断进行打破，形成自主知识产权，填补了国内技术空白，产生较大的经济效益，技术具有良好的发展前景。

参 考 文 献

[1] Aldred W.，申学义，孙永华．钻井风险管理[J]．国外钻井风险管理，2001，16(09)：36-39.

[2] 李琪，常笃，徐英卓等．基于知识集成的石油钻井风险管理系统研究[J]．石油学报．2009，30(5)：755-759.

[3] Heisig G，Neubert M. Lateral drillstring vibrations in extended-reach wells[J]．SPE 59235，2000.

[4] Nikolaos P. An approach for efficient analysis of drill-string random vibrations [D]. Taxes：ice University，2017.

[5] Baird J A，Caskey B C，Wormley D N，et al. GEO-DYN2：a bottom hole assembly. Geological formation dynamic interaction computer program [J]. SPE14328，2015.

[6] Brakel J D，Azar J J. Prediction of wellbore trajectory considering bottomhole assembly and drill-bit dynamics [J]. SPE Drilling Engineering，2019，54(02)：109-118.

[7] 温庆阳．基于软计算理论的深井复杂地层钻井系统风险评估研究[D]．中国石油大学博士学位论文，2012.

鄂尔多斯盆地黄土山地井震联采高密度三维勘探技术

杜中东　姚宗惠　邹雪峰　高　强　曹跃辉

（中国石油集团东方地球物理勘探有限责任公司长庆物探处）

摘　要　为解决鄂尔多斯盆地黄土山地致密岩性油气甜点预测、低幅度构造刻画、小断层和裂缝分布，以及地震工程一体化水平井实时导向，利用地震三维资料指导甜点精准压裂工程等高效油气藏的勘探开发问题，开展了黄土山地可控震源与井炮激发采集对比试验，形成基于井炮与可控震源联合激发设计和复杂黄土山地区激发、接收点高密度三维均匀设计技术，研制了新型黄土山地可控震源，大幅度提高了复杂黄土塬区激发点位设计和覆盖次数的均匀性；黄土塬超深微测井约束的三维网格层析静校正和黄土塬近地表吸收补偿、多属性降维和地质概率融合评价的甜点预测等多项技术，获得了良好采集资料，大幅度提高了致密油气储层的钻遇率，满足了油田公司致密油气勘探开发的需求，取得了良好的勘探开发效果。

关键词　鄂尔多斯盆地；黄土山地；井震联采；高密度；三维；勘探技术

1　引言

随着长庆油田油气当量连续七年稳产5000万吨以上，并将于2020年底实现6000万吨，需要持续不断地加大鄂尔多斯盆地油气勘探开发力度。盆地南部黄土塬区一直是油气勘探开发的重点地区，为解决该区致密岩性油气甜点预测、低幅度构造刻画、小断层和裂缝分布描述，地震工程一体化水平井实时导向等高效油气藏的勘探开发难题，黄土塬区高密度三维勘探技术越来越重要[1-2]。

黄土塬区地表为巨厚的黄土层、且沟壑纵横，部分地区沟塬相对高差达到300米以上。地下油气勘探开发的主要目的层为低孔、低渗的致密砂岩储层，构造圈闭幅度小，岩性储层薄、空隙度和渗透率低，属典型的黄土塬区致密砂岩油气藏，储层与上下围岩之间的波阻抗差异小，导致地震资料干扰波发育、静校正难度大、高频吸收衰减严重、资料分辨率及信噪比低，难以实现地震勘探对油气藏有效储层的预测。

如何在提高地震资料信噪比的前提下继续提高资料的分辨率，一直是困扰地震勘探工程技术人员的一道难题。

随着在鄂尔多斯盆地黄土塬近四十地震勘探攻关，在已经成熟的巨厚黄土区表层结构精细调查技术、高精度静校正技术；黄土区较成熟的的沟中弯线、黄土山地多线、沟塬连线、非纵、不规则三维、常规三维地震勘探技术系列基础上，不断创新，形成黄土山地井震联采高密度三维勘探技术。

在黄土塬区地震勘探针对不同工区，不同勘探目标，以往形成的地震勘探方法具有以下特点：

沟中弯线采集：1998年以前主要采用沿沟布设测线，在沟中出露的老地层中采用井炮炸药激发，这样能得到高信噪比、高分辨率的单炮资料，处理时采取面元叠加的三维处理方法，得到了高分辨率处理剖面。主要局限就是因为黄土塬区沟系少，测线成网难、闭合精度低(图1)。

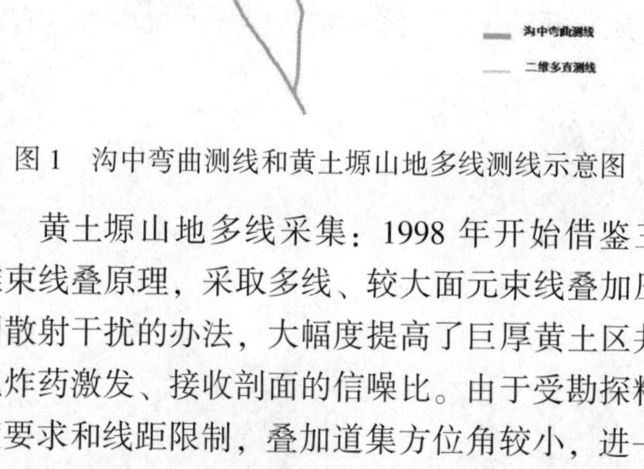

图1　沟中弯曲测线和黄土塬山地多线测线示意图

黄土塬山地多线采集：1998年开始借鉴三维束线叠原理，采取多线、较大面元束线叠加压制散射干扰的办法，大幅度提高了巨厚黄土区井炮炸药激发、接收剖面的信噪比。由于受勘探精度要求和线距限制，叠加道集方位角较小，进一步提高压噪效果存在困难[3]。

黄土塬非纵采集：就是消化吸收了三维地震

采集技术的优点，采用激发线与接收分离的方法，根据探区干扰波发育情况，结合勘探目的层深度，合理设计非纵距，避开近炮点强面波干扰，从传统的二维线元叠加过渡到类似三维的面元叠加，提高目的层的压噪效果，从而提高了资料的信噪比和分辨率，由于非纵观测系统采集方位角的较窄，还是达不到常规三维噪声压制效果。该测线类型适宜于节约投资的油气资源的大面积勘探普祥查。

黄土塬规则三维测线采集：巨厚黄土塬规则三维观测的方位角分布图要明显优于常规纵测线、多线和非纵测线，三维叠加道集方位角宽，压噪效果好，勘探精度高。受鄂尔多斯盆地低丰度、低产、低渗透油气藏特点和勘探开发效率的限制，在以前没有开展大规模黄土塬三维勘探地震生产。

随着近年来持续开展黄土塬三维地震勘探技术研究，进一步消化吸收黄土塬“两宽一高”三维的采集技术优点[4-5]，特别是可控震源在黄土山地成功应用，开发出适宜于黄土山地的专用震源，形成黄土山地井震联采高密度三维勘探技术，助力长庆油田5000万吨稳产，实现6000万吨以上的攀峰工程实现，形成一套经济可行的黄土塬地震勘探技术，不仅应用于油气地震勘探，同时达到地震、工程一体化，优化压裂改造提速降本，指导压裂工程，大力实施甜点布缝、精准压裂。

2 基于黄土塬可控震源和井炮炸药混源激发技术

2.1 黄土塬区可控震源采集目的

针对巨厚干燥黄土地震波吸收衰减作用强、塬上障碍物密集区炮点布设难和致密油气储层成像精度低等技术难点，依据近年来盆地地震采集中取得的丰富成果和技术，开展了有利于去噪、采集属性均匀、叠前参数反演、裂缝检测的观测系统设计研究，高分辨率采集参数优选现场试验，提高激发点布设均匀性的黄土塬区井震联合激发技术的研究，该项技术为致密油“甜点”地球物理预测技术研究提供了优质的三维地震数据体，为解决“甜点”储层预测及水平井轨迹设计提供了方法。

2.2 黄土塬区低频可控震源攻关

鄂尔多斯盆地南部黄土塬区，障碍物密集，

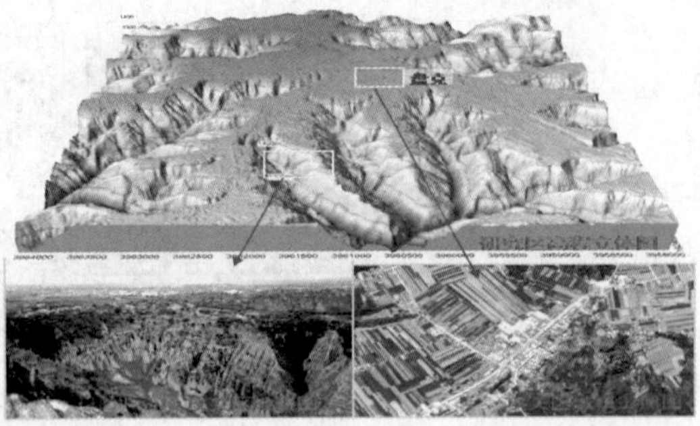

图2 鄂尔多斯盆地盘克攻关区地形、地貌图

井炮炸药震源布设困难，为了在该区推广可控震源激发，借鉴大吨位低频可控震源在北部沙漠区成功的应用技术，优选盆地南部黄土山地地形较平的西峰地区(图2)，开展了黄土塬井炮与低频可控震源二维攻关试验，取得了较好的效果。

首次将大吨位低频可控震源激发技术应用在黄土山地区，在不能采用井炮激发的黄土塬区城镇、村庄、窑洞等复杂地区，通过可控震源与井炮激发点位均匀设计，部分地区可采用可控震源激发，大幅度的补充了激发炮点，提升了激发一致性，提高覆盖次数均匀性。

通过点、段井炮与震源激发试验对比分析，可控震源在黄土山地区获得了高品质单炮资料，相比井炮资料，可控震源获得原始资料能量更强、频带更宽。

中国石油东方地球物理公司于2017—2018年度利用黄土塬地表条件下可控震源更好的激发耦合适应性，在鄂尔多斯盆地陇东巨厚黄土塬区开展黄土塬区井炮与可控震源联合激发技术攻关，通过进一步提升炮道密度，实现了二维、三维地震资料在黄土塬的又一次飞跃，较以往井炮激发，可控震源获得了能量更强的原始资料。可控震源不仅在低频段资料信噪比高，并且在资料高频段优势也非常明显，初至特征清晰，有利于不同频率段静校正，提升信噪比和分辨率。

实现了最低起始频率1.5~3Hz线性扫描，采用东方公司BV620LF及高精度EV56型可控震源开展系统攻关试验，在黄土塬地区也均获得了各方认可的地震采集资料，但局限于黄土山地区通行条件恶劣，震源庞大，大部分黄土山地道路不能通行，难以满足规模化推广应用的特殊要求，我们在2019—2020年度又专门研制处一种黄土塬区通过性好、结构紧凑、能量适中、较低噪音的新型低频可控震源。

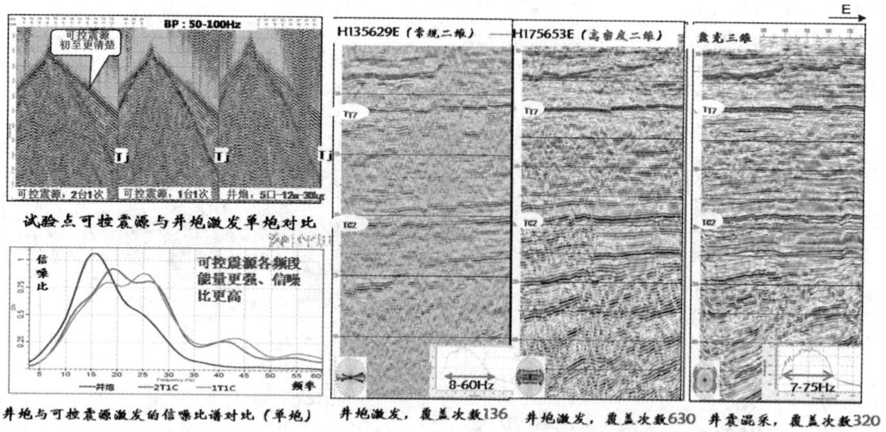

图 3　黄土山地区井炮和可控震源联合激发地震剖面对比

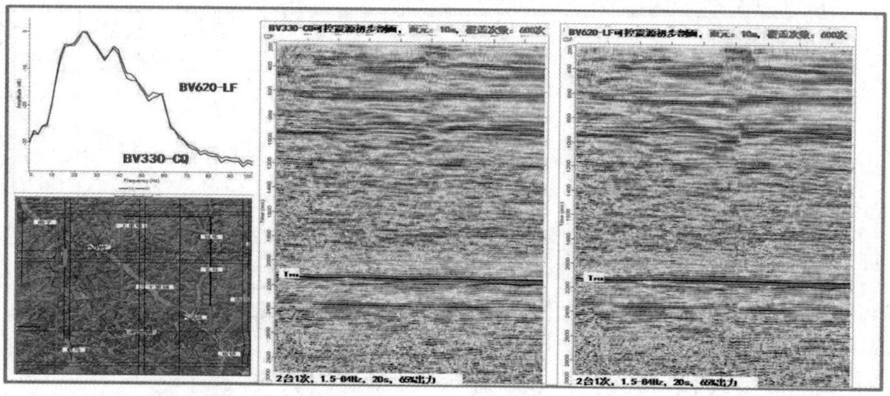

图 4　可通过性可控震源 BV330CQ 与 BV620LF 大型震源试验线位置及剖面、信噪比对比图

可控震源采用长连续信号激发，相对井炮激发降低了黄土对高频能量的吸收衰减作用，绝大部分能量用于产生传入地下的弹性波；相关技术使得外界环境噪音的影响受到压制，高频段信噪比获得显著提升，确保地震资料品质，同时降低对房屋设施的影响，解决了黄土塬上大面积障碍物密集区炮点布设最大难题，优化了三维地震观测均匀属性[6]；黄土塬可控震源激发具有能量强、频带宽、安全风险小、资料品质稳定等特点，原始采集资料主频达到 25~30Hz，频宽达到 65Hz 以上(图 3)。

2.3　黄土山地小型可控震源研制与应用

为了满足鄂尔多斯盆地黄土山地区对可通过性可控震源的需求，达到黄土山地三维地震采集可控震源激发点位比例大于 30%的要求，进行了新型黄土塬区高通过性可控震源参数设计与研制。

在采集分析了大量黄土山地可控震源现场通行限制的道路宽度、桥隧数据的基础上，制定出黄土山地可通过性震源试制的长宽、吨位、转弯半径等制造数据。

通过鄂尔多斯盆地黄土山地区 BV620LF 大型震源现场小出力等对比试验，以及井炮对比试验，形成了复杂黄土塬现场通过性分析与大型可控震源降低出力试验和资料处理分析数据。

确定了鄂尔多斯盆地黄土山地高通过性小型震源的各项性能需求，针对黄土塬地形地貌、能量衰减等特征，量身打造出 BV330CQ 黄土塬高通过性可控震源。

根据以上通过性及激发参数的技术要求，最终完成了 3 台黄土山地小型可控震源 BV330CQ 样机的定制生产工作，并在鄂尔多斯盆地 QC 地区黄土山地三维地震采集项目中与井炮、BV620LF 型可控震源开展了点、段试验。

黄土山地可通过性 BV330CQ 小型可控震源与 BV620LF 可控震源初叠剖面视信噪比与频谱特征基本相当。

从不同扫描频率的剖面对比来看，扫描频率为 3~84Hz 的单炮高频段信噪比较高，在低频段也得到了丰富的反射信息。特别是在高频段，均得到了较高频率和信噪比的叠加剖面(图 4)。

3 黄土山地均匀覆盖、全方位、高密度三维地震观测系统设计技术

3.1 全方位、高密度三维地震观测系统设计技术

在黄土山地低孔、低渗、致密的非常规油藏中，甜点一般指物性差、饱和度低、丰度低的整体环境中存在的局部油气有利区，若储层含油，一般而言振幅增强、频率变低，甜点属性对油气异常起到“放大”作用。

通过地质、测井、地震资料综合研究，鄂尔多斯盆地长 7 致密油“甜点”储层具有非均质性强，储层与围岩地震波阻抗差异小，“甜点”储层纵向分辨、平面控制难度大的特点。“全方位、高密度”观测有利于压制噪音，提高叠前偏移成像质量；有利于全波场地震信息采样，有利于甜点地震属性提取，利用“全方位、高密度”三维地震方法能够进行应力分析、计算杨氏模量及泊松比，从而估算出致密油“甜点”储层的脆性、裂缝密度、孔隙度、TOC 四要素，满足致密油“甜点”预测需求。攻关区观测系统采用三维采集参数，实现目标层全方位观测，改善了二维观测系统的缺陷，为非均质“甜点”储层三维空间精细刻画和微裂缝检测提供高保真地震数据奠定基础，填补了盆地致密油开发领域三维地震采集技术的空白。

3.2 高分辨率采集参数优选技术

针对攻关区地表黄土巨厚 100~300m，地层对高频能量吸收衰减快的问题，开展了高分辨率采集参数优选现场试验。通过不同激发方式、不同检波器类型和不同接收组合方式、井深及激发震源等野外试验比试验、量化分析，优选最优采集方法，提高目的层地震信号能量。

3.3 基于黄土塬区井震联采的提高均匀覆盖技术

针对工区塬上障碍物密集区，井炮激发药量大，安全隐患大，可控震源与井炮炸药震源联合激发技术确保了覆盖次数均匀性，解决了障碍物密集区炮点布设难题，提高激发点位布设的均匀性，优化三维实际采集观测属性，黄土塬井震混采施工、激发比设计提升 10%以上，复杂城区、障碍物密集地区覆盖次数比设计得到大幅度提高采集方位角图(中生界全方位 1.0、古生界 0.8)，获得了黄土塬区高品质的三维地震资料(图 5)。

井炮炸药震源与可控震源混源激发技术得到更宽方位、更均匀覆盖次数的三维地震资料，资料品质得到大幅度提升。

4 黄土塬超深微测井约束的近地表精细结构建模与 Q 值调查求取技术

为了进一步查明工区近地表岩性、速度、厚度的变化规律，为优化激发参数分区、精细井控层析静校正工作奠定基础，开展了精细表层结构建模技术研究：

结合钻井资料，提高对第四系、第三系沉积的认识；精细表层调查数据分析，通过层析建模技术，对工区近地表结构的认知进一步深化；积极探索 Q 值补偿技术，为提升分辨率奠定基础。

利用工区双井微测井获得近地表 Q 值，拟合获取 Q-V 关系式，利用表层速度模型，形成空变表层 Q 场，综合 VSP 资料 Q 值，建立三维 Q

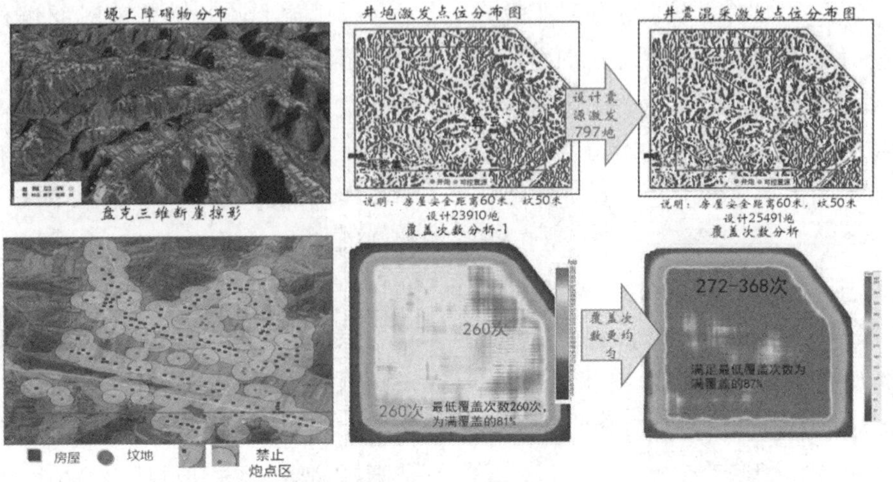

图 5 井震联合激发技术优化采集观测属性图

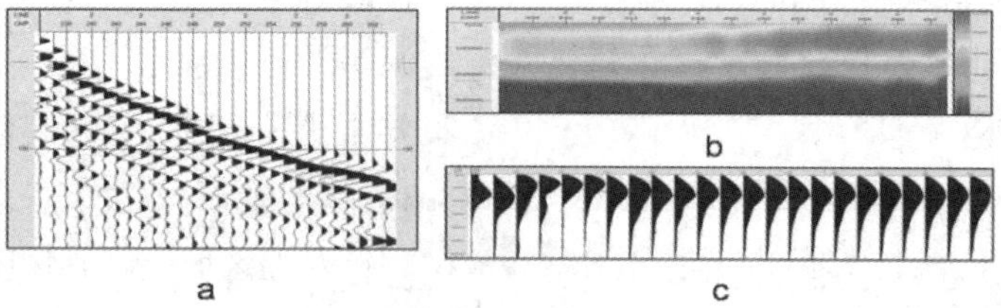

图6　品质因子Q的求取过程

a提取初至波起跳时间；b对完整的初至进行傅里叶变换后得到的频谱；c从b中提取初至波峰值频率

体，应用Q补偿处理，有效提高了资料分辨率。

黄土山地区表层覆盖的巨厚黄土层对有效波的吸收衰减严重，特别是结构松散速度低、复杂多变的近地表，对中高频的吸收衰减尤为严重，导致地震波主频降低，频带变窄，严重影响了资料的成像精度。另一方面，地震子波随传播时间和深度的增加振幅减小，相位发生畸变，导致地震资料的信噪比和分辨率降低。因此，近地表Q吸收补偿技术是补偿近地表吸收衰减效应行之有效的手段。

开展鄂尔多斯盆地黄土塬区近地表Q吸收补偿技术研究。应用微测井数据利用峰值频移法分别求取初至波起跳时间(t)和初至波峰值频率信息(f)，进而求取Q值(图6)。

再根据已知的深度、时间信息计算层速度信息。利用近地表Q值与表层速度拟合函数关系。根据Q值与近地表速度之间的关系，应用层析反演近地表速度模型，建立工区的近地表Q场。

将炮点、检波点位置投影到CMP点位置，形成接收点和炮点的近地表Q场，再分别对其进行近地表Q吸收补偿处理。对于吸收衰减作用较小的老地层出露区，补偿作用较弱，而对于吸收衰减严重的黄土塬区则补偿作用明显。剖面整体分辨率得到了提高，频带有所展宽。近地表Q吸收补偿的作用就是消除地表因素的影响。

5　基于致密油气的高精度宽方位三维处理解释技术

开展鄂尔多斯盆地复杂黄土塬区高精度油气三维反向线性噪声压制技术、近炮点强能量压制技术、非规则观测系统十字域噪声压制技术、OVT处理技术为主的配套处理技术。

5.1　黄土塬三维多域压噪技术

根据原始记录中各种干扰波在不同处理域中的具体表现特征，利用有效信号与线性干扰在频率、速度、波数等方面的差异，并在其具有最大差异的一个域内进行处理，以最大限度地衰减各类噪声，保留有效信号[7]。

选择的干扰波压制方法包括以下几种：

• 针对野值和异常振幅采用分频异常振幅压制方法。不但适用于在共炮集识别异常道并对异常能量进行压制，也适用于在共接收点集和共偏移距集内对相对强能量噪声进行压制，效果明显。

• 针对单炮的面波、多次折射等规则干扰，采用三维十字交叉排列锥体滤波线性噪声压制技术进行去噪处理。三维十字交叉排列FK域去噪—去除面波、折射波等有一定视速度的规则噪音。

• 在时间切片上，地滚波可看作是圆；散射的地滚波形成移开的锥体但与原锥体地滚波相切。应用常规的去噪方法，不能有效解决这种非线性的的干扰被，而三维十字交叉排列锥体滤波技术能很好地解决这一问题。

5.2　黄土塬三维叠前时间偏移技术

采用黄土塬三维叠前时间偏移技术，先偏移，再叠加，常规的叠加和偏移两个过程同时完成，实现真正的共反射点叠加。

开展叠前时间偏移，绕射波归位良好，剖面信噪比也得到提高。叠前时间偏移对于下古生界侵蚀沟槽和小断裂现象清楚，标志层特征更加明显。

综合攻关处理后得到了能够满足碳酸盐岩储层预测的高保真高信噪比的叠前道集和偏移叠加数据，三维处理成果目的层地质特征及细节更加清晰，偏移成果古地貌形态清晰，成果数据体展示效果较好。

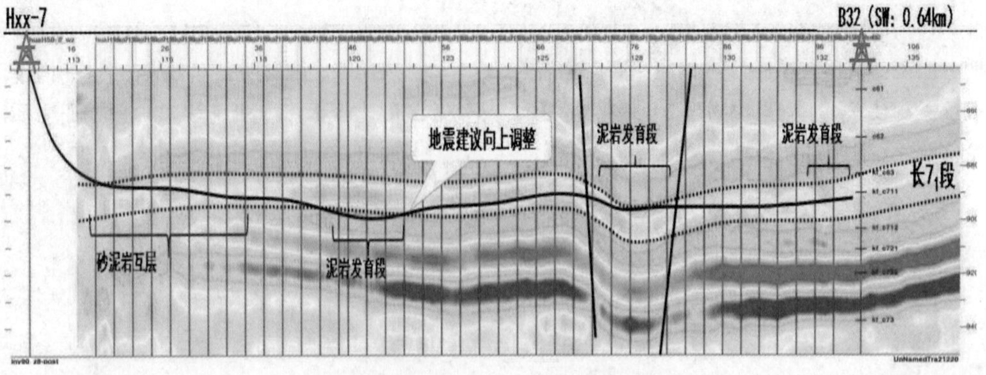

图 7　开展地震三维数据指导水平钻井地震地质实时导向

5.3　黄土塬三维油气勘探解释技术与效果

形成了鄂尔多斯盆地复杂区致密油气处理关键技术，敏感方位叠前致密储层预测和井位优选技术以及有利于藏甜点区带描述的多维解释技术，大幅提升了地震成像资料综合品质，满足了致密油气立体勘探需求。

做好叠前反演、AVO 分析、含气性检测、高精度变速成图、储层三维可视化雕刻等，预测有利储层的分布范围，并提供建议常规和水平井井位。

依据高精度、宽方位黄土塬三维地震资料，实现古生界目标高精度刻画。通过宽方位断层/微断裂解释技术落实断裂系统与构造特征。采用构造导向滤波数据体与分方位数据体的地震相干、曲率属性，通过蚂蚁追踪，结合人工解释，精细刻画断层/微断裂。

通过叠前弹性多参数交会预测储层甜点分布，根据岩石物理分析，确定储层物性参数分布特征及其与弹性参数间的统计关系，采用叠前弹性参数反演，定量预测储层厚度、含气性，评价致密气储层甜点。

在落实微幅度构造、精细刻画储层展布基础上，开展地震、工程一体化，优化压裂改造提速降本优化水平井轨迹设计，重点进行水平钻井地震地质实时导向，提高水平井有效储层钻遇率。

Hxx-7：国内陆上第一口水平段超过 4 千米水平井的设计和随钻导向，精准指导钻井工程预警、提前封堵和水平井实时导向，进一步推进钻井提速提效，机械钻速提高 20%(图 7)。

6　结束语

通过对近年来在鄂尔多斯盆地开展黄土塬区高密度三维勘探攻关，首创了黄土山地井震联采技术，可控震源在黄土塬特殊地表条件下表现出了更好的适应性。

可控震源采用长连续信号激发，相对井炮激发降低了黄土对高频能量的吸收衰减作用，绝大部分能量用于产生传入地下的弹性波，有利于提高黄土塬区深层资料信噪比和分辨率。

基于井炮炸药震源与可控震源混源激发技术，提高了复杂黄土山地区激发点位设计的均匀性，同时大幅度提高了覆盖次数的均匀性，从而太高了三维资料品质。

黄土塬区三维井震联采技术是提升采集属性、资料品质，降低安全环保风险的有效手段。

黄土塬超深微测井约束的三维网格层析静校正和黄土塬近地表吸收补偿、多属性降维和地质概率融合评价的甜点预测等多项技术，获得了良好采集资料，大幅度提高了致密油气储层的钻遇率，满足了油田公司致密油气勘探开发的需求，取得了良好的勘探开发效果。

参　考　文　献

[1]　付锁堂，王大兴，姚宗惠．鄂尔多斯盆地黄土塬三维地震技术突破及勘探开发效果[J]．中国石油勘探，2020，25(1)：67-77.

[2]　杨华，窦伟坦，等．鄂尔多斯盆地低渗透油藏勘探新技术．中国石油勘探，2003 年 3 月，第 8 卷，第 1 期．

[3]　孙景旺，杜中东，任文军，等．鄂尔多斯盆地黄土塬区多线地震采集技术．石油物探，2003，42(4)：505-507.

[4]　孔德政，于敏杰，刘新文，等．两宽一高地震采集

技术在复杂山前带的应用及效果分析．新疆石油天然气，2016，12(1)：33-38.

[5] 李培明，康南昌，邹雪峰，等．“两宽一高”高精度地震勘探关键技术．中国地球物理2013-第十九分会场论文集，石油工业出版社，2013.

[6] 陶知非，赵永林，马磊．低频地震勘探与低频可控震源．物探装备，2011，21(2)：71-76.

[7] 成晶旺，顾汉明，刘春成，等．频率域反射波全波形速度反演，地球科学-中国地质大学学报，2013，38(2)：391-397.

井地电磁技术在深层油气钻井开发中的潜在应用

赵 国[1] 刘雪军[1] 金 华[1] 王志刚[1] 夏国峰[2]

(1. 中国石油集团东方地球物理勘探有限责任公司；2. 中国石油塔里木油田公司)

摘 要 在深层油气勘探和开发过程中，钻井工程是获取石油的必备环节。由于油气埋藏深，现有的勘探手段和地质认识对深层油气分布特征和分布范围分辨率低，误差比较大，甚至存在相当大的困难。利用井地电磁技术在钻井完井电测后，直接在裸眼井中对已知油层或可能油层进行等间距多位置激发信号，含油气信息的电场信号直接被地面采集站接收，通过数据处理和分析，以激发井为中心，半径约2000m范围的油气空间分布能够被准确的识别。油气分辨率取决于地面观测网的密度和井中激发的间隔。本文以塔里木盆地HA601-10C井井地电磁勘探为例，证实了井地电磁技术在深层油气钻井开发中的巨大潜在应用。

关键词 高分辨率；井地电磁；油气预测；深层；超深层

1 引言

在深层油气勘探和开发过程中，钻井工程是获取石油的必备环节。由于油气埋藏深，现有的勘探手段和地质认识对深层油气分布特征和分布范围分辨率低，误差比较大，甚至存在相当大的困难。

深层勘探的目的层埋深为4500~6000m的油气勘探领域，超深层是指目的层埋深大于6000m。二十一世纪以来全球已经在深层盆地发现了数以千计的油气藏，在超深层盆地中发现了数百个油气藏，井深大于6500m的有数百口，主要位于北美、俄罗斯、意大利等国家。我们国家塔里木、四川和鄂尔多斯盆地在深层超深层油气勘探领域也取得很好的效果。2006年TS1(塔深1)井，井深8408m，探明+控制石油储量超亿吨。哈拉哈塘的超深复杂缝洞型碳酸盐岩油藏，埋深超过6600m，探明石油地质储量2.48亿吨。2020年，满深1井，地处塔北、塔中两大古隆起之间的鞍部，埋深接近8000m，日产原油624m^3，日产天然气37.1×10^{4}m^3，新增石油资源量2.28亿吨，在超深层油气勘探中获得重大突破。

深层、超深层储层一般埋深大、隐蔽性强，构造与地形复杂。使用常规地震手段识别深层、超深层储层常存在很大困难。另外，深部储层钻井深、层系多、压力体系复杂、井温高、井壁稳定性复杂、地层非均质性强等特点，常使得深层、超深层钻探面临钻井速度慢、复杂事故多、质量控制难度大、安全风险高、钻探能力不足、成本高等问题。因此，对于深部地层的油气勘探，尤其是超深层，一定要采用最准确的、最高效的勘探技术。

含石油和天然气储层的电阻率和极化率与含水储层相比较，存在几个数量级的差异，这是电磁法在油气勘探中特有的优势。时频电磁技术就是利用油气藏的这种特性实现油气勘探的一种方法之一。在井中直接对目标储层近距离激发，地面接收的井地电磁技术可以实现比时频电磁技术更高的勘探精度。何展翔[1,2]、刘雪军[3]等根据油气藏的导电性和激发极化性利用井地电磁法通过研究事例证实可以进行油气预测。何展翔等[4,5]应用井地电磁法油藏预测技术可以确定已知油藏的分布范围和边界。前人的井地电磁法研究中目标层均小于3000m，且没有深入研究油气预测的精度。

本文通过研究井地电磁方法的采集技术，在井中激发电流、地面观测测网、井中激发电极位置和大深度井中激发电极等四个方面进行了优化，可以准确识别以激发井为中心，半径约2000m范围激发段内的油气空间分布，油气分辨率取决于地面观测网的密度和井中激发的间隔。本文以塔里木盆地HA601-10C井井地电磁勘探为例，证实了井地电磁技术在深层油气钻井开发中的巨大潜在应用。在深层和超深层油气钻井开发中应用后，可以提供侧钻靶点，优化开发井网部署，调整注采施工参数，提高开采效率，减少开发成本，提高采收率。

2 井地电磁技术

井地电磁技术是在时频电磁技术的基础上进

行改进，将大功率激发电流源在井中进行激发，地面测线或测网接收径向水平电场来研究目标储层含油气性的一种电磁勘探方法(图1)。为了提高处理精度，通常在井中针对目标储层进行上下两次激发，去除目标储层上方的区域背景。图1为井地电磁技术的实际施工方式，在激发井中下入特制的耐高温耐高压抗氧化的井中激发电极B和激发电缆，与井口地面的激发电极A向研究区激发多频率方波信号，在地面接收激发井为中心的径向水平电场信号，井中激发电极B一般为两个激发点，一个B1位于目标储层下方，另一个B2位于储层上方，通过对AB1和AB2采集到的信号去噪和差分等处理，提取出反映目标油气藏含油气性的异常，进而推断出目标储层水平方向的含油气分布特征。

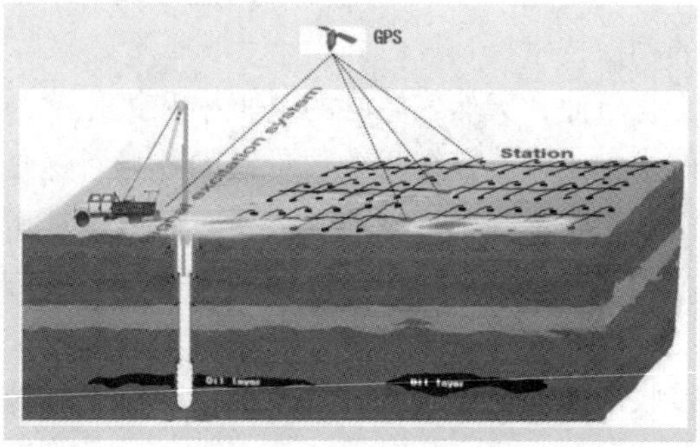

图1　井地电磁技术现场施工示意图

3　高分辨率井地电磁技术

在深层、超深层油气钻井开发中一口新井完钻电测后，下套管之前，应用创新的高分辨率井地电磁技术，可以实现高分辨率油气勘探，已钻井没有钻遇油层，可以提供侧钻靶点；已钻井已经发现油层，可以提供油层的水平分布范围和边界。

井地电磁技术提高分辨率的优化措施有四个方面。1. 水平分辨率是水平方向能分辨的最小距离，可以达到地面观测密度的二分之一。例如30×30m的观测测网水平分辨率能达到±15m。高密度观测测网可以大大提高井地电磁勘探的平面精度；2. 垂直分辨率是垂直方向能分辨的最小厚度，一般为等厚度激发厚度的二分之一。例如10m的井中激发间隔纵向分辨率可以达到±5m，井中多位置激发能准确的落实油气藏深度范围；3. 为了实现大深度激发，采用了特制耐高温耐高压抗氧化耐大电流的井中激发电极；4. 井中大功率电流激发提高油气目标引起的异常强度。采用耐高温耐高压抗氧化的井中激发电缆和激发电极大深度大电流激发，在已钻井裸眼段或裸眼井中激发大大提高电流利用率，增加油气目标产生的异常，提高处理精度。

4　井地电磁应用实例

研究区内目标层为奥陶系储层，是以受岩溶作用和断裂作用共同控制的裂缝缝洞型、洞穴型储层为主：(1)沉积背景以开阔台地相台内滩沉积为主，岩性主要有灰色、褐灰色亮晶砂屑灰岩、鲕粒灰岩、生屑灰岩、砂砾屑灰岩，局部发育台内点礁；(2)储集空间以次生溶蚀裂缝、缝洞、洞穴为主，基质孔不发育；测井解释高产井储层主要为裂缝-缝洞型、洞穴型储层，成像测井可见高角度构造缝、缝洞与部分洞穴；(3)地震剖面反射特征为“串珠”状反射、杂乱反射或局部加厚的地震异常体丘状反射(台内礁滩)，平面上星点状展布或局部连片分布；(4)钻井常有漏失、钻时加快或放空现象。。

4.1　目标储层

目标孔洞A-1叠前深度偏移地震剖面上呈表层中强反射、串珠的地震响应特征，A-1地震资料提供的靶点位置(图2)。A目标为已经钻井且孔洞中的油气已经开采完的HA601-10井。利用A井的井眼进行井地电磁法施工，研究A-1“串珠状”储层的含油气性和空间位置。

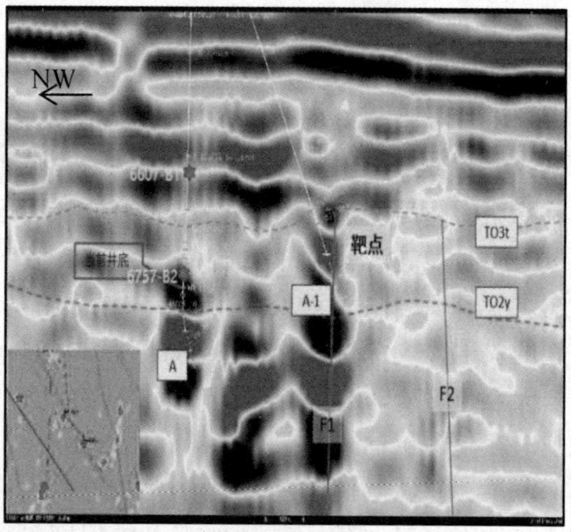

图2　地震剖面图

4.2　数据采集

地面数据采集采用高密度测网观测。A-1孔洞的正上方部署600m×600m面积的测网(图3)。观测测网密度25m×25m，在距离地震解释提供A-1孔洞位置100m内观测点加密至25×12.5m。

井中激发信号采用10m激发间隔。距激发井HA601-10井口20m处在地面埋设激发电极A，与井中激发电极B对研究区激发多频率方波信号。目标孔洞A-1位于井深6607~6757m之间(图2)。在激发井中共激发16次，第一次激发B1位于井深6757m，每隔10m激发一次，最后一次激发B16位于井深6607m。井中激发电极为特殊材质和特别方法组装，实现与井中特制的单芯激发电缆密闭连接，耐高温，耐高压，抗氧化，可承受电流70A。实际激发大功率电流50A。

表1　井中激发电极激发位置、井深和海拔高度关系表

序号	激发位置	井深	海拔高度
1	B16	6607	-5636.5
2	B15	6617	-5646.5
3	B14	6627	-5656.5
4	B13	6637	-5666.5
5	B12	6647	-5676.5
6	B11	6657	-5686.5
7	B10	6667	-5696.5
8	B9	6677	-5706.5
9	B8	6687	-5716.5
10	B7	6697	-5726.5
11	B6	6707	-5736.5
12	B5	6717	-5746.5
13	B4	6727	-5756.5
14	B3	6737	-5766.5
15	B2	6747	-5776.5
16	B1	6757	-5786.5

激发信号采用扫频的方法，共完成9个周期的方波信号(表1)。

4.3　数据处理结果

油气平面分布。经过AB1和AB16的平面差分处理和异常提取获得了综合异常平面图(图3)，含油气越多，数值越大，颜色越红。

油气的纵向分布。图3中异常的最大值位置就是油气最好的水平位置。利用距离这个位置最近的点，进行AB2至AB15之间的差分处理，确定油气在垂直方向的位置(图4和图5)。图4是AB3-AB15都与AB2之间的差分曲线。AB26与AB25和AB27曲线的距离存在明显的异常。图5是AB2至AB15中相邻两个激发位置之间的差分

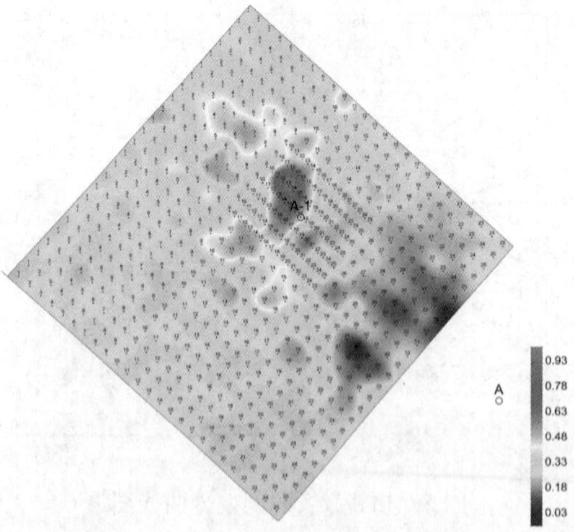

图3　AB1和AB16差分异常平面图

曲线。AB56的数值最大，AB67的数值最小，其他曲线位于两者之间。由此判断油气在垂直方向上深度位于B5(6717m)-B7(6697m)之间，确定钻井靶点的深度为6707m。

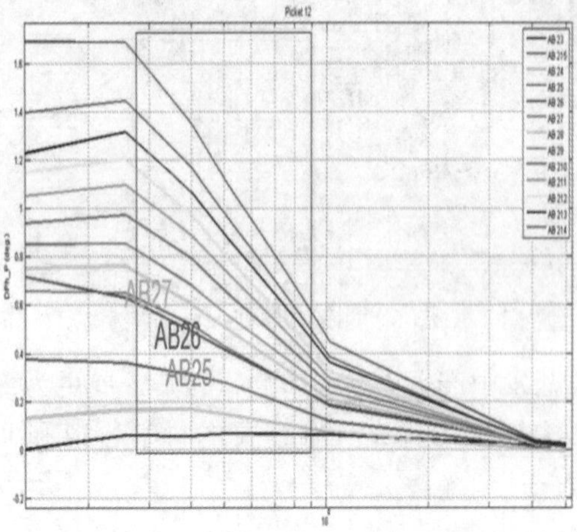

图4　与AB2激发源差分曲线图

钻井验证。图6中颜色表示差分异常值，等值线为地震属性值，过601-10的线黑色表示钻井轨迹，黄色表示油气显示段，红色为试油井段，测试结果为稠油层。钻遇油气深度是6704m，与预测误差3m。

5　结论

高分辨率的井地电磁技术应用在6700深的超深层串珠状碳酸盐岩孔洞油气藏的实例准确识别出了碳酸盐岩孔洞油气藏的空间分布。普通的完钻电测井的识别范围大约是距离井孔10m，而井地电磁技术可以将识别范围提升至距离井孔约2000m。随着井中激发间隔的缩短还可以在纵向上的分辨率进一步提升，这将会在超深层油气勘

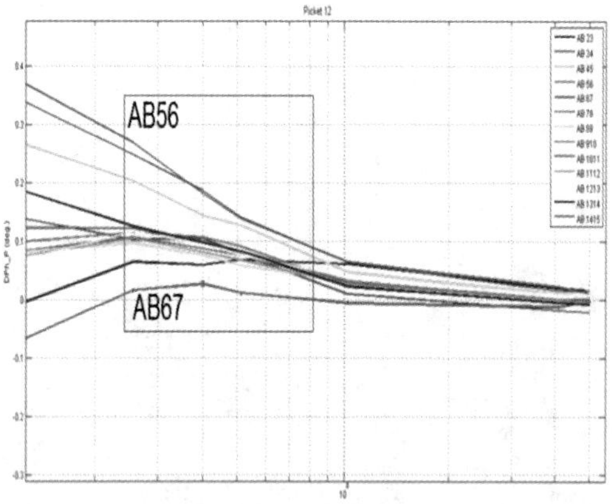

图 5　相邻激发源间差分曲线图

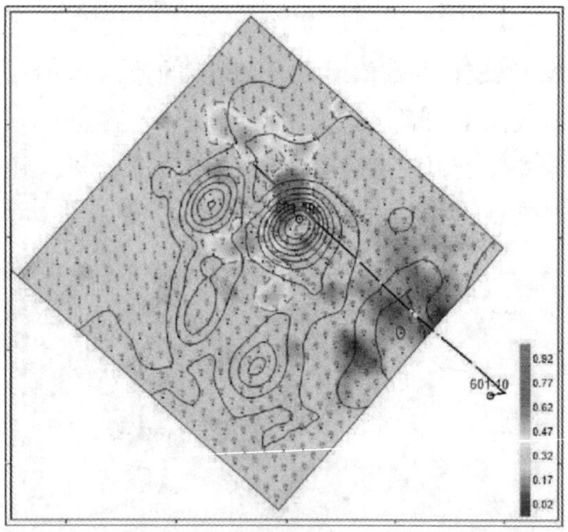

图 6　侧钻井轨迹平面图

探与开发中产生深远的影响，为其开展更为深入的理论与应用研究具有重要的科学价值和实用价值。

致谢

本文中应用实例是在中国石油塔里木油田公司项目资助下完成的，也得到了塔里木油田研究院、物探院、开发事业部以及东方公司库尔勒分院大力支持，本研究同时也得到了国家重点研发计划“地下及井中地球物理勘探技术与装备(编号：2018YFC0603300)”课题资助的大力支持，在此一并致谢！

参 考 文 献

[1] He Zhan - xiang. High - power surface - borehole electrical method in predicting reservoir boundary and its application. Petroleum Exploration and Development, 2004, 31(5): 74-76.

[2] He Zhan-xiang. Mapping reservoir boundary by borehole- surface TFEM: Two case study, The Leading Edge, 2005, 896-900.

[3] Liu Xue-jun. A new borehole-surface electromagnetic technique for studying oil and gas storage targets. Progress in Exploration Geophysics, 2006, 29 (2): 98-101.

[4] He Zhan-xiang. BSEM for Mapping the Boundary of Reservoir and a Case Study of Well-S7 Borehole Geophysics Workshop-Emphasis on 3D VSP, 16-19 January 2011, Istanbul, Turkey, 1-4.

[5] HeZhan - xiang, Zhao Guo. Borehole - to - surface TFEM technique applications in geologically complex areas, SEG Annual Meeting Expanded Abstracts, 2013, PP 790-794.

压缩感知在阿曼地震勘探高效采集中的应用

杨 曦 张洪涛 李 恒 康旭鹏 于文昌

(中国石油集团东方地球物理勘探有限责任公司)

摘 要 压缩感知(Compressive Sensing，简称 CS)是信号处理领域近年来提出的一种新的理论，其核心理念在于从原理上降低对一个信号进行测量的成本。随着陆上地震勘探不断向宽方位、宽频及高密度采集方向发展，勘探成本随之也越来越高，如何最大限度地提高采集效率成为勘探技术发展的关键。文章结合压缩感知在阿曼某高效采集项目中的应用实例，对压缩感知技术的基本原理和特点进行总结，并探讨了采集施工中遇到的问题，为后续此类项目的开展提供可借鉴的经验。

关键词 压缩感知；非规则观测系统；稀疏采样；高效采集；勘探成本

1 引言

近年来，随着地震采集仪器设备的更新换代和地震资料处理技术的日益成熟，陆上地震勘探技术也得到了日新月异的发展。常规采集显然已经满足不了各大油公司对高品质地震资料的需求，陆上地震采集不断向大道数、宽方位、宽频和高密度采集方向发展。目前世界范围内，可控震源高效采集技术已经从交替扫描、滑动扫描、滑动扫描同步激发(DS3)和动态滑扫(DS4)等阶段发展到了超高效混叠采集(UHP)。阿曼油公司早在 2015-2017 年便成功开展 UHP 试验，并通过去混叠技术获得了满意的混叠数据分离结果。从 2017 开始，BGP 陆上地震队在阿曼一直采用 UHP 生产模式至今，最高日产量超过 50000 炮。

新冠肺炎(COVID-19)疫情在全世界的爆发，导致各国对石油资源的消耗呈现断崖式的下降，同时也伴随着全球油价毁灭性的下跌，各大油公司面临前所未有的巨大压力，纷纷不得不采取各种降本增效的措施来维持生存。因此，可预见未来各大油公司在获得较好的勘探资料的前提下，想方设法地降低勘探成本会成为必然。压缩感知技术在一定程度上可以满足未来的地震勘探市场需求，利用压缩感知技术对地震勘探采集的信号进行稀疏不规则采样，再应用先进的信号处理技术对信号进行优化重建，最终实现相对低成本的高效数据采集。

2 压缩感知的方法原理

传统的数字信号采样定理(Nyquist)规定，为了不失真地恢复模拟信号，采样频率不应小于模拟信号频谱中最高频率的 2 倍。按照 Nyquist 定理进行均匀采样，得到可以无失真恢复模拟信号的数字信号。

压缩感知在地震采集中的应用，就是在数据采集的时候利用地震信号在相应变换域的稀疏特性，直接采集有效的 M 个测量值，而非满足 Nyquist 采样定理的 N 个采样值(M≪N)。压缩感知理论的提出，打破了传统 Nyquist 采样定律的限制，通过合理的算法实现对缺失数据的重构，降低了采集时间，提高了地震数据的采集效率；在不降低成像质量的情况下，有效的降低了勘探成本。

2.1 压缩感知的抽样定理

若信号 x(t)在时间[0，T]内可以在某变换域稀疏表示，其稀疏度为 K，对 x(t)抽样时，若保证抽样点数 M≥cK(c 为常数)，那么可由 x_{cs}(n)高概率地恢复出 x(t)，即 x_{cs}(n)保留了 x(t)的几乎所有信息。

注：(1) K 根据不同的 CS 重建算法而不同

(2) CS 抽样过程不是普通意义上的等间隔抽样

2.2 压缩感知的采集原理过程

当信号在某变换域中是稀疏的，我们可以以某个线性投影的方式来得到压缩后的信号，得到的数据能够以无失真或较低失真地方式重建原始的数字信号。采集过程就是一个线性投影过程，如下面的公式所示

$$y = \Phi\Psi\theta$$

y 代表压缩后的信号

Φ 表示观测矩阵

Ψ 表示稀疏变换

θ 是信号 $x(t)$ 变换后的稀疏特征值

2.3 压缩感知在地震勘探中的应用原理

压缩感知是一种基于信号稀疏性的非规则采样理论，在地震勘探采集中，利用特定参数约束算法，对规则观测系统中的炮点和检波点进行稀疏非规则设计，建立一个全工区的非规则采集观测系统。实际生产中炮检点的布设，应该严格按照设计的理论点位布设。在满足约束条件下，利用压缩感知理论，用相对较少的炮检点数量进行地震数据的稀疏采样。与常规采集相比，得到的是更少的非规则采集的地震数据，即实现压缩采样。在后期处理中利用数据重构方法对采集数据进行完整的恢复，实现非规则采集地震数据的规则化重建，达到与常规地震采集相当的成像效果，最终实现有效降低勘探成本的目的。

3 应用的目的和要求

3.1 主要目的

1）验证压缩感知理论应用在三维地震高效采集中的可行性

2）掌握压缩感知与混采技术结合的采集施工效率

3.2 基本要求

（1）采集控制系统：428XL+DSS（BGP 数字化地震队系统）；

（2）采集模式：仪器记录模式为微地震模式（Micro-seismic），超高效混叠采集（UHP）；

（3）可控震源型号及扫描频率：AHV-IV 380，1.5~86Hz；

（4）可控震源采用自震模式（Local Sweep Mode），按照给定的 T-D（Time-Distance Rules）规则施工（见图 2）；

（5）只对炮点进行稀疏不规则布设（见图 3），检波点等间隔规则布设；

（6）布设的炮点严格按照理论设计施工，不允许对设计炮点进行偏移，不能在设计点位采集的炮点空掉；

（7）设计炮点网格为 25m×25m，检波点网格为 25m×250m，58 线×804 道接收。

压缩感知区域共设计 98440 炮，炮点覆盖面积 108km^2，共 45704 道接收。设计的炮检点范围如图 1 所示：

4 应用效果

图 3 是基于压缩感知设计的稀疏化不规则三

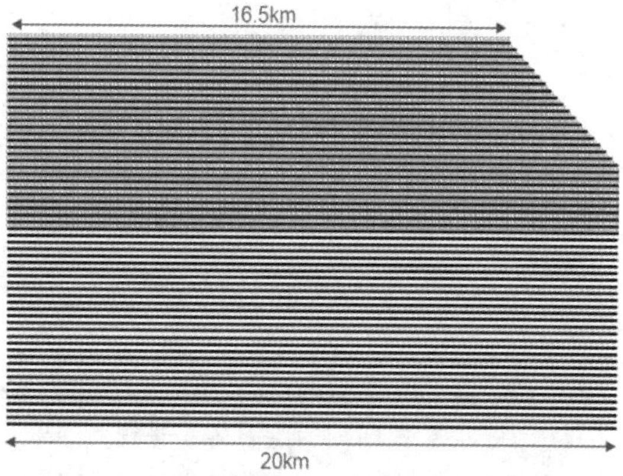

图 1 基于压缩感知设计的炮检点范围

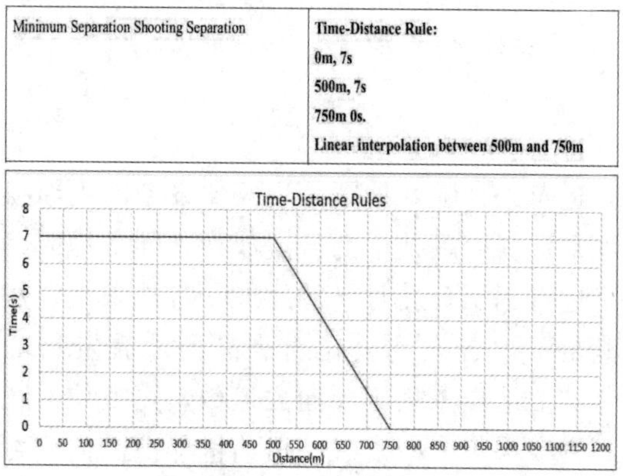

图 2 混采施工应用的 T-D 规则

维观测系统的部分显示，其中检波点采用等间隔（25m）规则布设，炮点采用最小炮点距 25m 的稀疏不规则布设，保留了全区规则观测系统设计炮点数的 57%。全区规则观测系统设计总炮点数为 172702 炮，炮点网格为 25m×25m，图 4 是规则三维观测系统的部分显示。

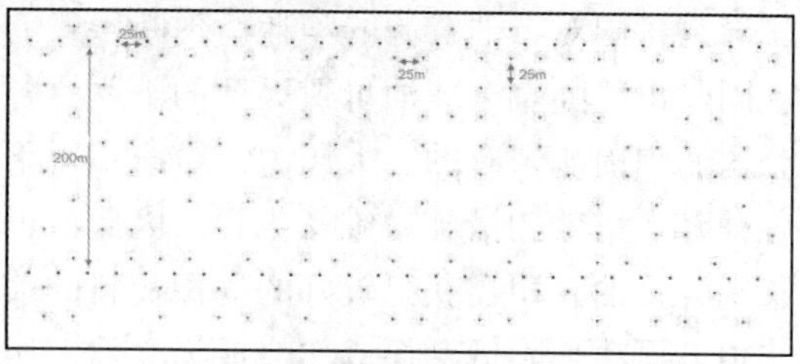

图 3 基于压缩感知设计的不规则三维观测系统

基于压缩感知的理论设计区域共 98440 炮，因工区地形复杂，分布有沙丘、油田设施、道路、村庄和农田等障碍物，实际的炮检点分布如图 5 所示，根据炮点不能偏移的设计要求，在测量实际展布后共有 10747 个炮点空掉，最终共采集 87693 炮。

在超高效混采施工中，多组可控震源在满足时距规则（T-D）的条件下，可独立自主激发；有

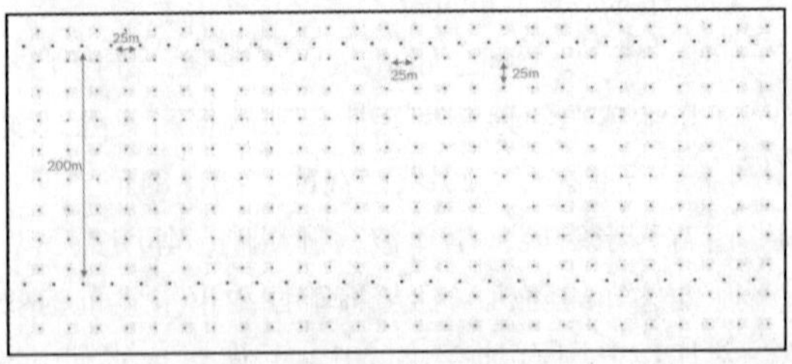

图 4　规则三维观测系统

图 5　压缩感知施工区域的炮检点实际分布

线仪器连续记录非相关数据，按一定时间间隔切分为单个的混叠数据母记录。数据采集期间，平均每日投入可控震源 14 台，应用压缩感知不规则布设的日平均产量为 25831 炮，占压缩感知设计总工作量的 26. 2%；对于炮点网格为 25m×25m 的规则观测系统，根据测算，日平均产量为 32000 炮，占规则观测系统设计总工作量的 18. 5%。通过对比得出，应用基于压缩感知的稀疏不规则采样比使用规则观测系统采样的日等效效率提高 7. 7%。

施工区域的采集效率主要受以下几个因素的制约：

(1) 复杂的工区地表增加了震源的绕路时间；

(2) 与炮点规则分布相比，炮点的不规则布设，增加了震源的掉头次数和移动时间；

(3) 对于新的采集模式，震源司机的操作不够熟练。

图 6 是基于压缩感知设计采集的混叠数据原始记录和相关后的记录，图 7 是数据的现场处理叠加剖面。从相关后的单炮品质和现场处理的叠加剖面来看，在炮点稀疏化不规则采集的情况下，目的层同相轴清楚连续，资料的信噪比和分辨率较高，地震资料具有很好的成像效果。

5　结论与认识

本文通过结合压缩感知的应用实例，表明了压缩感知技术应用在地震勘探高效采集中的可行性。经过对比稀疏不规则采样和规则采样的施工效率，验证了应用稀疏不规则采样方式在野外采集中能够提高采集效率、缩短采集时间，进而降低勘探成本。

同时，通过这次应用，也认识到压缩感知在高效采集应用中需要关注的问题：

(1) 施工中需要严格按照压缩感知的理论设计和要求进行，然而由于复杂地形的限制，实际

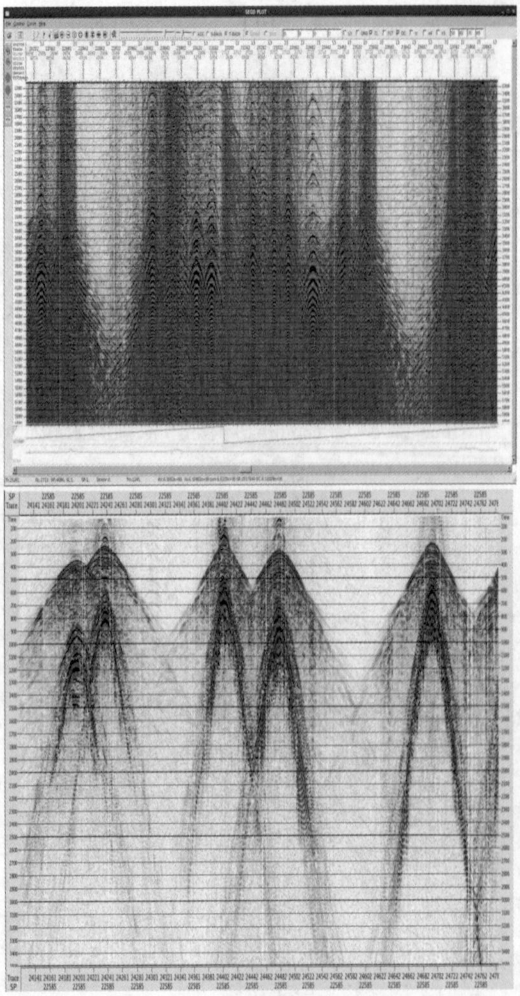

图 6　采集的混叠数据原始记录(左)
与相关后的记录(右)

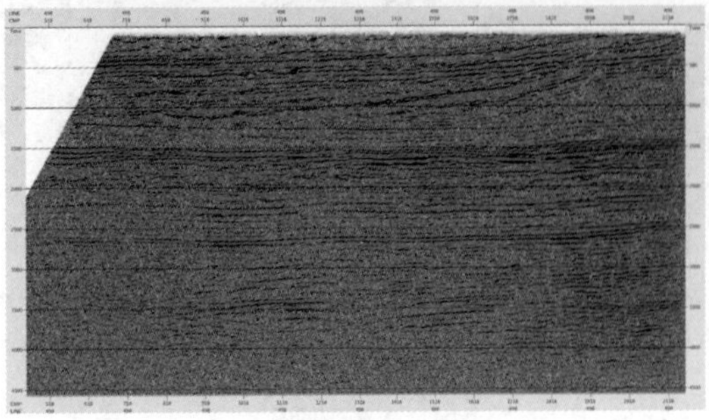

图 7　现场处理叠加剖面

空炮较多，对数据重建可能存在一定影响，需要进一步验证；

（2）全区炮点的不规则分散布设，会增加清线工作量。

参 考 文 献

[1] Mosher, C. C, et al. 2017, Compressive Seismic Imaging: Moving from research to production, the 87th SEG Annual Meeting.

[2] Yang Jinglei, et al. 2018 A new random sampling method based on compressed sensing, the 80th EAGE Conference & Exhibition.

[3] 邸志欣，吕公河，霍守东，丁建强，舒国旭，基于压缩感知的地震勘探非规则数据采集处理实践[J]. 石油物探，2018，57(6)：831-841.

[4] 门哲，宁宏晓，李伟波，柳兴刚，郭明杰，基于压缩感知的随机采样与稀疏性约束采集重构效果对比。中国石油学会 2019 年物探技术研讨会，1130-1133.

[5] 王华忠，冯波，王雄文，胡江涛，李辉，刘少勇，周阳，压缩感知及其在地震勘探中的应用[J]. 石油物探，2016，55(4)：467-474.

川东北飞仙关组鲕滩陡阶式迁移地震刻画及勘探意义

罗 晶 邓 瑛 李 霄 徐 敏 王 征

（中国石油东方地球物理勘探公司西南物探研究院）

摘 要 【目的】飞仙关组是四川盆地鲕粒岩最发育的层系，是川东北地区主要的含油气层系之一。飞仙关组相带控储、相带控藏的特点突出，鲕滩是储层发育的物质基础，地震沉积的变化是鲕滩分布规律研究的重要手段，因此明确鲕滩的沉积和迁移规律是寻找有利储层分布区和有利勘探区块的关键。【手段】为此，以川东北D工区三叠系飞仙关鲕滩气藏为例，利用地震-地质相结合，开展飞四底、飞仙关内部泥岩、储层反射特征研究，进行各个地震反射层的沉积相演化，进一步明确了鲕滩的分布和迁移特征。【结果】结果表明：①首次在四川盆地发现了鲕滩的陡阶式迁移特征，缓台缘带的鲕滩以侧向进积为主；②古地貌研究明确了鲕滩的展布规律，滩体自东向西的前积过程，不完全表现为滩体的进积叠置，鲕滩的地震响应中断，反映出研究区鲕滩形成的非穿时性。③沉积相的变化，控制了储层的发育及分布，鲕粒滩障壁作用导致台缘带以北为蒸发潟湖的低能环境；④地震刻画成果表明大量的实钻井钻遇中期滩体，晚期滩体仅南部区域有钻井钻遇，陡阶式迁移过程中的独立岩性滩体具有广阔的勘探前景。

关键词 鲕滩；陡阶式迁移；沉积演化；地震刻画；地震沉积学；川东北；飞仙关

经过多年的勘探，川东北地区已相继发现渡口河、铁山坡、罗家寨、金珠坪等多个飞仙关鲕滩气藏。飞仙关组鲕滩主要受控于沉积环境[1-9]，地震沉积的变化是鲕滩分布规律研究的重要手段，明确鲕滩的沉积和迁移规律是寻找有利储层分布区和有利勘探区块的关键。本文以川东北D工区为例，利用地震沉积的变化特征，讨论沉积对储层发育的影响，明确鲕滩的沉积和迁移规律。鲕滩的迁移，在研究区表现为陡阶式的特征，地震响应中断、滩体的不完全进积叠置，表明研究区鲕滩的发育展布特征可以划分为三个区带，靠近台缘带的晚期滩体具有广阔的勘探前景

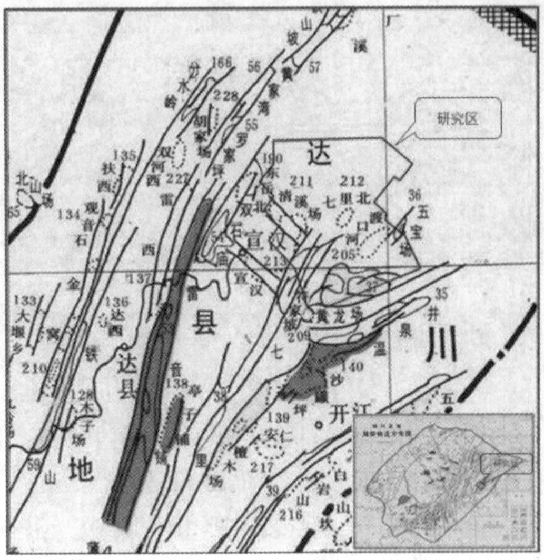

图1 区域构造位置示意图

1 地质概况

1.1 区域及构造位置

研究区位于四川盆地川东南中隆高陡构造区双石庙构造群，其南为黄龙场--温泉井构造带，西南为七里峡构造带，北为五宝场凹陷(图1)。

1.2 沉积相展布特征

在川东北大部分地区从晚二叠世到早三叠世沉积的是一套以碳酸盐类为主的地层，是一个连续的海相碳酸盐沉积过程。研究区处于开江梁平海槽东侧，顶部为一套泥岩、泥灰岩夹薄层泥晶白云岩及石膏，底部为泥灰岩或薄层的泥页岩，内部主要为大套泥—细粉晶灰岩夹厚度不等的数层亮晶鲕粒灰(云)岩及砾屑(砂屑)灰岩，也可夹薄层的泥-粉晶云岩。

研究区西南部处于海槽~斜坡区，东北部大面积发育鲕滩，处于开阔海台地相，工区北端远离海槽，向海方向受到鲕粒滩障壁作用的阻隔而受限，为蒸发潟湖的低能环境(图2)。

2 飞仙关地震波组反射特征

飞仙关组是相对海平面上升速率由快速到缓慢的过程中形成的，总体为一向上变浅的沉积序列，飞仙关组底部为最大海泛面。从实钻井标定情况来看，飞四底为一套中强波峰，飞底为一套

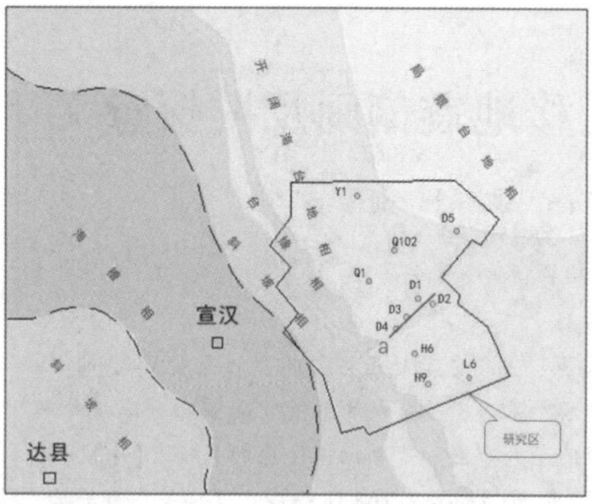

图 2　二三叠系礁滩沉积相图

弱波峰(图 3，平面位置为图 2 的 a 剖面)。从钻遇鲕滩的钻井来看，飞仙关内部主要有两组波峰反射，飞四底下伏第一个波峰为高伽马的泥灰岩/泥岩反射，第二个波峰反射为鲕滩储层的响应。

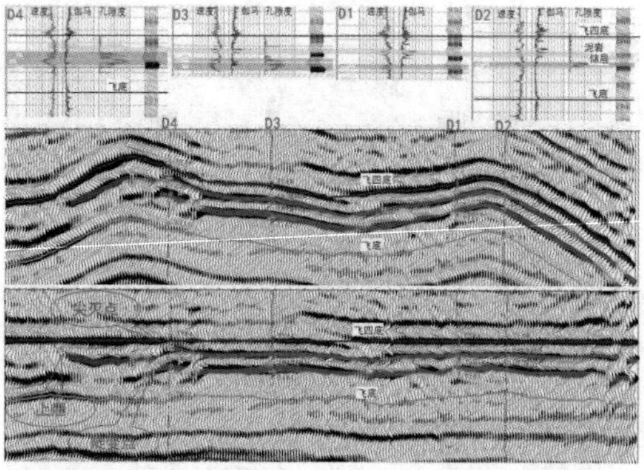

图 3　D4-D3-D1-D2 连井测井响应特征及剖面特征

飞四、飞底随相带的变化有一定强弱变化：飞四靠近海槽方向，由中强波峰相变为强波峰，飞底靠近海槽方向，由弱波峰相变为中强波峰；飞仙关内部的泥灰岩、鲕滩随沉积的变化，发育的位置有一定变化：往海槽方向，泥岩(绿色)逐渐上超于飞四，与飞四底共同形成一组强波峰反射，鲕滩具有同样的沉积趋势，由西相东逐渐迁移(橙色-粉色)，陡变点明显，“上翘”同相轴趋势清晰(粉色)，远离海槽方向的鲕滩，沉积的位置离飞四底更远。

3　鲕滩迁移规律与空间展布

3.1　地震等时沉积变化

飞仙关组以及内部的波组反射存在变化，这种变化特征与沉积存在密切关系。地震沉积[10-13]是研究沉积变化的有效手段。为分析鲕滩的迁移变化规律，以飞四、飞底建立等时格架，划分了飞三—飞一段等时切片(飞底为第 1 张，飞四底为第 30 张，切片间间隔约 4ms)(图 4)，利用相对波阻抗信息[14]反映地震波组的相对变化关系

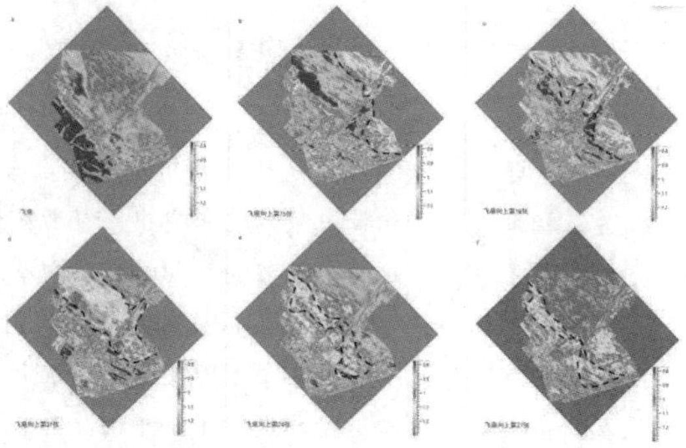

图 4　相对波阻抗等时切片

飞底切片(图 4a)继承了长兴末期的沉积特征，能准确表征飞仙关沉积初期的相带展布，深蓝色为海槽-斜坡相，相带边界清晰；图 4b 黑色点线以东的相对波阻抗高值区为飞仙关组早期鲕滩的发育区；图 4c：鲕滩发育区由东向西迁移展布清楚；图 4d：该切片表征了鲕滩发育的主要展布区域，处于工区中部，呈北西-南东向大面积展布，鲕滩分布广，储层厚；图 5e：鲕滩发育区继续向西迁移，滩体变小，呈窄带状展布；图 4f：该切片表征了靠近飞三顶部的晚期滩，该区域的滩体与图 4d 表征的滩体基本不叠置。

3.2　古地貌特征

古地貌是控制沉积体系发育的关键因素之一，研究鲕滩发育时期的古地貌有助于弄清鲕滩发育的空间配置关系，指导下一步的油气勘探[15-16]。图 5 清晰的展示出鲕滩的古地貌特征，大致可以划分三个区带，工区中部(粉色及橙色区域)古地貌中等，大量的实钻井钻遇该区域；黄色区域鲕滩发育的古地貌高，除黑色虚线框 H 气藏有多口钻井外，其余区域并未钻探；工区北部区域(浅蓝色)古地貌低，实钻井证实鲕滩发育，但鲕滩储层发育物性较差。

鲕滩的古地貌至东向西，逐渐变高，低部位的滩体由于遮挡障壁作用，为局限的低能沉积环境，水体循环差，水体能量小；中部及西部区域，为广阔海域的沉积环境，不受水循环限制，大面积发育鲕滩，水体深度小，能量高。

3.3　鲕滩展布特征

飞仙关组鲕滩表现为“亮点”反射特征，最

图 5 鲕滩古地貌展布特征

大波峰振幅属性能较好的表征鲕滩发育的平面展布趋势(图 6)，H 区域滩体表现为北西向、近东西向展布的条带状强振幅区，D 区域滩体主要沿北东向发育，Q 区域以及 T 区域主要为近北西向的大面积展布。

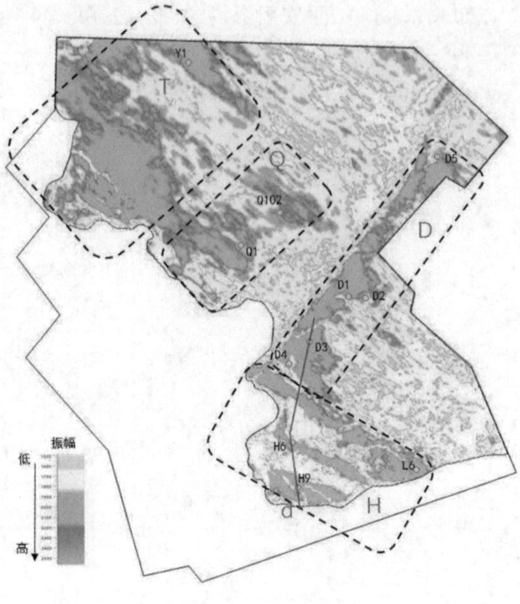

图 6 鲕滩储层振幅亮点图

在空间展布中，D、Q、T 区域表现为陡阶式迁移，以侧向进积的方式作用(图 7，平面位置见图 5)，剖面上可见明显的地震响应中断。H 区域滩体空间位置更靠近飞三-飞一段顶部，滩体独立，亮点反射明显(图 8，平面位置见图 5、图 6)

研究区北部滩体沉积古地貌低，鲕粒滩障壁作用导致北部区域可能为蒸发潟湖的低能环境；研究区西部及南部滩体沉积古地貌高，与飞仙关中部滩体为不同的滩体，纵向上不连续，滩体的发育模式存在显著差异。

4 结论与认识

飞仙关的沉积总体表现为台地不断增生、海槽退缩消亡的过程。沉积相在纵横向上的不断变化，表现为鲕滩在纵向上的侧向进积，进积方式

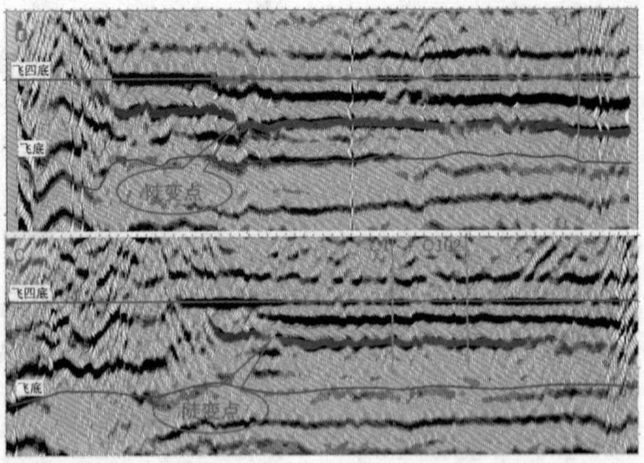

图 7 鲕滩陡阶式迁移剖面展示

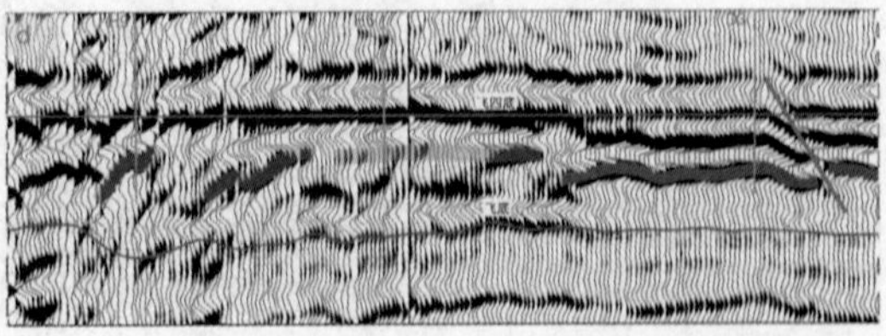

图 8 H 区域滩体发育纵向展布

不同于以往的鲕滩穿时、缓慢抬升，而是陡阶式迁移，具有明显的地震响应中断；鲕滩在横向上表现为从东北向西南迁移，研究区东北部为蒸发潟湖的低能环境；工区中部为中期鲕滩，大面积发育，厚度大，是优质鲕滩，靠近西南区域的晚期鲕滩，分布面积较广，从 H 区域实钻井来看，鲕滩储层同样具有较好的品质。晚期鲕滩具有广阔的勘探潜力，T、Q、D 区域目前还未有钻井证实，是非常有潜力的勘探区域。

参 考 文 献

[1] 沈平，赵佐安，曾云贤，杨雨．川东北部飞仙关组鲕滩气藏的发现及气藏特征[J]．西南石油大学学报，2007，29(1)：1-4.

[2] 张学丰，赫云兰，马永生，刘波，赵培荣，高计县，等．川东北飞仙关组沉积控储机理研究[J]．地学前缘，2011，18(4)：224-235.

[3] 冯冲，邹华耀，郭彤楼，韩甲胜．川东北地区二叠系—三叠系礁滩相储层发育机理[J]．特种油气藏，2015，22(6)：1-4.

[4] 周绍鹏．川东北元坝地区飞仙关组台缘沉积结构及鲕粒滩时空响应[D]．成都：成都理工大学，2017.

[5] 张崇阳．南江-通江地区下三叠统飞仙关组加积型台缘鲕粒滩特征[D]．成都理工大学，2018.

[6] 周路，任本兵，吴勇，李东，李飞，刘志敏，等．四川盆地北部地区飞仙关组鲕粒滩地震响应特征与分布预测[J]．地质科学，2016，51(2)：

425-447.

[7] 苏成鹏，谭秀成，刘宏，唐浩，黎虹玮，王高峰，等．环开江—梁平海槽长兴组台缘礁滩相储层特征及成岩作用[J]．中国地质，2016，43(6)：2046-2058.

[8] 蒋裕强，谷一凡，徐昌海，张洁伟，程晓艳，陈辉．开江—梁平海槽东侧飞仙关组岩相分区及地质意义[J]．天然气地球科学，2018，29(8)：1067-1077.

[9] 余波，赵泽君，张淑彬．四川盆地二三叠系礁滩相储层沉积演化特征[J]．天然气技术与经济，2011，5(4)：10-13.

[10] 刘玲，王烽，刘玉霞．地震沉积学在生物礁滩体识别中的应用[J]．新疆石油地质，2015，36(3)：342-345.

[11] 罗晶，巫芙蓉，张洞君，徐敏，陈辉，樊军，等．基于电阻率约束的分频含气性预测技术[J]．天然气工业，2019，39(9)：33-38.

[12] 单蕊，李元杰，王千遥．地震沉积学在川东北 YB 地区沉积相分析中的应用[J]．煤田地质与勘探，2015，43(2)：92-95.

[13] 张宪国，林承焰，张涛，刘卫．大港滩海地区地震沉积学研究[J]．石油勘探与开发，2011，38(1)：40-46.

[14] 张军华，候静，辛星，杨勇，杜玉山，刘磊，等．道积分属性理论诠释及其在薄河道砂体预测中的应用[J]．地球物理学进展，2018，33(1)：0326-0333.

[15] 张辉，胡望水，李伟，陈竹新，郝猛，郭先涛，等．关键层面古地貌演化剖面的建立及地质意义[J]．油气地质与采收率，2018，25(2)：8-14.

[16] 张晨，李进步，陈存良，刘治恒，张园园，任战利，等．苏里格东南区古地貌恢复及其与气水分布关系[J]．西安科技大学报，2019，39(3)：498-506.

水驱油藏层内作用力及对开发效果影响研究

吴　桐[1]　李冠林[2]　高子昂[2]　毛小龙[2]　刘　雄[1]

[1. 中国石油勘探开发研究院；2. 油气资源与探测国家重点实验室　中国石油大学(北京)]

摘　要　油田开发进入特高含水阶段以后，含水上升速度加快，产量递减速度也进一步加快，且存在油层水洗厚度不高的情况。特别是在非均质性严重的正韵律储层，油层低部位基本完全水淹，而渗透率较低的上部层段仍滞留有大量剩余油，挖潜难度增大，层内矛盾突出。为寻求经济有效调整措施，则要明确层内纵向上的油水渗流规律和机理。水驱油藏层内油水运动情况复杂多变，渗流规律受多种作用力的控制。本文阐述了影响层内油水纵向渗流规律的各作用力特点，明确了纵向渗流的发生条件。通过建立单一作用力和多种力共同作用的四类典型模型，对不同作用力主导水驱油藏开发的纵向渗流规律特征进行了分析。在此基础上推导出了新的作用力表征关系式和指标界限，对不同作用力主导条件下的水驱开发提出了具有针对性的开发建议，为高含水、特高含水油田进一步挖潜剩余油提供了理论指导。

关键词　纵向渗流规律；开发效果；作用力表征；特高含水；水驱开发

我国东部油田储集层主要为陆相碎屑岩沉积，层内纵向上的渗透率差异可达几十倍，表现出极为严重的层内非均质性[1]，随着油田进入高含水、特高含水时期，注入水低效无效循环的矛盾也越来越突出[2-4]，与油田中高含水期相比，特高含水期的剩余油更加分散，采油速度比较慢、耗水量非常大[5]。对于厚油层储层来说，进入高含水期后开发潜力主要集中在层内[6]，这就需要针对层内纵向上的油水渗流规律进行深化研究。许多学者已经在这方面进行了研究，韩大匡[7]等建立了考虑重力和毛管力作用的油水二维二相渗流方程来研究非均质亲油储层的油水运动规律。沈平平[8]从室内物理模拟和渗流力学数值模拟两方面对厚油层内油水的渗流规律进行了研究，给出了室内实验研究层内运动规律的一组相似准数。张官亮[9]通过制作层内非均质物理模型结合CT扫描的技术，研究了层内非均质性对厚油层水驱采出程度、开发窜流规律以及剩余油分布的影响。郑浩针对大庆油田北二东西块的特点和注水开发历程，总结出高含水后期，易形成低效无效循环的部位。同时，以油藏工程方法为指导，进行了数值模拟研究，给出了低效无效循环出现的条件和界限[10]。甯波针对河流相储层平面及纵向物性变化较快的特点，通过建立数值模型量化表征了储层内部韵律性和夹层分布特征，并研究了注采井网对水淹规律的影响[11]。

Shook[12]定义了油水流动受重力、毛管力和黏滞力控制的多个相似组，Dengen Zhou[13]在此基础上定义了三个无因次参数来判断多孔介质中油水运动是受黏滞力、重力和毛管力中的哪些力控制，通过分析多组实验和模拟数据，选择出合理的无因次参数范围，确定了流态的上下限以及从一个区域到另一个区域过渡的无因次参数范围，给出了整个划分各个流动区域的综合图版。Stephen[14]认为采用无因次相似准数方法[15-18]来确定作用力的相对大小和判断哪种力主控油水运动存在一定的误差。Permadi[19]使用三维流线数值模拟器，分析了端点流度比小于1时不同渗透率非均质程度的多层油藏水驱开发效果，以及垂向渗透率与水平渗透率比值对纵向渗流的影响，得出正韵律储层和反韵律储层油水纵向渗流对前缘位置的影响特征。Goddin[20]定义了纵向窜流指数来表示纵向渗流对原油采收率的影响大小，指出黏滞力和毛管力引发的纵向流动对水驱开发效果有着显著的影响。

目前，层内纵向流动对水驱开发效果的影响规律不明晰，水驱开发过程中何种力起决定作用，其评价指标也不明确。本文深化了水驱油藏层内纵向渗流规律认识，分析了不同作用力下的纵向渗流规律以及对水驱开发效果的影响，提出了一个定量判定指标和界限来描述和界定非均质层内纵向流动的强弱及相应优势作用力，从而针对不同类型储层和生产条件提出合理的开发建议。

1　影响层内油水纵向流动的作用力

岩石孔隙中油、气、水发生渗流是由于各种力共同作用的结果，它们包括流体的黏滞力、惯性力、重力以及毛管力。在流体渗流过程中，惯性的存在使其总要保持原来的运动状态，因此惯性力多表现为阻力，由于通常渗流速度较小，可忽略惯性力对油水运动的影响。

黏滞力作用引发的纵向流动是由于层段之间的渗透率不同，油水流度比存在差异，各层的含水饱和度分布不同，使层内纵向产生压力梯度。

毛细管力在不同润湿性条件下对油水纵向渗流的作用效果不同。对于亲水性储层，则高渗透层段内的水会在毛细管力梯度的作用下向孔道较小的低渗透层段内运动，而低渗透层段内的油则向高渗透率的大孔道内运动；对于亲油性储层，毛管力使油从高渗层流向低渗层，而低渗层小孔道内的水则向高渗层的大孔道内运动，这使得高渗透率层段的水淹程度越来越高，而低渗透率层段的水淹程度较低，加剧了层内矛盾。

流体都具有一定的质量，多孔介质中的油水受到地球的重力，渗流过程中，流体所具有的重力势能与其所处相对位置有关，由于油、水的密度不同，二者在纵向上存在重力势差，这会引起纵向上水向储层底部下沉，而油向上部流动。可以用压力表示为：

$$p_i = \rho g z \tag{1}$$

2　层内纵向渗流的发生条件与特征

2.1　油水纵向渗流方程

假设油层中流体只存在油水两相，且水平无倾角，从一端注水，另一端产油，以垂直向下方向为 z 方向建立直角坐标系，根据达西定律可得油、水两相的纵向运动方程为：

$$v_{zw} = -\frac{K_z K_{rw}(S_w)}{\mu_w}\frac{\partial \Phi_w}{\partial z} = -K_z \lambda_w \frac{\partial \Phi_w}{\partial z} \tag{2}$$

$$v_{zo} = -\frac{K_z K_{ro}(S_w)}{\mu_o}\frac{\partial \Phi_o}{\partial z} = -K_z \lambda_o \frac{\partial \Phi_o}{\partial z} \tag{3}$$

纵向上流体的流动势除了压力外，还包括重力和毛管力的作用，油相和水相的压力势可分别表示为：

$$\Phi_o = p_o + \rho_o g z \tag{4}$$

$$\Phi_w = p_w + \rho_w g z \tag{5}$$

由以上两式可得油水两相间的势差为：

$$\Phi_w = \Phi_o + \Delta\rho g z - p_c \tag{6}$$

其中，p_c为毛细管压力：

$$p_c = p_o - p_w \tag{7}$$

式(3)、式(4)和式(6)联立可得：

$$\frac{\partial \Phi_o}{\partial z} = -\frac{(v_{zw} + v_{zo})}{K_z(\lambda_w + \lambda_o)} - \frac{\lambda_w}{\lambda_w + \lambda_o}\Delta\rho g + \frac{\lambda_w}{\lambda_w + \lambda_o}\frac{\partial p_c}{\partial z} \tag{8}$$

$$\frac{\partial \Phi_w}{\partial z} = -\frac{(v_{zw} + v_{zo})}{K_z(\lambda_w + \lambda_o)} + \frac{\lambda_o}{\lambda_w + \lambda_o}\Delta\rho g - \frac{\lambda_o}{\lambda_w + \lambda_o}\frac{\partial p_c}{\partial z} \tag{9}$$

式(8)和式(9)右端第一项可看作由黏滞力作用产生的纵向势梯度，第二项为由重力作用产生的纵向势梯度，第三项则为毛管力纵向分力作用产生的纵向势梯度。从中可以看出，黏滞力作用对油水运动方向的影响始终是一致的，而重力和毛管力的垂向分力对油水两相形成相反的势差，对于某一特定储层，各种作用力在不同时间和不同位置的大小不同，因而这些力的合力大小也不同，由此产生的油水在纵向上的渗流规律则需要进一步地分析。

2.2　黏滞力层内纵向渗流的发生条件与特征

黏滞力引发的纵向流动是由于各渗透率层段内水线推进速度不同，各层压力分布不一致，流体在纵向上存在压差，而对于均质油藏，若不考虑重力的影响，在层内纵向上各层段的含水饱和度变化比较接近，未形成纵向压力差也就不会出现油水的纵向流动。由此可知，储层的非均质性是黏滞力层内纵向渗流发生的必要条件，如图 1 所示，存在黏滞力作用条件下，水相在非均质储层中存在明显的纵向渗流，而均质储层中水相纵向流量则为 0。

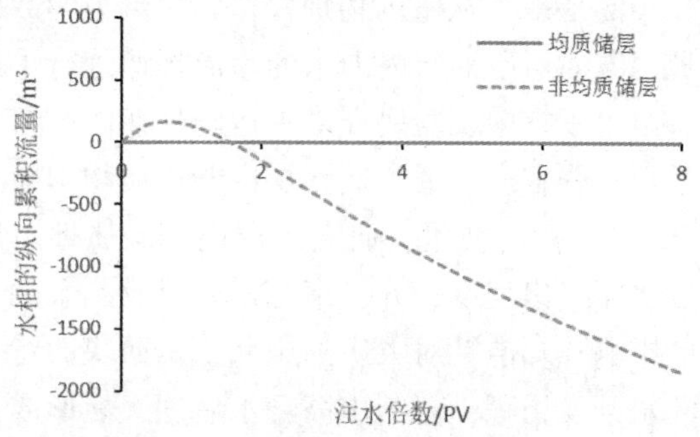

图 1　黏滞力作用下均质、非均质储层纵向累窜水量对比图

2.3　毛管力层内纵向渗流的发生条件与特征

根据 $J(S_w)$ 函数的定义，毛管力可表示为：

$$p_c = J(S_w)\sigma\cos\theta\sqrt{\frac{\phi}{K}} \tag{10}$$

基于毛管束渗流模型，可得渗透率和孔隙半径 r 的关系为：

$$K=\frac{\phi r^{2}}{8} \tag{11}$$

将式(11)代入式(10)中得：

$$p_{c}=\frac{2\sqrt{2}\sigma\cos\theta J(S_{w})}{r} \tag{12}$$

不考虑非均质油藏层内纵向上润湿接触角的变化，由式(8)和式(9)以及式(12)，可得毛管力所产生的纵向势差为：

$$\frac{\partial\Phi_{o}}{\partial z}=\frac{\lambda_{w}}{\lambda_{w}+\lambda_{o}}\left(\frac{\partial p_{c}}{\partial S_{w}}\frac{\partial S_{w}}{\partial z}-\frac{2\sqrt{2}\sigma\cos\theta J(S_{w})}{r^{2}}\frac{\partial r}{\partial z}\right) \tag{13}$$

$$\frac{\partial\Phi_{w}}{\partial z}=-\frac{\lambda_{o}}{\lambda_{w}+\lambda_{o}}\left(\frac{\partial p_{c}}{\partial S_{w}}\frac{\partial S_{w}}{\partial z}-\frac{2\sqrt{2}\sigma\cos\theta J(S_{w})}{r^{2}}\frac{\partial r}{\partial z}\right) \tag{14}$$

由上式可知，储层非均质性是毛管力纵向渗流的发生条件，如图 2 所示，存在毛管力作用的条件下，水相在非均质储层中存在明显的纵向渗流，而均质储层中水相纵向流量则为 0。

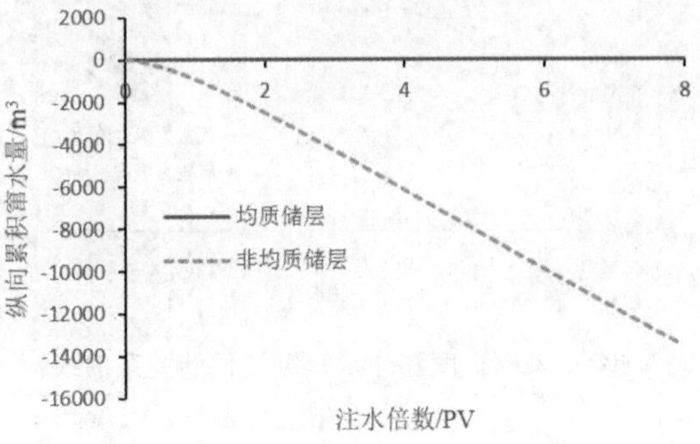

图 2　毛管力作用下均质、非均质储层纵向累窜水量对比图

2.4　重力层内纵向渗流的发生条件与特征

存在重力且不考虑毛管力时，油水的纵向势梯度可分别表示为：

$$\frac{\partial\Phi_{o}}{\partial z}=-\frac{(v_{zw}+v_{zo})}{K_{z}(\lambda_{w}+\lambda_{o})}-\frac{\lambda_{w}}{\lambda_{w}+\lambda_{o}}\Delta\rho g \tag{15}$$

$$\frac{\partial\Phi_{w}}{\partial z}=-\frac{(v_{zw}+v_{zo})}{K_{z}(\lambda_{w}+\lambda_{o})}+\frac{\lambda_{o}}{\lambda_{w}+\lambda_{o}}\Delta\rho g \tag{16}$$

由上可知，重力作用产生的纵向势差是由油水密度差异而产生的，并且与油水所处的相对位置有关，一般在水淹部位才会有明显的重力分异作用[10]，表现为水往下窜而油往上窜。重力作用与黏滞力和毛管力作用引发的纵向流动不同，由于其作用力方向始终垂直向下，因此在均质地层中重力的存在也会使水相产生纵向渗流，如图 3 所示。

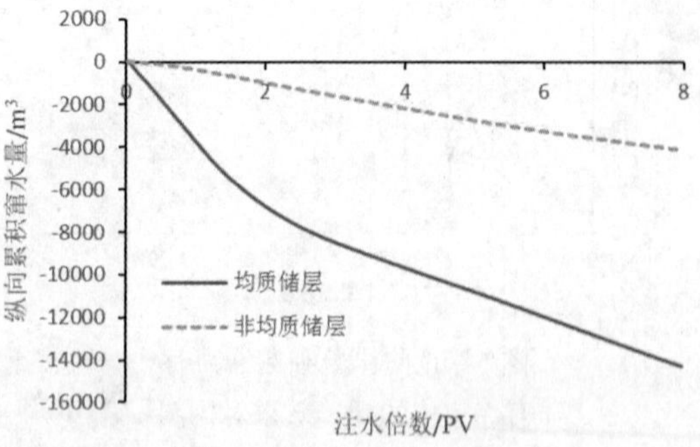

图 3　重力作用下均质、非均质储层纵向累窜水量对比图

3　层内纵向流动对水驱开发效果影响

3.1　黏滞力主导纵向渗流

黏滞力主导的纵向渗流是指由于各韵律段流度比不同，使得每层驱替前缘位置不同，高渗和低渗层段产生压差引起的纵向流体流动。

建立正韵律典型模型，纵向上分为三个渗透率层段，渗透率从低到高分别对应第 1 层、第 2 层和第 3 层。图 4 为黏滞力主导的正韵律纵向窜流量变化曲线，早期油相窜向高渗层，而水相从高渗层窜出，有利于开发；后期油水流向中、低渗层，开发效果变差；各层见水前后窜油总量较大，但窜流比例小，对最终开发效果影响不大。

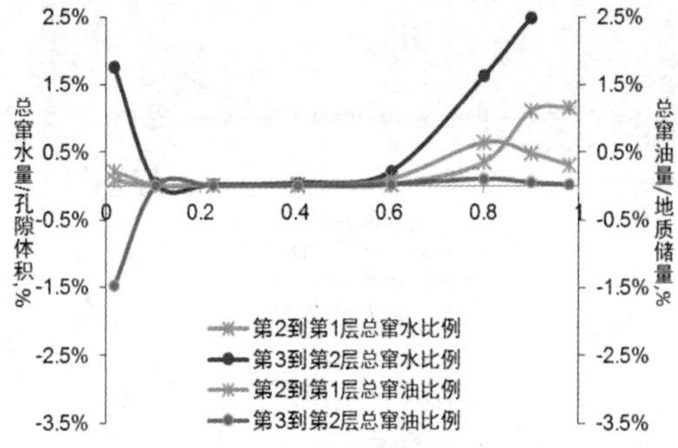

图 4　正韵律单独黏滞力时的纵向窜流量变化曲线

图 5 为正韵律储层中存在黏滞力主导的纵向窜流与无窜流的开采效果对比图，在中、低含水采油阶段，有黏滞力窜流时的开发效果要明显好于无窜流情况下的开发效果，而进入高含水采油阶段后，两者开发效果的差距逐渐缩短，但有黏滞力窜流时的开发效果仍然要好于无窜流时的开发效果。

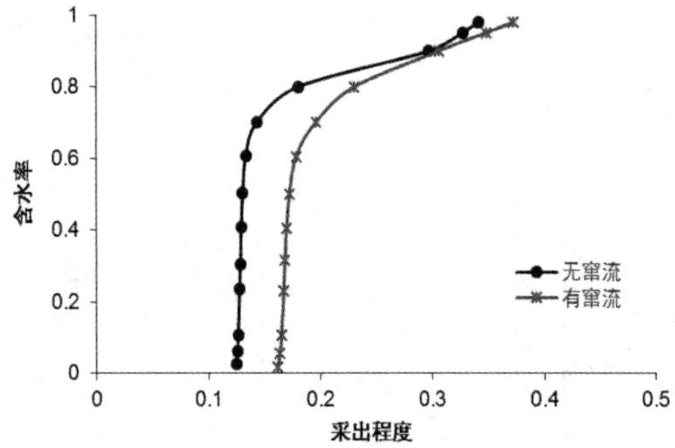

图 5　正韵律单独黏滞力时
有无窜流的开采效果对比图

3.2　黏滞力和重力主导纵向渗流

重力窜流是指由于油、水的重力差异引起注入水下沉而油上浮的现象，这会加剧非均质厚油层底部水淹的程度。图 6 为正韵律存在黏滞力和重力时的纵向窜流量变化曲线，同样渗透率从低到高分别对应第 1 层、第 2 层和第 3 层。早期油向上窜流，高渗层见水较早，开发效果变差；后期中、低渗层的注入水在重力作用下向下窜流，开发效果逐渐转好；各层见水前后窜油量较大，后期窜流总量大，因此对最终开发效果有较大影响。在正韵律储层中，重力一方面增大高渗层底部的水平窜流，表现为底部水淹，大大降低波及系数，另一方面后期增大驱油效率，其对开发效果的影响是这两方面的叠加。

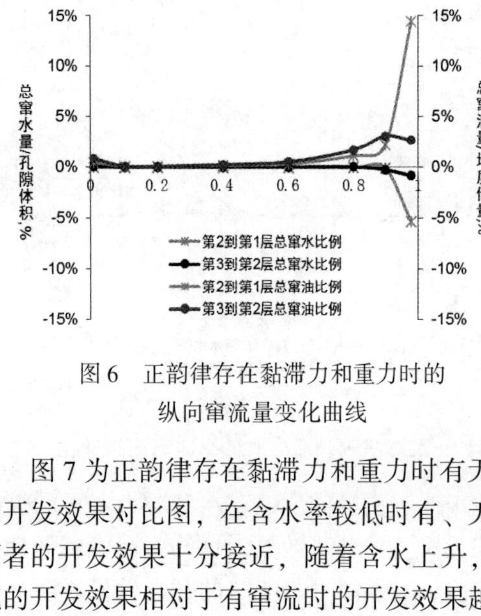

图 6　正韵律存在黏滞力和重力时的
纵向窜流量变化曲线

图 7 为正韵律存在黏滞力和重力时有无窜流的开发效果对比图，在含水率较低时有、无窜流两者的开发效果十分接近，随着含水上升，无窜流的开发效果相对于有窜流时的开发效果越来越好，而进入高含水采油阶段后，有窜流的开发效果又比无窜流时要好。

重力在开发后期提高驱油效率，可使重力作用大的厚油层获得较高的最终采收率，这是因为

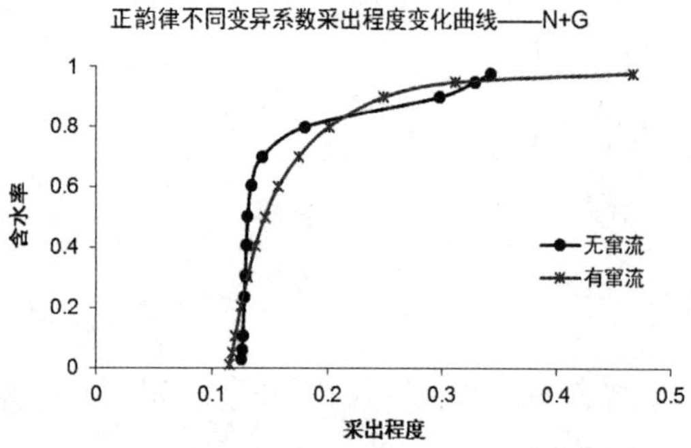

图 7　正韵律存在黏滞力和重力时
有无窜流的开采效果对比图

重力造成微观孔道中油水重力分异从而提高了驱油效率。然而，重力在不同变异系数的正韵律储层中的作用效果不同，如图 8 和图 9 所示，对于变异系数较大的储层，重力作用较小，其提高的驱油效率不足以弥补其降低波及程度所带来的影响，降低开发效果；而对于变异系数较小的储层，重力作用较大，其提高的驱油效率影响大于其降低波及系数的影响，从而会改善开发效果。

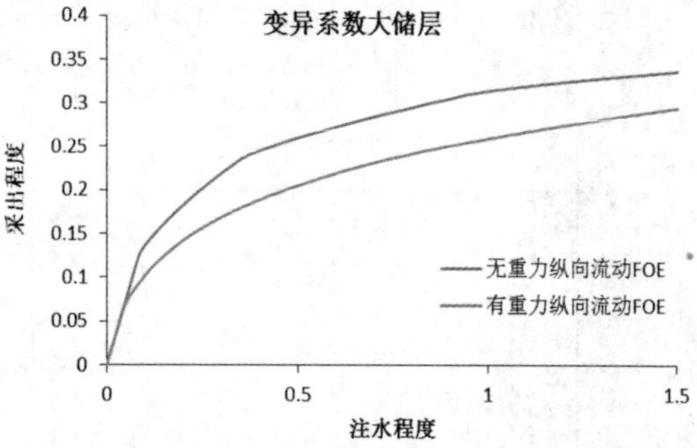

图 8　采出程度随注水程度变化的关系曲线

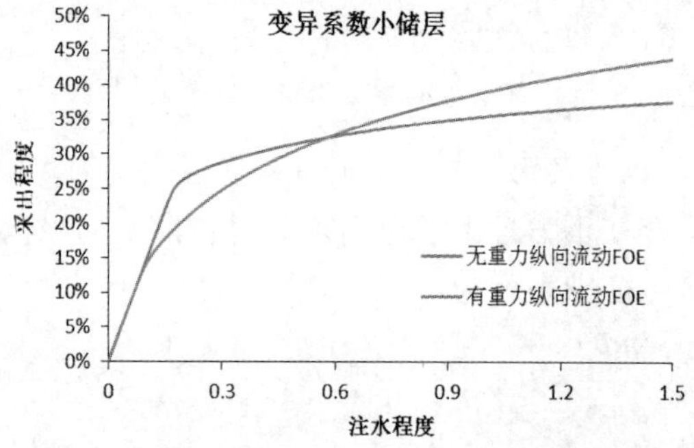

图 9　采出程度随注水程度变化的关系曲线

重力在不同速度和不同变异系数下对采收率的影响可制成图版，如图 10 所示，纵坐标为有重力时的采出程度与无重力时的采出程度差值。变异系数和速度都较小时，重力作用提高采收率的幅度较大；而变异系数较大而速度较小时，重

力作用降低采收率的幅度较大

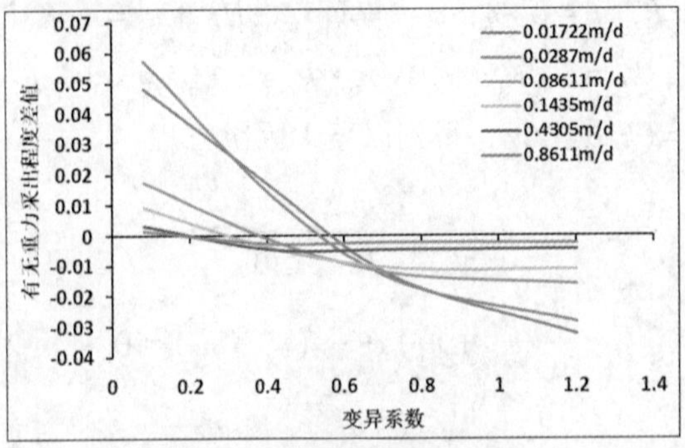

图 10 不同速度下的采出程度差值与变异系数关系曲线

3.3 黏滞力和毛管力主导纵向渗流

高低渗透层段间渗透率不同以及饱和度不同，致使层段间形成毛管压差，为使毛管压力平衡，势必产生油水交换，从而引起纵向上流体的流动。正韵律存在黏滞力和毛管力时，纵向窜流量变化曲线如图 11 所示。早期阶段水从高渗层窜向中、低渗层，油从中、低渗层窜向高渗层，开发效果好，后期油水均从高渗层窜流到中、低渗层，开发效果变差。各层见水前后窜油总量较大，窜流比例不大，对开发效果有影响。

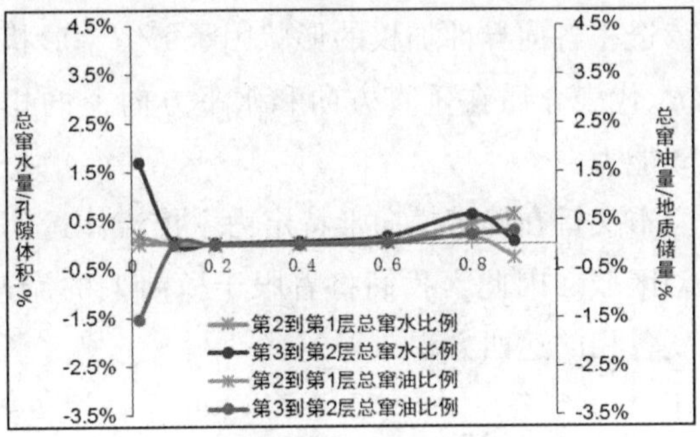

图 11 正韵律存在黏滞力和毛管力时的纵向窜流量变化曲线

图 12 为正韵律存在黏滞力和毛管力时有无窜流的开采效果对比图，在中、低含水采油阶段，有黏滞力和毛管力窜流时的开发效果要明显好于无窜情况下的开发效果，而进入高含水采油阶段后，无窜时比有黏滞力和毛管力窜流时的开发效果好。

正韵律亲油储层采出程度随注水程度变化的关系曲线如图 13 所示，亲油储层毛管力使低渗层水往高渗层流，加重高渗层低效循环，导致开发效果变差。亲油储层毛管力随含水率增大而增大，毛管力中后期作用更明显。

图 14 为正韵律强亲水储层采出程度随注水程度变化的关系曲线。亲水储层毛管力使高渗层往低渗层流，抑制高渗层低效循环，提高开发效果。亲水储层含水率低时毛管力大，毛管力中前期的作用更明显。

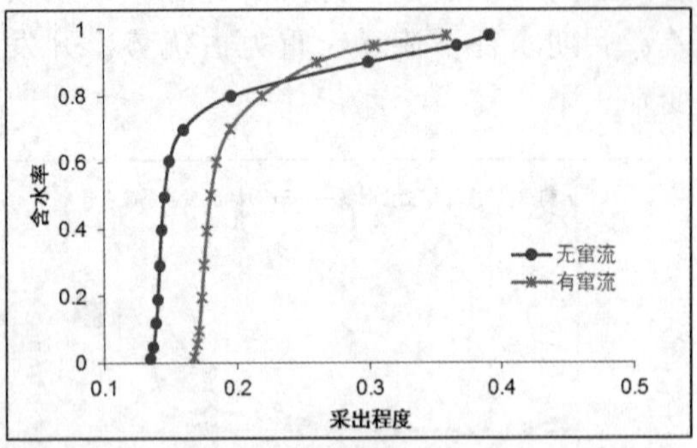

图 12 正韵律存在黏滞力和毛管力时有无窜流的开采效果对比图

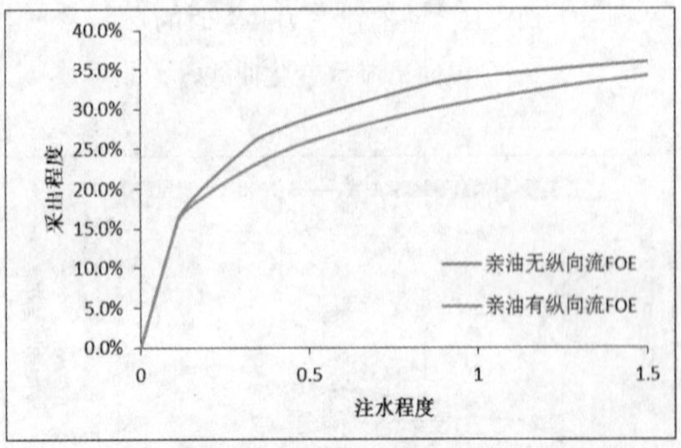

图 13 采出程度随注水程度变化的关系曲线

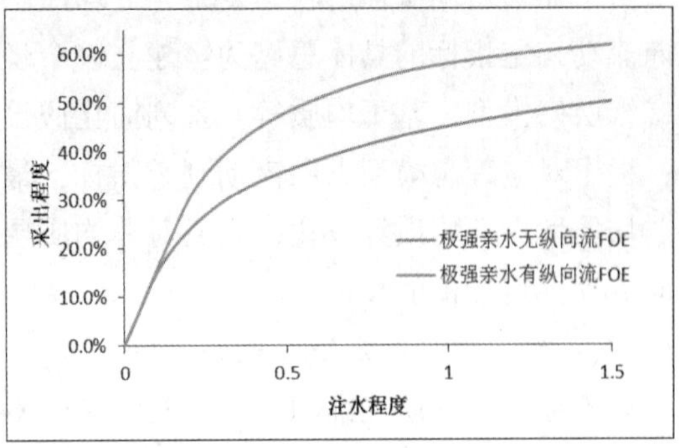

图 14 采出程度随注水程度变化的关系曲线

3.4 三力共同主导纵向渗流

图 15 与图 16 分别为正韵律变异系数较大和变异系数较小情况下，三力共存时的纵向窜流量变化曲线。从中可知，在其他条件相同时，变异系数不同的储层其纵向窜流情况会明显不同。三力的综合作用，对于非均质强的储层，早期阶段油往上窜流，重力略占优势，开发效果较差；后期油水从中高渗向低渗流动，毛管力占优势，开发效果变差。变异系数较小的均质储层，早

期阶段油向上窜流，重力略占优势，开发效果较差；后期水往下流动，重力占优势，开发效果变好。

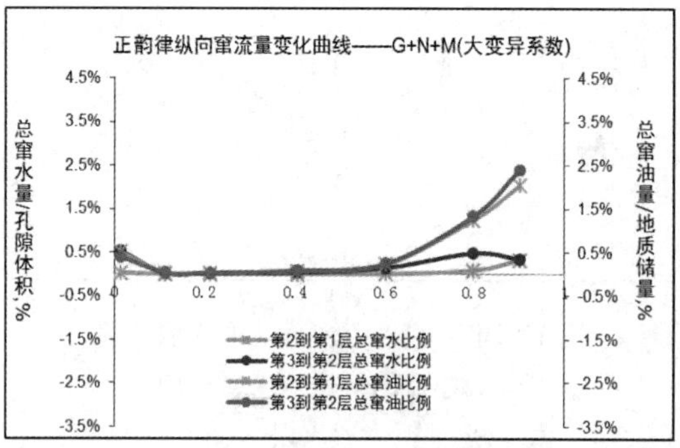

图 15　正韵律三力共存时的纵向窜流量变化曲线

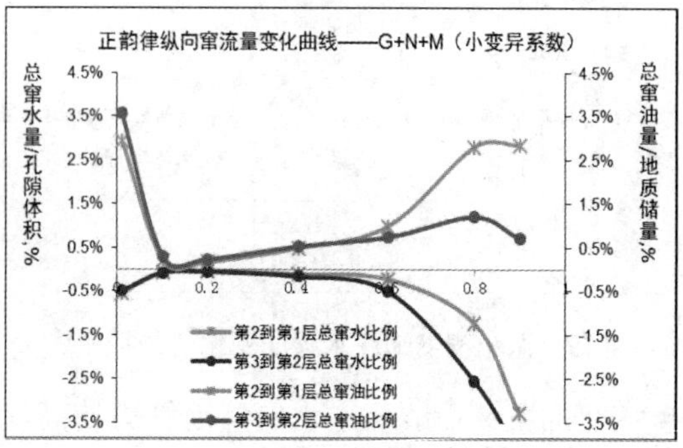

图 16　正韵律三力共存时的纵向窜流量变化曲线

4　作用力表征与指标界限

由于非均质储层描述较为复杂，非均质层内纵向流动判定指标的具体思路为：建立一个理想的二维层内模型，基于均质等一系列简化假设条件，提出对应理想模型纵向流动判定指标，最后将非均质性参数均质等效化，完成对非均质层内纵向流动判定指标的校正。

4.1　层内纵向流动判定指标理论推导

对于一个非均质二维剖面内的两相流，不可压缩流动的物质平衡方程有：

$$\phi\frac{\partial S_w}{\partial T}+\frac{\partial U_w}{\partial X}+\frac{\partial U_w}{\partial Y}=0 \tag{17}$$

$$\frac{\partial}{\partial X}(U_w+U_o)+\frac{\partial}{\partial Y}(V_w+V_o)=0 \tag{18}$$

两相的达西流动速度为：

$$U_j=-k_h(X,Y)\frac{k_{rj}}{\mu_j}\frac{\partial\psi_j}{\partial X} \tag{19}$$

$$V_j=-k_v(X,Y)\frac{k_{rj}}{\mu_j}\frac{\partial\psi_j}{\partial Y} \tag{20}$$

无因次定义表达式有：$x=X/L$，$y=Y/H$，$t=Tq/L$，$u_j=U_j/q$，$v_j=(LV_j)/(qH)$，$k_v=k_{av}K_V(x,y)$，$k_h=k_{ah}K_H(x,y)$，$\Phi_j=(\Psi_j k_{ah})/(Lq\mu_o)$，$\lambda_j=(k_{\tau j}\mu_o)/\mu_j$，得到以下无因次方程：

$$\phi\frac{\partial S_w}{\partial t}+\frac{\partial u_w}{\partial x}+\frac{\partial v_w}{\partial y}=0 \tag{21}$$

$$\frac{\partial}{\partial x}(u_w+u_o)+\frac{\partial}{\partial y}(v_w+v_o)=0 \tag{22}$$

$$u_j=-K_H(x,y)\lambda_j\frac{\partial\Phi_j}{\partial x} \tag{23}$$

$$\left(\frac{H}{L}\right)^2\frac{k_{ah}}{k_{av}}v_j=-K_v(x,y)\lambda_j\frac{\partial\Phi_j}{\partial y} \tag{24}$$

在四个无因次方程中，$(L/H)^2(k_{av}/k_{ah})=R_{12}$在(24)式中是唯一的无因次量，可改写为：

$$\left(\frac{L}{H}\right)^2\frac{k_{av}}{k_{ah}}=\frac{L}{H}\frac{\frac{k_{av}\Delta\Phi}{H\mu}}{\frac{k_{ah}\Delta\Phi}{L\mu}}=\frac{L}{H}\frac{q_v}{q_h}=\frac{T_h}{T_v} \tag{25}$$

上式为流体在水平方向上流过距离 L 和在垂直方向上流过距离 H(两个距离上对应的势差相等)所耗时间的比值。R_t也被称为有效形状因子，即渗透率各向异性加权的形状因子 L/H。形状因子 R_{t2}代表介质在垂直方向和水平方向上的相对流动能力。

本文旨在确定横向上特定力主控流体运动的流动区域。因此，我们将着眼于横向上的流速。联立各相的达西方程，得到：

$$\frac{1}{(R_1)^2}(v_w+v_o)=-K_v(x,y)\left(\lambda_o\frac{\partial\Phi_o}{\partial y}+\lambda_w\frac{\partial\Phi_w}{\partial y}\right) \tag{26}$$

为了定义和 Φ_w之间的关系，我们利用毛管压力的定义，得到：

$$\Phi_w=\Phi_o+\frac{\Delta\rho gHk_{ah}}{Lq\mu_o}y-\frac{1}{\sqrt{K_v}}\frac{p_c^* k_{ah}}{Lq\mu_o}J(S_w) \tag{27}$$

式中，横向上的毛管压力定义为 $p_c=(1/\sqrt{K_v})p_{c*}J(S_w)$，$p_c^*$ 为介质的特征横向毛管压力：

$$p_c^*=\int_{S_{wc}}^{1-S_{or}}p_c(S_w)\mathrm{d}S/(1-S_{or}-S_{wc})$$

将(27)式代入(26)式得到：

$$R_1^2\frac{\partial \Phi_o}{\partial y}=\frac{-(v_o+v_w)}{\lambda_o K_v(x,y)(1+M)}-\frac{M}{1+M}\left(N_{gv}-N_{cv}\frac{1}{\sqrt{K_v}}\frac{\partial J}{\partial y}\right) \quad (28)$$

式中：

$$N_{gv}=\frac{\Delta\rho gLk_{av}}{Hq\mu_o} \quad (29)$$

$$N_{cv}=\frac{Lp_c^* k_{av}}{H^2 q\mu_o} \quad (30)$$

$$M=\frac{\lambda_w}{\lambda_o} \quad (31)$$

N_{gv}为横向上由于重力和毛管力作用，引起的流体流动特征时间比，N_{cv}为水平方向上由黏滞力引起的流体流动特征时间比，如(32)式和(33)式所示。

$$N_{gv}=\frac{\Delta\rho gLk_{av}}{Hq\mu_o}=\frac{L}{q}\frac{\frac{\Delta\rho gk_{av}}{\mu_o}}{H}=\frac{T_h}{T_{gv}} \quad (32)$$

$$N_{cv}=\frac{Lp_c^* k_{av}}{H^2 q\mu_o}=\frac{L}{q}\frac{\frac{p_c^* k_{av}}{H\mu_o}}{H}=\frac{T_h}{T_{cv}} \quad (33)$$

这里定义的重力数和毛管数和前人研究中定义的重力数N_g和毛管数N_c不同。常规的毛管数和重力数与新定义参数的关系为：

$$N_g=\frac{\Delta\rho gHk_{ah}}{Lq\mu_o}=\frac{N_{gv}}{R_1^2} \quad (34)$$

$$N_c=\frac{p_c^* k_{ah}}{Lq\mu_o}=\frac{N_{cv}}{R_1^2} \quad (35)$$

使用N_{gv}和N_{cv}的优势在于其代表了横向上重力和毛管力与纵向上黏滞力的相对大小，并通过形状因子(R_{l2})反映了比值的大小。

在整个系统中，尽管理论上流度比是饱和度的函数，我们仍将$M/(1+M)$视作常数处理。对于多数情形，我们主要关注存在窜流的垂直段，其顶底边界封闭($v_o=v_w=0$)，出口边界和入口边界Φ_w和Φ_o均为常数。因此，我们认为中间部分的$\partial \Phi_w/\partial y$和$\partial \Phi_o/\partial y$的值很小。

式(28)表明垂直方向上一个界面内的势差包括三部分：黏滞力、重力和毛管力。两个无因次参数决定这些力的相对大小：修正重力数$N_{gv}M/(1+M)$和修正毛管数$N_{cv}M/(1+M)$。因为毛管数和重力数的定义仅基于原油黏度，所以毛管数和重力数中包含流度比。对于特定的λ_o值，式(28)表明，随M增大，$(1+M)$增大，黏滞力项减小，而重力和毛管力项几乎保持不变。形状因子(R_{l2})定义了系统横向上的势差大小。除了三个标定参数，标定的渗透率分布函数$K_v(x,y)$和标定的毛管压力函数$J(S_w)$代表介质非均质性的影响。$\partial S_w/\partial y$表示介质内相分布的影响。

4.2 黏滞力主导

在横向驱动压力的作用下，变异系数较大，黏滞力导致的窜流容易发生；储层变异系数较小，黏滞力导致的窜流不易发生。几何流动因子：

$$\Delta P=0.03171\frac{\mu_o Lv}{KD^3}=0.03171\frac{\mu_o IL^2\phi}{KD^3} \quad (36)$$

$$R_1^2=\left(\frac{L}{h}\right)^2\frac{K_v}{K_h} \quad (37)$$

4.3 黏滞力和重力主导

$$N_{gv}=\frac{\nu_{重力}}{\nu_{黏滞力}}\cdot\frac{L}{h}=\frac{\Delta\rho g\frac{K_v}{\mu_o}}{v}\cdot\frac{L}{h}=\frac{\Delta\rho gK_vL}{v\mu_o h} \quad (38)$$

对于非均质储层，韵律对重力的作用最显著，其次变异系数对N_{gv}的影响也不容忽视，不同韵律下，变异系数对N_{gv}的作用规律不同，校正见表1。

表1 黏滞力和重力纵向流动区域判别表

	正韵律 L	正反韵律	反正韵律	反韵律
N_{gv}	$\frac{\Delta\rho gK_vL}{v\mu_o he^{2D}}$	$\frac{\Delta\rho gK_vLe^{0.5D}}{v\mu_o h}$	$\frac{\Delta\rho gK_vL}{v\mu_o he^{3D}}$	$\frac{\Delta\rho gK_vLe^{3D}}{v\mu_o h}$
定采液速度时：	$\frac{\Delta\rho gK_v}{I\varphi\mu_o he^{2D}}$	$\frac{\Delta\rho gK_ve^{0.5D}}{I\varphi\mu_o h}$	$\frac{\Delta\rho gK_v}{I\varphi\mu_o he^{3D}}$	$\frac{\Delta\rho gK_ve^{3D}}{I\varphi\mu_o h}$

N_{gv}分别为5和0.01时，作为判别重力流、重力和黏滞力窜流平衡、黏滞力横向流动的初步划分界限。

4.4　黏滞力和毛管力主导

$$N_{cv}=\frac{v_{毛管力}}{v_{粘滞力}}\cdot\frac{L}{h}=\frac{\frac{2\sigma}{h\sqrt{K/\phi}}\frac{K_v}{\mu_o}}{v}\cdot\frac{L}{h}=\frac{2\sigma K_v L}{v\mu_o h^2\sqrt{K/\phi}} \tag{39}$$

对于非均质储层，黏度、变异系数对毛管力的作用最显著，与韵律相关性不大，N_{cv}的校正见表2。

表2　黏滞力和毛管力纵向流动区域判别表

	正韵律	正反韵律	反正韵律	反韵律
N_{cv}	$\frac{2\sigma K_v L}{v\mu_o h^2\sqrt{K/\phi}}$			
定采液速度时：	$\frac{2\sigma K_v}{I\varphi\mu_o h^2\sqrt{K/\phi}}$			

N_{cv}为100和0.1时，作为判别毛管力流、毛管力和黏滞力窜流平衡、黏滞力横向流动的初步划分界限。根据判定指标及界限，确定了三种力作用下，发生层内纵向窜流的主要优势流态，见表3。

表3　三力作用下纵向窜流的主要优势流态判别表

优势流态	指标界限
黏滞力流	$\Delta P<100$(黏滞力流)
黏滞力和重力流	0.01(黏滞力流)$<N_{gv}$(重力与黏滞力平衡)<5(重力流)
黏滞力和毛管力流	0.1(黏滞力流)$<N_{cv}$(毛管力与黏滞力平衡)<100(毛管力流)

5　实际油藏水驱开发建议

5.1　基于横向驱替调整改善层内流动非均质性

以横向驱替调整为主要对象，在不进行大规模调整现有注采结构的基础上，改善层内流动非均质性的措施是最为经济的。这一类的调整思路主要立足于作用力及作用效果的判定，具体的改善层内流动非均质性的思路是：基于特定的一套模型参数，分别计算不同时期黏滞力、重力、毛管力的作用效果，筛选出对应模型的敏感性因素，通过调整对应的影响因素从而达到增强和削弱对应作用力的作用效果，实现好的开发效果，见表4。

表4　基于横向驱替调整改善层内流动非均质性对策研究

纵向流动主控作用力	调整因素	调整措施
黏滞力	井距(负相关)	加密钻井
	注采速度(正相关)	提液、降压
	黏度比(正相关)	注聚合物、降黏
	变异系数(正相关)	调剖，堵水
重力	密度比	热采
	K_v/K_h	利用隔夹层
	变异系数	调剖，堵水
毛管力	润湿性	润湿反转
	润湿程度	表活剂

5.2　基于纵向流动调整改善层内流动非均质性

以纵向流动调整为主要目标，对注采结构有较大调整，加入人工干预流体纵向流动，缺点是经济上投入较大，但结合当前重力驱、底水驱、气顶驱等油田现场开发实例，利用纵向流动，干预纵向流动是能够获取较好开发效果的。这类调整思路注重注采结构调整，具体的改善层内流动非均质性的思路归纳有以下几点：

（1）提出"差异开发"新思路，改善非均质不均衡的流动状况。层内矛盾的根本问题是储层非均质性，流体非均质性加剧了这一矛盾，如果不同渗透率层段的流体驱替实施不一样的人工举措，就能较大程度上平衡这一差异，比如低渗层段压裂，高渗层段选择性封堵，亦或是立体开发，不同层段分注分采；

（2）调整黏滞力纵向流动，改横向驱替为纵向驱替，建立有利流动；依托水平井和压裂技术，将驱动力转化为纵向的人工干预力，促进纵向流体交换；

（3）利用重力窜流，建立人造气顶驱、人造底水驱，或者利用厚油层重力差及地层构造条件，能在单井组或者小构造上实施；

（4）其他人工干预纵向调整的非常规挖潜举措，如周期注气或者注气吞吐等。

6　结论

（1）从油水纵向渗流方程出发，阐述了影响层内油水纵向渗流规律的各作用力特点，明确了纵向渗流的发生条件以及不同作用力主导下的水驱开发效果。

（2）基于不同类型储层不同阶段优势作用力分析，提出了考虑校正韵律及变异系数影响的重

力数 N_{gv} 和毛管数 N_{cv} 判别指标，利用机理数值模拟模型及参数标定了判别指标界限。对于非均质储层，韵律对重力的作用最显著，其次变异系数对 N_{gv} 的影响也不容忽视，不同韵律下，变异系数对重力 N_{gv} 的作用规律不同，对不同韵律下判定指标重力数 N_{gv} 做了校正；同时对于非均质储层，黏度、变异系数对毛管力的作用最显著，与韵律相关性不大，也对不同韵律下 N_{cv} 做了校正。

（3）结合判定指标，提出了调整不同类型储层层内流动非均质性的方法与思路。

符号注释：

p_i——某相流体重力势能的压力，MPa；ρ——流体密度，kg/m^3；g——为重力加速度，m/s^2；z——相对位置，m；v_{zo}、v_{zw}——油、水相的纵向渗流速度，m/s；K_{ro}、K_{rw}——油、水相对渗透率，mD；μ_o、μ_w——油、水相的黏度，mPa·s；Φ_o、Φ_w——油、水相的压力势，MPa；p_o、p_w——油、水相的压力，MPa；ρ_o、ρ_w——油、水相的密度，kg/m^3；S_w——含水饱和度，小数；σ——界面张力，N/m；θ——岩石润湿角，°；ϕ——岩石孔隙度，小数；Ψ_j——第 j 相的流势；U_j——垂直方向第 j 相的流速；V_j——水平方向第 j 相的流速；k_v——垂直方向的渗透率分布函数；k_h——水平方向的渗透率分布函数；H——介质的宽度，m；L——介质的长度，m；k_{av}——介质垂向方向上的平均渗透率，mD；k_{ah}——介质水平方向上的平均渗透率，mD；q——水平方向上的总流速，m/s；ϕ_j——无因次量，与原油黏度有关；ΔP——黏滞力水平压差，MPa；v——流速，m/s；I——年采液速度，%；L——井距，m；h——油层厚度，m；K——水平平均渗透率，mD。

参 考 文 献

[1] 韩大匡，桓冠仁，谢兴礼．非均质亲油砂岩油层层内油水运动规律的数值模拟研究[J]．石油学报，1980，1(3)：33-48.

[2] 张景义．大庆油田杏南地区厚油层顶部剩余油挖潜技术研究[D]．南京大学，2009.

[3] 黄伏生，赵云飞，方亮．喇嘛甸油田厚油层精细控水挖潜技术[J]．大庆石油地质与开发，2009，28(5)：106-111.

[4] 张继成，梁文福，赵玲，等．喇嘛甸油田特高含水期开发形势分析[J]东北石油大学学报，2005，29(3)：23-25.

[5] 李巍．油田特高含水期提高采收率技术措施研究[J]．中国石油和化工标准与质量，2018，38(04)：23-24.

[6] 刘立支，冯其红，崔传智．正韵律厚油层高含水期挖潜方法研究[J]．胜利油田职工大学学报，2007(05)：31-33.

[7] 韩大匡，桓冠仁，谢兴礼．改善亲油正韵律厚油层注水开发效果的数值模拟研究[J]．石油勘探与开发，1981(4)：46-60.

[8] 沈平平．油水在多孔介质中的运动理论和实践[M]．石油工业出版社，2000.

[9] 张官亮．层内非均质厚油层水驱油规律实验研究[D]．中国地质大学(北京)，2014.

[10] 郑浩，马春华，姜振海．高含水后期“低效、无效循环”形成条件的数值模拟研究[J]．石油钻探技术，2007(04)：80-83.

[11] 甯波，贾爱林，彭缓缓，蒋俊超，刘辉，许家峰．河流相储层层内非均质表征程度对水淹规律的影响[J]．石油天然气学报，2014，36(02)：114-119+8.

[12] Shook M，Li D，Lake L W. Scaling immiscible flow through permeable media by inspectional analysis [J]. In Situ;（United States），1992，16：4(4)：311-349.

[13] Zhou D，Fayers F J，Jr F M O. Scaling of Multiphase Flow in Simple Heterogeneous Porous Media [J]. Spe Reservoir Engineering，1997，12(3)：173-178.

[14] Stephen K D，Pickup G E，Sorbie K S. The Local Analysis of Changing Force Balances in Immiscible Incompressible Two-Phase Flow [J]. Transport in Porous Media，2001，45(1)：63-88.

[15] Rapoport L A. Scaling Laws for Use in Design and Operation of Water-Oil Flow Models [J]. 1955，204(9)：143-150.

[16] Craig F F，Sanderlin J L，Moore D W，et al. A laboratory study of gravity segregation in frontal drives [J]. 1957，210(10)：275-282.

[17] Sorbie K S，Sheb M，Hosseini A，et al. Scaled Miscible Floods in Layered Beadpacks Investigating Viscous Crossflow，the Effects of Gravity，and the

Dynamics of Viscous Slug Breakdown[J]. 1990.

[18] Yortsos Y C. A theoretical analysis of vertical flow equilibrium [J]. Transport in Porous Media, 1995, 18(2): 107-129.

[19] Permadi A K, Yuwono I P, Simanjuntak A J S. Effects of Vertical Heterogeneity on Waterflood Performance in Stratified Reservoirs: A Case Study in Bangko Field, Indonesia [J]. 2004, 13: 30-34.

[20] Goddin C S, Craig F F, Wilkes J O, et al. Numerical study of waterflood performance in a stratified system with crossflow[J]. Journal of Petroleum Technology, 1965, 18(3): 765-771.

济阳坳陷油气精细勘探理论认识及勘探实践

宋明水[1] 王永诗[1] 王延光[1] 王学军[2] 马立驰[2] 安天下[2]

（1. 中石化胜利油田分公司；2. 中石化胜利油田分公司勘探开发研究院）

摘 要 东部断陷盆地老油区是我国重要的原油生产基地，在历经几十年勘探开发后，勘探程度不断提高，勘探难度不断加大。济阳坳陷是断陷盆地的典型代表，目前已进入高勘探程度阶段，近十年来，围绕面临的剩余资源潜力、深部成储机制及油气成藏规律等问题，创新形成了以“咸化富烃、酸碱控储、有序成藏”为核心的精细勘探理论认识，有效支撑了济阳坳陷的勘探实践，回答了断陷盆地老油区能否持续增储的科学问题，对同类型盆地也具有重要借鉴意义。

关键词 断陷盆地；精细勘探；理论认识；勘探实践；济阳坳陷

0 引言

断陷盆地是我国重要的含油气盆地类型之一[1-2]。我国东部大陆及近海分布着近300个各具特色的中、新生代陆相断陷盆地，总面积达二百万平方公里以上，是世界上最大的陆相含油气盆地集中分布区。虽然目前部分已进入中高勘探程度阶段，但仍是我国重要的原油生产基地，其原油产量占全国总产量的40%以上，地位举足轻重[3]。随着勘探程度不断提高，东部断陷盆地老油区的增储稳产面临诸多难题。

济阳坳陷是断陷盆地的典型代表，自1961年4月15日，东营凹陷辛镇构造华8井在古近系获得日产油8.1t工业油流以来，已经历了近60年的勘探开发，目前已进入高勘探程度阶段[4]，持续发展面临着“三大难题”。难题一：油气资源发现率高。按传统生油理论认识，截至2010年资源发现率已达78.9%，剩余资源量有限，可持续发展面临困境；难题二：中浅层勘探程度高。济阳坳陷90%以上探明储量集中在中浅层（<3500m），已有认识下深部层系缺乏有效储层，油气勘探是否大规模向深层进军面临抉择；难题三：成藏规律认识不系统。济阳坳陷成藏条件复杂，原有油气成藏规律认识对当前勘探部署缺乏有效指导，勘探目标发现越来越难。因此，亟需创新发展陆相生油理论，重新认识资源潜力，突破长远发展的资源瓶颈；揭示深部碎屑岩成储机制，破解勘探方向不明晰的困境；明确油气分布规律及富集机制，破解勘探目标发现难的困境。

本文以济阳坳陷为例，瞄准资源潜力、深部成储机制及油气成藏规律等制约勘探的关键问题，近十年来，探索形成了以“咸化富烃、酸碱控储、有序成藏”为核心的精细勘探理论，并将其应用于济阳坳陷勘探实践，实现了高勘探程度阶段持续稳定增储，为济阳坳陷高效勘探及中国石化东部老油区稳定发挥了重要作用，成果对于东部其他断陷盆地老油区也具有重要借鉴意义。

1 地质背景与勘探概况

济阳坳陷位于渤海湾盆地的东南部，西北邻埕宁隆起，南接鲁西隆起，东部为渤海海域盆地，勘探面积约为$2.98\times10^4km^2$（图1），是在中、上元古界-古生界地台型沉积盖层基础上叠置的拉张型中、新生代陆相沉积盆地，总体呈北断南超的箕状断陷特征。可划分为东营凹陷、沾化凹陷、车镇凹陷和惠民凹陷等4个凹陷和滩海地区；构造复杂，断裂发育，沉积多样，油藏多类，被誉为“地质大观园”。截至2019年底，济阳坳陷发现太古宇-新近系明化镇组等10余套含油层系，累计探明油气田73个，探明石油地质储量53.9亿吨[5-6]。

2 油气精细勘探理论认识

精细勘探是针对高勘探程度区，基于大量勘探开发数据及已有理论认识，全盆地、全层系、多类型、多尺度精细认识剩余资源、有效储层、成藏规律，创新发展勘探技术，实现可持续高质量勘探。多年来，以精细勘探理念为指导，创新建立了“咸化富烃、酸碱控储、有序成藏”的断陷盆地精细勘探理论认识，夯实了资源基础，拓展了勘探空间，闯出了一条“老油区”可持续发展之路，破解了断陷盆地精细勘探的难题。

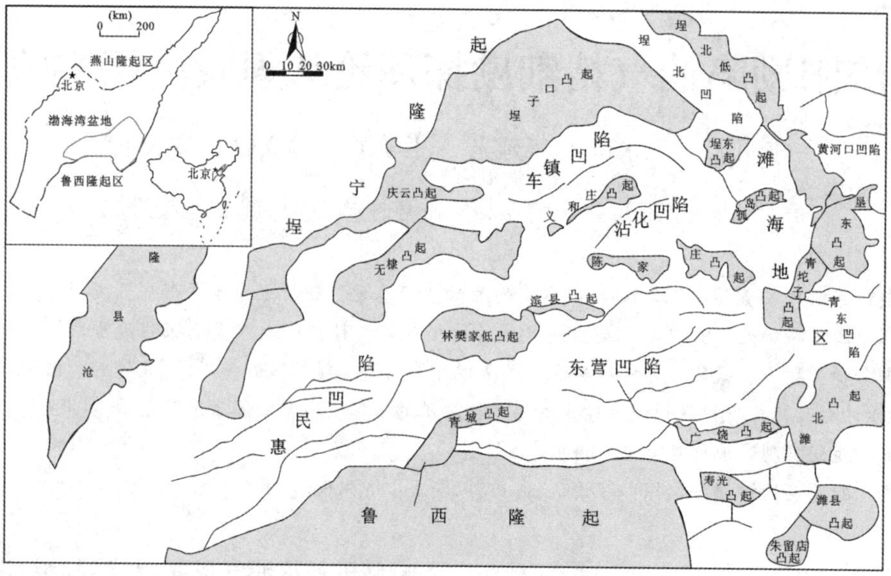

图1　济阳坳陷区域构造位置图

2.1　创建了陆相“咸化富烃”模式，突破了传统湖相烃源岩分散有机质生烃认识

2.1.1　咸化环境烃源岩富有机质特征

传统生油理论认为陆相生油母质以淡水环境分散有机质为主，济阳坳陷一直以淡水环境的沙三段为主力烃源岩[7-8]。勘探实践发现济阳坳陷东营凹陷已探明储量的73.5%源自沙四上亚段咸化环境烃源岩，这与沙三中、下亚段为主要烃源岩的传统认识存在矛盾。咸化环境烃源岩机制及资源潜力需要重新认识。通过郝科1等井沙河街组铁、钙、镁、钾、钠、铝等常量元素分析，结合沉积环境综合研究，明确了古近系烃源岩发育的古湖泊环境。在原来的盐湖、咸水湖、淡水湖等湖泊划分基础上，进一步细化沉积环境分类，结果显示济阳坳陷孔店组-沙四下亚段为盐湖沉积环境，沙四上亚段-沙三下亚段为咸化湖盆的沉积环境，沙三中、上亚段为微咸水-淡水湖盆沉积环境。在原有成烃认识基础上，创新开展了咸化环境烃源岩(沙四段)系统研究。明确了咸化环境生烃母质多为嗜盐菌藻类，古生产力高，约为1100～4100gC/m^2/y，是淡水环境的3～10倍；咸化环境水体盐度分层，还原性强，有机质保存条件好，埋藏效率高(23%～25.9%)，呈层状富集[9](图2)。这是咸化环境烃源岩高效生烃的物质基础。

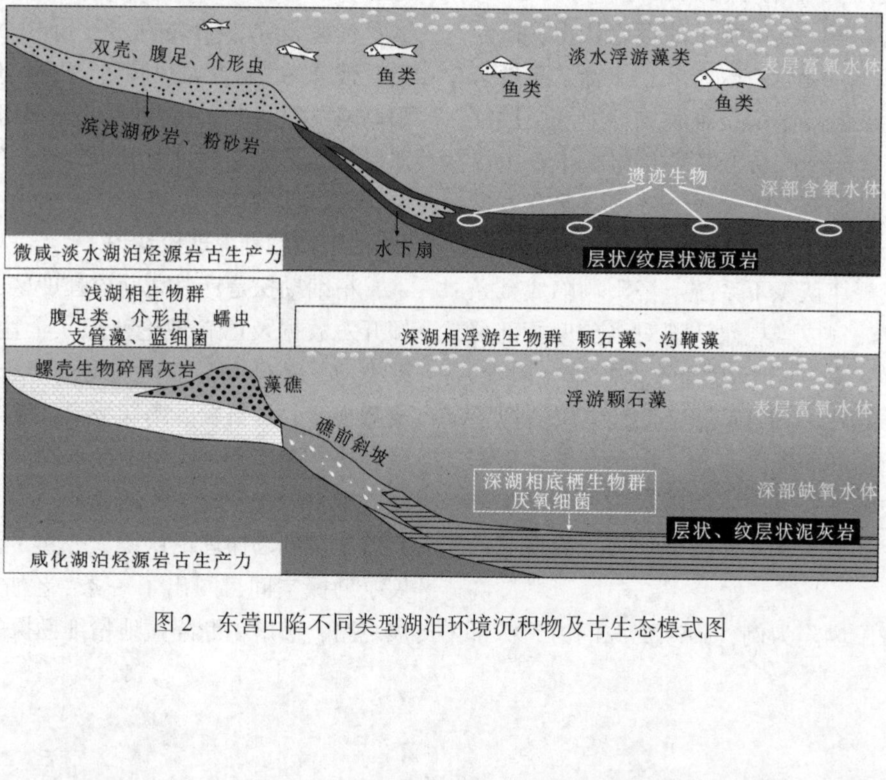

图2　东营凹陷不同类型湖泊环境沉积物及古生态模式图

2.1.2　咸化环境烃源岩生排烃机制

大量的分析测试显示咸化环境有机质75%为非共价键缔合结构，活化能约为177～198kJ/mol，而淡水环境烃源岩有机质中80%为共价键方式缔合结构，活化能约为198～220KJ/mol，咸化环境有机质的活化能较淡水环境低10～20千焦/摩尔，易于生烃(图3)。同时，咸化环境烃源岩在埋深大于2500～3000m之后，内部的碳酸盐发生颗粒增大和重结晶过程，使得岩石力学性质由塑性向脆性变化，在异常高压背景下，大量发育微裂隙，并取代原生孔隙成为烃源岩中排烃的主要通道，使得咸化烃源岩更易于排烃。这是咸化环境烃源岩高效生排烃的本质。

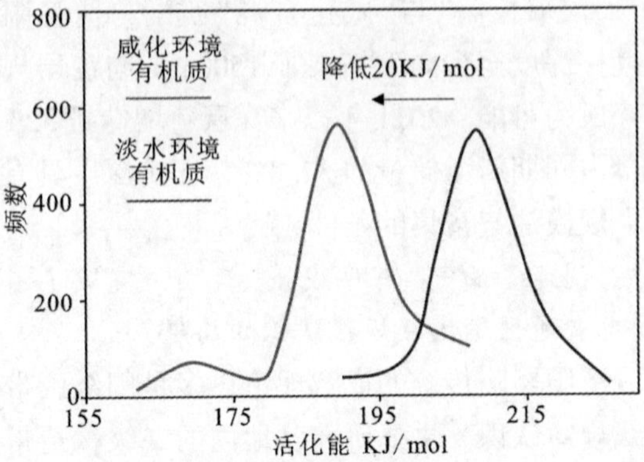

图3　不同环境烃源岩活化能对比

2.1.3　咸化环境烃源岩生排烃模式

模拟实验和勘探实践表明，咸化环境烃源岩2500m即可进入排烃门限，而淡水环境烃源岩3000m左右才开始排烃，相比之下排烃门限变浅500m，排烃量增加20%以上(图4)。基于该模式，咸化环境沙四段烃源岩取代淡水环境沙三段成为济阳坳陷主力烃源岩。通过资源评价关键参数厘定，重新计算了济阳坳陷资源量，剩余资源量增加了18亿吨，夯实了增储稳产的资源基础。

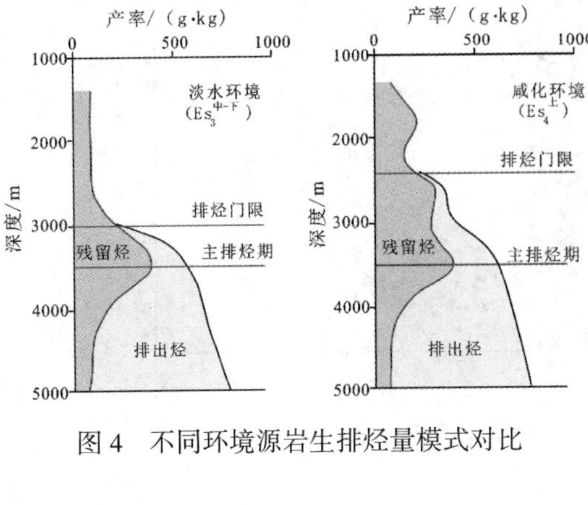

图4　不同环境源岩生排烃量模式对比

2.2　创建了深层"酸碱控储"模式，突破了断陷盆地深层碎屑岩缺乏有效储层的认识

前人对深部优质储集层的研究比较关注构造作用形成的裂缝带以及碳酸盐岩中的溶蚀孔洞，普遍认为深层碎屑岩严重致密化，不发育有效储集层。深部碎屑岩缺乏优质储集层的传统认识一直制约着济阳坳陷的深层油气勘探[10-11]。而大量的勘探实践研究表明，深部是否能够形成有效储层取决于沉积条件和成岩流体演化条件。

2.2.1　深层成岩流体演化序列

受古湖盆水体环境变化控制，济阳坳陷在古近系沙四下亚段发育多套膏岩，同时在沙四下亚段、沙四上亚段和沙三下亚段发育了三套烃源岩(图5a)。随埋深的增加，石膏的演化过程为石膏→生石膏($CaSO_4 \cdot 2H_2O$)→熟石膏($CaSO_4 \cdot 1/2H_2O$)→硬石膏($CaSO_4$)，各阶段的演化对应的温度界限分别为42℃、90℃和150℃；演化伴随着吸附水和束缚水的脱出，产生碱性流体[12-13]。而烃源岩中的干酪根在热演化中会形成短链羧酸等有机酸，主要发生在60～140℃的温度区间，并且在75～90℃时，热解形成的短链羧酸浓度达到最高峰；但在80～120℃时最有利于有机酸的保存，低于80℃时，形成的有机酸会被细菌分解，高于120℃时，有机酸则脱羧形成烃类和CO_2等产物，在高于160℃时会全部转化为CO_2[14-15]。含膏层系成岩演化排出碱性流体和烃源岩生烃演化排出酸性流体(图5b)，这是深部储层发育演化的流体条件。通过大量的岩心观察和镜下薄片鉴定发现，沙四段上亚段致密胶结带中的碳酸盐胶结物与早期沉积的膏盐岩产生的碱性流体有关，而碳酸盐胶结物能否被溶蚀并形成次生孔隙则与中后期酸性流体的活动相关。酸、碱性流体的活动时间及浓度共同决定深部优质储集层形成时间和规模。

2.2.2　深层酸碱流体交替控储机制

由咸化湖盆酸、碱性流体活动规律可知，咸化湖盆储集体在早期成岩过程中多发生碱性成岩作用，同时多成藏期伴随的有机酸幕式注入又控制着中后期酸性成岩作用。早期碱性成岩作用的强弱影响着中后期酸性成岩作用发生的时间，是深部优质储集层形成的关键。早期较强的碱性成岩环境下发育大量碳酸盐胶结物，充填原生孔隙，有效阻碍压实作用，使原生孔隙结构得以保

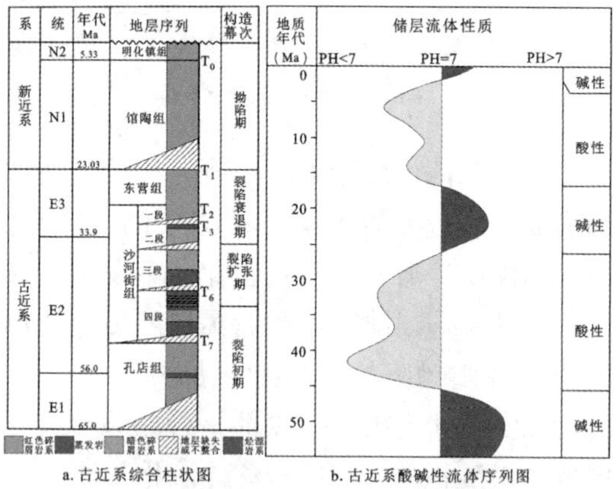

图 5　济阳坳陷古近系综合柱状图及酸碱性成岩流体演化序列

存。中后期酸性流体注入到少量未被早期胶结物充填的孔隙中，由于酸性流体与可溶于酸的矿物接触面积局限，在有机酸注入较长时间内仅少量碳酸盐胶结物发生溶蚀，产生的次生孔隙较少。但随时间推移，溶蚀空间逐渐增大，可容纳更多的酸性流体，因此，多期成藏过程中有机酸的幕式注入既维持酸性成岩环境，又与溶蚀空间增大构成良性循环，使得在成岩中后期产生大量溶蚀孔隙，具有“早期强胶结、后期强溶蚀”的成岩演化规律。酸性成岩环境作用下，储集体的成岩演化过程可划分初始溶蚀阶段、快速溶蚀阶段、稳定溶蚀阶段、快速压实阶段(图 6)。酸碱交替控制了有效储层发育。

2.2.3　深层碎屑岩储层发育模式

基于酸碱交替控储机制，创建了深层碎屑岩储层发育模式(图 7)。由沙四段上亚段成岩环境分析可知，沙三段沉积中期之前整体处于碱性成岩环境，属早成岩期，早成岩期大量碳酸盐胶结物充填原生孔隙空间，形成欠压实现象，但当储集体埋深到 2000m 以下时，主力烃源岩层系埋深可达 2800m，Ro 值大于 0.5%，烃类开始生成，进入中成岩 A 期。早期碳酸盐胶结物为酸性流体溶蚀的主要对象。而储集体埋深到 3500m 以下时，烃源岩热演化大量排出酸性物质，进入中成岩 B 期，随后进入晚成岩期。在中成岩 B 期及晚成岩期，酸性流体溶蚀早期的碳酸盐胶结物及长石等矿物，使得济阳坳陷 3500m 以下深层碎屑岩形成次生孔隙发育带，突破了高地温背景下深层碎屑岩缺乏有效储层的传统认识。

“酸碱控储”与“咸化富烃”匹配，使济阳坳陷勘探深度至少向下拓展了 1500m，向深层规模勘探成为可能。2011 年以来深层新增储量 5.9 亿吨，占同期新增储量的 37.3%，证实深层具有形成大规模油气富集的条件。

2.3　创建了油气“有序成藏”模式，突破了断陷盆地区带成藏规律认识的局限

济阳坳陷传统的成藏理论更多是围绕区带的成藏规律认识。主要研究盆地内的二级构造带正向构造或负向构造背景下的油藏分布，偏向于阐述油气静态要素分布及组合特征，解决断陷盆地二级构造带内有什么样类型油藏的问题[16-18]。但随着二级构造带背景下油藏的发现程度越来越高，传统的成藏理论在指导未发现的复杂隐蔽油藏勘探时表现出不适应性，需要从全盆地、全层

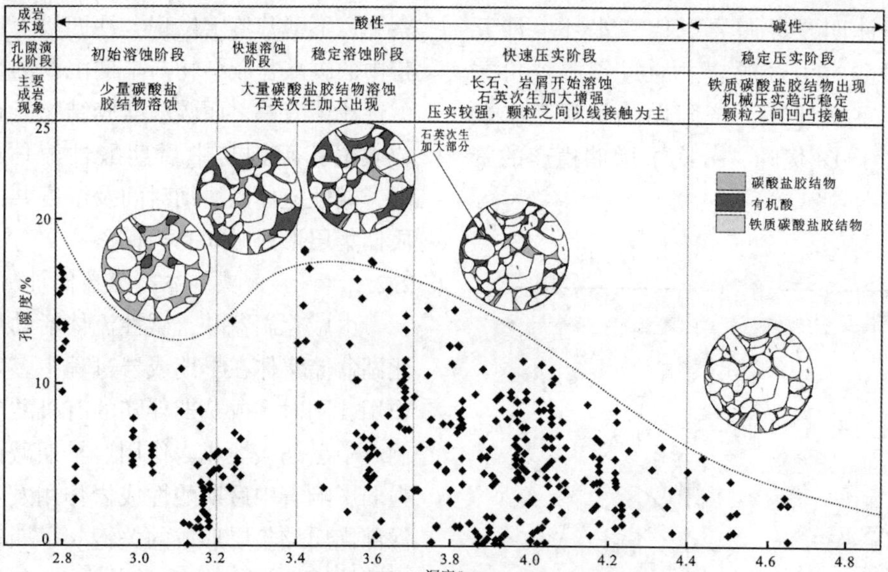

图 6　济阳坳陷深部储集层孔隙演化阶段划分

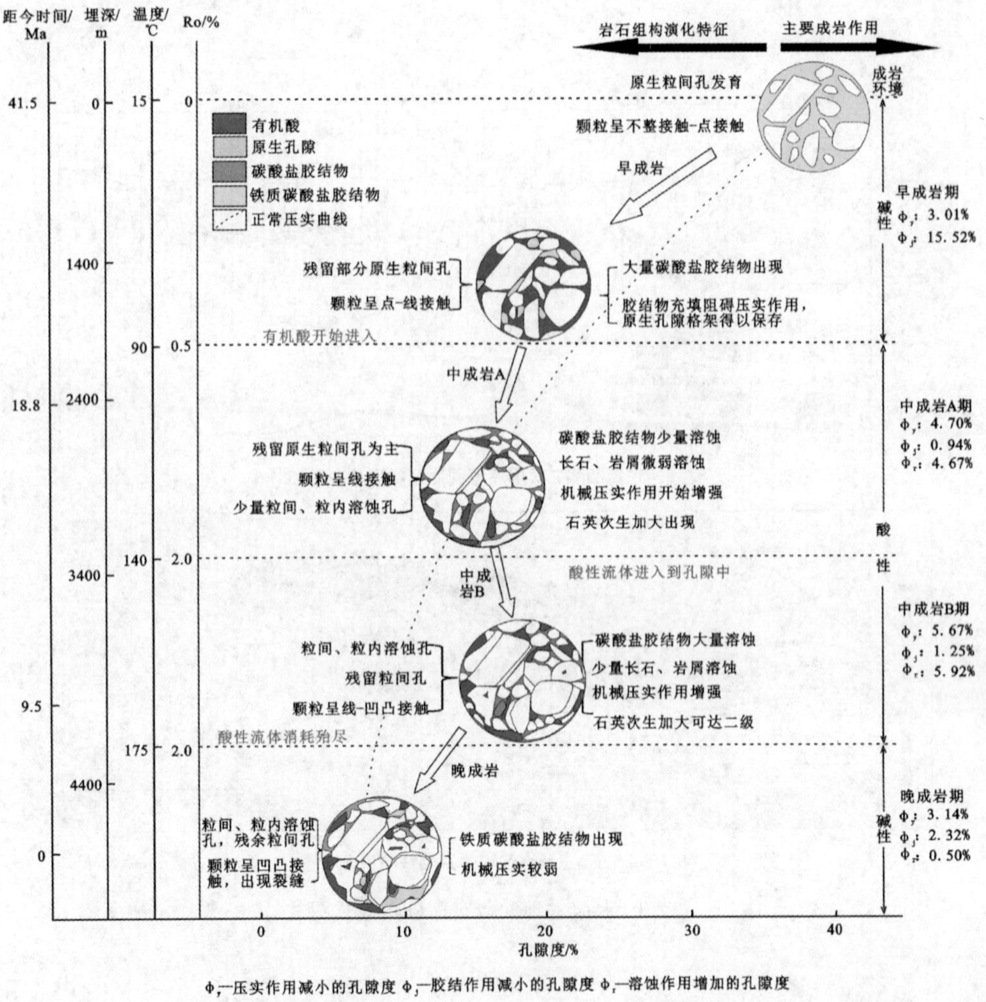

图 7 膏盐层段碎屑岩储集体成岩作用与孔隙演化模式

系等多尺度、从油气成藏动态协同的角度，开展油气成藏规律及富集机制研究，从而解决不同类型油气藏的空间分布及富集的问题。

2.3.1 断陷盆地油藏有序分布模式

勘探实践表明，断陷盆地构造格局及沉积充填，控制着圈闭类型、输导体系、储集条件、源储配置等成藏要素的有序发育，决定了不同构造带油气成藏序列。从凹陷、二级层序和沉积体系来看，油气有序性分布具有普遍性。在同一洼陷内，油气有序成藏表现为从洼陷中心到边缘，油藏类型依次发育岩性、构造、地层类油藏，形成油藏纵向叠置，横向毗邻有序分布的成藏特征(图 8a)。在沉积体系层次上，以东营三角洲为例，三角洲沉积体系主要由前三角洲亚相(滑塌浊积砂体)、三角洲前缘亚相(河口坝砂体)、三角洲平原亚相(分流河道砂体)组成，自洼陷中心至边缘依次发育岩性油藏、构造-岩性油藏、构造油藏(图 8b)，有序性分布特征明显。同时东营凹陷滩坝砂体和砂砾岩扇体油藏类型也具有类似的有序分布特征。在断陷盆地不同层序格架内，主力烃源岩层系内油藏类型序列最完整，随着远离烃源岩层系，油藏类型序列虽不完整但依然有序分布。突破了以区带为单元认识油气成藏规律的局限。

油藏类型的有序分布决定了油藏属性特征的对应性，从洼陷中心到边缘、从深层到浅层，在岩性、构造、地层类油藏的分布序列中，代表油藏属性特征的油藏压力、储层排驱压力、含油饱和度、油气充满度等均呈有序减小趋势。不同类型油藏的属性特征决定了油气富集的程度，在洼陷中心高压背景下的岩性油藏，油气充满度高，油气富集受地层压力及储集物性控制；在斜坡带的构造油藏，油气充满度中等，油气富集受圈闭及储集物性控制；在洼陷边缘的地层油藏，油气充满度较低，油气富集受输导及圈闭条件控制[19-20]。

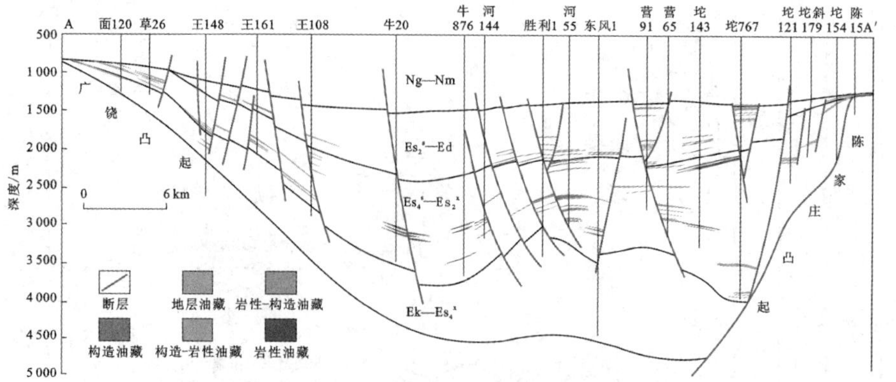

a. 东营凹陷二级层序不同油藏类型分布图

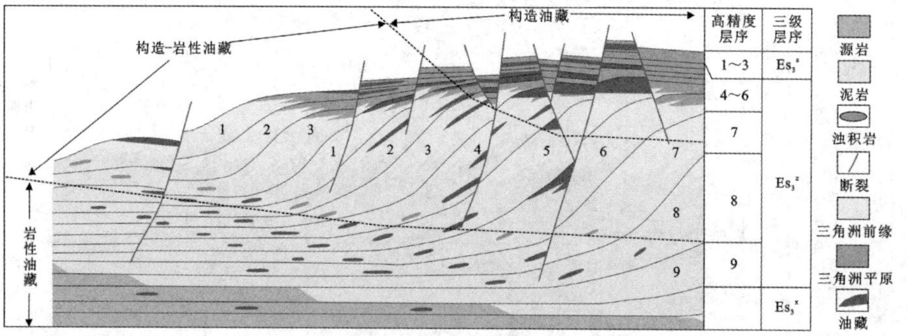

b. 东营凹陷三角洲沉积体系油藏类型分布图

图8 断陷盆地油藏有序分布模式图

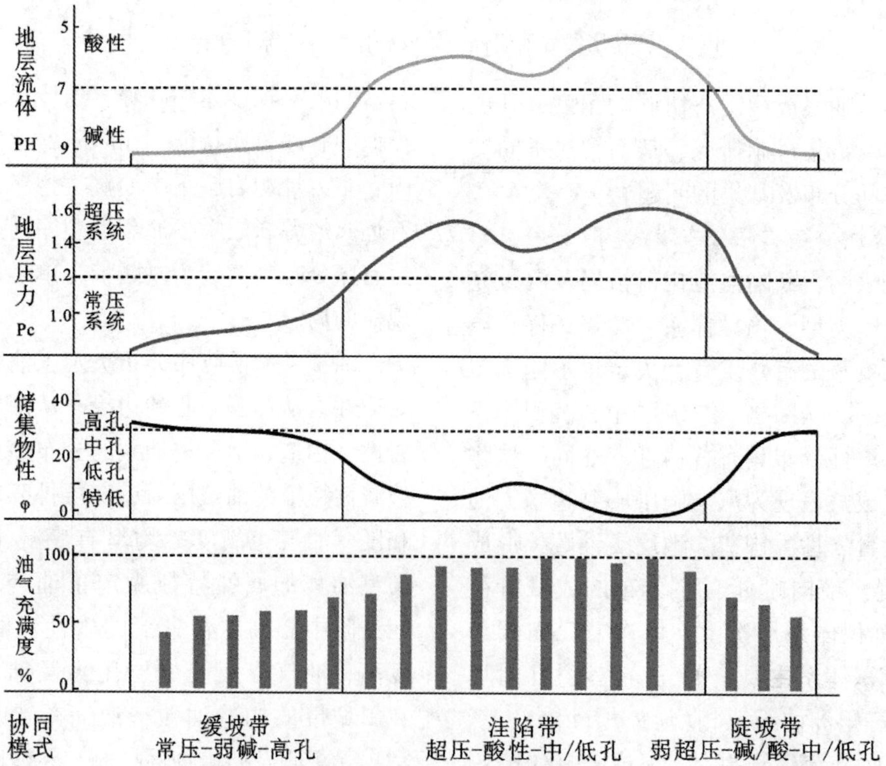

图9 济阳坳陷古近系成藏要素协同演化控藏模式

2.3.2 断陷盆地油气差异富集机理

不同构造岩相带位置的差异具有不同构造沉降、沉积充填样式及成岩演化过程，进而决定了压力-流体-储集性作用机理、演化过程的不同，决定了油气成藏过程中不同的耦合方式以及最终的油气藏富集样式差异性。通过开展油气输导体系、压力和流体等成藏要素研究发现，盆地压力、流体和储集性的相互作用及协同演化控制了油气成藏；盆地结构控制了“压力-流体-储集性”协同演化，盆地内依次发育陡坡带弱超压-酸/碱性流体-中低孔、洼陷带超压-酸性流体-中低孔、缓坡带常压-弱碱性流体-高孔3类协同演化组合模式；压力-流体-储集性协同演化模式控制了油藏类型及属性的有序、差异分布[1]（图9）。

有序分布（成藏）理论不同方面的内涵对于勘探实践具有不同的指导意义：盆地结构演化的相似性，决定了不同盆地之间油气的勘探经验和技术可以相互借鉴，这可以作为指导相类似盆地勘探的基本原则。油藏类型分布的有序性，揭示了同一成藏系统下油气分布的规律性和储量空白区的勘探潜力，可以作为指导成熟探区精细勘探的基本方针。成藏富集模式的差异性，决定了不同类型油气藏的主控因素和关键技术，可以形成相应的勘探思路和勘探流程，是实现高效勘探的关键。

3 油气精细勘探评价方法

3.1 勘探层单元评价优选

3.1.1 勘探层单元的概念

地质单元的合理划分直接反映勘探区带地质认识程度，是开展科学认识和勘探部署的根本。以往济阳坳陷主要按照二级构造带进行勘探单元的划分和评价，而这样的划分尺度已经无法满足精细勘探的需要，因此，提出了勘探层单元概念。勘探层单元是同一构造层或构造亚层中，以二、三级构造带为基础，综合考虑地质特征、勘探程度和认识程度来划分的具有相对统一的构造体系、沉积体系、油气运聚体系的潜力地质单元[3]。

3.1.2 勘探层单元的划分优选

勘探层单元划分以构造（亚）层为基础，突出成藏要素相对统一性、部署思路一致性、潜力可靠性、评价动态性的划分原则；纵向上构造（亚）层序、层序地层识别结合主要勘探领域划分目的的层系，平面上考虑沟、槽、脊、断划分二、三级构造带，结合沉积相类型一致性与沉积体系完整性划分沉积单元，综合油藏类型、运移路径、流体压力等因素划分油气运聚单元，最终三单元叠合确定勘探层单元。按照勘探层单元划分原则，初步将济阳坳陷划分出明化镇—太古宇等9套层系305个勘探层单元。

在此基础上，建立了基于地面条件、资源潜力、经济效益、认识可靠性、技术适应性的“五维一体”勘探层单元优选评价方法。其中，地面条件是前提，资源潜力是根本，经济效益是关键，地质认识可靠性是基础，勘探技术适应性是条件，体现了当前安全环保、经济高效的发展理念。2017年开始应用勘探层单元理念进行济阳坳陷区带动态优选，近3年来分别优选勘探层单元66个、70个和78个，为勘探部署提供了优质方向。

3.2 精细勘探评价流程

针对当前复杂隐蔽油气藏勘探阶段区带优选、攻关研究、部署评价以及地质人员研究思路科学性、研究内容完整性等问题，以济阳坳陷为工区，以层单元划分为基础，形成了成熟探区“七步走”的精细勘探评价流程。

主要包括以下方面：第一步，明序列，通过盆地构造演化及沉积充填的分析，明确盆地油藏的分布序列；第二步，选方向，以地质统计学为手段，预测剩余资源的分布，从地质风险、技术可采和经济效益等维度，综合优选有利勘探方向；第三步，查失利，对潜利区内的失利井开展解剖分析，查明失利原因；第四步，建模型，重新建立构造、沉积、储层、成藏模型，编绘大比例尺的地质图件；第五步，析主因，将已发现油藏与建立的地质模型进行两两叠合，分析潜利区油藏的主控因素；第六步，找目标，针对确定的靶区，利用高精度成像、地质-地球物理一体化综合解释等勘探技术，寻找勘探目标；第七步，探油气，最终以油层保护、酸化压裂等工程技术确保油气发现。

4 实践效果

“十三五”以来，在精细勘探理论指导下，以成熟层系和三新领域优选的勘探层单元作为目标区，取得了“五个油气发现、十二个商业发现”的勘探成果；保障了成熟层系稳定增储，累计新增储量22700万吨；实现了三新领域规模突破，累计新增储量12300万吨。其中，新发现3000万吨级以上规模储量区块3个，新发现1000万吨级以上规模储量区块6个，实现了年产原油2340万吨。济阳坳陷老油区持续有发现，还有规模发现。老油区仍大有可为！目前，最新一轮资源评价结果显示济阳坳陷剩余石油资源量仍有46亿吨，通过精细勘探理论的不断深化，仍能够持续稳定增储。

5 结论

（1）陆相断陷盆地的复杂性孕育其具有较大的勘探潜力，也决定了其勘探理论认识的渐进性和勘探的长期性。在不同勘探阶段，所面临的勘探问题及勘探对象不同，需要攻关形成的理论也必然不同。

（2）济阳坳陷勘探实践表明，对于断陷盆地勘探理论的认识过程具有长期性，在新的勘探形势下，通过解放思想，丰富和发展勘探理论，分阶段主动转移勘探对象，能够实现高效有序勘探。

（3）当前东部陆相断陷盆地老油区仍具有较大的勘探潜力。如何认识和破解当前阶段勘探面临的复杂难题，成为勘探研究人员必须思考和解决的问题。济阳坳陷形成的“咸化富烃、酸碱控储及有序成藏”精细勘探理论认识为已进入高勘探程度阶段的断陷盆地提供了理论借鉴，相信随着认识的推广应用和不断的发展完善，将有效促进东部断陷盆地老油区的稳定增储和可持续发展。

参考文献

[1] 王永诗，郝雪峰，胡阳．富油凹陷油气分布有序性与富集差异性-以渤海湾盆地济阳坳陷东营凹陷为例[J]．石油勘探与开发，2018，45(05)：785-794.

[2] 邹才能，张光亚，陶士振，等．全球油气勘探领域地质特征、重大发现及非常规石油地质[J]．石油勘探与开发，2010，37(02)：129-145.

[3] 宋明水．济阳坳陷勘探形势与展望[J]．中国石油勘探，2018，23(03)：11-17.

[4] 王永诗，李友强．胜利油区东部探区“十二五”中后期勘探形势与对策[J]．油气地质与采收率，2014，21(04)：5-9+111.

[5] 徐嘉炜，马国锋．郯庐断裂带研究的十年回顾[J]．地质论评，1992，38(4)：316-324.

[6] 宋明水．济阳坳陷勘探形势与展望[J]．中国石油勘探，2018，23(03)：11-17.

[7] 刘庆，张林晔，王茹，等．湖相烃源岩原始有机质恢复与生排烃效率定量研究-以东营凹陷古近系沙河街组四段优质烃源岩为例[J]．地质论评，2014，60(04)：877-883.

[8] 巢前，蔡进功，周祺盛，等．东营凹陷沙河街组Es_3/Es_4烃源岩热解特征及生烃差异研究[J]．高校地质学报，2017，23(04)：688-696.

[9] 赵悦，蔡进功，谢奥博，等．淡水和咸水湖相泥质烃源岩不同赋存态有机质的地球化学特征[J]．石油实验地质，2018，40(05)：705-715.

[10] 王永诗，王勇，朱德顺，等．东营凹陷北部陡坡带砂砾岩优质储层成因[J]．中国石油勘探，2016，21(02)：28-36.

[11] 李继岩，宋国奇，王晓蕾，等．不同沉积环境形成的储层成岩差异性研究-以东营凹陷王家岗地区红层与博兴洼陷灰层滩坝为例[J]．天然气地球科学，2015，26(02)：269-276.

[12] 操应长，杨田，宋明水，等．陆相断陷湖盆低渗透碎屑岩储层特征及相对优质储层成因-以济阳坳陷东营凹陷古近系为例[J]，石油学报，2018，39(07)：727-743.

[13] 李继岩．渤海湾盆地东营凹陷东段红层储层成岩环境时空演化及成岩孔隙演化[J]．石油与天然气地质，2017，38(01)：90-97.

[14] 贾光华．东营凹陷南坡古近系红层砂体储层特征及控制因素[J]．东北石油大学学报，2013，37(03)：48-58+126-127.

[15] 王永诗，王勇，郝雪峰，等．深层复杂储集体优质储层形成机理与油气成藏-以济阳坳陷东营凹陷古近系为例[J]．石油与天然气地质，2016，37(04)：490-498.

[16] 胡见义，徐树宝，童晓光．渤海湾盆地复式油气聚集区(带)的形成和分布[J]．石油勘探与开发，1986，13(1)：1-8.

[17] 李德生．渤海湾盆地复合油气田的开发前景[J]．石油学报，1986，7(1)：1-21.

[18] 李丕龙，张善文，宋国奇，等．断陷盆地隐蔽油气藏形成机制：以渤海湾盆地济阳坳陷为例[J]．石油实验地质，2004，26(1)：3-10.

[19] 郝雪峰．陆相断陷盆地沉积相律与油藏类型序列类比分析[J]．油气地质与采收率，2006，13(5)：1-6.

[20] 郝雪峰．东营凹陷沙三-沙四段砂岩储层超压成因与演化[J]．石油与天然气地质，2013，34(2)：167-173.